农药残留高通量检测技术

第二卷 （动物源产品）

High-Throughput Analytical Techniques for Multi-Classes and Multi-Kinds of Pesticide Residues
Volume II （For Animal Origin）

庞国芳 等著

Editor-in-chief　Guo-Fang Pang

科学出版社

北　京

内 容 简 介

本书分为两卷共11章。第1~10章分别综述近20年10类不同食用农产品中农药残留样品制备技术和检测技术研究进展,重点介绍作者团队近年来研究开发的10项同时测定400~500种农药残留的高通量样品制备技术和检测技术。这些技术形成了一个可检测世界常用1000多种农药残留的高通量分析方法体系。第11章介绍作者团队建立的世界常用1000多种农药化学污染物在GC-MS、GC-MS/MS和LC-MS/MS等不同色谱-质谱条件下的数万份质谱参数数据库。

本书核心技术居国际农药残留分析领域的前沿,其研究成果具有前瞻性、创新性和实用性。可作为大学教学参考书,也可供从事食品安全、农业环境保护及农药开发利用等技术研究与应用的专业技术人员参考。

图书在版编目(CIP)数据

农药残留高通量检测技术. 第二卷 / 庞国芳等著. —北京:科学出版社,2012
ISBN 978-7-03-036463-0

Ⅰ.①农… Ⅱ.①庞… Ⅲ.①农药残留量分析 Ⅳ.①X592.02

中国版本图书馆CIP数据核字(2013)第010374号

责任编辑:杨 震 刘 冉 / 责任校对:包志虹 钟 洋 朱光兰
责任印制:钱玉芬 / 封面设计:王 浩

科学出版社 出版
北京东黄城根北街16号
邮政编码:100717
http://www.sciencep.com

北京通州皇家印刷厂 印刷
科学出版社发行 各地新华书店经销

*

2012年12月第 一 版　　开本:889×1 194 1/16
2012年12月第一次印刷　　印张:48 3/4
字数:1 380 000

定价:198.00元(第二卷)
(如有印装质量问题,我社负责调换)

《农药残留高通量检测技术》编委会

主　编　庞国芳

副主编　范春林　曹彦忠　刘永明

编　委　（以姓氏笔画为序）

　　　　　王明林　方晓明　石志红　刘永明　杨　方

　　　　　范春林　季　申　庞国芳　莫汉宏　曹彦忠

　　　　　常巧英　谢丽琪　靳保辉　潘国卿　薄海波

Editorial Board

Editor-in-chief Guo-Fang Pang

Deputy Editor-in-chief Chun-Lin Fan   Yan-Zhong Cao   Yong-Ming Liu

Editorial Board Members (In order of Chinese surname strokes)

Ming-Lin Wang   Xiao-Ming Fang   Zhi-Hong Shi

Yong-Ming Liu   Fang Yang   Chun-Lin Fan

Shen Ji   Guo-Fang Pang   Han-Hong Mo

Yan-Zhong Cao   Qiao-Ying Chang   Li-Qi Xie

Bao-Hui Jin   Guo-Qing Pan   Hai-Bo Bo

《农药残留高通量检测技术》各章研究者/著者

1. 水果蔬菜中农药化学品多组分残留检测技术
   庞国芳　范春林　方晓明　曹彦忠　李　岩　曹　静
2. 粮谷中农药化学品多组分残留检测技术
   刘永明　庞国芳　范春林　常巧英　陈　辉　吴艳萍　李　金
3. 果蔬汁和果酒中农药化学品多组分残留检测技术
   庞国芳　范春林　谢丽琪　李　岩　靳保辉　石志红
4. 茶叶中农药化学品多组分残留检测技术
   庞国芳　曹彦忠　郑书展　范春林　胡雪艳　姚翠翠　莫汉宏
5. 食用菌中农药化学品多组分残留检测技术
   庞国芳　范春林　薄海波　王明林　常巧英　王雯雯　纪欣欣
6. 植物中药材中农药化学品多组分残留检测技术
   庞国芳　季　申　范春林　常巧英　石志红　黄　韦　毛秀红
7. 动物组织中农药化学品多组分残留检测技术
   曹彦忠　庞国芳　常巧英　张进杰　李学民　贾光群
8. 蜂蜜中农药化学品多组分残留检测技术
   范春林　庞国芳　连玉晶　刘亚风　赵淑军　康　健
9. 水产品中农药化学品多组分残留检测技术
   范春林　庞国芳　杨　方　薄海波　林　洪　王明林　郑　锋
10. 牛奶和奶粉中农药化学品多组分残留检测技术
    范春林　庞国芳　潘国卿　郑书展　李　岩　郑军红　莫汉宏
11. 农药化学品多组分残留质谱分析特征参数基础研究
    庞国芳　范春林　常巧英　曹彦忠　刘永明　连玉晶　赵淑军　李　岩
    郑　锋　郑军红　王雯雯　曹　静　纪欣欣　姚翠翠　康　健

List of Contributors

1 **Analytical Techniques for Multi-Classes and Multi-Kinds of Pesticide Residues and Chemical Pollutants in Fruit and Vegetable**
   Guo-Fang Pang   Chun-Lin Fan   Xiao-Ming Fang   Yan-Zhong Cao   Yan Li   Jing Cao

2 **Analytical Techniques for Multi-Classes and Multi-Kinds of Pesticide Residues and Chemical Pollutants in Grain**
   Yong-Ming Liu   Guo-Fang Pang   Chun-Lin Fan   Qiao-Ying Chang   Hui Chen   Yan-Ping Wu   Jin Li

3 **Analytical Techniques for Multi-Classes and Multi-Kinds of Pesticide Residues and Chemical Pollutants in Fruit Juice, Vegetable Juice and Fruit Wine**
   Guo-Fang Pang   Chun-Lin Fan   Li-Qi Xie   Yan Li   Bao-Hui Jin   Zhi-Hong Shi

4 **Analytical Techniques of Multi-Classes and Multi-Kinds of Pesticide Residues and Chemical Pollutants in Tea**
   Guo-Fang Pang   Yan-Zhong Cao   Shu-Zhang Zheng   Chun-Lin Fan   Xue-Yan Hu   Cui-Cui Yao   Han-Hong Mo

5 **Analytical Techniques for Multi-Classes and Multi-Kinds of Pesticide Residues and Chemical Pollutants in Edible Fungi**
   Guo-Fang Pang   Chun-Lin Fan   Hai-Bo Bo   Ming-Lin Wang   Qiao-Ying Chang   Wen-Wen Wang   Xin-Xin Ji

6 **Analytical Techniques for Multi-Classes and Multi-Kinds of Pesticide Residues and Chemical Pollutants in Chinese Medicinal Material of Plant Origin**
   Guo-Fang Pang   Shen Ji   Chun-Lin Fan   Qiao-Ying Chang   Zhi-Hong Shi   Wei Huang   Xiu-Hong Mao

7 **Analytical Techniques for Multi-Classes and Multi-Kinds of Pesticide Residues and Chemical Pollutants in Animal Tissues**
   Yan-Zhong Cao   Guo-Fang Pang   Qiao-Ying Chang   Jin-Jie Zhang   Xue-Min Li   Guang-Qun Jia

8 **Analytical Techniques of Multi-Classes and Multi-Kinds of Pesticide Residues and Chemical Pollutants in Honeys**
   Chun-Lin Fan   Guo-Fang Pang   Yu-Jing Lian   Ya-Feng Liu   Shu-Jun Zhao   Jian Kang

9 **Analytical Techniques for Multi-Classes and Multi-Kinds of Pesticide Residues and Chemical Pollutants in Aquatic Products**
   Chun-Lin Fan   Guo-Fang Pang   Fang Yang   Hai-Bo Bo   Hong Lin   Ming-Lin Wang   Feng Zheng

10 **Analytical Techniques for Multi-Classes and Multi-Kinds of Pesticide Residues and Chemical Pollutants in Milk and Milk Powder**
   Chun-Lin Fan   Guo-Fang Pang   Guo-Qing Pan   Shu-Zhan Zheng   Yan Li   Jun-Hong Zheng   Han-Hong Mo

11 **Basic Research on Characteristic Parameters of Chromatography-Mass Spectrometry for Multi-Classes and Multi-Kinds of Pesticide Residues and Chemical Pollutants**
   Guo-Fang Pang   Chun-Lin Fan   Qiao-Ying Chang   Yan-Zhong Cao   Yong-Ming Liu   Yu-Jing Lian   Shu-Jun Zhao   Yan Li   Feng Zheng   Jun-Hong Zheng   Wen-Wen Wang   Jing Cao   Xin-Xin Ji   Cui-Cui Yao   Jian Kang

序

目前,世界各国对食用农产品中农药化学品残留限量提出了越来越严格的要求,要求检测的农药种类越来越多,农药最大残留限量(MRL)标准越来越低,即国际食用农产品贸易准入门槛越来越高。如日本 2006 年实施的农产品"肯定列表制度",规定了"暂定限量标准"51 392 条,涉及 264 种食用农产品和 734 种农业化学品,成为目前世界上食用农产品中最严格的农业化学品残留限量管理法规,几乎覆盖了我国现在种植养殖的所有农产品,对我国食用农产品的出口有重要影响,对我国农业化学品残留检测技术研究,既是巨大的挑战,又是重大的机遇。因此,保障国家食品安全,确保我国经济安全运行,不断破解先进国家的技术措施,是我国一项长期的战略任务。

庞国芳科研团队率先抓住食品安全战略发展研究热点,主动迎接挑战,基本与日本"肯定列表制度"研究在同一时期,对 10 类不同食用农产品中多类别多品种的农药残留检测技术进行系统研究,开发出 10 项一次样品制备,可同时提取、分离、富集和测定 400~500 种农药残留的高通量样品制备技术和检测技术。这些技术分别适用于水果蔬菜、粮谷、果蔬汁和果酒、茶叶、食用菌、植物中药材、动物组织、蜂蜜、水产品、牛奶和奶粉等 10 类 60 多种食用农产品中农药多残留的同时检测,形成了一个可检测世界常用 1000 多种农药化学品残留的高选择性、高灵敏度、高分辨率和高通量分析方法体系,并完成了标准化,使我国农药多残留检测技术与世界先进技术接轨,在同时检测的化学品种类和数量上,居国际领先地位。

这部著作是庞国芳科研团队近 30 年从事农药残留检测技术理论与应用研究的结晶,是心无旁骛、长期刻苦攻关、不懈攀登的硕果,这项研究成果具有三个方面的技术创新:

第一,对世界常用 1000 多种农药化学品的气相色谱-(串联)质谱和液相色谱-(串联)质谱特征进行了系统研究,构建了拥有数万份质谱图的数据库,奠定了研发高通量检测技术的理论基础。

第二,集成加速溶剂萃取、高速匀质提取、固相萃取和凝胶渗透等先进前处理技术,攻克了将 1000 多种含量十亿分之几的农药残留从 10 多类 60 余种农产品中有效提取出来,并将大量共萃取干扰物有效分离的一系列技术难题,开发了居国际先进水平的高通量样品前处理技术。

第三,率先研究开发了色谱-质谱按时段分组检测新技术,将化学性质和保留时间相近的农药化学品依次分成若干组,提高了方法的选择性;将每组农药按出峰顺序,细分时段检测,提高了方法的灵敏度;对目标农药选择离子进行优化,降低噪声干扰,提高了方法的分辨率,实现了 500 种农药残留可同时检测,开发出国际领先的高通量样品检测技术,同时检测的农药品种数居国际领先地位。比传统单残留方法提高工作效率数百倍,形成了一个自动化水平比较高的农药多残留分析方法体系。

这项研究具有三方面的重要意义:

第一,具有重要的战略意义。在世界经济一体化进程中,国际竞争越来越激烈。世界先进国家及地区利用技术壁垒保护本国利益,已取得显著成效。早在 2006 年我国因先进国家及地区技术壁垒造成的经济损失就高达 1000 多亿美元,国外技术壁垒已成为我国外贸发展的主要障碍,食用农产品是我国遭遇国外农药残留技术壁垒比较多的商品,而这些技术方法的研究,将成为破解世界先进国家及地区技术壁垒的有力武器,这也反映出发展中的中国综合国力的提升。

第二,具有重要的现实意义。农药最大残留限量标准不仅是食品安全的标准,也是国际贸易的准入门槛,世界各国对食品安全高度重视。食用农产品国际贸易农药残留限量门槛越设越多、越设越严的严峻形势,国际贸易快节奏、高效率的发展,必然对检测技术的高选择性、高灵敏度、高分辨率、高通量提出更高的要求和挑战,这些多残留检测技术基本满足了这些要求。

第三,具有重要的学术价值。农药化学品高通量检测技术是当前各国同行的热点研究课题,是具有很大难度的课题。这项研究实现了与国际先进技术的接轨,同时在检测的品种方面,超过了先进国家的同类技术。研究论文在美国、荷兰、德国、英国等国际期刊上发表,得到了国际同行的认可。在国际会议上的报告也得到同行赞许,扩大了我国在残留分析和食品痕量分析化学领域的国际影响,促进了该领域的技术进步。

魏复盛

中国工程院院士

2012 年 10 月 18 日

Foreword

At present, countries from all over the world have set forth more and more stringent requirements for chemical contaminants in edible agricultural products, and there are more and more pesticide varieties requiring determination, whereas the maximum residue limit (MRL) for pesticides is getting lower and lower, i. e. the threshold of access for international edible agricultural products is getting higher and higher. For instance, "Positive List" system implemented by Japan in 2006 stipulated 51 392 "Interim Limit Standards" involving 264 edible agricultural products and 734 agricultural chemical contaminants, being the strictest regulatory law of pesticide and veterinary drug residues in edible agricultural products in the present world and covering almost all agricultural products currently planted or cultivated in our country, which poses influence of great magnitude on export of edible agricultural products of our country. This is both a huge challenge and an important opportunity for the study of pesticide and veterinary drug residue analytical techniques of our country. Therefore, it is a long-term strategic task for our country to protect national food safety, ensure the safe operation of our economy and constantly crack the technical barriers of advanced countries.

Guo-Fang Pang's team has taken the lead in capturing the research hot-spot of strategic development of food safety and displayed great initiative in meeting the challenge. Almost contemporary to the research of Japan's "Positive List", they conducted a systematic study on analytical techniques for multi-classes and multi-kinds pesticide residues in 10 categories of different edible agricultural products and developed 10 high-throughput sample preparation techniques and high-throughput analytical techniques for simultaneous extraction, separation, enrichment and determination of 400-500 pesticide residues with one-time sample preparation. These techniques are respectively applied in determination of pesticide multiresidues in over 60 edible agricultural products of 10 categories such as fruits and vegetables, grains and cereals, fruit and vegetable juices and fruit wines, teas, edible fungi, plant and herbal medicines, animal tissues, honeys, aquatic products, milk and milk powder, etc., forming an analytical method system of high selectivity, high sensitivity, high resolution and high throughput for determination of over 1000 world commonly-used pesticides and chemical contaminants residues, based on which, standardization has been completed, enabling pesticide multiresidue techniques of our country to be integrated with those of advanced countries and occupying the international leading position in terms of varieties and quantities of chemical contaminants simultaneously analyzed.

This book is the fruit from Guo-Fang Pang's team, who have been engaged in the research of pesticide residue analytical techniques over the past 30 years or so, combining their theories with applications, as well as the fruit from the team who have been whole-heartedly committed to their duties without any other distractions, stormed one stronghold after another and kept climbing uphill towards the summit. This research is of technical innovations in the following three aspects:

Firstly, a systematic study has been conducted on the characteristics of GC-MS/MS and LC-MS/MS for over 1000 world commonly used pesticide chemical contaminants, and a data bank with thousands of mass spectrograms has been established, laying a theoretical foundation for developing the high-throughput analytical technique.

Secondly, advanced sample preparation techniques such as accelerated solvent extraction, high-speed homogenous extraction, solid-phase extraction, gel permeation chromatography, etc. have been integrated, a series of technical hurdles have been overcome like extracting over 1000 pesticide residues with the content of ppb level from over 60 agricultural products of 10-plus categories and effectively separating big quantities of co-extracting interfering matters, and the high-throughput sample preparation techniques of internationally advanced level have been developed.

Thirdly, Guo-Fang Pang's team have taken the lead in studying and developing a new technique of determination per time frames and groups for chromatography and mass spectrometry and sequentially divided pesticide chemical contaminants of chemical properties and retention time that are close to each other into multiple groups, thus the selectivity of the method has been raised; each group of pesticides was determined per time frame in accordance with the peaking sequence, thus the sensitivity of the method has been raised; the ions were chosen to optimize target pesticides to lower the noise interference, thus the method resolution has been increased, and simultaneous determination of 500 pesticide residues has been realized, whereas the high-throughput sample analytical technique of internationally advanced level has been developed, and in the meantime, the number of pesticide varieties simultaneously determined occupies a leading position in the world. The working efficiency by this method has increased hundreds of times compared with that by the conventional single-residue method. Based on what is mentioned above, a pesticide multiresidue analytical method system with relatively high automation has taken shape.

This research is of great significance in the following three aspects:

Firstly, it is of strategic importance. In the process of globalization of world economy, international competition is getting more and more cut-throat. Developed countries in the world have been protecting the interests of their own countries by setting up technical barriers and obtained remarkable results. As early as in 2006, our country suffered economic loss up to 100 billion US dollars as a result of foreign technical barriers, and foreign technical barriers have become the main obstacles to our foreign trade development. Edible agricultural products take up relatively the most majority of encountering foreign technical barriers of pesticide residues, so the research of such techniques will turn into powerful weapons for removing the technical barriers of world advanced countries, which also reflects the increase of the comprehensive national strength of developing China.

Secondly, it is of realistic importance. Pesticide maximum residue limit (MRL) is not only the standard for food safety, but also the threshold of access for international trade. Countries from all over the world attach great attention to food safety, so there are more and more pesticide residue limit thresholds for international trade of edible agricultural products and stricter and stricter limits; the international trade rhythm is getting faster and faster, and efficiency is getting higher and higher. Such circumstances necessarily call for higher standards and greater challenges for the high sensitivity, high resolution, high selectivity and high throughput of analytical methods, whereas these multiresidue analytical techniques have basically met all these requirements.

Thirdly, it is of academic importance. Pesticide chemical contaminants high-throughput analytical techniques are the topics of hotspot research by our counterparts from all over the world, which is very hard to tackle. This research has realized the integration with the international advanced techniques, and in the meantime exceeded the similar techniques of advanced countries in terms of the number of pesticide varieties simultaneously determined. The research papers were published on famous international journals in countries such as USA, UK, Holland, Germany, etc. and have gained recognition by our international counterparts. In addition, our presentations made at international meetings were very well received by our colleagues from all over the world, which helped our country to exert international influence in the arenas of international residual analysis and trace analytical chemistry and has induced the technological progress of the said area.

Fu-Sheng Wei

Academician of the Chinese Academy of Engineering

October 18, 2012

前　言

本书是作者团队近30年从事食用农产品农药残留检测理论与实践研究的总结,主要介绍了水果、蔬菜、粮谷、果蔬汁和果酒、茶叶、食用菌、植物中药材、动物组织、蜂蜜、水产品、牛奶和奶粉等产业的发展和国际贸易对农药残留检测技术的需求,综述了相应样品制备技术和检测技术进展,重点阐述了作者团队在农产品农药残留检测技术领域的研究成果。

在撰写本书的过程中,作者团队检索了近20年(1991~2010年)的15种国际期刊*,关于食用农产品中农药残留检测技术的SCI论文3505篇,源于五大洲72个国家和地区,其中欧洲33个国家1942篇,美洲13个国家852篇(北美洲3个国家756篇,南美洲10个国家96篇),亚洲18个国家和地区641篇,大洋洲2个国家38篇,非洲6个国家32篇。按论文数量对72个国家和地区进行排序,其中排前20位的国家依次是西班牙、美国、中国、意大利、英国、加拿大、日本、德国、法国、比利时、希腊、荷兰、巴西、印度、瑞士、爱尔兰、葡萄牙、澳大利亚、捷克和波兰。通过对排前20位的国家按前10年(1991~2000年)和后10年(2001~2010年)的发展历程进行比较发现,前10年排前3位的是美国、西班牙和英国,中国排在第13位,而后10年排前3位的国家是西班牙、中国和美国。我国由前10年的第13位,跃升为后10年的第2位。这充分表明,从论文数量来看,我国在食用农产品农药残留检测领域,已跨入世界大国行列。

就食用农产品农药残留样品制备技术而论,3505篇论文涉及样品制备技术89种。按论文数量,排前20位的技术是固相萃取(SPE)、液液萃取(LLE)、基质固相分散萃取(MSPDE)、超临界流体萃取(SFE)、凝胶渗透色谱(GPC)、衍生化(Derivatisation)、QuEChERS技术、加速溶剂萃取(ASE)、固相微萃取(SPME)、免疫亲和色谱(IAC)、微波辅助萃取(MAE)、液相色谱(LC)、分散固相萃取(DSPE)、索氏提取(SE)、搅拌棒吸附萃取(SBSE)、单滴微萃取(SDME)、薄层色谱(TLC)、超声辅助萃取(UAE)、半透膜净化(SPMD)和分散液液微萃取(DLLME)。对前10年和后10年发展历程进行比较发现,20年一直处于领先地位的技术是SPE、LLE,分别排第1位和第2位。排位上升最快的技术有:基质固相分散萃取(MSPDE)由前10年的第6位上升到后10年的第3位;加速溶剂萃取(ASE),由前10年的第15位上升到后10年的第8位。地位基本稳定的技术为:凝胶渗透色谱(GPC)、衍生化(Derivatisation)。新涌现的技术是QuEChERS技术,后10年才出现已位居第7位。此外还有单滴微萃取(SDME)、搅拌棒吸附萃取(SBSE)、半透膜净化(SPMD)、分散液液微萃取(DLLME)等,分别排第16、18、19、20位。通过对比研究发现,就样品制备技术而论,简单、快速和高效是样品制备技术研究开发的总趋势。在本书中,对于排前20位的样品制备技术应用进展,将在对应的各有关章节中一一进行介绍。对于没有排前20位的新出现的样品制备技术,也有适当介绍。对于作者团队研发的高通量样品制备技术,将分别在相应各章中进行重点介绍。

就食用农产品农药残留检测技术而论,3505篇论文涉及检测技术204种,按论文总量排前20位的技术是:气相色谱-质谱(GC-MS)、液相色谱-串联质谱(LC-MS/MS)、液相色谱-紫外检测(LC-UV)、气相色谱-电子捕获检测(GC-ECD)、液相色谱-质谱(LC-MS)、液相色谱-荧光检测(LC-FLD)、酶联免疫(ELISA)、液相色谱-二极管阵列检测(LC-DAD)、气相色谱-氮磷检测(GC-NPD)、气相色谱-串联质谱(GC-MS/MS)、传感器(Sensor)、气相色谱-火焰光度检测(GC-FPD)、液相色谱-飞行时间质谱(LC-

---

* 15种国际期刊包括:Chromatographia, Journal of AOAC International, International Journal of Environmental Analytical Chemistry, Food Additives and Contaminants, Journal of Agricultural and Food Chemistry, Journal of Separation Science, Rapid Communications in Mass Spectrometry, Food Chemistry, Analyst, Talanta, Analytical and Bioanalytical Chemistry, Analytica Chimica Acta, Journal of Chromatography A, Analytical Chemistry 和 TrAC-Trends in Analytical Chemistry。

QTOF)、薄层色谱(TLC)、毛细管电泳(CE)、酶免疫(EIA)、气相色谱-氢火焰离子化检测(GC-FID)、毛细管电泳-紫外检测(CE-UV)、液相色谱-电化学检测(LC-ED)、气相色谱-离子阱质谱法(GC-ITD)和免疫分析(IA)。对前10年和后10年发展历程进行比较发现：发展最快的技术是LC-MS/MS，由前10年的第9位上升到后10年的第1位；GC-MS/MS由前10年的第19位上升至后10年的第8位；传感器(Sensor)由前10年的第17位上升至后10年的第10位；后10年新产生的技术是TOF-MS、Orbitrap等；排位稳定的技术是GC-MS、ELISA、LC-MS、GC-ECD、LC-DAD、CE等；排位下降最快的技术是LC-UV，由前10年的第1位，下降至后10年的第6位；呈下降趋势的技术是LC-FLD，由前10年的第4位下降至后10年的第7位；GC-NPD由前10年的第7位下降至后10年的第11位。对比研究发现，就检测技术而论，准确、快速和高通量检测技术是研究开发的总趋势。在本书中，对排前20位的样品检测技术应用进展，将在对应的各有关章节中一一进行介绍，对于没有排前20位的新出现的样品检测技术，也有适当介绍。对于作者团队研发的高通量检测技术，将分别在相应各章中进行重点介绍。

值得特别提出的是，在过去20年最引人瞩目的技术是GC-MS/MS和LC-MS/MS，上述15个科学技术杂志前10年(1991～2000年)发表的色谱-质谱检测技术论文是339篇，而到后10年(2001～2010年)则达到了1018篇，后10年约是前10年的3倍。这充分说明，在食用农产品检测技术方面，色谱-质谱检测技术已迎来了空前发展的时期。我国这一领域科技工作者紧跟这一技术的前进步伐，使我国在这一领域由前10年的第14位，跃升到后10年的第2位，为我国在这一领域国际地位的提升，作出了杰出贡献。作者科研团队的实验室，在前10年还没有质谱分析仪器，在后10年感受到研究色谱-串联质谱的重要性和紧迫感，决定借用仪器从事食用农产品中农药化学品多组分残留高通量检测技术研究。2000～2008年，经过了四个研究阶段：第一阶段(2000～2002年)突破传统思路，探索按时段分组检测新技术，解决蜂蜜、果汁、果酒三种基质中304种农药多残留同时检测的一系列技术难题；第二阶段(2003～2005年)力戒浅尝辄止，加大研究深度和广度，除蜂蜜、果汁、果酒外，又新增水果、蔬菜、粮谷和动物组织，共七种基质组配，突破检测468种；第三阶段(2005～2006年)独辟蹊径，使研究水平再上一个台阶，突破检测768种；第四阶段(2006～2008年)再接再厉，初步形成农产品食品中农药残留检测体系，检测品种突破了1000种。

在这10年的研究中，作者所在团队评价了世界常用1000多种农药的GC-MS、GC-MS/MS、LC-MS/MS、TOF-MS和Orbitrap质谱特征，建立了上述五种色谱-质谱技术在不同条件下的质谱数据库，为实现农药多组分残留高通量检测奠定了理论基础。随后，研究建立了世界常用1000多种农药在水果、蔬菜、粮谷、果蔬汁、果酒、茶叶、食用菌、植物中药材、动物组织、蜂蜜、水产品、牛奶和奶粉等12类63种农产品基质中的高通量样品制备技术和检测技术，实现了一次制备样品，可同时检测400种以上多组分残留的高通量检测技术，达到国际先进水平。在用一种方法同时检测的农药品种数量方面，居国际领先地位。更为庆幸的是，2008年第十一届全国人民代表大会第一次会议《政府工作报告》中明确提出，要完成7700多项食品、药品和其他消费品安全国家标准制定修订工作，由于作者团队在这一领域长期潜心研究，有幸承担了其中79项检测技术国家标准的研究，使这些检测技术实现了标准化，并已广泛应用，在保障相关食用农产品质量的提高，促进我国对外贸易发展方面作出了贡献。同时，也引起国际AOAC组织和同行的重视，扩大了我国在这一领域的国际影响。

本书力求将这一领域国内外先进技术发展和近年来作者团队的系列高通量检测技术研究成果呈现给大家，但水平有限，不妥之处在所难免，敬请广大读者批评指正。

中国工程院院士
2012年9月3日

Preface

This book is a summary of the research on analysis of pesticide residues in edible agricultural products in terms of theory and practice by the author's team who have been involved in this field for nearly 30 years. The chapters are designed per the categories of edible agricultural products such as fruits and vegetables, grains and cereals, fruit and vegetable juices, fruit wines, teas, edible fungi, Chinese herbal medicines, animal tissues, honeys, aquatic products, milk and milk power, etc., each chapter of which deals briefly with the industrial development and the requirements for such techniques in the international trade, summarizes the development of corresponding sample preparation techniques and analytical techniques and lays an emphasis on the detailed description of the research results of high throughput analytical techniques in agriculture products by the author's team.

In the process of writing this book, the author's team searched 15 international influential journals* that have been published for the past 20 years or so (1991-2010), and found there are 3505 SCI papers on analytical techniques for pesticide residues in edible agricultural products from 72 countries (regions) across the five continents, among which 1942 papers are from 33 countries in Europe, 852 papers from 13 countries from America, 641 papers from 18 countries (regions) in Asia, 38 papers from 2 countries in Oceania and 32 papers from 6 countries in Africa. Putting the 72 countries and regions in sequential order per paper quantities, countries that rank the top 20 are Spain, USA, China, Italy, UK, Canada, Japan, Germany, France, Belgium, Greece, Holland, Brazil, India, Switzerland, Ireland, Portugal, Australia, Czech and Poland. A comparison of countries that rank the top 20 per the first 10 years (1991-2000) and the last 10 years (2001-2010) has found that countries that rank the top 3 in the first 10 years are USA, Spain and UK, with China in 13th place, whereas countries that rank the top 3 in the last 10 years are Spain, China and USA. Our country has jumped to Rank No. 2 in the last 10 years from the 13th place in the first 10 years. This fully demonstrates that our country, in terms of paper quantities, has already run neck and neck with the big countries in the world in the field of inspection of pesticide residues in edible agricultural products.

Concerning sample preparation techniques of pesticide residues in edible agricultural products, there are 3505 papers involving 89 sample preparation techniques. In terms of paper quantities, the top 20 techniques are SPE, LLE, MSPDE, SFE, GPC, Derivatisation, QuEChERS, ASE, SPME, IAC, MAE, LC, DSPE, SE, SBSE, SDME, TLC, UAE, SPMD and DLLME.

A comparison of the techniques per the first 10 years and the last 10 years has found that techniques that have been in the leading position for the past 20 years are SPE and LLE, which ranks 1th and 2nd. Techniques that rise the fastest are MSPDE, which rose to No. 3 in the last 10 years from No. 6 in the first 10 years, and ASE rose to No. 8 in the last 10 years from No. 15 in the first 10 years. Techniques that remain relatively stable are GPC and Derivatisation, and the newly emerged is QuEChERS, which occupied the 7th place since it emergence in the last 10 years. In addition, SDME,

---

* Fifteen international influential journals: *Chromatographia*, *Journal of AOAC INTERNATIONAL*, *International Journal of Environmental Analytical Chemistry*, *Food Additives and Contaminants*, *Journal of Agricultural and Food Chemistry*, *Journal of Separation Science*, *Rapid Communications in Mass Spectrometry*, *Food Chemistry*, *Analyst*, *Talanta*, *Analytical and Bioanalytical Chemistry*, *Analytica Chimica Acta*, *Journal of Chromatography A*, *Analytical Chemistry* and *Trac-Trends in Analytical Chemistry*.

SBSE, SPMDs, and DLLME respectively rank No. 16, No. 18, No. 19 and No. 20. A comparative study found that concerning sample preparation techniques, simple, quick and high efficiency are the general tendencies for the study and development of sample preparation techniques. In this book, an introduction is made item by item to the applications and prospects of sample preparation techniques that rank the top 20 in each of the corresponding chapters. And a brief survey is also made where appropriate for the newly emerged sample preparation techniques that are out of the top 20. Regarding the high throughput sample preparation techniques developed by the author's team, an elaborate introduction is respectively made in the corresponding chapters.

Concerning pesticide residue analytical techniques for edible agricultural products, there are 3505 papers involving 204 analytical techniques. Techniques that rank the top 20 in terms of paper quantities are GC-MS, LC-MS/MS, LC-UV, GC-ECD, LC-MS, LC-FLD, ELISA, LC-DAD, GC-NPD, GC-MS/MS, Sensor, GC-FPD, LC-Q-TOF-MS, TLC, CE, EIA, GC-FID, CE-UV, LC-ED, GC-ITD and IA.

A comparison of the technique development per the first 10 years and the last 10 years has found that the technique that developed the fastest is LC-MS/MS, which rose to Rank No. 1 in the last 10 years form No. 9 in the first 10 years; GC-MS/MS rose from No. 19 in the first 10 years to No. 8 in the last 10 years; Sensors jumped from No. 17 in the first 10 years to No. 10 in the last 10 years; the newly emerged techniques in the last 10 years are LC-Q-TOF-MS, LTQ-Obitrap, etc.; techniques that are relatively stable are GC-MS, ELISA, LC-MS, GC-ECD, LC-DAD, CE, etc.; techniques that dropped the fastest are LC-UV, which dropped from Rank No. 1 in the first 10 years to No. 6 in the last 10 years; techniques that have a tendency of dropping are LC-FLD, which dropped from No. 4 in the first 10 years to No. 7 in the last 10 years, GC-NPD from NO. 7 in the first 10 years to No. 11 in the last 10 years. A comparative study found that concerning analytical techniques, accurate, quick and high throughput techniques are the general tendencies for the study and development of analytical techniques. In this book, an introduction is made item by item to the applications and prospects of analytical techniques that rank the top 20 in each of the corresponding chapters. And a brief survey is also made where appropriate for the newly emerged analytical techniques that are out of the top 20. Regarding the high throughput analytical techniques developed by the author's team, an elaborate introduction is respectively made in the corresponding chapters.

What is worth mentioning is that over the past 20 years the most shinning techniques are LC-MS/MS and GC-MS/MS. In the above-described 15 scientific journals, there are 339 papers on chromatography-mass spectrometric techniques in the first 10 years (1991-2001), while there are as many as 1018 papers on the same topic published in the last 10 years (2001-2010), which is three times those in the first 10 years for the last 10 years. This fully demonstrates that chromatography-mass spectrometric techniques have entered into an era of unprecedented development in the field of inspection of edible agricultural products. Scientists and technologists of our country devoted to this area are closely keeping pace with this technique and have brought about the great leap of our country from Rank No. 14 in the first 10 years to No. 2 in the last 10 years in the field of pesticide residue analysis.

Looking back to over 10 years ago, the author's team still did not possess a chromatography-mass spectrometer in their own laboratories, but after deliberating the latest development of analytical techniques, they predicted chromatography-mass spectrometric techniques would play a more and more important role in pesticide residue analysis of foodstuffs, feeling a pressing need to study and develop such techniques, so they decided to borrow instruments from outside sources to conduct the research of high throughput multi-grouped residual analytical techniques for pesticide chemical contaminants in edible agricultural products. Four stages of research were experienced from 2000-2008: in Stage I (2000-2002), they broke the conventional thoughts with a view to probing into new analytical techniques per time and groups to solve a series of technical problems of simultaneous determination of 304 pesticides in three matrices of honeys, fruit juices and fruit wines; in Stage II (2003-2005), they refrained from stopping after scratching the surface, made an in-depth and wide study and increased the analytical varieties to 468 pesticides by adding fruits and vegetables, grains and cereals and animal tissues to form a total of seven matrices together with honeys, fruit juices and fruit wines; in Stage III (2005-2006), they blazed a new trail to bring the study to a new level with pesticide varieties determined reaching as many as 768; in Stage IV (2006-2008), they made persistent efforts, and the analytical system of pesticide residues in agricultural products and foodstuffs took initial shape, with pesticide varieties determined reaching 1000. An outstanding contribution has been made to raise the international status of our country in this area.

In this ten-year research, an appraisal was conducted on the mass spectrometric characteristics of GC-MS, GC-MS/MS, LC-MS/MS, LC-Q-TOF-MS and LTQ-Obitrap for over 1000 world commonly used pesticides, and a data bank has been established under different conditions of the above-mentioned five chromatography-mass spectrometry, hence a theoretic foundation laid for the realization of high throughput determination of pesticide multigrouped residues. Consequently, a high throughput sample preparation and analytical technique has been developed for over 1000 world commonly used pesticides in 63 agricultural products matrices of 12 categories such as fruits, vegetables, grains and cereals, fruit juices and vegetable juices, fruit wines, teas, edible fungi, Chinese herbal medicines, animal tissues, honey, aquatic products, milk and milk powders, etc., which realized one time sample preparation and simultaneous determination of over 400 kinds of pesticide residues, and an advanced international level has been achieved.

This technique occupies the leading position in the world in terms of pesticide quantities simultaneously determined using one method. What is more fortunate is: in 2006, Government Work Report made at the First Plenary Session of 11th National People's Congress explicitly stipulated that over 7700 foods and drug safety national standards be studied, and the author's team was lucky to undertake the study of 79 of these national standards because of their long-term devotion to the study and accumulation of technical know-how in such areas, and eventually brought about the standardization of these analytical techniques, which are now widely used in our country. Therefore, remarkable contributions have been made in safeguarding the increase of relative edible agricultural product quality and boosting foreign trade development of our country. In the meantime, it has also drawn the attention of AOAC International and counterpart scientists in the world and helped expand the international influences of our country in this area.

This book is aimed at reflecting the development of analytical techniques of pesticide residues in foods at home and abroad as well as the research fruits of the serial high throughput analytical techniques developed by the author's team in recent years, but owing to the limited knowledge on the part of author, it is inevitable to have some places inappropriate. Therefore, readers are kindly asked to criticize and point them out.

Guo-Fang Pang

Academician of the Chinese Academy of Engineering

September 3, 2012

目 录

第一卷 （植物源产品）

序
前言

1 水果蔬菜中农药化学品多组分残留检测技术 ································· 3
  1.1 概况 ·· 3
    1.1.1 世界各国水果发展概况 ··· 3
    1.1.2 世界各国蔬菜发展概况 ··· 4
  1.2 水果蔬菜中农药残留 ·· 4
  1.3 水果蔬菜中农药残留限量概况 ·· 5
    1.3.1 国际组织农药残留限量标准 ··· 5
    1.3.2 水果蔬菜主要贸易国及地区农药残留限量标准 ······································· 5
  1.4 水果蔬菜中农药化学品残留前处理技术研究进展 ·· 7
    1.4.1 液液萃取 ··· 7
    1.4.2 加速溶剂萃取 ·· 10
    1.4.3 微波辅助萃取 ·· 10
    1.4.4 固相萃取 ·· 12
    1.4.5 基质固相分散萃取 ·· 18
    1.4.6 分散固相萃取 ·· 20
    1.4.7 QuEChERS方法 ·· 20
    1.4.8 固相微萃取 ··· 22
    1.4.9 搅拌棒吸附萃取 ··· 23
    1.4.10 液相微萃取 ·· 24
    1.4.11 超临界流体萃取 ·· 25
    1.4.12 凝胶渗透色谱 ··· 25
    1.4.13 衍生化 ·· 27
    1.4.14 浊点萃取 ··· 29
  1.5 水果蔬菜中农药化学品残留检测技术研究进展 ·· 29
    1.5.1 气相色谱-电子捕获检测法 ··· 33
    1.5.2 气相色谱-氮磷检测法 ··· 33
    1.5.3 气相色谱-火焰光度检测法 ··· 33
    1.5.4 气相色谱-质谱检测法 ··· 33
    1.5.5 液相色谱-紫外检测法 ··· 36
    1.5.6 液相色谱-二极管阵列检测法 ·· 37
    1.5.7 液相色谱-荧光检测法 ··· 37
    1.5.8 液相色谱-串联质谱检测法 ··· 38
    1.5.9 薄层色谱法 ··· 40
    1.5.10 毛细管电泳 ·· 40
    1.5.11 生物传感器 ·· 41

  1.5.12 免疫分析技术 ·· 42
1.6 水果蔬菜中 666 种农药化学品多组分残留高通量检测技术 ·························· 43
  1.6.1 适用范围 ·· 43
  1.6.2 仪器和试剂 ··· 43
  1.6.3 样品提取 ·· 43
  1.6.4 样品净化 ·· 43
  1.6.5 气相色谱-质谱测定条件 ··· 43
  1.6.6 液相色谱-串联质谱测定条件 ·· 51
  1.6.7 结果与讨论 ··· 58
  1.6.8 线性范围、最小检出限和最低定量限 ··· 66
  1.6.9 方法回收率和精密度 ·· 66
参考文献 ·· 115

2 粮谷中农药化学品多组分残留检测技术 ·· 136
2.1 概况 ·· 136
  2.1.1 世界粮食生产概况 ··· 136
  2.1.2 我国粮食生产概况 ··· 137
2.2 粮谷中农药残留 ·· 138
2.3 粮谷中农药残留限量概况 ·· 140
  2.3.1 国际食品法典委员会 ·· 140
  2.3.2 美国 ·· 141
  2.3.3 欧洲联盟 ·· 143
  2.3.4 日本"肯定列表制度" ··· 145
  2.3.5 中国 ·· 149
2.4 粮谷中农药化学品残留前处理技术研究进展 ·· 151
  2.4.1 固相萃取 ·· 151
  2.4.2 固相微萃取 ··· 154
  2.4.3 超临界流体萃取 ·· 155
  2.4.4 微波辅助萃取 ··· 155
  2.4.5 凝胶渗透色谱 ··· 155
  2.4.6 基质固相分散萃取 ··· 156
  2.4.7 加速溶剂萃取 ··· 156
  2.4.8 分散固相萃取 ··· 157
  2.4.9 QuEChERS 技术 ·· 157
  2.4.10 分散液液微萃取 ·· 159
  2.4.11 免疫亲和色谱 ··· 159
  2.4.12 样品直接进样 ··· 159
2.5 粮谷中农药化学品残留检测技术研究进展 ·· 160
  2.5.1 气相色谱-电子捕获检测法 ·· 160
  2.5.2 气相色谱-氮磷检测法 ··· 161
  2.5.3 气相色谱-(串联)质谱检测法 ··· 161
  2.5.4 液相色谱-紫外检测法 ··· 162
  2.5.5 液相色谱-二极管阵列检测法 ·· 162
  2.5.6 液相色谱-(串联)质谱检测法 ··· 163
  2.5.7 酶联免疫法 ··· 164

2.6 粮谷中 690 种农药化学品多组分残留高通量检测技术 ·················· 165
2.6.1 适用范围 ·················· 165
2.6.2 试剂和材料 ·················· 165
2.6.3 仪器和设备 ·················· 186
2.6.4 样品提取 ·················· 187
2.6.5 样品净化 ·················· 187
2.6.6 定性和定量测定 ·················· 188
2.6.7 农药品种筛选 ·················· 190
2.6.8 提取和净化条件选择 ·················· 198
2.6.9 色谱-质谱条件选择 ·················· 199
2.6.10 线性范围、最小检出限和最低定量限 ·················· 200
2.6.11 方法回收率和精密度 ·················· 200
参考文献 ·················· 245

3 果蔬汁和果酒中农药化学品多组分残留检测技术 ·················· 251
3.1 概况 ·················· 251
3.1.1 世界果蔬汁业发展概况 ·················· 251
3.1.2 世界果酒业发展概况 ·················· 252
3.2 果蔬汁和果酒中农药残留 ·················· 253
3.2.1 果蔬汁中农药残留 ·················· 253
3.2.2 果酒中农药残留 ·················· 254
3.3 果蔬汁和果酒中农药残留限量概况 ·················· 254
3.4 果蔬汁和果酒中农药化学品残留前处理技术研究进展 ·················· 256
3.4.1 液液萃取 ·················· 257
3.4.2 加速溶剂萃取 ·················· 258
3.4.3 固相萃取 ·················· 260
3.4.4 搅拌棒吸附萃取 ·················· 262
3.4.5 固相微萃取 ·················· 263
3.4.6 凝胶渗透色谱 ·················· 265
3.4.7 基质固相分散萃取 ·················· 265
3.4.8 单滴微萃取 ·················· 267
3.5 果蔬汁和果酒中农药化学品残留检测技术研究进展 ·················· 268
3.5.1 气相色谱-电子捕获检测法 ·················· 269
3.5.2 气相色谱-氮磷检测法 ·················· 269
3.5.3 气相色谱-火焰光度检测法 ·················· 270
3.5.4 气相色谱-质谱检测法 ·················· 271
3.5.5 气相色谱-串联质谱检测法 ·················· 272
3.5.6 液相色谱-紫外检测法及液相色谱-二极管阵列检测法 ·················· 272
3.5.7 液相色谱-(串联)质谱检测法 ·················· 273
3.5.8 免疫分析方法 ·················· 274
3.5.9 生物传感器法 ·················· 274
3.6 GC-MS 测定果汁和果酒中 497 种农药化学品多组分残留高通量检测技术 ·················· 275
3.6.1 适用范围 ·················· 275
3.6.2 仪器和试剂 ·················· 275
3.6.3 样品前处理 ·················· 276

		3.6.4 GC-MS 测定条件	276
		3.6.5 农药化学品品种筛选和分组	276
		3.6.6 分析条件选择	277
		3.6.7 样品定性和定量	277
		3.6.8 线性范围、最小检出限和最低定量限	278
		3.6.9 方法精密度和效率评价	285
	3.7	LC-MS/MS 测定果蔬汁和果酒中 512 种农药化学品多组分残留高通量检测技术	308
		3.7.1 适用范围	309
		3.7.2 仪器和试剂	309
		3.7.3 样品前处理	309
		3.7.4 LC-MS/MS 测定条件	309
		3.7.5 农药化学品品种筛选和分组	310
		3.7.6 分析条件选择	313
		3.7.7 线性范围、最小检出限和最低定量限	315
		3.7.8 样品定性和定量	322
		3.7.9 方法回收率和精密度	322
参考文献			345
4 茶叶中农药化学品多组分残留检测技术			**353**
	4.1	概况	353
		4.1.1 茶叶生产概况	353
		4.1.2 茶叶国际贸易概况	354
	4.2	茶叶中农药残留	356
		4.2.1 茶叶中农药残留概况	356
		4.2.2 国际农药残留限量	357
	4.3	茶叶中农药化学品残留前处理技术研究进展	362
		4.3.1 液液萃取	362
		4.3.2 微波辅助萃取	363
		4.3.3 加速溶剂萃取	363
		4.3.4 固相萃取	363
		4.3.5 固相微萃取	365
		4.3.6 基质固相分散萃取	366
		4.3.7 分散固相萃取	366
		4.3.8 QuEChERS 技术	367
		4.3.9 搅拌棒吸附萃取	367
		4.3.10 液相微萃取	368
		4.3.11 超临界流体萃取	368
		4.3.12 凝胶渗透色谱	368
		4.3.13 浊点萃取	369
	4.4	茶叶中农药化学品残留检测技术研究进展	369
		4.4.1 薄层色谱法	369
		4.4.2 气相色谱-电子捕获检测法	370
		4.4.3 气相色谱-氮磷检测法	370
		4.4.4 气相色谱-火焰光度检测法	371
		4.4.5 气相色谱-(串联)质谱检测法	371

4.4.6　液相色谱-荧光检测法 ·· 373
　　　4.4.7　液相色谱-紫外检测法 ·· 373
　　　4.4.8　液相色谱-(串联)质谱检测法 ·· 373
　　　4.4.9　酶联免疫分析 ·· 374
　4.5　茶叶中 653 种农药化学品多组分残留高通量检测技术 ····································· 375
　　　4.5.1　适用范围 ··· 375
　　　4.5.2　仪器和试剂 ··· 375
　　　4.5.3　样品前处理 ··· 376
　　　4.5.4　色谱-质谱测定条件 ·· 376
　　　4.5.5　样品前处理和测定条件优化 ·· 377
　　　4.5.6　线性范围、最小检出限和最低定量限 ··· 384
　　　4.5.7　回收率和精密度 ·· 398
　参考文献 ··· 421

5　食用菌中农药化学品多组分残留检测技术 ··· 426
　5.1　概况 ·· 426
　　　5.1.1　世界食用菌行业发展概况 ·· 426
　　　5.1.2　我国食用菌行业发展概况 ·· 427
　　　5.1.3　我国食用菌出口概况 ··· 427
　5.2　食用菌中农药残留 ·· 428
　　　5.2.1　农药工业的发展 ·· 428
　　　5.2.2　农药对农业生产的贡献 ··· 429
　　　5.2.3　农药残留的危害 ·· 430
　　　5.2.4　各国对农药残留的控制 ··· 430
　　　5.2.5　食用菌生产中农药使用及农药残留概况 ·· 431
　　　5.2.6　农药残留限量对地区和全球贸易的影响 ·· 431
　　　5.2.7　国外农药残留限量 ··· 432
　5.3　食用菌中农药残留限量及国内相关标准情况 ··· 432
　5.4　食用菌中农药化学品残留前处理技术研究进展 ··· 443
　　　5.4.1　振荡提取 ··· 443
　　　5.4.2　均质提取 ··· 444
　　　5.4.3　超声波提取 ··· 444
　　　5.4.4　液液分配提取 ·· 444
　　　5.4.5　加速溶剂萃取 ·· 445
　　　5.4.6　固相萃取 ··· 445
　　　5.4.7　凝胶渗透色谱 ·· 446
　　　5.4.8　分散固相萃取 ·· 447
　5.5　食用菌中农药化学品残留检测技术研究进展 ·· 447
　　　5.5.1　气相色谱-电子捕获检测法 ··· 448
　　　5.5.2　气相色谱-火焰光度检测法 ··· 449
　　　5.5.3　气相色谱-原子发射检测法 ··· 449
　　　5.5.4　气相色谱-(串联)质谱检测法 ·· 449
　　　5.5.5　液相色谱-紫外检测法 ··· 450
　　　5.5.6　液相色谱-二极管阵列检测法 ·· 451
　　　5.5.7　液相色谱-荧光检测法 ··· 451

5.5.8 液相色谱-(串联)质谱检测法 ... 452
5.5.9 其他检测技术 ... 452
5.6 食用菌中775种农药化学品多组分残留高通量检测技术 ... 453
5.6.1 适用范围 ... 453
5.6.2 试剂和材料 ... 453
5.6.3 仪器和设备 ... 453
5.6.4 仪器条件 ... 453
5.6.5 样品前处理方法 ... 454
5.6.6 农药品种筛选 ... 455
5.6.7 提取溶剂和净化条件选择 ... 462
5.6.8 定性和定量测定 ... 462
5.6.9 GC-MS测定条件选择 ... 463
5.6.10 LC-MS/MS测定条件选择 ... 463
5.6.11 方法回收率和精密度实验 ... 464
5.6.12 线性范围、最小检出限和最低定量限 ... 511
参考文献 ... 525

6 植物中药材中农药化学品多组分残留检测技术 ... 528
6.1 概况 ... 528
6.1.1 中药材产业发展概况 ... 528
6.1.2 中药材国际贸易与技术性贸易壁垒 ... 528
6.2 中药材中农药残留 ... 530
6.2.1 中药材中农药残留的来源 ... 530
6.2.2 中药材中农药残留概况 ... 530
6.3 国内外药典对中药材中农药残留限量的规定 ... 539
6.3.1 有关国家或地区药典中农药残留限量标准 ... 539
6.3.2 有关国家或地区药典中农药残留官方检测方法 ... 542
6.3.3 《中国药典》农药残留标准与先进国家的差距 ... 543
6.4 中药材中农药化学品残留前处理技术研究进展 ... 548
6.4.1 提取溶剂的选择和提取液的浓缩 ... 548
6.4.2 振荡提取 ... 549
6.4.3 索氏提取 ... 549
6.4.4 超声波提取 ... 550
6.4.5 微波辅助萃取 ... 550
6.4.6 加速溶剂萃取 ... 551
6.4.7 固相微萃取 ... 551
6.4.8 超临界流体萃取 ... 552
6.4.9 液液萃取 ... 553
6.4.10 固相萃取 ... 553
6.4.11 凝胶渗透色谱 ... 554
6.4.12 磺化法 ... 554
6.5 中药材中农药化学品残留检测技术研究进展 ... 554
6.5.1 气相色谱-电子捕获检测法 ... 555
6.5.2 气相色谱-氮磷检测法 ... 557
6.5.3 气相色谱-火焰光度检测法 ... 558

		6.5.4 气相色谱-质谱检测法	559
		6.5.5 液相色谱-紫外检测法	563
		6.5.6 液相色谱-荧光检测法	567
		6.5.7 液相色谱-(串联)质谱检测法	567
	6.6	桑枝、金银花、枸杞子和荷叶中 631 种农药化学品多组分残留高通量检测技术	571
		6.6.1 适用范围	571
		6.6.2 仪器和设备	571
		6.6.3 试剂和材料	571
		6.6.4 样品前处理	571
		6.6.5 测定条件	572
		6.6.6 农药化学品品种筛选	586
		6.6.7 样品提取条件选择	596
		6.6.8 样品净化条件选择	596
		6.6.9 GC-MS 测定条件优化	597
		6.6.10 LC-MS/MS 测定条件优化	597
		6.6.11 线性范围、最小检出限和最低定量限	598
		6.6.12 方法回收率和精密度	598
参考文献			644

第二卷 （动物源产品）

7	动物组织中农药化学品多组分残留检测技术		651
	7.1 概况		651
		7.1.1 世界肉类生产概况	651
		7.1.2 我国肉类生产概况	652
		7.1.3 肉类国际贸易发展	653
	7.2 世界各国动物组织中农药残留限量要求		655
	7.3 动物组织中农药化学品残留前处理技术研究进展		674
		7.3.1 液固萃取	677
		7.3.2 液液萃取	677
		7.3.3 索氏提取	678
		7.3.4 超声辅助萃取	678
		7.3.5 加速溶剂萃取	678
		7.3.6 微波辅助萃取	679
		7.3.7 基质固相分散萃取	679
		7.3.8 分散固相萃取	680
		7.3.9 超临界流体萃取	680
		7.3.10 固相微萃取	681
		7.3.11 液相微萃取	681
		7.3.12 凝胶渗透色谱	682
		7.3.13 固相萃取	683
		7.3.14 扫集共蒸馏	686
		7.3.15 免疫亲和色谱	687
	7.4 动物组织中农药化学品残留检测技术研究进展		687
		7.4.1 气相色谱-电子捕获检测法	688

7.4.2 气相色谱-氮磷检测法 ·· 689
7.4.3 气相色谱-火焰光度检测法 ··· 690
7.4.4 气相色谱-质谱检测法 ·· 691
7.4.5 气相色谱-串联质谱检测法 ··· 691
7.4.6 液相色谱-紫外检测法 ·· 693
7.4.7 液相色谱-二极管阵列检测法 ··· 694
7.4.8 液相色谱-荧光检测法 ·· 694
7.4.9 液相色谱-串联质谱检测法 ··· 695

7.5 动物组织中 839 种农药化学品多组分残留高通量检测技术 ····························· 697
7.5.1 适用范围 ··· 697
7.5.2 仪器和设备 ··· 697
7.5.3 试剂和材料 ··· 697
7.5.4 样品前处理 ··· 697
7.5.5 测定条件 ··· 698
7.5.6 定性与定量测定 ··· 711
7.5.7 凝胶渗透色谱净化条件选择 ·· 713
7.5.8 农药品种筛选 ··· 713
7.5.9 提取溶剂选择 ··· 724
7.5.10 GC-MS 测定条件选择 ·· 724
7.5.11 LC-MS/MS 测定条件选择 ·· 724
7.5.12 检出限、定量限、回收率和精密度 ·· 725
7.5.13 GC-MS 和 LC-MS/MS 两种方法定量限评价 ·· 747

7.6 体脂中 295 种环境污染物快速筛查测定技术 ·· 751
7.6.1 适用范围 ··· 751
7.6.2 仪器和设备 ··· 752
7.6.3 试剂和材料 ··· 752
7.6.4 样品提取 ··· 752
7.6.5 凝胶渗透色谱净化 ··· 752
7.6.6 测定条件 ··· 753
7.6.7 提取溶剂选择 ··· 753
7.6.8 提取方法对比 ··· 757
7.6.9 凝胶渗透色谱净化条件选择 ·· 759
7.6.10 净化方式对比 ··· 774
7.6.11 定性测定和定量测定 ··· 778
7.6.12 线性范围、检出限和定量限 ··· 781
7.6.13 方法回收率和精密度 ··· 789

参考文献 ··· 789

8 蜂蜜中农药化学品多组分残留检测技术 ··· 799

8.1 概况 ··· 799
8.1.1 世界蜂业发展概况 ··· 799
8.1.2 我国蜂业发展概况 ··· 800
8.1.3 我国蜂业出口概况 ··· 800

8.2 蜂产品中农药残留及检测技术需求 ·· 801
8.2.1 蜂药使用与蜂产品中农药残留概况 ·· 801

8.2.2　我国蜂蜜主销市场对蜂蜜中农药残留检测要求 ································· 802
8.3　蜂蜜中农药化学品残留前处理技术研究进展 ··· 802
　　　8.3.1　液液萃取 ··· 802
　　　8.3.2　固相微萃取 ··· 803
　　　8.3.3　加速溶剂萃取 ··· 803
　　　8.3.4　超临界流体萃取 ··· 804
　　　8.3.5　搅拌棒吸附萃取 ··· 804
　　　8.3.6　超声辅助萃取 ··· 804
　　　8.3.7　单滴萃取 ··· 805
　　　8.3.8　固相萃取 ··· 805
　　　8.3.9　分散固相萃取 ··· 807
　　　8.3.10　基质固相分散萃取 ·· 807
　　　8.3.11　凝胶渗透色谱 ·· 808
　　　8.3.12　不同前处理方法比较 ·· 808
8.4　蜂蜜中农药化学品残留检测技术研究进展 ··· 808
　　　8.4.1　气相色谱-电子捕获检测法 ·· 809
　　　8.4.2　气相色谱-火焰光度检测法 ·· 809
　　　8.4.3　气相色谱-氮磷检测法 ·· 810
　　　8.4.4　气相色谱-原子发射检测法 ·· 810
　　　8.4.5　气相色谱-质谱检测法 ·· 810
　　　8.4.6　液相色谱-紫外检测法与液相色谱-二极管阵列检测法 ··························· 811
　　　8.4.7　液相色谱-荧光检测法 ·· 811
　　　8.4.8　液相色谱-串联质谱检测法 ·· 811
　　　8.4.9　薄层色谱法 ··· 812
　　　8.4.10　酶联免疫法 ·· 812
　　　8.4.11　微分脉冲伏安法 ·· 812
8.5　我国蜂产品农药残留检测技术标准化研究新进展 ····································· 813
　　　8.5.1　蜂产品农药残留检测技术标准研究概况 ······································· 813
　　　8.5.2　蜂产品中614种农药残留检测技术标准研究 ··································· 814
8.6　蜂蜜中689种农药化学品多组分残留高通量检测技术 ································· 814
　　　8.6.1　适用范围 ··· 814
　　　8.6.2　仪器和试剂 ··· 815
　　　8.6.3　样品前处理 ··· 816
　　　8.6.4　仪器测定 ··· 816
　　　8.6.5　检测农药品种筛选 ··· 818
　　　8.6.6　测定条件优化 ··· 831
　　　8.6.7　线性范围、最小检出限和最低定量限 ··· 835
　　　8.6.8　GC-MS和LC-MS/MS最小检出限和线性相关系数的比较 ······················· 850
　　　8.6.9　方法效率评价 ··· 851
参考文献 ··· 917

9　水产品中农药化学品多组分残留检测技术 ··· 922
9.1　概况 ··· 922
　　　9.1.1　世界渔业发展概况 ··· 922
　　　9.1.2　我国渔业发展概况 ··· 923

9.2 水产品中农药残留 …………………………………………………………………… 925
9.3 水产品中农药化学品残留前处理技术研究进展 ………………………………… 926
  9.3.1 液液萃取 ………………………………………………………………… 926
  9.3.2 液固萃取 ………………………………………………………………… 926
  9.3.3 加速溶剂萃取 …………………………………………………………… 927
  9.3.4 超声辅助萃取 …………………………………………………………… 927
  9.3.5 微波辅助萃取 …………………………………………………………… 927
  9.3.6 超临界流体萃取 ………………………………………………………… 928
  9.3.7 固相萃取 ………………………………………………………………… 928
  9.3.8 微萃取技术 ……………………………………………………………… 929
  9.3.9 基质固相分散萃取 ……………………………………………………… 930
  9.3.10 QuEChERS技术 ………………………………………………………… 930
  9.3.11 凝胶渗透色谱 …………………………………………………………… 931
9.4 水产品中农药化学品残留检测技术研究进展 …………………………………… 931
  9.4.1 气相色谱和气相色谱-质谱联用技术 …………………………………… 932
  9.4.2 液相色谱和液相色谱-质谱联用技术 …………………………………… 934
  9.4.3 毛细管电泳和毛细管电色谱技术 ……………………………………… 935
  9.4.4 免疫分析法 ……………………………………………………………… 936
  9.4.5 酶抑制法 ………………………………………………………………… 936
9.5 水产品中642种农药化学品多组分残留高通量检测技术 ……………………… 937
  9.5.1 适用范围 ………………………………………………………………… 937
  9.5.2 仪器和试剂 ……………………………………………………………… 937
  9.5.3 标准溶液配制 …………………………………………………………… 937
  9.5.4 样品前处理 ……………………………………………………………… 938
  9.5.5 GC-MS测定条件 ………………………………………………………… 938
  9.5.6 LC-MS/MS测定条件 …………………………………………………… 939
  9.5.7 目标化合物选择 ………………………………………………………… 940
  9.5.8 样品前处理技术条件选择 ……………………………………………… 950
  9.5.9 色谱-质谱条件选择 ……………………………………………………… 951
  9.5.10 样品定性和定量 ………………………………………………………… 952
  9.5.11 方法回收率和精密度 …………………………………………………… 952
  9.5.12 线性范围、最小检出限和最低定量限 ………………………………… 976
参考文献 …………………………………………………………………………………… 1015

10 牛奶和奶粉中农药化学品多组分残留检测技术 …………………………………… 1021
10.1 概况 ……………………………………………………………………………… 1021
  10.1.1 世界奶业发展概况 ……………………………………………………… 1021
  10.1.2 我国奶业发展概况 ……………………………………………………… 1021
10.2 牛奶和奶粉中农药残留 ………………………………………………………… 1022
10.3 牛奶和奶粉中农药残留限量概况 ……………………………………………… 1024
10.4 牛奶和奶粉中农药化学品残留前处理技术研究进展 ………………………… 1034
  10.4.1 液液萃取 ………………………………………………………………… 1035
  10.4.2 加速溶剂萃取 …………………………………………………………… 1036
  10.4.3 固相萃取 ………………………………………………………………… 1036
  10.4.4 凝胶渗透色谱 …………………………………………………………… 1040

            10.4.5 固相微萃取 1040
            10.4.6 基质固相分散萃取 1042
            10.4.7 分散固相萃取 1042
            10.4.8 QuEChERS 技术 1043
    10.5 牛奶和奶粉中农药化学品残留检测技术研究进展 1043
            10.5.1 气相色谱-电子捕获检测法 1044
            10.5.2 气相色谱-氮磷检测法 1045
            10.5.3 气相色谱-火焰光度检测法 1046
            10.5.4 气相色谱-质谱检测法 1047
            10.5.5 气相色谱-串联质谱检测法 1048
            10.5.6 全二维气相色谱法 1049
            10.5.7 液相色谱-紫外检测法 1049
            10.5.8 液相色谱-二极管阵列检测法 1050
            10.5.9 液相色谱-荧光检测法 1050
            10.5.10 液相色谱-双电极库仑检测法 1050
            10.5.11 液相色谱-质谱检测法 1051
            10.5.12 免疫分析技术 1052
    10.6 牛奶和奶粉中 739 种农药化学品多组分残留高通量检测技术 1052
            10.6.1 适用范围 1052
            10.6.2 仪器与试剂 1052
            10.6.3 样品前处理 1053
            10.6.4 测定条件 1053
            10.6.5 农药品种筛选 1054
            10.6.6 样品前处理条件优化 1054
            10.6.7 色谱-质谱检测条件优化 1055
            10.6.8 线性范围、最小检出限和最低定量限 1055
            10.6.9 方法回收率和精密度 1073
    参考文献 1115

11 农药化学品多组分残留质谱分析特征参数基础研究 1121
    11.1 1200 多种农药化学品 GC-MS、GC-MS/MS 和 LC-MS/MS 质谱分析参数 1122
            11.1.1 GC-MS 分析 567 种农药化学品保留时间和定性定量离子对 1122
            11.1.2 GC-MS 分析 567 种农药化学品选择离子监测分组表 1137
            11.1.3 GC-MS/MS 分析 454 种农药化学品保留时间、定性定量离子对和碰撞能量 1142
            11.1.4 GC-MS/MS 分析 454 种农药化学品选择离子监测分组表 1154
            11.1.5 GC-MS/MS 分析 284 种环境污染物保留时间、定性定量离子对和碰撞能量 1158
            11.1.6 GC-MS(NCI)分析硫丹的保留时间、选择离子和相对丰度 1165
            11.1.7 LC-MS/MS 分析 9 种环境污染物保留时间、定性定量离子对、去簇电压和碰撞能量等参数 1166
            11.1.8 LC-MS/MS 分析 569 种农药化学品保留时间、定性定量离子对、源内碎裂电压和碰撞能量 1166
            11.1.9 LC-TOF-MS 分析 492 种农药化学品精确质量数、保留时间、母离子和碰撞能量等参数 1181
    11.2 1200 多种农药化学品 GC-MS、GC-MS/MS 和 LC-MS/MS 线性方程参数 1202
            11.2.1 GC-MS 分析 567 种农药化学品线性方程、线性范围和相关系数 1202

11.2.2　GC-MS/MS分析466种农药化学品线性方程、线性范围和相关系数 …………………… 1216
　　11.2.3　GC-MS/MS分析284种环境污染物线性方程、线性范围和相关系数 …………………… 1228
　　11.2.4　GC-MS(NCI)分析硫丹的线性方程、线性范围和相关系数 ……………………………… 1235
　　11.2.5　LC-MS/MS分析9种环境污染物线性方程、线性范围和相关系数 ……………………… 1235
　　11.2.6　LC-MS/MS分析569种农药化学品线性方程、线性范围和相关系数 …………………… 1236
11.3　农药化学品GPC色谱行为参数 ……………………………………………………………… 1250
　　11.3.1　740种农药化学品凝胶渗透色谱行为参数 ………………………………………………… 1250
　　11.3.2　107种环境污染物凝胶渗透色谱行为参数 ………………………………………………… 1260

附录 ……………………………………………………………………………………………………… 1262
　　附录Ⅰ　1037种农药化学品GC-MS、GC-MS/MS和LC-MS/MS检测索引（*指章节）…… 1262
　　附录Ⅱ　1166种农药化学品溶剂选择和混合标准溶液浓度 ……………………………………… 1316
　　附录Ⅲ　887种农药化学品主要理化性质 ………………………………………………………… 1340

Contents

Foreword

Preface

Volume Ⅰ (For Plant Origin)

1 Analytical Techniques for Multi-Classes and Multi-Kinds of Pesticide Residues and Chemical Pollutants in Fruit and Vegetable ············ 3
    1.1 General Overview ············ 3
        1.1.1 Overview of Fruit Development in Various Countries ············ 3
        1.1.2 Overview of Vegetable Development in Various Countries ············ 4
    1.2 Pesticide Residues in Fruit and Vegetable ············ 4
    1.3 Overview of Maximum Residue Limits MRLs for Fruit and Vegetable ············ 5
        1.3.1 MRLs Prescribed by International Organization ············ 5
        1.3.2 MRLs for Major Trading Countries of Fruit and Vegetable ············ 5
    1.4 Development of Sample Preparation Techniques for Pesticide Residues and Chemical Pollutants in Fruit and Vegetable ············ 7
        1.4.1 Liquid Liquid Extraction, LLE ············ 7
        1.4.2 Accelerated Solvent Extraction, ASE ············ 10
        1.4.3 Microwave Assisted Extraction, MAE ············ 10
        1.4.4 Solid Phase Extraction, SPE ············ 12
        1.4.5 Matrix Solid Phase Dispersion Extraction, MSPDE ············ 18
        1.4.6 Dispersive Solid Phase Extraction, DSPE ············ 20
        1.4.7 Quick, Easy, Cheap, Effective, Rugged and Safe, QuEChERS ············ 20
        1.4.8 Solid Phase Microextraction, SPME ············ 22
        1.4.9 Stir-Bar Sorptive Extraction, SBSE ············ 23
        1.4.10 Liquid Phase Microextraction, LPME ············ 24
        1.4.11 Supercritical Fluid Extraction, SFE ············ 25
        1.4.12 Gel Permeation Chromatography, GPC ············ 25
        1.4.13 Derivatization ············ 27
        1.4.14 Cloud Point Extraction, CPE ············ 29
    1.5 Development of Analytical Techniques for Pesticide Residues and Chemical Pollutants in Fruit and Vegetable ············ 29
        1.5.1 Gas Chromatography-Electron Capture Detector, GC-ECD ············ 33
        1.5.2 Gas Chromatography-Nitrogen Phosphorus Detector, GC-NPD ············ 33
        1.5.3 Gas Chromatography-Flame Photometric Detector, GC-FPD ············ 33
        1.5.4 Gas Chromatography-Mass Spectrometry, GC-MS ············ 33
        1.5.5 Liquid Chromatography-Ultraviolet Detector, LC-UVD ············ 36
        1.5.6 Liquid Chromatography-Diode-Array Detector, LC-DAD ············ 37
        1.5.7 Liquid Chromatography-Fluorescence Detector, LC-FLD ············ 37
        1.5.8 Liquid Chromatography-Tandem Mass Spectrometry, LC-MS/MS ············ 38

		1.5.9 Thin Layer Chromatography, TLC	40
		1.5.10 Capillary Electrophoresis, CE	40
		1.5.11 Biosensor	41
		1.5.12 Immunoassay, IA	42
	1.6	High-Throughput Analytical Techniques for Determination of Multi-Classes and Multi-Kinds of 666 Pesticide Residues and Chemical Pollutants in Fruit and Vegetable	43
		1.6.1 Scope	43
		1.6.2 Apparatus and Reagents	43
		1.6.3 Extraction	43
		1.6.4 Cleanup	43
		1.6.5 GC-MS Analytical Conditions	43
		1.6.6 LC-MS/MS Analytical Conditions	51
		1.6.7 Results and Discussions	58
		1.6.8 Linear Range, LOD and LOQ	66
		1.6.9 Recovery and Accuracy	66
	References		115
2	Analytical Techniques for Multi-Classes and Multi-Kinds of Pesticide Residues and Chemical Pollutants in Grain		136
	2.1	General Overview	136
		2.1.1 Overview of Grain Production in Various Countries	136
		2.1.2 Overview of Grain Production in China	137
	2.2	Pesticide Residues and Chemical Pollutants in Grain	138
	2.3	Overview of MRLs for Grain	140
		2.3.1 Codex Alimentarius Commission, CAC	140
		2.3.2 USA	141
		2.3.3 European Union, EU	143
		2.3.4 Japan Positive List System	145
		2.3.5 China	149
	2.4	Development of Sample Preparation Techniques for Pesticide Residues and Chemical Pollutants in Grain	151
		2.4.1 Solid Phase Extraction, SPE	151
		2.4.2 Solid Phase Microextraction, SPME	154
		2.4.3 Supercritical Fluid Extraction, SFE	155
		2.4.4 Microwave Assisted Extraction, MAE	155
		2.4.5 Gel Permeation Chromatography, GPC	155
		2.4.6 Matrix Solid Phase Dispersion Extraction, MSPDE	156
		2.4.7 Accelerated Solvent Extraction, ASE	156
		2.4.8 Dispersive Solid Phase Extraction, DSPE	157
		2.4.9 Quick, Easy, Cheap, Effective, Rugged and Safe, QuEChERS	157
		2.4.10 Dispersive Liquid-Liquid Microextraction, DLLME	159
		2.4.11 Immunoaffinity Chromatography, IAC	159
		2.4.12 Direct Sample Introduction, DSI	159
	2.5	Development of Analytical Techniques of Pesticide Residues and Chemical Pollutants in Grain	160

- 2.5.1 Gas Chromatography-Electron Capture Detector, GC-ECD ········ 160
- 2.5.2 Gas Chromatography-Nitrogen Phosphorus Detector, GC-NPD ········ 161
- 2.5.3 Gas Chromatography-Tandem Mass Spectrometry, GC-MS/MS ········ 161
- 2.5.4 Liquid Chromatography-Ultraviolet Detector, LC-UVD ········ 162
- 2.5.5 Liquid Chromatography-Diode-Array Detector, LC-DAD ········ 162
- 2.5.6 Liquid Chromatography-Tandem Mass Spectrometry, LC-MS/MS ········ 163
- 2.5.7 Enzyme-Linked Immunosorbent Assay, ELISA ········ 164
- 2.6 High-Throughput Analytical Techniques for Determination of Multi-Classes and multi-Kinds of 690 Pesticide Residues and Chemical Pollutants in Grain ········ 165
  - 2.6.1 Scope ········ 165
  - 2.6.2 Reagents and Materials ········ 165
  - 2.6.3 Apparatus ········ 186
  - 2.6.4 Extraction ········ 187
  - 2.6.5 Cleanup ········ 187
  - 2.6.6 Qualitation and Quantitation ········ 188
  - 2.6.7 Screening of Compound Varieties ········ 190
  - 2.6.8 Optimization of Sample Preparation Conditions ········ 198
  - 2.6.9 Optimization of Analytical Conditions ········ 199
  - 2.6.10 Linear Range, LOD and LOQ ········ 200
  - 2.6.11 Recovery and Accuracy ········ 200
- References ········ 245

3 **Analytical Techniques for Multi-Classes and Multi-Kinds of Pesticide Residues and Chemical Pollutants in Fruit Juice, Vegetable Juice and Fruit Wine** ········ 251
  - 3.1 General Overview ········ 251
    - 3.1.1 Overview of Fruit Juice and Vegetable Juice Development in Various Countries ········ 251
    - 3.1.2 Overview of Fruit Wine Development in Various Countries ········ 252
  - 3.2 Pesticide Residues in Fruit Juice, Vegetable Juice and Fruit Wine ········ 253
    - 3.2.1 Pesticide Residues in Fruit Juice and Vegetable Juice ········ 253
    - 3.2.2 Pesticide Residues in Fruit Wine ········ 254
  - 3.3 Overview of MRLs for Fruit Juice, Vegetable Juice and Fruit Wine ········ 254
  - 3.4 Development of Sample Preparation Techniques for Pesticide Residues and Chemical Pollutants in Fruit Juice, Vegetable Juice and Fruit Wine ········ 256
    - 3.4.1 Liquid Liquid Extraction, LLE ········ 257
    - 3.4.2 Accelerated Solvent Extraction, ASE ········ 258
    - 3.4.3 Solid Phase Extraction, SPE ········ 260
    - 3.4.4 Stir-Bar Sorptive Extraction, SBSE ········ 262
    - 3.4.5 Solid Phase Microextraction, SPME ········ 263
    - 3.4.6 Gel Permeation Chromatography, GPC ········ 265
    - 3.4.7 Matrix Solid Phase Dispersion Extraction, MSPDE ········ 265
    - 3.4.8 Single-Drop Microextraction, SDME ········ 267
  - 3.5 Development of Analytical Techniques for Pesticide Residues and Chemical Pollutants in Fruit Juice, Vegetable Juice and Fruit Wine ········ 268
    - 3.5.1 Gas Chromatography-Electron Capture Detector, GC-ECD ········ 269
    - 3.5.2 Gas Chromatography-Nitrogen Phosphorus Detector, GC-NPD ········ 269

3.5.3 Gas Chromatography-Flame Photometric Detector, GC-FPD ·········· 270
3.5.4 Gas Chromatography-Mass Spectrometry, GC-MS ·········· 271
3.5.5 Gas Chromatography-Tandem Mass Spectrometry, GC-MS/MS ·········· 272
3.5.6 Liquid Chromatography-Ultraviolet Detector, LC-UVD and Liquid Chromatography-Diode-Array Detector, LC-DAD ·········· 272
3.5.7 Liquid Chromatography-Tandem Mass Spectrometry, LC-MS/MS ·········· 273
3.5.8 Immunoassay, IA ·········· 274
3.5.9 Biosensor ·········· 274
3.6 High-Throughput Analytical Techniques for Determination of Multi-Classes and Multi-Kinds of 497 Pesticide Residues and Chemical Pollutants in Fruit Juice and Fruit Wine by GC-MS ·········· 275
3.6.1 Scope ·········· 275
3.6.2 Apparatus and Reagents ·········· 275
3.6.3 Sample Preparation ·········· 276
3.6.4 GC-MS Analytical Conditions ·········· 276
3.6.5 Screening of Target Pesticides ·········· 276
3.6.6 Optimization of Analytical Conditions ·········· 277
3.6.7 Qualification and Quantification ·········· 277
3.6.8 Linear Range, LOD and LOQ ·········· 278
3.6.9 Evaluation of Method Efficiency ·········· 285
3.7 High-Throughput Analytical Method for Determination of Multi-Classes of 512 Pesticide Residues and Chemical Pollutants in fruit juice and wine by LC-MS/MS ·········· 308
3.7.1 Scope ·········· 309
3.7.2 Apparatus and Reagents ·········· 309
3.7.3 Sample Preparation ·········· 309
3.7.4 LC-MS/MS Analytical Conditions ·········· 309
3.7.5 Screening of Target Pesticides and Chemical Pollutants ·········· 310
3.7.6 Optimization of Analytical Conditions ·········· 313
3.7.7 Linear Range, LOD and LOQ ·········· 315
3.7.8 Qualification and Quantitation ·········· 322
3.7.9 Recovery and Accuracy ·········· 322
References ·········· 345

4 Analytical Techniques of Multi-Classes and Multi-Kinds of Pesticide Residues and Chemical Pollutants in Tea ·········· 353

4.1 General Overview ·········· 353
4.1.1 Overview of Tea Production ·········· 353
4.1.2 Overview of Tea Trading ·········· 354
4.2 Pesticide Residues in Tea ·········· 356
4.2.1 Overview of Pesticide Residues in Tea ·········· 356
4.2.2 MRLs Prescribed by International Organization ·········· 357
4.3 Development of Sample Preparation Techniques for Pesticide Residues and Chemical Pollutants in Tea ·········· 362
4.3.1 Liquid Liquid Extraction, LLE ·········· 362
4.3.2 Microwave Assisted Extraction, MAE ·········· 363

  4.3.3 Accelerated Solvent Extraction,ASE ………………………………………………… 363
  4.3.4 Solid Phase Extraction,SPE …………………………………………………………… 363
  4.3.5 Solid Phase Microextraction,SPME …………………………………………………… 365
  4.3.6 Matrix Solid Phase Dispersion Extraction,MSPDE …………………………………… 366
  4.3.7 Dispersive Solid Phase Extraction,DSPE ……………………………………………… 366
  4.3.8 Quick, Easy, Cheap, Effective, Rugged and Safe,QuEChRS ………………………… 367
  4.3.9 Stir-Bar Sorptive Extraction,SBSE …………………………………………………… 367
  4.3.10 Liquid-Phase Microextraction,LPME ………………………………………………… 368
  4.3.11 Supercritical Fluid Extraction,SFE …………………………………………………… 368
  4.3.12 Gel Permeation Chromatography,GPC ……………………………………………… 368
  4.3.13 Cloud Point Extraction, CPE ………………………………………………………… 369
 4.4 Development of Analytical Techniques for Pesticide Residues and Chemical Pollutants in Tea ……………………………………………………………………………… 369
  4.4.1 Thin Layer Chromatography, TLC …………………………………………………… 369
  4.4.2 Gas Chromatography-Electron Capture Detector, GC-ECD ………………………… 370
  4.4.3 Gas Chromatography-Nitrogen-Phosphorus Detector, GC-NPD ……………………… 370
  4.4.4 Gas Chromatography-Flame Photometric Detector,GC-FPD ………………………… 371
  4.4.5 Gas Chromatography-Tandem Mass Spectrometry Detector, GC-MS/MS …………… 371
  4.4.6 Liquid Chromatography-Fluorescence Detection,LC-FLD …………………………… 373
  4.4.7 Liquid Chromatography-Ultraviolet Detector,LC-UVD ……………………………… 373
  4.4.8 Liquid Chromatography-Tandem Mass Spectrometry Detector, LC-MS/MS ………… 373
  4.4.9 Enzyme-Linked Immunosorbnent Assay,ELISA ……………………………………… 374
 4.5 High-Throughput Analytical Techniques for Determination of Multi-Classes and multi-Kinds of 653 Pesticide Residues and Chemical Pollutants in Tea ……………… 375
  4.5.1 Scope …………………………………………………………………………………… 375
  4.5.2 Apparatus and Reagents ……………………………………………………………… 375
  4.5.3 Sample Preparation …………………………………………………………………… 376
  4.5.4 Chromatography-Mass Spectrometry Analytical Conditions ………………………… 376
  4.5.5 Optimization of Sample Preparation and Determination Conditions ………………… 377
  4.5.6 Linear Range,LOD and LOQ ………………………………………………………… 384
  4.5.7 Recovery and Accuracy ……………………………………………………………… 398
 References ………………………………………………………………………………………… 421

5 Analytical Techniques for Multi-Classes and Multi-Kinds of Pesticide Residues and Chemical Pollutants in Edible Fungi …………………………………………………………… 426

 5.1 General Overview ………………………………………………………………………… 426
  5.1.1 Overview of Edible Fungi Development in Various Countries ……………………… 426
  5.1.2 Overview of Edible Fungi Development in China …………………………………… 427
  5.1.3 Overview of Edible Fungi Export in China …………………………………………… 427
 5.2 Pesticide Residues in Edible Fungi ……………………………………………………… 428
  5.2.1 Development of Pesticide Industry …………………………………………………… 428
  5.2.2 Contribution of Pesticides to Agricultural Production ………………………………… 429
  5.2.3 Hazards Caused by Pesticide Residues ……………………………………………… 430
  5.2.4 Control of Pesticide Residues in Various Countries ………………………………… 430
  5.2.5 Overview of Pesticide Use and Pesticide Residues in Edible Fungi Production ……… 431

5.2.6 Influences of MRL on the Regional and Global Trade ········· 431
5.2.7 MRL Prescribed by International Organization ········· 432
5.3 MRLs and Domestic Standards for Edible Fungi ········· 432
5.4 Development of Sample Preparation Techniques of Pesticide Residues and Chemical Pollutants in Edible Fungi ········· 443
5.4.1 Shake Extraction ········· 443
5.4.2 Homogeneous Extraction ········· 444
5.4.3 Ultrasonic Extraction ········· 444
5.4.4 Liquid Liquid Partition ········· 444
5.4.5 Accelerated Solvent Extraction, ASE ········· 445
5.4.6 Solid Phase Extraction, SPE ········· 445
5.4.7 Gel Permeation Chromatography, GPC ········· 446
5.4.8 Dispersive Solid Phase Extraction, DSPE ········· 447
5.5 Development of Analytical Techniques of Pesticide Residues and Chemical Pollutants in Edible Fungi ········· 447
5.5.1 Gas Chromatography-Electron Capture Detector, GC-ECD ········· 448
5.5.2 Gas Chromatography-Flame Photometric Detector, GC-FPD ········· 449
5.5.3 Gas Chromatography-Atomic Emission Detector, GC-AED ········· 449
5.5.4 Gas Chromatography-Tandem Mass Spectrometry, GC-MS/MS ········· 449
5.5.5 Liquid Chromatography-Ultraviolet Detector, LC-UVD ········· 450
5.5.6 Liquid Chromatography-Diode-Array Detector, LC-DAD ········· 451
5.5.7 Liquid Chromatography-Fluorescence Detector, LC-FLD ········· 451
5.5.8 Liquid Chromatography-Tandem Mass Spectrometry, LC-MS/MS ········· 452
5.5.9 Other Analytical Techniques ········· 452
5.6 High-Throughput Analytical Techniques for Determination of Multi-Classes and multi-Kinds of 775 Pesticide Residues and Chemical Pollutants in Edible Fungi ········· 453
5.6.1 Scope ········· 453
5.6.2 Reagents and Materials ········· 453
5.6.3 Apparatus ········· 453
5.6.4 Analytical Conditions ········· 453
5.6.5 Sample Preparation ········· 454
5.6.6 Screening of Target Pesticides ········· 455
5.6.7 Optimization of Extraction Solvents and Cleanup Conditions ········· 462
5.6.8 Qualitation and Quantitation ········· 462
5.6.9 Optimization of GC-MS Analytical Conditions ········· 463
5.6.10 Optimization of LC-MS/MS Analytical Conditions ········· 463
5.6.11 Recovery and Accuracy ········· 464
5.6.12 Linear Range, LOD and LOQ ········· 511
References ········· 525

6 Analytical Techniques for Multi-Classes and Multi-Kinds of Pesticide Residues and Chemical Pollutants in Chinese Medicinal Material of Plant Origin ········· 528

6.1 General Overview ········· 528
6.1.1 Overview of Chinese Medicinal Material Production ········· 528
6.1.2 International Trading and Technical Trade Barrier to Chinese Medicinal Material ········· 528

- 6.2 Pesticide Residue in Chinese Medicinal Material ········· 530
  - 6.2.1 Source of Pesticide Residue in Chinese Medicinal Material ········· 530
  - 6.2.2 Overview of Pesticide Residue in Chinese Medicinal Material ········· 530
- 6.3 Stipulations of MRLs in Chinese Medicinal Material Prescribed by Domestic and Foreign Pharmacopoeia ········· 539
  - 6.3.1 MRLs Prescribed by Pharmacopoeia of Related Countries and Regions ········· 539
  - 6.3.2 Official Analytical Methods for Pesticide Residue Prescribed by Pharmacopoeia of Related Countries and Regions ········· 542
  - 6.3.3 The Gap of Pesticide Residue Standards of Chinese Pharmacopoeia with Those of Developed Countries ········· 543
- 6.4 Development of Sample Preparation Techniques of Pesticide Residues and Chemical Pollutants in Chinese Medicinal Materials ········· 548
  - 6.4.1 Selectivity of Extraction Solvents and Concentrations of Extracting Solutions ········· 548
  - 6.4.2 Shaking Extraction ········· 549
  - 6.4.3 Soxhlet Extraction, SE ········· 549
  - 6.4.4 Ultrasonic Extraction ········· 550
  - 6.4.5 Microwave Assisted Extraction, MAE ········· 550
  - 6.4.6 Accelerated Solvent Extraction, ASE ········· 551
  - 6.4.7 Solid Phase Microextraction, SPME ········· 551
  - 6.4.8 Supercritical Fluid Extraction, SFE ········· 552
  - 6.4.9 Liquid Liquid Extraction, LLE ········· 553
  - 6.4.10 Solid Phase Extraction, SPE ········· 553
  - 6.4.11 Gel Permeation Chromatography, GPC ········· 554
  - 6.4.12 Sulfonation Technique ········· 554
- 6.5 Development of Determination Techniques of Pesticide Residues and Chemical Pollutants in Chinese Medicinal Materials ········· 554
  - 6.5.1 Gas Chromatography-Electron Capture Detector, GC-ECD ········· 555
  - 6.5.2 Gas Chromatography-Nitrogen Phosphorus Detector, GC-NPD ········· 557
  - 6.5.3 Gas Chromatography-Flame Photometric Detector, GC-FPD ········· 558
  - 6.5.4 Gas Chromatography-Mass Spectrometry, GC-MS ········· 559
  - 6.5.5 Liquid Chromatography-Ultraviolet Detector, LC-UVD ········· 563
  - 6.5.6 Liquid Chromatography-Fluorescence Detector, LC-FLD ········· 567
  - 6.5.7 Liquid Chromatography-Tandem Mass Spectrometry, LC-MS/MS ········· 567
- 6.6 High-Throughput Analytical Techniques for Determination of Multi-Classes and Multi-Kinds of 631 Pesticide Residues and Chemical Pollutants in Mulberry Twig, Honeysuckle, Barbary Wolfberry Fruit and Lotus Leaf ········· 571
  - 6.6.1 Scope ········· 571
  - 6.6.2 Apparatus ········· 571
  - 6.6.3 Reagents and Materials ········· 571
  - 6.6.4 Sample Preparation ········· 571
  - 6.6.5 Analytical Conditions ········· 572
  - 6.6.6 Screening of Target Pesticides and Chemical Pollutants ········· 586
  - 6.6.7 Extraction Conditions ········· 596
  - 6.6.8 Cleanup Conditions ········· 596

6.6.9 Optimization of GC-MS Analytical Conditions ………………………………………… 597
6.6.10 Optimization of LC-MS/MS Analytical Conditions ……………………………… 597
6.6.11 Linear Range, LOD and LOQ ……………………………………………………… 598
6.6.12 Recovery and Accuracy …………………………………………………………… 598
References ……………………………………………………………………………………… 644

Volume II (For Animal Origin)

7 Analytical Techniques for Multi-Classes and Multi-Kinds of Pesticide Residues and Chemical Pollutants in Animal Tissues ………………………………………………………………… 651

7.1 General Overview ……………………………………………………………………… 651
 7.1.1 Overview of Meat Production in Various Countries ……………………………… 651
 7.1.2 Overview of Meat Production in China …………………………………………… 652
 7.1.3 Development of International Trade of Meats …………………………………… 653

7.2 MRLs for Animal Tissues in Various Countries ……………………………………… 655

7.3 Development of Sample Preparation Techniques for Pesticide Residues and Chemical Pollutants in Animal Tissues ………………………………………………………… 674
 7.3.1 Liquid Solid Extraction, LSE ……………………………………………………… 677
 7.3.2 Liquid Liquid Extraction, LLE …………………………………………………… 677
 7.3.3 Soxhlet Extraction, SE …………………………………………………………… 678
 7.3.4 Ultrasound-Assisted Extraction, UAE …………………………………………… 678
 7.3.5 Accelerated Solvent Extraction, ASE …………………………………………… 678
 7.3.6 Microwave Assisted Extraction, MAE …………………………………………… 679
 7.3.7 Matrix Solid Phase Dispersion Extraction, MSPDE ……………………………… 679
 7.3.8 Dispersive Solid Phase Extraction, DSPE ………………………………………… 680
 7.3.9 Supercritical Fluid Extraction, SFE ……………………………………………… 680
 7.3.10 Solid Phase Microextraction, SPME …………………………………………… 681
 7.3.11 Liquid Phase Microextraction, LPME …………………………………………… 681
 7.3.12 Gel Permeation Chromatography, GPC ………………………………………… 682
 7.3.13 Solid Phase Extraction, SPE ……………………………………………………… 683
 7.3.14 Sweep Co-Distillation …………………………………………………………… 686
 7.3.15 Immunoaffinity Chromatography, IAC ………………………………………… 687

7.4 Development of Analytical Techniques for Pesticide Residues and Chemical Pollutants in Animal Tissues ………………………………………………………………………… 687
 7.4.1 Gas Chromatography-Electron Capture Detector, GC-ECD …………………… 688
 7.4.2 Gas Chromatography-Nitrogen Phosphorus Detector, GC-NPD ……………… 689
 7.4.3 Gas Chromatography-Flame Photometric Detector, GC-FPD ………………… 690
 7.4.4 Gas Chromatography-Mass Spectrometry, GC-MS ……………………………… 691
 7.4.5 Gas Chromatography-Tandem Mass Spectrometry, GC-MS/MS ……………… 691
 7.4.6 Liquid Chromatography-Ultraviolet Detector, LC-UVD ……………………… 693
 7.4.7 Liquid Chromatography-Diode-Array Detector, LC-DAD ……………………… 694
 7.4.8 Liquid Chromatography-Fluorescence Detector, LC-FLD ……………………… 694
 7.4.9 Liquid Chromatography- Tandem Mass Spectrometry, LC-MS/MS …………… 695

7.5 High-Throughput Analytical Method for Determination of Multi-Classes and Multi-Kinds of 839 Pesticide Residues and Chemical Pollutants in Animal Tissues ………… 697

7.5.1	Scope	697
7.5.2	Apparatus	697
7.5.3	Reagents and Materials	697
7.5.4	Sample Preparation	697
7.5.5	Analytical Conditions	698
7.5.6	Qualitation and Quantitation	711
7.5.7	Optimization of GPC Conditions	713
7.5.8	Screening of Target Pesticides	713
7.5.9	Optimization of Extraction Solvents	724
7.5.10	Optimization of GC-MS Analytical Conditions	724
7.5.11	Optimization of LC-MS/MS Analytical Conditions	724
7.5.12	LOD, LOQ, Recovery and Accuracy	725
7.5.13	Comparative Statistical Analysis of LOD for GC-MS and LC-MS/MS	747

7.6 Multiresidual Determination of 295 Pesticides and Chemical Pollutants in Animal Fat by Gel Permeation Chromatography GPC Cleanup Coupled with GC-MS/MS, GC-NCI-MS and LC-MS/MS ········ 751

7.6.1	Scope	751
7.6.2	Apparatus	752
7.6.3	Reagents and Materials	752
7.6.4	Extraction	752
7.6.5	GPC Cleanup	752
7.6.6	Analytical Conditions	753
7.6.7	Optimization of Extraction Solvents	753
7.6.8	Comparison of Extraction	757
7.6.9	GPC Conditions	759
7.6.10	Comparison of Cleanup	774
7.6.11	Qualitation and Quantitation	778
7.6.12	Validation of Method Performance	781
7.6.13	Recovery and Accuracy	789

References ········ 789

8 Analytical Techniques of Multi-Classes and Multi-Kinds of Pesticide Residues and Chemical Pollutants in Honeys ········ 799

8.1 General Overview ········ 799

8.1.1	Overview of Honey Production in Various Countries	799
8.1.2	Overview of Honey Production in China	800
8.1.3	Overview of Honey Export in China	800

8.2 Analytical Technical Requirements for Pesticide Residues in Bee Products ········ 801

8.2.1	Overview of Bee Drug and Pesticide Residues in Bee Products	801
8.2.2	Analytical Requirements for Pesticide Residues in Major Honey Sales Market of China	802

8.3 Development of Sample Preparation Techniques for Pesticide Residues and Chemical Pollutants in Honey ········ 802

8.3.1	Liquid Liquid Extraction, LLE	802
8.3.2	Solid Phase Microextraction, SPME	803
8.3.3	Accelerated Solvent Extraction, ASE	803

  8.3.4 Supercritical Fluid Extraction, SFE ……… 804
  8.3.5 Stir Bar Sorptive Extraction, SBSE ……… 804
  8.3.6 Ultrasound-Assisted Extraction, UAE ……… 804
  8.3.7 Single Drop Extraction, SDE ……… 805
  8.3.8 Solid Phase Extraction, SPE ……… 805
  8.3.9 Dispersive Solid Phase Extraction, DSPE ……… 807
  8.3.10 Matrix Solid Phase Dispersion Extraction, MSPDE ……… 807
  8.3.11 Gel Permeation Chromatography, GPC ……… 808
  8.3.12 Comparison of Sample Preparation Techniques ……… 808
 8.4 Development of Analytical Techniques for Pesticide Residues and Chemical Pollutants in Honey ……… 808
  8.4.1 Gas Chromatography-Electron Capture Detector, GC-ECD ……… 809
  8.4.2 Gas Chromatography-Flame Photometric Detector, GC-FPD ……… 809
  8.4.3 Gas Chromatography-Nitrogen Phosphorus Detector, GC-NPD ……… 810
  8.4.4 Gas Chromatography-Atomic Emission Detector, GC-AED ……… 810
  8.4.5 Gas Chromatography -Mass Spectrometry, GC-MS ……… 810
  8.4.6 Liquid Chromatography-Ultraviolet Detector, LC-UVD, Liquid Chromatography-Diode-Array Detector, LC-DAD ……… 811
  8.4.7 Liquid Chromatography-Fluorescence Detector, LC-FLD ……… 811
  8.4.8 Liquid Chromatography-Tandem Mass Spectrometry, LC-MS/MS ……… 811
  8.4.9 Thin Layer Chromatography, TLC ……… 812
  8.4.10 Enzyme-Linked Immunosorbent Assay, ELISA ……… 812
  8.4.11 Differential Pulse Voltammetry, DPV ……… 812
 8.5 Development of Standardization for Pesticide Residual Analysis in Honey ……… 813
  8.5.1 Overview of National Analytical Standards for Bee Products ……… 813
  8.5.2 Study of Analytical Techniques and Standards for 614 Pesticide Residues in Bee Products ……… 814
 8.6 High-Throughput Analytical Method for Determination of Multi-Classes and Multi-Kinds of 689 Pesticide Residues and Chemical Pollutants in Honey ……… 814
  8.6.1 Scope ……… 814
  8.6.2 Apparatus and Reagents ……… 815
  8.6.3 Sample Preparation ……… 816
  8.6.4 Determination ……… 816
  8.6.5 Screening of Target Pesticides ……… 818
  8.6.6 Optimization of Determination Conditions ……… 831
  8.6.7 Linear Range, LOD and LOQ ……… 835
  8.6.8 Comparison of LOD for GC-MS and LC-MS/MS ……… 850
  8.6.9 Appraisal of Method Efficiency ……… 851
 References ……… 917

9 Analytical Techniques for Multi-Classes and Multi-Kinds of Pesticide Residues and Chemical Pollutants in Aquatic Products ……… 922

 9.1 General Overview ……… 922
  9.1.1 Overview of Fishing Industry Development in Various Countries ……… 922
  9.1.2 Overview of Fishing Industry Development in China ……… 923
 9.2 Pesticide Residue in Aquatic Products ……… 925

9.3 Development of Sample Preparation Techniques for Pesticide Residues and Chemical Pollutants in Aquatic Products ········· 926
    9.3.1 Liquid Liquid Extraction, LLE ········· 926
    9.3.2 Liquid Solid Extraction, LSE ········· 926
    9.3.3 Accelerated Solvent Extraction, ASE ········· 927
    9.3.4 Ultrasound Assisted Extraction, UAE ········· 927
    9.3.5 Microwave Assisted Extraction, MAE ········· 927
    9.3.6 Supercritical Fluid Extraction, SFE ········· 928
    9.3.7 Solid Phase Extraction, SPE ········· 928
    9.3.8 Microextraction, ME ········· 929
    9.3.9 Matrix Solid Phase Dispersion Extraction, MSPDE ········· 930
    9.3.10 Quick, Easy, Cheap, Effective, Rugged and Safe, QuEChERS ········· 930
    9.3.11 Gel Permeation Chromatography, GPC ········· 931
9.4 Development of Analytical Techniques for Pesticide Residues and Chemical Pollutants in Aquatic Products ········· 931
    9.4.1 GC-MSn ········· 932
    9.4.2 LC-MSn ········· 934
    9.4.3 Capillary Electrophoresis(CE) and Capillary Electrophoresis Chromatography (CEC) ········· 935
    9.4.4 Immunoanalysis ········· 936
    9.4.5 Enzyme Inhibition ········· 936
9.5 High-Throughput Analytical Method for Determination of Multi-Classes and Multi-Kinds of 642 Pesticide Residues and Chemical Pollutants in Aquatic Products ········· 937
    9.5.1 Scope ········· 937
    9.5.2 Apparatus and Reagents ········· 937
    9.5.3 Preparation of Standard Solutions ········· 937
    9.5.4 Sample Preparation ········· 938
    9.5.5 GC-MS Analytical Conditions ········· 938
    9.5.6 LC-MS/MS Analytical Conditions ········· 939
    9.5.7 Selection of Target Pesticides ········· 940
    9.5.8 Optimization of Sample Preparation Conditions ········· 950
    9.5.9 Optimization of Chromatography-Mass Spectrometry Conditions ········· 951
    9.5.10 Qualitation and Quantitation ········· 952
    9.5.11 Recovery and Accuracy ········· 952
    9.5.12 Linear Range, LOD and LOQ ········· 976
References ········· 1015

10 Analytical Techniques for Multi-Classes and Multi-Kinds of Pesticide Residues and Chemical Pollutants in Milk and Milk Powder ········· 1021
10.1 General Overview ········· 1021
    10.1.1 Overview of Milk Industry Development in Various Countries ········· 1021
    10.1.2 Overview of Milk Industry Development in China ········· 1021
10.2 Pesticide Residues in Milk and Milk Powder ········· 1022
10.3 Overview of MRLs for Milk and Milk Powder ········· 1024
10.4 Development of Sample Preparation Techniques for Pesticide Residues and Chemical Pollutants in Milk and Milk Powder ········· 1034

10.4.1 Liquid Liquid Extraction, LLE ········· 1035
10.4.2 Accelerated Solvent Extraction, ASE ········· 1036
10.4.3 Solid Phase Extraction, SPE ········· 1036
10.4.4 Gel Permeation Chromatography, GPC ········· 1040
10.4.5 Solid Phase Microextraction, SPME ········· 1040
10.4.6 Matrix Solid Phase Dispersion Extraction, MSPDE ········· 1042
10.4.7 Dispersive Solid Phase Extraction, DSPE ········· 1042
10.4.8 Quick, Easy, Cheap, Effective, Rugged and Safe, QuEChERS ········· 1043

10.5 Development of Analytical Techniques for Pesticide Residues and Chemical Pollutants in Milk and Milk Powder ········· 1043
10.5.1 Gas Chromatography-Electron Capture Detector, GC-ECD ········· 1044
10.5.2 Gas Chromatography-Nitrogen Phosphorus Detector, GC-NPD ········· 1045
10.5.3 Gas Chromatography-Flame Photometric Detector, GC-FPD ········· 1046
10.5.4 Gas Chromatography-Mass Spectrometry, GC-MS ········· 1047
10.5.5 Gas Chromatography-Tandem Mass Spectrometry, GC-MS/MS ········· 1048
10.5.6 Comprehensive Two-Dimensional Gas Chromatography, GC×GC ········· 1049
10.5.7 Liquid Chromatography-Ultraviolet Detector, LC-UVD ········· 1049
10.5.8 Liquid Chromatography-Diode-Array Detector, LC-DAD ········· 1050
10.5.9 Liquid Chromatography-Fluorescence Detector, LC-FLD ········· 1050
10.5.10 Liquid Chromatography-Double Electrode Coulometric Detector ········· 1050
10.5.11 Liquid Chromatography-Mass Spectrometry, LC-MS ········· 1051
10.5.12 Immunoassay, IA ········· 1052

10.6 High-Throughput Analytical Method for Determination of Multi-Classes and Multi-Kinds of 739 Pesticide Residues and Chemical Pollutants in Milk and Milk Powder ········· 1052
10.6.1 Scope ········· 1052
10.6.2 Apparatus and Reagents ········· 1052
10.6.3 Sample Preparation ········· 1053
10.6.4 Analytical Conditions ········· 1053
10.6.5 Screening of Target Pesticides ········· 1054
10.6.6 Optimization of Sample Preparation Conditions ········· 1054
10.6.7 Optimization of Chromatography-Mass Spectrometry Conditions ········· 1055
10.6.8 Linear Range, LOD and LOQ ········· 1055
10.6.9 Recovery and Accuracy ········· 1073

References ········· 1115

11 Basic Research on Characteristic Parameters for Chromatography-Mass Spectrometry Multi-Classes and Multi-Kinds of Pesticide Residues and Chemical Pollutants ········· 1121

11.1 Mass Spectrometry Data of 1200 Pesticides and Chemical Pollutants Determined by GC-MS, GC-MS/MS and LC-MS/MS ········· 1122
11.1.1 Retention Time, Quantifying and Qualifying Ions of 567 Pesticides and Chemical Pollutants Determined by GC-MS ········· 1122
11.1.2 Monitoring of Selected Ions For 567 Pesticides and Chemical Pollutants Determined by GC-MS ········· 1137

11.1.3	Retention Time, Quantifying and Qualifying Ions, Collision Energies of 454 Pesticides and Chemical Pollutants Determined by GC-MS/MS	1142
11.1.4	Monitoring of Selected Ions For 454 Pesticides and Chemical Pollutants Determined by GC-MS/MS	1154
11.1.5	Retention Time, Quantifying and Qualifying Ions, Collision Energies of 284 Environmental Pollutants Determined by GC-MS	1158
11.1.6	Retention Times, Selective Ions, Relative Abundances of Endosulfans Determined by GC-NCI-MS	1165
11.1.7	Retention Times, Quantifying and Qualifying Ions, Declustering Potentials, Collision Energies of 9 Environmental Pollutants Determined by LC-MS/MS	1166
11.1.8	Retention Times, Quantifying and Qualifying Ions, Fragmentor, Collision Energies of 569 Pesticides and Chemical Pollutants Determined by LC-MS/MS	1166
11.1.9	Exact Mass, Retention Time, Precursor Ions, Collision Energies of 492 Pesticides and Chemical Pollutants Determined by LC-TOF-MS	1181
11.2	Linear Equation Parameters of 1200 Pesticides and Chemical Pollutants Determined by GC-MS, GC-MS/MS and LC-MS/MS	1202
11.2.1	Linear Equation, Linear Ranges, and Correlation Coefficient of 567 Pesticides and Chemical Pollutants Determined by GC-MS	1202
11.2.2	Linear Equation, Linear Ranges, and Correlation Coefficient of 466 Pesticides and Chemical Pollutants Determined by GC-MS/MS	1216
11.2.3	Linear Equation, Linear Ranges, and Correlation Coefficient of 284 Environmental Pollutants Determined by GC-MS/MS	1228
11.2.4	Linear Equation, Linear Ranges, and Correlation Coefficient of Endosulfans Determined by GC-MS/MS	1235
11.2.5	Linear Equation, Linear Ranges, and Correlation Coefficient of 9 Environmental Pollutants Determined by LC-MS/MS	1235
11.2.6	Linear Equation, Linear Ranges, and Correlation Coefficient of 569 Pesticides and Chemical Pollutants Determined by LC-MS/MS	1236
11.3	GPC Analytical Parameters of Pesticides and Chemical Pollutants	1250
11.3.1	GPC Analytical Parameters of 740 Pesticides and Chemical Pollutants	1250
11.3.2	GPC Analytical Parameters of 107 Pesticides and Chemical Pollutants	1260
Appendix		1262
Appendix Ⅰ	Index of 1037 Pesticides and Chemical Pollutants Determined by GC-MS, GC-MS/MS and LC-MS/MS	1262
Appendix Ⅱ	Solvent Selected and Concentration of Mixed Standard Solution of 1166 Pesticides and Chemical Pollutants	1316
Appendix Ⅲ	Physicochemical Properties of 887 Pesticides and Chemical Pollutants	1340

第二卷 （动物源产品）

7 动物组织中农药化学品多组分残留检测技术

7.1 概 况

7.1.1 世界肉类生产概况

世界上许多发达国家，无论国土面积大小和人口密度如何，畜牧业都很发达，除日本外，畜牧业产值均占农业总产值的50%以上，如美国60%，英国70%，北欧一些国家80%~90%。据联合国粮农组织（FAO）统计，2007年世界肉类总产量达到27 068万t，比1997年增长27%，比1980年14 024万t增长了近一倍。在世界肉类生产结构中，猪肉、鸡肉、牛肉和羊肉产量排前4位，占总量的90%以上。1997~2007年肉类生产总量居前5位的分别是中国、美国、巴西、德国和法国，日本居第16位。这10年当中，居世界前16位的国家肉类生产总量为195 077万t，占参与世界肉类生产总量统计的212个国家和地区肉类生产总量266 922万t的73%。世界肉类生产量发展情况见表7-1。

表7-1 1997~2007年世界肉类总产量 （单位：万t）

国家（地区）	1997年	1998年	1999年	2000年	2001年	2002年	2003年	2004年	2005年	2006年	2007年	合计
世界总产量	21 287	22 117	22 664	23 273	23 592	24 273	24 739	25 340	25 993	26 576	27 068	266 922
中国	5 269	5 724	5 827	6 018	6 106	6 234	6 443	6 609	6 939	7 087	6 865	69 120
美国	3 489	3 594	3 726	3 764	3 782	3 876	3 870	3 929	4 004	4 107	4 202	42 342
巴西	1 296	1 328	1 458	1 542	1 596	1 730	1 838	1 991	1 967	2 044	2 181	18 971
德国	591	611	640	626	647	649	657	676	684	700	741	7 222
法国	664	669	658	649	653	652	640	620	586	541	555	6 889
印度	467	475	491	520	547	561	573	591	620	625	655	6 126
西班牙	428	484	491	491	505	534	548	522	531	530	553	5 617
俄罗斯	485	470	433	444	445	470	495	499	491	524	576	5 334
墨西哥	390	413	432	446	463	482	487	510	531	540	555	5 249
加拿大	331	358	388	400	415	430	423	460	459	444	442	4 549
意大利	407	404	414	409	414	420	402	410	398	395	410	4 485
阿根廷	387	374	408	410	382	357	376	426	439	440	444	4 443
澳大利亚	334	360	364	371	387	380	384	375	397	394	420	4 166
北爱尔兰	365	377	365	351	326	334	330	331	339	340	341	3 800
波兰	282	300	303	289	289	315	324	309	318	341	354	3 423
日本	306	304	304	299	292	302	302	303	303	312	313	3 340

数据来源：联合国粮农组织。http://kids.fao.org/glipha/。

世界各国和地区年人均肉类消费量差别很大，年人均消费量较多的是美国、欧盟15国、阿根廷、乌拉圭、巴西、加拿大和俄罗斯，从60kg至126kg不等；年人均消费量最低的是印度，仅5kg；非洲和亚洲其他国家的年人均肉类消费量为10~20kg。以猪肉和牛肉为例，2005~2009年世界人均消费量见表7-2和表7-3，其中中国香港、中国台湾、欧盟和白俄罗斯等国家或地区的猪肉人均消费最多，均在40kg以上；阿根廷、乌拉圭和美国则是牛肉人均消费最多的国家，分别达到了65.66kg、53.46kg和41.92kg；年人均消费量最低的是南非和印度，猪肉和牛肉均不到5kg。

表 7-2 2005~2009 年世界各国（地区）猪肉人均消费量　　　　　　　　（单位：kg）

序号	国家（地区）	2005年	2006年	2007年	2008年	2009年	平均	序号	国家（地区）	2005年	2006年	2007年	2008年	2009年	平均
1	中国香港	59.6	60.4	61.5	65	65.1	62.32	13	新西兰	20.3	20.5	21.1	20.4	21.8	20.82
2	欧盟	42.2	42.1	43.9	42.8	42.3	42.66	14	智利	17.8	21.1	20	20.8	21.1	20.16
3	中国台湾	41.6	40.7	40.5	41.2	41.7	41.14	15	日本	19.7	19.2	19.4	19.5	19.6	19.48
4	白俄罗斯	36.6	40.8	39.1	44.9	41.4	40.56	16	俄罗斯	17	18.2	19.4	21.7	20.7	19.4
5	瑞士	33.2	34	34.7	36.7	35.8	34.88	17	哈萨克斯坦	14.5	14.8	15.1	14.9	14.9	14.84
6	中国大陆地区	34.6	35	32.3	34.9	36.1	34.58	18	墨西哥	14.7	14.3	14	14.6	15	14.52
7	韩国	27.3	29.5	31.1	31.4	29.2	29.7	19	乌克兰	11.6	11.7	14.7	18	16	14.4
8	美国	29.3	29	29.8	29	29.1	29.24	20	阿根廷	5.4	5.9	6.2	6.2	6.2	5.98
9	挪威	25.3	24.7	27.7	27.3	27.3	26.46	21	委内瑞拉	4.7	5.1	5	5	4.7	4.9
10	加拿大	25	25.2	26.6	25.5	24.9	25.44	22	哥伦比亚	3	3.2	3.7	4.3	4.4	3.72
11	澳大利亚	21.3	20.9	22.2	21.7	22	21.62	23	南非	3.9	3.7	3.7	3.5	3.7	3.7
12	越南	19	20.5	21.8	21.8	21.8	20.98								

数据来源：美国农业部。http：//www.fas.usda.gov/。

表 7-3 2005~2009 年世界各国（地区）牛肉人均消费量　　　　　　　　（单位：kg）

序号	国家（地区）	2005年	2006年	2007年	2008年	2009年	平均	序号	国家（地区）	2005年	2006年	2007年	2008年	2009年	平均
1	阿根廷	62.6	64.4	69.2	67.5	64.6	65.66	15	中国香港	14.8	14.8	15	18.9	22.7	17.24
2	乌拉圭	55.5	53.4	51.7	50.6	56.1	53.46	16	哥伦比亚	17.1	17.6	16	14.6	16.3	16.32
3	美国	42.8	43	42.6	41	40.2	41.92	17	俄罗斯	17.1	16.3	16.6	17.1	13.8	16.18
4	巴西	36	36.4	36.8	36.9	37.3	36.68	18	南非	14.8	15.5	14.5	14	14	14.56
5	澳大利亚	37.5	36.5	34.7	35	35	35.74	19	乌克兰	11.2	11.7	10.9	10.5	8.9	10.64
6	加拿大	31.7	31.3	32.4	31.1	32.3	31.76	20	韩国	9.2	10.3	10.8	11.1	11.4	10.56
7	新西兰	22.7	31.1	29.8	29.5	28.5	28.32	21	埃及	10.4	11.6	10.4	7.5	7.1	9.4
8	哈萨克	23.4	25.7	27.1	26.7	26.3	25.84	22	日本	9.3	9.1	9.3	9.2	9.4	9.26
9	巴拉圭	28	24.7	26.2	24.6	23	25.3	23	伊朗	5.6	6.8	7.2	7.6	7.6	6.96
10	智利	24.6	21.6	23.2	22.2	23.4	23	24	巴基斯坦	6.2	6.6	6.7	6.8	7	6.66
11	乌兹别克斯坦	19.8	20.7	21.7	22.3	23.2	21.54	25	中国台湾	4.4	4.8	4.7	4.8	5	4.74
12	委内瑞拉	15.8	15.7	18.7	21	17.7	17.78	26	中国大陆地区	4.3	4.4	4.6	4.6	4.3	4.42
13	墨西哥	18.9	17.4	17.9	17.7	16.8	17.74	27	菲律宾	3.9	3.7	3.9	3.9	3.3	3.74
14	欧盟	17.5	17.7	17.7	17	16.9	17.36	28	印度	1.5	1.5	1.5	1.6	1.7	1.56

数据来源：美国农业部。http：//www.fas.usda.gov/。

7.1.2　我国肉类生产概况

改革开放以来，我国畜牧业生产规模不断扩大，畜牧业产值不断提高。近几年，我国肉类生产和增长速度均超过了发达国家，20 世纪 90 年代末已经达到了世界第一，平均每年占全球肉类总量的 30% 左右，成为世界最大的肉类生产国。猪肉、羊肉产量居世界第一位，禽肉产量仅次于美国居世界第二位；牛肉产量在美国、巴西之后居世界第三位。1978~2008 年全国畜牧养殖业产值由 209.3

亿元增加到 20 583.6 亿元，占农业总产值的比例由 12.4% 上升到 35.5%，成为我国农业和农村经济的支柱产业，在国民经济中发挥了重要作用。随着食品多元化和产业结构调整，在养殖业所提供的肉、蛋、奶等畜产品结构中，肉类比例从 1978 年的 72.1% 下降到 2008 年的 52.9%，但其产量在 1978~2008 年 30 年间仍以 10.8% 的比率逐年递增：1978 年肉类产量为 1109 万 t，到 2008 年已达到 7279 万 t。肉类人均占有量也随肉类产量的增长持续上升，1978 年全国人均肉类占有量仅为 8.6kg，到 2008 年已达到 55kg。在肉品结构中，猪肉、禽肉、牛肉和羊肉占 1978 年肉类总产量的比例分别为 79.08%、13.80%、2.52% 和 2.89%，占 2008 年肉类总产量的比例分别为 63.5%、21.2%、8.4% 和 5.2%。2010 年肉类产量达到了 7926 万 t，约占世界肉类总产量的 29%，实现连续 20 多年居世界第一；肉制品总产量达到 1200 万 t；肉类人均占有量为 59kg，达到世界平均水平，显著改善了我国居民的膳食结构和营养水平。近 30 年我国主要肉类生产量见表 7-4。

表 7-4　1978~2010 年我国主要肉类总产量和肉品结构变化

年份	肉类总产量/万 t	人均占有量/kg	主要肉品产量/万 t		
			猪肉	牛肉	羊肉
1978	1109	8.6	877	28	32
1980	1479	12.2	1213	34	45
1985	2094	18.2	1757	51	59
1990	3042	25.0	2402	130	107
1995	4825	33.7	3340	360	175
2000	6014	38	3966	513	264
2001	6106	50	4052	509	272
2002	6234	51	4123	522	284
2003	3443	54	4239	543	309
2004	6609	56	4341	560	333
2005	6939	59	4555	568	350
2006	7089	61	4651	577	364
2007	6866	52	4288	613	383
2008	7279	55	4621	613	380
2009	7650	57	4891	636	389
2010	7926	59	5071	653	399

数据来源：中国统计年鉴 2011。

7.1.3　肉类国际贸易发展

世界肉类市场主要被欧盟、美国、加拿大以及巴西等出口国（地区）所占领，出口量占世界总出口量的 95% 左右。特别是欧盟、美国肉类生产标准高，出口竞争力强，贸易地位不断上升，在国际贸易中居主导地位。加拿大是世界重要的农产品出口国，肉制品出口贸易量占了很大比例。相比之下，日本的肉类产量不大，却是进口大国之一。我国肉类生产量居世界前列，但进出口量却很小，在国际贸易市场发展方面还有很大的发展空间和提升潜力。近 5 年世界主要国家（地区）猪肉、牛肉和鸡肉进出口贸易量见表 7-5。

表 7-5　2005～2009 年世界主要国家（地区）肉类进口量和出口量　　（单位：×10³ t）

国家（地区）	进口总量						国家（地区）	出口总量					
	2005 年	2006 年	2007 年	2008 年	2009 年	合计		2005 年	2006 年	2007 年	2008 年	2009 年	合计
猪肉													
日本	1 314	1 154	1 210	1 267	1 210	6 155	美国	1 209	1 359	1 425	2 117	1 887	7 997
俄罗斯	752	835	894	1 053	750	4 284	欧盟	1 143	1 284	1 286	1 726	1 250	6 689
墨西哥	420	446	451	535	600	2 452	加拿大	1 084	1 081	1 033	1 129	1 130	5 457
美国	464	449	439	377	373	2 102	巴西	761	639	730	625	645	3 400
韩国	345	410	447	430	375	2 007	中国大陆地区	502	544	350	223	230	1 849
中国香港	263	277	302	346	345	1 533	智利	128	130	148	142	142	690
中国大陆地区	88	90	198	430	150	956	墨西哥	59	66	80	91	86	382
加拿大	139	145	171	194	170	819	澳大利亚	56	60	54	48	45	263
乌克兰	62	62	82	238	240	684	越南	19	20	19	11	10	79
澳大利亚	105	109	141	152	170	677	韩国	16	14	13	11	20	74
新加坡	85	98	97	91	99	470	克罗地亚	1	2	2	3	5	13
其他	703	846	655	802	841	3 847	其他	28	25	22	21	15	111
世界总量	4 740	4 921	5 087	5 915	5 323	25 986	世界总量	5 006	5 224	5 162	6 147	5 465	27 004
牛肉													
美国	1 632	1 399	1 384	1 151	1 254	6 820	巴西	1 845	2 084	2 189	1 801	1 555	9 474
俄罗斯	978	939	1 030	1 137	700	4 784	澳大利亚	1 388	1 430	1 400	1 407	1 390	7 015
日本	686	678	686	659	672	3 381	印度	617	681	678	672	675	3 323
欧盟	711	717	642	465	470	3 005	美国	316	519	650	856	785	3 126
墨西哥	335	383	403	408	300	1 829	阿根廷	754	552	534	422	560	2 822
韩国	250	298	308	295	290	1 441	新西兰	577	530	496	533	525	2 661
埃及	215	313	361	195	150	1 234	加拿大	596	477	457	494	475	2 499
加拿大	151	180	242	230	270	1 073	乌拉圭	417	460	385	361	310	1 933
智利	200	124	151	129	145	749	巴拉圭	193	240	206	233	210	1 082
越南	20	29	90	200	250	589	欧盟	253	218	140	203	160	974
中国香港	88	89	90	118	145	530	尼加拉瓜	59	68	83	89	90	389
其他	1 527	1 687	1 840	1 941	1 793	8 788	其他	300	244	353	419	375	1 691
世界总量	6 793	6 836	7 227	6 928	6 439	34 223	世界总量	7 315	7 503	7 571	7 490	7 110	36 989
鸡肉													
俄罗斯	1 225	1 189	1 222	1 159	855	5 650	巴西	2 739	2 502	2 922	3 242	3 150	14 555
日本	748	716	696	737	700	3 597	美国	2 360	2 361	2 678	3 157	2 997	13 553
欧盟	609	605	673	712	710	3 309	欧盟	696	690	635	743	720	3 484
沙特阿拉伯	484	423	470	510	625	2 512	泰国	240	261	296	383	385	1 565
墨西哥	374	430	393	447	490	2 134	中国大陆地区	332	322	358	285	250	1 547
中国大陆地区	219	343	482	399	370	1 813	加拿大	102	110	139	152	147	650
阿拉伯	167	182	238	289	290	1 166	阿根廷	92	94	125	164	174	649
中国香港	222	243	215	236	250	1 166	智利	60	64	39	63	110	336

续表

国家 (地区)	进口总量						国家 (地区)	出口总量					
	2005年	2006年	2007年	2008年	2009年	合计		2005年	2006年	2007年	2008年	2009年	合计
鸡肉													
委内瑞拉	104	124	163	352	230	973	科威特	97	38	60	70	70	335
伊拉克	127	119	176	211	265	898	澳大利亚	18	16	25	27	35	121
美国	15	21	28	35	36	135	约旦	2	2	3	20	37	64
其他	1 939	1 998	2 353	2 717	2 752	11 759	其他	93	98	105	112	108	516
世界总量	6 233	6 393	7 109	7 804	7 573	35 112	世界总量	6 831	6 558	7 385	8 418	8 183	37 375

数据来源：美国农业部。http://www.fas.usda.gov/。

7.2 世界各国动物组织中农药残留限量要求

农药的广泛使用在防治农产品病虫害方面起到了积极作用，但也不同程度地污染了农作物和自然环境。特别是有机氯农药，其性质稳定，不易分解，能在水域、土壤和生物体内长期储存，经富集后会导致严重污染，在农药史中曾是使用量最大、使用历史最长的一大类农药。而其中的艾氏剂、氯丹、狄氏剂、异狄氏剂、七氯、六氯苯、DDT则是持久性有机污染物，在自然界中不易降解。动物食用了受农药污染的食品，并通过食物链富集到动物体内，造成动物源性食品的污染。而人类食品的来源主要为动物性食品和植物性食品，残留农药通过食物进入人体后，会参与人体内各种生理过程，使人体产生病变，并破坏保护身体的酶，阻碍器官发挥正常作用，对人体神经系统、内分泌系统和生殖机能有潜在的危害，会降低机体免疫功能，特别是杀虫剂会致癌、致畸、致突变，对人类危害最大。人类处于食物链的终端，农药残留在人体内的蓄积还会通过胚胎和人乳传给下一代。

目前，世界各国都提高了食品中农药残留限量标准。2007年数据显示，国际食品法典委员会（CAC）共制定了210多种农药在农产品及食品中的3000多个农药最大残留限量（MRL）标准；欧盟共制定出了200多种农药活性物质在食品中的30 000多项农药残留限量标准；美国共制定出320多种农药的9600多项农药残留限量标准；加拿大也制定了150多种农药的2000多项农药残留限量标准。而我国国家标准对农药限量的规定仅涉及136种农药的480项农药残留限量指标，相比这些国家或地区，我国农药限量指标过于单一，产品限定笼统。例如对畜禽产品中农药残留限量，我国对肉及其制品是统一进行限定的，而加拿大农药残留限量规定则比较细，分别规定了牛肉、山羊肉、绵羊肉、马肉、猪肉及其副产品的农药残留限量要求。

2006年，日本实施了"肯定列表制度"，对牛、马、猪、山羊和绵羊、鸡、火鸡、鸭、鹿等9个动物品种的肉、脂肪、肝脏和肾脏分别规定了农兽药残留限量标准449项、378项、419项、378项、370项、326项、325项和372项，共计达到了3017项，其中农药等化合物指标占到了2/3以上。牛肉中335种、猪肉中345种、山羊肉中323种和鸡肉中312种农药最大残留限量见表7-6，限量范围为0.0003（四氟醚唑，Tetraconazole）~50mg/kg（溴化物，Bromide ion）。

美国、欧盟、CAC、加拿大、韩国和印度等国家和组织，也对肉及副产品中农药残留制定了最大残留限量指标共计2916项，见表7-7。其中美国为1585项，并且细分了绵羊肉、山羊肉、牛肉、马肉、家禽肉及其副产品；欧盟为911项，对肉制品的新鲜、冷藏、冷冻和干、熏、盐腌或盐渍不同状态进行了说明；加拿大为60项，仅概括了肉及副产品。对于欧洲和亚洲地区普遍食用的牛肉，将各国或组织规定的农药最大残留限量进行了对比，见表7-8。此外，欧盟对脂肪中农药残留规定了326项最大残留限量指标，限量范围在0.01~10mg/kg。

表 7-6 日本肯定列表中牛肉、山羊肉、鸡肉和猪肉农药等化合物最大残留限量

(单位：mg/kg)

序号	中文名称	英文名称	牛肉(334)	猪肉(306)	山羊肉(298)	鸡肉(275)
1	[单双（三甲基亚甲基氯化铵)]烷基甲苯	[Monobis (trimethylammonium methylene chloride)]-alkyltoluene	1	1	1	1
2	1,1-二氯-2,2-二(4-乙苯)乙烷	1,1-Dichloro-2,2-bis(4-ethylphenyl)ethane	0.01	0.01	0.01	0.01
3	茅草枯	2,2-DPA	0.2	0.2	0.2	
4	2,4-滴	2,4-D	0.2	0.2	0.2	0.05
5	2,4-滴丁酸	2,4-DB	0.2			
6	2,6-二异丙基萘	2,6-Diisopropylnaphthalene	1	1	1	
7	阿维菌素	Abamectin	0.01	0.01	0.01	0.01
8	乙酰甲胺磷	Acephate	0.05	0.05	0.05	
9	灭螨醌	Acequinocyl	0.02		0.02	
10	吡虫清	Acetamiprid	0.06	0.06	0.06	0.01
11	三氟羧草醚	Acifluorfen	0.01	0.01	0.01	
12	甲草胺	Alachlor	0.05	0.05	0.05	
13	涕灭威	Aldicarb	0.01	0.01	0.01	0.01
14	涕灭砜威	Aldoxycarb	0.02			0.02
15	艾氏剂和狄氏剂（总量）	Aldrin and dieldrin (as total)	0.2	0.2	0.2	0.2
16	烯丙菊酯	Allethrin	0.04	0.04	0.04	0.04
17	莠灭净	Ametryn	0.05	0.05	0.05	
18	氯氨基吡啶酸	Aminopyralid	0.02	0.02		
19	双甲脒	Amitraz	0.05	0.05	0.1	0.02
20	杀螨特	Aramite	0.01	0.01	0.01	
21	磺草灵	Asulam	0.1	0.1	0.1	0.01
22	阿特拉津	Atrazine	0.02	0.02	0.02	0.02
23	甲基吡噁磷	Azamethiphos				
24	氮哌酮	Azaperone		0.06		
25	甲基谷硫磷	Azinphos-methyl	0.05	0.05	0.05	0.05
26	腈嘧菌酯	Azoxystrobin	0.01	0.01		0.01
27	燕麦灵	Barban	0.05	0.05		0.05
28	苯霜灵	Benalaxyl	0.5	0.5	0.5	0.5
29	噁虫威	Bendiocarb	0.05			0.05
30	丙硫克百威	Benfuracarb	0.5	0.5	0.5	0.5
31	联苯肼酯	Bifenazate	0.01	0.01	0.01	0.01
32	联苯菊酯	Bifenthrin	0.5	0.5	0.5	0.5
33	生物苄呋菊酯	Bioresmethrin	0.5	0.5	0.5	0.5
34	联苯三唑醇	Bitertanol	0.05	0.05	0.05	0.05
35	硫氯酚	Bithionol	0.1	0.1	0.1	
36	啶酰菌胺	Boscalid	0.1	0.1	0.1	
37	溴鼠灵	Brodifacoum	0.0005	0.0005	0.0005	0.001
38	除草定	Bromacil	0.04	0.04	0.04	
39	溴化物	Bromide ion	50	50	50	50
40	溴氯甲烷	Bromochloromethane	0.02			
41	溴硫磷	Bromofenofos	0.01			
42	溴螨酯	Bromopropylate	0.05	0.05	0.05	0.05
43	溴苯腈	Bromoxynil	0.07	0.06	0.06	0.06
44	溴替唑仑	Brotizolam	0.001	0.001	0.001	0.001
45	噻嗪酮	Buprofezin	0.05	0.05	0.05	
46	丁酯	Buquinolate				0.1
47	氟甲嘧草酯	Butafenacil	0.01	0.01	0.01	0.01
48	丁氧环酮	Butroxydim	0.01	0.01	0.01	0.01

续表

序号	中文名称	英文名称	牛肉 (334)	猪肉 (306)	山羊肉 (298)	鸡肉 (275)
49	羟基茴香二丁酯	Butylhydroxyanisol				0.02
50	克菌丹	Captan	0.05	0.05	0.05	0.02
51	甲萘威	Carbaryl	0.05	0.05	0.05	0.5
52	多菌灵、托布津、甲基托布津、苯菌灵（总量）	Carbendazim, thiophanate, thiophanate-methyl and benomyl (as total)	0.1	0.1	0.1	0.09
53	双酰草胺	Carbetamide	0.1		0.1	0.1
54	克百威	Carbofuran	0.05	0.05	0.05	0.08
55	丁硫克百威	Carbosulfan	0.05	0.05	0.05	0.05
56	萎锈灵	Carboxin	0.1	0.1	0.1	0.1
57	唑酮草酯	Carfentrazone-ethyl	0.08	0.08	0.08	0.05
58	杀螨醚	Chlorbenside	0.05	0.05	0.05	0.05
59	氯炔灵	Chlorbufam	0.05	0.05	0.05	0.05
60	氯丹	Chlordane	0.08	0.08	0.08	0.08
61	杀螨酯	Chlorfenson	0.05	0.05	0.05	0.05
62	毒虫畏	Chlorfenvinphos	0.2		0.2	
63	氟啶脲	Chlorfluazuron	0.1			0.1
64	矮壮素	Chlormequat	0.2	0.2	0.2	0.04
65	乙酯杀螨醇	Chlorobenzilate	0.1	0.1	0.1	0.1
66	氯苯甲酯	Chloroneb	0.2	0.2	0.2	
67	百菌清	Chlorothalonil	0.02	0.02	0.02	0.01
68	枯草隆	Chloroxuron	0.05	0.05	0.05	0.05
69	溴虫清	Chlorphenapyr	0.05	0.05	0.05	0.01
70	毒死蜱	Chlorpyrifos	0.5	0.5	0.3	0.08
71	甲基毒死蜱	Chlorpyrifos-methyl	0.05	0.3	0.3	0.05
72	氯磺隆	Chlorsulfuron	0.2	0.2	0.2	

序号	中文名称	英文名称	牛肉 (334)	猪肉 (306)	山羊肉 (298)	鸡肉 (275)
73	氯酞酸甲酯	Chlorthal-dimethyl	0.05	0.05	0.05	0.05
74	克拉维酸	Clavulanic acid	0.06	0.1		
75	烯草酮	Clethodim	0.2	0.2	0.2	0.2
76	炔草酸	Clodinafop acid	0.1	0.1	0.1	0.1
77	炔草酯	Clodinafop-propargyl	0.05	0.05	0.05	0.05
78	苯哒嗪钾	Clofencet potassinm	0.2	0.2	0.2	0.2
79	四螨嗪	Clofentezine	0.05	0.05	0.05	0.05
80	二氯吡啶酸	Clopyralid	0.4	0.1	0.4	
81	解毒喹	Cloquintocet-mexyl	0.1	0.1	0.1	0.1
82	氯氰碘柳胺	Closantel	1			
83	噻虫胺	Clothianidin	0.02	0.02	0.02	0.02
84	环丙酸酰胺	Cyclanilide	0.04	0.04	0.1	0.01
85	氟氯氰菊酯	Cyfluthrin	0.02	0.02	0.2	0.2
86	氯氟氰菊酯	Cyhalothrin	0.02	0.02	0.02	0.02
87	氯氰菊酯	Cypermethrin	0.1	0.1	0.1	0.05
88	环丙唑醇	Cyproconazole	0.03	0.03	0.03	0.01
89	嘧菌环胺	Cyprodinil	0.01	0.01	0.01	0.01
90	灭蝇胺	Cyromazine	0.05	0.05	0.1	0.05
91	滴滴涕（包括DDD和DDE）	DDT (including DDD and DDE)	1		1	0.3
92	溴氰菊酯和四溴菊酯（总量）	Deltamethrin and tralomethrin (as total)	0.03	0.5	0.03	0.03
93	丁醚脲	Diafenthiuron	0.02	0.02	0.02	0.02
94	燕麦敌	Diallate	0.2	0.2	0.2	0.2
95	敌菌净	Diaveridine				0.05
96	二嗪磷	Diazinon	0.02	0.02	0.02	0.02

续表

序号	中文名称	英文名称	牛肉(334)	猪肉(306)	山羊肉(298)	鸡肉(275)
97	羟基甲苯二丁酯	Dibutylhydroxytoluene		0.03		0.02
98	熊脱氧胆酸	Dibutylsuccinate		0.09		0.05
99	麦草畏	Dicamba	0.1	0.1	0.1	0.05
100	敌敌畏和二溴磷（总量）	Dichlorvos and naled (as total)	0.05	0.05	0.05	0.05
101	禾草灵	Diclofop-methyl	0.05	0.05	0.05	0.05
102	三氯杀螨醇	Dicofol	0.3	0.08	0.3	0.1
103	地昔尼尔	Dicyclanil			0.15	
104	二癸基二甲基氯化铵	Didecyldimethylammonium chloride	0.05	0.05	0.05	0.05
105	苯醚甲环唑	Difenoconazole	0.05	0.05	0.05	0.05
106	野燕枯	Difenzoquat	0.05	0.05	0.05	0.05
107	除虫脲	Diflubenzuron	0.05	0.05	0.05	0.05
108	吡氟酰草胺	Diflufenican	0.01	0.01	0.01	0.02
109	嗪节固	Dimethipin	0.01	0.01	0.01	0.01
110	乐果	Dimethoate	0.05	0.05	0.05	0.05
111	烯酰吗啉	Dimethomorph	0.01	0.01		
112	重氮氨苯脒	Diminazene	0.5			
113	二硝托胺	Dinitolmide				0.1
114	地乐酚	Dinoseb	0.01	0.01	0.01	0.01
115	呋虫胺	Dinotefuran	0.05	0.05	0.05	
116	草消酚	Dinoterb	0.05	0.05	0.05	0.05
117	联苯二胺	Diphenylamine	0.01	0.01	0.01	0.01
118	丙蜿脲	Dipropyl isocinchomeronate	0.1	0.1		0.004
119	敌草快	Diquat	0.05	0.05	0.05	0.05
120	乙拌磷	Disulfoton	0.02	0.02	0.02	0.02
121	二硫代氨基甲酸盐	Dithiocarbamates	0.05	0.05	0.05	0.1
122	敌草隆	Diuron	0.6	1	1	

序号	中文名称	英文名称	牛肉(334)	猪肉(306)	山羊肉(298)	鸡肉(275)
123	因灭汀	Emamectin benzoate	0.002	0.002	0.002	0.0005
124	硫丹	Endosulfan	0.1	0.1	0.1	0.1
125	异狄氏剂	Endrin	0.05	0.05	0.05	0.05
126	氟环唑	Epoxiconazole	0.01	0.01	0.01	0.02
127	菌草敌	EPTC	0.1	0.1	0.1	0.05
128	胺苯磺隆	Ethametsulfuron-methyl	0.02	0.02	0.02	0.02
129	乙烯利	Ethephon	0.1	0.1	0.1	0.05
130	乙硫磷	Ethion	1	0.2	0.2	0.1
131	乙氧呋草黄	Ethofumesate	0.05			
132	乙氧酰胺苯甲酯	Ethopabate				0.04
133	灭线磷	Ethoprophos	0.01	0.01	0.01	0.01
134	乙嘌唑啉	Ethoxyquin	0.5	0.5	0.5	0.5
135	乙氧嘧磺隆	Ethoxysulfuron	0.05	0.05	0.05	0.05
136	二氯乙烯	Ethylene dichloride	0.1	0.1	0.1	0.1
137	乙螨唑	Etoxazole	0.01	0.01	0.01	0.01
138	土菌灵	Etridiazole	0.1	0.1	0.1	0.1
139	噁唑菌酮	Famoxadone	0.5	0.5	0.5	0.01
140	伐灭磷	Famphur	0.08	0.1	0.1	0.1
141	咪唑菌酮	Fenamidone	0.1			
142	克线磷	Fenamiphos	0.01	0.01	0.01	0.01
143	氯苯嘧啶醇	Fenarimol	0.02	0.02	0.02	0.02
144	腈苯唑	Fenbuconazole	0.01	0.01	0.01	0.05
145	苯丁锡	Fenbutatin oxide	0.05	0.05	0.05	0.05
146	环酰菌胺	Fenhexamid	0.05	0.05	0.05	
147	杀螟硫磷	Fenitrothion	0.01	0.05	0.05	0.01
148	仲丁威	Fenobucarb	0.02	0.02	0.02	0.02

续表

序号	中文名称	英文名称	牛肉 (334)	猪肉 (306)	山羊肉 (298)	鸡肉 (275)	序号	中文名称	英文名称	牛肉 (334)	猪肉 (306)	山羊肉 (298)	鸡肉 (275)
149	噁唑禾草灵	Fenoxaprop-ethyl	0.05	0.05	0.05	0.01	175	氟酰胺	Flutolanil	0.05	0.05	0.05	0.05
150	甲氰菊酯	Fenpropathrin	0.1	0.1	0.1	0.05	176	粉唑醇	Flutriafol	0.05	0.05	0.05	0.05
151	丁苯吗啉	Fenpropimorph	0.02	0.02	0.02	0.01	177	乙膦酸	Fosetyl	1	1	1	
152	唑螨酯	Fenpyroximate	0.03	0.005	0.03	0.005	178	呋线威	Furathiocarb	0.3	0.3	0.3	0.3
153	倍硫磷	Fenthion	0.6	0.5	0.2	0.05	179	草胺膦	Glufosinate	0.05	0.05	0.05	0.05
154	三苯锡	Fentin	0.05	0.05	0.05	0.05	180	咪唑双酰胺	Glycalpyramide	0.03	0.03	0.03	0.1
155	氰戊菊酯	Fenvalerate	0.9	0.9	0.9	0.01	181	草甘膦	Glyphosate	0.1	0.1	0.4	
156	氟虫清	Fipronil	0.04	0.01	0.04	0.01	182	氯吡嘧磺隆	Halosulfuron methyl	0.01	0.01	0.01	0.01
157	麦草氟甲酯	Flamprop-methyl	0.01	0.01	0.01		183	哈洛克酮	Haloxon	0.1			
158	富拉磷	Flavophospholipol	0.01			0.03	184	吡氟氯禾灵	Haloxyfop	0.02	0.02	0.02	0.2
159	氟啶虫酰胺	Flonicamid	0.05		0.05	0.02	185	七氯	Heptachlor	0.2	0.2	0.2	0.2
160	吡氟禾草灵	Fluazifop	0.05	0.05		0.05	186	六氯苯	Hexachlorobenzene	0.2	0.2	0.2	0.2
161	吡虫隆	Fluazuron	0.2				187	噻螨酮	Hexathiazox	0.02	0.02	0.02	
162	氟氰戊菊酯	Flucythrinate	0.05	0.05	0.05	0.05	188	环嗪酮	Hexazinone	0.1	0.1	0.1	0.05
163	咯菌腈	Fludioxonil	0.01	0.01	0.01	0.01	189	磷化氢	Hydrogen phosphide	0.01	0.01	0.01	0.01
164	氟噻草胺	Flufenacet	0.05	0.05	0.05		190	烯菌灵	Imazalil	0.02	0.02	0.02	0.02
165	氟氯苯菊酯	Flumethrin	0.01	0.005	0.06	0.03	191	咪唑甲氧烟酸铵	Imazamox-ammonium	0.03	0.03	0.03	0.05
166	咪唑磺草胺	Flumetsulam	0.1	0.1	0.1	0.1	192	咪唑甲烟酸铵	Imazapic-ammonium	0.1	0.1	0.1	0.01
167	氟烯草酸	Flumiclorac pentyl	0.01	0.01	0.01	0.01	193	灭草烟	Imazapyr	0.05	0.05	0.05	
168	丙炔氟草胺	Flumioxazin	0.01	0.01	0.01		194	咪唑乙烟酸铵	Imazethapyr ammonium	0.1	0.1	0.1	0.1
169	氟尼辛	Flunixin	0.02	0.05	0.1		195	吡虫啉	Imidacloprid	0.02	0.02	0.02	0.02
170	四氟菌酮	Fluoropanate	0.1	0.1	0.1		196	双咪苯脲	Imidocarb	0.3			
171	喹唑菌酮	Fluquinconazole	0.2	0.2	0.2	0.02	197	茚虫威	Indoxacarb	0.05	0.05	0.05	0.01
172	氟啶草酮	Fluridone	0.05	0.05	0.05	0.05	198	甲基碘磺隆	Iodosulfuron methyl	0.01	0.01	0.01	0.01
173	氟草烟	Fluroxypyr	0.08	0.08	0.08	0.05	199	异菌脲	Iprodione	0.2	0.2	0.2	0.5
174	氟哇唑	Flusilazole	0.01			0.01	200	异氰脲酸盐/酯	Isocyanurate	0.8	0.8	0.8	0.8

续表

序号	中文名称	英文名称	牛肉(334)	猪肉(306)	山羊肉(298)	鸡肉(275)
201	氮氨菲啶	Isometamidium	0.1			
202	稻瘟灵	Isoprothiolane	0.02			
203	异噁氟草	Isoxaflutole	0.2	0.2	0.2	0.2
204	亚胺菌	Kresoxim-methyl	0.05	0.05	0.05	0.05
205	林丹	Lindane (γ-BHC)	0.02	0.02	0.02	0.7
206	利谷隆	Linuron	0.5	0.5	0.5	0.05
207	氟丙氧脲	Lufenuron	0.01	0.01	0.01	0.01
208	马丙拉嗪	Mafoprazine		0.03		
209	马拉硫磷	Malathion	2	2	2	2
210	2甲4氯乙酸(包括酚硫杀)	MCPA (including phenothiol)	0.08	0.08	0.08	0.05
211	2甲4氯丁酸	MCPB	0.05	0.05	0.05	0.05
212	2甲4氯丙酸	Mecoprop	0.05	0.05	0.05	0.05
213	吡唑解草酯	Mefenpyr-diethyl	0.05	0.05	0.05	0.05
214	甲烯雌醇乙酸酯	Melengestrol acetate	0.03			
215	孟布酮	Menbutone	0.04	0.04		
216	助壮素	Mepiquat-chloride	0.1	0.1	0.1	0.1
217	甲磺胺磺隆	Mesosulfuron-methyl	0.01	0.01	0.01	0.01
218	硝磺酮	Mesotrione	0.01	0.01	0.01	0.01
219	甲霜灵和精甲霜灵(总量)	Metalaxyl and mefenoxam (as total)	0.2	0.2	0.2	0.2
220	虫螨畏	Methacrifos	0.01	0.01	0.01	0.01
221	甲胺磷	Methamidophos	0.01	0.01	0.01	0.01
222	杀扑磷	Methidathion	0.02	0.02	0.02	0.02
223	烯虫酯	Methoprene	0.1	0.1	0.1	0.1
224	甲氧滴滴涕	Methoxychlor	2	2	2	2
225	甲氧虫酰肼	Methoxyfenozide	0.06	0.06	0.06	0.01
226	甲苯喹啉	Methylbenzoquate				0.1
227	甲氧氯普胺	Metoclopramide			0.005	0.005
228	异丙甲草胺	Metolachlor	0.03	0.03	0.03	0.02
229	美托舍普盐酸盐	Metoserpate hydrochloride				0.02
230	甲氧磺草胺	Metosulam	0.01	0.01	0.01	0.01
231	嗪草酮	Metribuzin	0.4	0.4	0.4	0.4
232	甲磺隆	Metsulfuron-methyl	0.1	0.1	0.1	
233	速灭磷	Mevinphos	0.05	0.05	0.05	0.05
234	绿谷隆	Monolinuron	0.05	0.05	0.05	0.03
235	甲噻嘧啶	Morantel	0.3	0.3	0.3	0.05
236	腈菌唑	Myclobutanil	0.01	0.05	0.05	0.01
237	N-(2-乙己基)-8,9,10-三降冰片-5-烯-2,3-二羧基酰亚胺	N-(2-ethylhexyl)-8,9,10-Trinorborn-5-ene-2,3-Dicarboximide	0.3	0.3	0.3	
238	那罗星	Nanafrocin	0.03			
239	驱虫磷	Naphthalophos			0.1	
240	甲氧苄啶酯	Nequinate				0.1
241	啶草伏	Norflurazon		0.1		
242	双苯氟脲	Novaluron	0.7	0.7		0.01
243	邻二氯苯	o-Dichlorobenzene			0.01	
244	氧化乐果	Omethoate	0.05	0.05	0.05	0.05
245	甲黎嘧胺	Ormetoprim	0.02	0.05		0.1
246	解草腈	Oxabetrinil	0.1	0.1	0.1	0.1
247	噁草酮	Oxadiazon	0.01	0.01	0.01	0.01
248	杀线威	Oxamyl	0.02	0.02	0.02	0.02
249	羟氨柳苯胺	Oxyclozanide	0.1		0.3	

续表

序号	中文名称	英文名称	牛肉(334)	猪肉(306)	山羊肉(298)	鸡肉(275)
250	砜吸磷	Oxydemeton-methyl	0.01	0.01	0.01	0.02
251	乙氧氟草醚	Oxyfluorfen	0.05	0.05	0.05	0.05
252	百草枯	Paraquat	0.05		0.05	0.05
253	对硫磷	Parathion	0.05	0.05	0.05	0.05
254	甲基对硫磷	Parathion-methyl	0.05	0.05	0.05	
255	虫螨畏	Parbendazole	0.1	0.1	0.1	0.05
256	戊菌唑	Penconazole	0.05	0.05	0.05	
257	二甲戊灵	Pendimethalin	0.01	0.01	0.01	0.01
258	氯菊酯	Permethrin	0.4	0.2	0.4	0.1
259	敌草宁	Phenmedipham	0.1	0.1	0.1	
260	苯醚菊酯	Phenothrin	0.5	0.5	0.5	
261	甲拌磷	Phorate	0.05	0.05	0.05	0.05
262	亚胺硫磷	Phosmet	0.2	0.2	0.1	
263	毒莠定	Picloram	0.1	0.1	0.1	0.05
264	氟吡酰草胺	Picolinafen	0.02	0.02	0.02	0.02
265	杀鼠酮	Pindone	0.001	0.001	0.001	0.001
266	唑啉草酯	Pinoxaden	0.05	0.05	0.05	0.06
267	哌嗪	Piperazine	0.05	0.3	0.05	0.1
268	增效醚	Piperonyl butoxide	2	2	2	0.08
269	抗蚜威	Pirimicarb	0.05	0.05	0.05	0.1
270	甲基嘧啶磷	Pirimiphos-methyl	0.01	0.01	0.01	0.01
271	吡芬溴铵	Prifinium	0.05	0.05	0.05	
272	甲基氟磺隆	Primisulfuron-methyl	0.1	0.1	0.1	0.1
273	咪鲜胺	Prochloraz	0.1	0.1	0.1	0.05
274	腐霉利	Procymidone	0.05	0.05	0.05	0.05
275	丙溴磷	Profenofos	0.05	0.05	0.05	0.05
276	调环酸钙盐	Prohexadione-calcium	0.05	0.05	0.05	0.05
277	扑草净	Prometryn	0.05	0.05	0.05	

序号	中文名称	英文名称	牛肉(334)	猪肉(306)	山羊肉(298)	鸡肉(275)
278	毒草胺	Propachlor	0.02	0.02	0.02	0.02
279	敌稗	Propanil	0.1	0.1	0.1	0.1
280	噁草酸	Propaquizafop	0.02	0.02	0.02	
281	炔螨特	Propargite	0.1	0.1	0.1	0.1
282	烯虫磷	Propetamphos	0.02		0.01	
283	丙环唑	Propiconazole	0.05	0.05	0.05	0.05
284	残杀威	Propoxur	0.02	0.01	0.05	0.03
285	丙苯磺隆	Propoxycarbazone	0.05	0.004	0.05	0.004
286	炔苯酰草胺	Propyzamide	0.03	0.02	0.02	0.04
287	氟磺隆	Prosulfuron	0.05	0.05	0.05	0.05
288	吡蚜酮	Pymetrozine	0.01		0.01	0.01
289	吡唑硫磷	Pyraclofos			0.1	
290	百克敏	Pyraclostrobin	0.1	0.1	0.1	0.05
291	吡嘧磷	Pyrazophos	0.1	0.1	0.02	0.02
292	除虫菊酯	Pyrethrins	0.1	0.1	0.1	0.02
293	啶螨灵	Pyridaben	0.05	0.05	0.05	
294	哒草特	Pyridate	0.2	0.2	0.2	0.2
295	胺磷啶	Pyrimethamine		0.05		
296	嘧菌胺	Pyrimethanil	0.03	0.05	0.03	
297	吡丙醚	Pyriproxyfen	0.01			
298	嘧草硫醚	Pyrithiobac-sodium	0.02	0.02	0.02	0.02
299	二氯喹啉酸	Quinclorac	0.05	0.05	0.05	0.05
300	喹恶灵	Quinoxyfen	0.01	0.01	0.01	0.01
301	五氯硝基苯	Quintozene	0.01	0.01	0.01	0.01
302	喹禾灵	Quizalofop-ethyl	0.02	0.02	0.02	0.04
303	苄呋菊酯	Resmethrin	0.1	0.1	0.1	0.1
304	稀禾定	Sethoxydim	0.1	0.1	0.1	0.2
305	西玛津	Simazine	0.02	0.02	0.02	0.02

续表

序号	中文名称	英文名称	牛肉(334)	猪肉(306)	山羊肉(298)	鸡肉(275)
306	多杀菌素	Spinosad	2	2	0.8	0.02
307	螺螨酯	Spirodiclofen	0.02		0.02	
308	螺甲螨酯	Spiromesifen	0.05			
309	螺噁茂胺	Spiroxamine	0.05	0.05		0.05
310	磺酰磺隆	Sulfosulfuron	0.005	0.005	0.005	0.005
311	戊唑醇	Tebuconazole	0.05	0.1	0.2	0.05
312	虫酰肼	Tebufenozide	0.02	0.02	0.02	0.02
313	丁噻隆	Tebuthiuron	1	0.5	1	
314	四氯硝基苯	Tecnazene	0.05	0.05	0.05	0.05
315	七氟菊酯	Tefluthrin	0.001	0.001	0.001	0.001
316	双硫磷	Temephos	2		0.5	
317	吡喃草酮	Tepraloxydim	0.2	0.2	0.2	0.2
318	特丁硫磷	Terbufos	0.05			0.05
319	特丁净	Terbutryn	0.1	0.1	0.1	0.1
320	杀虫畏	Tetrachlorvinphos	0.8	0.8	0.05	0.8
321	四氟醚唑	Tetraconazole	0.0003	0.0003	0.0003	0.0003
322	噻虫嗪	Thiabendazole	0.1	0.1	0.1	0.05
323	噻虫啉	Thiacloprid	0.03	0.02	0.03	
324	噻虫嗪	Thiamethoxam	0.02	0.02	0.02	0.02
325	噻苯隆	Thidiazuron	0.1	0.1	0.1	0.2
326	噻吩磺隆	Thifensulfuron	0.01	0.01	0.01	0.01
327	禾草丹	Thiobencarb	0.2	0.2	0.2	0.2
328	硫双威和灭多威	Thiodicarb and methomyl (as total)	0.02	0.02	0.02	0.02
329	甲基乙拌磷	Thiometon	0.05	0.05	0.05	0.05

序号	中文名称	英文名称	牛肉(334)	猪肉(306)	山羊肉(298)	鸡肉(275)
330	甲苯三嗪酮	Toltrazuril	0.1	0.5	0.1	1
331		Tolyfloxysulfuron	0.01	0.01	0.01	0.01
332	三唑酮	Triadimefon	0.05	0.05	0.05	0.05
333	三唑醇	Triadimenol	0.05	0.05	0.05	0.05
334	野麦畏	Triallate	0.1	0.1	0.1	0.1
335	醚苯黄隆	Triasulfuron	0.08	0.08	0.08	
336	三唑磷	Triazophos	0.01	0.02	0.02	0.02
337	苯磺隆	Tribenuron-methyl	0.01	0.01	0.01	
338	三溴沙仑	Tribromsalan	0.04			
339	脱叶磷	Tribuphos	0.02	0.002	0.02	0.002
340	三氯苯唑	Trichlabendazole	0.2	0.5	0.5	
341	敌百虫	Trichlorfon	0.1	0.1	0.1	0.01
342	绿草定	Triclopyr	0.05	0.05	0.05	0.1
343	十三吗啉	Tridemorph	0.05	0.05	0.05	0.05
344	氟菌唑	Triflumizole	0.05	0.05	0.05	0.05
345	杀铃脲	Triflumuron	0.05	0.05	0.05	0.01
346	氟乐灵	Trifluralin	0.05	0.05	0.05	0.05
347	嗪氨灵	Triforine	0.2			
348	吡那敏	Tripelennamine				
349	灭菌唑	Triticonazole	0.05	0.05	0.05	0.05
350	土拉霉素	Tulathromycin	0.3	2		
351	乙烯菌核利	Vinclozolin	0.05	0.05	0.05	0.05
352	杀鼠灵	Warfarin	0.001	0.001	0.001	0.001
353	甲苯噻嗪	Xylazine	0.02		0.02	

数据来源：The Japan Food Chemical Research Foundation. http://www.m5.ws001.squarestart.ne.jp/foundation/foodlist.php。

表 7-7 世界各国（组织）肉制品中农药最大残留限量指标

国家（组织）	品种	农药数量	限量范围（mg/kg）	国家（组织）	品种	农药数量	限量范围（mg/kg）
美国	绵羊肉	296	0.003~6	CAC	家禽肉	68	0.005~7
	牛肉	145	0.003~4		肉	26	0.005~5
	牛肉副产品	153	0.01~6		牛肉	33	0.01~5
	山羊肉	151	0.03~4		鸡肉	9	0.01~0.1
	山羊肉副产品	148	0.01~6		猪肉	9	0.03~0.2
	马肉副产品	146	0.01~6		山羊肉	8	0.01~2
	马肉	142	0.003~4		绵羊	7	0.02~2
	猪肉副产品	124	0.01~8	加拿大	肉及肉副产品（其中禽肉12项）	60	0.001~1.5
	猪肉	121	0.005~4	韩国	牛肉	49	0.01~2
	家禽肉副产品	80	0.011~4		家禽肉	41	0.01~2
	家禽肉	79	0.01~5		哺乳动物肉	32	0.01~5
欧盟	牛肉（鲜、冻）	216	0.01~1		猪肉	23	0.02~2
	家禽肉及下水	112	0.01~1		山羊肉	16	0.01~2
	肉及下水的细粉和粗粉	110	0.01~1		马肉	10	0.02~0.2
	牛、猪、绵羊、山羊等肉及下水	109	0.01~1		鸡肉	9	0.01~0.1
	肉及可食下水	109	0.01~1		鹿肉	2	0.02~0.05
	绵羊或山羊肉	108	0.01~1	印度	肉和家禽	16	0.02~2
	马、驴、骡等肉	106	0.01~1		肉	2	0.03~0.2
	其他肉废弃物及血	41	0.01~0.5	合计		2916	0.003~8

数据来源：www.tbt-sps.gov.cn/foodsafe/xlbz/Pages/pesticide.aspx。

表 7-8 世界各国（组织）规定的牛肉中农药最大残留限量　　　　　　　　　　　（单位：mg/kg）

序号	中文名称	英文名称	日本（334）	美国（145）	欧盟（鲜）（109）	韩国（49）	CAC（26）	加拿大（48）
1	［单双（三甲基亚甲基氯化铵）］烷基甲苯	［Monobis（trimethylammonium methylene chloride）］-alkyltoluene	1					
2	二氯杀螨醇	1,1-Bis（p-chlorophenyl）-2,2,2-trichloroethanol		3				
3	乙滴涕	1,1-Dichloro-2,2-bis（4-ethylphenyl）ethane（perthane）	0.01	0.01				
4	茅草枯	2,2-DPA	0.2					
5	2,4,5-涕	2,4,5-T					0.05	
6	2,4-滴	2,4-D	0.2	0.2	0.05			
7	2,4-滴丁酸	2,4-DB	0.2					
8	2,6-二异丙基萘	2,6-Diisopropylnaphthalene	1	0.1				
9	毒草胺	2-Chloro-N-isopropylacetanilide		0.02				
10	阿维菌素	Abamectin	0.01	0.01			0.01	
11	乙酰甲胺磷	Acephate	0.05	0.1	0.02	0.1		
12	灭螨醌	Acequinocyl	0.02					

续表

序号	中文名称	英文名称	日本 (334)	美国 (145)	欧盟（鲜）(109)	韩国 (49)	CAC (26)	加拿大 (48)
13	啶虫脒	Acetamiprid	0.06	0.1				
14	三氟羧草醚	Acifluorfen	0.01					
15	甲草胺	Alachlor	0.01	0.02				0.001
16	涕灭威	Aldicarb	0.01		0.01			
17	涕灭威	Aldicarb			0.01			
18	涕灭砜威	Aldoxycarb	0.02					
19	艾氏剂	Aldrin			0.2			0.2
20	艾氏剂和狄氏剂（总量）	Aldrin and dieldrin (as total)	0.2					
21	烯丙菊酯	Allethrin	0.04					
22	莠灭净	Ametryn	0.05					
23	酰胺磺隆	Amicarbazone		0.01				
24	氯氨吡啶酸	Aminopyralid	0.02	0.02				
25	双甲脒	Amitraz	0.05	0.05		0.05	0.05	
26	杀螨特	Aramaite	0.01		0.01			
27	磺草灵	Asulam	0.1	0.05				
28	阿特拉津	Atrazine	0.02	0.02				
29	阿维菌素 B1 和 δ-8, 9-异构体	Avermectin B1 and its δ-8, 9-isomer		0.02				
30	益棉磷	Azinphos ethyl			0.05			
31	保棉磷	Azinphos-methyl	0.05					
32	嘧菌酯	Azoxystrobin	0.01	0.01	0.05			0.01
33	燕麦灵	Barban	0.05	0.05				
34	苯霜灵	Benalaxyl	0.5	0.5				
35	噁虫威	Bendiocarb	0.05			0.05		
36	丙硫克百威	Benfuracarb	0.5	0.5				
37	苯菌灵	Benomyl		0.1	0.1			
38	灭草松	Bentazone		0.05	0.05			
39	三唑醇	β-(4-Chlorophenoxy)-α-(1,1-dimethylethyl)-1H-1,2,4-triazole-1-ethanol		0.1				
40	六六六	BHC			0.3	2		0.1
41	联苯肼酯	Bifenazate	0.01	0.02				
42	联苯菊酯	Bifenthrin	0.5	0.5	0.05	0.5	0.5	
43	生物苄呋菊酯	Bioresmethrin	0.5					
44	联苯三唑醇	Bitertanol	0.05		0.05			
45	硫氯酚	Bithionol	0.1					
46	啶酰菌胺	Boscalid	0.1	0.1				
47	溴鼠灵	Brodifacoum	0.0005					
48	除草定	Bromacil	0.04					
49	溴化物	Bromide ion	50					
50	溴氯甲烷	Bromochloromethane	0.02					

续表

序号	中文名称	英文名称	日本 (334)	美国 (145)	欧盟（鲜）(109)	韩国 (49)	CAC (26)	加拿大 (48)
51	溴硫磷	Bromofenofos	0.01					
52	溴螨酯	Bromopropylate	0.05		0.05			
53	溴苯腈	Bromoxynil	0.07	0.5				0.1
54	溴替唑仑	Brotizolam	0.001					
55	噻嗪酮	Buprofezin	0.05	0.05				
56	氟丙嘧草酯	Butafenacil	0.01					
57	丁氧环酮	Butroxydim	0.01					
58	克菌丹	Captan	0.05	0.05				
59	甲萘威	Carbaryl	0.05	0.1		0.2		
60	多菌灵	Carbendazim	0.1		0.1	0.1	0.05	
61	双酰草胺	Carbetamide	0.1					
62	克百威	Carbofuran	0.05		0.1	0.05		
63	丁硫克百威	Carbosulfan	0.05		0.5			
64	萎锈灵	Carboxin	0.1	0.05				
65	氟酮唑草	Carfentrazone-ethyl	0.08					
66	灭螨猛	Chinomethionat				0.05		
67	杀螨醚	Chlorbenside	0.05		0.05			
68	乙酯杀螨醇	Chlorbenzilat			0.1			
69	氯炔灵	Chlorbufam	0.05		0.05			
70	氯丹	Chlordane	0.08		0.05			0.1
71	杀螨酯	Chlorfenson	0.05		0.05			
72	毒虫畏	Chlorfenvinphos	0.2			0.2		
73	氟啶脲	Chlorfluazuron	0.1					
74	矮壮素	Chlormequat chloride	0.2		0.05			
75	乙酯杀螨醇	Chlorobenzilate	0.1					
76	氯苯甲醚	Chloroneb	0.2	0.2				
77	百菌清	Chlorothalonil	0.02	0.03	0.01			
78	枯草隆	Chloroxuron			0.05			
79	枯草隆	Chloroxuron	0.05					
80	氟唑虫清	Chlorphenapyr	0.05					
81	氯苯胺灵	Chlorpropham		0.06		0.1		
82	毒死蜱	Chlorpyrifos	0.5			1	1	1
83	甲基毒死蜱	Chlorpyrifos-methyl	0.05	0.5	0.05	0.05	0.05	
84	氯磺隆	Chlorsulfuron	0.2	0.3				
85	氯酞酸甲酯	Chlorthal-dimethyl	0.05					
86	克拉维酸	Clavulanic acid	0.06					
87	烯草酮	Clethodim	0.2	0.2				
88	炔草酸	Clodinafop acid	0.1					
89	炔草酯	Clodinafop-propargyl	0.05					
90	苯哒酮酸	Clofencet	0.2	0.15				

续表

序号	中文名称	英文名称	日本 (334)	美国 (145)	欧盟（鲜） (109)	韩国 (49)	CAC (26)	加拿大 (48)
91	四螨嗪	Clofentezine	0.05	0.05	0.05	0.05	0.05	0.05
92	二氯吡啶酸	Clopyralid	0.4	1				0.05
93	解毒酯	Cloquintocet-mexyl	0.1					
94	氯氰碘柳胺	Closantel	1					
95	噻虫胺	Clothianidin	0.02					
96	蝇毒磷	Coumaphos		1				0.5
97	氯戊菊酯	Fenvalerate		1.5				
98	环丙烯草胺	Cyclanilide	0.04	0.02				
99	氟氯氰菊酯	Cyfluthrin	0.02	0.4	0.05			0.4
100	三氟氯氰菊酯	Cyhalothrin	0.02					
101	高效氯氟氰菊酯	Cyhalothrin-lambda						0.2
102	三环锡	Cyhexatin			0.05			
103	氯氰菊酯	Cypermethrin	0.1		0.2			
104	氯氰菊酯和 zeta-氯氰菊酯	Cypermethrin and an isomer ζ-cypermethrin		0.05				
105	环丙唑醇	Cyproconazole	0.03					
106	嘧菌环胺	Cyprodinil	0.01					
107	灭蝇胺	Cyromazine	0.05	0.05	0.05			
108	丁酰肼	Daminozide			0.05			
109	滴滴涕	DDT	1		1			1
110	溴氰菊酯	Deltamethrin			0.02			
111	溴氰菊酯和四溴菊酯（总量）	Deltamethrin and tralomethrin (as total)	0.03					
112	丁醚脲	Diafenthiuron	0.02					
113	燕麦敌	Diallate	0.2		0.2			
114	二嗪磷	Diazinon	0.02			0.7		
115	麦草畏	Dicamba	0.1	0.2				
116	敌敌畏	Dichlorvos	0.05	0.02				
117	禾草灵	Diclofop-methyl	0.05					
118	三氯杀螨醇	Dicofol	0.3		0.5		3	0.1
119	二癸基二甲基氯化铵	Didecyldimethylammonium chloride	0.05					
120	狄氏剂	Dieldrin			0.2			0.2
121	苯醚甲环唑	Difenoconazole	0.05	0.05				0.05
122	野燕枯	Difenzoquat	0.05	0.05				
123	除虫脲	Diflubenzuron	0.05	0.05				
124	吡氟酰草胺	Diflufenican	0.01					
125	噻节因	Dimethipin	0.01	0.02				
126	乐果	Dimethoate	0.05			0.05		
127	烯酰吗啉	Dimethomorph	0.01					
128	重氮氨苯脒	Diminazene	0.5					
129	地乐酚	Dinoseb	0.01					

续表

序号	中文名称	英文名称	日本 (334)	美国 (145)	欧盟（鲜） (109)	韩国 (49)	CAC (26)	加拿大 (48)
130	呋虫胺	Dinotefuran	0.05	0.05				
131	草消酚	Dinoterb	0.05			0.05		
132	联苯二胺	Diphenylamin	0.01	0.01		0.01	0.01	
133	丙蝇驱	Dipropyl isocinchomeronate	0.1					
134	敌草快	Diquat	0.05	0.02				0.05
135	乙拌磷	Disulfoton	0.02			0.02		
136	二硫代氨基甲酸盐	Dithiocarbamates	0.05					
137	敌草隆	Diuron	0.6	1				
138	4,6-二硝基邻甲酚	DNOC				0.05		
139	敌瘟磷	Edifenphos				0.02		
140	埃玛菌素	Emamectin		0.003				
141	因灭汀	Emamectin benzoate	0.002					
142	硫丹	Endosulfan	0.1	2	0.1			0.1
143	异狄氏剂	Endrin	0.05	0.05	0.1			
144	氟环唑	Epoxiconazole	0.01					
145	茵草敌	EPTC	0.1					
146	胺苯磺隆	Ethametsulfuron-methyl	0.02					
147	乙烯利	Ethephon	0.1	0.1	0.05			
148	乙硫甲威	Ethiofencarb				0.02		
149	乙硫磷	Ethion	1	0.2		2.5		2.5
150	乙氧呋草黄	Ethofume sate	0.05	0.05				
151	灭线磷	Ethoprophos	0.01					
152	乙氧喹啉	Ethoxyquin	0.5					0.5
153	乙氧嘧磺隆	Ethoxysulfuron	0.05					
154	乙滴滴	Ethylan				0.01		
155	二氯乙烯	Ethylene dichloride	0.1					
156	乙螨唑	Etoxazole	0.01					
157	土菌灵	Etridiazole	0.1					
158	乙嘧硫磷	Etrimfos				0.01		
159	噁唑菌酮	Famoxadone	0.5					
160	伐灭磷	Famphur	0.08					
161	咪唑菌酮	Fenamidone	0.1	0.1				
162	克线磷	Fenamiphos	0.01	0.05				
163	氯苯嘧啶醇	Fenarimol	0.02	0.01	0.02	0.02	0.02	
164	腈苯唑	Fenbuconazole	0.05	0.01		0.05	0.05	
165	苯丁锡	Fenbutatin oxide	0.05			0.05		
166	环酰菌胺	Fenhexamid	0.05					
167	杀螟硫磷	Fenitrothion	0.01					
168	仲丁威	Fenobucarb	0.02					
169	噁唑禾草灵	Fenoxaprop-ethyl	0.05	0.05				
170	甲氰菊酯	Fenpropathrin	0.1	0.1	0.02	0.5	0.5	
171	丁苯吗啉	Fenpropimorph	0.02					

续表

序号	中文名称	英文名称	日本 (334)	美国 (145)	欧盟（鲜） (109)	韩国 (49)	CAC (26)	加拿大 (48)
172	唑螨酯	Fenpyroximate	0.03	0.03		0.02	0.02	
173	丰索磷	Fensulfothion				0.02		
174	倍硫磷	Fenthion	0.6			0.1		
175	三苯锡	Fentin	0.05					
176	薯瘟锡	Fentin acetate			0.05			
177	三苯锡类化合物	Fentin compounds			0.05			
178	三苯锡	Fentin hydroxide			0.05			
179	氰戊菊酯	Fenvalerate	0.9		0.2			
180	氟虫腈	Fipronil	0.04				0.5	
181	甲基麦草氟甲酯	Flamprop methyl	0.01					
182	富拉磷	Flavophospholipol	0.01					
183	氟啶虫酰胺	Flonicamid	0.05	0.05				
184	吡氟禾草灵	Fluazifop	0.05					
185	吡氟禾草灵	Fluazifop butyl			0.05			0.05
186	吡虫隆	Fluazuron	0.2					0.5
187	氟唑磺隆	Flucarbazone-sodium			0.01			
188	氟氰戊菊酯	Flucythrinate	0.05		0.05			
189	咯菌腈	Fludioxonil	0.01					0.01
190	氟噻草胺	Flufenacet	0.05					
191	氟虫脲	Flufenoxuron			0.1			
192	氟氯苯菊酯	Flumethrin	0.01			0.2	0.2	
193	氟唑嘧磺草胺	Flumetsulam	0.1					
194	胺氟草酯	Flumiclorac-pentyl	0.01					
195	丙炔氟草胺	Flumioxazin	0.01					
196	氟尼辛	Flunixin	0.02					
197	氟化合物	Fluorine compounds		40				
198	氟嘧菌酯	Fluoxastrobin			0.05			
299	四氟丙酸	Flupropanate	0.1					
200	氟喹唑	Fluquinconazole	0.2					
201	氟啶草酮	Fluridone	0.05	0.05				
202	氟草烟	Fluroxypyr	0.08		0.05			
203	氟草烟异丙酯	Fluroxypyr 1-methylheptyl ester			0.1			
204	氟哇唑	Flusilazole	0.01			0.01	0.01	0.01
205	氟酰胺	Flutolanil	0.05	0.05				
206	粉唑醇	Flutriafol	0.05					
207	乙膦酸	Fosetyl	1					
208	呋线威	Furathiocarb	0.3		0.5			
209	草胺磷	Glufosinate	0.05					
210	草铵磷	Glufosinate ammonium			0.15			0.1
211	咪唑双酰胺	Glycalpyramide	0.03					
212	草甘膦	Glyphosate	0.1		0.1	0.1		
213	氯吡嘧磺隆	Halosulfuron methyl	0.01					

序号	中文名称	英文名称	日本 (334)	美国 (145)	欧盟（鲜） (109)	韩国 (49)	CAC (26)	加拿大 (48)
214	哈洛克酮	Haloxon	0.1					
215	吡氟氯禾灵	Haloxyfop	0.02					
216	六氯苯	HCB				0.2		
217	七氯	Heptachlor	0.2			0.2		0.2
218	六氯苯	Hexachlorobenzene	0.2					
219	苯丁锡	Hexakis（2-methyl-2-phenylpropyl）distannoxane		0.5				
220	环嗪酮	Hexazinone	0.1	0.1				
221	磷化氢	Hydrogen phosphide	0.01					
222	抑霉唑	Imazalil	0.02	0.01	0.02			
223	甲氧咪草烟	Imazamox						0.01
224	咪唑甲氧甲烟酸铵	Imazamox-ammonium	0.03					
225	咪唑甲烟酸铵	Imazapic-ammonium	0.1	0.1				
226	灭草烟	Imazapyr	0.05	0.05				
227	咪唑乙烟酸铵	Imazethapyr ammonium	0.1					
228	吡虫啉	Imidacloprid	0.02	0.3				
229	茚虫威	Imidocarb	0.3					
230	噁二唑虫	Indoxacarb	0.05	0.05				
231	碘甲磺隆	Iodosulfuron methyl	0.01					
232	异菌脲	Iprodione	0.2	0.5	0.05			
233	异氰脲酸酯	Isocyanurate	0.8					
234	异柳磷	Isofenphos				0.02		
235	氮氨菲啶	Isometamidium	0.1					
236	稻瘟灵	Isoprothiolane	0.02					
237	异噁氟草	Isoxaflutole	0.2	0.2				0.2
238	亚胺菌	Kresoxim-methyl	0.05		0.02			0.03
239	高效氯氟氰菊酯	λ-Cyhalothrin			0.5			
240	氯氟氰菊酯（λ，γ）	λ-Cyhalothrin and an isomer γ-cyhalothrin		0.2				
241	林丹	Lindane	0.02		0.02			2
242	利谷隆	Linuron	0.5	0.1				
243	虱螨脲	Lufenuron	0.01					
244	马拉硫磷	Malathion	2	4				
245	代森锰锌	Mancozeb			0.05			
246	代森锰	Maneb			0.05			
247	2甲4氯乙酸（包括酚硫杀）	MCPA (including phenothiol)	0.08	0.1				
248	2甲4氯丁酸	MCPB	0.05					
249	灭蚜磷	Mecarbam				0.01		
250	2甲4氯丙酸	Mecoprop	0.05					
251	吡唑解草酯	Mefenpyr-diethyl	0.05					
252	甲烯雌醇乙酸酯	Melengestrol acetate	0.03					

续表

序号	中文名称	英文名称	日本 (334)	美国 (145)	欧盟（鲜） (109)	韩国 (49)	CAC (26)	加拿大 (48)
253	孟布酮	Menbutone	0.04					
254	壮棉素	Mepiquat		0.1				
255	助壮素	Mepiquat chloride	0.1					
256	甲磺胺磺隆	Mesosulfuron-methyl	0.01					
257	硝磺酮	Mesotrione	0.01					0.01
258	甲霜灵	Metalaxyl		0.05	0.5			
259	甲霜灵和精甲霜灵	Metalaxyl and mefenoxam (as total)	0.2					
260	叶菌唑	Metconazole		0.02				
261	虫螨畏	Methacrifos	0.01		0.01			
262	甲胺磷	Methamidophos	0.01		0.01	0.01		
263	杀扑磷	Methidathion	0.02		0.02	0.02		
264	甲硫威	Methiocarb				0.05		
265	灭多威	Methomyl			0.02			
266	烯虫酯	Methoprene	0.1					
267	甲氧滴滴涕	Methoxychlor	2		0.01			3
268	甲氧虫酰肼	Methoxyfenozide	0.06	0.02				0.1
269	代森联	Metiram			0.05			
270	甲氧氯普胺	Metoclopramide	0.03					
271	异丙甲草胺	Metolachlor	0.03	0.04				
272	甲氧磺草胺	Metosulam	0.01					
273	嗪草酮	Metribuzin	0.4	0.7				
274	甲磺隆	Metsulfuron-methyl	0.1	0.1				0.1
275	速灭磷	Mevinphos	0.05					
276	久效磷	Monocrotophos				0.02		
277	绿谷隆	Monolinuron	0.05	0.05				
278	甲噻嘧啶	Morantel	0.3					
279	腈菌唑	Myclobutanil	0.01	0.1	0.01	0.1	0.01	0.05
280	增效胺	N-(2-ethylhexyl)-8, 9, 10-trinorborn-5-ene-2, 3-dicarboximide	0.3					
281	亚胺硫磷	N-(mercaptomethyl) phthalimide S-(O, O-dimethyl phosphorodithioate) and its oxygen analog		0.2				
282	那罗星	Nanafrocin	0.03					
283	三氯甲基吡啶	Nitrapyrin		0.05				
284	氟草敏	Norflurazon		0.1				
285	氟酰脲	Novaluron	0.7	0.6				
286	氧乐果	Omethoate	0.05					
287	甲黎嘧胺	Ormetoprim	0.02					
288	解草腈	Oxabetrinil	0.1					
289	噁草酮	Oxadiazone	0.01					

续表

序号	中文名称	英文名称	日本 (334)	美国 (145)	欧盟（鲜） (109)	韩国 (49)	CAC (26)	加拿大 (48)
290	杀线威	Oxamyl	0.02					
291	羟氯柳苯胺	Oxyclozanide	0.1					
292	砜吸磷	Oxydemeton-methyl	0.01		0.02			
293	乙氧氟草醚	Oxyfluorfen	0.05	0.05				
294	百草枯	Paraquat	0.05	0.05		0.05		
295	对硫磷	Parathion	0.05		0.05			
296	甲基对硫磷	Parathion-methyl	0.05					
297	帕苯咪唑	Parbendazole	0.1					
298	戊菌唑	Penconazole	0.05		0.05	0.05	0.05	
299	二甲戊灵	Pendimethalin	0.01					
300	氯菊酯	Permethrin	0.4	0.25	0.5			0.1
301	敌菜宁	Phenmedipham	0.1					
302	苯醚菊酯	Phenothrin	0.5					
303	稻丰散	Phenthoate				0.05		
304	甲拌磷	Phorate	0.05	0.05				
305	亚胺硫磷	Phosmet	0.2			1		
306	辛硫磷	Phoxim				0.2		
307	毒莠定	Picloram	0.1	0.2				0.05
308	氟吡酰草胺	Picolinafen	0.02					
309	杀鼠酮	Pindone	0.001					
310	唑啉草酯	Pinoxaden	0.05	0.04				
311	哌嗪	Piperazine	0.05					
312	增效醚	Piperonyl butoxide	2	0.1			5	
313	抗蚜威	Pirimicarb	0.05					
314	甲基嘧啶磷	Pirimiphos-methyl	0.01	0.2	0.05			
315	吡芬溴铵	Prifinium	0.05					0.1
316	甲基氟嘧磺隆	Primisulfuron-methyl	0.1	0.1				
317	咪鲜胺	Prochloraz	0.1		0.1	0.1		
318	腐霉利	Procymidone	0.05		0.05			
319	丙溴磷	Profenefos	0.05	0.05	0.05			
320	调环酸钙盐	Prohexadione-calcium	0.05	0.05				
321	扑草净	Prometryne	0.05					
322	毒草胺	Propachlor	0.02					
323	敌稗	Propanil	0.1	0.05				
324	噁草酸	Propaquizafop	0.02					
325	炔螨特	Propargite	0.1	0.1				
326	胺丙畏	Propetamphos	0.02					
327	苯胺灵	Propham			0.05			
328	丙环唑	Propiconazole	0.05	0.05	0.05			
329	丙森锌	Propineb			0.05			

续表

序号	中文名称	英文名称	日本 (334)	美国 (145)	欧盟（鲜） (109)	韩国 (49)	CAC (26)	加拿大 (48)
330	残杀威	Propoxur	0.02		0.05			
331	丙苯磺隆	Propoxycarbazone	0.05	0.05				
332	炔苯酰草胺	Propyzamide	0.03	0.02	0.02			
333	氟磺隆	Prosulfuron	0.05					0.05
334	丙硫菌唑	Prothioconazole		0.02				
335	吡蚜酮	Pymetrozin	0.01		0.01			
336	百克敏	Pyraclostrobin	0.1	0.1				
337	吡嘧磷	Pyrazophos	0.02		0.02			
338	除虫菊酯	Pyrethrins	0.1	0.1				
339	哒螨灵	Pyridaben	0.05	0.05				0.05
340	哒草特	Pyridate	0.2		0.05			
341	嘧霉胺	Pyrimethanil	0.03	0.01				
342	吡丙醚	Pyriproxifen	0.01			0.01	0.01	
343	嘧草硫醚	Pyrithiobac-sodium	0.02					
344	二氯喹啉酸	Quinclorac	0.05	0.05				0.05
345	苯氧喹啉	Quinoxyphen	0.01					
346	五氯硝基苯	Quintozene	0.01		0.01			
347	喹禾灵	Quizalofop-ethyl	0.02	0.02				0.02
348	苄呋菊酯	Resmethrin	0.1		0.1			
349	久效威亚砜	S-[2-(ethylsulfinyl) ethyl] O, O-dimethyl phosphorothioate		0.01				
350	稀禾啶	Sethoxydim	0.1	0.2				
351	西玛津	Simazine	0.02	0.02				
352	精异丙甲草胺	S-metolachlor						0.02
353	多杀菌素	Spinosad	2	2			3	
354	螺螨酯	Spirodiclofen	0.02	0.02				
355	螺甲螨酯	Spiromesifen	0.05					
356	螺噁茂胺	Spiroxamine	0.05		0.05			
357	草硫膦	Sulfosate		1				
358	磺酰磺隆	Sulfosulfuron	0.005	0.005				
359	硫酰氟	Sulfuryl fluoride		0.01				
360	戊唑醇	Tebuconazole	0.05				0.05	0.2
361	虫酰肼	Tebufenozide	0.02					
362	丁噻隆	Tebuthiuron	1	2				
363	四氯硝基苯	Tecnazene	0.05		0.05			
364	七氟菊酯	Tefluthrin	0.001					
365	双硫磷	Temephos	2					
366	吡喃草酮	Tepraloxydim	0.2	0.2				
367	特丁硫磷	Terbufos	0.05				0.05	
368	特丁净	Terbutryn	0.1					

续表

序号	中文名称	英文名称	日本(334)	美国(145)	欧盟（鲜）(109)	韩国(49)	CAC(26)	加拿大(48)
369	杀虫畏	Tetrachlorvinphos	0.8					1.5
370	四氟醚唑	Tetraconazole	0.0003	0.01				
371	噻菌灵	Thiabendazole	0.1	0.1			0.1	
372	噻虫啉	Thiacloprid	0.03	0.03				
373	噻虫嗪	Thiamethoxam	0.02	0.02				0.02
374	赛苯隆	Thidiazuron	0.1	0.2				
375	噻吩磺隆	Thifensulfuron	0.01					
376	禾草丹	Thiobencarb	0.2	0.2	0.02			
377	硫双威	Thiodicarb	0.02		0.02			
378	甲基乙拌磷	Thiometon	0.05					
379	甲基硫菌灵	Thiophanate-methyl		0.15	0.1			
380	甲苯三嗪酮	Toltrazuril	0.1					
381	—	Tolyfloxysulfuron	0.01					
382	三唑酮	Triadimefon	0.05	1	0.1			
383	三唑醇	Triadimenol	0.05		0.1			
384	野麦畏	Triallate	0.1					
385	醚苯黄隆	Triasulfuron	0.08	0.1				
386	三唑磷	Triazophos	0.01		0.02	0.01	0.01	
387	苯磺隆	Tribenuron-methyl	0.01					
388	三溴沙仑	Tribromsalan	0.04					
389	脱叶磷	Tribuphos	0.02	0.02				
390	三氯苯唑	Trichlabendazole	0.2					
391	敌百虫	Trichlorfon	0.1	0.1		0.1		
392	绿草定	Triclopyr	0.05	0.05				
393	十三吗啉	Tridemorph	0.05		0.05			
394	肟菌酯	Trifloxystrobin		0.05				
395	氟菌唑	Triflumizole	0.05	0.05				
396	杀铃脲	Triflumuron	0.05					
397	氟乐灵	Trifluralin	0.05					
398	嗪氨灵	Triforine	0.05		0.05			
399	草硫膦（阳离子）	Trimethylsulfonium cation						0.5
400	吡那敏	Tripelennamine	0.2					
401	三苯基氢氧化锡	Triphenyltin hydroxide		0.5				
402	灭菌唑	Triticonazole	0.05					0.05
403	托拉菌素	Tulathromycin	0.3					
404	乙烯菌核利	Vinclozolin	0.05	0.05	0.05	0.05	0.05	
405	杀鼠灵	Warfarin	0.001					
406	甲苯噻嗪	Xylazine	0.02					
407	代森锌	Zineb			0.05			

数据来源：http://www.tbt-sps.gov.cn/foodsafe/xlbz/Pages/pesticide.aspx。

7.3 动物组织中农药化学品残留前处理技术研究进展

农药在农作物中的广泛使用，使得残留农药通过各种途径转移并蓄积到动物体内。随着人类对食品安全和环境安全的重视，动物源产品中农药等化学污染物残留分析技术得到不断发展。本章经过对1990年以后国内外动物源产品中残留农药分析技术文献进行检索，评述了代表性文献的提取、净化、分离、富集和定性、定量测定等技术，并列举了有关方法效率及基质效应评价的相关数据。从检索的近200篇文献来看，动物源基质样品主要有动物（牛、羊、猪、鸡、兔）组织（肌肉、脂肪、肝、肾、心）、肉制品（熏肉、烤肉、肉罐头、火腿、香肠）、蛋类、生物样品（血清、尿样）等。检测的目标化合物包括有机氯类、有机磷类、除虫菊酯类、多氯联苯类、有机氮类、氨基甲酸酯类、多环芳烃类、多溴联苯、烟碱类、三嗪类、磺酰脲类、苯甲酰脲类，及其他杀菌剂、杀螨剂、新型植物源生物农药（印楝素）等。这些农药的极性范围很宽，在动物体内是痕量或超痕量残留，加上动物组织中含有蛋白质、脂肪、糖类、无机盐、维生素和酶类等多种物质，基质相对比较复杂，无论是蛋白质和脂肪分离或去除杂质过程，还是痕量农药的定性或定量测定，技术难度均比较大。为了提高方法效率和灵敏度，动物源产品中残留农药的多组分、高通量检测技术在20世纪90年代后逐渐增多，特别是近5年，一次制备样品，同时提取不同组分或类别的残留农药达到50种以上的有18篇（图7-1），其中100～300种的有10篇，500种以上的有两篇，这两篇均是庞国芳团队于2006年和2008年研究建立的，基本涵盖了上述多组分或类别目标化合物的定性和定量测定，实现了农药残留高通量分析技术新突破。

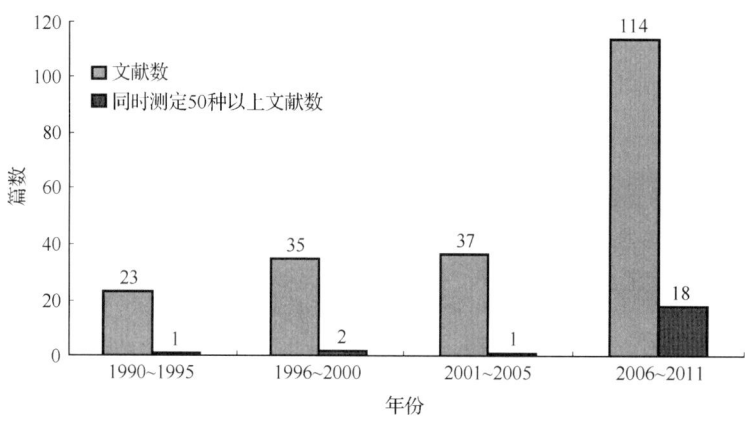

图7-1 动物源基质中农药等化学污染物多残留检测方法发展现状

动物源产品中残留化学污染物的提取技术主要分为液液萃取和液固萃取两种；净化技术中GPC和SPE应用较普遍；气相色谱法和液相色谱法配备各种检测器，仍为分析领域定量测定的主流技术，具有较高分辨率和灵敏度的质谱和串联质谱技术的应用更加广泛，其他新型或便捷检测技术的出现为目标物分析提供了更多选择，同时也为满足进出口动物源产品国外限量要求，摸清环境因素对生物体征的影响，提供了技术依据。

动物源产品中农药残留分析常用的提取和净化技术有液固萃取、液液萃取、索氏提取、超声辅助萃取、加速溶剂萃取、微波辅助萃取、基质固相分散萃取、分散固相萃取、超临界流体萃取、液相微萃取、固相微萃取、顶空单滴微萃取、凝胶渗透色谱、固相萃取、扫集共蒸馏、免疫亲和萃取、分子印迹固相萃取、LC-GC串联在线净化、正相液相色谱净化（NPLC）等，此外，还有用于脱脂的磺化法等。

要对动物源性产品中农药残留进行提取和净化，首先要根据待测样品和目标化合物的性质，选择适当的提取剂，动物源产品中农药等化学污染物的提取，主要采用乙腈、乙酸乙酯、正己烷、二氯甲烷、三氯甲烷、石油醚、环己烷、丙酮、异辛烷等或两三种混合溶剂作为提取溶剂（表7-9）。

表 7-9 动物源产品中农药等化学污染物残留常用提取剂

提取剂	待测物	基质样品	文献	提取剂	待测物	基质样品	文献
乙腈	9 种有机磷	牛组织	[1]	乙腈-甲醇 (1:1)	脲类除草剂	牛肉及制品	[37]
乙腈	8 种有机磷	羊肉	[2]	乙腈-正己烷	4 种拟除虫菊酯	牛血液	[38]
乙腈	5 种有机磷	尿	[3]	乙腈-正己烷 (1:1)	22 种有机磷、有机氯	脂肪	[39]
乙腈	36 种有机磷	动物肌肉	[4]	乙腈-正己烷	农药多残留	动物产品	[40]
乙腈	6 种有机磷	尿	[5]	乙腈			
乙腈	有机磷	脂肪提取物	[6]	乙酸乙酯	7 有机磷	肉及脂肪	[41]
乙腈	辛硫磷	鸡蛋	[7]	乙酸乙酯	8 种有机磷	血浆	[42]
乙腈	辛硫磷	鸡蛋	[8]	乙酸乙酯	7 种有机磷	猪肝	[43]
乙腈	毒死蜱及其代谢物	血清和尿	[9]	乙酸乙酯	有机氯和有机磷	动物肝脏	[44]
乙腈	毒死蜱及其代谢物	鼠脑组织	[10]	乙酸乙酯	23 种有机磷和 17 种有机氯	动物脂肪	[45]
乙腈	10 种除虫菊酯	牛肉	[11]				
乙腈	7 种除虫菊酯	牛肉	[12]	乙酸乙酯	258 种农药	炸鸡	[46]
乙腈	7 种拟除虫菊酯	牛肉	[13]	乙酸乙酯	57 种农药	加工肉食品	[47]
乙腈	5 种拟除虫菊酯	猪肉	[14]	乙酸乙酯	9 种苯甲酰脲类杀虫剂	牛肉	[48]
乙腈	除虫菊素	棕树蛇	[15]				
乙腈	20 种氨基甲酸酯	猪肝	[16]	乙酸乙酯	噻酰菌胺	鸡肉、牛肉、羊肝	[49]
乙腈	氨基甲酸酯	肉	[17]	乙酸乙酯	喹氧灵	猪肝、鸡肉	[50]
乙腈	氨基甲酸酯	动物肌肉	[18]	乙酸乙酯-正己烷 (1:1)	16 种有机氯	动物脂肪	[51]
乙腈	氨基甲酸酯	动物源食品	[19]				
乙腈	109 种农药（含异构体）	动物源食品	[20]	乙酸乙酯-正己烷 (1:1)	202 种农药及其代谢物	肉	[52]
乙腈	172 种农药等化合物	碎肉和全蛋	[21]				
乙腈	43 种农药	鸡蛋	[22]	乙酸乙酯-正己烷 (1:1)	292 种农药	咸牛肉	[53]
乙腈	111 种农药	动物脂肪	[23]				
乙腈	50 种电负性农药	动物肌肉	[24]	正己烷	7 种有机氯及代谢物	脂肪和血液	[54]
乙腈	164 种农药	动物脂肪	[25]	正己烷	多氯联苯	肝和脂肪	[55]
乙腈	203 种农药	禽蛋	[26]	正己烷-二氯甲烷 (1:1)	有机氯	猪油和鸡心	[56]
乙腈	有机氯和有机磷	鸡肉、猪肉和羔羊肉	[27]				
乙腈	有机氯和多氯联苯	血清	[28]	正己烷	12 种有机氯	鸟组织和蛋	[57]
乙腈	有机氯和多氯联苯	血清	[29]	正己烷	有机氯	禽蛋	[58]
乙腈	20 种磺酰脲类	动物源性食品	[30]	正己烷，乙腈	非极性农药	动物脂肪	[59]
乙腈	有机氯、有机磷	鸡蛋	[31]	正己烷-乙腈 (2:1)	有机氯	鸡蛋	[60]
乙腈	4 种有机氯	鸡肉	[32]				
乙腈	嗪草酮及其 3 种代谢物	畜产品	[33]	正己烷-乙腈	6 种有机氯	牛肉	[61]
				正己烷，乙腈-乙酸 (99:1)	236 种农药及降解物	含肉的婴儿食品	[62]
乙腈	7 种烟碱类	鸡肉、猪肉、鸡蛋	[34]				
乙腈	32 种农药	鸡蛋	[35]	正己烷，乙腈	有机氯	动物油	[63]
乙腈-丙酮 (4:1)	百草枯、敌草快		[36]	正己烷-丙酮 (1:1)	25 种多环芳烃	熏肉	[64]

续表

提取剂	待测物	基质样品	文献	提取剂	待测物	基质样品	文献
正己烷-丙酮 (1:1)	多溴联苯	动物肝脏	[65]	二氯甲烷-丙酮 (1:1)	4有机氯2有机磷1种氨基甲酸酯	动物组织	[93]
正己烷-丙酮 (1:1)	7种多氯联苯和3种滴滴涕	生物样品	[66]	二氯甲烷-丙酮 (2:1)	四溴联苯醚	生物样品	[94]
正己烷-丙酮	机氯类、有机磷类、三嗪类和苯胺类	食物样品	[67]	环己烷	15种多环芳烃	烧烤肉制品	[95]
正己烷-丙酮 (3:1)	6有机氯	猪肉、脂肪、肝	[68]	环己烷-乙酸乙酯 (1:1)	839种农药	牛、羊、猪、鸡、兔	[96]
正己烷-二氯甲烷	14种酞酸酯类	6种动物内脏	[69]	环己烷-乙酸乙酯 (1:1)	660种	牛、羊、猪、鸡、兔	[97]
正己烷-二氯甲烷 (1:1)	有机磷,有机氯、除虫菊酯	羊毛脂	[70]	环己烷-乙酸乙酯 (1:1)	溴螨酯	鸡肉、鸡肝和猪肝	[98]
正己烷配合乙腈-水溶液	63种有机磷	猪肉	[71]	正己烷-丙酮 (1:1)	有机氯	鸡肉和鸡蛋	[99]
正己烷配合乙腈-水溶液	61种有机磷农药	动物肌肉	[72]	甲醇	有机磷和乙基毒死蜱	鼠肝	[100]
丙酮	54种有机磷	鸡、羊、牛、猪	[73]	甲醇	4种三嗪类农药	羊肝	[101]
丙酮-石油醚	25种有机氯	肉类食品	[74]	甲醇-乙腈	4种三嗪类农药	肉及肉制品	[102]
丙酮-石油醚	9种持久性有机氯	肉类、蛋	[75]	甲酸-乙腈 (2:1)	多溴联苯醚	血清	[103]
丙酮-石油醚	有机氯和拟除虫菊酯	牛肉	[76]	三氯甲烷	有机氯	鸡脂肪	[104]
丙酮-石油醚	27种有机氯和15种拟除虫菊酯类	兔肉	[77]	1%三氯乙酸溶液	灭蝇胺和环虫腈	含脂羊毛	[105]
丙酮-石油醚	4种拟除虫菊酯	牛肉	[78]	石油醚	11种有机氯及代谢物	蛋、鸡肉、牛肉、羊肉	[106]
丙酮-石油醚 (1:1)	9种除虫菊酯	动物源产品	[79]	石油醚	21种有机氯	猪肉、牛肉、羊肉、鸡肉	[107]
丙酮:正己烷 (1:1)	16种多环芳烃	烤肉	[80]	石油醚	有机氯	干腌香肠	[108]
丙酮-正己烷	16种有机氯	猪肉	[81]	石油醚	有机氯	骆驼、牛、羊	[109]
丙酮-正己烷	有机氯	动物组织	[82]	石油醚-丙酮 (1:1)	6种有机氯	鸡肉	[110]
丙酮-正己烷	10种苯甲酰脲类	猪肉	[83]	石油醚-乙醚	6种拟除虫菊酯	猪肉	[111]
丙酮-乙腈 (1:4)	有机磷	野猪肝和肌肉、牛肉	[84]	异辛烷-乙腈	拟除虫菊酯类和有机氯类	牛肉	[112]
丙酮-二氯甲烷-环己烷 (4:3:3)	氨基甲酸酯类	血	[85]	乙醇-乙酸乙酯 (5:95)	43种有机磷、17种有机氯和11种氨基甲酸酯	动物组织	[113]
丙酮-二氯甲烷 (2:8)	10种有机氯	禽肉、肝、蛋	[86]				
丙酮,二氯甲烷	10种有机磷	鸡肌肉和肝脏组织	[87]	0.1mol/L HCl或0.6%乙酸溶液	草甘膦	动物基质	[114]
丙酮-二氯甲烷	氨基甲酸酯类	肉和蛋	[88]				
丙酮水溶液	杀草强	肉、肝脏	[89]	20%氨水乙腈溶液	灭蝇胺及其代谢物	牛奶和猪肉	[115]
乙酸乙酯-正己烷	二嗪农	猪组织	[90]	20%氨水乙腈溶液	环丙氨嗪和三聚氰胺	鸡蛋、猪肉和牛奶	[116]
二氯甲烷	有机磷	含脂加工食品	[91]				
二氯甲烷	敌百虫、敌敌畏	动物组织	[92]				

从表 7-9 可以看出，乙腈因其极性适中，成为动物源产品中多组分或类别农药残留的常用提取剂，特别在近 5 年，广泛应用于有机磷、除虫菊酯、氨基甲酸酯、烟碱类、有机氯等农药残留的提取。在单独提取有机氯时，常使用正己烷、丙酮和石油醚；提取有机磷时，多采用乙酸乙酯、乙腈和二氯甲烷。对于动物脂肪、肌肉等含脂肪量大的样品，常用正己烷、乙酸乙酸进行提取；对于禽蛋、血液、尿等样品中特定目标物的提取时，用到了丙酮、二氯甲烷等试剂；对于灭蝇胺、三聚氰胺及代谢物、草甘膦等极性很强的农药，使用了酸或碱溶液，再配水溶性的有机溶液进行提取。

7.3.1 液固萃取

液固萃取（Liquid-Solid Extraction，LSE）是动物源产品中提取残留农药广泛使用的技术之一，在本章检索的近 200 篇文献中，绝大多数文献采用了该提取方式，其中蛋[7,21]、肉及肉制品[18,27,61,71,96,97,116]、动物脂肪[23,25,51,55]、生物样品[66]等基质样品中目标物提取均用此方法。选择适当的有机溶剂，利用均质、振荡等方式，实现样品中农药残留的有效提取并与基质的分离，以有利于进一步净化和后续的分析测定。Frenich 等[44]建立了测定动物肝脏中有机磷农药和有机氯农药残留的分析方法。样品中残留农药用乙酸乙酯高速均质提取，样液采用 GPC 净化，GC-MS/MS 测定。在 $25\mu g/kg$ 和 $50\mu g/kg$ 两个添加水平，方法回收率为 70%~115%，RSD≤20%。安琼等[58]建立了用正己烷振荡提取、GC-ECD 测定禽蛋中 15 种有机氯和多氯联苯的分析方法，并对振荡提取与索式提取的提取效率进行对比研究，二者均获得了良好的回收率，但从节省时间考虑，选择了振荡提取，并且发现振荡提取的次数对多氯联苯的回收率影响并不明显，但对有机氯农药残留物的回收率有明显的影响。在 $\mu g/kg$ 添加水平，各种待测物的回收率为 84.31%~116.77%（$n=3$）；RSD 为 6%~18%（$n=7$）；LOD 为 $0.07\sim0.35\mu g/kg$。Wang[92]建立了同时测定动物组织中热不稳定农药敌百虫以及降解产物敌敌畏的 LC-MS/MS 分析方法。动物组织中农药残留用二氯甲烷均质或振荡提取，提取液经离心浓缩后，LC-MS/MS 测定。在 $10\mu g/kg$、$20\mu g/kg$ 和 $40\mu g/kg$ 3 个添加水平，平均回收率为 85%~106%，RSD<10.6%，LOD：敌百虫为 $0.04\mu g/kg$、敌敌畏为 $0.07\mu g/kg$，LOQ 为 $5\mu g/kg$。Ashraf-Khorassani 等[104]采用液固萃取技术，选择三氯甲烷提取了鸡脂肪中有机氯农药残留，提取液在 GC-ECD 测定前，无需净化步骤。

7.3.2 液液萃取

液液萃取（Liquid-Liquid Extraction，LLE）是液体样品首选的提取方法，如尿、血液等样品，同时也是传统的净化方法。饶勇等[90]建立了猪血浆中二嗪农残留的 GC-NPD 分析方法。以乙酸乙酯-正己烷（8∶2）振荡提取，经离心、浓缩后，用乙腈和石油醚液液分配，HP-1 毛细管气相色谱柱分离，GC-NPD 测定，内标法定量。回收率为（90.44±0.90）%，RSD 为（5.52±1.31）%，LOD 为 5.0ng/g。杨立新等[73]建立了动物性食品中 54 种有机磷农药残留及其代谢产物的气相色谱-双脉冲火焰光度（GC-PFPD）检测方法。动物组织样品经丙酮均质提取后，用二氯甲烷液液分配，GPC 净化，气相色谱双脉冲火焰光度检测器测定，外标法定量。线性相关系数（r）为 0.9905~0.9999。空白鸡肉、羊肉、牛肉和猪肉样品在低、中和高 3 个添加水平，回收率为 50.5%~128.1%，RSD（$n=6$）为 1.1%~25.5%。LOD 为 0.001~0.17mg/kg，LOQ 为 0.002~0.455mg/kg。Pagliuca 等[84]建立了双柱毛细管气相色谱-氮磷检测器测定动物源基质（野猪肝和肌肉、牛肉）中有机磷农药残留的方法。样品用丙酮-乙腈（1∶4）提取后，采用液液分配和 SPE（C_{18}）柱净化目标物。回收率：肝为 60%~81%、肌肉为 68%~76%。LOQ 和 LOD 分别为 5mg/kg 和 1mg/kg。Argauer 等[112]建立了测定牛肉中拟除虫菊酯类和有机氯类农药残留的气相色谱-离子阱质谱分析方法。100g 牛肉样品，加入 150g 无水硫酸钠，加入 300mL 异辛烷均质提取 3min，过滤后，取 25mL 滤液用 2×25mL 乙腈液液分配，乙腈萃取液过 5g 弗洛里柱净化，收集淋出液蒸干，残渣用 8.3mL 异辛烷溶解，再加入 chrysene-d12 和 anthracene-d10 作内标，气相色谱-离子阱质谱仪测定。LOD 为

2~24ng/g。Khay 等[117]采用 LLE 技术，GC-ECD 检测了牛肌肉中拟除虫菊酯类农药残留，该方法回收率为 83.5%~99.2%。West 等[118]建立了一个测定牛肉、禽肉和蛋中多杀菌素及其代谢物的分析方法。样品提取液用液液分配和固相萃取净化，被测物用液相色谱-紫外检测器在 250nm 波长下测定。LOQ 和 LOD：鸡脂肪为 $0.02\mu g/kg$ 和 $0.006\mu g/kg$；鸡、牛肉组织为 $0.01\mu g/kg$ 和 $0.003\mu g/kg$。Araoud[119]建立了液液提取，LC-MS/MS 测定血清中农药残留的方法。2mL 血清样品，加入 $100\mu L$ 帕苯达唑内标溶液和 1mL 乙酸钠缓冲溶液（3mol/L，pH4.5），用 9mL 丙酮-二氯甲烷-正己烷（5∶2∶3）涡旋提取 15min，离心后，有机相氮气吹干，用 $70\mu L$ 甲酸铵-乙腈溶液（1∶1）定容，LC-MS/MS 测定。在 $5\mu g/L$，$30\mu g/L$，$50\mu g/L$ 三个添加水平，回收率为 65%~106%（甲胺磷除外），RSD<15%，LOD 为 $2\mu g/L$，LOQ 为 $5\mu g/L$。

7.3.3 索氏提取

索氏提取（Soxhlet Extraction，SE）用于浸提样品中的脂类物质，目前多采用脂肪提取器，利用溶剂回流及虹吸原理，使固体物质被纯溶剂萃取，既节约溶剂，又提高了效率。Rabinder 等[99]采用 200mL 己烷-丙酮（1∶1）混合液对家禽样品索氏提取 8h，提取液再用硅胶柱净化，建立了家禽饲料、鸡肉和鸡蛋中有机氯农药残留的 GC-ECD 分析方法。Ahmad 等[106]利用 250mL 石油醚对动物源食品中有机氯农药残留索氏提取 8h，提取液经弗洛里柱净化，GC-ECD 测定，建立了动物源食品中十几种有机氯及代谢物残留的分析方法，并用该方法对约旦地区蛋、鸡肉和肉制品等 519 个样品进行了测定。

7.3.4 超声辅助萃取

超声辅助萃取（Ultrasound-Assisted Extraction，UAE）因试剂用量少、省时的特点，在动物基质样品前处理中常有应用。林竹光等[65]采用正己烷-丙酮（1∶1）超声辅助提取，中性与酸性硅胶层析柱净化，以多氯联苯-103 为内标物，GC-NCI/MS-SIM 测定了动物肝脏中 9 种多溴联苯，LOD 均小于 $0.07\mu g/kg$，回收率为 75.1%~88.2%，RSD 为 3.3%~7.9%。樊苑牧等[105]建立了高效液相色谱（HPLC）测定含脂羊毛中的灭蝇胺和环虫腈的方法及 LC-MS/MS 确证方法。样品用 80mL 1% 三氯乙酸溶液超声提取，MCX 柱净化，Hypersil NH_2 色谱柱分离，水-乙腈为流动相梯度洗脱，214nm 检测，LC-MS/MS 确证。在 0.05~5.0mg/L 范围内，灭蝇胺和环虫腈均有良好的线性关系，相关系数均为 0.9999。LOD：灭蝇胺为 0.02mg/kg，环虫腈为 0.01mg/g；回收率：灭蝇胺为 95.0%~99.9%，环虫腈为 83.6%~92.2%。

7.3.5 加速溶剂萃取

加速溶剂萃取（Accelerated Solvent Extraction，ASE）或加压液体萃取（PLE）是采用常规溶剂，在较高的温度（50~200℃）和压力（10.3~20.6MPa）下对固体或半固体样品进行萃取的样品前处理技术，具有萃取操作自动化、样品回收率高的特点。该方法已经被美国环境保护局（EPA）推荐为标准方法（EPA3545）。Wu 等[20]建立了乙腈为提取剂，ASE 提取，全自动凝胶渗透色谱净化，以毒死蜱作内标，GC-MS-SIM 法同时测定动物源食品中 109 种农药残留（含异构体）的分析方法。部分农药的最低检出限达到 $0.5\mu g/kg$，在 0.05mg/kg、0.1mg/kg 和 0.2mg/kg 3 个添加水平，平均回收率为 62.5%~107.8%，RSD（$n=6$）≤20.5%。吴刚等[24]建立动物源性食品中 50 种电负性农药多残留的快速分析方法。以乙腈为提取溶剂，采用 ASE 萃取样品，自动凝胶渗透色谱预净化，N-丙基乙二胺（PSA）柱再净化，毛细管气相色谱柱分离，微池电子捕获检测器（μ-ECD）检测，内标法定量。50 种电负性农药的最低检出限（$S/N=3$）为 0.04~$2.6\mu g/kg$。当试样中农药的添加量为 0.05mg/kg、0.1mg/kg 和 0.2mg/kg 时，方法回收率为（63.8±2.4）%~（103.5±9.2）%。Stefanelli 等[76]利用 ASE 提取，Extrelut NT3 柱、Sep-Pack C_{18} 柱和弗洛里三柱串联净化，建立了 GC-MS 测定牛肉中有机氯和拟除虫菊酯农药残留检测方法。除易挥发的六氯苯外，实验研究的有机氯和拟除虫菊酯的回收率分别为70%~110%和84%~99%,RSD为2%~15%,LOQ为0.005~0.1mg/kg。Saito等[120]采用ASE提取,Bio-beads S-X3柱自动凝胶渗透色谱和自动硅胶固相萃取净化,GC-MS测定脂肪和器官组织中59种持久性有机卤素农药多残留(多溴联苯酯、多氯萘、多氯联苯、多氯联苯代谢物和有机氯杀虫剂),非极性化合物直接用GC-MS测定,对于极性化合物用重氮甲烷甲基化后再用GC-MS检测。Zhang等[121]利用SPLE(selective pressurized liquid extraction)萃取,酸化的硅胶在线净化,GC-MS测定了牛肝中多溴联苯醚和多氯联苯残留。方法对异己烷、二氯甲烷两种溶剂不同配比、压力、温度、循环次数和时间进行优化,确定了最佳提取程序。同时,与索氏提取、离线PLE、超声和加热提取方法进行比较,结果发现SPLE的回收率为86%~103%($n=3$,SD<9%),优于索氏提取(63%~109%,$n=3$,SD<8%)、离线PLE(82%~104%,$n=3$,SD<18%)、超声提取(86%~99%,$n=3$,SD<11%)和加热提取方法(72%~102%,$n=3$,SD<21%)。Yu等[122]利用PLE样品制备程序,在1400psi和70℃条件下,提取动物产品中环丙氨嗪、三聚氰胺及代谢物残留,LC-UV在230nm测定,方法LOD为10μg/kg,LOQ为40μg/kg,平均回收率为72.2%~115.4%,RSD<12%。LC-MS/MS确证,LOD为5μg/kg,LOQ为10μg/kg。

7.3.6 微波辅助萃取

微波辅助萃取(Microwave-Assisted Extraction,MAE)是1986年匈牙利学者Ganzler等提出的一种新的样品前处理方法。微波提取由于能对提取体系中的不同组分进行选择性加热,因而成为至今唯一能使目标组分直接从基体分离的提取方法,具有较好的选择性。应剑波等[85]利用微波萃取、凝胶渗透色谱净化和气相色谱质谱联用技术,建立血中氨基甲酸酯(灭多威、涕灭威、异丙威、甲萘威、克百威)和杀蚕毒素(杀虫双、杀虫脒)类农药的检验方法。结果表明,农药经丙酮-二氯甲烷-环己烷(4:3:3)混合溶剂微波辅助萃取,凝胶色谱自动净化浓缩至2mL,GC-MS测定,各类农药的回收率为68%~91%,LOD为0.001~0.47mg/L,部分药物的线性相关系数为0.9900~0.9976。Cheng等[101]建立了用甲醇微波辅助萃取,LC-UV测定羊肝中三嗪类农药(西玛津、阿特拉津、扑灭津、扑草津)残留的方法。该研究优化了微波辅助萃取操作参数、溶剂类型和用量、提取温度和时间,找出了提取羊肝中三嗪类农药的最佳条件。在两个不同添加水平,方法回收率为90%~102%,RSD<11%。宋欢等[123]研究了一种开管式微波辅助萃取(FOV-MAE),GC-ECD测定兔肉中9种有机氯农药的分析方法,回收率为84.7%~101.1%,RSD为3.4%~7.6%。Purcaroa等[124]建立了快速微波辅助提取,硅胶固相萃取柱净化,液相色谱-荧光检测熏肉中多环芳烃的分析方法。实验证明,2g样品用正己烷在150℃提取15min,提取效率最佳。LOQ除荧蒽(0.03μg/kg)、苊(0.6μg/kg)、苊苯苊(0.4μg/kg)外,均小于0.2μg/kg,回收率为77%~103%,RSD<10%。

7.3.7 基质固相分散萃取

基质固相分散萃取(Matrix Solid-Phase Dispersion Extraction,MSPDE)是2000年由美国Louisiana州立大学的S.A.Barker教授首次提出的。这种方法最大的优点就是将组织匀浆、提取、净化和浓缩等步骤合并为一步完成,从而大大缩短了前处理时间,减少了待测物的损失,使该方法具有良好的回收率及重现性。吸附剂有C_{18}[35,70,72,125,126]、弗洛里硅土[127,128]、中性氧化铝[129]、活性炭[130]、PSA[2,72]等。Gutiérrez Valencia等[1]以C_{18}分散剂,采用基质固相分散萃取和SPE固相萃取技术,建立了液相色谱-二极管阵列检测器测定牛组织中9种有机磷农药(甲基对硫磷、杀螟松、对硫磷、毒虫畏、二嗪农、乙硫磷、皮蝇硫磷、毒死蜱和三硫磷)残留的方法。回收率为91%~101%,RSD≤12%,线性范围为0.5~10μg/kg,LOD为0.04~0.25μg/kg。叶瑞洪等[72]采用基质固相分散萃取技术,建立了动物肌肉中61种有机磷农药多残留的分析方法。动物肌肉样品用正己烷配合乙腈-水溶液均质提取,盐析后,提取液以C_{18}和PSA基质固相分散净化,采用电喷雾离子化正离子方式（ESI$^+$）及多反应监测模式（MRM）超高效液相色谱-串联质谱仪测定，基质匹配标准溶液外标法定量。LOQ（$S/N \geqslant 10$）均达到0.01mg/kg，回收率为62.8%～107%，RSD为4.2%～19%。Furusawa[131]开发了不使用有毒试剂样品处理技术和Toyobo-KF（R）活性炭作吸附剂的MSPD净化技术，HPLC测定动物脂肪（牛脂、猪油和鸡脂肪）中p,p'-DDT、o,p'-DDT、p,p'-DDE、和p,p'-DDD残留的方法。样品添加水平在0.2μg/g，0.5μg/g和10μg/g时，平均回收率为58%～93%，RSD<7%，LOQ为0.18μg/g。Garcia de Llasera等[126]开发了C_{18}填料作为MSPD吸附剂，提取液再用硅胶柱净化，液相色谱-二极管阵列检测器测定牛组织样品中5种有机磷农药（毒死蜱、毒虫畏、二嗪农、杀螟硫磷、甲基对硫磷）的分析方法。在0.25μg/kg、2.5μg/kg和5μg/kg 3个添加水平，5种有机磷农药的回收率>94%，RSD≤15%，方法线性范围为0.5～15μg/kg，LOD<0.1μg/kg。在测定实际样品时再用GC-MS-SIM进行确证。Cheng等[129]用中性氧化铝作为基质固相分散剂提取了猪肝脏、肌肉、心脏和肾脏中氯氰菊酯和溴氰菊酯，LC-紫外检测器测定。色谱柱为C_{18}柱，流动相为乙腈-水（85:15）。氯氰菊酯的LOD和LOQ分别为0.01mg/kg和0.026mg/kg，溴氰菊酯LOD和LOQ分别为0.017mg/kg和0.056mg/kg。Kodba等[132]开发了可从动物脂肪中提取26种有机氯农药（OCP）、3种拟除虫菊酯类农药（PP）和6种多氯联苯（PCB）的单步骤提取和纯化新方法。样品中加入硅藻土高速均质提取，MSPDE净化。5mL二甲基亚砜洗脱，然后再用脱活的弗洛里柱净化，正己烷-乙醚洗脱所有农药，GC-ECD测定。回收率：OCP为68%～94%（β-HCH除外），PCB为81%～86%，PP>80%。该方法应用于509个含脂样品中上述农药残留的监测。

7.3.8 分散固相萃取

分散固相萃取（Dispersive Solid-Phase Extraction，DSPE）与MSPDE有相同之处，两者都使用分散固相萃取吸附剂进行萃取，两者不同的是，DSPE是将固相萃取吸附剂颗粒分散在样品的萃取液中，而不是直接加入到原始样品中。DSPE典型的应用就是农药多残留检测中使用的QuEChERS样品前处理方法。Castillo[59]提出了基于QuEChERS净化程序的DSPE技术，快速提取脂肪样品中痕量非极性农药的方法。样品使用正己烷的饱和乙腈溶液提取，冷却分离脂肪后，DSPE净化，GC-MS-SIM测定。同时，对比研究了DSPE、脂肪氧化处理和GPC净化的提取效率，并考查了DSPE不同萃取剂和用量对减少共萃物的影响。结果表明，在使用1200mg无水硫酸镁，400mg封尾C_{18}，400mg PSA和1g样品量时获得了最佳回收率。该方法应用于38个代表性添加猪肉脂肪样品，评价了基质效应、方法的精密度和准确性。研究证明，该技术简化了费时的净化步骤，减少了对仪器的污染，保持了仪器长期良好的色谱性能。

7.3.9 超临界流体萃取

超临界流体萃取（Supercritical Fluid Extraction，SFE）是近年来迅速发展起来的一种新型物质分离技术，是当前发展最快的分析技术之一。超临界流体是处于临界温度以上的高密度气体，流体介于气体和液体之间，既有气体密度小、扩散速度快、渗透力强的特点，又有液体对样品溶解性能好的优点。与其他的方法相比，SFE基本不用有机溶剂，操作简单，并且引入其他杂质的概率大大降低。SFE提取通常以CO_2作提取剂，或加入一定量乙腈、二氯甲烷等改良剂。Argauer等[17]采用SFE净化，液相色谱-荧光检测器或气相色谱-离子阱质谱检测动物肌肉中氨基甲酸酯类农药残留。样品用乙腈预提取，可除去99%的脂肪和粗纤维。乙腈提取液浓缩后用超临界CO_2将氨基甲酸酯类农药吸附在颗粒状硅藻土上进一步净化，再除去大部分共萃取杂质。净化后的样液减少了对荧光检测的干扰，避免了因大量非挥发性物质在气相毛细管色谱柱中聚集而导致其使用寿命缩短的现象。Hopper等[133]研究建立了从脂肪中分离有机氯农药和有机磷农药残留的超临界流体提取和净化程序。含有3%乙腈的超临界CO_2作为提取剂。在60℃提取农药残留，在4000psi压力和95℃环境下，用C-1硅胶柱分离农药和脂肪。该提取和净化程序对62种非极性和中等极性的农药中的43种有很好的提取和净化效果，49种农药经过弗洛里柱净化后进行定量测定。该程序是从0.65g动物脂肪和1.0g油中提取和净化农药残留。经常规方法学验证，重复性和再现性满足要求。Juhler等[134]建立了测定牛肉中有机磷农药残留的分析方法。1g样品用硅藻土混合，在95℃ 0.4g/mL条件下用超临界CO_2提取2h，农药残留在35℃富集于弗洛里SPE柱上，随后在50℃用正庚烷和丙酮依次洗脱，洗脱液用GC-NPD测定。毒死蜱、甲基毒死蜱、马拉硫磷、胺丙磷、甲基嘧啶磷的LOD和LOQ分别为0.01~0.03mg/kg、0.01~0.05mg/kg，平均回收率为78%~95%。Djordjevic等[135]评价了脂肪中有机氯和多氯联苯残留的SFE方法，首先样品与吸附剂（氧化铝）一起装入提取管内，用5%二氯甲烷改良的CO_2作提取剂超临界萃取，去除共萃物的大部分脂肪，随后用氧化铝层析柱进一步净化，GC-ECD测定。方法的回收率为73.4%~115%，RSD为4%~12%。

7.3.10 固相微萃取

固相微萃取（Solid-Phase Microextraction，SPME）是在固相萃取基础上发展起来的，保留了其所有的优点，摒弃了其需要填充物和使用溶剂进行解吸的弊端。Curren等[136]利用改良的亚临界水结合固相微萃取，提取、净化牛肾中的阿特拉津残留，建立一种无需有机试剂或用少量有机试剂的环保方法。该方法首先采用交联聚合物（XAD-7 HP）为分散剂，对牛肾样品进行分散，用含有30%乙醇的亚临界水在100℃ 50atm下提取，提取液再用聚乙二醇-二乙烯基苯光纤SPME萃取，GC-IT-MS测定。在0.2μg/g和2μg/g两个添加水平，回收率分别为111%和104%，RSD分别为9%和10%，LOD为20μg/g。亚临界水萃取（Sub-critical Water Extraction，SWE）技术是近十几年国内外迅速发展起来的一种不使用或少使用有机溶剂的绿色萃取技术，其萃取溶剂主要是纯水，但也有关于改良萃取溶剂（如乙醇等）的研究和使用。Smith等[137]利用固相微萃取技术，建立了GC-MS测定尿液中多环芳烃及代谢物的方法。该方法包括加入稳定同位素^{13}C多环芳烃作内标、酶水解、固相微萃取后，用气相色谱高分辨率质谱进行分析，回收率为6%~47%，RSD为2.4%~18.7%。Musshoff等[138]采用顶空固相微萃取（HP-SPME）技术，建立了简单快速从生物样品中分离对硫磷的毛细管气相色谱-质谱测定的方法。血液样品的回收率为85%~89%，LOD为0.02~0.05mg/kg。该方法分析一个样品（含提取步骤）只需57min，验证了使用顶空固相微萃取结合GC-MS检测，是一种分析生物基质中对硫磷和甲基对硫磷的有效方法。Fidalgo-Used等[139]借助于SPME技术建立了通过一步即可实现净化、富集鱼肉组织中有机氯农药的快速检测技术，结合GC-ECD技术，在优化的实验条件下，鱼肉组织中有机氯残留的LOD为0.1~0.7ng/g，在10ng/g的添加水平，有机氯农药的回收率均大于70%。施致雄等[140]建立了以稳定同位素$^{13}C_6$-六氯苯和$^{13}C_{10}$-灭蚁灵为内标，以顶空固相微萃取作为猪肉样品的前处理手段，采用GC-MS-SIM测定猪肉样品中18种有机氯农药组分。方法线性范围为1~100ng/kg，混合标准溶液的加标回收率为90%~120%，RSD为3%~15%。Poli等[141]建立了快速可靠的固相微萃取GC-MS测定大鼠脑髓和血清中PCB 126和PCB 153方法。采用液液分配和固相萃取作为参比技术，利用正交设计优化了固相微萃取各个参数，使提取效率最大化。最后确定使用85μm聚酰胺为SPME的萃取头，在100℃萃取40min为最佳条件。LOD：脑组织为2ng/g，血清为0.2ng/g，RSD<9%。Lee等[142]采用HS-SPME萃取GC-NPD方法对血液和尿样中9种有机磷农药残留进行了测定。尿液样品加入水、盐酸、硫酸铵和氯化钠混合物，血液样品加入水和盐酸。放入顶空瓶中，密封后在100℃加热，固相微萃取头插入顶空瓶上部空间吸附有机磷农药，固相微萃取头吸附的农药用GC-NPD测定。该方法回收率：血液为0.8%~10.6%，尿液为3.8%~40.2%；LOD：血液为4.4~80ng/mL，尿液为1.6~24ng/mL。

7.3.11 液相微萃取

液相微萃取（Liquid-Phase Microextraction，LPME）是从1996年发展起来的一种新型样品前处理技术，具有快速、精确、灵敏度高、环保的特点。该法可分为直接微萃取、顶空液相微萃取（HS-LPME）和液-液-液微萃取（LLLME）3种方式。HS-LPME又称顶空单滴微萃取（Headspace

Single Drop Micro-Extraction，HS-SDME），指将一滴萃取溶剂悬挂于注射器针尖的顶端，插入到待测试样的顶空，吸附萃取一定的时间后，将液滴吸回到进样针中的萃取过程。SDME 灵敏度高，样品萃取完成可在 GC、GC-MS 上直接进样。Wielgomas 等[100]建立了顶空单滴微萃取结合气相色谱-电子捕获检测器（GC-ECD）测定鼠肝中有机磷杀虫剂的方法。组织样品加入无水硫酸钠，用甲醇均质提取，使目标物从基质中分离出来，提取液用 10mL 0.1mol/L H_2SO_4 稀释，2μL 1-辛醇顶空微萃取。萃取条件：在 90℃，预热 8min，提取 6min。内标法（内标为毒死蜱）GC-ECD 测定，线性范围 10～2500ng/kg，相关系数 r>0.996，RSD 为 3.85%（n=6）。Lin 等[143]利用中空纤维液相微萃取对尿样中除虫菊酯的代谢物进行提取。样品在 70℃ 酸解 10min 后，用装有衍生化试剂的微量注射器连接充满提取试剂的中空纤维组成液相微萃取装置，进行提取、富集，同时针内衍生化，GC-ECD 进行测定。LOD 为 1.6～17ng/mL。

7.3.12 凝胶渗透色谱

凝胶渗透色谱（Gel Permeation Chromatography，GPC）也称为体积排斥色谱（Size Exclusion Chromatography），是基于体积排阻的分离原理，利用样品中各组分分子大小不同，从而在凝胶中滞留时间不同而达到分离目的，通常油脂（相对分子质量>600）等大分子物质首先流出，随后是小分子物质（农药、多氯联苯等）。凝胶渗透色谱在农药多残留分析中对于样品提取液中高相对分子质量干扰物的去除具有很好的效果，特别是非水溶剂分离的凝胶多孔交联聚苯乙烯（Bio-Beads S-X3）可有效地分离脂质与农药，使得 GPC 成为分析脂类物质用得最多的前处理技术之一。常用的流动相有乙酸乙酯-环己烷（1:1）、二氯甲烷-环己烷（1:1）等。GPC 净化技术在多组分多残留农药分析中的应用见表 7-10。Reynolds 等[144]建立了一个 GPC 净化气相色谱测定脂肪和油中有机磷农药残留的分析方法，用该方法与氧化铝固相萃取柱净化的方法进行了对比研究，其两种净化方式测定结果通过统一检验，证明无明显差异。通过实验室内和室间精密度数据得到的 Horrat 值均可接受，而二嗪磷、异丙氧磷和溴氰菊酯用氧化铝柱净化，没有回收率，只用 GPC 净化方式进行了测定。

表 7-10 GPC 在农药残留分析中的应用

填料	净化柱	流动相	待测物	基质样品	检测器	回收率/%	LOD 或 LOQ/(μg/kg)	文献
Bio-Beads S-X3	400mm×10mm	环己烷-乙酸乙酯（1:1）	36 种有机磷农药	动物肌肉	GC-FLD	58.2～106.3	1.2～14	[4]
Bio-Beads S-X3	400mm×25mm	环己烷-乙酸乙酯（1:1）	13 种氨基甲酸酯类农药	猪肉、鸡蛋	GC-MS	81～90	LOQ：10	[19]
Bio-Beads S-X3	300mm×10mm	环己烷-乙酸乙酯（1:1）	109 种农药	猪、牛、鸡	GC-MS	62.5～107.8	0.1～32.2	[20]
Bio-Beads S-X3	360mm×25mm	环己烷-乙酸乙酯（1:1）	111 种农药	动物脂肪	LC-MS/MS	60～120	0.20～960	[23]
Bio-Beads S-X3	400mm×10mm	环己烷-乙酸乙酯（1:1）	50 种电负性农药	猪牛鸡肉	GC-ECD	63.8～103.5	0.04～2.6	[24]
Bio-Beads S-X3	360mm×25mm	环己烷-乙酸乙酯（1:1）	164 种农药	动物脂肪	GC-MS/MS	70～120	0.10～360	[25]
Bio-Beads S-X3	150mm×19mm 300mm×19mm	环己烷-乙酸乙酯（1:1）	47 种有机磷有机氯农药	鸡肉、猪肉、羊肉	GC-MS/MS	70～90	<2	[27]

续表

填料	净化柱	流动相	待测物	基质样品	检测器	回收率/%	LOD 或 LOQ /（μg/kg）	文献
Bio-Beads S-X3	225mm×20mm	乙酸乙酯-环戊烷（7:3）	23 种有机磷和 17 种有机氯农药	动物脂肪	GC-FPD, GC-ECD	60~70	LOQ: 10~20	[45]
Bio-Beads S-X3	300mm×25mm	环己烷-乙酸乙酯（1:1）	噻酰菌胺	鸡肉、牛肉、羊肝	LC-MS/MS	68~110	LOQ: 10	[49]
Bio-Beads S-X3	200mm×25mm	环己烷-乙酸乙酯（1:1）	喹氧灵	猪肝	LC-DAD	82~96	10	[50]
Bio-Beads S-X3	300mm×25mm	环己烷-乙酸乙酯（1:1）	25 种有机氯	肉类食品	GC-ECD	24.6~160	0.28~1.97	[74]
Bio-Beads S-X3	300mm×25mm	环己烷-乙酸乙酯（1:1）	9 种有机氯	动物肌肉、鸡蛋	GC-ECD	50~130	1~25	[75]
Bio-Beads S-X3	400mm×25mm	环己烷-乙酸乙酯（1:1）	氨基甲酸酯和沙蚕毒素类农药	血	GC-MS	68~91	1~47	[85]
Bio-Beads S-X3	—	二氯甲烷-环己烷（15:85）	39 种有机磷	肉及肉制品	GC-FPD	50.6~185	—	[91]
Bio-Beads S-X3	300mm×10mm	环己烷-乙酸乙酯（1:1）	四溴联苯醚	猪肝	GC-MS	77.3~118.7	0.081	[94]
Bio-Beads S-X3	400mm×25mm	环己烷-乙酸乙酯（1:1）	839 种农药	牛、羊、猪、鸡、兔	GC-MS, LC-MS/MS	40~130	0.1~16 000	[96]
Bio-Beads S-X3	400mm×25mm	环己烷-乙酸乙酯（1:1）	660 种农药	牛、羊、猪、鸡、兔	GC-MS, LC-MS/MS	60~120	0.2~4 800	[97]
Bio-Beads S-X3	550mm×27mm	环己烷-乙酸乙酯（1:1）	59 种持久性有机卤素	动物脂肪和器官组织	GC-MS-SIM	21.6~116	—	[120]
Bio-Beads S-X3	600mm×20mm	环己烷-乙酸乙酯（1:1）	有机氯农药	猪脂肪	GC-ECD	85~103	—	[145]
Bio-Beads S-X3	—	环己烷-乙酸乙酯（1:1）	11 种甲氧基丙烯酸酯类	肉、蛋	GC-MS	60.3~120	2~15	[146]

7.3.13 固相萃取

固相萃取（Solid-Phase Extraction，SPE）是利用固体吸附剂将液体样品中的目标化合物吸附或吸附杂质，使样品中的被测组分和干扰化合物分离，然后用洗脱液洗脱，从而分离与净化目标化合物。其分离模式有正相 SPE（吸附剂极性大于洗脱液极性）、反相 SPE（吸附剂极性小于洗脱液极性）、离子交换 SPE 和吸附 SPE。SPE 既可用于复杂样品中微量或痕量目标化合物的提取，又可用于目标化合物净化与富集，操作简便、省时，有机溶剂用量少。从 1978 年美国 Waters 首先将一次性 SPE 商品柱投放市场以来，据统计，每年以 10% 的增长率迅速发展，成为目前残留分析样品前处理的主流技术。肉及肉制品中农药残留检测常用的固相萃取柱有弗洛里硅土柱、硅胶柱、C_{18} 柱、中性氧化铝柱、氨基柱、PSA 柱等。为减少复杂基质对测定的干扰，SPE 串联柱净化在样品净化应用中也较为广泛，如 C_{18} 柱与弗洛里柱串联、硅胶柱与 PSA 柱串联、石墨化炭与硅胶柱串联等，进一步提高了方法的净化效率。分子印迹聚合物作为固相萃取的新型吸附剂，以其高选择性的特点，弥补了普通吸附剂的不足，也广泛应用于各类基质样品中痕量化合物的提取净化。何桂华[147]针对目前动物产品中有机氯残留检测干扰严重，必须采用硫酸磺化样品前处理步骤，应用全自动固相萃取技术，对动物产品中17种有机氯残留检测的样品前处理方法进行了系统研究，对提取溶剂、固相萃取柱、淋洗液、洗脱溶剂及仪器分析条件进行了优化选择，建立了高效、快速、经济、安全的动物产品中有机氯、拟除虫菊酯残留同时检测的全自动固相萃取净化方法。经不同检测单位验证，该方法的加标回收率为78.6%~103.0%，RSD为2.7%~12.1%，LOD为0.005~0.010mg/kg，满足出口检测要求。Muldoon等[148]利用分子印迹固相萃取提取净化，反相LC和ELISA测定了牛肝提取物中阿特拉津残留，LOD达到0.005mg/kg，方法回收率：LC为88.7%，ELISA为60.9%。SPE净化技术在多组分农药残留分析中的应用见表7-11。

表7-11 SPE在动物源基质中农药残留分析中的应用

SPE填料	基质样品	待测物	测定	回收率/%	文献
SPE (C_{18}, Silica)	牛组织	9种有机磷	LC-DAD	91~101	[1]
SPE (C_{18})	脂肪提取物	有机磷	GC-FPD	80~103	[6]
SPE (Silica)	禽蛋	辛硫磷	RP-LC-MS/MS	—	[8]
SPE (Florisil)	牛肉组织	7种拟除虫菊酯类	LC-MS/MS-MRM	81~116	[13]
SPE (C_{18})	棕树蛇	除虫菊素	GC-ECD	70.8	[15]
SPE (Envi-Carb/NH_2)	猪肝	20种氨基甲酸酯类	LC-MS/MS-MRM	51.2~125	[16]
SPE (Alumina)	动物源食品	氨基甲酸酯类	GC-MS (scan, SIM)	81~90	[19]
SPE (C_{18}, Carb)	禽蛋	203种农药	GC-MS/MS	—	[26]
SPE disk (silica gel/sulfuric acid)	血清	有机氯和多氯联苯	GC-ECD, GC-MS	57~120	[28]
SPE (Oasis HLB)	动物源性食品	20种磺酰脲类	LC-MS/MS-MRM	66~112.07	[30]
SPE (ENVI-Carb/NH_2)	鸡蛋	有机氯、有机磷	GC-FPD GC-ECD	86~108, 61~149	[31]
SPE (InertSepC_{18}, BondElut SAX)	畜产品	嗪草酮及其3种代谢物	LC-MS/MS	>60	[33]
SPE (Oasis HLB)	鸡肉、猪肉、鸡蛋	9种烟碱类	LC-MS/MS-MRM	65~120	[34]
SPE	猪组织和奶	痕量或超痕量农药	LC-MS/MS	76.0~94.3	[36]
SPE (Alumina)	牛肉及制品	脲类除草剂	LC-UV	87.34~91.94	[37]
SPE (Silica)	产奶母牛血液	4种拟除虫菊酯	LC-UV	78~91	[38]
SPE (C_{18})	肉及脂肪	7有机磷	GC-NPD	32~102	[41]
SPE (Carb/PSA)	猪肝	7种有机磷	LC-MS/MS	70~92	[43]
SPE (ENVI-Carb/PSA)	炸鸡	258种农药	GC-MS/MS	70~120	[46]
SPE (Florisil, C_{18}, ENVI-Carb, SPA)	加工食品（腌牛肉）	57种农药	GC-MS GC-NPD	70~120	[47]
SPE (NH_2)	鸡肉、牛肉、羊肝	噻酰菌胺	LC-MS/MS-MRM	68~110	[49]
SPE (NH_2)	猪肝、鸡肉	喹氧灵	LC-DAD	82~96	[50]
SPE (C_{18}, GCB/PSA)	咸牛肉	292种农药	GC-MS	—	[53]
SPE (Varian Bond Elut® PCB cartridge)	肝和脂肪	多氯联苯	GC-ECD	72~90	[55]
SPE (Silica)	鸟组织和蛋	有机氯	GC-ECD	94~103	[57]
SPE (C_{18})	牛肉	6种有机氯	GC-ECD		[61]
SPE (C_{18}, Diol, Filorisl)	动物油	有机氯	GC-ECD	—	[63]
SPE (Alumina)	熏肉	25种多环芳烃	GC-MS	48.5~106.5	[64]

续表

SPE 填料	基质样品	待测物	测定	回收率/%	文献
SPE (Alumina)	食物样品	机氯类、有机磷类、三嗪类和苯胺类	GC-MS-SIM	70~125	[67]
SPE (Silica)	猪肉、脂肪、肝	6 有机氯	GC-ECD	—	[68]
SPE (Florisil)	6 种动物内脏	14 种酞酸酯类	GC-MS-SIM	60~110	[69]
SPE (C_{18}, PSA)	猪肉	63 种有机磷	GC-FPD, GC-MS-SIM 确证	70~121	[71]
SPE (Extrelut NT3/Sep-Pack C_{18}/Florisil)	牛肉	有机氯和拟除虫菊酯	GC-MS-SIM	70~110	[76]
SPE (Florisil)	牛肉	4 种拟除虫菊酯	GC-ECD GC-MS 确证	—	[78]
SPE (Silica)	烤肉	16 种多环芳烃	LC-FLD, LC-UV	88.4~102.1	[80]
SPE (Florisil)	动物组织	有机氯	GC-ECD	—	[82]
SPE (Alumina)	猪肉	10 种苯甲酰脲类	LC-MS/MS	57.6~110	[83]
SPE (C_{18})	野猪肝和肌肉、牛肉	有机磷	GC-NPD	60~81	[84]
SPE (Silica)	禽肉、肝、蛋	10 有机氯	GC-ECD	—	[86]
SPE (PCX)	肉、肝脏	杀草强	LC-MS/MS-MRM	67.5~98.1	[89]
SPE (Silica Sep-Pack)	动物组织	4 有机氯 2 种有机磷 1 种氨基甲酸酯	LC-DAD, GC-ECD	>90	[93]
SPE (Silica)	烧烤肉制品	15 种多环芳烃	GC-MS	—	[95]
SPE (Envi-Carb, NH_2)	鸡肉、鸡肝和猪肝	溴螨酯	GC-MS-SIM	69.4~104.6	[98]
SPE (Silica)	家禽饲料、鸡肉和鸡蛋	有机氯	GC-ECD	—	[99]
SPE (Alumina)	肉及肉制品	敌草隆、绿麦隆、阿特拉津和西玛津	LC-UV 235nm	88~94.2	[102]
SPE (Oasis HLB)	血清	多溴联苯醚	GC-MS	78.5~109.7	[103]
SPE (MCX)	含脂羊毛	灭蝇胺和环虫腈	LC-MS/MS-MRM	83.6~99.9	[105]
SPE (Florisil)	骆驼、牛、羊等屠宰样品	有机氯	GC-ECD	—	[109]
SPE (Florisil)	鸡肉	6 种有机氯	GC-MS	95.74~130.7	[110]
SPE (Florisil)	牛肉	拟除虫菊酯类和有机氯类	GC-MS	70~82	[112]
SPE (C_{18})	猪肉	灭蝇胺	LC	83.6~91.3	[115]
SPE (C_{18})	鸡蛋、猪肉	环丙氨嗪和三聚氰胺	LC-DAD	—	[116]
SPE (Silica)	动物脂肪和器官组织	59 种持久性有机卤素	GC-MS-SIM	—	[120]
SPE (Florisil, C_{18})	牛脂肪、蛋	21 种有机氯、6 种除虫菊酯、7 种 PCB	GC-ECD	—	[149]
SPE (Alumina, Silica)	鸡脂肪、猪油	有机氯	GC-CED	93~111	[150]
SPE (Florisil)	鸡蛋	16 种有机氯	GC-ECD	81.8~08.3	[151]
SPE	牛脂肪	8 种除虫菊酯		80~123	[152]
SPE (Florisil)	人类脂肪组织	有机氯和多氯联苯	GC-ECD	—	[153]
SPE (Florisil)	脂肪食品和非脂肪食品	氯苯氧基-烃基酸和五氯苯酚	GC-ECD, GC-ELCD	61~93	[154]
SPE (Florisil)	脂肪	62 种有机氯和有机磷	GC-ECD, GC-FPD	—	[133]

续表

SPE 填料	基质样品	待测物	测定	回收率/%	文献
SPE (Alumina)	含脂羊毛	20 种有机氯和有机磷	GC-ECD, NPD, MS	85.6~120.9	[155]
SPE	熏肉	16 种多环芳烃	GC-HRMS	51~75	[156]
SPE (C_{18})	尿	200 种农药	GC-IT-MS/MS, LC-MS/MS	60~120	[157]
SPE	熏肉	15 种 PAH	GC-MSD	—	[158]
SPE (Florisil)	牛肉	5 种有机磷	GC-NPD	78~95	[134]
SPE (Silica)	牛样品	5 种有机磷	LC-DAD	>94	[126]
SPE	牛肉、鸡肝、脂肪	胺苯磺隆	LC-ESI-MS-MS	—	[159]
SPE (Oasis HLB)	含鸡肉的婴儿食品	10 种氨基甲酸酯类	LC-FLD	66~87	[160]
SPE (Silica)	熏肉	多环芳烃	LC-LFD	77~103	[124]
SPE	牛肌肉和肝	7 种烟碱类	LC-MS/MS	83.2~101.9	[161]
SPE (HLB)	牛肌肉	印楝素	LC-UV	—	[162]
SPE	牛肉、禽肉	多杀菌素及其代谢物	LC-UV	—	[118]
SPE (Florisil)	肉制品	16 种多环芳烃	LC-UV	—	[163]
SPE (Florisil)	动物、植物性食品	71 种农药	LC-UV, LC-FLD	—	[164]
SPE (C_{18}, Florisil, Alumina)	脂肪和非脂肪食品	14 种有机氯农药残留		84~107	[165]

柱层析作为固相萃取方法的一种，使用也较普遍。与固相萃取柱相比，柱层析的优点是柱容量大，填料可根据需要灵活组配，净化效果比较好，性价比高，但由于层析柱需手动填装，因不同操作者使用的柱直径大小和装填的疏密程度的差异，净化效果也有差异，并且需要大体积的溶剂进行洗脱。李小桥[12]建立了柱层析法/气相色谱（GC）-负化学离子源（NCI）质谱检测牛肉中 7 种常用拟除虫菊酯杀虫剂残留的方法。样品经乙腈提取，通过中性氧化铝层析柱净化后，气相色谱-负化学离子源质谱选择离子监测（SIM）。7 种菊酯类农药标准溶液在 10~1000μg/L 范围内线性关系良好，r^2 均大于 0.997，在 10μg/kg、20μg/kg、50μg/kg 3 个添加水平下的回收率为 80%~108%，RSD≤12.5%，LOD 为 0.10~2.5μg/kg。Ueno 等[40]建立了用 GC-MS 负化学源（NCI）和 GC-ECD 检测动物产品中农药多残留测定方法。固体样品采用乙腈-正己烷提取，液体样品用乙腈提取，首先对经过 GPC 净化的含有脂类和色素的部分进行有选择的收集，然后直接流入石墨化炭-PSA 的层析柱，用乙腈-正己烷（3:7）洗脱。流出 GPC 的第二部分收集后，与层析柱流出液合并后用 GC/MS-NCI-SIM/Scan 模式检测，通过弗洛里柱的馏分，进入双柱 GC-ECD 定量分析。蔡智鸣等[166]建立了畜禽内脏中酞酸脂类环境污染物的测定方法，样品用二氯甲烷超声提取，中性氧化铝层析柱净化和低温浓缩，GC-MS-SIM 检测猪与鸡心、肝、肾等样品中邻苯二甲酸二丁酯（DBP）和邻苯二甲酸二（2-乙基己）酯（DEHP）残留，回收率分别为 98.1% 和 95.4%，RSD 分别为 5.46% 和 7.32%。

7.3.14 扫集共蒸馏

扫集共蒸馏（Sweep Co-Distillation）是一种动态顶空技术，在较高温度下，利用惰性气体（如 N_2）进行吹扫蒸馏，使农药或其他有机物质先挥发，动物油脂或植物提取物保留在分馏管的玻璃珠上，从而达到分离纯化的目的。挥发的农药可被收集管的弗洛里硅土吸附，用溶剂洗脱下来，经浓缩即可测定。Armishaw 等[167]对动物脂肪样品中有机氯农药残留采用 GPC、吹扫共蒸馏和弗洛里柱 3 种净化技术进行了对比研究。净化后的样品用配有 DB-1701（30m×0.53mm，1μm）毛细管柱的 GC-ECD 测定。实验证明，3 种净化方法在 0.1~0.4mg/kg 添加水平，回收率为 73%~113%。RSD 为 1.1%~11.2%。吹扫共蒸馏法优点是试剂用量少，速度快，但 p, p'-DDT 有降解现象；GPC 自动化程度高，但相对较慢且试剂用量大；弗洛里柱净化，试剂用量也较大且自动化程度也较低。Brown 等[168]建立了使用 Unitrex 扫集共蒸馏装置从熔融的牛脂肪中提取蝇毒磷，二嗪农，毒死蜱，乙硫磷和乙基溴硫磷残留的最佳操作条件：蒸馏温度 255℃，N_2 流速 250mL/min，扫集时间为 60min。被测的有机磷农药残留在 260℃被捕集在活化的弗洛里柱上，用二氯甲烷-石油醚-乙腈（10：97：3）作为洗脱剂，洗脱剂浓缩后，用 GC-FPD 测定。色谱条件如下，色谱柱：3%OV-210 玻璃填充柱（1.2m×2mm）；温度程序：160℃保持 1min，以 60℃/min 升至 260℃，保持 2min；载气：氮气；流速：4mL/min；回收率为 90%～96%，RSD 为 4%～6%。Mes 等[169]采用扫集共蒸馏技术评价了牛脂肪、猪脂肪、玉米油、花生油、菜籽油和石蜡油作为环境化学污染物添加介质的适用性。动物脂肪产生了相当大的气相色谱背景干扰。因为在扫集共蒸馏过程中，除菜籽油外，其他油脂都被部分地提取出来，将无残留的菜籽油分成若干组分别添加 26 种环境化学污染物，添加浓度为 $20\mu g/kg$ 和 $200\mu g/kg$，大部分化合物的回收率 >80%，RSD≤10%。在 $20\mu g/kg$ 添加水平，PCB1260、灭蚁灵和五氯苯回收率为 70%～80%；在 $200\mu g/kg$ 添加水平，p,p'-DDT、灭蚁灵和六氯-1,3-丁二烯也有类似的回收率，1,2,4-三氯苯回收率只有 33%。同样，用人体脂肪和混合油脂（用无残留的菜籽油稀释的人体脂肪）进一步评价了扫集共蒸馏技术，除六六六外，测定的其他化合物残留水平两者是一致的。此外，用该脂肪样品比较了弗洛里柱和低温冷冻凝固脱脂两个净化程序，总体来说，扫集共蒸馏净化技术与其他技术相比令人满意。但是，p,p'-DDT 在不同的净化程序中均会分解为 p,p'-TDE。Luke 等[170]介绍了一个从牛脂肪中分离 5 种有机磷残留的扫集共蒸馏方法。操作温度为 223℃，氮气流速为 230mL/min，毒死蜱、单氯毒死蜱、乙基溴硫磷、脱溴硫磷和乙硫磷的回收率为 84%～99%，RSD 为 3%～5%。

7.3.15 免疫亲和色谱

免疫亲和色谱（Immunoaffinity Chromatography，IAC）是免疫色谱技术的一个主要应用，是一种高效选择性分离和纯化复杂体系中微量成分的方法。与目前普遍使用的固相萃取吸附剂相比，免疫亲和色谱技术可以更有效地去除复杂样品基底中的干扰物质并实现目标物的富集，对提高分析方法的选择性和灵敏度都十分有利。Kuang 等[111]建立了免疫柱净化，GC-ECD 测定猪肉中 6 种拟除虫菊酯残留的方法。样品用石油醚-乙醚（1：1，体积比）提取，提取液用乙腈反萃取去掉大部分脂肪，再用多克隆抗体耦合蛋白 A 琼脂糖凝胶制备的免疫亲和柱（IAC）进一步净化，目标化合物在 pH 7.4 时被吸附在免疫亲和柱上，并用大量的水淋洗后，最后用 3mL 甲醇洗脱。猪肉样品在 $5\mu g/kg$、$20\mu g/kg$、$50\mu g/kg$ 3 个添加水平，6 种化合物回收率 >70%。LOD：λ-氯氟氰菊酯和 α-氯氰菊酯为 $2\mu g/kg$，氟氯氰菊酯、溴氰菊酯、甲氰菊酯和高效氟胺氰菊酯为 $5\mu g/kg$。Kuang 等[171]又使用免疫亲和净化技术，用 LC-UV 对猪肌肉中氯氰菊酯 8 种对映体进行了分离和测定。分离柱为正相 CD-ph 手性柱（4.6mm×250mm），流动相为正己烷-异丙醇（99.3：0.7）。8 种对映体在 25min 内完成基本分离，在 0.1mg/kg 和 1mg/kg 两个添加水平，方法回收率为 67.3%～113.5%，RSD 为 6.7%～16.8%。

此外，衍生化技术[3,5]、正相 LC-GC 串联在线、非在线净化[172,173]和磺化法[127]等也有相关文献报道。

7.4 动物组织中农药化学品残留检测技术研究进展

动物源产品中农药等化学污染物残留通常采用气相色谱法和液相色谱法配合相应的检测器进行测定。近些年来，随着质谱、串联质谱技术迅速发展和普及，在痕量农药定性和定量测定中得到了越来越多的应用。气相色谱法测定动物基质中农药化学品残留，一般结合电子捕获检测器、氮磷检测器、火焰光度检测器和（串联）质谱检测器。高效液相色谱法也是一种传统的检测方法。近年来，由于采用 $1.8\mu m$ 以下粒度超高效色谱柱、超高压液相泵和高灵敏度的检测器以及柱前或柱后衍生化技术等,大大提高了液相色谱的检测灵敏度、速度和操作自动化程度,现已成为农药残留检测不可缺少的重要方法。对于不适于气相色谱分析的极性强、相对分子质量大的离子型农药以及不易气化或受热易分解的农药,特别是氨基甲酸酯和三嗪类农药及其代谢或降解物,常常用液相色谱技术进行测定。使用最多的分析柱是C_{18}和硅胶色谱柱。

此外,薄层色谱[174]、酶联免疫技术[148,175,176]、时间分辨荧光免疫技术(DELFIA)[177]的应用,也为动物源产品中农药残留的检测提供了快捷简便的参考方法。

7.4.1 气相色谱-电子捕获检测法

电子捕获检测器(Electron Capture Detector,ECD)具有灵敏度高、选择性好的特点。它是一种浓度型检测器,是目前分析痕量电负性有机化合物最有效的检测器,对含卤素、硫、氧、羰基、氨基等化合物有很高的响应,可检测出10^{-14}g/mL的CCl_4,但对无电负性的物质如烷烃等几乎无响应。载气的纯度和流速对信号值和稳定性有很大的影响,要求用高纯度的载气,其线性范围窄,分析重现性较差。GC-ECD建立的农药多残留检测方法见表7-12。

表7-12 GC-ECD在动物源产品中农药残留检测中的应用

待测物	基质样品	前处理方法	文献
10种除虫菊酯	牛肉	SFE	[11]
除虫菊素	棕树蛇	均质提取,SPE(C_{18})	[15]
50种电负性农药	动物肌肉	ASE,GPC	[24]
有机氯和多氯联苯	血清	SPE(Silica gel/sulfuric acid)	[28]
有机氯和多氯联苯	血清	GPC	[29]
有机氯有机磷	鸡蛋	SPE(石墨化炭/氨基)	[31]
农药多残留	动物产品	GPC,柱层析(石墨化炭-PSA)	[40]
23种有机磷和17种有机氯	动物脂肪	GPC	[45]
16种有机氯	动物脂肪	固液提取,GPC(S-X3),层析柱(硅胶)	[51]
7种有机氯及代谢物	脂肪和血液	柱层析	[54]
多氯联苯	肝和脂肪	均质提取,SPE(PCB cartridge)	[55]
有机氯	鸟组织和蛋	索氏提取,SPE(硅胶)	[57]
有机氯	禽蛋	振荡提取,索氏提取	[58]
6种有机氯	牛肉	均质提取,SPE(C_{18})	[61]
有机氯	动物油	SPE(C_{18} Filorisl)	[63]
6种有机氯	猪肉、脂肪、肝	索氏提取,SPE(酸化Silica)	[68]
有机氯、有机磷、除虫菊酯	羊毛脂	MSPDE(C_{18})	[70]
25种有机氯	肉类食品	GPC	[74]
9种持久性有机氯	肉、蛋、奶、水产	振荡提取,液液萃取,GPC	[75]
4种拟除虫菊酯	牛肉	SPE(Florisil)	[78]
9种除虫菊酯	动物源产品	均质提取,Florisil双柱净化	[79]
有机氯	动物组织	液液分配,SPE(Florisil)	[82]
10种有机氯	禽肉、肝、蛋	索氏抽提,液液分配,SPE(Silica)	[86]
4种有机氯、2种有机磷、1种氨基甲酸酯	动物组织	固液提取GPC,SPE(Silica)	[93]
有机氯	家禽饲料、鸡肉和鸡蛋	索氏提取8 h,层析柱(Florisil),SPE(硅胶)	[99]
有机磷和乙基毒死蜱	鼠肝	HS-SDME	[100]
有机氯	鸡脂肪	液固萃取	[104]
11种有机氯及代谢物	蛋、鸡肉、牛羊肉	索氏提取,层析柱(Florisil)	[106]

续表

待测物	基质样品	前处理方法	文献
21 种有机氯	猪肉、牛肉、羊肉、鸡肉	固液提取，GPC（S-X3）	[107]
有机氯	干腌香肠	GPC S-X3	[108]
有机氯	骆驼、牛、羊等屠宰样品	均质提取，SPE Florisil	[109]
6 种拟除虫菊酯	猪肉	IAC	[111]
17 种有机氯、43 种有机磷和 11 种氨基甲酸酯	动物组织	GPC	[113]
4 种拟除虫菊酯	牛肌肉	LLE	[117]
有机氯	鸡脂肪、猪油	SFE，SPE	[150]
9 种有机氯农药和其异构体	兔肉	MAE	[123]
环氧七氯、狄氏剂和艾氏剂	家禽组织	SFE 和溶剂提取	[178]
16 种有机氯	鸡蛋	SFE（SC-CO_2），SPE（Florisil）	[151]
农药残留	脂类、家禽组织	SFE SC-CO_2	[179]
有机氯和多氯联苯	脂肪组织	SFE（SO_2，5%二氯甲烷），柱层析（氧化铝）	[135]
除虫菊酯	尿	HF-LPME	[143]
有机氯	动物脂肪样品	GPC，吹扫共蒸馏	[167]
有机氯	猪脂肪	GPC	[145]
8 种除虫菊酯	牛脂肪	SPE	[152]
有机氯和多氯联苯	人类脂肪组织	GPC SPE（Florisil）	[153]
9 种有机氯	牛脂肪	C_{18} Florisil	[180]
氯苯氧基-烃基酸和五氯苯酚	脂肪食品和非脂肪食品	GPC SPE（Florisil）	[154]
20 种有机氯和 8 种多氯联苯	鸡蛋	MSPDE（Florisil）磺化	[127]
有机氯	猪肾和背部脂肪组织	MSPDE	[181]
有机氯	猪肾、脂肪组织	MSPDE	[182]
62 种有机氯和有机磷	脂肪	SFE（2%乙腈+CO_2），SPE（Florisil）	[133]
有机氯、有机磷、菊酯类	羊毛脂	GPC	[183]
20 种有机氯和有机磷	含脂羊毛	SFE（CO_2）SPE（中性氧化铝）	[155]
24 种有机氯农药	鸡肉	GPC	[184]

7.4.2 气相色谱-氮磷检测法

氮磷检测器（Nitrogen Phosphorus Detector，NPD）是一种质量检测器，适用于分析含有氮、磷化合物的高选择性检测器，其使用寿命长、灵敏度极高，可以检测到 5×10^{-13} g/s 偶氮苯类含氮化合物，2.5×10^{-13} g/s 含磷化合物，比对其他有的化合物灵敏度高 10 000~100 000 倍，因而氮磷检测器是一种选择性检测器。Juhler 等[41]建立了 GC-NPD 测定肉及脂肪中有机磷农药残留的方法。25g 均匀样品加入 70mL 乙酸乙酯，在 10℃以下混匀 3min，再加入 14g 无水硫酸钠，振荡 2min，以 $3000\times g$ 离心 2min，上清液在 N_2 流下旋转蒸干。用 1.2mL 甲醇-乙酸乙酯（7∶3）溶解，在 0℃冷冻使脂肪凝固，然后再用 C_{18} SPE 柱净化，甲醇洗脱，N_2 吹干，1mL 环己烷-乙酸乙酯（1∶1）定容，GC-NPD 测定。LOD 为 2~30μg/kg，在 100μg/kg 添加水平回收率为 69%~121%。饶勇等[90]建立了二嗪农在猪肌肉、肾脏、肝脏、脂肪及血浆中残留的 GC-NPD 分析方法。以乙酸乙酯-正己烷（8∶2）提取，加无水硫酸钠及活性炭，经振荡、离心、浓缩后，用乙腈和石油醚液液分配净化，HP-1 毛细管气相色谱柱分离，GC-NPD 测定，内标法（马拉硫磷）定量。回收率分别为：血浆（90.44±0.90）%、肌肉（92.22±1.45）%、肾脏（92.03±1.60）%、肝脏（89.84±1.82）%、脂肪（86.79±

2.36)%；RSD 分别为：血浆（5.52±1.31)%、肌肉（5.85±1.87)%、肾脏（6.19±1.57)%、肝脏（7.11±1.86)%、脂肪（6.63±1.99)%。内标的回收率为（90.85±1.41)%，RSD 为（5.45±0.96)%，LOD 为 5.0ng/g。班付国等[185]建立了羊组织中敌百虫、敌敌畏、牙果、二嗪农、马拉硫磷等有机磷农药残留的 GC-NPD 检测方法。5 种有机磷农药添加回收率为 60%～120%，RSD 均小于 10%。

7.4.3 气相色谱-火焰光度检测法

火焰光度检测器（Flame Photometric Detector，FPD）是把火焰离子化检测器（Flame Ionization Detector，FID）和光度计结合在一起的检测器，开始为单火焰 FPD，1978 年后为弥补单火焰 FPD 的缺点开发出双火焰的 FPD。载气、氢气和空气的流速对 FPD 有很大的影响，所以气体流量控制要很稳定，对含硫化合物的测定，火焰温度宜在 390℃左右，可生成激发态的 S_2；对含磷化合物的测定氢气和空气的比例应在 2～5，根据样品不同要改变氢气、空气比例，还要把载气和补充气量进行适当调节，以获得好的信噪比。吴刚等[4]以乙腈为提取溶剂，采用 ASE 提取，GPC 净化预处理，N-丙基乙二胺（PSA）填料再净化，GC-FPD 检测猪肉、牛肉、鸡肉及鱼肉中 36 种有机磷农药残留。在 0.05～0.2mg/kg 添加水平，回收率为 58.2%～106.3%。LOD 为 0.0012（乙拌磷）～0.014mg/kg（吡唑硫磷），LOQ 为 0.004（乙拌磷）～0.047mg/kg（吡唑硫磷）。郑姗姗等[87]报道了鸡肌肉和肝脏组织中 10 种有机磷农药残留的气相色谱-火焰光度检测方法。样品用丙酮和二氯甲烷混合溶剂提取，磷酸缓冲溶液沉淀去除蛋白质，GPC 净化去除剩余油脂，GC-FPD 检测，外标法定量。在 0.05mg/kg、0.2mg/kg、1mg/kg 3 个添加水平，肌肉组织的平均回收率为 74.2%～108.0%，RSD 为 1.6%～17.3%。肝脏组织的平均回收率为 69.8%～103.0%，RSD 为 1.0%～16.0%。苏建峰等[71]建立了固相萃取-气相色谱筛选和气相色谱-质谱联用确证猪肉中 63 种有机磷农药的分析方法。样品用正己烷配合乙腈-水溶液均质提取，加入氯化钠盐析，离心分层后取乙腈层经 C_{18} 柱和 PSA 柱串联净化后，供 GC-FPD 和 GC-MS-SIM 分析。LOQ（S/N=10）为 0.001～0.043mg/kg，在 0.16mg/kg 添加水平，回收率为 70%～121%，RSD 为 4.1%～13.9%。刘祥国等[2]建立了气相色谱法同时测定羊肉组织中敌百虫等 8 种有机磷农药残留。样品用乙腈提取，PSA 作固相分散净化剂，GC 分离，FPD 检测，基质匹配标准溶液内标法进行定量。在 50μg/kg、100μg/kg 和 200μg/kg 3 个添加水平，8 种有机磷的回收率为 70%～103%，RSD<20%，LOD 为 0.5～1.9μg/kg。薛平等[128]采用基质固相分散法从鸡肉基质中提取、净化常见的 19 种有机磷农药，用 GC-FPD 进行检测。通过对基质固相分散的条件——吸附剂、吸附剂与样品的用量比、洗脱剂、洗脱体积进行优化，建立鸡肉中 19 种有机磷农药残留分析的基质固相分散萃取-气相色谱（MSPDE-GC）方法。利用所建立的方法进行 3 个水平（0.01mg/kg、0.02mg/kg、0.05mg/kg）的加标回收实验。结果表明，除了添加水平为 0.01mg/kg 时，乙拌磷、杀螟腈、水胺硫磷、硫线磷、三唑磷的回收率较差，其余有机磷农药中的回收率为 75.0%～109.2%，RSD<16%。杨玉林等[5]采用气相色谱法进行人尿样中 6 种二烷基磷酸酯类代谢物（DMP、DEP、DMTP、DETP、DMDTP、DEDTP）定量分析。将尿样与乙腈混溶、蒸发，以二丁基磷酸酯（DBP）作为内标，用五氟溴苄苯（PFB）作为衍生试剂，50℃下衍生反应 16h，GC-FPD 进行测定。代谢物浓度在 100μg/L 时，6 种化合物的回收率均大于 66%，LOD 为 2～15μg/L。Gillespie 等[6]研究建立了快速测定脂肪提取物中有机磷残留的分析方法，样品用乙腈提取，提取液用 C_{18} 固相萃取柱净化，GC-FPD 测定。本方法同时比较了不同厂家的 C_{18} 固相萃取柱，找出了最佳的净化程序。对乙酰甲胺磷、久效磷、毒死蜱、二嗪磷、马拉硫磷、甲胺磷和甲基对硫磷等 7 种有机磷在蔬菜油和乳脂中添加水平为 0.05～0.87μg/kg，回收率为 80%～103%，LOD 为 0.01～0.08μg/kg。Holstege 等[113]介绍了对动物组织中 43 种有机磷、17 种有机氯和 11 种氨基甲酸酯杀虫剂定量测定的方法，杀虫剂用乙醇-乙酸乙酯（5:95）混合溶剂提取，用乙酸乙酯-正己烷（3:7）为流动相，GPC 净化后，再用硅胶微柱净化，43 种有机磷和 17 种有机氯农药分别用 GC-FPD 和 GC-ECD 检测，11 种氨基甲酸酯类农药用液相色谱（LC）-荧光检测器检测。

牛肝样品在 0.05~0.5mg/kg 添加水平，平均回收率（$n=5$）为 96.4%，LOD 为 0.02~0.5mg/kg。Sannino 等[91]建立了定量测定 6 种脂肪加工食品中 39 种有机磷及代谢物的多残留分析方法。样品用二氯甲烷提取，GPC 净化，二氯甲烷-环己烷（15∶85）作流动相，有机磷农药用 OV-1701 和 DB-5 毛细管柱分离，FPD 检测。在 0.025~1mg/kg 添加水平，回收率为 50.6%（DDV）~185%（马拉硫磷），LOD 为 0.005~0.04μg/mL。Richardson 等[186]建立了定量测定动物组织中有机磷和 6 种二烷基磷酸盐代谢物的分析方法。样品经试剂提取，GPC 净化后，GC-FPD 测定。对于分析二烷基磷酸盐用羟基四丁铵为衍生剂。LOD 为 0.02~0.05mg/kg。在肝、肾样品测定时，二嗪农和对硫磷有明显干扰，需用 GC-MS-SIM 确证。

7.4.4 气相色谱-质谱检测法

气相色谱-质谱法（Gas Chromatography-Mass Spectrometry，GC-MS）是将气相色谱仪和质谱仪串联起来，成为一个整机使用的检测技术，它既具有气相色谱高的分离效能，又具有质谱准确鉴定化合物结构的特点，可达到同时定性、定量的检测目的。特别是对农药代谢物、降解物的检测和多残留检测等具有突出的特点。李永新等[64]利用正己烷-丙酮（1∶1）超声提取，氧化铝柱净化，气相色谱质谱法测定熏肉中 25 种多环芳烃，回收率为 48.5%~106.5%，RSD 为 3.75%~7.95%。王云凤等[77]采用丙酮-石油醚溶剂提取 20g 动物食品中农药，GPC 净化后再经氧化铝固相萃取柱净化，GC-MS 测定兔肉中 27 种有机氯和 15 种拟除虫菊酯类农药残留，回收率为 70%~104%，RSD 为 2.1%~15.9%。林竹光等[69]采用正己烷-二氯甲烷超声提取，弗洛里硅土固相萃取柱净化，乙酸乙酯-正己烷（2∶3）混合洗脱剂洗脱和浓缩后，以邻苯二甲酸二苯基酯为内标物，采用 GC-MS-SIM 分析 6 种动物内脏中 14 种酞酸酯类。除邻苯二甲酸二甲氧基乙酯与邻苯二甲酸二（2-乙氧基乙基）酯的 LOD 分别为 3.30μg/kg 和 2.25μg/kg 外，其余 12 种多环芳烃的 LOD 均≤1.74μg/kg，线性范围为 50.0~800.0μg/kg，相关系数均大于 0.9994。Przybylski 等[62]建立了婴儿肉类食品中 236 种农药及其降解物的 GC-MS 测定方法。改进了 QuEChERS 样品前处理方法，增加正己烷脱脂步骤，减少了油脂类共萃物的干扰，提高了方法的灵敏度。在 10μg/kg，50μg/kg，200μg/kg 3 个添加水平（$n=5$），平均回收率为 70%~121%，RSD 为 2%~15%，最佳 LOD 和 LOQ 分别为 0.03μg/kg 和 0.1μg/kg。

7.4.5 气相色谱-串联质谱检测法

由于近年来各种技术的突破解决色谱分离和软电离技术问题，使串联技术取得了突破进展，突出了高灵敏度、高选择性、高分辨率的准确定性、定量，成为目前多组分残留分析的有力工具。

姚翠翠等[25]建立了气相色谱-串联质谱法（Gas Chromatography Tandem Mass Spectrometry，GC-MS/MS）同时测定动物脂肪中 164 种农药的多残留分析方法。样品经乙腈均质提取 2 次，合并提取液并在 45℃ 水浴中旋转浓缩至 1mL，加入 5mL 环己烷-乙酸乙酯（1∶1）进行溶剂交换 2 次后，用环己烷-乙酸乙酯（1∶1）稀释至 10mL，用凝胶渗透色谱（GPC）净化，GC-MS/MS 多反应监测模式（MRM）测定，内标法定量。本方法研究的 164 种农药的线性相关系数为 0.9438~1.0000，其中有 154 种在 0.9900 以上，占总数的 93.9%。LOD（S/N≥3）为 0.1~360.0μg/kg，其中在 10.0μg/kg 以下的有 121 种，占研究农药总数的 73.8%。用猪、鸡、牛、羊 4 种不同的脂肪在低、中、高 3 个添加水平评价了 164 种农药的方法效率，其中有 150 种的回收率为 70%~120%，RSD≤20%。该方法适用于不同动物脂肪中 150 种农药多残留的定量测定和 14 种农药的定性测定。Garrido Frenich 等[27]建立了一种有效地同时测定鸡肉、猪肉和羔羊肉中的有机氯和有机磷农药残留的方法。样品中加入硫酸钠，乙腈均质提取，GPC 净化，GC-MS/MS 检测，按照欧盟委员会的 2002/657/EC 指令对化合物进行判断，大部分农药的回收率为 70.0%~90.0%，RSD 为 15%。除乙酰甲胺磷外，所有检测化合物的 LOD<2.0μg/kg，LOQ<5.0μg/kg。王玉飞等[66]利用正己烷-丙酮（1∶1）均质提取，硅胶柱净化，GC-MS/MS 检测生物样品中 7 种多氯联苯和 3 种滴滴涕，LOD 为 0.2~

0.5μg/kg。GC-MS 和 GC-MS/MS 建立的动物源产品中农药多残留检测技术见表 7-13。

表 7-13 GC-MS 和 GC-MS/MS 在动物源产品中农药多残留检测中的应用

基质样品	待测物	样品前处理	测定技术	文献
牛肉	10 种除虫菊酯	乙腈，SFE	GC-MS	[11]
鸡肉	有机氯	乙腈，超滤膜净化	GC-MS	[32]
鸡蛋	32 种农药	乙腈，MSPDE（C_{18}）	GC-MS	[35]
血浆	8 种有机磷	乙酸乙酯	GC-MS	[42]
加工食品（腌牛肉）	57 种农药	乙酸乙酯，SPE（硅藻土、C_{18}、石墨化炭、SPA）	GC-MS	[47]
肉	202 种农药及其代谢物	乙酸乙酯-正己烷（1:1），GPC 和 PSA 及 SPE Silica	GC-MS	[52]
咸牛肉	292 种农药	乙酸乙酯-正己烷（1:1），SPE C_{18}、GCB/PSA	GC-MS	[53]
婴儿食品的肉类	236 种农药及其降解物	正己烷-乙腈-乙酸（99:1），QuEChERS	GC-MS	[62]
熏肉	25 种多环芳烃	正己烷-丙酮（1:1），超声提取，SPE（氧化铝柱）	GC-MS	[64]
兔肉	27 种有机氯和 15 种拟除虫菊酯类	丙酮-石油醚，液液萃取，GPC	GC-MS	[77]
血	氨基甲酸酯类	丙酮-二氯甲烷-环己烷（4:3:3），微波辅助萃取，GPC	GC-MS	[85]
生物样品	四溴联苯醚	二氯甲烷-丙酮（2:1），ASE，GPC，层析柱	GC-MS	[94]
烧烤肉制品	15 种多环芳烃	环己烷，GPC SPE（硅胶）	GC-MS	[95]
牛羊猪鸡兔	660 种	环己烷-乙酸乙酯，均质，GPC	GC-MS	[97]
血清	多溴联苯醚	甲酸-乙腈（2:1），超声，SPE HLB	GC-MS	[103]
鸡肉	6 种有机氯	石油醚-丙酮（1:1），SPE（Florisil）	GC-MS	[110]
牛肉	拟除虫菊酯类和有机氯类	异辛烷-乙腈，液液萃取，SPE 弗洛里	GC-MS	[112]
牛肾	阿特拉津	SWE，SPME（XAD-7 HP）	GC-MS	[136]
猪与鸡心、肝、肾等	酞酸酯类环境污染物	有机溶剂提取，柱层析	GC-MS	[166]
尿	多环芳烃	SPME	GC-MS	[137]
羊肝	PBDE 和 PCB	SPLE（与索氏、超声波比较）	GC-MS	[121]
蛋	7 种多溴联苯醚	PLE，GPC	GC-MS	[187]
鸡肉	28 种拟除虫菊酯	MSPDE	GC-MS	[188]
生物样品	对硫磷	HS-SPME	GC-MS	[138]
熏肉	多环芳烃类	ASE，GPC	GC-MS	[189]
肉、蛋	11 种甲氧基丙烯酸酯类	GPC	GC-MS	[146]
鼠组织	PCB126 和 153	SPME	GC-MS	[141]
熏肉	16 种多环芳烃	ASE，GCP，SPE	GC-MS（HR）	[156]
鸡蛋	43 种农药	乙腈，DSI 直接进样系统	GC-MS/MS	[22]
禽蛋	203 种农药	乙腈，振荡，SPE（ODS C_{18}+Carb）	GC-MS/MS	[26]
动物肝脏	有机氯和有机磷	乙酸乙酯，液固质提取，GPC	GC-MS/MS	[44]
炸鸡	258 种农药	乙酸乙酯，SPE（石墨化炭/PSA）	GC-MS/MS	[46]

续表

基质样品	待测物	样品前处理	测定技术	文献
生物样品	7种多氯联苯和3种滴滴涕	正己烷-丙酮（1:1），均质提取，硅胶柱净化	GC-MS/MS	[66]
猪肉	16种有机氯	丙酮-正己烷，GPC	GC-MS/MS	[81]
蛋	57种农药	MSPDE（C_{18}）	GC-MS/MS	[125]
尿	200种农药	SPE（C_{18}）	GC-MS/MS	[157]
动物脂肪	164种农药	乙腈，均质提取，GPC	GC-MS/MS-MRM	[25]
鸡肉、猪肉和羔羊肉	有机氯和有机磷	乙腈，均质，ASE，GPC	GC-MS/MS-SRM	[27]
动物基质	草甘膦及其代谢物（AMPA）	0.1mol/L HCl或0.6%乙酸，SPE（阳离子交换柱）	GC-MSD	[114]
熏肉	15种PAH	ASE，GPC SPE	GC-MSD	[158]
动物产品	农药多残留	乙腈-正己烷，乙腈，GPC，柱层析（石墨化炭-PSA）	GC-MS-NCI	[40]
牛肉	7种除虫菊酯	乙腈，振荡，柱层析（中性氧化铝）	GC-MS-SIM	[12]
动物源食品	氨基甲酸酯类	乙腈，GPC SPE 中性氧化铝	GC-MS-SIM	[19]
动物源食品	109种农药（含异构体）	乙腈，ASE，GPC	GC-MS-SIM	[20]
动物脂肪	非极性农药	正己烷-乙腈，DSPE QuEChERS	GC-MS-SIM	[59]
动物肝脏	多溴联苯	正己烷-丙酮（1:1），超声辅助提取，柱层析（中性与酸性硅胶）	GC-MS-SIM	[65]
食物样品	机氯类、有机磷类、三嗪类和苯胺类	正己烷-丙酮，索氏提取，SPE 氧化铝	GC-MS-SIM	[67]
6种动物内脏	14种酞酸酯类	正己烷-二氯甲烷，超声提取，SPE（Florisil）	GC-MS-SIM	[69]
牛肉	有机氯和拟除虫菊酯	丙酮-石油醚，ASE，SPE（Extrelut NT3/Sep-Pack C_{18}柱/Florisil）	GC-MS-SIM	[76]
牛羊猪鸡兔	839种农药	环己烷-乙酸乙酯，均质，GPC	GC-MS-SIM	[96]
鸡肉、鸡肝和猪肝	溴螨酯	环己烷-乙酸乙酯（1:1），均质提取，GPC、SPE（Envi-Carb，NH_2）	GC-MS-SIM	[98]
动物脂肪和器官组织	59种持久性有机卤素	ASE（硅藻土），GPC，SPE（硅胶）	GC-MS-SIM	[120]
猪肉	18种有机氯	顶空固相微萃取	GC-MS-SIM	[140]

7.4.6 液相色谱-紫外检测法

紫外检测器（Ultra Violet Detector，UVD）是基于溶质分子吸收紫外光的原理设计的检测器，大部分常见有机物质和部分无机物质都具有紫外或可见光吸收基团，因而有较强的紫外或可见光吸收能力，因此紫外检测器既有较高的灵敏度，也有很广泛的应用范围，是液相色谱中应用最广泛的检测器。紫外检测器不仅灵敏度高、噪声低、线性范围宽、有较好的选择性，而且对环境温度、流动相组成变化和流速波动不太敏感，因此既可用于等度洗脱，也可用于梯度洗脱。由于灵敏度高，即使是那些光吸收小、消光系数低的物质也可用UVD进行微量分析。不足之处在于对紫外吸收差的化合物如不含不饱和键的烃类等灵敏度很低。Bissacot等[38]建立了产奶母牛血液和牛奶中氟氯苯菊酯、溴氰菊酯、氯氰菊酯、氯氟氰菊酯等4种拟除虫菊酯分析方法。样品采用乙腈提取，正己烷液液分配，硅胶SPE柱净化，正己烷、乙醚洗脱，LC-UVD测定。4种除虫菊酯的LOD为0.001mg/kg，回收率为78%～91%。李萍等[88]建立了动物性食品肉和蛋中氨基甲酸酯类农药（NMC）多组分残留HPLC-UVD分析方法。样品以丙酮-氯化钠-二氯甲烷一步法提取和分配，提取液在40℃以下浓缩后,经过 2 次 GPC(Bio-Beads S-X3)净化,收集 50~80mL 的馏分,采用 C_{18} 反相柱为分析柱,甲醇-水(60:40)为流动相,于 210nm 进行检测。5 种 NMC 的 LOD 为 3.2~13.3μg/kg,标准曲线线性良好($r=0.991$~0.997)。在 2 个不同浓度的添加水平,平均回收率分别为 81.6%~97.2% 和 70.7%~94.0%。李军民等[102]采用 LC-UV 对出口肉及肉制品中敌草隆、绿麦隆和阿特拉津残留量进行了测定。10g 样品用 50mL 和 15mL 乙腈-甲醇混合溶液(1:1)振荡提取 2 次,提取液用石油醚脱脂后,加入饱和 NaCl 溶液反萃入三氯甲烷中,三氯甲烷蒸干,用流动相复溶,过氧化铝固相萃取柱净化,再用流动相洗脱,LC-UV 定量测定。在 0.020~1.0mg/kg 2 个添加水平,回收率:肉为 85.9%~94.2%、肉制品为 85.5%~92.2%;RSD 为 4.2%~8.0%。

7.4.7 液相色谱-二极管阵列检测法

二极管阵列检测器(Diode-Array Detector,DAD)是以光电二极管阵列(或 CCD 阵列,硅靶摄像管等)作为检测元件的 UV-VIS 检测器。它可构成多通道并行工作,同时检测由光栅分光,再入射到阵列式接受器上的全部波长的信号,然后对二极管阵列快速扫描采集数据,得到的是时间、光强度和波长的三维谱图。不同的是,普通 UV-VIS 检测器是先用单色器分光,只让特定波长的光进入流动池。而二极管阵列 UV-VIS 检测器是先让所有波长的光都通过流动池,然后通过一系列分光技术,使所有波长的光在接受器上被检测。魏瑞成等[116]建立了 HPLC-DAD 检测鸡蛋、猪肉和牛奶中环丙氨嗪(又名灭蝇胺,是三嗪类昆虫生长调节剂)和三聚氰胺残留量的方法。样品均质后经 NaOH 和 20% 氨水乙腈溶液重复提取 2 次,浓缩,C_{18} 固相萃取柱净化,97% 乙腈水溶液做流动相洗脱。用 NH_2 色谱柱分离,LC-DAD 定量测定。在 0.01~1.0μg/mL 的浓度内呈线性关系,两种化合物相关系数分别为 0.9999 和 0.9994,LOD 均为 0.02mg/kg。Wang 等[190]采用 MSPDE 样品制备技术,HPLC-DAD 测定猪肉组织中氟代对苯二酚、有机磷和氨基甲酸酯农药多残留,回收率为 60.1%~107.7%,LOD 为 9~22μg/kg。Furusawa[191]建立了测定动物脂肪(牛脂、猪油和鸡脂肪)中狄氏剂、艾氏剂、DDT、DDE 和 DDD 残留的方法。样品使用酸性氧化铝 MSPDE 提取,反相 C-1 硅胶柱(流动相:50% 乙醇溶液)分离,LC-DAD 进行测定。在 0.5~5.0μg/g 添加水平,回收率为 84%~98%,RSD<5%。LOD:艾氏剂≤0.16μg/g,狄氏剂≤0.10μg/g,DDT≤0.06μg/g,DDE≤0.07μg/g,DDD≤0.05μg/g。

7.4.8 液相色谱-荧光检测法

荧光检测器(Fluorescence Detector,FLD)是一种专用型检测器,灵敏度在目前常用的 HPLC 检测器中最高,在 HPLC 中应用较多,仅次于紫外吸收检测器。它用于能激发荧光的化合物的检测。其工作原理是:用紫外光照射某些化合物时它们可受激发而发出荧光,测定发出的荧光能量即可定量。很多与生命科学有关的物质,如氨基酸、胺类、维生素、甾族化合物及某些代谢药物都可以用荧光法检测。尤其在用荧光衍生剂衍生后,可以检测微量的氨基酸和肽。Ali 等[192]使用 LC-FLD 测定技术进行了氨基甲酸酯类农药在牛肉和家禽肝组织中的稳定性研究。样品添加 16 种氨基甲酸酯类农药后,储存在 -4℃ 环境下,从 1 天到 6 个月变化的时间段进行测定,农药残留的代谢速率取决于农药品种和动物组织类型,结果表明样品制备和储存都需要低温条件。Aoki 等[193]开发了动物源食品中乙氧喹啉残留 LC-FLD 检测方法。本方法用 C_{18} 分析柱分离乙氧喹啉,2,6-二叔丁基-4-甲基苯酚-乙腈-水(0.05:800:200)混合液作流动相,检测的激发波长 370nm、发射波长 415nm,对于阳性样品用 HPLC-MS 确认。用 0.1μg/mL 标准溶液作重复性实验($n=6$),其 RSD 为 1.12%,LOQ 为 0.01μg/g(猪脂肪和牛奶除外)。在 LOQ 和 MRL 的不同添加水平,牛、猪、鸡和鲑鱼中乙氧喹啉的回收率在 71.0% 以上,RSD<9.3%。该方法对东京市区西部市售的 33 个动物源食品进行检测,只有 3 个鸡脂肪样品检测出乙氧喹啉残留,分别为 0.08μg/g、0.03μg/g、0.04μg/g,低于 MRL(5μg/g)的要求。

7.4.9 液相色谱-串联质谱检测法

液相色谱-串联质谱联用（Liquid Chromatography Tandem Mass Spectrometry，LC-MS/MS）技术是一种内喷射式和粒子流式接口技术将液相色谱与质谱联用的新方法，具有检测灵敏度高、选择性好、定性定量同时进行、结果可靠等优点，是世界公认检测农药、兽药残留最有效、最灵敏的方法之一。Sancho 等[9]建立了一个快速、灵敏 LC/LC-MS/MS 定量测定人血和尿中毒死蜱及代谢物（TCP）的分析方法。血液样品先用乙腈沉淀蛋白质，尿液直接注入二维液相系统。10μL 进样后先由 Discovery C_{18} 色谱柱（50mm×2.1mm，5μm）净化分离，含被测物的部分被在线转移到第二支 ABZ^+ 分析柱（100mm×2.1mm，5μm）上进一步分离，用 Quattro MS/MS 测定。毒死蜱用正离子模式 MRM 检测，TCP 用负离子模式 MRM 检测。两种被测物的线性关系良好，$r^2>0.9995$，标准溶液浓度为 5ng/mL 和 50ng/mL 时，重现性和再现性（n=10）均<8%，血液中添加 5~10ng/mL，尿中添加 1~10ng/mL 时，平均回收率分别为 87%~113% 和 98%~109%，RSD<10%。LOD：血液为 1.5ng/mL，尿液为 0.5ng/mL。Williamson 等[10]也采用 LC/LC-MS/MS 建立了大鼠脑髓中毒死蜱及代谢物毒死蜱氧化物（Chlorpyrifos-oxon）和 TCP 的分析方法。样品用冷冻的乙腈沉淀蛋白质并提取被测物，上清液直接注入二维液相系统，样液用乙腈－0.0025%甲酸溶液（40:60）为流动相，Zorbax Extend C_{18} 柱（50mm×2.1mm，5μm）净化，被测物再用乙腈-0.0025%甲酸溶液（75:25）为流动相，在 Zorbax Eclipse XDB C_8 分析柱（50mm×2.1mm，5μm）分离，MS/MS 测定。毒死蜱和代谢物毒死蜱氧化物用正离子模式 MRM 检测。TCP 用负离子模式 MRM 检测，$r^2>0.9995$，LOQ：毒死蜱为 25.3ng/g，代谢物毒死蜱氧化物和 TCP 为 6.3ng/g，在 LOQ 水平 RSD<16%。邓龙等[18]建立了动物组织中 16 种氨基甲酸酯类杀虫剂及其代谢物残留的高效液相色谱-串联质谱分析方法。样品用 20mL、15mL 乙腈提取二次，提取液用 10mL 正己烷液液分配脱脂，样液浓缩后，用流动相定容，LC-MS/MS 测定，内标法定量。16 种杀虫剂在 2.0~100μg/L 范围内线性关系良好（r>0.9959）；LOQ 为 0.5~2.5μg/kg；在 5.0μg/kg，10.0μg/kg 和 20μg/kg 3 个添加水平，回收率为 71.4%~105.5%；RSD 为 3.2%~13.7%。纪欣欣等[23]建立了 LC-MS/MS 法同时测定动物脂肪中 111 种农药残留的分析方法。样品经乙腈均质提取 2 次，提取液旋转浓缩后，GPC 净化。111 种农药在 Atlantis T3 柱上以乙腈和 0.1%甲酸溶液为流动相，梯度洗脱条件下完成分离，采用电喷雾电离串联质谱在正离子多反应监测模式下进行测定。目标化合物的保留时间为 2.4~33.8min，线性相关系数为 0.9845~0.9999；在 4 种动物脂肪中分别添加 1 倍、2 倍、4 倍 LOQ 3 个添加水平，平均回收率为 60%~120%，RSD 为 0.6%~19.8%；111 种农药在动物脂肪中的 LOD 为 0.20~960μg/kg，LOQ 为 0.40~2400μg/kg。Matsuoka 等[52]建立了采用 GC-MS 和 LC-MS 筛查肉中 202 种农药及其代谢物的农药多残留方法。含脂肉类样品中农药残留用乙酸乙酯-环己烷（1:1）提取。GPC 净化去除油脂，再用 PSA 和 Silica 固相萃取柱去掉胆固醇、脂肪酸等共萃取干扰物。此净化过程可以保证在 LC-MS 检测时没有任何基质干扰，在猪肉、牛肉和鸡肉中添加 0.1mg/kg 农药时，17 种农药的回收率小于 50%，其他 185 种农药的回收率均为 50%~140%。除利谷隆、嗪氨灵、异噁唑草酮的 LOQ<0.02mg/kg 外，其余 199 种农药的 LOQ 均为 0.01mg/kg。该方法可成功用于肉中农药残留筛查。Pang 等[96]2006 年研究建立了一个用环己烷-乙酸乙酯（1:1）均质提取，GPC 净化，LC-MS/MS 测定动物组织中 69 种农药残留分析的新方法。2009 年[97]对该方法进行了深入研究，建立了 744 种农药的 GPC 数据库和 464 种 LC-MS/MS 的质谱数据库，LC-MS/MS 检测的品种实现了突破性进展，由原来的 69 种农药增加到 379 种。LOQ 为 0.08~1600μg/kg，本节还对 GC-MS 和 LC-MS/MS 同时测定 269 种农药的灵敏度进行了对比研究，其中 245 种农药的灵敏度 LC-MS/MS 比 GC-MS 高 2~1000 倍。LC-MS/MS 测定动物源产品中农药多残留检测技术应用实例，详见表 7-14。

表 7-14 LC-MS/MS 在动物源产品中农药残留检测中的应用

基质样品	待测物	样品前处理	选择模式	回收率/%	RSD/%	LOD 或 LOQ	离子源	色谱柱	文献
禽蛋	辛硫磷		LC-MS/MS (RP-)						[8]
牛肉组织	7 种拟除虫菊酯类	乙腈提取、SPE（硅胶）净化	LC-MS/MS-MRM	81~116	<15	5μg/kg	ESI	BEH C$_{18}$（50mm×2.1mm，1.7μm）	[13]
猪肝	20 种氨基甲酸酯类	乙腈、SPE（Florisil）净化	LC-MS/MS-MRM	51.2~125	1.4~19.8	LOQ: 2~5μg/kg	ESI	C$_{18}$（150mm×4.6mm，5μm）	[16]
动物肌肉	氨基甲酸酯类	乙腈、SPE（石墨化炭/氨基）净化	LC-MS/MS	71.4~105.5	3.2~13.7	LOQ: 0.5~2.5μg/kg	ESI	ZORBAX SB C$_{18}$（100mm×2.1mm，1.8μm）	[18]
碎肉和全蛋	136 种农药	乙腈均质	LC-MS/MS				ESI		[21]
动物脂肪	111 种农药	乙腈、固液提取							[23]
动物源性食品	20 种磺酰脲类	乙腈均质提取、GPC 净化	LC-MS/MS-MRM	60~120	0.6~19.8	0.2~960μg/kg	ESI	tlantisT3（150mm×2.1mm，3μm）	[30]
畜产品	嗪草酮及其 3 种代谢物	乙腈均质提取、SPE HLB	LC-MS/MS-MRM	66~112.07	0.7~19.4	0.5~2.5μg/kg	ESI	Eclipse AAA（150mm×4.6mm，5μm）	[33]
鸡肉、猪肉、鸡蛋	9 种烟碱类	乙腈、SPE（InertSep C$_{18}$、Bond Elut SAX 强阴离子交换柱）	LC-MS/MS		<20		ESI		[34]
猪组织和奶	痕量或超痕量农药	乙腈、SPE（HLB）净化	LC-MS/MS-MRM	65~120	1.3~16	LOQ: 0.1~6μg/kg	ESI	HSS T3 column（100mm×2.1mm，1.8μm）	[36]
猪肝	7 种有机磷	乙腈丙酮（4:1）、SPE	LC-MS/MS	76.0~94.3			ESI		[43]
牛肉	9 种苯甲酰脲类	乙酸乙酯、SPE（Carb/PSA）	LC-MS/MS	70~92			ESI	Luna-C$_{18}$ 5μm	[48]
鸡肉、牛肉、羊肝	噻酰菌胺	乙酸乙酯、ASE 提取净化	LC-MS/MS	28~106	10.6		ESI	Waters Atlantis Hilic Silica 柱（50m×3.0mm，3μm）	[49]
动物肌肉	61 种有机磷	乙酸乙酯匀浆提取、GPC、SPE（氨基）提取	LC-MS/MS-MRM	68~110	3.2~15.2	LOQ: 10μg/kg	ESI	C$_{18}$（50m×2.1mm，1.7μm）	[72]
猪肉、肝脏	10 种苯甲酰脲类	正己烷配合乙腈水溶液、MSPD（C$_{18}$、PSA）	LC-MS/MS-MRM	62.8~107	4.2~19	0.01mg/kg	ESI		[83]
杀草强		丙酮正己烷、SPE（中性氧化铝）	LC-MS/MS	57.6~110			ESI		[89]
动物组织	敌百虫，敌敌畏	丙酮水溶液提取、均质震荡、SPE（PCX）净化	LC-MS/MS-MRM	67.5~98.1	1~9.8	0.01mg/kg	ESI	CAPCELL PAK CR (1:4)（100mm×2mm，5μm）	[92]
合脂羊毛	灭蝇胺和环丙胺	二氯甲烷、均质震荡	LC-MS/MS	85~106	<10.6	0.04~0.07mg/kg	ESI	C$_{18}$（150mm×2.1mm，5μm）	[105]
牛肌肉和肝	7 种烟碱类	三氯乙酸超声提取、SPE（MCX）净化	LC-MS/MS-MRM	83.6~99.9	<20	0.02mg/kg、0.01mg/kg	ESI	Hypersil NH$_2$（250mm×4.6mm，5μm）	[161]
人尿	有机磷代谢物	PSE、SPE	LC-MS/MS	83.2~101.9	<10.8	0.8~1.5μg/kg	ESI		[194]
尿	6 种磷酸氢二铵类	液液萃取	LC-MS/MS	78~119	<12	1~2microg/L			[195]
人血和尿	百草枯，敌草快	SPE（Sep-Pak C$_{18}$）	LC-MS/MS-SRM	80.8~95.4	<20	LOQ: 2g/L	ESI	Inertsil ODS3 C$_{18}$	[196]
					13	10ng/mL、5ng/mL			

7.5 动物组织中839种农药化学品多组分残留高通量检测技术

7.5.1 适用范围

适用于猪肉、牛肉、羊肉、兔肉、鸡肉中478种农药化学品残留量气相色谱-质谱测定，348种农药化学品残留量的液相色谱-串联质谱定量测定，32种农药化学品残留量的液相色谱-串联质谱定性鉴别。

7.5.2 仪器和设备

气相色谱-质谱仪：Agilent 6890/5973N GC-MS（配电子轰击源）；液相色谱-串联质谱仪：API 3200质谱仪（Applied Biosystems，加拿大），配有Agilent 1100液相色谱仪；凝胶渗透色谱：凝胶柱，Bio-Beads S-X3，400mm×25mm（吉尔森，法国）；T25均质器（德国IKA公司）；R-205型旋转蒸发仪（瑞士Buchi公司）；Z320离心机（F. R. 德国）；N-EVAP112氮气浓缩仪（Organomation Associates，美国）。

7.5.3 试剂和材料

乙腈和甲醇（色谱级）、环己烷、正己烷和乙酸乙酯（农残级），购于迪马公司（北京，中国）。无水硫酸钠（分析纯）用前650℃灼烧4h，冷却后储于干燥器中备用。农药化学品标准物质纯度≥95%。

标准储备溶液：准确称取5～10mg（精确至0.1mg）各农药标准物分别加入10mL容量瓶中，根据每种标准物的溶解度和测定的需要选甲苯、甲苯-丙酮混合液、二氯甲烷或甲醇等溶剂溶解并定容至刻度。

GC-MS混合标准溶液（混合标准溶液A、B、C、D和E组）：按照农药的性质和保留时间，将478种农药分成A、B、C、D和E组，并根据每种农药在仪器上的响应灵敏度，确定其在混合标准溶液中的浓度。每种农药化学品溶剂选择和混合标准溶液浓度参见附录Ⅱ。依据每种农药的分组号、混合标准溶液浓度及其标准储备液的浓度，移取一定量的单个农药标准储备溶液于100mL容量瓶中，用甲苯定容至刻度。混合标准溶液避光4℃保存，可使用一个月。

内标溶液：准确称取3.5mg环氧七氯于100mL容量瓶中，用甲苯定容至刻度。

基质混合标准工作溶液：A、B、C、D和E组农药基质混合标准工作溶液是将40μL内标溶液和一定体积的A、B、C、D和E组混合标准溶液分别加到1.0mL的样品空白基质提取液中，混匀。用于做标准工作曲线。

LC-MS/MS混合标准溶液（混合标准溶液A、B、C、D和E组）：按照农药的性质和保留时间，将380种农药分成A、B、C、D和E组，并根据每种农药在仪器上的响应灵敏度，确定其在混合标准溶液中的浓度。每种农药化学品溶剂选择和混合标准溶液浓度参见附录Ⅱ。依据每种农药的分组号、混合标准溶液浓度及其标准储备液的浓度，移取一定量的单个农药标准储备溶液于25mL容量瓶中，用甲醇定容至刻度。混合标准溶液避光4℃保存，可使用半月。A、B、C、D和E组的基质混合标准工作溶液是将不同浓度的混合标准溶液添加到提取的空白基质溶液中，用于做标准工作曲线。

7.5.4 样品前处理

准确称取10g动物组织试样，放入盛有20g无水硫酸钠的50mL离心管中，加入35mL环己烷-乙酸乙酯（1∶1）混合溶剂。用均质器在15 000r/min下均质提取1.5min，把离心管放在离心机中，在3000r/min下离心3min。上清液通过大约装有15g无水硫酸钠的筒形漏斗，收集于100mL鸡心瓶中，离心管中的动物组织残渣再用35mL环己烷-乙酸乙酯（1∶1）混合溶剂提取一次，离心后上清液转移到上述筒形漏斗中,合并提取液,用旋转蒸发器将提取液于40℃水浴旋转蒸发至约5mL,待净化。

将浓缩的提取液转移至10mL容量瓶中,用5mL环己烷-乙酸乙酯(1∶1)混合溶剂分2次洗涤鸡心瓶,并转移至上述10mL容量瓶中,再用环己烷-乙酸乙酯(1∶1)混合溶剂定容至刻度,摇匀。将样液过滤入10mL试管中,用凝胶渗透色谱按以下净化条件净化:流动相:环己烷-乙酸乙酯(1∶1);流速:5mL/min;检测波长:254nm;进样量:5mL;开始收集时间:22min;停止收集时间:40min。收集22~40min的馏分于100mL鸡心瓶中,并在40℃水浴浓缩至0.5mL。向用 GC-MS 检测的农药浓缩液加入2×5mL正己烷在40℃用旋转蒸发器进行溶剂交换两次,使最终样液体积约为1mL,加入40μL内标溶液,混匀,供 GC-MS 测定;用 LC-MS/MS 检测的农药,浓缩液用氮气吹干,再用1.0mL乙腈-水溶液(3∶2)溶解残渣,混匀,供 LC-MS/MS 进行检测。

7.5.5 测定条件

1)GC-MS 测定条件

气相色谱柱:DB-1701,30m×0.25mm,0.25μm;色谱柱温度:40℃保持1min,以30℃/min的速度升温至130℃,然后再以5℃/min的速度升温至250℃,最后以10℃/min的速度升温至300℃保持5min;载气:氦气;纯度:≥99.999%;载气流速:1.2mL/min;进样口温度:290℃;进样量:1μL;进样方式:无分流进样,1.5min后打开阀;电子轰击源:70eV;离子源温度:230℃;GC-MS 接口温度:280℃;检测方式:选择离子监测(SIM)。每种化合物选择1个定量离子和2、3个定性离子,每组所有被监测离子按分段和出峰顺序分别检测。化合物监测分组、定量离子和定性离子参见11.1.1小节和11.1.2小节。所有化合物的保留时间、检出限和定量限见表7-15。

表7-15 GC-MS 测定的478种农药的保留时间、检出限和定量限

序号	中文名称	英文名称	保留时间/min	检出限/(mg/kg)	定量限/(mg/kg)	序号	中文名称	英文名称	保留时间/min	检出限/(mg/kg)	定量限/(mg/kg)
	环氧七氯	Heptachlor-epoxide	22.10	(ISTD)	(ISTD)	17	乙嘧硫磷	Etrimfos	17.92	0.0125	0.0250
	A组					18	西玛津	Simazine	17.85	0.0125	0.0250
1	二丙烯草胺	Allidochlor	8.78	0.0250	0.0500	19	胺丙畏	Propetamphos	17.97	0.0125	0.0250
2	烯丙酰草胺	Dichlormid	9.74	0.0250	0.0500	20	密草通	Secbumeton	18.36	0.0125	0.0250
3	土菌灵	Etridiazol	10.42	0.0375	0.0750	21	除线磷	Dichlofenthion	18.80	0.0125	0.0250
4	氯甲硫磷	Chlormephos	10.53	0.0250	0.0500	22	炔丙酰草胺	Pronamide	18.72	0.0125	0.0250
5	苯胺灵	Propham	11.36	0.0125	0.0250	23	兹克威	Mexacarbate	18.83	0.0375	0.0750
6	环草敌	Cycloate	13.56	0.0125	0.0250	24	艾氏剂	Aldrin	19.67	0.0250	0.0500
7	联苯二胺	Diphenylamine	14.55	0.0125	0.0250	25	氨氟灵	Dinitramine	19.35	0.0500	0.1000
8	杀虫脒	Chlordimeform	14.93	0.0125	0.0250	26	皮蝇磷	Ronnel	19.80	0.0250	0.0500
9	乙丁烯氟灵	Ethalfluralin	15.00	0.0500	0.1000	27	扑草净	Prometryne	20.13	0.0125	0.0250
10	甲拌磷	Phorate	15.46	0.0125	0.0250	28	环丙津	Cyprazine	20.18	0.0125	0.0250
11	甲基乙拌磷	Thiometon	16.20	0.0125	0.0250	29	乙烯菌核利	Vinclozolin	20.29	0.0125	0.0250
12	五氯硝基苯	Quintozene	16.75	0.0250	0.0500	30	β六六六	β-HCH	20.31	0.0125	0.0250
13	脱乙基阿特拉津	Atrazine-desethyl	16.76	0.0125	0.0250	31	甲霜灵	Metalaxyl	20.67	0.0375	0.0750
						32	毒死蜱	Chlorpyrifos (-ethyl)	20.96	0.0125	0.0250
14	异噁草松	Clomazone	17.00	0.0125	0.0250	33	甲基对硫磷	Methyl-parathion	20.82	0.0500	0.1000
15	二嗪磷	Diazinon	17.14	0.0125	0.0250	34	蒽醌	Anthraquinone	21.49	0.0125	0.0250
16	地虫硫磷	Fonofos	17.31	0.0125	0.0250	35	δ-六六六	δ-HCH	21.16	0.0250	0.0500

续表

序号	中文名称	英文名称	保留时间/min	检出限/(mg/kg)	定量限/(mg/kg)	序号	中文名称	英文名称	保留时间/min	检出限/(mg/kg)	定量限/(mg/kg)
36	倍硫磷	Fenthion	21.53	0.0125	0.0250	75	灭蚁灵	Mirex	28.72	0.0125	0.0250
37	马拉硫磷	Malathion	21.54	0.0500	0.1000	76	麦锈灵	Benodanil	29.14	0.0375	0.0750
38	杀螟硫磷	Fenitrothion	21.62	0.0250	0.0500	77	氟苯嘧啶醇	Nuarimol	28.90	0.0250	0.0500
39	对氧磷	Paraoxon-ethyl	21.57	0.0500	0.1000	78	甲氧滴滴涕	Methoxychlor	29.38	0.0125	0.0250
40	三唑酮	Triadimefon	22.22	0.0250	0.0500	79	噁霜灵	Oxadixyl	29.50	0.0125	0.0250
41	对硫磷	Parathion	22.32	0.0500	0.1000	80	胺菊酯	Tetramethrin	29.59	0.0250	0.0500
42	二甲戊灵	Pendimethalin	22.59	0.0500	0.1000	81	戊唑醇	Tebuconazole	29.51	0.0375	0.0750
43	利谷隆	Linuron	22.44	0.0500	0.1000	82	氟草敏	Norflurazon	29.99	0.0125	0.0250
44	杀螨醚	Chlorbenside	22.96	0.0250	0.0500	83	哒嗪硫磷	Pyridaphenthion	30.17	0.0125	0.0250
45	乙基溴硫磷	Bromophos-ethyl	23.06	0.0125	0.0250	84	亚胺硫磷	Phosmet	30.46	0.0250	0.0500
46	喹硫磷	Quinalphos	23.10	0.0125	0.0250	85	三氯杀螨砜	Tetradifon	30.70	0.0125	0.0250
47	反式-氯丹	trans-Chlordane	23.29	0.0125	0.0250	86	氧化萎锈灵	Oxycarboxin	31.00	0.0750	0.1500
48	稻丰散	Phenthoate	23.30	0.0250	0.0500	87	顺式-氯菊酯	cis-Permethrin	31.42	0.0125	0.0250
49	吡唑草胺	Metazachlor	23.32	0.0375	0.0750	88	反式-氯菊酯	trans-Permethrin	31.68	0.0125	0.0250
50	苯硫威	Fenothiocarb	23.79	0.0250	0.0500	89	吡菌磷	Pyrazophos	31.60	0.0250	0.0500
51	丙硫磷	Prothiophos	24.04	0.0125	0.0250	90	氯氰菊酯	Cypermethrin	33.19	0.0375	0.0750
52	整形醇	Chlorflurenol	24.15	0.0375	0.0750				33.38		
53	狄氏剂	Dieldrin	24.43	0.0250	0.0500				33.46		
54	腐霉利	Procymidone	24.36	0.0125	0.0250				33.56		
55	杀扑磷	Methidathion	24.49	0.0250	0.0500	91	氰戊菊酯	Fenvalerate	34.45	0.0500	0.1000
56	敌草胺	Napropamide	24.84	0.0375	0.0750				34.79		
57	噁草酮	Oxadiazone	25.06	0.0125	0.0250	92	溴氰菊酯	Deltamethrin	35.77	0.0750	0.1500
58	苯线磷	Fenamiphos	25.29	0.0375	0.0750			B组			
59	杀螨氯硫	Tetrasul	25.85	0.0125	0.0250	93	茵草敌	EPTC	8.54	0.0375	0.0750
60	杀螨特	Aramite	25.60	0.0125	0.0250	94	丁草敌	Butylate	9.49	0.0375	0.0750
61	乙嘧酚磺酸酯	Bupirimate	26.00	0.0125	0.0250	95	敌草腈	Dichlobenil	9.75	0.0025	0.0050
62	萎锈灵	Carboxin	26.25	0.0375	0.0750	96	克草敌	Pebulate	10.18	0.0375	0.0750
63	氟酰胺	Flutolanil	26.23	0.0125	0.0250	97	三氯甲基吡啶	Nitrapyrin	10.89	0.0375	0.0750
64	p,p'-滴滴滴	p,p'-DDD	26.59	0.0125	0.0250	98	速灭磷	Mevinphos	11.23	0.0250	0.0500
65	乙硫磷	Ethion	26.69	0.0250	0.0500	99	氯苯甲醚	Chloroneb	11.85	0.0125	0.0250
66	硫丙磷	Sulprofos	26.87	0.0250	0.0500	100	四氯硝基苯	Tecnazene	13.54	0.0250	0.0500
67	乙环唑-1	Etaconazole-1	26.81	0.0375	0.0750	101	庚烯磷	Heptenophos	13.78	0.0375	0.0750
68	乙环唑-2	Etaconazole-2	26.89	0.0375	0.0750	102	六氯苯	Hexachlorobenzene	14.69	0.0125	0.0250
69	腈菌唑	Myclobutanil	27.19	0.0125	0.0250	103	灭线磷	Ethoprophos	14.40	0.0375	0.0750
70	禾草灵	Diclofop-methyl	28.08	0.0125	0.0250	104	顺式-燕麦敌	cis-Diallate	14.75	0.0250	0.0500
71	丙环唑	Propiconazole	28.15	0.0375	0.0750	105	毒草胺	Propachlor	14.73	0.0375	0.0750
72	丰索磷	Fensulfothion	27.94	0.0250	0.0500	106	反式-燕麦敌	trans-Diallate	15.29	0.0250	0.0500
73	联苯菊酯	Bifenthrin	28.57	0.0125	0.0250	107	氟乐灵	Trifluralin	15.23	0.0250	0.0500
74	丁硫克百威	Carbosulfan	28.70	0.0375	0.0750	108	氯苯胺灵	Chlorpropham	15.49	0.0250	0.0500

续表

序号	中文名称	英文名称	保留时间/min	检出限/(mg/kg)	定量限/(mg/kg)	序号	中文名称	英文名称	保留时间/min	检出限/(mg/kg)	定量限/(mg/kg)
109	治螟磷	Sulfotep	15.55	0.0125	0.0250	148	乙菌利	Chlozolinate	23.83	0.0250	0.0500
110	菜草畏	Sulfallate	15.75	0.0250	0.0500	149	巴毒磷	Crotoxyphos	23.94	0.0750	0.1500
111	α-六六六	α-HCH	16.06	0.0125	0.0250	150	碘硫磷	Iodofenphos	24.33	0.0250	0.0500
112	特丁硫磷	Terbufos	16.83	0.0250	0.0500	151	杀虫畏	Tetrachlorvinphos	24.36	0.0375	0.0750
113	特丁通	Terbumeton	17.20	0.0375	0.0750	152	氯溴隆	Chlorbromuron	24.37	0.3000	0.6000
114	环丙氟灵	Profluralin	17.36	0.0500	0.1000	153	丙溴磷	Profenofos	24.65	0.0750	0.1500
115	敌噁磷	Dioxathion	17.51	0.0500	0.1000	154	氟咯草酮	Fluorochloridone	25.14	0.0250	0.0500
116	扑灭津	Propazine	17.67	0.0125	0.0250	155	噻嗪酮	Buprofezin	24.87	0.0250	0.0500
117	氯炔灵	Chlorbufam	17.85	0.0250	0.0500	156	o,p'-滴滴滴	o,p'-DDD	24.94	0.0125	0.0250
118	氯硝胺	Dicloran	17.89	0.0250	0.0500	157	异狄氏剂	Endrin	25.15	0.1500	0.3000
119	特丁津	Terbuthylazine	18.07	0.0125	0.0250	158	己唑醇	Hexaconazole	24.92	0.0750	0.1500
120	绿谷隆	Monolinuron	18.15	0.0500	0.1000	159	杀螨酯	Chlorfenson	25.05	0.0250	0.0500
121	杀螟腈	Cyanophos	18.73	0.0250	0.0500	160	o,p'-滴滴涕	o,p'-DDT	25.56	0.0250	0.0500
122	甲基毒死蜱	Chlorpyrifos-methyl	19.38	0.0125	0.0250	161	多效唑	Paclobutrazol	25.21	0.0375	0.0750
123	敌草净	Desmetryn	19.64	0.0125	0.0250	162	盖草津	Methoprotryne	25.63	0.0375	0.0750
124	二甲草胺	Dimethachlor	19.80	0.0375	0.0750	163	抑草蓬	Erbon	25.68	0.0250	0.0500
125	甲草胺	Alachlor	20.03	0.0375	0.0750	164	丙酯杀螨醇	Chloropropylate	25.85	0.0125	0.0250
126	甲基嘧啶磷	Pirimiphos-methyl	20.30	0.0125	0.0250	165	麦草氟甲酯	Flamprop-methyl	25.90	0.0125	0.0250
127	特丁净	Terbutryn	20.61	0.0250	0.0500	166	除草醚	Nitrofen	26.12	0.0750	0.1500
128	禾草丹	Thiobencarb	20.63	0.0250	0.0500	167	乙氧氟草醚	Oxyfluorfen	26.13	0.0500	0.1000
129	丙硫特普	Aspon	20.62	0.0250	0.0500	168	虫螨磷	Chlorthiophos	26.52	0.0375	0.0750
130	三氯杀螨醇	Dicofol	21.33	0.0250	0.0500	169	硫丹Ⅰ	Endosulfan Ⅰ	26.72	0.0750	0.1500
131	异丙甲草胺	Metolachlor	21.34	0.0125	0.0250	170	麦草氟异丙酯	Flamprop-isopropyl	26.70	0.0125	0.0250
132	氧化氯丹	Oxy-chlordane	21.63	0.0125	0.0250	171	p,p'-滴滴涕	p,p'-DDT	27.22	0.0250	0.0500
133	嘧啶磷	Pirimiphos-ethyl	21.59	0.0250	0.0500	172	三硫磷	Carbofenothion	27.19	0.0250	0.0500
134	烯虫酯	Methoprene	21.71	0.0500	0.1000	173	苯霜灵	Benalaxyl	27.54	0.0125	0.0250
135	溴硫磷	Bromofos	21.75	0.0250	0.0500	174	敌瘟磷	Edifenphos	27.94	0.0250	0.0500
136	抑菌灵	Dichlofluanid	21.68	0.0750	0.1500	175	三唑磷	Triazophos	28.23	0.0375	0.0750
137	乙氧呋草黄	Ethofumesate	21.84	0.0250	0.0500	176	苯腈磷	Cyanofenphos	28.43	0.0125	0.0250
138	异丙乐灵	Isopropalin	22.10	0.0250	0.0500	177	氯杀螨砜	Chlorbenside sulfone	28.88	0.0250	0.0500
139	硫丹Ⅰ	Endosulfan Ⅰ	23.10	0.0750	0.1500	178	硫丹硫酸盐	Endosulfan-sulfate	29.05	0.0375	0.0750
140	敌稗	Propanil	22.68	0.0250	0.0500	179	溴螨酯	Bromopropylate	29.30	0.0250	0.0500
141	异柳磷	Isofenphos	22.99	0.0250	0.0500	180	新燕灵	Benzoylprop-ethyl	29.40	0.0375	0.0750
142	育畜磷	Crufomate	22.93	0.0750	0.1500	181	甲氰菊酯	Fenpropathrin	29.56	0.0250	0.0500
143	毒虫畏	Chlorfenvinphos	23.19	0.0375	0.0750	182	溴苯磷	Leptophos	30.19	0.0250	0.0500
144	顺式-氯丹	cis-Chlordane	23.55	0.0250	0.0500	183	苯硫磷	EPN	30.06	0.0500	0.1000
145	甲苯氟磺胺	Tolylfluanide	23.45	0.0375	0.0750	184	环嗪酮	Hexazinone	30.14	0.0375	0.0750
146	p,p'-滴滴伊	p,p'-DDE	23.92	0.0125	0.0250	185	伏杀硫磷	Phosalone	31.22	0.0250	0.0500
147	丁草胺	Butachlor	23.82	0.0250	0.0500	186	保棉磷	Azinphos-methyl	31.41	0.0750	0.1500

续表

序号	中文名称	英文名称	保留时间/min	检出限/(mg/kg)	定量限/(mg/kg)	序号	中文名称	英文名称	保留时间/min	检出限/(mg/kg)	定量限/(mg/kg)
187	氯苯嘧啶醇	Fenarimol	31.65	0.0250	0.0500	222	乙霉威	Diethofencarb	21.43	0.0750	0.1500
188	益棉磷	Azinphos-ethyl	32.01	0.0250	0.0500	223	哌草丹	Dimepiperate	22.28	0.0250	0.0500
189	咪鲜胺	Prochloraz	33.07	0.0750	0.1500	224	生物烯丙菊酯-1	Bioallethrin-1	22.29	0.0500	0.1000
190	蝇毒磷	Coumaphos	33.22	0.0750	0.1500						
191	氟氯氰菊酯	Cyfluthrin	32.94 33.12	0.1500	0.3000	225	生物烯丙菊酯-2	Bioallethrin-2	22.34	0.0500	0.1000
		C组				226	o,p'-滴滴伊	o,p'-DDE	22.64	0.0125	0.0250
192	敌敌畏	Dichlorvos	7.80	0.0750	0.1500	227	芬螨酯	Fenson	22.54	0.0125	0.0250
193	联苯	Biphenyl	9.00	0.0125	0.0250	228	双苯酰草胺	Diphenamid	22.87	0.0125	0.0250
194	灭草敌	Vernolate	9.82	0.0125	0.0250	229	氯硫磷	Chlorthion	22.86	0.0250	0.0500
195	3,5-二氯苯胺	3,5-Dichloroaniline	11.20	0.0125	0.0250	230	炔丙菊酯	Prallethrin	23.11	0.0375	0.0750
196	禾草敌	Molinate	11.92	0.0125	0.0250	231	戊菌唑	Penconazole	23.17	0.0375	0.0750
197	虫螨畏	Methacrifos	11.86	0.0125	0.0250	232	灭蚜磷	Mecarbam	23.46	0.0500	0.1000
198	邻苯基酚	2-Phenylphenol	12.47	0.0125	0.0250	233	四氟醚唑	Tetraconazole	23.35	0.0375	0.0750
199	顺-1,2,3,6-四氢邻苯二甲酰亚胺	cis-1,2,3,6-Tetra-hydrophthalimide	13.39	0.0375	0.0750	234	氟节胺	Flumetralin	24.10	0.0250	0.0500
						235	三唑醇	Triadimenol	24.22	0.0375	0.0750
						236	丙草胺	Pretilachlor	24.67	0.0250	0.0500
200	仲丁威	Fenobucarb	14.60	0.0250	0.0500	237	亚胺菌	Kresoxim-methyl	25.04	0.0125	0.0250
201	乙丁氟灵	Benfluralin	15.23	0.0125	0.0250	238	吡氟禾草灵	Fluazifop-butyl	25.21	0.0125	0.0250
202	扑灭通	Prometon	16.66	0.0375	0.0750	239	乙酯杀螨醇	Chlorobenzilate	25.90	0.0125	0.0250
203	野麦畏	Triallate	17.12	0.0250	0.0500	240	烯效唑	Uniconazole	26.15	0.0250	0.0500
204	嘧霉胺	Pyrimethanil	17.28	0.0125	0.0250	241	氟哇唑	Flusilazole	26.19	0.0375	0.0750
205	林丹	γ-HCH	17.48	0.0250	0.0500	242	三氟硝草醚	Fluorodifen	26.59	0.0125	0.0250
206	乙拌磷	Disulfoton	17.61	0.0125	0.0250	243	烯唑醇	Diniconazole	27.03	0.0375	0.0750
207	阿特拉津	Atrazine	17.64	0.0125	0.0250	244	增效醚	Piperonyl butoxide	27.46	0.0125	0.0250
208	七氯	Heptachlor	18.49	0.0375	0.0750	245	炔螨特	Propargite	27.87	0.0250	0.0500
209	异稻瘟净	Iprobenfos	18.44	0.0375	0.0750	246	灭锈胺	Mepronil	27.91	0.0125	0.0250
210	氯唑磷	Isazofos	18.54	0.0250	0.0500	247	吡氟酰草胺	Diflufenican	28.45	0.0125	0.0250
211	丁苯吗啉	Fenpropimorph	19.22	0.0125	0.0250	248	喹螨醚	Fenazaquin	28.97	0.0125	0.0250
212	四氟苯菊酯	Transfluthrin	19.04	0.0125	0.0250	249	苯醚菊酯	Phenothrin	29.08 29.21	0.0125	0.0250
213	甲基立枯磷	Tolclofos-methyl	19.69	0.0125	0.0250						
214	异丙草胺	Propisochlor	19.89	0.0125	0.0250	250	咯菌腈	Fludioxonil	28.93	0.0125	0.0250
215	莠灭净	Ametryn	20.11	0.0375	0.0750	251	苯氧威	Fenoxycarb	29.57	0.0750	0.1500
216	西草净	Simetryn	20.18	0.0250	0.0500	252	稀禾啶	Sethoxydim	29.63	0.1125	0.2250
217	溴谷隆	Metobromuron	20.07	0.0750	0.1500	253	双甲脒	Amitraz	30.29	0.0375	0.0750
218	嗪草酮	Metribuzin	20.33	0.0375	0.0750	254	莎稗磷	Anilofos	30.68	0.0250	0.0500
219	ε-六六六	ε-HCH	20.78	0.0250	0.0500	255	苯噻酰草胺	Mefenacet	31.29	0.0375	0.0750
220	异丙净	Dipropetryn	20.82	0.0125	0.0250	256	氯菊酯	Permethrin	31.57	0.0250	0.0500
221	安硫磷	Formothion	21.42	0.0250	0.0500	257	哒螨灵	Pyridaben	31.86	0.0125	0.0250

续表

序号	中文名称	英文名称	保留时间/min	检出限/(mg/kg)	定量限/(mg/kg)	序号	中文名称	英文名称	保留时间/min	检出限/(mg/kg)	定量限/(mg/kg)
258	乙羧氟草醚	Fluoroglycofen-ethyl	32.01	0.1500	0.3000	289	2,4,4'-三氯联苯	DE-PCB 28 2,4,4'-Trichlorobiphenyl	18.15	0.0125	0.0250
259	联苯三唑醇	Bitertanol	32.25	0.0375	0.0750						
260	醚菊酯	Etofenprox	32.75	0.0125	0.0250	290	2,4',5-三氯联苯	DE-PCB 31 2,4',5-Trichlorobiphenyl	18.19	0.0125	0.0250
261	噻草酮	Cycloxydim	33.05	0.1500	0.3000						
262	α-氯氰菊酯	α-Cypermethrin	33.35	0.0250	0.0500	291	脱乙基另丁津	Desethyl-sebuthyl-azine	18.32	0.0250	0.0500
263	S-氰戊菊酯	Esfenvalerate	34.65	0.0500	0.1000						
264	苯醚甲环唑	Difenoconazole	35.40	0.0750	0.1500	292	2,3,4,5-四氯苯胺	2,3,4,5-Tetrachloroaniline	18.55	0.0250	0.0500
265	丙炔氟草胺	Flumioxazin	35.50	0.0250	0.0500						
266	氟烯草酸	Flumiclorac-pentyl	36.34	0.0250	0.0500	293	合成麝香	Musk ambrette	18.62	0.0125	0.0250
	D组					294	二甲苯麝香	Musk xylene	18.66	0.0125	0.0250
267	甲氟磷	Dimefox	5.62	0.0375	0.0750	295	五氯苯胺	Pentachloroaniline	18.91	0.0125	0.0250
268	乙拌磷亚砜	Disulfoton-sulfoxide	8.41	0.0250	0.0500	296	叠氮津	Aziprotryne	19.11	0.1000	0.2000
269	五氯苯	Pentachlorobenzene	11.11	0.0125	0.0250	297	另丁津	Sebutylazine	19.26	0.0125	0.0250
270	三异丁基磷酸盐	Tri-iso-butyl phosphate	11.65	0.0125	0.0250	298	丁脒酰胺	Isocarbamid	19.24	0.0625	0.1250
						299	2,2',5,5'-四氯联苯	DE-PCB 52 2,2',5,5'-Tetrachlorobiphenyl	19.48	0.0125	0.0250
271	鼠立死	Crimidine	13.13	0.0125	0.0250						
272	4-溴-3,5-二甲苯基-N-甲基氨基甲酸酯-1	BDMC-1	13.25	0.0250	0.0500						
						300	麝香	Musk moskene	19.46	0.0125	0.0250
						301	苄草丹	Prosulfocarb	19.51	0.0125	0.0250
273	燕麦酯	Chlorfenprop-methyl	13.57	0.0125	0.0250	302	二甲吩草胺	Dimethenamid	19.55	0.0125	0.0250
274	虫线磷	Thionazin	14.04	0.0125	0.0250	303	氧皮蝇磷	Fenchlorphos oxon	19.72	0.0250	0.0500
275	2,3,5,6-四氯苯胺	2,3,5,6-Tetrachloroaniline	14.22	0.0125	0.0250	304	4-溴-3,5-二甲苯基-N-甲基氨基甲酸酯-2	BDMC-2	19.74	0.0250	0.0500
276	三正丁基磷酸盐	Tri-n-butyl phosphate	14.33	0.0250	0.0500						
						305	甲基对氧磷	Paraoxon-methyl	19.83	0.0250	0.0500
277	2,3,4,5-四氯甲氧基苯	2,3,4,5-Tetrachloroanisole	14.66	0.0125	0.0250	306	庚酰草胺	Monalide	20.02	0.0250	0.0500
						307	西藏麝香	Musk tibeten	20.40	0.0125	0.0250
278	五氯甲氧基苯	Pentachloroanisole	15.19	0.0125	0.0250	308	碳氯灵	Isobenzan	20.55	0.0125	0.0250
279	牧草胺	Tebutam	15.30	0.0250	0.0500	309	八氯苯乙烯	Octachlorostyrene	20.60	0.0125	0.0250
280	蔬果磷	Dioxabenzofos	16.14	0.1250	0.2500	310	嘧啶磷	Pyrimitate	20.59	0.0125	0.0250
281	甲基苯噻隆	Methabenzthiazuron	16.34	0.1250	0.2500	311	异艾氏剂	Isodrin	21.01	0.0125	0.0250
282	西玛通	Simetone	16.69	0.0250	0.0500	312	丁嗪草酮	Isomethiozin	21.06	0.0250	0.0500
283	阿特拉通	Atratone	16.70	0.0125	0.0250	313	毒壤磷	Trichloronat	21.10	0.0125	0.0250
284	溴烯杀	Bromocylen	17.43	0.0125	0.0250	314	敌草索	Dacthal	21.25	0.0125	0.0250
285	草达津	Trietazine	17.53	0.0125	0.0250	315	4,4'-二氯二苯甲酮	4,4'-Dichlorobenzophenone	21.29	0.0125	0.0250
286	氧乙嘧硫磷	Etrimfos oxon	17.83	0.0125	0.0250						
287	环莠隆	Cycluron	17.95	0.0375	0.0750	316	酞菌酯	Nitrothal-isopropyl	21.69	0.0250	0.0500
288	2,6-二氯苯甲酰胺	2,6-Dichlorobenzamide	17.93	0.0250	0.0500	317	吡咪唑	Rabenzazole	21.73	0.0125	0.0250
						318	嘧菌环胺	Cyprodinil	21.94	0.0125	0.0250

续表

序号	中文名称	英文名称	保留时间/min	检出限/(mg/kg)	定量限/(mg/kg)	序号	中文名称	英文名称	保留时间/min	检出限/(mg/kg)	定量限/(mg/kg)
319	麦穗灵	Fuberidazole	22.10	0.0625	0.1250	347	环菌唑醇	Cyproconazole	27.23	0.0125	0.0250
320	氧异柳磷	Isofenphos oxon	22.04	0.0250	0.0500	348	苄呋菊酯-2	Resmethrin-2	27.43	0.0250	0.0500
321	呋菌胺	Methfuroxam	22.45	0.0125	0.0250	349	邻苯二甲酸丁苄酯	Phthalic acid, benzyl butyl ester	27.56	0.0125	0.0250
322	异氯磷	Dicapthon	22.44	0.0625	0.1250						
323	2,2',4,5,5'-五氯联苯	DE-PCB 101 2,2',4,5,5'-Pentachlorobiphenyl	22.62	0.0125	0.0250	350	炔草酸	Clodinafop-propargyl	27.74	0.0250	0.0500
						351	倍硫磷亚砜	Fenthion sulfoxide	28.06	0.0500	0.1000
						352	三氟苯唑	Fluotrimazole	28.39	0.0125	0.0250
324	2-甲-4-氯丁氧乙基酯	MCPA-butoxyethyl ester	22.61	0.0125	0.0250	353	氟草烟-1-甲庚酯	Fluroxypr-1-methylheptyl ester	28.45	0.0125	0.0250
325	水胺硫磷	Isocarbophos	22.87	0.0250	0.0500	354	倍硫磷砜	Fenthion sulfone	28.55	0.0500	0.1000
326	甲拌磷砜	Phorate sulfone	23.15	0.0125	0.0250	355	三苯基磷酸盐	Triphenyl phosphate	28.65	0.0125	0.0250
327	杀螨醇	Chlorfenethol	23.29	0.0125	0.0250	356	苯嗪草酮	Metamitron	28.63	0.1250	0.2500
328	反式-九氯	trans-Nonachlor	23.62	0.0125	0.0250	357	2,2',3,4,4',5,5'-七氯联苯	DE-PCB 180 2,2',3,4,4',5,5'-Heptachlorobiphenyl	29.05	0.0125	0.0250
329	消螨通	Dinobuton	23.88	0.1250	0.2500						
330	脱叶磷	DEF	24.08	0.0250	0.0500						
331	氟咯草酮	Flurochloridone	24.31	0.0250	0.0500						
332	溴苯烯磷	Bromfenvinfos	24.62	0.0125	0.0250	358	吡螨胺	Tebufenpyrad	29.06	0.0125	0.0250
333	乙滴涕	Perthane	24.81	0.0125	0.0250	359	解草酯	Cloquintocet-mexyl	29.32	0.0125	0.0250
334	灭菌磷	Ditalimfos	24.82	0.0125	0.0250	360	环草定	Lenacil	29.70	0.1250	0.2500
335	2,3',4,4',5-五氯联苯	DE-PCB 118 2,3',4,4',5-Pentachlorobiphenyl	25.08	0.0125	0.0250	361	糠菌唑	Bromuconazole	29.90	0.0250	0.0500
						362	脱溴溴苯磷	Desbrom-leptophos	30.15	0.0125	0.0250
						363	甲磺乐灵	Nitralin	30.92	0.1250	0.2500
336	4,4'-二溴二苯甲酮	4,4'-Dibromobenzophenone	25.30	0.0125	0.0250	364	苯线磷亚砜	Fenamiphos sulfoxide	31.03	0.0500	0.1000
						365	苯线磷砜	Fenamiphos sulfone	31.34	0.0500	0.1000
337	粉唑醇	Flutriafol	25.31	0.0250	0.0500	366	拌种咯	Fenpiclonil	32.37	0.0500	0.1000
338	地胺磷	Mephosfolan	25.29	0.0250	0.0500	367	氟喹唑	Fluquinconazole	32.62	0.0125	0.0250
339	乙基杀扑磷	Athidathion	25.63	0.0250	0.0500	368	腈苯唑	Fenbuconazole	34.02	0.0250	0.0500
340	2,2',4,4',5,5'-六氯联苯	DE-PCB 153 2,2',4,4',5,5'-Hexachlorobiphenyl	25.64	0.0125	0.0250			E组			
						369	残杀威-1	Propoxur-1	6.58	0.0250	0.0500
						370	异丙威-1	Isoprocarb-1	7.56	0.0250	0.0500
341	苄氯三唑醇	Diclobutrazole	25.95	0.0500	0.1000	371	甲胺磷	Methamidophos	9.37	0.0500	0.1000
342	乙拌磷砜	Disulfoton sulfone	26.16	0.0250	0.0500	372	二氢苊	Acenaphthene	10.79	0.0125	0.0250
343	噻螨酮	Hexythiazox	26.48	0.1000	0.2000	373	畜虫避	Dibutyl succinate	12.20	0.0250	0.0500
344	2,2',3,4,4',5'-六氯联苯	DE-PCB 138 2,2',3,4,4',5'-Hexachlorobiphenyl	26.84	0.0125	0.0250	374	邻苯二甲酰亚胺	Phthalimide	13.21	0.0250	0.0500
						375	氯氧磷	Chlorethoxyfos	13.43	0.0250	0.0500
345	威菌磷	Triamiphos	27.02	0.0250	0.0500	376	异丙威-2	Isoprocarb-2	13.69	0.0250	0.0500
346	苄呋菊酯-1	Resmethrin-1	27.26	0.0250	0.0500	377	戊菌隆	Pencycuron	14.30	0.0250	0.0500

续表

序号	中文名称	英文名称	保留时间/min	检出限/(mg/kg)	定量限/(mg/kg)	序号	中文名称	英文名称	保留时间/min	检出限/(mg/kg)	定量限/(mg/kg)
378	丁噻隆	Tebuthiuron	14.25	0.0500	0.1000	415	氟噻草胺	Flufenacet	23.09	0.1000	0.2000
379	甲基内吸磷	Demeton-S-methyl	15.19	0.0500	0.1000	416	甲醚菊酯-2	Methothrin-2	23.19	0.0250	0.0500
380	硫线磷	Cadusafos	15.13	0.0500	0.1000	417	啶斑肟-2	Pyrifenox-2	23.50	0.1000	0.2000
381	残杀威-2	Propoxur-2	15.48	0.0250	0.0500	418	氰菌胺	Fenoxanil	23.58	0.0250	0.0500
382	菲	Phenanthrene	16.97	0.0125	0.0250	419	四氯苯酞	Phthalide	23.51	0.0500	0.1000
383	唑螨酯	Fenpyroximate	17.49	0.1000	0.2000	420	呋霜灵	Furalaxyl	23.97	0.0250	0.0500
384	丁基嘧啶磷	Tebupirimfos	17.61	0.0250	0.0500	421	噻虫嗪	Thiamethoxam	24.38	0.0500	0.1000
385	茉莉酮	prohydrojasmon	17.80	0.0500	0.1000	422	嘧菌胺	Mepanipyrim	24.29	0.0125	0.0250
386	苯锈啶	Fenpropidin	17.85	0.0250	0.0500	423	除草定	Bromacil	24.73	0.1000	0.2000
387	氯硝胺	Dichloran	18.10	0.0250	0.0500	424	啶氧菌酯	Picoxystrobin	24.97	0.0250	0.0500
388	炔苯酰草胺	Propyzamide	19.01	0.0250	0.0500	425	抑草磷	Butamifos	25.41	0.0125	0.0250
389	抗蚜威	Pirimicarb	19.08	0.0250	0.0500	426	甲基咪草酯	Imazamethabenz-methyl	25.50	0.0375	0.0750
390	磷胺-1	Phosphamidon-1	19.66	0.1000	0.2000						
391	解草嗪	Benoxacor	19.62	0.0250	0.0500	427	苯氧菌胺-1	Metominostrobin-1	25.61	0.0500	0.1000
392	溴丁酰草胺	Bromobutide	19.70	0.0125	0.0250	428	苯噻硫氰	TCMTB	25.59	0.2000	0.4000
393	乙草胺	Acetochlor	19.84	0.0250	0.0500	429	甲硫威砜	Methiocarb sulfone	25.56	0.1000	0.2000
394	灭草环	Tridiphane	19.90	0.0500	0.1000	430	抑霉唑	Imazalil	25.72	0.0500	0.1000
395	特草灵	Terbucarb	20.06	0.0250	0.0500	431	稻瘟灵	Isoprothiolane	25.87	0.0250	0.0500
396	戊草丹	Esprocarb	20.01	0.0250	0.0500	432	嘧草醚	Pyriminobac-methyl	26.34	0.0500	0.1000
397	甲呋酰胺	Fenfuram	20.35	0.0250	0.0500	433	噁唑磷	Isoxathion	26.51	0.1000	0.2000
398	活化酯	Acibenzolar-S-methyl	20.42	0.0250	0.0500	434	苯氧菌胺-2	Metominostrobin-2	26.76	0.0500	0.1000
						435	苯虫醚-1	Diofenolan-1	26.81	0.0250	0.0500
399	呋草黄	Benfuresate	20.68	0.0250	0.0500	436	苯虫醚-2	Diofenolan-2	27.14	0.0250	0.0500
400	氟硫草定	Dithiopyr	20.78	0.0125	0.0250	437	苯氧喹啉	Quinoxyphen	27.14	0.0125	0.0250
401	精甲霜灵	Mefenoxam	20.91	0.0250	0.0500	438	溴虫腈	Chlorfenapyr	27.60	0.1000	0.2000
402	马拉氧磷	Malaoxon	21.17	0.2000	0.4000	439	肟菌酯	Trifloxystrobin	27.71	0.0500	0.1000
403	磷胺-2	Phosphamidon-2	21.36	0.1000	0.2000	440	脱苯甲基亚胺唑	Imibenconazole-des-benzyl	27.86	0.0500	0.1000
404	硅氟唑	Simeconazole	21.41	0.0250	0.0500						
405	氯酞酸甲酯	Chlorthal-dimethyl	21.39	0.0250	0.0500	441	双苯噁唑酸	Isoxadifen-ethyl	27.90	0.0250	0.0500
406	噻唑烟酸	Thiazopyr	21.91	0.0250	0.0500	442	炔咪菊酯-1	Imiprothrin-1	28.31	0.0250	0.0500
407	甲基毒虫畏	Dimethylvinphos	22.21	0.0250	0.0500	443	唑酮草酯	Carfentrazone-ethyl	28.29	0.0250	0.0500
408	仲丁灵	Butralin	22.24	0.0500	0.1000	444	炔咪菊酯-2	Imiprothrin-2	28.50	0.0250	0.0500
409	苯酰草胺	Zoxamide	22.30	0.0250	0.0500	445	氟环唑-1	Epoxiconazole-1	28.58	0.1000	0.2000
410	啶斑肟-1	Pyrifenox-1	22.50	0.1000	0.2000	446	吡草醚	Pyraflufen ethyl	28.91	0.0250	0.0500
411	烯丙菊酯	Allethrin	22.60	0.0500	0.1000	447	稗草丹	Pyributicarb	28.87	0.0250	0.0500
412	异戊乙净	Dimethametryn	22.83	0.0125	0.0250	448	噻吩草胺	Thenylchlor	29.12	0.0250	0.0500
413	灭藻醌	Quinoclamine	22.89	0.0500	0.1000	449	烯草酮	Clethodim	29.21	0.1000	0.2000
414	甲醚菊酯-1	Methothrin-1	22.92	0.0250	0.0500	450	吡唑解草酯	Mefenpyr-diethyl	29.55	0.0375	0.0750

续表

序号	中文名称	英文名称	保留时间/min	检出限/(mg/kg)	定量限/(mg/kg)	序号	中文名称	英文名称	保留时间/min	检出限/(mg/kg)	定量限/(mg/kg)
451	伐灭磷	Famphur	29.80	0.0500	0.1000	465	乳氟禾草灵	Lactofen	32.06	0.2000	0.4000
452	乙螨唑	Etoxazole	29.64	0.0750	0.1500	466	苯草酮	Tralkoxydim	32.14	0.1000	0.2000
453	吡丙醚	Pyriproxyfen	30.06	0.0125	0.0250	467	吡唑硫磷	Pyraclofos	32.18	0.1000	0.2000
454	氟环唑-2	Epoxiconazole-2	29.73	0.1000	0.2000	468	氯亚胺硫磷	Dialifos	32.27	0.1000	0.2000
455	氟吡酰草胺	Picolinafen	30.27	0.0125	0.0250	469	螺螨酯	Spirodiclofen	32.50	0.1000	0.2000
456	异菌脲	Iprodione	30.24	0.0500	0.1000	470	苄螨醚	Halfenprox	32.62	0.0500	0.1000
457	哌草磷	Piperophos	30.42	0.0375	0.0750	471	呋草酮	Flurtamone	32.78	0.0500	0.1000
458	甲呋酰胺	Ofurace	30.36	0.0375	0.0750	472	环酯草醚	Pyriftalid	32.94	0.0125	0.0250
459	联苯肼酯	Bifenazate	30.38	0.1000	0.2000	473	氟硅菊酯	Silafluofen	33.18	0.0125	0.0250
460	异狄氏剂酮	Endrin ketone	30.45	0.0500	0.1000	474	嘧螨醚	Pyrimidifen	33.63	0.0500	0.1000
461	氯甲酰草胺	Clomeprop	30.48	0.0125	0.0250	475	啶虫脒	Acetamiprid	33.87	0.1500	0.3000
462	咪唑菌酮	Fenamidone	30.66	0.0125	0.0250	476	氟丙嘧草酯	Butafenacil	33.85	0.0500	0.1000
463	萘丙胺	Naproanilide	31.89	0.0125	0.0250	477	苯酮唑	Cafenstrole	34.36	0.1500	0.3000
464	百克敏	Pyraclostrobin	31.98	0.3000	0.6000	478	氟啶草酮	Fluridone	37.61	0.0250	0.0500

2) LC-MS/MS 测定条件

液相色谱柱：Atlantis dC_{18}，150mm×2.1mm，3μm（Waters，美国）；柱温：40℃；流动相洗脱梯度见表7-16；进样量：10μL；监测方式：多反应监测（MRM）；电离模式：正离子模式；Q1和Q3的分辨率：1；雾化气1：0.483MPa；雾化气2：0.379MPa；气帘气：0.138MPa；碰撞气：低；离子喷雾电压：5500V；离子源温度：725℃；驻留时间：5ms；入口电压：10V。每种农药化学品检测离子对、源内碎裂电压和碰撞能量参见11.1.8小节。农药化学品保留时间、检出限和定量限见表7-17。

表7-16 流动相洗脱梯度及流速

时间/min	流速/(μL/min)	水/%	乙腈/%
0.00	200	90.0	10.0
4.00	200	50.0	50.0
15.00	200	40.0	60.0
20.00	200	20.0	80.0
25.00	200	5.0	95.0
32.00	200	5.0	95.0
32.01	200	90.0	10.0
40.00	200	90.0	10.0

表 7-17 LC-MS/MS 测定的 380 种农药化学品保留时间、检出限和定量限

序号	中文名称	英文名称	保留时间/min	检出限/(μg/kg)	定量限/(μg/kg)	序号	中文名称	英文名称	保留时间/min	检出限/(μg/kg)	定量限/(μg/kg)
		A组				36	伐灭磷	Famphur	16.53	1.20	2.40
1	吡蚜酮	Pymetrozin	2.29	10.00	20.00	37	杀扑磷	Methidathion	16.75	3.00	6.00
2	烯啶虫胺	Nitenpyram	2.30	4.00	8.00	38	氯苯嘧啶醇	Fenarimol	16.99	1.20	2.40
3	丁酮威亚砜	Butocarboxim sulfoxide	2.31	20.00	40.00	39	异丙菌胺	Iprovalicarb	17.05	0.40	0.80
4	甲基内吸磷砜	Demeton-S-methyl sulfone	9.27	4.00	8.00	40	二甲吩草胺	Dimethenamid	17.09	0.20	0.40
						41	腈菌唑	Myclobutanil	17.31	0.60	1.20
5	乙硫苯威亚砜	Ethiofencarb sulfoxide	9.42	2.00	4.00	42	异噁氟草	Isoxaflutole	17.54	20.00	40.00
6	抗蚜威	Pirimicarb	9.54	0.20	0.40	43	乙环唑	Etaconazole	17.57	0.20	0.40
7	速灭磷	Mevinphos	10.11 10.86	4.00	8.00	44	苄氯三唑醇	Diclobutrazole	18.51	0.12	0.24
						45	敌草胺	Napropamide	18.64	0.20	0.40
8	磺噻隆	Ethidimuron	10.23	4.00	8.00	46	氟硅唑	Flusilazole	18.98	0.12	0.24
9	吡虫啉	Imidacloprid	10.27	20.00	40.00	47	联苯三唑醇	Bitertanol	19.34 19.90	2.00	4.00
10	密草通	Secbumeton	10.63	0.10	0.20						
11	西草净	Simetryn	10.77	0.20	0.40	48	戊菌唑	Penconazole	19.39	0.12	0.24
12	咪唑乙烟酸	Imazethapyr	11.23	240.00	480.00	49	氟酰胺	Flutolanil	20.13	0.20	0.40
13	噻虫啉	Thiacloprid	11.41	0.40	0.80	50	乙草胺	Acetochlor	20.26	20.00	40.00
14	盖草津	Methoprotryne	11.86	2.00	4.00	51	杀螟硫磷	Fenitrothion	20.45	16.00	32.00
15	甲基对氧磷	Paraoxon methyl	12.04	1.00	2.00	52	益棉磷	Azinphos ethyl	20.93	20.00	40.00
16	吡喃草酮	Tepraloxydim	12.17 18.29	16.00	32.00	53	敌瘟磷	Edifenphos	21.25	0.40	0.80
						54	丁嗪草酮	Isomethiozin	21.63	0.12	0.24
17	螺噁茂胺	Spiroxamine	12.19	0.04	0.08	55	溴苯烯磷	Bromfenvinfos	21.97	0.80	1.60
18	*敌敌畏	Dichlorvos	12.24	10.00	20.00	56	苯霜灵	Benalaxyl	22.09	0.12	0.24
19	多氯联苯	DE-PCB 31	12.28	20.00	40.00	57	杀铃脲	Triflumuron	22.79	1.20	2.40
20	氰草津	Cyanazine	12.29	0.60	1.20	58	莎稗磷	Anilofos	23.12	0.20	0.40
21	马拉氧磷	Malaoxon	12.62	0.20	0.40	59	吡草醚	Pyraflufen ethyl	23.39	1.20	2.40
22	倍硫磷亚砜	Fenthion sulfoxide	12.77	0.20	0.40	60	炔草酸	Clodinafop propargyl	23.49	0.40	0.80
23	环莠隆	Cycluron	13.34	0.20	0.40	61	二嗪磷	Diazinon	23.70	0.12	0.24
24	扑草净	Prometryne	13.37	0.10	0.20	62	*氨氟灵	Dinitramine	23.75	8.00	16.00
25	吡咪唑	Rabenzazole	13.75	0.10	0.20	63	吡菌磷	Pyrazophos	23.87	0.08	0.16
26	绿谷隆	Monolinuron	14.08	4.00	8.00	64	特草灵	Terbucarb	24.77	2.00	4.00
27	异丙威	Isoprocarb	14.53	2.00	4.00	65	甲基立枯磷	Tolclofos methyl	24.80	60.00	120.00
28	毒草胺	Propachlor	14.93	0.20	0.40	66	氟吡甲禾灵	Haloxyfop-methyl	25.17	0.06	0.12
29	噁唑隆	Dimefuron	15.16	0.40	0.80	67	丙草胺	Pretilachlor	25.32	0.40	0.80
30	苯胺灵	Propham	15.23	20.00	40.00	68	吡氟酰草胺	Diflufenican	25.42	0.06	0.12
31	异噁草松	Clomazone	15.46	0.60	1.20	69	茚虫威	Indoxacarb	25.52	1.20	2.40
32	三唑醇	Triadimenol	15.56	2.00	4.00	70	解草酯	Cloquintocet mexyl	25.55	0.12	0.24
33	多效唑	Paclobutrazol	15.79	0.10	0.20	71	氯亚胺硫磷	Dialifos	25.68	4.00	8.00
34	嘧菌环胺	Cyprodinil	15.92	0.20	0.40	72	喹禾灵	Quizalofop-ethyl	25.85	0.60	1.20
35	甜菜胺	Desmedipham	16.35	1.00	2.00	73	燕麦敌	*cis*, *trans*-Diallate	26.01	12.00	24.00

续表

序号	中文名称	英文名称	保留时间/min	检出限/(μg/kg)	定量限/(μg/kg)	序号	中文名称	英文名称	保留时间/min	检出限/(μg/kg)	定量限/(μg/kg)
74	丁草敌	Butylate	26.26	120.00	240.00	106	精甲霜灵	Mefenoxam	13.74	0.10	0.20
75	胺菊酯	Tetramethrin	26.50 26.79	1.20	2.40	107	敌草隆	Diuron	13.95	0.10	0.20
						108	枯莠隆	Difenoxuron	14.07	0.40	0.80
76	吡氟禾草灵	Fluazifop-butyl	27.34	0.20	0.40	109	溴谷隆	Methobromuron	14.60	0.80	1.60
77	烯丙酰草胺	Dichlormid	27.53 27.80	2.00	4.00	110	二甲草胺	Dimethachlor	15.12	0.20	0.40
						111	发硫磷	Prothoate	15.12	0.40	0.80
78	烯丙菊酯	Allethrin	27.01 27.53	6.00	12.00	112	扑灭津	Propazine	15.82	0.20	0.40
						113	乙拌磷砜	Disulfoton sulfone	15.85	0.60	1.20
79	*噻螨酮	Hexythiazox	27.73	0.20	0.40	114	甜菜宁	Phenmedipham	16.24	1.00	2.00
80	甲醚菊酯	Methothrin	27.83	400.00	800.00	115	呋霜灵	Furalaxyl	16.40	0.20	0.40
81	野麦畏	Triallate	28.43	20.00	40.00	116	特丁津	Terbuthylazine	16.48	0.10	0.20
82	邻苯二甲酸二环己酯	Phthalic acid, dicyclohexyl ester	29.56	1.20	2.40	117	呋草酮	Flurtamone	16.67	0.20	0.40
						118	糠菌唑	Bromuconazole	17.17 18.30	0.40	0.80
83	*丙硫磷	Prothiophos	30.22	20.00	40.00						
	B组					119	氯嘧磺隆	Chlorimuron ethyl	17.44	2.00	4.00
84	烟碱	Nicotine	1.95	4.00	8.00	120	禾草敌	Molinate	17.82	1.00	2.00
85	脱甲基抗蚜威	Pirmicarb-desmethyl	2.29	0.10	0.20	121	环酰菌胺	Fenhexamid	17.90	0.20	0.40
86	乙酰甲胺磷	Acephate	2.30	4.00	8.00	122	环酯草醚	Pyriftalid	17.92	0.10	0.20
87	多菌灵	Carbendazim	2.31	0.10	0.20	123	氯炔灵	Chlorbufam	18.20	40.00	80.00
88	蚜灭磷砜	Vamidothion sulfone	2.43	2.40	4.80	124	炔丙烯草胺	Pronamide	18.47	0.60	1.20
89	噻虫嗪	Thiamethoxam	9.50	20.00	40.00	125	*伏蚁腙	Hydramethylnon	18.54	1.00	2.00
90	噻虫胺	Clothianidin	10.14	12.00	24.00	126	异噁酰草胺	Isoxaben	18.88	0.10	0.20
91	3-羟基呋喃丹	3-Hydroxy carbofuran	10.17	0.40	0.80	127	乙氧呋草黄	Ethofume sate	18.98	160.00	320.00
92	非草隆	Fenuron	10.25	2.00	4.00	128	联苯肼酯	Bifenazate	19.03	3.00	6.00
93	6-氯-4-羟基-3-苯基哒嗪	6-Chloro-4-hydroxy-3-phenyl-pyridazin	10.70	0.60	1.20	129	联苯二胺	Diphenylamin	19.08	0.40	0.80
						130	麦草氟甲酯	Flamprop methyl	19.10	1.00	2.00
94	特普	TEPP	11.27	2.00	4.00	131	异稻瘟净	Iprobenfos	19.39	1.00	2.00
95	脱乙基另丁津	Desethyl-sebuthylazine	11.37	6.00	12.00	132	叶菌唑	Metconazole	19.74	0.20	0.40
96	磷胺	Phosphamidon	11.39	0.60	1.20	133	杀虫畏	Tetrachlorvinphos	19.91	0.60	1.20
97	脱苯甲基亚胺唑	Imibenzonazole-desbenzyl	11.64	1.00	2.00	134	三唑磷	Triazophos	20.15	0.10	0.20
						135	丙环唑	Propiconazole	20.46	0.20	0.40
98	地胺磷	Mephosfolan	11.67	0.20	0.40	136	草不隆	Neburon	21.10	0.60	1.20
99	异唑隆	Isouron	11.97	0.20	0.40	137	氟噻乙草酯	Fluthiacet methyl	21.81	0.60	1.20
100	氯甲硫磷	Chlormephos	12.35	600.00	1200.00	138	苯草醚	Aclonifen	22.07	2.00	4.00
101	赛灭磷	Cythioate	12.46	12.00	24.00	139	噻嗪酮	Buprofezin	22.72	0.10	0.20
102	残杀威	Propoxur	12.85	2.00	4.00	140	三苯基磷酸盐	Triphenyl phosphate	23.39	0.10	0.20
103	醚苯磺隆	Triasulfuron	12.85	600.00	1200.00	141	对硫磷	Parathion	23.41	120.00	240.00
104	噁虫威	Bendiocarb	12.92	0.40	0.80	142	乙嘧硫磷	Etrimfos	23.47	0.20	0.40
105	粉唑醇	Flutriafol	13.19	0.60	1.20	143	麦草氟异丙酯	Flamprop isopropyl	23.61	0.20	0.40

续表

序号	中文名称	英文名称	保留时间/min	检出限/(μg/kg)	定量限/(μg/kg)	序号	中文名称	英文名称	保留时间/min	检出限/(μg/kg)	定量限/(μg/kg)
144	甲基嘧啶磷	Pirimiphos-methyl	27.27	0.10	0.20	181	敌稗	Propanil	15.77	0.80	1.60
145	苯腈磷	Cyanofenphos	24.37	1.00	2.00	182	戊叉菌唑	Triticonazole	16.10	0.40	0.80
146	肟菌酯	Trifloxystrobin	25.82	0.10	0.20	183	氟啶草酮	Fluridone	16.22	0.20	0.40
147	*氯乙氟灵	Fluchloralin	26.39	40.00	80.00	184	咪鲜胺	Prochloraz	16.31	0.40	0.80
148	氟吡酰草胺	Picolinafen	26.68	0.20	0.40	185	呋菌胺	Methfuroxam	16.79	4.00	8.00
149	*生物烯丙菊酯	Bioallethrin	27.14	2.00	4.00	186	解草嗪	Benoxacor	17.35	1.00	2.00
150	吡丙醚	Pyriproxyfen	27.28	0.10	0.20	187	*乙氧嘧磺隆	Ethoxysulfuron	17.42	8.00	16.00
151	喹螨醚	Fenazaquin	28.10	0.10	0.20	188	氟环唑	Epoxiconazole	14.82 17.84	20.00	40.00
152	炔螨特	Propargite	28.64	4.00	8.00						
153	脱叶磷	DEF	29.93	0.20	0.40	189	氯喹唑	Fluquinconazole	18.39	0.10	0.20
154	生物苄呋菊酯	Bioresmethrin	30.12	2.00	4.00	190	嘧菌胺	Mepanipyrim	18.86	0.20	0.40
	C 组					191	甲氧虫酰肼	Methoxyfenozide	19.31	4.00	8.00
155	*抑芽丹	Maleic hydrazide	2.23	10.00	20.00	192	灭锈胺	Mepronil	19.48	0.20	0.40
156	甲胺磷	Methamidophos	2.30	10.00	20.00	193	*安磺灵	Oryzalin	19.84	10.00	20.00
157	西玛通	Simeton	9.29	0.40	0.80	194	苯氧威	Fenoxycarb	20.03	0.40	0.80
158	敌百虫	Trichlorphon	9.78	6.00	12.00	195	噻吩草胺	Thenylchlor	20.23	0.80	1.60
159	*甲拌磷亚砜	Phorate sulfoxide	9.87	100.00	200.00	196	灭菌磷	Ditalimfos	20.34	20.00	40.00
160	溴莠敏	Brompyrazon	10.53	3.00	6.00	197	氟咯草酮	Fluorochloridone	20.52	1.20	2.40
161	啶虫脒	Acetamiprid	10.65	0.60	1.20	198	土菌灵	Etridiazol	21.58	80.00	160.00
162	扑灭通	Prometon	10.68	0.10	0.20	199	氟丙嘧草酯	Butafenacil	21.65	1.00	2.00
163	甲基咪草酯	Imazamethabenz-methyl	10.87	0.60	1.20	200	嘧啶磷	Pyrimitate	21.75	0.10	0.20
						201	溴丁酰草胺	Bromobutide	21.83	0.60	1.20
164	苯线磷亚砜	Fenamiphos sulfoxide	11.06	0.40	0.80	202	氰菌胺	Fenoxanil	21.83 22.05	0.60	1.20
165	氧化萎锈灵	Oxycarboxin	11.37	0.40	0.80						
166	甲氧隆	Metoxuron	11.55	0.40	0.80	203	庚酰草胺	Monalide	20.15 21.98	0.20	0.40
167	除草定	Bromacil	11.78	2.00	4.00						
168	灭草隆	Monuron	12.00	4.00	8.00	204	亚胺菌	Kresoxim-methyl	22.29	20.00	40.00
169	*咪唑喹啉酸	Imazaquin	12.13	20.00	40.00	205	喹硫磷	Quinalphos	22.37	0.40	0.80
170	*噻吩磺隆	Thifensulfuron-methyl	12.21	1.00	2.00	206	新燕灵	Benzoylprop-ethyl	23.71	2.00	4.00
171	苯线磷砜	Fenamiphos sulfone	12.30	0.20	0.40	207	蝇毒磷	Coumaphos	24.39	0.20	0.40
172	灭藻醌	Quinoclamine	12.36	2.00	4.00	208	伏杀硫磷	Phosalone	24.93	4.00	8.00
173	乙拌磷亚砜	Disulfoton-sulfoxide	13.12	0.40	0.80	209	辛硫磷	Phoxim	24.95	4.00	8.00
174	嘧霉胺	Pyrimethanil	13.27	0.40	0.80	210	哌草磷	Piperophos	25.17	0.10	0.20
175	甲霜灵	Metalaxyl	13.76	0.20	0.40	211	氯辛硫磷	Chlorphoxim	25.50	20.00	40.00
176	避蚊胺	Diethyltoluamide	13.82	0.10	0.20	212	2-甲-4-氯丁氧乙基酯	MCPA-butoxyethyl ester	25.95	20.00	40.00
177	呋酰胺	Ofurace	13.91	0.60	1.20						
178	*多杀霉素	Spinosad	14.14	0.10	0.20	213	乙羧氟草醚	Fluoroglycofen-ethyl	26.41	20.00	40.00
179	丰索磷	Fensulfothion	14.20	0.40	0.80	214	增效醚	Piperonyl butoxide	26.55	0.20	0.40
180	异戊乙净	Dimethametryn	14.69	0.10	0.20	215	氟硫草定	Dithiopyr	26.62	0.60	1.20

续表

序号	中文名称	英文名称	保留时间/min	检出限/(μg/kg)	定量限/(μg/kg)	序号	中文名称	英文名称	保留时间/min	检出限/(μg/kg)	定量限/(μg/kg)
216	胺氟草酯	Flumiclorac-pentyl	27.00	1.00	2.00	250	*4,4'-二溴二苯甲酮	4,4'-Dibromobenzophenone	13.55	0.40	0.80
217	乙氧氟草醚	Oxyfluorfen	27.21	4.00	8.00						
218	丁草胺	Butachlor	27.25	2.00	4.00	251	异丙隆	Isoproturon	13.84	0.20	0.40
219	*碘硫磷	Iodofenphos	27.38	6.00	12.00	252	萎锈灵	Carboxin	13.90	0.20	0.40
220	双硫磷	Temephos	27.61	2.00	4.00	253	甲呋酰胺	Fenfuram	14.24	0.20	0.40
221	二甲戊灵	Pendimethalin	27.85	0.60	1.20	254	氟草敏	Norflurazon	14.39	0.40	0.80
222	唑螨酯	Fenpyroximate	28.38	0.20	0.40	255	3,4,5-混杀威	3,4,5-Trimethacarb	14.65	0.10	0.20
223	除虫菊素	Pyrethrin	28.70	40.00	80.00	256	氟苯嘧啶醇	Nuarimol	14.99	1.00	2.00
224	甲氰菊酯	Fenpropathrin	29.20	20.00	40.00	257	双苯酰草胺	Diphenamid	15.22	0.10	0.20
225	哒螨灵	Pyridaben	29.62	0.20	0.40	258	炔草隆	Buturon	15.52	0.60	1.20
226	丙硫特普	Aspon	29.74	0.40	0.80	259	虫线磷	Thionazin	15.74	2.00	4.00
227	螺螨酯	Spirodiclofen	29.89	2.00	4.00	260	麦锈灵	Benodanil	15.82	0.20	0.40
228	溴苯磷	Leptophos	30.09	10.00	20.00	261	环丙唑醇	Cyproconazole	16.22	0.16	0.32
229	苯醚菊酯	Phenothrin	30.78 30.98	20.00	40.00	262	仲丁威	Fenobucarb	16.34	0.40	0.80
						263	虫螨畏	Methacrifos	16.88	20.00	40.00
	D组					264	硅氟唑	Simeconazole	16.96	0.20	0.40
230	*灭蝇胺	Cyromazine	2.24	20.00	40.00	265	敌菌灵	Anilazine	16.98	100.00	200.00
231	*久效威亚砜	Thiofanox-sulfoxide	2.31	12.00	24.00	266	育畜磷	Crufomate	17.26	16.00	32.00
232	*霜霉威	Propamocarb	1.82 2.33	1.00	2.00	267	叠氮津	Aziprotryne	17.53	0.20	0.40
						268	嘧菌酯	Azoxystrobin	17.70	0.10	0.20
233	*乙菌定	Ethirimol	2.36	0.40	0.80	269	三唑酮	Triadimefon	18.00	1.00	2.00
234	*棉隆	Dazomet	8.86	80.00	160.00	270	灭线磷	Ethoprophos	18.08	0.40	0.80
235	百治磷	Dicrotophos	9.23	2.00	4.00	271	哒嗪硫磷	Pyridaphenthion	18.32	0.40	0.80
236	苯嗪草酮	Metamitron	10.02	0.20	0.40	272	杀鼠醚	Coumatetralyl	18.63	20.00	40.00
237	鼠立死	Crimidine	10.04	0.60	1.20	273	草达津	Trietazine	19.22	0.20	0.40
238	乐果	Dimethoate	10.55	0.80	1.60	274	稻瘟灵	Isoprothiolane	19.82	0.20	0.60
239	特丁通	Terbumeton	10.73	0.10	0.20	275	牧草胺	Tebutam	19.91	0.10	0.20
240	敌草净	Desmetryn	10.79	0.10	0.20	276	氟菌唑	Triflumizole	20.12	0.60	1.20
241	抑霉唑	Imazalil	11.03	0.60	1.20	277	氟噻草胺	Flufenacet	20.53	0.20	0.40
242	环嗪酮	Hexazinone	11.43	0.20	0.40	278	胺丙畏	Propetamphos	20.66	16.00	32.00
243	双酰草胺	Carbetamide	11.50	0.80	1.60	279	茵草敌	EPTC	21.32	60.00	120.00
244	十二环吗啉	Dodemorph	11.58 11.76	0.10	0.20	280	虫酰肼	Tebufenozide	21.36	4.00	8.00
						281	毒虫畏	Chlorfenvinphos	21.36	0.60	1.20
245	威菌磷	Triamiphos	11.90	0.40	0.80	282	灭蚜磷	Mecarbam	21.70	2.00	4.00
246	绿麦隆	Chlorotoluron	13.30	0.20	0.40	283	苯酰甲环唑	Difenoconazole	22.50	0.10	0.20
247	甲萘威	Carbaryl	13.50	1.00	2.00	284	三异丁基磷酸盐	Tri-iso-butyl phosphate	22.60 23.01	0.10	0.20
248	伏草隆	Fluometuron	13.51	3.00	6.00						
249	噻唑磷	Fosthiazate	13.51	0.40	0.80	285	吡唑硫磷	Pyraclofos	22.98	0.60	1.20

续表

序号	中文名称	英文名称	保留时间/min	检出限/(μg/kg)	定量限/(μg/kg)	序号	中文名称	英文名称	保留时间/min	检出限/(μg/kg)	定量限/(μg/kg)
286	地散磷	Bensulide	23.45	5.00	10.00	320	丁苯吗啉	Fenpropimorph	11.90	0.08	0.16
287	菜草畏	Sulfallate	23.55	12.00	24.00	321	甲基吡噁磷	Azamethiphos	12.22	0.20	0.40
288	禾草丹	Thiobencarb	24.08	0.20	0.40	322	环草定	Lenacil	12.35	4.00	8.00
289	吡唑解草酯	Mefenpyr-diethyl	24.35	0.76	1.52	323	醚磺隆	Cinosulfuron	12.50	0.40	0.80
290	戊菌隆	Pencycuron	24.49	0.10	0.20	324	嗪草酮	Metribuzin	12.56	0.60	1.20
291	灭草敌	Vernolate	24.51	20.00	40.00	325	啶斑肟	Pyrifenox	12.97	0.20	0.40
292	治螟磷	Sulfotep	24.66	0.40	0.80	326	特丁净	Terbutryn	13.45	0.08	0.16
293	丙溴磷	Profenefos	25.28	0.40	0.80	327	*棉铃威	Alanycarb	13.57	1.20	2.40
294	4,4'-二氯二苯甲酮	4,4'-Dichlorobenzophenone	25.43 26.42	0.60	1.20	328	N,N-二甲基氨基-N-甲苯	DMST	13.61	1.20	2.40
295	异柳磷	Isofenphos	25.69	40.00	80.00	329	戊环唑	Azaconazole	13.72	0.10	0.20
296	氯甲酰草胺	Clomeprop	25.88	0.80	1.60	330	阿特拉津	Atrazine	13.79	0.06	0.12
297	噻恩菊酯	Kadethrin	26.93	0.40	0.80	331	环丙津	Cyprazine	13.80	0.06	0.12
298	稀禾啶	Sethoxydim	27.09	0.60	1.20	332	庚烯磷	Heptanophos	14.31	2.00	4.00
299	特丁硫磷	Terbufos	27.42	36.00	72.00	333	苄嘧磺隆	Bensulfuron-methyl	14.84	20.00	40.00
300	乳氟禾草灵	Lactofen	27.59	800.00	1600.00	334	*异丙净	Dipropetryn	14.90	0.06	0.12
301	丁基嘧啶磷	Tebupirimfos	27.66	20.00	40.00	335	吡唑草胺	Metazachlor	14.91	0.20	0.40
302	毒死蜱	Chlorpyrifos (-ethyl)	27.87	0.60	1.20	336	*碘甲磺隆	Iodosulfuron methyl	15.41	8.00	16.00
303	乙硫磷	Ethion	28.17	0.80	1.60	337	烯酰吗啉	Dimethomorph	15.14 15.56	0.20	0.40
304	硫丙磷	Sulprofos	28.31	0.80	1.60						
305	仲丁灵	Butralin	28.62	0.20	0.40	338	另丁津	Sebutylazine	15.60	0.10	0.20
306	乙基溴硫磷	Bromophos-ethyl	29.86	5.00	10.00	339	乙嘧酚磺酸酯	Bupirimate	15.92	0.20	0.40
307	*多氯联苯	DE-PCB 52	32.22	12.00	24.00	340	甲拌磷砜	Phorate sulfone	16.13	0.80	1.60
	E组					341	*磺草胺唑	Metosulam	16.65	1.00	2.00
308	*助壮素	Mepiquat chloride	2.02	0.60	1.20	342	*吡嘧磺隆	Pyrazosulfuron ethyl	16.83	0.20	0.40
309	甲菌定	Dimethirimol	2.37 9.39	1.00	2.00	343	乙霉威	Diethofencarb	16.89	0.80	1.60
						344	保棉磷	Azinphos-methyl	16.90	20.00	40.00
310	2,6-二氯苯甲酰胺	2,6-Dichlorobenzamide	9.55	6.00	12.00	345	利谷隆	Linuron	16.92	2.00	4.00
						346	烯效唑	Uniconazole	17.32	0.20	0.40
311	阿特拉通	Atratone	10.03	0.10	0.20	347	亚胺硫磷	Phosmet	17.51	0.60	1.20
312	丁脒酰胺	Isocarbamid	10.11	0.40	0.80	348	苯噻酰草胺	Mefenacet	17.85	0.20	0.40
313	氯草敏	Chloridazon	10.33	2.00	4.00	349	四氟醚唑	Tetraconazole	18.35	0.20	0.40
314	二氧威	Dioxacarb	10.54	3.00	6.00	350	戊唑醇	Tebuconazole	18.46	0.10	0.20
315	*三环唑	Tricyclazole	10.71	0.20	0.40	351	炔苯酰草胺	Propyzamide	18.50	0.40	0.80
316	*唑嘧磺草胺	Flumetsulam	10.99	0.20	0.40	352	甲基对硫磷	Methyl parathion	18.67	20.00	40.00
317	咪唑嗪	Triazoxide	11.54	14.00	28.00	353	己唑醇	Hexaconazole	19.06	0.12	0.24
318	莠灭净	Ametryn	11.90	0.20	0.40	354	异丙甲草胺	Metolachlor	19.93	0.10	0.20
319	二丙烯草胺	Allidochlor	12.09	20.00	40.00	355	马拉硫磷	Malathion	19.93	0.60	1.20

续表

序号	中文名称	英文名称	保留时间/min	检出限/(μg/kg)	定量限/(μg/kg)	序号	中文名称	英文名称	保留时间/min	检出限/(μg/kg)	定量限/(μg/kg)
356	甲草胺	Alachlor	20.17	4.00	8.00	368	*百克敏	Pyraclostrobin	24.10	0.40	0.80
357	烯唑醇	Diniconazole	20.31	0.20	0.40	369	噻唑烟酸	Thiazopyr	24.23	0.60	1.20
358	拌种胺	Furmecyclox	20.99	20.00	40.00	370	克草敌	Pebulate	24.54	20.00	40.00
359	氯唑磷	Isazofos	21.72	0.20	0.40	371	茉莉酮	Prohydrojasmon	24.55	4.00	8.00
360	甲磺乐灵	Nitralin	22.39	2.00	4.00	372	环草敌	Cycloate	24.60	1.00	2.00
361	畜虫避	Dibutyl succinate	22.60	8.00	16.00	373	炔丙菊酯	Prallethrin	25.24	0.80	1.60
362	啶氧菌酯	Picoxystrobin	22.97	20.00	40.00	374	甲硫威亚砜	Methiocarb sulfoxid	16.34	1.20	2.40
363	三正丁基磷酸盐	Tri-n-butyl phosphate	23.07	0.10	0.20	375	苯硫磷	EPN	25.76	1.00	2.00
						376	苄草丹	Prosulfocarb	25.88	0.10	0.20
364	硫线磷	Cadusafos	23.29	0.40	0.80	377	嘧啶磷	Pirimiphos ethyl	23.92	0.06	0.12
365	稻丰散	Phenthoate	23.56	2.00	4.00	378	乙丁氟灵	Benfluralin	28.12	80.00	160.00
366	杀螟丹	Cartap	23.87	20.00	40.00	379	异丙乐灵	Isopropalin	29.67	2.00	4.00
367	α-六六六	α-HCH	23.93	4.00	8.00	380	醚菊酯	Etofenprox	31.11	20.00	40.00

*为定性鉴别的农药及相关化学品品种。

7.5.6 定性与定量测定

用 GC-MS 和 LC-MS/MS 进行样品测定时，如满足以下条件可判断样品中存在这种化合物：①色谱峰的保留时间与基质标准中某种农药色谱峰的保留时间一致，且偏差在±2.5%之内；②所选择的离子或监测离子对均出现；③离子丰度比符合欧盟 2002/657/EC 指令的规定要求。GC-MS 方法采用内标法定量，选择保留时间居中且比较稳定的环氧七氯作为内标物；LC-MS/MS 采用外标-校准曲线法定量。GC-MS 测定鸡肉组织中 478 种农药定量限添加总离子流图如图 7-2~图 7-6 所示。

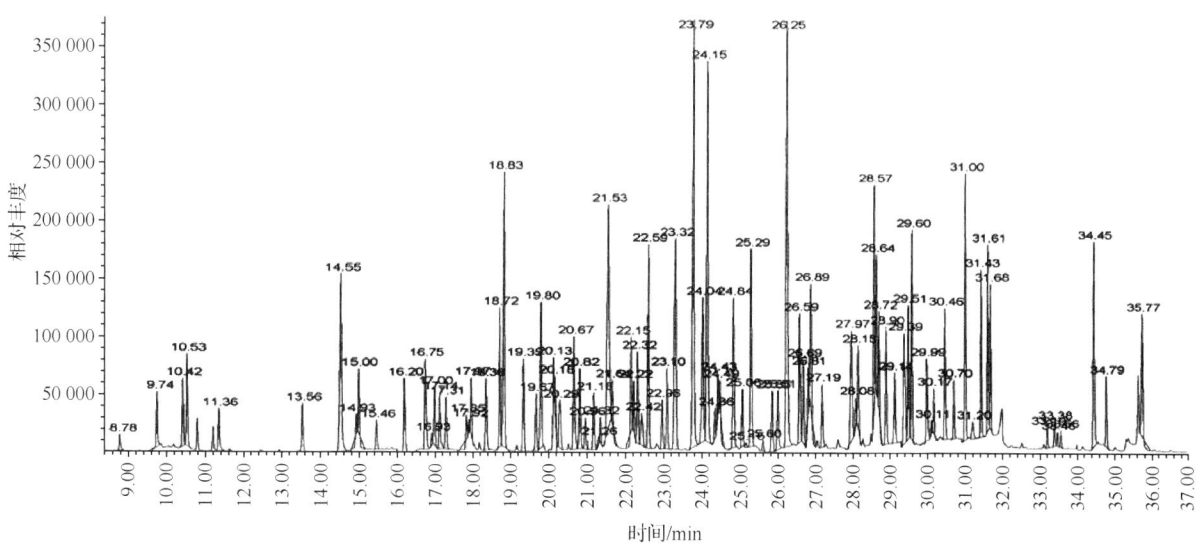

图 7-2 A 组（92 种）农药在鸡肉样品中添加 10 LOQ 水平的 GC-MS 总离子流图

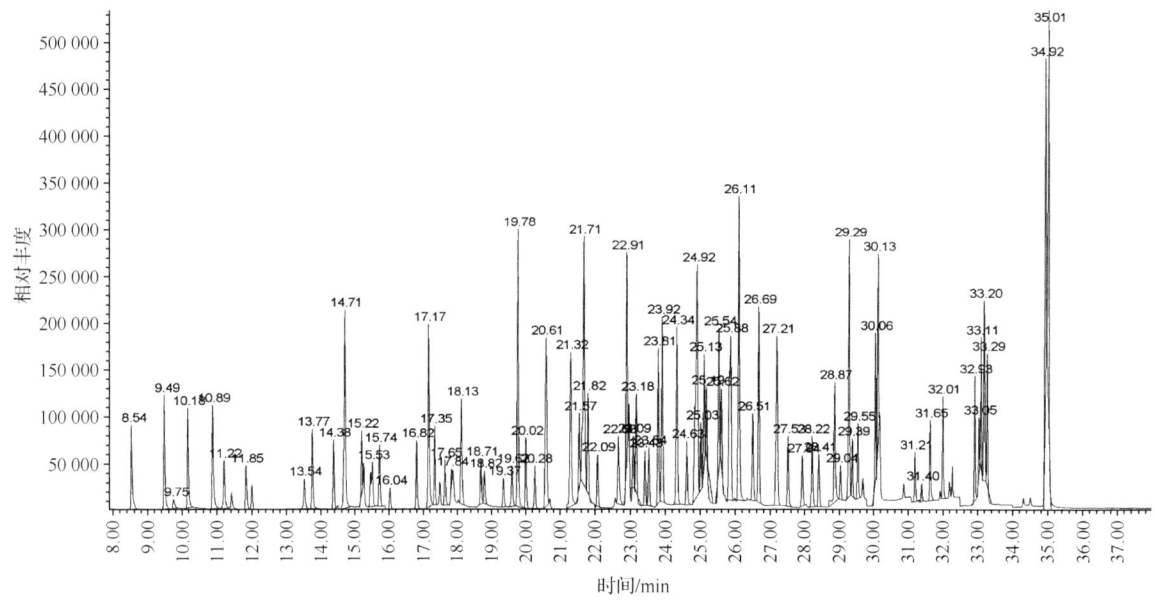

图 7-3 B 组（99 种）农药在鸡肉样品中添加 10 LOQ 水平的 GC-MS 总离子流图

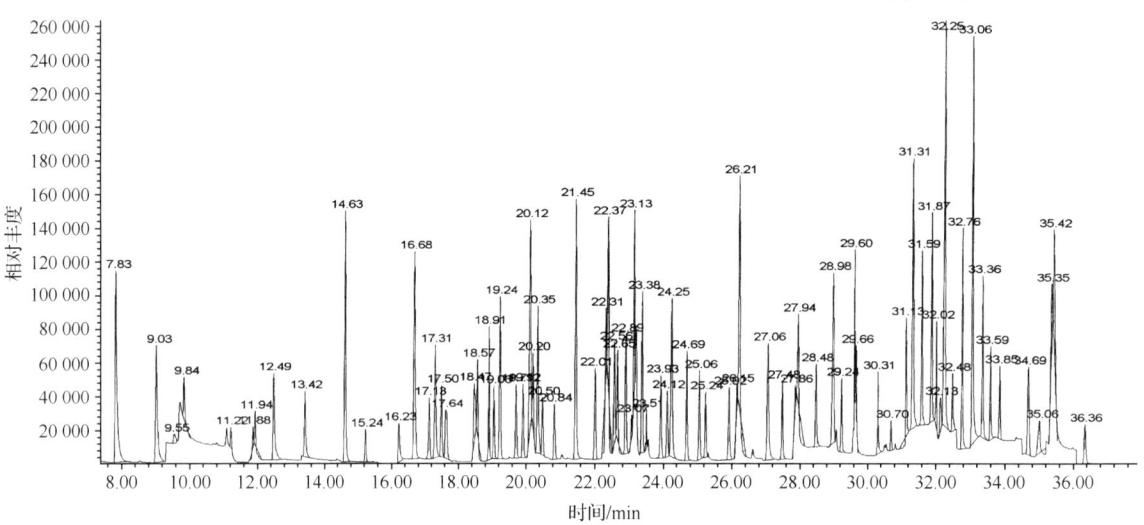

图 7-4 C 组（75 种）农药在鸡肉样品中添加 10 LOQ 水平的 GC-MS 总离子流图

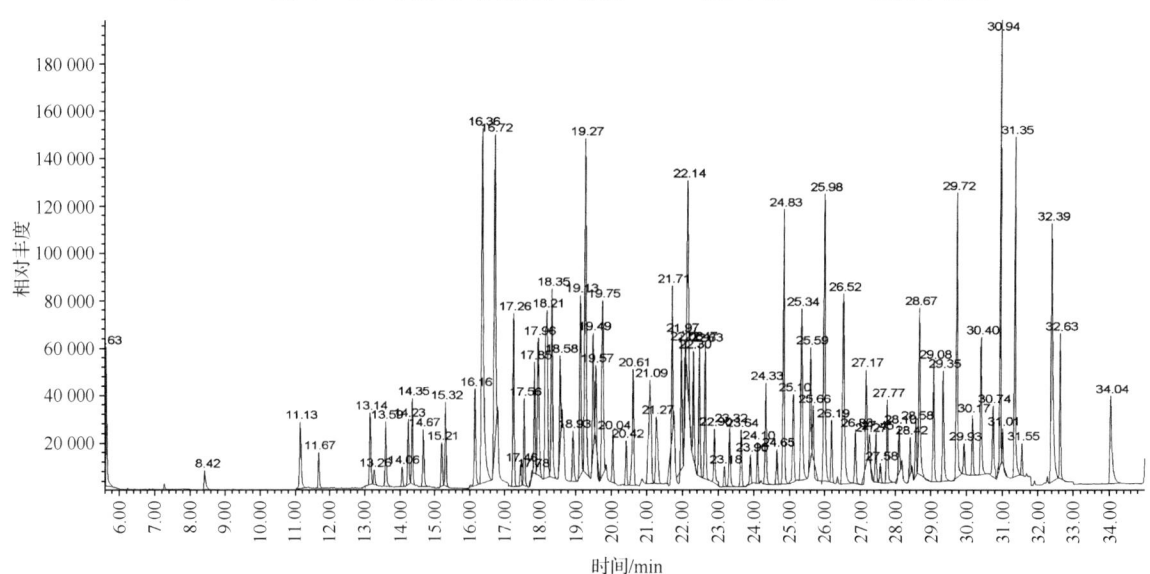

图 7-5 D 组（102 种）农药在鸡肉样品中添加 10 LOQ 水平的 GC-MS 总离子流图

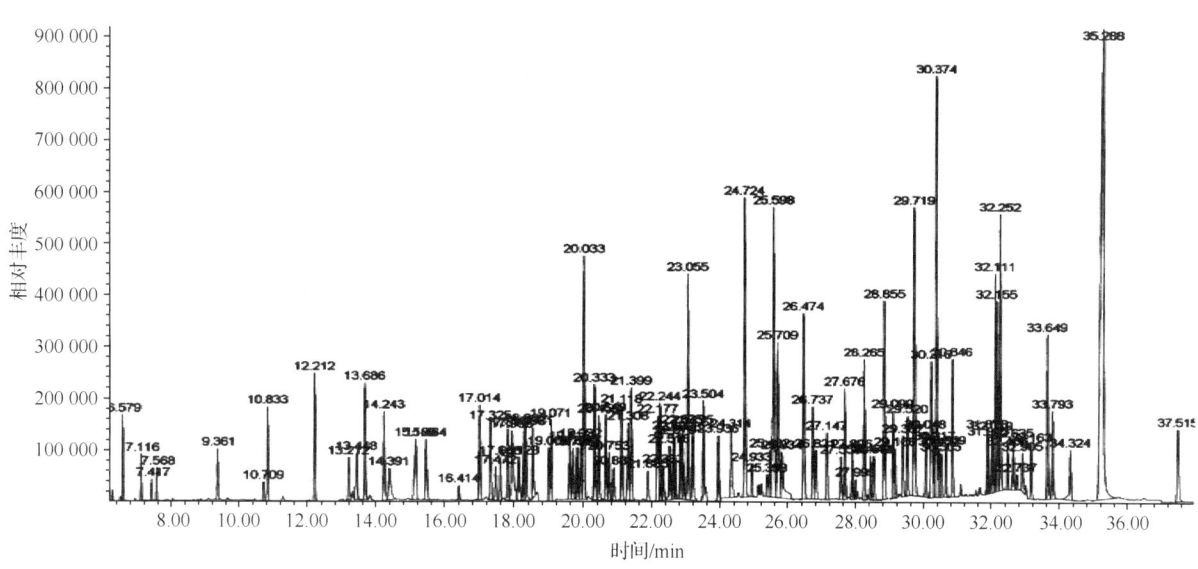

图 7-6　E 组（110 种）农药在鸡肉样品中添加 10 LOQ 水平的 GC-MS 总离子流图

7.5.7　凝胶渗透色谱净化条件选择

选择 Bio-Beads S-X3（400mm×25mm）作净化柱，环己烷-乙酸乙酯（1:1）作流动相，对实验室现有的 792 种农药的凝胶渗透色谱行为进行了评价，有 52 种农药在 254nm 不出峰，其余 740 种农药的收集时间（从开始收集时间到停止收集时间）参见 11.3.1 小节。在 740 种农药标准中，有 80 种农药 20min 之前开始出峰，占所测品种的 10.8%。有 660 种农药 20min 之后开始出峰，占所测品种的 89.2%。其中，545 种农药 22min 之后开始出峰，占所测农药品种的 73.6%。从表 11-18 所列数据还可以看出，所有农药在 40min 之前全部出峰完毕。根据上述 545 种农药的凝胶渗透色谱参数，选择 3 个不同的开始收集时间，分别为 20min、21min、22min，馏分结束收集时间为 40min，用猪肉、鸡肉、羊肉、牛肉、兔肉样品提取液进行实验，蒽醌、䓛、棉隆、咯喹酮、福美双、三环唑未收集到。实验结果发现，干扰气相色谱-质谱和液相色谱-串联质谱测定的油脂等大分子杂质均在 20min 之前出峰，但在含油脂较多的猪肉和羊肉样品中，开始收集时间设定为 20min 和 21min 的馏分蒸干后，都不同程度地存在着痕量油脂，使被测目标物的出峰保留时间后移，影响测定。同时，在动物组织样品中分别添加 A、B、C、D 和 E 五组 740 种农药进行净化效果的实验，证明设定 22min 为开始收集时间，一些农药如氟虫脲、氟胺氰菊酯、氟铃脲、氟嘧脲、高效氯氟氰菊酯、氟氰戊菊酯、七氟菊酯、氟丙菊酯、三氟氯氰菊酯、啶虫隆、杀虫隆、氟吡乙禾灵、氟啶胺、磺草灵、矮壮素、杀螨隆、乙撑硫脲、氟虫清、啶蜱脲、氟蚁腙、甲氧咪草烟、达草灭、多杀菌素、绿氟吡氧乙酸 1-甲庚基、氟磺胺草醚、赤霉素、虱螨脲、乙酰磺胺对硝基苯、氟苯脲等 60 多种，大约占所测农药的 8%，因出峰时间早且出峰时间比较短（14~19min 开始出峰，28min 之前峰全部出完），回收率明显偏低，小于 40%，不适用于该净化方法。有些农药品种，开始出峰时间在 22min 之前，由于出峰时间较长，回收率在 60% 以上，适用于该方法。而在 22min 以后开始出峰的 545 种农药（占所测农药的 73%）则净化效果好，回收率也比较满意。因此把凝胶渗透色谱的净化条件确定为：净化柱：Bio-Beads S-X3（400mm×25mm）；流动相：环己烷-乙酸乙酯（1:1）；流速：5mL/min；检测波长 254nm；进样量：5mL；开始收集时间：22min；结束收集时间：40min；收集体积数：90mL。

7.5.8　农药品种筛选

对国际食品法典、中国、美国、欧盟、德国、加拿大等国家或组织以及日本的"肯定列表制度"在各种食品中规定最大残留限量的农药化学品品种进行了分析研究，购买了 858 种世界常用的农药化学标准品。经过对其溶解度等物理化学性质的分析，淘汰了 19 种不适于 GC-MS 和 LC-MS/MS 仪器分析的农药化学品。分别对 GC-MS 和 LC-MS/MS 条件优化和可测农药品种进行了筛选。

GC-MS 测定农药品种筛选：在气相色谱质谱优化条件下，对其余 839 种农药进行气相色谱质谱行为的评价。首先淘汰了 298 种不出峰或灵敏度极低无法达到检测要求的农药，之后又淘汰了配成混合标准溶液后稳定性极差、很快降解而无法进行添加回收率实验的 32 种农药。将其余的 509 种农药分成 A、B、C、D 和 E 五组添加到鸡肉空白样品中，考查其在样品中的稳定性及对提取、净化条件的适用性，结果发现有 31 种回收率低于 30%，不适用 GC-MS 的检测。最后筛选出适合用 GC-MS 测定的农药品种数为 478 种，GC-MS 淘汰的农药化学品见表 7-18。

表 7-18　不适合用 GC-MS 方法测定的 380 种农药化学品

序号	中文名称	英文名称	序号	中文名称	英文名称
19 种农药不适合用 GC-MS 分析			31	三氟羧草醚	Acifluorfen
1	二溴乙烷	1，2-Dibromo ethane	32	苯草醚	Aclonifen
2	二氯乙烷	1，2-Dichloro ethane	33	涕灭威	Aldicarb
3	萘乙酸	1-Naphthyl acetic acid	34	涕灭威砜	Aldicarb sulfone
4	溴化物	Bromide	35	涕灭威亚砜	Aldicarb- sulfoxide
5	二硫化碳	Carbon disulphide	36	4-十二烷基-2，6-二甲基吗啉	Aldimorph
6	四氯化碳	Carbon tetrachloride			
7	双胍辛乙酸盐	Guazatine triacetate	37	涕灭威砜	Aldoxycarb
8	无机溴化物	Inorganic bromide	38	禾草灭	Alloxydim-sodium
9	代森锰锌	Mancozeb	39	酰嘧磺隆	Amidosulfuron
10	代森锰	Maneb	40	灭害威	Aminocarb
11	溴甲烷	Methyl bromide	41	杀草强	Amitrole
12	烟碱	Nicotine	42	代森铵	Amobam
13	喹啉铜	Oxine-copper	43	敌菌灵	Anilazine
14	丙森锌	Propineb	44	多氯联苯 1221	Aroclor 1221
15	氯甲喹啉酸	Quinmerac	45	多氯联苯 1232	Aroclor 1232
16	八氯二丙醚	S 421 (octachlorodipropyl ether)	46	多氯联苯 1242	Aroclor 1242
17	硫磺	Sulfur	47	多氯联苯 1248	Aroclor 1248
18	代森锌	Zineb	48	多氯联苯 1254	Aroclor 1254
19	福美锌	Ziram	49	多氯联苯 1260	Aroclor 1260
298 种农药在 GC-MS 中不出峰或灵敏度极低，甚至没有分析条件			50	多氯联苯 1262	Aroclor 1262
20	2，4-滴丁酸	2，4-DB	51	多氯联苯 1268	Aroclor 1268
21	2，4，5-涕	2，4，5-T	52	磺草灵	Asulam
22	2，4-滴	2，4-D	53	阿特拉津	Atrazine
23	2.6-二氟苯甲酸	2，6-Difluorobenzoic acid	54	戊环唑	Azaconazole
24	3，4，5-混杀威	3，4，5-Trimethacarb	55	甲基吡噁磷	Azamethiphos
25	3-羟基呋喃丹	3-Hydroxy carbofuran	56	三唑锡	Azocyclotin
26	3-苯基苯酚	3-Phenylphenol	57	嘧菌酯	Azoxystrobin
27	4-氯苯氧基乙酸	4-Chlorophenoxyacetic acid	58	草除灵	Benazolin
28	6-氯-4-羟基-3-苯基哒嗪	6-Chloro-4-hydroxy-3-phenyl-pyridazin	59	噁虫威	Bendiocarb
			60	苯菌灵	Benomyl
29	阿维菌素	Abamectin	61	苄嘧磺隆	Bensulfuron-methyl
30	乙酰甲胺磷	Acephate	62	地散磷	Bensulide

续表

序号	中文名称	英文名称	序号	中文名称	英文名称
63	杀虫磺	Bensultap	104	霜脲氰	Cymoxanil
64	灭草松	Bentazone	105	嘧菌环胺	Cyprodinil
65	苯螨特	Benzoximate	106	赛灭磷	Cythioate
66	乐杀螨	Binapacryl	107	茅草枯	Dalapon
67	生物苄呋菊酯	Bioresmethrin	108	丁酰肼	Daminozide
68	溴莠敏	Brompyrazon	109	田乐磷	Demephion solution
69	丁酮威	Butocarboxim	110	田乐磷	Demephion（tinox）
70	丁酮威亚砜	Butocarboxim-sulfoxide	111	内吸磷亚砜	Demeton-S sulfoxide
71	丁酮砜威	Butoxycarboxim	112	甲基内吸磷砜	Demeton-S-methyl sulfone
72	丁酮砜威亚砜	Butoxycarboxim-sulfoxid	113	甲基内吸磷亚砜	Demeton-S-methyl sulfoxide
73	播土隆	Buturon	114	脱氨基苯嗪草酮	Desamino-metamitron
74	毒杀芬	Camphechlor	115	甜菜胺	Desmedipham
75	甲萘威	Carbaryl	116	脱甲基氟草敏	Desmethyl-norflurazon
76	多菌灵	Carbendazim	117	脱甲基抗蚜威	Desmethyl-pirimicarb
77	克百威	Carbofuran	118	丁醚脲	Diafenthiuron
78	杀螟丹	Cartap hydrochloride	119	麦草畏	Dicamba
79	氯霉素	Chloramphenicolum	120	二氯萘醌	Dichlone
80	灭幼脲	Chlorbenzuron	121	禾草灵	Dichlorofop-methyl
81	开蓬	Chlordecone（kepone）	122	2,4-滴丙酸	Dichlorprop
82	矮壮素	Chlormequat	123	双氯磺草胺	Diclosulam
83	氯化苦	Chloropicrin	124	除螨灵	Dienochlor
84	绿麦隆	Chlorotoluron	125	避蚊胺	Diethyltoluamide
85	氯辛硫磷	Chlorphoxim	126	枯莠隆	Difenoxuron
86	丙酯杀螨醇	Chloropropylate	127	除虫脲	Diflubenzuron
87	氧化甲基毒死蜱	Chlorpyrifos-methyl-oxon	128	氟吡草腙钠	Diflufenzopyr-sodium
88	氯磺隆	Chlorsulfuron	129	杀虫双	Dimehypo
89	氯麦隆	Chlortoluron	130	甲菌定	Dimethirimol
90	醚磺隆	Cinosulfuron	131	乐果	Dimethoate
91	多氯化联苯 A30	Clophen A 30	132	烯酰吗啉	Dimethomorph
92	多氯化联苯 A40	Clophen A 40	133	避蚊酯	Dimethyl phthalate
93	多氯化联苯 A50	Clophen A 50	134	丁酰肼	Dimethylaminosulfanilide（DMSA）
94	多氯化联苯 A60	Clophen A 60	135	N,N-二甲基氨基-N-甲基	Dimethylaminosulfotoluidide（DMST）
95	调果酸	Cloprop			
96	二氯吡啶酸	Clopyralld	136	消螨普	Dinocap technical mixture of isomers
97	氯酯磺草胺	Cloransulam-methyl	137	地乐酚	Dinoseb
98	噻虫胺	Clothianidin	138	地乐酯	Dinoseb acetate
99	杀鼠醚	Coumatetralyl	139	呋虫胺	Dinotefuran
100	氰霜唑	Cyazofamid	140	二氧威	Dioxacarb
101	环丙酰酸胺	Cyclanilide	141	敌草快	Diquat dibromide hydrate
102	乙氰菊酯	Cycloprothrin	142	二嗪农	Dithianon
103	三环锡	Cyhexatin	143	敌草隆	Diuron

续表

序号	中文名称	英文名称	序号	中文名称	英文名称
144	4,6-二硝基邻甲酚	DNOC	184	氯吡脲	Forchlorfenuron
145	十二环吗啉	Dodemorph	185	伐虫脒盐酸盐	Formetanate hydrochloride
146	多果定	Dodine	186	三乙膦酸铝	Fosetyl-aluminium
147	甲氨基阿维菌素苯甲酸盐	Emamectin benzoate	187	噻唑硫磷	Fosthiazate
			188	丁硫环磷	Fosthietan
148	草多索	Endothal	189	呋线威	Furathiocarb
149	异狄氏剂醛	Endrin aldehyde	190	拌种胺	Furmecyclox
150	乙烯利	Ethephon	191	赤霉素	Gibberellic acid
151	磺噻隆	Ethidimuron	192	草铵膦	Glufosinate ammonium
152	乙硫苯威	Ethiofencarb	193	草甘膦	Glgphosate
153	乙硫苯威砜	Ethiofencarb-sulfone	194	氟吡乙禾灵	Haloxyfop-2-ethoxyethyl
154	乙硫苯威亚砜	Ethiofencarb-sulfoxide	195	氟吡甲禾灵	Haloxyfop-methyl
155	乙菌定	Ethirimol	196	伏蚁腙	Hydramethylnon
156	乙撑硫脲	Ethylene thiourea	197	甲氧咪草烟	Imazamox
157	噁唑菌酮	Famoxadone	198	甲基咪草烟	Imazapic
158	敌磺钠	Fenaminosulf	199	咪唑烟酸	Imazapyr
159	抗螨唑	Fenazaflor	200	咪唑喹啉酸	Imazaquin
160	苯丁锡	Fenbutatin oxide	201	咪唑乙烟酸	Imazethapyr
161	环酰菌胺	Fenhexamid	202	亚胺唑	Imibenconazole
162	2,4,5-涕丙酸	Fenoprop (silvex, 2,4,5-TP)	203	吡虫啉	Imidacloprid
163	噁唑禾草灵	Fenoxaprop-ethyl	204	双胍辛胺乙酸盐	Iminoctadine triacetate
164	丁苯吗啉	Fenpropimorph	205	茚虫威	Indoxacarb
165	氧倍硫磷	Fenthion oxon	206	碘甲磺隆	Iodosulfuron-methyl
166	氧倍硫磷砜	Fenthion oxon sulfone	207	碘苯腈	Ioxynil
167	氧倍硫磷亚砜	Fenthion oxon sulfoxide	208	异丙菌胺	Iprovalicarb
168	薯瘟锡	Fentin acetate	209	异丙隆	Isoproturon
169	氯化薯瘟锡	Fentin-chloride	210	异唑隆	Isouron
170	非草隆	Fenuron	211	异噁酰草胺	Isoxaben
171	啶嘧磺隆	Flazasulfuron	212	异噁氟草	Isoxaflutole
172	氟啶胺	Fluazinam	213	噻恩菊酯	Kadethrin
173	吡虫隆	Fluazuron	214	克来范	Kelevan
174	嘧唑螨	Flubenzimine	215	虱螨脲	Lufenuron
175	氟酮磺隆	Flucarbazone-sodium	216	抑芽丹	Maleic hydrazide
176	氟氯苯菊酯	Flumethrin	217	2甲4氯丁酸	MCPB
177	唑嘧磺草胺	Flumetsulam	218	助壮素	Mepiquat chloride
178	伏草隆	Fluometuron	219	脱叶磷	Merphos
179	氟酰亚胺	Fluoroimide	220	甲磺胺磺隆	Mesosuifuron-methyl
180	氟草烟	Fluroxypyr	221	甲基磺草酮	Mesotrion
181	磺菌胺	Flusulfamide	222	四聚乙醛	Metaldehyde
182	氟噻乙草酯	Fluthiacet-methyl	223	甲硫威	Methiocarb
183	氟磺胺草醚	Fomesafen	224	灭梭威亚砜	Methiocarb sulfoxide

续表

序号	中文名称	英文名称	序号	中文名称	英文名称
225	溴谷隆	Methobromuron	264	霜霉威	Propamocarb
226	灭多威	Methomyl	265	丙苯磺隆	Propoxycarbazone-sodium
227	甲氧虫酰肼	Methoxyfenozide	266	丙烯硫脲	Propylene thiourea
228	甲基异硫氰酸酯	Methyl isothiocyanate	267	氟磺隆	Prosulfuron
229	代森联	Metiram	268	发硫磷	Prothoate
230	速灭威	Metolcarb	269	吡蚜酮	Pymetrozin
231	磺草胺唑	Metosulam	270	苄草唑	Pyrazolynate
232	甲氧隆	Metoxuron	271	吡嘧磺隆	Pyrazosulfuron-ethyl
233	甲磺隆	Metsulfuron-methyl	272	除虫菊素	Pyrethrins
234	弥拜菌素	Milbemectin	273	哒草特	Pyridate
235	灭草隆	Monuron	274	定菌腈	Pyridinitril
236	草不隆	Neburon	275	啶斑肟	Pyrifenox
237	烟嘧磺隆	Nicosulfuron	276	嘧草硫醚	Pyrithiobac sodium
238	烯啶虫胺	Nitenpyram	277	喹禾灵	Quizalofop-ethyl
239	氟酰脲	Novaluron	278	玉嘧黄隆	Rimsulfuron
240	八氯二丙醚	Octachlorodipropyl ether	279	鱼藤酮	Rotenone
241	喹乙醇	Olaquindox	280	多杀霉素	Spinosad
242	氧乐果	Omethoate	281	乙酰磺胺对硝基苯	Sulfanitran
243	邻苯酚	Ortho-phenylphenol	282	磺酰唑草酮	Sulfentrazone
244	安磺灵	Oryzalin	283	磺酰磺隆	Sulfosulfuron
245	杀线威	Oxamyl	284	三氯乙酸钠	TCA-sodium
246	噁喹酸	Oxolinic acid	285	虫酰肼	Tebufenozide
247	砜吸磷	Oxy-demeton methyl	286	氟苯脲	Teflubenzuron
248	百草枯	Paraquat Dichloride	287	双硫磷	Temephos
249	五氯酚	Pentachlorophenol	288	叔丁胺	Tert-butylamine
250	家蝇磷	Phenkapton	289	噻菌灵	Thiabendazole
251	甜菜宁	Phenmedipham	290	噻虫啉	Thiacloprid
252	甲拌磷亚砜	Phorate sulfoxide	291	噻苯隆	Thidiazuron
253	硫环磷	Phosfolan	292	噻吩磺隆	Thifensulfuron-methyl
254	氧亚胺硫磷	Phosmet-oxon	293	杀虫环草酸盐	Thiocyclam hydrogenoxalate
255	辛硫磷	Phoxim	294	硫双威	Thiodicarb
256	邻苯二甲酸二（2-乙基己）酯	Phthalic acid, Di-(2-ethylhexyl) ester	295	久效威	Thiofanox
			296	久效威砜	Thiofanox-sulfone
257	邻苯二甲酸二丁酯	Phthalic acid, dibutyl ester	297	久效威亚砜	Thiofanox-sulfoxide
258	邻苯二甲酸二环己基酯	Phthalic acid, dicyclohexyl ester	298	甲基硫菌灵	Thiophanate-methyl
			299	乙基硫菌灵	Thiophanat-ethyl
259	毒莠定	Picloram	300	胡索酸泰妙菌素	Tiamulin-fumerate
260	脱甲基抗蚜威	Pirmicarb-desmethyl	301	唑虫酰胺	Tolfenpyrad
261	甲基氟嘧磺隆	Primisulfuron-methyl	302	噻虫啉	Triacloprid
262	调环酸钙盐	Prohexadione-calcium	303	醚苯磺隆	Triasulfuron
263	猛杀威	Promecarb	304	咪唑嗪	Triazoxide

序号	中文名称	英文名称	序号	中文名称	英文名称
305	苯磺隆	Tribenuron-methyl	343	特草定	Terbacil
306	敌百虫	Trichlorfon	344	福美双	Thiram
307	敌百虫	Trichlorphon	345	四溴菊酯	Tralomethrin
308	绿草定	Triclopyr	346	三环唑	Tricyclazole
309	十三吗啉	Tridemorph	347	氟菌唑	Triflumizole
310	杀铃脲	Triflumuron	348	戊叉菌唑	Triticonazole
311	氟胺磺隆	Triflusulfuron-methyl	349	灭除威	XMC
312	嗪胺灵	Triforine		31 种农药的回收率小于 40%	
313	三甲基碘化硫	Trimethylsulfonium iodide	350	氟丙菊酯	Acrinathrin
314	蚜灭磷	Vamidothion	351	敌菌丹	Captafol
315	蚜灭磷砜	Vamidothion sulfone	352	氟啶脲	Chlorfluazuron
316	蚜灭磷亚砜	Vamidothion sulfoxide	353	百菌清	Chlorothalonil
317	Z-氯氰菊酯	Zeta cypermethrin	354	环虫酰肼	Chromafenozide
	32 种不稳定的农药		355	苯并菲	Chrysene
318	赛硫磷	Amidithion	356	氰草津	Cyanazine
319	燕麦灵	Barban	357	环氟菌胺	Cyflufenamid
320	丙硫克百威	Benfuracarb	358	脱异丙基阿特拉津	Desisopropyl-atrazine
321	甲羧除草醚	Bifenox	359	噁唑隆	Dimefuron
322	辛酰溴苯腈	Bromoxynil octanoate	360	噻节因	Dimethipin
323	克菌丹	Captan	361	草消酚	Dinoterb
324	双酰草胺	Carbetamide	362	氟虫腈	Fipronil
325	灭螨猛	Chinomethionat	363	氯乙氟灵	Fluchloralin
326	氯草敏	Chloridazon	364	氟氰戊菊酯	Flucythrinate
327	氯嘧磺隆	Chlorimuron-ethyl	365	氟虫脲	Flufenoxuron
328	氯硫酰草胺	Chlorthiamid	366	氟胺氰菊酯	Fluvalinate
329	四螨嗪	Clofentezine	367	灭菌丹	Folpet
330	苯醚氰菊酯	Cyphenothrin	368	地虫硫磷	Fonofos
331	灭蝇胺	Cyromazine	369	氯吡嘧磺隆	Halosulfuran-methyl
332	棉隆	Dazomet	370	氟铃脲	Hexaflumuron
333	硫逐内吸磷	Demeton-O	371	高效氟氯氰菊酯	λ-Cyhalothrin
334	硫赶内吸磷	Demeton-S	372	甲基三硫磷	Methyl trithion
335	百治磷	Dicrotophos	373	二溴磷	Naled
336	野燕枯	Difenzoquat-methyl sulfate	374	亚胺硫磷	Phosmet
337	乙氧喹啉	Ethoxyquin	375	三氯杀虫酯	Plifenate
338	氧溴苯磷	Leptophos oxon	376	咯喹酮	Pyroquilon
339	叶菌唑	Metconazole	377	螺噁茂胺	Spiroxamine
340	久效磷	Monocrotophos	378	丁噻隆	Tebuthiuron
341	烯丙苯噻唑	Probenazole	379	吡喃草酮	Tepraloxydim
342	特普	TEPP	380	噻氟菌胺	Thifluzamide

LC-MS/MS 测定农药品种的筛选：在 LC-MS/MS 优化条件下，对其中 753 种农药进行了液相色谱质谱行为的评价。采用注射泵进样 Q1 正离子模式扫描，发现 133 种农药找不到母离子，不适于 LC-MS/MS 分析；对其他找到母离子的 620 种农药进行子离子扫描，又有 113 种农药被淘汰，其中

包括灵敏度较低的有41种,仅找到一对离子对,无法对其准确定性的农药有14种;由于化合物结构的原因,不适于正离子模式检测而需采用负离子模式检测的农药58种;因农药标准品量太少,在做完Q1和Q3扫描后已用完或其他原因没有测定的农药有43种。最后,把剩余的464种农药分成五组,配成混合标准溶液添加到空白鸡肉样品中,考查它们在样品中稳定性和对本方法提取、净化条件的适用性。实验发现有85种平均回收率低于40%,并且变异系数大于30%。经过以上逐级筛选,最后LC-MS/MS测定的农药品种为379种,LC-MS/MS淘汰的农药品种见表7-19。

表7-19 不适合用LC-MS/MS方法测定的393种农药化学品

序号	中文名称	英文名称	序号	中文名称	英文名称
	19种农药不适合用LC-MS-MS分析		32	杀螨特	Aramite
1	二溴乙烷	1,2-Dibromo ethane	33	燕麦灵	Barban
2	二氯乙烷	1,2-Dichloro ethane	34	苯螨特	Benzoximate
3	萘乙酸	1-Naphthyl acetic acid	35	β-六六六	β-HCH
4	溴化物	Bromide	36	乐杀螨	Binapacryl
5	二硫化碳	Carbon disulphide	37	溴烯杀	Bromocylen
6	四氯化碳	Carbon tetrachloride	38	溴硫磷	Bromofos
7	双胍辛乙酸盐	Guazatine triacetate	39	辛酰溴苯腈	Bromoxynil octanoate
8	无机溴化物	Inorganic bromide	40	毒杀芬	Camphechlor
9	代森锰锌	Mancozeb	41	敌菌丹	Captafol
10	代森锰	Maneb	42	克菌丹	Captan
11	溴甲烷	Methyl bromide	43	三硫磷	Carbofenothion
12	烟碱	Nicotine	44	杀螨醚	Chlorbenside
13	喹啉铜	Oxine-copper	45	氯杀螨砜	Chlorbenside sulfone
14	丙森锌	Propineb	46	开蓬	Chlordecone
15	氯甲喹啉酸	Quinmerac	47	氯氧磷	Chlorethoxyfos
16	八氯二丙丙醚	S 421 (octachlorodipropyl ether)	48	燕麦酯	Chlorfenprop-methyl
17	硫磺	Sulfur	49	整形醇	Chlorfurenol
18	代森锌	Zineb	50	乙酯杀螨醇	Chlorobenzilate
19	福美锌	Ziram	51	氯苯甲醚	Chloroneb
	133中农药没有母离子		52	乙菌利	Chlozolinate
20	2,3,4,5-四氯苯胺	2,3,4,5-Tetrachloroaniline	53	苯并菲	Chrysene-d12
			54	顺式-氯丹	cis-Chlordane
21	2,3,4,5-四氯甲氧基苯	2,3,4,5-Tetrachloroanisole	55	杀螟腈	Cyanohos
			56	环氟菌胺	Cyflufenamid
22	2,3,5,6-四氯苯胺	2,3,5,6-Tetrachloroaniline	57	三环锡	Cyhexatin
23	2,4,5-涕	2,4,5-T	58	氯氰菊酯	Cypermethin
24	2,4'-滴滴涕	2,4'-DDT	59	o,p'-DDE	DDE, 2,4'-
25	3,5-二氯苯胺	3,5-Dichloroaniline	60	δ-六六六	δ-HCH
26	二氢苊	Acenaphthene	61	2,2',4,5,5'-五氯联苯	DE-PCB 101 2,2',4,5,5'-Pentachlorobiphenyl
27	灭螨醌	Acequinocyl			
28	α-氯氰菊酯	α-Cypermethrin	62	2,2',3,4,4',5'-六氯联苯	DE-PCB 138 2,2',3,4,4',5'-Hexachlorobiphenyl
29	酰嘧磺隆	Amidosulfuron			
30	双甲脒	Amitraz	63	2,2',4,4',5,5'-六氯联苯	DE-PCB 153 2,2',4,4',5,5'-Hexachlorobiphenyl
31	蒽醌	Anthraquinone			

续表

序号	中文名称	英文名称	序号	中文名称	英文名称
64	2,4,4'-三氯联苯	DE-PCB 28 2,4,4'-Trichlorobiphenyl	103	灭多威	Methomyl
65	2,2',5,5'-四氯联苯	DE-PCB 52 2,2',5,5'-Tetrachlorobiphenyl	104	甲氧滴滴涕	Methoxychlor
			105	甲基异硫氰酸酯	Methyl isothiocyanate
			106	甲基三硫磷	Methyl trithion
66	脱溴溴苯磷	Desbrom-leptophos	107	甲磺隆	Metsulfuron-methyl
67	麦草畏	Dicamba	108	弥拜菌素	Milbemectin
68	敌草腈	Dichlobenil	109	灭蚁灵	Mirex
69	二氯萘醌	Dichlone	110	合成麝香	Musk ambrette
70	氯硝胺	Dichloran	111	二甲苯麝香	Musk xylene
71	三氯杀螨醇	Dicofol	112	萘丙胺	Naproanilide
72	杀虫双	Dimehypo	113	除草醚	Nitrofen
73	噻节因	Dimethipin	114	氧化氯丹	Oxychlordane
74	消螨普	Dinocap	115	砜吸磷	Oxy-demeton methyl
75	敌草快	Diquat dibromide hydrate	116	p,p'-滴滴滴	p,p'-DDD
76	多果定	Dodine	117	五氯苯胺	Pentachloroaniline
77	硫丹	Endosulfan	118	乙滴涕	Perthane
78	异狄氏剂	Endrin	119	菲	Phenanthrene
79	异狄氏剂醛	Endrin aldehyde	120	四氯苯酞	Phthalide
80	乙丁烯氟灵	Ethalfluralin	121	邻苯二甲酰亚胺	Phthalimide
81	敌磺钠	Fenaminosulf	122	三氯杀虫酯	Plifenate
82	抗螨唑	Fenazaflor	123	p,p'-滴滴伊	p,p'-DDE
83	2,4,5-涕丙酸	Fenoprop (silvex, 2,4,5-TP)	124	p,p'-滴滴涕	p,p'-DDT
84	氧倍硫磷	Fenthion oxon	125	氟嘧磺隆	Primisulfuron-methyl
85	薯瘟锡	Fentin acetate	126	调环酸钙盐	Prohexadione-calcium
86	啶嘧磺隆	Flazasulfuron	127	丙虫磷	Propaphos
87	氟节胺	Flumetralin	128	氟磺隆	Prosulfuron
88	氟酰亚胺	Fluoroimide	129	哒草特	Pyridate
89	三氯苯唑	Fluotrimazole	130	嘧草醚	Pyriminobac-methyl (Z)
90	伐虫脒盐酸盐	Formetanate hydrochloride	131	二氯喹啉酸	Quinclorac
91	高效氟氯氰菊酯	γ-Cyhalothrin	132	五氯硝基苯	Quintozene
92	苄螨醚	Halfenprox	133	玉嘧黄隆	Rimsulfuron
93	氯吡嘧磺隆	Halosulfuran-methyl	134	皮蝇磷	Ronnel
94	ε-六六六	ε-HCH	135	鱼藤酮	Rotenone
95	甲咪唑烟酸	Imazapic	136	八氯二丙醚	Octachlorodipropyl ether
96	双胍辛胺乙酸盐	Iminoctadine triacetate	137	氟硅菊酯	Silafluofen
97	异菌脲	Iprodione	138	四氯硝基苯	Tecnazene
98	碳氯灵	Isobenzan	139	七氟菊酯	Tefluthrin
99	异艾氏剂	Isodrin	140	特丁硫磷砜	Terbufos sulfone
100	双苯噁唑酸	Isoxadifen-ethyl	141	叔丁胺	Tert-butylamine
101	氧溴苯磷	Leptophos oxon	142	杀螨氯硫	Tetrasul
102	甲硫威砜	Methiocarb sulfone	143	噻氟菌胺	Thifluzamide

序号	中文名称	英文名称	序号	中文名称	英文名称
144	杀虫环草酸盐	Thiocyclam hydrogenoxalate	183	麝香酮	Musk ketone
145	四溴菊酯	Tralomethrin	184	酞菌酯	Nitrothal-isopropyl
146	反式-氯丹	*trans*-Chlodane	185	噁草酮	Oxadiazone
147	反式-九氯	*trans*-Nonachlor	186	家蝇磷	Phenkapton
148	毒壤磷	Trichloronat	187	邻苯二甲酸二-（2-乙基己）酯	Phthalic acid, di-(2-ethylhexyl) ester
149	三氯吡氧乙酸	Triclopyr			
150	灭草环	Tridiphane	188	腐霉利	Procymidone
151	乙烯菌核利	Vinclozolin	189	咯喹酮	Pyroquilon
152	Z-氯氰菊酯	Z-cypermethrin	190	三乙酸钠	TCA-sodium
	41种农药灵敏度太低而不符合分析要求		191	苯噻硫氰	TCMTB
153	阿维菌素	Abamectin	192	苯磺隆	Tribenuron-methyl
154	艾氏剂	Aldrin-R	193	灭除威	XMC
155	呋草黄	Benfuresate		58种农药需要用负离子扫描模式分析	
156	吡草酮	Benzofenap	194	2,4-滴	2,4-D
157	联苯菊酯	Bifenthrin	195	2,4-滴丁酸	2,4-DB
158	联苯	Biphenyl	196	2,6-二氟苯甲酸	2,6-Difluorobenzoic acid
159	丁酮威	Butocarboxim	197	3-苯基苯酚	3-Phenylphenol
160	丁硫克百威	Carbosulfan	198	4-氯苯氧乙酸	4-Chlorophenoxyacetic acid
161	唑酮草酯	Carfentrazone-ethyl	199	三氟羧草醚	Acifluorfen
162	溴虫腈	Chlorfenapyr	200	灭草松	Bentazone
163	氯化苦	Chloropicrin	201	甲羧除草醚	Bifenox
164	百菌清	Chlorothalonil	202	溴苯腈	Bromoxynil
165	氯硫酰草胺	Chlorthiamid	203	杀螨醇	Chlorfenethol
166	乙氰菊酯	Cycloprothrin	204	氯苯胺灵	Chlorpropham
167	苯醚氰菊酯	Cyphenothrin	205	环虫酰肼	Chromafenozide
168	2,3',4,4',5-五氯联苯	DE-PCB 118 2,3',4,4',5-Pentachlorobiphenyl	206	顺-1,2,3,6四氢邻苯二甲酰亚胺	*cis*-1,2,3,6-Tetrahydrophtha-limide
169	脱甲基氟草敏	Desmethyl-norflurazon	207	二氯吡啶酸	Clopyralld
170	狄氏剂	Dieldrin	208	霜脲氰	Cymoxanil
171	哌草丹	Dimepiperate	209	茅草枯	Dalapon
172	丁酰肼	DMSA	210	禾草灵	Dichlorofop-methyl
173	异狄氏剂酮	Endrin ketone	211	2,4-滴丙酸	Dichlorprop
174	S-氰戊菊酯	Esfenvalerate	212	氯硝胺	Dicloran
175	乙硫苯威砜	Ethiofencarb-sulfone	213	除螨灵	Dienochlor
176	噁唑菌酮	Famoxadone	214	氟吡草腙钠	Diflufenzopyr-sodium
177	咪唑菌酮	Fenamidone	215	消螨通	Dinobuton
178	苯丁锡	Fenbutatin oxide	216	草消酚	Dinoterb
179	氟氯苯菊酯	Flumethrin	217	4,6-二硝基邻甲酚	DNOC
180	氟吡乙禾灵	Haloxyfop-2-ethoxyethyl	218	硫丹硫酸盐	Endosulfan-sulfate
181	灭多威肟	Methomyl-oxime	219	草多索	Endothal
182	烯虫酯	Methoprene	220	乙烯利	Ethephon

续表

序号	中文名称	英文名称	序号	中文名称	英文名称
221	噁唑禾草灵	Fenoxaprop-ethyl	261	三氯甲基吡啶	Nitrapyrin
222	氟啶胺	Fluazinam	262	五氯甲氧基苯	Pentachloroanisole
223	氟酮磺隆	Flucarbazone-sodium	263	苄呋菊酯	Resmethrin
224	丙炔氟草胺	Flumioxazin	264	嗪胺灵	Triforine
225	三氟硝草醚	Fluorodifen	265	苯酰草胺	Zoxamide
226	氟草烟	Fluroxypyr		43种农药由于其他原因不能用于定性分析	
227	氟磺胺草醚	Fomesafen	266	p,p'-滴滴滴	$4,4'$-DDD
228	氯吡脲	Forchlorfenuron	267	活化酯	Acibenzolar-S-methyl
229	赤霉素	Gibberellic acid	268	氟丙菊酯	Acrinathrin
230	亚胺唑	Imibenconazole	269	丙烯酰胺	Acrylamide
231	碘苯腈	Ioxynil	270	涕灭威	Aldicarb
232	噁唑磷	Isoxathion	271	禾草灭	Alloxydim-sodium
233	克来范	Kelevan	272	赛硫磷	Amidithion
234	高效氟氯氰菊酯	λ-Cyhalothrin	273	代森铵	Amobam
235	虱螨脲	Lufenuron	274	苄基腺嘌呤	Benzyladenine
236	2甲4氯丁酸	MCPB	275	溴螨酯	Bromopropylate
237	甲基磺草酮	Mesotrion	276	丁酮砜威	Butoxycarboxim
238	苯氧菌胺-（E）	Metominostrobin-（E）	277	丁酮砜威亚砜	Butoxycarboxim-sulfoxid
239	苯氧菌胺-（Z）	Metominostrobin-（Z）	278	苯酮唑	Cafenstrol
240	西藏麝香	Musk tibeten	279	克百威	Carbofuran
241	八氯苯乙烯	Octachlorostyrene	280	氧硫化碳	Carbonyl sulfide
242	五氯苯	Pentachlorobenzene	281	溴虫清	Chlorphenapyr
243	敌草索，二丁酯	Phthalic acid, dibutyl ester	282	调果酸	Cloprop
244	毒莠定	Picloram	283	氟氯氰菊酯	Cyfluthrin
245	丙苯磺隆	Propoxycarbazone-sodium	284	茅草枯	Dalapon acid
246	嘧草硫醚	Pyrithlobac sodium	285	田乐磷	Demephion（tinox）
247	乙酰磺胺对硝基苯	Sulfanitran	286	$2,2',3,4,4',5,5'$-七氯联苯	DE-PCB 180 $2,2',3,4,4',5,5'$-Heptachlorobiphenyl
248	磺酰唑草酮	Sulfentrazone	287	异氯磷	Dicapthon
249	氟苯脲	Teflubenzuron	288	甲基毒虫畏	Dimethylvinphos
250	胡索酸泰妙菌素	Tiamulin-fumerate	289	地乐酚	Dinoseb
251	唑虫酰胺	Tolfenpyrad	290	戊草丹	Esprocarb
	14种农药由于只有一个离子对不适合用于定性分析		291	芬螨酯	Fenson
252	邻苯基苯酚	2-Phenylphenol	292	氧倍硫磷亚砜	Fenthion oxon sulfoxide
253	杀草强	Amitrole	293	氰戊菊酯	Fenvalerate
254	杀螨酯	Chlorfenson	294	吡氟禾草灵	Fluazifop-butyl
255	丙酯杀螨醇	Chloropropylate	295	氟氰戊菊酯	Flucythrinate
256	苯并菲	Chrysene	296	磺菌胺	Flusulfamide
257	乙螨唑	Etoxazole	297	草甘膦	Glgphosate
258	噁霉灵	Hymexazol	298	碘甲磺隆钠	Iodosulfuron-methyl sodium
259	联苯	IBiphenyl	299	水胺硫磷	Isocarbophos
260	速灭威	Metolcarb			

续表

序号	中文名称	英文名称	序号	中文名称	英文名称
300	抑芽丹	Meleic hydrazide	339	苯虫醚	Diofenolan
301	氧乐果	Omethoate	340	敌噁磷	Dioxathion
302	猛杀威	Promecarb	341	乙拌磷	Disulfoton
303	嘧螨醚	Pyrimidifen	342	甲氨基阿维菌素苯甲酸盐	Emamectin benzoate
304	苯氧喹啉	Quinoxyphen	343	乙硫苯威	Ethiofencarb
305	八角磷	Schradan	344	乙氧喹啉	Ethoxyquin
306	三氯杀螨砜	Tetradifon	345	乙撑硫脲	Ethylene thiourea
307	噻虫啉	Triacloprid	346	苯线磷	Fenamiphos
308	烯效唑	Uniconazole	347	腈苯唑	Fenbuconazole
	85 种农药的添加回收率低于 40% 且相对标准偏差大于 30%		348	拌种咯	Fenpiclonil
			349	苯锈啶	Fenpropidin
309	涕灭威砜	Aldicarb sulfone	350	倍硫磷	Fenthion
310	涕灭砜威	Aldoxycarb	351	氯化薯瘟锡	Fentin-chloride
311	磺草灵	Asulam pestanal	352	氟虫腈	Fipronil
312	乙基杀扑磷	Athidathion	353	双氟磺草胺	Florasulam
313	丙硫克百威	Benfuracarb	354	吡虫隆	Fluazuron
314	杀虫磺	Bensultap	355	嘧唑螨	Flubenzimine
315	氯酯磺草胺	Chloransulam-methyl	356	咯菌腈	Fludioxonil
316	氟啶脲	Chlorfluazuron	357	氟虫脲	Flufenoxuron
317	矮壮素	Chlormequat	358	伏草隆	Fluoazuron
318	甲基毒死蜱	Chlorprifos methyl	359	地虫硫磷	Fonofos
319	氯磺隆	Chlorsulfuron	360	安硫磷	Formothion
320	氯酞酸甲酯	Chlorthal-dimethyl	361	七氯	Heptachlor
321	氯硫磷	Chlorthion	362	六氯苯	Hexachlorobenzene
322	虫螨磷	Chlorthiophos	363	氟铃脲	Hexaflumuron
323	烯草酮	Clethodim	364	甲氧咪草烟	Imazamox
324	氰霜唑	Cyazofamid	365	咪唑烟酸	Imazapyr
325	噻草酮	Cycloxydim	366	炔咪菊酯	Imiprothrin
326	敌草索	Dacthal	367	甲硫威	Methiocarb
327	丁酰肼	Daminozide	368	久效磷	Monocrotophos
328	甲基内吸磷亚砜	Demeton-S-methly sulfoxide	369	二溴磷	Naled
329	内吸磷	Demeton (O+S)	370	氟酰脲	Novaluron
330	内吸磷-S	Demeton-S	371	杀线威	Oxamyl
331	甲基内吸磷	Demeton-S-methyl	372	五氯酚	Pentachlorophenol
332	丁醚脲	Diafenthiuron	373	甲拌磷	Phorate
333	除线磷	Dichlofenthion	374	硫环磷	Phosfolan
334	抑菌灵	Dichlofluanid	375	氧亚胺硫磷	Phosmet-oxon
335	野燕枯	Difenzoquat-methyl sulfate	376	丙苯磺隆	Propoxycarbazone
336	甲氟磷	Dimefox	377	环丙氟灵	Profluralin
337	二甲草胺	Dimethachloro	378	丙烯硫脲	Propylene thiourea
338	地乐酯	Dinoseb acetate	379	稗草丹	Pyributicarb

序号	中文名称	英文名称	序号	中文名称	英文名称
380	氟胺氰菊酯	Tau fluvalinate	387	乙基硫菌灵	Thiophanat-ethyl
381	丁噻隆	Tebuthiuron	388	福美双	Thiram
382	噻菌灵	Thiabendazole	389	甲苯氟磺胺	Tolylfluanid
383	久效威	Thiofanox	390	苯草酮	Tralkoxydim
384	久效威砜	Thiofanox sufone	391	四氟苯菊酯	Transfluthrin
385	甲基乙拌磷	Thiometon	392	十三吗啉	Tridemorph
386	甲基硫菌灵	Thiophanate-methyl	393	氟乐灵	Trifluralin

7.5.9 提取溶剂选择

为了确定最适合本方法的提取溶剂，对比了乙腈、正己烷-丙酮（2∶1）、环己烷-乙酸乙酯（1∶1）3种提取溶剂。实验发现，3种溶剂均有很好的提取效率。但用乙腈和正己烷-丙酮（2∶1）作提取溶剂时，提取液必须蒸干后用环己烷-乙酸乙酯（1∶1）溶解，定容后，再用凝胶渗透色谱净化，操作比较烦琐，并且蒸干时掌握不好，还会影响部分农药的回收率。而用环己烷-乙酸乙酯（1∶1）作提取溶剂，只需将提取液浓缩至5mL左右，定容后，便可供凝胶渗透色谱净化。因此本方法选择环己烷-乙酸乙酯（1∶1）作提取溶剂。

7.5.10 GC-MS测定条件选择

对于GC-MS质谱分析来说，科学地选择每种目标化合物的定性和定量离子是非常重要的。针对检测的农药品种多，保留时间相对集中的情况，在选择离子时遵循下面四点原则：①选择相对基峰大于10%丰度的离子，尽量将分子离子作为检测离子；②尽量选择丰度高的碎片离子，比如基峰；③选择其他农药和流出物不存在的离子，尽量减少农药之间的相互干扰，特别是减少与目标化合物保留时间接近的杂质干扰；④选择的监测离子在基质中扣除背景后，其信噪比应尽量大于3。依据以上原则，将要检测的农药化合物先进行标准物质的扫描实验，得到它们的扫描质谱图和保留时间，每种化合物分别选择一个定量离子和两个定性离子，禁用的农药化合物选择三个定性离子，如六六六、滴滴涕、杀虫脒、除草醚、艾氏剂、狄氏剂、甲基对硫磷、对硫磷、久效磷、甲拌磷、特丁硫磷、治螟磷、灭线磷、蝇毒磷、地虫磷、氯唑磷、苯线磷、三氯杀螨醇、氰戊菊酯等。根据478种农药化合物的保留时间分为A、B、C、D和E五组，每组分别包括近100种农药。为保证每种农药化合物的灵敏度，每组所有需要监测的离子按照出峰顺序，分时段分别监测。适当控制每个时间段内监测的离子个数和驻留时间，并注意每个时间段开始时，要考虑前一时段未出完全的峰和已经开始出现的峰。可以调整每个离子的驻留时间使每个色谱峰具有恒定的循环扫描时间，以保证所有监测的化合物都有足够的数据采集点。驻留时间的变化，不会影响积分结果。

7.5.11 LC-MS/MS测定条件选择

质谱条件的优化：实验采用注射泵直接进样方式，以5μL/min的流速将农药化学品标准溶液分别注入离子源中，在正离子检测方式下对每种农药化学品进行一级质谱分析（Q1扫描），得到每种农药化学品的分子离子峰，对每种农药化学品的准分子离子峰进行二级质谱分析（子离子扫描），得到碎片离子信息，选择测定农药化学品的定性和定量离子对，然后再对所选离子对的去簇电压、碰撞气能量进行优化，使测定灵敏度达到最佳。然后，将液相色谱与串联质谱连接，把每10种农药分为一组，进行监测，确定该条件下的保留时间。根据出峰顺序，把465种农药分为五组，从每组中选择化学性质不同的有代表性的几种农药，进行电喷雾电压、雾化气、气帘气压力、离子源温度、辅助气流速优化，使每种农药化学品的分子离子与特征碎片离子产生的离子对强度均达到最佳。根据得到的结果,最终确定为本方法的质谱条件。

液相色谱分离条件的优化:对于极性相差较大的农药化学品多残留分析检测,液相色谱分离常用的有 C_{18} 和 C_8 两种类型液相色谱柱,对 Atlantis dC_{18},150mm×2.1mm,3μm;Inertsil,C_8-3,150mm×2.1mm,5μm;Luna,C_{18},50mm×2mm,5μm 和 Luna,C_{18},50mm×2mm,3μm 4 种液相色谱柱的峰形、灵敏度和分离效果进行对比,发现这 4 种色谱柱的分离效果没有明显差异,但峰形和灵敏度 Atlantis dC_{18} 略好,故采用了该柱为分离柱。在流动相的选择和优化上,设计了 4 种梯度洗脱方法,见表 7-20。通过实验发现,大部分农药的分离效果、监测时间及灵敏度三方面,实验方法 3 优于其他方法,故本方法采用了第 3 种液相色谱流动相梯度洗脱方法。

表 7-20 流动相梯度洗脱条件选择

时间/min	流速/(μL/min)	乙腈/%	水/%	时间/min	流速/(μL/min)	乙腈/%	水/%
实验方法 1				实验方法 3			
0	200	30	70	0	200	10	90
10	200	40	60	4	200	50	50
15	200	60	40	15	200	60	40
22	200	80	20	20	200	80	20
40	200	95	5	25	200	95	5
45	200	95	5	32	200	95	5
45.01	200	30	70	32.01	200	10	90
55	200	30	70	40	200	10	90
实验方法 2				实验方法 4			
0	200	10	90	0	200	20	80
10	200	60	40	4	200	50	50
15	200	60	40	15	200	60	40
22	200	80	20	20	200	80	20
40	200	95	5	25	200	95	5
45	200	95	5	35	200	95	5
45.01	200	10	90	35.01	200	20	80
55	200	10	90	40	200	20	80

7.5.12 检出限、定量限、回收率和精密度

在选定的 GC/MS 和 LC-MS/MS 色谱、质谱条件下,分别对 478 种和 380 种农药化学品的线性范围进行了测定,每种农药化学品的线性范围、线性方程和相关系数参见 11.2.1 小节和 11.2.6 小节。把每种农药化学品信噪比≥5 时的添加浓度确定为本方法最小检出限(LOD),信噪比≥10 时的添加浓度确定为本方法最低定量限(LOQ)。每种农药化学品的 GC-MS 和 LC-MS/MS 的方法定量限分别见表 7-21 和表 7-22。

用不含农药残留的动物组织样品进行添加回收率和精密度实验,样品添加农药标准溶液后,放置 30min,使农药被样品完全吸收,再按本方法进行提取、净化和测定。5 种动物组织每种 3 次平行实验的重现性数据见表 7-21 和表 7-22。从表中回收率和精密度数据可以看出,587 种农药的回收率为 40%~130%,其中有 563 种农药的回收率为 60%~130%,占总数的 96%,24 种农药的回收率为 40%~60%,占总数的 4%。所有农药的相对标准偏差在 30% 以内,说明该方法重现性良好。

表 7-21 GC-MS 检测猪肉、羊肉、牛肉、兔肉和鸡肉组织中 478 种农药化学品定量限，回收率和精密度数据（$n=15$）

序号	中文名称	英文名称	LOQ /(μg/kg)	2 LOQ Ave/%	RSD/%	10 LOQ Ave/%	RSD/%
1	二丙烯草胺	Allidochlor	50	98.8	14.2	73.9	20.8
2	烯丙酰草胺	Dichlormid	50	82.2	18.9	69.5	15.3
3	土菌灵	Etridiazol	75	83.3	17.3	65.1	15.9
4	氯甲硫磷	Chlormephos	50	94.9	16.3	79.6	10.1
5	苯胺灵	Propham	25	95.0	8.4	93.4	4.5
6	环草敌	Cycloate	25	88.4	14.4	98.6	4.2
7	联苯二胺	Diphenylamine	25	52.4	19.3	74.3	15.4
8	杀虫脒	Chlordimeform	25	78.1	17.1	69.7	6.5
9	乙丁烯氟灵	Ethalfluralin	100	67.7	11.5	69.6	8.8
10	甲拌磷	Phorate	25	88.2	11.9	96.4	5.9
11	甲基乙拌磷	Thiometon	25	82.3	13.8	83.9	7.4
12	五氯硝基苯	Quintozene	50	91.7	16.1	101.3	7.0
13	脱乙基阿特拉津	Atrazine-desethyl	25	71.4	11.3	79.2	9.3
14	异噁草松	Clomazone	25	92.2	16.3	100.0	5.4
15	二嗪磷	Diazinon	25	93.3	10.5	100.2	6.6
16	地虫硫磷	Fonofos	25	88.9	9.9	101.3	5.5
17	乙嘧硫磷	Etrimfos	25	91.3	13.5	102.8	5.1
18	西玛津	Simazine	25	91.8	10.2	99.8	8.3
19	胺丙畏	Propetamphos	25	95.5	14.8	100.6	7.2
20	密草通	Secbumeton	25	109.5	13.5	106.4	8.1
21	除线磷	Dichlofenthion	25	93.9	13.0	99.4	4.2
22	炔丙酰草胺	Pronamide	25	93.3	9.7	102.3	9.1
23	兹克威	Mexacarbate	75	73.5	17.9	72.6	19.8
24	艾氏剂	Aldrin	50	91.5	10.4	99.7	4.9
25	氨氟灵	Dinitramine	100	71.3	7.9	76.5	12.6
26	皮蝇磷	Ronnel	50	92.0	12.2	101.5	6.1
27	扑草净	Prometryne	25	96.0	10.3	101.7	6.4
28	环丙津	Cyprazine	25	92.2	14.9	104.1	11.9
29	乙烯菌核利	Vinclozolin	25	96.3	13.1	101.5	7.2
30	β-六六六	β-HCH	25	72.6	13.5	96.2	5.7
31	甲霜灵	Metalaxyl	75	97.0	10.7	103.6	5.7
32	毒死蜱	Chlorpyrifos-ethyl	25	96.9	8.9	105.4	5.9
33	甲基对硫磷	Methyl-parathion	100	100.8	13.4	118.2	12.3
34	蒽醌	Anthraquinone	25	91.8	16.4	89.0	9.5
35	δ-六六六	δ-HCH	50	90.6	12.5	98.3	5.8
36	倍硫磷	Fenthion	25	88.4	11.8	98.4	6.8
37	马拉硫磷	Malathion	100	89.6	11.9	107.4	7.8
38	杀螟硫磷	Fenitrothion	50	94.4	13.8	112.4	9.5
39	对氧磷	Paraoxon-ethyl	100	102.7	14.8	121.5	9.9
40	三唑酮	Triadimefon	50	91.1	12.0	103.7	6.3

续表

序号	中文名称	英文名称	LOQ /(μg/kg)	2 LOQ Ave/%	RSD/%	10 LOQ Ave/%	RSD/%
41	对硫磷	Parathion	100	96.3	14.2	117.0	9.4
42	二甲戊灵	Pendimethalin	100	93.7	10.7	109.1	7.3
43	利谷隆	Linuron	100	82.5	12.8	95.8	6.1
44	杀螨醚	Chlorbenside	50	87.8	7.2	103.9	8.0
45	乙基溴硫磷	Bromophos-ethyl	25	95.0	9.1	108.1	7.0
46	喹硫磷	Quinalphos	25	91.7	11.7	112.5	7.4
47	反式-氯丹	trans-Chlordane	25	93.1	10.0	103.5	5.8
48	稻丰散	Phenthoate	50	93.9	11.1	106.7	7.6
49	吡唑草胺	Metazachlor	75	91.2	11.3	104.6	5.8
50	苯硫威	Fenothiocarb	50	103.4	11.3	92.5	13.5
51	丙硫磷	Prothiophos	25	93.4	13.2	107.9	8.1
52	整形醇	Chlorfurenol	75	96.9	11.2	106.0	6.7
53	狄氏剂	Dieldrin	50	92.2	11.7	104.5	5.3
54	腐霉利	Procymidone	25	83.6	15.5	106.3	6.7
55	杀扑磷	Methidathion	50	89.9	10.2	105.0	7.9
56	敌草胺	Napropamide	75	96.4	12.4	108.6	7.0
57	噁草酮	Oxadiazone	25	92.6	9.9	105.0	6.3
58	苯线磷	Fenamiphos	75	91.8	10.9	109.8	10.7
59	杀螨氯硫	Tetrasul	25	96.2	13.9	107.9	10.0
60	杀螨特	Aramite	25	95.4	11.0	110.4	9.9
61	乙嘧酚磺酸酯	Bupirimate	25	92.8	7.9	102.7	5.7
62	萎锈灵	Carboxin	75	49.1	8.6	46.8	14.3
63	氟酰胺	Flutolanil	25	82.1	9.9	91.6	6.9
64	p,p'-滴滴滴	4,4'-DDD	25	65.1	8.0	80.7	6.7
65	乙硫磷	Ethion	50	93.4	8.6	113.0	9.6
66	硫丙磷	Sulprofos	50	89.6	9.4	104.3	9.8
67	乙环唑-1	Etaconazole-1	75	98.8	12.6	114.1	7.5
68	乙环唑-2	Etaconazole-2	75	91.2	5.8	126.7	14.9
69	腈菌唑	Myclobutanil	25	83.9	5.2	105.0	7.1
70	禾草灵	Diclofop-methyl	25	94.3	12.6	106.9	10.8
71	丙环唑	Propiconazole	75	93.9	10.5	115.7	7.1
72	丰索磷	Fensulfothin	50	82.3	10.5	82.1	10.9
73	联苯菊酯	Bifenthrin	25	69.4	11.4	86.3	7.4
74	丁硫克百威	Carbosulfan	75	96.8	10.2	83.7	13.9
75	灭蚁灵	Mirex	25	80.6	12.2	103.5	6.0
76	麦锈灵	Benodanil	75	97.2	6.0	117.5	12.4
77	氟苯嘧啶醇	Nuarimol	50	91.2	4.9	108.4	7.5
78	甲氧滴滴涕	Methoxychlor	25	79.8	12.5	85.1	19.4
79	噁霜灵	Oxadixyl	25	93.8	12.7	107.5	7.9
80	胺菊酯	Tetramethirn	50	95.8	12.2	114.2	9.4

续表

序号	中文名称	英文名称	LOQ /(μg/kg)	2 LOQ Ave/%	RSD/%	10 LOQ Ave/%	RSD/%
81	戊唑醇	Tebuconazole	75	95.9	15.4	102.9	6.8
82	氟草敏	Norflurazon	25	112.5	13.5	107.5	11.9
83	哒嗪硫磷	Pyridaphenthion	25	93.9	8.6	119.8	12.4
84	亚胺硫磷	Phosmet	50	97.5	14.5	119.0	13.6
85	三氯杀螨砜	Tetradifon	25	93.2	7.7	110.7	8.2
86	氧化萎锈灵	Oxycarboxin	150	104.0	8.4	116.0	28.3
87	顺式-氯菊酯	cis-Permethrin	25	89.5	10.7	124.0	8.3
88	反式-氯菊酯	trans-Permethrin	25	88.9	10.0	109.3	8.7
89	吡菌磷	Pyrazophos	50	90.6	12.9	111.5	9.6
90	氯氰菊酯	Cypermethrin	75	95.4	11.7	101.2	6.5
91	氰戊菊酯	Fenvalerate	100	83.6	6.3	100.1	9.1
92	溴氰菊酯	Deltamethrin	150	87.3	7.4	100.5	5.7
93	茵草敌	EPTC	75	94.0	15.6	71.7	10.7
94	丁草敌	Butylate	75	70.8	10.3	74.2	13.7
95	敌草腈	Dichlobenil	5	88.2	8.1	73.7	14.1
96	克草敌	Pebulate	75	78.8	11.4	78.1	11.8
97	三氯甲基吡啶	Nitrapyrin	75	80.8	14.7	66.4	10.6
98	速灭磷	Mevinphos	50	82.9	3.7	89.6	7.3
99	氯苯甲醚	Chloroneb	25	77.3	5.8	80.5	8.3
100	四氯硝基苯	Tecnazene	50	80.4	3.9	81.5	8.5
101	庚烯磷	Heptanophos	75	83.7	3.0	86.2	9.4
102	六氯苯	Hexachlorobenzene	25	80.6	7.2	84.4	8.9
103	灭线磷	Ethoprophos	75	87.6	5.7	91.4	11.6
104	顺式-燕麦敌	cis-Diallate	50	82.0	3.5	89.2	9.8
105	毒草胺	Propachlor	75	76.2	12.0	78.7	13.2
106	反式-燕麦敌	trans-Diallate	50	81.1	4.4	85.0	10.0
107	氟乐灵	Trifluralin	50	51.6	12.4	53.5	10.4
108	氯苯胺灵	Chlorpropham	50	82.8	14.9	90.6	10.2
109	治螟磷	Sulfotep	25	79.0	4.3	92.5	14.4
110	菜草畏	Sulfallate	50	85.4	3.5	85.3	11.5
111	α-六六六	α-HCH	25	87.3	3.0	84.7	9.7
112	特丁硫磷	Terbufos	50	78.7	4.9	85.9	11.6
113	特丁通	Terbumeton	75	87.0	5.9	90.6	10.5
114	环丙氟灵	Profluralin	100	59.4	13.5	63.0	11.4
115	敌恶磷	Dioxathion	100	65.0	10.7	85.2	12.3
116	扑灭津	Propazine	25	71.0	11.8	77.5	10.0
117	氯炔灵	Chlorbufam	50	83.5	10.4	95.0	10.2
118	氯硝胺	Dicloran	50	87.7	14.8	87.8	12.0
119	特丁津	Terbuthylazine	25	75.0	14.1	85.2	9.6
120	绿谷隆	Monolinuron	100	103.8	7.5	97.5	8.8

续表

序号	中文名称	英文名称	LOQ /(μg/kg)	2 LOQ		10 LOQ	
				Ave/%	RSD/%	Ave/%	RSD/%
121	杀螟腈	Cyanohos	50	88.9	3.4	88.2	10.9
122	甲基毒死蜱	Chlorprifos-methyl	25	86.6	4.7	88.8	10.9
123	敌草净	Desmetryn	25	87.4	3.9	93.7	10.5
124	二甲草胺	Dimethachloro	75	81.9	4.7	87.6	8.6
125	甲草胺	Alachlor	75	83.8	4.0	88.6	8.7
126	甲基嘧啶磷	Pirimiphos-methyl	25	81.7	4.6	91.0	9.6
127	特丁净	Terbutryn	50	84.2	7.9	93.8	6.1
128	禾草丹	Thiobencarb	50	79.5	13.1	88.8	9.8
129	丙硫特普	Aspon	50	77.8	14.4	未添加	未添加
130	三氯杀螨醇	Dicofol	50	92.6	15.9	87.6	11.8
131	异丙甲草胺	Metolachlor	25	88.6	5.5	91.0	9.6
132	氧化氯丹	Oxychlordane	25	80.8	9.8	86.6	9.0
133	嘧啶磷	Pirimiphos-ethyl	50	85.6	6.0	89.7	10.9
134	烯虫酯	Methoprene	100	49.0	10.8	43.3	5.5
135	溴硫磷	Bromofos	50	87.0	8.1	84.5	12.6
136	抑菌灵	Dichlofluanid	150	88.1	15.9	84.3	13.4
137	乙氧呋草黄	Ethofumesate	50	86.4	8.0	89.6	10.2
138	异丙乐灵	Isopropalin	50	97.6	10.3	102.0	5.3
139	硫丹 I	Endosulfan-1	150	90.6	17.1	88.5	9.7
140	敌稗	Propanil	50	92.4	7.7	93.6	10.0
141	异柳磷	Isofenphos	50	78.8	6.0	84.6	9.5
142	育畜磷	Crufomate	150	97.5	6.8	94.0	10.7
143	毒虫畏	Chlorfenvinphos	75	92.6	2.6	90.7	10.0
144	顺式-氯丹	cis-Chlordane	50	77.7	8.3	86.6	10.0
145	甲苯氟磺胺	Tolyfluanide	75	72.5	13.1	88.1	10.6
146	p,p'-滴滴伊	p,p'-DDE	25	92.5	15.1	88.9	9.5
147	丁草胺	Butachlor	50	80.0	13.7	89.7	10.1
148	乙菌利	Chlozolinate	50	73.1	11.1	84.1	10.0
149	巴毒磷	Crotoxyphos	150	100.0	13.7	90.2	15.7
150	碘硫磷	Iodofenphos	50	90.6	9.9	83.5	18.5
151	杀虫畏	Tetrachlorvinphos	75	95.7	5.7	84.1	12.4
152	氯溴隆	Chlorbromuron	600	85.7	18.9	83.8	11.8
153	丙溴磷	Profenofos	150	96.9	5.9	89.8	10.3
154	氟咯草酮	Fluorochloridone	50	104.7	16.8	85.7	11.4
155	噻嗪酮	Buprofezin	50	90.9	6.7	87.9	9.7
156	o,p'-滴滴滴	o,p'-DDD	25	89.2	7.9	94.4	10.0
157	异狄氏剂	Endrin	300	85.7	6.1	85.6	10.6
158	己唑醇	Hexaconazole	150	未添加	未添加	85.4	10.4
159	杀螨酯	Chlorfenson	50	81.0	5.1	89.9	10.4
160	o,p'-滴滴涕	o,p'-DDT	50	86.6	7.5	73.3	23.1

续表

序号	中文名称	英文名称	LOQ /(μg/kg)	2 LOQ Ave/%	RSD/%	10 LOQ Ave/%	RSD/%
161	多效唑	Paclobutrazol	75	88.4	4.8	89.9	9.6
162	盖草津	Methoprotryne	75	94.8	6.7	90.2	11.1
163	抑草蓬	Erbon	50	79.1	18.4	92.7	11.7
164	丙酯杀螨醇	Chloropropylate	25	86.4	6.7	88.4	11.1
165	麦草氟甲酯	Flamprop-methyl	25	88.0	3.9	89.1	10.3
166	除草醚	Nitrofen	150	100.1	10.5	91.0	11.7
167	乙氧氟草醚	Oxyflurofen	100	87.2	6.1	86.5	10.8
168	虫螨磷	Chlorthiophos	75	87.6	5.8	88.5	10.6
169	硫丹Ⅱ	Endosulfan-2	150	81.3	11.3	90.1	11.1
170	麦草氟异丙酯	Flamprop-isopropyl	25	105.2	13.2	91.1	10.0
171	p,p'-滴滴涕	p,p'-DDT	50	89.7	10.9	77.7	10.3
172	三硫磷	Carbofenothion	50	93.3	9.2	89.5	10.0
173	苯霜灵	Benalaxyl	25	94.3	8.7	89.4	9.4
174	敌瘟磷	Edifenphos	50	93.5	11.6	91.7	10.7
175	三唑磷	Triazophos	75	94.0	3.8	88.3	10.3
176	苯腈磷	Cyanofenphos	25	93.7	3.7	88.2	10.2
177	氯杀螨砜	Chlorbenside sulfone	50	82.9	20.5	89.4	13.7
178	硫丹硫酸盐	Endosulfan-sulfate	75	84.7	12.5	74.0	12.9
179	溴螨酯	Bromopropylate	50	84.4	4.1	86.8	9.6
180	新燕灵	Benzoylprop-ethyl	75	84.7	2.9	85.5	10.8
181	甲氰菊酯	Fenpropathrin	50	80.8	4.8	83.7	10.4
182	溴苯磷	Leptophos	50	95.0	9.8	84.6	11.7
183	苯硫磷	EPN	100	93.5	8.9	89.3	12.3
184	环嗪酮	Hexazinone	75	90.9	6.4	95.6	10.3
185	伏杀硫磷	Phosalone	50	93.6	6.2	84.2	11.8
186	保棉磷	Azinphos-methyl	150	90.5	13.4	87.8	16.1
187	氯苯嘧啶醇	Fenarimol	50	80.9	4.7	82.9	10.6
188	益棉磷	Azinphos-ethyl	50	98.3	8.1	86.0	11.7
189	咪鲜胺	Prochloraz	150	86.2	11.7	78.3	13.3
190	蝇毒磷	Coumaphos	150	94.4	6.1	80.8	12.3
191	氟氯氰菊酯	Cyfluthrin	300	52.5	17.9	64.1	9.8
192	敌敌畏	Dichlorvos	150	65.9	17.6	67.6	15.5
193	联苯	Biphenyl	25	65.7	8.2	75.2	10.5
194	灭草敌	Vernolate	25	56.0	16.5	73.2	13.7
195	3,5-二氯苯胺	3,5-Dichloroaniline	25	77.3	14.6	79.0	13.3
196	禾草敌	Molinate	25	77.6	14.9	73.8	9.8
197	虫螨畏	Methacrifos	25	75.9	12.3	74.1	11.0
198	邻苯基苯酚	2-Phenylphenol	25	75.0	13.8	73.8	9.7
199	顺-1,2,3,6四氢邻苯二甲酰亚胺	cis-1,2,3,6-Tetrahydrophthalimide	75	82.2	13.5	77.3	11.6

续表

序号	中文名称	英文名称	LOQ /(μg/kg)	2 LOQ Ave/%	RSD/%	10 LOQ Ave/%	RSD/%
200	仲丁威	Fenobucarb	50	88.7	7.9	80.0	9.7
201	乙丁氟灵	Benfluralin	25	48.4	13.1	47.4	10.4
202	扑灭通	Prometon	75	77.9	6.1	79.2	9.6
203	野麦畏	Triallate	50	75.7	7.6	78.9	9.4
204	嘧霉胺	Pyrimethanil	25	83.0	6.8	82.1	10.2
205	林丹	γ-HCH	50	77.5	8.3	77.8	7.9
206	乙拌磷	Disulfoton	25	78.1	16.4	72.2	9.7
207	阿特拉津	Atrazine	25	81.8	5.5	77.5	11.1
208	七氯	Heptachlor	75	75.4	6.7	76.4	11.0
209	异稻瘟净	Iprobenfos	75	88.5	8.0	85.1	10.9
210	氯唑磷	Isazofos	50	100.0	12.7	80.3	10.9
211	丁苯吗啉	Fenpropimorph	25	58.6	8.4	58.0	8.3
212	四氟苯菊酯	Transfluthrin	25	65.0	14.5	63.1	8.3
213	甲基立枯磷	Tolclofos-methyl	25	81.0	6.4	79.0	9.4
214	异丙草胺	Propisochlor	25	71.6	5.0	74.5	6.8
215	莠灭净	Ametryn	75	84.9	7.3	82.1	9.7
216	西草净	Simetryn	50	85.9	6.6	82.2	10.0
217	溴谷隆	Methobromuron	150	110.9	14.2	86.8	16.5
218	嗪草酮	Metribuzin	75	54.8	14.9	80.8	14.4
219	ε-六六六	ε-HCH	50	93.8	7.4	91.0	7.8
220	异丙净	Dipropetryn	25	98.9	11.3	80.5	11.5
221	安硫磷	Formothion	50	90.1	6.2	82.3	8.9
222	乙霉威	Diethofencarb	150	86.3	6.9	81.3	9.8
223	哌草丹	Dimepiperate	50	82.5	9.0	82.1	8.2
224	生物烯丙菊酯-1	Bioallethrin-1	100	82.8	11.3	79.9	10.2
225	生物烯丙菊酯-2	Bioallethrin-2	100	74.3	12.8	80.1	9.2
226	o,p'-滴滴伊	o,p'-DDE	25	78.4	6.9	80.5	9.1
227	芬螨酯	Fenson	25	89.4	8.5	83.5	8.8
228	双苯酰草胺	Diphenamid	25	85.7	9.5	82.4	9.2
229	氯硫磷	Chlorthion	50	95.8	4.8	83.1	13.7
230	炔丙菊酯	Prallethrin	75	78.9	11.6	82.5	7.5
231	戊菌唑	Penconazole	75	82.3	7.7	81.6	9.3
232	灭蚜磷	Mecarbam	100	90.1	5.5	83.2	8.5
233	四氟醚唑	Tetraconazole	75	43.8	8.2	42.8	5.5
234	氟节胺	Flumetralin	50	79.0	11.9	66.7	8.8
235	三唑醇	Triadimenol	75	76.6	7.9	73.1	8.5
236	丙草胺	Pretilachlor	50	81.2	7.1	81.2	9.1
237	亚胺菌	Kresoxim-methyl	25	87.4	7.8	83.9	8.6
238	吡氟禾草灵	Fluazifop-butyl	25	59.8	13.4	54.5	6.1
239	乙酯杀螨醇	Chlorobenzilate	25	85.2	6.3	82.3	8.4

续表

序号	中文名称	英文名称	LOQ /(μg/kg)	2 LOQ Ave/%	RSD/%	10 LOQ Ave/%	RSD/%
240	烯效唑	Uniconazole	50	82.1	13.0	79.0	9.1
241	氟哇唑	Flusilazole	75	82.3	6.8	82.2	9.0
242	三氟硝草醚	Fluorodifen	25	94.9	6.3	93.2	6.9
243	烯唑醇	Diniconazole	75	73.7	7.7	81.7	9.1
244	增效醚	Piperonyl butoxide	25	89.2	8.3	87.0	8.9
245	炔螨特	Propargite	50	92.5	15.5	80.4	17.5
246	灭锈胺	Mepronil	25	100.2	12.7	85.7	7.4
247	吡氟酰草胺	Diflufenican	25	81.6	7.3	81.2	8.6
248	喹螨醚	Fenazaquin	25	83.4	6.6	86.6	8.2
249	苯醚菊酯	Phenothrin	25	82.1	8.8	85.8	8.5
250	咯菌腈	Fludioxonil	25	74.7	16.1	75.0	10.7
251	苯氧威	Fenoxycarb	150	78.1	11.2	84.3	7.6
252	稀禾啶	Sethoxydim	225	63.0	15.7	62.0	15.6
253	双甲脒	Amitraz	75	65.1	12.4	63.1	14.1
254	莎稗磷	Anilofos	50	90.4	7.9	83.1	8.0
255	苯噻酰草胺	Mefenacet	75	84.1	11.3	89.8	7.7
256	氯菊酯	Permethrin	50	78.6	8.7	85.4	8.2
257	哒螨灵	Pyridaben	25	70.1	12.9	81.5	9.7
258	乙羧氟草醚	Fluoroglycofen-ethyl	300	63.7	7.9	57.3	7.7
259	联苯三唑醇	Bitertanol	75	76.9	7.9	84.2	7.5
260	醚菊酯	Etofenprox	25	80.6	8.0	89.0	7.7
261	噻草酮	Cycloxydim	300	59.3	13.0	67.2	13.9
262	α-氯氰菊酯	α-Cypermethrin	50	73.0	6.9	75.9	4.4
263	S-氰戊菊酯	Esfenvalerate	100	95.9	12.1	79.4	3.5
264	苯醚甲环唑	Difenconazole	150	74.2	7.5	81.2	4.5
265	丙炔氟草胺	Flumioxazin	50	85.6	17.0	89.4	14.5
266	氟烯草酸	Flumiclorac-pentyl	50	95.7	11.8	90.3	6.6
267	甲氟磷	Dimefox	75	82.9	16.5	104.2	12.5
268	乙拌磷亚砜	Disulfoton-sulfoxide	50	95.1	4.8	103.9	10.9
269	五氯苯	Pentachlorobenzene	25	76.8	13.1	114.0	14.1
270	三异丁基磷酸盐	Tri-iso-butyl phosphate	25	85.7	2.9	84.8	5.8
271	鼠立死	Crimidine	25	89.8	3.8	104.1	10.1
272	4-溴-3,5-二甲苯基-N-甲基氨基甲酸酯-1	BDMC-1	50	85.6	18.9	87.4	14.7
273	燕麦酯	Chlorfenprop-methyl	25	65.2	16.6	106.9	13.1
274	虫线磷	Thionazin	25	96.2	10.5	100.9	8.6
275	2,3,5,6-四氯苯胺	2,3,5,6-Tetrachloroaniline	25	85.2	5.7	102.0	13.8
276	三正丁基磷酸盐	Tri-n-butyl phosphate	50	91.1	7.3	103.0	11.2
277	2,3,4,5-四氯甲氧基苯	2,3,4,5-Tetrachloroanisole	25	66.0	16.5	106.6	10.7
278	五氯甲氧基苯	Pentachloroanisole	25	83.5	5.4	107.3	10.9

续表

序号	中文名称	英文名称	LOQ /(μg/kg)	2 LOQ Ave/%	RSD/%	10 LOQ Ave/%	RSD/%
279	牧草胺	Tebutam	50	86.0	3.3	104.1	9.8
280	蔬果磷	Dioxabenzofos	250	85.6	3.7	105.5	9.3
281	甲基苯噻隆	Methabenzthiazuron	250	84.1	9.6	115.3	8.5
282	西玛通	Simeton	50	86.8	4.0	96.3	7.0
283	阿特拉通	Atratone	25	82.4	2.1	98.1	8.2
284	溴烯杀	Bromocylen	25	77.8	14.7	106.2	10.9
285	草达津	Trietazine	25	86.6	5.1	107.2	10.7
286	氧乙嘧硫磷	Etrimfos oxon	25	86.2	3.6	106.2	11.4
287	环莠隆	Cycluron	75	69.8	8.9	99.1	11.8
288	2,6-二氯苯甲酰胺	2,6-Dichlorobenzamide	50	95.1	10.6	94.0	12.6
289	2,4,4'-三氯联苯	DE-PCB 28 2,4,4'-Trichlorobiphenyl	25	85.2	14.5	107.0	10.8
290	2,4',5-三氯联苯	DE-PCB 31 2,4',5-Trichlorobiphenyl	25	100.9	10.8	57.1	9.1
291	脱乙基另丁津	Desethyl-sebuthylazine	50	84.2	5.0	72.0	15.3
292	2,3,4,5-四氯苯胺	2,3,4,5-Tetrachloroaniline	50	80.6	8.0	96.6	13.1
293	合成麝香	Musk ambrette	25	84.3	4.6	99.9	5.4
294	二甲苯麝香	Musk xylene	25	86.3	5.3	97.9	4.9
295	五氯苯胺	Pentachloroaniline	25	92.3	10.9	107.4	10.9
296	叠氮津	Aziprotryne	200	104.2	10.3	101.0	9.3
297	另丁津	Sebutylazine	25	82.7	4.7	92.6	11.0
298	丁脒酰胺	Isocarbamid	125	129.0	3.7	101.7	5.3
299	2,2',5,5'-四氯联苯	DE-PCB 52 2,2',5,5'-Tetrachlorobiphenyl	25	74.9	4.0	107.6	11.5
300	麝香	Musk moskene	25	85.1	3.7	100.4	6.8
301	苄草丹	Prosulfocarb	25	81.6	12.9	106.8	10.8
302	二甲吩草胺	Dimethenamid	25	72.5	12.9	107.8	10.9
303	氧皮蝇磷	Fenchlorphos oxon	50	85.6	5.0	104.1	10.8
304	4-溴-3,5-二甲苯基-N-甲基氨基甲酸酯-2	BDMC-2	50	91.2	5.3	117.3	8.0
305	甲基对氧磷	Paraoxon-methyl	50	73.4	13.2	95.2	12.6
306	庚酰草胺	Monalide	50	90.0	3.9	100.1	9.7
307	西藏麝香	Musk tibeten	25	87.0	2.1	96.6	3.8
308	碳氯灵	Isobenzan	25	73.8	10.3	104.3	10.6
309	八氯苯乙烯	Octachlorostyrene	25	81.8	8.2	103.3	9.1
310	嘧啶磷	Pyrimitate	25	82.1	13.8	100.9	6.7
311	异艾氏剂	Isodrin	25	84.1	18.6	99.1	10.3
312	丁嗪草酮	Isomethiozin	50	67.1	13.8	103.7	9.2
313	毒壤磷	Trichloronat	25	69.5	12.8	106.2	9.8
314	敌草索	Dacthal	25	86.9	4.8	103.3	6.0
315	4,4'-二氯二苯甲酮	4,4'-Dichlorobenzophenone	25	86.6	4.4	108.3	9.8

续表

序号	中文名称	英文名称	LOQ /(μg/kg)	2 LOQ Ave/%	RSD/%	10 LOQ Ave/%	RSD/%
316	酞菌酯	Nitrothal-isopropyl	50	64.0	16.2	105.3	12.6
317	吡咪唑	Rabenzazole	25	85.1	14.5	110.5	9.1
318	嘧菌环胺	Cyprodinil	25	87.1	4.2	105.5	9.6
319	麦穗灵	Fuberidazole	125	106.7	9.0	95.8	12.5
320	氧异柳磷	Isofenphos oxon	50	67.1	16.9	71.9	10.9
321	呋菌胺	Methfuroxam	25	62.4	18.6	74.4	10.6
322	异氯磷	Dicapthon	125	73.1	12.9	86.6	15.7
323	2,2′,4′,5,5′-五氯联苯	DE-PCB 101 2,2′,4,5,5′-Pentachlorobiphenyl	25	84.4	6.1	101.9	7.3
324	2-甲-4-氯丁氧乙基酯	MCPA-butoxyethyl ester	25	82.0	12.1	105.8	7.9
325	水胺硫磷	Isocarbophos	50	84.3	5.9	81.9	13.3
326	甲拌磷砜	Phorate sulfone	25	88.4	3.6	107.4	11.3
327	杀螨醇	Chlorfenethol	25	89.6	5.6	109.1	10.9
328	反式-九氯	trans-Nonachlor	25	81.8	7.4	103.5	9.1
329	消螨通	Dinobuton	250	79.8	14.5	76.3	11.0
330	脱叶磷	DEF	50	78.5	19.9	88.2	14.2
331	氟咯草酮	Flurochloridone	50	82.3	2.8	104.7	10.6
332	溴苯烯磷	Bromfenvinfos	25	85.5	5.4	108.6	9.4
333	乙滴涕	Perthane	25	82.5	6.8	106.5	9.5
334	灭菌磷	Ditalimfos	25	68.0	17.2	101.3	10.8
335	2,3′,4,4′,5-五氯联苯	DE-PCB 118 2,3′,4,4′,5-Pentachlorobiphenyl	25	98.2	1.5	105.8	9.3
336	4,4′-二溴二苯甲酮	4,4′-Dibromobenzophenone	25	79.0	14.3	108.5	7.6
337	粉唑醇	Flutriafol	50	94.3	6.3	98.7	6.4
338	地胺磷	Mephosfolan	50	87.5	10.1	101.2	6.4
339	乙基杀扑磷	Athidathion	50	73.9	18.0	105.3	14.4
340	2,2′,4,4′,5,5′-六氯联苯	DE-PCB 153 2,2′,4,4′,5,5′-Hexachlorobiphenyl	25	82.7	5.4	108.9	9.8
341	苄氯三唑醇	Diclobutrazole	100	91.8	5.4	101.9	8.1
342	乙拌磷砜	Disulfoton sulfone	50	86.8	3.8	106.4	8.9
343	噻螨酮	Hexythiazox	200	95.3	6.6	110.0	9.0
344	2,2′,3,4,4′,5′-六氯联苯	DE-PCB 138 2,2′,3,4,4′,5′-Hexachlorobiphenyl	25	83.8	3.8	106.9	10.0
345	威菌磷	Triamiphos	50	79.3	12.2	85.3	12.0
346	苄呋菊酯-1	Resmethrin-1	50	111.1	5.8	87.4	12.8
347	环菌唑醇	Cyproconazole	25	125.9	16.9	103.6	7.8
348	苄呋菊酯-2	Resmethrin-2	50	70.7	3.4	103.3	9.2
349	邻苯二甲酸丁苄酯	Phthalicacid, benzyl Butyl ester	25	95.8	12.2	76.1	16.0
350	炔草酸	Clodinafop-propargyl	50	78.3	10.5	108.6	11.4
351	倍硫磷亚砜	Fenthion sulfoxide	100	89.2	14.7	90.1	7.4

续表

序号	中文名称	英文名称	LOQ /(μg/kg)	2 LOQ Ave/%	RSD/%	10 LOQ Ave/%	RSD/%
352	三氟苯唑	Fluotrimazole	25	89.2	5.1	110.0	7.0
353	氟草烟-1-甲庚酯	Fluroxypr-1-methyheptyl ester	25	87.3	4.1	97.3	4.3
354	倍硫磷砜	Fenthion sulfone	100	88.8	4.2	101.2	12.3
355	三苯基磷酸盐	Triphenyl phosphate	25	87.5	4.6	104.5	7.3
356	苯嗪草酮	Metamitron	250	91.4	8.7	101.0	8.8
357	2,2′,3,4,4′,5,5′-七氯联苯	DE-PCB 180 2,2′,3,4,4′,5,5′-Heptachlorobiphenyl	25	84.4	5.9	108.9	8.7
358	吡螨胺	Tebufenpyrad	25	81.0	8.0	105.5	8.9
359	解草酯	Cloquintocet-mexyl	25	68.5	14.8	112.5	7.8
360	环草定	Lenacil	250	122.6	15.4	102.6	5.0
361	糠菌唑	Bromuconazole	50	104.6	10.6	110.6	9.4
362	脱溴溴苯磷	Desbrom-leptophos	25	84.8	2.8	106.1	10.0
363	甲磺乐灵	Nitralin	250	90.3	15.5	95.7	13.2
364	苯线磷亚砜	Fenamiphos sulfoxide	100	74.5	14.2	80.6	16.9
365	苯线磷砜	Fenamiphos sulfone	100	106.5	12.1	90.9	13.3
366	拌种咯	Fenpiclonil	100	95.4	8.7	115.4	4.6
367	氟喹唑	Fluquinconazole	25	83.8	4.6	106.3	7.6
368	腈苯唑	Fenbuconazole	50	88.7	5.8	106.9	5.9
369	残杀威-1	Propoxur-1	50	82.7	9.9	93.1	11.5
370	异丙威-1	Isoprocarb-1	50	80.6	9.1	92.6	13.0
371	甲胺磷	Methamidophos	100	53.7	17.2	44.2	9.7
372	二氢苊	Acenaphthene	25	71.1	7.0	77.9	14.5
373	畜虫避	Dibutyl succinate	50	77.1	6.1	85.6	12.5
374	邻苯二甲酰亚胺	Phthalimide	50	90.9	13.7	89.9	9.5
375	氯氧磷	Chlorethoxyfos	50	77.9	4.9	84.9	13.3
376	异丙威-2	Isoprocarb-2	50	80.5	7.6	88.5	11.1
377	戊菌隆	Pencycuron	100	68.1	26.8	68.9	23.3
378	丁噻隆	Tebuthiuron	100	82.4	14.5	88.4	12.7
379	甲基内吸磷	Demeton-S-methyl	100	61.4	22.0	86.0	7.1
380	硫线磷	Cadusafos	100	83.1	11.2	88.7	13.2
381	残杀威-2	Propoxur-2	50	76.3	15.3	82.0	14.1
382	菲	Phenanthrene	25	67.6	8.9	74.2	12.4
383	唑螨酯	Fenpyroximate	200	84.8	9.1	85.4	9.2
384	丁基嘧啶磷	Tebupirimfos	50	71.9	9.1	78.6	14.5
385	茉莉酮	Prohydrojamon	100	73.6	13.9	90.7	4.6
386	苯锈啶	Fenpropidin	50	79.4	5.5	97.0	10.2
387	氯硝胺	Dichloran	50	83.8	8.5	85.2	12.3
388	炔苯酰草胺	Propyzamide	50	79.2	7.9	84.8	14.3
389	抗蚜威	Pirimicarb	50	89.0	6.8	89.7	10.4
390	磷胺-1	Phosphamidon-1	200	81.2	24.7	79.0	11.2

续表

序号	中文名称	英文名称	LOQ /(μg/kg)	2 LOQ		10 LOQ	
				Ave/%	RSD/%	Ave/%	RSD/%
391	解草嗪	Benoxacor	50	86.8	8.4	86.3	14.8
392	溴丁酰草胺	Bromobutide	25	78.6	13.9	86.3	5.7
393	乙草胺	Acetochlor	50	80.9	8.0	89.1	12.1
394	灭草环	Tridiphane	100	85.8	0.8	92.4	3.7
395	特草灵	Terbucarb	50	68.6	6.9	76.9	15.2
396	戊草丹	Esprocarb	50	92.7	15.5	83.6	16.2
397	呋酰胺	Fenfuram	50	86.3	7.5	88.4	10.4
398	活化酯	Acibenzolar-S-methyl	50	81.3	4.4	77.7	6.8
399	呋草黄	Benfuresate	50	77.1	12.7	94.5	6.8
400	氟硫草定	Dithiopyr	25	61.6	6.9	68.6	19.7
401	精甲霜灵	Mefenoxam	50	81.4	5.7	89.1	13.6
402	马拉氧磷	Malaoxon	400	84.0	18.5	68.8	23.6
403	磷胺-2	Phosphamidon-2	200	97.3	17.8	82.7	15.9
404	硅氟唑	Simeconazole	50	67.1	20.3	62.4	24.7
405	氯酞酸甲酯	Chlorthal-dimethyl	50	85.4	14.4	91.0	11.4
406	噻唑烟酸	Thiazopyr	50	60.3	8.0	68.9	19.2
407	甲基毒虫畏	Dimethylvinphos	50	86.1	12.4	82.0	11.6
408	仲丁灵	Butralin	100	78.1	16.1	79.3	14.8
409	苯酰草胺	Zoxamide	50	75.7	9.9	85.0	18.5
410	啶斑肟-1	Pyrifenox-1	200	83.0	10.2	88.5	13.4
411	烯丙菊酯	Allethrin	100	78.8	11.9	82.2	15.6
412	异戊乙净	Dimethametryn	25	78.9	7.4	85.9	14.7
413	灭藻醌	Quinoclamine	100	93.1	16.6	85.1	14.0
414	甲醚菊酯-1	Methothrin-1	50	84.3	27.9	83.2	12.2
415	氟噻草胺	Flufenacet	200	66.5	15.1	76.1	22.6
416	甲醚菊酯-2	Methothrin-2	50	73.0	9.2	87.5	10.3
417	啶斑肟-2	Pyrifenox-2	200	82.1	8.7	88.3	13.3
418	氰菌胺	Fenoxanil	50	96.6	10.9	101.1	20.0
419	四氯苯酞	Phthalide	100	85.5	12.2	93.5	10.0
420	呋霜灵	Furalaxyl	50	83.7	9.4	86.8	14.9
421	噻虫嗪	Thiamethoxam	100	105.8	8.8	71.9	23.7
422	嘧菌胺	Mepanipyrim	25	86.6	19.5	82.4	17.6
423	除草定	Bromacil	50	76.2	21.4	90.2	19.0
424	啶氧菌酯	Picoxystrobin	50	79.2	7.0	86.4	14.9
425	抑草磷	Butamifos	25	89.1	12.6	72.8	10.1
426	甲基咪草酯	Imazamethabenz-methyl	75	79.9	9.7	88.7	13.8
427	苯氧菌胺-1	Metominostrobin-1	100	94.7	17.2	90.5	4.7
428	苯噻硫氰	TCMTB	400	94.0	24.7	91.2	10.0
429	甲硫威砜	Methiocarb sulfone	800	87.0	29.1	71.0	11.9
430	抑霉唑	Imazalil	100	86.3	17.7	93.6	26.3

续表

序号	中文名称	英文名称	LOQ /(μg/kg)	2 LOQ Ave/%	RSD/%	10 LOQ Ave/%	RSD/%
431	稻瘟灵	Isoprothiolane	50	80.3	8.2	87.3	14.3
432	嘧草醚	Pyriminobac-methyl	100	84.0	0.0	90.7	4.9
433	噁唑磷	Isoxathion	200	75.5	27.4	82.4	4.9
434	苯氧菌胺-2	Metominostrobin-2	100	75.5	2.3	86.3	4.6
435	苯虫醚-1	Diofenolan-1	50	80.8	8.7	88.1	12.9
436	苯虫醚-2	Diofenolan-2	50	80.8	9.7	88.0	12.8
437	苯氧喹啉	Quinoxyphen	25	79.4	12.9	89.5	11.6
438	溴虫腈	Chlorfenapyr	200	72.0	11.9	82.8	16.8
439	肟菌酯	Trifloxystrobin	100	74.5	8.6	89.3	13.2
440	脱苯甲基亚胺唑	Imibenconazole-des-benzyl	100	98.0	12.5	78.9	11.5
441	双苯噁唑酸	Isoxadifen-ethyl	50	84.2	3.7	90.0	3.6
442	炔咪菊酯-1	Imiprothrin-1	50	107.5	26.0	55.1	19.9
443	唑酮草酯	Carfentrazone-ethyl	50	69.5	9.2	80.7	16.0
444	炔咪菊酯-2	Imiprothrin-2	50	78.7	19.9	75.0	18.9
445	氟环唑-1	Epoxiconazole-1	200	80.8	5.9	90.2	11.9
446	吡草醚	Pyraflufen ethyl	50	69.6	12.4	80.1	16.9
447	稗草丹	Pyributicarb	50	75.0	7.0	86.0	14.3
448	噻吩草胺	Thenylchlor	50	88.4	15.5	89.0	12.1
449	烯草酮	Clethodim	100	67.6	24.0	85.8	6.3
450	吡唑解草酯	Mefenpyr-diethyl	75	80.4	6.6	88.2	13.3
451	伐灭磷	Famphur	100	84.8	11.6	92.1	18.2
452	乙螨唑	Etoxazole	150	77.5	9.4	89.9	9.1
453	吡丙醚	Pyriproxyfen	50	82.6	11.1	89.4	14.4
454	氟环唑-2	Epoxiconazole-2	200	81.6	7.1	87.8	12.9
455	氟吡酰草胺	Picolinafen	25	79.2	12.5	85.3	12.5
456	异菌脲	Iprodione	100	91.1	12.9	89.5	12.9
457	哌草磷	Piperophos	75	81.8	10.7	88.0	13.8
458	甲呋酰胺	Ofurace	75	80.7	4.5	87.6	9.9
459	联苯肼酯	Bifenazate	200	84.7	2.5	83.0	6.7
460	异狄氏剂酮	Endrin ketone	100	77.0	9.8	92.3	14.5
461	氯甲酰草胺	Clomeprop	25	67.7	11.3	92.5	11.9
462	咪唑菌酮	Fenamidone	25	99.2	17.8	99.6	20.2
463	萘丙胺	Naproanilide	25	97.4	6.5	91.0	4.6
464	百克敏	Pyraclostrobin	600	93.4	27.6	107.4	28.3
465	乳氟禾草灵	Lactofen	200	41.5	28.4	37.8	28.9
466	苯草酮	Tralkoxydim	200	82.5	11.2	94.6	9.9
467	吡唑硫磷	Pyraclofos	200	105.1	4.5	90.0	3.8
468	氯亚胺硫磷	Dialifos	800	106.4	19.0	109.4	18.5
469	螺螨酯	Spirodiclofen	200	75.7	6.4	99.9	12.4
470	苄螨醚	Halfenprox	50	75.4	6.0	85.4	7.4

续表

序号	中文名称	英文名称	LOQ/(μg/kg)	2 LOQ Ave/%	2 LOQ RSD/%	10 LOQ Ave/%	10 LOQ RSD/%
471	呋草酮	Flurtamone	50	81.3	10.8	85.8	15.8
472	环酯草醚	Pyriftalid	25	80.0	15.8	88.4	12.8
473	氟硅菊酯	Silafluofen	25	77.9	29.8	83.7	15.4
474	嘧螨醚	Pyrimidifen	50	83.5	16.5	93.6	11.6
475	啶虫脒	Acetamiprid	100	100.7	7.3	84.8	21.6
476	氟丙嘧草酯	Butafenacil	25	43.3	9.7	44.4	25.8
477	苯酮唑	Cafenstrole	100	84.1	12.6	92.2	5.7
478	氟啶草酮	Fluridone	50	97.4	13.3	83.2	14.0

表 7-22　用 LC-MS/MS 检测猪肉、羊肉、牛肉、兔肉和鸡肉组织中 379 种农药的定量限，回收率和精密度数据($n=15$)

序号	中文名称	英文名称	LOQ/(μg/kg)	2 LOQ Ave/%	2 LOQ RSD/%	10 LOQ Ave/%	10 LOQ RSD/%
1	吡蚜酮	Pymetrozin	40.0	66.2	9.4	63.4	11.4
2	烯啶虫胺	Nitenpyram	16.0	60.3	8.8	74.5	2.4
3	丁酮威亚砜	Butocarboxim sulfoxide	80.0	68.0	7.7	96.6	19.1
4	甲基内吸磷砜	Demeton-S-methyl sulfone	16.0	86.4	12.9	94.7	8.5
5	乙硫苯威亚砜	Ethiofencarb sulfoxide	8.0	72.3	12.7	104.0	11.4
6	抗蚜威	Pirimicarb	0.8	80.8	5.8	92.7	21.1
7	速灭磷	Mevinphos	16.0	79.3	5.0	86.2	11.0
8	磺噻隆	Ethidimuron	16.0	83.1	0.6	44.2	20.7
9	吡虫啉	Imidacloprid	80.0	84.3	5.8	91.2	15.9
10	密草通	Secbumeton	0.4	76.2	11.0	93.0	16.1
11	西草净	Simetryn	0.8	81.9	3.5	73.4	14.8
12	咪唑乙烟酸	Imazethapyr	960.0	60.1	4.1	70.0	10.7
13	噻虫啉	Thiacloprid	1.6	92.3	6.1	98.2	11.5
14	盖草津	Methoprotryne	8.0	86.2	8.5	85.4	24.8
15	甲基对氧磷	Paraoxon methyl	4.0	92.8	5.4	88.4	18.7
16	吡喃草酮	Tepraloxydim	64.0	81.1	5.2	97.8	13.5
17	螺噁茂胺	Spiroxamine	0.2	59.2	6.2	56.6	17.5
18	敌敌畏	Dichlorvos	40.0	78.5	14.4	77.7	28.9
19	2,4′,5-三氯联苯	DE-PCB 31 2,4′,5-Trichlorobiphenyl	80.0	102.3	21.4	104.0	13.9
20	氰草津	Cyanazine	2.4	69.2	6.3	76.7	12.0
21	马拉氧磷	Malaoxon	0.8	72.1	15.0	88.8	9.8
22	倍硫磷亚砜	Fenthion sulfoxide	0.8	93.0	22.7	91.6	20.5
23	环莠隆	Cycluron	0.8	72.1	4.1	94.8	19.5
24	扑草净	Prometryne	0.4	83.1	9.0	91.1	13.1
25	吡咪唑	Rabenzazole	0.4	81.7	11.2	95.0	20.9
26	绿谷隆	Monolinuron	16.0	81.0	5.2	104.2	11.7
27	异丙威	Isoprocarb	8.0	83.4	5.3	93.0	6.3
28	毒草胺	Propachlor	0.8	76.0	5.3	82.0	19.1

续表

序号	中文名称	英文名称	LOQ/(μg/kg)	2 LOQ Ave/%	RSD/%	10 LOQ Ave/%	RSD/%
29	噁唑隆	Dimefuron	1.6	62.4	4.2	86.6	18.6
30	苯胺灵	Propham	80.0	76.8	24.9	79.4	18.9
31	异噁草松	Clomazone	2.4	85.6	4.4	94.0	11.3
32	三唑醇	Triadimenol	8.0	70.5	15.4	90.6	5.3
33	多效唑	Paclobutrazol	0.4	82.3	10.9	92.7	11.0
34	嘧菌环胺	Cyprodinil	0.8	80.3	2.9	88.5	10.9
35	甜菜胺	Desmedipham	4.0	73.5	2.6	83.3	18.0
36	伐灭磷	Famphur	4.8	77.0	9.8	81.1	19.0
37	杀扑磷	Methidathion	12.0	80.8	14.1	90.6	16.2
38	氯苯嘧啶醇	Fenarimol	4.8	75.0	4.9	78.2	21.2
39	异丙菌胺	Iprovalicarb	1.6	66.0	22.8	74.2	28.0
40	二甲吩草胺	Dimethenamid	0.8	75.9	11.8	91.8	12.7
41	腈菌唑	Myclobutanil	2.4	85.6	8.2	94.0	9.2
42	异噁氟草	Isoxaflutole	80.0	78.2	5.5	88.1	13.8
43	乙环唑	Etaconazole	0.8	86.2	18.6	94.7	12.2
44	苄氯三唑醇	Diclobutrazole	0.4	85.2	9.3	85.8	14.7
45	敌草胺	Napropamide	0.8	82.7	4.2	104.2	2.7
46	氟硅唑	Flusilazole	0.8	82.0	9.9	97.0	18.1
47	联苯三唑醇	Bitertanol	8.0	85.3	18.5	75.5	23.4
48	戊菌唑	Penconazole	0.4	68.5	10.4	99.9	17.7
49	氟酰胺	Flutolanil	0.8	79.8	10.0	85.5	5.5
50	乙草胺	Acetochlor	80.0	85.1	6.3	98.4	5.0
51	杀螟硫磷	Fenitrothion	64.0	84.3	12.2	124.8	22.4
52	益棉磷	Azinphos ethyl	80.0	92.7	3.9	93.6	9.9
53	敌瘟磷	Edifenphos	1.6	78.8	5.4	95.8	15.1
54	丁嗪草酮	Isomethiozin	0.4	80.5	5.1	88.8	15.8
55	溴苯烯磷	Bromfenvinfos	3.2	90.6	21.4	87.7	14.8
56	苯霜灵	Benalaxyl	0.4	70.2	17.3	104.3	14.9
57	杀铃脲	Triflumuron	4.8	62.2	6.5	61.3	8.0
58	莎稗磷	Anilofos	0.8	76.8	18.5	86.5	24.7
59	吡草醚	Pyraflufen ethyl	2.4	62.3	15.5	89.5	14.6
60	炔草酸	Clodinafop propargyl	0.8	68.6	12.7	92.3	21.8
61	二嗪磷	Diazinon	0.2	79.7	5.7	94.5	13.3
62	氨氟灵	Dinitramine	32.0	60.9	15.7	61.1	20.5
63	吡菌磷	Prazophos	0.4	71.2	10.8	87.8	15.8
64	特草灵	Terbucarb	8.0	97.5	27.6	89.8	12.7
65	甲基立枯磷	Tolclofos methyl	240.0	74.7	8.1	98.2	10.6
66	氟吡甲禾灵	Haloxyfop-methyl	0.2	66.9	16.5	74.5	18.4
67	丙草胺	Pretilachlor	1.6	74.0	2.2	93.3	16.4
68	吡氟酰草胺	Diflufenican	0.2	68.4	9.2	86.9	11.8

续表

序号	中文名称	英文名称	LOQ /(μg/kg)	2 LOQ		10 LOQ	
				Ave/%	RSD/%	Ave/%	RSD/%
69	茚虫威	Indoxacarb	4.8	74.4	8.1	87.0	13.2
70	解草酯	Cloquintocet mexyl	0.4	74.9	8.1	89.8	15.0
71	氯亚胺硫磷	Dialifos	16.0	70.0	22.4	73.0	21.8
72	喹禾灵	Quizalofop-ethyl	2.4	78.1	13.6	97.9	15.1
73	燕麦敌	cis-, trans-Diallate	48.0	77.8	8.4	85.0	21.8
74	丁草敌	Butylate	480.0	78.6	1.7	82.2	27.1
75	胺菊酯	Tetramethirn	4.8	87.2	14.3	94.1	14.0
76	吡氟禾草灵	Fluazifop butyl	0.8	61.8	8.0	71.4	8.7
77	烯丙酰草胺	Dichlormid	8.0	117.8	28.5	103.9	20.1
78	烯丙菊酯	Allethrin	24.0	90.1	6.4	86.9	8.3
79	噻螨酮	Hexythiazox	0.8	77.7	13.0	97.1	20.0
80	甲醚菊酯	Methothrin	1600.0	114.0	28.5	105.0	24.3
81	野麦畏	Triallate	80.0	83.9	5.9	94.7	12.4
82	邻苯二甲酸二环己基酯	Phthalic acid, dicyclobexyl ester	4.8	123.9	20.9	89.9	5.1
83	丙硫磷	Prothiophos	80.0	76.2	10.6	89.1	15.7
84	烟碱	Nicotine	16.0	86.0	17.2	83.6	20.2
85	脱甲基抗蚜威	Pirmicarb-desmethyl	0.4	99.5	13.5	85.6	15.2
86	乙酰甲胺磷	Acephate	16.0	46.7	8.4	49.1	12.3
87	多菌灵	Carbendazim	0.4	78.4	15.1	71.2	10.5
88	蚜灭磷砜	Vamidothion sulfone	9.6	70.5	10.6	65.7	7.6
89	噻虫嗪	Thiamethoxam	80.0	65.4	14.7	81.4	22.0
90	噻虫胺	Clothianidin	48.0	71.9	8.8	79.8	6.3
91	3-羟基呋喃丹	3-Hydroxy carbofuran	1.6	76.5	11.2	100.1	15.9
92	非草隆	Fenuron	8.0	85.6	3.6	74.4	22.6
93	6-氯-4-羟基-3-苯基哒嗪	6-Chloro-4-hydroxy-3-phenyl-pyridazin	2.4	65.7	8.8	66.2	12.4
94	特普	TEPP	8.0	63.3	13.9	65.0	22.6
95	脱乙基另丁津	Desethyl-sebuthylazine	24.0	64.3	4.7	73.0	8.6
96	磷胺	Phosphamidon	2.4	86.4	10.0	90.0	6.8
97	脱苯甲基亚胺唑	Imibenzazole-des-benzyl	4.0	90.7	9.5	90.7	8.7
98	地胺磷	Mephosfolan	0.8	79.6	4.6	96.3	7.2
99	异唑隆	Isouron	0.8	94.2	17.8	85.2	18.0
100	氯甲硫磷	Chlormephos	2400.0	91.3	11.8	87.4	7.9
101	赛灭磷	Cythioate	48.0	84.1	12.8	82.9	20.5
102	残杀威	Propoxur	8.0	92.7	6.3	85.9	14.6
103	醚苯磺隆	Triasulfuron	2400.0	97.8	10.3	81.7	12.2
104	噁虫威	Bendiocarb	1.6	84.8	13.7	100.5	10.3
105	粉唑醇	Flutriafol	2.4	96.2	12.3	94.2	8.9
106	精甲霜灵	Mefenoxam	0.4	86.4	15.7	95.0	10.1
107	敌草隆	Diuron	0.4	84.0	15.8	101.9	14.1
108	枯莠隆	Difenoxuron	1.6	93.5	15.5	100.7	12.4

续表

序号	中文名称	英文名称	LOQ /(μg/kg)	2 LOQ		10 LOQ	
				Ave/%	RSD/%	Ave/%	RSD/%
109	溴谷隆	Methobromuron	3.2	88.9	15.2	92.0	13.9
110	二甲草胺	Dimethachloro	0.8	91.5	5.7	93.8	2.7
111	发硫磷	Prothoate	1.6	95.8	26.0	95.1	8.7
112	扑灭津	Propazine	0.8	58.7	5.0	72.6	5.8
113	乙拌磷砜	Disulfoton sulfone	2.4	85.1	4.8	91.2	7.9
114	甜菜宁	Phenmedipham	4.0	91.0	2.9	92.1	2.8
115	呋霜灵	Furalaxyl	0.8	91.9	3.9	94.5	6.0
116	特丁津	Terbuthylazine	0.4	84.4	16.8	100.1	10.1
117	呋草酮	Flurtamone	0.8	85.4	5.5	88.0	9.0
118	糠菌唑	Bromuconazole	1.6	84.3	16.4	93.1	4.9
119	氯嘧磺隆	Chlorimuron ethyl	8.0	92.8	7.8	76.2	15.0
120	禾草敌	Molinate	4.0	80.7	7.2	81.4	11.5
121	环酰菌胺	Fenhexamid	0.8	78.6	5.1	86.1	8.7
122	环酯草醚	Pyriftalid	0.4	80.8	7.6	96.6	13.3
123	氯炔灵	Chlorbufam	160.0	82.1	7.0	99.1	10.7
124	炔丙烯草胺	Pronamide	2.4	101.8	14.3	80.4	18.8
125	伏蚁腙	Hydramethylnon	4.0	17.0	4.2	14.2	12.8
126	异噁酰草胺	Isoxaben	0.4	103.4	6.3	90.5	4.6
127	乙氧呋草黄	Ethofume sate	640.0	96.2	16.6	90.3	16.6
128	联苯肼酯	Bifenazate	12.0	66.7	17.8	56.4	24.3
129	联苯二胺	Diphenylamin	1.6	67.7	19.8	46.0	13.8
130	麦草氟甲酯	Flamprop methyl	4.0	101.1	11.3	105.6	11.7
131	异稻瘟净	Iprobenfos	4.0	94.4	12.8	92.5	8.9
132	叶菌唑	Metconazole	0.8	84.0	12.2	92.4	6.1
133	杀虫畏	Tetrachlorvinphos	2.4	82.8	14.1	97.0	11.2
134	三唑磷	Triazophos	0.4	93.0	6.7	97.6	7.9
135	丙环唑	Propiconazole	0.8	86.7	10.4	94.2	7.5
136	草不隆	Neburon	2.4	85.1	13.2	88.9	18.9
137	氟噻乙草酯	Fluthiacet methyl	2.4	100.6	11.1	86.8	13.9
138	苯草醚	Aclonifen	8.0	96.6	26.8	103.4	11.5
139	噻嗪酮	Buprofezin	0.4	85.3	19.4	92.8	5.7
140	三苯基磷酸盐	Triphenyl phosphate	0.4	97.7	10.9	76.7	15.2
141	对硫磷	Parathion	480.0	89.4	7.4	79.2	18.7
142	乙嘧硫磷	Etrimfos	0.8	108.9	7.2	85.3	10.8
143	麦草氟异丙酯	Flamprop isopropyl	0.8	92.1	9.8	92.3	5.8
144	嘧啶磷	Pirimiphos-ethyl	0.2	87.0	10.8	97.8	2.7
145	苯腈磷	Cyanofenphos	4.0	91.1	12.8	85.3	21.1
146	肟菌酯	Trifloxystrobin	0.4	105.4	15.6	92.3	17.4
147	氯乙氟灵	Fluchloralin	160.0	72.6	16.4	57.7	13.1
148	氟吡酰草胺	Picolinafen	0.8	77.8	4.8	91.4	18.0

续表

序号	中文名称	英文名称	LOQ /(μg/kg)	2 LOQ Ave/%	RSD/%	10 LOQ Ave/%	RSD/%
149	生物烯丙菊酯	Bioallethrin	8.0	72.3	13.7	83.8	20.5
150	吡丙醚	Pyriproxyfen	0.4	102.5	8.1	95.2	12.2
151	喹螨醚	Fenazaquin	0.4	83.1	3.8	93.3	10.5
152	炔螨特	Propargite	16.0	70.7	9.8	87.6	14.3
153	脱叶磷	DEF	0.8	98.9	10.8	89.0	12.6
154	生物苄呋菊酯	Bioresmethrin	8.0	81.6	12.7	97.2	8.3
155	抑芽丹	Maleic hydrazide	40.0	26.7	3.6	22.6	12.9
156	甲胺磷	Methamidophos	40.0	45.9	4.7	48.7	18.7
157	西玛通	Simeton	1.6	94.0	15.0	94.5	12.8
158	敌百虫	Trichlorphon	24.0	75.2	17.1	92.8	28.7
159	甲拌磷亚砜	Phorate sulfoxide	240.0	61.8	13.0	73.0	11.5
160	溴莠敏	Brompyrazon	12.0	76.3	22.3	94.3	24.1
161	啶虫脒	Acetamiprid	2.4	57.7	9.1	66.6	20.6
162	扑灭通	Prometon	0.4	72.4	11.3	69.7	13.2
163	甲基咪草酯	Imazamethabenz-methyl	2.4	59.6	15.8	74.7	22.3
164	苯线磷亚砜	Fenamiphos sulfoxide	1.6	71.7	3.7	56.6	7.5
165	氧化萎锈灵	Oxycarboxin	1.6	73.4	17.5	83.9	17.7
166	甲氧隆	Metoxuron	1.6	85.3	14.3	49.7	8.7
167	除草定	Bromacil	4.0	60.8	16.6	55.5	12.5
168	灭草隆	Monuron	16.0	73.9	9.3	82.8	5.6
169	咪唑喹啉酸	Imazaquin	80.0	48.6	6.3	40.2	19.8
170	噻吩磺隆	Thifensulfuron-methyl	4.0	40.0	9.0	43.7	11.9
171	苯线磷砜	Fenamiphos sulfone	0.8	73.4	9.0	82.8	19.5
172	灭藻醌	Quinoclamine	8.0	67.7	20.2	81.2	8.1
173	乙拌磷亚砜	Disulfoton-sulfoxide	1.6	82.8	12.5	83.3	8.5
174	嘧霉胺	Pyrimethanil	1.6	86.1	10.0	90.8	9.7
175	甲霜灵	Metalaxyl	0.8	79.0	21.7	86.0	5.9
176	避蚊胺	Diethyltoluamide	0.4	122.8	29.9	126.0	16.8
177	甲呋酰胺	Ofurace	2.4	84.5	20.8	81.5	2.7
178	多杀霉素	Spinosad	0.4	19.7	4.8	14.8	11.0
179	丰索磷	Fensulfothion	1.6	83.1	21.1	98.1	15.9
180	异戊乙净	Dimethametryn	0.4	64.5	15.1	71.5	15.1
181	敌稗	Propanil	3.2	69.7	9.8	95.3	14.2
182	戊叉菌唑	Triticonazole	1.6	91.6	16.9	96.3	5.3
183	氟啶草酮	Fluridone	0.8	64.5	14.5	52.0	6.7
184	咪鲜胺	Prochloraz	1.6	68.7	15.9	106.0	10.9
185	呋菌胺	Methfuroxam	16.0	64.4	12.0	82.7	18.7
186	解草嗪	Benoxacor	4.0	72.6	9.3	99.0	12.0
187	乙氧嘧磺隆	Ethoxysulfuron	32.0	49.9	14.2	45.9	20.3
188	氟环唑	Epoxiconazole	80.0	76.7	11.0	83.6	21.2

续表

序号	中文名称	英文名称	LOQ /(μg/kg)	2 LOQ Ave/%	RSD/%	10 LOQ Ave/%	RSD/%
189	氯喹唑	Fluquinconazole	0.4	71.9	20.1	115.1	19.7
190	嘧菌胺	Mepanipyrim	0.8	62.8	17.3	75.1	21.2
191	甲氧虫酰肼	Methoxyfenozide	16.0	86.5	9.8	52.7	25.6
192	灭锈胺	Mepronil	0.8	81.1	10.8	89.9	10.5
193	安磺灵	Oryzalin	40.0	74.5	7.2	64.2	9.6
194	苯氧威	Fenoxycarb	1.6	70.9	11.4	47.7	22.1
195	噻吩草胺	Thenylchlor	3.2	67.7	14.8	89.9	12.2
196	灭菌磷	Ditalimfos	80.0	48.7	9.4	56.1	22.4
197	氟咯草酮	Fluorochloridone	4.8	80.5	12.2	63.2	14.9
198	土菌灵	Etridiazol	320.0	67.8	14.5	68.3	14.2
199	氟丙嘧草酯	Butafenacil	4.0	92.6	22.0	75.3	23.9
200	嘧啶磷	Pyrimitate	0.4	83.0	10.5	96.9	7.4
201	溴丁酰草胺	Bromobutide	2.4	64.7	10.9	107.9	23.0
202	氰菌胺	Fenoxanil	2.4	64.5	13.4	90.0	16.1
203	庚酰草胺	Monalide	0.8	86.0	6.6	91.3	11.8
204	亚胺菌	Kresoxim-methyl	80.0	90.0	23.1	130.6	25.0
205	喹硫磷	Quinalphos	1.6	81.4	16.3	96.5	10.7
206	新燕灵	Benzoylprop-ethyl	8.0	71.5	22.2	85.0	23.5
207	蝇毒磷	Coumaphos	0.8	98.7	26.5	72.4	12.7
208	伏杀硫磷	Phosalone	16.0	75.7	14.9	94.2	24.9
209	辛硫磷	Phoxim	16.0	78.0	18.0	85.9	10.8
210	哌草磷	Piperophos	0.4	92.4	19.5	74.8	22.5
211	氯辛硫磷	Chlorphoxim	80.0	78.5	9.8	77.8	26.1
212	2-甲-4-氯丁氧乙基酯	MCPA-butoxyethyl ester	80.0	78.6	13.4	95.4	5.7
213	乙羧氟草醚	Fluoroglycofen-ethyl	80.0	67.9	13.2	84.6	2.5
214	增效醚	Piperonyl butoxide	0.8	76.9	13.0	89.4	16.6
215	氟硫草定	Dithiopyr	2.4	60.9	12.7	66.5	11.5
216	胺氟草酯	Flumiclorac-pentyl	4.0	77.5	17.3	89.6	23.6
217	乙氧氟草醚	Oxyfluorfen	16.0	81.6	18.6	71.9	20.1
218	丁草胺	Butachlor	8.0	71.2	10.9	99.7	13.3
219	碘硫磷	Iodofenphos	24.0	81.8	15.8	115.9	20.0
220	双硫磷	Temephos	8.0	83.9	22.1	98.6	20.5
221	二甲戊灵	Pendimethalin	2.4	72.4	22.0	93.7	7.5
222	唑螨酯	Fenpyroximate	0.8	77.0	14.1	28.1	17.8
223	除虫菊素	Pyrethrin	160.0	69.0	12.2	90.5	23.1
224	甲氰菊酯	Fenpropathrin	80.0	76.2	20.2	97.1	12.4
225	哒螨灵	Pyridaben	0.8	81.4	24.2	107.2	19.6
226	丙硫特普	Aspon	1.6	78.2	15.1	98.8	23.3
227	螺螨酯	Spirodiclofen	8.0	68.4	12.3	95.2	22.9
228	溴苯磷	Leptophos	40.0	109.0	26.5	116.1	16.3

续表

序号	中文名称	英文名称	LOQ /(μg/kg)	2 LOQ Ave/%	RSD/%	10 LOQ Ave/%	RSD/%
229	苯醚菊酯	Phenothrin	80.0	67.3	14.8	107.1	12.4
230	灭蝇胺	Cyromazine	80.0	40.0	2.3	41.1	20.0
231	久效威亚砜	Thiofanox-sulfoxide	48.0	77.9	18.9	83.6	10.9
232	霜霉威	Propamocarb	4.0	39.1	2.0	45.5	22.4
233	乙菌定	Ethirimol	1.6	60.6	14.7	69.1	6.7
234	棉隆	Dazomet	320.0	121.8	12.3	127.4	11.1
235	百治磷	Dicrotophos	11.2	88.2	10.6	78.3	16.9
236	苯嗪草酮	Metamitron	0.8	96.9	26.1	91.7	6.5
237	鼠立死	Crimidine	2.4	89.7	4.1	85.5	4.2
238	乐果	Dimethoate	3.2	85.0	5.2	85.4	8.0
239	特丁通	Terbumeton	0.4	85.7	11.7	88.5	7.8
240	敌草净	Desmetryn	0.4	97.3	7.9	97.6	9.6
241	抑霉唑	Imazalil	2.4	100.0	12.7	88.1	5.7
242	环嗪酮	Hexazinone	0.8	108.7	22.6	98.4	10.6
243	双酰草胺	Carbetamide	3.2	85.9	8.6	86.7	4.2
244	十二环吗啉	Dodemorph	0.4	78.3	7.0	83.0	4.5
245	威菌磷	Triamiphos	1.6	123.7	36.3	101.0	3.9
246	绿麦隆	Chlorotoluron	0.8	91.8	7.4	98.6	7.3
247	甲萘威	Carbaryl	4.0	98.8	8.6	92.7	8.2
248	伏草隆	Fluometuron	12.0	83.7	4.7	84.5	4.3
249	噻唑硫磷	Fosthiazate	1.6	83.1	10.6	85.3	14.5
250	4,4'-二溴二苯甲酮	4,4'-Dibromobenzophenone	1.6	74.8	19.3	51.8	17.9
251	异丙隆	Isoproturon	0.8	116.7	17.4	90.9	6.4
252	萎锈灵	Carboxin	0.8	91.9	13.2	84.8	15.2
253	甲呋酰胺	Fenfuram	0.8	73.0	5.6	90.9	6.3
254	氟草敏	Norflurazon	1.6	94.9	2.9	94.5	3.3
255	3,4,5-混杀威	3,4,5-Trimethacarb	0.4	91.5	6.6	92.4	8.9
256	氟苯嘧啶醇	Nuarimol	4.0	93.4	7.3	90.9	6.6
257	双苯酰草胺	Diphenamid	0.4	92.4	6.1	83.6	10.7
258	播土隆	Buturon	2.4	84.2	9.7	98.6	12.5
259	虫线磷	Thionazin	8.0	86.8	2.9	76.6	7.9
260	麦锈灵	Benodanil	0.8	96.8	9.8	90.2	14.2
261	环丙唑醇	Cyproconazole	0.6	77.1	9.5	94.7	7.7
262	仲丁威	Fenobucarb	1.6	111.6	21.4	94.5	4.8
263	虫螨畏	Methacrifos	80.0	98.6	11.3	76.7	16.4
264	硅氟唑	Simeconazole	0.8	57.4	12.8	71.9	10.2
265	敌菌灵	Anilazine	400.0	76.2	18.4	92.8	8.2
266	育畜磷	Crufomate	64.0	94.7	6.3	92.5	3.9
267	叠氮津	Aziprotryne	0.8	82.7	23.4	66.7	20.7
268	嘧菌酯	Azoxystrobin	0.4	105.3	16.2	89.1	6.6

续表

续表

序号	中文名称	英文名称	LOQ /(μg/kg)	2 LOQ Ave/%	RSD/%	10 LOQ Ave/%	RSD/%
269	三唑酮	Triadimefon	4.0	82.2	6.7	83.7	10.7
270	灭线磷	Ethoprophos	1.6	81.6	7.5	95.2	3.6
271	哒嗪硫磷	Pyridaphenthion	1.6	85.6	6.2	95.4	6.6
272	杀鼠醚	Coumatetralyl	80.0	87.3	2.6	74.3	25.1
273	草达津	Trietazine	0.8	100.4	28.2	97.2	6.4
274	稻瘟灵	Isoprothiolane	0.8	85.2	11.7	90.2	6.4
275	牧草胺	Tebutam	0.4	92.6	13.2	90.5	1.8
276	氟菌唑	Triflumizole	2.4	66.0	12.8	未添加	未添加
277	氟噻草胺	Flufenacet	0.8	75.4	7.7	73.7	7.3
278	胺丙畏	Propetamphos	64.0	87.9	4.8	80.4	8.2
279	茵草敌	EPTC	240.0	76.4	3.5	83.7	2.9
280	虫酰肼	Tebufenozide	16.0	75.8	11.1	80.8	6.6
281	毒虫畏	Chlorfenvinphos	2.4	90.5	10.3	100.3	22.7
282	灭蚜磷	Mecarbam	8.0	82.2	9.4	75.8	4.4
283	苯酰甲环唑	Difenoconazole	0.4	83.6	12.8	95.8	8.3
284	三异丁基磷酸盐	Tri-iso-butyl phosphate	0.4	110.2	28.3	87.6	12.2
285	吡唑硫磷	Pyraclofos	2.4	96.2	6.3	87.9	4.6
286	地散磷	Bensulide	20.0	59.0	12.0	59.2	26.0
287	菜草畏	Sulfallate	48.0	73.8	3.0	84.1	5.3
288	禾草丹	Thiobencarb	0.8	81.7	8.6	85.2	4.6
289	吡唑解草酯	Mefenpyr-diethyl	3.0	75.8	7.6	85.2	9.9
290	戊菌隆	Pencycuron	0.4	74.4	7.5	78.9	1.8
291	灭草敌	Vernolate	80.0	78.3	5.8	56.0	21.7
292	治螟磷	Sulfotep	1.6	91.4	2.9	96.0	19.7
293	丙溴磷	Profenefos	1.6	93.8	5.0	92.9	7.3
294	4,4′-二氯二苯甲酮	4,4′-Dichlorobenzophenone	2.4	84.6	7.4	95.8	5.4
295	异柳磷	Isofenphos	160.0	96.9	15.9	94.4	14.5
296	氯甲酰草胺	Clomeprop	3.2	97.2	16.8	93.7	8.2
297	噻恩菊酯	Kadethrin	1.6	84.7	17.6	86.7	9.3
298	稀禾啶	Sethoxydim	2.4	87.5	19.6	71.1	10.7
299	特丁硫磷	Terbufos	144.0	84.6	20.5	85.4	12.1
300	乳氟禾草灵	Lactofen	3200.0	63.4	10.7	未添加	未添加
301	丁基嘧啶磷	Tebupirimfos	80.0	79.8	2.3	93.4	21.9
302	毒死蜱	Chlorpyrifos	2.4	81.5	14.5	76.2	14.2
303	乙硫磷	Ethion	3.2	95.2	9.0	63.9	14.3
304	硫丙磷	Sulprofos	3.2	78.5	6.6	81.8	2.8
305	仲丁灵	Butralin	0.8	79.5	15.6	103.6	17.8
306	乙基溴硫磷	Bromophos-ethyl	20.0	93.0	27.7	78.3	19.4
307	助壮素	Mepiquat chloride	2.4	8.4	0.8	12.0	16.3
308	甲菌定	Dimethirimol	4.0	70.2	10.4	79.5	6.8

续表

序号	中文名称	英文名称	LOQ /(μg/kg)	2 LOQ Ave/%	RSD/%	10 LOQ Ave/%	RSD/%
309	2,6-二氯苯甲酰胺	2,6-Dichlorobenzamide	24.0	70.8	14.3	82.8	8.7
310	阿特拉通	Atratone	0.4	72.5	19.3	92.7	6.4
311	丁脒酰胺	Isocarbamid	1.6	61.9	6.6	83.6	8.0
312	氯草敏	Chloridazon	8.0	60.4	12.0	80.0	26.1
313	二氧威	Dioxacarb	12.0	104.0	22.7	100.9	16.1
314	三环唑	Tricyclazole	0.8	70.1	9.8	81.8	18.7
315	唑嘧磺草胺	Flumetsulam	0.8	22.0	5.6	17.2	29.2
316	咪唑嗪	Triazoxide	56.0	75.2	13.6	77.8	9.8
317	莠灭净	Ametryn	0.8	67.7	18.7	97.5	7.5
318	二丙烯草胺	Allidochlor	80.0	64.5	11.0	86.6	26.7
319	丁苯吗啉	Fenpropimorph	0.4	67.7	18.0	67.9	17.6
320	甲基吡噁磷	Azamethiphos	0.8	65.0	5.5	99.5	12.7
321	环草定	Lenacil	16.0	73.9	5.8	88.5	17.1
322	醚磺隆	Cinosulfuron	1.6	64.4	2.9	60.2	24.1
323	嗪草酮	Metribuzin	2.4	77.2	11.4	92.6	16.5
324	啶斑肟	Pyrifenox	0.8	71.7	15.7	91.8	4.2
325	特丁净	Terbutryn	0.4	68.0	13.7	97.3	2.0
326	棉铃威	Alanycarb	4.8	73.5	16.0	68.0	12.8
327	N,N-二甲基氨基-N-甲苯	DMST	4.8	86.4	12.1	87.1	16.9
328	戊环唑	Azaconazole	0.4	68.6	15.6	89.6	7.5
329	阿特拉津	Atrazine	0.2	81.5	21.0	84.6	11.0
330	环丙津	Cyprazine	0.2	72.0	11.2	87.3	10.2
331	庚烯磷	Heptanophos	8.0	75.8	12.0	98.5	12.6
332	苄嘧磺隆	Bensulfuron-methyl	80.0	60.4	10.8	82.8	7.9
333	异丙净	Dipropetryn	0.2	67.5	9.3	108.4	6.8
334	吡唑草胺	Metazachlor	0.8	79.5	5.3	90.7	6.3
335	碘甲磺隆	Iodosulfuron-methyl	32.0	42.2	22.3	42.7	26.1
336	烯酰吗啉	Dimethomorph	0.8	61.7	18.8	84.9	10.6
337	另丁津	Sebutylazine	0.4	67.4	15.9	89.5	7.1
338	乙嘧酚磺酸酯	Bupirimate	0.8	63.8	11.8	89.2	5.1
339	甲拌磷砜	Phorate sulfone	3.2	67.5	11.7	96.2	3.9
340	磺草胺唑	Metosulam	4.0	8.6	2.3	15.7	11.0
341	吡嘧磺隆	Pyrazosulfuron-ethyl	0.8	47.5	8.3	55.5	16.9
342	乙霉威	Diethofencarb	3.2	72.6	11.9	94.1	9.8
343	保棉磷	Azinphos-methyl	80.0	88.5	25.3	70.0	21.5
344	利谷隆	Linuron	8.0	66.9	20.3	103.2	14.6
345	烯效唑	Uniconazole	0.8	65.3	14.1	80.3	8.8

续表

序号	中文名称	英文名称	LOQ /(μg/kg)	2 LOQ Ave/%	RSD/%	10 LOQ Ave/%	RSD/%
346	亚胺硫磷	Phosmet	2.4	63.7	14.4	97.6	5.8
347	苯噻酰草胺	Mefenacet	0.8	61.0	14.6	78.8	10.0
348	四氟醚唑	Tetraconazole	0.8	25.5	66.3	84.9	22.0
349	戊唑醇	Tebuconazole	0.4	72.8	17.1	87.9	9.1
350	炔苯酰草胺	Propyzamide	1.6	79.0	17.5	86.3	6.8
351	甲基对硫磷	Methyl-parathion	80.0	93.8	20.3	82.5	22.1
352	己唑醇	Hexaconazole	0.4	80.1	16.0	82.7	3.8
353	异丙甲草胺	Metolachlor	0.4	63.8	15.3	97.8	2.5
354	马拉硫磷	Malathion	2.4	71.5	11.2	93.0	7.9
355	甲草胺	Alachlor	16.0	79.0	22.0	103.4	2.0
356	烯唑醇	Diniconazole	0.8	66.1	17.8	88.4	4.9
357	拌种胺	Furmecyclox	80.0	66.3	17.4	91.2	8.5
358	氯唑磷	Isazofos	0.8	67.6	15.8	89.1	5.8
359	甲磺乐灵	Nitralin	8.0	86.6	17.5	73.7	13.6
360	畜虫避	Dibutyl succinate	32.0	63.4	16.5	83.8	10.7
361	啶氧菌酯	Picoxystrobin	80.0	103.4	22.7	93.7	20.0
362	三正丁基磷酸盐	Tri-n-butyl phosphate	0.4	96.5	13.5	105.8	14.5
363	硫线磷	Cadusafos	1.6	68.6	17.9	100.6	7.1
364	稻丰散	Phenthoate	8.0	84.7	19.4	93.6	22.0
365	杀螟丹	Cartap	80.0	69.9	16.3	91.1	7.8
366	α-六六六	α-HCH	16.0	76.3	13.6	87.2	15.5
367	百克敏	Pyraclostrobin	1.6	85.5	17.9	103.1	7.3
368	噻唑烟酸	Thiazopyr	2.4	41.2	7.6	59.2	25.1
369	克草敌	Pebulate	80.0	76.6	9.5	89.5	4.8
370	茉莉酮	Prohydrojasmon	16.0	98.8	17.5	84.7	16.2
371	环草敌	Cycloate	4.0	81.3	21.0	90.2	6.6
372	炔丙菊酯	Prallethrin	3.2	71.9	8.6	91.7	9.5
373	甲硫威亚砜	Methiocarb sulfoxid	4.8	71.7	12.6	92.9	15.4
374	苯硫磷	EPN	4.0	70.6	14.1	89.2	6.7
375	苄草丹	Prosulfocarb	0.4	72.7	17.1	103.8	5.0
376	甲基嘧啶磷	Pirimiphos methyl	0.4	91.6	10.9	87.7	17.7
377	乙丁氟灵	Benfluralin	320.0	127.6	17.0	76.7	23.8
378	异丙乐灵	Isopropalin	8.0	88.7	22.4	97.1	5.8
379	醚菊酯	Etofenprox	80.0	70.8	16.5	69.0	26.3

7.5.13 GC-MS 和 LC-MS/MS 两种方法定量限评价

本小节对用 LC-MS/MS 和 GC-MS 均可测定的 269 种农药化学品的定量限（LOQ）进行了对比研究，两种方法的定量限对比数据列于表 7-23。

表 7-23 GC-MS 和 LC-MS/MS 均可测定的 269 种农药化学品的定量限对比

序号	中文名称	英文名称	LOQ/(μg/kg) GC-MS	LOQ/(μg/kg) LC-MS/MS	序号	中文名称	英文名称	LOQ/(μg/kg) GC-MS	LOQ/(μg/kg) LC-MS/MS
1	氯甲硫磷	Chlormephos	50	1200	38	甲基对硫磷	Methyl-parathion	100	40
2	甲醚菊酯	Methothrin	50	800	39	噻虫嗪	Thiamethoxam	100	40
3	乙丁氟灵	Benfluralin	25	160	40	α-六六六	α-HCH	25	8
4	乙氧呋草黄	Ethofumesate	50	320	41	畜虫避	Dibutyl succinate	50	16
5	甲基立枯磷	Tolclofos-methyl	25	120	42	呋菌胺	Methfuroxam	25	8
6	乳氟禾草灵	Lactofen	400	1600	43	保棉磷	Azinphos-methyl	150	40
7	丁草敌	Butylate	75	240	44	2,6-二氯苯甲酰胺	2,6-Dichlorobenzamide	50	12
8	对硫磷	Parathion	100	240					
9	土菌灵	Etridiazol	75	160	45	脱乙基另丁津	Desethyl-sebuthylazine	50	12
10	氯炔灵	Chlorbufam	50	80	46	碘硫磷	Iodofenphos	50	12
11	2,4′,5-多氯联苯	DE-PCB 31 2,4′,5-Trichlorobiphenyl	25	40	47	育畜磷	Crufomate	150	32
					48	氟环唑	Epoxiconazole	200	40
12	灭菌磷	Ditalimfos	25	40	49	甲胺磷	Methamidophos	100	20
13	茵草敌	EPTC	75	120	50	氨氟灵	Dinitramine	100	16
14	醚菊酯	Etofenprox	25	40	51	速灭磷	Mevinphos	50	8
15	异柳磷	Isofenphos	50	80	52	伏杀硫磷	Phosalone	50	8
16	亚胺菌	Kresoxim-methyl	25	40	53	炔螨特	Propargite	50	8
17	2-甲-4-氯丁氧乙基酯	MCPA-butoxyethyl ester	25	40	54	虫线磷	Thionazin	25	4
					55	敌敌畏	Dichlorvos	150	20
18	虫螨畏	Methacrifos	25	40	56	乙羧氟草醚	Fluoroglycofen-ethyl	300	40
19	苯醚菊酯	Phenothrin	25	40	57	烯丙菊酯	Allethrin	100	12
20	苯胺灵	Propham	25	40	58	杀扑磷	Methidathion	50	6
21	丙硫磷	Prothiophos	25	40	59	甲草胺	Alachlor	75	8
22	灭草敌	Vernolate	25	40	60	丁草胺	Butachlor	50	4
23	特丁硫磷	Terbufos	50	72	61	苯腈磷	Cyanofenphos	25	2
24	胺丙畏	Propetamphos	25	32	62	环草敌	Cycloate	25	2
25	乙草胺	Acetochlor	50	40	63	甲基内吸磷	Demeton-S-methyl	100	8
26	二丙烯草胺	Allidochlor	50	40	64	烯丙酰草胺	Dichlormid	50	4
27	益棉磷	Azinphos-ethyl	50	40	65	麦草氟甲酯	Flamprop-methyl	25	2
28	甲氰菊酯	Fenpropathrin	50	40	66	异丙威	Isoprocarb	50	4
29	啶氧菌酯	Picoxystrobin	50	40	67	异丙乐灵	Isopropalin	50	4
30	丁基嘧啶磷	Tebupirimfos	50	40	68	禾草敌	Molinate	25	2
31	野麦畏	Triallate	50	40	69	绿谷隆	Monolinuron	100	8
32	杀螟硫磷	Fenitrothion	50	32	70	乙氧氟草醚	Oxyfluorfen	100	8
33	克草敌	Pebulate	75	40	71	稻丰散	Phenthoate	50	4
34	顺式燕麦敌	cis-Diallate	50	24	72	茉莉酮	Prohydrojasmon	100	8
35	菜草畏	Sulfallate	50	24	73	残杀威	Propoxur	50	4
36	乙基溴硫磷	Bromophos-ethyl	25	10	74	特草灵	Terbucarb	50	4
37	溴苯磷	Leptophos	50	20	75	溴苯烯磷	Bromfenvinfos	25	1.6

续表

序号	中文名称	英文名称	LOQ/(μg/kg) GC-MS	LOQ/(μg/kg) LC-MS/MS	序号	中文名称	英文名称	LOQ/(μg/kg) GC-MS	LOQ/(μg/kg) LC-MS/MS
76	氯甲酰草胺	Clomeprop	25	1.6	113	喹硫磷	Quinalphos	25	0.8
77	甲拌磷砜	Phorate sulfone	25	1.6	114	治螟磷	Sulfotep	25	0.8
78	新燕灵	Benzoylprop-ethyl	75	4	115	硫丙磷	Sulprofos	50	1.6
79	联苯三唑醇	Bitertanol	75	4	116	噻吩草胺	Thenylchlor	50	1.6
80	庚烯磷	Heptanophos	75	4	117	联苯肼酯	Bifenazate	200	6
81	盖草津	Methoprotryne	75	4	118	异稻瘟净	Iprobenfos	75	2
82	三唑醇	Triadimenol	75	4	119	乙拌磷砜	Disulfoton sulfone	50	1.2
83	4,4'-二氯二苯甲酮	4,4'-Dichlorobenzophenone	25	1.2	120	伐灭磷	Famphur	100	2.4
					121	氰菌胺	Fenoxanil	50	1.2
84	溴丁酰草胺	Bromobutide	25	1.2	122	粉唑醇	Flutriafol	50	1.2
85	毒死蜱	Chlorpyrifos (-ethyl)	25	1.2	123	亚胺硫磷	Phosmet	50	1.2
86	异恶草松	Clomazone	25	1.2	124	噻唑烟酸	Thiazopyr	50	1.2
87	鼠立死	Crimidine	25	1.2	125	炔丙菊酯	Prallethrin	75	1.6
88	氟硫草定	Dithiopyr	25	1.2	126	吡唑解草酯	Mefenpyr-diethyl	75	1.52
89	氯苯嘧啶醇	Fenarimol	50	2.4	127	除草定	Bromacil	200	4
90	氟咯草酮	Fluorochloridone	50	2.4	128	氟丙嘧草酯	Butafenacil	100	2
91	腈菌唑	Myclobutanil	25	1.2	129	苯硫磷	EPN	100	2
92	炔丙烯草胺	Pronamide	25	1.2	130	脱苯甲基亚胺唑	Imibenconazole-des-benzyl	100	2
93	吡草醚	Pyraflufen ethyl	50	2.4	131	螺螨酯	Spirodiclofen	200	4
94	胺菊酯	Tetramethrin	50	2.4	132	丙硫特普	Aspon	50	0.8
95	解草嗪	Benoxacor	50	2	133	糠菌唑	Bromuconazole	50	0.8
96	生物烯丙菊酯	Bioallethrin	100	4	134	乙嘧酚磺酸酯	Bupirimate	25	0.4
97	氯亚胺硫磷	Dialifos	200	8	135	毒虫畏	Chlorfenvinphos	75	1.2
98	胺氟草酯	Flumiclorac-pentyl	50	2	136	炔草酸	Clodinafop-propargyl	50	0.8
99	利谷隆	Linuron	100	4	137	嘧菌环胺	Cyprodinil	25	0.4
100	灭蚜磷	Mecarbam	100	4	138	二甲吩草胺	Dimethenamid	25	0.4
101	氟苯嘧啶醇	Nuarimol	50	2	139	乙拌磷亚砜	Disulfoton-sulfoxide	50	0.8
102	对氧磷	Paraoxon-methyl	50	2	140	敌瘟磷	Edifenphos	50	0.8
103	灭藻醌	Quinoclamine	100	4	141	乙嘧硫磷	Etrimfos	25	0.4
104	三唑酮	Triadimefon	50	2	142	仲丁威	Fenobucarb	50	0.8
105	4,4'-二溴二苯甲酮	4,4'-Dibromobenzophenone	25	0.8	143	丰索磷	Fensulfothion	50	0.8
					144	麦草氟异丙酯	Flamprop-isopropyl	25	0.4
106	联苯二胺	Diphenylamine	25	0.8	145	吡氟禾草灵	Fluazifop-butyl	25	0.4
107	乙硫磷	Ethion	50	1.6	146	氟酰胺	Flutolanil	25	0.4
108	环草定	Lenacil	250	8	147	甲基咪草酯	Imazamethabenz-methyl	75	1.2
109	氟草敏	Norflurazon	25	0.8	148	嘧菌胺	Mepanipyrim	25	0.4
110	敌稗	Propanil	50	1.6	149	灭锈胺	Mepronil	25	0.4
111	哒嗪硫磷	Pyridaphenthion	25	0.8	150	嗪草酮	Metribuzin	75	1.2
112	嘧霉胺	Pyrimethanil	25	0.8	151	甲磺乐灵	Nitralin	250	4

续表

序号	中文名称	英文名称	LOQ/(μg/kg) GC-MS	LOQ/(μg/kg) LC-MS/MS	序号	中文名称	英文名称	LOQ/(μg/kg) GC-MS	LOQ/(μg/kg) LC-MS/MS
152	甲呋酰胺	Ofurace	75	1.2	191	甲基嘧啶磷	Pirimiphos-methyl	25	0.2
153	氟吡酰草胺	Picolinafen	25	0.4	192	扑草净	Prometryne	25	0.2
154	增效醚	Piperonyl butoxide	25	0.4	193	苄草丹	Prosulfocarb	25	0.2
155	丙草胺	Pretilachlor	50	0.8	194	环酯草醚	Pyriftalid	25	0.2
156	扑灭津	Propazine	25	0.4	195	嘧啶磷	Pyrimitate	25	0.2
157	炔苯酰草胺	Propyzamide	50	0.8	196	吡丙醚	Pyriproxyfen	25	0.2
158	哒螨灵	Pyridaben	25	0.4	197	吡咪唑	Rabenzazole	25	0.2
159	西玛通	Simetone	50	0.8	198	另丁津	Sebutylazine	25	0.2
160	杀虫畏	Tetrachlorvinphos	75	1.2	199	密草通	Secbumeton	25	0.2
161	威菌磷	Triamiphos	50	0.8	200	硅氟唑	Simeconazole	50	0.4
162	草达津	Trietazine	25	0.4	201	西草净	Simetryn	50	0.4
163	环丙唑醇	Cyproconazole	25	0.32	202	特丁津	Terbuthylazine	25	0.2
164	抑霉唑	Imazalil	100	1.2	203	禾草丹	Thiobencarb	50	0.4
165	稻瘟灵	Isoprothiolane	50	0.6	204	三异丁基磷酸盐	Tri-*iso*-butyl phosphate	25	0.2
166	马拉硫磷	Malathion	100	1.2	205	三苯基磷酸盐	Triphenyl phosphate	25	0.2
167	二甲戊灵	Pendimethalin	100	1.2	206	烯效唑	Uniconazole	50	0.4
168	乙霉威	Diethofencarb	150	1.6	207	丁苯吗啉	Fenpropimorph	25	0.16
169	灭线磷	Ethoprophos	75	0.8	208	丁脒酰胺	Isocarbamid	125	0.8
170	苯霜灵	Benalaxyl	25	0.24	209	磷胺	Phosphamidon	200	1.2
171	解草酯	Cloquintocet-mexyl	25	0.24	210	吡唑硫磷	Pyraclofos	200	1.2
172	二嗪磷	Diazinon	25	0.24	211	莠灭净	Ametryn	75	0.4
173	莎稗磷	Anilofos	50	0.4	212	麦锈灵	Benodanil	75	0.4
174	阿特拉通	Atratone	25	0.2	213	萎锈灵	Carboxin	75	0.4
175	硫线磷	Cadusafos	100	0.8	214	环莠隆	Cycluron	75	0.4
176	脱叶磷	DEF	50	0.4	215	二甲草胺	Dimethachlor	75	0.4
177	敌草净	Desmetryn	25	0.2	216	烯唑醇	Diniconazole	75	0.4
178	异戊乙净	Dimethametryn	25	0.2	217	乙环唑	Etaconazole	75	0.4
179	双苯酰草胺	Diphenamid	25	0.2	218	苯氧威	Fenoxycarb	150	0.8
180	苯线磷亚砜	Fenamiphos sulfoxide	100	0.8	219	氟硅唑	Flusilazole	75	0.4
181	喹螨醚	Fenazaquin	25	0.2	220	环嗪酮	Hexazinone	75	0.4
182	甲呋酰胺	Fenfuram	50	0.4	221	苯噻酰草胺	Mefenacet	75	0.4
183	氯喹唑	Fluquinconazole	25	0.2	222	甲霜灵	Metalaxyl	75	0.4
184	氟啶草酮	Fluridone	50	0.4	223	吡唑草胺	Metazachlor	75	0.4
185	呋霜灵	Furalaxyl	50	0.4	224	敌草胺	Napropamide	75	0.4
186	氯唑磷	Isazofos	50	0.4	225	氧化萎锈灵	Oxycarboxin	150	0.8
187	地胺磷	Mephosfolan	50	0.4	226	咪鲜胺	Prochloraz	150	0.8
188	异丙甲草胺	Metolachlor	25	0.2	227	丙溴磷	Profenofos	150	0.8
189	庚酰草胺	Monalide	50	0.4	228	毒草胺	Propachlor	75	0.4
190	抗蚜威	Pirimicarb	50	0.4	229	丙环唑	Propiconazole	75	0.4

续表

序号	中文名称	英文名称	LOQ/(μg/kg) GC-MS	LOQ/(μg/kg) LC-MS/MS	序号	中文名称	英文名称	LOQ/(μg/kg) GC-MS	LOQ/(μg/kg) LC-MS/MS
230	稀禾啶	Sethoxydim	225	1.2	250	蝇毒磷	Coumaphos	150	0.4
231	四氟醚唑	Tetraconazole	75	0.4	251	多效唑	Paclobutrazol	75	0.2
232	阿特拉津	Atrazine	25	0.12	252	哌草磷	Piperophos	75	0.2
233	环丙津	Cyprazine	25	0.12	253	扑灭通	Prometon	75	0.2
234	吡氟酰草胺	Diflufenican	25	0.12	254	戊唑醇	Tebuconazole	75	0.2
235	异丙净	Dipropetryn	25	0.12	255	特丁通	Terbumeton	75	0.2
236	丁嗪草酮	Isomethiozin	50	0.24	256	三唑磷	Triazophos	75	0.2
237	啶虫脒	Acetamiprid	300	1.2	257	苄氯三唑醇	Diclobutrazole	100	0.24
238	噻嗪酮	Buprofezin	50	0.2	258	嘧啶磷	Pirimiphos-ethyl	50	0.12
239	仲丁灵	Butralin	100	0.4	259	叠氮津	Aziprotryne	200	0.4
240	苯线磷砜	Fenamiphos sulfone	100	0.4	260	唑螨酯	Fenpyroximate	200	0.4
241	倍硫磷亚砜	Fenthion sulfoxide	100	0.4	261	氟噻草胺	Flufenacet	200	0.4
242	呋草酮	Flurtamone	100	0.4	262	噻螨酮	Hexythiazox	200	0.4
243	精甲霜灵	Mefenoxam	50	0.2	263	啶斑肟	Pyrifenox	200	0.4
244	戊菌隆	Pencycuron	50	0.2	264	肟菌酯	Trifloxystrobin	100	0.2
245	牧草胺	Tebutam	50	0.2	265	己唑醇	Hexaconazole	150	0.24
246	三正丁基磷酸盐	Tri-n-butyl phosphate	50	0.2	266	苯嗪草酮	Metamitron	250	0.4
247	戊菌唑	Penconazole	75	0.24	267	苯酰甲环唑	Difenoconazole	150	0.2
248	吡菌磷	Pyrazophos	50	0.16	268	百克敏	Pyraclostrobin	600	0.8
249	特丁净	Terbutryn	50	0.16	269	马拉氧磷	Malaoxon	400	0.4

从表 7-23 数据可以看出，有 245 种农药化学品的 GC-MS 定量限比 LC-MS/MS 定量限高，其中有 35 种农药高 1~10 倍，23 种农药高 10~20 倍，22 种农药高 20~30 倍，14 种农药高 30~40 倍，13 种农药高 40~50 倍，38 种农药高 60~100 倍，62 种农药高 100~200 倍，15 种农药高 200~300 倍，18 种农药高 300~500 倍，5 种农药高 600~1000 倍；有 10 种农药化学品两种方法的定量限相当；有 24 种农药化学品的 LC-MS/MS 定量限比 GC-MS 定量限高，其中氯甲硫磷和甲醚菊酯的 LC-MS/MS 定量限比 GC-MS 定量限高 24 倍和 16 倍，8 种农药高 2~6 倍，14 种农药近 2 倍。以上对比数据说明，对利用 GC-MS 和 LC-MS/MS 同时测定的大部分农药而言，LC-MS/MS 灵敏度明显高于 GC-MS。因此，LC-MS/MS 法不仅是对 GC-MS 测定农药残留的补充，而且与 GC-MS 形成了两个独立的检测体系，互为主体又互为补充，LC-MS/MS 法也是一种较为理想的、灵敏度更高的测定农药多残留的好方法。

7.6 体脂中 295 种环境污染物快速筛查测定技术

7.6.1 适用范围

为探明不同地区体脂中多种环境污染物蓄积情况，本节对比了多种提取溶剂、提取方式、净化方法，结合了多种检测手段，最终建立了测定体脂中 295 种持久性有机污染物（Persistent Organic Pollutants，POPs）及其他化学农药、多环芳烃、多氯联苯及酞酸酯类化合物多残留的快速筛查测定方法。样品用乙腈均质提取，提取液浓缩后，经凝胶渗透色谱（GPC）净化，收集 23~60min 的流出液，在线浓缩定容至 1mL，采用气相色谱-串联质谱（GC-MS/MS）、气相色谱-质谱（GC-MS）和液相色谱-串联质谱（LC-MS/MS）快速测定。该方法的检出限范围为 0.1~233.0μg/kg。

7.6.2 仪器和设备

Quattro micro GC 气相色谱-串联质谱仪，配备电子轰击源（EI）（美国，Waters 公司）；5973 N 气相色谱-质谱仪，配备化学源（NCI）（美国，Agilent 公司）；3200 Q TRAP 液相色谱-串联质谱仪，配备电喷雾离子源（ESI）（美国，Applied Biosystems 公司）；ASE 300 快速溶剂提取仪（美国，DIONEX 公司）；AccuPrep MPS 凝胶渗透色谱仪，配有 Bio-Beads S-X3，360mm×25mm 净化柱（美国，J2 sicientific 公司）；R-205 旋转蒸发器（瑞士，Büchi 公司），配有 BP-51 型真空冷却系统（日本，Yamato 公司）；N-EVAP112 型氮气浓缩仪（美国，Orgamonation Associates 公司）；T25 型均质器（德国，IKA 公司）；SA 300 振荡器（日本，Yamato 公司）；KDC-40 低速离心机（中国，科大创新股份有限公司）。

7.6.3 试剂和材料

乙腈、丙酮、正己烷、环己烷、异辛烷、乙酸乙酯、二氯甲烷、甲苯、甲醇（均为色谱纯）；无水硫酸钠（分析纯），在 650℃灼烧 4 h 后，储于干燥器中备用；实验用水为高纯水（美国，Millipore 公司）；环境污染物标准品（纯度≥95%，美国 LGC Promochem GmbH 公司）；Sep-Pak NH_2-Carb 串联柱（6mL，500mg，美国，Waters 公司）；Sep-Pak Alumina N 柱（12mL，2g，美国，Waters公司）；ENVI-18 柱（12mL，2g，美国，Supelco 公司）；0.45μm 和 0.2μm 滤膜。

标准储备溶液：分别称取 5～10mg（精确至 0.1mg）环境污染物标准品于 10mL 容量瓶中，根据标准品的溶解性选甲苯、正己烷、丙酮、甲醇，异辛烷等溶剂溶解并定容至刻度。标准储备溶液避光 0～4℃保存。

混合标准溶液：根据每种环境污染物标准品在仪器上的响应灵敏度，确定其在混合标准溶液中的浓度。每种化合物依据每种环境污染物标准品的混合标准溶液浓度及其标准储备液浓度，移取一定量的单个标准储备溶液于 50mL 容量瓶中，用甲苯（或正己烷）定容至刻度。混合标准溶液避光 0～4℃保存。

内标溶液：准确称取 3.5mg 环氧七氯于 100mL 容量瓶中，用甲苯定容至刻度。

基质混合标准溶液：准确吸取一系列不同体积的标准混合溶液和 40μL 内标溶液，用空白样品提取液定容至 1mL，用于绘制标准工作曲线。

7.6.4 样品提取

称取 5g 试样，精确至 0.01g，放入盛有 15g 无水硫酸钠的 50mL 离心管中，加入 35mL 乙腈。15 000 r/min 均质提取 1min，4200 r/min 离心 5min。上清液通过装有无水硫酸钠的筒形漏斗，收集于 100mL 鸡心瓶中，残渣再用 35mL 乙腈重复提取一次，经离心过滤后，合并两次提取液，于 45℃水浴旋转浓缩至约 2mL，加入 2×7mL 乙酸乙酯-环己烷（1∶1，体积比）进行溶剂交换两次，浓缩至约 1mL，待净化。

7.6.5 凝胶渗透色谱净化

7.6.5.1 凝胶渗透色谱条件

净化柱：360mm×25mm，内装 Bio-Beads S-X3 填料；检测波长：254nm；流动相：乙酸乙酯-环己烷（1∶1，体积比）；流速：4.7mL/min；进样量：5mL；开始收集时间：23min；结束收集时间：60min；在线浓缩温度和真空度：1 区为 45℃ 33.3 kPa；2 区为 49℃ 29.3 kPa；3 区为 52℃ 26.6 kPa；浓缩终点模式：液位传感模式；浓缩终点温度和真空度：1 区为 51℃ 26.60 kPa；2 区为 50℃ 23.94 kPa。

7.6.5.2 净化步骤

在浓缩液中加入 40μL 内标溶液，混匀，转移至 10mL 比色管中，再用 8mL 乙酸乙酯-环己烷（1∶1，体积比）分三次洗涤鸡心瓶，洗涤液转移至比色管中，定容至刻度，摇匀。经 0.45μm 滤膜过滤到 10mL 试管中，用 GPC 净化，收集 23～60min 的流出液：①流出液在线浓缩用流动相定容至

1mL，供 GC-MS/MS 和 GC-MS 测定；②流出液在线浓缩用乙腈-水（3∶2，体积比）定容至 1mL，过 0.2μm 滤膜，供 LC-MS/MS 测定。

同时取空白脂肪样品，按提取净化步骤制备空白样品提取液，用于配制基质混合标准工作溶液。

7.6.6 测定条件

7.6.6.1 EI 源气相色谱-串联质谱条件

色谱柱：DB-1701，30m×0.25mm，0.25μm，石英毛细管柱；色谱柱温度：40℃保持 1min，然后以 30℃/min 的速度程序升温至 130℃，再以 5℃/min 的速度升温至 250℃，再以 10℃/min 的速度升温至 300℃，保持 5min；载气：氦气，纯度≥99.999%；进样口温度：290℃；进样量：1μL；进样方式：无分流进样，1.5min 后打开分流阀和隔垫吹扫阀；电子轰击源：70 eV；离子源温度：200℃；GC-MS 接口温度：250℃；溶剂延迟：5min；采集数据方式：多反应监测（MRM）；监测离子对、碰撞能量参数、线性范围、线性方法和相关系数参见 11.1.5 小节和 11.2.3 小节。

7.6.6.2 NCI 源气相色谱-质谱条件

色谱柱：DB-1701，30m×0.25mm，0.25μm，石英毛细管柱；色谱柱温度：70℃保持 1min，然后以 20℃/min 的速度程序升温至 260℃，保持 5min；载气：氦气，纯度≥99.999%；进样口温度：280℃；进样量：1μL；进样方式：无分流进样，0.75min 后打开分流阀和隔垫吹扫阀；电离方式：NCI，30 eV；离子源温度：230℃；GC-MS 接口温度：280℃；反应气：甲烷气，CH_4；溶剂延迟：10min；采集数据方式：选择性离子监测；选择离子和相对丰度参见 11.1.6 小节和 11.2.4 小节。

7.6.6.3 液相色谱-串联质谱测定条件

色谱柱：AtlantisT3，150mm×2.1mm，3μm；柱温：35℃；流动相：0.1%甲酸溶液（A），5mmol/L 乙酸铵溶液（B）和乙腈（C）；流速：0.2mL/min；进样量：20μL；梯度洗脱条件见表 7-24。

表 7-24 梯度洗脱条件

时间/min	A/%	B/%	C/%
正离子扫描方式			
0	90	0	10
3	90	0	10
4	20	0	80
12	20	0	80
12.1	90	0	10
20	90	0	10
负离子扫描方式			
0	0	30	70
10	0	30	70

离子源：电喷雾离子源；扫描方式：正/负离子扫描；电喷雾电压：5500 V；雾化气压力：0.076 MPa；气帘气压力：0.069 MPa；辅助气流速：6 L/min；离子源温度：350℃；检测方式：多反应检测；监测离子对、碰撞气能量、去簇电压、碰撞室出口电压、标准曲线、相关系数和线性范围参见 11.1.7 小节和 11.2.5 小节。

7.6.7 提取溶剂选择

实验选择了正己烷、正己烷-丙酮（1∶1，体积比）、正己烷-丙酮（3∶1，体积比）、乙酸乙酯-环己烷（1∶1，体积比）、正己烷-二氯甲烷（4∶1，体积比）、乙腈和 1%乙酸-乙腈（体积比）等 7 种溶剂对具有代表性的 77 种环境污染物进行提取效率的比较。

每组做 3 个样品添加和 1 个基质标准，准确称取 5g 样品，添加浓度为 2 LOQ，加 35mL 提取溶剂，提取方式为均质提取，重复提取两次，浓缩后过 GPC 柱净化，GC-MS/MS 检测，内标法定量。实验数据见表 7-25 和图 7-7。

表 7-25　5g 脂肪样品中 77 种环境污染物七种提取溶剂提取效果对比数据（n=3）

序号	中文名称	英文名称	正己烷 Ave/%	RSD/%	正己烷-丙酮 (3:1, 体积比) Ave/%	RSD/%	正己烷-丙酮 (1:1, 体积比) Ave/%	RSD/%	正己烷-丙酮 Ave/%	RSD/%	正己烷-二氯甲烷 (4:1, 体积比) Ave/%	RSD/%	乙酸乙酯-环己烷 (1:1, 体积比) Ave/%	RSD/%	乙腈 Ave/%	RSD/%	1%乙酸乙腈 (体积比) Ave/%	RSD/%
1	萘	Naphthalene	131.07	6.50	119.87	9.66	128.20	12.89	121.07	11.38	118.80	5.07	71.40	10.27	82.45	13.67
2	异丙隆	Isoprotuton	78.80	8.02	107.27	6.46	113.23	2.16	96.93	8.11	86.40	7.29	94.40	9.07	136.93	25.39
3	敌敌畏	Dichlorvos	64.00	1.77	65.67	11.04	70.53	5.70	68.30	5.00	66.70	2.02	57.77	1.55	90.35	4.43
4	克百威	Carbofuron	87.77	1.94	109.23	5.33	112.57	3.60	101.03	6.68	96.53	2.47	103.73	8.98	93.90	2.37
5	甲胺磷	Methamidophos	3.53	39.66	93.93	22.77	94.80	6.18	58.23	5.39	79.67	2.22	79.90	1.35	109.65	5.25
6	苊	Acenaphthylene	99.83	0.35	91.97	2.96	92.87	7.46	91.07	1.79	98.93	2.13	88.13	6.61	94.55	6.18
7	二氢苊	Acenaphthene	95.67	1.42	91.03	1.32	92.07	2.79	91.83	1.38	98.20	2.68	88.13	5.79	94.28	6.55
8	六氯苯	Hexachlorobenzene	97.73	2.22	94.77	4.70	98.60	1.34	93.67	0.62	99.90	0.99	82.00	5.44	88.90	0.97
9	杀虫脒	Chlordimeform	95.50	2.85	100.70	6.61	未出峰		88.10	3.68	87.77	1.67	92.43	1.44	96.08	4.51
10	氟乐灵	Trifluralin	50.93	5.40	68.20	11.14	66.97	4.18	71.50	6.16	58.13	0.40	67.93	8.40	106.00	9.22
11	α-六六六	α-HCH	96.87	3.02	100.47	10.34	104.27	2.78	96.90	1.44	99.60	1.35	90.33	2.65	249.80	14.85
12	氧乐果	Omethoate	4.93	25.83	87.50	20.82	84.40	9.04	74.57	7.26	84.00	1.06	70.67	2.74	160.10	14.98
13	蒽	Anthracene	477.57	29.69	179.23	49.52	105.40	64.08	109.67	35.27	194.90	19.58	124.17	8.47	120.23	32.11
14	异噁草松	Clomazone	93.23	1.55	100.47	3.12	100.53	2.04	95.73	1.48	98.17	0.36	95.77	6.94	97.93	2.11
15	阿特拉津	Atrazine	81.33	5.08	94.13	5.98	91.53	2.29	91.73	0.23	88.30	2.42	89.40	3.77	96.63	3.74
16	γ-六六六	γ-HCH	99.47	1.54	108.60	27.17	96.53	3.27	88.47	0.52	100.73	2.93	93.60	3.00	282.68	19.16
17	二嗪磷	Diazinon	81.87	2.34	112.73	16.66	105.63	1.17	104.00	10.37	79.30	2.12	83.00	14.55	97.28	2.29
18	七氯	Heptachlor	91.07	3.30	98.07	4.48	102.60	1.61	95.03	1.84	98.20	1.17	89.83	1.83	91.40	3.37
19	DE PCB 028	DE PCB 028	102.97	2.63	117.73	16.38	97.70	2.16	94.70	0.59	101.00	0.26	89.73	7.32	92.75	4.28
20	西玛津	Simazine	87.93	4.95	99.13	4.57	96.97	1.20	95.63	0.64	94.93	1.68	91.63	2.79	96.08	5.48
21	DE PCB 052	DE PCB 052	98.57	2.51	97.07	3.66	96.30	0.65	96.47	1.98	100.73	1.23	91.93	4.86	93.18	1.19
22	百菌清	Chlorothalonil	130.23	19.08	81.03	18.15	81.43	3.87	67.33	10.94	79.07	7.79	112.43	27.71	未出峰	
23	扑草净	Prometryne	80.80	8.48	101.60	14.28	110.07	4.04	114.43	3.61	104.30	3.25	86.67	0.66	89.53	2.58
24	抗蚜威	Pirimicarb	89.80	0.78	110.33	16.82	97.40	2.73	100.77	1.25	94.87	1.16	92.77	8.47	96.95	4.87
25	甲草胺	Alachlor	88.73	4.19	107.97	7.14	102.63	0.68	95.67	3.77	91.27	1.43	87.73	4.77	119.50	4.75
26	乐果	Dimethoate	75.70	5.74	105.43	6.02	97.23	3.23	90.43	4.96	97.17	1.10	89.47	5.13	197.90	17.18

续表

序号	中文名称	英文名称	正己烷		正己烷-丙酮(3:1,体积比)		正己烷-丙酮(1:1,体积比)		正己烷-二氯甲烷(4:1,体积比)		乙酸乙酯-环己烷(1:1,体积比)		乙腈		1%乙酸-乙腈(体积比)	
			Ave/%	RSD/%	Ave/%	RSD/%	Ave/%	RSD/%	Ave/%	RSD/%	Ave/%	RSD/%	Ave/%	RSD/%	Ave/%	RSD/%
27	甲基对硫磷	Parathion-methyl	90.87	4.64	115.03	10.49	103.63	0.45	96.60	1.69	93.23	1.64	87.33	7.17	260.90	12.50
28	毒死蜱	Chlorpyrifos	101.43	4.14	95.43	2.46	97.43	0.68	94.10	2.94	103.13	1.38	92.33	2.51	118.00	4.85
29	三氯杀螨醇	Dicofol	93.77	2.70	99.23	5.26	100.30	2.64	97.73	1.76	93.73	1.26	94.50	7.18	94.13	2.23
30	异丙甲草胺	Metolachlor	98.93	4.45	125.17	35.18	108.37	1.74	98.87	1.68	95.13	2.37	94.57	4.51	108.53	2.16
31	β六六六	βHCH	95.83	3.76	97.80	5.88	91.90	1.05	96.70	0.37	95.17	0.75	96.33	3.44	134.88	5.91
32	δ六六六	δHCH	99.27	3.14	96.97	5.14	98.00	1.54	92.93	1.10	97.50	0.81	95.93	2.27	274.33	25.08
33	DE PCB 101	DE PCB 101	99.80	3.56	102.97	12.96	100.53	3.53	96.00	1.28	100.07	1.02	90.53	5.39	87.13	2.54
34	对硫磷	Parathion	102.80	2.64	100.83	12.46	97.30	2.80	96.17	1.69	101.00	2.33	90.40	3.29	83.23	1.87
35	三唑酮	Triadimefon	97.10	2.06	95.47	2.26	97.93	1.69	92.53	2.44	96.83	0.24	95.13	0.68	92.23	2.00
36	荧蒽	Fluoranthene	205.17	20.54	149.33	36.48	103.43	49.12	96.97	27.48	123.80	17.64	115.87	9.87	104.50	22.49
37	顺式氯丹	cis-Chlordane	97.97	3.82	94.80	3.18	93.53	0.77	95.77	2.21	98.97	2.01	95.40	5.09	91.25	1.15
38	反式氯丹	trans-Chlordane	98.93	2.43	97.57	1.74	98.60	2.38	99.13	3.30	98.17	1.33	97.93	5.62	101.68	1.04
39	稻丰散	Phenthoate	86.03	3.15	105.03	15.89	105.03	1.43	90.07	5.90	93.63	1.27	93.67	3.63	261.60	12.53
40	硫丹Ⅰ	Endosulfuran Ⅰ	97.33	1.97	91.07	2.26	96.23	1.75	90.80	5.25	104.33	1.47	94.10	5.08	96.70	2.42
41	敌稗	Propanil	未出峰		未出峰		未出峰		未出峰		未出峰		未出峰		未出峰	
42	DE PCB 153	DE PCB 153	100.30	1.73	97.03	3.84	97.00	0.62	95.53	1.49	99.17	0.66	86.33	4.80	80.80	0.94
43	DE PCB 118	DE PCB 118	100.97	2.49	98.63	5.53	100.63	3.49	95.33	1.97	98.33	1.38	86.43	3.96	84.10	1.12
44	异狄氏剂	Endrin	101.77	0.84	95.73	3.22	95.07	1.52	96.73	2.09	103.03	1.23	100.60	8.10	93.50	1.62
45	2,4′-DDT	2,4′-DDT	97.97	2.44	101.17	8.77	101.00	0.17	96.20	2.89	98.07	1.03	95.97	7.35	113.55	4.74
46	DE PCB 138	DE PCB 138	99.70	3.82	94.77	4.70	99.43	1.60	97.13	1.64	101.70	0.69	91.30	7.64	84.80	1.18
47	除草醚	Nithophen	95.63	2.11	105.87	8.21	95.57	1.61	95.87	1.36	99.90	0.92	94.67	12.06	94.43	6.95
48	乙氧氟草醚	Oxyfluorfen	未出峰		未出峰		未出峰		92.33	2.07	94.33	0.53	93.23	3.68	98.38	3.93
49	硫丹Ⅱ	Endosulfuran Ⅱ	99.57	1.95	94.47	1.75	98.30	1.06	93.50	3.19	102.33	0.34	95.43	4.43	166.88	6.86
50	4,4′-DDT	4,4′-DDT	100.90	3.18	98.83	4.32	98.97	0.51	96.07	1.97	97.93	0.36	99.47	6.82	315.95	18.27
51	噻螨酮	Hexythiazox	98.13	1.98	91.00	3.71	93.87	0.55	96.43	1.61	102.60	0.80	101.13	6.55	100.35	1.64
52	DE PCB 180	DE PCB 180	99.63	1.35	97.83	4.37	98.10	0.83	95.70	2.51	100.23	2.82	79.20	1.66	78.60	1.71

续表

序号	中文名称	英文名称	正己烷		正己烷-丙酮 (3:1, 体积比)		正己烷-丙酮 (1:1, 体积比)		正己烷-丙酮		正己烷-二氯甲烷 (4:1, 体积比)		乙酸乙酯-环己烷 (1:1, 体积比)		乙腈		1%乙酸-乙腈 (体积比)	
			Ave/%	RSD/%	Ave/%	RSD/%	Ave/%	RSD/%	Ave/%	RSD/%	Ave/%	RSD/%	Ave/%	RSD/%	Ave/%	RSD/%	Ave/%	RSD/%
53	氟虫腈	Fipronil	11.30	4.60	16.23	19.64	13.97	11.12	14.27	5.88	12.37	19.24	0.73	20.83	87.53	19.96
54	双甲脒	Amitraz	32.33	51.68	未出峰	未出峰	未出峰	未出峰	未出峰	未出峰	未出峰	未出峰	120.77	8.79	92.35	32.44
55	灭蚁灵	Mirex	101.97	2.10	95.20	3.40	99.37	1.35	56.37	2.63	102.80	2.81	88.77	3.44	105.75	3.96
56	三唑磷	Triazophos	11.17	9.19	14.67	17.31	14.27	10.21	14.00	7.53	12.37	20.65	96.57	4.91	202.98	6.32
57	苯并(a)蒽	Benzo (a) anthrancene	352.47	27.95	165.37	40.58	106.00	58.04	91.40	30.57	114.53	28.28	128.67	7.47	113.45	30.40
58	高效氟氯氰菊酯	λ-Cyhalothrin	39.93	6.01	40.90	3.23	60.57	1.56	44.63	6.17	44.13	8.31	24.83	13.78	129.33	5.34
59	三环唑	Tricyclazole	77.97	9.38	300.10	115.58	157.73	10.94	90.67	7.01	106.93	6.07	107.30	4.26	128.40	17.60
60	炔螨特	Propargite	90.00	2.52	83.87	2.00	88.53	2.24	89.53	2.12	89.20	0.19	94.17	6.16	154.83	5.09
61	苯并(k)荧蒽	Benzo (k) fluoranthene	140.77	14.67	122.33	20.23	103.30	32.43	68.87	34.21	105.37	15.20	114.53	6.37	112.10	35.12
62	苯并(b)荧蒽	Benzo (b) fluoranthene	142.27	15.03	123.50	20.27	103.33	33.11	92.13	17.43	105.70	14.37	94.97	5.36	112.10	35.12
63	氟氯氰菊酯	Cyfluthrin	83.07	19.28	79.97	8.16	72.70	17.34	81.87	14.21	77.53	8.04	76.80	4.63	未出峰	未出峰
64	氯氰菊酯	Cypermethrin	85.73	8.95	75.00	4.50	88.70	1.30	83.33	7.92	82.07	1.01	83.90	7.34	653.68	55.86
65	氰戊菊酯-1	Fenvalerate-1	82.90	5.59	80.77	0.14	94.80	4.59	88.27	2.25	83.30	3.30	86.33	7.40	538.65	45.98
66	氰戊菊酯-2	Fenvalerate-2	87.60	4.00	89.97	2.67	100.37	2.19	88.53	1.58	84.27	0.61	87.33	5.78	472.20	50.06
67	二苯并(a, h)蒽	Dbenzo (a. h) anthracene	135.70	8.93	119.07	18.65	83.70	25.08	90.77	12.20	110.10	11.44	99.17	4.42	98.90	12.16
68	茚并(1, 2, 3, -cd)芘	Indeno (1, 2, 3-cd) pyrene	178.87	26.28	140.13	31.43	106.13	47.43	90.83	30.34	109.07	24.72	99.20	5.04	106.20	22.92
69	苯并(g, h, i)芘	Benzo (g. h. i) peryene	138.30	32.29	95.53	35.90	91.10	45.15	55.40	45.85	85.70	29.49	86.07	4.17	99.88	26.16
70	苯并(a)芘	Benzo (a) pyrene	141.67	15.03	123.00	22.03	102.40	34.53	92.93	18.90	108.53	14.28	99.13	6.20	97.85	14.10
71	溴氰菊酯	Deltamethrin	85.63	4.15	78.90	6.90	86.67	4.58	77.00	8.33	98.17	3.50	104.00	9.32	未出峰	未出峰
72	啶虫脒	Acetamiprid	9.20	39.54	92.73	8.53	95.20	2.75	87.63	1.62	98.03	0.82	95.03	3.40	94.68	3.08
73	DE PCB 003	DE PCB 003	96.48	3.79	98.46	10.68	100.67	0.78	93.56	1.96	102.84	0.68	88.56	3.79	88.59	1.48
74	DE PCB 010	DE PCB 010	99.59	1.45	91.23	9.57	97.45	1.34	94.77	2.46	99.58	1.63	90.73	2.39	89.41	3.85
75	DE PCB 200	DE PCB 200	76.94	1.94	86.94	8.94	97.63	2.83	96.42	0.63	97.34	1.96	76.91	6.89	73.29	3.24
76	DE PCB 208	DE PCB 208	67.32	2.51	79.53	6.61	89.63	2.19	90.84	2.62	96.11	0.93	60.83	3.24	60.42	2.77
77	DE PCB 209	DE PCB 209	50.82	1.57	60.63	10.73	70.52	0.42	89.42	1.93	99.67	2.64	51.77	1.77	49.26	1.63

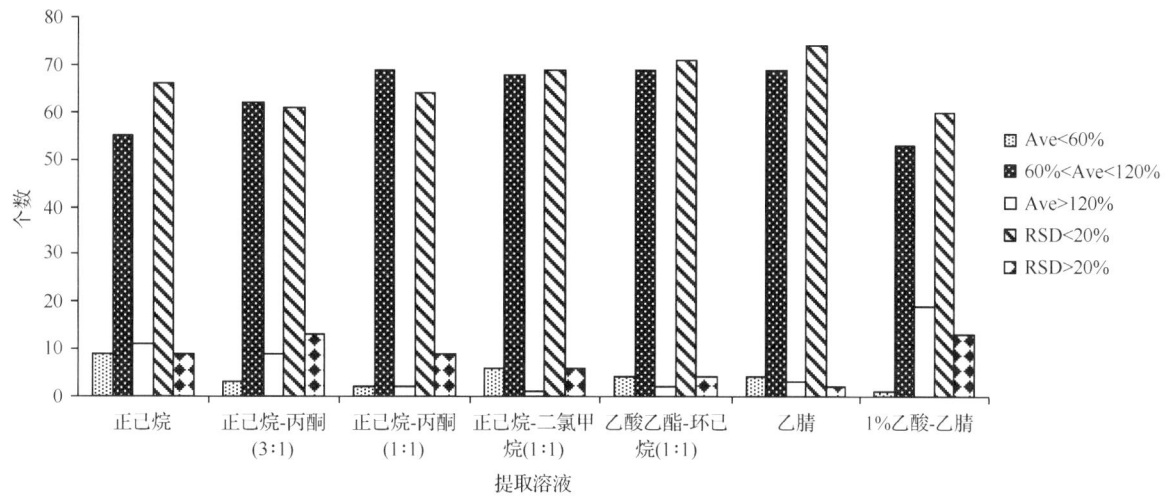

图 7-7　5g 脂肪样品中 77 种环境污染物七种提取溶剂提取效果对比图

对比 77 种环境污染物的加标回收率实验发现：乙腈、乙酸乙酯-环己烷（1∶1，体积比）、正己烷-丙酮（1∶1，体积比）和正己烷-二氯甲烷（4∶1，体积比）为提取溶剂时，回收率差别不大，均很好；而 1%乙酸-乙腈为提取溶剂时的回收率最差。相对标准偏差实验发现乙腈为提取溶剂时最好，而 1%乙酸-乙腈的最差，说明此类环境污染物不适合在酸性条件下提取。由于乙腈在提取过程中溶解的油脂较少，基质干扰比乙酸乙酯-环己烷（1∶1，体积比）等其他几种溶剂小，便于下一步净化，并且乙腈对极性和非极性物质的溶解性都好。所以，选择乙腈为提取溶剂。

7.6.8　提取方法对比

在已确定乙腈为提取溶剂的条件下，实验选择了 3 种不同提取方式。

（1）快速溶剂提取（ASE）：准确称取 5g 样品于盛有 17g 硅藻土的研钵中，研磨均匀后转移至样品池，10.34MPa，80℃条件下，加热 5min，乙腈静态萃取 3min，循环 2 次，氮气吹扫 100s。

（2）均质提取：准确称取 5g 样品，加 35mL 乙腈，12 000r/min 均质 1min，重复提取两次。

（3）振荡提取：称取 5g 样品于盛有 10g 无水硫酸钠的研钵中，研磨均匀后转移至 80mL 离心管中，加 35mL 乙腈振荡提取 30min，重复提取两次。

每组实验做 3 个样品添加和 1 个基质标准，采取不同提取方式，收集提取液，浓缩后经 GPC 净化，GC-MS/MS 内标法检测，实验数据见表 7-26。

表 7-26　5g 脂肪样品中 77 种环境污染物 3 种提取方式提取效果对比数据（$n=3$）

序号	中文名称	英文名称	ASE 5g+200μL		振荡 5g+200μL		均质 5g+200μL	
			Ave/%	RSD/%	Ave/%	RSD/%	Ave/%	RSD/%
1	萘	Naphthalene	87.40	7.94	86.13	3.39	71.40	10.27
2	异丙隆	Isoprotuton	96.63	4.64	85.93	3.23	94.40	9.07
3	敌敌畏	Dichlorvos	33.80	21.12	64.97	4.72	57.77	1.55
4	克百威	Carbofuron	95.13	4.80	97.13	3.47	103.73	8.98
5	甲胺磷	Methamidophos	68.23	12.69	92.50	5.63	79.90	1.35
6	苊	Acenaphthylene	91.80	2.97	92.87	7.28	88.13	6.61
7	二氢苊	Acenaphthene	88.93	1.20	86.83	4.58	88.13	5.79
8	六氯苯	Hexachlorobenzene	86.87	4.02	82.40	0.32	82.00	5.44
9	杀虫脒	Chlordimeform	94.97	0.47	98.57	6.42	92.43	1.44
10	氟乐灵	Trifluralin	90.80	8.15	84.50	5.22	67.93	8.40

续表

序号	中文名称	英文名称	ASE 5g+200μL		振荡 5g+200μL		均质 5g+200μL	
			Ave/%	RSD/%	Ave/%	RSD/%	Ave/%	RSD/%
11	α-六六六	α-HCH	96.47	3.64	95.73	4.01	90.33	2.65
12	氧乐果	Omethoate	66.90	5.77	108.20	8.70	70.67	2.74
13	蒽	Anthracene	213.80	25.69	470.57	58.69	124.17	8.47
14	异噁草松	Clomazone	98.50	4.57	100.37	7.50	95.77	6.94
15	阿特拉津	Atrazine	99.40	4.73	92.40	6.94	89.40	3.77
16	γ-六六六	γ-HCH	97.87	5.03	96.90	7.74	93.60	3.00
17	二嗪磷	Diazinon	96.47	4.01	96.50	4.22	83.00	14.55
18	七氯	Heptachlor	96.87	4.21	94.17	3.74	89.83	1.83
19	DE PCB 028	DE PCB 028	95.60	6.20	89.73	3.94	89.73	7.32
20	西玛津	Simazine	99.23	5.47	97.67	2.50	91.63	2.79
21	DE PCB 052	DE PCB 052	94.10	2.99	91.20	4.01	91.93	4.86
22	百菌清	Chlorothalonil	67.00	15.55	186.00	36.59	112.43	27.71
23	扑草净	Prometryne	96.77	3.16	100.50	10.42	86.67	0.66
24	抗蚜威	Pirimicarb	96.23	3.15	94.53	6.07	92.77	8.47
25	甲草胺	Alachlor	103.23	3.22	99.83	6.30	87.73	4.77
26	乐果	Dimethoate	101.97	5.05	100.33	4.39	89.47	5.13
27	甲基对硫磷	Parathion-methyl	104.10	1.13	115.13	4.29	87.33	7.17
28	毒死蜱	Chlorpyrifos	98.57	0.87	99.97	3.54	92.33	2.51
29	三氯杀螨醇	Dicofol	163.17	59.14	91.47	3.27	94.50	7.18
30	异丙甲草胺	Metolachlor	99.93	0.92	100.50	5.22	94.57	4.51
31	β-六六六	β-HCH	95.40	4.18	98.53	4.89	96.33	3.44
32	δ-六六六	δ-HCH	94.80	2.59	100.47	3.95	95.93	2.27
33	DE PCB 101	DE PCB 101	94.10	2.83	86.00	2.15	90.53	5.39
34	对硫磷	Parathion	91.23	3.83	87.20	1.46	90.40	3.29
35	三唑酮	Triadimefon	96.53	1.84	98.47	4.01	95.13	0.68
36	荧蒽	Fluoranthene	152.77	15.42	192.97	47.55	115.87	9.87
37	顺式-氯丹	cis-Chlordane	90.97	3.78	94.43	3.25	95.40	5.09
38	反式-氯丹	trans-Chlordane	94.73	1.13	99.97	3.90	97.93	5.62
39	稻丰散	Phenthoate	98.67	1.04	108.40	4.58	93.67	3.63
40	硫丹Ⅰ	Endosulfuran Ⅰ	93.73	3.10	92.17	3.75	94.10	5.08
41	敌稗	Propanil	未出峰	未出峰	未出峰	未出峰	未出峰	未出峰
42	DE PCB 153	DE PCB 153	88.60	3.37	83.23	2.05	86.33	4.80
43	DE PCB 118	DE PCB 118	90.23	2.28	85.03	1.09	86.43	3.96
44	异狄氏剂	Endrin	95.60	1.92	96.50	5.65	100.60	8.10
45	2,4'-DDT	2,4'-DDT	100.97	8.62	96.43	4.96	95.97	7.35
46	DE PCB 138	DE PCB 138	91.40	3.08	84.97	1.42	91.30	7.64
47	除草醚	Nithophen	95.40	1.06	112.23	3.81	94.67	12.06
48	乙氧氟草醚	Oxyfluorfen	92.73	3.77	96.93	3.16	93.23	3.68
49	硫丹Ⅱ	Endosulfuran Ⅱ	94.73	3.90	92.83	2.89	95.43	4.43
50	4,4'-DDT	4,4'-DDT	92.27	1.55	98.23	3.66	99.47	6.82

序号	中文名称	英文名称	ASE 5g+200μL		振荡 5g+200μL		均质 5g+200μL	
			Ave/%	RSD/%	Ave/%	RSD/%	Ave/%	RSD/%
51	噻螨酮	Hexythiazox	94.03	2.55	94.20	4.11	101.13	6.55
52	DE PCB 180	DE PCB 180	88.57	5.57	77.27	2.78	79.20	1.66
53	氟虫腈	Fipronil	3.50	96.60	1.27	16.43	0.73	20.83
54	双甲脒	Amitraz	127.47	91.46	71.23	49.78	120.77	8.79
55	灭蚁灵	Mirex	89.77	3.75	86.97	4.80	88.77	3.44
56	三唑磷	Triazophos	95.63	2.85	102.63	5.57	96.57	4.91
57	苯并（a）蒽	Benzo (a) anthrancene	178.80	19.19	341.70	73.57	128.67	7.47
58	高效氟氯氰菊酯	λ-Cyhalothrin	57.17	11.34	53.03	11.07	24.83	13.78
59	三环唑	Tricyclazole	123.07	93.82	88.53	7.93	107.30	4.26
60	炔螨特	Propargite	95.57	2.08	100.03	5.42	94.17	6.16
61	苯并（k）荧蒽	Benzo (k) fluoranthene	206.27	18.41	254.97	70.51	114.53	6.37
62	苯并（b）荧蒽	Benzo (b) fluoranthene	457.83	26.81	962.07	101.20	94.97	5.36
63	氟氯氰菊酯	Cyfluthrin	93.83	2.96	98.73	2.38	76.80	4.63
64	氯氰菊酯	Cypermethrin	102.53	3.69	105.37	4.13	83.90	7.34
65	氰戊菊酯-1	Fenvalerate-1	88.10	8.14	99.57	4.37	86.33	7.40
66	氰戊菊酯-2	Fenvalerate-2	94.00	1.82	94.40	5.95	87.33	5.78
67	二苯并（a，h）蒽	Dibenzo (a, h) anthracene	120.00	9.09	112.90	16.34	99.17	4.42
68	茚并（1，2，3，-cd）芘	Indeno (1, 2, 3-cd) pyrene	141.43	11.87	160.47	53.84	99.20	5.04
69	苯并（g，h，i）芘	Benzo (g, h, i) peryene	117.40	14.49	128.10	61.97	86.07	4.17
70	苯并（a）芘	Benzo (a) pyrene	116.73	8.07	122.33	31.41	99.13	6.20
71	溴氰菊酯	Deltamethrin	85.90	6.70	106.10	4.53	104.00	9.32
72	啶虫脒	Acetamiprid	91.37	4.26	106.30	2.93	95.03	3.40
73	DE PCB 003	DE PCB 003	88.51	5.78	79.59	3.48	90.36	3.28
74	DE PCB 010	DE PCB 010	89.64	2.34	86.24	4.92	89.57	4.56
75	DE PCB 200	DE PCB 200	88.43	2.67	76.53	3.89	80.67	4.88
76	DE PCB 208	DE PCB 208	86.79	3.59	72.69	2.75	75.93	5.31
77	DE PCB 209	DE PCB 209	85.56	2.94	77.48	1.63	76.83	2.58

从表 7-26 可以看出，均质提取的回收率为 60%~120% 的有 70 种，占所测总数的 90.9%；振荡提取回收率为 60%~120% 的有 65 种，占所测总数的 84.4%；ASE 提取回收率为 60%~120% 的有 64 种，占所测总数的 83.1%。从相对标准偏差来看，均质提取相对标准偏差<20% 的有 74 种，占所测总数的 96.1%；震荡提取相对标准偏差<20% 的有 66 种，占所测总数的 85.7%；ASE 提取相对标准偏差<20% 的有 69 种，占所测总数的 89.6%。总体来看均质好于其他两种方式。对于八氯联苯，九氯联苯和十氯联苯 ASE 提取比均质提取和震荡提取效果好，但考虑到其他类环境污染物均质提取效果好于振荡提取和 ASE 提取效果，而且均质提取的方法快速，易操作，避免了 ASE 提取高温高压对药物的影响，所以采用均质提取方法。

7.6.9 凝胶渗透色谱净化条件选择

实验对 91 种环境污染物单体和 16 种多氯联苯的混合体标准溶液进行了凝胶渗透色谱行为的评价。107 种环境污染物的凝胶渗透色谱图见图 7-8。每种环境污染物开始收集时间（开始出峰时间）、停止收集时间（停止出峰时间）参见 11.3.2 小节。这些环境污染物在 16~56min 出峰，在 23min 之后开始出峰的环境污染物有 77 种，占总数的 72.0%。由于顺式-氯丹、苯并（g，h，i）芘、杀虫双、杀虫单、百草枯等 5 种物质可能在 254nm 没有紫外吸收，无法判断这 5 种物质的收集时间。

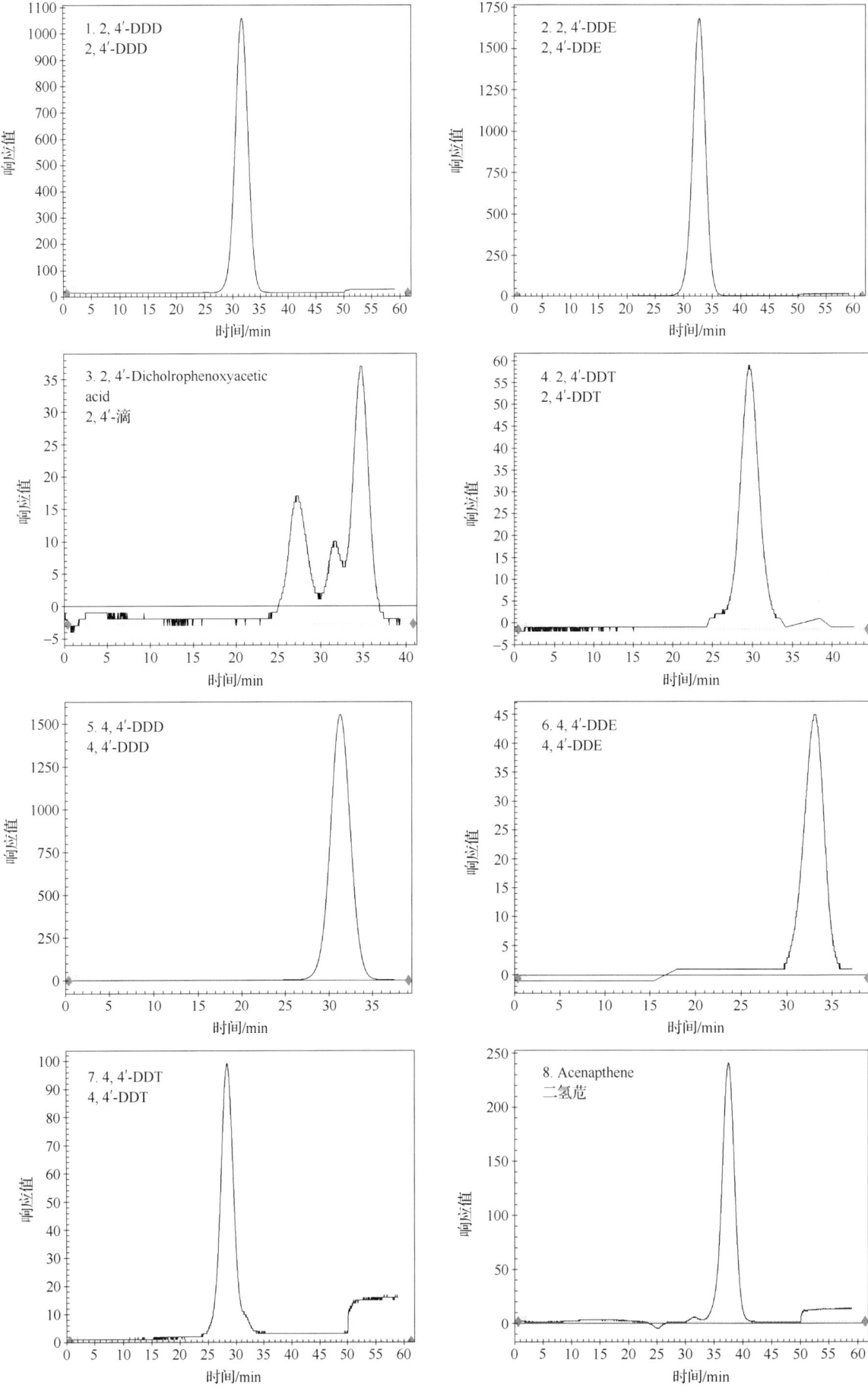

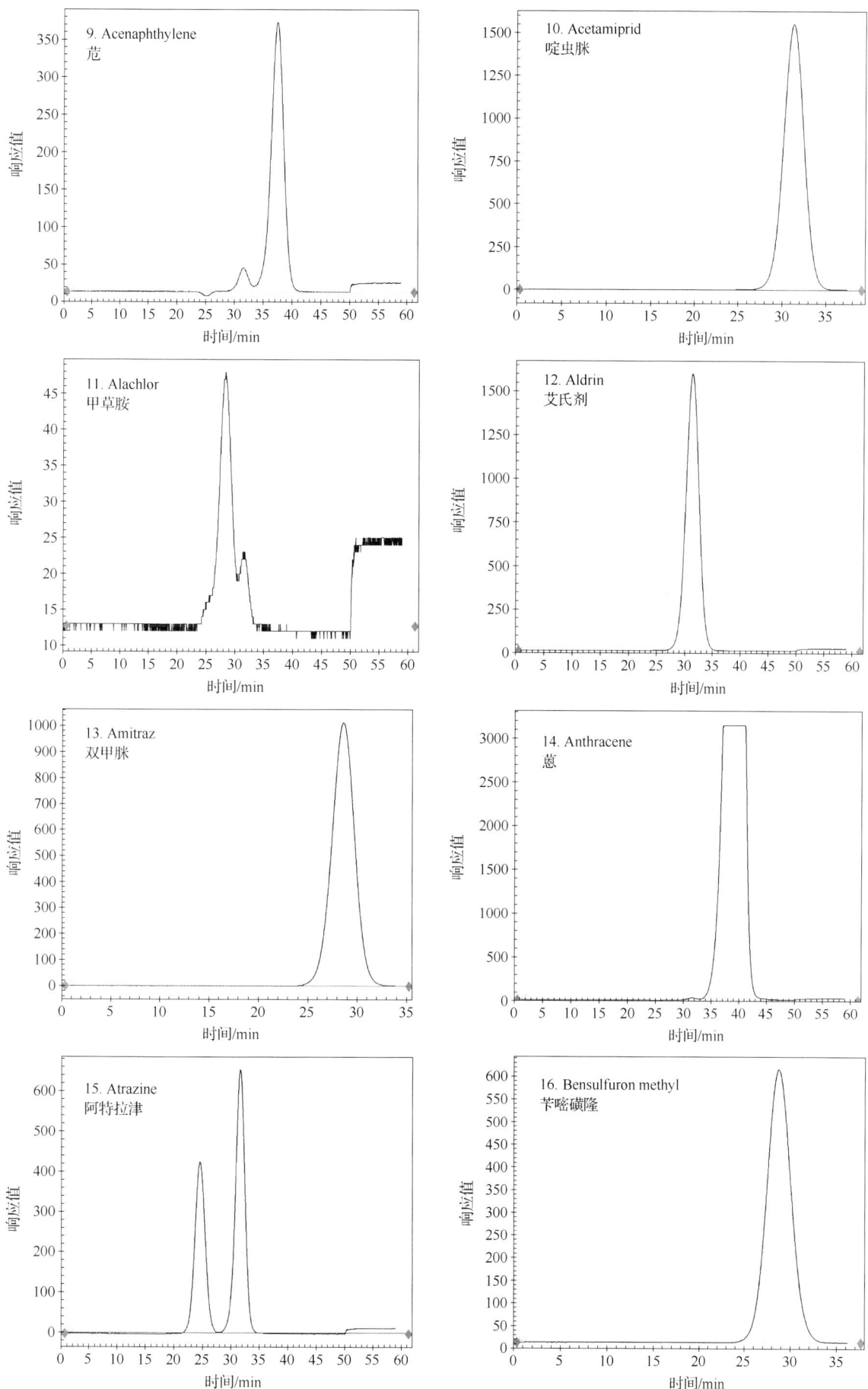

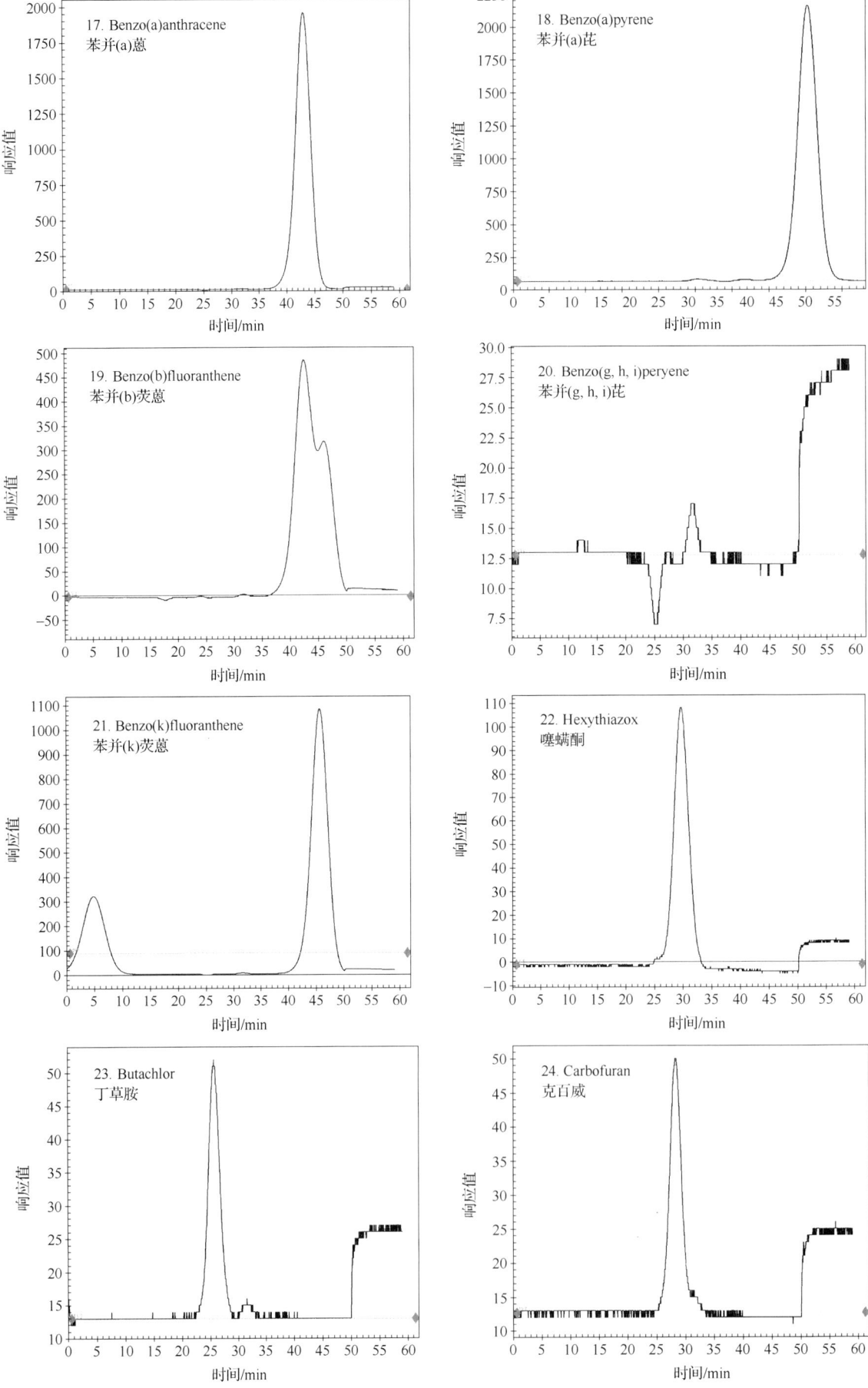

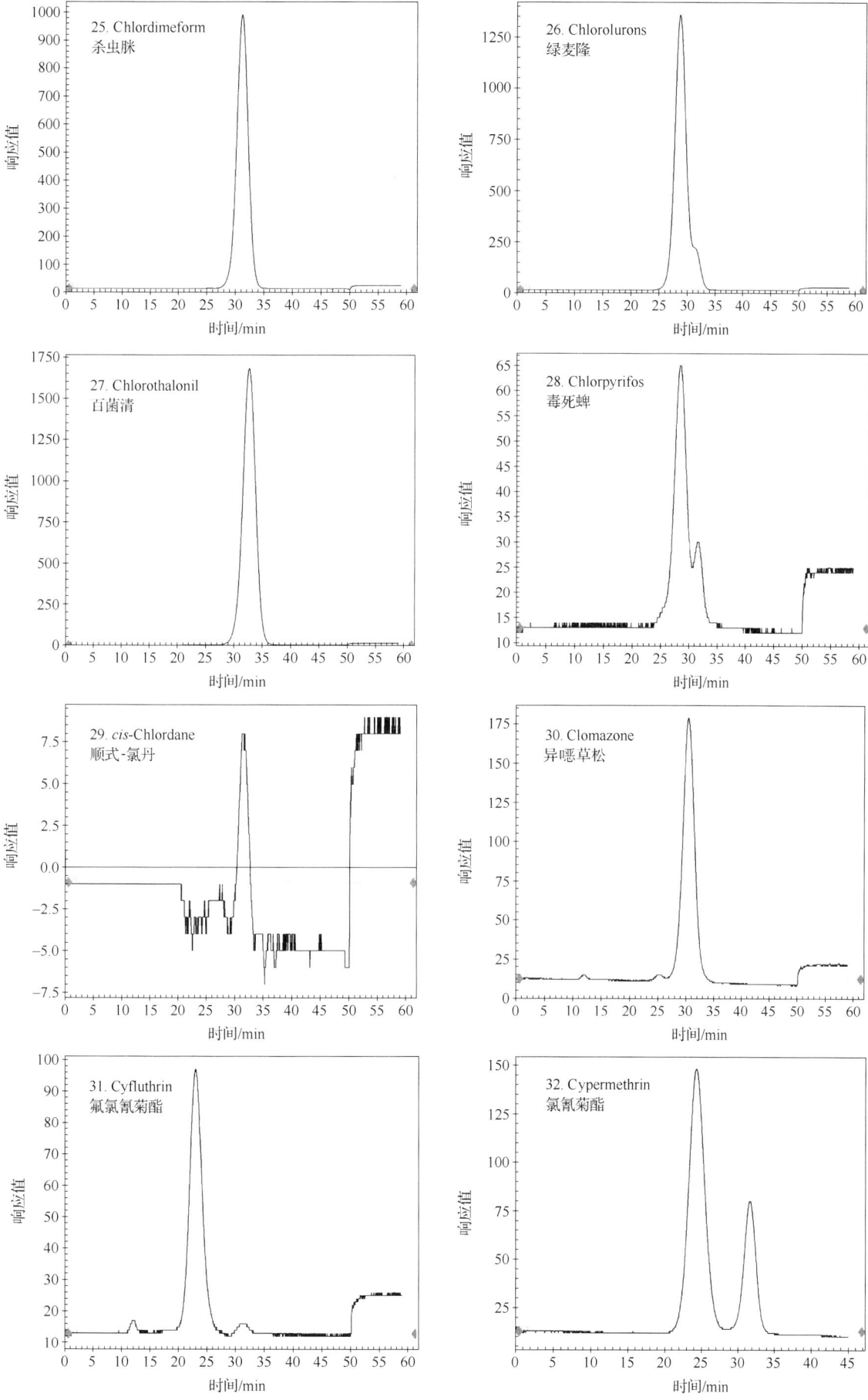

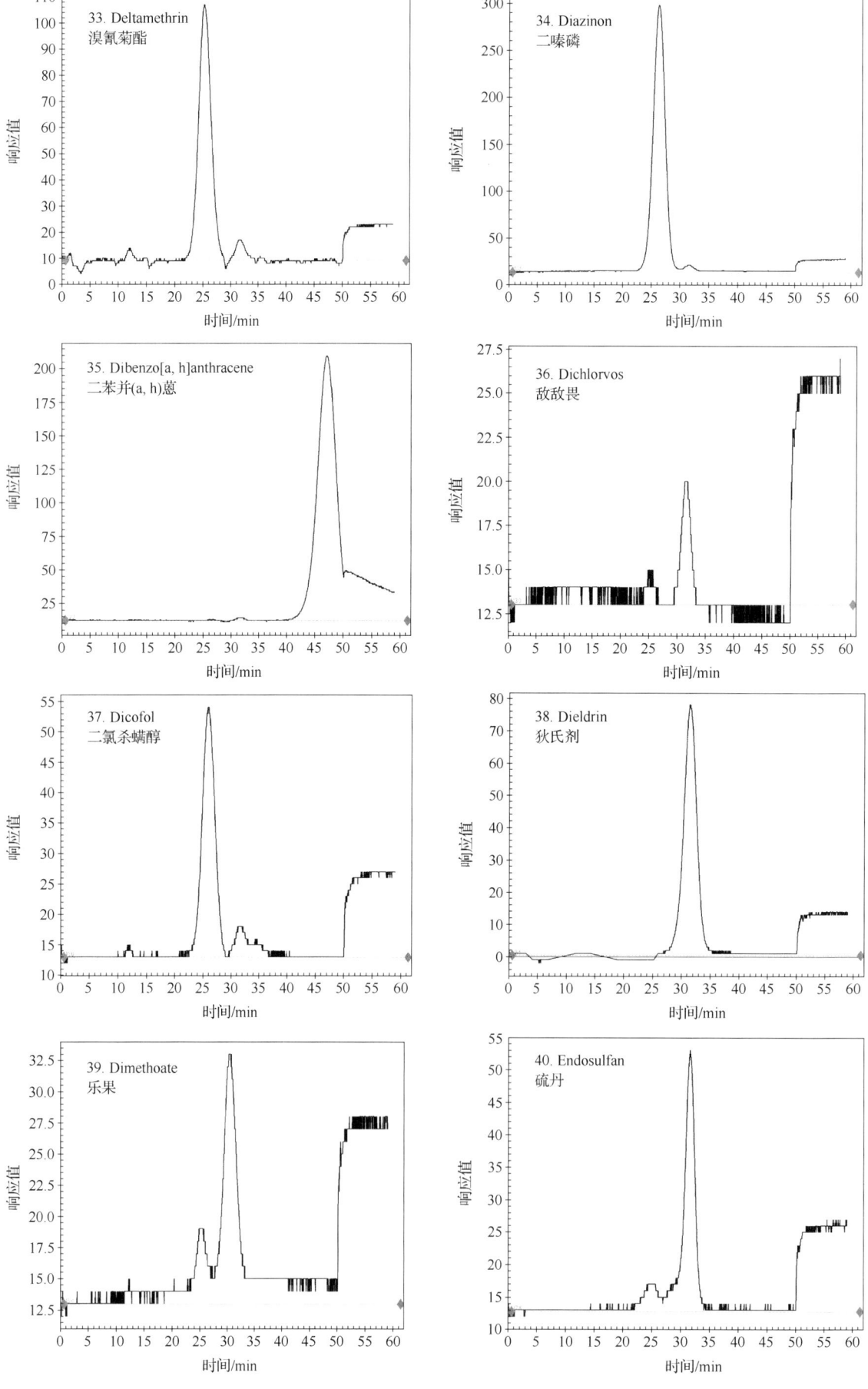

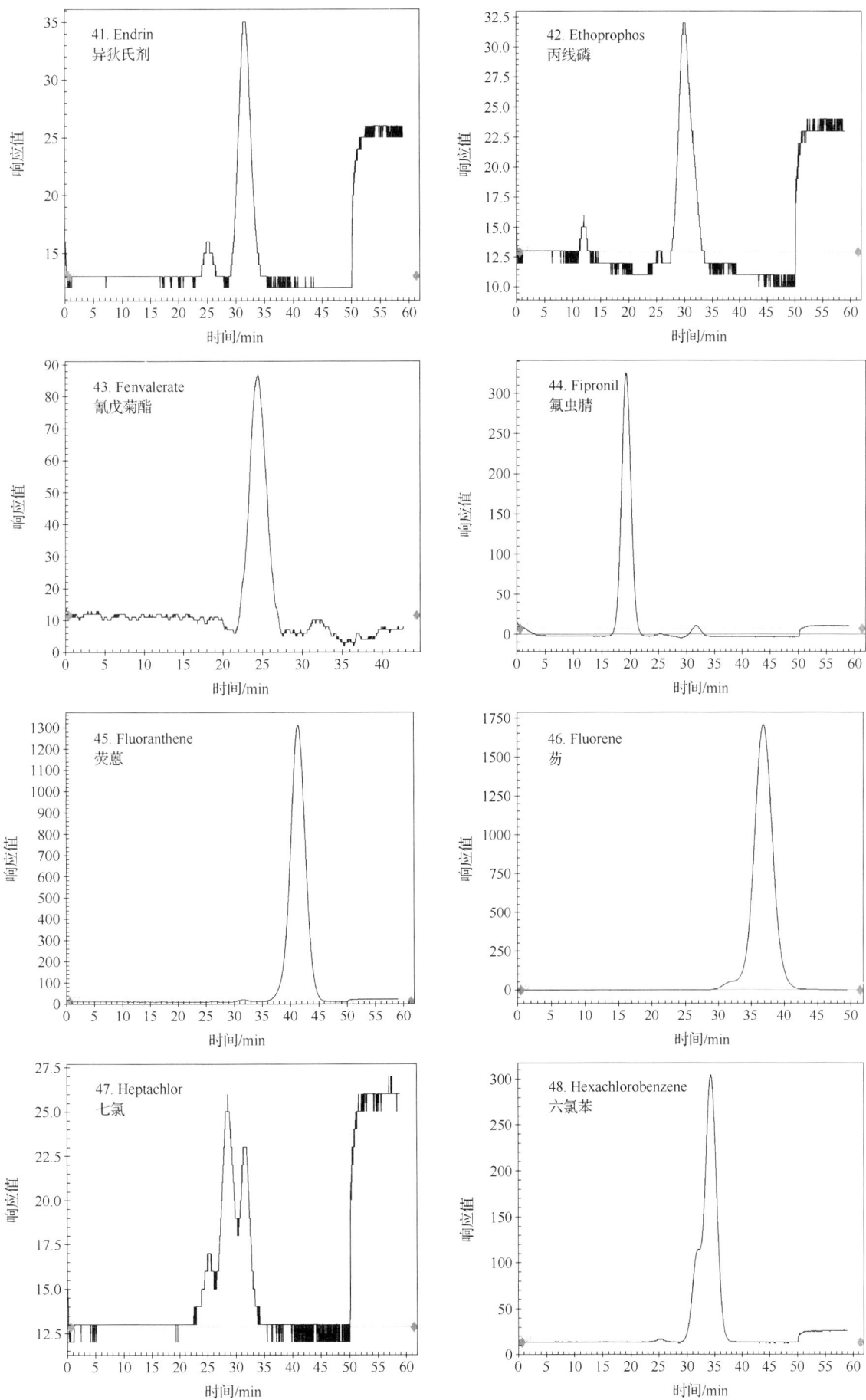

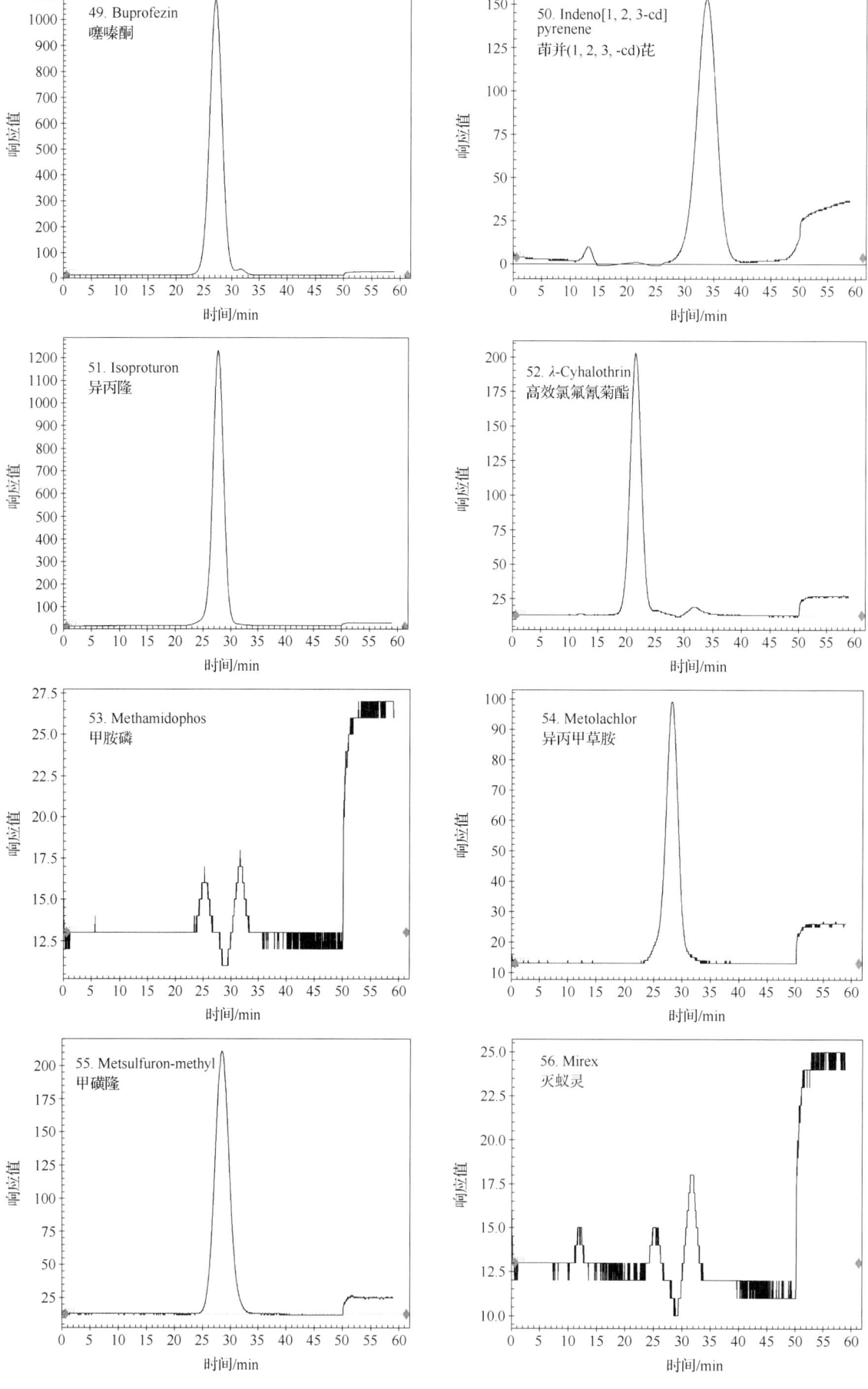

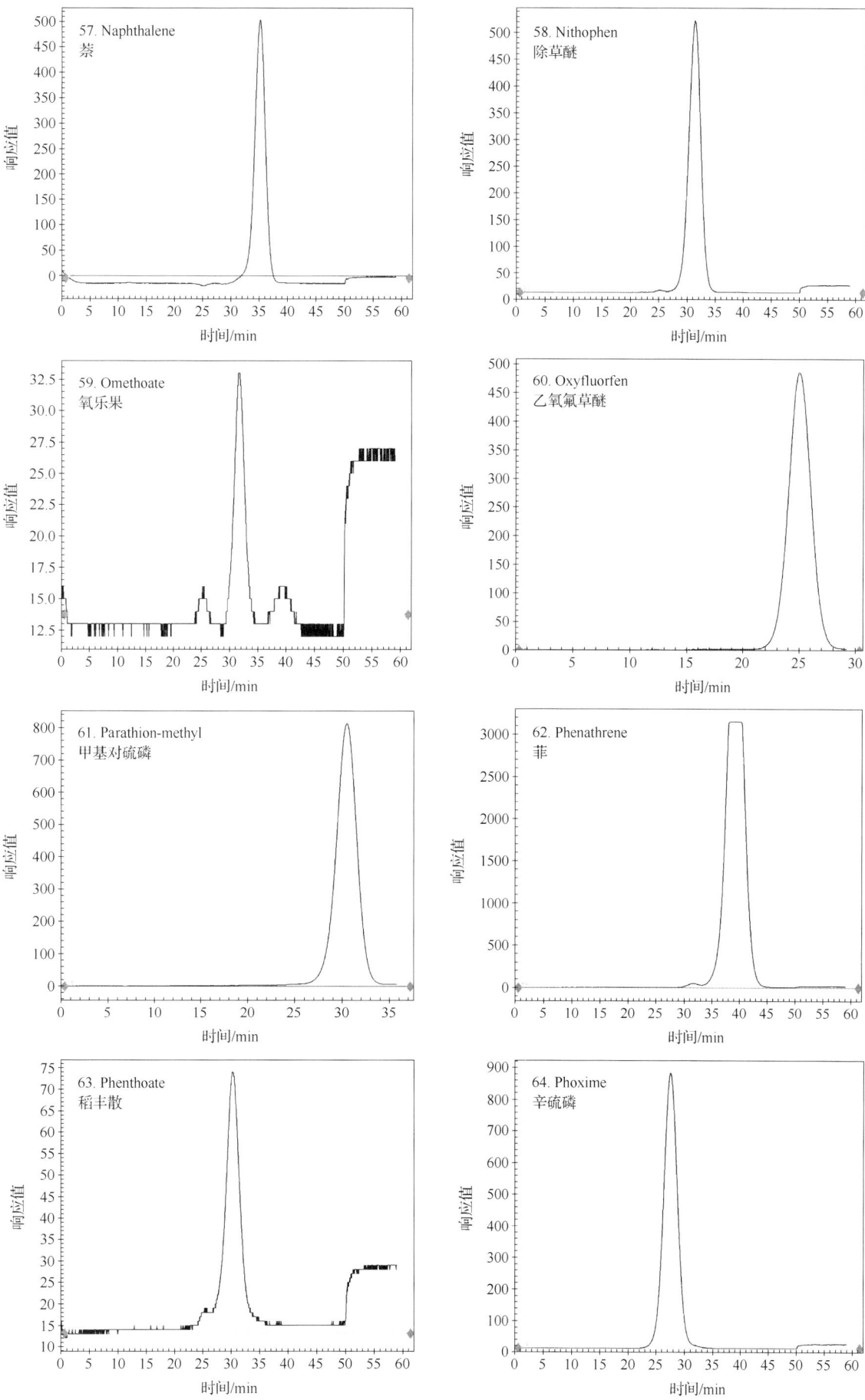

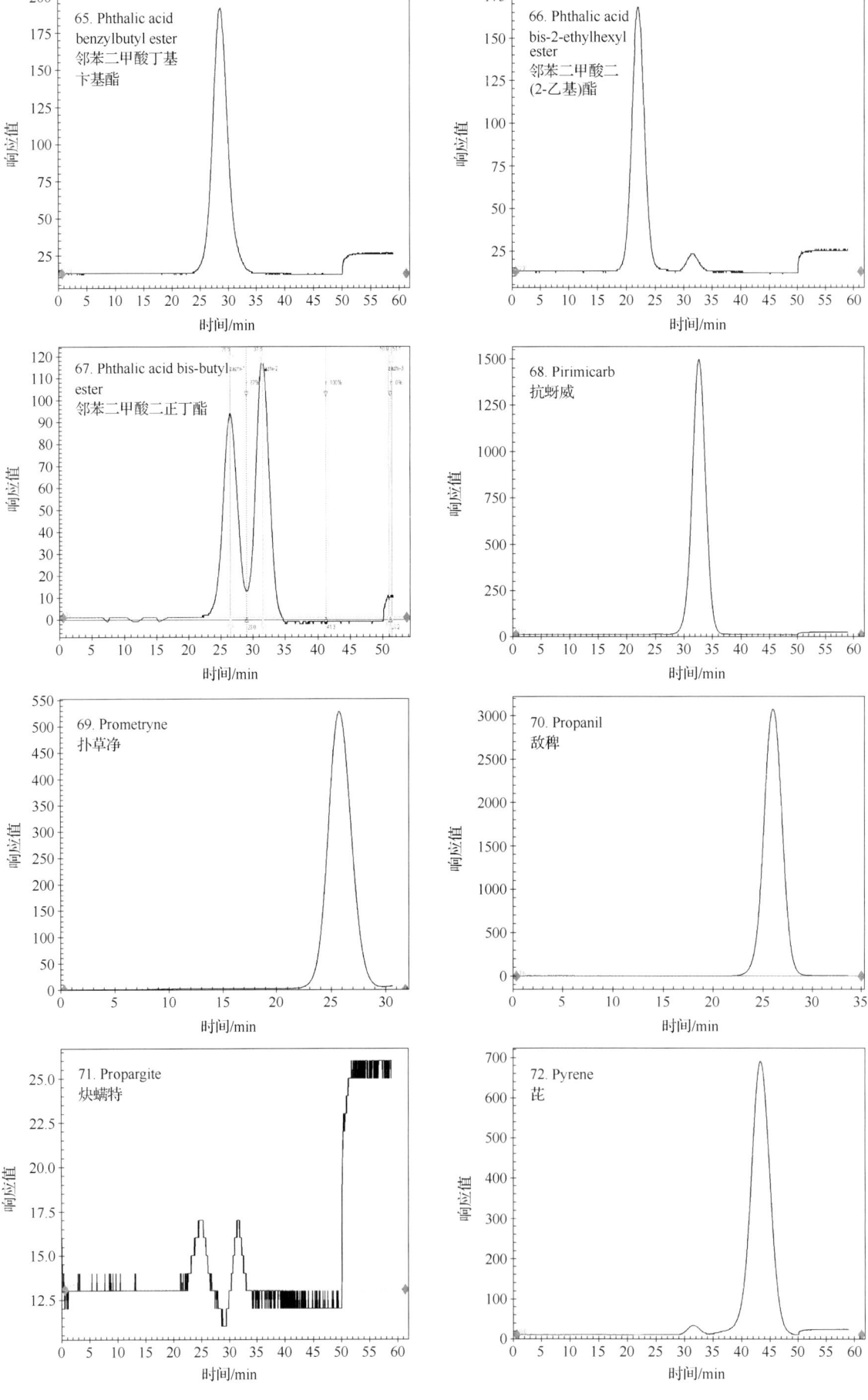

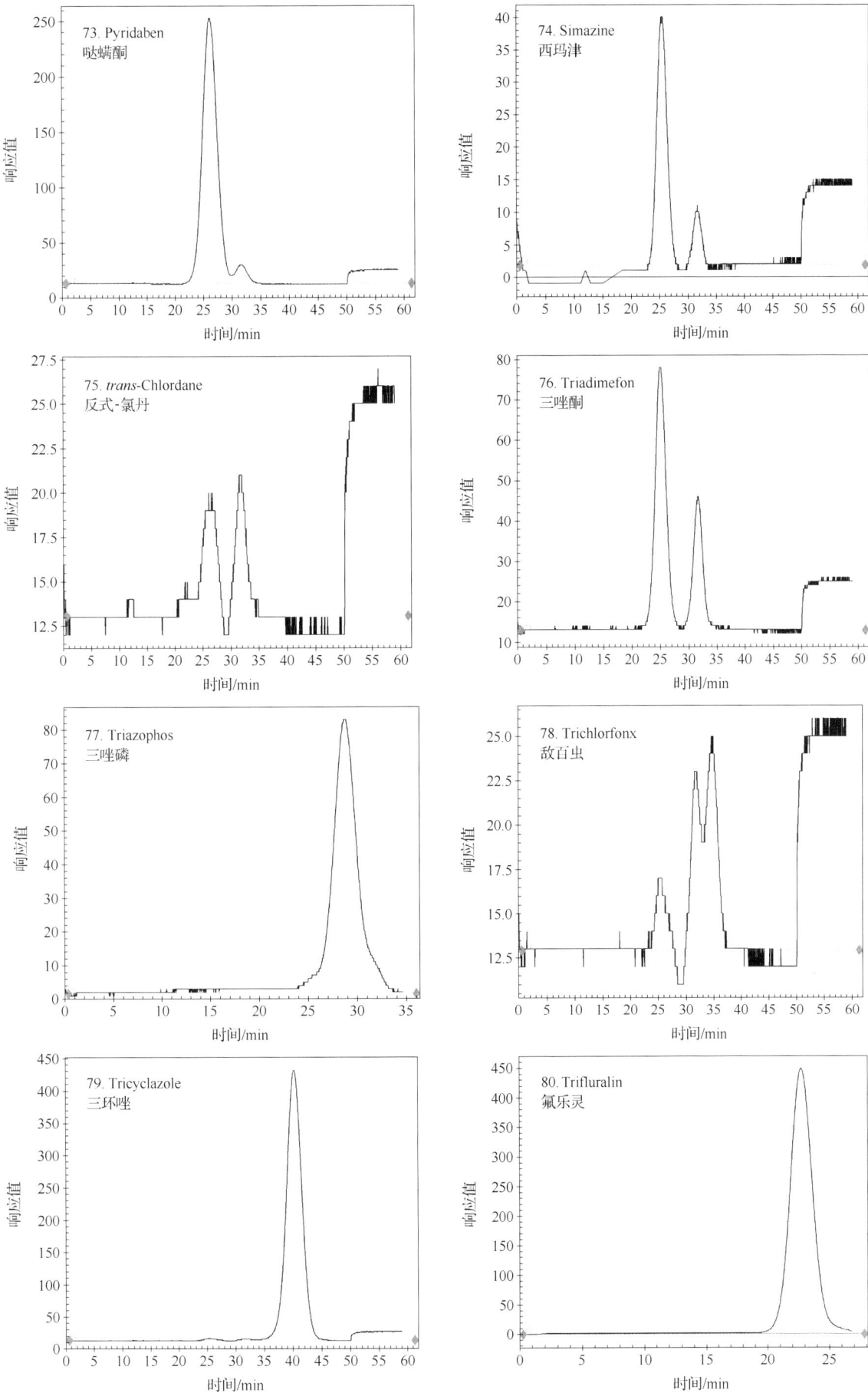

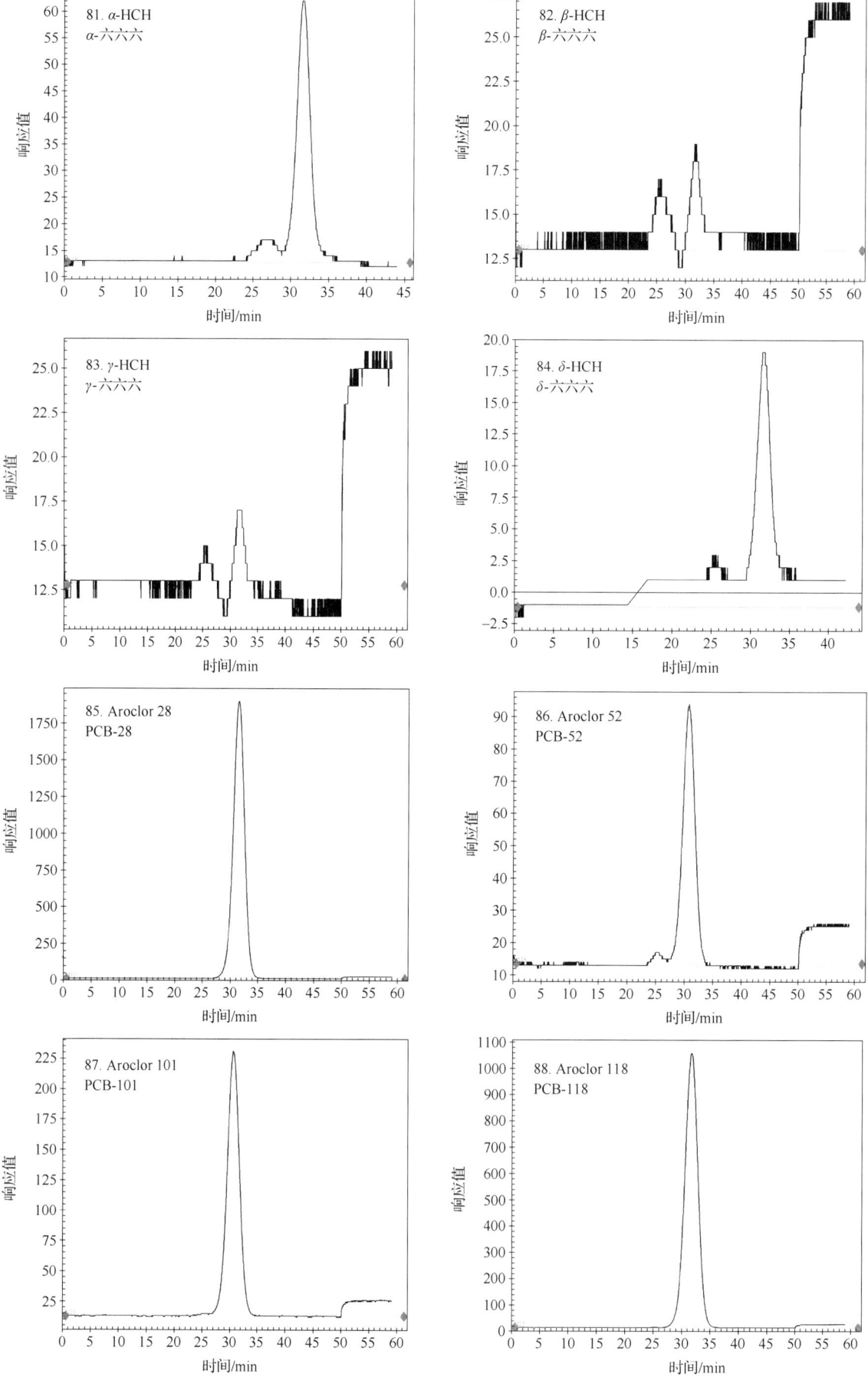

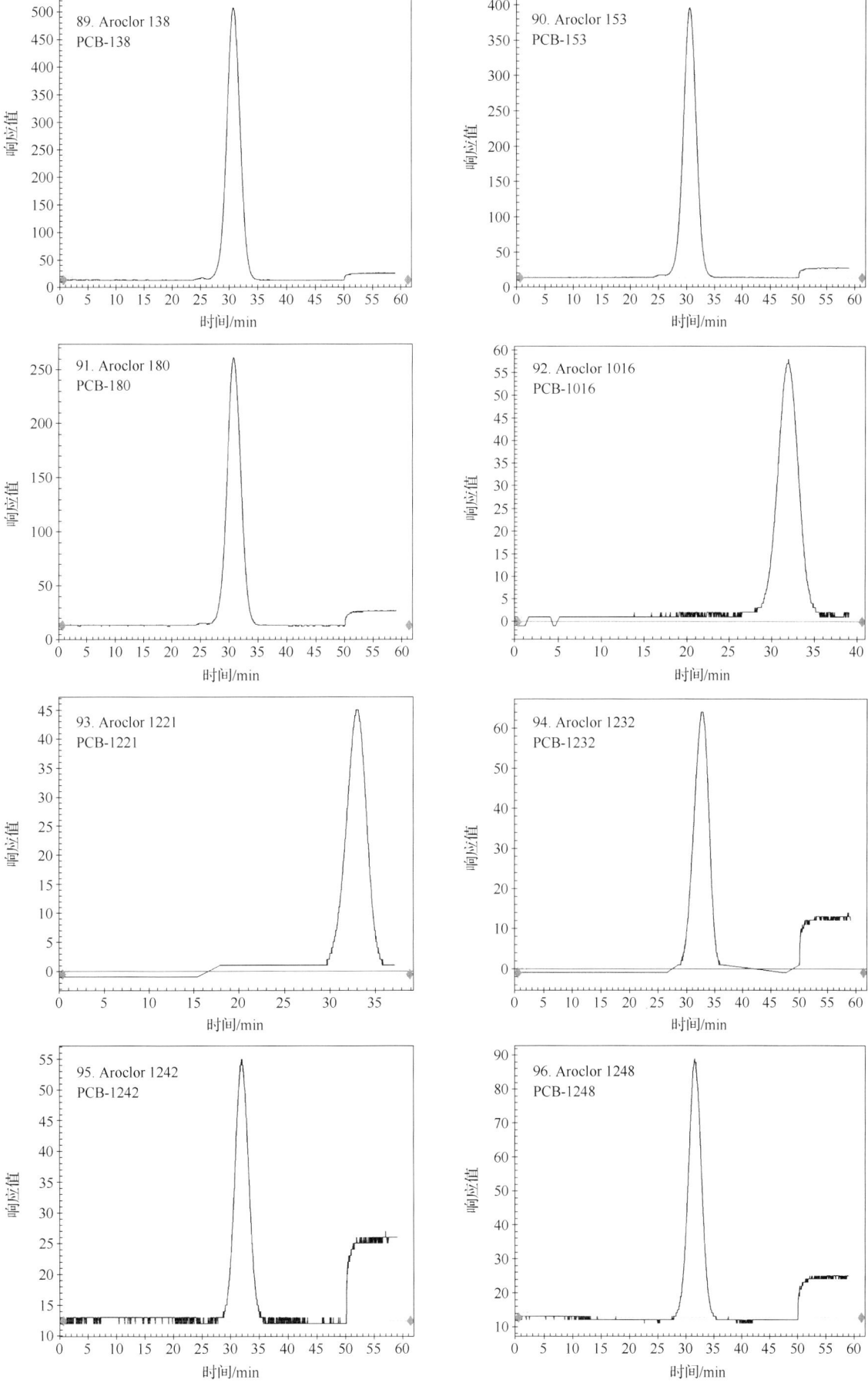

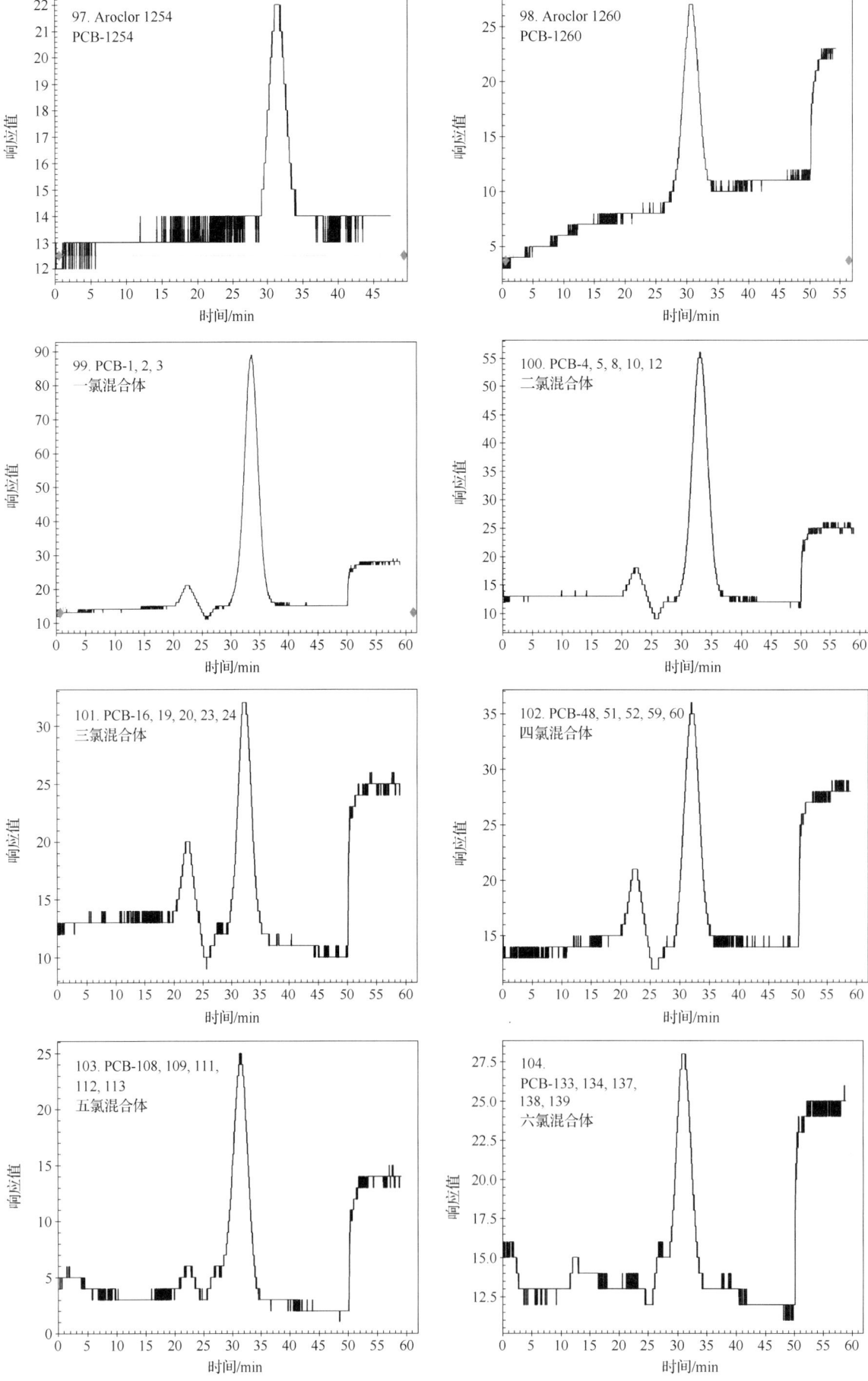

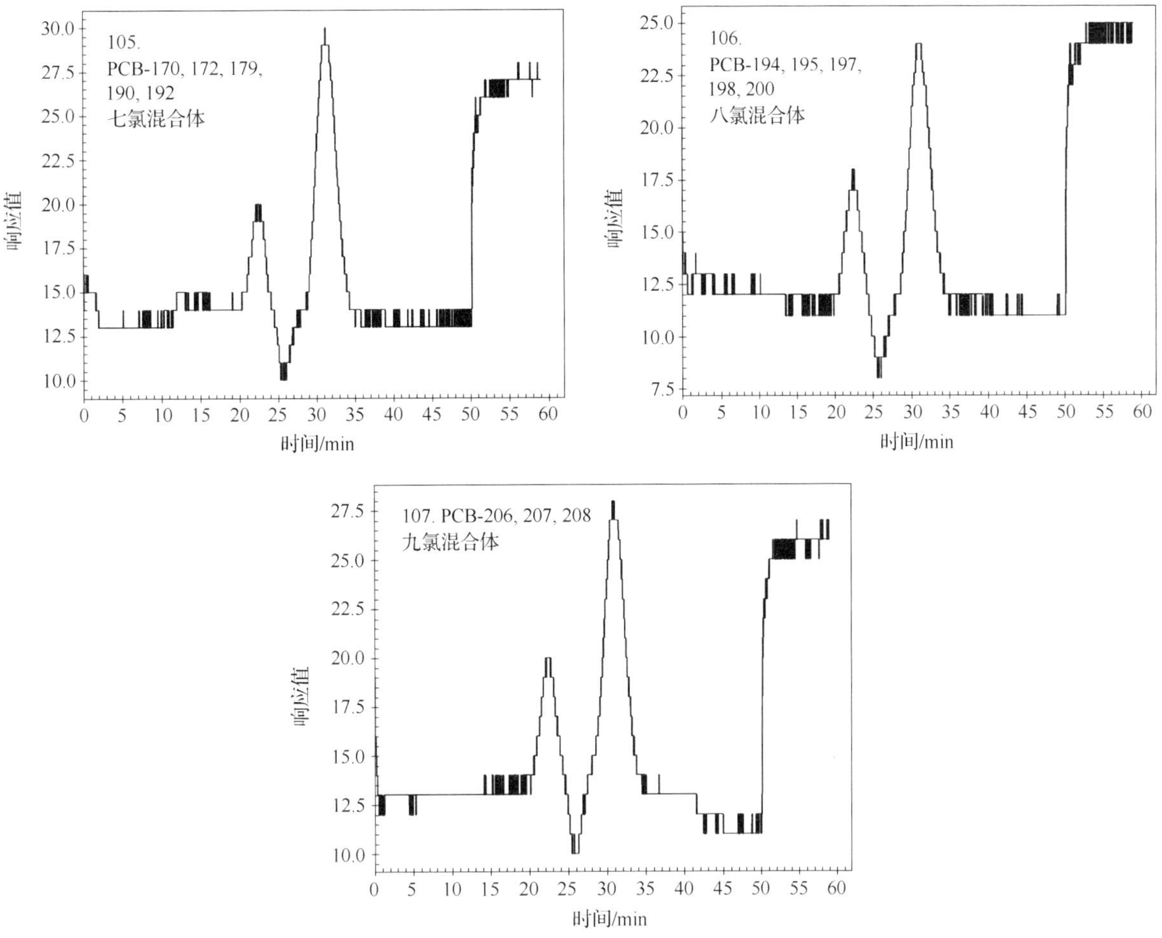

图 7-8　107 种环境污染物凝胶渗透色谱图

对于多残留分析来讲，保证绝大部分被测物满足检测方法的要求，而又能更好地去除杂质（油脂），并保证检测仪器不受污染，至关重要。因此，用空白样品进行净化条件选择，对比了 21～60min、22～60min、23～60min、24～60min、25～60min 和 26～60min 6 个不同收集时间。实验发现开始收集时间设定为 21min、22min 的流出液蒸干后，含有少量的油脂，而开始收集时间设定为 23min 的流出液蒸干后，基本去除了脂肪中油脂对测定的干扰，空白样品和添加样品凝胶渗透色谱图如图 7-9 和图 7-10 所示。

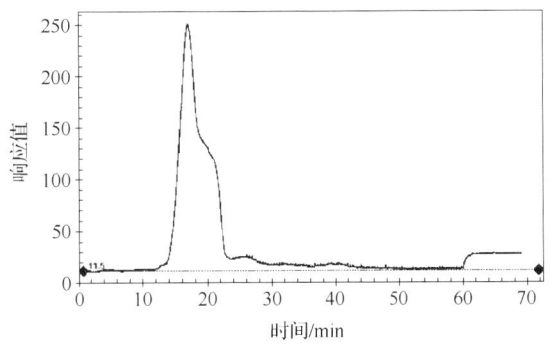

图 7-9　空白样品的凝胶渗透色谱图

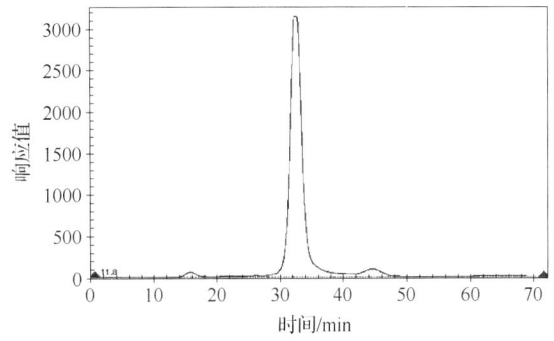

图 7-10　添加样品的凝胶渗透色谱图

从图 7-9 可以看出，脂肪在 14～23min 出峰，从图 7-10 也可看出，绝大多数农药在 28～50min 出峰。所以实验选择收集时间为 23～60min。但通过添加回收率实验发现，顺式-氯丹的添加回收率在 90% 左右，苯并（g，h，i）芘的添加回收率不稳定（可能是受基质影响较大），本方法所确定的净化条件对顺式-氯丹及大多数的环境污染物均适用,但杀虫双、杀虫单、百草枯等3种环境污染物不适合用 GC-MS/MS 和 LC-MS/MS 测定。因此,本方法确定的凝胶渗透色谱条件为:检测波长:254nm;流动相:乙酸乙酯-环己烷(1∶1,体积比);流速:4.7mL/min;进样量:5mL;开始收集时间:23min;结束收集时间:60min;在线浓缩温度和真空度:1区为45℃ 33.3 kPa;2区为49℃ 29.3 kPa;3区为52℃ 26.6 kPa;浓缩终点模式:液位传感模式;浓缩终点温度和真空度:1区为51℃ 26.60 kPa;2区为50℃ 23.94 kPa。

7.6.10 净化方式对比

在已确定的条件下,实验比较了 GPC 和固相萃取(SPE)两种净化方式。SPE 净化方式又选取了3种不同方式。准确称取 5g 样品,添加量为 2LOQ,加 2×35mL 乙腈,均质提取两次,将提取液蒸至近干。

(1) 用 3×2mL 乙腈-甲苯(3∶1,体积比)转移浓缩液过 NH_2-Carb 串联柱,然后用 25mL 乙腈-甲苯(3∶1,体积比)洗脱,洗脱液于 45℃ 水浴旋转蒸发至约 1mL,加入 5mL 正己烷进行溶剂交换,重复两次,旋转蒸发至约 1mL,待净化。

(2) 用 2×5mL 乙腈转移浓缩液过 Al_2O_3 柱,然后用 10mL 乙腈洗脱,洗脱液浓缩后用 3×2mL 乙腈-甲苯(3∶1,体积比)转移再过 NH_2-Carb 串联柱,然后用 25mL 乙腈-甲苯(3∶1,体积比)洗脱,洗脱液于 45℃ 水浴旋转蒸发至约 1mL,加入 5mL 正己烷进行溶剂交换,重复两次,旋转蒸发至约 1mL,待净化。

(3) 用 2×5mL 乙腈转移浓缩液过 C_{18} 柱,然后用 10mL 乙腈洗脱,洗脱液浓缩后用 3×2mL 乙腈-甲苯(3∶1,体积比)转移再过 NH_2-Carb 串联柱,然后用 25mL 乙腈-甲苯(3∶1,体积比)洗脱,洗脱液于 45℃ 水浴旋转蒸发至约 1mL,加入 5mL 正己烷进行溶剂交换,重复两次,旋转蒸发至约 1mL,待净化。

实验发现,用 C_{18} 柱+NH_2-Carb 柱和 Al_2O_3 柱+NH_2-Carb 柱净化,7 种农药和 7 种多环芳烃未出峰,可能是由于这些化学品吸附在柱子上不能被完全洗脱,导致回收率较低或没有回收率。实验数据见表 7-27 和图 7-11,4 种净化方式的 GC-MS/MS 总离子流图见图 7-12~图 7-15。

表 7-27 5g 脂肪样品中 77 种环境污染物 4 种净化方式净化效果对比数据($n=3$)

序号	中文名称	英文名称	GPC		C_{18}柱+NH_2-Carb 柱		Al_2O_3柱+NH_2-Carb 柱		NH_2-Carb 柱	
			Ave/%	RSD/%	Ave/%	RSD/%	Ave/%	RSD/%	Ave/%	RSD/%
1	萘	Naphthalene	70.77	2.13	135.07	79.51	88.57	9.83	136.00	10.02
2	异丙隆	Isoprotuton	99.87	1.60	62.80	12.28	98.00	8.69	100.53	8.11
3	敌敌畏	Dichlorvos	30.97	18.31	11.80	51.53	未出峰	未出峰	28.40	23.91
4	克百威	Carbofuron	95.53	7.24	88.27	2.14	92.70	1.96	95.00	3.84
5	甲胺磷	Methamidophos	77.57	7.87	未出峰	未出峰	未出峰	未出峰	67.43	15.62
6	苊	Acenaphthylene	93.77	8.62	52.60	38.52	89.77	1.81	92.63	3.81
7	二氢苊	Acenaphthene	83.77	5.86	50.97	32.93	84.03	6.55	89.23	2.08
8	六氯苯	Hexachlorobenzene	68.30	6.86	50.27	18.63	70.07	4.66	77.30	3.03
9	杀虫脒	Chlordimeform	100.77	8.86	未出峰	未出峰	80.50	49.25	92.60	3.84
10	氟乐灵	Trifluralin	56.77	6.51	80.33	2.07	92.83	2.58	97.60	4.32
11	α-六六六	α-HCH	98.83	5.67	84.07	1.38	100.23	3.36	90.17	5.62
12	氧乐果	Omethoate	71.67	12.32	未出峰	未出峰	未出峰	未出峰	72.97	14.34
13	蒽	Anthracene	168.77	18.85	147.57	26.45	135.23	12.60	144.17	17.90
14	异噁草松	Clomazone	92.50	11.25	87.43	3.92	104.03	2.46	94.73	4.08
15	阿特拉津	Atrazine	90.67	3.92	89.60	0.95	102.23	1.63	98.97	3.00

续表

序号	中文名称	英文名称	GPC		C$_{18}$柱＋NH$_2$-Carb柱		Al$_2$O$_3$柱＋NH$_2$-Carb柱		NH$_2$-Carb柱	
			Ave/%	RSD/%	Ave/%	RSD/%	Ave/%	RSD/%	Ave/%	RSD/%
16	γ-六六六	γ-HCH	93.07	6.07	76.43	1.37	106.60	4.15	90.57	6.03
17	二嗪磷	Diazinon	95.47	5.23	77.83	16.86	99.43	4.55	91.03	6.46
18	七氯	Heptachlor	85.93	6.19	80.63	1.50	95.03	0.88	88.60	6.51
19	DE PCB 028	DE PCB 028	81.87	3.14	78.03	1.07	87.30	2.24	未出峰	未出峰
20	西玛津	Simazine	89.20	8.02	86.07	5.70	61.60	24.05	100.40	4.16
21	DE PCB 052	DE PCB 052	82.70	3.48	79.50	1.57	85.77	1.86	84.87	0.30
22	百菌清	Chlorothalonil	102.43	17.71	未出峰	未出峰	未出峰	未出峰	未出峰	未出峰
23	扑草净	Prometryne	91.20	7.03	73.57	10.73	102.60	3.27	76.63	12.14
24	抗蚜威	Pirimicarb	93.63	5.88	未出峰	未出峰	100.23	1.71	99.40	2.01
25	甲草胺	Alachlor	97.17	6.24	87.93	0.17	102.57	0.39	104.00	8.27
26	乐果	Dimethoate	84.73	10.40	62.80	11.65	86.37	7.80	105.53	9.99
27	甲基对硫磷	Parathion-methyl	85.50	10.68	83.10	6.64	137.33	4.10	110.73	9.83
28	毒死蜱	Chlorpyrifos	94.30	7.92	88.13	3.80	100.93	1.54	87.87	2.11
29	三氯杀螨醇	Dicofol	89.93	4.62	88.07	2.61	79.30	2.73	92.63	4.00
30	异丙甲草胺	Metolachlor	90.90	8.99	91.83	0.91	102.97	1.84	96.70	3.42
31	β-六六六	β-HCH	94.03	6.77	90.20	0.78	100.70	2.32	100.50	1.39
32	δ-六六六	δ-HCH	96.13	6.60	82.43	6.80	114.43	5.82	95.03	7.91
33	DE PCB 101	DE PCB 101	72.87	5.77	73.70	2.41	80.00	1.42	79.17	4.87
34	对硫磷	Parathion	72.30	3.48	76.20	1.89	83.00	6.66	78.53	4.31
35	三唑酮	Triadimefon	89.93	7.75	87.10	0.80	24.23	27.69	99.03	3.26
36	荧蒽	Fluoranthene	126.47	20.74	39.97	31.62	92.17	2.01	106.90	16.40
37	顺式-氯丹	cis-Chlordane	86.63	6.40	84.23	1.12	92.37	2.52	91.43	2.63
38	反式-氯丹	trans-Chlordane	89.27	6.33	83.93	0.99	95.73	0.89	87.90	3.05
39	稻丰散	Phenthoate	88.87	9.38	87.93	3.68	108.40	2.77	98.57	5.76
40	硫丹 I	Endosulfuran I	93.43	4.58	86.40	1.16	84.27	1.75	88.97	3.57
41	敌稗	Propanil	未出峰	未出峰	未出峰	未出峰	未出峰	未出峰	未出峰	未出峰
42	DE PCB 153	DE PCB 153	60.40	5.49	63.80	0.98	73.47	3.59	74.77	5.02
43	DE PCB 118	DE PCB 118	67.10	6.45	66.93	0.97	76.23	3.09	73.70	3.48
44	异狄氏剂	Endrin	85.20	6.97	85.20	1.08	93.50	1.67	95.30	2.13
45	2,4'-DDT	2,4'-DDT	79.30	5.16	83.43	1.86	95.87	2.30	91.83	3.75
46	DE PCB 138	DE PCB 138	63.97	5.32	69.10	2.25	74.50	3.04	74.87	5.27
47	除草醚	Nithophen	91.93	7.59	89.80	5.19	104.67	0.92	99.70	4.32
48	乙氧氟草醚	Oxyfluorfen	90.13	8.03	89.43	4.00	100.17	2.54	99.33	4.08
49	硫丹 II	Endosulfuran II	95.57	5.45	85.60	4.17	92.43	0.38	93.60	3.80
50	4,4'-DDT	4,4'-DDT	84.17	6.77	85.87	4.22	105.30	1.99	90.00	6.12
51	噻螨酮	Hexythiazox	81.43	8.83	78.93	9.90	129.30	5.77	108.30	9.34
52	DE PCB 180	DE PCB 180	49.73	8.74	59.20	3.95	63.40	4.71	64.20	3.37

续表

序号	中文名称	英文名称	GPC Ave/%	GPC RSD/%	C₁₈柱+NH₂-Carb柱 Ave/%	C₁₈柱+NH₂-Carb柱 RSD/%	Al₂O₃柱+NH₂-Carb柱 Ave/%	Al₂O₃柱+NH₂-Carb柱 RSD/%	NH₂-Carb柱 Ave/%	NH₂-Carb柱 RSD/%
53	氟虫腈	Fipronil	未出峰	未出峰	75.53	7.36	89.50	8.39	187.77	19.78
54	双甲脒	Amitraz	83.60	8.52	未出峰	未出峰	87.93	3.29	85.67	10.45
55	灭蚁灵	Mirex	67.10	7.22	71.60	0.56	79.33	2.96	73.50	4.77
56	三唑磷	Triazophos	86.63	11.15	78.77	11.04	145.03	6.21	105.67	6.18
57	苯并（a）蒽	Benzo (a) anthrancene	121.93	49.47	未出峰	未出峰	17.87	50.14	76.83	19.26
58	高效氯氟氰菊酯	λ-Cyhalothrin	17.23	15.38	107.93	4.41	199.40	4.57	90.53	14.15
59	三环唑	Tricyclazole	93.23	12.73	未出峰	未出峰	未出峰	未出峰	未出峰	未出峰
60	炔螨特	Propargite	79.80	8.17	87.30	9.75	130.67	4.50	101.73	13.38
61	苯并（k）荧蒽	Benzo (k) fluoranthene	124.37	23.05	未出峰	未出峰	未出峰	未出峰	0.53	140.73
62	苯并（b）荧蒽	Benzo (b) fluoranthene	121.40	22.85	未出峰	未出峰	未出峰	未出峰	3.07	102.72
63	氟氯氰菊酯	Cyfluthrin	52.83	5.02	87.20	4.59	未出峰	未出峰	未出峰	未出峰
64	氯氰菊酯	Cypermethrin	74.07	8.23	105.30	7.70	97.60	9.92	77.63	13.15
65	氰戊菊酯-1	Fenvalerate-1	99.33	7.91	114.97	6.87	169.87	12.22	68.87	15.17
66	氰戊菊酯-2	Fenvalerate-2	102.57	9.31	105.03	12.74	184.17	17.57	56.67	12.28
67	二苯并（a,h）蒽	Dibenzo (a, h) anthracene	95.03	16.15	未出峰	未出峰	未出峰	未出峰	未出峰	未出峰
68	茚并(1,2,3,-cd)芘	Indeno (1, 2, 3-cd) pyrene	102.50	20.71	未出峰	未出峰	未出峰	未出峰	未出峰	未出峰
69	苯并（g,h,i）芘	Benzo (g, h, i) peryene	108.93	25.20	未出峰	未出峰	未出峰	未出峰	未出峰	未出峰
70	苯并（a）芘	Benzo (a) pyrene	92.03	14.87	未出峰	未出峰	未出峰	未出峰	未出峰	未出峰
71	溴氰菊酯	Deltamethrin	92.43	7.88	106.13	23.41	188.67	3.65	63.87	10.86
72	啶虫脒	Acetamiprid	70.57	11.76	34.87	14.91	77.43	2.88	113.97	7.20
73	DE PCB 003	DE PCB 003	78.56	5.29	69.74	2.79	75.49	3.29	69.47	2.48
74	DE PCB 010	DE PCB 010	79.85	4.17	70.65	1.48	80.56	4.82	70.36	3.05
75	DE PCB 200	DE PCB 200	47.94	4.78	49.63	1.74	60.74	1.47	62.67	4.96
76	DE PCB 208	DE PCB 208	45.83	7.53	46.72	0.83	59.72	2.85	59.62	2.58
77	DE PCB 209	DE PCB 209	32.67	5.92	39.64	2.85	47.92	4.93	46.53	5.93

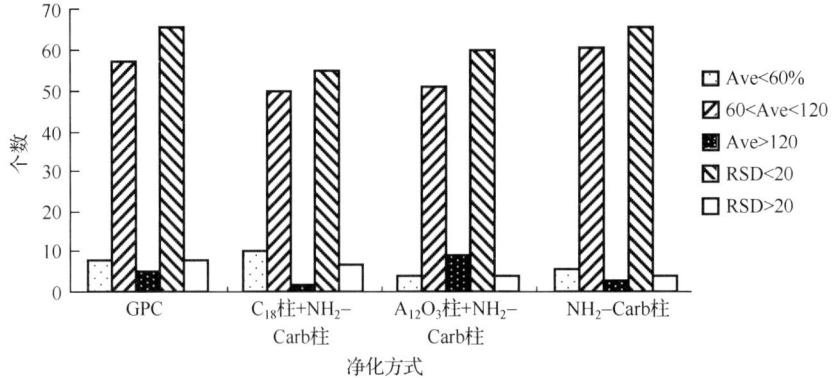

图 7-11 5g脂肪样品中77种环境污染物四种净化方式净化效果对比图

7 动物组织中农药化学品多组分残留检测技术

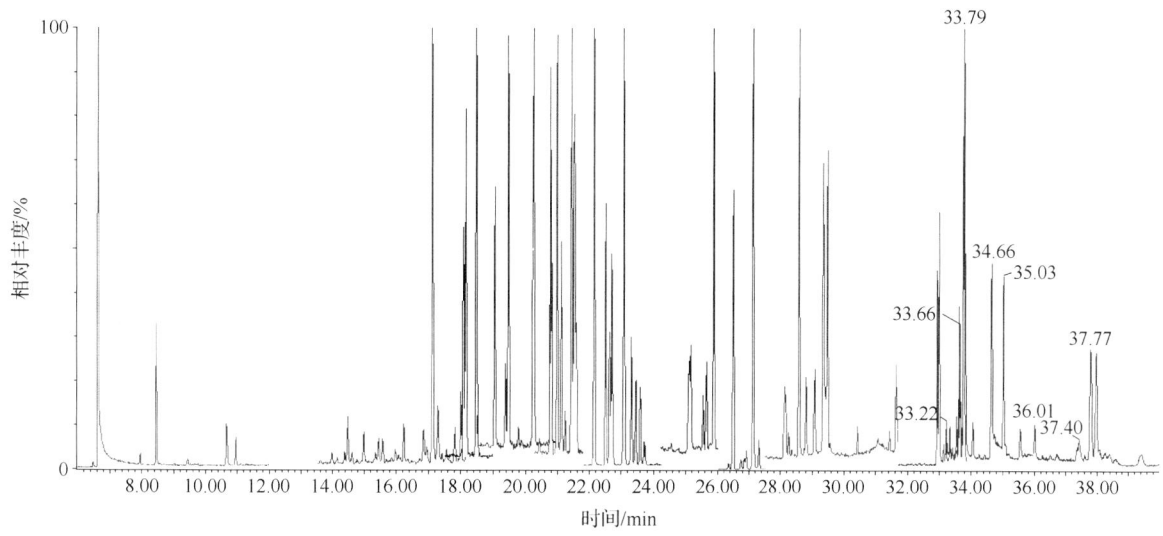

图 7-12 GPC 净化的 GC-MS/MS 总离子流图

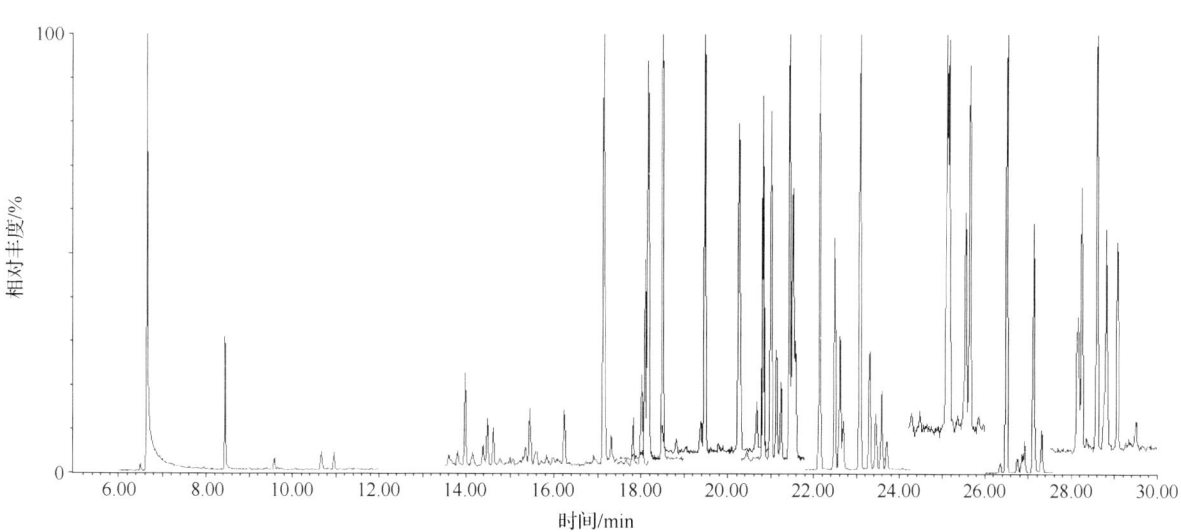

图 7-13 C$_{18}$ 柱＋NH$_2$-Carb 柱串联柱净化的 GC-MS/MS 总离子流图

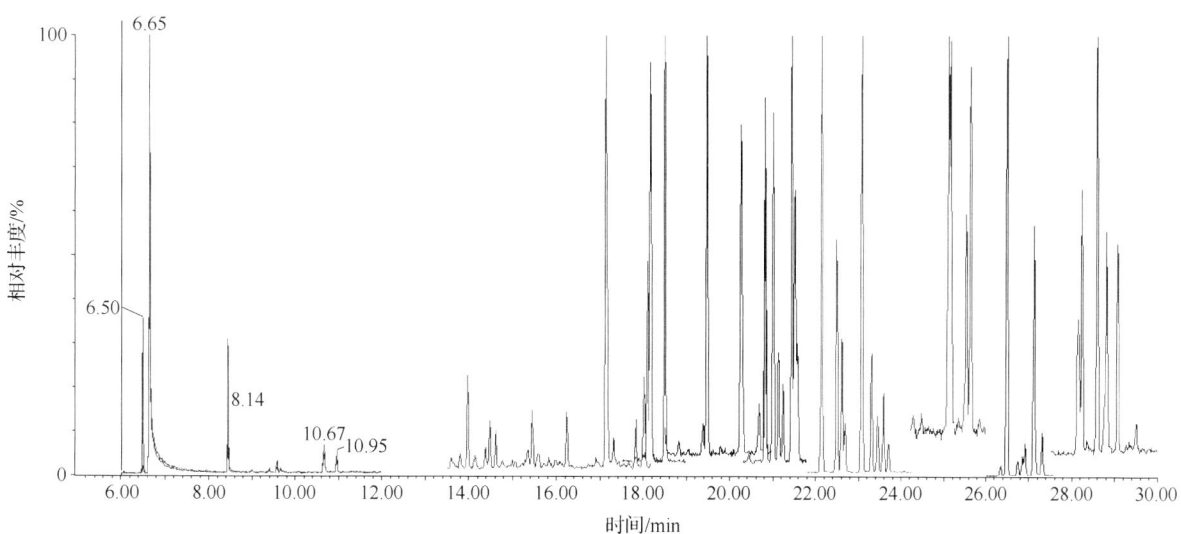

图 7-14 Al$_2$O$_3$ 柱＋NH$_2$-Carb 柱串联柱净化的 GC-MS/MS 总离子流图

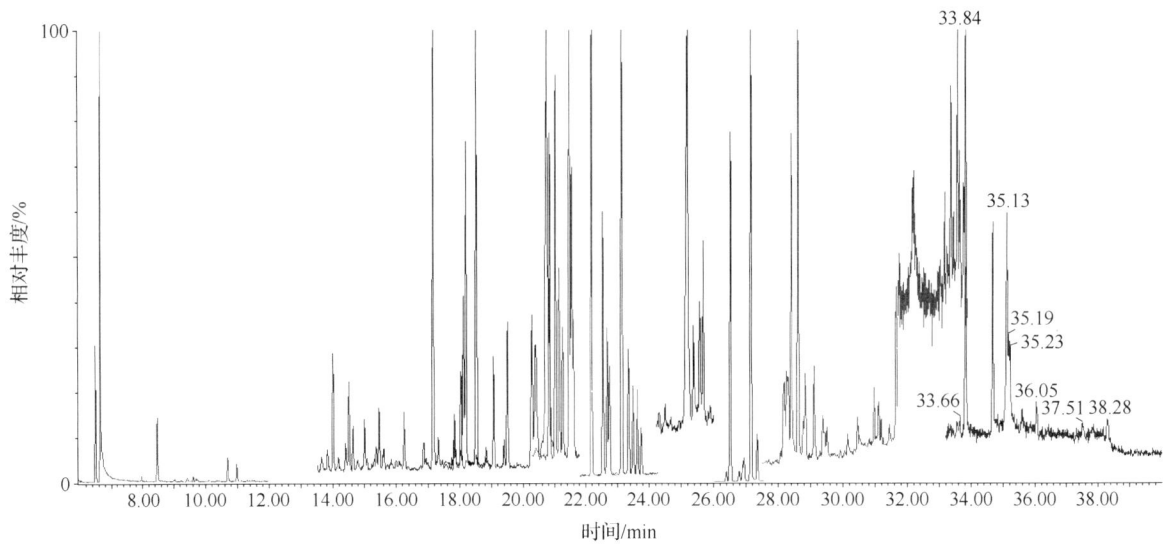

图 7-15 NH$_2$-Carb 串联柱净化的 GC-MS/MS 总离子流图

从图 7-11 可以看出，用 GPC 和 NH$_2$-Carb 串联柱净化的回收率都较好；从 GPC 和 NH$_2$-Carb 串联柱净化的总离子流图来看，前者噪声低，净化效果好，对检测仪器污染小，所以选用 GPC 净化方式。

7.6.11 定性测定和定量测定

1）定性测定

在相同实验条件下进行样品测定时，如果检出的色谱峰的保留时间与标准样品一致，并且在扣除背景后的样品质谱图中，所选择的离子均出现，而且所选择的离子丰度比与标准样品的离子丰度比相一致（相对丰度＞50%，允许±20%偏差；相对丰度＞20%~50%，允许±25%偏差；相对丰度＞10%~20%，允许±30%偏差；相对丰度≤10%，允许±50%偏差），则可判断样品中存在这种农药或相关化学品。

2）定量测定

本方法中 GC-MS/MS 采用内标-校准曲线法定量测定，内标为环氧七氯。GC-MS 和 LC-MS/MS 采用外标-校准曲线法定量测定。为减少基质对定量测定的影响，定量用标准溶液应采用基质混合标准工作溶液绘制标准曲线。并且保证所测样品中农药化学品的响应值均在仪器的线性范围内。295 种环境污染物的色谱图，如图 7-16～图 7-23 所示。

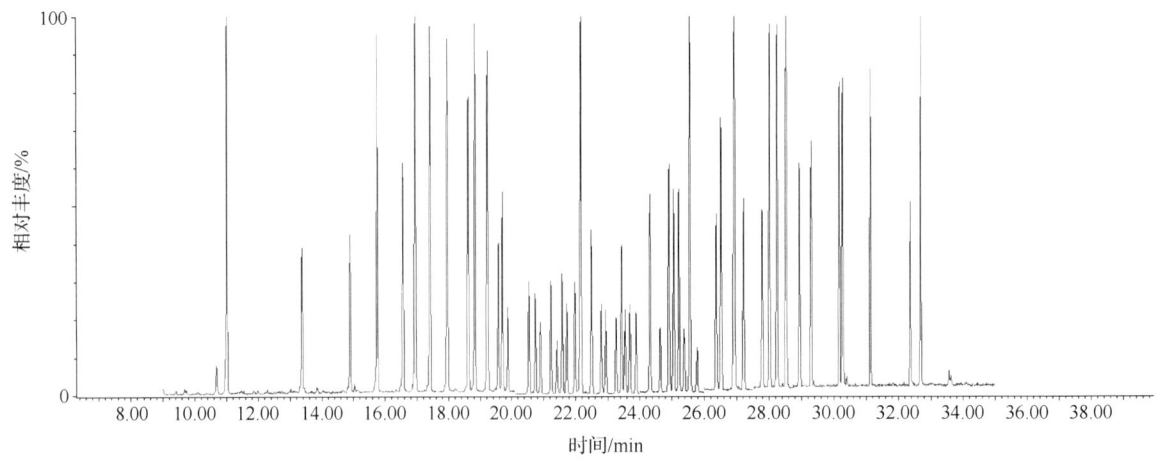

图 7-16 A 组 54 种环境污染物多反应监测 GC-MS/MS 图

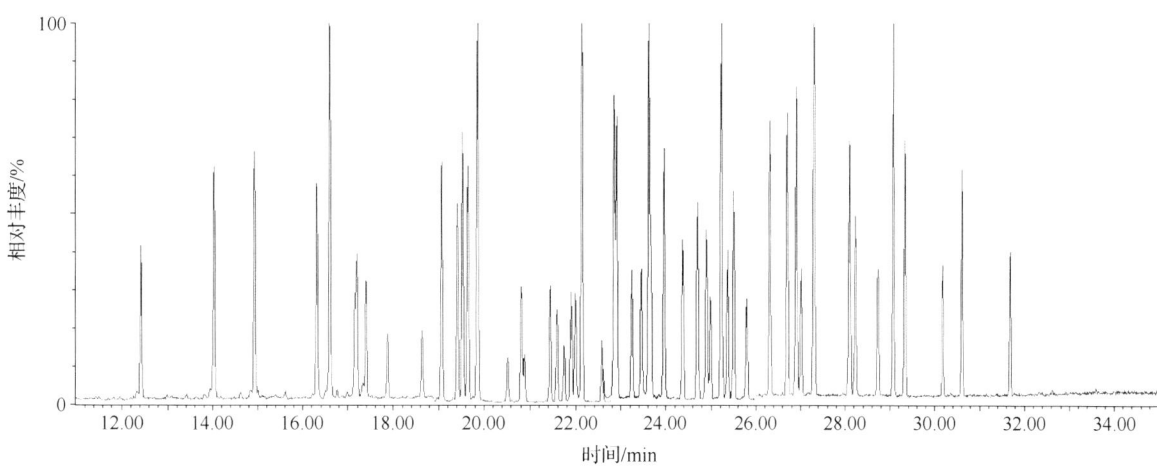

图 7-17　B 组 52 种环境污染物多反应监测 GC-MS/MS 图

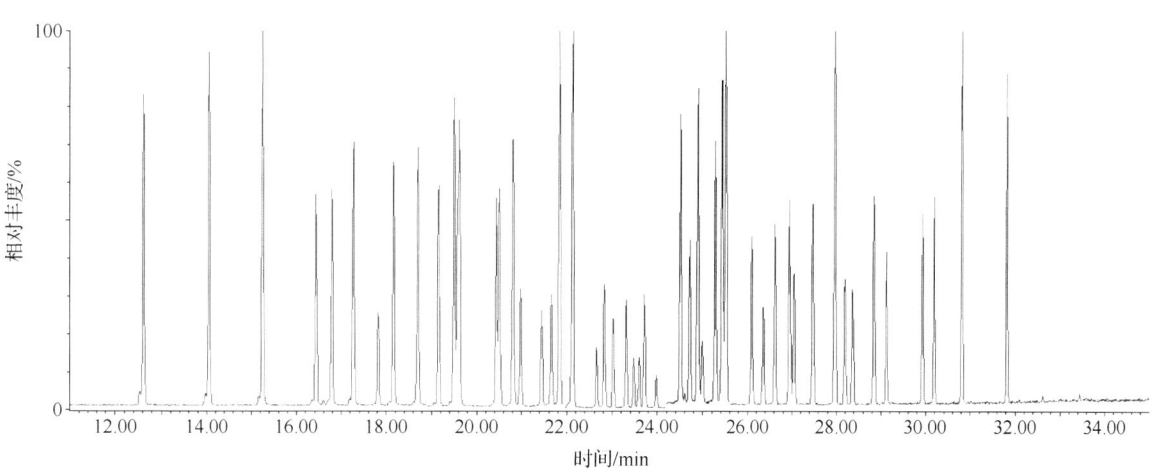

图 7-18　C 组 52 种环境污染物多反应监测 GC-MS/MS 图

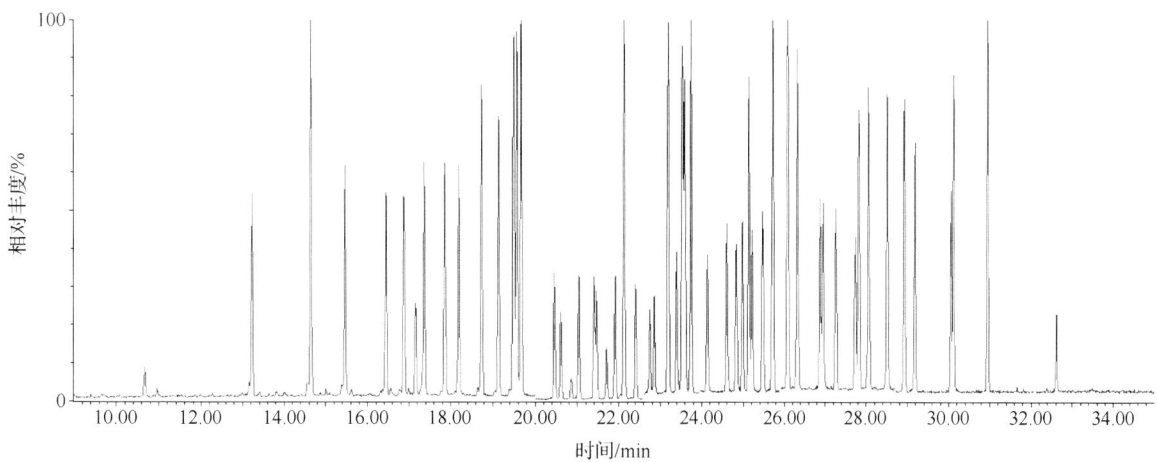

图 7-19　D 组 51 种环境污染物多反应监测 GC-MS/MS 图

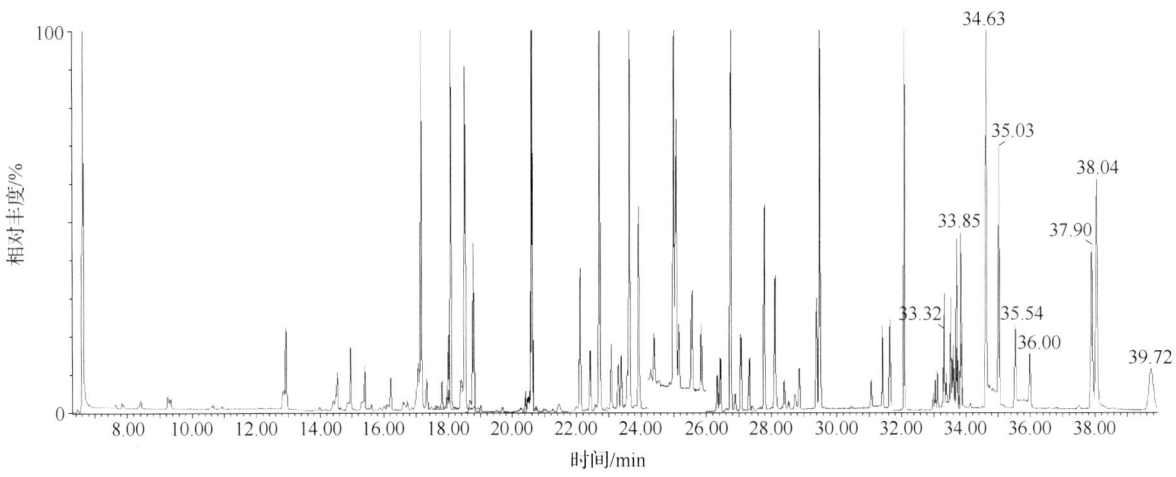

图 7-20　E 组 75 种环境污染物多反应监测 GC-MS/MS 图

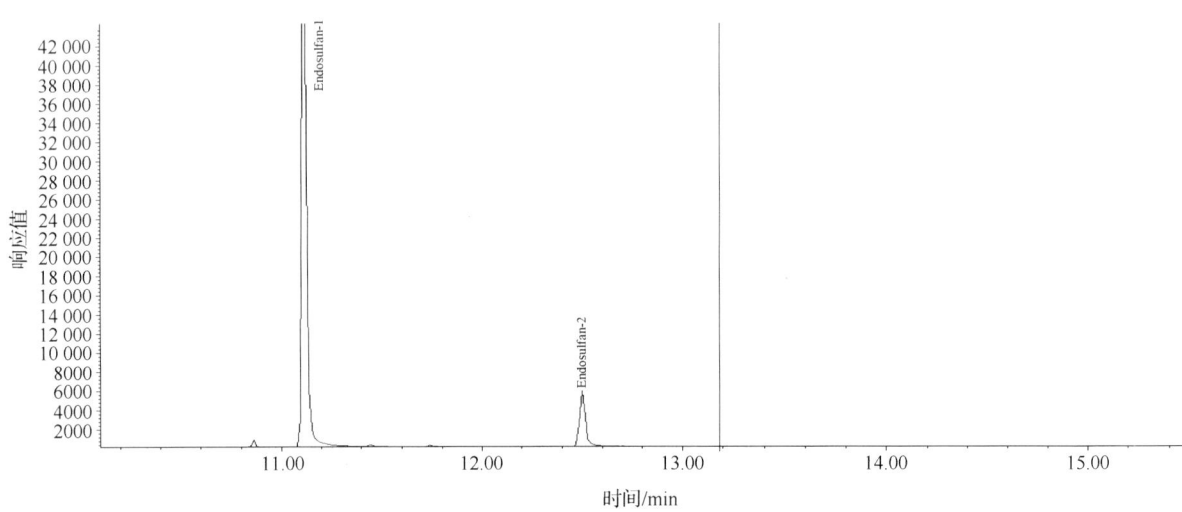

图 7-21　硫丹选择性离子监测 GC-MS（NCI）图

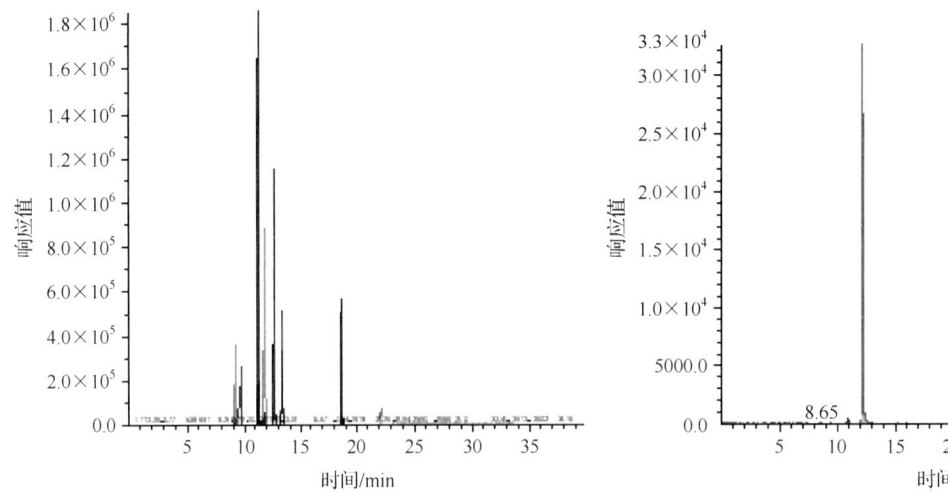

图 7-22　8 种环境污染物正离子扫描多反应　　图 7-23　2,4-滴负离子扫描多反应
　　　　监测 LC-MS/MS 图　　　　　　　　　　　　　监测 LC-MS/MS 图

7.6.12 线性范围、检出限和定量限

本方法对 295 种环境污染物进行了测定，测定结果表明，在线性范围内其浓度与响应值均呈现良好的线性关系，相关系数为 0.9684~1.0000，有 270 种在 0.9900 以上，占总数的 91.5%。295 种农药的检出限为 0.1~233.0μg/kg，检出限为 10.0μg/kg 以下的有 275 种，占总数的 93.2%，方法定量限为 0.2~466.0μg/kg，具体数据见表 7-28。

表 7-28 295 种环境污染物的检出限、定量限、添加回收率和精密度数据（$n=6$）

序号	中文名称	英文名称	LOD/(μg/kg)	LOQ/(μg/kg)	LOQ/(μg/kg) Ave/%	LOQ/(μg/kg) RSD/%	2LOQ/(μg/kg) Ave/%	2LOQ/(μg/kg) RSD/%	4LOQ/(μg/kg) Ave/%	4LOQ/(μg/kg) RSD/%
		GC-MS/MS A组								
1	PCB 001	2-Chlorobiphenyl	4.0	12.0	101.85	4.24	86.03	2.31	101.55	3.46
2	PCB 004	2,2′-Dichlorobiphenyl	4.0	12.0	123.65	12.07	99.03	8.82	109.25	6.81
3	PCB 008	2,4′-Dichlorobiphenyl	4.0	12.0	97.68	4.27	86.63	6.30	100.63	3.43
4	PCB 019	2,2′,6-Trichlorobiphenyl	4.0	12.0	95.87	5.80	91.62	2.29	98.98	3.59
5	PCB 012	3,4-Dichlorobiphenyl	4.0	12.0	93.78	3.96	86.68	5.89	92.77	4.17
6	PCB 027	2,3′,6-Trichlorobiphenyl	4.0	12.0	95.52	5.95	87.05	4.09	93.80	3.75
7	PCB 016	2,2′,3-Trichlorobiphenyl	4.0	12.0	100.67	3.07	88.65	3.15	98.25	3.44
8	PCB 025	2,3′,4-Trichlorobiphenyl	4.0	12.0	84.55	3.76	81.35	2.51	86.48	4.31
9	PCB 021	2,3,4-Trichlorobiphenyl	4.0	12.0	88.92	2.90	81.63	2.25	89.60	3.55
10	PCB 020	2,3,3′-Trichlorobiphenyl	4.0	12.0	94.28	7.66	85.12	2.37	92.40	4.03
11	PCB 036	3,3′,5-Trichlorobiphenyl	4.0	12.0	77.98	6.75	75.53	3.49	84.78	4.82
12	PCB 043	2,2′,3,5-Tetrachlorobiphenyl	4.0	12.0	87.67	4.29	85.12	1.69	89.35	4.27
13	PCB 065	2,3,5,6-Tetrachlorobiphenyl	4.0	12.0	90.03	5.94	81.13	2.52	94.05	3.95
14	PCB 104	2,2′,4,6,6′-Pentachlorobiphenyl	4.0	12.0	85.33	4.10	78.33	6.05	83.32	5.43
15	PCB 072	2,3′,5,5′-Tetrachlorobiphenyl	4.0	12.0	77.63	7.05	74.80	2.35	79.42	3.32
16	PCB 103	2,2′,4,5′,6-Pentachlorobiphenyl	4.0	12.0	86.28	6.15	74.98	3.88	81.72	5.37
17	PCB 041	2,2′,3,4-Tetrachlorobiphenyl	4.0	12.0	88.55	4.47	82.25	3.33	90.10	4.06
18	PCB 067	2,3′,4,5-Tetrachlorobiphenyl	4.0	12.0	77.90	5.16	74.38	2.36	79.70	3.00
19	PCB 040	2,2′,3,3′-Tetrachlorobiphenyl	4.0	12.0	80.58	6.84	70.00	3.41	97.73	4.81
20	PCB 074	2,4,4′,5-Tetrachlorobiphenyl	4.0	12.0	80.75	6.98	69.97	3.36	79.57	4.02
21	PCB 102	2,2′,4,5,6′-Pentachlorobiphenyl	4.0	12.0	80.68	6.00	74.05	5.95	80.15	3.11
22	PCB 095	2,2′,3,5′,6-Pentachlorobiphenyl	4.0	12.0	91.60	6.33	76.92	4.97	87.82	4.40
23	PCB 092	2,2′,3,5,5′-Pentachlorobiphenyl	6.7	20.0	82.47	8.36	77.42	3.13	78.60	5.54
24	PCB 099	2,2′,4,4′,5-Pentachlorobiphenyl	4.0	12.0	78.65	9.20	69.10	4.71	78.47	4.25
25	PCB 084	2,2′,3,3′-Pentachlorobiphenyl	4.0	12.0	96.62	4.17	81.20	3.48	90.60	2.82
26	PCB 109	2,3,3′,4,6-Pentachlorobiphenyl	4.0	12.0	76.82	4.02	78.55	3.58	82.27	3.39
27	PCB 083	2,2′,3,3′,5-Pentachlorobiphenyl	6.7	20.0	86.90	8.09	73.28	8.74	82.70	6.67
28	PCB 086	2,2′,3,4,5-Pentachlorobiphenyl	4.0	12.0	78.57	4.61	75.60	3.97	80.92	3.42
29	PCB 125	2′,3,4,5,6′-Pentachlorobiphenyl	4.0	12.0	78.20	4.33	71.20	4.44	82.27	2.58
30	PCB 087	2,2′,3,4,5′-Pentachlorobiphenyl	4.0	12.0	77.45	3.73	77.83	3.42	81.38	3.87
31	PCB 110	2,3,3′,4′,6-Pentachlorobiphenyl	4.0	12.0	79.72	6.40	73.82	2.33	84.62	2.60

序号	中文名称	英文名称	LOD/(μg/kg)	LOQ/(μg/kg)	LOQ/(μg/kg) Ave/%	LOQ/(μg/kg) RSD/%	2LOQ/(μg/kg) Ave/%	2LOQ/(μg/kg) RSD/%	4LOQ/(μg/kg) Ave/%	4LOQ/(μg/kg) RSD/%
32	PCB 135	2,2′,3,3′,5,6′-Hexachlorobiphenyl	4.0	12.0	79.37	5.97	70.13	4.96	78.80	3.21
33	PCB 124	2′,3,4,5,5′-Pentachlorobiphenyl	4.0	12.0	70.83	3.44	64.02	3.72	70.22	4.45
34	PCB 123	2′,3,4,4′,5-Pentachlorobiphenyl	4.0	12.0	67.37	6.85	61.38	4.34	63.65	4.42
35	PCB 118	2,3′,4,4′,5-Pentachlorobiphenyl	4.0	12.0	71.50	5.77	63.13	2.48	70.00	4.10
36	PCB 134	2,2′,3,3′,5,6-Hexachlorobiphenyl	4.0	12.0	84.03	3.23	73.33	4.26	83.20	3.25
37	PCB 114	2,3,4,4′,5-Pentachlorobiphenyl	6.7	20.0	71.40	5.61	66.88	4.87	73.68	4.39
38	PCB 168	2,3′,4,4′,5′,6-Hexachlorobiphenyl	4.0	12.0	69.43	5.10	60.85	8.24	66.90	5.49
39	PCB 127	3,3′,4,5,5′-Pentachlorobiphenyl	4.0	12.0	64.15	5.02	57.83	2.55	64.65	3.97
40	PCB 137	2,2′,3,4,4′,5-Hexachlorobiphenyl	4.0	12.0	65.98	5.25	62.07	4.03	68.03	5.25
41	PCB 163	2,3,3′,4′,5,6-Hexachlorobiphenyl	4.0	12.0	71.70	4.96	67.30	3.33	74.97	3.68
42	PCB 178	2,2′,3,3′,5,5′,6-Heptachlorobiphenyl	4.0	12.0	64.88	3.51	60.90	3.04	68.30	4.21
43	PCB 187	2,2′,3,4′,5,5′,6-Heptachlorobiphenyl	4.0	12.0	66.67	5.59	62.82	2.50	64.05	3.54
44	PCB 162	2,3,3′,4′,5,5′-Hexachlorobiphenyl	4.0	12.0	61.88	5.29	54.93	2.52	62.83	4.88
45	PCB 202	2,2′,3,3′,5,5′,6,6′-Octachlorobiphenyl	4.0	12.0	56.03	5.82	52.85	1.98	59.42	4.95
46	PCB 204	2,2′,3,4,4′,5,6,6′-Octachlorobiphenyl	4.0	12.0	46.88	5.09	40.58	3.73	46.78	4.97
47	PCB 197	2,2′,3,3′,4,4′,6,6′-Octachlorobiphenyl	4.0	12.0	49.57	3.87	45.77	2.01	49.62	3.57
48	PCB 192	2,3,3′,4,5,5′,6-Heptachlorobiphenyl	4.0	12.0	63.83	8.48	52.38	2.67	62.38	3.45
49	PCB 193	2,3,3′,4′,5,5′,6-Heptachlorobiphenyl	4.0	12.0	62.67	6.84	53.32	3.56	63.72	5.96
50	PCB 190	2,3,3′,4,4′,5,6-Heptachlorobiphenyl	4.0	12.0	61.78	6.06	57.73	4.58	63.47	3.75
51	PCB 169	3,3′,4,4′,5,5′-Hexachlorobiphenyl	4.0	12.0	57.30	6.84	52.53	4.49	61.30	4.08
52	PCB 195	2,2′,3,3′,4,4′,5,6-Octachlorobiphenyl	4.0	12.0	54.12	4.57	49.70	4.07	57.23	4.49
53	PCB 206	2,2′,3,3′,4,4′,5,5′,6-Nonachlorobiphenyl	4.0	12.0	42.77	5.05	41.47	7.12	44.93	5.56
54	PCB 209	2,2′,3,3′,4,4′,5,5′,6,6′-Decachlorobiphenyl	4.0	12.0	35.30	14.89	32.08	6.54	34.50	5.84
		GC-MS/MS B组								
55	PCB 002	3-Chlorobiphenyl	4.0	12.0	86.18	6.32	89.55	2.71	82.78	1.53
56	PCB 007	2,4-Dichlorobiphenyl	4.0	12.0	83.78	4.50	89.67	1.50	85.05	2.35
57	PCB 005	2,3-Dichlorobiphenyl	4.0	12.0	88.53	4.97	94.58	2.34	87.22	2.45
58	PCB 011	3,3′-Dichlorobiphenyl	4.0	12.0	90.00	4.78	91.02	3.40	84.25	2.55
59	PCB 013	3,4′-Dichlorobiphenyl	6.7	20.0	88.75	15.70	89.68	4.82	84.12	2.05
60	PCB 032	2,4′,6-Trichlorobiphenyl	4.0	12.0	89.93	4.16	93.90	1.37	93.07	2.12
61	PCB 029	2,4,5-Trichlorobiphenyl	4.0	12.0	80.42	9.71	88.82	1.16	88.18	2.79
62	PCB 050	2,2′,4,6-Tetrachlorobiphenyl	4.0	12.0	96.32	4.73	92.25	3.93	91.73	1.81
63	PCB 053	2,2′,5,6′-Tetrachlorobiphenyl	4.0	12.0	88.98	4.31	104.05	3.62	90.67	4.68
64	PCB 022	2,3,4′-Trichlorobiphenyl	4.0	12.0	87.42	4.95	94.12	2.35	90.17	1.98
65	PCB 073	2,3′,5′,6-Tetrachlorobiphenyl	4.0	12.0	82.20	4.68	88.42	3.77	85.53	2.56
66	PCB 039	3,4′,5-Trichlorobiphenyl	4.0	12.0	81.97	7.64	84.28	4.10	77.12	2.31
67	PCB 062	2,3,4,6-Tetrachlorobiphenyl	4.0	12.0	81.75	3.80	94.05	1.95	86.68	2.18
68	PCB 038	3,4,5-Trichlorobiphenyl	6.7	20.0	83.42	6.29	86.40	3.21	80.98	1.70

序号	中文名称	英文名称	LOD/(μg/kg)	LOQ/(μg/kg)	LOQ/(μg/kg)		2LOQ/(μg/kg)		4LOQ/(μg/kg)	
					Ave/%	RSD/%	Ave/%	RSD/%	Ave/%	RSD/%
69	PCB 035	3,3',4-Trichlorobiphenyl	4.0	12.0	84.05	6.14	87.73	2.59	82.70	3.39
70	PCB 064	2,3,4',6-Tetrachlorobiphenyl	4.0	12.0	87.28	6.20	89.63	2.47	82.68	1.47
71	PCB 037	3,4,4'-Trichlorobiphenyl	4.0	12.0	82.17	4.24	87.48	2.76	79.95	1.31
72	PCB 080	3,3',5,5'-Tetrachlorobiphenyl	4.0	12.0	76.12	5.75	81.87	2.32	77.80	1.41
73	PCB 058	2,3,3',5'-Tetrachlorobiphenyl	4.0	12.0	81.45	4.52	81.83	3.70	76.52	2.50
74	PCB 121	2,3',4,5',6-Pentachlorobiphenyl	6.7	20.0	66.73	6.28	77.57	3.21	67.80	3.09
75	PCB 093	2,2',3,5,6-Pentachlorobiphenyl	4.0	12.0	84.72	6.62	90.82	4.05	85.62	1.30
76	PCB 066	2,3',4,4'-Tetrachlorobiphenyl	4.0	12.0	76.10	6.20	78.25	2.27	71.60	2.10
77	PCB 090	2,2',3,4',5-Pentachlorobiphenyl	4.0	12.0	71.98	8.86	78.75	1.79	71.73	2.20
78	PCB 113	2,3,3',5',6-Pentachlorobiphenyl	4.0	12.0	76.80	8.87	82.93	6.35	70.07	3.85
79	PCB 089	2,2',3,4,6'-Pentachlorobiphenyl	4.0	12.0	80.32	6.60	96.20	3.26	88.35	1.66
80	PCB 152	2,2',3,5,6,6'-Hexachlorobiphenyl	4.0	12.0	79.17	6.01	81.83	3.67	78.98	1.60
81	PCB 145	2,2',3,4,6,6'-Hexachlorobiphenyl	4.0	12.0	79.75	8.71	83.40	4.23	75.32	2.70
82	PCB 115	2,3,4,4',6-Pentachlorobiphenyl	4.0	12.0	77.27	4.14	82.32	3.08	75.97	2.68
83	PCB 154	2,2',4,4',5,6'-Hexachlorobiphenyl	4.0	12.0	62.80	6.13	69.43	3.30	64.60	3.22
84	PCB 085	2,2',3,4,4'-Pentachlorobiphenyl	4.0	12.0	80.03	5.85	86.08	2.50	76.28	2.08
85	PCB 151	2,2',3,5,5',6-Hexachlorobiphenyl	4.0	12.0	75.77	8.55	83.60	3.31	75.08	3.87
86	PCB 139	2,2',3,4,4',6-Hexachlorobiphenyl	4.0	12.0	70.10	6.33	70.07	2.94	70.88	1.53
87	PCB 140	2,2',3,4,4',6'-Hexachlorobiphenyl	4.0	12.0	69.55	6.32	74.10	3.65	68.48	2.62
88	PCB 107	2,3,3',4',5-Pentachlorobiphenyl	4.0	12.0	70.83	4.65	66.98	5.14	70.35	3.27
89	PCB 143	2,2',3,4,5,6'-Hexachlorobiphenyl	4.0	12.0	79.40	7.87	75.90	4.89	71.08	3.08
90	PCB 142	2,2',3,4,5,6-Hexachlorobiphenyl	4.0	12.0	82.48	9.84	78.65	6.24	76.23	5.28
91	PCB 146	2,2',3,4',5,5'-Hexachlorobiphenyl	4.0	12.0	67.32	5.99	72.68	2.74	63.73	2.73
92	PCB 122	2',3,3',4,5-Pentachlorobiphenyl	4.0	12.0	76.05	9.67	73.72	3.42	68.38	1.97
93	PCB 141	2,2',3,4,5,5'-Hexachlorobiphenyl	4.0	12.0	66.75	6.30	72.60	4.91	61.90	2.11
94	PCB 130	2,2',3,3',4,5'-Hexachlorobiphenyl	4.0	12.0	74.60	13.07	78.72	7.10	64.08	8.18
95	PCB 138	2,2',3,4,4',5'-Hexachlorobiphenyl	4.0	12.0	68.75	7.98	72.82	4.80	66.37	1.62
96	PCB 175	2,2',3,3',4,5',6-Heptachlorobiphenyl	4.0	12.0	60.57	5.67	70.82	4.95	58.48	3.11
97	PCB 183	2,2',3,4,4',5',6-Heptachlorobiphenyl	4.0	12.0	62.88	9.56	65.37	6.48	58.35	3.87
98	PCB 166	2,3,4,4',5,6-Hexachlorobiphenyl	4.0	12.0	73.20	6.60	80.17	3.25	70.68	1.91
99	PCB 128	2,2',3,3',4,4'-Hexachlorobiphenyl	4.0	12.0	65.05	7.04	76.03	5.04	70.58	2.80
100	PCB 200	2,2',3,3',4,5',6,6'-Octachlorobiphenyl	4.0	12.0	52.35	7.23	54.88	4.44	49.30	1.70
101	PCB 173	2,2',3,3',4,5,6-Heptachlorobiphenyl	4.0	12.0	73.90	6.98	76.93	5.42	69.17	1.59
102	PCB 157	2,3,3',4,4',5'-Hexachlorobiphenyl	4.0	12.0	60.90	7.37	65.27	1.97	58.57	2.34
103	PCB 191	2,3,3',4,4',5',6-Heptachlorobiphenyl	4.0	12.0	55.98	7.42	58.25	4.14	53.47	2.59
104	PCB 203	2,2',3,4,4',5,5',6-Octachlorobiphenyl	4.0	12.0	53.40	12.51	56.73	4.90	47.23	1.60
105	PCB 208	2,2',3,3',4,5,5',6,6'-Nonachlorobiphenyl	4.0	12.0	41.83	7.08	46.53	2.22	41.83	2.88
106	PCB 194	2,2',3,3',4,4',5,5'-Octachlorobiphenyl	6.7	20.0	50.17	9.19	50.08	6.01	46.68	1.89

续表

序号	中文名称	英文名称	LOD/(μg/kg)	LOQ/(μg/kg)	LOQ/(μg/kg)		2LOQ/(μg/kg)		4LOQ/(μg/kg)	
					Ave/%	RSD/%	Ave/%	RSD/%	Ave/%	RSD/%
		GC-MS/MS C组								
107	PCB 003	4-Chlorobiphenyl	4.0	12.0	97.45	2.56	89.68	3.95	97.68	2.24
108	PCB 009	2,5-Dichlorobiphenyl	4.0	12.0	91.77	1.88	96.85	4.88	97.75	2.54
109	PCB 014	3,5-Dichlorobiphenyl	4.0	12.0	91.70	3.92	90.33	5.61	95.43	1.99
110	PCB 018	2,2′,5-Trichlorobiphenyl	4.0	12.0	109.83	4.61	92.57	2.66	98.03	1.89
111	PCB 024	2,3,6-Trichlorobiphenyl	4.0	12.0	99.80	6.13	101.17	3.80	98.80	3.34
112	PCB 023	2,3,5-Trichlorobiphenyl	4.0	12.0	91.25	6.09	84.43	3.27	94.52	2.67
113	PCB 054	2,2′,6,6′-Tetrachlorobiphenyl	4.0	12.0	105.75	3.87	96.07	3.96	103.20	2.15
114	PCB 031	2,4′,5-Trichlorobiphenyl	4.0	12.0	88.03	8.27	90.05	9.87	92.05	2.31
115	PCB 033	2′,3,4-Trichlorobiphenyl	4.0	12.0	96.50	3.75	90.88	4.24	95.18	2.55
116	PCB 069	2,3′,4,6-Tetrachlorobiphenyl	4.0	12.0	98.38	6.14	89.87	2.37	92.17	1.45
117	PCB 075	2,4,4′,6-Tetrachlorobiphenyl	4.0	12.0	98.65	10.62	81.32	5.15	89.93	1.83
118	PCB 046	2,2′,3,6′-Tetrachlorobiphenyl	4.0	12.0	101.73	6.35	82.40	3.66	94.35	1.31
119	PCB 047	2,2′,4,4′-Tetrachlorobiphenyl	4.0	12.0	95.75	2.92	92.58	1.39	95.27	1.53
120	PCB 044	2,2′,3,5′-Tetrachlorobiphenyl	4.0	12.0	107.18	7.69	96.57	5.67	107.22	8.70
121	PCB 042	2,2′,3,4′-Tetrachlorobiphenyl	4.0	12.0	100.73	5.97	86.02	4.77	92.78	2.75
122	PCB 071	2,3′,4′,6-Tetrachlorobiphenyl	4.0	12.0	99.53	10.10	90.35	7.76	97.25	3.86
123	PCB 096	2,2′,3,6,6′-Pentachlorobiphenyl	4.0	12.0	104.67	5.04	93.73	4.42	98.15	2.33
124	PCB 088	2,2′,3,4,6-Pentachlorobiphenyl	4.0	12.0	100.42	9.60	88.92	3.41	96.22	3.27
125	PCB 094	2,2′,3,5,6′-Pentachlorobiphenyl	4.0	12.0	100.93	4.60	88.82	0.92	91.58	2.63
126	PCB 098	2,2′,3′,4,6-Pentachlorobiphenyl	4.0	12.0	97.45	5.10	85.75	4.54	89.57	2.64
127	PCB 076	2′,3,4,5-Tetrachlorobiphenyl	4.0	12.0	88.07	8.04	77.10	2.62	85.30	1.47
128	PCB 091	2,2′,3,4′,6-Pentachlorobiphenyl	4.0	12.0	105.08	6.91	80.85	5.98	95.88	3.61
129	PCB 101	2,2′,4,5,5′-Pentachlorobiphenyl	4.0	12.0	85.00	9.40	75.58	6.01	82.83	1.57
130	PCB 056	2,3,3′,4′-Tetrachlorobiphenyl	4.0	12.0	97.77	9.44	76.85	6.44	89.95	1.16
131	PCB 119	2,3′,4,4′,6-Pentachlorobiphenyl	6.7	20.0	86.25	11.58	68.35	4.34	78.12	2.36
132	PCB 079	3,3′,4,5′-Tetrachlorobiphenyl	4.0	12.0	82.65	11.37	69.73	5.12	83.02	1.63
133	PCB 116	2,3,4,5,6-Pentachlorobiphenyl	4.0	12.0	93.05	11.77	74.65	5.46	88.48	3.23
134	PCB 117	2,3,4′,5,6-Pentachlorobiphenyl	4.0	12.0	91.72	6.79	76.07	4.11	87.38	1.48
135	PCB 078	3,3′,4,5-Tetrachlorobiphenyl	4.0	12.0	91.92	9.55	72.78	3.20	81.02	3.13
136	PCB 136	2,2′,3,3′,6,6′-Hexachlorobiphenyl	4.0	12.0	92.68	6.80	80.73	3.04	92.28	2.37
137	PCB 144	2,2′,3,4,5′,6-Hexachlorobiphenyl	4.0	12.0	80.63	7.59	75.93	5.84	81.00	1.94
138	PCB 077	3,3′,4,4′-Tetrachlorobiphenyl	4.0	12.0	91.17	9.19	71.70	5.92	86.80	3.19
139	PCB 149	2,2′,3,4′,5′,6-Hexachlorobiphenyl	4.0	12.0	86.02	5.49	74.18	2.58	80.67	3.13
140	PCB 188	2,2′,3,4′,5,6,6′-Heptachlorobiphenyl	4.0	12.0	71.43	10.20	60.95	2.81	66.22	3.91
141	PCB 133	2,2′,3,3′,5,5′-Hexachlorobiphenyl	4.0	12.0	78.32	8.88	67.67	8.11	77.23	3.88
142	PCB 165	2,3,3′,5,5′,6-Hexachlorobiphenyl	4.0	12.0	85.77	9.80	71.83	4.16	84.65	3.24
143	PCB 161	2,3,3′,4,5′,6-Hexachlorobiphenyl	4.0	12.0	74.58	8.42	64.30	3.04	73.05	3.85
144	PCB 132	2,2′,3,3′,4,6′-Hexachlorobiphenyl	4.0	12.0	90.17	7.39	72.30	3.37	87.05	2.35

续表

序号	中文名称	英文名称	LOD/(μg/kg)	LOQ/(μg/kg)	LOQ/(μg/kg)		2LOQ/(μg/kg)		4LOQ/(μg/kg)	
					Ave /%	RSD /%	Ave /%	RSD /%	Ave /%	RSD /%
145	PCB 105	2,3,3′,4,4′-Pentachlorobiphenyl	4.0	12.0	82.80	10.50	69.63	4.35	81.40	1.76
146	PCB 186	2,2′,3,4,5,6,6′-Heptachlorobiphenyl	4.0	12.0	77.70	8.01	67.82	3.48	76.03	2.87
147	PCB 158	2,3,3′,4,4′,6-Hexachlorobiphenyl	4.0	12.0	80.27	13.97	62.27	7.76	72.57	4.14
148	PCB 182	2,2′,3,4,4′,5,6′-Heptachlorobiphenyl	4.0	12.0	69.38	12.76	51.80	5.40	62.38	3.92
149	PCB 159	2,3,3′,4,5,5′-Hexachlorobiphenyl	4.0	12.0	69.08	12.58	60.57	3.87	67.20	3.17
150	PCB 167	2,3′,4,4′,5,5′-Hexachlorobiphenyl	6.7	20.0	66.28	8.78	57.85	3.91	62.62	3.40
151	PCB 174	2,2′,3,3′,4,5,6′-Heptachlorobiphenyl	4.0	12.0	69.93	9.74	61.23	6.82	71.35	3.39
152	PCB 177	2,2′,3,3′,4′,5,6-Heptachlorobiphenyl	4.0	12.0	81.25	10.65	59.53	6.16	72.57	3.58
153	PCB 156	2,3,3′,4,4′,5-Hexachlorobiphenyl	4.0	12.0	76.35	11.59	58.73	5.14	70.75	2.98
154	PCB 180	2,2′,3,4,4′,5,5′-Heptachlorobiphenyl	4.0	12.0	46.02	22.23	38.47	25.07	56.50	2.83
155	PCB 198	2,2′,3,3′,4,5,5′,6-Octachlorobiphenyl	4.0	12.0	63.65	11.30	48.98	8.12	57.57	4.22
156	PCB 196	2,2′,3,3′,4,4′,5,6′-Octachlorobiphenyl	4.0	12.0	56.90	10.70	46.70	6.81	52.02	3.13
157	PCB 207	2,2′,3,3′,4,4′,5,6,6′-Nonachlorobiphenyl	4.0	12.0	49.68	16.46	36.23	9.05	43.40	2.91
158	PCB 205	2,3,3′,4,4′,5,5′,6-Octachlorobiphenyl	4.0	12.0	63.67	14.66	44.85	8.84	53.43	2.44
		GC-MS/MS D组								
159	PCB 010	2,6-Dichlorobiphenyl	4.0	12.0	113.75	5.70	87.96	5.89	88.65	4.72
160	PCB 006	2,3′-Dichlorobiphenyl	6.7	20.0	108.72	3.60	87.13	5.69	83.75	4.01
161	PCB 030	2,4,6-Trichlorobiphenyl	4.0	12.0	98.55	5.12	82.47	6.31	81.00	5.84
162	PCB 017	2,2′,4-Trichlorobiphenyl	4.0	12.0	94.33	4.22	88.81	6.72	87.17	5.45
163	PCB 015	4,4′-Dichlorobiphenyl	4.0	12.0	97.80	6.20	83.71	7.18	81.78	5.74
164	PCB 034	2′,3,5-Trichlorobiphenyl	4.0	12.0	91.35	5.50	76.99	6.61	76.83	6.94
165	PCB 026	2,3′,5-Trichlorobiphenyl	4.0	12.0	94.73	5.42	78.91	6.21	82.38	5.08
166	PCB 028	2,4,4′-Trichlorobiphenyl	4.0	12.0	87.25	4.32	84.39	10.40	77.98	6.82
167	PCB 051	2,2′,4,6′-Tetrachlorobiphenyl	4.0	12.0	99.52	3.85	85.36	5.56	86.92	5.33
168	PCB 045	2,2′,3,6-Tetrachlorobiphenyl	4.0	12.0	102.43	4.17	92.70	6.84	90.93	4.61
169	PCB 052	2,2′,5,5′-Tetrachlorobiphenyl	4.0	12.0	93.53	4.91	80.41	7.57	87.05	4.37
170	PCB 049	2,2′,4,5′-Tetrachlorobiphenyl	4.0	12.0	89.28	8.81	78.50	6.39	88.77	4.86
171	PCB 048	2,2′,4,5-Tetrachlorobiphenyl	4.0	12.0	93.98	6.11	83.83	7.33	77.82	6.85
172	PCB 059	2,3,3′,6-Tetrachlorobiphenyl	4.0	12.0	100.47	5.13	89.07	7.48	79.45	4.61
173	PCB 068	2,3,4,5′-Tetrachlorobiphenyl	4.0	12.0	79.72	5.34	73.89	5.48	69.33	6.10
174	PCB 100	2,2′,4,4′,6-Pentachlorobiphenyl	4.0	12.0	89.02	6.09	76.13	8.51	71.72	3.59
175	PCB 057	2,3,3′,5-Tetrachlorobiphenyl	4.0	12.0	87.32	4.08	76.03	4.02	71.62	5.18
176	PCB 063	2,3,4′,5-Tetrachlorobiphenyl	4.0	12.0	93.32	14.05	81.17	5.93	74.48	2.10
177	PCB 061	2,3,4,5-Tetrachlorobiphenyl	4.0	12.0	88.83	6.52	75.21	6.28	75.00	3.68
178	PCB 155	2,2′,4,4′,6,6′-Hexachlorobiphenyl	4.0	12.0	70.28	5.56	64.13	5.82	63.12	4.47
179	PCB 070	2,3,3′,4,5-Tetrachlorobiphenyl	4.0	12.0	87.62	5.83	75.83	4.77	73.27	5.39
180	PCB 055	2,3,3′,4-Tetrachlorobiphenyl	4.0	12.0	87.58	9.01	81.16	5.38	75.82	5.23
181	PCB 060	2,3,4,4′-Tetrachlorobiphenyl	4.0	12.0	88.77	7.09	80.59	6.32	73.30	4.23
182	PCB 150	2,2′,3,4′,6,6′-Hexachlorobiphenyl	4.0	12.0	82.28	9.08	75.24	7.90	71.50	5.27

序号	中文名称	英文名称	LOD/(μg/kg)	LOQ/(μg/kg)	LOQ/(μg/kg) Ave/%	LOQ/(μg/kg) RSD/%	2LOQ/(μg/kg) Ave/%	2LOQ/(μg/kg) RSD/%	4LOQ/(μg/kg) Ave/%	4LOQ/(μg/kg) RSD/%
183	PCB 112	2,3,3',5,6-Pentachlorobiphenyl	4.0	12.0	88.67	5.67	79.54	5.70	76.77	4.30
184	PCB 148	2,2',3,4',5,6'-Hexachlorobiphenyl	4.0	12.0	72.25	6.79	65.73	7.10	66.17	5.05
185	PCB 111	2,3,3',5,5'-Pentachlorobiphenyl	4.0	12.0	76.95	7.12	68.66	8.60	60.18	4.01
186	PCB 097	2,2',3,4,5-Pentachlorobiphenyl	4.0	12.0	93.22	5.80	75.49	13.62	67.40	12.64
187	PCB 120	2,3',4,5,5'-Pentachlorobiphenyl	4.0	12.0	76.02	6.91	62.14	8.94	57.05	4.39
188	PCB 081	3,4,4',5-Tetrachlorobiphenyl	4.0	12.0	72.75	9.43	70.19	6.86	60.78	5.74
189	PCB 147	2,2',3,4',5,6-Hexachlorobiphenyl	4.0	12.0	74.03	8.48	64.00	10.44	51.23	10.70
190	PCB 082	2,2',3,3',4-Pentachlorobiphenyl	4.0	12.0	84.75	4.80	72.41	3.05	66.77	5.17
191	PCB 108	2,3,3',4,5'-Pentachlorobiphenyl	4.0	12.0	74.02	2.12	60.34	7.42	53.40	5.00
192	PCB 106	2,3,3',4,5-Pentachlorobiphenyl	6.7	20.0	70.43	3.86	64.24	6.12	60.32	4.90
193	PCB 184	2,2',3,4,4',6,6'-Heptachlorobiphenyl	4.0	12.0	59.28	4.17	53.49	6.75	47.72	5.66
194	PCB 131	2,2',3,3',4,6-Hexachlorobiphenyl	4.0	12.0	77.57	2.09	70.81	6.03	67.00	5.33
195	PCB 153	2,2',4,4',5,5'-Hexachlorobiphenyl	6.7	20.0	74.78	4.16	57.54	10.46	53.97	5.23
196	PCB 179	2,2',3,3',5,6,6'-Heptachlorobiphenyl	4.0	12.0	79.27	5.24	70.16	7.41	63.73	4.08
197	PCB 176	2,2',3,3',4,6,6'-Heptachlorobiphenyl	4.0	12.0	69.93	6.82	65.20	5.24	58.93	4.61
198	PCB 160	2,3,3',4,5,6-Hexachlorobiphenyl	4.0	12.0	81.55	9.14	79.90	5.74	65.35	6.16
199	PCB 164	2,3,3',4',5',6-Hexachlorobiphenyl	4.0	12.0	76.22	6.50	64.87	7.58	67.47	13.76
200	PCB 129	2,2',3,3',4,5-Hexachlorobiphenyl	4.0	12.0	76.27	7.70	69.63	6.92	66.10	7.22
201	PCB 126	3,3',4,4',5-Pentachlorobiphenyl	4.0	12.0	72.10	8.32	67.46	7.33	58.82	7.19
202	PCB 185	2,2',3,4,5,5',6-Heptachlorobiphenyl	4.0	12.0	74.43	6.64	65.23	6.35	59.27	6.36
203	PCB 181	2,2',3,4,4',5,6-Heptachlorobiphenyl	4.0	12.0	64.07	7.38	59.74	7.96	56.57	5.15
204	PCB 171	2,2',3,3',4,4',6-Heptachlorobiphenyl	4.0	12.0	71.38	9.30	62.50	6.96	58.88	7.06
205	PCB 172	2,2',3,3',4,5,5'-Heptachlorobiphenyl	4.0	12.0	65.62	8.27	57.91	7.66	53.87	6.26
206	PCB 199	2,2',3,3',4,5,6,6'-Octachlorobiphenyl	4.0	12.0	62.20	5.54	54.34	6.38	53.55	6.02
207	PCB 201	2,2',3,3',4,5,5',6'-Octachlorobiphenyl	4.0	12.0	58.60	11.61	53.23	8.42	52.10	5.51
208	PCB 170	2,2',3,3',4,4',5-Heptachlorobiphenyl	4.0	12.0	63.60	8.71	62.16	9.93	55.35	5.00
209	PCB 189	2,3,3',4,4',5,5'-Heptachlorobiphenyl	4.0	12.0	57.67	9.86	49.63	7.26	46.52	7.24
		GC-MS/MS E组								
210	萘	Naphthalene	1.0	1.9	81.98	18.23	65.07	12.15	64.62	18.43
211	异丙隆	Isoprotuton	126.7	253.4	85.90	6.60	102.92	7.24	87.60	3.91
212	敌敌畏	Dichlorvos	5.9	11.8	82.68	10.24	86.83	6.48	88.85	6.55
213	克百威	Carbofuron	4.3	8.6	90.90	9.12	100.82	4.73	108.68	6.27
214	甲胺磷	Methamidophos	85.4	170.8	124.15	10.78	101.42	6.28	94.80	5.59
215	苊	Acenaphthylene	2.2	4.5	122.50	18.20	122.53	22.51	91.88	10.21
216	二氢苊	Acenaphthene	4.6	9.1	116.30	8.48	105.47	11.31	95.55	8.46
217	芴	Fluorene	6.6	13.2	129.97	16.71	128.35	25.39	101.28	13.53
218	六氯苯	Hexachlorobenzene	2.9	5.8	90.65	4.70	89.93	8.27	91.23	3.91
219	灭线磷	Ethoprophos	1.3	2.6	110.37	25.11	99.05	10.16	114.95	12.76
220	杀虫脒	Chlordimeform	5.8	11.6	110.32	12.58	108.90	11.56	105.38	6.50

续表

序号	中文名称	英文名称	LOD/(μg/kg)	LOQ/(μg/kg)	LOQ/(μg/kg) Ave/%	LOQ/(μg/kg) RSD/%	2LOQ/(μg/kg) Ave/%	2LOQ/(μg/kg) RSD/%	4LOQ/(μg/kg) Ave/%	4LOQ/(μg/kg) RSD/%
221	氟乐灵	Trifluralin	4.5	9.0	63.48	4.36	66.13	2.70	82.13	2.49
222	α-六六六	α-HCH	4.4	8.7	106.48	5.18	113.52	4.62	101.98	1.60
223	氧乐果	Omethoate	18.2	36.5	82.77	16.10	78.22	8.18	80.95	7.37
224	蒽	Anthracene	0.1	0.3	107.78	21.87	105.38	19.21	109.85	16.00
225	广灭灵	Clomazone	2.9	5.8	99.68	6.10	93.55	8.07	112.88	3.23
226	二嗪磷	Diazinon	2.7	5.4	73.53	8.70	95.40	4.81	114.22	4.13
227	菲	Phenathrene	5.3	10.5	125.13	23.00	130.00	20.80	118.60	16.53
228	γ-六六六	γ-HCH	4.3	8.6	94.38	4.02	102.67	3.82	101.75	3.86
229	阿特拉津	Atrazine	4.0	7.9	82.52	7.40	91.35	5.60	98.62	2.22
230	西玛津	Simazine	11.8	23.5	91.43	5.72	102.50	4.06	115.03	2.93
231	七氯	Heptachlor	6.5	13.0	96.65	3.00	112.33	4.34	114.07	4.39
232	抗蚜威	Pirimicarb	3.1	6.1	93.10	2.78	105.93	3.31	111.97	1.79
233	乐果	Dimethoate	6.5	13.1	116.38	5.97	123.63	11.32	123.83	3.56
234	艾氏剂	Aldrin	4.6	9.1	93.73	18.13	83.03	6.39	104.03	7.13
235	甲草胺	Alachlor	2.9	5.8	91.90	11.26	110.32	4.28	118.38	3.92
236	扑草净	Prometryne	2.7	5.4	86.88	6.14	94.63	4.83	107.62	3.05
237	百菌清	Chlorothalonil	233.0	466.0	69.02	26.85	101.28	22.14	105.40	22.30
238	邻苯二甲酸二正丁酯	Phthalic acid bis-butyl ester	6.6	13.3	133.97	18.76	88.30	8.52	109.35	5.00
239	β-六六六	β-HCH	4.5	9.0	90.60	5.27	104.45	6.59	105.58	5.60
240	毒死蜱	Chlorpyrifos	4.5	9.0	88.75	10.05	89.50	7.00	103.75	5.98
241	甲基对硫磷	Parathion-methyl	4.3	8.6	79.95	8.72	102.07	4.87	113.23	4.70
242	三氯杀螨醇	Dicofol	3.4	6.7	86.72	6.37	100.33	20.05	98.12	2.35
243	异丙甲草胺	Metolachlor	1.1	2.2	94.50	1.52	103.77	2.03	108.88	1.43
244	δ-六六六	δ-HCH	4.3	8.7	109.90	6.11	108.00	7.51	111.77	4.42
245	三唑酮	Triadimefon	4.8	9.6	85.22	4.48	100.75	4.29	111.48	2.78
246	荧蒽	Fluoranthene	3.0	6.1	123.87	22.11	124.25	60.71	112.07	18.42
247	2,4'-DDE	2,4'-DDE	6.7	13.3	90.75	1.89	101.82	3.65	96.65	2.16
248	顺式-氯丹	cis-Chlordane	6.3	12.5	81.47	5.65	100.63	5.16	96.28	3.61
249	稻丰散	Phenthoate	0.4	0.9	96.95	2.89	110.70	6.61	113.00	4.48
250	反式-氯丹	trans-Chlordane	6.2	12.4	102.28	6.36	87.87	6.36	100.52	3.72
251	芘	Pyrene	5.2	10.5	126.38	22.61	119.25	21.09	109.03	18.31
252	4,4'-DDE	4,4'-DDE	6.6	13.1	94.03	2.29	94.33	2.38	87.98	2.41
253	丁草胺	Butachlor	0.7	1.5	104.60	24.76	124.02	9.85	107.24	7.93
254	狄氏剂	Dieldrin	13.2	26.3	95.57	5.93	98.27	9.23	104.02	3.91
255	2,4'-DDD	2,4'-DDD	2.7	5.4	97.42	1.74	99.80	3.38	103.02	7.82
256	噻嗪酮	Buprofezin	14.5	29.1	112.02	12.47	105.58	5.42	103.57	2.81
257	异狄氏剂	Endrin	30.0	60.0	98.93	6.49	106.87	4.52	105.77	4.06
258	2,4'-DDT	2,4'-DDT	2.1	4.2	87.27	8.19	101.38	5.48	124.77	28.85

续表

序号	中文名称	英文名称	LOD/(μg/kg)	LOQ/(μg/kg)	LOQ/(μg/kg) Ave/%	LOQ/(μg/kg) RSD/%	2LOQ/(μg/kg) Ave/%	2LOQ/(μg/kg) RSD/%	4LOQ/(μg/kg) Ave/%	4LOQ/(μg/kg) RSD/%
259	除草醚	Nithophen	8.1	16.2	103.67	9.19	97.92	2.65	109.10	5.80
260	乙氧氟草醚	Oxyfluorfen	14.6	29.2	96.33	5.74	90.15	4.73	109.98	3.88
261	4,4'-DDD	4,4'-DDD	6.6	13.3	95.62	1.66	100.83	3.10	102.52	1.90
262	4,4'-DDT	4,4'-DDT	3.0	5.9	98.57	9.99	117.25	7.90	109.78	8.00
263	邻苯二甲酸丁基苄基酯	Phthalic acid benzyl butyl ester	6.6	13.1	90.17	20.91	78.70	4.22	98.35	1.89
264	炔螨特	Propargite	127.5	255.0	94.60	13.72	106.52	7.95	103.25	4.30
265	三环唑	Tricyclazole	0.7	1.5	92.25	7.38	109.22	5.79	117.98	7.81
266	三唑磷	Triazophos	11.4	22.9	105.97	9.76	106.88	10.55	101.82	6.62
267	灭蚁灵	Mirex	2.8	5.5	75.25	4.39	73.87	3.28	77.77	17.89
268	苯并(a)蒽	Benzo(a)anthrancene	2.0	4.0	118.80	23.25	118.43	21.04	109.93	18.67
269	邻苯二甲酸二(2-乙基)酯	Phthalic acid bis-2-ethylhexyl ester	1.3	2.7	122.82	13.94	137.15	24.56	124.98	21.89
270	双甲脒	Amitraz	1.6	3.1	77.65	5.55	76.98	3.63	88.80	2.41
271	高效氯氟氰菊酯	λ-Cyhalothrin	6.4	12.8	25.67	12.89	25.30	6.84	24.75	5.70
272	哒螨灵	Pyridaben	6.7	13.3	96.12	1.12	100.82	2.77	100.92	2.71
273	苯并(b)荧蒽	Benzo(b)fluoranthene	0.1	0.2	120.73	22.85	112.00	23.32	109.35	20.62
274	苯并(k)荧蒽	Benzo(k)fluoranthene	0.2	0.4	127.72	19.38	111.38	25.22	109.55	22.39
275	氟氯氰菊酯	Cyfluthrin	8.7	17.5	92.43	8.89	125.48	14.23	117.03	5.99
276	氯氰菊酯	Cypermethrin	18.5	37.1	101.45	3.57	115.70	5.50	103.90	4.90
277	苯并(a)芘	Benzo(a)pyrene	1.8	3.5	109.10	20.69	116.98	19.38	108.23	13.30
278	啶虫脒	Acetamiprid	27.3	54.6	80.85	7.75	91.52	4.81	102.90	4.50
279	氰戊菊酯	Fenvalerate-1	29.0	58.1	100.05	6.60	101.65	4.28	113.33	7.11
280	氰戊菊酯	Fenvalerate-2	29.0	58.1	103.05	9.05	106.95	7.18	112.77	7.82
281	溴氰菊酯	Deltamethrin	24.2	48.4	128.15	27.73	120.08	8.63	125.00	16.08
282	茚并(1,2,3,-cd)芘	Indeno(1,2,3-cd)pyrene	2.2	4.4	128.95	29.01	121.92	28.98	110.15	19.67
283	二苯并(a,h)蒽	Dibenzo(a,h)anthracene	2.2	4.4	126.72	23.70	111.72	20.01	85.62	7.02
284	苯并(g,h,i)芘	Benzo(g,h,i)peryene	2.2	4.4	121.85	26.13	125.85	28.65	120.27	25.22
		GC-MS								
285	硫丹Ⅰ	Endosulfuran Ⅰ	0.1	0.2	98.32	5.05	97.80	2.94	97.88	4.43
286	硫丹Ⅱ	Endosulfuran Ⅱ	0.1	0.2	105.78	9.36	110.23	9.39	85.92	7.95
		LC-MS/MS								
287	敌百虫	Trichlorphon	3.6	7.1	96.97	15.04	115.00	7.17	99.93	10.66
288	甲磺隆	Metsulfuron-methyl	3.5	7.1	100.52	21.54	87.08	10.44	85.07	19.82
289	绿麦隆	Chlorolurons	13.2	26.4	69.73	10.18	81.20	5.63	50.93	11.90
290	2,4-滴	2,4-D	55.3	110.5	37.08	12.09	70.88	7.11	42.37	3.22
291	苄嘧磺隆	Bensunuron-methyl	9.4	18.8	95.25	15.63	115.33	6.07	75.97	18.87
292	敌稗	Propanil	8.0	16.0	90.12	11.02	101.00	22.71	89.78	20.40
293	氟虫腈	Fipronil	14.5	29.0	25.98	7.32	18.02	28.66	16.37	14.40
294	辛硫磷	Phoxim	4.1	8.2	99.87	8.51	126.50	8.95	109.22	11.70
295	噻螨酮	Hexythiazox	31.5	63.0	69.53	8.90	97.12	25.17	74.35	4.28

7.6.13 方法回收率和精密度

在猪脂肪样品中添加295种标准溶液进行LOQ、2LOQ和4LOQ 3个添加水平的回收率和精密度实验（$n=6$），其回收率和精密度结果见表7-28。从表7-28可以看出，本方法添加LOQ标准溶液的回收率为60.0%～120.0%的有259种，占所测总数的87.8%，相对标准偏差小于20%的有278种，占所测总数的94.2%；添加2LOQ标准溶液的回收率为60.0%～120.0%的有248种农药，占所测总数的84.1%，相对标准偏差小于20%的有277种，占所测总数的93.9%；添加4LOQ标准溶液的回收率为60%～120%的有252种，占所测总数的85.4%，相对标准偏差小于20%的有287种，占所测总数的97.3%。这说明该方法重现性较好，适合对实际体脂样品进行分析。

通过对不同提取溶剂、提取方法和净化方式以及不同仪器测定灵敏度的对比研究，确定采用乙腈均质提取，凝胶渗透色谱净化，在线自动浓缩，GC-MS/MS、GC-MS（NCI源）和LC-MS/MS对不同环境污染物进行测定。应用本方法对633批实际样品进行分析，检测出的环境污染物种类基本符合我国的使用情况。说明本方法适用于生物样本中不同类型环境污染物的筛查分析，为我国环境污染风险评价和环境健康管理提供了有力的技术支持。

参 考 文 献

[1] Gutiérrez Valencia T M, García de Llasera M P. Determination of organophosphorus pesticides in bovine tissue by an on-line coupled matrix solid-phase dispersion-solid phase extraction-high performance liquid chromatography with diode array detection method. Journal of Chromatography A, 2011, 1218 (39): 6869-6877.

[2] 刘祥国，黄显会，卢阳雯，等．羊肉中8种有机磷农药残留的测定及基质效应．中国农业科学，2009，42（4）：1478-1484.

[3] 邬春华，郑力行，周志俊．尿中有机磷农药代谢产物的测定．复旦学报（医学报），2006，33（4）：552-555.

[4] 吴刚，鲍晓霞，王华雄，等．加速溶剂萃取-凝胶渗透色谱净化-气相色谱快速分析动物源性食品中残留的多种有机磷农药．色谱，2008，26（5）：577-558.

[5] 杨玉林，芮振荣，王宏，等．气相色谱法分析尿样中六种有机磷农药代谢产物．中国卫生检验杂志，2003，13（1）：24-26.

[6] Gillespie A M, Walters S M. Rapid cleanup of fat extracts for organophosphorus pesticide-residue determination using c-18 solid-phase extraction cartridges. Analytica Chimica Acta, 1991, 245 (2): 259-265.

[7] Hamscher G, Priess B, Nau H. Determination of phoxim residues in eggs by using high-performance liquid chromatography diode array detection after treatment of stocked housing facilities for the poultry red mite (Dermanyssus gallinae). Analytica Chimica Acta, 586 (1-2): 330-335.

[8] Lee J H, Park S, Jeong W Y, et al. Simultaneous determination of phoxim and its photo-transformation metabolite residues in eggs using liquid chromatography coupled with electrospray ionization tandem mass spectrometry. Analytica Chimica Acta, 2010, 674 (1): 64-70.

[9] Sancho J V, Pozo O J, Hernández F. Direct determination of chlorpyrifos and its main metabolite 3, 5, 6-trichloro-2-pyridinol in human serum and urine by coupled-column liquid chromatography/electrospray-tandem mass spectrometry. Rapid Communications in Mass Spectrometry, 2000, 14 (16): 1485-1490.

[10] Williamson L N, Terry A V, Bartlett M G. Determination of chlorpyrifos and its metabolites in rat brain tissue using coupled-column liquid chromatography/electrospray ionization tandem mass spectrometry. Rapid Communications in Mass Spectrometry, 2006, 20 (18): 2689-2695.

[11] Argauer R J, Eller K I, Pfeil R M, et al. Determining ten synthetic pyrethroids in lettuce and ground meat by using ion-trap mass spectrometry and electron-capture gas chromatography. Journal of Agricultural and Food Chemistry, 1997, 45 (1): 180-184.

[12] 李小桥，刘戎，沈祥广，等．GC-MS法检测牛肉中拟除虫菊酯的残留量．分析测试学报，2011，30（3）：316-320.

[13] 刘琪，孙雷，张骊．牛肉中7种拟除虫菊酯类农药残留的固相萃取-超高效液相色谱-串联质谱法测定．分析测试

学报,2010,29(10):1048-1052.
[14] 徐竞.猪肉中拟除虫菊酯类农药残留的测定.肉类工业,2009,(1):30-31.
[15] Johnston J J, Furcolow C A, Volz S A, et al. Quantitation of pyrethrum residues in brown tree snakes. Journal of Chromatographic Science, 1999, 37 (1): 5-10.
[16] 张帆,黄志强,张莹,等.高效液相色谱-串联质谱法测定食品中20种氨基甲酸酯类农药残留.色谱,2010,28 (4):348-355.
[17] Argauer R J, Eller K I, Ibrahim M A. Determining propoxur and other carbamates in meat using hplc fluorescence and gas-chromatography ion-trap mass-spectrometry after supercritical-fluid extraction. Journal of Agricultural and Food Chemistry, 1995, 43 (10): 2774-2778.
[18] 邓龙,郭新东,何强,等.高效液相色谱-串联质谱法测定动物肌肉组织中氨基甲酸酯类杀虫剂及其代谢物残留.食品科学,2012,33 (4):209-213.
[19] 胡艳云,徐业平,姚剑.柱头进样结合气相色谱质谱分析动物源食品中热不稳定性氨基甲酸酯类农药.分析化学,2011,3 (39):330-334.
[20] Wu G, Bao X X, Zhao S H, et al. Analysis of multi-pesticide residues in the foods of animal origin by GC-MS coupled with accelerated solvent extraction and gel permeation chromatography cleanup. Food Chemistry, 2011, 126 (2):646-654.
[21] Mol H G, Plaza-Bolaños P, Zomer P, et al. Toward a generic extraction method for simultaneous determination of pesticides, mycotoxins, plant toxins, and veterinary drugs in feed and food matrixes. Analytical Chemistry, 2008, 80 (24): 9450-9459.
[22] Lehotay S J, Lightfield A R, Harman-Fetcho J A, et al. Analysis of pesticide residues in eggs by direct sample introduction/gas chromatography/tandem mass spectrometry. Journal of Agricultural and Food Chemistry, 2001, 49 (10):4589-4596.
[23] 纪欣欣,石志红,曹彦忠,等.凝胶渗透色谱净化/液相色谱-串联质谱法对动物脂肪中111种农药残留量的同时测定.分析测试学报,2009,28 (12):1433-1439.
[24] 吴刚,赵珊红,俞春燕,等.加速溶剂萃取-GPC气相色谱(μ-ECD)快速分析动物源性食品中多种电负性农药残留量.中国食品学报,2009,9 (2):162-170.
[25] 姚翠翠,石志红,曹彦忠,等.凝胶渗透色谱-气相色谱串联质谱法测定动物脂肪中164种农药残留.分析实验室,2010,29 (2):84-92.
[26] 赵雁冰,庞国芳,范春林,等.气相色谱-串联质谱法快速测定禽蛋中203种农药及化学污染物残留.分析试验室,2011,30 (5):8-21.
[27] Garrido Frenich A, Martínez Vidal J L, Cruz Sicilia A D, et al. Multiresidue analysis of organochlorine and organophosphorus pesticides in muscle of chicken, pork and lamb by gas chromatography-triple quadrupole mass spectrometry. Analytica Chimica Acta, 2006, 558 (1-2): 42-52.
[28] Goñi F, López R, Etxeandia A, et al. High throughput method for the determination of organochlorine pesticides and polychlorinated biphenyls in human serum. Journal of Chromatography B, 2007, 852 (1-2): 15-21.
[29] Goñi F, López R, Etxeandia A, et al. Method for the determination of selected organochlorine pesticides and polychlorinated biphenyls in human serum based on a gel permeation chromatographic clean-up. Chemosphere, 2009, 76 (11): 1533-1539.
[30] 刘锦霞,张莹,丁利,等.高效液相色谱-串联质谱法测定动物源性食品中20种磺酰脲类除草剂残留.分析化学,2011 (5):69-74.
[31] Schenck F J, Donoghue D J. Determination of organochlorine and organophosphorus pesticide residues in eggs using a solid phase extraction cleanup. Journal of Agricultural and Food Chemistry, 2000, 48 (12): 6412-6415.
[32] 宓捷波,王云凤,陈其勇,等.超滤净化-气相色谱-质谱法测定鸡肉中四种有机氯农药的残留量.理化检验:化学分册,2010,(7):748-750.
[33] Kai S, Akaboshi T, Waki M, et al. Analysis of metribuzin and its metabolites in livestock products and seafoods by liquid chromatography-tandem mass spectrometry. Shokuhin Eiseigaku Zasshi, 2011, 52 (1): 28-33.
[34] Liu S, Zheng Z, Wei F, et al. Simultaneous determination of seven neonicotinoid pesticide residues in food by ultraperformance liquid chromatography tandem mass spectrometry. Journal of Agricultural and Food Chemistry,

2010, 58 (6): 3271-3278.

[35] Lehotay S J, Mastovská K, Yun S J. Evaluation of two fast and easy methods for pesticide residue analysis in fatty food matrixes. Journal of AOAC International, 2005, 88 (2): 630-638.

[36] Ito S, Nagata T, Kudo K, et al. Simultaneous determination of paraquat and diquat in human tissues by high-performance liquid chromatography. Journal of Chromatography, 1993, 617 (1): 119-123.

[37] 韩红岩, 李军民, 曹生君, 等. 高效液相色谱法同时测定牛肉及其制品中敌草隆、绿麦隆的残留量. 色谱, 1998, 16 (4): 367-368.

[38] Bissacot D Z, Vassilieff I. HPLC determination of flumethrin, deltamethrin, cypermethrin, and cyhalothrin residues in the milk and blood of lactating dairy cows. Journal of Analytical Toxicology, 1997, 21 (5): 397-402.

[39] Park J W, Abd El-Aty A M, Lee M H, et al. Residue analysis of organophosphorus and organochlorine pesticides in fatty matrices by gas chromatography coupled with electron-capture detection. Z Naturforsch C, 2006, 61 (5-6): 341-346.

[40] Ueno E, Kabashima Y, Oshima H, et al. Multiresidue analysis of pesticides in animal and fishery products by NCI mode GC/MS and dual-column GC-micro ECD. Shokuhin Eiseigaku Zasshi, 2008, 49 (6): 390-398.

[41] Juhler R K. Optimized method for the determination of organophosphorus pesticides in meat and fatty matrices. Journal of Chromatography, 1997, 786 (1): 145-153.

[42] 李军, 袁桂艳, 郭瑞臣, 等. 人血浆中8种有机磷农药气相色谱-质谱法测定及临床应用. 药物分析杂志, 2009, 29 (12): 2018-2022.

[43] 刘琪, 孙雷, 张骊. 超高效液相色谱-串联质谱法测定猪肝中有机磷农药残留量的研究. 分析测试学报, 2010, 29 (7): 747-750.

[44] Frenich A G, Bolaños P P, Vidal J L. Multiresidue analysis of pesticides in animal liver by gas chromatography using triple quadrupole tandem mass spectrometry. Journal of Chromatography A, 2007, 1153 (1-2): 194-202.

[45] Zrostlikova J, Lehotay S J, Hajslova J. Simultaneous analysis of organophosphorus and organochlorine pesticides in animal fat by gas chromatography with pulsed flame photometric and micro-electron capture detectors. Journal of Separation Science, 2002, 25 (8): 527-537.

[46] Kitagawa Y, Okihashi M, Takatori S, et al. Multiresidue method for determination of pesticide residues in processed foods by GC-MS/MS. Shokuhin Eiseigaku Zasshi, 2009, 50 (5): 243-252.

[47] Kobayashi M, Otsuka K, Tamura Y, et al. Study on rapid analysis method of pesticide contamination in processed foods by GC-MS and GC-FPD. Shokuhin Eiseigaku Zasshi, 2011, 52 (4): 226-236.

[48] Brutti M, Blasco C, Pico Y. Determination of benzoylurea insecticides in food by pressurized liquid extraction and LC-MS. Journal of Separation Science, 2010, 33 (1): 1-10.

[49] 王岚, 徐娟, 谢建军, 等. 高效液相色谱-质谱/质谱对动物源性食品中噻酰菌胺残留的检测. 分析测试学报, 2010, 29 (2): 207-210.

[50] 杨方, 卢声宇, 陈祥明, 等. 高效液相色谱法检测多种食品基体中残留的喹氧灵. 色谱, 2008, 26 (4): 499-503.

[51] Rimkus G G, Rummler M, Nausch I. Gel permeation chromatography-high performance liquid chromatography combination as an automated clean-up technique for the multiresidue analysis of fats. Journal of Chromatography A, 1996, 737 (1): 9-14.

[52] Matsuoka T, Akiyama Y, Mitsuhashi T. Screening method of pesticides in meat using cleanup with GPC and mini-column. Shokuhin Eiseigaku Zasshi, 2009, 50 (2): 97-107.

[53] Makabe Y, Miyamoto F, Hashimoto H, et al. Determination of residual pesticides in processed foods manufactured from livestock foods and seafoods using ion trap GC/MS. Shokuhin Eiseigaku Zasshi. 2010, 51 (4): 182-195.

[54] Botella B, Crespo J, Rivas A, et al. Exposure of women to organochlorine pesticides in Southern Spain. Environmental Research, 2004, 96 (1): 34-40.

[55] Kim H, Fisher J W. Determination of polychlorinated biphenyl 126 in liver and adipose tissues by GC-μECD with liquid extraction and SPE clean-up. Chromatographia, 2008, 68 (3-4): 307-309.

[56] Wang D, Atkinson S, Hoover-Miller S, et al. Analysis of organochlorines in harbor seal (Phoca vitulina) tissue

[57] Muralidharan S, Dhananjayan V, Risebrough R, et al. Persistent organochlorine pesticide residues in tissues and eggs of white-backed vulture, gyps bengalensis from different locations in India. Bulletin of Environmental Contamination and Toxicology, 2008, 81 (6): 561-565.

[58] 安琼, 董元华, 倪俊, 等. 气相色谱法测定禽蛋中微量有机氯农药及多氯联苯的残留. 色谱, 2002, 20 (2): 167-171.

[59] Castillo M, González C, Miralles A. An evaluation method for determination of non-polar pesticide residues in animal fat samples by using dispersive solid-phase extraction clean-up and GC-MS. Analytical and bioanalytical chemistry, 2011, 400 (5): 1315-1328.

[60] Furusawa N, Ozaki A, Nakamura M, et al. Simple and rapid extraction method of total egg lipids for determining organochlorine pesticides in the egg. Journal of Chromatography A, 1999, 830 (2): 473-476.

[61] Darko G, Acquaah S O. Levels of organochlorine pesticides residues in meat. International Journal of Environment Science and Technology, 2007, 4 (4): 521-524.

[62] Przybylski C, Segard C. Method for routine screening of pesticides and metabolites in meat based baby-food using extraction and gas chromatography-mass spectrometry. Journal of Separation Science, 2009, 32 (11): 1858-1867.

[63] DiMuccio A, Generali T, Barbini D A, et al. Single-step separation of organochlorine pesticide residues from fatty materials by combined use of solid-matrix partition and C-18 cartridges. Journal of Chromatography A, 1997, 765 (1):61-68.

[64] 李永新, 张宏, 毛丽莎, 等. 气相色谱/质谱法测定熏肉中的多环芳烃. 色谱, 2003, 21 (5): 476-479.

[65] 林竹光, 张莉莉, 孙若男, 等. 动物肝脏中九种多溴联苯醚残留量的GC-NCI/MS分析. 分析试验室, 2008, 27 (7): 30-34.

[66] 王玉飞, 陈晓红, 傅小红. 气相色谱-串联质谱法测定生物样品中的多氯联苯和滴滴涕. 色谱, 2007, 25 (1): 112-114.

[67] Rosenblum L, Hieber T, Morgan J. Determination of pesticides in composite dietary samples by gas chromatography/mass spectrometry in the selected ion monitoring mode by using a temperature-programmable large volume injector with preseparation column. Journal of AOAC International, 2001, 84 (3): 891-900.

[68] Covaci A, Gheorghe A, Schepens P. Distribution of organochlorine pesticides, polychlorinated biphenyls and alpha-HCH enantiomers in pork tissues. Chemosphere, 2004, 56 (8): 757-766.

[69] 林竹光, 孙若男, 张莉莉, 等. 气相色谱-质谱法同时测定动物内脏中的14种酞酸酯类环境激素残留. 色谱, 2008, 26 (3):280-284.

[70] Pérez A, González G, González J, et al. Multiresidue determination of pesticides in lanolin using matrix solid-phase dispersion. Journal of AOAC International, 2010, 93 (2): 712-719.

[71] 苏建峰. 猪肉中63种有机磷农药的气相色谱筛选与气质联用确证方法. 分析测试学报, 2008, 27 (12): 1298-1302.

[72] 叶瑞洪, 苏建峰. 分散固相萃取-超高效液相色谱-串联质谱法测定果蔬、牛奶、植物油和动物肌肉中残留的61种有机磷农药. 色谱, 2011, 29 (7): 618-623.

[73] 杨立新, 苗虹, 曾凡刚, 等. 双气相色谱-双脉冲火焰光度法高通量检测动物性食品中有机磷农药残留及其代谢产物. 色谱, 2011, 29 (10): 1010-1019.

[74] 曾凡刚. 凝胶渗透色谱净化-气相色谱法测定肉类食品中有机氯农药残留. 食品与发酵工业, 2006, 32 (5): 117-120.

[75] 周萍萍, 陈惠京, 赵云峰, 等. 动物性食品中持久性有机氯农药的残留分析. 中国食品卫生杂志, 2010 (3): 193-198.

[76] Stefanelli P, Santilio A, Cataldi L, et al. Multiresidue analysis of organochlorine and pyrethroid pesticides in ground beef meat by gas chromatography-mass spectrometry. Journal of Environmental Science and Health Part B, 2009, 44 (4):350-356.

[77] 王云凤, 常春艳, 陈其勇, 等. 凝胶渗透色谱和气相色谱-质谱法测定动物食品中27种有机氯和15种拟除虫菊酯类农药残留量. 分析测试学报, 2007, (26): 253-258.

[78] Barbini D A, Vanni F, Girolimetti S, et al. Development of an analytical method for the determination of the residues of four pyrethroids in meat by GC-ECD and confirmation by GC-MS. Analytical and Bioanalytical Chemistry, 2007, 389 (6): 1791-1798.

[79] Pang G F, Zhao T S, Chao Y Z, et al. Cleanup with two Florisil columns for gas chromatographic determination of multiple pyrethroid insecticides in products of animal origin. Journal of AOAC International, 1994, 77 (6): 1634-1638.

[80] 王丽霞, 李挥, 张敬轩, 等. 凝胶净化-固相萃取-高效液相色谱法同时测定烤肉中的16种多环芳烃. 河北省科学院学报, 2009, 26 (4): 43-45.

[81] 徐晓琴. 凝胶色谱净化-气相色谱串联质谱法测定猪肉中16种有机氯类农药残留. 福建分析测试, 2011, 20 (4): 1-5.

[82] Nath S B, Unnikrishnan V, Gayathri V, et al. Organochlorine pesticide residues in animal tissues and their excretion through milk. Journal of Food Science and Technology, 1998, 35 (6): 547-548.

[83] 刘锦霞, 王美玲, 黄志强, 等. 高效液相色谱-串联质谱法测定猪肉中10种苯甲酰脲类杀虫剂. 分析试验室, 2010, 29 (9): 39-43.

[84] Pagliuca G, Gazzotti T, Zironi E, et al. Residue analysis of organophosphorus pesticides in animal matrices by dual column capillary gas chromatography with nitrogen-phosphorus detection. Journal of Chromatography A, 2005, 1071 (1-2): 67-70.

[85] 应剑波, 谢伟宏, 程建波, 等. 微波萃取-GPC净化-GC/MS法检验血中氨基甲酸酯和沙蚕毒素类农药. 质谱学报, 2009, 30 (1): 48-50.

[86] Tao S, Liu W X, Li X Q, et al. Organochlorine pesticide residuals in chickens and eggs at a poultry farm in Beijing, China. Environmental Pollution, 2009, 157 (2): 497-502.

[87] 郑姗姗, 毕陶桃. 鸡肉和鸡肝中有机磷农药残留的检测. 中国畜牧兽医, 2008, 35 (8): 146-149.

[88] 李萍, 王绪卿. 肉及蛋类食品中氨基甲酸酯类农药多组分残留高效液相色谱分析. 卫生研究, 2002, 31 (6): 465-467.

[89] 李立, 付建, 高洪良, 等. 高效液相色谱-串联质谱法测定多种农产品中杀草强的残留量. 色谱, 2010, 28 (3): 301-304.

[90] 饶勇, 曾振灵, 刘涤洁, 等. 二嗪农在猪组织中的GC-NPD残留分析方法. 中国兽医学报, 2003, 23 (4): 385-387.

[91] Sannino A, Mambriani P, Bandini M, et al. Multiresidue method for determination of organophosphorus insecticide residues in fatty processed foods by gel permeation chromatography. Journal of AOAC International, 1995, 78 (6): 1502-1512.

[92] Wang G M, Dai H, Li Y G, et al. Simultaneous determination of residues of trichlorfon and dichlorvos in animal tissues by LC-MS/MS. Food Additives and Contaminants Part A, 2010, 27 (7): 983-988.

[93] Diaz A N, Pareja A G, Sánchez F G. Liquid and gas chromatographic multi-residue pesticide determination in animal tissues. Pesticide Science, 1997, 49: 56-64.

[94] 王旭亮, 何欢, 李文超, 等. 加速溶剂萃取/凝胶渗透色谱净化/气相色谱-负化学离子源质谱测定生物样品中的四溴联苯醚. 环境化学, 2011, 30 (6): 1186-1191.

[95] 毛婷, 路勇, 姜洁, 等. 气相色谱/质谱法测定烧烤肉制品中15种欧盟优控多环芳烃. 分析化学, 2010, 38 (10): 66-71.

[96] Pang G F, Cao Y Z, Zhang J J, et al. Validation study on 660 pesticide residues in animal tissues by gel permeation chromatography cleanup/gas chromatography-mass spectrometry and liquid chromatography-tandem mass spectrometry. Journal of Chromatography A, 2006, 1125 (1): 1-30.

[97] Pang G F, Cao Y Z, Fan C L, et al. Analysis method study on 839 pesticide and chemical contaminant multiresidues in animal muscles by gel permeation chromatography cleanup GC/MS and LC/MS/MS. Journal of AOAC International, 2009, 92 (3): 1-72.

[98] 王传现, 韩丽, 周耀斌, 等. 鸡肉、鸡肝和猪肝中溴螨酯残留的测定. 食品科学, 2010, 31 (8): 202-206.

[99] Aulakh R S, Gill J P S, Bedi J S, et al. Oranochlorine pesticide residues in poultry feed, chicken muscle and eggs at a poultry farm in Punjab, India. Journal of the Science of Food and Agriculture, 2006, 86 (5): 741-744.

[100] Wielgomas B, Czarnowski W. Headspace single-drop microextraction and GC-ECD determination of chlorpyrifos-ethyl in rat liver. Analytical and Bioanalytical Chemistry, 2008, 390 (7): 1933-1941.

[101] Cheng J, Liu M, Zhang X, et al. Determination of triazine herbicides in sheep liver by microwave-assisted extraction and high performance liquid chromatography. Analytica Chimica Acta, 2007, 590 (1): 34-39.

[102] 李军民, 黄化成, 裴立群. 色谱法测定肉及肉制品中敌草隆、绿麦隆、莠去津和西玛津残留量. 色谱, 2004, 22 (1): 88-88.

[103] 黄飞飞, 赵云峰, 李敬光, 等. 固相萃取-气相色谱-负化学源质谱法测定人血清中的多溴联苯醚. 色谱, 2011, 29 (8): 743-749.

[104] Ashraf-Khorassani M, Taylor L T, Schweighardt F K. Development of a method for extraction of organochlorine pesticides from rendered chicken fat via supercritical fluoroform. Journal of Agricultural and Food Chemistry, 1996, 44 (11): 3540-3547.

[105] 樊苑牧, 俞雪钧, 顾晓俊, 等. 高效液相色谱法测定含脂羊毛中灭蝇胺和环虫腈. 分析化学, 2010, 38 (1): 113-116.

[106] Ahmad R, Salem N M, Estaitieh H. Occurrence of organochlorine pesticide residues in eggs, chicken and meat in Jordan. Chemosphere, 2010, 78 (6): 667-671.

[107] Lázaro R, Herrera A, Ariño A, et al. Organochlorine pesticide residues in total diet samples from Aragón (Northeastern Spain). Journal of Agricultural and Food Chemistry, 1996, 44 (9): 2742-2747.

[108] Bayarri S, Herrera A, Conchello M P, et al. Influence of meat processing and meat starter microorganisms on the degradation of organochlorine contaminants. Journal of Agricultural and Food Chemistry, 1998, 46 (8): 3187-3193.

[109] Sallam K I, Mohammed A M, Aloa E. Organochlorine pesticide residues in camel, cattle and sheep carcasses slaughtered in Sharkia Province, Egypt. Food Chemistry, 2008, 108 (1): 154-164.

[110] Koc F, Karakus E. Determination of organochlorinated pesticide residuesBy gas chromatography- mass spectrometry after elution in a florisil column. Kafkas University Veteriner Fakultesi Dergisi, 2011, 17 (1): 65-70.

[111] Kuang H, Miao H, Hou X L, et al. Determination of pyrethroid residues in pork muscle by immunoaffinity cleanup and GC-ECD. Chromatographia, 2009, 70 (5-6): 995-999.

[112] Argauer R J, Lehotay S J, Brown R T. Determining lipophilic pyrethroids and chlorinated hydrocarbons in fortified ground beef using ion-trap mass spectrometry. Journal of Agricultural and Food Chemistry, 1997, 45 (10): 3936-3939.

[113] Holstege D M, Scharberg D L, Tor E R, et al. A rapid multiresidue screen for organophosphorus, organochlorine, and N-methyl carbamate insecticides in plant and animal tissues. Journal of AOAC International, 1994, 77 (5): 1263-1274.

[114] Alferness P L, Iwata Y. Determination of glyphosate and (aminomethyl) phosphonic acid in soil, plant and animal matrixes, and water by capillary gas chromatography with mass-selective detection. Journal of Agricultural and Food Chemistry, 1994, 42 (12): 2751-2759.

[115] Wei R, Wang R, Zeng Q, et al. High-performance liquid chromatographic method for the determination of cyromazine and melamine residues in milk and pork. Journal of Chromatography Science, 2009, 47 (7): 581-584.

[116] 魏瑞成, 王冉, 刘伟荣. 高效液相色谱法测定鸡蛋、牛奶和猪肉中环丙氨嗪及三聚氰胺的实验研究. 食品科学, 2008 (12): 605-609.

[117] Khay S, Abd El-Aty A M, Choi J H et al. Simultaneous determination of pyrethroids from pesticide residues in porcine muscle and pasteurized milk using GC. Journal of Separation Science, 2009, 32 (2): 244-251.

[118] West S D, Turner L G. Determination of spinosad and its metabolites in meat, milk, cream, and eggs by high-performance liquid chromatography with ultraviolet detection. Journal of Agricultural and Food Chemistry, 1998, 46 (11): 4620-4627.

[119] Araoud M, Douki W, Najjar M F, et al. Simple analytical method for determination of pesticide residues in human serum by liquid chromatography tandem mass spectrometry. Journal of Environmental Science and Health Part B, 2010, 45 (3): 242-248.

[120] Saito K, Sjödin A, Sandau C D, et al. Development of a accelerated solvent extraction and gel permeation chro-

[121] Zhang Z, Ohiozebau E, Rhind S M. Simultaneous extraction and clean-up of polybrominated diphenyl ethers and polychlorinated biphenyls from sheep liver tissue by selective pressurized liquid extraction and analysis by gas chromatography-mass spectrometry. Journal of Chromatography A, 2011, 1218 (8): 1203-1239.

[122] Yu H, Tao Y, Chen D, et al. Development of a high performance liquid chromatography method and a liquid chromatography-tandem mass spectrometry method with pressurized liquid extraction for simultaneous quantification and confirmation of cyromazine, melamine and its metabolites in foods of animal origin. Analytica Chimica Acta, 2010, 682 (1-2): 48-58.

[123] 宋欢, 薛平, 李凌云. 微波萃取气相色谱法测定兔肉中的有机氯农药残留. 山西农业大学学报（自然科学版）, 2002, 22 (4): 325-327.

[124] Purcaroa G, Moret S, Contea L S. Optimisation of microwave assisted extraction (MAE) for polycyclic aromatic hydrocarbon (PAH) determination in smoked meat. Meat Science, 2009, 81 (1): 275-280.

[125] Bolaños P P, Frenich A G, Vidal J L. Application of gas chromatography-triple quadrupole mass spectrometry in the quantification-confirmation of pesticides and polychlorinated biphenyls in eggs at trace levels. Journal of Chromatography A, 2007, 1167 (1): 9-17.

[126] García de Llasera M P, Reyes-Reyes M L. A validated matrix solid-phase dispersion method for the extraction of organophosphorus pesticides from bovine samples. Food Chemistry, 2009, 114 (4): 1510-1516.

[127] Valsamaki V I, Boti V I, Sakkas V A, et al. Determination of organochlorine pesticides and polychlorinated biphenyls in chicken eggs by matrix solid phase dispersion. Analytica Chimica Acta, 2006, 573-574: 195-201.

[128] 薛平, 史惠娟, 杜利君, 等. 5 种基质中 19 种有机磷农药残留的基质固相分散-气相色谱法测定. 食品科学, 2010, 31 (18): 227-231.

[129] Cheng J, Liu M, Yu Y, et al. Determination of pyrethroids in porcine tissues by matrix solid-phase dispersion extraction and high-performance liquid chromatography. Meat Science, 2009, 82 (4): 407-412.

[130] Furusawa N. Separating DDTs in edible animal fats using matrix solid-phase dispersion extraction with activated carbon filter, Toyobo-KF. Journal of Chromatography Science, 2006, 44 (8): 498-503.

[131] Furusawa N. Determination of DDT in animal fats after matrix solid-phase dispersion extraction using an activated carbon filter. Chromatographia, 2005, 62 (5-6): 315-318.

[132] Kodba Z C, Voncina D B. A rapid method for the determination of organochlorine, pyrethroid pesticides and polychlorobiphenyls in fatty foods using GC with electron capture detection. Chromatographia, 2007, 66 (7-8): 619-624.

[133] Hopper M L. Extraction and cleanup of organochlorine and organophosphorus pesticide residues in fats by supercritical fluid techniques. Journal of AOAC International, 1997, 80 (3): 639-646.

[134] Juhler R K. Supercritical fluid extraction of pesticides from meat: a systematic approach for optimization. The Analyst, 1998, 123 (7): 1551-1556.

[135] Djordjevic M V, Hoffmann D, Fan J, et al. Assessment of chlorinated pesticides and polychlorinated biphenyls in adipose breast tissue using a supercritical fluid extraction method. Carcinogenesis, 1994, 15 (11): 2581-2585.

[136] Curren M S, King J W. Ethanol-modified subcritical water extraction combined with solid-phase microextraction for determining atrazine in beef kidney. Journal of Agricultural and Food Chemistry, 2001, 49 (5): 2175-2180.

[137] Smith C J, Walcott C J, Huang W, et al. Determination of selected monohydroxy metabolites of 2-, 3- and 4-ring polycyclic aromatic hydrocarbons in urine by solid-phase microextraction and isotope dilution gas chromatography-mass spectrometry. Journal of Chromatography B, 2002, 778 (1-2): 157-164.

[138] Musshoff F, Junker H, Madea B. Rapid analysis of parathion in biological samples using headspace solid-phase micro-extraction (HS-SPME) and gas chromatography/mass spectrometry (GC/MS). Clinical Chemistry and Laboratory Medicine, 1999, 37 (6): 639-642.

[139] Fidalgo-Used N, Centineo G, Blanco-González E, et al. Solid-phase microextraction as a clean-up and preconcentration procedure for organochlorine pesticides determination in fish tissue by gas chromatography with electron capture detection. Journal of Chromatography A, 2003, 1017 (1-2): 35-44.

[140] 施致雄，杨欣，封锦芳，等．猪肉中有机氯农药多组分的顶空固相微萃取-气相色谱-质谱检测技术初探．中国食品卫生杂志，2006，18（6）：497-592．

[141] Poli D, Caglieri A, Goldoni M, et al. Single step determination of PCB 126 and 153 in rat tissues by using solid phase microextraction/gas chromatography-mass spectrometry: comparison with solid phase extraction and liquid/liquid extraction. Journal of Chromatography B, 2009, 877 (8-9): 773-783.

[142] Lee X P, Kumazawa T, Sato K, et al. Detection of organophosphate pesticides in human body fluids by headspace solid-phase microextraction (SPME) and capillary gas chromatography with nitrogen-phosphorus detection. Chromatographia, 1996, 42 (3-4): 135-140.

[143] Lin C H, Yan C T, Kumar P V, et al. Determination of pyrethroid metabolites in human urine using liquid phase microextraction coupled in-syringe derivatization followed by gas chromatography/electron capture detection. Analytical and bioanalytical chemistry, 2011, 401 (3): 927-937.

[144] Reynolds S L, Thorpe S A, Mountfort K A, et al. Report of 2 cooperative trials of a gel-permeation chromatographic method for the isolation of pesticide-residues from oils and fats. Analyst, 1992, 117 (9): 1451-1455.

[145] Van Rhijn J A, Tuinstra L G M Th. Miniaturization of size-exclusion chromatography as a powerful clean-up tool in residue analysis. Journal of Chromatography A, 1991, 552 (1-2): 517-526

[146] 薄海波，王金花，郭春海，等．气相色谱/质谱法测定食品中甲氧基丙烯酸酯类杀菌剂残留．分析化学，2008，36（11）：22-26．

[147] 何桂华，郑新华，包海英，等．动物产品中17种有机氯、拟除虫菊酯残留同时测定的全自动固相萃取技术研究．检验检疫科学，2008，18（5）：10-13．

[148] Muldoon M T, Stanker L H. Molecularly imprinted solid phase extraction of atrazine from beef liver extracts. Analytical Chemistry, 1997, 69 (5): 803-808.

[149] Bordet F, Inthavong D, Fremy J M. Interlaboratory study of a multiresidue gas chromatographic method for determination of organochlorine and pyrethroid pesticides and polychlorobiphenyls in milk, fish, eggs, and beef fat. Journal of AOAC International, 2002, 85 (6): 1398-1409.

[150] France J E, King J W, Snyder J M. Supercritical fluid-based cleanup technique for the separation of organochlorine pesticides from fats. Journal of Agricultural and Food Chemistry, 1991, 39 (10): 1871-1874.

[151] Fiddler W, Pensabene J W, Gates R A, et al. Supercritical fluid extraction of organochlorine pesticides in eggs. Journal of Agricultural and Food Chemistry, 1999, 47 (1): 206-211.

[152] Akre C J, MacNeil J D. Determination of eight synthetic pyrethroids in bovine fat by gas chromatography with electron capture detection. Journal of AOAC International, 2006, 89 (5): 1425-1431.

[153] Smeds A, Saukko P. Identification and quantification of polychlorinated biphenyls and some endocrine disrupting pesticides in human adipose tissue from Finland. Chemosphere, 2001, 44 (6): 1463-1471.

[154] Hopper M L, McMahon B, Griffitt K R, et al. Analysis of fatty and nonfat foods for chlorophenoxy alkyl acids and pentachlorophenol. Journal of AOAC International, 1992, 75 (4): 707-713.

[155] 赵洁，王恒，陈庆东，等．相色谱-柱后分流-反吹技术测定含脂羊毛中有机氯和有机磷类杀虫剂残留．分析化学，2009，37（3）：42-47．

[156] Djinovica J, Popovicb A, Jira W. Polycyclic aromatic hydrocarbons (PAHs) in different types of smoked meat products from Serbia. Meat Science, 2008, 80 (2): 449-456.

[157] Cazorla-Reyes R, Fernández-Moreno J L, Romero-González R, et al. Single solid phase extraction method for the simultaneous analysis of polar and non-polar pesticides in urine samples by gas chromatography and ultra high pressure liquid chromatography coupled to tandem mass spectrometry. Talanta, 2011, 85 (1): 183-196.

[158] Jira W, Ziegenhals K, Speer K. Gas chromatography-mass spectrometry (GC-MS) method for the determination of 16 European priority polycyclic aromatic hydrocarbons in smoked meat products and edible oils. Food Additives & Contaminants: Part A, 2008, 25 (6): 704-713.

[159] 田苗，宋欢，薛园园，等．超高效液相色谱-电喷雾串联质谱法测定食品中胺苯磺隆农药残留．分析科学学报，2010，26（3）：284-288．

[160] Rawn D F, Roscoe V, Trelka R, et al. N-methyl carbamate pesticide residues in conventional and organic infant foods available on the Canadian retail market, 2001-03. Food Additives and Contaminants, 2006, 23 (7):

[161] Xiao Z, Li X, Wang X, et al. Determination of neonicotinoid insecticides residues in bovine tissues by pressurized solvent extraction and liquid chromatography-tandem mass spectrometry. Journal of Chromatography B, 2011, 879 (1):117-122.

[162] Gai M N, Álvarez C, Venegas R, et al. An HPLC method for determination of azadirachtin residues in bovine muscle. Journal of Chromatography Science, 2011, 49 (4): 327-331.

[163] Chen B H, Wang C Y, Chiu C P. Evaluation of analysis of polycyclic aromatic hydrocarbons in meat products by liquid chromatography. Journal of Agricultural and Food Chemistry, 1996, 44 (8): 2244-2251.

[164] Yoshii K, Tsumura Y, Nakamura Y, et al. Multiresidue analysis of various kinds of pesticides in cereals by SFE, GC and HPLC. Journal of the Food Hygienic Society of Japan, 1999, 40 (1): 68-74.

[165] Doong R A, Lee C Y. Determination of organochlorine pesticide residues in foods using solid-phase extraction clean-up cartridges. Analyst, 1999, 124 (9): 1287-1289.

[166] 蔡智鸣, 王枫华, 赵文红, 等. 畜禽内脏食品中酞酸酯类环境污染物的测定. 同济大学学报, 2003, 24 (5): 395-397.

[167] Armishaw P, Millar R G. Comparison of gel-permeation chromatography, sweep codistillation and Florisil column adsorption chromatography as sample cleanup techniques for the determination of organochlorine pesticide residues in animal fats. Journal of AOAC International, 1993, 76 (6): 1317-1322.

[168] Brown R L, Farmer C N, Millar R G. Optimization of sweep co-distillation apparatus for determination of coumaphos and other organophosphorus pesticide residues in animal fat. Journal-Association of Official Analytical Chemists, 1987, 70 (3): 442-445.

[169] Mes J, Davies D J. Evaluation of the sweep co-distillation cleanup technique for the determination of environmental contaminants in human adipose tissue. International Journal of Environmental Analytical Chemistry, 1985, 19 (3):203-212.

[170] Luke B G, Richards J C. Recent advances in cleanup of fats by sweep co-distillation. Part 2. Organophosphorus residues. Journal-Association of Official Analytical Chemists, 1984, 67 (5): 902-904.

[171] Kuang H, Miao H, Wu Y N, et al. Enantioselective determination of cypermethrin in pig muscle tissue by immunoaffinity extraction and high performance liquid chromatography. International Journal of Food Science and Technology, 2010, 45 (4): 656-660.

[172] VanderHoff G R, Hoogerbrugge R, Baumann R A, et al. An empirical retention model for the optimization of on-line normal-phase LC-GC for the multi-analyte determination of hydrophobic compounds in fatty samples. Chromatographia, 2000, 52 (7-8): 433-438.

[173] VanderHoff G R, VanBeuzekom A C, Brinkman A T, et al. Determination of organochlorine compounds in fatty matrices-Application of rapid off-line normal-phase liquid chromatographic clean-up. Journal of Chromatography A, 1996, 754 (1-2): 487-496.

[174] Elsirafy A A, Ghanem A A, Eid A E, et al. Chronological study of diazinon in putrefied viscera of rats using GC/MS, GC/EC and TLC. Forensic Science International, 2000, 109 (2): 147-157.

[175] Nam K S, King J W. Supercritical-fluid extraction and enzyme-immunoassay for pesticide detection in meat-products. Journal of Agricultural and Food Chemistry, 1994, 42 (7): 1469-1474.

[176] Zhang Y, Liu J W, Zheng W J, et al. Optimization and validation of enzyme-linked immunosorbent assay for the determination of endosulfan residues in food samples. Journal of Environmental Science and Health Part B, 2008, 43 (2):127-133.

[177] Jaborek-Hugo S, Von Holst C, Allen R, et al. Use of an immunoassay as a means to detect polychlorinated biphenyls in animal fat. Food Additives and Contaminants, 2001, 18 (2): 121-127.

[178] Snyder J M, King J W, Rowe L D, et al. Supercritical-fluid extraction of poultry tissues containing incurred pesticide residues. Journal of AOAC International, 1993, 76 (4): 888-892.

[179] King J W, Johnson J H, Taylor S L, et al. Simultaneous multi-sample supercritical-fluid extraction of food products for lipids and pesticide residue analysis. The Journal of Supercritical Fluids, 1995, 8 (2): 167-175.

[180] Long A R, Soliman M M, Barker S A. Matrix solid phase dispersion (MSPD) extraction and gas chromato-

graphic screening of nine chlorinated pesticides in beef fat. Journal-Association of Official Analytical Chemists 1991, 74 (3): 493-496.
[181] Bazulić D, Sapunar-Postruznik J, Drincić H K, et al. Determination of hexachlorobenzene (HCB) in the perirenal and dorsal fatty tissues of pigs. Acta Veterinaria Hungarica, 2002, 50 (1): 111-115.
[182] Bundesamt fur Verbraucherschutz und Lebensmittelsicherheit. Collection of Official Methods under Article 35 of the German Federal Food Act: L00. 00-37. Analysis of Foodstuffs Determination of Pesticide Residues in Foodstuffs. Berlin: Beuth Verlag, 1998.
[183] Jover E, Bayona J M. Trace level determination of organochlorine, organophosphorus and pyrethroid pesticides in lanolin using gel permeation chromatography followed by dual gas chromatography and gas chromatography-negative chemical ionization mass spectrometric confirmation. Journal of Chromatography A, 2002, 950 (1-2): 213-220.
[184] 曾鸣, 曾凡刚. 鸡肉中 24 种有机氯农药残留的测定方法. 食品科技, 2006, 31 (6): 119-121.
[185] 斑付国, 贾振民, 陈蔷, 等. 羊组织中有机磷农药残留 GC 检测方法复核检验研究, 首届中国中西部地区色谱学术交流会暨仪器展会论文集, 2006.
[186] Richardson E R, Seiber J N. Gas chromatographic determination of organophosphorus insecticides and their dialkyl phosphate metabolites in liver and kidney samples. Journal of Agricultural and Food Chemistry, 1993, 41 (3): 416-422.
[187] Liu Y P, Li J G, Zhao Y F, et al. Fast analysis of polybrominated diphenyl ethers in eggs using selective pressurized liquid extraction coupled with online GPC-GC/MS. Journal of AOAC International, 2010, 93 (4): 1308-1312.
[188] 史惠娟, 薛平, 林勤保, 等. 基质固相分散-气质联用测定 3 种基质中 28 种拟除虫菊酯类农药残留. 分析科学学报, 2011, 27 (3): 307-310.
[189] Jira W A. GC/MS method for the determination of carcinogenic polycyclic aromatic hydrocarbons (PAH) in smoked meat products and liquid smokes. European Food Research and Technology, 2004, 218 (2): 208-212.
[190] Wang S, Mu H, Bai Y, et al. Multiresidue determination of fluoroquinolones, organophosphorus and N-methyl carbamates simultaneously in porcine tissue using MSPD and HPLC-DAD. Journal of Chromatography B, 2009, 877 (27): 2961-2966.
[191] Furusawa N. A toxic reagent-free method for normal-phase matrix solid-phase dispersion extraction and reversed-phase liquid chromatographic determination of aldrin, dieldrin, and DDTs in animal fats. Analytical and Bioanalytical Chemistry, 2004, 378 (8): 2004-2007.
[192] Ali M S, White J D, Bakowski R S, et al. Analyte stability study of N-methylcarbamate pesticides in beef and poultry liver tissues by liquid chromatography. Journal of AOAC International, 1993, 76 (6): 1309-1316.
[193] Aoki Y, Kotani A, Miyazawa N, et al. Determination of ethoxyquin by high-performance liquid chromatography with fluorescence detection and its application to the survey of residues in food products of animal origin. Journal of AOAC International, 2010, 93 (1): 277-283.
[194] Hernández F, Sancho J V, Pozo O J. Direct determination of alkyl phosphates in human urine by liquid chromatography/ electrospray tandem mass spectrometry. Rapid Communications in Mass Spectrometry, 2002, 16 (18): 1766-1773.
[195] Dulaurent S, Saint-Marcoux F, Marquet P, et al. Simultaneous determination of six dialkylphosphates in urine by liquid chromatography tandem mass spectrometry. Journal of Chromatography B, 2006, 831 (1-2): 223-229.
[196] Lee X P, Kumazawa T, Fujishiro M, et al. Determination of paraquat and diquat in human body fluids by high-performance liquid chromatography/tandem mass spectrometry. Journal of Mass Spectrometry, 2004, 39 (10): 1147-1152.

8 蜂蜜中农药化学品多组分残留检测技术

8.1 概 况

8.1.1 世界蜂业发展概况

养蜂业是农业的一个重要有机组成部分,养蜂业不仅不与种植业争土地和肥料、不与养殖业争饲料,还能够为人们提供蜂蜜、蜂王浆、蜂花粉等健康营养产品,而且蜜蜂以其特有的生物学本能,参与大自然中生态平衡,为农作物授粉,取得了超出蜂产品价值数百倍的效益。例如在美国,租用蜜蜂授粉已成为农作物稳产高产的必需手段,已在100多种农作物上推广应用,每年蜜蜂授粉使农作物增产约200多亿美元,而蜂产品本身的价值仅约1.4亿美元。因此,养蜂业具有社会经济和生态综合效益,被冠以"农业之翼"的美誉。

人类利用和饲养蜜蜂经历了漫长的历史过程,大体上可分为古代养蜂、活框蜂箱养蜂和现代养蜂3个阶段。早期,人们猎取野生蜂巢的蜂蜜和蜂蜡,供食用和祭祀。进入渔猎社会,猎蜂人记住森林中野生蜂的蜂巢处所,定期去采集蜂蜜和蜂蜡。进入农牧社会后,人们把有野生蜂群的空心树段搬到住所附近,或者使用各种容器收容自然分蜂群,开始驯养蜜蜂。20世纪20年代之后,欧美养蜂发达国家出现了许多饲养千群以上的大型蜂场,有的还专门建立了取蜜车间、蜂蜜精制车间,一个人管理的蜂群从数十群提高到数百群上千群,使养蜂生产成为大规模的企业经营。

蜂蜜是蜂产品家族中最重要的产品,是蜜蜂采集植物的花蜜、分泌物或蜜露,与自身分泌物结合后,经过充分酿造而储藏在巢脾内的天然甜物质。蜂蜜的主要成分是糖类,它占蜂蜜总量的3/4以上,其中有单糖、双糖和多糖。果糖和葡萄糖的总和占蜂蜜糖分的85%~95%。矿物质含量一般为0.04%~0.06%,包括铁、铜、钾、钠、钨、锰、镁、磷、硅、铅、铬、镍、钴等,深色蜜又比浅色蜜含有较多功能矿物质。蜂蜜中含有B族维生素,以及维生素C、烟酸、泛酸、生物素、菸酸。蜂蜜中的蛋白质含量为0.29%~1.69%,平均为0.75%。蜂蜜中氨基酸的含量不仅数量多,而且种类齐全,有的花种蜜高达18种之多。其中以天门冬氨酸、谷氨酸、亮氨酸为主要氨基酸,此外,苏氨酸、丝氨酸、甘氨酸、丙氨酸、缬氨酸、异亮氨酸、赖氨酸等在蜂蜜中也普遍存在。

目前世界蜂群数量保持在6500万群左右,蜂蜜年产量超过150万t,世界主要蜂蜜生产国产量见表8-1。

表8-1 2004~2009年世界主要国家(地区)蜂蜜产量及其所占比例

国家(地区)	2004年产量/t	所占比例/%	2005年产量/t	所占比例/%	2006年产量/t	所占比例/%	2007年产量/t	所占比例/%	2008年产量/t	所占比例/%	2009年产量/t	所占比例/%
世界总量	1 357 636	100.00	1 402 871	100.00	1 506 833	100.00	1 454 314	100.00	1 567 697	100.00	1 535 194	100.00
中国	297 987	21.95	299 527	21.35	337 578	22.40	357 220	24.56	407 219	25.98	407 367	26.54
阿根廷	80 000	5.89	110 000	7.84	105 000	6.97	81 000	5.57	90 206	5.75	83 121	5.41
土耳其	73 929	5.45	82 336	5.87	83 842	5.56	73 935	5.08	81 364	5.19	82 003	5.34
乌克兰	57 878	4.26	71 462	5.09	75 600	5.02	67 700	4.66	74 900	4.78	74 000	4.82
美国	83 272	6.13	72 927	5.20	70 238	4.66	67 286	4.63	74 293	4.74	65 366	4.26
墨西哥	56 917	4.19	50 631	3.61	55 970	3.71	55 459	3.81	55 271	3.53	56 071	3.65
俄罗斯	52 666	3.88	52 123	3.72	55 678	3.70	53 655	3.69	57 440	3.66	53 598	3.49

续表

国家（地区）	2004年产量/t	所占比例/%	2005年产量/t	所占比例/%	2006年产量/t	所占比例/%	2007年	所占比例/%	2008年产量/t	所占比例/%	2009年产量/t	所占比例/%
印度	40 650	2.99	39 646	2.83	53 048	3.52	51 000	3.51	55 000	3.51	43 865	2.86
埃塞俄比亚	40 900	3.01	36 000	2.57	44 000	2.92	35 444	2.44	42 000	2.68	40 688	2.65
伊朗	36 021	2.65	33 323	2.38	36 000	2.39	30 105	2.07	33 159	2.12	31 850	2.07
巴西	32 290	2.38	33 750	2.41	36 194	2.40	34 747	2.39	37 792	2.41	38 765	2.53
加拿大	34 241	2.52	36 109	2.57	48 353	3.21	31 489	2.17	28 112	1.79	29 387	1.91
西班牙	34 211	2.52	27 230	1.94	30 661	2.03	31 840	2.19	30 361	1.94	32 000	2.08
坦桑尼亚	26 178	1.93	34 570	2.46	31 939	2.12	33 103	2.28	35 512	2.27	33 420	2.18
肯尼亚	21 500	1.58	22 000	1.57	25 000	1.66	25 165	1.73	27 210	1.74	25 100	1.63
安哥拉	21 563	1.59	24 000	1.71	23 000	1.53	25 556	1.76	26 578	1.70	25 556	1.66
韩国	15 651	1.15	23 820	1.70	22 939	1.52	26 488	1.82	26 000	1.66	26 009	1.69
澳大利亚	14 632	1.08	15 335	1.09	17 500	1.16	18 000	1.24	17 059	1.09	16 595	1.08

资料来源：联合国粮农组织网站。http://faostat.fao.org/site/569/default.aspx#ancor。

8.1.2 我国蜂业发展概况

我国幅员辽阔，蜜源植物丰富，养蜂历史悠久，在3000多年的发展历史进程中，随着社会生产力的提高和科学技术的进步，逐渐形成了中华蜜蜂的传统养殖特点。改革开放以来，蜂业作为增加农民经济收入、改善生活的主要手段，在我国广大农村，特别是在贫困山区改变落后面貌方面发挥了重要作用。同时，蜜蜂授粉可使棉花、油菜、荞麦、苹果、柑橘、向日葵、茗子等农产品增产23%~70%，并显著改善品质，提高效益，对高产、优质、高效、生态农业发展起到了重要作用。近30年，我国蜂群数量及蜂蜜产量大幅增加。目前，我国约有蜂农30万人，蜂群数量稳定在820万群以上，约占世界蜂群保有量的1/8，年产蜂蜜25~40万t，蜂蜜产量占世界蜂蜜总产量的24%左右，我国蜂群数量及蜂蜜产量均居世界首位（表8-1和表8-2）。

表8-2　2000~2009年我国蜂群数量和蜂蜜产量

年份	2000	2001	2002	2003	2004	2005	2006	2007	2008	2009
蜂群数/万群	740	750	760	780	800	825	840	850	870	832
蜂蜜产量/万t	25.2	25.4	26.8	29.5	29.8	30	33.8	35.7	40.7	40.7

资料来源：联合国粮农组织网站。http://faostat.fao.org/site/569/default.aspx#ancor。

8.1.3 我国蜂业出口概况

我国是蜂产品世界第一生产国，也是蜂产品第一出口贸易国。蜂蜜是我国传统大宗出口商品，出口数量占世界蜂蜜总出口量的15%~22%，位居榜首，见表8-3。不同规模的蜂产品加工企业2000余家，每年有近一半的蜂产品出口，年创汇超1亿美元。

表8-3　2003~2008年中国蜂蜜出口量占世界蜂蜜出口量的比例

	2003年		2004年		2005年		2006年		2007年		2008年	
	出口量/t	所占比例/%	出口量/t	所占比例/%	出口量/t	所占比例/%	出口量/t	所占比例/%	出口量/t	所占比例/%	出口量/t	所占比例/%
世界	403 394	100.00	384 456	100.00	424 380	100.00	423 786	100.00	409 527	100.00	451 246	100.00
中国	84 328	20.90	82 492	21.45	91 285	21.51	82 001	19.35	65 288	15.94	89 277	19.78

资料来源：联合国粮农组织网站。http://faostat.fao.org/site/535/default.aspx#ancor。

但是，我国养蜂业主要以一家一户的蜂农为生产单位，采用"追花逐蜜"饲养生产方式，科学饲养与监管都不到位。在蜜蜂病害的防治方面，滥用蜂药的现象时有发生，蜂药残留超标已经成为阻碍我国蜂产品出口的主要因素之一，影响了我国蜂产品在国际市场的信誉，蜂产品质量安全工作任重道远。

8.2 蜂产品中农药残留及检测技术需求

8.2.1 蜂药使用与蜂产品中农药残留概况

在现代养蜂业中，蜜蜂病害的防治离不开蜂药的研制与使用。20世纪70年代末到80年代初，是我国蜂药的初创时期，很多蜂药是蜂农或养蜂科研单位为适应蜂产品保护的需要，自发地进行研制和实验，当时根本没有考虑污染和残留。80年代的蜂药主要以杀虫脒、鱼藤酮、双甲脒、萘粉等为主。由于当时蜂药的研制和使用不规范，多次出现出口蜂蜜中农残超标事件，严重地影响了中国蜂产品声誉。1988年后，我国的养蜂科研机构和遍布全国各地的养蜂科技工作者，对我国蜂药的防治进行了大量的探索和实验，尤其对中蜂巢虫、幼虫病、中囊病等和西蜂的蜂螨、爬蜂病、美洲幼虫腐臭病、欧洲幼虫腐臭病、白垩病等进行了大量的实验研究。应运而生的各种蜂药有天然生物农药、中草药、化学杀虫剂、西药中抗生素类、消毒杀菌剂等。从用药的剂型上也是种类齐备，如粉剂、片剂、水剂、糖浆剂、烟雾剂等，施药方法也是渠道各异。由于历史的原因，我国蜂药的生产和使用还存在一些问题。一是目前蜂药生产厂家规模小、投资少、历史短，可以说我国大部分蜂药厂达不到《药品生产质量管理规范》（GMP）的要求；二是亟待提高蜂农科学使用蜂药水平，蜂药污染蜂产品和蜜蜂对蜂药抗药性的迅速来临，都与蜂农未能科学合理地用药有着直接的关系。

蜂产品中农药污染状况几乎成为判定现代农业生产与环境污染的重要指标。蜂蜜中农药残留主要来源于受到农药污染的蜂巢，蜂农为治疗蜂病通常对蜂巢喷洒或熏蒸农药，从而造成蜂产品污染；另一个主要来源是农业生产和大气环境污染，残留的农药通过蜜蜂采集花粉和花蜜传递到蜂蜜中。蜂蜜中检出率较高的农药主要为有机氯类、有机磷类、拟除虫菊酯类、氨基甲酸酯类、多氯联苯类等农药。2010年，美国科学研究小组采集了749个蜜蜂、蜂蜡、蜂巢、蜂花粉、蜂蜜样品，共检出118种不同种类的农药及其代谢物残留。该749个样品中检出阳性农药残留共计4894项，平均每个样品检出6.5项农药残留，其中在1个蜂蜡样品中检出39项农药残留，1个花粉样品中检出包括杀虫剂、杀菌剂、除草剂等98项阳性农药残留[1]。在这749个样品中仅1个蜂蜡、3个蜂花粉、12个蜜蜂样品未检出阳性农药残留。在蜂产品中常检出浓度高的农药有涕灭威、西维因、毒死蜱、吡虫啉、啶酰菌胺、克菌丹、腈菌唑、二甲戊乐灵等。2003年，Blasco等[2]分析蜂蜜中包括有机氯、有机磷、氨基甲酸酯类农药等42种农药残留，结果有机氯检出率为20%～50%，氨基甲酸酯类检出率2%～10%，有机磷检出率2%～16%。2004年，Blasco等[3]分析了葡萄牙和西班牙中心地带2001～2002年采集的49种蜂蜜中有机氯农药残留情况，结果西班牙蜂蜜阳性检出率为56%，葡萄牙蜂蜜阳性检出率为95.8%，检出的浓度范围为0～2.24mg/kg，49个样品中仅有12个符合欧盟法规规定。2004年，Albero等[4]分析了蜂蜜中51种农药残留，测得64%的阳性检出率。2005年，Herrera等[5]在西班牙采集了111个蜂蜜样品，22个样品检出阳性，其中有机氯与多氯联苯类检出率达87%。2007年，Rissato等[6]选取巴西当地2003～2004年的蜂蜜样品，测定48种杀虫剂（包括有机氯、有机磷、拟除虫菊酯、有机氮类农药）残留，结果蜂蜜样品中农药残留量为5～243ng/g，有机氯和有机磷类杀虫剂在大部分样品中检出，同时也检测到一些较低水平的有机氮和拟除虫菊酯类农药残留，并且在所有的蜂蜜中均检测到了高浓度的马拉硫磷残留，因为马拉硫磷在该地区是一种常用控制登革热病毒的农药。2008年，Choudhary等[7]测定蜂蜜中有机氯、环戊二烯和拟除虫菊酯类农药残留，51个蜂蜜样品中有18种蜂蜜检出有机氯、环戊二烯类和拟除虫菊酯农药残留，发现六六六及其异构体是蜂蜜的主要污染物，占17.64%；其次是滴滴涕（DDT）及其异构体，占

13.72%。2010 年，Wang 等[8]分析了 38 个蜂蜜样品中的有机氯，其检出浓度为 0～8.7ng/g，同时发现六六六、DDT、氯丹、多氯苯在发达国家残留量为 0.21～4.78ng/g、0.10～4.35ng/g、0.02～3.75ng/g、0～1.16ng/g，在发展中国家残留量为 1.16～8.70ng/g、0.41～3.54ng/g、0.10～2.57ng/g、0～0.85ng/g，可以看出有机氯在发达国家含量变化大，而在发展中国家残留量相对平均。2011 年，Wiest 等[9]测定 100 多个蜂产品，结果杀螨类杀虫剂检出率最高，同时一些杀真菌剂如多菌灵等也易检出阳性。

总之，来自世界不同国家与地区的蜂蜜均有较高的农药残留阳性检出率，测定值也呈现较宽的浓度范围。为了保护消费者的健康，在蜂蜜中开展农药残留检测是非常必要的。

8.2.2 我国蜂蜜主销市场对蜂蜜中农药残留检测要求

蜂药的广泛使用，有效地预防和控制了蜜蜂疾病的发生，提高了蜂产品的产量。但蜂药的不规范生产和使用也造成了蜂产品中存在药物残留的不良后果，接连出现的出口蜂蜜中杀虫脒、双甲脒等农药残留超标事件，严重损害了中国蜂产品的声誉，各蜂产品主要贸易国也对我国蜂产品出口提出了严格要求。例如，2002 年加拿大对我国出口蜂蜜提出了检测 250 种农药残留的苛刻要求。日本政府在 2006 年实施的"肯定列表制度"，对 300 多种农产品食品，799 种农药及相关化合物提出了 53 862 条限量标准。其中，对蜂蜜中 400 多种药物提出了限量要求[10]。同样，欧盟为了保证市场上食品安全，在其 91/414/EEC 指令中将大量常用的、具有良好效果的农药列入了禁用名单[11]。这些措施一方面提高了食品的安全性，另一方面大大增加了食品安全检测的难度，迫切需要开发食品中农药化学品残留高灵敏度、高分辨率、高选择性、高通量检测技术。

8.3 蜂蜜中农药化学品残留前处理技术研究进展

蜂蜜基质成分复杂，测定蜂蜜中的痕量农药，首先需要对目标物进行提取、净化和富集。目前，蜂蜜中农药残留测定常用的前处理方法主要包括：液液萃取、固相微萃取、加速溶剂萃取、超临界流体萃取、搅拌棒吸附萃取、超声辅助萃取、单滴萃取、固相萃取、分散固相萃取、基质固相分散萃取和凝胶渗透色谱法等。

8.3.1 液液萃取

液液萃取（Liquid-Liquid Extraction，LLE）是一种较早使用的提取净化技术。利用化合物在两种互不相溶（或微溶）的溶剂中溶解度或分配系数的差异，达到分离和净化的目的。该方法具有操作简单，不需要配套仪器等特点。溶剂极性、盐、pH 是液液萃取溶剂选择的三个重要因素。例如，非极性的正己烷不能有效萃取极性农药，加入丙酮可以增加萃取溶剂的极性，完成极性目标物的定量萃取；液液萃取过程中加入硫酸钠、氯化钠等无机盐试剂，可以使农药残留析出而易于萃取；对于分子结构中带酸碱基团的离子型农药而言，萃取溶剂 pH 是影响该类农药的溶解性关键。根据化合物所处的不同电离状态，可以有效提取农药残留。但根据解离性质进行萃取分析时，仅可用于同种电离化合物的萃取，不能用于多种电离性质农药的同时萃取。采用液液萃取法同时测定多种农药残留时，需要采用几种不同的有机溶剂分步提取。

戴华等[12]采用正己烷-丙酮-水液液萃取净化蜂蜜中残留的氟胺氰菊酯，用液相色谱法测定。方法测定低限为 0.005mg/kg，回收率大于 85%，变异系数小于 3%。Blasco 等[3]选择乙酸乙酯液液萃取，GC-ECD 检测，GC-MS 确证，建立了蜂蜜中 9 种有机氯农药的残留检测方法。对 2001 年到 2002 年间，从葡萄牙和西班牙采集的 49 种蜂蜜样品进行了分析，在 10～100mg/kg 添加水平，回收率为 68%～126%；在 20～200mg/kg 添加水平，回收率为 64%～143%。GC-ECD 的定量限为 0.01～0.10mg/kg，检出限为 0.001～0.02mg/kg。Jimenez 等[13]采用液液萃取和固相萃取净化，建立了蜂蜜中氟虫腈残留的 GC-ECD 和 GC-MS 检测方法，检出限低于 1mg/kg。并对氟虫腈在蜂蜜中的降解情况做了进一步研究，在提取物中发现了三种代谢产物。Choudhary 等[7]采用正己烷-甲醇-水液液萃取，GC 测定蜂蜜中有机氯、环戊二烯类、拟除虫菊酯类农药残留，51 个蜂蜜样品中有 18 个检出有机氯、环戊二烯类和拟除虫菊酯类农药残留，发现六六六及其异构体是蜂蜜的主要污染物，其次是 DDT 及其异构体。Mukherjee 等[14]采用液液萃取建立了蜂蜜中的氯氰菊酯、氰戊菊酯、高效氯氰菊酯、λ-氯氟氰菊酯、硫丹和毒死蜱的测定方法。方法回收率为 60%～90.6%，重复性相对标准偏差为 2%～10%，方法定量限为 0.05～1.0mg/kg。Yavuz 等[15]采用 GC-ECD 测定土耳其蜂蜜中 24 种有机氯类农药，样品用水稀释后加入石油醚液液萃取，经弗洛里硅土（Florisil）混合柱净化，回收率为 77.3%～105.2%。类似的研究还有很多。例如，Al-Rifai 等[16]采用该技术对约旦本国和进口蜂蜜产品中的农药残留进行了检测；Anju 等[17]对市售蜂蜜产品中的农药残留进行了测定；Bernal 等[18]对蜂蜜中的氟丙菊酯和间苯氧基苯甲醛进行了检测。

8.3.2 固相微萃取

固相微萃取（Solid Phase Microextraction，SPME）是 20 世纪 90 年代开发和应用的样品预处理技术。采用涂有高分子材料的纤维吸附目标化合物，被吸附的目标化合物通过高温解吸附后进行测定。SPME 是一种从水溶液中直接萃取分析物的技术，该技术将提取、分离和浓缩集于一体，具有操作简便，不需提取溶剂等特点。

Jimenez 等[19]建立了一种采用固相微萃取测定蜂蜜中农药残留的方法。该方法选择了三种萃取纤维：85μm 聚丙烯酸酯、7μm 聚硅氧烷和 100μm 聚硅氧烷。将这些纤维应用于提取 21 种不同类别的农药，对微萃取的温度、时间等条件进行了研究。在最佳优化条件下，评价了方法的精密度、线性以及检出限。Volante 等[20]将固相微萃取技术应用到蜂蜜中双甲脒的分析。样品均质后，用 100μm 二甲基硅氧烷纤维进行提取，并由 GC-MS 在 SIM 模式下检测。方法灵敏度低至 0.01mg/kg，在 0.01～0.1mg/kg 线性良好。2001 年，Volante 等[21]又对蜂蜜中 5 种农药残留进行了测定，采用 SPME 对样品进行萃取，GC-MS 进行测定。Fernández 等[22]采用气相色谱-氮磷检测器测定蜂蜜中 18 种有机磷农药残留，对聚丙烯和聚二甲基硅氧烷纤维固相微萃取的萃取能力进行了比较，并优化了影响 SPME 过程的一些参数，如吸附时间、盐析效应和温度等。蜂蜜用丙酮-水（1:1，体积比）的溶液洗脱，在 0.2mg/kg 添加水平，变异系数为 1%～13%，检出限为 10μg/kg。Yu 等[23]将丙氧基环苯并 16-冠-5-三甲氧基硅烷首次用于合成溶胶-凝胶衍生的二苯并冠醚/端羟基硅油（OH-TSO）SPME 填料涂层的前体。与传统的 SPME 固定相比，这种新的涂层对有机磷类农药具有更高的萃取效率，检出限为 0.003～1.0ng/g。Campillo 等[24]利用气相色谱高压微波等离子体发射光谱（GC-AED）检测蜂蜜中 16 种农药残留（有机氯、有机磷、除虫菊酯类），蜂蜜加入磷酸盐缓冲液稀释后，采用非结合态聚二甲基硅氧烷-聚丙烯酸酯的 SPME 涂层净化，优化了影响样品富集的一些参数，包括样品量、离子强度、吸附-解吸附时间与温度，回收率为 91.4%±15.4%，检出限为 0.02～10ng/g。

8.3.3 加速溶剂萃取

加速溶剂萃取（Accelerated Solvent Extraction，ASE）是采用常规溶剂，在较高的温度和压力下对固体或半固体样品进行萃取的前处理技术。与传统的萃取法相比，ASE 具有萃取时间短、溶剂用量少、萃取效率高等突出优点。

Korta 等[25]借助加速溶剂萃取技术对合成杀螨剂（双甲脒、溴螨酯、噻咪唑、蝇毒磷、T-氟胺氰菊酯和氟氯苯菊酯）在蜂蜜中的残留进行了测定。该研究对溶剂组成、温度、静止提取时间和溶剂冲洗时间等影响 ASE 效率的变量进行了优化。采用正己烷-丙醇（1:3，体积比），在 95℃、2 psi（1psi=6.894 76×10^{3}Pa）条件下，8min 内有效提取了杀螨剂。回收率为 53%～108%，变异系数为 2%～13%，检出限为 0.01～0.2mg/g。Wang 等[8]采用气相色谱离子阱质谱测定了产自不同地区的 38 个蜂蜜中 4 种有机氯农药残留，样品采用丙酮-三氯甲烷（1:1，体积比）ASE 萃取，萃取时加入硫酸钠与沙土同时净化，多氯苯回收率为85%±10%，其他有机氯回收率为60%±8%。

8.3.4 超临界流体萃取

超临界流体萃取（Supercritical Fluid Extraction，SFE）是指某种气体（液体）或气体（液体）混合物在操作压力和温度均高于临界点时，使其密度接近液体，而其扩散系数和黏度均接近气体，成为性质介于气体和液体之间的流体，从固体或液体中萃取出有效组分并进行分离的一种技术。SFE是一种快速、高效萃取净化方法。临界态的CO_2萃取非极性或中等极性化合物时效率最高；萃取极性化合物时，可以通过添加少量的极性有机修饰溶剂提高萃取效率。SFE具有简单、高效、无有机溶剂残留、无环境污染等优点。

Rissato等[26]建立了SFE技术结合毛细管柱气相色谱-电子捕获检测器（GC-ECD）对蜂蜜中不同农药（有机氯、有机磷、有机氮和拟除虫菊酯类）残留同时进行测定的方法。通过添加实验对SFE步骤中的CO_2改性剂、温度、提取时间和压力进行优化，发现在90℃下用乙腈作为改性剂，压力为400bar（$1bar=10^5Pa$）时效率最佳。在0.01~0.1mg/kg添加水平，大多数农药的回收率为75%~94%，GC-ECD测定的检出限小于0.01mg/kg。此外，Atienza等[27]将该技术用于蜂蜜中氟胺氰菊酯残留的测定，而Jones等[28]将该技术用于蜜蜂中有机磷和氨基甲酸酯类农药的测定。

8.3.5 搅拌棒吸附萃取

搅拌棒吸附萃取（Stir-Bar Sorptive Extraction，SBSE）与SPME类似。在磁力搅拌器上放置一个特殊的磁力搅拌棒，搅拌棒表面带有聚二甲基硅氧烷（PDMS）涂层，可以有效地萃取有机组分。与SPME相比，SBSE的固定相体积大、精密度高、重现性好，具有更高的富集倍数，更适合于痕量物质的分析。

Blasco等[29]在采用液相色谱-质谱大气压化学电离源测定蜂蜜中甲基毒死蜱、二嗪农、地虫磷、稻丰散、伏杀硫磷、嘧啶磷时，对两种基于吸附提取的方法（SPME和SBSE）进行了评价。两种方法均采用二苯基硅氧烷涂层，对影响吸附的样品体积、吸附和解吸时间、离子强度、洗脱溶剂以及稀释比例等重要参数进行了优化和讨论，对线性、提取效率以及定量限等方法性能进行了对比。两种方法在各自浓度范围内均呈线性相关；SBSE、SPME定量限分别为0.04~0.4mg/kg和0.8~2mg/kg；方法相对标准偏差：SPME为3%~10%，SBSE为5%~9%。相比SPME而言，SBSE有较大的样品浓缩能力（可以处理大量的样品）以及高准确度、灵敏度。因此，在同样的情况下，Blasco优先推荐使用SBSE方法。Yu等[30]将通过凝胶处理制备的聚二甲基硅氧烷/聚乙烯基乙醇（PDMS/PVA）涂在搅拌棒上进行吸附萃取，然后进行液体解吸附，用LVI-GC-FPD对蜂蜜中的5种有机磷农药（甲拌磷、杀螟松、马拉硫磷、对硫磷和喹硫磷）进行了分析。同批和不同批PDMS/PVA涂层搅拌棒的重现性分别为4.3%~13.4%（$n=4$）和6%~12.6%（$n=4$）。在表面涂层没有损失的情况下，制备的搅拌棒每支至少可以使用50次。检出限（LOD）为0.013~0.081μg/L，重复性相对标准偏差为5.3%~14.2%。

8.3.6 超声辅助萃取

超声辅助萃取（Ultrasound-Assisted Extraction，UAE）是利用超声波辐射压强，增大物质分子运动频率和速度，增加溶剂穿透力，从而加速目标成分进入溶剂，促进提取进行的技术。UAE是一种简单、廉价的方法，能更好地溶解和提取蜂蜜中的挥发性残留农药。

Rezic等[31]采用UAE和薄层色谱法测定蜂蜜中的两种三嗪类除草剂农药，分别比较了在30kHz，33℃±2℃温度下超声提取与传统的振荡提取的效果，结果表明两种方法相当，回收率为92.3%~94.2%。Jin等[32]采用乙酸乙酯UAE，硫酸镁载体柱净化，建立了GC-EI/MS-SIM检测蜂蜜样品中23种农药残留的测定方法。方法添加回收率为82%~120%，相对标准偏差为1.8%~11%。Fontana等[33]首次采用基于非离子表面活性剂的胶束组萃取富集技术结合超声辅助反萃取

(Coacervative Microextraction Ultrasound-Assisted Back-Extraction，CME-UABE）测定了蜂蜜中有机磷农药残留。实验对影响每种分析物的相对响应的变量，如表面活性剂的类型、浓度、平衡温度、时间、基质改良剂、pH 和缓冲液的性质都进行了评价和优化。方法检出限范围为 0.03~0.47ng/g。在 1ng/g 添加水平下，重复性相对标准偏差 ($n=5$) $\leqslant 9.5\%$。对毒死蜱，在 0.3~1000ng/g 呈线性相关；杀螟硫磷和杀扑磷在 1~1000ng/g 呈线性相关，相关系数 $\geqslant 0.9992$。方法的确证在 2ng/g、20ng/g 2 个添加水平进行，回收率 $\geqslant 90\%$，表明方法具有良好的适用性。该方法应用于阿根廷不同地区蜂蜜样品中有机磷农药的测定，查出两个样品中杀扑磷的检出水平为 1.2~2.3ng/g。

8.3.7 单滴萃取

单滴萃取（Single Drop Extraction，SDE）最早出现在 1996 年，其原理是有机萃取溶剂微滴与水相或气相之间的分配平衡，是一种集分离、富集、进样于一体的新型技术。SDE 具有溶剂用量小、效率高等优点。目前，国内外研究者已将该技术应用在水、水果、蔬菜、果汁、红酒和蜂蜜等样品中农药残留的测定[34-41]。

焦琳娟等[42]对单滴溶剂萃取-气相色谱-微池电子捕获检测器（SDE-GC-μECD）联用技术应用于蜂蜜中有机氯农药分析的可行性进行了探讨。方法相关系数为 0.9974~0.9999，回收率范围为 81.4%~93.9%，相对标准偏差小于 8.2%。与 SPME 相比，SDE 降低了对 DDT 的检出限，而且具有省钱省时、基质干扰小的优点。焦琳娟等[43]还就蜂蜜中有机氯农药的分析对比了 SDE 与 SPME 两种预处理技术，并对影响 SDE 的相关因素进行了优化。结果表明，优化后的 SDE 不仅具有更好的线性关系（相关系数为 0.9974~0.9999），而且扩展了 p,p'-DDT 的线性范围，降低了检出限。Tsiropoulos 等[44]采用 GC-ECD 和 GC-MS 测定蜂蜜中 14 种农药残留，单液滴微萃取富集，回收率为 70.8%~120%，定量限为 0.03~10.6μg/kg。

8.3.8 固相萃取

固相萃取（Solid Phase Extraction，SPE）的原理是通过选择性的吸附，从而对样品进行富集、分离、纯化，可近似认为是一种简单的色谱分离。自 1978 年商品化 SPE 产品问世以来，这项技术已经得到了迅速的发展[45]。截止到 1999 年，全世界已有 50 多个公司生产 SPE 产品等[46]。目前，SPE 吸附剂主要分为三大类：无机氧化物、通用性吸附剂和专属性吸附剂等[47]。无机氧化物包括硅胶、弗洛里硅土、氧化铝和硅藻土等。通用性吸附剂包括：①以硅胶为基质的键合硅烷填料；②多孔聚合物吸附剂填料、苯乙烯-二乙烯基苯共聚物材料；③炭吸附剂填料，主要有石墨化炭（GCB）和多孔石墨炭。专属性吸附剂包括：离子交换填料、限进性填料、免疫吸附填料等。

8.3.8.1 弗洛里硅土

Muino 等[48]采用正己烷提取，弗洛里硅土 Sep-Pak 柱净化，以 15% 乙醚-正己烷溶液洗脱，建立了 GC-ECD 测定蜂蜜中有机氯农药的方法。方法定量限为 0.56~2.78μg/kg，平均添加回收率为 89.6%。Driss 等[49]用水溶解蜂蜜样品后，石油醚提取，弗洛里硅土柱净化，采用 GC 测定有机磷农药残留。11 种有机磷农药在 3 个添加水平的回收率均大于 90%，定量限（LOQ）为 0.27~0.48ng/g。采用该方法对来自不同产地的 28 个蜂蜜样品进行了测定，在 24 个（85.7%）样品中都检出了 p,p'-DDE，其平均浓度为 0.58ng/g。Fernandez Garcia 等[50]对 1988~1990 年从西班牙收集到的 177 个蜂蜜样品中的蝇毒磷、二嗪农和马拉硫磷残留进行了分析。蜂蜜用乙腈-水（2:1，体积比）提取，石油醚萃取，自制硫酸镁载体小柱或硫酸镁载体 Sep-Pack 柱进行净化，最后用 GC 分析。待测物的回收率为 80%~97%。其中，148 个样品中没有检测到农药残留，29 个样品中检测到蝇毒磷和二嗪农残留，但是均在 μg/kg 浓度水平。Tahboub 等[51]建立了蜂蜜中 11 种有机氯农药的同时测定方法。样品采用石油醚-乙酸乙酯（80:20，体积比）液液萃取，弗洛里硅土柱净化，GC 结合质谱全扫描测定。方法线性范围为 5.0~100μg/kg，相关系数为 0.988~0.998，检出限为 0.65~2.5μg/kg，定量限为 2.2~7.5μg/kg。该方法应用于约旦本国 15 个蜂蜜样品以及进口的 10 个蜂蜜样品中农药残留的测定。Koc等[52]也采用弗洛里硅土柱净化,测定了蜂蜜中残留的涕灭威、残杀威、呋喃丹、西维因和灭虫威。Rissato等[6]测定蜂蜜中的48种杀虫剂(包括有机氯、有机磷、菊酯、有机氮类农药)残留,选取巴西当地在2003～2004年产的有代表性的蜂蜜样品,分别采用氧化铝柱、弗洛里硅土柱和C_{18}柱净化,正己烷-乙酸乙酯洗脱,弗洛里硅土柱回收率最高(81%～103%),检出限低于0.01mg/kg。氧化铝柱回收率为60%～85%,C_{18}柱回收率在50%左右。María等[53]采用液相色谱质谱测定西班牙蜂蜜中7种合成类杀虫剂,在线与离线固相萃取技术净化样品采用甲醇-水稀释后,弗洛里硅土柱净化,甲醇洗脱,定量限为0.83～4.83ng/g,基质影响40%左右。

8.3.8.2 硅藻土

Fidente等[54]建立了一种分析市售多花蜂蜜中4种烟碱类杀虫剂(啶虫清、吡虫啉、噻虫啉和噻虫嗪)的方法。添加样品用水溶解后,通过Extrelut NT20硅藻土(Diatomaceous Earth)柱净化,二氯甲烷淋洗。洗脱液氮气吹干后,采用甲醇溶解残渣,LC-ESI(+)-MS分析。方法检出限为0.01～0.1mg/kg,在0.5～5.0mg/mL时,呈线性相关,相关系数高于0.9993。在0.1mg/kg和1.0mg/kg 2个添加水平,4种分析物的回收率为76%～99%,相对标准偏差小于10%。Pirard等[55]建立了蜂蜜中17种常用农药和2种代谢物的多残留分析方法。方法以硅藻土作为惰性载体净化,LC-MS/MS分析。原料蜜的线性范围在0.1～20ng/g,线性相关系数为0.921～0.999。采用国内自产的质控样品进行回收率实验,结果为71%～90%,再现性为8%～27%。检出限和定量限范围分别为0.0002～0.943ng/g和0.0002～1.232ng/g。Amendola等[56]采用Extrelut NT20柱对蜂蜜样品丙酮提取液中的15种有机磷、17种有机氯、8种除虫菊酯、12种N-甲基氨基甲酸酯和溴螨酯进行吸附,二氯甲烷洗脱,洗脱液可直接用仪器检测。

8.3.8.3 十八烷基硅烷键合硅胶

反相十八烷基硅烷键合硅胶(Octadecylsilane,C_{18})固相萃取法是目前最常用的农药残留净化方法。与吸附色谱不同的是,在进行反相C_{18}固相萃取操作时,样品溶液需为水或溶于水的有机溶剂。

Tsipi等[57]开发了蜂蜜中18种有机氯农药的测定方法。样品用甲醇提取,C_{18} Sep-Pak柱净化,正己烷洗脱,GC-ECD测定。方法检出限为0.05～0.20μg/kg,对于18种有机氯农药的回收率测定结果良好。Russo等[58]对蜂蜜中的氟胺氰戊菊酯进行了测定。蜂蜜样品采用甲醇-水稀释,乙酸乙酯提取之后,采用C_{18} Sep-Pak净化,正己烷洗脱,GC-ECD-MS测定。在7个添加水平下,方法回收率为93.8%～100.2%,相对标准偏差≤5.0%。对于GC-ECD,检出限为8ng/g;对于GC-MS-SIM,检出限为18ng/g。相对标准偏差分别为7.2%和6.8%。通过对来自意大利不同地区的样品进行测定,发现氟胺氰戊菊酯残留浓度在LOD至0.09ng/g。Fernández等[59]利用液质APCI测定蜂蜜与蜜蜂体内22种有机磷类农药,蜂蜜用水稀释后过C_{18}柱净化,由于乙酸乙酯、甲醇、二氯甲烷单种溶剂不能完全洗脱22种有机磷,方法最终选用3种有机溶剂混合洗脱,回收率为74%～102%,定量限为0.03～0.8μg/g。Blasco等[2]采用GC-MS与LC-APCI-MS测定蜂蜜中42种农药残留,包括有机氯、有机磷、氨基甲酸酯类农药,样品加入水稀释后,经C_{18}固相萃取柱处理,先后用乙酸乙酯、甲醇、二氯甲烷分别洗脱,除乐果回收率为40%外,其他农药回收率为73%～98%,定量限为3～100mg/kg。Albero等[4] GC-MS-SIM测定蜂蜜中51种农药残留,蜂蜜先用甲醇-水稀释,过C_{18}固相萃取柱,正己烷-乙酸乙酯洗脱,回收率为86%～101%,检出限为0.1～6.1μg/kg。Kamel等[60]用C_{18}固相萃取小柱对蜂蜜和蜂蜡中的氟氯苯菊酯、氟胺氰菊酯、蝇毒磷和双甲脒4种杀螨剂残留进行快速萃取,用GC-ECD、GC-NPD和GC-MSD进行了测定。萃取方法的回收率为90%～120%,检出限范围为0.01～0.05mg/kg。任红波[61]建立了气相色谱测定蜂蜜中氟胺氰菊酯的方法。蜂蜜样品用水溶解后,经正己烷-二氯甲烷提取,C_{18}固相萃取柱净化,采用GC-ECD定量测定。方法回收率在80%以上,检出限为0.001～3mg/kg。Kamel等[62]使用LC-MS/MS测定蜜蜂和蜂产品中13种烟碱类农药及其代谢物,蜂蜜先用2%三乙胺的乙腈-水稀释,加入无机盐分散盐析,C_{18}柱净化,回收率为70%～120%,RSD<20%,烟碱类农药的检出限为0.2ng/g,其代谢物的检出限为

$0.2 \sim 15 \text{ng/g}$。

8.3.8.4 辛基硅烷键合硅胶

Tsigouri 等[63]提出了快速、准确测定蜂蜜中氟胺氰戊菊酯残留的方法。用辛基硅烷键合硅胶（Octylsilane，C_8）固相萃取柱对氟胺氰戊菊酯进行提取和净化，用二氯甲烷洗脱，GC-ECD 检测。方法的回收率为（90.25±0.85）%，检出限为 1mg/kg。

8.3.8.5 活性炭

Dreyfuss 等[64]对蜂蜜中 18 种农药残留进行了测定。采用水-丙酮（13:7，体积比）作为提取溶剂，上清液中加入 NaCl 和正己烷-乙醚（13:7，体积比）液液萃取，有机相通过硅藻土和活性炭（Activated Carbon）柱净化，正己烷-二氯甲烷-乙腈（10:9:2，体积比）洗脱后，GC 测定。对于 HPLC 测定方法，采用甲醇-乙酸乙酯（1:1，体积比）提取，上清液与正己烷混合，调 pH 为 8 后，用乙醚-二氯甲烷（7:4，体积比）进行萃取。18 种农药的检出限为 $0.025 \sim 0.2 \text{mg/kg}$。

8.3.8.6 亲水亲脂柱

薛晓峰等[65]建立了蜂蜜中溴螨酯、蝇毒磷、氟胺氰菊酯和氟氯苯氰菊酯等 4 种农药残留的同时分析方法。蜂蜜样品用水溶解后，经正己烷-二氯甲烷提取，亲水亲脂柱（Hydrophilic Lipophilic Balanced，HLB）固相萃取柱净化，正己烷-二氯甲烷洗脱吹干后，内标溶液定容，采用 GC-ECD 测定。在 $0.004 \sim 0.160 \text{mg/kg}$ 添加水平内，4 种农药的回收率为 70%～110%，检出限为 $0.004 \sim 0.008 \text{mg/kg}$。

8.3.9 分散固相萃取

分散固相萃取（Dispersive Solid-Phase Extraction，DSPE）是将固相萃取吸附剂分散到提取液中，从而起到吸附去除提取液中杂质的作用，具有操作简便、省时省力等特点。QuEChERS 样品前处理方法是 DSPE 最典型的应用。该方法具有快速、简单、经济、有效、耐受性强和安全的特点，是由 Anastassiades 等在 2003 年首次提出，并用于蔬菜和水果中杀虫剂的萃取，最初包括乙腈、硫酸镁和氯化钠萃取，PSA 分散固相萃取。2005 年，Lehotay 等为了保护缓冲萃取液和避免对碱性杀虫剂的降解，增加了乙酸盐。2008 年，Przybylski 等发布了一种 QuEChERS 新方法，在乙腈中加入少量正己烷以去除萃取中的脂质。2010 年，与 LC-MS/MS 和 GC-MS/MS 联用，Mullin 等成功地使用此方法用于蜂蜡、花粉、蜜蜂和蜜蜂饲料的净化。

Morzycka 等[66]采用弗洛里硅土和硅胶作为分散固相萃取填料，净化蜜蜂中 12 种低极性和中等极性痕量杀虫剂，该方法在 $0.01 \sim 1.0 \text{mg/kg}$ 范围内，回收率为 70%～110%，RSD 为 2%～8%，LOQ 为 $0.015 \sim 0.15 \text{mg/g}$。Walorczyk 等[67]采用 GC-MS/MS 联用技术，建立了蜜蜂中 150 种杀虫剂的多残留分析方法，蜂蜜用乙腈-水稀释后，加入柠檬酸盐、无水硫酸镁、氯化钠盐析，再用 PSA、C_{18} 和石墨化炭分散固相萃取，回收率为 70%～120%，RSD≤20%。赵增运等[68]建立了包括蜂蜜在内的 12 种食品中 8 种除草剂残留的分散固相萃取分析方法。样品用含 1% 冰醋酸的正己烷饱和乙腈溶液提取，分散固相萃取净化，采用 GC-MS/MS 分时段反应离子监测技术测定，外标法定量。所有农药在 $10 \sim 1000 \mu\text{g/L}$ 范围内线性良好，LOQ 均低于 $10 \mu\text{g/kg}$。在 $10 \mu\text{g/kg}$、$20 \mu\text{g/kg}$、$40 \mu\text{g/kg}$ 3 个添加水平，12 种基质的平均回收率均为 70%～120%，相对标准偏差≤13%。Wiest 等[9]采用 GC-TOF 及 LC-MS/MS 技术测定蜂蜜、蜜蜂和花粉中的 80 种不同种类环境污染物的多残留分析，在乙腈中添加少量正己烷以消除脂质对质谱分析的干扰，混合 C_{18}、PSA 填料净化。回收率可达 60%～120%，重复性 RSD<20%，并将该方法成功用于 100 多个样品的测定。

8.3.10 基质固相分散萃取

基质固相分散萃取（Matrix Solid-Phase Dispersion Extraction，MSPDE）是一种较新的提取、净化、富集技术，其填料与固相萃取相同。固相载体在研磨过程中，破坏样品组织结构，将样品研磨成更小的部分，键合的有机相将样品组分溶解并更好地分散在载体表面。该技术适用于固体、半固体及黏稠样品的萃取。

Albero 等[69]建立了一种测定蜂蜜中 15 种农药（有机磷类、有机氯类、拟除虫菊酯类以及杀螨剂类）的多残留分析方法。采用弗洛里硅土和无水硫酸钠进行基质固相分散，毛细管 GC-ECD 测定。在 $0.15\mu g/g$ 和 $1.5\mu g/g$ 添加水平，农药的回收率范围为 80%~113%，相对标准偏差小于 10%。有机磷类农药检出限为 $0.5\sim5\mu g/kg$，有机氯类为 $3\mu g/kg$，氟胺氰菊酯为 $15\mu g/kg$，其他拟除虫菊酯类为 $3\mu g/kg$。Sanchez-Brunete 等[70]建立了一种测定单花种蜂蜜和多花种蜂蜜中 12 种有机磷杀虫剂（二嗪农、甲基对硫磷、杀螟硫磷、安定磷、马拉硫磷、倍硫磷、毒死蜱、喹硫磷、杀扑磷、乙硫磷、谷硫磷、蝇毒磷）、1 种氨基甲酸酯类物质（抗蚜威）以及 1 种脒类物质（双甲脒）的多残留分析方法。方法采用弗洛里硅土和无水硫酸钠对蜂蜜样品进行基质固相分散。在 $0.05\sim0.5mg/g$ 添加水平，有机磷类杀虫剂的回收率均大于 80%，其他杀虫剂在 60% 左右，相对标准偏差小于 10%。

8.3.11 凝胶渗透色谱

凝胶渗透色谱（Gel Permeation Chromatography，GPC）不仅可用于小分子物质的分离和鉴定，而且可以用来分析化学性质相同，分子体积不同的高分子同系物。它使用洗脱剂将注入色谱柱中的样品进行洗脱分离，通过多孔性凝胶固定相，使样品按分子大小顺序依次被洗脱出来。

Dalpero 等[71]采用 GC-MS 测定蜜蜂中 29 种农药残留，样品先用硅藻土混合乙腈提取，再进行 GPC 净化，回收率为 38.7%~106.8%，变异系数 0.4%~36.9%。Ueno 等[72]采用 GPC 净化，LC-MS 检测，同时测定了蜂蜜、动物、鱼及其加工制成品中的高灭磷、甲胺磷和氧乐果残留。样品中加入无水硫酸钠，用乙酸乙酯进行提取，再用 GPC 净化。选择性收集农药，经 PSA 柱再次净化后，用 LC-ESI/MS-SIM 测定。蜂蜜中农药的回收率为 97.6%~98.6%。Ebing 等[73]利用该技术对蜜蜂中农药残留测定进行了类似的研究。

8.3.12 不同前处理方法比较

Rialotero 等[74]对比了蜂蜜不同前处理方法的优劣，其中环保、成本、萃取效率是蜂蜜前处理需要考虑的三个重要方面。LLE 消耗大量的有机溶剂，操作过程易乳化。而 SPE、SPME 和 SFE 方法具有耐受性好、溶剂消耗低、易于自动化的优点，比 LLE 具有更高的选择性，LLE 同时测定多种农药残留时，需要采用几种不同的有机溶剂分步提取。SFE 方法由于较高的扩散性和较低的黏度，可以在较少的样品中选择性地萃取不同的化合物，是一种从复杂基质中分离杀虫剂的快速有效的方法，但 SFE 不能用于水溶液中农药的萃取，萃取冻干样品时最有效，同时高成本消耗也是该技术面临的一个问题。SPME 和 SBSE 样品前处理技术仅需要少量的有机溶剂，对于大体积样品进行净化时能获得较好的萃取效果，在相同的条件下 SBSE 吸附容量比更高，SBSE 灵敏度为 SPME 的 10~50 倍，SPME 一般适用于样品中含有高浓度农药残留的富集，而 SBSE 更适用于样品中含有痕量农药残留的富集，但是该方法在萃取蜂蜜中痕量农药残留时，测定值是否具有代表性一直是分析者面临的问题。Blasco 等[75]对比了 QuEChERS、SPE、PLE、SPME 等前处理方法萃取蜂蜜中有机磷与氨基甲酸酯类杀虫剂时的效果，QuEChERS 法将蜂蜜先用热水稀释后再与乙腈混合，加入硫酸镁、氯化钠和 PSA 粉混匀，回收率为 78%~101%，定量限为 0.024~1.155mg/kg；SPE 法将蜂蜜用水稀释后过 HLB 柱净化，甲醇-二氯甲烷（30∶70，体积比）洗脱，回收率为 72%~100%，定量限为 0.010~0.646mg/kg；PLE 法热水溶解，与硅胶混合后，乙酸乙酯快速溶剂萃取，回收率为 82%~104%，定量限为 0.007~0.595mg/kg；SPME 采用聚乙二醇模板树脂，甲醇活化，在磁力搅拌下萃取 120min，甲醇-水（70∶30，体积比）解吸 15min，回收率为 28%~90%，定量限为 0.001~0.060mg/kg。

8.4 蜂蜜中农药化学品残留检测技术研究进展

目前，蜂蜜中农药残留检测技术主要包括色谱法、免疫学方法和电化学方法，而色谱法是其中最为常用的检测技术。其通过不同物质在两相间分配系数的差别，达到分离的目的。具有分离效率高、选择性好、检测灵敏度高等特点，在农药残留检测中应用广泛。目前常用的检测技术包括气相色谱法、液相色谱法、色谱-质谱联用法和薄层色谱法等。

8.4.1 气相色谱-电子捕获检测法

电子捕获检测器（Electron Capture Detector，GC-ECD）作为一种具有选择性的高灵敏度离子化检测器，已广泛应用于农药残留检测领域。

Waliszewski 等[76]建立了蜂蜜中氟胺氰菊酯残留的分析方法。用正己烷和乙酸从蜂蜜样品中提取氟胺氰菊酯残留，GC-ECD 测定。方法平均回收率为 $(98.1\pm6.9)\%\sim(101.9\pm7.6)\%$，标准偏差小于 10%。氟胺氰菊酯在 10~50pg 范围内响应呈线性，检出限为 3mg/kg。Menkissoglu-Spiroudi 等[77]建立了一种快速、可靠以及廉价的蜂蜜中杀螨剂的 GC-ECD/NPD 测定方法。蜂蜜样品添加回收率范围为 79%~94.4%，变异系数范围为 0.3%~18.5%。马拉硫磷定量限为 0.015mg/kg，蝇毒磷为 0.020mg/kg，氟胺氰菊酯为 0.005mg/kg。Herrera 等[5]对蜂蜜中的 15 种有机氯、7 种有机磷农药和 6 种多氯联苯进行了测定。方法采用固相萃取净化，GC-ECD/NPD 测定。对于有机氯和多氯联苯，方法定量限为 0.1~0.6μg/kg，有机磷农药为 25.0μg/kg。有机氯农药的回收率为 77.4%~94.0%，多氯联苯为 63.8%~73.5%，有机磷农药为 66.7%~98.1%。应用该方法对来自西班牙东北部的 111 个蜂蜜样品进行了测定，发现农药和多氯联苯的含量很低。方英立等[78]采用 DB-5 弹性石英毛细管色谱柱和电子捕获检测器对蜂蜜中六六六和 DDT 进行了测定。结果六六六的 4 种异构体和 DDT 的 4 种异构体在 1.0~200ng/mL 范围内线性关系良好（$r>0.999$），检出限范围为 0.03~0.60ng/mL，样品回收率为 85.5%~113.1%，相对标准偏差为 1.8%~4.6%。Das 等[79]采用 GC-ECD 对来自土耳其 33 个城市的 275 个蜂蜜样品中的 15 种有机磷杀虫剂进行了测定。方法检出限为 0.25~9.55ng/g，相关系数为 0.992~0.999，在样品中没有杀虫剂残留检出。陈芳等[80]建立一种准确、快速、简便的蜂蜡中杀螨剂类药物多残留检测技术。样品经恒温水浴液液萃取、低温冷冻离心净化后，用气相色谱-微池电子捕获检测器测定。对提取溶剂的种类、体积及提取次数进行研究。结果表明，30mL 乙腈-正己烷（2∶1，体积比）是最佳提取溶剂。经两次冷冻及高速离心能将大部分的脂类基质去除。该方法的线性范围为 0.01~4mg/L，相关系数均大于 0.9878，检出限为 0.96~4.69μg/kg，定量限为 2.56~13.12μg/kg。该方法在 3 个不同浓度水平的添加，均有很好的回收率（83.8%~110.4%），相对标准偏差为 1.70%~6.60%。Yavuz 等[81]采用 GC-ECD 方法对来自土耳其科尼亚的 109 个蜂蜜样品中的 24 种有机氯农药进行了测定。

8.4.2 气相色谱-火焰光度检测法

火焰光度检测器（Flame Photometric Detector，FPD）是一种对含磷、含硫化合物进行测定的选择性检测器，其具有高选择性、高灵敏度等特点。

Yu 等[23]采用 GC-FPD 对蜂蜜等食品中的有机磷农药进行了测定，并对 SPME 方法的提取时间、加盐量、提取温度、蒸馏水稀释比例等方面进行了优化。方法检出限为 0.003~1.0ng/g。朱青青等[82]介绍了应用配有 FPD 的气相色谱仪测定蜂蜜中多种有机磷农药残留量的新方法。试样加水稀释，加入少量氯化钠后，再用乙酸乙酯提取。用 GC-FPD 测定，外标法定量。在线性范围内，敌百虫、皮蝇磷、毒死蜱、马拉硫磷和蝇毒磷的浓度与峰面积呈良好的线性关系，方法的检出限均为 0.01mg/kg。隋吴彬等[83]采用 DB-35 石英毛细管柱，分流进样，程序升温，建立了 GC-FPD 测定蜂蜜中 8 种有机磷（敌敌畏、甲胺磷、甲拌磷、乐果、甲基对硫磷、马拉硫磷、毒死蜱、对硫磷）农药残留的检测方法。8 种有机磷农药在 1~100ng/mL 范围内线性关系良好（$r>0.9955$），检出限范围为 0.021~0.100μg/mL，添加回收率为 81%~100%。

8.4.3 气相色谱-氮磷检测法

氮磷检测器（Nitrogen Phosphorus Detector，NPD）是一种对含氮、磷的化合物进行测定的检测器，其具有使用寿命长、灵敏度高等特点。

Garcia 等[84]对蜂蜜中的有机磷农药进行了测定。采用弗洛里硅土柱或 Sep-Pak 柱净化，正己烷洗脱，GC-NPD 测定，检出限在 ng/g 水平。Jimenez 等[85]建立了一种从蜂蜜样品中提取农药的方法。将蜂蜜样品加入到弗洛里硅土填充柱中，用正己烷-二氯甲烷洗脱残留农药，再用 GC-NPD 测定。在使用标准溶液校准曲线测定时，由于蜂蜜基质效应的影响得到了异常高的色谱响应及回收率。通过使用蜂蜜基质匹配校准曲线可以进行校正。Sanchez-Brunete 等[70]建立了蜂蜜中 12 种有机磷杀虫剂、1 种氨基甲酸酯类物质以及 1 种脒类物质的多残留分析方法。杀虫剂采用毛细管气相色谱-NPD 测定，MS 确证。不同杀虫剂的检出限为 $6\sim15\mu g/g$。

8.4.4 气相色谱-原子发射检测法

原子发射检测器（Atomic Emission Detector，AED）是一种多元素检测器。它是利用等离子体作激发光源，使进入检测器的被测组分原子化，然后原子被激发至激发态，再返回至基态，发射出原子光谱。根据这些光谱的波长和强度即可进行定性和定量分析。

Jimenez 等[86]对蜂蜜中双甲脒及代谢产物采用 GC-AED 进行检测。对于碳、氢、氮、氧的检测波长分别为 193nm、486nm、174nm 和 777nm。方法的线性范围为 $14\sim421\mu g/L$。Campillo 等[24]采用固相微萃取结合 GC-AED 检测，对蜂蜜中有机磷、有机氯和拟除虫菊酯类共计 16 种农药进行了测定。优化了 SPME 的吸附与解吸附条件，监测氯（479nm）、溴（478nm）和硫（181nm）的发射光谱，并对不同花源蜂蜜的基质效应进行了评估。方法检出限为 $0.02\sim10ng/g$。

8.4.5 气相色谱-质谱检测法

质谱分析法是通过对被测样品离子质荷比的测定，来进行分析的一种测定方法。气相色谱-质谱（Gas Chromatography-Mass Spectrometry，GC-MS）联用技术结合了气相色谱的良好分离特点以及质谱的高选择性和高灵敏度优点，成为食品中痕量残留物分析的热门技术。

Volante 等[20]对蜂蜜中 12 种农药残留进行测定。采用 SPME 法萃取蜂蜜中的农药残留，GC 结合离子阱 MS 和离子阱 EI-MS 分别进行测定。对两种检测方法的精密度、准确性、线性和检出限进行了比较。Blasco 等[2]对葡萄牙和西班牙市售 50 个蜂蜜样品中的 42 种有机氯、氨基甲酸酯和有机磷农药残留进行了测定。用 GC-MS 测定有机氯农药，LC-APCI-MS 测定有机磷和氨基甲酸酯农药。添加回收率为 73%～98%（乐果为 40%），重复性相对标准偏差为 3%～16%，重现性相对标准偏差为 6%～19%，定量限为 $0.003\sim0.1mg/kg$。Albero 等[4]建立了 GC-MS-SIM 同时测定蜂蜜中 51 种农药的分析方法。在 0.1mg/kg、0.05mg/kg 和 0.025mg/kg 3 个添加水平，所有农药的回收率均大于 86%，相对标准偏差小于 10%，方法检出限为 $0.1\sim6.1\mu g/kg$。Jin 等[32]建立了 GC-EI-MS-SIM 同时检测 23 种农药残留的分析方法。方法检出限均小于 10mg/kg。在线性范围 $10\sim500mg/kg$ 内，线性相关系数均大于 0.995。林竹光等[87]建立了 GC-EI-MS 同时检测蜂蜜样品中 12 种有机氯农药残留的分析方法。在 $10\mu g/kg$、$50\mu g/kg$、$200\mu g/kg$ 3 个添加水平，加标回收率为 80%～112%，相对标准偏差为 0.4%～9.8%，方法检出限为 $0.2\sim4.0\mu g/kg$（其中 8 种农药 $<1.0\mu g/kg$），线性范围为 $10\sim500\mu g/kg$，相关系数均大于 0.996。该方法已应用于蜂蜜样品中多种痕量有机氯农药残留的测定。金珍等[88]开展了蜂蜜中 23 种农药残留的 GC-EI-MS 测定方法研究，并对其中 3 种农药的 EI-MS 碎片离子的断裂机理与结构进行了初步解析。在 $50\mu g/kg$、$100\mu g/kg$ 和 $200\mu g/kg$ 3 个添加水平，方法回收率为 82%～120%，相对标准偏差小于 11.0%。23 种农药的检出限都小于 $10.0\mu g/kg$，线性范围为 $10\mu g/kg\sim500\mu g/kg$，相关系数大于 0.995。该方法已成功应用于蜂蜜中 23 种痕量农药残留的分析。Caldow 等[89]开发了一种快速灵敏测定蜂蜜中双甲脒的方法。在特定酸碱度条件下，将双甲

胨水解为2,4-二甲苯胺,再用2,2,4-三甲基戊烷液液分配萃取,GC-MS测定。该方法一次液液分配萃取得到的回收率约为60%,相对标准偏差为3.3%~8.2%,适合于农药残留筛查检测;二次液液分配萃取的回收率上升了10%~20%,适合于农药残留定量测定。Kamel等[60]采用GC-ECD,GC-NPD和GC-MS分析阿拉伯蜂蜜和蜂蜡中的4种杀螨剂残留,蜂蜜加入磷酸钠缓冲液稀释后,C_{18}固相萃取柱净化,四氢呋喃洗脱,萃取方法的回收率为90%~102%,使用μ-ECD/NPD检测器时最低检出限为0.01~0.05mg/kg,使用GC-MS检测时则为0.05~0.1mg/kg。21个样品中,有9个受到氟胺氰菊酯和蝇毒磷污染。其中有2个蜂蜜样品中的含量超过了EPA(0.1mg/kg)和EC(0.05mg/kg)规定的最高限量。蜂蜡中检出10mg/kg的氟胺氰菊酯。

8.4.6 液相色谱-紫外检测法与液相色谱-二极管阵列检测法

紫外检测器(Ultraviolet Detector,UVD)与二极管阵列检测器(Diode Array Detector,DAD)都属于吸收光谱分析检测器,可对具有紫外或可见光吸收基团的物质进行测定。具有灵敏度高、噪声低、线性范围宽、选择性好等特点。

Cabras等[90]建立了测定蜂蜜中杀螨剂噻咪唑残留的液相色谱分析方法。杀螨剂经反相色谱柱(C_{18})分离,紫外检测器265nm检测。样品采用正己烷提取,在色谱分析前不需要再净化。在0.01mg/kg、0.10mg/kg和1.00mg/kg 3个添加水平,方法回收率为92%~102%。方法检出限为0.01mg/kg。Jimenez等[91]对原料蜜中杀虫剂鱼藤酮进行了测定。方法采用固相萃取净化,HPLC分离,紫外检测器210nm波长下测定,方法实际测定限可以达到0.015mg/kg。在分析经过治疗剂量鱼藤酮处理的蜂蜜样品时,发现其残留量低于0.2mg/kg。Korta等[92]采用HPLC对蜂蜜中较宽极性范围的杀螨剂残留进行了测定。方法采用SPE柱净化,DAD测定。极性杀螨剂的回收率均大于80%,非极性杀螨剂则为60%~70%。方法检出限为1~200ng/g。Martel等[93]建立了一种快速分析蜂巢中杀螨剂残留的方法。采用正己烷-异丙醇液液分配提取蝇毒磷、溴螨酯、双甲脒和氟胺氰菊酯,C_{18}固相萃取柱萃取麝香草酚,二氯甲烷提取鱼藤酮,采用反相高效液相色谱,DAD测定。方法回收率均大于80%,所有杀螨剂的定量限均低于最大残留限量。

8.4.7 液相色谱-荧光检测法

荧光检测器(Fluorescence Detector,FLD)是利用被测化合物受到照射后,所产生的特征荧光进行测定。其特点是只对荧光物质有响应,具有高灵敏度和高选择性。

Bernal等[94]建立了反相高效液相色谱-荧光检测器测定蜂蜜、蜂蜡、幼虫、蜜蜂和花粉中苯菌灵和多菌灵的分析方法。蜂蜜、幼虫以及蜜蜂采用乙酸乙酯提取,蜂蜡和花粉采用甲醇提取,花粉提取液需要正己烷分配净化。方法应用于蜂蜜和幼虫样品中苯菌灵的测定。Feride等[52]建立了蜂蜜中涕灭威、残杀威、呋喃丹、西维因和灭虫威残留的液相色谱-柱后衍生-荧光检测方法。在50ng/g、100ng/g、200ng/g 3个添加水平,方法回收率为72.02%~92.02%,方法检出限为4~5ng/g。Amendola等[56]建立了快速、简单测定蜂蜜中15种有机磷、17种有机氯、8种拟除虫菊酯、12种N-甲基氨基甲酸酯和溴螨酯的农药多残留分析方法。其中,12种N-甲基氨基甲酸酯采用液相色谱-双重衍生-荧光检测器(LC-DD-FLD)测定,方法线性良好($r^2 \geq 0.99$),灵敏度满足欧盟MRL的要求。

8.4.8 液相色谱-串联质谱检测法

液相色谱通过液体流动相来实现色谱分离,而质谱是在真空条件下工作的,液相色谱与质谱之间的相互匹配成了阻碍液相色谱-质谱联用技术发展的瓶颈。进入21世纪后,电喷雾离子化(ESI)和大气压化学离子化(APCI)与质谱联用技术的成熟与应用,使液相色谱-串联质谱(Liquid Chromatography-Tandem Mass Spectrometry,LC-MS/MS)发展成为农药残留分析领域的常规分析技术,并得到了广泛的应用。

Fernandez 等[59]对蜜蜂和蜂蜜中 21 种有机磷农药残留进行了测定。蜂蜜样品用水稀释后，用 C_{18} 固相萃取柱净化，乙酸乙酯、甲醇和二氯甲烷洗脱，LC-APCI-MS 测定。在 $0.1\sim5\mu g/g$ 添加水平，平均回收率为 14%~100%，相对标准偏差为 2%~17%。方法检出限为 $0.01\sim0.24\mu g/g$，定量限为 $0.03\sim0.80\mu g/g$。Blasco 等[2]对蜂蜜中 42 种有机氯、氨基甲酸酯和有机磷农药残留进行了分析。用十八烷基吸附剂进行固相萃取，GC-MS 测定有机氯农药，LC-APCI-MS 测定有机磷和氨基甲酸酯农药。方法添加回收率为 73%~98%（乐果为 40%），重复性相对标准偏差为 3%~16%，重现性相对标准偏差为 6%~19%。方法定量限为 0.003~0.1mg/kg。Debayle 等[95]建立了蜂蜜中 3 种农药、5 种四环素以及 4 种磺胺的同时检测方法。样品提取后，经 SPE 柱净化，用 LC-MS/MS 测定。Blasco 等[96]建立了一种测定蜂蜜中 12 种杀虫剂（乙基溴硫磷、毒死蜱、甲基毒死蜱、二嗪农、苯氧威、地虫磷、稻丰散、伏杀硫磷、安定磷、溴磷松、定菌磷、双硫磷）的固相微萃取-液相色谱-质谱（SPME-LC-MS）分析方法。对影响 SPME 提取效率的几种参数都进行了系统研究。在优化的最佳参数下，方法提供了良好的线性（$r>0.990$）、检出限为 $0.001\sim0.1\mu g/kg$、定量限为 $0.001\sim0.1\mu g/kg$，精密度在定量限浓度水平小于 19%，在 10 倍定量限浓度水平为 6%~14%，回收率为 19%~92%。利用该方法，发现蜂蜜样品含有乙基溴硫磷、二嗪农、地虫磷、安定磷、定菌磷、双硫磷等农药，估算浓度为 $(6.2\pm1.2)\sim(19\pm3)$ ng/g。Xu 等[97]采用正己烷和异丙醇液液萃取，HPLC-UV 和 LC-MS/MS 对蜂蜜中双甲脒及其降解产物 2,4-二甲基苯胺进行测定和确证。双甲脒和 2,4-二甲基苯胺的添加回收率分别为 83.4%~103.4%和 89.2%~104.7%。HPLC 和 LC-MS/MS 方法的相对标准偏差均小于 11.6%。HPLC 方法的 LOD 分别为 $6\mu g/kg$ 和 $8\mu g/kg$，LOQ 分别为 $20\mu g/kg$ 和 $25\mu g/kg$。LC-MS/MS 方法的 LOD 分别为 $1\mu g/kg$ 和 $2\mu g/kg$，LOQ 分别为 $5\mu g/kg$ 和 $10\mu g/kg$。Kamel 等[62]建立了蜂蜜和蜂产品中新烟碱类农药及其代谢物的残留测定方法。样品采用 2%三乙胺-乙腈溶液提取，盐析后用 SPE 柱净化，最后用 LC-MS/MS 测定。大多数分析物的回收率为 70%~120%，相对标准偏差<20%。新烟碱类农药母体及其代谢产物的检出限分别为 0.2ng/g 和 0.2~15ng/g。

8.4.9 薄层色谱法

薄层色谱（Thin Layer Chromatography，TLC）是指将固定相与支持物制作成薄板或薄片，流动相流经该薄层固定相而将样品分离的层析方法。其特点是样品用量少，分析快速。

Rezic 等[31]研究了快速定量检测蜂蜜中阿特拉津和西玛津的 TLC 分析方法。使用苯-水（1:1，体积比）在超声波中提取样品中农药，用 TLC 进行分离，高效薄层色谱结合数码成像系统进行定量。阿特拉津和西玛津的回收率分别为 (92.3 ± 2.4)% 和 (94.2 ± 2.8)%。

8.4.10 酶联免疫法

酶联免疫（Enzyme-Linked Immunosorbnent Assay，ELISA）是在免疫荧光和组织化学基础上发展起来的新技术。其主要是让抗体与酶复合物结合，然后通过显色来检测。由于呈色物质与待测物的含量直接相关，因此可以根据呈色物质的颜色，来对待测样品进行定性定量分析。

Ma 等[98]建立了蜂蜜中吡虫啉和噻虫嗪杀虫剂的 ELISA 测定方法。蜂蜜样品不需要提取净化，只需要经过稀释就可以进行测定。该方法对蜂蜜中吡虫啉和噻虫嗪的检出限分别为 20ng/g 和 5ng/g，平均添加回收率分别为 90%~120%和 96%~122%，变异系数分别为 5%~12%和 3%~15%。该方法的测定结果同 LC-MS 测定的结果相近，方法的线性相关系数为 0.96。结果表明 ELISA 方法适合于蜂蜜中吡虫啉和噻虫嗪的定量分析。

8.4.11 微分脉冲伏安法

常规脉冲是在一个固定电位上加一个幅度逐步增加的电位脉冲，微分脉冲是在一个线性增加的电位上加一个幅度固定的电位脉冲，并测量脉冲电压加入前后脉冲电流的变化。微分脉冲伏安法

(Differential Pulse Voltammetry，DPV）能够较好地消除残余电流的影响，从而进一步降低测量的检测限。

Tsiafoulis 等[99]采用悬汞电极-吸附溶出微分脉冲伏安法测定蜂蜜中的甲基保棉磷和甲基对硫磷。与色谱方法相比，该方法样品处理更加简单。蜂蜜中的分析物采用丙酮与 Britton-Robinson 缓冲液的混合溶液提取，无需额外处理，直接测定。研究了单个药物和混合物响应的沉积时间和物质的量比，对外标曲线和内标曲线两种定量方法进行了比较，并通过添加回收率测定准确度。当沉积时间为 10s 时，甲基保棉磷和甲基对硫磷的检出限分别为 $65.87\mu g/kg$ 和 $51.71\mu g/kg$。

综上所述，在蜂蜜中农药残留分析前处理技术研究方面，固相萃取技术由于其操作简便，填料种类丰富，并可以针对特定基质或者特定农药优化组合，成为目前应用最为广泛的前处理技术。并且，基于该技术新型填料的发明与应用，有可能成为未来前处理技术的发展方向。与此同时，基质固相分散萃取、分散固相萃取、固相微萃取、搅拌棒吸附萃取等前处理技术也有很好的发展与应用前景。在检测技术方面，由于世界各国对蜂蜜中农药残留的重视，制定了日趋严格的限量和法规，具备分析目标物多、灵敏度高等特点的农药多残留分析和筛查技术成为目前研究的热点。而质谱检测技术由于其在定性定量方面的特殊优势，已成为目前以及未来检测技术的主要发展方向。以飞行时间质谱（TOF-MS）、傅里叶变换离子回旋共振质谱（FT-ICR-MS）等高分辨质谱为代表的新型检测技术在残留分析中的应用，尤为值得进一步研究与关注。

8.5　我国蜂产品农药残留检测技术标准化研究新进展

8.5.1　蜂产品农药残留检测技术标准研究概况

在现代国际竞争中，技术标准已经成为国家利益和国家安全的重要保障，是竞争的至高点，正所谓"得标准者得天下"，实施标准战略已是我国建设和发展的重大国策，是一项长期的战略任务。

2002 年以前，我国蜂产品安全卫生检验方法国家标准只有一个：GB 13109—91《杯碟法检测蜂蜜中四环素》，由于方法的局限性，其灵敏度已不能满足国际贸易的检测要求，世界上其他现有的安全卫生国际先进标准在我国均属空白。2002 年以后，我国在蜂产品检测技术标准和质量标准的研究开发方面，做了多方面的探索和努力，取得了阶段性新进展。其中由秦皇岛出入境检验检疫局等制定的蜂产品中农兽药残留检测技术及质量评价技术 43 项国家标准[100,101]的颁布与实施，初步构建了我国蜂产品安全生产体系、检测检验手段、质量控制体系，对提高我国蜂产品质量及破解国外先进国家技术壁垒有重大意义；其方法技术实现了与国际标准的接轨，甚至超过了发达国家水平，对参与并主导国际标准的制定和竞争，也颇具战略意义。

我国蜂产品安全检测技术标准化研究工作，是以提高我国蜂产品质量为目标，针对国外安全卫生技术壁垒，在国际先进的检测技术标准基础上进一步完善提高而开展的。几年前，我国蜂蜜质量上存在的问题主要表现在：蜜蜂饲养过程中用药不规范，致使药物残留超标；蜂蜜生产过程中，采集不成熟蜜及掺杂使假。随着国际市场对蜂产品的安全卫生项目要求越来越严格，我国蜂产品出口到欧洲、美洲和日本等世界三大主销市场所遇到的技术壁垒层出不穷，涉及检测项目种类多而杂，其中包括杀螨剂、有机氯、有机磷、氨基甲酸酯、除虫菊酯等 5 大类农药以及其他微量残留化学物质数百个项目。这么多门类，这么多品种的农药和其他微量化学物质，其本身的理化性质千差万别，在蜂产品基质中的存在形式和残存的量也各不相同，而准确定量检测的浓度要达百万分之几，甚至十亿分之几，必须彻底解决三个方面的技术难题：①采用什么样的提取系统，能把痕量化学残留物从蜂产品中完全提取出来，使之与基体有效分离；②采用什么分离技术和富集技术把共萃取的大量干扰物分离出去，使目标化合物得到富集；③采用什么检测技术能够准确地定量分析，使方法的灵敏度达到世界发达国家所规定的限量要求。因此，要建立准确定量到百万分之几，甚至十亿分之几的蜂产品中数百种目标化合物的方法，必须分门别类地解决萃取、分离、富集和测定四大分析过程所遇到的一切技术问题。所以，要破解蜂产品中这么多检测项目的技术壁垒，无疑是一个十分复杂、庞大的课题，技术难度非常之大。

8.5.2 蜂产品中614种农药残留检测技术标准研究

2002年，加拿大提出了对进口蜂蜜中250种杀虫剂检验的要求。为此，秦皇岛出入境检验检疫局技术中心组织第一次农药多残留检测攻关，在对大量技术资料进行分析研究后，决定选择加拿大食品检验局的 PMR-002-V1.1《蜂蜜、果汁和果酒中农药残留测定（固相萃取净化和 GC/MSD HPLC荧光检测）》标准方法为主攻目标，在此基础上开展更广泛、更深入的研究，扩展了新的农药品种；评价研究了数百种目标化合物的质谱特性，重新优化选定了定性和定量离子；对氨基甲酸酯类农药的检测，用液相色谱串联质谱法代替了液相色谱荧光检测法，提高了方法的准确性和可靠性。该项研究采取液液分配提取、多种固相萃取柱组配净化，将大量共萃取物有效分离，系统解决了多残留农药的分离和富集难题，在用 GC-MS 对数百种农药检测方面，开创了分时段检测新思路。其关键技术第一次建成了《蜂蜜、果汁、果酒中304种农药多残留检测方法》国家标准（GB/T 19426—2003）。

为开发液相色谱-质谱检测技术更大的潜力，进一步提高方法的灵敏度，使筛查的农药品种更多，分析检测快速准确，使本方法的检测限能够满足欧美等发达国家和日本"肯定列表制度"的要求，2006年对 GB/T 19426—2003 进行了修订，按 GC-MS 和 LC-MS/MS 检测方法，形成两个独立的新标准：GB/T 19426—2006 和 GB/T 20771—2006。一次制备样品，GC-MS 检测的农药品种由282种增加到497种，LC-MS/MS 测定的农药品种由22种增加到420种，两种方法均可检测的为299种，共计614种。与加拿大蜂蜜多残留检测标准（PMR-005-V1.1）的比较，见表8-4。

表8-4 与加拿大蜂蜜多残留检测标准（PMR-005-V1.1）的比较

标准名称	加拿大标准方法 PMR-005-V1.1	我国标准方法（共可测614种）	
		GB/T19426—2006	GB/T 20771—2006
检测农药品种	285种	497种	420种
应用范围	水果、蔬菜类 蜂蜜、果汁、果酒类	蜂蜜、果汁、果酒类	
制样技术	匀质提取 固相萃取柱净化	液液分配萃取 固相萃取柱净化	
检测技术	GC-MS HPLC-荧光检测	GC-MS	LC-MS/MS

这项研究破解了先进国家技术壁垒，使我国蜂产品农药残留检验技术实现了跨越式发展，实现了与国际先进标准接轨，达到了国际先进水平。同时也满足了我国蜂产品生产、加工过程质量控制的迫切要求，创造了良好的社会效益和经济效益。

8.6 蜂蜜中689种农药化学品多组分残留高通量检测技术

8.6.1 适用范围

首先对838种各类农药化学品的质谱信息进行了系统研究，建立了涵盖541种农药化学品的 GC-MS 质谱库和涵盖748种农药化学品的 LC-MS/MS 质谱库，为准确、灵敏、快速地测定这些药物的残留提供了理论依据。

建立的 GC-MS 库是在选定的色谱-质谱条件下，对每种化合物标准溶液进行 GC-MS 扫描测定，获得该化合物的全扫描质谱图和保留时间，并将这些信息储存形成质谱特征库。同时，依据上述信息，每种化合物选择1个定量离子，2或3个定性离子，进行选择离子定性、定量检测。建立了蜂蜜中497种农药多残留GC-MS检测方法。

建立的LC-MS/MS库是首先对每种化合物标准溶液进行Q1扫描找到母离子，并确定最佳去簇电压，然后在3个不同碰撞能量（20V、35V、50V）下，进行EPI扫描，获得该化合物在3个不同碰撞能量下的质谱图，并将这些信息储存形成质谱特征库。同时，依据上述信息，每种化合物选择1个定量离子，1或2个定性离子，进行选择离子定性、定量检测，建立了蜂蜜中502种农药多残留LC-MS/MS检测方法。

这项研究还建立了适用于蜂蜜样品中农药多残留的萃取、净化和检测程序。该程序目前可适用的农药化学品的品种多达689种，其中用GC-MS可检测497种农药化学品，用LC-MS/MS可检测502种农药化学品。该程序的主要步骤是：称取15g试样于250mL具塞三角瓶中，加入20mL水和10mL丙酮溶解。然后将瓶中内容物移入250mL分液漏斗中，分别用40mL二氯甲烷重复振荡提取三次，合并提取液。并将提取液于40℃水浴旋转浓缩后经Sep-Pak Vac柱净化，用25mL乙腈-甲苯（3:1，体积比）洗脱农药化学品，收集于鸡心瓶中，在40℃水浴中旋转浓缩至约0.5mL。如果用GC-MS方法检测，在上述浓缩提取液中加入5mL正己烷进行溶剂交换，重复两次。定容1mL左右，加入40μL内标溶液，混匀，供GC-MS测定。如果用LC-MS/MS方法检测，将上述浓缩液于40℃下氮气吹干，用1mL乙腈-水（3:2，体积比）溶解残渣，经0.2μm微孔滤膜过滤后供LC-MS/MS测定。GC-MS检测的农药化学品方法检出限（LOD）范围是1.0~300ng/g，其中95.4%的LOD小于50ng/g，46.5%小于10ng/g。对洋槐蜜、椴树蜜、油菜蜜、荞麦蜜等9种蜂蜜基质中的方法效率进行了评价，结果表明，低、中、高3个水平添加平均回收率在60%~120%的农药占93.7%；相对标准偏差小于30%的农药占88.4%。除荞麦蜜基质影响较显著外，其余蜂蜜品种之间无显著性差异。

LC-MS/MS检测的农药化学品方法检出限在0.01μg/kg~3.34mg/kg范围内，小于等于10μg/kg的化合物有487种，占85.9%；10~100μg/kg的有67种，占11.8%；大于100μg/kg的仅有13种，占2.3%。对洋槐蜜、椴树蜜、油菜蜜、荞麦蜜、荆条蜜和枣花蜜6种蜂蜜在低、中、高3个添加水平、每个水平5次平行实验。实验结果表明，平均回收率在60%~120%，相对标准偏差小于30%的有493种，占可检测品种502种的98.2%。实验结果证明，本节建立的GC-MS和LC-MS/MS农药多残留高通量检测方法操作简便、灵敏度高、重现性好，完全可满足世界各国残留监控和国际贸易的需要。

8.6.2 仪器和试剂

气相色谱-质谱仪：Agilent，5973N型，配电子轰击源；色谱柱：DB-1701（30m×0.25mm，0.25μm）石英毛细管柱；液相色谱-串联质谱仪：AB SCIEX，API3200Q型，配电喷雾离子源；色谱柱：Atlantis dC$_{18}$，150mm×2.1mm，3μm；T25数显型高速组织分散机（德国IKA公司）；R-205型旋转蒸发仪（瑞士Buchi公司）；固相萃取装置：天津海洋玻璃仪器厂生产；涡旋混匀器：M63210-33 Thermolyne Barnstead International U.S.A.；高纯水发生器：美国Milli-QⅡ型；真空泵：美国GAST DOA-P104-BN型；微量进样针：10μL、25μL、50μL，美国；氮气吹干仪；梨形瓶：200mL；移液器：1mL；Sep-Pak Vac柱（美国Waters公司）。甲苯（优级纯），乙腈、丙酮、二氯甲烷、甲醇（色谱纯，美国J. T. Baker公司），甲酸、乙酸胺、硫酸镁（试剂纯，美国Sigma公司），NaCl（优级纯，天津凯通公司）；无水硫酸钠（分析纯），用前在650℃灼烧4h，冷却后储于干燥器中备用。

内标、农药化学品标准物质：纯度≥95%（美国Sigma公司）。

标准储备溶液：准确称取5~10mg（精确至0.1mg）农药化学品各标准物分别置于10mL容量瓶中，根据标准物的溶解度选择甲苯、甲醇、丙酮、二氯甲烷、环己烷或异辛烷等溶解并定容至刻度。

混合标准溶液：按照农药化学品的保留时间，将 GC-MS 测定的 497 种农药化学品分成 5 个组，将 LC-MS/MS 测定的 486 种农药化学品分成 9 个组，并根据每种农药化学品在仪器上的响应灵敏度，确定其在混合标准溶液中的浓度。GC-MS 和 LC-MS/MS 测定的农药化学品分组及其混合标准溶液浓度参见附录Ⅱ。依据每种农药化学品的分组、混合标准溶液浓度及其标准储备液的浓度，移取一定量的单个农药化学品标准储备溶液于 100mL 容量瓶中，用甲苯（用于 GC-MS 测定）或甲醇（用于 LC-MS/MS 测定）定容至刻度。

内标溶液：准确称取 3.5mg 环氧七氯于 100mL 容量瓶中，用甲苯定容至刻度。用作 GC-MS 测定内标。

混合标准溶液避光 4℃保存，使用一个月。

8.6.3 样品前处理

8.6.3.1 制备

对无结晶的蜂蜜样品，将其搅拌均匀。对有结晶的样品，在密闭情况下，置于不超过 60℃的水浴中温热，振荡，待样品全部融化后搅匀，迅速冷却至室温。

8.6.3.2 提取

称取 15g 样品（精确至 0.01g）于 250mL 具塞三角瓶中，加入 20mL 水，于 40℃水浴振荡溶解 15min。加入 10mL 丙酮，然后将瓶中内容物移入 250mL 分液漏斗中。用 40mL 二氯甲烷分 3 次洗涤三角瓶，并将洗液倒入分液漏斗中，小心排气，用力振摇 1min，静置分层，将下层有机相通过装有无水硫酸钠的筒形漏斗，收集于 200mL 鸡心瓶中。再加入 5mL 丙酮和 40mL 二氯甲烷于分液漏斗中，振摇 1min，静置、分层后收集。如此重复提取两次，合并提取液，将提取液于 40℃水浴旋转蒸发至约 1mL，待净化。

8.6.3.3 净化

在 Sep-Pak Vac 柱中加入约 2cm 高无水硫酸钠，并固定于下接鸡心瓶的固定架上。加样前先用 4mL 乙腈-甲苯（3∶1，体积比）预洗柱，当液面到达硫酸钠的顶部时，迅速将样品提取液转移至净化柱上，并更换新鸡心瓶接收。再用 3×2mL 乙腈-甲苯（3∶1，体积比）洗涤样液瓶，并将洗液移入柱中。在净化柱上加上 50mL 储液器，用 25mL 乙腈-甲苯（3∶1，体积比）洗脱农药化学品，收集于鸡心瓶中，在 40℃水浴中旋转浓缩至约 0.5mL。如果用 GC-MS 方法检测，在上述浓缩提取液中加入 5mL 正己烷进行溶剂交换，重复两次。定容 1mL 左右，加入 40μL 内标溶液，混匀，供 GC-MS 测定。如果用 LC-MS/MS 方法检测，将上述浓缩液于 40℃下氮气吹干，用 1mL 乙腈-水（3∶2，体积比）溶解残渣，经 0.2μm 微孔滤膜过滤后供 LC-MS/MS 测定。

同时取不含农药化学品的蜂蜜样品，按上述步骤制备样品空白提取液，用于配制基质混合标准工作溶液。

8.6.4 仪器测定

8.6.4.1 GC-MS 测定条件

色谱柱：DB-1701 石英毛细管（14％氰丙基-苯基-甲基聚硅氧烷，30m×0.25mm，0.25μm）；进样口温度：290℃；柱温升温程序：40℃保持 1min，然后以 30℃/min 的速度程序升温至 130℃，再以 5℃/min 的速度升温至 250℃，再以 10℃/min 的速度升温至 300℃，保持 5min；载气：氦气，纯度≥99.999％，流速：1.2mL/min；进样量：1μL，无分流进样，1.5min 后打开分流阀和隔垫吹扫阀；电子轰击源：70eV；离子源温度：230℃；GC-MS 接口温度：280℃；选择离子监测：每种化合物分别选择 1 个定量离子，2 或 3 个定性离子。本方法根据检测农药化学品的保留时间，将 497 种农药化学品分成 A、B、C、D、E 5 个组，每组所有需要检测的离子按照出峰顺序，分时段分别检测。有关农药化学品的定量离子、定性离子参见 11.1.1 小节。每组检测离子的开始时间和驻留时间参见 11.1.2 小节。

8.6.4.2 GC-MS 定性和定量测定

进行样品检测时，按照以上仪器的测定条件进行检测。如果检出的色谱峰的保留时间与标准样品相一致，并且在扣除背景后的样品质谱图中，所选择的离子均出现，而且所选择的离子丰度比与标准的离子丰度比相一致，则可判断样品中存在这种农药化合物。如果不能确证，应重新进样，以扫描方式（有足够灵敏度）或采用增加其他确证离子的方式，或用其他灵敏度更高的分析仪器来确证。

本方法采用内标法单离子定量测定。内标物为环氧七氯。为减少基质的影响，用基质混合标准工作溶液来定量。标准溶液的浓度应与待测化合物的浓度相近。因为内标物的出峰时间大概处于每组检测化合物的中间，所以内标化合物也可用于校正由于经过多次进样后所引起的保留时间的变化。只要通过调节初始温度时的载气的柱头压就可使内标化合物和农药化合物的保留时间恢复到最初的位置。

8.6.4.3 LC-MS/MS 测定条件

LC-MS/MS 测定的 574 种农药化学品，按照其质谱特性分成 A、B、C、D、E、F、G、H、I 9 个组分别测定。

1) A、B、C、D、E、F 组 LC-MS/MS 测定条件

液相色谱-串联质谱仪：AB SCIEX，API3200Q 型，配 ESI 和 APCI 离子源；色谱柱：Waters Atlantis T3（150mm×2.1mm，3μm，Ireland）；流动相及流速见表 8-5；柱温：40℃；进样量：20μL；离子源：ESI；扫描方式：正离子扫描；检测方式：多反应监测；电喷雾电压：5000V；雾化气压力：70psi；气帘气压力：20psi；辅助加热气：55psi；离子源温度：725℃；监测离子对，碰撞能量和去簇电压参见 11.1.8 小节。

表 8-5 流动相及流速选择

时间/min	流速/(μL/min)	水/%	乙腈/%
0.00	200	90.0	10.0
4.00	200	50.0	50.0
15.00	200	40.0	60.0
23.00	200	20.0	80.0
30.00	200	5.0	95.0
35.00	200	5.0	95.0
35.01	200	90.0	10.0
50.00	200	90.0	10.0

2) G 组 LC-MS/MS 测定条件

色谱柱：Inertsil C_8（150mm×2.1mm，5μm，Japan）；流动相及流速见表 8-6；柱温：40℃；进样量：20μL；离子源：ESI；扫描方式：负离子扫描；检测方式：多反应监测；电喷雾电压：−4200V；雾化气压力：60psi；气帘气压力：45psi；辅助加热气：50psi；离子源温度：700℃；监测离子对，碰撞能量和去簇电压参见 11.1.8 小节。

表 8-6 流动相及流速

时间/min	流速/(μL/min)	水/%+5mmol 乙酸铵	乙腈/%
0.00	200	90.0	10.0
4.00	200	50.0	50.0
15.00	200	40.0	60.0
20.00	200	20.0	80.0
25.00	200	5.0	95.0
32.00	200	5.0	95.0
32.01	200	90.0	10.0
40.00	200	90.0	10.0

3) H组 LC-MS/MS 测定条件

色谱柱：Waters Atlantis T3 (150mm×4.6mm, 5μm, Ireland)；流动相及流速见表8-7；柱温：40℃；进样量：20μL；离子源：APCI；扫描方式：正离子扫描；检测方式：多反应监测；雾化气压力：80psi；气帘气压力：19psi；辅助加热气：40psi；离子源温度：400℃；监测离子对、碰撞能量和去簇电压参见11.1.8小节。

表8-7 流动相及流速

时间/min	流速/(μL/min)	水/%+5mmol乙酸铵	乙腈/%
0.00	500	80.0	20.0
2.00	500	5.0	95.0
10.00	500	5.0	95.0
10.01	500	80.0	20.0
20.00	500	80.0	20.0

4) I组 LC-MS/MS 测定条件

色谱柱：Waters Atlantis T3 (150mm×4.6mm, 5μm, Ireland)；流动相及流速见表8-8；柱温：40℃；进样量：20μL；离子源：APCI；扫描方式：负离子扫描；检测方式：多反应监测；雾化气压力：60psi；气帘气压力：12psi；辅助加热气：40psi；离子源温度：425℃；监测离子对、碰撞能量和去簇电压参见11.1.8小节。

表8-8 流动相及流速

时间/min	流速/(μL/min)	水（%）+5mmol乙酸铵	乙腈/%
0.00	500	80.0	20.0
2.00	500	5.0	95.0
10.00	500	5.0	95.0
10.01	500	80.0	20.0
20.00	500	80.0	20.0

8.6.4.4 LC-MS/MS 定性和定量测定

样品溶液按照 LC-MS/MS 测定条件分别进行测定，如果检出色谱峰的保留时间与基质标准中某种农药化学品相一致，并且所选择的两对离子对的丰度比相一致，则可判定为样品中存在这种农药或相关化学品残留。

本方法采用外标校准曲线法定量。为减少基质对定量测定的影响，需用空白样品提取液来配制一系列基质标准工作溶液，并分别进样绘制标准曲线，所测样品中农药化学品的响应值均应在仪器的线性范围内。

8.6.5 检测农药品种筛选

本实验室以国际食品法典委员会、中国、美国、欧盟、德国和加拿大等国家和组织以及日本"肯定列表制度"对各种食品中规定的农药最大残留限量（MRL）为依据，购买了838种在世界范围内经常使用的农药标准品。分别采用 GC-MS 和 LC-MS/MS 对这些农药进行了质谱特性评价，筛选出适合 GC-MS 和 LC-MS/MS 检测的农药化学品。具体筛选过程如下。

8.6.5.1 GC-MS 检测农药筛选

首先对858种农药溶解度等物理化学性质分析，筛选出不适于 GC-MS 仪器分析的农药有19种，见表8-9。

表 8-9 不适于 GC-MS 仪器分析的农药化学品

序号	中文名称	英文名称	序号	中文名称	英文名称
1	二溴乙烷	1,2-Dibromoethane	11	溴甲烷	Methyl bromide
2	二氯乙烷	1,2-Dichloroethane	12	烟碱	Nicotine
3	萘乙酸	1-Naphthyl acetic acid	13	羟基喹啉铜	Oxine-copper
4	溴化物	Bromide	14	甲基代森锌	Propineb
5	二硫化碳	Carbon disulphide	15	氯甲喹啉酸	Quinmerac
6	四氯化碳	Carbon tetrachloride	16	八氯二丙醚	S-421 (octachlorodipropyl ether)
7	双胍盐	Guazatine triacetate	17	硫磺粉	Sulfur
8	无机溴	Inorganic bromide	18	代森锌	Zineb
9	代森锰锌	Mancozeb	19	福美锌	Ziram
10	代森锰	Maneb			

其次，在确定的 GC-MS 仪器条件下，分别将余下 839 种农药（有机磷，有机卤素，有机氮，除虫菊酯类和氨基甲酸酯类等化合物）配制成约 20mg/L 的标准溶液，进行了 GC-MS 扫描测定，获得该化合物的扫描质谱图和保留时间，839 种化合物中有 541 种化合物在选定的色谱-质谱条件下，获得了全扫描质谱图和保留时间，将这些信息储存起来，形成质谱特征库。有 298 种化合物在选定的色谱-质谱条件下没出峰或灵敏度极低，无法达到检验要求被淘汰，淘汰的 298 种农药见表 8-10。

表 8-10 298 种不出峰或灵敏度极低的农药化学品

序号	中文名称	英文名称	序号	中文名称	英文名称
1	2,4-滴丁酸	2,4-DB	21	灭害威	Aminocarb
2	2,4,5-涕	2,4,5-T	22	杀草强	Amitrole
3	2,4-滴	2,4-D	23	代森铵	Amobam
4	2,6-二氟苯甲酸	2,6-Difluorobenzoic acid	24	敌菌灵	Anilazine
5	3,4,5-混杀威	3,4,5-Trimethacarb	25	氯化三联苯 1221	Aroclor 1221
6	3-羟基呋喃丹	3-Hydroxy carbofuran	26	氯化三联苯 1232	Aroclor 1232
7	3-苯基苯酚	3-Phenylphenol	27	氯化三联苯 1242	Aroclor 1242
8	4-氯苯氧乙酸	4-Chlorophenoxyacetic acid	28	氯化三联苯 1248	Aroclor 1248
9	6-氯-4-羟基 3-苯基哒嗪	6-Chloro-4-hydroxy-3-phenyl-pyridazin	29	氯化三联苯 1254	Aroclor 1254
			30	氯化三联苯 1260	Aroclor 1260
10	阿维菌素	Abamectin	31	氯化三联苯 1262	Aroclor 1262
11	乙酰甲胺磷	Acephate	32	氯化三联苯 1268	Aroclor 1268
12	三氟羧草醚	Acifluorfen	33	磺草灵	Asulam
13	苯草醚	Aclonifen	34	阿特拉津	Atrazine
14	涕灭威	Aldicarb	35	戊环唑	Azaconazole
15	灭砜威砜	Aldicarb sulfone	36	唑啶磷	Azamethiphos
16	涕灭威亚砜	Aldicarb-sulfoxide	37	三唑锡	Azocyclotin
17	4-十二烷基-2,6-二甲基吗啉	Aldimorph	38	嘧菌酯	Azoxystrobin
			39	草除灵	Benazolin
18	涕灭砜威	Aldoxycarb	40	噁虫威	Bendiocarb
19	禾草灭	Alloxydim-sodium	41	苯菌灵	Benomyl
20	酰嘧磺隆	Amidosulfuron	42	苄嘧磺隆	Bensulfuron-methyl

续表

序号	中文名称	英文名称	序号	中文名称	英文名称
43	地散磷	Bensulide	84	三环锡	Cyhexatin
44	杀虫磺	Bensultap	85	霜脲氰	Cymoxanil
45	灭草松	Bentazone	86	嘧菌环胺	Cyprodinil
46	苯螨特	Benzoximate	87	赛灭磷	Cythioate
47	乐杀螨	Binapacryl	88	茅草枯	Dalapon
48	生物苄呋菊酯	Bioresmethrin	89	丁酰肼	Daminozide
49	溴莠敏	Brompyrazon	90	田乐磷溶液	Demephion solution
50	丁酮威	Butocarboxim	91	田乐磷	Demephion (tinox)
51	丁酮威亚砜	Butocarboxim-sulfoxide	92	内吸磷砜	Demeton-S-sulfoxide
52	丁酮砜威	Butoxycarboxim	93	甲基内吸磷砜	Demeton-S-methyl sulfone
53	丁酮砜威亚砜	Butoxycarboxim-sulfoxid	94	甲基内吸磷亚砜	Demeton-S-methyl sulfoxide
54	播土隆	Buturon	95	脱氨基苯嗪草酮	Desamino-metamitron
55	毒杀芬	Camphechlor	96	甜菜胺	Desmedipham
56	甲萘威	Carbaryl	97	脱甲基氟草敏	Desmethyl-norflurazon
57	多菌灵	Carbendazim	98	脱甲基抗蚜威	Desmethyl-pirimicarb
58	克百威	Carbofuran	99	丁醚脲	Diafenthiuron
59	杀螟丹	Cartap hydrochloride	100	麦草畏	Dicamba
60	氯霉素	Chloramphenicol	101	二氯萘醌	Dichlone
61	灭幼脲	Chlorbenzuron	102	禾草灵	Dichlorofop-methyl
62	开蓬	Chlordecone (kepone)	103	2,4-滴丙酸	Dichlrorprop
63	矮壮素	Chlormequat	104	双氯磺草胺	Diclosulam
64	氯化苦	Chloropicrin	105	除螨灵	Dienochlor
65	绿麦隆	Chlorotoluron	106	避蚊胺	Diethyltoluamide
66	氯辛硫磷	Chlorphoxim	107	枯莠隆	Difenoxuron
67	丙酯杀螨醇	Chlorpropylate	108	除虫脲	Diflubenzuron
68	氧化甲氧毒死蜱	Chlorpyrifos-methyl-oxon	109	氟吡草腙钠	Diflufenzopyr-sodium
69	氯黄隆	Chlorsulfuron	110	杀虫双	Dimehypo
70	氯麦隆	Chlortoluron	111	甲菌定	Dimethirimol
71	醚黄隆	Cinosulfuron	112	乐果	Dimethoate
72	多氯联苯 A 30	Clophen A 30	113	烯酰吗啉	Dimethomorph
73	多氯联苯 A 40	Clophen A 40	114	避蚊酯	Dimethyl phthalate
74	多氯联苯 A 50	Clophen A 50	115	DMSA	Dimethylaminosulfanilide
75	多氯联苯 A 60	Clophen A 60	116	DMST	Dimethylaminosulfotoluidide
76	调果酸	Cloprop	117	敌螨普	Dinocap technical mixture of isomers
77	二氯吡啶酸	Clopyralid			
78	氯酯磺草胺	Cloransulam-methyl	118	地乐酚	Dinoseb
79	噻虫胺	Clothianidin	119	地乐酯	Dinoseb acetate
80	杀鼠醚	Coumatetralyl	120	呋虫胺	Dinotefuran
81	氰霜唑	Cyazofamid	121	二氧威	Dioxacarb
82	环丙酰草胺	Cyclanilide	122	敌草快	Diquat dibromide hydrate
83	乙氰菊酯	Cycloprothrin	123	二嗪农	Dithianon

续表

序号	中文名称	英文名称	序号	中文名称	英文名称
124	敌草隆	Diuron	164	氟磺胺草醚	Fomesafen
125	4,6-二硝基邻甲酚	DNOC	165	氯吡脲	Forchlorfenuron
126	十二环吗啉	Dodemorph	166	伐虫脒盐酸盐	Formetanate hydrochloride
127	多果定	Dodine	167	三乙膦酸铝	Fosetyl-aluminium
128	甲氨基阿维菌素苯甲酸盐	Emamectin benzoate	168	噻唑硫磷	Fosthiazate
			169	丁硫环磷	Fosthietan
129	草多索	Endothal	170	呋线威	Furathiocarb
130	异狄氏剂醛	Endrin aldehyde	171	拌种胺	Furmecyclox
131	乙烯利	Ethephon	172	赤霉素	Gibberellic acid
132	磺噻隆	Ethidimuron	173	草铵磷	Glufosinate ammonium
133	乙硫苯威	Ethiofencarb	174	草甘膦	Glyphosate
134	乙硫苯威砜	Ethiofencarb-sulfone	175	氟吡乙禾灵	Haloxyfop-2-ethoxyethyl
135	乙硫苯威亚砜	Ethiofencarb-sulfoxide	176	氟吡甲禾灵	Haloxyfop-methyl
136	乙菌定	Ethirimol	177	氟蚁腙	Hydramethylnon
137	乙撑硫脲	Ethylene thiourea	178	甲氧咪草烟	Imazamox
138	噁唑菌酮	Famoxadone	179	甲咪唑烟酸	Imazapic
139	敌磺钠	Fenaminosulf	180	咪唑烟酸	Imazapyr
140	抗螨唑	Fenazaflor	181	咪唑喹啉酸	Imazaquin
141	苯丁锡	Fenbutatin oxide	182	咪唑乙烟酸	Imazethapyr
142	环酰菌胺	Fenhexamid	183	亚胺唑	Imibenconazole
143	2,4,5 滴丙酸	Fenoprop (silvex, 2,4,5-TP)	184	吡虫啉	Imidacloprid
144	噁唑禾草灵	Fenoxaprop-ethyl	185	双胍辛胺乙酸盐	Iminoctadine triacetate
145	丁苯吗啉	Fenpropimorph	186	茚虫威	Indoxacarb
146	氧倍硫磷	Fenthion oxon	187	甲基碘磺隆	Iodosulfuron-methyl
147	氧倍硫磷砜	Fenthion oxon sulfone	188	碘苯腈	Ioxynil
148	氧倍硫磷亚砜	Fenthion oxon sulfoxide	189	异丙菌胺	Iprovalicarb
149	薯瘟锡	Fentin acetate	190	异丙隆	Isoproturon
150	氯化薯瘟锡	Fentin-chloride	191	异唑隆	Isouron
151	非草隆	Fenuron	192	异噁酰草胺	Isoxaben
152	啶嘧磺隆	Flazasulfuron	193	异噁氟草	Isoxaflutole
153	氟啶胺	Fluazinam	194	噻嗯菊酯	Kadethrin
154	吡虫隆	Fluazuron	195	克来范	Kelevan
155	嘧唑螨	Flubenzimine	196	虱螨脲	Lufenuron
156	氟酮磺隆	Flucarbazone-sodium	197	抑芽丹	Maleic hydrazide
157	氟氯苯菊酯	Flumethrin	198	2甲4氯丁酸	MCPB
158	唑嘧磺草胺	Flumetsulam	199	助壮素	Mepiquat chloride
159	伏草隆	Fluometuron	200	脱叶磷	Merphos
160	氟酰亚胺	Fluoroimide	201	甲磺胺磺隆	Mesosulfuron-methyl
161	氟草烟	Fluroxypyr	202	甲基磺草酮	Mesotrion
162	磺菌胺	Flusulfamide	203	四聚乙醛	Metaldehyde
163	氟噻乙草酯	Fluthiacet-methyl	204	甲硫威	Methiocarb

续表

序号	中文名称	英文名称	序号	中文名称	英文名称
205	甲硫威亚砜	Methiocarb sulfoxide	244	猛杀威	Promecarb
206	溴谷隆	Methobromuron	245	霜霉威	Propamocarb
207	灭多威	Methomyl	246	丙苯磺隆	Propoxycarbazone-sodium
208	甲氧虫酰肼	Methoxyfenozide	247	丙烯硫脲	Propylene thiourea
209	甲基异硫氰酸酯	Methyl isothiocyanate	248	氟磺隆	Prosulfuron
210	代森联	Metiram	249	发硫磷	Prothoate
211	速灭威	Metolcarb	250	吡蚜酮	Pymetrozin
212	磺草胺唑	Metosulam	251	苄草唑	Pyrazolynate
213	甲氧隆	Metoxuron	252	吡嘧黄隆	Pyrazosulfuron-ethyl
214	甲磺隆	Metsulfuron-methyl	253	除虫菊酯	Pyrethrins
215	密灭汀	Milbemectin	254	哒草特	Pyridate
216	灭草隆	Monuron	255	定菌腈	Pyridinitril
217	草不隆	Neburon	256	啶斑肟	Pyrifenox
218	烟嘧磺隆	Nicosulfuron	257	嘧草硫醚	Pyrithiobac sodium
219	烯啶虫胺	Nitenpyram	258	喹禾灵	Quizalofop-ethyl
220	氟酰脲	Novaluron	259	玉嘧黄隆	Rimsulfuron
221	八氯二丙醚	Octachlorodipropyl ether	260	鱼藤酮	Rotenone
222	喹乙醇	Olaquindox	261	多杀菌素	Spinosad
223	氧乐果	Omethoate	262	乙酰磺胺对硝基苯	Sulfanitran
224	联苯酚	Ortho-phenylphenol	263	磺酰唑草酮	Sulfentrazone
225	胺磺灵	Oryzalin	264	磺酰磺隆	Sulfosulfuron
226	杀线威	Oxamyl	265	三氯乙酸钠	TCA-sodium
227	噁喹酸	Oxolinic acid	266	虫酰肼	Tebufenozide
228	甲基异内吸磷亚砜	Oxy-demeton methyl	267	伏虫隆	Teflubenzuron
229	二氯百草枯	Paraquat dichloride	268	双硫磷	Temephos
230	五氯酚	Pentachlorophenol	269	叔丁基胺	Tert-butylamine
231	家蝇磷	Phenkapton	270	涕必灵	Thiabendazole
232	甜菜宁	Phenmedipham	271	噻虫啉	Thiacloprid
233	甲拌磷亚砜	Phorate sulfoxide	272	赛苯隆	Thidiazuron
234	硫环磷	Phosfolan	273	噻吩磺隆	Thifensulfuron-methyl
235	氧亚胺硫磷	Phosmet-oxon	274	杀虫环草酸盐	Thiocyclam hydrogenoxalate
236	辛硫磷	Phoxim	275	硫双威	Thiodicarb
237	邻苯二甲酸，二-(2-乙己基)酯	Phthalic acid, di-(2-ethylhexyl) ester	276	久效威	Thiofanox
			277	久效威砜	Thiofanox-sulfone
238	邻苯二甲酸，二丁酯	Phthalic acid, dibutyl ester	278	久效威亚砜	Thiofanox-sulfoxide
239	邻苯二甲酸，二环己基酯	Phthalic acid, dicyclohexyl ester	279	甲基硫菌灵	Thiophanate-methyl
			280	乙基硫菌灵	Thiophanat-ethyl
240	毒莠定	Picloram	281	泰妙菌素	Tiamulin-fumarate
241	脱甲基抗蚜威	Pirmicarb-desmethyl	282	唑虫酰胺	Tolfenpyrad
242	甲基氟嘧磺隆	Primisulfuron-methyl	283	噻虫啉	Triacloprid
243	调环酸钙	Prohexadione-calcium	284	醚苯磺隆	Triasulfuron

续表

序号	中文名称	英文名称	序号	中文名称	英文名称
285	咪唑嗪	Triazoxide	292	氟胺磺隆	Triflusulfuron-methyl
286	苯磺隆	Tribenuron-methyl	293	嗪胺灵	Triforine
287	敌百虫	Trichlorfon	294	三甲基碘化锍	Trimethylsulfonium iodide
288	敌百虫	Trichlorphon	295	蚜灭磷	Vamidothion
289	绿草定	Triclopyr	296	蚜灭磷砜	Vamidothion sulfone
290	杀铃脲	Tridemorph	297	蚜灭磷亚砜	Vamidothion sulfoxide
291	杀虫隆	Triflumuron	298	Z-氯氰菊酯	Zeta cypermethrin

再次，在选定的 GC-MS 萃取净化检测条件下，对气相色谱质谱库中 541 种化合物进行方法适用性筛选。发现 32 种化合物配制混合标准溶液后稳定性较差，降解很快，无法进行添加回收率等一系列实验。这 32 种化合物见表 8-11。

表 8-11　配成混合标准溶液后很快分解的 32 种农药化学品

序号	中文名称	英文名称	序号	中文名称	英文名称
1	赛硫磷	Amidithion	17	硫赶内吸磷	Demeton-S
2	燕麦灵	Barban	18	百治磷	Dicrotophos
3	丙硫克百威	Benfuracarb	19	野燕枯	Difenzoquat-methyl sulfate
4	甲羧除草醚	Bifenox	20	乙氧呋啉	Ethoxyquin
5	辛酰溴苯腈	Bromoxynil octanoate	21	苯溴氧磷	Leptophos oxon
6	克菌丹	Captan	22	叶菌唑	Metconazole
7	双酰草胺	Carbetamide	23	久效磷	Monocrotophos
8	灭螨猛	Chinomethionat	24	噻菌灵	Probenazole
9	氯草敏	Chloridazon	25	特普	TEPP
10	氯嘧磺隆	Chlorimuron-ethyl	26	特草定	Terbacil
11	氯硫酰草胺	Chlorthiamid	27	福美双	Thiram
12	四螨嗪	Clofentezine	28	四溴菊酯	Tralomethrin
13	苯醚氰菊酯	Cyphenothrin	29	三环唑	Tricyclazole
14	灭蝇胺	Cyromazine	30	氟菌唑	Triflumizole
15	棉隆	Dazomet	31	戊叉唑菌	Triticonazole
16	硫逐内吸磷	Demeton-O	32	灭除威	XMC

将余下的 509 种农药，配成 A、B、C、D、E 5 种混合溶液添加到实际样品中，考察它们在样品中的稳定性和对提取、净化条件的适用性。实验发现有 12 种农药不适用 GC-MS 法测定，主要原因是回收率低于 30%，见表 8-12。

表 8-12　回收率低于 30% 的 12 种农药化学品

序号	中文名称	英文名称	序号	中文名称	英文名称
1	莠灭净	Ametryne	7	百菌清	Chlorothalonil
2	双甲脒	Amitraz	8	环虫酰肼	Chromafenozide
3	噻嗪酮	Buprofezin	9	苯并菲	Chrysene
4	敌菌丹	Captafol	10	解毒酯	Cloquintocet-mexyl
5	丁硫克百威	Carbosulfan	11	氰草津	Cyanazine
6	杀虫脒	Chlordimeform	12	苯氧磺胺	Dichlofluanid

最后去掉上述不适用化合物后，余下的497种农药化学品就是GC-MS可检测的品种，其筛选过程见图8-1。

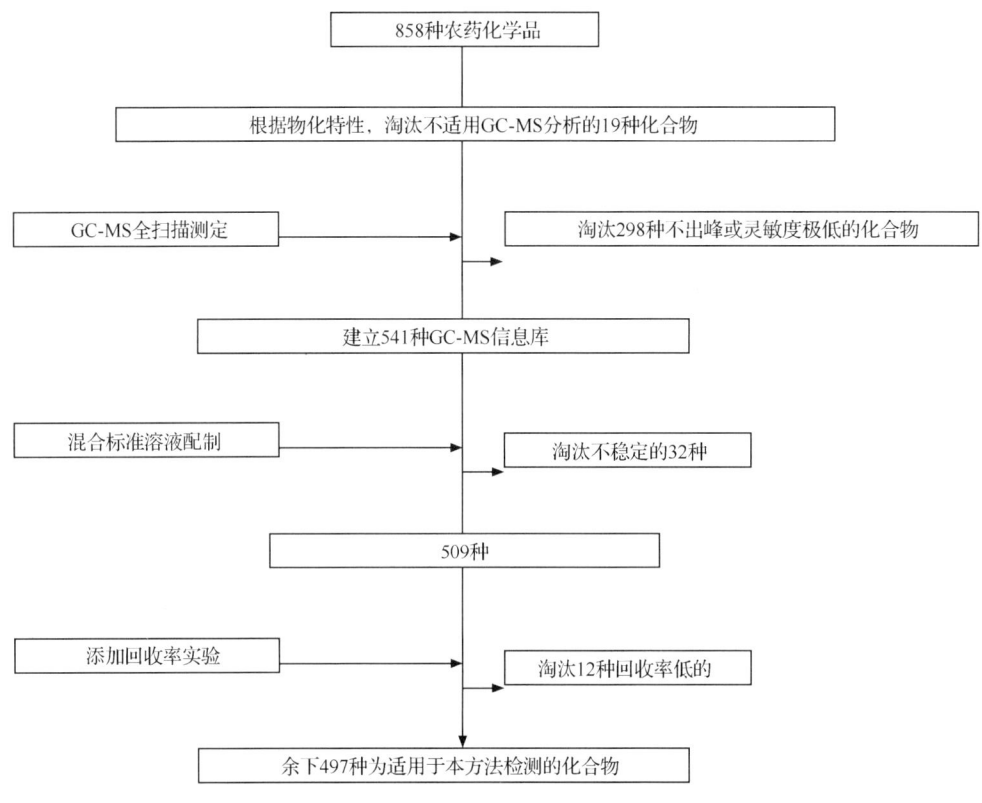

图 8-1　GC-MS 检测的 497 种农药筛选流程图

8.6.5.2　LC-MS/MS 检测农药的筛选

1）目标农药的质谱筛选

将838种农药标准品分别配制成单一标准溶液，采用注射泵进样、ESI离子源正负离子扫描方式分别进行监测，对各种农药化学品进行Q1单级质谱母离子扫描，结果有110种农药找不到母离子，见表8-13。

表 8-13　ESI 离子源正负离子扫描找不到母离子的 110 种农药化学品

序号	中文名称	英文名称	序号	中文名称	英文名称
1	二溴乙烷	1,2-Dibromo ethane	14	溴烯杀	Bromocylen
2	2,3,5,6-四氯苯胺	2,3,5,6-Tetrachloroaniline	15	溴螨酯	Bromopropylate
3	3,5-二氯苯胺	3,5-Dichloroaniline	16	辛酰溴苯腈	Bromoxynil octanoate
4	灭螨醌	Acequinocyl	17	毒杀芬	Camphechlor
5	双甲脒	Amitraz	18	克菌丹	Captan
6	杀草强	Amitrole	19	三硫磷	Carbofenothion
7	代森铵	Amobam	20	灭螨猛	Chinomethionat
8	敌菌灵	Anilazine	21	灭螨猛	Quinomethionate
9	杀螨特	Aramite	22	杀螨醚	Chlorbenside
10	三唑锡	Azocyclotin	23	氯丹	Chlordane technical mixture
11	噁虫威	Bendiocarb	24	开蓬	Chlordecone(kepone)
12	甲羧除草醚	Bifenox	25	燕麦酯	Chlorfenprop-methyl
13	联苯	Biphenyl	26	杀螨酯	Chlorfenson

序号	中文名称	英文名称	序号	中文名称	英文名称
27	乙酯杀螨醇	Chlorobenzilate	69	炔咪菊酯	Imiprothrin
28	氯苯甲醚	Chloroneb	70	碘硫磷	Iodofenphos
29	百菌清	Chlorothalonil	71	异菌脲	Iprodione
30	乙菌利	Chlozolinate	72	异艾氏剂	Isodrin
31	α-氯丹	*cis*-Chlordane	73	溴苯磷	Leptophos
32	乙氰菊酯	Cycloprothrin	74	2-甲-4-氯丁氧乙基酯	MCPA-butoxyethyl ester
33	三环锡	Cyhexatin	75	甲硫威砜	Methiocarb sulfone
34	氯氰菊酯	Cypermethin	76	甲氧滴滴涕	Methoxychlor
35	敌草索	Dacthal	77	灭蚁灵	Mirex
36	p,p'-DDE	p,p'-DDE	78	三氯甲基吡啶	Nitrapyrin
37	p,p'-DDT	p,p'-DDT	79	五氯甲氧基苯	Pentachloroanisole
38	溴氰菊酯	Deltamethrin	80	五氯苯	Pentachlorobenzene
39	2,2′,4,5,5′-五氯联苯	DE-PCB 101	81	乙滴涕	Perthane
40	2,3,4,4′,5-五氯联苯	DE-PCB 118	82	邻苯二甲酸	Phthalic acid
41	2,2′,4,4′,5,5′-六氯联苯	DE-PCB 153	83	甲基氟嘧磺隆	Primisulfuron-methyl
42	2,2′,3,4,4′,5,5′-七氯联苯	DE-PCB 180	84	环丙氟灵	Profluralin
			85	调环酸钙	Prohexadione-calcium
43	2,2′,5,5′-四氯联苯	DE-PCB 52	86	氟磺隆	Prosulfuron
44	敌草腈	Dichlobenil	87	氯甲喹啉酸	Quinmerac
45	二氯萘醌	Dichlone	88	五氯硝基苯	Quintozene
46	除螨灵	Dienochlor	89	玉嘧黄隆	Rimsulfuron
47	噻节因	Dimethipin	90	苯噻硫氰	TCMTB
48	地乐酯	Dinoseb acetate	91	四氯硝基苯	Tecnazene
49	敌恶磷	Dioxathion	92	七氟菊酯	Tefluthrin
50	丁酰肼	DMSA	93	三氯杀螨砜	Tetradifon
51	异狄氏剂	Endrin	94	杀螨氯硫	Tetrasul
52	抑草蓬	Erbon	95	杀虫环草酸盐	Thiocyclam hydrogenoxalate
53	乙丁烯氟灵	Ethalfluralin	96	福美双	Thiram
54	抗螨唑	Fenazaflor	97	四溴菊酯	Tralomethrin
55	苯丁锡	Fenbutatin oxide	98	反式-氯丹	*trans*-Chlordane
56	氧皮蝇磷	Fenchlorphos oxon	99	苯磺隆	Tribenuron-methyl
57	拌种咯	Fenpiclonil	100	灭草环	Tridiphane
58	芬螨酯	Fenson	101	氟菌唑	Triflumizole
59	薯瘟锡	Fentin acetate	102	反式-九氯	*trans*-Nonachlor
60	氟节胺	Flumetralin	103	1,2-二氯丙烷	1,2-Dichloropropane
61	氟喹唑	Fluquinconazole	104	溴氯甲烷	Bromochloromethane
62	氟草烟-1-甲庚酯	Fluroxypr-1-methylheptyl ester	105	灭草定	Methazole
63	伐虫脒盐酸盐	Formetanate hydrochloride	106	硫丹	Endosulfan
64	林丹	γ-HCH	107	苄螨醚	Halfenprox
65	草甘膦	Glyphosate	108	碳氯灵	Isobenzan
66	α-六六六	α-HCH	109	环氧丙烷	Propylene oxide
67	环氧七氯	Heptachlor-epoxide	110	四氯苯酞	Phthalide
68	己唑醇	Hexaconazole			

然后对找到母离子的 728 种农药进行碎片离子扫描，其中有 18 种农药找不到碎片离子，见表 8-14。

表 8-14　ESI 离子源正负离子分别监测扫描找不到子离子的 18 种农药化学品

序号	中文名称	英文名称	序号	中文名称	英文名称
1	阿维菌素	Abamectin	10	安硫磷	Formothion
2	二氢苊	Acenaphthene	11	甲基异硫氰酸甲酯	Methyl isothiocyanate
3	燕麦灵	Barban	12	合成麝香	Musk ambrette
4	呋草黄	Benfuresate	13	除草醚	Nitrofen
5	乐杀螨	Binapacryl	14	酞菌酯	Nitrothal-isopropyl
6	氯酞酸甲酯	Chlorthal-dimethyl	15	二氯百草枯	Paraquat dichloride
7	2,4,4′-三氯联苯	DE-PCB 28	16	四氟苯菊酯	Transfluthrin
8	2,4,5-三氯联苯	DE-PCB 31	17	哒菌酮	Diclomezine
9	氟氯苯菊酯	Flumethrin	18	1,3-二氯丙烯（顺式和反式）	1,3-Dichloropropene(cis-,trans-)

对表 8-13、表 8-14 所列的 128 种 ESI 源不能检测的农药化学品进行 APCI 离子源监测，分别进行 Q1 和产物离子扫描，仅有 38 种农药找到了完整的母离子和子离子信息（表 8-15），其余 90 种 ESI 和 APCI 离子源均没有找到母离子或找到母离子而没有找到子离子，所以在这一步又淘汰了这 90 种农药。

表 8-15　APCI 离子源正负离子监测得到完整 Q1 和碎片信息的 38 种农药化学品

序号	中文名称	英文名称	序号	中文名称	英文名称
	APCI 正离子监测化合物（28 种）		21	炔咪菊酯	Imiprothrin
1	双甲脒	Amitraz	22	溴苯磷	Leptophos
2	杀草强	Amitrole	23	2-甲-4-氯丁氧乙基酯	MCPA-butoxyethyl ester
3	敌菌灵	Anilazine	24	三氯甲基吡啶	Nitrapyrin
4	噁虫威	Bendiocarb	25	五氯甲氧基苯	Pentachloroanisole
5	乐杀螨	Binapacryl	26	五氯苯	Pentachlorobenzene
6	联苯	Biphenyl	27	环丙氟灵	Profluralin
7	溴烯杀	Bromocylen	28	1,3-二氯丙烯（顺式和反式）	1,3-Dichloropropene (cis-,trans-)
8	毒杀芬	Camphechlor			
9	克菌丹	Captan		APCI 负离子监测化合物（10 种）	
10	三硫磷	Carbofenothion	29	阿维菌素	Abamectin
11	杀螨酯	Chlorfenson	30	呋草黄	Benfuresate
12	百菌清	Chlorothalonil	31	甲羧除草醚	Bifenox
13	氯酞酸甲酯	Chlorthal-dimethyl	32	二氯萘醌	Dichlone
14	三环锡	Cyhexatin	33	噻节因	Dimethipin
15	敌草索	Dacthal	34	碘硫磷	Iodofenphos
16	地乐酯	Dinoseb acetate	35	异菌脲	Iprodione
17	丁酰肼	DMSA	36	除草醚	Nitrofen
18	乙丁烯氟灵	Ethalfluralin	37	三氯杀螨砜	Tetradifon
19	芬螨酯	Fenson	38	福美双	Thiram
20	氟节胺	Flumetralin			

2）EPI 扫描质谱库数据的采集

对 ESI 和 APCI 两种离子源监测下具有完整质谱条件的 748 种农药化学品，进行 EPI 质谱的扫描研究，并采集每种农药和相关化学品的质谱信息。采集过程是：使用注射泵进样方式，以 $5\mu L/min$ 的流速进行注射，在选定的电离方式下，首先进行 Q1 扫描筛选，监测农药的母离子，扫描范围的选择由所检测农药的质量数以及结构决定，同时判定检测农药的极性，扫描速率为 $1000amu/s$。确定母离子后，优化该农药的 DP 电压，进行母离子的 EPI 扫描，在已确定的 DP 电压下，分别选择 20V、35V 和 50V 3 个能量对母离子进行碰撞，通过累加的方式采集图谱，线性离子阱的填充时间设为 20ms，每种农药可获得 3 张不同碰撞能量的 EPI 谱图。从而，建立了 748 种农药化学品在 3 个不同碰撞能量（CE）条件下的 EPI 扫描质谱图库，其中 1 种农药的 EPI 扫描质谱图例见图 8-2，这类扫描质谱图在所建库中共有 748 套。同时分别得到各种农药化学品优化了的 DP、CE、CXP 等质谱参数。

3）LC-MS/MS 条件优化

在建立上述 EPI 扫描质谱图库基础上，对质谱图库中的 666 种农药化学品（由于质谱图库中的 82 种药物标准用完，不参加后面的筛选）按照每 20 个为一组，以大约 $10\mu g/mL$ 的相同浓度配制混合标准，进行 LC-MS/MS 条件优化，并按照 ESI 离子源的正负离子扫描方式和 APCI 离子源的正负离子扫描方式分别选择了 4 组（80 种）代表性的农药优化了 LC-MS/MS 的气帘气、雾化气、辅助加热气、喷雾电压和离子化温度等条件。淘汰了 71 种在 LC-MS/MS 后不出峰或灵敏度极低的农药化学品，见表 8-16，对剩余 595 种农药按照保留时间进行整体分组，分为 A、B、C、D、E、F、G、H、I 组。

Information for 1，2-Dibromo-3-chloropropane			
Original Name：	1，2-Dibromo-3-chloropropane.wiff		
Mass Spectrometer	3200 Q TRAP		
	Linear Ion Trap Quadrupole LC-MS/MS		
Harvard Syringe Pump Method Properties（Tune Control）			
Syringe Diameter（mm）：4.60			
Flow Rate：	$10.000\mu L/min$		
Period 1：			
Scans in Period：	20		
Relative Start Time：	0.00 msec	Experiments in Period：1	
Period 1　Experiment 1：			
Scan Type：	Enhanced Product Ion（EPI）	Intensity Thres.：	0.00cps
Polarity：	Negative	Settling Time：	0.0000msec
Scan Mode：	Profile	MR Pause：	5.0070msec
Ion Source：	Turbo Spray	Q0 trapping：	No
♯ Scans to Sum：	2	MCA：	Yes
Product Of：	233.10 amu	Center/Width：	No
Resolution Q1：	Unit	LIT fill time：	20.00msec
Scan Rate：	1000amu/s	Dynamic Fill Time：	On
Parameter Table（Period 1 Experiment 1）			
CUR：	10.00	CAD：	Medium
IS：	−4500	DP：	−48
TEM：	0.00	EP	−10.00
GS1：	10	CEP	−20.47
GS2：	0.00	C2B	350.00
ihe：	ON	CES	0.00

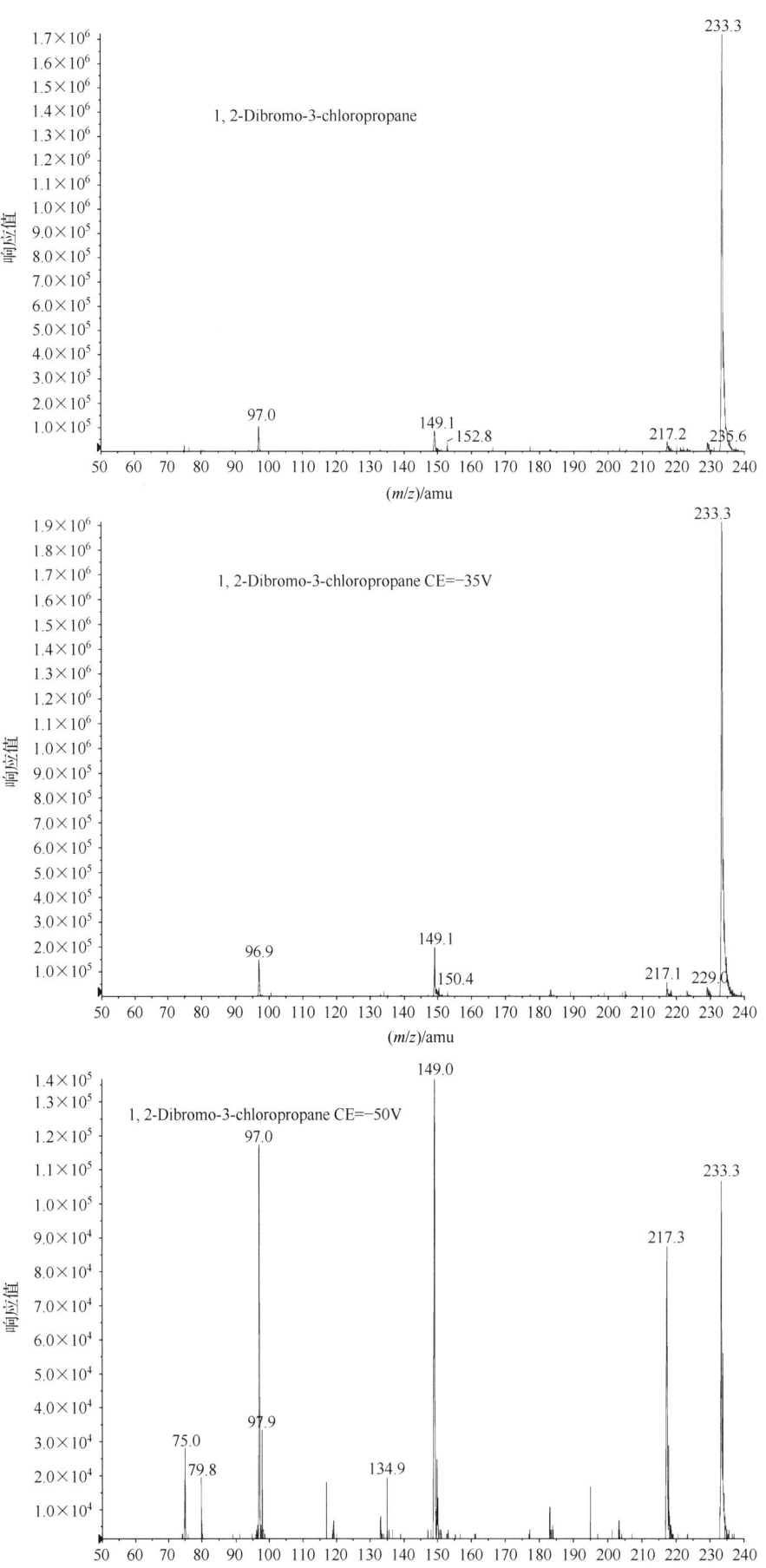

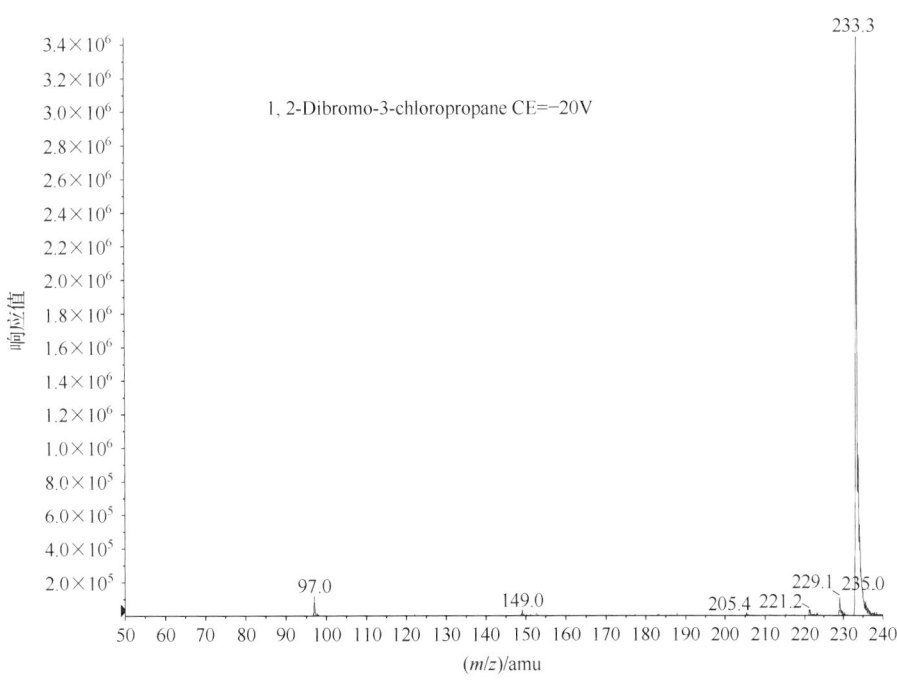

图 8-2　1,2-Dibromo-3-chloropropane EPI 扫描质谱图例

表 8-16　在串联液相色谱后不出峰或灵敏度极低的 71 种农药化学品

序号	中文名称	英文名称	序号	中文名称	英文名称
	ESI 正离子扫描		23	敌菌丹	Captafol
1	氟丙菊酯	Acrinathrin	24	氯菊酯	Permethrin
2	溴虫腈	Chlorfenapyr	25	双胍盐	Guazatine triacetate
3	苯醚氰菊酯	Cyphenothrin	26	氯化苦	Chloropicrin
4	氰戊菊酯	Fenvalerate	27	氯氧磷	Chlorethoxyfos
5	菲	Phenanthrene	28	2,2',3,4,4',5-六氯联苯	DE-PCB138
6	丙森锌	Propineb	29	敌草快	Diquat dibromide hydrate
7	氟硅菊酯	Silafluofen	30	丁硫克百威	Carbosulfan
8	氟胺磺隆	Triflusulfuron-methyl	31	敌螨普、开拉散、消螨普	Dinocap technical mixture of isomers
9	四唑酰草胺	Fentrazamide			
10	吡草酮	Benzofenap	32	丙硫克百威	Benfuracarb
11	溴丁酰草胺	Bromobutide	33	联苯菊酯	Bifenthrin
12	抑草磷	Butamifos	34	泰妙菌素	Tiamulin-fumerate
13	烯丙酰草胺	Dichlormid	35	2,3,4,5-四氯甲氧基苯	2,3,4,5-Tetrachloroanisole
14	乙螨唑	Etoxazole	36	六氯苯	Hexachlorobenzene
15	异噁唑磷	Isoxathion	37	4,4'-二溴二苯甲酮	4,4'-Dibromobenzophenone
16	异丙草胺	Propisochlor	38	马拉氧磷	Malaoxon
17	嘧草醚	Pyriminobac-methyl	39	吡蚜酮	Pymetrozin
18	乙氧苯草胺	Etobenzanid	40	噁唑隆	Dimefuron
19	环庚草醚	Cinmethylin	41	对硫磷	Parathion
20	五氯苯胺	Pentachloroaniline	42	氰氟草酯	Cyhalofop-butyl
21	氟氯氰菊酯	Cyfluthrin	43	三苯基磷酸盐	Triphenylphosphate
22	狄氏剂	Dieldrin	44	毒虫畏	Chlorfenvinphos

序号	中文名称	英文名称	序号	中文名称	英文名称
45	茉莉酮	Prohydrojasmon	58	芬螨酯	Fenson
	ESI负离子扫描		59	双甲脒	Amitraz
46	高效氯氟氰菊酯	λ-Cyhalothrin	60	杀螨酯	Chlorfenson
47	二溴氯丙烷	1,2-Dibromo-3-chloropropane	61	2-甲-4-氯丁氧乙基酯	MCPA-butoxyethyl ester
48	八氯苯乙烯	Octachlorostyrene	62	克菌丹	Captan
49	丙烯硫脲	Propylene thiourea	63	炔咪菊酯	Imiprothrin
50	氯杀螨砜	Chlorbenside sulfone	64	乐杀螨	Binapacryl
51	多果定	Dodine	65	三硫磷	Carbofenothion
	APCI正离子扫描		66	氯酞酸甲酯	Chlorthal-dimethyl
52	丁酰肼	DMSA	67	敌草索	Dacthal
53	联苯	Biphenyl	68	三环锡	Cyhexatin
54	五氯苯	Pentachlorobenzene	69	毒杀芬	Camphechlor
55	百菌清	Chlorothalonil		APCI负离子扫描	
56	五氯甲氧基苯	Pentachloroanisole	70	二氯萘醌	Dichlone
57	敌菌灵	Anilazine	71	福美双	Thiram

4）各组农药在蜂蜜基质中的适应性鉴定

各组均配制成基质标准溶液，然后进样，发现有21种农药化学品基质标准不出峰或灵敏度很低而被淘汰，见表8-17。

表8-17　21种基质标准不出峰或灵敏度很低的农药化学品

组别	中文名称	英文名称	定量离子对/amu	定性离子对/amu		质谱参数		
						DP	CE	CXP
E	福美锌	Ziram	305.0/88.1	305.0/88.1	305.0/112.1	25	29	22	2.0	2.3
E	醚菊酯	Etofenprox	394.2/177.2	394.2/177.2	394.2/359.2	37	21	15	3.0	4.0
E	乙羧氟草醚	Fluoroglycofen-ethyl	465.1/344.0	465.1/344.0	465.1/300.0	38	19	37	4.0	4.0
F	α-氯氰菊酯	α-Cypermethrin	416.1/127.1	416.1/127.1	416.1/191	47	37	17	2.0	2.5
G	五氯酚	Pentachlorophenol	282.0/160.0	282.0/160.0	282.0/254	−65	−25	−29	−1.5	−1.5
G	水胺硫磷	Isocarbophos	288.1/228.0	288.1/228.0	288.1/214.0	−19.0	−17.0	−20	−2.0	−1.5
G	七氯	Heptachlor	369.2/163.1	369.2/163.1	369.2/193.1	−56	−46	−36	−1.5	−1.0
G	三氯杀虫酯	Plifenate	369.2/163.1	369.2/163.1	369.2/337.3	−65	−47	−38	−1.0	−2.0
G	丙苯磺隆	Propoxycarbazone-sodium	397.2/113.0	397.2/113.0	397.2/156.1	−22	−41	−19	−1.5	−1.5
G	叶枯酞	Tecloftalam	444.0/212.9	444.0/212.9	444.0/400	−10	−29	−13	−1.5	−3.5
G	氟啶胺	Fluazinam	462.9/415.9	462.9/415.9	462.9/397.9	−32	−30	−26	−2.0	−2.2
G	虱虫隆	Fluazuron	504.2/156.0	504.2/156.0	504.2/305.1	−65	−19	−21	−2.0	−1.5
G	克来范	Kelevan	628.8/422.6	628.8/422.6	628.8/169	−55	−40	−37	−2.0	−1.0
H	三氯甲基吡啶	Nitrapyrin	230.1/194.0	230.1/194.0	230.1/133.1	24	24	43	2.5	2.5
H	地乐酯	Dinoseb acetate	283.3/121.1	283.3/121.1	283.3/119.1	64	34	39	2.0	2.0
H	乙丁烯氟灵	Ethalfluralin	334.2/202.1	334.2/202.1	334.2/232.1	25	33	25	2.5	2.5
H	环丙氟灵	Profluralin	348.2/272.2	348.2/272.2	348.2/232.1	28	33	24	3	3.0
H	溴烯杀	Bromocylen	411.0/171.1	411.0/171.1	411.0/379.0	35	35	25	2.0	3.5
H	氟节胺	Flumetralin	422.1/143.0	422.1/143.0	422.1/232.1	19	34	26	2.5	2.5
I	三氯杀螨砜	Tetradifon	353.3/163.1	353.3/163.1	353.3/177.1	−54	−44	−41	−1	−1
I	阿维菌素	Abamectin	871.7/565.6	871.7/565.6	871.7/299.2	−56	−39	−77	−4	−2

此时，剩余574种农药化学品，分别是A组84种、B组83种、C组92种、D组92种、E组77种、F组68种、G组（ESI负离子）68种、H组（APCI正离子）4种、I组（APCI负离子）6种。筛选流程见图8-3。

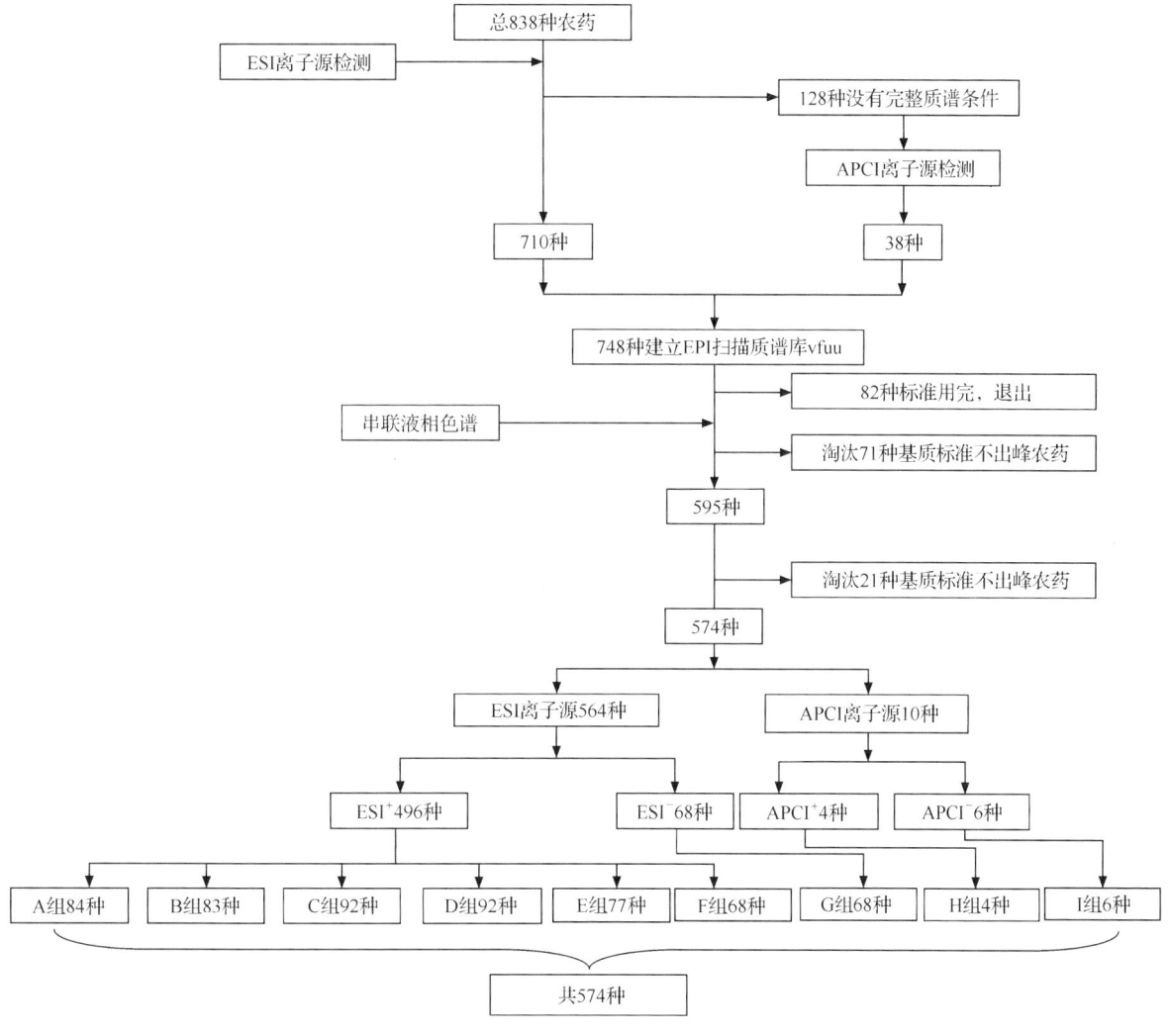

图8-3　838种农药化学品LC-MS/MS筛选及分组流程图

8.6.6　测定条件优化

8.6.6.1　GC-MS条件优化

通过查阅有关文献，多残留分析多采用中等偏弱极性的DB-1701系列色谱柱作为分析柱，也有用弱极性的HP-1色谱柱的。柱温采用三级程序升温方式。离子源采用EI源。加拿大标准方法PMR-005-V1.1中，采用的是DB-1701P（30m×0.25mm，0.25μm）色谱柱，无分流进样，进样口温度250℃，柱温由初始温度40℃，保持1min，以30℃/min的速度程序升温至130℃，再以6℃/min的速度程序升温至250℃，再以30℃/min的速度程序升温至300℃保持10min。选择了与其非常相近的DB-1701（30m×0.25mm，0.25μm）石英毛细管色谱柱。色谱柱温度：40℃保持1min，以30℃/min的速度程序升温至130℃，再以5℃/min的速度程序升温至250℃，再以10℃/min的速度程序升温至300℃保持5min。载气流速：1.2mL/min。离子源温度：230℃。GC-MS温度：280℃。

对于GC-MS分析来说，科学地选择每种目标化合物的定性和定量离子是非常重要的。针对检测的农药品种多、保留时间相对集中的情况，在选择离子时遵循下面四点原则：①选择相对基峰大于10%丰度的离子，尽量将分子离子作为检测离子；②尽量选择丰度高的碎片离子，如基峰；③选择其他农药和流出物不存在的离子,尽量减少农药之间的相互干扰,特别是减少与目标化合物保留时间接近的杂质干扰;④选择的监测离子在基质中,扣除背景后,其信噪比应尽量大于3。

根据上面确定的原则,将要检测的农药化合物先进行标准物质的扫描实验,得到它们的扫描质谱图和保留时间。每种化合物分别选择1个定量离子和2个定性离子,对于禁用的农药化合物选择3个定性离子。根据475种农药化合物的保留时间分为A、B、C、D、E 5组,每组分别包括约100种农药。为保证每种农药化合物的灵敏度,每组所有需要检测的离子按照出峰顺序,分时段分别监测。适当控制每个时间段内监测的离子数目和驻留时间,并注意每个时间段开始时,要考虑前一时段未出完全的峰和已经开始出现的峰。每个离子的驻留时间是可以调整的,以保证通过每个色谱峰具有恒定的循环扫描时间进行扫描,并保证所有监测的化合物都有足够的数据采集点。驻留时间的变化,不会影响积分结果。

8.6.6.2 LC-MS/MS 条件优化

1) 流动相及梯度洗脱程序优化

对于ESI正离子检测,在过去梯度程序优化的基础上,对流动相的选择和优化又先后做了6次对比实验,见表8-18。实验方法5在色谱峰的分离效果、监测时间及农药的灵敏度三方面,优于其他方法。然后在梯度方法5流动相中加入5%甲醇,发现对峰形及灵敏度改善不大,所以本着简化流动相配比的原则,选用实验方法5。

表8-18 流动相优化实验结果

时间/min	流速/(μL/min)	水/%	乙腈/%	时间/min	流速/(μL/min)	水/%	乙腈/%
实验方法1				实验方法4			
0.00	200	95.0	5.0	0.00	200	90.00	10.0
4.00	200	50.0	50.0	4.00	200	50.0	50.0
15.00	200	40.0	60.0	15.00	200	40.0	60.0
20.00	200	20.0	80.0	20.00	200	20.0	80.0
25.00	200	5.0	95.0	25.00	200	5.00	95.0
32.00	200	5.0	95.0	32.00	200	5.00	95.0
32.01	200	90.0	10.0	32.01	200	90.00	10.0
40.00	200	90.0	10.0	50.00	200	90.00	10.0
实验方法2				实验方法5			
0.00	200	95.0	5.0	0.00	200	90.0	10.0
4.00	200	55.0	45.0	4.00	200	50.0	50.0
15.00	200	40.0	60.0	15.00	200	40.0	60.0
20.00	200	20.0	80.0	23.00	200	20.0	80.0
25.00	200	5.0	95.0	30.00	200	5.0	95.0
32.00	200	5.0	95.0	35.00	200	5.0	95.0
32.01	200	95.0	5.0	35.01	200	90.0	10.0
40.00	200	95.0	5.0	50.00	200	90.0	10.0
实验方法3				实验方法6			
0.00	200	95.00	5.00	0.00	200	95.0	5.0
10.00	200	45.00	55.00	4.00	200	45.0	55.0
20.00	200	20.00	80.00	15.00	200	40.0	60.0
25.00	200	5.00	95.00	23.00	200	20.0	80.0
32.00	200	5.00	95.00	30.00	200	5.0	95.0
32.01	200	95.00	5.00	35.00	200	5.0	95.0
42.00	200	95.00	5.00	35.01	200	95.0	5.0
				50.00	200	95.0	5.0

在方法建立过程中，分别对比了纯乙腈、乙腈-水（4∶1）、乙腈-水（3∶2）、乙腈-水（2∶3）、乙腈-水（1∶4）5种定容溶液对色谱分离效果和灵敏度的影响。结果发现，当定容溶液中乙腈占较大比例时，由于在梯度的前4min流动相中水占90%，定容液与流动相的有机相比例差距较大会引起溶剂效应，致使在农药监测的过程中出现多个双峰［图8-4（a）］。而当用乙腈-水（1∶4）定容时该现象完全消失。但是实验同时发现，用乙腈-水（1∶4）定容会使方法灵敏度整体降低。经过综合评价后选用乙腈-水（3∶2）作为定容溶液，在双峰现象显著改观的同时仍然具有较高的灵敏度［图8-4（b）］。

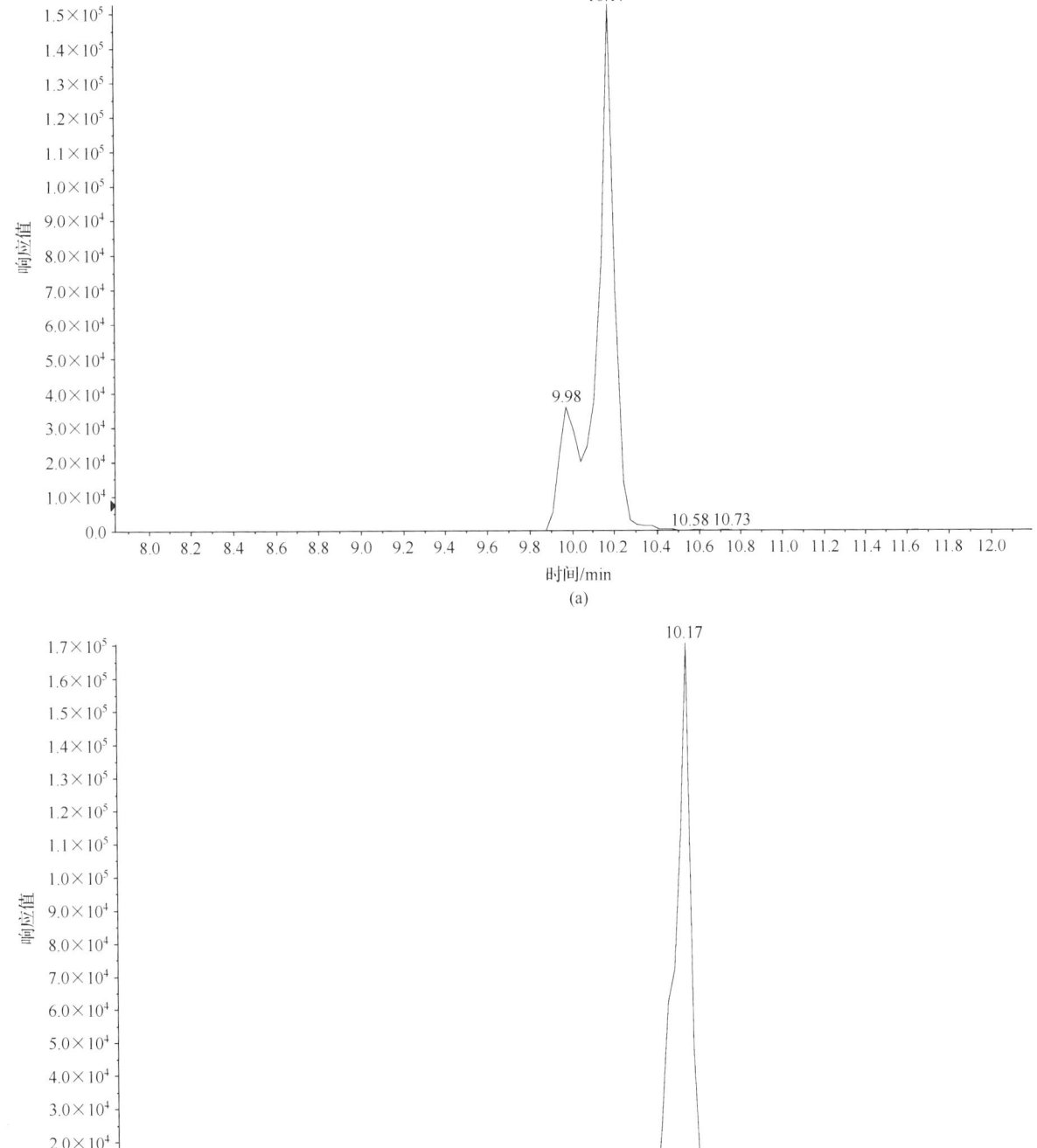

图8-4 溶剂效应示意图例
(a) 乙腈-水（4∶1）；(b) 乙腈-水（3∶2）

2)色谱柱选择

为了提高多组分农药的分离效果,对 Atlantis T3（150mm×2.1mm,3μm）、Atlantis dC$_{18}$（150mm×2.1mm,3μm）、Inertsil C$_8$-3（150mm×2.1mm,5μm）、Luna C$_{18}$（2mm×50mm,5μm）和 Luna C$_{18}$（50mm×2mm,3μm）5 种液相色谱柱的分离效果进行了对比实验,结果发现 Luna C$_{18}$（50mm×2mm,5μm）和 Luna C$_{18}$（50mm×2mm,3μm）属于大粒径和大内径色谱柱,这种色谱柱对多种农药的分离度不理想,且需要大流量流动相,给废液处理造成一定负担。其余色谱柱的分离效果没有发现明显差异,其中 Atlantis T3 在酸度、全水相适用性和稳定性方面略好,故采用该柱作为 ESI 正离子分离柱。对于 ESI 负离子检测,实验发现 Inertsil C$_8$-3 柱解决了应用 Atlantis T3 检测时产生双峰的现象,同时灵敏度也显著提高（图 8-5）,因此对 ESI 负离子检测采用 Inertsil C$_8$-3。

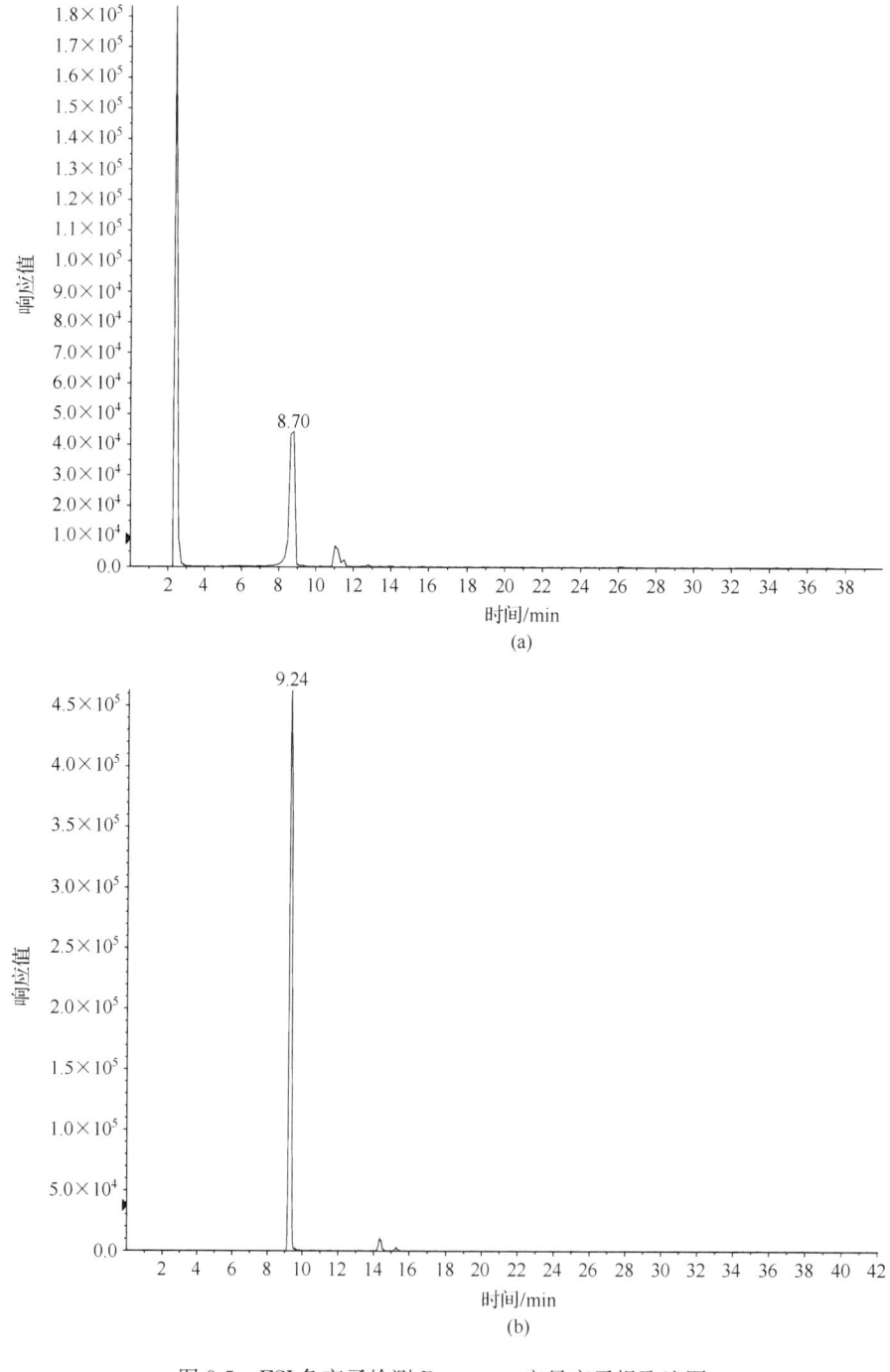

图 8-5　ESI 负离子检测 Bentazone 定量离子提取流图

(a) Atlantis T3 柱；(b) Inertsil C$_8$-3 柱

3) 提取和净化条件的优化

本着以简单的方法处理复杂样品的前处理宗旨,进行了下面条件优化:①提取上改变了水和二氯甲烷的提取比例,在不减少蜂蜜称样量和提取溶剂二氯甲烷量情况下,将水的加入量减少为 20mL,这样在 6 种蜂蜜的提取过程中全部避免了乳化现象出现,大大减轻了提取负担,提高了前处理效率,同时也减少了因乳化而导致的损失;②净化方面采用一根 Waters Sep-Pak Vac, Carbon NH_2 Cartridges 柱代替 Envi-Carb 活性炭柱和 Sep-Pak 氨基串联柱。这两点改进简化了前处理步骤,实验证明在提取效率和净化效果上均得到理想的结果。

8.6.7 线性范围、最小检出限和最低定量限

8.6.7.1 GC-MS

在选定的 GC-MS 条件下对 470 种农药化学品的线性范围进行了测定(个别药物量少用完,未作线性评价),考查的线性范围区间是 0.25LOD 至 10LOD 所对应的标准物含量。470 种农药中线性相关系数 (r) 高于 0.99 的有 426 个,占 90.6%;低于 0.99 的农药仅有 44 个,占 9.4%。470 种化合物线性范围、线性方程和线性相关系数数据参见 11.2.1 小节。

把每种农药化学品信噪比≥5 时的添加浓度确定为本方法最小检出限 (LOD),信噪比≥10 时的添加浓度确定为本方法最低定量限 (LOQ)。本章测定了 503 种农药化学品的 LOD 和 LOQ,503 种农药 LOD 全部在 0.001~0.300mg/kg 范围内。LOD 小于 0.010mg/kg 的农药占 46.5%,在 0.010~0.100mg/kg 范围的占 53.1%;LOD 大于 0.100mg/kg 的农药仅有 2 种,占 0.4%。由此可见,该方法具有较高的灵敏度和良好的线性范围。503 种农药的 LOD 和 LOQ 见表 8-19。

表 8-19 GC-MS 检测 503 种农药化学品最小检出限和最低定量限

序号	中文名称	英文名称	定量限/(mg/kg)	检出限/(mg/kg)	序号	中文名称	英文名称	定量限/(mg/kg)	检出限/(mg/kg)
1	二丙烯草胺	Allidochlor	0.0660	0.0330	21	除线磷	Dichlofenthion	0.0340	0.0170
2	烯丙酰草胺	Dichlormid	0.0340	0.0170	22	炔丙烯草胺	Pronamide	0.0340	0.0170
3	土菌灵	Etridiazol	0.1000	0.0500	23	兹克威	Mexacarbate	0.1000	0.0500
4	氯甲硫磷	Chlormephos	0.0660	0.0330	24	艾氏剂	Aldrin	0.0660	0.0330
5	苯胺灵	Propham	0.0340	0.0170	25	氨氟灵	Dinitramine	0.1320	0.0660
6	环草敌	Cycloate	0.0340	0.0170	26	皮蝇磷	Ronnel	0.0660	0.0330
7	联苯二胺	Diphenylamin	0.0340	0.0170	27	扑草净	Prometryne	0.0340	0.0170
8	杀虫脒	Chlordimeform	0.0340	0.0170	28	环丙津	Cyprazine	0.0340	0.0170
9	乙丁烯氟灵	Ethalfluralin	0.1320	0.0660	29	百菌清	Chlorothalonil	0.0660	0.0330
10	甲拌磷	Phorate	0.0340	0.0170	30	乙烯菌核利	Vinclozolin	0.0340	0.0170
11	甲基乙拌磷	Thiometon	0.0340	0.0170	31	β-六六六	β-HCH	0.0340	0.0170
12	五氯硝基苯	Quintozene	0.0660	0.0330	32	甲霜灵	Metalaxyl	0.1000	0.0500
13	脱乙基阿特拉津	Atrazine-desethyl	0.0340	0.0170	33	毒死蜱	Chlorpyifos (-ethyl)	0.0340	0.0170
14	异恶草松	Clomazone	0.0340	0.0170	34	甲基对硫磷	Methyl-parathion	0.1320	0.0660
15	二嗪磷	Diazinon	0.0340	0.0170	35	蒽醌	Anthraquinone	0.0340	0.0170
16	地虫硫磷	Fonofos	0.0340	0.0170	36	δ-六六六	δ-HCH	0.0660	0.0330
17	乙嘧硫磷	Etrimfos	0.0340	0.0170	37	倍硫磷	Fenthion	0.0340	0.0170
18	西玛津	Simazine	0.1600	0.0800	38	马拉硫磷	Malathion	0.1320	0.0660
19	胺丙畏	Propetamphos	0.0340	0.0170	39	杀螟硫磷	Fenitrothion	0.0660	0.0330
20	密草通	Secbumeton	0.0340	0.0170	40	对氧磷	Paraoxon-ethyl	0.0660	0.0330

序号	中文名称	英文名称	定量限/(mg/kg)	检出限/(mg/kg)	序号	中文名称	英文名称	定量限/(mg/kg)	检出限/(mg/kg)
41	三唑酮	Triadimefon	0.0340	0.0170	80	氟苯嘧啶醇	Nuarimol	0.0140	0.0070
42	对硫磷	Parathion	0.0660	0.0330	81	甲氧滴滴涕	Methoxychlor	0.0160	0.0080
43	二甲戊灵	Pendimethalin	0.0220	0.0110	82	噁霜灵	Oxadixyl	0.0160	0.0080
44	利谷隆	Linuron	0.0660	0.0330	83	胺菊酯	Tetramethrin	0.0140	0.0070
45	杀螨醚	Chlorbenside	0.0340	0.0170	84	戊唑醇	Tebuconazole	0.0240	0.0120
46	乙基溴硫磷	Bromophos-ethyl	0.0160	0.0080	85	氟草敏	Norflurazon	0.0160	0.0080
47	喹硫磷	Quinalphos	0.0160	0.0080	86	哒嗪硫磷	Pyridaphenthion	0.0160	0.0080
48	反式-氯丹	trans-Chlodane	0.0120	0.0060	87	亚胺硫磷	Phosmet	0.0160	0.0080
49	稻丰散	Phenthoate	0.0340	0.0170	88	三氯杀螨砜	Tetradifon	0.0120	0.0060
50	吡唑草胺	Metazachlor	0.0200	0.0100	89	氧化萎锈灵	Oxycarboxin	0.0240	0.0120
51	苯硫威	Fenothiocarb	0.0120	0.0060	90	顺式-氯菊酯	cis-Permethrin	0.0160	0.0080
52	丙硫磷	Prothiophos	0.0160	0.0080	91	反式-氯菊酯	trans-Permethrin	0.0160	0.0080
53	灭菌丹	Folpet	0.2000	0.1000	92	吡菌磷	Pyrazophos	0.0140	0.0070
54	整形醇	Chlorflurenol	0.0100	0.0050	93	氯氰菊酯	Cypermethrin	0.0500	0.0250
55	狄氏剂	Dieldrin	0.0340	0.0170	94	氰戊菊酯	Fenvalerate	0.0340	0.0170
56	腐霉利	Procymidone	0.0160	0.0080	95	溴氰菊酯	Deltamethrin	0.1000	0.0500
57	杀扑磷	Methidathion	0.0220	0.0110	96	茵草敌	EPTC	0.0240	0.0120
58	氰草津	Cyanazine	0.0260	0.0130	97	丁草敌	Butylate	0.0240	0.0120
59	敌草胺	Napropamide	0.0200	0.0100	98	敌草腈	Dichlobenil	0.0020	0.0010
60	噁草酮	Oxadiazone	0.0160	0.0080	99	克草敌	Pebulate	0.0240	0.0120
61	苯线磷	Fenamiphos	0.0340	0.0170	100	三氯甲基吡啶	Nitrapyrin	0.0500	0.0250
62	杀螨氯硫	Tetrasul	0.0080	0.0040	101	速灭磷	Mevinphos	0.0340	0.0170
63	杀螨特	Aramite	0.0080	0.0040	102	氯苯甲醚	Chloroneb	0.0160	0.0080
64	乙嘧酚磺酸酯	Bupirimate	0.0120	0.0060	103	四氯硝基苯	Tecnazene	0.0340	0.0170
65	萎锈灵	Carboxin	0.0100	0.0050	104	庚烯磷	Heptanophos	0.0500	0.0250
66	氟酰胺	Flutolanil	0.0080	0.0040	105	六氯苯	Hexachlorobenzene	0.0160	0.0080
67	p,p'-滴滴滴	p,p'-DDD	0.0080	0.0040	106	灭线磷	Ethoprophos	0.0500	0.0250
68	乙硫磷	Ethion	0.0160	0.0080	107	顺式-燕麦敌	cis-Diallate	0.0340	0.0170
69	硫丙磷	Sulprofos	0.0140	0.0070	108	毒草胺	Propachlor	0.0240	0.0120
70	乙环唑-1	Etaconazole-1	0.0240	0.0120	109	反式-燕麦敌	trans-Diallate	0.0340	0.0170
71	乙环唑-2	Etaconazole-2	0.0240	0.0120	110	氟乐灵	Trifluralin	0.0340	0.0170
72	腈菌唑	Myclobutanil	0.0160	0.0080	111	氯苯胺灵	Chlorpropham	0.0340	0.0170
73	禾草灵	Dichlorofop-methyl	0.0080	0.0040	112	治螟磷	Sulfotep	0.0160	0.0080
74	丙环唑	Propiconazole	0.0240	0.0120	113	菜草畏	Sulfallate	0.0340	0.0170
75	丰索磷	Fensulfothion	0.0220	0.0110	114	α-六六六	α-HCH	0.0340	0.0170
76	联苯菊酯	Bifenthrin	0.0120	0.0060	115	特丁硫磷	Terbufos	0.0340	0.0170
77	丁硫克百威	Carbosulfan	0.0200	0.0100	116	特丁通	Terbumeton	0.0240	0.0120
78	灭蚁灵	Mirex	0.0080	0.0040	117	环丙氟灵	Profluralin	0.0660	0.0330
79	麦锈灵	Benodanil	0.0160	0.0080	118	敌噁磷	Dioxathion	0.1360	0.0680

序号	中文名称	英文名称	定量限/(mg/kg)	检出限/(mg/kg)	序号	中文名称	英文名称	定量限/(mg/kg)	检出限/(mg/kg)
119	扑灭津	Propazine	0.0160	0.0080	158	噻嗪酮	Buprofezin	0.0340	0.0170
120	氯炔灵	Chlorbufam	0.0660	0.0330	159	o,p'-滴滴滴	2,4'-DDD	0.0160	0.0080
121	氯硝胺	Dicloran	0.0660	0.0330	160	异狄氏剂	Endrin	0.2000	0.1000
122	特丁津	Terbuthylazine	0.0160	0.0080	161	己唑醇	Hexaconazole	0.1000	0.0500
123	绿谷隆	Monolinuron	0.0660	0.0330	162	杀螨酯	Chlorfenson	0.0340	0.0170
124	氟虫脲	Flufenoxuron	0.1000	0.0500	163	o,p'-滴滴涕	2,4'-DDT	0.0340	0.0170
125	杀螟腈	Cyanohos	0.0660	0.0330	164	多效唑	Paclobutrazol	0.0500	0.0250
126	甲基毒死蜱	Chlorprifos-methyl	0.0160	0.0080	165	盖草津	Methoprotryne	0.0500	0.0250
127	敌草净	Desmetryn	0.0160	0.0080	166	抑草蓬	Erbon	0.0340	0.0170
128	二甲胺	Dimethachloro	0.0200	0.0100	167	丙酯杀螨醇	Chlorpropylate	0.0160	0.0080
129	甲草胺	Alachlor	0.0500	0.0250	168	麦草氟甲酯	Flamprop-methyl	0.0160	0.0080
130	甲基嘧啶磷	Pirimiphos-methyl	0.0160	0.0080	169	除草醚	Nitrofen	0.1000	0.0500
131	特丁净	Terbutryn	0.0340	0.0170	170	乙氧氟草醚	Oxyflurofen	0.0660	0.0330
132	禾草丹	Thiobencarb	0.0340	0.0170	171	虫螨磷	Chlrthiophos	0.0500	0.0250
133	丙硫特普	Aspon	0.0340	0.0170	172	硫丹-2	Endosulfan-2	0.2000	0.1000
134	三氯杀螨醇	Dicofol	0.0340	0.0170	173	麦草氟异丙酯	Flamprop-isopropyl	0.0160	0.0080
135	异丙甲草胺	Metolachlor	0.0160	0.0080	174	p,p'-滴滴涕	p,p'-DDT	0.0340	0.0170
136	氧化氯丹	Oxychlordane	0.0340	0.0170	175	三硫磷	Carbofenothion	0.0340	0.0170
137	嘧啶磷	Pirimiphos-ethyl	0.0340	0.0170	176	苯霜灵	Benalaxyl	0.0160	0.0080
138	烯虫酯	Methoprene	0.0660	0.0330	177	敌瘟磷	Edifenphos	0.0340	0.0170
139	溴硫磷	Bromofos	0.0340	0.0170	178	三唑磷	Triazophos	0.0500	0.0250
140	抑菌灵	Dichlofluanid	0.1000	0.0500	179	苯腈膦	Cyanofenphos	0.0160	0.0080
141	乙氧呋草黄	Ethofumesate	0.0340	0.0170	180	氯杀螨砜	Chlorbenside sulfone	0.0340	0.0170
142	硫丹I	Endosulfan-1	0.1000	0.0500	181	硫丹硫酸盐	Endosulfan-sulfate	0.0500	0.0250
143	敌稗	Propanil	0.0340	0.0170	182	溴螨酯	Bromopropylate	0.0340	0.0170
144	异柳磷	Isofenphos	0.0340	0.0170	183	新燕灵	Benzoylprop-ethyl	0.0500	0.0250
145	育畜磷	Crufomate	0.1000	0.0500	184	甲氰菊酯	Fenpropathrin	0.0340	0.0170
146	毒虫畏	Chlorfenvinphos	0.0500	0.0250	185	敌菌丹	Captafol	0.6000	0.3000
147	顺式-氯丹	cis-Chlordane	0.0340	0.0170	186	苯硫磷	EPN	0.0660	0.0330
148	甲苯氟磺胺	Tolyfluanide	0.0500	0.0250	187	环嗪酮	Hexazinone	0.0240	0.0120
149	p,p'-滴滴伊	4,4'-DDE	0.0160	0.0080	188	甲羧除草醚	Bifenox	0.0340	0.0170
150	丁草胺	Butachlor	0.0340	0.0170	189	伏杀硫磷	Phosalone	0.0340	0.0170
151	乙菌利	Chlozolinate	0.0340	0.0170	190	保棉磷	Azinphos-methyl	0.1000	0.0500
152	巴毒磷	Crotoxyphos	0.1000	0.0500	191	氯苯嘧啶醇	Fenarimol	0.0340	0.0170
153	碘硫磷	Iodofenphos	0.0340	0.0170	192	益棉磷	Azinphos-ethyl	0.0340	0.0170
154	杀虫畏	Tetrachlorvinphos	0.0500	0.0250	193	咪鲜胺	Prochloraz	0.1000	0.0500
155	氯溴隆	Chlorbromuron	0.4080	0.2040	194	氟氯氰菊酯	Cyfluthrin	0.2000	0.1000
156	丙溴磷	Profenofos	0.1000	0.0500	195	蝇毒磷	Coumaphos	0.1000	0.0500
157	氟咯草酮	Fluorochloridone	0.0340	0.0170	196	氟胺氰菊酯	Fluvalinate	0.1000	0.0500

序号	中文名称	英文名称	定量限/(mg/kg)	检出限/(mg/kg)	序号	中文名称	英文名称	定量限/(mg/kg)	检出限/(mg/kg)
197	敌敌畏	Dichlorvos	0.0340	0.0170	235	芬螨酯	Fenson	0.0120	0.0060
198	联苯	Biphenyl	0.0080	0.0040	236	灭螨猛	Chinomethionat	0.1660	0.0830
199	霜霉威	Propamocarb	0.1000	0.0500	237	双苯酰草胺	Diphenamid	0.0120	0.0060
200	灭草敌	Vernolate	0.0160	0.0080	238	氯硫磷	Chlorthion	0.0340	0.0170
201	3,5-二氯苯胺	3,5-Dichloroaniline	0.0160	0.0080	239	炔丙菊酯	Prallethrin	0.0340	0.0170
202	禾草敌	Molinate	0.0160	0.0080	240	戊菌唑	Penconazole	0.0340	0.0170
203	虫螨畏	Methacrifos	0.0160	0.0080	241	灭蚜磷	Mecarbam	0.0340	0.0170
204	邻苯基苯酚	2-Phenylphenol	0.0080	0.0040	242	四氟醚唑	Tetraconazole	0.0500	0.0250
205	四氢邻苯二甲酰亚胺	Tetrahydrophthalimide	0.0500	0.0250	243	氟节胺	Flumetralin	0.0340	0.0170
					244	三唑醇	Triadimenol	0.0500	0.0250
206	仲丁威	Fenobucarb	0.0160	0.0080	245	丙草胺	Pretilachlor	0.0340	0.0170
207	乙丁氟灵	Benfluralin	0.0160	0.0080	246	亚胺菌	Kresoxim-methyl	0.0120	0.0060
208	氟铃脲	Hexaflumuron	0.1000	0.0500	247	吡氟禾草灵	Fluazifop-butyl	0.0120	0.0060
209	扑灭通	Prometon	0.0160	0.0080	248	氟啶脲	Chlorfluazuron	0.0500	0.0250
210	野麦畏	Triallate	0.0160	0.0080	249	乙酯杀螨醇	Chlorobenzilate	0.0120	0.0060
211	嘧霉胺	Pyrimethanil	0.0080	0.0040	250	烯效唑	Uniconazole	0.0340	0.0170
212	林丹	γ-HCH	0.0160	0.0080	251	氟哇唑	Flusilazole	0.0500	0.0250
213	乙拌磷	Disulfoton	0.0160	0.0080	252	烯唑醇	Diniconazole	0.0500	0.0250
214	阿特拉津	Atrazine	0.0160	0.0080	253	增效醚	Piperonyl butoxide	0.0120	0.0060
215	七氯	Heptachlor	0.0500	0.0250	254	炔螨特	Propargite	0.0340	0.0170
216	烯丙苯噻唑	Probenazole	0.0340	0.0170	255	灭锈胺	Mepronil	0.0120	0.0060
217	异稻瘟净	Iprobenfos	0.0340	0.0170	256	噁唑隆	Dimefuron	0.0660	0.0330
218	氯唑磷	Isazofos	0.0340	0.0170	257	吡氟酰草胺	Diflufenican	0.0120	0.0060
219	三氯杀虫酯	Plifenate	0.0340	0.0170	258	喹螨醚	Fenazaquin	0.0120	0.0060
220	丁苯吗啉	Fenpropimorph	0.0120	0.0060	259	苯醚菊酯	Phenothrin	0.0120	0.0060
221	四氟苯菊酯	Transfluthrin	0.0160	0.0080	260	咯菌腈	Fludioxonil	0.0160	0.0080
222	氯乙氟灵	Fluchloralin	0.0660	0.0330	261	苯氧威	Fenoxycarb	0.0400	0.0200
223	甲基立枯磷	Tolclofos-methyl	0.0160	0.0080	262	稀禾啶	Sethoxydim	0.1520	0.0760
224	莠灭净	Ametryn	0.0340	0.0170	263	双甲脒	Amitraz	0.0200	0.0100
225	西草净	Simetryn	0.0160	0.0080	264	莎稗磷	Anilofos	0.0340	0.0170
226	溴谷隆	Methobromuron	0.1000	0.0500	265	氟丙菊酯	Acrinathrin	0.0340	0.0170
227	嗪草酮	Metribuzin	0.0340	0.0170	266	高效氯氟氰菊酯	λ-Cyhalothrin	0.0160	0.0080
228	异丙净	Dipropetryn	0.0160	0.0080	267	苯噻酰草胺	Mefenacet	0.0500	0.0250
229	安硫磷	Formothion	0.0340	0.0170	268	氯菊酯	Permethrin	0.0160	0.0080
230	乙霉威	Diethofencarb	0.0500	0.0250	269	哒螨灵	Pyridaben	0.0120	0.0060
231	哌草丹	Dimepiperate	0.0340	0.0170	270	乙羧氟草醚	Fluoroglycofen-ethyl	0.1000	0.0500
232	生物烯丙菊酯-1	Bioallethrin-1	0.0660	0.0330	271	联苯三唑醇	Bitertanol	0.0200	0.0100
233	生物烯丙菊酯-2	Bioallethrin-2	0.0660	0.0330	272	醚菊酯	Etofenprox	0.0080	0.0040
234	o,p'-滴滴伊	$2,4'$-DDE	0.0120	0.0060	273	噻草酮	Cycloxydim	0.0800	0.0400

续表

序号	中文名称	英文名称	定量限/(mg/kg)	检出限/(mg/kg)	序号	中文名称	英文名称	定量限/(mg/kg)	检出限/(mg/kg)
274	S-氰戊菊酯	Esfenvalerate	0.0334	0.0167	309	另丁津	Sebutylazine	0.0080	0.0040
275	α-氯氰菊酯	α-Cypermethrin	0.0160	0.0080	310	丁脒酰胺	Isocarbamid	0.0420	0.0210
276	苯醚甲环唑	Difenoconazole	0.0660	0.0330	311	2,2',5,5'-四氯联苯	DE-PCB 52	0.0080	0.0040
277	氟烯草酸	Flumiclorac-pentyl	0.0340	0.0170					
278	甲氟磷	Dimefox	0.0260	0.0130	312	苄草丹	Prosulfocarb	0.0080	0.0040
279	乙拌磷亚砜	Disulfoton-sulfoxide	0.0080	0.0040	313	二甲吩草胺	Dimethenamid	0.0080	0.0040
280	五氯苯	Pentachlorobenzene	0.0080	0.0040	314	氧化蝇磷	Fenchlorphos oxon	0.0160	0.0080
281	鼠立死	Crimidine	0.0080	0.0040	315	4-溴-3,5-二甲苯基-N-甲基氨基甲酸酯-2	BDMC-2	0.0160	0.0080
282	4-溴3,5-二甲苯基-N-甲基氨基甲酸酯-1	BDMC-1	0.0160	0.0080					
					316	甲基对氧磷	Paraoxon-methyl	0.0160	0.0080
283	燕麦酯	Chlorfenprop-methyl	0.0080	0.0040	317	庚酰草胺	Monalide	0.0160	0.0080
284	虫线磷	Thionazin	0.0080	0.0040	318	碳氯灵	Isobenzan	0.0080	0.0040
285	2,3,5,6-四氯苯胺	2,3,5,6-Tetrachloroaniline	0.0080	0.0040	319	八氯苯乙烯	Octachlorostyrene	0.0080	0.0040
					320	异艾氏剂	Isodrin	0.0080	0.0040
286	三正丁基磷酸盐	Tri-N-butyl phosphate	0.0160	0.0080	321	丁嗪草酮	Isomethiozin	0.0160	0.0080
287	2,3,4,5-四氯甲氧基苯	2,3,4,5-Tetrachloroanisole	0.0080	0.0040	322	毒壤磷	Trichloronat	0.0080	0.0040
					323	敌草索	Dacthal	0.0080	0.0040
288	五氯甲氧基苯	Pentachloroanisole	0.0080	0.0040	324	4,4'-二氯二苯甲酮	4,4'-Dichlorobenzophenone	0.0080	0.0040
289	牧草胺	Tebutam	0.0160	0.0080					
290	蔬果磷	Dioxabenzofos	0.0840	0.0420	325	酞菌酯	Nitrothal-isopropyl	0.0160	0.0080
291	甲基苯噻隆	Methabenzthiazuron	0.0840	0.0420	326	吡咪唑	Rabenzazole	0.0080	0.0040
292	西玛通	Simeton	0.0160	0.0080	327	嘧菌环胺	Cyprodinil	0.0080	0.0040
293	阿特拉通	Atratone	0.0080	0.0040	328	氧异柳磷	Isofenphos oxon	0.0160	0.0080
294	脱异丙基阿特拉津	Desisopropyl-atrazine	0.0660	0.0330	329	呋菌胺	Methfuroxam	0.0084	0.0042
295	特丁硫磷砜	Terbufos sulfone	0.0080	0.0040	330	异氯磷	Dicapthon	0.0420	0.0210
296	七氟菊酯	Tefluthrin	0.0080	0.0040	331	2,2',4,5,5'-五氯联苯	DE-PCB 101	0.0080	0.0040
297	地虫硫磷	Fonofos	0.0084	0.0042					
298	溴烯杀	Bromocylen	0.0080	0.0040	332	2甲4氯丁氧乙基酯	MCPA-butoxyethyl ester	0.0080	0.0040
299	草达津	Trietazine	0.0080	0.0040	333	甲拌磷砜	Phorate sulfone	0.0080	0.0040
300	氧乙嘧硫磷	Etrimfos oxon	0.0080	0.0040	334	杀螨醇	Chlorfenethol	0.0080	0.0040
301	环莠隆	Cycluron	0.0260	0.0130	335	反式-九氯	trans-Nonachlor	0.0080	0.0040
302	2,6-二氯苯甲酰胺	2,6-Dichlorobenzamide	0.0160	0.0080	336	消螨通	Dinobuton	0.1660	0.0830
					337	脱叶磷	DEF	0.0160	0.0080
303	2,4,4'-三氯联苯	DE-PCB 28	0.0080	0.0040	338	氟咯草酮	Flurochloridone	0.0160	0.0080
304	2,4,5-三氯联苯	DE-PCB 31	0.0080	0.0040	339	溴苯烯磷	Bromfenvinfos	0.0080	0.0040
305	脱乙基另丁津	Desethyl-sebuthylazine	0.0160	0.0080	340	乙滴涕	Perthane	0.0080	0.0040
306	2,3,4,5-四氯苯胺	2,3,4,5-Tetrachloroaniline	0.0160	0.0080	341	灭菌磷	Ditalimfos	0.0840	0.0420
					342	2,3,4,4',5-五氯联苯	DE-PCB 118	0.0080	0.0040
307	五氯苯胺	Pentachloroaniline	0.0080	0.0040					
308	叠氮津	Aziprotryne	0.0660	0.0330	343	4,4'-二溴二苯甲酮	4,4'-Dibromobenzophenone	0.0080	0.0040

续表

序号	中文名称	英文名称	定量限/(mg/kg)	检出限/(mg/kg)	序号	中文名称	英文名称	定量限/(mg/kg)	检出限/(mg/kg)
344	粉唑醇	Flutriafol	0.0160	0.0080	381	二氢苊	Acenaphthene	0.0080	0.0040
345	地胺磷	Mephosfolan	0.0160	0.0080	382	驱虫特	Dibutyl succinate	0.0160	0.0080
346	乙基杀扑磷	Athidathion	0.0160	0.0080	383	邻苯二甲酰亚胺	Phthalimide	0.0160	0.0080
347	2,2',4,4',5,5'-六氯联苯	DE-PCB 153	0.0080	0.0040	384	氯氧磷	Chlorethoxyfos	0.0160	0.0080
					385	异丙威-2	Isoprocarb-2	0.0160	0.0080
348	苄氯三唑醇	Diclobutrazole	0.0340	0.0170	386	戊菌隆	Pencycuron	0.0160	0.0080
349	乙拌磷砜	Disulfoton sulfone	0.0160	0.0080	387	丁噻隆	Tebuthiuron	0.0340	0.0170
350	噻螨酮	Hexythiazox	0.0660	0.0330	388	甲基内吸磷	Demeton-S-methyl	0.0340	0.0170
351	威菌磷	DE-PCB 138	0.0080	0.0040	389	硫线磷	Cadusafos	0.0340	0.0170
352	苄呋菊酯-1	Resmethrin-1	0.0160	0.0080	390	残杀威-2	Propoxur-2	0.0160	0.0080
353	环丙唑醇	Cyproconazole	0.0080	0.0040	391	二溴磷	Naled	0.1334	0.0667
354	苄呋菊酯-2	Resmethrin-2	0.0160	0.0080	392	菲	Phenanthrene	0.0080	0.0040
355	邻苯二甲酸丁苄酯	Phthalic acid, benzyl butyl ester	0.0080	0.0040	393	螺环菌胺-1	Spiroxamine-1	0.0160	0.0080
					394	唑螨酯	Fenpyroximate	0.0660	0.0330
356	炔草酸	Clodinafop-propargyl	0.0160	0.0080	395	丁基嘧啶磷	Tebupirimfos	0.0160	0.0080
357	倍硫磷亚砜	Fenthion sulfoxide	0.0340	0.0170	396	茉莉酮	prohydrojasmon	0.0340	0.0170
358	三氟苯唑	Fluotrimazole	0.0080	0.0040	397	苯锈啶	Fenpropidin	0.0160	0.0080
359	氟草烟-1-甲庚酯	Fluroxypr-1-methyl-heptyl ester	0.0080	0.0040	398	氯硝胺	Dichloran	0.0160	0.0080
					399	咯喹酮	Pyroquilon	0.0080	0.0040
360	倍硫磷砜	Fenthion sulfone	0.0340	0.0170	400	螺环菌胺-2	Spiroxamine-2	0.0160	0.0080
361	三苯基磷酸盐	Triphenyl phosphate	0.0080	0.0040	401	草消酚	Dinoterb	0.1334	0.0667
362	苯嗪草酮	Metamitron	0.0840	0.0420	402	炔苯酰草胺	Propyzamide	0.0160	0.0080
363	2,2',3,4,4',5,5'-七氯联苯	DE-PCB 180	0.0080	0.0040	403	抗蚜威	Pirimicarb	0.0160	0.0080
					404	磷胺-1	Phosphamidon-1	0.0660	0.0330
364	吡螨胺	Tebufenpyrad	0.0080	0.0040	405	解草嗪	Benoxacor	0.0160	0.0080
365	解草酯	Cloquintocet-mexyl	0.0080	0.0040	406	溴丁酰草胺	Bromobutide	0.0080	0.0040
366	环草定	Lenacil	0.0840	0.0420	407	乙草胺	Acetochlor	0.0160	0.0080
367	糠菌唑-1	Bromuconazole-1	0.0160	0.0080	408	灭草环	Tridiphane	0.0340	0.0170
368	脱溴溴苯磷	Desbrom-leptophos	0.0080	0.0040	409	特草灵	Terbucarb	0.0160	0.0080
369	亚胺硫磷	Phosmet	0.0334	0.0167	410	戊草丹	Esprocarb	0.0160	0.0080
370	糠菌唑-2	Bromuconazole-2	0.0160	0.0080	411	甲呋酰胺	Fenfuram	0.0160	0.0080
371	甲磺乐灵	Nitralin	0.0840	0.0420	412	活化酯	Acibenzolar-S-methyl	0.0160	0.0080
372	苯线磷亚砜	Fenamiphos sulfoxide	0.0340	0.0170	413	呋草黄	Benfuresate	0.0160	0.0080
373	苯线磷砜	Fenamiphos sulfone	0.0340	0.0170	414	氟硫草定	Dithiopyr	0.0080	0.0040
374	吡菌磷	Pyrazophos	0.0840	0.0420	415	精甲霜灵	Mefenoxam	0.0160	0.0080
375	拌种咯	Fenpiclonil	0.0340	0.0170	416	马拉氧磷	Malaoxon	0.1340	0.0670
376	氟喹唑	Fluquinconazole	0.0080	0.0040	417	磷胺-2	Phosphamidon-2	0.0660	0.0330
377	腈苯唑	Fenbuconazole	0.0160	0.0080	418	硅氟唑	Simeconazole	0.0160	0.0080
378	残杀威-1	Propoxur-1	0.0160	0.0080	419	氯酞酸甲酯	Chlorthal-dimethyl	0.0160	0.0080
379	异丙威-1	Isoprocarb-1	0.0160	0.0080	420	噻唑烟酸	Thiazopyr	0.0160	0.0080
380	甲胺磷	Methamidophos	0.0334	0.0167	421	甲基毒虫畏	Dimethylvinphos	0.0160	0.0080

续表

序号	中文名称	英文名称	定量限/(mg/kg)	检出限/(mg/kg)	序号	中文名称	英文名称	定量限/(mg/kg)	检出限/(mg/kg)
422	仲丁灵	Butralin	0.0340	0.0170	463	炔咪菊酯-1	Imiprothrin-1	0.0160	0.0080
423	苯酰草胺	Zoxamide	0.0160	0.0080	464	唑酮草酯	Carfentrazone-ethyl	0.0160	0.0080
424	啶斑肟-1	Pyrifenox-1	0.0660	0.0330	465	炔咪菊酯-2	Imiprothrin-2	0.0160	0.0080
425	烯丙菊酯	Allethrin	0.0340	0.0170	466	氯吡嘧磺隆	Halosulfuron-methyl	0.0334	0.0167
426	异戊乙净	Dimethametryn	0.0080	0.0040	467	氟环唑-1	Epoxiconazole-1	0.0660	0.0330
427	灭藻醌	Quinoclamine	0.0340	0.0170	468	吡草醚	Pyraflufen ethyl	0.0160	0.0080
428	甲醚菊酯-1	Methothrin-1	0.0160	0.0080	469	稗草丹	Pyributicarb	0.0160	0.0080
429	氟噻草胺	Flufenacet	0.0660	0.0330	470	噻吩草胺	Thenylchlor	0.0160	0.0080
430	甲醚菊酯-2	Methothrin-2	0.0160	0.0080	471	烯草酮	Clethodim	0.0340	0.0170
431	啶斑肟-2	Pyrifenox-2	0.0660	0.0330	472	苯并菲	Chrysene	0.0084	0.0042
432	氰菌胺	Fenoxanil	0.0160	0.0080	473	吡唑解草酯	Mefenpyr-diethyl	0.0260	0.0130
433	四氯苯酞	Phthalide	0.0340	0.0170	474	伐灭磷	Famphur	0.0340	0.0170
434	呋霜灵	Furalaxyl	0.0160	0.0080	475	乙螨唑	Etoxazole	0.0500	0.0250
435	噻虫嗪	Thiamethoxam	0.0334	0.0167	476	吡丙醚	Pyriproxyfen	0.0080	0.0040
436	嘧菌胺	Mepanipyrim	0.0080	0.0040	477	氟环唑-2	Epoxiconazole-2	0.0660	0.0330
437	克菌丹	Captan	0.1334	0.0667	478	吡喃草酮	Tepraloxydim	0.0168	0.0084
438	除草定	Bromacil	0.0660	0.0330	479	氟吡酰草胺	Picolinafen	0.0080	0.0040
439	三唑醇-1	Triadimenol-1	0.0160	0.0080	480	异菌脲	Iprodione	0.0340	0.0170
440	啶氧菌酯	Picoxystrobin	0.0160	0.0080	481	哌草磷	Piperophos	0.0260	0.0130
441	三唑醇-2	Triadimenol-2	0.0160	0.0080	482	甲呋酰胺	Ofurace	0.0260	0.0130
442	抑草磷	Butamifos	0.0080	0.0040	483	联苯肼酯	Bifenazate	0.0660	0.0330
443	甲基咪草酯	Imazamethabenz-methyl	0.0260	0.0130	484	环虫酰肼	Chromafenozide	0.0668	0.0334
444	苯氧菌胺-1	Metominostrobin-1	0.0340	0.0170	485	异狄氏剂酮	Endrin ketone	0.0340	0.0170
445	苯噻硫氰	TCMTB	0.1340	0.0670	486	氯甲草胺	Clomeprop	0.0080	0.0040
446	甲硫威砜	Methiocarb sulfone	0.0660	0.0330	487	咪唑菌酮	Fenamidone	0.0080	0.0040
447	抑霉唑	Imazalil	0.0340	0.0170	488	萘丙胺	Naproanilide	0.0080	0.0040
448	稻瘟灵	Isoprothiolane	0.0160	0.0080	489	百克敏	Pyraclostrobin	0.2000	0.1000
449	环氟菌胺	Cyflufenamid	0.1340	0.0670	490	乳氟禾草灵	Lactofen	0.0660	0.0330
450	甲基三硫磷	Methyl trithion	0.1334	0.0667	491	苯草酮	Tralkoxydim	0.0660	0.0330
451	嘧草醚	Pyriminobac-methyl	0.0340	0.0170	492	吡唑硫磷	Pyraclofos	0.0660	0.0330
452	异噁唑磷	Isoxathion	0.0660	0.0330	493	氯亚胺硫磷	Dialifos	0.0660	0.0330
453	苯氧菌胺-2	Metominostrobin-2	0.0340	0.0170	494	螺螨酯	Spirodiclofen	0.0660	0.0330
454	苯虫醚-1	Diofenolan-1	0.0160	0.0080	495	苄螨醚	Halfenprox	0.0340	0.0170
455	噻氟菌胺	Thifluzamide	0.0666	0.0333	496	呋草酮	Flurtamone	0.0340	0.0170
456	苯虫醚-2	Diofenolan-2	0.0160	0.0080	497	环酯草醚	Pyriftalid	0.0080	0.0040
457	苯氧喹啉	Quinoxyphen	0.0080	0.0040	498	氟硅菊酯	Silafluofen	0.0080	0.0040
458	溴虫腈	Chlorfenapyr	0.0660	0.0330	499	嘧螨醚	Pyrimidifen	0.0340	0.0170
459	肟菌酯	Trifloxystrobin	0.0340	0.0170	500	啶虫脒	Acetamiprid	0.1000	0.0500
460	脱苯甲基亚胺唑	Imibenconazole-des-benzyl	0.0340	0.0170	501	氟丙嘧草酯	Butafenacil	0.0080	0.0040
461	双苯噁唑酸	Isoxadifen-ethyl	0.0160	0.0080	502	苯酮唑	Cafenstrole	0.1000	0.0500
462	氟虫腈	Fipronil	0.0660	0.0330	503	氟啶草酮	Fluridone	0.0160	0.0080

8.6.7.2 LC-MS/MS

在选定的 LC-MS/MS 条件下对 500 种农药化学品（个别药物量少用完，未作线性评价）的线性范围进行了测定，考查的线性范围区间大约是 0.2LOQ 至 10LOQ 所对应的标准物含量。500 种农药线性相关系数 (r) 高于 0.99 的农药有 479 个，占 95.8%；低于 0.99 的农药仅有 21 个，占 4.2%。500 种化合物线性范围、线性方程和线性相关系数数据参见 11.2.6 小节。

对 6 种蜂蜜的每组农药的基质标准，分别进样，然后提取每种农药的选择离子流图，确定了每种农药在 6 种蜂蜜中的平均噪声水平和信号水平，其中 1 种农药的空白样品和基质标准的色谱图见图 8-6。然后，把每种农药化学品信噪比≥5 时的添加浓度确定为本方法最小检出限，信噪比≥10 时的添加浓度确定为本方法最低定量限。本节测定了 567 种农药化学品的最小检出限和最低定量限，567 种农药 LOD 全部在 0.01μg/kg～3.340mg/kg 范围内。LOD 小于 0.010mg/kg 的农药占 85.9%，在 0.010～0.100mg/kg 范围的占 11.8%；LOD 大于 0.100mg/kg 的农药仅有 13 种，占 2.3%。由此可见，该方法具有较高的灵敏度和良好的线性范围。567 种农药化学品的最小检出限和最低定量限见表 8-20。

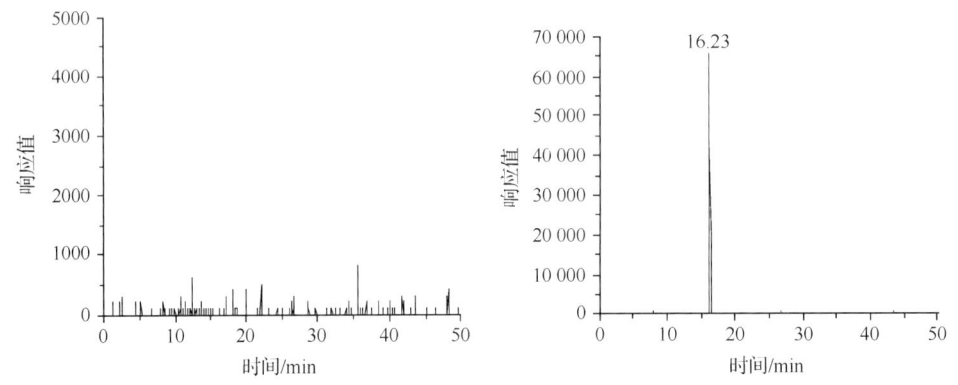

图 8-6 多效唑（Paclobutrazol）枣花蜜基质空白和基质标准色谱图

表 8-20 LC-MS/MS 测定的 567 种农药化学品保留时间、最小检出限、最低定量限

序号	中文名称	英文名称	保留时间/min	检出限/(μg/kg)	定量限/(μg/kg)	序号	中文名称	英文名称	保留时间/min	检出限/(μg/kg)	定量限/(μg/kg)
1	苯胺灵	Propham	15.70	13.70	27.40	15	双酰草胺	Carbetamide	11.40	0.57	1.14
2	异丙威	Isoprocarb	14.90	0.14	0.28	16	抗蚜威	Pirimicarb	9.86	0.03	0.06
3	3,4,5-混杀威	3,4,5-Trimethacarb	15.00	0.03	0.06	17	异噁草松	Clomazone, dimethazone	16.00	0.04	0.08
4	环莠隆	Cycluron	13.40	0.04	0.08						
5	甲萘威	Carbaryl	13.70	0.34	0.68	18	氰草津	Cyanazine	12.30	0.02	0.04
6	毒草胺	Propachlor	15.40	0.04	0.08	19	扑草净	Prometryne	14.40	0.02	0.04
7	吡咪唑	Rabenzazole	14.10	0.22	0.44	20	甲基对氧磷	Paraoxon methyl	11.20	0.28	0.56
8	西草净	Simetryn	11.00	0.02	0.04	21	4,4'-二氯二苯甲酮	4,4'-Dichlorobenzophenone	27.10	1.19	2.38
9	绿谷隆	Monolinuron	14.30	0.20	0.40						
10	速灭磷	Mevinphos	10.70	0.15	0.30	22	噻虫啉	Thiacloprid	11.30	0.09	0.18
11	叠氮津	Aziprotryne	18.50	0.19	0.38	23	吡虫啉	Imidacloprid	10.20	2.49	4.98
12	密草通	Secbumeton	10.60	0.01	0.02	24	磺噻隆	Ethidimuron	10.10	0.50	1.00
13	嘧菌环胺	Cyprodinil	17.60	0.08	0.16	25	丁嗪草酮	Isomethiozin	23.30	0.07	0.14
14	播土隆	Buturon	15.90	0.67	1.34	26	燕麦敌	*cis*,*trans*-Diallate	28.10	4.17	8.34

续表

序号	中文名称	英文名称	保留时间/min	检出限/(μg/kg)	定量限/(μg/kg)	序号	中文名称	英文名称	保留时间/min	检出限/(μg/kg)	定量限/(μg/kg)
27	乙草胺	Acetochlor	21.80	3.40	6.80	65	益棉磷	Azinphos ethyl	22.20	15.80	31.60
28	烯啶虫胺	Nitenpyram	8.34	31.70	63.40	66	炔草酸	Clodinafop propargyl	24.80	0.36	0.72
29	盖草津	Methoprotryne	12.30	0.02	0.04	67	杀铃脲	Triflumuron	24.10	0.34	0.68
30	二甲吩草胺	Dimethenamid	18.20	0.24	0.48	68	异噁氟草	Isoxaflutole	18.30	0.39	0.78
31	特草灵	Terrbucarb	26.70	0.13	0.26	69	莎稗磷	Anilofos	24.60	0.06	0.12
32	戊菌唑	Penconazole	20.40	0.16	0.32	70	硫菌灵	Thiophanat ethyl	15.50	4.42	8.84
33	腈菌唑	Myclobutanil	18.60	0.09	0.18	71	喹禾灵	Quizalofop-ethyl	27.90	0.09	0.18
34	咪唑乙烟酸	Imazethapyr	11.20	0.23	0.46	72	氟吡甲禾灵	Haloxyfop-methyl	27.00	0.22	0.44
35	多效唑	Paclobutrazol	16.30	0.05	0.10	73	精吡磺草隆	Fluazifop butyl	30.00	0.03	0.06
36	倍硫磷亚砜	Fenthion sulfoxide	12.70	0.10	0.20	74	乙基溴硫磷	Bromophos-ethyl	33.20	13.10	26.20
37	三唑醇	Triadimenol	16.10	0.75	1.50	75	氯亚胺硫磷	Dialifos	27.50	9.32	18.64
38	仲丁灵	Butralin	31.50	0.17	0.34	76	地散磷	Bensulide	24.90	1.52	3.04
39	螺环菌胺	Spiroxamine	11.50	0.01	0.02	77	醚苯磺隆	Triasulfuron	12.90	0.20	0.40
40	甲基立枯磷	Tolclofos methyl	26.30	8.29	16.58	78	溴苯烯磷	Bromfenvinfos	23.60	0.32	0.64
41	甜菜胺	Desmedipham	16.90	0.08	0.16	79	嘧菌酯	Azoxystrobin	18.50	0.04	0.08
42	杀扑磷	Methidathion	17.50	0.33	0.66	80	吡菌磷	Pyrazophos	24.80	0.08	0.16
43	烯丙菊酯	Allethrin	29.60	3.20	6.40	81	杀虫磺	Bensultap	15.70	2.31	4.62
44	野麦畏	Triallate	31.50	1.32	2.64	82	氟虫脲	Flufenoxuron	30.30	0.27	0.54
45	二嗪磷	Diazinon	25.40	0.06	0.12	83	茚虫威	Indoxacarb	27.30	0.72	1.44
46	敌瘟磷	Edifenphos	22.70	0.08	0.16	84	甲氨基阿维菌素苯甲酸盐	Emamectin benzoate	15.90	0.03	0.06
47	丙草胺	Pretilachlor	27.50	0.03	0.06						
48	氟硅唑	Flusilazole	19.80	0.06	0.12	85	乙撑硫脲	Ethylene thiourea	2.13	20.00	40.00
49	异丙菌胺	Iprovalicarb	18.00	0.15	0.30	86	丁酰肼	Daminozide	1.95	0.13	0.26
50	麦锈灵	Benodanil	16.40	0.30	0.60	87	棉隆	Dazomet	1.69	33.60	67.20
51	氟酰胺	Flutolanil	21.30	0.14	0.28	88	烟碱	Nicotine	1.68	0.18	0.36
52	伐灭磷	Famphur	17.00	0.37	0.74	89	非草隆	Fenuron	10.20	0.17	0.34
53	苯霜灵	Benalyxyl	23.80	0.11	0.22	90	灭蝇胺	Cyromazine	2.05	0.80	1.60
54	苄氯三唑醇	Diclobutrazole	19.50	0.07	0.14	91	鼠立死	Crimidine	10.40	0.20	0.40
55	乙环唑	Etaconazole	18.30	0.17	0.34	92	乙酰甲胺磷	Acephate	2.14	1.38	2.76
56	氯苯嘧啶醇	Fenarimol	17.50	0.08	0.16	93	禾草敌	Molinate	18.80	0.19	0.38
57	邻苯二甲酸二环己酯	Phthalic acid, dicyclobexyl ester	33.30	0.10	0.20	94	多菌灵	Carbendazim	2.14	0.06	0.12
						95	6-氯-4-羟基吡啶	6-Chloro-4-hydroxy-3-phenyl-pyridazin	10.60	0.32	0.64
58	胺菊酯	Tetramethrin	29.20	0.24	0.48						
59	抑菌灵	Dichlofluanid	23.60	9.89	19.78	96	残杀威	Propoxur	13.10	0.73	1.46
60	解毒酯	Cloquintocet mexyl	27.70	0.02	0.04	97	异唑隆	Isouron	12.00	0.04	0.08
61	联苯三唑醇	Bitertanol	20.50	0.87	1.74	98	绿麦隆	Chlorotoluron	13.40	0.07	0.14
62	甲基毒死蜱	Chlorprifos methyl	29.70	9.15	18.30	99	久效威	Thiofanox	13.90	8.90	17.80
63	吡喃草酮	Tepraloxydim	19.40	0.49	0.98	100	氯炔灵	Chlorbufam	19.00	9.74	19.48
64	甲基硫菌灵	Thiophanate methyl	12.40	3.05	6.10	101	噁虫威	Bendiocarb	13.10	0.07	0.14

续表

序号	中文名称	英文名称	保留时间/min	检出限/(μg/kg)	定量限/(μg/kg)	序号	中文名称	英文名称	保留时间/min	检出限/(μg/kg)	定量限/(μg/kg)
102	扑灭津	Propazine	16.50	0.03	0.06	139	喹螨醚	Fenazaquin	30.20	0.03	0.06
103	特丁津	Terbuthylazine	17.20	0.03	0.06	140	三唑磷	Triazophos	21.30	0.04	0.08
104	敌草隆	Diuron	14.20	0.12	0.24	141	脱叶磷	DEF	33.60	0.13	0.26
105	氯甲硫磷	Chlormephos	23.20	490.00	980.00	142	环酯草醚	Pyriftalid	18.80	0.05	0.10
106	萎锈灵	Carboxin	14.20	0.08	0.16	143	叶菌唑	Metconazole	20.90	0.06	0.12
107	野燕枯	Difenzoquat-methyl sulfate	9.92	0.08	0.16	144	吡丙醚	Pyriproxyfen	29.70	0.02	0.04
						145	噻草酮	Cycloxydim	27.90	0.21	0.42
108	噻虫胺	Clothianidin	9.99	14.50	29.00	146	异噁酰草胺	Isoxaben	19.90	0.02	0.04
109	炔丙烯草胺	Pronamide	19.50	0.47	0.94	147	呋草酮	Flurtamone	17.30	0.04	0.08
110	二甲草胺	Dimethachloro	15.70	0.10	0.20	148	氟乐灵	Trifluralin	30.90	150.00	300.00
111	溴谷隆	Methobromuron	14.90	1.25	2.50	149	甲基麦草氟异丙酯	Flamprop methyl	20.20	0.69	1.38
112	甲拌磷	Phorate	26.40	3.49	6.98						
113	苯草醚	Aclonifen	23.00	1.61	3.22	150	生物苄呋菊酯	Bioresmethrin	34.00	0.37	0.74
114	地胺磷	Mephosfolan	11.70	0.07	0.14	151	丙环唑	Propiconazole	21.60	0.11	0.22
115	脱苯甲基亚胺唑	Imibenzonazole-des-benzyl	11.60	0.50	1.00	152	毒死蜱	Chlorpyrifos	30.40	2.35	4.70
						153	氯乙氟灵	Fluchloralin	28.40	33.70	67.40
116	草不隆	Neburon	22.30	0.31	0.62	154	氯磺隆	Chlorsulfuron	13.20	0.24	0.48
117	精甲霜灵	Mefenoxam	14.20	0.08	0.16	155	烯草酮	Clethodim	28.60	0.29	0.58
118	发硫磷	Prothoate	15.70	0.11	0.22	156	麦草氟异丙酯	Flamprop isopropyl	25.20	0.03	0.06
119	乙氧呋草黄	Ethofume sate	20.00	41.70	83.40	157	杀虫畏	Tetrachlorvinphos	21.20	0.17	0.34
120	异稻瘟净	Iprobenfos	20.80	0.65	1.30	158	炔螨特	Propargite	31.80	3.99	7.98
121	特普	TEPP	11.20	0.79	1.58	159	糠菌唑	Bromuconazole	17.80	0.23	0.46
122	环丙唑醇	Cyproconazole	16.90	0.07	0.14	160	氟吡酰草胺	Picolinafen	28.60	0.10	0.20
123	噻虫嗪	Thiamethoxam	9.40	5.42	10.84	161	氟噻乙草酯	Fluthiacet methyl	23.00	0.43	0.86
124	育畜磷	Crufomate	18.20	0.04	0.08	162	肟菌酯	Trifloxystrobin	27.70	0.52	1.04
125	乙嘧硫磷	Etrimfos	16.90	19.00	38.00	163	氯嘧磺隆	Chlorimuron ethyl	18.20	0.67	1.34
126	杀鼠醚	Coumatetralyl	19.40	0.14	0.28	164	氟铃脲	Hexaflumuron	26.50	1.38	2.76
127	赛灭磷	Cythioate	12.50	16.00	32.00	165	氟酰脲	Novaluron	27.60	0.52	1.04
128	磷胺	Phosphamidon	11.30	0.18	0.36	166	氟蚁腙	Hydramethylnon	17.60	0.06	0.12
129	甜菜宁	Phenmedipham	16.80	0.06	0.12	167	吡虫隆	Flurazuron	29.20	0.50	1.00
130	联苯肼酯	Bifenazate	20.10	4.51	9.02	168	抑芽丹	Maleic hydrazide	2.10	4.99	9.98
131	环酰菌胺	Fenhexamid	19.00	0.09	0.18	169	甲胺磷	Methamidophos	2.14	0.73	1.46
132	粉唑醇	Flutriafol	13.30	0.31	0.62	170	菌草敌	EPTC	22.80	0.55	1.10
133	呋霜灵	Furalaxyl	17.30	0.03	0.06	171	避蚊胺	Diethyltoluamide	14.20	0.01	0.02
134	生物烯丙菊酯	Bioallethrin	29.70	5.61	11.22	172	灭草隆	Monuron	12.00	2.25	4.50
135	苯腈磷	Cyanofenphos	25.70	0.75	1.50	173	嘧霉胺	Pyrimethanil	14.30	0.09	0.18
136	甲基嘧啶磷	Pirimiphos methyl	26.10	0.02	0.04	174	甲呋酰胺	Fenfuram	14.50	0.05	0.10
137	噻嗪酮	Buprofezin	26.60	0.05	0.10	175	灭藻醌	Quinoclamine	12.30	0.63	1.26
138	乙拌磷砜	Disulfoton sulfone	16.40	0.09	0.18	176	仲丁威	Fenobucarb	17.10	1.42	2.84

续表

序号	中文名称	英文名称	保留时间/min	检出限/(μg/kg)	定量限/(μg/kg)	序号	中文名称	英文名称	保留时间/min	检出限/(μg/kg)	定量限/(μg/kg)
177	乙菌定	Ethirimol	9.17	0.07	0.14	215	辛硫磷	Phoxim	23.70	26.30	52.60
178	敌稗	Propanil	16.20	0.89	1.78	216	喹硫磷	Quinalphos	23.70	0.14	0.28
179	克百威	Carbofuran	13.20	0.43	0.86	217	灭菌磷	Ditalimfos	15.10	3.90	7.80
180	啶虫脒	Acetamiprid	10.50	0.24	0.48	218	苯氧威	Fenoxycarb	21.10	0.59	1.18
181	嘧菌胺	Mepanipyrim	19.90	0.04	0.08	219	嘧啶磷	Pyrimitate	24.00	0.02	0.04
182	扑灭通	Prometon	10.60	0.01	0.02	220	丰索磷	Fensulfothin	14.30	0.12	0.24
183	甲硫威	Methiocarb	9.43	20.70	41.40	221	氟咯草酮	Fluorochloridone	21.80	1.53	3.06
184	甲氧隆	Metoxuron	11.50	0.14	0.28	222	丁草胺	Butachlor	30.00	1.49	2.98
185	乐果	Dimethoate	10.40	0.68	1.36	223	咪唑喹啉酸	Imazaquin	12.20	0.23	0.46
186	呋菌胺	Methfuroxam	17.60	0.03	0.06	224	亚胺菌	Kresoxim-methyl	23.70	26.90	53.80
187	伏草隆	Fluometuron	13.70	0.07	0.14	225	戊叉菌唑	Triticonazole	16.90	0.25	0.50
188	百治磷	Dicrotophos	9.10	0.18	0.36	226	苯线磷亚砜	Fenamiphos sulfoxide	10.90	0.09	0.18
189	庚酰草胺	Monalide	23.30	0.14	0.28	227	噻吩草胺	Thenylchlor	21.70	0.69	1.38
190	双苯酰草胺	Diphenamid	15.70	0.01	0.02	228	除虫菊素	Pyrethrin	31.90	19.20	38.40
191	灭线磷	Ethoprophos	19.90	0.17	0.34	229	氰菌胺	Fenoxanil	23.40	0.76	1.52
192	地虫硫磷	Fonofos	25.80	0.39	0.78	230	氟啶草酮	Fluridone	16.80	0.03	0.06
193	土菌灵	Etridiazol	27.80	8.55	17.10	231	氟环唑	Epoxiconazole	18.60	0.21	0.42
194	拌种胺	Furmecyclox	22.50	0.08	0.16	232	氯辛硫磷	Chlorphoxim	27.20	4.74	9.48
195	环嗪酮	Hexazinone	11.40	0.02	0.04	233	苯线磷砜	Fenamiphos sulfone	12.30	0.05	0.10
196	异戊乙净	Dimethametryn	16.10	0.01	0.02	234	腈苯唑	Fenbuconazole	20.10	0.13	0.26
197	敌百虫	Trichlorphon	9.72	0.26	0.52	235	异柳磷	Isofenphos	27.80	29.30	58.60
198	内吸磷	Demeton(O+S)	15.30	4.85	9.70	236	安磺灵	Oryzalin	21.00	7.91	15.82
199	解草嗪	Benoxacor	18.20	0.57	1.14	237	苯醚菊酯	Phenothrin	35.10	21.40	42.80
200	除草定	Bromacil	11.80	3.08	6.16	238	氯化薯瘟锡	Fentin-chloride	11.70	1.60	3.20
201	甲拌磷亚砜	Phorate sulfoxide	9.73	51.70	103.40	239	呱草磷	Piperophos	27.20	0.49	0.98
202	溴莠敏	Brompyrazon	10.40	0.80	1.60	240	增效醚	Piperonyl butoxide	29.10	0.05	0.10
203	氧化萎锈灵	Oxycarboxin	11.30	0.21	0.42	241	乙氧氟草醚	Oxyflurofen	29.60	6.75	13.50
204	灭锈胺	Mepronil	20.70	0.03	0.06	242	蝇毒磷	Coumaphos	25.80	1.26	2.52
205	乙拌磷	Disulfoton	31.30	23.00	46.00	243	氟噻草胺	Flufenacet	22.00	0.40	0.80
206	倍硫磷	Fenthion	24.50	7.72	15.44	244	伏杀硫磷	Phosalone	26.60	0.53	1.06
207	甲霜灵	Metalaxyl	14.20	0.04	0.08	245	甲氧虫酰肼	Methoxyfenozide	20.40	0.19	0.38
208	甲呋酰胺	Ofurace	14.20	0.05	0.10	246	咪鲜胺	Prochloraz	17.50	0.10	0.20
209	十二环吗啉	Dodemorph	11.10	0.04	0.08	247	丙硫特普	Aspon	33.60	0.18	0.36
210	噻唑硫磷	Fosthiazate	13.80	0.07	0.14	248	乙硫磷	Ethion	30.90	0.11	0.22
211	甲基咪草酯	Imazamethabenz-methyl	10.90	0.03	0.06	249	丁醚脲	Diafenthiuron	32.40	0.84	1.68
						250	噻吩磺隆	Thifensulfuron-methyl	12.20	4.62	9.24
212	乙拌磷-亚砜	Disulfoton-sulfoxide	13.30	0.10	0.20	251	乙氧嘧磺隆	Ethoxysulfuron	18.20	0.20	0.40
213	稻瘟灵	Isoprothiolane	21.10	0.10	0.20	252	氟硫草定	Dithiopyr	28.90	0.93	1.86
214	抑霉唑	Imazalil	10.50	0.16	0.32	253	螺螨酯	Spirodiclofen	33.90	0.36	0.72

续表

序号	中文名称	英文名称	保留时间/min	检出限/(μg/kg)	定量限/(μg/kg)	序号	中文名称	英文名称	保留时间/min	检出限/(μg/kg)	定量限/(μg/kg)
254	唑螨酯	Fenpyroximate	31.10	0.06	0.12	292	庚烯磷	Heptanophos	14.90	0.22	0.44
255	氟烯草酸	Flumiclorac-pentyl	29.50	0.71	1.42	293	苄草丹	Prosulfocarb	28.10	0.05	0.10
256	双硫磷	Temephos	30.10	0.12	0.24	294	炔苯酰草胺	Propyzamide	19.70	0.62	1.24
257	氟丙嘧草酯	Butafenacil	23.10	0.45	0.90	295	杀草净	Dipropetryn	16.70	0.03	0.06
258	多杀菌素	Spinosad	13.40	0.09	0.18	296	禾草丹	Thiobencarb	25.90	0.19	0.38
259	助壮素	Mepiquat chloride	1.90	0.11	0.22	297	三异丁基磷酸盐	Tri-iso-butyl phosphate	24.90	0.35	0.70
260	二丙烯草胺	Allidochlor	12.40	1.13	2.26	298	三正丁磷酸盐	Tri-n-butyl phosphate	24.90	0.03	0.06
261	霜霉威	Propamocarb	2.36	0.03	0.06	299	乙霉威	Diethofencarb	17.90	1.04	2.08
262	三环唑	Tricyclazole	10.70	0.19	0.38	300	甲草胺	Alachlor	21.80	0.75	1.50
263	噻菌灵	Thiabendazole	2.35	0.11	0.22	301	硫线磷	Cadusafos	25.30	0.08	0.16
264	苯嗪草酮	Metamitron	10.10	0.86	1.72	302	吡唑草胺	Metazachlor	15.70	0.10	0.20
265	异丙隆	Isoproturon	14.30	0.01	0.02	303	胺丙畏	Propetamphos	20.00	6.20	12.40
266	阿特拉通	Atratone	10.10	0.03	0.06	304	特丁硫磷	Terbufos	30.10	18.00	36.00
267	敌草净	Oesmetryn	11.20	0.04	0.08	305	烯效唑	Uniconazole	18.30	0.10	0.20
268	赛克津	Metribuzin	12.90	0.04	0.08	306	硅氟唑	Simeconazole	18.00	0.15	0.30
269	N,N-二甲基氨基-N-甲苯	DMST	14.00	1.79	3.58	307	三唑酮	Triadimefon	19.00	0.63	1.26
270	环草敌	Cycloate	26.60	0.18	0.36	308	甲拌磷砜	Phorate sulfone	16.90	0.85	1.70
271	阿特拉津	Atrazine	14.30	0.05	0.10	309	十三吗啉	Tridemorph	13.80	0.56	1.12
272	丁草敌	Butylate	28.80	3.42	6.84	310	苯噻酰草胺	Mefenacet	19.00	0.13	0.26
273	吡蚜酮	Pymetrozin	12.20	3.16	6.32	311	戊环唑	Azaconazole	14.00	0.10	0.20
274	氯草敏	Chloridazon	10.40	0.72	1.44	312	苯线磷	Fenamiphos	18.20	0.04	0.08
275	菜草畏	Sulfallate	25.20	14.80	29.60	313	丁苯吗啉	Fenpropimorph	11.70	0.03	0.06
276	乙硫苯威	Ethiofencarb	27.20	0.05	0.10	314	戊唑醇	Tebuconazole	19.70	0.17	0.34
277	特丁通	Terbumeton	10.90	0.01	0.02	315	异丙乐灵	Isopropalin	33.40	2.88	5.76
278	环丙津	Cyprazine	12.60	0.01	0.02	316	氟苯嘧啶醇	Nuarimol	15.40	0.10	0.20
279	莠灭净	Ametryn	12.60	0.08	0.16	317	乙嘧酚磺酸酯	Bupirimate	17.90	0.06	0.12
280	木草隆	Tebuthiuron	11.50	0.04	0.08	318	保棉磷	Azinphos-methyl	17.60	26.20	52.40
281	丁噻隆	Trietazine	20.60	0.08	0.16	319	丁基嘧啶磷	Tebupirimfos	30.60	0.02	0.04
282	另丁津	Sebutylazine	16.40	0.03	0.06	320	稻丰散	Phenthoate	25.20	4.34	8.68
283	驱虫特	Dibutyl succinate	24.40	4.98	9.96	321	治螟磷	Sulfotep	26.50	0.26	0.52
284	牧草胺	Tebutam	21.70	0.02	0.04	322	硫丙磷	Sulprofos	31.20	0.78	1.56
285	久效威亚砜	Thiofanox-sulfoxide	9.64	0.63	1.26	323	苯硫磷	EPN	27.70	4.40	8.80
286	杀螟丹	Cartap hydrochloride	21.90	806.00	1612.00	324	甲基吡噁磷	Azamethiphos	12.50	0.13	0.26
287	虫螨畏	Methacrifos	9.50	15.00	30.00	325	烯唑醇	Diniconazole	21.70	0.18	0.36
288	特丁净	Terbutryn	14.80	0.10	0.20	326	唑嘧磺草胺	Flumetsulam	11.00	0.11	0.22
289	咪唑嗪	Triazoxide	11.90	1.13	2.26	327	稀禾啶	Sethoxydim	29.80	5.29	10.58
290	虫线磷	Thionazin	16.40	1.27	2.54	328	戊菌隆	Pencycuron	26.30	0.02	0.04
291	利谷隆	Linuron	17.70	0.97	1.94	329	灭蚜磷	Mecarbam	23.30	1.90	3.80

续表

序号	中文名称	英文名称	保留时间/min	检出限/(μg/kg)	定量限/(μg/kg)	序号	中文名称	英文名称	保留时间/min	检出限/(μg/kg)	定量限/(μg/kg)
330	苯草酮	Tralkoxydim	30.70	0.05	0.10	369	涕灭威砜	Aldicarb sulfone	8.60	7.01	14.02
331	马拉硫磷	Malathion	21.30	0.27	0.54	370	二氧威	Dioxacarb	14.95	12.50	25.00
332	稗草丹	Pyributicarb	30.70	0.07	0.14	371	苄(基)腺嘌呤	Benzyladenine	9.47	5.10	10.20
333	哒嗪硫磷	Pyridaphenthion	19.40	0.08	0.16	372	甲基内吸磷	Demeton-S-methyl	12.50	0.64	1.28
334	嘧啶磷	Pirimiphos-ethyl	30.50	0.01	0.02	373	解草腈	Oxabetrinil	18.20	0.01	0.02
335	硫双威	Thiodicarb	28.90	40.30	80.60	374	乙硫苯威亚砜	Ethiofencarb-sulfoxide	9.55	11.40	22.80
336	吡唑硫磷	Pyraclofos	24.60	0.17	0.34						
337	啶氧菌酯	Picoxystrobin	24.40	0.66	1.32	375	杀螟腈	Cyanohos	17.50	5.77	11.54
338	四氟醚唑	Tetraconazole	19.30	0.20	0.40	376	土菌灵	Etridiazole	23.10	0.31	0.62
339	吡唑解草酯	Mefenpyr-diethyl	26.30	0.75	1.50	377	甲基乙拌磷	Thiometon	14.00	91.00	182.00
340	丙溴磷	Profenefos	27.40	0.38	0.76	378	灭菌丹	Folpet	20.70	94.10	188.20
341	百克敏	Pyraclostrobin	25.70	0.04	0.08	379	甲基内吸磷砜	Demeton-S-methyl sulfone	9.45	0.87	1.74
342	烯酰吗啉	Dimethomorph	16.20	0.06	0.12						
343	噻嗯菊酯	Kadethrin	29.40	0.26	0.52	380	哌草丹	Dimepiperate	27.40	1060.00	2120.00
344	噻唑烟酸	Thiazopyr	26.10	0.45	0.90	381	苯锈啶	Fenpropidin	11.50	0.10	0.20
345	甲基丙硫克百威	Benfuracarb-methyl	15.40	0.67	1.34	382	赛硫磷	Amidithion	11.30	2.80	5.60
346	醚黄隆	Cinosulfuron	12.70	0.12	0.24	383	甲咪唑烟酸	Imazapic	10.40	0.88	1.76
347	吡嘧磺隆	Pyrazosulfuron-ethyl	17.70	0.45	0.90	384	对氧磷	Paraoxon-ethyl	14.80	0.09	0.18
348	磺草胺唑	Metosulam	14.00	0.68	1.36	385	4-十二烷基-2,6-二甲基吗啉	Aldimorph	14.00	0.16	0.32
349	碘甲磺隆	Iodosulfuron-methyl	16.10	5.04	10.08						
350	氟啶脲	Chlorfluazuron	31.60	0.68	1.36	386	乙烯菌核利	Vinclozolin	25.00	0.63	1.26
351	4-氨基吡啶	4-Aminopyridine	1.79	0.45	0.90	387	啶斑肟	Pyrifenox	13.70	0.09	0.18
352	矮壮素	Chlormequat	1.84	0.10	0.20	388	氯硫磷	Chlorthion	23.00	100.00	200.00
353	灭多威	Methomyl	9.03	3.86	7.72	389	异氯磷	Dicapthon	22.90	0.12	0.24
354	杀线威肟	Oxamyl-oxime	8.36	3.60	7.20	390	四螨嗪	Clofentezine	25.90	0.32	0.64
355	咯喹酮	Pyroquilon	11.50	0.70	1.40	391	氟草敏	Norflurazon	14.90	0.07	0.14
356	麦穗灵	Fuberidazole	2.34	2.67	5.34	392	苯氧喹啉	Quinoxyphen	27.80	31.30	62.60
357	丁脒酰胺	Isocarbamid	10.20	0.16	0.32	393	倍硫磷砜	Fenthion sulfone	15.50	6.38	12.76
358	丁酮威	Butocarboxim	11.40	0.37	0.74	394	烯虫酯	Methoprene	15.32	1.72	3.44
359	杀虫脒	Chlordimeform	10.60	1.03	2.06	395	氟咯草酮	Flurochloridone	22.00	0.46	0.92
360	霜脲氰	Cymoxanil	11.30	2.39	4.78	396	邻苯二甲酸丁苄酯	Phthalic acid, benzyl butyl ester	28.00	136.00	272.00
361	灭草敌	Vernolate	26.50	0.05	0.10						
362	氯硫酰草胺	Chlorthiamid	12.20	127.00	254.00	397	氯唑磷	Isazofos	23.40	0.09	0.18
363	猛杀威	Promecarb	18.10	0.79	1.58	398	酚线磷	Dichlofenthion	30.30	2.51	5.02
364	灭害威	Aminocarb	2.35	11.80	23.60	399	蚜灭磷砜	Vamidothion sulfone	9.11	33.00	66.00
365	甲菌定	Dimethirimol	9.31	0.12	0.24	400	特丁硫磷砜	Terbufos sulfone	20.10	9.84	19.68
366	氧乐果	Omethoate	2.34	0.03	0.06	401	氨氟灵	Dinitramine	25.30	1.60	3.20
367	乙氧喹啉	Ethoxyquin	15.58	7.04	14.08	402	氰霜唑	Cyazofamid	23.80	0.43	0.86
368	敌敌畏	Dichlorvos	9.93	0.18	0.36	403	毒壤磷	Trichloronat	33.10	3.78	7.56

序号	中文名称	英文名称	保留时间/min	检出限/(μg/kg)	定量限/(μg/kg)	序号	中文名称	英文名称	保留时间/min	检出限/(μg/kg)	定量限/(μg/kg)
404	苄呋菊酯-2	Resmethrin-2	34.20	0.11	0.22	438	西玛通	Simeton	9.11	0.08	0.16
405	啶酰菌胺	Boscalid	19.30	1.37	2.74	439	呋虫胺	Dinotefuran	2.21	4.39	8.78
406	甲磺乐灵	Nitralin	23.80	4.51	9.02	440	克草敌	Pebulate	26.30	0.94	1.88
407	甲氰菊酯	Fenpropathrin	32.80	22.90	45.80	441	活化酯	Acibenzolar-S-methyl	17.80	0.96	1.92
408	苯酮唑	Cafenstrol	21.50	11.40	22.80	442	蔬果磷	Dioxabenzofos	17.50	5.53	11.06
409	噻螨酮	Hexythiazox	30.70	19.30	38.60	443	杀线威	Oxamyl	8.43	19.40	38.80
410	双氟磺草胺	Florasulam	13.20	2.92	5.84	444	噻苯隆	Thidiazuron	11.60	0.06	0.12
411	苯螨特	Benzoximate	27.40	3.63	7.26	445	甲基苯噻隆	Methabenzthiazuron	13.20	0.02	0.04
412	哒螨灵	Pyridaben	33.40	2.40	4.80	446	丁酮砜威	Butoxycarboxim	8.02	4.30	8.60
413	新燕灵	Benzoylprop-ethyl	25.50	130.00	260.00	447	兹克威	Mexacarbate	8.62	0.56	1.12
414	嘧螨醚	Pyrimidifen	21.40	1.99	3.98	448	甲基内吸磷亚砜	Demeton-S-methyl sulfoxide	2.15	1.52	3.04
415	哒草特	Pyridate	35.80	29.10	58.20						
416	呋线威	Furathiocarb	29.60	1.00	2.00	449	久效威砜	Thiofanox-sulfone	10.50	0.82	1.64
417	反式-氯菊酯	trans-Permethrin	29.00	0.22	0.44	450	硫环磷	Phosfolan	10.80	0.11	0.22
418	苄草唑	Pyrazoxyfen	23.00	0.03	0.06	451	绿草定	Triclopyr	10.80	0.03	0.06
419	嘧唑螨	Flubenzimine	39.00	10.50	21.00	452	内吸磷-S	Demeton-S	15.30	3.32	6.64
420	Z-氯氰菊酯	Z-cypermethrin	8.92	0.18	0.36	453	咪唑烟酸	Imazapyr	9.38	1.48	2.96
421	氟吡乙禾灵	Haloxyfop-2-ethoxyethyl	28.90	1.20	2.40	454	氧倍硫磷	Fenthion oxon	14.60	0.29	0.58
						455	杀草隆	Daimuron	19.00	1.55	3.10
422	S-氰戊菊酯	Esfenvalerate	13.60	2.98	5.96	456	敌草胺	Napropamide	19.70	0.21	0.42
423	氟胺氰菊酯	Tau-fluvalinate	35.09	3.27	6.54	457	杀螟硫磷	Fenitrothion	21.40	18.30	36.60
424	丙烯酰胺	Acrylamide	2.13	12.50	25.00	458	邻苯二甲酸二丁酯	Phthalic acid, dibutyl ester	28.00	0.05	0.10
425	叔丁基胺	Tert-butylamine	2.14	29.90	59.80						
426	噁霉灵	Hymexazol	2.15	15.00	30.00	459	异丙甲草胺	Metolachlor	21.50	0.12	0.24
427	矮壮素氯化物	Chlormequat chloride	1.63	0.23	0.46	460	腐霉利	Procymidone	21.50	31.40	62.80
428	邻苯二甲酰亚胺	Phthalimide	10.50	25.40	50.80	461	灭蚜硫磷	Vamidothion	9.64	0.78	1.56
429	甲氟磷	Dimefox	9.19	2.41	4.82	462	枯草隆	Chloroxuron	17.50	0.13	0.26
430	速灭威	Metolcarb	12.20	5.40	10.80	463	威菌磷	Triamiphos	11.90	0.10	0.20
431	联苯二胺	Diphenylamin	21.10	0.10	0.20	464	二氰蒽醌	Dithianon	22.90	1.33	2.66
432	萘乙酰胺	1-Naphthyl acetamide	11.10	0.20	0.40	465	脱叶磷	Merphos	10.80	401.00	802.00
433	脱乙基阿特拉津	Atrazine-desethyl	10.30	0.14	0.28	466	右旋炔丙菊酯	Prallethrin	27.10	16.50	33.00
434	2,6-二氯苯甲酰胺	2,6-Dichlorobenzamide	9.58	1.54	3.08	467	苄草隆	Cumyluron	18.30	0.22	0.44
						468	甲氧咪草烟	Imazamox	10.10	0.33	0.66
435	涕灭威	Aldicarb	11.60	403.00	806.00	469	灭鼠灵	Warfarin	16.70	0.40	0.80
436	避蚊酯	Dimethyl phthalate	12.90	4.69	9.38	470	亚胺硫磷	Phosmet	18.20	3.81	7.62
437	杀虫脒盐酸盐	Chlordimeform hydrochloride	10.40	1.21	2.42	471	皮蝇磷	Ronnel	28.90	2.48	4.96
						472	除虫菊素	Pyrethrins	31.90	21.80	43.60

续表

序号	中文名称	英文名称	保留时间/min	检出限/(μg/kg)	定量限/(μg/kg)	序号	中文名称	英文名称	保留时间/min	检出限/(μg/kg)	定量限/(μg/kg)
473	乙基杀扑磷	Athidathion	22.60	3.47	6.94	506	2-甲-4-氯丙酸	Mecoprop	10.90	4.39	8.78
474	邻苯二甲酸二环己酯	Phthalic acid, bicyclohexyl ester	33.20	0.07	0.14	507	特草定	Terbacil	11.40	0.94	1.88
						508	2,4-滴	2,4-D	10.60	0.96	1.92
475	环丙酰菌胺	Carpropamid	24.40	1.58	3.16	509	麦草畏	Dicamba	8.33	5.53	11.06
476	吡螨胺	Tebufenpyrad	27.80	0.09	0.18	510	2甲4氯丁酸	MCPB	12.20	19.40	38.80
477	苯酰草胺	Zoxamide	25.10	1.31	2.62	511	2,3,4,5-四氯苯胺	2,3,4,5-Tetrachloroaniline	21.10	0.06	0.12
478	抑虫肼	Tebufenozide	22.90	0.94	1.88						
479	双胍辛胺乙酸盐	Iminoctadine triacetate	2.12	4.56	9.12	512	敌磺钠	Fenaminosulf	9.48	0.02	0.04
480	虫螨磷	Chlorthiophos	31.50	11.40	22.80	513	2,4-滴丙酸	Dichlorprop	11.10	4.30	8.60
481	二溴磷	Naled	15.30	72.20	144.40	514	毒莠定	Picloram	8.81	0.56	1.12
482	唑虫酰胺	Tolfenpyrad	28.10	0.05	0.10	515	灭草松	Bentazone	10.30	1.52	3.04
483	三氯杀螨醇	Dicofol	28.10	0.12	0.24	516	地乐酚	Dinoseb	17.70	0.82	1.64
484	吲哚酮草酯	Cinidon-ethyl	28.60	9.13	18.26	517	草消酚	Dinoterb	19.50	0.11	0.22
485	鱼藤酮	Rotenone	21.60	0.69	1.38	518	氯吡脲	Forchlorfenuron	12.70	0.03	0.06
486	三氟苯唑	Fluotrimazole	38.70	3340.00	6680.00	519	2,4-滴丁酸	2,4-DB	12.10	3.32	6.64
487	亚胺唑	Imibenconazole	16.50	35.70	71.40	520	咯菌腈	Fludioxonil	16.30	1.48	2.96
488	唑酮草酯	Carfentrazone-ethyl	23.70	1.15	2.30	521	乙基抗倒酯	Trinexapac-ethyl	9.06	0.29	0.58
489	噁草酸	Propaquizafop	28.40	0.30	0.60	522	2,4,5-涕	2,4,5-T	11.70	1.55	3.10
490	乳氟禾草灵	Lactofen	30.10	67.10	134.20	523	氟草烟	Fluroxypyr	11.70	0.21	0.42
491	茅草枯	Dalapon	1.87	12.50	25.00	524	杀螨醇	Chlorfenethol	21.80	18.30	36.60
492	乙烯利	Ethephon	1.98	29.90	59.80	525	涕丙酸	Fenoprop(silvex, 2,4,5-TP)	12.20	0.05	0.10
493	四氟丙酸	Flupropanate	3.75	15.00	30.00						
494	四氢化邻苯二甲酰亚胺	cis-1,2,3,6-Tetrahydrophthalimide	8.33	0.23	0.46	526	环丙酰酸胺	Cyclanilide	12.50	0.12	0.24
						527	溴苯腈	Bromoxynil	11.50	31.40	62.80
495	2,6-二氟苯甲酸	2,6-Difluorobenzoic acid	2.07	25.40	50.80	528	萘草胺	Naptalam	10.60	0.78	1.56
						529	灭幼脲	Chlorbenzuron	18.80	0.13	0.26
496	三氯乙酸钠	Trichloroacetic acid sodium salt	2.08	2.41	4.82	530	氯霉素	Chloramphenicolum	10.40	0.10	0.20
						531	禾草灭	Alloxydim-sodium	9.65	1.33	2.66
497	叔丁基-4-羟基苯甲醚	Tert-butyl-4-hydroxyanisole	11.50	5.40	10.80	532	嘧草硫醚	Pyrithlobac sodium	10.80	401.00	802.00
						533	消螨通	Dinobuton	12.20	16.50	33.00
498	2-苯基苯酚	2-Phenylphenol	15.40	0.10	0.20	534	氟草醚	Fluorodifen	22.20	0.22	0.44
499	3-苯基苯酚	3-Phenylphenol	15.40	0.20	0.40	535	杀虫双	Dimehypo	2.12	0.33	0.66
500	二氯吡啶酸	Clopyralld	2.24	0.14	0.28	536	噁唑禾草灵	Fenoxaprop-ethyl	13.30	0.40	0.80
501	4,6-二硝基邻甲酚	DNOC	11.90	1.54	3.08	537	氟吡草腙钠	Diflufenzopyr-sodium	9.58	3.81	7.62
						538	乙酰磺胺对硝基苯	Sulfanitran	11.60	2.48	4.96
502	调果酸	Cloprop	9.66	403.00	806.00						
503	氯硝胺	Dicloran	14.90	4.69	9.38	539	甲基磺草酮	Mesotrion	7.81	21.80	43.60
504	氯氨吡啶酸	Aminopyralid	10.10	1.21	2.42	540	赤霉素	Gibberellic acid	8.28	0.07	0.14
505	氯苯胺灵	Chlorpropham	18.10	0.08	0.16	541	三氟羧草醚	Acifluorfen	15.80	1.58	3.16

续表

序号	中文名称	英文名称	保留时间/min	检出限/(μg/kg)	定量限/(μg/kg)	序号	中文名称	英文名称	保留时间/min	检出限/(μg/kg)	定量限/(μg/kg)
542	碘苯腈	Ioxynil	13.40	0.09	0.18	556	虱螨脲	Lufenuron	25.70	0.30	0.60
543	噁唑菌酮	Famoxadone	22.70	1.31	2.62	557	噻氟菌胺	Thifluzamide	21.20	67.10	134.20
544	甲磺隆	Metsulfuron-methyl	8.95	0.94	1.88	558	杀草强	Amitrole	2.69	2.83	5.66
545	磺酰唑草酮	Sulfentrazone	12.70	4.56	9.12	559	1,3-二氯丙烯	1,3-Dichloropropene(cis-,trans-)	9.84	5.42	10.84
546	吡氟酰草胺	Diflufenican	24.00	11.40	22.80						
547	乙虫清	Ethiprole	15.30	72.20	144.40	560	噁虫威	Bendiocarb	7.29	0.22	0.44
548	啶嘧磺隆	Flazasulfuron	10.40	0.05	0.10	561	溴杀烯	Bromocylen	11.9	4.50	9.00
549	磺菌胺	Flusulfamide	28.30	0.12	0.24	562	噻节因	Dimethipin	6.12	3.29	6.58
550	硫丹硫酸盐	Endosulfan-sulfate	23.50	25.50	51.00	563	呋草黄	Benfuresate	7.74	50.1	100.2
551	环丙嘧磺隆	Cyclosulfamuron	14.70	9.13	18.26	564	除草醚	Nitrofen	9.38	8.55	17.1
552	嗪胺灵	Triforine	13.30	0.69	1.38	565	异菌脲	Iprodione	8.91	3.45	6.90
553	氯吡嘧磺隆	Halosulfuron-methyl	12.30	3340.00	6680.00	566	甲羧除草醚	Bifenox	8.86	31.8	63.6
554	氟磺胺草醚	Fomesafen	18.50	35.70	71.40	567	碘硫磷	Iodofenphos	10.05	16.1	32.2
555	碘甲磺隆钠	Iodosulfuron-methyl sodium	11.10	1.15	2.30						

8.6.8 GC-MS 和 LC-MS/MS 最小检出限和线性相关系数的比较

对表 8-19 和表 8-20 中 GC-MS 和 LC-MS/MS 最小检出限的分布情况进行统计分析（图 8-7）。

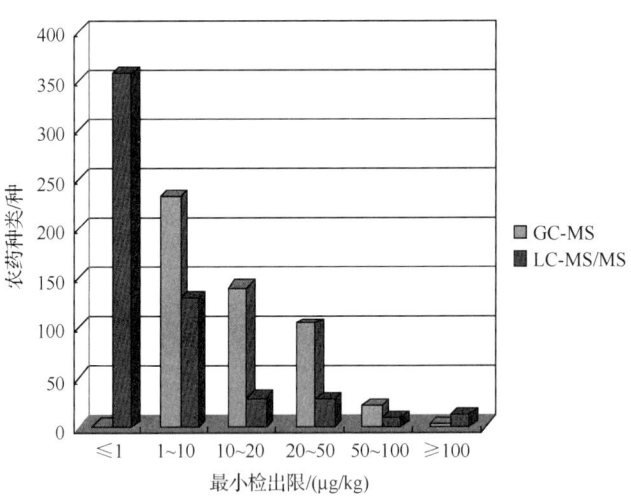

图 8-7 GC-MS 和 LC-MS/MS 最小检出限的分布示意图

在 GC-MS 和 LC-MS/MS 两个方法中，农药和相关化学品 LOD≤1μg/kg 的化合物分别有 1 种和 358 种，分别占 0.2% 和 63.1%；LOD 为 1~10μg/kg 的分别有 233 种和 129 种，分别占 46.3% 和 22.8%；LOD 为 10~50μg/kg 的分别有 246 种和 58 种，分别占 48.9% 和 10.2%；LOD>50μg/kg 的分别有 23 种和 22 种，分别占 4.6% 和 3.9%。由此可见，GC-MS 方法中 95.4% 化合物的 LOD<50μg/kg，46.5% 化合物的 LOD<10μg/kg；LC-MS/MS 方法中 96.1% 化合物的 LOD<50μg/kg，85.9% 化合物的 LOD<10μg/kg。证明这两个方法对绝大多数农药和相关化学品均具有非常高的灵敏度，而且 LC-MS/MS 的灵敏度比 GC-MS 的要高 5~10 倍，这两个方法完全可以满足世界各国农

药残留监控和国际贸易的需要。

对 GC-MS 和 LC-MS/MS 线性相关系数的分布情况进行统计分析（图 8-8）。GC-MS 和 LC-MS/MS 两个方法中农药和相关化学品线性相关系数≥0.995 的化合物分别有 350 种和 327 种，分别占 74.5% 和 65.4%；线性相关系数≥0.990 的分别有 426 种和 479 种，分别占 90.6% 和 95.8%；线性相关系数<0.990 的分别有 44 种和 21 种，分别占 9.4% 和 4.2%。由此可见，GC-MS 和 LC-MS/MS 两个方法对绝大多数农药和相关化学品均具有较好的线性相关系数。

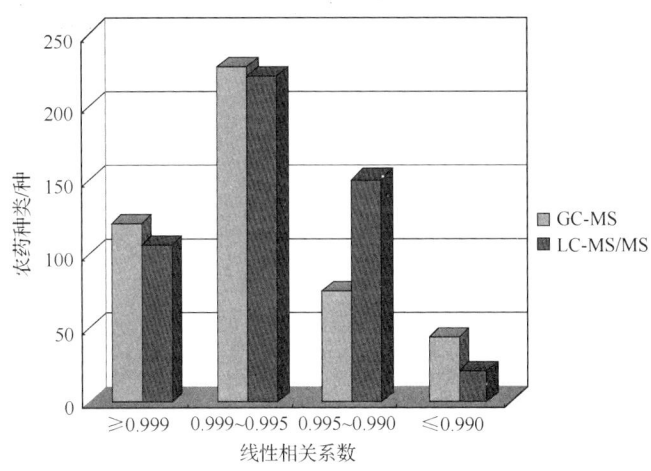

图 8-8　GC-MS 和 LC-MS/MS 线性相关系数分布区间示意图

8.6.9　方法效率评价

8.6.9.1　GC-MS 方法效率评价

对 489 种农药化学品（个别农药用完没有评价）在洋槐蜜、椴树蜜、油菜蜜、荞麦蜜等 9 种蜂蜜基质中的方法效率和不同蜂蜜基质影响进行了评价，实验数据见表 8-21。

表 8-21　GC-MS 测定 489 种农药化学品在 9 种蜂蜜中 3 个添加水平回收率及相对标准偏差数据表

序号	中文名称	英文名称	LOQ			2 LOQ			5 LOQ			平均回收率/%	RSD/%
			洋槐	油菜	椴树	荆条	葵花	老瓜头	荞麦	紫云英	桂花		
1	二丙烯草胺	Allidochlor	85.9	89.5	79.4	76.4	87.2	84.5	53.5	62.6	62.2	75.7	17.3
2	土菌灵	Etridiazol	74.8	63.9	74.1	71.0	74.4	73.9	54.0	65.2	65.9	68.6	10.2
3	氯甲硫磷	Chlormephos	83.1	83.5	97.2	73.2	76.5	74.0	46.4	55.9	54.2	71.5	22.9
4	苯胺灵	Propham	120.2	121.4	85.9	91.1	88.7	87.9	56.4	66.1	62.4	86.7	26.7
5	环草敌	Cycloate	94.4	83.2	82.2	76.6	78.3	70.0	50.6	58.9	57.2	72.4	19.8
6	联苯二胺	Diphenylamin	92.0	113.6	94.0	75.6	79.8	74.0	53.7	58.1	56.1	77.4	25.9
7	乙丁烯氟灵	Ethalfluralin	76.9	58.0	83.7	66.2	78.8	71.4	49.0	73.9	77.4	70.6	15.7
8	甲拌磷	Phorate	93.0	0*	90.6	79.9	83.3	70.3	53.4	65.4	64.0	75.0	18.6
9	甲基乙拌磷	Thiometon	87.5	82.6	70.1	66.7	78.5	59.0	45.1	61.2	52.3	67.0	21.1
10	五氯硝基苯	Quintozene	80.7	76.5	79.9	80.3	87.4	76.7	63.6	77.7	77.1	77.8	8.1
11	脱乙基阿特拉津	Atrazine-desethyl	85.5	94.4	80.1	81.3	92.3	88.9	31.2	60.8	51.9	74.0	29.0
12	异噁草松	Clomazone	102.5	90.1	88.6	79.2	87.3	82.3	53.4	61.3	60.1	78.3	21.0
13	二嗪磷	Diazinon	97.1	87.5	83.3	81.1	85.1	73.0	53.1	64.1	63.6	76.4	18.3
14	地虫硫磷	Fonofos	95.1	85.8	83.6	79.3	81.1	71.6	52.4	61.8	61.1	74.6	18.6
15	乙嘧硫磷	Etrimfos	98.0	88.5	84.1	82.6	86.9	76.9	53.9	66.0	65.5	78.0	17.7
16	胺丙畏	Propetamphos	98.2	402.9	87.6	80.8	116.6	76.8	54.0	81.9	87.6	120.7	88.8

续表

序号	中文名称	英文名称	LOQ			2 LOQ			5 LOQ			平均回收率/%	RSD/%
			洋槐	油菜	椴树	荆条	葵花	老瓜头	荞麦	紫云英	桂花		
17	密草通	Secbumeton	95.3	95.7	91.9	83.4	97.4	94.1	56.9	68.4	67.0	83.4	18.4
18	酞线磷	Dichlofenthion	89.5	82.9	87.7	81.0	80.0	70.4	52.9	62.6	62.9	74.4	17.1
19	炔丙烯草胺	Pronamide	101.1	88.1	88.6	89.5	95.1	91.5	57.4	68.6	65.6	82.8	18.2
20	兹克威	Mexacarbate	85.6	81.7	95.5	70.4	92.2	74.5	48.4	63.6	20.9	70.3	33.6
21	乐果	Dimethoate	100.1	105.9	127.8	75.4	82.6	74.1	29.7	50.9	44.9	76.8	41.0
22	艾氏剂	Aldrin	79.0	76.0	66.1	74.9	73.3	65.8	48.5	57.5	57.2	66.5	15.6
23	氨氟灵	Dinitramine	84.0	59.1	90.5	71.8	95.6	83.4	62.5	90.7	85.7	80.4	16.1
24	皮蝇磷	Ronnel	92.2	85.1	81.2	81.1	81.3	72.8	51.7	62.7	62.5	74.5	17.6
25	扑草净	Prometrye	102.0	91.7	92.2	81.2	92.5	81.0	54.4	64.2	62.9	80.2	20.3
26	环丙津	Cyprazine	102.1	94.2	91.7	79.8	87.5	85.7	50.4	62.6	57.0	79.0	22.9
27	百菌清	Chlorothalonil	80.9	0.0	51.4	57.4	73.1	44.6	53.3	73.5	66.6	55.7	43.2
28	乙烯菌核利	Vinclozolin	102.1	90.4	94.2	78.9	81.2	72.5	52.5	61.9	59.6	77.0	21.9
29	β-六六六	β-HCH	96.2	85.9	86.9	76.6	79.2	71.4	51.5	59.8	59.0	74.0	20.1
30	甲霜灵	Metalaxyl	99.6	77.4	86.4	77.9	92.6	86.3	54.3	63.4	61.6	77.7	19.6
31	毒死蜱	Chlorpyifos(-ethyl)	85.8	83.6	77.2	86.1	87.1	77.0	54.7	67.3	67.7	76.3	14.5
32	甲基对硫磷	Methyl-parathion	89.6	85.1	102.8	100.4	123.6	119.9	86.0	121.9	114.4	104.8	14.9
33	蒽醌	Anthraquinone	87.9	86.3	89.8	67.8	65.6	75.6	42.7	59.0	47.1	69.1	25.2
34	δ-六六六	δ-HCH	96.8	98.4	99.4	80.0	83.3	72.3	52.2	61.5	59.7	78.2	22.9
35	倍硫磷	Fenthion	96.5	87.4	78.8	80.2	85.9	69.3	50.6	63.0	60.2	74.7	19.9
36	马拉硫磷	Malathion	97.5	87.1	89.1	86.4	93.8	80.5	56.1	70.5	68.6	81.0	16.6
37	杀螟硫磷	Fenitrothion	88.9	85.5	101.8	104.4	120.8	107.7	82.9	114.0	109.8	101.7	13.0
38	对氧磷	Paraoxon-ethyl	84.6	0.0	104.0	108.5	139.9	140.2	87.3	132.1	124.3	102.3	42.7
39	三唑酮	Triadimefon	88.3	81.2	85.9	77.9	101.9	76.8	50.0	61.5	59.5	75.9	21.3
40	对硫磷	Parathion	86.8	83.0	93.5	100.8	119.2	109.9	85.4	126.4	121.0	102.9	16.3
41	二甲戊灵	Pendimethalin	79.1	71.8	95.7	95.7	110.8	97.2	74.1	103.3	100.9	92.1	14.9
42	利谷隆	Linuron	81.1	73.7	98.6	92.2	103.1	99.2	61.5	77.7	78.4	85.1	16.4
43	杀螨醚	Chlorbenside	82.4	80.4	74.7	79.9	79.5	71.0	50.7	65.0	62.6	71.8	14.7
44	乙基溴硫磷	Bromophos-ethyl	82.8	78.5	74.3	83.0	83.0	73.1	52.3	65.6	65.2	73.1	14.3
45	喹硫磷	Quinalphos	97.7	102.6	90.1	89.5	95.6	94.1	58.3	71.8	67.0	85.2	18.2
46	反式-氯丹	trans-Chlodane	82.9	80.0	70.4	77.1	76.7	67.5	50.3	59.9	59.3	69.4	15.9
47	稻丰散	Phenthoate	92.4	77.5	73.5	89.9	93.3	80.7	59.8	78.6	78.5	80.5	13.1
48	吡唑草胺	Metazachlor	98.7	91.9	93.6	85.6	96.1	93.1	56.7	69.5	67.3	83.6	18.1
49	丙硫磷	Prothiophos	77.5	48.1	66.5	78.2	85.1	68.3	48.0	60.7	60.3	65.9	19.8
50	灭菌丹	Folpet	60.3	0.0	0.0	39.8	38.5	55.4	81.4	84.4	102.9	51.4	69.9
51	整形醇	Chlorflurenol	93.3	93.0	96.3	86.2	103.9	94.1	58.7	72.1	69.7	85.2	17.6
52	狄氏剂	Dieldrin	91.5	83.7	72.9	78.1	78.0	69.5	51.0	59.6	59.2	71.5	18.2
53	腐霉利	Procymidone	107.9	113.2	97.1	82.6	101.1	82.0	54.2	68.5	61.5	85.4	24.6
54	杀扑磷	Methidathion	96.7	89.2	89.0	87.6	97.7	84.9	57.5	69.2	66.9	82.1	17.2
55	氰草津	Cyanazine	83.5	90.7	107.1	82.9	97.0	83.6	30.9	63.6	51.6	76.8	31.1
56	敌草胺	Napropamide	99.7	92.7	94.0	85.1	92.0	82.5	54.8	65.1	63.4	81.0	19.7

续表

序号	中文名称	英文名称	LOQ			2 LOQ			5 LOQ			平均回收率/%	RSD/%
			洋槐	油菜	椴树	荆条	葵花	老瓜头	荞麦	紫云英	桂花		
57	噁草酮	Oxadiazone	88.7	80.4	73.6	78.4	75.9	69.5	49.2	59.0	62.9	70.8	17.1
58	苯线磷	Fenamiphos	80.8	90.2	102.5	91.1	119.4	102.6	60.0	87.4	80.4	90.5	18.6
59	杀螨氯硫	Tetrasul	77.9	77.3	84.9	82.4	78.4	70.0	50.3	61.8	61.0	71.6	16.2
60	杀螨特	Aramite	84.4	81.0	78.1	89.7	93.5	83.3	58.7	73.9	71.9	79.4	13.1
61	乙嘧酚磺酸酯	Bupirimate	99.2	95.6	97.9	82.5	89.3	75.4	53.2	63.5	62.4	79.9	21.4
62	萎锈灵	Carboxin	76.7	76.0	71.6	48.1	89.7	54.6	31.3	58.3	24.8	59.0	36.8
63	氟酰胺	Flutolanil	96.6	99.8	94.7	86.7	98.0	84.4	55.0	68.8	66.4	83.4	19.5
64	p,p'-滴滴滴	p,p'-DDD	82.5	79.6	72.6	80.1	83.8	71.4	52.4	63.6	63.4	72.2	14.7
65	乙硫磷	Ethion	81.1	73.5	77.5	86.2	92.8	78.3	56.8	71.5	71.5	76.6	13.3
66	硫丙磷	Sulprofos	82.0	75.3	70.7	80.6	82.0	68.6	50.9	65.7	63.7	71.1	14.5
67	乙环唑-1	Etaconazole-1	298.3	80.2	96.2	89.2	112.5	95.7	62.9	82.4	80.6	110.9	64.6
68	乙环唑-2	Etaconazole-2	106.2	99.0	93.6	82.1	87.8	73.3	52.5	61.7	59.6	79.5	23.7
69	腈菌唑	Myclobutanil	123.2	96.6	69.0	85.7	97.7	89.9	55.8	74.0	70.8	84.8	23.6
70	禾草灵	Dichlorofop-methyl	98.6	118.5	61.9	64.7	69.6	71.2	42.3	51.8	50.8	69.9	34.8
71	丙环唑	Propiconazole	99.7	98.0	101.9	84.3	86.6	71.2	47.3	60.5	58.8	78.7	25.5
72	丰索磷	Fensulfothion	99.7	102.7	116.9	71.3	63.2	59.4	31.9	31.4	30.2	67.4	49.1
73	克百威	Carbosulfan	59.5	49.1	74.3	49.7	82.1	86.4	20.2	82.4	83.3	65.2	34.3
74	灭蚁灵	Mirex	73.5	77.5	68.8	77.0	74.6	66.2	48.4	58.5	58.8	67.0	14.9
75	麦锈灵	Benodanil	84.5	53.2	64.4	82.2	96.8	100.7	54.5	82.6	76.2	77.2	21.9
76	氟苯嘧啶醇	Nuarimol	97.0	94.8	92.5	86.1	95.7	91.0	56.0	69.0	66.3	83.2	18.4
77	甲氧滴滴涕	Methoxychlor	90.8	51.7	65.1	83.2	56.1	62.5	61.9	72.1	94.1	70.8	21.5
78	噁霜灵	Oxadxyl	75.8	64.1	84.8	53.1	74.1	72.1	19.3	47.3	42.6	59.2	34.7
79	胺菊酯	Tetramethrin	86.5	87.8	94.6	90.1	95.2	79.3	57.6	76.8	74.6	82.5	14.5
80	戊唑醇	Tebuconazole	89.7	84.9	104.4	90.8	102.0	97.3	53.8	72.7	69.0	85.0	19.8
81	氟草敏	Norflurazon	80.7	90.0	98.1	79.9	95.7	88.8	31.8	65.2	56.8	76.3	28.2
82	哒嗪硫磷	Pyridaphenthion	89.7	90.1	98.6	97.8	116.2	97.3	62.9	85.2	80.7	90.9	16.1
83	亚胺硫磷	Phosmet	92.2	87.6	98.5	92.2	111.2	79.3	57.4	74.0	71.5	84.9	19.0
84	三氯杀螨砜	Tetradifon	89.7	88.2	76.3	80.5	83.0	70.9	53.1	62.2	62.0	74.0	17.3
85	氧化萎锈灵	Oxycarboxin	75.7	100.0	92.2	104.6	118.4	102.3	26.1	76.0	60.2	83.9	33.5
86	顺式-氯菊酯	cis-Permethrin	70.5	79.7	72.1	115.0	87.0	76.8	55.0	71.6	168.0	88.4	38.4
87	反式-氯菊酯	trans-Permethrin	66.5	54.1	62.2	86.0	86.2	72.1	52.5	69.0	67.0	68.4	17.5
88	吡菌磷	Pyrazophos	87.2	91.8	93.3	93.5	102.2	84.4	59.1	76.7	75.6	84.9	15.1
89	氯氰菊酯-1	Cypermethrin-1	58.8	128.4	80.4	149.4	91.0	83.8	59.0	113.6	79.1	93.7	32.9
90	氯氰菊酯-2	Cypermethrin-2	43.0	51.8	68.8	116.0	98.7	100.1	49.0	100.2	65.5	77.0	35.1
91	氯氰菊酯-3	Cypermethrin-3	59.5	70.6	69.7	105.2	95.3	88.5	63.9	86.5	88.1	80.8	19.1
92	氯氰菊酯-4	Cypermethrin-4	43.0	51.8	68.8	116.0	98.7	100.1	49.0	100.2	65.5	77.0	35.1
93	氰戊菊酯-1	Fenvalerate-1	61.8	72.2	74.8	96.7	81.2	73.2	59.4	73.5	80.8	74.9	14.6
94	氰戊菊酯-2	Fenvalerate-2	61.8	72.2	74.8	96.7	81.2	73.2	59.4	73.5	80.8	74.9	14.6
95	溴氰菊酯	Deltamethrin	118.9	57.5	56.6	184.5	98.5	148.7	83.8	119.3	124.7	110.8	37.7
96	菌草敌	EPTC	80.2	80.5	54.7	78.6	90.6	76.0	49.2	75.0	73.7	73.2	17.8

续表

序号	中文名称	英文名称	LOQ			2 LOQ			5 LOQ			平均回收率/%	RSD/%
			洋槐	油菜	椴树	荆条	葵花	老瓜头	荞麦	紫云英	桂花		
97	丁草敌	Butylate	83.0	79.1	57.7	81.2	91.0	70.4	51.0	76.3	74.9	73.8	17.0
98	敌草腈	Dichlobenil	87.4	82.8	45.0	79.1	95.9	82.2	44.9	79.5	67.1	73.8	24.4
99	克草敌	Pebulate	86.6	84.2	63.0	84.0	91.3	73.2	53.0	75.8	75.7	76.3	15.9
100	三氯甲基吡啶	Nitrapyrin	81.6	71.4	64.8	103.5	103.5	83.6	53.4	115.6	112.1	87.7	25.2
101	速灭磷	Mevinphos	77.2	95.5	11.3	101.5	21.9	167.5	101.7	10.7	131.8	79.9	69.2
102	氯苯甲醚	Chloroneb	89.8	85.1	86.3	84.2	93.5	80.1	57.2	79.3	79.4	81.7	12.7
103	四氯硝基苯	Tecnazene	82.7	84.7	73.6	99.7	100.9	74.5	57.8	92.2	88.5	83.8	16.4
104	庚虫磷	Heptanophos	95.9	92.0	93.9	97.5	109.7	99.4	64.7	96.2	90.4	93.3	12.9
105	六氯苯	Hexachlorobenzene	79.1	73.2	64.4	77.6	90.1	66.9	48.6	72.3	76.7	72.1	16.0
106	灭线磷	Ethoprophos	96.3	91.9	96.0	100.7	104.6	91.9	64.6	90.1	92.7	92.1	12.3
107	顺式-燕麦敌	cis-Diallate	99.1	84.8	98.0	93.5	100.3	75.8	60.0	83.1	84.6	86.6	15.1
108	毒草胺	Propachlor	97.3	92.7	82.1	93.6	99.3	91.7	63.5	88.6	87.0	88.4	12.1
109	反式-燕麦敌	trans-Diallate	94.3	82.4	73.1	91.0	100.1	75.6	58.6	83.7	84.8	82.6	15.0
110	氟乐灵	Trifluralin	92.1	62.6	74.1	94.0	111.4	75.7	60.6	114.7	109.2	88.3	23.7
111	氯苯胺灵	Chlorpropham	99.6	94.0	90.3	95.6	106.1	89.0	64.3	92.0	91.4	91.4	12.5
112	治螟磷	Sulfotep	97.0	85.5	75.7	96.3	106.6	80.2	60.1	92.3	92.6	87.4	15.9
113	菜草畏	Sulfallate	88.4	63.2	70.1	72.7	84.8	62.8	46.1	76.3	72.0	70.7	17.9
114	α-六六六	α-HCH	95.6	85.3	128.7	90.4	96.5	75.0	58.7	81.5	82.8	88.3	21.6
115	特丁硫磷	Terbufos	101.0	86.9	86.9	104.9	117.8	84.8	65.5	100.9	101.7	94.5	16.0
116	特丁通	Terbumeton	95.2	95.4	91.0	99.6	103.2	96.0	68.3	96.7	90.9	92.9	10.8
117	环丙氟灵	Profluralin	89.3	59.2	75.1	103.7	116.1	76.6	62.8	124.4	117.3	91.6	26.9
118	敌噁磷	Dioxathion	105.0	82.1	71.1	88.5	103.8	76.4	72.4	84.2	87.1	85.6	14.3
119	扑灭津	Propazine	100.2	92.6	87.9	94.8	102.0	91.7	66.2	90.1	87.8	90.4	11.5
120	氯炔灵	Chlorbufam	94.8	97.4	100.0	130.9	130.5	98.4	76.6	116.6	108.6	106.0	16.7
121	氯硝胺	Dicloran	83.2	89.7	83.9	113.3	112.0	94.2	62.7	124.2	108.3	96.8	19.9
122	特丁津	Terbuthylazine	99.1	86.1	42.1	47.5	51.1	44.6	28.0	8.4	9.2	46.2	66.5
123	绿谷隆	Monolinuron	92.9	93.3	100.7	117.2	126.8	111.0	68.8	128.9	116.2	106.2	18.1
124	氟虫脲	Flufenoxuron	96.2	62.0	61.0	117.6	90.1	116.7	93.8	71.9	91.6	89.0	23.4
125	杀螟腈	Cyanohos	98.8	91.4	87.1	98.0	106.6	92.0	64.4	94.8	93.1	91.8	12.7
126	敌草净	Desmetryn	98.8	95.7	91.4	97.3	104.1	100.2	67.4	98.1	92.5	93.9	11.4
127	二甲草胺	Dimethachloro	99.9	92.9	89.2	96.8	103.7	95.3	66.2	92.0	91.9	92.0	11.6
128	甲草胺	Alachlor	99.0	90.9	86.9	96.7	119.7	88.1	65.8	90.2	90.9	92.0	15.2
129	甲基嘧啶磷	Pirimiphos-methyl	99.5	87.3	84.6	96.3	106.0	80.7	61.2	90.2	90.0	88.4	14.6
130	特丁净	Terbutryn	99.1	91.1	90.9	96.9	103.8	89.8	66.5	91.3	90.0	91.0	11.4
131	禾草丹	Thiobencarb	99.9	89.3	85.2	95.7	102.6	78.7	61.1	85.7	86.6	87.2	14.3
132	三氯杀螨醇	Dicofol	94.5	90.1	92.8	75.6	86.2	69.9	52.6	56.0	67.5	76.1	20.7
133	异丙甲草胺	Metolachlor	98.0	93.1	101.1	97.8	104.2	89.4	66.2	91.8	91.9	92.7	12.0
134	嘧啶磷	Pirimiphos-ethyl	98.9	82.7	77.3	97.5	109.5	79.0	61.1	91.7	91.4	87.7	16.3
135	烯虫酯	Methoprene	95.2	71.7	70.9	98.1	111.8	73.4	57.8	94.6	87.0	84.5	20.3
136	溴硫磷	Bromofos	97.5	80.6	76.6	97.3	107.3	79.3	61.1	90.4	91.4	86.8	16.0

续表

序号	中文名称	英文名称	LOQ			2 LOQ			5 LOQ			平均回收率/%	RSD/%
			洋槐	油菜	椴树	荆条	葵花	老瓜头	荞麦	紫云英	桂花		
137	抑菌灵	Dichlofluanid	104.4	0.0	49.4	108.0	106.7	67.8	81.6	133.0	127.1	86.5	48.8
138	乙氧呋草黄	Ethofumesate	128.1	115.2	121.5	70.4	90.5	62.1	51.5	57.7	60.6	84.2	35.9
139	异丙乐灵	Isopropalin	97.3	60.3	72.0	101.5	113.7	79.3	60.9	128.3	114.8	92.0	27.1
140	硫丹 1	Endosulfan-1	98.2	81.8	72.1	89.8	101.6	76.1	62.3	82.2	85.6	83.3	14.9
141	敌稗	Propanil	93.3	96.6	94.5	102.6	119.0	104.4	61.6	102.6	93.3	96.4	15.9
142	异柳磷	Isofenphos	97.6	87.8	88.5	102.4	115.9	84.6	65.8	99.0	104.2	94.0	15.3
143	育畜磷	Crufomate	101.1	126.9	158.3	177.3	210.6	173.0	105.2	199.0	189.5	160.1	25.2
144	毒虫畏	Chlorfenvinphos	99.8	88.9	91.0	102.8	112.6	88.1	66.2	96.0	96.9	93.6	13.7
145	顺式-氯丹	*cis*-Chlordane	94.8	76.3	69.3	91.1	99.8	74.2	60.0	84.2	85.5	81.7	15.7
146	唑虫酰胺	Tolyfluanide	101.5	60.3	91.7	120.5	110.7	70.4	72.4	127.5	124.5	97.7	25.9
147	*p,p*′-滴滴伊	*p,p*′-DDE	94.6	78.9	117.3	90.9	99.7	74.5	58.4	83.3	84.4	86.9	19.2
148	丁草胺	Butachlor	97.4	84.0	79.8	102.3	113.9	82.5	65.8	98.3	99.3	91.5	15.9
149	乙菌利	Chlozolinate	121.4	98.7	95.0	109.5	124.7	96.0	76.4	104.3	107.1	103.7	14.1
150	巴毒磷	Crotoxyphos	103.3	109.3	150.1	129.7	153.2	109.0	69.4	138.6	127.4	121.1	21.8
151	碘硫磷	Iodofenphos	97.7	77.4	79.6	105.7	115.5	80.1	64.3	100.5	100.3	91.2	18.1
152	杀虫畏	Tetrachlorvinphos	101.7	91.8	103.5	109.5	118.5	83.7	67.8	102.4	101.8	97.9	15.3
153	氯溴隆	Chlorbromuron	99.0	89.5	112.5	130.2	133.6	113.8	72.6	138.4	126.6	112.9	19.6
154	丙溴磷	Profenofos	100.5	91.3	90.3	109.7	120.3	88.4	67.7	103.5	104.0	97.3	15.5
155	氟咯草酮	Fluorochloridone	100.3	94.5	101.0	107.6	117.9	94.8	73.5	108.7	107.1	100.6	12.5
156	噻嗪酮	Buprofezin	99.9	85.3	92.2	97.5	109.3	80.3	62.9	87.2	88.1	89.2	14.8
157	*o,p*′-滴滴滴	*o,p*′-DDD	96.3	77.7	78.3	98.0	111.8	83.5	63.9	90.8	91.3	87.9	15.8
158	异狄氏剂	Endrin	101.2	83.4	87.3	105.3	111.1	86.7	67.9	100.9	104.0	94.2	14.6
159	己唑醇	Hexaconazole	97.6	99.1	103.9	116.4	131.6	112.0	79.1	120.7	117.4	108.6	14.3
160	杀螨酯	Chlorfenson	98.3	86.9	81.1	95.1	104.7	79.7	68.6	87.2	89.9	87.9	12.3
161	*o,p*′-滴滴涕	*o,p*′-DDT	100.4	63.5	74.2	111.1	113.5	72.8	66.5	105.7	108.5	90.7	23.1
162	多效唑	Paclobutrazol	99.4	99.7	92.7	101.6	116.2	99.9	70.6	101.4	95.9	97.5	12.3
163	盖草津	Methoprotryne	99.1	94.7	94.5	101.7	112.5	101.0	68.6	101.9	97.2	96.7	12.2
164	抑草蓬	Erbon	98.6	88.3	67.3	74.3	70.6	69.2	44.1	61.1	57.5	70.1	23.0
165	丙酯杀螨醇	Chlorpropylate	97.7	88.9	85.4	108.2	127.2	89.8	68.8	104.6	106.3	97.4	17.1
166	甲基麦草氟异丙酯	Flamprop-methyl	102.2	93.2	83.8	95.0	103.4	86.9	67.6	88.2	89.4	89.9	11.9
167	除草醚	Nitrofen	93.9	88.0	99.2	146.6	185.1	107.5	88.3	214.6	179.8	133.7	36.5
168	乙氧氟草醚	Oxyflurofen	87.5	73.6	89.3	152.2	200.7	109.7	90.9	215.0	192.4	134.6	41.6
169	虫螨磷	Chlorthiophos	96.0	78.7	73.9	100.1	114.0	81.5	61.0	95.4	96.5	88.6	18.1
170	麦草氟异丙酯	Flamprop-isopropyl	100.1	92.1	79.6	98.1	109.3	81.5	65.5	89.7	91.0	89.7	14.3
171	*p,p*′-滴滴涕	*p,p*′-DDT	107.3	55.0	67.0	123.2	60.7	66.4	70.4	123.5	129.4	89.2	34.6
172	三硫磷	Carbofenothion	99.3	77.5	75.3	109.8	121.2	85.9	65.4	106.1	105.3	94.0	19.9
173	苯霜灵	Benalaxyl	97.4	91.3	89.9	95.6	107.3	84.6	64.5	89.2	89.7	90.0	12.9
174	敌瘟磷	Edifenphos	101.8	95.9	108.4	131.5	140.6	100.5	82.5	119.5	119.6	111.1	16.5
175	三唑磷	Triazophos	101.4	95.6	94.6	116.9	130.8	101.7	72.6	114.4	113.7	104.6	16.0
176	苯腈磷	Cyanofenphos	99.5	87.6	77.1	98.8	109.9	80.2	63.8	92.5	93.1	89.2	15.5

续表

序号	中文名称	英文名称	LOQ			2 LOQ			5 LOQ			平均回收率/%	RSD/%
			洋槐	油菜	椴树	荆条	葵花	老瓜头	荞麦	紫云英	桂花		
177	氯杀螨砜	Chlorbenside sulfone	102.4	93.5	85.2	97.0	108.8	86.7	65.4	89.9	91.9	91.2	13.4
178	硫丹硫酸盐	Endosulfan-sulfate	100.6	87.6	79.1	97.5	105.9	79.1	66.4	88.4	91.0	88.4	13.9
179	溴螨酯	Bromopropylate	96.9	89.3	85.6	116.7	137.3	90.9	74.4	112.0	112.2	101.7	19.1
180	新燕灵	Benzoylprop-ethyl	100.6	93.9	84.7	97.0	110.0	81.1	65.2	84.8	90.4	89.7	14.3
181	甲氰菊酯	Fenpropathrin	95.7	73.8	73.0	103.4	116.1	80.7	62.5	98.2	97.2	88.9	19.5
182	敌菌丹	Captafol	222.5	145.8	209.3	338.4	174.8	82.4	99.5	300.7	302.9	208.5	44.0
183	溴苯磷	Leptophos	97.2	81.4	77.4	104.3	116.1	80.8	62.1	98.9	97.4	90.6	18.1
184	苯硫磷	EPN	95.3	101.4	107.3	129.9	167.1	100.3	73.5	177.0	140.6	121.4	28.6
185	环嗪酮	Hexazinone	97.6	97.8	71.8	97.2	110.5	98.2	31.6	98.9	88.3	88.0	26.8
186	甲羧除草醚	Bifenox	699.1	0.0	103.6	164.6	207.2	112.6	87.2	251.5	197.3	202.5	99.2
187	伏杀硫磷	Phosalone	104.2	95.9	89.3	121.6	137.3	93.6	73.2	117.6	116.1	105.4	18.6
188	保棉磷	Azinphos-methyl	104.4	96.7	108.8	136.6	152.5	118.0	72.4	133.4	125.0	116.4	20.6
189	氯苯嘧啶醇	Fenarimol	106.7	151.8	134.6	108.3	115.2	102.2	75.4	98.4	98.4	110.1	20.1
190	益棉磷	Azinphos-ethyl	101.6	94.4	104.8	134.0	149.4	106.2	76.5	138.4	132.2	115.3	20.9
191	氟氯氰菊酯-1	Cyfluthrin-1	70.6	53.6	56.2	124.4	141.0	93.8	68.6	122.1	116.6	94.1	35.0
192	氟氯氰菊酯-2	Cyfluthrin-2	80.6	60.4	66.2	135.4	151.7	75.5	80.6	135.2	130.3	101.8	34.9
193	咪鲜胺	Prochloraz	0.0	119.9	157.6	221.3	273.1	228.0	96.7	317.3	275.0	187.7	54.4
194	蝇毒磷	Coumaphos	97.3	92.2	83.4	116.1	129.0	89.9	69.1	112.3	109.3	99.9	18.5
195	氟胺氰菊酯-1	Fluvalinate-1	82.5	61.2	74.0	144.1	162.8	97.9	71.0	162.9	142.5	111.0	37.6
196	氟胺氰菊酯-2	Fluvalinate-2	84.9	48.3	74.5	130.2	143.5	76.9	56.0	135.5	133.4	98.1	38.1
197	敌敌畏	Dichlorvos	84.0	85.6	30.7	75.5	96.5	90.5	45.1	88.2	77.4	74.8	29.6
198	联苯	Biphenyl	77.7	84.1	21.8	76.2	80.7	68.3	41.2	73.2	65.4	65.4	31.5
199	霜霉威	Propamocarb	203.1	227.3	128.7	29.2	262.8	59.3	11.8	122.4	53.6	122.1	74.8
200	灭草敌	Vernolate	85.5	88.0	43.8	87.0	84.1	74.0	46.6	82.1	78.5	74.4	23.0
201	3,5-二氯苯胺	3,5-Dichloroaniline	76.6	89.6	38.3	31.0	70.7	62.6	30.9	64.6	58.8	58.1	35.6
202	禾草敌	Molinate	90.5	89.6	70.3	92.5	107.6	90.2	49.6	86.7	86.2	84.8	19.2
203	虫螨畏	Methacrifos	98.4	92.1	143.6	95.5	92.2	84.4	49.8	92.1	116.8	96.0	26.2
204	2-苯基苯酚	2-Phenylphenol	84.5	86.8	79.1	95.6	106.4	93.6	50.4	94.8	96.4	87.5	18.3
205	四氢化邻苯二甲酰亚胺	cis-1,2,3,6-Tetrahydrophthalimide	79.3	95.6	99.2	97.9	114.5	117.5	55.2	101.7	81.0	93.5	20.6
206	仲丁威	Fenobucarb	101.7	90.3	98.4	98.0	106.4	97.3	54.8	90.2	95.9	92.5	16.3
207	乙丁氟灵	Benfluralin	94.9	92.4	61.3	115.2	104.3	85.6	74.2	130.0	150.0	100.9	27.4
208	氟铃脲	Hexaflumuron	84.5	62.9	38.1	80.7	51.0	117.6	53.7	57.1	60.5	67.4	35.2
209	扑灭通	Prometon	104.8	94.0	100.9	104.2	109.1	100.1	50.5	98.1	98.8	95.6	18.3
210	野麦畏	Triallate	96.4	88.0	59.1	92.9	83.8	72.1	49.1	86.1	90.3	79.7	20.4
211	嘧霉胺	Pyrimethanil	103.9	90.3	90.6	100.3	101.9	93.6	50.0	92.8	94.1	90.8	17.7
212	γ-六六六	γ-HCH	111.0	93.7	126.2	93.1	88.8	83.3	49.8	88.7	92.2	91.9	22.5
213	乙拌磷	Disulfoton	97.2	84.9	59.1	89.0	87.9	61.4	45.3	84.9	84.6	77.1	22.6
214	阿特拉津	Atrazine	104.8	94.9	89.0	98.7	98.5	93.1	46.2	90.9	90.5	89.1	19.0
215	七氯	Heptachlor	98.7	87.2	63.7	106.0	92.6	81.7	60.2	102.5	117.2	90.0	21.1

续表

序号	中文名称	英文名称	LOQ			2 LOQ			5 LOQ			平均回收率/%	RSD/%
			洋槐	油菜	椴树	荆条	葵花	老瓜头	荞麦	紫云英	桂花		
216	异稻瘟净	Iprobenfos	109.1	102.7	113.9	125.6	123.4	111.4	62.8	117.2	130.4	110.7	18.0
217	氯唑磷	Isazofos	109.9	96.8	106.2	110.3	103.9	90.6	57.1	98.4	105.5	97.6	16.9
218	三氯杀虫酯	Plifenate	104.7	89.2	132.1	103.6	91.9	80.4	58.3	98.0	110.0	96.5	21.2
219	丁苯吗啉	Fenpropimorph	104.0	92.8	100.7	105.6	111.4	95.0	52.7	99.4	98.9	95.6	17.8
220	四氟苯菊酯	Transfluthrin	98.5	95.6	140.3	96.0	92.7	75.6	50.5	91.1	94.9	92.8	25.3
221	氯乙氟灵	Fluchloralin	98.7	85.5	65.2	101.0	101.1	87.8	73.2	136.1	158.0	100.7	29.3
222	甲基立枯磷	Tolclofos-methyl	101.0	92.1	75.3	97.4	89.6	80.2	50.5	89.8	95.3	85.7	18.1
223	莠灭净	Ametryn	103.3	92.4	95.1	100.2	102.0	94.3	49.3	93.2	93.7	91.5	17.8
224	西草净	Simetryn	100.5	91.5	90.9	99.9	102.4	95.3	46.0	93.2	91.9	90.2	19.0
225	溴谷隆	Methobromuron	114.1	91.0	114.9	137.7	138.4	130.4	64.7	132.4	145.4	118.8	22.1
226	嗪草酮	Metribuzin	97.0	89.7	90.8	104.8	105.7	103.5	48.4	91.8	102.8	92.7	19.2
227	噻节因	Dimethipin	91.3	98.8	68.1	91.6	96.5	90.2	21.3	82.7	71.9	79.2	30.4
228	杀草净	Dipropetryn	104.7	95.4	94.1	103.9	100.8	91.1	53.0	95.9	101.5	93.4	17.0
229	特草定	Terbacil	104.4	108.4	141.0	118.6	197.7	121.6	49.6	127.1	125.2	121.5	31.7
230	乙霉威	Diethofencarb	108.3	101.1	112.8	117.7	124.8	107.1	57.4	110.2	117.8	106.3	18.5
231	哌草丹	Dimepiperate	107.0	20.7	11.8	16.8	33.1	12.3	2.0	50.5	27.9	31.3	101.2
232	生物烯丙菊酯-1	Bioallethrin-1	108.2	95.7	79.2	108.2	98.2	79.6	56.0	110.6	116.6	94.7	20.7
233	生物烯丙菊酯-2	Bioallethrin-2	116.3	112.7	73.5	108.2	133.1	79.5	58.5	149.5	132.8	107.1	28.6
234	o,p'-滴滴伊	o,p'-DDE	96.2	95.3	55.0	93.4	81.6	73.5	48.2	86.0	90.6	80.0	22.1
235	芬螨酯	Fenson	105.4	96.9	147.7	92.1	97.0	76.9	46.5	80.3	86.1	92.1	29.2
236	双苯酰草胺	Diphenamid	105.7	97.1	112.1	103.1	106.8	97.2	48.3	91.4	95.7	95.3	19.7
237	右旋炔丙菊酯	Prallethrin	104.0	90.7	126.9	117.3	112.5	90.3	67.6	124.5	132.2	107.3	19.7
238	戊菌唑	Penconazole	98.6	96.7	54.1	51.1	54.2	43.3	16.7	28.0	22.2	51.6	57.1
239	灭蚜磷	Mecarbam	105.3	93.5	88.8	112.0	107.1	91.8	55.0	105.7	112.9	96.9	18.6
240	四氟醚唑	Tetraconazole	105.1	95.9	92.8	107.1	107.4	99.1	49.2	102.1	108.0	96.3	19.2
241	氟节胺	Flumetralin	101.5	78.7	54.0	104.2	126.6	76.0	58.3	125.4	143.9	96.5	32.9
242	三唑醇	Triadimenol	115.2	122.0	128.2	111.2	122.2	105.8	46.9	103.4	103.1	106.4	22.6
243	丙草胺	Pretilachlor	103.2	92.5	80.2	103.6	96.2	83.8	52.9	95.9	102.5	90.1	18.0
244	亚胺菌	Kresoxim-methyl	101.0	86.5	80.6	91.1	97.2	83.7	49.8	92.6	98.0	86.7	17.8
245	吡氟禾草灵	Fluazifop-butyl	102.0	100.3	65.5	106.4	97.7	80.4	53.2	100.0	105.2	90.1	21.3
246	氟啶脲	Chlorfluazuron	119.2	53.0	70.8	74.5	78.8	80.9	32.9	87.5	89.9	76.4	31.5
247	乙酯杀螨醇	Chlorobenzilate	103.8	101.5	89.9	118.3	114.1	92.3	63.0	112.6	121.1	101.8	17.9
248	烯效唑	Uniconazole	110.3	125.1	132.7	144.2	145.9	130.0	61.4	135.5	144.6	125.5	21.2
249	氟硅唑	Flusilazole	107.9	98.5	102.0	115.9	116.6	104.7	53.6	110.0	117.3	103.0	19.1
250	烯唑醇	Diniconazole	108.8	98.6	110.8	127.8	151.6	118.7	60.7	134.6	144.1	117.3	23.3
251	增效醚	Piperonyl butoxide	104.3	94.4	84.6	116.2	107.4	84.3	54.7	109.6	109.0	96.1	20.0
252	炔螨特	Propargite	100.2	131.2	93.5	109.1	109.2	92.3	54.0	102.6	101.5	103.2	24.6
253	灭锈胺	Mepronil	108.1	107.6	110.3	120.4	118.9	99.4	48.4	98.8	102.3	101.6	21.0
254	噁唑隆	Dimefuron	121.5	85.0	64.0	60.3	47.0	88.0	10.6	71.8	54.4	66.9	45.9
255	吡氟酰草胺	Diflufenican	92.2	92.0	65.6	114.5	102.5	87.1	56.2	107.0	110.5	92.0	21.7

续表

序号	中文名称	英文名称	LOQ			2 LOQ			5 LOQ			平均回收率/%	RSD/%
			洋槐	油菜	椴树	荆条	葵花	老瓜头	荞麦	紫云英	桂花		
256	喹螨醚	Fenazaquin	101.2	99.4	67.3	112.0	101.5	86.2	54.7	105.4	113.5	93.5	21.7
257	苯醚菊酯-1	Phenothrin-1	99.5	103.1	183.9	408.8	101.9	77.2	196.7	377.2	399.5	216.4	64.7
258	苯醚菊酯-2	Phenothrin-2	102.8	102.0	157.3	109.0	127.5	77.1	52.4	100.5	106.5	103.9	28.1
259	咯菌腈	Fludioxonil	90.6	102.0	101.0	113.1	157.4	107.1	28.8	110.2	83.2	99.3	33.9
260	苯氧威	Fenoxycarb	97.9	81.3	55.9	62.3	29.0	61.3	22.2	48.0	50.5	56.5	41.7
261	稀禾啶	Sethoxydim	81.5	72.0	45.9	49.5	57.1	36.6	34.1	65.9	62.0	56.1	28.5
262	双甲脒	Amitraz	76.0	68.4	44.1	57.2	56.2	44.4	33.4	55.0	39.5	52.7	26.2
263	莎稗磷	Anilofos	119.7	104.6	105.7	152.3	144.6	110.9	70.1	144.5	156.1	123.2	23.1
264	氟丙菊酯	Acrinathrin	95.1	137.8	90.3	157.4	134.3	100.3	68.7	156.3	164.5	122.7	28.3
265	高效氯氟氰菊酯	λ-Cyhalothrin	97.0	109.9	75.3	129.6	102.3	96.3	66.6	121.4	132.0	103.4	21.9
266	苯噻酰草胺	Mefenacet	106.6	113.2	108.5	130.9	149.3	122.1	47.7	110.3	118.8	111.9	24.6
267	氯菊酯	Permethrin	100.0	107.4	60.3	115.3	98.0	84.3	55.9	106.8	113.5	93.5	23.6
268	哒螨灵	Pyridaben	92.9	91.3	57.4	110.3	110.9	83.3	58.7	110.5	118.3	92.6	24.4
269	乙羧氟草醚	Fluoroglycofen-ethyl	104.2	89.2	80.0	191.1	172.5	133.3	115.0	310.6	351.7	172.0	56.9
270	联苯三唑醇	Bitertanol	114.4	115.4	122.2	164.1	172.1	148.4	66.1	165.8	172.1	137.8	26.1
271	醚菊酯	Etofenprox	76.4	80.5	46.8	91.4	75.5	65.2	41.6	88.2	90.2	72.9	25.1
272	噻草酮	Cycloxydim	85.4	56.0	33.5	48.3	46.2	27.8	26.5	58.3	51.7	48.2	37.9
273	顺式-氯氰菊酯	α-Cypermethrin	95.0	102.3	68.0	156.7	138.1	93.1	70.4	138.1	158.6	113.4	31.1
274	S-氰戊菊酯	Esfenvalerate	95.9	102.0	62.6	128.5	102.7	89.3	58.9	117.2	126.8	98.2	25.5
275	苯醚甲环唑	Difenoconazole	108.2	114.6	78.3	115.3	108.9	99.0	46.3	103.0	108.6	98.0	22.8
276	氟烯草酸	Flumiclorac pentyl	104.2	112.1	71.0	152.8	122.9	105.6	63.6	142.1	154.2	114.3	28.6
277	甲氟磷	Dimefox	81.9	89.7	57.5	89.3	84.8	68.3	58.1	76.1	97.5	75.7	17.3
278	乙拌磷-亚砜	Disulfoton-Sulfoxide	93.5	103.5	99.3	101.2	91.9	96.8	82.8	100.2	107.2	96.2	7.0
279	五氯苯	Pentachlorobenzene	69.2	86.1	63.2	86.1	70.1	74.4	71.5	82.4	88.8	75.4	11.3
280	鼠立死	Crimidine	87.2	94.7	92.6	92.8	87.0	94.8	83.4	98.8	100.0	91.4	5.6
281	除螨灵	Chlorfenprop-methyl	80.3	85.9	72.8	55.8	48.6	90.5	82.7	96.1	100.1	76.6	21.8
282	虫线磷	Thionazin	86.8	96.5	92.6	94.8	87.8	100.1	85.5	101.4	114.3	93.2	6.5
283	2,3,5,6-四氯苯胺	2,3,5,6-Tetrachloroaniline	84.2	95.2	87.0	94.2	85.7	90.0	80.8	95.4	99.1	89.1	6.2
284	磷酸三正丁酯	Tri-N-butyl phosphate	86.8	99.0	93.8	99.6	87.7	95.2	84.4	100.3	100.4	93.3	6.8
285	2,3,4,5-四氯甲氧基苯	2,3,4,5-Tetrachloroanisole	79.4	121.8	80.4	118.4	78.9	88.0	81.8	93.4	95.7	92.8	19.0
286	五氯苯甲醚	Pentachloroanisole	79.6	99.2	84.3	98.8	84.2	89.8	83.1	95.8	100.0	89.4	8.6
287	牧草胺	Tebutam	84.4	93.9	92.0	96.5	86.5	95.7	84.7	99.1	103.0	91.6	6.3
288	蔬果磷	Dioxabenzofos	93.3	99.7	98.7	96.4	91.0	95.6	83.6	100.0	103.8	94.8	5.8
289	甲基苯噻隆	Methabenzthiazuron	89.0	97.7	95.1	97.9	91.7	98.7	84.1	102.6	104.8	94.6	6.3
290	西玛通	Simeton	85.7	100.7	94.9	101.7	87.3	98.5	84.1	99.8	106.5	94.1	7.7
291	阿特拉通	Atratone	84.0	100.2	94.3	100.5	86.1	99.6	84.8	100.2	105.7	93.7	8.0
292	脱异丙基阿特拉津	Desisopropyl-atrazine	91.2	95.1	95.0	90.5	85.7	86.4	57.3	78.9	96.3	85.0	14.6
293	特丁硫磷砜	Terbufos sulfone	86.4	95.8	92.6	96.8	90.7	94.7	83.4	98.0	102.8	92.2	5.6
294	七氟菊酯	Tefluthrin	81.1	92.9	89.6	93.6	81.1	95.2	84.6	99.2	100.1	89.7	7.5

序号	中文名称	英文名称	LOQ			2 LOQ			5 LOQ			平均回收率/%	RSD/%
			洋槐	油菜	椴树	荆条	葵花	老瓜头	荞麦	紫云英	桂花		
295	溴杀烯	Bromocylen	79.9	89.5	86.6	90.8	81.4	93.7	82.7	96.1	100.8	87.6	6.8
296	草达津	Trietazine	85.5	94.6	94.5	97.1	88.8	96.9	85.7	101.1	105.2	93.0	6.2
297	氧乙嘧硫磷	Etrimfos oxon	87.7	96.5	96.3	94.6	87.0	95.4	85.3	100.3	105.6	92.9	5.9
298	环莠隆	Cycluron	89.2	98.4	96.3	95.7	88.4	99.9	83.8	100.0	104.1	94.0	6.5
299	2,6-二氯苯甲酰胺	2,6-Dichlorobenzamide	84.0	89.6	85.9	90.4	83.7	100.4	72.7	94.5	112.8	87.6	9.4
300	2,4,4'-三氯联苯	DE-PCB 28	82.3	90.5	90.1	90.7	83.9	94.9	84.4	97.6	102.5	89.3	6.1
301	2,4,5-三氯联苯	DE-PCB 31	82.1	92.3	90.4	92.2	82.8	94.7	84.4	97.3	103.0	89.5	6.4
302	脱乙基另丁津	Desethyl-sebuthylazine	87.9	96.8	95.8	95.1	88.6	92.9	77.6	97.3	104.0	91.5	7.3
303	2,3,4,5-四氯苯胺	2,3,4,5-Tetrachloroaniline	85.4	93.8	93.7	95.7	88.3	96.3	84.9	98.6	103.7	92.1	5.7
304	合成麝香	Musk ambrette	83.7	0.5	92.5	0.8	87.7	97.3	83.4	100.5	102.5	68.3	61.8
305	二甲苯麝香	Musk xylene	80.4	96.5	87.8	99.6	85.7	92.8	85.1	100.4	99.5	91.0	8.1
306	五氯苯胺	Pentachloroaniline	85.7	92.2	94.4	91.1	85.0	96.2	85.2	97.6	102.5	91.0	5.6
307	叠氮津	Aziprotryne	85.6	91.4	95.7	91.8	88.0	102.0	83.3	101.7	104.2	92.4	7.5
308	另丁津	Sebutylazine	88.6	97.1	97.3	94.4	88.2	95.0	85.0	99.6	106.8	93.2	5.6
309	丁脒酰胺	Isocarbamid	93.6	104.9	96.8	99.6	90.4	104.4	79.2	99.5	112.7	96.1	8.7
310	2,2',5,5'-四氯联苯	DE-PCB 52	82.7	89.2	93.7	89.5	83.0	96.9	84.5	97.0	103.7	89.6	6.6
311	苄草丹	Prosulfocarb	85.7	93.7	92.4	93.0	84.8	94.3	84.8	97.0	103.3	90.7	5.4
312	二甲吩草胺	Dimethenamid	88.9	99.4	96.4	95.8	87.8	95.2	83.9	99.8	102.4	93.4	6.2
313	氧皮蝇磷	Fenchlorphos oxon	88.6	99.5	97.0	95.6	84.4	89.8	85.0	99.5	105.5	92.4	6.7
314	甲基对氧磷	Paraoxon-methyl	136.0	135.2	145.7	117.9	110.8	107.3	79.8	102.6	119.4	116.9	18.4
315	庚酰草胺	Monalide	83.0	92.3	93.3	97.4	85.3	97.2	86.3	99.7	104.5	91.8	6.8
316	碳氯灵	Isobenzan	83.8	91.6	92.7	88.7	81.1	96.4	84.6	96.4	103.4	89.4	6.5
317	八氯苯乙烯	Octachlorostyrene	81.5	90.2	91.6	89.1	82.0	96.8	85.2	98.6	103.9	89.4	7.1
318	嘧啶磷	Pyrimitate	84.8	104.6	91.6	98.6	88.3	93.0	86.3	98.9	103.1	93.2	7.4
319	异艾氏剂	Isodrin	52.2	63.5	59.9	93.4	77.3	96.2	92.9	104.3	110.3	80.0	24.4
320	丁嗪草酮	Isomethiozin	71.0	85.4	83.7	82.8	76.8	91.2	83.4	100.5	97.8	84.3	10.5
321	毒壤磷	Trichloronat	82.5	92.9	91.1	93.8	82.3	94.2	84.4	97.3	101.9	89.9	6.7
322	敌草索	Dacthal	84.9	93.9	94.7	94.3	85.6	96.4	85.7	101.1	104.2	92.1	6.5
323	4,4-二氯二苯甲酮	4,4-Dichlorobenzophenone	83.7	92.4	92.2	95.0	85.0	99.4	84.5	100.9	108.1	91.2	7.3
324	酞菌酯	Nitrothal-isopropyl	84.1	94.5	92.1	97.2	86.1	93.5	81.1	102.2	95.3	91.4	7.8
325	麝香酮	Musk ketone	62.9	387.4	78.2	86.0	71.6	1148.2	80.7	96.9	100.0	251.5	150.4
326	吡咪唑	Rabenzazole	88.7	99.0	91.7	96.7	91.4	102.0	84.6	97.5	111.6	93.9	6.2
327	嘧菌环胺	Cyprodinil	88.0	96.9	94.7	94.5	87.1	97.6	84.8	100.8	102.5	93.1	6.2
328	麦穗灵	Fuberidazole	88.8	94.8	87.5	92.0	88.3	106.5	74.1	101.4	117.8	91.7	10.7
329	呋菌胺	Methfuroxam	74.7	92.5	81.3	95.7	85.6	95.4	83.4	97.5	106.2	88.3	9.3
330	异氯磷	Dicapthon	95.1	108.9	107.1	99.5	92.2	72.6	81.1	100.1	103.7	94.6	13.2
331	2,2',4,5,5'-五氯联苯	DE-PCB 101	82.5	91.5	91.6	90.2	83.2	96.1	85.2	98.3	104.4	89.8	6.5
332	2甲4氯丁氧乙基酯	MCPA-butoxyethyl ester	82.0	95.0	90.7	92.2	82.3	89.8	89.3	99.1	97.3	90.0	6.5
333	水胺硫磷	Isocarbophos	122.9	145.4	127.1	126.9	110.0	102.6	85.8	110.0	131.1	116.3	15.6

续表

序号	中文名称	英文名称	LOQ			2 LOQ			5 LOQ			平均回收率/%	RSD/%
			洋槐	油菜	椴树	荆条	葵花	老瓜头	荞麦	紫云英	桂花		
334	甲拌磷砜	Phorate sulfone	93.3	106.9	98.5	105.9	92.7	94.7	83.2	98.5	107.0	96.7	7.9
335	杀螨醇	Chlorfenethol	86.6	95.3	95.7	94.5	85.4	99.4	84.3	101.0	104.9	92.8	7.0
336	反式-九氯	*trans*-Nonachlor	81.7	91.3	91.8	90.2	82.8	95.5	85.5	99.1	103.5	89.7	6.8
337	脱叶磷	DEF	83.4	96.9	90.5	99.6	86.3	93.4	84.6	99.9	101.4	91.8	7.3
338	氟咯草酮	Flurochloridone	82.1	95.9	95.0	95.6	90.6	92.3	83.3	100.6	104.5	91.9	7.0
339	溴苯烯磷	Bromfenvinfos	101.7	118.9	106.8	108.6	96.8	98.4	81.4	100.5	103.6	101.6	10.6
340	乙滴涕	Perthane	82.4	94.2	92.6	93.2	81.3	95.3	84.7	99.7	104.5	90.5	7.4
341	2,3,4,4′,5-五氯联苯	DE-PCB 118	81.9	91.0	91.2	89.6	82.0	96.2	85.7	99.8	104.1	89.7	7.1
342	4,4′-二氯二苯甲酮	4,4′-Dibromobenzophenone	83.2	91.5	88.4	95.2	86.5	96.4	84.2	100.9	104.9	90.8	7.0
343	粉唑醇	Flutriafol	85.6	97.0	94.7	100.3	88.3	97.0	82.8	99.9	105.7	93.2	7.2
344	地胺磷	Mephosfolan	102.0	118.4	106.3	111.0	95.8	105.5	76.8	100.9	110.0	102.1	12.0
345	乙基杀扑磷	Athidathion	84.3	92.2	96.3	89.5	83.2	95.8	86.6	96.9	112.4	90.6	6.1
346	2,2′,4,4′,5,5′-六氯联苯	DE-PCB 153	81.8	90.8	90.1	89.5	81.4	97.6	84.6	98.1	105.1	89.3	7.3
347	苄氯三唑醇	Diclobutrazole	85.8	97.1	94.9	100.5	88.0	96.8	83.6	99.3	103.9	93.3	7.0
348	乙拌磷砜	Disulfoton sulfone	134.3	139.8	147.3	115.8	107.4	94.8	84.7	103.0	144.4	115.9	19.4
349	噻螨酮	Hexythiazox	55.3	59.2	120.6	45.6	87.0	63.7	62.4	59.8	68.9	69.2	34.5
350	2,2′,3,4,4′,5-六氯联苯	DE-PCB 138	80.4	92.0	90.9	91.6	82.5	95.9	84.6	97.8	105.8	89.4	7.0
351	威菌磷	Triamiphos	84.4	100.0	91.3	101.2	87.0	96.1	79.7	97.8	100.3	92.2	8.5
352	苄呋菊脂-1	Resmethrin-1	80.8	105.2	86.3	93.1	70.6	93.7	82.7	116.8	103.5	91.2	16.0
353	环丙唑醇	Cyproconazole	64.5	99.0	60.1	63.8	73.2	97.1	84.6	100.1	106.0	80.3	21.2
354	苄呋菊酯-2	Resmethrin-2	76.9	95.2	81.4	93.2	76.9	94.5	83.4	100.6	104.4	87.8	10.6
355	邻苯二甲酸丁苄酯	Phthalic acid, benzyl butyl ester	94.1	97.4	90.3	93.5	82.1	98.8	84.4	98.4	104.6	92.4	6.9
356	炔草酸	Clodinafop-propargyl	90.5	108.5	96.1	105.2	92.4	99.7	80.4	104.2	110.4	97.1	9.5
357	倍硫磷亚砜	Fenthion sulfoxide	104.0	114.1	109.5	100.9	91.2	96.3	82.3	91.7	121.9	98.7	10.6
358	三氟苯唑	Fluotrimazole	78.3	89.3	104.7	81.8	74.1	138.9	83.8	102.6	112.1	94.2	22.4
359	氟草烟小甲庚酯	Fluroxypr-1-methylheptyl ester	83.4	96.0	91.6	94.7	81.1	95.5	84.0	99.4	104.7	90.8	7.5
360	倍硫磷砜	Fenthion sulfone	101.4	114.9	112.1	100.6	92.9	82.7	83.8	100.0	112.5	98.6	11.9
361	三苯基磷酸盐	Triphenyl phosphate	85.7	96.3	93.9	94.3	85.8	97.1	85.5	100.4	105.1	92.4	6.4
362	苯嗪草酮	Metamitron	104.3	113.4	106.0	99.1	91.1	97.1	87.8	114.5	132.0	101.6	9.6
363	2,2′,3,4,4′,5,5′-七氯联苯	DE-PCB 180	82.1	95.7	92.4	90.2	84.8	97.5	86.4	100.0	104.6	91.1	7.0
364	吡螨胺	Tebufenpyrad	84.0	95.4	92.2	92.5	81.3	94.8	85.5	100.1	104.7	90.7	7.1
365	解毒酯	Cloquintocet-mexyl	82.2	102.5	93.7	96.6	83.0	111.3	80.3	110.4	107.1	95.0	13.1
366	环草定	Lenacil	87.2	98.9	94.3	99.4	87.2	98.1	82.7	102.3	111.8	93.8	7.7
367	糠菌唑-1	Bromuconazole-1	66.9	76.2	76.3	98.2	70.5	98.0	93.2	100.1	118.6	84.9	16.3
368	脱溴溴苯磷	Desbrom-leptophos	89.1	103.5	97.9	97.1	84.5	88.6	86.5	102.7	109.0	93.7	8.0

续表

序号	中文名称	英文名称	LOQ			2 LOQ			5 LOQ			平均回收率/%	RSD/%
			洋槐	油菜	椴树	荆条	葵花	老瓜头	荞麦	紫云英	桂花		
369	糠菌唑-2	Bromuconazole-2	88.2	121.5	116.0	129.8	95.0	93.1	82.9	101.5	102.8	103.5	16.4
370	甲磺乐灵	Nitralin	77.9	91.0	92.5	91.4	79.6	94.7	79.9	98.2	99.6	88.1	8.9
371	苯线磷亚砜	Fenamiphos sulfoxide	94.6	130.5	74.8	121.6	86.8	130.4	49.0	87.4	136.8	96.9	29.8
372	苯线磷砜	Fenamiphos sulfone	95.6	119.0	93.8	105.8	86.1	106.1	66.5	93.8	120.1	95.8	16.3
373	拌种咯	Fenpiclonil	92.1	100.3	81.4	94.0	89.4	89.3	64.6	83.9	114.9	86.9	12.3
374	氟喹唑	Fluquinconazole	86.5	96.5	96.0	94.7	86.6	97.2	83.3	100.2	105.0	92.6	6.7
375	腈苯唑	Fenbuconazole	88.2	102.6	95.7	97.0	84.6	97.7	79.9	99.5	110.1	93.1	8.6
376	残杀威-1	Propoxur-1	96.5	96.8	104.2	95.1	98.2	74.4	72.8	82.8	73.3	90.1	13.1
377	异丙威-1	Isoprocarb-1	99.9	95.1	99.6	95.5	99.2	75.3	69.2	80.2	71.9	89.3	13.9
378	二氢苊	Acenaphthene	70.8	48.2	79.7	48.5	71.0	50.3	52.5	66.2	59.2	60.6	20.4
379	驱虫特	Dibutyl succinate	80.9	81.4	86.6	81.9	82.4	72.5	72.6	89.1	75.0	80.9	7.3
380	苯邻二甲酰亚胺	Phthalimide	98.9	91.8	97.3	94.2	99.2	80.5	78.4	105.4	84.2	93.3	10.1
381	氯氧磷	Chlorethoxyfos	85.7	70.7	85.8	70.3	88.7	68.9	71.4	86.5	70.0	78.5	11.2
382	异丙威-2	Isoprocarb-2	94.8	92.1	93.0	92.8	98.0	77.4	75.2	92.8	79.7	89.5	9.4
383	戊菌隆	Pencycuron	75.0	78.9	76.1	57.4	59.5	65.4	52.7	96.7	63.0	70.2	20.5
384	丁噻隆	Tebuthiuron	95.1	92.4	93.0	96.8	100.8	80.4	79.0	97.0	80.5	91.8	8.6
385	甲基内吸磷	Demeton-S-methyl	116.5	100.4	109.9	108.1	120.6	82.3	95.6	97.5	80.0	103.9	12.0
386	硫线磷	Cadusafos	95.1	93.6	92.0	93.8	94.2	79.0	76.9	92.8	80.1	89.7	8.2
387	残杀威-2	Propoxur-2	95.6	88.4	90.5	100.5	98.0	81.3	84.0	112.3	87.1	93.8	10.7
388	菲	Phenanthrene	93.4	89.9	90.7	89.3	92.5	73.2	72.9	88.4	75.8	86.2	9.7
389	螺噁茂胺-1	Spiroxamine-1	99.0	90.1	98.3	93.4	99.7	79.9	79.1	93.6	79.8	91.6	8.9
390	唑螨酯	Fenpyroximate	105.2	98.1	100.9	95.3	92.6	77.8	75.2	103.8	80.9	93.9	12.0
391	丁基嘧啶磷	Tebupirimfos	94.2	90.0	91.4	92.8	98.3	77.1	77.6	94.3	78.1	89.4	8.8
392	茉莉酮	Prohydrojamon	104.2	89.8	101.7	89.6	99.3	95.8	90.3	102.2	98.8	96.6	6.3
393	苯锈啶	Fenpropidin	101.4	85.4	97.9	85.6	100.5	78.0	76.7	97.7	78.6	90.4	11.2
394	氯硝胺	Dichloran	107.4	97.3	94.9	102.4	108.0	79.1	81.9	100.8	77.1	96.5	11.3
395	咯喹酮	Pyroquilon	101.0	96.1	98.2	102.1	104.1	79.7	78.1	94.2	80.8	94.2	10.6
396	螺噁茂胺-2	Spiroxamine-2	96.1	93.2	92.4	95.2	98.8	78.8	77.5	98.5	79.9	91.4	9.3
397	炔苯酰草胺	Propyzamide	98.4	96.9	94.8	98.0	100.0	80.7	78.1	95.1	80.2	92.8	9.1
398	抗蚜威	Pirimicarb	106.6	97.3	101.8	108.9	109.1	80.7	78.9	95.8	80.7	97.3	12.4
399	磷胺-1	Phosphamidon-1	87.2	80.8	80.3	99.9	96.2	84.5	72.4	96.1	82.5	87.2	10.9
400	解草嗪	Benoxacor	92.5	91.2	88.1	95.4	97.8	78.6	79.8	94.9	79.1	89.8	8.0
401	溴丁酰草胺	Bromobutide	94.1	94.6	91.4	94.6	90.8	96.6	90.7	105.9	102.4	94.7	4.9
402	乙草胺	Acetochlor	97.9	97.1	94.3	99.7	99.4	78.9	77.8	93.6	80.0	92.3	9.6
403	灭草环	Tridiphane	83.6	92.7	91.0	86.0	86.0	98.0	94.0	102.1	103.3	90.8	7.5
404	特草灵	Terbucarb	98.2	97.1	95.0	97.1	98.0	78.6	78.3	94.1	79.7	92.1	9.3
405	戊草丹	Esprocarb	98.8	99.7	103.6	104.2	99.8	98.0	89.0	88.8	103.9	97.7	6.0

续表

序号	中文名称	英文名称	LOQ			2 LOQ			5 LOQ			平均回收率/%	RSD/%
			洋槐	油菜	椴树	荆条	葵花	老瓜头	荞麦	紫云英	桂花		
406	甲呋酰胺	Fenfuram	90.8	87.3	90.8	90.0	95.3	80.0	77.2	94.4	80.1	88.2	7.3
407	活化酯	Acibenzolar-S-methyl	94.7	93.2	92.6	93.2	94.8	92.5	90.3	103.2	99.1	94.3	4.1
408	呋草黄	Benfuresate	114.7	100.0	94.6	101.7	120.2	80.1	77.5	93.0	80.3	97.7	15.3
409	氟硫草定	Dithiopyr	97.4	93.3	92.9	96.7	97.7	79.7	78.2	94.4	79.4	91.3	8.6
410	精甲霜灵	Mefenoxam	99.6	96.9	96.2	100.2	101.5	80.3	77.6	93.9	80.6	93.3	9.9
411	马拉氧磷	Malaoxon	90.7	79.0	83.0	94.5	94.7	80.4	84.7	101.8	82.5	88.6	9.1
412	磷胺-2	Phosphamidon-2	95.2	90.1	90.6	95.3	103.0	80.2	81.3	98.3	80.6	91.7	8.6
413	硅氟唑	Simeconazole	96.2	95.3	95.4	95.9	100.8	79.8	76.6	95.6	79.5	92.0	9.5
414	氯酞酸甲酯	Chlorthal-dimethyl	98.8	97.3	94.5	96.6	98.8	78.3	76.0	92.4	78.6	91.6	10.0
415	噻唑烟酸	Thiazopyr	102.0	93.6	93.8	99.1	101.1	80.9	79.2	94.8	80.4	93.1	9.3
416	甲基毒虫畏	Dimethylvinphos	99.1	95.2	93.1	96.8	104.2	81.9	96.4	93.2	80.8	95.0	6.7
417	仲丁灵	Butralin	89.8	90.7	85.1	93.3	98.6	79.8	80.8	100.4	80.9	89.8	8.4
418	苯酰草胺	Zoxamide	101.4	97.5	97.6	97.2	97.9	77.7	74.7	108.1	76.7	94.0	12.4
419	啶斑肟-1	Pyrifenox-1	99.7	100.9	101.1	96.9	99.3	81.9	79.8	97.3	82.4	94.6	9.1
420	烯丙菊酯	Allethrin	105.7	93.3	99.8	97.9	106.2	81.9	80.5	96.1	81.0	95.2	10.2
421	异戊乙净	Dimethametryn	98.5	96.1	94.5	98.5	100.4	80.2	79.0	95.5	81.2	92.8	9.0
422	灭藻醌	Quinoclamine	96.5	95.1	89.0	96.0	98.7	81.1	79.2	99.5	83.2	91.9	8.6
423	甲醚菊酯-1	Methothrin-1	97.8	138.5	179.4	78.8	84.3	90.3	106.5	123.2	95.8	112.4	30.0
424	氟噻草胺	Flufenacet	94.0	93.5	91.6	97.7	100.5	80.2	79.3	82.8	81.3	90.0	9.0
425	甲醚菊酯-2	Methothrin-2	100.6	95.4	93.4	69.3	69.8	82.2	89.8	103.8	89.7	88.0	14.9
426	啶斑肟-2	Pyrifenox-2	96.8	94.9	92.0	95.6	99.0	80.0	77.8	94.4	79.8	91.3	8.7
427	氰菌胺	Fenoxanil	128.1	80.6	103.9	98.1	112.6	97.0	76.2	76.0	80.5	96.6	19.2
428	四氯苯酞	Phthalide	113.0	105.7	105.0	103.8	106.5	100.4	82.2	120.2	91.3	104.6	10.5
429	呋霜灵	Furalaxyl	99.6	96.4	96.8	98.9	99.3	80.5	78.0	94.6	80.5	93.0	9.3
430	嘧菌胺	Mepanipyrim	103.4	96.2	92.2	101.8	99.8	82.0	81.9	99.5	82.6	94.6	9.0
431	除草定	Bromacil	84.9	70.6	70.5	102.8	75.0	77.6	77.9	90.7	78.9	81.2	13.6
432	啶氧菌酯	Picoxystrobin	101.8	97.8	96.0	102.2	106.3	81.9	76.1	93.8	81.7	94.5	11.0
433	抑草磷	Butamifos	87.4	89.4	77.5	93.4	118.3	97.7	98.2	114.8	102.4	97.1	14.1
434	甲基咪草酯	Imazamethabenz-methyl	156.4	144.4	95.4	139.6	150.9	78.2	71.3	86.8	77.5	115.4	30.9
435	苯氧菌胺-1	Metominostrobin-1	95.6	95.2	92.5	96.7	95.4	100.4	89.6	102.6	102.8	96.0	4.3
436	苯噻硫氰	TCMTB	70.5	72.8	62.9	97.3	84.2	102.7	124.8	130.5	116.0	93.2	27.0
437	甲硫威	Methiocarb sulfone	76.1	59.9	69.0	72.4	93.9	64.7	61.7	90.7	63.5	73.5	17.4
438	抑霉唑	Imazalil	92.1	63.8	83.5	68.3	96.4	78.8	73.8	97.0	79.4	81.7	15.6
439	稻瘟灵	Isoprothiolane	101.2	98.4	95.6	97.5	98.2	80.9	77.2	94.2	80.7	92.9	9.5
440	环氟菌胺	Cyflufenamid	96.9	94.3	91.6	95.9	97.1	88.1	74.0	78.2	97.9	89.5	9.9
441	甲基三硫磷	Methyl trithion	84.7	90.2	102.3	110.5	98.5	100.8	90.0	111.3	111.8	98.5	9.9
442	嘧草醚	Pyriminobac-methyl	91.2	94.1	89.2	96.7	90.7	96.9	87.4	100.7	102.1	93.4	4.8

续表

序号	中文名称	英文名称	LOQ			2 LOQ			5 LOQ			平均回收率/%	RSD/%
			洋槐	油菜	椴树	荆条	葵花	老瓜头	荞麦	紫云英	桂花		
443	噁唑磷	Isoxathion	75.3	76.9	66.1	91.2	87.6	102.7	110.4	107.9	107.7	89.7	18.2
444	苯氧菌胺-2	Metominostrobin-2	97.4	73.1	66.8	88.4	91.7	105.0	94.4	110.7	108.9	90.9	16.4
445	苯虫醚-1	Diofenolan-1	98.3	94.2	93.2	97.6	100.6	82.6	78.7	96.7	82.4	92.7	8.5
446	苯虫醚-2	Diofenolan-2	99.9	97.2	95.9	98.7	101.8	82.8	78.2	95.3	81.3	93.7	9.1
447	苯氧喹啉	Quinoxyphen	108.1	98.2	99.1	97.3	97.5	79.8	79.8	95.7	81.9	94.5	10.4
448	溴虫腈	Chlorfenapyr	97.5	95.7	92.9	98.1	98.8	80.1	78.1	87.0	80.9	91.0	9.1
449	肟菌酯	Trifloxystrobin	97.9	95.3	92.6	98.6	100.5	80.7	77.9	95.2	80.9	92.3	9.1
450	脱苯甲基亚胺唑	Imibenconazole-des-benzyl	109.7	73.4	111.2	126.4	98.5	89.6	73.5	79.7	72.7	95.3	20.5
451	双苯噁唑酸	Isoxadifen-ethyl	103.2	94.6	99.7	89.0	86.6	99.6	90.6	108.1	104.3	96.4	7.8
452	氟虫腈	Fipronil	98.1	95.4	92.5	98.9	100.1	76.2	77.4	89.7	80.4	91.1	10.4
453	炔咪菊酯-1	Imiprothrin-1	87.8	96.6	103.3	105.1	99.5	57.9	55.1	96.4	69.4	87.7	22.8
454	唑酮草酯	Carfentrazone-ethyl	71.0	90.0	74.0	99.9	73.7	83.4	77.8	94.4	84.2	83.0	12.8
455	胼唑菊酯-2	Imiprothrin-2	114.4	101.6	120.9	83.7	111.5	86.5	79.6	101.4	90.2	100.0	15.3
456	氟环唑-1	Epoxiconazole-1	107.8	94.9	109.1	96.6	97.2	80.4	69.9	90.2	83.5	93.3	14.1
457	吡草醚	Pyraflufen ethyl	86.2	96.4	82.4	97.7	83.3	80.0	76.9	94.6	80.6	87.2	9.2
458	稗草丹	Pyributicarb	105.8	96.6	95.2	86.4	109.4	86.1	78.1	93.7	85.8	93.9	11.1
459	噻吩草胺	Thenylchlor	114.7	103.3	104.3	97.5	103.3	80.2	79.2	94.9	79.9	97.2	12.6
460	烯草酮	Clethodim	83.6	81.6	67.8	78.2	86.0	21.0	62.7	84.1	70.0	70.6	30.7
461	吡唑解草酯	Mefenpyr-diethyl	98.5	98.8	92.8	89.4	90.6	81.4	79.6	97.8	80.9	91.1	8.2
462	伐灭磷	Famphur	95.4	95.4	90.4	98.2	99.7	78.8	78.8	65.8	81.8	87.9	13.8
463	乙螨唑	Etoxazole	86.5	93.5	87.6	95.9	86.2	109.2	102.7	112.5	114.3	96.8	10.7
464	吡丙醚	Pyriproxyfen	95.2	94.7	86.1	96.2	98.0	74.2	73.3	93.7	77.7	88.9	11.2
465	氟环唑-2	Epoxiconazole-2	93.3	93.7	86.2	96.2	99.4	80.7	75.6	94.4	78.5	90.0	9.2
466	吡喃草酮	Tepraloxydim	90.0	80.6	116.4	86.5	108.7	82.9	80.1	88.3	77.3	91.7	14.7
467	氟吡酰草胺	Picolinafen	97.2	90.4	89.2	96.0	98.0	80.1	78.9	94.6	80.3	90.7	8.3
468	异菌脲	Iprodione	94.1	96.4	88.8	98.0	100.8	76.2	77.9	95.1	79.0	90.9	10.2
469	呱草磷	Piperophos	95.1	95.3	87.8	96.1	98.0	83.3	1.3	100.2	83.5	82.2	40.3
470	甲呋酰胺	Ofurace	95.0	88.7	92.3	88.8	91.4	76.9	75.0	95.6	78.6	88.0	8.9
471	联苯肼酯	Bifenazate	107.1	153.7	109.1	156.1	114.2	104.9	128.6	106.4	126.1	122.5	17.4
472	异狄氏剂酮	Endrin ketone	94.9	94.6	86.0	98.6	120.2	79.1	80.0	94.9	77.9	93.5	13.9
473	氯甲酰草胺	Clomeprop	95.6	93.0	94.7	108.2	94.7	92.8	76.4	92.1	101.1	93.5	9.2
474	咪唑菌酮	Fenamidone	90.5	93.9	87.7	96.7	91.6	99.8	88.0	103.2	103.5	93.9	6.0
475	萘丙胺	Naproanilide	88.1	103.4	85.3	91.8	89.1	99.0	90.5	104.5	107.6	94.0	7.8
476	百克敏	Pyraclostrobin	127.0	106.6	88.6	84.4	114.1	91.5	93.2	133.6	103.0	104.9	17.7
477	乳氟禾草灵	Lactofen	76.2	90.4	71.2	86.5	89.2	84.9	89.8	115.1	83.6	87.9	14.8
478	苯草酮	Tralkoxydim	95.6	92.8	79.2	83.2	91.5	23.0	66.2	82.2	71.6	76.7	30.8
479	吡唑硫磷	Pyraclofos	80.4	84.0	72.7	91.2	92.7	99.8	97.6	114.0	108.2	91.5	14.0

续表

序号	中文名称	英文名称	LOQ			2 LOQ			5 LOQ			平均回收率/%	RSD/%
			洋槐	油菜	椴树	荆条	葵花	老瓜头	荞麦	紫云英	桂花		
480	氯亚胺硫磷	Dialifos	87.5	89.4	80.9	91.9	89.0	97.0	95.0	94.5	106.0	90.6	5.7
481	螺螨酯	Spirodiclofen	95.8	90.8	89.5	91.3	90.7	80.6	79.3	86.4	87.5	88.0	6.4
482	苄螨醚	Halfenprox	77.2	80.3	71.9	91.2	90.5	102.5	98.9	111.8	108.7	90.5	15.0
483	呋草酮	Flurtamone	88.4	83.3	86.2	88.5	94.8	78.4	69.6	92.3	79.1	85.2	9.5
484	环酯草醚	Pyriftalid	94.4	89.8	89.9	83.8	83.8	81.0	76.1	95.3	80.5	86.8	7.7
485	氟硅菊酯	Silafluofen	94.3	89.7	79.4	87.8	87.4	84.0	71.3	87.7	82.9	85.2	8.3
486	嘧螨醚	Pyrimidifen	85.8	82.5	81.8	80.5	88.4	88.1	62.2	100.7	99.5	83.8	12.8
487	氟丙嘧草酯	Butafenacil	85.0	84.4	79.0	100.5	89.1	79.7	78.0	98.1	80.6	86.7	9.9
488	苯酮唑	Cafenstrole	82.6	84.7	78.6	91.5	95.6	108.2	104.0	120.5	117.3	95.7	15.0
489	氟啶草酮	Fluridone	86.1	70.2	77.5	72.2	91.2	67.0	57.1	96.8	69.5	77.2	17.2

对实验测定回收率和相对标准偏差的统计分析见表8-22。从表8-21和表8-22可见，489种农药化学品（含异构体）在洋槐蜜、椴树蜜、油菜蜜、荞麦蜜等9种蜂蜜基质中低、中、高3个水平添加平均回收率为60%~120%的农药品种数为458种，占所测农药品种的93.7%；其中回收率为80%~120%的有371种，平均回收率小于60%和高于120%的农药数量仅占6.3%。虽然是在9种不同蜂蜜品种中3个水平添加实验，但有342种农药的相对标准偏差小于20%，88.4%的农药相对标准偏差小于30%。可见该方法对多种农药残留和9种蜂蜜品种均具有广泛的适用性。另外除荞麦蜜基质影响较显著外，其余蜂蜜品种之间无显著性差异。

表8-22 489种化合物在9种蜂蜜基质中平均回收率和相对标准偏差数值分布区间统计表

	平均回收率/%						相对标准偏差/%			
	≤40	40~60	60~80	80~100	100~120	≥120	≤10	10~20	20~30	≥30
农药数量	1	11	87	320	51	19	129	213	90	57
所占比例	0.2	2.2	17.8	65.4	10.4	3.9	26.4	43.6	18.4	11.6

8.6.9.2 LC-MS/MS方法效率评价

通过574种农药化学品在6种蜂蜜、3个添加水平、5组平行实验，对LC-MS/MS方法效率进行了评价，实验结果见表8-23。对实验结果的统计分析见表8-24。

由表8-24可见，574种农药在洋槐蜜、椴树蜜、油菜蜜、荆条蜜和枣花蜜5种蜂蜜得到回收率和相对标准偏差数据均为8610个，其中回收率为60%~120%的有6480个，占75.3%；相对标准偏差小于30%的有7027个，占81.6%。回收率和相对标准偏差值均在上述范围的农药品种，洋槐蜜有456种、椴树蜜有418种、油菜蜜有435种、荆条蜜有425种、枣花蜜有408种，这些农药是可以准确定量的品种。荞麦蜜是一种深褐色、基质相对复杂的蜜种，在添加回收实验中发现有较大的基质影响，致使一些农药的回收率较低或者相对标准偏差较大，其回收率为60%~120%，同时相对标准偏差小于30%的化合物仅有239种，明显低于其他蜂蜜品种。

对一些平均回收率在60%~120%之外或者相对标准偏差大于30%的实验数据统计分析发现，一些农药低水平添加受到基质较大的干扰，造成相对标准偏差大，回收率偏高，但较高水平添加受到的干扰较小甚至没有，回收率和变异系数均很好，适当提高这些化合物的定量限，可用于定量检测，属于这种情况的农药在洋槐蜜、椴树蜜、油菜蜜、荞麦蜜、荆条蜜和枣花蜜中分别有33种、8种、11种、18种、16种和13种，见表8-25。

表 8-23　LC-MS/MS 测定 574 种农药化学品 3 个水平添加平均回收率及 RSD（重现性）n=5

中文名称	英文名称	添加浓度/(μg/kg)			低水平添加 平均回收率/%	低水平添加 RSD/%	中水平添加 平均回收率/%	中水平添加 RSD/%	高水平添加 平均回收率/%	高水平添加 RSD/%	低水平添加 平均回收率/%	低水平添加 RSD/%	中水平添加 平均回收率/%	中水平添加 RSD/%	高水平添加 平均回收率/%	高水平添加 RSD/%	低水平添加 平均回收率/%	低水平添加 RSD/%	中水平添加 平均回收率/%	中水平添加 RSD/%	高水平添加 平均回收率/%	高水平添加 RSD/%
		低	中	高	洋槐蜜						椴树蜜						油菜蜜					
					A组																	
苯胺灵	Propham	36.7	73.3	147	77.8	12.04	93.5	6.02	79.5	16.19	87.6	7.89	101	6.43	89.6	9.34	63.8	38.51	90.7	12.07	77.6	11.71
异丙威	Isoprocarb	2.7	5.3	10.7	79.6	9.52	93.5	3.85	81.7	16.27	95.3	3.69	96.7	5.18	94.7	2.23	93.1	4.99	97	5.35	90.2	8.35
3,4,5-混杀威	3,4,5-Trimethacarb	0.2	0.4	0.9	83	8.48	97.3	1.77	84.9	16.21	90.6	7.23	97	4.79	92.4	3.91	95.1	5.15	96.4	6.30	93.6	6.71
环莠隆	Cycluron	0.3	0.7	1.4	97.9	16.40	104	3.23	90	15.53	98.3	5.50	95.2	6.03	100.1	2.52	102	7.55	101	5.21	101	6.56
甲萘威	Carbaryl	1.5	3.0	6.0	94.5	16.96	102	7.03	92.6	17.07	98.1	7.51	99.4	6.77	66.5	9.68	92.7	39.68	94.7	5.12	98.2	8.44
毒草胺	Propachlor	0.7	1.5	3.0	88.5	13.20	98.4	6.89	84	17.39	98.3	5.52	93.7	8.89	93.8	1.47	86.9	6.54	91.9	7.62	93	6.28
吡咪唑	Rabenzazole	1.6	3.2	6.4	84.9	16.78	98.3	3.23	89	10.88	96.3	5.22	93.7	5.62	62.1	10.87	93.8	5.32	87.8	5.38	96.9	7.05
西草净	Simetryn	0.3	0.6	1.2	95.2	11.38	98.8	3.07	95.3	6.90	103	3.88	92.7	7.40	95	1.21	94.1	3.36	88.5	4.03	93.1	6.73
绿谷隆	Monolinuron	3.4	6.8	13.7	85.9	12.07	103	4.19	88.4	13.09	103	8.08	102.7	5.86	93.3	1.83	105	6.04	93.3	4.54	98.4	5.10
速灭磷	Mevinphos	3.2	6.3	12.7	78.9	6.03	102	10.47	74.7	20.40	86	7.37	90.3	8.59	96.2	4.96	97.4	7.83	70.9	50.31	89	7.65
叠氮津	Aziprotryne	1.4	2.8	5.7	90.5	15.23	98.3	2.55	83.2	18.06	100	4.54	96.2	7.03	93.4	2.72	105	7.99	102	4.60	94.8	9.27
密草通	Secbumeton	0.2	0.4	0.8	100	15.87	106	4.02	86.4	7.50	87.3	5.66	91	5.70	97.8	7.37	98	5.83	120	3.61	92.8	6.99
嘧菌环胺	Cyprodinil	0.6	1.2	2.4	90.8	17.44	102	5.50	79.8	14.35	103	5.66	85.2	9.03	88.3	5.66	93	6.25	98.7	3.61	93.9	8.41
播土隆	Buturon	2.0	4.0	8.0	98.9	19.34	120	5.74	89.8	10.99	96.8	2.00	102.4	5.21	95.5	2.60	105	9.86	93.2	7.30	103	7.24
双酰草胺	Carbetamide	1.6	3.2	6.5	85.8	16.40	110	11.55	93.9	14.36	94.4	9.48	104.9	3.51	99.4	5.86	101	5.12	74.2	28.37	103	8.56
抗蚜威	Pirimicarb	0.3	0.7	1.3	92.1	15.80	98.8	2.45	83.5	17.14	94.8	10.72	98.1	6.95	90.8	3.73	93.4	5.88	95.2	6.46	94.7	7.19
异噁草松	Clomazone dimethazone	1.0	2.1	4.1	88.5	13.90	106	4.47	79.6	14.30	101	5.00	96.9	6.28	95.4	1.72	93.9	7.42	94.4	5.38	96.1	6.99
氰草津	Cyanazine	0.4	0.7	1.4	93.2	13.39	93.5	2.99	94.6	14.32	101	4.22	94.3	5.60	96.4	2.48	97.2	3.11	93.8	3.60	97.7	11.65
扑草净	Prometryne	0.3	0.5	1.1	89.9	17.91	94	1.49	81.8	19.25	101	5.00	94.3	6.98	92.1	1.25	97.5	4.40	98.4	1.81	93.2	9.29
甲基对氧磷	Paraoxon methyl	2.0	3.9	7.8	72.8	15.44	76.7	4.20	92.5	14.82	63.7	7.80	54.1	7.43	60.6	4.70	120	5.43	45.8	7.97	56.1	9.23
4,4'-二氯二苯甲酮	4,4'-Dichlorobenzophenone	17.6	35.2	70.4	93.5	15.69	79.3	6.46	65.3	19.54	89.4	12.77	72.2	15.82	88.7	7.50	93.3	6.36	81.1	4.27	94.5	7.78

续表

中文名称	英文名称	添加浓度/(μg/kg)			低水平添加		中水平添加		高水平添加		低水平添加		中水平添加		高水平添加	
		低	中	高	平均回收率/%	RSD/%	平均回收率/%	RSD/%	平均回收率/%	RSD/%	平均回收率/%	RSD/%	平均回收率/%	RSD/%	平均回收率/%	RSD/%
噻虫啉	Thiacloprid	0.7	1.3	2.7	90.1	13.05	104	6.25	97.6	14.69	91.8	6.21	110.1	7.57	105.8	2.70	102	7.84	86.3	18.44	106	4.27
吡虫啉	Imidacloprid	24.2	48.3	96.7	84.8	10.99	104	2.74	90.2	13.07	92.8	8.29	100.1	7.53	104.5	7.20	93.7	3.55	99.6	5.27	98.6	11.10
磺噻隆	Ethidimuron	3.2	6.3	12.7	87.4	8.95	102	3.32	95.4	7.78	89.3	6.95	109.4	4.12	107.4	4.86	95.8	5.23	84.4	4.57	100	3.50
丁噻草酮	Isomethiozin	0.4	0.7	1.4	88.5	13.31	82.9	9.70	72.3	20.76	90.2	3.85	93.5	7.53	81.8	5.39	84.7	7.34	95.5	4.58	87.9	10.60
燕麦敌	cis and trans Diallate	53.3	107	213	84.3	20.75	79	7.96	74.3	15.42	92	5.95	70.4	6.52	76.4	6.15	97.6	9.14	79.8	8.88	87.8	7.53
乙草胺	Acetochlor	16.4	32.8	65.6	89.4	19.30	99.9	3.47	81.6	13.71	103	5.56	101.5	7.53	91.5	2.07	93.9	4.58	100	3.30	94.2	7.45
烯啶虫胺	Nitenpyram	5.7	11.4	22.8	69.5	18.60	77.6	18.39	96.1	15.71	84.6	21.94	58.2	11.89	80.2	10.90	24.6	68.58	31.7	90.32	53.2	10.98
盖草津	Methoprotryne	0.8	1.5	3.0	94.2	16.59	100	2.81	79.5	15.16	94.7	4.05	90.8	5.70	94.5	2.26	99.2	4.05	86	3.79	91.2	7.99
二甲吩草胺	Dimethenamid	1.0	1.9	3.8	91.6	17.12	100	3.67	82	15.18	95.8	4.58	97.1	6.78	96.1	1.00	87.4	7.36	99.9	8.82	94.7	6.62
特草灵	Terrbucarb	1.7	3.3	6.7	69.9	19.86	88	9.13	80.2	11.91	109	18.00	80.4	5.78	86.1	19.80	90.4	12.27	86.6	9.65	89	12.25
戊菌唑	Penconazole	0.7	1.5	2.9	86.8	16.46	104	2.71	84.5	15.55	104	5.10	99.6	5.45	92.9	2.20	101	9.07	85.5	3.99	92.1	8.36
腈菌唑	Myclobutanil	0.7	1.3	2.7	124	16.85	100	5.17	90	14.47	95.3	19.62	90.1	16.74	93.6	2.13	99.9	4.22	79	37.75	97.6	10.09
咪唑乙烟酸	Imazethapyr	13.3	26.6	53.3	N/A	N/A	0.1	20.00	0.2	20.00	0.3	13.33	0.3	33.33	2	6.50	N/A	N/A	N/A	N/A	N/A	N/A
多效唑	Paclobutrazol	0.6	1.3	2.5	95.2	19.23	99.5	2.10	92.7	14.91	102	5.16	99.9	7.18	94.2	2.05	102	1.97	93.5	4.28	98.4	9.23
倍硫磷亚砜	Fenthion sulfoxide	0.7	1.3	2.6	101	16.39	98.8	4.37	98.1	13.68	95.9	4.45	99.9	7.05	94.9	4.59	109	2.86	94.8	5.94	106	6.34
三唑醇	Triadimenol	6.7	13.3	26.7	90.4	13.54	96.4	6.05	89.3	16.08	108	9.30	81.2	5.43	84.4	4.53	103	10.85	97.1	3.60	97.4	10.29
仲丁灵	Butralin	4.5	8.9	17.9	92.5	31.44	74.2	9.19	68.8	18.34	200	6.96	115.3	74.28	111.7	8.89	99.9	5.76	85.2	3.44	94.2	10.45
螺噁茂胺	Spiroxamine	0.1	0.3	0.5	75.1	12.24	91.1	2.95	66.3	7.09	87.2	8.77	89.8	7.77	89.8	10.36	102	6.07	67.3	14.19	87.3	15.01
甲基立枯磷	Tolclofos methyl	101	201	402	85.2	17.75	84.8	4.33	76.4	10.60	102	3.99	84.7	21.63	88.9	3.70	95.2	10.03	92.1	2.83	84.7	6.88
甜菜胺	Desmedipham	2.0	3.9	7.8	88.4	18.70	98.8	4.44	87.5	13.50	84.4	13.68	87.1	4.83	4.5	66.00	96.2	8.19	96.2	4.81	92.3	7.46
杀扑磷	Methidathion	4.7	9.3	18.7	76.4	31.39	97.2	3.87	69.6	26.82	93.1	8.40	127	13.61	81.4	6.87	87.6	5.27	97.1	4.31	109	7.23
烯丙菊酯	Allethrin	20.0	40.0	80.0	76	21.97	80.6	7.16	72.4	16.55	176	4.87	85.7	11.46	85.2	5.29	124	11.76	75.8	12.40	87.7	10.50
野麦畏	Triallate	33.3	66.7	133	93	27.73	70.3	6.84	70.6	21.22	201	10.69	114.1	27.40	111.7	11.31	100	5.61	86	4.37	96.2	6.94

续表

中文名称	英文名称	添加浓度/(μg/kg)			低水平添加		中水平添加		高水平添加		低水平添加		中水平添加		高水平添加		低水平添加		中水平添加		高水平添加	
		低	中	高	平均回收率/%	RSD/%	平均回收率/%	RSD/%	平均回收率/%	RSD/%	平均回收率/%	RSD/%	平均回收率/%	RSD/%	平均回收率/%	RSD/%	平均回收率/%	RSD/%	平均回收率/%	RSD/%	平均回收率/%	RSD/%
二嗪磷	Diazinon	0.4	0.7	1.4	83.2	17.30	86.4	5.41	68.7	17.76	101	6.11	87.3	8.01	82.1	5.85	87	7.89	91.1	4.27	87.6	8.74
敌瘟磷	Edifenphos	0.6	1.3	2.5	103	23.63	97.3	5.90	80.1	13.96	102	8.05	95.4	8.76	80.3	1.21	98.9	5.51	96	3.25	91.7	5.28
丙草胺	Pretilachlor	0.4	0.8	1.5	106	23.36	91.5	6.72	74.8	15.17	102	4.18	89.8	8.32	83.9	5.09	94.2	6.62	96.4	5.71	88	5.64
氟啶胺	Flusilazole	0.7	1.3	2.7	89.7	18.19	93.8	4.51	90	13.01	103	3.40	91.4	6.18	89.2	3.48	97.5	3.56	80.7	4.66	89.2	8.65
异丙菌胺	Iprovalicarb	3.3	6.5	13.1	95.9	22.06	101	3.37	93	12.03	100	5.24	93.4	6.19	98.3	2.63	106	5.07	95.7	4.14	98.9	6.96
麦锈灵	Benodanil	0.6	1.3	2.6	89.9	17.11	105	3.81	97.6	16.29	94.7	8.70	108.6	4.63	98.9	1.73	88.4	16.91	92.1	3.88	107	9.70
氟酰胺	Flutolanil	0.7	1.4	2.8	85.4	21.96	94.6	4.44	86	12.07	104	8.14	94	3.86	89.4	3.10	99.8	10.18	91.1	7.17	94.9	7.61
伐灭磷	Famphur	3.3	6.7	13.3	89.2	18.04	103	5.77	89	14.83	99.4	7.40	97.7	5.02	88.5	3.27	112	2.64	86.3	6.43	97.3	9.72
苯稻瘟灵	Benalyxyl	0.8	1.5	3.0	98	24.57	101	5.01	74.8	19.06	87.9	6.43	82.5	7.64	85.1	10.92	89.4	5.34	85.9	5.88	92.7	5.62
苄氯三唑醇	Diclobutrazole	0.6	1.3	2.6	96.6	18.18	97.6	3.15	86.2	17.42	98.5	4.89	90.2	5.24	102.4	0.87	103	2.77	90.7	3.25	95.3	10.12
乙环唑	Etaconazole	1.3	2.6	5.3	90.8	18.55	102	2.73	81.5	16.06	105	3.42	94	3.89	92	1.46	103	7.42	88	3.66	89.4	8.80
氯苯嘧啶醇	Fenarimol	1.0	1.9	3.9	94.6	17.19	98.1	2.49	94.6	15.03	101	6.42	93.7	4.62	94	2.85	94	7.06	87.6	4.94	101	8.79
邻苯二甲酸二环己酯	Phthalic acid.dicyclohexyl ester	0.7	1.3	2.7	97.6	26.24	90.6	18.32	65.9	25.01	77.1	18.04	99.5	11.10	70.5	33.35	101	9.48	135	35.88	89.9	25.31
胺菊酯	Tetramethrin	1.2	2.3	4.6	88.8	27.17	102	11.20	68.7	18.17	119	4.50	74.8	11.83	79.2	3.79	106	18.64	63.4	10.66	79.6	10.03
抑菌灵	Dichlofluanid	33.3	66.7	133	83	19.81	82.8	8.01	82.9	14.60	89.9	9.82	72.4	31.96	63.4	4.70	55.4	21.26	65	33.31	63.4	15.74
解草酯	Cloquintocet mexyl	0.3	0.6	1.3	93.1	21.16	91.2	7.38	74.1	13.10	107	6.41	94.5	7.78	78.7	3.32	100	7.34	65.5	3.63	87.2	6.78
联苯三唑醇	Bitertanol	6.7	13.3	26.7	82.1	20.55	96.3	3.23	91.6	12.89	91.1	6.77	90.5	8.64	80.3	9.28	83.9	10.95	75	5.25	88.4	10.88
甲基毒死蜱	Chlorprifos methyl	2.7	5.3	10.7	63	47.29	101	18.74	94.3	13.56	17.4	24.89	91.6	65.49	113.1	17.63	37.4	89.47	N/A	N/A	N/A	N/A
吡喃草酮	Tepraloxydim	26.7	53.3	107	6.7	112.99	4	48.00	14.9	60.74	13.2	90.68	15.7	137.5	20.5	53.27	15.9	74.15	38	46.95	36.1	40.97
甲基硫菌灵	Thiophanate methyl	6.7	13.3	26.7	39.3	24.78	166	143.8	40.3	26.30	23.5	41.06	108.5	82.09	27.3	41.68	5.4	59.07	90.7	48.54	50	15.06
益棉磷	Azinphos ethyl	36.3	72.6	145	92.4	21.59	98.8	5.88	83.5	17.52	99.7	10.24	88.7	21.39	93.1	13.98	94.3	6.61	82.3	6.00	88.1	2.18
炔草酸	Clodinafop propargyl	1.9	3.8	7.6	85.6	20.39	86.5	9.26	68.9	12.26	94.6	5.22	98.6	7.55	80.8	7.81	91	7.18	82.7	6.35	92.2	11.42
杀铃脲	Triflumuron	5.0	10.1	20.2	89	22.31	89	4.19	79.1	11.92	101	3.38	96.6	9.65	88.2	5.52	105	6.43	76.7	8.85	88.9	7.57

续表

中文名称	英文名称	添加浓度/(μg/kg)			低水平添加		中水平添加		高水平添加		低水平添加		中水平添加		高水平添加		低水平添加		中水平添加		高水平添加	
		低	中	高	平均回收率/%	RSD/%	平均回收率/%	RSD/%	平均回收率/%	RSD/%	平均回收率/%	RSD/%	平均回收率/%	RSD/%	平均回收率/%	RSD/%	平均回收率/%	RSD/%	平均回收率/%	RSD/%	平均回收率/%	RSD/%
							荞麦蜜						荆条蜜						葵花蜜			
异噁氟草	Isoxaflutole	7.6	15.2	30.4	89.8	20.76	94.8	4.18	86	14.22	100	2.67	95.2	6.19	59.3	28.77	99.8	4.99	92.4	6.90	89.1	10.26
莎稗磷	Anilofos	0.5	1.0	1.9	91.4	26.94	92.7	10.06	70.4	15.07	98.5	7.33	87.5	5.28	80.8	4.03	96.4	5.40	83.5	5.11	89.2	5.00
硫菌灵	Thiophanat ethyl	6.7	13.4	26.9	38.7	55.19	226	148.2	78.6	30.03	30.3	35.45	90.7	82.98	106.6	5.99	2.6	N/A	104	45.51	79.2	15.58
乙基喹禾灵	Quizalofop-ethyl	3.2	6.4	12.8	91.9	23.81	85.7	16.32	73	14.14	108	4.39	77.7	7.89	85.1	4.99	94.2	10.62	63.3	17.71	88.3	6.49
氟吡甲禾灵	Haloxyfop-methyl	3.2	6.5	13.0	89.9	22.81	89.4	17.37	73.2	15.18	103	6.10	82.5	13.87	91.1	43.85	99.7	10.46	85.7	5.08	87.6	3.61
氟吡禾草灵	Fluazifop butyl	0.3	0.7	1.3	82.4	25.73	95.1	7.63	68.3	19.39	191	3.57	79	8.25	91.8	5.07	122	8.89	78.1	11.17	92.8	7.70
乙基溴硫磷	Bromophos-ethyl	85.0	170	340	92.8	25.92	86.8	20.25	64	21.98	95.2	12.78	62.5	13.40	83.5	23.80	108	14.21	123	9.00	96	11.72
氯亚胺硫磷	Dialifos	20.0	40.0	80.0	68.5	37.02	100	9.52	67.3	17.09	120	5.37	60.9	21.87	109.2	5.19	111	11.41	73.7	13.77	86.4	14.47
地散磷	Bensulide	8.0	16.0	32.0	73	48.78	86.4	18.82	67.7	31.99	83.5	13.29	66.4	21.91	101.1	15.68	134	6.57	58	18.59	72.5	11.94
醚苯磺隆	Triasulfuron	22.3	44.6	89.3	2.1	13.81	0.9	8.89	0.6	33.33	0.2	20.00	0.2	23.00	0.1	160.0	2.1	117.6	2.4	180.0	1.9	124.7
溴苯磷	Bromfenvinfos	1.4	2.8	5.7	88.9	22.59	84	8.14	75.4	22.02	94.7	7.43	92.9	5.71	85.7	3.94	102	5.00	98	10.72	89.7	7.38
嘧菌酯	Azoxystrobin	0.7	1.3	2.7	93.5	19.24	99.2	8.07	82.7	14.70	93.8	2.57	91.4	3.02	85.5	4.39	98.5	5.68	71.8	6.82	89.2	11.80
吡菌磷	Pyrazophos	0.2	0.5	0.9	90.6	23.27	92.1	9.48	74.2	11.87	99.8	3.06	95.5	7.31	77.8	9.55	92.5	14.71	70	4.33	88.5	8.07
杀虫磺	Bensultap	95.2	190	381	4.4	64.55	32.2	15.12	29.8	22.01	17.6	72.73	10.4	167.1	15.6	76.90	0.5	95.70	1.2	81.67	2.3	114.8
氟虫脲	Flufenoxuron	2.6	5.3	10.6	97.3	30.47	98.5	15.18	54	20.46	438	11.47	50.3	31.45	118	7.39	172	14.42	51.5	4.45	105	21.49
茚虫威	Indoxacarb	5.6	11.2	22.4	82.7	28.74	94.8	12.48	76.8	14.43	107	7.20	80.5	8.82	85.6	5.05	93.4	6.19	78.5	11.82	92.8	7.97
甲氨基阿维菌素苯甲酸盐	Emamectin benzoate	3.3	6.7	13.3	64.3	20.25	79.8	10.44	87.5	8.79	96.2	2.96	83.6	7.15	84.2	7.76	82.1	5.05	79	3.62	76	7.63
							荞麦蜜						荆条蜜						葵花蜜			
苯胺灵	Propham	36.7	73.3	147	69.7	21.96	77.3	33.21	61.2	13.71	87.1	8.5	103.2	22.33	100.9	6.28	86.2	6.5	170.6	10.32	112.4	7.77
异丙威	Isoprocarb	2.7	5.3	10.7	85.5	4.26	80.6	9.77	76.3	8.52	101.2	7.7	101.5	3.20	95.9	4.71	84.0	3.0	89.0	13.55	92.0	7.09
3,4,5-混杀威	3,4,5-Trimethacarb	0.2	0.4	0.9	84.0	3.04	83.8	11.22	80.4	9.97	91.2	29.4	100.3	2.30	98.1	4.01	82.4	3.3	93.1	13.00	94.6	7.06
环秀隆	Cycluron	0.3	0.7	1.4	82.3	5.71	87.9	9.36	80.2	7.98	112.2	2.7	99.6	6.05	107.4	3.27	84.0	5.1	92.5	15.00	101.2	5.69
甲萘威	Carbaryl	1.5	3.0	6.0	95.1	5.99	95.9	6.29	79.7	13.22	105.6	3.9	100.2	7.62	92.8	6.46	82.6	7.0	95.5	13.62	96.8	6.76

续表

中文名称	英文名称	添加浓度/(μg/kg)			低水平添加		中水平添加		高水平添加		低水平添加		中水平添加		高水平添加		低水平添加		中水平添加		高水平添加	
		低	中	高	平均回收率/%	RSD/%	平均回收率/%	RSD/%	平均回收率/%	RSD/%	平均回收率/%	RSD/%	平均回收率/%	RSD/%	平均回收率/%	RSD/%	平均回收率/%	RSD/%	平均回收率/%	RSD/%	平均回收率/%	RSD/%
毒草胺	Propachlor	0.7	1.5	3.0	86.9	6.98	84.7	15.35	79.1	9.01	104.7	4.9	100.0	2.81	101.2	5.82	85.2	4.1	89.5	15.28	98.3	6.86
吡咪唑	Rabenzazole	1.6	3.2	6.4	83.4	6.29	83.0	15.65	78.0	9.08	109.2	2.9	95.5	1.73	94.4	5.14	79.6	5.1	86.7	14.81	89.6	7.63
西草净	Simetryn	0.3	0.6	1.2	89.3	8.65	91.4	12.75	82.6	8.03	90.0	4.2	98.3	4.56	96.8	2.36	83.1	4.8	90.2	10.65	97.7	6.29
绿谷隆	Monolinuron	3.4	6.8	13.7	78.6	8.39	86.3	11.45	78.5	9.45	99.1	6.0	102.0	5.39	97.1	4.10	88.8	5.9	87.6	15.56	93.2	5.49
速灭磷	Mevinphos	3.2	6.3	12.7	88.6	3.27	82.9	7.22	78.3	7.55	94.8	6.1	75.6	53.44	100.1	5.89	88.6	9.6	83.7	14.30	99.4	8.47
叠氮津	Aziprotryne	1.4	2.8	5.7	74.7	18.84	86.8	23.87	74.4	11.35	105.6	7.8	102.5	9.10	97.6	1.22	72.1	6.0	93.2	16.57	93.7	7.46
密草通	Secbumeton	0.2	0.4	0.8	161.5	23.35	100.2	8.84	92.9	10.08	107.4	3.3	101.1	4.97	98.1	2.56	81.6	4.9	88.8	8.74	107.3	8.23
嘧菌环胺	Cyprodinil	0.6	1.2	2.4	71.9	7.17	71.1	15.01	58.4	8.15	95.3	6.1	93.9	4.24	93.4	3.80	75.2	6.3	73.9	17.19	82.4	6.40
播土隆	Buturon	2.0	4.0	8.0	80.9	6.36	84.5	8.88	81.7	6.94	103.9	12.8	101.1	5.42	115.4	3.10	83.5	5.7	86.7	13.21	97.1	6.27
双酰草胺	Carbetamide	1.6	3.2	6.5	114.4	9.39	97.6	5.45	101.7	4.38	88.6	3.9	108.7	8.41	107.1	7.45	79.0	5.4	89.4	4.82	98.3	12.93
抗蚜威	Pirimicarb	0.3	0.7	1.3	79.0	6.50	81.9	14.38	79.0	7.47	96.8	5.4	97.5	5.91	99.6	2.58	85.1	2.7	87.9	11.23	99.3	4.33
异噁草松	Clomazone dimethazone	1.0	2.1	4.1	87.8	7.10	79.7	16.80	76.1	10.22	100.7	6.4	104.9	4.97	102.3	3.38	79.3	4.0	89.0	14.28	91.0	5.42
氰草津	Cyanazine	0.4	0.7	1.4	83.8	5.52	90.5	7.38	79.5	9.63	98.2	5.3	100.0	1.80	102.8	1.60	81.0	2.1	90.2	14.14	92.5	1.06
扑草净	Prometryne	0.3	0.5	1.1	72.0	8.13	79.7	17.14	67.6	10.13	99.4	4.6	102.5	2.36	97.6	2.33	78.6	4.6	86.9	18.09	91.5	5.49
甲基对氧磷	Paraoxon methyl	2.0	3.9	7.8	16.2	68.91	24.9	10.20	20.8	6.03	101.4	5.8	46.2	2.94	36.2	3.22	85.5	6.2	38.6	8.63	37.5	5.33
4,4'-二氯二苯甲酮	4,4'-Dichlorobenzophenone	17.6	35.2	70.4	61.8	10.14	87.5	42.91	52.6	9.65	101.6	10.6	96.6	3.47	95.8	2.55	74.7	13.0	75.4	12.48	75.2	5.28
噻虫啉	Thiacloprid	0.7	1.3	2.7	88.5	8.29	87.9	10.09	85.7	3.54	91.4	4.7	104.9	3.80	114.2	6.36	82.2	7.9	103.3	11.34	112.7	12.75
吡虫啉	Imidacloprid	24.2	48.3	96.7	88.7	5.00	90.1	9.44	84.7	2.34	98.3	6.4	106.8	4.56	101.5	2.69	85.3	2.5	90.7	14.28	96.8	5.06
磺噻隆	Ethidimuron	3.2	6.3	12.7	94.0	2.36	96.1	6.59	87.2	4.36	86.0	7.8	98.4	3.91	103.7	7.87	82.8	4.4	91.2	9.62	97.7	11.64
丁嗪草酮	Isomethiozin	0.4	0.7	1.4	76.9	14.52	70.8	23.80	51.3	11.89	104.8	5.0	95.1	3.22	93.0	3.74	88.3	6.6	62.1	27.33	78.7	5.96
燕麦敌	cis and trans Diallate	53.3	107	213	62.5	7.13	79.4	33.64	46.3	8.28	91.7	4.6	110.9	8.08	83.2	27.02	70.0	13.2	62.1	30.65	72.4	4.95
乙草胺	Acetochlor	16.4	32.8	65.6	72.9	8.81	74.0	19.69	64.1	4.44	100.0	3.6	95.3	6.07	93.7	4.23	78.4	4.3	74.0	23.15	81.5	4.35
烯啶虫胺	Nitenpyram	5.7	11.4	22.8	96.5	2.12	108.8	4.89	108.7	8.29	N/A	N/A	155.0	9.35	105.8	16.03	N/A	N/A	133.8	37.11	86.4	23.76

续表

中文名称	英文名称	添加浓度/(μg/kg)			低水平添加		中水平添加		高水平添加		低水平添加		中水平添加		高水平添加	
		低	中	高	平均回收率/%	RSD/%	平均回收率/%	RSD/%	平均回收率/%	RSD/%	平均回收率/%	RSD/%	平均回收率/%	RSD/%	平均回收率/%	RSD/%
盖草津	Methoprotryne	0.8	1.5	3.0	77.7	7.80	86.9	13.12	74.5	9.99	100.9	4.1	99.8	3.19	98.9	1.94	78.3	2.7	83.2	12.30	90.0	4.16
二甲吩草胺	Dimethenamid	1.0	1.9	3.8	77.3	6.98	87.4	19.54	71.1	9.27	105.4	7.2	109.2	2.37	97.1	1.44	82.1	8.7	80.8	22.29	92.2	4.39
特草灵	Terbucarb	1.7	3.3	6.7	61.5	7.58	106.6	10.89	57.0	5.55	96.8	10.9	89.9	6.90	88.4	6.70	72.0	9.7	90.0	19.40	79.4	24.79
戊菌唑	Penconazole	0.7	1.5	2.9	66.9	7.83	76.2	14.68	66.7	9.06	101.6	7.4	97.7	3.23	92.0	4.85	72.8	5.9	74.7	22.15	89.7	5.77
腈菌唑	Myclobutanil	0.7	1.3	2.7	108.9	11.37	60.2	13.94	68.3	9.06	98.7	5.9	101.0	3.32	99.0	0.90	76.4	7.9	80.3	20.30	91.8	5.30
咪唑乙烟酸	Imazethapyr	13.3	26.6	53.3	N/A	N/A	N/A	N/A	0.2	20.81	N/A	N/A	N/A	N/A	0.2	N/A	N/A	N/A	0.3	N/A	0.1	25.64
多效唑	Paclobutrazol	0.6	1.3	2.5	83.3	6.81	88.5	8.29	75.6	11.72	105.2	4.9	106.8	1.80	96.6	4.19	80.8	3.8	93.7	13.35	90.9	5.57
倍硫磷亚砜	Fenthion sulfoxide	0.7	1.3	2.6	83.8	6.21	88.2	3.58	77.5	9.48	99.8	7.5	107.6	2.24	98.2	4.11	89.6	2.5	83.5	12.48	100.5	4.23
三唑醇	Triadimenol	6.7	13.3	26.7	75.9	11.62	83.5	7.05	73.1	11.82	98.3	15.9	101.4	3.53	100.4	1.43	73.0	13.0	84.9	14.52	91.8	4.68
仲丁灵	Butralin	4.5	8.9	17.9	55.9	5.03	67.3	42.30	51.2	14.30	98.9	4.2	94.7	3.20	87.6	2.61	76.1	17.2	57.9	25.85	66.0	7.76
螺噁茂胺	Spiroxamine	0.1	0.3	0.5	73.8	8.27	78.1	12.97	70.3	11.36	96.6	7.2	93.8	3.53	107.2	2.67	75.4	4.1	73.1	18.04	84.9	8.03
甲基立枯磷	Tolclofos methyl	101	201	402	73.6	9.08	75.3	25.82	58.0	7.92	91.8	3.5	95.0	3.15	95.7	6.28	74.2	15.5	65.5	25.76	78.9	4.11
甜菜胺	Desmedipham	2.0	3.9	7.8	75.6	2.90	82.0	4.58	63.0	23.74	93.9	9.3	98.3	1.76	87.1	6.65	79.4	2.7	80.0	12.63	86.9	8.23
杀朴磷	Methidathion	4.7	9.3	18.7	65.4	8.45	81.2	25.65	62.1	6.81	92.4	8.5	86.6	7.02	95.2	6.21	75.1	7.2	96.3	19.69	74.9	16.08
烯丙菊酯	Allethrin	20.0	40.0	80.0	59.7	7.73	65.0	29.67	50.0	9.83	97.8	4.8	97.3	6.72	91.7	3.20	69.3	14.7	55.8	30.61	69.4	10.08
野麦畏	Triallate	33.3	66.7	133	59.4	6.62	80.0	50.87	56.0	13.79	89.4	4.7	93.0	2.72	91.8	4.23	75.9	14.4	58.5	22.13	67.0	10.21
二嗪磷	Diazinon	0.4	0.7	1.4	65.6	13.41	71.8	27.19	50.1	13.10	101.7	7.3	101.4	3.57	97.9	3.01	69.3	14.0	67.6	7.22	67.7	5.81
敌瘟磷	Edifenphos	0.6	1.3	2.5	77.8	5.66	86.8	15.84	61.8	7.97	92.7	7.5	93.5	5.29	86.4	5.72	70.9	8.6	67.7	27.38	72.9	8.82
丙草胺	Pretilachlor	0.4	0.8	1.5	64.7	6.10	72.0	21.07	54.1	8.25	99.5	4.3	104.4	3.07	94.4	2.11	77.9	8.2	61.9	29.00	71.4	6.81
氟唑唑	Flusilazole	0.7	1.3	2.7	75.8	2.62	79.6	5.44	60.4	11.18	95.4	5.0	101.3	1.78	98.4	2.17	73.8	4.8	69.6	26.03	78.4	4.92
异丙菌胺	Iprovalicarb	3.3	6.5	13.1	84.9	3.07	83.7	9.25	78.6	6.59	105.4	4.1	107.4	4.35	92.2	3.51	88.6	4.5	83.1	14.59	90.1	9.20
麦锈灵	Benodanil	0.6	1.3	2.6	83.5	8.16	79.1	13.22	79.9	8.38	103.2	15.6	109.6	3.13	94.4	7.01	85.5	5.8	85.4	19.85	92.5	7.83
氟酰胺	Flutolanil	0.7	1.4	2.8	70.8	3.74	75.5	11.24	58.6	9.81	103.0	5.2	98.4	3.27	96.8	5.12	75.9	7.6	68.9	18.18	84.2	3.24

续表

中文名称	英文名称	添加浓度/(μg/kg)			低水平添加		中水平添加		高水平添加		低水平添加		中水平添加		高水平添加		低水平添加		中水平添加		高水平添加	
		低	中	高	平均回收率/%	RSD/%	平均回收率/%	RSD/%	平均回收率/%	RSD/%	平均回收率/%	RSD/%	平均回收率/%	RSD/%	平均回收率/%	RSD/%	平均回收率/%	RSD/%	平均回收率/%	RSD/%	平均回收率/%	RSD/%
伐灭磷	Famphur	3.3	6.7	13.3	68.6	7.98	82.9	9.42	68.1	9.17	97.9	5.0	106.6	3.79	95.5	2.15	74.0	7.8	65.6	23.61	81.2	5.51
苯稻灵	Benalyxyl	0.8	1.5	3.0	67.6	4.66	73.5	13.56	58.5	6.17	91.5	4.0	94.7	5.35	127.0	4.42	75.1	9.8	66.8	27.13	76.2	10.38
苄氯三唑醇	Diclobutrazole	0.6	1.3	2.6	77.1	6.09	81.4	13.32	71.0	10.54	101.2	6.3	107.4	3.06	102.2	4.69	83.8	2.8	81.0	18.48	90.4	5.02
乙环唑	Etaconazole	1.3	2.6	5.3	75.9	4.68	87.0	7.88	66.6	11.20	103.3	4.2	100.3	2.50	96.8	3.14	84.1	3.5	80.2	20.40	92.6	5.86
氯苯嘧啶醇	Fenarimol	1.0	1.9	3.9	87.0	4.37	80.0	7.76	68.1	9.57	96.1	6.2	99.6	3.07	101.1	2.40	81.5	2.9	81.1	18.11	93.3	4.53
邻苯二甲酸二环己酯	Phthalic acid,dicyclohexyl ester	0.7	1.3	2.7	42.4	14.02	69.6	86.73	43.6	18.17	115.2	10.7	84.0	20.11	251.4	18.72	66.1	16.9	57.1	41.74	48.6	18.51
胺菊酯	Tetramethrin	1.2	2.3	4.6	57.8	12.38	69.5	18.52	47.7	10.62	105.3	10.0	102.7	3.20	83.3	7.87	64.5	16.4	57.3	29.61	62.0	8.34
抑菌灵	Dichlofluanid	33.3	66.7	133	56.1	16.00	52.4	57.64	44.9	10.98	85.7	9.3	93.9	2.72	92.7	7.96	68.4	9.3	68.9	29.05	61.5	37.46
解草酯	Cloquintocet mexyl	0.3	0.6	1.3	63.3	4.02	65.9	11.19	51.0	11.16	95.8	4.8	102.8	2.70	88.7	4.36	70.7	11.2	61.4	31.75	66.5	6.54
联苯三唑醇	Bitertanol	6.7	13.3	26.7	70.9	7.72	78.9	10.23	61.9	10.23	109.8	4.3	95.2	7.86	100.5	6.73	77.4	7.0	70.6	22.45	77.6	6.82
甲基毒死蜱	Chlorprifos methyl	2.7	5.3	10.7	N/A	N/A	N/A	N/A	N/A	N/A	N/A	N/A	N/A	N/A	N/A	N/A	94.8	12.2	90.5	54.33	84.7	30.03
吡喃草酮	Tepraloxydim	26.7	53.3	107	50.7	20.61	62.2	9.29	39.6	56.01	14.3	80.9	24.0	35.13	22.2	85.44	16.7	40.4	3.1	27.79	24.4	92.39
甲基硫菌灵	Thiophanate methyl	6.7	13.3	26.7	N/A	N/A	33.7	32.57	77.2	41.35	86.1	67.3	20.6	28.24	30.9	75.06	42.0	32.00	6.9	26.64	24.8	68.77
益棉磷	Azinphos ethyl	36.3	72.6	145	92.6	7.22	77.4	12.30	64.4	6.19	93.6	9.2	92.3	6.94	90.4	7.89	81.0	12.0	73.9	30.83	88.6	9.19
炔草酸	Clodinafop propargyl	1.9	3.8	7.6	64.4	10.23	67.3	8.98	49.5	10.03	104.4	7.1	89.9	6.91	85.8	9.13	103.4	15.7	54.4	25.40	68.9	12.79
杀铃脲	Triflumuron	5.0	10.1	20.2	69.7	9.29	72.7	14.02	52.3	8.65	96.6	6.2	98.8	4.20	102.2	4.67	67.9	6.9	63.1	28.88	71.5	8.60
异噁氟草	Isoxaflutole	7.6	15.2	30.4	71.6	4.99	76.4	9.49	57.1	11.88	100.6	8.5	101.7	3.76	94.1	5.80	93.7	3.1	67.5	20.91	81.7	6.60
莎稗磷	Anilofos	0.5	1.0	1.9	74.5	4.48	74.8	13.35	52.0	9.81	78.5	4.9	99.9	5.43	89.6	4.34	78.0	5.9	58.4	31.67	63.6	9.55
硫菌灵	Thiophanat ethyl	6.7	13.4	26.9	N/A	N/A	27.6	26.44	138.0	36.65	100.8	67.3	27.5	24.71	48.8	74.75	N/A	N/A	25.9	3.82	49.8	73.70
乙基唑禾灵	Quizalofop-ethyl	3.2	6.4	12.8	65.8	4.90	68.9	18.90	54.8	8.26	96.2	2.0	100.7	4.08	88.2	12.30	69.7	9.8	61.2	29.37	66.8	8.59
氟吡甲禾灵	Haloxyfop-methyl	3.2	6.5	13.0	62.3	5.13	68.2	7.41	49.9	13.32	99.7	3.9	111.0	4.03	90.7	1.43	66.0	13.5	61.4	27.08	66.6	6.00
吡氟禾草灵	Fluazifop butyl	0.3	0.7	1.3	56.7	9.57	67.4	21.18	50.6	10.09	102.8	7.7	97.2	2.86	94.0	2.63	68.9	18.5	58.5	31.42	59.5	7.34
乙基溴硫磷	Bromophos-ethyl	85.0	170	340	49.2	20.33	69.8	90.24	66.4	19.33	95.1	10.4	91.4	11.42	90.6	14.96	89.3	15.3	63.5	29.69	62.5	17.64

续表

中文名称	英文名称	添加浓度/(μg/kg)			低水平添加		中水平添加		高水平添加		低水平添加		中水平添加		高水平添加	
		低	中	高	平均回收率/%	RSD/%	平均回收率/%	RSD/%	平均回收率/%	RSD/%	平均回收率/%	RSD/%	平均回收率/%	RSD/%	平均回收率/%	RSD/%
氯亚胺硫磷	Dialifos	20.0	40.0	80.0	68.8	12.75	90.7	15.43	72.2	17.16	87.9	11.8	95.0	22.55	107.4	20.24	75.9	14.1	75.9	18.30	70.3	20.11
地散磷	Bensulide	8.0	16.0	32.0	75.5	6.28	59.7	24.71	56.1	20.48	97.1	17.0	94.8	11.73	97.9	14.44	117.0	13.9	77.3	21.92	96.6	23.27
醚苯磺隆	Triasulfuron	22.3	44.6	89.3	2.5	98.40	3.1	82.20	4.8	72.07	3.0	171.9	1.8	119.67	5.3	86.07	10.0	20.00	6.2	12.64	3.3	89.65
溴苯烯磷	Bromfenvinfos	1.4	2.8	5.7	62.7	8.65	76.0	13.72	58.8	7.12	97.3	5.8	106.2	6.13	94.8	2.41	77.9	12.4	63.6	28.81	71.8	8.09
嘧菌酯	Azoxystrobin	0.7	1.3	2.7	71.4	3.57	75.2	3.75	64.5	7.99	95.1	4.6	84.1	7.33	93.2	1.99	82.0	6.9	62.3	25.38	75.2	11.23
吡草醚	Pyraflufen ethyl	0.2	0.5	0.9	70.4	12.62	68.9	14.59	49.5	12.21	94.7	3.2	84.8	7.34	94.3	3.04	101.6	13.3	56.2	28.11	62.3	11.47
杀虫磺	Bensultap	95.2	190	381	1.7	N/A	1.5	82.65	N/A	N/A	3.6	50.00	13.0	45.96	8.2	136.22	8.7	66.2	1.5	34.78	6.0	130.66
氟虫脲	Flufenoxuron	2.6	5.3	10.6	70.4	7.14	72.2	12.41	44.4	7.48	79.7	18.0	84.7	8.67	87.0	7.92	107.0	26.2	58.6	30.65	61.0	8.06
茚虫威	Indoxacarb	5.6	11.2	22.4	63.5	3.30	71.4	6.93	55.0	10.97	95.1	4.4	96.8	5.32	93.9	3.32	68.6	9.5	66.8	29.77	66.7	9.91
甲氨基阿维菌素苯甲酸盐	Emamectin benzoate	3.3	6.7	13.3	58.2	6.78	66.1	10.91	53.7	13.25	85.8	9.5	91.5	3.21	88.8	10.48	62.2	12.7	49.1	28.50	63.0	11.41
							洋槐蜜						椴树蜜						油菜蜜			
乙撑硫脲	Ethylene thiourea	30.1	60.3	120.5	20	N/A	12.4	30.56	28.8	8.33	12.2	40.00	10.08	30.81	18	27.61	14.8	86.55	61.1	21.39	19.7	24.57
丁酰肼	Daminozide	1.3	2.7	5.3	58	34.79	5.2	50.77	7.5	30.93	8.4	12.86	9.694	60.08	31.8	7.92	29.1	38.01	10.2	58.04	7	40.14
棉隆	Dazomet	133.3	266.7	533.3	59.1	21.03	94.2	11.11	97.5	17.30	95	2.88	103.8	15.29	98.5	29.23	29.1	36.63	36.2	72.43	16	25.00
烟碱	Nicotine	6.6	13.2	26.3	78	8.74	122	1.70	119	3.84	27.2	7.46	29.55	37.86	90.9	29.68	24	42.71	15	52.27	12	44.75
非草隆	Fenuron	1.7	3.3	6.7	105	5.40	90.9	3.10	98	1.53	112	4.72	102.5	3.11	101.2	7.12	25.5	5.19	109	6.80	96.2	5.46
灭蝇胺	Cyromazine	19.2	38.3	76.7	83.8	6.03	95.4	4.17	73.1	2.87	6.7	12.99	4.1	34.15	2.7	33.70	129	130	0.7	21.43	1	7.00
鼠立死	Crimidine	0.7	1.4	2.7	83.2	6.71	83.8	3.22	89.1	5.90	108	4.53	86	6.14	94.6	9.66	10.2	6.99	92.2	7.20	84.8	8.02
乙酰甲磷	Acephate	3.4	6.8	13.6	66.1	10.80	46.5	21.76	64.1	14.82	49.6	34.19	N/A	N/A	54.2	14.91	118	12.80	64.7	8.70	70.6	12.12
禾草敌	Molinate	1.9	3.8	7.7	68.4	14.37	80.8	8.37	101	4.00	84.4	4.43	91.5	8.87	95.3	7.87	61	16.13	93	19.56	91.8	9.47
多菌灵	Carbendazim	0.3	0.7	1.3	92.8	33.18	36.2	46.93	84.6	27.86	61.6	35.19	39.7	26.55	121.2	23.70	110	29.19	71.4	45.60	57.1	24.20
6-氯-4-羟基-3-苯基哒嗪	6-Chloro-4-hydroxy-3-phenyl-pyridazin	1.9	3.8	7.7	2.4	78.75	2.1	73.81	1.1	41.82	13.7	33.58	4.4	61.14	0.7	34.29	103	1.9	45.26	0.9	47.78

B组

续表

中文名称	英文名称	添加浓度/(μg/kg)			低水平添加		中水平添加		高水平添加		低水平添加		中水平添加		高水平添加	
		低	中	高	平均回收率/%	RSD/%	平均回收率/%	RSD/%	平均回收率/%	RSD/%	平均回收率/%	RSD/%	平均回收率/%	RSD/%	平均回收率/%	RSD/%
残杀威	Propoxur	3.3	6.7	13.3	164	17.39	112	8.64	119	3.53	109	10.94	121.6	5.39	104.4	4.01	129	11.49	118	7.33	153	12.35
异噁隆	Isouron	0.4	0.7	1.4	99.9	5.41	95.1	4.43	106	3.73	102	4.74	105.4	6.13	109.6	6.04	125	6.43	105	9.30	103	7.47
绿麦隆	Chlorotoluron	0.6	1.1	2.3	60.8	13.87	85.2	3.46	100	2.97	109	5.66	99.6	6.16	95.2	3.93	136	7.34	105	5.36	97.5	3.84
久效威	Thiofanox	11.5	22.9	45.9	53.4	59.16	95.2	7.02	83.8	6.96	117	9.34	131.7	14.27	99.4	11.95	108	15.08	92.8	10.80	117	9.02
氯炔灵	Chlorbufam	73.1	146.1	292.3	89.2	6.55	93.1	1.90	105	3.69	110	6.61	105.6	4.94	115	8.16	125	8.02	114	7.32	93.2	5.29
噁虫威	Bendiocarb	0.6	1.3	2.6	121	8.77	117	5.88	120	1.63	102	8.70	105.6	4.80	76.6	29.86	133	8.75	111	3.14	123	5.22
扑灭津	Propazine	0.3	0.7	1.4	89.4	8.71	99.1	3.13	102	2.71	104	7.79	105.4	3.12	95.4	3.75	124	7.67	107	13.29	96.6	7.93
特丁津	Terbuthylazine	0.3	0.7	1.3	98.1	9.98	98.6	3.85	104	4.11	107	5.09	102	3.54	98	4.78	133	5.30	96.2	15.30	94.5	5.72
敌草隆	Diuron	0.4	0.7	1.5	85.9	8.88	101	7.50	101	2.20	113	3.60	106.6	6.27	101.4	2.78	128	8.50	107	6.93	95.4	1.91
氯甲硫磷	Chlormephos	1194	2389	4779	55.6	13.53	99.8	15.59	102	5.07	84.6	11.35	63.8	45.74	84.6	20.02	108	22.81	89.2	24.39	87.2	16.36
萎锈灵	Carboxin	0.4	0.8	1.6	19.1	72.93	77.4	5.22	87.8	2.65	92.6	7.19	90.8	6.04	80.5	26.00	79.5	11.14	99.6	8.44	93	5.68
野燕枯	Difenzoquat-methyl sulfate	0.7	1.5	3.0	72.1	14.05	90.7	3.87	86.5	5.70	89.8	11.83	79.6	12.66	85.9	6.00	117	13.15	133	35.73	82.6	3.77
噻虫胺	Clothianidin	21.0	42.0	84.0	99.1	5.98	103	4.68	98.2	3.39	106	6.30	100.3	5.63	98.4	11.19	130	7.85	93.4	33.65	95.1	4.52
炔丙烯草胺	Pronamide	2.6	5.3	10.6	76.6	5.03	104	3.28	105	3.10	106	8.97	99.3	5.97	106.7	3.81	124	18.97	106	11.40	96.2	8.39
二甲草胺	Dimethachloro	0.3	0.7	1.3	96.4	11.46	96.8	4.97	98.3	2.44	101	9.05	102.9	6.96	100.4	5.13	129	9.72	99.7	10.20	101	8.01
溴谷隆	Methobromuron	3.0	6.1	12.2	72.6	8.07	96.9	8.59	97.7	6.18	71.8	10.52	91.1	6.73	98.5	2.40	120	22.70	116	10.84	91.9	7.08
甲拌磷	Phorate	52.3	104.5	209.1	49.9	36.79	81.9	6.17	95.7	3.19	80.6	7.49	92.4	5.35	83.8	5.72	111	6.23	88.8	18.50	80.9	9.43
苯草隆	Aclonifen	25.1	50.1	100.3	88.8	8.19	99.8	6.39	87.2	7.65	103	8.17	102.8	8.04	98.8	4.29	126	4.37	101	14.02	89.4	5.75
地胺磷	Mephosfolan	0.5	1.0	1.9	96.9	6.19	92.5	4.63	101	4.20	98.6	6.93	95.2	3.73	89.1	9.14	139	5.29	115	14.37	102	5.08
脱苯甲基亚胺唑	Imibenzonazole-des-benzyl	3.2	6.5	12.9	93	7.16	101	5.69	97.1	2.36	113	6.40	93.4	2.12	104.9	3.34	129	6.99	112	8.24	96.2	5.30
草不隆	Neburon	2.0	4.0	8.0	89.4	6.80	93.8	2.35	97.2	2.16	103	3.48	109	4.50	102.7	5.75	119	7.69	106	12.34	93.7	9.17
精甲霜灵	Mefenoxam	0.6	1.1	2.3	104	5.06	98.8	5.58	96.1	2.88	102	8.71	102.5	6.75	96.1	3.75	134	5.05	117	8.23	103	4.93
发硫磷	Prothoate	0.7	1.3	2.7	97.3	8.42	96.6	3.86	97.8	2.43	110	5.50	111.3	9.88	93.2	5.63	123	8.91	111	7.01	95.5	3.46

续表

中文名称	英文名称	添加浓度/(μg/kg) 低	添加浓度/(μg/kg) 中	添加浓度/(μg/kg) 高	低水平添加 平均回收率/%	低水平添加 RSD/%	中水平添加 平均回收率/%	中水平添加 RSD/%	高水平添加 平均回收率/%	高水平添加 RSD/%	低水平添加 平均回收率/%	低水平添加 RSD/%	中水平添加 平均回收率/%	中水平添加 RSD/%	高水平添加 平均回收率/%	高水平添加 RSD/%	低水平添加 平均回收率/%	低水平添加 RSD/%	中水平添加 平均回收率/%	中水平添加 RSD/%	高水平添加 平均回收率/%	高水平添加 RSD/%
乙氧呋草黄	Ethofume sate	301.8	603.7	1207	93.4	11.99	101	7.08	87.1	8.21	96.4	1.90	98.4	13.57	90.6	13.28	114	7.86	104	8.37	97.2	12.41
异稻瘟净	Iprobenfos	1.7	3.5	7.0	123	10.76	99.7	6.46	86.9	3.92	109	4.67	113.8	9.87	95.3	7.64	127	7.23	89.5	17.23	79.7	24.82
特普	TEPP	3.5	6.9	13.9	79.5	7.67	79.6	4.65	78.4	7.00	73	7.05	92.5	9.46	45.1	62.11	93.3	14.60	70.7	28.70	63.9	10.92
环丙唑醇	Cyproconazole	0.4	0.8	1.6	89.9	6.18	98.9	3.60	102	4.23	98.4	5.06	92.6	3.77	93	2.46	102	43.20	121	8.12	96.9	2.75
噻虫嗪	Thiamethoxam	33.3	66.7	133.3	93.9	4.69	96.1	3.20	97.3	3.79	102	2.00	96.2	35.00	81.3	29.48	131	7.35	112	4.44	104	7.90
育畜磷	Crufomate	3.4	6.8	13.6	91.6	7.77	92.4	2.03	98.1	1.99	103	2.57	98.4	4.47	99.7	2.77	132	5.95	108	7.37	95.3	4.38
乙嘧硫磷	Etrimfos	6.3	12.5	25.0	60	72.15	84.6	11.65	108	4.80	N/A	N/A	75.7	11.08	83.8	16.16	126	28.12	68	13.84	132	10.28
杀鼠醚	Coumatetralyl	4.0	8.0	16.0	1.2	190.8	5.7	N/A	1.6	89.38	N/A	N/A	0	N/A	0.2	40.00	19	139.9	4.9	N/A	0.2	N/A
赛灭磷	Cythioate	26.7	53.3	106.7	69.3	16.42	94.8	8.57	108	6.08	116	7.16	104.3	9.16	100	8.15	131	12.24	119	15.52	90.9	8.39
磷胺	Phosphamidon	1.0	1.9	3.8	106	6.13	96.3	2.80	97.2	3.57	106	5.77	104.4	2.59	99.3	5.22	131	7.86	100	28.47	101	6.34
甜菜宁	Phenmedipham	1.5	3.0	6.0	79.9	6.82	92.9	4.33	94	3.66	86.9	17.87	78.7	6.94	39.4	73.71	120	8.22	112	4.79	89.2	6.82
联苯肼酯	Bifenazate	4.9	9.8	19.6	24.4	30.66	60.5	7.22	64.6	24.07	71.9	15.01	65.2	39.69	81.8	14.40	692	35.16	302	68.35	330	55.46
环酰菌胺	Fenhexamid	0.7	1.4	2.8	7	13.00	N/A	N/A	3.2	84.06	97	8.10	2	86.00	112.4	15.89	1.1	N/A	N/A	N/A	N/A	N/A
粉唑醇	Flutriafol	3.4	6.7	13.5	89.1	7.23	104	5.43	97.6	1.69	107	6.15	96.9	5.18	103.3	5.14	124	9.11	117	4.25	105	4.95
呋霜灵	Furalaxyl	0.3	0.7	1.4	105	5.84	91.2	10.57	95.7	2.68	103	3.73	78.6	68.77	96.9	4.15	128	7.09	101	8.69	100	4.56
生物烯丙菊酯	Bioallethrin	27.6	55.2	110.4	82.3	11.93	79.3	4.77	86.3	3.60	86.6	12.90	83.9	6.48	73.1	39.12	107	7.89	87.7	22.75	89.2	8.65
苯腈磷	Cyanofenphos	13.3	26.7	53.3	79.5	11.57	84.8	12.25	87	12.38	80.4	11.39	69.3	7.98	68.2	12.99	103	9.74	118	19.47	125	18.57
甲基嘧啶磷	Pirimiphos methyl	0.2	0.4	0.8	90.9	11.66	91.4	2.39	86.7	2.05	83.3	8.48	87.2	5.42	78.4	6.38	118	4.63	88.5	26.66	89.1	9.03
噻嗪酮	Buprofezin	0.3	0.6	1.2	89.2	14.57	101	2.78	95	3.24	87.9	8.40	93.3	6.80	72.1	5.23	118	4.91	97	29.47	84	9.79
乙拌磷砜	Disulfoton sulfone	1.0	2.0	4.0	86	9.52	98.7	1.63	102	2.57	95.3	3.33	94.6	3.28	95.4	3.05	127	7.39	110	6.25	94.1	4.67
喹螨醚	Fenazaquin	0.3	0.6	1.2	88.3	16.10	71	6.37	79.6	4.80	83.3	6.61	80.2	11.45	71.3	4.98	107	6.31	96.1	31.87	84.3	11.98
三唑磷	Triazophos	0.5	1.0	2.0	90.1	8.29	87.4	3.15	116	0.97	91	3.88	93.9	5.87	93.6	4.58	128	5.86	100	9.14	90.3	9.08
脱叶磷	DEF	0.4	0.9	1.7	75.9	12.37	69	6.65	87.3	10.48	61.7	8.82	87.1	7.59	78	5.06	94.1	35.55	120	31.23	81.1	13.29

8 蜂蜜中农药化学品多组分残留检测技术

续表

中文名称	英文名称	添加浓度/(μg/kg)			低水平添加		中水平添加		高水平添加		低水平添加		中水平添加		高水平添加	
		低	中	高	平均回收率/%	RSD/%	平均回收率/%	RSD/%	平均回收率/%	RSD/%	平均回收率/%	RSD/%	平均回收率/%	RSD/%	平均回收率/%	RSD/%
环酯草醚	Pyriftalid	0.3	0.7	1.3	98.6	8.95	91.8	6.37	104	1.35	94.3	4.39	95.5	5.83	99.1	5.16	125	5.33	108	13.85	97.5	2.12
叶菌唑	Metconazole	0.7	1.3	2.7	84	9.17	96	3.67	95.6	3.20	99.7	3.48	100.3	4.02	96.6	4.04	127	6.43	108	10.42	95.7	5.51
吡丙醚	Pyriproxyfen	0.4	0.9	1.7	80.5	13.11	71.9	3.00	83.3	4.01	92.3	8.02	77.5	6.63	76.1	5.20	125	6.52	96.9	28.72	84.7	9.86
噻草酮	Cycloxydim	3.5	6.9	13.8	9.5	32.11	33.4	15.39	63.2	21.84	77.4	9.65	75.4	12.11	48.2	31.85	70	12.11	71.1	36.33	62.8	12.48
异恶酰草胺	Isoxaben	0.5	1.1	2.1	91.2	6.58	94	3.86	93.2	2.17	95.2	3.30	100.1	5.12	94.6	4.31	125	5.46	95.1	4.63	93.1	6.60
呋草酮	Flurtamone	0.4	0.7	1.5	91.4	4.91	95.8	3.51	96.4	2.49	99.2	3.20	96.5	5.26	97.7	1.92	125	7.93	110	6.52	92.9	4.54
氟乐灵	Trifluralin	306.7	613	1227	49.2	17.91	63.3	4.12	71.5	3.68	74.4	24.44	68.1	9.37	66.1	6.93	81.4	31.18	85.1	50.06	75.4	13.97
甲基麦草氟甲酯	Flamprop methyl	2.0	4.0	7.9	94.6	6.49	86.5	6.17	90.5	2.42	N/A	N/A	120.3	3.98	109.7	13.14	128	6.84	95.6	12.55	90.9	4.88
生物苄呋菊酯	Bioresmethrin	3.2	6.4	12.8	45.4	26.41	53.5	13.21	66.2	10.20	N/A	N/A	65.2	7.44	68	6.04	66.3	13.67	92.5	30.54	70.4	22.16
丙环唑	Propiconazole	1.2	2.5	5.0	80.1	10.11	92.6	4.63	97.1	2.80	100	4.19	95.7	4.71	93.7	3.05	126	6.48	103	10.54	88.5	6.15
毒死蜱	Chlorpyrifos	6.7	13.3	26.7	80	19.36	73.5	13.21	85.5	6.36	82.8	16.70	104	15.58	75.3	9.42	99.8	11.93	72.3	33.90	93.6	12.03
氯乙氟灵	Fluchloralin	163.4	326.8	653.6	36	21.67	73.7	10.60	81.7	8.12	71.9	11.24	76.6	9.32	78	19.71	99.5	8.81	106	23.60	94	15.45
氯磺隆	Chlorsulfuron	3.5	6.9	13.8	1.5	N/A	2.7	N/A	0.9	68.89	N/A	N/A	N/A	N/A	N/A	N/A	28.7	N/A	N/A	N/A	N/A	N/A
烯草酮	Clethodim	3.3	6.7	13.3	7.4	64.05	40.4	13.44	61.8	18.24	63.1	8.48	64.2	11.85	47	41.21	73.1	9.29	61.2	34.46	55.7	19.98
麦草氟异丙酯	Flamprop isopropyl	0.4	0.8	1.6	99.8	11.32	79.3	24.92	88.1	3.95	91.2	10.14	91.6	8.34	85.6	9.39	107	3.31	96.5	13.74	109	2.78
杀虫畏	Tetrachlorvinphos	1.1	2.2	4.3	85.2	11.08	95.6	4.63	96.5	2.55	101	4.17	104.8	4.76	98.6	7.27	132	6.59	102	14.58	87.7	5.01
炔螨特	Propargite	6.7	13.3	26.7	96.2	18.50	62.2	31.90	81.7	5.63	111	15.24	92.5	12.31	80.8	13.47	132	10.83	77.4	33.50	121	17.83
糠菌唑	Bromuconazole	0.8	1.6	3.1	88.4	10.58	97.2	5.83	98.3	5.58	103	5.27	96.4	3.05	96.6	4.17	118	7.39	117	12.57	90.4	4.34
氟吡酰草胺	Picolinafen	0.7	1.3	2.7	79.8	12.11	69.4	6.69	81.7	2.52	82.5	8.90	82.4	10.19	75.6	14.10	108	4.79	102	19.76	90.9	9.78
氟噻乙草酯	Fluthiacet methyl	9.3	18.7	37.3	78.1	9.60	85.1	2.54	86.9	2.82	86.5	5.79	81.7	4.90	50	50.92	118	5.47	94.6	11.12	91.7	7.91
防菌酯	Trifloxystrobin	0.7	1.3	2.7	78.9	10.52	79.5	2.14	78	5.63	75.1	8.83	80.6	12.79	70.4	8.93	117	11.85	84.6	27.15	96.6	16.85
氯嘧磺隆	Chlorimuron ethyl	3.4	6.7	13.5	5.6	N/A	4.4	N/A	4.9	82.86	N/A	N/A	0.2	N/A	N/A	N/A	46.6	N/A	14.1	85.18	N/A	N/A
氟铃脲	Hexaflumuron	9.0	18.0	36.0	89	7.62	88.2	6.35	95	4.53	89.7	7.08	90.8	7.63	77.6	11.03	104	2.49	111	9.98	90.8	9.83

续表

中文名称	英文名称	添加浓度/(μg/kg)			荞麦蜜 低水平添加		荞麦蜜 中水平添加		荞麦蜜 高水平添加		荆条蜜 低水平添加		荆条蜜 中水平添加		荆条蜜 高水平添加		枣花蜜 低水平添加		枣花蜜 中水平添加		枣花蜜 高水平添加	
		低	中	高	平均回收率/%	RSD/%	平均回收率/%	RSD/%	平均回收率/%	RSD/%	平均回收率/%	RSD/%	平均回收率/%	RSD/%	平均回收率/%	RSD/%	平均回收率/%	RSD/%	平均回收率/%	RSD/%	平均回收率/%	RSD/%
氟酰脲	Novaluron	3.3	6.7	13.3	81.1	8.20	86.8	5.88	98.1	8.72	88.3	12.07	98.4	12.52	76.7	10.44	101	12.20	97.1	13.23	88.2	10.75
氟蚁腙	Hydramethylnon	0.8	1.7	3.3	20.6	38.69	3.4	85.88	10.3	88.83	7.8	83.46	6.5	35.23	N/A	N/A	11.5	4.26	29.2	76.54	20.6	45.73
吡虫隆	Fluazuron	6.7	6.7	13.3	76.7	12.70	81.8	4.98	82.5	3.52	114	12.96	82.5	8.05	77.6	6.44	165	14.49	107	6.16	84	12.61
乙撑硫脲	Ethylene thiourea	30.1	60.3	120.5	N/A	N/A	100.0	N/A	2.1	11.33	N/A	N/A	32.8	48.30	22.3	57.66	54.6	35.04	20.7	14.38	850.0	8.32
丁酰肼	Daminozide	1.3	2.7	5.3	83.0	1.03	73.0	10.10	46.4	25.00	70.2	12.9	9.7	113.93	10.0	52.01	10.7	12.76	102.9	3.85	100.4	5.41
棉隆	Dazomet	133.3	267	533.3	34.5	27.08	54.9	26.90	81.9	24.93	42.7	11.4	10.1	43.58	9.6	24.66	105.3	10.82	77.0	11.25	83.6	13.39
烟碱	Nicotine	6.6	13.2	26.3	35.3	25.90	22.8	34.97	20.3	98.21	40.0	7.7	9.1	48.99	9.6	15.98	89.0	12.30	83.5	10.92	77.8	13.51
非草隆	Fenuron	1.7	3.3	6.7	90.2	4.47	100.6	4.91	66.5	6.20	91.6	6.4	102.4	6.31	99.2	7.85	106.2	2.44	109.2	6.22	112.8	2.97
灭蝇胺	Cyromazine	19.2	38.3	76.7	8.6	17.75	4.7	63.31	2.1	35.31	1.8	N/A	0.9	22.93	1.7	27.10	23.2	9.60	21.9	32.50	14.8	49.23
鼠立死	Crimidine	0.7	1.4	2.7	73.7	6.97	99.9	6.27	60.1	6.55	95.4	9.7	102.9	12.23	92.6	7.03	112.6	5.71	109.2	5.24	108.4	0.51
乙酰甲胺磷	Acephate	3.4	6.8	13.6	N/A	N/A	21.7	36.29	44.1	13.02	N/A	N/A	49.5	33.26	59.9	59.49	N/A	N/A	37.8	40.10	69.9	8.82
禾草敌	Molinate	1.9	3.8	7.7	74.1	5.65	86.0	4.66	51.0	10.56	95.9	10.3	99.6	21.08	88.7	10.02	94.7	7.79	116.4	16.61	108.0	3.46
多菌灵	Carbendazim	0.3	0.7	1.3	92.9	5.75	105.1	10.99	62.8	4.23	77.6	15.1	98.7	20.85	103.0	6.91	81.4	17.09	82.7	12.47	81.2	5.74
6-氯-4-羟基-3-苯基哒嗪	6-Chloro-4-hydroxy-3-phenyl-pyridazin	1.9	3.8	7.7	78.6	9.58	29.6	22.64	4.1	21.79	N/A	N/A	3.2	74.40	0.5	N/A	15.7	17.01	8.8	48.60	9.7	36.49
残杀威	Propoxur	3.3	6.7	13.3	87.8	7.47	125.5	13.76	56.9	6.13	107.5	4.9	98.0	13.92	97.7	7.00	126.2	7.71	113.1	7.49	112.6	5.35
异唑隆	Isouron	0.4	0.7	1.4	107.0	4.95	94.9	3.51	60.9	3.65	96.6	6.9	109.4	4.41	105.4	3.89	105.8	6.49	113.2	7.32	136.4	2.62
绿麦隆	Chlorotoluron	0.6	1.1	2.3	97.2	3.35	89.5	3.12	52.9	8.35	99.6	7.5	98.8	1.74	98.2	3.54	94.3	7.21	94.1	7.74	100.2	2.20
久效威	Thiofanox	11.5	22.9	45.9	N/A	N/A	94.4	13.50	64.8	18.19	228.2	13.9	95.1	9.45	113.9	18.61	109.6	10.63	88.2	4.91	103.4	2.79
氯炔灵	Chlorbufam	73.1	146	292.3	86.9	7.07	82.0	5.42	56.6	9.87	109.4	8.1	90.6	8.55	105.9	7.05	95.4	4.60	108.0	6.61	101.4	3.47
噁虫威	Bendiocarb	0.6	1.3	2.6	94.8	7.28	98.2	5.55	59.9	5.78	97.7	7.5	111.4	3.62	104.4	2.31	111.6	3.99	104.5	5.38	117.2	1.85
扑灭津	Propazine	0.3	0.7	1.4	95.2	3.18	91.9	8.27	59.7	5.25	99.1	6.8	100.2	3.39	101.7	4.68	101.6	7.93	112.6	6.33	108.0	3.07

续表

中文名称	英文名称	添加浓度/(μg/kg)			低水平添加		中水平添加		高水平添加		低水平添加		中水平添加		高水平添加		低水平添加		中水平添加		高水平添加	
		低	中	高	平均回收率/%	RSD/%	平均回收率/%	RSD/%	平均回收率/%	RSD/%	平均回收率/%	RSD/%	平均回收率/%	RSD/%	平均回收率/%	RSD/%	平均回收率/%	RSD/%	平均回收率/%	RSD/%	平均回收率/%	RSD/%
特丁津	Terbuthylazine	0.3	0.7	1.3	87.7	6.90	87.9	7.80	56.9	5.08	111.8	8.0	96.1	3.09	105.8	4.60	104.9	7.43	106.8	8.58	107.4	2.99
敌草隆	Diuron	0.4	0.7	1.5	93.9	4.09	92.5	3.67	71.7	5.58	102.4	6.0	106.6	8.04	100.0	5.75	106.2	5.22	99.3	5.77	100.5	5.67
氯甲硫磷	Chlormephos	1194	239	4779	71.1	25.17	67.0	20.61	32.5	53.51	83.6	20.2	71.0	52.68	72.7	16.26	61.0	7.19	104.5	20.35	104.6	14.93
萎锈灵	Carboxin	0.4	0.8	1.6	80.7	6.87	78.2	9.12	40.5	39.18	76.8	7.7	86.6	6.13	87.8	2.89	52.7	25.91	63.0	7.88	82.0	7.08
野燕枯	Difenzoquat-methyl sulfate	0.7	1.5	3.0	73.3	7.83	107.2	9.28	51.4	56.28	99.4	31.1	83.1	56.25	83.2	35.05	107.0	9.17	120.8	9.13	144.4	9.12
噻虫胺	Clothianidin	21.0	42.0	84.0	104.8	13.82	83.0	14.92	71.5	7.69	N/A	N/A	120.6	8.47	101.3	6.83	101.6	7.45	126.8	8.79	106.9	8.07
炔丙烯草胺	Pronamide	2.6	5.3	10.6	91.8	7.47	87.0	6.46	58.5	6.46	104.5	5.9	105.6	2.89	99.5	7.19	113.9	7.99	110.8	5.97	111.6	4.33
二甲草胺	Dimethachloro	0.3	0.7	1.3	89.5	3.66	93.7	6.38	57.5	6.59	93.3	7.3	102.2	5.08	105.5	6.09	100.6	10.49	109.5	10.07	104.4	4.04
溴谷隆	Methobromuron	3.0	6.1	12.2	134.5	47.97	71.7	15.89	73.2	12.85	64.1	23.9	67.6	17.80	101.9	8.53	104.6	12.38	55.5	25.49	70.4	10.68
甲拌磷	Phorate	52.3	105	209.1	67.3	10.23	75.6	9.24	55.1	13.06	93.0	5.4	98.2	8.56	85.8	6.02	66.8	5.40	75.8	9.82	77.3	3.36
苯草醚	Aclonifen	25.1	50.1	100.3	77.7	6.47	85.9	6.23	56.3	8.10	105.2	8.0	93.5	7.44	98.3	5.67	82.9	9.87	91.3	14.99	100.2	11.85
地胺磷	Mephosfolan	0.5	1.0	1.9	114.0	3.12	96.4	6.21	58.3	5.55	104.6	6.9	97.0	5.14	99.6	3.82	127.1	25.63	100.1	7.38	106.0	3.34
脱苯甲基亚胺唑	Imibenzonazole-des-benzyl	3.2	6.5	12.9	118.8	4.09	101.3	5.63	71.1	2.86	102.5	3.9	101.5	4.10	107.1	7.49	109.5	10.00	107.1	6.27	108.0	5.82
草不隆	Neburon	2.0	4.0	8.0	82.9	8.13	88.0	4.68	44.7	7.16	87.6	2.1	102.5	7.69	95.0	7.67	93.5	5.36	96.5	8.41	98.3	3.98
精甲霜灵	Mefenoxam	0.6	1.1	2.3	86.8	7.13	94.0	2.70	62.1	4.93	102.6	7.0	107.6	4.99	100.0	3.41	101.4	6.20	106.0	8.18	105.6	3.22
发硫磷	Prothoate	0.7	1.3	2.7	104.7	6.98	97.8	5.37	52.3	5.74	100.2	6.9	106.3	6.91	97.7	5.20	103.8	6.83	102.4	5.24	106.0	2.75
乙氧呋草黄	Ethofumesate	301.8	604	1207	84.2	8.31	90.3	8.71	43.4	30.42	104.7	5.5	96.4	5.60	94.1	11.96	116.8	6.22	90.2	3.90	88.3	6.68
异稻瘟净	Iprobenfos	1.7	3.5	7.0	64.8	13.92	91.9	13.93	45.1	15.57	93.0	15.4	97.2	10.63	95.1	0.79	91.4	10.62	86.9	7.78	90.7	9.39
特普	TEPP	3.5	6.9	13.9	99.3	7.21	103.0	9.38	129.2	7.00	75.7	5.9	48.6	60.59	47.2	70.63	54.7	60.39	78.9	14.18	77.7	9.20
环丙唑醇	Cyproconazole	0.4	0.8	1.6	100.8	3.83	85.2	6.83	58.5	4.80	100.3	7.1	101.9	4.45	109.0	5.07	109.3	6.59	112.6	7.50	103.8	2.91
噻虫嗪	Thiamethoxam	33.3	66.7	133.3	99.9	7.78	87.9	14.00	145.8	21.19	97.1	6.9	102.4	18.53	145.8	21.19	106.0	5.04	119.3	12.66	98.7	19.73
育畜磷	Crufomate	3.4	6.8	13.6	83.0	2.51	92.5	2.59	59.8	5.57	101.2	6.0	98.7	4.11	99.5	5.29	103.1	5.50	116.0	7.88	107.0	1.75
乙嘧硫磷	Etrimfos	6.3	12.5	25.0	151.0	N/A	102.6	44.61	N/A	2.38	53.3	132.7	60.6	58.67	110.8	2.66	74.1	19.33	105.8	17.77	101.8	11.88

续表

中文名称	英文名称	添加浓度/(μg/kg)			低水平添加		中水平添加		高水平添加		低水平添加		中水平添加		高水平添加		低水平添加		中水平添加		高水平添加	
		低	中	高	平均回收率/%	RSD/%	平均回收率/%	RSD/%	平均回收率/%	RSD/%	平均回收率/%	RSD/%	平均回收率/%	RSD/%	平均回收率/%	RSD/%	平均回收率/%	RSD/%	平均回收率/%	RSD/%	平均回收率/%	RSD/%
杀鼠醚	Coumatetralyl	4.0	8.0	16.0	3.9	47.05	1.6	82.44	3.0	36.16	7.4	31.6	20.2	45.26	5.8	90.98	10.6	116.46	9.4	77.58	16.9	63.90
蚤灭磷	Cythioate	26.7	53.3	106.7	104.3	20.46	79.4	15.89	66.5	12.39	116.4	11.3	104.2	11.39	121.2	13.27	90.3	14.15	124.2	12.90	95.8	10.35
磷胺	Phosphamidon	1.0	1.9	3.8	104.0	9.42	115.2	3.95	62.8	3.48	98.4	9.4	97.2	3.85	104.7	3.36	93.5	28.85	107.6	7.21	109.4	5.98
甜菜宁	Phenmedipham	1.5	3.0	6.0	78.4	7.04	82.5	7.23	50.6	17.18	90.6	16.9	92.8	12.41	86.3	10.83	91.1	7.47	96.2	4.79	106.4	1.57
联苯肼酯	Bifenazate	4.9	9.8	19.6	71.0	5.19	70.4	19.78	46.9	7.20	51.1	30.6	68.9	12.44	88.1	28.70	51.4	25.06	29.7	63.14	71.8	10.06
环酰菌胺	Fenhexamid	0.7	1.4	2.8	31.6	N/A	3.0	72.11	3.3	83.11	25.9	15.8	8.2	52.96	5.5	13.47	N/A	N/A	N/A	N/A	N/A	N/A
粉唑醇	Flutriafol	3.4	6.7	13.5	102.0	2.12	99.1	1.92	57.1	5.96	100.7	7.2	104.1	3.68	107.2	6.24	102.5	5.06	104.9	7.36	101.8	1.81
呋霜灵	Furalaxyl	0.3	0.7	1.4	89.5	7.87	86.1	4.70	66.6	3.58	117.6	5.5	102.6	6.00	99.5	3.04	96.6	6.02	94.6	7.76	99.0	3.68
生物烯丙菊酯	Bioallethrin	27.6	55.2	110.4	102.4	2.43	92.0	59.46	113.2	4.25	91.3	8.5	73.3	23.07	82.5	8.84	69.1	17.39	73.3	7.80	63.2	7.12
苯腈磷	Cyanofenphos	13.3	26.7	53.3	72.6	10.19	65.9	15.83	46.3	12.76	94.3	7.8	74.1	10.27	85.5	10.32	66.4	9.28	78.7	14.36	68.0	13.75
甲基嘧啶磷	Pirimiphos methyl	0.2	0.4	0.8	66.9	12.65	75.7	10.66	44.2	13.42	100.1	9.2	90.8	8.26	93.5	6.01	54.3	5.59	73.6	9.00	67.1	6.28
噻螨酮	Buprofezin	0.3	0.6	1.2	70.7	12.64	85.0	10.87	36.8	17.44	101.5	6.2	94.2	7.33	92.8	4.51	48.9	7.88	67.0	10.69	60.0	8.05
乙拌磷砜	Disulfoton sulfone	1.0	2.0	4.0	87.5	1.20	90.9	8.56	56.1	6.32	104.0	6.0	94.8	7.77	103.5	6.21	97.6	5.60	104.8	6.55	111.0	2.99
喹硫醚	Fenazaquin	0.3	0.6	1.2	62.6	12.51	77.3	10.50	37.1	9.11	94.6	10.4	73.6	8.77	82.1	11.67	48.6	11.22	68.1	12.71	60.9	10.18
三唑磷	Triazophos	0.5	1.0	2.0	75.8	1.40	80.2	4.73	47.0	7.96	95.2	8.8	88.2	6.14	106.8	8.57	78.7	8.41	83.8	6.08	87.1	4.19
脱叶磷	DEF	0.4	0.9	1.7	98.6	24.27	93.9	19.81	23.2	86.97	132.7	27.9	87.7	14.41	100.5	12.48	56.8	13.98	86.0	30.41	55.9	11.79
环酯草醚	Pyriftalid	0.3	0.7	1.3	86.2	11.53	77.3	3.25	47.2	7.26	94.3	7.6	107.8	8.15	107.2	2.32	112.9	10.22	97.1	5.37	95.7	2.85
叶菌唑	Metconazole	0.7	1.3	2.7	80.2	7.94	91.6	4.15	48.9	8.47	107.4	5.8	97.7	6.91	102.1	6.88	95.7	6.32	94.5	5.79	104.8	4.07
吡丙醚	Pyriproxyfen	0.4	0.9	1.7	62.7	10.53	71.1	9.50	42.1	12.12	90.3	6.0	75.2	5.33	85.8	9.98	48.1	9.87	71.2	13.03	58.7	10.23
噻草酮	Cycloxydim	3.5	6.9	13.8	56.1	4.69	71.5	12.21	19.2	69.03	65.7	8.4	62.0	24.93	49.6	64.94	38.5	66.47	45.6	24.81	72.0	8.46
异恶酰草胺	Isoxaben	0.5	1.1	2.1	72.9	4.10	79.4	3.62	46.3	5.81	97.7	3.6	96.2	8.56	95.4	7.86	81.1	5.69	89.0	6.68	89.8	2.98
呋草酮	Flurtamone	0.4	0.7	1.5	85.9	3.17	90.1	6.72	60.7	4.41	109.0	9.9	97.6	6.02	102.4	9.98	101.9	5.73	106.6	5.64	103.6	4.52
氟乐灵	Trifluralin	306.7	613	1227	59.4	8.43	60.2	16.95	30.7	25.73	96.9	6.1	67.4	15.64	82.2	17.07	81.4	25.19	53.0	19.34	46.3	12.60
甲基麦草氟甲酯	Flamprop methyl	2.0	4.0	7.9	81.3	3.94	72.9	43.26	53.3	10.62	94.5	5.8	100.2	10.43	97.8	9.58	72.6	13.10	79.8	10.92	112.4	5.65

续表

中文名称	英文名称	添加浓度/(μg/kg)			低水平添加		中水平添加		高水平添加		低水平添加		中水平添加		高水平添加	
		低	中	高	平均回收率/%	RSD/%	平均回收率/%	RSD/%	平均回收率/%	RSD/%	平均回收率/%	RSD/%	平均回收率/%	RSD/%	平均回收率/%	RSD/%
生物苄呋菊酯	Bioresmethrin	3.2	6.4	12.8	49.1	23.75	53.9	34.03	27.4	29.22	62.9	7.0	49.1	19.01	44.9	20.22	15.6	58.05	16.3	31.91	32.5	21.63
丙环唑	Propiconazole	1.2	2.5	5.0	75.7	5.92	87.5	5.74	43.8	10.76	101.5	8.0	100.9	5.65	105.8	7.50	85.6	8.62	83.6	5.10	93.6	2.07
毒死蜱	Chlorpyrifos	6.7	13.3	26.7	54.6	16.86	70.2	17.91	36.5	9.46	95.2	8.0	77.4	5.11	80.1	17.37	54.3	4.28	82.3	17.29	59.0	7.86
氟乙氟灵	Fluchloralin	163.4	327	653.6	63.6	10.73	60.2	13.12	41.7	15.69	98.2	18.0	72.4	21.20	85.3	6.17	48.4	14.42	62.2	14.85	51.1	5.72
氯磺隆	Chlorsulfuron	3.5	6.9	13.8	6.2	N/A	2.1	65.09	2.7	38.67	6.5	20.4	16.5	72.24	3.3	89.06	14.2	7.50	6.9	18.65	17.5	56.31
烯草酮	Clethodim	3.3	6.7	13.3	60.7	6.80	60.9	11.20	15.5	61.13	70.8	17.7	64.1	32.08	47.7	66.25	42.3	62.35	40.6	27.67	60.3	17.70
麦草氟异丙酯	Flamprop isopropyl	0.4	0.8	1.6	67.4	5.42	76.1	6.31	45.5	5.87	95.6	7.9	89.2	8.36	90.8	8.26	66.3	9.46	77.3	7.18	71.3	6.76
杀虫畏	Tetrachlorvinphos	1.1	2.2	4.3	81.5	4.54	78.8	7.13	47.4	6.93	95.6	9.0	98.3	9.67	106.6	1.42	90.7	9.06	94.5	7.96	96.8	5.35
炔螨特	Propargite	6.7	13.3	26.7	65.4	9.84	61.2	13.58	44.6	10.82	84.2	23.3	67.1	12.38	60.2	23.73	57.9	16.31	58.1	10.35	57.9	18.71
糠菌唑	Bromuconazole	0.8	1.6	3.1	85.1	2.03	85.0	8.81	52.2	7.35	110.6	8.4	97.2	4.70	101.1	6.13	102.7	5.74	101.3	8.47	102.4	6.30
氟吡酰草胺	Picolinafen	0.7	1.3	2.7	61.8	2.88	64.5	10.15	40.8	12.49	89.4	8.2	77.7	9.35	84.9	9.44	49.7	11.91	69.2	15.99	57.5	8.62
氟噻乙草酯	Fluthiacet methyl	9.3	18.7	37.3	66.6	3.33	69.5	5.87	36.3	16.54	101.4	6.3	53.7	12.35	90.3	7.69	69.6	13.51	71.8	7.92	63.7	7.40
肟菌酯	Trifloxystrobin	0.7	1.3	2.7	52.2	6.90	81.0	3.79	42.7	6.27	72.1	14.0	75.3	13.13	87.5	8.53	42.3	19.40	80.3	15.74	54.6	11.03
氯嘧磺隆	Chlorimuron ethyl	3.4	6.7	13.5	16.7	25.63	7.0	83.55	8.4	33.26	21.2	29.9	34.6	70.88	9.4	84.91	24.1	73.25	9.0	95.81	27.3	51.88
氟铃脲	Hexaflumuron	9.0	18.0	36.0	70.9	11.85	73.8	5.79	55.4	6.34	94.2	6.7	83.0	7.97	101.3	7.77	58.9	7.57	74.4	8.48	70.1	8.25
氟啶脲	Novaluron	3.3	6.7	13.3	77.6	12.28	73.5	5.86	46.3	4.42	99.6	9.9	74.6	12.50	96.3	8.70	51.6	9.59	68.8	19.75	61.1	8.04
氟蚁腙	Hydramethylnon	0.8	1.7	3.3	3.0	N/A	38.1	40.02	5.8	40.35	16.5	41.8	10.9	8.89	22.5	41.03	N/A	N/A	7.0	42.44	11.9	61.46
吡虫隆	Flurazuron	3.3	6.7	13.3	52.4	11.00	72.3	12.11	44.6	8.37	80.3	10.4	76.5	7.40	88.4	10.17	50.5	23.11	74.8	13.69	52.3	6.87

C组

中文名称	英文名称	添加浓度/(μg/kg)			洋槐蜜 低水平添加		中水平添加		高水平添加		假树蜜 低水平添加		中水平添加		高水平添加		油菜蜜 低水平添加		中水平添加		高水平添加	
		低	中	高	平均回收率/%	RSD/%	平均回收率/%	RSD/%	平均回收率/%	RSD/%	平均回收率/%	RSD/%	平均回收率/%	RSD/%	平均回收率/%	RSD/%	平均回收率/%	RSD/%	平均回收率/%	RSD/%	平均回收率/%	RSD/%
抑芽丹	Maleic hydrazide	16.7	33.3	66.7	54.7	8.50	15.6	18.01	7.3	25.75	60.1	9.27	36.7	5.42	6.5	36.46	43.8	14.77	11.2	50.70	9.8	35.20
甲胺磷	Methamidophos	5.7	11.3	22.7	51.7	3.91	53	14.13	46.1	4.84	29.7	17.41	25.6	8.59	35.1	5.73	50.6	8.58	64.7	7.17	45.6	15.88
茵草敌	EPTC	162.7	325.3	650.7	67.3	8.95	123	8.46	66	8.06	83.4	7.19	92.2	15.94	80.9	14.09	90.5	21.33	131	7.42	670	2.34
避蚊胺	Diethyltoluamide	0.2	0.3	0.7	104	4.28	114	2.71	103	4.50	94.6	6.91	91.1	4.14	96.6	2.85	102	15.88	106	6.42	116	2.20

续表

中文名称	英文名称	添加浓度/(μg/kg)			低水平添加		中水平添加		高水平添加		低水平添加		中水平添加		高水平添加		低水平添加		中水平添加		高水平添加	
		低	中	高	平均回收率/%	RSD/%	平均回收率/%	RSD/%	平均回收率/%	RSD/%	平均回收率/%	RSD/%	平均回收率/%	RSD/%	平均回收率/%	RSD/%	平均回收率/%	RSD/%	平均回收率/%	RSD/%	平均回收率/%	RSD/%
灭草隆	Monuron	13.9	27.7	55.5	97.5	7.51	94	3.16	90.2	3.33	99.4	3.97	95.2	5.55	97.2	4.27	105	7.59	106	7.49	89.3	6.44
嘧霉胺	Pyrimethanil	1.3	2.7	5.3	101	10.00	95.6	3.78	87.7	10.42	94.9	4.30	93.9	3.86	88.9	3.99	91.4	16.63	101	7.84	97.8	6.44
甲呋酰胺	Fenfuram	0.3	0.7	1.3	94	5.04	95.8	6.71	92.9	6.24	96.5	5.18	80.7	3.49	83.7	4.64	51.5	6.83	99.8	5.17	87.8	7.36
灭藻醌	Quinoclamine	6.7	13.3	26.7	102	8.88	99.5	5.36	87.2	6.71	100	1.54	95.3	5.07	98.8	2.70	98.4	7.43	107	6.11	94.2	5.71
仲丁威	Fenobucarb	2.0	3.9	7.9	87	10.33	107	6.73	90.5	7.14	93.2	6.50	70.5	6.50	92.1	8.28	84.1	19.86	86.8	12.22	101	8.33
乙菌定	Ethirimol	0.7	1.3	2.7	71.6	18.16	9.1	18.4	30.2	53.97	49.6	44.35	68.8	9.65	75.6	8.20	18.8	59.04	56.8	29.63	30.8	10.97
敌稗	Propanil	16.9	33.9	67.7	100	4.06	115	3.88	89.9	4.59	103	1.26	94.1	1.11	93.8	4.97	98.5	11.27	104	5.72	96.6	7.38
克百威	Carbofuran	1.4	2.9	5.7	93.6	5.88	122	6.68	110	2.66	102	8.67	76.3	4.68	81.4	6.14	104	11.44	102	7.83	112	6.54
啶虫脒	Acetamiprid	1.0	2.0	4.0	98.4	7.73	115	2.72	97.1	4.82	95	7.37	76.8	2.29	93.1	4.19	112	7.16	103	6.82	95	5.83
嘧菌胺	Mepanipyrim	0.5	1.1	2.1	99.3	7.77	104	3.85	86.6	8.66	107	5.46	91.3	7.75	89.8	2.77	92.3	11.38	98.1	7.73	100	5.58
扑灭通	Prometon	0.3	0.7	1.4	89.8	8.72	92.7	3.84	86.7	8.51	92.9	4.03	98.9	2.61	100.8	4.63	88.2	10.12	99.3	5.72	92.6	3.95
甲硫威	Methiocarb	6.9	13.7	27.5	107	4.89	114	7.57	44.8	6.36	87.2	11.93	73.8	16.40	155.4	23.68	N/A	N/A	109	11.25	73.2	53.96
甲氧隆	Metoxuron	0.8	1.6	3.1	100	6.07	105	3.20	93.9	1.76	90.9	4.28	78.7	3.98	122.7	11.57	121	14.46	107	6.08	94.5	6.19
乐果	Dimethoate	1.3	2.7	5.3	93.9	8.04	101	3.08	89.3	9.89	73.6	9.58	73.1	12.46	87.2	8.41	102	4.82	104	12.13	98.8	5.51
呋菌胺	Methfuroxam	1.0	2.1	4.2	71.6	7.32	45.4	16.3	77.7	10.21	79.4	8.20	44.5	7.30	46	10.22	N/A	N/A	60.5	8.54	14.3	38.11
伏草隆	Fluometuron	1.3	2.7	5.3	95	4.69	110	2.92	105	4.75	101	2.34	91.3	1.62	94.2	4.18	100	7.47	109	7.77	110	5.84
百治磷	Dicrotophos	2.5	5.0	10.0	102	9.30	105	7.78	108	5.75	102	7.82	92.9	5.51	96.9	4.78	113	13.27	99.3	16.05	89.3	6.20
庚酰草胺	Monalide	1.2	2.4	4.8	107	9.24	115	6.63	94.2	9.63	103	7.31	101.3	4.64	89.1	6.39	85.8	13.40	98.1	6.87	97.3	4.87
双苯酰草胺	Diphenamid	0.2	0.4	0.8	102	6.07	109	5.48	89.1	5.24	94.7	2.86	94.7	3.57	95.8	3.63	96.5	9.65	108	6.20	92.4	5.30
灭线磷	Ethoprophos	1.0	1.9	3.8	97	7.52	110	5.79	85.4	5.77	98.3	3.67	87.5	2.57	91.8	4.32	86.1	12.20	104	5.81	116	2.82
地虫硫磷	Fonofos	2.3	4.5	9.0	86.1	9.83	103	5.50	72.8	14.56	85.5	13.57	74.3	12.44	77.6	7.67	172	44.01	81.3	15.04	91.8	6.18
土菌灵	Etridiazol	360.0	720.0	1440.0	103	6.95	107	2.82	84.8	6.33	121	2.45	84.4	9.16	90.5	3.83	87.7	11.52	90.8	11.88	95.4	5.22
拌种胺	Furmecyclox	4.3	8.5	17.1	79.2	5.77	54.8	18	72.9	14.68	85.4	7.95	51.7	6.00	54.1	9.52	2.1	5.24	64.1	10.74	31.9	26.27

续表

中文名称	英文名称	添加浓度/(μg/kg)			低水平添加		中水平添加		高水平添加		低水平添加		中水平添加		高水平添加		低水平添加		中水平添加		高水平添加	
		低	中	高	平均回收率/%	RSD/%	平均回收率/%	RSD/%	平均回收率/%	RSD/%	平均回收率/%	RSD/%	平均回收率/%	RSD/%	平均回收率/%	RSD/%	平均回收率/%	RSD/%	平均回收率/%	RSD/%	平均回收率/%	RSD/%
环嗪酮	Hexazinone	0.3	0.6	1.3	106	8.32	104	2.94	87.6	3.17	94.7	3.42	83.1	4.46	95.8	3.41	106	11.70	104	6.57	94.3	7.75
异皮乙净	Dimethametryn	0.4	0.7	1.5	98.9	7.79	99.8	5.65	85.3	9.75	104	2.15	98.6	1.57	88.8	2.67	88.6	15.12	101	8.42	92.4	6.63
敌百虫	Trichlorphon	6.7	13.3	26.7	75.1	19.71	81.8	8.24	64.1	43.21	77.9	20.41	47.9	44.05	11.6	32.76	71.9	13.41	72.1	23.73	66.8	11.23
内吸磷(O+S)	Demeton(O+S)	37.3	74.7	149.3	88.5	10.61	96.3	7.55	95.9	8.05	90.9	7.44	82.5	9.09	102.9	5.95	81.1	6.12	108	7.84	83.7	5.17
解草嗪	Benoxacor	13.3	26.7	53.3	106	10.28	110	5.19	85	10.29	101	8.73	107.8	2.81	93.6	1.94	103	13.88	104	9.56	100	5.70
除草定	Bromacil	4.7	9.3	18.7	101	7.23	98	7.49	103	6.69	119	6.79	88.7	5.11	95.6	7.15	88.5	8.87	121	10.85	99.1	4.74
甲拌磷亚砜	Phorate sulfoxide	186.0	372.0	744.0	87.9	5.55	95.7	4.97	97.3	3.68	90.5	6.33	73.3	4.99	107.7	3.55	91.4	18.60	84.5	21.36	85.8	10.07
溴草敏	Brompyrazon	5.0	10.0	20.0	90.3	8.41	102	3.05	93.1	5.61	93.2	6.87	80.3	4.68	82	44.39	45.3	60.71	103	5.44	95.8	5.98
氧化萎锈灵	Oxycarboxin	0.7	1.3	2.7	107	6.96	96.8	1.17	85.1	3.50	90.9	7.41	65.7	3.62	44.3	42.21	108	5.16	95.8	5.26	84.2	8.92
灭锈胺	Mepronil	0.4	0.8	1.7	98.8	4.85	106	4.00	86.9	3.45	104	8.81	100.1	1.48	88.1	6.49	102	10.69	95.8	6.11	93.4	5.89
乙拌磷	Disulfoton	156.7	313.3	626.7	150	29.87	52.5	55	126	42.78	130	51.46	109.2	29.40	107.4	46.09	74.8	14.57	118	5.67	106	24.25
倍硫磷	Fenthion	42.0	84.0	168.0	104	7.83	107	8.49	71.2	14.19	104	8.77	99.3	5.20	89	11.46	84.6	18.09	86.5	14.15	88.2	6.71
甲霜灵	Metalaxyl	0.3	0.7	1.3	97.8	5.75	124	4.81	96.8	6.37	96.5	4.51	89.9	7.46	91.5	2.49	91.8	9.03	106	5.44	95.4	4.65
甲呋酰胺	Ofurace	1.0	2.0	4.0	98.1	6.55	109	3.78	94.4	2.85	95	1.60	89.6	3.54	93.3	5.03	117	7.97	105	4.65	99.6	5.16
十二环吗啉	Dodemorph	0.2	0.4	0.8	79.4	32.62	93.9	21.6	47	37.02	66.4	11.37	61.1	24.06	86.6	16.97	72.8	33.38	79	23.53	74.6	5.40
噻唑硫磷	Fosthiazate	0.5	1.1	2.2	105	5.98	116	4.54	102	9.11	99.7	5.35	87.9	2.80	96.5	12.95	106	5.07	106	7.01	108	4.11
甲基咪草酯	Imazamethabenz-methyl	1.0	2.0	4.0	99.6	6.57	98.4	3.38	94.8	4.26	91.2	2.59	102.6	3.62	90	2.83	97.6	7.80	109	5.48	90.9	5.52
乙拌磷亚砜	Disulfoton-sulfoxide	1.2	2.4	4.8	116	7.68	309	13.1	145	20.28	187	16.42	94.5	7.19	202.1	13.06	124	2.06	129	9.42	217	13.69
稻瘟灵	Isoprothiolane	0.4	0.7	1.4	107	7.73	105	2.45	81.4	8.10	108	13.15	92.6	4.90	88.7	5.77	81.6	17.52	94.6	9.46	92.2	3.20
抑霉唑	Imazalil	1.5	3.0	6.1	109	5.82	94.1	4.44	86	8.29	81.4	5.80	95.9	6.94	93.6	3.38	87.9	8.87	95.2	7.05	86.4	4.72
辛硫磷	Phoxim	27.6	55.2	110.4	89.9	6.30	106	4.90	74.7	9.63	114	6.49	80.1	9.11	88.4	7.33	90.5	23.87	85.4	7.81	93.2	6.71
喹硫磷	Quinalphos	1.0	2.0	3.9	96.3	7.91	103	4.31	77.9	11.28	94	3.73	96.2	5.26	85.2	4.47	87.7	13.68	96.8	6.39	90.6	7.33
灭菌磷	Ditalimfos	33.1	66.2	132.5	93.4	4.64	106	2.59	94.3	4.68	97.5	2.09	87.4	2.56	81.1	7.21	95.8	8.29	98.6	8.01	96.5	2.94

续表

中文名称	英文名称	添加浓度/(μg/kg)			低水平添加		中水平添加		高水平添加		低水平添加		中水平添加		高水平添加	
		低	中	高	平均回收率/%	RSD/%	平均回收率/%	RSD/%	平均回收率/%	RSD/%	平均回收率/%	RSD/%	平均回收率/%	RSD/%	平均回收率/%	RSD/%
苯氧威	Fenoxycarb	26.3	52.6	105.2	92.5	7.51	105	5.64	83.3	5.05	111	24.95	90.6	1.64	85.2	4.58	91.9	13.06	96.7	6.98	94.8	5.16
嘧啶磷	Pyrimitate	0.3	0.7	1.3	94	6.09	97.2	5.39	77.2	12.27	99.1	6.96	87	5.20	82.4	3.43	84.3	20.40	92.5	9.76	94.4	4.78
丰索磷	Fensulfothin	1.2	2.3	4.7	99.3	6.00	113	3.47	96.7	4.38	101	2.62	98.2	2.00	93.4	4.13	107	9.44	104	5.44	103	4.59
氟咯草酮	Fluorochloridone	14.1	28.3	56.5	104	6.42	107	2.84	92.2	8.38	113	27.17	91.6	8.50	88.7	6.11	93.4	12.74	101	8.91	98.9	7.42
丁草胺	Butachlor	3.4	6.8	13.5	102	9.90	97	5.39	72.4	14.09	109	38.44	78.6	10.39	84.8	2.84	88.7	13.42	89.7	11.35	86.2	6.68
咪唑喹啉酸	Imazaquin	5.1	10.1	20.3	0.5	28.00	0.3	107	0.5	8.00	N/A	N/A	N/A	N/A	0.4	30.00	0.4	N/A	0.1	N/A	0.4	N/A
亚胺菌	Kresoxim-methyl	33.4	66.9	133.8	72.5	4.03	91.7	6.88	74.4	5.47	93.3	4.13	80.7	3.74	76.8	4.92	82.4	9.42	96.3	7.92	83.1	4.13
脱叶磷	Tribufos	1.6	3.2	6.4	102	12.16	108	12.8	77.9	21.44	78.2	5.97	95.9	24.82	97.6	4.55	134	40.37	87.9	9.99	96.7	10.32
戊叉菌唑	Triticonazole	0.7	1.3	2.7	94.5	6.70	107	5.70	84.7	14.99	101	6.52	102.2	5.81	94	5.82	87.5	7.67	112	2.99	95.1	6.82
苯线磷亚砜	Fenamiphos sulfoxide	0.7	1.4	2.8	101	6.37	105	4.50	94.3	5.52	99.5	4.62	93.4	5.26	105.6	5.90	98.3	7.23	108	2.57	95.8	6.56
噻肪草胺	Thenylchlor	2.8	5.7	11.3	110	12.18	107	4.34	85.8	5.87	110	5.16	82.3	7.58	93.7	6.73	88	12.95	97.5	8.78	91.9	4.09
除虫菊酯	Pyrethrin	105.1	210.1	420.3	88	11.48	104	30.5	55.7	15.17	115	46.00	83.4	22.18	91.2	10.02	81.8	26.77	84.6	7.90	84.6	9.42
氰菌胺	Fenoxanil	2.0	4.0	8.0	95.7	6.85	100	2.98	77.9	6.66	97.8	3.99	80.5	8.17	82	10.07	89.8	19.04	78.2	29.95	95.2	5.90
氟啶草酮	Fluridone	0.3	0.7	1.3	94	3.76	113	4.03	90.4	4.92	103	4.26	105.4	3.59	89.3	4.93	97.6	10.96	102	4.11	101	4.65
氟环唑	Epoxiconazole	1.9	3.9	7.8	89.7	6.73	111	3.51	87.6	6.76	96.9	8.64	92.8	2.55	84.6	4.56	96.3	7.36	95	9.94	89.4	6.23
氯辛硫磷	Chlorphoxim	33.3	66.7	133.3	96.7	9.05	89.6	8.62	75.1	7.66	128	9.84	86.7	8.27	82.7	7.93	94	16.28	101	8.20	94.5	4.90
苯线磷砜	Fenamiphos sulfone	0.4	0.7	1.4	97.8	6.40	103	4.24	102	3.99	87	6.70	101.6	11.32	107.8	5.94	106	10.57	108	5.84	98.6	8.22
腈苯唑	Fenbuconazole	1.3	2.6	5.2	98.6	6.04	101	3.19	78.3	5.33	101	10.99	96.5	2.62	82.9	4.58	83.2	12.86	93.3	9.19	90.7	7.61
异柳磷	Isofenphos	63.2	126.4	252.8	106	12.36	94	18.4	70.7	13.34	107	26.45	79.5	10.00	81.2	12.28	125	13.68	56	56.48	92.5	11.46
安磺灵	Oryzalin	100.0	200.0	400.0	95.4	9.61	102	5.74	92	8.64	126	45.00	98.3	4.51	83	7.05	82.1	8.71	91.1	4.61	76	8.28
苯醚菊酯	Phenothrin	30.1	60.3	120.5	109	14.40	86.8	14.5	71.1	25.46	78.9	43.60	65.3	19.60	101.8	3.34	131	63.28	79.2	10.30	85.4	9.95
氯化薯瘟锡	Fentin-chloride	153.3	306.7	613.3	7.5	63.60	1.1	63.60	0.3	52.20	0.8	71.25	0.7	30.00	0.2	65.00	24.5	23.92	15.4	40.73	19.3	25.96
呱草磷	Piperophos	0.6	1.1	2.2	93.9	9.11	105	3.68	74.2	8.92	137	28.18	99.8	2.69	81.6	3.08	85.4	19.56	102	15.75	82.4	6.30

续表

中文名称	英文名称	添加浓度/(μg/kg) 低	中	高	低水平添加 平均回收率/%	RSD/%	中水平添加 平均回收率/%	RSD/%	高水平添加 平均回收率/%	RSD/%	低水平添加 平均回收率/%	RSD/%	中水平添加 平均回收率/%	RSD/%	高水平添加 平均回收率/%	RSD/%	低水平添加 平均回收率/%	RSD/%	中水平添加 平均回收率/%	RSD/%	高水平添加 平均回收率/%	RSD/%
					荞麦蜜						荆条蜜						枣花蜜					
增效醚	Piperonyl butoxide	0.3	0.7	1.3	89	9.54	96	7.09	71.3	11.11	105	44.67	80.3	5.55	81.9	5.10	82	19.02	100	7.49	99.6	7.40
乙氧氟草醚	Oxyflurofen	65.3	130.7	261.3	104	6.94	99.4	14.6	97.5	12.92	85.2	55.40	93.3	11.15	115.2	13.19	77.6	20.10	96.2	5.67	90.1	12.54
蝇毒磷	Coumaphos	3.3	6.7	13.3	102	8.25	137	24.3	80.7	15.61	95.4	21.28	66.2	24.17	82.3	13.49	354	49.15	85.9	10.05	86.4	8.70
氟噻草胺	Flufenacet	1.0	2.0	4.0	93.6	9.03	102	8.84	91.2	5.86	101	7.38	99.6	6.23	89.7	6.43	91	11.54	99.1	6.30	95.9	7.34
伏杀硫磷	Phosalone	6.9	13.7	27.5	101	9.65	102	4.64	71.4	5.41	103	13.79	88.6	4.83	92.8	5.56	96.8	13.95	92.4	13.41	86.1	5.31
甲氧虫酰肼	Methoxyfenozide	3.3	6.7	13.3	99.4	9.23	97.3	2.96	91.2	4.08	86	10.97	70.4	9.16	82	9.06	98.4	14.13	108	15.74	85.5	7.99
咪鲜胺	Prochloraz	1.3	2.6	5.2	90.9	6.38	96.3	4.35	84.8	5.15	95.9	2.08	90.8	11.56	81.6	3.91	84.6	11.15	95.5	5.16	89.3	5.58
丙硫特普	Aspon	0.7	1.3	2.7	91.9	8.98	108	13.2	79.1	16.69	104	7.21	78.7	15.76	88.6	4.65	43.9	28.70	84.9	15.69	94.9	5.88
乙硫磷	Ethion	1.3	2.5	5.1	94.6	8.28	102	10.2	70	10.14	111	20.18	80.4	5.02	83.4	3.63	83.1	25.15	93.5	11.21	88	4.94
丁醚脲	Diafenthiuron	6.7	13.3	26.7	90.7	11.58	8.8	65	67.9	70.69	20	42.95	74.8	60.43	2.9	16.90	38.1	54.07	18.3	51.15	9.8	11.02
噻吩磺隆	Thifensulfuron-methyl	7.1	14.3	28.5	0.6	N/A	3.1	32.9	0.2	25.00	5.2	123	105.9	8.06	1.9	76.84	2.9	26.90	N/A	N/A	N/A	N/A
乙氧磺隆	Ethoxysulfuron	2.6	5.3	10.5	7.7	115	2.8	15	1.2	31.67	4.5	18.22	1.6	115	N/A	N/A	6	32.83	4	144.1	1	31.00
氟硫草定	Dithiopyr	10.0	20.0	40.0	100	10.80	101	4.11	69.5	15.54	95.8	38.10	77.9	8.99	82.9	8.83	89.6	14.29	105	7.30	94.1	6.45
螺螨酯	Spirodiclofen	3.3	6.7	13.3	86.1	7.62	96.7	6.08	88.4	16.40	73.1	37.89	67.9	25.04	43	28.84	124	4.32	93.2	9.58	87	7.54
唑螨酯	Fenpyroximate	0.7	1.5	3.0	94.8	8.85	108	5.06	75.7	12.66	107	34.58	65.6	18.29	69.6	11.05	92.8	22.95	99.4	11.40	87.9	6.04
氟烯草酸	Flumiclorac-pentyl	1.7	3.4	6.8	91.5	7.03	105	7.26	82.2	7.08	112	41.07	66.5	9.70	74.3	13.59	115	7.18	98.3	10.59	90.2	5.30
双硫磷	Temephos	2.5	5.0	9.9	99	10.30	119	14.5	75.1	9.09	121	44.38	73.6	23.37	97.8	15.03	91.3	12.05	102	6.60	89.9	7.91
氟丙嘧草酯	Butafenacil	6.7	13.3	26.7	92.5	7.96	97.4	4.59	82.8	4.50	90.1	3.04	81.6	9.08	81.8	7.02	88.9	12.49	90.6	8.01	91.3	5.39
多杀菌素	Spinosad	1.0	2.0	3.9	92.2	6.26	97.1	4.77	76.6	10.72	91.9	3.10	124	7.31	103.5	4.86	90.4	9.44	90.4	8.49	86.3	6.38
抑芽丹	Maleic hydrazide	16.7	33.3	66.7	83.1	4.1	50.2	35.27	31.2	27.80	13.8	N/A	21.1	68.15	10.3	12.89	31.3	9.35	19.9	19.29	17.3	23.96
甲胺磷	Methamidophos	5.7	11.3	22.7	41.2	16.0	28.5	15.49	31.7	43.40	36.8	7.8	33.7	19.11	22.6	5.66	31.4	14.96	34.2	14.70	47.3	16.16
茵草敌	EPTC	162.7	325.3	650.7	61.6	15.5	68.8	11.36	67.4	7.36	107.3	42.3	75.4	38.28	79.2	11.31	94.2	5.50	75.0	12.66	67.6	25.95

续表

中文名称	英文名称	添加浓度/(μg/kg) 低	中	高	低水平添加 平均回收率/%	RSD/%	中水平添加 平均回收率/%	RSD/%	高水平添加 平均回收率/%	RSD/%	低水平添加 平均回收率/%	RSD/%	中水平添加 平均回收率/%	RSD/%	高水平添加 平均回收率/%	RSD/%
避蚊胺	Diethyltoluamide	0.2	0.3	0.7	98.3	10.1	81.2	8.30	80.8	4.59	113.1	12.1	90.4	3.47	92.9	4.18	100.0	2.46	98.8	2.70	91.8	5.79
灭草隆	Monuron	13.9	27.7	55.5	94.8	3.8	100.0	6.27	75.9	3.36	109.8	5.8	96.6	7.77	102.3	4.35	96.0	6.91	93.1	6.97	96.2	6.71
嘧霉胺	Pyrimethanil	1.3	2.7	5.3	77.0	5.5	73.5	10.88	71.9	4.66	95.3	5.7	91.8	5.06	90.9	3.88	96.9	4.72	102.5	2.81	92.1	5.58
甲呋菌胺	Fenfuram	0.3	0.7	1.3	80.7	8.4	81.8	8.06	69.4	2.74	100.0	7.2	85.5	3.30	70.6	19.79	82.9	4.57	53.3	35.86	92.4	7.39
灭藻醌	Quinoclamine	6.7	13.3	26.7	85.0	5.0	71.3	5.98	69.7	5.53	111.0	4.5	98.5	5.85	94.9	4.11	91.6	5.02	96.6	13.83	105.9	8.17
仲丁威	Fenobucarb	2.0	3.9	7.9	89.3	12.6	81.0	11.31	70.6	13.92	140.4	23.8	87.9	9.62	90.9	10.56	104.4	6.26	118.0	8.70	83.6	12.69
乙菌定	Ethirimol	0.7	1.3	2.7	64.2	25.0	32.3	22.13	40.4	30.52	35.3	47.9	20.9	47.40	10.7	76.11	73.8	23.21	49.1	20.82	55.3	49.05
敌稗	Propanil	16.9	33.9	67.7	89.3	6.6	86.3	6.49	77.3	3.82	107.2	2.8	100.4	4.82	93.0	3.22	100.3	6.16	95.7	4.29	94.6	6.89
克百威	Carbofuran	1.4	2.9	5.7	88.7	13.4	64.3	10.95	67.7	15.11	95.1	10.6	78.3	6.07	82.0	4.28	114.0	5.95	82.0	13.38	102.3	11.38
啶虫脒	Acetamiprid	1.0	2.0	4.0	95.9	13.3	70.8	7.83	78.6	8.70	104.4	7.5	95.3	3.82	90.0	5.83	96.8	5.96	91.3	6.98	99.6	9.96
嘧菌胺	Mepanipyrim	0.5	1.1	2.1	75.2	9.6	69.2	3.95	68.7	4.56	98.2	6.4	95.3	4.34	92.5	4.16	93.5	3.33	83.6	6.39	86.9	6.43
扑灭通	Prometon	0.3	0.7	1.4	93.7	8.0	78.1	8.01	74.2	3.31	102.1	5.1	92.3	4.08	96.1	4.71	87.7	5.29	80.9	56.34	96.1	7.61
甲硫威	Methiocarb	6.9	13.7	27.5	N/A	N/A	N/A	N/A	89.4	20.33	N/A	N/A	80.5	29.07	103.1	6.25	72.4	23.14	85.9	22.96	98.8	9.82
甲氧隆	Metoxuron	0.8	1.6	3.1	83.8	11.1	85.0	8.21	73.0	2.33	103.0	7.5	99.9	2.56	95.3	5.31	80.1	4.80	91.7	5.82	102.4	7.47
乐果	Dimethoate	1.3	2.7	5.3	112.4	9.1	70.6	4.20	78.0	8.44	91.9	12.2	111.3	12.10	93.1	4.68	93.5	5.84	95.4	5.53	97.7	12.39
呋菌胺	Methfuroxam	1.0	2.1	4.2	70.7	6.1	41.6	15.92	55.1	3.54	91.4	4.6	54.5	20.48	18.6	123.46	45.3	30.45	6.4	191.99	51.9	16.66
伏草隆	Fluometuron	1.3	2.7	5.3	83.5	9.3	79.1	7.16	77.7	3.25	104.9	5.7	94.9	3.70	91.6	2.55	99.3	8.06	96.3	3.20	97.5	5.73
百治磷	Dicrotophos	2.5	5.0	10.0	77.9	2.9	65.2	9.53	67.2	8.03	107.0	3.2	130.1	27.43	98.1	5.43	87.7	9.45	99.7	3.99	98.7	4.04
庚酰草胺	Monalide	1.2	2.4	4.8	75.1	16.7	79.5	8.18	66.2	4.09	110.4	3.2	97.0	6.07	91.2	2.46	91.1	6.43	91.9	4.73	89.1	3.95
双苯酰草胺	Diphenamid	0.2	0.4	0.8	77.7	8.3	74.8	7.30	70.6	4.56	108.7	5.7	96.8	7.61	94.7	3.70	94.2	2.15	93.3	4.37	98.0	6.43
灭线磷	Ethoprophos	1.0	1.9	3.8	75.0	2.5	72.9	8.63	70.7	5.24	106.8	2.5	83.6	8.30	91.7	3.96	105.2	5.95	92.0	5.89	85.0	9.81
地虫硫磷	Fonofos	2.3	4.5	9.0	62.8	18.9	64.7	9.04	65.9	8.34	107.5	6.2	103.0	24.19	82.2	8.03	77.6	9.76	84.4	13.47	73.1	16.61
土菌灵	Etridiazol	360.0	720.0	1440.0	72.9	7.4	74.2	5.23	80.2	5.91	91.6	5.5	92.8	2.38	96.0	7.03	81.7	4.07	83.0	5.67	86.6	11.09

续表

中文名称	英文名称	添加浓度 (μg/kg) 低	中	高	低水平添加 平均回收率/%	RSD/%	中水平添加 平均回收率/%	RSD/%	高水平添加 平均回收率/%	RSD/%	低水平添加 平均回收率/%	RSD/%	中水平添加 平均回收率/%	RSD/%	高水平添加 平均回收率/%	RSD/%	低水平添加 平均回收率/%	RSD/%	中水平添加 平均回收率/%	RSD/%	高水平添加 平均回收率/%	RSD/%
拌种咯	Furmecyclox	4.3	8.5	17.1	60.2	8.5	41.6	10.40	58.0	3.07	86.8	6.1	59.7	14.33	24.7	86.94	48.4	23.20	7.6	173.85	62.3	11.59
环嗪酮	Hexazinone	0.3	0.6	1.3	90.0	7.2	79.4	6.19	69.7	4.73	112.0	5.6	100.1	3.99	96.8	4.30	97.4	4.61	102.4	5.10	96.9	8.26
异戊乙净	Dimethametryn	0.4	0.7	1.5	73.2	9.0	61.2	3.94	68.1	4.77	103.7	2.8	94.3	3.46	91.3	4.93	88.5	1.79	86.8	4.17	90.2	6.40
敌百虫	Trichlorphon	6.7	13.3	26.7	79.7	7.5	71.8	26.00	60.1	22.51	71.1	16.8	43.5	54.10	56.0	26.39	70.0	8.18	62.9	72.27	72.3	35.49
内吸磷(O+S)	Demeton(O+S)	37.3	74.7	149.3	81.2	10.2	62.1	14.83	70.3	28.11	97.8	6.6	81.6	7.03	97.0	1.76	84.6	11.20	73.3	16.59	91.8	4.05
解草嗪	Benoxacor	13.3	26.7	53.3	73.5	4.1	77.3	8.56	69.2	3.62	106.8	2.1	100.0	4.85	89.9	4.30	99.7	4.29	97.1	3.06	93.4	5.40
除草定	Bromacil	4.7	9.3	18.7	86.7	8.6	3936.0	9.92	59.9	12.71	116.2	14.7	93.2	5.88	107.4	5.61	102.2	7.12	126.2	10.74	109.1	9.15
甲拌磷亚砜	Phorate sulfoxide	186.0	372.0	744.0	107.2	4.7	76.5	5.53	65.9	14.02	96.7	1.8	94.6	4.85	99.6	17.21	93.3	11.98	82.8	9.77	98.3	9.76
溴虫腈	Brompyrazon	5.0	10.0	20.0	85.8	5.8	83.0	1.44	70.6	6.52	108.1	7.4	86.4	14.86	93.0	5.63	95.4	7.79	102.0	6.35	99.7	7.57
氧化萎锈灵	Oxycarboxin	0.7	1.3	2.7	79.7	11.7	82.8	12.07	58.3	15.45	97.7	2.9	86.7	6.51	93.6	5.31	103.1	6.42	90.6	12.63	98.7	8.78
灭锈胺	Mepronil	0.4	0.8	1.7	60.7	9.7	70.6	7.14	68.4	6.01	101.5	4.8	88.6	3.39	91.3	1.87	86.4	6.37	86.0	5.46	87.8	6.68
乙拌磷	Disulfoton	156.7	313.3	626.7	62.3	21.5	59.5	8.05	86.8	18.69	118.0	13.1	84.5	7.36	97.4	22.64	108.0	21.04	134.4	15.83	122.2	13.09
倍硫磷	Fenthion	42.0	84.0	168.0	69.2	14.2	65.1	8.71	70.2	11.31	83.5	7.4	86.8	6.70	80.3	6.88	74.2	5.32	67.2	10.66	77.7	11.20
甲霜灵	Metalaxyl	0.3	0.7	1.3	89.5	7.7	79.9	7.58	72.8	6.79	100.1	4.4	96.4	2.77	94.4	4.26	105.6	5.53	98.4	3.09	109.8	5.40
甲呋酰胺	Ofurace	1.0	2.0	4.0	103.5	7.6	80.4	5.68	189.4	44.64	106.2	4.1	92.9	5.08	100.7	5.65	98.6	3.93	100.0	6.95	99.5	4.77
十二环吗啉	Dodemorph	0.2	0.4	0.8	62.3	19.3	59.1	21.97	72.7	7.43	98.8	6.8	92.5	22.33	71.6	18.47	80.5	19.91	65.6	23.06	83.3	6.91
噻唑硫磷	Fosthiazate	0.5	1.1	2.2	89.7	5.8	78.2	4.14	75.3	6.00	104.0	2.3	101.2	5.17	98.4	4.89	99.7	4.75	102.8	5.13	102.1	8.49
甲基咪草酯	Imazamethabenz-methyl	1.0	2.0	4.0	83.7	8.1	85.8	5.44	81.7	3.35	97.7	6.2	94.0	1.91	95.3	2.87	95.0	2.85	91.8	5.79	99.3	7.64
乙拌磷亚砜	Disulfoton-sulfoxide	1.2	2.4	4.8	113.2	8.6	295.8	33.82	203.4	79.62	168.6	6.6	262.0	11.59	200.4	33.56	137.0	41.94	286.4	32.52	142.8	9.01
稻瘟灵	Isoprothiolane	0.4	0.7	1.4	72.2	7.4	71.5	3.74	56.6	17.92	100.7	7.4	94.0	4.32	85.9	4.90	82.4	6.84	79.3	8.04	79.6	10.94
抑霉唑	Imazalil	1.5	3.0	6.1	89.4	13.7	76.5	3.07	79.6	7.82	85.5	12.0	94.4	8.49	83.6	10.38	96.1	4.71	79.0	13.70	83.4	8.97
辛硫磷	Phoxim	27.6	55.2	110.4	66.4	16.8	66.8	15.13	69.8	4.88	93.9	7.8	91.2	6.78	101.3	6.56	66.5	12.43	79.0	11.52	84.9	12.39
喹硫磷	Quinalphos	1.0	2.0	3.9	74.7	9.5	67.6	10.62	73.8	3.26	93.2	7.6	93.0	5.60	90.1	4.60	82.3	3.97	77.4	3.06	76.3	12.31

续表

中文名称	英文名称	添加浓度/(μg/kg) 低	添加浓度/(μg/kg) 中	添加浓度/(μg/kg) 高	低水平添加 平均回收率/%	低水平添加 RSD/%	中水平添加 平均回收率/%	中水平添加 RSD/%	高水平添加 平均回收率/%	高水平添加 RSD/%	低水平添加 平均回收率/%	低水平添加 RSD/%	中水平添加 平均回收率/%	中水平添加 RSD/%	高水平添加 平均回收率/%	高水平添加 RSD/%
灭菌磷	Ditalimfos	33.1	66.2	132.5	83.2	3.6	82.7	5.88	82.5	5.52	105.2	5.3	94.9	7.61	90.2	4.59	94.6	2.79	102.3	3.89	100.4	7.91
苯氧威	Fenoxycarb	26.3	52.6	105.2	71.4	6.9	73.1	5.00	77.5	3.40	100.0	3.8	92.4	6.81	94.8	3.47	73.7	3.66	79.8	1.18	81.1	11.43
嘧啶磷	Pyrimitate	0.3	0.7	1.3	62.1	13.2	57.7	6.52	68.5	4.45	97.7	6.4	87.4	5.19	86.6	4.41	75.5	5.12	72.0	8.25	76.1	14.19
丰索磷	Fensulfothin	1.2	2.3	4.7	75.7	7.3	73.8	9.89	68.4	5.10	116.6	4.4	92.6	6.62	93.6	5.25	91.0	3.92	95.4	6.25	96.9	7.22
氟咯草酮	Fluorochloridone	14.1	28.3	56.5	79.2	8.4	74.8	8.19	69.1	4.82	113.0	4.8	97.7	4.31	96.7	6.21	92.3	4.53	87.2	4.05	94.7	8.99
丁草胺	Butachlor	3.4	6.8	13.5	84.7	14.1	50.8	3.57	70.9	3.51	108.1	14.3	86.1	6.72	100.7	9.74	76.0	11.75	76.4	10.91	73.4	20.01
咪唑喹啉酸	Imazaquin	5.1	10.1	20.3	0.3	N/A	0.2	N/A	N/A	N/A	N/A	N/A	N/A	N/A	0.3	N/A	2.7	27.86	0.3	5.36	1.9	14.22
亚胺菌	Kresoxim-methyl	33.4	66.9	133.8	59.7	22.4	72.7	7.60	104.2	8.61	89.2	8.4	93.7	8.33	86.0	3.34	73.9	11.77	82.1	6.09	85.3	11.39
脱叶磷	Tribufos	1.6	3.2	6.4	54.2	16.9	46.0	16.42	92.1	23.10	102.7	9.8	87.6	36.29	122.6	9.06	84.7	7.27	73.5	7.66	108.8	16.30
戊菌唑	Triticonazole	0.7	1.3	2.7	81.1	8.0	85.6	8.62	72.4	6.28	96.3	11.1	96.0	8.46	81.0	3.96	97.2	5.50	89.2	5.52	98.2	10.19
苯线磷亚砜	Fenamiphos sulfoxide	0.7	1.4	2.8	89.4	10.3	80.6	4.82	70.1	5.37	112.4	3.2	93.3	2.73	95.1	4.62	91.3	4.93	90.4	4.17	105.1	7.35
噻吩草胺	Thenylchlor	2.8	5.7	11.3	61.6	5.5	72.9	5.74	78.3	8.50	108.4	5.6	91.5	12.84	105.6	14.39	92.3	8.04	83.9	9.81	84.0	7.77
除虫菊酯	Pyrethrin	105.1	210.1	420.3	52.7	19.7	48.0	9.01	75.6	9.19	94.9	10.7	77.2	12.19	79.6	6.08	80.9	10.84	75.4	6.72	74.7	13.64
氰菊胺	Fenoxanil	2.0	4.0	8.0	62.6	10.6	100.4	40.31	71.9	5.22	87.8	8.3	89.0	6.76	95.2	2.62	77.6	4.41	51.2	28.72	77.8	8.19
氟啶草酮	Fluridone	0.3	0.7	1.3	82.1	10.1	80.6	8.00	70.0	6.58	103.4	4.6	93.0	3.73	94.1	3.56	91.5	3.90	91.0	4.72	99.3	6.01
氟环唑	Epoxiconazole	1.9	3.9	7.8	76.9	10.1	72.7	9.83	74.7	4.31	114.0	5.9	92.0	7.83	93.1	5.21	89.2	7.80	86.8	3.01	87.4	8.79
氯辛硫磷	Chlorphoxim	33.3	66.7	133.3	77.1	9.5	69.4	6.41	79.0	15.03	95.1	5.0	79.6	13.07	79.0	8.16	70.5	3.86	53.5	25.02	67.6	12.93
苯线磷砜	Fenamiphos sulfone	0.4	0.7	1.4	77.8	10.0	74.2	7.63	70.2	5.95	106.9	5.3	100.7	8.46	100.2	5.48	93.8	4.47	97.5	12.02	102.1	9.82
腈苯唑	Fenbuconazole	1.3	2.6	5.2	69.8	8.4	67.7	10.46	70.1	2.87	99.6	6.6	91.6	1.93	91.4	5.42	80.4	1.74	77.5	3.99	82.0	9.43
异柳磷	Isofenphos	63.2	126.4	252.8	77.1	21.1	81.8	6.65	89.3	13.72	115.3	17.8	120.8	12.96	92.8	16.76	92.9	7.28	73.5	17.08	61.2	11.20
安磺灵	Oryzalin	100.0	200.0	400.0	72.3	11.4	71.5	8.79	68.0	5.31	103.5	4.0	92.1	5.93	89.1	7.00	78.3	3.89	79.8	6.21	89.6	8.67
苯醚菊酯	Phenothrin	30.1	60.3	120.5	46.4	12.4	40.4	9.62	186.2	12.26	83.0	11.7	72.5	16.03	50.8	19.53	79.2	14.00	73.3	12.11	140.6	12.81
氯化薯瘟锡	Fentin-chloride	153.3	306.7	613.3	6.5	64.0	6.0	76.31	3.3	55.24	6.0	130.2	1.0	77.98	2.5	65.26	2.1	30.38	0.7	79.62	3.3	44.86
呱草磷	Piperophos	0.6	1.1	2.2	72.5	13.5	65.9	9.96	69.0	11.52	79.3	10.9	97.2	4.33	91.1	10.65	70.6	10.76	64.0	9.08	66.0	20.79

续表

中文名称	英文名称	添加浓度/(μg/kg)			低水平添加		中水平添加		高水平添加		低水平添加		中水平添加		高水平添加	
		低	中	高	平均回收率/%	RSD/%	平均回收率/%	RSD/%	平均回收率/%	RSD/%	平均回收率/%	RSD/%	平均回收率/%	RSD/%	平均回收率/%	RSD/%
增效醚	Piperonyl butoxide	0.3	0.7	1.3	59.3	11.7	55.3	4.92	73.4	5.21	98.0	2.1	85.7	7.58	94.2	10.03	71.4	4.94	73.1	9.85	71.4	18.18
乙氧氟草醚	Oxyflurofen	65.3	130.7	261.3	57.0	5.0	68.9	10.42	64.0	6.69	97.2	12.6	86.3	8.31	98.4	19.86	94.9	9.04	77.4	7.09	72.3	10.42
蝇毒磷	Coumaphos	3.3	6.7	13.3	38.7	51.2	90.9	7.84	57.9	41.24	81.9	8.0	377.0	55.18	81.7	10.23	75.4	15.63	103.0	9.84	55.0	61.90
氟噻草胺	Flufenacet	1.0	2.0	4.0	65.6	7.4	63.3	6.66	74.3	6.35	87.4	10.1	87.2	6.61	91.3	3.54	79.0	8.53	76.5	5.53	84.5	13.55
伏杀硫磷	Phosalone	6.9	13.7	27.5	75.5	5.4	71.9	3.98	69.8	5.30	96.8	4.8	86.5	7.68	86.7	4.81	79.8	9.64	67.4	10.44	70.8	10.06
甲氧虫酰肼	Methoxyfenozide	3.3	6.7	13.3	69.7	7.2	73.9	3.33	78.9	9.78	98.0	4.9	91.0	7.04	122.4	11.68	82.8	3.84	79.0	4.19	90.9	16.08
咪鲜胺	Prochloraz	1.3	2.6	5.2	67.6	10.3	71.0	7.51	67.3	6.09	101.4	3.9	85.3	3.97	92.1	6.20	74.6	3.29	73.2	7.41	79.6	11.88
丙炔氟草胺	Aspon	0.7	1.3	2.7	49.7	22.0	47.1	13.50	100.0	12.61	74.2	15.4	81.6	28.44	90.3	7.51	94.0	3.72	79.5	29.23	91.0	12.78
乙硫磷	Ethion	1.3	2.5	5.1	52.9	4.7	50.2	11.40	68.1	4.29	81.5	8.0	86.2	8.65	95.1	7.56	85.3	6.10	72.8	5.18	75.7	15.33
丁醚脲	Diafenthiuron	6.7	13.3	26.7	17.2	40.6	1.1	27.14	6.2	33.56	11.6	40.9	8.3	90.14	30.7	54.33	47.7	22.92	5.4	65.27	104.6	11.22
噻吩磺隆	Thifensulfuron-methyl	7.1	14.3	28.5	N/A	N/A	1.7	N/A	1.3	N/A	N/A	N/A	N/A	N/A	N/A	N/A	N/A	N/A	16.4	N/A	N/A	N/A
乙氧嘧磺隆	Ethoxysulfuron	2.6	5.3	10.5	3.1	N/A	2.3	N/A	N/A	N/A	N/A	N/A	3.0	102.64	2.8	57.03	7.4	10.50	20.9	133.30	2.7	113.29
氟硫草定	Dithiopyr	10.0	20.0	40.0	75.1	6.2	59.5	13.32	62.1	6.54	91.9	7.2	85.5	5.83	79.1	7.02	81.1	7.75	75.4	7.31	77.4	16.24
螺螨酯	Spirodiclofen	3.3	6.7	13.3	47.7	10.3	48.9	11.87	83.6	12.08	95.1	6.3	77.1	14.30	34.9	15.31	88.0	13.56	70.1	6.18	127.1	29.31
唑螨酯	Fenpyroximate	0.7	1.5	3.0	68.0	15.6	54.2	7.34	64.6	8.03	104.4	4.5	88.0	5.99	88.2	6.80	82.3	3.54	73.0	5.57	77.6	17.78
氟烯草酸	Flumiclorac-pentyl	1.7	3.4	6.8	62.0	17.7	52.2	4.91	60.8	7.45	111.2	8.0	87.4	9.15	106.4	12.67	69.3	7.97	70.8	8.40	71.2	18.77
双硫磷	Temephos	2.5	5.0	9.9	58.0	3.3	59.7	5.60	69.0	6.35	113.4	4.1	89.4	2.15	115.0	11.75	80.8	3.96	79.6	3.74	78.7	8.36
氟丙嘧草酯	Butafenacil	6.7	13.3	26.7	65.0	8.6	72.4	5.46	73.8	3.96	95.1	7.9	83.4	18.20	89.1	2.91	70.3	5.01	75.4	8.79	73.4	17.11
多杀菌素	Spinosad	1.0	2.0	3.9	63.4	7.7	59.8	6.42	61.6	4.52	98.2	8.8	87.6	6.67	84.4	6.34	59.9	2.44	63.0	10.42	67.2	21.73
							洋槐蜜						椴树蜜						油菜蜜			
									D组													
甲哌啶	Mepiquat chloride	1.0	2.0	4.0	1.8	N/A	5.3	44.9	3.4	63.53	0.4	32.50	1.3	40.77	1.7	36.47	3.9	34.10	3.9	33.54	3.8	51.32
二丙烯草胺	Allidochlor	18.6	37.1	74.2	75	4.92	75.8	12.5	79.4	22.29	77.2	4.43	73.1	24.49	74.1	8.52	58.5	24.62	77.4	23.14	79	17.09
霜霉威	Propamocarb	0.6	1.3	2.5	1.9	35.26	7.6	44.6	6.6	74.70	2	25.50	17.5	14.17	22.6	13.01	5.8	36.90	3.7	27.38	6.9	61.88
三环唑	Tricyclazole	0.6	1.2	2.4	101	4.24	84	9.74	90.8	9.02	81.1	6.78	94.7	6.15	103.6	8.15	94	10.64	93.3	7.62	91.6	11.24

续表

中文名称	英文名称	添加浓度/(μg/kg)			低水平添加		中水平添加		高水平添加		低水平添加		中水平添加		高水平添加		低水平添加		中水平添加		高水平添加	
		低	中	高	平均回收率/%	RSD/%	平均回收率/%	RSD/%	平均回收率/%	RSD/%	平均回收率/%	RSD/%	平均回收率/%	RSD/%	平均回收率/%	RSD/%	平均回收率/%	RSD/%	平均回收率/%	RSD/%	平均回收率/%	RSD/%
噻菌灵	Thiabendazole	1.0	2.0	4.0	65.5	9.28	35.2	21.7	69.5	13.68	39.5	14.43	89.5	6.38	61.7	19.77	43.3	14.25	64.6	7.70	79.9	20.78
苯嗪草酮	Metamitron	3.5	7.0	14.0	87	11.49	92.5	5.65	93.3	6.96	88.5	24.07	82.7	4.75	100.8	4.50	87.2	3.96	101	6.43	83.8	12.17
异丙隆	Isoproturon	0.3	0.6	1.3	110	5.60	98	3.60	106	4.91	93.4	4.12	100.8	3.14	121.7	5.32	95.9	4.82	101	4.26	101	9.04
阿特拉通	Atratone	0.4	0.7	1.5	101	9.09	86	5.60	99	2.33	97.5	2.58	90.9	4.93	98.3	3.88	96.3	3.62	94.1	3.45	94.7	13.31
敌草净	Oesmetryn	0.2	0.4	0.8	113	8.18	86	6.58	97.7	3.94	81.4	2.78	105.6	6.16	106.5	4.54	103	6.27	89.2	4.51	93.9	6.55
嗪草酮	Metribuzin	1.0	2.0	4.0	94.4	6.11	88.4	4.85	101	6.40	96.3	5.22	82.4	9.56	91.7	3.65	91.9	3.03	99	3.02	94.5	11.01
N,N-二甲基氨基-N-甲苯 DMST		13.3	26.7	53.3	99	6.94	93	6.63	101	7.40	98.6	5.25	105.4	3.95	104.6	5.84	103	4.47	112	6.26	102	11.57
环草敌	Cycloate	4.8	9.5	19.1	102	6.12	76.5	5.62	109	9.82	92.4	5.23	104.5	8.42	93.8	2.93	70.8	5.89	94.9	4.88	74.2	12.91
阿特拉津	Atrazine	1.0	2.0	4.0	103	5.43	90.8	4.94	104	4.52	72.4	2.21	100.4	3.55	114.1	6.25	97.7	6.02	102	3.06	95.2	9.03
丁草敌	Butylate	260.0	520.0	1040.0	81.7	7.03	67.7	13.2	85.1	15.39	67.9	5.20	86.8	29.26	80.4	8.62	54.1	8.56	87.9	11.57	65.2	7.29
吡蚜酮	Pymetrozin	1.3	2.7	5.3	99.3	9.53	97.9	9.13	67.5	6.37	85.9	3.81	98.4	9.71	65	4.83	200	N/A	N/A	N/A	N/A	N/A
氯草敏	Chloridazon	3.6	7.1	14.3	106	5.80	84.9	4.11	107	8.79	89.1	10.27	100.2	5.40	99.6	2.27	98.8	2.13	92.5	6.03	93.7	13.77
莱草灵	Sulfallate	19.7	39.3	78.7	99.3	4.76	47.2	16.8	147	9.12	79.7	5.40	80.7	8.05	93.2	6.97	48.3	14.74	70.3	8.50	84.3	6.92
乙硫苯威	Ethiofencarb	2.2	4.5	8.9	79.8	17.79	116	10.4	311	60.13	170	51.12	67.5	44.15	265.2	37.71	93.2	35.62	79.3	48.46	89.5	9.36
特丁通	Terbumeton	0.2	0.4	0.8	96	7.61	84.6	7.08	98	4.78	87.1	4.04	107.7	6.55	96.2	7.44	90.2	3.46	104	3.43	90.5	9.54
环丙津	Cyprazine	0.2	0.4	0.9	102	8.30	84.2	6.12	101	4.79	70.3	5.32	102.3	3.48	99.3	4.43	92.3	2.34	98.3	1.41	97.7	7.49
秀灭净	Ametryn	1.0	2.0	4.0	106	10.57	86	6.94	104	2.87	74.4	4.85	104.2	2.49	102	4.39	98.9	6.60	97.2	3.40	95.4	7.60
丁噻隆	Tebuthiuron	0.2	0.4	0.8	109	5.59	89.1	7.59	105	4.75	99.9	3.21	100.5	8.23	111.7	6.85	100	7.58	99.1	3.82	97.2	12.04
草达津	Trietazine	0.2	0.4	0.8	112	6.22	86.5	4.50	111	7.69	97.2	3.84	106	6.74	93.8	7.42	105	7.08	92.3	3.58	91.9	8.22
另丁津	Sebutylazine	0.5	0.9	1.9	105	5.83	88.8	5.64	105	7.30	92.2	3.24	101.5	3.82	102.3	4.35	98.1	3.83	104	2.75	95.9	7.30
驱虫特	Dibutyl succinate	13.7	27.4	54.8	91	6.12	82.9	9.38	102	9.80	74.8	7.53	92.2	8.77	97.2	6.53	81.5	6.81	91.6	5.24	83	7.54
牧草胺	Tebutam	0.3	0.5	1.1	104	5.63	93.9	3.01	105	4.70	89.4	2.60	100.3	3.31	91.7	7.08	92.6	5.26	98.7	4.67	88.9	6.56
久效威亚砜	Thiofanox-sulfoxide	6.9	13.7	27.5	112	9.73	87.6	3.89	95.2	9.95	138	8.77	83.1	10.69	137.4	9.97	86.6	6.92	99.1	8.14	88.5	14.92

续表

中文名称	英文名称	添加浓度/(μg/kg)			低水平添加		中水平添加		高水平添加		低水平添加		中水平添加		高水平添加	
		低	中	高	平均回收率/%	RSD/%	平均回收率/%	RSD/%	平均回收率/%	RSD/%	平均回收率/%	RSD/%	平均回收率/%	RSD/%	平均回收率/%	RSD/%
杀螟丹	Cartap hydrochloride	376.7	753.3	1506.7	88.9	9.34	93.7	7.62	100	10.40	81.5	7.84	90.3	5.35	97.2	5.00	98.9	6.20	98.9	9.91	83.3	8.14
虫螨畏	Methacrifos	163.3	326.7	653.3	90.1	3.76	80.7	10.4	96.8	11.78	83.9	4.95	88.5	7.38	92.5	9.89	80	4.14	87	8.38	92.7	11.97
特丁净	Terbutryn	0.1	0.3	0.6	99.5	8.16	89.5	5.23	104	5.98	91.7	3.12	100.2	3.13	98.7	6.00	95.5	3.52	99.8	2.38	90.5	7.31
咪唑嗪	Triazoxide	23.3	46.7	93.3	54.4	11.05	14.6	29.9	54.5	7.80	43	19.40	61	13.49	90.7	9.03	34.5	12.14	42.6	14.13	76.9	8.24
虫线磷	Thionazin	3.3	6.6	13.2	111	3.81	94.1	8.45	105	11.14	95.7	2.65	97.2	2.77	99.8	8.84	96.5	7.60	120	5.70	95.3	8.65
利谷隆	Linuron	10.1	20.1	40.3	104	7.74	97.2	3.48	109	12.75	91.2	5.36	97.7	5.30	106.4	5.06	93.4	3.59	106	6.83	102	9.61
庚烯磷	Heptanophos	3.2	6.3	12.6	90.4	4.51	85.4	5.80	95.9	6.77	95	5.80	104	4.54	109.4	6.40	96.6	2.05	102	5.88	94.4	7.29
苄草丹	Prosulfocarb	0.3	0.7	1.3	105	7.12	71.9	4.26	102	6.30	78.8	4.70	102.1	8.62	93.8	11.41	80.2	5.57	107	1.80	74.1	5.78
炔苯酰草胺	Propyzamide	2.0	4.0	8.0	104	10.29	91.8	8.46	105	9.21	91.9	6.45	110.4	8.70	110.9	4.15	106	9.53	105	6.08	98.7	8.61
异丙净	Dipropetryn	0.2	0.4	0.8	103	5.58	86.7	3.66	107	6.93	90.6	3.55	100.7	7.22	99	4.26	90.6	9.05	104	2.21	78.5	22.80
禾草丹	Thiobencarb	0.6	1.2	2.4	112	11.79	84.1	6.42	105	15.81	86.1	5.44	102.3	9.50	89.8	6.98	75.8	13.32	104	7.90	81.8	13.57
三异丁基磷酸盐	Tri-iso-butyl phosphate	1.3	2.7	5.3	111	6.02	121	38.1	89.3	16.80	87.8	3.02	95.6	2.73	104.7	7.42	87	13.79	109	6.03	69.6	53.74
三正丁基磷酸盐	Tri-n-butyl phosphate	0.4	0.7	1.5	108	6.15	112	39	92.4	17.32	84.2	3.31	93.6	3.90	84.1	4.95	84.3	16.25	115	9.10	84.5	4.25
乙霉威	Diethofencarb	0.7	1.3	2.7	96.9	7.82	88.1	6.66	104	7.06	53.7	11.47	94.2	10.62	107.1	5.85	68.8	23.26	113	6.61	86.9	13.92
甲草胺	Alachlor	6.7	13.3	26.7	108	3.64	91.2	4.45	107	4.49	83.2	3.14	101.4	2.86	102.9	4.42	88.2	0.71	111	3.64	90.6	7.63
硫线磷	Cadusafos	0.7	1.3	2.6	106	6.14	87.2	10	168	11.73	78.8	5.91	88.5	5.93	88.6	4.76	60.8	46.71	106	3.61	86.8	4.91
吡唑草胺	Metazachlor	0.4	0.7	1.5	119	9.33	97.1	5.63	112	6.81	98.6	2.07	100.2	3.08	105.3	9.78	85.1	5.24	109	5.13	104	10.48
胺丙畏	Propetamphos	24.7	49.3	98.7	110	9.82	82.9	5.05	93	16.67	78.2	13.68	89.7	2.24	100.3	3.80	71.1	7.72	115	11.02	91.2	7.86
特丁硫磷	Terbufos	60.8	121.5	243.0	103	6.75	74.9	8.49	73.6	26.36	69	23.91	79.8	22.43	51.7	19.73	76.2	21.52	64.7	12.39	74.9	22.03
烯效唑	Uniconazole	0.7	1.3	2.7	109	7.03	85.7	5.25	112	8.16	94	3.62	96.4	4.75	101.5	3.54	99.2	3.65	88.2	5.63	99.2	12.30
硅氟唑	Simeconazole	1.3	2.7	5.3	98.1	5.61	90	6.42	107	7.70	93.4	5.86	100.1	3.31	92.9	5.02	93.1	2.62	103	3.84	96.4	11.83
三唑酮	Triadimefon	2.7	5.3	10.7	107	6.70	87.7	8.57	114	7.44	84.2	3.93	93.8	3.72	119	8.66	98.3	4.66	107	4.28	90.1	12.21
甲拌磷砜	Phorate sulfone	2.1	4.2	8.3	103	9.90	85.6	8.50	98.2	6.41	93.6	7.74	92.2	8.02	96.9	10.12	96	7.88	98.2	9.62	90	10.18

续表

中文名称	英文名称	添加浓度/(μg/kg)			低水平添加		中水平添加		高水平添加		低水平添加		中水平添加		高水平添加	
		低	中	高	平均回收率/%	RSD/%	平均回收率/%	RSD/%	平均回收率/%	RSD/%	平均回收率/%	RSD/%	平均回收率/%	RSD/%	平均回收率/%	RSD/%
十三吗啉	Tridemorph	1.3	2.6	5.1	89.5	12.29	73.4	9.60	109	15.96	103	9.81	164	33.17	53.6	23.88	77.8	11.31	93.5	6.24	42.8	33.41
苯噻酰草胺	Mefenacet	0.3	2.6	1.3	120	6.03	87.2	9.17	139	4.73	80.2	7.21	92.4	2.68	97.7	5.20	83	6.72	85	5.01	104	4.96
戊环唑	Azaconazole	0.2	0.7	0.9	101	8.41	83	7.71	106	5.64	102	5.15	98.1	4.74	113.1	5.55	94.5	0.78	103	3.91	108	10.74
苯线磷	Fenamiphos	0.1	0.3	0.5	106	4.70	78.4	4.74	103	20.29	88.4	4.28	96.1	5.28	102.8	10.12	93.5	7.49	95.9	7.83	86.1	11.09
丁苯吗啉	Fenpropimorph	0.2	0.5	1.0	92	7.36	83.5	6.66	97.2	7.24	104	5.94	149.2	24.60	67.8	13.70	90.5	6.18	91.9	3.86	60	23.67
戊唑醇	Tebuconazole	3.2	6.5	12.9	103	6.36	88	7.26	103	7.17	90.1	3.37	95.3	5.06	98.5	5.74	94.8	4.40	101	4.98	92.7	9.77
异丙乐灵	Isopropalin	8.5	17.1	34.1	106	3.47	36.9	33.3	94.4	15.89	71.3	15.01	87	16.32	78.2	6.25	363	24.63	62	20.84	71.2	11.95
氟苯嘧啶醇	Nuarimol	0.6	1.3	2.6	114	6.44	90.5	6.31	108	8.00	99.2	3.45	101.2	2.09	98.7	3.92	93.4	5.86	98.9	4.19	93	11.94
乙嘧酚磺酸酯	Bupirimate	0.4	0.7	1.4	102	7.04	86.5	4.38	107	7.31	84.2	4.55	93.6	4.55	69.5	7.87	88	4.91	94.8	5.94	87.5	7.46
保棉磷	Azinphos-methyl	63.3	126.7	253.3	119	6.88	84.6	9.73	116	10.00	90.8	31.39	66.1	13.51	88.3	25.93	83.8	13.25	103	22.12	82.4	10.85
丁基嘧啶磷	Tebupirimfos	1.3	2.6	5.3	104	4.03	70.5	6.37	109	13.58	75.7	5.36	93	10.62	79.9	8.55	77.8	4.36	103	5.21	72.8	7.75
稻丰散	Phenthoate	3.3	6.7	13.3	97.1	4.81	80.1	18.7	150	16.27	76.5	7.23	72.5	15.03	101.9	9.30	61.3	8.42	127	8.69	83.2	3.73
治螟磷	Sulfotep	1.3	2.6	5.2	102	4.82	68.3	5.20	104	9.14	76.4	5.71	86.9	5.01	81.6	9.22	77.8	4.19	91.8	4.83	80.8	3.50
硫丙磷	Sulprofos	3.5	7.0	13.9	93.7	9.69	63.7	14.3	84.7	11.55	73.5	17.41	96.8	13.64	80.8	9.17	65.2	19.94	81.1	12.10	59.7	11.93
苯硫磷	EPN	13.3	26.7	53.3	111	8.52	70.6	7.24	98.8	20.34	73	5.36	91.1	11.20	84.5	7.37	75	8.61	101	5.06	76.8	9.13
甲基吡噁磷	Azamethiphos	0.3	0.7	1.3	89.3	12.21	81.8	5.79	101	13.07	79.4	16.75	91.1	31.83	87.6	7.96	95.4	6.54	91.1	8.32	94.2	13.80
烯唑醇	Diniconazole	0.7	1.4	2.7	107	3.64	90	5.80	115	7.04	91.5	2.02	97.8	5.44	94.9	6.79	91.7	6.46	102	5.79	98.4	11.08
唑嘧磺草胺	Flumetsulam	0.4	0.8	1.5	N/A	N/A	N/A	N/A	4.6	N/A	N/A	N/A	0.7	N/A	0.4	N/A	N/A	N/A	N/A	N/A	N/A	N/A
稀禾啶	Sethoxydim	11.7	23.3	46.7	47.2	34.53	26.4	16.1	54.8	32.48	47	47.45	67.7	10.81	76.8	4.43	60.5	13.90	46.5	32.11	70	19.57
皮菌隆	Pencycuron	0.2	0.4	0.8	101	6.19	81.4	6.74	112	5.50	70.5	8.01	89.3	2.44	81.2	16.13	73.4	9.44	96	2.69	86.6	9.83
灭蚜酮	Mecarbam	3.2	6.5	13.0	115	3.09	89.4	7.72	86.9	25.20	89.5	7.75	94.5	7.10	94.7	11.72	91.7	12.87	103	10.39	85.5	16.26
苯草酮	Tralkoxydim	1.3	2.7	5.3	34.8	52.01	44	45.2	70.6	35.27	51.6	54.07	75.6	6.63	82.1	12.67	75.8	13.11	73.3	38.91	64.3	8.85
马拉硫磷	Malathion	1.0	2.0	4.0	99	6.99	84.2	5.46	102	4.87	60.4	18.38	84.6	8.48	104.5	8.99	88.8	4.79	99.1	5.17	84.9	10.14
稗草丹	Pyributicarb	0.3	0.7	1.3	114	7.83	62.9	13.5	127	34.57	73	2.18	82.6	14.77	88.7	11.50	75.7	9.68	105	9.15	72.3	9.27

中文名称	英文名称	添加浓度/(μg/kg)			低水平添加		中水平添加		高水平添加		低水平添加		中水平添加		高水平添加	
		低	中	高	平均回收率/%	RSD/%	平均回收率/%	RSD/%	平均回收率/%	RSD/%	平均回收率/%	RSD/%	平均回收率/%	RSD/%	平均回收率/%	RSD/%
啶噻硫磷	Pyridaphenthion	0.7	1.3	2.6	111	5.50	78.9	5.63	102	4.88	87.1	0.95	86.8	3.25	85.4	6.59	84.3	5.17	114	4.49	87	9.43
嘧啶磷	Pirimiphos-ethyl	0.1	0.2	0.4	107	6.09	77.6	6.22	121	12.40	74.3	7.63	93.1	11.17	80	8.95	74.8	2.79	96.8	5.48	73.5	10.00
硫双威	Thiodicarb	13.1	26.2	52.5	112	7.54	N/A	N/A	112	6.55	22.3	81.61	N/A	N/A	N/A	N/A	N/A	N/A	N/A	N/A	N/A	N/A
吡唑硫磷	Pyraclofos	1.0	2.1	4.1	104	6.79	76.4	8.19	115	6.77	81.4	5.90	79.9	3.10	91.6	4.05	84.8	4.42	104	3.12	84	8.82
啶氧菌酯	Picoxystrobin	3.3	6.7	13.3	118	6.70	97.9	3.54	110	16.27	75.2	13.70	85.6	12.73	91.6	4.62	80.2	15.59	110	9.79	86.9	3.06
四氟醚唑	Tetraconazole	0.9	1.7	3.4	105	7.01	86.7	6.72	109	8.24	88.8	5.03	97.9	4.12	103.6	5.92	94.4	5.42	98.2	4.50	94.1	12.11
吡唑解草酯	Mefenpyr-diethyl	1.0	2.0	4.0	119	5.42	77.8	4.61	108	8.21	93.9	8.45	88.8	8.38	91.7	13.74	76	10.86	104	4.79	86.8	9.45
丙溴磷	Profenofos	1.6	3.1	6.2	102	13.04	80.1	7.99	108	7.92	64	5.02	99.3	10.57	96.2	9.06	80.7	4.10	102	5.56	77.3	8.55
百克敏	Pyraclostrobin	0.3	0.7	1.3	115	6.87	77.8	8.15	107	12.34	77.6	3.74	83.9	2.66	89.5	5.13	74.3	11.12	92.1	4.96	86.4	11.81
烯酰吗啉	Dimethomorph	0.3	0.7	1.3	108	18.15	114	6.05	111	9.01	83.4	3.63	99	2.13	97.9	5.13	125	8.40	121	3.23	117	13.59
噻嗯菊酯	Kadethrin	0.4	0.8	1.6	91.5	7.21	44.2	19.8	90.6	13.69	64.7	5.87	62.3	8.75	64.2	10.93	59.9	51.75	57.3	17.82	70.9	12.07
噻唑烟酸	Thiazopyr	1.3	2.7	5.3	101	7.45	79.3	6.54	109	4.49	89.4	6.16	88.8	7.27	81.5	9.47	71.3	9.31	96.9	10.88	78.6	7.68
甲基丙硫克百威	Benfuracarb-methyl	10.0	20.0	40.0	N/A	N/A	N/A	N/A	2.6	139	2.2	17.27	N/A	N/A	N/A	N/A	N/A	N/A	2.4	83.33	1.3	N/A
醚磺隆	Cinosulfuron	0.7	1.3	2.7	4.7	10.64	N/A	N/A	2	28.50	2.6	7.69	N/A	N/A	N/A	N/A	N/A	N/A	1.4	N/A	N/A	N/A
吡嘧磺隆	Pyrazosulfuron-ethyl	1.6	3.3	6.5	N/A	N/A	N/A	N/A	9.6	75.31	0.6	78.97	2.4	28.75	5.5	75.82	5.8	78.97	13.9	95.97	6.2	116
磺草唑胺	Metosulam	10.0	20.0	40.0	N/A	N/A	N/A	N/A	2.4	N/A	N/A	N/A	0.1	100	0.5	N/A	N/A	N/A	1.9	N/A	N/A	N/A
甲基碘磺隆	Iodosulfuron-methyl	16.5	33.0	66.0	N/A	N/A	N/A	N/A	6	N/A	0.7	N/A	0.7	62.86	4	N/A	N/A	N/A	15.7	N/A	7.3	118
氟啶脲	Chlorfluazuron	3.3	6.7	13.3	100	10.30	72.3	23.56	104	4.34	79	8.41	93.1	16.43	79.9	8.34	72.4	15.33	95.2	8.79	73.3	18.14
							荞麦蜜						荆条蜜						枣花蜜			
甲哌啶	Mepiquat chloride	1.0	2.0	4.0	3.6	22.3	3.9	5.92	3.5	8.69	5.1	38.0	7.3	18.44	2.7	36.66	7.1	24.8	8.67	40.18	10.06	26.75
二丙烯草胺	Allidochlor	18.6	37.1	74.2	84.1	13.8	98.6	12.56	63.3	5.14	86.8	14.1	76.8	32.52	76.4	8.56	91.5	9.2	72.96	14.65	110.18	17.25
霜霉威	Propamocarb	0.6	1.3	2.5	6.4	29.3	5.5	16.14	4.0	10.97	8.6	11.4	8.9	36.82	6.8	28.91	28.9	16.7	31.54	20.83	26.82	11.95
三环唑	Tricyclazole	0.6	1.2	2.4	100.7	7.6	108.2	10.23	65.1	7.32	113.4	9.0	96.9	8.85	86.0	6.71	107.8	3.9	107.5	11.23	104.40	2.10
噻菌灵	Thiabendazole	1.0	2.0	4.0	76.1	16.4	83.7	12.94	36.3	16.75	61.7	24.6	105.9	8.16	74.2	16.26	85.8	7.3	105.2	4.76	82.74	15.83

续表

中文名称	英文名称	添加浓度/(μg/kg)			低水平添加		中水平添加		高水平添加		低水平添加		中水平添加		高水平添加		低水平添加		中水平添加		高水平添加	
		低	中	高	平均回收率/%	RSD/%	平均回收率/%	RSD/%	平均回收率/%	RSD/%	平均回收率/%	RSD/%	平均回收率/%	RSD/%	平均回收率/%	RSD/%	平均回收率/%	RSD/%	平均回收率/%	RSD/%	平均回收率/%	RSD/%
苯嗪草酮	Metamitron	3.5	7.0	14.0	102.3	2.9	95.1	13.03	65.2	4.93	105.5	9.1	93.9	5.10	95.0	9.95	84.1	2.4	99.32	6.68	105.54	4.64
异丙隆	Isoproturon	0.3	0.6	1.3	94.9	4.7	101.6	9.41	60.0	4.63	100.5	2.4	94.5	5.77	92.0	2.39	98.2	3.8	103.2	5.28	97.72	2.92
阿特拉通	Atratone	0.4	0.7	1.5	89.9	5.7	111.2	11.59	56.0	2.55	108.8	4.6	98.2	9.99	89.0	2.57	90.6	7.0	96.22	4.59	93.74	5.96
敌草净	Oesmetryn	0.2	0.4	0.8	31.4	64.1	113.3	16.34	53.3	8.08	109.7	7.8	89.6	5.56	92.5	3.02	87.9	8.6	112.4	4.20	107.36	5.60
嗪草酮	Metribuzin	1.0	2.0	4.0	86.7	5.9	102.1	17.33	61.8	6.89	104.4	7.1	93.3	4.43	85.7	3.42	92.7	2.9	100.9	5.15	102.60	3.67
N,N-二甲基氨基-N-甲苯	DMST	13.3	26.7	53.3	83.9	7.8	105.7	11.58	56.7	8.06	102.2	5.0	104.5	6.05	99.3	2.36	89.1	9.7	109.80	6.12	115.00	8.54
环草敌	Cycloate	4.8	9.5	19.1	57.5	26.5	75.1	22.92	52.5	7.52	96.5	6.3	86.7	4.71	77.6	3.86	76.3	9.1	78.56	9.34	74.66	5.58
阿特拉津	Atrazine	1.0	2.0	4.0	88.9	5.9	101.7	15.44	60.4	5.89	103.0	2.6	90.1	7.17	90.7	2.76	93.2	4.9	102.5	3.52	106.00	2.50
丁草敌	Butylate	260.0	520.0	1040.0	53.7	30.6	77.0	21.28	49.9	10.51	100.7	7.6	72.2	16.20	77.2	9.95	65.1	12.6	56.88	13.81	84.74	17.52
吡蚜酮	Pymetrozin	1.3	2.7	5.3	N/A	N/A	103.4	28.52	N/A	N/A	21.5	47.1	81.2	30.08	71.2	38.92	N/A	N/A	60.13	57.53	76.74	18.20
氯草敏	Chloridazon	3.6	7.1	14.3	97.0	8.5	109.6	7.11	70.9	6.72	99.7	7.0	97.4	6.24	87.7	3.60	101.4	6.5	106.2	5.09	99.36	2.65
莠草畏	Sulfallate	19.7	39.3	78.7	64.8	24.9	91.2	26.58	48.7	5.22	88.4	7.8	74.2	9.22	68.5	5.52	66.3	7.5	71.32	9.07	85.70	4.36
乙硫苯威	Ethiofencarb	2.2	4.5	8.9	79.1	27.6	110.5	46.62	112.4	34.99	135.8	41.0	127.5	26.17	137.4	64.79	112.7	21.2	89.32	27.97	74.02	5.23
特丁通	Terbumeton	0.2	0.4	0.8	94.8	9.2	103.1	14.06	54.4	4.47	101.7	1.8	90.4	8.61	86.0	2.80	104.9	7.5	99.92	8.39	101.48	2.28
环丙津	Cyprazine	0.2	0.4	0.8	82.7	5.0	99.3	15.21	53.9	6.42	100.4	3.4	95.6	6.32	92.5	1.90	98.7	5.0	104.8	7.10	102.86	5.25
莠灭净	Ametryn	1.0	2.0	4.0	78.4	10.6	96.6	16.30	58.5	6.58	101.2	3.5	96.3	6.83	95.3	1.80	99.0	6.8	104.32	4.80	96.34	3.91
丁噻隆	Tebuthiuron	0.2	0.4	0.8	94.2	6.3	105.3	10.06	56.9	6.11	105.6	3.4	88.9	5.74	92.3	3.49	94.4	6.4	103.72	6.83	107.00	5.45
草达津	Trietazine	0.2	0.4	0.8	72.2	12.8	93.0	19.89	54.3	10.84	103.5	6.9	88.5	4.06	94.1	2.50	90.6	7.9	95.28	3.69	91.12	4.77
另丁津	Sebutylazine	0.5	0.9	1.9	80.7	4.8	104.0	20.39	58.6	8.99	100.0	4.6	90.8	5.46	90.7	2.38	96.6	4.6	100.3	5.90	105.20	2.72
驱虫特	Dibutyl succinate	13.7	27.4	54.8	62.2	20.7	86.3	28.07	54.0	5.01	98.3	9.1	76.5	10.45	69.6	6.60	63.7	8.8	72.02	9.96	75.08	12.64
牧草胺	Tebutam	0.3	0.5	1.1	75.7	9.1	95.0	17.35	60.4	5.39	104.6	2.7	90.6	5.89	89.0	1.40	89.5	7.5	92.44	4.10	86.78	3.70
久效威亚砜	Thiofanox-sulfoxide	13.7	27.5		113.5	17.3	118.2	3.90	77.9	13.57	108.9	17.5	90.3	14.68	120.3	32.51	86.9	12.8	101.7	35.57	84.92	19.99
杀螟丹	Cartap hydrochloride	376.7	753.3	1506.7	65.1	18.2	107.4	13.84	62.5	4.61	100.7	11.4	102.7	9.60	91.1	4.36	82.9	5.2	97.72	6.78	96.56	5.74

续表

中文名称	英文名称	添加浓度/(μg/kg)			低水平添加		中水平添加		高水平添加		低水平添加		中水平添加		高水平添加		低水平添加		中水平添加		高水平添加	
		低	中	高	平均回收率/%	RSD/%	平均回收率/%	RSD/%	平均回收率/%	RSD/%	平均回收率/%	RSD/%	平均回收率/%	RSD/%	平均回收率/%	RSD/%	平均回收率/%	RSD/%	平均回收率/%	RSD/%	平均回收率/%	RSD/%
虫螨畏	Methacrifos	163.3	326.7	653.3	70.1	14.9	118.5	25.55	66.4	5.61	115.4	3.4	85.7	19.22	86.2	6.75	85.1	13.8	77.60	7.74	113.20	7.64
特丁净	Terbutryn	0.1	0.3	0.6	74.1	10.6	88.6	19.61	54.0	6.16	103.3	4.9	89.9	5.64	86.9	1.97	90.8	4.5	96.66	6.11	92.44	6.30
咪唑嗪	Triazoxide	23.3	46.7	93.3	71.2	13.8	89.4	11.75	40.9	36.42	52.5	19.2	63.1	7.99	52.7	5.54	65.3	13.2	79.66	11.49	82.32	11.12
虫线磷	Thionazin	3.3	6.6	13.2	80.1	12.2	110.5	24.09	59.9	9.05	110.0	6.8	101.0	9.71	80.9	3.90	111.2	9.3	100.1	6.67	110.36	10.65
利谷隆	Linuron	10.1	20.1	40.3	82.2	7.2	114.0	13.88	61.8	5.62	98.2	4.2	97.5	6.32	93.1	2.02	99.5	5.7	107.4	4.78	118.20	5.02
庚烯磷	Heptanophos	3.2	6.3	12.6	79.1	3.4	86.0	13.48	52.8	4.28	103.0	4.9	94.2	7.36	87.7	4.19	98.1	5.7	98.18	6.65	89.72	5.60
苯草丹	Prosulfocarb	0.3	0.7	1.3	53.3	22.8	66.7	24.73	52.2	11.27	95.0	9.8	80.7	10.64	82.3	0.51	56.5	23.7	74.54	11.17	54.78	7.33
炔苯酰草胺	Propyzamide	2.0	4.0	8.0	73.5	4.7	102.1	19.73	56.6	7.12	103.9	5.8	90.5	7.48	98.6	4.74	91.3	4.3	99.66	6.79	104.12	6.38
异丙净	Dipropetryn	0.2	0.4	0.8	64.5	10.4	85.5	23.84	54.3	9.29	99.3	7.1	92.3	8.84	88.0	1.84	82.5	3.4	83.52	5.66	83.70	7.11
禾草丹	Thiobencarb	0.6	1.2	2.4	56.5	13.7	79.6	21.01	56.5	9.29	90.3	8.7	88.9	4.41	89.5	5.31	69.6	8.4	65.52	4.67	69.22	9.34
三异丁基磷酸盐	Tri-iso-butyl phosphate	1.3	2.7	5.3	68.2	23.3	100.2	21.68	56.6	5.75	71.7	9.8	84.4	6.35	82.5	3.81	77.2	5.0	73.12	4.59	84.28	8.28
三正丁基磷酸盐	Tri-n-butyl phosphate	0.4	0.7	1.5	74.8	14.3	101.7	22.79	57.3	7.47	83.5	5.1	86.1	9.21	80.9	2.06	76.0	9.6	73.16	3.11	81.24	12.23
乙霉威	Diethofencarb	0.7	1.3	2.7	65.0	50.6	114.7	16.83	51.0	12.27	84.7	9.4	82.4	10.41	92.8	2.29	96.0	17.9	100.2	15.70	116.60	2.47
甲草胺	Alachlor	6.7	13.3	26.7	68.4	12.5	96.1	17.24	58.7	7.03	102.1	4.4	91.2	6.94	88.7	3.88	90.3	4.1	91.12	4.80	87.02	4.09
硫线磷	Cadusafos	0.7	1.3	2.6	58.7	10.5	86.5	23.06	52.5	4.35	86.7	6.4	85.1	7.65	79.9	3.84	75.5	9.3	71.00	4.07	77.42	5.81
吡唑草胺	Metazachlor	0.4	0.7	1.5	93.7	8.4	101.9	12.81	56.4	9.57	91.2	4.0	94.3	8.76	97.2	3.79	109.1	8.0	97.80	3.36	92.96	4.37
胺丙畏	Propetamphos	24.7	49.3	98.7	76.4	15.9	83.8	13.22	50.4	21.04	88.6	8.8	75.3	3.30	75.3	6.10	37.6	29.8	67.44	11.84	80.04	3.73
特丁硫磷	Terbufos	60.8	121.5	243.0	57.3	27.0	72.8	25.56	35.4	22.08	90.4	7.9	84.8	9.81	82.3	14.10	46.2	16.2	61.86	14.62	61.18	18.37
烯效唑	Uniconazole	0.7	1.3	2.7	80.6	4.5	107.9	17.67	58.1	7.03	95.0	3.3	92.4	5.49	92.1	2.96	92.4	6.8	94.46	6.51	109.40	3.33
硅氟唑	Simeconazole	1.3	2.7	5.3	82.0	7.7	99.7	15.56	53.3	20.80	95.0	14.7	83.8	17.70	87.9	5.47	98.3	9.2	98.90	2.76	106.00	5.04
三唑酮	Triadimefon	2.7	5.3	10.7	81.0	10.7	99.2	20.27	56.6	11.90	102.4	5.4	93.6	7.21	87.8	2.14	93.0	8.0	91.06	5.34	98.62	2.30
甲拌磷砜	Phorate sulfone	2.1	4.2	8.3	79.2	14.9	109.7	15.58	54.3	11.72	100.3	9.4	95.5	13.51	82.0	11.12	105.7	8.3	92.84	5.75	77.62	6.05
十三吗啉	Tridemorph	1.3	2.6	5.1	28.9	45.3	48.4	54.89	29.1	46.55	108.1	12.9	68.2	6.75	69.6	11.65	47.6	12.4	51.66	19.59	27.16	16.96

续表

中文名称	英文名称	添加浓度/(μg/kg)			低水平添加		中水平添加		高水平添加		低水平添加		中水平添加		高水平添加		低水平添加		中水平添加		高水平添加	
		低	中	高	平均回收率/%	RSD/%	平均回收率/%	RSD/%	平均回收率/%	RSD/%	平均回收率/%	RSD/%	平均回收率/%	RSD/%	平均回收率/%	RSD/%	平均回收率/%	RSD/%	平均回收率/%	RSD/%	平均回收率/%	RSD/%
苯噻酰草胺	Mefenacet	0.3	0.7	1.3	82.7	16.5	115.4	22.12	50.6	5.66	92.0	5.4	88.9	2.74	86.5	3.39	101.0	12.3	90.70	6.54	82.90	10.70
戊环唑	Azaconazole	0.2	0.4	0.9	83.0	6.5	107.0	18.55	59.4	10.41	92.3	5.1	91.3	2.13	92.7	5.63	97.3	6.0	104.7	6.80	109.20	5.32
苯线磷	Fenamiphos	0.1	0.3	0.5	87.5	9.3	113.4	18.10	54.9	12.64	101.4	3.8	91.9	7.35	91.3	4.54	78.0	17.6	91.12	9.04	94.86	5.09
丁苯吗啉	Fenpropimorph	0.2	0.5	1.0	50.1	33.8	71.1	43.06	44.9	22.06	102.7	8.2	84.9	9.13	82.8	6.38	54.0	13.2	68.42	10.43	40.04	13.50
戊唑醇	Tebuconazole	3.2	6.5	12.9	80.7	5.2	105.3	14.56	57.0	6.25	100.6	3.1	93.6	5.36	89.0	2.48	93.7	5.8	95.84	7.28	105.80	2.71
异丙乐灵	Isopropalin	8.5	17.1	34.1	41.2	32.0	60.4	32.43	35.5	13.14	93.4	10.2	66.7	11.48	77.0	2.26	58.7	20.8	65.98	17.38	100.74	32.35
氟苯嘧啶醇	Nuarimol	0.6	1.3	2.6	84.5	9.1	107.4	15.35	59.3	8.78	82.1	56.0	87.0	8.46	91.0	3.62	94.8	5.5	101.3	2.78	108.20	3.36
乙嘧酚磺酸酯	Bupirimate	0.4	0.7	1.4	67.7	8.5	87.9	15.23	56.2	9.09	97.1	4.9	90.6	5.35	85.3	3.76	68.4	7.6	76.20	11.46	69.96	1.86
保棉磷	Azinphos-methyl	63.3	126.7	253.3	92.6	9.4	77.8	7.14	46.4	19.01	73.0	11.1	75.8	34.15	98.2	35.26	90.3	12.4	94.36	14.51	83.34	17.56
丁基嘧啶磷	Tebupirimfos	1.3	2.6	5.3	46.8	23.0	73.4	31.47	53.7	11.89	92.5	7.2	77.0	8.38	77.1	4.82	54.4	12.2	70.28	9.34	59.36	11.45
稻丰散	Phenthoate	3.3	6.7	13.3	38.3	46.8	73.9	18.85	49.0	9.59	72.6	7.0	90.5	16.90	60.6	6.52	63.1	15.7	60.34	10.03	67.72	9.59
治螟磷	Sulfotep	1.3	2.6	5.2	50.8	12.1	69.1	23.76	52.4	6.26	96.0	4.8	81.2	7.50	80.2	2.39	65.1	13.2	59.56	12.24	58.54	7.89
硫丙磷	Sulprofos	3.5	7.0	13.9	41.9	19.8	63.1	26.58	44.0	11.99	91.1	9.3	71.4	12.52	75.3	7.96	43.4	10.5	59.60	15.62	57.90	13.70
苯硫磷	EPN	13.3	26.7	53.3	52.8	16.7	93.9	29.61	51.0	5.71	91.1	5.0	77.1	12.98	86.1	6.45	56.5	16.6	78.72	19.68	75.94	11.90
甲基吡恶磷	Azamethiphos	0.3	0.7	1.3	79.4	13.2	92.7	13.35	57.6	8.87	91.2	16.2	85.7	9.15	89.2	7.48	83.6	6.5	97.06	7.33	89.04	2.98
烯唑醇	Diniconazole	0.7	1.4	2.7	81.7	9.2	96.6	18.19	56.0	8.95	96.7	5.6	93.4	6.66	87.2	2.23	94.4	6.5	99.20	7.80	99.50	4.75
唑嘧磺草胺	Flumetsulam	0.4	0.8	1.5	60.4	14.4	32.2	16.70	5.9	10.05	N/A	N/A	2.3	90.99	60.6	6.52	N/A	N/A	4.44	33.72	5.57	5.45
稀禾啶	Sethoxydim	11.7	23.3	46.7	49.7	19.9	61.4	28.57	40.2	19.36	48.4	46.3	58.6	20.29	58.3	7.18	24.5	35.3	61.46	26.86	84.40	9.92
纹枯脲	Pencycuron	0.2	0.4	0.8	62.0	9.4	89.7	13.07	53.9	5.49	79.2	1.5	84.2	7.85	82.1	2.93	56.3	8.1	70.12	10.23	67.50	4.45
灭瘟素	Mecarbam	3.2	6.5	13.0	59.3	31.5	98.0	15.75	55.9	11.60	96.6	9.1	81.6	7.08	79.1	8.94	80.2	7.3	77.88	7.84	66.58	13.93
苯草酮	Tralkoxydim	1.3	2.7	5.3	50.4	16.0	71.4	27.19	48.8	14.67	41.4	57.2	63.7	24.79	58.2	6.49	59.9	19.7	79.14	17.81	77.22	9.61
马拉硫磷	Malathion	1.0	2.0	4.0	60.9	18.4	88.1	14.31	60.3	11.17	94.2	6.1	73.5	9.65	73.2	11.35	70.1	5.8	70.00	5.47	74.78	11.01
萘草丹	Pyributicarb	0.3	0.7	1.3	44.2	11.9	69.8	26.62	48.2	9.75	86.6	3.8	85.7	9.01	80.8	1.64	56.2	11.5	63.20	16.86	49.14	15.61
哒嗪硫磷	Pyridaphenthion	0.7	1.3	2.6	72.8	5.3	101.7	15.69	55.6	6.71	98.0	5.7	88.0	6.13	80.8	6.74	79.9	7.9	81.38	5.44	90.84	6.13

续表

中文名称	英文名称	添加浓度/(μg/kg)			低水平添加		中水平添加		高水平添加		低水平添加		中水平添加		高水平添加		低水平添加		中水平添加		高水平添加	
		低	中	高	平均回收率/%	RSD/%	平均回收率/%	RSD/%	平均回收率/%	RSD/%	平均回收率/%	RSD/%	平均回收率/%	RSD/%	平均回收率/%	RSD/%	平均回收率/%	RSD/%	平均回收率/%	RSD/%	平均回收率/%	RSD/%
					洋槐蜜						椴树蜜						油菜蜜					
嘧啶磷	Pirimiphos-ethyl	0.1	0.2	0.4	47.8	21.3	66.0	28.77	54.5	10.32	83.4	5.5	77.5	6.65	78.0	4.11	55.3	14.2	66.60	9.18	53.78	12.25
硫双威	Thiodicarb	13.1	26.2	52.5	N/A	N/A	106.9	31.96	81.3	18.38	N/A	N/A	N/A	N/A	N/A	N/A	N/A	N/A	N/A	N/A	N/A	N/A
吡唑硫磷	Pyraclofos	1.0	2.1	4.1	60.1	12.1	95.0	17.23	54.2	6.84	80.4	6.2	80.3	4.90	82.9	2.15	76.1	9.4	69.16	4.83	66.80	6.47
啶氧菌酯	Picoxystrobin	3.3	6.7	13.3	67.5	7.6	108.4	15.85	62.9	8.69	81.4	10.9	79.0	12.32	100.1	12.86	75.7	9.4	67.20	8.29	80.48	5.22
四氟醚唑	Tetraconazole	0.9	1.7	3.4	75.7	7.7	103.8	17.78	55.7	7.03	94.0	7.0	92.0	6.15	89.1	2.78	84.0	7.2	95.20	5.89	99.88	4.58
吡唑解草酯	Mefenpyr-diethyl	1.0	2.0	4.0	50.0	9.8	78.2	27.06	52.4	9.31	86.4	16.9	86.5	4.87	85.0	2.26	49.0	13.9	65.90	12.05	68.16	9.61
丙溴磷	Profenefos	1.6	3.1	6.2	60.2	18.3	73.4	21.59	53.1	7.53	77.0	7.4	79.7	10.95	78.9	6.53	51.9	14.6	86.02	20.42	62.98	8.09
百克敏	Pyraclostrobin	0.3	0.7	1.3	60.9	12.1	90.5	19.38	58.3	5.05	92.8	6.0	82.6	5.63	84.8	2.19	72.8	7.3	61.72	8.67	63.10	5.42
烯酰吗啉	Dimethomorph	0.3	0.7	1.3	86.1	7.7	115.6	15.26	51.6	16.75	111.8	4.5	94.9	4.86	94.9	7.68	88.9	5.5	90.46	9.20	96.82	3.99
噻酮菊酯	Kadethrin	0.4	0.8	1.6	55.5	10.4	73.3	14.01	40.8	12.27	74.6	9.1	66.5	19.56	77.5	9.32	N/A	N/A	18.04	40.95	49.58	9.43
噻唑烟酸	Thiazopyr	1.3	2.7	5.3	55.5	20.9	80.9	21.01	51.7	7.79	81.8	10.0	84.9	2.63	82.0	2.09	71.0	6.2	67.64	8.00	64.14	11.51
甲基丙硫克百威	Benfuracarb-methyl	10.0	20.0	40.0	4.8	87.6	40.3	12.22	6.2	66.37	N/A	N/A	2.4	88.60	85.0	N/A	1.9	N/A	4.89	132.36	7.28	44.46
醚黄隆	Cinosulfuron	0.7	1.3	2.7	N/A	N/A	10.8	49.33	2.0	5.37	N/A	N/A	2.3	N/A	N/A	N/A	N/A	N/A	4.32	N/A	2.37	51.92
吡嘧磺隆	Pyrazosulfuron-ethyl	1.6	3.3	6.5	2.6	35.4	37.6	27.65	5.4	85.27	3.5	N/A	18.9	40.33	3.0	145.73	13.9	38.3	25.33	52.75	21.46	77.86
磺草胺隆	Metosulam	10.0	20.0	40.0	N/A	N/A	5.7	25.69	0.4	3.75	N/A	N/A	1.5	49.39	N/A	N/A	N/A	N/A	4.93	N/A	1.99	52.48
甲基碘磺隆	Iodosulfuron-methyl	16.5	33.0	66.0	6.7	35.3	N/A	N/A	N/A	N/A	N/A	N/A	10.5	50.54	N/A	N/A	8.3	N/A	16.12	73.58	11.74	80.36
氟啶脲	Chlorfluazuron	3.3	6.7	13.3	54.4	23.1	68.1	16.69	41.2	7.37	85.1	14.0	79.6	11.89	75.9	3.37	44.7	11.0	76.14	7.65	65.12	11.42
									E 组													
4-氨基吡啶	4-Aminopyridine	0.4	0.9	1.7	60.1	13.88	47.1	31	1.2	N/A	47.7	123.6	3.4	N/A	2.9	N/A	6.5	61.08	48.7	N/A	86.5	127
矮壮素	Chlormequat	0.4	0.8	1.6	N/A	N/A	1.5	26	N/A	N/A	0.7	N/A	0.6	N/A	0.3	76.67	N/A	N/A	1.2	N/A	0.8	47.50
灭多威	Methomyl	2.4	4.8	9.6	92.5	9.72	87.7	7.70	86.1	7.79	112	4.96	113.6	9.07	118.2	2.27	94.6	21.88	100	17.61	106	23.30
余线威肟	Oxamyl-oxime	0.5	0.9	1.9	N/A	N/A	N/A	N/A	85.1	8.45	N/A	N/A	108	1.73	101.7	2.50	N/A	N/A	N/A	N/A	73.4	12.86
咯喹酮	Pyroquilon	4.0	8.0	16.0	92.5	6.23	95.8	5.11	104	4.18	53.1	10.75	108	1.73	75.9	N/A	98.7	13.48	106	5.29	79.4	2.10

续表

中文名称	英文名称	添加浓度/(μg/kg)			低水平添加 平均回收率/%	低水平添加 RSD/%	中水平添加 平均回收率/%	中水平添加 RSD/%	高水平添加 平均回收率/%	高水平添加 RSD/%	低水平添加 平均回收率/%	低水平添加 RSD/%	中水平添加 平均回收率/%	中水平添加 RSD/%	高水平添加 平均回收率/%	高水平添加 RSD/%	低水平添加 平均回收率/%	低水平添加 RSD/%	中水平添加 平均回收率/%	中水平添加 RSD/%	高水平添加 平均回收率/%	高水平添加 RSD/%
		低	中	高																		
麦穗灵	Fuberidazole	1.3	2.7	5.3	54.2	76.75	93.3	14	71.1	14.21	N/A	N/A	69.9	21.46	68.7	17.76	8.2	0.00	50.1	67.01	49.8	34.74
丁咪酰胺	Isocarbamid	0.7	1.3	2.7	88.3	14.95	101	7.17	96.9	3.11	100	8.10	101.8	7.14	100.4	3.57	118	8.08	106	4.12	78.6	4.76
丁酮威	Butocarboxim	0.1	0.3	0.6	78.6	10.75	95.3	13.1	90.4	12.83	66.6	53.90	103.3	18.49	98.5	8.32	109	7.47	79.9	54.38	107	12.24
杀虫脒	Chlordimeform	1.0	2.0	3.9	103	5.06	99.2	7.87	104	7.76	87.7	12.88	100.2	10.88	84.4	9.34	96.5	7.45	98.2	10.44	68.9	24.09
霜脲氰	Cymoxanil	10.4	20.7	41.4	104	9.44	85.6	7.55	102	3.16	98.5	12.99	85.6	11.92	118	4.24	92.4	7.84	109	4.56	78.4	9.52
灭草敌	Vernolate	0.8	1.7	3.4	88.3	7.68	39	31.8	81.5	9.52	121	7.09	76.7	12.02	92.3	6.93	60.3	38.47	102	9.57	67.7	10.27
氯硫酰草胺	Chlorthiamid	33.3	66.7	133.3	N/A	N/A	N/A	N/A	5.7	31.58	N/A	N/A	N/A	N/A	N/A	N/A	N/A	N/A	126	N/A	41	7.41
猛杀威	Promecarb	3.4	6.7	13.5	106	7.09	99.8	7.41	107	5.31	158	19.81	114.6	6.22	104.4	3.50	101	8.13	124	4.06	79.8	9.15
灭害威	Aminocarb	11.1	22.3	44.5	117	16.32	94.8	7.68	104	7.68	85.8	30.42	94.6	16.28	114.7	14.04	78.1	13.44	137	5.04	90.7	17.75
甲菌定	Dimethirimol	0.6	1.3	2.5	58.5	36.75	91.5	6.12	96.4	6.86	88.1	8.82	63.3	10.84	76.6	13.19	100	13.10	84.8	8.80	83	20.36
氯麦隆	Chlortoluron	0.3	0.5	1.0	103	9.15	103	3.30	97.5	2.29	106	11.13	95.4	8.35	102.8	3.36	99.4	1.34	108	4.16	82.3	2.11
氧乐果	Omethoate	0.3	0.5	1.1	89.7	18.39	80.1	14	94.1	7.77	49.3	18.68	89.6	7.51	76.1	9.15	98.2	3.68	107	4.64	93.2	2.88
乙氧喹啉	Ethoxyquin	1.3	2.6	5.2	118	3.38	54.1	14.5	152	36.91	27.9	26.38	49.2	31.10	18.6	N/A	N/A	N/A	N/A	N/A	323	35.91
敌敌畏	Dichlorvos	1.4	2.8	5.6	106	9.91	107	7.07	86.8	9.63	102	23.53	147.8	26.39	88.2	17.57	84.6	7.17	79.1	12.65	51.4	17.26
涕灭威砜	Aldicarb sulfone	6.3	12.7	25.4	98	5.09	114	6.82	109	3.98	117	5.99	104.2	5.86	120	4.60	99	16.77	102	3.49	73.5	10.82
二氧威	Dioxacarb	1.4	2.8	5.6	N/A	N/A	N/A	N/A	N/A	N/A	97	8.30	N/A	N/A	107.6	15.24	105	N/A	69.1	5.53	70.3	41.25
苄基腺嘌呤	Benzyladenine	10.0	20.0	39.9	35.2	89.20	3	72.3	8.4	47.50	79.2	48.99	104.2	79.46	67.7	71.94	29.8	44.30	24.1	41.87	7.5	47.20
甲基内吸磷	Demeton-S-methyl	0.9	1.9	3.8	64.3	18.51	75.7	17.2	80	8.48	70.3	57.47	98	13.57	124.6	13.08	81.8	7.38	120	19.48	65.7	12.88
解草腈	Oxabetrinil	0.2	0.4	0.7	86.7	8.51	89.5	11.3	116	12.93	158	38.16	102.5	10.24	107	1.62	90	4.67	103	6.64	69.2	13.48
乙硫苯威亚砜	Ethiofencarb-sulfoxide	25.0	49.9	99.8	92.8	11.10	91.6	7.04	91.6	5.34	108	4.06	105.9	11.24	107.4	4.95	107	9.53	93.5	7.81	88.1	11.16
苯腈磷	Cyanohos	53.3	106.6	213.1	114	16.32	151	28.5	81.2	37.81	106	6.13	98.4	7.73	100.4	8.29	108	11.85	96.8	8.94	74.2	23.18
土菌灵	Etridiazole	1.2	2.4	4.8	87.7	12.66	53.4	36.7	80.6	11.77	131	3.27	75.1	17.98	92.6	11.88	63	26.98	122	10.66	57.1	14.57
甲基乙拌磷	Thiometon	80.0	160.0	320.0	84	23.93	83.6	7.76	96.3	12.46	125	48.96	66.4	14.41	122.4	14.62	44.5	90.56	112	15.63	72.6	9.49

续表

中文名称	英文名称	添加浓度（μg/kg）			低水平添加		中水平添加		高水平添加		低水平添加		中水平添加		高水平添加		低水平添加		中水平添加		高水平添加	
		低	中	高	平均回收率/%	RSD/%	平均回收率/%	RSD/%	平均回收率/%	RSD/%	平均回收率/%	RSD/%	平均回收率/%	RSD/%	平均回收率/%	RSD/%	平均回收率/%	RSD/%	平均回收率/%	RSD/%	平均回收率/%	RSD/%
敌百虫	Trichlorfon	365.3	730.7	1461.3	99.3	13.19	113	8.94	85.7	5.78	101	32.38	60.7	23.06	96.3	14.75	80.5	14.16	103	16.17	52	23.27
灭菌丹	Folpet	68.0	136.0	272.0	103	30.19	53	32.3	87.9	14.90	93.7	13.55	32.4	47.53	67.9	37.41	71.1	18.00	80.4	28.83	55.5	16.23
甲基内吸磷砜	Demeton-S-methyl sulfone	3.3	6.7	13.3	97.9	9.60	104	5.11	102	1.11	121	2.06	111	5.22	111.2	5.26	93.8	9.57	99.5	3.79	74.3	5.01
顺草丹	Dimepiperate	699	1397	2795	126	7.48	113	9.20	95.7	11.81	126	25.48	108.3	29.09	60	20.67	103	9.65	73.6	20.37	80.3	12.23
苯锈啶	Fenpropidin	1.4	2.9	5.7	86.6	9.24	92.2	7.22	96	2.98	104	9.27	58.1	40.96	82.9	5.37	105	3.27	106	6.63	73.2	5.86
蔡硫磷	Amidithion	16.3	32.6	65.3	92.7	5.63	102	5.42	106	2.75	109	5.83	109.4	3.34	100.9	2.57	94.2	4.11	96.5	3.82	78.5	1.76
甲咪唑烟酸	Imazapic	2.7	5.3	10.7	0.8	6.80	0.5	34	N/A	N/A	N/A	N/A	2.7	N/A	N/A	N/A	N/A	N/A	0.6	N/A	N/A	N/A
对氧磷	Paraoxon-ethyl	0.3	0.6	1.1	107	9.53	111	8.24	105	2.81	108	7.44	98.5	5.44	95.9	4.01	92.3	7.43	99.9	5.34	70.7	6.27
4-十二烷基2,6-二甲基吗啉	Aldimorph	0.7	1.3	2.7	87.5	17.71	49	5.61	65.7	8.78	177	68.36	44.4	34.23	73	10.86	93.9	13.74	91.8	16.96	43	18.33
乙烯菌核利	Vinclozolin	1.1	2.2	4.5	42.9	107	101	7.67	88.4	6.40	74.8	60.96	N/A	N/A	48.1	64.03	70.8	12.43	75.7	33.08	24	65.00
烯效唑	Uniconazole	5.5	11.0	22.0	99.8	8.24	100	4.61	101	3.40	116	4.97	92.9	4.08	99.3	5.36	100	9.18	113	6.21	74.8	7.39
啶斑肟	Pyrifenox	0.5	1.1	2.2	101	5.74	93.3	5.68	97.5	2.47	115	5.25	101	3.58	97.6	7.53	107	9.03	106	3.80	73	8.68
氯硫磷	Chlorthion	496	992	1984	75.7	28.67	74.3	25.3	119	26.55	95.6	17.99	89.2	7.09	107.8	10.20	91.4	4.99	105	15.78	65.1	15.67
异氯磷	Dicapthon	0.7	1.3	2.7	99.9	20.52	64	44.1	118	25.08	101	18.32	78	13.46	101.6	5.58	80.2	12.39	83.2	16.65	51.4	32.10
四螨嗪	Clofentezine	1.0	1.9	3.8	100	12.50	85.8	16.4	85.5	6.73	128	8.98	70.5	10.40	97.6	1.02	82.3	15.31	94.4	10.35	74.5	9.38
氟草敏	Norflurazon	0.3	0.5	1.0	101	9.60	109	10.7	110	3.04	115	5.55	102.3	4.85	101.7	4.03	102	5.03	104	6.78	76	5.93
野麦畏	Triallate	96.0	192.0	384.0	85.9	6.85	173	43.7	68.7	5.21	153	13.33	63.2	15.81	99.8	5.95	73.4	6.62	118	7.61	61.1	10.80
苯氧喹啉	Quinoxyphen	277.3	554.7	1109.3	101	7.19	50.2	19.5	87.2	4.31	147	22.04	81.6	13.97	92.6	1.18	89	7.56	93.4	3.05	61.1	8.89
倍硫磷砜	Fenthion sulfone	13.5	26.9	53.9	90.5	11.01	122	13	104	8.42	127	3.08	101.2	9.88	115.8	4.66	86.2	8.21	119	4.96	74.8	10.00
烯虫酯	Methoprene	0.7	1.4	2.8	106	12.26	114	13.7	102	10.98	117	7.49	109.6	16.24	84.5	12.54	19.5	170	86.5	22.82	68.7	8.36
氟咯草酮	Flurochloridone	6.0	12.0	24.0	104	6.57	82.3	10.6	103	3.83	125	6.91	111.8	10.02	101.5	1.84	89.9	3.31	105	7.83	71.3	5.71
邻苯二甲酸丁苄酯	Phthalic acid,benzyl butyl ester	98.0	196.0	392.0	103	8.50	75	7.77	95.5	18.85	165	77.58	102.1	51.32	91.5	7.52	98.5	7.45	90.6	7.34	64.7	5.27

续表

中文名称	英文名称	添加浓度/(μg/kg)			低水平添加		中水平添加		高水平添加		低水平添加		中水平添加		高水平添加		低水平添加		中水平添加		高水平添加	
		低	中	高	平均回收率/%	RSD/%	平均回收率/%	RSD/%	平均回收率/%	RSD/%	平均回收率/%	RSD/%	平均回收率/%	RSD/%	平均回收率/%	RSD/%	平均回收率/%	RSD/%	平均回收率/%	RSD/%	平均回收率/%	RSD/%
氯唑磷	Isazofos	0.7	1.3	2.7	101	7.19	87.5	5.83	89.6	2.87	84	6.54	86.3	4.54	104.4	1.46	94.4	3.32	107	3.26	69.5	5.81
除线磷	Dichlofenthion	14.7	29.4	58.9	90.1	9.05	99.3	33.3	64.4	9.39	122	3.54	76.9	13.52	100.4	4.41	91.5	8.69	95	3.95	52.6	9.35
蚜灭磷砜	Vamidothion sulfone	59.6	119.3	238.6	92.4	15.26	96.4	9.67	101	5.75	105	9.62	91.2	12.06	96.1	5.99	98.2	12.22	104	15.19	85.7	8.84
特丁硫磷砜	Terbufos sulfone	28.0	56.0	112.0	92.3	5.09	92.3	8.74	102	2.59	116	4.21	89	2.87	96.2	5.28	93.1	6.17	110	13.08	76.8	4.74
氨氟灵	Dinitramine	6.2	12.5	24.9	80.7	31.35	69.2	10	85.9	4.62	83.6	4.84	68.7	3.84	92.7	7.08	82.7	9.06	104	15.80	62.9	4.39
氰霜唑	Cyazofamid	0.8	1.5	3.1	81.3	9.26	92.5	12.8	97.8	6.24	138	10.07	74.1	14.04	102.9	4.09	79.4	15.74	112	14.06	58.6	11.06
毒壤磷	Trichloronat	19.2	38.3	76.7	98.8	9.50	N/A	N/A	51.6	7.36	220	16.77	62.4	22.76	83.1	17.09	72.8	18.41	111	13.23	35.5	24.79
苄呋菊酯-2	Resmethrin-2	0.7	1.5	3.0	85.1	13.51	82.7	56.6	62.7	6.56	114	22.81	13.7	44.74	68.9	9.42	71.2	9.28	72.6	5.25	61.6	10.11
啶酰菌胺	Boscalid	6.3	12.7	25.4	102	9.36	82.7	4.06	115	2.64	116	4.10	102	5.11	134.8	11.72	91.6	4.09	120	9.33	78.3	3.96
甲磺菌胺	Nitralin	40.0	80.0	160.0	91	18.68	70.9	16.8	86	2.87	112	5.63	86.9	6.28	95.3	9.84	85.3	5.02	94.2	11.04	49.8	11.33
甲氰菊酯	Fenpropathrin	3.0	6.0	12.0	99.7	16.05	N/A	N/A	76.1	10.87	145	27.72	70.4	71.16	N/A	N/A	N/A	N/A	104	17.88	90.7	1.63
苯酮唑	Cafenstrol	30.9	61.9	123.7	86.6	17.90	89.5	14.4	103	7.90	54	14.70	101.2	13.44	94.3	4.95	72.1	6.34	139	12.16	67.3	14.32
嗪酮菌酮	Hexythiazox	13.1	26.2	52.3	88.6	11.17	92.9	24.8	76	12.71	106	9.09	79	7.22	114	13.95	84.8	19.58	99.8	18.16	74	17.16
双氟磺草胺	Florasulam	12.0	24.0	48.0	7.5	82.13	N/A	N/A	9.3	66.02	13.1	75.04	8.3	112	0.4	N/A	66.1	36.01	31.7	35.87	17.2	75.58
苯螨特	Benzoximate	1.6	3.3	6.5	118	3.14	112	17.6	71	18.17	N/A	N/A	99.3	18.53	95.9	8.80	123	N/A	70.3	21.92	73.1	17.24
哒螨灵	Pyridaben	40.8	81.6	163.2	92.1	10.53	107	32.9	65.7	15.83	64	51.56	50.5	27.72	110.2	26.86	84.2	11.44	101	6.24	60	11.22
新燕灵	Benzoylprop-ethyl	163.3	326.7	653.3	91.6	21.29	69.5	22.9	91	4.10	110	42.82	101.6	8.27	105.4	5.22	90.1	10.06	103	4.85	71	10.85
嘧霉灵	Pyrimidifen	14.4	28.8	57.6	69.9	24.46	99	22.7	79.6	2.75	122	6.82	75.4	6.29	84	8.36	89.4	6.31	98.4	9.07	55.7	7.47
哒草特	Pyridate	9.3	18.7	37.3	50	33.00	66.5	28.1	38	21.03	122	76.79	N/A	N/A	61.3	41.27	21.1	154	141	89.50	53.8	88.10
呋线威	Furathiocarb	2.5	5.1	10.1	82.2	8.78	64.4	11.4	79	3.82	121	8.19	84.9	2.16	90.4	0.38	84.3	6.70	109	6.82	56.3	17.46
反式氯菊酯	trans-Permethrin	0.5	1.1	2.1	79.8	19.17	131	19.9	80.5	20.87	135	4.41	35.1	25.67	93.3	8.48	119	11.18	126	12.12	105	10.10
苄草唑	Pyrazoxyfen	0.7	1.3	2.7	100	9.96	98.1	17.2	92.7	2.76	121	4.16	86.6	0.88	94.6	2.67	91.7	4.84	125	8.70	55.1	4.85
嘧唑螨	Flubenzimine	7.3	14.5	29.0	118	8.15	85.4	43.8	89.2	14.91	105	14.95	21.7	40.09	85.9	32.01	54.6	47.07	133	11.17	67	5.84

续表

中文名称	英文名称	添加浓度/(μg/kg)			低水平添加		中水平添加		高水平添加		低水平添加		中水平添加		高水平添加	
		低	中	高	平均回收率/%	RSD/%	平均回收率/%	RSD/%	平均回收率/%	RSD/%	平均回收率/%	RSD/%	平均回收率/%	RSD/%	平均回收率/%	RSD/%
乙氯氰菊酯	Zeta cypermethrin	0.1	0.3	0.5	106	22.83	18.5	20.4	59.3	11.11	50.8	11.26	15.5	58.97	53.2	19.36
氟吡乙禾灵	Haloxyfop-2-ethoxyethyl	8.7	17.5	34.9	87.4	7.71	75	15.5	81.8	4.79	111	6.10	100.5	11.14	103.2	6.10
S氰戊菊酯	Esfenvalerate	0.8	1.7	3.4	N/A	N/A	N/A	N/A	N/A	N/A	N/A	N/A	N/A	N/A	N/A	N/A
氟胺氰菊酯	Tau-fluvalinate	1.4	2.9	5.8	76.1	12.94	550	66.4	65	5.71	80.9	66.25	65.5	27.94	80.3	30.26
							荞麦蜜						荆条蜜			
4-氨基吡啶	4-Aminopyridine	0.4	0.9	1.7	102.4	3.8	104.5	5.07	101.6	7.81	101.4	9.6	N/A	N/A	18.14	104.87
矮壮素	Chlormequat	0.4	0.8	1.6	N/A	N/A	N/A	N/A	1.2	42.56	1.6		N/A	N/A	N/A	N/A
灭多威	Methomyl	2.4	4.8	9.6	N/A	N/A	88.3	34.99	92.9	7.32	123.8	12.7	103.5	6.51	123.60	10.82
杀线威肟	Oxamyl-oxime	0.5	0.9	1.9	N/A	N/A	N/A	N/A	N/A	N/A	N/A		N/A	N/A	97.96	9.99
咯喹酮	Pyroquilon	4.0	8.0	16.0	102.9	9.7	82.1	17.85	92.1	5.14	100.7	7.3	114.2	7.84	107.60	5.03
麦锈灵	Fuberidazole	1.3	2.7	5.3	49.7	70.8	90.2	9.68	133.8	8.24	N/A	N/A	91.78	27.99	66.62	14.82
丁脒酰胺	Isocarbamid	0.7	1.3	2.7	115.0	8.9	87.2	13.61	91.6	5.23	117.4	13.4	103.9	3.22	97.54	4.25
丁酮威	Butocarboxim	0.1	0.3	0.6	116.0	5.2	55.8	79.50	72.0	23.66	106.1	16.9	97.58	14.86	130.90	24.34
杀虫脒	Chlordimeform	1.0	2.0	3.9	118.4	13.4	129.0	15.06	101.3	7.70	110.3	16.3	100.4	5.50	71.78	5.27
霜脲氰	Cymoxanil	10.4	20.7	41.4	85.8	5.0	74.7	24.60	61.9	46.62	141.2	7.9	106.1	9.60	87.44	4.62
灭草敌	Vernolate	0.8	1.7	3.4	64.0	13.2	58.1	23.80	45.1	15.53	108.7	11.3	90.36	13.05	84.54	6.70
氯硫酰草胺	Chlorthiamid	33.3	66.7	133.3	N/A	N/A	N/A	N/A	N/A	N/A	66.2	17.28	N/A	N/A	62.0	17.53
猛杀威	Promecarb	3.4	6.7	13.5	91.1	17.2	79.0	15.15	75.3	10.54	100.4	10.2	110.4	6.59	104.80	4.44
灭害威	Aminocarb	11.1	22.3	44.5	N/A	N/A	44.4	83.39	79.8	12.95	97.7	17.2	102.8	10.28	98.20	15.35
甲菌定	Dimethirimol	0.6	1.3	2.5	95.6	24.9	67.2	15.38	92.6	8.59	106.3	9.5	110.9	30.51	84.02	8.97
氯麦隆	Chlortoluron	0.3	0.5	1.0	93.5	7.7	94.5	13.09	80.0	2.72	100.0	18.4	114.2	3.63	96.14	6.76
氧乐果	Omethoate	0.3	0.5	1.1	72.6	34.1	106.6	15.12	48.4	55.87	132.0	16.4	104.7	12.89	81.70	5.51
乙氧喹啉	Ethoxyquin	1.3	2.6	5.2	85.5	9.4	71.9	17.39	51.6	34.58	N/A	N/A	2.50		36.14	24.60

中文名称	英文名称	低水平添加		中水平添加		高水平添加	
		平均回收率/%	RSD/%	平均回收率/%	RSD/%	平均回收率/%	RSD/%
乙氯氰菊酯	Zeta cypermethrin	109	30.73	124	17.01	62.6	12.94
氟吡乙禾灵	Haloxyfop-2-ethoxyethyl	71.2	8.41	94.3	7.60	59.5	13.93
S氰戊菊酯	Esfenvalerate	N/A	N/A	N/A	N/A	8.7	N/A
氟胺氰菊酯	Tau-fluvalinate	N/A	N/A	N/A	N/A	51	21.96
		枣花蜜					
4-氨基吡啶	4-Aminopyridine	99.0	13.76	100.9	7.03	90.7	6.70
矮壮素	Chlormequat	2.1	N/A	N/A	N/A	2.0	42.23
灭多威	Methomyl	106.0	4.00	101.4	11.31	76.4	10.31
杀线威肟	Oxamyl-oxime	N/A	N/A	N/A	N/A	N/A	N/A
咯喹酮	Pyroquilon	112.0	10.35	90.9	5.67	94.8	13.42
麦锈灵	Fuberidazole	N/A	N/A	68.3	23.56	87.3	8.26
丁脒酰胺	Isocarbamid	88.5	17.26	85.3	11.67	72.1	12.39
丁酮威	Butocarboxim	281.2	26.64	N/A	N/A	69.8	8.56
杀虫脒	Chlordimeform	107.7	13.95	100.4	7.63	92.1	10.25
霜脲氰	Cymoxanil	87.9	9.57	75.7	11.73	65.7	18.28
灭草敌	Vernolate	66.2	17.28	56.4	20.44	62.0	17.53
氯硫酰草胺	Chlorthiamid	N/A	N/A	N/A	N/A	N/A	N/A
猛杀威	Promecarb	100.0	10.67	83.2	15.76	82.2	15.08
灭害威	Aminocarb	87.4	36.10	102.9	5.53	97.2	4.75
甲菌定	Dimethirimol	76.7	15.74	92.3	15.08	59.8	56.57
氯麦隆	Chlortoluron	104.1	13.63	89.0	6.94	88.4	9.72
氧乐果	Omethoate	N/A	N/A	71.2	17.58	55.6	11.95
乙氧喹啉	Ethoxyquin	N/A	N/A	52.9	31.18	64.2	57.45

续表

中文名称	英文名称	添加浓度/(μg/kg)			低水平添加		中水平添加		高水平添加		低水平添加		中水平添加		高水平添加	
		低	中	高	平均回收率/%	RSD/%	平均回收率/%	RSD/%	平均回收率/%	RSD/%	平均回收率/%	RSD/%	平均回收率/%	RSD/%	平均回收率/%	RSD/%
敌敌畏	Dichlorvos	1.4	2.8	5.6	57.1	76.0	87.8	30.82	103.6	32.02	67.7	27.81	63.1	17.07	111.8	9.77
涕灭威砜	Aldicarb sulfone	6.3	12.7	25.4	N/A	N/A	72.9	38.03	93.9	14.51	61.6	26.25	84.1	7.62	89.1	22.80
二氧威	Dioxacarb	1.4	2.8	5.6	N/A	N/A	N/A	N/A	N/A	N/A	N/A	N/A	N/A	N/A	N/A	N/A
苄基腺嘌呤	Benzyladenine	10.0	20.0	39.9	90.4	4.3	102.8	9.39	140.4	2.29	41.2	28.35	30.3	25.52	38.6	42.47
甲基内吸磷	Demeton-S-methyl	0.9	1.9	3.8	145.6	24.2	52.1	29.41	59.4	65.70	64.0	31.30	76.7	24.93	65.8	17.68
解草腈	Oxabetrinil	0.2	0.4	0.7	76.9	14.0	75.9	19.40	84.6	8.22	79.9	14.42	80.2	7.29	86.0	14.18
乙硫苯威亚砜	Ethiofencarb-sulfoxide	25.0	49.9	99.8	86.6	12.6	78.5	30.10	77.0	48.95	103.3	10.56	82.6	7.93	74.4	9.91
苯腈磷	Cyanohos	53.3	106.6	213.1	78.1	4.4	69.6	15.82	75.2	10.40	91.4	18.44	83.7	4.74	80.5	18.70
土菌灵	Etridiazole	1.2	2.4	4.8	70.2	4.7	56.7	20.29	44.9	17.34	66.8	28.01	67.8	16.98	68.5	19.26
甲基乙拌磷	Thiometon	80.0	160.0	320.0	N/A	N/A	51.5	33.73	55.9	87.93	59.2	N/A	90.8	51.16	42.8	26.99
敌百虫	Trichlorfon	365.3	730.7	1461.3	85.4	24.8	84.3	18.65	59.1	45.44	67.2	24.91	41.1	46.21	49.7	38.40
灭菌丹	Folpet	68.0	136.0	272.0	70.5	17.8	66.4	64.47	49.4	95.79	109.2	15.75	120.4	8.30	110.0	3.28
甲基内吸磷砜	Demeton-S-methyl sulfone	3.3	6.7	13.3	96.0	9.7	73.3	27.57	93.5	29.85	86.3	29.21	82.0	11.97	73.1	10.48
哌草丹	Dimepiperate	699	1397	2795	N/A	N/A	60.0	17.50	76.8	16.13	108.4	16.09	114.0	N/A	46.4	9.04
苯锈啶	Fenpropidin	1.4	2.9	5.7	83.9	6.0	66.4	9.69	62.3	29.41	90.1	11.69	80.3	11.96	61.9	23.21
赛硫磷	Amidithion	16.3	32.6	65.3	100.0	8.7	77.3	11.80	87.4	8.84	90.1	8.10	84.2	4.18	77.1	5.48
甲咪唑烟酸	Imazapic	2.7	5.3	10.7	2.5	N/A	1.0	N/A	0.6	N/A	2.8	N/A	N/A	N/A	0.6	N/A
对氧磷	Paraoxon-ethyl	0.3	0.6	1.1	99.1	8.9	72.1	9.13	89.6	5.13	111.8	10.01	90.9	12.95	80.9	5.52
4-十二烷基2,6-二甲基吗啉	Aldimorph	0.7	1.3	2.7	46.8	33.1	59.8	49.72	33.8	38.90	48.4	20.45	41.4	29.51	26.9	41.94
乙烯菌核利	Vinclozolin	1.1	2.2	4.5	64.5	19.3	38.5	22.39	32.0	38.73	64.8	33.08	N/A	N/A	111.4	56.71
烯效唑	Uniconazole	5.5	11.0	22.0	88.6	7.7	71.3	14.52	79.5	6.05	97.0	17.46	93.0	6.88	87.2	15.51
啶斑肟	Pyrifenox	0.5	1.1	2.2	76.8	12.6	71.4	13.49	72.8	6.84	87.6	16.07	82.9	6.33	81.4	15.50

续表

中文名称	英文名称	添加浓度/(μg/kg)			低水平添加		中水平添加		高水平添加		低水平添加		中水平添加		高水平添加		低水平添加		中水平添加		高水平添加	
		低	中	高	平均回收率/%	RSD/%	平均回收率/%	RSD/%	平均回收率/%	RSD/%	平均回收率/%	RSD/%	平均回收率/%	RSD/%	平均回收率/%	RSD/%	平均回收率/%	RSD/%	平均回收率/%	RSD/%	平均回收率/%	RSD/%
氯硫磷	Chlorthion	496	992	1984	92.4	9.7	47.7	18.91	44.9	15.05	86.5	10.9	100.1	18.05	85.06	3.53	82.4	17.17	68.3	5.72	53.2	15.98
异氯磷	Dicapthon	0.7	1.3	2.7	69.5	6.5	55.0	36.79	41.7	16.97	131.6	8.1	93.70	10.05	96.66	11.45	71.0	6.80	100.8	5.57	111.8	2.64
四螨嗪	Clofentezine	1.0	1.9	3.8	87.3	14.2	80.3	27.06	71.7	9.92	96.5	12.7	82.88	9.37	85.24	3.02	59.3	16.20	61.5	19.01	62.4	10.89
氟草敏	Norflurazon	0.3	0.5	1.0	78.5	11.3	86.0	14.73	88.0	7.73	116.2	4.8	109.2	5.39	95.74	4.76	109.2	17.69	83.9	9.18	76.2	11.11
野麦畏	Triallate	96.0	192.0	384.0	58.6	16.7	74.7	22.55	47.8	14.10	100.3	13.5	104.3	6.13	93.84	7.75	55.7	8.98	57.7	20.57	52.7	35.84
苯氧喹啉	Quinoxyphen	277.3	554.7	1109.3	70.6	8.0	57.8	22.60	56.4	9.03	104.8	7.7	107.4	8.15	97.08	4.20	60.4	11.24	69.0	11.75	57.9	24.08
倍硫磷砜	Fenthion sulfone	13.5	26.9	53.9	105.0	8.7	65.5	10.67	89.9	5.74	127.6	13.2	103.4	7.01	96.92	5.63	82.4	13.45	81.4	11.52	109.3	19.01
烯虫酯	Methoprene	0.7	1.4	2.8	N/A	N/A	48.7	72.72	95.3	41.05	107.0	N/A	134.6	19.73	73.24	18.84	N/A	N/A	84.9	10.24	74.6	31.82
氟咯草酮	Flurochloridone	6.0	12.0	24.0	83.2	11.5	64.5	13.75	71.0	6.21	124.0	2.7	107.5	1.61	93.54	3.59	91.7	13.47	85.9	9.71	82.6	11.96
邻苯二甲酸丁苄酯	Phthalic acid, benzyl butyl ester	98.0	196.0	392.0	N/A	N/A	152.1	58.67	65.2	8.79	73.8	22.5	135.4	15.94	107.16	27.55	70.3	22.18	98.2	9.98	70.2	15.25
氯唑磷	Isazofos	0.7	1.3	2.7	70.9	6.2	49.6	33.12	70.5	7.24	67.8	9.5	105.0	10.38	97.56	3.02	83.5	5.89	69.0	16.31	78.6	13.81
除线磷	Dichlofenthion	14.7	29.4	58.9	59.8	11.3	60.6	23.82	47.2	9.28	110.7	13.5	92.18	1.93	94.98	2.19	63.3	8.19	65.3	13.84	53.9	17.43
蚜灭磷砜	Vamidothion sulfone	59.6	119.3	238.6	90.1	26.1	56.7	13.02	59.2	44.72	123.0	6.3	79.40	11.33	117.20	6.11	115.6	15.21	76.9	23.79	88.0	25.89
特丁硫磷砜	Terbufos sulfone	28.0	56.0	112.0	72.8	20.7	70.9	12.43	74.1	8.44	98.5	3.0	104.8	5.86	85.94	10.12	82.5	16.24	97.0	8.34	86.2	10.94
氨氟灵	Dinitramine	6.2	12.5	24.9	85.4	25.0	62.8	14.00	55.8	6.60	142.0	13.9	98.84	8.37	84.62	5.25	78.8	14.85	67.3	11.31	73.9	12.36
氰霜唑	Cyazofamid	0.8	1.5	3.1	84.9	9.6	64.5	6.32	67.2	20.58	93.5	17.4	96.92	11.96	82.44	14.21	53.9	8.04	71.1	9.50	71.8	18.40
毒壤磷	Trichloronat	19.2	38.3	76.7	N/A	N/A	43.8	16.59	28.9	15.08	63.9	17.5	102.72	21.50	72.28	24.27	46.0	18.38	47.2	21.24	30.3	38.98
苄呋菊酯-2	Resmethrin-2	0.7	1.5	3.0	75.4	29.4	47.5	25.79	35.7	7.63	80.2	12.8	59.14	6.61	82.58	11.15	10.9	108.75	29.3	12.30	36.7	34.04
啶酰菌胺	Boscalid	6.3	12.7	25.4	76.9	6.0	68.1	11.52	72.1	7.14	111.1	10.4	104.24	10.14	97.28	5.74	107.1	13.57	82.5	13.62	83.7	13.92
氟乐灵	Nitralin	40.0	80.0	160.0	71.7	9.7	61.6	15.56	58.1	11.86	84.4	11.7	106.7	10.34	93.02	10.13	76.5	12.70	55.0	19.10	61.3	14.81
甲氰菊酯	Fenpropathrin	3.0	6.0	12.0	N/A	N/A	N/A	N/A	N/A	N/A	N/A	N/A	N/A	N/A	N/A	N/A	N/A	N/A	N/A	N/A	N/A	N/A
苯醚唑	Cafenstrol	30.9	61.9	123.7	47.5	29.1	54.6	33.00	83.8	15.39	95.1	28.7	93.18	5.93	123.60	12.53	109.1	27.34	75.1	16.10	76.3	22.43
噻螨酮	Hexythiazox	13.1	26.2	52.3	84.1	18.7	52.3	36.77	52.9	19.00	150.5	31.0	71.56	10.62	94.74	9.00	60.4	6.92	73.1	21.04	56.4	21.26

续表

中文名称	英文名称	添加浓度/(μg/kg)			低水平添加		中水平添加		高水平添加		低水平添加		中水平添加		高水平添加	
		低	中	高	平均回收率/%	RSD/%	平均回收率/%	RSD/%	平均回收率/%	RSD/%	平均回收率/%	RSD/%	平均回收率/%	RSD/%	平均回收率/%	RSD/%
双氟磺草胺	Florasulam	12.0	24.0	48.0	31.9	N/A	5.0	58.41	13.1	N/A	65.1	49.9	27.30	44.14	16.30	58.51	26.9	16.00	67.5	26.13	29.1	59.07
苯螨特	Benzoximate	1.6	3.3	6.5	N/A	N/A	43.3	98.96	80.6	11.39	115.0	8.9	115.2	9.62	109.78	12.39	N/A	N/A	77.7	1.91	52.0	20.98
哒螨灵	Pyridaben	40.8	81.6	163.2	85.5	39.6	60.1	54.81	40.1	5.68	123.8	9.2	87.18	7.21	95.06	2.99	38.6	7.81	60.7	14.96	32.9	34.14
新燕灵	Benzoylprop-ethyl	163.3	326.7	653.3	71.4	15.8	79.4	23.92	59.5	13.61	95.2	18.7	99.38	8.27	88.18	9.12	55.3	17.02	77.3	25.68	69.8	9.63
嘧螨醚	Pyrimidifen	14.4	28.8	57.6	65.7	10.6	55.6	17.13	47.1	11.73	93.5	12.7	95.14	5.75	92.24	6.94	59.3	15.26	63.9	12.82	59.9	17.49
哒草特	Pyridate	9.3	18.7	37.3	N/A	N/A	7.9	15.67	24.3	28.28	40.7	82.2	39.23	42.25	64.36	65.87	87.0	31.58	46.5	21.29	35.4	80.93
呋线威	Furathiocarb	2.5	5.1	10.1	57.7	16.4	54.5	21.25	63.5	6.89	88.7	7.9	88.43	7.80	81.62	4.93	60.1	3.72	70.5	5.48	53.9	14.69
反式氯氰菊酯	trans-Permethin	0.5	1.1	2.1	7.4	16.4	138.6	39.80	82.2	61.33	518.6	66.9	91.84	33.65	72.36	34.09	370.4	77.75	23.9	37.26	72.2	45.50
苯草唑	Pyrazoxyfen	0.7	1.3	2.7	90.1	16.7	52.8	19.80	42.3	6.43	91.1	12.2	110.0	6.70	88.10	6.78	67.8	14.06	61.6	12.82	65.2	17.66
嘧唑螨	Flubenzimine	7.3	14.5	29.0	81.6	21.2	79.8	28.96	26.3	23.35	204.0	23.6	38.77	114.03	75.48	8.68	31.8	88.50	28.8	13.51	34.7	36.27
乙-氯氰菊酯	Zeta cypermethrin	0.1	0.3	0.5	92.0	28.6	81.8	55.97	39.6	10.22	87.0	19.0	42.18	29.97	78.54	12.24	96.7	53.87	87.0	15.87	40.0	29.43
氟吡乙禾灵	Haloxyfop-2-ethoxyethyl	8.7	17.5	34.9	57.7	10.8	49.0	20.69	39.0	10.17	86.3	5.7	82.28	7.05	81.96	10.74	52.7	5.62	72.1	10.88	51.3	15.67
S-氰戊菊酯	Esfenvalerate	0.8	1.7	3.4	N/A	N/A	N/A	N/A	N/A	N/A	N/A	N/A	N/A	N/A	N/A	N/A	N/A	N/A	N/A	N/A	N/A	N/A
氟胺氰菊酯	Tau-fluvalinate	1.4	2.9	5.8	N/A	N/A	50.0	43.07	40.3	28.92	N/A	N/A	87.12	26.92	75.56	11.75	N/A	N/A	73.1	41.71	49.1	72.00

F组

中文名称	英文名称	添加浓度/(μg/kg)			洋槐蜜 低水平添加		中水平添加		高水平添加		椴树蜜 低水平添加		中水平添加		高水平添加		油菜蜜 低水平添加		中水平添加		高水平添加	
		低	中	高	平均回收率/%	RSD/%	平均回收率/%	RSD/%	平均回收率/%	RSD/%	平均回收率/%	RSD/%	平均回收率/%	RSD/%	平均回收率/%	RSD/%	平均回收率/%	RSD/%	平均回收率/%	RSD/%	平均回收率/%	RSD/%
丙烯酰胺	Acrylamide	10.7	21.3	42.7	25.1	54.38	37.4	15.3	25	11.92	18.2	66.76	N/A	N/A	53.8	36.34	45	14.98	69.6	36.72	46.6	7.83
叔丁基胺	Tert-butylamine	41.0	82.0	164.0	71.9	7.98	67.5	9.57	60.7	13.97	82.9	11.86	N/A	N/A	4.3	47.44	66.4	16.58	55.3	9.78	42.7	31.83
噁霉灵	Hymexazol	7.9	15.8	31.7	N/A	N/A	N/A	N/A	N/A	N/A	N/A	N/A	N/A	N/A	N/A	N/A	106	7.17	108	17.17	102	11.36
矮壮素氯化物	Chlormequat chloride	0.9	1.9	3.8	1.6	23.75	1.2	27.5	0.4	37.50	1.3	62.31	1.3	4.17	0.2	110	1.5	15.33	N/A	N/A	N/A	N/A
邻苯二甲酰亚胺	Phthalimide	66.7	133.3	266.7	107	2.78	96.4	5.66	101	7.07	101	9.62	110.2	7.92	101.8	7.92	120	7.67	119	4.81	99.4	12.13
甲氟磷	Dimefox	10.0	19.9	39.8	65	14.75	70.2	14.9	104	25.31	98.5	20.18	81.8	14.93	839.8	44.86	52.3	33.80	217	53.68	87.4	44.86
速灭威	Metolcarb	13.3	26.7	53.3	82.8	7.31	90.7	5.61	97.9	7.56	120	8.80	105.3	7.13	109.2	5.47	101	6.44	96.4	10.78	96.6	5.69

续表

中文名称	英文名称	添加浓度/(μg/kg)			低水平添加		中水平添加		高水平添加		低水平添加		中水平添加		高水平添加	
		低	中	高	平均回收率/%	RSD/%	平均回收率/%	RSD/%	平均回收率/%	RSD/%	平均回收率/%	RSD/%	平均回收率/%	RSD/%	平均回收率/%	RSD/%
联苯二胺	Diphenylamin	2.7	5.4	10.8	97.7	15.83	83.1	4.80	69.7	22.51	118	7.53	103	25.58	164.8	31.50	100	5.01	91.9	7.37	95.6	7.25
1-萘基乙酰胺	1-Naphthyl acetamide	2.0	3.9	7.9	93.7	2.65	97.6	4.63	104	2.94	117	7.54	96.9	10.56	99	9.34	101	2.89	101	10.72	97.4	8.37
脱乙基阿特拉津	Atrazine-desethyl	0.7	1.4	2.8	96	3.55	89.9	5.92	104	2.84	112	6.62	100.2	5.89	97.7	3.01	100	4.25	94.7	5.91	95.5	7.27
2,6-二氯苯甲酰胺	2,6-Dichlorobenzamide	3.3	6.7	13.3	93	4.34	93.1	4.53	100	1.93	111	7.85	94.3	14.76	134	5.01	94.4	7.75	172	36.57	98.7	7.17
涕灭威	Aldicarb	96.8	193.6	387.2	73.2	13.13	89.9	15.4	92.3	45.19	N/A	N/A	89.5	34.08	98.7	15.79	112	12.55	82.2	36.02	125	24.00
避蚊酯	Dimethyl phthalate	12.0	24.1	48.1	75.6	4.58	87.4	5.95	98.5	5.92	106	11.27	87.9	4.90	208	8.07	101	7.58	90.3	27.80	105	6.93
杀虫脒盐酸盐	Chlordimeform hydrochloride	2.1	4.2	8.5	103	7.14	104	9.48	65.8	5.35	105	8.51	86.4	17.16	99	7.08	80	13.86	81.5	28.49	55.4	33.90
西玛通	Simeton	0.4	0.8	1.5	88.1	3.60	91.1	6.33	95.4	4.48	105	4.09	98.8	4.37	101.2	5.19	101	7.96	83.4	9.57	76.3	14.74
呋虫胺	Dinotefuran	2.7	5.3	10.7	83.6	7.92	147	44.9	92.9	6.28	86.5	32.71	114.2	4.08	91.2	4.57	91.6	28.07	90.7	31.31	86	13.95
克草敌	Pebulate	10.5	20.9	41.8	70.3	7.74	73.9	11.6	111	14.09	108	18.00	84.5	5.53	198.6	11.14	87.7	11.71	155	25.25	102	11.95
活化酯	Acibenzolar-S-methyl	14.7	29.3	58.7	87	2.25	87.3	5.26	102	2.30	118	5.77	140	7.87	109.8	3.61	108	1.55	101	6.61	94	7.74
蔬果磷	Dioxabenzofos	30.0	60.0	120.0	78.6	4.59	80.4	6.85	107	3.34	113	7.45	94.1	2.86	115.6	5.98	109	4.86	101	14.50	96	7.08
杀线威	Oxamyl	37.9	75.7	151.5	92.1	3.57	92.8	8.10	88	7.43	112	3.84	112	6.25	87.4	3.09	101	17.31	86.1	13.47	85.1	21.86
赛苯隆	Thidiazuron	0.5	1.0	1.9	N/A	N/A	0.6	N/A	N/A	N/A	0.5	N/A	9.9	76.36	0.1	N/A	N/A	N/A	3.6	17.50	N/A	N/A
甲基苯噻隆	Methabenzthiazuron	0.3	0.5	1.0	98.6	2.89	92.8	5.50	99.9	4.24	113	5.04	116	2.20	104.3	3.59	100	1.81	98.6	6.00	101	5.12
丁酮砜隆	Butoxycarboxim	18.1	36.3	72.5	104	8.18	84.6	13.5	89.6	6.95	113	5.12	100.8	12.06	96.6	3.98	106	14.09	88.5	8.73	104	7.72
兹克威	Mexacarbate	0.6	1.3	2.5	78.8	4.26	91.5	4.68	122	38.08	128	2.67	113.8	9.83	122.1	24.69	103	7.70	97.3	9.16	89.5	7.65
甲基内吸磷亚砜	Demeton-S-methyl sulfoxide	1.3	2.7	5.3	112	4.33	97.8	7.64	89.3	10.15	101	12.30	127.4	8.87	120.6	3.50	99.3	12.98	89.5	12.85	83.2	10.18
久效威砜	Thiofanox-sulfone	1.1	2.2	4.3	116	7.86	103	4.67	65.8	19.44	25.3	43.12	47.7	23.31	115.5	9.06	108	9.59	68.3	11.01	107	10.80
硫环磷	Phosfolan	0.9	1.8	3.5	90.6	3.53	95.1	6.35	107	2.33	108	5.20	71.9	7.30	121.4	10.36	113	3.69	94.9	7.92	99.5	5.53
绿草定	Triclopyr	0.3	0.5	1.1	90.4	3.53	94.8	6.56	109	2.05	108	5.20	71.9	7.30	116.8	7.86	113	3.69	94.9	7.92	99.5	5.53
硫赶内吸磷	Demeton-S	16.0	32.0	64.0	90.5	6.66	93	3.49	85.6	12.94	98.5	2.15	94.4	6.22	89.4	10.43	105	3.78	92.7	11.29	92.8	9.94
咪唑烟酸	Imazapyr	4.0	8.0	16.0	0.3	53.33	0.3	33.3	0.1	40.00	9.9	59.09	82.6	9.65	0.7	85.71	N/A	N/A	N/A	N/A	0.2	40.00

续表

中文名称	英文名称	添加浓度/(μg/kg) 低	中	高	低水平添加 平均回收率/%	RSD/%	中水平添加 平均回收率/%	RSD/%	高水平添加 平均回收率/%	RSD/%	低水平添加 平均回收率/%	RSD/%	中水平添加 平均回收率/%	RSD/%	高水平添加 平均回收率/%	RSD/%	低水平添加 平均回收率/%	RSD/%	中水平添加 平均回收率/%	RSD/%	高水平添加 平均回收率/%	RSD/%
氧倍硫磷	Fenthion oxon	0.8	1.6	3.2	86.4	3.52	89.4	4.90	96	3.77	118	4.02	134	11.78	96.9	4.39	119	5.08	101	9.43	96.4	7.89
杀草隆	Daimuron	1.3	2.7	5.3	107	6.26	93.5	9.42	88.5	6.76	105	15.01	92.6	19.10	90.5	6.21	168	20.87	68.3	17.73	103	13.13
敌草胺	Napropamide	1.2	2.4	4.9	93.8	3.06	89	7.11	89.7	8.61	115	7.64	96.7	3.51	97.8	3.61	108	2.27	99.8	11.68	105	8.27
杀螟硫磷	Fenitrothion	534.0	1068	2136	104	15.91	86.4	27.9	94.3	4.58	115	3.63	91.7	7.87	71.6	9.12	114	6.26	87.7	12.18	89.7	8.66
邻苯二甲酸二丁酯	Phthalic acid,dibutyl ester	0.7	1.3	2.7	97.2	11.55	82.6	15.6	96	6.29	78.2	11.91	109.1	8.36	27.3	85.38	57.1	38.04	44.6	69.46	104	26.27
异丙甲草胺	Metolachlor	4.6	9.2	18.3	95.3	2.89	86.6	4.94	95.7	3.51	111	3.21	94.3	3.78	98.1	4.40	105	2.18	94.9	4.54	102	8.43
腐霉利	Procymidone	261.3	522.7	1045	93.4	7.55	79.9	5.91	102	5.81	105	7.70	99.4	6.64	97.8	3.98	108	7.83	111	8.41	104	10.66
野灭磷	Vamidothion	1.8	3.6	7.2	81.1	19.69	95.5	4.39	99	6.34	118	5.30	146.2	17.86	117.4	6.51	107	8.90	92.5	9.85	87.8	12.14
枯草隆	Chloroxuron	0.9	1.9	3.8	98.3	2.55	92	4.55	101	2.85	108	5.64	96.5	6.33	102.1	3.19	112	4.60	93	4.70	104	8.19
威菌磷	Triamiphos	0.0	0.0	0.1	93.6	3.51	91.9	4.73	100	3.03	99.6	8.01	103.8	5.85	95.9	7.06	105	2.24	77.7	7.98	88.4	5.31
二氰蒽醌	Dithianon	4.3	8.6	17.2	80.2	22.68	78.3	8.84	89.3	11.61	99.6	14.42	69.6	30.01	63.8	57.65	103	8.50	65.8	21.31	126	15.19
脱叶磷	Merphos	66.7	133.3	266.7	48.6	17.37	N/A	N/A	N/A	N/A	126	10.81	100.7	21.34	N/A	N/A	N/A	N/A	N/A	N/A	105	9.57
右旋快丙菊酯	Prallethrin	62.0	124.0	248.0	69.8	4.84	67.4	10.4	94.2	6.19	80.3	89.40	119.8	2.46	1377	53.12	98.9	2.10	89.1	6.73	91.3	8.46
可灭隆	Cumyluron	1.3	2.7	5.3	90.7	5.09	90.7	6.00	91.7	5.92	110	7.20	100.7	5.04	99.6	4.58	108	5.64	124	14.81	110	9.58
甲氧咪草烟	Imazamox	1.1	2.1	4.3	N/A	N/A	N/A	N/A	N/A	N/A	1.5	N/A	2.3	63.48	0.4	0.00	N/A	N/A	N/A	N/A	N/A	N/A
杀鼠灵	Warfarin	1.5	3.1	6.2	N/A	N/A	0.1	4.73	7.2	59.72	N/A	N/A	43	5.81	28.7	9.13	5.2	72.31	8.4	N/A	11.4	N/A
亚胺硫磷	Phosmet	13.6	27.2	54.4	86.4	4.57	79.1	5.02	95.9	8.05	102	7.01	94.1	5.81	136	5.72	95.6	9.32	95.7	8.43	100	5.70
皮蝇磷	Ronnel	13.5	26.9	53.9	58.1	15.65	80.9	21.4	104	6.45	97.9	19.56	90.3	8.93	88	23.33	92	9.82	87.9	10.59	87.1	19.01
除虫菊酯	Pyrethrins	65.7	131.3	262.7	59	32.56	91.4	22.7	83	13.86	N/A	N/A	95.2	4.53	144.6	13.71	134	2.48	83.5	13.99	90.4	18.45
乙基溴朴磷	Athidathion	2.0	4.0	8.0	74.1	6.71	72.7	6.05	83.8	12.48	76	9.59	100.2	17.50	91	11.10	88	21.44	112	10.14	113	20.27
邻苯二甲酸二环己酯	Phthalic acid,biscyclohexyl ester	0.7	1.3	2.6	69.7	9.35	59	19.7	61.9	63.42	N/A	N/A	105.5	8.94	100.4	42.16	106	44.82	76.2	10.43	103	18.49
环丙酰菌胺	Carpropamid	3.8	7.7	15.4	80.7	6.44	89.2	8.34	105	4.27	103	6.76	96.1	3.10	83.7	11.05	106	6.15	98.6	8.58	100	12.88
吡螨胺	Tebufenpyrad	1.3	2.5	5.1	69.9	7.85	65.9	8.30	102	3.96	97.8	2.33	96.4	7.96	91.9	8.22	125	8.73	90.9	9.43	90.7	16.15

续表

中文名称	英文名称	添加浓度/(μg/kg)			低水平添加		中水平添加		高水平添加		低水平添加		中水平添加		高水平添加	
		低	中	高	平均回收率/%	RSD/%	平均回收率/%	RSD/%	平均回收率/%	RSD/%	平均回收率/%	RSD/%	平均回收率/%	RSD/%	平均回收率/%	RSD/%
					荞麦蜜						荆条蜜					
苯酰草胺	Zoxamide	2.7	5.3	10.7	82.1	21.85	106	7.02	98.2	6.44	113	6.68	94.7	9.62	86	16.97
虫酰肼	Tebufenozide	3.4	6.8	13.5	89.2	1.91	79.4	6.95	80.5	19.54	92.7	25.37	111.8	5.64	80.1	10.84
双胍辛胺乙酸盐	Iminoctadine triacetate	5.5	11.0	22.1	146	13.09	88	10.4	15.7	17.20	N/A	N/A	N/A	N/A	N/A	N/A
虫螨磷	Chlorthiophos	65.3	130.7	261.3	67.9	7.04	77.1	14.5	84.2	8.03	104	11.01	92.9	8.88	98.3	13.33
二溴磷	Naled	380.0	760.0	1520	59.9	11.39	61.2	6.23	80.9	6.17	78	20.17	N/A	N/A	17.5	65.09
唑虫酰胺	Tolfenpyrad	0.7	1.3	2.7	79.9	5.18	64.9	15.6	120	4.88	107	7.43	92	9.96	117.8	9.86
三氯杀螨醇	Dicofol	0.3	0.5	1.1	108	16.40	110	3.05	75.7	13.67	86.6	17.86	129.6	41.05	5.4	10.37
氯亚胺硫磷	Dialifos	29.3	58.7	117.3	66.8	9.00	73.4	10.3	108	15.45	81.3	20.22	138.4	24.00	N/A	N/A
吲哚酮草酯	Cinidon-ethyl	43.5	86.9	173.9	72.7	5.08	95	15.9	101	4.13	87.6	1.97	81.6	28.28	78.8	19.02
鱼藤酮	Rotenone	2.0	4.0	8.0	70.5	5.94	72.2	5.89	88.6	4.45	93.6	9.12	109.8	9.98	88.3	8.43
三氟苯唑	Fluotrimazole	403.3	806.7	1613	105	8.59	122	11.5	78.2	12.05	N/A	N/A	41.3	32.35	N/A	N/A
亚胺苯唑	Imibenconazole	6.8	13.7	27.4	70.7	8.09	58	14.3	90.4	5.93	N/A	N/A	108.9	12.26	N/A	N/A
唑酮草酯	Carfentrazone-ethyl	2.4	4.8	9.6	81.2	4.94	70.3	6.81	88.4	9.38	92.1	7.82	85.2	26.84	94.1	8.01
噁草酸	Propaquizafop	5.8	11.6	23.1	72	2.99	59.2	10.3	91.5	6.38	96.8	4.50	88	5.53	90.6	8.40
乳氟禾草灵	Lactofen	31.6	63.2	126.4	71.5	14.83	74.1	13.9	79.8	9.96	80.5	15.55	104.7	12.92	80.7	18.82
					枣花蜜											
丙烯酰胺	Acrylamide	10.7	21.3	42.7	60.2	26.0	127.3	22.99	48.0	12.54	95.5	20.86	17.4	14.93	24.2	49.91
叔丁基胺	Tert-butylamine	41.0	82.0	164.0	62.1	73.5	47.3	20.82	27.8	15.49	58.2	49.52	63.7	8.51	36.6	6.23
噁霉灵	Hymexazol	7.9	15.8	31.7	77.9	42.0	N/A	N/A	N/A	N/A	23.1	88.13	N/A	N/A	74.6	45.56
矮壮素氯化物	Chlormequat chloride	0.9	1.9	3.8	3.1	N/A	N/A	N/A	N/A	N/A	N/A	N/A	N/A	N/A	0.3	N/A
邻苯二甲酰亚胺	Phthalimide	66.7	133.3	266.7	90.1	13.4	543.8	132.11	74.7	13.55	110.2	10.88	109.2	5.24	108.9	8.46
甲氟磷	Dimefox	10.0	19.9	39.8	79.4	31.1	95.5	73.13	85.0	14.24	86.7	39.01	51.4	28.60	188.6	38.65
速灭威	Metolcarb	13.3	26.7	53.3	92.9	11.0	356.4	161.03	65.8	9.42	105.8	14.90	100.7	9.35	92.3	8.96

中文名称	低水平添加		中水平添加		高水平添加	
	平均回收率/%	RSD/%	平均回收率/%	RSD/%	平均回收率/%	RSD/%
苯酰草胺	107	4.77	95.7	19.48	103	9.99
虫酰肼	115	11.69	54.8	9.11	81.9	18.62
双胍辛胺乙酸盐	N/A	N/A	N/A	N/A	22.6	N/A
虫螨磷	106	9.06	93.5	13.11	100	11.64
二溴磷	50.6	22.43	55	11.27	44.6	24.55
唑虫酰胺	145	15.33	101	13.84	108	22.09
三氯杀螨醇	52.7	44.04	40.2	68.28	105	27.33
氯亚胺硫磷	216	23.16	74.8	5.53	85.7	14.20
吲哚酮草酯	129	8.22	82.8	11.97	108	14.32
鱼藤酮	84.4	25.97	90.6	8.36	103	9.53
三氟苯唑	106	3.43	126	11.20	131	N/A
亚胺苯唑	131	18.14	86.7	19.88	88.8	14.01
唑酮草酯	104	7.07	92.6	7.07	101	16.28
噁草酸	110	5.34	82.6	7.00	90.7	12.39
乳氟禾草灵	118	7.64	68.7	15.76	87.3	20.05
丙烯酰胺	15.0	56.99	20.6	46.55	35.9	14.07
叔丁基胺	58.9	50.67	38.7	27.95	29.2	14.75
噁霉灵	N/A	N/A	N/A	N/A	N/A	N/A
矮壮素氯化物	1.5	0.00	1.4	25.75	N/A	N/A
邻苯二甲酰亚胺	86.1	4.19	154.8	3.46	111.2	1.48
甲氟磷	71.9	41.40	49.7	20.54	60.3	29.76
速灭威	81.3	18.41	86.6	7.15	100.4	9.64

续表

中文名称	英文名称	添加浓度/(μg/kg)			低水平添加		中水平添加		高水平添加		低水平添加		中水平添加		高水平添加		低水平添加		中水平添加		高水平添加	
		低	中	高	平均回收率/%	RSD/%	平均回收率/%	RSD/%	平均回收率/%	RSD/%	平均回收率/%	RSD/%	平均回收率/%	RSD/%	平均回收率/%	RSD/%	平均回收率/%	RSD/%	平均回收率/%	RSD/%	平均回收率/%	RSD/%
联苯二胺	Diphenylamin	2.7	5.4	10.8	79.1	23.4	411.1	156.22	66.9	1.33	98.2	5.50	93.3	3.00	91.4	13.11	83.9	17.93	97.3	4.74	87.8	3.45
1-萘基乙酰胺	1-Naphthyl acetamide	2.0	3.9	7.9	91.3	6.9	158.3	55.75	79.7	4.94	96.2	8.89	101.5	3.35	94.3	8.69	95.3	9.26	93.9	4.43	99.2	4.47
脱乙基阿特拉津	Atrazine-desethyl	0.7	1.4	2.8	93.3	11.2	96.2	75.11	101.5	7.88	106.8	3.71	93.1	3.88	103.1	8.89	93.7	9.48	100.2	3.77	106.3	6.18
2,6-二氯苯甲酰胺	2,6-Dichlorobenzamide	3.3	6.7	13.3	132.0	12.4	147.5	85.42	93.2	5.77	97.8	5.90	96.3	6.22	101.7	9.39	108.2	14.41	89.7	6.51	93.7	4.88
涕灭威	Aldicarb	96.8	193.6	387.2	N/A	N/A	N/A	N/A	82.9	40.46	49.8	63.13	96.7	45.41	91.9	44.63	N/A	N/A	94.8	23.02	89.1	31.91
避蚊酯	Dimethyl phthalate	12.0	24.1	48.1	109.4	12.1	147.6	67.32	65.0	4.20	108.1	21.02	74.2	9.65	84.8	10.52	92.8	2.01	122.4	4.71	101.1	3.70
杀虫脒盐酸盐	Chlordimeform hydrochloride	2.1	4.2	8.5	97.3	21.8	83.8	74.09	76.9	4.45	67.3	46.67	66.6	16.82	71.9	14.57	101.9	4.51	97.2	10.42	69.2	13.02
西玛通	Simeton	0.4	0.8	1.5	107.7	12.6	117.9	73.33	79.4	6.97	93.6	14.21	106.5	4.88	87.6	8.45	106.2	13.45	90.3	11.50	85.9	21.64
呋虫胺	Dinotefuran	2.7	5.3	10.7	69.4	24.7	417.6	161.06	72.2	7.23	117.7	36.65	70.2	14.87	74.5	17.28	77.2	31.08	89.6	24.36	102.6	12.68
克草敌	Pebulate	10.5	20.9	41.8	63.0	24.2	630.2	187.65	52.0	11.08	87.5	16.10	78.2	2.11	85.1	20.65	62.4	21.39	69.0	11.12	67.2	9.34
活化酯	Acibenzolar-S-methyl	14.7	29.3	58.7	89.9	8.7	303.7	132.19	73.6	5.25	104.3	6.52	105.5	5.72	93.0	7.08	93.3	10.07	102.4	4.53	96.6	7.17
蔬果磷	Dioxabenzofos	30.0	60.0	120.0	91.2	11.9	419.1	165.00	66.3	7.19	113.2	4.39	99.5	5.40	92.8	10.61	92.6	11.08	96.0	6.32	97.1	3.26
杀线威	Oxamyl	37.9	75.7	151.5	83.0	10.7	577.4	160.64	100.8	6.26	95.7	26.04	125.8	22.20	78.1	11.81	83.0	12.33	102.3	11.71	103.7	8.76
赛苯隆	Thidiazuron	0.5	1.0	1.9	13.8	N/A	0.0	N/A	N/A	N/A	N/A	N/A	N/A	N/A	N/A	N/A	N/A	N/A	N/A	N/A	0.4	N/A
甲基苯噻隆	Methabenzthiazuron	0.3	0.5	1.0	97.8	1.3	99.8	74.92	79.4	5.69	106.6	4.86	98.6	5.71	90.3	8.33	93.0	7.13	91.9	3.10	96.3	4.78
丁酮砜威	Butoxycarboxim	18.1	36.3	72.5	120.2	13.5	2120.3	3205.46	89.2	6.53	80.7	23.10	97.2	9.39	84.3	6.23	84.8	13.47	84.8	4.49	110.1	11.20
兹克威	Mexacarbate	0.6	1.3	2.5	75.0	59.1	93.6	114.66	109.2	13.45	82.3	9.67	127.8	7.69	81.3	9.25	101.3	7.48	121.8	10.94	93.9	2.19
甲基内吸磷亚砜	Demeton-S-methyl sulfoxide	1.3	2.7	5.3	139.5	17.4	114.4	92.15	90.6	9.20	300.7	40.09	93.8	13.47	77.8	10.86	114.0	4.34	95.6	19.25	81.1	13.76
久效威砜	Thiofanox-sulfone	1.1	2.2	4.3	55.8	50.1	130.9	78.81	88.7	9.56	381.4	43.92	107.3	11.38	107.3	12.65	94.4	24.39	78.3	20.46	99.3	9.26
硫环磷	Phosfolan	0.9	1.8	3.5	93.8	8.4	122.0	97.24	82.2	5.66	102.0	5.26	100.0	4.67	98.1	6.31	106.1	10.60	103.0	7.37	96.1	3.80
绿草定	Triclopyr	0.3	0.5	1.1	93.8	8.4	121.9	97.60	82.2	5.66	103.8	4.80	100.0	4.67	98.1	6.31	106.1	10.60	103.0	7.37	96.1	3.80
硫赶内吸磷	Demeton-S	16.0	32.0	64.0	72.5	19.4	79.0	61.55	75.1	3.65	89.8	15.91	92.4	5.24	98.9	7.69	74.4	10.94	87.3	1.15	100.9	5.35
咪唑烟酸	Imazapyr	4.0	8.0	16.0	88.5	11.9	24.6	7.49	14.9	12.58	N/A	N/A	0.9	N/A	0.9	50.67	N/A	N/A	2.0	96.35	N/A	N/A

续表

中文名称	英文名称	添加浓度/(μg/kg)			低水平添加		中水平添加		高水平添加		低水平添加		中水平添加		高水平添加	
		低	中	高	平均回收率/%	RSD/%	平均回收率/%	RSD/%	平均回收率/%	RSD/%	平均回收率/%	RSD/%	平均回收率/%	RSD/%	平均回收率/%	RSD/%
氧毒硫磷	Fenthion oxon	0.8	1.6	3.2	96.9	1.6	78.4	56.37	99.0	8.24	91.3	4.20	97.7	6.18	84.1	8.54	74.5	20.42	84.0	5.19	89.3	8.12
杀草隆	Daimuron	1.3	2.7	5.3	88.9	9.8	91.1	24.34	67.7	4.44	121.5	18.17	96.5	15.39	97.5	2.45	101.8	30.27	84.8	10.45	88.6	6.81
敌草胺	Napropamide	1.2	2.4	4.9	77.8	12.1	75.5	97.02	81.9	4.77	91.8	9.58	105.2	4.38	82.5	8.64	80.1	7.96	85.4	4.83	98.4	3.86
杀螟硫磷	Fenitrothion	534.0	1068	2136	63.0	48.1	2934.5	2216.51	63.8	5.96	98.3	14.43	102.4	10.33	75.3	10.11	67.1	14.95	97.7	2.58	92.9	4.31
邻苯二甲酸二丁酯	Phthalic acid, dibutyl ester	0.7	1.3	2.7	343.7	60.8	151.0	79.03	125.3	18.18	130.2	5.63	100.7	8.44	89.5	21.17	103.4	49.29	212.9	61.13	105.7	3.96
异丙甲草胺	Metolachlor	4.6	9.2	18.3	80.5	15.8	166.5	110.42	72.5	3.31	96.5	5.45	97.0	3.16	83.4	7.44	79.1	9.04	90.1	2.35	89.5	4.35
腐霉利	Procymidone	261.3	522.7	1045	78.2	11.7	3761.3	3217.57	69.8	3.43	102.6	3.77	95.5	3.12	105.8	7.06	82.8	6.72	100.2	3.69	86.1	8.14
蚜灭磷	Vamidothion	1.8	3.6	7.2	83.5	17.4	111.9	64.96	84.7	5.03	92.0	10.54	97.6	5.68	88.0	7.37	81.8	18.57	83.8	10.24	116.9	28.24
枯草隆	Chloroxuron	0.9	1.9	3.8	83.9	10.0	111.0	62.46	65.5	7.03	96.8	6.53	104.4	2.91	91.8	7.55	87.3	8.45	85.2	3.52	92.0	3.92
威菌磷	Triamiphos	0.0	0.0	0.1	100.6	9.8	98.0	89.00	69.7	7.93	84.5	9.91	88.4	4.21	91.8	10.23	91.9	9.54	97.4	4.58	81.6	4.62
二嗪农	Dithianon	4.3	8.6	17.2	57.3	14.8	173.4	82.00	43.2	12.72	553.0	71.13	87.2	27.59	124.1	19.37	90.4	22.01	73.1	11.42	71.7	18.14
脱叶磷	Merphos	66.7	133.3	266.7	N/A	N/A	N/A	N/A	N/A	N/A	N/A	N/A	N/A	N/A	N/A	N/A	88.3	13.27	161.4	9.72	117.4	12.86
右旋炔丙菊酯	Prallethrin	62.0	124.0	248.0	70.2	14.9	3115.8	2216.82	54.9	9.53	97.0	4.36	111.0	4.13	101.2	5.16	60.1	10.02	81.1	4.68	69.8	9.97
可灭隆	Cumyluron	1.3	2.7	5.3	80.6	12.8	90.4	92.60	59.3	7.46	109.8	10.82	99.8	8.02	78.3	11.10	94.6	12.36	86.4	4.93	98.7	6.58
甲氧咪草烟	Imazamox	1.1	2.1	4.3	N/A	N/A	N/A	N/A	0.4	7.03	N/A	N/A	N/A	N/A	N/A	N/A	N/A	N/A	N/A	N/A	0.4	N/A
杀鼠灵	Warfarin	1.5	3.1	6.2	2.2	N/A	19.9	N/A	3.6	69.99	68.6	46.26	8.1	28.84	3.7	83.27	5.3	60.96	14.6	25.21	15.6	97.76
亚胺硫磷	Phosmet	13.6	27.2	54.4	84.8	14.2	86.8	64.91	69.1	6.06	94.3	12.79	94.8	7.89	77.9	11.60	70.2	14.14	80.3	7.25	93.4	55.12
皮蝇磷	Ronnel	13.5	26.9	53.9	76.5	27.8	344.0	156.23	45.1	5.47	67.8	8.16	82.3	9.50	87.8	9.69	52.5	24.95	87.0	11.02	50.5	11.97
除虫菊酯	Pyrethrins	65.7	131.3	262.7	50.6	34.9	188.0	139.20	49.8	12.38	91.5	13.22	91.0	20.62	69.4	5.43	51.9	17.11	68.4	10.76	75.8	16.22
乙基杀朴烟	Athidathion	2.0	4.0	8.0	91.2	42.8	238.0	N/A	51.5	6.41	95.3	35.65	97.5	9.55	99.1	16.98	92.0	38.63	100.3	8.35	74.8	8.37
邻苯二甲酸二环己酯	Phthalic acid, biscyclohexyl ester	0.7	1.3	2.6	52.9	36.0	92.2	113.90	57.9	5.14	154.2	11.47	71.4	7.43	79.6	28.16	40.5	25.46	68.4	11.54	55.1	14.23
环丙酰菌胺	Carpropamid	3.8	7.7	15.4	81.8	24.1	65.8	94.72	53.3	2.66	107.2	12.56	100.6	5.04	82.0	13.52	69.6	4.66	86.4	5.29	80.8	4.81
吡螨胺	Tebufenpyrad	1.3	2.5	5.1	67.6	23.4	71.3	124.04	52.3	6.64	100.1	5.79	87.4	4.05	82.7	17.58	57.7	6.66	72.0	5.18	62.0	8.63

续表

中文名称	英文名称	添加浓度/(μg/kg)			低水平添加		中水平添加		高水平添加		低水平添加		中水平添加		高水平添加		低水平添加		中水平添加		高水平添加	
		低	中	高	平均回收率/%	RSD/%	平均回收率/%	RSD/%	平均回收率/%	RSD/%	平均回收率/%	RSD/%	平均回收率/%	RSD/%	平均回收率/%	RSD/%	平均回收率/%	RSD/%	平均回收率/%	RSD/%	平均回收率/%	RSD/%
苯酰草胺	Zoxamide	2.7	5.3	10.7	70.9	10.9	69.4	101.17	62.0	10.73	108.0	5.71	98.0	7.98	88.1	19.43	69.3	7.08	82.1	4.89	77.1	8.17
虫酰肼	Tebufenozide	3.4	6.8	13.5	59.3	26.1	N/A	N/A	39.2	16.29	99.6	13.00	80.6	28.60	39.5	27.51	72.1	24.02	65.5	10.97	75.4	19.89
双胍苯胺乙酸盐	Iminoctadine triacetate	5.5	11.0	22.1	N/A	N/A	N/A	N/A	5.3	4.27	N/A	N/A	N/A	N/A	N/A	N/A	N/A	N/A	N/A	N/A	9.6	2.42
虫螨磷	Chlorthiophos	65.3	130.7	261.3	67.3	28.8	152.1	76.60	50.5	4.18	99.1	11.74	89.7	5.07	86.0	14.96	67.8	5.86	71.2	17.29	52.6	14.04
二溴磷	Naled	380.0	760.0	1520	59.4	31.7	5182.3	3221.33	31.3	19.72	56.6	14.34	58.3	30.72	58.7	11.61	41.7	6.29	63.4	17.23	60.6	5.98
唑虫酰胺	Tolfenpyrad	0.7	1.3	2.7	75.1	32.1	77.2	154.10	39.4	10.48	106.2	6.97	94.6	8.56	80.3	21.00	63.1	24.48	58.4	26.05	62.0	15.79
三氯杀螨醇	Dicofol	0.3	0.5	1.1	416.1	63.9	93.6	76.96	131.8	18.29	409.4	56.76	98.0	8.31	N/A	N/A	99.7	51.02	120.8	27.45	101.8	3.46
氯亚胺硫磷	Dialifos	29.3	58.7	117.3	72.0	20.1	197.0	139.90	54.9	4.05	111.5	12.93	68.6	12.65	83.9	30.43	49.8	4.31	93.1	25.36	72.2	7.99
吲哚酮草酯	Cinidon-ethyl	43.5	86.9	173.9	84.1	21.8	77.1	65.87	51.2	5.10	131.4	10.54	86.2	3.13	80.1	13.45	83.6	4.53	78.7	4.87	61.4	5.62
鱼藤酮	Rotenone	2.0	4.0	8.0	67.8	17.7	63.3	107.96	52.0	9.99	86.5	9.53	90.2	5.36	81.1	11.40	58.8	8.27	78.1	6.38	66.7	6.93
三氟苯唑	Fluotrimazole	403.3	806.7	1613	316.7	29.3	N/A	N/A	60.5	12.36	253.0	54.67	111.6	39.62	N/A	N/A	67.2	11.23	N/A	N/A	87.7	5.08
亚胺唑	Imibenconazole	6.8	13.7	27.4	N/A	N/A	N/A	N/A	N/A	N/A	28.6	49.97	N/A	N/A	N/A	N/A	N/A	N/A	N/A	N/A	N/A	N/A
唑酮草酯	Carfentrazone-ethyl	2.4	4.8	9.6	69.7	30.4	61.6	135.51	45.4	3.28	98.5	8.10	82.6	3.41	80.9	9.61	52.8	8.22	76.8	4.22	60.8	6.19
噁草酸	Propaquizafop	5.8	11.6	23.1	63.2	16.9	71.1	107.64	44.8	5.82	98.4	5.71	87.3	4.54	77.3	13.27	56.4	8.47	70.1	5.01	61.1	6.18
乳氟禾草灵	Lactofen	31.6	63.2	126.4	52.9	67.3	175.6	46.27	38.9	5.69	72.1	35.87	63.6	12.38	61.7	8.67	52.6	42.76	72.9	17.07	52.6	18.91
							洋槐蜜				G组						椴树蜜				油菜蜜	
茅草枯	Dalapon	16.6	33.2	66.4	4.9	44.08	5.5	52.18	3.6	27.78	62.8	16.56	41.6	24.04	12.8	22.34	28.4	N/A	N/A	N/A	36	N/A
乙烯利	Ethephon	15.3	30.7	61.3	N/A	N/A	N/A	N/A	N/A	N/A	N/A	N/A	3.4	38.82	N/A	N/A	N/A	N/A	N/A	N/A	N/A	N/A
四氟丙酸	Flupropanate	1.3	2.7	5.4	62.6	15.43	86.1	8.12	7.7	71.69	23.24	37.77	16	39.81	3.5	60.00	N/A	N/A	N/A	N/A	2.9	N/A
四氢邻苯二甲酰亚胺	cis-1,2,3,6-Tetrahydrophthalimide	31.0	62.0	124.0	106	8.08	97.8	4.47	106	7.10	84.9	42.87	103.1	7.17	98.1	9.31	88.3	8.95	122	7.95	108	4.65
2,6-二氟苯甲酸	2,6-Difluorobenzoic acid	16.0	32.0	64.0	35.3	25.72	34	39.41	60.9	42.53	51.6	94.57	29.1	21.34	7	42.43	133	16.1	74.2	45.81	35.8	16.17
三氯乙酸钠	Trichloroacetic acid sodium salt	6.8	13.6	27.2	97.6	22.54	117	8.89	93.3	21.11	118	57.03	91.4	8.33	139	5.41	N/A	N/A	N/A	N/A	N/A	N/A

续表

中文名称	英文名称	添加浓度/(μg/kg)			低水平添加		中水平添加		高水平添加		低水平添加		中水平添加		高水平添加	
		低	中	高	平均回收率/%	RSD/%	平均回收率/%	RSD/%	平均回收率/%	RSD/%	平均回收率/%	RSD/%	平均回收率/%	RSD/%	平均回收率/%	RSD/%
叔丁基-4-羟基苯甲醚	Tert-butyl-4-hydroxyanisole	0.6	1.2	2.5	N/A	N/A	71.4	31.23	N/A	N/A	251	0.00	N/A	N/A	N/A	N/A
邻苯基苯酚	2-Phenylphenol	12.4	24.8	49.6	70.3	10.30	101	5.06	107	7.67	84.3	47.21	113.4	8.61	81.5	13.25	98.9	20.7	107	16.31	113	7.52
3-苯基苯酚	3-Phenylphenol	2.4	4.8	9.5	86	8.09	101	4.09	102	7.75	80	50.13	97.7	8.55	93.4	1.90	85.7	12.4	127	11.31	90.9	4.69
二氯吡啶酸	Clopyralld	4.7	9.3	18.7	5.3	46.60	5.3	35.09	1.9	19.47	4	23.50	7.7	53.90	3.3	31.82	11.6	58.6	32	15.69	6	N/A
4,6-二硝基甲酚	DNOC	1.2	2.4	4.8	16	75.63	14.6	110.3	10.7	94.39	14.1	78.01	0.4	N/A	12.2	19.67	38.8	54.4	52.6	55.48	30.1	57.81
调草酸	Cloprop	2.7	5.3	10.7	2.6	N/A	28.8	25.03	1.2	55.00	26.9	0.00	12.2	56.64	1.4	N/A	N/A	N/A	1.4	N/A	0.6	N/A
氯硝胺	Dicloran	11.4	22.8	45.5	84	12.38	95.3	3.89	107	4.77	97	14.02	66	5.80	88.5	8.97	86.9	6.90	96.4	5.19	105	5.97
氯氨吡啶酸	Aminopyralid	13.3	26.7	53.3	114	4.18	108	7.09	118	8.90	126	81.75	12.3	98.37	4	72.25	107	2.99	105	5.89	101	4.35
氯苯胺灵	Chlorpropham	8.6	17.3	34.6	91.2	11.29	99.3	6.06	102	6.25	95.1	5.86	99.4	9.31	88.9	2.77	98.8	6.88	114	12.04	103	5.80
2-甲-4-氯丙酸	Mecoprop	1.0	2.0	4.1	106	10.94	61.7	4.65	87.5	10.37	8.5	68.82	1.5	N/A	0.3	N/A	5.52	70.7	4.5	7.38	2.7	N/A
特草定	Terbacil	0.4	0.7	1.4	111	6.07	102	7.85	111	4.92	96.7	7.01	126.6	2.41	102.3	4.82	106	12.5	119	5.99	107	2.59
2,4-滴	2,4-D	2.7	5.3	10.7	49.4	11.17	50	7.16	50.7	12.50	6.5	45.69	2.4	64.58	1.8	87.22	5.58	N/A	3.8	N/A	1.9	N/A
麦草畏	Dicamba	49.1	98.1	196.3	106	13.11	45.3	10.51	122	6.91	N/A	N/A	1.5	65.33	1.5	24.00	N/A	N/A	N/A	N/A	105	N/A
二甲四氯丁酸	MCPB	2.0	4.0	8.0	0.8	N/A	N/A	N/A	N/A	N/A	N/A	N/A	N/A	N/A	1.1	N/A	N/A	N/A	N/A	N/A	N/A	N/A
2,3,4,5-四氯苯胺	2,3,4,5-Tetrachloroaniline	28.8	57.6	115.2	88.4	6.39	103	10.49	107	5.70	95	6.34	96	3.24	90.7	6.37	113	7.26	99.6	5.57	92	1.08
敌磺钠	Fenaminosulf	80.0	160.0	320.0	N/A	N/A	N/A	N/A	N/A	N/A	22.5	0.00	N/A	N/A	1.5	N/A	N/A	N/A	N/A	N/A	N/A	N/A
2,4-滴丙酸	Dichlorprop	0.3	0.5	1.1	2	23.50	N/A	N/A	1.2	34.17	2.3	0.00	1.3	37.69	0.6	16.67	N/A	N/A	N/A	N/A	N/A	N/A
毒莠定	Picloram	104.3	208.5	417.1	112	6.62	123	3.32	206	38.01	70.5	7.01	N/A	N/A	6.9	N/A	10.8	78.7	0.7	28.86	2.8	0.00
灭草松	Bentazone	0.9	1.8	3.6	84.7	4.83	91.8	18.95	94.9	12.22	77.8	19.02	39.1	20.66	47.1	14.80	81.2	8.74	114	7.36	93.7	7.79
地乐酚	Dinoseb	0.3	0.6	1.2	50.8	17.93	54	37.22	82.1	31.06	67.2	44.49	84.8	29.83	155	21.81	115	12.2	160	13.21	199	17.04
草消酚	Dinoterb	0.3	0.5	1.1	78.1	4.58	114	7.04	91.2	9.90	86.7	26.18	83.3	17.05	81.6	9.41	92.1	7.93	97	8.14	95.5	3.71
氯吡脲	Forchlorfenuron	1.2	2.4	4.8	N/A	N/A	0	N/A	N/A	N/A	N/A	N/A	N/A	N/A	3.2	N/A	23.3	60.9	6.7	45.94	6.7	27.16
2,4-滴丁酸	2,4-DB	6.7	13.3	26.7	4.9	37.55	N/A	N/A	6	51.67	N/A	N/A	1.5	0.00	N/A	N/A	9.8	N/A	N/A	N/A	N/A	N/A

续表

中文名称	英文名称	添加浓度/(μg/kg)			低水平添加		中水平添加		高水平添加		低水平添加		中水平添加		高水平添加	
		低	中	高	平均回收率/%	RSD/%	平均回收率/%	RSD/%	平均回收率/%	RSD/%	平均回收率/%	RSD/%	平均回收率/%	RSD/%	平均回收率/%	RSD/%
咯菌腈	Fludioxonil	0.3	0.6	1.2	97.2	7.28	105	2.17	116	8.03	107	5.55	121.6	7.86	97	6.96	101	3.96	103	5.44	98.2	5.98
抗倒酯	Trinexapac-ethyl	82.3	164.6	329.1	2	45.00	0.3	N/A	0.6	78.33	4.8	41.88	5.7	54.39	2	93.00	10.6	56.6	6.2	N/A	4.9	0.20
2,4,5-涕	2,4,5-T	2.0	4.0	8.0	4.3	64.19	0.5	N/A	3.2	42.50	21.6	0.00	1.2	0.00	1	43.00	N/A	N/A	N/A	N/A	N/A	N/A
氟草烟	Fluroxypyr	7.9	15.8	31.7	4.3	64.19	0.8	47.50	2.7	54.81	4.9	0.00	1.2	0.00	1.1	40.00	N/A	N/A	N/A	N/A	N/A	N/A
杀螨醇	Chlorfenethol	141.3	282.7	565.3	82.3	9.40	103	6.89	101	5.95	96.7	7.36	106.1	8.86	90.9	9.76	104	8.65	99.7	7.13	106	3.20
2,4,5-滴丙酸	Fenoprop (silvex, 2,4,5-TP)	1.6	3.1	6.3	N/A	N/A	N/A	N/A	1.4	47.14	N/A	N/A	2.8	N/A	N/A	N/A	N/A	N/A	N/A	N/A	0.7	N/A
环丙酸酰胺	Cyclanilide	0.8	1.6	3.2	N/A	N/A	N/A	N/A	N/A	N/A	N/A	N/A	N/A	N/A	N/A	N/A	N/A	N/A	N/A	N/A	N/A	N/A
溴氧腈	Bromoxynil	0.5	0.9	1.8	N/A	N/A	N/A	N/A	N/A	N/A	N/A	N/A	1.1	N/A	1.1	82.22	3.23	6.19	1.8	N/A	2.4	N/A
萘草胺	Naptalam	0.6	1.2	2.4	1.4	55.71	1	22.00	0.3	60.00	10.9	61.65	1.8	70.00	0.9	N/A	N/A	N/A	N/A	N/A	1	N/A
灭幼脲	Chlorobenzuron	12.0	24.0	48.0	69.9	11.02	92	4.72	104	7.38	90.8	7.24	113	7.33	85.8	3.21	95.4	3.56	106	9.89	98.9	5.09
氯霉素	Chloramphenicolum	0.9	1.9	3.7	73.6	9.25	90.5	10.00	101	14.06	88.1	34.73	93.9	8.36	83	20.36	83	11.1	64.7	38.04	63.6	37.58
禾草灭	Alloxydim-sodium	0.1	0.2	0.3	11.1	105	N/A	N/A	5.8	115	18.8	1.60	48	36.67	12.8	58.75	34.6	37.6	17.9	56.03	8.3	56.02
嘧草硫醚	Pyrithlobac sodium	24.0	48.0	96.0	N/A	N/A	N/A	N/A	N/A	N/A	5.8	19.83	N/A	N/A	N/A	N/A	N/A	N/A	8.1	N/A	1.2	N/A
消螨通	Dinobuton	0.3	0.6	1.3	73.2	13.32	50.1	19.80	78.1	53.91	58.3	5.32	73.9	17.73	73.4	47.14	15	102	30.2	52.52	185	21.03
三氟硝草醚	Fluorodifen	104.0	208.0	416.0	82	7.30	104	6.62	102	7.07	93.7	14.30	111.5	13.27	83.8	2.51	92.7	6.90	100	17.13	115	7.23
杀虫双	Dimehypo	145.6	291.2	582.4	N/A	N/A	90.5	N/A	5	185	3.6	0.00	66	N/A	80.3	N/A	83	N/A	100	N/A	N/A	N/A
噁唑禾草灵	Fenoxaprop-ethyl	0.4	0.8	1.6	1.3	17.69	44.7	N/A	0.7	37.14	94.2	4.73	N/A	18.18	N/A	N/A	N/A	N/A	72.2	53.82	93.2	6.72
氟吡草腙钠	Diflufenzopyr-sodium	2.7	5.3	10.7	N/A	N/A	N/A	N/A	N/A	N/A	N/A	N/A	N/A	N/A	8.2	133	17.3	121	12.3	103.6	7.9	135
乙酰磺胺对硝基苯	Sulfanitran	1.0	2.0	4.1	11.5	111	N/A	N/A	N/A	N/A	29.7	0.00	0.5	N/A	N/A	N/A	N/A	N/A	N/A	N/A	N/A	N/A
甲基硝草酮	Mesotrion	50.8	101.6	203.2	N/A	N/A	N/A	N/A	N/A	N/A	N/A	N/A	N/A	N/A	N/A	N/A	N/A	N/A	N/A	N/A	N/A	N/A
安磺灵	Oryzalin	1.3	2.7	5.3	67.3	16.20	100	8.91	109	8.45	N/A	N/A	N/A	N/A	N/A	N/A	N/A	N/A	N/A	N/A	N/A	N/A
赤霉素	Gibberellic acid	15.5	31.0	62.0	N/A	N/A	N/A	N/A	1.6	N/A	N/A	N/A	N/A	N/A	N/A	N/A	N/A	N/A	6.4	82.02	5.4	N/A
三氟羧草醚	Acifluorfen	5.3	10.7	21.3	N/A	N/A	N/A	N/A	N/A	N/A	N/A	N/A	N/A	N/A	N/A	N/A	10.4	38.5	N/A	N/A	N/A	N/A
碘苯腈	Ioxynil	0.5	1.0	1.9	N/A	N/A	N/A	N/A	2.7	N/A	N/A	N/A	N/A	N/A	N/A	N/A	N/A	N/A	N/A	N/A	N/A	138

续表

中文名称	英文名称	添加浓度/(μg/kg)			低水平添加		中水平添加		高水平添加		低水平添加		中水平添加		高水平添加	
		低	中	高	平均回收率/%	RSD/%	平均回收率/%	RSD/%	平均回收率/%	RSD/%	平均回收率/%	RSD/%	平均回收率/%	RSD/%	平均回收率/%	RSD/%
噁唑菌酮	Famoxadone	4.1	8.2	16.3	76.4	13.22	88.1	12.15	76.1	5.53	66.3	13.45	84	4.70	58.2	8.25
甲磺隆	Metsulfuron-methyl	68.2	136.4	272.8	N/A	N/A	N/A	N/A	N/A	N/A	N/A	N/A	N/A	N/A	N/A	N/A
磺酰唑草酮	Sulfentrazone	8.0	16.0	32.0	16.6	198	21.5	39.07	39.6	39.39	47.1	31.63	70.2	20.09	53.9	49.72
吡氟酰草胺	Diflufenican	3.3	6.5	13.1	100	6.20	70.5	18.87	93.3	6.22	74	16.76	93.6	28.42	105.1	10.94
乙虫清	Ethiprole	6.6	13.1	26.2	92.4	8.83	109	2.93	123	7.41	91	6.59	133	9.47	101.6	8.17
啶嘧磺隆	Flazasulfuron	11.0	22.0	44.0	N/A	N/A	N/A	N/A	N/A	N/A	N/A	N/A	N/A	N/A	N/A	N/A
磺菌胺	Flusulfamide	0.3	0.6	1.2	54.6	15.73	78	8.09	93.6	6.50	69.3	8.90	20.3	26.21	26.7	25.51
硫丹硫酸盐	Endosulfan-sulfate	0.8	1.6	3.1	79.7	9.75	89.7	9.11	91.3	8.31	88.2	8.28	113.7	18.12	89.4	7.16
环丙嘧磺隆	Cyclosulfamuron	4.8	9.5	19.1	20.3	N/A	N/A	N/A	14.1	N/A	22.4	0.00	N/A	N/A	N/A	N/A
喹胺灵	Triforine	4.7	9.3	18.7	102	18.43	105	20.76	120	4.64	110	23.55	88.9	20.81	94.4	3.65
氯吡嘧磺隆	Halosulfuron-methyl	0.4	0.8	1.6	N/A	N/A	14.6	7.74	26.1	77.39	32.3	63.47	46	N/A	17.2	57.44
氟磺胺草醚	Fomesafen	0.4	0.8	1.6	56.6	20.49	53.8	42.94	51.7	43.71	50.5	35.25	30.2	26.59	28.5	42.46
碘甲磺隆钠	Iodosulfuron-methyl sodium	0.5	1.1	2.1	13.3	N/A	N/A	N/A	4.2	N/A	N/A	N/A	N/A	N/A	N/A	23
虱螨脲	Lufenuron	2.0	4.0	8.0	63.3	31.44	87.9	13.31	65.7	26.64	164	27.13	N/A	N/A	62.3	21.67
噻氟酰胺	Thifluzamide	2.8	5.6	11.2	109	20.73	95.1	7.30	121	7.74	93.7	14.41	N/A	N/A	93.9	11.40
							荞麦蜜						荆条蜜			
茅草枯	Dalapon	16.6	33.2	66.4	73.7	17.6	34.8	19.23	31.1	27.60	12.5	71.0	12.0	39.19	2.7	51.90
乙烯利	Ethephon	15.3	30.7	61.3	N/A	N/A	N/A	N/A	N/A	N/A	N/A	N/A	1.7	N/A	0.8	N/A
四氟丙酸	Flupropanate	1.3	2.7	5.4	96.2	17.2	41.9	N/A	14.5	27.61	35.0	26.0	5.7	12.22	2.9	19.87
四氢邻苯二甲酰亚胺	cis-1,2,3,6-Tetrahydrophthalimide	31.0	62.0	124.0	79.2	22.2	93.2	19.53	93.6	7.09	105.1	5.2	98.4	1.63	88.6	3.19
2,6-二氟苯甲酸	2,6-Difluorobenzoic acid	16.0	32.0	64.0	184.0	24.9	14.6	N/A	24.6	17.97	123.4	11.9	105.4	27.89	30.1	102.27
三氯乙酸钠	Trichloroacetic acid sodium salt	6.8	13.6	27.2	86.7	12.5	106.5	3.21	231.8	6.70	N/A	N/A	N/A	N/A	38.5	47.47
叔丁基-4-羟基苯甲醚	Tert-butyl-4-hydroxyanisole	0.6	1.2	2.5	N/A	N/A	N/A	N/A	N/A	N/A	75.0	N/A	N/A	N/A	N/A	N/A

中文名称	英文名称	低水平添加		中水平添加		高水平添加	
		平均回收率/%	RSD/%	平均回收率/%	RSD/%	平均回收率/%	RSD/%
噁唑菌酮	Famoxadone	94.5	8.15	85.4	18.89	83.1	4.65
甲磺隆	Metsulfuron-methyl	15.7	N/A	N/A	N/A	N/A	N/A
磺酰唑草酮	Sulfentrazone	74.6	16	74.9	32.51	53.5	21.68
吡氟酰草胺	Diflufenican	114	18.2	89.1	25.20	96.2	7.88
乙虫清	Ethiprole	96.2	6.34	121	7.94	109	5.74
啶嘧磺隆	Flazasulfuron	N/A	N/A	N/A	N/A	N/A	N/A
磺菌胺	Flusulfamide	88.2	8.16	84.5	11.92	96.4	2.87
硫丹硫酸盐	Endosulfan-sulfate	84.3	11.2	169	13.25	103	2.91
环丙嘧磺隆	Cyclosulfamuron	43	N/A	3	N/A	8.7	3.45
喹胺灵	Triforine	N/A	N/A	N/A	N/A	88.1	24.63
氯吡嘧磺隆	Halosulfuron-methyl	N/A	N/A	63.1	20.17	33.6	51.49
氟磺胺草醚	Fomesafen	69.2	29.7	96.6	5.41	71.6	12.78
碘甲磺隆钠	Iodosulfuron-methyl sodium	N/A	N/A	N/A	N/A	3.4	57.35
虱螨脲	Lufenuron	94.8	29.7	117	17.73	65.3	21.44
噻氟酰胺	Thifluzamide	104	8.46	N/A	N/A	133	9.77
				枣花蜜			
茅草枯	Dalapon	N/A	N/A	25.6	N/A	14.7	23.09
乙烯利	Ethephon	N/A	N/A	N/A	N/A	N/A	N/A
四氟丙酸	Flupropanate	N/A	N/A	N/A	N/A	5.9	18.90
四氢邻苯二甲酰亚胺	cis-1,2,3,6-Tetrahydrophthalimide	89.7	19.64	86.9	2.60	92.2	1.02
2,6-二氟苯甲酸	2,6-Difluorobenzoic acid	26.7	51.17	N/A	N/A	12.6	45.27
三氯乙酸钠	Trichloroacetic acid sodium salt	151.6	7.53	124.4	17.11	125.8	3.83
叔丁基-4-羟基苯甲醚	Tert-butyl-4-hydroxyanisole	100.6	19.54	119.8	19.63	96.1	3.92

续表

中文名称	英文名称	添加浓度/(μg/kg)			低水平添加		中水平添加		高水平添加		低水平添加		中水平添加		高水平添加		低水平添加		中水平添加		高水平添加	
		低	中	高	平均回收率/%	RSD/%	平均回收率/%	RSD/%	平均回收率/%	RSD/%	平均回收率/%	RSD/%	平均回收率/%	RSD/%	平均回收率/%	RSD/%	平均回收率/%	RSD/%	平均回收率/%	RSD/%	平均回收率/%	RSD/%
邻苯基苯酚	2-Phenylphenol	12.4	24.8	49.6	80.0	5.2	86.9	10.93	63.9	2.98	87.9	5.9	81.2	16.14	85.4	16.03	83.5	7.81	91.9	7.58	88.3	2.54
3-苯基苯酚	3-Phenylphenol	2.4	4.8	9.5	91.1	16.3	108.3	6.93	63.7	9.36	108.2	8.6	99.4	7.77	75.4	14.83	89.3	3.56	87.5	7.66	102.8	1.44
二氯吡啶酸	Clopyralid	4.7	9.3	18.7	N/A	N/A	91.7	17.58	18.1	33.37	17.1	105.5	19.3	41.50	6.2	47.94	105.8	43.97	54.0	28.86	64.9	16.61
4,6-二硝基邻甲酚	DNOC	1.2	2.4	4.8	26.3	N/A	7.8	37.74	N/A	N/A	31.5	45.6	12.5	36.63	50.2	27.98	120.0	9.19	135.6	7.50	153.2	13.73
调果酸	Cloprop	2.7	5.3	10.7	10.8	N/A	5.1	53.35	7.2	3.64	N/A	N/A	N/A	N/A	N/A	N/A	87.3	13.86	29.8	12.32	14.6	48.61
氯硝胺	Dicloran	11.4	22.8	45.5	96.0	14.1	87.3	1.84	71.8	6.14	100.2	5.0	93.2	3.46	88.2	4.96	107.7	7.06	100.2	7.25	95.1	3.66
氯氨吡啶酸	Aminopyralid	13.3	26.7	53.3	96.7	3.7	109.0	6.18	88.4	4.23	97.6	9.0	47.0	7.25	89.1	8.82	106.6	10.36	109.2	7.97	118.0	5.29
氯草胺灵	Chlorpropham	8.6	17.3	34.6	71.2	9.0	80.7	5.77	61.5	4.96	122.4	7.0	94.0	6.46	84.8	10.67	109.6	8.74	134.8	6.48	165.6	10.91
2-甲-4-氯丙酸	Mecoprop	1.0	2.0	4.1	15.7	12.0	8.6	40.07	5.3	13.71	9.6	75.0	3.2	N/A	N/A	N/A	3.3	N/A	N/A	N/A	0.7	N/A
特草定	Terbacil	0.4	0.7	1.4	78.4	7.1	93.6	4.25	83.3	3.81	102.9	7.4	115.6	4.84	101.4	3.68	94.9	13.64	83.6	8.52	91.5	2.34
2,4-滴	2,4-D	2.7	5.3	10.7	13.8	69.8	9.5	21.72	8.4	27.95	3.3	75.6	2.7	76.15	0.8	103.50	8.3	N/A	6.5	37.20	N/A	N/A
麦草畏	Dicamba	49.1	98.1	196.3	110.6	6.3	94.2	15.55	142.4	7.69	13.2	43.3	5.5	5.50	2.3	41.59	118.7	16.05	163.0	9.33	178.6	10.01
二甲四氯丁酸	MCPB	2.0	4.0	8.0	11.8	N/A	3.2	N/A	8.4	15.27	1.3	N/A	N/A	N/A	N/A	N/A	N/A	N/A	N/A	N/A	N/A	N/A
2,3,4,5-四氯苯胺	2,3,4,5-Tetrachloroaniline	28.8	57.6	115.2	69.5	5.9	85.5	3.68	71.8	5.57	105.8	4.3	94.6	5.26	82.3	15.98	95.2	7.50	79.1	5.86	80.2	3.95
敌磺钠	Fenaminosulf	80.0	160.0	320.0	27.6	38.0	14.9	38.57	2.7	N/A	1.5	34.6	1.2	72.52	N/A	58.14	N/A	N/A	N/A	N/A	N/A	N/A
2,4-滴丙酸	Dichlorprop	0.3	0.5	1.1	2.6	50.8	1.8	45.34	16.0	N/A	N/A	N/A	1.1	17.63	0.6	N/A	N/A	N/A	N/A	N/A	0.5	N/A
毒莠定	Picloram	104.3	208.5	417.1	N/A	N/A	21.1	97.53	17.0	32.28	N/A	N/A	95.4	7.35	2.5	N/A	N/A	N/A	N/A	N/A	N/A	N/A
灭草松	Bentazone	0.9	1.8	3.6	101.9	3.8	97.7	2.26	185.4	3.99	68.9	7.6	79.9	7.90	83.4	8.05	66.3	11.86	66.9	7.90	65.9	10.52
地乐酚	Dinoseb	0.3	0.6	1.2	18.5	118.3	24.0	20.03	13.1	31.28	120.6	9.6	135.6	14.24	252.2	19.95	100.4	6.81	143.8	13.11	261.4	10.79
草消酚	Dinoterb	0.3	0.5	1.1	34.4	38.8	40.6	14.84	20.2	29.85	93.5	8.3	96.6	4.51	88.5	6.82	83.1	10.70	90.6	13.44	85.7	10.17
氯吡脲	Forchlorfenuron	1.2	2.4	4.8	5.6	83.7	13.6	71.44	7.1	35.00	5.8	49.1	38.9	58.79	7.0	N/A	18.8	68.01	22.4	104.94	9.6	16.58
2,4-滴丁酸	2,4-DB	6.7	13.3	26.7	94.4	18.6	80.0	15.85	40.0	15.84	N/A	N/A	3.9	60.76	0.5	N/A	9.1	N/A	N/A	N/A	1.4	N/A
咯菌腈	Fludioxonil	0.3	0.6	1.2	78.5	5.0	80.5	5.69	75.6	6.75	104.1	11.5	118.8	4.18	382.8	6.12	84.4	11.25	91.1	5.06	320.2	1.76

续表

中文名称	英文名称	添加浓度/(μg/kg)			低水平添加		中水平添加		高水平添加		低水平添加		中水平添加		高水平添加	
		低	中	高	平均回收率/%	RSD/%	平均回收率/%	RSD/%	平均回收率/%	RSD/%	平均回收率/%	RSD/%	平均回收率/%	RSD/%	平均回收率/%	RSD/%
抗倒酯	Trinexapac-ethyl	82.3	164.6	329.1	31.2	40.5	37.3	49.61	25.8	15.27	1.1	N/A	N/A	N/A	5.4	9.60	N/A	N/A	N/A	N/A	6.9	95.31
2,4,5-涕	2,4,5-T	2.0	4.0	8.0	109.0	11.1	116.3	11.14	81.8	13.86	4.6	47.0	3.1	82.71	0.8	34.62	7.6	55.89	N/A	N/A	N/A	N/A
氟草烟	Fluroxypyr	7.9	15.8	31.7	109.0	11.1	116.3	11.14	82.8	12.24	4.5	47.2	3.2	82.54	0.7	34.69	7.6	55.89	N/A	N/A	N/A	N/A
杀螨醇	Chlorfenethol	141.3	282.7	565.3	53.7	11.6	61.5	4.16	62.3	12.91	91.3	9.3	119.6	5.47	81.8	10.50	69.8	7.46	72.3	5.97	70.1	12.03
2,4,5-滴丙酸	Fenoprop(silvex,2,4,5-TP)	1.6	3.1	6.3	8.4	61.6	8.0	30.67	7.0	N/A	10.4	27.7	4.8	N/A	1.5	27.67	2.9	N/A	N/A	N/A	N/A	N/A
环丙酸酰胺	Cyclanilide	0.8	1.6	3.2	0.9	N/A	N/A	N/A	5.3	N/A	1.6	47.1	N/A	N/A	N/A	N/A	N/A	N/A	N/A	N/A	N/A	N/A
溴苯腈	Bromoxynil	0.5	0.9	1.8	N/A	N/A	4.2	N/A	N/A	N/A	2.3	N/A	0.6	N/A	5.5	34.73	N/A	N/A	N/A	N/A	N/A	N/A
萘草胺	Naptalam	0.6	1.2	2.4	4.0	50.8	3.2	67.14	3.3	6.30	2.0	58.1	N/A	0.00	0.4	43.30	4.5	90.96	4.7	27.77	4.8	24.18
灭幼脲	Chlorobenzuron	12.0	24.0	48.0	62.4	5.8	68.0	5.02	61.8	6.15	102.7	6.1	90.3	3.91	86.8	3.52	81.9	12.52	88.2	8.85	72.7	6.60
氯霉素	Chloramphenicolum	0.9	1.9	3.7	84.0	4.7	87.2	6.56	88.2	6.28	77.8	10.7	81.1	10.99	54.2	43.68	134.5	63.42	69.4	20.47	52.3	31.05
禾草灭	Alloxydim-sodium	0.1	0.2	0.3	47.9	27.9	35.8	37.41	12.0	14.50	13.7	43.0	13.6	44.08	10.3	72.98	35.9	36.64	6.8	N/A	16.4	74.89
嘧草硫醚	Pyrithlobac sodium	24.0	48.0	96.0	5.3	N/A	4.2	N/A	N/A	N/A	11.6	N/A	8.1	N/A	1.7	N/A	N/A	N/A	N/A	N/A	N/A	N/A
消螨通	Dinobuton	0.3	0.6	1.3	13.5	10.8	45.2	145.91	278.8	163.75	164.3	85.9	392.5	75.99	69.3	32.06	115.8	82.04	83.0	27.54	138.6	22.65
三氟硝草醚	Fluorodifen	104.0	208.0	416.0	68.1	6.1	66.0	10.29	71.4	10.08	94.7	11.8	115.8	9.60	85.4	5.83	79.5	10.11	75.2	8.03	62.7	6.36
杀虫双	Dimehypo	145.6	291.2	582.4	N/A	N/A	N/A	N/A	N/A	N/A	14.3	N/A	3.7	N/A	N/A	N/A	N/A	N/A	N/A	N/A	N/A	N/A
噁唑禾草灵	Fenoxaprop-ethyl	0.4	0.8	1.6	2.8	28.4	8.9	51.08	0.4	N/A	100.4	15.3	229.8	57.77	130.0	34.85	86.9	32.82	127.6	5.22	85.0	3.91
氟吡草腙钠	Diflufenzopyr sodium	2.7	5.3	10.7	59.9	11.3	67.0	7.25	55.1	10.74	13.6	81.4	4.9	4.74	26.1	35.03	N/A	N/A	N/A	N/A	N/A	N/A
乙酰磺胺对硝基苯	Sulfanitran	1.0	2.0	4.1	56.2	N/A	N/A	N/A	N/A	N/A	N/A	N/A	N/A	N/A	N/A	N/A	10.9	26.71	23.3	58.77	N/A	N/A
甲基磺草酮	Mesotrion	50.8	101.6	203.2	N/A	N/A	5.7	N/A	N/A	N/A	100.4	4.20	74.0	4.52	121.0	N/A	N/A	N/A	N/A	N/A	N/A	N/A
安磺灵	Oryzalin	1.3	2.7	5.3	N/A	N/A	5.7	N/A	N/A	N/A	88.3	15.6	101.7	8.89	89.2	35.03	86.9	10.43	74.0	4.52	108.5	8.52
赤霉素	Gibberellic acid	15.5	31.0	62.0	69.5	10.9	64.6	11.99	10.6	18.37	5.2	29.3	4.2	N/A	N/A	N/A	32.3	N/A	N/A	N/A	71.6	2.56
三氟羧草醚	Acifluorfen	5.3	10.7	21.3	1.1	N/A	5.1	N/A	N/A	N/A	N/A	N/A	3.4	N/A	N/A	N/A	3.6	N/A	N/A	N/A	N/A	N/A
碘苯腈	Ioxynil	0.5	1.0	1.9	1.1	N/A	5.1	N/A	N/A	N/A	N/A	N/A	3.4	N/A	10.9	16.93	5.7	N/A	5.9	53.22	9.1	7.01

续表

中文名称	英文名称	添加浓度/(μg/kg)			低水平添加		中水平添加		高水平添加		低水平添加		中水平添加		高水平添加	
		低	中	高	平均回收率/%	RSD/%	平均回收率/%	RSD/%	平均回收率/%	RSD/%	平均回收率/%	RSD/%	平均回收率/%	RSD/%	平均回收率/%	RSD/%
噁唑菌酮	Famoxadone	4.1	8.2	16.3	38.0	29.0	51.1	14.80	56.0	12.98	75.6	7.3	91.1	11.61	71.2	5.28	51.3	22.85	78.3	12.33	46.4	10.68
甲磺隆	Metsulfuron-methyl	68.2	136.4	272.8	3.6	N/A	2.3	47.14	N/A	N/A	N/A	N/A	N/A	N/A	7.0	N/A	N/A	N/A	N/A	N/A	20.5	N/A
磺酰唑草酮	Sulfentrazone	8.0	16.0	32.0	45.1	53.6	44.1	37.14	26.7	21.43	47.9	28.9	35.1	41.32	58.2	34.62	46.0	41.16	34.4	29.95	44.1	54.99
吡氟酰草胺	Diflufenican	3.3	6.5	13.1	N/A	N/A	39.5	24.30	61.0	16.56	95.9	25.3	92.5	28.14	75.4	11.78	40.2	66.76	77.0	13.54	53.0	44.65
乙虫清	Ethiprole	6.6	13.1	26.2	73.7	6.8	87.5	3.67	77.7	6.87	85.8	7.9	99.6	3.89	95.2	4.33	78.3	7.63	91.1	15.79	84.5	4.31
哒嗪磺隆	Flazasulfuron	11.0	22.0	44.0	N/A	N/A	N/A	N/A	N/A	N/A	25.9	N/A	N/A	N/A	N/A	N/A	52.6	N/A	N/A	N/A	N/A	N/A
磺菌胺	Flusulfamide	0.3	0.6	1.2	41.8	7.7	64.4	21.11	55.3	13.77	69.7	8.9	98.0	7.23	71.9	12.27	79.7	10.67	82.6	8.19	77.1	7.34
硫丹硫酸盐	Endosulfan-sulfate	0.8	1.6	3.1	60.6	10.9	56.6	9.08	57.6	9.27	83.4	12.7	93.0	11.69	81.9	13.99	78.3	24.54	75.6	14.45	52.2	10.13
环丙嘧磺隆	Cyclosulfamuron	4.8	9.5	19.1	25.0	92.0	18.6	1.14	6.5	32.10	26.1	24.0	3.5	N/A	18.9	30.04	N/A	N/A	N/A	N/A	27.6	27.16
嗪胺灵	Triforine	4.7	9.3	18.7	N/A	N/A	N/A	N/A	74.7	46.44	112.0	5.0	98.5	23.21	88.0	15.37	N/A	N/A	N/A	N/A	97.7	26.18
氯吡嘧磺隆	Halosulfuron-methyl	0.4	0.8	1.6	31.1	18.5	14.5	N/A	2.3	35.28	40.1	32.9	31.6	39.04	36.0	43.60	N/A	N/A	36.9	20.52	41.1	47.78
氟磺胺草醚	Fomesafen	0.4	0.8	1.6	28.5	24.0	18.6	N/A	6.5	32.10	66.6	24.0	52.9	16.38	87.7	20.00	61.5	12.13	75.7	13.23	75.1	27.27
碘甲磺隆钠	Iodosulfuron-methyl sodium	0.5	1.1	2.1	N/A	N/A	N/A	N/A	N/A	N/A	N/A	N/A	N/A	N/A	N/A	N/A	N/A	N/A	N/A	N/A	22.3	18.11
虱螨脲	Lufenuron	2.0	4.0	8.0	39.4	18.5	N/A	N/A	91.1	52.32	105.4	12.0	79.4	9.59	88.7	9.08	N/A	N/A	66.6	20.39	37.1	8.97
噻氟菌胺	Thifluzamide	2.8	5.6	11.2	68.1	12.0	51.5	13.46	71.2	13.57	112.6	9.4	99.3	9.67	86.2	9.40	67.3	12.67	75.1	16.44	47.3	18.06
H组																						
					洋槐蜜								椴树蜜								油菜蜜	
杀草强	Amitrole	4.8	9.5	19.0	N/A	N/A	N/A	N/A	N/A	N/A	N/A	N/A	N/A	N/A	N/A	N/A	N/A	N/A	N/A	N/A	N/A	N/A
1,3-二氯丙烯 (cis-, trans-)	1,3-Dichloropropene (cis-, trans-)	6.1	12.3	24.5	94.4	12.46	110.4	15.27	109.8	15.77	48.1	47.51	87.4	13.96	80.5	17.57	124.0	16.89	64.7	13.91	107.9	8.53
噁虫威	Bendiocarb	1.6	3.2	6.4	87.1	15.09	83.6	6.34	85.0	17.82	95.6	1.05	96.8	12.71	98.2	11.51	81.2	18.70	98.2	6.28	110.6	11.90
溴螨杀	Bromocylen	3.4	6.7	13.5	114.5	4.32	61.6	27.62	91.3	6.59	78.0	26.24	76.9	96.38	82.0	29.74	75.5	24.60	65.0	152.9	71	16.31

续表

中文名称	英文名称	添加浓度/(μg/kg)			低水平添加		中水平添加		高水平添加		低水平添加		中水平添加		高水平添加		低水平添加		中水平添加		高水平添加	
		低	中	高	平均回收率/%	RSD/%	平均回收率/%	RSD/%	平均回收率/%	RSD/%	平均回收率/%	RSD/%	平均回收率/%	RSD/%	平均回收率/%	RSD/%	平均回收率/%	RSD/%	平均回收率/%	RSD/%	平均回收率/%	RSD/%
					荞麦蜜						荆条蜜						枣花蜜					
杀草强	Amitrole	4.8	9.5	19.0	N/A	N/A	N/A	N/A	N/A	N/A	N/A	N/A	N/A	N/A	N/A	N/A	N/A	N/A	N/A	N/A	N/A	N/A
1,3-二氯丙烯	1,3-Dichloropropene (cis, trans)	6.1	12.3	24.5	83.6	18.94	100.0	7.32	130.0	22.93	89.4	23.63	65.7	16.08	86.5	12.45	97.2	26.54	84.2	15.71	69.3	22.04
噁虫威	Bendiocarb	1.6	3.2	6.4	103.5	8.45	84.2	10.56	73.6	12.67	146.5	12.57	83.1	22.36	102.6	11.94	50.0	59.18	83.0	21.85	86.0	4.94
溴烯杀	Bromocylen	3.4	6.7	13.5	79.7	53.44	102.2	22.93	67.4	10.13	95.8	23.80	102.0	66.71	117.1	40.87	21.4	40.48	88.4	6.80	87.7	23.67
											I组											
					洋槐蜜						椴树蜜						油菜蜜					
嗪节因	Dimethipin	8.4	16.8	33.6	143.0	2.10	99.3	11.36	103.7	12.86	84.7	11.41	88.1	19.82	99.5	15.72	79.7	11.58	98.1	11.39	83.9	12.23
呋草黄	Benfuresate	27.7	55.5	110.9	117.5	12.64	86.0	8.41	96.8	20.88	51.3	86.33	69.9	17.57	58.7	40.03	355.3	8.15	85.8	11.89	89.3	11.74
除草醚	Nitrofen	3.2	6.3	12.7	228.0	27.29	77.0	21.89	108.5	7.17	57.7	72.08	86.8	22.76	78.7	32.67	216.8	33.55	72.3	17.46	89.0	12.42
异菌脲	Iprodione	11.0	22.0	44.0	65.8	4.19	35.1	41.72	66.4	13.76	44.5	23.21	72.3	13.74	58.4	19.99	79.5	13.18	83.3	12.55	68.8	11.12
甲羧除草醚	Bifenox	5.6	11.1	22.2	80.8	7.82	100.0	10.20	104.7	6.45	N/A	N/A	N/A	N/A	77.4	17.73	94.0	16.00	95.0	9.49	99.1	15.37
碘硫磷	Iodofenphos	14.9	29.7	59.4	66.0	70.05	93.1	15.08	64.3	21.63	47.0	83.25	94.3	14.33	63.1	26.18	351.3	30.62	79.7	3.27	85.7	22.32
					荞麦蜜						荆条蜜						枣花蜜					
嗪节因	Dimethipin	8.4	16.8	33.6	61.0	31.06	115.9	24.96	68.7	12.03	92.6	8.33	111.7	21.77	63.5	12.85	117.0	8.15	77.2	14.69	97.0	6.82
呋草黄	Benfuresate	27.7	55.5	110.9	68.3	13.23	57.8	6.60	43.9	26.44	312.6	61.29	62.4	6.29	43.7	27.04	50.0	12.00	84.6	10.00	39.3	35.96
除草醚	Nitrofen	3.2	6.3	12.7	95.7	11.67	25.2	36.80	26.5	17.92	79.8	32.37	124.2	25.50	84.3	10.58	55.2	13.20	30.3	67.55	61.1	14.23
异菌脲	Iprodione	11.0	22.0	44.0	58.1	12.68	45.5	16.48	29.8	10.03	72.7	3.88	44.7	16.62	29.8	10.03	50.2	24.55	43.1	21.76	39.0	8.64
治草醚	Bifenox	5.6	11.1	22.2	53.5	10.46	38.7	20.90	22.4	9.20	20.2	25.00	38.7	20.90	22.4	9.33	62.7	19.89	36.7	20.20	28.9	17.81
碘硫磷	Iodofenphos	14.9	29.7	59.4	60.6	26.29	30.4	19.56	20.8	31.66	135.5	21.41	29.7	22.16	20.5	31.87	67.1	11.38	87.2	6.00	36.9	17.40

表 8-24　574 种农药在 6 种蜂蜜中的统计分析　　　　　　　　　　　　　　　　　　（单位：种）

添加水平	平均回收率												相对标准偏差									定量
	<60%			60%~120%			>120%			N/A			>30%			<30%			N/A			
	低	中	高	低	中	高	低	中	高	低	中	高	低	中	高	低	中	高	低	中	高	
洋槐蜜	72	74	69	460	442	467	9	18	15	33	40	23	51	46	56	481	479	487	42	49	31	456
椴树蜜	72	74	81	417	445	432	41	16	23	44	39	38	73	58	61	453	465	463	48	51	50	418
油菜蜜	70	60	84	391	440	440	65	30	15	48	44	35	61	63	39	453	451	483	60	60	52	435
荞麦蜜	125	118	278	390	387	249	10	35	14	49	34	33	51	123	57	452	403	475	71	48	42	239
荆条蜜	60	81	86	432	441	436	37	18	18	45	34	34	59	62	62	457	465	468	58	47	44	425
枣花蜜	113	93	115	402	418	417	7	21	14	49	42	28	47	49	54	462	475	485	65	50	35	408
总计	512	500	713	2492	2573	2441	169	138	99	271	233	191	342	401	329	2758	2738	2861	344	305	254	

表 8-25　各种蜂蜜基质中能够定性和需要提高定量限的农药个数统计　　　　　　　（单位：种）

蜜种	需要提高定量限	定性			总数（定性加定量）
		Ⅰ	Ⅱ	Ⅲ	
洋槐蜜	33	9	5	18	489
椴树蜜	8	5	6	31	460
油菜蜜	11	7	20	25	487
荞麦蜜	18	26	48	149	462
荆条蜜	16	14	8	19	466
枣花蜜	13	12	14	51	485

一些农药平均回收率为 30%~60%，但是相对标准偏差小于 30%，见表 8-25 中Ⅰ；一些农药，平均回收率为 60%~120%，但相对标准偏差大于 30%，见表 8-25 中Ⅱ；还有一些农药低水平回收率不好，但中水平回收率可达到 30%~60%，而且相对标准偏差小于 30%，见表 8-25 中Ⅲ，对这些农药进行定量检测达不到要求，把它们作为可以定性检测的农药，洋槐蜜、椴树蜜、油菜蜜、荞麦蜜、荆条蜜和枣花蜜分别有 32 种、42 种、52 种、223 种、41 种和 77 种农药是不能准确定量的，但可以定性。

经过以上统计分析，最后确认该方法可以定性定量检测的农药品种洋槐蜜是 489 种、椴树蜜是 460 种、油菜蜜是 487 种、荆条蜜是 466 种、枣花蜜是 485 种、荞麦蜜是 462。在 6 种蜂蜜中可以准确定性定量的农药总数达到 502 种。

通过对世界常用的 858 种农药化学品质谱特性的研究，建立了涵盖 541 种农药化学品的 GC-MS 质谱库和涵盖 748 种农药化学品的 LC-MS/MS 质谱库，同时，还开发了适用于 9 种蜂蜜样品的农药多残留萃取、净化和检测程序。该程序一次样品制备，可适用的农药化学品的品种，多达 698 种，其中用 GC-MS 可检测 497 种农药化学品，用 LC-MS/MS 可检测 502 种农药化学品。GC-MS 检测的农药化学品方法检出限（LOD）为 1.0~300ng/g，其中 95.4% 的 LOD 小于 50ng/g。在洋槐蜜、椴树蜜、油菜蜜、荞麦蜜等 9 种蜂蜜基质中的方法效率评价结果表明，低、中、高 3 个水平添加平均回收率为 60%~120% 的农药占 93.7%；相对标准偏差小于 30% 的农药占 88.4%。LC-MS/MS 检测的农药化学品方法检出限为 0.01μg/kg~3.34mg/kg，其中 96.1% 的 LOD 小于 50ng/g。对洋槐蜜、椴树蜜、油菜蜜、荞麦蜜、荆条蜜和枣花蜜六种蜂蜜在低、中、高 3 个添加水平、每个水平 5 次平行实验。实验结果表明，平均回收率为 60%~120%，相对标准偏差小于 30% 的有 493 种，占可检测品种 502 种的 98.2%。除荞麦蜜基质影响较显著外，其余蜂蜜品种之间无显著性差异。综上所述，本章建立的 GC-MS 和 LC-MS/MS 农药多残留高通量检测方法具有操作简便、灵敏度高、重现性好、完全可满足世界各国残留监控和国际贸易的需要。

参 考 文 献

[1] Mullin C A, Frazier M, Frazie J L. American science team find 118 different agricultural pesticides in U. S. Beehives. The Beekeepers Quarterly, 2010, (101): 35-41.

[2] Blasco C, Fernández M, Pena A, et al. Assessment of pesticide residues in honey samples from Portugal and Spain. Journal of Agricultural and Food Chemistry, 2003, 51 (27): 8132-8138.

[3] Blasco C, Lino C M, Pico Y, et al. Determination of organochlorine pesticide residues in honey from the central zone of Portugal and the Valencian community of Spain. Journal of Chromatography A, 2004, 1049 (1-2): 155-160.

[4] Albero B, Sánchez-Brunete C, Tadeo J L. Analysis of pesticides in honey by solid-phase extraction and gas chromatography-mass spectrometry. Journal of Agricultural and Food Chemistry, 2004, 52 (19): 5828-5835.

[5] Herrera A, Perez-Arquillue C, Conchello P, et al. Determination of pesticides and PCBs in honey by solid-phase extraction cleanup followed by gas chromatography with electron-capture and nitrogen-phosphorus detection. Analytical and bioanalytical chemistry, 2005, 381 (3): 695-701.

[6] Rissato S R, Galhiane M S, Almeida M V, et al. Multiresidue determination of pesticides in honey samples by gas chromatography-mass spectro metry and application in environmental contamination. Food Chemistry 2007, 101 (4): 1719-1726.

[7] Choudhary A, Duni C S. Pesticide residues in honey samples from Himachal Pradesh (India). Bulletin of Environmental Contamination and Toxicology, 2008, 80 (5): 417-422.

[8] Wang J, Kliks M M, Jun S, et al. Residues of organochlorine pesticides in honeys from different geographic regions. Food Research International, 2010, 43 (9): 2329-2334.

[9] Wiest L, Buleté A, Giround B, et al. Multi-residue analysis of 80 environmental contaminants in honeys, honeybees and pollens by one extraction procedure followed by liquid and gas chromatography coupled with mass spectrometric detection. Journal of Chromatography A, 2011, 1218 (34): 5743-5756.

[10] 国家质量监督检验检疫总局标准法规研究中心. 日本肯定列表数据查询. http://www.tbt-sps.gov.cn/foodsafe/xlbz/Pages/japan.aspx. 2012-09-10.

[11] The Commission of the European Communites. Council Directive 91/414/EEC, concerning the placing of plant protection products on the market, 1991-07-15.

[12] 戴华, 黄志强, 陈新焕. 蜂蜜中氟胺氰菊酯残留量的 HPLC 测定方法. 农药, 2000, 39 (12): 21-22.

[13] Jimenez J J, Bernal J L, Del Nozal M J, et al. Sample preparation methods to analyze fipronil in honey by gas chromatography with electron-capture and mass spectrometric detection. Journal of Chromatography A, 2008, 1187 (1-2): 40-45.

[14] Mukherjee I. Determination of pesticide residues in honey samples. Bulletin of Environmental Contamination and Toxicology, 2009, 83 (6): 818-821.

[15] Yavuz H G O, Aktumsek A Y S, Cakmak H O. Determination of some organochlorine pesticide residues in honeys from Konya, Turkey. Environmental Monitoring and Assessment, 2009, 168 (1-4): 277-283.

[16] Al-Rifai J, Akkel N. Determination of pesticide residues in imported and locally produced honey in Jordan. Journal of Apicultural Research, 1997, 36 (3-4): 155-161.

[17] Anju R, Kumari B, Gahlawat S K, et al. Multiresidue analysis of market honey samples for pesticidal contamination. Pesticide Research Journal, 1997, 9 (2): 226-230.

[18] Bernal J L, Jiménez J J, del Nozal M J, et al. Gas chromatographic determination of acrinathrine and 3-phenoxybenzaldehyde residues in honey. Journal of Chromatography A, 2000, 882 (1-2): 239-243.

[19] Jimenez J J, Bernal J L, del Nozal M J, et al. Solid-phase microextraction applied to the analysis of pesticide residues in honey using gas chromatography with electron-capture detection. Journal of Chromatography A, 1998, 829 (1-2): 269-277.

[20] Volante M, Cattaneo M, Bianchi M, et al. Some applications of solid phase micro extraction (SPME) in the analysis of pesticide residues in food. Journal of Environmental Science and Health Part B, 1998, 33 (3): 279-292.

[21] Volante M, Galarini R, Miano V, et al. SPME/GC/MS approach for antivarroa and pesticide residues analysis in honey. Chromatographia, 2001, 54 (3-4): 241-246.

[22] Fernández M, Padrón C, Marconi L, et al. Determination of organophosphorus pesticides in honeybees using solid-phase microextraction. Journal of Chromatography A, 2001, 922 (1-2): 257-265.

[23] Yu J, Wu C, Xing J. Development of new solid-phase microextraction fibers by sol-gel technology for the determination of organophosphorus pesticide multiresidues in food. Journal of Chromatography A, 2004, 1036 (2): 101-111.

[24] Campillo N, Peñalver R, Aguinaga N, et al. Solid-phase microextraction and gas chromatography with atomic emission detection for multiresidue determination of pesticides in honey. Analytica Chimica Acta, 2006, 562 (1): 9-15.

[25] Korta E, Bakkali A, Berrueta L A, et al. Study of an accelerated solvent extraction procedure for the determination of acaricide residues in honey by high-performance liquid chromatography-diode array detector. Journal of Food Protection, 2002, 65 (1): 161-166.

[26] Rissato S R, Galhiane M S, Knoll F R N, et al. Supercritical fluid extraction for pesticide multiresidue analysis in honey: determination by gas chromatography with electron-capture and mass spectrometry detection. Journal of Chromatography A, 2004, 1048 (2): 153-159.

[27] Atienza J, Jiménez J J, Bernal J L, et al. Supercritical fluid extraction of uvalinate residues in honey: determination by high-performance liquid chromatography. Journal of Chromatography A, 1993, 655 (1): 95-99.

[28] Jones A, McCoy C. Supercritical fluid extraction of organophosphate and carbamate insecticides in honeybees. Journal of Agricultural and Food Chemistry, 1997, 45 (6): 2143-2147.

[29] Blasco C, Fernandez M, Pico Y, et al. Comparison of solid-phase microextraction and stir bar sorptive extraction for determining six organophosphorus insecticides in honey by liquid chromatography-mass spectrometry. Journal of Chromatography A, 2004, 1030 (1-2): 77-85.

[30] Yu C, Hu B. Sol-gel polydimethylsiloxane/poly (vinylalcohol) -coated stir bar sorptive extraction of organophosphorus pesticides in honey and their determination by large volume injection GC. Journal of Separation Science, 2009, 32 (1): 147-153.

[31] Rezic I, Horvat A J, Babic S, et al. Determination of pesticides in honey by ultrasonic solvent extraction and thin-layer chromatography. Ultrason Sonochem, 2005, 12 (6): 477-481.

[32] Jin Z, Lin Z, Chen M, et al. Determination of multiple pesticide residues in honey using gas chromatography-mass spectrometry. Chinese Journal of Chromatography, 2006, 24 (5): 440-446.

[33] Fontana A R, Camargo A B, Altamirano J C. Coacervative microextraction ultrasound-assisted back-extraction technique for determination of organophosphates pesticides in honey samples by gas chromatography-mass spectrometry. Journal of Chromatography A, 2010, 1217 (41): 6334-6341.

[34] Ahmadi F, Assadi Y, Hosseini S M, et al. Determination of organophosphorus pesticides in water samples by single drop microextraction and gas chromatography-flame photometric detector. Journal of Chromatography A, 2006, 1101 (1-2): 307-312.

[35] Pinheiro Ade S, de Andrade J B. Development, validation and application of a SDME/GC-FID methodology for the multiresidue determination of organophosphate and pyrethroid pesticides in water. Talanta, 2009, 79 (5): 1354-1359.

[36] Amvrazi E G, Tsiropoulos N G. Chemometric study and optimization of extraction parameters in single-drop microextraction for the determination of multiclass pesticide residues in grapes and apples by gas chromatography mass spectrometry. Journal of Chromatography A, 2009, 1216 (45): 7630-7638.

[37] Vinas P, Martinez-Castillo N, Campillo N, et al. Liquid-liquid microextraction methods based on ultrasound-assisted emulsification and single-drop coupled to gas chromatography-mass spectrometry for determining strobilurin and oxazole fungicides in juices and fruits. Journal of Chromatography A, 2010, 1217 (42): 6569-6577.

[38] Amvrazi E G, Tsiropoulos N G. Application of single-drop microextraction coupled with gas chromatography for the determination of multiclass pesticides in vegetables with nitrogen phosphorus and electron capture detection. Journal of Chromatography A, 2009, 1216 (14): 2789-2797.

[39] Kin C M, Huat T G. Comparison of HS-SDME with SPME and SPE for the determination of eight organochlorine and organophosphorus pesticide residues in food matrices. Journal of Chromatographic Science, 2009, 47 (8): 694-699.

[40] Zhao E, Han L, Jiang S, et al. Application of a single-drop microextraction for the analysis of organophosphorus pesticides in juice. Journal of Chromatography A, 2006, 1114 (2): 269-273.

[41] Garbi A, Sakkas V, Fiamegos Y C, et al. Sensitive determination of pesticides residues in wine samples with the aid of single-drop microextraction and response surface methodology. Talanta, 2010, 82 (4): 1286-1291.

[42] 焦琳娟, 李雅岚, 黄红林, 等. SDE-GC-μECD 分析蜂蜜中有机氯农药残留. 华中师范大学学报 (自然科学版), 2004, 38 (3): 333-335.

[43] 焦琳娟, 张桃芝. SDE 与 SPME 用于蜂蜜中有机氯农药分析的前处理. 韶关学院学报, 2005, 26 (3): 65-68.

[44] Tsiropoulos N G, Amvrazi E G. Detemination of pesticide residues in honey by single-drop microextraction and gas chromatography. Journal of AOAC international, 2011, 94 (2): 634-645.

[45] Telechak M J, August T F, Chaney G. Forensic and Clinical Applications of Solid Phase Extraction. New Jersey: Humama Press, 2004.

[46] Hennion M C. Solid-phase extraction: method development, sorbents, and coupling with liquid chromatography. Journal of Chromatography A, 1999, 856 (1-2): 3-54.

[47] PooleC F. New trends in solid-phase extraction. Trends in Analytical Chemistry, 2003, 22 (6): 362-373.

[48] Muino M A F, Lozano J S. Simplified method for the determination of organochlorine pesticides in honey. Analyst, 1991, 116 (3): 269-271.

[49] Driss M R, Zafzouf M, Sabbah S, et al. Simplified procedure for organochlorine pesticides residue analysis in honey. International Journal of Environmental Analytical Chemistry, 1994, 57 (1): 63-71.

[50] Fernandez Garcia M A, Riol Melgar M J, Herrero Latorre C, et al. Evidence for the safety of coumaphos, diazinon and malathion residues in honey. Veterinary and Human Toxicology, 1994, 36 (5): 429-432.

[51] Tahboub Y R, Zaater M F, Barri T A. Simultaneous identification and quantitation of selected organochlorine pesticide residues in honey by full-scan gas chromatography-mass spectrometry. Analytic Chimica Acta, 2006, 558 (1-2): 62-68.

[52] Koc F, Yigit Y, Das Y K, et al. Determination of aldicarb, propoxur, carbofuran, carbaryland methiocarb residues in honey by HPLC with post-column derivatization and fluorescence detection after elution from a florisil column. Journal of food and drug analysis, 2008, 16 (3): 39-45.

[53] María G C, María J A, Gonzalo F C, et al. Validation of an off line solid phase extraction liquid chromatography-tandem mass spectrometry method for the determination of systemic insecticide residues in honey and pollen samples collected in apiaries from NW Spain. Analytica Chimica Acta, 2010, 672 (1-2): 107-113.

[54] Fidente P, Seccia S, Vanni F, Morrica P. Analysis of nicotinoid insecticides residues in honey by solid matrix partition clean-up and liquid chromatography-electrospray mass spectrometry. Journal of Chromatography A, 2005, 1094 (1-2): 175-178.

[55] Pirard C, Widart J, Nguyen B K, et al. Development and validation of a multi-residue method for pesticide determination in honey using on-column liquid-liquid extraction and liquid chromatography-tandem mass spectrometry. Journal of Chromatography A, 2007, 1152 (1-2): 116-123.

[56] Amendola G, Pelosi P, Dommarco R. Solid-phase extraction for multi-residue analysis of pesticides in honey. Journal of Environmental Science and Health Part B, 2011, 46 (1): 24-34.

[57] Tsipi D, Triantafyllou M, Hiskia A. Determination of organochlorine pesticide residues in honey, applying solid phase extraction with RP-C18 material. Analyst, 1999, 124 (4): 473-475.

[58] Russo M V, Neri B. Fluvalinate residues in honey by capillary gas chromatography-Electron capture detection-Mass spectrometry. Chromatographia, 2002, 55 (9-10): 607-610.

[59] Fernández M, Pico Y, Manes J. Rapid screening of organophosphorus pesticides in honey and bees by liquid chromatography-mass spectrometry. Chromatographia, 2002, 56 (9-10): 577-583.

[60] Kamel A, Al-Ghamdi A. Determination of acaricide residues in saudi arabian honey and beeswax using solid phase extraction and gas chromatography. Journal of Environmental Science and Health Part B, 2006, 41 (2): 159-165.

[61] 任红波. 气相色谱法测定蜂蜜中氟胺氰菊酯的残留量. 农药, 2007, 46 (2): 125-126.
[62] Kamel A. Refined methodology for the determination of neonicotinoid pesticides and their metabolites in honey bees and bee products by liquid chromatography-tandem mass spectrometry (LC-MS/MS) t. Journal of Agricultural and Food Chemistry, 2010, 58 (10): 5926-5931.
[63] Tsigouri A D, Menkissoglu-Spiroudi U, Thrasyvoulou A. Study of tau-fluvalinate persistence in honey. Pest Management Science, 2001, 57 (5): 467-471.
[64] Dreyfuss M F, Lotfi H, Marquet P, et al. Pesticide residue determination in honey and apples by HPLC and GC. Analusis, 1994, 22 (5): 273-280.
[65] 薛晓锋, 赵静, 邱静, 等. 气相色谱法同时检测蜂蜜中溴螨酯、蝇毒磷、氟胺氰菊酯和氟氯苯氰菊酯残留. 中国养蜂, 2005, 56 (6): 10-12.
[66] Morzycka B. Simple method for the determination of trace levels of pesticides in honeybees using matrix solid-phase dispersion and gas chromatography. Journal of Chromatography A, 2002, 982 (2): 267-273.
[67] Walorczyk S, Gnusowski B. Development and validation of a multi-residue method for the determination of pesticides in honeybees using acetonitrile-based extraction and gas chromatography-tandem quadrupole mass spectrometry. Journal of Chromatography A, 2009, 1216 (37): 6522-6531.
[68] 赵增运, 徐星, 沈伟健, 等. 分散型固相萃取-气相色谱串联质谱法测定食品中 8 种芳氧苯氧丙酸酯类除草剂的残留量. 质谱学报, 2010, 31 (5): 306-312.
[69] Albero B, Sanchez-Brunete C, Tadeo J L. Multiresidue determination of pesticides in honey by matrix solid-phase dispersion and gas chromatography with electron-capture detection. Journal of AOAC International, 2001, 84 (4): 1165-1171.
[70] Sanchez-Brunete C, Albero B, Miguel E, et al. Determination of insecticides in honey by matrix solid-phase dispersion and gas chromatography with nitrogen-phosphorus detection and mass-spectrometric confirmation. Journal of AOAC International, 2002, 85 (1): 128-133.
[71] Rossi S, Dalpero A P, Ghini S, et al. Multiresidual method for gas chromatography analysis of pesticides in honeybees cleaned by gel permeation chromatography. Journal of Chromatography A, 2001, 905 (1-2): 223-232.
[72] Ueno E, Ohno H, Tanahashi T, et al. Analysis of acephate, methamidophos and omethoate in animal and fishery products, and honey by LC-MS. Shokuhin Eiseigaku Zasshi, 2010, 51 (3): 122-127.
[73] Ebing W. Multi-method for the determination of pesticide residues in dead honeybees, II: pyrethrin and pyrethroid insecticides. Fresenius Journal of Analytical Chemistry, 1987, 327 (5-6): 539-543.
[74] Rialotero R, Gaspar E, Moura I, et al. Chromatographic-based methods for pesticide determination in honey: An overview. Talanta, 2007, 71 (2): 503-514.
[75] Blasco C, Pablo V R, Matthias O, et al. Analysis of insecticides in honey by liquid chromatography-ion trap-mass spectrometry: Comparison of different extraction procedures. Journal of Chromatography A, 2011, 1218 (30): 4892-4901.
[76] Waliszewski S M, Pardio V T, Waliszewski K N, et al. A rapid and low cost monitoring method for fluvalinate determination in honey. Journal of the Science of Food and Agriculture, 1998, 77 (2): 149-152.
[77] Menkissoglu-Spiroudi U, Diamantidis G C, Georgiou V E, et al. Determination of malathion, coumaphos, and fluvalinate residues in honey by gas chromatography with nitrogen-phosphorus or electron capture detectors. Journal of AOAC International, 2000, 83 (1): 178-182.
[78] 方英立, 王淑娥, 邵丽华, 等. 蜂蜜中有机氯农药的毛细管气相色谱测定法. 环境与健康杂志, 2007, 24 (10): 807-809.
[79] Das Y K, Kaya S. Organophosphorus insecticide residues in honey produced in Turkey. Bulletin of Environmental Contamination and Toxicology, 2009, 83 (3): 373-378.
[80] 陈芳, 李丹, 张金振, 等. 气相色谱微池电子捕获检测器测定蜂蜡中 6 种杀螨剂药物残留. 食品科学, 2010, 31 (18): 244-247.
[81] Yavuz H, Guler G O, Aktumsek A, et al. Determination of some organochlorine pesticide residues in honeys from Konya, Turkey. Environmental Monitoring and Assessment, 2010, 168 (1-4): 277-283.
[82] 朱青青, 谢文, 丁慧瑛. 蜂蜜中多种有机磷农药残留量的气相色谱测定. 理化检验: 化学分册, 2005, 41 (7):

482-484.

[83] 隋吴彬. 蜂蜜中多种有机磷农药残留量的研究. 安徽农业科学, 2007, 35 (29): 9348-9350.

[84] Garcia M A, Fernandez M I, Melgar M J. Contamination of honey with organophosphorus pesticides. Bulletin of Environmental Contamination and Toxicology, 1995, 54 (6): 825-832.

[85] Jimenez J J, Bernal J L, del Nozal M J, et al. Gas chromatography with electron-capture and nitrogen-phosphorus detection in the analysis of pesticides in honey after elution from a Florisil column. Influence of the honey matrix on the quantitative results. Journal of Chromatography A, 1998, 823 (1-2): 381-387.

[86] Jimenez J J, Bernal J L, del Nozal M J, et al. Characterization and monitoring of amitraz degradation products in honey. Journal of High Resolution Chromatography, 1997, 20 (2): 81-84.

[87] 林竹光, 金珍, 马玉, 等. 气相色谱－质谱法分析蜂蜜中多种有机氯农药残留. 分析试验室, 2006, 26 (6): 12-17.

[88] 金珍, 林竹光, 陈美瑜, 等. 气相色谱－质谱法分析蜂蜜中的多种农药残留. 色谱, 2006, 24 (5): 440-446.

[89] Caldow M, Fussell R J, Smith F, et al. Development and validation of an analytical method for total amitraz in fruit and honey with quantification by gas chromatography-mass spectrometry. Food Additives and Contaminants, 2007, 24 (3): 280-284.

[90] Cabras P, Melis M, Spanedda L. Determination of cymiazole residues in honey by liquid chromatography. Journal of AOAC International, 1993, 76 (1): 92-94.

[91] Jimenez J J, Bernal J L, del Nozal M J, et al. Determination of rotenone residues in raw honey by solid-phase extraction and high-performance liquid chromatography. Journal of Chromatography A, 2000, 871 (1-2): 67-73.

[92] Korta E, Bakkali A, Berrueta L A, et al. Study of semi-automated solid-phase extraction for the determination of acaricide residues in honey by liquid chromatography. Journal of Chromatography A, 2001, 930 (1-2): 21-29.

[93] Martel A C, Zeggane S. Determination of acaricides in honey by high-performance liquid chromatography with photodiode array detection. Journal of Chromatography A, 2002, 954 (1-2): 173-180.

[94] Bernal J L, del Nozal M J, Toribio L, et al. High-performance liquid chromatographic determination of benomyl and carbendazim residues in apiarian samples. Journal of Chromatography A, 1997, 787 (1-2): 129-136.

[95] Debayle D, Dessalces G, Grenier-Loustalot M F. Multi-residue analysis of traces of pesticides and antibiotics in honey by HPLC-MS/MS. Analytical and bioanalytical chemistry, 2008, 391 (3): 1011-1020.

[96] Blasco C, Font G, Pico Y. Solid-phase microextraction-liquid chromatography-mass spectrometry applied to the analysis of insecticides in honey. Food Additives and Contaminants. Part A., 2008, 25 (1): 59-69.

[97] Xu J Z, Miao J J, Lin H, et al. Determination of amitraz and 2, 4-dimethylaniline residues in honey by using LC with UV detection and MS/MS. Journal of Separation Science, 2009, 32 (23-24): 4020-4024.

[98] Ma H, Xu Y, Li Q X, et al. Application of enzyme-linked immunosorbent assay for quantification of the insecticides imidacloprid and thiamethoxam in honey samples. Food Additives and Contaminants Part A, 2009, 26 (5): 713-718.

[99] Tsiafoulis C G, Nanos C G. Determination of azinphos-methyl and parathion-methyl in honey by stripping voltammetry. Electrochimica Acta, 2010, 56 (1): 566-574.

[100] 庞国芳, 范春林, 刘永明, 等. 常用农药残留量检测方法标准选编 (上、下册). 北京: 中国标准出版社, 2009.

[101] 庞国芳, 曹彦忠, 范春林, 等. 常用兽药残留量检测方法标准选编. 北京: 中国标准出版社, 2009.

9 水产品中农药化学品多组分残留检测技术

9.1 概况

9.1.1 世界渔业发展概况

渔业作为一种传统产业,在近代得到了快速的发展,在社会、经济和人们生活中显现出极其重要的地位。据联合国粮农组织(FAO)渔业及水产养殖部撰写的《世界渔业和水产养殖状况 2010》白皮书统计,2008 年世界水产品总产量达到了 1.42 亿 t。其中 1.15 亿 t 用于人类食物,人均约为 17kg。2007 年,发展中国家平均年人均水产品为 15.1kg。在低收入缺粮国,动物蛋白消费量相对较低,但是,水产品平均年人均仍达到 14.4kg,水产品对动物蛋白总摄入的贡献明显,世界人均动物蛋白摄入量达 15%以上。1999~2008 年世界主要国家(地区)水产品产量与货值见表 9-1。

表 9-1 1999~2008 年世界主要国家(地区)水产品产量与货值

(单位:产量 Q/万 t;货值 V/亿美元)

国家(地区)	产量或货值	1999 年	2000 年	2001 年	2002 年	2003 年	2004 年	2005 年	2006 年	2007 年	2008 年
世界总量	Q	3073	3242	3461	3678	3892	4190	4430	4735	4990	5255
	V	4465	4760	4906	5056	5447	5977	6567	7445	9025	9845
中国	Q	2014	2152	2270	2414	2508	2657	2812	2986	3142	3274
	V	2000	2129	2305	2507	2593	2676	2995	3330	4437	5064
印度	Q	213	194	212	219	232	280	297	318	311	348
	V	251	251	239	258	259	379	376	418	498	504
越南	Q	40	50	59	70	94	120	144	166	201	246
	V	74	99	135	160	197	244	293	332	403	460
印度尼西亚	Q	75	79	86	91	100	105	120	129	139	169
	V	219	225	240	145	170	199	200	225	246	281
泰国	Q	69	74	81	95	106	126	130	141	135	137
	V	209	251	175	158	146	171	174	224	248	220
孟加拉	Q	59	66	71	79	86	91	88	89	95	101
	V	98	104	107	113	124	136	125	136	152	177
挪威	Q	48	49	51	55	58	64	66	71	84	84
	V	134	138	102	116	135	168	214	275	300	312
智利	Q	27	39	57	55	57	68	72	79	78	84
	V	91	125	173	164	215	280	323	435	487	450
菲律宾	Q	35	39	43	44	46	51	56	62	71	74
	V	68	68	66	63	60	70	79	98	123	158
日本	Q	76	76	80	83	82	78	75	73	77	73
	V	337	332	337	337	337	321	318	310	320	310

资料来源:联合国粮农组织网站。

国际食物政策研究所和世界渔业中心联合撰写了一篇题为"2020 年渔业展望"的研究报告。报告预测了未来 20 年鱼类和其他海产食品的全球供求状况,首次涉及世界渔业全面变化的条件及国际市场变化的紧迫问题。报告指出，在未来20年，发展中国家的养殖业将全面增长，这些国家对鱼类和海洋食品的消费量将占世界消费量的77%，其产量将占世界总产量的79%。研究报告的主要起草人ChrisDelgado先生称："这种趋势是明显的，不论富国和穷国，决策者同样都必须考虑未来20年渔业发展策略。"报告还指出："未来20年，发展中国家的鱼类消费量将增长57%，从1997年的6270万t增长到2020年的9860万t；而发达国家的鱼类消费量仅增长4%，从1997年的2810万t增长到2020年的2920万t。到2020年，世界水产品消费量的40%以上都将来自养殖。水产养殖总量将成倍增长，即从1997年的2850万t上升到2020年的5360万t。"

水产品同时也是国际贸易中的大宗产品之一。2008年，197个国家报告了水产品进出口情况。对许多发展中国家来说，水产品贸易不仅增加了收入和就业，而且在促进粮食安全方面发挥了重要作用。2008年，水产品贸易价值约占农产品贸易值的10%，达到1020亿美元。渔业商品国际贸易中排名前十位进口国和出口国见表9-2。

表9-2 渔业商品国际贸易中主要进口国和出口国 （单位：千美元）

序号	国家	进口			国家	出口		
		2007年	2008年	2009年		2007年	2008年	2009年
1	美国	14 440 466	14 952 379	13 858 165	中国	9 250 710	10 114 324	10 245 527
2	日本	13 184 490	14 947 418	13 258 134	挪威	6 228 123	6 936 644	7 072 742
3	西班牙	6 980 372	7 101 147	5 907 780	泰国	5 708 849	6 532 404	6 235 867
4	法国	5 366 203	5 835 957	5 579 174	越南	3 783 834	4 550 333	4 300 877
5	意大利	5 143 834	5 453 104	5 060 193	美国	4 436 746	4 463 052	4 144 623
6	中国	4 511 576	5 143 520	4 976 220	丹麦	4 128 359	4 601 250	3 980 695
7	德国	4 278 560	4 501 743	4 570 607	智利	3 677 002	3 930 969	3 606 328
8	英国	4 140 438	4 220 392	3 593 968	加拿大	3 711 890	3 706 192	3 239 530
9	荷兰	2 614 609	2 919 792	2 774 296	西班牙	3 230 749	3 465 473	3 142 891
10	丹麦	2 887 159	3 110 650	2 734 798	荷兰	3 280 643	3 394 073	3 137 993
	世界总量	98 902 777	108 033 540	99 729 351	世界总量	93 499 925	101 896 995	95 961 286

数据来源：联合国粮农组织渔业和水产业年鉴2009。

9.1.2 我国渔业发展概况

改革开放以来，渔业已成为我国农业农村经济中的重要产业之一。自1991年我国水产品总产量达到世界第一位，至2011年连续21年位居世界首位。2011年我国渔业总产量达到5603万t，占世界渔业总产量的36%；我国养殖水产品产量达到4023万t，占世界养殖水产品产量的63%，我国是世界上唯一养殖产量超过捕捞产量的渔业大国，也是世界水产品出口第一大国，2009年渔业产品的国际贸易出口值达到102.4亿美元。我国目前是世界水产业最发达的国家，无论是捕捞产量或是养殖产量均居世界首位（表9-3），水产品人均占有量2008年达到36kg，是世界人均水平的1.6倍，水产蛋白的人均消费量已经占到人均动物蛋白消费量的30%以上，有效改善了城乡居民的膳食结构，提高了人民健康水平。

联合国粮农组织的统计资料显示，我国水产养殖业的大发展主要得益于浅海贝类和藻类养殖的兴起，如在2008年的海水养殖产量中贝类产量（1072.5万t）约占总产量的75%，大型藻类（142.3万t）约占10.3%，二者相加占了我国海水养殖产量的85%以上，而鱼类（74万t）和虾蟹类（94万t）占5.5%~7%。可见，我国海水养殖业还是一个以贝藻养殖为主行业，在品种上还有很大的发展余地。我国水产品产业发展情况见表9-3。

表 9-3 1978~2009年我国水产品产量

(单位: 万t)

年份	水产品总产量	海水产品 天然生产	海水产品 人工养殖	海水产品 鱼类	海水产品 虾蟹类	海水产品 贝类	海水产品 藻类	海水产品 其他	海水产品 合计	淡水产品 天然生产	淡水产品 人工养殖	淡水产品 鱼类	淡水产品 虾蟹类	淡水产品 贝类	淡水产品 其他	淡水产品 合计
1978	465.4	314.5	45.0	256.1	50.6	26.8	26.0		359.5	29.6	76.2	99.7	3.8	2.4		105.9
1980	449.7	281.3	44.4	234.1	42.1	23.4	26.2		325.7	33.9	90.2	116.3	5.2	2.5		124.0
1985	705.2	348.5	71.2	274.5	70.6	47.3	27.3		419.7	47.6	237.8	276.5	5.5	3.4		285.4
1990	1 237.0	550.9	162.4	423.1	107.0	147.3	27.5	8.2	713.3	78.3	445.4	504.9	9.5	7.6	1.8	523.7
1991	1 350.8	609.6	190.5	466.2	119.4	158.6	40.0	15.9	800.1	91.5	459.2	530.4	10.7	8.5	1.0	550.7
1992	1 557.1	691.2	242.4	517.6	127.4	204.4	56.8	27.5	933.7	90.1	533.4	598.4	12.4	10.5	2.2	623.5
1993	1 823.0	767.3	308.7	557.4	138.7	288.6	69.4	22.0	1 076.0	102.9	644.1	710.6	13.3	16.3	6.7	747.0
1994	2 143.2	895.8	345.7	647.4	170.9	323.6	74.5	25.1	1 241.5	116.7	785.0	859.3	20.3	15.3	6.8	901.7
1995	2 517.2	1 026.8	412.3	758.1	184.8	392.3	74.9	29.0	1 439.1	137.3	940.8	1 018.6	27.3	20.5	11.6	1 078.1
1996	3 288.1	1 249.0	763.9	823.5	204.7	852.7	92.9	39.1	2 012.9	176.3	1 099.0	1 177.8	36.3	48.4	12.7	1 275.2
1997	3 118.6	1 196.4	691.7	836.4	195.8	715.0	85.0	55.9	1 888.1	163.5	1 067.0	1 143.8	41.3	31.4	14.1	1 230.5
1998	3 382.7	1 292.6	752.0	916.1	224.3	754.8	90.3	59.0	2 044.5	197.5	1 140.6	1 230.6	52.2	39.6	15.8	1 338.1
1999	3 570.1	1 293.4	851.9	918.1	240.5	832.5	103.7	50.5	2 145.3	198.0	1 226.9	1 309.7	61.0	37.1	17.0	1 424.9
2000	3 706.2	1 275.9	928.0	896.7	257.9	901.7	106.1	41.5	2 203.9	193.4	1 308.9	1 358.4	76.3	40.0	27.7	1 502.3
2001	3 795.9	1 244.1	989.4	881.3	262.8	936.4	108.5	44.6	2 233.5	186.2	1 376.2	1 406.5	87.0	45.4	23.5	1 562.4
2002	3 954.9	1 238.0	1 060.5	887.9	269.8	972.2	115.8	52.8	2 298.5	194.7	1 461.7	1 476.8	105.7	49.0	24.9	1 656.4
2003	4 077.0	1 237.0	1 095.9	893.2	259.0	963.8	122.7	94.1	2 332.8	213.3	1 530.9	1 551.0	119.9	46.7	26.5	1 744.2
2004	4 246.6	1 253.2	1 151.3	883.7	271.4	965.6	130.8	153.0	2 404.5	209.6	1 632.5	1 634.4	132.4	46.1	29.1	1 842.1
2005	4 419.9	1 255.1	1 210.8	913.9	281.3	1 008.1	133.9	128.6	2 465.9	221.0	1 733.0	1 737.2	140.3	46.3	30.2	1 954.0
2006	4 583.6	1 245.4	1 264.2	892.1	299.4	1 046.7	137.6	133.8	2 509.6	220.4	1 853.6	1 822.5	167.8	50.9	32.8	2 074.0
2007	4 747.5	1 243.6	1 307.3	891.3	298.9	1 068.2	138.8	153.7	2 550.9	225.6	1 971.0	1 908.5	202.1	50.5	35.5	2 196.6
2008	4 895.6	1 258.0	1 340.3	864.3	288.8	1 072.5	142.3	122.1	2 598.3	224.8	2 072.5	1 998.5	210.1	50.1	38.7	2 297.3
2009	5 116.4	1 276.3	1 405.2	880.8	303.6	1 120.0	148.4	131.0	2 681.6	218.4	2 216.5	2 109.9	228.8	52.0	44.2	2 434.8
合计	69 151.6	39 678.8	23 044.0	16 634.8	16 514.2	4 669.5	1 4822.4	2 079.5	1 387.3	29 472.8	3 570.5	25 902.3	26 580.3	1 769.1	720.4	402.9

数据来源: 中国统计年鉴 2010。

9.2 水产品中农药残留

农药的广泛使用，为农业生产的增长增收提供了有力保障，但大量不规范使用农药带来了农作物和水源的污染，被污染的农作物饲料和水源将残留的农药富集到水产品中，从而造成水产品中农药残留。为此，各国对包括水产品在内的食品中农药残留都十分关注，2006 年日本的"肯定列表制度"将水生动物类食品详细划分为鱼类、有壳类和其他水生动物等，鱼类分为鲑形目（如大马哈鱼和鳟鱼）、鳗鲡目（如鳗鲡）、鲈形目（如鲭鱼、金枪鱼、鲈鱼等）、鲀形目（如河豚）及其他鱼类，有壳类包括有壳软体动物、甲壳纲等，共设定了 600 余项农兽药残留限量标准，对未设定限量标准的产品（如海藻）或项目，均按 0.01mg/kg 的"一律标准"执行。

从 2006 年 5 月 29 日起，日本实施食品中化学品（农药、兽药及化学添加剂等）残留"肯定列表制度"，并执行新的化学品残留限量标准以后，我国输日水产品接连受到通报，其中因"一律标准"而被通报最终被日方实施命令检查的就包括鳗鱼与泥鳅中硫丹、紫菜中扑草净、海鳗中氟乐灵等。日本"肯定列表"涉及水产品的标准有 757 个。日本肯定列表规定的鱼中农药等化学品残留限量标准见表 9-4。

表 9-4 日本肯定列表规定的鱼中农药等化学品残留限量标准

英文名称	中文名称	MRL/(mg/kg)	英文名称	中文名称	MRL/(mg/kg)	英文名称	中文名称	MRL/(mg/kg)
Azoxystrobin	嘧菌酯	0.08	Ethiprole	乙虫腈	0.09	Oxadiargyl	稻思达	0.02
Benfuresate	呋草黄	0.07	Etofenprox	醚菊酯	0.8	Oxaziclomefone	噁嗪草酮	0.03
Bromobutide	溴丁酰草胺	4	Fenoxanil	氰菌胺	0.2	Oxytetracycline	土霉素	0.2
Buprofezin	噻嗪酮	0.2	Fentrazamide	四唑酰草胺	0.03	Paclobutrazol	多效唑	0.04
Butamifos	抑草磷	0.03	Ferimzone	嘧菌腙	0.5	Pencycuron	戊菌隆	0.8
Cafenstrole	苯酮唑	0.2	Flutolanil	氟酰胺	2	Pendimethalin	二甲戊灵	0.3
Carpropamid	环丙酰菌胺	0.6	Indanofan	茚草酮	0.04	Pentoxazone	环戊噁草酮	0.08
Chlorantraniliprole	氯虫酰胺	0.05	Iprobenfos	异稻瘟净	0.3	Pretilachlor	丙草胺	0.3
Chromafenozide	环虫酰肼	0.06	Isoprothiolane	稻瘟灵	3	Propyrisulfuron	—	0.02
Clomeprop	氯甲酰草胺	0.3	Mefenacet	苯噻酰草胺	0.8	Pyributicarb	稗草丹	0.4
Cumyluron	可灭隆	0.4	Mepronil	灭锈胺	2	Silafluofen	氟硅菊酯	0.4
Daimuron	杀草隆	0.4	Metaldehyde	四聚乙醛	0.02	Simeconazole	硅氟唑	0.02
Diclocymet	双氯氰菌胺	0.03	Metominostrobin	苯氧菌胺	0.3	Spiramycin	螺旋霉素	0.2
Dithiopyr	氟硫草定	0.2	Orysastrobin	肟醚菌胺	0.2	Tebufenozide	虫酰肼	0.3
EPN	苯硫磷	0.3	Oxadiazon	噁草酮	0.6	Tiadinil	噻酰菌胺	0.03
Esprocarb	戊草丹	0.2						

数据来源：http：//www.m5.ws001.squarestart.ne.jp/foundation/search.html。

澳大利亚制定了淡水鱼中除铜外的 7 项农药等有害物质残留限量标准，美国制定的淡水鱼中双草醚、丙炔氟草胺限量标准分别为 0.01mg/kg 和 1.5mg/kg，我国对水产品中规定的限量标准分别为滴滴涕、六六六。澳大利亚、美国和我国规定的淡水鱼中农药等化学品残留限量标准见表 9-5。

表 9-5 澳大利亚、美国和中国规定的淡水鱼中农药等化学品残留限量标准

序号	中文名称	英文名称	限量要求/(mg/kg)	数据生效日期
		澳大利亚		
1	艾氏剂和狄氏剂	Aldrin and Dieldrin	0.1	2011年3月
2	六六六	BHC	0.01	2011年3月
3	氯丹	Chlordane	0.05	2011年3月
4	滴滴涕	DDT	1	2011年3月
5	六氯苯	HCB	0.1	2011年3月
6	七氯	Heptachlor	0.05	2011年3月
7	林丹	Lindane	1	2011年3月
		美国		
1	双草醚	Bispyribac-sodium	0.01	2011年2月
2	丙炔氟草胺	Flumioxazin	1.5	2010年11月
		中国		
1	滴滴涕	DDT	0.5	2005年10月
2	六六六	γ-BHC	0.1	2005年10月

9.3 水产品中农药化学品残留前处理技术研究进展

水产品品种繁多，不同品种间基质差异非常大。此外，水产品一般蛋白质含量较高、水分含量较高，尤其是海产品中矿物质与盐分含量高，一些海藻类食品如海带含有大量多糖类物质，这些都不可避免地给分析测定造成干扰，所以样品必须经过前处理，通过适当的提取、净化及富集手段，最大限度地在保留目标分析物的同时，去除干扰物质。农药残留检测的主要前处理手段包括液液萃取、液固萃取、加速溶剂萃取、超声辅助萃取、微波辅助萃取、超临界流体萃取、固相萃取、固相微萃取、基质固相分散、QuEChERS方法、凝胶渗透色谱、膜分离技术、分子印迹技术等。对水产品来说，单一手段往往不能满足样品前处理的要求，因此，两种或多种前处理方式相结合成为目前的主流前处理方法。

9.3.1 液液萃取

液液萃取（Liquid-Liquid Extraction，LLE）在早期水产品中农药残留检测尤其是有机氯农药残留检测的应用非常普遍。在近年的分析测定中，液液萃取一般作为前处理的第一步将目标化合物从样品基质中提取出来，进而采用其他方式进一步净化。例如，Muino 等[1]采用乙腈-水/正己烷提取贻贝中有机氯农药和多氯联苯残留。Newsome 等[2]采用丙酮-正己烷（2:1）提取鱼肉中有机氯农药和多氯联苯残留，再以正己烷-水进行分配。由于传统的液液萃取采用分液漏斗进行，常存在易形成乳化现象、分离效果差、溶剂消耗量大、自动化程度低等缺点，液液萃取过程中使用的大量挥发性溶剂影响操作人员健康。一些新的液液萃取产品如 Meck 公司的 Extrelut NT 可代替传统的分液漏斗完成目标化合物的提取和富集，与传统操作方式相比，更为简单、高效，同时可节约溶剂、时间和原料，并在水产品农药残留检测中得到应用[3]。

9.3.2 液固萃取

液固萃取（Liquid-Solid Extraction，LSE）同液液萃取类似，在水产品农药残留分析中主要也是用于提取目标化合物，进而结合其他有效的净化方式。液固萃取是实验室常见的提取方法之一，采用索氏抽提法的相关文献报道较多，如 Lancas 等[4]在分析鱼中三氯杀螨醇时，采用正己烷进行索

氏抽提，Serrano 等[5,6]在分析鱼组织与鱼饲料中有机氯农药残留、亲脂类有机磷农药残留及多氯联苯残留时，同样采用了正己烷进行索氏抽提。此外，振荡提取和均质法也可归属于液固萃取，这两种提取方法相对更为简单，不需要特殊装置或设备，应用也十分普遍。文献[7]报道取 5g 鱼肉加入足够的硫酸钠进行研磨，直至成为粉末后以 100mL 二氯甲烷-正己烷（1∶4）进行索氏提取 18h，以硫酸磺化后再用正己烷反萃取，12 种被测化合物（5 种农药，7 种多氯联苯，添加量为 4~10μg/kg）的回收率为 36%~81%，相对标准偏差为 1%~12%。Chen 等[8]以乙腈提取样品，建立了鱼中杀草丹、溴氰菊酯和 19 种有机氯农药残留的检测方法；Schenck 等[9]针对脂肪含量低的鱼类、蟹肉、虾和扇贝中有机氯农药和多氯联苯残留分析，以乙腈提取目标化合物，均取得了较好效果。另外，Ngoh 等[10]采用乙酸乙酯对研磨后的虾肉进行均质提取，检测敌百虫和敌敌畏残留，检出限分别为 8ng/g 和 3ng/g，平均回收率为 50%~83%，实验室间相对标准偏差为 15%~21%。

9.3.3 加速溶剂萃取

加速溶剂萃取（Accelerated Solvent Extraction，ASE）也称为加压液相萃取（Pressurized Liquid Extraction，PLE），是自 1995 年发展起来的一种全新萃取方式，在农药残留分析中的应用尤为广泛。时间短（一般为 15min）、溶剂用量少（1g 样品约需 1.5mL）及效率高是这种萃取方式的突出优点。Garcia-Rodriguez 等[11]以正己烷-乙酸乙酯（80∶20）为提取溶剂，在温度为 100℃与压力为 1500psi 条件下，仅需 2min，完成了 0.2g 海藻中三种菊酯类（氯菊酯、α-氯氰菊酯和溴氰菊酯）、两种有机磷类（甲基毒死蜱和乙基毒死蜱）及一种氨基甲酸酯类（西维因）农药残留的提取。检出限为 0.3（乙基毒死蜱）~23.1pg/g（西维因），并用于实际样品的检测中。Shen 等[12]采用二氯甲烷-正己烷为提取溶剂（3∶7），在 60℃和 1500psi 条件下，提取鱼肉中 16 种有机氯农药残留，检出限为 0.008~0.05ng/g，回收率为 91.0%~104.1%，相对标准偏差为 1.9%~5.0%，与传统的索氏抽提相比，精密度与准确度相似或更好。

与索氏抽提相比，加速溶剂萃取所需时间更短、消耗溶剂显著减少，但在提取完成后仍需进一步净化，另需注意的是，加速溶剂萃取一般情况下温度与压力较高，对一些不稳定的化合物来说，这种提取方式并不适用。

9.3.4 超声辅助萃取

超声辅助萃取（Ultrasound-Assisted Extraction，UAE）是利用超声波辐射压强产生的强烈空化效应、机械振动、扰动效应、乳化、扩散、击碎和搅拌作用等多级效应，增大物质分子运动频率，增加溶剂穿透力，从而加速目标成分进入溶剂，促进提取的进行。2004 年，You 等[13]经过对不同萃取溶剂进行研究，认为采用含有 10%甲醇的乙腈溶剂超声提取，可以一次测定鱼体内包括拟除虫菊酯、有机磷和有机氯在内的 26 种农药残留，检出限为 0.13~1.40ng/g，回收率为 86.1%~133.8%，并已用于实际检测工作中。

9.3.5 微波辅助萃取

微波辅助萃取（Microwave Assisted Extraction，MAE）是 1986 年提出的一种新型前处理方法。与其他提取方式相比，MAE 操作时的影响因素较少，适用范围广，可大幅缩短提取时间、节约溶剂，并易实现高通量操作模式，迅速得到广泛应用[14]。利用 MAE 对农药残留分析，可供选择的溶剂种类很多，包括甲醇、乙醇、异丙醇、丙酮、甲苯、二氯甲烷、四氯甲烷、四甲基甲酰胺、异辛烷等，也可采用正己烷-丙酮、二氯甲烷-甲醇、水-甲苯等混合溶剂。Barriada-Pereira 等[15]比较了 PLE 与 MAE 提取鱼肉样品中有机氯农药残留的效果，在两种提取方式中，均采用正己烷-丙酮（50∶50）为提取溶剂，两种方法在 0.005~0.100μg/mL 均呈现出较好的线性。PLE 的检出限为 0.029~0.295mg/kg，MAE 的检出限为 0.003~0.054mg/kg。对大多数农药，两种方法的回收率均为 80%~120%，相对标准偏差均小于 10%。作者认为，虽然两种方法均行之有效，但是 MAE 在样品处理、花费、分析时间和溶剂消耗方面优于 PLE。Weichbrodt 等[16]也比较了 ASE 与 MAE 对鳕鱼肝与鱼片中有机氯化合物（多氯联苯、DDT、毒杀芬、氯丹、六氯苯、六氯环己烷和狄氏剂）的提取效果，采用乙酸乙酯-环己烷（50∶50）为提取溶剂，均得到了良好效果，两种方法相对标准偏差均小于 10%。

9.3.6 超临界流体萃取

超临界流体萃取（Supercritical Fluid Extraction，SFE）技术是 20 世纪 70 年代末发展起来的一种新型物质分离、精制技术，CO_2 是目前应用最广的流动相。这种技术无需消耗有机溶剂，对人体和环境友好，工艺简单，萃取效率高、速度快、能耗低，具有较好发展前景。在农药残留分析中，主要用于非极性或弱极性化合物的提取，已在水产品的有机氯农药残留分析中得到较多应用[17,18]。Antunes 等[19]采用 SFE 提取鱼片中多氯联苯和有机氯农药（p,p'-DDE，p,p'-DDD，p,p'-DDT 和狄氏剂）残留，在温度为 309～337K、压力 10～24MPa 的萃取条件下进行了优化。结果表明，温度对萃取效率影响不大，但压力有显著影响。作者还采用了自然污染的样品进行试验，样品基质包括新鲜鱼片、以无水硫酸钠脱水后的新鲜鱼片及冷冻干燥的鱼片三种形式，发现超临界 CO_2 可从冷冻干燥的鱼片中有效提取目标化合物，但对新鲜鱼片的提取回收率很低，最佳萃取条件为温度 328K，压力 22MPa，并指出，SFE 法得到的目标化合物浓度值高于采用索氏抽提得到的检测结果。

9.3.7 固相萃取

尽管各种各样的样品前处理技术层出不穷，但溶剂萃取与固相萃取（Solid Phase Extraction，SPE）相结合的前处理方法仍是当前最广泛使用的技术。商品化固相萃取小柱品种繁多，操作模式简单方便，受样品基质影响较小，基本上可以满足各种分析工作的需要，另外，采用 SPE 可避免在 LLE 操作时常出现的乳化现象，更易实现自动操作[20]，已渐渐取代 LLE 成为净化的主流手段。在水产品农药残留分析中，采用各种类型吸附剂的 SPE 柱均有文献报道，包括正相、反相、离子交换、混合机理分离模式及不同性质 SPE 柱串联使用。

由于大多数水产品中富含脂质，以有机溶剂提取目标化合物时可共萃取出大量脂类物质，因此在采用 SPE 净化前，通常增加一些除脂步骤。Hong 等[21]采用丙酮-环己烷（5∶2）为溶剂超声提取时，采用冷冻过滤脂肪的方式，先去除提取液中大约 90% 的脂肪，而后以弗洛里硅土 SPE 柱净化，检测鱼组织中 24 种含氯农药残留。在 100ng/g 添加水平时，回收率可达 80% 以上，除 α-硫丹和 β-硫丹的检出限为 20ng/g 外，其余分析物的检出限为 0.5～5ng/g，该方法证实对脂肪含量高的鱼中含氯农药检测十分有效。同样有文献[8]报道在同时测定鱼中杀草丹、溴氰菊酯和 19 种有机氯农药残留时，先采用低温冷冻过滤脱脂的方法去除乙腈共萃取出的脂类物质，再以 NH_2 SPE 柱进一步净化。通过添加实验对该方法的回收率、精密度和检出限进行测定，在添加浓度为 0.05mg/kg、0.02mg/kg 和 0.1mg/kg 时，该方法的检出限为 0.5～20μg/kg，回收率为 81.3%～113.7%，相对标准偏差为 13.5%。还有文献[1]报道在分析贻贝中多氯联苯和有机氯农药残留时，采用弗洛里硅土 SPE 柱净化，分步洗脱，第一次用正己烷洗脱多氯联苯，第二次用含 15% 乙醚的正己烷洗脱有机氯农药，不同农药和多氯联苯的检出限为 0.02～0.3μg/kg，用标准溶液为样品以相同方法处理得到的平均回收率为 91.5%。类似采用弗洛里硅土进行净化的还包括对欧洲沙丁鱼、大西洋巴浪鱼和大西洋鲭鱼中有机氯农药残留的分析[22]，以正己烷提取、弗洛里硅土净化、GC-ECD 定量，平均浓度最低和最高的是沙丁鱼和鲭鱼中的 p,p'-DDT，分别为 30.1μg/kg 和 109.9μg/kg，巴浪鱼中的 p,p'-DDD，平均浓度为 51.9μg/kg。

针对单一机理 SPE 柱的局限性，目前已有多种混合机理的 SPE 柱面市，如针对碱性化合物具有高的选择性和灵敏度的填充了阳离子交换与反相吸附剂的混合机理 SPE 柱、针对酸性化合物具有高的选择性和灵敏度的填充了阴离子交换与反相吸附剂的混合机理 SPE 柱等，这类 SPE 柱提供了双重保留模式，即离子交换和反相，而且保留作用发生在一种洁净、稳定、高表面积、适用 pH 范围广的有机共聚物上,这种净化模式已迅速得到推广应用,并不断有新产品问世。2010年,Nardelli等[23]在测定鱼饲料中有机氯农药多残留时,比较了几种不同SPE柱的净化效果,包括弗洛里硅土SPE柱、C_{18}与弗洛里硅土SPE串联和Bond Elut PCB SPE柱。结果表明,使用填充了正相硅胶与强阳离子交换吸附剂的Bond Elut PCB SPE柱分析时,对16种有机氯农药残留(α、β、γ、δ-六六六、六氯苯、艾氏剂、狄氏剂、异狄氏剂、α-硫丹、β-硫丹、硫丹硫酸酯、环氧七氯、p,p'-DDE、p,p'-DDD、p,p'-DDT和甲氧DDT)检出限为0.01~0.11μg/L,定量限为0.02~0.35μg/L,在5~100μg/L范围内,校准曲线的线性良好($r^2>0.999$)。鱼脂肪中添加浓度为100μg/kg时,六个样品添加回收率的相对标准偏差为3%~15%,与Horwitz方程推断出来的值一致,在分析中没有发现基质效应或干扰物质。该方法允许在浓度为100μg/kg时,提取的脂肪样品中添加回收率最高为92%~116%。在鱼饲料样品中检出限(0.02~0.63μg/kg)和定量限(0.05~2.09μg/kg)均非常低,远优于其他两种SPE柱。

在多残留分析中,由于不同目标化合物性质差异较大,单纯采用一种SPE柱难以满足净化需求,不同类型的SPE柱串联使用,可以较好解决这一问题。You等[13]采用C_{18}、弗洛里硅土和硫酸钠串联固相萃取小柱,对含有10%甲醇的乙腈超声提取的鱼组织样品溶液净化,拟除虫菊酯、有机磷和有机氯等26种目标化合物,在添加浓度为5μg/kg时,回收率为86.1%~133.8%,相对标准偏差≤12.1%,检出限为0.13~1.40μg/kg。同样,Schenck等[9]分析脂肪含量低的鱼类、蟹肉、虾和扇贝中有机氯农药和多氯联苯残留时,也是采用C_{18}和弗洛里硅土SPE串联柱净化,在9个添加浓度(0.01~0.40mg/kg)时,6种不同海产品中有机氯农药残留的平均回收率为93.8%~98.4%。在添加浓度为0.5mg/kg时,4种不同海产品中多氯联苯的平均回收率为88.5%~107.2%。该SPE方法和用于测定鱼产品中有机氯残留的AOAC方法在测定被污染的脂肪含量低的鱼类中有机氯农药和多氯联苯残留在结果上有一定的可比性。与AOAC方法相比,该固相萃取方法可以减少95%的有机溶剂消耗和85%的有害废物,使用该固相萃取方法可以在2h之内完成10个样品的提取和净化。另外,Russo等[24]在测定贻贝中含氯农药和多氯联苯残留时,同样采用的是正相SPE与反相SPE串联柱净化,使用NH_2 SPE柱与C_{18} SPE柱串联净化,实现多氯联苯和含氯农药的分离。NH_2 SPE柱吸附多氯联苯,同时从C_{18} SPE柱中回收含氯农药,在从含氯农药中分离多氯联苯的过程中,只有部分艾氏剂、七氯和p,p'-DDD同多氯联苯一起吸附在NH_2 SPE柱上。目标化合物回收率大于或等于95%,相对标准偏差小于或等于5%,不同农药和多氯联苯类物质的检出限为0.01~0.008μg/kg。

Moreno等[25]用不同类型SPE柱对海藻中有机氯农药残留($4,4'$-DDD、$4,4'$-DDT、$4,4'$-DDE、$2,4'$-DDT、艾氏剂、狄氏剂)净化效果进行比较,选择的SPE柱包括Bond Elut ENV柱[填料为非极性的苯乙烯-二乙烯基苯(SDVB)聚合物吸附剂]、Mega Bond Elut FL柱(填料为极性的弗洛里硅土)、Sep-Pak Vac C_{18} SPE柱(填料为非极性的十八烷基硅烷化键合硅胶)、Oasis HLB SPE柱(填料为N-乙烯吡咯烷酮和二乙烯基苯聚合物)及专为农药残留和多环芳烃分析设计的Envirelut Pesticide SPE柱。结果表明,对所分析的目标化合物来说,C_{18} SPE柱和Envirelut Pesticide SPE柱效果更好,且对液相色谱分析来说,采用后者净化的样液基线更稳定。

9.3.8 微萃取技术

微萃取(Microextraction, ME)技术包括固相微萃取(Solid-Phase Microextraction, SPME)与液相微萃取(Liquid-Phase Microextraction, LPME)。1990年,Arthur等[26]介绍了SPME技术,自问世起就受到高度关注,在各类分析中得到了广泛应用。Moreno等[25]比较了SPME与SPE对海藻中有机氯农药残留的分析结果,采用微波辅助胶束提取海藻中残留的有机氯农药,分别以SPE柱净化和SPME净化方式进行前处理,液相色谱定量。结果表明,两种净化方式均取得了较好效果。对所分析的目标化合物来说,SPE净化得到的回收率为80.5%~104.3%,SPME得到的回收率为73.9%~111.5%,相对标准偏差分别小于10.3%和5.3%,前者检出限为2~38ng/g,后者为138~348ng/g。两种方法在海藻样品的实际分析中具有可比性,检测结果一致。

SPME属于非溶剂型选择性萃取法，方便、简单，易实现自动化与在线操作，优势突出，但这种前处理方式萃取头寿命短、成本高、存在交叉污染等，这些缺陷使SPME的推广受到一定制约，LPME是在SPME基础上形成的，自1996年以来[27,28]得到快速发展。早期LPME为悬滴形式的微萃取（Suspended/Single Drop Microextraction，SDME），这种萃取模式下的悬滴容易脱落或发生损失，重现性较差。经过十余年发展，现有的技术包括中空纤维液相微萃取（Hollow Fiber-LPME，HF-LPME）、分散液液微萃取（Dispersive Liquid-Liquid Microextraction，DLLME）、直接悬浮液滴微萃取（Directly-Suspended Droplet Microextraction，DSDME）等。Sun等[29]报道了在检测鱼组织中有机磷农药残留时，采用中空纤维液相微萃取方式净化。样品以丙酮超声提取，提取液重新溶于水-甲醇（95∶5）中，以聚偏二氟乙烯（PVDF）HF-LPME净化，与聚丙烯HP-LPME相比，PVDF材料的提取效率更高、更稳定。在所选择的条件下，8种有机磷农药（异丙氧磷、二嗪农、乙拌磷、甲基对硫磷、马拉硫磷、倍硫磷、喹硫磷、三唑磷）在20～500ng/g范围内线性关系良好，检出限为2.1～4.5ng/g，在20ng/g、50ng/g、100ng/g三个添加水平时，针对不同鱼种检测的回收率为73.8%～95.5%，相对标准偏差为5.21%～18.9%，重复性和回收率均令人满意。与传统的净化方法相比，作者认为所建立的HF-LPME简化了样品前处理步骤，降低了检测成本。

9.3.9 基质固相分散萃取

基质固相分散萃取（Matrix Solid-Phase Dispersion Extraction，MSPDE）是类似于固相萃取的一种提取、富集、净化技术，自1989年提出后[30]，迅速在包括水产品农药残留分析等各领域得到了广泛应用[31,32]。MSPD所需装置非常简单，黏性、半固体或固体样品与固体吸附材料在研钵中充分研磨，完全分散，将混合物转移至层析柱或注射器中，进行层析洗脱，以达到分离目的。影响MSPDE的因素包括样品基质种类、固定相性质、洗脱剂性质等。Ling和Huang[33]采用MSPDE进行样品前处理，GC-MS对氯气杀毒处理过的鱼中16种有机氯农药和多氯联苯多残留进行测定，用硅胶键合十八烷基和弗洛里硅土串联的基质固相分散柱直接进行在线净化。在5个添加水平时，所有样品中，除七氯和4,4′-DDT的回收率分别为78%和81%，多氯联苯的回收率大于95%外，有机氯农药的回收率均大于85%，有机氯农药的检出限为19.6～91.1ng/g，含2～5个氯的多氯联苯的检出限为71.4～111.2ng/g。Zhao等[34]采用MSPDE净化、GC-ECD检测了鲫鱼肌肉、肝脏和腮中的氯氰菊酯残留量，比较了弗洛里硅土、中性氧化铝和硅胶三种吸附剂的效果，结果表明，采用中性氧化铝净化时色谱图上出现了基质干扰峰，且仪器噪声明显增大，硅胶作为吸附剂时的回收率低于弗洛里硅土。最终选定的MSPDE条件为0.5g样品加入1.5g弗洛里硅土和0.5g Na_2SO_4 研磨均匀，装柱，以乙酸乙酯-石油醚（2∶8）洗脱，添加水平为0.05～1mg/kg，肌肉、肝脏和腮的添加回收率为84.9%～106.1%，相对标准偏差小于8%，检出限为1.4～2.1μg/kg，定量限为5.8～7.8μg/kg。该法成功对鱼组织样品中氯氰菊酯进行了测定。Barriada-Pereira等[35]建立了基于MSPDE和SPE检测鱼肌肉和肝脏中20种有机氯农药残留的检测方法，比较了石墨化炭黑（ENVI-Carb）与硅胶键合十八烷基（ENVI-18）2种分散剂、弗洛里硅土和弗洛里硅土加氧化铝2种净化吸附剂及正己烷与正己烷-乙酸乙酯（8∶2）2种洗脱剂的分析结果，发现最优条件为以石墨化炭黑（ENVI-Carb）为吸附剂与硅酸镁（ENVI-Florisil）串联的基质固相分散柱在线净化，正己烷-乙酸乙酯（8∶2）洗脱。对鱼肝中农药残留分析，除β-六六六外，其余化合物的回收率均为75%～130%，大多数分析物的相对标准偏差小于15%。实验结果同时还证明了该方法的检测限满足美国FDA对鱼体中有机氯农药残留的允许限量要求。作者认为，与加速溶剂萃取或微波辅助萃取相比，MSPDE更简便快速，更经济，且不需购买昂贵的设备。

9.3.10 QuEChERS技术

Anastassiades等[36]提出了一种分散固相萃取样品前处理技术，称为QuEChERS（Quick，Easy，Cheap，Effective，Rugged and Safe）方法，这种方法设计的初意在克服高水分含量食品中多种农药残留的检测难题，主要步骤为提取后提纯，QuEChERS 提取产品一般使用 $MgSO_4$ 连同 NaCl 或无水乙酸钠去除样品中的水分，以有机溶剂如乙腈等提取样品中残留物质，提纯产品包含 PSA（一级或二级胺）去除有机酸和极性色素。一些产品中还包含封尾 C_{18} 去除脂肪和固醇或多孔石墨化炭黑去除固醇和色素，如叶绿素。作为一种简单高效实际的提取净化方法，QuEChERS 迅速被商品化并广泛应用，已有多个品牌的 QuEChERS 试剂盒面市，如商品化的 QuEChERS 试剂盒产品有专门针对 AOAC 2007.01 方法与 EN15663 方法设计的，前者提取部分有 $MgSO_4$ 和乙酸钠，后者以 $MgSO_4$、NaCl、柠檬酸钠、柠檬酸氢二钠配成的缓冲盐进行提取，净化部分均包括 PSA 与 $MgSO_4$（主要去除极性有机酸、某些糖和脂类）及 PSA、C_{18} 和 $MgSO_4$（主要去除极性有机酸、某些糖类、较多脂类和固醇类）两种。此外，QuEChERS 方法可根据分析基质与目标化合物对提取试剂与提纯试剂组成进行更改，使得这种方法适用的范围越来越广，从最初的蔬菜水果扩大到如今几乎包括了所有食品基质[37-39]。Rawn 等成功地将此方法应用于鱼中有机磷（甲基吡啶磷与敌敌畏）残留[40]与天然除虫菊素（瓜菊酯Ⅰ和Ⅱ，茉莉菊酯Ⅰ和Ⅱ，以及除虫菊酯Ⅰ和Ⅱ）及拟除虫菊酯（氯氰菊酯和溴氰菊酯）残留分析[41]。提取试剂包括 $MgSO_4$ 和乙酸钠去除水分，乙腈（含乙酸）提取，净化管中包括有 $MgSO_4$、一级和二级胺离子交换材料和 C_{18}，最终以液相色谱-串联质谱测定。在所分析的样品中，有机磷均未检出，但是在当地产的 18 个鲑鱼样品中有 7 个检出氯氰菊酯，浓度范围为 0.3～6.5ng/g。文献[42]报道了基于 QuEChERS 方法提取净化、液相色谱-串联质谱检测鱼中多种农药残留的方法。作者选用 Agilent 公司的 SampliQ QuEChERS 试剂盒产品中带柠檬酸盐缓冲盐的提取管进行提取，该试剂盒是根据 EN 15663 方法设计的，旨在用于水果与蔬菜中农药残留的提取。该提取试剂盒包括 4g $MgSO_4$、1g NaCl、1g 柠檬酸三钠及 0.5g 柠檬酸氢二钠等，用于鱼中 13 种农药（嘧菌酯、异噁草酮、吡氟草胺、二甲草胺、多菌灵、异菌脲、异丙隆、甲磺胺磺隆、吡草胺、敌草胺、精喹禾灵、噻磺隆、氟草烟）残留的分析。除异噁草酮和精喹禾灵检测限分别为 1.8ng/g 和 7.4ng/g 外，其余化合物的检出限均小于 1ng/g，对鲈鱼来说，除甲磺胺磺隆外，其余目标化合物的回收率均令人满意，但对鲤鱼的回收率较差（6%～86%），相对标准偏差分别小于 28%（日内）和 29%（日间）。

9.3.11 凝胶渗透色谱

1964 年由 J.C. Moore 研制成功的凝胶渗透色谱（Gel Permeation Chromatography，GPC）又称为尺寸排阻色谱（流动相为有机溶剂），它是按溶质分子的大小进行分离的一种色谱技术。具有不同分子大小、形状的样品，通过多孔性凝胶固定相，借助凝胶孔径的大小，使化合物在分离柱上按分子流体力学体积大小分离。GPC 柱填料与初分离试样间没有任何相互作用，完全靠分子自身大小进行分离，这种分离方式决定了 GPC 技术可在温和条件下进行，因为没有可逆吸附，所以每个适用于 GPC 分离的样品都能完全洗脱。GPC 在确定高分子化合物相对分子质量方面具有绝对优势。Stalling 等[43]首次采用聚苯乙烯凝胶 Bio-Beads S-X2 为填料、环己烷为洗脱溶剂的 GPC 应用于鱼脂肪中多氯联苯残留检测的净化，并取得较好结果，从此，GPC 在残留分析中作为一种有效的净化方式得到较多应用。Newsome 等[2,44]采用带 Bio-Beads S-X3（200～400 目）填充柱的 GPC 系统，以环己烷-二氯甲烷（1:1）为洗脱溶剂（5mL/min）去除提取物中的油脂，再用弗洛里硅土柱进一步净化，检测鱼组织中多氯联苯和有机氯农药残留。Mwevura 等[45]也采用 GPC 方式净化，检测达累斯萨拉姆城沿海地区不同鱼种中有机氯农药残留，以获得基础数据。Wu 等[46]采用 ASE 提取、GPC 净化，毒死蜱-D10 为内标，GC-MS 检测包括鱼在内的多种动物源食品中 109 种农药残留，这些农药包括有机氯、有机磷及拟除虫菊酯，对一些目标化合物，检测限可低至 0.3μg/kg，大多数目标化合物的平均回收率为 62.6%～107.8%，6 次重复测定的相对标准偏差不超过 20.5%。

9.4 水产品中农药化学品残留检测技术研究进展

虽然各类分析理论和技术都在残留分析中占有一席之地，但其中色谱法一直居主导地位。各类现代色谱分析技术，如高效液相色谱（HPLC）、气相色谱（GC）、毛细管电泳（CE）是残留分析中最重要最基本的测定手段。而色谱与质谱的联用技术是目前最活跃的残留分析，尤其是在对痕量可疑化合物确证方面具有无可比拟的优势。

9.4.1 气相色谱和气相色谱-质谱联用技术

GC 是以气体为流动相的色谱过程，主要用于挥发性物质的检测。在 GC 中，各种高灵敏度、选择性强的检测器如电子捕获检测器（ECD）、氮磷检测器（NPD）、火焰光度检测器（FPD）的使用解决了痕量残留物的分析问题。带 ECD 的 GC 灵敏度高、特异性好，在农药残留分析中占据重要地位[47,49]。现代 GC 分离大都用涂覆毛细管柱或多孔层毛细管柱来实现，各类针对性强、适用于不同目的不同成分分析的高性能商品毛细管柱不断推出，如 Penomenex 公司专为含氯农药检测推出的 Zerbron MultiResidue-1&2 毛细管色谱柱。Fidalgo-Used 等[50]采用 SMPE 净化，GC-ECD 检测，建立了鱼组织中 16 种有机氯农药残留的检测方法，使用 Restek 公司的 Rtx®-CL Pesticides2 色谱柱，检出限可达 0.1～0.7ng/g，在 10ng/g 添加水平时获得良好的回收率（＞90％）。作者以有证标准物质（CRM 430）对所建立的方法进行了验证，获得满意结果。在 GC-ECD 检测中，采用不同性质的双柱进行分离，可以更好地避免干扰，Chen 等[51]在以 GC-ECD 分析包括鱼脂肪在内的食品基质时，采用 DB-1701（30m×0.32mm，1μm）和 HP-5MS（30m×0.32mm，1μm）前后串联，与 DB-1701 单柱分离相比，双柱有效地分离了 β-HCH 和艾氏剂。GC-ECD 作为一种成熟的分析技术，在日常工作中对水产品有机氯、有机磷及拟除虫菊酯类农药残留进行监测，是一种常用的有效手段[52]。

实物与镜像不能重叠的现象称为手性，手性在自然界本身存在，目前使用的农药中有 25％是手性，手性农药的生物活性存在对映体差异性，越来越多的研究表明手性农药对映体在环境中的消解与归趋往往不同[53,54]，因此，环境中手性农药残留的分离检测显得十分重要[55,56]，水体中生物所含农药对映体残留的浓度差异受到人们关注。Oehme 等[57]发现鳕鱼肝脏样品中的 DDT 对映体浓度存在明显差异。Wong 等[58]在实验室内研究了虹鳟对 α-HCH、反式-氯丹、PCB95、PCB136 对映体的选择性摄取和代谢。杀虫剂溴螨酯是一种含溴的有机氯农药，由于对哺乳动物低毒，曾被大量使用，导致在废水、地表及鱼类中均检出了高浓度的溴螨酯残留[59]。Fidalgo-Used 等[60]采用 SMPE 技术，结合 Varian 公司的 CP-Chirasil-Dex CB 手性色谱柱分离，以 GC/ECD 检测鱼体中溴螨酯残留，对目标化合物的每种对映体进行了分析，检出限均为 0.2ng/L，远高于采用 ICP-MS 检测的灵敏度（采用 ICP-MS 溴的检出限为 7ng/L，对溴螨酯每种对映体来说，相当于 36ng/L），并实际应用于虹鳟的检测中。

GC 对分析物的定性是根据保留时间来判定的，但往往由于样品基质复杂，加上样品前处理过程并不能完全去除干扰物，在色谱分析时可能会出现许多杂质峰，造成误判。气相色谱与质谱联用（GC-MS）技术的出现较好地解决了这一问题。GC 的分离功能加上质谱对特征离子强大的功能，克服了单纯 GC 检测时以保留时间定性的缺点，并可以给出化合物的结构信息。毒杀芬是一种以松节油为原料生产的广谱有机氯杀虫剂，在 DDT 禁用后，曾一度成为全世界主要杀虫剂，这种物质高毒性、高稳定性、易被生物富集。毒杀芬的近似分子式为 $C_{10}H_{10}Cl_8$，按理论推算，可能存在 32 768 种同源物，其中至少有 177 种氯含量为 67％～69％[3]。Attard Barbini 等[61]以 GC-MS 测定了 7 种不同的鱼肉和 6 种不同的以鱼肉为主要成分的婴儿食品中 5 种标志性毒杀芬同源物，以石油醚（40～60℃）-丙酮（1∶1）提取，对含脂高的样品以酸处理的 Extrelut-NT3 和 ENVI-Florisil SPE 柱净化，石油醚洗脱，选择离子（SIM）方式的 GC-MS 测定，对所分析的毒杀芬 5 种同源物在 0.005mg/kg 和 0.01mg/kg 添加水平时，平均回收率为 82％～104％，相对标准偏差为 3.7％～10.9％。

另外，MS 作为一种高灵敏度的通用型检测器，可以克服选择性检测器如 ECD、FPD 等在多残留组分分析上的不足，满足不同性质的多残留组分同时测定的需求。SIM 模式可有效提高检测灵敏度，减少干扰，有效避免假阳性结果。Therdteppitak 等[62]对 GC-ECD 检测阳性的样品，以 SIM 方式的 GC-MS 确证，对鱼体中 16 种有机氯农药残留分析，检出限可达 0.1～1.0ng/mL。该法已用于

10种脂肪含量2%~9%不等的鱼种中有机氯农药残留的检测,在其中9种鱼类中均检出不同浓度的有机氯农药残留,最高的为生鱼中δ-BHC,含量达(35±1) ng/g。王耀等[63]以GC-MS定性结合GC-FPD,分析了咸鱼中17种有机磷农药残留,采用乙腈为溶剂,样品经ASE萃取,提取液用凝胶渗透色谱除去脂类、蛋白质和大部分的色素,再经Carb-PSA小柱净化,采用GC-MS定性分析,GC-FPD定量分析,加标水平为0.050~0.20mg/kg时,农药的回收率为64.5%~98.6%,相对标准偏差为2.7%~14.7%,方法的检出限为0.6~0.9μg/kg(以3倍信噪比计),并用于实际检测工作。

就目前的样品前处理技术而言,在保留目标化合物的同时完全去除基质杂质干扰仍有相当难度。对传统的与GC联用的单极质谱而言,由于只能采用选择离子扫描方式进行分析,采集质谱信息少,定性存在很大的不准确性,样品中存在的杂质还会造成进样衬管及色谱柱甚至离子源等污染,导致保留时间漂移和信号强度衰减或增大,干扰定量准确性。对离子阱质谱来说,由于该质谱为时间上的串联,决定了其在一个时间窗口中最多同时扫描4个目标农药,若超过此数目,色谱峰中的扫描数据点数则达不到要求,从而影响定量重复性,这也限制了日常工作中的应用。三重四极杆质谱与前两种仪器不同,通过空间上的串联可实现多通道的二级质谱扫描分析,这就决定了三重四极杆质谱较离子阱质谱有更高的传输效率,所具有的二级质谱功能还能有效提高分析灵敏度,更适用于多种类农药残留的检测。Nardelli等[64]采用气相色谱-三重四极杆质谱对鱼饲料中多种有机氯农药残留进行检测,以正己烷-乙腈(8:2)液液萃取样品中残留的农药,SCX SPE柱净化,GC-MS/MS检测,仪器检测限可达0.01~0.11μg/L,定量限为0.02~0.35μg/L,方法检出限为0.02~0.63μg/kg、定量限为0.05~2.09μg/kg,比之前的文献报道更低。6个样品在100μg/kg加标浓度时的回收率为92%~116%,相对标准偏差为3%~15%,符合Horwitz方程的要求,且未观察到有基质效应。另外,对鱼饲料这类复杂的基质中农药残留的分析,GC-MS/MS也得到了较好结果。Serrano等[65]分析了鱼饲料和鱼组织中低浓度有机氯农药残留,采用正己烷提取,由于这类样品中脂肪含量较高,所以采用硫酸磺化后以在线正相液相色谱进一步净化,GC-MS/MS测定。对脂肪含量高达19%(鲜重)的样品,检测限在ng/g级以下。该方法已用于实际检测工作。Sanchez-Avila等[66]采用GC-MS/MS检测了贻贝中7类共43种化合物残留,其中包括有机氯农药、多环芳烃类、多氯联苯类、多溴联苯醚类、双酚A、邻苯二甲酸酯类及烷基酚类物质,并根据欧盟指令2002/657/EC进行了验证。

全二维气相色谱的出现对复杂基质中挥发性化合物的分离分析发挥了很大的作用。与普通二维色谱(GC+GC)不同的是,全二维气相色谱(GC×GC)[67]是把分离机理不同而又互相独立的两支色谱柱以串联方式结合成二维气相色谱,在这两支色谱柱之间装有一个调制器,起捕集再传送的作用,经第一支色谱柱分离后的每一个馏分,都需先进入调制器,进行聚焦后再以脉冲方式送到第二支色谱柱进行进一步的分离,所有组分从第二支色谱柱进入检测器,信号经数据处理系统处理,得到以柱1保留时间为第一横坐标,柱2保留时间为第二横坐标,信号强度为纵坐标的三维色谱图或二维轮廓图。该仪器分辨率高、峰容量大、灵敏度高,其峰容量为组成它的两根柱子各自峰容量的乘积,分辨率为两柱各自分辨率平方加和的平方根,灵敏度可比通常的一维色谱提高20~50倍,分析时间短,定性可靠性大大增强,其与飞行时间质谱(TOF-MS)的联用在复杂样品的残留分析检测中发挥积极作用,尤其是对未知组分的分析更具有优越性[68,69]。已有一系列综述发表[70,71],包括在食品[72]和饲料[73]中的分析应用。对水产品来说,已发表文献的主要应用领域在有机卤素的分析中,所用的检测器包括ECD[74,75]、TOF-MS[76,77]及MS/MS[78]。Bordajandi等[79]以GC×GC/ECD分离分析了鱼油中毒杀芬的4种对映体,选择瑞士BGB Analytik公司的2种以环糊精为固定相的手性毛细管柱BGB-176SE与BGB-172,使毒杀芬的4种对映体完全分离,在第一维和第二维中保留时间的重复性与再现性良好(相对标准偏差小于0.8%,$n=4$),在加标浓度为100pg/μL时,对映因子(EF)的重复性与再现性相对标准偏差小于11%($n=4$)。该方法已用于市售4种鱼油的检测中。

9.4.2 液相色谱和液相色谱-质谱联用技术

液相色谱（LC）是以液体为流动相的色谱过程。高效液相色谱（HPLC）是在经典的液相色谱法基础上发展起来的。通过引入 GC 的理论和技术，发展了高分离效能的色谱柱和高灵敏度的检测器，传统的 HPLC 检测器包括紫外检测器（UVD）、二极管阵列检测器（DAD）、荧光检测器（FLD）、示差折光检测器及蒸发光散射检测器等。在残留分析中应用较多的检测器有 UVD、DAD 及 FLD。HPLC 方法适用于高沸点、大分子、强极性和热稳定性差的化合物的分析，阿维菌素类（AVM）农药残留分析就是一个较好的应用实例。这类化合物相对分子质量大，极难气化，至今尚无可行的 GC 衍生化方法，无法采用 GC 进行分析，利用 AVM 在 240~250nm 处的强吸收可建立 HPLC-UVD 或 HPLC-DAD 检测法，江敏等[80]以乙酸乙酯提取、正己烷脱脂，检测波长为 245nm，建立了鲫鱼中伊维菌素残留的 HPLC-UVD 检测方法，方法线性范围为 0.025~2.50μg/g，相关系数 $r=0.9997$，检出限为 11ng/g，日内 RSD 为 1.0%~5.8%，日间 RSD 为 1.0%~7.7%，相对回收率为（99.8±4.1）%，绝对回收率为（95.9±3.9）%，作者认为该方法操作简便，结果较好。

事实上，对水产品中农药残留检测来说，由于可采用 HPLC 分析的农药大多在紫外光区才有吸收，而在此光谱区众多内源性物质如皮质激素、维生素、脂类、核酸等均存在吸收，干扰严重，难以获得满足残留要求的灵敏度。荧光检测器是少数可满足残留分析要求的 HPLC 检测器之一，一段时间以来，荧光衍生化检测曾是主要研究方向。同样是对阿维菌素类药物残留的分析，采用 HPLC-FLD 的检测限比 HPLC-UV 或 HPLC-DAD 要低约一个数量级。Riet 等[81]以乙腈提取鱼组织中残留的阿维菌素和伊维菌素，C_{18} SPE 柱净化，1-甲基咪唑和三氟酸酐柱后衍生，在激发波长为 365nm、发射波长为 470nm 时检测，对两种目标化合物的检出限可达 0.5ng/g，定量限达 1.5ng/g，对三文鱼肉中进行的 5~80ng/g 添加回收率实验，平均回收率分别为（96±9）%（阿维菌素）和（86±6）%（伊维菌素），相对标准偏差均小于 7%。此外，对一些农药化合物，采用气相色谱检测往往需要衍生，过程复杂，衍生试剂往往对人体或环境有损害，如作为农药使用的有机锡化合物三烃基锡类物质在使用 GC 分离时，一般需要利用四烷基硼化钠、硼氢化钾或格林试剂衍生，将有机锡化合物转化为四烷基取代的化合物，以提高灵敏度，减少干扰，而 HPLC 仅需简单提取。Leal 等[82]在检测鱼体中有机锡农药残留时，以乙酸乙酯（含 0.6mol/L HCl 与 2.6mol/L NaCl 溶液）提取，0.5mol/L $NaHCO_3$ 溶液和 1.3mol/L NaCl 溶液淋洗提取物，蒸干后用 2~3mL 甲醇溶解，HPLC 分析。选用色谱柱为 10μm Partisil SCX 柱（25cm×4.6mm i.d.），流动相为 80% 甲醇含 0.75mol/L 的乙酸铵（1mL/min），以 51μmol/L 漆黄素-24mmol/L Triton X-100 柱后衍生，在 496nm 时进行荧光检测，在 μg/g 级添加水平时，三丁基锡和三苯基锡的添加回收率分别为 82% 和 96%。氨基酸酯类农药在高温下易分解，也适宜采用 HPLC 分析。朱铭立等[83]采用乙腈提取、磷酸沉淀蛋白，C_{18} SPE 柱净化，在碱性条件下以邻苯二甲醛衍生，激发波长为 365nm、发射波长为 440nm，HPLC-FLD 测定了水产品中涕灭威、速灭威、呋喃丹、甲萘威、异丙威等氨基甲酸酯类药物残留，检出限均小于 2.0μg/kg，在 5~200μg/kg 添加水平时，回收率为 81.7%~93.2%，相对标准偏差为 1.9%~7.6%。

液相色谱作为一种有效的分离手段，在残留分析中可以兼作前处理与检测设备。Serrano 等[84]采用正相 LC 净化、GC-MS 定性、GC-NPD 定量检测贻贝中毒死蜱、甲基毒死蜱及代谢物福司吡酯和 3,5,6-三氯-2-吡醇，用乙腈-丙酮（90:10，体积比）在高速涡旋混合下提取样品中残留农药，旋蒸浓缩后以正己烷溶解，将 1mL 提取液注入硅胶柱，用正己烷为流动相，用正己烷-乙酸乙酯混合物对不含脂肪组分中的目标农药和代谢物进行洗脱，二极管阵列检测可以对油脂的在线洗脱进行监测。该 LC 净化方法从提取物注入到硅胶柱用于 GC 分析的目标组分收集全部实现了自动化。在 100ng/g 和 20ng/g，200ng/g 和 40ng/g 添加水平时分别对贻贝加标样中的农药和代谢物进行添加回收率实验，结果回收率均大于 90%。对农药来说，整个方法的检出限均小于 1ng/g；对其代谢物而言，整个方法的检出限小于 10ng/g，该方法已成功应用于接触毒死蜱的贻贝生物富集方面的研究工作，对样本中毒死蜱及其代谢物3,5,6-三氯-2-吡醇进行了检测,并用MS进行了确认。

与液相色谱联用的三重四极杆串联质谱,灵敏度高、性能稳定,在准确定量的同时可以确证,成为残留分析中重要的分析仪器。近年来,随着技术的发展,多种质量分析器组成的串联质谱不断涌现,如四极杆-飞行时间串联质谱（Q-TOF）和飞行时间-飞行时间（TOF-TOF）串联质谱等,它们定性功能出色,分析的相对分子质量范围宽,这些设备与液相色谱的联用,大大扩展了应用范围。另外,离子阱和傅里叶变换分析器可在不同时间顺序实现时间序列多级质谱扫描功能,也在残留分析中得到应用。此外,液相色谱的发展如超高效液相色谱（UPLC）的出现,也使得联用技术有了新的发展。与常规HPLC与质谱联用仪相比,采用超高效液相色谱的联用系统具有更锐的色谱峰形、更佳的信噪比和更高的灵敏度,单位时间样品通量也大幅提高,为残留分析带来了技术上的进步。与HPLC相比,HPLC-MS/MS定性功能强大,对前处理的要求较少,分析灵敏度远高于HPLC。在HPLC-MS/MS分析中,乙腈是最常使用的提取溶剂,适用于多种类药物残留分析的提取,而且大多数的提取液仅需简单脱脂即可上机检测。李永夫等[85]采用UPLC-MS/MS建立了同时测定鳗鱼中呋线威和溴氰菊酯农药残留的方法,以乙腈提取,经脱脂、浓缩、净化,在3.2min内完成了定量分析,在1.5μg/kg和10μg/kg添加水平时,呋线威和溴氰菊酯的加标回收率分别为83.4%~91.7%和85.6%~95.7%,相对标准偏差小于8%,定量限分别为0.07μg/kg和0.45μg/kg。Yang等[86]以乙腈提取,加入NaCl盐析,正己烷脱脂,建立了HPLC-MS/MS分析鱼肉中鱼藤酮、印楝素、苦参碱和氧化苦参碱等4种生物农药残留的检测方法,在0.5~10μg/kg（鱼藤酮、苦参碱和氧化苦参碱）和2~50μg/kg（印楝素）添加浓度时,平均回收率为88.6%~95.7%,相对标准偏差为7.58%~10.2%,对4种化合物的检出限分别为0.21μg/kg、1.4μg/kg、0.37μg/kg和0.29μg/kg,此方法已用于实际污染样本的检验。

结合适当的前处理技术,LC-MS/MS方法尤其适用不同食品中多种、多类农药残留的高通量同时检测。Chung等[87]报道了一种以改进的QuEChERS方法一次提取净化,HPLC-MS/MS检测包括鱼、贝类在内的多种食品基质中98种有机磷与氨基甲酸酯类农药残留的方法,将各种样品按脂肪、色素含量不同分为3种,分别以不同配方的QuEChERS试剂提取净化,根据SANCO指南10684/2009要求进行方法确定与验证,对所有目标化合物线性范围为1~20μg/L,在方法定量限为10μg/kg添加水平时的平均回收率为70%~120%,相对标准偏差小于20%,扩展不确定度为21%~27%,在此水平的HorRat比值均小于1。Wille等[88]也提出了适用于青口（贻贝科的一种）中14种农药残留、10种全氟化合物和11种兽药残留在内各类微量残留的UPLC-MS/MS和LC-TOF/MS分析方法,该方法包括加压溶剂萃取、SPE净化、UPLC-MS/MS检测农、兽药残留及以乙腈提取、SPE净化、LC-TOF/MS检测全氟化合物,方法定量限为0.1~10ng/g,回收率为90%~106%,对取自比利时沿岸的样品检测结果表明有5种兽药残留、2种全氟化合物残留及7种农药残留被检出,含量分别达490ng/g、5ng/g和60ng/g,其中最常检出的农药残留是杀草敏和敌敌畏。

9.4.3 毛细管电泳和毛细管电色谱技术

毛细管电泳（CE）是一类以高压直流电场为驱动力的新型液相分离技术,是基于带电组分在高电场中迁移率不同进行分离的。毛细管电色谱（CEC）兼具HPLC的高选择性和CE的高分离效率优点,具有所需样品体积小、分离效率高、分析速度快等特点,非常适合于难以用传统HPLC分离的离子化样本。自20世纪90年代初,一些研究人员将其与样品前处理方法相结合以提高灵敏度,利用不同检测器（主要为紫外检测器和荧光检测器）,在不同基质农药残留检测中加以应用,相关文献报道增加很快[89,90],如水中氨基甲酸酯类与有机氯农药残留的同时检测[91]、小麦中两种除草剂（草甘膦和草胺磷）及其代谢物[92]、水果中磺酰脲类除草剂[93]、酒中不同种类杀菌剂[94]等,并用于农药残留的手性分离[95,96]。

CE和CEC虽然在分离分析方面有许多优势,但目前更多的仍处于研究层面,与GC或HPLC相比,CE-CEC灵敏度、稳定性相对较差,真正可用于农药残留日常检测的方法极少。随着样品前处理技术的发展，灵敏度更高的检测器不断推出，相较 GC 或 HPLC 更易实现微型化检测（采用微流芯片控制技术）的 CE-CEC 有可能在包括水产品的各类基质农药残留分析中发挥更大作用。

9.4.4 免疫分析法

近年来，基于高选择性抗原与抗体反应的免疫分析法（Immunoanalysis）在残留分析领域十分活跃。作为一种分析手段，免疫学技术具有操作简单、快速、灵敏度高等特点，已渗透到残留分析的各环节，包括提取、净化、分离和检测。目前应用于残留分析的免疫技术基本可分为两种类型，即免疫净化和免疫测定。前者主要是基于免疫亲和色谱（IAC）的分离方法，后者主要包括放射免疫法（RIA）、酶免疫分析法（EIA）、荧光免疫分析（FIA）、化学发光免疫分析（CLIA）和免疫传感器（Immunosensor）等。其中 EIA 的稳定性和灵敏度不断改善，尤其是基于酶联免疫吸收（ELISA）的检测试剂盒商品化过程迅速，使用简便，灵敏度高、特异性强，适用的基质范围广，仪器设备相对简单，对操作人员要求不高，尤其适于大批量样品的高通量筛查分析，现已成为免疫分析的首选方法，相关文献报道很多。在进行 ELISA 检测时，样品中的被检物质（抗原或抗体）与固定的抗体或抗原结合，再加入酶标记的抗原或抗体，此时，能固定下来的酶量与样品中被检物质的量相关。通过加入与酶反应的底物后显色，根据颜色的深浅可以判断样品中物质的含量，进行定性或定量分析。由于酶的催化效率很高，间接地放大了免疫反应的结果，使测定方法达到很高的敏感度。一些基质如脂肪、色素等可能干扰显色反应，辅以适当的前处理手段可以有效去除。Wan 等[97]在采用 ELISA 试剂盒测定鲶鱼中毒死蜱残留时，以液液萃取法去除脂肪，获得了很好的结果。

作为一种简单、方便、低成本的检测手段，ELISA 方法特别适合基层实验室使用。各厂商纷纷推出自己的商品化 ELISA 试剂盒产品。由于不同厂家的抗原、抗体组合不同，来源和用量方面也有差异，就造成实际上使用不同厂家的试剂盒检测同一种物质的结果有可能存在差异。另外，基于酶标记抗原抗体反应的 ELISA 法反应过程复杂，影响因素众多且不易控制，提供的待测物组成或结构方面信息极少，样品中可能存在的干扰物质无法排除，结果易出现假阳性或假阴性，难以作为最终准确判定目标化合物的方法。Wandan 等[98]在采用不同厂家生产的 ELISA 试剂盒检测两种鱼中克百威时，发现存在交叉反应，干扰检测结果的准确性。因此，在残留分析中，ELISA 不可能取代色谱法，只能作为一种重要补充。

9.4.5 酶抑制法

农药残留检测一直是受到关注的问题，无论是色谱、色-质联用还是电泳法，均需要价格不菲的设备和经过培训的技术人员，对检测环境与设施也有较高要求，因此，研究人员一直在寻求一种更便宜、更方便的替代检测方法，由于许多农药的作用机理是抑制害虫体内的各种酶活性，因此，利用这些酶进行方法开发是一种较好的解决途径。基于这种思路，人们对各种酶如乙酰胆碱酯酶、丁酰胆碱酯酶、碱性和酸性磷酸酶、酪氨酸酶、有机磷水解酶、醛脱氢酶进行了深入研究，以寻找可用于检测食品、水、土壤及其他样品中农药残留的便捷检测手段。基于酶学的检测技术现已广泛用于农药残留分析中[99]，最为人熟知的就是基于有机磷和氨基甲酸酯类农药可特异性抑制昆虫中枢和周围神经系统的乙酰胆碱酯酶而开发的速测卡，以检测食品中是否含有有机磷和氨基甲酸酯类农药。近年来，基于酶抑制法（Enzyme inhibition）检测食品中农药残留的生物传感器研制十分活跃[100]，Venugopal 等[101]综述了这种方法在鱼类农药残留等检测中的应用。这种手段便捷、灵敏，具有相当好的发展前景，但就目前来说，由于酶的活性受到多种因素的影响，因此以此为基础的检测设备性能还不够稳定，仍处于探索时期，还不能取代经典的方法。

样品的前处理是农药残留量检测过程中重要的步骤之一，它对保证测定结果的准确性和可靠性，减少对色谱柱和检测仪器的污染，提高检测效率都具有重要的影响。水产品中农药残留量一般为 10^{-9}（质量比）或更低的水平，除了要求检测方法具有相当高的灵敏度和选择性外，也对样品的前处理技术提出了更高的要求。不同的前处理技术有其各自的优缺点和适用范围，在实际工作中，应根据待测样品种类和基质、测定结果要求和检测仪器的不同，并结合实际条件选用合适的样品前处理方法。水产品按品种可分为鱼类、贝类、藻类等，按生长水域可分为淡水产品和海水产品，无论按哪种分法，样品基质间均存在明显差异，常见的水产品水分、脂肪、蛋白质、盐分含量高，这些给前处理方法带来了一定困难，从目前的各类前处理方法来看，凝胶渗透色谱、快速溶剂萃取等方法都得到广泛应用，其中固相萃取法仍占主要地位。近年来，有关农药残留分析的重要发展都是在现有分析手段上向着更节约时间与试剂、操作更简便的方向发展，前处理技术也不例外，如QuEChERS法这类高通量、普适、消耗低、自动化程度高的方法越来越得到广泛应用，具有良好发展与应用前景。

以气相色谱-质谱和液相色谱-质谱为主的色谱-质谱联用技术是当前水产品农药残留分析的主导仪器设备。实现对水产品中多组分农药的高通量高灵敏度定性定量分析是现阶段农药残留检测方法的主要研究内容。而以飞行时间质谱（TOF-MS）、傅里叶变换离子回旋共振质谱（FT-ICR/MS）等高分辨质谱为代表的新型检测技术具有高分辨率和高质量数分析能力，极适宜对样品基质中可能存在的多种多类未知农药残留进行筛查，这些设备在残留分析中的应用值得进一步关注。另外，出于现场检测的实际需求，灵敏、简便、无需专门训练的快速分析方法如传感器法、试纸条法等市场广阔，发展空间巨大，值得研究人员进一步深入探讨。

9.5 水产品中642种农药化学品多组分残留高通量检测技术

9.5.1 适用范围

适用于河豚鱼、鳗鱼和对虾中485种农药化学品残留的气相色谱-质谱测定，其中定量测定的402种农药化学品方法检出限为 $0.0025\sim0.6000\text{mg/kg}$；适用于河豚鱼、鳗鱼和对虾中450种农药化学品的液相色谱-质谱测定，其中定量测定的380种农药化学品方法检出限为 $0.02\mu\text{g/kg}\sim0.195\text{mg/kg}$。

9.5.2 仪器和试剂

气相色谱-质谱仪（Agilent，5973N型，配电子轰击源），色谱柱（DB-1701，$30\text{m}\times0.25\text{mm}\times0.25\mu\text{m}$，石英毛细管柱）；液相色谱-串联质谱仪（A&B，API3200Q型，配电喷雾离子源），色谱柱（Atlantis dC$_{18}$，$3\mu\text{m}$，$2.1\text{mm}\times150\text{mm}$）；T25数显型高速组织分散机（德国IKA公司）；R-205型旋转蒸发仪（瑞士Buchi公司）；固相萃取装置（天津海洋玻璃仪器厂）；涡旋混匀器（M63210-33 Thermolyne Barnstead International U.S.A.）；高纯水发生器（美国Milli-Q II型）；真空泵（美国GAST DOA-P104-BN型）；微量进样针（$10\mu\text{L}$、$25\mu\text{L}$、$50\mu\text{L}$，美国）；氮气吹干仪；梨形瓶（200mL）；移液器（1mL）；Sep-Pak Vac柱（美国Waters公司）。

甲苯（优级纯），乙腈、丙酮、二氯甲烷、甲醇（色谱纯，美国J.T.Baker公司），甲酸、乙酸胺、硫酸镁（试剂纯，美国Sigma公司），NaCl（优级纯，天津凯通公司），无水硫酸钠（分析纯）。用前在650℃灼烧4h，储于干燥器中，冷却后备用。

内标、农药化学品标准物质：纯度≥95%（美国Sigma公司）。

9.5.3 标准溶液配制

标准储备溶液：准确称取 $5\sim10\text{mg}$（精确至0.1mg）农药化学品各标准物分别于10mL容量瓶中，根据标准物的溶解度选甲苯、甲醇、丙酮、二氯甲烷、环己烷或异辛烷等溶解并定容至刻度。

混合标准溶液：按照农药化学品的保留时间，将GC-MS测定的485种农药化学品分成六组，将LC-MS/MS测定的450种农药化学品分成七组，并根据每种农药化学品在仪器上的响应灵敏度，确定其在混合标准溶液中的浓度。GC-MS和LC-MS/MS测定的农药化学品分组及其混合标准溶液浓度参见附录Ⅱ。依据每种农药化学品的分组、混合标准溶液及标准储备溶液的浓度,移取一定量的农药化学品标准储备溶液于100mL容量瓶中,用甲苯(用于GC-MS测定)或甲醇(用于LC-MS/MS测定)定容至刻度。

内标溶液:准确称取3.5mg环氧七氯于100mL容量瓶中,用甲苯定容至刻度。用作GC-MS测定内标。

混合标准溶液避光4℃保存,使用一个月。

9.5.4 样品前处理

9.5.4.1 提取

称取10g试样(精确至0.01g),放入盛有20g无水硫酸钠的50mL离心管中,加入35mL环己烷-乙酸乙酯(1:1),用均质器在15 000r/min均质提取1.5min,在3800r/min离心3min。上清液通过装有无水硫酸钠的筒形漏斗,收集于100mL鸡心瓶中,残渣用35mL环己烷-乙酸乙酯(1:1)重复提取一次,经离心过滤后,合并两次提取液,于40℃水浴用旋转蒸发器旋转浓缩至约5mL,待净化。若以脂肪计算,将提取液收集于已称重的鸡心瓶中,40℃旋转蒸发至约5mL后,再用氮气吹干仪吹干残存的溶剂,称重鸡心瓶,记下脂肪质量,待净化。

9.5.4.2 净化

将浓缩的提取液或脂肪用环己烷-乙酸乙酯(1:1)溶解转移至10mL容量瓶中,用5mL环己烷-乙酸乙酯(1:1)分两次洗涤鸡心瓶,并转移至上述10mL容量瓶中,并定容至刻度,摇匀。用0.45μm滤膜,将样液过滤入10mL试管中,用凝胶渗透色谱仪净化,收集26~44mm馏分,进行在线浓缩,加入40μL内标溶液,用环己烷-乙酸乙酯(1:1)定容至1mL后混匀,供气相色谱-质谱仪测定或液相色谱-质谱/质谱测定。

同时取不含农药化学品的河豚鱼、鳗鱼和对虾样品,按提取净化步骤制备样品空白提取液,用于配制基质混合标准工作溶液。

凝胶渗透色谱工作条件:净化柱,360mm×25mm,内装Bio-Beads S-X3填料;检测波长,254nm;流动相,环己烷-乙酸乙酯(1:1);流速,4.7mL/min;进样量,5mL;开始收集时间,26min;结束收集时间,44min。

9.5.5 GC-MS测定条件

色谱柱:DB-1701石英毛细管(14%氰丙基-苯基-甲基聚硅氧烷,30m×0.25mm×0.25μm);进样口温度:290℃;柱温升温程序:40℃保持1min,然后以30℃/min程序升温至130℃,再以5℃/min升温至250℃,最后以10℃/min升温至300℃,保持5min;载气:氦气,纯度≥99.999%,流速,1.2mL/min;进样量:1μL,无分流进样,1.5min后打开分流阀和隔垫吹扫阀;电子轰击源:70eV;离子源温度:230℃;GC-MS接口温度:280℃;选择离子监测:每种化合物分别选择1个定量离子,2个或3个定性离子。本方法根据检测农药化学品的保留时间,将485种农药化学品分成A、B、C、D、E 5组,溶剂延迟:A组为8.30min、B组为7.80min、C组为7.30min、D组为5.50min、E组为5.50min、F组为5.50min,每组所有需要检测的离子按照出峰顺序,分时段分别检测。有关农药化学品的定量离子、定性离子参见11.1.1小节,每组检测离子的开始时间和驻留时间参见11.1.2小节。

进行样品检测时,按照以上仪器的测定条件进行检测。如果检出的色谱峰的保留时间与标准样品相一致,在扣除背景后的样品质谱图中,所选择的离子均出现,而且所选择的离子丰度比与标准品的离子丰度比相一致,则可判断样品中存在这种农药化合物。如果不能确证,应重新进样,以扫描方式(有足够灵敏度)或采用增加其他确证离子的方式或用其他灵敏度更高的分析仪器来确证。

本方法采用内标法单离子定量测定,内标物为环氧七氯。为减少基质的影响,定量采用基质混合标准工作溶液。标准溶液的浓度应与待测化合物的浓度相近,因为内标物的出峰时间大概处于每组检测化合物的中间,所以内标化合物也可用于校正由于经过多次进样后所引起的保留时间变化,只要通过调节初始温度时载气的柱头压就可使内标化合物和农药化合物的保留时间恢复到最初的位置。

9.5.6 LC-MS/MS 测定条件

LC-MS/MS 测定的 450 种农药化学品,按照其质谱特性分成 A、B、C、D、E、F、G 7 组分别测定,其测定条件如下。

1) A、B、C、D、E、F 组 LC-MS/MS 测定条件(ESI 正离子源)

色谱柱:Agilent SB-C_{18},3.5μm,2.1mm×100mm,流动相及流速见表 9-6;柱温:40℃;进样量:10μL;离子源:ESI;扫描方式:正离子扫描;检测方式:多反应监测;离子喷雾电压:4000V;雾化气压力:40psi;干燥气温度:350℃;干燥气流速:10L/min;后运行时间:8min。监测离子对,碰撞能量和源内碎裂电压参见 11.1.8 小节。

表 9-6 流动相及流速

总时间/min	流速/(mL/min)	流动相 A:水(0.1%甲酸)/%	流动相 B:乙腈/%
0.00	400	99.0	1.0
3.00	400	70.0	30.0
6.00	400	60.0	40.0
9.00	400	60.0	40.0
15.00	400	40.0	60.0
19.00	400	1.0	99.0
23.00	400	1.0	99.0
23.01	400	99.0	1.0

2) G 组 LC-MS/MS 测定条件(ESI 负离子源)

色谱柱:Agilent SB-C_{18},3.5μm,2.1mm×100mm,流动相及流速见表 9-7;柱温:40℃;进样量:10μL;离子源:ESI;扫描方式:负离子扫描;检测方式:多反应监测;离子喷雾电压:4000V;雾化气压力:40psi;干燥气温度:350℃;干燥气流速:10L/min;后运行时间:8min。监测离子对,碰撞能量和源内碎裂电压参见 11.1.8 小节。

表 9-7 流动相及流速

总时间/min	流速/(mL/min)	流动相 A:水(5mmol/L 乙酸铵)/%	流动相 B:乙腈/%
0.00	400	99.0	1.0
3.00	400	70.0	30.0
6.00	400	60.0	40.0
9.00	400	60.0	40.0
15.00	400	40.0	60.0
19.00	400	1.0	99.0
23.00	400	1.0	99.0
23.01	400	99.0	1.0

样品溶液按照液相色谱-串联质谱测定条件分别进行测定,如果检出色谱峰的保留时间与基质标准溶液中某种农药化学品相一致,并且所选择的两对离子对的丰度比相一致,则可判定样品中存在这种农药化学品残留。

LC-MS/MS 法采用外标校准曲线法定量。为减少基质对定量测定的影响,需用空白样品提取液来配制一系列基质标准工作溶液,并分别进样绘制标准曲线,所测样品中农药化学品的响应值均应在仪器的线性范围内。

9.5.7 目标化合物选择

9.5.7.1 GC-MS 目标化合物的选择

对 899 种世界常用的农药化学品的 GC-MS 质谱特性进行了评价。经过对其溶解度等物理化学性质的分析，不适于 GC-MS 仪器分析的化合物有 31 种，见表 9-8。

表 9-8 不适于 GC-MS 仪器分析的 31 种农药化学品

序号	中文名称	英文名称	序号	中文名称	英文名称
1	阿苯达唑	Albendazole	17	代森锰	Maneb
2	酰嘧磺隆	Amidosulfuron	18	抑芽丹	Maleic hydrazide
3	苯菌灵	Benomyl	19	甲磺胺磺隆	Mesosuifuron-methyl
4	溴鼠灵	Brodifacoum	20	四聚乙醛	Metaldehyde
5	角黄素	Canthaxanthine	21	代森联	Metiram
6	双氯磺草胺	Diclosulam	22	烟嘧磺隆	Nicosulfuron
7	除虫脲	Diflubenzuron	23	喹乙醇	Olaquindox
8	胺苯磺隆	Ethametsulfuron-methyl	24	喹啉铜	Oxine-copper
9	甲酰胺磺隆	Foramsulfuron	25	噁喹酸	Oxolinic acid
10	草铵磷	Glufosinate ammonium（glufosinate）	26	多抗霉素 B	Polyoxin B
11	双胍辛三乙酸盐	Guazatine triacetate（guazatine）	27	氯甲喹啉酸	Quinmerac
12	咪唑喹啉酸	Imazaquin	28	西玛津	Simazine
13	唑吡嘧磺隆	Imazosulfuron	29	氟苯脲	Teflubenzuron
14	抗倒胺	Inabenfide	30	井冈霉素	Validamvcin
15	春雷霉素盐酸盐	Kasugamycin hydrochloride hydrate	31	代森锌	Zineb
16	代森锰锌	Mancozeb			

在优化的 GC-MS 仪器条件下，分别对 868 种农药化学品（有机磷、有机卤素、有机氮、拟除虫菊酯和氨基甲酸酯类等）进行了 GC-MS（SCAN）测定，获得了标准品的扫描质谱图和保留时间。其中 245 种不出峰的化合物见表 9-9。

表 9-9 不出峰的 245 种农药化学品

序号	中文名称	英文名称	序号	中文名称	英文名称
1	二氯乙烷	1，2-Dichloro ethane	12	丙烯酰胺	Acrylamide
2	萘乙酸	1-Naphthyl acetic acid	13	棉铃威	Alanycarb
3	1，2-二溴-3-氯丙烷	1，2-Dibromo-3-chloropropane	14	涕灭威	Aldicarb
4	1，2-二氯丙烷	1，2-Dichloropropane	15	涕灭威砜	Aldicarb sulfone（aldoxycarb）
5	1，3-二氯丙烯	1，3-Dichloropropene（cis，trans）	16	涕灭威亚砜	Aldicarb sulfoxide
6	2，4，5-涕丙酸	2-（2，4，5-Trichloro-phenoxy）Propionic acid	17	4-十二烷基-2，6-二甲基吗啉	Aldimorph
7	2，6-二氟苯甲酸	2，6-Difluorobenzoic acid	18	涕灭砜威	Aldoxycarb
8	6-氯-4-羟基-3-苯基哒嗪	6-Chloro-4-hydroxy-3-phenyl-pyridazin	19	禾草灭	Alloxydim-sodium
9	阿维菌素	Abamectin	20	赛硫磷	Amidithion
10	灭螨醌	Acequinocyl	21	氯氨吡啶酸	Aminopyralid
11	三氟羧草醚	Acifluorfen	22	杀草强	Amitrole
			23	代森铵	Amobam

续表

序号	中文名称	英文名称	序号	中文名称	英文名称
24	敌菌灵	Anilazine	64	调果酸	Cloprop
25	磺草灵	Asulam	65	二氯吡啶酸	Clopyralid
26	三唑锡	Azocyclotin	66	氯酯磺草胺	Cloransulam-methyl
27	草除灵	Benazolin	67	噻虫胺	Clothianidin
28	杀虫磺	Bensultap	68	杀鼠醚	Coumatetralyl
29	吡草酮	Benzofenap	69	可灭隆	Cumyluron
30	苯螨特	Benzoximate	70	氰霜唑	Cyazofamid
31	苄基腺嘌呤	Benzyladenine（6-benzylaminopurine）	71	环丙烯胺酸	Cyclanilide
			72	乙氰菊酯	Cycloprothrin
32	溴化物	Bromide	73	环丙嘧磺隆	Cyclosulfamuron
33	溴氯甲烷	Bromochloromethane	74	三环锡	Cyhexatin
34	溴苯腈	Bromoxynil	75	霜脲氰	Cymoxanil
35	溴莠敏	Brompyrazon	76	灭蝇胺	Cyromazine
36	丁酮威	Butocarboxim	77	杀草隆	Daimuron
37	丁酮威亚砜	Butocarboxim-sulfoxide	78	茅草枯	Dalapon
38	丁酮砜威	Butoxycarboxim	79	茅草枯	Dalapon acid
39	丁酮砜威亚砜	Butoxycarboxim-sulfoxid	80	丁酰肼	Daminozide
40	播土隆	Buturon	81	甲基内吸磷亚砜	Demeton-S-methyl sulfoxide
41	毒杀芬	Camphechlor	82	丁醚脲	Diafenthiuron
42	多菌灵	Carbendazim	83	麦草畏	Dicamba
43	双酰草胺	Carbetamide	84	二氯萘醌	Dichlone
44	3-羟基呋喃丹	Carbofuran-3-hydroxy	85	2,4-滴丙酸	Dichlorprop
45	二硫化碳	Carbon disulphide	86	双氯氰菌胺	Diclocymet
46	氧硫化碳	Carbonyl sulfide	87	哒菌酮	Diclomezine
47	环丙酰菌胺	Carpropamid	88	除螨灵	Dienochlor
48	杀螟丹	Cartap hydrochloride	89	野燕枯	Difenzoquat-methyl sulfate（difenzoquat）
49	氯草敏	Chloridazon			
50	矮壮素	Chlormequat	90	氟吡草腙钠	Diflufenzopyr-sodium
51	矮壮素氯化物	Chlormequat chloride	91	杀虫双	Dimehypo
52	灭幼脲	Chlorobenzuron	92	甲菌定	Dimethirimol
53	氯化苦	Chloropicrin	93	消螨普	Dinocap technical mixture of isomers
54	枯草隆	Chloroxuron	94	呋虫胺	Dinotefuran
55	氯磺隆	Chlorsulfuron	95	敌草快	Diquat dibromide hydrate（diquat）
56	吲哚酮草酯	Cinidon-ethyl	96	二嗪农	Dithianon
57	醚黄隆	Cinosulfuron	97	敌草隆	Diuron
58	炔草酸	Clodinafop acid	98	N,N-二甲基氨基-N-甲苯	DMST
59	游离炔草酸	Clodinafop free acid			
60	多氯联苯 A 30	Clophen A 30	99	4,6-二硝基邻甲酚	DNOC
61	多氯联苯 A 40	Clophen A 40	100	多果定	Dodine
62	多氯联苯 A 50	Clophen A 50	101	甲氨基阿维菌素苯甲酸盐	Emamectin-benzoate
63	多氯联苯 A 60	Clophen A 60			

续表

序号	中文名称	英文名称	序号	中文名称	英文名称
102	乙烯利	Ethephon	143	亚胺唑	Imibenconazole
103	磺噻隆	Ethidimuron	144	吡虫啉	Imidacloprid
104	乙硫苯威砜	Ethiofencarb-sulfone	145	双胍辛胺乙酸盐	Iminoctadine triacetate
105	乙硫苯威亚砜	Ethiofencarb-sulfoxid	146	茚虫威	Indoxacarb
106	乙虫清	Ethiprole	147	甲基碘磺隆	Iodosulfuron methyl
107	乙菌定	Ethirimol	148	碘甲磺隆钠	Iodosulfuron-methyl sodium
108	乙撑硫脲	Ethylene thiourea	149	碘苯腈	Ioxynil
109	乙氧苯草胺	Etobenzanid	150	异丙隆	Isoproturon
110	噁唑菌酮	Famoxadone	151	异唑隆	Isouron
111	敌磺钠	Fenaminosulf	152	异噁氟草	Isoxaflutole
112	抗螨唑	Fenazaflor	153	噻嗯菊酯	Kadethrin
113	苯丁锡	Fenbutatin oxide	154	克来范	Kelevan
114	2,4,5 滴丙酸	Fenoprop (silvex, 2, 4, 5-TP)	155	氧溴苯磷	Leptophos oxon
115	氧倍硫磷	Fenthion oxon	156	碘苯腈	Loxynil
116	薯瘟锡	Fentin acetate	157	虱螨脲	Lufenuron
117	氯化薯瘟锡	Fentin-chloride	158	抑芽丹	Maleic hydrazide
118	四唑酰草胺	Fentrazamide	159	2甲4氯乙酸	MCPA
119	啶嘧磺隆	Flazasulfuron	160	2甲4氯丁酸	MCPB
120	双氟磺草胺	Florasulam	161	助壮素	Mepiquat chloride
121	吡虫隆	Fluazuron	162	甲硫威砜	Mercapto dimethur sulfone
122	氟酮磺隆	Flucarbazone-sodium	163	甲基磺草酮	Mesotrion
123	氟氯苯菊酯	Flumethrin	164	灭草定	Methazole
124	唑嘧磺草胺	Flumetsulam	165	甲硫威亚砜	Methiocarb sulfoxide
125	氟酰亚胺	Fluoroimide	166	甲氧虫酰肼	Methoxyfenozide
126	四氟丙酸	Flupropanate	167	甲基异硫氰酸酯	Methyl isothiocyanate
127	氟草烟	Fluroxypyr	168	磺草胺唑	Metosulam
128	磺菌胺	Flusulfamide	169	甲磺隆	Metsulfuron-methyl
129	嗪草酸甲酯	Fluthiacet-methyl	170	弥拜菌素（密灭汀）A3	Milbemectin A3
130	氟磺胺草醚	Fomesafen	171	弥拜菌素（密灭汀）A4	Milbemectin A4
131	氯吡脲	Forchlorfenuron	172	灭草隆	Monuron
132	伐虫脒盐酸盐	Formetanate hydrochloride	173	萘草胺	Naptalam
133	呋线威	Furathiocarb	174	草不隆	Neburon
134	赤霉素	Gibberellic acid	175	烯啶虫胺	Nitenpyram
135	草甘膦	Glyphosate	176	氟酰脲	Novaluron
136	氟吡乙禾灵	Haloxyfop-ehyoxyethyl (haloxyfop)	177	安磺灵	Oryzalin
137	伏蚁腙	Hydramethylnon	178	解草腈	Oxabetrinil
138	噁霉灵	Hymexazol	179	杀线威肟	Oxamyl-oxime
139	甲氧咪草烟	Imazamox	180	二氯百草枯	Paraquat dichloride
140	甲咪唑烟酸	Imazapic	181	甜菜宁	Phenmedipham
141	咪唑烟酸	Imazapyr	182	甲拌磷亚砜	Phorate sulfoxide
142	咪唑乙烟酸	Imazethapyr	183	辛硫磷	Phoxim

续表

序号	中文名称	英文名称	序号	中文名称	英文名称
184	邻苯二甲酸二（2-乙基己）酯	Phthalic acid, di-(2-ethylhexyl) ester	215	特普	TEPP
185	邻苯二甲酸二丁酯	Phthalic acid, dibutyl ester	216	吡喃草酮	Tepraloxydim
186	邻苯二甲酸二环己酯	Phthalic acid, dicyclohexyl ester	217	特草灵	Terbucarb
187	毒莠定	Picloram	218	叔丁基-4-羟基苯甲醚	Tert-butyl-4-hydroxyanisole
188	脱甲基抗蚜威	Pirimicarb-desmethyl-formamido	219	叔丁基胺	Tert-butylamine
189	脱甲基抗蚜威	Pirmicarb-desmethyl	220	噻虫啉	Thiacloprid
190	甲基氟嘧磺隆	Primisulfuron-methyl	221	噻苯隆	Thidiazuron
191	烯丙苯噻唑	Probenazole	222	噻吩磺隆	Thifensulfuron-methyl
192	调环酸钙	Prohexadione-calcium	223	硫双威	Thiodicarb
193	噁草酸	Propaquizafop	224	久效威	Thiofanox
194	丙森锌	Propineb	225	久效威砜	Thiofanox sufone
195	丙苯磺隆	Propoxycarbazone-sodium	226	久效威亚砜	Thiofanox-sulfoxide
196	环氧丙烷	Propylene oxide	227	甲基硫菌灵	Thiophanate methyl
197	氟磺隆	Prosulfuron	228	硫菌灵	Thiophanat-ethyl
198	吡蚜酮	Pymetrozin	229	胡索酸泰妙菌素	Tiamulin-fumerate
199	苄草唑	Pyrazolynate (pyrazolate)	230	醚苯磺隆	Triasulfuron
200	吡嘧磺隆	Pyrazosulfuron-ethyl	231	咪唑嗪	Triazoxide
201	苄草唑	Pyrazoxyfen	232	水杨菌胺	Trichlamide
202	啶虫丙醚	Pyridalyl	233	敌百虫	Trichlorfon
203	哒草特	Pyridate	234	三氯乙酸钠	Trichloro acetic acid sodium salt
204	嘧草硫醚	Pyrithiobac sodium	235	敌百虫	Trichlorphon
205	嘧草硫醚	Pyrithiobac sodium	236	绿草定	Triclopyr
206	二氯喹啉酸	Quinclorac	237	杀铃脲	Triflumuron
207	玉嘧磺隆	Rimsulfuron	238	氟胺磺隆	Triflusulfuron-methyl
208	鱼藤酮	Rotenone	239	嗪胺灵	Triforine
209	多杀菌素	Spinosad	240	三甲基碘化硫	Trimethylsulfonium iodide
210	乙酰磺胺对硝基苯	Sulfanitran	241	戊叉菌唑	Triticonazole
211	磺酰唑草酮	Sulfentrazone	242	蚜灭磷	Vamidothion
212	三氯乙酸钠	TCA sodium	243	蚜灭磷砜	Vamidothion sulfone
213	虫酰肼	Tebuconazole	244	杀鼠灵	Warfarin
214	双硫磷	Temephos	245	福美锌	Ziram

实验发现，有22种化合物稳定性较差的分解峰或标准品为混合物，无法进行添加回收率等一系列实验，也属于不适于本方法检测的化合物，见表9-10。

实验发现，有21种化合物名称不同，经检测确定为同一种农药化学品，见表9-11。

实验发现，有21种化合物配制混合标准溶液后，容易降解，无法进行添加回收率等一系列实验，也属于不适于本方法检测的化合物，见表9-12。

通过上述筛选过程，将适用于GC-MS测定的561种农药化学品按保留时间分成A、B、C、D、E、F 6组进行监测。在本方法的添加回收率实验中，由于一部分化合物已经用完，并未进行添加回收率实验，共有29种，见表9-13。

表 9-10　22 种不适于 GC-MS 测定的农药化学品

序号	中文名称	英文名称	序号	中文名称	英文名称
1	2,4-滴丁酸	2,4-DB	12	苄嘧磺隆	Bensulfuron-methyl
2	4-溴-3,5-二甲苯基-N-甲基氨基甲酸酯	4-Bromo-3,5-dimethylphenyl N-methylcarbamate	13	氯嘧磺隆	Chlorimuron ethyl
			14	氯辛硫磷	Chlorphoxim
3	PCB-1221	Aroclor 1221	15	氯麦隆	Chlortoluron
4	PCB-1232	Aroclor 1232	16	四螨嗪	Clofentezine
5	PCB-1242	Aroclor 1242	17	乙氧嘧磺隆	Ethoxysulfuron
6	PCB-1248	Aroclor 1248	18	PCB-1232	PCB-1232
7	PCB-1254	Aroclor 1254	19	PCB-1254	PCB-1254
8	PCB-1260	Aroclor 1260	20	猛杀威	Promecarb
9	PCB-1262	Aroclor 1262	21	除虫菊酯	Pyrethrins
10	PCB-1268	Aroclor 1268	22	毒杀芬	Toxaphene
11	燕麦灵	Barban			

表 9-11　21 种化合物名称不同，经检测为同一种农药化学品

序号	中文名称	英文名称	序号	中文名称	英文名称
1	脱叶磷	Tribufos (DEF)	11	α-氯氰菊酯	α-Cypermethrin (alfamethrin)
2	碳氯灵	Telodrin (isobenzon)	12	灭螨猛	Chinomethionat (quinomethionate)
3	野燕枯	Difenzoquat-methyl sulfate (difenzoquat)	13	开蓬	Chlordecone (kepone)
			14	敌草索	Dacthal (DCPA)
4	2,4,5-滴丙酸	Fenoprop (silvex, 2,4,5-TP)	15	蔬果磷	Dioxabenzofos (salithion)
5	氟吡乙禾灵	Haloxyfop-ehyoxyethyl (haloxyfop)	16	吡氟禾草灵	Fluazifop-butyl (fluazifop)
6	敌草快	Diquat dibromide hydrate (diquat)	17	氧化氯丹	Oxychlordane (octachlor epoxide)
7	涕灭威砜	Aldicarb sulfone (aldoxycarb)	18	八氯二丙醚	S 421 (octachlorodipropyl ether)
8	苄基腺嘌呤	Benzyladenine (6-benzylaminopurine)	19	灭除威	XMC (3,5-Xylyl methylcarbamate)
9	草铵磷	Glufosinate ammonium (glufosinate)	20	苄草唑	Pyrazolynate (pyrazolate)
10	双胍辛三乙酸盐	Guazatine triacetate (guazatine)	21	二溴磷	Naled (dibrom)

表 9-12　21 种配制混合标准溶液后容易降解的农药化学品

序号	中文名称	英文名称	序号	中文名称	英文名称
1	1-萘基乙酰胺	1-Naphthyl acetamide	12	巴毒磷	Crotoxyphos
2	4-氨基吡啶	4-Aminopyridine	13	烯效唑	Uniconazole
3	丙硫克百威	Benfuracarb	14	甲基对氧磷	Paraoxon-methyl
4	辛酰溴苯腈	Bromoxynil octanoate	15	特丁硫磷砜	Terbufos sulfone
5	福美双	Thiram	16	环虫酰肼	Chromafenozide
6	开蓬	Chlordecone (kepone)	17	草消酚	Dinoterb
7	丙烯硫脲	Propylene thiourea	18	伏草隆	Fluoazuron
8	五氯酚	Pentachlorophenol	19	地散磷	Bensulide
9	地乐酚	Dinoseb	20	噻唑硫磷	Fosthiazate
10	地乐酯	Dinoseb acetate	21	异噁酰草胺	Isoxaben
11	百菌清	Chlorothalonil			

表 9-13 未进行添加回收率实验的农药化学品

序号	中文名称	英文名称	序号	中文名称	英文名称
1	杀螨特	Aramite	16	甲醚菊酯-1	Methothrin-1
2	抑草蓬	Erbon	17	甲醚菊酯-2	Methothrin-2
3	ε-六六六	HCH, epsilon-	18	嘧菌胺	Mepanipyrim
4	氯硫磷	Chlorthion	19	嘧草醚	Pyriminobac-methyl
5	右旋炔丙菊酯	Prallethrin	20	甲基三硫磷	Methyl trithion
6	稀禾啶	Sethoxydim	21	噻氟菌胺	Thifluzamide
7	蔬果磷	Dioxabenzofos	22	萘丙胺	Naproanilide
8	氧乙嘧硫磷	Etrimfos oxon	23	环庚草醚	Cinmethylin
9	氧皮蝇磷	Fenchlorphos oxon	24	发硫磷	Prothoate
10	嘧啶磷	Pyrimitate	25	四氯苯酞	Phthalide
11	乙基杀扑磷	Athidathion	26	脱叶磷	Merphos
12	威菌磷	Triamiphos	27	家蝇磷	Phenkapton
13	脱溴溴苯磷	Desbrom-leptophos	28	氟草敏代谢物	Norflurazon-desmethyl
14	甲胺磷	Methamidophos	29	唑虫酰胺	Tolfenpyrad
15	溴丁酰草胺	Bromobutide			

在本方法的添加回收率实验中，发现有34种化合物的基质标准没有出峰，这些也是不适于本方法的化合物，名单见表9-14。

表 9-14 添加回收率实验中基质标准不出峰的农药化学品

序号	中文名称	英文名称	序号	中文名称	英文名称
1	2,4,5-涕	2,4,5-T	18	丰索磷	Fensulfothion
2	4-氯苯氧乙酸	4-Chlorophenoxy acetic acid	19	氟啶胺	Fluazinam
3	乙酰甲胺磷	Acephate	20	氟噻草胺	Flufenacet
4	啶虫脒	Acetamiprid	21	氟啶草酮	Fluridone
5	氟丙菊酯	Acrinathrin	22	甲硫威砜	Methiocarb sulfone
6	嘧菌酯	Azoxystrobin	23	二溴磷	Naled
7	氯溴隆	Chlorbromuron	24	对硫磷	Parathion
8	溴虫腈	Chlorfenapyr	25	磷胺-2	Phosphamidon-2
9	赛灭磷	Cythioate	26	氟吡酰草胺	Picolinafen
10	噁唑隆	Dimefuron	27	百克敏	Pyraclostrobin
11	噻节因	Dimethipin	28	咯喹酮	Pyroquilon
12	甲基毒虫畏	Dimethylvinphos	29	螺甲螨酯	Spiromesifen
13	氟硫草定	Dithiopyr	30	特草灵-2	Terbucarb-2
14	丁酰肼	DMSA	31	四溴菊酯-1	Tralomethrin-1
15	苯线磷亚砜	Fenamiphos sulfoxide	32	四溴菊酯-2	Tralomethrin-2
16	氰菌胺	Fenoxanil	33	氟菌唑	Triflumizole
17	苯氧威	Fenoxycarb	34	三异丁基磷酸盐	Tri-*iso*-butyl phosphate

最终确定进行方法回收率和精密度验证实验的农药化学品种类有 498 种，淘汰回收率与精密度指标不能满足要求的 13 种化合物，最后剩余 485 种农药用于 GC-MS 分析。筛选流程见图 9-1。

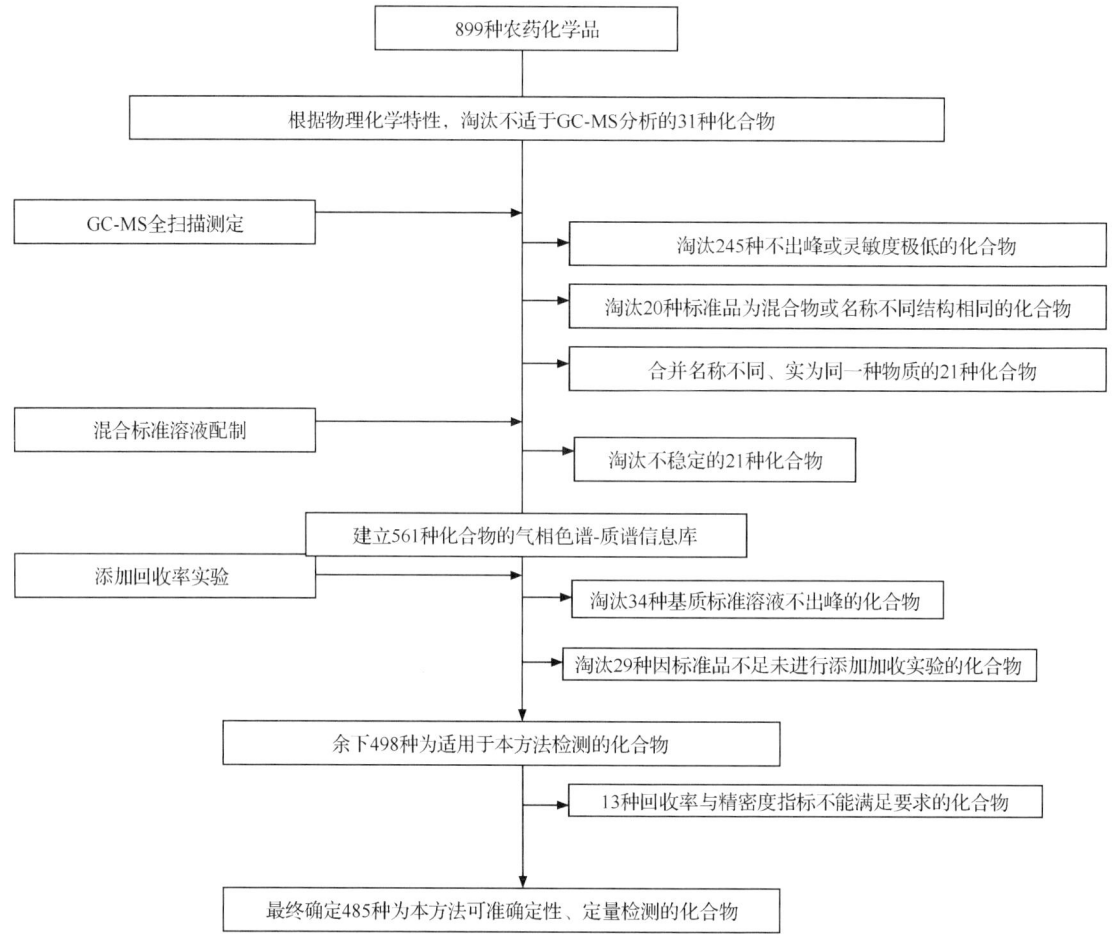

图 9-1 GC-MS 检测的 485 种农药筛选流程图

9.5.7.2 LC-MS/MS 目标化合物的选择

对 756 种农药进行筛选和 LC-MS/MS 测定。具体有下面五步筛选流程：

（1）首先检索 756 种农药及相关化合物的分子式和相对分子质量，其中有 26 种农药（表 9-15）没有找到相关的分子式，无法进行 LC-MS/MS 测定；

（2）对余下的 730 农药分别配制标准溶液，采用 LC-MS/MS 仪直接进样，ESI 离子源正负离子扫描方式分别进行监测，对各种农药化学品进行母离子扫描，有 110 种农药化学品找不到母离子（表 9-15）；

（3）对找到母离子的 620 种农药进行子离子扫描，其中有 18 种农药找不到子离子（表 9-15）；

（4）对筛选得到的 602 种农药化学品（其中 ESI 正离子 524 种，ESI 负离子 78 种），每 20 个一组，以大约 1μg/mL 的浓度配制溶剂混合标准溶液，进行液相色谱-串联质谱的条件优化，淘汰了 33 种在串联液相色谱后不出峰或灵敏度极低的农药化学品（表 9-15）；

表 9-15　不适于 LC-MS/MS 法分析的 187 种农药化学品

序号	中文名称	英文名称	序号	中文名称	英文名称
	26 种无分子式的品种		13	联苯	Biphenyl
1	PCB-1268	Aroclor 1268	14	溴烯杀	Bromocylen
2	溴化物	Bromide	15	溴螨酯	Bromopropylate
3	溴虫清	Chlorphenapyr	16	辛酰溴苯腈	Bromoxynil octanoate
4	氧化甲基毒死蜱	Chlorpyrifos-methyl-oxon	17	毒杀芬	Camphechlor
5	异狄氏剂醛	Endrin aldehyde	18	克菌丹	Captan
6	异狄氏剂酮	Endrin ketone	19	三硫磷	Carbofenothion
7	氟酮磺隆	Flucarbazone-sodium	20	灭螨猛	Chinomethionat(quinomethionate)
8	环氧七氯	Heptachlor epoxide，exo	21	杀螨醚	Chlorbenside
9	环虫酰肼	Chromafenozide	22	氯丹	Chlordane
10	丁酮砜威亚砜	Butoxycarboxim-sulfoxid	23	开蓬	Chlordecone (kepone)
11	三甲基碘化硫	Trimethylsulfonium iodide	24	燕麦酯	Chlorfenprop-methyl
12	麝香酮	Musk ketone	25	杀螨酯	Chlorfenson
13	涕灭威亚砜	Aldicarb-sulfoxide	26	乙酯杀螨醇	Chlorobenzilate
14	氧化氯丹	Oxychlordane	27	氯苯甲醚	Chloroneb
15	丁酮威亚砜	Butocarboxim-sulfoxide	28	百菌清	Chlorothalonil
16	PCB-1221	Aroclor 1221	29	乙菌利	Chlozolinate
17	PCB-1232	Aroclor 1232	30	苯并菲	Chrysene
18	PCB-1248	Aroclor 1248	31	顺式-氯丹	cis-Chlordane
19	PCB-1254	Aroclor 1254	32	乙氰菊酯	Cycloprothrin
20	PCB-1260	Aroclor 1260	33	三环锡	Cyhexatin
21	多氯联苯 A 30	Clophen A 30	34	氯氰菊酯	Cypermethin
22	多氯联苯 A 60	Clophen A 60	35	敌草索	Dacthal
23	氟酰亚胺	Fluoroimide	36	p,p'-滴滴伊	p,p'-DDE
24	高效氯氟氰菊酯	γ-Cyhalothrin	37	p,p'-滴滴涕	p,p'-DDT
25	ε-六六六	ε-HCH	38	溴氰菊酯	Deltamethrin
26	西藏麝香	Musk tibeten	39	$2,2',4,5,5'$-五氯联苯	DE-PCB 101
	110 种找不到母离子的品种		40	$2,3',4,4',5$-五氯联苯	DE-PCB 118
1	二溴乙烷	1,2-Dibromo ethane	41	$2,2',4,4',5,5'$-六氯联苯	DE-PCB 153
2	2,3,5,6-四氯苯胺	2,3,5,6-Tetrachloroaniline	42	$2,2,3,4,4',5,5'$-七氯联苯	DE-PCB 180
3	3,5-二氯苯胺	3,5-Dichloroaniline	43	$2,2',5,5'$-四氯联苯	DE-PCB 52
4	灭螨醌	Acequinocyl	44	敌草腈	Dichlobenil
5	双甲脒	Amitraz	45	二氯萘醌	Dichlone
6	杀草强	Amitrole	46	除螨灵	Dienochlor
7	代森铵	Amobam	47	噻节因	Dimethipin
8	敌菌灵	Anilazine	48	地乐酯	Dinoseb acetate
9	杀螨特	Aramite	49	敌恶磷	Dioxathion
10	三唑锡	Azocyclotin	50	丁酰肼	DMSA
11	噁虫威	Bediocarb	51	异狄氏剂	Endrin
12	甲羧除草醚	Bifenox	52	抑草蓬	Erbon

续表

序号	中文名称	英文名称	序号	中文名称	英文名称
53	乙丁烯氟灵	Ethalfluralin	92	七氟菊酯	Tefluthrin
54	抗螨唑	Fenazaflor	93	三氯杀螨砜	Tetradifon
55	苯丁锡	Fenbutatin oxide	94	杀螨氯硫	Tetrasul
56	氧皮蝇磷	Fenchlorphos oxon	95	杀虫环草酸盐	Thiocyclam hydrogenoxalate
57	拌种咯	Fenpiclonil	96	福美双	Thiram
58	芬螨酯	Fenson	97	四溴菊酯	Tralomethrin
59	薯瘟锡	Fentin acetate	98	反式-氯丹	trans-Chlodane
60	氟节胺	Flumetralin	99	苯磺隆	Tribenuron-methyl
61	氟喹唑	Fluquinconazole	100	灭草环	Tridiphane
62	氟草烟-1-甲庚酯	Fluroxypr-1-methylheptyl ester	101	氟菌唑	Triflumizole
63	伐虫脒盐酸盐	Formetanate hydrochloride	102	反式-九氯	trans-Nonachlor
64	林丹	γ-HCH	103	1,2-二氯丙烷	1,2-Dichloropropane
65	草甘膦	Glyphosate	104	溴氯甲烷	Bromochloromethane
66	α-六六六	α-HCH	105	灭草定	Methazole
67	环氧七氯	Heptachlor-epoxide	106	硫丹	Endosulfan
68	己唑醇	Hexaconazole	107	苄螨醚	Halfenprox
69	炔咪菊酯	Imiprothrin	108	碳氯灵	Isobenzan
70	碘硫磷	Iodofenphos	109	环氧丙烷	Propylene oxide
71	异菌脲	Iprodione	110	四氯苯酞	Phthalide
72	异艾氏剂	Isodrin		18 种找不到子离子的品种	
73	溴苯磷	Leptophos	1	阿维菌素	Abamectin
74	2甲4氯丁氧乙基酯	MCPA-butoxyethyl ester	2	二氢苊	Acenaphthene
75	甲硫威砜	Methiocarb sulfone	3	燕麦灵	Barban
76	甲氧滴滴涕	Methoxychlor	4	呋草黄	Benfuresate
77	灭蚁灵	Mirex	5	乐杀螨	Binapacryl
78	三氯甲基吡啶	Nitrapyrin	6	氯酞酸甲酯	Chlorthal-dimethyl
79	五氯甲氧基苯	Pentachloroanisole	7	2,4,4'-三氯联苯	DE-PCB 28
80	五氯苯	Pentachlorobenzene	8	2,4,5-三氯联苯	DE-PCB 31
81	乙滴涕	Perthane	9	氟氯苯菊酯	Flumethrin
82	邻苯二甲酸二(2-乙基己)酯	Phthalic acid, di-(2-ethylhexyl) ester	10	安硫磷	Formothion
			11	甲基异硫氰酸酯	Methyl isothiocyanate
83	甲基氟嘧磺隆	Primisulfuron-methyl	12	合成麝香	Musk ambrette
84	环丙氟灵	Profluralin	13	除草醚	Nitrofen
85	调环酸钙	Prohexadione-calcium	14	酞菌酯	Nitrothal-isopropyl
86	氟磺隆	Prosulfuron	15	二氯百草枯	Paraquat dichloride
87	氯甲喹啉酸	Quinmerac	16	四氟苯菊酯	Transfluthrin
88	五氯硝基苯	Quintozene	17	哒菌酮	Diclomezine
89	玉嘧磺隆	Rimsulfuron	18	1,3-二氯丙烯	1,3-Dichloropropene(cis+trans)
90	苯噻硫氰	TCMTB		33 种不出峰或灵敏度极低的品种	
91	四氯硝基苯	Tecnazene	1	高效氯氟氰菊酯	λ-Cyhalothrin

续表

序号	中文名称	英文名称	序号	中文名称	英文名称
2	1,2-二溴-3-氯丙烷	1,2-Dibromo-3-chloropropane	19	消螨普	Dinocap technical mixture of isomers
3	溴虫腈	Chlorfenapyr			
4	菲	Phenanthrene	20	联苯菊酯	Bifenthrin
5	丙森锌	Propineb	21	胡索酸泰妙菌素	Tiamulin-fumerate
6	氟胺磺隆	Triflusulfuron-methyl	22	2,3,4,5-四氯甲氧基苯	2,3,4,5-Tetrachloroanisole
7	溴丁酰草胺	Bromobutide	23	六氯苯	Hexachlorobenzene
8	抑草磷	Butamifos	24	4,4′-二溴二苯甲酮	4,4′-Dibromobenzophenone
9	烯丙酰草胺	Dichlormid	25	对硫磷	Parathion
10	噁唑磷	Isoxathion	26	氰氟草酯	Cyhalofop-butyl
11	环庚草醚	Cinmethylin	27	毒虫畏	Chlorfenvinphos
12	氟氯氰菊酯	Cyfluthrin	28	茉莉酮	Prohydrojasmon
13	敌菌丹	Captafol	29	丁酰肼	DMSA
14	双胍辛三乙酸盐	Guazatine triacetate	30	联苯	Biphenyl
15	氯化苦	Chloropicrin	31	五氯苯	Pentachlorobenzene
16	氯氧磷	Chlorethoxyfos	32	百菌清	Chlorothalonil
17	2,2′,3,4,4′,5-六氯联苯	DE-PCB 138	33	五氯甲氧基苯	Pentachloroanisole
18	敌草快	Diquat dibromide hydrate			

(5)通过上述筛选过程,将适用于 ESI 离子源监测的 569 种农药化学品按保留时间分成 A、B、C、D、E、F、G 7 组进行监测,分别是 A 组 82 种、B 组 83 种、C 组 89 种、D 组 89 种、E 组 68 种、F 组 80 种、G 组(ESI 负离子)78 种。

在添加回收率实验中,由于一部分化合物已经用完,并未进行添加回收率实验。这类化合物共有 19 种,名单见表 9-16。

表 9-16　未进行添加回收率实验的农药化学品

序号	中文名称	英文名称	序号	中文名称	英文名称
1	噻唑硫磷	Fosthiazate	11	丁硫克百威	Carbosulfan
2	三环唑	Tricyclazole	12	氯杀螨砜	Chlorbenside sulfone
3	环丙津	Cyprazine	13	氯氨吡啶酸	Aminopyralid
4	特丁净	Terbutryn	14	嘧草硫醚	Pyrithiobac sodium
5	三异丁基磷酸盐	Tri-iso-butyl phosphate	15	磺酰唑草酮	Sulfentrazone
6	稀禾啶	Sethoxydim	16	嗪胺灵	Triforine
7	嘧啶磷	Pirimiphos-ethyl	17	虱螨脲	Lufenuron
8	威菌磷	Triamiphos	18	噻氟菌胺	Thifluzamide
9	右旋炔丙菊酯	Prallethrin	19	克来范	Kelevan
10	三苯基磷酸盐	Triphenyl phosphate			

在添加回收率实验中,发现有 30 种化合物的基质标准没有出峰或两个离子对没有同时出峰,这些也是不适合本方法的化合物,名单见表 9-17。

表 9-17　添加回收率实验中基质标准不出峰的农药化学品

序号	中文名称	英文名称	序号	中文名称	英文名称
1	甲氨基阿维菌素苯甲酸盐	Emamectin benzoate	16	马拉氧磷	Malaoxon
2	乙撑硫脲	Ethylene thiourea	17	2,6-二氟苯甲酸	2,6-Difluorobenzoic acid
3	抑芽丹	Maleic hydrazide	18	三氯乙酸钠	Trichloroacetic acid sodium salt
4	氯硫酰草胺	Chlorthiamid	19	二氯吡啶酸	Clopyralid
5	杀螟腈	Cyanophos	20	毒莠定	Picloram
6	哌草丹	Dimepiperate	21	抗倒酯	Trinexapac-ethyl
7	赛硫磷	Amidithion	22	溴苯腈	Bromoxynil
8	双氟磺草胺	Florasulam	23	水胺硫磷	Isocarbophos
9	兹克威	Mexacarbate	24	萘草胺	Naptalam
10	蚜灭磷	Vamidothion	25	氟吡草腙钠	Diflufenzopyr-sodium
11	枯草隆	Chloroxuron	26	甲基磺草酮	Mesotrion
12	甲氧咪草烟	Imazamox	27	碘苯腈	Ioxynil
13	双胍辛胺乙酸盐	Iminoctadine triacetate	28	丙苯磺隆	Propoxycarbazone-sodium
14	嘧草醚	Pyriminobac-methyl（Z）	29	硫丹硫酸盐	Endosulfan-sulfate
15	狄氏剂	Dieldrin	30	吡虫隆	Fluazuron

最终确定本方法进行方法的回收率和精密度，验证实验的农药化学品种类有 520 种。

9.5.8　样品前处理技术条件选择

9.5.8.1　样品提取方法的对比研究

参照德国标准"L00.00-34 富含油脂类食品中农药加速溶剂提取方法"和均质提取两种提取方式进行了对比研究，实验数据表明，除灭菌丹、抑菌灵、双甲脒、噻草酮、灭菌磷和亚胺硫磷 6 种农药加速溶剂提取的回收率偏低外，对绝大多数农药化学品，加速溶剂提取和均质提取均给出了满意的回收率，因此，本方法选择均质提取法。

9.5.8.2　提取溶剂的选择研究

参照相关文献，选择乙酸乙酯-环己烷（1∶1）、正己烷-丙酮（1∶1）和乙腈三种提取溶剂进行比较，实验发现：①采用正己烷-丙酮（1∶1）和乙腈提取时，提取液在浓缩过程中有固体糊状物出现，之后用 $0.45\mu m$ 滤膜过滤时比较困难，同时，提取液必须蒸干，再用环己烷-乙酸乙酯（1∶1）溶解定容后，才可用凝胶渗透色谱净化，操作比较烦琐，如果蒸干时机掌握不好，还会影响有些农药化学品的回收率，增加实验步骤，降低实验效率。②通过三种提取溶剂提取的空白样品 GC-MS 进样后比较发现，乙酸乙酯-环己烷（1∶1）本底干扰要小于正己烷-丙酮（1∶1）和乙腈两种，有利于更好的定性和定量。③采用三种提取溶剂进行回收率实验数据表明，三种提取溶剂均给出了满意的回收率，但采用乙腈作提取溶剂导致个别农药种类回收率较差。基于以上三点最终确定选择乙酸乙酯-环己烷（1∶1）为提取溶剂，同时通过回收率实验发现：采用 35mL 的提取溶剂提取两次已完全可以将样品中的农药提取出来，达到提取效果。

9.5.8.3　凝胶渗透色谱净化条件研究

按照德国标准 L00.00-34 用 Bio-Beads S-X3（360mm×35mm）作净化柱，用乙酸乙酯-环己烷（1∶1）作流动相，对 740 种农药化学品标准溶液进行凝胶渗透色谱行为的评价。每种农药化学品的开始收集时间（开始出峰时间）、停止收集时间（停止出峰时间）参见 11.3.1 小节。在 740 种农药化学品标准物质中，有 80 种农药化学品 22min 之前开始出峰，占所测品种的 10.8%；有 660 种农药化学品 22min 之后开始出峰，占所测品种的 89.2%，其中，545 种农药化学品 26min 之后开始出峰，占所测农药化学品品种的 73.6%。从表 11-18 所列数据还可以看出，所有农药化学品在 44min 之前出峰完毕。基于上述条件，分别选择了 23min、24min、25min 和 26min 4 种收集时间，结束收集时间选在 44min，用实际样品进行了净化分析实验。实验发现，开始收集时间设定为 23min 的馏分蒸干后，存在痕量油脂，使被测目标物的出峰时间后移，影响测定。设定 24min 为开始收集的时间，用 GPC 净化后的样品，基本去除了河豚鱼和对虾中油脂对测定的干扰，且测定的农药化学品品种数量和回收率均令人满意，但对脂肪含量较高的鳗鱼，设定 24min 为开始收集时间并不能完全去除油脂，因此需设定 26min 为鳗鱼样品开始收集时间。

9.5.9 色谱-质谱条件选择

9.5.9.1 GC-MS 条件选择

通过查阅有关文献，多残留分析多采用中等偏弱极性的 DB-1701 系列色谱柱为分析柱，也有用弱极性的 HP-1 色谱柱的。柱温采用三级程序升温方式，离子源采用 EI 源。加拿大标准方法 PMR-002-V1.1 中，采用 DB-1701P（30m×0.25mm×0.25μm）色谱柱，无分流进样，进样口温度 290℃，柱温由初始温度 40℃，保持 1min，然后以 30℃/min 程序升温至 130℃，再以 6℃/min 程序升温至 250℃，最后以 30℃/min 程序升温至 300℃保持 5min。选择与其非常相近的 DB-1701（30m×0.25mm×0.25μm）石英毛细管色谱柱。色谱柱温度：40℃保持 1min，然后以 30℃/min 程序升温至 130℃，再以 5℃/min 程序升温至 250℃，最后以 10℃/min 程序升温至 300℃保持 5min；载气流速：1.2mL/min；离子源温度：230℃；GC-MS 温度：280℃。

对 GC-MS 质谱分析来说，科学地选择每种目标化合物的定性和定量离子是非常重要的。针对要检测的农药化学品品种多，保留时间相对集中的情况，在选择离子时遵循下面四点原则：第一，选择相对基峰大于 10% 丰度的离子，尽量将分子离子作为检测离子；第二，尽量选择丰度高的碎片离子，如基峰；第三，选择其他农药化学品和流出物不存在的离子，尽量减少农药化学品之间的相互干扰，特别是减少与目标化合物保留时间接近的杂质干扰；第四，选择的监测离子在基质中，扣除背景后，其信噪比应尽量大于 5。

根据上面确定的原则，将要检测的农药化学品化合物先进行标准物质的扫描实验，得到它们的扫描质谱图和保留时间，每种化合物分别选择一个定量离子和两个定性离子，禁用的农药化合物选择三个定性离子，如六六六（HCH）、滴滴涕（DDT）、杀虫脒（Chlordimeform）、除草醚（Nitrofen）、艾氏剂（Aldrin）、狄氏剂（Dieldrin）、甲基对硫磷（Parathion-methyl）、对硫磷（Parathion）、久效磷（Monocrotophos）、甲拌磷（Phorate）、特丁硫磷（Terbufos）、治螟磷（Sulfotep）、灭线磷（Ethoprophos）、蝇毒磷（Coumaphos）、地虫磷（Fonofos）、氯唑磷（Isazofos）、苯线磷（Fenamiphos）、三氯杀螨醇（Dicofol）、氰戊菊酯（Fenvalerate）等。根据 567 种农药化学品化合物的保留时间分为 A、B、C、D、E 和 F 六组，每组分别包括 90～100 种农药化学品。为保证每种农药化学品化合物的灵敏度，每组所有需要检测的离子按照出峰顺序，分时段分别监测，适当控制每个时间段内监测的离子数目和驻留时间，并注意每个时间段开始时，要考虑前一时段未出完全的峰和已经开始出现的峰。每个离子的驻留时间是可以调整的，以保证每个色谱峰具有恒定的循环扫描时间，保证所有监测的化合物都有足够的数据采集点，驻留时间的变化，不会影响积分结果。

9.5.9.2 LC-MS/MS 条件选择

采用进样器直接进样方式，以 0.4mL/min 的流速将农药标准溶液分别注入离子源中，在正离子检测方式下对每种农药进行一级质谱分析（Q1 扫描），得到每种农药的分子离子峰，对每种农药的准分子离子峰进行二级质谱分析（子离子扫描），得到碎片离子信息，然后优化每种农药的二级质谱的源内碎裂电压（fragmentor）、碰撞气能量（CE）等参数，使每种农药的分子离子与特征碎片离子产生的离子对强度达到最大时为最佳，得到每种农药的二级质谱图。按照二级质谱图提供的碎片离子信息，选择每种农药的定性和定量离子对。

对极性相差较大的农药多残留分析检测，液相色谱分离常用的液相色谱柱有 C_{18} 和 C_8 类型柱，主要有：Atlantis T3，$3\mu m$，2.1mm×150mm；Atlantis dC_{18}，$3\mu m$，2.1mm×150mm；Inertsil，C_8-3，$5\mu m$，2.1mm×150mm；Luna C_{18}，$5\mu m$，50mm×2mm；Luna C_{18}，$3\mu m$，50mm×2mm；Agilent SB-C_{18}，$3.5\mu m$，2.1mm×100mm。本方法经过对上述液相色谱柱的分离效果比较，Luna C_{18}，$5\mu m$，50mm×2mm 和 Luna C_{18}，$3\mu m$，50mm×2mm 属于大粒径和大内径色谱柱，使用这种色谱柱需要大流量流动相，这样对质谱仪器造成废液处理负担，同时可以发现，这样大粒径和大内径色谱柱对 80 多种农药分析中的分离度不够理想，其余色谱柱没有发现明显差异，其中 Agilent SB-C_{18} 在承受高压、耐酸性、全水流动相适用性和重现性方面略好，同时可以避免其他色谱柱在 ESI 负离子检测时产生的大量双峰现象，灵敏度显著提高，因此采用该柱为分离柱。

采用梯度洗脱方式进行分离，因为在梯度的前 3min 流动相基本以水相为主，所以分别以农药标准的定容液为纯乙腈，乙腈-水（4:1），乙腈-水（3:2），乙腈-水（2:3），乙腈-水（1:4）进行实验发现，当定容液中乙腈占较大比例时在农药监测的前 4min 出现多个双峰现象，这主要是由于定容液与流动相有机相比例差距较大引起的，对乙腈-水（1:4）定容液该现象完全消失，但考虑到农药的溶解度在乙腈-水（1:4）的定容液中溶解度受到限制，造成农药灵敏度的整体降低，因此，选用乙腈-水（3:2）作为定容液，双峰现象显著改观的同时仍具有较高的灵敏度。

9.5.10 样品定性和定量

用 GC-MS 方法进行样品测定时，如果检出的色谱峰的保留时间与标准样品相一致，在扣除背景后的样品质谱图中，所选择的离子均出现，而且所选择的离子丰度比与标准样品的离子丰度比相一致，则可判断样品中存在这种农药化学品化合物。如果不能确证，应重新进样，以扫描方式（有足够灵敏度）或采用增加其他确证离子方式或用其他灵敏度更高的分析仪器来确证。

GC-MS 方法采用内标法定量，选择保留时间居中且比较稳定的环氧七氯为内标物。

采用 LC-MS/MS 法进行测定时，如果样品中检出的色谱峰的保留时间与基质标准中某种农药色谱峰的保留时间一致，且在扣除背景后所选择的两对离子对及丰度比也一致，则可判定样品中存在这种农药残留。

LC-MS/MS 法采用外标-校准曲线法定量测定。为减少基质对定量测定的影响，需用空白样液来配制一系列基质标准工作溶液，用基质标准工作溶液分别进样绘制标准曲线，用绘制的标准曲线对样品进行定量，且保证所测样品中农药的响应值均在仪器的线性范围内。

9.5.11 方法回收率和精密度

对 GC-MS 法，用不含农药化学品的河豚鱼、鳗鱼、对虾样品作添加回收率和精密度实验，样品添加农药化学品标准溶液后，放置 20min，使农药化学品被样品完全吸收，然后按本方法进行提取、净化和测定，共测定了 504 种农药在 3 种基质样品中 2 个添加水平 5 次平行实验，取得了 15 120 个数据，其实验结果见表 9-18，数据统计见表 9-19。

从表 9-19 回收率和精密度数据统计看出，本方法所测 504 种农药化学品中，平均回收率为 60%~120% 的有 423 种，占所测农药化学品总数的 83.93%；回收率为 20%~60% 和 120%~150% 的有 63 种，占所测农药化学品总数的 12.50%，说明 90% 以上的农药化学品是可以定性的。504 种农药化学品的相对标准偏差在 20% 以下的有 421 种，占所测农药化学品总数的 83.5%，说明方法的重现性是好的。

表 9-18 GC-MS 法分析 3 种基质样品 567 种农药化学品的添加回收率实验数据（n=5）

序号	中文名称	英文名称	添加浓度/(mg/kg)		低水平添加				高水平添加			
			低	高	河豚鱼/%	鳗鱼/%	对虾/%	Ave/%	RSD/%	河豚鱼/%	鳗鱼/%	对虾/%	Ave/%	RSD/%
1	二丙烯草胺	Allidochlor	0.0500	0.2000	83.76	106.80	77.84	89.46	17.10	89.78	108.44	80.71	92.97	15.21
2	烯丙酰草胺	Dichlormid	0.0500	0.2000	96.70	99.33	96.31	97.45	1.69	未添加	未添加	未添加		
3	土菌灵	Etridiazol	0.0750	0.3000	81.04	73.83	83.16	79.34	6.17	103.47	105.16	100.45	103.03	2.32
4	氯甲硫磷	Chlormephos	0.0500	0.2000	97.31	90.89	82.44	90.21	8.27	105.67	84.94	93.88	94.83	10.96
5	苯胺灵	Propham	0.0250	0.1000	81.36	104.94	111.88	99.39	16.09	70.57	98.59	104.44	91.20	19.85
6	环草敌	Cycloate	0.0250	0.1000	89.32	111.03	118.34	106.23	14.21	101.19	116.43	86.23	101.28	14.91
7	联苯二胺	Diphenylamine	0.0250	0.1000	113.30	92.06	86.69	97.35	14.45	108.26	112.49	87.20	102.65	13.19
8	杀虫脒	Chlordimeform	0.0250	0.1000	105.07	119.69	99.48	108.08	9.66	97.48	107.49	83.90	96.29	12.30
9	乙丁烯氟灵	Ethalfluralin	0.1000	0.4000	78.43	68.23	84.55	77.07	10.69	75.65	66.73	72.07	71.48	6.28
10	甲拌磷	Phorate	0.0250	0.1000	88.16	117.40	104.02	103.19	14.19	94.42	95.56	85.11	91.70	6.25
11	甲基乙拌磷	Thiometon	0.0250	0.1000	87.10	118.24	99.07	101.47	15.48	97.64	97.92	81.36	92.30	10.27
12	五氯硝基苯	Quintozene	0.0500	0.2000	86.47	119.57	116.68	107.57	17.04	88.07	111.19	88.34	95.87	13.84
13	脱乙基阿特拉津	Atrazine-desethyl	0.0250	0.1000	89.82	96.98	84.38	90.39	6.99	85.10	61.11	88.10	78.11	18.94
14	异噁草松	Clomazone	0.0250	0.1000	87.57	99.84	88.87	92.09	7.32	96.77	101.46	85.35	94.53	8.77
15	二嗪磷	Diazinon	0.0250	0.1000	89.10	83.96	87.36	86.80	3.01	96.50	71.25	85.50	84.42	14.99
16	地虫硫磷	Fonofos	0.0250	0.1000	89.63	114.18	92.26	98.69	13.65	95.07	106.28	86.02	95.79	10.59
17	乙嘧硫磷	Etrimfos	0.0250	0.1000	86.88	90.17	76.46	84.50	8.47	97.12	83.55	86.88	89.18	7.93
18	胺丙畏	Propetamphos	0.0250	0.1000	88.39	64.44	89.24	80.69	17.45	95.57	60.76	83.37	79.90	22.11
19	密草通	Secbumeton	0.0250	0.1000	92.13	75.99	90.65	86.26	10.34	90.22	74.73	85.05	83.33	9.46
20	炔咪草胺	Pronamide	0.0250	0.1000	110.40	65.39	88.50	88.10	25.55	99.54	63.28	88.93	83.92	22.21
21	除线磷	Dichlofenthion	0.0250	0.1000	91.75	86.13	104.83	94.24	10.18	98.46	82.12	88.25	89.61	9.21
22	兹克威	Mexacarbate	0.0750	0.3000	85.18	76.47	82.01	81.22	5.43	97.10	81.34	99.09	92.51	10.51
23	乐果	Dimethoate	0.1000	0.4000	84.76	116.04	81.36	94.06	20.33	79.78	99.69	82.25	87.24	12.44
24	氨氟灵	Dimitramine	0.1000	0.4000	69.48	48.17	63.13	60.26	18.16	67.26	32.24	68.01	55.84	36.60
25	艾氏剂	Aldrin	0.0500	0.2000	100.36	106.05	105.88	104.10	3.11	未添加	未添加	未添加		

续表

序号	中文名称	英文名称	添加浓度/(mg/kg)		低水平添加				高水平添加			
			低	高	河豚鱼/%	鳗鱼/%	对虾/%	Ave/%	RSD/%	河豚鱼/%	鳗鱼/%	对虾/%	Ave/%	RSD/%
26	皮蝇磷	Runnel	0.050 0	0.200 0	88.21	95.26	86.99	90.15	4.95	94.56	98.32	85.77	92.88	6.93
27	扑草净	Prometryn	0.025 0	0.100 0	80.52	85.14	91.74	85.80	6.57	95.45	92.68	91.92	93.35	1.99
28	环丙津	Cyprazine	0.025 0	0.100 0	66.46	77.73	82.40	75.53	10.85	未添加	未添加	未添加		
29	乙烯菌核利	Vinclozolin	0.025 0	0.100 0	90.11	77.86	88.17	85.38	7.71	97.62	70.39	85.84	84.61	16.14
30	β-六六六	β-HCH	0.025 0	0.100 0	60.74	67.71	79.37	69.27	13.59	99.00	61.63	87.40	82.68	23.14
31	甲霜灵	Metalaxyl	0.075 0	0.300 0	86.24	90.04	79.54	85.27	6.24	92.27	96.84	84.69	91.27	6.72
32	甲基对硫磷	Methyl-parathion	0.100 0	0.400 0	92.41	85.27	86.94	88.20	4.24	82.70	92.99	86.08	87.26	6.01
33	毒死蜱	Chlorpyifos(ethyl)	0.025 0	0.100 0	91.78	89.72	83.52	88.34	4.87	99.24	87.77	85.43	90.82	8.14
34	δ-六六六	δ-HCH	0.050 0	0.200 0	90.47	75.85	99.74	88.69	13.58	94.03	67.74	93.06	84.94	17.55
35	蒽醌	Anthraquinone	0.025 0	0.100 0		18.80	30.45	24.62	33.44	未添加	未添加	未添加		
36	倍硫磷	Fenthion	0.025 0	0.100 0	88.26	88.04	85.17	87.16	1.98	87.16	97.58	86.58	90.44	6.85
37	马拉硫磷	Malathion	0.100 0	0.400 0	92.28	81.51	83.33	85.71	6.72	92.75	79.97	87.15	86.62	7.40
38	对氧磷	Paraoxon-ethyl	0.800 0	3.200 0	93.91	92.12	86.52	90.85	4.25	未添加	未添加	未添加		
39	杀螟硫磷	Fenitrothion	0.050 0	0.200 0	85.71	87.51	86.08	86.43	1.10	84.99	96.38	86.49	89.29	6.93
40	三唑酮	Triadimefon	0.050 0	0.200 0	117.88	65.90	106.89	96.89	28.28	104.43	63.16	96.79	88.13	24.91
41	对硫磷	Parathion	0.100 0	0.400 0						未添加	未添加	未添加		
42	利谷隆	Linuron	0.160 0	0.640 0			53.79	53.79		109.26	112.57	61.24	94.36	30.45
43	二甲戊灵	Pendimethalin	0.100 0	0.400 0	84.35	80.92	80.18	81.82	2.72	83.97	84.14	86.00	84.71	1.33
44	杀螨醚	Chlorbenside	0.050 0	0.200 0	86.75	98.75	83.24	89.58	9.08	96.43	103.26	86.31	95.33	8.95
45	乙基溴硫磷	Bromophos-ethyl	0.025 0	0.100 0	86.80	87.11	82.35	85.42	3.12	99.82	84.08	85.38	89.76	9.73
46	喹硫磷	Quinalphos	0.025 0	0.100 0	78.34	93.22	81.01	84.19	9.42	103.44	96.59	85.73	95.26	9.37
47	反式氯丹	trans-Chlordane	0.025 0	0.100 0	97.44	101.50	100.16	99.70	2.08	未添加	未添加	未添加		
48	稻丰散	Phenthoate	0.050 0	0.200 0	78.88	86.81	94.69	86.80	9.11	112.87	77.75	105.93	98.85	18.82
49	吡唑草胺	Metazachlor	0.075 0	0.300 0	85.74	87.66	80.34	84.58	4.49	94.35	93.48	85.76	91.19	5.18
50	苯硫威	Fenothiocarb	0.050 0	0.200 0										

续表

序号	中文名称	英文名称	添加浓度/(mg/kg)		低水平添加				高水平添加				
			低	高	河豚鱼/%	鳗鱼/%	对虾/%	Ave/%	RSD/%	河豚鱼/%	鳗鱼/%	对虾/%	Ave/%	RSD/%
51	丙硫磷	Prothiophos	0.0250	0.1000	90.70	88.49	82.77	87.32	4.69	98.49	84.04	86.51	89.68	8.62
52	整形醇	Chlorfurenol	0.0750	0.3000	85.94	86.87	82.31	85.04	2.83	95.83	101.36	85.94	94.38	8.28
53	灭菌丹	Folpet	0.3000	1.2000	55.48	43.12	63.87	54.16	19.28	56.29	90.77	61.28	69.45	26.83
54	腐霉利	Procymidone	0.0250	0.1000	99.72	84.36	80.50	88.20	11.53	100.40	81.44	86.32	89.39	11.01
55	狄氏剂	Dieldrin	0.0500	0.2000	89.28	93.73	82.82	88.61	6.19	96.36	94.83	86.73	92.64	5.59
56	杀扑磷	Methidathion	0.0500	0.2000	102.01	83.95	78.69	88.22	13.87	90.74	108.45	90.08	96.42	10.81
57	敌草胺	Napropamide	0.0750	0.3000	85.79	84.73	86.36	85.62	0.96	97.21	103.12	90.53	96.95	6.50
58	氰草津	Cyanazine	0.0750	0.3000	87.95		110.59	99.27	16.13	77.15	88.94	112.44	92.84	19.35
59	噁草酮	Oxadiazone	0.0250	0.1000	81.15	67.74	83.06	77.32	10.80	76.31	62.61	86.42	75.11	15.91
60	苯线磷	Fenamiphos	0.0750	0.3000	79.69	79.02	82.07	80.26	2.00	90.93	74.30	85.62	83.61	10.16
61	杀螨特	Aramite	0.0250	0.1000	未添加		未添加				未添加	未添加		
62	杀螨氯硫	Tetrasul	0.0250	0.1000	88.38	101.38	75.69	88.48	14.52	98.28	105.60	87.20	97.03	9.55
63	乙嘧酚磺酸酯	Bupirimate	0.0250	0.1000	86.47	70.65	82.73	79.95	10.34	100.06	62.15	87.13	83.11	23.18
64	氟酰胺	Flutolanil	0.0250	0.1000	84.49	93.16	87.14	88.26	5.03	100.43	85.77	82.63	89.61	10.60
65	萎锈灵	Carboxin	0.0750	0.3000	54.28	58.15	53.19	55.21	4.72	57.12	50.49	62.18	56.60	10.36
66	p,p'-滴滴滴	p,p'-DDD	0.0250	0.1000	87.29	82.69	72.14	80.70	9.63	98.08	75.13	86.30	86.51	13.27
67	乙硫磷	Ethion	0.0500	0.2000	87.01	80.77	81.31	83.03	4.16	97.61	76.22	86.48	86.77	12.33
68	乙环唑-1	Etaconazole-1	0.0750	0.3000	103.19	94.84	84.18	94.07	10.13	97.41	98.28	87.08	94.26	6.61
69	硫丙磷	Sulprofos	0.0500	0.2000	92.12	88.62	82.32	87.69	5.66	99.11	88.15	89.89	92.38	6.38
70	乙环唑-2	Etaconazole-2	0.0750	0.3000	81.34	86.69	82.19	83.41	3.45	96.26	89.60	91.80	92.55	3.67
71	腈菌唑	Myclobutanil	0.0250	0.1000	82.98	73.79	79.98	78.92	5.94	96.69	63.88	90.50	83.69	20.83
72	丰索磷	Fensulfothion	0.0500	0.2000	82.88		69.24	76.06	12.68	115.16		84.40	99.78	21.80
73	禾草灵	Dichlorofop-methyl	0.0250	0.1000	95.73	94.07	81.28	90.36	8.75	103.85	95.73	85.43	95.00	9.72
74	丙环唑-1	Propiconazole-1	0.0750	0.3000	88.54	83.38	81.89	84.60	4.13	107.68	81.74	93.50	94.31	13.77
75	丙环唑-2	Propiconazole-2	0.0750	0.3000	84.05	87.66	79.15	83.62	5.11	89.67	81.56	87.24	86.16	4.83

续表

序号	中文名称	英文名称	添加浓度/(mg/kg)		低水平添加					高水平添加				
			低	高	河豚鱼/%	鳗鱼/%	对虾/%	Ave/%	RSD/%	河豚鱼/%	鳗鱼/%	对虾/%	Ave/%	RSD/%
76	联苯菊酯	Bifenthrin	0.025 0	0.100 0	41.25	57.50	61.24	53.33	19.93	43.65	49.06	50.29	47.67	7.41
77	灭蚁灵	Mirex	0.025 0	0.100 0	97.03	90.47	86.78	91.43	5.68	97.84	99.81	91.19	96.28	4.69
78	丁硫克百威	Carbosulfan	0.075 0	0.300 0	75.99	79.74	81.46	79.06	3.54	未添加	未添加	未添加		
79	氟苯嘧啶醇	Nuarimol	0.050 0	0.200 0	94.83	88.57	84.81	89.40	5.66	101.96	78.83	96.21	92.33	13.04
80	麦锈灵	Benodanil	0.075 0	0.300 0	109.39	82.63	85.43	92.48	15.90	93.33	96.78	119.82	103.31	13.94
81	甲氧滴滴涕	Methoxychlor	0.025 0	0.100 0	79.26	83.55	80.88	81.23	2.67	90.28	104.66	85.85	93.60	10.51
82	噁霜灵	Oxadixyl	0.025 0	0.100 0	92.28	107.10	73.27	90.88	18.66	92.46	107.02	82.72	94.07	13.00
83	戊唑醇	Tebuconazole	0.075 0	0.300 0	89.79	66.24	83.57	79.86	15.28	71.24	60.42	86.49	72.72	18.02
84	胺菊酯	Tetramethrin	0.050 0	0.200 0	92.03	81.29	90.03	87.78	6.51	98.28	79.24	86.42	87.98	10.93
85	氟草敏	Norflurazon	0.025 0	0.100 0	78.05	62.30	74.01	71.45	11.45	97.66	68.69	94.45	86.93	18.27
86	哒嗪硫磷	Pyridaphenthion	0.025 0	0.100 0	114.33	90.65	85.52	96.86	15.83	96.83	99.16	87.88	94.63	6.29
87	亚胺硫磷	Phosmet	0.050 0	0.200 0	94.28	98.27	109.67	100.74	7.93	108.32	110.35	101.11	106.59	4.55
88	三氯杀螨砜	Tetradifon	0.025 0	0.100 0	86.97	106.10	77.12	90.07	16.36	96.33	111.76	86.52	98.20	12.96
89	氧化萎锈灵	Oxycarboxin	0.150 0	0.600 0	85.23	73.45	78.21	73.45	2.32	102.32	112.58	105.25	106.39	2.54
90	顺式-氯菊酯	cis-Permethrin	0.025 0	0.100 0	83.63	87.08	91.50	87.40	4.51	98.45	76.05	93.27	89.25	13.14
91	吡菌磷	Pyrazophos	0.050 0	0.200 0	77.18	90.51	79.35	82.35	8.69	93.87	88.54	82.57	88.33	6.40
92	反式氯菊酯	trans-Permethrin	0.025 0	0.100 0	89.34	78.87	112.24	93.48	18.26	95.83	71.75	88.87	85.48	14.50
93	氯氰菊酯	Cypermethrin	0.075 0	0.300 0	88.89	67.54	79.31	78.58	13.61	93.84	72.60	96.19	87.54	14.84
94	氰戊菊酯-1	Fenvalerate-1	0.100 0	0.400 0	83.48	68.02	86.02	79.18	12.30	79.15	62.38	75.28	72.27	12.15
95	氰戊菊酯-2	Fenvalerate-2	0.100 0	0.400 0	83.05	70.90	78.96	77.64	7.96	82.15	64.74	89.60	78.83	16.19
96	溴氰菊酯	Deltamethrin	0.150 0	0.600 0	71.59	67.15	97.08	78.61	20.55	80.15	66.12	102.72	83.00	22.25
97	茵草敌	EPTC	0.075 0	0.300 0	85.21	92.23	74.43	83.96	10.68	87.04	99.27	83.67	89.99	9.13
98	丁草敌	Butylate	0.075 0	0.300 0	111.02	106.93	117.10	111.68	4.58	88.94	88.40	97.15	91.50	5.36
99	敌草腈	Dichlobenil	0.005 0	0.020 0	93.83	91.38	88.91	91.37	2.69	86.09	111.90	94.25	97.41	13.54
100	克草敌	Pebulate	0.075 0	0.300 0	108.49	85.50	116.31	103.44	15.48	88.62	89.24	109.34	95.74	12.31

续表

序号	中文名称	英文名称	添加浓度/(mg/kg)		低水平添加					高水平添加				
			低	高	河豚鱼/%	鳗鱼/%	对虾/%	Ave/%	RSD/%	河豚鱼/%	鳗鱼/%	对虾/%	Ave/%	RSD/%
101	三氯甲基吡啶	Nitrapyrin	0.075 0	0.300 0	67.59	83.60	113.25	88.15	26.28	88.58	96.40	105.34	96.78	8.66
102	速灭磷	Mevinphos	0.050 0	0.200 0	80.24	92.27	119.17	97.23	20.50	86.15	83.72	95.33	88.40	6.92
103	氯苯甲醚	Chloroneb	0.025 0	0.100 0	113.36	96.54	108.19	106.03	8.13	84.82	109.77	111.42	102.00	14.61
104	四氯硝基苯	Tecnazene	0.050 0	0.200 0	116.71	92.51	109.64	106.29	11.71	86.09	103.95	110.39	100.14	12.57
105	庚稀磷	Heptanophos	0.075 0	0.300 0	85.71	93.59	111.90	97.07	13.84	87.70	101.76	95.76	95.08	7.42
106	灭线磷	Ethoprophos	0.075 0	0.300 0	88.14	91.61	117.30	99.02	16.09	88.27	96.93	93.35	92.85	4.69
107	六氯苯	Hexachlorobenzene	0.025 0	0.100 0	92.84	95.27	95.10	94.40	1.44	87.59	107.41	109.40	101.46	11.88
108	毒草胺	Propachlor	0.075 0	0.300 0	83.99	93.84	120.12	99.31	18.81	90.10	97.70	90.29	92.70	4.68
109	顺式-燕麦敌	cis-Diallate	0.050 0	0.200 0	109.49	88.88	107.46	101.94	11.14	92.70	86.40	99.77	92.96	7.19
110	氟乐灵	Trifluralin	0.050 0	0.200 0	20.19	20.87	38.00	26.35	38.29	36.49	39.88	49.64	42.00	16.25
111	反式-燕麦敌	trans-Diallate	0.050 0	0.200 0	106.03	95.51	109.47	103.67	7.01	84.85	81.72	94.11	86.90	7.42
112	氯苯胺灵	Chlorpropham	0.050 0	0.200 0	87.80	72.77	99.94	86.84	15.68	87.54	71.81	93.36	84.24	13.23
113	治螟磷	Sulfotep	0.025 0	0.100 0	95.09	81.66	115.07	97.28	17.28	87.89	80.75	92.91	87.18	7.01
114	莱草畏	Sulfallate	0.050 0	0.200 0	99.74	89.76	119.11	102.87	14.51	77.70	99.79	90.83	89.44	12.43
115	α-六六六	α-HCH	0.025 0	0.100 0	81.82	90.72	109.36	93.97	14.96	91.94	93.49	80.53	88.66	7.99
116	特丁硫磷	Terbufos	0.050 0	0.200 0	102.18	82.31	115.84	100.11	16.84	86.10	78.12	93.75	85.99	9.09
117	特丁通	Terbumeton	0.075 0	0.300 0						118.54	116.34	102.84	112.57	7.55
118	环丙氟灵	Profluralin	0.100 0	0.400 0	48.25	22.76	58.16	43.06	42.42	37.91	42.00	60.21	46.71	25.42
119	敌恶磷	Dioxathion	0.100 0	0.400 0	93.14	87.16	91.76	90.69	3.46	86.79	80.91	90.51	86.07	5.63
120	扑灭津	Propazine	0.025 0	0.100 0	39.64	34.94	39.16	37.91	6.82	52.16	54.95	46.31	51.14	8.62
121	氯炔灵	Chlorbufam	0.050 0	0.200 0	50.80	53.41	94.43	66.21	36.96	79.44	64.17	99.02	80.88	21.60
122	氯硝胺	Dicloran	0.050 0	0.200 0	73.76	77.35	96.65	82.59	14.91	81.53	61.35	90.88	77.92	19.37
123	特丁津	Terbuthylazine	0.025 0	0.100 0	208.28	43.56	94.28	115.37	73.12	66.47	60.97	89.13	72.19	20.68
124	绿谷隆	Monolinuron	0.100 0	0.400 0	76.81	81.36	96.92	85.03	12.40	92.57	104.73	90.52	95.94	8.01
125	杀螟腈	Cyanophos	0.025 0	0.100 0	99.99	100.77	95.55	98.77	2.85	未添加	未添加	未添加		

序号	中文名称	英文名称	添加浓度/(mg/kg)		低水平添加					高水平添加				
			低	高	河豚鱼/%	鳗鱼/%	对虾/%	Ave/%	RSD/%	河豚鱼/%	鳗鱼/%	对虾/%	Ave/%	RSD/%
126	氟虫脲	Flufenoxuron	0.0750	0.3000	16.74	23.06	34.25	24.68	35.93	45.50	48.05	8.05	33.86	66.11
127	甲基毒死蜱	Chlorprifos-methyl	0.0250	0.1000	74.40	95.06	99.40	89.62	14.91	86.19	106.03	91.91	94.71	10.78
128	敌草净	Desmetryn	0.0250	0.1000	91.43	91.62	93.98	92.34	1.54	86.55	87.95	89.95	88.15	1.94
129	二甲草胺	Dimethachlor	0.0750	0.3000	86.30	92.55	92.47	90.44	3.96	88.42	96.00	89.01	91.14	4.63
130	甲草胺	Alachlor	0.0750	0.3000	83.25	92.17	91.13	88.85	5.49	89.30	90.41	89.66	89.79	0.63
131	甲基嘧啶磷	Pirimiphos-methyl	0.0250	0.1000	94.57	92.20	92.61	93.13	1.36	87.93	91.06	89.84	89.61	1.76
132	特丁净	Terbutryn	0.0500	0.2000	82.02	81.16	95.07	86.08	9.05	88.55	64.15	90.85	81.19	18.22
133	丙硫特普	Aspon	0.0500	0.2000	66.81	64.34	58.50	63.22	6.76	未添加	未添加	未添加		
134	禾草丹	Thiobencarb	0.0500	0.2000	90.50	104.04	95.38	96.64	7.10	89.50	105.60	91.14	95.42	9.29
135	三氯杀螨醇	Dicofol	0.0500	0.2000	72.15	67.85	69.36	69.78	3.13	81.22	62.74	95.41	79.79	20.53
136	异丙甲草胺	Metolachlor	0.0250	0.1000	102.00	91.50	94.19	95.90	5.69	84.82	90.59	89.46	88.29	3.47
137	嘧啶磷	Pirimiphos-ethyl	0.0500	0.2000	91.72	75.88	93.18	86.93	11.04	87.66	77.19	89.93	84.92	8.00
138	氧化氯丹	Oxy-chlordane	0.0250	0.1000	100.30	90.07	100.02	96.79	6.02	89.80	85.66	88.98	88.15	2.48
139	抑菌灵	Dichlofluanid	0.1500	0.6000	74.51	91.82	41.72	69.35	36.69	87.84	74.56	32.93	65.11	44.01
140	烯虫酯	Methoprene	0.1000	0.4000	60.31	45.31	60.82	55.48	15.88	55.25	47.11	59.80	54.05	11.90
141	溴硫磷	Bromofos	0.0500	0.2000	83.19	95.65	96.09	91.64	7.99	85.88	104.28	91.78	93.98	9.99
142	乙氧呋草黄	Ethofumesate	0.0500	0.2000	97.06	87.02	95.14	93.07	5.73	82.45	78.41	93.35	84.74	9.12
143	异丙乐灵	Isopropalin	0.0500	0.2000	38.25	45.66	55.21	46.37	18.33	45.18	54.35	46.98	48.84	9.95
144	敌稗	Propanil	0.0500	0.2000	61.68	70.22	91.15	74.35	20.39	86.10	72.19	90.19	82.83	11.39
145	育畜磷	Crufomate	0.1500	0.6000	77.00	74.51	93.84	81.78	12.86	81.60	73.14	91.92	82.22	11.44
146	异柳磷	Isofenphos	0.0500	0.2000	48.37	49.19	53.14	50.23	5.08	80.51	72.59	90.73	81.28	11.19
147	硫丹-1	Endosulfan-1	0.1500	0.6000	76.89	95.97	96.17	89.68	12.35	90.44	89.23	88.98	89.55	0.87
148	毒虫畏	Chlorfenvinphos	0.0750	0.3000	71.24	89.21	91.08	83.84	13.07	85.73	88.13	89.42	87.76	2.13
149	甲苯氟磺胺	Tolylfluanide	0.0750	0.3000	64.68	91.54	92.49	82.90	19.04	78.57	96.65	88.52	87.91	10.30
150	顺式氯丹	cis-Chlordane	0.0500	0.2000	90.65	89.40	91.00	90.35	0.93	89.31	87.55	48.67	75.17	30.56

续表

序号	中文名称	英文名称	添加浓度/(mg/kg)		低水平添加				高水平添加			
			低	高	河豚鱼/%	鳗鱼/%	对虾/%	Ave/%	RSD/%	河豚鱼/%	鳗鱼/%	对虾/%	Ave/%	RSD/%
151	丁草胺	Butachlor	0.0500	0.2000	78.37	70.18	92.66	80.41	14.15	87.58	79.09	92.98	86.55	8.09
152	乙菌利	Chlozolinate	0.0500	0.2000	52.40	60.59	90.25	67.75	29.39	86.32	68.17	86.61	80.36	13.14
153	p,p'-滴滴伊	p,p'-DDE	0.0250	0.1000	119.92	94.35	93.43	102.57	14.66	88.89	99.39	90.84	93.04	6.00
154	碘硫磷	Iodofenphos	0.0500	0.2000	79.58	95.02	94.54	89.71	9.79	81.91	109.00	91.89	94.27	14.53
155	杀虫畏	Tetrachlorvinphos	0.0750	0.3000	82.35	93.32	89.27	88.31	6.28	92.77	102.85	92.38	96.00	6.18
156	氯溴隆	Chlorbromuron	0.6000	2.4000										
157	丙溴磷	Profenofos	0.1500	0.6000	80.43	91.80	90.61	87.61	7.13	86.29	99.06	91.72	92.36	6.94
158	噻嗪酮	Buprofezin	0.0500	0.2000	71.75	88.71	87.64	82.70	11.48	88.92	83.35	90.70	87.66	4.38
159	己唑醇	Hexaconazole	0.1500	0.6000	87.26	70.77	91.49	83.17	13.17	86.03	73.85	89.39	83.09	9.84
160	o,p'-滴滴滴	o,p'-DDD	0.0250	0.1000	119.32	93.36	97.40	103.36	13.52	87.38	87.69	100.09	91.72	7.91
161	杀螨酯	Chlorfenson	0.0500	0.2000	76.94	96.83	81.07	84.95	12.35	89.66	98.72	91.62	93.33	5.11
162	氟咯草酮	Fluorochloridone	0.0500	0.2000	78.09	95.24	92.23	88.52	10.34	98.65	107.11	90.46	98.74	8.43
163	异狄氏剂	Endrin	0.3000	1.2000	71.00	92.94	94.24	86.06	15.17	91.36	102.90	87.69	93.99	8.44
164	多效唑	Paclobutrazol	0.0750	0.3000	42.50	52.03	39.64	44.72	14.50	78.85	66.85	90.31	78.67	14.91
165	o,p'-滴滴涕	o,p'-DDT	0.0500	0.2000	76.44	88.36	75.58	80.13	8.92	100.70	94.76	69.39	88.28	18.84
166	盖草津	Methoprotryne	0.0750	0.3000	86.95	77.84	93.45	86.08	9.11	87.07	77.38	91.69	85.38	8.55
167	抑草蓬	Erbon	0.0500	0.2000	未添加	未添加	未添加			未添加	未添加	未添加		
168	丙酯杀螨醇	Chlorpropylate	0.0250	0.1000	88.06	60.45	87.33	78.61	20.02	83.97	67.58	89.62	80.39	14.24
169	麦草氟甲酯	Flamprop-methyl	0.0250	0.1000	95.61	93.10	91.49	93.40	2.22	89.49	88.99	89.37	89.28	0.29
170	除草醚	Nitrofen	0.1500	0.6000	80.67	87.57	94.77	87.67	8.04	74.99	94.84	93.83	87.89	12.72
171	乙氧氟草醚	Oxyflurofen	0.1000	0.4000	46.34	55.02	49.54	50.30	8.73	78.43	63.68	90.24	77.45	17.18
172	虫螨磷	Chlorthiophos	0.0750	0.3000	87.81	93.96	91.36	91.04	3.40	87.84	97.04	92.04	92.31	4.99
173	麦草氟异丙酯	Flamprop-isopropyl	0.0250	0.1000	94.45	72.32	92.67	86.48	14.22	88.89	73.86	89.70	84.15	10.60
174	硫丹-2	Endosulfan-2	0.1500	0.6000	78.00	96.60	90.51	88.37	10.73	88.76	100.84	93.82	94.47	6.42
175	三硫磷	Carbofenothion	0.0500	0.2000	76.25	94.36	94.55	88.39	11.90	86.17	99.41	92.83	92.80	7.14

续表

序号	中文名称	英文名称	添加浓度/(mg/kg)		低水平添加				高水平添加			
			低	高	河豚鱼/%	鳗鱼/%	对虾/%	Ave/%	RSD/%	河豚鱼/%	鳗鱼/%	对虾/%	Ave/%	RSD/%
176	p,p'-滴滴涕	p,p'-DDT	0.0500	0.2000	45.40	82.31	71.01	66.24	28.55	103.22	88.88	63.71	85.27	23.45
177	苯霜灵	Benalaxyl	0.0250	0.1000	104.79	94.50	91.45	96.91	7.21	89.08	105.97	90.32	95.12	9.90
178	敌瘟磷	Edifenphos	0.0500	0.2000	82.29	88.75	80.51	83.85	5.17	89.42	108.67	92.00	96.70	10.80
179	三唑磷	Triazophos	0.0750	0.3000	121.00	107.46	91.43	106.63	13.88	85.89	102.94	101.46	96.77	9.76
180	苯腈磷	Cyanofenphos	0.0250	0.1000	77.46	94.82	89.87	87.38	10.24	87.82	100.88	92.22	93.64	7.09
181	氯杀螨砜	Chlorbenside sulfone	0.0500	0.2000	114.66	95.84	97.56	102.68	10.13	100.70	119.08	93.63	104.47	12.57
182	硫丹硫酸盐	Endosulfan-sulfate	0.0750	0.3000	69.92	85.16	73.82	76.30	10.38	88.88	76.91	75.62	80.47	9.09
183	溴螨酯	Bromopropylate	0.0500	0.2000	85.74	74.27	88.35	82.79	9.05	85.39	78.31	91.16	84.95	7.58
184	新燕灵	Benzoylprop-ethyl	0.0750	0.3000	93.88	91.20	91.25	92.11	1.66	89.38	90.67	90.64	90.23	0.82
185	甲氰菊酯	Fenpropathrin	0.0500	0.2000	49.34	53.23	39.89	47.49	14.44	81.83	76.00	90.91	82.92	9.06
186	苯硫磷	EPN	0.1000	0.4000	60.38	87.74	89.34	79.15	20.56	87.18	113.50	91.55	97.41	14.48
187	敌菌丹	Captafol	0.4500	1.8000										
188	环嗪酮	Hexazinone	0.0750	0.3000	74.49	84.48	90.57	83.18	9.76	80.31	104.22	85.55	90.03	13.96
189	溴苯磷	Leptophos	0.0500	0.2000	74.61	97.40	100.25	90.75	15.49	86.18	116.11	93.95	98.75	15.73
190	甲羧除草醚	Bifenox	0.0500	0.2000	90.96	84.29	91.70	88.98	4.58	79.88	90.20	96.30	88.79	9.34
191	伏杀硫磷	Phosalone	0.0500	0.2000	81.53	94.02	87.35	87.63	7.13	85.12	107.18	91.78	94.69	11.95
192	保棉磷	Azinphos-methyl	0.1500	0.6000	102.58	119.49	112.02	111.36	7.61	89.36	115.38	117.14	107.29	14.50
193	氯苯嘧啶醇	Fenarimol	0.0500	0.2000	97.88	92.86	91.43	94.05	3.60	85.64	92.26	90.53	89.48	3.84
194	益棉磷	Azinphos-ethyl	0.0500	0.2000	101.02	118.65	108.07	109.25	8.12	82.00	119.76	115.21	105.66	19.51
195	氟氯氰菊酯	Cyfluthrin	0.3000	1.2000	81.25		68.76	75.01	11.78	88.34	115.26	79.47	94.36	19.75
196	咪鲜胺	Prochloraz	0.1500	0.6000	83.56	85.44	83.96	84.32	1.18	79.98	101.79	80.42	87.39	14.27
197	蝇毒磷	Coumaphos	0.1500	0.6000	51.93	91.78	87.05	76.92	28.31	80.84	120.11	89.31	96.76	21.36
198	氟胺氰菊酯	Fluvalinate	0.3000	1.2000	4.85	11.86	7.21	7.97	44.73	3.23	5.63	9.15	6.00	49.60
199	敌敌畏	Dichlorvos	0.1500	0.6000	104.45	87.87	102.35	98.22	9.19	106.70	93.64	119.36	106.57	12.07
200	联苯	Biphenyl	0.0250	0.1000	100.92	102.68	98.49	100.70	2.09	未添加	未添加	未添加		

续表

序号	中文名称	英文名称	添加浓度/(mg/kg)		低水平添加				高水平添加			
			低	高	河豚鱼/%	鳗鱼/%	对虾/%	Ave/%	RSD/%	河豚鱼/%	鳗鱼/%	对虾/%	Ave/%	RSD/%
201	霜霉威	Propamocarb	0.075 0	0.300 0	23.84	8.22	117.91	49.99	118.70	7.27	18.16	84.88	36.77	114.28
202	灭草敌	Vernolate	0.025 0	0.100 0	105.26	101.60	93.87	100.24	5.80	104.65	94.29	106.19	101.71	6.36
203	3,5-二氯苯胺	3,5-Dichloroaniline	0.025 0	0.100 0	86.09	64.38	90.05	80.17	17.24	99.34	79.25	103.14	93.91	13.67
204	虫螨畏	Methacrifos	0.025 0	0.100 0	91.84	97.22	106.45	98.50	7.50	89.08	94.47	107.87	97.14	9.96
205	禾草敌	Molinate	0.025 0	0.100 0	104.46	103.25	93.37	100.36	6.06	96.37	93.61	98.48	94.49	1.73
206	邻苯基苯酚	2-Phenylphenol	0.025 0	0.100 0	83.72	90.01	84.35	86.03	4.02	91.43	94.89	98.44	94.92	3.69
207	四氢邻苯二甲酰亚胺	cis-1,2,3,6-Tetrahydrophthalimide	0.075 0	0.300 0	91.14	89.23	121.56	100.64	18.02	86.57	92.79	106.22	95.19	10.55
208	仲丁威	Fenobucarb	0.050 0	0.200 0	102.84	83.53	120.86	102.41	18.23	93.14	85.00	105.12	94.42	10.72
209	乙丁氟灵	Benfluralin	0.025 0	0.100 0	59.34	28.45	35.65	41.15	39.28	58.21	21.39	29.64	36.41	53.07
210	氟铃脲	Hexaflumuron	0.150 0	0.600 0	3.70	9.05	7.69	6.81	40.83	65.28	7.22	24.15	32.21	92.69
211	扑灭通	Prometon	0.075 0	0.300 0	85.82	75.86	94.08	85.25	10.70	87.72	74.98	91.02	84.57	10.02
212	野麦畏	Triallate	0.050 0	0.200 0	119.25	93.14	114.30	108.90	12.74	92.04	91.82	91.47	91.78	0.31
213	嘧霉胺	Pyrimethanil	0.025 0	0.100 0	96.78	93.19	99.57	96.51	3.32	90.49	94.24	93.12	92.62	2.07
214	林丹	γ-HCH	0.050 0	0.200 0	119.07	92.30	109.25	106.87	12.67	92.14	92.81	90.48	91.81	1.31
215	乙拌磷	Disulfoton	0.025 0	0.100 0	108.52	105.34	112.28	108.71	3.20	87.89	90.18	89.74	89.27	1.36
216	阿特拉净	Atrizine	0.025 0	0.100 0	39.64	49.87	36.24	41.92	16.92	29.64	50.41	39.67	39.91	26.03
217	西草净	Simetryn	0.050 0	0.200 0	47.04	30.30	47.00	41.45	23.30	14.33	31.04	39.33	28.23	45.11
218	异稻瘟净	Iprobenfos	0.075 0	0.300 0	88.11	88.45	117.29	97.95	17.10	92.70	89.46	98.24	93.46	4.75
219	七氯	Heptachlor	0.075 0	0.300 0	119.02	85.31	110.77	105.03	16.73	93.33	89.00	83.25	88.53	5.71
220	氯唑磷	Isazofos	0.050 0	0.200 0	95.30	96.63	108.76	100.23	7.40	93.32	89.01	89.92	90.75	2.51
221	三氯杀虫酯	Plifenate	0.050 0	0.200 0	98.04	84.62	94.66	92.44	7.55	92.92	91.68	87.73	90.78	2.98
222	氟乙氟灵	Fluchloralin	0.100 0	0.400 0	47.00	16.05	45.84	36.30	48.33	82.44	15.25	53.01	50.23	67.05
223	四氟苯菊酯	Transfluthrin	0.025 0	0.100 0	38.37	33.14	28.94	33.48	14.11	39.11	33.00	39.64	37.25	9.91
224	丁苯吗啉	Fenpropimorph	0.025 0	0.100 0	33.87	37.87	34.19	35.31	6.30	29.12	33.87	28.44	30.48	9.71
225	甲基立枯磷	Tolclofos-methyl	0.025 0	0.100 0	95.80	92.90	102.77	97.16	5.22	90.70	94.19	97.75	94.21	3.74

续表

序号	中文名称	英文名称	添加浓度/(mg/kg)		低水平添加				高水平添加			
			低	高	河豚鱼/%	鳗鱼/%	对虾/%	Ave/%	RSD/%	河豚鱼/%	鳗鱼/%	对虾/%	Ave/%	RSD/%
226	异丙草胺	Propisochlor	0.0250	0.1000	282.58	269.59	156.57	236.25	29.34	未添加	未添加	未添加		
227	溴谷隆	Metobromuron	0.1500	0.6000	99.32	98.69	94.86	97.62	2.47	未添加	未添加	未添加		
228	莠灭净	Ametryn	0.0750	0.3000	86.35	79.85	93.89	86.70	8.11	88.46	87.15	94.22	89.94	4.18
229	嗪草酮	Metribuzin	0.0750	0.3000	79.83	73.57	89.74	81.05	10.06	87.67	84.72	74.83	82.40	8.16
230	噻节因	Dimethipin	0.0750	0.3000	未添加					90.32			90.32	
231	ε-六六六	HCH.epsilon-	0.0500	0.2000	未添加					未添加				
232	异丙净	Dipropetryn	0.0250	0.1000	84.27	63.86	97.33	81.82	20.62	96.91	60.18	98.90	85.33	25.55
233	安硫磷	Formothion	0.0500	0.2000	78.06	73.60	103.37	85.01	18.89	85.36	64.86	70.28	73.50	14.45
234	乙霉威	Diethofencarb	0.1500	0.6000	78.28	67.86	79.36	75.17	8.45	94.08	68.67	97.36	86.70	18.11
235	哌草丹	Dimepiperate	0.0500	0.2000	86.72	94.51	100.80	94.01	7.50	85.63	95.20	94.36	91.73	5.78
236	生物烯丙菊酯-1	Bioallethrin-1	0.1000	0.4000	84.68	60.17	94.53	79.79	22.17	87.07	60.88	87.20	78.38	19.34
237	生物烯丙菊酯-2	Bioallethrin-2	0.1000	0.4000	74.69	63.01	88.01	75.24	16.63	73.36	60.10	90.93	74.79	20.68
238	芬螨酯	Fenson	0.0250	0.1000	83.43	92.52	86.39	87.44	5.31	91.51	87.79	97.62	92.30	5.38
239	o,p'-滴滴伊	o,p'-DDE	0.0250	0.1000	90.11	96.26	90.94	92.44	3.61	93.69	93.58	91.48	92.92	1.34
240	氯硫磷	Chlorthion	0.0500	0.2000	未添加					未添加				
241	双苯酰草胺	Diphenamid	0.0250	0.1000	81.96	94.03	91.55	89.18	7.15	91.74	93.46	93.45	92.88	1.07
242	右旋炔丙菊酯	Prallethrin	0.0750	0.3000	未添加					未添加				
243	戊菌唑	Penconazole	0.0750	0.3000	81.37	88.73	93.73	87.94	7.07	92.19	90.27	92.22	91.56	1.22
244	四氟醚唑	Tetraconazole	0.0750	0.3000	29.34	22.90	40.00	30.75	28.10	39.37	21.02	44.00	34.80	34.92
245	灭蚜磷	Mecarbam	0.1000	0.4000	84.48	91.14	101.75	92.46	9.42	94.14	81.93	103.99	93.35	11.84
246	丙虫磷	Propaphos	0.0500	0.2000	96.00	98.59	96.39	96.99	1.44	未添加	未添加	未添加		
247	氟节胺	Flumetralin	0.0500	0.2000	60.20	42.61	58.36	53.72	17.99	50.00	32.44	37.19	39.88	22.77
248	三唑醇-1	Triadimenol-1	0.0750	0.3000	33.94	44.50	28.89	35.78	22.27	29.67	42.00	49.19	40.29	24.50
249	三唑醇-2	Triadimenol-2	0.0750	0.3000	27.84	51.01	26.37	35.07	39.41	36.77	46.94	44.94	42.88	12.56
250	丙草胺	Pretilachlor	0.0500	0.2000	84.69	73.95	97.69	85.45	13.91	101.26	73.15	106.65	93.69	19.20

续表

序号	中文名称	英文名称	添加浓度/(mg/kg) 低	添加浓度/(mg/kg) 高	低水平添加 河豚鱼/%	低水平添加 鳗鱼/%	低水平添加 对虾/%	低水平添加 Ave/%	低水平添加 RSD/%	高水平添加 河豚鱼/%	高水平添加 鳗鱼/%	高水平添加 对虾/%	高水平添加 Ave/%	高水平添加 RSD/%
251	亚胺菌	Kresoxim-methyl	0.025 0	0.100 0	81.64	96.81	97.41	91.95	9.72	73.67	97.65	92.40	87.91	14.34
252	吡氟禾草灵	Fluazifop-butyl	0.025 0	0.100 0	36.19	27.82	70.62	44.88	50.55	66.33	25.46	49.32	47.04	43.65
253	氟啶脲	Chlorfluazuron	0.075 0	0.300 0	12.37			12.37		87.36		8.60	47.98	116.07
254	乙酯杀螨醇	Chlorobenzilate	0.025 0	0.100 0	83.01	84.30	94.67	87.33	7.32	96.28	78.79	94.97	90.01	10.82
255	氟哇唑	Flusilazole	0.075 0	0.300 0	79.97	70.95	93.36	81.43	13.85	95.32	70.77	94.01	86.70	15.93
256	三氟硝草醚	Fluorodifen	0.025 0	0.100 0	50.10	50.88	49.61	50.20	1.27	49.34	44.80	58.25	50.80	13.47
257	烯唑醇	Diniconazole	0.075 0	0.300 0	76.41	90.35	109.54	92.10	18.06	94.72	81.24	95.60	90.52	8.89
258	增效醚	Piperonyl butoxide	0.025 0	0.100 0	73.86	71.98	94.05	79.96	15.30	97.83	72.63	97.23	89.23	16.11
259	噁唑隆	Dimefuron	0.100 0	0.400 0			21.84	21.84				31.54	31.54	
260	炔螨特	Propargite	0.050 0	0.200 0	86.22		115.49	100.85	20.52	92.53	49.41	94.49	78.81	32.33
261	灭锈胺	Mepronil	0.025 0	0.100 0	81.25	83.98	105.71	90.31	14.84	94.64	85.23	94.64	91.50	5.94
262	吡氟酰草胺	Diflufenican	0.025 0	0.100 0	51.24	53.57	61.84	55.55	10.03	49.61	51.82	60.21	53.88	10.38
263	咯菌腈	Fludioxonil	0.010 0	0.040 0	61.19	45.08	115.21	73.83	49.76	95.16	36.84	111.54	81.18	48.37
264	喹菌醚	Fenazaquin	0.025 0	0.100 0	77.74	94.42	98.43	90.20	12.17	96.52	96.04	88.82	93.79	4.60
265	苯醚菊酯	Phenothrin	0.025 0	0.100 0	77.73	86.39	98.22	87.44	11.76	115.36	82.27	97.34	98.33	16.85
266	苯氧威	Fenoxycarb	0.150 0	0.600 0	108.11			108.11		87.27			87.27	
267	稀禾啶	Sethoxydim	1.800 0	7.200 0	未添加	未添加	未添加			未添加	未添加	未添加		
268	双甲脒	Amitraz	0.075 0	0.300 0	85.45	92.77	66.12	66.12		72.34		63.20	67.77	9.53
269	莎稗磷	Anilofos	0.050 0	0.200 0			119.22	99.15	17.92	99.37	90.72	117.74	102.61	13.45
270	氟丙菊酯	Acrinathrin	0.050 0	0.200 0										
271	高效氯氟氰菊酯	Lambda-cyhalothrin	0.025 0	0.100 0	23.62	26.35	14.64	21.54	28.44	30.59	12.18	24.03	22.27	41.91
272	苯噻酰草胺	Mefenacet	0.075 0	0.300 0	90.14	92.56	116.14	99.61	14.42	95.26	97.67	113.15	102.03	9.51
273	氯菊酯	Permethrin	0.050 0	0.200 0	79.99	86.30	97.56	87.95	10.12	95.59	85.06	98.10	92.92	7.44
274	啶螨灵	Pyridaben	0.025 0	0.100 0	75.60	87.25	60.03	74.30	18.38	93.94	90.33	96.90	93.72	3.51
275	乙羧氟草醚	Fluoroglycofen-ethyl	0.300 0	1.200 0	46.70	17.98	29.36	31.34	46.14	19.68	19.63	44.10	27.80	50.76

续表

序号	中文名称	英文名称	添加浓度/(mg/kg)		低水平添加				高水平添加			
			低	高	河豚鱼/%	鳗鱼/%	对虾/%	Ave/%	RSD/%	河豚鱼/%	鳗鱼/%	对虾/%	Ave/%	RSD/%
276	联苯三唑醇	Bitertanol	0.0750	0.3000	74.10	61.63	97.41	77.72	23.37	92.18	61.27	99.35	84.26	24.02
277	醚菊酯	Etofenprox	0.0250	0.1000	79.62	89.80	106.40	91.94	14.70	80.79	94.70	89.31	88.27	7.95
278	噻草酮	Cycloxydim	0.3000	1.2000	65.42	72.04	93.32	76.93	18.95	92.89	86.98	81.79	87.22	6.37
279	α-氯氰菊酯	α-Cypermethrin	0.0500	0.2000	82.74	74.90	74.73	77.46	5.90	99.83	50.05	97.79	82.56	34.13
280	氟氰戊菊酯-1	Flucythrinate-1	0.0500	0.2000	37.53	20.57	28.12	28.74	29.57	45.21	14.05	42.90	34.05	50.98
281	氟氰戊菊酯-2	Flucythrinate-2	0.0500	0.2000	37.92	20.26	23.63	27.27	34.38	37.65	14.88	37.27	29.93	43.57
282	S-氰戊菊酯	Esfenvalerate	0.1000	0.4000	38.15	46.21	52.18	45.51	15.47	29.34	48.24	39.64	39.07	24.22
283	苯醚甲环唑-1	Difenconazole-1	0.1500	0.6000	66.09	76.86	80.23	74.39	9.92	97.19	90.90	104.88	97.66	7.17
284	苯醚甲环唑-2	Difenconazole-2	0.1500	0.6000	72.56	93.10	115.63	93.76	22.97	91.15	85.82	103.81	93.59	9.87
285	丙炔氟草胺	Flumioxazin	0.0500	0.2000	53.24	107.70		80.47	47.85	68.92	101.35	101.60	90.62	20.74
286	氟烯草酸	Flumiclorac-pentyl	0.0500	0.2000	71.02	73.23	96.36	80.20	17.50	97.40	86.92	116.84	100.39	15.12
287	甲氰磷	Dimefox	0.0750	0.3000	103.28	113.76	107.68	108.24	4.86	88.64	85.46	75.55	83.22	8.21
288	乙拌磷亚砜	Disulfoton-sulfoxide	0.0500	0.2000	80.10	96.67	92.86	89.87	9.66	97.24	89.73	92.97	93.31	4.04
289	五氯苯	Pentachlorobenzene	0.0250	0.1000	86.05	113.46	109.59	103.04	14.40	94.26	91.29	96.41	93.98	2.73
290	三异丁基磷酸盐	Tri-iso-butyl phosphate	0.0250	0.1000										
291	鼠立死	Crimidine	0.0250	0.1000	112.88	118.41	113.62	114.97	2.61	93.02	97.05	79.52	89.86	10.21
292	4-溴3,5-二甲苯基-N-甲基氨基甲酸酯-1	BDMC-1	0.0500	0.2000	84.69	85.39	100.12	90.07	9.67	97.94	86.45	82.02	88.80	9.25
293	燕麦酯	Chlorfenprop-methyl	0.0250	0.1000	102.79	91.70	104.39	99.63	6.94	97.76	93.53	100.14	97.14	3.45
294	虫线磷	Thionazin	0.0250	0.1000	84.31	98.66	113.74	98.90	14.88	97.81	102.31	104.32	101.48	3.29
295	2,3,5,6-四氯苯胺	2,3,5,6-Tetrachloroaniline	0.0250	0.1000	83.77	93.43	112.55	96.58	15.16	94.37	91.36	92.66	92.80	1.63
296	三正丁基磷酸盐	Tri-n-butyl phosphate	0.0500	0.2000	49.65	50.19	50.10	49.98	0.58	39.37	53.84	60.20	51.14	20.88
297	2,3,4,5-四氯甲氧基苯	2,3,4,5-Tetrachloroanisole	0.0250	0.1000	101.48	95.49	112.15	103.04	8.19	99.09	91.27	98.53	96.30	4.53
298	五氯甲基苯	Pentachloroanisole	0.0250	0.1000	110.86	104.71	113.13	109.57	3.98	95.53	90.84	94.55	93.64	2.64
299	牧草胺	Tebutam	0.0500	0.2000	108.20	81.28	96.17	95.22	14.16	93.38	89.32	93.78	92.16	2.68

续表

序号	中文名称	英文名称	添加浓度/(mg/kg) 低	添加浓度/(mg/kg) 高	低水平添加 河豚鱼/%	低水平添加 鳗鱼/%	低水平添加 对虾/%	低水平添加 Ave/%	低水平添加 RSD/%	高水平添加 河豚鱼/%	高水平添加 鳗鱼/%	高水平添加 对虾/%	高水平添加 Ave/%	高水平添加 RSD/%
300	疏果磷	Dioxabenzofos	0.2500	1.0000	未添加	未添加	未添加			未添加	未添加	未添加		
301	甲基苯噻隆	Methabenzthiazuron	0.2500	1.0000	81.65	92.89	88.76	87.76	6.48	99.85	88.70	91.65	93.40	6.19
302	脱异丙基阿特拉津	Desisopropyl-atrazine	0.2000	0.8000	69.17	72.09	79.74	73.67	7.41	未添加	未添加	未添加		
303	西玛通	Simeton	0.0500	0.2000	79.83	87.45	90.78	86.02	6.52	90.30	88.30	91.85	90.15	1.97
304	阿特拉通	Atratone	0.0250	0.1000	82.66	83.59	101.06	89.11	11.63	94.87	86.83	89.96	90.55	4.48
305	七氟菊酯	Tefluthrin	0.0250	0.1000	20.00	19.59	23.75	21.11	10.86	35.00	15.61	18.83	23.14	44.90
306	溴烯杀	Bromocylen	0.0250	0.1000	74.91	87.01	110.41	90.78	19.88	98.84	91.25	94.56	94.88	4.01
307	草达津	Trietazine	0.0250	0.1000	89.12	68.93	93.60	83.88	15.67	92.81	84.68	93.82	90.44	5.54
308	氧乙嘧硫磷	Etrimfos oxon	0.0250	0.1000	未添加	未添加	未添加			未添加	未添加	未添加		
309	2,6-二氯苯甲酰胺	2,6-Dichlorobenzamide	0.0500	0.2000	71.86	78.33	86.89	79.03	9.54	95.63	81.38	89.07	88.69	8.04
310	环莠隆	Cycluron	0.0750	0.3000	80.22	84.38	89.45	84.68	5.46	64.59	93.69	85.38	81.22	18.46
311	2,4,4'-三氯联苯	DE-PCB 28	0.0250	0.1000	114.14	93.50	100.06	102.56	10.28	94.79	89.70	95.08	93.19	3.25
312	2,4,5-三氯联苯	DE-PCB 31	0.0250	0.1000	109.71	91.66	101.69	101.02	8.95	95.01	90.88	94.60	93.50	2.43
313	脱乙基另丁津	Desethyl-sebuthylazine	0.0500	0.2000	77.45	40.15	39.51	52.37	41.48	60.22	35.03	29.64	41.63	39.21
314	2,3,4,5-四氯苯胺	2,3,4,5-Tetrachloroaniline	0.0500	0.2000	94.86	79.05	95.01	89.64	10.23	76.09	91.46	94.18	87.24	11.18
315	合成麝香	Musk ambrette	0.0250	0.1000	98.38	77.73	88.28	88.13	11.72	107.60	92.97	94.35	98.31	8.22
316	二甲苯麝香	Musk xylene	0.0250	0.1000	106.24	83.99	118.28	102.83	16.91	118.79	92.62	109.10	106.84	12.39
317	五氯苯胺	Pentachloroaniline	0.0250	0.1000	93.81	95.64	104.15	97.87	5.63	95.94	88.73	93.25	92.64	3.93
318	叠氮津	Aziprotryne	0.2000	0.8000	78.47	108.28	93.17	93.31	15.97	99.75	84.14	92.09	91.99	8.48
319	丁脒酰胺	Isocarbamid	0.1250	0.5000	74.04	91.66	87.08	84.26	10.85	105.31	86.35	92.32	94.66	10.24
320	另丁津	Sebutylazine	0.0250	0.1000	60.31	43.12	58.24	53.89	17.42	61.24	43.35	39.64	48.07	24.02
321	麝香	Musk moskene	0.0250	0.1000	98.02	101.66	102.55	100.69	2.36	未添加	未添加	未添加		
322	2,2',5,5'-四氯联苯	DE-PCB 52	0.0250	0.1000	100.15	99.50	100.64	100.10	0.57	未添加	未添加	未添加		
323	苄草丹	Prosulfocarb	0.0250	0.1000	83.80	94.83	98.36	92.33	8.23	101.88	91.56	95.24	96.22	5.44
324	二甲吩草胺	Dimethenamid	0.0250	0.1000	79.15	91.92	92.97	88.02	8.74	96.08	92.90	93.92	94.30	1.72

续表

序号	中文名称	英文名称	添加浓度/(mg/kg)		低水平添加					高水平添加				
			低	高	河豚鱼/%	鳗鱼/%	对虾/%	Ave/%	RSD/%	河豚鱼/%	鳗鱼/%	对虾/%	Ave/%	RSD/%
325	氧皮蝇磷	Fenchlorphos oxon	0.0500	0.2000	未添加	未添加	未添加			未添加	未添加	未添加		
326	4-溴3,5-二甲苯基-N-甲基氨基甲酸酯-2	BDMC-2	0.0500	0.2000	83.36	118.40	68.29	90.01	28.56	116.18	110.25	112.12	112.85	2.69
327	庚酰草胺	Monalide	0.0500	0.2000	48.95	56.03	39.61	48.20	17.08	39.34	52.33	50.11	47.26	14.70
328	西藏麝香	Musk tibeten	0.0250	0.1000	101.94	102.03	98.06	100.68	2.25	未添加	未添加	未添加		
329	碳氯灵	Isobenzan	0.0250	0.1000	101.10	103.77	101.28	102.05	1.46	未添加	未添加	未添加		
330	嘧啶磷	Pyrimitate	0.0250	0.1000	未添加	未添加	未添加			未添加	未添加	未添加		
331	八氯苯乙烯	Octachlorostyrene	0.0250	0.1000	99.72	103.78	100.85	101.45	2.07	未添加	未添加	未添加		
332	异艾氏剂	Isodrin	0.0250	0.1000	110.81	98.96	100.64	103.47	6.20	119.27	91.41	112.08	107.59	13.44
333	丁嗪草酮	Isomethiozin	0.0500	0.2000	79.54	119.08	92.54	97.05	20.76	102.89	96.80	101.51	100.40	3.18
334	毒壤磷	Trichloronat	0.0250	0.1000	100.55	102.88	99.92	101.11	1.54	未添加	未添加	未添加		
335	敌草索	Dacthal	0.0250	0.1000	87.99	89.25	98.65	91.97	6.33	84.20	93.08	93.41	90.23	5.79
336	4,4′-二氯二苯甲酮	4,4′-Dichlorobenzophenone	0.0250	0.1000	88.19	98.06	92.41	92.89	5.33	106.82	89.14	96.27	97.41	9.14
337	酞菌酯	Nitrothal-isopropyl	0.0500	0.2000	37.21	54.15	48.24	46.53	18.48	55.89	54.99	39.64	50.17	18.20
338	麝香酮	Musk ketone	0.0250	0.1000	80.20	74.09	85.76	80.02	7.30	109.20	85.27	95.26	96.58	12.45
339	吡咪唑	Rabenzazole	0.0250	0.1000	82.02	92.33	91.99	88.78	6.60	84.97	86.76	95.88	89.20	6.56
340	嘧菌环胺	Cyprodinil	0.0250	0.1000	85.01	101.11	93.85	93.32	8.64	100.18	91.37	92.45	94.67	5.07
341	氧异柳磷	Isofenphos oxon	0.0460	0.184 0	89.64	96.81	100.32	95.59	5.69	82.19	102.12	103.28	95.86	12.37
342	麦穗灵	Fuberidazole	0.1250	0.5000	70.73	90.12	76.69	79.18	12.54	102.04	84.48	85.70	90.74	10.81
343	异氯磷	Dicapthon	0.1250	0.5000	72.26	91.25	72.40	78.64	13.89	106.85	78.60	92.04	92.50	15.28
344	2-甲-4-氯丁氧乙基酯	MCPA-butoxyethyl ester	0.0250	0.1000	80.18	67.41	94.76	80.78	16.94	111.45	84.35	95.88	97.23	13.99
345	2,2′,4,5,5′-五氯联苯	DE-PCB 101	0.0250	0.1000	83.65	90.05	93.89	89.20	5.80	98.06	90.25	93.72	94.01	4.16
346	呋菌胺	Methfuroxam	0.0250	0.1000										
347	水胺硫磷	Isocarbophos	0.0500	0.2000	76.95	86.11	82.39	81.82	5.63	87.63	79.44	104.48	90.52	14.11
348	甲拌磷砜	Phorate sulfone	0.0250	0.1000	80.44	108.71	86.67	91.94	16.15	111.24	94.26	94.12	99.87	9.86

续表

序号	中文名称	英文名称	添加浓度/(mg/kg)		低水平添加				高水平添加			
			低	高	河豚鱼/%	鳗鱼/%	对虾/%	Ave/%	RSD/%	河豚鱼/%	鳗鱼/%	对虾/%	Ave/%	RSD/%
349	杀螨醇	Chlorfenethol	0.0250	0.1000	96.61	101.55	101.31	99.82	2.79	未添加	未添加	未添加		
350	反式-九氯	trans-Nonachlor	0.0250	0.1000	85.44	67.86	95.43	82.91	16.84	107.40	61.14	93.37	87.30	27.17
351	消螨通	Dinobuton	0.2500	1.0000										
352	脱叶磷	DEF	0.0500	0.2000	85.59	81.30	91.92	86.27	6.19	100.34	87.18	96.69	94.74	7.17
353	氟咯草酮	Flurochloridone	0.0500	0.2000	79.19	54.30	39.47	57.65	34.81	61.00	53.46	49.68	54.71	10.53
354	溴苯烯磷	Bromfenvinfos	0.0250	0.1000	78.09	103.75	93.36	91.73	14.07	92.44	98.56	89.49	93.50	4.95
355	乙滴涕	Perthane	0.0250	0.1000	81.56	91.91	89.31	87.60	6.15	107.18	89.18	83.06	93.14	13.46
356	灭菌磷	Ditalimfos	0.0250	0.1000	79.91	116.39	97.25	97.85	18.65	105.29	98.32	77.25	93.62	15.59
357	2,3,4,4',5-五氯联苯	DE-PCB 118	0.0250	0.1000	84.04	96.85	94.03	91.64	7.34	86.62	87.42	96.02	90.02	5.79
358	地胺磷	Mephosfolan	0.0500	0.2000	72.26	84.59	67.26	74.71	11.94	114.40	93.55	92.16	100.04	12.45
359	4,4'-二溴二苯酮	4,4'-Dibromobenzophenone	0.0250	0.1000	82.17	84.41	86.74	84.44	2.71	106.20	86.90	95.41	96.17	10.06
360	粉唑醇	Flutriafol	0.0500	0.2000	85.67	73.98	93.89	84.51	11.84	112.33	84.51	97.59	98.14	14.18
361	乙基杀扑磷	Athidathion	0.0500	0.2000	未添加	未添加	未添加			未添加	未添加	未添加		
362	2,2',4,4',5,5'-六氯联苯	DE-PCB 153	0.0250	0.1000	101.40	104.94	98.72	101.69	3.07	119.53	61.38	94.24	91.72	31.79
363	苄氯三唑醇	Diclobutrazole	0.1000	0.4000	73.18	60.09	91.34	74.87	20.96	118.88	99.94	99.66	106.16	10.38
364	乙拌磷砜	Disulfoton sulfone	0.0500	0.2000	78.25		87.15	82.70	7.61	113.04	91.74	96.71	100.50	11.09
365	噻螨酮	Hexythiazox	0.2000	0.8000	78.86	96.48	102.40	92.58	13.22	75.25	64.13	67.45	68.94	8.28
366	2,2',3,4,4',5,5'-六氯联苯	DE-PCB 138	0.0250	0.1000	86.85	69.93	77.60	78.12	10.85	未添加	未添加	未添加		
367	威菌磷	Triamiphos	0.0500	0.2000	未添加	未添加	未添加			74.25	71.04	93.95	79.75	15.55
368	环丙唑醇	Cyproconazole	0.0250	0.1000	78.12	62.15	92.91	77.73	19.79	114.41	75.80	94.28	94.83	20.36
369	苄呋菊酯-1	Resmethrin-1	0.0500	0.2000	75.46	74.28	84.94	78.23	7.47	78.64	68.95	95.54	81.04	16.61
370	苄呋菊酯-2	Resmethrin-2	0.0500	0.2000	77.58	61.70	82.41	73.90	14.66	118.61	88.80	95.31	100.91	15.53
371	邻苯二甲酸丁苄酯	Phthalic acid,benzyl butyl ester	0.0250	0.1000	83.61	95.05	98.56	92.41	8.46	81.52	64.30	95.94	80.59	19.65
372	炔草酸	Clodinafop-propargyl	0.0500	0.2000	72.07	64.42	68.09	68.19	5.61	68.80	95.16	97.41	87.12	18.26
373	倍硫磷亚砜	Fenthion sulfoxide	0.1000	0.4000	81.86	75.38	101.29	86.17	15.65					

续表

序号	中文名称	英文名称	添加浓度/(mg/kg)		低水平添加					高水平添加				
			低	高	河豚鱼/%	鳗鱼/%	对虾/%	Ave/%	RSD/%	河豚鱼/%	鳗鱼/%	对虾/%	Ave/%	RSD/%
374	三氟苯唑	Fluotrimazole	0.0250	0.1000	78.37	74.73	94.03	82.38	12.45	110.25	91.22	91.78	97.75	11.08
375	氟草烟-1-甲庚酯	Fluroxypr-1-methylheptyl ester	0.0250	0.1000	35.88	30.78	60.66	42.44	37.67	61.24	17.43	64.71	47.79	55.15
376	倍硫磷砜	Fenthion sulfone	0.1000	0.4000	76.41	106.65	76.33	86.46	20.22	117.72	90.35	90.22	99.43	15.93
377	苯嗪草酮	Metamitron	0.2500	1.0000	72.72	93.31	70.14	78.72	16.13	99.47	93.06	68.10	86.88	19.08
378	三苯基磷酸盐	Triphenyl phosphate	0.0250	0.1000	81.60	95.97	92.95	90.17	8.41	114.75	93.60	94.55	100.97	11.83
379	2,2',3,4,4',5,5'-七氯联苯	DE-PCB 180	0.0250	0.1000	81.82	94.10	93.41	89.78	7.69	103.53	90.01	94.29	95.94	7.20
380	吡螨胺	Tebufenpyrad	0.0250	0.1000	81.23	72.53	92.27	82.01	12.06	89.36	76.78	94.95	87.03	10.70
381	解草酯	Cloquintocet-mexyl	0.0250	0.1000	74.13	97.44	91.49	87.69	13.81	111.66	98.71	95.71	102.03	8.31
382	环草定	Lenacil	0.2500	1.0000	75.36	91.32	88.29	84.99	9.97	84.96	90.26	94.41	89.87	5.27
383	糠菌唑-1	Bromuconazole-1	0.0500	0.2000	84.19	60.02	63.38	69.19	18.92	118.30	89.97	98.37	102.21	14.23
384	脱溴溴苯磷	Desbrom-leptophos	0.0250	0.1000	未添加	未添加	未添加			未添加	未添加	未添加		
385	糠菌唑-2	Bromuconazole-2	0.0500	0.2000	79.62	72.19	95.64	82.48	14.53	117.00	89.50	93.07	99.86	14.98
386	甲磺乐灵	Nitralin	0.2500	1.0000	60.56	42.92	60.35	54.61	18.54	37.64	39.56	60.21	45.80	27.32
387	苯线磷亚砜	Fenamiphos sulfoxide	0.1000	0.4000										
388	苯线磷砜	Fenamiphos sulfone	0.1000	0.4000	83.36	105.14	71.78	86.76	19.52	119.38	84.51	86.46	96.78	20.25
389	拌种咯	Fenpiclonil	0.1000	0.4000	73.66	60.29	83.09	72.35	15.84	120.36	84.39	91.86	98.87	19.20
390	氟唑菌	Fluquinconazole	0.0250	0.1000	81.65	83.21	95.94	86.93	9.02	101.30	87.55	89.04	92.63	8.15
391	腈苯唑	Fenbuconazole	0.0500	0.2000	77.43	78.57	89.72	81.91	8.29	117.73	86.61	100.64	101.66	15.33
392	残杀威-1	Propoxur-1	0.2000	0.8000	112.56	70.15	82.00	88.24	24.80	118.56	66.01	90.67	91.74	28.66
393	灭除威	XMC	0.0500	0.2000	103.49	103.93	109.64	105.69	3.25	未添加	未添加	未添加		
394	异丙威-1	Isoprocarb-1	0.0500	0.2000	119.22	64.33	77.82	87.12	32.83	76.31	64.68	82.91	74.64	12.37
395	甲胺磷	Methamidophos	0.1000	0.4000	未添加	未添加	未添加			未添加	未添加	未添加		
396	二氢苊	Acenaphthene	0.0250	0.1000	362.33	99.55	34.76	198.54	116.67	61.24	60.47	63.00	61.57	2.11
397	特草灵-1	Terbucarb-1	0.0500	0.2000	383.32	99.55	30.98	171.28	109.06	270.77	117.90	43.96	144.21	80.21
398	畜虫避	Dibutyl succinate	0.0500	0.2000	86.99	65.35	109.35	87.23	25.22	114.08	63.63	95.52	91.08	28.02

续表

序号	中文名称	英文名称	添加浓度/(mg/kg)		低水平添加				高水平添加			
			低	高	河豚鱼/%	鳗鱼/%	对虾/%	Ave/%	RSD/%	河豚鱼/%	鳗鱼/%	对虾/%	Ave/%	RSD/%
399	氯氧磷	Chlorethoxyfos	0.0500	0.2000	81.99	90.06	103.65	91.90	11.91	95.29	67.90	96.74	86.64	18.75
400	异丙威-2	Isoprocarb-2	0.0500	0.2000	84.23	88.48	104.08	92.26	11.33	110.41	82.35	102.94	98.57	14.74
401	丁噻隆	Tebuthiuron	0.1000	0.4000	71.44	77.79	86.39	78.54	9.55	108.09	77.24	99.95	95.09	16.81
402	戊菌隆	Pencycuron	0.1000	0.4000	65.67	81.74	77.93	75.11	11.18	71.34	68.82	89.65	76.60	14.84
403	甲基内吸磷	Demeton-S-methyl	0.1000	0.4000	73.03	108.33	87.95	89.77	19.74	64.96	68.55	96.78	76.76	22.70
404	残杀威-2	Propoxur-2	0.2000	0.8000	60.93	62.71	82.36	68.67	17.32	104.92	85.00	117.57	102.50	16.02
405	二溴磷	Naled	0.4000	1.6000										
406	菲	Phenanthrene	0.0250	0.1000	89.55	75.28	101.35	88.72	14.72	79.02	60.61	96.09	78.57	22.58
407	唑螨酯	Fenpyroximate	0.2000	0.8000	115.73	79.35	85.82	93.63	20.73	116.46	79.36	86.64	94.15	20.88
408	丁基嘧啶磷	Tebupirimfos	0.0500	0.2000	37.51	31.74	39.67	36.31	11.29	65.17	25.31	21.24	37.24	65.18
409	苯莉酮	Prohydrojamon	0.1000	0.4000	100.68	98.99	95.30	98.32	2.80	未添加	未添加	未添加		
410	苯锈啶	Fenpropidin	0.0500	0.2000	45.91	46.14	50.21	47.42	5.10	46.67	30.11	44.38	40.39	22.22
411	氯硝胺	Dichloran	0.0500	0.2000	99.26	100.58	95.65	98.50	2.59	未添加	未添加	未添加		
412	咯喹酮	Pyroquilon	0.0250	0.1000										
413	快苯酰草胺	Propyzamide	0.0500	0.2000	48.21	49.15	48.17	48.51	1.15	50.44	47.45	39.90	45.93	11.83
414	抗蚜威	Pirimicarb	0.0500	0.2000	89.45	90.19	95.01	91.55	3.30	115.33	86.49	95.50	99.11	14.88
415	解草嗪	Benoxacor	0.0500	0.2000	69.71	74.84	100.19	81.58	20.00	104.15	84.48	97.73	95.46	10.51
416	磷胺-1	Phosphamidon-1	0.0500	0.2000	88.27	86.95	77.19	84.14	7.19	71.19	84.35	69.47	75.00	10.86
417	溴丁酰草胺	Bromobutide	0.0250	0.1000	未添加	未添加	未添加			未添加	未添加	未添加		
418	乙草胺	Acetochlor	0.0500	0.2000	90.16	86.64	87.26	88.02	2.13	107.70	85.77	96.67	96.71	11.34
419	灭草环	Tridiphane	0.1000	0.4000	64.39	86.47	95.80	82.22	19.62	87.87	70.93	98.21	85.67	16.08
420	皮草丹	Esprocarb	0.0500	0.2000	101.77	101.88	97.86	100.50	2.27	未添加	未添加	未添加		
421	特草灵-2	Terbucarb-2	0.0500	0.2000	88.60			88.60		110.06			110.06	
422	甲呋酰胺	Fenfuram	0.0500	0.2000	91.48	84.67	97.49	91.21	7.03	95.66	80.78	103.83	93.43	12.51
423	活化酯	Acibenzolar-S-methyl	0.0500	0.2000	83.35	61.35	77.84	74.18	15.44	55.61	45.65	55.31	52.19	10.85

续表

序号	中文名称	英文名称	添加浓度/(mg/kg)		低水平添加					高水平添加				
			低	高	河豚鱼/%	鳗鱼/%	对虾/%	Ave/%	RSD/%	河豚鱼/%	鳗鱼/%	对虾/%	Ave/%	RSD/%
424	呋草黄	Benfuresate	0.0500	0.2000	86.67	85.92		86.29	0.62	115.08	91.17		103.12	16.39
425	氟硫草定	Dthiopyr	0.0500	0.2000										
426	精甲霜灵	Mefenoxam	0.0500	0.2000	90.32	80.28	88.68	86.43	6.23	107.24	82.60	95.34	95.06	12.96
427	马拉氧磷	Malaoxon	0.4000	1.6000	88.66	97.59	105.76	97.34	8.79	87.07	117.75	115.30	106.71	15.98
428	磷胺-2	Phosphamidon-2	0.0500	0.2000	91.11	263.34		177.22	68.72	94.18	191.63		142.91	48.22
429	氯酞酸甲酯	Chlorthal-dimethyl	0.0500	0.2000	88.89	84.71	91.24	88.28	3.75	101.70	84.30	97.59	94.53	9.62
430	硅氟唑	Simeconazole	0.0500	0.2000	38.19	27.07	28.39	31.22	19.46	52.19	29.85	46.61	42.88	27.11
431	特草定	Terbacil	0.0500	0.2000	61.75	48.05	58.62	56.14	12.79	49.35	57.58	59.31	55.41	9.60
432	噻唑烟酸	Thiazopyr	0.0500	0.2000	18.21	13.12	33.21	21.51	48.56	36.32	12.62	17.60	22.18	56.34
433	甲基毒虫畏	Dimethylvinphos	0.0500	0.2000										
434	苯酰草胺	Zoxamide	0.0500	0.2000	39.64	41.11	29.64	36.80	16.96	51.24	40.51	37.25	43.00	17.02
435	烯丙菊酯	Allethrin	0.1000	0.4000	41.20	51.14	57.29	49.88	16.28	37.19	46.02	29.67	37.63	21.75
436	灭藻醌	Quinoclamine	0.1000	0.4000	82.28	81.06	90.55	84.63	6.10	106.00	70.79	99.86	92.22	20.40
437	甲醚菊酯-1	Methothrin-1	0.0500	0.2000	未添加	未添加	95.68	95.95	0.40	未添加	未添加	119.55	113.39	7.69
438	氟噻草胺	Flufenacet	0.2000	0.8000	96.22					107.22				
439	甲醚菊酯-2	Methothrin-2	0.0500	0.2000	未添加	未添加				未添加	未添加			
440	氰菌胺	Fenoxanil	0.0500	0.2000		50.14		50.14			47.85	75.26	61.55	31.49
441	呋霜灵	Furalaxyl	0.0500	0.2000	94.80	85.57	88.17	89.51	5.31	112.31	85.92	95.92	97.87	13.87
442	嘧菌胺	Mepanipyrim	0.0250	0.1000	未添加	未添加				未添加	未添加			
443	噻虫嗪	Thiamethoxam	0.1000	0.4000	14.26	40.00	55.00	36.42	56.57	72.00	113.76	87.07	90.94	23.26
444	克菌丹	Captan	0.4000	1.6000								84.23	84.23	
445	除草定	Bromacil	0.0500	0.2000	80.98	60.19	67.25	69.47	15.22	108.50	77.38	107.63	97.84	18.11
446	啶氧菌酯	Picoxystrobin	0.0500	0.2000	92.23	75.06	92.34	86.54	11.49	111.09	75.25	96.72	94.35	19.12
447	抑草磷	Butamifos	0.0250	0.1000	88.99	87.36	82.37	86.24	3.99	未添加	未添加	未添加		
448	甲基咪草酯	Imazamethabenz-methyl	0.7500	3.0000	67.11	71.01	64.10	67.41	5.14	未添加	未添加	未添加		

续表

序号	中文名称	英文名称	添加浓度/(mg/kg)		低水平添加				高水平添加			
			低	高	河豚鱼/%	鳗鱼/%	对虾/%	Ave/%	RSD/%	河豚鱼/%	鳗鱼/%	对虾/%	Ave/%	RSD/%
449	甲硫威砜	Methiocarb sulfone	0.8000	3.2000	70.04	71.07	65.65	68.92	4.17	未添加	未添加	未添加		
450	苯噻硫氰	TCMTB	0.4000	1.6000	112.20	110.79	111.68	111.56	0.64	81.47	56.74	66.34	68.18	18.29
451	苯氧菌胺	Metominostrobin	0.1000	0.4000	96.97	100.53	98.72	98.74	1.80	未添加	未添加	未添加		
452	抑霉唑	Imazalil	0.1000	0.4000	66.05	74.95	70.64	70.55	6.31	86.36	69.68	97.47	84.50	16.55
453	稻瘟灵	Isoprothiolane	0.0500	0.2000	92.16	85.36	92.52	90.02	4.48	113.71	85.26	92.69	97.22	15.18
454	环氟菌胺	Cyflufenamid	0.4000	1.6000	21.74	24.83	26.82	24.46	10.45	未添加	未添加	未添加		
455	嘧草醚	Pyriminobac-methyl	0.4000	1.6000	未添加	未添加	未添加			未添加	未添加	未添加		
456	甲基三硫磷	Methyl trithion	0.1000	0.4000	未添加	未添加	未添加			未添加	未添加	未添加		
457	噁唑磷	Isoxathion	0.2000	0.8000	98.39	94.99	89.36	94.25	4.84	未添加	未添加	未添加		
458	苯氧喹啉	Quinoxyphen	0.0250	0.1000	78.67	85.73	95.00	86.47	9.47	106.34	83.16	92.80	94.10	12.38
459	噻氟菌胺	Thifluzamide	0.0250	0.1000	未添加	未添加	未添加			未添加	未添加	未添加		
460	肟菌酯	Trifloxystrobin	0.1000	0.4000	81.43	61.87	87.74	77.01	17.51	69.65	66.75	93.37	76.59	19.07
461	脱苯甲基亚胺唑	Imibenconazole-des-benzyl	0.1000	0.4000	61.24	63.26	95.55	73.35	26.24	109.70	65.78	122.85	99.44	30.05
462	炔咪菊酯1	Imiprothrin-1	0.0500	0.2000	61.39	57.70	62.26	60.45	4.00	未添加	未添加	未添加		
463	氟虫腈	Fipronil	0.2000	0.8000										
464	炔咪菊酯2	Imiprothrin-2	0.0500	0.2000	47.19	45.85	45.84	46.29	1.68	未添加	未添加	未添加		
465	氟环唑-1	Epoxiconazole-1	0.2000	0.8000	89.36	73.74	78.31	80.47	9.98	118.93	91.03	89.20	99.72	16.71
466	砜草丹	Pyributicarb	0.0500	0.2000	83.23	81.65	92.82	85.90	7.04	104.15	78.70	95.10	92.65	13.92
467	吡草醚	Pyraflufen ethyl	0.0500	0.2000	84.00	95.31	116.50	98.60	16.73	110.38	108.58	109.41	109.28	0.83
468	噻吩草胺	Thenylchlor	0.0500	0.2000	77.57	87.45	91.26	85.43	8.27	110.35	90.65	97.92	99.64	10.00
469	烯草酮	Clethodim	0.1000	0.4000	63.37	76.09	80.43	73.30	12.10	78.00	65.48	95.09	79.53	18.69
470	苯并菲(䓛)	Chrysene	0.0250	0.1000										
471	吡唑解草酯	Mefenpyr-diethyl	0.0750	0.3000	74.47	74.76	94.47	81.23	14.11	111.00	84.55	96.51	97.35	13.60
472	乙螨唑	Etoxazole	0.1500	0.6000	90.92	64.15	90.95	82.01	18.86	109.76	60.84	93.32	87.98	28.30
473	氟环唑-2	Epoxiconazole-2	0.2000	0.8000	81.04	84.48	88.47	84.66	4.39	112.36	79.85	94.59	95.60	17.03

续表

序号	中文名称	英文名称	添加浓度/(mg/kg)		低水平添加				高水平添加			
			低	高	河豚鱼/%	鳗鱼/%	对虾/%	Ave/%	RSD/%	河豚鱼/%	鳗鱼/%	对虾/%	Ave/%	RSD/%
474	伐灭磷	Famphur	0.1000	0.4000	82.20	94.70	91.91	89.60	7.33	77.87	89.03	112.30	93.07	18.87
475	吡丙醚	Pyriproxyfen	0.0250	0.1000	80.69	81.74	92.48	84.97	7.68	100.93	81.54	101.47	94.64	11.99
476	异菌脲	Iprodione	0.1000	0.4000	108.09	111.44	100.99	106.84	5.00	未添加	未添加	未添加		
477	氟吡酰草胺	Picolinafen	0.0000	0.0000										
478	甲呋酰胺	Ofurace	0.0750	0.3000	92.05	94.09	93.78	93.31	1.18	未添加	未添加	未添加		
479	呱草磷	Piperophos	0.0750	0.3000	72.58	61.43	93.93	75.98	21.74	111.05	62.56	98.01	90.54	27.72
480	氯甲酰草胺	Clomeprop	0.0250	0.1000	104.03	104.68	101.08	103.26	1.86	未添加	未添加	未添加		
481	咪唑菌酮	Fenamidone	0.0250	0.1000	98.85	101.44	98.66	99.65	1.56	未添加	未添加	未添加		
482	萘丙胺	Napropanilide	0.0250	0.1000	未添加		未添加			未添加	未添加	未添加		
483	百克敏	Pyraclostrobin	0.3000	1.2000										
484	乳氟禾草灵	Lactofen	0.2000	0.8000	0.00	0.00	0.00	0.00						
485	苯草酮	Tralkoxydim	0.2000	0.8000	111.52	78.47	88.53	92.84	18.25	101.53	70.03	94.83	88.80	18.69
486	吡唑硫磷	Pyraclofos	0.2000	0.8000	95.36	86.96	76.34	86.22	11.05	未添加	未添加	未添加		
487	氯亚胺硫磷	Dialifos	0.8000	3.2000	86.60	100.43	73.03	86.69	15.80	100.45	92.67	104.09	99.07	5.89
488	螺螨酯	Spirodiclofen	0.2000	0.8000	79.01	85.80	88.00	84.27	5.56	87.60	92.57	99.52	93.23	6.42
489	呋草酮	Flurtamone	0.0500	0.2000	119.32	117.00	95.51	110.61	11.87	121.35	34.69	104.01	86.68	52.90
490	环酯草醚	Pyriftalid	0.0250	0.1000	81.86	110.37	100.11	97.45	14.82	101.46	84.51	102.01	95.99	10.36
491	氯硅菊酯	Silafluofen	0.0250	0.1000	50.02	55.64	56.88	54.18	6.75	49.67	41.58	49.67	46.97	9.94
492	嘧螨醚	Pyrimidifen	0.0500	0.2000	95.84	97.91	94.83	96.19	1.63	未添加	未添加	未添加		
493	氟丙嘧草酯	Butafenacil	0.0250	0.1000	36.99	25.01	38.19	33.40	21.81	55.18	32.28	40.99	42.82	27.00
494	苯酮唑	Cafenstrole	0.3000	1.2000	67.37	64.23	42.63	58.08	23.19	未添加	未添加	未添加		
495	氟啶草酮	Fluridone	0.0500	0.2000										
496	苯磺隆	Tribenuron-methyl	0.0250	0.1000	96.56	68.73	94.44	86.58	17.90	110.88	89.41	95.76	98.69	11.18
497	乙硫苯威	Ethiofencarb	0.2500	1.0000	64.14	77.24	76.98	72.79	10.29	86.95	81.55	81.48	83.32	3.76
498	二氧威	Dioxacarb	0.2000	0.8000	86.97	86.12	94.31	89.13	5.05	112.56	86.57	93.17	97.43	13.86

续表

序号	中文名称	英文名称	添加浓度/(mg/kg)		低水平添加				高水平添加			
			低	高	河豚鱼/%	鳗鱼/%	对虾/%	Ave/%	RSD/%	河豚鱼/%	鳗鱼/%	对虾/%	Ave/%	RSD/%
499	避蚊酯	Dimethyl phthalate	0.1000	0.4000	118.90	91.94	109.97	106.94	12.84	113.55	91.89	99.80	101.75	10.77
500	4-氯苯氧乙酸	4-Chlorophenoxy acetic acid	0.2000	0.8000							41.46		41.46	
501	氟菌唑	Triflumizole	0.1000	0.4000	87.27	92.66	83.05	87.66	5.49	103.16	98.28	105.27	102.24	3.51
502	邻苯二甲酰亚胺	Phthalimide	0.2000	0.8000		61.87	38.13	50.00	33.57		64.07	40.80	52.44	31.37
503	乙酰甲胺磷	Acephate	0.5000	2.0000	107.26	104.41	98.00	103.22	4.60	未添加	未添加	未添加	未添加	
504	避蚊胺	Diethyltoluamide	0.0200	0.0800	87.16	63.80	72.28	74.41	15.89	71.28	65.83	64.66	67.26	5.25
505	2,4-滴	2,4-D	0.5000	2.0000	85.05	89.86	93.21	89.37	4.59	112.94	90.51	96.83	100.09	11.55
506	甲萘威	Carbaryl	0.0750	0.3000	101.91	103.04	98.92	101.29	2.10	未添加	未添加	未添加	未添加	
507	硫线磷	Cadusafos	0.3000	1.2000										
508	草多索	Endothal	0.5000	2.0000										
509	肉吸磷-S	Demetom-S	0.1000	0.4000	63.47	86.17	87.48	79.04	17.08	97.94	77.38	90.51	88.61	11.75
510	螺噁茂胺-1	Spiroxamine-1	0.0250	0.1000	73.01	73.96	70.30	72.42	2.62	未添加	未添加	未添加	未添加	
511	百治磷	Dicrotophos	0.2000	0.8000	64.03	86.23	80.74	77.00	15.02	71.02	74.63	84.00	76.55	8.75
512	混杀威	3,4,5-Trimethacarb	0.2000	0.8000	88.29	77.79	69.26	78.45	12.15	未添加	未添加	未添加	未添加	
513	2,4,5-涕	2,4,5-T	0.5000	2.0000							25.10		25.10	
514	3-苯基苯酚	3-Phenylphenol	0.1500	0.6000	79.72	83.38	87.33	83.48	4.56	108.47	69.14	95.90	91.17	22.03
515	拌种胺	Furmecyclox	0.0750	0.3000	86.70	82.71	80.57	83.33	3.73	118.57	71.35	76.92	88.95	29.02
516	螺噁茂胺-2	Spiroxamine-2	0.0250	0.1000	62.95	63.93	59.27	62.05	3.96	未添加	未添加	未添加	未添加	
517	丁酰肼	DMSA	0.2000	0.8000										
518	螺甲螨酯	Spiromesifen	0.0500	0.2000	36.34	37.01	29.27	34.21	12.53	28.71	21.09	38.91	29.57	30.24
519	环庚草醚	Cinmethylin	0.0500	0.2000	未添加	未添加	未添加			未添加	未添加	未添加		
520	久效磷	Monocrotophos	0.2000	0.8000	65.67	73.20	75.12	71.33	7.00	未添加	未添加	未添加		
521	八氯二丙醚-1	S421(octachlorodipropyl ether)-1	0.5000	2.0000	91.60	84.28	88.07	87.98	4.16	96.14	72.49	100.43	89.69	16.78
522	八氯二丙醚-2	S421(octachlorodipropyl ether)-2	0.5000	2.0000	84.65	71.10	94.58	83.44	14.12	73.36	61.82	90.96	75.38	19.47
523	十二环吗啉	Dodemorph	0.0750	0.3000	78.49	72.21	92.48	81.06	12.80	113.21	77.37	93.38	94.65	18.97

续表

序号	中文名称	英文名称	添加浓度/(mg/kg)		低水平添加					高水平添加				
			低	高	河豚鱼/%	鳗鱼/%	对虾/%	Ave/%	RSD/%	河豚鱼/%	鳗鱼/%	对虾/%	Ave/%	RSD/%
524	甜菜胺	Desmedipham	0.500 0	2.000 0	36.59	43.29	43.11	41.00	9.31	48.35	48.39	55.00	50.58	7.57
525	皮蝇磷	Fenchlorphos	0.100 0	0.400 0	90.82	92.62	95.51	92.99	2.54	106.31	90.62	103.43	100.12	8.34
526	枯莠隆	Difenoxuron	0.200 0	0.800 0	71.40	80.64	62.22	71.42	12.90	63.22	107.96	66.80	79.33	31.34
527	发硫磷	Prothoate	0.200 0	0.800 0	未添加	未添加	未添加			未添加	未添加	未添加		
528	仲丁灵	Butralin	0.100 0	0.400 0	80.79	62.43	92.82	78.68	19.45	85.21	62.68	92.04	79.98	19.21
529	啶斑肟-1	Pyrifenox-1	0.200 0	0.800 0	88.62	93.78	96.28	92.89	4.21	110.77	86.48	93.93	97.06	12.82
530	异戊乙净	Dimethametryn	0.025 0	0.100 0	87.89	71.98	93.19	84.35	13.09	118.61	81.25	96.44	98.77	19.02
531	啶斑肟-2	Pyrifenox-2	0.200 0	0.800 0	86.65	92.65	94.68	91.33	4.57	112.14	87.50	95.78	98.48	12.73
532	四氯苯酞	Phthalide	0.200 0	0.800 0	未添加	未添加	未添加			未添加	未添加	未添加		
533	脱叶磷	Merphos	0.100 0	0.400 0	未添加	未添加	未添加			未添加	未添加	未添加		
534	噻菌灵	Thiabendazole	0.500 0	2.000 0	70.07	81.55		75.81	10.71	72.30	77.45		74.88	4.86
535	异丙菌胺-1	Iprovalicarb-1	0.100 0	0.400 0	36.11	22.19	27.78	28.69	24.42	49.67	9.38	38.17	32.41	64.03
536	戊环唑	Azaconazole	0.100 0	0.400 0	90.29	84.30	96.51	90.37	6.76	112.10	84.21	93.23	96.51	14.75
537	异丙菌胺-2	Iprovalicarb-2	0.100 0	0.400 0	65.27	26.32	39.61	43.73	45.27	29.20	9.71	26.37	21.76	48.41
538	苯虫醚-1	Diofenolan-1	0.050 0	0.200 0	87.60	90.91	94.95	91.15	4.04	113.63	87.17	95.66	98.82	13.67
539	苯虫醚-2	Diofenolan-2	0.050 0	0.200 0	94.26	90.11	101.88	95.42	6.25	113.71	85.78	96.77	98.75	14.25
540	苯草醚	Aclonifen	0.500 0	2.000 0	74.08	79.70	93.25	82.34	11.97	97.21	76.87	95.58	89.89	12.57
541	溴虫腈	Chlorfenapyr	0.200 0	0.800 0										
542	生物苄呋菊酯	Bioresmethrin	0.050 0	0.200 0	77.76	69.65	91.49	79.63	13.86	115.81	68.57	87.57	90.65	26.22
543	双苯噁唑酸	Isoxadifen-ethyl	0.025 0	0.100 0	99.15	81.25	98.18	92.86	10.84	未添加	未添加	未添加		
544	唑酮草酯	Carfentrazone-ethyl	0.050 0	0.200 0	87.08	115.34	92.18	98.20	15.34	113.06	116.46	90.98	106.83	12.95
545	异狄氏剂醛	Endrin aldehyde	0.500 0	2.000 0	98.57	46.64	44.79	63.33	48.21	99.07	58.84	31.79	63.23	53.54
546	氯吡嘧磺隆	Halosulfuron-methyl	0.500 0	2.000 0	71.54	69.46	48.35	63.12	20.33	61.90	61.82	62.20	61.97	0.33
547	三环唑	Tricyclazole	0.150 0	0.600 0	53.14	56.97	68.10	59.40	13.09	54.22	65.43	75.21	64.95	16.17
548	环酰菌胺	Fenhexamid	0.500 0	2.000 0	83.01	59.80	93.67	78.82	21.97	118.78	172.45	84.05	125.09	35.60

续表

序号	中文名称	英文名称	添加浓度/(mg/kg) 低	添加浓度/(mg/kg) 高	低水平添加 河豚鱼/%	低水平添加 鳗鱼/%	低水平添加 对虾/%	低水平添加 Ave/%	低水平添加 RSD/%	高水平添加 河豚鱼/%	高水平添加 鳗鱼/%	高水平添加 对虾/%	高水平添加 Ave/%	高水平添加 RSD/%
549	螺甲螨酯	Spiromesifen	0.250 0	1.000 0	104.16		93.99	99.08	7.26	110.57		106.92	108.75	2.37
550	家蝇磷	Phenkapton	0.250 0	1.000 0	未添加	未添加	未添加			未添加	未添加	未添加		
551	氟啶胺	Fluazinam	0.200 0	0.800 0										
552	联苯肼酯	Bifenazate	0.200 0	0.800 0	75.53	83.78	89.41	82.91	8.42	95.64	101.16	95.58	97.46	3.29
553	异狄氏剂酮	Endrin ketone	0.400 0	1.600 0	87.03	89.56	95.30	90.63	4.67	105.07	79.47	94.04	92.86	13.83
554	氟草敏代谢物	Norflurazon-desmethyl	0.400 0	1.600 0	未添加	未添加	未添加			未添加	未添加	未添加		
555	精高效氯氟氰菊酯 1	γ-Cyhalothrin-1	0.020 0	0.080 0	0.00	0.00	0.00	0.00		67.57	67.57		67.57	
556	叶菌唑	Metoconazole	0.100 0	0.400 0	93.87	73.55	94.63	87.35	13.69	114.78	88.21	93.02	98.67	14.34
557	氰氟草酯	Cyhalofop-butyl	0.050 0	0.200 0	88.32	65.67	93.36	82.45	17.89	107.74	62.84	98.19	89.59	26.40
558	精高效氯氟氰菊酯 2	γ-Cyhalothrin-2	0.020 0	0.080 0	0.00	0.00	0.00	0.00		67.07	67.07		67.07	
559	赛灭磷	Cythioate	0.500 0	2.000 0										
560	苄螨醚	Halfenprox	0.050 0	0.200 0	33.81	56.13	55.81	48.58	26.34	52.19	46.77	55.18	51.38	8.30
561	啶虫脒	Acetamiprid	0.500 0	2.000 0							85.31		85.31	
562	啶酰菌胺	Boscalid	0.100 0	0.400 0	81.86	89.95	88.75	86.85	5.03	98.85	82.43	99.89	93.72	10.45
563	四溴菊酯 1	Tralomethrin-1	0.025 0	0.100 0										
564	四溴菊酯 2	Tralomethrin-2	0.025 0	0.100 0										
565	唑虫酰胺	Tolfenpyrad	0.025 0	0.100 0	未添加	未添加	未添加			未添加	未添加	未添加		
566	烯酰吗啉	Dimethomorph	0.050 0	0.200 0	89.44	78.12	100.01	89.19	12.28	101.94	83.25	104.61	96.60	12.05
567	嘧菌酯	Azoxystrobin	0.250 0	1.000 0										

表 9-19 GC-MS 法检测的农药化学品回收率和精密度数据统计

	回收率分布范围					相对标准偏差 RSD 范围		
	<20%	20%~60%	60%~120%	120%~150%	>150%	<20%	20%~50%	>50%
农药数量/种	15	61	423	2	3	421	61	22
百分比/%	2.98	12.10	83.93	0.40	0.60	83.5	12.1	4.36

对 LC-MS/MS 法，用不含农药化学品的河豚鱼、鳗鱼、对虾样品作添加回收率和精密度实验，样品添加农药化学品标准溶液后，放置 20min，使农药化学品被样品完全吸收，然后按本方法进行提取、净化和测定，共测定了 520 种农药在 3 种基质样品中 2 个添加水平 5 次平行实验，取得了 15 600 个数据，其实验结果见表 9-20，数据统计见表 9-21。

从表 9-21 回收率和精密度数据统计看出，本方法所测 520 种农药化学品中，平均回收率为 60%~120% 的有 371 种，占所测农药化学品总数的 71.3%；回收率为 20%~60% 和 120%~150% 的有 75 种，占所测农药化学品总数的 14.4%，说明本方法 85% 以上的农药化学品是可以定性的。520 种农药化学品的相对标准偏差在 20% 以下的有 392 种，占所测农药化学品总数的 75.4%，说明方法的重现性是好的。

9.5.12 线性范围、最小检出限和最低定量限

在选定的 GC-MS 色谱、质谱条件下对 567 种农药化学品的线性范围进行测定，567 种农药化学品的线性范围、线性方程和线性相关系数参见 11.2.1 小节。把每种农药化学品信噪比≥5 时的添加浓度确定为本方法最小检出限（LOD），信噪比≥10 时的添加浓度确定为本方法最低定量限（LOQ）。567 种农药化学品的最小检出限和最低定量限见表 9-22。

在选定的 LC-MS-MS 条件下对 569 种农药的线性范围进行了测定，569 种农药的线性范围、线性方程和线性相关系数参见 11.2.6 小节。把每种农药信噪比≥5 时的添加浓度确定为本方法最小检出限（LOD），信噪比≥10 时的添加浓度确定为本方法最低定量限（LOQ）。569 种农药的最小检出限和最低定量限见表 9-23。

通过对世界常用的农药化学品质谱特性的研究，建立了涵盖 567 种农药化学品的 GC-MS 质谱库和涵盖 569 种农药化学品的 LC-MS/MS 质谱库，同时，还开发了适用于河豚鱼、鳗鱼及对虾中农药多残留萃取、净化和检测程序。该程序一次样品制备，可适用的农药化学品的品种多达 750 种，其中用 GC-MS 可检测 485 种农药化学品，用 LC-MS/MS 可检测 450 种农药化学品。GC-MS 法可定量检测的 402 种农药化学品方法检出限（LOD）为 2.5~600ng/g。在河豚鱼、鳗鱼和对虾等 3 种水产品基质中的方法效率评价结果表明，低、中、高三个水平添加平均回收率为 60%~120% 的农药占 83.9%，相对标准偏差小于 20% 的农药占 83.5%。LC-MS/MS 法可定量检测的 380 种农药化学品方法检出限为 0.02~0.195mg/kg。对河豚鱼、鳗鱼和对虾等 3 种水产品在低、中、高三个添加水平、每个水平五次平行实验。实验结果表明，平均回收率为 60%~120% 的农药占 71.3%；相对标准偏差小于 20% 的农药占 75.4%。实验结果证明，本文建立的 GC-MS 和 LC-MS/MS 农药多残留高通量检测方法具有操作简便、灵敏度高、重现性好，完全可满足世界各国残留监控和国际贸易的需要。

表 9-20 LC-MS/MS 法检测 3 种基质样品 569 种农药化学品的添加回收率实验数据（n=5）

序号	中文名称	英文名称	添加浓度/(mg/kg) 低	添加浓度/(mg/kg) 高	低水平添加 河豚鱼/%	鳗鱼/%	对虾/%	Ave/%	RSD/%	高水平添加 河豚鱼/%	鳗鱼/%	对虾/%	Ave/%	RSD/%
					A组									
1	苯胺灵	Propham	88.00	352.00	80.14	91.24	93.04	88.14	7.93	68.90	67.01	66.88	67.60	1.67
2	异丙威	Isoprocarb	1.84	7.36	77.88	87.24	92.05	85.72	8.41	89.25	79.24	87.65	85.38	6.30
3	3,4,5-混杀威	3,4,5-Trimethacarb	0.28	1.10	73.96	77.58	81.01	77.52	4.55	108.66	111.03	108.05	109.24	1.44
4	环莠隆	Cycluron	0.16	0.66	85.50	79.31	92.93	85.91	7.94	77.98	80.40	79.04	79.14	1.53
5	甲萘威	Carbaryl	8.26	33.02	80.66	89.24	96.90	88.93	9.14	84.26	71.27	68.08	74.54	11.50
6	毒草胺	Propachlor	0.22	0.88	80.92	87.98	91.94	86.95	6.42	72.92	67.33	80.20	73.48	8.78
7	吡咪唑	Rabenazole	1.07	4.26	80.44	78.28	92.84	83.85	9.37	67.88	64.64	61.23	64.58	5.15
8	西草净	Simetryn	0.11	0.43	96.58	67.14	70.50	78.08	20.64	82.63	80.24	75.96	79.61	4.24
9	绿谷隆	Monolinuron	2.85	11.39	82.70	89.14	92.79	88.21	5.79	70.64	72.60	70.18	71.14	1.81
10	速灭磷	Mevinphos	1.25	5.01	85.90	79.54	79.00	81.48	4.71	77.56	73.71	71.86	74.38	3.91
11	叠氮津	Aziprotryne	1.11	4.42	92.18	71.67	76.90	80.25	13.28	88.10	84.56	80.20	84.29	4.70
12	密草通	Secbumeton	0.06	0.23	80.99	88.57	89.04	86.20	5.24	119.31	113.72	106.72	113.25	5.57
13	嘧菌环胺	Cyprodinil	0.59	2.37	70.65	80.24	91.94	80.94	13.17	68.88	67.80	74.19	70.29	4.87
14	播土隆	Buturon	7.17	28.67	76.00	89.25	92.83	86.03	10.31	126.91	113.40	112.34	117.55	6.91
15	双酰草胺	Carbetamide	2.91	11.65	81.03	88.34	91.93	87.10	6.38	71.26	66.14	85.14	74.18	13.25
16	抗蚜威	Pirimicarb	0.12	0.48	85.69	70.75	93.33	83.26	13.80	82.59	61.46	70.18	71.41	14.87
17	异噁草松	Clomazone	0.34	1.35	68.69	77.25	92.87	79.60	15.40	75.50	70.26	77.51	74.42	5.03
18	氯草津	Cyanazine	0.13	0.52	88.14	88.14	90.94	89.07	1.81	75.11	61.92	60.47	65.84	12.26
19	扑草净	Prometryne	0.13	0.52	69.77	88.14	92.80	83.57	14.57	121.71	102.26	97.46	107.14	11.99
20	甲基对氧磷	Paraoxon methyl	0.61	2.44	81.37	90.14	83.05	84.85	5.49	92.13	78.61	78.60	83.11	9.40
21	4,4'-二氯二苯甲酮	4,4'-Dichlorobenzophenone	10.88	43.52	100.53	101.25	100.70	100.83	0.37	124.30	105.69	84.29	104.76	19.11
22	噻虫啉	Thiacloprid	0.30	1.18	83.20	61.70	79.94	74.95	15.46	92.40	79.24	82.14	84.59	8.17
23	吡虫啉	Imidacloprid	17.60	70.40	66.36	60.31	69.41	65.36	7.09	83.21	70.09	66.97	73.42	11.73
24	磺噻隆	Ethidimuron	1.20	4.80	74.56	76.14	84.85	78.52	7.06	78.61	78.28	71.03	75.97	5.64

续表

序号	中文名称	英文名称	添加浓度/(mg/kg)		低水平添加					高水平添加				
			低	高	河豚鱼/%	鳗鱼/%	对虾/%	Ave/%	RSD/%	河豚鱼/%	鳗鱼/%	对虾/%	Ave/%	RSD/%
25	丁嗪草酮	Isomethiozin	0.85	3.41	111.48	78.24	92.00	93.91	17.79	98.23	93.98	88.13	93.45	5.43
26	燕麦敌	cis and trans Diallate	71.36	285.44	72.49	71.49	52.99	65.66	16.72	85.50	80.80	81.09	82.46	3.19
27	乙草胺	Acetochlor	37.92	151.68	87.07	91.32	82.01	86.80	5.37	98.31	95.08	84.19	92.53	8.00
28	烯啶虫胺	Nitenpyram	13.70	54.78	40.23	32.84	36.66	36.58	10.11	24.21	39.54	29.36	31.04	25.14
29	盖草津	Methoprotryne	0.19	0.77	19.37	19.21	28.15	22.24	23.00	39.17	35.75	34.63	36.52	6.48
30	二甲吩草胺	Dimethenamid	3.44	13.76	120.67	102.20	107.94	110.27	8.57	62.56	61.54	79.25	67.78	14.67
31	特草灵	Terrbucarb	1.68	6.72	95.14	99.01	96.38	96.84	2.04	86.98	73.00	66.49	75.49	13.87
32	戊菌唑	Penconazole	1.60	6.40	98.36	100.01	93.38	97.25	3.55	105.62	96.88	94.09	98.86	6.09
33	腈菌唑	Myclobutanil	0.80	3.19	75.14	72.44	82.85	76.81	7.03	117.71	97.99	93.29	103.00	12.58
34	咪唑乙烟酸	Imazethapyr	0.90	3.60	58.24	60.19	70.59	63.01	10.54	63.93	64.24	69.54	65.90	4.78
35	多效唑	Paclobutrazol	0.46	1.84	71.34	90.45	102.90	88.23	18.02	113.96	103.36	97.27	104.87	8.05
36	倍硫磷亚砜	Fenthion sulfoxide	0.25	1.00	80.85	94.21	92.87	89.31	8.24	76.75	62.35	69.64	69.58	10.35
37	三唑醇	Triadimenol	8.44	33.77	68.15	79.24	91.38	79.59	14.60	116.38	102.89	103.05	107.44	7.21
38	仲丁灵	Butralin	1.52	6.08	84.65	85.14	92.03	87.27	4.73	81.77	65.43	66.48	71.22	12.84
39	螺噁茂胺	Spiroxamine	0.04	0.17	68.25	78.25	82.94	76.48	9.81	79.14	90.10	80.24	83.16	7.26
40	甲基立枯磷	Tolclofos methyl	53.25	212.99	61.88	77.58	77.83	72.43	12.62	104.40	82.19	78.76	88.45	15.73
41	甜菜胺	Desmedipham	3.22	12.89	96.00	109.31	102.94	102.75	6.48	101.74	90.42	85.17	92.45	9.16
42	禾扑磷	Methidathion	8.53	34.11	106.04	90.14	102.93	99.70	8.45	79.33	64.13	63.98	69.15	12.75
43	烯丙菊酯	Allethrin	48.32	193.28	61.68	82.31	67.27	70.42	15.15	85.17	78.62	85.50	83.10	4.67
44	二嗪磷	Diazinon	0.57	2.28	90.31	79.24	92.05	87.20	7.97	100.90	83.92	85.18	90.00	10.51
45	敌瘟磷	Edifenphos	0.60	2.41	108.75	100.69	113.69	107.71	6.09	109.75	87.68	79.96	92.46	16.72
46	丙草胺	Pretilachlor	0.27	1.07	65.13	66.90	94.83	75.62	22.03	99.23	78.42	83.82	87.16	12.39
47	氟唑唑	Flusilazole	0.47	1.86	99.59	78.25	79.94	85.93	13.80	100.08	87.40	83.36	90.28	9.66
48	异丙菌胺	Iprovalicarb	1.86	7.42	92.14	88.36	102.04	94.18	7.50	104.80	82.90	86.57	91.42	12.83
49	麦锈灵	Benodanil	2.78	11.14	86.34	84.65	92.81	87.93	4.90	70.41	75.64	75.74	73.93	4.12

续表

序号	中文名称	英文名称	添加浓度/(mg/kg) 低	添加浓度/(mg/kg) 高	低水平添加 河豚鱼/%	鳗鱼/%	对虾/%	Ave/%	RSD/%	高水平添加 河豚鱼/%	鳗鱼/%	对虾/%	Ave/%	RSD/%
50	氟酰胺	Flutolanil	0.92	3.67	88.19	89.57	93.26	90.34	2.90	96.69	77.14	75.49	83.10	14.19
51	伐灭磷	Famphur	2.88	11.52	93.69	85.14	80.70	86.51	7.63	72.87	79.35	61.05	71.09	13.05
52	苯霜灵	Benalyxyl	0.99	3.98	97.21	89.31	79.01	88.51	10.31	90.51	94.42	92.63	92.52	2.12
53	苄氯三唑醇	Diclobutrazole	0.37	1.50	84.21	87.65	91.68	87.85	4.26	96.14	102.50	105.24	101.29	4.61
54	乙环唑	Etaconazole	1.43	5.70	84.25	88.25	91.94	88.15	4.36	116.11	106.93	103.62	108.89	5.94
55	氯苯嘧啶醇	Fenarimol	0.49	1.94	77.16	87.25	78.94	81.12	6.64	93.26	93.72	81.85	89.61	7.50
56	邻苯二甲酸二环己酯	Phthalic acid,dicyclohexyl ester	1.60	6.40	102.20	100.25	110.16	104.20	5.04	120.48	89.14	94.27	101.30	16.59
57	胺菊酯	Tetramethirn	1.46	5.82	65.61	72.24	82.05	73.30	11.28	72.51	81.24	96.31	83.35	14.44
58	抑菌灵	Dichlofluanid	2.08	8.32	34.20	4.78	10.82	16.60	93.60	11.86	11.69	11.42	11.66	1.90
59	解草酯	Cloquintocet mexyl	1.51	6.03	89.14	79.36	82.83	83.78	5.92	91.78	79.16	76.28	82.41	10.00
60	联苯三唑醇	Bitertanol	26.72	106.88	109.45	103.20	91.04	101.23	9.25	94.81	78.35	76.69	83.28	12.03
61	甲基毒死蜱	Chlorprifos methyl	12.80	51.20	64.20	89.00	79.83	77.68	16.14	100.76	83.32	77.83	87.30	13.71
62	吡喃草酮	Tepraloxydim	9.76	39.04	86.34	87.25	93.94	89.18	4.65	90.52	108.23	85.54	94.76	12.59
63	甲基硫菌灵	Thiophanate methyl	16.00	64.00	3.85	4.04	10.90	6.26	64.13	10.24	20.14	5.36	11.91	63.21
64	益棉磷	Azinphos ethyl	87.14	348.57	91.24	89.25	74.97	85.15	10.42	87.21	88.02	77.24	84.16	7.13
65	炔草酸	Clodinafop propargyl	1.95	7.81	43.99	41.77	55.84	47.20	16.03	40.63	22.33	34.66	32.54	28.69
66	杀铃脲	Triflumuron	3.14	12.54	82.14	96.32	87.26	88.57	8.11	83.41	67.13	66.20	72.25	13.40
67	异噁氟草	Isoxaflutole	3.12	12.48	76.24	86.34	80.90	81.16	6.23	102.19	93.59	91.36	95.71	5.98
68	莎稗磷	Anilofos	0.57	2.28	76.31	83.46	61.28	73.68	15.37	68.36	69.14	80.21	72.57	9.13
69	硫菌灵	Thiophanat ethyl	16.13	64.51	21.62	87.83	46.08	51.84	64.57	99.25	31.25	14.24	48.25	93.23
70	乙基喹禾灵	Quizalofop-ethyl	0.55	2.18	86.35	90.14	88.93	88.47	2.19	76.62	74.84	66.37	72.61	7.55
71	氟吡甲禾灵	Haloxyfop-methyl	2.11	8.45	81.24	91.14	82.16	84.85	6.45	77.79	64.13	63.46	68.46	11.81
72	吡氟禾草灵	Fluazifop butyl	0.21	0.84	84.15	77.14	87.83	83.04	6.54	72.33	69.35	75.24	72.31	4.07
73	乙基溴硫磷	Bromophos-ethyl	454.15	1816.61	29.35	49.58	51.16	43.36	28.05	101.24	80.19	69.32	83.58	19.42
74	地散磷	Bensulide	27.36	109.44	77.54	81.24	100.83	86.54	14.46	84.52	83.94	83.31	83.92	0.72

续表

序号	中文名称	英文名称	添加浓度/(mg/kg)		低水平添加					高水平添加			
			低	高	河豚鱼/%	鳗鱼/%	对虾/%	Ave/%	RSD/%	河豚鱼/%	鳗鱼/%	对虾/%	Ave/%	RSD/%
75	醚苯磺隆	Triasulfuron	1.29	5.15	75.09	75.14	79.94	76.72	3.63	61.81	78.14	71.92	70.62	11.67
76	溴苯烯磷	Bromfenvinfos	2.42	9.66	97.21	89.21	90.83	92.42	4.58	91.66	82.39	81.52	85.19	6.60
77	嘧菌酯	Azoxystrobin	0.36	1.44	66.71	79.14	82.05	75.97	10.72	96.21	77.25	78.25	83.90	12.71
78	吡菌磷	Pyrazophos	1.30	5.20	99.96	97.25	96.94	98.05	1.69	93.81	82.90	77.04	84.58	10.06
79	杀虫磺	Bensultap	11.43	45.70	113.54		110.81	112.18	1.73					
80	氟虫脲	Flufenoxuron	2.53	10.14	28.00	26.25	33.94	29.40	13.71	15.33	13.41	13.39	14.04	7.92
81	茚虫威	Indoxacarb	6.03	24.13	91.25	99.58	83.83	91.55	8.61	78.07	65.13	60.61	67.94	13.34
82	甲氨基阿维菌素苯甲酸盐	Emamectin benzoate	0.26	1.02	1.77	1.45	3.84	2.35	55.04	0.06	0.24	0.28	0.19	58.52
					B组									
83	乙撑硫脲	Ethylene thiourea	41.76	167.04	0.25	0.92	1.05	0.74	58.32	79.05	82.39	77.23	79.56	3.29
84	丁酰肼	Daminozide	2.08	8.32	2.23	5.26	9.16	5.55	62.60	1.90	1.41	1.76	1.69	15.03
85	棉隆	Dazomet	101.60	406.40	92.70	97.04	111.20	100.31	9.64	78.32	79.25	63.96	73.84	11.61
86	烟碱	Nicotine	1.76	7.04	76.36	72.15	77.53	75.35	3.76	64.21	82.27	85.90	77.46	15.00
87	非草隆	Fenuron	0.82	3.30	72.54	65.82	70.71	69.69	4.99	94.70	97.03	96.52	96.09	1.27
88	灭蝇胺	Cyromazine	5.79	23.17	21.39	27.19	15.42	21.33	27.60	19.00	16.37	16.02	17.13	9.51
89	鼠立死	Crimidine	1.25	4.99	84.29	61.56	91.91	79.25	19.92	74.65	70.15	73.64	72.81	3.24
90	乙酰甲胺磷	Acephate	10.67	42.69	63.13	59.00	70.98	64.37	9.45	96.08	90.34	88.30	91.57	4.41
91	禾草敌	Molinate	1.68	6.72	72.39	89.00	66.94	76.11	15.10	71.82	78.02	76.74	75.53	4.33
92	多菌灵	Carbendazim	0.37	1.50	88.17	76.39	90.22	84.93	8.79	101.06	96.19	88.22	95.16	6.81
93	6-氯-4-羟基-3-苯基哒嗪	6-Chloro-4-hydroxy-3-phenyl-pyridazin	1.32	5.29	68.74	72.73	84.85	75.44	11.12	93.26	100.75	100.22	98.07	4.26
94	残杀威	Propoxur	19.52	78.08	106.31	113.40	78.00	99.24	18.87	96.99	100.65	98.72	98.79	1.85
95	异隆	Isouron	0.33	1.31	104.81	108.07	73.84	95.57	19.77	91.70	97.26	92.48	93.81	3.21
96	绿麦隆	Chlorotoluron	0.50	2.00	78.33	92.99	71.18	80.83	13.76	81.48	77.45	85.19	81.38	4.76
97	久效威	Thiofanox	125.60	502.40	19.99	16.55	37.66	24.73	45.79	69.21	88.96	80.97	79.71	12.46
98	氯炔灵	Chlorbufam	146.40	585.60	80.38	70.29	83.56	78.08	8.87	72.88	75.67	77.55	75.37	3.12

续表

序号	中文名称	英文名称	添加浓度/(mg/kg)		低水平添加				高水平添加			
			低	高	河豚鱼/%	鳗鱼/%	对虾/%	Ave/%	RSD/%	河豚鱼/%	鳗鱼/%	对虾/%	Ave/%	RSD/%
99	噁虫威	Bendiocarb	2.54	10.18	99.64	93.98	99.00	97.54	3.18	90.72	95.58	99.16	95.16	4.45
100	扑灭津	Propazine	0.26	1.02	62.35	80.14	69.18	70.56	12.72	72.19	72.56	74.02	72.92	1.32
101	特丁津	Terbuthylazine	0.37	1.50	93.55	97.00	82.69	91.08	8.20	93.19	100.71	87.54	93.82	7.04
102	敌草隆	Diuron	1.25	4.99	77.89	71.72	80.73	76.78	6.00	82.89	92.20	94.00	89.70	6.65
103	氯甲硫磷	Chlormephos	358.4	1433.6	59.87	62.65	54.65	59.06	6.88	55.21	63.63	51.69	56.84	10.80
104	萎锈灵	Arboxin	0.44	1.78	63.89	64.14	69.37	65.80	4.70	76.77	80.06	83.14	79.99	3.98
105	野燕枯	Difenzoquat-methyl sulfate	0.65	2.60						60.13	71.01	57.18	62.77	11.60
106	噻虫胺	Clothianidin	50.40	201.60	91.94	79.16	78.55	83.22	9.09	91.85	79.14	88.39	86.46	7.60
107	炔丙烯草胺	Pronamide	12.30	49.22	81.52	85.62	84.74	83.96	2.57	116.05	123.56	86.83	108.81	17.83
108	二甲草胺	Dimethachlor	1.52	6.09	90.97	87.39	80.88	86.41	5.92	91.33	92.53	93.32	92.39	1.09
109	溴谷隆	Methobromuron	13.47	53.89	92.89	77.94	78.38	83.07	10.24	87.19	93.78	91.45	90.80	3.68
110	甲拌磷	Phorate	251.20	1004.80	12.10	27.14	63.50	34.25	77.16	13.33	19.34	19.00	17.22	19.60
111	苯草醚	Aclonifen	19.36	77.44	67.17	57.83	83.34	69.45	18.58	72.34	73.26	73.41	73.00	0.79
112	地胺磷	Mephosfolan	1.86	7.42	105.32	107.20	72.95	95.16	20.23	94.17	94.25	95.77	94.73	0.95
113	脱苯甲基亚胺唑	Imibenzonazole-des-benzyl	4.98	19.90	76.93	95.12	78.36	83.47	12.12	91.92	99.47	93.50	94.96	4.20
114	草不隆	Neburon	5.68	22.72	73.01	73.47	83.02	76.50	7.39	62.44	65.04	65.04	64.17	2.34
115	精甲霜灵	Mefenoxam	1.23	4.92	105.04	104.28	78.18	95.83	15.95	94.76	95.31	95.56	95.21	0.43
116	发硫磷	Prothoate	1.97	7.87	106.69	117.86	123.90	116.15	7.52	69.93	66.15	67.14	67.74	2.89
117	乙氧呋草黄	Ethofumesate	297.60	1190.40	68.95	73.69	84.06	75.57	10.22	84.43	87.01	89.87	87.11	3.12
118	异稻瘟净	Iprobenfos	6.62	26.50	60.58	61.30	83.05	68.31	18.69	73.66	79.13	79.61	77.47	4.27
119	特普	TEPP	8.32	33.28	71.70	81.24	62.99	71.98	12.69	67.14	71.39	78.92	72.48	8.23
120	环丙唑醇	Cyproconazole	0.59	2.34	87.14	82.10	83.14	84.13	3.16	76.56	77.40	80.78	78.25	2.86
121	噻虫嗪	Thiamethoxam	26.40	105.60	77.11	63.18	65.90	68.73	10.74	71.53	73.14	77.32	74.00	4.04
122	育畜磷	Crufomate	0.41	1.66	80.62	72.15	73.52	75.43	6.03	100.34	103.79	93.01	99.05	5.56
123	乙嘧硫磷	Etrimfos	15.01	60.03						88.36	78.22	91.86	86.15	8.23

续表

序号	中文名称	英文名称	添加浓度/(mg/kg)		低水平添加				高水平添加			
			低	高	河豚鱼/%	鳗鱼/%	对虾/%	Ave/%	RSD/%	河豚鱼/%	鳗鱼/%	对虾/%	Ave/%	RSD/%
124	杀鼠醚	Coumatetralyl	1.08	4.33	72.04	73.63	65.14	70.27	6.42	81.43	78.88	78.80	79.70	1.88
125	粪灭磷	Cythioate	64.00	256.00	64.36	64.13	63.00	63.83	1.14	82.01	91.42	90.73	88.05	5.96
126	磷胺	Phosphamidon	3.10	12.42	96.47	97.74	78.95	91.05	11.53	95.03	97.36	97.95	96.78	1.59
127	甜菜宁	Phenmedipham	3.58	14.34	74.15	77.77	77.76	76.56	2.73	69.17	73.72	75.39	72.76	4.43
128	联苯肼酯	Bifenazate	18.24	72.96	17.57	18.74	42.02	26.11	52.81	28.12	49.62	21.25	33.00	44.85
129	环酰菌胺	Fenhexamid	0.76	3.03	71.10	61.59	65.31	66.00	7.26	84.96	80.07	74.19	79.74	6.76
130	粉唑醇	Flutriafol	6.86	27.46	65.37	72.11	72.95	70.14	5.92	83.85	76.28	75.43	78.52	5.90
131	呋霜灵	Furalaxyl	0.62	2.46	73.53	70.73	80.10	74.79	6.43	81.58	83.80	85.38	83.58	2.28
132	生物烯丙菊酯	Bioallethrin	158.40	633.60	74.41	75.19	59.64	69.75	12.56	63.00	94.25	59.34	72.20	26.57
133	苯腈磷	Cyanofenphos	16.64	66.56	87.50	77.59	91.40	85.50	8.33	76.18	93.22	94.66	88.02	11.68
134	甲基嘧啶磷	Pirimiphos methyl	0.16	0.65	72.91	60.72	88.36	74.00	18.72	65.63	67.93	69.93	67.83	3.18
135	噻嗪酮	Buprofezin	0.70	2.81	74.25	76.25	89.32	79.94	10.24	67.15	64.39	65.08	65.54	2.19
136	乙拌磷砜	Disulfoton sulfone	1.97	7.87	77.77	77.59	80.01	78.46	1.72	89.17	93.66	93.12	91.98	2.67
137	喹螨醚	Fenazaquin	0.26	1.04	105.90	95.19	89.84	96.98	8.43	76.98	71.02	73.10	73.70	4.10
138	三唑磷	Triazophos	0.54	2.18	79.69	87.31	70.54	79.18	10.61	70.77	75.86	74.41	73.68	3.55
139	脱叶磷	DEF	1.29	5.16	91.87	80.36	90.58	87.60	7.20	71.24	67.43	66.57	68.41	3.63
140	环酰草醚	Pyriftalid	0.50	2.00	69.21	79.25	80.09	76.18	7.94	81.07	82.76	82.63	82.16	1.14
141	叶菌唑	Metconazole	1.05	4.22	86.24	91.27	79.41	85.64	6.95	65.13	66.49	68.08	66.57	2.22
142	吡丙醚	Pyriproxyfen	0.34	1.38	62.17	74.36	97.96	78.16	23.28	74.44	74.91	73.33	74.23	1.10
143	噻草酮	Cycloxydim	2.03	8.13	1.49	3.16	1.02	1.89	59.61	6.35	7.29	9.48	7.71	20.84
144	异噁酰草胺	Isoxaben	0.15	0.60	99.03	73.80	84.91	85.91	14.72	64.87	70.74	72.37	69.33	5.69
145	呋草酮	Flurtamone	0.36	1.42	101.58	91.21	76.35	89.71	14.14	66.34	71.18	70.33	69.28	3.73
146	氟乐灵	Trifluralin	992.00	3968.00	71.04	65.63	76.18	70.95	7.44	75.56	79.76	81.07	78.79	3.65
147	麦草氟甲酯	Flamprop methyl	16.16	64.64	100.47	101.34	87.01	96.28	8.34	74.99	80.71	91.03	82.24	9.89
148	生物苄呋菊酯	Bioresmethrin	5.94	23.74	65.51	66.23	92.83	74.86	20.80	72.18	75.57	74.42	74.06	2.33

续表

序号	中文名称	英文名称	添加浓度/(mg/kg)		低水平添加					高水平添加				
			低	高	河豚鱼/%	鳗鱼/%	对虾/%	Ave/%	RSD/%	河豚鱼/%	鳗鱼/%	对虾/%	Ave/%	RSD/%
149	丙环唑	Propiconazole	1.41	5.63	90.25	95.11	84.75	90.04	5.76	67.81	70.81	71.33	69.99	2.72
150	毒死蜱	Chlorpyrifos	43.04	172.16	81.43	78.29	86.76	82.16	5.21	78.05	73.73	75.62	75.80	2.86
151	氯乙氟灵	Fluchloralin	390.40	1561.60	55.70	63.69	47.00	55.46	15.05	69.37	71.28	71.18	70.61	1.52
152	氯磺隆	Chlorsulfuron	2.19	8.77	30.93	17.87	43.65	30.82	41.83	110.47	106.92	97.93	105.11	6.15
153	烯草酮	Clethodim	1.66	6.66	85.69	75.24	78.63	79.85	6.68	76.48	84.68	86.40	82.52	6.42
154	麦草氟异丙酯	Flamprop isopropyl	0.35	1.39	22.09	20.22	37.14	26.48	35.03	77.28	61.85	62.11	67.08	13.17
155	杀虫畏	Tetrachlorvinphos	1.78	7.10	82.35	78.25	75.25	78.62	4.53	73.38	75.56	76.22	75.05	1.98
156	炔螨特	Propargite	54.88	219.52	75.45	79.64	69.31	74.80	6.95	64.14	47.27	58.32	56.58	15.15
157	糠菌唑	Bromuconazole	2.51	10.05	78.06	76.14	86.72	80.31	7.02	71.30	72.79	74.76	72.95	2.38
158	氟吡酰草胺	Picolinafen	0.58	2.32	69.99	66.24	80.68	72.30	10.36	64.31	58.56	59.21	60.69	5.18
159	氟噻乙草酯	Fluthiacet methyl	4.24	16.96	77.91	81.49	61.14	73.51	14.78	70.99	72.83	65.65	69.82	5.34
160	肟菌酯	Trifloxystrobin	1.60	6.40	63.81	64.06	86.21	71.36	18.02	74.34	63.25	74.18	70.59	9.01
161	氯嘧磺隆	Chlorimuron ethyl	24.32	97.28	66.86	59.25	71.57	65.89	9.43	83.94	81.86	79.12	81.64	2.96
162	氟铃脲	Hexaflumuron	20.16	80.64	21.95	21.00	15.17	19.37	18.96	19.90	16.35	26.20	20.82	23.96
163	氟酰脲	Novaluron	6.43	25.73	0.06	1.25	1.50	0.94	82.50	0.27	0.17	0.12	0.18	39.86
164	氟蚁腙	Hydramethylnon	1.37	5.49	26.40	10.43	22.88	19.90	42.15	9.56	10.92	10.67	10.38	6.97
165	吡虫隆	Flurazuron	21.44	85.76	16.19	35.19	19.27	23.55	43.30	23.59	25.81	19.32	22.91	14.40
					C组									
166	抑芽丹	Maleic hydrazide	64.00	256.00	8.54	9.67	6.47	8.23	19.74	3.29	2.06	3.27	2.87	24.49
167	甲胺磷	Methamidophos	3.94	15.78	71.19	68.14	70.10	69.81	2.21	66.89	74.40	52.84	64.71	16.91
168	茵草敌	EPTC	29.87	119.48	46.00	26.47	46.18	39.55	28.64	27.49	67.19	19.67	38.12	66.85
169	避蚊胺	Diethyltoluamide	0.44	1.76	98.25	103.80	87.61	96.55	8.52	103.02	98.72	108.03	103.26	4.51
170	灭草隆	Monuron	27.79	111.16	91.84	94.79	85.54	90.72	5.21	95.44	87.77	93.42	92.21	4.31
171	嘧霉胺	Pyrimethanil	0.54	2.18	90.37	98.65	86.99	92.00	6.52	81.41	92.25	79.84	84.50	7.99
172	甲呋酰胺	Fenfuram	0.62	2.50	101.03	92.98	84.82	92.94	8.72	83.42	81.05	87.25	83.91	3.73

续表

序号	中文名称	英文名称	添加浓度/(mg/kg)		低水平添加				高水平添加			
			低	高	河豚鱼/%	鳗鱼/%	对虾/%	Ave/%	RSD/%	河豚鱼/%	鳗鱼/%	对虾/%	Ave/%	RSD/%
173	灭藻醌	Quinoclamine	6.34	25.34	54.21	67.19	54.10	58.50	12.86	64.18	45.21	50.08	53.16	18.53
174	仲丁威	Fenobucarb	4.72	18.88	56.99	55.27	61.32	57.86	5.38	67.73	59.12	66.94	64.60	7.37
175	乙菌定	Ethirimol	0.45	1.79	60.02	59.04	55.60	58.22	3.99	75.58	67.39	67.90	70.29	6.53
176	敌稗	Propanil	17.27	69.09	87.35	86.16	75.15	82.88	8.12	71.37	66.57	71.21	69.72	3.92
177	克百威	Carbofuran	10.45	41.79	90.28	93.00	86.70	89.99	3.51	92.36	84.77	93.82	90.32	5.38
178	啶虫脒	Acetamiprid	1.15	4.61	103.87	104.16	100.47	102.83	1.99	101.89	91.88	103.78	99.18	6.45
179	嘧菌胺	Mepanipyrim	0.26	1.02	83.90	79.85	76.25	80.00	4.78	62.63	60.18	72.83	65.21	10.29
180	扑灭通	Prometon	0.10	0.42	74.79	71.00	68.26	71.35	4.60	78.09	79.45	76.57	78.03	1.84
181	甲硫威	Methiocarb	32.96	131.84	60.14	69.37	58.11	62.54	9.60	57.19	73.43	59.21	63.28	13.99
182	甲氧隆	Metoxuron	0.51	2.04	96.66	85.79	90.35	90.94	6.00	89.07	86.00	85.49	86.85	2.23
183	乐果	Dimethoate	6.08	24.32	99.67	108.11	98.29	102.02	5.21	106.41	106.08	106.91	106.47	0.39
184	呋菌胺	Methfuroxam	0.22	0.87	75.14	81.91	73.15	76.73	5.98	63.84	68.52	64.30	65.55	3.94
185	伏草隆	Fluometuron	0.74	2.94	29.23	25.66	15.98	23.62	29.01	47.57	49.96	51.67	49.73	4.14
186	百治磷	Dicrotophos	0.92	3.66	88.38	83.57	83.42	85.12	3.31	114.48	97.20	108.22	106.63	8.21
187	庚酰草胺	Monalide	0.96	3.84	66.34	59.47	67.19	64.33	6.58	79.65	71.36	62.00	71.00	12.44
188	双苯酰草胺	Diphenamid	0.11	0.45	95.68	79.95	81.46	85.70	10.13	79.09	80.21	86.14	81.81	4.63
189	灭线磷	Ethoprophos	2.21	8.85	107.43	96.16	82.84	95.48	12.89	94.23	88.33	95.85	92.80	4.27
190	地虫硫磷	Fonofos	5.97	23.87	94.18	88.97	81.10	88.08	7.48	63.87	58.28	67.23	63.13	7.16
191	土菌灵	Etridiazol	80.34	321.35	59.80	51.48	61.34	57.54	9.22	68.36	74.21	50.00	64.19	19.68
192	拌种胺	Furmecyclox	0.67	2.66	28.98	26.68	47.30	34.32	32.92	59.89	61.97	60.80	60.89	1.71
193	环嗪酮	Hexazinone	0.10	0.38	92.92	78.00	94.16	88.36	10.17	94.37	86.60	93.51	91.49	4.65
194	异戊乙净	Dimethametryn	0.09	0.35	62.20	61.64	56.41	60.08	5.32	59.36	48.92	52.38	53.55	9.93
195	敌百虫	Trichlorphon	0.90	3.59	65.53	79.06	59.23	67.94	14.91	60.14	73.00	62.19	65.11	10.61
196	内吸磷(O+S)	Demeton(O+S)	5.42	21.67	3.83	10.88	21.04	11.92	72.61	15.89	22.69	17.19	18.59	19.42
197	解草嗪	Benoxacor	5.52	22.08	93.37	105.21	93.01	97.20	7.14	85.40	77.85	85.41	82.89	5.26

续表

序号	中文名称	英文名称	添加浓度/(mg/kg)		低水平添加					高水平添加				
			低	高	河豚鱼/%	鳗鱼/%	对虾/%	Ave/%	RSD/%	河豚鱼/%	鳗鱼/%	对虾/%	Ave/%	RSD/%
198	除草定	Bromacil	18.88	75.52	91.11	94.18	81.66	88.99	7.33	98.97	89.11	94.96	94.35	5.26
199	甲拌磷亚砜	Phorate sulfoxide	294.62	1178.50	30.24	29.10	29.64	29.66	1.92	29.67	31.65	19.69	27.00	23.74
200	溴莠敏	Brompyrazon	2.88	11.52	94.94	92.82	92.57	93.44	1.39	81.77	102.54	80.55	88.29	14.00
201	氧化萎锈灵	Oxycarboxin	0.72	2.87	84.33	83.62	77.32	81.76	4.72	98.97	88.36	102.63	96.66	7.67
202	灭锈胺	Mepronil	0.30	1.21	74.44	75.50	58.75	69.56	13.48	61.12	76.25	60.04	65.80	13.77
203	乙拌磷	Disulfoton	375.76	1503.03	16.32	19.25	30.89	22.15	34.79	15.45	23.69	23.94	21.03	22.98
204	倍硫磷	Fenthion	41.60	166.40	24.33	11.41	12.82	16.19	43.79	2.79	1.12	2.21	2.04	41.47
205	甲霜灵	Metalaxyl	0.40	1.60	86.99	93.50	82.30	87.60	6.42	87.60	87.03	89.17	87.93	1.26
206	甲呋酰胺	Ofurace	0.80	3.20	103.75	99.95	85.88	96.53	9.75	80.98	83.34	86.23	83.52	3.15
207	十二环吗啉	Dodemorph	0.32	1.28	34.92	35.05	32.58	34.18	4.06	42.47	37.73	38.08	39.43	6.69
208	噻唑硫磷	Fosthiazate	0.00	未添加	未添加	未添加	未添加			未添加	未添加	未添加		
209	甲基咪草酯	Imazamethabenz-methyl	0.13	0.52	68.04	65.10	62.86	65.34	3.97	83.10	78.42	83.88	81.80	3.61
210	乙拌磷亚砜	Disulfoton-sulfoxide	2.28	9.10	48.25	51.27	66.32	55.28	17.51	51.14	69.00	60.18	60.11	14.86
211	稻瘟灵	Isoprothiolane	1.48	5.91	72.77	73.36	72.02	72.71	0.92	68.22	64.94	66.91	66.69	2.48
212	抑霉唑	Imazalil	1.60	6.40	77.47	53.13	79.57	70.06	20.97	69.14	69.14	58.50	65.59	9.37
213	辛硫磷	Phoxim	66.24	264.96	66.24	61.72	59.85	62.60	5.25	61.24	50.08	62.52	57.95	11.81
214	喹硫磷	Quinalphos	1.60	6.39	71.44	69.33	60.33	67.03	8.81	61.17	58.39	59.15	59.57	2.41
215	灭菌磷	Ditalimfos	53.77	215.07	78.27	76.50	72.41	75.73	3.97	108.95	97.14	78.91	95.00	15.93
216	苯氧威	Fenoxycarb	14.62	58.46	65.80	24.58	34.24	41.54	51.90	64.19	70.38	65.86	66.81	4.79
217	嘧啶磷	Pyrimitate	0.14	0.56	60.35	78.12	63.78	67.42	13.98	86.17	76.99	70.58	77.91	10.06
218	丰索磷	Fensulfothin	1.60	6.40	73.59	74.66	70.14	72.80	3.24	83.30	75.01	86.35	81.55	7.20
219	氟咯草酮	Fluorochloridone	11.02	44.10	43.68	37.84	31.28	37.60	16.50	47.06	72.15	46.43	55.21	26.57
220	丁草胺	Butachlor	16.05	64.21	59.99	58.91	49.26	56.05	10.55	55.00	59.41	54.58	56.33	4.75
221	咪唑喹啉酸	Imazaquin	2.31	9.24	23.39	27.19	69.19	39.92	63.67	17.25	19.34	29.36	21.98	29.45
222	亚胺菌	Kresoxim-methyl	80.46	321.86	80.47	70.75	63.83	71.68	11.66	67.19	67.14	65.14	66.49	1.76

续表

序号	中文名称	英文名称	添加浓度/(mg/kg)		低水平添加					高水平添加				
			低	高	河豚鱼/%	鳗鱼/%	对虾/%	Ave/%	RSD/%	河豚鱼/%	鳗鱼/%	对虾/%	Ave/%	RSD/%
223	戊叉菌唑	Triticonazole	2.42	9.66	72.34	74.61	71.48	72.81	2.22	60.61	59.10	60.85	60.19	1.58
224	苯线磷亚砜	Fenamiphos sulfoxide	0.59	2.37	80.49	80.87	70.06	77.14	7.95	75.21	72.97	75.59	74.59	1.90
225	噻吩草胺	Thenylchlor	19.31	77.25	75.37	75.03	67.85	72.75	5.84	78.34	76.34	68.91	74.53	6.67
226	氟菌胺	Fenoxanil	31.52	126.08	42.53	60.59	24.14	42.42	42.97	41.91	45.68	28.43	38.68	23.45
227	氟啶草酮	Fluridone	0.14	0.58	70.88	85.06	73.44	76.46	9.88	66.37	59.42	64.18	63.32	5.62
228	氟环唑	Epoxiconazole	3.24	12.98	63.56	60.78	62.31	62.22	2.23	83.29	66.17	55.45	68.30	20.56
229	氯辛硫磷	Chlorphoxim	62.06	248.24	67.50	67.46	64.40	66.45	2.68	62.08	55.64	58.32	58.68	5.51
230	苯线磷砜	Fenamiphos sulfone	0.36	1.42	70.13	83.73	69.80	74.55	10.67	77.20	67.05	77.15	73.80	7.92
231	腈苯唑	Fenbuconazole	1.32	5.28	76.80	80.01	66.82	74.54	9.23	79.46	80.19	80.84	80.16	0.86
232	异柳磷	Isofenphos	174.94	699.75	77.84	60.19	82.60	73.54	16.05	72.69	71.24	71.69	71.87	1.03
233	苯醚菊酯	Phenothrin	271.36	1085.44	95.18	94.53	75.83	88.52	12.41	64.97	55.52	65.69	62.06	9.14
234	氯化薯瘟锡	Fentin-chloride	13.80	55.20	40.45	19.44	15.87	25.25	52.58	59.35	67.31	57.69	61.45	8.37
235	呱草磷	Piperophos	7.39	29.57	66.44	67.04	59.61	64.36	6.41	64.96	72.51	64.56	67.35	6.65
236	增效醚	Piperonyl butoxide	0.91	3.62	68.23	64.02	53.79	62.01	11.98	65.97	48.96	64.32	59.75	15.70
237	乙氧氟草醚	Oxyflurofen	46.84	187.35	41.19	43.54	29.48	38.07	19.78	34.94	37.98	38.55	37.15	5.22
238	蝇毒磷	Coumaphos	1.68	6.72	84.13	80.65	66.08	76.95	12.45	103.69	75.18	80.57	86.48	17.51
239	氟噻草胺	Flufenacet	4.24	16.96	72.04	81.69	77.39	77.04	6.28	69.35	64.35	64.28	65.99	4.41
240	伏杀硫磷	Phosalone	38.43	153.73	76.96	70.93	63.28	70.39	9.74	61.95	75.04	61.20	66.06	11.78
241	甲氧虫酰肼	Methoxyfenozide	2.96	11.84	39.80	39.49	33.99	37.76	8.66	36.72	39.32	38.81	38.28	3.61
242	咪鲜胺	Prochloraz	1.66	6.62	74.32	68.60	64.92	69.28	6.84	73.10	83.59	72.73	76.47	8.06
243	丙硫特普	Aspon	1.38	5.54	26.68	26.06	18.25	23.67	19.86	25.12	16.32	22.13	21.19	21.12
244	乙硫磷	Ethion	2.36	9.46	92.28	98.86	81.41	90.85	9.70	61.48	76.74	62.50	66.91	12.75
245	丁醚脲	Diafenthiuron	0.22	0.90	49.58	7.16	4.19	20.31	125.02	2.65	2.38	32.02	12.35	137.93
246	噻吩磺隆	Thifensulfuron-methyl	17.12	68.48	64.57	71.24	71.14	68.98	5.54	64.11	89.61	71.05	74.92	17.60
247	乙氧嘧磺隆	Ethoxysulfuron	3.67	14.66	80.14	69.27	70.18	73.20	8.24	88.45	75.14	78.11	80.57	8.67

续表

序号	中文名称	英文名称	添加浓度/(mg/kg)		低水平添加				高水平添加			
			低	高	河豚鱼/%	鳗鱼/%	对虾/%	Ave./%	RSD/%	河豚鱼/%	鳗鱼/%	对虾/%	Ave./%	RSD/%
248	氟硫草定	Dithiopyr	8.32	33.28	5.35	4.52	3.20	4.36	24.82	10.28	8.96	11.31	10.18	11.58
249	螺螨酯	Spirodiclofen	7.92	31.70	70.31	67.93	54.63	64.29	13.15	63.91	59.64	72.19	65.25	9.78
250	唑螨酯	Fenpyroximate	1.09	4.35	80.34	74.38	86.72	80.48	7.67	85.08	81.57	83.92	83.52	2.14
251	氟烯草酸	Flumiclorac-pentyl	8.49	33.95	90.76	84.10	85.80	86.89	3.98	68.28	61.14	71.29	66.90	7.79
252	双硫磷	Temephos	0.97	3.89	68.37	66.89	59.55	64.94	7.27	74.10	76.19	80.86	77.05	4.49
253	氟丙嘧草酯	Butafenacil	7.60	30.40	3.85	3.67	1.63	3.05	40.44	7.75	9.27	8.08	8.37	9.57
254	多杀菌素	Spinosad	0.45	1.82	1.96	2.18	1.43	1.86	20.71	2.44	3.13	2.50	2.69	14.13
							D组							
255	助壮素	Mepiquat chloride	0.72	2.88	12.24	39.35	19.00	23.53	59.97	20.36	37.14	11.24	22.91	57.34
256	二丙烯草胺	Allidochlor	32.83	131.33	82.59	77.24	61.21	73.68	15.10	63.24	67.26	71.01	67.16	5.79
257	霜霉威	Propamocarb	0.07	0.28	24.11	15.18	18.69	19.33	23.28	33.34	21.35	24.19	26.29	23.83
258	三环唑	Tricyclazole	0.00	未添加	未添加	未添加	未添加			未添加	未添加	未添加		
259	噻菌灵	Thiabendazole	0.39	1.56	94.46	105.60	90.22	96.76	8.21	84.14	89.76	95.67	89.86	6.42
260	苯嗪草酮	Metamitron	5.09	20.35	114.57	91.57	88.34	98.16	14.57	87.74	87.68	86.94	87.45	0.51
261	异丙隆	Isoproturon	0.11	0.43	95.12	106.33	120.44	107.30	11.82	80.12	80.29	89.16	83.19	6.22
262	阿特拉通	Atratone	0.15	0.59	93.46	128.61	125.29	115.79	16.76	81.34	79.43	91.71	84.16	7.85
263	敌草净	Desmetryn	0.14	0.55	119.40	109.59	107.45	112.15	5.68	85.81	90.71	92.31	89.61	3.78
264	嗪草酮	Metribuzin	0.43	1.73	111.92	102.40	89.31	101.21	11.21	104.03	108.14	91.83	101.34	8.37
265	N,N-二甲基氨基-N-甲苯	DMST	32.00	128.00	112.25	115.24	107.28	111.59	3.60	90.68	92.28	90.57	91.17	1.06
266	环草敌	Cycloate	3.55	14.21	110.04	114.21	123.74	116.00	6.06	86.49	86.39	84.26	85.72	1.47
267	阿特拉津	Atrazine	0.29	1.15	87.17	104.22	92.77	94.72	9.17	80.14	88.14	86.54	84.94	4.98
268	丁草敌	Butylate	241.60	966.40	86.17	86.34	77.32	83.28	6.20	105.73	105.17	100.98	103.96	2.50
269	吡螨酮	Pymetrozin	27.42	109.70	102.47	109.67	107.24	106.46	3.44	60.97	61.17	60.26	60.80	0.79
270	氯草敏	Chloridazon	1.86	7.45	114.75	121.24	102.73	112.91	8.32	82.71	79.81	82.65	81.72	2.03
271	莱草畏	Sulfallate	165.76	663.04	103.81	101.24	102.35	102.47	1.26	60.17	69.34	61.20	63.57	7.90

续表

序号	中文名称	英文名称	添加浓度/(mg/kg)		低水平添加				高水平添加				
			低	高	河豚鱼/%	鳗鱼/%	对虾/%	Ave/%	RSD/%	河豚鱼/%	鳗鱼/%	对虾/%	Ave/%	RSD/%
272	乙硫苯威	Ethiofencarb	3.94	15.74	21.63	9.17	9.67	13.49	52.29	11.27	19.25	21.27	17.26	30.62
273	特丁通	Terbumeton	0.08	0.31	95.91	104.24	107.49	102.55	5.82	74.84	77.28	78.65	76.92	2.51
274	环丙津	Cyprazine	0.00	未添加	未添加	未添加	未添加			未添加	未添加	未添加		
275	莠灭净	Ametryn	0.77	3.07	104.44	113.20	75.18	97.61	20.40	80.42	79.06	79.27	79.58	0.92
276	丁噻隆	Tebuthiuron	0.17	0.69	100.39	90.68	115.14	102.07	12.07	93.90	96.00	95.50	95.13	1.15
277	草达津	Trietazine	0.48	1.93	101.79	107.30	91.88	100.32	7.79	78.90	79.75	82.48	80.38	2.32
278	另丁津	Sebutylazine	0.25	1.00	87.14	80.74	110.20	92.69	16.71	71.24	75.98	79.41	75.54	5.43
279	畜虫避	Dibutyl succinate	177.92	711.68	96.12	117.74	115.07	109.64	10.75	80.32	82.32	83.30	81.98	1.85
280	牧草胺	Tebutam	0.11	0.44	98.16	103.24	101.27	100.89	2.54	78.00	81.93	84.15	81.36	3.82
281	久效威亚砜	Thiofanox-sulfoxide	6.64	26.54	114.46	102.19	106.37	107.67	5.79	114.99	116.17	85.89	105.68	16.23
282	杀螟丹	Cartap hydrochloride	1664.00	6656.00	24.11	15.18	18.69	19.33	23.28	34.18	22.67	24.19	27.01	23.15
283	虫螨畏	Methacrifos	1938.96	7755.83	97.93	95.47	96.16	96.52	1.32	106.35	103.02	107.33	105.56	2.14
284	特丁净	Terbutryn	0.00	未添加	未添加	未添加	未添加			未添加	未添加	未添加		
285	咪唑嗪	Triazoxide	6.40	25.60	115.32	118.80	120.35	118.16	2.18	74.40	69.56	67.98	70.65	4.74
286	虫线磷	Thionazin	18.14	72.58	100.66	106.54	114.66	107.29	6.55	106.41	109.77	76.14	97.44	19.01
287	利谷隆	Linuron	9.31	37.23	81.14	91.36	81.24	84.58	6.94	77.81	62.17	71.01	70.33	11.15
288	庚烯磷	Heptanophos	4.67	18.69	108.01	107.94	104.59	106.85	1.83	83.54	87.96	85.42	85.64	2.59
289	苄草丹	Prosulfocarb	0.29	1.17	94.12	100.24	114.47	102.94	10.14	78.14	81.17	91.24	83.52	8.21
290	异丙净	Dipropetryn	0.22	0.86	87.07	103.42	116.72	102.40	14.50	100.21	101.42	88.41	96.68	7.43
291	禾草丹	Thiobencarb	2.64	10.56	113.36	113.25	109.58	112.07	1.92	72.17	71.16	78.66	73.99	5.50
292	三异丁基磷酸盐	Tri-*iso*-butyl phosphate	0.00	未添加	未添加	未添加	未添加			未添加	未添加	未添加		
293	三正丁基磷酸盐	Tri-*n*-butyl phosphate	0.30	1.20	76.61	87.64	87.22	83.82	7.46	81.54	87.68	89.25	86.01	4.65
294	乙霉威	Diethofencarb	1.60	6.40	95.11	104.24	106.97	102.11	6.08	60.70	60.45	68.24	63.13	7.01
295	甲草胺	Alachlor	5.92	23.68	103.74	111.90	124.10	113.25	9.05	71.26	74.13	75.36	73.58	2.86
296	硫线磷	Cadusafos	0.92	3.69	104.21	89.14	89.47	94.27	9.13	111.14	113.77	90.25	105.05	12.27

续表

序号	中文名称	英文名称	添加浓度/(mg/kg)		低水平添加				高水平添加			
			低	高	河豚鱼/%	鳗鱼/%	对虾/%	Ave/%	RSD/%	河豚鱼/%	鳗鱼/%	对虾/%	Ave/%	RSD/%
297	吡唑草胺	Metazachlor	0.78	3.14	117.86	116.91	126.22	120.33	4.26	82.53	83.49	87.24	84.42	2.95
298	胺丙畏	Propetamphos	43.20	172.80	83.64	81.27	74.18	79.70	6.18	80.17	76.54	71.25	75.99	5.90
299	特丁硫磷	Terbufos	1792.00	7168.01	78.04	74.00	71.24	74.43	4.60	77.64	80.19	76.34	78.06	2.51
300	硅氟唑	Simeconazole	2.35	9.41	80.57	79.99	82.84	81.13	1.86	80.19	71.14	79.67	77.00	6.60
301	三唑酮	Triadimefon	6.30	25.22	73.99	115.00	127.53	105.51	26.54	82.14	73.69	72.18	76.00	7.06
302	甲拌磷砜	Phorate sulfone	33.60	134.40	89.97	115.60	113.30	106.29	13.34	77.08	78.17	70.51	75.25	5.51
303	十三吗啉	Tridemorph	2.08	8.33	64.86	81.24	89.70	78.60	16.07	110.24	100.24	101.67	104.05	5.20
304	苯噻酰草胺	Mefenacet	1.77	7.07	83.60	107.62	111.59	100.94	15.01	76.32	76.70	88.44	80.49	8.56
305	戊环唑	Azaconazole	0.65	2.58	26.14	26.09	26.54	26.26	0.95	25.24	22.39	19.50	22.38	12.83
306	苯线磷	Fenamiphos	0.17	0.66	25.78	19.68	15.26	20.24	26.11	19.67	24.17	17.49	20.44	16.66
307	丁苯吗啉	Fenpropimorph	0.15	0.59	114.00	116.58	109.69	113.42	3.07	86.99	79.54	90.34	85.62	6.46
308	戊唑醇	Tebuconazole	1.79	7.14	81.69	108.23	114.06	101.33	17.03	71.61	82.03	78.20	77.28	6.82
309	异丙乐灵	Isopropalin	24.00	96.00	101.01	111.25	120.25	110.84	8.69	88.74	79.14	86.97	84.95	6.01
310	氟苯嘧啶醇	Nuarimol	0.80	3.19	83.89	102.56	107.17	97.87	12.59	108.43	101.24	75.66	95.11	18.11
311	乙嘧酚磺酸酯	Bupirimate	0.56	2.24	110.71	104.25	96.36	103.77	6.93	84.15	89.39	75.14	82.89	8.70
312	保棉磷	Azinphos-methyl	883.47	3533.87	112.96	110.71	116.98	113.55	2.80	85.31	73.59	75.13	78.01	8.16
313	丁基嘧啶磷	Tebupirimfos	0.10	0.41	112.90	102.14	102.14	105.73	5.88	76.14	67.14	70.05	71.11	6.46
314	稻丰散	Phenthoate	73.88	295.53	111.25	111.47	108.94	110.55	1.27	71.97	74.67	73.67	73.44	1.86
315	治螟磷	Sulfotep	2.08	8.32	97.50	114.24	105.24	105.66	-7.93	66.48	67.88	69.00	67.79	1.86
316	硫丙磷	Sulprofos	4.67	18.69	103.20	102.62	106.24	104.02	1.87	82.24	79.34	72.14	77.91	6.68
317	苯硫磷	EPN	26.40	105.60	103.54	108.91	108.47	106.97	2.79	67.92	71.88	73.52	71.10	4.04
318	甲基吡噁磷	Azamethiphos	0.65	2.59	107.77	110.16	115.09	111.01	3.36	78.57	74.80	79.85	77.74	3.37
319	烯唑醇	Diniconazole	1.08	4.30	82.84	112.58	106.25	100.56	15.58	79.69	79.58	81.25	80.17	1.17
320	唑嘧磺草胺	Flumetsulam	0.24	0.95	32.81	39.36	41.24	37.80	11.71	57.77	52.74	51.17	53.89	6.39
321	稀禾啶	Sethoxydim	0.00	未添加	未添加	未添加	未添加	未添加	未添加	未添加	未添加	未添加	未添加	未添加

续表

序号	中文名称	英文名称	添加浓度/(mg/kg)		低水平添加				高水平添加			
			低	高	河豚鱼/%	鳗鱼/%	对虾/%	Ave/%	RSD/%	河豚鱼/%	鳗鱼/%	对虾/%	Ave/%	RSD/%
322	戊菌隆	Pencycuron	0.22	0.87	95.08	107.49	112.51	105.03	8.54	87.14	78.14	79.14	81.47	6.05
323	灭蚜磷	Mecarbam	15.68	62.72	105.22	104.37	108.58	106.06	2.10	70.09	70.33	70.88	70.43	0.57
324	苯草酮	Tralkoxydim	0.26	1.03	107.84	94.46	112.87	105.05	9.06	65.39	72.48	75.13	71.00	7.09
325	马拉硫磷	Malathion	4.52	18.06	112.22	114.40	114.40	113.59	1.05	72.61	73.40	73.75	73.25	0.80
326	毒草丹	Pyributicarb	0.27	1.08	92.76	105.69	100.58	99.68	6.53	63.68	82.58	83.14	76.47	14.49
327	哒嗪硫磷	Pyridaphenthion	0.70	2.79	111.55	120.48	112.14	114.72	4.35	62.58	63.29	66.59	64.15	3.33
328	嘧啶磷	Pirimiphos-ethyl	0.00	未添加	未添加	未添加	未添加			未添加	未添加	未添加		
329	硫双威	Thiodicarb	31.49	125.98	19.64	10.24	50.21	26.70	78.28	38.67	38.16	126.19	67.67	74.89
330	吡唑硫磷	Pyraclofos	0.80	3.21	99.48	106.14	101.47	102.36	3.34	86.69	79.18	81.54	82.47	4.66
331	啶氧菌酯	Picoxystrobin	6.75	27.01	81.74	105.74	105.69	97.72	14.16	70.19	71.18	72.14	71.17	1.37
332	四氟醚唑	Tetraconazole	1.38	5.50	71.92	79.90	76.69	76.17	5.27	91.48	79.24	85.03	85.25	7.18
333	吡唑解草酯	Mefenpyr-diethyl	10.05	40.19	100.19	96.47	88.69	95.12	6.17	76.06	79.24	78.24	77.85	2.09
334	丙溴磷	Profenefos	1.61	6.45	110.21	177.09	188.30	158.53	26.64	82.17	76.34	77.19	78.57	4.01
335	百克敏	Pyraclostrobin	0.40	1.62	106.77	118.98	104.57	110.11	7.05	78.41	75.15	78.25	77.27	2.38
336	烯酰吗啉	Dimethomorph	0.28	1.13	63.88	76.24	71.25	70.46	8.83	69.34	78.91	79.90	76.05	7.67
337	噻酰菊酯	Kadethrin	2.66	10.65	118.54	108.57	83.17	103.43	17.63	76.39	76.40	71.58	74.79	3.72
338	噻唑烟酸	Thiazopyr	1.57	6.27	91.55	99.14	91.69	94.13	4.61	91.24	97.14	71.04	86.47	15.83
339	甲基丙硫克百威	Benfuracarb-methyl	13.10	52.40	98.17	71.21	60.30	76.56	25.46	77.53	76.04	80.87	78.15	3.16
340	醚黄隆	Cinosulfuron	0.90	3.60	60.15	89.00	86.31	78.49	20.31	69.87	67.00	71.92	69.60	3.55
341	吡嘧磺隆	Pyrazosulfuron-ethyl	5.47	21.89	51.02	60.31	40.21	50.51	19.91	71.26	71.81	77.17	73.41	4.45
342	磺草胺唑	Metosulam	3.52	14.08	54.14	61.29	69.64	61.69	12.58	43.10	45.28	47.22	45.28	4.58
343	氟啶脲	Chlorfluazuron	6.94	27.78	6.38	7.15	5.74	6.42	10.99	1.64	1.17	1.75	1.52	20.18
					E组									
344	4-氨基吡啶	4-Aminopyridine	0.69	2.78	93.46	108.19	87.76	96.47	10.93	87.78	81.49	77.35	82.21	6.39
345	矮壮素	Chlormequat	0.10	0.39	9.11	7.05	6.38	7.51	18.89	2.60	4.89	2.70	3.40	38.10

续表

序号	中文名称	英文名称	添加浓度/(mg/kg)		低水平添加				高水平添加			
			低	高	河豚鱼/%	鳗鱼/%	对虾/%	Ave/%	RSD/%	河豚鱼/%	鳗鱼/%	对虾/%	Ave/%	RSD/%
346	灭多威	Methomyl	7.65	30.59	94.35	75.01	84.97	84.78	11.41	104.87	107.32	79.00	97.07	16.16
347	咯喹酮	Pyroquilon	2.78	11.14	89.83	78.13	72.98	80.31	10.75	109.55	115.04	115.11	113.23	2.82
348	麦穗灵	Fuberidazole	1.51	6.05	65.75	66.35	72.18	68.09	5.21	108.56	112.94	94.13	105.21	9.36
349	丁脒酰胺	Isocarbamid	1.36	5.43	83.21	79.22	80.10	80.84	2.59	113.05	112.60	109.04	111.56	1.97
350	丁酮威	Butocarboxim	1.26	5.02	68.11	67.22	75.25	70.19	6.27	86.95	82.14	89.24	86.11	4.21
351	杀虫脒	Chlordimeform	1.07	4.26	86.34	91.60	91.47	89.80	3.34	100.51	96.93	91.13	96.19	4.92
352	霜脲氰	Cymoxanil	44.48	177.92	63.87	73.53	72.10	69.83	7.46	82.80	89.13	90.58	87.50	4.73
353	灭草敌	Vernolate	0.21	0.83	61.58	79.19	68.60	69.79	12.70	53.65	72.69	57.64	61.33	16.37
354	氯硫酰草胺	Chlorthiamid	7.06	28.22	6.78	7.31	9.16	7.75	16.12	48.47	51.47	44.83	48.26	6.89
355	灭害威	Aminocarb	13.14	52.54	61.39	69.47	74.15	68.34	9.45	114.62	115.43	85.57	105.21	16.17
356	甲菌定	Dimethirimol	0.10	0.40	77.18	68.45	69.69	71.77	6.58	105.19	112.53	81.90	99.87	16.01
357	氧乐果	Omethoate	7.72	30.88	64.43	78.19	71.02	71.21	9.66	92.84	89.79	76.38	86.33	10.14
358	乙氧喹啉	Ethoxyquin	2.82	11.26	25.16	38.25	9.87	24.43	58.14	12.68	21.58	18.91	17.72	25.77
359	敌敌畏	Dichlorvos	0.44	1.75	77.73	79.14	80.39	79.09	1.68	93.06	90.98	81.20	88.41	7.17
360	涕灭威砜	Aldicarb sulfone	17.12	68.48	117.92	96.34	90.10	101.45	14.39	83.61	107.65	90.15	93.80	13.25
361	二氧威	Dioxacarb	2.69	10.75	80.42	82.17	81.27	81.29	1.08	111.69	113.40	106.49	110.53	3.25
362	苄基腺嘌呤	Benzyladenine	56.64	226.56	63.21	67.27	67.24	65.89	3.52	70.81	71.69	64.28	68.93	5.88
363	甲基内吸磷	Demeton-S-methyl	4.24	16.96	26.13	22.45	21.03	23.20	11.35	45.21	33.36	55.24	44.60	24.56
364	乙硫苯威亚砜	Ethiofencarb-sulfoxide	179.20	716.80	78.19	94.18	94.19	88.85	10.39	81.80	82.96	79.97	81.58	1.84
365	杀螟腈	Cyanophos	8.10	32.38										
366	甲基乙拌磷	Thiometon	462.40	1849.60	91.24	79.69	82.19	84.37	7.20	84.24	79.51	77.91	80.55	4.09
367	灭菌丹	Folpet	110.88	443.52	106.21	104.28	105.98	105.49	1.00	70.38	70.28	78.24	72.97	6.26
368	甲基内吸磷砜	Demeton-S-methyl sulfone	15.81	63.23	93.18	81.25	80.97	85.13	8.19	109.97	108.88	111.39	110.08	1.14
369	哌草丹	Dimepiperate	3024.00	#										
370	苯锈啶	Fenpropidin	0.15	0.59	57.14	29.96	52.17	46.42	31.18	47.15	67.13	61.00	58.43	17.51

续表

序号	中文名称	英文名称	添加浓度/(mg/kg)		低水平添加				高水平添加			
			低	高	河豚鱼/%	鳗鱼/%	对虾/%	Ave/%	RSD/%	河豚鱼/%	鳗鱼/%	对虾/%	Ave/%	RSD/%
371	赛硫磷	Amidithion	526.40	2105.60	91.82	98.25	95.72	95.26	3.40	105.62	99.23	104.12	102.99	3.24
372	对氧磷	Paraoxon-ethyl	0.38	1.52	113.02	113.67	114.45	113.71	0.63	105.85	111.57	108.61	108.68	2.63
373	4-十二烷基 2,6-二甲基吗啉	Aldimorph	2.53	10.11	80.87	83.69	85.16	83.24	2.62	102.35	103.59	91.06	99.00	6.98
374	乙烯菌核利	Vinclozolin	2.03	8.13	101.65	114.05	118.40	111.37	7.80	101.16	99.11	100.81	100.36	1.09
375	烯效唑	Uniconazole	1.92	7.68	74.42	84.55	84.70	81.22	7.25	106.98	108.53	95.15	103.55	7.07
376	啶斑肟	Pyrifenox	0.21	0.85	78.24	74.85	78.25	77.11	2.54	108.50	96.28	88.25	97.68	10.44
377	氯硫磷	Chlorthion	106.88	427.52	91.44	81.11	81.14	84.56	7.04	99.60	111.20	70.40	93.73	22.43
378	异氯磷	Dicapthon	0.19	0.76	91.45	114.68	119.25	108.46	13.74	91.50	117.03	104.53	104.35	12.23
379	四螨嗪	Clofentezine	0.61	2.44	66.70	61.75	73.19	67.22	8.53	119.62	117.28	89.64	108.85	15.32
380	氟草敏	Norflurazon	0.21	0.83	75.19	78.55	83.43	79.06	5.24	107.73	104.22	98.33	103.43	4.59
381	野麦畏	Triallate	36.96	147.84										
382	福美锌	Ziram	4896.00	#										
383	苯氧喹啉	Quinoxyphen	122.72	490.88	95.07	92.95	94.33	94.12	1.14	120.80	121.08	115.32	119.07	2.73
384	倍硫磷砜	Fenthion sulfone	13.97	55.87	72.69	74.26	80.30	75.75	5.31	104.58	117.41	102.20	108.06	7.57
385	氟咯草酮	Flurochloridone	1.03	4.13	95.04	91.37	98.39	94.93	3.70	119.54	106.25	109.90	111.89	6.13
386	邻苯二甲酸丁苄酯	Phthalic acid, benzyl butyl ester	505.60	2022.40	28.64	19.00	27.11	24.92	20.79	12.34	37.91	27.00	25.75	49.83
387	氯唑磷	Isazofos	0.14	0.57	84.94	82.15	78.85	81.98	3.72	104.66	102.34	111.24	106.08	4.35
388	除线磷	Dichlofenthion	24.16	96.64	68.01	75.40	75.25	72.89	5.80	108.44	107.27	106.24	107.31	1.03
389	蚜灭磷砜	Vamidothion sulfone	380.80	1523.20	105.80	89.96	91.14	95.63	9.23	70.68	70.27	83.56	74.84	10.10
390	特丁硫磷砜	Terbufos sulfone	70.88	283.52	75.80	78.26	83.27	79.11	4.81	113.32	118.17	101.55	111.01	7.70
391	氨氟灵	Dinitramine	1.43	5.73										
392	氰霜唑	Cyazofamid	3.60	14.40	16.58	15.57	24.50	18.88	25.90	25.14	29.24	23.87	26.08	10.76
393	毒壤磷	Trichloronat	53.44	213.76	86.82	105.64	111.49	101.32	12.73	120.23	108.54	104.25	111.01	7.45
394	苄呋菊酯	Resmethrin	0.24	0.96	75.63	78.18	83.42	79.08	5.02	113.21	104.24	102.50	106.65	5.39
395	啶酰菌胺	Boscalid	3.81	15.23	72.74	79.76	82.66	78.39	6.51	108.81	109.64	111.24	109.90	1.12

续表

序号	中文名称	英文名称	添加浓度/(mg/kg) 低	添加浓度/(mg/kg) 高	低水平添加 河豚鱼/%	低水平添加 鳗鱼/%	低水平添加 对虾/%	低水平添加 Ave/%	低水平添加 RSD/%	高水平添加 河豚鱼/%	高水平添加 鳗鱼/%	高水平添加 对虾/%	高水平添加 Ave/%	RSD/%
396	甲磺乐灵	Nitralin	27.52	110.08	77.11	79.35	76.97	77.81	1.72	89.68	79.36	74.12	81.15	9.72
397	甲氰菊酯	Fenpropathrin	196.00	784.00	82.64	80.31	83.48	82.14	2.00	86.40	86.39	76.61	83.13	6.80
398	嗪螨酮	Hexythiazox	18.88	75.52	117.63	112.31	117.15	115.70	2.55	113.28	112.08	110.61	111.99	1.19
399	双氟磺草胺	Florasulam	13.92	55.68										
400	新燕灵	Benzoylprop-ethyl	246.40	985.60	84.26	86.92	86.90	86.03	1.77	122.95	117.40	106.82	115.72	7.08
401	嘧霉醚	Pyrimidifen	11.20	44.80	105.25	95.36	115.46	105.36	9.54	75.51	84.10	89.58	83.06	8.53
402	呋线威	Furathiocarb	1.53	6.14	110.39	107.37	102.18	106.64	3.89	107.21	108.69	97.94	104.61	5.57
403	反式-氯菊酯	trans-Permethin	3.84	15.36	84.43	100.49	112.15	99.02	14.05	79.85	74.04	117.40	90.43	26.03
404	醚菊酯	Etofenprox	1824.00	7296.00	129.52	120.70	128.13	126.12	3.76	125.17	114.68	122.14	120.66	4.47
405	苄草唑	Pyrazoxyfen	0.26	1.04										
406	氟苯嘧啶	Flubenzimine	6.22	24.90										
407	乙氰氟菊酯	Zeta cypermethrin	0.54	2.17										
408	氟吡乙禾灵	Haloxyfop-2-ethoxyethyl	2.00	8.00	11.25	8.95	10.08	10.09	11.39	22.85	22.04	22.18	22.35	1.94
409	S-氰戊菊酯	Esfenvalerate	3280.00	#	16.91	24.85	23.64	21.80	19.62	25.04	38.24	28.24	30.51	22.57
410	乙羧氟草醚	Fluoroglycofen-ethyl	4.00	16.00	28.71	20.65	29.00	26.12	18.14	27.54	33.36	11.20	24.03	47.80
411	氟胺氰菊酯	Tau-fluvalinate	184.00	736.00										
				F组										
412	丙烯酰胺	Acrylamide	14.24	56.96	37.58	49.44	27.19	38.07	29.25	34.55	48.62	30.25	37.81	25.42
413	叔丁基胺	Tert-butylamine	31.16	124.64	51.24	62.27	25.49	46.33	40.74	38.58	52.05	49.34	46.66	15.27
414	噁霉灵	Hymexazol	179.31	717.24										
415	矮壮素氯化物	Chlormequat chloride	0.56	2.25										
416	邻苯二甲酰亚胺	Phthalimide	34.40	137.60	105.24	99.68	90.65	98.52	7.47	117.95	112.84	105.89	112.22	5.39
417	甲氟磷	Dimefox	54.56	218.24										
418	速灭威	Metolcarb	20.32	81.28	88.79	104.58	106.47	99.95	9.71	84.97	84.07	89.35	86.13	3.28
419	联苯二胺	Diphenylamin	0.33	1.32										

续表

序号	中文名称	英文名称	添加浓度/(mg/kg)		低水平添加				高水平添加			
			低	高	河豚鱼/%	鳗鱼/%	对虾/%	Ave/%	RSD/%	河豚鱼/%	鳗鱼/%	对虾/%	Ave/%	RSD/%
420	1-萘基乙酰胺	1-Naphthy acetamide	0.65	2.59	70.49	57.75	55.49	61.25	13.20	62.31	70.00	80.00	70.77	12.53
421	脱乙基阿特拉津	Atrazine-desethyl	0.50	1.98										
422	2,6-二氯苯甲酰胺	2,6-Dichlorobenzamide	3.60	14.40	72.45	67.93	65.03	68.47	5.46	106.45	98.02	95.40	99.96	5.78
423	涕灭威	Aldicarb	208.80	835.20	27.54	17.01	18.56	21.04	27.05	83.30	74.54	72.25	76.70	7.60
424	避蚊酯	Dimethyl phthalate	10.56	42.24	66.32	45.68	67.78	59.93	20.62	14.20	33.02	10.14	19.12	63.86
425	杀虫脒盐酸盐	Chlordimeform hydrochloride	2.11	8.45										
426	西玛通	Simeton	0.88	3.53	72.69	68.71	64.52	68.64	5.95	105.68	96.68	94.83	99.07	5.86
427	呋虫胺	Dinotefuran	8.14	32.58	101.25	111.58	117.55	110.13	7.49	113.78	117.38	116.01	115.72	1.57
428	克草敌	Pebulate	2.72	10.88	79.97	99.05	84.12	87.71	11.44	89.29	89.95	91.19	90.14	1.07
429	活化酯	Acibenzolar-S-methyl	2.46	9.86	89.49	93.71	102.95	95.38	7.22	96.07	81.13	84.67	87.29	8.94
430	蔬果磷	Dioxabenzofos	11.07	44.29										
431	杀线威	Oxamyl	438.45	1753.79	81.03	82.97	95.18	86.40	8.88	92.13	95.45	97.24	94.94	2.73
432	赛苯隆	Thidiazuron	0.24	0.94	20.70	30.88	36.90	29.49	27.77	29.35	31.19	29.35	29.96	3.55
433	甲基苯噻隆	Methabenzthiazuron	0.06	0.23	79.45	67.54	71.01	72.67	8.43	115.46	109.82	115.33	113.46	2.95
434	丁酮砜威	Butoxycarboxim	21.28	85.12	77.47	91.04	96.57	88.36	11.12	111.93	80.02	75.77	89.24	22.14
435	兹克威	Mexacarbate	0.75	3.01										
436	甲基内吸磷亚砜	Demeton-S-methyl sulfoxide	3.14	12.54	71.24	66.41	67.13	68.26	3.82	75.04	76.17	86.51	79.24	7.98
437	久效威砜	Thiofanox sulfone	19.26	77.06	17.79	26.25	20.25	21.43	20.31	31.14	18.91	15.88	21.98	36.76
438	硫环磷	Phosfolan	0.39	1.56	70.83	71.69	67.58	70.03	3.09	108.81	109.82	105.42	108.01	2.13
439	绿草定	Triclopyr	0.16	0.64	73.69	81.47	76.97	77.38	5.05	69.14	48.15	156.79	91.36	63.08
440	硫赶内吸磷	Demeton-S	64.00	256.00	36.47	39.36	23.53	33.12	25.45	84.16	56.64	55.36	65.39	24.88
441	咪唑烟酸	Imazapyr	8.22	32.90	37.25	37.24	68.39	47.63	37.76	98.49	29.55	38.63	55.56	67.43
442	氧倍硫磷	Fenthion oxon	0.95	3.80	18.09	10.87	10.82	13.26	31.55	61.80	35.14	33.89	43.61	36.15
443	敌草胺	Napropamide	1.02	4.08	70.69	73.12	73.87	72.56	2.29	102.94	97.37	100.53	100.28	2.79
444	杀螟硫磷	Fenitrothion	21.44	85.76	68.81	76.38	83.59	76.26	9.69	104.78	95.76	98.27	99.61	4.67

续表

序号	中文名称	英文名称	添加浓度/(mg/kg)		低水平添加				高水平添加			
			低	高	河豚鱼/%	鳗鱼/%	对虾/%	Ave./%	RSD/%	河豚鱼/%	鳗鱼/%	对虾/%	Ave./%	RSD/%
445	邻苯二甲酸二丁酯	Phthalic acid,dibutyl ester	31.68	126.72						109.27	98.62	101.31	103.06	5.37
446	异丙甲草胺	Metolachlor	0.31	1.25	68.43	66.84	70.86	68.71	2.94	99.69	89.16	91.38	93.41	5.94
447	腐霉利	Procymidone	69.28	277.12	65.85	70.74	72.14	69.58	4.75	22.13	28.80	28.10	26.34	13.92
448	蚜灭磷	Vamidothion	3.65	14.59	13.09	4.60	4.18	7.29	68.91					
449	枯草隆	Chloroxuron	0.36	1.42	未添加	未添加	未添加							
450	威菌磷	Triamiphos	0.00	未添加	未添加	未添加	未添加			未添加	未添加	未添加		
451	右旋炔丙菊酯	Prallethrin	0.00	未添加	未添加	未添加	未添加			未添加	未添加	未添加		
452	可灭隆	Cumyluron	1.05	4.22	84.87	87.14	79.69	83.90	4.55	83.14	80.56	82.17	81.96	1.59
453	甲氧咪草烟	Imazamox	1.44	5.76										
454	杀鼠灵	Warfarin	2.14	8.58	52.13	23.93	37.23	37.76	37.35	87.95	89.17	78.99	85.37	6.51
455	亚胺硫磷	Phosmet	14.18	56.70	71.39	68.05	68.17	69.20	2.73	109.47	101.75	103.97	105.07	3.78
456	皮蝇磷	Ronnel	10.50	42.02	80.14	75.35	82.89	79.46	4.80	84.58	90.73	79.61	84.97	6.55
457	除虫菊酯	Pyrethrin	28.64	114.56	23.61	21.89	26.42	23.97	9.55	6.35	4.86	3.42	4.88	30.10
458	邻苯二甲酸二环己酯	Phthalic acid,biscyclohexyl ester	0.54	2.17	68.94	69.44	75.48	71.29	5.11	106.35	97.23	95.47	99.68	5.86
459	环丙酰菌胺	Carpropamid	4.16	16.64	7.23	6.92	6.89	7.01	2.68	78.16	60.32	68.90	69.13	12.91
460	吡螨胺	Tebufenpyrad	0.20	0.81	94.60	99.75	101.73	98.69	3.73	101.54	96.24	94.27	97.35	3.86
461	虫酰肼	Tebufenozide	22.24	88.96	0.72	0.81	0.79	0.78	5.99	2.35	0.92	0.92	1.39	59.23
462	双肌苯胺乙酸盐	Iminoctadine triacetate	0.49	1.95										
463	虫螨磷	Chlorthiophos	25.44	101.76	89.36	74.60	60.84	74.93	19.03	18.94	26.74	17.25	20.98	24.13
464	二溴磷	Naled	118.56	474.24	34.58	18.85	12.57	22.00	51.54	26.34	21.52	36.24	28.03	26.77
465	氯亚胺硫磷	Dialifos	125.60	502.40	75.99	70.03	72.73	72.92	4.09	102.41	97.45	96.46	98.77	3.23
466	吲哚酮草酯	Cinidon-ethyl	11.66	46.66										
467	鱼藤酮	Rotenone	1.86	7.42	75.49	65.10	63.30	67.96	9.68	90.45	92.31	94.34	92.36	2.11
468	亚胺唑	Imibenconazole	8.21	32.83	74.94	77.61	73.42	75.32	2.82	101.08	90.04	91.29	94.14	6.42
469	噁草酸	Propaquiafop	0.99	3.96	99.34	87.24	81.27	89.28	10.31	89.16	78.48	75.43	81.02	8.90

续表

序号	中文名称	英文名称	添加浓度/(mg/kg)		低水平添加				高水平添加			
			低	高	河豚鱼/%	鳗鱼/%	对虾/%	Ave/%	RSD/%	河豚鱼/%	鳗鱼/%	对虾/%	Ave/%	RSD/%
470	乳氟禾草灵	Lactofen	49.60	198.40										
471	2,3,4,5-四氯苯胺	2,3,4,5-Tetrachloroaniline	42.88	171.52	20.00	45.34	43.34	36.22	38.88	148.98	104.09	218.37	157.15	36.64
472	吡草酮	Benzofenap	0.06	0.26	105.80	88.93	92.71	95.81	9.24	92.23	90.48	84.89	89.20	4.30
473	苯螨特	Benzoximate	6.85	27.39	49.36	50.18	125.93	75.16	58.51	85.25	91.59	89.66	88.83	3.66
474	地乐酯	Dinoseb acetate	33.02	132.10	36.58	34.18	37.54	36.10	4.79	29.94	27.49	36.58	31.34	15.01
475	甲咪唑烟酸	Imazapic	1.34	5.38	61.76	64.58	72.50	66.28	8.40	91.64	84.25	91.25	89.05	4.67
476	嘧草醚	Pyriminobac-methyl(Z)	0.06	0.26										
477	异丙草胺	Propisochlor	0.64	2.56	108.01	105.89	103.15	105.68	2.30	116.21	117.33	97.39	110.31	10.16
478	氟硅菊酯	Silafluofen	486.40	1945.60	110.34	88.81	114.24	104.46	13.11	46.37	57.21	95.36	66.31	38.80
479	三苯基磷酸盐	Triphenyl phosphate	0.00	未添加	未添加	未添加	未添加			未添加	未添加	未添加		
480	乙氧苯草胺	Etobenzanid	0.64	2.56										
481	四唑酰草胺	Fentrazamide	9.92	39.68	21.89	104.42	111.58	79.30	62.86	93.24	24.19	31.74	49.72	76.17
482	五氯苯胺	Pentachloroaniline	3.00	11.98	11.50	36.00	107.98	51.83	96.76	75.18	76.60	70.08	73.95	4.64
483	丁硫克百威	Carbosulfan	0.00	未添加	未添加	未添加	未添加			未添加	未添加	未添加		
484	苯醚氰菊酯	Cyphenothrin	13.44	53.76	77.25	83.69	91.24	84.06	8.33	67.98	81.01	83.64	77.54	10.81
485	狄氏剂	Dieldrin	129.28	517.12										
486	噁唑隆	Dimefuron	3.20	12.80	76.35	55.21	61.24	64.27	16.95	69.47	70.21	45.36	61.68	22.92
487	乙螨唑	Etoxazole	0.70	2.79	37.25	34.59	25.79	32.54	18.43	26.69	31.24	31.24	29.72	8.84
488	马拉氧磷	Malaoxon	3.75	15.00	未添加	未添加	未添加			未添加	未添加	未添加		
489	氯杀螨砜	Chlorbenside sulfone	0.00	未添加	未添加	未添加	未添加			未添加	未添加	未添加		
490	多果定	Dodine	6.40	25.60	81.00	88.77	107.58	92.45	14.78	90.10	92.38	86.21	89.56	3.48
491	丙烯硫脲	Propylene thiourea	24.06	96.26	39.78	47.14	44.22	43.71	8.47	34.28	21.58	24.19	26.68	25.14
					G组									
492	茅草枯	Dalapon	184.59	738.37	173.58	187.92	137.58	166.36	15.59	29.79	34.81	43.43	36.01	19.16
493	乙烯利	Ethephon	75.07	300.29										

续表

序号	中文名称	英文名称	添加浓度/(mg/kg) 低	添加浓度/(mg/kg) 高	低水平添加 河豚鱼/%	低水平添加 鳗鱼/%	低水平添加 对虾/%	低水平添加 Ave/%	低水平添加 RSD/%	高水平添加 河豚鱼/%	高水平添加 鳗鱼/%	高水平添加 对虾/%	高水平添加 Ave/%	高水平添加 RSD/%
494	四氟丙酸	Flupropanate	18.39	73.54	12.21			12.21			5.55		5.55	
495	2,6-二氟苯甲酸	2,6-Difluorobenzoic acid	1363.26	5453.06										
496	三氯乙酸钠	Trichloroacetic acid sodium salt	225.26	901.06	54.54	114.55		84.54	50.19			45.34	45.34	
497	叔丁基-4-羟基苯甲醚	Tert-butyl-4-hydroxyanisole	0.18	0.74										
498	邻苯基苯酚	2-Phenylphenol	135.90	543.62	82.80	84.41	74.11	80.44	6.89	89.23	106.65	76.07	90.65	16.92
499	3-苯基苯酚	3-Phenylphenol	3.20	12.81	82.80	84.41	74.11	80.44	6.89	89.23	106.65	76.07	90.65	16.92
500	二氯吡啶酸	Clopyralid	224.00	896.00	101.94	108.39	110.97	107.10	4.34	79.36	8.24	69.35	52.32	73.59
501	4,6-二硝基邻甲酚	DNOC	2.08	8.32	17.94	32.25	20.00	23.40	33.06	10.99	14.25	9.61	11.62	20.53
502	调果酸	Cloprop	9.12	36.48	19.15	12.30	18.34	16.60	22.55	36.08	19.43	36.04	30.52	31.46
503	氯硝胺	Dicloran	38.84	155.38	75.83	74.33	69.95	73.37	4.17	75.74	82.86	74.63	77.74	5.74
504	氯氨吡啶酸	Aminopyralid	0.00	未添加	未添加	未添加	未添加			未添加	未添加	未添加		
505	氯苯胺灵	Chlorpropham	12.61	50.46	69.84	67.70	66.79	68.11	2.30	77.17	95.19	75.10	82.49	13.40
506	2-甲-4-氯丙酸	Mecoprop	3.92	15.67	28.09	39.20	17.78	28.36	37.77	13.25	19.19	13.63	15.36	21.66
507	特草定	Terbacil	0.70	2.81	94.89	106.24	84.09	95.07	11.65	96.00	117.18	74.51	95.89	22.25
508	2,4-滴	2,4-D	9.49	37.95	2.99	4.20	2.82	3.34	22.60	1.96	3.05	1.93	2.31	27.55
509	麦草畏	Dicamba	1012.74	4050.94	28.38	74.98	45.99	49.78	47.27	6.89	12.31	15.29	11.50	37.04
510	2甲4氯丁酸	MCPB	11.34	45.38	74.96	67.39	69.63	70.66	5.50	55.80	68.12	60.24	61.39	10.17
511	敌磺钠	Fenaminosulf	180.32	721.28										
512	2,4-滴丙酸	Dichlorprop	1.18	4.71										
513	毒莠定	Picloram	427.28	1709.14	0.84	1.34	1.12	1.10	22.88		0.76	0.12	0.44	102.85
514	灭草松	Bentazone	0.83	3.31		3.61		3.61			3.02	1.15	2.08	63.63
515	地乐酚	Dinoseb	0.32	1.27	12.76	30.48	31.14	24.80	42.05	10.03	20.41	15.24	15.23	34.09
516	草消酚	Dinoterb	0.19	0.77	16.62	26.49	20.98	21.36	23.16	10.15	17.35	10.92	12.81	30.87
517	氯吡脲	Forchlorfenuron	9.12	36.48	20.19	41.15	29.36	30.23	34.75	18.04	28.96	28.07	25.02	24.23
518	2,4-滴丁酸	2,4-DB	1711.82	6847.28										

续表

序号	中文名称	英文名称	添加浓度/(mg/kg) 低	添加浓度/(mg/kg) 高	低水平添加 河豚鱼/%	低水平添加 鳗鱼/%	低水平添加 对虾/%	低水平添加 Ave/%	低水平添加 RSD/%	高水平添加 河豚鱼/%	高水平添加 鳗鱼/%	高水平添加 对虾/%	高水平添加 Ave/%	高水平添加 RSD/%
519	咯菌腈	Fludioxonil	49.73	198.91	59.32	70.09	66.88	65.43	8.45	83.10	110.14	81.36	91.54	17.63
520	抗倒酯	Trinexapac-ethyl	56.55	226.20						7.35	10.04	15.44	10.94	37.63
521	2,4,5-涕	2,4,5-T	13.98	55.94	2.63	2.37	2.86	2.62	9.20	1.12	2.38	1.21	1.57	44.99
522	氟草烟	Fluroxypyr	153.65	614.59	1.73	1.56	1.87	1.72	9.20	0.06	2.38	1.21	1.22	95.64
523	杀螨醇	Chlorfenethol	131.44	525.76	88.79	107.32	100.52	98.88	9.48	75.19	71.24	69.34	71.92	4.15
524	2,4,5-滴丙酸	Fenoprop	5.23	20.92										
525	环丙酸酰胺	Cyclanilide	2.75	11.01										
526	溴苯腈	Bromoxynil	1.44	5.76			7.29	7.29		3.31	6.12	2.74	4.05	44.64
527	五氯酚	Pentachlorophenol	0.31	1.25										
528	水胺硫磷	Isocarbophos	0.03	0.12	326.28	310.73	193.69	276.90	26.18	144.74		81.25	112.99	39.73
529	萘草胺	Naptalam	1.56	6.23							0.58		0.58	
530	灭幼脲	Chlorobenzuron	16.32	65.28	71.02	66.68	69.82	69.17	3.24	74.46	84.72	75.13	78.11	7.35
531	氯霉素	Chloramphenicolum	3.10	12.42	12.96	25.30	23.30	20.52	32.28	17.39	21.71	18.15	19.08	12.08
532	禾草灭	Alloxydim-sodium	0.16	0.64	78.45	106.70	108.77	97.97	17.29	112.90	102.15	124.49	113.18	9.87
533	嘧草硫醚	Pyrithlobac sodium	0.00	未添加	未添加	未添加	未添加			未添加	未添加	未添加		
534	消螨通	Dinobuton	0.34	1.37										
535	三氟硝草醚	Fluorodifen	218.65	874.60										
536	杀虫双	Dimehypo	320.16	1280.64		206.42	206.42	206.42						
537	噁唑禾草灵	Fempxaprop-ethyl	3.92	15.67	8.73	10.53	6.40	8.56	24.20	3.75	7.19	7.62	6.19	34.30
538	氟吡草腙钠	Diflufenzopyr-sodium	24.64	98.56										
539	乙酰磺胺对硝基苯	Sulfanitran	2.43	9.73	18.37	20.27	18.70	19.11	5.31	26.38	21.20	6.96	18.18	55.31
540	甲基磺草酮	Mesotrion	1840.45	7361.79	5.44	8.95	5.34	6.58	31.26	4.96	6.07	5.05	5.36	11.52
541	安磺灵	Oryzalin	3.93	15.72	82.65	95..31	104.48	95.34	7.49	86.32	81.27	76.32	81.30	6.15
542	赤霉素	Gibberellic acid	53.07	212.29	0.40			0.40		0.28	0.53	0.64	0.48	38.23
543	三氟羧草醚	Acifluorfen	94.40	377.60	3.30	6.44	4.41	4.72	33.69	2.21	3.73	2.54	2.83	28.32

续表

序号	中文名称	英文名称	添加浓度/(mg/kg)		低水平添加				高水平添加			
			低	高	河豚鱼/%	鳗鱼/%	对虾/%	Ave/%	RSD/%	河豚鱼/%	鳗鱼/%	对虾/%	Ave/%	RSD/%
544	七氯	Heptachlor	0.02	0.07										
545	三氯杀虫酯	Plifenate	0.02	0.07										
546	碘苯腈	Ioxynil	0.49	1.97										
547	噁唑菌酮	Famoxadone	36.23	144.92	65.31	68.89	71.42	68.54	4.48	69.20	77.52	66.85	71.19	7.88
548	甲磺隆	Metsulfuron-methyl	453.60	1814.40	未添加	未添加	未添加							
549	磺酰唑草酮	Sulfentrazone	0.00	未添加	58.15	62.41	60.24	60.26	3.54	59.61	73.30	57.30	63.40	13.64
550	吡氟酰草胺	Diflufenican	22.62	90.47	34.03	40.95	34.85	36.61	10.33	37.18	53.80	33.98	41.65	25.54
551	乙虫清	Ethiprole	31.88	127.53										
552	丙苯磺隆	Propoxycarbzone-sodium	2319.24	9276.96										
553	啶嘧磺隆	Flazasulfuron	238.48	953.92	2.11	0.88	0.70	1.49	58.27	1.08	2.05	0.32	1.15	75.02
554	磺菌胺	Flusulfamide	0.33	1.32		102.22	133.33	117.78	18.68	54.17			54.17	
555	硫丹硫酸盐	Endosulfan-sulfate	3.34	13.38	65.81	74.87	62.05	67.58	9.75	68.71	73.59	69.52	70.61	3.70
556	环丙嘧磺隆	Cyclosulfamuron	274.94	1099.78	未添加	未添加	未添加			未添加	未添加	未添加		
557	噻吩灵	Triforine	0.00	未添加										
558	氯吡嘧磺隆	Halosulfuron-methyl	7.84	31.35	0.71	3.38	0.70	1.59	96.91	2.45	3.63	2.45	2.84	23.99
559	氟磺胺草醚	Fomesafen	1.62	6.46	0.95	1.87	0.98	1.27	41.14	0.12	1.18	0.15	0.48	125.52
560	叶枯酞	Tecloftalam	0.07	0.28										
561	氟啶胺	Fluazinam	56.48	225.92							20.67		20.67	
562	吡虫隆	Fluazuron	0.02	0.06	10.78	14.87	11.20	12.28	18.32	18.00	15.08	27.19	20.09	31.45
563	碘甲磺隆钠	Iodosulfuron-methyl sodium	16.96	67.84	未添加	未添加	未添加			未添加	未添加	未添加		
564	虱螨脲	Lufenuron	0.02	未添加	未添加	未添加	未添加			未添加	未添加	未添加		
565	噻氟菌胺	Thifluzamide		未添加	未添加	未添加	未添加			未添加	未添加	未添加		
566	克来范	Kelevan		未添加	4.10	9.22	6.42	6.58	38.93	7.58	7.74	4.99	6.77	22.85
567	氟丙菊酯	Acrinathrin	6.46	25.86	10.78	14.87	11.20	12.28	18.32	8.49	15.08	8.24	10.61	36.59
568	甲基碘磺隆	Iodosulfuron-methyl	53.28	213.12										
569	八氯苯乙烯	Octachlorostyrene	2.69	10.752										

表 9-21 LC-MS/MS 法检测的农药化学品回收率和精密度数据统计

	回收率分布范围					相对标准偏差 RSD 范围		
	<20%	20%~60%	60%~120%	120%~150%	>150%	<20%	20%~50%	>50%
农药数量/种	69	73	371	2	5	392	59	69
百分比/%	13.3	14.0	71.3	0.4	1.0	75.4	11.3	13.3

表 9-22 GC-MS 检测的 567 种农药化学品的最小检出限和最低定量限

序号	中文名称	英文名称	检出限/(mg/kg)	定量限/(mg/kg)	序号	中文名称	英文名称	检出限/(mg/kg)	定量限/(mg/kg)
1	艾氏剂	Aldrin	0.0250	0.0500	34	乙环唑-1	Etaconazole-1	0.0375	0.0750
2	二丙烯草胺	Allidochlor	0.0250	0.0500	35	乙环唑-2	Etaconazole-2	0.0375	0.0750
3	蒽醌	Anthraquinone	0.0125	0.0250	36	乙丁烯氟灵	Ethalfluralin	0.0500	0.1000
4	杀螨特	Aramite	0.0125	0.0250	37	乙硫磷	Ethion	0.0250	0.0500
5	脱乙基阿特拉津	Atrazine-desethyl	0.0125	0.0250	38	土菌灵	Etridiazol	0.0375	0.0750
6	麦锈灵	Benodanil	0.0375	0.0750	39	乙嘧硫磷	Etrimfos	0.0125	0.0250
7	β-六六六	β-HCH	0.0125	0.0250	40	苯线磷	Fenamiphos	0.0375	0.0750
8	联苯菊酯	Bifenthrin	0.0125	0.0250	41	杀螟硫磷	Fenitrothion	0.0250	0.0500
9	乙基溴硫磷	Bromophos-ethyl	0.0125	0.0250	42	苯硫威	Fenothiocarb	0.0250	0.0500
10	乙嘧酚磺酸酯	Bupirimate	0.0125	0.0250	43	丰索磷	Fensulfothion	0.0250	0.0500
11	丁硫克百威	Carbosulfan	0.0375	0.0750	44	倍硫磷	Fenthion	0.0125	0.0250
12	萎锈灵	Carboxin	0.3000	0.6000	45	氰戊菊酯-1	Fenvalerate-1	0.0500	0.1000
13	杀螨醚	Chlorbenside	0.0250	0.0500	46	氰戊菊酯-2	Fenvalerate-2	0.0500	0.1000
14	杀虫脒	Chlordimeform	0.0125	0.0250	47	氟酰胺	Flutolanil	0.0125	0.0250
15	整形醇	Chlorfurenol	0.0375	0.0750	48	灭菌丹	Folpet	0.1500	0.3000
16	氯甲硫磷	Chlormephos	0.0250	0.0500	49	地虫硫磷	Fonofos	0.0125	0.0250
17	毒死蜱	Chlorpyifos(ethyl)	0.0125	0.0250	50	利谷隆	Linuron	0.0500	0.1000
18	顺式-氯菊酯	cis-Permethrin	0.0125	0.0250	51	马拉硫磷	Malathion	0.0500	0.1000
19	异噁草松	Clomazone	0.0125	0.0250	52	甲霜灵	Metalaxyl	0.0375	0.0750
20	氰草津	Cyanazine	0.0375	0.0750	53	吡唑草胺	Metazachlor	0.0375	0.0750
21	环草敌	Cycloate	0.0125	0.0250	54	杀扑磷	Methidathion	0.0250	0.0500
22	氯氰菊酯	Cypermethrin	0.0375	0.0750	55	甲氧滴滴涕	Methoxychlor	0.1000	0.2000
23	环丙津	Cyprazine	0.0125	0.0250	56	甲基对硫磷	Methyl-parathion	0.0500	0.1000
24	δ-六六六	δ-HCH	0.0250	0.0500	57	兹克威	Mexacarbate	0.0375	0.0750
25	溴氰菊酯	Deltamethrin	0.0750	0.1500	58	灭蚁灵	Mirex	0.0125	0.0250
26	二嗪磷	Diazinon	0.0125	0.0250	59	腈菌唑	Myclobutanil	0.0125	0.0250
27	除线磷	Dichlofenthion	0.0125	0.0250	60	敌草胺	Napropamide	0.0375	0.0750
28	烯丙酰草胺	Dichlormid	0.0250	0.0500	61	氟草敏	Norflurazon	0.0125	0.0250
29	禾草灵	Fenoxanil	0.0125	0.0250	62	氟苯嘧啶醇	Nuarimol	0.0250	0.0500
30	狄氏剂	Dieldrin	0.0250	0.0500	63	噁草酮	Oxadiazone	0.0125	0.0250
31	乐果	Dimethoate	0.0500	0.1000	64	噁霜灵	Oxadxyl	0.0125	0.0250
32	氨氟灵	Dinitramine	0.0500	0.1000	65	p,p'-滴滴滴	p,p'-DDD	0.0750	0.1500
33	联苯二胺	Diphenylamin	0.0125	0.0250	66	氧化萎锈灵	Oxycarboxin	0.0125	0.0250

续表

序号	中文名称	英文名称	检出限/(mg/kg)	定量限/(mg/kg)	序号	中文名称	英文名称	检出限/(mg/kg)	定量限/(mg/kg)
67	对氧磷	Paraoxon-ethyl	0.4000	0.8000	106	溴螨酯	Bromopropylate	0.0250	0.0500
68	对硫磷	Parathion	0.0500	0.1000	107	噻嗪酮	Buprofezin	0.0250	0.0500
69	二甲戊灵	Pendimethalin	0.0500	0.1000	108	丁草胺	Butachlor	0.0250	0.0500
70	稻丰散	Phenthoate	0.0250	0.0500	109	丁草敌	Butylate	0.0375	0.0750
71	甲拌磷	Phorate	0.0125	0.0250	110	敌菌丹	Captafol	0.2250	0.4500
72	亚胺硫磷	Phosmet	0.0250	0.0500	111	三硫磷	Carbofenothion	0.0250	0.0500
73	腐霉利	Procymidone	0.0125	0.0250	112	氯杀螨砜	Chlorbenside sulfone	0.0250	0.0500
74	扑草净	Prometryn	0.0125	0.0250	113	氯溴隆	Chlorbromuron	0.3000	0.6000
75	炔丙烯草胺	Pronamide	0.0125	0.0250	114	氯炔乐	Chlorbufam	0.0250	0.0500
76	胺丙畏	Propetamphos	0.0125	0.0250	115	杀螨酯	Chlorfenson	0.0250	0.0500
77	苯胺灵	Propham	0.0125	0.0250	116	毒虫畏	Chlorfenvinphos	0.0375	0.0750
78	丙环唑-1	Propiconazole-1	0.0375	0.0750	117	氯苯甲醚	Chloroneb	0.0125	0.0250
79	丙环唑-2	Propiconazole-2	0.0375	0.0750	118	丙酯杀螨醇	Chloropropylate	0.0125	0.0250
80	丙硫磷	Prothiophos	0.0125	0.0250	119	甲基毒死蜱	Chlorprifos-methyl	0.0250	0.0500
81	吡菌磷	Pyrazophos	0.0250	0.0500	120	氯苯胺灵	Chlorpropham	0.0125	0.0250
82	哒嗪硫磷	Pyridaphenthion	0.0125	0.0250	121	虫螨磷	Chlorthiophos	0.0375	0.0750
83	喹硫磷	Quinalphos	0.0125	0.0250	122	乙菌利	Chlozolinate	0.0250	0.0500
84	五氯硝基苯	Quintozene	0.0250	0.0500	123	顺式-氯丹	*cis*-Chlordane	0.0250	0.0500
85	皮蝇磷	Ronnel	0.0250	0.0500	124	顺式-燕麦敌	*cis*-Diallate	0.0250	0.0500
86	密草通	Secbumeton	0.0125	0.0250	125	蝇毒磷	Coumaphos	0.0750	0.1500
87	硫丙磷	Sulprofos	0.0250	0.0500	126	育畜磷	Crufomate	0.0750	0.1500
88	戊唑醇	Tebuconazole	0.0375	0.0750	127	苯腈磷	Cyanofenphos	0.0125	0.0250
89	三氯杀螨砜	Tetradifon	0.0125	0.0250	128	杀螟腈	Cyanohos	0.0250	0.0500
90	胺菊酯	Tetramethrin	0.0250	0.0500	129	氟氯氰菊酯	Cyfluthrin	0.1500	0.3000
91	杀螨氯硫	Tetrasul	0.0125	0.0250	130	敌草净	Desmetryn	0.0125	0.0250
92	甲基乙拌磷	Thiometon	0.0125	0.0250	131	敌草腈	Dichlobenil	0.0025	0.0050
93	反式-氯丹	*trans*-Chlodane	0.0125	0.0250	132	抑菌灵	Dichlofluanid	0.6000	1.2000
94	反式-氯菊酯	*trans*-Permethrin	0.0125	0.0250	133	氯硝胺	Dicloran	0.0250	0.0500
95	三唑酮	Triadimefon	0.0250	0.0500	134	三氯杀螨醇	Dicofol	0.0250	0.0500
96	乙烯菌核利	Vinclozolin	0.0125	0.0250	135	二甲草胺	Dimethachlor	0.0375	0.0750
97	甲草胺	Alachlor	0.0375	0.0750	136	敌噁磷	Dioxathion	0.0500	0.1000
98	α-六六六	α-HCH	0.0125	0.0250	137	敌瘟磷	Edifenphos	0.0250	0.0500
99	丙硫特普	Aspon	0.0250	0.0500	138	硫丹-1	Endosulfan-1	0.0750	0.1500
100	益棉磷	Azinphos-ethyl	0.0250	0.0500	139	硫丹-2	Endosulfan-2	0.0750	0.1500
101	保棉磷	Azinphos-methyl	0.0750	0.1500	140	硫丹硫酸盐	Endosulfan-sulfate	0.0375	0.0750
102	苯霜灵	Benalaxyl	0.0125	0.0250	141	异狄氏剂	Endrin	0.1500	0.3000
103	新燕灵	Benzoylprop-ethyl	0.0375	0.0750	142	苯硫磷	EPN	0.0500	0.1000
104	甲羧除草醚	Bifenox	0.0250	0.0500	143	茵草敌	EPTC	0.0375	0.0750
105	溴硫磷	Bromofos	0.0250	0.0500	144	抑草蓬	Erbon	0.0250	0.0500

续表

序号	中文名称	英文名称	检出限/(mg/kg)	定量限/(mg/kg)
145	乙氧呋草黄	Ethofumesate	0.0250	0.0500
146	灭线磷	Ethoprophos	0.0375	0.0750
147	氯苯嘧啶醇	Fenarimol	0.0250	0.0500
148	甲氰菊酯	Fenpropathrin	0.0250	0.0500
149	麦草氟异丙酯	Flamprop-isopropyl	0.0125	0.0250
150	麦草氟甲酯	Flamprop-methyl	0.0125	0.0250
151	氟虫脲	Flufenoxuron	0.0375	0.0750
152	氟咯草酮	Fluorochloridone	0.0250	0.0500
153	氟胺氰菊酯	Fluvalinate	0.1500	0.3000
154	庚烯磷	Heptanophos	0.0375	0.0750
155	六氯苯	Hexachlorobenzene	0.0125	0.0250
156	己唑醇	Hexaconazole	0.0750	0.1500
157	环嗪酮	Hexazinone	0.0375	0.0750
158	碘硫磷	Iodofenphos	0.0250	0.0500
159	异柳磷	Isofenphos	0.0250	0.0500
160	异丙乐灵	Isopropalin	0.0250	0.0500
161	溴苯磷	Leptophos	0.0250	0.0500
162	烯虫酯	Methoprene	0.0500	0.1000
163	盖草津	Methoprotryne	0.0375	0.0750
164	异丙甲草胺	Metolachlor	0.0125	0.0250
165	速灭磷	Mevinphos	0.0250	0.0500
166	绿谷隆	Monolinuron	0.0500	0.1000
167	三氯甲基吡啶	Nitrapyrin	0.0375	0.0750
168	除草醚	Nitrofen	0.0750	0.1500
169	o,p'-滴滴滴	o,p'-DDD	0.0125	0.0250
170	o,p'-滴滴涕	o,p'-DDT	0.0250	0.0500
171	氧化氯丹	Oxychlordane	0.0125	0.0250
172	乙氧氟草醚	Oxyflurofen	0.0500	0.1000
173	p,p'-滴滴伊	p,p'-DDE	0.0125	0.0250
174	p,p'-滴滴涕	p,p'-DDT	0.0250	0.0500
175	多效唑	Paclobutrazol	0.0375	0.0750
176	克草敌	Pebulate	0.0375	0.0750
177	伏杀硫磷	Phosalone	0.0250	0.0500
178	嘧啶磷	Pirimiphos-ethyl	0.0250	0.0500
179	甲基嘧啶磷	Pirimiphos-methyl	0.0125	0.0250
180	咪鲜胺	Prochloraz	0.0750	0.1500
181	丙溴磷	Profenofos	0.0750	0.1500
182	环丙氟灵	Profluralin	0.0500	0.1000
183	毒草胺	Propachlor	0.0375	0.0750
184	敌稗	Propanil	0.0250	0.0500
185	扑灭津	Propazine	0.0125	0.0250
186	菜草畏	Sulfallate	0.0250	0.0500
187	治螟磷	Sulfotep	0.0125	0.0250
188	四氯硝基苯	Tecnazene	0.0250	0.0500
189	特丁硫磷	Terbufos	0.0250	0.0500
190	特丁通	Terbumeton	0.0375	0.0750
191	特丁津	Terbuthylazine	0.0125	0.0250
192	特丁净	Terbutryn	0.0250	0.0500
193	杀虫畏	Tetrachlorvinphos	0.0375	0.0750
194	禾草丹	Thiobencarb	0.0250	0.0500
195	甲苯氟磺胺	Tolyfluanide	0.3000	0.6000
196	反式-燕麦敌	trans-Diallate	0.0250	0.0500
197	三唑磷	Triazophos	0.0375	0.0750
198	氟乐灵	Trifluralin	0.0250	0.0500
199	邻苯基苯酚	2-Phenylphenol	0.0125	0.0250
200	3,5-二氯苯胺	3,5-Dichloroaniline	0.1000	0.2000
201	氟丙菊酯	Acrinathrin	0.0250	0.0500
202	α-氯氰菊酯	α-Cypermethrin	0.0250	0.0500
203	莠灭净	Ametryn	0.0375	0.0750
204	双甲脒	Amitraz	0.0375	0.0750
205	莎稗磷	Anilofos	0.0250	0.0500
206	阿特拉津	Atrazine	0.0125	0.0250
207	乙丁氟灵	Benfluralin	0.0125	0.0250
208	生物烯丙菊酯-1	Bioallethrin-1	0.0500	0.1000
209	生物烯丙菊酯-2	Bioallethrin-2	0.0500	0.1000
210	联苯	Biphenyl	0.0125	0.0250
211	联苯三唑醇	Bitertanol	0.0375	0.0750
212	氟啶脲	Chlorfluazuron	0.0375	0.0750
213	乙酯杀螨醇	Chlorobenzilate	0.0125	0.0250
214	氯硫磷	Chlorthion	0.0250	0.0500
215	四氢邻苯二甲酰亚胺	cis-1,2,3,6-Tetrahydrophthalimide	0.0375	0.0750
216	噻草酮	Cycloxydim	1.2000	2.4000
217	敌敌畏	Dichlorvos	0.0750	0.1500
218	乙霉威	Diethofencarb	0.0750	0.1500
219	苯醚甲环唑-1	Difenonazole-1	0.0750	0.1500
220	苯醚甲环唑-2	Difenonazole-2	0.0750	0.1500
221	吡氟酰草胺	Diflufenican	0.0125	0.0250

续表

序号	中文名称	英文名称	检出限/(mg/kg)	定量限/(mg/kg)	序号	中文名称	英文名称	检出限/(mg/kg)	定量限/(mg/kg)
222	噁唑隆	Dimefuron	0.0500	0.1000	261	嗪草酮	Metribuzin	0.0375	0.0750
223	哌草丹	Dimepiperate	0.0250	0.0500	262	禾草敌	Molinate	0.0125	0.0250
224	噻节因	Dimethipin	0.0375	0.0750	263	o,p'-滴滴伊	o,p'-DDE	0.0125	0.0250
225	烯唑醇	Diniconazole	0.0375	0.0750	264	戊菌唑	Penconazole	0.0375	0.0750
226	双苯酰草胺	Diphenamid	0.0125	0.0250	265	氯菊酯	Permethrin	0.0250	0.0500
227	异丙净	Dipropetryn	0.0125	0.0250	266	苯醚菊酯	Phenothrin	0.0125	0.0250
228	乙拌磷	Disulfoton	0.0125	0.0250	267	增效醚	Piperonyl butoxide	0.0125	0.0250
229	S-氰戊菊酯	Esfenvalerate	0.0500	0.1000	268	三氯杀虫酯	Plifenate	0.0250	0.0500
230	醚菊酯	Etofenprox	0.0125	0.0250	269	炔丙菊酯	Prallethrin	0.0375	0.0750
231	喹螨醚	Fenazaquin	0.0125	0.0250	270	丙草胺	Pretilachlor	0.0250	0.0500
232	仲丁威	Fenobucarb	0.0250	0.0500	271	扑灭通	Prometon	0.0375	0.0750
233	苯氧威	Fenoxycarb	0.0750	0.1500	272	霜霉威	Propamocarb	0.0375	0.0750
234	丁苯吗啉	Fenpropimorph	0.0125	0.0250	273	丙虫磷	Propaphos	0.0250	0.0500
235	芬螨酯	Fenson	0.0125	0.0250	274	炔螨特	Propargite	0.0250	0.0500
236	吡氟禾草灵	Fluazifop-butyl	0.0125	0.0250	275	异丙草胺	Propisochlor	0.0125	0.0250
237	氯乙氟灵	Fluchloralin	0.0500	0.1000	276	哒螨灵	Pyridaben	0.0125	0.0250
238	氟氰戊菊酯-1	Flucythrinate-1	0.0250	0.0500	277	嘧霉胺	Pyrimethanil	0.0125	0.0250
239	氟氰戊菊酯-2	Flucythrinate-2	0.0250	0.0500	278	稀禾啶	Sethoxydim	0.9000	1.8000
240	咯菌腈	Fludioxonil	0.0125	0.0250	279	西草净	Simetryn	0.0250	0.0500
241	氟节胺	Flumetralin	0.0250	0.0500	280	四氟醚唑	Tetraconazole	0.0375	0.0750
242	氟烯草酸	Flumiclorac-pentyl	0.0250	0.0500	281	甲基立枯磷	Tolclofos-methyl	0.0125	0.0250
243	丙炔氟草胺	Flumioxazin	0.0250	0.0500	282	四氟苯菊酯	Transfluthrin	0.0125	0.0250
244	三氟硝草醚	Fluorodifen	0.0125	0.0250	283	三唑醇-1	Triadimenol-1	0.0375	0.0750
245	乙羧氟草醚	Fluoroglycofen-ethyl	0.1500	0.3000	284	三唑醇-2	Triadimenol-2	0.0375	0.0750
246	氟哇唑	Flusilazole	0.0375	0.0750	285	野麦畏	Triallate	0.0250	0.0500
247	安硫磷	Formothion	0.0250	0.0500	286	灭草敌	Vernolate	0.0125	0.0250
248	林丹	γ-HCH	0.0250	0.0500	287	2,3,4,5-四氯苯胺	2,3,4,5-Tetrachloroaniline	0.0250	0.0500
249	ε-六六六	ε-HCH	0.0250	0.0500	288	2,3,4,5-四氯甲氧基苯	2,3,4,5-Tetrachloroanisole	0.0125	0.0250
250	七氯	Heptachlor	0.0375	0.0750					
251	氟铃脲	Hexaflumuron	0.0750	0.1500	289	2,3,5,6-四氯苯胺	2,3,5,6-Tetrachloroaniline	0.0125	0.0250
252	异稻瘟净	Iprobenfos	0.0375	0.0750	290	2,6-二氯苯甲酰胺	2,6-Dichlorobenzamide	0.0250	0.0500
253	氯唑磷	Isazofos	0.0250	0.0500	291	4,4'-二溴二苯甲酮	4,4'-Dibromobenzophenone	0.0125	0.0250
254	亚胺菌	Kresoxim-methyl	0.0125	0.0250	292	4,4'-二氯二苯甲酮	4,4'-Dichlorobenzophenone	0.0125	0.0250
255	高效氯氟氰菊酯	λ-Cyhalothrin	0.0125	0.0250	293	乙基谷扑磷	Athidathion	0.0250	0.0500
256	灭蚜磷	Mecarbam	0.0500	0.1000	294	阿特拉通	Atratone	0.0125	0.0250
257	苯噻酰草胺	Mefenacet	0.0375	0.0750	295	叠氮津	Aziprotryne	0.1000	0.2000
258	灭锈胺	Mepronil	0.0125	0.0250	296	4-溴-3,5-二甲苯基-N-甲基氨基甲酸酯-1	BDMC-1	0.0250	0.0500
259	虫螨畏	Methacrifos	0.0125	0.0250					
260	溴谷隆	Methobromuron	0.0750	0.1500					

续表

序号	中文名称	英文名称	检出限/(mg/kg)	定量限/(mg/kg)	序号	中文名称	英文名称	检出限/(mg/kg)	定量限/(mg/kg)
297	4-溴-3,5-二甲苯基-N-甲基氨基甲酸酯-2	BDMC-2	0.0250	0.0500	328	蔬果磷	Dioxabenzofos	0.1250	0.2500
					329	乙拌磷砜	Disulfoton sulfone	0.0250	0.0500
					330	乙拌磷亚砜	Disulfoton-sulfoxide	0.0250	0.0500
298	溴苯烯磷	Bromfenvinfos	0.0125	0.0250	331	灭菌磷	Ditalimfos	0.0125	0.0250
299	溴烯杀	Bromocylen	0.0125	0.0250	332	氧乙嘧硫磷	Etrimfos oxon	0.0125	0.0250
300	糠菌唑-1	Bromuconazole-1	0.0250	0.0500	333	苯线磷砜	Fenamiphos sulfone	0.0500	0.1000
301	糠菌唑-2	Bromuconazole-2	0.0250	0.0500	334	苯线磷亚砜	Fenamiphos sulfoxide	0.4000	0.8000
302	杀螨醇	Chlorfenethol	0.0125	0.0250	335	腈苯唑	Fenbuconazole	0.0250	0.0500
303	燕麦酯	Chlorfenprop-methyl	0.0125	0.0250	336	氧皮蝇磷	Fenchlorphos oxon	0.0250	0.0500
304	炔草酸	Clodinafop-propargyl	0.0250	0.0500	337	拌种咯	Fenpiclonil	0.0500	0.1000
305	解草酯	Cloquintocet-mexyl	0.0125	0.0250	338	倍硫磷砜	Fenthion sulfone	0.0500	0.1000
306	鼠立死	Crimidine	0.0125	0.0250	339	倍硫磷亚砜	Fenthion sulfoxide	0.0500	0.1000
307	环莠隆	Cycluron	0.0375	0.0750	340	三氟苯唑	Fluotrimazole	0.0125	0.0250
308	环丙唑醇	Cyproconazole	0.0125	0.0250	341	氟喹唑	Fluquinconazole	0.0125	0.0250
309	嘧菌环胺	Cyprodinil	0.0125	0.0250	342	氟咯草酮	Flurochloridone	0.0250	0.0500
310	敌草索	Dacthal	0.0125	0.0250	343	氟草烟-1-甲庚酯	Fluroxypr-1-methylheptyl ester	0.0125	0.0250
311	脱叶磷	DEF	0.0250	0.0500					
312	2,2′,4,5,5′-五氯联苯	DE-PCB 101	0.0125	0.0250	344	粉唑醇	Flutriafol	0.0250	0.0500
					345	麦穗灵	Fuberidazole	0.0625	0.1250
313	2,3,4,4′,5-五氯联苯	DE-PCB 118	0.0125	0.0250	346	噻螨酮	Hexythiazox	0.1000	0.2000
					347	碳氯灵	Isobenzan	0.0125	0.0250
314	2,2′,3,4,4′,5-六氯联苯	DE-PCB 138	0.0125	0.0250	348	丁脒酰胺	Isocarbamid	0.0625	0.1250
					349	水胺硫磷	Isocarbophos	0.0250	0.0500
315	2,2′,4,4′,5,5′-六氯联苯	DE-PCB 153	0.0125	0.0250	350	异艾氏剂	Isodrin	0.0125	0.0250
					351	氧异柳磷	Isofenphos oxon	0.0250	0.0500
316	2,2,3,4,4′,5,5′-七氯联苯	DE-PCB 180	0.0125	0.0250	352	丁嗪草酮	Isomethiozin	0.0250	0.0500
					353	环草定	Lenacil	0.1250	0.2500
317	2,4,4′-三氯联苯	DE-PCB 28	0.0125	0.0250	354	2-甲-4-氯丁氧乙基酯	MCPA-butoxyethyl ester	0.0125	0.0250
318	2,4,5-三氯联苯	DE-PCB 31	0.0125	0.0250					
319	2,2′,5,5′-四氯联苯	DE-PCB 52	0.0125	0.0250	355	地胺磷	Mephosfolan	0.0250	0.0500
					356	苯嗪草酮	Metamitron	0.1250	0.2500
320	脱溴溴苯磷	Desbrom-leptophos	0.0125	0.0250	357	甲基苯噻隆	Methabenzthiazuron	0.1250	0.2500
321	脱乙基另丁津	Desethyl-sebuthylazine	0.0250	0.0500	358	呋菌胺	Methfuroxam	0.0125	0.0250
322	脱异丙基阿特拉津	Desisopropyl-atrazine	0.1000	0.2000	359	庚酰草胺	Monalide	0.0250	0.0500
323	异氯磷	Dicapthon	0.0625	0.1250	360	合成麝香	Musk ambrette	0.0125	0.0250
324	苄氯三唑醇	Diclobutrazole	0.0500	0.1000	361	麝香酮	Musk ketone	0.0125	0.0250
325	甲氟磷	Dimefox	0.0375	0.0750	362	麝香	Musk moskene	0.0125	0.0250
326	二甲吩草胺	Dimethenamid	0.0125	0.0250	363	西藏麝香	Musk tibeten	0.0125	0.0250
327	消螨通	Dinobuton	0.1250	0.2500	364	二甲苯麝香	Musk xylene	0.0125	0.0250

续表

序号	中文名称	英文名称	检出限/(mg/kg)	定量限/(mg/kg)	序号	中文名称	英文名称	检出限/(mg/kg)	定量限/(mg/kg)
365	甲磺乐灵	Nitralin	0.1250	0.2500	403	克菌丹	Captan	0.2000	0.4000
366	酞菌酯	Nitrothal-isopropyl	0.0250	0.0500	404	氯氧磷	Chlorethoxyfos	0.0250	0.0500
367	八氯苯乙烯	Octachlorostyrene	0.0125	0.0250	405	氯酞酸甲酯	Chlorthal-dimethyl	0.0250	0.0500
368	五氯苯胺	Pentachloroaniline	0.0125	0.0250	406	苯并菲（屈）	Chrysene	0.0125	0.0250
369	五氯甲氧基苯	Pentachloroanisole	0.0125	0.0250	407	烯草酮	Clethodim	0.0500	0.1000
370	五氯苯	Pentachlorobenzene	0.0125	0.0250	408	氯甲酰草胺	Clomeprop	0.0125	0.0250
371	乙滴涕	Perthane	0.0125	0.0250	409	环氟菌胺	Cyflufenamid	0.2000	0.4000
372	甲拌磷砜	Phorate sulfone	0.0125	0.0250	410	甲基内吸磷	Demeton-S-methyl	0.0500	0.1000
373	邻苯二甲酸丁苄酯	Phthalic acid, benzyl butyl ester	0.0125	0.0250	411	氯亚胺硫磷	Dialifos	0.4000	0.8000
					412	畜虫避	Dibutyl succinate	0.0250	0.0500
374	苄草丹	Prosulfocarb	0.0125	0.0250	413	氯硝胺	Dichloran	0.0250	0.0500
375	嘧啶磷	Pyrimitate	0.0125	0.0250	414	甲基毒虫畏	Dimethylvinphos	0.0250	0.0500
376	吡咪唑	Rabenzazole	0.0125	0.0250	415	氟硫草定	Dithiopyr	0.0125	0.0250
377	苄呋菊酯-1	Resmethrin-1	0.2000	0.4000	416	氟环唑-1	Epoxiconazole-1	0.1000	0.2000
378	苄呋菊酯-2	Resmethrin-2	0.2000	0.4000	417	氟环唑-2	Epoxiconazole-2	0.1000	0.2000
379	另丁津	Sebutylazine	0.0125	0.0250	418	戊草丹	Esprocarb	0.0250	0.0500
380	西玛通	Simeton	0.0250	0.0500	419	乙螨唑	Etoxazole	0.0750	0.1500
381	吡螨胺	Tebufenpyrad	0.0125	0.0250	420	伐灭磷	Famphur	0.0500	0.1000
382	牧草胺	Tebutam	0.0250	0.0500	421	咪唑菌酮	Fenamidone	0.0125	0.0250
383	七氟菊酯	Tefluthrin	0.0125	0.0250	422	甲呋酰胺	Fenfuram	0.0250	0.0500
384	虫线磷	Thionazin	0.0125	0.0250	423	氰菌胺	Fenoxanil	0.0250	0.0500
385	反式-九氯	trans-Nonachlor	0.0125	0.0250	424	苯锈啶	Fenpropidin	0.0250	0.0500
386	威菌磷	Triamiphos	0.0250	0.0500	425	唑螨酯	Fenpyroximate	0.1000	0.2000
387	毒壤磷	Trichloronat	0.0125	0.0250	426	氟虫腈	Fipronil	0.1000	0.2000
388	草达津	Trietazine	0.0125	0.0250	427	氟噻草胺	Flufenacet	0.1000	0.2000
389	三异丁基磷酸盐	Tri-iso-butyl phosphate	0.0125	0.0250	428	氟啶草酮	Fluridone	0.0250	0.0500
390	三正丁基磷酸盐	Tri-n-butyl hosphate	0.0250	0.0500	429	呋草酮	Flurtamone	0.0250	0.0500
391	三苯基磷酸盐	Triphenyl phosphate	0.0125	0.0250	430	呋霜灵	Furalaxyl	0.0250	0.0500
392	二氢苊	Acenaphthene	0.0125	0.0250	431	抑霉唑	Imazalil	0.0500	0.1000
393	乙草胺	Acetochlor	0.0250	0.0500	432	甲基咪草酯	Imazamethabenz-methyl	0.0375	0.0750
394	活化酯	Acibenzolar-S-methyl	0.0250	0.0500	433	脱苯甲基亚胺唑	Imibenconazole-des-benzyl	0.0500	0.1000
395	烯丙菊酯	Allethrin	0.0500	0.1000	434	炔咪菊酯-1	Imiprothrin-1	0.0250	0.0500
396	呋草黄	Benfuresate	0.0250	0.0500	435	炔咪菊酯-2	Imiprothrin-2	0.0250	0.0500
397	解草嗪	Benoxacor	0.0250	0.0500	436	异菌脲	Iprodione	0.0500	0.1000
398	除草定	Bromacil	0.0250	0.0500	437	异丙威-1	Isoprocarb-1	0.0250	0.0500
399	溴丁酰草胺	Bromobutide	0.0125	0.0250	438	异丙威-2	Isoprocarb-2	0.0250	0.0500
400	氟丙嘧草酯	Butafenacil	0.0125	0.0250	439	稻瘟灵	Isoprothiolane	0.0250	0.0500
401	抑草磷	Butamifos	0.0125	0.0250	440	噁唑磷	Isoxathion	0.1000	0.2000
402	苯酮唑	Cafenstrole	0.0500	0.1000	441	乳氟禾草灵	Lactofen	0.1000	0.2000

续表

序号	中文名称	英文名称	检出限/(mg/kg)	定量限/(mg/kg)	序号	中文名称	英文名称	检出限/(mg/kg)	定量限/(mg/kg)
442	马拉氧磷	Malaoxon	0.2000	0.4000	481	苯噻硫氰	TCMTB	0.2000	0.4000
443	精甲霜灵	Mefenoxam	0.0250	0.0500	482	丁基嘧啶磷	Tebupirimfos	0.0250	0.0500
444	吡唑解草酯	Mefenpyr-diethyl	0.0375	0.0750	483	丁噻隆	Tebuthiuron	0.0500	0.1000
445	嘧菌胺	Mepanipyrim	0.0125	0.0250	484	特草定	Terbacil	0.0250	0.0500
446	甲胺磷	Methamidophos	0.0500	0.1000	485	特草灵-1	Terbucarb-1	0.0250	0.0500
447	甲硫威砜	Methiocarb sulfone	0.4000	0.8000	486	特草灵-2	Terbucarb-2	0.0250	0.0500
448	甲醚菊酯-1	Methothrin-1	0.0250	0.0500	487	噻吩草胺	Thenylchlor	0.0250	0.0500
449	甲醚菊酯-2	Methothrin-2	0.0250	0.0500	488	噻虫嗪	Thiamethoxam	0.0500	0.1000
450	甲基三硫磷	Methyl trithion	0.2000	0.4000	489	噻唑烟酸	Thiazopyr	0.0250	0.0500
451	苯氧菌胺	Metominostrobin	0.0500	0.1000	490	噻氟酰胺	Thifluzamide	0.1000	0.2000
452	二溴磷	Naled	0.2000	0.4000	491	苯草酮	Tralkoxydim	0.1000	0.2000
453	萘丙胺	Napronilide	0.0125	0.0250	492	灭草环	Tridiphane	0.0500	0.1000
454	呋酰胺	Ofurace	0.0375	0.0750	493	肟菌酯	Trifloxystrobin	0.0500	0.1000
455	戊菌隆	Pencycuron	0.0500	0.1000	494	灭除威	XMC	0.0250	0.0500
456	菲	Phenanthrene	0.0125	0.0250	495	苯酰草胺	Zoxamide	0.0250	0.0500
457	磷胺-1	Phosphamidon-1	0.1000	0.2000	496	2,4,5-涕	2,4,5-T	0.2500	0.5000
458	磷胺-2	Phosphamidon-2	0.1000	0.2000	497	2,4-滴	2,4-D	0.2500	0.5000
459	氟吡酰草胺	Picolinafen	0.0125	0.0250	498	3,4,5-混杀威	3,4,5-Trimethacarb	0.1000	0.2000
460	啶氧菌酯	Picoxystrobin	0.0250	0.0500	499	3-苯基苯酚	3-Phenylphenol	0.0750	0.1500
461	哌草磷	Piperophos	0.0375	0.0750	500	4-氯苯氧乙酸	4-Chlorophenoxy acetic acid	0.0063	0.0125
462	抗蚜威	Pirimicarb	0.0250	0.0500					
463	茉莉酮	Prohydrojasmon	0.0500	0.1000	501	乙酰甲胺磷	Acephate	0.2500	0.5000
464	残杀威-1	Propoxur-1	0.0250	0.0500	502	啶虫脒	Acetamiprid	0.0500	0.1000
465	残杀威-2	Propoxur-2	0.0250	0.0500	503	苯草醚	Aclonifen	0.2500	0.5000
466	炔苯酰草胺	Propyzamide	0.0250	0.0500	504	戊环唑	Azaconazole	0.0500	0.1000
467	吡唑硫磷	Pyraclofos	0.1000	0.2000	505	嘧菌酯	Azoxystrobin	0.1250	0.2500
468	百克敏	Pyraclostrobin	0.3000	0.6000	506	联苯肼酯	Bifenazate	0.1000	0.2000
469	吡草醚	Pyraflufen ethyl	0.0250	0.0500	507	生物苄呋菊酯	Bioresmethrin	0.0250	0.0500
470	稗草丹	Pyributicarb	0.0250	0.0500	508	啶酰菌胺	Boscalid	0.0500	0.1000
471	环酯草醚	Pyriftalid	0.0125	0.0250	509	仲丁灵	Butralin	0.0500	0.1000
472	嘧螨醚	Pyrimidifen	0.0250	0.0500	510	硫线磷	Cadusafos	0.0500	0.1000
473	嘧草醚	Pyriminobac-methyl	0.0500	0.1000	511	甲萘威	Carbaryl	0.0375	0.0750
474	吡丙醚	Pyriproxyfen	0.0250	0.0500	512	唑酮草酯	Carfentrazone-ethyl	0.0250	0.0500
475	咯喹酮	Pyroquilon	0.0125	0.0250	513	溴虫腈	Chlorfenapyr	0.1000	0.2000
476	灭藻醌	Quinoclamine	0.0500	0.1000	514	环庚草醚	Cinmethylin	0.0250	0.0500
477	苯氧喹啉	Quinoxyphen	0.0125	0.0250	515	氰氟草酯	Cyhalofop-butyl	0.0250	0.0500
478	氟硅菊酯	Silafluofen	0.0125	0.0250	516	赛灭磷	Cythioate	0.2500	0.5000
479	硅氟唑	Simeconazole	0.0250	0.0500	517	内吸磷-S	Demeton-S	0.0500	0.1000
480	螺螨酯	Spirodiclofen	0.1000	0.2000	518	甜菜胺	Desmedipham	0.2500	0.5000

序号	中文名称	英文名称	检出限/(mg/kg)	定量限/(mg/kg)	序号	中文名称	英文名称	检出限/(mg/kg)	定量限/(mg/kg)
519	百治磷	Dicrotophos	0.1000	0.2000	544	双苯噁唑酸	Isoxadifen-ethyl	0.0250	0.0500
520	避蚊胺	Diethyltoluamide	0.0100	0.0200	545	脱叶磷	Merphos	0.0500	0.1000
521	枯莠隆	Difenoxuron	0.1000	0.2000	546	叶菌唑	Metoconazole	0.0500	0.1000
522	异戊乙净	Dimethametryn	0.0125	0.0250	547	久效磷	Monocrotophos	0.1000	0.2000
523	烯酰吗啉	Dimethomorph	0.0250	0.0500	548	氟草敏代谢物	Norflurazon-desmethyl	0.0500	0.1000
524	避蚊酯	Dimethyl phthalate	0.0500	0.1000	549	家蝇磷	Phenkapton	0.0750	0.1500
525	苯虫醚-1	Diofenolan-1	0.0250	0.0500	550	四氯苯酞	Phthalide	0.0500	0.1000
526	苯虫醚-2	Diofenolan-2	0.0250	0.0500	551	邻苯二甲酰亚胺	Phthalimide	0.0250	0.0500
527	二氧威	Dioxacarb	0.1000	0.2000	552	发硫磷	Prothoate	0.1000	0.2000
528	丁酰肼	DMSA	0.1000	0.2000	553	啶斑肟-1	Pyrifenox-1	0.1000	0.2000
529	十二环吗啉	Dodemorph	0.0375	0.0750	554	啶斑肟-2	Pyrifenox-2	0.1000	0.2000
530	草多索	Endothal	0.2500	0.5000	555	八氯二丙醚-1	S421 (octachlorodipropyl ether)-1	0.2500	0.5000
531	异狄氏剂醛	Endrin aldehyde	0.2500	0.5000					
532	异狄氏剂酮	Endrin ketone	0.2000	0.4000	556	八氯二丙醚-2	S421 (octachlorodipropyl ether)-2	0.2500	0.5000
533	乙硫苯威	Ethiofencarb	0.1250	0.2500					
534	皮蝇磷	Fenchlorphos	0.0500	0.1000	557	另丁津	Sobutylazine	0.0250	0.0500
535	环酰菌胺	Fenhexamid	0.2500	0.5000	558	螺甲螨酯	Spiromesifen	0.1250	0.2500
536	氟啶胺	Fluazinam	0.1000	0.2000	559	螺噁茂胺-1	Spiroxamine-1	0.0250	0.0500
537	拌种胺	Furmecyclox	0.0375	0.0750	560	螺噁茂胺-2	Spiroxamine-2	0.0250	0.0500
538	精高效氯氟氰菊酯-1	γ-Cyhalothrin-1	0.0100	0.0200	561	噻菌灵	Thiabendazole	0.2500	0.5000
					562	唑虫酰胺	Tolfenpyrad	0.2500	0.5000
539	精高效氯氟氰菊酯-2	γ-Cyhalothrin-2	0.0100	0.0200	563	四溴菊酯-1	Tralomethrin-1	0.0125	0.0250
					564	四溴菊酯-2	Tralomethrin-2	0.0125	0.0250
540	苄螨醚	Halfenprox	0.0250	0.0500	565	苯磺隆	Tribenuron-methyl	0.0125	0.0250
541	氯吡嘧磺隆	Halosulfuron-methyl	0.2500	0.5000	566	三环唑	Tricyclazole	0.0750	0.1500
542	异丙菌胺-1	Iprovalicarb-1	0.0500	0.1000	567	氟菌唑	Triflumizole	0.0500	0.1000
543	异丙菌胺-2	Iprovalicarb-2	0.0500	0.1000					

表 9-23　LC-MS/MS 法检测的 569 种农药化学品的最小检出限和最低定量限

序号	中文名称	英文名称	定量限/(μg/kg)	检出限/(μg/kg)	序号	中文名称	英文名称	定量限/(μg/kg)	检出限/(μg/kg)
1	苯胺灵	Propham	88.0000	44.0000	8	西草净	Simetryn	0.1086	0.0543
2	异丙威	Isoprocarb	1.8400	0.9200	9	绿谷隆	Monolinuron	2.8480	1.4240
3	3,4,5-混杀威	3,4,5-Trimethacarb	0.2752	0.1376	10	速灭磷	Mevinphos	1.2528	0.6264
4	环莠隆	Cycluron	0.1648	0.0824	11	叠氮津	Aziprotryne	1.1056	0.5528
5	甲萘威	Carbaryl	8.2560	4.1280	12	密草通	Secbumeton	0.0579	0.0290
6	毒草胺	Propachlor	0.2192	0.1096	13	嘧菌环胺	Cyprodinil	0.5916	0.2958
7	吡咪唑	Rabenzazole	1.0656	0.5328	14	播士隆	Buturon	7.1680	3.5840

续表

序号	中文名称	英文名称	定量限/(μg/kg)	检出限/(μg/kg)	序号	中文名称	英文名称	定量限/(μg/kg)	检出限/(μg/kg)
15	双酰草胺	Carbetamide	2.9120	1.4560	53	苄氯三唑醇	Diclobutrazole	0.3744	0.1872
16	抗蚜威	Pirimicarb	0.1211	0.0606	54	乙环唑	Etaconazole	1.4256	0.7128
17	异噁草松	Clomazone	0.3376	0.1688	55	氯苯嘧啶醇	Fenarimol	0.4862	0.2431
18	氰草津	Cyanazine	0.1310	0.0655	56	邻苯二甲酸二环己酯	Phthalic acid, dicyclobexyl ester	1.6000	0.8000
19	扑草净	Prometryne	0.1297	0.0649					
20	甲基对氧磷	Paraoxon methyl	0.6096	0.3048	57	胺菊酯	Tetramethirn	1.4560	0.7280
21	4,4'-二氯二苯甲酮	4,4'-Dichlorobenzophenone	10.8800	5.4400	58	抑菌灵	Dichlofluanid	2.0799	1.0400
					59	解草酯	Cloquintocet mexyl	1.5072	0.7536
22	噻虫啉	Thiacloprid	0.2960	0.1480	60	联苯三唑醇	Bitertanol	26.7200	13.3600
23	吡虫啉	Imidacloprid	17.6000	8.8000	61	甲基毒死蜱	Chlorprifos methyl	12.8000	6.4000
24	磺嘧隆	Ethidimuron	1.2000	0.6000	62	吡喃草酮	Tepraloxydim	9.7600	4.8800
25	丁嗪草酮	Isomethiozin	0.8528	0.4264	63	甲基硫菌灵	Thiophanate methyl	16.0000	8.0000
26	顺,反式-燕麦敌	cis and trans-Diallate	71.3600	35.6800	64	益棉磷	Azinphos ethyl	87.1424	43.5712
27	乙草胺	Acetochlor	37.9200	18.9600	65	炔草酸	Clodinafoppropargyl	1.9520	0.9760
28	烯啶虫胺	Nitenpyram	13.6960	6.8480	66	杀铃脲	Triflumuron	3.1360	1.5680
29	盖草津	Methoprotryne	0.1936	0.0968	67	异噁氟草	Isoxaflutole	3.1200	1.5600
30	二甲吩草胺	Dimethenamid	3.4406	1.7203	68	莎稗磷	Anilofos	0.5712	0.2856
31	特草灵	Terrbucarb	1.6800	0.8400	69	硫菌灵	Thiophanat ethyl	16.1280	8.0640
32	戊菌唑	Penconazole	1.6000	0.8000	70	喹禾灵	Quizalofop-ethyl	0.5456	0.2728
33	腈菌唑	Myclobutanil	0.7968	0.3984	71	氟吡甲禾灵	Haloxyfop-methyl	2.1120	1.0560
34	咪唑乙烟酸	Imazethapyr	0.9008	0.4504	72	吡氟禾草灵	Fluazifop butyl	0.2105	0.1053
35	多效唑	Paclobutrazol	0.4592	0.2296	73	乙基溴硫磷	Bromophos-ethyl	454.1530	227.0760
36	倍硫磷亚砜	Fenthion sulfoxide	0.2509	0.1254	74	地散磷	Bensulide	27.3600	13.6800
37	三唑醇	Triadimenol	8.4429	4.2214	75	醚苯磺隆	Triasulfuron	1.2871	0.6436
38	仲丁灵	Butralin	1.5200	0.7600	76	溴苯烯磷	Bromfenvinfos	2.4160	1.2080
39	螺噁茂胺	Spiroxamine	0.0413	0.0206	77	嘧菌酯	Azoxystrobin	0.3608	0.1804
40	甲基立枯磷	Tolclofos methyl	53.2480	26.6240	78	吡菌磷	Pyrazophos	1.2992	0.6496
41	甜菜胺	Desmedipham	3.2237	1.6118	79	杀虫磺	Bensultap	11.4255	5.7128
42	杀扑磷	Methidathion	8.5280	4.2640	80	氟虫脲	Flufenoxuron	2.5344	1.2672
43	烯丙菊酯	Allethrin	48.3200	24.1600	81	茚虫威	Indoxacarb	6.0320	3.0160
44	二嗪磷	Diazinon	0.5702	0.2851	82	甲氨基阿维菌素苯甲酸盐	Emamectin benzoate	0.2560	0.1280
45	敌瘟磷	Edifenphos	0.6016	0.3008					
46	丙草胺	Pretilachlor	0.2672	0.1336	83	乙撑硫脲	Ethylene thiourea	41.7600	20.8800
47	氟硅唑	Flusilazole	0.4651	0.2325	84	丁酰肼	Daminozide	2.0800	1.0400
48	异丙菌胺	Iprovalicarb	1.8560	0.9280	85	棉隆	Dazomet	101.6000	50.8000
49	麦锈灵	Benodanil	2.7840	1.3920	86	烟碱	Nicotine	1.7600	0.8800
50	氟酰胺	Flutolanil	0.9168	0.4584	87	非草隆	Fenuron	0.8240	0.4120
51	伐灭磷	Famphur	2.8800	1.4400	88	灭蝇胺	Cyromazine	5.7920	2.8960
52	苯霜灵	Benalyxyl	0.9941	0.4970	89	鼠立死	Crimidine	1.2464	0.6232

续表

序号	中文名称	英文名称	定量限/(μg/kg)	检出限/(μg/kg)	序号	中文名称	英文名称	定量限/(μg/kg)	检出限/(μg/kg)
90	乙酰甲胺磷	Acephate	10.6720	5.3360	126	磷胺	Phosphamidon	3.1040	1.5520
91	禾草敌	Molinate	1.6800	0.8400	127	甜菜宁	Phenmedipham	3.5840	1.7920
92	多菌灵	Carbendazim	0.3744	0.1872	128	联苯肼酯	Bifenazate	18.2400	9.1200
93	6-氯-4-羟基-3-苯基哒嗪	6-Chloro-4-hydroxy-3-phenyl-pyridazin	1.3232	0.6616	129	环酰菌胺	Fenhexamid	0.7568	0.3784
					130	粉唑醇	Flutriafol	6.8640	3.4320
94	残杀威	Propoxur	19.5200	9.7600	131	呋霜灵	Furalaxyl	0.6160	0.3080
95	异唑隆	Isouron	0.3264	0.1632	132	生物烯丙菊酯	Bioallethrin	158.4000	79.2000
96	绿麦隆	Chlorotoluron	0.4992	0.2496	133	苯腈磷	Cyanofenphos	16.6400	8.3200
97	久效威	Thiofanox	125.6000	62.8000	134	甲基嘧啶磷	Pirimiphos methyl	0.1616	0.0808
98	氯炔灵	Chlorbufam	146.4000	73.2000	135	噻嗪酮	Buprofezin	0.7024	0.3512
99	噁虫威	Bendiocarb	2.5440	1.2720	136	乙拌磷砜	Disulfoton sulfone	1.9680	0.9840
100	扑灭津	Propazine	0.2560	0.1280	137	喹螨醚	Fenazaquin	0.2592	0.1296
101	特丁津	Terbuthylazine	0.3744	0.1872	138	三唑磷	Triazophos	0.5440	0.2720
102	敌草隆	Diuron	1.2480	0.6240	139	脱叶磷	DEF	1.2912	0.6456
103	氯甲硫磷	Chlormephos	358.4000	179.2000	140	环酯草醚	Pyriftalid	0.4992	0.2496
104	萎锈灵	Arboxin	0.4448	0.2224	141	叶菌唑	Metconazole	1.0544	0.5272
105	野燕枯	Difenzoquat-methyl sulfate	0.6496	0.3248	142	吡丙醚	Pyriproxyfen	0.3440	0.1720
					143	噻草酮	Cycloxydim	2.0320	1.0160
106	噻虫胺	Clothianidin	50.4000	25.2000	144	异噁酰草胺	Isoxaben	0.1488	0.0744
107	炔丙烯草胺	Pronamide	12.3040	6.1520	145	呋草酮	Flurtamone	0.3552	0.1776
108	二甲草胺	Dimethachlor	1.5216	0.7608	146	氟乐灵	Trifluralin	992.0000	496.0000
109	溴谷隆	Methobromuron	13.4720	6.7360	147	甲基麦草氟异丙酯	Flamprop methyl	16.1600	8.0800
110	甲拌磷	Phorate	251.2000	125.6000					
111	苯草醚	Aclonifen	19.3600	9.6800	148	生物苄呋菊酯	Bioresmethrin	5.9360	2.9680
112	地胺磷	Mephosfolan	1.8560	0.9280	149	丙环唑	Propiconazole	1.4064	0.7032
113	脱苯甲基亚胺唑	Imibenconazole-des-benzyl	4.9760	2.4880	150	毒死蜱	Chlorpyrifos	43.0400	21.5200
					151	氯乙氟灵	Fluchloralin	390.4000	195.2000
114	草不隆	Neburon	5.6800	2.8400	152	氯磺隆	Chlorsulfuron	2.1920	1.0960
115	精甲霜灵	Mefenoxam	1.2304	0.6152	153	烯草酮	Clethodim	1.6640	0.8320
116	发硫磷	Prothoate	1.9680	0.9840	154	麦草氟异丙酯	Flamprop isopropyl	0.3472	0.1736
117	乙氧呋草黄	Ethofume sate	297.6000	148.8000	155	杀虫畏	Tetrachlorvinphos	1.7760	0.8880
118	异稻瘟净	Iprobenfos	6.6240	3.3120	156	炔螨特	Propargite	54.8800	27.4400
119	特普	TEPP	8.3200	4.1600	157	糠菌唑	Bromuconazole	2.5120	1.2560
120	环丙唑醇	Cyproconazole	0.5856	0.2928	158	氟吡酰草胺	Picolinafen	0.5808	0.2904
121	噻虫嗪	Thiamethoxam	26.4000	13.2000	159	氟噻乙草酯	Fluthiacet methyl	4.2400	2.1200
122	育畜磷	Crufomate	0.4144	0.2072	160	肟菌酯	Trifloxystrobin	1.6000	0.8000
123	乙嘧硫磷	Etrimfos	15.0080	7.5040	161	氯嘧磺隆	Chlorimuron ethyl	24.3200	12.1600
124	杀鼠醚	Coumatetralyl	1.0816	0.5408	162	氟铃脲	Hexaflumuron	20.1600	10.0800
125	赛灭磷	Cythioate	64.0000	32.0000	163	氟酰脲	Novaluron	6.4320	3.2160

续表

序号	中文名称	英文名称	定量限/(μg/kg)	检出限/(μg/kg)	序号	中文名称	英文名称	定量限/(μg/kg)	检出限/(μg/kg)
164	氟蚁腙	Hydramethylnon	1.3728	0.6864	203	乙拌磷	Disulfoton	375.7570	187.8780
165	吡虫隆	Flurazuron	21.4400	10.7200	204	倍硫磷	Fenthion	41.6000	20.8000
166	抑芽丹	Maleic hydrazide	64.0000	32.0000	205	甲霜灵	Metalaxyl	0.4000	0.2000
167	甲胺磷	Methamidophos	3.9440	1.9720	206	甲呋酰胺	Ofurace	0.8000	0.4000
168	茵草敌	EPTC	29.8704	14.9352	207	十二环吗啉	Dodemorph	0.3200	0.1600
169	避蚊胺	Diethyltoluamide	0.4400	0.2200	208	噻唑硫磷	Fosthiazate		
170	灭草隆	Monuron	27.7888	13.8944	209	甲基咪草酯	Imazamethabenz-methyl	0.1310	0.0655
171	嘧霉胺	Pyrimethanil	0.5440	0.2720	210	乙拌磷亚砜	Disulfoton-sulfoxide	2.2752	1.1376
172	甲呋酰胺	Fenfuram	0.6240	0.3120	211	稻瘟灵	Isoprothiolane	1.4784	0.7392
173	灭藻醌	Quinoclamine	6.3360	3.1680	212	抑霉唑	Imazalil	1.6000	0.8000
174	仲丁威	Fenobucarb	4.7200	2.3600	213	辛硫磷	Phoxim	66.2400	33.1200
175	乙菌定	Ethirimol	0.4480	0.2240	214	喹硫磷	Quinalphos	1.5984	0.7992
176	敌稗	Propanil	17.2720	8.6360	215	灭菌磷	Ditalimfos	53.7680	26.8840
177	克百威	Carbofuran	10.4480	5.2240	216	苯氧威	Fenoxycarb	14.6160	7.3080
178	啶虫脒	Acetamiprid	1.1520	0.5760	217	嘧啶磷	Pyrimitate	0.1392	0.0696
179	嘧菌胺	Mepanipyrim	0.2560	0.1280	218	丰索磷	Fensulfothin	1.6010	0.8005
180	扑灭通	Prometon	0.1048	0.0524	219	氟咯草酮	Fluorochloridone	11.0240	5.5120
181	甲硫威	Methiocarb	32.9600	16.4800	220	丁草胺	Butachlor	16.0528	8.0264
182	甲氧隆	Metoxuron	0.5098	0.2549	221	咪唑喹啉酸	Imazaquin	2.3104	1.1552
183	乐果	Dimethoate	6.0800	3.0400	222	亚胺菌	Kresoxim-methyl	80.4640	40.2320
184	呋菌胺	Methfuroxam	0.2163	0.1082	223	戊叉菌唑	Triticonazole	2.4160	1.2080
185	伏草隆	Fluometuron	0.7360	0.3680	224	苯线磷亚砜	Fenamiphos sulfoxide	0.5914	0.2957
186	百治磷	Dicrotophos	0.9152	0.4576	225	噻吩草胺	Thenylchlor	19.3120	9.6560
187	庚酰草胺	Monalide	0.9600	0.4800	226	氰菌胺	Fenoxanil	31.5200	15.7600
188	双苯酰草胺	Diphenamid	0.1131	0.0566	227	氟啶草酮	Fluridone	0.1440	0.0720
189	灭线磷	Ethoprophos	2.2118	1.1059	228	氟环唑	Epoxiconazole	3.2448	1.6224
190	地虫硫磷	Fonofos	5.9664	2.9832	229	氯辛硫磷	Chlorphoxim	62.0592	31.0296
191	土菌灵	Etridiazol	80.3368	40.1684	230	苯线磷砜	Fenamiphossulfone	0.3562	0.1781
192	拌种胺	Furmecyclox	0.6656	0.3328	231	腈苯唑	Fenbuconazole	1.3192	0.6596
193	环嗪酮	Hexazinone	0.0952	0.0476	232	异柳磷	Isofenphos	174.9380	87.4688
194	异戊乙净	Dimethametryn	0.0880	0.0440	233	苯醚菊酯	Phenothrin	271.3600	135.6800
195	敌百虫	Trichlorphon	0.8979	0.4490	234	氯化薯瘟锡	Fentin-chloride	13.8000	6.9000
196	内吸磷	Demeton(O+S)	5.4163	2.7082	235	呱草磷	Piperophos	7.3920	3.6960
197	解草嗪	Benoxacor	5.5200	2.7600	236	增效醚	Piperonyl butoxide	0.9053	0.4526
198	除草定	Bromacil	18.8800	9.4400	237	乙氧氟草醚	Oxyflurofen	46.8384	23.4192
199	甲拌磷亚砜	Phorate sulfoxide	294.6240	147.3120	238	蝇毒磷	Coumaphos	1.6800	0.8400
200	溴莠敏	Brompyrazon	2.8800	1.4400	239	氟噻草胺	Flufenacet	4.2400	2.1200
201	氧化萎锈灵	Oxycarboxin	0.7168	0.3584	240	伏杀硫磷	Phosalone	38.4326	19.2163
202	灭锈胺	Mepronil	0.3024	0.1512	241	甲氧虫酰肼	Methoxyfenozide	2.9600	1.4800

续表

序号	中文名称	英文名称	定量限/(μg/kg)	检出限/(μg/kg)	序号	中文名称	英文名称	定量限/(μg/kg)	检出限/(μg/kg)
242	咪鲜胺	Prochloraz	1.6558	0.8279	280	牧草胺	Tebutam	0.1088	0.0544
243	丙硫特普	Aspon	1.3840	0.6920	281	久效威亚砜	Thiofanox-sulfoxide	6.6352	3.3176
244	乙硫磷	Ethion	2.3650	1.1825	282	杀螟丹	Cartap hydrochloride	1664.0000	832.0000
245	丁醚脲	Diafenthiuron	0.2240	0.1120	283	虫螨畏	Methacrifos	1938.9600	969.4780
246	噻吩磺隆	Thifensulfuron-methyl	17.1200	8.5600	284	特丁净	Terbutryn		
247	乙氧嘧磺隆	Ethoxysulfuron	3.6656	1.8328	285	咪唑嗪	Triazoxide	6.4000	3.2000
248	氟硫草定	Dithiopyr	8.3200	4.1600	286	虫线磷	Thionazin	18.1440	9.0720
249	螺螨酯	Spirodiclofen	7.9248	3.9624	287	利谷隆	Linuron	9.3072	4.6536
250	唑螨酯	Fenpyroximate	1.0880	0.5440	288	庚烯磷	Heptanophos	4.6720	2.3360
251	胺氟草酯	Flumiclorac-pentyl	8.4864	4.2432	289	苄草丹	Prosulfocarb	0.2934	0.1467
252	双硫磷	Temephos	0.9720	0.4860	290	杀草净	Dipropetryn	0.2160	0.1080
253	氟丙嘧草酯	Butafenacil	7.6000	3.8000	291	禾草丹	Thiobencarb	2.6400	1.3200
254	多杀菌素	Spinosad	0.4547	0.2274	292	三异丁基磷酸盐	Tri-iso-butyl phosphate		
255	助壮素	Mepiquat chloride	0.7200	0.3600	293	三正丁基磷酸盐	Tri-n-butyl phosphate	0.2992	0.1496
256	二丙烯草胺	Allidochlor	32.8320	16.4160	294	乙霉威	Diethofencarb	1.6000	0.8000
257	霜霉威	Propamocarb	0.0701	0.0350	295	甲草胺	Alachlor	5.9200	2.9600
258	三环唑	Tricyclazole			296	硫线磷	Cadusafos	0.9216	0.4608
259	噻菌灵	Thiabendazole	0.3904	0.1952	297	吡唑草胺	Metazachlor	0.7840	0.3920
260	苯嗪草酮	Metamitron	5.0880	2.5440	298	胺丙畏	Propetamphos	43.2000	21.6000
261	异丙隆	Isoproturon	0.1085	0.0542	299	特丁硫磷	Terbufos	1792.0000	896.0020
262	阿特拉通	Atratone	0.1466	0.0733	300	硅氟唑	Simeconazole	2.3520	1.1760
263	敌草净	Desmetryn	0.1363	0.0682	301	三唑酮	Triadimefon	6.3040	3.1520
264	嗪草酮	Metribuzin	0.4320	0.2160	302	甲拌磷砜	Phorate sulfone	33.6000	16.8000
265	N,N-二甲基氨基-N-甲苯	DMST	32.0000	16.0000	303	十三吗啉	Tridemorph	2.0832	1.0416
					304	苯噻酰草胺	Mefenacet	1.7664	0.8832
266	环草敌	Cycloate	3.5520	1.7760	305	戊环唑	Azaconazole	0.6451	0.3226
267	阿特拉津	Atrazine	0.2883	0.1442	306	苯线磷	Fenamiphos	0.1654	0.0827
268	丁草敌	Butylate	241.6000	120.8000	307	丁苯吗啉	Fenpropimorph	0.1472	0.0736
269	吡蚜酮	Pymetrozin	27.4240	13.7120	308	戊唑醇	Tebuconazole	1.7856	0.8928
270	氯草敏	Chloridazon	1.8624	0.9312	309	异丙乐灵	Isopropalin	24.0000	12.0000
271	菜草畏	Sulfallate	165.7600	82.8800	310	氟苯嘧啶醇	Nuarimol	0.7968	0.3984
272	乙硫苯威	Ethiofencarb	3.9360	1.9680	311	乙嘧酚磺酸酯	Bupirimate	0.5600	0.2800
273	特丁通	Terbumeton	0.0768	0.0384	312	保棉磷	Azinphos-methyl	883.4670	441.7340
274	环丙津	Cyprazine			313	丁基嘧啶磷	Tebupirimfos	0.1034	0.0517
275	莠灭净	Ametryn	0.7680	0.3840	314	稻丰散	Phenthoate	73.8816	36.9408
276	丁噻隆	Tebuthiuron	0.1734	0.0867	315	治螟磷	Sulfotep	2.0800	1.0400
277	草达津	Trietazine	0.4832	0.2416	316	硫丙磷	Sulprofos	4.6720	2.3360
278	另丁津	Sebutylazine	0.2512	0.1256	317	苯硫磷	EPN	26.4000	13.2000
279	畜虫避	Dibutyl succinate	177.9200	88.9600	318	甲基吡噁磷	Azamethiphos	0.6464	0.3232

续表

序号	中文名称	英文名称	定量限/(μg/kg)	检出限/(μg/kg)	序号	中文名称	英文名称	定量限/(μg/kg)	检出限/(μg/kg)
319	烯唑醇	Diniconazole	1.0752	0.5376	358	乙氧喹啉	Ethoxyquin	2.8160	1.4080
320	唑嘧磺草胺	Flumetsulam	0.2374	0.1187	359	敌敌畏	Dichlorvos	0.4384	0.2192
321	稀禾啶	Sethoxydim			360	涕灭威砜	Aldicarbsulfone	17.1200	8.5600
322	戊菌隆	Pencycuron	0.2186	0.1093	361	二氧威	Dioxacarb	2.6880	1.3440
323	灭蚜磷	Mecarbam	15.6800	7.8400	362	苄基腺嘌呤	Benzyladenine	56.6400	28.3200
324	苯草酮	Tralkoxydim	0.2566	0.1283	363	甲基内吸磷	Demeton-S-methyl	4.2400	2.1200
325	马拉硫磷	Malathion	4.5154	2.2577	364	乙硫苯威亚砜	Ethiofencarb-sulfoxide	179.2000	89.6000
326	稗草丹	Pyributicarb	0.2710	0.1355	365	杀螟腈	Cyanophos	8.0960	4.0480
327	哒嗪硫磷	Pyridaphenthion	0.6976	0.3488	366	甲基乙拌磷	Thiometon	462.4000	231.2000
328	嘧啶磷	Pirimiphos-ethyl			367	灭菌丹	Folpet	110.8800	55.4400
329	硫双威	Thiodicarb	31.4944	15.7472	368	甲基内吸磷砜	Demeton-S-methyl sulfone	15.8080	7.9040
330	吡唑硫磷	Pyraclofos	0.8032	0.4016					
331	啶氧菌酯	Picoxystrobin	6.7520	3.3760	369	呱草丹	Dimepiperate	3024.0000	1512.0000
332	四氟醚唑	Tetraconazole	1.3760	0.6880	370	苯锈啶	Fenpropidin	0.1464	0.0732
333	吡唑解草酯	Mefenpyr-diethyl	10.0480	5.0240	371	赛硫磷	Amidithion	526.4000	263.2000
334	丙溴磷	Profenefos	1.6128	0.8064	372	对氧磷	Paraoxon-ethyl	0.3792	0.1896
335	百克敏	Pyraclostrobin	0.4041	0.2021	373	4-十二烷基-2,6-二甲基吗啉	Aldimorph	2.5280	1.2640
336	烯酰吗啉	Dimethomorph	0.2819	0.1410					
337	噻嗯菊酯	Kadethrin	2.6624	1.3312	374	乙烯菌核利	Vinclozolin	2.0320	1.0160
338	噻唑烟酸	Thiazopyr	1.5680	0.7840	375	烯效唑	Uniconazole	1.9200	0.9600
339	甲基丙硫克百威	Benfuracarb-methyl	13.1008	6.5504	376	啶斑肟	Pyrifenox	0.2128	0.1064
340	醚黄隆	Cinosulfuron	0.8992	0.4496	377	氯硫磷	Chlorthion	106.8800	53.4400
341	吡嘧磺隆	Pyrazosulfuron-ethyl	5.4720	2.7360	378	异氯磷	Dicapthon	0.1904	0.0952
342	磺草胺唑	Metosulam	3.5200	1.7600	379	四螨嗪	Clofentezine	0.6112	0.3056
343	氟啶脲	Chlorfluazuron	6.9440	3.4720	380	氟草敏	Norflurazon	0.2064	0.1032
344	4-氨基吡啶	4-Aminopyridine	0.6944	0.3472	381	野麦畏	Triallate	36.9600	18.4800
345	矮壮素	Chlormequat	0.0968	0.0484	382	福美锌	Ziram	4896.0000	2448.0000
346	灭多威	Methomyl	7.6480	3.8240	383	苯氧喹啉	Quinoxyphen	122.7200	61.3600
347	咯喹酮	Pyroquilon	2.7840	1.3920	384	倍硫磷砜	Fenthion sulfone	13.9680	6.9840
348	麦穗灵	Fuberidazole	1.5120	0.7560	385	氟咯草酮	Flurochloridone	1.0320	0.5160
349	丁脒酰胺	Isocarbamid	1.3584	0.6792	386	邻苯二甲酸丁苄酯	Phthalic acid, benzyl butyl ester	505.6000	252.8000
350	丁酮威	Butocarboxim	1.2560	0.6280					
351	杀虫脒	Chlordimeform	1.0656	0.5328	387	氯唑磷	Isazofos	0.1427	0.0714
352	霜脲氰	Cymoxanil	44.4800	22.2400	388	除线磷	Dichlofenthion	24.1600	12.0800
353	灭草敌	Vernolate	0.2064	0.1032	389	蚜灭硫砜	Vamidothion sulfone	380.8000	190.4000
354	氯硫酰草胺	Chlorthiamid	7.0560	3.5280	390	特丁硫磷砜	Terbufos sulfone	70.8800	35.4400
355	灭害威	Aminocarb	13.1360	6.5680	391	氨氟乐	Dinitramine	1.4336	0.7168
356	甲菌定	Dimethirimol	0.0997	0.0498	392	氰霜唑	Cyazofamid	3.6000	1.8000
357	氧乐果	Omethoate	7.7200	3.8600	393	毒壤磷	Trichloronat	53.4400	26.7200

续表

序号	中文名称	英文名称	定量限/(μg/kg)	检出限/(μg/kg)	序号	中文名称	英文名称	定量限/(μg/kg)	检出限/(μg/kg)
394	苄呋菊酯	Resmethrin	0.2400	0.1200	430	蔬果磷	Dioxabenzofos	11.0720	5.5360
395	啶酰菌胺	Boscalid	3.8080	1.9040	431	杀线威	Oxamyl	438.4490	219.2240
396	甲磺乐灵	Nitralin	27.5200	13.7600	432	赛苯隆	Thidiazuron	0.2352	0.1176
397	甲氰菊酯	Fenpropathrin	196.0000	98.0000	433	甲基苯噻隆	Methabenzthiazuron	0.0587	0.0294
398	噻螨酮	Hexythiazox	18.8800	9.4400	434	丁酮砜威	Butoxycarboxim	21.2800	10.6400
399	双氟磺草胺	Florasulam	13.9200	6.9600	435	兹克威	Mexacarbate	0.7520	0.3760
400	新燕灵	Benzoylprop-ethyl	246.4000	123.2000	436	甲基内吸磷亚砜	Demeton-S-methyl sulfoxide	3.1360	1.5680
401	嘧螨醚	Pyrimidifen	11.2000	5.6000					
402	呋线威	Furathiocarb	1.5344	0.7672	437	久效威砜	Thiofanox sulfone	19.2640	9.6320
403	反式-氯菊酯	trans-Permethin	3.8400	1.9200	438	硫环磷	Phosfolan	0.3888	0.1944
404	醚菊酯	Etofenprox	1824.0000	912.0000	439	绿草定	Triclopyr	0.1600	0.0800
405	苄草唑	Pyrazoxyfen	0.2608	0.1304	440	内吸磷-S	Demeton-S	64.0000	32.0000
406	嘧唑螨	Flubenzimine	6.2240	3.1120	441	咪唑烟酸	Imazapyr	8.2240	4.1120
407	Z-氯氰菊酯	Zeta cypermethrin	0.5424	0.2712	442	倍氧磷	Fenthion oxon	0.9504	0.4752
408	氟吡乙禾灵	Haloxyfop-2-ethoxy-ethyl	2.0000	1.0000	443	敌草胺	Napropamide	1.0192	0.5096
					444	杀螟硫磷	Fenitrothion	21.4400	10.7200
409	S-氰戊菊酯	Esfenvalerate	3280.0000	1640.0000	445	邻苯二甲酸二丁酯	Phthalic acid,dibutyl ester	31.6800	15.8400
410	乙羧氟草醚	Fluoroglycofen-ethyl	4.0000	2.0000					
411	氟胺氰菊酯	Tau-fluvalinate	184.0000	92.0000	446	异丙甲草胺	Metolachlor	0.3120	0.1560
412	丙烯酰胺	Acrylamide	14.2400	7.1200	447	腐霉利	Procymidone	69.2800	34.6400
413	叔丁基胺	Tert-butylamine	31.1600	15.5800	448	蚜灭磷	Vamidothion	3.6480	1.8240
414	噁霉灵	Hymexazol	179.3090	89.6544	449	枯草隆	Chloroxuron	0.3552	0.1776
415	矮壮素氯化物	Chlormequat chloride	0.5632	0.2816	450	威菌磷	Triamiphos		
416	邻苯二甲酰亚胺	Phthalimide	34.4000	17.2000	451	右旋炔丙菊酯	Prallethrin		
417	甲氟磷	Dimefox	54.5600	27.2800	452	可灭隆	Cumyluron	1.0544	0.5272
418	速灭威	Metolcarb	20.3200	10.1600	453	甲氧咪草烟	Imazamox	1.4400	0.7200
419	联苯二胺	Diphenylamin	0.3312	0.1656	454	杀鼠灵	Warfarin	2.1440	1.0720
420	1-萘基乙酰胺	1-Naphthy acetamide	0.6480	0.3240	455	亚胺硫磷	Phosmet	14.1760	7.0880
421	脱乙基阿特拉津	Atrazine-desethyl	0.4960	0.2480	456	皮蝇磷	Ronnel	10.5040	5.2520
422	2,6-二氯苯甲酰胺	2,6-Dichlorobenzamide	3.6000	1.8000	457	除虫菊酯	Pyrethrin	28.6400	14.3200
					458	邻苯二甲酸二环己酯	Phthalic acid,biscyclohexyl ester	0.5424	0.2712
423	涕灭威	Aldicarb	208.8000	104.4000					
424	避蚊酯	Dimethyl phthalate	10.5600	5.2800	459	环丙酰菌胺	Carpropamid	4.1600	2.0800
425	杀虫脒盐酸盐	Chlordimeform hydrochloride	2.1120	1.0560	460	吡螨胺	Tebufenpyrad	0.2037	0.1018
					461	虫酰肼	Tebufenozide	22.2400	11.1200
426	西玛通	Simeton	0.8832	0.4416	462	双胍辛胺乙酸盐	Iminoctadine triacetate	0.4864	0.2432
427	呋虫胺	Dinotefuran	8.1440	4.0720	463	虫螨磷	Chlorthiophos	25.4400	12.7200
428	克草敌	Pebulate	2.7200	1.3600	464	二溴磷	Naled	118.5600	59.2800
429	活化酯	Acibenzolar-S-methyl	2.4640	1.2320	465	氯亚胺硫磷	Dialifos	125.6000	62.8000

序号	中文名称	英文名称	定量限/(μg/kg)	检出限/(μg/kg)	序号	中文名称	英文名称	定量限/(μg/kg)	检出限/(μg/kg)
466	吲哚酮草酯	Cinidon-ethyl	11.6640	5.8320	502	调果酸	Cloprop	9.1200	4.5600
467	鱼藤酮	Rotenone	1.8560	0.9280	503	氯硝胺	Dicloran	38.8448	19.4224
468	亚胺唑	Imibenconazole	8.2080	4.1040	504	氯氨吡啶酸	Aminopyralid		
469	噁草酸	Propaquizafop	0.9888	0.4944	505	氯苯胺灵	Chlorpropham	12.6144	6.3072
470	乳氟禾草灵	Lactofen	49.6000	24.8000	506	2甲4氯丙酸	Mecoprop	3.9168	1.9584
471	2,3,4,5-四氯苯胺	2,3,4,5-Tetrachloroaniline	42.8800	21.4400	507	特草定	Terbacil	0.7022	0.3511
					508	2,4-滴	2,4-D	9.4880	4.7440
472	吡草酮	Benzofenap	0.0640	0.0320	509	麦草畏	Dicamba	1012.7400	506.3680
473	苯螨特	Benzoximate	6.8480	3.4240	510	2甲4氯丁酸	MCPB	11.3440	5.6720
474	地乐酯	Dinoseb acetate	33.0240	16.5120	511	敌磺钠	Fenaminosulf	180.3200	90.1600
475	甲咪唑烟酸	Imazapic	1.3440	0.6720	512	2,4-滴丙酸	Dichlorprop	1.1765	0.5882
476	嘧草醚	Pyriminobac-methyl(Z)	0.0640	0.0320	513	毒莠定	Picloram	427.2850	213.6420
477	异丙草胺	Propisochlor	0.6400	0.3200	514	灭草松	Bentazone	0.8269	0.4134
478	氟硅菊酯	Silafluofen	486.4000	243.2000	515	地乐酚	Dinoseb	0.3168	0.1584
479	三苯基磷酸盐	Triphenyl phosphate			516	草消酚	Dinoterb	0.1920	0.0960
480	乙氧苯草胺	Etobenzanid	0.6400	0.3200	517	氯吡脲	Forchlorfenuron	9.1200	4.5600
481	四唑酰草胺	Fentrazamide	9.9200	4.9600	518	2,4-滴丁酸	2,4-DB	1711.8200	855.9100
482	五氯苯胺	Pentachloroaniline	2.9952	1.4976	519	咯菌腈	Fludioxonil	49.7280	24.8640
483	丁硫克百威	Carbosulfan			520	乙基抗倒酯	Trinexapac-ethyl	56.5488	28.2744
484	苯醚氰菊酯	Cyphenothrin	13.4400	6.7200	521	2,4,5-涕	2,4,5-T	13.9840	6.9920
485	狄氏剂	Dieldrin	129.2800	64.6400	522	氟草烟	Fluroxypyr	153.6480	76.8240
486	噁唑隆	Dimefuron	3.2000	1.6000	523	杀螨醇	Chlorfenethol	131.4400	65.7200
487	乙螨唑	Etoxazole	0.6976	0.3488	524	涕丙酸	Fenoprop	5.2298	2.6149
488	马拉氧磷	Malaoxon	3.7504	1.8752	525	环丙酸酰胺	Cyclanilide	2.7520	1.3760
489	氯杀螨砜	Chlorbenside sulfone			526	溴苯腈	Bromoxynil	1.4394	0.7197
490	多果定	Dodine	6.4000	3.2000	527	五氯酚	Pentachlorophenol	0.3128	0.1564
491	丙烯硫脲	Propylene thiourea	24.0640	12.0320	528	水胺硫磷	Isocarbophos	0.0288	0.0144
492	茅草枯	Dalapon	184.5920	92.2960	529	萘草胺	Naptalam	1.5565	0.7782
493	乙烯利	Ethephon	75.0720	37.5360	530	灭幼脲	Chlorbenzuron	16.3200	8.1600
494	四氟丙酸	Flupropanate	18.3859	9.1930	531	氯霉素	Chloramphenicolum	3.1040	1.5520
495	2,6-二氟苯甲酸	2,6-Difluorobenzoic acid	1363.2600	681.6320	532	禾草灭	Alloxydim-sodium	0.1596	0.0798
496	三氯乙酸钠	Trichloroacetic acid sodiumsalt	225.2640	112.6320	533	嘧草硫醚	Pyrithlobacsodium		
					534	消螨通	Dinobuton	0.3427	0.1714
497	叔丁基-4-羟基苯甲醚	Tert-butyl-4-hydroxy-anisole	0.1840	0.0920	535	三氟硝草醚	Fluorodifen	218.6500	109.3250
					536	杀虫双	Dimehypo	320.1600	160.0800
498	2-苯基苯酚	2-Phenylphenol	135.9040	67.9520	537	噁唑禾草灵	Fenoxaprop-ethyl	3.9168	1.9584
499	3-苯基苯酚	3-Phenylphenol	3.2025	1.6013	538	氟吡草腙钠	Diflufenzopyr-sodium	24.6400	12.3200
500	二氯吡啶酸	Clopyralld	224.0000	112.0000	539	乙酰磺胺对硝基苯	Sulfanitran	2.4320	1.2160
501	4,6-二硝基邻甲酚	DNOC	2.0800	1.0400					

续表

序号	中文名称	英文名称	定量限/(μg/kg)	检出限/(μg/kg)	序号	中文名称	英文名称	定量限/(μg/kg)	检出限/(μg/kg)
540	甲基磺草酮	Mesotrion	1840.4500	920.2240	555	硫丹硫酸盐	Endosulfan-sulfate	3.3438	1.6719
541	安磺灵	Oryzalin	3.9312	1.9656	556	环丙嘧磺隆	Cyclosulfamuron	274.9440	137.4720
542	赤霉素	Gibberellic acid	53.0720	26.5360	557	嗪胺灵	Triforine		
543	三氟羧草醚	Acifluorfen	94.4000	47.2000	558	氯吡嘧磺隆	Halosulfuron-methyl	7.8376	3.9188
544	七氯	Heptachlor	0.0173	0.0086	559	氟磺胺草醚	Fomesafen	1.6160	0.8080
545	三氯杀虫酯	Plifenate	0.0181	0.0090	560	叶枯酞	Tecloftalam	0.0704	0.0352
546	碘苯腈	Ioxynil	0.4923	0.2462	561	氟啶胺	Fluazinam	56.4800	28.2400
547	噁唑菌酮	Famoxadone	36.2304	18.1152	562	吡虫隆	Fluazuron	0.0160	0.0080
548	甲磺隆	Metsulfuron-methyl	453.6000	226.8000	563	碘甲磺隆钠	Iodosulfuron-methylsodium	16.9600	8.4800
549	磺酰唑草酮	Sulfentrazone							
550	吡氟酰草胺	Diflufenican	22.6176	11.3088	564	虱螨脲	Lufenuron	0.0160	0.0080
551	乙虫清	Ethiprole	31.8816	15.9408	565	噻氟菌胺	Thifluzamide		
552	丙苯磺隆	Propoxycarbzone-sodium	2319.2400	1159.6200	566	克来范	Kelevan		
					567	氟丙菊酯	Acrinathrin	6.4640	3.2320
553	啶嘧磺隆	Flazasulfuron	238.4800	119.2400	568	甲基碘磺隆	Iodosulfuron-methyl	53.2800	26.6400
554	磺菌胺	Flusulfamide	0.3312	0.1656	569	八氯乙苯烯	Octachlorostyrene	2.6880	1.3440

参 考 文 献

[1] Muino M F, Miguelez J D, Lozano J S. A GE mehtod for chlorinated pesticides and PCBs in mussels. Chromatographia, 1991, 31 (9-10): 453-456.

[2] Newsome W H, Andrews P, Conacher H B S, et al. Total organochlorine content of fish from the great lakes. Journal of AOAC International, 1993, 76 (4): 703-706.

[3] Andrews P, Headrick K, Pilon J C, et al. An interlaboratory round robin study on the analysis of toxaphene in a cod liver oil standard reference material. Chemosphere, 1995, 31 (11-12): 4393-4402.

[4] Lancas F M, de Sa O R, Rissato S R, et al. GC-ECD evaluation of dicofol toxicity to tropical Astyanax bimaculatus schubarti. Chromatographia, 1996, 43 (11-12): 663-667.

[5] Serrano R, Barreda M, Blanes M A, et al. Investigating the presence of organochlorine Pesticides and Polychlorinated biphenyls in wild and farmed gilthead sea bream (sparus aurata) from the western Mediterranean Sea. Mar Pollut Bull, 2008, 56 (5): 963-972.

[6] Serrano R, Lopez F J, Hernandez F. Multiresidue determination of persistent organochlorine and organophosphorus compounds in whale tissues using automated liquid chromatographic clean up and gas chromatographic-mass spectrometric detection. Journal of Chromatography A, 1999, 855 (2): 633-643.

[7] Berdie L, Grimalt J O. Assessment of the sample handling procedures in a labour saving method for the analysis of organochlorine compounds in a large number of fish samples. Journal of Chromatography A, 1998, 823 (1-2): 373-380.

[8] Chen S B, Yu X J, He X Y, et al. Simplified pesticide multiresidues analysis in fish by low-temperature cleanup and solid-phase extraction coupled with gas chromatography/mass spectrometry. Food Chemistry, 2009, 113 (4): 1297-2300.

[9] Schenck F J, Wagner R, Hennessy M K, et al. Screening of organochlorine pesticide and polychlorinated biphenyl residues in nonfatty seafood products by tandem solid-phase extraction cleanup. Journal of AOAC International,

1994, 77 (1): 102-106.

[10] Ngoh M A, Cullison R. Determination of trichlorfon and dichlorvos residues in shrimp using gas chromatography with nitrogen-phosphorus detection. Journal of Agricultural and Food Chemistry, 1996, 44 (9): 2686-2689.

[11] Garcia-Rodriguez D, Carro-Diaz A M, Lorenzo-Ferreira R A, et al. Determination of pesticides in seaweeds by pressurized liquid extraction and programmed temperature vaporization-based large volume injection-gas chromatography-tandem mass spectrometry. Journal of Chromatography A, 2010, 1217 (17): 2940-2949.

[12] Shen Z L, Yuan D, Zhang H, et al. Matrix solid phase dispersion-accelerated solvent extraction for determination of OCP residues in fish muscles. Journal of the Chinese Chemistry Society, 2011, 58 (3): 1-9.

[13] You J, Lydy M J. Simultaneous determination of pyrethroid, organophosphate, and organochlorine pesticides in fish tissue using tandem solid-phase extraction clean-up. International Journal of Environmental Analytical Chemistry, 2004, 84 (8): 559-571.

[14] Sanchez-Prado L, Carcia-Jares C, Liompart M. Microwave-assisted extraction: Application to the determination of emerging pollutants in solid samples. Journal of Chromatography A, 2010, 1217 (16): 2390-2414.

[15] Barriada-Pereira M, Iglesias-Garcia I, Gonzalez-Castro M J, et al. Pressurized liquid extraction and microwave-assisted extraction in the determination of organochlorine pesticides in fish muscle samples. Journal of AOAC International, 2008, 91 (1): 174-180.

[16] Weichbrodt M, Vetter W, Luckas B. Microwave-assisted extraction and accelerated solvent extraction with ethyl acetate-cyclohexane before determination of organochlorines in fish tissue by gas chromatography with electron-capture detection. Journal of AOAC International, 2000, 83 (6): 1334-1343.

[17] Lee H B, Peart T E, Niimi A J, et al. Rapid supercritical carbon dioxide extraction method for determination of polychlorinated biphenyls in fish. Journal of AOAC International, 1995, 78 (2): 437-444.

[18] Bowadt S, Johansen B, Fruekilde P, et al. Supercritical fluid extraction of polychlorinated biphenyls from lyophilized fish tissue. Journal of Chromatography A, 1994, 675 (1-2): 189-204.

[19] Antunes P, Gil O, Bernardo-Gil M G. Supercritical fluid extraction of organochlorines from fish muscle with different sample preparation. Journal of Supercritical Fluids, 2003, 25 (2): 135-142.

[20] Hennion M C. Solid-phase extraction: method development, sorbents, and coupling with liquid chromatography. Journal of Chromatography A, 1999, 856 (1-2): 3-54.

[21] Hong J, Kim H Y, Kim D G, et al. Rapid determination of chlorinated pesticides in fish by freezing-lipid filtration, solid-phase extraction and gas chromatography-mass spectrometry. Journal of Chromatography A, 2004, 1038 (1-2): 27-35.

[22] Campos A, Lino Cm, Cardoso S M, et al. Organochlorine pesticide residues in European sardine, horse mackerel and Atlantic mackerel from Portugal. Food Additives and Contaminants, 2005, 22 (7): 642-646.

[23] Nardelli V, dell' Oro D, Palemo C, et al. Multi-residue method for the determination of organochlorine pesticides in fish feed based on a cleanup approach followed by gas chromatography-triple quadrupole tandem mass spectrometry. Journal of Chromatography A, 2010, 1217 (30): 4996-5003.

[24] Russo M V. Fast solid phase extraction of polychlorobiphenyls and chlorinated pesticide residues from mussels using Sep-Pak cartridges. Chromatographia, 2000, 51 (1-2): 71-76.

[25] Moreno D V, Ferrera Z S, Rodriguez J J S. SPME and SPE comparative study for coupling with microwave-assisted micellar extraction on the analysis of organochlorine pesticides residues in seaweed samples. Microchemical Journal, 2007, 87 (2): 139-146.

[26] Arthur C L, Pawliszyn J. Solid phase microextraction with thermal desorption using fused silica optical fibers. Analytical Chemistry, 1990, 62 (19): 2145-2148.

[27] Liu H, Dasgupta P K. Analytical chemistry in a drop. Solvent extraction in a microdrop. Analytical Chemistry, 1996, 68 (11): 1817-1821.

[28] Jeannot M A, Cantwell F F. Solvent microextraction into a single drop. Analytical Chemistry, 1996, 68 (13): 2236-2240.

[29] Sun X, Zhu F, Xi J, et al. Hollow fiber liquid-phase microextraction as clean-up step for the determinationof organophosphorus pesticides residues in fish tissue by gas chromatography coupled with mass spectrometry. Marine

Pollution Bulletin, 2011, 63 (5-12): 102-107.
[30] Barker S A, Long A R, Short C R. Isolation of drug residues from tissues by solid phase dispersion. Journal of Chromatography A, 1989, 475 (2): 353-361.
[31] Barker S A. Applications of matrix solid-phase dispersion in food analysis. Journal of Chromatography A, 2000, 880 (1-2): 63-68.
[32] Bogialli S, Corcia A D. Matrix solid-phase dispersion as a valuable tool for extracting contaminants from foodstuffs. Journal of Biochemical and Biophysical Methods, 2006, 70 (2): 163-179.
[33] Ling Y C, Huang I P. Multiresidue-matrix solid-phase dispersion method for determing 16 organochlorine pesticides and polychlorinated-biphenyls in fish. Chromatographia, 1995, 40 (5-6): 259-266.
[34] Zhao D, Liu X, Shi W, et al. Determination of cypermethrin residues in crucian carp tissues by MSPD/GC-ECD. Chromatographia, 2011, 73 (9-10): 1021-1025.
[35] Barriada-Pereira M, Gonzalez-Castro M J, Muniategui-Lorenzo S, et al. Sample preparation based on matrix solid-phase dispersion extraction cleanup for the determination of organochlorine pesticides in fish. Journal of AOAC International, 2010, 93 (3): 922-928.
[36] Anastassiades M, Lehotay S J, Stajnbaher D, et al. Fast and easy multiresidue method employing acetonitrile extraction/partitioning and "dispersive solid-phase extraction" for the determination of pesticide residues in produce. Journal of AOAC International, 2003, 86 (2): 412-431.
[37] Wilkowska A, Biziuk M. Determinationof pesticide residues infood matrices using the QuEChERS methodology. Food Chemistry, 2011, 125 (3): 803-812.
[38] Paya P, Anastassiades M, Mack D, et al. Analysis of pesticide residues using quick easy cheap effective rugged and safe (QuEChERS) pesticide multiresidue method in combination with gas and liquid chromatography and mass spectrometric detection. Analytical and Bioanalytical Chemistry, 2007, 389 (6): 1697-1714.
[39] Lesueur C, Knittl P, Gartner M, et al. Analysis of 140 pesticides from conventional farming foodstuff samples after extraction with the modified QuEChERS method. Food Control, 2008, 19 (9): 906-914.
[40] Rawn D F K, Krakalovich T, Forsyth D S, et al. Analysis of fin and non-fin fish products for amamethiphos and dichlorvos residues from the Canadian retail market. International Jounal of Food Science Technology, 2009, 44 (8):1510-1516.
[41] Rawn D F K, Judge J, Roscoe V. Application of the QuEChERS method for the analysis of pyrethrins and pyrethroids in fish tissues. Analytical and Bioanalytical Chemistry, 2010, 397 (6): 2525-2531.
[42] Lazartigues A, Wiest L, Baudot R, et al. Multiresidue method to quantify pesticides in fish muscle by QuEChERS-based extraction and LC-MS/MS. Analytical and Bioanalytical Chemistry, 2011, 400 (7): 2185-2193.
[43] Stalling D L, Tindle R C, Johnson J L. Cleanup of pesticide and polychlorinated biphenyl residues in fish extracts by gel permeation chromatography. Journal of AOAC International, 1972, 55 (1): 32-38.
[44] Newsome W H, Andrews P. Organochlorine pesticides and polychlorinated biphenyl congeners in commercial fish from the Great Lakes. Journal of AOAC International, 1993, 76 (4): 707-710.
[45] Mwevura H, Othman O C, Mhehe G L. Organochlorine pesticide residues in edible biota from the coastal area of Dar es Salaam city. Journal of Marine Science, 2002, 1 (1): 91-96.
[46] Wu G, Bao X, Zhao S, et al. Analysis of multi-pesticide residues in the foods of animal origin by GC-MS coupled with accelerated solvent extraction and gel permeation chromatography cleanup. Food Chemistry, 2011, 126 (2): 646-654.
[47] Pazou E Y A, Lalèyè P, Boko M, et al. Contamination of fish by organochlorine pesticide residues in the Ouémé River catchment in the Republic of Benin. Environment International, 2006, 32 (5): 594-599.
[48] Nardelli V, Palermo C, Centonze D. Rapid multiresidue extraction method of organochlorinated pesticides from fish feed. Journal of Chromatography A, 2004, 1034 (1-2): 33-40.
[49] Sapozhnikova Y, Zubcov N, Hungerford S, et al. Evaluation of pesticides and metals in fish of the Dniester River, Moldova. Chemosphere, 2005, 60 (2): 196-205.
[50] Fidalgo-Used N, Centineo G, Blanco-Gonzalez E, et al. Solid-phase microextraction as a clean-up and preconcentration procedure for organochlorine pesticides determination in fish tissue by gas chromatography with electron cap-

ture detection. Journal of Chromatography A, 2003, 1017 (1-2): 35-44.

[51] Chen S, Shi L, Shan Z, et al. Determination of organochlorine pesticide residues in rice and human and fish fat by simplified two-dimensional gas chromatography. Food Chemistry, 2007, 104 (3): 1315-1319.

[52] Santerre C R, Ingram R, Lewis G W, et al. Organochlorines, organophosphates, and pyrethroids in channel catfish, rainbow trout, and red swamp crayfish from aquaculture facilities. Food Chemistry and Toxicology, 2000, 65 (2): 231-235.

[53] Muller T A, Kohler H P E. Chirality of pollutants-effects on metabolism and fate. Applied Microbiology and Biotechnology, 2004, 64 (3): 300-316.

[54] Lewis D L, Garrison A W, Wommack K E, et al. Influence of environmental changes on degradation of chiral pesticides in soils. Nature, 1999, 401 (28): 898-901.

[55] Falconer R L, Bidleman T F, et al. Enantioselective breakdown of alpha- hexachlorocyclohexane in a small arctic lake and its watershed. Environmental Science and Technology, 1995, 29 (5): 1297-1302.

[56] Law S A, Bidleman T F, Martin M J, et al. Evidence of enantioselective degradation of α-hexachlorocyclohexane in groundwater. Environmental Science and Technology, 2004, 38 (6): 1633-1638.

[57] Oehme M, Kallenborn R, Wiberg K, et al. Simultaneous enantioselective separation of chlordanes, a nonachlor compound, and o, p'-DDT in environmental samples using tandem capillary columns. Journal of High Resolution Chromatography, 1994, 17 (8): 583-588.

[58] Wong C S, Lau F, Clark M, et al. Rainbow Trout (Oncorhynchusmykiss) can eliminate chiral organochlorine compounds enantioselectively. Environmental Science and Technology, 2002, 36 (6): 1257-1262.

[59] Bethan B, Bester K, Huhnerfuss H, et al. Bromocyclen contamination of surface water, waste water and fish from northern Germany, and gas chromatographic chiral separation. Chemosphere, 1997, 34 (11): 2271-2280.

[60] Fidalgo-Used N, Montes-Bayon M, Blanco-Gonzalez E, et al. Enantioselective determination of the organochlorine pesticide bromocyclen in spiked fish tissue using solid-phase microextraction coupled to gas chromatography with ECD and ICP-MS detection. Talanta, 2008, 75 (3): 710-716.

[61] Attard Barbini D A, Stefanelli P, Girolimetti S, et al. Determination of toxaphene residues in fish foodstuff by GC-MS. Bulletin of Environmental Contamination and Toxicology, 2007, 79 (2): 226-230.

[62] Therdteppitak A, Yammeng K. Determinationof organochlorine pesticides in commercial fish by gas chromatography with electron capture detector and confirmation by gas chromatography-mass spectrometry. ScienceAsia, 2003, 29: 127-134.

[63] 王耀, 刘少彬, 谢翠美, 等. 加速溶剂萃取凝胶渗透色谱/固相萃取净化气相色谱质谱法测定咸鱼中有机磷农药残留. 分析化学, 2011, 39 (1): 67-71.

[64] Nardelli V, dell' Oro D, Palermo C, et al. Multi-residue method for the determination of organochlorine pesticides in fish feed based on a cleanup approach followed by gas chromatography-triple quadrupole tandem mass spectrometry. Journal of Chromatography A, 2010, 1217 (30): 4996-5003.

[65] Serrano R, Barreda M, Pitarch E, et al. Determination of low concentrations of organochlorine pesticides and PCBs in fish feed and fish tissues from aquaculture activities by gas chromatography with tandem mass spectrometry. Journal of Separation Science, 2003, 26 (1-2): 75-86.

[66] Sanchez-Avila J, Fernandez-Sanjuan M, Vicente J, et al. Development of a multi-residue method for the determination of organic micropollutants in water, sediment and mussels using gas chromatography-tandem mass spectrometry. Journal of Chromatography A, 2011, 1218 (38): 6799-6811.

[67] Beens J, Boelens H, Tijssen R. Quantitative aspects of comprehensive two-dimensional gas chromatography (GC×GC). Journal of High Resolution Chromatography & Chromatography Communications, 1998, 21 (1): 47-54.

[68] Robinson A, Boss P K, Heymann H, et al. Development of a sensitive non-targeted method of characterizing the wine volatile profile using headspace solid-phase microextraction comprehensive two-dimensional gas chromagraphy time-of-flight mass spectrometry. Journal of Chromatography A, 2011, 1218 (3): 504-517.

[69] Dasgupta S, Banerjee K, Patil S H, et al. Optimization of two-dimensional gas chromatography time-of-flight mass spectrometry for separation and estimation of the residues of 160 pesticides and 25 persistent organic pollutants in grape and wine. Journal of Chromatography A, 2010, 1217 (24): 3881-3889.

[70] Dallüge J, Beens J, Brinkman U A T. Comprehensive two-dimensional gas chromatography: a powerful and versatile analytical tool. Journal of Chromatography A, 2003, 1000 (1-2): 69-108.

[71] Adahchour M, Beens J, Brinkman U A T. Recent developments in the applicationof comprehensive two-dimensional gas chromatography. Journal of Chromatography, 2008, 1186 (1-2): 67-108.

[72] Tranchida P Q, Dugo P, Dugo G, et al. Comprehensive two-dimensional chromatography in food analysis. Journal of Chromatography A, 1054 (1-2): 3-16.

[73] Van Der Lee M K, Van Der Weg G, Traag W A, et al. Qualitative screening and quantitative determination of pesticides and contaminants in animal feed using comprehensive two-dimensional gas chromatography with time-of-flight mass spectrometry. Journal of Chromatography A, 2008, 1186 (1-2): 325-329.

[74] Korytar P, Leonards P E G, De Boer J, et al. High-resolution separationof polychlorinated biphenyls by comprehensive two-dimensional gas chromatography. Journal of Chromatography A, 2002, 958 (1-2): 203-218.

[75] Danielsson C, Wiberg K, Korytar P, et al. Trace analysis of polychlorinated dibenzo-p-dioxins, dibenzofurans and WHO polychlorinated biphenyls in food using comprehensive two-dimensional gas chromatography with electron-capture. Journal of Chromatography A, 2005, 1086 (1-2): 61-70.

[76] Hoh E, Lehotay S J, Mastovska K, et al. Evaluation of automated direct sample introduction with comprehensive two-dimensional gas chromatography/time-of-flight mass spectrometry for the screening analysis of dioxins in fish oil. Journal of Chromatography A, 2008, 1201 (1): 69-77.

[77] Focant J F, Eppe G, Scippo M L, et al. Comprehensive two- dimensional gas chromatography with isotope dilution time-of-flight mass spectrometry for the measurement of dioxins and polychlorinated biphenyls in foodstuffs: Comparison with other methods. Journal of Chromatography A, 2005, 1086 (1-2): 45-60.

[78] Korytár P, Parera J, Leonards P E G, et al. Quadrupole mass spectrometer operating in the electron-capture negative ion mode as detector for comprehensive two-dimensional gas chromatography. Journal of Chromatography A, 2005, 1067 (1-2): 255-264.

[79] Bordajandi L R, Ramos L, Gonzalez M J. Determination of toxaphene enantiomers by comprehensive two-dimensional gas chromatography with electron-capture detection. Journal of Chromatography A, 2006, 1125 (2): 220-228.

[80] 江敏, 彭章晓, 吴昊. 反相高效液相色谱法检测鲫鱼肌肉中伊维菌素. 分析化学, 2009, 37 (8): 1223-1226.

[81] Riet J M, Brothers N N, Pearce J N, et al. Simultaneous determination of emamectin and ivermectin residues in Atlantic salmon muscle by liquid chromatography with fluorescence detection. Journal of AOAC International, 2001, 84 (5): 1358-1362.

[82] Leal C, Granados M, Compano R, et al. Liquid chromatography with fluorimetric detection of triorganotin compounds in marine biological materials. Journal of Chromatography A, 1998, 809 (1-2): 39-46.

[83] 朱铭立, 张卫峰, 聂建荣, 等. 高效液相色谱测定水产品中氨基甲酸酯类农药多组分残留. 广东农业科学, 2009, (8): 242-243.

[84] Serrano R, Lopez F J, Roig-Navarro A, et al. Automated sample clean-up and fractionation of chlorpyrifos, chlorpyrifos-methyl and metabolites in mussels using normal-phase. Journal of Chromatography A, 1997, 778 (1-2): 151-160.

[85] 李永夫, 高华鹏, 张健玲, 等. 超高效液相色谱-串联质谱法测定鳗鱼中呋线威和溴氰菊酯残留. 分析化学, 2008, 36 (6): 755-759.

[86] Yang F, Liu Z, Zhen D, et al. Determination of botanical insecticides residues in fish by liquid chromatography-electrospray tandem mass spectrometry. Food Analytical Mehtods, 2011, 4 (4): 601-607.

[87] Chung S W C, Chan B T P. Validation and use of a fast sample preparation method and liquid chromatography-tandem mass spectrometry in analysis of ultra-trace levels of 98 organophosphorus pesticide and carbamate residues in a total diet study involving diversified food types. Journal of Chromatography A, 2010, 1217 (29): 4815-4824.

[88] Wille K, Kiebooms J A L, Claessens M, et al. Development of analytical strategies using U-HPLC-MS/MS and LC-TOF-MS for the quantification of micropollutants in marine organisms. Analytical and Bioanalytical Chemistry, 2011, 400 (5): 1459-1472.

[89] Ravelo-Pérez L M, Asensio-Ramos M, Hernández-Borges J, et al. Recent food safety and food quality applications

of capillary electrophoresis-mass spectrometry. Electrophoresis, 2009, 30 (10): 1624-1646.
[90] Ravelo-Pérez L M, Hernández-Borges J, Rodriguez-Delgado M A. Pesticides analysis by liquid chromatography and capillary electrophoresis. Journal of Separation Science, 2006, 29 (17): 2557-2577.
[91] Fung Y S, Mak J L. Determination of pesticides in drinking water by micellar electrokinetic capillary chromatography. Electrophoresis, 2001, 22 (11): 2260-2269.
[92] Goodwin L, Startin J R, Keely B J, et al. Analysis of glyphosate and glufosinate by capillary electrophoresis-mass spectrometry utilising a sheathless microelectrospray interface. Journal of Chromatography A, 2003, 1004 (1-2): 107-119.
[93] Rodriguez R, Pico Y, Font G, et al. Determination of urea-derived pesticides in fruits and vegetables by solid-phase preconcentration and capillary electrophoresis. Electrophoresis, 2001, 22 (10): 2010-2016.
[94] Ravelo-Peréz L M, Hernández-Borges J, Borges-Miquel T M, et al. Solid-phase microextraction and sample stacking micellar electrokinetic chromatography for the analysis of pesticides residues in red wines. Food Chemistry, 2008, 111 (3): 764-770.
[95] Messina A, Sinibaldi M. CEC enantioseparations on chiral monolithic columns: A study of the stereoselective degradation of (R/S)-dichlorprop [2-(2, 4-dichlorophenoxy) propionic acid] in soil. Electrophoresis, 2007, 28 (15): 2613-2618.
[96] Andre C, Berthelot A, Thomassin M, et al. Enantioselective aptameric molecular recognition material: Design of a novel chiral stationary phase for enantioseparation of a series of chiral herbicides by capillary electrochromatography. Electrophoresis, 2006, 27 (16): 3254-3262.
[97] Wan P, Santerre C R, Deardorff D C. Chlorpyrifos in catfish (Ictalarus punctatus) tissue. Bulletin of Environmental Contamination and Toxicology, 2000, 65 (1): 84-90.
[98] Wandan E N, Zabik M J, Elleingand E F. Determination of carbofuran in fish and corn leaves by two types of commercial immunoassays. Scientific Research and Essays, 2011, 6 (8): 1771-1779.
[99] Van Dyk J S, Pletschke B. Review on the use of enzymes for the detectionof organochlorine, organophosphate and carbamate pesticides in the environment. Chemosphere, 2011, 82 (3): 291-307.
[100] Amine A, Mohammadi H, Bourais I, et al. Enzyme inhibition-based biosensors for food safety and environmental monitoring. Biosensors and Bioelectronics, 2006, 21 (8): 1405-1423.
[101] Venugopal V. Biosensors in fish production and quality control. Biosensors and Bioelectronics, 2002, 17 (3): 147-157.

10 牛奶和奶粉中农药化学品多组分残留检测技术

10.1 概 况

10.1.1 世界奶业发展概况

奶业是现代农业的重要组成部分，奶业发展水平是现代农业特别是畜牧业发展水平的重要标志。目前世界奶业产值占农业总产值的平均比例约为20%，欧美及大洋洲各国奶业产值一般都占畜牧业总产值的1/3左右。奶业在国民经济中占有重要地位，如美国、丹麦、德国等发达国家的奶类总产量占其畜牧业主要产品总产量的比例均在60%以上。在世界奶类生产中占有重要地位的国家和地区有欧盟、美国、新西兰、巴西、印度、俄罗斯和中国等。2008年，这七个国家和地区的奶类总产量占世界奶类总产量的86%，见表10-1。当前世界奶业生产的基本格局是欧美发达国家主导市场，奶及奶制品的数量和质量都居世界前列，这些国家无论是奶业生产还是乳制品的加工水平都处于世界领先地位。近年来，发展中国家也开始重视奶业的发展，并将奶业的发展作为提高国民营养水平和民族素质、促进经济发展的重要措施。其中在亚洲有较快发展的尚属中国和印度，两国2008年的牛奶产量已占世界总产量的18.5%。

表10-1 世界各国（地区）奶类产量　　　　　　　　　　（单位：×10³ t）

年份	2004	2005	2006	2007	2008	2009
阿根廷	9 250	9 500	10 200	9 550	10 100	10 366
澳大利亚	10 377	10 429	10 395	9 870	9 500	9 388
巴西	23 317	24 250	25 230	26 750	28 890	30 007
加拿大	7 905	7 806	8 041	8 212	8 270	8 213
中国	22 606	27 534	31 934	35 252	36 700	35 509
欧盟	133 969	134 672	132 206	132 604	134 000	—
印度	37 500	37 520	41 000	42 890	44 100	47 825
日本	8 329	8 285	8 137	8 007	7 990	7 909
韩国	2 255	2 229	2 176	2 188	2 200	2 204
墨西哥	9 874	9 855	10 051	10 657	10 814	10 549
新西兰	15 000	14 500	15 200	15 640	15 141	15 667
俄罗斯	32 000	32 000	31 100	32 200	32 500	32 326
乌克兰	13 787	13 423	12 890	11 997	11 070	11 363
美国	77 534	80 254	82 462	84 188	86 026	85 880
世界总产量	546 305	553 049	558 120	568 260	437 640	580 482

数据来源：美国农业部数据（Foreign Agricultural Service/USDA）。

10.1.2 我国奶业发展概况

由于政府加大了扶持力度，我国近几年乳业生产增长速度较快，年平均增长率达11%以上[1]，如图10-1所示。2008年中国牛奶产量上升到3670万t，占世界奶类总产量的8.4%，除欧盟外，仅次于印度和美国，成为世界第三大产奶国。在人均占有量上，中国和西方发达国家（地区）仍存在较大的差距，新西兰、澳大利亚的年人均奶类占有量为760kg，欧盟为315kg，美国为270kg，日本和韩国为65kg，中国也只是近几年才有较大的提升。2005年，我国城镇居民人均乳制品消费量为24.8kg，比2000年增长了71.1%；农村居民人均乳制品消费量2kg，比2000年增长了88.7%，2006年的年人均占有量也不过是25kg[2,3]。

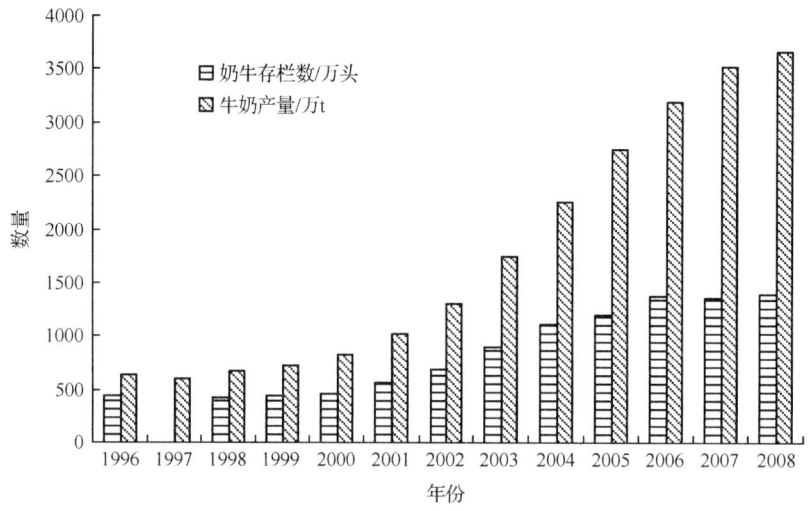

图 10-1 中国近年牛奶生产概况
数据来源：中国统计年鉴 2009

作为乳制品的生产和消费大国，我国乳制品进出口量也较大。以2007年为例，乳品出口总量127 957t，与2006年相比增加了70.9%；出口金额23 266万美元，与2006年相比增加了147%[4]。2007年我国进口乳品275 892t，比2006年同期下降20.7%；进口金额68 997万美元，比2006年同期上升23.6%。具体贸易情况见表10-2。从表10-2可以看出，我国乳品国际贸易种类较多，虽然出口总量和金额都有了大幅提升，但与国际相比，我国奶业国际贸易仍处于起始阶段。如何破解相关贸易壁垒，提升产品质量，仍是目前扩大我国乳品进出口贸易面临的主要问题。

表 10-2 2007 年中国奶业进出口统计数据

乳品	出口		进口	
	数量/t	金额/万美元	数量/t	金额/万美元
鲜奶	42 262	2 846	3 863	619
奶粉	59 745	16 765	89 026	30 233
炼乳	13 836	1 594	925	193
酸奶	1 665	183	721	204
乳清制品	4 066	394	156 582	29 436
奶油	5 911	1 333	12 713	3 359
干酪	472	151	12 062	4 953

数据来源：中国奶业协会。

10.2 牛奶和奶粉中农药残留

食品安全问题由来已久，联合国粮农组织于20世纪70年代就提出了食品安全的概念。1992年国际营养大会把食物安全定义为"在任何时候人人都可以获得安全营养的食品来维持健康能动的生活"。1996年，《世界食物安全罗马宣言》和《世界粮食首脑会议行动计划》中重申："只有当所有人在任何时候都能够在物质和经济上获得足够、安全和富有营养的食物来满足其积极和健康生活的膳食需要及食物喜好时，才实现了食物安全"。食品安全的概念是伴随着现代农业和现代经济而出现的产物，其中一个主要的关注对象就是农药残留。

农药是指用于防治危害农作物病虫害、杂草及其他有害生物的药物总称。当前，农药的应用，对于防治病虫草害、保障农业生产的稳产与增产仍然是一种极为重要的措施。第二次世界大战以来，人工合成化学农药的陆续出现，更加显示了农药的巨大威力。化学农药以见效快、防治谱广、性质稳定、便于储运、价格低廉等优点，在防治农作物病虫草害等方面发挥着巨大作用，促进了现代农业的发展。与此同时，大量使用农药也带来了环境污染、杀伤天敌和病虫草害产生抗药性等副作用，导致农药残留增加、地力减退及农产品品质下降等不良后果，特别是毒性大、性质稳定的农药，其残留期长且不易降解，大量的使用已经给人类健康带来了严重威胁。农药残留是指农药使用后残存于生物体、农副产品和环境中的微量农药原体、有毒代谢物、降解物和杂质的总称。农药残留是农药使用后的必然现象，不可避免，但农药残留超过一定范围就可能通过食物链对生态系统造成危害，进而对人畜产生严重的不良影响。牛奶是人们食谱中一种重要的健康食品，消费量巨大，受农业、畜牧业生产的影响，其作为一种主要的农产品也难免存在农药残留的问题，尤其是一些农药物理化学性质稳定、难以降解、不合理使用及滥用现象，导致农药在环境及动植物体内富集，并通过食物链转移至牛奶等奶制品中，长期食用含有农药残留的牛奶和奶粉必然会对人体的健康产生不利影响[5,6]。牛奶中农药残留的来源主要有三种途径：①牧场为防治病虫害而使用的农药（各种杀虫剂、杀菌剂）和一些土壤、水体等环境中的难降解的农药（有机氯农药等）在牧草中残留，奶牛食用后在体内富集；②饲料中的农药残留，主要是饲料原料带入的残留和为控制奶牛身上的真菌、细菌、线虫等而施加的农药；③原料奶加工过程控制不严而引入了的污染，如控制苍蝇、蚊虫等农药混入牛奶或接触挤奶用具、加工器皿等。其中以饲料原料污染最为严重[7]。美国农业部的农药数据项目（USDA-PDP）曾对牛奶中的农药残留进行监测，1996年、1997年、1998年的监测结果显示牛奶中几乎没有残留，仅15%的监测样品含有DDE一种残留物，85%的样品没有任何残留，牛奶被认为是"安全的食品"，然而这样的结果是由于采用的检测方法灵敏度较低的原因。2004年后采用了更为灵敏的检测方法，结果发现96%的样品中发现有DDE残留，98%的样品含有二苯胺（DPA），41%的样品中有狄氏剂，24%的样品中有菊酯类杀虫剂，18%的样品中含有硫丹。2005年的监测结果显示，在746个检测样品中85%的样品检出DDE，92%的样品检出DPA，检出其他的农药残留物有氯氰菊酯（20.8%）、氟胺氰菊酯（2.8%）、氟氯氰菊酯（0.8%）、联苯菊酯（0.4%）和氯菊酯（0.3%），见表10-3。

表10-3 USDA-PDP牛奶中农药残留监测数据

中文名称	英文名称	阳性样品数量		阳性样品所占比例/%		平均含量/(μg/kg)	
		2004年	2005年	2004年	2005年	2004年	2005年
3-羟基呋喃丹	3-Hydroxycarbofuran	65	45	8.8	6.0	0.34	0.22
联苯菊酯	Bifenthrin	3	3	0.4	0.4	0.10	0.15
氟氯氰菊酯	Cyfluthrin	11	2	1.5	0.3	1.00	0.08
氯氟氰菊酯	Cyhalothrin	128	6	17.3	0.8	0.48	1.00
氯氰菊酯	Cypermethrin	1	155	0.1	20.8	1.00	0.31
p,p'-滴滴伊	p,p'-DDE	710	637	96.1	85.4	0.51	0.49
狄氏剂	Dieldrin	307	173	41.5	23.2	0.20	0.13
乐果	Dimethoate	6	1	0.8	10.1	0.12	0.10
联苯二胺	Diphenylamine	728	683	98.5	91.6	0.19	0.35
硫丹硫酸盐	Endosulfan sulfate	134	115	18.1	15.4	0.22	0.14
氟胺氰菊酯	Fluvalinate	3	21	0.4	2.8	1.82	1.25
氯菊酯	Permethrin	33	2	4.5	0.3	1.07	0.27

Subir等[8]的研究表明在印度的本德尔汗德（Bundelhand）地区，325份牛奶检测样品中有206

份样品（63.38%）含有有机氯（OCP）农药残留，HCH 的平均含量为 0.162mg/kg，89 份样品中含有硫丹，平均含量为 0.0492mg/kg，17 份样品中杀螨醇为阳性。Darko 等[9]考察了夏纳不同地区奶制品中有机氯农药的残留量，结果发现不同地区农药残留量也不尽相同，Asawasi 地区奶酪中 DDT、DDE 的平均含量为 42.17μg/kg 和 31.50μg/kg，Tafo 地区奶酪中 DDT、DDE 的含量为 298.57μg/kg 和 140.15μg/kg。Zhong 等[10]采用中子活化法测定了 2001 年北京超市中不同产地的牛奶中有机氯的含量，结果显示北方地区的农药残留明显低于南方地区，如图 10-2 所示。

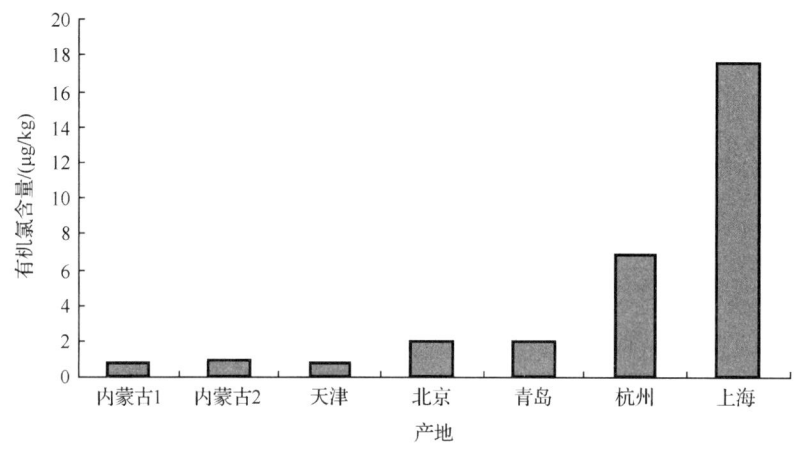

图 10-2　2001 年北京超市不同产地的牛奶中有机氯含量

作者认为这可能是由于一方面中国南方化工厂较多，污染排放较多；另一方面南方气候更适宜害虫生长繁殖，需要更多的农药加以控制。以上情况说明牛奶中农药残留现象比较普遍，虽然农药的残留量相对不高，但牛奶每天食用，尤其是婴幼儿需要大量食用，微量的残留也可能在人体内富集而造成不良后果，而且有害残留物质还可能以多组分形式存在于牛奶和奶粉中，它们对人类健康影响有协同效应，如狄氏剂、DDT 等与多氯联苯共存时会使毒性增加一倍[11]。这些结果使人们认识到牛奶中的农药残留问题不容忽视，必须对牛奶的质量进行严格的监控。

10.3　牛奶和奶粉中农药残留限量概况

随着国际社会对食品安全的重视，人们对农产品中的农药残留问题越来越关注，但由于农药在现代农业中的重要作用使其还不能被彻底禁止使用，尤其是遇到突发性、侵入性生物灾害时，尚无任何防治方法能够代替农药，因而只能通过尽量减少用量来控制其在农产品中的残留。目前主要是通过设置食品中农药最大残留限量（Maximum Residue Limit，MRL）来保障食品安全。现在世界各国及有关国际组织所制定的 MRL 值已经成为判定农产品质量安全与否的标准。自 1995 年 1 月 1 日世界贸易组织（WTO）成立至今，各成员国在《技术性贸易壁垒协定》（《TBT 协定》）和《实施卫生与植物卫生措施协定》（《SPS 协定》）项下通过 WTO 秘书处发出的新制定的涉及农药、兽药的管理措施及限量标准的通报超过 950 余项。最大残留限量标准的制定，对严格控制农药的生产和规范使用发挥了巨大的作用，但同时也构筑了国际食品贸易市场准入的门槛。例如，美国就对农产品和食品中的 333 种农药制定了残留限量要求[12]，日本的"肯定列表制度"中对近 800 种农药提出了限量标准，欧盟也发布了新的食品中农药残留标准（Regulation (EC) No 149/2008）。同样加拿大、德国等国家均制定了严格的食品中农药最大残留限量[13]，而且检测项目有逐年增多的趋势。农药残留的问题，不仅涉及消费者身体健康，同时也已经成为一个国家农产品出口的重要障碍。据 2008 年日本扣留我国出口食品分析报告显示，我国农产品出口因农药残留超标而被退回的事件每年都会有五六百起，由此造成的经济损失超过 70 亿元。例如，2008 年美国扣留我国食品共计 648 批次，其中出现问题最多的是农、兽药残留的超标；日本扣留我国的 295 批次食品中，因农、兽药残留超标被扣

111 批，占被扣留食品总批次的 37.6%，被检出的农药主要有甲氰菊酯、三唑磷、2,4-D、噻虫胺、毒死蜱、噻嗪酮、抑虫肼等，如图 10-3 所示。

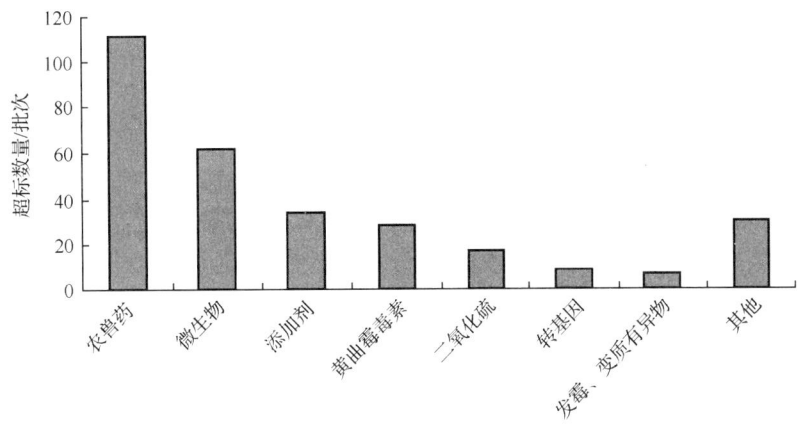

图 10-3　日本扣留我国食品原因情况分析
数据来源：2008 年日本扣留我国食品分析报告

欧盟食品饲料快速预警系统（RASFF）2008 年共通报我国食品 369 批，其中奶制品 6 批次，占总通报食品批次的 1.6%。在经济全球化不断加快的形势下，技术规范纳入法规的范畴已成为经济发达国家发展经济和保护自身利益行之有效的依据。牛奶作为一种农副产品，各国也都制定了相应的农药最大残留限量[14,15]。由于牛奶是一种每天大量食用的食品，各国所制定的残留限量均非常严格，部分农药在牛奶中的最大残留限量见表 10-4。从表 10-4 数据可以看到，牛奶中大部分农药的 MRL 均低于 0.1mg/kg，以美国为例，对阿维菌素、四螨嗪、苯醚甲环唑、甲基氟嘧磺隆等农药 MRL 要低于 0.01mg/kg。有机氯等难以降解的农药，即使禁止使用后，其环境中的残留在较长时间内仍会对食品、农畜产品造成污染，而且会在人体内富集，所以这些农药需要设定更低的最大残留限量，如国际食品法典委员会下属的农药残留委员会（CCPR）对已经禁止使用的农药进行周期性的评估，并根据评估结果对限量做出修订，2007 年修订的限量标准中有机氯农药在牛奶中的限量：狄氏剂、七氯和艾氏剂均为 0.006mg/kg，滴滴涕和异狄氏剂为 0.02mg/kg[15]。

表 10-4　发达国家（组织）牛奶中农药最大残留限量

序号	中文名称	英文名称	最大残留限量/(mg/kg)							
			美国	CAC	欧盟	澳大利亚	加拿大	韩国	墨西哥	新加坡
1	2,4-滴	2,4-D	0.05	0.01	0.01	0.05	—	0.01	0.05	0.05
2	阿维菌素	Abamectin	0.005	0.005	0.005	0.02	—	0.005	0.005	0.005
3	乙酰甲胺磷	Acephate	0.1	0.02	0.02		0.05	0.1	0.1	0.1
4	啶虫脒	Acetamiprid	0.1	—	0.05	0.01		0.1	0.1	
5	甲草胺	Alachlor	0.02		0.01		0.001		0.02	0.001
6	胺唑草酮	Amicarbazone	0.01						0.01	
7	氯氨吡啶酸	Aminopyralid	0.03	0.02	0.02	0.01	0.03		0.03	0.02
8	双甲脒	Amitraz	0.03	0.01	—	0.1		0.01	0.03	0.1
9	磺草灵	Asulam	0.05		0.1	0.1			0.05	0.1
10	阿特拉津	Atrazine	0.02						0.02	
11	解草嗪	Benoxacor	0.01						0.01	
12	灭草松	Bentazon	0.05	0.05	0.05	0.05		0.05	0.05	
13	高效氟氯氰菊酯	β-Cyfluthrin	0.2	0.04	—			0.04	0.2	0.04
14	联苯肼酯	Bifenazate	0.02	0.01		0.01	0.02	0.01	0.02	0.01

续表

序号	中文名称	英文名称	最大残留限量/(mg/kg)							
			美国	CAC	欧盟	澳大利亚	加拿大	韩国	墨西哥	新加坡
15	联苯菊酯	Bifenthrin	0.1	—	0.01	0.5	—	0.05	0.1	—
16	啶酰菌胺	Boscalid	0.1	—	0.05	0.02	0.1	—	0.1	—
17	溴苯腈	Bromoxynil	0.1	—	0.01	0.02	0.1	—	0.1	—
18	噻嗪酮	Buprofezin	0.01	—	0.05	0.01	—	—	0.01	—
19	克菌丹	Captan	0.1	—	—	0.01	—	—	0.1	—
20	甲萘威	Carbaryl	1	0.05	0.05	—	—	0.1	1	0.1
21	克百威	Carbofuran	0.1	0.05	0.1	0.05	—	0.05	0.1	0.05
22	萎锈灵	Carboxin	0.05	—	0.05	—	—	—	0.05	—
23	唑酮草酯	Carfentrazone-ethyl	0.05	—	—	0.025	—	—	0.05	—
24	氯虫酰胺	Chlorantraniliprole	0.01	—	—	—	0.01	—	0.01	—
25	氯苯甲醚	Chloroneb	0.05	—	—	—	—	—	0.05	—
26	百菌清	Chlorothalonil	0.1	—	0.01	—	—	—	0.1	—
27	氯苯胺灵	Chlorpropham	0.3	0.0005	0.2	—	—	0.0005	0.3	0.0005
28	毒死蜱	Chlorpyrifos	0.01	0.02	0.01	—	—	0.02	0.01	0.01
29	氯磺隆	Chlorsulfuron	0.1	—	0.01	0.05	—	—	0.1	—
30	烯草酮	Clethodim	0.05	0.05	0.05	0.05	—	—	0.05	0.05
31	苯哒嗪钾	Clofencet	0.02	—	—	—	—	—	0.02	—
32	四螨嗪	Clofentezine	0.01	0.05	0.05	—	0.01	0.01	0.01	0.05
33	二氯吡啶酸	Clopyralid	0.2	—	0.05	0.05	0.01	—	0.2	—
34	噻虫胺	Clothianidin	0.01	—	0.01	0.01	0.01	—	0.01	—
35	环丙酸酰胺	Cyclanilide	0.04	—	0.01	0.05	—	—	0.04	—
36	氟氯氰菊酯	Cyfluthrin	0.2	0.04	0.02	0.1	0.5	0.01	0.2	0.04
37	氯氰菊酯	Cypermethrin	0.1	0.05	0.02	1	—	0.05	0.1	0.01
38	环丙唑醇	Cyproconazole	0.02	—	0.05	0.01	—	—	0.02	—
39	灭蝇胺	Cyromazine	0.05	0.01	0.02	0.01	—	0.01	0.05	0.01
40	麦草畏	Dicamba	0.2	—	0.5	0.1	—	—	0.2	—
41	敌敌畏	Dichlorvos	0.02	0.02	—	0.02	—	0.02	0.02	0.02
42	三氯杀螨醇	Dicofol	0.75	0.1	0.02	—	—	0.1	0.75	0.1
43	苯醚甲环唑	Difenoconazole	0.01	0.005	0.01	0.01	0.01	0.005	0.01	0.005
44	除虫脲	Diflubenzuron	0.05	0.02	0.05	0.05	—	0.05	0.05	0.02
45	乐果	Dimethoate	0.002	0.05	—	0.05	—	0.05	0.002	0.05
46	呋虫胺	Dinotefuran	0.05	—	—	—	—	—	0.05	—
47	联苯二胺	Diphenylamine	0.01	0.0004	—	0.01	—	0.0004	0.01	0.0004
48	敌草快	Diquat dibromide	0.02	0.01	0.05	0.01	0.05	0.01	0.02	0.01
49	埃玛菌素	Emamectin	0.003	—	—	0.0005	—	—	0.003	—
50	乙烯利	Ethephon	0.01	0.05	0.05	0.1	—	0.05	0.01	0.05
51	咪唑菌酮	Fenamidone	0.02	—	—	—	—	—	0.02	—
52	噁唑禾草灵	Fenoxaprop-ethyl	0.02	—	0.05	0.02	0.02	—	0.02	—
53	甲氰菊酯	Fenpropathrin	0.08	0.1	—	—	—	0.1	0.08	0.1
54	唑螨酯	Fenpyroximate	0.015	0.005	0.01	—	—	0.005	0.015	0.005

续表

序号	中文名称	英文名称	最大残留限量/(mg/kg)							
			美国	CAC	欧盟	澳大利亚	加拿大	韩国	墨西哥	新加坡
55	三苯锡	Fentin hydroxide	0.06	—	0.05	—	—	—	0.06	—
56	氰戊菊酯	Fenvalerate	0.3	0.1	0.02	0.2	—	0.1	0.3	0.01
57	吡氟禾草灵	Fluazifop	0.05	—	0.1	0.1	0.01	—	0.05	—
58	氟虫酰胺	Flubendiamide	0.04	—	0.01	—	—	—	0.04	—
59	氟酮磺隆	Flucarbazone-sodium	0.005	—	—	—	—	—	0.005	—
60	氟虫脲	Flufenoxuron	0.2	—	0.05	—	—	—	0.2	—
61	伏草隆	Fluometuron	0.02	—	—	—	—	—	0.02	—
62	氟嘧菌酯	Fluoxastrobin	0.02	—	0.2	—	—	—	0.02	—
63	氟啶草酮	Fluridone	0.05	—	—	—	—	—	0.05	—
64	氟草烟	Fluroxypyr	0.3	—	0.05	0.1	—	—	0.3	—
65	氟酰胺	Flutolanil	0.05	0.05	0.05	0.05	—	0.05	0.05	0.05
66	草铵膦	Glufosinate-ammonium	0.15	0.02	0.1	0.05	0.04	0.02	0.15	0.02
67	环嗪酮	Hexazinone	0.2	—	—	0.05	—	—	0.2	—
68	噻螨酮	Hexythiazox	0.02	—	0.02	—	—	—	0.02	—
69	抑霉唑	Imazalil	0.02	—	0.02	—	—	—	0.02	—
70	咪唑甲烟酸铵	Imazapic-ammonium	0.1	—	—	0.01	—	—	0.1	—
71	咪唑烟酸	Imazapyr	0.01	—	—	0.01	—	—	0.01	—
72	吡虫啉	Imidacloprid	0.1	0.02	0.05	0.05	—	0.02	0.1	0.02
73	茚虫威	Indoxacarb	0.15	0.1	0.02	0.01	—	0.1	0.15	0.1
74	异菌脲	Iprodione	0.5	—	0.05	0.1	—	—	0.5	—
75	异噁氟草	Isoxaflutole	0.02	—	—	—	0.02	—	0.02	—
76	高效氯氟氰菊酯	λ-Cyhalothrin	0.4	—	0.05	0.5	—	—	0.4	—
77	利谷隆	Linuron	0.05	—	—	0.05	—	—	0.05	—
78	2甲4氯乙酸	MCPA	0.1	—	0.05	—	—	—	0.1	—
79	甲霜灵	Metalaxyl	0.02	—	0.05	0.01	0.01	—	0.02	—
80	甲氧虫酰肼	Methoxyfenozide	0.1	0.01	0.01	0.01	—	0.01	0.1	0.01
81	异丙甲草胺	Metolachlor	0.02	—	—	0.05	—	—	0.02	—
82	嗪草酮	Metribuzin	0.05	—	0.1	0.05	—	—	0.05	—
83	甲磺隆	Metsulfuron-methyl	0.05	—	—	0.1	0.05	—	0.05	—
84	腈菌唑	Myclobutanil	0.2	0.01	0.01	—	0.05	0.1	0.2	0.01
85	氟草敏	Norflurazon	0.1	—	—	—	—	—	0.1	—
86	氟酰脲	Novaluron	1	0.4	0.01	—	0.5	0.4	1	0.4
87	甲基氟嘧磺隆	Oxydemeton-methyl	0.01	0.01	0.02	0.01	—	0.01	0.01	0.01
88	乙氧氟草醚	Oxyfluorfen	0.01	—	0.05	0.01	—	—	0.01	—
89	百草枯	Paraquat dichloride	0.01	0.005	—	0.01	—	0.01	0.01	0.01
90	氯菊酯	Permethrin	0.88	0.1	0.05	0.05	—	0.1	0.88	0.05
91	毒莠定	Picloram	0.05	—	0.05	0.05	0.05	—	0.05	0.05
92	唑啉草酯	Pinoxaden	0.02	—	0.01	0.02	—	—	0.02	—
93	氟嘧磺隆	Primisulfuron-methyl	0.02	—	—	—	0.02	—	0.02	—
94	丙溴磷	Profenofos	0.01	0.01	0.01	0.01	—	0.01	0.01	0.01
95	毒草胺	Propachlor	0.02	—	0.05	0.02	—	—	0.02	—
96	敌稗	Propanil	0.05	—	—	0.01	—	—	0.05	—

续表

序号	中文名称	英文名称	最大残留限量/(mg/kg)							
			美国	CAC	欧盟	澳大利亚	加拿大	韩国	墨西哥	新加坡
97	炔螨特	Propargite	0.08	0.1	0.1	0.1	—	0.1	0.08	0.08
98	丙环唑	Propiconazole	0.05	0.01	0.01	0.01	—	0.01	0.05	0.01
99	丙苯磺隆	Propoxycarbazone	0.03	—	—	—	—	—	0.03	—
100	炔苯酰草胺	Propyzamide	0.02	—	0.01	0.01	—	—	0.02	—
101	丙硫菌唑	Prothioconazole	0.02	—	0.01	0.004	0.02	—	0.02	—
102	百克敏	Pyraclostrobin	0.1	0.03	0.01	0.01	0.1	0.03	0.1	0.03
103	磺酰草吡唑	Pyrasulfotole	0.01	—	0.01	0.01	0.01	—	0.01	—
104	吡唑啉	Pyrazon	0.02	—	0.1	—	—	—	0.02	—
105	哒螨灵	Pyridaben	0.01	—	0.02	—	0.01	—	0.01	—
106	嘧霉胺	Pyrimethanil	0.05	0.01	—	0.01	0.02	0.01	0.05	0.01
107	二氯喹啉酸	Quinclorac	0.05	—	—	—	0.05	—	0.05	—
108	喹禾灵	Quizalofop-ethyl	0.01	—	0.05	0.1	0.01	—	0.01	—
109	稀禾定	Sethoxydim	0.5	—	0.05	0.05	—	—	0.5	—
110	西玛律	Simazine	0.03	—	0.05	0.01	—	—	0.03	—
111	精异丙甲草胺	S-Metolachlor	0.02	—	—	—	0.02	—	0.02	—
112	乙基多杀菌素	Spinetoram	0.3	—	—	—	0.3	—	0.3	—
113	多杀菌素	Spinosad	7	1	0.5	—	0.5	1	7	1
114	螺螨酯	Spirodiclofen	0.01	—	0.004	—	0.01	—	0.01	—
115	螺甲螨酯	Spiromesifen	0.01	—	0.01	—	0.005	—	0.01	—
116	螺虫乙酯	Spirotetramat	0.01	—	—	—	0.01	—	0.01	—
117	磺酰磺隆	Sulfosulfuron	0.02	—	0.05	0.005	—	—	0.02	—
118	硫酰氟	Sulfuryl fluoride	2	—	—	—	—	—	2	—
119	戊唑醇	Tebuconazole	0.1	0.01	0.05	0.05	0.1	0.01	0.1	0.01
120	虫酰肼	Tebufenozide	0.04	0.01	0.05	0.01	—	0.01	0.04	0.01
121	丁噻隆	Tebuthiuron	0.8	—	—	0.2	—	—	0.8	—
122	吡喃草酮	Tepraloxydim	0.1	—	0.02	0.02	0.03	—	0.1	—
123	四氟醚唑	Tetraconazole	0.01	—	0.05	—	—	—	0.01	—
124	噻菌灵	Thiabendazole	0.1	0.2	—	0.05	—	0.2	0.1	0.05
125	噻虫啉	Thiacloprid	0.03	0.05	0.03	0.01	0.03	0.05	0.03	0.05
126	噻虫嗪	Thiamethoxam	0.02	—	0.02	0.005	0.01	—	0.02	—
127	噻苯隆	Thidiazuron	0.05	—	—	0.01	—	—	0.05	—
128	唑酮磺酰吩酸甲酯	Thiencarbazone-methyl	0.02	—	—	—	—	—	0.02	—
129	禾草丹	Thiobencarb	0.05	—	0.01	—	—	—	0.05	—
130	甲基硫菌灵	Thiophanate-methyl	0.15	—	0.05	0.1	—	0.1	0.15	—
131	三唑醇	Triadimenol	0.01	0.01	0.1	—	—	0.01	0.01	0.01
132	醚苯磺隆	Triasulfuron	0.02	—	—	0.01	—	—	0.02	—
133	脱叶磷	Tribufos	0.01	—	—	—	—	—	0.01	—
134	绿草定	Triclopyr	0.01	—	0.05	0.1	0.01	—	0.01	—
135	肟菌酯	Trifloxystrobin	0.02	0.02	0.02	0.02	0.02	0.02	0.02	0.02
136	氟菌唑	Triflumizole	0.05	—	0.05	—	—	—	0.05	—
137	Z-氯氰菊酯	Zeta-cypermethrin	0.1	0.05	0.02	1	—	0.05	0.1	0.01

各国残留限量标准不仅其限量值越来越低，而且所涉及的农药种类也在逐渐增多，如日本在牛奶中规定了残留限量的农业用化学品就达400多种[14]，其中多数化合物的最大残留限量在0.05mg/kg以下，见表10-5。随着我国乳业的发展及经济贸易全球化的发展，作为乳制品大国，我国的乳制品必将越来越多地参与国际市场竞争，需要面对众多的残留限量壁垒，因此不论是从保护消费者健康，加强食品安全监管控制，还是从促进进出口贸易，维护贸易公平方面考虑，都需要建立良好的牛奶质量监控体系，对牛奶中的农药残留问题予以高度重视，这其中最主要的就是建立快速准确的技术手段，对牛奶和奶粉中的农药残留进行分析监测。

表10-5 日本牛奶中农用化学品残留限量

序号	中文名称	英文名称	MRL/(mg/kg)	序号	中文名称	英文名称	MRL/(mg/kg)
1	[单双(三甲基亚甲基氯化铵)]烷基甲苯	[Monobis(trimethylammonium methylene chloride)]-alkyltoluene	1	29	保棉磷	Azinphos-methyl	0.05
				30	嘧菌酯	Azoxystrobin	0.01
				31	杆菌肽	Bacitracin	0.4
2	乙滴涕	1,1-Dichloro-2,2-bis(4-ethylphenyl)ethane	0.01	32	巴喹普林	Baquiloprim	0.03
				33	燕麦灵	Barban	0.05
3	茅草枯	2,2-DPA	0.1	34	苯霜灵	Benalaxyl	0.05
4	2,4-滴	2,4-D	0.01	35	噁虫威	Bendiocarb	0.05
5	2,4-滴丁酸	2,4-DB	0.05	36	丙硫克百威	Benfuracarb	0.05
6	2,6-二异丙基萘	2,6-Diisopropylnaphthalene	0.7	37	苯菌灵	Benomyl	0.3
7	对氯苯氧乙酸	4-CPA	20	38	灭草松	Bentazone	0.05
8	2-氨基-5-丙磺酰基苯并咪唑	5-(Propylsulphonyl)-1-h-benzimidazole-2-amine	0.1	39	苄青霉素	Benzylpenicillin	0.004
				40	倍他米松	Betamethasone	0.0003
9	阿维菌素	Abamectin	0.005	41	二环霉素	Bicozamycin	0.1
10	乙酰甲胺磷	Acephate	0.02	42	联苯肼酯	Bifenazate	0.01
11	啶虫脒	Acetamiprid	0.06	43	联苯菊酯	Bifenthrin	0.05
12	三氟羧草醚	Acifluorfen	0.02	44	生物苄呋菊酯	Bioresmethrin	0.05
13	甲草胺	Alachlor	0.01	45	联苯三唑醇	Bitertanol	0.05
14	涕灭威	Aldicarb	0.01	46	啶酰菌胺	Boscalid	0.1
15	涕灭砜威	Aldoxycarb	0.02	47	溴鼠灵	Brodifacoum	0.001
16	艾氏剂	Aldrin	0.006	48	除草定	Bromacil	0.04
17	脂肪醇聚氧乙烯醚	Aliphatic alcohol ethoxylates	1	49	溴化物	Bromide	50
				50	溴螨酯	Bromopropylate	0.05
18	烯丙菊酯	Allethrin	0.01	51	溴苯腈	Bromoxynil	0.07
19	烯丙孕素	Altrenogest	0.003	52	溴替唑仑	Brotizolam	0.001
20	莠灭净	Ametryn	0.05	53	噻嗪酮	Buprofezin	0.01
21	氯氨吡啶酸	Aminopyralid	0.03	54	氟丙嘧草酯	Butafenacil	0.01
22	双甲脒	Amitraz	0.02	55	丁氧环酮	Butroxydim	0.01
23	阿莫西林	Amoxicyllin	0.008	56	角黄素	Canthaxanthin	0.1
24	氨苄西林	Ampicillin	0.02	57	克菌丹	Captan	0.01
25	杀螨特	Aramite	0.01	58	卡诺左洛	Carazolol	0.001
26	阿扑西林	Aspoxicillin	0.05	59	甲萘威	Carbaryl	0.05
27	磺草灵	Asulam	0.1	60	多菌灵	Carbendazim	0.3
28	阿特拉津	Atrazine	0.02	61	双酰草胺	Carbetamide	0.1

续表

序号	中文名称	英文名称	MRL /(mg/kg)	序号	中文名称	英文名称	MRL /(mg/kg)
62	克百威	Carbofuran	0.05	102	氯羟吡啶	Clopidol	0.02
63	丁硫克百威	Carbosulfan	0.03	103	二氯吡啶甲酸	Clopyralid	0.09
64	萎锈灵	Carboxin	0.01	104	解草酯	Cloquintocet-mexyl	0.1
65	唑酮草酯	Carfentrazone-ethyl	0.04	105	克洛索隆	Clorsulon	2
66	头孢乙氰	Cefacetrile	0.1	106	氯司替勃	Clostebol	0.0005
67	头孢氨苄	Cefalexin	0.1	107	噻虫胺	Clothianidin	0.01
68	头孢洛宁	Cefalonium	0.01	108	氯唑西林	Cloxacillin	0.02
69	头孢匹林	Cefapirin	0.03	109	粘菌素	Colistin	0.05
70	头孢菌素	Cefazolin	0.05	110	环丙烯胺酸	Cyclanilide	0.05
71	头孢哌酮	Cefoperazone	0.05	111	氟氯氰菊酯	Cyfluthrin	0.04
72	头孢喹诺	Cefquinome	0.02	112	氯氟氰菊酯	Cyhalothrin	0.03
73	头孢噻呋	Ceftiofur	0.1	113	霜脲氰	Cymoxanil	0.05
74	头孢呋辛	Cefuroxime	0.02	114	氯氰菊酯	Cypermethrin	0.05
75	杀螨醚	Chlorbenside	0.05	115	环丙唑醇	Cyproconazole	0.01
76	氯炔灵	Chlorbufam	0.05	116	嘧菌环胺	Cyprodinil	0.0004
77	氯丹	Chlordane	0.002	117	灭蝇胺	Cyromazine	0.01
78	溴虫腈	Chlorfenapyr	0.01	118	丹氟沙星	Danofloxacin	0.05
79	杀螨酯	Chlorfenson	0.05	119	滴滴涕	DDT	0.02
80	毒虫畏	Chlorfenvinphos	0.2	120	溴氰菊酯	Deltamethrin	0.03
81	氟啶脲	Chlorfluazuron	0.1	121	地塞米松	Dexamethasone	0.02
82	醋酸氯己定	Chlorhexidine	0.05	122	丁醚脲	Diafenthiuron	0.02
83	氯草敏	Chloridazon	0.01	123	燕麦敌	Di-allate	0.2
84	氯地孕酮	Chlormadinone	0.003	124	二嗪磷	Diazinon	0.02
85	矮壮素	Chlormequat	0.5	125	畜虫避	Dibutyl succinate	0.04
86	乙酯杀螨醇	Chlorobenzilate	0.1	126	麦草畏	Dicamba	0.2
87	氯苯甲醚	Chloroneb	0.05	127	敌敌畏	Dichlorvos	0.02
88	百菌清	Chlorothalonil	0.06	128	禾草灵	Diclofop-methyl	0.05
89	枯草隆	Chloroxuron	0.05	129	双氯西林	Dicloxacillin	0.01
90	毒死蜱	Chlorpyrifos	0.02	130	三氯杀螨醇	Dicofol	0.1
91	甲基毒死蜱	Chlorpyrifos-methyl	0.01	131	狄氏剂	Dieldrin	0.006
92	氯磺隆	Chlorsulfuron	0.08	132	苯醚甲环唑	Difenoconazole	0.01
93	金霉素	Chlortetracycline	0.1	133	除虫脲	Diflubenzuron	0.02
94	氯酞酸甲酯	Chlorthal-dimethyl	0.05	134	吡氟酰草胺	Diflufenican	0.01
95	克拉维酸	Clavulanic acid	0.1	135	双氢链霉素	Dihydrostreptomycin	0.2
96	克伦特罗	Clenbuterol	0.00005	136	噻节因	Dimethipin	0.01
97	烯草酮	Clethodim	0.05	137	乐果	Dimethoate	0.05
98	炔草酸	Clodinafop acid	0.1	138	烯酰吗啉	Dimethomorph	0.01
99	炔草酯	Clodinafop-propargyl	0.05	139	三氮脒	Diminazene	0.15
100	苯哒嗪钾	Clofencet	0.02	140	地乐酚	Dinoseb	0.01
101	四螨嗪	Clofentezine	0.01	141	呋虫胺	Dinotefuran	0.05

序号	中文名称	英文名称	MRL /(mg/kg)	序号	中文名称	英文名称	MRL /(mg/kg)
142	草消酚	Dinoterb	0.05	181	甲氰菊酯	Fenpropathrin	0.1
143	联苯二胺	Diphenylamine	0.0004	182	丁苯吗啉	Fenpropimorph	0.01
144	丙蝇驱	Dipropyl isocinchomeronate	0.004	183	唑螨酯	Fenpyroximate	0.005
145	敌草快	Diquat	0.01	184	倍硫磷	Fenthion	0.2
146	乙拌磷	Disulfoton	0.01	185	薯瘟锡	Fentin	0.05
147	二硫代氨基甲酸盐	Dithiocarbamates	0.05	186	氰戊菊酯	Fenvalerate	0.1
148	敌草隆	Diuron	0.1	187	氟虫腈	Fipronil	0.02
149	多拉克汀	Doramectin	0.015	188	麦草氟甲酯	Flamprop-methyl	0.01
150	甲氨基阿维菌素苯甲酸盐	Emamectin benzoate	0.0005	189	黄霉素	Flavophospholipol	0.01
				190	氟啶虫酰胺	Flonicamid	0.02
151	硫丹	Endosulfan	0.004	191	吡氟禾草灵	Fluazifop	0.05
152	异狄氏剂	Endrin	0.005	192	氟苯达唑	Flubendazole	0.01
153	恩氟沙星	Enrofloxacin	0.05	193	氟氰戊菊酯	Flucythrinate	0.07
154	氟环唑	Epoxiconazole	0.01	194	咯菌腈	Fludioxonil	0.01
155	爱普瑞菌素	Eprinomectin	0.02	195	氟甲喹	Flumequine	0.1
156	茵草敌	EPTC	0.1	196	氟氯苯菊酯	Flumethrin	0.05
157	红霉素	Erythromycin	0.04	197	唑嘧磺草胺	Flumetsulam	0.1
158	胺苯磺隆	Ethametsulfuron-methyl	0.02	198	氟烯草酸	Flumiclorac pentyl	0.01
159	乙烯利	Ethephon	0.05	199	丙炔氟草胺	Flumioxazin	0.01
160	乙硫磷	Ethion	0.5	200	氟尼辛	Flunixin	0.04
161	乙氧呋草黄	Ethofumesate	0.2	201	氟喹唑	Fluquinconazole	0.1
162	灭线磷	Ethoprophos	0.01	202	氟啶草酮	Fluridone	0.05
163	乙氧嘧磺隆	Ethoxysulfuron	0.01	203	氟草烟	Fluroxypyr	0.2
164	二氯乙烷	Ethylene dichloride	0.1	204	氟硅唑	Flusilazole	0.01
165	乙螨唑	Etoxazole	0.01	205	氟酰胺	Flutolanil	0.05
166	土菌灵	Etridiazole	0.05	206	粉唑醇	Flutriafol	0.05
167	—	Etyprostontromethamine	0.001	207	安硫磷	Fosfomycin	0.05
168	噁唑菌酮	Famoxadone	0.03	208	呋线威	Furathiocarb	0.05
169	伐灭磷	Famphur	0.02	209	庆大霉素	Gentamicin	0.2
170	苯硫胍	Febantel	0.1	210	草胺磷	Glufosinate	0.02
171	咪唑菌酮	Fenamidone	0.02	211	咪唑双酰胺	Glycalpyramide	0.03
172	苯线磷	Fenamiphos	0.005	212	甘草酸	Glycyrrhizic acid	1
173	氯苯嘧啶醇	Fenarimol	0.01	213	草甘膦	Glyphosate	0.1
174	苯硫咪唑	Fenbendazole	0.1	214	氯吡嘧磺隆	Halosulfuron methyl	0.01
175	腈苯唑	Fenbuconazole	0.05	215	吡氟氯禾草	Haloxyfop	0.02
176	苯丁锡	Fenbutatin oxide	0.05	216	七氯	Heptachlor	0.006
177	环酰胺胺	Fenhexamid	0.01	217	六氯苯	Hexachlorobenzene	0.01
178	杀螟硫磷	Fenitrothion	0.002	218	环嗪酮	Hexazinone	0.08
179	仲丁威	Fenobucarb	0.02	219	噻螨酮	Hexythiazox	0.02
180	噁唑禾草灵	Fenoxaprop-ethyl	0.02	220	氢化可的松	Hydrocortisone	0.01

序号	中文名称	英文名称	MRL /(mg/kg)	序号	中文名称	英文名称	MRL /(mg/kg)
221	磷化氢	Hydrogen phosphide	0.01	261	甲霜灵	Metalaxyl	0.03
222	抑霉唑	Imazalil	0.02	262	虫螨畏	Methacrifos	0.01
223	甲氧咪草烟铵	Imazamox-ammonium	0.03	263	甲胺磷	Methamidophos	0.02
224	咪唑甲烟酸铵	Imazapic-ammonium	0.06	264	杀扑磷	Methidathion	0.001
225	咪唑乙烟酸铵	Imazapyr	0.01	265	灭多威	Methomyl	0.02
226	咪草烟	Imazethapyr ammonium	0.1	266	烯虫酯	Methoprene	0.05
227	吡虫啉	Imidacloprid	0.02	267	甲氧滴滴涕	Methoxychlor	0.01
228	双咪苯脲	Imidocarb	0.05	268	甲氧虫酰肼	Methoxyfenozide	0.01
229	茚虫威	Indoxacarb	0.1	269	甲基强的松龙	Methylprednisolone	0.01
230	甲基碘磺隆	Iodosulfuron methyl	0.01	270	甲氧氯普胺	Metoclopramide	0.005
231	异菌脲	Iprodione	0.2	271	异丙甲草胺	Metolachlor	0.03
232	异氰脲酸酯	Isocyanurate	0.8	272	磺草唑胺	Metosulam	0.01
233	异柳磷	Isofenphos	0.01	273	嗪草酮	Metribuzin	0.05
234	氮氨菲啶	Isometamidium	0.1	274	甲磺隆	Metsulfuron-methyl	0.07
235	稻瘟灵	Isoprothiolane	0.02	275	速灭磷	Mevinphos	0.05
236	异噁氟草	Isoxaflutole	0.03	276	庚酰草胺	Monensin	0.01
237	伊维菌素	Ivermectin	0.01	277	绿谷隆	Monolinuron	0.05
238	卡那霉素	Kanamycin	0.4	278	甲噻嘧啶	Morantel	0.1
239	酮洛芬	Ketoprofen	0.05	279	莫西菌素	Moxidectin	0.04
240	亚胺菌	Kresoxim-methyl	0.01	280	腈菌唑	Myclobutanil	0.01
241	拉沙洛西	Lasalocid	0.01	281	增效胺	n-(2-Ethylhexyl)-8,9,10-trinorborn-5-ene-2,3-dicarboximide	0.3
242	左旋咪唑	Levamisole	0.3				
243	林可霉素	Lincomycin	0.15				
244	林丹	Lindane	0.01	282	萘夫西林	Nafcillin	0.005
245	利谷隆	Linuron	0.05	283	二溴磷	Naled	0.02
246	虱螨脲	Lufenuron	0.2	284	那罗星	Nanafrocin	0.03
247	马拉硫磷	Malathion	0.5	285	新霉素	Neomycin	0.5
248	麻保沙星	Marbofloxacin	0.075	286	氟草敏	Norflurazon	0.1
249	2 甲 4 氯乙酸	MCPA	0.08	287	诺孕美特	Norgestomet	0.0001
250	2 甲 4 氯丁酸	MCPB	0.05	288	氟酰脲	Novaluron	0.4
251	甲苯达唑	Mebendazole	0.02	289	新生霉素	Novobiocin	0.08
252	美西林	Mecillinum	0.05	290	竹桃霉素	Oleandomycin	0.05
253	2-甲-4-氯丙酸	Mecoprop	0.05	291	氧乐果	Omethoate	0.05
254	精甲霜灵	Mefenoxam	0.03	292	奥比沙星	Orbifloxacin	0.02
255	吡唑解草酯	Mefenpyr-diethyl	0.01	293	解草腈	Oxabetrinil	0.05
256	美洛昔康	Meloxicam	0.02	294	苯唑青霉素	Oxacillin	0.03
257	孟布酮	Menbutone	0.04	295	噁草酮	Oxadiazon	0.1
258	助壮素	Mepiquat-chloride	0.05	296	杀线威	Oxamyl	0.02
259	甲磺胺磺隆	Mesosulfuron-methyl	0.01	297	奥芬达唑	Oxfendazole	0.1
260	硝草酮	Mesotrione	0.01	298	奥苯达唑	Oxibendazole	0.03

续表

序号	中文名称	英文名称	MRL /(mg/kg)	序号	中文名称	英文名称	MRL /(mg/kg)
299	五氯柳胺	Oxyclozanide	0.3	339	丙苯磺隆	Propoxycarbazone	0.004
300	砜吸磷	Oxydemeton-methyl	0.01	340	炔苯酰草胺	Propyzamide	0.01
301	乙氧氟草醚	Oxyfluorfen	0.03	341	氟磺隆	Prosulfuron	0.05
302	土霉素	Oxytetracycline	0.1	342	吡蚜酮	Pymetrozine	0.01
303	百草枯	Paraquat	0.01	343	百克敏	Pyraclostrobin	0.1
304	对硫磷	Parathion	0.05	344	吡菌磷	Pyrazophos	0.02
305	甲基对硫磷	Parathion-methyl	0.05	345	除虫菊酯	Pyrethrins	0.5
306	帕苯咪唑	Parbendazole	0.1	346	哒螨灵	Pyridaben	0.01
307	戊菌唑	Penconazole	0.01	347	哒草特	Pyridate	0.2
308	二甲戊灵	Pendimethalin	0.01	348	嘧霉胺	Pyrimethanil	0.02
309	氯菊酯	Permethrin	0.1	349	嘧草硫醚	Pyrithiobac-sodium	0.02
310	甜菜宁	Phenmedipham	0.1	350	二氯喹啉酸	Quinclorac	0.1
311	苯醚菊酯	Phenothrin	0.05	351	苯氧喹啉	Quinoxyfen	0.01
312	甲拌磷	Phorate	0.05	352	五氯硝基苯	Quintozene	0.01
313	亚胺硫磷	Phosmet	0.2	353	喹禾灵	Quizalofop-ethyl	0.04
314	毒莠定	Picloram	0.05	354	苄呋菊酯	Resmethrin	0.1
315	氟吡酰草胺	Picolinafen	0.01	355	利福昔明	Rifaximin	0.06
316	杀鼠酮	Pindone	0.001	356	稀禾啶	Sethoxydim	0.3
317	唑啉草酯	Pinoxaden	0.02	357	西玛津	Simazine	0.02
318	哌嗪	Piperazine	0.05	358	壮观霉素	Spectinomycin	0.2
319	增效醚	Piperonyl butoxide	0.2	359	多杀菌素	Spinosad	1
320	抗蚜威	Pirimicarb	0.05	360	螺旋霉素	Spiramycin	0.2
321	甲基嘧啶磷	Pirimiphos-methyl	0.01	361	螺螨酯	Spirodiclofen	0.01
322	吡利霉素	Pirlimycin	0.3	362	螺甲螨酯	Spiromesifen	0.01
323	多黏菌素 B	Polymyxine B	0.5	363	螺噁茂胺	Spiroxamine	0.04
324	泼尼松龙	Prednisolone	0.0007	364	硫酸链霉素	Streptomycin	0.2
325	吡芬溴铵	Prifinium	0.05	365	苯甲酰磺胺	Sulfabenzamide	0.01
326	甲基氟嘧黄隆	Primisulfuron-methyl	0.02	366	磺胺溴甲嘧啶钠	Sulfabromomethazine sodium	0.01
327	咪鲜胺	Prochloraz	0.05	367	磺胺醋酰	Sulfacetamide	0.01
328	腐霉利	Procymidone	0.04	368	磺胺嘧啶	Sulfadiazine	0.07
329	丙溴磷	Profenofos	0.01	369	磺胺二甲氧嗪	Sulfadimethoxine	0.02
330	调环酸钙	Prohexadione-calcium	0.01	370	磺胺二甲基嘧啶	Sulfadimidine	0.025
331	扑草净	Prometryn	0.05	371	周效磺胺	Sulfadoxine	0.06
332	毒草胺	Propachlor	0.02	372	磺胺乙氧嗪	Sulfaethoxypyridazine	0.01
333	敌稗	Propanil	0.03	373	磺胺胍	Sulfaguanidine	0.01
334	噁草酸	Propaquizafop	0.01	374	磺胺	Sulfanilamide	0.01
335	炔螨特	Propargite	0.1	375	磺胺吡啶	Sulfapyridine	0.01
336	胺丙畏	Propetamphos	0.02	376	磺胺喹噁啉	Sulfaquinoxaline	0.01
337	丙环唑	Propiconazole	0.01	377	磺胺噻唑	Sulfathiazole	0.09
338	残杀威	Propoxur	0.05	378	磺胺曲沙唑	Sulfatroxazole	0.1

续表

序号	中文名称	英文名称	MRL /(mg/kg)	序号	中文名称	英文名称	MRL /(mg/kg)
379	磺酰磺隆	Sulfosulfuron	0.006	406	群勃龙乙酸酯	Trenbolone acetate	—
380	戊唑醇	Tebuconazole	0.01	407	三唑酮	Triadimefon	0.05
381	虫酰肼	Tebufenozide	0.01	408	三唑醇	Triadimenol	0.01
382	丁噻隆	Tebuthiuron	0.3	409	野麦畏	Tri-allate	0.1
383	四氯硝基苯	Tecnazene	0.05	410	醚苯磺隆	Triasulfuron	0.02
384	七氟菊酯	Tefluthrin	0.001	411	三唑磷	Triazophos	0.01
385	吡喃草酮	Tepraloxydim	0.06	412	苯磺隆	Tribenuron-methyl	0.01
386	特丁硫磷	Terbufos	0.01	413	三溴沙仑	Tribromsalan	0.01
387	特丁净	Terbutryn	0.1	414	脱叶磷	Tribuphos	0.002
388	杀虫畏	Tetrachlorvinphos	0.3	415	敌百虫	Trichlorfon	0.05
389	四氟醚唑	Tetraconazole	0.0003	416	绿草定	Triclopyr	0.01
390	四环素	Tetracycline	0.1	417	十三吗啉	Tridemorph	0.05
391	噻菌灵	Thiabendazole	0.1	418	肟菌酯	Trifloxystrobin	0.02
392	噻虫啉	Thiacloprid	0.02	419	三氟啶黄隆	Trifloxysulfuron	0.01
393	噻虫嗪	Thiamethoxam	0.01	420	氟菌唑	Triflumizole	0.05
394	甲砜霉素	Thiamphenicol	0.05	421	杀铃脲	Triflumuron	0.05
395	赛苯隆	Thidiazuron	0.03	422	氟乐灵	Trifluralin	0.05
396	噻吩磺隆	Thifensulfuron	0.01	423	嗪胺灵	Triforine	0.05
397	禾草丹	Thiobencarb	0.05	424	甲氧苄啶	Trimethoprim	0.05
398	硫双威	Thiodicarb	0.02	425	吡那敏	Tripelennamine	0.02
399	甲基乙拌磷	Thiometon	0.05	426	戊叉菌唑	Triticonazole	0.01
400	硫菌灵	Thiophanate	0.3	427	泰乐菌素	Tylosin	0.05
401	甲基硫菌灵	Thiophanate-methyl	0.3	428	乙烯菌核利	Vinclozolin	0.05
402	替米考星	Tilmicosin	0.05	429	维吉霉素	Virginiamycin	0.1
403	硫普罗宁	Tiopronin	0.02	430	杀鼠灵	Warfarin	0.001
404	托灭酸	Tolfenamic acid	0.05	431	甲苯噻嗪	Xylazine	0.02
405	四溴菊酯	Tralomethrin	0.03	432	玉米赤霉醇	Zeranol	0.002

10.4 牛奶和奶粉中农药化学品残留前处理技术研究进展

突破贸易技术壁垒、应对日益增多的残留限量标准，以及对牛奶中农药残留情况进行全面监控，均需首先研究开发牛奶和奶粉中农药残留分析方法。随着农业生产中使用的农药种类越来越多，施用范围越来越广，一种农产品中可能存在的农药残留也更加广泛和不确定，因此一次样品检测常可能需要面对多类农药品种，而传统的单残留检测方法由于效率低、成本高已经难以适应多类农药残留分析的要求，因此，开发覆盖范围更宽的多残留农药检测技术已成为农药残留分析的发展趋势。

农药残留检测技术包括样品前处理和仪器检测两部分。由于待测物都存在痕量、动态及含量的不确定性等特点，且样品基质也复杂多样，因此要求多残留分析技术灵敏度高、选择性好、分离效果好和线性范围广，且快速高效。另外，多残留检测还要面对大量的农药品种，需要分析方法具有一定的通用性。所以如何从样品前处理和仪器检测两方面寻找通用性和高灵敏度之间的完美平衡，就成为农药多残留分析的追求目标。

样品前处理是指样品的制备和对样品中待测组分进行提取、净化和浓缩的过程。样品前处理的目的是消除基质干扰，保护仪器，提高检测方法的灵敏度、选择性、准确度和精密度。食品样品前处理方法的选择主要取决于残留农药和食品基质的性质。牛奶和奶粉中多组分农药残留分析的前处理主要面临以下三方面问题：①牛奶和奶粉基质复杂，牛奶中除含水外，还有蛋白质、脂肪、糖类及一些无机盐、维生素和酶类；②待测物种类较多，其物理化学性质如极性、沸点等差异较大；③牛奶和奶粉中农药残留一般为微量、痕量甚至是超痕量级。如何去除复杂基质干扰物，避免待测物被基质信号掩盖、避免共萃取干扰物污染仪器，如何有效分离并富集痕量待测物，成为牛奶和奶粉多残留分析技术面临的重要问题。牛奶和奶粉中农药残留样品前处理技术包含了传统的液液萃取、索氏抽提等技术，但采用更多的是近年来发展起来的固相萃取、基质固相分散、加速溶剂萃取、凝胶渗透色谱和超临界流体提取等技术。随着样品前处理技术的发展，各种技术的功能已不再单一，一些方法同时兼具提取、净化等功能，同时，不同方法也可以同时使用以增强效果。各主要前处理技术在奶制品中的应用进展介绍如下。

10.4.1 液液萃取

液液萃取（Liquid-Liquid Extraction，LLE）技术是经典的样品提取技术，广泛用于多残留分析中。液液萃取的原理是基于被测组分在互不混溶的两种溶剂中的分配系数不同，而实现的萃取分离。选择合适的溶剂是该方法的关键。常用溶剂有甲醇、乙腈、丙酮、二氯甲烷、乙醚、甲苯和正己烷等。根据相似相溶原理，极性组分易溶于极性溶剂，反之亦然。溶剂选择时应根据被测组分的极性选择相似极性的溶剂以实现对被测物的有效提取。同时由于液液萃取法溶剂使用量较大，还应考虑溶剂的毒性，尽量使用毒性小的溶剂以减少对操作者和环境的危害。液液萃取技术在牛奶和奶粉样品的前处理中目前仍有应用，如 Pagliuca 等[16]在检测牛奶中有机磷农药时将 20g 牛奶用丙酮-乙腈（1∶4）萃取，离心分离后残渣再用相同萃取液萃取两次，然后加入 50mL 二氯甲烷进行液液分配，样品溶液经 SPE 净化后 GC 测定，回收率为 59%～117%。Gazzotti 等[17]测定意大利牛奶中 15 种有机磷农药，使用了相似液液分配的提取技术，牛奶经丙酮-乙腈（1∶4）萃取后，加入二氯甲烷液液分配，回收率为 59.8%～144.1%。Khay 等[18]使用液液分配技术测定了牛奶中的 4 种拟除虫菊酯，为除去脂肪使用了正己烷为萃取剂，漩涡混匀后离心除去部分脂肪，但发现脂肪去除的并不彻底，接着在−72℃冷冻 30min，通过过滤又除去了残余的部分脂肪，然后加入乙腈液液分配，混匀后在−24℃冷冻 30min，弃去正己烷层，乙腈液浓缩后 GC 测定，回收率为 82%～104%，进一步研究发现，如果再增加一步 SPE 净化，基质色谱并没有明显改善，回收率反而降低，见表 10-6，这是由于拟除虫菊酯在 SPE 柱上有较强的吸附，不能被完全洗脱。

表 10-6 液-液分配法提取牛奶中拟除虫菊酯

中文名称	英文名称	添加水平/(mg/L)	回收率±RSD/%（SPE 净化）	回收率±RSD/%（未经 SPE 净化）
氟氯氰菊酯	Cyfluthrin	10	100.3±8.4	106.6±5.3
		40	95.8±6.6	91.7±5.3
		80	100±6.8	100.7±3.0
氯氟氰菊酯	Cyhalothrin	10	98.9±4.9	104±4.6
		40	103.6±6.4	91.7±1.5
		80	100±8.2	109±2.6
氯氰菊酯	Cypermethrin	25	98.4±6.4	93.2±4.0
		100	104.7±3.3	92.5±4.4
		200	96.8±3.3	99.1±10.3
溴氰菊酯	Deltamethrin	15	82.4±3.3	82.9±7.5
		60	85±5.3	83.4±3.6
		120	86.8±6.5	96.9±2.8

随着多残留分析的发展，需要分析的农药种类和数量越来越多，液液萃取法选择合适的溶剂已经变得十分困难，同时该方法溶剂用量较大，操作时间相对较长，因此液液萃取法已经开始逐渐被新发展的提取方法替代。

10.4.2 加速溶剂萃取

1995年Ezzell等[19]提出了加速溶剂萃取（Accelerated Solvent Extraction，ASE）技术。ASE是一种在较高温度（50～200℃）和较大压力（10.3～20.6 MPa）条件下，用溶剂循环萃取固体或半固体样品的前处理技术。在高温条件下待测物从基质上解吸和溶解动力学过程加快，可大大缩短提取时间，同时由于加热溶剂具有较高的溶解能力，因此可减少溶剂用量，在萃取过程中保持一定压力可以提高溶剂沸点，使其保持液体状态，从而保证萃取过程的安全性。样品密封在高压不锈钢提取仓内，经过起始的加热过程，样品在静态下与加压的溶剂相互作用一段时间，然后用压缩氮气将提取液吹扫至收集瓶中，每个样品的提取全过程约15min。加速溶剂萃取法与液液萃取法、索氏抽提、超临界流体萃取法相比具有明显的优点：首先缩短了实验操作时间，提高了样品处理速度；其次减少了溶剂用量，降低了实验成本，减少了对环境的污染；最后通过提高温度和压力不仅减少了基质对被提取物的影响，而且提高了萃取效率。ASE现已被美国环境保护局（EPA）作为标准方法（SW-846 3545A）用于环境样品中杀虫剂、除草剂及多氯联苯（PCB）、二噁英等污染物的检测[20]。虽然加速溶剂萃取是近年来才发展起来的新技术，但由于其突出的优点而备受化学分析界的关注，已在环境、药物、食品和聚合物工业等领域得到广泛应用，特别是在残留检测方面，被用于土壤、污泥、沉积物、粉尘、动植物组织、蔬菜和水果等样品中的PCB、多环芳烃、农药、二噁英、呋喃等有害物质的萃取[21]。Mezcua等[22]首次将ASE技术用于婴儿奶粉中农药残留的检测，分析了12种有机氯和有机磷药物：萃取仓中加入0.5g样品，再加入0.5g氧化铝以除去脂肪，然后用硅藻土补充空隙，使用乙腈在100℃，1500psi条件下进行萃取，结果显示该方法简单、快捷，重现性较好，但部分药物回收率偏低，如Procymidone（腐霉利）、Vinclozoline（乙烯菌核利）等回收率在60%以下，在溶剂选取和萃取条件上仍有待进一步改善，见表10-7。

表10-7 ASE法提取婴儿奶粉中有机氯、有机磷农药

中文名称	英文名称	回收率/%	RSD/%($n=3$)	中文名称	英文名称	回收率/%	RSD/%($n=3$)
西玛津	Simazine	93	11	毒死蜱	Chlorpyrifos ethyl	83	11
阿特拉津	Atrazine	96	20	腐霉利	Procymidone	53	7
林丹	Lindane	87	10	硫丹Ⅰ	Endosulfan Ⅰ	93	7
甲基毒死蜱	Chlorpyrifos methyl	50	8	硫丹Ⅱ	Endosulfan Ⅱ	97	12
乙烯菌核利	Vinclozoline	48	8	硫丹硫酸盐	Endosulfan sulfate	110	11
杀螟硫磷	Fenitrothion	56	9	联苯菊酯	Bifenthrin	71	10

Brutti等[23]采用ASE技术结合LC-MS/MS建立了食品中9种苯甲酰脲类杀虫剂的残留方法。样品以硅藻土为分散剂进行均质分散后，以22mL乙酸乙酯在80℃和1500 psi条件下经ASE提取，提取液浓缩后，采用甲醇进行溶剂交换，LC-MS/MS分析。采用该方法测定7种不同商品（牛奶、鸡蛋、肉、大米、生菜、鳄梨和柠檬）中苯甲酰脲类农药残留量，结果表明LC-MS/MS结合ASE技术测定食品中的苯甲酰脲类杀虫剂的方法灵敏度高、选择性好。

10.4.3 固相萃取

固相萃取（Solid Phase Extraction，SPE）技术在农药残留检测中得到了广泛应用。其原理是利用固相吸附剂对样品溶液中目标化合物的选择性吸附和解吸附，实现目标化合物与样品基质化合物的分离和富集。与传统的液液萃取相比，固相萃取具有回收率高、分离效果好、操作简单、溶剂用量少、省时、省力等优点[24]。固相萃取通常包含四个基本操作步骤：固定相活化、样品上柱、淋洗和洗脱。活化的目的是创造一个与样品溶剂相溶的环境并除去柱内杂质；样品上柱是将样品加入到固相萃取柱上并使样品溶液通过固定相。此时，根据固定相和目标化合物的性质，有三种分离富集

过程：一是目标化合物被保留在固定相中，通过淋洗洗掉吸附在柱上的不需要组分和杂质，再通过洗脱从固定相中将目标化合物洗下来；二是固定相同时吸附目标化合物和杂质，再使用适当的溶剂选择性洗脱目标化合物；三是固定相选择性吸附杂质，而让目标化合物流出，达到净化目的。SPE 固定相和洗脱溶剂的选择要基于目标化合物性质和样品基质组分特性，由于样品基质组分和目标化合物性质千差万别，如何选择固定相和洗脱溶剂就成为建立 SPE 技术方法的关键，这在许多 SPE 技术研究和应用文献中都进行了讨论。SPE 采用的固定相与液相色谱常用的固定相类型是相似的，只是其固定相颗粒直径较 LC 的稍大，一般为 $40\sim60\mu m$。在奶制品农药多残留分析领域常用的 SPE 填料多为硅胶键合吸附剂、硅藻土吸附剂和其他多种吸附剂。

10.4.3.1 硅胶键合吸附剂

以球形硅胶为基质，在特定的条件下让硅胶表面的硅羟基同硅烷化试剂反应，使硅胶表面被特定的化学官能团覆盖，从而得到硅胶键合吸附剂。奶制品农药残留分析中常用的硅胶键合吸附剂官能团为 C_4、C_{18} 和 PSA。

1) C_4 吸附剂

Bogialli 等[25]采用 LC-MS/MS 分析了牛奶中 30 种痕量碱性/中性/酸性除草剂和杀菌剂。牛奶样品用水-甲醇（50∶50，体积比）稀释后，经 C_4 柱净化，洗脱后，再采用反吹柱萃取，甲醇、二氯甲烷-甲醇（80∶20，体积比）和甲酸洗脱后经 LC 分析，同时采用 N-乙烯吡咯烷酮-二乙烯基苯聚合物（Oasis HLB 固相萃取小柱）进行净化，发现 HLB SPE 柱对几种酸性的除草剂回收率不佳，且会产生严重的负基质效应，并彻底削弱几种非酸性待测物的离子信号强度。

2) C_{18} 吸附剂

Mañes 等[26]对固相萃取技术测定牛奶中农药残留的效果进行了研究，建立了一种简单、快速的以反相固相（十八烷基硅胶）萃取技术测定牛奶中有机氯农药残留的方法。首先对破乳试剂进行研究，以全脂牛奶（脂肪含量为 3.6%）为基质进行方法前处理条件的优化，通过低浓度水平（$3\sim40\mu g/L$）下对 26 种有机氯农药在不同牛奶（原奶、2%牛奶、粉状奶、蒸发后的奶和浓缩奶）中的添加回收率实验，验证了方法的可行性，方法回收率大于 80%。该方法简便、快速、无需净化过程、成本低，已用于市售牛奶中有机氯农药的测定。

Tian[27]建立了一种 HPLC-MS/MS 测定牛奶中 29 种农药及氯霉素、恩氟沙星的方法。样品以乙腈提取，C_{18}-SPE 柱净化，HPLC-MS/MS 检测。为了进一步确证化合物，在多反应监测模式下，选择母离子/子离子对进行监测。在所研究浓度范围内，方法的线性良好，相关系数大于 0.991。三个浓度水平下，除氟乐灵回收率为 62%~70%，其他目标物回收率为 71%~107%，RSD≤13.7%，方法定量限为 0.03~14.5$\mu g/kg$，该方法适用于实际样品的测定，牛奶样品中的检出药物低于最大残留限量规定。

张广举等[28]使用 SPE 技术建立了牛奶中 5 种三嗪类除草剂的残留检测方法，牛奶样品用甲醇-水（1∶4）稀释后固相萃取净化，固相萃取柱用甲醇、水活化后上样，甲醇-水（1∶9）淋洗，乙腈为洗脱剂洗脱。实验中对比了两种固相萃取柱 C_{18} 柱和 LichrolutEN 柱的净化效果，对比了两种洗脱溶剂乙腈和丙酮的洗脱效果，结果显示乙腈和 C_{18} 柱获得了最好的萃取结果，见表 10-8。

表 10-8 固相萃取法提取牛奶中除草剂

中文名称	英文名称	回收率/%			
		C_{18} 柱		Lichrolut EN 柱	
		乙腈	丙酮	乙腈	丙酮
西玛津	Simazine	68.1	37.8	62.4	3.1
阿特拉津	Atrazine	94.1	31.3	50.0	6.1
特丁通	Terbumeton	68.2	22.3	19.9	3.4
扑灭津	Propazine	77.4	28.1	98.9	95.5
特丁津	Terbuthylazine	62.6	19.6	43.4	9.3

杨红等[29]将牛奶用乙腈、丙酮提取后经 C_{18} 柱净化，分析了有机氯、有机磷和拟除虫菊酯 14 种农药，除敌敌畏回收率为 63.2% 外，其余化合物回收率为 78.5%～104.6%。

3）PSA 吸附剂

Saito 等[30]建立了 GC-MS 和 LC-MS/MS 法测定牛奶中 342 种农兽药的多残留方法。样品采用乙腈提取，氯化钠盐析。对一些农药，提取液需要以正己烷分配和 PSA 柱进一步净化，GC-MS 和 LC-MS/MS 仪器测定。该方法简便、灵敏、选择性好。

10.4.3.2 硅藻土吸附剂

Seccia 等[31]采用 HPLC-DAD 结合固相萃取技术测定了全脂牛奶中 4 种烟碱类农药啶虫脒、吡虫啉（ICL）、噻虫啉（TCL）和噻虫嗪（TMX）。样品以二氯甲烷一次提取，经硅藻土 SPE 柱净化，HPLC-DAD 定性和定量分析。在 0.01mg/kg、0.05mg/kg 和 0.1mg/kg 添加浓度时，4 种烟碱类农药的平均回收率为 85.1%～99.7%，RSD≤10%，定量限为 0.01～0.04mg/kg，低于最大残留限量的规定。该方法在测定浓度范围内的线性良好，相关系数高于 0.999，该方法快速、简单，适用于常规农药残留的分析。林竹光等[32]在测定牛奶和奶粉中有机磷农药时也采用了 SPE 提取技术，牛奶和奶粉样品用乙腈超声提取后过固相萃取柱，固定相为中性氧化铝和硅藻土，先用正己烷预洗柱，然后将浓缩的提取液上柱，正己烷-乙酸乙酯（1:1）洗脱，GC-MS 分析了样品中 19 种有机磷农药，获得了较好的回收率，见表 10-9。

表 10-9 SPE 提取牛奶中有机磷农药

中文名称	英文名称	添加回收率/%		
		20μg/kg	100μg/kg	500μg/kg
灭线磷	Ethoprophos	69.2	76.3	76.8
甲拌磷	Phorate	64.5	74.9	75.5
乐果	Dimethoate	88.6	90.6	97.3
二嗪磷	Diazinon	77.7	84.3	82.5
乙拌磷	Disulfoton	70.8	83.9	79.2
甲基毒死蜱	Methyl chlorpyrifos	66.5	88.2	88.1
甲基对硫磷	Methyl parathion	98.0	102.0	114.0
皮蝇磷	Fenchlorphos	65.2	85.8	86.1
杀螟硫磷	Fenitrothion	118.0	119.0	125.0
马拉硫磷	Malathion	73.0	83.8	88.0
毒死蜱	Chlorpyrifos	68.3	85.1	85.0
对硫磷	Parathion	129.0	106.0	116.0
溴硫磷	Bromophos	65.6	84.5	89.0
稻丰散	Phenthoate	74.3	71.4	80.7
喹硫磷	Quinolphos	97.8	89.8	90.8
乙硫磷	Ethion	87.3	87.1	91.4
三硫磷	Carbophenothion	83.6	93.2	95.9
伏杀硫磷	Phosalone	77.3	106.0	113.0
蝇毒磷	Coumaphos	85.6	106.0	110.0

10.4.3.3 硅酸镁吸附剂

Wang 等[33]对早产母亲初乳中的持久性有机污染物（POPs）进行了研究。研究对 36 个初乳样品进行了测试。样品以丙酮-乙腈提取，弗洛里硅土（Florisil）柱富集净化后，POPs 经毛细管柱分离后，GC-ECD 测定。6 种有机氯农药的回收率为 80.2%～112.1%，定量检测准确度为 3.85%～9.32%（检出限为 0.03～0.08μg/L），线性相关常数大于或等于 0.9969。36 个测试样品中，10 个（占总数 27.8%）含有痕量的 DDT，2 个（占总数 5.56%）检出狄氏剂。该方法适用于有机体内的

POPs 的测定。Tessari 等[34]介绍了一种测定母乳中有机氯和多氯联苯的方法。采用乙腈将杀虫剂和 PCB 残留从乳脂中萃取出来，经水稀释后正己烷分配，硅酸镁柱层析净化，6% 和 15% 的乙醚-正己烷进行洗脱。将其中 6% 部分的洗脱液进行浓缩并转移至硅酸镁柱，使其中的 PCB 从杀虫剂残留中分离出来。待测物通过气相色谱和液相色谱进行定量分析。结果表明杀虫剂和 PCB 采用本方法的回收率可达到 68%～103%。

Braun 等[35]建立了牛奶、芹菜、蛋黄、牛肉中的苯氯菊酯、氯氰菊酯和氰戊菊酯的提取分析方法。样品经乙腈提取后，正己烷溶剂交换，硅酸镁 SPE 柱净化，GC-ECD 定量分析。3 种拟除虫菊酯在芹菜中的回收率为 94%～103%，动物组织中为 82%～97%。本方法较易达到低于 5ng/g 的最小检出水平，且能够同时萃取净化常规分析中的有机氯烃类的杀虫剂。

Burke 等[36]采用溶剂提取，Florisil 固相萃取柱净化，GC-ECD 检测，建立了一种用于分析母乳样品中有机氯农药的方法，并采用该方法对来自印度尼西亚农村和城镇的母乳样品进行了分析。

Mes[37]研究探索了不同阶段母乳中卤代烃残留的影响因素，并对母乳喂养过程中乳脂的变化和其对采样结果的影响进行概述。依据脂肪含量、残留回收率和采样量对萃取效率进行评价。净化过程包括从萃取物中除去脂肪，通过吸附剂除去未知污染物，采用硅酸镁-硅酸柱将 PCB 与其他卤代烃进行分离。填充柱和毛细管柱气相色谱均可用于方法的定性定量分析。

王兆基等[38]用氯仿处理牛奶样品后，经过 Florisil 柱净化，乙醚-石油醚洗脱，17 种有机氯农药回收率为 71.2%～99.7%。

10.4.3.4 活性炭吸附剂

Adachi 等[39]介绍了一种检测牛奶中氯化杀虫剂的新型、简单、快速的方法。牛奶样品经乙腈萃取后，经 0.5g 活性炭柱净化，丙酮-正己烷（1∶1）洗脱，用水和 1% 碳酸钠溶液洗涤上述洗脱液，再用正己烷进行交换，浓缩萃取液，GC-ECD 测定。在一定的浓度范围内（0.04～1.6mg BHC 同分异构体、0.05～2mg DDT 和其代谢物、0.05～0.5mg 狄氏剂）进行添加回收率实验，方法的回收率为 86.9%～103.2%。

10.4.3.5 二元复合柱

基于目标农药的极性差异及分析基质的复杂成分，一种 SPE 柱往往不能取得良好的结果，为此许多学者采用几种 SPE 柱串联的方式以达到良好的净化效果。

Yagüe 等[40]建立了一种测定酸奶中 19 种有机氯农药残留和 6 种多氯联苯类残留分析方法。样品采用 Ultra-Turrax 分散器，以丙酮为提取溶剂均质提取两次，合并提取液后过滤，经反相 C_{18} 柱净化，然后经中性氧化铝柱净化，GC-ECD 测定。方法优化后，对 10μg/kg 和 1μg/kg 添加浓度水平的酸奶样品进行回收率、精密度（重复性和再现性）和灵敏度（检出限和定量限）考察。23 种有机氯农药在 10μg/kg 和 1μg/kg 浓度时，回收率分别为 77%～95% 和 74%～102%，但在 1μg/kg 浓度时，狄氏剂和 α-硫丹的回收率为 54%～61%。除狄氏剂外，方法的 RSD 小于 19%，方法的检出限和定量限为 0.02～0.62μg/kg，该方法快速、准确、重复性和重现性好，可用于测定酸奶样品中的有机氯农药残留。

Schenck 等[41]建立了一种快速测定牛奶中有机氯农药及中等极性的有机磷农药残留方法。牛奶用乙腈-丙酮-甲醇混合物超声提取，离心后，上层清液用 C_{18} 和石墨化炭黑填充的固相萃取柱净化，GC-FPD/ECD 测定。

Laganà 等[42]采用双层固相萃取柱净化技术，建立了一种测定牛奶中三嗪类除草剂的方法。牛奶样品采用甲醇超声提取，石墨化炭黑柱净化，二氯甲烷-乙腈（3∶2）洗脱。洗脱液减压蒸发浓缩后经乙腈溶解，SCX 柱净化，70mmol/L KCl 甲醇溶液-H_2O（9∶1）洗脱，经 Supelcosil LC-18-DB 色谱柱分离后 220～225nm 波长范围内紫外检测器检测。

Bordet 等[43]组织了多个实验室进行研究，以确证一种检测母乳、牛肉、鱼和鸡蛋中 21 种有机氯、6 种拟除虫菊酯农药和 7 种 PCB 的 GC 测定方法。作者提出了用 SPE 作为净化的方法。方法采用低温萃取，C_{18} 和 Florisil 串联柱净化。净化后的提取物经 GC-ECD 检测。该方法在低浓度水平添加时得到了良好的回收率和重现性，从而证明了方法的可信性和实用性。

10.4.4 凝胶渗透色谱

凝胶渗透色谱（Gel Permeation Chromatography，GPC）技术基于体积排阻分离机理，按溶质分子的大小进行分离，农药残留分析中凝胶色谱多使用多孔硅胶为柱填料（如 Bio-Beads S-X3），样品中的大分子先被洗脱出来，小分子后被洗脱出来。它非常适合于目标农药与基质中色素、脂肪等大分子的分离。曾凡刚等[44]使用 GPC 技术处理牛奶样品，分析了其中 10 种有机氯农药，平均回收率为 85.57%～108.86%，变异系数小于 10。Norén 等[45]采用 GPC 净化，GC-MS 分析了母乳中的 PCB、萘、二苯并-对-二噁英和二苯并呋喃和有机氯农药。GPC 按分子大小进行分离，存在小分子的干扰物可能被夹带洗脱到农药中，而较大分子的农药可能会随着油脂等干扰物先流出等不足，为此，在奶制品等复杂基质的处理中，使用 GPC 与其他净化手段结合的应用实例也很多，如 Di Muccio 等[46]建立了一种快速提取和净化牛奶中拟除虫菊酯类农药的方法。将牛奶样品分散在硅藻土填装的一次性柱管中，石油醚洗脱，洗脱液经 GPC 净化后 GC-ECD 检测。方法以市售牛奶（脂肪含量为 3.6%）为基质进行添加回收率实验，14 种拟除虫菊酯（七氟菊酯、胺菊酯、苯氰菊酯、氟氯氰菊酯、氟氰戊菊酯、氟胺氰菊酯、溴氰菊酯、丙烯菊酯、甲氰菊酯、高效氟氯氰菊酯、合成除虫菊酯、α-氯氰菊酯、氰戊菊酯和四溴菊酯）类农药在 0.04～0.41mg/kg 添加浓度时，平均回收率为 60%～119%，RSD 为 2.5%～14.4%。该方法的优势在于拟除虫菊酯的提取一步完成，不会出现乳胶状物质，一次操作可同时进行几个平行样品，不需要玻璃器皿，操作简单。Venant 等[47]建立了软饮料和牛奶中溴氰菊酯的检测方法。样品采用丙酮和石油醚萃取，乙腈-二氯甲烷溶剂交换，低温（－10℃）离心后，GPC 净化。方法同时采用弗洛里硅土净化，但效率并不高。提取液采用 GC-ECD 测定，并采用 GC-MS 进行验证。添加浓度为 0.06mg/kg 的牛奶样品和添加浓度为 2mg/kg 的黄油样品中溴氰菊酯的添加回收率为 72%～88%，添加浓度为 0.016mg/kg 的牛奶样品溴氰菊酯的回收率为 94%。

10.4.5 固相微萃取

固相微萃取（Solid Phase Microextraction，SPME）技术是在固相萃取技术基础上发展起来的一种萃取分离技术，由加拿大的 Pawliszyn 小组在 20 世纪 90 年代初开发出来[48,49]。固相微萃取装置类似普通样品注射器，由手柄和萃取头两部分组成。萃取头是一根涂有不同固定相或吸附剂的熔融石英纤维，石英纤维接不锈钢针，外套不锈钢管，纤维头可在不锈钢内伸缩，如图 10-4 所示。

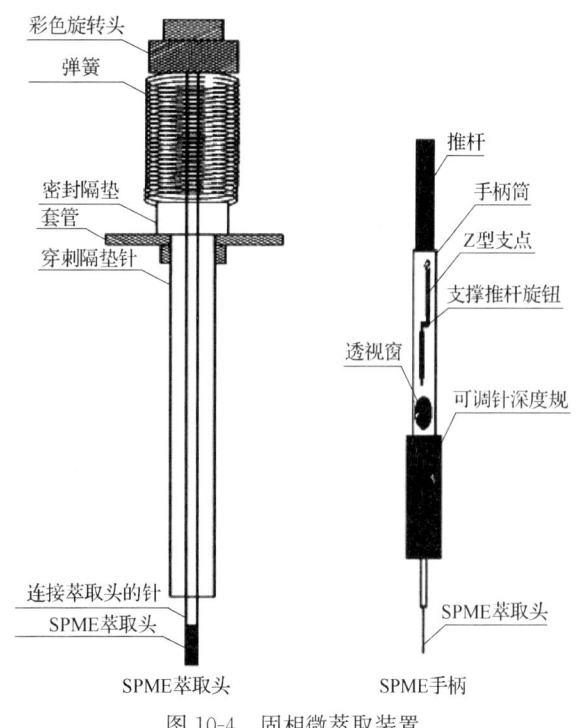

图 10-4 固相微萃取装置

固相微萃取包括吸附和解吸附两个过程，即样品中待测物在石英纤维上的涂层与样品间扩散、吸附、浓缩的过程和浓缩的待测物解吸附进入分析仪器完成分析的过程，是一种无溶剂，集采样、浓缩和进样于一体的样品前处理技术[24]。SPME 的萃取模式可分为三种：直接法，即将石英纤维暴露在样品中，主要用于半挥发性的气体、液体样品萃取；顶空法，即将石英纤维放置在样品顶空中，主要用于挥发性固体或废水水样萃取；膜法，即将石英纤维放在经过微萃取及膜处理过的样品中，主要用于难挥发性复杂样品萃取。在 SPME 方法中，被测物质的萃取量取决于它在样品基质和固定相涂层中的分配平衡，分配系数越大，萃取率越高，检出的浓度也就越佳。依据样品情况，即被测物的挥发性与基体亲和程度选择萃取方式及固定相组成，是提高萃取效率的主要方法[50]，常用固定相及适用样品见表 10-10。

表 10-10　SPME 常用固定相及适用样品

固定相类型	极性	适用样品
PDMS（聚二甲基硅氧烷）	非极性	有机氯、有机磷、有机氮农药
PA（聚丙烯酸酯）	极性	有机氮农药、除草剂、杀虫剂
CW-DVB（聚乙二醇-二乙烯基苯）	极性	三唑类、三嗪类除草剂

González-Rodríguez 等[51]应用 SPME 技术分析牛奶中 40 多种农药的残留。牛奶样品加水处理后，进行固相微萃取，然后 GC-MS/MS 检测。文献中对比了顶空法和直接法。顶空萃取在 70℃加热，选用了 100μm 的聚二甲基硅氧烷（PDMS）和 65μm 的聚二甲基硅氧烷-二乙烯基苯两种萃取膜（PDMS-DVB），结果显示 PDMS-DVB 结果更好。使用 PDMS-DVB 膜的实验条件为：萃取时间为 45min，解析时间为 15min。实验还考察了离子强度的影响，1mL 牛奶中加入 0.1g NaCl 可获得较好的灵敏度。直接法也使用了 PDMS 和 PDMS-DVB 两种萃取膜，同样 PDMS-DVB 获得了更好的效果。实验还考察了样品稀释倍数的影响，最终选择了 1:4（体积比）的比例，获得了较好的精密度。最终测试结果表明直接法更为灵敏，在 20μg/L 添加水平时，回收率为 81%~110%，数据见表 10-11。

表 10-11　SPME 萃取牛奶中农药残留

中文名称	英文名称	回收率/%	RSD/%	中文名称	英文名称	回收率/%	RSD/%
六氯苯	Hexachlorobenzene	102.1	8.8	硫丹内酯	Endosulfan lactone	103.4	6.7
α-六六六	α-HCH	101.5	8.3	环氧七氯	Heptachlor epoxide	85.6	9.8
氯硝胺	Dichloran	98.2	8.1	异柳磷	Isofenphos	91.3	8.5
五氯硝基苯	Pentachloronitrobenzene	110	8.3	毒虫畏	Chlorfenvinphos	90.3	9.1
β,γ-六六六	β,γ-HCH	97.1	5.3	喹硫磷	Quinalphos	87.5	8.5
δ-HCH	δ-HCH	91.3	9.6	α-硫丹	α-Endosulfan	102.9	5.4
治螟磷	Sulfotepp	87.4	11.6	狄氏剂	Dieldrin	95.3	7.2
百菌清	Chlorthalonil	106.6	10.6	苯线磷	Fenaminphos	99.4	8.3
硫丹乙酯	Endosulfan eter	95.6	11.8	p,p'-滴滴伊	p,p'-DDE	104.7	7.3
乙嘧硫磷	Etrimphos	86.6	11.5	异狄氏剂	Endrin	93.1	5.6
七氯	Heptachlor	102.1	10.8	o,p-滴滴涕	o,p-DDT	109.4	10.3
甲基对硫磷	Methyl parathion	95.3	11.3	乙硫磷	Ethion	103.2	9.3
乙烯菌核利	Vinclozolin	93.2	8.2	β-硫丹	β-Endosulfan	90.5	8.5
甲基毒死蜱	Methyl chlorpyriphos	94.4	10.3	异狄氏剂醛	Endrin aldehyde	81.3	8.5
艾氏剂	Aldrin	105.5	7.9	p,p'-滴滴滴	p,p'-DDD	91.3	8.5
甲基嘧啶磷	Methyl pirimifos	87.7	10.9	硫丹硫酸盐	Endosulfan sulfate	93.5	9.9
毒死蜱	Chlorpyriphos	100.9	6.6	p,p'-滴滴涕	p,p'-DDT	101.2	8.7
马拉硫磷	Malathion	94.5	9.2	伐灭磷	Famfur	87.1	11.8
倍硫磷	Fenthion	87.2	10.7	甲氧滴滴涕	Metoxichlor	106.6	8.1
对硫磷	Parathion	97.9	10.3	灭蚁灵	Mirex	96.9	4.5

朱捷等[52]建立了牛奶中 31 种有机氯农药和拟除虫菊酯类农药的快速多残留测定方法，以顶空固相微萃取为前处理手段，回收率为 85%~110%。Basheer 等[53]使用 65μm 的聚二甲基硅氧烷-二乙烯基苯两种萃取膜（PDMS-DVB）萃取牛奶中的三嗪类除草剂，方法快速、有效、重现性好，相对标准偏差为 4.30%~12.37%。Alvareza 等[54]利用固相微萃取提取了牛奶中拟除虫菊酯等 30 多种农药残留。牛奶用超纯水按 1:10 比例稀释，100℃下萃取 30min，考察了 PDMS、PA、PDMS-DVB、CAR-PDMS、CW-DVB 等萃取膜的效果，结果表明 PDMS-DVB 获得了最佳的回收率。搅拌对直接法有明显的促进作用，而对顶空方式作用不明显。温度对顶空方式的影响要强于直接萃取。改变离子强度的效果还受温度的影响，在 50℃时 NaCl 加入量为 0%~20% 的响应变化不大，而在 100℃时，

不同的盐加入量会导致较大的响应变化，无盐加入时结果最好。在优化条件下 35 种农药得到了良好的回收率实验结果，回收率为 72%～120%。Cardeal 等[55]将固相微萃取方法用于牛奶中蝇毒磷和敌敌畏残留的萃取。对 SPME 萃取条件进行优化，得到的最优条件为：采用 100μm 聚丙烯酸酯纤维的手动 SPME 进样针进样后，样品经搅拌、30℃萃取 40min、解吸 10min，小瓶中样品量为 16mL。样品采用 GC-NPD 进行分析，方法精密度 RSD 值分别为 13%、14%，检出限分别为 0.060μg/L（敌敌畏）和 0.052μg/L（蝇毒磷），定量为 0.086μg/L（敌敌畏）和 0.066μg/L（蝇毒磷）。应用该方法测定实际牛奶样品中农药残留，结果表明米纳斯吉拉斯某地区的乳业中所使用的个别有机磷农药会污染全脂牛奶，且无法通过煮沸去除。González-Rodríguez 等[56]采用 LP-GC-MS/MS 结合 SPME 技术测定经过加工与未加工的牛奶中的 40 多种农药及其代谢物的分析方法。实验对比了顶空进样与直接进样对结果的影响，此外，作者还对直接进样方法中牛奶稀释过程中为降低基质效应所采用的酸进行了评估。结果显示，牛奶经稀释与酸化后固相微萃取直接进样的灵敏度较好。样品采用 LP-GC-MS/MS 分析。SPME 与 GC-MS/MS 两种技术结合很好地去除了脂肪的干扰，实验测定了每种农药的性能特点，如线性、回收率、精密度、检出限及不确定度。所有农药的回收率为 81%～110%，RSD<12%，方法的定量限为 0.02～1.00μg/L，在三个浓度下评价方法的整体不确定度<25.5%。该方法用于 35 个实际样品中农药分析：15 个市售样品、3 个母乳样品、17 个羊奶样品。母乳与羊奶中发现最多的是代谢物 p,p'-DDE，浓度< 20μg/L，然而，市售牛奶（脱脂的、奶粉及全脂牛奶）样品中未发现农药残留。

10.4.6 基质固相分散萃取

基质固相分散萃取（Matrix Solid-Phase Dispersion Extraction，MSPDE）技术是 Barker 等[57]建立的类似于固相萃取的一种提取、净化、富集技术。其基本原理是将试样直接与适量反相填料（C_{18} 或 C_8 键合硅胶等）研磨、混匀制成半固态物质，然后装柱，用洗脱剂淋洗。该方法具有以下优点：依靠机械剪切力、固定相的去垢效应和巨大的表面积使样品结构破碎并在固定相表面分散，取代了传统样品前处理过程中所需的均质、提取、净化等步骤，避免了多步操作造成的目标化合物损失，并且降低了溶剂消耗，提高了净化效率。样品完全捣碎并分散于柱中，目标化合物和载体之间、目标化合物和键合相之间、目标化合物和分散的基质之间、基质和载体之间及基质和键合相之间均发生作用，且所有上述的动态相互作用同时发生。因此，键合相、载体及洗脱溶剂和洗脱模式都会对测定结果产生影响。Bogialli 等[58]建立了一种简便快速检测牛奶中氨基甲酸酯农药残留方法。基质固相分散技术为前处理方法，以沙子（40～200 目）为固相载体，与牛奶一起搅拌至近干，装柱，90℃热水洗脱，回收率为 76%～104%，方法可靠。Yagüe 等[59]应用基质固相分散技术处理牛奶样品，分析了 22 种有机氯农药，C_{18} 键合硅胶为固定相，正己烷洗脱，在 10μg/L 和 1μg/L 添加浓度时，对建立的方法进行回收率、重复性和再现性及检出限和定量限测定。除 β-HCH、β-硫丹和硫丹硫酸盐外，所有农药的回收率均为 74%～106%，重复性和再现性的 RSD 均小于 22%，方法的检出限和定量限分别为 0.02～0.12μg/L、0.02～0.62μg/L。该方法可以用于牛奶中有机磷和多氯联苯类药物的快速简单测定。Macedo 等[60]分析牛奶中的氯氰菊酯残留，牛奶样品与 C_{18} 键合硅胶为固定相混合，加入无水硫酸钠用以除水，研磨均质后上柱，柱中含有弗洛里硅土，乙腈洗脱，GC-MS 检测获得了良好的回收率，在 0.5mg/kg 添加浓度时回收率为 78.9%，在 0.2mg/kg 添加浓度时回收率为 75%，在 0.1mg/kg 添加浓度时回收率为 91.8%。

10.4.7 分散固相萃取

分散固相萃取（Dispersive Solid-Phase Extraction，DSPE）技术是近年来国外发展起来的快速试样净化方法，该法直接在试样的提取液中加入固相吸附剂以去除基质中的杂质，涡旋混合、离心后取上清液进行色谱测定。应用此法可将前处理时间缩短至 1h 左右，有机溶剂消耗量只有传统方法的 1/5～1/10。DSPE 法中最重要的是提出了用乙腈提取农药的新模式，并通过具有更强吸水功能的试剂——无水硫酸镁代替常用的无水硫酸钠,弱阴离子交换剂 N-丙基乙二胺（PSA）为固相吸附剂,能有效吸附糖类、脂肪酸、有机酸和色素。相比其他的固相萃取填料,如弗洛里硅土、中性氧化铝等,PSA 对部分农药有更小的吸附和更高的回收率。Dagnac 等[61]建立了分散固相萃取法提取,LC-MS/MS 测定天然牛奶中 44 种农药多残留的方法。作者首先对 DSPE 技术进行了优化和验证。实验分别对无孔石墨化炭黑结合无水硫酸镁和 N-丙基乙二胺键合硅胶及 C_{18} 硅胶结合无水硫酸镁和 N-丙基乙二胺键合硅胶进行了测试。几个不同浓度下的研究结果表明,C_{18} 作为吸附剂时的回收率结果较高。实验对该方法的性能进行了评估,其定量限可达到 ng/g 级水平,符合近期的最大限量规定要求。DSPE 方法也适用于除去原料奶中的脂肪和脱脂成分。最后,该方法成功应用在西班牙西北部 23 个奶牛农场牛奶的检测。

10.4.8 QuEChERS 技术

QuEChERS（Quick, Easy, Cheap, Effective, Rugged and Safe）技术是 2003 年美国农业部 Lehotay 等建立的检测果蔬中农药多残留快速分析方法。QuEChERS 是英文字母 Quick Easy Cheap Efective Rugged Safe 的缩写,即快速、简便、廉价、有效、耐用、安全。QuEChERS 方法是分散固相萃取技术的衍生和发展,其主要步骤是用乙腈对放入聚四氟乙烯离心管的样品进行浸提,再加入无水硫酸镁与氯化钠振荡,离心促使其分层,随后进行分散固相萃取,即将浸提液转移至含有 N-丙基乙二胺（PSA）吸附剂、硫酸镁的聚四氟乙烯离心管中,离心后取上清液进行 GC-MS 或 LC-MS 分析。Lehotay 等[62]采用 QuEChERS 方法对牛奶、鸡蛋、鳄梨进行样品前处理,同时与 MSPD 方法进行对比。作者选择了 32 种物理化学性质代表性较强的农药作为目标物。样品采用 1%乙酸乙腈、无水硫酸镁和乙酸钠提取,离心后,采用 C_{18}、PSA 和无水硫酸镁进行分散固相萃取净化,GC-MS 和 LC-MS/MS 测定。对相同样品同样采用 MSPD 提取,除噻苯咪唑和抑霉唑两种碱性农药在 MSPD 方法样品中未检出外,半极性、极性农药的回收率都为 100%。但非极性农药的回收率随着样品脂肪含量的增加而降低。QuEChERS 方法中这种趋势较明显,这种情况下,脂肪含量为 15%的鳄梨中大多亲脂性分析物和六氯苯的回收率为 27%±1%,定量限<10ng/g。

虽然 QuEChERS 方法操作简单,但其净化效果较差,一些学者就采用 QuEChERS 方法结合 SPE 的方法进行前处理,期望达到兼具提高速度和净化效果的目的。Zheng 等[63]建立了 LC-MS/MS 同时测定牛奶中 128 种农药残留的方法。牛奶样品经乙腈（加入 4g 无水硫酸镁和 1g 氯化钠）提取两次,C_{18} 柱净化后提取液氮吹浓缩,LC-MS/MS 测定。在 2 倍和 8 倍的检出限浓度水平下进行添加回收率实验,结果显示,低浓度添加平均回收率为 60.4%～118.4%,RSD 为 2.1%～24.3%；高浓度添加回收率与 RSD 分别为 64.4%～118.5% 和 1.3%～24.1%。该方法的线性良好,相关常数为 0.99,检出限为 $0.07\mu g/L$～0.31mg/L。该方法灵敏、准确、易于操作。

除以上介绍的几种前处理技术外,牛奶和奶粉中农药残留检测应用到的技术还有超声辅助萃取[32]、浊点萃取[64]等,这些方法的应用不如前面介绍的固相萃取、凝胶渗透色谱等广泛,这里不再作详细介绍。

10.5 牛奶和奶粉中农药化学品残留检测技术研究进展

农药残留分析是痕量分析,要求检测仪器具有极高的灵敏度。对不同的农药,由于其性质不同可以选择不同的检测仪器,如气相色谱、液相色谱、毛细管电泳、超临界流体色谱和免疫分析等,具体选择何种仪器应根据所测农药的分子结构、极性、挥发性和热稳定性等特点。奶制品中常用的检测仪器主要是气相色谱和液相色谱。

气相色谱是基于待分离组分在气相和固定相间的分配系数不同,实现组分分离。当气化后的试样被载气带入色谱柱中流动时,组分就在其中的两相间进行反复多次分配,由于不同组分的分配系数不同,经过一定的柱长后,便彼此分离,按顺序离开色谱柱进入检测器。检测器产生的离子流讯号经放大后，在记录器上描绘出各组分的色谱峰。气相色谱具有操作简便、分析速度快、分离效能高、灵敏度高及应用范围广等特点，目前大部分农药残留检测仍采用气相色谱法[65]。尽管样品前处理的净化效果越来越好，但样品中的干扰物是不可避免的，所以现代气相色谱一般采用选择性检测器，理想的检测器只对"目标农药"响应，而对其他物质无响应。常见的气相检测器有电子捕获检测器（ECD）、氢火焰离子化检测器（FID）、氮磷检测器（NPD）、火焰光度检测器（FPD）及近年发展起来的质谱（MS）和串联质谱检测器（MS/MS）等。

高效液相色谱法是20世纪60年代末期，在经典液体柱色谱的基础上，引入了气相色谱的理论和技术，并加以改进而发展起来的新型高效分离分析技术。高效液相色谱法是指流动相为液体的色谱技术。在技术上采用高压泵、高效色谱柱和高灵敏度检测器，实现了分析速度快，分离效率高和操作自动化。部分农药极性大、沸点高、相对分子质量大或热不稳定，无法采用气相色谱技术分析测定，而高效液相色谱可在室温下进行，应用范围极广，无论是极性还是非极性，小分子还是大分子，热稳定还是不稳定的化合物均可用此法测定。随着高效液相色谱技术的进步和高灵敏、通用型检测器的开发与应用，目前已经不仅仅是气相色谱法的补充和多残留分析方法的一种选择，它已经可以胜任绝大多数农药残留分析任务。高效液相色谱的检测器主要有：紫外检测器、二极管阵列检测器、荧光检测器、质谱和串联质谱检测器等。

10.5.1 气相色谱-电子捕获检测法

电子捕获检测器是放射性离子化检测器，对电负性强的化合物，如卤化物、含硫含磷化合物、硝基化合物等具有较高的灵敏度。电子捕获检测器内有一个放射源作为负极，当载气进入检测器时，受射线辐照发生电离，形成恒定基流。含有电负性元素的样品进入检测器后，会捕获电子导致基流下降，产生响应信号。电子捕获在农药残留检测中应用十分广泛，特别适合检测有机氯、有机磷类化合物[66]。王兆基[38]采用气相色谱-电子捕获检测器（Gas Chromatography-Electron Capture Detector, GC-ECD）分析了牛奶中17种有机氯农药残留（六六六、七氯、滴滴涕、滴滴滴等），使用了加长的毛细管柱（HP-1接HP-5，共60m），183℃恒温，检出限可达0.5~9μg/kg。Yagüe等[59]发展了一种分析液态奶中22种有机氯和6种多氯联苯的方法，检出限为0.02~0.12μg/L，定量限为0.02~0.62μg/L。Alvareze等[54]将牛奶样品用固相微萃取处理后，GC-ECD检测其中拟除虫菊酯和有机氯等30多种农药，检出限为0.003~0.56ng/mL，数据见表10-12。

表10-12 GC-ECD法检测牛奶中农药残留

中文名称	英文名称	LOD /(ng/mL)	LOQ /(ng/mL)	中文名称	英文名称	LOD /(ng/mL)	LOQ /(ng/mL)
α-六六六	α-HCH	0.018	0.06	烯丙菊酯	Allethrin	0.03	0.09
β-六六六	β-HCH	0.013	0.043	γ-氯丹	γ-Chlordane	0.027	0.09
γ-六六六	γ-HCH	0.003	0.01	硫丹	Endosulfan	0.03	0.1
七氟菊酯	Tefluthrin	0.05	0.17	α-氯丹	α-Chlordane	0.063	0.21
δ-六六六	δ-HCH	0.012	0.04	p,p-滴滴伊	4,4-DDE	0.06	0.2
乙草胺	Acetochlor	0.038	0.13	狄氏剂	Dieldrin	0.015	0.05
四氟苯菊酯	Transfluthrin	0.038	0.13	异狄氏剂	Endrin	0.024	0.08
甲草胺	Alachlor	0.039	0.13	硫丹Ⅱ	Endosulfan Ⅱ	0.013	0.042
七氯	Heptachlor	0.03	0.08	p,p-滴滴滴	4,4-DDD	0.015	0.051
杀螟硫磷	Fenitrotion	0.01	0.04	硫丹硫酸盐	Endosulfan sulfate	0.015	0.05
艾氏剂	Aldrin	0.038	0.13	p,p-滴滴涕	4,4-DDT	0.16	0.52
毒死蜱	Chlorpyrifos	0.04	0.13	异狄氏剂酮	Endrin ketone	0.006	0.02
环氧七氯	Heptachlor epoxide	0.02	0.05	胺菊酯	Tetramethrin	0.027	0.091

中文名称	英文名称	LOD /(ng/mL)	LOQ /(ng/mL)	中文名称	英文名称	LOD /(ng/mL)	LOQ /(ng/mL)
甲氧滴滴涕	Methoxychlor	0.04	0.12	氯氰菊酯	Cypermethrin	0.28	0.93
高效氯氟氰菊酯	λ-Cyhalothrin	0.22	0.74	氟氰戊菊酯	Flucythrinate	0.2	0.65
苯醚氰菊酯	Cyphenothrin	0.31	1	氰戊菊酯	Fenvalerate	0.3	1
氯菊酯	Permethrin	0.29	0.98	溴氰菊酯	Deltamethrin	0.56	1.9
氟氯氰菊酯	Cyfluthrin	0.33	1.1				

曾凡刚等[44]采用 GPC 净化牛奶样品，用 GC-ECD 分析了其中 10 种有机氯农药，检出限为 0.042~0.199μg/kg。杨红等[29]分析了生鲜牛乳中有机氯、有机磷和拟除虫菊酯等 14 种农药，使用 GC-ECD 检测，SPB-5 毛细管柱，40min 内各农药可以有效分离，检出限为 0.5~14μg/L。Goulart 等[67]建立了一种 GC-ECD 测定牛奶中拟除虫菊酯类农药的新方法。方法以液液萃取，低温沉淀法净化，无需其他步骤去除脂肪干扰，该方法效率较高，氯氰菊酯回收率可达 93.0%±0.1%，溴氰菊酯的回收率达 84.0%±0.3%，两种物质的定量限为 0.75μg/L，该方法简便，易操作，且有机溶剂用量少。经优化与验证后，该方法用于牛奶与饮料中氯氰菊酯和溴氰菊酯的测定。一些样品中检出溴氰菊酯的存在，但低于 FAO 对此的最大限量规定。Armendáriz 等[68]采用 GC-ECD 测定牛奶中包括 α-六六六、β-六六六、林丹、δ-六六六、六氯苯、艾氏剂、七氯、环氧七氯、灭蚁灵、2,4-DDT、4,4-DDT、2,4-DDD、4,4-DDD、2,4-DDE 和 4,4-DDE 在内的有机氯农药。方法的重复性和再现性值分别≤4.73%和 5.79%。Zehringer 等[69]采用了一种新的层流杯衬管为 GC 的进样衬管，GC-ECD 分析了食品中上百种农药及其代谢物。一般情况下，脂类物质常采取非极性溶剂，然后采用极性溶剂重新提取目标物质，通过一些净化步骤去除残余的脂类物质，最后通过 GC 测定。作者曾对 GC 进样器采用层流杯衬管取得一些经验。采用层流杯衬管允许样品提取物中的脂类物质含量可达到 5%。这个杯子可阻止脂类物质进入 GC 毛细管，采用该措施，许多方法可以在不损失精度或回收率的同时简化方法的操作。样品如牛奶、人奶和鳄梨的准备工作可以仅采用石油醚提取，Extrelut 柱净化，不需要 Florisil 或 GPC 净化。作者采用层流杯和 GC-ECD 分析了上述样品中有机氯和有机磷农药、多氯联苯类、硝基-麝香、拟除虫菊酯和除虫菊酯类药物。多环麝香替代物采用 GC-MS 分析。Khay 等[70]采用 GC 法同时测定猪的肌肉组织和灭菌牛奶中的拟除虫菊酯类农药残留，建立了一种采用 LLE 技术同时测定猪肌肉组织和灭菌牛奶中拟除虫菊酯类农药（氟氯氰菊酯、三氟氯氰菊酯、氯氰菊酯和溴氰菊酯）残留的方法，样品经提取液液-液分配提取后，GC-ECD 检测，GC-MS SIM 监测模式下确证。在空白样品中添加目标物做添加回收率实验验证方法的准确性。灭菌牛奶和猪肌肉组织中回收率分别为 83.5%~99.2% 和 82.9%~109%，RSD 分别为 1.7%~11.95% 和 1.5%~10.3%，检出限分别为 3.3~9mg/kg 和 3~8.1mg/kg，定量限分别为 10~27.4mg/kg 和 9~24.6mg/kg。

10.5.2 气相色谱-氮磷检测法

氮磷检测器（Nitrogen Phosphorus Detector，NPD）又称热离子化检测器，它与 FID 极为近似，不同之处是在火焰喷嘴上方有一个含碱金属盐的陶瓷珠（铷珠），这样含氮磷化合物受热分解在铷珠的作用下会产生多量电子，因而可以使信号值比没有铷珠时大大增加，提高了检测器的灵敏度。现在 NPD 已成为检测痕量氮、磷化合物的气相色谱专一检测器，广泛用于环保、医药、临床、生物化学、食品等领域。Pagliuca 等[16]分析动物源基质中有机磷农药时，使用 GC-NPD 检测牛奶样品。乐果、乙基对硫磷和毒死蜱的检出限为 1μg/kg，定量限为 5μg/kg，显示了 NPD 对有机磷的高灵敏性。Gazzotti 等[17]在检测意大利牛奶中农药残留时，使用 NPD 分析了其中 16 种有机磷化合物，除乙基谷硫磷和砜吸磷的检出限为 5μg/kg 外，其他有机磷农药均达 1μg/kg，见表 10-13。分析结果表明

298份样品中只有4.4%的样品检测到含有残留,但含量均较低,未出现超过限量值的样品。

表10-13 GC-NPD检测牛奶中有机磷农药残留

中文名称	英文名称	LOD /(μg/kg)	LOQ /(μg/kg)	中文名称	英文名称	LOD /(μg/kg)	LOQ /(μg/kg)
乙酰甲胺磷	Acephate	1	10	甲胺磷	Methamidophos	1	5
益棉磷	Azinphos-ethyl	5	25	杀扑磷	Methidation	1	10
乙基毒死蜱	Chlorpyriphos-ethyl	1	5	乙基对硫磷	Parathion-ethyl	1	25
甲基毒死蜱	Chlorpyriphos-methyl	1	5	甲基对硫磷	Parathion-methyl	1	25
亚砜吸磷	Demeton-S-methyl sulfoxide	5	10	甲拌磷	Phorate	1	10
二嗪磷	Diazinon	1	5	甲基嘧啶磷	Pirimiphos-methyl	1	25
乙拌磷	Disulfoton	1	10	吡菌磷	Pyrazophos	1	10
虫螨畏	Methacrifos	1	5	三唑磷	Triazophos	1	10

Melgar等[71]对西班牙西北部的原料奶和婴幼儿配方奶粉中的7种有机磷农药残留进行了分析。样品以丙酮提取,提取液用GC-NPD检测,方法的回收率为62.2%～97.2%。方法在实验中每两周收集312个样品(其中包括70个婴幼儿配方样品和242个天然样品),为期24个月。所有样品中全奶检出率为6.73%,原料奶为8.67%,检出率最高的农药有敌敌畏(5.78%)、蝇毒磷(2.06%)和甲基对硫磷(0.83%)。婴幼儿配方奶粉中没有农药检出,避免了对消费者尤其是婴幼儿健康的威胁。

10.5.3 气相色谱-火焰光度检测法

火焰光度检测器(Flame Photometric Detector,FPD)是利用在一定外界条件下(即在富氢条件下燃烧)促使一些物质产生化学发光,通过波长选择、光信号接收,经放大把物质及其含量和特征的信号联系起来的一种检测方法,主要用于含硫、磷的化合物。当含硫、磷的化合物在富氢火焰中燃烧时,在适当条件下将发射一系列的特征光谱。其中,硫化物发射光谱波长为300～450nm,特征波长为394nm;磷化物发射光谱波长为480～575nm,特征波长为526nm。可以通过波长选择器来选择合适的波长而提高检测器的选择性,波长选择器有干涉式和加滤光片等,农药残留检测中常通过在检测器中加上合适的滤光片来选择性分析含硫或含磷化合物。由于FPD对含硫和含磷化合物具有较高的选择性和灵敏度,已经在农药残留量检验方面得到了广泛的应用[72]。王兆基等[38]测定牛奶中有机磷农药时采用GC-FPD检测(526nm滤光片),由于FPD对含磷化合物选择性很高,样品提取后甚至可以不用净化,使用DB-17毛细管柱,11种有机磷(敌敌畏、甲胺磷、乐果、马拉硫磷等)的检出限可达0.01～0.04μg/kg。Salas等[73]在检测墨西哥巴氏灭菌奶中农药残留时,使用GC-FPD(526nm滤光片)分析了其中13种有机磷。各化合物峰型良好,基质干扰很少,体现了FPD在检测含磷化合物方面的优异性能。检出限为0.005～0.019mg/kg,见表10-14。

表10-14 GC-FPD检测牛奶中的有机磷

序号	中文名称	英文名称	LOD/(mg/kg)
1	敌敌畏	Dichlorvos	0.014
2	速灭磷	Mevinphos	0.016
3	甲拌磷	Phorate	0.014
4	乐果	Dimethoate	0.012
5	二嗪磷	Diazinon	0.013
6	乙拌磷	Disulfoton	0.005
7	甲基对硫磷	Parathion-methyl	0.005
8	马拉硫磷	Malathion	0.019

续表

序号	中文名称	英文名称	LOD/(mg/kg)
9	倍硫磷	Fenthion	0.013
10	毒死蜱	Chlorpyrifos	0.009
11	毒虫畏	Chlorfenvinphos	0.008
12	乙硫磷	Ethion	0.009

Schenck 等[74]描述了一种快速提取和 GC 检测牛奶中五种有机氯和五种有机磷农药的方法。牛奶样品同 C_{18} 吸附剂和乙腈置于注射器状筒中混合，利用真空将水相从柱管中转移，用乙腈从 C_{18}/牛奶基质中洗脱农药残留，然后再通过 Florisil 固相萃取柱净化。乙腈洗脱液氮吹浓缩后用石油醚定容，GC-FPD 分析。样品溶液经过微型 Florisil 柱的进一步净化后，可以用 GC-ECD 测定有机氯农药残留。牛奶样品在 2.0~20μg/kg 添加水平时，有机氯农药的回收率为 76.0%~97.8%；在 10~50μg/kg 添加水平时，有机磷农药的回收率为 75.0%~104.5%。

10.5.4 气相色谱-质谱检测法

农药残留检测中，尤其是残留物浓度很低的情况下，即使样品经过净化，基质对检测造成的影响也不容忽视，这使得仅依靠保留时间进行定性是非常困难的，而无法对被分析物良好定性就难以实现大批量农药的同时测定。气相色谱-质谱（Gas Chromatography-Mass Spectrometry，GC-MS）联用综合了气相色谱的高分离能力和质谱检测器的强定性能力，在将各种化合物分离的同时可以给出结构信息，同时质谱检测器还具有很高的灵敏度和选择性，因此 GC-MS 同时具有准确定量和定性的优异特性，特别适用于农药多残留检测。例如，朱捷等[52]应用 GC-MS 检测牛奶中有机氯和拟除虫菊酯类农药，33 种化合物的检出限为 0.002~0.2μg/L。GC-MS 负化学离子源（NCI）近年来也得到了一定的发展[75]，负化学电离技术是通过将四极杆分析器的电压反相，使它能选择负离子监测而实现测定。负化学离子源被称为"软电离"，对含电负性基团的物质具有高选择性和高灵敏度，即使杂质较多的样品也可以比较容易的检出农药峰，目前已经成为农药残留检测较为热门的检测技术。林竹光等[32]应用气相色谱-负化学离子源质谱法（GC-NCIMS）分析牛奶饮品和奶粉中 19 种有机磷农药残留。以选择离子方式检测，除喹硫磷农药的检出限为 2.4μg/kg 外，其他 18 种有机磷农药的检出限均小于 1.0μg/kg，见表 10-15。

表 10-15　GC-NCIMS 检测牛奶和奶粉中有机磷农药

中文名称	英文名称	LOD/(μg/kg)	中文名称	英文名称	LOD/(μg/kg)
丙线磷	Etroprophos	0.66	毒死蜱	Chlorpyrifos	0.19
甲拌磷	Phorate	0.72	对硫磷	Parathion	0.7
乐果	Dimethoate	0.22	溴硫磷	Bromophos	0.14
二嗪磷	Diazinon	0.67	稻丰散	Phenthoate	0.11
乙拌磷	Disulfoton	0.85	喹硫磷	Quinolphos	2.4
甲基毒死蜱	Methy-chlorpyrifos	0.07	乙硫磷	Ethion	0.25
甲基对硫磷	Methy-parathion	0.5	三硫磷	Carbophenothion	0.04
皮蝇磷	Fenchlorphos	0.03	伏杀硫磷	Phosalone	0.02
杀螟硫磷	Fenitrothion	0.14	蝇毒磷	Coumaphos	0.11
马拉硫磷	Malathion	0.17			

Mussalo-Rauhamaa 等[76]采用 GC-MS 方法分析了母乳中的中性有机氯农药和 PCB 残留。样品为 1984~1985 年芬兰不同地区 165 位妇女提供的 183 个母乳样品。作者研究了捐赠者的年龄、体重、居住地、子女数、饮食习惯、吸烟习惯、职业、体重等因素对母乳中有机氯含量的影响。对所有样品进行分析，p,p'-DDE、p,p'-DDD 和 p,p'-DDT、HCH 同分异构体、顺式-氯丹、氧化氯丹、反

式-氯丹、七氯、环氧七氯的浓度分别超过检出限 99.5%、57.9%、30.0%、4.9%、3%、6.0%、12.0%和6.6%。芬兰初孕母亲的母乳样品中,超过检出限部分的平均脂肪校正残留水平为 0.66mg/kg(总DDT)、0.08mg/kg(HCB)、0.93mg/kg(PCB)、0.41mg/kg(氯丹)、0.20mg/kg(HCH同分异构体)和 0.10mg/kg(环氧七氯),其几何平均数分别为 0.46mg/kg、0.06mg/kg、0.57mg/kg、0.02mg/kg、0.02mg/kg 和 0.01mg/kg。

10.5.5 气相色谱-串联质谱检测法

尽管 GC-MS 技术在农药残留检测中发挥着不可替代的重要作用,但随着食品安全分析中对农药残留检测能力要求不断提高,检测限不断下降,样品基质的背景干扰就成为了越来越严重地影响 GC-MS 准确定性的制约因素。分析专家无法克服大量背景干扰的影响,对目标化合物的存在与否作出准确的判断并不容易。这是因为与干扰物难以分离的目标化合物的总离子流色谱图无法给出可靠的质谱碎片信息和定量信息。为了解决这些问题,近年来串联质谱(Tandem Mass Spectrometry, MS/MS)技术迅速发展起来。其基本的工作原理为:首先化合物分子被离子源的电子轰击,产生碎片离子(普通质谱的工作方式);选择目标化合物中所具有的某一特征碎片离子,并将其隔离出来(母离子);使用惰性分子碰撞被隔离出来的母离子,并使其碎裂成若干的小碎片离子(子离子);对产生的子离子扫描,获得二级质谱图,使其与标准品进行对照,或与质谱库中储存的二级质谱图进行比对,最终确认化合物的结构。

串联质谱的性质决定其对所分析物具有更高的选择性和灵敏性,甚至对较"脏"的样品也能够很好地分析[77]。González-Rodríguez 等[51]使用 GC-MS/MS 分析牛奶中 40 多种农药残留,GC 色谱柱为 Rapid-MS,检测器为离子阱串级质谱,离子源选用电子轰击源(EI),分别以三倍和十倍信噪比为检出限和定量限,可以达到极低的下限,检出限为 0.01~0.30μg/L,定量限为 0.02~1.0μg/L,见表 10-16。

表 10-16 GC-MS/MS 检测牛奶中农药残留

中文名称	英文名称	LOD /(μg/L)	LOQ /(μg/L)	中文名称	英文名称	LOD /(μg/L)	LOQ /(μg/L)
六氯苯	Hexachlorobenzene	0.01	0.03	硫丹内酯	Endosulfan lactone	0.21	0.7
α-六六六	α-HCH	0.04	0.13	环氧七氯	Heptachlor epoxide	0.3	1
氯硝胺	Dichloran	0.05	0.16	异柳磷	Isofenphos	0.01	0.02
五氯硝基苯	Pentachloronitrobenzene	0.03	0.1	毒虫畏	Chlorfenvinphos	0.01	0.03
γ,β-六六六	γ,β-HCH	0.04	0.15	喹硫磷	Quinalphos	0.01	0.03
δ-六六六	δ-HCH	0.05	0.17	α-硫丹	α-Endosulfan	0.02	0.07
治螟磷	Sulfotepp	0.01	0.02	狄氏剂	Dieldrin	0.05	0.17
百菌清	Chlorthalonil	0.21	0.67	苯线磷	Fenaminphos	0.01	0.03
硫丹乙酯	Endosulfan ether	0.02	0.06	p,p'-滴滴伊	p,p'-DDE	0.01	0.02
乙嘧硫磷	Etrimphos	0.01	0.02	异狄氏剂	Endrin	0.25	0.72
七氯	Heptachlor	0.01	0.04	o,p'-滴滴涕	o,p'-DDT	0.03	0.11
甲基对硫磷	Methyl parathion	0.04	0.15	乙硫磷	Ethion	0.15	0.5
乙烯菌核利	Vinclozolin	0.03	0.11	β-硫丹	β-Endosulfan	0.09	0.31
甲基毒死蜱	Methyl chlorpyriphos	0.13	0.43	异狄氏剂醛	Endrin aldehide	0.01	0.03
艾氏剂	Aldrin	0.18	0.61	p,p'-滴滴滴	p,p'-DDD	0.03	0.09
甲基嘧啶磷	Methyl pirimifos	0.01	0.05	硫丹硫酸盐	Endosulfan sulfate	0.13	0.42
毒死蜱	Chlorpyriphos	0.14	0.28	p,p'-滴滴涕	p,p'-DDT	0.1	0.34
马拉硫磷	Malathion	0.1	0.34	伐灭磷	Famfur	0.18	0.63
倍硫磷	Fenthion	0.19	0.65	甲氧滴滴涕	Metoxichlor	0.15	0.51
对硫磷	Parathion	0.13	0.42	灭蚁灵	Mirex	0.01	0.03

Mezcua等[22]采用加压液体萃取结合GC-MS/MS测定牛奶为主的婴儿配方奶粉中12种有机氯和有机磷农药残留。样品以PLE提取，GC-MS/MS分析。作者采用氧化铝为PLE提取过程中的吸附剂除去脂肪杂质，同时气相色谱分析时采用程序升温技术，避免了一些典型的基质干扰，这样便省去了额外的净化步骤。该方法中，除了甲基毒死蜱、乙烯菌利核、杀螟硫磷、速克灵的回收率为50%、48%、56%和53%外，大多数目标化合物的平均回收率为70%～110%，RSD为9%～17%。该方法的定量限为0.01～2.6μg/kg，可以满足婴幼儿食品的严格要求，可对各化合物进行准确的测定。作者将该方法应用于西班牙的试点监测研究，购买了25种不同品牌的市售婴幼儿配方奶粉样品，检测出硫丹、杀螟硫磷、乙基毒死蜱和联苯菊酯，浓度为0.03～5.03μg/kg。Feo等[78]采用GC-MS/MS分析了环境和食品中的拟除虫菊酯类农药。作者首先以MS和MS/MS对比了正源与负源两种离子化模式，发现负源MS/MS的选择性较好，灵敏度高，检出限可达0.11～450fg。作者通过添加回收率、重现性的测定对方法的实用性进行确证，结果显示方法的回收率为70%～100%，变异系数为15%～10%。

10.5.6 全二维气相色谱法

20世纪90年代初，Liu和Phillips建立了全二维气相色谱（Comprehensive Two-Dimensional Gas Chromatography，GC×GC）方法，其原理是将分离机理不同且互相独立的两根色谱柱，以串联方式连接，使样品中所有组分在二维平面达到正交分离[79]。全二维气相色谱具有高分辨率、高灵敏度等特点，在农药残留分析领域引起人们的注意。

Pagliuca等[80]采用双柱毛细管气相色谱-氮磷检测器分析动物基质中的有机磷农药残留。方法以牛奶及野猪的肾脏和肌肉组织为基质，LLE分离萃取，SPE C_{18} 净化。通过目标分析物在不同极性色谱柱中的保留时间定性，以对硫磷为内标物进行定量。在5μg/kg，10μg/kg和50μg/kg三个浓度水平时进行添加回收实验，牛奶、肾脏组织和肌肉组织中目标化合物添加回收率分别为59%～117%、60%～81%和68%～76%，方法的定量限和检出限为5μg/kg和1μg/kg，低于法定限量。Hayward等[81]采用全二维气相色谱-飞行时间质谱建立了一种牛奶和奶油中农药和有机磷污染物多残留分析方法。该方法通过向牛奶中添加34种农药及其异构体和代谢物（包括12种有机磷农药及其代谢物）进行验证。样品添加水平分别为0.2μg/kg、0.4μg/kg、1μg/kg、2μg/kg、10μg/kg和50μg/kg，以丙酮-环己烷-乙酸乙酯（2:1:1）加入 $MgSO_4$ 和NaCl盐析提取，经GPC结合GCB和PSA柱净化后，全二维气相色谱-飞行时间质谱检测。六个添加水平的平均回收率分别为77%、72%、73%、66%、77%和84%，RSD分别为10%、8%、7%、7%、3%和3%。该方法的定量限为0.2μg/kg或0.4μg/kg。作者利用该方法对1982年收集的夏威夷、瓦胡岛的奶油样品分析发现，样品中含有环氧七氯和 p,p'-DDE。

10.5.7 液相色谱-紫外检测法

紫外检测器（Ultraviolet Detector，UVD）是液相色谱仪应用最广泛的检测器，为高效液相色谱仪的基本配置，在各种检测器中其使用率高达70%左右，对占物质总数80%的具有紫外吸收的化合物均有响应，既可测190～350nm光谱范围的紫外光吸收变化，又可向350～900nm光谱范围延伸。在目前报道的高效液相色谱法测定农药残留分析的文献中，约有90%是采用紫外检测器。紫外检测器对流动相组成的变化或温度变化不敏感，适于梯度洗脱；对无紫外吸收的物质无响应或响应很小，容易选用在检测波长下无紫外吸收的流动相，如甲醇和水等；而且结构简单，操作方便，便于维修。张广举等[28]应用高效液相色谱法检测了牛奶中5种三嗪类除草剂，使用 C_{18} 色谱柱，UVD检测，比较了检测波长分别为218nm、220nm、222nm、224nm时5种三嗪类化合物的峰形，结果表明220nm检测波长的峰形最好，检出限为0.13μg/L。Lagang等[82]检测牛奶中苯脲类除草剂时，萃取液用HPLC分离、UVD检测，13种苯脲类除草剂检出限为0.001mg/kg。Li等[83]建立了HPLC-UVD（210nm）同时测定牛奶中5种氨基甲酸酯类杀虫剂的方法。方法采用反相柱（ODS）分离5

种氨基甲酸酯类杀虫剂碳醛、速灭威、呋喃丹、西维因和异丙威，以甲醇-水（45∶55）为流动相，方法分辨率高于2.23。农药标准物的线性范围很好（$r=0.9944\sim0.9963$），且5种氨基甲酸酯类杀虫剂的检出限为0.75~3.00ng。牛奶样品中的5种氨基甲酸酯类杀虫剂的回收率均大于80%。Bissacot等[84]采用HPLC-UVD分析了哺乳期奶牛的牛奶及血液中的合成拟除虫菊酯类农药。样品用乙腈提取，正己烷分配，硅胶柱净化，正己烷和乙酸乙酯洗脱，HPLC-UVD分析。在0.001mg/kg的最小检测浓度时，4种拟除虫菊酯的平均回收率为78%~91%。该方法重现性和灵敏度都很好。

10.5.8 液相色谱-二极管阵列检测法

二极管阵列检测器（Diode-Array Detector，DAD）的成功开发是高效液相色谱技术的重要进展。传统色散型紫外检测器只能测定某一波长时吸光度与时间关系曲线，即只能做二维图谱。二极管阵列检测器可以获得吸光度、时间、波长的三维光谱色谱图，可以作出任意时间下的吸光度－波长曲线，具有更多的光谱信息。这一功能可以对农药标准物质的纯度进行检验[85]。王健等[64]分析牛奶中6种除草剂农药残留，样品经浊点法萃取后HPLC分析，DAD检测，苄嘧磺隆、苯噻草胺、溴苯腈、嗪草酮、肟草酮、烟嘧磺隆的检出限分别为0.8μg/L、0.8μg/L、0.6μg/L、0.5μg/L、1.0μg/L、1.1μg/L。Seccia等[31]检测了牛奶中的烟碱类杀虫剂，应用HPLC-DAD分析，吡虫啉（Imidacloprid）选择271nm波长、噻虫嗪（Thiamethoxam）选择253nm波长、啶虫脒（Acetamiprid）和噻虫啉（Thiacloprid）选择244nm波长，检出限为0.003~0.01mg/kg，定量限为0.01~0.04mg/kg。

10.5.9 液相色谱-荧光检测法

荧光检测器（Fluorescence Detector，FLD）是根据化合物发射的荧光强度定量化合物的一种检测器。荧光检测器具有灵敏度高、选择性强，但由于大多数农药本身不发荧光，需要荧光衍生化才能检测，操作比较烦琐，因此限制了它的应用。

Arenas等[86]建立了一种测定原料牛奶中涕必灵（TBZ）、5-OH-TBZ、5-HSO_4-TBZ残留的液相色谱方法。5-HSO_4-TBZ在酸性条件下水解成5-OH-TBZ。TBZ和5-OH-TBZ在pH=8.0时用乙酸乙酯提取，阳离子交换固相萃取柱净化。分析物采用LC-FLD进行定量，液相色谱柱采用阳离子交换柱。在0.05~2mg/kg添加浓度时，原料牛奶添加回收率为87%~103%（TBZ）、98%~109%（5-OH-TBZ）、96%~115%（5-HSO_4-TBZ，以5-OH-TBZ的形式定量）。该方法简单、快速、灵敏，可用于检测牛奶中的TBZ, 5-OH-TBZ和5-HSO_4-TBZ的残留。Krause等[87]通过高效液相色谱-荧光检测器对牛奶和鸡蛋中蝇毒磷及其氧化类似物进行分析。分别采用乙腈和丙酮对鸡蛋和牛奶中的待测物进行萃取，液相分配和活性炭柱净化后液相色谱-荧光检测器分析。蝇毒磷及其氧化类似物在鸡蛋和牛奶中添加浓度分别为0.01~0.10mg/kg和0.01~0.02mg/kg，平均回收率为95%~109%。在另一个实验室进行方法预实验时，牛奶中蝇毒磷和其氧化类似物回收率分别为87%和96%。

10.5.10 液相色谱-双电极库仑检测法

库仑检测器是用于检测离子型化合物的一种电化学检测器，它依据测量电化学反应传递的电量，用法拉第定律计算出被测物质含量的方法。

Takeba等[88]用HPLC-双电极库仑检测器（Double Electrode Coulometric Detector）分析了牛奶中去磷酸化的溴酚磷。牛奶样品以丙酮、乙腈、二氯甲烷提取，Bond Elut C_{18}柱净化，洗脱液经HPLC-双电极库仑检测器分析测定。分析化合物的线性范围为1~10ng，检出限为0.2ng/mL。在1.0ng/mL和10.0ng/mL添加水平时，方法的回收率为73.1%~82.7%，RSD为8.4%~2.8%。

10.5.11 液相色谱-质谱检测法

液相色谱-质谱（Liquid Chromatography Mass Spectrometry，LC-MS）联用技术以液相色谱为分离系统，首先将混合物分离，之后再用质谱检测器进行检测，此过程不仅可以得到更有意义的质谱数据，而且可以在一定程度上排除基质干扰，克服离子抑制现象，优化质谱检测信号。液质联用体现了色谱和质谱优势的互补，将液相色谱对复杂样品的高分离能力，与质谱具有高选择性、高灵敏度及能够提供相对分子质量与结构信息的优点结合起来。尤其是串联质谱技术的发展，使对复杂样品的分辨能力进一步增强，对于需要高灵敏度、宽适用范围、复杂基质的多残留快速检测工作而言，液质联用无疑是首选的最佳检测手段[89,90]。Bogialli 等[58]分析了牛奶中氨基甲酸酯类农药的残留，使用 LC-MS 检测样品，四极杆质谱，ESI 电离源，选择离子检测，检出限为 1~5μg/kg，定量限为 3~8μg/kg。Dagnac 等[91]测定牛奶中 40 多种农药时选择了 LC-MS/MS 法，使用三重四极杆质谱，加热电喷雾离子源，结果显示能够良好地分离各化合物，并进行准确的定性和定量，获得了极低的检测限，显示了串联质谱优异的性能，见表 10-17。

表 10-17　LC-MS/MS 法测定牛奶中农药残留

中文名称	英文名称	LOD /(ng/g)	LOQ /(ng/g)	中文名称	英文名称	LOD /(ng/g)	LOQ /(ng/g)
乙草胺	Acetochlor	0.4	1.3	吡虫啉	Imidacloprid	0.5	1.7
甲草胺	Alachlor	0.4	2.1	碘苯腈	Ioxynil	0.7	2.4
阿特拉津	Atrazine	0.05	0.2	异丙隆	Isoproturon	0.8	2.7
灭草松	Bentazone	0.1	0.4	利谷隆	Linuron	1.2	1.9
除草定	Bromacil	0.9	2.3	马拉硫磷	Malathion	0.4	1.2
溴苯腈	Bromoxynil	0.3	1.2	溴谷隆	Metobromuron	0.6	2.1
双酰草胺	Carbetamide	0.6	2	苯嗪草酮	Metamitron	0.8	2.5
毒虫畏	Chlorfenvinphos	0.5	1.7	吡唑草胺	Metazachlor	0.6	2.2
氯草敏	Chloridazon	0.6	2	甲基苯噻隆	Methabenzthiazuron	3	10.1
枯草隆	Chloroxuron	0.5	1.5	甲基嘧啶磷	Methyl-pirimiphos	0.06	0.2
毒死蜱	Chlorpyriphos	0.6	2.2	异丙甲草胺	Metolachlor	0.9	3.1
氯麦隆	Chlortoluron	0.7	2.4	速灭磷	Mevinphos	1.8	6
氰草津	Cyanazine	0.5	2.2	绿谷隆	Monolinuron	0.8	2.8
脱乙基阿特拉津	Desethylatrazine	0.6	2.8	伏杀硫磷	Phosalone	0.7	2.4
脱乙基特丁津	Desethylterbutylazine	0.5	1.6	扑草净	Prometryn	0.05	0.2
脱异丙基阿特拉津	Desisopropylatrazine	0.5	1.5	扑灭津	Propazine	0.05	0.2
二嗪磷	Diazinon	0.2	0.6	氯甲喹啉酸	Quinmerac	0.4	1.3
噁唑隆	Dimefuron	0.3	0.9	西玛津	Simazine	0.1	0.5
草消酚	Dinoterb	0.1	0.4	去草净	Terbutryn	0.2	0.7
敌草隆	Diuron	1.7	5.6	特丁净	Terbutylazine	0.1	0.3
磺噻隆	Ethidimuron	0.4	1.3	三唑酮	Triadimefon		
氟虫腈	Fipronil	0.08	0.3	三唑磷	Triazophos	0.2	0.6

Kamel 等[92]采用 UPLC-MS/MS 测定了牛奶与蔬菜水果中 13 种烟碱类农药及其代谢物、9 种大环内酯类药物残留。样品经 SPE 处理，UPLC-MS/MS 测定。方法采用牛奶、橘子、菠菜、苹果、李子、西瓜、青豆、南瓜、甘蓝、草莓、葡萄和西红柿等基质进行验证，三个浓度水平添加，除少数烟碱类农药代谢物外，绝大多数药物回收率为 70%~120%，检出限为 0.001~2ng/g。Aguilera-Luiz 等[93]建立了一种 UPLC-MS/MS 同时测定牛奶样品中生物毒素和农药残留的多残留分析方法。

作者对不同提取方法进行了比较,包括固相萃取(SPE)、液液萃取(LLE)和 QuEChERS 方法。最后选择方法为 C_{18} SPE 柱净化,甲醇洗脱,UPLC-MS/MS 检测,方法采用基质标准曲线进行定量。$0.5\mu g/kg$、$10\mu g/kg$ 和 $50\mu g/kg$(比 AFM1 的规定低 10 倍)添加浓度时,方法回收率为 60%~120%,RSD<25%,定量限为 $0.20\sim0.67\mu g/kg$,低于或等于欧盟的限量标准。作者采用该方法分析了不同种类牛奶中此类药物残留。Liu 等[94]采用 UPLC-MS/MS 分析了牛奶、苹果、卷心菜、土豆、大米、茶叶、鸡肉、猪肉和鸡蛋中的 7 种烟碱类农药残留。作者对实验过程中的参数如提取、净化及 UPLC 分离和质谱参数等条件进行了优化。7 种烟碱化合物的定量限为 $0.1\sim6\mu g/kg$,回收率为 65%~120%,该方法适用于 7 种烟碱类农药的常规高通量、高灵敏度定量检测。

10.5.12 免疫分析技术

利用抗体与抗原结合反应检测的方法称为免疫分析法(Immunoassay,IA)。农药残留的免疫分析法是临床免疫学在农药残留领域的延伸。免疫方法具有快速、简单、灵敏和选择性高等特点。Bushway 等[95]建立了包括脱脂牛奶、低脂牛奶、全脂牛奶、浓缩牛奶、非脱脂牛奶及半脱脂牛奶在内的加工牛奶中阿特拉津的免疫分析方法。该方法简单、快速(15min)且灵敏(0.2ng/mL)。方法的线性范围为 $0.2\sim6.4$ng/mL;0.2ng/mL 浓度水平时,同天与隔天(为期两个月)的变异系数(CV)≤12%。该免疫方法已经用于美国、捷克斯洛伐克及斯里兰卡地区牛奶产品的测试。

根据采用的检测手段不同,免疫分析方法可分为放射免疫法、荧光免疫法和酶免疫法。目前酶免疫分析技术尤其是酶联免疫分析(ELISA)在农药残留检测中的应用研究在国内外非常活跃,应用也日趋普遍。ELISA 是利用抗原与抗体的特异性、可逆性结合反应为基础的检测方法,其检测水平可达 ng 甚至 pg 级。ELISA 广泛应用于食品中农药残留如有机磷农药、有机氯农药、除草剂、氨基甲酸酯类农药的分析检测上。Lehotay 等[96]基于规范管理的目的,建立了一种快速、简单、低廉的监控食品中农药残留的方法。作者通过评价用于测定牛奶和尿中甲草胺的三种商用免疫测定试剂盒,选择了一种试剂盒用于测定鸡蛋和肝脏中的残留。采用 ELISA 方法时,甲草胺在牛奶基质中的检出限为 0.3ng/mL。van Emon 等[97]也采用酶联免疫吸附测定方法检测了牛奶、牛肉、马铃薯中百草枯残留。免疫分析是建立在抗原抗体反应的特异性基础上,该特异性识别对结构类似的化合物有一定的交叉反应,从而影响检测的有效性。同时由于其特异性,不能对极性相差较大的物质进行分析,因此目前免疫分析法还不适用于农药多残留分析。

综上所述,牛奶和奶粉中农药残留检测技术近年来有了较大的发展,不同的前处理方法和检测方法均得到了一定的应用,但已有的方法主要针对某一类或几类性质相似的农药。而乳制品的农药残留情况较为复杂,要对不同地区的乳制品农药残留情况进行全面的监控,必须面对数以百计的农药残留种类,同时为应对各国的农药残留限量方面的技术壁垒,也需要开发更为高效的多残留检测方法。显然,几种、十几种农药建立一个检测方法的检验模式已经不适应当前和今后的实际要求。为提高分析效率和检测水平,降低检测成本,需要建立可以同时检测几百种农药多残留的检测技术。如何进一步扩大检测范围,实现高通量农药残留检测仍是目前乳制品质量控制方面需要解决的问题。

10.6 牛奶和奶粉中 739 种农药化学品多组分残留高通量检测技术

10.6.1 适用范围

适用于牛奶和奶粉中 739 种农药化学品的检测,其中 GC-MS 方法可检测 511 种农药,LC-MS/MS 方法可检测 493 种农药化学品残留,两种方法均适用的有 265 种。

10.6.2 仪器与试剂

气相色谱-质谱仪:Agilent6890/5973N GC-MSD(配电子轰击源);液相色谱-串联质谱仪:

Agilent 1100 液相色谱连接 API3000 串联质谱（配电喷雾离子源）；T25 均质器（德国 IKA 公司）；R-205 型旋转蒸发仪（瑞士 Buchi 公司）；乙腈、正己烷、丙酮、环己烷、乙酸乙酯（色谱纯，美国 J. T. Baker 公司）；氯化钠、硫酸镁（$MgSO_4 \cdot 7H_2O$）（分析纯）。农药化学品标准物质：纯度≥95%（LGC Promochem，德国）；Envi-18 固相萃取柱：12mL，2000mg（美国 Supelco 公司）。

标准储备溶液制备：准确称取 5～10mg（精确至 0.1mg）农药化学品各标准物分别放入 10mL 容量瓶中，根据标准物的溶解性和测定的需要分别选甲苯、甲苯-丙酮混合液、环己烷等溶剂溶解并定容至刻度。标准储备溶液避光 4℃ 保存。

混合标准溶液制备：按照农药化学品的性质和保留时间，将农药化学品分成 A、B、C、D、E、F 六组（GC-MS）和 A、B、C、D、E、F、G 七组（LC-MS/MS），并根据每种农药化学品在仪器上的响应灵敏度，确定其在混合标准溶液中的浓度。GC-MS 和 LC-MS/MS 测定的农药化学品分组、溶剂选择和混合标准溶液浓度参见附录Ⅱ。依据每种农药化学品的分组号、混合标准溶液浓度及其标准储备液的浓度，移取一定量的单个农药化学品标准储备溶液于 100mL 容量瓶中，用甲苯定容至刻度。混合标准溶液避光 4℃ 保存，可使用一个月。

10.6.3 样品前处理

10.6.3.1 提取

奶粉：称取 3.0g 奶粉（精确至 0.01g）于 50mL 离心管中，加入 20mL 乙腈及 4g 硫酸镁，用均质器 15 000r/min 均质提取 1min，在 4200r/min 条件下离心 5min。上清液收集于 100mL 鸡心瓶中，残渣用 20mL 乙腈重复提取一次，离心后，合并两次提取液，将提取液于 40℃ 水浴旋转蒸发至 1mL 左右，待净化。

牛奶：量取 15mL 牛奶于 50mL 离心管中，加入 20mL 乙腈及 4g 硫酸镁和 1g 氯化钠。于振荡器上剧烈振荡 10min，在 4200r/min 条件下离心 8min，收集上清液于 100mL 鸡心瓶中，残渣用 20mL 乙腈重复提取一次，离心后，合并两次提取液，40℃ 水浴旋转蒸发至 1mL 左右，待净化。

10.6.3.2 净化

用 10mL 乙腈活化 Envi-18 固相萃取柱后，将浓缩的提取液转移至固相萃取柱中，然后每次用 5mL 乙腈洗涤样品瓶，洗涤液并入固相萃取柱中，重复此操作两次，同时收集流出液于 100mL 鸡心瓶中，用 10mL 乙腈洗脱固相萃取柱，合并流出液，40℃ 水浴旋转蒸发至 0.5mL 左右。对于 GC-MS 法：每次加入 5mL 正己烷在 40℃ 用旋转蒸发仪进行溶剂交换，重复此操作两次，使最终样液体积为 1mL 左右，加入 40μL 内标溶液，混匀，供气相色谱-质谱仪测定。对于 LC-MS/MS 法：于 45℃ 下氮气吹干，用 1mL 乙腈-水（3∶2，体积比）定容，经 0.2μm 微孔滤膜过滤，供液相色谱-串联质谱仪分析。

10.6.4 测定条件

10.6.4.1 气相色谱-质谱条件

色谱柱：DB-1701（30m×0.25mm×0.25μm）。载气：氦气，纯度≥99.999%。流速：1.2mL/min。进样口温度：290℃。进样量：1μL。进样方式：无分流进样，1.5min 后打开阀。电子轰击源：70eV。离子源温度：230℃。GC-MS 接口温度：280℃。程序升温：40℃ 保持 1min，然后以 30℃/min 程序升温至 130℃，再以 5℃/min 升温至 250℃，最后以 10℃/min 升温至 300℃，保持 5min。溶剂延迟：A 组 8.30min，B 组 7.80min，C 组 7.30min，D 组 5.50min，E 组 6.10min，F 组 5.50min。选择离子监测：每种化合物分别选择 1 个定量离子，2 个或 3 个定性离子。保留时间选择离子定性，内标法定量。每种化合物定量离子、定性离子参见 11.1.1 小节。每种化合物选择离子监测分组参见 11.1.2 小节。

10.6.4.2 液相色谱-串联质谱条件

色谱柱：ZORBAX SB-C_{18}（3.5μm，100mm×2.1mm）。A、B、C、D、E 和 F 组流动相为：A

(0.1%甲酸水溶液),B(乙腈);G组流动相为:A(5mmol/L乙酸铵水溶液),B(乙腈)。梯度洗脱条件见表10-18。柱温:40℃。进样量:10μL。电离源模式:电喷雾离子化。电离源极性:A、B、C、D、E和F组正模式,G组负模式。雾化气:氮气。雾化气压力:0.28MPa。离子喷雾电压:4000V。干燥气温度:350℃。干燥气流速:10L/min。每种农药化学品监测离子对、源内碎裂电压、碰撞能量参见11.1.8小节。

表10-18 流动相梯度洗脱条件

步骤	总时间/min	流速/(μL/min)	流动相A/%	流动相B/%
0	0.00	400	99.0	1.0
1	3.00	400	70.0	30.0
2	6.00	400	60.0	40.0
3	9.00	400	60.0	40.0
4	15.00	400	40.0	60.0
5	19.00	400	1.0	99.0
6	23.00	400	1.0	99.0
7	23.01	400	99.0	1.0

10.6.5 农药品种筛选

食品安全卫生关系着人类的健康和生存发展,如何快速全面的检测食品中的农药残留是各国政府和有关国际组织高度重视的问题。随着分析技术的不断进步,世界各国对食品中要求检测的农药残留项目越来越多,这要求所使用的检测方法尽可能多的覆盖已制定最大残留限量的农药。庞国芳院士课题组对国际食品法典委员会、欧盟、美国、日本、德国、加拿大和我国在各种食品中规定的最大残留限量的农药品种进行了分析研究之后,购买了900多种农药标准品,经过对溶解度等物理化学性质的分析和色谱-质谱行为的评价,淘汰了不出峰、灵敏度极低或不稳定无法达到检验要求的农药(不适用于GC-MS方法:Benomyl(苯菌灵)、Acrylamide(丙烯酰胺)、Florasulam(双氟磺草胺)、Chlorphoxim(氯辛硫磷)、PCB-1232、Dinoseb(地乐酚)和Ziram(福美锌)等;不适用于LC-MS/MS方法:Chromafenozide(环虫酰肼)、1,2-Dibromo ethane(二溴乙烷)、Diclomezine(哒菌酮)、Fenamiphos(苯线磷)和Methiocarb(甲硫威)等),最后筛选出739种适于GC-MS和LC-MS/MS检测的农药(包括有机磷、有机卤素、拟除虫菊酯和氨基甲酸酯类等),考察了它们对本方法的适用性。其中两种方法均适用的有265种,仅适用于LC-MS/MS方法的有228种,仅适用于GC-MS方法的有246种,也即GC-MS方法可检测511种农药,LC-MS/MS方法可检测493种农药化学品残留,从总数量上看两种方法具有相似的检测范围,但单一方法难以涵盖所有农药,在部分农药上仍需另一种方法的补充。

10.6.6 样品前处理条件优化

不同的溶剂对农药残留的提取能力存在差异,本方法涉及农药化学品种类和数量均较多,而且牛奶和奶粉基质复杂,需要去除蛋白质、脂肪等干扰物质,因此考察了常见溶剂的提取能力。结果表明乙腈、正己烷、丙酮-正己烷(1:1)三种溶剂的提取效率较高,能够使牛奶和奶粉中绝大部分农药残留提取出。但由于丙酮和正己烷的脂溶性较大,使得提取物中含有一定量的油脂,存在干扰并影响后续处理,而乙腈在提取中萃取的干扰物较少,效果优于其他溶剂,适合于多农药残留提取[98]。因此,本方法选择了乙腈作为提取溶剂。基质在色谱分析中有很强的影响作用[99,100],本方法面对数百种农药残留的检测分析,需要对萃取液作进一步的净化以消除基质影响。液液分配净化是传统的净化方法[16,17],需要使用大量溶剂,费时费力,而且要求被测农药化学品具有相似的溶解特性,因此它对于700种以上的多残留难以适应。固相萃取柱净化[101,102]和凝胶渗透色谱(GPC)净化[103, 104]是农药残留分析中常用的两种净化技术,用牛奶样品对这两种净化方式进行了对比研究。发现凝胶渗透色谱(GPC)的净化效果不是很理想,部分农药残留回收率比较低,这可能是因为本方法涉及农药种类较多,相对分子质量范围相对较大,脂肪等干扰物存在和农药谱带重叠的现象,且柱填料和洗脱溶剂又受到限制,所以难以获得最佳净化效果。固相萃取法使用Envi-18柱获得了良好的净化效果,10mL乙腈可满足洗脱要求,溶剂用量较少,操作简单。为提高残留物质的响应,将全部提取液过柱净化,使用填料为500mg和1000mg的柱子时存在一定的饱和现象,净化后仍存在一定基质杂质干扰,不利于色谱分离定性,使用2000mg柱子净化结果令人满意。对于液相色谱-串联质谱法,发现定容液对多组分农药残留的分离效果有一定影响,选择乙腈、乙腈-水(4:1)、乙腈-水(3:2)、乙腈-水(2:3)、乙腈-水(1:4)五组定容液分别实验。由于在色谱分析梯度洗脱前3min所用方法的流动相基本以水相为主,当定容液中乙腈占较大比例时在农药监测的前4min出现多个双峰现象,这主要是由于定容液与流动相有机相比例差距较大引起的,当定容液为乙腈-水(1:4)时该现象完全消失,但考虑到农药的溶解度在乙腈-水(1:4)的定容液中受到限制,因此选用乙腈-水(3:2)作为定容液,使得在双峰现象显著改观的同时仍具有较高的灵敏度。

10.6.7 色谱-质谱检测条件优化

气相色谱-质谱法多残留分析中采用的色谱柱有DB-1701、HP-1、HP-5MS等系列[105-107],其中较常见的是中等偏弱极性的DB-1701系列分析柱[108],作者课题组发展的一种检测动物组织多残留的气相色谱-质谱方法使用DB-1701柱可同时检测400多种农药残留[109]。鉴于牛奶样品与动物组织具有一定的相似性,选择了与其相同的DB-1701石英毛细管色谱柱,结果表明可以获得良好的分离效果。由于本方法涉及农药品种数量较多,考虑各组分出峰时间及相互间影响,采用了三级程序升温方式。色谱柱温度:40℃保持1min后,以30℃/min程序升温至130℃,再以5℃/min程序升温至250℃,最后以10℃/min程序升温至300℃保持5min。在此条件下,多数农药的出峰时间为20~30min,一些农药品种保留时间相对集中,相互干扰较大。为使农药得到更好的分离便于定性和定量,将要测定的农药分成A、B、C、D、E、F六组。首先将要检测的农药化学品化合物先进行标准物质的扫描实验,得到它们的扫描质谱图和保留时间,每种化合物分别选择一个定量离子和两个定性离子,禁用的农药化学品化合物选择三个定性离子,如六六六(HCH)、滴滴涕(DDT)、杀虫脒(Chlordimeform)、除草醚(Nitrofen)、艾氏剂(Aldrin)等。液相色谱-串联质谱法采用进样器直接进样方式,以0.4mL/min的流速将农药标准溶液分别注入离子源中,在正离子检测方式下对每种农药进行一级质谱分析(Q1扫描),得到每种农药的分子离子峰,对每种农药的分子离子峰进行二级质谱分析(子离子扫描),得到碎片离子信息,然后优化每种农药的二级质谱的源内碎裂电压(Fragmentor)、碰撞气能量(CE)等参数。使每种农药的分子离子与特征碎片离子产生的离子对强度达到最大时为最佳,得到每种农药的二级质谱图。按照二级质谱图提供的碎片离子信息,选择每种农药的定性和定量离子对。如果检出的色谱峰的保留时间与标准样品相一致,并且在扣除背景后的样品质谱图中,所选择的离子均出现,而且所选择的离子丰度比与标准样品的离子丰度比相一致,则可判断样品中存在这种农药化学品。

10.6.8 线性范围、最小检出限和最低定量限

在选定的GC-MS条件下对511种农药化学品的线性范围进行了测定,每种农药化学品线性范围、线性方程和线性相关系数参见11.2.1小节。在选定的LC-MS/MS条件下对493种农药化学品的线性范围进行了测定,每种农药化学品的线性范围、线性方程和线性相关系数参见11.2.6小节。把每种农药化学品信噪比≥5时的添加浓度确定为本方法最小检出限(LOD),信噪比≥10时的添加浓度确定为本方法最低定量限(LOQ)。检出限和定量限结果见表10-19、表10-20、表10-21。

表 10-19　适用于 LC-MS/MS 和 GC-MS 两种方法检测的 265 种农药检出限和定量限

序号	中文名称	英文名称	LC-MS/MS				GC-MS			
			牛奶		奶粉		牛奶		奶粉	
			检出限 /(μg/L)	定量限 /(μg/L)	检出限 /(μg/kg)	定量限 /(μg/kg)	检出限 /(μg/L)	定量限 /(μg/L)	检出限 /(μg/kg)	定量限 /(μg/kg)
1	2,4,5-涕	2,4,5-T	4.37	8.74	14.57	29.13	83.30	166.70	416.70	3333.30
2	2,4-滴	2,4-D	2.97	5.93	9.90	19.80	83.30	166.70	416.70	833.30
3	2,6-二氯苯甲酰胺	2,6-Dichlorobenzamide	1.13	2.25	3.77	7.53	8.30	16.70	41.70	83.30
4	邻苯基苯酚	2-Phenylphenol	42.47	84.94	141.57	283.13	4.20	8.30	20.80	41.70
5	3-苯基苯酚	3-Phenylphenol	1.00	2.00	3.33	6.67	25.00	50.00	125.00	250.00
6	4,4′-二氯二苯甲酮	4,4′-Dichlorobenzophenone	3.40	6.80	11.33	22.67	4.20	8.30	20.80	41.70
7	乙酰甲胺磷	Acephate	3.34	6.67	11.13	22.27	83.30	166.70	416.70	833.30
8	啶虫脒	Acetamiprid	0.36	0.72	1.20	2.40	16.70	33.30	83.30	166.70
9	乙草胺	Acetochlor	11.85	23.70	39.50	79.00	4.20	8.30	20.80	41.70
10	活化酯	Acibenzolar-S-methyl	0.77	1.54	2.57	20.52	8.30	16.70	41.70	83.30
11	苯草醚	Aclonifen	6.05	12.10	20.17	40.33	83.30	166.70	416.70	833.30
12	氟丙菊酯	Acrinathrin	2.02	4.04	6.73	13.47	8.30	16.70	41.70	83.30
13	甲草胺	Alachlor	1.85	3.70	6.17	12.33	12.50	25.00	62.50	125.00
14	烯丙菊酯	Allethrin	15.10	30.20	50.33	100.67	16.70	33.30	83.30	166.70
15	二丙烯草胺	Allidochlor	10.26	20.52	34.20	68.40	8.30	16.70	41.70	83.30
16	莠灭净	Ametryn	0.24	0.48	0.80	1.60	12.50	25.00	62.50	125.00
17	莎稗磷	Anilofos	0.18	0.36	0.60	1.20	8.30	16.70	41.70	83.30
18	内硫特普	Aspon	0.44	0.87	1.47	2.93	8.30	16.70	41.70	83.30
19	阿特拉通	Atratone	0.05	0.36	0.17	0.33	4.20	8.30	20.80	41.70
20	脱乙基阿特拉津	Atrazine-desethyl	0.16	0.31	0.53	4.28	4.20	8.30	20.80	41.70
21	益棉磷	Azinphos ethyl	27.23	54.46	90.77	181.53	8.30	16.70	41.70	83.30
22	保棉磷	Azinphos-methyl	276.09	552.17	920.30	1840.60	25.00	50.00	125.00	250.00
23	叠氮津	Aziprotryne	0.35	0.69	1.17	2.33	33.30	66.70	166.70	333.30
24	嘧菌酯	Azoxystrobin	0.12	0.23	0.40	0.80	41.70	83.30	208.30	416.70
25	苯霜灵	Benalyxyl	0.31	0.62	1.03	2.07	4.20	8.30	20.80	41.70
26	麦锈灵	Benodanil	0.87	1.74	2.90	5.80	12.50	25.00	62.50	125.00
27	解草嗪	Benoxacor	1.73	3.45	5.77	11.53	8.30	16.70	41.70	83.30
28	地散磷	Bensulide	8.55	17.10	28.50	57.00	33.3		166.7	
29	新燕灵	Benzoylprop-ethyl	77.00	154.00	256.67	513.33	12.50	25.00	62.50	125.00
30	联苯肼酯	Bifenazate	5.70	11.40	19.00	38.00	33.30	266.70	166.70	333.30
31	生物苄呋菊酯	Bioresmethrin	1.86	3.71	6.20	12.40	8.30	66.70	41.70	83.30
32	联苯三唑醇	Bitertanol	8.35	16.70	27.83	55.67	12.50	25.00	62.50	125.00
33	啶酰菌胺	Boscalid	1.19	2.38	3.97	7.93	16.70	33.30	83.30	166.70
34	除草定	Bromacil	5.90	11.80	19.67	39.33	8.30	16.70	41.70	83.30
35	溴苯烯磷	Bromfenvinfos	0.76	1.51	2.53	5.07	4.20	8.30	20.80	41.70
36	乙基溴硫磷	Bromophos-ethyl	141.93	283.85	473.10	946.20	4.20	33.30	20.80	41.70

续表

序号	中文名称	英文名称	LC-MS/MS				GC-MS			
			牛奶		奶粉		牛奶		奶粉	
			检出限/(μg/L)	定量限/(μg/L)	检出限/(μg/kg)	定量限/(μg/kg)	检出限/(μg/L)	定量限/(μg/L)	检出限/(μg/kg)	定量限/(μg/kg)
37	乙嘧酚磺酸酯	Bupirimate	0.18	0.35	0.60	1.20	4.20	8.30	20.80	41.70
38	噻嗪酮	Buprofezin	0.22	0.44	0.73	1.47	8.30	16.70	41.70	83.30
39	丁草胺	Butachlor	5.02	10.03	16.73	33.47	8.30	16.70	41.70	83.30
40	氟丙嘧草酯	Butafenacil	4.75	2.38	15.87	7.93	4.2	8.3	20.80	41.70
41	仲丁灵	Butralin	0.48	0.95	1.60	3.20	16.70	33.30	83.30	166.70
42	丁草敌	Butylate	75.50	151.00	251.67	503.33	12.50	25.00	62.50	125.00
43	硫线磷	Cadusafos	0.29	0.58	0.97	1.93	16.70	33.30	83.30	166.70
44	甲萘威	Carbaryl	2.58	5.16	8.60	17.20	12.50	25.00	62.50	125.00
45	萎锈灵	Carboxin	0.14	0.28	0.47	0.93	100.00	200.00	500.00	1000.00
46	氯炔灵	Chlorbufam	45.75	91.50	152.50	305.00	8.30	16.70	41.70	83.30
47	杀虫脒	Chlordimeform	0.66	5.28	2.20	17.60	4.20	8.30	20.80	41.70
48	杀螨醇	Chlorfenethol	41.08	82.15	136.93	1095.48	4.20	8.30	20.80	41.70
49	氟啶脲	Chlorfluazuron	17.36	2.17	14.47	7.23	12.5	25	62.5	50
50	氯甲硫磷	Chlormephos	224.00	112.00	746.67	373.33	8.30	66.70	41.70	83.30
51	氯苯胺灵	Chlorpropham	3.94	7.88	13.13	26.27	8.30	16.70	41.70	83.30
52	虫螨磷	Chlorthiophos	7.95	15.90	26.50	53.00	12.50	25.00	62.50	125.00
53	烯草酮	Clethodim	0.52	1.04	1.73	3.47	16.70	33.30	83.30	166.70
54	蝇毒磷	Coumaphos	0.53	1.05	1.77	3.53	25.00	50.00	125.00	100.00
55	鼠立死	Crimidine	0.39	0.78	1.30	2.60	4.20	8.30	20.80	41.70
56	育畜磷	Crufomate	0.13	0.26	0.43	0.87	25.00	50.00	125.00	250.00
57	氰草津	Cyanazine	0.04	0.08	0.13	0.27	12.50	25.00	62.50	125.00
58	苯腈磷	Cyanofenphos	5.20	10.40	17.33	34.67	4.20	8.30	20.80	41.70
59	环草敌	Cycloate	1.11	2.22	3.70	7.40	4.20	8.30	20.80	41.70
60	噻草酮	Cycloxydim	0.64	1.27	2.13	4.27	400.00	800.00	2000.00	4000.00
61	环莠隆	Cycluron	0.05	0.10	0.17	0.33	12.50	25.00	62.50	125.00
62	环丙唑醇	Cyproconazole	0.19	0.37	0.63	1.27	4.20	8.30	20.80	41.70
63	嘧菌环胺	Cyprodinil	0.19	0.37	0.63	1.27	4.20	8.30	20.80	41.70
64	赛灭磷	Cythioate	20.00	40.00	66.67	133.33	83.30	166.70	416.70	833.30
65	脱叶磷	DEF	0.41	0.81	1.37	2.73	8.30	16.70	41.70	83.30
66	甲基内吸磷	Demeton-S-methyl	1.33	2.65	4.43	35.48	16.70	33.30	83.30	166.70
67	甜菜胺	Desmedipham	1.01	2.01	3.37	6.73	83.30	166.70	416.70	833.30
68	氯亚胺硫磷	Dialifos	39.25	78.50	130.83	261.67	133.30	266.70	666.70	1333.30
69	畜虫避	Dibutyl succinate	55.60	111.20	185.33	370.67	8.30	16.70	41.70	83.30
70	异氯磷	Dicapthon	0.06	0.48	0.20	1.60	20.80	41.70	104.20	208.70
71	除线磷	Dichlofenthion	7.55	15.10	25.17	50.33	4.20	8.30	20.80	41.70
72	拟菌灵	Dichlofluanid	0.65	1.30	2.17	4.33	200.00	400.00	1000.00	2000.00
73	敌敌畏	Dichlorvos	0.14	0.27	0.47	0.93	25.00	50.00	125.00	250.00
74	苄氯三唑醇	Diclobutrazole	0.12	0.23	0.40	0.80	16.70	33.30	83.30	166.70

续表

序号	中文名称	英文名称	LC-MS/MS				GC-MS			
			牛奶		奶粉		牛奶		奶粉	
			检出限 /(μg/L)	定量限 /(μg/L)	检出限 /(μg/kg)	定量限 /(μg/kg)	检出限 /(μg/L)	定量限 /(μg/L)	检出限 /(μg/kg)	定量限 /(μg/kg)
75	氯硝胺	Dicloran	12.14	24.28	40.47	80.93	8.30	16.70	41.70	83.30
76	百治磷	Dicrotophos	0.29	0.57	0.97	1.93	33.30	66.70	166.70	333.30
77	狄氏剂	Dieldrin	40.40	80.80	134.67	269.33	8.30	16.70	41.70	83.30
78	乙霉威	Diethofencarb	0.50	1.00	1.67	3.33	25.00	50.00	125.00	250.00
79	避蚊胺	Diethyltoluamide	0.14	0.28	0.47	0.93	3.30	6.70	16.70	33.30
80	吡氟酰草胺	Diflufenican	7.07	14.14	23.57	47.13	4.20	8.30	20.80	41.70
81	甲氟磷	Dimefox	17.05	34.10	56.83	454.68	12.50	25.00	62.50	125.00
82	哌草丹	Dimepiperate	945.00	1890.00	3150.00	6300.00	8.30	16.70	41.70	83.30
83	异戊乙净	Dimethametryn	0.03	0.06	0.10	0.20	4.20	8.30	20.80	41.70
84	二甲吩草胺	Dimethenamid	1.08	8.60	3.60	7.20	4.20	8.30	20.80	41.70
85	乐果	Dimethoate	1.90	3.80	6.33	12.67	16.70	33.30	83.30	166.70
86	烯酰吗啉	Dimethomorph	0.09	0.18	0.30	0.60	8.30	16.70	41.70	83.30
87	避蚊酯	Dimethyl phthalate	3.30	6.60	11.00	22.00	16.70	33.30	83.30	166.70
88	烯唑醇	Diniconazole	0.34	0.67	1.13	2.27	12.50	25.00	62.50	125.00
89	氨氟灵	Dinitramine	0.45	3.60	1.50	12.00	16.70	33.30	83.30	166.70
90	草消酚	Dinoterb	0.06	0.12	0.20	0.40		333		
91	二氧威	Dioxacarb	0.84	1.68	2.80	5.60	33.30	66.70	166.70	333.30
92	双苯酰草胺	Diphenamid	0.04	0.07	0.13	0.27	4.20	8.30	20.80	41.70
93	联苯二胺	Diphenylamin	0.11	0.21	0.37	0.73	4.20	8.30	20.80	41.70
94	异丙净	Dipropetryn	0.07	0.14	0.23	0.47	4.20	8.30	20.80	41.70
95	乙拌磷	Disulfoton	117.43	234.85	391.43	782.87	4.20	8.30	20.80	41.70
96	乙拌磷砜	Disulfoton sulfone	0.62	1.23	2.07	4.13	8.30	16.70	41.70	83.30
97	灭菌磷	Ditalimfos	16.81	33.61	56.03	112.07	4.20	8.30	20.80	41.70
98	十二环吗啉	Dodemorph	0.10	0.20	0.33	0.67	12.50	25.00	62.50	125.00
99	苯硫磷	EPN	8.25	16.50	27.50	55.00	16.70	33.30	83.30	166.70
100	茵草敌	EPTC	9.34	18.67	31.13	62.27	12.50	25.00	62.50	125.00
101	乙硫苯威	Ethiofencarb	1.23	2.46	4.10	8.20	41.70	83.30	208.30	416.70
102	乙硫磷	Ethion	0.74	1.48	2.47	4.93	8.30	16.70	41.70	83.30
103	乙氧呋草黄	Ethofume sate	93.00	186.00	310.00	620.00	8.30	16.70	41.70	83.30
104	灭线磷	Ethoprophos	0.69	1.38	2.30	4.60	12.50	25.00	62.50	125.00
105	醚菊酯	Etofenprox	570.00	1140.00	1900.00	3800.00	4.20	8.30	20.80	41.70
106	土菌灵	Etridiazol	25.11	50.21	83.70	167.40	12.50	100.00	62.50	125.00
107	乙嘧硫磷	Etrimfos	4.69	37.52	15.63	125.08	4.20	8.30	20.80	41.70
108	伐灭磷	Famphur	0.90	1.80	3.00	6.00	16.70	33.30	83.30	166.70
109	苯线磷砜	Fenamiphos sulfone	0.11	0.22	0.37	0.73	16.70	33.30	83.30	166.70
110	苯线磷亚砜	Fenamiphos sulfoxide	0.19	0.37	0.63	5.08	133.30	266.70	666.70	1333.30
111	喹螨醚	Fenazaquin	0.08	0.16	0.27	0.53	4.20	8.30	20.80	41.70
112	腈苯唑	Fenbuconazole	0.41	0.82	1.37	2.73	8.30	16.70	41.70	83.30

续表

序号	中文名称	英文名称	LC-MS/MS				GC-MS			
			牛奶		奶粉		牛奶		奶粉	
			检出限/(μg/L)	定量限/(μg/L)	检出限/(μg/kg)	定量限/(μg/kg)	检出限/(μg/L)	定量限/(μg/L)	检出限/(μg/kg)	定量限/(μg/kg)
113	甲呋酰胺	Fenfuram	0.20	0.39	0.67	1.33	8.30	16.70	41.70	83.30
114	环酰菌胺	Fenhexamid	0.24	0.47	0.80	1.60	83.30	166.70	416.70	833.30
115	杀螟硫磷	Fenitrothion	6.70	13.40	22.33	44.67	8.30	16.70	41.70	83.30
116	仲丁威	Fenobucarb	1.48	2.95	4.93	9.87	8.30	16.70	41.70	83.30
117	氰菌胺	Fenoxanil	9.85	19.70	32.83	65.67	8.30	16.70	41.70	83.30
118	苯氧威	Fenoxycarb	4.57	36.56	15.23	30.47	25.00	50.00	125.00	250.00
119	甲氰菊酯	Fenpropathrin	61.25	122.50	204.17	408.33	8.30	16.70	41.70	83.30
120	苯锈啶	Fenpropidin	0.05	0.09	0.17	0.33	16.70	33.30	83.30	166.70
121	丁苯吗啉	Fenpropimorph	0.05	0.09	0.17	0.33	4.20	8.30	20.80	41.70
122	唑螨酯	Fenpyroximate	0.34	0.68	1.13	2.27	4.20	8.30	20.80	41.70
123	倍硫磷	Fenthion	13.00	26.00	43.33	86.67	4.20	8.30	20.80	41.70
124	倍硫磷砜	Fenthion sulfone	4.37	8.73	14.57	29.13	16.70	33.30	83.30	166.70
125	倍硫磷亚砜	Fenthion sulfoxide	0.08	0.16	0.27	0.53	16.70	33.30	83.30	166.70
126	吡氟禾草灵	Fluazifop butyl	0.07	0.13	0.23	0.47	4.20	8.30	20.80	41.70
127	氟啶胺	Fluazinam	17.65	35.30	58.83	117.67	33.30	66.70	166.70	333.30
128	氯乙氟灵	Fluchloralin	122.00	244.00	406.67	813.33	16.70	33.30	83.30	166.70
129	咯菌腈	Fludioxonil	15.54	31.08	51.80	103.60	4.20	8.30	20.80	41.70
130	氟噻草胺	Flufenacet	1.33	2.65	4.43	8.87	33.30	66.70	166.70	1333.30
131	氟虫脲	Flufenoxuron	0.79	1.58	2.63	5.27	12.50	100.00	62.50	125.00
132	氟烯草酸	Flumiclorac-pentyl	2.65	5.30	8.83	17.67	8.30	16.70	41.70	83.30
133	氟咯草酮	Fluorochloridone	3.45	6.89	11.50	23.00	8.30	16.70	41.70	83.30
134	乙羧氟草醚	Fluoroglycofen-ethyl	1.25	2.50	4.17	8.33	50.00	100.00	250.00	500.00
135	呋草酮	Flurtamone	0.11	0.22	0.37	0.73	8.30	16.70	41.70	83.30
136	氟哇唑	Flusilazole	0.15	0.29	0.50	1.00	12.50	25.00	62.50	125.00
137	氟酰胺	Flutolanil	0.29	0.57	0.97	1.93	4.20	8.30	20.80	41.70
138	粉唑醇	Flutriafol	2.15	4.29	7.17	14.33	8.30	16.70	41.70	83.30
139	灭菌丹	Folpet	34.65	69.30	115.50	231.00	50.00	100.00	250.00	500.00
140	地虫硫磷	Fonofos	1.87	3.73	6.23	12.47	4.20	8.30	20.80	41.70
141	麦穗灵	Fuberidazole	0.48	0.95	1.60	3.20	20.80	41.70	104.20	208.30
142	呋霜灵	Furalaxyl	0.20	0.39	0.67	1.33	8.30	16.70	41.70	83.30
143	拌种胺	Furmecyclox	0.21	0.42	0.70	1.40	12.50	25.00	62.50	125.00
144	庚烯磷	Heptanophos	1.46	2.92	4.87	9.73	12.50	25.00	62.50	125.00
145	氟铃脲	Hexaflumuron	6.30	12.60	21.00	42.00	25.00	50.00	125.00	250.00
146	环嗪酮	Hexazinone	0.03	0.06	0.10	0.20	12.50	25.00	62.50	125.00
147	噻螨酮	Hexythiazox	5.90	11.80	19.67	39.33	33.30	66.70	166.70	333.30
148	抑霉唑	Imazalil	0.50	1.00	1.67	3.33	16.70	33.30	83.30	166.70
149	甲基咪草酯	Imazamethabenz-methyl	0.04	0.08	0.13	0.27	12.50	25.00	62.50	125.00
150	异稻瘟净	Iprobenfos	2.07	4.14	6.90	13.80	12.50	25.00	62.50	125.00

续表

序号	中文名称	英文名称	LC-MS/MS				GC-MS			
			牛奶		奶粉		牛奶		奶粉	
			检出限/(μg/L)	定量限/(μg/L)	检出限/(μg/kg)	定量限/(μg/kg)	检出限/(μg/L)	定量限/(μg/L)	检出限/(μg/kg)	定量限/(μg/kg)
151	氯唑磷	Isazofos	0.05	0.09	0.17	0.33	8.30	16.70	41.70	83.30
152	丁脒酰胺	Isocarbamid	0.43	0.85	1.43	2.87	20.80	41.70	104.20	208.30
153	异柳磷	Isofenphos	54.67	109.34	182.23	364.47	8.30	16.70	41.70	83.30
154	丁嗪草酮	Isomethiozin	0.27	0.53	0.90	1.80	8.30	16.70	41.70	83.30
155	异丙乐灵	Isopropalin	7.50	15.00	25.00	50.00	8.30	16.70	41.70	83.30
156	稻瘟灵	Isoprothiolane	0.46	0.92	1.53	3.07	8.30	16.70	41.70	83.30
157	亚胺菌	Kresoxim-methyl	25.15	50.29	83.83	167.67	4.20	8.30	20.80	41.70
158	利谷隆	Linuron	2.91	20.80	9.70	19.40	16.70	33.30	83.30	166.70
159	马拉氧磷	Malaoxon	1.17	2.34	3.90	7.80	66.70	133.30	333.30	666.70
160	马拉硫磷	Malathion	1.41	2.82	4.70	9.40	16.70	33.30	83.30	166.70
161	灭蚜磷	Mecarbam	4.90	9.80	16.33	32.67	16.70	33.30	83.30	166.70
162	苯噻酰草胺	Mefenacet	0.55	1.10	1.83	3.67	12.50	100.00	62.50	125.00
163	精甲霜灵	Mefenoxam	0.39	0.77	1.30	2.60	8.30	16.70	41.70	83.30
164	吡唑解草酯	Mefenpyr-diethyl	3.14	6.28	10.47	20.93	12.50	25.00	62.50	125.00
165	地胺磷	Mephosfolan	0.58	1.16	1.93	3.87	8.30	16.70	41.70	83.30
166	灭锈胺	Mepronil	0.10	0.19	0.33	0.67	4.20	8.30	20.80	41.70
167	甲霜灵	Metalaxyl	0.13	0.25	0.43	0.87	12.50	25.00	62.50	125.00
168	吡唑草胺	Metazachlor	0.25	0.49	0.83	1.67	12.50	25.00	62.50	125.00
169	甲基苯噻隆	Methabenzthiazuron	0.02	0.04	0.07	0.52	41.70	83.30	208.30	416.70
170	呋菌胺	Methfuroxam	0.07	0.14	0.23	0.47	4.20	8.30	20.80	41.70
171	盖草津	Methoprotryne	0.06	0.12	0.20	0.40	12.50	25.00	62.50	125.00
172	异丙甲草胺	Metolachlor	0.10	0.20	0.33	2.68	4.20	33.30	20.80	41.70
173	嗪草酮	Metribuzin	0.14	0.27	0.47	0.93	12.50	25.00	62.50	125.00
174	速灭磷	Mevinphos	0.39	0.78	1.30	2.60	8.30	16.70	41.70	83.30
175	禾草敌	Molinate	0.53	1.05	1.77	3.53	4.20	8.30	20.80	41.70
176	庚酰草胺	Monalide	0.30	0.60	1.00	2.00	8.30	16.70	41.70	83.30
177	绿谷隆	Monolinuron	0.89	1.78	2.97	5.93	16.70	33.30	83.30	166.70
178	腈菌唑	Myclobutanil	0.25	0.50	0.83	1.67	4.20	8.30	20.80	41.70
179	敌草胺	Napropamide	0.32	0.64	1.07	2.13	12.50	25.00	62.50	125.00
180	甲磺乐灵	Nitralin	8.60	17.20	28.67	57.33	41.70	83.30	208.30	416.70
181	氟草敏	Norflurazon	0.07	0.13	0.23	0.47	4.20	8.30	20.80	41.70
182	氟苯嘧啶醇	Nuarimol	0.25	0.50	0.83	1.67	8.30	16.70	41.70	83.30
183	乙氧氟草醚	Oxyflurofen	14.64	29.27	48.80	97.60	16.70	33.30	83.30	166.70
184	多效唑	Paclobutrazol	0.15	0.29	0.50	1.00	12.50	25.00	62.50	125.00
185	对氧磷	Paraoxon-ethyl	0.12	0.24	0.40	0.80	133.30	266.70	666.70	1333.30
186	克草敌	Pebulate	0.85	1.70	2.83	5.67	12.50	25.00	62.50	125.00
187	戊菌唑	Penconazole	0.50	1.00	1.67	3.33	12.50	25.00	62.50	125.00
188	戊菌隆	Pencycuron	0.07	0.14	0.23	0.47	16.70	33.30	83.30	166.70

续表

序号	中文名称	英文名称	LC-MS/MS				GC-MS			
			牛奶		奶粉		牛奶		奶粉	
			检出限/(μg/L)	定量限/(μg/L)	检出限/(μg/kg)	定量限/(μg/kg)	检出限/(μg/L)	定量限/(μg/L)	检出限/(μg/kg)	定量限/(μg/kg)
189	稻丰散	Phenthoate	23.09	46.18	76.97	153.93	8.30	16.70	41.70	83.30
190	甲拌磷	Phorate	78.50	157.00	261.67	523.33	4.20	8.30	20.80	41.70
191	甲拌磷砜	Phorate sulfone	10.50	21.00	35.00	70.00	4.20	8.30	20.80	41.70
192	伏杀硫磷	Phosalone	12.01	24.02	40.03	80.07	8.30	16.70	41.70	83.30
193	邻苯二甲酸丁苄酯	Phthalic acid, benzyl butyl ester	158.00	316.00	526.67	1053.33	4.20	8.30	20.80	41.70
194	邻苯二甲酰亚胺	Phthalimide	10.75	21.50	35.83	286.68	8.30	16.70	41.70	83.30
195	啶氧菌酯	Picoxystrobin	2.11	4.22	7.03	14.07	8.30	16.70	41.70	83.30
196	增效醚	Piperonyl butoxide	0.29	0.57	0.97	1.93	4.20	8.30	20.80	41.70
197	哌草磷	Piperophos	2.31	4.62	7.70	15.40	12.50	25.00	62.50	125.00
198	抗蚜威	Pirimicarb	0.04	0.08	0.13	0.27	8.30	16.70	41.70	83.30
199	嘧啶磷	Pirimiphos-ethyl	0.01	0.02	0.03	0.07	8.30	16.70	41.70	83.30
200	腐霉利	Procymidone	21.65	43.30	72.17	144.33	4.20	8.30	20.80	41.70
201	扑灭通	Prometon	0.04	0.07	0.13	0.27	12.50	25.00	62.50	125.00
202	扑草净	Prometryne	0.04	0.08	0.13	0.27	4.20	8.30	20.80	41.70
203	炔丙烯草胺	Pronamide	3.85	7.69	12.83	25.67	4.20	8.30	20.80	41.70
204	毒草胺	Propachlor	0.07	0.14	0.23	0.47	12.50	25.00	62.50	125.00
205	霜霉威	Propamocarb	0.02	0.04	0.07	0.13	12.50	25.00	62.50	125.00
206	敌稗	Propanil	5.40	10.80	18.00	36.00	8.30	16.70	41.70	83.30
207	炔螨特	Propargite	17.15	34.30	57.17	114.33	8.30	66.70	41.70	333.30
208	扑灭津	Propazine	0.08	0.16	0.27	0.53	4.20	8.30	20.80	41.70
209	胺丙畏	Propetamphos	13.50	27.00	45.00	90.00	4.20	8.30	20.80	41.70
210	苯胺灵	Propham	27.50	55.00	91.67	183.33	4.20	8.30	20.80	41.70
211	异丙草胺	Propisochlor	0.20	0.40	0.67	1.33	4.20	8.30	20.80	41.70
212	吡唑硫磷	Pyraclofos	0.25	2.00	0.83	1.67	33.30	66.70	166.70	333.30
213	百克敏	Pyraclostrobin	0.13	0.25	0.43	0.87	100.00	200.00	500.00	1000.00
214	吡菌磷	Pyrazophos	0.41	0.81	1.37	2.73	8.30	16.70	41.70	83.30
215	稗草丹	Pyributicarb	0.09	0.17	0.30	0.60	8.30	16.70	41.70	83.30
216	哒嗪硫磷	Pyridaphenthion	0.22	0.44	0.73	1.47	4.20	8.30	20.80	41.70
217	环酯草醚	Pyriftalid	0.16	0.31	0.53	1.07	4.20	8.30	20.80	41.70
218	嘧霉胺	Pyrimethanil	0.17	0.34	0.57	1.13	4.20	8.30	20.80	41.70
219	嘧螨醚	Pyrimidifen	3.50	7.00	11.67	23.33	8.30	16.70	41.70	83.30
220	吡丙醚	Pyriproxyfen	0.11	0.22	0.37	0.73	8.30	16.70	41.70	83.30
221	咯喹酮	Pyroquilon	0.87	1.74	2.90	5.80	8.30	16.70	41.70	83.30
222	喹硫磷	Quinalphos	0.50	1.00	1.67	3.33	4.20	8.30	20.80	41.70
223	灭藻醌	Quinoclamine	1.98	3.96	6.60	13.20	16.70	33.30	83.30	166.70
224	苯氧喹啉	Quinoxyphen	38.35	76.70	127.83	255.67	4.20	8.30	20.80	41.70
225	吡咪唑	Rabenzazole	0.34	0.67	1.13	2.27	4.20	8.30	20.80	41.70
226	苄呋菊酯-2	Resmethrin-2	0.08	0.15	0.27	0.53	66.70	133.30	333.30	666.70
227	皮蝇磷	Ronnel	3.29	26.28	10.97	21.93	8.30	16.70	41.70	83.30

续表

序号	中文名称	英文名称	LC-MS/MS				GC-MS			
			牛奶		奶粉		牛奶		奶粉	
			检出限 /(μg/L)	定量限 /(μg/L)	检出限 /(μg/kg)	定量限 /(μg/kg)	检出限 /(μg/L)	定量限 /(μg/L)	检出限 /(μg/kg)	定量限 /(μg/kg)
228	另丁津	Sebutylazine	0.08	0.16	0.27	0.53	4.20	8.30	20.80	41.70
229	密草通	Secbumeton	0.02	0.04	0.07	0.13	4.20	8.30	20.80	41.70
230	硅氟唑	Simeconazole	0.74	1.47	2.47	4.93	8.30	16.70	41.70	83.30
231	螺螨酯	Spirodiclofen	2.48	4.95	8.27	16.53	33.30	66.70	166.70	333.30
232	菜草畏	Sulfallate	51.80	103.60	172.67	345.33	8.30	16.70	41.70	83.30
233	治螟磷	Sulfotep	0.65	1.30	2.17	4.33	4.20	8.30	20.80	41.70
234	硫丙磷	Sulprofos	1.46	2.92	4.87	9.73	8.30	16.70	41.70	83.30
235	戊唑醇	Tebuconazole	0.56	1.12	1.87	3.73	12.50	25.00	62.50	125.00
236	丁基嘧啶磷	Tebupirimfos	0.03	0.06	0.10	0.20	33.30	66.70	166.70	333.30
237	牧草胺	Tebutam	0.04	0.07	0.13	0.27	8.30	16.70	41.70	83.30
238	丁噻隆	Tebuthiuron	0.06	0.11	0.20	0.40	8.30	16.70	41.70	83.30
239	特草定	Terbacil	0.22	0.44	0.73	1.47	8.30	16.70	41.70	83.30
240	特丁硫磷	Terbufos	560.00	1120.00	1866.67	3733.33	8.30	16.70	41.70	83.30
241	特丁通	Terbumeton	0.03	0.05	0.10	0.20	12.50	25.00	62.50	125.00
242	特丁津	Terbuthylazine	0.12	0.23	0.40	0.80	4.20	8.30	20.80	41.70
243	丁净	Terbutryn	0.01	0.01	0.03	0.07	8.30	16.70	41.70	83.30
244	四氟醚唑	Tetraconazole	0.43	0.86	1.43	2.87	12.50	25.00	62.50	125.00
245	胺菊酯	Tetramethrin	0.46	0.91	1.53	3.07	8.30	16.70	41.70	83.30
246	噻吩草胺	Thenylchlor	6.04	12.07	20.13	40.27	8.30	16.70	41.70	83.30
247	噻菌灵	Thiabendazole	0.12	0.24	0.40	0.80	83.30	166.70	416.70	3333.30
248	噻虫嗪	Thiamethoxam	8.25	16.50	27.50	55.00	16.70	33.30	83.30	166.70
249	噻唑烟酸	Thiazopyr	0.49	0.98	1.63	3.27	8.30	16.70	41.70	83.30
250	禾草丹	Thiobencarb	0.83	1.65	2.77	5.53	8.30	16.70	41.70	83.30
251	甲基乙拌磷	Thiometon	144.50	1156.00	481.67	963.33	4.20	8.30	20.80	41.70
252	虫线磷	Thionazin	5.67	11.34	18.90	37.80	4.20	8.30	20.80	41.70
253	甲基立枯磷	Tolclofos methyl	16.64	33.28	55.47	110.93	4.20	8.30	20.80	41.70
254	苯草酮	Tralkoxydim	0.08	0.16	0.27	0.53	33.30	66.70	166.70	333.30
255	三唑酮	Triadimefon	1.97	3.94	6.57	13.13	8.30	16.70	41.70	83.30
256	野麦畏	Triallate	11.55	23.10	38.50	77.00	8.30	16.70	41.70	83.30
257	三唑磷	Triazophos	0.17	0.34	0.57	1.13	12.50	25.00	62.50	125.00
258	毒壤磷	Trichloronat	16.70	33.40	55.67	111.33	4.20	8.30	20.80	41.70
259	草达津	Trietazine	0.15	0.30	0.50	1.00	4.20	8.30	20.80	41.70
260	肟菌酯	Trifloxystrobin	0.50	1.00	1.67	3.33	16.70	33.30	83.30	166.70
261	氟乐灵	Trifluralin	310.00	620.00	1033.33	2066.67	8.30	16.70	41.70	83.30
262	三正丁基磷酸盐	Tri-n-butyl phosphate	0.10	0.19	0.33	0.67	8.30	16.70	41.70	83.30
263	烯效唑	Uniconazole	0.60	1.20	2.00	4.00	4.20	8.30	20.80	41.70
264	灭草敌	Vernolate	0.07	0.13	0.23	0.47	4.20	8.30	20.80	41.70
265	乙烯菌核利	Vinclozolin	0.64	5.08	2.13	4.27	4.20	8.30	20.80	41.70

表 10-20 仅适用于 LC-MS/MS 方法检测的 228 种农药检出限和定量限

序号	中文名称	英文名称	牛奶 检出限 /(μg/L)	牛奶 定量限 /(μg/L)	奶粉 检出限 /(μg/kg)	奶粉 定量限 /(μg/kg)
1	1-萘基乙酰胺	1-Naphthy acetamide	0.21	0.41	0.70	5.60
2	3,4,5-混杀威	3,4,5-Trimethacarb	0.09	0.17	0.30	0.60
3	6-氯-4-羟基-3-苯基哒嗪	6-Chloro-4-hydroxy-3-phenyl-pyridazin	0.42	0.83	1.40	2.80
4	三氟羧草醚	Acifluorfen	29.50	59.00	98.33	196.67
5	丙烯酰胺	Acrylamide	4.45	35.60	14.83	118.68
6	涕灭威	Aldicarb	65.25	130.50	217.50	1740.00
7	涕灭威砜	Aldicarb sulfone	5.35	10.70	17.83	35.67
8	4-十二烷基-2,6-二甲基吗啉	Aldimorph	0.79	1.58	2.63	5.27
9	禾草灭	Alloxydim-sodium	0.05	0.10	0.17	0.33
10	赛嗪磷	Amidithion	164.50	329.00	548.33	1096.67
11	灭害威	Aminocarb	4.11	8.21	13.70	27.40
12	氯氨吡啶酸	Aminopyralid	91.50	732.00	305.00	—
13	阿特拉津	Atrazine	0.09	0.18	0.30	0.60
14	甲基吡噁磷	Azamethiphos	0.20	0.40	0.67	1.33
15	恶虫威	Bendiocarb	0.80	1.59	2.67	5.33
16	甲基丙硫克百威	Benfuracarb-methyl	4.10	32.76	13.67	109.32
17	灭草松	Bentazone	0.26	2.08	0.87	6.92
18	吡草酮	Benzofenap	0.02	0.04	0.07	0.13
19	苯螨特	Benzoximate	4.92	39.32	16.40	32.80
20	苄基腺嘌呤	Benzyladenine	17.70	35.40	59.00	118.00
21	生物烯丙菊酯	Bioallethrin	49.50	99.00	165.00	330.00
22	溴苯腈	Bromoxynil	0.45	0.90	1.50	3.00
23	溴莠敏	Brompyrazon	0.90	1.80	3.00	6.00
24	糠菌唑	Bromuconazole	0.79	1.57	2.63	5.27
25	丁酮威	Butocarboxim	0.40	0.79	1.33	2.67
26	丁酮砜威	Butoxycarboxim	6.65	13.30	22.17	177.32
27	播土隆	Buturon	2.24	4.48	7.47	14.93
28	多菌灵	Carbendazim	0.12	0.23	0.40	0.80
29	双酰草胺	Carbetamide	0.91	1.82	3.03	6.07
30	克百威	Carbofuran	3.27	6.53	10.90	21.80
31	环丙酰菌胺	Carpropamid	1.30	2.60	4.33	8.67
32	氯霉素	Chloramphenicolum	0.97	1.94	3.23	6.47
33	杀虫脒盐酸盐	Chlordimeform hydrochloride	0.34	0.67	1.13	2.27
34	氯草敏	Chloridazon	0.58	1.16	1.93	3.87
35	氯嘧磺隆	Chlorimuron ethyl	7.60	15.20	25.33	50.67
36	矮壮素	Chlormequat	0.03	0.06	0.10	0.20
37	灭幼脲	Chlorobenzuron	5.10	10.20	17.00	34.00
38	枯草隆	Chloroxuron	0.16	0.31	0.53	1.07
39	氯辛硫磷	Chlorphoxim	19.40	38.79	64.67	129.33
40	甲基毒死蜱	Chlorprifos methyl	4.00	8.00	13.33	26.67
41	毒死蜱	Chlorpyrifos	13.45	26.90	44.83	89.67
42	氯磺隆	Chlorsulfuron	0.69	1.37	2.30	4.60
43	氯硫酰草胺	Chlorthiamid	2.21	4.41	7.37	14.73
44	氯硫磷	Chlorthion	33.40	66.80	111.33	222.67
45	氯麦隆	Chlortoluron	0.08		0.26	
46	吲哚酮草酯	Cinidon-ethyl	3.65	7.29	12.17	24.33
47	醚黄隆	Cinosulfuron	0.28	0.56	0.93	7.48
48	四螨嗪	Clofentezine	0.19	0.38	0.63	1.27

续表

序号	中文名称	英文名称	牛奶 检出限 /(μg/L)	牛奶 定量限 /(μg/L)	奶粉 检出限 /(μg/kg)	奶粉 定量限 /(μg/kg)
49	异噁草松	Clomazone dimethazone	0.11	0.21	0.37	0.73
50	调果酸	Cloprop	2.85	5.70	9.50	19.00
51	二氯吡啶酸	Clopyralld	70.00	140.00	233.33	466.67
52	噻虫胺	Clothianidin	15.75	31.50	52.50	105.00
53	杀鼠醚	Coumatetralyl	0.34	0.68	1.13	2.27
54	可灭隆	Cumyluron	0.33	0.66	1.10	8.80
55	氰霜唑	Cyazofamid	1.13	2.25	3.77	30.12
56	环丙酸酰胺	Cyclanilide	0.86	1.72	2.87	5.73
57	环丙嘧磺隆	Cyclosulfamuron	85.92	171.84	286.40	572.80
58	霜脲氰	Cymoxanil	13.90	27.80	46.33	92.67
59	苯醚氰菊酯	Cyphenothrin	8.40	4.20	28.00	14.00
60	灭蝇胺	Cyromazine	1.81	3.62	6.03	12.07
61	茅草枯	Dalapon	57.69	115.37	192.30	1538.40
62	棉隆	Dazomet	31.75	63.50	105.83	211.67
63	内吸磷	Demeton(O+S)	1.70	3.39	5.67	11.33
64	硫赶内吸磷	Demeton-S	20.00	160.00	66.67	133.33
65	甲基内吸磷砜	Demeton-S-methyl sulfone	4.94	9.88	16.47	32.93
66	甲基亚砜吸磷亚砜	Demeton-S-methyl sulfoxide	0.98	7.84	3.27	6.53
67	丁醚脲	Diafenthiuron	0.08		1.00	
68	燕麦敌	Diallate	44.60	22.30	148.67	74.33
69	麦草畏	Dicamba	316.48	632.96	1054.93	2109.87
70	野燕枯	Dfienzoquat-methyl sulfate	0.21	0.41	0.70	1.40
71	杀虫双	Dimehypo	100.05	200.10	333.50	667.00
72	二甲草胺	Dimethachlor	0.48	0.95	1.60	3.20
73	甲菌定	Dimethirimol	0.03	0.06	0.10	0.20
74	地乐酚	Dinoseb	0.10	0.20	0.33	0.67
75	地乐酯	Dinoseb acetate	10.32	20.64	34.40	68.80
76	呋虫胺	Dinotefuran	2.55	5.09	8.50	68.00
77	蔬果磷	Dioxabenzofos	3.46	6.92	11.53	23.07
78	氟硫草定	Dthiopyr	2.60	5.20	8.67	17.33
79	敌草隆	Diuron	0.39	0.78	1.30	2.60
80	N,N-二甲基邻甲基-N-甲苯	DMST	10.00	20.00	33.33	66.67
81	4,6-二硝基邻甲酚	DNOC	0.65	1.30	2.17	4.33
82	多果定	Dodine	2.00	4.00	6.67	13.33
83	甲氨基阿维菌素苯甲酸盐	Emamectin benzoate	0.08	0.16	0.27	0.53
84	氟环唑	Epoxiconazole	1.02	2.03	3.40	6.80
85	乙环唑	Etaconazole	0.45	0.89	1.50	3.00
86	磺噻隆	Ethidimuron	0.38	3.00	1.27	2.53
87	乙硫威亚砜	Ethiofencarb-sulfoxide	56.00	112.00	186.67	373.33
88	乙虫清	Ethiprole	9.97	19.93	33.23	66.47
89	乙菌定	Ethirimol	0.14	0.28	0.47	0.93
90	乙氧喹啉	Ethoxyquin	0.88	1.76	2.93	5.87
91	乙氧嘧磺隆	Ethoxysulfuron	1.15	2.29	3.83	7.67
92	乙撑硫脲	Ethylene thiourea	13.05	26.10	43.50	87.00
93	乙氧苯草胺	Etobenzanid	0.20	0.40	0.67	1.33
94	噁唑菌酮	Famoxadone	11.32	22.64	37.73	75.47
95	敌磺钠	Fenaminosulf	56.35	112.70	187.83	375.67
96	噁丙酸	Fenoxaprop	3.27	1.64	10.93	5.47

续表

序号	中文名称	英文名称	牛奶 检出限/(μg/L)	牛奶 定量限/(μg/L)	奶粉 检出限/(μg/kg)	奶粉 定量限/(μg/kg)
97	丰索磷	Fensulfothin	0.50	1.00	1.67	3.33
98	氯化薯瘟锡	Fentin-chloride	4.32	8.63	14.40	28.80
99	四唑酰草胺	Fentrazamide	3.10	6.20	10.33	20.67
100	非草隆	Fenuron	0.26	0.52	0.87	1.73
101	麦草氟异丙酯	Flamprop isopropyl	0.11	0.22	0.37	0.73
102	甲基麦草氟异丙酯	Flamprop methyl	5.05	10.10	16.83	33.67
103	双氟磺草胺	Florasulam	4.35	8.70	14.50	29.00
104	吡虫隆	Fluazuron	0.01	0.01	0.03	0.07
105	嘧螨醚	Flubenzimine	1.95	3.89	6.50	13.00
106	唑嘧磺草胺	Flumetsulam	0.08	0.15	0.27	2.12
107	伏草隆	Fluometuron	0.23	0.46	0.77	1.53
108	四氟酸	Flupropanate	11.49	5.75	38.33	19.17
109	吡氟隆	Fluazuron	6.70	13.40	22.33	44.67
110	氟啶草酮	Fluridone	0.05	0.09	0.17	0.33
111	氟咯草酮	Flurochloridone	0.33	0.65	1.10	2.20
112	氟草烟	Fluroxypyr	48.02	96.03	160.07	320.13
113	磺菌胺	Flusulfamide	0.11	0.21	0.37	0.73
114	氟噻乙草酯	Fluthiacet methyl	1.33	2.65	4.43	8.87
115	氟磺胺草醚	Fomesafen	0.51	1.01	1.70	13.60
116	氯吡脲	Forchlorfenuron	2.85	5.70	9.50	19.00
117	呋线威	Furathiocarb	0.48	0.96	1.60	3.20
118	赤霉素	Gibberellic acid	16.59	33.17	55.30	110.60
119	氟吡乙禾灵	Haloxyfop-2-ethoxyethyl	0.63	1.25	2.10	4.20
120	氟吡甲禾灵	Haloxyfop-methyl	0.66	1.32	2.20	4.40
121	氟蚁腙	Hydramethylnon	0.43	0.86	1.43	2.87
122	噁霉灵	Hymexazol	56.04	448.00	186.80	1494.40
123	甲咪唑烟酸	Imazapic	1.48	2.95	4.93	9.87
124	咪唑喹啉酸	Imazaquin	0.72	1.44	2.40	4.80
125	咪唑乙烟酸	Imazethapyr	0.28	0.56	0.93	1.87
126	亚胺唑	Imibenconazole	2.57	5.13	8.57	17.13
127	脱苯甲基亚胺唑	Imibenzonazole-des-benzyl	1.56	3.11	5.20	10.40
128	吡虫啉	Imidacloprid	5.50	11.00	18.33	36.67
129	茚虫威	Indoxacarb	1.89	3.77	6.30	12.60
130	甲基碘磺隆	Iodosulfuron-methyl	16.65	33.30	55.50	111.00
131	碘甲基磺隆钠	Iodosulfuron-methyl sodium	5.30	10.60	17.67	35.33
132	碘苯腈	Ioxynil	0.16	0.31	0.53	1.07
133	异丙威	Isoprocarb	0.58	1.15	1.93	3.87
134	异丙隆	Isoproturon	0.04	0.07	0.13	0.27
135	异唑隆	Isouron	0.10	0.20	0.33	0.67
136	异噁酰草胺	Isoxaben	0.05	0.09	0.17	0.33
137	噻嗯菊酯	Kadethrin	0.83	1.66	2.77	5.53
138	克来范	Kelevan	2410.71	4821.41	8035.70	4017.85
139	乳氟禾草灵	Lactofen	15.50	31.00	51.67	103.33
140	抑芽丹	Maleic hydrazide	20.00	40.00	66.67	133.33
141	2甲4氯丁酸	MCPB	3.55	7.09	11.83	23.67
142	2甲4氯丙酸	Mecoprop	1.23	2.45	4.10	8.20
143	嘧菌胺	Mepanipyrim	0.08	0.16	0.27	0.53
144	甲哌鎓	Mepiquat chloride	0.23	0.45	0.77	1.53
145	苯嗪草酮	Metamitron	1.59	12.72	5.30	10.60
146	叶菌唑	Metconazole	0.33	0.66	1.10	2.20

序号	中文名称	英文名称	牛奶 检出限 /(μg/L)	牛奶 定量限 /(μg/L)	奶粉 检出限 /(μg/kg)	奶粉 定量限 /(μg/kg)
147	甲胺磷	Methamidophos	1.24	2.47	4.13	8.27
148	溴谷隆	Methobromuron	4.21	8.42	14.03	28.07
149	灭多威	Methomyl	2.39	4.78	7.97	15.93
150	甲氧虫酰肼	Methoxyfenozide	0.93	1.85	3.10	6.20
151	速灭威	Metolcarb	6.35	50.80	21.17	42.33
152	磺草胺唑	Metosulam	1.10	2.20	3.67	29.32
153	甲氧隆	Metoxuron	0.16	0.32	0.53	1.07
154	灭草隆	Monuron	8.69	17.37	28.97	57.93
155	萘草胺	Naptalam	0.49	0.97	1.63	3.27
156	草不隆	Neburon	1.78	3.55	5.93	11.87
157	烟碱	Nicotine	0.55	1.10	1.83	3.67
158	烯啶虫胺	Nitenpyram	4.28	8.56	14.27	28.53
159	氟酰脲	Novaluron	2.01	4.02	6.70	13.40
160	敌草净	Oesmetryn	0.05	0.09	0.17	0.33
161	甲呋酰胺	Ofurace	0.25	0.50	0.83	1.67
162	氧乐果	Omethoate	2.42	4.83	8.07	64.52
163	安磺灵-1	Oryzalin-1	1.23	2.46	4.10	8.20
164	安磺灵-2	Oryzalin-2	1.23	2.46	4.10	8.20
165	杀线威	Oxamyl	137.02	274.03	456.73	3653.88
166	氧化萎锈灵	Oxycarboxin	0.23	0.45	0.77	1.53
167	甲基对氧磷	Paraoxon methyl	0.19	0.38	0.63	1.27
168	甜菜宁	Phenmedipham	1.12	2.24	3.73	7.47
169	甲拌磷亚砜	Phorate sulfoxide	92.07	184.14	306.90	613.80
170	硫环磷	Phosfolan	0.12	0.24	0.40	3.20
171	磷胺	Phosphamidon	0.97	1.94	3.23	6.47
172	辛硫磷	Phoxim	20.70	41.40	69.00	138.00
173	邻苯二甲酸二环己酯	Phthalic acid, biscyclohexyl ester	0.17	0.34	0.57	1.13
174	邻苯二甲酸二丁酯	Phthalic acid, dibutyl ester	9.90	19.80	33.00	66.00
175	邻苯二甲酸二环己基酯	Phthalic acid, dicyclobexyl ester	0.50	1.00	1.67	3.33
176	毒莠定	Picloram	133.53	267.05	445.10	890.20
177	氟吡酰草胺	Picolinafen	0.18	0.36	0.60	1.20
178	甲基嘧啶磷	Pirimiphos methyl	0.05	0.10	0.17	0.33
179	丙草胺	Pretilachlor	0.09	0.17	0.30	0.60
180	咪鲜胺	Prochloraz	0.52	1.03	1.73	3.47
181	丙溴磷	Profenefos	0.51	1.01	1.70	3.40
182	噁草酸	Propaquiafop	0.31	0.62	1.03	2.07
183	丙环唑	Propiconazole	0.44	0.88	1.47	2.93
184	残杀威	Propoxur	6.10	12.20	20.33	40.67
185	丙烯硫脲	Propylene thiourea	7.52	15.04	25.07	50.13
186	苄草丹	Prosulfocarb	0.09	0.18	0.30	0.60
187	吡蚜酮	Pymetrozin	8.57	28.56	28.57	57.13
188	吡嘧磺隆	Pyrazosulfuron-ethyl	1.71	3.42	5.70	45.60
189	苄草唑	Pyrazoxyfen	0.08	0.16	0.27	0.53
190	除虫菊素	Pyrethrin	8.95	17.90	29.83	59.67
191	啶斑肟	Pyrifenox	0.07	0.13	0.23	0.47
192	嘧啶磷	Pyrimitate	0.05	0.09	0.17	0.33
193	嘧草硫醚	Pyrithlobac sodium	345.5	—	1151.67	—
194	喹禾灵	Quizalofop-ethyl	0.17	0.34	0.57	1.13

续表

序号	中文名称	英文名称	牛奶 检出限 /(μg/L)	牛奶 定量限 /(μg/L)	奶粉 检出限 /(μg/kg)	奶粉 定量限 /(μg/kg)
195	鱼藤酮	Rotenone	0.58	1.16	1.93	3.87
196	西玛通	Simeton	0.28	0.55	0.93	7.48
197	西草净	Simetryn	0.04	0.07	0.13	0.27
198	多杀菌素	Spinosad	0.14	0.28	0.47	0.93
199	乙酰磺胺对硝基苯	Sulfanitran	0.76	6.08	2.53	20.28
200	磺酰唑草酮	Sulfentrazone	22.40	—	74.67	—
201	氟胺氰菊酯	Tau-fluvalinate	115.00	230.00	383.33	766.67
202	虫酰肼	Tebufenozide	6.95	13.90	23.17	185.32
203	双硫磷	Temephos	0.31	0.61	1.03	2.07
204	特普	TEPP	2.60	5.20	8.67	17.33
205	吡喃草酮	Tepraloxydim	3.05	6.10	10.17	20.33
206	特丁硫磷砜	Terbufos sulfone	22.15	44.30	73.83	147.67
207	特草灵	Terrbucarb	0.53	1.05	1.77	3.53
208	叔丁基胺	Tert-butylamine	9.74	19.48	32.47	64.93
209	禾虫畏	Tetrachlorvinphos	0.56	1.11	1.87	3.73
210	噻虫啉	Thiacloprid	0.10	0.19	0.33	0.67
211	噻吩磺隆	Thifensulfuron-methyl	5.35	10.70	17.83	142.68
212	硫双威	Thiodicarb	9.84	19.68	32.80	262.40
213	久效威	Thiofanox	39.25	78.50	130.83	261.67
214	久效威亚砜	Thiofanox-sulfoxide	2.08	4.15	6.93	13.87
215	硫菌灵	Thiophanat ethyl	5.04	40.32	16.80	33.60
216	甲基硫菌灵	Thiophanate methyl	5.00	40.00	16.67	133.32
217	反式氯氰菊酯	trans-Permethin	1.20	2.40	4.00	8.00
218	三唑醇	Triadimenol	2.64	5.28	8.80	17.60
219	咪唑嗪	Triazoxide	2.00	4.00	6.67	13.33
220	敌百虫	Trichlorphon	0.28	0.56	0.93	1.87
221	十三吗啉	Tridemorph	0.65	5.20	2.17	4.33
222	杀铃脲	Triflumuron	0.98	1.96	3.27	6.53
223	三异丁基磷酸盐	Tri-iso-butyl phosphate	0.90	1.79	3.00	6.00
224	戊叉菌唑	Triticonazole	0.76	1.51	2.53	5.07
225	蚜灭磷	Vamidothion	1.14	2.28	3.80	7.60
226	蚜灭磷砜	Vamidothion sulfone	119.00	238.00	396.67	793.33
227	乙氯氰菊酯	Zeta cypermethrin	0.17	1.36	0.57	4.52
228	福美锌	Ziram	19.60	39.20	65.33	130.67

表 10-21 仅适用于 GC-MS 方法检测的 246 种农药检出限和定量限

序号	中文名称	英文名称	牛奶 检出限/(μg/L)	牛奶 定量限/(μg/L)	奶粉 检出限/(μg/kg)	奶粉 定量限/(μg/kg)	序号	中文名称	英文名称	牛奶 检出限/(μg/L)	牛奶 定量限/(μg/L)	奶粉 检出限/(μg/kg)	奶粉 定量限/(μg/kg)
1	氟胺氰菊酯	(tau)Fluvalinate	50	400	250	500	23	甲羧除草醚	Bifenox	8.3	16.7	41.7	83.3
2	2,3,4,5-四氯苯胺	2,3,4,5-Tetrachloroaniline	8.3	16.7	41.7	83.3	24	联苯菊酯	Bifenthrin	4.2	8.3	20.8	41.7
3	2,3,4,5-四氯甲氧基苯	2,3,4,5-Tetrachloroanisole	4.2	8.3	20.8	41.7	25	生物烯丙菊酯-1	Bioallethrin-1	16.7	33.3	83.3	166.7
4	2,3,5,6-四氯苯胺	2,3,5,6-Tetrachloroaniline	4.2	8.3	20.8	41.7	26	生物烯丙菊酯-2	Bioallethrin-2	16.7	33.3	83.3	166.7
5	o,p'-滴滴涕	2,4'-DDT	8.3	66.7	41.7	83.3	27	联苯	Biphenyl	4.2	8.3	20.8	41.7
6	o,p'-滴滴伊	2,4'-DDE	4.2	8.3	20.8	41.8	28	溴烯杀	Bromocylen	4.2	8.3	20.8	41.7
7	3,5-二氯苯胺	3,5-Dichloroaniline	4.2	8.3	20.8	41.7	29	溴硫磷	Bromofos	8.3	16.7	41.7	83.3
8	3,4,5-混杀威	3,4,5-Trimethacarb	33.3	66.7	166.7	333.3	30	溴螨酯	Bromopropylate	8.3	16.7	41.7	83.3
9	p,p'-滴滴滴	4,4-DDD	4.2	8.3	20.8	41.7	31	糠菌唑-1	Bromuconazole-1	8.3	16.7	41.7	83.3
10	4,4'-二溴二苯甲酮	4,4'-Dibromobenzophenone	4.2	8.3	20.8	41.7	32	糠菌唑-2	Bromuconazole-2	8.3	16.7	41.7	83.3
11	4-氯苯氧乙酸	4-Chlorophenoxy acetic acid	2.1	16.7	10.4	20.8	33	抑草磷	Butamifos	4.2	8.3	20.8	41.7
12	二氢苊	Acenaphthene	4.2	8.3	20.8	41.7	34	敌菌丹	Captafol	75	150	375	750
13	艾氏剂	Aldrin	8.3	16.7	41.7	83.3	35	三硫磷	Carbofenothion	8.3	16.7	41.7	83.3
14	顺式-氯氰菊酯	Alpha-cypermethrin	8.3	16.7	41.7	83.3	36	唑酮草酯	Carfentrazone-ethyl	8.3	16.7	41.7	83.3
15	α-六六六	αHCH	4.2	8.3	20.8	41.7	37	燕麦醚	Chlorbenside	8.3	16.7	41.7	83.3
16	阿特拉津	Atrazine	4.2	8.3	20.8	41.7	38	杀螨砜	Chlorbenside sulfone	8.3	16.7	41.7	83.3
17	戊环唑	Azaconazole	16.7	33.3	83.3	166.7	39	氯溴隆	Chlorbromuron	100	200	500	1000
18	4-溴-3,5-二甲基-N-甲基氨基甲酸酯 1	BDMC-1	8.3	16.7	41.7	83.3	40	氯氧磷	Chlorethoxyfos	8.3	16.7	41.7	83.3
19	4-溴-3,5-二甲基-N-甲基氨基甲酸酯 2	BDMC-2	8.3	16.7	41.7	83.3	41	毒虫畏	Chlorfenprop-methyl	4.2	8.3	20.8	41.7
20	乙丁氟灵	Benfluralin	4.2	8.3	20.8	41.7	42	杀螨酯	Chlorfenson	8.3	16.7	41.7	83.3
21	呋草黄	Benfuresate	8.3	16.7	41.7	83.3	43	毒虫畏	Chlorfenvinphos	12.5	25	62.5	125
22	β-六六六	βHCH	4.2	8.3	20.8	41.7	44	螯形醇	Chlorfurenol	12.5	25	62.5	125
							45	乙酯杀螨醇	Chlorobenzilate	4.2	8.3	20.8	41.7
							46	氯苯甲醚	Chloroneb	8.3	16.7	20.8	41.7
							47	丙酯杀螨醇	Chloropropylate	4.2	8.3	20.8	41.7

续表

序号	中文名称	英文名称	牛奶 检出限/(μg/L)	牛奶 定量限/(μg/L)	奶粉 检出限/(μg/kg)	奶粉 定量限/(μg/kg)
48	毒死蜱	Chlorpyrifos(ethyl)	4.2	8.3	20.8	41.7
49	甲基毒死蜱	Chlorpyrifos-methyl	8.3	16.7	41.7	83.3
50	氯酞酸甲酯	Chlorthal-dimethyl	8.3	16.7	41.7	83.3
51	乙菌利	Chlozolinate	8.3	16.7	41.7	83.3
52	环虫酰肼	Chromafenozide	16.7		83.3	
53	苯并菲(屈)	Chrysene	4.2	8.3	20.8	41.7
54	环庚草醚	Cinmethylin	8.3	16.7	41.7	83.3
55	顺式-氯丹	cis-Chlordane	8.3	16.7	41.7	83.3
56	顺式-燕麦敌	cis-Diallate	8.3	16.7	41.7	83.3
57	四氢邻苯二甲酰亚胺	cis-1,2,3,6-Tetrahydrophthalimide	12.5	25	62.5	125
58	顺式-氯菊酯	cis-Permethrin	4.2	33.3	20.8	41.7
59	炔草酸	Clodinafop-propargyl	8.3	16.7	41.7	83.3
60	异噁草松	Clomazone	4.2	8.3	20.8	41.7
61	解草酯	Cloquintocet-mexyl	4.2	8.3	20.8	41.7
62	杀螟腈	Cyanophos	8.3	16.7	41.7	83.3
63	环氟菌胺	Cyflufenamid	66.7	133.3	333.3	666.7
64	氟氯氰菊酯	Cyfluthrin	50	100	250	500
65	氰氟草酯	Cyhalofop-butyl	8.3	16.7	41.7	83.3
66	氯氰菊酯	Cypermethrin	12.5	25	62.5	125
67	环丙津	Cyprazine	4.2	8.3	20.8	41.7
68	敌草索	Dacthal	4.2	8.3	20.8	41.7
69	δ-六六六	δ-HCH	8.3	16.7	41.7	83.3
70	溴氰菊酯	Deltamethrin	25	50	125	250
71	内吸磷-S	Demeton-S	16.7	33.3	83.3	166.7
72	2,2′,4,5,5′-五氯联苯	DE-PCB 101	4.2	8.3	20.8	41.7
73	2,3,4,4′,5-五氯联苯	DE-PCB 118	4.2	8.3	20.8	41.7
74	2,2′,3,4,4′,5′-六氯联苯	DE-PCB 138	4.2	8.3	20.8	41.7
75	2,2′,4,4′,5,5′-六氯联苯	DE-PCB 153	4.2	8.3	20.8	41.7
76	2,2′,3,4,4′,5,5′-七氯联苯	DE-PCB 180	4.2	8.3	20.8	41.7
77	2,4,4′-三氯联苯	DE-PCB 28	4.2	8.3	20.8	41.7
78	2,4,5-三氯联苯	DE-PCB31	4.2	8.3	20.8	41.7
79	2,2′,5,5′-四氯联苯	DE-PCB 52	4.2	8.3	20.8	41.7
80	脱乙基莠灭净	Desethyl-sebuthylazine	8.3	16.7	41.7	83.3
81	敌草净	Desmetryn	4.2	8.3	20.8	41.7
82	二嗪磷	Diazinon	4.2	8.3	20.8	41.7
83	敌草腈	Dichlobenil	0.8	1.7	4.2	8.3
84	烯丙酰草胺	Dichlormid	8.3	16.7	41.7	83.3
85	三氯杀螨醇	Dicofol	8.3	16.7	41.7	83.3
86	苯醚甲环唑-1	Difenonazole-1	25	50	125	250
87	苯醚甲环唑-2	Difenonazole-2	25	50	125	250
88	枯莠隆	Difenoxuron	33.3	66.7	166.7	333.3
89	噁唑隆	Dimefuron	16.7	33.3	83.3	166.7
90	二甲草胺	Dimethachlor	12.5	25	62.5	125
91	噻节因	Dimethipin	12.5	100	62.5	125

序号	中文名称	英文名称	牛奶 检出限 /(μg/L)	牛奶 定量限 /(μg/L)	奶粉 检出限 /(μg/kg)	奶粉 定量限 /(μg/kg)
92	甲基毒虫畏	Dimethylvinphos	8.3	16.7	41.7	83.3
93	消螨通	Dinobuton	41.7	83.3	208.3	416.7
94	苯虫醚-1	Diofenolan-1	8.3	16.7	41.7	83.3
95	苯虫醚-2	Diofenolan-2	8.3	16.7	41.7	83.3
96	敌恶磷	Dioxathion	16.7	33.3	83.3	166.7
97	乙拌磷亚砜	Disulfoton-sulfoxide	8.3	16.7	41.7	83.3
98	丁酰肼	DMSA	33.3	66.7	166.7	333.3
99	敌瘟磷	Edifenphos	8.3	16.7	41.7	83.3
100	硫丹	Endosulfan	25	50	125	250
101	硫丹-2	Endosulfan-2	25	50	125	250
102	硫丹硫酸盐	Endosulfan-sulfate	12.5	25	62.5	125
103	草多索	Endothal	83.3	166.7	416.7	833.3
104	异狄氏剂	Endrin	50	100	250	500
105	异狄氏剂醛	Endrin aldehyde	83.3	166.7	416.7	833.3
106	异狄氏剂酮	Endrin ketone	66.7	666.7	333.3	3333.3
107	氟环唑-1	Epoxiconazole-1	33.3	66.7	166.7	333.3
108	氟环唑-2	Epoxiconazole-2	33.3	66.7	166.7	333.3
109	抑草蓬	Erbon	8.3	16.7	41.7	83.3
110	S-氰戊菊酯	Esfenvalerate	16.7	33.3	83.3	166.7
111	戊草丹	Esprocarb	16.7	33.3	83.3	166.7
112	乙环唑-1	Etaconazole-1	12.5	100	62.5	125
113	乙环唑-2	Etaconazole-2	12.5	25	62.5	125
114	乙丁烯氟灵	Ethalfluralin	16.7	33.3	83.3	166.7
115	乙嘧唑	Etoxazole	25	50	125	250
116	咪唑菌酮	Fenamidone	4.2	8.3	20.8	41.7
117	苯线磷	Fenamiphos	12.5	25	62.5	500

续表

序号	中文名称	英文名称	牛奶 检出限 /(μg/L)	牛奶 定量限 /(μg/L)	奶粉 检出限 /(μg/kg)	奶粉 定量限 /(μg/kg)
118	氯苯嘧啶醇	Fenarimol	8.3	16.7	41.7	83.3
119	皮蝇磷	Fenchlorphos	16.7	33.3	83.3	166.7
120	拌种咯	Fenpiclonil	16.7	33.3	83.3	166.7
121	芬硝醚	Fenson	4.2	8.3	20.8	41.7
122	丰索磷	Fensulfothion	8.3	16.7	41.7	83.3
123	氰戊菊酯1	Fenvalerate-1	16.7	33.3	83.3	166.7
124	氰戊菊酯2	Fenvalerate-2	16.7	33.3	83.3	166.7
125	麦草氟异丙酯	Flamprop-isopropyl	4.2	8.3	20.8	41.7
126	麦草氟甲酯	Flamprop-methyl	4.2	8.3	20.8	41.7
127	氟氰戊菊酯-1	Flucythrinate-1	8.3	16.7	41.7	83.3
128	氟氰戊菊酯-2	Flucythrinate-2	8.3	16.7	41.7	83.3
129	氟节胺	Flumetralin	8.3	16.7	41.7	83.3
130	丙炔氟草胺	Flumioxazin	4.2	8.3	20.8	41.7
131	三氟硝草醚	Fluorodifen	4.2	8.3	20.8	41.7
132	三氟苯唑	Fluotrimazole	4.2	8.3	20.8	41.7
133	氟喹唑	Fluquinconazole	4.2	8.3	20.8	41.7
134	氟草烟-1-甲庚酯	Fluroxypr-1-methylheptyl ester	4.2	8.3	20.8	41.7
135	安硫磷	Formothion	8.3	16.7	41.7	83.3
136	精高效氯氟氰菊酯-1	γ-Cyhalothrin-1	3.3	6.7	16.7	133.3
137	精高效氯氟氰菊酯-2	γ-Cyhalothrin-2	3.3	6.7	16.7	33.3
138	林丹	γ-HCH	8.3	16.7	41.7	83.3
139	苯螨醚	Halfenprox	8.3	16.7	41.7	83.3
140	氯吡嘧磺隆	Halosulfuron-methyl	83.3	166.7	416.7	833.3
141	七氯	Heptachlor	12.5	25	62.5	125
142	六氯苯	Hexachlorobenzene	4.2	8.3	20.8	41.7
143	己唑醇	Hexaconazole	25	50	125	250

续表

序号	中文名称	英文名称	牛奶 检出限 /(μg/L)	牛奶 定量限 /(μg/L)	奶粉 检出限 /(μg/kg)	奶粉 定量限 /(μg/kg)
144	脱苯甲基亚胺唑	Lmibenconazole-des-benzyl	16.7	133.3	83.3	166.7
145	炔咪菊酯-1	Imiprothrin-1	8.3	16.7	41.7	83.3
146	炔咪菊酯-2	Imiprothrin-2	8.3	16.7	41.7	83.3
147	碘硫磷	Iodofenphos	8.3	16.7	41.7	83.3
148	异丙菌胺-1	Iprovalicarb-1	16.7	33.3	83.3	166.7
149	异丙菌胺-2	Iprovalicarb-2	16.7	33.3	83.3	166.7
150	水胺硫磷	Isocarbophos	8.3	16.7	41.7	83.3
151	异艾氏剂	Isodrin	4.2	8.3	20.8	41.7
152	异丙威-1	Isoprocarb-1	8.3	16.7	41.7	83.3
153	异丙威-2	Isoprocarb-2	4.2	8.3	20.8	41.7
154	高效氯氟氰菊酯	Lambda-cyhalothrin	4.2	8.3	20.8	41.7
155	环草定	Lenacil	41.7	83.3	208.3	416.7
156	溴苯磷	Leptophos	8.3	16.7	41.7	83.3
157	2-甲-4-氯丁氧乙基酯	MCPA-butoxyethyl ester	4.2	8.3	20.8	41.7
158	虫螨畏	Methacrifos	4.2	8.3	20.8	41.7
159	杀朴磷	Methidathion	8.3	16.7	41.7	83.3
160	甲基威砜	Methiocarb sulfone	133.3	266.7	666.7	1333.3
161	烯虫酯	Methoprene	16.7	33.3	83.3	166.7
162	甲醚菊酯-1	Methothrin-1	8.3	16.7	41.7	83.3
163	甲醚菊酯-2	Methothrin-2	8.3	16.7	41.7	83.3
164	甲氧滴滴涕	Methoxychlor	33.3	66.7	166.7	333.3
165	甲基对硫磷	Methyl-parathion	16.7	33.3	83.3	166.7
166	苯氧菌胺	Metominostrobin	16.7	33.3	83.3	166.7
167	兹克威	Mexacarbate	12.5	25	62.5	500
168	灭蚁灵	Mirex	4.2	8.3	20.8	41.7
169	合成麝香	Musk ambrette	4.2	8.3	20.8	41.7
170	麝香酮	Musk ketone	4.2	8.3	20.8	41.7
171	麝香	Musk moskene	4.2	8.3	20.8	41.7
172	二甲苯麝香	Musk xylene	4.2	8.3	20.8	41.7
173	三氯甲基吡啶	Nitrapyrin	12.5	25	62.5	125
174	除草醚	Nitrofen	25	50	125	250
175	肽菌酯	Nitrothal-isopropyl	8.3	16.7	41.7	83.3
176	八氯苯乙烯	Octachlorostyrene	4.2	8.3	20.8	41.7
177	噁草酮	Oxadiazone	4.2	33.3	20.8	41.7
178	噁霜灵	Oxadixyl	16.8			
179	氧化氯丹	Oxychlordane	4.2	33.3	20.8	41.7
180	p,p′-滴滴伊	p,p′-DDE	4.2	33.3	20.8	83.3
181	p,p′-滴滴涕	p,p′-DDT	8.3	16.7	41.7	83.3
182	p,p′-滴滴滴	p,p′-DDD	4.2	8.3	20.8	41.7
183	对硫磷	Parathion	16.7	33.3	83.3	166.7
184	二甲戊灵	Pendimethalin	16.7	33.3	83.3	166.7
185	五氯苯胺	Pentachloroaniline	4.2	8.3	20.8	41.7
186	五氯甲氧基苯	Pentachloroanisole	4.2	8.3	20.8	41.7
187	五氯苯	Pentachlorobenzene	4.2	8.3	20.8	166.7
188	氯菊酯	Permethrin	8.3	16.7	41.7	83.3
189	乙滴涕	Perthane	4.2	8.3	20.8	41.7
190	菲	Phenanthrene	66.7	133.3	333.3	666.7
191	家蝇磷	Phenkapton	25	50	125	250
192	苯醚菊酯	Phenothrin	4.2	8.3	20.8	41.7
193	亚胺硫磷	Phosmet	8.3	16.7	41.7	83.3
194	磷胺-1	Phosphamidon-1	8.3	16.7	41.7	83.3
195	磷胺-2	Phosphamidon-2	33.3	66.7	166.7	333.3

续表

序号	中文名称	英文名称	牛奶 检出限/(μg/L)	牛奶 定量限/(μg/L)	奶粉 检出限/(μg/kg)	奶粉 定量限/(μg/kg)	序号	中文名称	英文名称	牛奶 检出限/(μg/L)	牛奶 定量限/(μg/L)	奶粉 检出限/(μg/kg)	奶粉 定量限/(μg/kg)
196	甲基嘧啶磷	Pirimiphos-methyl	4.2	8.3	20.8	41.7	222	苯噻硫氰	TCMTB	66.7	133.3	333.3	666.7
197	三氯杀虫酯	Plifenate	8.3	16.7	41.7	83.3	223	吡螨胺	Tebufenpyrad	4.2	8.3	20.8	41.7
198	丙溴磷	Profenofos	25	50	125	250	224	四氯硝基苯	Tecnazene	8.3	16.7	41.7	83.3
199	环丙氟灵	Profluralin	16.7	33.3	83.3	166.7	225	七氟菊酯	Tefluthrin	4.2	8.3	20.8	41.7
200	茉莉酮	Prohydrojasmon	8.3	16.7	41.7	83.3	226	特草灵-1	Terbucarb-1	8.3	16.7	41.7	83.3
201	丙虫磷	Propaphos	8.3	16.7	41.7	83.3	227	特草灵-2	Terbucarb-2	8.3	16.7	41.7	83.3
202	丙环唑-1	Propiconazole-1	12.5	25	62.5	125	228	杀虫畏	Tetrachlorvinphos	12.5	25	62.5	125
203	丙环唑-2	Propiconazole-2	12.5	25	62.5	125	229	三氯杀螨砜	Tetradifon	4.2	8.3	20.8	41.7
204	残杀威-1	Propoxur-1	8.3	16.7	41.7	83.3	230	杀螨氯硫	Tetrasul	4.2	33.3	20.8	41.7
205	残杀威-2	Propoxur-2	16.7	33.3	83.3	166.7	231	甲基立枯磷	Tolyfluanide	100	200	500	1000
206	快苯酰草胺	Propyzamide	4.2	8.3	20.8	41.7	232	四溴菊酯-1	Tralomethrin-1	4.2	8.3	20.8	41.7
207	苄草丹	Prosulfocarb	4.2	8.3	20.8	41.7	233	四溴菊酯-2	Tralomethrin-2	4.2	8.3	20.8	166.7
208	丙硫磷	Prothiophos	4.2	8.3	20.8	41.7	234	反式氯丹	trans-Chlodane	4.2	8.3	20.8	41.7
209	吡草醚	Pyraflufen ethyl	8.3	16.7	41.7	83.3	235	反式-燕麦敌	trans-Diallate	8.3	16.7	41.7	83.3
210	哒螨灵	Pyridaben	4.2	8.3	20.8	41.7	236	四氟苯菊酯	Transfluthrin	4.2	8.3	20.8	41.7
211	啶斑肟-1	Pyrifenox-1	33.3	66.7	166.7	333.3	237	反式-九氯	trans-Nonachlor	4.2	8.3	20.8	41.7
212	嘧草醚	Pyriminobac-methyl	16.7	33.3	83.3	166.7	238	反式氯菊酯	trans-Permethrin	4.2	8.3	20.8	166.7
213	五氯硝基苯	Quintozene	8.3	16.7	41.7	83.3	239	三唑醇1	Triadimenol-1	12.5	25	62.5	125
214	苄呋菊酯-1	Resmethrin-1	66.7	533.3	333.3	666.7	240	三唑醇2	Triadimenol-2	12.5	25	62.5	125
215	八氯二丙醚-1	S421(octachlorodipropyl ether)-1	83.3	166.7	416.7	833.3	241	苯磺隆	Tribenuron-methyl	4.2	8.3	20.8	41.7
216	八氯二丙醚-2	S421(octachlorodipropyl ether)-2	83.3	166.7	416.7	833.3	242	三环唑	Tricyclazole	25	50	125	250
217	氟硅菊酯	Silafluofen	4.2	33.3	20.8	41.7	243	灭草环	Tridiphane	8.3	16.7	41.7	83.3
218	西玛通	Simetone	8.3	16.7	41.7	83.3	244	三苯基磷酸盐	Triphenyl phosphate	4.2	8.3	20.8	41.7
219	另丁津	Sobutylazine	8.3	16.7	41.7	83.3	245	灭除威	XMC	8.3	66.7	41.7	83.3
220	螺甲螨酯	Spiromesifen	41.7	83.3	208.3	416.7	246	苯酰草胺	Zoxamide	8.3	16.7	41.7	83.3
221	螺噁茂胺-1	Spiroxamine-1	8.3	16.7	41.7	83.3							

以牛奶为例,两种方法的线性相关系数分布图如图 10-5 所示。GC-MS 方法所测定农药中有 88.3%的化合物其线性相关系数 $r\geqslant 0.990$,LC-MS/MS 方法所测定农药中有 89.0%的化合物其线性相关系数 $r\geqslant 0.990$,可见在各自的线性范围内,绝大多数分析物的质量浓度与峰面积之间具有良好的线性关系。把每种农药信噪比≥5 时的添加浓度确定为本方法最小检出限,信噪比≥10 时的添加浓度确定为本方法最低定量限。在 GC-MS 方法中,牛奶中农药化学品检出限为 0.0008~0.4mg/L,奶粉中农药化学品检出限为 0.0042~2.0mg/kg;LC-MS/MS 方法中,牛奶中农药化学品检出限为 0.01~2.41mg/L,奶粉中农药化学品检出限为 0.04~8.04mg/kg。其中牛奶中定量限数据分布图如图 10-6 所示。可以看到,总体上 LC-MS/MS 方法的定量限明显要低于 GC-MS 方法。LC-MS/MS 方法中 80%的农药的定量限在 10μg/kg 以下,这与串联质谱技术优异的灵敏性有关,显示了 LC-MS/MS 在定量方面的优势,但其数据分布范围较大,说明对不同农药其定量限差别也较大,如有近 16%农药的定量限为 10~100μg/kg,有约 4%农药的定量限大于 100μg/kg。而在 GC-MS 方法中,91%农药的定量限为 1.0~100μg/kg,分布相对集中。在两种方法均适用的 265 种农药中,有 35 种农药的 GC-MS 法的定量限要低于 LC-MS/MS 法的定量限,如 Fludioxonil(咯菌腈)、Tolclofos methyl、Trichloronate(毒壤磷)、Ditalimfos(灭菌磷)、Phenthoate(稻丰散)等,这说明 GC-MS 方法对这类农药是更为灵敏的方法,LC-MS/MS 方法对这些农药有一定的局限,也就是说两种方法仍然存在一定的互补性。

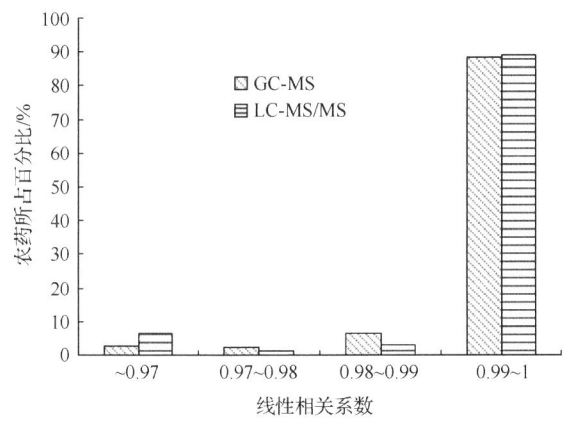

图 10-5 牛奶中农药线性相关系数分布图

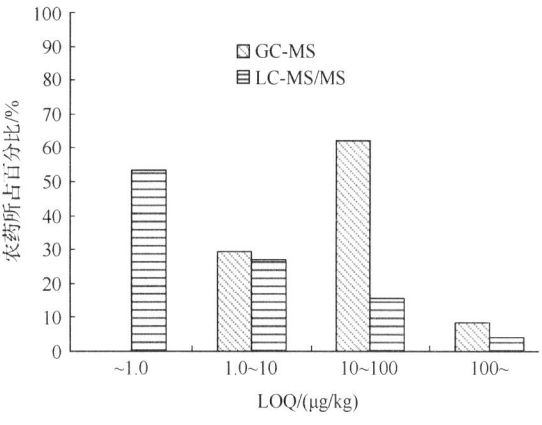

图 10-6 牛奶中农药定量限数据分布图

10.6.9 方法回收率和精密度

用不含农药化学品残留的牛奶、奶粉样品进行添加回收率实验,样品添加农药化学品标准溶液后,放置 20min,使农药化学品被样品完全吸收,然后按本方法进行提取、净化和测定。实验结果见表 10-22、表 10-23。GC-MS 方法中,牛奶平均回收率为 60%~120%的化合物占所测农药化学品总数的 96.4%;平均回收率为 20%~60%的占 2.8%;大于 120%的占 0.6%;回收率小于 20%的占 0.2%;相对标准偏差小于 20%的占所测农药化学品的 97.5%。奶粉平均回收率为 60%~120%的化合物占所测农药化学品总数的 97.6%;平均回收率为 20%~60%的占 0.9%;大于 120%的占 0.4%;回收率小于 20%的占 1.1%;相对标准偏差小于 20%的占所测农药化学品的 97.9%。LC-MS/MS 方法中,牛奶平均回收率为 60%~120%的化合物占所测农药化学品总数的 91.8%;平均回收率为 20%~60%的占 4.9%;大于 120%的占 2.5%;回收率小于 20%的占 0.8%;相对标准偏差小于 20%的占所测农药化学品的 91.1%。奶粉平均回收率为 60%~120%的占所测农药化学品总数的 88.3%;平均回收率为 20%~60%的占 8.2%;大于 120%的占 1.2%;回收率小于 20%的占 2.3%;相对标准偏差小于 20%的占所测农药化学品的 91.6%。比较而言在回收率和精密度方面 GC-MS 方法结果要好于 LC-MS/MS 方法,总体数据说明该方法对牛奶和奶粉中多农药残留的研究具有很高的可靠性,同时具有良好的重现性。

表 10-22　GC-MS 方法检测的 511 种农药化学品的回收率和 RSD 数据（n=5）

序号	中文名称	英文名称	牛奶低水平添加 添加量/(mg/L)	牛奶低水平添加 回收率/%	牛奶低水平添加 RSD/%	牛奶高水平添加 添加量/(mg/L)	牛奶高水平添加 回收率/%	牛奶高水平添加 RSD/%	奶粉低水平添加 添加量/(mg/kg)	奶粉低水平添加 回收率/%	奶粉低水平添加 RSD/%	奶粉高水平添加 添加量/(mg/kg)	奶粉高水平添加 回收率/%	奶粉高水平添加 RSD/%
1	氟胺氰菊酯	(tau)Fluvalinate	0.1000	57.38	8.55	0.4000	79.20	1.17	0.5000	84.74	3.34	2.0000	93.19	5.52
2	2,3,4,5-四氯苯胺	2,3,4,5-Tetrachloroaniline	0.0167	86.90	5.59	0.0667	78.85	5.56	0.0833	86.90	5.59	0.3333	95.58	5.12
3	2,3,4,5-四氯甲氧基苯	2,3,4,5-Tetrachloroanisole	0.0083	78.41	2.94	0.0333	75.67	7.08	0.0417	78.41	2.94	0.1667	91.99	4.34
4	2,3,5,6-四氯苯胺	2,3,5,6-Tetrachloroaniline	0.0083	75.04	6.08	0.0333	74.62	7.08	0.0417	75.04	6.08	0.1667	94.49	4.42
5	2,4,5-涕	2,4,5-T	0.1667	49.86	11.81	0.6667	53.34	8.60	0.8333	53.00	17.71	3.3333	67.81	3.37
6	2,4-滴	2,4-D	0.1667	76.74	18.99	0.6667	70.06	5.81	0.8333	79.09	4.45	3.3333	77.93	2.68
7	o,p′-滴滴涕	o,p′-DDT	0.0167	56.49	14.78	0.0667	72.08	1.61	0.0833	81.58	3.90	0.3333	85.86	2.97
8	2,6-二氯苯甲酰胺	2,6-Dichlorobenzamide	0.0167	86.58	7.52	0.0667	101.17	6.31	0.0833	86.58	7.52	0.3333	102.62	4.73
9	o,p′-滴滴伊	2,4′-DDE	0.0083	62.85	4.05	0.0333	98.36	6.82	0.0417	94.06	2.01	0.1667	96.57	2.21
10	邻苯基苯酚	2-Phenylphenol	0.0083	78.11	2.55	0.0333	87.30	3.98	0.0417	92.29	2.48	0.1667	99.34	2.58
11	3,4,5-混杀威	3,4,5-Trimethacarb	0.0667	87.78	5.51	0.2667	—	—	0.3333	87.78	5.51	—	—	—
12	3,5-二氯苯胺	3,5-Dichloroaniline	0.0083	82.41	8.45	0.0333	81.37	18.38	0.0417	68.11	18.74	0.1667	100.04	2.24
13	3-苯基苯酚	3-Phenylphenol	0.0500	85.79	8.59	0.2000	81.45	14.70	0.2500	89.26	2.90	1.0000	91.08	2.11
14	p,p′-滴滴滴	4,4-DDD	0.0083	64.15	6.19	0.0333	77.12	1.67	0.0417	89.19	2.13	0.1667	81.14	2.98
15	4,4′-二溴二苯甲酮	4,4′-Dibromobenzophenone	0.0083	78.64	11.04	0.0333	75.52	5.95	0.0417	78.64	11.04	0.1667	94.95	4.08
16	4,4′-二氯二苯甲酮	4,4′-Dichlorobenzophenone	0.0083	86.43	3.94	0.0333	78.42	4.66	0.0417	86.43	3.94	0.1667	99.18	3.57
17	4氯苯氧乙酸	4-Chlorophenoxy acetic acid	0.0042	53.98	3.31	0.0167	66.25	5.36	0.0208	78.31	4.77	0.0833	72.91	10.59
18	二氢苊	Acenaphthene	0.0083	71.81	19.74	0.0333	—	—	0.0417	79.48	34.30	0.1667	117.06	20.17
19	乙酰甲胺磷	Acephate	0.1667	77.41	15.07	0.6667	100.40	9.65	0.8333	78.45	18.22	3.3333	88.46	5.30
20	啶虫脒	Acetamiprid	0.0333	86.79	15.36	0.1333	84.84	10.25	0.1667	105.39	3.41	0.6667	109.07	9.58
21	乙草胺	Acetochlor	0.0167	90.93	4.97	0.0667	91.60	6.30	0.0833	76.84	5.37	0.3333	77.91	3.43
22	活化酯	Acibenzolar-S-methyl	0.0167	85.95	2.93	0.0667	89.88	2.69	0.0417	76.56	4.85	0.3333	74.50	3.55
23	苯草醚	Aclonifen	0.1667	87.37	5.22	0.6667	80.95	8.26	0.8333	84.67	7.07	3.3333	88.26	3.33
24	氟丙菊酯	Acrinathrin	0.0167	92.99	11.26	0.0667	93.42	4.55	0.0833	95.06	7.07	0.3333	92.93	13.47
25	甲草胺	Alachlor	0.0250	87.34	7.41	0.1000	88.12	2.34	0.1250	90.58	1.60	0.5000	86.99	2.37

续表

序号	中文名称	英文名称	牛奶低水平添加			牛奶高水平添加			奶粉低水平添加			奶粉高水平添加		
			添加量/(mg/L)	回收率/%	RSD/%	添加量/(mg/L)	回收率/%	RSD/%	添加量/(mg/kg)	回收率/%	RSD/%	添加量/(mg/kg)	回收率/%	RSD/%
26	艾氏剂	Aldrin	0.0167	82.93	9.30	—	—	—	0.0833	82.93	9.30	—	—	—
27	烯丙菊酯	Allethrin	0.0333	85.93	5.19	0.1333	96.88	2.53	0.1667	77.22	5.23	0.6667	78.41	2.39
28	二丙烯草胺	Allidochlor	0.0167	74.26	10.50	0.0667	76.33	7.73	0.0833	94.31	12.25	0.3333	70.31	7.82
29	α-氯氰菊酯	α-Cypermethrin	0.0167	84.73	9.28	0.0667	89.32	16.11	0.0833	105.32	5.85	0.3333	119.25	9.08
30	α-六六六	α-HCH	0.0083	78.80	6.65	0.0333	84.83	2.57	0.0417	82.66	10.17	0.1667	85.13	5.10
31	莠灭净	Ametryn	0.0250	79.23	11.38	0.1000	69.20	12.02	0.1250	97.36	2.30	0.5000	99.30	2.04
32	莎稗磷	Anilofos	0.0167	96.69	11.92	0.0667	105.46	10.57	0.0833	95.93	2.28	0.3333	99.75	7.48
33	丙硫特普	Aspon	0.0167	79.69	3.78	0.0667	—	—	0.0833	88.41	14.78	—	—	—
34	阿特拉通	Atratone	0.0083	78.07	3.95	0.0333	111.35	5.60	0.0417	78.07	3.95	0.1667	84.27	17.43
35	脱乙基阿特拉津	Atrazine-desethyl	0.0083	97.26	3.98	0.0333	74.46	8.36	0.0417	77.13	10.45	0.1667	80.51	4.82
36	阿特拉津	Atrazine	0.0083	90.31	2.48	0.0333	84.92	8.99	0.0417	96.45	2.42	0.1667	99.01	1.90
37	戊环唑	Azaconazole	0.0333	78.05	9.14	0.1333	77.63	16.23	0.1667	64.60	9.22	0.6667	98.24	7.55
38	益棉磷	Azinphos-ethyl	0.0167	102.66	15.66	0.0667	96.83	7.12	0.0833	90.56	5.60	0.3333	108.66	5.97
39	保棉磷	Azinphos-methyl	0.0500	103.08	16.05	0.2000	91.86	9.09	0.2500	98.23	6.73	1.0000	107.59	5.97
40	叠氮津	Aziprotryne	0.0667	90.38	6.13	0.2667	86.89	5.65	0.3333	90.38	6.13	1.3333	98.14	4.65
41	嘧菌酯	Azoxystrobin	0.0833	0.00	—	0.3333	0.00	—	0.4167	89.94	12.19	1.6667	103.77	6.52
42	4-溴-3,5-二甲基-N-甲基氨基甲酸酯-1	BDMC-1	0.0167	98.65	10.76	0.0667	93.95	10.55	0.0833	98.65	10.76	0.3333	114.16	11.52
43	4-溴-3,5-二甲基-N-甲基氨基甲酸酯-2	BDMC-2	0.0167	61.60	2.82	0.0667	90.29	5.69	0.0833	61.60	2.82	0.3333	110.57	10.21
44	苯霜灵	Benalyxyl	0.0083	92.43	7.42	0.0333	88.98	2.18	0.0417	87.94	1.43	0.1667	87.48	2.20
45	乙丁氟灵	Benfluralin	0.0083	69.62	4.34	0.0333	93.51	4.41	0.0417	92.45	2.76	0.1667	99.47	3.26
46	呋草黄	Benfuresate	0.0167	93.00	3.83	0.0667	92.11	3.24	0.0833	81.01	3.82	0.3333	81.03	3.85
47	麦锈灵	Benodanil	0.0250	95.60	5.36	0.1000	91.42	4.43	0.1250	109.54	19.02	0.5000	80.67	3.49
48	解草嗪	Benoxacor	0.0167	87.00	5.08	0.0667	92.94	3.02	0.0833	71.38	7.03	0.3333	73.84	3.55

续表

序号	中文名称	英文名称	牛奶低水平添加			牛奶高水平添加			奶粉低水平添加			奶粉高水平添加		
			添加量/(mg/L)	回收率/%	RSD/%	添加量/(mg/L)	回收率/%	RSD/%	添加量/(mg/kg)	回收率/%	RSD/%	添加量/(mg/kg)	回收率/%	RSD/%
49	地散磷	Bensulide	0.0667	85.38	18.24	0.2667	94.51	17.49	0.3333	92.34	5.23	1.3333	92.50	6.31
50	新燕灵	Benzoylprop-ethyl	0.0250	91.63	7.10	0.1000	88.57	7.20	0.1250	87.92	1.53	0.5000	86.28	2.25
51	β-六六六	β-HCH	0.0083	85.64	3.91	0.0333	88.79	5.51	0.0417	86.45	3.14	0.1667	78.10	3.54
52	联苯肼酯	Bifenazate	0.0667	134.36	7.26	0.2667	88.90	13.27	0.3333	90.51	2.45	1.3333	90.96	12.54
53	联苯醚	Bifenox	0.0167	91.47	12.66	0.0667	87.67	3.19	0.0833	90.58	9.59	0.3333	83.12	3.32
54	联苯菊酯	Bifenthrin	0.0083	66.74	5.08	0.0333	83.04	6.49	0.0417	86.78	2.71	0.1667	79.04	3.68
55	生物烯丙菊酯-1	Bioallethrin-1	0.0333	88.15	5.64	0.1333	90.95	4.70	0.1667	99.25	11.12	0.6667	95.10	8.31
56	生物烯丙菊酯-2	Bioallethrin-2	0.0333	86.33	2.85	0.1333	90.58	11.53	0.1667	95.69	4.90	0.6667	109.43	4.57
57	生物苄呋菊酯	Bioresmethrin	0.0167	56.30	17.09	0.0667	60.11	3.96	0.0833	63.87	3.52	0.3333	78.00	16.74
58	联苯	Biphenyl	0.0083	74.83	4.26	0.0333	—	—	—	84.40	13.12	—	—	—
59	联苯三唑醇	Bitertanol	0.0250	74.55	10.47	0.1000	92.92	5.04	0.1250	98.21	5.73	0.5000	105.26	2.47
60	啶酰菌胺	Boscalid	0.0333	93.04	9.73	0.1333	80.77	11.24	0.1667	93.57	5.29	0.6667	93.90	1.86
61	除草定	Bromacil	0.0167	91.86	4.00	0.0667	95.55	2.70	0.0833	86.49	9.19	0.3333	83.35	5.51
62	溴苯烯磷	Bromfenvinfos	0.0083	86.90	12.08	0.0333	97.49	3.66	0.0417	86.90	12.08	0.1667	101.17	2.96
63	溴烯杀	Bromocylen	0.0167	69.10	14.75	0.0667	65.80	6.29	0.0417	69.10	14.75	0.1667	95.59	3.49
64	溴硫磷	Bromofos	0.0167	79.77	7.81	0.0667	102.94	13.29	0.0833	86.41	4.23	0.3333	86.65	2.30
65	乙基溴硫磷	Bromophos-ethyl	0.0083	46.92	1.86	0.0333	81.56	6.44	0.0417	87.54	1.88	0.1667	77.82	4.33
66	溴螨酯	Bromopropylate	0.0167	82.10	8.26	0.0667	83.18	2.90	0.0833	106.02	4.00	0.3333	85.09	2.42
67	糠菌唑-1	Bromuconazole-1	0.0167	112.18	6.86	0.0667	92.15	2.90	0.0833	112.18	6.86	0.3333	107.82	5.71
68	糠菌唑-2	Bromuconazole-2	0.0167	84.55	8.02	0.0667	91.17	4.62	0.0833	84.55	8.02	0.3333	99.66	3.31
69	乙嘧酚磺酸酯	Bupirimate	0.0083	85.65	2.48	0.0333	64.41	19.98	0.0417	80.08	13.92	0.1667	80.92	3.99
70	噻嗪酮	Buprofezin	0.0167	95.97	13.34	0.0667	62.39	15.66	0.0833	88.80	1.22	0.3333	65.94	17.12
71	丁草胺	Butachlor	0.0167	74.10	7.90	0.0667	81.74	1.44	0.0833	95.62	6.16	0.3333	87.26	3.93
72	氟丙嘧草酯	Butafenacil	0.0083	88.80	8.20	0.0333	100.38	2.74	0.0417	80.19	4.74	0.1667	80.50	3.22
73	抑草磷	Butamifos	0.0083	82.38	4.05	0.0333	—	—	0.0417	88.52	17.23	—	—	—

续表

序号	中文名称	英文名称	牛奶低水平添加			牛奶高水平添加			奶粉低水平添加			奶粉高水平添加		
			添加量/(mg/L)	回收率/%	RSD/%	添加量/(mg/L)	回收率/%	RSD/%	添加量/(mg/kg)	回收率/%	RSD/%	添加量/(mg/kg)	回收率/%	RSD/%
74	仲丁灵	Butralin	0.0333	79.50	3.94	0.1333	72.55	2.57	0.1667	83.03	2.53	0.6667	88.63	1.81
75	丁草敌	Butylate	0.0250	65.55	8.35	0.1000	70.24	7.68	0.1250	92.63	2.66	0.5000	81.78	10.78
76	硫线磷	Cadusafos	0.0333	86.32	3.34	0.1333	—	—	0.1667	88.23	10.55	—	—	—
77	敌菌丹	Captafol	0.1500	102.55	9.75	0.6000	87.16	6.28	0.7500	0.00	—	3.0000	77.03	11.02
78	甲萘威	Carbaryl	0.0250	82.89	9.83	0.1000	94.26	17.65	0.1250	87.40	3.60	0.5000	92.50	7.92
79	三硫磷	Carbofenothion	0.0167	77.64	10.79	0.0667	82.09	2.08	0.0833	88.27	2.60	0.3333	85.66	2.29
80	萎锈灵	Carboxin	0.2000	78.86	5.27	0.8000	67.72	11.00	1.0000	76.04	16.63	4.0000	74.79	5.66
81	唑酮草酯	Carfentrazone-ethyl	0.0167	89.91	7.86	0.0667	84.72	14.17	0.0833	90.14	2.55	0.3333	92.18	2.74
82	杀螨醚	Chlorbenside	0.0167	71.08	4.10	0.0667	78.36	6.26	0.0833	85.00	2.31	0.3333	76.37	4.28
83	氯杀螨砜	Chlorbenside sulfone	0.0167	94.88	9.01	0.0667	110.59	4.84	0.0833	85.26	3.65	0.3333	95.75	9.48
84	氯溴隆	Chlorbromuron	0.2000	110.86	4.86	0.8000	92.67	16.49	1.0000	90.10	7.16	4.0000	87.14	4.30
85	氯炔灵	Chlorbufam	0.0167	92.63	7.85	0.0667	85.56	3.95	0.0833	86.36	4.04	0.3333	86.21	2.84
86	杀虫脒	Chlordimeform	0.0083	0.00	—	0.0333	93.61	19.70	0.0417	0.00	—	0.1667	62.28	16.42
87	氯氧磷	Chlorethoxyfos	0.0167	98.42	9.84	0.0667	82.03	6.15	0.0833	125.74	5.75	0.3333	78.35	5.92
88	杀螨醇	Chlorfenethol	0.0083	82.28	9.98	0.0333	—	—	0.0417	82.28	9.98	—	—	—
89	燕麦酯	Chlorfenprop-methyl	0.0083	98.59	17.11	0.0333	82.99	11.18	0.0417	98.59	17.11	0.1667	95.05	4.05
90	杀螨酯	Chlorfenson	0.0167	98.48	12.63	0.0667	86.12	2.77	0.0833	79.03	4.58	0.3333	87.91	3.08
91	毒虫畏	Chlorfenvinphos	0.0250	95.36	9.25	0.1000	86.80	2.63	0.1250	87.35	2.37	0.5000	85.72	2.94
92	氟啶脲	Chlorfluazuron	0.0250	82.16	8.15	0.1000	75.52	13.30	0.1250	25.19	137.08	0.5000	119.21	18.06
93	整形醇	Chlorfurenol	0.0250	88.81	4.23	0.1000	90.47	5.19	0.1250	88.98	1.99	0.5000	79.71	4.58
94	氯甲硫磷	Chlormephos	0.0167	55.28	22.94	0.0667	74.44	12.99	0.0833	98.10	16.36	0.3333	76.92	6.54
95	乙酯杀螨醇	Chlorobenzilate	0.0083	88.61	4.88	0.0333	94.98	5.13	0.0417	98.18	2.29	0.1667	95.94	3.51
96	氯苯甲醚	Chloroneb	0.0083	78.06	15.41	0.0333	86.88	3.22	0.0417	86.97	6.28	0.1667	85.93	6.13
97	丙酯杀螨醇	Chloropropylate	0.0083	90.61	8.33	0.0333	84.54	1.84	0.0417	92.06	1.68	0.1667	87.34	3.01
98	氯苯胺灵	Chlorpropham	0.0167	85.71	7.41	0.0667	98.16	10.31	0.0833	87.77	0.91	0.3333	86.68	2.34

续表

序号	中文名称	英文名称	牛奶低水平添加			牛奶高水平添加			奶粉低水平添加			奶粉高水平添加		
			添加量/(mg/L)	回收率/%	RSD/%	添加量/(mg/L)	回收率/%	RSD/%	添加量/(mg/kg)	回收率/%	RSD/%	添加量/(mg/kg)	回收率/%	RSD/%
99	毒死蜱	Chlorpyrifos(ethyl)	0.0083	80.67	3.31	0.0333	86.33	6.70	0.0417	86.03	2.12	0.1667	78.97	4.75
100	甲基毒死蜱	Chlorpyrifos-methyl	0.0083	84.59	7.64	0.0333	86.10	2.47	0.0417	86.32	1.66	0.1667	86.42	2.60
101	氯酞酸甲酯	Chlorthal-dimethyl	0.0167	86.93	5.27	0.0667	91.16	3.82	0.0833	76.34	4.29	0.3333	78.37	2.96
102	虫螨磷	Chlorthiophos	0.0250	77.30	7.56	0.1000	82.19	2.62	0.1250	87.45	1.01	0.5000	85.98	2.18
103	乙菌利	Chlozolinate	0.0167	90.15	6.69	0.0667	88.65	2.27	0.0833	86.80	3.09	0.3333	87.89	2.25
104	环虫酰肼	Chromafenozide	0.0667	115.30	8.19	0.2667	100.10	4.24	0.3333	73.27	13.09	1.3333	98.64	16.62
105	苯并菲(屈)	Chrysene	0.0083	69.20	12.68	0.0333	85.34	3.48	0.0417	76.68	4.34	0.1667	73.47	2.19
106	环庚草醚	Cinmethylin	0.0167	84.38	2.48	0.0667	67.32	7.49	0.0833	0.00	—	0.3333	0.00	—
107	顺式-燕麦敌	cis-Diallate	0.0167	83.75	5.74	0.0667	98.79	8.77	0.0833	85.40	1.20	0.3333	84.74	2.51
108	四氢邻苯二甲酰亚胺	cis-1,2,3,6-Tetrahydrophthalimide	0.0250	98.19	10.69	0.1000	89.88	3.17	0.1250	84.41	9.73	0.5000	101.05	3.99
109	顺式-氯丹	cis-Chlordane	0.0167	66.06	5.80	0.0667	75.29	0.61	0.0833	86.95	3.76	0.3333	87.10	2.24
110	顺式-氯菊酯	cis-Permethrin	0.0083	57.57	11.77	0.0333	88.70	4.26	0.0417	78.14	3.37	0.1667	78.02	1.58
111	烯草酮	Clethodim	0.0333	83.11	5.83	0.1333	93.73	12.03	0.1667	84.32	14.51	0.6667	74.41	9.89
112	炔草酸	Clodinafop-propargyl	0.0167	82.63	6.15	0.0667	90.22	7.49	0.0833	82.63	6.14	0.3333	102.23	2.23
113	异噁草松	Clomazone	0.0083	86.00	4.45	0.0333	89.75	4.53	0.0417	86.90	2.15	0.1667	77.56	4.02
114	解草酯	Cloquintocet-mexyl	0.0083	84.41	14.88	0.0333	71.06	2.63	0.0417	84.41	14.88	0.1667	101.05	2.64
115	蝇毒磷	Coumaphos	0.0500	101.54	13.36	0.2000	86.48	3.10	0.2500	135.95	2.94	1.0000	85.08	3.99
116	鼠立死	Crimidine	0.0083	104.64	11.52	0.0333	97.25	3.58	0.0417	104.64	11.52	0.1667	94.49	5.40
117	育畜磷	Crufomate	0.0500	96.22	14.68	0.2000	89.07	4.35	0.2500	85.28	3.44	1.0000	89.07	4.35
118	氰草津	Cyanazine	0.0250	95.27	4.28	0.1000	80.81	4.84	0.1250	79.53	2.94	0.5000	73.04	15.97
119	苯腈磷	Cyanofenphos	0.0083	87.80	8.17	0.0333	89.73	2.01	0.0417	88.30	2.51	0.1667	87.24	2.73
120	杀螟腈	Cyanophos	0.0167	89.71	8.32	0.0667	—	—	0.0833	89.71	8.32	—	—	—
121	环草敌	Cycloate	0.0083	80.09	6.84	0.0333	84.12	6.25	0.0417	76.20	6.17	0.1667	77.10	4.38
122	噻草酮	Cycloxydim	0.8000	81.07	18.83	3.2000	108.82	10.82	4.0000	97.51	10.38	16.0000	117.73	6.16

续表

序号	中文名称	英文名称	牛奶低水平添加		牛奶高水平添加		奶粉低水平添加		奶粉高水平添加	
			添加量/(mg/L)	回收率/%	RSD/%	添加量/(mg/L)	回收率/%	RSD/%	添加量/(mg/kg)	回收率/%	RSD/%
123	环莠隆	Cycluron	0.0250	77.44	18.93	0.1000	79.12	8.10	0.1250	77.45	18.92	0.5000	94.24	16.54
124	环氟菌胺	Cyflufenamid	0.1333	81.76	2.45	0.5333	—	—	0.6667	103.66	16.71	—	—	—
125	氟氯氰菊酯	Cyfluthrin	0.1000	88.46	9.91	0.4000	93.87	4.62	0.5000	89.46	7.46	2.0000	92.03	1.80
126	氰氟草酯	Cyhalofop-butyl	0.0167	96.64	6.92	0.0667	88.96	14.47	0.0833	89.99	2.64	0.3333	90.97	2.42
127	氯氰菊酯	Cypermethrin	0.0250	107.58	5.54	0.1000	84.76	12.95	0.1250	0.00	—	0.5000	97.47	16.06
128	环丙津	Cyprazine	0.0083	84.64	9.04	0.0333	64.25	18.46	0.0417	96.69	11.57	—	—	—
129	环丙唑醇	Cyproconazole	0.0083	107.89	12.38	0.0333	87.45	5.67	0.0417	106.73	12.72	0.1667	102.12	2.74
130	嘧菌环胺	Cyprodinil	0.0083	85.42	2.73	0.0333	83.23	4.81	0.0417	85.42	2.73	0.1667	96.83	3.51
131	赛灭磷	Cythioate	0.1667	119.91	11.50	0.6667	99.85	11.35	0.8333	98.25	6.79	3.3333	105.95	8.43
132	敌草索	Dacthal	0.0083	91.39	2.20	0.0333	83.53	4.56	0.0417	91.39	2.20	0.1667	97.19	3.67
133	脱叶磷	DEF	0.0167	82.13	4.07	0.0667	81.77	6.40	0.0833	82.13	4.07	0.3333	98.25	3.46
134	δ-六六六	δ-HCH	0.0167	85.17	3.26	0.0667	84.58	4.27	0.0833	83.28	3.42	0.3333	77.22	4.17
135	溴氰菊酯	Deltamethrin	0.0500	87.10	6.32	0.2000	97.17	8.90	0.2500	105.48	7.75	1.0000	82.93	8.17
136	内吸磷-S	Demeton-S	0.0333	76.87	5.14	0.1333	85.00	10.46	0.1667	74.33	3.57	0.6667	84.93	2.27
137	甲基内吸磷	Demeton-S-methyl	0.0333	87.15	5.75	0.1333	90.79	2.12	0.1667	95.88	5.81	0.6667	73.81	9.43
138	2,2′,4,5,5′-五氯联苯	DE-PCB 101	0.0083	61.29	2.30	0.0333	64.42	4.54	0.0417	61.29	2.30	0.1667	97.48	3.46
139	2,3,4,4′,5-五氯联苯	DE-PCB 118	0.0083	52.18	11.77	0.0333	44.97	9.46	0.0417	52.18	11.77	0.1667	95.30	3.82
140	2,2′,3,4,4′,5-六氯联苯	DE-PCB 138	0.0083	53.74	11.99	0.0333	42.97	8.08	0.0417	54.23	10.04	0.1667	153.01	8.35
141	2,2′,4,4′,5,5′-六氯联苯	DE-PCB 153	0.0083	82.35	14.15	0.0333	—	—	0.0417	82.35	14.15	—	—	—
142	2,2′,3,4,4′,5,5′-七氯联苯	DE-PCB 180	0.0083	41.45	12.87	0.0333	33.59	10.02	0.0417	41.45	12.87	0.1667	94.36	3.51
143	2,4,4′-三氯联苯	DE-PCB 28	0.0083	71.17	12.86	0.0333	63.86	8.70	0.0417	71.17	12.86	0.1667	93.28	11.07
144	2,4,5-三氯联苯	DE-PCB 31	0.0083	70.71	7.05	0.0333	61.50	10.38	0.0417	70.71	7.05	0.1667	90.90	5.52
145	2,2′,5,5′-四氯联苯	DE-PCB 52	0.0083	84.40	10.54	0.0333	—	—	0.0417	84.40	10.54	—	—	—
146	脱乙基另丁津	Desethyl-sebuthylazine	0.0167	89.83	3.36	0.0667	86.22	3.99	0.0833	89.83	3.36	0.3333	96.65	6.40
147	甜菜胺	Desmedipham	0.1667	84.18	14.42	0.6667	77.91	8.50	0.8333	86.81	5.91	3.3333	95.06	2.50

续表

序号	中文名称	英文名称	牛奶低水平添加			牛奶高水平添加			奶粉低水平添加			奶粉高水平添加		
			添加量/(mg/L)	回收率/%	RSD/%	添加量/(mg/L)	回收率/%	RSD/%	添加量/(mg/kg)	回收率/%	RSD/%	添加量/(mg/kg)	回收率/%	RSD/%
148	敌草净	Desmetryn	0.0083	104.97	14.73	0.0333	69.72	15.22	0.0417	95.62	8.37	0.1667	69.12	16.97
149	氯亚胺硫磷	Dialifos	0.2667	111.78	11.00	1.0667	65.31	14.78	1.3333	105.91	9.79	5.3333	89.80	11.44
150	二嗪磷	Diazinon	0.0083	86.31	2.98	0.0333	89.01	5.49	0.0417	86.78	2.01	0.1667	79.47	4.38
151	畜虫避	Dbutyl succinate	0.0167	84.92	5.93	0.0667	87.26	3.45	0.0833	70.89	5.19	0.3333	73.42	3.77
152	异氯磷	Dicapthon	0.0417	81.73	6.21	0.1667	89.22	6.08	0.2083	81.73	6.21	0.8333	102.40	2.65
153	敌草腈	Dichlobenil	0.0017	63.08	5.40	0.0067	76.31	12.27	0.0083	105.42	7.73	0.0333	80.54	8.77
154	除线磷	Dichlofenthion	0.0083	76.13	1.84	0.0333	84.80	6.86	0.0417	82.76	9.72	0.1667	77.09	4.69
155	抑菌灵	Dichlofluanid	0.4000	85.26	9.51	1.6000	99.26	2.14	2.0000	104.39	3.14	8.0000	86.98	5.90
156	烯丙酰草胺	Dichlormid	0.0167	74.47	17.68	0.0667	75.07	10.64	0.0833	100.06	8.12	0.3333	82.20	10.12
157	敌敌畏	Dichlorvos	0.0500	74.12	11.61	0.2000	83.01	4.00	0.2500	84.29	4.66	1.0000	87.64	5.05
158	苯氯三唑醇	Diclobutrazole	0.0333	87.83	3.54	0.1333	89.37	4.87	0.1667	87.83	3.54	0.6667	98.75	3.22
159	氯硝胺	Dicloran	0.0167	92.61	6.98	0.0667	66.48	2.25	0.0833	71.31	3.78	0.3333	76.69	3.26
160	三氯杀螨醇	Dicofol	0.0167	84.70	9.95	0.0667	96.05	7.98	0.0833	91.17	9.97	0.3333	85.48	2.67
161	百治磷	Dicrotophos	0.0667	80.13	16.33	0.2667	73.51	11.50	0.3333	0.00	—	1.3333	2.98	176.28
162	狄氏剂	Deldrin	0.0167	74.23	4.83	0.0667	79.02	15.81	0.0833	91.80	10.20	0.3333	79.48	5.40
163	乙霉威	Diethofencarb	0.0500	86.62	5.60	0.2000	89.73	4.44	0.2500	100.07	0.85	1.0000	98.41	0.76
164	避蚊胺	Diethyltoluamide	0.0067	89.51	10.61	0.0267	—	—	0.0333	89.18	10.93	—	—	—
165	苯醚甲环唑-1	Difenconazole-1	0.0500	72.53	10.48	0.2000	88.06	4.91	0.2500	103.38	5.34	1.0000	97.84	11.59
166	苯醚甲环唑-2	Difenconazole-2	0.0500	71.54	8.86	0.2000	92.63	10.09	0.2500	116.33	4.71	1.0000	106.51	4.83
167	枯莠隆	Difenoxuron	0.0667	107.94	9.16	0.2667	90.33	15.61	0.3333	79.91	8.23	1.3333	80.06	14.96
168	吡氟酰草胺	Diflufenican	0.0083	85.30	1.69	0.0333	89.21	3.27	0.0417	96.80	2.53	0.1667	97.15	2.37
169	甲氟磷	Dimefox	0.0250	72.51	13.92	0.1000	79.97	18.35	0.1250	72.51	13.92	0.5000	79.49	8.48
170	噁草隆	Dimefuron	0.0333	0.00	—	0.1333	95.22	5.99	0.1667	0.00	—	0.6667	103.51	8.40
171	哌草丹	Dimepiperate	0.0167	86.48	15.00	0.0667	90.24	1.88	0.0833	86.25	5.94	0.3333	97.70	3.01
172	二甲草胺	Dimethachlor	0.0250	91.86	7.54	0.1000	87.29	2.60	0.1250	87.37	1.64	0.5000	86.17	2.14

续表

序号	中文名称	英文名称	牛奶低水平添加 添加量/(mg/L)	牛奶低水平添加 回收率/%	牛奶低水平添加 RSD/%	牛奶高水平添加 添加量/(mg/L)	牛奶高水平添加 回收率/%	牛奶高水平添加 RSD/%	奶粉低水平添加 添加量/(mg/kg)	奶粉低水平添加 回收率/%	奶粉低水平添加 RSD/%	奶粉高水平添加 添加量/(mg/kg)	奶粉高水平添加 回收率/%	奶粉高水平添加 RSD/%
173	异戊乙净	Dimethametryn	0.0083	88.73	13.01	0.0333	77.61	12.99	0.0417	82.10	5.06	0.1667	85.49	3.54
174	二甲吩草胺	Dimethenamid	0.0083	94.08	5.52	0.0333	85.71	4.96	0.0417	94.08	5.52	0.1667	97.23	3.83
175	嗪节因	Dimethipin	0.0250	74.88	33.19	0.1000	97.04	13.36	0.1250	0.00	—	0.5000	0.00	—
176	乐果	Dimethoate	0.0333	97.84	9.79	0.1333	79.87	3.83	0.1667	83.69	4.08	0.6667	74.77	9.09
177	烯酰吗啉	Dimethomorph	0.0167	113.52	12.90	0.0667	80.79	5.74	0.0833	82.69	4.68	0.3333	88.22	3.74
178	邻苯二甲酸二甲酯	Dimethyl phthalate	0.0333	79.37	10.65	0.1333	89.28	10.87	0.1667	87.87	2.63	0.6667	82.20	3.80
179	甲基毒虫畏	Dimethylvinphos	0.0167	95.67	5.80	0.0667	92.98	4.25	0.0833	69.57	9.99	0.3333	72.37	4.20
180	烯唑醇	Diniconazole	0.0250	77.90	5.35	0.1000	93.68	5.34	0.1250	84.76	4.47	0.5000	97.39	4.00
181	氨氟灵	Dinitramine	0.0333	77.68	6.19	0.1333	76.69	11.25	0.1667	74.95	2.58	0.6667	66.99	4.88
182	消螨通	Dinobuton	0.0833	—	—	0.3333	54.04	22.35	—	—	—	—	—	—
183	草消酚	Dinoterb	0.0333	0.00	—	0.1333	200.72	28.95	0.1667	0.00	—	0.6667	51.01	24.42
184	苯虫醚-1	Diofenolan-1	0.0167	88.92	3.38	0.0667	82.49	5.23	0.0833	88.03	3.24	0.3333	89.31	2.18
185	苯虫醚-2	Diofenolan-2	0.0167	104.06	8.77	0.0667	83.82	8.09	0.0833	89.86	2.25	0.3333	100.85	4.24
186	二氧威	Dioxacarb	0.0667	41.13	37.01	0.2667	59.52	30.93	0.3333	34.52	27.24	1.3333	151.64	35.21
187	敌噁磷	Dioxathion	0.0333	89.09	11.65	0.1333	86.01	2.04	0.1667	93.01	3.37	0.6667	89.24	2.43
188	双苯酰草胺	Diphenamid	0.0083	90.03	3.77	0.0333	94.18	2.86	0.0417	97.50	2.90	0.1667	97.96	2.31
189	联苯二胺	Diphenylamin	0.0083	83.31	6.22	0.0333	81.19	10.76	0.0417	87.58	19.59	0.1667	77.84	17.73
190	异丙净	Dipropetryn	0.0083	80.76	9.44	0.0333	—	—	0.0417	112.07	4.21	0.1667	96.89	5.30
191	乙拌磷	Disulfoton	0.0083	79.00	4.76	0.0333	96.16	7.06	0.0417	94.18	3.01	0.1667	98.11	3.90
192	乙拌磷砜	Disulfoton sulfone	0.0167	89.99	4.42	0.0667	94.94	14.48	0.0833	89.99	4.42	0.3333	101.86	3.95
193	乙拌磷亚砜	Disulfoton-sulfoxide	0.0167	93.66	3.20	0.0667	87.29	4.23	0.0833	93.66	3.20	0.3333	102.44	4.40
194	灭菌磷	Ditalimfos	0.0083	93.96	12.29	0.0333	95.04	8.46	0.0417	93.96	12.29	0.1667	100.32	2.55
195	丁酰肼	DMSA	0.0667	0.00	—	0.2667	0.00	—	0.3333	94.42	15.02	1.3333	101.73	7.39
196	十二环吗啉	Dodemorph	0.0250	40.32	21.15	0.1000	55.13	18.96	0.1250	0.00	—	0.5000	0.44	20.16
197	敌瘟磷	Edifenphos	0.0167	112.75	3.07	0.0667	85.06	5.49	0.0833	104.62	6.69	0.3333	95.62	11.07

续表

序号	中文名称	英文名称	牛奶低水平添加			牛奶高水平添加			奶粉低水平添加			奶粉高水平添加		
			添加量/(mg/L)	回收率/%	RSD/%	添加量/(mg/L)	回收率/%	RSD/%	添加量/(mg/kg)	回收率/%	RSD/%	添加量/(mg/kg)	回收率/%	RSD/%
198	硫丹-1	Endosulfan-1	0.0500	73.26	7.25	0.2000	93.87	2.45	0.2500	84.43	2.99	1.0000	86.26	1.98
199	硫丹-2	Endosulfan-2	0.0500	95.93	6.93	0.2000	83.69	3.79	0.2500	108.57	8.98	1.0000	88.65	4.55
200	硫丹硫酸盐	Endosulfan-sulfate	0.0250	89.59	7.32	0.1000	86.52	2.80	0.1250	72.03	10.40	0.5000	85.83	3.31
201	草多索	Endothal	0.1667	0.00	—	0.6667	1.60	23.95	0.8333	106.07	9.99	3.3333	89.33	13.72
202	异狄氏剂	Endrin	0.1000	77.54	11.57	0.4000	79.72	2.38	0.5000	84.59	2.14	2.0000	83.10	2.39
203	异狄氏剂醛	Endrin aldehyde	0.1667	129.16	26.43	0.6667	104.62	7.18	0.8333	102.54	20.85	3.3333	64.60	3.40
204	异狄氏剂酮	Endrin ketone	0.1333	83.72	3.91	0.5333	83.83	7.26	0.6667	88.83	1.90	2.6667	88.77	1.17
205	苯硫磷	EPN	0.0333	106.53	7.12	0.1333	93.89	3.40	0.1667	90.68	14.15	0.6667	82.93	2.80
206	氟环唑-1	Epoxiconazole-1	0.0667	82.62	6.49	0.2667	100.85	11.64	0.3333	86.45	10.68	1.3333	110.52	16.98
207	氟环唑-2	Epoxiconazole-2	0.0667	93.63	5.75	0.2667	91.50	4.42	0.3333	81.03	6.11	1.3333	80.39	8.13
208	茵草敌	EPTC	0.0250	69.30	6.08	0.1000	68.51	9.87	0.1250	79.59	2.30	0.5000	76.01	14.61
209	抑草蓬	Erbon	0.0167	0.00	—	0.0667	76.84	23.05	0.0833	84.76	18.54	0.3333	62.18	22.13
210	S-氰戊菊酯	Esfenvalerate	0.0333	71.15	19.69	0.1333	87.46	16.85	0.1667	104.23	13.31	0.6667	94.69	3.55
211	戊草丹	Esprocarb	0.0167	84.20	6.56	0.0667	95.25	5.40	0.0833	103.20	7.76	—	—	—
212	乙环唑-1	Etaconazole-1	0.0250	124.41	4.60	0.1000	84.20	7.51	0.1250	77.36	6.82	0.5000	80.29	5.49
213	乙环唑-2	Etaconazole-2	0.0250	99.11	4.08	0.1000	84.53	7.19	0.1250	81.20	8.69	0.5000	80.68	3.17
214	乙丁烯氟灵	Ethalfluralin	0.0333	76.95	5.22	0.1333	61.07	9.45	0.1667	80.33	3.36	0.6667	74.68	3.53
215	乙硫苯威	Ethiofencarb	0.0833	61.08	2.86	0.3333	82.76	19.11	0.4167	77.94	3.85	1.6667	84.39	6.31
216	乙硫磷	Ethion	0.0167	86.90	4.93	0.0667	88.00	5.58	0.0833	87.14	2.32	0.3333	78.92	3.72
217	乙氧呋草黄	Ethofumesate	0.0167	94.47	6.28	0.0667	90.03	3.26	0.0833	88.53	1.61	0.3333	88.78	2.77
218	灭线磷	Ethoprophos	0.0250	87.82	6.77	0.1000	87.01	2.41	0.1250	84.95	2.15	0.5000	85.69	2.34
219	醚菊酯	Etofenprox	0.0083	65.41	8.68	0.0333	75.99	11.11	0.0417	94.69	6.77	0.1667	113.64	6.22
220	乙螨唑	Etoxazole	0.0500	81.19	6.21	0.2000	83.28	8.49	0.2500	65.37	13.36	1.0000	76.51	1.72
221	土菌灵	Etridiazol	0.0250	46.28	30.51	0.1000	63.75	14.00	0.1250	89.59	10.60	0.5000	65.45	5.42
222	乙嘧硫磷	Etrimfos	0.0083	85.16	3.32	0.0333	90.67	7.68	0.0417	86.72	2.36	0.1667	78.77	4.15

续表

序号	中文名称	英文名称	牛奶低水平添加			牛奶高水平添加			奶粉低水平添加			奶粉高水平添加		
			添加量/(mg/L)	回收率/%	RSD/%	添加量/(mg/L)	回收率/%	RSD/%	添加量/(mg/kg)	回收率/%	RSD/%	添加量/(mg/kg)	回收率/%	RSD/%
223	伐灭磷	Famphur	0.0333	82.76	18.09	0.1333	86.82	3.69	0.1667	0.00	—	0.6667	86.02	15.88
224	咪唑菌酮	Fenamidone	0.0083	89.16	3.88	0.0333	94.10	3.38	0.0417	87.23	6.09	0.1667	100.75	11.92
225	苯线磷	Fenamiphos	0.0250	92.54	8.15	0.1000	74.82	5.69	0.1250	36.10	132.63	0.5000	78.07	5.59
226	苯线磷砜	Fenamiphos sulfone	0.0333	72.96	8.12	0.1333	99.68	4.11	0.1667	72.96	8.12	0.6667	114.62	5.17
227	苯线磷亚砜	Fenamiphos sulfoxide	0.2667	79.39	6.61	1.0667	90.23	10.50	1.3333	79.39	6.61	5.3333	75.91	11.28
228	氯苯嘧啶醇	Fenarimol	0.0167	96.62	8.69	0.0667	86.01	3.30	0.0833	91.29	2.34	0.3333	84.65	2.65
229	喹螨醚	Fenazaquin	0.0083	71.50	13.20	0.0333	—	—	0.0417	69.12	15.09	0.1667	96.56	5.04
230	腈苯唑	Fenbuconazole	0.0167	78.51	9.77	0.0667	100.36	5.35	0.0833	78.51	9.77	0.3333	101.61	3.37
231	皮蝇磷	Fenchlorphos	0.0333	80.19	2.14	0.1333	80.16	5.08	0.1667	87.07	3.07	0.6667	87.38	1.71
232	甲呋酰胺	Fenfuram	0.0167	72.81	4.57	0.0667	70.44	3.04	0.0833	75.75	4.20	0.3333	76.45	2.59
233	环酰菌胺	Fenhexamid	0.1667	105.62	10.97	0.6667	89.05	11.73	0.8333	97.49	12.41	3.3333	78.66	4.86
234	杀螟硫磷	Fenitrothion	0.0167	86.11	8.03	0.0667	88.72	4.34	0.0833	86.97	2.12	0.3333	72.61	8.81
235	仲丁威	Fenobucarb	0.0167	85.77	3.81	0.0667	86.66	5.35	0.0833	92.52	1.51	0.3333	97.78	3.14
236	氰菌胺	Fenoxanil	0.0167	62.98	11.12	0.0667	100.63	16.41	0.0833	98.87	18.53	0.3333	103.31	10.16
237	苯氧威	Fenoxycarb	0.0500	84.61	11.01	0.2000	82.74	9.15	0.2500	104.51	10.17	1.0000	93.89	5.03
238	拌种咯	Fenpiclonil	0.0333	84.76	7.68	0.1333	98.60	2.70	0.1667	84.76	7.67	0.6667	119.08	19.34
239	甲氰菊酯	Fenpropathrin	0.0167	77.46	8.43	0.0667	82.32	1.76	0.0833	92.51	6.57	0.3333	85.35	2.70
240	苯锈啶	Fenpropidin	0.0167	81.16	17.61	0.0667	74.24	10.66	0.0833	0.00	—	0.3333	0.00	—
241	丁苯吗啉	Fenpropimorph	0.0083	63.79	16.74	0.0333	79.46	14.65	0.0417	66.54	9.72	0.1667	83.72	10.93
242	唑螨酯	Fenpyroximate	0.0667	82.93	4.72	0.2667	92.71	6.67	0.3333	86.28	6.28	1.3333	102.42	11.68
243	芬溴酯	Fenson	0.0083	86.22	2.09	0.0333	88.26	3.05	0.0417	104.46	8.26	0.1667	92.28	1.65
244	丰索磷	Fensulfothion	0.0167	91.15	4.18	0.0667	84.53	13.72	0.0833	69.79	18.57	0.3333	71.36	5.75
245	倍硫磷	Fenthion	0.0083	87.65	7.62	0.0333	89.07	5.01	0.0417	87.74	1.92	0.1667	78.14	3.79
246	倍硫磷砜	Fenthion sulfone	0.0333	90.06	4.21	0.1333	96.45	3.56	0.1667	90.06	4.21	0.6667	102.94	2.91
247	倍硫磷亚砜	Fenthion sulfoxide	0.0333	88.60	2.54	0.1333	98.75	9.93	0.1667	88.60	2.54	0.6667	96.20	12.86

续表

序号	中文名称	英文名称	牛奶低水平添加			牛奶高水平添加			奶粉低水平添加			奶粉高水平添加		
			添加量/(mg/L)	回收率/%	RSD/%	添加量/(mg/L)	回收率/%	RSD/%	添加量/(mg/kg)	回收率/%	RSD/%	添加量/(mg/kg)	回收率/%	RSD/%
248	氰戊菊酯-1	Fenvalerate-1	0.0333	87.03	7.64	0.1333	97.65	9.86	0.1667	91.72	13.37	0.6667	102.51	8.75
249	氰戊菊酯-2	Fenvalerate-2	0.0333	89.01	15.46	0.1333	102.94	6.79	0.1667	102.94	11.03	0.6667	92.40	3.55
250	麦草氟异丙酯	Flamprop-isopropyl	0.0083	92.51	7.61	0.0333	88.92	2.23	0.0417	87.33	1.28	0.1667	87.19	2.27
251	麦草氟甲酯	Flamprop-methyl	0.0083	94.87	7.40	0.0333	87.49	2.77	0.0417	86.52	1.46	0.1667	87.60	2.08
252	吡氟禾草灵	Fluazifop-butyl	0.0083	84.29	2.49	0.0333	92.01	2.66	0.0417	111.54	4.37	0.1667	97.76	2.26
253	氟啶胺	Fluazinam	0.0667	0.00	—	0.2667	104.84	8.84	0.3333	0.00	—	1.3333	100.93	16.02
254	氯乙氟灵	Fluchloralin	0.0333	71.03	5.01	0.1333	84.09	3.77	0.1667	89.97	3.68	0.6667	92.82	3.66
255	氟氰戊菊酯-1	Flucythrinate-1	0.0167	78.96	19.76	0.0667	86.89	8.87	0.0833	92.92	8.14	0.3333	112.32	2.44
256	氟氰戊菊酯-2	Flucythrinate-2	0.0167	84.45	10.65	0.0667	112.55	4.90	0.0833	104.14	13.22	0.3333	108.89	6.95
257	咯菌腈	Fludioxonil	0.0083	92.71	10.61	0.0333	94.68	5.08	0.0417	92.92	7.51	0.1667	105.04	3.80
258	氟噻草胺	Flufenacet	0.0667	88.76	4.90	0.2667	89.73	10.71	0.3333	38.59	20.65	1.3333	92.36	13.91
259	氟虫脲	Flufenoxuron	0.0250	130.34	19.15	0.1000	79.83	12.99	0.1250	102.26	10.19	0.5000	114.29	8.77
260	氟节胺	Flumetralin	0.0167	71.95	3.06	0.0667	81.28	13.16	0.0833	98.70	4.15	0.3333	93.66	3.07
261	氟烯草酸	Flumiclorac-pentyl	0.0167	74.83	6.08	0.0667	94.42	4.70	0.0833	95.14	2.25	0.3333	104.29	4.07
262	丙炔氟草胺	Flumioxazin	0.0167	72.40	13.59	0.0667	107.28	6.98	0.0833	67.24	5.64	0.3333	99.24	4.17
263	氟咯草酮	Fluorochloridone	0.0167	78.01	14.96	0.0667	78.83	3.12	0.0833	86.60	14.48	0.3333	85.60	4.01
264	三氟硝草醚	Fluorodifen	0.0083	75.73	8.93	0.0333	90.14	6.76	0.0417	101.42	5.04	0.1667	100.60	5.15
265	乙羧氟草醚	Fluoroglycofen-ethyl	0.1000	68.86	8.75	0.4000	87.36	5.75	0.5000	99.25	8.45	2.0000	115.41	5.90
266	三氟苯唑	Fluotrimazole	0.0083	97.78	3.97	0.0333	88.41	3.78	0.0417	97.78	3.97	0.1667	107.57	2.26
267	氟喹唑	Fluquinconazole	0.0083	101.49	7.63	0.0333	87.74	5.30	0.0417	101.49	7.63	0.1667	111.55	5.94
268	氟草烟-1-甲庚酯	Fluroxypr-1-methylheptyl ester	0.0083	88.87	0.81	0.0333	81.02	4.69	0.0417	88.87	0.81	0.1667	111.56	5.46
269	呋草酮	Flurtamone	0.0167	78.98	4.85	0.0667	94.94	4.66	0.0833	74.09	6.79	0.3333	77.50	7.81
270	氟唑	Flusilazole	0.0250	78.74	11.74	0.1000	96.52	2.28	0.1250	96.24	8.86	0.5000	96.22	1.96
271	氟酰胺	Flutolanil	0.0083	89.01	5.24	0.0333	90.07	3.09	0.0417	90.56	2.18	0.1667	82.68	2.55
272	粉唑醇	Flutriafol	0.0167	84.78	4.29	0.0667	104.29	13.28	0.0833	84.78	4.29	0.3333	99.12	3.66

续表

序号	中文名称	英文名称	牛奶低水平添加 添加量/(mg/L)	回收率/%	RSD/%	牛奶高水平添加 添加量/(mg/L)	回收率/%	RSD/%	奶粉低水平添加 添加量/(mg/kg)	回收率/%	RSD/%	奶粉高水平添加 添加量/(mg/kg)	回收率/%	RSD/%
273	灭菌丹	Folpet	0.1000	0.00	—	0.4000	78.54	13.20	0.5000	85.42	8.65	2.0000	72.74	3.52
274	地虫硫磷	Fonofos	0.0083	81.36	4.61	0.0333	89.41	6.76	0.0417	86.36	2.31	0.1667	77.28	4.48
275	安硫磷	Formothion	0.0167	82.97	4.03	0.0667	97.77	4.86	0.0833	87.16	6.02	0.3333	112.14	3.98
276	麦穗灵	Fuberidazole	0.0417	0.00	—	0.1667	0.00	—	0.2083	0.00	—	0.8333	82.31	18.88
277	呋霜灵	Furalaxyl	0.0167	89.66	4.49	0.0667	93.52	3.04	0.0833	78.67	4.29	0.3333	80.76	3.56
278	拌种胺	Furmecyclox	0.0250	0.00	—	0.1000	45.67	10.74	0.1250	20.20	4.59	0.5000	25.77	50.57
279	精高效氯氟氰菊酯-1	γ-Cyhalothrin-1	0.0067	87.41	6.37	0.0267	70.73	15.89	0.0333	39.73	25.10	0.1333	67.96	18.21
280	精高效氯氟氰菊酯-2	γ-Cyhalothrin-2	0.0067	81.32	7.54	0.0267	—	—	0.0333	83.56	6.06	—	—	—
281	林丹	γ-HCH	0.0167	84.35	3.36	0.0667	83.67	3.87	0.0833	93.10	1.26	0.3333	96.57	3.26
282	苄螨醚	Halfenprox	0.0167	63.50	7.03	0.0667	72.09	13.32	0.0833	78.41	8.67	0.3333	90.43	1.09
283	氯吡嘧磺隆	Halosulfuron-methyl	0.1667	177.57	24.12	0.6667	91.64	29.35	0.8333	98.03	13.82	3.3333	80.85	13.92
284	七氯	Heptachlor	0.0250	60.65	3.47	0.1000	75.29	5.04	0.1250	90.04	2.38	0.5000	95.74	3.35
285	庚烯磷	Heptanophos	0.0250	89.03	6.53	0.1000	85.56	2.92	0.1250	84.74	2.34	0.5000	84.99	3.37
286	六氯苯	Hexachlorobenzene	0.0083	45.75	8.24	0.0333	52.77	3.67	0.0417	80.33	1.88	0.1667	80.11	4.09
287	己唑醇	Hexaconazole	0.0500	84.21	16.44	0.2000	78.05	6.32	0.2500	87.78	1.89	1.0000	61.39	9.96
288	氟铃脲	Hexaflumuron	0.0500	99.59	15.02	0.2000	96.25	1.74	0.2500	104.68	13.21	1.0000	110.10	6.26
289	环嗪酮	Hexazinone	0.0250	113.58	4.11	0.1000	73.14	16.17	0.1250	93.06	5.23	0.5000	91.27	18.34
290	噻螨酮	Hexythiazox	0.0667	88.64	7.42	0.2667	77.49	8.10	0.3333	88.64	7.42	1.3333	99.68	8.34
291	抑霉唑	Imazalil	0.0333	0.00	—	0.1333	63.66	41.22	0.1667	0.00	6.54	0.6667	50.65	19.25
292	甲基咪草酯	Imazamethabenz-methyl	0.0250	0.00	—	0.1000	—	—	—	—	—	—	—	—
293	脱苯甲基亚胺唑	Imibenconazole-des-benzyl	0.0333	77.40	30.11	0.1333	91.58	6.62	0.1667	88.32	23.73	0.6667	86.59	18.32
294	炔咪菊酯-1	Imiprothrin-1	0.0167	98.18	7.12	0.0667	—	—	0.0833	98.18	7.12	—	—	—
295	炔咪菊酯-2	Imiprothrin-2	0.0167	89.43	6.54	0.0667	—	—	0.0833	89.43	6.54	—	—	—
296	碘硫磷	Iodofenphos	0.0167	79.06	9.79	0.0667	82.18	2.14	0.0833	86.78	2.54	0.3333	85.60	2.71
297	异稻瘟净	Iprobenfos	0.0250	70.59	2.66	0.1000	91.08	3.02	0.1250	94.43	2.73	0.5000	98.35	2.20

续表

序号	中文名称	英文名称	牛奶低水平添加			牛奶高水平添加			奶粉低水平添加			奶粉高水平添加		
			添加量/(mg/L)	回收率/%	RSD/%	添加量/(mg/L)	回收率/%	RSD/%	添加量/(mg/kg)	回收率/%	RSD/%	添加量/(mg/kg)	回收率/%	RSD/%
298	异丙菌胺-1	Iprovalicarb-1	0.0333	89.51	18.92	0.1333	79.89	10.98	0.1667	88.23	3.61	0.6667	86.62	3.52
299	异丙菌胺-2	Iprovalicarb-2	0.0333	88.75	7.37	0.1333	81.84	14.05	0.1667	89.37	3.63	0.6667	87.19	1.34
300	氯唑磷	Isazofos	0.0167	94.22	4.56	0.0667	98.58	9.42	0.0833	100.31	8.30	0.3333	104.03	3.24
301	丁脒酰胺	Isocarbamid	0.0417	82.00	3.91	0.1667	98.43	4.88	0.2083	82.00	3.91	0.8333	107.77	5.53
302	水胺硫磷	Isocarbophos	0.0167	88.70	4.03	0.0667	88.08	4.81	0.0833	88.70	4.03	0.3333	99.91	2.98
303	异艾氏剂	Isodrin	0.0083	91.54	6.39	0.0333	70.07	6.67	0.0417	91.54	6.39	0.1667	96.43	3.53
304	异柳磷	Isofenphos	0.0167	87.48	7.30	0.0667	98.65	12.20	0.0833	84.86	4.63	0.3333	109.55	3.01
305	丁嗪草酮	Isomethiozin	0.0167	84.49	3.45	0.0667	83.04	4.21	0.0833	84.49	3.45	0.3333	96.89	3.42
306	异丙威-1	Isoprocarb-1	0.0167	80.26	6.96	0.0667	97.04	7.01	0.0833	90.09	13.80	0.3333	92.43	9.50
307	异丙威-2	Isoprocarb-2	0.0167	91.96	4.02	0.0667	90.80	3.68	0.0833	69.77	8.06	0.3333	73.12	4.10
308	异丙乐灵	Isopropalin	0.0167	61.32	5.77	0.0667	64.79	12.65	0.0833	84.60	3.68	0.3333	73.63	3.67
309	稻瘟灵	Isoprothiolane	0.0167	85.48	5.45	0.0667	94.01	3.16	0.0833	79.31	4.39	0.3333	79.90	3.43
310	亚胺菌	Kresoxim-methyl	0.0083	90.52	4.67	0.0333	82.68	6.52	0.0417	100.05	7.07	0.1667	102.68	3.39
311	高效氯氟氰菊酯	Lambda-cyhalothrin	0.0083	76.94	7.30	0.0333	110.73	3.65	0.0417	110.46	2.70	0.1667	102.07	3.51
312	环草定	Lenacil	0.0833	87.71	4.14	0.3333	86.16	4.99	0.4167	87.71	4.14	1.6667	98.89	3.89
313	溴苯磷	Leptophos	0.0167	66.36	6.98	0.0667	74.81	1.46	0.0833	87.76	3.90	0.3333	81.92	1.71
314	利谷隆	Linuron	0.0333	112.61	18.89	0.1333	75.15	6.81	0.1667	0.00	—	0.6667	0.00	—
315	马拉氧磷	Malaoxon	0.1333	99.59	5.86	0.5333	93.24	5.52	0.6667	64.52	9.86	2.6667	66.86	6.30
316	马拉硫磷	Malathion	0.0333	87.56	5.34	0.1333	90.20	3.88	0.1667	90.13	2.35	0.6667	83.12	12.47
317	2-甲-4-氯丁氧乙基酯	MCPA-butoxyethyl ester	0.0083	90.64	6.13	0.0333	84.20	4.29	0.0417	90.64	6.13	0.1667	98.55	2.63
318	灭虫磷	Mecarbam	0.0333	94.25	12.13	0.1333	88.72	4.22	0.1667	87.36	7.28	0.6667	109.12	7.92
319	苯噻酰草胺	Mefenacet	0.0250	36.61	7.13	0.1000	93.76	2.65	0.1250	94.15	11.16	0.5000	94.32	5.34
320	精甲霜灵	Mefenoxam	0.0167	90.04	4.96	0.0667	91.36	4.26	0.0833	75.05	7.19	0.3333	76.31	3.40
321	吡唑解草酯	Mefenpyr-diethyl	0.0250	88.55	9.76	0.1000	105.91	5.25	0.1250	98.13	9.21	0.5000	89.12	5.83
322	地胺磷	Mephosfolan	0.0167	77.72	7.51	0.0667	97.87	4.97	0.0833	77.72	7.51	0.3333	112.81	7.32

续表

序号	中文名称	英文名称	牛奶低水平添加 添加量/(mg/L)	回收率/%	RSD/%	牛奶高水平添加 添加量/(mg/L)	回收率/%	RSD/%	奶粉低水平添加 添加量/(mg/kg)	回收率/%	RSD/%	奶粉高水平添加 添加量/(mg/kg)	回收率/%	RSD/%
323	灭锈胺	Mepronil	0.0083	84.34	6.07	0.0333	88.39	3.30	0.0417	97.84	1.43	0.1667	94.82	2.13
324	甲霜灵	Metalaxyl	0.0250	91.00	3.23	0.1000	89.74	5.62	0.1250	80.87	8.74	0.5000	78.59	3.55
325	吡唑草胺	Metazachlor	0.0250	91.97	4.16	0.1000	89.99	4.62	0.1250	87.40	2.07	0.5000	77.85	3.89
326	甲基苯噻隆	Methabenzthiazuron	0.0833	87.61	3.61	0.3333	86.03	4.88	0.4167	87.61	3.61	1.6667	98.41	3.30
327	虫螨畏	Methacrifos	0.0083	82.25	5.59	0.0333	98.19	19.19	0.0417	84.27	2.93	0.1667	110.87	9.95
328	呋菌胺	Methfuroxam	0.0083	0.00	—	0.0333	41.51	28.98	0.0417	0.00	—	0.1667	0.00	—
329	杀扑磷	Methidathion	0.0167	106.65	9.26	0.0667	93.45	6.71	0.0833	90.36	3.23	0.3333	0.00	—
330	甲硫威砜	Methiocarb sulfone	0.2667	78.32	5.82	1.0667	—	—	1.3333	—	—	—	—	—
331	烯虫酯	Methoprene	0.0333	70.58	4.90	0.1333	104.16	9.69	0.1667	88.28	3.00	0.6667	107.00	5.05
332	盖草津	Methoprotryne	0.0250	103.01	11.92	0.1000	65.66	16.12	0.1250	89.57	1.48	0.5000	65.60	6.37
333	甲醚菊酯-1	Methothrin-1	0.0167	75.87	10.20	0.0667	110.98	1.27	0.0833	69.82	10.80	0.3333	77.97	2.62
334	甲醚菊酯-2	Methothrin-2	0.0167	87.09	10.66	0.0667	102.39	2.17	0.0833	79.41	6.69	0.3333	82.19	2.94
335	甲氧滴滴涕	Methoxychlor	0.0667	78.07	13.52	0.2667	87.31	5.23	0.3333	87.16	1.87	1.3333	76.94	4.02
336	甲基对硫磷	Methyl-parathion	0.0333	91.38	7.40	0.1333	88.88	4.17	0.1667	86.19	1.76	0.6667	77.16	3.84
337	异丙甲草胺	Metolachlor	0.0083	17.53	4.96	0.0333	89.76	2.70	0.0417	84.10	1.71	0.1667	86.27	1.96
338	苯氧菌胺	Metominostrobin(E)	0.0333	80.27	3.78	0.1333	—	—	0.1667	84.85	6.98	—	—	—
339	嗪草酮	Metribuzin	0.0250	89.96	11.33	0.1000	90.66	3.44	0.1250	94.15	3.41	0.5000	92.65	2.62
340	速灭磷	Mevinphos	0.0167	94.18	6.35	0.0667	76.46	13.35	0.0833	81.99	5.56	0.3333	89.28	1.47
341	兹克威	Mexacarbate	0.0250	45.70	29.40	0.1000	23.04	20.40	0.1250	48.40	122.29	0.5000	78.09	5.00
342	灭蚁灵	Mirex	0.0083	37.12	6.23	0.0333	73.46	8.70	0.0417	88.13	10.32	0.1667	74.77	5.57
343	禾草敌	Molinate	0.0083	74.14	4.77	0.0333	83.66	3.86	0.0417	90.76	2.90	0.1667	96.80	2.25
344	庚酰草胺	Monalide	0.0167	89.15	5.02	0.0667	84.93	4.12	0.0833	89.15	5.02	0.3333	97.83	4.23
345	绿谷隆	Monolinuron	0.0333	104.03	11.53	0.1333	100.52	10.87	0.1667	77.86	15.26	0.6667	82.93	3.92
346	合成麝香	Musk ambrette	0.0083	85.76	5.38	0.0333	82.29	5.23	0.0417	85.76	5.38	0.1667	97.87	2.97
347	麝香酮	Musk ketone	0.0083	85.69	5.25	0.0333	86.72	4.68	0.0417	85.69	5.25	0.1667	96.84	4.76

续表

序号	中文名称	英文名称	牛奶低水平添加			牛奶高水平添加			奶粉低水平添加			奶粉高水平添加		
			添加量/(mg/L)	回收率/%	RSD/%	添加量/(mg/L)	回收率/%	RSD/%	添加量/(mg/kg)	回收率/%	RSD/%	添加量/(mg/kg)	回收率/%	RSD/%
348	麝香	Musk moskene	0.0083	98.69	9.30	0.0333	—	—	0.0417	98.69	9.30	—	—	—
349	二甲苯麝香	Musk xylene	0.0083	80.20	6.67	0.0333	78.72	5.28	0.0417	80.20	6.67	0.1667	96.84	3.12
350	腈菌唑	Myclobutanil	0.0083	92.03	1.71	0.0333	80.79	7.39	0.0417	76.93	18.45	0.1667	83.66	8.20
351	敌草胺	Napropamide	0.0250	88.30	3.54	0.1000	90.27	5.48	0.1250	89.11	6.21	0.5000	84.62	4.61
352	甲磺乐灵	Nitralin	0.0833	76.29	6.49	0.3333	77.59	7.87	0.4167	76.29	6.49	1.6667	100.12	2.36
353	三氯甲基吡啶	Nitrapyrin	0.0250	79.67	13.70	0.1000	72.75	7.70	0.1250	73.90	3.96	0.5000	80.09	12.71
354	除草醚	Nitrofen	0.0500	81.70	9.83	0.2000	82.74	2.72	0.2500	83.17	2.70	1.0000	86.66	2.67
355	酞菌酯	Nitrothal-isopropyl	0.0167	83.74	3.97	0.0667	84.11	6.31	0.0833	83.74	3.97	0.3333	100.68	2.95
356	氟草敏	Norflurazon	0.0083	102.27	3.65	0.0333	78.35	7.76	0.0417	74.22	11.80	0.1667	82.04	5.02
357	氟苯嘧啶醇	Nuarimol	0.0167	90.31	4.95	0.0667	92.41	6.19	0.0833	88.49	6.48	0.3333	108.61	15.41
358	八氯苯乙烯	Octachlorostyrene	0.0083	76.22	14.49	0.0333	—	—	0.0417	76.22	14.49	—	—	—
359	噁草酮	Oxadiazone	0.0083	84.75	4.91	0.0333	88.76	5.44	0.0417	91.56	4.68	0.1667	83.49	5.32
360	噁霜灵	Oxadixyl	0.0083	42.91	10.71	0.0333	69.60	7.93	0.0417	91.65	8.95	0.1667	75.20	5.06
361	氧化氯丹	Oxychlordane	0.0083	51.80	56.14	0.0333	75.59	1.08	0.0417	86.47	2.92	0.1667	87.06	2.01
362	乙氧氟草醚	Oxyfluorofen	0.0333	82.76	10.36	0.1333	84.64	2.29	0.1667	83.10	3.10	0.6667	85.40	2.45
363	p,p'-滴滴滴	p,p'-DDD	0.0083	74.01	3.53	0.0333	85.01	6.27	0.0417	87.61	2.22	0.1667	78.41	3.75
364	p,p'-滴滴伊	p,p'-DDE	0.0083	54.00	10.54	0.0333	69.24	2.72	0.0417	84.63	1.77	0.1667	86.26	2.00
365	p,p'-滴滴涕	p,p'-DDT	0.0167	62.42	3.08	0.0667	74.68	0.92	0.0833	78.94	4.62	0.3333	85.48	4.16
366	多效唑	Paclobutrazol	0.0250	100.53	9.45	0.1000	81.65	7.61	0.1250	84.12	1.51	0.5000	79.53	6.42
367	对氧磷	Paraoxon-ethyl	0.2667	92.06	6.68	1.0667	—	—	1.3333	92.06	6.68	—	—	—
368	对硫磷	Parathion	0.0333	0.00	—	0.1333	102.94	15.10	0.1667	93.29	5.85	0.6667	105.90	8.75
369	克草敌	Pebulate	0.0250	65.89	11.08	0.1000	76.07	5.01	0.1250	81.95	1.86	0.5000	81.37	8.12
370	戊菌唑	Penconazole	0.0250	84.39	3.59	0.1000	90.09	3.77	0.1250	92.34	5.66	0.5000	98.07	2.14
371	戊菌隆	Pencycuron	0.0333	76.80	9.02	0.1333	93.56	5.55	0.1667	78.83	5.33	0.6667	74.35	5.15
372	二甲戊灵	Pendimethalin	0.0333	75.82	7.18	0.1333	83.78	5.92	0.1667	86.91	2.34	0.6667	77.11	3.95

续表

序号	中文名称	英文名称	牛奶低水平添加			牛奶高水平添加			奶粉低水平添加			奶粉高水平添加		
			添加量/(mg/L)	回收率/%	RSD/%	添加量/(mg/L)	回收率/%	RSD/%	添加量/(mg/kg)	回收率/%	RSD/%	添加量/(mg/kg)	回收率/%	RSD/%
373	五氯苯胺	Pentachloroaniline	0.0083	80.39	5.49	0.0333	71.84	6.05	0.0417	80.39	5.49	0.1667	94.12	3.90
374	五氯甲氧基苯	Pentachloroanisole	0.0083	64.87	5.13	0.0333	62.27	7.86	0.0417	64.87	5.13	0.1667	93.32	3.74
375	五氯苯	Pentachlorobenzene	0.0083	48.04	17.09	0.0333	51.31	14.20	0.0417	48.04	17.09	0.1667	88.55	4.25
376	氯菊酯	Permethrin	0.0167	62.44	0.67	0.0667	83.49	3.78	0.0833	96.21	2.97	0.3333	99.69	8.34
377	乙滴涕	Perthane	0.0083	74.43	4.75	0.0333	76.33	5.03	0.0417	74.43	4.75	0.1667	10.84	141.21
378	菲	Phenanthrene	0.0083	78.12	4.79	0.0333	85.56	4.19	0.0417	73.37	3.33	0.1667	73.49	2.23
379	家蝇磷	Phenkapton	0.0500	110.43	7.17	0.2000	116.55	5.81	0.2500	116.77	5.77	1.0000	72.09	13.79
380	苯醚菊酯	Phenothrin	0.0083	60.53	2.94	0.0333	85.26	6.14	0.0417	103.63	4.08	0.1667	102.88	2.85
381	稻丰散	Phenthoate	0.0167	89.75	5.08	0.0667	93.23	2.73	0.0833	79.04	5.09	0.3333	79.96	3.47
382	甲拌磷	Phorate	0.0083	77.74	5.77	0.0333	80.89	6.62	0.0417	85.93	3.92	0.1667	77.10	4.32
383	甲拌磷砜	Phorate sulfone	0.0083	108.45	8.46	0.0333	92.69	8.37	0.0417	108.45	8.46	0.1667	98.09	6.48
384	伏杀硫磷	Phosalone	0.0167	99.10	11.05	0.0667	86.92	3.03	0.0833	86.94	6.19	0.3333	86.58	3.81
385	亚胺硫磷	Phosmet	0.0167	93.71	6.79	0.0667	95.75	9.40	0.0833	93.64	5.38	0.3333	91.76	18.09
386	磷胺-1	Phosphamidon-1	0.0667	0.00	—	0.2667	81.06	5.77	0.3333	87.91	15.77	1.3333	76.53	7.52
387	磷胺-2	Phosphamidon-2	0.0667	94.66	8.41	0.2667	99.24	6.41	0.3333	7.07	27.01	1.3333	68.50	5.90
388	邻苯二甲酸丁苄酯	Phthalic acid,benzyl butyl ester	0.0083	99.60	12.17	0.0333	92.23	6.46	0.0417	99.00	12.17	0.1667	103.92	7.50
389	邻苯二甲酰亚胺	Phthalimide	0.0167	81.58	11.64	0.0667	87.40	16.97	0.0833	71.37	19.46	0.3333	79.97	3.53
390	啶氧菌酯	Picoxystrobin	0.0167	89.30	4.51	0.0667	94.43	2.73	0.0833	79.52	4.26	0.3333	80.83	3.77
391	增效醚	Piperonyl butoxide	0.0083	79.53	3.06	0.0333	116.84	2.03	0.0417	107.55	2.22	0.1667	98.44	2.42
392	哌草磷	Piperophos	0.0250	91.43	5.09	0.1000	94.34	3.42	0.1250	99.53	10.86	0.5000	79.18	2.25
393	抗蚜威	Pirimicarb	0.0167	62.66	11.27	0.0667	64.16	10.80	0.0833	0.00	—	0.3333	0.55	17.45
394	嘧啶磷	Pirimiphos-ethyl	0.0167	81.31	6.73	0.0667	79.45	4.49	0.0833	88.83	1.72	0.3333	74.44	8.00
395	甲基嘧啶磷	Pirimiphos-methyl	0.0083	87.85	7.02	0.0333	92.31	18.71	0.0417	89.36	1.60	0.1667	80.88	6.09
396	三氯杀虫酯	Plifenate	0.0167	90.57	8.24	0.0667	101.75	8.26	0.0833	89.46	3.28	0.3333	98.80	2.91
397	腐霉利	Procymidone	0.0083	84.41	3.48	0.0333	93.15	8.04	0.0417	85.70	1.45	0.1667	81.06	4.45

续表

序号	中文名称	英文名称	牛奶低水平添加			牛奶高水平添加			奶粉低水平添加			奶粉高水平添加		
			添加量/(mg/L)	回收率/%	RSD/%	添加量/(mg/L)	回收率/%	RSD/%	添加量/(mg/kg)	回收率/%	RSD/%	添加量/(mg/kg)	回收率/%	RSD/%
398	丙溴磷	Profenofos	0.0500	91.77	9.69	0.2000	86.52	3.12	0.2500	84.66	2.78	1.0000	85.95	4.38
399	环丙氟灵	Profluralin	0.0333	68.87	7.80	0.1333	72.25	1.71	0.1667	84.38	2.68	0.6667	82.08	2.57
400	苯莉酮	Prohydrojasmon	0.0333	97.33	5.12	0.1333	—	—	0.1667	96.00	6.43	—	—	—
401	扑灭通	Prometon	0.0250	77.88	15.07	0.1000	85.73	6.53	0.1250	98.48	3.23	0.5000	88.88	11.28
402	扑草净	Prometryne	0.0083	86.71	3.58	0.0333	73.78	15.50	0.0417	95.29	6.70	0.1667	80.67	3.35
403	炔丙烯草胺	Pronamide	0.0083	87.21	3.54	0.0333	90.44	7.12	0.0417	83.19	7.32	0.1667	80.84	6.30
404	毒草胺	Propachlor	0.0250	87.00	6.14	0.1000	85.71	2.12	0.1250	84.85	1.92	0.5000	84.48	3.06
405	霜霉威	Propamocarb	0.0250	94.17	14.99	0.1000	80.44	13.10	0.1250	22.68	138.64	0.5000	75.65	8.82
406	敌稗	Propanil	0.0167	104.47	7.70	0.0667	85.95	4.81	0.0833	66.18	13.26	0.3333	86.22	1.91
407	丙虫磷	Propaphos	0.0167	77.86	3.59	0.0667	109.86	7.46	0.0833	89.25	7.73	—	—	—
408	炔螨特	Propargite	0.0167	34.95	18.13	0.0667	105.86	4.89	0.0833	25.73	13.15	0.3333	99.74	7.45
409	扑灭津	Propazine	0.0083	90.66	6.76	0.0333	87.55	2.10	0.0417	89.53	0.70	0.1667	87.10	2.51
410	胺丙畏	Propetamphos	0.0083	83.06	3.52	0.0333	90.65	4.39	0.0417	85.43	2.60	0.1667	78.32	3.82
411	苯胺灵	Propham	0.0083	112.59	11.10	0.0333	99.04	9.36	0.0417	100.15	5.59	0.1667	106.39	10.35
412	丙环唑-1	Propiconazole-1	0.0250	93.06	7.41	0.1000	91.68	12.26	0.1250	82.81	17.09	0.5000	83.20	3.81
413	丙环唑-2	Propiconazole-2	0.0250	112.15	19.11	0.1000	88.63	4.96	0.1250	80.01	7.92	0.5000	79.41	3.04
414	异丙草胺	Propisochlor	0.0083	81.40	5.20	0.0333	—	—	0.0417	86.50	9.28	—	—	—
415	残杀威-1	Propoxur-1	0.0167	81.43	6.16	0.0667	95.73	7.42	0.0833	81.61	8.11	0.3333	85.20	5.93
416	残杀威-2	Propoxur-2	0.0167	98.01	5.36	0.0667	90.14	4.30	0.0833	69.58	10.25	0.3333	70.11	6.75
417	炔苯酰草胺	Propyzamide	0.0167	88.97	4.77	0.0667	92.62	2.55	0.0833	65.22	9.65	0.3333	69.26	19.53
418	苄草丹	Prosulfocarb	0.0083	89.47	6.32	0.0333	82.73	5.07	0.0417	89.47	6.32	0.1667	96.87	3.02
419	丙硫磷	Prothiophos	0.0083	68.68	4.62	0.0333	86.70	5.05	0.0417	87.57	2.09	0.1667	80.34	5.16
420	吡唑硫磷	Pyraclofos	0.0667	87.75	4.31	0.2667	—	—	0.3333	82.45	6.88	—	—	—
421	百克敏	Pyraclostrobin	0.2000	0.00	—	0.8000	63.99	13.43	1.0000	0.00	—	4.0000	69.13	17.66
422	吡草醚	Pyraflufen ethyl	0.0167	79.09	7.32	0.0667	96.26	3.12	0.0833	80.26	7.43	0.3333	82.18	3.53

续表

序号	中文名称	英文名称	牛奶低水平添加			牛奶高水平添加			奶粉低水平添加			奶粉高水平添加		
			添加量/(mg/L)	回收率/%	RSD/%	添加量/(mg/L)	回收率/%	RSD/%	添加量/(mg/kg)	回收率/%	RSD/%	添加量/(mg/kg)	回收率/%	RSD/%
423	吡菌磷	Pyrazophos	0.0167	96.58	10.89	0.0667	100.97	5.14	0.0833	89.86	3.98	0.3333	90.03	4.90
424	杀草丹	Pyributicarb	0.0167	91.55	10.24	0.0667	95.36	3.43	0.0833	77.94	9.71	0.3333	78.06	2.56
425	哒螨灵	Pyridaben	0.0083	70.05	5.27	0.0333	91.01	3.11	0.0417	97.78	2.68	0.1667	104.07	2.90
426	哒嗪硫磷	Pyridaphenthion	0.0083	98.41	6.68	0.0333	87.72	5.87	0.0417	85.12	11.97	0.1667	82.63	3.98
427	啶斑肟-1	Pyrifenox-1	0.0667	43.84	28.15	0.2667	49.25	18.44	0.3333	4.15	19.78	1.3333	1.29	12.69
428	环酯草醚	Pyriftalid	0.0083	91.75	9.48	0.0333	81.13	13.02	0.0417	87.84	2.06	0.1667	89.72	1.77
429	嘧霉胺	Pyrimethanil	0.0083	80.00	6.59	0.0333	93.23	4.01	0.0417	96.48	7.25	0.1667	98.65	2.66
430	嘧螨醚	Pyrimidifen	0.0167	103.54	5.20	0.0667	—	—	0.0833	105.27	6.81	—	—	—
431	嘧草醚	Pyriminobac-methyl	0.0333	91.28	5.53	0.1333	95.40	2.89	—	—	—	—	—	—
432	吡丙醚	Pyriproxyfen	0.0167	82.84	5.27	0.0667	92.38	3.49	0.0833	79.46	4.01	0.3333	77.96	1.94
433	咯喹酮	Pyroquilon	0.0083	94.75	5.33	0.0333	90.64	5.16	0.0417	69.70	18.23	0.1667	74.08	3.92
434	喹硫磷	Quinalphos	0.0083	94.22	11.93	0.0333	88.75	4.43	0.0417	103.62	8.94	0.1667	78.49	4.32
435	灭藻醌	Quinoclamine	0.0333	91.69	3.46	0.1333	97.61	1.52	0.1667	79.27	7.50	0.6667	75.13	4.67
436	苯氧喹啉	Quinoxyphen	0.0083	78.40	9.59	0.0333	76.81	13.37	0.0417	37.75	49.81	0.1667	73.92	8.10
437	五氯硝基苯	Quintozene	0.0167	65.66	4.48	0.0667	73.44	7.43	0.0833	85.12	3.11	0.3333	73.93	5.09
438	吡咪唑	Rabenzazole	0.0083	81.12	3.91	0.0333	100.67	4.87	0.0417	81.12	3.91	0.1667	81.51	13.60
439	苄呋菊酯-1	Resmethrin-1	0.1333	44.54	16.83	0.5333	103.60	11.02	0.6667	44.54	16.83	2.6667	106.77	3.87
440	苄呋菊酯-2	Resmethrin-2	0.1333	72.76	10.39	0.5333	71.22	4.03	0.6667	63.50	15.13	2.6667	100.16	5.04
441	皮蝇磷	Ronnel	0.0167	80.14	3.80	0.0667	86.23	6.52	0.0833	87.70	2.26	0.3333	76.66	3.73
442	八氯二丙醚-1	S421(octachlorodipropyl ether)-1	0.1667	73.66	4.91	0.6667	64.89	4.22	0.8333	82.79	8.30	3.3333	85.48	3.53
443	八氯二丙醚-2	S421(octachlorodipropyl ether)-2	0.1667	76.61	9.17	0.6667	64.29	5.67	0.8333	89.55	10.34	3.3333	89.91	3.87
444	另丁津	Sebutylazine	0.0083	92.76	4.10	0.0333	83.07	4.14	0.0417	92.76	4.10	0.1667	95.95	5.39
445	密草通	Secbumeton	0.0083	85.37	3.49	0.0333	68.52	7.66	0.0417	85.62	11.43	0.1667	79.54	4.18
446	氟硅菊酯	Silafluofen	0.0083	46.65	20.31	0.0333	90.17	3.81	0.0417	0.00	—	0.1667	99.91	6.98
447	硅氟唑	Simeconazole	0.0167	82.28	6.39	0.0667	91.72	4.36	0.0833	68.95	8.46	0.3333	76.44	16.51

续表

序号	中文名称	英文名称	牛奶低水平添加			牛奶高水平添加			奶粉低水平添加			奶粉高水平添加		
			添加量/(mg/L)	回收率/%	RSD/%	添加量/(mg/L)	回收率/%	RSD/%	添加量/(mg/kg)	回收率/%	RSD/%	添加量/(mg/kg)	回收率/%	RSD/%
448	西玛通	Simeton	0.0167	72.78	9.28	0.0667	114.00	4.86	0.0833	72.78	9.28	0.3333	97.20	3.39
449	另丁津	Sobutylazine	0.0167	81.35	9.97	0.0667	82.45	19.52	0.0833	81.73	5.83	0.3333	101.34	7.79
450	螺螨酯	Spirodiclofen	0.0667	109.21	8.15	0.2667	78.12	5.46	0.3333	82.87	11.81	1.3333	83.13	10.17
451	螺甲螨酯	Spiromesifen	0.0833	90.20	1.87	0.3333	87.94	7.61	0.4167	86.28	3.01	1.6667	94.78	5.37
452	螺噁茂胺-1	Spiroxamine-1	0.0167	83.72	6.75	0.0667	—	—	0.0833	114.34	7.52	—	—	—
453	莠草畏	Sulfallate	0.0167	69.85	7.74	0.0333	60.54	1.39	0.0833	84.63	2.02	0.3333	73.75	6.68
454	治螟磷	Sulfotep	0.0083	84.86	6.02	0.0333	86.24	2.13	0.0417	87.89	2.01	0.1667	86.23	2.66
455	硫丙磷	Sulprofos	0.0167	86.71	10.28	0.0667	77.75	7.70	0.0833	87.63	3.42	0.3333	79.38	4.25
456	苯噻硫氰	TCMTB	0.1333	93.15	11.08	0.5333	97.44	8.93	0.6667	78.19	37.92	2.6667	59.05	14.07
457	戊唑醇	Tebuconazole	0.0250	83.94	4.80	0.1000	73.23	11.22	0.1250	80.97	9.82	0.5000	77.78	5.22
458	吡螨胺	Tebufenpyrad	0.0083	89.12	4.45	0.0333	81.86	5.20	0.0417	89.12	4.45	0.1667	98.99	2.97
459	丁基嘧啶磷	Tebupirimfos	0.0167	84.77	5.43	0.0667	91.40	2.75	0.0833	0.00	—	0.3333	76.55	1.29
460	牧草胺	Tebutam	0.0167	91.30	4.54	0.0667	85.18	4.73	0.0833	91.30	4.54	0.3333	95.95	4.00
461	丁噻隆	Tebuthiuron	0.0333	84.90	8.00	0.1333	94.54	3.45	0.1667	85.88	6.13	0.6667	69.23	6.79
462	四氯硝基苯	Tecnazene	0.0167	66.33	9.59	0.0667	74.23	3.17	0.0833	82.29	1.87	0.3333	83.77	5.28
463	七氟菊酯	Tefluthrin	0.0083	76.92	5.89	0.0333	78.32	4.65	0.0417	76.92	5.89	0.1667	96.96	3.65
464	特草定	Terbacil	0.0167	94.23	5.98	0.0667	94.36	5.96	0.0833	60.97	7.92	0.3333	72.17	3.46
465	特草灵-1	Terbucarb-1	0.0167	125.10	17.39	0.0667	138.37	37.09	0.0833	80.77	34.34	0.3333	117.31	22.73
466	特草灵-2	Terbucarb-2	0.0167	88.86	4.77	0.0667	91.95	3.53	0.0833	77.26	4.72	0.3333	79.91	2.88
467	特丁硫磷	Terbufos	0.0167	77.86	7.03	0.0667	83.51	2.92	0.0833	87.60	1.36	0.3333	86.84	2.45
468	特丁通	Terbumeton	0.0250	0.00	—	0.1000	90.81	7.07	0.1250	95.59	14.44	0.5000	83.34	10.19
469	特丁津	Terbuthylazine	0.0083	100.39	11.20	0.0333	112.83	4.99	0.0417	96.28	5.18	0.1667	95.99	1.60
470	特丁净	Terbutryn	0.0167	94.56	7.87	0.0667	69.29	15.04	0.0833	94.74	1.90	0.3333	78.34	4.65
471	杀虫畏	Tetrachlorvinphos	0.0250	96.44	10.68	0.1000	85.50	3.73	0.1250	83.49	4.00	0.5000	85.34	6.32
472	四氟醚唑	Tetraconazole	0.0250	82.57	13.97	0.1000	96.30	3.64	0.1250	96.83	6.42	0.5000	98.51	2.15

续表

序号	中文名称	英文名称	牛奶低水平添加			牛奶高水平添加			奶粉低水平添加			奶粉高水平添加		
			添加量/(mg/L)	回收率/%	RSD/%	添加量/(mg/L)	回收率/%	RSD/%	添加量/(mg/kg)	回收率/%	RSD/%	添加量/(mg/kg)	回收率/%	RSD/%
473	三氯杀螨砜	Tetradifon	0.0083	110.63	1.94	0.0333	92.92	3.68	0.0417	92.62	18.54	0.1667	79.60	14.18
474	胺菊酯	Tetramethrin	0.0167	79.74	18.98	0.0667	90.57	5.88	0.0833	94.91	7.01	0.3333	81.13	3.91
475	杀螨氯硫	Tetrasul	0.0083	41.42	3.93	0.0333	68.02	4.54	0.0417	84.77	2.52	0.1667	71.09	8.53
476	噻吩草胺	Thenylchlor	0.0167	96.81	4.05	0.0667	97.86	1.64	0.0833	95.30	10.72	0.3333	80.36	5.44
477	噻菌灵	Thiabendazole	0.1667	32.56	60.55	0.6667	236.44	118.06	0.8333	57.76	7.34	3.3333	62.04	11.61
478	噻虫嗪	Thiamethoxam	0.0333	0.00	—	0.1333	82.28	21.77	0.1667	92.84	19.85	0.6667	102.02	18.65
479	噻唑烟酸	Thiazopyr	0.0167	89.49	4.30	0.0667	94.18	2.91	0.0833	78.06	4.26	0.3333	79.40	3.22
480	禾草丹	Thiobencarb	0.0167	87.03	6.88	0.0667	87.51	2.72	0.0833	106.51	3.01	0.3333	92.10	4.07
481	甲基乙拌磷	Thiometon	0.0083	96.55	5.56	0.0333	75.02	12.97	0.0417	90.01	5.14	0.1667	76.52	5.98
482	虫线磷	Thionazin	0.0083	96.96	7.34	0.0333	94.13	5.09	0.0417	96.96	7.34	0.1667	100.03	3.03
483	甲基立枯磷	Tolclofos-methyl	0.0083	83.99	2.10	0.0333	106.80	7.95	0.0417	95.10	2.27	0.1667	98.03	2.92
484	甲苯氟磺胺	Tolylfluanide	0.2000	84.59	8.33	0.8000	93.37	6.48	1.0000	96.90	5.80	4.0000	84.81	5.20
485	苯草酮	Tralkoxydim	0.0667	101.46	5.88	0.2667	91.61	6.56	0.3333	77.90	13.84	1.3333	77.45	2.38
486	四溴菊酯-1	Tralomethrin-1	0.0083	94.88	15.25	0.0333	98.80	15.81	0.0417	111.26	9.32	0.1667	108.20	7.79
487	四溴菊酯-2	Tralomethrin-2	0.0083	97.35	14.68	0.0333	72.80	7.92	0.0417	51.61	3.62	0.1667	63.75	6.91
488	反式氯丹	trans-Chlodane	0.0083	66.54	3.60	0.0333	80.30	6.28	0.0417	86.58	2.31	0.1667	77.73	3.55
489	反式燕麦敌	trans-Diallate	0.0167	74.17	5.09	0.0667	78.81	5.08	0.0833	85.19	1.72	0.3333	82.37	3.06
490	四氟苯菊酯	Transfluthrin	0.0083	78.97	5.44	0.0333	97.70	17.43	0.0417	107.43	3.38	0.1667	98.56	2.43
491	反式九氯	trans-Nonachlor	0.0083	66.22	5.58	0.0333	64.38	5.64	0.0417	66.22	5.58	0.1667	74.02	10.99
492	反式氯菊酯	trans-Permethrin	0.0083	90.55	2.67	0.0333	90.76	9.96	0.0417	144.46	35.43	0.1667	110.66	14.39
493	三唑酮	Triadimefon	0.0167	105.59	2.40	0.0667	97.92	10.82	0.0833	100.48	4.32	0.3333	84.22	3.36
494	三唑醇1	Triadimenol-1	0.0250	85.97	11.32	0.1000	89.55	5.68	0.1250	102.89	9.07	0.5000	97.87	3.19
495	三唑醇2	Triadimenol-2	0.0250	91.44	17.86	0.1000	91.90	6.38	0.1250	114.21	7.59	0.5000	99.55	5.38
496	野麦畏	Triallate	0.0167	73.39	4.07	0.0667	81.49	2.55	0.0833	93.54	2.54	0.3333	98.61	2.06
497	三唑磷	Triazophos	0.0250	0.00	—	0.1000	82.60	7.17	0.1250	105.11	5.34	0.5000	105.39	12.82

续表

序号	中文名称	英文名称	牛奶低水平添加		牛奶高水平添加			奶粉低水平添加			奶粉高水平添加		
			添加量/(mg/L)	回收率/%	RSD/%	添加量/(mg/L)	回收率/%	RSD/%	添加量/(mg/kg)	回收率/%	RSD/%	添加量/(mg/kg)	回收率/%	RSD/%
498	苯磺隆	Tribenuron-methyl	0.0083	79.62	8.10	0.0333	77.20	6.47	0.0417	86.34	2.58	0.1667	85.82	4.40
499	毒壤磷	Trichloronat	0.0083	100.05	4.83	0.0333	—	—	0.0417	100.05	4.83	—	—	—
500	三环唑	Tricyclazole	0.0500	101.25	14.55	0.2000	86.79	18.12	0.2500	37.75	18.32	1.0000	94.03	21.74
501	灭草环	Tridiphane	0.0333	89.34	7.18	0.1333	85.58	6.75	0.1667	79.30	9.13	0.6667	71.33	3.82
502	草达津	Trietazine	0.0083	90.65	3.97	0.0333	84.90	4.63	0.0417	90.65	3.97	0.1667	95.29	4.45
503	肟菌酯	Trifloxystrobin	0.0333	86.50	4.93	0.1333	75.37	18.11	0.1667	81.14	3.73	0.6667	80.28	3.44
504	氟乐灵	Trifluralin	0.0167	70.53	7.80	0.0667	70.36	1.94	0.0833	86.02	2.78	0.3333	80.69	3.32
505	三正丁基磷酸盐	Tri-n-butyl phosphate	0.0167	91.70	4.69	0.0667	86.49	4.33	0.0833	91.70	4.69	0.3333	97.84	3.53
506	三苯基磷酸盐	Triphenyl phosphate	0.0083	90.45	3.86	0.0333	85.57	4.70	0.0417	90.45	3.86	0.1667	103.45	8.95
507	烯效唑	Uniconazole	0.0167	78.66	12.99	0.0667	94.63	4.02	0.0833	93.40	10.04	0.3333	95.44	2.22
508	灭草敌	Vermolate	0.0083	63.24	3.32	0.0333	83.71	6.71	0.0417	88.24	5.08	0.1667	92.87	2.02
509	乙烯菌核利	Vinclozolin	0.0083	88.79	4.57	0.0333	95.00	5.55	0.0417	85.39	2.84	0.1667	74.20	8.41
510	灭除威	XMC	0.0167	181.39	20.69	0.0667	88.95	18.93	0.0833	87.09	15.20	0.3333	105.27	7.95
511	苯酰草胺	Zoxamide	0.0167	81.38	5.08	0.0667	92.58	3.58	0.0833	83.29	4.45	0.3333	84.25	5.25

10 牛奶和奶粉中农药化学品多组分残留检测技术

表 10-23　LC-MS/MS 方法检测的 493 种农药化学品的回收率和 RSD 数据

序号	中文名称	英文名称	牛奶低水平添加			牛奶高水平添加			奶粉低水平添加			奶粉高水平添加		
			添加量/(mg/L)	回收率/%	RSD/%	添加量/(mg/L)	回收率/%	RSD/%	添加量/(mg/kg)	回收率/%	RSD/%	添加量/(mg/kg)	回收率/%	RSD/%
1	1-萘基乙酰胺	1-Naphthyl acetamide	0.0004	106.56	8.42	0.0016	64.05	0.97	0.0013	16.44	19.93	0.0059	84.23	3.12
2	2,4,5-涕	2,4,5-T	0.0087	114.02	7.11	0.0350	89.56	5.67	0.0291	14.08	17.73	0.1165	16.46	5.97
3	2,4-滴	2,4-D	0.0059	115.68	7.71	0.0237	86.51	5.63	0.0198	15.22	20.14	0.0791	31.25	17.10
4	2,6-二氯苯甲酰胺	2,6-Dichlorobenzamide	0.0023	104.89	9.72	0.0090	79.24	2.91	0.0075	77.97	6.00	0.0300	85.76	5.97
5	2-苯基苯酚	2-Phenylphenol	0.0849	109.25	8.20	0.3398	87.07	4.68	0.2831	86.17	12.75	1.1325	89.29	3.45
6	3,4,5-混杀威	3,4,5-Trimethacarb	0.0002	90.36	12.16	0.0006	112.22	8.01	0.0005	75.77	2.64	0.0023	73.71	9.82
7	3-苯基苯酚	3-Phenylphenol	0.0020	109.25	8.20	0.0080	87.07	4.68	0.0067	86.17	12.75	0.0267	89.29	3.45
8	4,4'-二氯二苯甲酮	4,4'-Dichlorobenzophenone	0.0068	862.22	80.78	0.0272	105.35	30.31	0.0227	55.51	32.13	0.0907	71.38	32.63
9	6-氯-4-羟基-3-苯基哒嗪	6-Chloro-4-hydroxy-3-phenyl-pyridazin	0.0008	88.19	11.19	0.0034	96.23	4.66	0.0028	97.91	4.80	0.0109	97.08	4.00
10	乙酰甲胺磷	Acephate	0.0066	71.11	14.13	0.0266	75.21	2.70	0.0222	88.74	2.64	0.0884	94.88	11.11
11	啶虫脒	Acetamiprid	0.0007	86.06	15.44	0.0029	70.49	2.06	0.0024	69.68	9.52	0.0096	93.83	5.18
12	乙草胺	Acetochlor	0.0237	89.60	10.05	0.0948	89.57	11.96	0.0790	79.08	2.37	0.3160	76.55	6.77
13	活化酯	Acibenzolar-S-methyl	0.0015	77.67	19.87	0.0062	86.86	2.42	0.0052	31.59	43.71	0.0205	75.26	9.86
14	三氟羧草醚	Aciflourfen	0.0590	105.38	7.18	0.2360	87.76	4.13	0.1967	26.68	16.95	0.7867	36.10	8.14
15	苯草醚	Aclonifen	0.0120	73.19	5.60	0.0484	89.52	6.88	0.0403	91.07	3.98	0.1604	92.51	5.03
16	氟丙菊酯	Acrinathrin	0.0040	74.64	6.41	0.0162	91.13	11.22	0.0135	68.80	15.55	0.0539	70.53	7.91
17	丙烯酰胺	Acrylamide	0.0089	135.03	48.72	0.0356	60.32	7.88	0.0297	29.25	56.10	0.1187	102.43	15.26
18	甲草胺	Alachlor	0.0037	89.00	5.04	0.0148	103.21	10.70	0.0123	75.46	4.00	0.0493	96.19	3.95
19	涕灭威	Aldicarb	0.1210	95.52	2.71	0.5220	65.09	1.68	0.4350	47.27	9.22	1.6133	92.29	4.15
20	涕灭威砜	Aldicarb sulfone	0.0107	81.18	18.17	0.0428	91.10	19.68	0.0357	86.95	6.87	0.1427	81.86	15.16
21	4-十二烷基-2,6-二甲基吗啉	Aldimorph	0.0016	87.92	33.68	0.0064	68.68	42.94	0.0053	32.67	63.15	0.0212	31.72	25.68
22	烯丙菊酯	Allethrin	0.0302	96.82	7.84	0.1208	85.60	3.54	0.1007	101.38	1.46	0.4027	90.18	18.40
23	二氯烯草胺	Allidochlor	0.0206	73.62	5.75	0.0820	82.06	7.17	0.0683	64.25	14.07	0.2753	100.27	3.47
24	禾草灭	Alloxydim-sodium	0.0001	119.22	3.20	0.0004	82.87	4.41	0.0003	67.69	12.56	0.0013	64.12	14.31

续表

序号	中文名称	英文名称	牛奶低水平添加			牛奶高水平添加			奶粉低水平添加			奶粉高水平添加		
			添加量/(mg/L)	回收率/%	RSD/%	添加量/(mg/L)	回收率/%	RSD/%	添加量/(mg/kg)	回收率/%	RSD/%	添加量/(mg/kg)	回收率/%	RSD/%
25	莠灭净	Ametryn	0.0005	79.36	9.22	0.0020	92.23	2.84	0.0017	70.38	8.54	0.0064	90.79	3.59
26	蔡硫磷	Amidithion	0.0028	25.23	30.73	1.3160	72.76	51.96	1.0967	39.99	51.15	0.0373	56.56	27.62
27	灭害威	Aminocarb	0.0083	90.20	19.65	0.0328	73.11	2.00	0.0273	61.16	8.28	0.1103	69.48	14.57
28	氯氨吡啶酸	Aminopyralid	0.1830	130.37	14.47	0.7320	66.28	21.79	0.6100	12.06	24.09	2.4400	11.87	44.39
29	莎砷磷	Anilofos	0.0004	84.41	23.08	0.0014	96.10	12.88	0.0012	67.38	3.42	0.0047	106.54	11.23
30	丙硫特普	Aspon	0.0009	89.23	8.10	0.0034	80.35	4.11	0.0028	62.98	15.50	0.0123	64.51	16.43
31	阿特拉通	Atratone	0.0001	51.29	18.56	0.0004	89.99	6.53	0.0003	69.03	13.25	0.0012	96.32	3.62
32	阿特拉津	Atrazine	0.0002	65.12	12.82	0.0008	67.10	8.59	0.0007	79.18	1.33	0.0024	88.25	8.80
33	脱乙基阿特拉津	Atrazine-desethyl	0.0003	109.78	11.46	0.0012	72.61	2.81	0.0010	28.31	13.71	0.0042	86.97	4.41
34	甲基吡恶磷	Azamethiphos	0.0004	82.32	2.55	0.0016	81.86	3.00	0.0013	63.58	14.74	0.0054	87.13	2.57
35	益棉磷	Azinphos ethyl	0.0545	—	—	—	—	—	0.1815	78.38	0.95	0.7260	79.55	7.97
36	保棉磷	Azinphos-methyl	0.2670	68.10	7.71	2.2086	69.30	2.55	1.8405	76.69	5.65	3.5593	94.77	9.24
37	叠氮津	Aziprotryne	0.0007	74.78	10.53	0.0028	89.91	12.39	0.0023	78.73	22.71	0.0092	71.62	8.69
38	嘧菌酯	Azoxystrobin	0.0002	86.06	18.48	0.0010	106.14	8.39	0.0008	74.05	1.43	0.0030	69.22	10.57
39	苯霜灵	Benalyxyl	0.0006	87.90	15.41	0.0024	94.27	13.76	0.0020	66.50	4.65	0.0083	75.79	10.55
40	噁虫威	Bendiocarb	0.0016	79.09	15.69	0.0064	95.49	4.01	0.0053	100.78	10.67	0.0211	96.17	7.08
41	甲基丙硫克百威	Benfuracarb-methyl	0.0081	43.03	22.78	0.0328	83.18	4.42	0.0273	47.85	11.08	0.1080	89.41	4.57
42	麦锈灵	Benodanil	0.0017	93.27	6.22	0.0070	98.53	8.73	0.0058	65.45	3.69	0.0232	70.24	11.17
43	解草嗪	Benoxacer	0.0035	91.17	4.76	0.0138	78.11	1.74	0.0115	72.38	5.07	0.0460	84.85	5.51
44	地散磷	Bensulide	0.0171	90.37	10.83	0.0684	90.40	5.75	0.0570	70.57	1.03	0.2280	66.95	8.89
45	灭草松	Bentazone	0.0005	134.19	26.85	0.0021	84.00	8.71	0.0017	33.36	33.14	0.0069	66.19	8.98
46	吡草酮	Benzofenap	0.0000	94.06	16.66	0.0002	95.94	5.77	0.0002	81.45	9.92	0.0005	101.35	21.42
47	苯螨特	Benzoximate	0.0098	75.27	45.83	0.0394	71.65	7.00	0.0328	118.01	5.61	0.1313	74.23	14.42
48	新燕灵	Benzoylprop-ethyl	0.1540	90.03	14.46	0.6160	103.63	1.41	0.5133	82.28	4.22	2.0533	85.14	12.55
49	苄基腺嘌呤	Benzyladenine	0.0354	68.01	12.25	0.1416	75.46	2.11	0.1180	65.69	5.83	0.4717	65.69	4.24

续表

序号	中文名称	英文名称	牛奶低水平添加 添加量/(mg/L)	回收率/%	RSD/%	牛奶高水平添加 添加量/(mg/L)	回收率/%	RSD/%	奶粉低水平添加 添加量/(mg/kg)	回收率/%	RSD/%	奶粉高水平添加 添加量/(mg/kg)	回收率/%	RSD/%
50	联苯肼酯	Bifenazate	0.0114	61.79	9.44	0.0456	44.35	22.02	0.0380	62.58	12.50	0.1526	69.97	9.13
51	生物烯丙菊酯	Bioallethrin	0.0994	77.43	6.16	0.3960	85.09	4.01	0.3300	92.51	7.26	1.3248	86.10	7.30
52	生物苄呋菊酯	Bioresmethrin	0.0037	40.08	11.15	0.0148	58.85	6.47	0.0123	73.25	16.43	0.0491	62.19	6.55
53	联苯三唑醇	Bitertanol	0.0167	91.68	10.54	0.0668	87.57	17.17	0.0557	73.93	1.57	0.2227	72.01	9.08
54	啶酰菌胺	Boscalid	0.0025	109.47	13.02	0.0096	92.00	2.32	0.0080	65.21	6.72	0.0327	77.69	17.05
55	除草定	Bromacil	0.0118	101.91	10.05	0.0472	73.95	2.11	0.0393	69.58	9.88	0.1573	95.60	4.13
56	溴苯烯磷	Bromfenvinfos	0.0015	86.80	10.10	0.0060	93.55	19.99	0.0050	90.28	10.79	0.0201	73.83	9.89
57	乙基溴硫磷	Bromophos-ethyl	0.2840	73.98	8.59	1.1354	67.75	2.55	0.9462	75.81	18.90	3.7867	62.73	17.24
58	溴苯腈	Bromoxynil	0.0009	113.82	12.52	0.0036	80.42	6.78	0.0030	38.46	23.84	0.0120	58.21	4.66
59	溴莠敏	Brompyrazon	0.0018	89.19	6.48	0.0072	92.49	4.18	0.0060	78.20	9.74	0.0240	100.86	18.36
60	糠菌唑	Bromuconazole	0.0016	86.22	4.05	0.0062	85.01	4.02	0.0052	92.96	2.87	0.0209	90.20	8.47
61	乙嘧酚磺酸酯	Bupirimate	0.0004	84.91	9.16	0.0014	89.63	1.60	0.0012	67.21	4.79	0.0047	96.86	3.40
62	噻嗪酮	Buprofezin	0.0004	66.15	8.01	0.0018	85.56	4.81	0.0015	91.60	8.63	0.0060	66.56	12.25
63	丁草胺	Butachlor	0.0100	86.69	3.94	0.0402	83.76	2.51	0.0335	63.16	10.13	0.1338	61.28	16.62
64	氟丙嘧草酯	Butafenacil	0.0048	95.97	4.42	0.0190	85.13	1.63	0.0158	74.55	8.27	0.0633	103.42	3.48
65	丁酮威	Butocarboxim	0.0008	99.71	6.92	0.0032	65.11	5.18	0.0027	119.91	4.07	0.0104	67.49	9.43
66	丁酮砜威	Butoxycarboxim	0.0133	86.06	15.63	0.0532	69.15	5.26	0.0443	17.75	18.84	0.1768	107.26	6.85
67	仲丁灵	Butralin	0.0010	82.11	3.64	0.0038	72.62	8.78	0.0032	—	—	—	—	—
68	播土隆	Buturon	0.0045	99.02	12.02	0.0180	98.82	1.28	0.0150	85.38	6.17	0.0596	72.15	8.63
69	丁草敌	Butylate	0.1509	91.23	3.99	0.6040	96.12	1.69	0.5033	63.56	5.75	2.0114	88.72	3.94
70	硫线磷	Cadusafos	0.0006	72.00	2.48	0.0024	89.25	2.50	0.0020	78.58	3.62	0.0077	91.11	4.94
71	甲萘威	Carbaryl	0.0052	93.75	12.82	0.0206	101.19	5.47	0.0172	72.05	9.37	0.0688	73.93	8.38
72	多菌灵	Carbendazim	0.0002	82.96	8.17	0.0010	75.18	2.40	0.0008	73.83	11.71	0.0027	83.27	11.30
73	双酰草胺	Carbetamide	0.0018	90.28	12.83	0.0072	100.67	8.74	0.0060	70.72	11.73	0.0243	68.19	7.52
74	克百威	Carbofuran	0.0065	89.35	6.84	0.0262	79.83	1.71	0.0218	72.99	9.33	0.0871	108.34	5.61

续表

序号	中文名称	英文名称	牛奶低水平添加			牛奶高水平添加			奶粉低水平添加			奶粉高水平添加		
			添加量/(mg/L)	回收率/%	RSD/%	添加量/(mg/L)	回收率/%	RSD/%	添加量/(mg/kg)	回收率/%	RSD/%	添加量/(mg/kg)	回收率/%	RSD/%
75	萎锈灵	Carboxin	0.0002	66.77	16.10	0.0012	84.21	4.36	0.0010	66.71	2.14	0.0033	91.73	3.87
76	环丙酰菌胺	Carpropamid	0.0026	93.23	4.64	0.0104	84.34	15.06	0.0087	60.18	5.61	0.0346	77.49	5.41
77	氯霉素	Chloramphenicolum	0.0019	110.31	11.16	0.0078	95.04	4.05	0.0065	71.05	10.02	0.0259	74.19	4.75
78	氯炔灵	Chlorbufam	0.0838	67.85	6.98	0.3660	86.92	7.74	0.3050	83.02	15.86	1.1179	97.70	1.99
79	杀虫脒	Chlordimeform	0.0007	144.35	32.21	0.0026	74.62	36.69	0.0022	13.17	66.80	0.0088	28.91	17.64
80	杀虫脒盐酸盐	Chlordimeform hydrochloride	0.0014	110.45	42.44	0.0052	86.48	16.28	0.0043	20.47	48.27	0.0180	74.81	32.88
81	杀螨醇	Chlorfenethol	0.0822	124.77	17.15	0.3286	65.42	14.90	0.2738	137.56	125.42	1.0953	101.19	5.08
82	氟啶脲	Chlorfluazuron	0.0044	145.85	18.53	0.0174	116.75	20.34	0.0145	67.53	9.41	0.0581	81.99	12.02
83	氯草敏	Chloridazon	0.0012	69.64	8.63	0.0046	84.29	2.59	0.0038	61.98	2.60	0.0157	89.48	7.85
84	氯嘧磺隆	Chlorimuron ethyl	0.0152	118.44	8.63	0.0608	55.45	12.64	0.0507	77.43	13.03	0.2024	109.77	15.93
85	氯甲硫磷	Chlormephos	0.2240	98.10	20.42	0.8960	88.82	5.60	0.7467	100.63	18.10	2.9867	85.52	9.35
86	矮壮素	Chlormequat	0.0001	75.82	52.66	0.0002	67.08	42.16	0.0002	33.65	8.42	0.0013	35.28	24.75
87	灭幼脲	Chlorobenzuron	0.0102	118.39	8.15	0.0408	89.40	4.54	0.0340	80.39	21.11	0.1360	83.18	12.09
88	绿麦隆	Chlorotoluron	0.0003	82.62	8.74	0.0012	88.67	2.11	0.0010	83.35	5.15	0.0042	100.25	8.17
89	氯辛硫磷	Chlorphoxim	0.0388	95.26	1.72	0.1552	90.69	1.19	0.1293	77.99	3.27	0.5173	90.51	5.73
90	甲基毒死蜱	Chlorpyrifos methyl	0.0080	76.78	10.12	0.0320	77.87	3.60	0.0267	83.49	14.74	0.1067	62.58	6.03
91	氯苯胺灵	Chlorpropham	0.0079	107.65	16.42	0.0315	86.07	5.41	0.0263	76.21	9.52	0.1051	92.90	4.57
92	毒死蜱	Chlorpyrifos	0.0270	68.39	4.66	0.1076	80.96	7.12	0.0897	85.87	11.19	0.3600	73.49	5.83
93	氯磺隆	Chlorsulfuron	0.0014	102.28	16.59	0.0055	87.08	6.71	0.0046	98.02	8.80	0.0185	74.31	15.18
94	氯硫酰胺	Chlorthiamid	0.0045	21.00	95.34	0.0176	38.99	22.84	0.0147	742.62	13.75	0.0601	146.57	21.95
95	氯硫磷	Chlorthion	—	—	—	0.2672	111.28	56.94	0.2227	65.61	9.18	0.8907	92.14	15.14
96	虫螨磷	Chlorthiophos	0.0159	85.19	6.25	0.0636	100.24	8.55	0.0530	60.90	11.13	0.2117	78.74	5.95
97	氯麦隆	Chlortoluron	0.0002	89.17	13.54	0.0006	83.83	5.08	0.0005	69.42	6.27	0.0026	79.00	13.90
98	吲哚酮草酯	Cinidon-ethyl	0.0073	95.03	2.38	0.0292	95.53	3.28	0.0243	66.24	9.98	0.0967	82.71	3.91
99	醚黄隆	Cinosulfuron	0.0006	94.71	10.28	0.0022	73.38	3.99	0.0018	38.40	13.24	0.0074	84.00	1.97

续表

序号	中文名称	英文名称	牛奶低水平添加			牛奶高水平添加			奶粉低水平添加			奶粉高水平添加		
			添加量/(mg/L)	回收率/%	RSD/%	添加量/(mg/L)	回收率/%	RSD/%	添加量/(mg/kg)	回收率/%	RSD/%	添加量/(mg/kg)	回收率/%	RSD/%
100	烯草酮	Clethodim	0.0010	71.20	10.90	0.0042	70.30	1.53	0.0035	89.46	6.46	0.0136	79.53	5.75
101	四螨嗪	Clofentezine	0.0004	78.04	19.96	0.0016	99.03	7.78	0.0013	105.65	21.31	0.0054	76.69	9.92
102	异噁草松	Clomazone	0.0002	92.13	9.67	0.0008	94.84	6.05	0.0007	78.15	4.50	0.0028	74.99	6.36
103	调果酸	Cloprop	0.0057	115.57	6.32	0.0228	88.61	4.62	0.0190	23.20	38.25	0.0760	27.11	11.32
104	二氯吡啶酸	Clopyralld	0.1400	54.41	17.22	0.5600	54.21	19.31	0.4667	74.74	15.30	1.8667	104.95	11.36
105	噻虫胺	Clothianidin	0.0315	78.04	5.08	0.1260	86.08	1.99	0.1050	85.75	2.45	0.4200	94.55	7.88
106	蝇毒磷	Coumaphos	0.0011	97.03	4.68	0.0042	84.21	2.35	0.0035	68.04	4.71	0.0140	105.42	9.38
107	杀鼠醚	Coumatetralyl	0.0007	118.22	49.53	0.0028	107.36	33.99	0.0023	90.13	20.09	0.0087	115.13	22.24
108	鼠立死	Crimidine	0.0008	76.69	4.43	0.0032	103.65	19.41	0.0027	84.75	1.45	0.0103	94.00	8.52
109	青畜磷	Crufomate	0.0003	87.08	6.93	0.0010	83.68	2.22	0.0008	85.37	2.87	0.0034	92.49	6.74
110	可灭踪	Cumyluron	0.0007	87.28	6.40	0.0026	82.22	2.56	0.0022	26.40	9.79	0.0088	86.03	1.03
111	氰草津	Cyanazine	0.0001	104.37	14.91	0.0004	101.10	13.16	0.0003	65.50	19.89	0.0011	67.81	6.90
112	苯腈磷	Cyanofenphos	0.0104	79.55	7.82	0.0416	85.77	2.96	0.0347	90.73	8.12	0.1387	87.54	5.09
113	氰霜唑	Cyazofamid	0.0048	86.47	35.24	0.0090	150.16	43.43	0.0075	170.02	13.97	0.0633	110.17	12.18
114	环丙酸酰胺	Cyclanilide	0.0017	102.82	6.29	0.0069	87.97	4.52	0.0057	22.61	7.73	0.0229	27.23	12.65
115	环草敌	Cycloate	0.0021	84.74	6.94	0.0088	97.91	6.25	0.0073	60.90	7.77	0.0286	94.15	6.18
116	环丙嘧磺隆	Cyclosulfamuron	0.1718	90.19	12.91	0.6874	84.88	3.50	0.5728	82.54	5.39	2.2912	86.27	1.76
117	噻草酮	Cycloxydim	0.0013	83.80	3.57	0.0050	70.25	5.54	0.0042	70.06	0.76	0.0169	81.18	9.06
118	环莠隆	Cycluron	0.0001	63.44	7.10	0.0004	67.08	11.07	0.0003	70.32	3.96	0.0012	79.42	3.03
119	霜脲氰	Cymoxanil	0.0278	84.35	9.63	0.1112	87.12	1.57	0.0927	78.52	5.52	0.3707	75.96	8.53
120	苯醚氰菊酯	Cyphenothrin	—	—	—	0.0336	102.73	13.01	0.0280	114.51	5.62	—	—	—
121	环丙唑醇	Cyproconazole	0.0004	79.40	4.58	0.0014	89.56	1.28	0.0012	88.49	3.64	0.0048	89.64	8.95
122	嘧菌环胺	Cyprodinil	0.0004	79.94	8.99	0.0014	90.62	13.88	0.0012	80.30	7.51	0.0049	70.53	10.24
123	灭蝇胺	Cyromazine	0.0036	91.80	3.83	0.0144	89.26	5.70	0.0120	56.02	9.59	0.0475	28.48	23.57
124	赛灭磷	Cythioate	0.0400	70.70	10.91	0.1600	88.02	3.40	0.1333	90.87	1.94	0.5333	93.65	6.25

续表

序号	中文名称	英文名称	牛奶低水平添加 添加量/(mg/L)	牛奶低水平添加 回收率/%	牛奶低水平添加 RSD/%	牛奶高水平添加 添加量/(mg/L)	牛奶高水平添加 回收率/%	牛奶高水平添加 RSD/%	奶粉低水平添加 添加量/(mg/kg)	奶粉低水平添加 回收率/%	奶粉低水平添加 RSD/%	奶粉高水平添加 添加量/(mg/kg)	奶粉高水平添加 回收率/%	奶粉高水平添加 RSD/%
125	茅草枯	Dalapon	0.1154	81.81	21.85	0.4615	117.58	5.58	0.3846	258.05	22.24	1.5383	75.82	19.67
126	棉隆	Dazomet	0.0728	78.33	32.62	0.2540	106.07	15.25	0.2117	6.32	119.42	0.9701	11.93	35.00
127	脱叶磷	DEF	0.0009	80.94	5.23	0.0032	80.92	5.38	0.0027	89.24	12.33	0.0116	77.89	4.44
128	内吸磷	Demeton($O+S$)	0.0339	84.99	4.12	0.0136	76.66	3.69	0.0113	78.55	8.26	0.4517	109.20	5.03
129	内吸磷-S	Demeton-S	0.0027	113.80	65.92	0.1600	99.48	26.44	0.1333	33.05	20.84	0.0088	278.78	22.82
130	甲基内吸磷	Demeton-S-methyl	0.0062	91.06	2.21	0.0106	73.30	6.53	0.0088	143.24	9.10	0.0827	68.81	9.43
131	甲基内吸磷砜	Demeton-S-methyl sulfone	0.0100	87.50	17.02	0.0396	98.46	1.47	0.0330	91.82	3.48	0.1327	65.64	7.74
132	甲基内吸磷亚砜	Demeton-S-methyl sulfoxide	0.0020	21.11	120.04	0.0078	65.04	11.74	0.0065	0.98	20.36	0.0261	11.19	15.24
133	甜菜胺	Desmedipham	0.0020	98.50	15.37	0.0080	107.85	6.22	0.0067	75.86	6.49	0.0268	74.73	12.17
134	丁醚脲	Diafenthiuron	0.0001	—	—	0.0006	39.18	52.91	0.0005	—	—	0.0019	102.22	11.78
135	氯亚胺硫磷	Dialifos	0.0785	95.74	5.54	0.3140	90.72	2.99	0.2617	69.12	3.23	1.0467	84.54	4.71
136	燕麦敌	Diallate	0.0000	—	—	0.0000	—	—	0.1487	79.59	5.60	0.5947	72.96	8.35
137	畜虫避	Dibutyl succinate	0.1105	81.18	4.74	0.4448	95.49	3.42	0.3707	76.48	2.43	1.4735	90.16	2.86
138	麦草畏	Dicamba	0.6330	33.43	34.52	2.5318	149.02	11.20	2.1099	52.32	29.62	8.4395	21.49	18.86
139	异氯磷	Dicapthon	0.0001	212.37	30.40	0.0004	114.39	11.99	0.0003	49.80	13.68	0.0016	71.62	16.45
140	除线磷	Dichlofenthion	0.0151	118.68	34.96	0.0604	148.30	27.50	0.0503	96.54	80.49	0.2017	75.78	31.60
141	抑菌灵	Dichlofluanid	0.0013	77.41	18.46	0.0052	89.81	11.50	0.0043	94.54	6.13	0.0173	85.48	8.30
142	敌敌畏	Dichlorvos	0.0005	105.69	13.87	0.0010	99.38	3.28	0.0008	89.33	7.08	0.0071	74.75	8.36
143	苄氯三唑醇	Diclobutrazole	0.0002	88.68	9.31	0.0010	97.76	4.58	0.0008	119.55	3.51	0.0031	96.51	21.29
144	氯硝胺	Dicloran	0.0243	105.20	14.56	0.0971	67.28	3.61	0.0809	112.28	13.99	0.3237	84.63	7.42
145	百治磷	Dicrotophos	0.0006	93.47	17.25	0.0022	70.39	18.61	0.0018	69.61	18.93	0.0076	83.78	7.63
146	狄氏剂	Dieldrin	0.0808	—	—	0.3232	82.94	54.81	0.2693	—	—	1.0773	81.94	17.94
147	乙霉威	Diethofencarb	0.0010	85.35	3.76	0.0040	110.55	10.15	0.0033	62.79	9.57	0.0133	89.23	12.36
148	避蚊胺	Diethyltoluamide	0.0003	84.72	5.42	0.0012	79.99	3.97	0.0010	73.80	7.19	0.0037	93.72	2.94
149	野燕枯	Difenzoquat-methyl sulfate	0.0004	68.86	7.55	0.0016	82.03	6.26	0.0013	80.94	6.31	0.0049	74.57	20.04

续表

序号	中文名称	英文名称	牛奶低水平添加			牛奶高水平添加			奶粉低水平添加			奶粉高水平添加		
			添加量/(mg/L)	回收率/%	RSD/%	添加量/(mg/L)	回收率/%	RSD/%	添加量/(mg/kg)	回收率/%	RSD/%	添加量/(mg/kg)	回收率/%	RSD/%
150	吡氟酰草胺	Diflufenican	0.0141	102.28	6.27	0.0565	87.77	4.90	0.0471	85.06	14.07	0.1885	81.09	8.37
151	甲氟磷	Dmefox	0.0341	61.10	14.92	0.1364	66.31	4.31	0.1137	13.46	36.77	0.4548	78.97	10.70
152	杀虫双	Dimehypo	0.2001	38.17	32.89	0.8004	48.61	27.96	0.6670	32.67	14.28	2.6680	25.35	14.02
153	呱草丹	Dimepiperate	—	—	—	7.5600	49.42	26.07	6.3000	102.36	10.26	25.2000	61.00	17.37
154	二甲草胺	Dimethachlor	0.0009	84.07	7.01	0.0038	92.19	4.96	0.0032	86.02	5.78	0.0121	98.52	6.61
155	异戊乙净	Dimethametryn	0.0001	84.12	9.32	0.0002	80.78	3.19	0.0002	78.63	12.03	0.0007	82.95	7.95
156	二甲吩草胺	Dimethenamid	0.0021	—	—	0.0086	83.95	6.02	0.0072	70.91	2.64	0.0281	70.82	9.16
157	甲菌定	Dimethirimol	0.0001	64.39	73.16	0.0002	56.14	21.49	0.0002	4.78	23.75	0.0013	1.91	6.85
158	乐果	Dimethoate	0.0038	81.90	1.50	0.0152	90.05	2.31	0.0127	79.27	17.88	0.0507	88.40	12.11
159	烯酰吗啉	Dimethomorph	0.0002	93.95	11.61	0.0008	90.09	7.08	0.0007	79.82	2.78	0.0024	87.02	2.35
160	避蚊酯	Dimethyl phthalate	0.0072	—	—	0.0264	50.86	37.56	0.0220	20.09	49.72	0.0963	45.14	36.89
161	烯唑醇	Diniconazole	0.0007	88.89	12.97	0.0026	94.78	2.61	0.0022	67.14	3.38	0.0096	82.99	4.91
162	氨氟灵	Dinitramine	0.0009	75.18	35.66	0.0036	89.89	8.42	0.0030	316.76	42.73	0.0120	78.48	19.51
163	地乐酚	Dinoseb	0.0002	105.52	8.91	0.0008	80.75	7.27	0.0007	60.82	11.13	0.0026	74.90	3.05
164	地乐酯	Dinoseb acetate	0.0002	95.08	31.04	0.0826	88.82	28.45	0.0688	83.71	7.50	0.0026	61.69	12.75
165	呋虫胺	Dinotefuran	0.0020	88.30	23.37	0.0204	57.18	3.29	0.0170	16.08	33.61	0.0267	77.11	16.05
166	草消酚	Dinoterb	0.0001	104.66	9.57	0.0005	83.92	6.87	0.0004	61.41	10.17	0.0016	69.45	3.07
167	蔬果磷	Dioxabenzofos	0.0069	79.36	5.25	0.0276	78.48	8.85	0.0230	65.91	6.21	0.0920	88.98	6.36
168	二氧威	Dioxacarb	0.0017	31.14	96.15	0.0068	104.44	47.90	0.0057	89.05	11.08	0.0222	66.39	7.29
169	双苯酰草胺	Diphenamid	0.0001	93.81	7.88	0.0002	84.83	3.83	0.0002	77.61	7.57	0.0009	101.86	4.61
170	联苯二胺	Diphenylamin	0.0002	105.11	12.14	0.0008	87.42	9.51	0.0007	119.16	10.25	0.0027	93.44	15.63
171	杀草净	Dipropetryn	0.0001	88.11	5.06	0.0006	99.70	2.78	0.0005	68.02	8.02	0.0018	94.73	4.15
172	乙拌磷	Disulfoton	0.2350	145.62	7.31	0.9394	138.72	56.41	0.7828	99.98	18.15	3.1333	110.84	26.68
173	乙拌磷砜	Disulfoton sulfone	0.0012	94.68	7.51	0.0050	87.53	3.60	0.0042	96.99	2.87	0.0160	94.72	8.15
174	灭菌磷	Ditalimfos	0.0336	94.46	2.62	0.1344	85.87	1.33	0.1120	72.51	5.76	0.4481	114.73	4.28

续表

序号	中文名称	英文名称	牛奶低水平添加 添加量/(mg/L)	回收率/%	RSD/%	牛奶高水平添加 添加量/(mg/L)	回收率/%	RSD/%	奶粉低水平添加 添加量/(mg/kg)	回收率/%	RSD/%	奶粉高水平添加 添加量/(mg/kg)	回收率/%	RSD/%
175	氟硫草定	Dithiopyr	0.0052	86.98	2.77	0.0208	81.27	4.13	0.0173	67.21	15.74	0.0693	69.71	11.17
176	敌草隆	Diuron	0.0008	79.64	8.23	0.0032	90.72	2.89	0.0027	91.52	5.26	0.0100	100.96	5.67
177	N,N-二甲基氨基-N-甲苯	DMST	0.0200	82.02	4.91	0.0800	69.37	7.48	0.0667	71.45	6.13	0.2667	92.24	2.92
178	4,6-二硝基邻甲酚	DNOC	0.0013	99.86	8.69	0.0052	86.93	6.19	0.0043	61.13	10.04	0.0173	72.77	3.49
179	十二环吗啉	Dodemorph	0.0002	56.94	13.76	0.0008	49.97	10.17	0.0007	64.94	6.75	0.0027	76.15	24.76
180	多果定	Dodine	0.0040	210.46	17.35	0.0160	960.29	14.29	0.0133	102.73	47.15	0.0533	137.63	18.90
181	甲氨基阿维菌素苯甲酸盐	Emamectin benzoate	0.0002	40.96	43.79	0.0006	38.56	11.84	0.0005	21.23	24.45	0.0021	22.64	17.14
182	苯硫磷	EPN	0.0165	62.41	15.07	0.0660	101.89	8.65	0.0550	77.60	4.92	0.2200	86.61	5.72
183	氟环唑	Epoxiconazole	0.0020	82.38	18.43	0.0082	84.44	4.23	0.0068	76.84	7.96	0.0270	95.67	3.93
184	茵草敌	EPTC	0.0187	65.73	9.05	0.0746	82.24	6.55	0.0622	67.80	5.10	0.2489	75.44	4.75
185	乙环唑	Etaconazole	0.0009	88.68	9.31	0.0036	97.76	4.58	0.0030	119.55	2.85	0.0118	96.51	21.29
186	磺噻隆	Ethidimuron	0.0008	123.19	11.54	0.0030	106.44	12.08	0.0025	71.56	3.01	0.0100	71.41	13.12
187	乙硫苯威	Ethiofencarb	0.0025	83.95	4.38	0.0098	69.23	7.53	0.0082	114.73	7.09	0.0339	74.61	17.42
188	乙硫苯威亚砜	Ethiofencarb-sulfoxide	0.1121	86.64	11.32	0.4480	103.88	0.80	0.3733	60.35	5.30	1.4940	73.77	3.36
189	乙硫磷	Ethion	0.0015	92.18	7.65	0.0060	90.55	1.73	0.0050	72.81	6.39	0.0197	73.08	10.22
190	乙虫清	Ethiprole	0.0199	117.25	5.16	0.0797	88.07	3.72	0.0664	75.17	5.37	0.2657	83.01	3.85
191	乙菌定	Ethirimol	0.0003	85.98	11.70	0.0012	77.98	6.99	0.0010	42.06	18.60	0.0037	37.02	14.37
192	乙氧呋草黄	Ethofume sate	0.1860	82.55	4.91	0.7440	89.50	5.12	0.6200	92.72	2.17	2.4800	96.26	5.70
193	灭线磷	Ethoprophos	0.0014	89.26	4.29	0.0056	79.82	3.10	0.0047	63.62	9.97	0.0184	99.94	5.25
194	乙氧唑啉	Ethoxyquin	0.0019	139.48	69.04	0.0070	60.37	51.31	0.0058	80.05	15.37	0.0254	84.42	7.76
195	乙氧嘧磺隆	Ethoxysulfuron	0.0023	78.26	6.54	0.0092	70.44	4.10	0.0077	51.64	21.89	0.0305	130.42	2.81
196	乙撑硫脲	Ethylene thiourea	0.0260	—	—	0.1044	13.65	35.88	0.0870	—	—	0.3465	76.49	7.88
197	乙氧苯草胺	Etobenzanid	0.0004	76.90	16.75	0.0016	92.35	3.99	0.0013	60.47	5.68	0.0053	78.96	12.60
198	醚菊酯	Etofenprox	0.2160	76.53	17.11	4.5600	108.26	10.11	3.8000	102.37	3.70	2.8800	72.20	8.57
199	土菌灵	Etridiazole	0.0502	90.32	6.39	0.0021	84.87	2.26	0.0017	75.76	5.96	0.0069	96.75	4.45

续表

序号	中文名称	英文名称	牛奶低水平添加			牛奶高水平添加			奶粉低水平添加			奶粉高水平添加		
			添加量/(mg/L)	回收率/%	RSD/%	添加量/(mg/L)	回收率/%	RSD/%	添加量/(mg/kg)	回收率/%	RSD/%	添加量/(mg/kg)	回收率/%	RSD/%
200	乙嘧硫磷	Etrimfos	0.0094	82.34	34.31	0.0376	97.61	23.95	0.0313	39.15	73.19	0.1251	92.22	15.65
201	噁唑菌酮	Famoxadone	0.0226	111.70	4.92	0.0906	88.64	5.80	0.0755	73.07	7.85	0.3019	79.10	2.12
202	伐灭磷	Famphur	0.0018	87.92	17.13	0.0072	112.30	9.52	0.0060	68.03	10.02	0.0239	73.22	9.41
203	敌磺钠	Fenaminosulf	0.1127	107.72	24.16	0.4508	66.93	29.78	0.3757	71.11	17.82	1.5027	83.37	28.32
204	苯线磷砜	Fenamiphos sulfone	0.0002	110.23	19.87	0.0008	53.12	6.93	0.0007	66.72	14.21	0.0030	105.35	6.90
205	苯线磷亚砜	Fenamiphos sulfoxide	0.0004	—	—	0.0014	—	—	0.0012	—	—	0.0049	—	—
206	喹螨醚	Fenazaquin	0.0070	60.42	5.56	0.0006	76.40	4.38	0.0005	94.96	10.12	0.0936	60.11	17.01
207	腈苯唑	Fenbuconazole	0.0008	89.09	5.13	0.0032	85.72	2.92	0.0027	63.99	3.26	0.0110	67.80	7.20
208	甲呋酰胺	Fenfuram	0.0004	79.12	8.28	0.0016	67.61	3.74	—	—	—	—	—	—
209	环酰菌胺	Fenhexamid	0.0005	543.46	55.57	0.0018	166.26	16.39	0.0015	171.67	22.58	0.0069	149.78	40.78
210	杀螟硫磷	Fenitrothion	0.0134	96.47	5.36	0.0536	91.55	2.89	0.0447	64.94	4.64	0.1787	91.68	3.95
211	仲丁威	Fenobucarb	0.0030	95.66	3.84	0.0118	79.09	1.74	0.0098	76.50	6.85	0.0393	97.04	4.44
212	氰菌胺	Fenoxanil	0.0197	95.76	5.27	0.0788	82.42	2.57	0.0657	71.35	5.99	0.2627	98.95	4.53
213	溴丙酸	Fenoxaprop	0.0033	86.70	23.48	0.0131	92.15	5.68	0.0109	32.95	17.72	0.0436	39.71	8.56
214	苯氧威	Fenoxycarb	0.0091	140.66	24.84	0.0366	97.77	3.42	0.0305	58.04	56.61	0.1218	24.55	35.23
215	甲氰菊酯	Fenpropathrin	0.1568	75.12	18.43	0.4900	114.80	7.72	0.4083	87.64	3.81	2.0907	67.20	13.80
216	苯锈啶	Fenpropidin	0.0002	82.98	5.31	0.0004	65.24	5.54	0.0003	5.94	35.91	0.0028	10.56	13.19
217	丁苯吗啉	Fenpropimorph	0.0001	99.18	21.81	0.0004	87.79	1.79	0.0003	36.51	24.41	0.0012	27.76	3.04
218	唑螨酯	Fenpyroximate	0.0007	83.63	2.22	0.0028	82.39	4.40	0.0023	68.20	6.43	0.0092	84.07	8.31
219	丰索磷	Fensulfothin	0.0007	95.98	7.19	0.0040	84.38	1.31	0.0033	90.48	13.16	0.0091	106.49	9.40
220	倍硫磷	Fenthion	0.0087	98.64	14.58	0.0350	99.41	1.59	0.0867	64.77	8.31	0.3444	66.27	9.13
221	倍硫磷砜	Fenthion sulfone	0.0002	110.40	8.45	0.0006	101.82	5.61	0.0292	94.61	5.89	0.1165	78.61	16.03
222	倍硫磷亚砜	Fenthion sulfoxide	0.0086	13.19	62.37	0.0345	20.03	6.16	0.0005	62.26	14.00	0.0020	75.13	16.23
223	氯化苯锡	Fentin-chloride	0.0086	13.19	62.37	0.0345	20.03	6.16	—	—	—	—	—	—
224	四唑酰草胺	Fentrazamide	0.0062	27.86	40.72	0.0248	43.91	27.20	0.0207	118.04	8.12	0.0827	69.16	11.44

续表

序号	中文名称	英文名称	牛奶低水平添加			牛奶高水平添加			奶粉低水平添加			奶粉高水平添加		
			添加量/(mg/L)	回收率/%	RSD/%	添加量/(mg/L)	回收率/%	RSD/%	添加量/(mg/kg)	回收率/%	RSD/%	添加量/(mg/kg)	回收率/%	RSD/%
225	非草隆	Fenuron	0.0005	81.86	9.22	0.0020	87.68	1.91	0.0017	71.45	5.65	0.0069	92.33	7.84
226	麦草氟异丙酯	Flamprop isopropyl	0.0002	101.45	6.10	0.0008	81.04	2.54	0.0007	89.25	1.14	0.0029	91.40	9.73
227	甲基麦草氟异丙酯	Flamprop methyl	0.0101	92.33	6.72	0.0404	89.37	2.88	0.0337	90.27	1.64	0.1346	94.58	7.14
228	双氟磺草胺	Florasulam	0.0020	85.08	13.06	0.0348	93.98	2.04	0.0290	67.74	5.39	0.0267	74.23	15.46
229	吡氟禾草灵	Fluazifop butyl	0.0001	81.20	8.02	0.0006	90.26	1.72	0.0005	76.31	14.26	0.0017	63.75	11.46
230	氟啶胺	Fluazinam	0.0353	92.87	4.82	0.1412	90.21	1.60	0.1177	62.29	5.50	0.4707	80.29	1.68
231	吡虫隆	Fluazuron	0.0000	101.79	4.87	0.0000	89.56	3.38	0.0000	72.65	21.32	0.0001	87.48	4.55
232	嘧唑螨	Flubenzimine	0.0039	144.57	20.79	0.0156	56.26	21.77	0.0130	98.49	20.43	0.0523	68.31	32.85
233	氯乙氟灵	Fluchloralin	0.2788	71.22	6.84	0.9760	68.38	7.30	0.8133	75.44	4.22	3.7173	79.78	5.28
234	咯菌腈	Fludioxonil	0.0311	91.71	14.77	0.1243	60.54	26.01	0.1036	99.22	23.17	0.4144	102.07	15.20
235	氟噻草胺	Flufenacet	0.0027	93.71	4.49	0.0106	86.43	0.94	0.0088	72.06	9.26	0.0353	109.65	4.81
236	氟虫脲	Flufenoxuron	0.0016	74.70	8.85	0.0064	85.12	4.95	0.0053	83.32	10.81	0.0211	65.38	9.81
237	唑嘧磺草胺	Flumetsulam	0.0001	73.81	15.10	0.0006	70.34	5.72	0.0005	42.96	9.31	0.0019	66.93	3.61
238	氟烯草酯	Flumiclorac-pentyl	0.0053	94.30	2.54	0.0212	90.90	3.44	0.0177	71.80	9.50	0.0707	76.80	11.83
239	伏草隆	Fluometuron	0.0005	119.56	6.99	0.0018	71.13	4.04	0.0015	74.10	5.32	0.0061	90.14	5.00
240	氟咯草酮	Fluorochloridone	0.0069	90.03	4.78	0.0276	82.58	1.26	0.0230	68.08	9.30	0.0919	108.29	7.77
241	乙羧氟草醚	Fluoroglycofen-ethyl	0.0050	109.94	23.59	0.0100	103.68	7.20	0.0083	108.11	5.77	0.0667	78.84	12.57
242	四氟丙酸	Flupropanate	0.0115	82.95	20.48	0.0460	100.83	18.44	0.0383	251.54	53.24	0.1532	40.76	27.79
243	吡虫隆	Fluazuron	0.0134	85.90	2.08	0.0536	74.95	5.08	0.0447	91.11	10.35	0.1787	83.26	4.98
244	杀草吡啶	Fluridone	0.0001	95.87	8.05	0.0004	81.56	2.51	0.0003	61.29	6.84	0.0012	89.41	2.23
245	氟咯草酮	Flurochloridone	0.0006	98.50	11.31	0.0026	90.94	2.74	0.0022	77.21	4.75	0.0084	86.61	17.23
246	氟草烟	Fluroxypyr	0.0960	114.02	7.11	0.3841	89.56	5.67	0.3201	14.08	17.73	1.2804	16.46	5.97
247	呋草酮	Flurtamone	0.0002	89.19	4.95	0.0008	86.59	3.90	0.0007	89.15	7.46	0.0029	86.28	10.00
248	氟硅唑	Flusilazole	0.0003	85.85	8.64	0.0012	88.66	14.85	0.0010	79.33	4.22	0.0039	64.02	7.31
249	磺菌胺	Flusulfamide	0.0002	89.43	9.86	0.0008	82.05	3.70	0.0007	60.61	11.66	0.0028	65.39	4.09

续表

序号	中文名称	英文名称	牛奶低水平添加			牛奶高水平添加			奶粉低水平添加			奶粉高水平添加		
			添加量/(mg/L)	回收率/%	RSD/%	添加量/(mg/L)	回收率/%	RSD/%	添加量/(mg/kg)	回收率/%	RSD/%	添加量/(mg/kg)	回收率/%	RSD/%
250	氟噻乙草酯	Fluthiacet methyl	0.0027	89.70	5.32	0.0106	81.51	6.27	0.0088	91.39	2.63	0.0353	91.89	9.79
251	氟酰胺	Flutolanil	0.0006	88.06	13.42	0.0022	87.93	7.00	0.0018	71.72	2.61	0.0076	72.52	8.90
252	粉唑醇	Flutriafol	0.0042	77.20	11.45	0.0172	90.45	3.18	0.0143	87.26	1.55	0.0566	94.43	8.28
253	灭菌丹	Folpet	0.0681	—	—	0.2772	516.30	100.43	0.2310	199.99	37.01	0.9083	78.62	27.50
254	氟磺胺草醚	Fomesafen	0.0010	104.83	15.58	0.0040	85.06	5.74	0.0034	43.85	15.75	0.0135	64.22	3.26
255	地虫硫磷	Fonofos	0.0037	87.63	2.88	0.0150	85.35	1.14	0.0125	68.98	6.10	0.0497	67.46	7.28
256	氯吡脲	Forchlorfenuron	0.0057	115.01	4.33	0.0228	89.65	4.58	0.0190	61.47	9.27	0.0760	66.50	3.15
257	麦穗灵	Fuberidazole	0.0010	107.05	21.43	0.0038	77.92	10.94	0.0032	70.91	1.94	0.0127	70.39	13.77
258	呋霜灵	Furalaxyl	0.0004	78.20	7.75	0.0016	88.14	2.21	0.0013	89.54	1.96	0.0052	92.82	7.45
259	呋线威	Furathiocarb	0.0010	90.66	13.55	0.0038	118.04	6.07	0.0032	76.28	7.01	0.0134	75.97	16.64
260	拌种胺	Furmecyclox	0.0004	29.89	20.02	0.0016	23.95	9.38	0.0013	26.31	21.38	0.0055	42.51	15.07
261	赤霉素	Gibberellic acid	0.0332	102.09	22.90	0.1327	69.42	33.78	0.1106	35.53	27.62	0.4423	29.72	26.94
262	氟吡乙禾灵	Haloxyfop-2-ethoxyethyl	0.0012	79.43	24.76	0.0050	92.53	10.13	0.0042	88.44	5.40	0.0167	72.76	16.86
263	氟吡甲禾灵	Haloxyfop-methyl	0.0013	81.85	13.10	0.0052	87.25	4.17	0.0043	80.39	4.25	0.0176	71.87	6.84
264	庚烯磷	Heptanophos	0.0030	93.60	2.10	0.0116	85.54	4.12	0.0097	69.94	5.22	0.0395	90.08	3.88
265	氟铃脲	Hexaflumuron	0.0126	77.23	7.25	0.0504	76.62	4.51	0.0420	86.16	9.06	0.1674	81.31	6.73
266	环嗪酮	Hexazinone	0.0001	110.38	5.81	0.0002	74.80	2.57	0.0002	71.42	6.58	0.0008	109.45	4.59
267	噻螨酮	Hexythiazox	0.0119	77.57	23.91	0.0472	115.84	3.52	0.0393	84.91	3.73	0.1580	79.35	17.96
268	氟蚁腙	Hydramethylnon	0.0009	64.83	10.27	0.0034	82.04	6.30	0.0029	70.79	24.42	0.0115	63.08	6.44
269	噁霉灵	Hymexazol	0.1179	54.43	10.91	0.4482	71.94	1.84	0.3735	17.47	24.49	1.5721	95.90	15.64
270	抑霉唑	Imazalil	0.0010	66.72	9.65	0.0040	61.01	3.07	0.0033	61.87	11.12	0.0134	81.49	9.02
271	甲基咪草烟	Imazamethabenz-methyl	0.0001	103.66	7.58	0.0004	75.18	3.21	0.0003	73.97	22.84	0.0011	81.27	5.02
272	甲咪唑烟酸	Imazapic	0.0029	103.07	24.69	0.0118	91.83	2.56	0.0098	42.15	0.86	0.0392	49.70	10.53
273	咪唑喹啉酸	Imazaquin	0.0014	93.92	4.60	0.0058	78.23	2.53	0.0048	34.51	14.71	0.0193	43.10	10.53
274	咪唑乙烟酸	Imazethapyr	0.0006	79.77	16.86	0.0022	93.27	5.12	0.0018	50.63	17.44	0.0075	53.42	6.04

续表

序号	中文名称	英文名称	牛奶低水平添加			牛奶高水平添加			奶粉低水平添加			奶粉高水平添加		
			添加量/(mg/L)	回收率/%	RSD/%	添加量/(mg/L)	回收率/%	RSD/%	添加量/(mg/kg)	回收率/%	RSD/%	添加量/(mg/kg)	回收率/%	RSD/%
275	亚胺唑	Imibenconazole	0.0051	96.25	6.69	0.0206	98.70	3.26	0.0172	60.65	6.53	0.0684	80.88	14.43
276	脱苯甲基亚胺唑	Imibenzonazole-des-benzyl	0.0031	71.17	8.24	0.0124	95.28	4.16	0.0103	89.17	10.95	0.0414	85.22	8.01
277	吡虫啉	Imidacloprid	0.0110	112.08	10.39	0.0440	101.11	6.20	0.0367	71.50	3.24	0.1467	74.00	10.98
278	茚虫威	Indoxacarb	0.0038	81.21	17.94	0.0150	84.56	28.55	0.0125	83.67	6.98	0.0503	62.65	15.82
279	甲基碘磺隆	Iodosulfuron-methyl	0.0333	98.92	17.39	0.1332	82.73	9.53	0.1110	43.39	21.41	0.4440	47.11	10.69
280	碘甲磺隆钠	Iodosulfuron-methyl sodium	0.0106	98.92	17.39	0.0424	82.73	9.53	0.0353	43.39	21.41	0.1413	47.11	10.69
281	碘苯腈	Ioxynil	0.0003	121.99	15.75	0.0012	88.88	6.48	0.0010	32.30	18.98	0.0041	55.04	11.01
282	异稻瘟净	Iprobenfos	0.0014	90.54	7.59	0.0166	87.87	7.25	0.0138	92.21	1.26	0.0187	94.52	7.32
283	氯唑磷	Isazofos	0.0002	106.26	14.75	0.0004	94.25	1.40	0.0003	76.77	6.10	0.0025	89.51	19.17
284	丁脒酰胺	Isocarbamid	0.0009	91.62	14.26	0.0034	97.16	5.03	0.0028	61.81	3.55	0.0114	71.14	10.71
285	异柳磷	Isofenphos	0.0948	91.30	6.12	0.4374	102.40	2.59	0.3645	90.72	5.28	1.2640	89.05	7.69
286	丁嗪草酮	Isomethiozin	0.0005	90.67	23.51	0.0022	74.23	1.95	0.0018	80.65	6.13	0.0071	69.61	9.99
287	异丙威	Isoprocarb	0.0012	89.10	10.46	0.0046	108.41	12.55	0.0038	73.15	5.62	0.0153	73.47	10.17
288	异丙乐灵	Isopropalin	0.0150	83.94	5.61	0.0600	133.03	19.61	0.0500	34.54	11.58	0.2005	52.99	31.65
289	稻瘟灵	Isoprothiolane	0.0009	90.13	1.81	0.0036	79.72	0.97	0.0030	88.22	9.01	0.0123	134.64	5.82
290	异丙隆	Isoproturon	0.0001	61.29	4.51	0.0002	70.02	3.10	0.0002	70.03	3.57	0.0009	94.65	5.89
291	异唑隆	Isouron	0.0002	62.39	15.54	0.0008	86.76	6.17	0.0007	101.95	10.35	0.0026	63.91	9.70
292	异噁酰草胺	Isoxaben	0.0001	87.67	9.78	0.0004	86.51	4.89	0.0003	95.61	2.59	0.0012	97.03	8.37
293	噻嗯蒽菊酯	Kadethrin	0.0017	74.95	5.93	0.0066	50.63	10.73	0.0055	30.30	13.29	0.0224	27.28	49.36
294	克来范	Kelevan	4.8214	76.22	8.44	19.2856	94.27	5.99	16.0714	64.14	21.82	64.2855	74.61	8.19
295	亚胺菌	Kresoxim-methyl	0.0503	91.29	4.38	0.2012	84.61	1.51	0.1677	77.29	5.34	0.6705	95.69	6.47
296	乳氟禾草灵	Lactofen	0.0312	91.46	3.93	0.1240	83.20	5.99	0.1033	64.38	6.93	0.4161	80.76	3.67
297	利谷隆	Linuron	0.0059	56.47	10.77	0.0232	87.88	3.43	0.0193	76.18	6.21	0.0785	90.55	3.48
298	马拉氧磷	Malaoxon	0.0023	61.97	9.80	0.0094	76.99	9.29	0.0078	97.25	16.38	0.0313	99.10	20.09
299	马拉硫磷	Malathion	0.0029	93.67	3.89	0.0112	86.20	4.14	0.0093	75.65	3.31	0.0387	92.55	3.87

续表

序号	中文名称	英文名称	牛奶低水平添加			牛奶高水平添加			奶粉低水平添加			奶粉高水平添加		
			添加量/(mg/L)	回收率/%	RSD/%	添加量/(mg/L)	回收率/%	RSD/%	添加量/(mg/kg)	回收率/%	RSD/%	添加量/(mg/kg)	回收率/%	RSD/%
300	抑芽丹	Maleic hydrazide	0.0400	—	—	0.1600	32.31	26.28	0.1333	—	—	0.5333	22.69	42.05
301	2甲4氯丁酸	MCPB	0.0071	101.99	10.40	0.0284	87.92	3.32	0.0236	60.94	5.57	0.0945	70.61	4.92
302	灭蚜磷	Mecarbam	0.0099	90.47	4.44	0.0392	85.67	1.65	0.0327	75.14	2.97	0.1318	94.53	4.77
303	2甲4氯丙酸	Mecoprop	0.0024	93.56	6.79	0.0098	83.91	4.01	0.0082	22.69	20.60	0.0326	35.36	6.33
304	苯噻酰草胺	Mefenacet	0.0011	92.29	3.85	0.0044	90.79	2.74	0.0037	69.40	6.17	0.0147	96.59	3.14
305	精甲霜灵	Mefenoxam	0.0008	86.46	10.50	0.0030	91.91	3.14	0.0025	88.97	1.96	0.0103	97.75	7.64
306	吡唑解草酯	Mefenpyr-diethyl	0.0063	90.88	6.01	0.0252	90.04	4.95	0.0210	75.83	2.68	0.0840	95.10	2.58
307	嘧菌胺	Mepanipyrim	0.0002	104.45	6.02	0.0006	87.32	2.24	0.0005	82.11	4.98	0.0021	66.39	9.26
308	地胺磷	Mephosfolan	0.0012	73.70	6.37	0.0046	92.03	3.60	0.0038	89.66	1.48	0.0157	92.07	8.31
309	助壮素	Mepiquat chloride	0.0004	89.53	6.34	0.0000	87.31	4.35	0.0015	73.07	4.45	0.0059	79.78	4.83
310	灭锈胺	Mepronil	0.0002	98.86	3.33	0.0008	75.05	2.98	0.0007	82.42	19.13	0.0025	98.32	9.23
311	甲霜灵	Metalaxyl	0.0003	93.59	4.78	0.0010	75.39	3.40	0.0008	77.41	5.08	0.0033	117.71	2.59
312	苯嗪草酮	Metamitron	0.0033	46.18	35.71	0.0128	76.01	2.81	0.0107	67.19	7.62	0.0434	85.69	1.94
313	吡唑草胺	Metazachlor	0.0005	91.58	5.34	0.0020	88.86	1.08	0.0017	63.90	7.75	0.0066	89.89	4.65
314	叶菌唑	Metconazole	0.0007	82.31	4.59	0.0026	87.03	2.49	0.0022	90.23	3.35	0.0088	89.25	8.93
315	甲基苯噻隆	Methabenzthiazuron	0.0001	96.10	2.49	0.0002	64.66	2.78	0.0002	36.30	9.55	0.0013	91.61	2.48
316	甲胺磷	Methamidophos	0.0025	61.24	6.29	0.0098	83.16	18.20	0.0082	79.18	8.27	0.0329	75.08	13.39
317	呋菌胺	Methfuroxam	0.0001	19.22	32.56	0.0006	5.38	15.76	0.0005	22.28	9.30	0.0018	31.72	14.89
318	溴谷隆	Methobromuron	0.0084	78.25	5.80	0.0336	88.91	2.43	0.0280	92.54	3.76	0.1115	102.99	6.69
319	灭多威	Methomyl	0.0048	96.15	12.42	0.0192	95.45	2.36	0.0160	84.72	3.76	0.0640	70.35	6.40
320	盖草津	Methoprotryne	0.0001	87.11	15.30	0.0004	84.10	35.80	0.0003	80.24	4.29	0.0016	62.57	4.71
321	甲氧虫酰肼	Methoxyfenozide	0.0019	91.13	2.95	0.0074	85.90	1.01	0.0062	65.09	11.54	0.0247	88.22	4.59
322	异丙甲草胺	Metolachlor	0.0002	109.12	4.35	0.0008	83.92	1.22	0.0007	53.79	6.25	0.0026	89.29	3.42
323	速灭威	Metolcarb	0.0127	109.86	29.62	0.0508	65.85	0.80	0.0423	97.38	24.22	0.1693	97.10	18.82
324	磺草胺唑	Metosulam	0.0022	82.08	21.70	0.0088	78.17	2.74	0.0073	37.99	16.96	0.0293	71.13	4.46

续表

序号	中文名称	英文名称	牛奶低水平添加			牛奶高水平添加			奶粉低水平添加			奶粉高水平添加		
			添加量 /(mg/L)	回收率 /%	RSD /%	添加量 /(mg/L)	回收率 /%	RSD /%	添加量 /(mg/kg)	回收率 /%	RSD /%	添加量 /(mg/kg)	回收率 /%	RSD /%
325	甲氧隆	Metoxuron	0.0003	88.05	8.46	0.0012	75.48	1.95	0.0010	71.83	9.93	0.0042	121.52	5.55
326	嗪草酮	Metribuzin	0.0003	81.77	13.26	0.0010	76.53	1.92	0.0008	76.48	8.06	0.0036	91.45	4.19
327	速灭磷	Mevinphos	0.0008	94.44	14.08	0.0032	111.10	9.07	0.0027	77.04	8.70	0.0104	78.39	9.69
328	禾草敌	Molinate	0.0010	65.40	14.20	0.0042	95.54	12.05	0.0035	89.16	4.80	0.0134	90.34	7.41
329	庚酰草胺	Monalide	0.0006	84.49	9.88	0.0024	89.83	1.50	0.0020	63.97	8.36	0.0080	79.39	3.91
330	绿谷隆	Monolinuron	0.0018	88.28	13.45	0.0072	93.62	11.03	0.0060	76.96	5.31	0.0237	74.81	7.71
331	灭草隆	Monuron	0.0174	95.63	6.76	0.0694	78.56	1.70	0.0578	80.42	10.26	0.2316	105.21	4.31
332	腈菌唑	Myclobutanil	0.0005	91.19	15.54	0.0020	66.99	16.53	0.0017	80.52	6.94	0.0066	79.95	8.53
333	敌草胺	Napropamide	0.0006	89.18	6.40	0.0026	80.18	2.09	0.0022	61.74	7.43	0.0084	86.06	4.14
334	萘草胺	Naptalam	0.0010	95.50	14.17	0.0039	72.75	7.23	0.0032	18.22	20.46	0.0130	16.81	15.44
335	草不隆	Neburon	0.0036	88.25	3.18	0.0142	87.22	3.51	0.0118	90.83	2.07	0.0473	92.77	9.72
336	烟碱	Nicotine	0.0011	90.09	19.78	0.0044	85.15	5.90	0.0037	44.41	26.80	0.0141	45.12	17.64
337	烯啶虫胺	Nitenpyram	0.0086	78.07	6.70	0.0342	84.79	11.53	0.0285	42.81	21.21	0.1141	28.39	19.09
338	甲磺乐灵	Nitralin	0.0172	82.86	13.82	0.0688	84.41	1.53	0.0573	70.01	3.77	0.2298	66.78	8.92
339	草萘敏	Norflurazon	0.0001	94.88	7.91	0.0006	100.95	4.41	0.0005	78.40	4.89	0.0017	82.21	13.16
340	氟酰脲	Novaluron	0.0040	81.45	8.10	0.0160	71.44	5.56	0.0133	99.66	5.39	0.0533	86.40	3.27
341	氟苯嘧啶醇	Nuarimol	0.0005	95.20	3.36	0.0020	99.66	11.58	0.0017	86.75	7.30	0.0067	89.40	16.71
342	敌草净	Desmetryn	0.0001	69.83	2.62	0.0003	69.83	2.62	0.0003	71.10	4.75	0.0012	88.86	3.71
343	甲呋酰胺	Ofurace	0.0005	93.12	5.27	0.0020	78.74	3.02	0.0017	68.88	12.40	0.0067	117.56	4.37
344	氧乐果	Omethoate	0.0048	92.54	22.40	0.0194	96.66	3.93	0.0162	42.80	5.80	0.0646	68.00	19.17
345	安磺灵	Oryzalin	0.0025	105.50	17.15	0.0098	84.71	6.73	0.0082	69.42	9.14	0.0328	78.25	5.22
346	安磺灵	Oryzalin	0.0320	73.68	4.88	0.1280	87.83	2.66	0.1067	76.54	4.73	0.4268	78.25	5.22
347	杀线威	Oxamyl	0.2741	90.44	14.89	1.0962	74.74	16.16	0.9135	30.64	56.63	3.6541	98.93	3.89
348	氧化萎锈灵	Oxycarboxin	0.0004	93.83	8.24	0.0018	76.95	1.73	0.0015	66.47	12.39	0.0060	119.89	4.85
349	乙氧氟草醚	Oxyflurofen	0.0293	93.24	14.38	0.1170	89.33	2.45	0.0975	73.56	13.24	0.3903	70.64	8.19

续表

序号	中文名称	英文名称	牛奶低水平添加			牛奶高水平添加			奶粉低水平添加			奶粉高水平添加		
			添加量/(mg/L)	回收率/%	RSD/%	添加量/(mg/L)	回收率/%	RSD/%	添加量/(mg/kg)	回收率/%	RSD/%	添加量/(mg/kg)	回收率/%	RSD/%
350	多效唑	Paclobutrazol	0.0003	87.99	11.64	0.0012	100.29	5.22	0.0010	69.83	2.87	0.0038	70.99	9.64
351	甲基对氧磷	Paraoxon methyl	0.0004	96.15	14.23	0.0016	102.65	4.18	0.0013	97.91	5.09	0.0051	74.22	13.64
352	对氧磷	Paraoxon-ethyl	0.0002	112.16	10.24	0.0010	95.69	2.00	0.0008	94.76	6.26	0.0033	80.26	17.50
353	克草敌	Pebulate	0.0017	61.11	19.05	0.0068	75.61	7.77	0.0057	76.13	24.53	0.0222	75.37	8.75
354	戊菌唑	Penconazole	0.0010	87.99	9.82	0.0040	87.47	9.11	0.0033	77.04	2.87	0.0133	77.56	14.06
355	戊菌隆	Pencycuron	0.0001	91.20	20.14	0.0006	88.55	10.54	0.0005	64.54	2.73	0.0019	78.38	5.75
356	甜菜宁	Phenmedipham	0.0045	80.58	5.86	0.0090	100.42	5.20	0.0075	93.65	4.77	0.0597	95.10	9.01
357	稻丰散	Phenthoate	0.0462	85.16	5.69	0.1848	90.17	4.66	0.1540	79.25	1.59	0.6158	92.40	3.66
358	甲拌磷	Phorate	0.1568	74.18	3.67	0.6280	90.12	24.05	0.5233	92.11	7.91	2.0907	87.38	4.69
359	甲拌磷砜	Phorate sulfone	0.0211	87.98	4.10	0.0840	85.09	1.70	0.0700	71.21	5.18	0.2808	88.61	4.61
360	甲拌磷亚砜	Phorate sulfoxide	0.1841	97.51	8.53	0.6930	78.13	1.53	0.5775	81.37	7.15	2.4552	95.08	2.44
361	伏杀硫磷	Phosalone	0.0018	93.91	4.89	0.0960	89.09	1.30	0.0800	71.47	4.82	0.0240	84.57	10.29
362	硫环磷	Phosfolan	0.0002	98.07	14.41	0.0010	64.95	4.60	0.0008	20.82	18.97	0.0032	98.35	16.00
363	磷胺	Phosphamidon	0.0020	80.57	6.25	0.0078	92.05	3.51	0.0065	95.51	3.75	0.0266	94.18	10.41
364	辛硫磷	Phoxim	0.0414	88.32	3.04	0.1656	87.27	1.77	0.1380	70.23	4.52	0.5520	86.99	8.69
365	邻苯二甲酸二环己酯	phthalic acid, biscyclohexyl ester	0.0003	89.18	7.55	0.0014	107.50	7.88	0.0012	61.82	8.77	0.0045	71.60	9.76
366	邻苯二甲酸二丁酯	Phthalic acid, dibutyl ester	0.0198	92.69	9.20	0.0792	101.04	3.93	0.0660	94.92	0.96	0.2640	96.15	4.22
367	邻苯二甲酸丁苄酯	Phthalic acid, benzyl butyl ester	0.3156	85.85	23.01	1.2640	107.21	1.02	1.0533	92.00	1.07	4.2084	88.34	9.19
368	邻苯二甲酸二环己基酯	Phthalic acid,dicyclohexyl ester	0.0010	69.29	10.65	0.0040	67.24	18.74	0.0033	34.40	43.98	0.0133	76.14	48.07
369	邻苯二甲酰亚胺	Phthalimide	0.0221	82.03	14.48	0.0860	79.84	2.45	0.0717	29.96	30.18	0.2940	91.12	5.47
370	毒莠定	Picloram	0.2671	52.53	30.06	1.0682	60.32	5.96	0.8902	—	—	3.5607	67.98	22.76
371	氟吡酰草胺	Picolinafen	0.0004	62.29	10.64	0.0014	73.67	4.74	0.0012	91.73	17.34	0.0053	92.11	4.97
372	啶氧菌酯	Picoxystrobin	0.0042	90.43	6.67	0.0168	87.75	4.56	0.0140	70.98	2.82	0.0560	89.47	4.10
373	增效醚	Piperonyl butoxide	0.0006	80.20	4.72	0.0022	76.65	9.14	0.0018	52.60	11.64	0.0075	48.64	19.31
374	呱草磷	Piperophos	0.0046	99.79	5.30	0.0184	83.46	1.62	0.0153	73.49	4.02	0.0616	96.49	6.24

续表

序号	中文名称	英文名称	牛奶低水平添加			牛奶高水平添加			奶粉低水平添加			奶粉高水平添加		
			添加量/(mg/L)	回收率/%	RSD/%	添加量/(mg/L)	回收率/%	RSD/%	添加量/(mg/kg)	回收率/%	RSD/%	添加量/(mg/kg)	回收率/%	RSD/%
375	抗蚜威	Pirimicarb	0.0001	84.89	5.77	0.0004	88.90	1.31	0.0003	66.80	9.38	0.0010	84.10	5.41
376	甲基嘧啶磷	Pirimiphos methyl	0.0001	71.62	3.74	0.0004	86.99	6.31	0.0003	91.35	9.85	0.0013	97.20	5.93
377	嘧啶磷	Pirimiphos-ethyl	0.0000	90.96	6.14	0.0001	96.51	6.16	0.0001	73.99	3.11	0.0005	78.31	17.62
378	丙草胺	Pretilachlor	0.0002	84.06	11.62	0.0006	89.15	4.24	0.0005	88.66	10.88	0.0022	71.68	9.38
379	咪鲜胺	Prochloraz	0.0010	62.72	17.35	0.0042	62.81	1.77	0.0035	71.01	6.93	0.0138	62.94	6.26
380	腐霉利	Procymidone	0.0431	93.02	3.30	0.1732	89.91	2.15	0.1443	60.35	4.59	0.5749	85.88	2.52
381	丙溴磷	Profenefos	0.0010	77.84	2.82	0.0040	101.64	8.02	0.0033	72.10	3.41	0.0137	85.94	6.25
382	扑灭通	Prometon	0.0001	87.11	4.20	0.0002	82.13	1.52	0.0002	79.94	3.43	0.0009	78.37	4.84
383	扑草净	Prometryne	0.0001	87.42	12.83	0.0004	80.02	29.44	0.0003	74.90	9.36	0.0011	63.07	11.52
384	敌丙烯草胺	Pronamide	0.0077	81.64	4.30	0.0308	86.89	5.89	0.0257	88.39	4.24	0.1030	93.54	7.88
385	毒草胺	Propachlor	0.0001	80.35	12.03	0.0006	100.39	6.44	0.0005	71.50	15.14	0.0018	72.61	6.67
386	霜霉威	Propamocarb	0.0000	35.78	24.27	0.0002	47.25	18.70	0.0002	52.87	32.54	0.0005	29.31	16.10
387	敌稗	Propanil	0.0108	88.63	4.16	0.0432	83.54	1.70	0.0360	82.10	6.08	0.1439	96.35	3.11
388	噁草酸	Propaquizafop	0.0007	102.76	2.50	0.0024	90.27	3.41	0.0020	66.97	10.99	0.0087	78.60	4.11
389	炔螨特	Propargite	0.0343	96.96	9.67	0.1372	73.21	3.36	0.1143	79.91	21.60	0.4567	75.74	6.99
390	扑灭津	Propazine	0.0002	107.72	17.60	0.0006	118.52	14.94	0.0005	70.98	4.74	0.0022	87.79	12.29
391	胺丙畏	Propetamphos	0.0269	79.00	22.45	0.1080	87.98	4.81	0.0900	74.70	1.82	0.3591	92.87	3.61
392	苯胺灵	Propham	0.0550	82.30	13.01	0.2200	92.86	5.74	0.1833	80.62	2.81	0.7333	76.85	8.14
393	丙环唑	Propiconazole	0.0009	86.53	4.80	0.0036	87.01	2.95	0.0030	89.83	1.95	0.0118	91.05	5.24
394	异丙草胺	Propisochlor	0.0004	106.24	12.96	0.0016	93.51	7.50	0.0013	67.69	6.09	0.0053	84.23	10.45
395	残杀威	Propoxur	0.0122	76.67	8.87	0.0488	91.65	4.70	0.0407	85.60	1.47	0.1627	94.55	8.45
396	丙烯硫脲	Propylene thiourea	0.0150	12.83	101.72	0.0602	43.67	9.92	0.0502	19.67	57.01	0.2005	67.55	10.02
397	苄草丹	Prosulfocarb	0.0002	89.54	3.36	0.0008	101.15	5.28	0.0007	75.90	7.82	0.0024	86.66	6.31
398	吡蚜酮	Pymetrozin	0.0171	53.54	14.79	0.0686	80.62	4.83	0.0572	0.18	41.65	0.2280	0.03	18.48
399	吡唑硫磷	Pyraclofos	0.0005	55.33	13.13	0.0020	93.98	1.60	0.0017	68.19	8.14	0.0067	90.98	4.77

续表

序号	中文名称	英文名称	牛奶低水平添加			牛奶高水平添加			奶粉低水平添加			奶粉高水平添加		
			添加量/(mg/L)	回收率/%	RSD/%	添加量/(mg/L)	回收率/%	RSD/%	添加量/(mg/kg)	回收率/%	RSD/%	添加量/(mg/kg)	回收率/%	RSD/%
400	百克敏	Pyraclostrobin	0.0003	103.92	19.87	0.0010	90.71	5.25	0.0008	75.75	2.39	0.0034	95.16	2.92
401	吡菌磷	Pyrazophos	0.0008	91.14	11.33	0.0032	87.37	18.85	0.0027	79.10	2.73	0.0106	73.81	6.25
402	吡嘧磺隆	Pyrazosulfuron-ethyl	0.0034	88.78	6.88	0.0136	82.31	3.88	0.0113	35.17	10.57	0.0455	71.35	6.11
403	苄草唑	Pyrazoxyfen	0.0002	92.31	5.24	0.0006	80.02	10.66	0.0005	95.84	4.37	0.0022	109.17	8.82
404	除虫菊素	Pyrethrin	0.1763	90.46	2.80	0.7052	87.88	0.86	0.5877	67.68	4.55	2.3509	73.83	7.89
405	砷草丹	Pyributicarb	0.0002	90.57	4.37	0.0006	109.78	8.03	0.0005	74.20	6.34	0.0022	80.80	6.45
406	哒嗪硫磷	Pyridaphenthion	0.0004	84.53	8.12	0.0018	93.05	6.89	0.0015	75.81	3.77	0.0058	97.36	7.48
407	啶斑肟	Pyrifenox	0.0002	88.26	17.58	0.0006	77.13	2.79	0.0005	37.90	5.39	0.0025	37.47	14.86
408	环酯草醚	Pyriftalid	0.0003	80.18	11.26	0.0012	85.71	1.92	0.0010	88.84	2.19	0.0040	102.81	10.26
409	嘧霉胺	Pyrimethanil	0.0003	80.39	20.32	0.0014	74.94	3.01	0.0012	81.21	3.23	0.0045	66.71	7.51
410	嘧螨醚	Pyrimidifen	0.0020	69.26	17.36	0.0280	58.79	14.08	0.0233	3.08	51.59	0.0267	1.21	85.59
411	嘧啶磷	Pyrimitate	0.0001	89.33	5.50	0.0004	83.46	2.75	0.0003	80.48	7.44	0.0012	72.00	6.63
412	吡丙醚	Pyriproxyfen	0.0002	63.26	5.98	0.0008	83.02	4.18	0.0007	92.53	14.08	0.0030	83.30	5.80
413	嘧草硫醚	Pyrithlobac sodium	0.6910	79.73	36.68	2.7640	121.27	18.22	2.3033	77.61	56.95	9.2133	75.73	43.94
414	咯喹酮	Pyroquilon	0.0018	110.77	13.07	0.0070	98.63	2.68	0.0058	74.98	5.12	0.0233	78.41	9.73
415	喹硫磷	Quinalphos	0.0010	96.03	8.26	0.0040	79.44	1.76	0.0033	85.89	6.32	0.0133	85.99	6.72
416	灭藻醌	Quinoclamine	0.0040	84.56	13.24	0.0158	78.23	4.01	0.0132	70.05	1.70	0.0527	87.83	10.36
417	苯氧喹啉	Quinoxyphen	0.0770	88.79	15.18	0.3068	88.25	3.61	0.2557	69.27	5.52	1.0267	80.06	12.59
418	喹禾灵	Quizalofop-ethyl	0.0003	79.17	11.99	0.0014	77.44	21.07	0.0012	90.61	12.68	0.0045	65.77	7.92
419	吡咪唑	Rabenzazole	0.0007	107.97	12.62	0.0026	103.83	7.79	0.0022	84.73	7.96	0.0089	63.41	5.04
420	苄呋菊酯	Resmethrin	0.0012	89.50	21.82	0.0006	106.79	1.83	0.0005	86.27	11.07	0.0166	81.18	14.42
421	皮蝇磷	Ronnel	0.0065	81.78	39.97	0.0262	104.52	11.45	0.0218	65.61	9.42	0.0869	78.19	13.51
422	鱼藤酮	Rotenone	0.0012	91.87	10.63	0.0046	86.73	11.80	0.0038	69.33	6.86	0.0160	91.72	4.74
423	另丁津	Sebutylazine	0.0002	86.04	3.76	0.0006	97.27	4.51	0.0005	66.65	3.97	0.0021	88.33	3.31
424	密草通	Secbumeton	0.0000	88.72	11.44	0.0002	86.67	20.44	0.0002	85.16	2.45	0.0005	64.16	6.82

续表

序号	中文名称	英文名称	牛奶低水平添加			牛奶高水平添加			奶粉低水平添加			奶粉高水平添加		
			添加量/(mg/L)	回收率/%	RSD/%	添加量/(mg/L)	回收率/%	RSD/%	添加量/(mg/kg)	回收率/%	RSD/%	添加量/(mg/kg)	回收率/%	RSD/%
425	硅氟唑	Simeconazole	0.0015	87.80	5.63	0.0058	93.48	2.49	0.0048	63.20	4.39	0.0200	86.30	3.80
426	西玛通	Simeton	0.0006	91.36	4.66	0.0022	63.67	1.37	0.0018	36.86	16.12	0.0077	88.93	4.62
427	西草净	Simetryn	0.0001	84.49	11.82	0.0002	94.34	11.03	0.0002	74.33	6.90	0.0009	64.34	5.79
428	多杀菌素	Spinosad	0.0003	28.11	52.40	0.0012	32.55	7.55	0.0010	63.71	5.77	0.0038	73.52	5.67
429	螺螨酯	Spirodiclofen	0.0050	84.68	4.18	0.0198	77.51	6.86	0.0165	67.81	5.81	0.0660	78.90	10.39
430	莱草畏	Sulfallate	0.1035	90.12	5.70	0.4144	82.18	5.52	0.3453	37.53	1.39	1.3806	53.32	22.08
431	乙酰磺胺对硝基苯	Sulfanitran	0.0015	75.98	37.12	0.0061	82.23	8.17	0.0051	90.24	21.41	0.0203	73.82	3.04
432	磺酰唑草酮	Sulfentrazone	0.0448	107.94	33.91	0.1792	84.28	7.08	0.1493	191.19	25.98	0.5973	83.59	8.30
433	治螟磷	Sulfotep	0.0013	86.20	6.40	0.0052	90.31	7.02	0.0043	69.62	4.16	0.0172	85.82	5.10
434	硫丙磷	Sulprofos	0.0030	82.95	8.38	0.0116	105.65	9.57	0.0097	61.41	14.98	0.0394	71.69	2.25
435	氟胺氰菊酯	Tau-fluvalinate	0.1148	79.13	17.63	0.4600	100.70	13.40	0.3833	89.30	5.63	1.5300	63.75	17.85
436	戊唑醇	Tebuconazole	0.0011	77.92	11.40	0.0044	97.47	5.54	0.0037	73.98	4.13	0.0148	97.98	5.80
437	虫酰肼	Tebufenozide	0.0140	99.85	2.14	0.0556	83.33	4.89	0.0463	43.74	7.70	0.1863	87.34	2.56
438	丁基嘧啶磷	Tebupirimfos	0.0001	86.20	5.10	0.0002	100.52	9.12	0.0002	69.24	7.36	0.0011	73.46	15.70
439	牧草胺	Tebutam	0.0001	91.24	16.66	0.0002	96.96	4.94	0.0002	66.47	3.35	0.0011	93.48	3.61
440	丁噻隆	Tebuthiuron	0.0001	90.26	4.93	0.0004	71.42	4.27	0.0003	66.23	8.07	0.0014	90.51	4.40
441	双硫磷	Temephos	0.0006	94.67	5.18	0.0024	93.59	2.08	0.0020	68.54	6.66	0.0081	81.44	11.48
442	特普	TEPP	0.0052	71.96	8.53	0.0208	136.28	20.20	0.0173	72.22	5.57	0.0693	90.31	11.38
443	吡喃草酮	Tepraloxydim	0.0061	85.49	11.22	0.0244	99.31	6.88	0.0203	69.44	2.77	0.0813	67.87	11.22
444	特草定	Terbacil	0.0004	117.14	6.71	0.0018	83.23	8.73	0.0015	63.27	12.76	0.0059	79.89	10.50
445	特丁硫磷	Terbufos	1.1200	118.24	40.39	4.4800	193.87	14.58	3.7333	78.69	6.60	14.9333	85.84	20.94
446	特丁硫磷砜	Terbufos sulfone	0.0442	91.87	17.37	0.1772	100.43	1.42	0.1477	80.72	9.22	0.5893	86.75	11.23
447	特丁通	Terbumeton	0.0001	117.68	13.74	0.0002	77.32	1.98	0.0002	67.59	5.36	0.0007	94.50	3.00
448	特丁津	Terbuthylazine	0.0002	86.79	3.90	0.0010	89.26	6.18	0.0008	92.17	8.42	0.0031	89.94	7.83
449	特丁净	Terbutryn	0.0000	80.76	37.73	0.0000	90.63	31.37	0.0000	78.63	35.35	0.0001	67.59	33.36

续表

序号	中文名称	英文名称	牛奶低水平添加			牛奶高水平添加			奶粉低水平添加			奶粉高水平添加		
			添加量/(mg/L)	回收率/%	RSD/%	添加量/(mg/L)	回收率/%	RSD/%	添加量/(mg/kg)	回收率/%	RSD/%	添加量/(mg/kg)	回收率/%	RSD/%
450	特草灵	Terrbucarb	0.0011	80.72	13.13	0.0042	75.57	13.23	0.0035	84.81	12.21	0.0140	69.27	10.35
451	叔丁基胺	Tert-butylamine	0.0195	104.71	11.96	0.0780	107.78	12.34	0.0650	87.15	24.48	0.2597	70.41	7.21
452	杀虫畏	Tetrachlorvinphos	0.0011	92.49	6.42	0.0044	86.29	4.95	0.0037	85.72	3.35	0.0144	94.09	8.84
453	四氟醚唑	Tetraconazole	0.0009	92.95	3.94	0.0034	92.11	4.77	0.0028	74.69	5.55	0.0115	88.05	7.08
454	胺菊酯	Tetramethrim	0.0009	91.57	9.40	0.0036	75.90	9.61	0.0030	104.96	11.42	0.0121	113.53	8.43
455	噻吩草胺	Thenylchlor	0.0121	95.08	2.87	0.0482	84.00	0.91	0.0402	71.45	8.27	0.1609	103.88	4.19
456	噻菌灵	Thiabendazole	0.0003	89.92	5.13	0.0010	50.53	1.67	0.0008	43.38	6.87	0.0033	57.04	11.58
457	噻虫啉	Thiacloprid	0.0002	97.95	7.40	0.0008	100.54	3.14	0.0007	68.46	11.62	0.0025	66.87	8.49
458	噻虫嗪	Thiamethoxam	0.0165	76.40	9.20	0.0660	83.34	3.99	—	—	—	—	—	—
459	噻唑烟酸	Thiazopyr	0.0165	76.40	9.20	0.0660	83.34	3.99	0.0033	71.76	3.02	0.0131	86.61	3.22
460	噻吩磺隆	Thifensulfuron-methyl	0.0010	77.97	11.63	0.0040	92.45	9.05	0.0357	40.23	8.34	0.1427	92.20	6.94
461	禾草丹	Thiobencarb	0.0017	84.51	3.86	0.0066	98.65	7.23	0.0055	76.42	2.53	0.0223	89.76	4.13
462	硫双威	Thiodicarb	0.0197	83.69	5.11	0.0788	71.23	1.99	0.0657	44.07	6.71	0.2625	79.54	10.38
463	久效威	Thiofanox	0.0791	72.96	18.43	0.3140	101.07	6.15	0.2617	87.24	0.97	1.0549	99.28	11.21
464	久效威亚砜	Thiofanox-sulfoxide	0.0042	79.89	7.96	0.0166	76.99	3.01	0.0138	61.28	1.79	0.0563	85.22	4.44
465	甲基乙拌磷	Thiometon	0.2890	100.00	42.75	1.1560	83.25	10.43	0.9633	75.88	17.70	3.8533	69.66	6.91
466	虫线磷	Thionazin	0.0114	80.85	14.23	0.0454	91.72	2.06	0.0378	68.44	7.86	0.1521	91.79	4.36
467	硫菌灵	Thiophanat ethyl	0.0101	35.91	97.14	0.0404	85.88	15.29	0.0337	60.27	6.17	0.1344	77.44	12.10
468	甲基硫菌灵	Thiophanate methyl	0.0100	33.71	93.85	0.0400	81.71	16.14	0.0333	46.61	10.50	0.1333	67.74	15.17
469	甲基立枯磷	Tolclofos methyl	0.0333	87.63	10.39	0.1332	75.80	6.56	0.1110	80.97	11.40	0.4440	66.74	7.98
470	苯草酮	Tralkoxydim	0.0002	90.58	5.68	0.0006	113.95	5.21	0.0005	69.96	6.51	0.0022	78.51	20.30
471	反式-氯菊酯	trans-Permethin	0.0024	86.35	21.12	0.0096	129.12	11.15	0.0080	98.74	19.79	0.0319	81.87	41.75
472	三唑酮	Triadimefon	0.0040	85.53	13.69	0.0158	92.36	3.24	0.0132	75.44	5.72	0.0533	85.49	5.23
473	三唑醇	Triadimenol	0.0053	90.11	10.70	0.0212	100.45	5.05	0.0177	73.66	2.70	0.0703	71.25	9.05
474	野麦畏	Triallate	0.0101	76.78	5.55	0.0404	72.68	8.40	0.0337	83.54	18.04	0.1347	64.59	8.95

续表

序号	中文名称	英文名称	牛奶低水平添加			牛奶高水平添加			奶粉低水平添加			奶粉高水平添加		
			添加量/(mg/L)	回收率/%	RSD/%	添加量/(mg/L)	回收率/%	RSD/%	添加量/(mg/kg)	回收率/%	RSD/%	添加量/(mg/kg)	回收率/%	RSD/%
475	三唑磷	Triazophos	0.0004	92.21	3.59	0.0014	87.75	3.01	0.0012	90.29	2.83	0.0049	95.20	8.96
476	咪唑嗪	Triazoxide	0.0040	91.49	3.50	0.0160	92.04	1.58	0.0133	62.04	7.78	0.0533	87.80	3.87
477	毒壤磷	Trichloronat	0.0334	84.92	10.48	0.1336	90.24	10.45	0.1113	100.13	13.44	0.4447	73.48	13.20
478	敌百虫	Trichlorphon	0.0006	70.44	19.19	0.0022	72.80	0.84	0.0018	98.38	9.49	0.0080	98.64	13.65
479	十三吗啉	Tridemorph	0.0013	119.57	34.24	0.0052	68.98	11.75	0.0043	5.23	27.45	0.0174	0.77	64.72
480	草达津	Trietazine	0.0003	93.49	22.08	0.0012	98.74	5.21	0.0010	71.57	4.16	0.0041	94.04	3.18
481	肟菌酯	Trifloxystrobin	0.0010	94.16	4.71	0.0040	74.52	5.63	0.0033	96.81	2.51	0.0133	94.03	6.25
482	杀铃脲	Triflumuron	0.0020	93.76	7.72	0.0078	65.37	9.61	0.0065	73.59	8.09	0.0261	69.69	6.76
483	氟乐灵	Trifluralin	0.8370	88.04	11.52	2.4800	90.46	6.43	2.0667	79.93	22.59	11.1600	85.43	7.08
484	三异丁基磷酸盐	Tri-iso-butyl phosphate	—	—	—	—	—	—	0.0067	92.69	2.01	0.0267	103.09	10.38
485	三正丁基磷酸盐	Tri-n-butyl phosphate	0.0002	77.82	5.26	0.0008	98.58	5.27	0.0007	92.69	2.01	0.0029	103.09	10.38
486	戊叉菌唑	Triticonazole	0.0015	92.45	5.27	0.0060	82.49	4.60	0.0050	67.91	14.51	0.0201	65.28	3.91
487	烯效唑	Uniconazole	0.0004	77.82	5.26	0.0016	92.44	3.23	0.0013	60.78	2.28	0.0051	84.62	5.75
488	蚜灭磷	Vamidothion	0.0023	78.24	3.79	0.0092	65.46	5.06	0.0077	0.07	25.20	0.0300	85.92	4.68
489	蚜灭磷砜	Vamidothion sulfone	0.2380	110.21	24.88	0.9520	83.68	23.22	0.7933	90.51	8.24	3.1733	65.00	7.18
490	灭草敌	Vernolate	0.0003	61.40	4.24	0.0006	85.38	6.45	0.0005	102.88	11.06	0.0034	71.55	12.76
491	乙烯菌核利	Vinclozolin	0.0074	135.43	6.67	0.0050	101.64	9.23	0.0042	67.06	7.61	0.0992	87.54	24.66
492	乙氯氰菊酯	Zeta cypermethrin	0.0003	75.62	44.54	0.0014	79.34	15.19	0.0012	190.95	51.32	0.0045	78.17	4.14
493	福美锌	Ziram	0.0392	15.44	107.22	0.1568	15.94	35.34	0.1307	16.71	43.59	0.5227	50.59	38.05

本章建立了一种高效的检测牛奶和奶粉中农药多残留的方法,样品经乙腈提取,SPE 固相萃取柱净化后 GC-MS 和 LC-MS/MS 分析,其中适合于 GC-MS 分析的有 511 种农药,适合于 LC-MS/MS 分析的有 493 种农药,结合两种检测方式可同时分析 739 种不同种类的农药化学品,覆盖了极宽的农药残留检测范围。方法简便、灵敏、准确度高,适用于牛奶和奶粉中农药残留的检测。对比结果表明精密度方面 GC-MS 方法略好于 LC-MS/MS,LC-MS/MS 方法具有更低的定量限,但在少量农药上 GC-MS 方法也显示了比 LC-MS/MS 方法更高的灵敏度。总之,单一方法难以涵盖所有农药,在农药多残留检测领域两种方法互为补充可进一步提升检测范围和精密度。

参 考 文 献

[1] 国家统计局. 中国统计年鉴 2008. 北京:中国统计出版社,2009.
[2] 刘成果. 中国奶业发展现状与潜力及中长期发展目标. 农业展望,2005,(1):10-13.
[3] 刘涵,胡海林. 我国奶业现状与发展趋势分析. 乳业经济,2006,(7):17-19.
[4] 食品商务网. 从乳品进出口贸易看我国奶业发展特点. http://www.zlfood.cn/html/news/12/285264.htm. 2011-09-10.
[5] Marvin J L. Pesticides:Atoxic Time Bomb in Our Midst. Westport Conn:Praeger Publishers,2007.
[6] Wang T Y, Lu Y L, Zhang H, et al. Contamination of persistent organic pollutants (POPs) and relevant management in China. Environment International,2005,31(6):813-821.
[7] 王刚,毛华明,刘树民,等. 牛奶中农药残留的研究进展以及其控制体系的确立. 中国乳业,2005,12:28-31.
[8] Subir K N, Mukesh K R. Organochlorine pesticide residues in bovine milk. Bulletin of Environmental Contamination and Toxicology,2008,80(1):5-9.
[9] Darko G, Acquaah S O. Levels of organochlorine pesticides residues in dairy products in Kumasi, Ghana. Chemosphere,2008,71(2):294-298.
[10] Zhong W, Xu D, Chai Z, et al. Neutron activation analysis of extractable organohalogens in milk from China. Journal of Radioanalytical and Nuclear Chemistry,2004,259(3):485-488.
[11] Kepner J S. The big unknowns of pesticide exposure. Pesticides and You,2004,23(4):17-20.
[12] USDA Foreign Agricultural Service. Maximum Residue Limit Database. http://www.fas.usda.gov/htp/MRL.asp. 2012-09-10.
[13] 林维宣. 各国食品中农药兽药残留限量规定. 大连:大连海事大学出版社,2002.
[14] 各国农药残留限量数据来源:
   a) European Union. Pesticide EU-MRLs. http://ec.europa.eu/sanco_pesticides/public/index.cfm. 2012-09-10.
   b) 国际食品法典委员会(CAC),食典食品农药残留在线数据库. http://www.codexalimentarius.org/standards/pesticide-mrls/zh/. 2010-09-10.
   c) Health Canada. Maximum Residue Limits (MRLs). http://www.hc-sc.gc.ca/dhp-mps/vet/mrl-lmr/index-eng.php. 2010-09-10.
   d) DAFF Biosecurity, Australia. Australia New Zealand Food Standards Code. http://www.foodstandards.gov.au/foodstandards/foodstandardscode.cfm. 2012-09-10.
   e) Ministry of Health, Labour, and Welfare, Japan. Maximum Residue Limits (MRLs) List of Agricultural Chemicals in Foods. http://www.m5.ws001.squarestart.ne.jp/foundation/search.html. 2012-09-10.
[15] 宋稳成,何艺兵,叶纪明. 国际食品法典农药残留限量标准最新进展. 农药科学与管理,2008,29(2):41-51.
[16] Pagliuca G, Gazzotti T, Zironi E, et al. Residue analysis of organophosphorus pesticides in animal matrices by dual column capillary gas chromatography with nitrogen-phosphorus detection. Journal of Chromatography A,2005,1071(1-2):67-70.
[17] Gazzotti T, Sticca P, Zironi E, et al. Determination of 15 organophosphorus pesticides in Italian raw milk. Bulletin of Environmental Contamination and Toxicology,2009,82(2):251-254.
[18] Khay S, El-Aty A M A, Choi J-H, et al. Simultaneous determination of pyrethroids from pesticide residues in porcine muscle and pasteurized milk using GC. Journal of Separation Science,2009,32(2):244-251.

[19] Ezzell J L, Richter B E, Felix W D, et al. A comparison of accelerated solvent extraction for organophosphorus pesticides and herbicides. LC-GC (The Magazine of Separation Science), 1995, 13(5): 390-398.

[20] US-EPA. SW-846 Method 3545, Test methods for evaluating solid waste. 1995, 7: 1-12.

[21] 赵海香,袁光耀,邱月明,等. 加速溶剂萃取技术(ASE)在农药残留分析中的应用. 农药科学与管理,2006,45(1): 15-17.

[22] Mezcua M, Repetti M R, Agüera A, et al. Determination of pesticides in milk-based infant formulas by pressurized liquid extraction followed by gas chromatography tandem mass spectrometry. Analytical and Bioanalytical Chemistry, 2007, 389(6): 1833-1840.

[23] Brutti M, Blasco C, Picó Y. Determination of benzoylurea insecticides in food by pressurized liquid extraction and LC-MS. Journal of Separation Science, 2010, 33(1): 1-10.

[24] 易军,李云春,弓振斌. 食品中农药残留分析的样品前处理技术进展. 化学进展,2002,14(6):415-424.

[25] Bogialli S, Curini R, Di Corcia A, et al. Development of a multiresidue method for analyzing herbicide and fungicide residues in bovine milk based on solid-phase extraction and liquid chromatography-tandem mass spectrometry. Journal of Chromatography A, 2006, 1102(1-2): 1-10.

[26] Mañes J, Font G, Picó Y. Evaluation of a solid-phase extraction system for determining pesticide residues in milk. Journal of Chromatography A, 1993, 642(1-2): 195-204.

[27] Tian H. Determination of chloramphenicol, enrofloxacin and 29 pesticides residues in bovine milk by liquid chromatography-tandem mass spectrometry. Chemosphere, 2011, 83(3): 349-355.

[28] 张广举,李光浩,海华. SPE-HPLC/UV法同时检测牛奶中5种三嗪类除草剂的残留. 大连民族学院学报,2008,10(1):17-19.

[29] 杨红,郭华,赵维佳,等. 生鲜牛乳中农药多残留分析方法研究. 分析科学学报,2005,21(2)155-157.

[30] Saito M, Kozutsumi D, Kawasaki M, et al. Multiresidue method for pesticides and veterinary drugs in bovine milk using GC/MS and LC/MS/MS. Food Hygiene and Safety Science, 2008, 49(3): 228-238.

[31] Seccia S, Fidente P, Montesano D, et al. Determination of neonicotinoid insectides residues in bovine milk by solid-phase extraction clean-up and liquid chromatography with diode-array detection. Journal of Chromatography A, 2008, 1214(1-2): 115-120.

[32] 林竹光,陈美瑜,张莉莉,等. 气相色谱-负离子化学源质谱法分析牛奶饮品和奶粉中19种有机磷农药残留. 分析测试学报,2007,26(3):331-334.

[33] Wang D C, Yu P, Zhang Y, et al. The determination of persistent organic pollutants (POPs) in the colostrums of women in preterm labor. Clinica Chimica Acta, 2008, 397(1-2): 18-21.

[34] Tessari J D, Savage E P. Gas-liquid chromatographic determination of organochlorine pesticides and polychlorinated biphenyls in human milk. Journal-Association of Official Analytical Chemists, 1980, 63(4): 736-741.

[35] Braun H E, Stanek J. Application of the AOAC multi-residue method to determination of synthetic pyrethroid residues in celery and animal products. Journal-Association of Official Analytical Chemists, 1982, 65(3): 685-689.

[36] Burke E R, Holden A J, Shaw I C. A method to determine residue levels of persistent organochlorine pesticides in human milk from Indonesian women. Chemosphere, 2003, 50(4): 529-535.

[37] Mes J. Experiences in human milk analysis for halogenated hydrocarbon residues. International Journal of Environment Analytical Chemistry, 1981, 9(4): 283-299.

[38] 王兆基. 毛细管气相色谱法测定牛奶中有机氯和有机磷残留量. 分析化学,1998,26(2)158-161.

[39] Adachi K, Ohokuni N, Mitsuhashi T, et al. Novel method for estimation of chlorinated pesticide residues in milk. Journal-Association of Official Analytical Chemists, 1983, 66(6): 1315-1318.

[40] Yagüe C, Herrera A, Ariño A, et al. Rapid method for trace determination of organochlorine pesticides and polychlorinated biphenyls in yogurt. Journal of AOAC International, 2002, 85(5): 1181-1186.

[41] Schenck F J, Casanova J. Rapid screening for organochlorine and organophosphorus pesticides in milk using C_{18} and graphitized carbon black solid phase extraction cleanup. Journal of Environmental Science and Health Part B, 1999, 34(3): 349-362.

[42] Laganà A, Marino A, Fago G. Evaluation of double solid-phase extraction system for determining triazine herbicides in milk. Chromatographia, 1995, 41(3-4): 178-182.

[43] Bordet F, Inthavong D, Fremy J M. Interlaboratory study of a multiresidue gas chromatographic method for determination of organochlorine and pyrethroid pesticides and polychlorobiphenyls in milk, fish, eggs, and beef fat. Journal of AOAC International, 2002, 85(6): 1398-1409.

[44] 曾凡刚. 凝胶渗透色谱净化:气相色谱法测定牛奶中10种有机氯农药残留. 中国乳品工业,2006,34(5)52-53.

[45] Norén K, Lundén A, Pettersson E, et al. Methylsulfonyl metabolites of PCBs and DDE in human milk in Sweden, 1972-1992. Environmental Health Perspectives, 1996, 104(7): 766-772.

[46] Di Muccio A, Pelosi P, Barbini D A, et al. Selective extraction of pyrethroid pesticide residues from milk by solid-matrix dispersion. Journal of Chromatography A, 1997, 765(1): 51-60.

[47] Venant A, Van Neste E, Borrel S, et al. Determination of residues of deltamethrin in milk and butter. Food Additives and Contaminants, 1990, 7(1):117-123.

[48] Arthur C L, Pawliszyn J. Solid Phase Microextraction with Thermal Desorption Using Fused Silica Optical Fibers. Analytical Chemistry, 1990, 62(19): 2145-2148.

[49] Arthur C L, Killam L, Buchholz K D, et al. Solid-phase microextraction: An attractive alternative. Environmental Laboratory, 1992, 11:10-15.

[50] 付颖,王常波,叶非. 固相微萃取技术在农药残留分析中的应用. 理化检验:化学分册,2006,42(10)865-870.

[51] González-Rodríguez M J, Arrebola Liébanas F J, Garrido Frenich A, et al. Determination of pesticides and some metabolites in different kinds of milk by solid-phase microextraction and low-pressure gas chromatography-tandem mass spectrometry. Analytical and Bioanalytical Chemistry, 2005, 382(1): 164-172.

[52] 朱捷,杨欣,封锦芳,等. 牛奶中有机氯农药及拟除虫菊酯农药多残留的 HS-SPME-GC-MS 分析方法研究. 中国食品卫生杂志,2007,19(4):289-293.

[53] Basheer C, Lee H K. Hollow fiber membrane-protected solid-phase microextraction of triazine herbicides in bovine milk and sewage sludge samples. Journal of Chromatography A, 2004, 1047(2): 189-194.

[54] Alvareza M F, Llompart M, Pablo J, et al. Development of a solid-phase microextraction gas chromatography with microelectron-capture detection method for a multiresidue analysis of pesticides in bovine milk. Analytica Chimica Acta, 2008, 617(1-2): 37-50.

[55] Cardeal Z L, Dias Paes C M. Analysis of organophosphorus pesticides in whole milk by solid phase microextraction gas chromatography method. Journal of Environmental Science and Health Part B, 2006, 41(4): 369-375.

[56] González-Rodríguez M J, Arrebola Liébanas F J, Garrido Frenich A, et al. Determination of pesticides and some metabolites in different kinds of milk by solid-phase microextraction and low-pressure gas chromatography-tandem mass spectrometry. Analytical and Bioanalytical Chemistry, 2005, 382(1): 164-172.

[57] Barker S A. Applications of matrix solid-phase dispersion in food analysis. Journal of Chromatography A, 2000, 880(1-2): 63-68.

[58] Bogialli S, Curini R, Corcia A, et al. Simple and rapid assay for analyzing residues of carbamate insecticides in bovine milk: hot water extraction followed by liquid chromatography-mass spectrometry. Journal of Chromatography A, 2004, 1054(1-2): 351-357.

[59] Yagüe C, Bayarri S, Lázaro R, et al. Multiresidue determination of organochlorine pesticides and polychlorinated biphenyls in milk by gas chromatography with electron-capture detection after extraction by matrix solid-phase dispersion. Journal of AOAC International, 2001, 84(5):1561-1568.

[60] Macedo A N, Nogueira A R A, Brondi S H G. Matrix solid-phase dispersion extraction for analysis of cypermethrin residue in cows' milk. Chromatographia, 2009, 69(5-6): 571-573.

[61] Dagnac T, Garcia-Chao M, Pulleiro P, et al. Dispersive solid-phase extraction followed by liquid chromatography-tandem mass spectrometry for the multi-residue analysis of pesticides in raw bovine milk. Journal of Chromatography A, 2009, 1216(18):3702-709.

[62] Lehotay S J, Mastovská K, Yun S J. Evaluation of two fast and easy methods for pesticide residue analysis in fatty food matrixes. Journal of AOAC International, 2005, 88(2):630-638.

[63] Zheng J, Pang G, Fan C, et al. Simultaneous determination of 128 pesticide residues in milk by liquid chromatography-tandem electrospray mass spectrometry. Chinese Journal of Chromatography, 2009, 27(3): 254-263.

[64] 王健,崔艳梅,刘伟,等.浊点萃取-高效液相色谱法检测牛奶中的六种农药.色谱,2007,25(6):853-856.

[65] 谢其标.王艳.陆上岭.农药残留分析新技术概述.现代农业科学,2008,15(11):113-114.

[66] Zawiyah S, Che Man Y B, Nazimah S A H, et al. Determination of organochlorine and pyrethroid pesticides in fruit and vegetables using SAX/PSA clean-up column. Food Chemistry, 2007, 102(1): 98-103.

[67] Goulart S M, de Queiroz M E L R, Neves A A, et al. Low-temperature clean-up method for the determination of pyrethroids in milk using gas chromatography with electron capture detection. Talanta, 2008, 75(5): 1320-1323.

[68] Armendáriz C, Pérez de Ciriza J A, Farré R. Gas chromatographic determination of organochlorine pesticides in cow milk. International Journal of Food Sciences and Nutrition, 2004, 55(3): 215-221.

[69] Zehringer M. Use of laminar cup liners for the preparation of fatty samples for pesticide analysis. Food Additives and Contaminants, 2001, 18(10): 859-865.

[70] Khay S, Abd El-Aty AM, Choi J H, et al. Simultaneous determination of pyrethroids from pesticide residues in porcine muscle and pasteurized milk using GC. Journal of Separation Science, 2009, 32(2): 244-51.

[71] Melgar M J, Santaeufemia M, Garcia M A. Organophosphorus pesticide residues in raw milk and infant formulas from Spanish northwest. Journal of Environmental Science and Health Part B, 2010, 45(7): 595-600.

[72] Erney D R. Determination of organophosphorus pesticides in whole/chocolate/skim-milk and infant formula using solid-phase extraction with capillary gas chromatography/flame photometric detection. Journal of High Resolution Chromatotraphy, 2005, 18(1): 59-62.

[73] Salas J H, González M M, Noa M, et al. Organophosphorus pesticide residues in Mexican commercial pasteurized milk. Journal of Agricultural and Food Chemistry, 2003, 51(15): 4468-4471.

[74] Schenck F J, Wagner R. Screening procedure for organochlorine and organophosphorus pesticide residues in milk using matrix solid phase dispersion (MSPD) extraction and gas chromatographic determination. Food Additives and Contaminants, 1995 12(4): 535-541.

[75] Ramesh A, Ravi P E. Negative ion chemical ionization-gas chromatographic-mass spectrometric determination of residues of different pyrethroid insecticides in whole blood and serum. Journal of Analytical Toxicology, 2004, 28(8): 660-666.

[76] Mussalo-Rauhamaa H, Pyysalo H, Antervo K. Relation between the content of organochlorine compounds in Finnish human milk and characteristics of the mothers. Journal of Toxicology and Environment Health, 1988, 25(1): 1-19.

[77] Kotretsou S I, Koutsodimou A. Overview of the applications of tandem mass spectrometry (MS/MS) in food analysis of nutritionally harmful compounds. Food Reviews International, 2006, 22(2): 125-172.

[78] Feo M L, Eljarrat E, Barceló D. Performance of gas chromatography/tandem mass spectrometry in the analysis of pyrethroid insecticides in environmental and food samples. Rapid Communications in Mass Spectrometry, 2011, 25(7): 869-876.

[79] Boyer P W L, Potter J C. Characterization of fenvalerate residues in dairy cattle and poultry. Journal of Agricultural and Food Chemistry, 1992, 40(5): 914-918.

[80] Pagliuca G, Gazzotti T, Zironi E, et al. Residue analysis of organophosphorus pesticides in animal matrices by dual column capillary gas chromatography with nitrogen-phosphorus detection. Journal of Chromatography A, 2005, 1071(1-2): 67-70.

[81] Hayward D G, Pisano T S, Wong J W, et al. Multiresidue method for pesticides and persistent organic pollutants (POPs) in milk and cream using comprehensive two-dimensional capillary gas chromatography-time-of-flight mass spectrometry. Journal of Agricultural and Food Chemistry, 2010, 58(9): 5248-5256.

[82] Laganà A, Fago G, Marino A, et al. Rapid method for determination of phenylurea herbicides in milk. Chromatographia, 1994, 38(1-2): 88-92.

[83] Li Y, Wang X. Study on the determination of N-methylcarbamate insecticides in milk by HPLC. Journal of Hygiene Research, 1997, 26(4): 278-282.

[84] Bissacot D Z, Vassilieff I. HPLC determination of flumethrin, deltamethrin, cypermethrin, and cyhalothrin residues in the milk and blood of lactating dairy cows. Journal of Analytical Toxicology, 1997, 21(5): 397-402.

[85] 王骏,胡梅,祝建华. 二极管阵列检测器在农药液相色谱分析中的应用. 农药,2006,45(7):465-469.

[86] Arenas R V, Johnson N A. Liquid chromatographic fluorescence method for multiresidue determination of thiabendazole and 5-hydroxythiabendazole in milk. Journal of AOAC International, 1995, 78(3): 642-6.

[87] Krause R T, Min Z, Shotkin S H. Determination of coumaphos and its oxygen analog in eggs and milk by using a multiresidue method with liquid chromatographic quantitation and capillary gas chromatographic/mass spectrometric confirmation. Journal-Association of Official Analytical Chemists. 1983 66(6): 1353-1357.

[88] Takeba K, Itoh T, Matsumoto M, et al. Determination of dephosphate bromofenofos in milk by liquid chromatography with electrochemical detection. Journal of AOAC International, 1994, 77(4): 904-908.

[89] Alder L, Greulich K, Kempe G, et al. Residue analysis of 500 high priority pesticides: better by GC-MS or LC-MS/MS. Mass Spectrometry Reviews, 2006, 25: 838-865.

[90] Picó Y, Blasco C, Font G. Environmental and food applications of LC-tandem mass spectrometry in pesticide-residue analysis: an overview. Mass Spectrometry Reviews, 2004, 23(1): 45-85.

[91] Dagnac T, Chao M G, Pulleiro P, et al. Dispersive solid-phase extraction followed by liquid chromatography-tandem mass spectrometry for the multi-residue analysis of pesticides in raw bovine milk. Journal of Chromatography A, 2009, 1216(18): 3702-3709.

[92] Kamel A, Qian Y, Kolbe E, et al. Development and validation of a multiresidue method for the determination of neonicotinoid and macrocyclic lactone pesticide residues in milk, fruits, and vegetables by ultra-performance liquid chromatography/MS/MS. Journal of AOAC International, 2010, 93(2): 389-399.

[93] Aguilera-Luiz M M, Plaza-Bolaños P, Romero-González R, et al. Comparison of the efficiency of different extraction methods for the simultaneous determination of mycotoxins and pesticides in milk samples by ultra high-performance liquid chromatography-tandem mass spectrometry. Analytical and Bioanalytical Chemistry, 2011, 399(8): 2863-2875.

[94] Liu S, Zheng Z, Wei F, et al. Simultaneous determination of seven neonicotinoid pesticide residues in food by ultraperformance liquid chromatography tandem mass spectrometry. Journal of Agricultural and Food Chemistry, 2010, 58(6): 3271-3278.

[95] Bushway R J, Perkins L B, Hurst H L, et al. Determination of atrazine in milk by immunoassay. Food Chemistry, 1992, 43(4): 283-287.

[96] Lehotay S J, Miller R W. Evaluation of commercial immunoassays for the detection of alachlor in milk, eggs and liver. Journal of Environmental Science and Health Part B, 1994, 29(3): 395-414.

[97] Van Emon J, Seiber J, Hammock B. Application of an enzyme-linked immunosorbent assay (ELISA) to determine paraquat residues in milk, beef, and potatoes. Bulletin of Environment Contamination and Toxicology, 1987, 39(3): 490-497.

[98] Maštovská K, Lehotay S J. Evaluation of common organic solvents for gas chromatographic analysis and stability of multiclass pesticide residues. Journal of Chromatography A, 2004, 1040(2): 259-272.

[99] Mazzella N, Delmas F, Delest B, et al. Investigation of the matrix effects on a HPLC-ESI-MS/MS method and application for monitoring triazine, phenylurea and chloroacetanilide concentrations in fresh and estuarine waters. Journal of Environmental Monitoring, 2009, 11(1): 108-115.

[100] Dijkman E, Mooibroek D, Hoogerbrugge D, et al. Study of matrix effects on the direct trace analysis of acidic pesticides in water using various liquid chromatographic modes coupled to tandem mass spectrometric detection. Journal of Chromatography A, 2001, 926(1): 113-125.

[101] Fillion J, Sauve F, Selwyn J. Multiresidue method for the determination of residues of 251 pesticides in fruits and vegetables by gas chromatography/mass spectrometry and liquid chromatography with fluorescence detection. Journal of AOAC International, 2000, 83(3): 698-713.

[102] Ueno E, Oshima H, Saito I, et al. Multiresidue analysis of organophosphorus pesticides in vegetables and fruits using dual-column GC-FPD, -NPD. Journal of the Food Hygienic Society of Japan, 2001, 42(6): 385-393.

[103] Holstege D M, Scharberg D L, Tor E R, et al. A rapid multiresidue screen for organophosphorus, organochlorine, and N-methyl carbamate insecticides in plant and animal tissues. Journal of AOAC International, 1994, 77(5): 1263-1274.

[104] Stan H J. Pesticide residue analysis in foodstuffs applying capillary gas chromatography with mass spectrometric detection: State-of-the-art use of modified DFG-multimethod S19 and automated data evaluation. Journal of Chromatography A, 2000, 892(1-2): 347-377.

[105] Serodio P, Nogueira J M F. Multi-residue screening of endocrine disrupters chemicals in water samples by stir bar sorptive extraction-liquid desorption-capillary gas chromatography-mass spectrometry detection. Analytica Chimica Acta, 2004, 517(1-2): 21-32.

[106] 胡贝贞,宋伟华,谢丽萍,等. 加速溶剂萃取/凝胶渗透色谱-固相萃取净化/气相色谱－质谱法测定茶叶中残留的33种农药. 色谱,2008,26(1):22-28.

[107] Na Y C, Kim K J, Hong J, et al. Determination of polychlorinated biphenyls in transformer oil using various adsorbents for solid phase extraction. Chemosphere, 2008, 73(1): s7-s12.

[108] Wang L B, Li Cao, Peng C F, et al. A Rapid multi-residue determination method of herbicides in grain by GC-MS-SIM. Journal of Chromatographic Science, 2008, 46(5): 424-429.

[109] Pang G F, Cao Y Z, Zhang J J, et al. Validation study on 660 pesticide residues in animal tissues by gel permeation chromatography cleanup/gas chromatography-mass spectrometry and liquid chromatography-tandem mass spectrometry. Journal of Chromatography A, 2006, 1125(1): 1-30.

11 农药化学品多组分残留质谱分析特征参数基础研究

在撰写这部书的过程中,作者团队检索了近 20 年(1991~2010 年)15 个国际期刊:*Chromatographia*,*Journal of AOAC International*,*International Journal of Environmental Analytical Chemistry*,*Food Additives and Contaminants*,*Journal of Agricultural and Food Chemistry*,*Journal of Separation Science*,*Rapid Communications in Mass Spectrometry*,*Food Chemistry*,*Analyst*,*Talanta*,*Analytical and Bioanalytical Chemistry*,*Analytica Chimica Acta*,*Journal of Chromatography A*,*Analytical Chemistry*,*Trac-Trends in Analytical Chemistry*。其中关于食用农产品中农药残留检测技术 SCI 论文 3505 篇。这些论文源于五大洲 72 个国家,其中欧洲 33 个国家 1942 篇,美洲 13 个国家 852 篇,亚洲 18 个国家 641 篇,大洋洲 2 个国家 38 篇和非洲 6 个国家 32 篇。

就食用农产品农药残留检测技术而论,在 3505 篇论文中,涉及检测技术种类有 204 种,按论文数量排前 20 位的技术依次是:气相色谱-质谱(GC-MS)、液相色谱-串联质谱(LC-MS/MS)、液相色谱-紫外(LC-UVD)、气相色谱-电子捕获(GC-ECD)、液相色谱-质谱(LC-MS)、液相色谱-荧光(LC-FLD)、酶联免疫(ELISA)、液相色谱-二极管阵列(LC-DAD)、气相色谱-氮磷(GC-NPD)、气相色谱-串联质谱(GC-MS/MS)、传感器(Sensor)、气相色谱-火焰光度(GC-FPD)、液相色谱-飞行时间质谱(LC-QTOF)、薄层色谱(TLC)、毛细管电泳(CE)、酶免疫(EIA)、气相色谱-氢火焰离子化(GC-FID)、毛细管电泳-紫外(CE-UVD)、液相色谱-电化学检测(LC-ED)、气相色谱-离子阱质谱(GC-ITD)和免疫分析(IA)。统计分析发现:近 20 年,特别是后 10 年,发展最快的、最耀眼的技术是 LC-MS/MS,由前 10 年的第 9 位上升到后 10 年的第 1 位;GC-MS/MS 由前 10 年的第 19 位上升至后 10 年的第 8 位(表 11-1)。可以说,后 10 年是质谱检测技术空前发展的时代。

表 11-1 排前 20 位的检测技术 20 年发展对比

1991~2000 年										
序号	1	2	3	4	5	6	7	8	9	10
检测技术	LC-UV	GC-MS	GC-ECD	LC-FLD	LC-MS	ELISA	GC-NPD	LC-DAD	LC-MS/MS	GC-FPD
文献数	209	193	153	131	100	60	56	47	36	32
序号	11	12	13	14	15	16	17	18	19	20
检测技术	TLC	EIA	GC-FID	LC-ED	GC-ITD	CE-UVD	Sensor	CE	GC-MS/MS	IA
文献数	26	23	15	14	10	8	7	7	6	6
2001~2010 年										
序号	1	2	3	4	5	6	7	8	9	10
检测技术	LC-MS/MS	GC-MS	LC-MS	GC-ECD	ELISA	LC-UVD	LC-FLD	GC-MS/MS	LC-DAD	Sensor
文献数	439	291	161	126	116	104	97	84	75	47
序号	11	12	13	14	15	16	17	18	19	20
检测技术	GC-NPD	LC-QTOF	GC-FPD	CE	CE-UVD	IA	GC-FID	GC-ITD	TLC	LC-ED
文献数	41	40	19	18	9	8	5	4	3	3

我国这一领域科技工作者紧跟这一技术的前进步伐,在前 20 位国家的排位中,由前 10 年的第 14 位,跃升到后 10 年的第 2 位(表 11-2)。

表 11-2 排前 20 位的国家检测技术 20 年(1991～2010 年)的发展对比

1991～2000 年

序号	1	2	3	4	5	6	7	8	9	10
国家	美国	西班牙	英国	加拿大	法国	意大利	荷兰	日本	德国	比利时
文献数	87	46	40	28	25	18	14	14	14	13
序号	11	12	13	14	15	16	17	18	19	20
国家	瑞士	爱尔兰	奥地利	中国	印度	葡萄牙	希腊	巴西	波兰	捷克
文献数	5	5	5	3	2	1	1	1	0	0

2001～2010 年

序号	1	2	3	4	5	6	7	8	9	10
国家	西班牙	中国	美国	意大利	比利时	德国	英国	加拿大	法国	日本
文献数	273	129	117	72	48	40	40	40	38	37
序号	11	12	13	14	15	16	17	18	19	20
国家	希腊	瑞士	荷兰	捷克	巴西	葡萄牙	波兰	印度	奥地利	爱尔兰
文献数	26	20	20	19	15	15	12	11	6	5

作者科研团队的实验室,前 10 年还没有质谱分析仪器,后 10 年认识到研究 LC-MS/MS 的重要性和紧迫性,2004 年决定借用仪器从事食用农产品中农药化学品多组分残留高通量检测技术研究。上述 10 章中食用农产品农药化学品多组分残留高通量检测技术,所涉及的质谱分析都是使用借用仪器研究完成的,这一章专门介绍农药化学品多组分残留质谱分析特征参数基础研究,并建立相应的数据库。

在此特别感谢北京 AB 公司无偿借给了 AB-3200 LC-MS/MS(2005～2006 年),也特别感谢北京安捷伦公司无偿借给了 Agilent 6410QQQ LC-MS/MS(2009～2011 年)、Agilent 7890A/5975C GC-MS/MS(2010～2011 年)和 Agilent 1290＋6530 LC-TOF-MS(2012～2013 年),使我们较系统地完成了食用农产品中农药化学品多组分残留高通量检测技术的研究。

11.1 1200 多种农药化学品 GC-MS、GC-MS/MS 和 LC-MS/MS 质谱分析参数

11.1.1 GC-MS 分析 567 种农药化学品保留时间和定性定量离子对

GC-MS 分析 567 种农药化学品保留时间和定性定量离子对见表 11-3。

表 11-3 GC-MS 分析 567 种农药化学品保留时间和定性定量离子对

序号	中文名称	英文名称	CAS	保留时间/min	定性离子1	定性离子2	定性离子3	定量离子
			A 组					
1	二丙烯草胺	Allidochlor	93-71-0	8.78	158(10)	173(15)		138(100)
2	烯丙酰草胺	Dichlormid	37764-25-3	9.74	166(41)	124(79)		172(100)
3	土菌灵	Etridiazol	2593-15-9	10.42	183(73)	140(19)		211(100)
4	氯甲硫磷	Chlormephos	24934-91-6	10.53	234(70)	154(70)		121(100)
5	苯胺灵	Propham	122-42-9	11.36	137(66)	120(51)		179(100)
6	环草敌	Cycloate	1134-23-2	13.56	186(5)	215(12)		154(100)
7	二苯胺	Diphenylamine	122-39-4	14.55	168(58)	167(29)		169(100)
8	杀虫脒	Chlordimeform	6164-98-3	14.93	198(30)	195(18)	183(23)	196(100)

续表

序号	中文名称	英文名称	CAS	保留时间/min	定性离子1	定性离子2	定性离子3	定量离子
9	乙丁烯氟灵	Ethalfluralin	55283-68-6	15.00	316(81)	292(42)		276(100)
10	甲拌磷	Phorate	298-02-2	15.46	121(160)	231(56)	153(3)	260(100)
11	甲基乙拌磷	Thiometon	640-15-3	16.20	125(55)	246(9)		88(100)
12	五氯硝基苯	Quintozene	82-68-8	16.75	237(159)	249(114)		295(100)
13	脱乙基阿特拉津	Atrazine-desethyl	6190-65-4	16.76	187(32)	145(17)		172(100)
14	异噁草松	Clomazone	81777-89-1	17.00	138(4)	205(13)		204(100)
15	二嗪磷	Diazinon	333-41-5	17.14	179(192)	137(172)		304(100)
16	地虫硫磷	Fonofos	944-22-9	17.31	137(141)	174(15)	202(6)	246(100)
17	乙嘧硫磷	Etrimfos	38260-54-7	17.92	181(40)	277(31)		292(100)
18	胺丙畏	Propetamphos	31218-83-4	17.97	194(49)	236(30)		138(100)
19	密草通	Secbumeton	26259-45-0	18.36	210(38)	225(39)		196(100)
20	炔丙烯草胺	Pronamide	23950-58-5	18.72	175(62)	255(22)		173(100)
21	除线磷	Dichlofenthion	97-17-6	18.80	223(78)	251(38)		279(100)
22	兹克威	Mexacarbate	315-18-4	18.83	150(66)	222(27)		165(100)
23	乐果	Dimethoate	60-51-5	19.25	143(16)	229(11)		125(100)
24	氨氟灵	Dinitramine	29091-05-2	19.35	307(38)	261(29)		305(100)
25	艾氏剂	Aldrin	309-00-2	19.67	265(65)	293(40)	329(8)	263(100)
26	皮蝇磷	Ronnel	299-84-3	19.80	287(67)	125(32)		285(100)
27	扑草净	Prometryne	7287-19-6	20.13	184(78)	226(60)		241(100)
28	环丙津	Cyprazine	22936-86-3	20.18	227(58)	170(29)		212(100)
29	乙烯菌核利	Vinclozolin	50471-44-8	20.29	212(109)	198(96)		285(100)
30	β-六六六	β-HCH	319-85-7	20.31	217(78)	181(94)	254(12)	219(100)
31	甲霜灵	Metalaxyl	57837-19-1	20.67	249(53)	234(38)		206(100)
32	甲基对硫磷	Methyl-parathion	398-00-0	20.82	233(66)	246(8)	200(6)	263(100)
33	毒死蜱	Chlorpyrifos (-ethyl)	2921-88-2	20.96	258(57)	286(42)		314(100)
34	δ-六六六	δ-HCH	319-86-8	21.16	217(80)	181(99)	254(10)	219(100)
35	蒽醌	Anthraquinone	84-65-1	21.49	180(84)	152(69)		208(100)
36	倍硫磷	Fenthion	55-38-9	21.53	169(16)	153(9)		278(100)
37	马拉硫磷	Malathion	121-75-5	21.54	158(36)	143(15)		173(100)
38	对氧磷	Paraoxon-ethyl	311-45-5	21.57	220(60)	247(58)	263(11)	275(100)
39	杀螟硫磷	Fenitrothion	122-14-5	21.62	260(52)	247(60)		277(100)
40	三唑酮	Triadimefon	43121-43-3	22.22	210(50)	181(74)		208(100)
41	对硫磷	Parathion	56-38-2	22.32	186(23)	235(35)		291(100)
42	利谷隆	Linuron	330-55-2	22.44	248(30)	160(12)		61(100)
43	二甲戊灵	Pendimethalin	40487-42-1	22.59	220(22)	162(12)		252(100)
44	杀螨醚	Chlorbenside	103-17-3	22.96	270(41)	143(11)		268(100)
45	乙基溴硫磷	Bromophos-ethyl	4824-78-6	23.06	303(77)	357(74)		359(100)
46	喹硫磷	Quinalphos	13593-03-8	23.10	298(28)	157(66)		146(100)
47	反式-氯丹	trans-Chlordane	5103-74-2	23.29	375(96)	377(51)		373(100)
48	稻丰散	Phenthoate	2597-03-7	23.30	246(24)	320(5)		274(100)

序号	中文名称	英文名称	CAS	保留时间/min	定性离子1	定性离子2	定性离子3	定量离子
49	吡唑草胺	Metazachlor	67129-08-2	23.32	133(120)	211(32)		209(100)
50	苯硫威	Fenothiocarb	62850-32-2	23.79	160(37)	253(15)		72(100)
51	丙硫磷	Prothiophos	34643-46-4	24.04	267(88)	162(55)		309(100)
52	整形醇	Chlorflurenol	2464-37-1	24.15	152(40)	274(11)		215(100)
53	灭菌丹	Folpet	133-07-3	24.16	104(158)	297(17)		260(100)
54	腐霉利	Procymidone	32809-16-8	24.36	285(70)	255(15)		283(100)
55	狄氏剂	Dieldrin	60-57-1	24.43	277(82)	380(30)	345(35)	263(100)
56	杀扑磷	Methidathion	950-37-8	24.49	157(2)	302(4)		145(100)
57	敌草胺	Napropamide	15299-99-7	24.84	128(111)	171(34)		271(100)
58	氰草津	Cyanazine	21725-46-2	24.94	240(56)	198(61)		225(100)
59	噁草酮	Oxadiazone	19666-30-9	25.06	258(62)	302(37)		175(100)
60	苯线磷	Fenamiphos	22224-92-6	25.29	154(56)	288(31)	217(22)	303(100)
61	杀螨特	Aramite	140-57-8	25.60	319(37)	334(32)		185(100)
62	杀螨氯硫	Tetrasul	2227-13-6	25.85	324(64)	254(68)		252(100)
63	乙嘧酚磺酸酯	Bupirimate	41483-43-6	26.00	316(41)	208(83)		273(100)
64	氟酰胺	Flutolanil	66332-96-5	26.23	145(25)	323(14)		173(100)
65	萎锈灵	Carboxin	5234-68-4	26.25	143(168)	87(52)		235(100)
66	p,p'-滴滴滴	p,p'-DDD	72-54-8	26.59	237(64)	199(12)	165(46)	235(100)
67	乙硫磷	Ethion	563-12-2	26.69	384(13)	199(9)		231(100)
68	乙环唑-1	Etaconazole-1	60207-93-4	26.81	173(85)	247(65)		245(100)
69	硫丙磷	Sulprofos	35400-43-2	26.87	156(62)	280(11)		322(100)
70	乙环唑-2	Etaconazole-2	71245-23-3	26.89	173(85)	247(65)		245(100)
71	腈菌唑	Myclobutanil	88671-89-0	27.19	288(14)	150(45)		179(100)
72	丰索磷	Fensulfothion	115-90-2	27.94	308(22)	293(73)		292(100)
73	禾草灵	Diclofop-methyl	51338-27-3	28.08	281(50)	342(82)		253(100)
74	丙环唑-1	Propiconazole-1	60207-90-1	28.15	173(97)	261(65)		259(100)
75	丙环唑-2	Propiconazole-2	60207-90-1	28.15	173(97)	261(65)		259(100)
76	联苯菊酯	Bifenthrin	82657-04-3	28.57	166(25)	165(23)		181(100)
77	灭蚁灵	Mirex	2385-85-5	28.72	237(49)	274(80)		272(100)
78	丁硫克百威	Carbosulfan	55285-14-8	28.80	118(95)	323(30)		160(100)
79	氟苯嘧啶醇	Nuarimol	63284-71-9	28.90	235(155)	203(108)		314(100)
80	麦锈灵	Benodanil	15310-01-7	29.14	323(38)	203(22)		231(100)
81	甲氧滴滴涕	Methoxychlor	72-43-5	29.38	228(16)	212(4)		227(100)
82	噁霜灵	Oxadixyl	77732-09-3	29.50	233(18)	278(11)		163(100)
83	戊唑醇	Tebuconazole	107534-96-3	29.51	163(55)	252(36)		250(100)
84	胺菊酯	Tetramethirn	7696-12-0	29.59	135(3)	232(1)		164(100)
85	氟草敏	Norflurazon	27314-13-2	29.99	145(101)	102(47)		303(100)
86	哒嗪硫磷	Pyridaphenthion	119-12-0	30.17	199(48)	188(51)		340(100)
87	亚胺硫磷	Phosmet	732-11-6	30.46	161(11)	317(4)		160(100)
88	三氯杀螨砜	Tetradifon	116-29-0	30.70	356(70)	159(196)		227(100)

续表

序号	中文名称	英文名称	CAS	保留时间/min	定性离子1	定性离子2	定性离子3	定量离子
89	氧化萎锈灵	Oxycarboxin	5259-88-1	31.00	267(52)	250(3)		175(100)
90	顺式-氯菊酯	cis-Permethrin	54774-45-7	31.42	184(15)	255(2)		183(100)
91	吡菌磷	Pyrazophos	13457-18-6	31.60	232(35)	373(19)		221(100)
92	反式-氯菊酯	trans-Permethrin	551877-74-8	31.68	184(15)	255(2)		183(100)
93	氯氰菊酯	Cypermethrin	52315-07-8	33.19	152(23)	180(16)		181(100)
94	氰戊菊酯-1	Fenvalerate-1	51630-58-1	34.45	225(53)	419(37)	181(41)	167(100)
95	氰戊菊酯-2	Fenvalerate-2	51630-58-1	34.79	225(54)	419(38)	181(42)	167(101)
96	溴氰菊酯	Deltamethrin	52918-63-5	35.77	172(25)	174(25)		181(100)
		B组						
97	茵草敌	EPTC	759-94-4	8.54	189(30)	132(32)		128(100)
98	丁草敌	Butylate	2008-41-5	9.49	146(115)	217(27)		156(100)
99	敌草腈	Dichlobenil	1194-65-6	9.75	173(68)	136(15)		171(100)
100	克草敌	Pebulate	1114-71-2	10.18	161(21)	203(20)		128(100)
101	三氯甲基吡啶	Nitrapyrin	1929-82-4	10.89	196(97)	198(23)		194(100)
102	速灭磷	Mevinphos	7786-34-7	11.23	192(39)	164(29)		127(100)
103	氯苯甲醚	Chloroneb	2675-77-6	11.85	193(67)	206(66)		191(100)
104	四氯硝基苯	Tecnazene	117-18-0	13.54	203(135)	215(113)		261(100)
105	庚烯磷	Heptanophos	23560-59-0	13.78	215(17)	250(14)		124(100)
106	灭线磷	Ethoprophos	13194-48-4	14.40	200(40)	242(23)	168(15)	158(100)
107	六氯苯	Hexachlorobenzene	118-74-1	14.69	286(81)	282(51)		284(100)
108	毒草胺	Propachlor	1918-16-7	14.73	176(45)	211(11)		120(100)
109	顺式-燕麦敌	cis-Diallate	2303-16-4	14.75	236(37)	128(38)		234(100)
110	氟乐灵	Trifluralin	1582-09-8	15.23	264(72)	335(7)		306(100)
111	反式-燕麦敌	trans-Diallate	2303-16-4	15.29	236(37)	128(38)		234(100)
112	氯苯胺灵	Chlorpropham	101-21-3	15.49	171(59)	153(24)		213(100)
113	治螟磷	Sulfotep	3689-24-5	15.55	202(43)	238(27)	266(24)	322(100)
114	菜草畏	Sulfallate	95-06-7	15.75	116(7)	148(4)		188(100)
115	α-六六六	α-HCH	319-84-6	16.06	183(98)	221(47)	254(6)	219(100)
116	特丁硫磷	Terbufos	13071-79-9	16.83	153(25)	288(10)	186(13)	231(100)
117	特丁通	Terbumeton	33693-04-8	17.20	169(66)	225(32)		210(100)
118	环丙氟灵	Profluralin	26399-36-0	17.36	304(47)	347(13)		318(100)
119	敌噁磷	Dioxathion	78-34-2	17.51	197(43)	169(19)		270(100)
120	扑灭津	Propazine	139-40-2	17.67	229(67)	172(51)		214(100)
121	氯炔灵	Chlorbufam	1967-16-4	17.85	153(53)	164(64)		223(100)
122	氯硝胺	Dicloran	99-30-9	17.89	176(128)	160(52)		206(100)
123	特丁津	Terbuthylazine	5915-41-3	18.07	229(33)	173(35)		214(100)
124	绿谷隆	Monolinuron	1746-81-2	18.15	126(45)	214(51)		61(100)
125	杀螟腈	Cyanophos	2636-26-2	18.73	180(8)	148(3)		243(100)
126	氟虫脲	Flufenoxuron	101463-69-8	18.83	126(67)	307(32)		305(100)
127	甲基毒死蜱	Chlorpyrifos-methyl	5598-13-0	19.38	288(70)	197(5)		286(100)

续表

序号	中文名称	英文名称	CAS	保留时间/min	定性离子1	定性离子2	定性离子3	定量离子
128	敌草净	Desmetryn	1014-69-3	19.64	198(60)	171(30)		213(100)
129	二甲草胺	Dimethachlor	50563-36-5	19.80	197(47)	210(16)		134(100)
130	甲草胺	Alachlor	15972-60-8	20.03	237(35)	269(15)		188(100)
131	甲基嘧啶磷	Pirimiphos-methyl	29232-93-7	20.30	276(86)	305(74)		290(100)
132	特丁净	Terbutryn	886-50-0	20.61	241(64)	185(73)		226(100)
133	丙硫特普	Aspon	3244-90-4	20.62	253(52)	378(14)		211(100)
134	禾草丹	Thiobencarb	28249-77-6	20.63	257(25)	259(9)		100(100)
135	三氯杀螨醇	Dicofol	115-32-2	21.33	141(72)	250(23)	251(4)	139(100)
136	异丙甲草胺	Metolachlor	51218-45-2	21.34	162(159)	240(33)		238(100)
137	嘧啶磷	Pirimiphos-ethyl	23505-41-1	21.59	318(93)	304(69)		333(100)
138	氧化氯丹	Oxy-chlordane	27304-13-8	21.63	237(50)	185(68)		387(100)
139	苯氟磺胺	Dichlofluanid	1085-98-9	21.68	226(74)	167(120)		224(100)
140	烯虫酯	Methoprene	40596-69-8	21.71	191(29)	153(29)		73(100)
141	溴硫磷	Bromofos	2104-96-3	21.75	329(75)	213(7)		331(100)
142	乙氧呋草黄	Ethofumesate	26225-79-6	21.84	161(54)	286(27)		207(100)
143	异丙乐灵	Isopropalin	33820-53-0	22.10	238(40)	222(4)		280(100)
144	敌稗	Propanil	709-98-8	22.68	217(21)	163(62)		161(100)
145	育畜磷	Crufomate	299-86-5	22.93	182(154)	276(58)		256(100)
146	异柳磷	Isofenphos	25311-71-1	22.99	255(44)	185(45)		213(100)
147	硫丹-1	Endosulfan-1	959-98-8	23.10	265(66)	339(46)		241(100)
148	毒虫畏	Chlorfenvinphos	470-90-6	23.19	267(139)	269(92)		323(100)
149	甲苯氟磺胺	Tolylfluanide	731-27-1	23.45	240(71)	137(210)		238(100)
150	顺式-氯丹	*cis*-Chlordane	5103-71-9	23.55	375(96)	377(51)		373(100)
151	丁草胺	Butachlor	23184-66-9	23.82	160(75)	188(46)		176(100)
152	乙菌利	Chlozolinate	84332-86-5	23.83	188(83)	331(91)		259(100)
153	p,p'-滴滴伊	p,p'-DDE	72-55-9	23.92	316(80)	246(139)	248(70)	318(100)
154	碘硫磷	Iodofenphos	18181-70-9	24.33	379(37)	250(6)		377(100)
155	杀虫畏	Tetrachlorvinphos	22248-79-9	24.36	331(96)	333(31)		329(100)
156	氯溴隆	Chlorbromuron	57160-47-1	24.37	294(17)	292(13)		61(100)
157	丙溴磷	Profenofos	13360-45-7	24.65	374(39)	297(37)		339(100)
158	噻嗪酮	Buprofezin	69327-76-0	24.87	172(54)	305(24)		105(100)
159	己唑醇	Hexaconazole	79983-71-4	24.92	231(62)	256(26)		214(100)
160	o,p'-滴滴滴	o,p'-DDD	53-19-0	24.94	237(65)	165(39)	199(14)	235(100)
161	杀螨酯	Chlorfenson	80-33-1	25.05	175(282)	177(103)		302(100)
162	氟咯草酮	Fluorochloridone	61213-25-0	25.14	313(64)	187(85)		311(100)
163	异狄氏剂	Endrin	72-20-8	25.15	317(30)	345(26)		263(100)
164	多效唑	Paclobutrazol	76738-62-0	25.21	238(37)	167(39)		236(100)
165	o,p'-滴滴涕	o,p'-DDT	789-02-6	25.56	237(63)	165(37)	199(14)	235(100)
166	盖草津	Methoprotryne	841-06-5	25.63	213(24)	271(17)		256(100)
167	抑草蓬	Erbon	136-25-4	25.68	171(35)	223(30)		169(100)

续表

序号	中文名称	英文名称	CAS	保留时间/min	定性离子1	定性离子2	定性离子3	定量离子
168	丙酯杀螨醇	Chloropropylate	5836-10-2	25.85	253(64)	141(18)		251(100)
169	麦草氟甲酯	Flamprop-methyl	52756-25-9	25.90	77(26)	276(11)		105(100)
170	除草醚	Nitrofen	1836-75-5	26.12	253(90)	202(48)	139(15)	283(100)
171	乙氧氟草醚	Oxyfluorfen	42874-03-3	26.13	361(35)	300(35)		252(100)
172	虫螨磷	Chlorthiophos	60238-56-4	26.52	360(52)	297(54)		325(100)
173	麦草氟异丙酯	Flamprop-isopropyl	52756-22-6	26.70	276(19)	363(3)		105(100)
174	硫丹-2	Endosulfan-2	33213-65-9	26.72	265(66)	339(46)		241(100)
175	三硫磷	Carbofenothion	786-19-6	27.19	342(49)	199(28)		157(100)
176	p,p'-滴滴涕	p,p'-DDT	50-29-3	27.22	237(65)	246(7)	165(34)	235(100)
177	苯霜灵	Benalaxyl	71626-11-4	27.54	206(32)	325(8)		148(100)
178	敌瘟磷	Edifenphos	17109-49-8	27.94	310(76)	201(37)		173(100)
179	三唑磷	Triazophos	24017-47-8	28.23	172(47)	257(38)		161(100)
180	苯腈磷	Cyanofenphos	13067-93-1	28.43	169(56)	303(20)		157(100)
181	氯杀螨砜	Chlorbenside sulfone	7082-99-7	28.88	99(14)	89(33)		127(100)
182	硫丹硫酸盐	Endosulfan-sulfate	1031-07-8	29.05	272(165)	389(64)		387(100)
183	溴螨酯	Bromopropylate	18181-80-1	29.30	183(34)	339(49)		341(100)
184	新燕灵	Benzoylprop-ethyl	22212-55-1	29.40	365(36)	260(37)		292(100)
185	甲氰菊酯	Fenpropathrin	39515-41-8	29.56	181(237)	349(25)		265(100)
186	苯硫膦	EPN	2104-64-5	30.06	169(53)	323(14)		157(100)
187	敌菌丹	Captafol	2425-06-1	30.11	183(5)	311(3)		79(100)
188	环嗪酮	Hexazinone	51235-04-2	30.14	252(3)	128(12)		171(100)
189	溴苯磷	Leptophos	21609-90-5	30.19	375(73)	379(28)		377(100)
190	甲羧除草醚	Bifenox	42576-02-3	30.81	189(30)	310(27)		341(100)
191	伏杀硫磷	Phosalone	2310-17-0	31.22	367(30)	154(20)		182(100)
192	保棉磷	Azinphos-methyl	86-50-0	31.41	132(71)	77(58)		160(100)
193	氯苯嘧啶醇	Fenarimol	60168-88-9	31.65	219(70)	330(42)		139(100)
194	益棉磷	Azinphos-ethyl	2642-71-9	32.01	132(103)	77(51)		160(100)
195	氟氯氰菊酯	Cyfluthrin	68359-37-5	32.94	199(63)	226(72)		206(100)
196	咪鲜胺	Prochloraz	67747-09-5	33.07	308(59)	266(18)		180(100)
197	蝇毒磷	Coumaphos	56-72-4	33.22	226(56)	364(39)		362(100)
198	氟胺氰菊酯	Fluvalinate	102851-06-9	34.94	252(38)	181(18)		250(100)
			C组					
199	敌敌畏	Dichlorvos	62-73-7	7.80	185(34)	220(7)		109(100)
200	联苯	Biphenyl	92-52-4	9.00	153(40)	152(27)		154(100)
201	霜霉威	Propamocarb	24579-73-5	9.40	129(6)	188(5)		58(100)
202	灭草敌	Vernolate	1929-77-7	9.82	146(17)	203(9)		128(100)
203	3,5-二氯苯胺	3,5-Dichloroaniline	626-43-7	11.20	163(62)	126(10)		161(100)
204	虫螨畏	Methacrifos	62610-77-9	11.86	208(74)	240(44)		125(100)
205	禾草敌	Molinate	2212-67-1	11.92	187(24)	158(2)		126(100)
206	邻苯基苯酚	2-Phenylphenol	90-43-7	12.47	169(72)	141(31)		170(100)

序号	中文名称	英文名称	CAS	保留时间/min	定性离子1	定性离子2	定性离子3	定量离子
207	四氢邻苯二甲酰亚胺	cis-1,2,3,6-Tetrahydrophthalimide	85-40-5	13.39	123(16)	122(16)		151(100)
208	仲丁威	Fenobucarb	3766-81-2	14.60	150(32)	107(8)		121(100)
209	乙丁氟灵	Benfluralin	1861-40-1	15.23	264(20)	276(13)		292(100)
210	氟铃脲	Hexaflumuron	86479-06-3	16.20	279(28)	277(43)		176(100)
211	扑灭通	Prometon	1610-18-0	16.66	225(91)	168(67)		210(100)
212	野麦威	Triallate	2303-17-5	17.12	270(73)	143(19)		268(100)
213	嘧霉胺	Pyrimethanil	53112-28-0	17.28	199(45)	200(5)		198(100)
214	林丹	γ-HCH	58-89-9	17.48	219(93)	254(13)	221(40)	183(100)
215	乙拌磷	Disulfoton	298-04-4	17.61	274(15)	186(18)		88(100)
216	阿特拉津	Atrazine	1912-24-9	17.64	215(62)	173(29)		200(100)
217	异稻瘟净	Iprobenfos	26087-47-8	18.44	246(18)	288(17)		204(100)
218	七氯	Heptachlor	76-44-8	18.49	237(40)	337(27)		272(100)
219	氯唑磷	Isazofos	42509-80-8	18.54	257(53)	285(39)	313(15)	161(100)
220	三氯杀虫酯	Plifenate	21757-82-4	18.87	175(96)	242(91)		217(100)
221	氯乙氟灵	Fluchloralin	33245-39-5	18.89	326(87)	264(54)		306(100)
222	四氟苯菊酯	Transfluthrin	118712-89-3	19.04	165(23)	335(7)		163(100)
223	丁苯吗啉	Fenpropimorph	67564-91-4	19.22	303(5)	129(9)		128(100)
224	甲基立枯磷	Tolclofos-methyl	57018-04-9	19.69	267(36)	250(10)		265(100)
225	异丙草胺	Propisochlor	86763-47-5	19.89	223(200)	146(17)		162(100)
226	溴谷隆	Metobromuron	3060-89-7	20.07	258(11)	170(16)		61(100)
227	莠灭净	Ametryn	834-12-8	20.11	212(53)	185(17)		227(100)
228	西草净	Simetryn	1014-70-6	20.18	170(26)	198(16)		213(100)
229	嗪草酮	Metribuzin	21087-64-9	20.33	199(21)	144(12)		198(100)
230	噻节因	Dimethipin	55290-64-7	20.38	210(26)	103(20)		118(100)
231	ε-六六六	ε-HCH	58-89-9	20.78	219(76)	254(15)	217(40)	181(100)
232	异丙净	Dipropetryn	4147-51-7	20.82	240(42)	222(20)		255(100)
233	安硫磷	Formothion	2540-82-1	21.42	224(97)	257(63)		170(100)
234	乙霉威	Diethofencarb	87130-20-9	21.43	225(98)	151(31)		267(100)
235	哌草丹	Dimepiperate	61432-55-1	22.28	145(30)	263(8)		119(100)
236	生物烯丙菊酯-1	Bioallethrin-1	584-79-2	22.29	136(24)	107(29)		123(100)
237	生物烯丙菊酯-2	Bioallethrin-2	584-79-2	22.34	136(24)	107(29)		123(100)
238	芬螨酯	Fenson	80-38-6	22.54	268(53)	77(104)		141(100)
239	o,p'-滴滴伊	o,p'-DDE	3424-82-6	22.64	318(34)	176(26)	248(70)	246(100)
240	氯硫磷	Chlorthion	500-28-7	22.86	267(162)	299(45)		297(100)
241	双苯酰草胺	Diphenamid	957-51-7	22.87	239(30)	165(43)		167(100)
242	炔丙菊酯	Prallethrin	23031-36-9	23.11	105(17)	134(9)		123(100)
243	戊菌唑	Penconazole	66246-88-6	23.17	250(33)	161(50)		248(100)
244	四氟醚唑	Tetraconazole	112281-77-3	23.35	338(33)	171(10)		336(100)
245	灭蚜磷	Mecarbam	2595-54-2	23.46	296(22)	329(40)		131(100)

续表

序号	中文名称	英文名称	CAS	保留时间/min	定性离子1	定性离子2	定性离子3	定量离子
246	丙虫磷	Propaphos	7292-16-2	23.92	220(108)	262(34)		304(100)
247	氟节胺	Flumetralin	62924-70-3	24.10	157(25)	404(10)		143(100)
248	三唑醇-1	Triadimenol-1	55219-65-3	24.22	168(81)	130(15)		112(100)
249	三唑醇-2	Triadimenol-2	55219-65-3	24.94	168(71)	130(10)		112(100)
250	丙草胺	Pretilachlor	51218-49-6	24.67	238(26)	262(8)		162(100)
251	亚胺菌	Kresoxim-methyl	143390-89-0	25.04	206(25)	131(66)		116(100)
252	吡氟禾草灵	Fluazifop-butyl	69806-50-4	25.21	383(44)	254(49)		282(100)
253	氟啶脲	Chlorfluazuron	71422-67-8	25.27	323(71)	356(8)		321(100)
254	乙酯杀螨醇	Chlorobenzilate	510-15-6	25.90	253(65)	152(5)		251(100)
255	氟哇唑	Flusilazole	85509-19-9	26.19	206(33)	315(9)		233(100)
256	三氟硝草醚	Fluorodifen	15457-05-3	26.59	328(35)	162(34)		190(100)
257	烯唑醇	Diniconazole	83657-24-3	27.03	270(65)	232(13)		268(100)
258	增效醚	Piperonyl butoxide	51-03-6	27.46	177(33)	149(14)		176(100)
259	噁唑隆	Dimefuron	34205-21-5	27.82	105(75)	267(36)		140(100)
260	炔螨特	Propargite	2312-35-8	27.87	350(7)	173(16)		135(100)
261	灭锈胺	Mepronil	55814-41-0	27.91	269(26)	120(9)		119(100)
262	吡氟酰草胺	Diflufenican	83164-33-4	28.45	394(25)	267(14)		266(100)
263	咯菌腈	Fludioxonil	131341-86-1	28.93	127(24)	154(21)		248(100)
264	喹螨醚	Fenazaquin	120928-09-8	28.97	160(46)	117(10)		145(100)
265	苯醚菊酯	Phenothrin	26002-80-2	29.08	183(74)	350(6)		123(100)
266	苯氧威	Fenoxycarb	79127-80-3	29.57	186(82)	116(93)		255(100)
267	稀禾啶	Sethoxydim	74051-80-2	29.63	281(51)	219(36)		178(100)
268	双甲脒	Amitraz	33089-61-1	30.00	162(138)	132(168)		293(100)
269	莎稗磷	Anilofos	64249-01-0	30.68	184(52)	334(10)		226(100)
270	氟丙菊酯	Acrinathrin	101007-06-1	31.07	289(31)	247(12)		181(100)
271	高效氯氟氰菊酯	λ-Cyhalothrin	91465-08-6	31.11	197(100)	141(20)		181(100)
272	苯噻酰草胺	Mefenacet	73250-68-7	31.29	120(35)	136(29)		192(100)
273	氯菊酯	Permethrin	52645-53-1	31.57	184(14)	255(1)		183(100)
274	哒螨灵	Pyridaben	96489-71-3	31.86	117(11)	364(7)		147(100)
275	乙羧氟草醚	Fluoroglycofen-ethyl	77501-90-7	32.01	428(20)	449(35)		447(100)
276	联苯三唑醇	Bitertanol	55179-31-2	32.25	112(8)	141(6)		170(100)
277	醚菊酯	Etofenprox	80844-07-1	32.75	376(4)	183(6)		163(100)
278	噻草酮	Cycloxydim	101205-02-1	33.05	279(7)	251(4)		178(100)
279	α-氯氰菊酯	α-Cypermethrin	67375-30-8	33.35	181(84)	165(63)		163(100)
280	氟氰戊菊酯-1	Flucythrinate-1	70124-77-5	33.58	157(90)	451(22)		199(100)
281	氟氰戊菊酯-2	Flucythrinate-2	70124-77-5	33.85	157(91)	451(23)		199(101)
282	S-氰戊菊酯	Esfenvalerate	66230-04-4	34.65	225(158)	181(189)		419(100)
283	苯醚甲环唑-1	Difenconazole-1	119446-68-3	35.40	325(66)	265(83)		323(100)
284	苯醚甲环唑-2	Difenconazole-2	119446-68-3	35.49	325(69)	265(70)		323(100)
285	丙炔氟草胺	Flumioxazin	103361-09-7	35.50	287(24)	259(15)		354(100)
286	氟烯草酸	Flumiclorac-pentyl	87546-18-7	36.34	308(51)	318(29)		423(100)

序号	中文名称	英文名称	CAS	保留时间/min	定性离子1	定性离子2	定性离子3	定量离子
\multicolumn{9}{c}{D组}								
287	甲氟磷	Dimefox	115-26-4	5.62	154(75)	153(17)		110(100)
288	乙拌磷亚砜	Disulfoton-sulfoxide	2497-07-6	8.41	153(61)	184(20)		212(100)
289	五氯苯	Pentachlorobenzene	608-93-5	11.11	252(64)	215(24)		250(100)
290	三异丁基磷酸盐	Tri-iso-butyl phosphate	126-71-6	11.65	139(67)	211(24)		155(100)
291	鼠立死	Crimidine	535-89-7	13.13	156(90)	171(84)		142(100)
292	4-溴-3,5-二甲苯基-N-甲基氨基甲酸酯-1	BDMC-1	672-99-1	13.25	202(104)	201(13)		200(100)
293	燕麦酯	Chlorfenprop-methyl	14437-17-3	13.57	196(87)	197(49)		165(100)
294	虫线磷	Thionazin	297-97-2	14.04	192(39)	220(14)		143(100)
295	2,3,5,6-四氯苯胺	2,3,5,6-Tetrachloroaniline	3481-20-7	14.22	229(76)	158(25)		231(100)
296	三正丁基磷酸盐	Tri-n-butyl phosphate	126-73-8	14.33	211(61)	167(8)		155(100)
297	2,3,4,5-四氯甲氧基苯	2,3,4,5-Tetrachloroanisole	938-86-3	14.66	203(70)	231(51)		246(100)
298	五氯甲氧基苯	Pentachloroanisole	1825-21-4	15.19	265(100)	237(85)		280(100)
299	牧草胺	Tebutam	35256-85-0	15.30	106(38)	142(24)		190(100)
300	蔬果磷	Dioxabenzofos	3811-49-2	16.14	201(26)	171(5)		216(100)
301	甲基苯噻隆	Methabenzthiazuron	18691-97-9	16.34	136(81)	108(27)		164(100)
302	脱异丙基阿特拉津	Desisopropyl-atrazine	1007-28-9	16.69	158(84)	145(73)		173(100)
303	西玛通	Simetone	673-04-1	16.69	196(40)	182(38)		197(100)
304	阿特拉通	Atratone	1610-17-9	16.70	211(68)	197(105)		196(100)
305	七氟菊酯	Tefluthrin	79538-32-2	17.24	197(26)	161(5)		177(100)
306	溴烯杀	Bromocylen	1715-40-8	17.43	357(99)	394(14)		359(100)
307	草达津	Trietazine	1912-26-1	17.53	229(51)	214(45)		200(100)
308	氧乙嘧硫磷	Etrimfos oxon	59399-24-5	17.83	277(35)	263(12)		292(100)
309	2,6-二氯苯甲酰胺	2,6-Dichlorobenzamide	2008-58-4	17.93	189(36)	175(62)		173(100)
310	环莠隆	Cycluron	2163-69-1	17.95	198(36)	114(9)		89(100)
311	2,4,4'-三氯联苯	DE-PCB 28	7012-37-5	18.15	186(53)	258(97)		256(100)
312	2,4,5-三氯联苯	DE-PCB 31	16606-02-3	18.19	186(53)	258(97)		256(100)
313	脱乙基另丁津	Desethyl-sebuthylazine	37019-18-4	18.32	174(32)	186(11)		172(100)
314	2,3,4,5-四氯苯胺	2,3,4,5-Tetrachloroaniline	634-83-3	18.55	229(76)	233(48)		231(100)
315	合成麝香	Musk ambrette	83-66-9	18.62	268(35)	223(18)		253(100)
316	二甲苯麝香	Musk xylene	81-15-2	18.66	297(10)	128(20)		282(100)
317	五氯苯胺	Pentachloroaniline	527-20-8	18.91	263(63)	230(8)		265(100)
318	叠氮津	Aziprotryne	4658-28-0	19.11	184(83)	157(31)		199(100)
319	丁脒酰胺	Isocarbamid	30979-48-7	19.24	185(2)	143(6)		142(100)
320	另丁津	Sebutylazine	7286-69-3	19.26	214(14)	229(13)		200(100)
321	麝香	Musk moskene	116-66-5	19.46	278(12)	264(15)		263(100)
322	2,2',5,5'-四氯联苯	DE-PCB 52	35693-99-3	19.48	220(88)	255(32)		292(100)
323	苄草丹	Prosulfocarb	52888-80-9	19.51	252(14)	162(10)		251(100)
324	二甲盼草胺	Dimethenamid	87674-68-8	19.55	230(43)	203(21)		154(100)

续表

序号	中文名称	英文名称	CAS	保留时间/min	定性离子1	定性离子2	定性离子3	定量离子
325	氧皮蝇磷	Fenchlorphos oxon	3983-45-7	19.72	287(70)	270(7)		285(100)
326	4-溴-3,5-二甲苯基-N-甲基氨基甲酸酯-2	BDMC-2	672-99-1	19.74	202(101)	201(12)		200(100)
327	庚酰草胺	Monalide	7287-36-7	20.02	199(31)	239(45)		197(100)
328	西藏麝香	Musk tibeten	145-39-1	20.40	266(25)	252(14)		251(100)
329	碳氯灵	Isobenzan	297-78-9	20.55	375(31)	412(7)		311(100)
330	嘧啶磷	Pyrimitate	5221-49-8	20.59	153(116)	180(49)		305(100)
331	八氯苯乙烯	Octachlorostyrene	29082-74-4	20.60	343(94)	308(120)		380(100)
332	异艾氏剂	Isodrin	465-73-6	21.01	263(46)	195(83)		193(100)
333	丁嗪草酮	Isomethiozin	57052-04-7	21.06	198(86)	184(13)		225(100)
334	毒壤磷	Trichloronat	327-98-0	21.10	269(86)	196(16)		297(100)
335	敌草索	Dacthal	1861-32-1	21.25	332(31)	221(16)		301(100)
336	4,4′-二氯二苯甲酮	4,4′-Dichlorobenzophenone	90-98-2	21.29	252(62)	215(26)		250(100)
337	酞菌酯	Nitrothal-isopropyl	10552-74-6	21.69	254(54)	212(74)		236(100)
338	麝香酮	Musk ketone	541-91-3	21.70	294(28)	128(16)		279(100)
339	吡咪唑	Rabenzazole	40341-04-6	21.73	170(26)	195(19)		212(100)
340	嘧菌环胺	Cyprodinil	121552-61-2	21.94	225(62)	210(9)		224(100)
341	氧异柳磷	Isofenphos oxon	31120-85-1	22.04	201(2)	314(12)		229(100)
342	麦穗灵	Fuberidazole	3878-19-1	22.10	155(21)	129(12)		184(100)
343	异氯磷	Dicapthon	2463-84-5	22.44	263(10)	216(10)		262(100)
344	2甲4氯丁氧乙基酯	MCPA-butoxyethyl ester	19480-43-4	22.61	200(71)	182(41)		300(100)
345	2,2′,4,5,5′-五氯联苯	DE-PCB 101	37680-73-2	22.62	254(66)	291(18)		326(100)
346	呋菌胺	Methfuroxam	28730-17-2	22.71	212(4)	230(16)		229(100)
347	水胺硫磷	Isocarbophos	245-61-5	22.87	230(26)	289(22)		136(100)
348	甲拌磷砜	Phorate sulfone	2588-04-7	23.15	171(30)	215(11)		199(100)
349	杀螨醇	Chlorfenethol	80-06-8	23.29	253(66)	266(12)		251(100)
350	反式-九氯	trans-Nonachlor	39765-80-5	23.62	407(89)	411(63)		409(100)
351	消螨通	Dinobuton	973-21-7	23.88	240(15)	223(15)		211(100)
352	脱叶磷	DEF	78-48-8	24.08	226(51)	258(55)		202(100)
353	氟咯草酮	Flurochloridone	61213-25-0	24.31	187(74)	313(66)		311(100)
354	溴苯烯磷	Bromfenvinfos	33399-00-7	24.62	323(56)	295(18)		267(100)
355	乙滴涕	Perthane	72-56-0	24.81	224(20)	178(9)		223(100)
356	灭菌磷	Ditalimfos	5131-24-8	24.82	148(43)	299(34)		130(100)
357	2,3,4,4′,5-五氯联苯	DE-PCB 118	31508-00-6	25.08	254(38)	184(16)		326(100)
358	地胺磷	Mephosfolan	950-10-7	25.29	227(49)	168(60)		196(100)
359	4,4′-二溴二苯甲酮	4,4′-Dibromobenzophenone	3988-03-2	25.30	259(30)	185(179)		340(100)
360	粉唑醇	Flutriafol	76674-21-0	25.31	164(96)	201(7)		219(100)
361	乙基杀扑磷	Athidathion	19691-80-6	25.63	330(1)	129(12)		145(100)
362	2,2′,4,4′,5,5′-六氯联苯	DE-PCB 153	35065-27-1	25.64	290(62)	218(24)		360(100)

序号	中文名称	英文名称	CAS	保留时间/min	定性离子1	定性离子2	定性离子3	定量离子
363	苄氯三唑醇	Diclobutrazole	75736-33-3	25.95	272(68)	159(42)		270(100)
364	乙拌磷砜	Disulfoton sulfone	2497-06-5	26.16	229(4)	185(11)		213(100)
365	噻螨酮	Hexythiazox	78587-05-0	26.48	156(158)	184(93)		227(100)
366	2,2',3,4,4',5-六氯联苯	DE-PCB 138	35065-28-2	26.84	290(68)	218(26)		360(100)
367	威菌磷	Triamiphos	1031-47-6	27.02	294(28)	251(16)		160(100)
368	环丙唑醇	Cyproconazole	113096-99-4	27.23	224(35)	223(11)		222(100)
369	苄呋菊酯-1	Resmethrin-1	10453-86-8	27.26	143(83)	338(7)		171(100)
370	苄呋菊酯-2	Resmethrin-2	10453-86-8	27.43	143(80)	338(7)		171(100)
371	邻苯二甲酸丁苄酯	Phthalic acid, benzyl butyl ester	85-68-7	27.56	312(4)	230(1)		206(100)
372	炔草酸	Clodinafop-propargyl	105512-06-9	27.74	238(96)	266(83)		349(100)
373	倍硫磷亚砜	Fenthion sulfoxide	3761-41-9	28.06	279(290)	294(145)		278(100)
374	三氟苯唑	Fluotrimazole	31251-03-3	28.39	379((60)	233(36)		311(100)
375	氟草烟-1-甲庚酯	Fluroxypr-1-methyl-heptyl ester	81406-37-3	28.45	254(67)	237(60)		366(100)
376	倍硫磷砜	Fenthion sulfone	3761-42-0	28.55	136(25)	231(10)		310(100)
377	苯嗪草酮	Metamitron	41394-05-2	28.63	174(52)	186(12)		202(100)
378	三苯基磷酸盐	Triphenyl phosphate	115-86-6	28.65	233(16)	215(20)		326(100)
379	2,2,3,4,4',5,5'-七氯联苯	DE-PCB 180	35065-29-3	29.05	324(70)	359(20)		394(100)
380	吡螨胺	Tebufenpyrad	119168-77-3	29.06	333(78)	276(44)		318(100)
381	解草酯	Cloquintocet-mexyl	99607-70-2	29.32	194(32)	220(4)		192(100)
382	环草定	Lenacil	2164-08-1	29.70	136(6)	234(2)		153(100)
383	糠菌唑-1	Bromuconazole-1	116255-48-2	29.90	175(65)	214(15)		173(100)
384	脱溴溴苯磷	Desbrom-leptophos	—	30.15	171(97)	375(72)		377(100)
385	糠菌唑-2	Bromuconazole-2	116255-48-2	30.72	175(67)	214(14)		173(100)
386	甲磺乐灵	Nitralin	4726-14-1	30.92	274(58)	300(15)		316(100)
387	苯线磷亚砜	Fenamiphos sulfoxide	31972-43-7	31.03	319(29)	196(22)		304(100)
388	苯线磷砜	Fenamiphos sulfone	31972-44-8	31.34	292(57)	335(7)		320(100)
389	拌种咯	Fenpiclonil	74738-17-3	32.37	238(66)	174(36)		236(100)
390	氟喹唑	Fluquinconazole	136426-54-5	32.62	342(37)	341(20)		340(100)
391	腈苯唑	Fenbuconazole	114369-43-6	34.02	198(51)	125(31)		129(100)
			E组					
392	残杀威-1	Propoxur-1	114-26-1	6.58	152(16)	111(9)		110(100)
393	灭除威	XMC	2655-14-3	7.40	121(37)	107(114)		122(100)
394	异丙威-1	Isoprocarb-1	2631-40-5	7.56	136(34)	103(20)		121(100)
395	甲胺磷	Methamidophos	10265-92-6	9.37	95(112)	141(52)		94(100)
396	二氢苊	Acenaphthene	83-32-9	10.79	162(84)	160(38)		164(100)
397	特草灵-1	Terbucarb-1	1918-11-2	10.89	220(51)	206(16)		205(100)

续表

序号	中文名称	英文名称	CAS	保留时间/min	定性离子1	定性离子2	定性离子3	定量离子
398	畜虫避	Dibutyl succinate	141-03-7	12.20	157(19)	175(5)		101(100)
399	氯氧磷	Chlorethoxyfos	54593-83-8	13.43	125(67)	301(19)		153(100)
400	异丙威-2	Isoprocarb-2	2631-40-5	13.69	136(34)	103(20)		121(100)
401	丁噻隆	Tebuthiuron	34014-18-1	14.25	171(30)	157(9)		156(100)
402	戊菌隆	Pencycuron	66063-05-6	14.30	180(65)	209(20)		125(100)
403	甲基内吸磷	Demeton-S-methyl	301-12-2	15.19	142(43)	230(5)		109(100)
404	残杀威-2	Propoxur-2	114-26-1	15.48	152(19)	111(8)		110(100)
405	二溴磷	Naled	300-76-5	15.51	145(26)	185(15)		109(100)
406	菲	Phenanthrene	85-01-8	16.97	160(9)	189(16)		188(100)
407	唑螨酯	Fenpyroximate	134098-61-6	17.49	142(21)	198(9)		213(100)
408	丁基嘧啶磷	Tebupirimfos	96182-53-5	17.61	261(107)	234(100)		318(100)
409	茉莉酮	Prohydrojasmon	158474-72-7	17.80	184(41)	254(7)		153(100)
410	苯锈啶	Fenpropidin	67306-00-7	17.85	273(5)	145(5)		98(100)
411	氯硝胺	Dichloran	99-30-9	18.10	206(87)	124(101)		176(100)
412	咯喹酮	Pyroquilon	57369-32-1	18.28	130(69)	144(38)		173(100)
413	炔苯酰草胺	Propyzamide	23950-58-5	19.01	255(23)	240(9)		173(100)
414	抗蚜威	Pirimicarb	23103-98-2	19.08	238(23)	138(8)		166(100)
415	解草嗪	Benoxacor	98730-04-2	19.62	259(38)	176(19)		120(100)
416	磷胺-1	Phosphamidon-1	13171-21-6	19.66	138(62)	227(25)		264(100)
417	溴丁酰草胺	Bromobutide	74712-19-9	19.70	232(27)	296(6)		119(100)
418	乙草胺	Acetochlor	34256-82-1	19.84	162(59)	223(59)		146(100)
419	灭草环	Tridiphane	58138-08-2	19.90	187(90)	219(46)		173(100)
420	戊草丹	Esprocarb	85785-20-2	20.01	265(10)	162(61)		222(100)
421	特草灵-2	Terbucarb-2	1918-11-2	20.06	220(52)	206(16)		205(100)
422	甲呋酰胺	Fenfuram	24691-80-3	20.35	201(29)	202(5)		109(100)
423	活化酯	Acibenzolar-S-methyl	135158-54-2	20.42	135(64)	153(34)		182(100)
424	呋草黄	Benfuresate	68505-69-1	20.68	256(17)	121(18)		163(100)
425	氟硫草定	Dithiopyr	97886-45-8	20.78	306(72)	286(74)		354(100)
426	精甲霜灵	Mefenoxam	70630-17-0	20.91	249(46)	279(11)		206(100)
427	马拉氧磷	Malaoxon	1634-78-2	21.17	268(11)	195(15)		127(100)
428	磷胺-2	Phosphamidon-2	13171-21-6	21.36	138(54)	227(17)		264(100)
429	氯酞酸甲酯	Chlorthal-dimethyl	1861-32-1	21.39	332(27)	221(17)		301(100)
430	硅氟唑	Simeconazole	149508-90-7	21.41	278(14)	211(34)		121(100)
431	特草定	Terbacil	5902-51-2	21.50	160(70)	117(39)		161(100)
432	噻唑烟酸	Thiazopyr	117718-60-2	21.91	363(73)	381(34)		327(100)
433	甲基毒虫畏	Dimethylvinphos	2274-67-1	22.21	297(56)	109(74)		295(100)
434	苯酰草胺	Zoxamide	156052-68-5	22.30	242(68)	299(9)		187(100)
435	烯丙菊酯	Allethrin	584-79-2	22.60	107(24)	136(20)		123(100)
436	灭藻醌	Quinoclamine	2791-51-5	22.89	172(259)	144(64)		207(100)
437	甲醚菊酯-1	Methothrin-1	34388-29-9	22.92	135(89)	104(41)		123(100)

续表

序号	中文名称	英文名称	CAS	保留时间/min	定性离子1	定性离子2	定性离子3	定量离子
438	氟噻草胺	Flufenacet	142459-58-3	23.09	211(61)	363(6)		151(100)
439	甲醚菊酯-2	Methothrin-2	34388-29-9	23.19	135(73)	104(12)		123(100)
440	氰菌胺	Fenoxanil	115852-48-7	23.58	189(14)	301(6)		140(100)
441	呋霜灵	Furalaxyl	57646-30-7	23.97	301(24)	152(40)		242(100)
442	嘧菌胺	Mepanipyrim	110235-47-7	24.29	223(53)	221(9)		222(100)
443	噻虫嗪	Thiamethoxam	153719-23-4	24.38	212(92)	247(124)		182(100)
444	克菌丹	Captan	133-06-2	24.55	264(32)	236(10)		149(100)
445	除草定	Bromacil	314-40-9	24.73	207(46)	231(5)		205(100)
446	啶氧菌酯	Picoxystrobin	11748-22-5	24.97	303(43)	367(9)		335(100)
447	抑草磷	Butamifos	36335-67-8	25.41	200(57)	232(37)		286(100)
448	甲基咪草酯	Imazamethabenz-methyl	81405-85-8	25.50	187(117)	256(95)		144(100)
449	甲硫威砜	Methiocarb sulfone	2179-25-1	25.56	185(40)	137(16)		200(100)
450	苯噻硫氰	TCMTB	21564-17-0	25.59	238(108)	136(30)		180(100)
451	苯氧菌胺	Metominostrobin	133408-50-1	25.61	238(56)	196(75)		191(100)
452	烯菌灵	Imazalil	35554-44-0	25.72	173(66)	296(5)		215(100)
453	稻瘟灵	Isoprothiolane	50512-35-1	25.87	231(82)	204(88)		290(100)
454	环氟菌胺	Cyflufenamid	180409-60-3	26.02	412(11)	294(11)		91(100)
455	嘧草醚	Pyriminobac-methyl	147411-69-6	26.34	330(107)	361(86)		302(100)
456	甲基三硫磷	Methyl trithion	953-17-3	26.36	157(492)	125(247)		314(100)
457	噁唑磷	Isoxathion	18854-01-8	26.51	105(341)	177(208)		313(100)
458	苯氧喹啉	Quinoxyphen	124495-18-7	27.14	272(37)	307(29)		237(100)
459	噻氟酰胺	Thifluzamide	130000-40-7	27.26	447(97)	194(308)		449(100)
460	肟菌酯	Trifloxystrobin	141517-21-7	27.71	131(40)	222(30)		116(100)
461	脱苯甲基亚胺唑	Imibenconazole-des-benzyl	199338-48-2	27.86	270(35)	272(35)		235(100)
462	炔咪菊酯-1	Imiprothrin-1	72693-72-5	28.31	151(55)	107(54)		123(100)
463	氟虫腈	Fipronil	120068-37-3	28.34	369(69)	351(15)		367(100)
464	炔咪菊酯-2	Imiprothrin-2	72693-72-5	28.50	151(21)	107(17)		123(100)
465	氟环唑-1	Epoxiconazole-1	106325-08-0	28.58	183(24)	138(35)		192(100)
466	稗草丹	Pyributicarb	88678-67-5	28.87	181(23)	108(64)		165(100)
467	吡草醚	Pyraflufen ethyl	129630-17-7	28.91	349(41)	339(34)		412(100)
468	噻吩草胺	Thenylchlor	96491-05-3	29.12	288(25)	141(17)		127(100)
469	烯草酮	Clethodim	99129-21-2	29.21	205(50)	267(15)		164(100)
470	苯并菲(䓛)	Chrysene	218-01-9	29.40	236(24)	120(16)		240(100)
471	吡唑解草酯	Mefenpyr-diethyl	135590-91-9	29.55	299(131)	372(18)		227(100)
472	乙螨唑	Etoxazole	153233-91-1	29.64	330(69)	359(65)		300(100)
473	氟环唑-2	Epoxiconazole-2	106325-08-0	29.73	183(13)	138(30)		192(100)
474	伐灭磷	Famphur	52-85-7	29.80	125(27)	217(22)		218(100)
475	吡丙醚	Pyriproxyfen	95737-68-1	30.06	226(8)	185(10)		136(100)
476	异菌脲	Iprodione	36734-19-7	30.24	244(65)	246(42)		187(100)
477	氟吡酰草胺	Picolinafen	137641-05-5	30.27	376(77)	266(11)		238(100)

序号	中文名称	英文名称	CAS	保留时间/min	定性离子1	定性离子2	定性离子3	定量离子
478	甲呋酰胺	Ofurace	58810-48-3	30.36	232(83)	204(35)		160(100)
479	哌草磷	Piperophos	24151-93-7	30.42	140(123)	122(114)		320(100)
480	氯甲酰草胺	Clomeprop	84496-56-0	30.48	288(279)	148(206)		290(100)
481	咪唑菌酮	Fenamidone	161326-34-7	30.66	238(111)	206(32)		268(100)
482	萘丙胺	Naproanilide	52570-16-8	31.89	171(96)	144(100)		291(100)
483	百克敏	Pyraclostrobin	175013-18-0	31.98	325(14)	283(21)		132(100)
484	乳氟禾草灵	Lactofen	77501-63-4	32.06	461(25)	346(12)		442(100)
485	苯草酮	Tralkoxydim	87820-88-0	32.14	226(7)	268(8)		283(100)
486	吡唑硫磷	Pyraclofos	77458-01-6	32.18	194(79)	362(38)		360(100)
487	氯亚胺硫磷	Dialifos	10311-84-9	32.27	357(143)	210(397)		186(100)
488	螺螨酯	Spirodiclofen	148477-71-8	32.50	259(48)	277(28)		312(100)
489	呋草酮	Flurtamone	96525-23-4	32.78	199(63)	247(25)		333(100)
490	环酯草醚	Pyriftalid	135186-78-6	32.94	274(71)	303(44)		318(100)
491	氟硅菊酯	Silafluofen	105024-66-6	33.18	286(274)	258(289)		287(100)
492	嘧螨醚	Pyrimidifen	105779-78-0	33.63	186(32)	185(10)		184(100)
493	氟丙嘧草酯	Butafenacil	134605-64-4	33.85	333(34)	180(35)		331(100)
494	苯酮唑	Cafenstrole	125306-83-4	34.36	188(69)	119(25)		100(100)
495	氟啶草酮	Fluridone	59756-60-4	37.61	329(100)	330(100)		328(100)
		F 组						
496	苯磺隆	Tribenuron-methyl	101200-48-0	9.34	124(45)	110(18)		154(100)
497	乙硫苯威	Ethiofencarb	29973-13-5	11.00	168(34)	77(26)		107(100)
498	二氧威	Dioxacarb	6988-21-2	11.10	166(44)	165(36)		121(100)
499	避蚊酯	Dimethyl phthalate	131-11-3	11.54	194(7)	133(5)		163(100)
500	4-氯苯氧乙酸	4-Chlorophenoxy acetic acid	122-88-3	11.84	141(93)	111(61)		200(100)
501	氟菌唑	Triflumizole	68694-11-1	12.16	221(61)	250(20)		182(100)
502	邻苯二甲酰亚胺	Phthalimide	85-41-6	13.21	104(61)	103(35)		147(100)
503	乙酰甲胺磷	Acephate	30560-19-1	13.89	94(50)	183(3)		136(100)
504	避蚊胺	Diethyltoluamide	134-62-3	14.00	190(32)	191(31)		119(100)
505	2,4-滴	2,4-D	94-75-7	14.35	234(63)	175(61)		199(100)
506	甲萘威	Carbaryl	63-25-2	14.42	115(100)	116(43)		144(100)
507	硫线磷	Cadusafos	95465-99-9	15.14	213(14)	270(13)		159(100)
508	草多索	Endothal	145-73-3	15.68	140(268)	68(745)		100(100)
509	内吸磷	Demeton-S	126-75-0	16.88	170(15)	143(11)		88(100)
510	螺噁茂胺-1	Spiroxamine-1	118134-30-8	17.26	126(7)	198(5)		100(100)
511	百治磷	Dicrotophos	141-66-2	17.31	237(11)	109(8)		127(100)
512	3,4,5-混杀威	3,4,5-Trimethacarb	2686-99-9	17.70	193(32)	121(31)		136(100)
513	2,4,5-涕	2,4,5-T	93-76-5	17.75	268(49)	209(36)		233(100)
514	3-苯基苯酚	3-Phenylphenol	580-51-8	18.11	141(23)	115(17)		170(100)
515	拌种胺	Furmecyclox	60568-05-0	18.22	251(6)	94(10)		123(100)
516	螺噁茂胺-2	Spiroxamine-2	118134-30-8	18.23	126(5)	198(5)		100(100)

续表

序号	中文名称	英文名称	CAS	保留时间/min	定性离子1	定性离子2	定性离子3	定量离子
517	丁酰肼	DMSA	1596-84-5	18.45	92(123)	121(8)		200(100)
518	另丁津	Sebutylazine	7286-69-3	18.63	174(32)	186(11)		172(100)
519	环庚草醚	Cinmethylin	87818-31-3	18.96	169(16)	154(14)		105(100)
520	久效磷	Monocrotophos	6923-22-4	19.18	192(2)	223(4)	164(20)	127(100)
521	八氯二丙醚-1	S421(octachlorodipropyl ether)-1	127-90-2	19.31	132(96)	211(8)		130(100)
522	八氯二丙醚-2	S421(octachlorodipropyl ether)-2	127-90-2	19.57	132(97)	211(7)		130(100)
523	十二环吗啉	Dodemorph	1593-77-7	19.62	281(12)	238(10)		154(100)
524	甜菜胺	Desmedipham	13684-56-5	19.76	109(75)	135(20)		181(100)
525	皮蝇磷	Fenchlorphos	299-84-3	19.84	287(69)	270(6)		285(100)
526	枯莠隆	Difenoxuron	14214-32-5	20.85	226(21)	242(15)		241(100)
527	发硫磷	Prothoate	2275-18-5	20.85	97(48)	285(14)		115(100)
528	仲丁灵	Butralin	33629-47-9	22.18	224(16)	295(9)		266(100)
529	啶斑肟-2	Pyrifenox-2	88283-41-4	22.47	294(16)	227(15)		262(100)
530	异戊乙净	Dimethametryn	22936-75-0	22.75	255(9)	213(2)		212(100)
531	啶斑肟-1	Pyrifenox-1	88283-41-4	23.46	294(18)	227(15)		262(100)
532	四氯苯酞	Phthalide	27355-22-2	23.51	272	215		243
533	脱叶磷	Merphos	150-50-5	24.33	202(32)	258(31)		169(100)
534	噻菌灵	Thiabendazole	148-79-8	24.97	174(87)	175(9)		201(100)
535	异丙菌胺-1	Iprovalicarb-1	140923-17-7	26.13	134(126)	158(62)		119(100)
536	戊环唑	Azaconazole	60207-31-0	26.50	173(59)	219(64)		217(100)
537	异丙菌胺-2	Iprovalicarb-2	140923-17-7	26.54	119(75)	158(48)		134(100)
538	苯虫醚-1	Diofenolan-1	63837-33-2	26.76	300(60)	225(24)		186(100)
539	苯虫醚-2	Diofenolan-2	63837-33-2	27.09	300(60)	225(29)		186(100)
540	苯草醚	Aclonifen	74070-46-5	27.24	212(65)	194(57)		264(100)
541	溴虫腈	Chlorfenapyr	122453-73-0	27.47	328(54)	408(51)		247(100)
542	生物苄呋菊酯	Bioresmethrin	28434-01-7	27.55	171(54)	143(31)		123(100)
543	双苯噁唑酸	Isoxadifen-ethyl	163520-33-0	27.90	222(76)	294(44)		204(100)
544	唑酮草酯	Carfentrazone-ethyl	128621-72-7	28.09	330(52)	290(53)		312(100)
545	异狄氏剂醛	Endrin aldehyde	7421-93-4	28.30	250(62)	279(36)		345(100)
546	氯吡嘧磺隆	Halosulfuron-methyl	100784-20-1	28.32	260(86)	295(33)		327(100)
547	三环唑	Tricyclazole	41814-78-2	28.34	162(54)	161(40)		189(100)
548	环酰菌胺	Fenhexamid	126833-17-8	28.86	177(33)	301(13)		97(100)
549	螺甲螨酯	Spiromesifen	283594-90-1	29.56	254(27)	370(14)		272(100)
550	家蝇磷	Phenkapton	2275-14-1	29.62	153(79)	191(65)		121(100)
551	氟啶胺	Fluazinam	79622-59-6	30.04	417(44)	371(29)		387(100)
552	联苯肼酯	Bifenazate	149877-41-8	30.38	258(99)	199(100)		300(100)
553	异狄氏剂酮	Endrin ketone	53494-70-5	30.40	250(28)	281(35)		317(100)
554	氟草敏代谢物	Norflurazon-desmethyl	23576-24-1	30.80	289(76)	88(35)		145(100)

续表

序号	中文名称	英文名称	CAS	保留时间/min	定性离子1	定性离子2	定性离子3	定量离子
555	γ-氯氟氰菊酯-1	γ-Cyhalothrin-1	76703-62-3	31.10	197(84)	141(28)		181(100)
556	叶菌唑	Metconazole	125116-23-6	31.12	319(14)	250(17)		125(100)
557	氰氟草酯	Cyhalofop-butyl	122008-85-9	31.40	357(74)	229(79)		256(100)
558	γ-氟氰菊酯-2	γ-Cyhalothrin-2	76703-62-3	31.40	197(77)	141(20)		181(100)
559	赛灭磷	Cythioate	115-93-5	31.95	109(85)	125(71)		297(100)
560	苄螨醚	Halfenprox	111872-58-3	32.81	237(5)	476(5)		263(100)
561	啶虫脒	Acetamiprid	160430-64-8	33.67	152(114)	166(64)		126(100)
562	啶酰菌胺	Boscalid	188425-85-6	34.16	140(229)	112(71)		342(100)
563	四溴菊酯-1	Tralomethrin-1	66841-25-6	35.51	253(147)	251(40)		181(100)
564	四溴菊酯-2	Tralomethrin-2	66841-25-6	35.97	253(140)	251(40)		181(100)
565	唑虫酰胺	Tolfenpyrad	129558-76-5	36.00	197(72)	171(75)		383(100)
566	烯酰吗啉	Dimethomorph	110488-70-5	37.40	387(32)	165(28)		301(100)
567	嘧菌酯	Azoxystrobin	131860-33-8	37.77	388(32)	404(31)		344(100)

11.1.2 GC-MS 分析 567 种农药化学品选择离子监测分组表

GC-MS 分析 567 种农药化学品选择离子监测见表 11-4。

表 11-4 GC-MS 分析 567 种农药化学品选择离子监测分组表

序号	保留时间/min	离子/amu	驻留时间/ms
		A 组	
1	8.30	138,158,173	200
2	9.60	124,140,166,172,183,211	90
3	10.50	121,154,234	200
4	10.75	120,137,179	200
5	11.70	154,186,215	200
6	14.40	167,168,169	200
7	14.90	121,142,143,153,183,195,196,198,230,231,260,276,292,316	30
8	16.20	88,125,246	200
9	16.70	137,138,145,172,174,179,187,202,204,205,237,246,249,295,304	30
10	17.80	138,173,175,181,186,194,196,201,210,225,236,255,277,292	30
11	18.80	150,165,173,175,222,223,251,255,279	50
12	19.20	125,143,229,261,263,265,293,305,307,329	50
13	19.80	125,261,263,265,285,287,293,305,307,329	50
14	20.10	170,181,184,198,200,206,212,217,219,226,227,233,234,241,246,249,254,258,263,264,266,268,285,286,314	10
15	21.40	143,152,153,158,169,173,180,181,208,217,219,220,247,254,256,260,275,277,278,351,353,355	10
16	22.30	61,143,160,162,181,186,208,210,220,235,248,252,263,268,270,291,351,353,355	20
17	23.00	133,143,146,157,209,211,246,268,270,274,298,303,320,357,359,373,375,377	20
18	23.70	72,104,133,145,152,157,160,162,209,211,215,253,255,260,263,267,274,277,283,285,297,302,309,345,380	10
19	24.80	128,145,154,157,171,175,198,217,225,240,255,258,271,283,285,288,302,303	20

序号	保留时间/min	离子/amu	驻留时间/ms
20	25.50	154,185,217,252,253,254,288,303,319,324,334	50
21	26.00	87,139,143,145,165,173,199,208,231,235,237,251,253,273,316,323,384	20
22	26.80	145,150,156,165,173,179,199,231,235,237,245,247,280,288,322,323,384	20
23	27.90	165,166,173,181,253,259,261,281,292,293,308,342	40
24	28.60	118,160,165,166,181,203,212,227,228,231,235,237,272,274,314,323	30
25	29.30	135,163,164,212,227,228,232,233,250,252,278	40
26	30.00	102,145,159,160,161,188,199,227,303,317,340,356	40
27	31.00	175,183,184,220,221,223,232,250,255,267,373	40
28	33.00	127,180,181	200
29	34.40	167,181,225,419	150
30	35.70	172,174,181	200
B组			
1	7.80	128,132,189	200
2	8.80	146,156,217	200
3	9.70	128,136,161,171,173,203	90
4	10.70	127,164,192,194,196,198	90
5	11.70	191,193,206	200
6	13.40	124,203,215,250,261	100
7	14.40	158,168,200,242,282,284,286	80
8	14.70	116,120,128,148,153,171,176,188,202,211,213,234,236,238,264,266,282,284,286,306,322,335	10
9	16.00	116,148,183,188,219,221,254	80
10	16.80	153,186,231,288	150
11	17.10	153,160,164,169,172,173,176,197,206,210,214,223,225,229,270,318,330,347	20
12	18.20	61,126,160,173,176,206,214,229	60
13	18.70	126,127,134,148,164,171,172,180,192,197,198,210,213,223,243,286,288,305,307	20
14	19.90	134,171,188,197,198,210,213,237,269,276,290,305	40
15	20.60	100,185,211,226,241,253,257,259,378	50
16	21.20	73,139,141,153,161,162,167,185,191,207,213,224,226,237,238,240,250,251,286,304,318,329,331,333,351,353,355,387	10
17	22.00	161,167,207,222,224,226,238,264,280,286,351,353,355	40
18	22.70	161,163,170,171,182,185,205,213,217,241,255,256,265,267,269,276,323,339	20
19	23.40	137,160,176,188,238,240,246,248,259,267,269,316,318,323,331,373,375,377	20
20	23.90	61,160,166,176,188,193,194,246,248,250,259,292,294,297,316,318,329,331,333,339,374,377,379	20
21	24.90	61,105,165,167,172,175,177,187,199,214,231,235,236,237,238,256,263,292,294,297,302,305,311,313,317,339,345,374	10
22	25.60	77,105,139,141,165,169,171,199,202,213,223,235,237,251,252,253,256,271,276,283,297,300,325,360,361	10
23	26.70	105,157,165,195,199,235,237,246,276,297,325,339,342,360,363	30
24	27.60	148,157,161,169,172,173,201,206,257,303,310,325	40

续表

序号	保留时间/min	离子/amu	驻留时间/ms
25	28.90	89,99,126,127,157,161,169,172,181,183,257,260,265,272,292,303,339,341,349,365,387,389	10
26	29.80	79,181,183,265,311,349	90
27	30.00	128,157,169,171,189,252,310,323,341,375,377,379	40
28	31.20	132,139,154,160,161,182,189,251,310,330,341,367	40
29	32.90	180,199,206,226,266,308,334,362,364	50
30	34.00	181,250,252	200
C组			
1	7.30	109,185,220	200
2	8.70	152,153,154	200
3	9.30	58,128,129,146,188,203	90
4	11.20	126,161,163	200
5	11.75	125,126,141,158,169,170,187,208,240	50
6	13.50	122,123,124,151,215,250	90
7	14.70	107,121,150,264,276,292	90
8	16.00	174,202,217	200
9	16.50	126,141,143,156,168,176,198,199,200,210,225,268,270,277,279	30
10	17.60	88,173,183,186,200,215,219,254,274	50
11	18.40	104,130,159,161,204,237,246,257,272,285,288,313,337	40
12	18.90	128,129,161,163,165,175,204,217,242,246,257,264,285,288,303,306,313,326,335	20
13	19.80	73,89,146,162,185,212,223,227,250,265,267	50
14	20.30	61,144,146,162,170,185,198,199,212,213,223,227,258	40
15	20.70	61,103,118,144,170,181,198,199,210,217,219,222,240,254,255	30
16	21.35	108,117,151,160,161,170,219,221,224,225,257,267,351,353,355	30
17	22.20	107,108,119,123,136,145,176,219,221,246,248,263,318,351,353,355	20
18	22.70	77,141,165,167,174,176,206,234,239,246,248,267,268,297,299,318	20
19	23.20	105,123,134,161,248,250,267,297,299	50
20	23.50	131,143,157,161,171,220,248,250,262,296,304,329,336,338,404	30
21	24.30	112,130,162,168,238,262	90
22	25.10	112,116,130,131,162,168,206,233,234,235,238,262	40
23	25.30	254,282,321,323,356,383	90
24	26.00	131,152,206,233,234,236,251,253,315	50
25	26.90	149,162,176,177,190,232,268,270,328	50
26	27.90	105,119,120,135,140,173,266,267,269,350,394	50
27	28.80	105,117,123,140,145,160,183,266,267,350,394	50
28	29.00	117,123,127,145,154,160,183,248,350	50
29	29.60	116,178,186,191,219,255	90
30	30.30	132,162,178,184,219,226,281,293,334	50
31	31.10	120,136,141,147,181,183,184,192,197,247,255,289,309,364	30
32	32.00	112,141,147,170,183,184,255,309,364,428,447,449	40

序号	保留时间/min	离子/amu	驻留时间/ms
33	32.60	112,141,163,170,183,376,428,447,449	50
34	33.10	163,165,178,181,251,279	90
35	33.80	157,199,451	200
36	34.70	181,225,250,252,419	100
37	35.40	259,265,287,323,325,354	90
38	36.40	308,318,423	200
D组			
1	5.50	110,153,154	200
2	8.00	153,184,212	200
3	11.00	139,155,211,215,250,252	90
4	13.00	142,156,165,171,196,197,200,201,202	50
5	14.00	143,155,158,167,192,203,211,220,229,231,246	40
6	15.00	106,142,190,237,265,280	90
7	16.00	108,136,145,158,164,171,173,182,186,196,197,201,211,216,213,288	20
8	17.20	161,174,177,197,200,202,214,229,246,357,359,394	40
9	17.90	89,114,128,172,173,174,175,186,189,198,223,229,230,231,233,253,256,258,263,265,268,277,282,292,297	10
10	19.20	142,143,154,157,162,184,185,199,200,201,202,203,214,220,229,230,247,251,252,255,263,264,270,278,285,287,292	10
11	20.00	153,180,197,199,200,201,202,230,239,247,251,252,266,305,308,311,343,375,380,412	15
12	21.00	115,184,193,195,196,198,215,221,225,250,252,263,269,276,285,297,301,332	20
13	21.60	128,170,194,195,210,212,224,225,236,254,279,294	40
14	22.10	129,155,182,184,200,201,210,212,216,224,225,229,230,254,262,263,291,300,314,326,351,353,355	10
15	23.00	136,171,199,215,230,251,253,266,289,407,409,411	40
16	23.90	130,148,178,187,202,211,223,224,226,240,258,267,295,299,311,313,323	20
17	25.00	129,130,145,148,164,168,184,185,196,201,218,219,227,254,259,290,299,326,330,340,360	15
18	26.00	156,159,184,185,213,218,227,229,270,272,290,360	40
19	27.10	143,160,171,206,222,223,224,230,238,251,266,294,312,338,349	30
20	28.00	136,174,186,202,215,231,233,237,254,278,279,294,310,311,326,366,379	20
21	29.00	136,153,192,194,220,234,276,318,324,333,359,394	40
22	30.00	160,161,171,173,175,214,317,375,377	50
23	30.80	173,175,196,213,230,274,292,300,304,316,319,320,335,373	30
24	32.40	147,236,238,340,341,342	90
25	34.00	125,129,198	200
E组			
1	6.10	110,111,152	200
2	7.00	103,107,121,122,136	100
3	9.00	94,95,141	200
4	10.40	160,162,164	200

续表

序号	保留时间/min	离子/amu	驻留时间/ms
5	12.00	101,157,175	200
6	12.90	103,121,125,136,153,301	100
7	13.90	125,156,157,171,180,209	100
8	14.80	109,110,111,142,145,152,185,213,230	40
9	16.80	98,142,145,153,160,184,189,198,213,234,254,261,273,318	30
10	17.95	124,130,144,173,176,187,206	50
11	18.70	138,166,173,238,240,255	90
12	19.20	109,119,120,135,138,146,153,162,173,176,182,187,201,202,205,206,219,220,222,223,227,232,259,264,265,296	15
13	20.30	109,121,127,135,153,163,182,195,201,202,206,249,256,268,279,286,306,354	20
14	20.90	117,121,138,160,161,211,221,227,264,278,301,327,332,363,381	20
15	21.95	295,297,299	200
16	22.30	104,107,123,135,136,144,151,172,211,363,207	50
17	23.30	140,152,189,242,301	100
18	24.00	149,182,205,207,212,221,222,223,231,236,247,264,303,335,367	40
19	25.00	91,136,137,144,173,180,185,187,191,196,200,204,215,231,232,238,256,286,290,294,296,412	15
20	26.10	105,125,157,177,302,313,314,330,361	50
21	26.90	116,131,194,222,235,237,270,272,307,447,449	50
22	28.00	107,123,138,151,183,192,351,367,369	50
23	28.60	108,127,141,164,165,181,205,267,288,339,349,412	40
24	29.20	120,125,136,138,183,185,187,192,217,218,226,227,236,240,244,246,299,300,330,359,372	15
25	30.05	122,140,148,160,204,206,232,238,266,268,288,290,320,376	15
26	31.60	132,144,171,186,194,199,210,226,247,259,268,274,277,291,303,312,318,325,333,346,357,360,362,442,461,283	15
27	33.00	180,184,185,186,258,286,287,331,333	50
28	34.00	100,119,188	200
29	37.00	328,329,330	200
F组			
1	5.50	110,124,154	180
2	10.50	77,107,111,121,133,141,163,165,166,168,182,194,200,221,250	40
3	13.00	94,103,104,115,116,136,144,147,159,175,183,199,213,234,270	40
4	15.25	68,100,140	170
5	16.65	88,109,121,127,136,143,169,170,193,209,210,225,233,237,268	40
6	17.90	86,92,94,101,105,115,116,121,123,138,141,154,163,166,169,170,172,174,186,200,211,238,240,251	20
7	19.30	122,130,132,135,154,162,181,211,222,238,265,270,281,285,287	35
8	20.30	97,103,115,226,241,242,285,286,306,311,354,375	30
9	21.59	43,109,115,142,147,163,185,212,213,224,227,240,255,262,266,294,295,297,351,353,355	30
10	22.70	77,115,140,141,142,151,170,185,189,211,212,213,215,227,243,255,262,267,269,272,294,301,323,363	30

续表

序号	保留时间/min	离子/amu	驻留时间/ms
11	24.00	112,128,135,168,169,174,175,201,237,258,272,355,378,416	30
12	25.95	119,134,158,173,186,194,212,217,219,225,264,300	40
13	27.35	123,143,161,162,171,189,247,250,253,255,260,279,290,295,312,327,328,330,342,345,408	40
14	28.30	97,109,118,127,128,160,161,162,163,177,189,250,260,279,290,295,301,327,345	30
15	29.30	88,121,125,145,153,191,199,217,218,250,254,258,272,281,289,300,317,370,371,387,417	30
16	30.80	88,125,141,145,181,197,229,250,256,289,319,357	30
17	31.75	109,125,237,263,274,297,303,318,476	50
18	33.50	112,126,140,152,166,342	90
19	35.00	171,181,197,251,253,383	80
20	36.80	165,301,344,404,387,388	80

11.1.3 GC-MS/MS 分析 454 种农药化学品保留时间、定性定量离子对和碰撞能量

GC-MS/MS 分析 454 种农药化学品保留时间、定性定量离子对和碰撞能量见表 11-5。

表 11-5 GC-MS/MS 分析 454 种农药化学品保留时间、定性定量离子对和碰撞能量

序号	中文名称	英文名称	CAS	保留时间/min	定性离子	定量离子	碰撞能量/V
				A 组			
1	二丙烯草胺	Aallidochlor	93-71-0	8.9	138.0/96.0;138.0/110.0	138.0/96.0	10;10
2	烯丙酰草胺	Dichlormid	37764-25-3	9.9	172.0/108.0;172.0/80.0	172.0/108.0	10;15
3	土菌灵	Etridiazole	2593-15-9	10.3	211.0/183.0;211.0/140.0	211.0/183.0	10;15
4	氯甲硫磷	Chlormephos	24934-91-6	10.6	234.0/121.0;234.0/154.0	234.0/121.0	10;10
5	苯胺灵	Propham	122-42-9	11.5	179.0/93.0;179.0/137.0	179.0/93.0	15;10
6	甲基乙拌磷	Thiometon	640-15-3	12.1	125.0/63.0;125.0/79.0	125.0/63.0	25;15
7	环草敌	Cycloate	1134-23-2	13.5	154.0/83.0;154.0/72.0	154.0/83.0	10;10
8	联苯二胺	Diphenylamin	122-39-4	14.6	169.0/168.0;169.0/167.0	169.0/168.0	15;25
9	乙丁烯氟灵	Ethalfluralin	55283-68-6	15.2	316.0/202.0;316.0/279.0	316.0/202.0	25;10
10	五氯硝基苯	Quintozene	82-68-8	16.6	295.0/237.0;295.0/265.0	295.0/237.0	15;10
11	脱乙基阿特拉津	Aatrazine-desethyl	6190-65-4	17.0	187.0/172.0;172.0/104.0	187.0/172.0	5;12
12	异噁草松	Clomazone	81777-89-1	17.1	204.0/107.0;204.0/78.0	204.0/107.0	25;25
13	二嗪磷	Diazinon	333-41-5	17.2	304.0/179.0;304.0/162.0	304.0/179.0	8;08
14	地虫硫磷	Fonofos	944-22-9	17.4	246.0/109.0;246.0/137.0	246.0/109.0	15;05
15	乙嘧硫磷	Etrimfos	38260-54-7	18.0	292.0/181.0;292.0/153.0	292.0/181.0	5;25
16	西玛津	Simazine	122-34-9	18.1	201.0/173.0;201.0/110.0	201.0/173.0	5;25
17	胺丙畏	Propetamphos	31218-83-4	18.3	194.0/166.0;194.0/94.0	194.0/166.0	10;25
18	密草通	Secbumeton	26259-45-0	18.5	225.0/169.0;225.0/154.0	225.0/169.0	5;15
19	除线磷	Dichlofenthion	97-17-6	18.9	279.0/223.0;279.0/205.0	279.0/223.0	10;25
20	兹克威	Mexacarbate	315-18-4	19.0	165.0/134.0;165.0/150.0	165.0/134.0	10;15
21	炔丙烯草胺	Pronamide	23950-58-5	19.0	173.0/145.0;173.0/109.0	173.0/145.0	15;25
22	氨氟灵	Dinitramine	29091-05-2	19.7	305.0/201.0;305.0/230.0	305.0/201.0	15;15

续表

序号	中文名称	英文名称	CAS	保留时间/min	定性离子	定量离子	碰撞能量/V
23	乐果	Dimethoate	60-51-5	19.8	125.0/79.0;143.0/111.0	125.0/79.0	8;12
24	皮蝇磷	Ronnel	299-84-3	19.8	285.0/270.0;285.0/240.0	285.0/270.0	15;25
25	扑草净	Prometryne	7287-19-6	20.3	241.0/199.0;241.0/184.0	241.0/199.0	5;05
26	乙烯菌核利	Vinclozolin	50471-44-8	20.6	285.0/212.0;285.0/178.0	285.0/212.0	10;10
27	β-六六六	β-HCH	319-85-7	21.6	219.0/183.0;219.0/147.0	219.0/183.0	10;20
28	甲霜灵	Metalaxyl	57837-19-1	20.9	206.0/132.0;206.0/105.0	206.0/132.0	15;15
29	毒死蜱	Chlorpyrifos(ethyl)	2921-88-2	21.0	314.0/286.0;314.0/258.0	314.0/286.0	5;05
30	甲基对硫磷	Methyl-parathion	298-00-0	21.2	263.0/109.0;263.0/246.0	263.0/109.0	12;05
31	δ-六六六	δ-HCH	319-86-8	21.6	219.0/183.0;219.0/147.0	219.0/183.0	10;20
32	蒽醌	Aanthraquinone	84-65-1	21.5	208.0/180.0;208.0/152.0	208.0/180.0	15;15
33	倍硫磷	Fenthion	55-38-9	21.7	278.0/109.0;278.0/169.0	278.0/109.0	15;15
34	马拉硫磷	Malathion	121-75-5	21.9	173.0/99.0;173.0/127.0	173.0/99.0	10;05
35	杀螟硫磷	Fenitrothion	122-14-5	22.0	277.0/260.0;277.0/109.0	277.0/260.0	5;15
36	对氧磷	Paraoxon-ethyl	311-45-5	22.1	275.0/99.0;275.0/149.0	275.0/99.0	10;05
37	三唑酮	Triadimefon	43121-43-3	22.5	210.0/183.0;210.0/129.0	210.0/183.0	5;10
38	二甲戊灵	Pendimethalin	40487-42-1	22.7	252.0/162.0;252.0/161.0	252.0/162.0	10;25
39	利谷隆	Linuron	330-55-2	22.8	248.0/61.0;160.0/133.0	248.0/61.0	15;12
40	杀螨醚	Chlorbenside	103-17-3	23.0	270.0/125.0;270.0/127.0	270.0/125.0	10;10
41	乙基溴硫磷	Bromophos-ethyl	4824-78-6	23.1	359.0/303.0;359.0/331.0	359.0/303.0	10;10
42	喹硫磷	Quinalphos	13593-03-8	23.3	157.0/102.0;157.0/129.0	157.0/102.0	25;15
43	反式-氯丹	trans-Chlodane	5103-74-2	23.3	375.0/266.0;375.0/303.0	375.0/266.0	15;10
44	吡唑草胺	Metazachlor	67129-08-2	23.6	209.0/132.0;209.0/133.0	209.0/132.0	15;05
45	丙硫磷	Prothiophos	34643-46-4	24.1	309.0/239.0;309.0/221.0	309.0/239.0	15;25
46	整形醇	Chlorflurenol	2464-37-1	24.4	274.0/215.0;274.0/152.0	274.0/215.0	5;25
47	腐霉利	Procymidone	32809-16-8	24.7	283.0/96.0;283.0/255.0	283.0/96.0	10;10
48	杀扑磷	Methidathion	950-37-8	24.8	145.0/85.0;145.0/58.0	145.0/85.0	10;25
49	氰草津	Cyanazine	21725-46-2	25.1	225.0/189.0;225.0/68.0	225.0/189.0	15;25
50	敌草胺	Napropamide	15299-99-7	25.1	271.0/72.0;271.0/128.0	271.0/72.0	10;05
51	噁草酮	Oxadiazone	19666-30-9	25.3	258.0/175.0;258.0/112.0	258.0/175.0	10;25
52	苯线磷	Fenamiphos	22224-92-6	25.6	303.0/195.0;303.0/288.0	303.0/195.0	10;10
53	杀螨硫醚	Tetrasul	2227-13-6	25.7	324.0/254.0;324.0/252.0	324.0/254.0	15;15
54	乙嘧酚磺酸酯	Bupirimate	41483-43-6	26.3	273.0/108.0;273.0/193.0	273.0/108.0	15;15
55	萎锈灵	Carboxin	5234-68-4	26.6	235.0/143.0;235.0/87.0	235.0/143.0	15;15
56	氟酰胺	Flutolanil	66332-96-5	26.8	173.0/145.0;173.0/95.0	173.0/145.0	10;25
57	p,p'-滴滴滴	p,p'-DDD	72-54-8	26.7	235.0/165.0;235.0/199.0	235.0/165.0	15;15
58	乙硫磷	Ethion	563-12-2	27.0	384.0/129.0;384.0/203.0	384.0/129.0	25;05
59	乙环唑-1	Etaconazole-1	60207-93-4	27.2	245.0/173.0;245.0/191.0	245.0/173.0	10;10
60	乙环唑-2	Etaconazole-2	71245-23-3	27.2	245.0/173.0;245.0/191.0	245.0/173.0	10;10
61	硫丙磷	Sulprofos	35400-43-2	27.0	322.0/97.0;322.0/156.0	322.0/97.0	25;10
62	腈菌唑	Myclobutanil	88671-89-0	27.8	179.0/125.0;179.0/90.0	179.0/125.0	15;25

续表

序号	中文名称	英文名称	CAS	保留时间/min	定性离子	定量离子	碰撞能量/V
63	丰索磷	Fensulfothin	115-90-2	28.5	292.0/109.0;292.0/165.0	292.0/109.0	15;15
64	丙环唑	Propiconazole	60207-90-1	28.4	259.0/69.0;259.0/173.0	259.0/69.0	10;15
65	联苯菊酯	Bifenthrin	82657-04-3	28.6	181.0/165.0;181.0/166.0	181.0/165.0	15;25
66	灭蚁灵	Mirex	2385-85-5	28.7	272.0/237.0;272.0/235.0	272.0/237.0	10;10
67	麦锈灵	Benodanil	15310-01-7	29.0	323.0/231.0;323.0/196.0	323.0/231.0	10;05
68	氟苯嘧啶醇	Nuarimol	63284-71-9	29.1	314.0/139.0;314.0/111.0	314.0/139.0	5;25
69	甲氧滴滴涕	Methoxychlor	72-43-5	29.4	227.0/169.0;227.0/212.0	227.0/169.0	15;15
70	噁霜灵	Oxadixyl	77732-09-3	29.7	163.0/132.0;163.0/117.0	163.0/132.0	10;25
71	胺菊酯	Tetramethrin	7696-12-0	29.8	164.0/77.0;164.0/107.0	164.0/77.0	25;10
72	戊唑醇	Tebuconazole	107534-96-3	29.9	250.0/125.0;250.0/153.0	250.0/125.0	15;10
73	氟草敏	Norflurazon	27314-13-2	30.4	303.0/145.0;303.0/302.0	303.0/145.0	25;15
74	哒嗪硫磷	Pyridaphenthion	119-12-0	30.5	340.0/199.0;340.0/109.0	340.0/199.0	5;15
75	亚胺硫磷	Phosmet	732-11-6	30.8	160.0/77.0;160.0/105.0	160.0/77.0	25;15
76	三氯杀螨砜	Tetradifon	116-29-0	30.9	356.0/159.0;356.0/229.0	356.0/159.0	10;10
77	吡菌磷	Pyrazophos	13457-18-6	31.8	221.0/193.0;221.0/149.0	221.0/193.0	10;15
78	氯氰菊酯	Cypermethrin	52315-07-8	36.1	181.0/152.0;181.0/87.0	181.0/152.0	25;40
			B组				
79	茵草敌	EPTC	759-94-4	8.5	132.0/90.0;132.0/62.0	132.0/90.0	10;15
80	丁草敌	Butylate	2008-41-5	9.4	146.0/90.0;146.0/57.0	146.0/90.0	5;10
81	敌草腈	Dichlobenil	1194-65-6	9.8	171.0/136.0;171.0/100.0	171.0/136.0	15;15
82	克草敌	Pebulate	1114-71-2	10.1	128.0/72.0;161.0/128.0	128.0/72.0	7;05
83	三氯甲基吡啶	Nitrapyrin	1929-82-4	10.9	194.0/133.0;194.0/158.0	194.0/133.0	15;15
84	氯苯甲醚	Chloroneb	2675-77-6	11.8	191.0/113.0;191.0/141.0	191.0/113.0	10;10
85	四氯硝基苯	Tecnazene	117-18-0	13.5	203.0/83.0;203.0/143.0	203.0/83.0	10;10
86	庚烯磷	Heptanophos	23560-59-0	14.0	124.0/89.0;124.0/63.0	124.0/89.0	5;25
87	灭线磷	Ethoprophos	13194-48-4	14.5	158.0/97.0;158.0/114.0	158.0/97.0	12;07
88	六氯苯	Hexachlorobenzene	118-74-1	14.3	284.0/249.0;284.0/214.0	284.0/249.0	18;25
89	顺式-燕麦敌	*cis*-Diallate	2303-16-4	14.7	234.0/150.0;234.0/192.0	234.0/150.0	15;10
90	反式-燕麦敌	*trans*-Diallate	2303-16-4	14.7	234.0/150.0;234.0/192.0	234.0/150.0	15;10
91	毒草胺	Propachlor	1918-16-7	15.0	176.0/77.0;176.0/120.0	176.0/77.0	25;10
92	氟乐灵	Trifluralin	1582-09-8	15.5	306.0/264.0;306.0/206.0	306.0/264.0	12;15
93	氯苯胺灵	Chlorpropham	101-21-3	15.7	213.0/171.0;213.0/127.0	213.0/171.0	5;15
94	治螟磷	Sulfotep	3689-24-5	15.8	322.0/202.0;322.0/294.0	322.0/202.0	10;05
95	菜草畏	Sulfallate	95-06-7	15.9	188.0/160.0;188.0/132.0	188.0/160.0	10;10
96	α-六六六	α-HCH	319-84-6	16.2	219.0/183.0;219.0/147.0	219.0/183.0	5;15
97	特丁硫磷	Terbufos	13071-79-9	17.0	231.0/129.0;231.0/175.0	231.0/129.0	25;15
98	环丙氟灵	Profluralin	26399-36-0	17.6	318.0/199.0;318.0/55.0	318.0/199.0	10;10
99	敌噁磷	Dioxathion	78-34-2	17.8	270.0/197.0;270.0/141.0	270.0/197.0	5;15
100	扑灭津	Propazine	139-40-2	19.8	214.0/172.0;214.0/105.0	214.0/172.0	5;10
101	氯硝胺	Dicloran	99-30-9	18.2	206.0/176.0;206.0/124.0	206.0/176.0	15;25

续表

序号	中文名称	英文名称	CAS	保留时间/min	定性离子	定量离子	碰撞能量/V
102	特丁津	Terbuthylazine	5915-41-3	18.5	214.0/71.0;214.0/132.0	214.0/71.0	15;10
103	绿谷隆	Monolinuron	1746-81-2	18.5	126.0/99.0;214.0/61.0	126.0/99.0	10;10
104	氯炔灵	Chlorbufam	1967-16-4	18.7	164.0/111.0;164.0/75.0	164.0/111.0	15;25
105	氟虫脲	Flufenoxuron	101463-69-8	19.0	307.0/126.0;307.0/98.0	307.0/126.0	25;25
106	杀螟腈	Cyanophos	2636-26-2	19.2	243.0/109.0;243.0/79.0	243.0/109.0	15;25
107	甲基毒死蜱	Chlorpyrifos-methyl	5598-13-0	19.5	286.0/93.0;286.0/271.0	286.0/93.0	15;15
108	敌草净	Desmetryn	1014-69-3	19.8	213.0/171.0;213.0/198.0	213.0/171.0	5;10
109	二甲草胺	Dimethachlor	50563-36-5	20.1	197.0/148.0;197.0/120.0	197.0/148.0	10;15
110	甲草胺	Aalachlor	15972-60-8	20.3	237.0/160.0;237.0/146.0	237.0/160.0	8;20
111	甲基嘧啶磷	Pirimiphos-methyl	29232-93-7	20.4	290.0/125.0;290.0/233.0	290.0/125.0	15;05
112	禾草丹	Thiobencarb	28249-77-6	20.7	257.0/100.0;257.0/72.0	257.0/100.0	5;25
113	特丁净	Terbutyrn	886-50-0	20.8	226.0/68.0;226.0/96.0	226.0/68.0	25;15
114	三氯杀螨醇	Dicofol	115-32-2	21.4	250.0/139.0;250.0/215.0	250.0/139.0	15;10
115	异丙甲草胺	Metolachlor	51218-45-2	21.6	238.0/162.0;238.0/133.0	238.0/162.0	15;25
116	氧化氯丹	Oxy-chlordane	27304-13-8	21.5	387.0/263.0;387.0/287.0	387.0/263.0	10;25
117	嘧啶磷	Pirimiphos-ethyl	23505-41-1	21.7	333.0/168.0;333.0/180.0	333.0/168.0	25;15
118	烯虫酯	Methoprene	40596-69-8	21.7	153.0/111.0;153.0/83.0	153.0/111.0	5;15
119	溴硫磷	Bromofos	2104-96-3	21.8	331.0/286.0;331.0/316.0	331.0/286.0	25;05
120	苯氟磺胺	Dichlofluanid	1085-98-9	22.2	224.0/123.0;224.0/77.0	224.0/123.0	10;25
121	乙氧呋草黄	Ethofumesate	26225-79-6	22.3	207.0/161.0;207.0/137.0	207.0/161.0	5;15
122	异丙乐灵	Isopropalin	33820-53-0	22.5	280.0/238.0;280.0/180.0	280.0/238.0	10;10
123	敌稗	Propanil	709-98-8	23.3	163.0/90.0;163.0/99.0	163.0/90.0	25;25
124	硫丹-1	Endosulfan-1	959-98-8	23.3	241.0/206.0;241.0/170.0	241.0/206.0	25;25
125	育畜磷	Crufomate	299-86-5	23.3	182.0/147.0;256.0/226.0	182.0/147.0	12;25
126	异柳磷	Isofenphos	25311-71-1	23.3	255.0/121.0;255.0/213.0	255.0/121.0	25;05
127	毒虫畏	Chlorfenvinphos	470-90-6	23.5	323.0/267.0;323.0/159.0	323.0/267.0	15;25
128	氯硫酰草胺	Chlorthiamid	1918-13-4	23.3	205.0/170.0;205.0/135.0	205.0/170.0	5;25
129	顺式-氯丹	cis-Chlordane	5103-71-9	23.6	373.0/301.0;373.0/266.0	373.0/301.0	12;12
130	甲苯氟磺胺	Tolylfluanid	731-27-1	24.0	238.0/91.0;238.0/137.0	238.0/91.0	25;10
131	p,p'-DDE	p,p'-DDE	72-55-9	23.9	318.0/248.0;318.0/246.0	318.0/248.0	25;25
132	丁草胺	Butachlor	23184-66-9	23.9	176.0/150.0;176.0/126.0	176.0/150.0	25;24
133	乙菌利	Chlozolinate	84332-86-5	24.3	259.0/188.0;259.0/153.0	259.0/188.0	10;25
134	杀虫畏	Tetrachlorvinphos	22248-79-9	24.6	331.0/109.0;331.0/127.0	331.0/109.0	25;25
135	氯溴隆	Chlorbromuron	13360-45-7	24.8	294.0/61.0;292.0/61.0	294.0/61.0	15;12
136	丙溴磷	Profenofos	41198-08-7	24.8	374.0/339.0;374.0/337.0	374.0/339.0	5;10
137	氟咯草酮	Fluorochloridone	61213-25-0	25.0	187.0/159.0;187.0/109.0	187.0/159.0	15;15
138	噻嗪酮	Buprofenzin	69327-76-0	25.0	105.0/77.0;172.0/116.0	105.0/77.0	18;07
139	o,p'-滴滴滴	o,p'-DDD	53-19-0	25.1	235.0/165.0;235.0/199.0	235.0/165.0	15;15
140	异狄氏剂	Endrin	72-20-8	25.1	263.0/191.0;263.0/193.0	263.0/191.0	20;12
141	杀螨酯	Chlorfenson	80-33-1	25.4	302.0/111.0;302.0/175.0	302.0/111.0	25;10

续表

序号	中文名称	英文名称	CAS	保留时间/min	定性离子	定量离子	碰撞能量/V
142	多效唑	Paclobutrazol	76738-62-0	25.7	236.0/125.0;236.0/167.0	236.0/125.0	15;10
143	盖草津	Methoprotyne	841-06-5	25.9	256.0/212.0;256.0/170.0	256.0/212.0	10;15
144	丙酯杀螨醇	Chloropropylate	5836-10-2	26.0	251.0/139.0;251.0/111.0	251.0/139.0	15;25
145	除草醚	Nitrofen	1836-75-5	26.4	283.0/162.0;283.0/253.0	283.0/162.0	25;10
146	乙氧氟草醚	Oxyflurofen	42874-03-3	26.6	361.0/317.0;361.0/300.0	361.0/317.0	5;10
147	虫螨磷	Chlorthiophos	60238-56-4	26.7	360.0/325.0;360.0/297.0	360.0/325.0	5;10
148	硫丹-2	Endosulfan-2	33213-65-9	26.9	241.0/206.0;241.0/170.0	241.0/206.0	25;25
149	麦草氟异丙酯	Flamprop-isopropyl	52756-22-6	27.1	276.0/105.0;276.0/77.0	276.0/105.0	15;25
150	麦草氟甲酯	Flamprop-methyl	52756-25-9	27.1	276.0/105.0;276.0/77.0	276.0/105.0	10;25
151	o,p'-滴滴涕	o,p'-DDT	789-02-6	26.7	235.0/165.0;235.0/199.0	235.0/165.0	25;25
152	p,p'-滴滴涕	p,p'-DDT	50-29-3	26.7	235.0/165.0;235.0/199.0	235.0/165.0	25;25
153	三硫磷	Carbofenothion	786-19-6	27.4	342.0/199.0;251.0/121.0	342.0/199.0	25;25
154	苯霜灵	Benalaxyl	71626-11-4	27.8	148.0/79.0;148.0/105.0	148.0/79.0	25;15
155	敌瘟磷	Edifenphos	17109-49-8	28.2	173.0/109.0;310.0/201.0	173.0/109.0	10;05
156	苯腈磷	Cyanofenphos	13067-93-1	28.9	157.0/77.0;157.0/110.0	157.0/77.0	25;15
157	硫丹硫酸盐	Endosulfen sulfate	1031-07-8	29.4	387.0/289.0;387.0/253.0	387.0/289.0	5;05
158	溴螨酯	Bromopropylate	18181-80-1	29.5	341.0/183.0;341.0/185.0	341.0/183.0	15;15
159	新燕灵	Benzoylprop-ethyl	22212-55-1	29.7	292.0/105.0;292.0/77.0	292.0/105.0	5;25
160	甲氰菊酯	Fenpropathrin	39515-41-8	29.8	265.0/210.0;265.0/89.0	265.0/210.0	10;25
161	溴苯磷	Leptophos	21609-90-5	30.2	377.0/362.0;377.0/296.0	377.0/362.0	25;25
162	苯硫磷	EPN	2104-64-5	30.4	157.0/63.0;157.0/110.0	157.0/63.0	10;10
163	环嗪酮	Hexazinone	51235-04-2	30.6	171.0/71.0;171.0/85.0	171.0/71.0	15;15
164	甲羧除草醚	Bifenox	42576-02-3	30.9	341.0/310.0;341.0/281.0	341.0/310.0	5;10
165	伏杀硫磷	Phosalone	2310-17-0	31.5	182.0/111.0;182.0/75.0	182.0/111.0	15;25
166	氯苯嘧啶醇	Fenarimol	60168-88-9	31.8	330.0/139.0;330.0/251.0	330.0/139.0	5;05
167	益棉磷	Aazinphos-ethyl	2642-71-9	32.3	132.0/77.0;132.0/104.0	132.0/77.0	15;05
168	保棉磷	Aazinphos-methyl	86-50-0	32.3	132.0/77.0;132.0/104.0	132.0/77.0	15;05
169	咪鲜胺	Prochloraz	67747-09-5	33.3	180.0/138.0;308.0/70.0	180.0/138.0	15;15
170	氟胺氰菊酯	Fluvalinate	102851-06-9	31.7	250.0/208.0;250.0/55.0	250.0/208.0	25;15
171	氟氯氰菊酯	Cyfluthrin	68359-37-5	33.4	206.0/151.0;206.0/177.0	206.0/151.0	25;25
		C 组					
172	霜霉威	Propamocarb	24579-73-5	9.7	188.0/58.0;129.0/86.0	188.0/58.0	2;03
173	灭草敌	Vernolate	1929-77-7	9.8	146.0/76.0;146.0/104.0	146.0/76.0	10;05
174	3,5-二氯苯胺	3,5-Dichloroaniline	626-43-7	11.4	163.0/90.0;163.0/99.0	163.0/90.0	15;25
175	禾草敌	Molinate	2212-67-1	12.0	126.0/55.0;126.0/83.0	126.0/55.0	10;05
176	虫螨畏	Methacrifos	62610-77-9	12.1	208.0/180.0;208.0/110.0	208.0/180.0	5;15
177	邻苯基苯酚	2-Phenylphenol	90-43-7	12.6	169.0/141.0;141.0/115.0	169.0/141.0	15;10
178	四氢邻苯二甲酰亚胺	cis-1,2,3,6-Tetrahydrophthalimide	85-40-5	8.5	151.0/122.0;151.0/80.0	151.0/122.0	10;05
179	乙丁氟灵	Benfluralin	1861-40-1	15.6	292.0/264.0;292.0/160.0	292.0/264.0	10;15

续表

序号	中文名称	英文名称	CAS	保留时间/min	定性离子	定量离子	碰撞能量/V
180	氟铃脲	Hexaflumuron	86479-06-3	16.7	176.0/148.0;176.0/121.0	176.0/148.0	15;25
181	扑灭通	Prometon	1610-18-0	16.9	225.0/183.0;225.0/168.0	225.0/183.0	5;10
182	野麦威	Triallate	2303-17-5	17.2	270.0/186.0;270.0/228.0	270.0/186.0	15;10
183	嘧霉胺	Pyrimethanil	53112-28-0	17.4	200.0/199.0;183.0/102.0	200.0/199.0	10;30
184	林丹	γ-HCH	58-89-9	17.8	219.0/183.0;219.0/147.0	219.0/183.0	5;15
185	乙拌磷	Disulfoton	298-04-4	17.9	88.0/60.0;88.0/59.0	88.0/60.0	10;25
186	阿特拉津	Aatrazine	1912-24-9	18.0	200.0/122.0;200.0/94.0	200.0/122.0	10;15
187	七氯	Heptachlor	76-44-8	18.4	272.0/237.0;272.0/235.0	272.0/237.0	10;10
188	异稻瘟净	Iprobenfos	26087-47-8	18.8	204.0/91.0;204.0/122.0	204.0/91.0	5;15
189	氯唑磷	Isazofos	42509-80-8	19.0	257.0/119.0;257.0/162.0	257.0/119.0	25;15
190	三氯杀虫酯	Plifenate	21757-82-4	19.0	175.0/147.0;175.0/111.0	175.0/147.0	12;10
191	四氟苯菊酯	Transfluthrin	118712-89-3	19.3	163.0/91.0;163.0/143.0	163.0/91.0	15;15
192	丁苯吗啉	Fenpropimorph	67564-91-4	19.1	128.0/70.0;128.0/110.0	128.0/70.0	15;15
193	氯乙氟灵	Fluchloralin	33245-39-5	19.5	326.0/63.0;306.0/264.0	326.0/63.0	15;10
194	甲基立枯磷	Tolclofos-methyl	57018-04-9	19.9	267.0/252.0;267.0/93.0	267.0/252.0	15;25
195	莠灭净	Aametryn	834-12-8	20.4	227.0/58.0;227.0/170.0	227.0/58.0	25;10
196	溴谷隆	Metobromuron	3060-89-7	20.6	258.0/61.0	258.0/61.0	5
197	嗪草酮	Metribuzin	21087-64-9	20.8	198.0/82.0;198.0/110.0	198.0/82.0	15;15
198	噻节因	Dimethipin	55290-64-7	21.0	210.0/76.0;210.0/124.0	210.0/76.0	10;05
199	异丙净	Dipropetryn	4147-51-7	21.1	255.0/222.0;255.0/138.0	255.0/222.0	10;25
200	乙霉威	Diethofencarb	87130-20-9	21.8	225.0/96.0;225.0/168.0	225.0/96.0	25;10
201	呱草丹	Dimepiperate	61432-55-1	22.5	119.0/91.0;119.0/65.0	119.0/91.0	10;25
202	联苯三唑醇	Bitertanol	55179-31-2	32.6	170.0/141.0;170.0/115.0	170.0/141.0	25;15
203	生物烯丙菊酯-1	Bioallethrin-1	584-79-2	22.6	123.0/81.0;123.0/69.0	123.0/81.0	5;25
204	o,p′-滴滴伊	o,p′-DDE	3424-82-6	22.7	318.0/248.0;318.0/246.0	318.0/248.0	15;15
205	芬螨酯	Fenson	80-38-6	23.0	268.0/77.0;268.0/141.0	268.0/77.0	25;05
206	双苯酰草胺	Diphenamid	957-51-7	23.3	167.0/152.0;167.0/165.0	167.0/152.0	15;15
207	氯硫磷	Chlorthion	500-28-7	23.4	299.0/109.0;299.0/79.0	299.0/109.0	15;25
208	戊菌唑	Penconazole	66246-88-6	23.3	248.0/157.0;248.0/192.0	248.0/157.0	25;15
209	灭蚜磷	Mecarbam	2595-54-2	24.0	296.0/196.0;296.0/168.0	296.0/196.0	10;25
210	三唑醇	Triadimenol	55219-65-3	24.8	168.0/70.0;128.0/100.0	168.0/70.0	10;15
211	四氟醚唑	Tetraconazole	112281-77-3	23.7	336.0/204.0;336.0/156.0	336.0/204.0	25;25
212	氟节胺	Flumetralin	62924-70-3	24.4	143.0/107.0;143.0/108.0	143.0/107.0	25;25
213	丙草胺	Pretilachlor	51218-49-6	25.0	162.0/147.0;162.0/132.0	162.0/147.0	10;25
214	亚胺菌	Kresoxim-methyl	143390-89-0	25.3	131.0/89.0;131.0/130.0	131.0/89.0	25;10
215	吡氟禾草灵	Fluazifop-butyl	69806-50-4	23.9	383.0/282.0;383.0/254.0	383.0/282.0	10;25
216	氟啶脲	Chlorfluazuron	71422-67-8	25.7	321.0/304.0;323.0/306.0	321.0/304.0	25;25
217	乙酯杀螨醇	Chlorobenzilate	510-15-6	26.2	251.0/139.0;251.0/111.0	251.0/139.0	15;25
218	氟硅唑	Flusilazole	85509-19-9	26.7	233.0/165.0;233.0/152.0	233.0/165.0	15;15
219	三氟硝草醚	Fluorodifen	15457-05-3	27.4	190.0/126.0;190.0/75.0	190.0/126.0	10;25

序号	中文名称	英文名称	CAS	保留时间/min	定性离子	定量离子	碰撞能量/V
220	烯唑醇	Diniconazole	83657-24-3	27.5	268.0/232.0;268.0/136.0	268.0/232.0	10;25
221	增效醚	Piperonyl butoxide	51-03-6	27.7	176.0/103.0;176.0/131.0	176.0/103.0	25;15
222	灭锈胺	Mepronil	55814-41-0	28.4	119.0/91.0;119.0/65.0	119.0/91.0	10;25
223	吡氟酰草胺	Diflufenican	83164-33-4	28.8	266.0/218.0;266.0/246.0	266.0/218.0	25;10
224	喹螨醚	Fenazaquin	120928-09-8	29.1	145.0/117.0;145.0/91.0	145.0/117.0	10;25
225	苯醚菊酯	Phenothrin	26002-80-2	29.4	123.0/81.0;123.0/79.0	123.0/81.0	10;12
226	咯菌腈	Fludioxonil	131341-86-1	29.6	248.0/154.0;248.0/182.0	248.0/154.0	15;08
227	苯氧威	Fenoxycarb	79127-80-3	29.9	255.0/186.0;255.0/129.0	255.0/186.0	10;25
228	双甲脒	Aamitraz	33089-61-1	30.4	293.0/162.0;293.0/132.0	293.0/162.0	5;15
229	莎稗磷	Aanilofos	64249-01-0	31.1	226.0/184.0;226.0/157.0	226.0/184.0	5;10
230	氟丙菊酯	Aacrinathrin	101007-06-1	31.4	289.0/93.0;289.0/77.0	289.0/93.0	5;25
231	氯菊酯	Permethrin	52645-53-1	31.7	183.0/168.0;183.0/153.0	183.0/168.0	15;15
232	苯噻酰草胺	Mefenacet	73250-68-7	31.6	192.0/136.0;192.0/109.0	192.0/136.0	15;25
233	高效氯氟氰菊酯	λ-Cyhalothrin	91465-08-6	31.6	197.0/141.0;197.0/91.0	197.0/141.0	10;25
234	哒螨灵	Pyridaben	96489-71-3	32.1	147.0/117.0;147.0/132.0	147.0/117.0	25;15
235	氟氰戊菊酯	Flucythrinate	70124-77-5	32.3	199.0/107.0;199.0/157.0	199.0/107.0	25;05
236	乙羧氟草醚	Fluoroglycofen-ethyl	77501-90-7	32.4	428.0/252.0;449.0/347.0	428.0/252.0	15;05
237	生物烯丙菊酯-2	Bioallethrin-2	584-79-2	22.6	123.0/81.0;123.0/79.0	123.0/81.0	10;25
238	醚菊酯	Etofenprox	80844-07-1	32.9	163.0/107.0;163.0/135.0	163.0/107.0	15;10
239	α-氯氰菊酯	α-Cypermethrin	67375-30-8	33.7	163.0/91.0;163.0/127.0	163.0/91.0	10;05
240	噻草酮	Cycloxydim	101205-02-1	33.5	178.0/81.0;178.0/108.0	178.0/81.0	25;10
241	S-氰戊菊酯	Esfenvalerate	66230-04-4	35.0	419.0/167.0;419.0/225.0	419.0/167.0	10;05
242	苯醚甲环唑	Difenconazole	119446-68-3	35.8	323.0/265.0;323.0/202.0	323.0/265.0	15;25
243	丙炔氟草胺	Flumioxazin	103361-09-7	36.1	354.0/176.0;354.0/326.0	354.0/176.0	15;10
244	氟烯草酸	Flumiclorac-pentyl	87546-18-7	37.1	423.0/318.0;423.0/308.0	423.0/318.0	10;15
		D组					
245	甲氟磷	Dimefox	115-26-4	5.7	154.0/111.0;154.0/121.0	154.0/111.0	15;15
246	乙拌磷亚砜	Disulfoton-sulfoxide	2497-07-6	8.4	212.0/97.0;212.0/174.0	212.0/97.0	15;25
247	五氯苯	Pentachlorobenzen	608-93-5	10.8	250.0/215.0;250.0/177.0	250.0/215.0	15;25
248	鼠立死	Crimidine	535-89-7	13.4	142.0/106.0;142.0/67.0	142.0/106.0	10;25
249	4-溴-3,5-二甲苯基-N-甲基氨基甲酸酯	BDMC-1	672-99-1	13.5	202.0/121.0;202.0/77.0	202.0/121.0	5;15
250	燕麦酯	Chlorfenprop-methyl	14437-17-3	13.7	196.0/165.0;196.0/137.0	196.0/165.0	10;20
251	虫线磷	Thionazin	297-97-2	14.3	143.0/79.0;143.0/52.0	143.0/79.0	15;25
252	2,3,5,6-四氯苯胺	2,3,5,6-Tetrachloroaniline	3481-20-7	14.2	231.0/158.0;231.0/160.0	231.0/158.0	25;25
253	磷酸三正丁基酯	Tri-n-butyl-phosphate	126-73-8	14.5	211.0/99.0;211.0/155.0	211.0/99.0	10;05
254	五氯甲氧基苯	Pentachloroanisole	1825-21-4	15.0	280.0/265.0;280.0/237.0	280.0/265.0	10;25
255	牧草胺	Tebutam	35256-85-0	15.5	190.0/57.0;190.0/106.0	190.0/57.0	10;10
256	甲基苯噻隆	Methabenzthiazuron	18691-97-9	16.6	164.0/136.0;164.0/108.0	164.0/136.0	10;25

续表

序号	中文名称	英文名称	CAS	保留时间/min	定性离子	定量离子	碰撞能量/V
257	西玛通	Simeton	673-04-1	16.9	197.0/169.0;197.0/111.0	197.0/169.0	5;25
258	阿特拉通	Aatratone	1610-17-9	16.9	211.0/169.0;211.0/196.0	211.0/169.0	5;10
259	脱异丙基阿特拉津	Desisopropyl-atrazine	1007-28-9	17.1	173.0/145.0;173.0/158.0	173.0/145.0	10;10
260	七氟菊酯	Tefluthrin	79538-32-2	17.4	177.0/127.0;177.0/161.0	177.0/127.0	13;25
261	溴杀烯	Bromocylen	1715-40-8	17.3	359.0/243.0;359.0/242.0	359.0/243.0	15;15
262	草达津	Trietazine	1912-26-1	17.8	229.0/200.0;229.0/186.0	229.0/200.0	5;05
263	2,4,4'-三氯联苯	DE-PCB 28	2012-37-5	18.1	256.0/186.0;256.0/151.0	256.0/186.0	25;25
264	2,4',5-三氯联苯	DE-PCB 31	16606-02-3	18.1	256.0/186.0;258.0/186.0	256.0/186.0	25;15
265	环莠隆	Cycluron	2163-69-1	18.3	198.0/89.0;198.0/72.0	198.0/89.0	5;15
266	2,6-二氯苯甲酰胺	2,6-Dichlorodenzamide	2008-58-4	18.5	173.0/109.0;173.0/145.0	173.0/109.0	25;15
267	脱乙基另丁津	Desethyl-sebuthylazine	37019-18-4	18.7	172.0/94.0;172.0/169.0	172.0/94.0	25;15
268	2,3,4,5-四氯苯胺	2,3,4,5-Tetrachloro-aniline	634-83-3	18.7	231.0/158.0;231.0/160.0	231.0/158.0	20;15
269	合成麝香	Musk ambrette	83-46-9	18.9	253.0/106.0;253.0/91.0	253.0/106.0	10;15
270	五氯苯胺	Pentachloroaniline	527-20-8	19.0	263.0/192.0;263.0/156.0	263.0/192.0	15;25
271	叠氮津	Aaziprotryne	4658-28-0	19.4	199.0/184.0;199.0/157.0	199.0/184.0	10;10
272	2,2,5,5'-四氯联苯	DE-PCB 52	35693-99-3	19.4	292.0/257.0;292.0/222.0	292.0/257.0	10;15
273	另丁津	Sebutylazine	7286-69-3	19.6	200.0/104.0;200.0/122.0	200.0/104.0	15;10
274	丁脒酰胺	Isocarbamid	30979-48-7	19.8	142.0/70.0;142.0/113.0	142.0/70.0	10;15
275	苄草丹	Prosulfocarb	52888-80-9	19.6	251.0/128.0;251.0/86.0	251.0/128.0	5;10
276	二甲吩草胺	Dimethenamid	87674-68-8	19.9	230.0/154.0;230.0/111.0	230.0/154.0	8;25
277	庚酰草胺	Monalide	7287-36-7	20.5	239.0/197.0;239.0/85.0	239.0/197.0	5;15
278	八氯苯乙烯	Octachlorostyrene	29082-74-4	20.3	380.0/310.0;380.0/307.0	380.0/310.0	25;25
279	甲基对氧磷	Paraoxon-methyl	950-35-6	20.5	230.0/193.0;230.0/195.0	230.0/193.0	10;10
280	碳氯灵	Isobenzan	297-78-9	20.5	311.0/275.0;311.0/240.0	311.0/275.0	10;15
281	异艾氏剂	Isodrin	465-73-6	20.9	193.0/123.0;193.0/157.0	193.0/123.0	25;15
282	毒壤磷	Trichloronat	327-98-0	21.2	297.0/269.0;297.0/223.0	297.0/269.0	15;25
283	丁嗪草酮	Isomethiozin	57052-04-7	21.3	198.0/82.0;198.0/110.0	198.0/82.0	10;10
284	敌草索	Dacthal	1861-32-1	21.4	301.0/223.0;301.0/273.0	301.0/223.0	25;15
285	4,4'-二氯二苯甲酮	4,4'-Dichloroben-zophenone	90-98-2	21.4	250.0/139.0;250.0/215.0	250.0/139.0	10;05
286	吡咪唑	Rabenzazole	40341-04-6	21.9	212.0/195.0;212.0/188.0	212.0/195.0	15;25
287	酞菌酯	Nitrothal-isopropyl	10552-74-6	22.0	254.0/212.0;254.0/165.0	254.0/212.0	10;25
288	嘧菌环胺	Cyprodinil	121552-61-2	22.0	224.0/208.0;224.0/222.0	224.0/208.0	15;15
289	麦穗灵	Fuberidazole	3878-19-1	22.6	184.0/156.0;184.0/129.0	184.0/156.0	10;15
290	2,2',4,5,5'-五氯联苯	DE-PCB 101	37680-73-2	22.5	326.0/256.0;326.0/254.0	326.0/256.0	25;25
291	呋菌胺	Methfuroxam	28730-17-8	22.8	229.0/137.0;229.0/67.0	229.0/137.0	5;25
292	异氯磷	Dicapthon	2463-84-5	22.9	262.0/216.0;262.0/123.0	262.0/216.0	15;25
293	2甲4氯丁氧基乙酯	MCPA-butoxyethyl ester	19480-43-4	22.8	300.0/182.0;300.0/200.0	300.0/182.0	5;10

续表

序号	中文名称	英文名称	CAS	保留时间/min	定性离子	定量离子	碰撞能量/V
294	水胺硫磷	Isocarbophos	245-61-5	23.4	136.0/108.0;136.0/69.0	136.0/108.0	10;25
295	反式-九氯	trans-Nonachlor	39765-80-5	23.6	409.0/300.0;409.0/302.0	409.0/300.0	25;25
296	脱叶磷	DEF	78-48-8	24.3	202.0/113.0;202.0/147.0	202.0/113.0	15;05
297	氟咯草酮	Flurochloridone	61213-25-0	25.0	311.0/174.0;311.0/311/103.0	311.0/174.0	10;10
298	溴苯烯磷	Bromfenvinfos	33399-00-7	25.0	323.0/267.0;323.0/159.0	323.0/267.0	15;15
299	乙滴涕	Perthane	72-56-0	24.9	223.0/179.0;223.0/193.0	223.0/179.0	25;25
300	灭菌磷	Ditalimfos	5131-24-8	25.2	130.0/102.0;130.0/75.0	130.0/102.0	10;25
301	2,3',4,4',5-五氯联苯	DE-PCB 118	31508-00-6	25.0	326.0/256.0;326.0/254.0	326.0/256.0	25;25
302	4,4'-二溴二苯甲酮	4,4'-Dibromobenzophenone	3988-03-2	25.4	340.0/183.0;340.0/185.0	340.0/183.0	15;15
303	粉唑醇	Flutriafol	76674-21-0	25.8	219.0/123.0;219.0/95.0	219.0/123.0	15;25
304	地胺磷	Mephosfolan	950-10-7	26.0	196.0/140.0;196.0/168.0	196.0/140.0	10;05
305	2,2',4,4',5,5'-六氯联苯	DE-PCB 153	35065-27-1	25.6	360.0/290.0;360.0/325.0	360.0/290.0	20;15
306	苄氯三唑醇	Diclobutrazole	75736-33-3	26.4	272.0/161.0;272.0/102.0	272.0/161.0	10;25
307	乙拌磷砜	Disulfoton sulfone	2497-06-5	27.0	213.0/153.0;213.0/125.0	213.0/153.0	5;10
308	2,2',3,4,4',5'-六氯联苯	DE-PCB 138	35065-28-2	26.8	360.0/325.0;360.0/290.0	360.0/325.0	15;15
309	苄呋菊酯-1	Resmethrin-1	10453-86-8	27.5	171.0/143.0;171.0/128.0	171.0/143.0	5;10
310	苄呋菊酯-2	Resmethrin-2	10453-86-8	27.5	171.0/143.0;171.0/128.0	171.0/143.0	5;10
311	环丙唑醇	Cyproconazole	113096-99-4	27.8	222.0/125.0;222.0/82.0	222.0/125.0	15;10
312	邻苯二甲酸丁苄酯	Phthalic acid,bencyl butyl ester	85-68-7	27.9	206.0/149.0;206.0/93.0	206.0/149.0	5;25
313	炔草酸	Clodinafop-propargyl	105512-06-9	28.1	349.0/266.0;349.0/238.0	349.0/266.0	10;15
314	三氟苯唑	Fluotrimazole	31251-03-3	28.6	379.0/276.0;379.0/262.0	379.0/276.0	10;15
315	氟草烟-1-甲庚酯	Fluroxypr-1-methyl-heptyl ester	81406-37-3	28.8	366.0/181.0;366.0/209.0	366.0/181.0	15;15
316	磷酸三苯基酯	Triphenyl phosphate	115-86-6	28.9	326.0/170.0;326.0/215.0	326.0/170.0	15;15
317	苯嗪草酮	Metamitron	41394-05-2	29.2	202.0/174.0;202.0/104.0	202.0/174.0	5;25
318	2,2',3,4,4',5,5'-七氯联苯	DE-PCB 180	35065-29-3	29.0	394.0/324.0;394.0/359.0	394.0/324.0	25;15
319	吡螨胺	Tebufenpyrad	119168-77-3	29.2	333.0/171.0;333.0/276.0	333.0/171.0	15;05
320	解草酯	Cloquintocet-mexyl	99607-70-2	29.5	192.0/190.0;192.0/162.0	192.0/190.0	15;25
321	环草定	Lenacil	2164-08-1	31.5	153.0/110.0;153.0/136.0	153.0/110.0	15;15
322	糠菌唑-1	Bromuconazole-1	116255-48-2	31.0	173.0/109.0;173.0/145.0	173.0/109.0	25;15
323	糠菌唑-2	Bromuconazole-2	116255-48-2	31.0	173.0/109.0;173.0/145.0	173.0/109.0	25;15
324	甲磺乐灵	Nitralin	4726-14-1	31.5	274.0/169.0;274.0/216.0	274.0/169.0	10;08
325	苯线磷砜	Fenamiphos sulfone	31972-44-8	31.9	320.0/292.0;320.0/79.0	320.0/292.0	10;25
326	拌种咯	Fenpiclonil	74738-17-3	32.9	236.0/174.0;236.0/201.0	236.0/174.0	25;15
327	氟喹唑	Fluquinconazole	136426-54-5	32.8	340.0/298.0;340.0/286.0	340.0/298.0	15;15
328	腈苯唑	Fenbuconazole	114369-43-6	34.5	198.0/129.0;198.0/102.0	198.0/129.0	15;25

续表

序号	中文名称	英文名称	CAS	保留时间/min	定性离子	定量离子	碰撞能量/V
				E组			
329	灭除威	XMC	2655-14-3	5.5	107.0/79.0;107.0/77.0	107.0/79.0	10;15
330	畜虫避	Dibutyl succinate	141-03-7	12.2	101.0/73.0;101.0/100.0	101.0/73.0	10;25
331	残杀威-1	Propoxur-1	114-26-1	6.5	110.0/63.0;110.0/64.0	110.0/63.0	25;15
332	异丙威-1	Isoprocarb-1	2631-40-5	7.5	121.0/77.0;121.0/103.0	121.0/77.0	15;10
333	特草灵-1	Terbucarb-1	1918-11-2	10.6	220.0/205.0;220.0/145.0	220.0/205.0	10;25
334	氯氧磷	Chlorethoxyfos	54593-83-8	13.4	301.0/97.0;301.0/153.0	301.0/97.0	15;05
335	异丙威-2	Isoprocarb-2	2631-40-5	13.7	121.0/77.0;121.0/103.0	121.0/77.0	15;10
336	丁噻隆	Tebuthiuron	34014-18-1	14.2	156.0/74;156.0/89	156.0/74	15;10
337	戊菌隆	Pencycuron	66063-05-6	14.3	209.0/180.0;209.0/125.0	209.0/180.0	5;25
338	甲基内吸磷	Demeton-S-methyl	919-86-8	15.2	142.0/79.0;142.0/112.0	142.0/79.0	10;05
339	残杀威-2	Propoxur-2	114-26-1	15.5	110.0/63.0;110.0/64.0	110.0/63.0	25;15
340	菲	Phenanthrene	85-01-8	17.0	189.0/161.0;189.0/185.0	189.0/161.0	25;25
341	唑螨酯	Fenpyroximate	134098-61-6	17.5	213.0/77.0;213.0/212.0	213.0/77.0	25;10
342	丁基嘧啶磷	Tebupirimfos	96182-53-5	17.5	318.0/152.0;318.0/276.0	318.0/152.0	10;05
343	苯锈啶	Fenpropidin	67306-00-7	17.7	98.0/70.0;98.0/69.0	98.0/70.0	10;15
344	伏草隆	Fluometuron	2164-17-2	18.2	232.0/72.0;232.0/187.0	232.0/72.0	10;05
345	氯硝胺	Dichloran	99-30-9	18.2	206.0/176.0;206.0/123.0	206.0/176.0	10;25
346	咯喹酮	Pyroquilon	57369-32-1	18.4	173.0/130.0;173.0/144.0	173.0/130.0	15;15
347	磷胺-1	Phosphamidon-1	13171-21-6	19.7	264.0/127.0;264.0/193.0	264.0/127.0	15;05
348	解草嗪	Benoxacor	98730-04-2	19.7	259.0/120.0;259.0/176.0	259.0/120.0	25;10
349	乙草胺	Aacetochlor	34256-82-1	19.8	146.0/131.0;146.0/118.0	146.0/131.0	10;10
350	灭草环	Tridiphane	58138-08-2	19.8	187.0/159.0;187.0/123.0	187.0/159.0	10;25
351	炔苯烯草胺	Propyzamide	23950-58-5	19.0	173.0/145.0;173.0/109.0	173.0/145.0	15;25
352	特草灵-2	Terbucarb-2	1918-11-2	20.0	220.0/205.0;220.0/145.0	220.0/205.0	10;25
353	甲呋酰胺	Fenfuram	24691-80-3	20.4	201.0/109.0;201.0/184.0	201.0/109.0	10;05
354	活化酯	Aacibenzolar-S-methyl	135158-54-2	20.5	182.0/153.0;182.0/107.0	182.0/153.0	25;25
355	呋草黄	Benfuresate	68505-69-1	20.7	163.0/91.0;163.0/107.0	163.0/91.0	25;05
356	精甲霜灵	Mefenoxam	70630-17-0	20.9	206.0/162.0;206.0/132.0	206.0/162.0	5;10
357	磷胺-2	Phosphamidon-2	13171-21-6	21.4	264.0/127.0;264.0/193.0	264.0/127.0	15;05
358	硅氟唑	Simeconazole	149508-90-7	21.4	121.0/101.0;121.0/75.0	121.0/101.0	10;25
359	氯酞酸甲酯	Chlorthal-dimethyl	1861-32-1	21.4	301.0/223.0;301.0/273.0	301.0/223.0	15;15
360	特草定	Terbacil	5902-51-2	21.7	161.0/88.0;161.0/144.0	161.0/88.0	25;15
361	噻唑烟酸	Thiazopyr	117718-60-2	21.9	363.0/300.0;363.0/272.0	363.0/300.0	15;25
362	甲基毒虫畏	Dimethylvinphos	2274-67-1	22.2	295.0/109.0;295.0/127.0	295.0/109.0	15;10
363	苯酰菌胺	Zoxamide	156052-68-5	22.2	242.0/214.0;242.0/187.0	242.0/214.0	10;15
364	烯丙菊酯	Aallethrin	584-79-2	23.1	123.0/81.0;123.0/79.0	123.0/81.0	5;15
365	灭藻醌	Quinoclamine	2797-51-5	23.0	172.0/89.0;172.0/128.0	172.0/89.0	25;10
366	氰菌胺	Fenoxanil	115852-48-7	23.6	140.0/85.0;140.0/71.0	140.0/85.0	10;25
367	呋霜灵	Furalaxyl	57646-30-7	24.0	242.0/95.0;301.0/224.0	242.0/95.0	10;15

续表

序号	中文名称	英文名称	CAS	保留时间/min	定性离子	定量离子	碰撞能量/V
368	噻虫嗪	Thiamethoxam	153719-23-4	24.5	247.0/182.0;247.0/212.0	247.0/182.0	10;05
369	噻菌灵	Thiabendazole	148-79-8	24.7	201.0/174.0;201.0/130.0	201.0/174.0	10;25
370	除草定	Bromacil	314-40-9	24.8	205.0/188.0;205.0/162.0	205.0/188.0	10;15
371	啶氧菌酯	Picoxystrobin	117428-22-5	24.9	335.0/173.0;335.0/303.0	335.0/173.0	10;10
372	甲硫威砜	Methiocarb sulfone	2178-25-1	25.6	185.0/77.0;185.0/121.0	185.0/77.0	25;10
373	抑草磷	Butamifos	36335-67-8	25.4	286.0/202.0;286.0/185.0	286.0/202.0	15;10
374	苯噻硫氰	TCMTB	21564-17-0	25.7	180.0/136.0;180.0/109.0	180.0/136.0	15;25
375	抑霉唑	Imazalil	35554-44-0	25.7	215.0/173.0;215.0/145.0	215.0/173.0	5;25
376	环氟菌胺	Cyflufenamid	180409-60-3	26.0	412.0/295.0;412.0/118.0	412.0/295.0	5;15
377	噁唑磷	Isoxathion	18854-01-8	26.5	313.0/177.0;313.0/130.0	313.0/177.0	5;15
378	苯氧喹啉	Quinoxyphen	124495-18-7	27.1	273.0/208.0;273.0/182.0	273.0/208.0	25;25
379	脱苯甲基亚胺唑	Imibenconazole-des-benzyl	199338-48-2	27.1	272.0/237.0;272.0/235.0	272.0/237.0	5;05
380	肟菌酯	Trifloxystrobin	141517-21-7	27.7	222.0/162.0;222.0/190.0	222.0/162.0	5;10
381	氟虫腈	Fipronil	120068-37-3	28.4	367.0/213.0;367.0/255.0	367.0/213.0	25;15
382	吡草醚	Pyraflufen ethyl	129630-17-7	28.9	412.0/349.0;412.0/307.0	412.0/349.0	15;25
383	噻吩草胺	Thenylchlor	96491-05-3	29.1	288.0/141.0;288.0/174.0	288.0/141.0	10;05
384	烯草酮	Clethodim	99129-21-2	29.2	205.0/176.0;205.0/148.0	205.0/176.0	15;25
385	吡唑解草酯	Mefenpyr-diethyl	135590-91-9	29.5	299.0/253.0;299.0/190.0	299.0/253.0	5;25
386	苯并菲(屈)	Chrysene	218-01-9	29.3	228.0/226.0;229.0/227.0	228.0/226.0	25;25
387	氟环唑-1	Epoxiconazole-1	106325-08-0	29.7	192.0/138.0;192.0/111.0	192.0/138.0	10;25
388	氟环唑-2	Epoxiconazole-2	106325-08-0	29.7	192.0/138.0;192.0/111.0	192.0/138.0	10;25
389	吡丙醚	Pyriproxyfen	95737-68-1	30.0	136.0/78.0;136.0/96.0	136.0/78.0	25;15
390	呱草磷	Piperophos	24151-93-7	30.4	321.0/122.0;321.0/123.0	321.0/122.0	15;05
391	咪唑菌酮	Fenamidone	161326-34-7	30.7	268.0/180.0;268.0/77.0	268.0/180.0	15;25
392	百克敏	Pyraclostrobin	175013-18-0	31.9	132.0/77.0;132.0/104.0	132.0/77.0	15;10
393	苯草酮	Tralkoxydim	87820-88-0	32.1	283.0/227.0;283.0/137.0	283.0/227.0	10;25
394	吡唑硫磷	Pyraclofos	77458-01-6	32.1	360.0/97.0;360.0/194.0	360.0/97.0	25;15
395	氯亚胺硫磷	Dialifos	10311-84-9	32.1	210.0/148.0;210.0/151.0	210.0/148.0	15;15
396	螺螨酯	Spirodiclofen	148477-71-8	32.4	312.0/259.0;312.0/294.0	312.0/259.0	10;05
397	呋草酮	Flurtamone	96525-23-4	32.8	333.0/120.0;199.0/157.0	333.0/120.0	10;15
398	氟硅菊酯	Silafluofen	105024-66-6	33.1	287.0/259.0;287.0/179.0	287.0/259.0	5;25
399	嘧螨醚	Pyrimidifen	105779-78-0	33.5	184.0/169.0;184.0/141.0	184.0/169.0	15;25
400	氟丙嘧草酯	Butafenacil	134605-64-4	33.8	331.0/180.0;331.0/152.0	331.0/180.0	12;25
401	啶虫脒	Aacetamiprid	160430-64-8	33.9	152.0/116.0;166.0/139.0	152.0/116.0	20;08
402	氟啶草酮	Fluridone	59756-60-4	37.6	328.0/259.0;328.0/189.0	328.0/259.0	30;38
		F 组					
403	苯磺隆	Tribenuron-methyl	101200-48-0	9.4	154.0/124.0;124.0/83.0	154.0/124.0	20;20
404	二氧威	Dioxacarb	6988-21-2	11.0	166.0/165.0;166.0/121.0	166.0/165.0	20;20
405	乙硫苯威	Ethiofencarb	29973-13-5	11.0	168.0/107.0;168.0/77.0	168.0/107.0	20;20

续表

序号	中文名称	英文名称	CAS	保留时间/min	定性离子	定量离子	碰撞能量/V
406	避蚊酯	Dimethyl phthalate	131-11-3	11.5	163.0/77.0;163.0/133.0	163.0/77.0	20;20
407	4-氯苯氧乙酸	4-Chlorophenoxy acetic acid	122-88-3	11.9	200.0/141.0;200.0/111.0	200.0/141.0	20;20
408	邻苯二甲酰亚胺	Phthalimide	85-41-6	13.3	147.0/103.0;147.0/76.0	147.0/103.0	20;20
409	甲萘威	Carbaryl	63-25-2	14.5	144.0/115.0;144.0/116.0	144.0/115.0	20;20
410	2,4-滴	2,4-D	94-75-7	14.9	234.0/199.0;234.0/73.0	234.0/199.0	20;20
411	硫线磷	Cadusafos	95465-99-9	15.1	159.0/97.0;159.0/131.0	159.0/97.0	20;20
412	内吸磷-S	Demeton-S	126-75-0	17.0	170.0/114.0;170.0/97.0	170.0/114.0	20;20
413	百治磷	Dicrotophos	141-66-2	17.5	127.0/109.0;127.0/95.0	127.0/109.0	20;20
414	3,4,5-混杀威	3,4,5-Trimethacarb	2686-99-9	17.7	193.0/136.0;193.0/121.0	193.0/136.0	20;20
415	2,4,5-涕	2,4,5-T	93-76-5	17.8	233.0/190.0;233.0/159.0	233.0/190.0	20;20
416	丁酰肼	DMSA	1596-84-5	18.7	200.0/108.0;200.0/92.0	200.0/108.0	20;20
417	抗蚜威	Pirimicarb	23103-98-2	19.1	238.0/166.0;238.0/96.0	238.0/166.0	10;10
418	十二环吗啉-1	Dodemorph-1	1593-77-7	19.4	154.0/82.0;154.0/96.0	154.0/82.0	10;10
419	十二环吗啉-2	Dodemorph-2	1593-77-7	19.4	154.0/82.0;154.0/96.0	154.0/82.0	10;10
420	甜菜胺	Desmedipham	13684-56-5	19.9	181.0/109.0;181.0/80.0	181.0/109.0	10;10
421	皮蝇磷	Fenchlorphos	299-84-3	19.8	287.0/272.0;287.0/242.0	287.0/272.0	10;10
422	八氯二丙醚-1	S421(octachloro-dipropyl ester)-1	127-90-2	19.5	132.0/97.0;132.0/60.0	132.0/97.0	10;10
423	八氯二丙醚-2	S421(octachloro-dipropyl ester)-2	127-90-2	19.5	132.0/97.0;132.0/60.0	132.0/97.0	10;10
424	戊草丹	Esprocarb	85785-20-2	20.0	222.0/91.0;222.0/162.0	222.0/91.0	10;10
425	碳氯灵	Telodrin	297-78-9	20.5	311.0/240.0;311.0/241.0	311.0/240.0	10;10
426	枯莠隆	Difenoxuron	14214-32-5	20.9	241.0/226.0;241.0/170.0	241.0/226.0	10;10
427	仲丁灵	Butralin	33629-47-9	22.2	266.0/190.0;266.0/174.0	266.0/190.0	12;12
428	啶斑肟-1	Pyrifenox-1	88283-41-4	23.5	262.0/200.0;262.0/192.0	262.0/200.0	12;12
429	异戊乙净	Dimethametryn	22936-75-0	22.8	212.0/122.0;212.0/94.0	212.0/122.0	12;12
430	氟噻草胺	Flufenacet	142459-58-3	23.1	211.0/96.0;211.0/123.0	211.0/96.0	12;12
431	苯草醚	Aaclonifen	74070-46-5	22.1	264.0/194.0;264.0/194.0	264.0/194.0	12;12
432	啶斑肟-2	Pyrifenox-2	88283-41-4	23.5	262.0/200.0;262.0/192.0	262.0/200.0	12;12
433	嘧唑螨	Flubenzimine	37893-02-0	25.8	416.0/186.0;416.0/212.0	416.0/186.0	12;12
434	戊环唑	Aazaconazole	60207-31-0	26.6	217.0/173.0;217.0/145.0	217.0/173.0	14;14
435	异丙菌胺-1	Iprovalicarb-1	140923-17-7	26.7	134.0/93.0;134.0/91.0	134.0/93.0	14;14
436	异丙菌胺-2	Irpovalicarb-2	140923-17-7	26.7	134.0/93.0;134.0/91.0	134.0/93.0	14;14
437	苯虫醚-1	Diofenolan-1	63837-33-2	26.8	186.0/109.0;186.0/158.0	186.0/109.0	14;14
438	苯虫醚-2	Diofenolan-2	63837-33-2	26.8	186.0/109.0;186.0/158.0	186.0/109.0	14;14
439	溴虫腈	Chlorfenapyr	122453-73-0	27.6	408.0/59.0;408.0/363.0	408.0/59.0	14;14
440	生物苄呋菊酯	Bioresmethrin	28434-01-7	27.5	171.0/143.0;171.0/128.0	171.0/143.0	14;14
441	唑酮草酯	Carfentrazone-ethyl	128621-72-7	28.3	330.0/310.0;330.0/241.0	330.0/310.0	18;18
442	禾草灵	Diclofop-methyl	51338-27-3	28.2	342.0/255.0;342.0/184.0	342.0/255.0	18;18
443	异狄氏剂醛	Endrin aldehyde	7421-93-4	28.4	345.0/281.0;345.0/317.0	345.0/281.0	18;18

序号	中文名称	英文名称	CAS	保留时间/min	定性离子	定量离子	碰撞能量/V
444	氯吡嘧磺隆	Halosulfuron-methyl	100784-20-1	28.4	327.0/295.0;327.0/260.0	327.0/295.0	18;18
445	丁硫克百威	Carbosulfan	55285-14-8	28.4	160.0/104.0;160.0/62.0	160.0/104.0	18;18
446	环酰菌胺	Fenhexamid	126833-17-8	28.4	177.0/113.0;177.0/78.0	177.0/113.0	18;18
447	螺甲螨酯	Spiromesifen	283594-90-1	29.7	272.0/254.0;272.0/209.0	272.0/254.0	25;25
448	伐灭磷	Famphur	52-85-7	29.8	218.0/109.0;218.0/79.0	218.0/109.0	25;25
449	异狄氏剂酮	Endrin ketone	53494-70-5	30.5	317.0/245.0;317.0/209.0	317.0/245.0	25;25
450	叶菌唑	Metconazole	125116-23-6	31.2	125.0/89.0;125.0/99.0	125.0/89.0	18;18
451	氰氟草酯	Cyhalofop-butyl	122008-85-9	31.5	357.0/256.0;357.0/229.0	357.0/256.0	18;18
452	啶酰菌胺	Boscalid	188425-85-6	34.3	342.0/140.0;342.0/112.0	342.0/140.0	18;18
453	唑虫酰胺	Tolfenpyrad	129558-76-5	35.9	383.0/171.0;383.0/145.0	383.0/171.0	18;18
454	烯酰吗啉	Dimethomorph	110488-70-5	37.6	301.0/165.0;301.0/139.0	301.0/165.0	100;100

11.1.4 GC-MS/MS 分析 454 种农药化学品选择离子监测分组表

GC-MS/MS 分析 454 种农药化学品选择离子监测见表 11-6。

表 11-6　GC-MS/MS 分析 454 种农药化学品选择离子监测分组表

序号	保留时间/min	离子/amu	驻留时间/ms
		A 组	
1	6.0	138.0/96.0, 138.0/110.0, 172.0/108.0, 172.0/80.0, 211.0/183.0, 211.0/140.0, 234.0/121.0, 234.0/154.0, 179.0/93.0, 179.0/137.0, 125.0/63.0, 125.0/79.0, 154.0/83.0, 154.0/72.0, 169.0/168.0, 169.0/167.0, 316.0/202.0, 316.0/279.0, 295.0/237.0, 295.0/265.0	10
2	16.9	187.0/172.0, 172.0/104.0, 204.0/107.0, 204.0/78.0, 304.0/179.0, 304.0/162.0, 246.0/109.0, 246.0/137.0, 292.0/181.0, 292.0/153.0, 173.0/108.0, 201.0/110.0, 194.0/166.0, 194.0/94.0, 225.0/169.0, 225.0/154.0, 279.0/223.0, 279.0/205.0, 165.0/134.0, 165.0/150.0, 173.0/145.0, 173.0/109.0, 305.0/201.0, 305.0/230.0, 285.0/270.0, 285.0/240.0, 125.0/79.0, 143.0/111.0	7
3	20.0	241.0/199.0, 241.0/184.0, 285.0/212.0, 285.0/178.0, 206.0/132.0, 206.0/105.0, 314.0/286.0, 314.0/258.0, 263.0/109.0, 263.0/246.0	18
4	21.32	208.0/180.0, 208.0/152.0, 219.0/183.0, 219.0/147.0, 219.0/183.0, 219.0/147.0, 278.0/109.0, 278.0/169.0, 173.0/99.0, 173.0/127.0, 277.0/260.0, 277.0/109.0, 275.0/99.0, 275.0/149.0, 210.0/183.0, 210.0/129.0, 252.0/162.0, 252.0/161.0, 248.0/61.0, 160.0/133.0, 270.0/125.0, 270.0/127.0, 359.0/303.0, 359.0/331.0, 157.0/102.0, 157.0/129.0, 375.0/266.0, 375.0/303.0, 209.0/132.0, 209.0/133.0, 353.0/282.0, 353.0/263.0	6
5	23.8	309.0/239.0, 309.0/221.0, 274.0/215.0, 274.0/152.0, 283.0/96.0, 283.0/255.0, 145.0/85.0, 145.0/58.0, 225.0/189.0, 225.0/68.0, 271.0/72.0, 271.0/128.0, 258.0/175.0, 258.0/112.0, 303.0/195.0, 303.0/288.0, 324.0/254.0, 324.0/252.0	10
6	26.0	273.0/108.0, 273.0/193.0, 235.0/143.0, 235.0/87.0, 235.0/165.0, 235.0/199.0, 173.0/145.0, 173.0/95.0, 384.0/129.0, 384.0/203.0, 322.0/97.0, 322.0/156.0, 245.0/173.0, 245.0/191.0, 245.0/173.0, 245.0/191.0, 179.0/125.0, 179.0/90.0	10
7	27.9	259.0/69.0, 259.0/173.0, 292.0/109.0, 292.0/165.0, 181.0/165.0, 181.0/166.0, 272.0/237.0, 272.0/235.0, 323.0/231.0, 323.0/196.0, 314.0/139.0, 314.0/111.0, 227.0/169.0, 227.0/212.0, 163.0/132.0, 163.0/117.0, 164.0/77.0, 164.0/107.0, 250.0/125.0, 250.0/153.0	9
8	30.0	303.0/145.0, 303.0/302.0, 340.0/199.0, 340.0/109.0, 160.0/77.0, 160.0/105.0, 356.0/159.0, 356.0/229.0, 221.0/193.0, 221.0/149.0, 181.0/152.0, 181.0/87.0	15

续表

序号	保留时间 /min	离子/amu	驻留时间 /ms
		B组	
1	6.0	132.0/90.0, 132.0/62.0, 146.0/90.0, 146.0/57.0, 171.0/136.0, 171.0/100.0, 128.0/72.0, 161.0/128.0, 194.0/133.0, 194.0/158.0, 191.0/113.0, 191.0/141.0	12
2	12.4	203.0/83.0, 203.0/143.0, 124.0/89.0, 124.0/63.0, 284.0/249.0, 284.0/214.0, 158.0/97.0, 158.0/114.0, 234.0/150.0, 234.0/192.0, 234.0/150.0, 234.0/192.0, 176.0/77.0, 176.0/120.0, 306.0/264.0, 306.0/206.0, 213.0/171.0, 213.0/127.0, 322.0/202.0, 322.0/294.0, 188.0/160.0, 188.0/132.0, 219.0/183.0, 219.0/147.0, 231.0/129.0, 231.0/175.0	9
3	17.3	318.0/199.0, 318.0/55.0, 270.0/197.0, 270.0/141.0, 206.0/176.0, 206.0/124.0, 214.0/71.0, 214.0/132.0, 126.0/99.0, 214.0/61.0, 164.0/111.0, 164.0/75.0, 307.0/126.0, 307.0/98.0, 243.0/109.0, 243.0/79.0, 286.0/93.0, 286.0/271.0, 214.0/172.0, 214.0/105.0, 213.0/171.0, 213.0/198.0, 197.0/148.0, 197.0/120.0, 237.0/160.0, 237.0/146.0, 290.0/125.0, 290.0/233.0, 257.0/100.0, 257.0/72.0, 226.0/68.0, 226.0/96.0	6
4	21.0	250.0/139.0, 250.0/215.0, 387.0/263.0, 387.0/287.0, 238.0/162.0, 238.0/133.0, 153.0/111.0, 153.0/83.0, 333.0/168.0, 333.0/180.0, 331.0/286.0, 331.0/316.0, 224.0/123.0, 224.0/77.0, 207.0/161.0, 207.0/137.0, 280.0/238.0, 280.0/180.0	10
5	22.7	241.0/206.0, 241.0/170.0, 205.0/170.0, 205.0/135.0, 163.0/90.0, 163.0/99.0, 255.0/121.0, 255.0/213.0, 182.0/147.0, 256.0/226.0, 323.0/267.0, 323.0/159.0, 373.0/301.0, 373.0/266.0, 176.0/150.0, 176.0/126.0, 318.0/248.0, 318.0/246.0, 238.0/91.0, 238.0/137.0, 259.0/188.0, 259.0/153.0, 331.0/109.0, 331.0/127.0, 353.0/282.0, 353.0/263.0	10
6	24.07	331.0/109.0, 331.0/127.0, 294.0/61.0, 292.0/61.0, 374.0/339.0, 374.0/337.0, 105.0/77.0, 172.0/116.0, 187.0/159.0, 187.0/109.0, 235.0/165.0, 235.0/199.0, 263.0/191.0, 263.0/193.0, 302.0/111.0, 302.0/175.0	10
7	25.55	236.0/125.0, 236.0/167.0, 256.0/212.0, 256.0/170.0, 251.0/139.0, 251.0/111.0, 283.0/162.0, 283.0/253.0, 361.0/317.0, 361.0/300.0, 360.0/325.0, 360.0/297.0, 235.0/165.0, 235.0/199.0, 235.0/165.0, 235.0/199.0, 241.0/206.0, 241.0/170.0, 276.0/105.0, 276.0/77.0, 276.0/105.0, 276.0/77.0, 342.0/199.0, 251.0/121.0	8
8	27.5	148.0/79.0, 148.0/105.0, 173.0/109.0, 310.0/201.0, 157.0/77.0, 157.0/110.0, 387.0/289.0, 387.0/253.0, 341.0/183.0, 341.0/185.0, 292.0/105.0, 292.0/77.0, 265.0/210.0, 265.0/89.0	14
9	30.1	377.0/362.0, 377.0/296.0, 157.0/63.0, 157.0/110.0, 171.0/71.0, 171.0/85.0, 341.0/310.0, 341.0/281.0, 182.0/111.0, 182.0/75.0, 250.0/208.0, 250.0/55.0, 330.0/139.0, 330.0/251.0, 132.0/77.0, 132.0/104.0, 132.0/77.0, 132.0/104.0, 180.0/138.0, 308.0/70.0, 206.0/151.0, 206.0/177.0	9
		C组	
1	6.0	151.0/122.0, 151.0/80.0, 188.0/58.0, 129.0/86.0, 146.0/76.0, 146.0/104.0, 163.0/90.0, 163.0/99.0, 126.0/55.0, 126.0/83.0, 208.0/180.0, 208.0/110.0, 169.0/141.0, 141.0/115.0	15
2	14.0	292.0/264.0, 292.0/160.0, 176.0/148.0, 176.0/121.0, 225.0/183.0, 225.0/168.0, 270.0/186.0, 270.0/228.0, 200.0/199.0, 183.0/102.0, 219.0/183.0, 219.0/147.0, 88.0/60.0, 88.0/59.0, 200.0/122.0, 200.0/94.0	12
3	18.2	272.0/237.0, 272.0/235.0, 204.0/91.0, 204.0/122.0, 257.0/119.0, 257.0/162.0, 175.0/147.0, 175.0/111.0, 128.0/70.0, 128.0/110.0, 163.0/91.0, 163.0/143.0, 326.0/63.0, 306.0/264.0, 267.0/252.0, 267.0/93.0	12
4	20.2	227.0/58.0, 227.0/170.0, 258.0/61.0, 198.0/82.0, 198.0/110.0, 210.0/76.0, 210.0/124.0, 255.0/222.0, 255.0/138.0, 225.0/96.0, 225.0/168.0	15
5	22.0	119.0/91.0, 119.0/65.0, 123.0/81.0, 123.0/69.0, 123.0/81.0, 123.0/79.0, 318.0/248.0, 318.0/246.0, 268.0/77.0, 268.0/141.0, 353.0/282.0, 353.0/263.0	16

序号	保留时间/min	离子/amu	驻留时间/ms
6	23.15	167.0/152.0, 167.0/165.0, 299.0/109.0, 299.0/79.0, 248.0/157.0, 248.0/192.0, 336.0/204.0, 336.0/156.0, 383.0/282.0, 383.0/254.0, 296.0/196.0, 296.0/168.0, 143.0/107.0, 143.0/108.0, 168.0/70.0, 128.0/100.0, 162.0/147.0, 162.0/132.0, 131.0/89.0, 131.0/130.0, 321.0/304.0, 323.0/306.0	9
7	25.9	251.0/139.0, 251.0/111.0, 233.0/165.0, 233.0/152.0, 190.0/126.0, 190.0/75.0, 268.0/232.0, 268.0/136.0, 176.0/103.0, 176.0/131.0	19
8	27.9	119.0/91.0, 119.0/65.0, 266.0/218.0, 266.0/246.0, 145.0/117.0, 145.0/91.0, 123.0/81.0, 123.0/79.0, 248.0/154.0, 248.0/182.0, 255.0/186.0, 255.0/129.0	18
9	30.1	293.0/162.0, 293.0/132.0, 226.0/184.0, 226.0/157.0, 289.0/93.0, 289.0/77.0, 192.0/136.0, 192.0/109.0, 197.0/141.0, 197.0/91.0, 183.0/168.0, 183.0/153.0	17
10	31.9	147.0/117.0, 147.0/132.0, 199.0/107.0, 199.0/157.0, 428.0/252.0, 449.0/347.0, 170.0/141.0, 170.0/115.0, 163.0/107.0, 163.0/135.0, 178.0/81.0, 178.0/108.0, 163.0/91.0, 163.0/127.0	14
11	34.0	419.0/167.0, 419.0/225.0, 323.0/265.0, 323.0/202.0, 354.0/176.0, 354.0/326.0, 423.0/318.0, 423.0/308.0	25
D组			
1	5.0	154.0/111.0, 154.0/121.0, 212.0/97.0, 212.0/174.0, 250.0/215.0, 250.0/177.0, 142.0/106.0, 142.0/67.0, 202.0/121.0, 202.0/77.0, 196.0/165.0, 196.0/137.0	15
2	13.9	231.0/158.0, 231.0/160.0, 143.0/79.0, 143.0/52.0, 211.0/99.0, 211.0/155.0, 280.0/265.0, 280.0/237.0, 190.0/57.0, 190.0/106.0, 164.0/136.0, 164.0/108.0, 197.0/169.0, 197.0/111.0, 211.0/169.0, 211.0/196.0, 173.0/145.0, 173.0/158.0, 359.0/243.0, 359.0/242.0, 177.0/127.0, 177.0/161.0, 229.0/200.0, 229.0/186.0	8
3	17.9	256.0/186.0, 256.0/151.0, 256.0/186.0, 258.0/186.0, 198.0/89.0, 198.0/72.0, 173.0/109.0, 173.0/145.0, 172.0/94.0, 172.0/169.0, 231.0/158.0, 231.0/160.0, 253.0/106.0, 253.0/91.0, 263.0/192.0, 263.0/156.0	12
4	19.2	199.0/184.0, 199.0/157.0, 292.0/257.0, 292.0/222.0, 200.0/104.0, 200.0/122.0, 251.0/128.0, 251.0/86.0, 142.0/70.0, 142.0/113.0, 230.0/154.0, 230.0/111.0, 380.0/310.0, 380.0/307.0, 230.0/193.0, 230.0/195.0, 311.0/275.0, 311.0/240.0, 239.0/197.0, 239.0/85.0	10
5	20.6	193.0/123.0, 193.0/157.0, 297.0/269.0, 297.0/223.0, 198.0/82.0, 198.0/110.0, 301.0/223.0, 301.0/273.0, 250.0/139.0, 250.0/215.0	20
6	21.7	212.0/195.0, 212.0/188.0, 224.0/208.0, 224.0/222.0, 254.0/212.0, 254.0/165.0, 326.0/256.0, 326.0/254.0, 184.0/156.0, 184.0/129.0, 229.0/137.0, 229.0/67.0, 300.0/182.0, 300.0/200.0, 262.0/216.0, 262.0/123.0, 136.0/108.0, 136.0/69.0, 353.0/282.0, 353.0/263.0	9
7	23.5	409.0/300.0, 409.0/302.0, 202.0/113.0, 202.0/147.0, 223.0/179.0, 223.0/193.0, 323.0/267.0, 323.0/159.0, 311.0/174.0, 311.0/311.0/103.0, 326.0/256.0, 326.0/254.0, 130.0/102.0, 130.0/75.0, 340.0/183.0, 340.0/185.0, 360.0/290.0, 360.0/325.0, 219.0/123.0, 219.0/95.0, 196.0/140.0, 196.0/168.0	9
8	26.15	272.0/161.0, 272.0/102.0, 360.0/325.0, 360.0/290.0, 213.0/153.0, 213.0/125.0, 171.0/143.0, 171.0/128.0, 171.0/143.0, 171.0/128.0, 222.0/125.0, 222.0/82.0, 206.0/149.0, 206.0/93.0, 349.0/266.0, 349.0/238.0	12
9	28.2	379.0/276.0, 379.0/262.0, 366.0/181.0, 366.0/209.0, 326.0/170.0, 326.0/215.0, 394.0/324.0, 394.0/359.0, 333.0/171.0, 333.0/276.0, 202.0/174.0, 202.0/104.0, 192.0/190.0, 192.0/162.0	15
10	29.7	173.0/109.0, 173.0/145.0, 173.0/109.0, 173.0/145.0, 274.0/169.0, 274.0/216.0, 153.0/110.0, 153.0/136.0, 320.0/292.0, 320.0/79.0, 340.0/298.0, 340.0/286.0, 236.0/174.0, 236.0/201.0, 198.0/129.0, 198.0/102.0	12

序号	保留时间/min	离子/amu	驻留时间/ms
		E组	
1	5.0	107.0/79.0, 107.0/77.0, 110.0/63.0, 110.0/64.0, 121.0/77.0, 121.0/103.0, 220.0/205.0, 220.0/145.0, 101.0/73.0, 101.0/100.0	20
2	12.5	301.0/97.0, 301.0/153.0, 121.0/77.0, 121.0/103.0, 156.0/74, 156.0/89, 209.0/180.0, 209.0/125.0, 142.0/79.0, 142.0/112.0, 110.0/63.0, 110.0/64.0	16
3	16.0	189.0/161.0, 189.0/185.0, 213.0/77.0, 213.0/212.0, 318.0/152.0, 318.0/276.0, 98.0/70.0, 98.0/69.0, 206.0/176.0, 206.0/123.0, 232.0/72.0, 232.0/187.0, 173.0/130.0, 173.0/144.0	14
4	18.7	173.0/145.0, 173.0/109.0, 259.0/120.0, 259.0/176.0, 264.0/127.0, 264.0/193.0, 146.0/131.0, 146.0/118.0, 187.0/159.0, 187.0/123.0, 220.0/205.0, 220.0/145.0, 201.0/109.0, 201.0/184.0, 182.0/153.0, 182.0/107.0, 163.0/91.0, 163.0/107.0, 206.0/162.0, 206.0/132.0	10
5	21.1	301.0/223.0, 301.0/273.0, 264.0/127.0, 264.0/193.0, 121.0/101.0, 121.0/75.0, 161.0/88.0, 161.0/144.0, 363.0/300.0, 363.0/272.0, 295.0/109.0, 295.0/127.0, 242.0/214.0, 242.0/187.0, 172.0/89.0, 172.0/128.0, 123.0/81.0, 123.0/79.0, 353.0/282.0, 353.0/263.0	9
6	23.2	140.0/85.0, 140.0/71.0, 242.0/95.0, 301.0/224.0, 247.0/182.0, 247.0/212.0, 201.0/174.0, 201.0/130.0, 205.0/188.0, 205.0/162.0, 335.0/173.0, 335.0/303.0	17
7	25.1	286.0/202.0, 286.0/185.0, 185.0/77.0, 185.0/121.0, 180.0/136.0, 180.0/109.0, 215.0/173.0, 215.0/145.0	20
8	25.8	412.0/295.0, 412.0/118.0, 313.0/177.0, 313.0/130.0, 272.0/237.0, 272.0/235.0, 273.0/208.0, 273.0/182.0, 222.0/162.0, 222.0/190.0, 367.0/213.0, 367.0/255.0	17
9	28.8	412.0/349.0, 412.0/307.0, 288.0/141.0, 288.0/174.0, 205.0/176.0, 205.0/148.0, 228.0/226.0, 229.0/227.0, 299.0/253.0, 299.0/190.0, 192.0/138.0, 192.0/111.0, 192.0/138.0, 192.0/111.0, 136.0/78.0, 136.0/96.0, 321.0/122.0, 321.0/123.0, 268.0/180.0, 268.0/77.0	10
10	31.3	132.0/77.0, 132.0/104.0, 283.0/227.0, 283.0/137.0, 360.0/97.0, 360.0/194.0, 210.0/148.0, 210.0/151.0, 312.0/259.0, 312.0/294.0, 333.0/120.0, 199.0/157.0	17
11	32.9	287.0/259.0, 287.0/179.0, 184.0/169.0, 184.0/141.0, 331.0/180.0, 331.0/152.0, 152.0/116.0, 166.0/139.0, 328.0/259.0, 328.0/189.0	20
		F组	
1	7.0	154.0/124.0, 124.0/83.0, 166.0/165.0, 166.0/121.0, 168.0/107.0, 168.0/77.0, 163.0/77.0, 163.0/133.0, 200.0/141.0, 200.0/111.0	20
2	12.5	147.0/103.0, 147.0/76.0, 144.0/115.0, 144.0/116.0, 234.0/199.0, 234.0/73.0, 159.0/97.0, 159.0/131.0	20
3	16.4	170.0/114.0, 170.0/97.0, 127.0/109.0, 127.0/95.0, 193.0/136.0, 193.0/121.0, 233.0/190.0, 233.0/159.0, 200.0/108.0, 200.0/92.0	20
4	18.8	238.0/166.0, 238.0/96.0, 154.0/82.0, 154.0/96.0, 154.0/82.0, 154.0/96.0, 132.0/97.0, 132.0/60.0, 132.0/97.0, 132.0/60.0, 287.0/272.0, 287.0/242.0, 181.0/109.0, 181.0/80.0, 222.0/91.0, 222.0/162.0, 311.0/240.0, 311.0/241.0, 241.0/226.0, 241.0/170.0	10
5	21.4	264.0/194.0, 264.0/194.0, 266.0/190.0, 266.0/174.0, 212.0/122.0, 212.0/94.0, 211.0/96.0, 211.0/123.0, 262.0/200.0, 262.0/192.0, 262.0/200.0, 262.0/192.0, 416.0/186.0, 416.0/212.0, 353.0/282.0, 353.0/263.0	12
6	26.0	217.0/173.0, 217.0/145.0, 134.0/93.0, 134.0/91.0, 134.0/93.0, 134.0/91.0, 186.0/109.0, 186.0/158.0, 186.0/109.0, 186.0/158.0, 171.0/143.0, 171.0/128.0, 408.0/59.0, 408.0/363.0	14
7	27.9	342.0/255.0, 342.0/184.0, 330.0/310.0, 330.0/241.0, 177.0/113.0, 177.0/78.0, 345.0/281.0, 345.0/317.0, 327.0/295.0, 327.0/260.0, 160.0/104.0, 160.0/62.0	18

续表

序号	保留时间/min	离子/amu	驻留时间/ms
8	29.1	272.0/254.0,272.0/209.0,218.0/109.0,218.0/79.0,317.0/245.0,317.0/209.0	25
9	30.7	125.0/89.0,125.0/99.0,357.0/256.0,357.0/229.0,342.0/140.0,342.0/112.0,383.0/171.0,383.0/145.0	18
10	36.5	301.0/165.0,301.0/139.0	100

11.1.5 GC-MS/MS 分析 284 种环境污染物保留时间、定性定量离子对和碰撞能量

GC-MS/MS 分析 284 种环境污染物保留时间、定性定量离子对和碰撞能量见表 11-7。

表 11-7 GC-MS/MS 分析 284 种环境污染物保留时间、定性定量离子对和碰撞能量

序号	中文名称	英文名称	保留时间/min	定性离子	定量离子	碰撞能量/V
	环氧七氯	Heptachlor (ISTD)	22.04	353/263;353/282	353/263	17;17
		A 组				
1	PCB 001	2-Chlorobiphenyl	11.04	188/152;188/153	188/152	20;10
2	PCB 004	2,2′-Dichlorobiphenyl	13.39	152/151;152/150	152/151	20;40
3	PCB 008	2,4′-Dichlorobiphenyl	14.91	224/152;224/151	224/152	30;50
4	PCB 019	2,2′,6-Trichlorobiphenyl	15.77	256/221;256/186	256/221	10;20
5	PCB 012	3,4-Dichlorobiphenyl	16.55	222/152;222/151	222/152	30;50
6	PCB 027	2,3′,6-Trichlorobiphenyl	16.94	186/151;186/150	186/151	20;30
7	PCB 016	2,2′,3-Trichlorobiphenyl	17.40	256/186;256/221	256/186	20;10
8	PCB 025	2,3′,4-Trichlorobiphenyl	17.93	256/186;256/151	256/186	30;40
9	PCB 021	2,3,4-Trichlorobiphenyl	18.60	256/186;186/151	256/186	20;20
10	PCB 020	2,3,3′-Trichlorobiphenyl	18.81	186/151;186/150	186/151	20;30
11	PCB 036	3,3′,5-Trichlorobiphenyl	19.24	186/151;186/150	186/151	20;30
12	PCB 043	2,2′,3,5-Tetrachlorobiphenyl	19.57	294/222;294/150	294/222	30;50
13	PCB 065	2,3,5,6-Tetrachlorobiphenyl	19.67	292/222;292/220	292/222	20;20
14	PCB 104	2,2′,4,6,6′-Pentachlorobiphenyl	19.84	254/184;254/219	254/184	30;20
15	PCB 072	2,3′,5,5′-Tetrachlorobiphenyl	20.52	292/220;292/150	292/220	30;50
16	PCB 103	2,2′,4,5′,6-Pentachlorobiphenyl	20.73	326/256;326/184	326/256	40;50
17	PCB 041	2,2′,3,4-Tetrachlorobiphenyl	20.93	292/220;292/150	292/220	30;50
18	PCB 067	2,3′,4,5-Tetrachlorobiphenyl	21.22	292/220;292/185	292/220	30;40
19	PCB 040	2,2′,3,3′-Tetrachlorobiphenyl	21.43	292/220;292/150	292/220	30;50
20	PCB 074	2,4,4′,5-Tetrachlorobiphenyl	21.57	290/220;290/150	290/220	20;50
21	PCB 102	2,2′,4,5,6′-Pentachlorobiphenyl	21.72	254/184;254/219	254/184	30;20
22	PCB 095	2,2′,3,5′,6-Pentachlorobiphenyl	21.97	254/184;254/219	254/184	30;20
23	PCB 092	2,2′,3,5,5′-Pentachlorobiphenyl	22.46	184/149;328/256	184/149	20;40
24	PCB 099	2,2′,4,4′,5-Pentachlorobiphenyl	22.77	326/184;326/256	326/184	50;50
25	PCB 084	2,2′,3,3′,6-Pentachlorobiphenyl	22.92	254/184;254/219	254/184	30;20
26	PCB 109	2,3,3′,4,6-Pentachlorobiphenyl	23.24	326/184;326/256	326/184	50;40
27	PCB 083	2,2′,3,3′,5-Pentachlorobiphenyl	23.42	184/149;184/123	184/149	20;30

续表

序号	中文名称	英文名称	保留时间/min	定性离子	定量离子	碰撞能量/V
28	PCB 086	2,2′,3,4,5-Pentachlorobiphenyl	23.53	326/291;326/256	326/291	10;20
29	PCB 125	2′,3,4,5,6′-Pentachlorobiphenyl	23.66	254/184;254/219	254/184	20;20
30	PCB 087	2,2′,3,4,5′-Pentachlorobiphenyl	23.87	328/256;328/258	328/256	30;30
31	PCB 110	2,3,3′,4′,6-Pentachlorobiphenyl	24.29	324/254;324/184	324/254	30;50
32	PCB 135	2,2′,3,3′,5,6′-Hexachlorobiphenyl	24.58	325/290;325/288	325/290	10;10
33	PCB 124	2′,3,4,5,5′-Pentachlorobiphenyl	24.83	326/256;326/254	326/256	30;30
34	PCB 123	2′,3,4,4′,5-Pentachlorobiphenyl	24.97	328/256;328/258	328/256	35;35
35	PCB 118	2,3′,4,4′,5-Pentachlorobiphenyl	25.13	326/256;326/254	326/256	30;30
36	PCB 134	2,2′,3,3′,5,6-Hexachlorobiphenyl	25.31	325/290;325/288	325/290	10;10
37	PCB 114	2,3,4,4′,5-Pentachlorobiphenyl	25.45	254/184;254/219	254/184	20;20
38	PCB 168	2,3′,4,4′,5′,6-Hexachlorobiphenyl	25.69	358/218;358/288	358/218	50;40
39	PCB 127	3,3′,4,5,5′-Pentachlorobiphenyl	26.27	326/256;326/254	326/256	20;20
40	PCB 137	2,2′,3,4,4′,5-Hexachlorobiphenyl	26.43	362/290;362/292	362/290	25;25
41	PCB 163	2,3,3′,4′,5,6-Hexachlorobiphenyl	26.86	360/290;360/288	360/290	30;30
42	PCB 178	2,2′,3,3′,5,5′,6-Heptachlorobiphenyl	26.93	396/326;396/324	396/326	30;30
43	PCB 187	2,2′,3,4′,5,5′,6-Heptachlorobiphenyl	27.25	396/361;396/359	396/361	10;10
44	PCB 162	2,3,3′,4′,5,5′-Hexachlorobiphenyl	27.70	358/288;358/218	358/288	30;50
45	PCB 202	2,2′,3,3′,5,5′,6,6′-Octachlorobiphenyl	28.07	432/360;432/362	432/360	30;30
46	PCB 204	2,2′,3,4,4′,5,6,6′-Octachlorobiphenyl	28.30	432/360;432/362	432/360	30;30
47	PCB 197	2,2′,3,3′,4,4′,6,6′-Octachlorobiphenyl	28.58	428/358;428/356	428/358	30;30
48	PCB 192	2,3,3′,4,5,5′,6-Heptachlorobiphenyl	28.96	396/324;396/326	396/324	40;40
49	PCB 193	2,3,3′,4′,5,5′,6-Heptachlorobiphenyl	29.31	324/254;324/252	324/254	30;30
50	PCB 190	2,3,3′,4,4′,5,6-Heptachlorobiphenyl	30.19	394/324;394/322	394/324	20;20
51	PCB 169	3,3′,4,4′,5,5′-Hexachlorobiphenyl	30.48	358/288;362/290	358/288	20;20
52	PCB 195	2,2′,3,3′,4,4′,5,6-Octachlorobiphenyl	31.18	428/358;428/356	428/358	30;30
53	PCB 206	2,2′,3,3′,4,4′,5,5′,6-Nonachlorobiphenyl	32.44	466/394;466/396	466/394	40;40
54	PCB 209	2,2′,3,3′,4,4′,5,5′,6,6′-Decachlorobiphenyl	32.78	500/429;500/428	500/429	30;30
		B组				
55	PCB 002	3-Chlorobiphenyl	12.46	188/152;188/151	188/152	30;50
56	PCB 007	2,4-Dichlorobiphenyl	14.07	224/152;152/151	224/152	10;20
57	PCB 005	2,3-Dichlorobiphenyl	14.97	222/152;152/151	222/152	10;20
58	PCB 011	3,3′-Dichlorobiphenyl	16.34	224/152;224/151	224/152	20;50
59	PCB 013	3,4′-Dichlorobiphenyl	16.63	152/151;152/150	152/151	20;40
60	PCB 032	2,4′,6-Trichlorobiphenyl	17.23	256/186;256/151	256/186	30;40
61	PCB 029	2,4,5-Trichlorobiphenyl	17.42	256/151;256/150	256/151	40;50
62	PCB 050	2,2′,4,6-Tetrachlorobiphenyl	17.94	292/220;292/222	292/220	40;40
63	PCB 053	2,2′,5,6′-Tetrachlorobiphenyl	18.68	292/150;292/220	292/150	50;50
64	PCB 022	2,3,4′-Trichlorobiphenyl	19.11	256/186;256/151	256/186	20;40
65	PCB 073	2,3′,5′,6-Tetrachlorobiphenyl	19.44	290/220;290/150	290/220	30;50
66	PCB 039	3,4′,5-Trichlorobiphenyl	19.61	258/151;258/186	258/151	50;40

续表

序号	中文名称	英文名称	保留时间/min	定性离子	定量离子	碰撞能量/V
67	PCB 062	2,3,4,6-Tetrachlorobiphenyl	19.68	292/222;292/150	292/222	20;50
68	PCB 038	3,4,5-Trichlorobiphenyl	19.93	258/151;258/186	258/151	30;50
69	PCB 035	3,3',4-Trichlorobiphenyl	20.55	186/151;186/150	186/151	20;30
70	PCB 064	2,3,4',6-Tetrachlorobiphenyl	20.83	220/150;294/222	220/150	30;20
71	PCB 037	3,4,4'-Trichlorobiphenyl	20.97	186/151;186/150	186/151	20;30
72	PCB 080	3,3',5,5'-Tetrachlorobiphenyl	21.39	292/220;292/150	292/220	30;50
73	PCB 058	2,3,3',5'-Tetrachlorobiphenyl	21.45	292/222;292/220	292/222	20;20
74	PCB 121	2,3',4,5',6-Pentachlorobiphenyl	21.57	328/256;328/258	328/256	40;40
75	PCB 093	2,2',3,5,6-Pentachlorobiphenyl	21.76	326/291;326/289	326/291	10;10
76	PCB 066	2,3',4,4'-Tetrachlorobiphenyl	22.00	292/220;292/222	292/220	20;20
77	PCB 090	2,2',3,4',5-Pentachlorobiphenyl	22.58	324/254;326/291	324/254	30;10
78	PCB 113	2,3,3',5',6-Pentachlorobiphenyl	22.82	324/254;326/256	324/254	30;20
79	PCB 089	2,2',3,4,6'-Pentachlorobiphenyl	22.93	254/184;254/219	254/184	30;20
80	PCB 152	2,2',3,5,6,6'-Hexachlorobiphenyl	23.26	358/288;358/218	358/288	30;50
81	PCB 145	2,2',3,4,6,6'-Hexachlorobiphenyl	23.45	290/218;290/220	290/218	30;30
82	PCB 115	2,3,4,4',6-Pentachlorobiphenyl	23.59	326/256;326/254	326/256	35;35
83	PCB 154	2,2',4,4',5,6'-Hexachlorobiphenyl	23.66	358/288;358/218	358/288	40;50
84	PCB 085	2,2',3,4,4'-Pentachlorobiphenyl	23.97	326/256;326/254	326/256	40;40
85	PCB 151	2,2',3,5,5',6-Hexachlorobiphenyl	24.36	358/288;358/323	358/288	30;10
86	PCB 139	2,2',3,4,4',6-Hexachlorobiphenyl	24.67	358/288;358/218	358/288	30;50
87	PCB 140	2,2',3,4,4',6'-Hexachlorobiphenyl	24.86	360/325;360/290	360/325	10;20
88	PCB 107	2,3,3',4',5-Pentachlorobiphenyl	25.04	254/184;254/219	254/184	30;20
89	PCB 143	2,2',3,4,5,6'-Hexachlorobiphenyl	25.20	290/218;290/220	290/218	30;30
90	PCB 142	2,2',3,4,5,6-Hexachlorobiphenyl	25.32	362/290;362/237	362/237	10;20
91	PCB 146	2,2',3,4',5,5'-Hexachlorobiphenyl	25.45	358/288;358/323	358/288	20;10
92	PCB 122	2',3,3',4,5-Pentachlorobiphenyl	25.76	326/256;326/254	326/256	40;41
93	PCB 141	2,2',3,4,5,5'-Hexachlorobiphenyl	26.28	290/218;290/220	290/218	30;30
94	PCB 130	2,2',3,3',4,5'-Hexachlorobiphenyl	26.67	358/288;358/218	358/288	50;50
95	PCB 138	2,2',3,4,4',5'-Hexachlorobiphenyl	26.87	360/290;360/288	360/290	30;30
96	PCB 175	2,2',3,3',4,5',6-Heptachlorobiphenyl	26.97	359/324;359/322	359/324	10;10
97	PCB 183	2,2',3,4,4',5',6-Heptachlorobiphenyl	27.42	396/361;396/359	396/361	10;10
98	PCB 166	2,3,4,4',5,6-Hexachlorobiphenyl	27.80	362/290;362/292	362/290	20;20
99	PCB 128	2,2',3,3',4,4'-Hexachlorobiphenyl	28.09	325/290;325/288	325/290	10;10
100	PCB 200	2,2',3,3',4,5',6,6'-Octachlorobiphenyl	28.34	428/358;428/356	428/358	30;30
101	PCB 173	2,2',3,3',4,5,6-Heptachlorobiphenyl	28.74	396/361;396/359	396/361	10;10
102	PCB 157	2,3,3',4,4',5'-Hexachlorobiphenyl	29.05	360/290;362/290	360/290	30;30
103	PCB 191	2,3,3',4,4',5',6-Heptachlorobiphenyl	29.40	396/326;396/324	396/326	30;30
104	PCB 203	2,2',3,4,4',5,5',6-Octachlorobiphenyl	30.26	358/288;358/286	358/288	40;40
105	PCB 208	2,2',3,3',4,5,5',6,6'-Nonachlorobiphenyl	30.73	462/392;462/390	462/392	30;30
106	PCB 194	2,2',3,3',4,4',5,5'-Octachlorobiphenyl	31.77	358/288;358/286	358/288	30;30

续表

序号	中文名称	英文名称	保留时间/min	定性离子	定量离子	碰撞能量/V
		C组				
107	PCB 003	4-Chlorobiphenyl	12.66	188/152;188/153	188/152	20;10
108	PCB 009	2,5-Dichlorobiphenyl	14.09	224/152;224/151	224/152	20;40
109	PCB 014	3,5-Dichlorobiphenyl	15.27	222/152;222/151	222/152	20;50
110	PCB 018	2,2′,5-Trichlorobiphenyl	16.47	186/151;186/150	186/151	20;30
111	PCB 024	2,3,6-Trichlorobiphenyl	16.82	258/151;258/150	258/151	50;50
112	PCB 023	2,3,5-Trichlorobiphenyl	17.29	186/151;186/150	186/151	20;30
113	PCB 054	2,2′,6,6′-Tetrachlorobiphenyl	17.87	292/222;292/220	292/222	30;30
114	PCB 031	2,4′,5-Trichlorobiphenyl	18.19	258/151;258/166	258/151	50;50
115	PCB 033	2′,3,4-Trichlorobiphenyl	18.73	258/186;258/188	258/186	20;20
116	PCB 069	2,3′,4,6-Tetrachlorobiphenyl	19.18	294/222;220/150	294/222	20;40
117	PCB 075	2,4,4′,6-Tetrachlorobiphenyl	19.52	292/220;292/150	292/220	30;50
118	PCB 046	2,2′,3,6′-Tetrachlorobiphenyl	19.62	292/220;292/222	292/220	30;30
119	PCB 047	2,2′,4,4′-Tetrachlorobiphenyl	19.70	290/220;290/255	290/220	20;20
120	PCB 044	2,2′,3,5′-Tetrachlorobiphenyl	20.48	292/150;292/220	292/150	50;40
121	PCB 042	2,2′,3,4′-Tetrachlorobiphenyl	20.56	294/222;294/150	294/222	30;50
122	PCB 071	2,3′,4′,6-Tetrachlorobiphenyl	20.84	294/220;220/150	294/220	20;40
123	PCB 096	2,2′,3,6,6′-Pentachlorobiphenyl	21.02	324/254;328/256	324/254	20;20
124	PCB 088	2,2′,3,4,6-Pentachlorobiphenyl	21.39	328/256;328/258	328/256	40;40
125	PCB 094	2,2′,3,5̇,6-Pentachlorobiphenyl	21.46	254/184;254/219	254/184	30;20
126	PCB 098	2,2′,3′,4,6-Pentachlorobiphenyl	21.67	254/184;254/219	254/184	20;20
127	PCB 076	2′,3,4,5-Tetrachlorobiphenyl	21.85	220/150;294/222	220/150	30;20
128	PCB 091	2,2′,3,4′,6-Pentachlorobiphenyl	22.13	328/256;328/258	328/256	30;30
129	PCB 101	2,2′,4,5,5′-Pentachlorobiphenyl	22.66	328/256;328/293	328/256	30;10
130	PCB 056	2,3,3′,4′-Tetrachlorobiphenyl	22.84	290/220;290/150	290/220	30;50
131	PCB 119	2,3′,4,4′,6-Pentachlorobiphenyl	23.01	326/256;326/254	326/256	40;40
132	PCB 079	3,3′,4,5′-Tetrachlorobiphenyl	23.31	220/150;294/222	220/150	30;20
133	PCB 116	2,3,4,5,6-Pentachlorobiphenyl	23.48	328/256;328/258	328/256	30;30
134	PCB 117	2,3,4′,5,6-Pentachlorobiphenyl	23.59	328/256;328/258	328/256	40;40
135	PCB 078	3,3′,4,5-Tetrachlorobiphenyl	23.72	294/222;294/150	294/222	30;50
136	PCB 136	2,2′,3,3′,6,6′-Hexachlorobiphenyl	23.99	362/290;362/292	362/290	20;20
137	PCB 144	2,2′,3,4,5′,6-Hexachlorobiphenyl	24.48	360/290;360/288	360/290	30;30
138	PCB 077	3,3′,4,4′-Tetrachlorobiphenyl	24.77	290/220;290/150	290/220	30;50
139	PCB 149	2,2′,3,4′,5′,6-Hexachlorobiphenyl	24.86	360/325;360/290	360/325	10;20
140	PCB 188	2,2′,3,4′,5,6,6′-Heptachlorobiphenyl	25.06	324/254;324/252	324/254	30;30
141	PCB 133	2,2′,3,3′,5,5′-Hexachlorobiphenyl	25.22	358/288;358/323	358/288	30;20
142	PCB 165	2,3,3′,5,5′,6-Hexachlorobiphenyl	25.39	358/218;358/288	358/218	50;40
143	PCB 161	2,3,3′,4,5′,6-Hexachlorobiphenyl	25.47	362/290;362/292	362/290	20;20

序号	中文名称	英文名称	保留时间/min	定性离子	定量离子	碰撞能量/V
144	PCB 132	2,2',3,3',4,6'-Hexachlorobiphenyl	26.08	360/290;360/288	360/290	25;25
145	PCB 105	2,3,3',4,4'-Pentachlorobiphenyl	26.34	254/184;254/219	254/184	30;20
146	PCB 186	2,2',3,4,5,6,6'-Heptachlorobiphenyl	26.69	324/254;324/252	324/254	30;30
147	PCB 158	2,3,3',4,4',6-Hexachlorobiphenyl	26.92	290/218;290/220	290/218	30;30
148	PCB 182	2,2',3,4,4',5,6'-Heptachlorobiphenyl	27.16	398/326;398/328	398/326	30;30
149	PCB 159	2,3,3',4,5,5'-Hexachlorobiphenyl	27.44	358/288;362/290	358/288	20;20
150	PCB 167	2,3',4,4',5,5'-Hexachlorobiphenyl	27.91	358/218;358/288	358/218	50;40
151	PCB 174	2,2',3,3',4,5,6'-Heptachlorobiphenyl	28.17	324/254;324/252	324/254	30;30
152	PCB 177	2,2',3,3',4',5,6-Heptachlorobiphenyl	28.44	394/324;394/322	394/324	30;30
153	PCB 156	2,3,3',4,4',5-Hexachlorobiphenyl	28.82	362/290;360/290	362/290	30;40
154	PCB 180	2,2',3,4,4',5,5'-Heptachlorobiphenyl	29.23	396/324;396/326	396/324	30;30
155	PCB 198	2,2',3,3',4,5,5',6-Octachlorobiphenyl	30.01	430/360;430/358	430/360	30;30
156	PCB 196	2,2',3,3',4,4',5,6'-Octachlorobiphenyl	30.27	358/288;358/286	358/288	30;30
157	PCB 207	2,2',3,3',4,4',5,6,6'-Nonachlorobiphenyl	30.94	464/463;464/394	464/463	10;30
158	PCB 205	2,3,3',4,4',5,5',6-Octachlorobiphenyl	31.90	430/360;430/358	430/360	20;20
D组						
159	PCB 010	2,6-Dichlorobiphenyl	13.27	152/151;152/150	152/151	20;40
160	PCB 006	2,3'-Dichlorobiphenyl	14.67	152/151;152/150	152/151	20;40
161	PCB 030	2,4,6-Trichlorobiphenyl	15.50	186/151;186/150	186/151	20;30
162	PCB 017	2,2',4-Trichlorobiphenyl	16.48	221/186;221/151	221/186	20;40
163	PCB 015	4,4'-Dichlorobiphenyl	16.91	222/152;222/151	222/152	20;40
164	PCB 034	2',3,5-Trichlorobiphenyl	17.39	258/186;258/188	258/186	20;20
165	PCB 026	2,3',5-Trichlorobiphenyl	17.89	258/186;258/151	258/186	20;40
166	PCB 028	2,4,4'-Trichlorobiphenyl	18.22	256/151;256/150	256/151	50;50
167	PCB 051	2,2',4,6'-Tetrachlorobiphenyl	18.80	294/222;294/224	294/222	30;30
168	PCB 045	2,2',3,6-Tetrachlorobiphenyl	19.20	220/150;220/185	220/150	30;30
169	PCB 052	2,2',5,5'-Tetrachlorobiphenyl	19.56	220/150;220/185	220/150	30;20
170	PCB 049	2,2',4,5'-Tetrachlorobiphenyl	19.64	290/220;290/185	290/220	40;40
171	PCB 048	2,2',4,5-Tetrachlorobiphenyl	19.75	220/150;220/185	220/150	10;10
172	PCB 059	2,3,3',6-Tetrachlorobiphenyl	20.49	220/150;220/185	220/150	30;20
173	PCB 068	2,3',4,5'-Tetrachlorobiphenyl	20.62	294/222;294/220	294/222	30;30
174	PCB 100	2,2',4,4',6-Pentachlorobiphenyl	20.87	328/256;328/184	328/256	30;50
175	PCB 057	2,3,3',5-Tetrachlorobiphenyl	21.05	220/150;220/185	220/150	30;20
176	PCB 063	2,3,4',5-Tetrachlorobiphenyl	21.41	292/220;292/222	292/220	30;30
177	PCB 061	2,3,4,5-Tetrachlorobiphenyl	21.47	294/222;294/150	294/222	30;50
178	PCB 155	2,2',4,4',6,6'-Hexachlorobiphenyl	21.70	360/290;360/288	360/290	30;30
179	PCB 070	2,3',4',5-Tetrachlorobiphenyl	21.91	294/222;220/150	294/222	20;40
180	PCB 055	2,3,3',4-Tetrachlorobiphenyl	22.42	292/222;292/220	292/222	20;20

续表

序号	中文名称	英文名称	保留时间/min	定性离子	定量离子	碰撞能量/V
181	PCB 060	2,3,4,4'-Tetrachlorobiphenyl	22.76	294/222;294/224	294/222	20;20
182	PCB 150	2,2',3,4',6,6'-Hexachlorobiphenyl	22.85	325/290;325/288	325/290	10;10
183	PCB 112	2,3,3',5,6-Pentachlorobiphenyl	23.15	326/256;326/254	326/256	30;30
184	PCB 148	2,2',3,4',5,6'-Hexachlorobiphenyl	23.39	362/327;362/290	362/327	10;20
185	PCB 111	2,3,3',5,5'-Pentachlorobiphenyl	23.49	324/254;328/256	324/254	20;20
186	PCB 097	2,2',3,4,5-Pentachlorobiphenyl	23.65	328/256;328/293	328/256	20;20
187	PCB 120	2,3',4,5,5'-Pentachlorobiphenyl	23.73	254/184;254/219	254/184	20;20
188	PCB 081	3,4,4',5-Tetrachlorobiphenyl	24.21	290/220;290/150	290/220	30;50
189	PCB 147	2,2',3,4',5,6-Hexachlorobiphenyl	24.57	290/218;290/220	290/218	30;30
190	PCB 082	2,2',3,3',4-Pentachlorobiphenyl	24.82	328/256;328/258	328/256	40;40
191	PCB 108	2,3,3',4,5'-Pentachlorobiphenyl	24.95	254/184;254/219	254/184	30;20
192	PCB 106	2,3,3',4,5-Pentachlorobiphenyl	25.10	328/256;328/184	328/256	40;50
193	PCB 184	2,2',3,4,4',6,6'-Heptachlorobiphenyl	25.31	396/326;396/324	396/326	30;30
194	PCB 131	2,2',3,3',4,6-Hexachlorobiphenyl	25.44	360/290;360/288	360/290	30;30
195	PCB 153	2,2',4,4',5,5'-Hexachlorobiphenyl	25.67	290/218;290/220	290/218	20;20
196	PCB 179	2,2',3,3',5,6,6'-Heptachlorobiphenyl	26.14	398/326;398/328	398/326	20;20
197	PCB 176	2,2',3,3',4,6,6'-Heptachlorobiphenyl	26.39	324/254;324/252	324/254	40;40
198	PCB 160	2,3,3',4,5,6-Hexachlorobiphenyl	26.85	360/290;360/288	360/290	20;20
199	PCB 164	2,3,3',4',5',6-Hexachlorobiphenyl	26.92	360/290;360/288	360/290	20;20
200	PCB 129	2,2',3,3',4,5-Hexachlorobiphenyl	27.23	325/290;325/218	325/290	10;40
201	PCB 126	3,3',4,4',5-Pentachlorobiphenyl	27.69	254/184;254/220	254/184	30;20
202	PCB 185	2,2',3,4,5,5',6-Heptachlorobiphenyl	27.92	394/322;394/320	394/320	30;30
203	PCB 181	2,2',3,4,4',5,6-Heptachlorobiphenyl	28.17	394/324;394/322	394/324	30;30
204	PCB 171	2,2',3,3',4,4',6-Heptachlorobiphenyl	28.49	398/326;398/328	398/326	30;30
205	PCB 172	2,2',3,3',4,5,5'-Heptachlorobiphenyl	28.93	394/324;394/322	394/324	30;30
206	PCB 199	2,2',3,3',4,5,6,6'-Octachlorobiphenyl	29.27	358/288;358/286	358/288	40;40
207	PCB 201	2,2',3,3',4,5,5',6'-Octachlorobiphenyl	30.13	432/360;432/361	432/360	30;30
208	PCB 170	2,2',3,3',4,4',5-Heptachlorobiphenyl	30.36	359/324;359/322	359/324	20;20
209	PCB 189	2,3,3',4,4',5,5'-Heptachlorobiphenyl	31.02	394/324;394/322	394/324	20;20
		E组				
210	萘	Naphthalene	6.41	128/101;128/77	128/101	15;15
211	异丙隆	Lsoproturn	6.58	146/128;146/91	146/128	15;15
212	敌敌畏	Dichlorvos	7.88	185/93;185/109	185/93	15;10
213	克百威	Carbofuran	8.36	164/149;164/103	164/149	15;25
214	甲胺磷	Methamidophos	9.35	141/95;141/80	141/95	10;15
215	苊	Acenaphthylene	10.55	152/126;151/99	152/126	15;25
216	二氢苊	Acenaphthene	10.85	152/126;151/99	152/126	15;25
217	芴	Fluorene	12.94	165/164;165/163	165/164	25;25

续表

序号	中文名称	英文名称	保留时间/min	定性离子	定量离子	碰撞能量/V
218	六氯苯	Hexachlorobenzene	14.36	284/249;284/214	284/249	18;25
219	灭线磷	Ethoprophos	14.40	158/97;158/114	158/97	12;7
220	杀虫脒	Chlordimeform	14.91	196/181;196/152	196/181	5;25
221	氟乐灵	Trifluralin	15.37	306/264;306/206	306/264	12;15
222	α-六六六	α-HCH	16.14	219/183;219/147	219/183	5;15
223	氧乐果	Omethoate	16.82	156/110;156/80	156/110	5;10
224	蒽	Anthracene	17.03	176/150;178/152	176/150	20;12
225	异噁草松	Clomazone	17.04	204/107;204/78	204/107	25;25
226	二嗪磷	Diazinon	17.09	304/179;304/162	304/179	8;8
227	菲	Phenathrene	17.13	178/150;178/151	178/150	45;40
228	林丹	γ-HCH	17.72	219/183;219/147	219/183	5;15
229	阿特拉津	Atrazine	17.95	215/173;215/200	215/173	5;5
230	西玛津	Simazine	18.03	201/173;201/138	201/173	5;15
231	七氯	Heptachlor	18.40	272/237;272/235	272/237	25;25
232	抗蚜威	Pirimicarb	18.98	238/166;238/96	238/166	15;25
233	乐果	Dimethoate	19.32	125/79;143/111	125/79	8;12
234	艾氏剂	Aldrin	19.41	263/193;263/191	263/193	25;35
235	甲草胺	Alachlor	20.16	237/160;237/146	237/160	8;20
236	扑草净	Prometryne	20.19	241/199;241/184	241/199	5;5
237	百菌清	Chlorothalonil	20.35	266/231;266/170	266/231	20;35
238	邻苯二甲酸二正丁酯	Phthalic acid bis-butyl ester	20.69	149/121;149/93	149/121	10;10
239	β-六六六	β-HCH	20.72	219/183;219/147	219/183	10;20
240	毒死蜱	Chlorpyrifos	20.92	314/286;314/258	314/286	5;5
241	甲基对硫磷	Parathion-methyl	21.05	263/109;263/246	263/109	12;5
242	三氯杀螨醇	Dicofol	21.34	250/139;250/215	250/139	15;10
243	异丙甲草胺	Metolachlor	21.44	238/162;238/133	238/162	15;25
244	δ-六六六	δ-HCH	21.50	219/183;219/147	219/183	10;20
245	三唑酮	Triadimefon	22.42	210/183;210/129	210/183	5;10
246	荧蒽	Fluoranthene	22.58	202/152;202/176	202/152	30;30
247	2,4′-滴滴伊	2,4′-DDE	22.70	246/176;246/211	246/176	25;25
248	顺式-氯丹	cis-Chlordane	23.21	373/266;373/301	373/266	12;12
249	稻丰散	Phenthoate	23.38	274/246;274/121	274/246	5;25
250	反式-氯丹	trans-Chlordane	23.50	373/266;373/301	373/266	12;12
251	芘	Pyrene	23.62	202/199;202/200	202/199	45;40
252	4,4′-滴滴伊	4,4′-DDE	23.90	246/176;246/211	246/176	25;25
253	丁草胺	Butachlor	23.98	176/150;176/126	176/150	25;25
254	狄氏剂	Dieldrin	24.47	277/241;277/207	277/241	12;12
255	2,4′-滴滴滴	2,4′-DDD	25.04	235/165;235/199	235/165	15;15
256	噻嗪酮	Buprofezin	25.05	105/77;172/116	105/77	18;7
257	异狄氏剂	Endrin	25.06	263/191;263/193	263/191	20;12
258	2,4′-滴滴涕	2,4′-DDT	25.47	235/165;235/199	235/165	25;25

续表

序号	中文名称	英文名称	保留时间/min	定性离子	定量离子	碰撞能量/V
259	除草醚	Nithophen	26.27	283/162;283/202	283/162	25;25
260	乙氧氟草醚	Oxyfluorfen	26.45	300/223;188/144	300/223	18;17
261	4,4'-滴滴滴	4,4'-DDD	26.73	235/165;235/199	235/165	15;15
262	4,4'-滴滴涕	4,4'-DDT	27.23	235/199;235/165	235/199	25;25
263	邻苯二甲酸丁基苄基酯	Phthalic acid benzyl butyl ester	27.84	206/149;149/65	206/149	5;25
264	炔螨特	Propargite	28.08	173/117;173/145	173/117	10;10
265	三环唑	Tricyclazole	28.39	189/162;189/135	189/162	10;15
266	三唑磷	Triazophos	28.54	161/134;161/106	161/134	8;15
267	灭蚁灵	Mirex	28.70	272/237;272/235	272/237	15;15
268	苯并(a)蒽	Benzo(a)anthrancene	29.27	228/226;228/202	228/226	30;30
269	邻苯二甲酸二(2-乙基)酯	Phthalic acid bis-2-ethylhexyl ester	29.47	167/149;167/65	167/149	10;25
270	双甲脒	Amitraz	30.37	293/162;293/132	293/162	5;15
271	高效氯氟氰菊酯	λ-Cyhalothrin	31.41	197/141;197/161	197/141	15;5
272	哒螨灵	Pyridaben	32.07	147/117;147/132	147/117	25;15
273	苯并(b)荧蒽	Benzo(b)fluoranthene	32.94	252/250;252/224	252/250	40;50
274	苯并(k)荧蒽	Benzo(k)fluoranthene	32.94	252/250;252/224	252/250	40;50
275	氟氯氰菊酯	Cyfluthrin	33.33	206/151;206/177	206/151	15;20
276	氯氰菊酯	Cypermethrin	33.53	163/127;163/91	163/127	5;10
277	苯并(a)芘	Benzo(a)pyrene	33.70	252/250;252/226	252/250	25
278	啶虫脒	Acetamiprid	33.78	152/116;166/139	152/116	20;8
279	氰戊菊酯-1	Fenvalerate-1	34.61	419/225;419/167	419/225	5;5
280	氰戊菊酯-2	Fenvalerate-2	34.96	419/225;419/167	419/225	5;5
281	溴氰菊酯	Deltamethrin	35.98	181/152;181/127	181/152	25;25
282	茚并(1,2,3,-cd)芘	Indeno(1,2,3-cd)pyrene	37.63	276/274;276/248	276/274	40;50
283	二苯并(a,h)蒽	Dibenzo(a,h)anthracene	37.83	278/276;278/274	278/276	40;55
284	苯并(g,h,i)芘	Benzo(g,h,i)peryene	38.64	274/272;274/248	274/272	25;25

11.1.6 GC-MS（NCI）分析硫丹的保留时间、选择离子和相对丰度

GC-MS（NCI）分析硫丹的保留时间、选择离子和相对丰度见表11-8。

表11-8 GC-MS（NCI）分析硫丹的保留时间、选择离子和相对丰度

序号	中文名称	英文名称	保留时间/min	选择离子	相对丰度
1	硫丹-1	Endosulfan-1	11.14	406,408,372	100∶55∶44.6
2	硫丹-2	Endosulfan-2	12.56	406,408,372	100∶78∶17.5

11.1.7 LC-MS/MS 分析 9 种环境污染物保留时间、定性定量离子对、去簇电压和碰撞能量等参数

LC-MS/MS 分析 9 种环境污染物保留时间、定性定量离子对、去簇电压和碰撞能量等参数见表 11-9。

表 11-9 LC-MS/MS 分析 9 种环境污染物保留时间、定性定量离子对、去簇电压和碰撞能量等参数

序号	中文名称	英文名称	保留时间/min	定性离子	定量离子	去簇电压/V	碰撞气能量/V	碰撞室出口电压/V
1	敌百虫	Trichlorphon	9.25	257/109;257/127.1	257/109	28	25;23	2;2
2	甲磺隆	Metsulfuron-methyl	11.18	382/167.1;382/199.1	382/167.1	31	25;30	3;3
3	绿麦隆	Chlorolurons	11.74	213.1/72.0;213.1/140.1	213.1/72.0	29	38;33	3;3
4	2,4-滴	2,4-D	12.12	219/124.8;219/89	219/160.8	−35	−21;−38;−50	−2;−2;−2
5	苄嘧磺隆	Bensulfuron-methyl	12.57	411.1/149.1;411.1/182.1	411.1/149.1	29	31;30	2;2
6	敌稗	Propanil	13.25	218/162.1;218/127	218/162.1	45	23;41	2;2
7	氟虫腈	Fipronil	13.59	436.9/368;436.9/290	436.9/368	44	23;35	4;4
8	辛硫磷	Phoxim	18.53	299/129;299/97	299/129	36	18;35	3;2
9	噻螨酮	Hexythiazox	22.05	353.1/228.1;353.1/168.1	353.1/228.1	50	21;35	2.5;1.8

11.1.8 LC-MS/MS 分析 569 种农药化学品保留时间、定性定量离子对、源内碎裂电压和碰撞能量

LC-MS/MS 分析 569 种农药化学品保留时间、定性定量离子对、源内碎裂电压和碰撞能量见表 11-10。

表 11-10 LC-MS/MS 分析 569 种农药化学品保留时间、定性定量离子对、源内碎裂电压和碰撞能量

序号	中文名称	英文名称	CAS	保留时间/min	定性离子	定量离子	源内碎裂电压/V	碰撞能量/V
1	苯胺灵	Propham	122-42-9	8.80	180.1/138.0;180.1/120	180.1/138.0	80	5;15
2	异丙威	Isoprocarb	2631-40-5	8.38	194.1/95.0;194.1/137.1	194.1/95.0	80	20;5
3	3,4,5-混杀威	3,4,5-Trimethacarb	2686-99-9	8.38	194.2/137.2;194.2/122.2	194.2/137.2	80	5;20
4	环莠隆	Cycluron	2163-69-1	7.73	199.4/72.0;199.4/89.0	199.4/72.0	120	25;15
5	甲萘威	Carbaryl	63-25-2	7.45	202.1/145.1;202.1/127.1	202.1/145.1	80	10;5
6	毒草胺	Propachlor	1918-16-7	8.75	212.1/170.1;212.1/94.1	212.1/170.1	100	10;30
7	吡咪唑	Rabenzazole	40341-04-6	7.54	213.2/172;213.2/118.0	213.2/172.0	120	25;25
8	西草净	Simetryn	1014-70-6	5.32	214.2/124.1;214.2/96.1	214.2/124.1	120	20;25
9	绿谷隆	Monolinuron	1746-81-2	7.82	215.1/126.0;215.1/148.1	215.1/126.0	100	15;10
10	速灭磷	Mevinphos	7786-34-7	5.17	225.0/127.0;225.0/193	225.0/127.0	80	15;1
11	叠氮津	Aziprotryne	4658-28-0	10.40	226.1/156.1;226.1/198.1	226.1/156.1	100	10;10
12	密草通	Secbumeton	26259-45-0	5.56	226.2/170.1;226.2/142.1	226.2/170.1	120	20;25
13	嘧菌环胺	Cyprodinil	121552-61-2	9.24	226.0/93.0;226.0/108.0	226.0/93.0	120	40;30
14	播土隆	Buturon	3766-60-7	9.38	237.1/84.1;237.1/126.1	237.1/84.1	120	30;15
15	双酰草胺	Carbetamide	16118-49-3	5.80	237.1/192;237.1/118.1	237.1/192.1	80	5;10
16	抗蚜威	Pirimicarb	23103-98-2	4.20	239.2/72.0;239.2/182.2	239.2/72.0	120	20;15
17	异噁草松	Clomazone	81777-89-1	9.36	240.1/125.0;240.1/89.1	240.1/125.0	100	20;50
18	氰草津	Cyanazine	21725-46-2	6.38	241.1/214.1;241.1/174.0	241.1/214.1	120	15;15

续表

序号	中文名称	英文名称	CAS	保留时间/min	定性离子	定量离子	源内碎裂电压/V	碰撞能量/V
19	扑草净	Prometryne	7287-19-6	7.66	242.2/158.1;242.2/200.2	242.2/158.1	120	20;20
20	甲基对氧磷	Paraoxon methyl	950-35-6	6.20	248.0/202.1;248.0/90.0	248.0/202.1	120	20;30
21	4,4′-二氯二苯甲酮	4,4′-Dichlorobenzophenone	90-98-2	12.00	251.1/111.1;251.1/139.0	251.1/111.1	100	35;20
22	噻虫啉	Thiacloprid	111988-49-9	5.65	253.1/126.1;253.1/186.1	253.1/126.1	120	20;10
23	吡虫啉	Imidacloprid	138261-41-3	4.73	256.1/209.1;256.1/175.1	256.1/209.1	80	10;10
24	磺噻隆	Ethidimuron	30043-49-3	4.62	265.1/208.1;265.1/162.1	265.1/208.1	80	10;25
25	丁嗪草酮	Isomethiozin	57052-04-7	14.20	269.1/200.0;269.1/172.1	269.1/200.0	120	15;25
26	燕麦敌	cis-,trans-Diallate	2303-16-4	17.40	270.0/86.0;270.0/109.0	270.0/86.0	100	15;35
27	乙草胺	Acetochlor	34256-82-1	13.70	270.2/224.0;270.2/148.2	270.2/224.0	80	5;20
28	烯啶虫胺	Nitenpyram	150824-47-8	3.87	271.1/224.1;271.1/237.1	271.1/224.1	100	15;15
29	盖草津	Methoprotryne	841-06-5	6.47	272.2/198.2;272.2/170.1	272.2/198.2	140	25;30
30	二甲吩草胺	Dimethenamid	87674-68-8	10.50	276.1/244.2;276.1/168.1	276.1/244.2	120	10;15
31	特草灵	Terrbucarb	1918-11-2	16.50	278.2/166.1;278.2/109.0	278.2/166.1	80	15;30
32	戊菌唑	Penconazole	66246-88-6	13.70	284.1/70.0;284.1/159.0	284.1/70.0	120	15;20
33	腈菌唑	Myclobutanil	88671-89-0	12.10	289.1/125.0;289.1/70.0	289.1/125.0	120	20;15
34	咪唑乙烟酸	Imazethapyr	81385-77-5	5.60	290.2/177.1;290.2/245.2	290.2/177.1	120	25;20
35	多效唑	Paclobutrazol	76738-62-0	10.32	294.2/70.0;294.2/125.0	294.2/70.0	100	15;25
36	倍硫磷亚砜	Fenthion sulfoxide	3761-41-9	7.31	295.1/109.0;295.1/280.0	295.1/109.0	140	35;20
37	三唑醇	Triadimenol	55219-65-3	10.15	296.1/70.0;296.1/99.1	296.1/70.0	80	10;10
38	仲丁灵	Butralin	33629-47-9	18.60	296.1/240.1;296.1/222.1	296.1/240.1	100	10;20
39	螺噁茂胺	Spiroxamine	118134-30-8	9.90	298.2/144.2;298.2/100.1	298.2/144.2	120	20;35
40	甲基立枯磷	Tolclofos methyl	57018-04-9	16.60	301.2/269.0;301.2/125.2	301.2/269	120	15;20
41	甜菜胺	Desmedipham	13684-56-5	10.65	301.2/182.1;301.2/136.1	301.2/182.1	80	5;20
42	杀扑磷	Methidathion	950-37-8	10.69	303.0/145.1;303.0/85.0	303.0/145.1	80	5;10
43	烯丙菊酯	Allethrin	584-79-2	18.10	303.2/135.1;303.2/123.2	303.2/135.1	60	10;20
44	二嗪磷	Diazinon	333-41-5	15.95	305.0/169.1;305.0/153.2	305.0/169.1	160	20;20
45	敌瘟磷	Edifenphos	17109-49-8	3.00	311.1/283.0;311.1/109.0	311.1/283.0	100	10;35
46	丙草胺	Pretilachlor	51218-49-6	17.15	312.1/252.1;312.1/176.2	312.1/252.1	100	15;30
47	氟硅唑	Flusilazole	85509-19-9	13.60	316.1/247.1;316.1/165.1	316.1/247.1	120	15;20
48	异丙菌胺	Iprovalicarb	140923-17-7	12.00	321.1/119.0;321.1/203.2	321.1/119.0	100	25;5
49	麦锈灵	Benodanil	15310-01-7	9.80	324.1/203.0;324.1/231.0	324.1/203.0	120	25;40
50	氟酰胺	Flutolanil	66332-96-5	14.00	324.2/262.1;324.2/282.1	324.2/262.1	120	20;10
51	伐灭磷	Famphur	52-85-7	10.30	326.0/217.0;326.0/281.0	326.0/217.0	100	20;10
52	苯霜灵	Benalyxyl	71626-11-4	15.19	326.2/148.1;326.2/294	326.2/148.1	120	1;5
53	苄氯三唑醇	Diclobutrazole	75736-33-3	12.20	328.0/159.0;328.0/70.0	328.0/159.0	120	35;30
54	乙环唑	Etaconazole	60207-93-4	11.75	328.1/159.1;328.1/205.1	328.1/159.1	80	25;20
55	氯苯嘧啶醇	Fenarimol	60168-88-9	12.20	331.0/268.1;331.0/81.0	331.0/268.1	120	25;30
56	邻苯二甲酸二环己酯	Phthalic acid,dicyclohexyl ester	84-61-7	4.35	313.2/149.1;313.2/205.0	313.2/149.1	100	5;1

续表

序号	中文名称	英文名称	CAS	保留时间/min	定性离子	定量离子	源内碎裂电压/V	碰撞能量/V
57	胺菊酯	Tetramethrin	7696-12-0	17.85	332.2/164.1;332.2/135.1	332.2/164.1	100	15;15
58	抑菌灵	Dichlofluanid	1085-98-9	15.16	333.0/123.0;333.0/224.0	333.0/123.0	80	20;10
59	解草酯	Cloquintocet mexyl	99607-70-2	17.36	336.1/238.1;336.1/192.1	336.1/238.1	120	15;20
60	联苯三唑醇	Bitertanol	55179-31-2	13.90	338.2/70.0;338.2/269.2	338.2/70	60	5;1
61	甲基毒死蜱	Chlorpyrifos methyl	5598-13-0	16.72	322.0/125.0;322.0/290.0	322.0/125.0	80	15;15
62	吡喃草酮	Tepraloxydim	149979-41-9	12.73	342.2/250.2;342.2/166.1	342.2/250.2	120	10;25
63	甲基硫菌灵	Thiophanate methyl	23564-05-8	6.28	343.1/151.1;343.1/311.1	343.1/151.1	120	20;10
64	益棉磷	Azinphos ethyl	2642-71-9	14.00	346.0/233.0;346.0/261.1	346.0/233.0	120	10;5
65	炔草酸	Clodinafop propargyl	105512-06-9	16.09	350.1/266.1;350.1/238.1	350.1/266.1	120	15;20
66	杀铃脲	Triflumuron	64628-44-0	15.59	359.0/156.1;359.0/139	359.0/156.1	120	15;30
67	异噁氟草	Isoxaflutole	141112-29-0	12.00	360.0/251.1;360.0/220.1	360.0/251.1	120	10;45
68	莎稗磷	Anilofos	64249-01-0	17.35	367.9/145.2;367.9/205.0	367.9/145.2	120	20;5
69	硫菌灵	Thiophanat ethyl	23564-06-9	9.32	371.1/151.1;371.1/325.0	371.1/151.1	120	15;10
70	喹禾灵	Quizalofop-ethyl	76578-14-8	17.40	373.0/299.1;373.0/91.0	373.0/299.1	140	15;30
71	氟吡甲禾灵	Haloxyfop-methyl	69806-40-2	17.11	376.0/316.0;376.0/288.0	376.0/316.0	120	15;20
72	吡氟禾草灵	Fluazifop butyl	69806-50-4	18.24	384.1/282.1;384.1/328.1	384.1/282.1	120	20;15
73	乙基溴硫磷	Bromophos-ethyl	4824-78-6	19.15	393.0/337.0;393.0/162.1	393.0/337.0	100	20;30
74	地散磷	Bensulide	741-58-2	16.18	398.0/158.1;398.0/314.0	398.0/158.1	80	20;5
75	醚苯磺隆	Triasulfuron	82097-50-5	7.27	402.1/167.1;402.1/141.1	402.1/167.1	120	15;20
76	溴苯烯磷	Bromfenvinfos	33399-00-7	15.22	402.9/170.0;402.9/127.0	402.9/170.0	100	35;20
77	嘧菌酯	Azoxystrobin	131860-33-8	12.50	404.0/372.0;404.0/344.1	404.0/372.0	120	10;15
78	吡菌磷	Pyrazophos	13457-18-6	16.20	374.0/222.0;374.0/194.0	374.0/222.0	120	20;20
79	杀虫磺	Bensultap	17606-31-4	9.23	432.0/290.2;432.0/104.0	432.0/290.2	140	15;30
80	氟虫脲	Flufenoxuron	101463-69-8	18.30	489.0/158.1;489.0/141.1	489.0/158.1	80	10;15
81	茚虫威	Indoxacarb	144171-61-9	17.43	528.0/150.0;528.0/218.0	528.0/150.0	120	20;20
82	甲氨基阿维菌素苯甲酸盐	Emamectin benzoate	155569-91-8	17.00	886.7/158.2;886.7/126.1	886.7/158.2	150	40;40
83	乙撑硫脲	Ethylene thiourea	96-45-7	0.74	103.0/60.0;103.0/86.0	103.0/60.0	100	35;10
84	丁酰肼	Daminozide	1596-84-5	0.74	161.1/143.1;161.1/102.2	161.1/143.1	80	15;15
85	棉隆	Dazomet	533-74-4	3.80	163.1/120.0;163.1/77.0	163.1/120.0	80	10;35
86	烟碱	Nicotine	54-11-5	0.74	163.2/130.1;163.2/117.1	163.2/130.1	100	25;30
87	非草隆	Fenuron	101-42-8	4.50	165.1/72.0;165.1/120.0	165.1/72.0	120	15;15
88	灭蝇胺	Cyromazine	66215-27-8	0.74	167.0/85.0;167.0/125.0	167.0/85.0	120	25;20
89	鼠立死	Crimidine	535-89-7	4.47	172.1/107.1;172.1/136.2	172.1/107.1	120	30;25
90	乙酰甲胺磷	Acephate	30560-19-1	0.74	184.1/143.0;184.1/95.0	184.1/143.0	60	5;20
91	禾草敌	Molinate	2212-67-1	11.30	188.1/126.1;188.1/83.0	188.1/126.1	120	10;15
92	多菌灵	Carbendazim	10605-21-7	3.30	192.1/160.1;192.1/132.1	192.1/160.1	80	15;20
93	6-氯-4-羟基-3-苯基哒嗪	6-Chloro-4-hydroxy-3-phenyl-pyridazin	40020-01-7	12.86	207.1/77.0;207.1/104.0	207.1/77	120	25;35
94	残杀威	Propoxur	114-26-1	6.79	210.1/111.0;210.1/168.1	210.1/111.0	80	10;5

续表

序号	中文名称	英文名称	CAS	保留时间/min	定性离子	定量离子	源内碎裂电压/V	碰撞能量/V
95	异唑隆	Isouron	55861-78-4	6.11	212.2/167.1;212.2/72.0	212.2/167.1	120	15;25
96	绿麦隆	Chlorotoluron	15545-48-9	7.23	213.1/72.0;213.1/140.1	213.1/72.0	80	25;25
97	久效威	Thiofanox	39196-18-4	1.00	241.0/184.0;241.0/57.1	241.0/184.0	120	15;5
98	氯炔灵	Chlorbufam	1967-16-4	11.67	224.1/172.1;224.1/154.1	224.1/172.1	120	5;15
99	噁虫威	Bendiocarb	22781-23-3	6.87	224.1/109.0;224.1/167.1	224.1/109.0	80	5;10
100	扑灭津	Propazine	139-40-2	9.37	229.9/146.1;229.9/188.1	229.9/146.1	120	20;15
101	特丁津	Terbuthylazine	5915-41-3	10.15	230.1/174.1;230.1/132	230.1/174.1	120	15;20
102	敌草隆	Diuron	330-54-1	7.82	233.1/72.0;233.1/160.1	233.1/72.0	120	20;20
103	氯甲硫磷	Chlormephos	24934-91-6	13.70	235.0/125.0;235.0/75.0	235.0/125.0	100	10;10
104	菱锈灵	Carboxin	5234-68-4	7.67	236.1/143.1;236.1/87.0	236.1/143.1	120	15;20
105	野燕枯	Difenzoquat-methyl sulfate	43222-48-6	5.51	249.1/130.0;249.1/193.1	249.1/130.0	140	40;30
106	噻虫胺	Clothianidin	210880-92-5	4.40	250.2/169.1;250.2/132.0	250.2/169.1	80	10;15
107	炔丙烯草胺	Pronamide	23950-58-5	11.81	256.1/190.1;256.1/173.0	256.1/190.1	80	10;20
108	二甲草胺	Dimethachlor	50563-36-5	8.96	256.1/224.2;256.1/148.2	256.1/224.2	120	10;20
109	溴谷隆	Metobromuron	40596-69-8	8.25	259.0/170.1;259.0/148.0	259.0/170.1	80	15;15
110	甲拌磷	Phorate	298-02-2	16.55	261.0/75.0;261.0/199.0	261.0/75.0	80	10;5
111	苯草醚	Aclonifen	74070-46-5	14.70	265.1/248.0;265.1/193.0	265.1/248.0	120	15;15
112	地胺磷	Mephosfolan	950-10-7	5.97	270.1/140.1;270.1/168.1	270.1/140.1	100	25;15
113	脱苯甲基亚胺唑	Imibenzonazole-des-benzyl	199338-48-2	5.96	271.0/174.0;271.0/70.0	271.0/174.0	120	25;25
114	草不隆	Neburon	555-37-3	14.17	275.1/57.0;275.1/88.1	275.1/57.0	120	20;15
115	精甲霜灵	Mefenoxam	70630-17-0	7.92	280.1/192.1;280.1/220.0	280.1/192.1	100	15;10
116	发硫磷	Prothoate	2275-18-5	4.78	286.1/227.1;286.1/199.0	286.1/227.1	100	5;15
117	乙氧呋草黄	Ethofume sate	26225-79-6	12.86	287.0/121.0;287.0/161.0	287.0/121.0	80	10;20
118	异稻瘟净	Iprobenfos	26087-47-8	13.50	289.1/91;289.1/205.1	289.1/91.0	80	25;5
119	特普	TEPP	107-49-3	5.64	291.1/179.0;291.1/99.0	291.1/179.0	100	20;35
120	环丙唑醇	Cyproconazole	113096-99-4	10.59	292.1/70.0;292.1/125.0	292.1/70.0	120	15;15
121	噻虫嗪	Thiamethoxam	153719-23-4	4.05	292.1/211.2;292.1/181.1	292.1/211.2	80	10;20
122	育畜磷	Crufomate	299-86-5	11.56	292.1/236.0;292.1/108.1	292.1/236.0	120	20;30
123	乙嘧硫磷	Etrimfos	38260-54-7	6.16	293.1/125.0;293.1/265.1	293.1/125.0	80	20;15
124	杀鼠醚	Coumatetralyl	5836-29-3	4.68	293.2/107.0;293.2/175.1	293.2/107.0	140	35;25
125	赛灭磷	Cythioate	115-93-5	6.59	298.0/217.1;298.0/125.0	298.0/217.1	100	15;25
126	磷胺	Phosphamidon	13171-21-6	5.77	300.1/174.1;300.1/127.0	300.1/174.1	120	10;20
127	甜菜宁	Phenmedipham	13864-63-4	10.69	301.1/168.1;301.1/136.1	301.1/168.1	80	5;20
128	联苯肼酯	Bifenazate	149877-41-8	13.28	301.2/198.1;301.2/170.1	301.2/198.1	60	5;20
129	环酰菌胺	Fenhexamid	126833-17-8	12.33	302.0/97.1;302.0/55.0	302.0/97.1	80	30;25
130	粉唑醇	Flutriafol	76674-21-0	7.55	302.1/70.0;302.1/123.0	302.1/70.0	120	15;20
131	呋霜灵	Furalaxyl	57646-30-7	10.77	302.2/242.2;302.2/270.2	302.2/242.2	100	15;5
132	生物烯丙菊酯	Bioallethrin	584-79-2	18.00	303.1/135.1;303.1/107	303.1/135.1	80	10;20

续表

序号	中文名称	英文名称	CAS	保留时间/min	定性离子	定量离子	源内碎裂电压/V	碰撞能量/V
133	苯腈磷	Cyanofenphos	13067-93-1	16.44	304.0/157.0;304.0/276.0	304.0/157.0	100	20;10
134	甲基嘧啶磷	Pirimiphos methyl	29232-93-7	15.50	306.2/164.0;306.2/108.1	306.2/164.0	120	20;30
135	噻嗪酮	Buprofezin	69327-76-0	13.34	306.2/201.0;306.2/116.1	306.2/201.0	120	15;10
136	乙拌磷砜	Disulfoton sulfone	2497-06-5	9.79	307.0/97.0;307.0/125.0	307.0/97.0	100	30;10
137	喹螨醚	Fenazaquin	120928-09-8	18.80	307.2/57.1;307.2/161.2	307.2/57.1	120	20;15
138	三唑磷	Triazophos	24017-47-8	13.80	314.1/162.1;314.1/286.0	314.1/162.1	120	20;10
139	脱叶磷	DEF	78-48-8	19.21	315.1/169.0;315.1/113.0	315.1/169.0	100	10;20
140	环酯草醚	Pyriftalid	135186-78-6	12.00	319.0/139.1;319.0/179.0	319.0/139.1	140	35;35
141	叶菌唑	Metconazole	125116-23-6	13.77	320.2/70.0;320.2/125	320.2/70.0	140	35;55
142	吡丙醚	Pyriproxyfen	95737-68-1	18.00	322.1/96.0;322.1/227.1	322.1/96.0	120	15;10
143	噻草酮	Cycloxydim	101205-02-1	17.00	326.2/280.2;326.2/180.2	326.2/280.2	120	10;15
144	异噁酰草胺	Isoxaben	82558-50-7	13.21	333.1/165.0;333.1/150.1	333.1/165.0	120	15;50
145	呋草酮	Flurtamone	96525-23-4	11.25	334.1/247.1;334.1/303.0	334.1/247.1	120	30;20
146	氟乐灵	Trifluralin	1582-09-8	12.86	336.0/138.9;336.0/103.0	336.0/138.9	120	20;45
147	甲基麦草氟异丙酯	Flamprop methyl	52756-25-9	13.20	336.1/105.1;336.1/304.1	336.1/105.1	80	20;5
148	生物苄呋菊酯	Bioresmethrin	28434-01-7	19.39	339.2/171.1;339.2/143.1	339.2/171.1	100	15;25
149	丙环唑	Propiconazole	60207-90-1	14.29	342.1/159.1;342.1/69.0	342.1/159.1	120	20;20
150	毒死蜱	Chlorpyrifos	2921-88-2	18.29	350.0/198.0;350.0/79.0	350.0/198.0	100	20;35
151	氯乙氟灵	Fluchloralin	33245-39-5	17.68	356.0/314.1;356.0/63.0	356.0/186.0	80	15;30
152	氯磺隆	Chlorsulfuron	64902-72-3	6.96	358.0/141.1;358.0/167.0	358.0/141.1	120	15;15
153	烯草酮	Clethodim	99129-21-2	17.60	360.1/164.1;360.1/268.0	360.1/164.1	120	20;10
154	麦草氟异丙酯	Flamprop isopropyl	52756-22-6	16.00	364.1/105.1;364.1/304.1	364.1/105.1	80	20;5
155	杀虫畏	Tetrachlorvinphos	22248-79-9	13.70	365.0/127.0;365.0/239.0	365.0/127.0	120	15;15
156	炔螨特	Propargite	2312-35-8	18.77	368.1/231.0;368.1/175.1	368.1/231.0	100	5;15
157	糠菌唑	Bromuconazole	116255-48-2	12.70	376.0/159.0;376.0/70.0	376.0/159.0	80	20;20
158	氟吡酰草胺	Picolinafen	137641-05-5	17.74	377.0/238.0;377.0/359.0	377.0/238.0	120	20;20
159	氟噻乙草酯	Fluthiacet methyl	117337-19-6	14.80	404.0/215.0;404.0/274.0	404.0/215.0	180	50;10
160	肟菌酯	Trifloxystrobin	141517-21-7	17.44	409.3/186.1;409.3/206.2	409.3/186.1	120	15;10
161	氯嘧磺隆	Chlorimuron ethyl	90982-32-4	11.59	415.0/186.1;415/213.1	415.0/186.1	120	10;10
162	氟铃脲	Hexaflumuron	86479-06-3	16.90	461.0/141.1;461.0/158.1	461.0/141.1	120	35;35
163	氟酰脲	Novaluron	116714-46-6	17.39	493.0/158.0;493/141.1	493.0/158.0	80	15;55
164	氟蚁腙	Hydramethylnon	67485-29-4	17.58	495.2/323.2;495.2/171	495.2/323.2	100	35;50
165	吡虫隆	Fluazuron	86811-58-7	18.10	506.0/158.1;506.0/141.1	506.0/158.1	120	15;50
166	抑芽丹	Maleic hydrazide	123-33-1	0.73	113.1/67.1;113.1/85.0	113.1/67.1	100	20;20
167	甲胺磷	Methamidophos	10265-92-6	0.74	142.1/94.0;142.1/125.0	142.1/94.0	80	15;10
168	茵草敌	EPTC	759-94-4	14.00	190.2/86.0;190.2/128.1	190.2/86.0	120	10;10
169	避蚊胺	Diethyltoluamide	134-62-3	7.70	192.2/119.0;192.2/91.0	192.2/119.0	100	15;30
170	灭草隆	Monuron	150-68-5	5.94	199.0/72.0;199.0/126.0	199.0/72.0	120	15;15
171	嘧霉胺	Pyrimethanil	53112-28-0	6.70	200.2/107.0;200.2/183.1	200.2/107.0	120	25;25

续表

序号	中文名称	英文名称	CAS	保留时间/min	定性离子	定量离子	源内碎裂电压/V	碰撞能量/V
172	甲呋酰胺	Fenfuram	24691-80-3	7.48	202.1/109.0;202.1/83.0	202.1/109.0	120	20;20
173	灭藻醌	Quinoclamine	2797-51-5	6.09	208.1/105.0;208.1/154.1	208.1/105.0	120	30;20
174	仲丁威	Fenobucarb	3766-81-2	9.92	208.2/95.0;208.2/152.1	208.2/95.0	80	10;5
175	乙菌定	Ethirimol	23947-60-6	4.29	210.2/140.1;210.2/98.0	210.2/140.1	120	25;30
176	敌稗	Propanil	709-98-8	9.09	218.0/162.1;218.0/127.0	218.0/162.1	120	15;20
177	克百威	Carbofuran	1563-66-2	6.81	222.3/165.1;222.3/123.1	222.3/165.1	120	5;20
178	啶虫脒	Acetamiprid	160430-64-8	4.86	223.2/126.0;223.2/56.0	223.2/126.0	120	15;15
179	嘧菌胺	Mepanipyrim	110235-47-7	12.23	224.2/77.0;224.2/106.0	224.2/77.0	120	30;25
180	扑灭通	Prometon	1610-18-0	5.40	226.2/142.0;226.2/184.1	226.2/142.0	120	20;20
181	甲硫威	Methiocarb	2032-65-7	4.51	226.2/121.1;226.2/169.1	226.2/121.1	80	10;5
182	甲氧隆	Metoxuron	19937-59-8	5.59	229.1/72.0;229.1/156.1	229.1/72.0	120	20;20
183	乐果	Dimethoate	60-51-5	4.88	230.0/199.0;230.0/171.0	230.0/199.0	80	5;10
184	呋菌胺	Methfuroxam	28730-17-8	10.42	230.2/137.1;230.2/111.1	230.2/137.1	120	20;15
185	伏草隆	Fluometuron	2164-17-2	7.27	233.1/72.0;233.1/160.0	233.1/72.0	120	20;20
186	百治磷	Dicrotophos	141-66-2	3.97	238.1/112.1;238.1/193	238.1/112.1	80	10;5
187	庚酰草胺	Monalide	7287-36-7	14.50	240.1/85.1;240.1/57.0	240.1/85.1	120	15;35
188	双苯酰草胺	Diphenamid	957-51-7	9.00	240.1/134.1;240.1/167.1	240.1/134.1	120	20;25
189	灭线磷	Ethoprophos	13194-48-4	11.98	243.1/173.0;243.1/215.0	243.1/173.0	120	10;10
190	地虫硫磷	Fonofos	944-22-9	16.10	247.1/109.0;247.1/137.1	247.1/109.0	80	15;5
191	土菌灵	Etridiazol	2593-15-9	17.20	247.1/183.1;247.1/132.0	247.1/183.1	120	15;15
192	拌种胺	Furmecyclox	60568-05-0	14.00	252.2/170.1;252.2/110.1	252.2/170.1	100	10;25
193	环嗪酮	Hexazinone	51235-04-2	5.66	253.2/171.1;253.2/71	253.2/171.1	120	15;20
194	异戊乙净	Dimethametryn	22936-75-0	8.79	256.2/186.1;256.2/96.1	256.2/186.1	140	20;35
195	敌百虫	Trichlorphon	52-68-6	4.21	257.0/221.0;257.0/109.0	257.0/221.0	120	10;20
196	内吸磷	Demeton(O+S)	8065-48-3	8.59	259.1/89.0;259.1/61	259.1/89.0	60	10;35
197	解草嗪	Benoxacor	98730-04-2	10.83	260.0/149.2;260.0/134.1	260.0/149.2	120	15;20
198	除草定	Bromacil	314-40-9	5.78	261.0/205.0;261.0/188.0	261.0/205.0	80	10;20
199	甲拌磷亚砜	Phorate sulfoxide	2588-03-6	7.34	277.0/143.0;277.0/199.0	277.0/143.0	100	15;5
200	溴莠敏	Brompyrazon	3042-84-0	4.69	266.0/92.0;266.0/104.0	266.0/92.0	120	30;30
201	氧化萎锈灵	Oxycarboxin	5259-88-1	5.38	268.0/175.0;268.0/147.1	268.0/175.0	100	10;20
202	灭锈胺	Mepronil	55814-41-0	13.15	270.2/119.1;270.2/228.2	270.2/119.1	100	30;15
203	乙拌磷	Disulfoton	298-04-4	16.80	275.0/89.0;275.0/61.0	275.0/89.0	80	5;20
204	倍硫磷	Fenthion	55-38-9	15.54	279.0/169.1;279.0/247.0	279.0/169.1	120	15;10
205	甲霜灵	Metalaxyl	57837-19-1	7.75	280.1/192.2;280.1/220.2	280.1/192.2	120	15;20
206	甲呋酰胺	Ofurace	58810-48-3	7.65	282.1/160.2;282.1/254.2	282.1/160.2	120	20.1
207	十二环吗啉	Dodemorph	1593-77-7	8.45	282.3/116.1;282.3/98.1	282.3/116.1	120	20;30
208	噻唑硫磷	Fosthiazate	98886-44-3	4.38	284.1/228.1;284.1/104.0	284.1/228.1	80	5;20
209	甲基咪草酯	Imazamethabenz-methyl	81405-85-8	5.33	289.1/229.0;289.1/86.0	289.1/229.0	120	15;25

续表

序号	中文名称	英文名称	CAS	保留时间/min	定性离子	定量离子	源内碎裂电压/V	碰撞能量/V
210	乙拌磷亚砜	Disulfoton-sulfoxide	2497-07-6	7.38	291.0/185.0;291.0/157.0	291.0/185	80	10;20
211	稻瘟灵	Isoprothiolane	50512-35-1	13.17	291.1/189.1;291.1/231.1	291.1/189.1	80	20;5
212	烯菌灵	Imazalil	35554-44-0	6.86	297.0/159.0;297.0/255.0	297.0/159.0	120	20;20
213	辛硫磷	Phoxim	14816-18-3	16.80	299.0/77.0;299.0/129.0	299.0/77.0	80	20;10
214	喹硫磷	Quinalphos	13593-03-8	14.80	299.1/147.1;299.1/163.1	299.1/147.1	120	20;20
215	灭菌磷	Ditalimfos	5131-24-8	13.53	300.0/148.1;300.0/244.0	300.0/148.1	80	15;10
216	苯氧威	Fenoxycarb	79127-80-3	18.10	362.1/288.0;362.1/244.0	362.1/288.0	120	20;20
217	嘧啶磷	Pyrimitate	5221-49-8	14.00	306.1/170.2;306.1/154.2	306.1/170.2	120	20;20
218	丰索磷	Fensulfothin	115-90-2	8.55	309.0/157.1;309.0/253.0	309.0/157.1	120	25;15
219	氟咯草酮	Fluorochloridone	61213-25-0	13.80	312.1/292.1;312.1/89.0	312.1/292.1	100	25;25
220	丁草胺	Butachlor	23184-66-9	18.00	312.2/238.1;312.2/162.0	312.2/238.1	80	10;20
221	咪唑喹啉酸	Imazaquin	81335-37-7	6.27	312.2/199.2;312.2/267.2	312.2/199.1	160	25;20
222	亚胺菌	Kresoxim-methyl	143390-89-0	15.20	314.1/267.0;314.1/206.0	314.1/267	80	5;5
223	戊叉菌唑	Triticonazole	131983-72-7	10.55	318.2/70.0;318.2/125.1	318.2/70.0	120	15;35
224	苯线磷亚砜	Fenamiphos sulfoxide	31972-43-7	5.87	320.1/171.1;320.1/292.1	320.1/171.1	140	25;15
225	噻吩草胺	Thenylchlor	96491-05-3	14.00	324.1/127.0;324.1/59.0	324.1/127.0	80	10;45
226	氰菌胺	Fenoxanil	115852-48-7	18.81	329.1/302.0;329.1/189.1	329.1/302.0	80	5;30
227	氟啶草酮	Fluridone	59756-60-4	10.30	330.1/309.1;330.1/259.2	330.1/309.1	160	40;55
228	氟环唑	Epoxiconazole	106325-08-0	18.81	330.1/141.1;330.1/121.1	330.1/141.1	120	20;20
229	氯辛硫磷	Chlorphoxim	14816-20-7	17.15	333.0/125.0;333/163.1	333.0/125.0	80	5;5
230	苯线磷砜	Fenamiphos sulfone	31972-44-8	6.63	336.1/188.2;336.1/266.2	336.1/188.2	120	30;20
231	腈苯唑	Fenbuconazole	114369-43-6	13.40	337.1/70.0;337.1/125.0	337.1/70.0	120	20;20
232	异柳磷	Isofenphos	25311-71-1	17.25	346.1/217.0;346.1/245.0	346.1/217.0	80	20;10
233	苯醚菊酯	Phenothrin	26002-80-2	19.70	351.1/183.2;351.1/237.0	351.1/183.2	100	15;5
234	氯化薯瘟锡	Fentin-chloride	639-58-7	7.00	351.1/120;351.1/170.0	351.1/120	180	40;30
235	呱草磷	Piperophos	24151-93-7	17.00	354.1/171.0;354.1/143.0	354.1/171	100	20;30
236	增效醚	Piperonyl butoxide	51-03-6	17.75	356.2/177.1;356.2/119	356.2/177.1	100	10;35
237	乙氧氟草醚	Oxyflurofen	42874-03-3	18.00	362.0/316.1;362.0/237.0	362.0/316.0	120	10;25
238	蝇毒磷	Coumaphos	56-72-4	16.42	363.1/227.2;363.1/307.1	363.1/227.2	120	20;15
239	氟噻草胺	Flufenacet	142459-58-3	14.00	364.0/194.0;364.0/152.0	364.0/194.0	80	5;10
240	伏杀硫磷	Phosalone	2310-17-0	16.79	368.1/182.0;368.1/322.0	368.1/182.0	80	10;5
241	甲氧虫酰肼	Methoxyfenozide	161050-58-4	13.41	313.0/149.0;313.0/91.0	313.0/149.0	100	10;35
242	咪鲜胺	Prochloraz	67747-09-5	11.79	376.1/308.0;376.1/266.0	376.1/308.0	80	10;10
243	丙硫特普	Aspon	3244-90-4	19.22	379.1/115.0;379.1/210.0	379.1/115.0	80	30;15
244	乙硫磷	Ethion	563-12-2	18.46	385.0/199.1;385.0/171.0	385.0/199.1	80	5;15
245	丁醚脲	Diafenthiuron	80060-09-9	18.90	385.0/329.2;385.0/278.2	385.0/329.2	140	15;35
246	噻吩磺隆	Thifensulfuron-methyl	79277-27-3	6.40	388.1/167.0;388.1/141.1	388.1/167	120	10;10
247	乙氧嘧磺隆	Ethoxysulfuron	126801-58-9	11.86	399.2/261.1;399.2/218.1	399.2/261.1	120	25;25
248	氟硫草定	Dithiopyr	97886-45-8	17.81	402.0/354.0;402.0/272.0	402.0/354.0	120	20;30

续表

序号	中文名称	英文名称	CAS	保留时间/min	定性离子	定量离子	源内碎裂电压/V	碰撞能量/V
249	螺螨酯	Spirodiclofen	148477-71-8	19.28	411.1/71.0;411.1/313.1	411.1/71.0	100	10;5
250	唑螨酯	Fenpyroximate	134098-61-6	18.66	422.2/366.2;422.2/135.0	422.2/366.2	120	10;35
251	氟烯草酸	Flumiclorac-pentyl	87546-18-7	18.00	441.1/308.0;441.1/354.0	441.1/308.0	100	25;10
252	双硫磷	Temephos	3383-96-8	18.30	467.0/125.0;467.0/155.0	467.0/125.0	100	30;30
253	氟丙嘧草酯	Butafenacil	134605-64-4	15.00	492.0/180.0;492.0/331.0	492.0/180.0	120	35;25
254	多杀菌素	Spinosad	131929-63-7	14.30	732.4/142.2;732.4/98.1	732.4/142.2	180	30;75
255	助壮素	Mepiquat chloride	24307-26-4	0.71	114.1/98.1;114.1/58.0	114.1/98.1	140	30;30
256	二丙烯草胺	Allidochlor	93-71-0	5.78	174.1/98.1;174.1/81.0	174.1/98.1	100	10;15
257	霜霉威	Propamocarb	24579-73-5	2.84	190.1/102.1;190.1/74.1	190.1/102.1	110	20;30
258	三环唑	Tricyclazole	41814-78-2	5.06	190.1/136.1;190.1/163.1	190.1/136.1	120	30;25
259	噻菌灵	Thiabendazole	148-79-8	3.32	202.1/175.1;202.1/131.1	202.1/175.1	120	30;30
260	苯嗪草酮	Metamitron	41394-05-2	4.18	203.1/175.1;203.1/104	203.1/175.1	120	15;20
261	异丙隆	Isoproturon	34123-59-6	7.44	207.2/72.0;207.2/165.1	207.2/72.0	120	15;15
262	阿特拉通	Atratone	1610-17-9	4.46	212.2/170.2;212.2/100.1	212.2/170.2	120	15;30
263	敌草净	Desmetryn	1014-69-3	4.92	214.1/172.1;214.1/82.1	214.1/172.1	120	15;25
264	嗪草酮	Metribuzin	21087-64-9	7.16	215.1/187.2;215.1/131.1	215.1/187.2	120	15;20
265	N,N-二甲基氨基-N-甲苯	DMST	66840-71-9	7.06	215.3/106.1;215.3/151.2	215.3/106.1	80	10;5
266	环草敌	Cycloate	1134-23-2	15.95	216.2/83.0;216.2/154.1	216.2/83.0	120	15;10
267	阿特拉津	Atrazine	1912-24-9	7.20	216.0/174.2;216.0/132.0	216.0/174.2	120	15;20
268	丁草敌	Butylate	2008-41-5	17.20	218.1/57.0;218.1/156.2	218.1/57.0	80	10;5
269	吡蚜酮	Pymetrozin	123312-89-0	0.73	218.1/105.1;218.1/78	218.1/105.1	100	20;40
270	氯草敏	Chloridazon	1968-60-8	4.35	222.1/104.0;222.1/92	222.1/104.0	120	25;35
271	菜草畏	Sulfallate	95-06-7	15.25	224.1/116.1;224.1/88.2	224.1/116.1	100	10;20
272	乙硫苯威	Ethiofencarb	29973-13-5	4.48	227.0/107.0;227.0/164.0	227.0/107.0	80	5;5
273	特丁通	Terbumeton	33693-04-8	5.25	226.2/170.1;226.2/114	226.2/170.1	120	15;25
274	环丙津	Cyprazine	22936-86-3	7.15	228.2/186.1;228.2/108.1	228.2/186.1	120	15;25
275	莠灭净	Ametryn	834-12-8	5.85	228.2/186.0;228.2/68.0	228.2/186.0	120	20;35
276	丁噻隆	Tebuthiuron	34014-18-1	5.30	229.2/172.2;229.2/116.0	229.2/172.2	120	15;20
277	草达津	Trietazine	1912-26-1	12.00	230.1/202.0;230.1/132.1	230.1/202.0	160	20;20
278	另丁津	Sebutylazine	7286-69-3	8.65	230.1/174.1;230.1/104	230.1/174.1	12	15;30
279	畜虫避	Dibutyl succinate	141-03-7	14.80	231.1/101.0;231.1/157.1	231.1/101.0	60	1;10
280	牧草胺	Tebutam	35256-85-0	13.04	234.2/91.1;234.2/192.2	234.2/91.1	120	20;15
281	久效威亚砜	Thiofanox-sulfoxide	39184-27-5	4.08	235.1/104.0;235.1/57.0	235.1/104.0	60	5;20
282	杀螟丹盐酸盐	Cartap hydrochloride	15263-52-2	5.90	238.0/73.0;238.0/150.0	238.0/73.0	100	30;10
283	虫螨畏	Methacrifos	62610-77-9	10.03	241.0/209.0;241.0/125.0	241.0/209.0	60	5;20
284	特丁净	Terbutryn	886-50-0	7.44	242.2/186.1;242.2/71.0	242.2/186.1	120	15;20
285	咪唑嗪	Triazoxide	72459-58-6	5.66	248.0/68.0;248.0/95.0	248.0/68.0	100	35;25
286	虫线磷	Thionazin	297-97-2	8.84	249.1/97.0;249.1/193	249.1/97.0	80	30;10

续表

序号	中文名称	英文名称	CAS	保留时间/min	定性离子	定量离子	源内碎裂电压/V	碰撞能量/V
287	利谷隆	Linuron	330-55-2	9.84	249.0/160.1;249.0/182.1	249.0/160.1	100	15;15
288	庚烯磷	Heptanophos	23560-59-0	7.85	251.0/127.0;251.0/109.0	251.0/127.0	80	10;30
289	苄草丹	Prosulfocarb	52888-80-9	17.10	252.1/91.0;252.1/128.1	252.1/91.0	120	15;10
290	杀草净	Dipropetryn	4147-51-7	8.58	256.1/144.1;256.1/214.0	256.1/144.1	140	30;20
291	禾草丹	Thiobencarb	28249-77-6	15.80	258.1/125.0;258.1/89.0	258.1/125.0	80	20;55
292	三异丁基磷酸盐	Tri-*iso*-butyl phosphate	126-71-6	15.45	267.1/99.0;267.1/155.1	267.1/99.0	80	20;5
293	三正丁基磷酸盐	Tri-*n*-butyl phosphate	126-73-8	15.45	267.2/99.0;267.2/155.1	267.2/99.0	80	5;15
294	乙霉威	Diethofencarb	87130-20-9	10.40	268.1/226.2;268.1/152.1	268.1/226.2	80	5;20
295	甲草胺	Alachlor	15972-60-8	13.15	270.2/238.2;270.2/162.2	270.2/238.2	80	10;20
296	硫线磷	Cadusafos	95465-99-9	15.27	271.1/159.1;271.1/131.0	271.1/159.1	80	10;20
297	吡唑草胺	Metazachlor	67129-08-2	8.36	278.1/134.1;278.1/210.1	278.1/134.1	80	20;5
298	胺丙畏	Propetamphos	31218-83-4	13.60	282.1/138.1;282.1/156.1	282.1/138	80	15;10
299	特丁硫磷	Terbufos	13071-79-9	13.70	289.0/57.0;289.0/103.1	289.0/57.0	80	20;5
300	硅氟唑	Simeconazole	149508-90-7	11.00	294.2/70.1;294.2/135.1	294.2/70.1	120	15;15
301	三唑酮	Triadimefon	43121-43-3	11.88	294.2/69.0;294.2/197.1	294.2/69	100	20;15
302	甲拌磷砜	Phorate sulfone	2588-04-7	9.34	293.0/171.0;293.0/143.1	293.0/171.0	60	5;15
303	十三吗啉	Tridemorph	24602-86-6	14.00	298.3/130.1;298.3/57.1	298.3/130.1	160	25;35
304	苯噻酰草胺	Mefenacet	73250-68-7	11.60	299.1/148.1;299.1/120.1	299.1/148.1	100	15;25
305	戊环唑	Azaconazole	60207-31-0	12.37	300.1/231.1;300.1/159.0	300.1/231.1	100	15;30
306	苯线磷	Fenamiphos	22224-92-6	8.97	304.0/216.9;304.0/202.0	304.0/216.9	100	20;35
307	丁苯吗啉	Fenpropimorph	67564-91-4	9.10	304.0/147.2;304.0/130.0	304.0/147.2	120	30;30
308	戊唑醇	Tebuconazole	107534-96-3	12.44	308.2/70.0;308.2/125.0	308.2/70.0	100	25;25
309	异丙乐灵	Isopropalin	33820-53-0	19.05	310.2/225.7;310.2/207.7	310.2/225.7	120	15;20
310	氟苯嘧啶醇	Nuarimol	63284-71-9	9.20	315.1/252.1;315.1/81.0	315.1/252.1	120	25;30
311	乙嘧酚磺酸酯	Bupirimate	41483-43-6	9.52	317.2/166.0;317.2/272.0	317.2/166.0	120	25;20
312	保棉磷	Azinphos-methyl	86-50-0	10.45	318.1/125.0;318.1/160.0	318.1/125.0	80	15;10
313	丁基嘧啶磷	Tebupirimfos	96182-53-5	18.15	319.1/277.1;319.1/153.2	319.1/277.1	120	10;30
314	稻丰散	Phenthoate	2597-03-7	15.57	321.1/247.0;321.1/163.1	321.1/247	80	5;10
315	治螟磷	Sulfotep	3689-24-5	16.35	323.0/171.1;323.0/143.0	323.0/171.1	120	10;20
316	硫丙磷	Sulprofos	35400-43-2	18.40	323.0/219.1;323.0/247.0	323.0/219.1	120	15;10
317	苯硫磷	EPN	2104-64-5	17.10	324.0/296.0;324.0/157.1	324.0/296.0	120	10;20
318	甲基吡噁磷	Azamethiphos	35575-96-3	6.05	325.0/183.0;325.0/139.0	325.0/183.0	80	15;25
319	烯唑醇	Diniconazole	83657-24-3	13.67	326.1/70.0;326.1/159.0	326.1/70.0	120	25;30
320	唑嘧磺草胺	Flumetsulam	98967-40-9	4.95	326.1/129.0;326.1/262.1	326.1/129.0	120	30;20
321	稀禾啶	Sethoxydim	74051-80-2	5.36	328.2/282.2;328.2/178.1	328.2/282.2	100	10;15
322	戊菌隆	Pencycuron	66063-05-6	16.33	329.2/125.0;329.2/218.0	329.2/125.0	120	20;15
323	灭蚜磷	Mecarbam	2595-54-2	14.46	330.0/227.0;330.0/199.0	330.0/227.0	80	5;10
324	苯草酮	Tralkoxydim	87820-88-0	18.09	330.2/284.2;330.2/138.1	330.2/284.2	100	10;20
325	马拉硫磷	Malathion	121-75-5	13.20	331.0/127.1;331.0/99.0	331.0/127.1	80	5;10

续表

序号	中文名称	英文名称	CAS	保留时间/min	定性离子	定量离子	源内碎裂电压/V	碰撞能量/V
326	稗草丹	Pyributicarb	88678-67-5	18.26	331.1/181.1;331.1/108.0	331.1/181.1	120	10;20
327	哒嗪硫磷	Pyridaphenthion	119-12-0	12.32	341.1/189.2;341.1/205.2	341.1/189.2	120	20;20
328	嘧啶磷	Pirimiphos-ethyl	23505-41-1	17.75	334.2/198.2;334.2/182.2	334.2/198.2	120	20;25
329	硫双威	Thiodicarb	59669-26-0	6.55	355.1/88.0;355.1/163.0	355.1/88.0	80	15;5
330	吡唑硫磷	Pyraclofos	77458-01-6	15.34	361.1/257.0;361.1/138.0	361.1/257.0	120	25;35
331	啶氧菌酯	Picoxystrobin	117428-22-5	15.40	368.1/145.0;368.1/205.0	368.1/145.0	80	20;5
332	四氟醚唑	Tetraconazole	112281-77-3	12.54	372.0/159.0;372.0/70.0	372.0/159.0	120	35;35
333	吡唑解草酯	Mefenpyr-diethyl	135590-91-9	16.80	373.0/327.0;373.0/160.0	373.0/327.0	80	15;35
334	丙溴磷	Profenefos	41198-08-7	16.74	373.0/302.9;373.0/345.0	373.0/302.9	120	15;10
335	百克敏	Pyraclostrobin	175013-18-0	16.04	388.0/163.0;388.0/194.0	388.0/163.0	120	20;10
336	烯酰吗啉	Dimethomorph	110488-70-5	16.04	388.1/165.1;388.1/301.1	388.1/165.1	120	25;20
337	噻嗯菊酯	Kadethrin	58769-20-3	17.95	397.1/171.1;397.1/128.0	397.1/171.1	100	15;55
338	噻唑烟酸	Thiazopyr	117718-60-2	16.15	397.1/377.0;397.1/335.1	397.1/377.0	140	20;30
339	甲基丙硫克百威	Benfuracarb-methyl	82560-54-1	8.60	411.1/149.1;411.1/182.1	411.1/149.1	100	20;20
340	醚黄隆	Cinosulfuron	94593-91-6	6.53	414.1/183.1;414.1/157.1	414.1/183.1	120	10;20
341	吡嘧磺隆	Pyrazosulfuron-ethyl	93699-74-6	17.20	415.1/182.1415.1/369.1	415.1/182.1	120	15;15
342	磺草胺唑	Metosulam	139528-85-1	7.60	418.0/175.1;418.0/354.0	418.0/175.1	120	25;20
343	氟啶脲	Chlorfluazuron	71422-67-8	18.53	540.0/383.0;540/158.2	540.0/383.0	120	15;15
344	4-氨基吡啶	4-Aminopyridine	504-24-5	0.72	95.1/52.1;95.1/78.1	95.1/52.1	120	25;5
345	矮壮素	Chlormequat	999-81-5	0.72	122.1/58.1;122.1/63.1	122.1/58.1	100	35;20
346	灭多威	Methomyl	16752-77-5	3.76	163.2/88.1;163.2/106.1	163.2/88.1	80	5;10
347	咯喹酮	Pyroquilon	57369-32-1	5.87	174.1/117.1;174.1/132.2	174.1/117.1	140	35;25
348	麦穗灵	Fuberidazole	3878-19-1	3.66	185.2/157.2;185.2/92.1	185.2/157.2	120	20;25
349	丁胖酰胺	Isocarbamid	30979-48-7	4.35	186.2/87.1;186.2/130.1	186.2/87.1	80	20;5
350	丁酮威	Butocarboxim	34681-10-2	5.30	213.0/75.1;213.0/156.1	213.0/75.1	100	15;5
351	杀虫脒	Chlordimeform	6164-98-3	4.13	197.2/117.1;197.2/89.1	197.2/117.1	120	25;50
352	霜脲氰	Cymoxanil	57966-95-7	4.95	199.1/111.1;199.1/128.1	199.1/111.1	80	20;15
353	灭草敌	Vernolate	1929-77-7	3.47	204.2/128.2;204.2/175.5	204.2/128.2	100	10;10
354	氯硫酰草胺	Chlorthiamid	1918-13-4	5.80	206.0/189.0;206.0/119.0	206.0/189.0	80	15;50
355	灭害威	Aminocarb	2032-59-9	0.75	209.3/137.1;209.3/152.1	209.3/137.1	100	20;10
356	甲菌定	Dimethirimol	5221-53-4	4.20	210.2/71.1;210.2/140.0	210.2/71.1	120	25;20
357	氧乐果	Omethoate	1113-02-6	0.75	214.1/125.0;214.1/183.0	214.1/125.0	80	20;5
358	乙氧喹啉	Ethoxyquin	91-53-2	7.19	218.2/174.2;218.2/160.1	218.2/174.2	120	30;35
359	敌敌畏	Dichlorvos	62-73-7	4.20	222.9/109.0;222.9/79.0	222.9/109.0	120	15;30
360	涕灭威砜	Aldicarb sulfone	1646-88-4	3.50	223.1/76.0;223.1/148.0	223.1/76.0	80	5;5
361	二氧威	Dioxacarb	6988-21-2	4.70	224.1/123.1;224.1/167.1	224.1/123.1	80	15;5
362	苄基腺嘌呤	Benzyladenine	1214-39-7	4.16	226.1/91.1;226.1/148.1	226.1/91.1	140	20;15
363	甲基内吸磷	Demeton-S-methyl	919-86-8	6.25	253.0/89.0;253.0/61.0	253.0/89.0	80	10;35
364	乙硫苯威亚砜	Ethiofencarb-sulfoxide	53380-22-6	3.95	242.2/107.1;242.2/185.1	242.2/107.1	80	15;5

续表

序号	中文名称	英文名称	CAS	保留时间/min	定性离子	定量离子	源内碎裂电压/V	碰撞能量/V
365	杀螟腈	Cyanophos	2636-26-2	6.89	244.2/180.0;244.2/125.0	244.2/180.0	120	20;15
366	甲基乙拌磷	Thiometon	640-15-3	7.16	247.1/171.0;247.1/89.1	247.1/171.0	100	10;10
367	灭菌丹	Folpet	133-07-3	12.82	260.0/130.0;260.0/102.3	260.0/130.0	100	10;40
368	甲基内吸磷砜	Demeton-S-methyl sulfone	17040-19-6	3.96	263.1/169.1;263.1/125.0	263.1/169.1	80	15;20
369	呱草丹	Dimepiperate	61432-55-1	16.82	286.1/168.0;286.1/119.1	286.1/168.0	80	10;10
370	苯锈啶	Fenpropidin	67306-00-7	8.96	274.0/147.1;274.0/86.1	274.0/147.1	160	25;25
371	赛硫磷	Amidithion	919-76-6	14.25	274.1/97.0;274.1/122.0	274.1/97.0	140	20;15
372	甲咪唑烟酸	Imazapic	104098-48-8	4.80	276.2/163.2;276.2/216.2;276.2/86.1	276.2/163.2	120	20;20;25
373	对氧磷	Paraoxon-ethyl	311-45-5	8.00	276.2/220.1;276.2/94.1	276.2/220.1	100	10;40
374	4-十二烷基-2,6-二甲基吗啉	Aldimorph	1704-28-5	14.10	284.4/57.2;284.4/98.1	284.4/57.2	160	30;30
375	乙烯菌核利	Vinclozolin	50471-44-8	14.66	286.1/242.0;286.1/145.1	286.1/242	100	5;45
376	烯效唑	Uniconazole	83657-22-1	11.69	292.1/70.1;292.1/125.1	292.1/70.1	120	30;30
377	啶斑肟	Pyrifenox	88283-41-4	7.42	295.0/93.1;295.0/163.0	295.0/93.1	120	15;15
378	氯硫磷	Chlorthion	500-28-7	14.45	298.0/125.0;298.0/109.0	298.0/125.0	100	15;20
379	异氯磷	Dicapthon	2463-84-5	14.47	298.0/125.0;298.0/266.1	298.0/125.0	80	10;10
380	四螨嗪	Clofentezine	74115-24-5	16.18	303.0/138.0;303.0/156.0	303.0/138.0	100	25;25
381	氟草敏	Norflurazon	27314-13-2	8.08	304.0/284.0;304.0/160.1	304.0/284.0	140	25;35
382	野麦畏	Triallate	2303-17-5	18.52	304.0/143.0;304.0/86.1	304.0/143.0	120	25;15
383	福美锌	Ziram	137-30-4	7.32	305.0/185.9;305.0/88.1	305.0/185.9	120	10;20
384	苯氧喹啉	Quinoxyphen	124495-18-7	17.05	308.0/197.0;308.0/272.0	308.0/197.0	180	35;35
385	倍硫磷砜	Fenthion sulfone	3761-42-0	8.71	311.1/125.0;311.1/109.0	311.1/125.0	140	15;20
386	氟咯草酮	Flurochloridone	61213-25-0	13.34	312.2/292.2;312.2/53.1	312.2/292.2	140	25;30
387	邻苯二甲酸丁苄酯	Phthalic acid,benzyl butyl ester	85-68-7	17.34	313.2/91.1;313.2/149.0;313.2/205.1	313.2/91.1	80	10;10;5
388	氯唑磷	Isazofos	42509-80-8	13.67	314.1/162.1;314.1/120.1	314.1/162.1	100	10;35
389	除线磷	Dichlofenthion	97-17-6	18.15	315.0/259.0;315.0/287.0	315.0/259.0	100	10;5
390	蚜灭磷砜	Vamidothion sulfone	70898-34-9	2.45	178.0/87.0;178.0/60.0	178.0/87.0	100	15;10
391	特丁硫磷砜	Terbufos sulfone	56070-16-7	12.57	321.2/171.1;321.2/143.0	321.2/171.1	80	5;15
392	氨氟灵	Dinitramine	29091-05-2	15.80	323.1/305.0;323.1/247.1	323.1/305.0	120	10;15
393	氰霜唑	Cyazofamid	120116-88-3	5.10	325.2/261.3;325.2/108.0	325.2/261.3	80	5;15
394	毒壤磷	Trichloronat	327-98-0	18.98	333.1/304.9;333.1/161.8	333.1/304.9	100	10;45
395	苯呋菊酯-2	Resmethrin-2	10453-86-8	12.35	339.2/171.1;339.2/143.1	339.2/171.1	80	10;25
396	啶酰菌胺	Boscalid	188425-85-6	12.20	343.2/307.2;343.2/271	343.2/307.2	140	20;35
397	甲磺乐灵	Nitralin	4726-14-1	15.15	346.1/304.1;346.1/262.1	346.1/304.1	100	10;25
398	甲氰菊酯	Fenpropathrin	39515-41-8	19.00	350.2/125.2;350.2/97.0	350.2/125.2	5	5;20
399	噻螨酮	Hexythiazox	78587-05-0	18.23	353.1/168.1;353.1/228.1	353.1/168.1	120	20;10
400	双氟磺草胺	Florasulam	145701-23-1	6.80	360.2/129.1;360.2/192	360.2/129.1	120	30;15

续表

序号	中文名称	英文名称	CAS	保留时间/min	定性离子	定量离子	源内碎裂电压/V	碰撞能量/V
401	苯螨特	Benzoximate	29104-30-1	17.00	386.1/197.0;386.1/199.2	386.1/197	140	30;30
402	新燕灵	Benzoylprop-ethyl	22212-55-1	16.00	366.1/105.0;366.1/77.0	366.1/105.0	80	15;35
403	嘧螨醚	Pyrimidifen	105779-78-0	13.69	378.2/184.1;378.2/150.2	378.2/184.1	140	15;40
404	呋线威	Furathiocarb	65907-30-4	17.85	383.3/195.1; 383.3/252.1;383.3/167.0	383.3/195.1	100	10;5;25
405	反式-氯菊酯	*trans*-Permethin	551877-74-8	21.00	391.3/149.1;391.3/167.1	391.3/149.1	100	10;10
406	醚菊酯	Etofenprox	80844-07-1	19.73	394.0/177.0;394.0/359.0	394.0/177.0	100	15;5
407	苄草唑	Pyrazoxyfen	71561-11-0	14.30	403.2/91.1;403.2/105.1;403.2/139.1	403.2/91.1	140	25;20;20
408	嘧唑螨	Flubenzimine	37893-02-0	14.48	417.0/397.0;417.0/167.1	417.0/397.0	100	10;25
409	Z-氯氰菊酯	Zeta cypermethrin	52315-07-8	20.45	433.3/416.2;433.3/191.2	433.3/416.2	100	5;10
410	氟吡乙禾灵	Haloxyfop-2-ethoxyethyl	87237-48-7	17.65	434.1/316.0;434.1/288.0;434.1/91.2	434.1/316.0	120	15;20;45
411	S-氰戊菊酯	Esfenvalerate	66230-04-4	8.23	437.2/206.9;437.2/154.2	437.2/206.9	80	35;20
412	乙羧氟草醚	Fluoroglycofen-ethyl	77501-90-7	17.70	344.0/300.0;344.0/233.0	344.0/300.0	120	15;20
413	氟胺氰菊酯	*τ*-Fluvalinate	102851-06-9	19.58	503.2/181.2;503.2/208.1	503.2/181.2	80	25;15
414	丙烯酰胺	Acrylamide	79-06-1	0.73	72.0/55.0;72.0/27.0	72.0/55.0	100	10;10
415	叔丁胺	*tert*-Butylamine	75-64-9	0.65	74.1/46.0;74.1/56.8	74.1/46.0	120	5;5
416	噁霉灵	Hymexazol	10004-44-1	2.65	100.1/54.1;100.1/44.2;100.1/28.0	100.1/54.1	100	10;15;15
417	矮壮素氯化物	Chlormequat chloride	999-81-5	0.69	122.1/58.1;122.1/63.0	122.1/58.1	120	30;20
418	邻苯二甲酰亚胺	Phthalimide	85-41-6	0.74	148.0/130.1;148.0/102.0	148.0/130.1	100	10;25
419	甲氟磷	Dimefox	115-26-4	3.88	155.1/110.1;155.1/135.0	155.1/110.1	120	20;10
420	速灭威	Metolcarb	1129-41-5	6.50	166.2/109.0;166.2/97.1	166.2/109.0	80	15;50
421	联苯二胺	Diphenylamin	122-39-4	13.06	170.2/93.1;170.2/152.0	170.2/93.1	120	30;30
422	1-萘基乙酰胺	1-Naphthy acetamide	86-86-2	5.30	186.2/141.1;186.2/115.1	186.2/141.1	100	15;45
423	脱乙基阿特拉津	Atrazine-desethyl	6190-65-4	4.43	188.2/146.1;188.2/104.1	188.2/146.1	120	10;20
424	2,6-二氯苯甲酰胺	2,6-Dichlorobenzamide	2008-58-4	3.85	190.1/173.0;190.1/145.0	190.1/173.0	100	20;30
425	涕灭威	Aldicarb	116-06-3	5.42	213.0/89.0;213.0/116.0	213.0/89.0	100	30;10
426	避蚊酯	Dimethyl phthalate	131-11-3	3.50	217.0/86.0;217.0/156.0	217.0/86.0	100	15;5
427	杀虫脒盐酸盐	Chlordimeform hydrochloride	19750-95-9	4.00	197.2/117.1;197.2/89.1	197.2/117.1	120	25;50
428	西玛通	Simeton	673-04-1	3.94	198.2/100.1;198.2/128.2	198.2/100.1	120	25;20
429	呋虫胺	Dinotefuran	165252-70-0	3.06	203.3/129.2;203.3/87.1	203.3/129.2	80	5;10
430	克草敌	Pebulate	1114-71-2	16.05	204.2/72.1;204.2/128.0	204.2/72.1	100	10;10
431	活化酯	Acibenzolar-S-methyl	135158-54-2	10.00	211.1/91.0;211.1/136.0	211.1/91.0	120	20;30
432	蔬果磷	Dioxabenzofos	3811-49-2	10.15	217.0/77.1;217.0/107.1	217.0/77.1	100	40;30
433	杀线威	Oxamyl	23135-22-0	3.46	241.0/72.0;242.0/121.0	241.0/72.0	100	15;20
434	赛苯隆	Thidiazuron	51707-55-2	5.60	221.1/102.0;221.1/128	221.1/102.0	100	15;5
435	甲基苯噻隆	Methabenzthiazuron	18691-97-9	6.80	222.2/165.1;222.2/149.9	222.2/165.1	100	15;35

续表

序号	中文名称	英文名称	CAS	保留时间/min	定性离子	定量离子	源内碎裂电压/V	碰撞能量/V
436	丁酮砜威	Butoxycarboxim	34681-23-7	3.30	223.2/63.0;223.2/106.1	223.2/63.0	80	10;5
437	兹克威	Mexacarbate	315-18-4	4.00	233.2/151.2;233.2/166.2	233.2/151.2	100	15;10
438	甲基内吸磷亚砜	Demeton-S-methyl sulfoxide	301-12-2	3.42	247.1/109.0;247.1/169.1	247.1/109.0	80	20;10
439	久效威砜	Thiofanox sulfone	39184-59-3	7.30	251.1/57.2;251.1/76.1	251.1/57.2	80	5;5
440	硫环磷	Phosfolan	947-02-4	4.95	256.2/140.0;256.2/228.0	256.2/140.0	100	25;10
441	绿草定	Triclopyr	55335-06-3	17.70	256.2/146.0;256.2/212.0	256.2/146.0	100	20;5
442	硫赶内吸磷	Demeton-S	126-75-0	5.44	259.1/89.1;259.1/61	259.1/89.1	60	10;35
443	咪唑烟酸	Imazapyr	81334-34-1	5.00	260.0/173.0;260.0/216.0	260.0/173.0	80	15;5
444	氧倍硫磷	Fenthion oxon	6552-12-1	8.15	263.2/230.0;263.2/216.0	263.2/230.0	100	10;20
445	敌草胺	Napropamide	15299-99-7	12.45	272.2/171.1;272.2/129.2	272.2/171.1	120	15;15
446	杀螟硫磷	Fenitrothion	122-14-5	13.60	278.1/125.0;278.1/246.0	278.1/125.0	140	15;15
447	邻苯二甲酸二丁酯	Phthalic acid, dibutyl ester	84-74-2	17.50	279.2/149.0;279.2/121.1	279.2/149.0	80	10;45
448	异丙甲草胺	Metolachlor	51218-45-2	13.15	284.1/252.2;284.1/176.2	284.1/252.2	120	10;15
449	腐霉利	Procymidone	32809-16-8	13.33	284.0/256.0;284.0/145.0	284.0/256.0	140	10;45
450	蚜灭多	Vamidothion	2275-23-2	4.18	288.2/146.1;288.2/118.1	288.2/146.1	80	10;20
451	枯草隆	Chloroxuron	1982-47-4	9.00	291.2/72.1;291.2/218.1	291.2/72.1	120	20;30
452	威菌磷	Triamiphos	1031-47-6	6.58	295.2/135.1;295.2/92	295.2/135.1	100	25;35
453	右旋炔丙菊酯	Prallethrin	23031-36-9	7.25	301.0/105.0;301.0/169.0	301.0/105.0	80	5;20
454	可灭隆	Cumyluron	99485-76-4	11.70	303.3/185.1;303.3/125	303.3/185.1	100	5;45
455	甲氧咪草烟	Imazamox	114311-32-9	3.00	304.2/260.0;304.2/186.0	304.2/260.0	100	5;40
456	杀鼠灵	Warfarin	81-81-2	10.30	309.2/163.1;309.2/251.2	309.2/163.1	100	20;15
457	亚胺硫磷	Phosmet	732-11-6	11.14	318.0/160.1;318.0/133.0	318.0/160.1	80	10;35
458	皮蝇磷	Ronnel	299-84-3	17.70	320.9/125.0;320.9/288.8	320.9/125.0	120	10;10
459	除虫菊素	Pyrethrin	121-29-9	18.78	329.2/161.1;329.2/133.1	329.2/161.1	100	5;15
460	邻苯二甲酸二环己酯	Phthalic acid, biscyclohexyl ester	84-61-7	19.10	331.3/149.1;331.3/167.1;331.3/249.0	331.3/149.1	80	10;5;5
461	环丙酰菌胺	Carpropamid	104030-54-8	15.36	334.2/196.1;334.2/139.1	334.2/196.1	120	10;15
462	吡螨胺	Tebufenpyrad	119168-77-3	17.32	334.3/147.0;334.3/117.1	334.3/147	160	25;40
463	虫酰肼	Tebufenozide	112410-23-8	14.70	297.0/133.0;97.0/105.0	297.0/133.0	80	15;35
464	双胍辛胺乙酸盐	Iminoctadine triacetate	39202-40-9	3.18	356.3/314.3;356.3/297.4;356.3/322.4	356.3/314.3	160	20;25;25
465	虫螨磷	Chlorthiophos	60238-56-4	18.58	361.0/305.0;361/225	361.0/305.0	100	10;15
466	二溴磷	Naled	300-76-5	17.38	378.8/108.9;378.8/127.1	378.8/108.9	100	40;15
467	氯亚胺硫磷	Dialifos	10311-84-9	17.15	394.0/208.0;394.0/187.0	394.0/208.0	100	5;20
468	吲哚酮草酯	Cinidon-ethyl	142891-20-1	17.63	394.2/348.1;394.2/107.1	394.2/348.1	120	15;45
469	鱼藤酮	Rotenone	83-79-4	14.00	395.3/213.2;395.3/192.2	395.3/213.2	160	20;20
470	亚胺唑	Imibenconazole	86598-92-7	17.16	411.0/125.1;411.0/171.1;411.0/342.0	411.0/125.1	120	25;15;10

续表

序号	中文名称	英文名称	CAS	保留时间/min	定性离子	定量离子	源内碎裂电压/V	碰撞能量/V
471	噁草酸	Propaquiafop	111479-05-1	17.56	444.2/100.1;444.2/299.1	444.2/100.1	140	15;25
472	乳氟禾草灵	Lactofen	77501-63-4	18.23	479.1/344.0;479.1/223.0	479.1/344.0	120	15;35
473	2,3,4,5-四氯苯胺	2,3,4,5-Tetrachloroaniline	634-83-3	0.72	229.7/194.0;229.7/159.0	229.7/194.0	100	20;35
474	吡草酮	Benzofenap	82692-44-2	16.95	431.0/105.0;431.0/119.0	431.0/105.0	140	30;20
475	地乐酯	Dinoseb acetate	2813-95-8	0.75	283.1/89.2;283.1/133.1;283.1/177.2	283.1/89.2	120	10;10;10
476	嘧草醚	Pyriminobac-methyl(E)	147411-69-6	5.10	362.3/330;362.3/256	362.3/330	100	10;25
477	异丙草胺	Propisochlor	86763-47-5	15.00	284.0/224.0;284.0/212.0	284.0/224.0	80	5;15
478	氟硅菊酯	Silafluofen	105024-66-6	20.80	412.0/91.0;412.0/72.1	412.0/91.0	100	40;30
479	三苯基磷酸盐	Triphenyl phosphate	115-86-6	4.90	317.1/166.0;317.1/210	317.1/166	120	25;25
480	乙氧苯草胺	Etobenzanid	79540-50-4	15.65	340.0/149.0;340.0/121.1	340.0/149.0	120	20;30
481	四唑酰草胺	Fentrazamide	158237-07-1	16.00	372.1/219.0;372.1/83.2	372.1/219.0	200	5;35
482	五氯苯胺	Pentachloroaniline	527-20-8	14.30	285.0/99.1;285.0/127	285.0/99.1	100	15;5
483	丁硫克百威	Carbosulfan	55285-14-8	19.50	381.2/118.1;381.2/160.2	381.2/118.1	100	10;10
484	苯醚氰菊酯	Cyphenothrin	39515-40-7	19.40	376.2/151.2;376.2/123.2	376.2/151.2	100	5;15
485	狄氏剂	Dieldrin	60-57-1	3.91	377.0/333.0;377.0/221.2	377.0/333.0	100	5;35
486	噁唑隆	Dimefuron	34205-21-5	10.30	339.1/167;339.1/72.1	339.1/167.0	140	20;30
487	乙螨唑	Etoxazole	153233-91-1	3.36	360.2/141.1;360.2/304	360.2/141.1	100	30;15
488	马拉氧磷	Malaoxon	1364-78-2	13.80	331.0/99.0;331.0/127.0	331.0/99.0	120	20;5
489	杀螨醚砜	Chlorbenside sulfone	7082-99-7	9.86	299.0/235.0;299.0/125.0	299.0/235.0	100	5;25
490	多果定	Dodine	2439-10-3	7.46	228.2/57.3;228.2/60.1	228.2/57.3	160	25;20
491	丙烯硫脲	Propylene thiourea	2122-19-2	0.73	117.0/60.1;117.0/58.0	117.0/60.1	100	35;15
492	茅草枯	Dalapon	17040-19-6	0.60	140.8/58.8;140.8/62.9	140.8/58.8	100	10;15
493	乙烯利	Ethephon	16672-87-0	0.67	142.8/106.9;142.8/79.2	142.8/106.9	80	5;30
494	四氟丙酸	Flupropanate	756-09-2	0.97	144.9/81.0;144.9/101.5	144.9/81.0	100	15;5
495	2,6-二氟苯甲酸	2,6-Difluorobenzoic acid	385-00-2	0.73	153.0/93.1;158.0/113.0	153.0/93.1	60	20;5
496	三氯乙酸钠	Trichloroacetic acid sodium salt	650-51-1	0.74	160.9/116.9;160.9/95.9	160.9/116.9	120	7;29
497	叔丁基-4-羟基苯甲醚	tert-Butyl-4-hydroxyanisole	25013-16-5	1.96	163.2/147.9;163.2/107.0	163.2/147.0	120	19;19
498	邻苯基苯酚	2-Phenylphenol	90-43-7	9.78	169.0/115.0;169.0/93.0	169.0/115.0	140	35;20
499	3-苯基苯酚	3-Phenylphenol	580-51-8	9.78	169.0/115.0;169.0/141.1	169.0/115.0	140	35;35
500	二氯吡啶酸	Clopyralld	1702-17-6	2.14	190.0/146.0;190.0/74.0	190.0/146.0	60	5;45
501	4,6-二硝基邻甲酚	DNOC	534-52-1	4.19	197.1/180.0;197.1/108.9	197.1/180.0	120	15;20
502	调果酸	Cloprop	101-10-0	3.38	199.0/127.0;199.0/71.0	199.0/127.0	80	5;5
503	氯硝胺	Dicloran	99-30-9	8.82	205.1/169.3;205.1/123.2	205.1/169.3	120	15;30
504	氯氨吡啶酸	Aminopyralid	150114-71-9	4.29	205.0/160.7;205.0/125.0	205.0/160.7	80	5;10

续表

序号	中文名称	英文名称	CAS	保留时间/min	定性离子	定量离子	源内碎裂电压/V	碰撞能量/V
505	氯苯胺灵	Chlorpropham	101-21-3	12.55	212.0/152.0;212.0/57.0	212.0/152.0	80	5;20
506	2甲4氯丙酸	Mecoprop	93-65-2	4.46	213.1/141.0;213.1/71.0	213.1/141.0	80	5;5
507	特草定	Terbacil	5902-51-2	5.94	215.1/159.0;215.1/73.0	215.1/159.0	120	10;40
508	2,4-滴	2,4-D	94-75-7	4.28	218.9/161.0;218.9/125.0	218.9/161.0	80	5;20
509	麦草畏	Dicamba	1918-00-9	0.75	219.0/175.0;219.0/145.0	219.0/175.0	60	5;5
510	2甲4氯丁酸	MCPB	94-81-5	5.53	227.0/141.0;227.0/105.0	227.0/141.0	80	10;25
511	敌磺钠	Fenaminosulf	140-56-7	0.76	228.0/183.5;228.0/79.8	228.0/183.5	80	5;5
512	2,4-滴丙酸	Dichlorprop	15165-67-0	13.00	232.9/161.1;232.9/125.0	232.9/161.1	80	5;10
513	毒莠定	Picloram	1918-02-1	0.74	238.9/194.8;238.9/122.9	238.9/194.8	80	5;20
514	灭草松	Bentazone	25057-89-0	3.69	239.0/132.0;239.0/197.0	239.0/132.0	140	20;15
515	地乐酚	Dinoseb	88-85-7	6.13	239.0/193.0;239.0/163.0	239.0/193.0	120	22;25
516	草消酚	Dinoterb	1420-07-1	6.13	239.0/207.0;239.0/176.1	239.0/207.0	140	25;35
517	氯吡脲	Forchlorfenuron	68157-60-8	7.35	246.1/127.0;246.1/91.1	246.1/127.0	80	5;25
518	2,4-滴丁酸	2,4-DB	94-82-6	21.79	246.9/160.9;246.9/125.0	246.9/160.9	80	15;25
519	咯菌腈	Fludioxonil	131341-86-1	11.10	247.0/180.0;247.0/126.0	247.0/180.0	140	10;10
520	抗倒酯	Trinexapac-ethyl	95266-40-3	5.73	251.1/177.1;251.1/137.1	251.1/177.1	120	15;15
521	2,4,5-涕	2,4,5-T	93-76-5	2.63	253.0/195.0;253.0/158.9	253.0/195.0	80	5;25
522	氟草烟	Fluroxypyr	69377-81-7	2.63	252.9/195;252.9/232.5	252.9/195	80	5;5
523	杀螨醇	Chlorfenethol	80-06-8	11.81	265.0/96.7;265.0/152.7	265.0/96.7	120	15;5
524	2,4,5-涕丙酸	Fenoprop	93-72-1	1.83	267.0/194.5;267.0/77.1	267.0/194.5	120	15;20
525	环丙酸酰胺	Cyclanilide	113136-77-9	3.44	272.0/159.9;272.0/228.0	272.0/159.9	120	15;5
526	溴苯腈	Bromoxynil	1689-84-5	4.07	274.0/79.1;274.0/167.0	274.0/79.1	120	40;40
527	五氯酚	Pentachlorophenol	87-86-5	1.85	282.0/254.0;282.0/160.0	282.0/254.0	120	15;17
528	水胺硫磷	Isocarbophos	245-61-5	0.75	288.1/228.0;288.1/214	288.1/228.0	120	10;12
529	萘草胺	Naptalam	132-66-1	4.30	290.0/246.0;290.0/168.3	290.0/246.0	100	10;30
530	灭幼脲	Chlorbenzuron	57160-47-1	14.05	306.9/154.0;306.9/125.9	306.9/154.0	100	5;20
531	氯霉素	Chloramphenicolum	56-75-7	5.07	321.0/152.0;321.0/257.0	321.0/152.0	100	15;10
532	禾草灭	Alloxydim-sodium	66003-55-2	3.49	322.2/222.0;322.2/190.0	322.2/222.0	120	20;35
533	嘧草硫醚	Pyrithlobac sodium	123343-16-8	7.19	325.1/183.1;325.1/118.9	325.1/183.1	160	35;55
534	消螨通	Dinobuton	973-21-7	6.90	325.2/78.7;325.2/182.9	325.2/78.7	120	40;30
535	三氟硝草醚	Fluorodifen	15457-05-3	0.85	326.9/263.9;326.9/124.0	326.9/263.9	100	15;30
536	杀虫双	Dimehypo	7772-98-7	0.71	331.9/118.8;331.9/79.9	331.9/118.8	140	20;45
537	噁唑禾草灵	Fenoxaprop-ethyl	66441-23-4	5.82	332.0/151.9;332.0/260.0	332.0/151.9	100	15;5
538	氟吡草腙钠	Diflufenzopyr-sodium	109293-98-3	0.72	333.1/160.0;333.1/134.0;333.1/128.0	333.1/160.0	80	5;10;10
539	乙酰磺胺对硝基苯	Sulfanitran	122-16-7	5.77	334.0/137.0;334.0/197.0	334.0/137.0	120	28;29
540	甲基磺草酮	Mesotrion	104206-82-8	0.74	338.1/291.0;338.1/212.2	338.1/291.0	80	5;40

续表

序号	中文名称	英文名称	CAS	保留时间/min	定性离子	定量离子	源内碎裂电压/V	碰撞能量/V
541	安磺灵	Oryzalin	19044-88-3	14.04	345.0/281.1;345.0/146.9;345.0/78.1	345.0/281.1	120	10;10;5
542	赤霉素	Gibberellic acid	77-06-5	0.74	345.1/143.0;345.1/221.1;345.1/240.0	345.1/143.0	120	15;10;15
543	三氟羧草醚	Acifluorfen	50594-66-6	6.40	360.0/316.0;360.0/194.9	360.0/316.0	80	5;25
544	七氯	Heptachlor	76-44-8	0.55	369.2/233.1;369.2/301.0	369.2/233.1	100	10;5
545	三氯杀虫酯	Plifenate	21757-82-4	3.14	368.9/147.9;368.9/326.0	368.9/147.9	120	20;15
546	碘苯腈	Ioxynil	689-83-4	4.63	369.8/126.9;369.8/215.0	369.8/126.9	120	35;35
547	噁唑菌酮	Famoxadone	131807-57-3	16.52	373.0/282.0;373.0/328.9	373.0/282.0	120	20;15
548	甲磺隆	Metsulfuron-methyl	74223-64-6	4.35	380.0/138.9;380.0/107.1	380.0/138.9	100	20;50
549	磺酰唑草酮	Sulfentrazone	122836-35-5	6.54	385.0/307.0;385.0/199.3	385.0/307.0	100	25;40
550	吡氟酰草胺	Diflufenican	83164-33-4	17.30	393.1/329.1;393.1/272.0	393.1/329.1	100	10;10
551	乙虫清	Ethiprole	181587-01-9	10.74	394.9/331.1;394.9/250.0	394.9/331.1	100	5;25
552	丙苯磺隆	Propoxycarbazone-sodium	181274-15-7	5.05	397.1/156.1;397.1/113.0	397.1/156.1	80	5;10
553	啶嘧磺隆	Flazasulfuron	104040-78-0	4.84	406.1/250.9;406.1/153.8	406.1/250.9	100	10;20
554	磺菌胺	Flusulfamide	106917-52-6	11.15	413.0/171.0;413.0/179.0	413.0/171.0	160	40;40
555	硫丹硫酸盐	Endosulfan-sulfate	1031-07-8	4.08	418.8/113.0;418.8/97.0	418.8/113.0	80	20;25
556	环丙嘧磺隆	Cyclosulfamuron	136849-15-5	7.60	420.2/238.8;420.2/265.4	420.2/238.8	100	10;5
557	嗪胺灵	Triforine	26644-46-2	0.59	431.0/231.1;431.0/116.9	431.0/231.1	120	12;17
558	氯吡嘧磺隆	Halosulfuron-methyl	100784-20-1	4.70	432.9/252.1;432.9/153.7	432.9/252.0	120	15;30
559	氟磺胺草醚	Fomesafen	72178-02-0	7.13	437.0/195.1;437.0/222.1	437.0/195.1	140	40;40
560	叶枯酞	Tecloftalam	76280-91-6	0.99	444.0/400.0;444.0/212.9	444.0/400.0	120	8;17
561	氟啶胺	Fluazinam	79622-59-6	17.25	462.9/415.9;462.9/398.0	462.9/415.9	120	20;15
562	啶蜱脲	Fluazuron	86811-58-7	18.19	504.2/305.1;504.2/156.0	504.2/305.1	120	11;13
563	甲基碘磺隆	Iodosulfuron-methyl	144550-36-7	4.48	505.9/139.0;505.9/308.0	505.9/139.0	120	25;15
564	虱螨脲	Lufenuron	103055-07-8	18.15	508.9/339.1;508.9/326.0;508.9/174.8	508.9/339.1	100	5;5;5
565	噻氟菌胺	Thifluzamide	130000-40-7	0.74	525.0/166.0;525.0/125.0	525.0/166.0	120	20;40
566	克来范	Kelevan	4234-79-1	19.50	628.1/169.0;628.1/422.6	628.1/169.0	120	24;22
567	氟丙菊酯	Acrinathrin	101007-06-1	19.60	540.0/345.0;540.0/372.0	540.0/345.0	120	15;5
568	甲基碘磺隆	Iodosulfuron-methyl	185119-76-0	4.48	506.0/139.0;506.0/307.0	506.0/139.0	120	25;15
569	八氯苯乙烯	Octachlorostyrene	29082-74-4	19.85	374.9/290.2;374.9/246.0	374.9/290.2	80	10;10

11.1.9 LC-TOF-MS 分析 492 种农药化学品精确质量数、保留时间、母离子和碰撞能量等参数

LC-TOF-MS 分析的 492 种农药化学品精确质量数、保留时间、母离子和碰撞能量等参数见表 11-11。

表 11-11 LC-TOF-MS 分析的 492 种农药化学品精确质量数、保留时间、母离子和碰撞能量等参数

序号	中文名称	英文名称	CAS	分子式	精确质量数	得分值	精确质量数偏差	ESI −	ESI +	保留时间/min	母离子	离子化形式	碰撞能量/V	碰撞能量采集范围/V
1	1-萘基乙酰胺	1-Naphthyl acetamide	86-86-2	$C_{12}H_{11}NO$	185.0841	99.8	−1.0		X	4.57	186.0912	$[M+H]^+$	10	5~20
2	2,4-滴	2,4-D	94-75-7	$C_8H_6Cl_2O_3$	219.9694	98.6	1.6	X		3.25	218.9625	$[M-H]^-$	5	5~20
3	2,6-二氯苯甲酰胺	2,6-Dichlorobenzamide	2008-58-4	$C_7H_5Cl_2NO$	188.9748	93.3	−0.8		X	3.24	189.9819	$[M+H]^+$	20	5~20
4	3,4,5-混杀威	3,4,5-Trimethacarb	2686-99-9	$C_{11}H_{15}NO_2$	193.1103	90.5	−6.4		X	7.37	194.1163	$[M+H]^+$	5	5~20
5	6-氯-4-羟基-3-苯基哒嗪	6-Chloro-4-hydroxy-3-phenyl-pyridazin	40020-01-7	$C_{10}H_7ClN_2O$	206.0247	97.8	3.2		X	4.03	207.0326	$[M+H]^+$	30	20~35
6	啶虫脒	Acetamiprid	160430-64-8	$C_{10}H_{11}ClN_4$	222.0672	97.8	−1.9		X	4.05	223.0743	$[M+H]^+$	15	10~25
7	乙草胺	Acetochlor	34256-82-1	$C_{14}H_{20}ClNO_2$	269.1183	98.4	1.8		X	12.76	270.1260	$[M+H]^+$	10	5~20
8	苯草醚	Aclonifen	74070-46-5	$C_{12}H_9ClN_2O_3$	264.0302	94.6	−0.2		X	13.91	265.0373	$[M+H]^+$	15	5~20
9	阿苯哒唑	Albendazole	54965-21-8	$C_{12}H_{15}N_3O_2S$	265.0885	96.8	−2.2		X	6.37	266.0952	$[M+H]^+$	15	5~20
10	涕灭威	Aldicarb+	116-06-3	$C_7H_{14}N_2O_2S$	190.0776	90.7	−4.0		X	4.75		$[M+Na]^+$		
11	涕灭威砜	Aldicarb sulfone	1646-88-4	$C_7H_{14}N_2O_4S$	222.0674	99.8	−0.5		X	2.66	223.0739	$[M+H]^+$	5	5~20
12	4-十二烷基-2,6-二甲基吗啉	Aldimorph※	1704-28-5	$C_{18}H_{37}NO$	283.2875	97.5	−2.7		X	11.70	284.2941	$[M+H]^+$	35	25~40
13	二丙烯草胺	Allidochlor	93-71-0	$C_8H_{12}ClNO$	173.0607	90.4	−0.4		X	5.07	174.0679	$[M+H]^+$	10	5~20
14	莠灭净	Ametryn※	834-12-8	$C_9H_{17}N_5S$	227.1205	94.2	−3.5		X	6.87	228.1273	$[M+H]^+$	25	10~25
15	赛硫磷	Amidithion	919-76-6	$C_7H_{16}NO_4PS_2$	273.0258	97.8	0.8		X	4.40	274.0333	$[M+H]^+$	10	5~20
16	酰嘧磺隆	Amidosulfuron	120923-37-7	$C_9H_{15}N_5O_5S_2$	369.0413	97.9	−1.3		X	6.17	370.0480	$[M+H]^+$	10	5~20
17	灭害威	Aminocarb	2032-59-9	$C_{11}H_{16}N_2O_2$	208.1212	94.8	−3.9		X	2.01	209.1276	$[M+H]^+$	10	5~20
18	氯氨吡啶酸	Aminopyralid	150114-71-9	$C_6H_4Cl_2N_2O_2$	205.9650	98.0	1.4		X	1.62	206.9726	$[M+H]^+$	10	5~20
19	莎稗磷	Anilofos	64249-01-0	$C_{13}H_{19}ClNO_3PS_2$	367.0233	99.0	−1.5		X	14.94	368.0299	$[M+H]^+$	10	5~20
20	丙硫特普	Aspon	3244-90-4	$C_{12}H_{28}O_5P_2S_2$	378.0853	99.0	1.0		X	19.03	379.0927	$[M+H]^+$	10	5~20
21	磺草灵	Asulam	3337-71-1	$C_8H_{10}N_2O_4S$	230.0361	95.6	−2.9		X	2.77	231.0430	$[M+H]^+$	5	5~20
22	乙基杀扑磷	Athidathion	19691-80-6	$C_8H_{15}N_2O_4PS_3$	329.9932	98.4	2.1		X	13.46	331.0012	$[M+H]^+$	5	5~20
23	阿特拉通	Atratone	1610-17-9	$C_9H_{17}N_5O$	211.1433	94.7	−4.3		X	3.74	212.1497	$[M+H]^+$	25	15~30
24	阿特拉津	Atrazine※	1912-24-9	$C_8H_{14}ClN_5$	215.0938	90.1	−4.5		X	6.50	216.1001	$[M+H]^+$	25	10~25

序号	中文名称	英文名称	CAS	分子式	精确质量数	得分值	精确质量数偏差	ESI−	ESI+	保留时间/min	母离子	离子化形式	碰撞能量/V	碰撞能量采集范围/V
25	脱乙基阿特拉津	Atrazine-desethyl	6190-65-4	$C_6H_{10}ClN_5$	187.0625	96.9	−1.9		×	3.78	188.0694	$[M+H]^+$	20	10~25
26	皮环唑	Azaconazole※	60207-31-0	$C_{12}H_{11}Cl_2N_3O_2$	299.0228	99.8	6.9		×	6.91	300.0303	$[M+H]^+$	15	10~25
27	甲基吡噁磷	Azamethiphos※	35575-96-3	$C_9H_{10}ClN_2O_5PS$	323.9737	99.1	−0.4		×	5.41	324.9808	$[M+H]^+$	10	5~20
28	益棉磷	Azinphos-ethyl	2642-71-9	$C_{12}H_{16}N_3O_3PS_2$	345.0371	98.5	−1.3		×	13.40	346.0439	$[M+H]^+$	15	5~20
29	保棉磷	Azinphos-methyl	86-50-0	$C_{10}H_{12}N_3O_3PS_2$	317.0058	96.7	−0.6		×	9.63	318.0138	$[M+H]^+$	5	5~20
30	叠氮津	Aziprotryne※	4658-28-0	$C_7H_{11}N_7S$	225.0797	91.1	−1.1		×	9.80	226.0867	$[M+H]^+$	10	5~20
31	嘧菌酯	Azoxystrobin	131860-33-8	$C_{22}H_{17}N_3O_5$	403.1168	96.2	1.0		×	11.30	404.1245	$[M+H]^+$	10	5~20
32	苯霜灵	Benalaxyl	71626-11-4	$C_{20}H_{23}NO_3$	325.1678	84.6	−0.9		×	14.23	326.1748	$[M+H]^+$	10	5~20
33	恶虫威	Bendiocarb※	22781-23-3	$C_{11}H_{13}NO_4$	223.0845	93.0	2.7		×	5.88	224.0923	$[M+H]^+$	5	5~20
34	麦锈灵	Benodanil※	15310-01-7	$C_{13}H_{10}INO$	322.9807	99.7	−0.7		×	8.51	323.9878	$[M+H]^+$	20	10~25
35	解草嗪	Benoxacor	98730-04-2	$C_{11}H_{11}Cl_2NO_2$	259.0167	98.9	2.0		×	9.98	260.0245	$[M+H]^+$	20	15~30
36	苄嘧磺隆	Bensulfuron-methyl	83055-99-6	$C_{16}H_{18}N_4O_7S$	410.0896	95.6	−2.4		×	7.96	411.0960	$[M+H]^+$	15	5~20
37	地散磷	Bensulide※	741-58-2	$C_{14}H_{24}NO_4PS_3$	397.0605	99.5	0.5		×	15.32	398.0679	$[M+H]^+$	5	5~20
38	杀虫磺	Bensultap※	17606-31-4	$C_{17}H_{21}NO_4S_4$	431.0353	94.0	−1.7		×	7.71	432.0419	$[M+H]^+$	25	15~30
39	吡草酮	Benzofenap	82692-44-2	$C_{22}H_{20}Cl_2N_2O_3$	430.0851	98.2	2.0		×	16.34	431.0931	$[M+H]^+$	15	10~25
40	苯螨特	Benzoximate※	29104-30-1	$C_{18}H_{18}ClNO_5$	363.0874	95.1	−1.1		×	16.47	364.0951	$[M+H]^+$	5	5~20
41	新燕灵	Benzoylprop-ethyl	22212-55-1	$C_{18}H_{17}Cl_2NO_3$	365.0586	98.2	−0.8		×	15.36	366.0656	$[M+H]^+$	5	5~20
42	苄基腺嘌呤	Benzyladenine	1214-39-7	$C_{12}H_{11}N_5$	225.1015	93.3	−4.3		×	3.30	226.1078	$[M+H]^+$	15	10~25
43	联苯肼酯	Bifenazate	149877-41-8	$C_{17}H_{20}N_2O_3$	300.1474	95.5	−2.1		×	12.39	301.1553	$[M+H]^+$	5	5~20
44	生物烯丙菊酯	Bioallethrin	584-79-2	$C_{19}H_{26}O_3$	302.1882	98.7	0.3		×	17.59	303.1951	$[M+H]^+$	5	5~20
45	生物苄呋菊酯	Bioresmethrin※	28434-01-7	$C_{22}H_{26}O_3$	338.1882	99.6	0.3		×	19.22	339.1956	$[M+H]^+$	15	5~20
46	联苯三唑醇	Bitertanol	55179-31-2	$C_{20}H_{23}N_3O_2$	337.1790	95.9	−2.6		×	12.88	338.1854	$[M+H]^+$	5	5~20
47	除草定	Bromacil※	314-40-9	$C_9H_{13}BrN_2O_2$	260.0160	99.3	0.0		×	4.93	261.0232	$[M+H]^+$	5	5~20
48	溴苯烯磷	Bromfenvinfos	33399-00-7	$C_{12}H_{14}BrCl_2O_4P$	401.9190	99.3	−0.8		×	14.25	402.9265	$[M+H]^+$	5	5~20
49	溴丁酰草胺	Bromobutide	74712-19-9	$C_{15}H_{22}BrNO$	311.0885	99.7	0.4		×	13.92	312.0959	$[M+H]^+$	5	5~20

续表

序号	中文名称	英文名称	CAS	分子式	精确质量数	得分值	精确质量数偏差	ESI −	ESI +	保留时间/min	母离子	离子化形式	碰撞能量/V	碰撞能量采集范围/V
50	乙基溴硫磷	Bromophos-ethyl※	4824-78-6	$C_{10}H_{12}BrCl_2O_3PS$	391.8805	98.9	0.9		X	18.88	392.8885	$[M+H]^+$	5	5~20
51	溴莠敏	Brompyrazon	3042-84-0	$C_{10}H_8BrN_3O$	264.9851	97.9	−2.3		X	3.89	265.9923	$[M+H]^+$	35	20~35
52	糠菌唑	Bromuconazole	116255-48-2	$C_{13}H_{12}BrCl_2N_3O$	374.9541	99.5	−0.7		X	10.50	375.9609	$[M+H]^+$	20	10~25
53	乙嘧酚磺酸酯	Bupirimate	41483-43-6	$C_{13}H_{24}N_4O_3S$	316.1569	95.8	−2.1		X	12.96	317.1635	$[M+H]^+$	25	15~30
54	噻嗪酮	Buprofezin	69327-76-0	$C_{16}H_{23}N_3OS$	305.1562	92.8	−3.2		X	13.56	306.1625	$[M+H]^+$	10	5~20
55	丁草胺	Butachlor※	23184-66-9	$C_{17}H_{26}ClNO_2$	311.1652	95.5	−1.2		X	17.61	312.1727	$[M+H]^+$	10	5~20
56	氟丙嘧草酯	Butafenacil	134605-64-4	$C_{20}H_{18}ClF_3N_2O_6$	474.0806	95.1	2.9		X	14.33	492.1157	$[M+NH_4]^+$	10	5~20
57	抑草磷	Butamifos	36335-67-8	$C_{13}H_{21}N_2O_4PS$	332.0960	99.3	0.6		X	16.62	333.1035	$[M+H]^+$	5	5~20
58	丁酮威	Butocarboxim※	34681-10-2	$C_7H_{14}N_2O_2S$	190.0776	96.9	−1.6		X	4.48		$[M+Na]^+$		
59	丁酮威亚砜	Butocarboxim-sulfoxide	34681-24-8	$C_7H_{14}N_2O_3S$	206.0725	96.0	−3.7		X	2.24	207.0789	$[M+H]^+$	5	5~20
60	丁酮砜威	Butoxycarboxim※	34681-23-7	$C_7H_{14}N_2O_4S$	222.0674	99.8	−0.5		X	2.66	223.0745	$[M+H]^+$	5	5~20
61	仲丁灵	Butralin	33629-47-9	$C_{14}H_{21}N_3O_4$	295.1532	99.3	0.2		X	18.28	296.1605	$[M+H]^+$	10	5~20
62	丁草敌	Butylate※	2008-41-5	$C_{11}H_{23}NOS$	217.1500	97.6	3.6		X	16.77	218.1581	$[M+H]^+$	10	5~20
63	硫线磷	Cadusafos	95465-99-9	$C_{10}H_{23}O_2PS_2$	270.0877	94.6	−3.5		X	14.78	271.0940	$[M+H]^+$	10	5~20
64	苯酮唑	Cafenstrole	125306-83-4	$C_{16}H_{22}N_4O_3S$	350.1413	98.9	1.3		X	12.94	351.1491	$[M+H]^+$	5	5~20
65	甲萘威	Carbaryl	63-25-2	$C_{12}H_{11}NO_2$	201.0790	99.8	−0.2		X	6.40	202.0862	$[M+H]^+$	5	5~20
66	多菌灵	Carbendazim	10605-21-7	$C_9H_9N_3O_2$	191.0695	90.3	−3.3		X	2.42	192.0761	$[M+H]^+$	15	5~20
67	双酰草胺	Carbetamide	16118-49-3	$C_{12}H_{16}N_2O_3$	236.1161	97.3	−1.7		X	4.75	237.1229	$[M+H]^+$	5	5~20
68	克百威	Carbofuran+	1563-66-2	$C_{12}H_{15}NO_3$	221.1052	92.0	−3.6		X	5.96	222.1117	$[M+H]^+$	10	5~20
69	3-羟基-呋喃丹	Carbofuran-3-hydroxy	16655-82-6	$C_{12}H_{15}NO_4$	237.1001	96.8	0.1		X	3.67	238.1074	$[M+H]^+$	5	5~20
70	三硫磷	Carbophenothion※	786-19-6	$C_{11}H_{16}ClO_2PS_3$	341.9739	98.8	1.6		X	18.27	342.9817	$[M+H]^+$	15	5~20
71	萎锈灵	Carboxin	5234-68-4	$C_{12}H_{13}NO_2S$	235.0667	94.8	−4.5		X	6.63	236.0729	$[M+H]^+$	5	5~20
72	唑酮草酯	Carfentrazone-ethyl	128621-72-7	$C_{15}H_{14}Cl_2F_3N_3O_3$	411.0364	99.4	−0.1		X	14.39	412.0436	$[M+H]^+$	15	5~20
73	环丙酰菌胺	Carpropamid	104030-54-8	$C_{15}H_{18}Cl_3NO$	333.0454	98.8	−0.8		X	14.77	334.0524	$[M+H]^+$	5	5~20
74	杀螟丹	Cartap※	15263-53-2	$C_7H_{15}N_3O_2S_2$	237.0606	94.5	−2.5		X	0.85	238.0676	$[M+H]^+$	15	5~20

续表

序号	中文名称	英文名称	CAS	分子式	精确质量数	得分值	精确质量数偏差	ESI −	ESI +	保留时间/min	母离子	离子化形式	碰撞能量/V	碰撞能量采集范围/V
75	杀虫脒	Chlordimeform△	6164-98-3	$C_{10}H_{13}ClN_2$	196.0767	96.6	−2.6		X	3.43	197.0835	$[M+H]^+$	20	15~30
76	毒虫畏	Chlorfenvinphos※	470-90-6	$C_{12}H_{14}Cl_3O_4P$	357.9695	99.3	0.3		X	13.85	358.9762	$[M+H]^+$	5	5~20
77	氯草敏	Chloridazon	1698-60-8	$C_{10}H_8ClN_3O$	221.0356	94.8	−3.7		X	3.74	222.0427	$[M+H]^+$	30	20~35
78	氯嘧磺隆	Chlorimuron-ethyl	90982-32-4	$C_{15}H_{15}ClN_4O_6S$	414.0401	99.3	−0.6		X	10.92	415.0474	$[M+H]^+$	10	5~20
79	绿麦隆	Chlorotoluron	15545-48-9	$C_{10}H_{13}ClN_2O$	212.0716	94.8	−3.7		X	6.24	213.0781	$[M+H]^+$	15	5~20
80	枯草隆	Chloroxuron※	1982-47-4	$C_{15}H_{15}ClN_2O_2$	290.0822	94.9	−2.4		X	10.26	291.0887	$[M+H]^+$	15	10~25
81	氯辛硫磷	Chlorphoxim	14816-20-7	$C_{12}H_{14}ClN_2O_3PS$	332.0151	97.0	0.4		X	16.55	333.0225	$[M+H]^+$	5	5~20
82	毒死蜱	Chlorpyrifos-ethyl	2921-88-2	$C_9H_{11}Cl_3NO_3PS$	348.9263	98.0	−0.4		X	17.83	349.9334	$[M+H]^+$	10	5~20
83	甲基毒死蜱	Chlorpyrifos-methyl	5598-13-0	$C_7H_7Cl_3NO_3PS$	320.8950	99.0	1.7		X	7.88	321.9028	$[M+H]^+$	15	5~20
84	氯磺隆	Chlorsulfuron	64902-72-3	$C_{12}H_{12}ClN_5O_4S$	357.0299	99.6	−0.1		X	6.27	358.0372	$[M+H]^+$	10	5~20
85	虫螨磷	Chlorthiophos※	60238-56-4	$C_{11}H_{15}Cl_2O_3PS_2$	359.9577	99.7	0.4		X	18.27	360.9648	$[M+H]^+$	10	5~20
86	环虫酰肼	Chromafenozide	143807-66-3	$C_{24}H_{30}N_2O_3$	394.2256	97.2	−1.5		X	13.12	395.2326	$[M+H]^+$	5	5~20
87	环庚草醚	Cinmethylin	87818-31-3	$C_{18}H_{26}O_2$	274.1933	99.9	0.0		X	17.33	275.2006	$[M+H]^+$	5	5~20
88	醚磺隆	Cinosulfuron※	94593-91-6	$C_{15}H_{19}N_5O_7S$	413.1005	96.5	−2.2		X	5.79	414.1070	$[M+H]^+$	10	5~20
89	烯草酮	Clethodim	99129-21-2	$C_{17}H_{26}ClNO_3S$	359.1322	90.2	0.5		X	17.01	360.1396	$[M+H]^+$	10	5~20
90	游离炔草酸	Clodinafop free acid	114420-56-3	$C_{14}H_{11}ClFNO_4$	311.0361	99.9	−0.4		X	8.46	312.0432	$[M+H]^+$	15	5~20
91	炔草酯	Clodinafop-propargyl	105512-06-9	$C_{17}H_{13}ClFNO_4$	349.0517	96.8	−1.4		X	15.27	350.0586	$[M+H]^+$	15	5~20
92	四螨嗪	Clofentezine	74115-24-5	$C_{14}H_8Cl_2N_4$	302.0126	93.0	−0.3		X	15.52	303.0200	$[M+H]^+$	5	5~20
93	异噁草松	Clomazone	81777-89-1	$C_{12}H_{14}ClNO_2$	239.0713	99.6	1.6		X	8.08	240.0791	$[M+H]^+$	15	5~20
94	氯甲酰草胺	Clomeprop	84496-56-0	$C_{16}H_{15}Cl_2NO_2$	323.04798	97.4	2.7		X	16.71	324.0562	$[M+H]^+$	15	5~20
95	解草酯	Cloquintocet-mexyl	99607-70-2	$C_{18}H_{22}ClNO_3$	335.1288	93.3	−2.5		X	16.62	336.1352	$[M+H]^+$	15	5~20
96	氯酯磺草胺	Cloransulam-methyl	147150-35-4	$C_{15}H_{13}ClFN_5O_5S$	429.0310	96.3	−1.2		X	7.87	430.0377	$[M+H]^+$	10	5~20
97	噻虫胺	Clothianidin	210880-92-5	$C_6H_8ClN_5O_2S$	249.0087	99.4	−0.1		X	3.61	250.0160	$[M+H]^+$	5	5~20
98	巴毒磷	Crotoxyphos	7700-17-6	$C_{14}H_{19}O_6P$	314.0919	99.7	0.7		X	9.82	332.1259	$[M+NH_4]^+$	5	5~20
99	育畜磷	Crufomate	299-86-5	$C_{12}H_{19}ClNO_3P$	291.0791	99.7	−0.6		X	10.92	292.0862	$[M+H]^+$	20	10~25

续表

序号	中文名称	英文名称	CAS	分子式	精确质量数	得分值	精确质量数偏差	ESI −	ESI +	保留时间/min	母离子	离子化形式	碰撞能量/V	碰撞能量采集范围/V
100	可灭隆	Cumyluron	99485-76-4	$C_{17}H_{19}ClN_2O$	302.1186	95.5	−2.7		X	10.96	303.1265	$[M+H]^+$	10	5~20
101	氰草津	Cyanazine※	21725-46-2	$C_9H_{13}ClN_6$	240.0890	95.9	−1.1		X	5.32	241.0960	$[M+H]^+$	20	10~25
102	环草敌	Cycloate※	1134-23-2	$C_{11}H_{21}NOS$	215.1344	92.5	0.6		X	15.51	216.1418	$[M+H]^+$	15	5~20
103	环丙嘧磺隆	Cyclosulfamuron	136849-15-5	$C_{17}H_{19}N_5O_6S$	421.1056	99.8	0.3		X	12.39	422.1130	$[M+H]^+$	10	10~25
104	环莠隆	Cycluron※	2163-69-1	$C_{11}H_{22}N_2O$	198.1732	94.1	−4.9		X	6.55	199.1795	$[M+H]^+$	20	5~20
105	环氟菌胺	Cyflufenamid	180409-60-3	$C_{20}H_{17}F_5N_2O_2$	412.1210	99.9	0.1		X	16.71	413.1283	$[M+H]^+$	10	10~25
106	环丙津	Cyprazine	22936-86-3	$C_9H_{14}ClN_5$	227.0938	94.9	−1.7		X	6.52	228.1007	$[M+H]^+$	20	10~25
107	环丙唑醇	Cyproconazole	94361-06-5	$C_{15}H_{18}ClN_3O$	291.1138	96.0	−1.5		X	9.41	292.1206	$[M+H]^+$	15	5~20
108	嘧菌环胺	Cyprodinil	121552-61-2	$C_{14}H_{15}N_3$	225.1266	96.0	−3.5		X	8.14	226.1331	$[M+H]^+$	40	25~40
109	灭蝇胺	Cyromazine	66215-27-8	$C_6H_{10}N_6$	166.0967	92.6	−5.2		X	1.64	167.1037	$[M+H]^+$	25	15~30
110	丁酰肼	Daminozide	1596-84-5	$C_6H_{12}N_2O_3$	160.0848	95.9	−4.8		X	0.87	161.0913	$[M+H]^+$	10	5~20
111	棉隆	Dazomet	533-74-4	$C_5H_{10}N_2S_2$	162.0285	98.6	2.6		X	3.03	163.0362	$[M+H]^+$	15	5~20
112	内吸磷 S	Demeton-S	126-75-0	$C_8H_{19}O_3PS_2$	258.0513	95.6	−2.9		X	7.66	259.0586	$[M+H]^+$	5	5~20
113	内吸磷亚砜	Demeton-S sulfoxide	2496-92-6	$C_8H_{19}O_4PS_2$	274.0462	95.4	−2.4		X	3.65	275.0529	$[M+H]^+$	10	5~20
114	甲基内吸磷	Demeton-S-methyl※	919-86-8	$C_6H_{15}O_3PS_2$	230.0200	99.7	0.8		X	5.40		$[M+Na]^+$		
115	甲基内吸磷砜	Demeton-S-methyl sulfone	17040-19-6	$C_6H_{15}O_5PS_2$	262.0099	98.4	−0.6		X	3.16	263.0174	$[M+H]^+$	15	5~20
116	甲基内吸磷亚砜	Demeton-S-methyl sulfoxide	301-12-2	$C_6H_{15}O_4PS_2$	246.0149	97.1	−2.4		X	2.74	247.0215	$[M+H]^+$	10	5~20
117	脱氨基苯嗪草酮	Desamino-metamitron	36993-94-9	$C_{10}H_9N_3O$	187.0746	99.3	−4.8		X	3.28	188.0809	$[M+H]^+$	25	10~25
118	脱乙基莠丁津	Desethyl-sebuthylazine	37019-18-4	$C_7H_{12}ClN_5$	201.0781	99.7	−0.2		X	4.59	202.0853	$[M+H]^+$	20	5~20
119	脱异丙基阿特拉津	Desisopropyl-atrazine	1007-28-9	$C_5H_8ClN_5$	173.0468	95.8	−0.2		X	3.05	174.0540	$[M+H]^+$	25	10~25
120	甜菜胺	Desmedipham	13684-56-5	$C_{16}H_{16}N_2O_4$	300.1110	99.9	0.5		X	9.46	301.1183	$[M+H]^+$	5	5~20
121	脱甲基氟草敏	Desmethyl-norflurazon	23576-24-1	$C_{11}H_7ClF_3N_3O$	289.0230	98.9	2.0		X	6.13	290.0308	$[M+H]^+$	30	15~30
122	脱甲基抗蚜威	Desmethyl-pirimicarb	30614-22-3	$C_{10}H_{16}N_4O_2$	224.1273	95.9	−3.2		X	3.31	225.1339	$[M+H]^+$	10	5~20
123	敌草净	Desmetryn	1014-69-3	$C_8H_{15}N_5S$	213.1048	89.4	−3.8		X	4.24	214.1112	$[M+H]^+$	25	10~25
124	丁醚脲	Diafenthiuron※	80060-09-9	$C_{23}H_{32}N_2OS$	384.2235	97.7	−0.6		X	18.64	385.2305	$[M+H]^+$	20	10~25

续表

序号	中文名称	英文名称	CAS	分子式	精确质量数	得分值	精确质量数偏差	ESI −	ESI +	保留时间/min	母离子	离子化形式	碰撞能量/V	碰撞能量采集范围/V
125	氯亚胺硫磷	Dialifos※	10311-84-9	$C_{14}H_{17}ClNO_4PS_2$	393.0025	99.1	1.1		X	16.61	394.0103	$[M+H]^+$	5	5~20
126	燕麦敌	Diallate	2303-16-4	$C_{10}H_{17}Cl_2NOS$	269.0408	96.6	2.0		X	16.83	270.0485	$[M+H]^+$	15	5~20
127	二嗪磷	Diazinon	333-41-5	$C_{12}H_{21}N_2O_3PS$	304.1011	96.6	−1.8		X	15.05	305.1089	$[M+H]^+$	20	10~25
128	畜虫避	Dibutyl succinate	141-03-7	$C_{12}H_{22}O_4$	230.1518	98.9	−0.6		X	14.33	231.1593	$[M+H]^+$	5	5~20
129	除线磷	Dichlofenthion※	97-17-6	$C_{10}H_{13}Cl_2O_3PS$	313.9700	99.1	1.0		X	17.75	314.9776	$[M+H]^+$	15	5~20
130	苄氯三唑醇	Diclobutrazole※	75736-33-3	$C_{15}H_{19}Cl_2N_3O$	327.0905	99.9	0.0		X	11.81	328.0978	$[M+H]^+$	15	5~20
131	氯硝胺	Dicloran	99-30-9	$C_6H_4Cl_2N_2O_2$	205.9650	97.9	−1.4	X		7.89	204.9574	$[M−H]^-$	35	25~40
132	双氯磺草胺	Diclosulam	145701-21-9	$C_{13}H_{10}Cl_2FN_5O_3S$	404.9865	99.8	0.2		X	8.35	405.9939	$[M+H]^+$	10	5~20
133	百治磷	Dicrotophos※	141-66-2	$C_8H_{16}NO_5P$	237.0766	96.2	−2.6		X	3.16	238.0832	$[M+H]^+$	10	10~25
134	乙霉威	Diethofencarb	87130-20-9	$C_{14}H_{21}NO_4$	267.1471	99.1	−0.8		X	9.73	268.1541	$[M+H]^+$	5	5~20
135	避蚊胺	Diethyltoluamide	134-62-3	$C_{12}H_{17}NO$	191.1310	96.7	−5.5		X	6.81	192.1373	$[M+H]^+$	20	10~25
136	苯醚甲环唑	Difenoconazole	119446-68-3	$C_{19}H_{17}Cl_2N_3O_3$	405.0647	99.6	0.3		X	14.73	406.0721	$[M+H]^+$	15	10~25
137	枯莠隆	Difenoxuron※	14214-32-5	$C_{16}H_{18}N_2O_3$	286.1317	95.3	−2.8		X	7.15	287.1381	$[M+H]^+$	15	10~25
138	吡氟酰草胺	Diflufenican	83164-33-4	$C_{19}H_{11}F_5N_2O_2$	394.0741	98.2	1.8	X		16.41	393.0675	$[M−H]^-$	15	5~20
139	甲氟磷	Dimefox※	115-26-4	$C_4H_{12}FN_2OP$	154.0671	97.0	−4.3		X	3.21	155.0737	$[M+H]^+$	20	10~25
140	噁唑隆	Dimefuron※	34205-21-5	$C_{15}H_{19}ClN_4O_3$	338.1146	98.6	−1.0		X	8.23	339.1218	$[M+H]^+$	20	10~25
141	脒草丹	Dimepiperate※	61432-55-1	$C_{15}H_{21}NOS$	263.1344	95.4	1.1		X	16.14	264.1419	$[M+H]^+$	5	5~20
142	二甲草胺	Dimethachlor	50563-36-5	$C_{13}H_{18}ClNO_2$	255.1026	94.3	1.1		X	7.84	256.1101	$[M+H]^+$	10	5~20
143	异戊乙净	Dimethametryn	22936-75-0	$C_{11}H_{21}N_5S$	255.1518	93.8	−3.8		X	7.69	256.1580	$[M+H]^+$	25	10~25
144	二甲吩草胺	Dimethenamid	87674-68-8	$C_{12}H_{18}ClNO_2S$	275.0747	99.7	−0.5		X	9.81	276.0819	$[M+H]^+$	10	5~20
145	甲菌定	Dimethirimol	5221-53-4	$C_{11}H_{19}N_3O$	209.1528	92.2	−5.2		X	3.72	210.1590	$[M+H]^+$	30	20~35
146	乐果	Dimethoate	60-51-5	$C_5H_{12}NO_3PS_2$	228.9996	97.3	−2.0		X	3.90	230.0066	$[M+H]^+$	10	5~20
147	烯酰吗啉	Dimethomorph	110488-70-5	$C_{21}H_{22}ClNO_4$	387.1237	96.4	−1.2		X	8.97	388.1305	$[M+H]^+$	20	10~25
148	烯唑醇	Diniconazole※	83657-24-3	$C_{15}H_{17}Cl_2N_3O$	325.0749	99.6	−0.2		X	13.14	326.0821	$[M+H]^+$	20	10~25
149	氨氟灵	Dinitramine※	29091-05-2	$C_{11}H_{13}F_3N_4O_4$	322.0889	93.1	−3.1		X	15.10	323.0973	$[M+H]^+$	20	10~25

续表

序号	中文名称	英文名称	CAS	分子式	精确质量数	得分值	精确质量数偏差	ESI −	ESI +	保留时间/min	母离子	离子化形式	碰撞能量/V	碰撞能量采集范围/V
150	呋虫胺	Dinotefuran	165252-70-0	$C_7H_{14}N_4O_3$	202.1066	96.2	0.1		X	2.41	203.1140	$[M+H]^+$	10	5~20
151	蔬果磷	Dioxabenzofos	3811-49-2	$C_8H_9O_3PS$	216.0010	98.5	2.4		X	9.40	217.0088	$[M+H]^+$	5	5~20
152	二氧威	Dioxacarb※	6988-21-2	$C_{11}H_{13}NO_4$	223.0845	95.4	−3.5		X	3.93	224.0917	$[M+H]^+$	5	5~20
153	双苯酰草胺	Diphenamid※	957-51-7	$C_{16}H_{17}NO$	239.1310	95.0	−3.4		X	8.75	240.1374	$[M+H]^+$	20	10~25
154	二苯胺	Diphenylamine	122-39-4	$C_{12}H_{11}N$	169.0892	91.2	−1.8		X	12.48	170.0962	$[M+H]^+$	25	10~25
155	异丙净	Dipropetryn	4147-51-7	$C_{11}H_{21}N_5S$	255.1518	93.8	−3.8		X	7.69	256.1583	$[M+H]^+$	25	15~30
156	乙拌磷砜	Disulfoton sulfone	2497-06-5	$C_8H_{19}O_4PS_3$	306.0183	99.5	−0.6		X	8.67	307.0254	$[M+H]^+$	10	5~20
157	乙拌磷亚砜	Disulfoton sulfoxide	2497-07-6	$C_8H_{19}O_3PS_3$	290.0234	95.9	−2.5		X	6.48	291.0304	$[M+H]^+$	10	5~20
158	灭菌磷	Ditalimfos※	5131-24-8	$C_{12}H_{14}NO_4PS$	299.0381	99.8	0.2		X	12.74	300.0455	$[M+H]^+$	10	5~20
159	氟硫草定	Dithiopyr	97886-45-8	$C_{15}H_{16}F_5NO_2S_2$	401.0543	90.5	2.3		X	17.32	402.0618	$[M+H]^+$	25	10~25
160	敌草隆	Diuron	330-54-1	$C_9H_{10}Cl_2N_2O$	232.0170	98.6	−0.7		X	6.82	233.0242	$[M+H]^+$	15	5~20
161	十二环吗啉	Dodemorph	1593-77-7	$C_{18}H_{35}NO$	281.2719	97.0	−2.8		X	6.26	282.2784	$[M+H]^+$	25	15~30
162	敌瘟磷	Edifenphos	17109-49-8	$C_{14}H_{15}O_2PS_2$	310.0251	99.6	0.1		X	13.66	311.0324	$[M+H]^+$	15	5~20
163	甲氨基阿维菌素苯甲酸盐	Emamectin-benzoate	155569-91-8	$C_{49}H_{75}NO_{13}$	885.5238	97.8	−0.6		X	17.10	886.5305	$[M+H]^+$	30	20~35
164	氟环唑	Epoxiconazole	106325-08-0	$C_{17}H_{13}ClFN_3O$	329.0731	99.6	0.6		X	11.36	330.0806	$[M+H]^+$	15	5~20
165	戊草丹	Esprocarb	85785-20-2	$C_{15}H_{23}NOS$	265.1500	98.5	0.9		X	17.30	266.1575	$[M+H]^+$	10	5~20
166	乙环唑	Etaconazole	60207-93-4	$C_{14}H_{15}Cl_2N_3O_2$	327.0541	96.2	0.2		X	11.12	328.0617	$[M+H]^+$	20	10~25
167	胺苯磺隆	Ethametsulfuron-methyl	97780-06-8	$C_{15}H_{18}N_6O_6S$	410.1009	95.9	−2.0		X	6.53	411.1073	$[M+H]^+$	15	5~20
168	磺嘧隆	Ethidimuron※	30043-49-3	$C_7H_{12}N_4O_3S_2$	264.0351	99.3	0.6		X	3.68	265.0425	$[M+H]^+$	5	5~20
169	乙硫苯威	Ethiofencarb※	29973-13-5	$C_{11}H_{15}NO_2S$	225.0824	97.0	−1.9		X	6.71	226.0892	$[M+H]^+$	15	5~20
170	乙硫苯威砜	Ethiofencarb-sulfone	53380-23-7	$C_{11}H_{15}NO_4S$	257.0722	98.4	−0.8		X	3.64	258.0791	$[M+H]^+$	5	5~20
171	乙硫苯威亚砜	Ethiofencarb-sulfoxide	53380-22-6	$C_{11}H_{15}NO_3S$	241.0773	96.7	−2.8		X	3.28	242.0839	$[M+H]^+$	5	5~20
172	乙硫磷	Ethion※	563-12-2	$C_9H_{22}O_4P_2S_4$	383.9876	91.6	−3.5		X	18.10	384.9943	$[M+H]^+$	5	5~20
173	乙虫清	Ethiprole	181587-01-9	$C_{13}H_9Cl_2F_3N_4OS$	395.9826	99.5	−0.6		X	9.50	396.9897	$[M+H]^+$	20	10~25
174	乙菌定	Ethirimol※	23947-60-6	$C_{11}H_{19}N_3O$	209.1528	93.3	−4.4		X	3.75	210.1592	$[M+H]^+$	25	15~30

续表

序号	中文名称	英文名称	CAS	分子式	精确质量数	得分值	精确质量数偏差	ESI −	ESI +	保留时间/min	母离子	离子化形式	碰撞能量/V	碰撞能量采集范围/V
175	灭线磷	Ethoprophos+	13194-48-4	$C_8H_{19}O_2PS_2$	242.0564	99.6	−0.1		X	10.70	243.0641	$[M+H]^+$	15	5~20
176	乙氧喹啉	Ethoxyquin	91-53-2	$C_{14}H_{19}NO$	217.1467	96.9	−2.6		X	6.41	218.1534	$[M+H]^+$	30	20~35
177	乙氧嘧磺隆	Ethoxysulfuron	126801-58-9	$C_{15}H_{18}N_4O_7S$	398.0896	99.3	−0.5		X	10.80	399.0967	$[M+H]^+$	10	5~20
178	乙氧苯草胺	Etobenzanid	79540-50-4	$C_{16}H_{15}Cl_2NO_3$	339.0429	97.6	2.8		X	15.00	340.0512	$[M+H]^+$	20	10~25
179	乙螨唑	Etoxazole	153233-91-1	$C_{21}H_{23}F_2NO_2$	359.1697	96.5	−1.7		X	18.28	360.1764	$[M+H]^+$	20	10~25
180	乙嘧硫磷	Etrimfos※	38260-54-7	$C_{10}H_{17}N_2O_4PS$	292.0647	95.9	−2.3		X	14.74	293.0713	$[M+H]^+$	20	10~25
181	噁唑菌酮	Famoxadone	131807-57-3	$C_{22}H_{18}N_2O_4$	374.1267	98.4	0.5	X		15.63	373.1196	$[M−H]^−$	20	10~25
182	伐灭磷	Famphur	52-85-7	$C_{10}H_{16}NO_5PS_2$	325.0208	98.8	−0.3		X	7.25	326.0279	$[M+H]^+$	15	5~20
183	咪唑菌酮	Fenamidone	161326-34-7	$C_{17}H_{17}N_3OS$	311.1092	99.3	−0.2		X	11.04	312.1164	$[M+H]^+$	10	5~20
184	苯线磷	Fenamiphos+	22224-92-6	$C_{13}H_{22}NO_3PS$	303.1058	93.0	−2.1		X	10.71	304.1133	$[M+H]^+$	15	5~20
185	苯线磷砜	Fenamiphos sulfone	31972-44-8	$C_{13}H_{22}NO_5PS$	335.0956	99.4	0.7		X	5.74	336.1031	$[M+H]^+$	15	5~20
186	苯线磷亚砜	Fenamiphos sulfoxide	31972-43-7	$C_{13}H_{22}NO_4PS$	319.1007	98.0	−1.9		X	4.72	320.1074	$[M+H]^+$	15	10~25
187	氯苯嘧啶醇	Fenarimol	60168-88-9	$C_{17}H_{12}Cl_2N_2O$	330.0327	99.9	−0.3		X	10.78	331.0399	$[M+H]^+$	25	15~30
188	噁嗪草醚	Fenazaquin	120928-09-8	$C_{20}H_{22}N_2O$	306.1732	97.5	−1.7		X	18.38	307.1798	$[M+H]^+$	20	10~25
189	腈苯唑	Fenbuconazole	114369-43-6	$C_{19}H_{17}ClN_4$	336.1142	94.1	1.4		X	12.61	337.1219	$[M+H]^+$	20	5~20
190	甲呋酰胺	Fenfuram※	24691-80-3	$C_{12}H_{11}NO_2$	201.0790	95.0	−4.1		X	6.85	202.0854	$[M+H]^+$	15	5~20
191	环酰菌胺	Fenhexamid	126833-17-8	$C_{14}H_{17}Cl_2NO_2$	301.0636	99.9	0.1		X	11.27	302.0709	$[M+H]^+$	25	15~30
192	仲丁威	Fenobucarb	3766-81-2	$C_{12}H_{17}NO_2$	207.1259	96.3	3.9		X	9.03	208.1340	$[M+H]^+$	5	5~20
193	氰菌胺	Fenoxanil	115852-48-7	$C_{15}H_{18}Cl_2N_2O_2$	328.0745	96.7	−2.0		X	14.13	329.0811	$[M+H]^+$	5	5~20
194	噁唑禾草灵	Fenoxaprop-ethyl	66441-23-4	$C_{18}H_{16}ClNO_5$	361.0717	99.8	0.1		X	16.77	362.0790	$[M+H]^+$	20	10~25
195	苯硫威	Fenoxycarb	72490-01-8	$C_{17}H_{19}NO_4$	301.1314	91.5	0.6		X	13.13	302.1388	$[M+H]^+$	10	5~20
196	苯锈啶	Fenpropidin	67306-00-7	$C_{19}H_{31}N$	273.2457	94.0	−4.1		X	7.10	274.2519	$[M+H]^+$	35	25~40
197	丁苯吗啉	Fenpropimorph	67564-91-4	$C_{20}H_{33}NO$	303.2562	95.6	−3.1		X	7.26	304.2625	$[M+H]^+$	35	25~40
198	唑螨酯	Fenpyroximate	134098-61-6	$C_{24}H_{27}N_3O_4$	421.2002	95.8	−1.9		X	18.29	422.2066	$[M+H]^+$	15	5~20
199	丰索磷	Fensulfothion	115-90-2	$C_{11}H_{17}O_4PS_2$	308.0306	99.7	−0.2		X	7.56	309.0378	$[M+H]^+$	20	10~25

续表

序号	中文名称	英文名称	CAS	分子式	精确质量数	得分值	精确质量数偏差	ESI −	ESI +	保留时间/min	母离子	离子化形式	碰撞能量/V	碰撞能量采集范围/V
200	倍硫磷	Fenthion	55-38-9	$C_{10}H_{15}O_3PS_2$	278.0200	99.4	0.5		X	8.93	279.0267	$[M+H]^+$	15	5~20
201	氧倍硫磷	Fenthion oxon	6552-12-1	$C_{10}H_{15}O_4PS$	262.0429	97.9	−1.3		X	7.36	263.0498	$[M+H]^+$	15	5~20
202	氧倍硫磷砜	Fenthion oxon sulfone	14086-35-2	$C_{10}H_{15}O_6PS$	294.0327	99.4	1.2		X	4.19	295.0403	$[M+H]^+$	20	10~25
203	氧倍硫磷亚砜	Fenthion oxon sulfoxide	6552-13-2	$C_{10}H_{15}O_5PS$	278.0378	97.5	−1.6		X	3.62	279.0446	$[M+H]^+$	20	10~25
204	倍硫磷砜	Fenthion sulfone	3761-42-0	$C_{10}H_{15}O_5PS_2$	310.0099	94.7	0.3		X	7.88	311.0176	$[M+H]^+$	20	10~25
205	倍硫磷亚砜	Fenthion sulfoxide	3761-41-9	$C_{10}H_{15}O_4PS_2$	294.0149	96.7	−1.6		X	6.15	295.0217	$[M+H]^+$	20	10~25
206	非草隆	Fenuron※	101-42-8	$C_9H_{12}N_2O$	164.0950	93.6	−4.4		X	3.71	165.1016	$[M+H]^+$	10	5~20
207	麦草异丙氟酯	Flamprop-isopropyl	52756-22-6	$C_{19}H_{19}ClFNO_3$	363.1038	98.3	−2.1		X	15.29	364.1103	$[M+H]^+$	20	5~20
208	麦草氟甲酯	Flamprop-methyl	52756-25-9	$C_{17}H_{15}ClFNO_3$	335.0725	99.4	−1.1		X	12.32	336.0794	$[M+H]^+$	5	5~20
209	啶嘧磺隆	Flazasulfuron	104040-78-0	$C_{13}H_{12}F_3N_5O_5S$	407.0511	98.8	−0.6		X	8.04	408.0581	$[M+H]^+$	10	5~20
210	双氟磺草胺	Florasulam	145701-23-1	$C_{12}H_8F_3N_5O_3S$	359.0300	99.8	0.3		X	5.99	360.0374	$[M+H]^+$	15	5~20
211	吡氟禾草灵	Fluazifop-butyl	69806-50-4	$C_{19}H_{20}F_3NO_4$	383.1344	91.1	−4.8		X	17.77	384.1398	$[M+H]^+$	20	10~25
212	嘧唑螨	Flubenzimine※	37893-02-0	$C_{17}H_{10}F_6N_4S$	416.0530	94.9	3.5		X	17.72	417.0618	$[M+H]^+$	15	5~20
213	咯菌腈	Fludioxonil	131341-86-1	$C_{12}H_6F_2N_2O_2$	248.0397	96.7	−2.2	X		9.85	247.0317	$[M−H]^−$	40	30~45
214	氟噻草胺	Flufenacet	142459-58-3	$C_{14}H_{13}F_4N_3O_2S$	363.0665	97.6	−1.6		X	12.23	364.0732	$[M+H]^+$	10	5~20
215	氟虫脲	Flufenoxuron	101463-69-8	$C_{21}H_{11}ClF_6N_2O_3$	488.0362	99.6	0.1		X	17.90	489.0436	$[M+H]^+$	10	5~20
216	唑嘧磺草胺	Flumetsulam	98967-40-9	$C_{12}H_9F_2N_5O_2S$	325.0445	98.4	−1.3		X	4.23	326.0513	$[M+H]^+$	20	5~20
217	氟烯草酸	Flumiclorac-pentyl	87546-18-7	$C_{21}H_{23}ClFNO_5$	423.1249	98.5	−0.5		X	17.62	441.1584	$[M+NH_4]^+$	10	5~20
218	伏草隆	Fluometuron	2164-17-2	$C_{10}H_{11}F_3N_2O$	232.0824	97.8	−1.0		X	6.41	233.0894	$[M+H]^+$	20	5~20
219	乙羧氟草醚	Fluoroglycofen-ethyl	77501-90-7	$C_{18}H_{13}ClF_3NO_7$	447.0333	99.8	0.6		X	17.26	465.0674	$[M+NH_4]^+$	5	5~20
220	氟喹唑	Fluquinconazole	136426-54-5	$C_{16}H_8Cl_2FN_5O$	375.0090	99.6	−0.3		X	11.62	376.0162	$[M+H]^+$	20	5~20
221	氟啶草酮	Fluridone※	59756-60-4	$C_{19}H_{14}F_3NO$	329.1028	95.2	−3.2		X	9.30	330.1090	$[M+H]^+$	40	25~40
222	氟咯草酮	Flurochloridone	61213-25-0	$C_{12}H_{10}Cl_2F_3NO$	311.0092	93.1	−1.7		X	13.15	312.0169	$[M+H]^+$	25	15~30
223	呋草酮	Flurtamone	96525-23-4	$C_{18}H_{14}F_3NO_2$	333.0977	99.8	−0.5		X	10.04	334.1048	$[M+H]^+$	25	15~30
224	氟硅唑	Flusilazole	85509-19-9	$C_{16}H_{15}F_2N_3Si$	315.1003	99.4	−0.2		X	12.48	316.1075	$[M+H]^+$	20	10~25

续表

序号	中文名称	英文名称	CAS	分子式	精确质量数	得分值	精确质量数偏差	ESI−	ESI+	保留时间/min	母离子	离子化形式	碰撞能量/V	碰撞能量采集范围/V
225	氟噻乙草酯	Fluthiacet-Methyl	117337-19-6	$C_{15}H_{15}ClFN_3O_3S_2$	403.0227	99.1	−0.7		X	13.97	404.0297	$[M+H]^+$	30	25~40
226	氟酰胺	Flutolanil	66332-96-5	$C_{17}H_{16}F_3NO_2$	323.1133	97.4	0.7		X	13.08	324.1208	$[M+H]^+$	10	5~20
227	粉唑醇	Flutriafol	76674-21-0	$C_{16}H_{13}F_2N_3O$	301.1027	98.5	−1.6		X	6.53	302.1095	$[M+H]^+$	10	5~20
228	地虫硫磷	Fonofos+※	944-22-9	$C_{10}H_{15}OPS_2$	246.0302	98.7	−1.5		X	15.41	247.0371	$[M+H]^+$	5	5~20
229	甲酰胺磺隆	Foramsulfuron	173159-57-4	$C_{17}H_{20}N_6O_7S$	452.1114	96.5	−1.5		X	5.12	453.1180	$[M+H]^+$	10	5~20
230	氯吡脲	Forchlorfenuron	68157-60-8	$C_{12}H_{10}ClN_3O$	247.0512	99.3	−0.1		X	6.47	248.0585	$[M+H]^+$	10	5~20
231	噻唑硫磷	Fosthiazate	98886-44-3	$C_9H_{18}NO_3PS_2$	283.0466	95.2	−3.1		X	6.53	284.0530	$[M+H]^+$	10	5~20
232	麦穗灵	Fuberidazole	3878-19-1	$C_{11}H_8N_2O$	184.0637	91.6	−5.8		X	2.79	185.0699	$[M+H]^+$	30	15~30
233	呋霜灵	Furalaxyl※	57646-30-7	$C_{17}H_{19}NO_4$	301.1314	96.7	−1.4		X	9.51	302.1382	$[M+H]^+$	10	5~20
234	呋线威	Furathiocarb※	65907-30-4	$C_{18}H_{26}N_2O_5S$	382.1562	95.9	−2.9		X	17.43	383.1627	$[M+H]^+$	10	5~20
235	拌种胺	Furmecyclox※	60568-05-0	$C_{14}H_{21}NO_3$	251.1521	94.2	−3.1		X	13.26	252.1586	$[M+H]^+$	15	5~20
236	氯吡嘧磺隆	Halosulfuron-methyl	100784-20-1	$C_{13}H_{15}ClN_6O_7S$	434.0412	99.7	−0.3		X	10.01	435.0484	$[M+H]^+$	10	5~20
237	氟吡乙禾灵	Haloxyfop-ethyoxyethyl	87237-48-7	$C_{19}H_{19}ClF_3NO_5$	433.0904	99.6	−0.8		X	17.21	434.0973	$[M+H]^+$	10	5~20
238	氟吡甲禾灵	Haloxyfop-methyl	69806-40-2	$C_{16}H_{13}ClF_3NO_4$	375.0485	96.2	−3.2		X	16.41	376.0546	$[M+H]^+$	15	5~20
239	己唑醇	Hexaconazole	79983-71-4	$C_{14}H_{17}Cl_2N_3O$	313.0749	99.4	0.8		X	12.39	314.0825	$[M+H]^+$	15	5~20
240	环嗪酮	Hexazinone※	51235-04-2	$C_{12}H_{20}N_4O_2$	252.1586	99.0	−1.0		X	4.78	253.1656	$[M+H]^+$	10	5~20
241	噻螨酮	Hexythiazox	78587-05-0	$C_{17}H_{21}ClN_2O_2S$	352.1012	99.4	0.2		X	17.88	353.1079	$[M+H]^+$	10	5~20
242	氟蚁腙	Hydramethylnon	67485-29-4	$C_{25}H_{24}F_6N_4$	494.19052	96.1	−0.4		X	18.00	495.1976	$[M+H]^+$	30	30~45
243	烯菌灵	Imazalil	35554-44-0	$C_{14}H_{14}Cl_2N_2O$	296.0483	97.7	−1.7		X	6.36	297.0550	$[M+H]^+$	25	15~30
244	甲基咪草酯	Imazamethabenz-methyl	81405-85-8	$C_{16}H_{20}N_2O_3$	288.1474	95.4	−2.5		X	4.43	289.1540	$[M+H]^+$	20	15~30
245	甲氧咪草烟	Imazamox	114311-32-9	$C_{15}H_{19}N_3O_4$	305.1376	89.6	−2.6		X	3.80	306.1442	$[M+H]^+$	25	15~30
246	甲咪唑烟酸	Imazapic	104098-48-8	$C_{14}H_{17}N_3O_3$	275.1270	92.2	−3.9		X	3.85	276.1332	$[M+H]^+$	25	15~30
247	咪唑烟酸	Imazapyr※	81334-34-1	$C_{13}H_{15}N_3O_3$	261.1113	92.1	−4.4		X	3.16	262.1174	$[M+H]^+$	25	15~30
248	咪唑喹啉酸	Imazaquin	81335-37-7	$C_{17}H_{17}N_3O_3$	311.1270	96.7	−2.4		X	5.25	312.1335	$[M+H]^+$	25	15~30
249	咪唑乙烟酸	Imazethapyr	81335-77-5	$C_{15}H_{19}N_3O_3$	289.1426	96.3	−2.2		X	4.56	290.1493	$[M+H]^+$	25	15~30

序号	中文名称	英文名称	CAS	分子式	精确质量数	得分值	精确质量数偏差	ESI −	ESI +	保留时间/min	母离子	离子化形式	碰撞能量/V	碰撞能量采集范围/V
250	唑吡嘧磺隆	Imazosulfuron	122548-33-8	$C_{14}H_{13}ClN_6O_5S$	412.0357	99.9	−0.2		X	7.97	413.0429	$[M+H]^+$	10	5~20
251	亚胺唑	Imibenconazole	86598-92-7	$C_{17}H_{13}Cl_3N_4S$	409.9927	99.6	−0.2		X	16.59	410.9999	$[M+H]^+$	15	10~25
252	吡虫啉	Imidacloprid	138261-41-3	$C_9H_{10}ClN_5O_2$	255.0523	96.0	0.7		X	3.79	256.0597	$[M+H]^+$	10	5~20
253	抗倒胺	Inabenfide	82211-24-3	$C_{19}H_{15}ClN_2O_2$	338.0822	99.4	0.1		X	7.99	339.0895	$[M+H]^+$	15	5~20
254	茚虫威	Indoxacarb	144171-61-9	$C_{22}H_{17}ClF_3N_3O_7$	527.0707	99.7	−0.4		X	16.77	528.0778	$[M+H]^+$	10	10~25
255	甲基碘磺隆	Iodosulfuron-methyl	185119-76-0	$C_{14}H_{14}IN_5O_6S$	506.9710	99.7	−0.3		X	7.96	507.9293	$[M+H]^+$	10	5~20
256	异稻瘟净	Iprobenfos	26087-47-8	$C_{13}H_{21}O_3PS$	288.0949	97.2	−1.9		X	12.53	289.1018	$[M+H]^+$	5	5~20
257	异丙菌胺	Iprovalicarb	140923-17-7	$C_{18}H_{28}N_2O_3$	320.2100	94.2	−3.3		X	10.67	321.2162	$[M+H]^+$	5	5~20
258	氯唑磷	Isazofos+※	42509-80-8	$C_9H_{17}ClN_3O_3PS$	313.0417	94.5	−3.8		X	13.81	314.0477	$[M+H]^+$	15	5~20
259	丁脒酰胺	Isocarbamid	30979-48-7	$C_8H_{15}N_3O_2$	185.1164	96.7	−3.2		X	3.68	186.1231	$[M+H]^+$	10	5~20
260	水胺硫磷	Isocarbophos	245-61-5	$C_{11}H_6NO_4PS$	289.0538	99.9	−0.7		X	8.84				
261	氧异柳磷	Isofenphos oxon	31120-85-1	$C_{15}H_{24}NO_5P$	329.1392	93.9	−4.1		X	16.65				
262	异柳磷	Isofenphos※	25311-71-1	$C_{15}H_{24}NO_4PS$	345.1164	99.7	−0.3		X	9.80	330.1464	$[M+Na]^+$	5	5~20
263	丁嗪草酮	Isomethiozin	57052-04-7	$C_{12}H_{20}N_4OS$	268.1358	84.3	−2.0		X	13.53	269.1433	$[M+Na]^+$	15	5~20
264	异丙威	Isoprocarb	2631-40-5	$C_{11}H_{15}NO_2$	193.1103	94.3	−4.6		X	7.21	194.1167	$[M+H]^+$	20	10~25
265	异丙乐灵	Isopropalin※	33820-53-0	$C_{15}H_{23}N_3O_4$	309.1689	99.0	−0.5		X	18.91	310.1756	$[M+H]^+$	20	10~25
266	稻瘟灵	Isoprothiolane※	50512-35-1	$C_{12}H_{18}O_3S_2$	290.0647	98.4	−1.8		X	12.42	291.0714	$[M+H]^+$	5	5~20
267	异丙隆	Isoproturon	34123-59-6	$C_{12}H_{18}N_2O$	206.1419	90.8	−6.3		X	6.81	207.1479	$[M+H]^+$	15	10~25
268	异噁隆	Isouron	55861-78-4	$C_{10}H_{17}N_3O_2$	211.1321	96.2	−3.4		X	5.14	212.1387	$[M+H]^+$	15	5~20
269	异噁酰草胺	Isoxaben	82558-50-7	$C_{18}H_{24}N_2O_4$	332.1736	95.5	−1.7		X	12.28	333.1803	$[M+H]^+$	10	5~20
270	双苯噁唑酸	Isoxadifen-ethyl	163520-33-0	$C_{18}H_{17}NO_3$	295.1208	95.3	0.5		X	14.61	296.1282	$[M+H]^+$	10	5~20
271	异噁氟草	Isoxaflutole	141112-29-0	$C_{15}H_{12}F_3NO_4S$	359.0439	95.1	0.8		X	4.47	360.0515	$[M+H]^+$	5	5~20
272	噁唑磷	Isoxathion※	18854-01-8	$C_{13}H_{16}NO_4PS$	313.0538	99.8	−0.2		X	16.37	314.0610	$[M+H]^+$	10	5~20
273	噻嗯菊酯	Kadethrin	58769-20-3	$C_{23}H_{24}O_4S$	396.1395	99.3	1.2		X	17.55	414.1738	$[M+NH_4]^+$	5	5~20
274	克米范	Kelevan	4234-79-1	$C_{17}H_{12}Cl_{10}O_4$	629.7621	95.2	2.5	X		19.10	628.7559	$[M−H]^−$	25	15~30

续表

序号	中文名称	英文名称	CAS	分子式	精确质量数	得分值	精确质量数偏差	ESI −	ESI +	保留时间/min	母离子	离子化形式	碰撞能量/V	碰撞能量采集范围/V
275	亚胺菌	Kresoxim-methyl	143390-89-0	$C_{18}H_{19}NO_4$	313.1314	97.1	−2.4		X	14.43	314.1391	$[M+H]^+$	5	5～20
276	乳氟禾草灵	Lactofen	77501-63-4	$C_{19}H_{15}ClF_3NO_7$	461.0489	96.4	−2.0		X	17.66	479.0821	$[M+NH_4]^+$	5	5～20
277	利谷隆	Linuron	330-55-2	$C_9H_{10}Cl_2N_2O_2$	248.0119	97.2	1.1		X	9.29	249.0196	$[M+H]^+$	15	5～20
278	马拉氧磷	Malaoxon	1634-78-2	$C_{10}H_{19}O_7PS$	314.0589	95.5	−2.6		X	5.87	315.0653	$[M+H]^+$	5	5～20
279	马拉硫磷	Malathion	121-75-5	$C_{10}H_{19}O_6PS_2$	330.0361	99.6	−0.8		X	12.74	331.0431	$[M+H]^+$	5	5～20
280	灭蚜磷	Mecarbam	2595-54-2	$C_{10}H_{20}NO_5PS_2$	329.0521	99.5	−1.3		X	13.91	330.0590	$[M+H]^+$	10	5～20
281	苯噻酰草胺※	Mefenacet※	73250-68-7	$C_{16}H_{14}N_2O_2S$	298.0776	95.9	−3.0		X	11.09	299.0840	$[M+H]^+$	5	5～20
282	吡唑解草酯	Mefenpyr-diethyl	135590-91-9	$C_{16}H_{18}Cl_2N_2O_4$	372.0644	97.2	−1.1		X	15.75	373.0711	$[M+H]^+$	35	25～40
283	嘧菌胺	Mepanipyrim	110235-47-7	$C_{14}H_{13}N_3$	223.1110	92.1	−4.6		X	11.43	224.1172	$[M+H]^+$	15	5～20
284	地胺磷	Mephosfolan	950-10-7	$C_8H_{16}NO_3PS_2$	269.0309	95.4	−2.9		X	5.00	270.0374	$[M+H]^+$	30	15～30
285	甲哌金翁	Mepiquat chloride	24307-26-4	$C_7H_{15}N$	113.1205	96.9	−5.5		X	0.81	114.1271	$[M+H]^+$	15	5～20
286	灭锈胺	Mepronil※	55814-41-0	$C_{17}H_{19}NO_2$	269.1416	96.9	−5.0		X	12.41	270.1474	$[M+H]^+$	15	5～20
287	甲磺胺磺隆	Mesosulfuron-methyl	208465-21-8	$C_{17}H_{21}N_5O_9S_2$	503.0781	99.6	0.2		X	6.86	504.0855	$[M+H]^+$	20	10～25
288	甲霜灵	Metalaxyl	57837-19-1	$C_{15}H_{21}NO_4$	279.1471	96.4	−2.3		X	6.84	280.1537	$[M+H]^+$	10	5～20
289	精甲霜灵	Metalaxyl-M	70630-17-0	$C_{15}H_{21}NO_4$	279.1471	95.0	−2.9		X	6.88	280.1540	$[M+H]^+$	10	5～20
290	苯嗪草酮	Metamitron	41394-05-2	$C_{10}H_{10}N_4O$	202.0855	93.7	−4.2		X	3.57	203.0919	$[M+H]^+$	25	15～30
291	吡唑草胺	Metazachlor	67129-08-2	$C_{14}H_{16}ClN_3O$	277.0982	96.8	−2.4		X	7.63	278.1048	$[M+H]^+$	5	5～20
292	叶菌唑	Metconazole	125116-23-6	$C_{17}H_{22}ClN_3O$	319.1451	96.9	−3.4		X	12.77	320.1513	$[M+H]^+$	20	10～25
293	甲基苯噻隆	Methabenzthiazuron	18691-97-9	$C_{10}H_{11}N_3OS$	221.0623	94.8	−4.0		X	6.07	222.0687	$[M+H]^+$	10	5～20
294	甲胺磷	Methamidophos+	10265-92-6	$C_2H_8NO_2PS$	141.0013	99.3	−2.5		X	1.68	142.0082	$[M+H]^+$	10	5～20
295	甲硫威	Methiocarb	2032-65-7	$C_{11}H_{15}NO_2S$	225.0824	90.0	−6.8		X	8.94	226.0881	$[M+H]^+$	5	5～20
296	甲硫威砜	Methiocarb Sulfone	2179-25-1	$C_{11}H_{15}NO_4S$	257.0722	93.7	−1.3		X	4.31	258.0793	$[M+H]^+$	5	5～20
297	甲硫威亚砜	Methiocarb sulfoxide	2635-10-1	$C_{11}H_{15}NO_3S$	241.0773	94.5	−3.6		X	3.51	242.0837	$[M+H]^+$	5	5～20
298	灭多威	Methomyl	16752-77-5	$C_5H_{10}N_2O_2S$	162.0463	99.5	−1.3		X	2.95	163.0533	$[M+H]^+$	5	5～20
299	盖草津	Methoprotryne※	841-06-5	$C_{11}H_{21}N_5OS$	271.1467	91.4	−3.9		X	5.25	272.1531	$[M+H]^+$	25	15～30

续表

序号	中文名称	英文名称	CAS	分子式	精确质量数	得分值	精确质量数偏差	ESI-	ESI+	保留时间/min	母离子	离子化形式	碰撞能量/V	碰撞能量采集范围/V
300	甲氧虫酰肼	Methoxyfenozide	161050-58-4	$C_{22}H_{28}N_2O_3$	368.2100	99.3	0.4		X	12.57	369.2171	$[M+H]^+$	5	5~20
301	溴谷隆	Metobromuron※	3060-89-7	$C_9H_{11}BrN_2O_2$	258.0004	99.9	0.0		X	7.20	259.0078	$[M+H]^+$	15	5~20
302	异丙甲草胺	Metolachlor※	51218-45-2	$C_{15}H_{22}ClNO_2$	283.1339	95.2	-1.4		X	12.51	284.1408	$[M+H]^+$	10	5~20
303	速灭威	Metolcarb	1129-41-5	$C_9H_{11}NO_2$	165.0790	90.5	0.9		X	5.15	166.0864	$[M+H]^+$	5	5~20
304	苯氧菌胺-E	Metominostrobin-E	133408-50-1	$C_{16}H_{16}N_2O_3$	284.1161	96.5	-1.7		X	8.05	285.1229	$[M+H]^+$	10	5~20
305	苯氧菌胺-Z	Metominostrobin-Z	133408-51-2	$C_{16}H_{16}N_2O_3$	284.1161	96.6	-1.8		X	7.25	285.1228	$[M+H]^+$	5	5~20
306	磺草胺唑	Metosulam	139528-85-1	$C_{14}H_{13}Cl_2N_5O_4S$	417.0065	99.7	0.7		X	6.86	418.0141	$[M+H]^+$	20	10~25
307	甲氧隆	Metoxuron※	19937-59-8	$C_{10}H_{13}ClN_2O_2$	228.0666	95.9	-2.8		X	4.70	229.0732	$[M+H]^+$	15	5~20
308	嗪草酮	Metribuzin	21087-64-9	$C_8H_{14}N_4OS$	214.0888	93.8	-2.7		X	5.40	215.0955	$[M+H]^+$	25	15~30
309	甲磺隆	Metsulfuron-methyl	74223-64-6	$C_{14}H_{15}N_5O_6S$	381.0743	99.6	-0.2		X	5.66	382.0815	$[M+H]^+$	10	5~20
310	速灭磷	Mevinphos※	7786-34-7	$C_7H_{13}O_6P$	224.0450	96.7	-3.4		X	3.67	225.0515	$[M+H]^+$	5	5~20
311	兹克威	Mexacarbate	315-18-4	$C_{12}H_{18}N_2O_2$	222.1368	81.7	2.7		X	4.17	223.1439	$[M+H]^+$	15	5~20
312	禾草敌	Molinate	2212-67-1	$C_9H_{17}NOS$	187.1031	91.5	-7.0		X	10.14	188.1096	$[M+H]^+$	15	5~20
313	久效磷	Monocrotophos+※	6923-22-4	$C_7H_{14}NO_5P$	223.0610	94.2	-4.4		X	2.88	224.0673	$[M+H]^+$	5	5~20
314	绿谷隆	Monolinuron	1746-81-2	$C_9H_{11}ClN_2O_2$	214.0509	96.6	3.5		X	6.74	215.0590	$[M+H]^+$	15	5~20
315	灭草隆	Monuron※	150-68-5	$C_9H_{11}ClN_2O$	198.0560	95.5	-4.3		X	5.07	199.0624	$[M+H]^+$	15	5~20
316	腈菌唑	Myclobutanil	88761-89-0	$C_{15}H_{17}ClN_4$	288.1142	98.0	-1.1		X	10.75	289.1211	$[M+H]^+$	15	5~20
317	萘丙胺	Naproanilide	52570-16-8	$C_{19}H_{19}NO_2$	291.1259	97.8	0.4		X	13.69	292.1334	$[M+H]^+$	10	5~20
318	敌草胺	Napropamide	15299-99-7	$C_{17}H_{21}NO_2$	271.1572	96.6	-2.5		X	11.77	272.1638	$[M+H]^+$	15	5~20
319	萘草胺	Naptalam※	132-66-1	$C_{18}H_{13}NO_3$	291.0895	99.9	0.3		X	5.59	292.0969	$[M+H]^+$	5	5~20
320	草不隆	Neburon※	555-37-3	$C_{12}H_{16}Cl_2N_2O$	274.0640	99.6	-0.6		X	13.32	275.0711	$[M+H]^+$	20	10~25
321	烯啶虫胺	Nitenpyram	150824-47-8	$C_{11}H_{15}ClN_4O_2$	270.0884	96.4	-2.5		X	2.87	271.0950	$[M+H]^+$	15	5~20
322	甲磺乐灵	Nitralin※	4726-14-1	$C_{13}H_{19}N_3O_6S$	345.0995	98.4	-0.5		X	14.42	346.1066	$[M+H]^+$	15	5~20
323	氟草敏	Norflurazon※	27314-13-2	$C_{12}H_9ClF_3N_3O$	303.0386	99.7	0.3		X	7.24	304.0459	$[M+H]^+$	35	20~35
324	氟苯嘧啶醇	Nuarimol	63284-71-9	$C_{17}H_{12}ClFN_2O$	314.0622	99.8	-0.4		X	8.27	315.0694	$[M+H]^+$	25	15~30

序号	中文名称	英文名称	CAS	分子式	精确质量数	得分值	精确质量数偏差	ESI −	ESI +	保留时间/min	母离子	离子化形式	碰撞能量/V	碰撞能量采集范围/V
325	甲呋酰胺	Ofurace※	58810-48-3	$C_{14}H_{16}ClNO_3$	281.0819	95.4	−2.8		×	3.79	282.0883	$[M+H]^+$	10	5~20
326	氧乐果	Omethoate※	1113-02-6	$C_5H_{12}NO_4PS$	213.0225	94.0	−4.8		×	2.17	214.0287	$[M+H]^+$	10	5~20
327	噁霜灵	Oxadixyl※	77732-09-3	$C_{14}H_{18}N_2O_4$	278.1267	98.8	−1.2		×	5.13	279.1336	$[M+H]^+$	5	5~20
328	杀线威	Oxamyl	23135-22-0	$C_7H_{13}N_3O_3S$	219.0678	99.5	0.5		×	2.79	220.0748	$[M+H]^+$	5	5~20
329	杀线威肟	Oxamyl-oxime	30558-43-1	$C_5H_{10}N_2O_2S$	162.0463	99.2	−1.5		×	2.27	163.0533	$[M+H]^+$	10	5~20
330	氧化萎锈灵	Oxycarboxin※	5259-88-1	$C_{12}H_{13}NO_4S$	267.0565	99.7	0.1		×	4.54	268.0638	$[M+H]^+$	15	5~20
331	乙氧氟草醚	Oxyfluorfen	42874-03-3	$C_{15}H_{11}ClF_3NO_4$	361.0329	98.1	0.6		×	17.59	362.0403	$[M+H]^+$	15	5~20
332	多效唑	Paclobutrazol	76738-62-0	$C_{15}H_{20}ClN_3O$	293.1295	99.5	−0.1		×	8.85	294.1367	$[M+H]^+$	10	5~20
333	对氧磷	Paraoxon-ethyl	311-45-5	$C_{10}H_{14}NO_6P$	275.0559	99.7	−0.7		×	7.21	276.0623	$[M+H]^+$	15	10~25
334	甲基对氧磷	Paraoxon-methyl	950-35-6	$C_8H_{10}NO_6P$	247.0246	99.1	−1.2		×	5.14	248.0316	$[M+H]^+$	20	15~30
335	克草敌	Pebulate※	1114-71-2	$C_{10}H_{21}NOS$	203.1344	96.2	−3.9		×	15.47	204.1405	$[M+H]^+$	10	10~20
336	戊菌唑	Penconazole	66246-88-6	$C_{13}H_{15}Cl_2N_3$	283.0643	99.8	0.2		×	12.50	284.0716	$[M+H]^+$	10	5~20
337	戊菌隆	Pencycuron	66063-05-6	$C_{19}H_{21}ClN_2O$	328.1342	97.8	−1.4		×	15.84	329.1410	$[M+H]^+$	15	10~25
338	甜菜宁	Phenmedipham	13684-63-4	$C_{16}H_{16}N_2O_4$	300.1110	99.9	−0.4		×	9.40	301.1183	$[M+H]^+$	5	5~10
339	稻丰散	Phenthoate※	2597-03-7	$C_{12}H_{17}O_4PS_2$	320.0306	97.9	−0.2		×	15.11	321.0378	$[M+H]^+$	5	5~20
340	甲拌磷	Phorate+※	298-02-2	$C_7H_{17}O_2PS_3$	260.0128	97.7	−1.6		×	15.79	261.0206	$[M+H]^+$	5	5~20
341	甲拌磷砜	Phorate sulfone	2588-04-7	$C_7H_{17}O_4PS_3$	292.0027	99.4	−0.9		×	8.72	293.0097	$[M+H]^+$	5	5~20
342	甲拌磷亚砜	Phorate sulfoxide	2588-03-6	$C_7H_{17}O_3PS_3$	276.0077	95.1	−2.7		×	6.44	277.0141	$[M+H]^+$	5	5~20
343	伏杀硫磷	Phosalone	2310-17-0	$C_{12}H_{15}ClNO_4PS_2$	366.9869	97.8	−0.5		×	16.15	367.9945	$[M+H]^+$	5	5~20
344	硫环磷	Phosfolan+	947-02-4	$C_7H_{14}NO_3PS_2$	255.0153	96.2	−3.3		×	4.25	256.0217	$[M+H]^+$	15	5~20
345	亚胺硫磷	Phosmet	732-11-6	$C_{11}H_{12}NO_4PS_2$	316.9945	98.9	1.8		×	10.41	318.0025	$[M+H]^+$	5	5~20
346	氧亚胺硫磷	Phosmet-oxon	3735-33-9	$C_{11}H_{12}NO_5PS$	301.0174	97.1	−1.5		×	4.81	302.0243	$[M+H]^+$	5	5~20
347	磷胺	Phosphamidon+※	13171-21-6	$C_{10}H_{19}ClNO_3P$	299.0689	97.0	−1.8		×	4.79	300.0756	$[M+H]^+$	10	5~20
348	辛硫磷	Phoxim	14816-18-3	$C_{12}H_{15}N_2O_3PS$	298.0541	99.4	0.3		×	16.14	299.0615	$[M+H]^+$	5	5~20

续表

序号	中文名称	英文名称	CAS	分子式	精确质量数	得分值	精确质量数偏差	ESI −	ESI +	保留时间 /min	母离子	离子化形式	碰撞能量 /V	碰撞能量采集范围 /V
349	邻苯二甲酸丁苄酯	Phthalic acid, benzyl butyl ester	85-68-7	$C_{19}H_{20}O_4$	312.1362	99.1	0.9		X	16.78	313.1437	$[M+H]^+$	5	5~20
350	邻苯二甲酸二环己酯	Phthalic acid, dicyclohexyl ester	84-61-7	$C_{20}H_{26}O_4$	330.1831	99.8	0.6		X	18.87	331.1906	$[M+H]^+$	5	5~20
351	邻苯二甲酸二丁酯	Phthalic acid, bis-butyl	84-74-2	$C_{16}H_{22}O_4$	278.1518	98.4	−1.8		X	16.89	279.1586	$[M+H]^+$	5	5~20
352	毒莠定	Picloram	1918-02-1	$C_6H_3Cl_3N_2O_2$	239.9260	99.1	−0.5		X	2.62	240.9333	$[M+H]^+$	10	5~20
353	氟吡酰草胺	Picolinafen	137641-05-5	$C_{19}H_{12}F_4N_2O_2$	376.0835	99.1	−0.3		X	17.18	377.0906	$[M+H]^+$	20	10~25
354	啶氧菌酯	Picoxystrobin	117428-22-5	$C_{18}H_{16}F_3NO_4$	367.1031	98.3	−1.4		X	14.81	368.1098	$[M+H]^+$	5	5~20
355	增效醚	Piperonyl butoxide	51-03-6	$C_{19}H_{30}O_5$	338.2093	96.6	−2.1		X	17.20	356.2423	$[M+NH_4]^+$	5	5~20
356	哌草磷	Piperophos	24151-93-7	$C_{14}H_{28}NO_3PS_2$	353.1248	95.1	−2.2		X	16.35	354.1312	$[M+H]^+$	15	5~20
357	抗蚜威	Pirimicarb	23103-98-2	$C_{11}H_{18}N_4O_2$	238.1430	95.0	−3.6		X	4.65	239.1494	$[M+H]^+$	15	5~20
358	脱甲基甲酰胺抗蚜威	Pirimicarb-desmethyl-formamido	27218-04-8	$C_{11}H_{16}N_4O_3$	252.1222	93.3	−1.8		X	5.20	253.1290	$[M+H]^+$	10	5~20
359	嘧啶磷	Pirimiphos-ethyl※	23505-41-1	$C_{13}H_{24}N_3O_3PS$	333.1276	92.2	−4.2		X	17.40	334.1335	$[M+H]^+$	20	10~25
360	甲基嘧啶磷	Pirimiphos-methyl	29232-93-7	$C_{11}H_{20}N_3O_3PS$	305.0963	96.4	−2.4		X	16.08	306.1028	$[M+H]^+$	25	15~30
361	右旋炔丙菊酯	Prallethrin	23031-36-9	$C_{19}H_{24}O_3$	300.1725	93.5	2.0		X	16.41	301.1793	$[M+H]^+$	10	5~20
362	丙草胺	Pretilachlor※	51218-49-6	$C_{17}H_{26}ClNO_2$	311.1652	93.6	0.5		X	16.34	312.1726	$[M+H]^+$	10	5~20
363	甲基氟磺隆	Primisulfuron-methyl	86209-51-0	$C_{15}H_{12}F_4N_4O_7S$	468.0363	99.6	−0.6		X	12.07	469.0433	$[M+H]^+$	10	5~20
364	咪鲜胺	Prochloraz	67747-09-5	$C_{15}H_{16}Cl_3N_3O_2$	375.0308	99.5	−0.6		X	13.37	376.0379	$[M+H]^+$	5	5~20
365	丙溴磷	Profenofos※	41198-08-7	$C_{11}H_{15}BrClO_3PS$	371.9351	99.4	1.0		X	16.29	372.9429	$[M+H]^+$	10	5~20
366	猛杀威	Promecarb※	2631-37-0	$C_{12}H_{17}NO_2$	207.1259	96.0	−1.1		X	2.29	208.1330	$[M+H]^+$	5	5~20
367	扑灭通	Prometon	1610-18-0	$C_{10}H_{19}N_5O$	225.1590	91.1	−5.8		X	4.34	226.1650	$[M+H]^+$	25	15~30
368	扑草净	Prometryne※	7287-19-6	$C_{10}H_{19}N_5S$	241.1361	94.9	−3.1		X	9.00	242.1426	$[M+H]^+$	20	10~25
369	炔草烯草胺	Pronamide	23950-58-5	$C_{12}H_{11}Cl_2NO$	255.0218	99.6	−0.7		X	11.22	256.0289	$[M+H]^+$	10	5~20
370	毒草胺	Propachlor	1918-16-7	$C_{11}H_{14}ClNO$	211.0764	93.6	−3.2		X	7.52	212.0830	$[M+H]^+$	15	5~20

续表

序号	中文名称	英文名称	CAS	分子式	精确质量数	得分值	精确质量数偏差	ESI −	ESI +	保留时间/min	母离子	离子化形式	碰撞能量/V	碰撞能量采集范围/V
371	霜霉威	Propamocarb	24579-73-5	$C_9H_{20}N_2O_2$	188.1525	94.8	−4.1		X	2.30	189.1588	$[M+H]^+$	15	5~20
372	敌稗	Propanil	709-98-8	$C_9H_9Cl_2NO$	217.0061	96.8	1.0		X	8.17	218.0136	$[M+H]^+$	20	10~25
373	丙虫磷	Propaphos	7292-16-2	$C_{13}H_{21}O_4PS$	304.0898	95.1	−1.0		X	13.29	305.0968	$[M+H]^+$	5	5~20
374	噁草酸	Propaquizafop	111479-05-1	$C_{22}H_{22}ClN_3O_5$	443.1248	96.2	−0.6		X	17.06	444.1318	$[M+H]^+$	15	5~20
375	炔螨特	Propargite	2312-35-8	$C_{19}H_{26}O_4S$	350.1552	97.9	−1.2		X	18.43	368.1886	$[M+NH_4]^+$	5	5~20
376	扑灭津	Propazine※	139-40-2	$C_9H_{16}ClN_5$	229.1094	93.7	−3.2		X	8.24	230.1159	$[M+H]^+$	20	10~25
377	胺丙畏	Propetamphos	31218-83-4	$C_{10}H_{20}NO_4PS$	281.0851	97.3	2.6		X	13.13	282.0931	$[M+H]^+$	5	5~20
378	丙环唑	Propiconazole	60207-90-1	$C_{15}H_{17}Cl_2N_3O_2$	341.0698	99.6	−0.5		X	13.27	342.0768	$[M+H]^+$	20	10~25
379	异丙草胺	Propisochlor	86763-47-5	$C_{15}H_{22}ClNO_2$	283.1339	99.2	−1.3		X	14.47	284.1411	$[M+H]^+$	10	5~20
380	残杀威	Propoxur※	114-26-1	$C_{11}H_{15}NO_3$	209.1052	98.9	0.5		X	5.80	210.1126	$[M+H]^+$	5	5~20
381	丙苯磺隆	Propoxycarbazone	181274-15-7	$C_{15}H_{18}N_4O_7S$	398.0896	99.7	0.0		X	5.88	399.0951	$[M+H]^+$	5	5~20
382	苄草丹	Prosulfocarb	52888-80-9	$C_{14}H_{21}NOS$	251.1344	93.6	−3.1		X	16.67	252.1409	$[M+H]^+$	10	5~20
383	发硫磷	Prothoate※	2275-18-5	$C_9H_{20}NO_3PS_2$	285.0622	96.0	−1.7		X	7.97	286.0690	$[M+H]^+$	10	5~20
384	吡蚜酮	Pymetrozine	123312-89-0	$C_{10}H_{11}N_5O$	217.0964	95.9	−3.7		X	1.85	218.1029	$[M+H]^+$	15	10~25
385	吡唑硫磷	Pyraclofos※	77458-01-6	$C_{14}H_{18}ClN_2O_3PS$	360.0464	99.6	−0.6		X	14.83	361.0535	$[M+H]^+$	20	10~25
386	百克敏	Pyraclostrobin	175013-18-0	$C_{19}H_{18}ClN_3O_4$	387.0986	97.7	−1.7		X	15.55	388.1052	$[M+H]^+$	10	5~20
387	吡草醚	Pyraflufen ethyl	129630-17-7	$C_{15}H_{13}Cl_2F_3N_2O_4$	412.0205	99.8	−0.5		X	15.15	413.0276	$[M+H]^+$	20	10~25
388	苄草唑	Pyrazolynate (pyrazolate)	58011-68-0	$C_{19}H_{16}Cl_2N_2O_4S$	438.0208	99.8	0.1		X	16.01	439.0281	$[M+H]^+$	15	5~20
389	吡菌磷	Pyrazophos	13457-18-6	$C_{14}H_{20}N_3O_5PS$	373.0861	99.2	−0.7		X	15.28	374.0931	$[M+H]^+$	20	10~25
390	吡嘧磺隆	Pyrazosulfuron-ethyl	93697-74-6	$C_{14}H_{18}N_6O_7S$	414.0958	99.8	0.1		X	9.83	415.1031	$[M+H]^+$	10	5~20
391	苄草唑	Pyrazoxyfen※	71567-11-0	$C_{20}H_{16}Cl_2N_2O_3$	402.0538	99.8	0.4		X	14.06	403.0612	$[M+H]^+$	20	10~25
392	异草丹	Pyributicarb	88678-67-5	$C_{18}H_{22}N_2O_2S$	330.1402	99.4	0.0		X	17.96	331.1475	$[M+H]^+$	15	5~20
393	哒螨灵	Pyridaben	96489-71-3	$C_{19}H_{25}ClN_2OS$	364.1376	91.5	−0.9		X	18.95	365.1447	$[M+H]^+$	5	5~20
394	啶虫丙醚	Pyridalyl	179101-81-6	$C_{18}H_{14}Cl_4F_3NO_3$	488.9680	99.6	−0.6		X	20.31	489.9751	$[M+H]^+$	10	10~25
395	哒嗪硫磷	Pyridaphenthion	119-12-0	$C_{14}H_{17}N_2O_4PS$	340.0647	98.6	−1.6		X	11.76	341.0734	$[M+H]^+$	15	10~25

序号	中文名称	英文名称	CAS	分子式	精确质量数	得分值	精确质量数偏差	ESI −	ESI +	保留时间/min	母离子	离子化形式	碰撞能量/V	碰撞能量采集范围/V
396	哒草特	Pyridate	55512-33-9	$C_{19}H_{23}ClN_2O_2S$	378.1169	96.2	−0.9		X	19.74	379.1238	$[M+H]^+$	5	5~20
397	啶斑肟	Pyrifenox※	88283-41-4	$C_{14}H_{12}Cl_2N_2O$	294.0327	96.7	−2.8		X	6.42	295.0391	$[M+H]^+$	15	5~20
398	嘧霉胺	Pyrimethanil	53112-28-0	$C_{12}H_{13}N_3$	199.1110	91.3	−6.2		X	5.89	200.1170	$[M+H]^+$	35	25~40
399	嘧螨醚	Pyrimidifen	105779-78-0	$C_{20}H_{28}ClN_3O_2$	377.1870	96.1	−2.2		X	16.30	378.1934	$[M+H]^+$	20	10~25
400	嘧草醚	Pyriminobac-methyl(z)	147411-70-9	$C_{17}H_{19}N_3O_6$	361.1274	95.9	−2.4		X	9.44	362.1338	$[M+H]^+$	10	5~20
401	嘧啶磷	Pyrimitate	5221-49-8	$C_{11}H_{20}N_3O_3PS$	305.0963	97.7	−0.3		X	14.90	306.1034	$[M+H]^+$	15	10~25
402	吡丙醚	Pyriproxyfen	95737-68-1	$C_{20}H_{19}NO_3$	321.1365	94.1	−2.0		X	17.59	322.1431	$[M+H]^+$	10	5~20
403	喹啉酮	Pyroquilon※	57369-32-1	$C_{11}H_{11}NO$	173.0841	92.9	−5.0		X	4.99	174.0905	$[M+H]^+$	30	20~35
404	喹硫磷	Quinalphos※	13593-03-8	$C_{12}H_{15}N_2O_3PS$	298.0541	95.5	−2.9		X	14.13	299.0605	$[M+H]^+$	15	10~25
405	二氯喹啉酸	Quinclorac※	84087-01-4	$C_{10}H_5Cl_2NO_2$	240.9697	99.8	0.5		X	4.15	241.9771	$[M+H]^+$	10	5~20
406	氯甲喹啉酸	Quinmerac	90717-03-6	$C_{11}H_8ClNO_2$	221.0244	98.6	−2.0		X	3.66	222.0312	$[M+H]^+$	10	5~20
407	灭藻醌	Quinoclamine	2797-51-5	$C_{10}H_6ClNO_2$	207.0087	99.1	0.3		X	5.24	208.0160	$[M+H]^+$	25	10~25
408	苯氧喹啉	Quinoxyphen	124495-18-7	$C_{15}H_8Cl_2FNO$	306.9967	99.7	−0.8		X	16.47	308.0037	$[M+H]^+$	35	25~40
409	乙基喹禾灵	Quizalofop-ethyl	76578-14-8	$C_{19}H_{17}ClN_2O_4$	372.0877	97.1	−1.1		X	16.76	373.0945	$[M+H]^+$	20	10~25
410	吡咪唑	Rabenzazole	40341-04-6	$C_{12}H_{12}N_4$	212.1062	91.8	−5.1		X	6.46	213.1124	$[M+H]^+$	30	20~35
411	苄呋菊酯	Resmethrin※	10453-86-8	$C_{22}H_{26}O_3$	338.1882	99.5	0.5		X	19.20	339.1956	$[M+H]^+$	15	5~20
412	玉嘧磺隆	Rimsulfuron	122931-48-0	$C_{14}H_{17}N_5O_7S_2$	431.0569	99.6	−0.2		X	6.23	432.0641	$[M+H]^+$	10	5~20
413	鱼藤酮	Rotenone	83-79-4	$C_{23}H_{22}O_6$	394.1416	99.2	−0.5		X	13.34	395.1478	$[M+H]^+$	25	15~30
414	另丁津	Sebutylazine	7286-69-3	$C_9H_{16}ClN_5$	229.1094	93.1	−3.5		X	8.02	230.1159	$[M+H]^+$	20	10~25
415	密草通	Secbumeton※	26259-45-0	$C_{10}H_{19}N_5O$	225.1590	92.8	−4.7		X	4.43	226.1650	$[M+H]^+$	25	15~30
416	稀草啶	Sethoxydim※	74051-80-2	$C_{17}H_{29}NO_3S$	327.1868	97.0	−1.6		X	17.32	328.1936	$[M+H]^+$	15	5~20
417	西玛津	Simazine	122-34-9	$C_7H_{12}ClN_5$	201.0781	97.9	−1.7		X	5.11	202.0850	$[M+H]^+$	25	15~30
418	硅噻唑	Simeconazole	149508-90-7	$C_{14}H_{20}FN_3OSi$	293.1360	95.6	−1.6		X	10.42	294.1428	$[M+H]^+$	15	5~20
419	西玛通	Simeton	673-04-1	$C_8H_{15}N_5O$	197.1277	96.1	−2.9		X	3.69	198.1344	$[M+H]^+$	30	20~35
420	西草净	Simetryn	1014-70-6	$C_8H_{15}N_5S$	213.1048	94.7	−4.9		X	4.23	214.1110	$[M+H]^+$	25	15~30

续表

序号	中文名称	英文名称	CAS	分子式	精确质量数	得分值	精确质量数偏差	ESI−	ESI+	保留时间/min	母离子	离子化形式	碰撞能量/V	碰撞能量采集范围/V
421	螺甲螨酯	Sobutylazine	7286-69-3	$C_9H_{16}ClN_5$	229.1094	99.3	−0.8		X	8.07	230.1165	$[M+H]^+$	20	10~25
422	多杀菌素	Spinosad	131929-63-0	$C_{41}H_{65}NO_{10}$	731.4609	97.4	−1.4		X	11.92	732.4670	$[M+H]^+$	25	10~25
423	螺螨酯	Spirodiclofen	148477-71-8	$C_{21}H_{24}Cl_2O_4$	410.1052	95.3	−2.7		X	19.08	411.1112	$[M+H]^+$	5	5~20
424	螺环菌胺	Spiroxamine	118134-30-8	$C_{18}H_{35}NO_2$	297.2668	95.1	−2.9		X	8.99	298.2732	$[M+H]^+$	20	10~25
425	莱草畏	Sulfallate	95-06-7	$C_8H_{14}ClNS_2$	223.0256	98.1	−0.3		X	14.77	224.0325	$[M+H]^+$	5	5~20
426	甲磺草胺	Sulfentrazone	122836-35-5	$C_{11}H_{10}Cl_2F_2N_4O_3S$	385.9819	97.8	2.5		X	6.51	404.0165	$[M+NH_4]^+$	5	5~20
427	治螟磷	Sulfotep+※	3689-24-5	$C_8H_{20}O_5P_2S_2$	322.0227	98.9	0.4		X	15.87	323.0301	$[M+H]^+$	10	5~20
428	硫丙磷	Sulprofos※	35400-43-2	$C_{12}H_{19}O_2PS_3$	322.0285	98.7	1.6		X	18.11	323.0363	$[M+H]^+$	10	5~20
429	戊唑醇	Tebuconazole	107534-96-3	$C_{16}H_{22}ClN_3O$	307.1451	96.8	1.0		X	11.86	308.1527	$[M+H]^+$	20	10~25
430	虫酰肼	Tebufenozide	112410-23-8	$C_{22}H_{28}N_2O_2$	352.2151	98.0	−0.3		X	14.09	353.2222	$[M+H]^+$	5	5~20
431	吡螨胺	Tebufenpyrad	119168-77-3	$C_{18}H_{24}ClN_3O$	333.1608	99.4	0.2		X	16.79	334.1682	$[M+H]^+$	30	20~35
432	丁基嘧啶磷	Tebupirimfos	96182-53-5	$C_{13}H_{23}N_2O_3PS$	318.1167	97.0	−1.6		X	17.71	319.1235	$[M+H]^+$	10	5~20
433	牧草胺	Tebutam※	35256-85-0	$C_{15}H_{23}NO$	233.1780	96.7	−3.1		X	12.54	234.1845	$[M+H]^+$	15	5~20
434	丁噻隆	Tebuthiuron※	34014-18-1	$C_9H_{16}N_4OS$	228.1045	95.0	−3.5		X	4.66	229.1110	$[M+H]^+$	15	5~20
435	双硫磷	Temephos※	3383-96-8	$C_{16}H_{20}O_6P_2S_3$	465.9897	98.5	0.5		X	17.85	484.0224	$[M+NH_4]^+$	5	5~20
436	特普	TEPP	107-49-3	$C_8H_{20}O_7P_2$	290.0684	99.6	−0.9		X	4.70	291.0754	$[M+H]^+$	10	5~20
437	吡喃草酮	Tepraloxydim	149979-41-9	$C_{17}H_{24}ClNO_4$	341.1394	99.7	0.2		X	11.45	342.1467	$[M+H]^+$	10	5~20
438	特草定	Terbacil※	5902-51-2	$C_9H_{13}ClN_2O_2$	216.0666	98.4	−0.2	X		5.12	215.0592	$[M−H]^−$	15	5~20
439	特草灵	Terbucarb	1918-11-2	$C_{17}H_{27}NO_2$	277.2042	99.7	0.5		X	15.93	278.2116	$[M+H]^+$	5	5~20
440	特丁硫磷	Terbufos+※	13071-79-9	$C_9H_{21}O_2PS_3$	288.0441	98.3	0.6		X	17.56	289.0519	$[M+H]^+$	15	5~20
441	氧化特丁硫磷砜	Terbufos sulfone O analogue	56070-15-6	$C_9H_{21}O_5PS_2$	304.0568	95.3	−1.8		X	5.29	305.0635	$[M+H]^+$	5	5~20
442	特丁通	Terbumeton	33693-04-8	$C_{10}H_{19}N_5O$	225.1590	95.4	−3.8		X	4.44	226.1654	$[M+H]^+$	10	10~25
443	特丁津	Terbuthylazine	5915-41-3	$C_9H_{16}ClN_5$	229.1094	93.5	−3.2		X	8.94	230.1159	$[M+H]^+$	15	5~20
444	特丁净	Terbutryne	886-50-0	$C_{10}H_{19}N_5S$	241.1361	95.3	−4.3		X	9.53	242.1428	$[M+H]^+$	15	5~20
445	杀虫畏	Tetrachlorvinphos※	22248-79-9	$C_{10}H_9Cl_4O_4P$	363.8993	99.9	−0.2		X	12.81	364.9065	$[M+H]^+$	5	5~20

续表

序号	中文名称	英文名称	CAS	分子式	精确质量数	得分值	精确质量数偏差	ESI −	ESI +	保留时间/min	母离子	离子化形式	碰撞能量/V	碰撞能量采集范围/V
446	四氟醚唑	Tetraconazole	112281-77-3	$C_{13}H_{11}Cl_2F_4N_3O$	371.0215	99.5	0.4		X	11.97	372.0290	$[M+H]^+$	20	15～30
447	胺菊酯	Tetramethrin※	7696-12-0	$C_{19}H_{25}NO_4$	331.1784	97.6	−1.6		X	17.37	332.1853	$[M+H]^+$	10	5～20
448	噻吩草胺	Thenylchlor	96491-05-3	$C_{16}H_{18}ClNO_2S$	323.0747	99.7	−0.5		X	13.11	324.0819	$[M+H]^+$	5	5～20
449	噻菌灵	Thiabendazole	148-79-8	$C_{10}H_7N_3S$	201.0361	97.2	−4.3		X	3.04	202.0423	$[M+H]^+$	35	20～35
450	噻虫啉	Thiacloprid	111988-49-9	$C_{10}H_9ClN_4S$	252.0236	99.8	0.0		X	4.61	253.0309	$[M+H]^+$	15	10～25
451	噻虫嗪	Thiamethoxam	153719-23-4	$C_8H_{10}ClN_5O_3S$	291.0193	99.7	0.0		X	3.24	292.0266	$[M+H]^+$	5	5～20
452	噻唑烟酸	Thiazopyr※	117718-60-2	$C_{16}H_{17}F_5N_2O_2S$	396.0931	97.2	−1.7		X	15.58	397.0997	$[M+H]^+$	35	25～40
453	赛苯隆	Thidiazuron	51707-55-2	$C_9H_8N_4OS$	220.0419	99.7	−0.2		X	4.92	221.0491	$[M+H]^+$	15	5～20
454	噻吩磺隆	Thifensulfuron-methyl	79277-27-3	$C_{12}H_{13}N_5O_6S_2$	387.0307	99.7	0.3		X	5.41	388.0380	$[M+H]^+$	10	5～20
455	禾草丹	Thiobencarb	28249-77-6	$C_{12}H_{16}ClNOS$	257.0641	98.8	0.1		X	15.32	258.0714	$[M+H]^+$	10	5～20
456	硫双威	Thiodicarb	59669-26-0	$C_{10}H_{18}N_4O_4S_3$	354.0490	96.0	2.5		X	5.89	355.0574	$[M+H]^+$	5	5～20
457	久效威砜	Thiofanox sulfone	39184-59-3	$C_9H_{18}N_2O_4S$	250.0987	98.1	0.1		X	3.97	251.1060	$[M+H]^+$	5	5～20
458	久效威	Thiofanox	39196-18-4	$C_9H_{18}N_2O_2S$	218.1089	96.2	1.2		X	6.59	241.0985	$[M+Na]^+$	10	5～20
459	久效威亚砜	Thiofanox-sulfoxide	39184-27-5	$C_9H_{18}N_2O_3S$	234.1038	96.7	−2.2		X	3.36	235.1106	$[M+H]^+$	5	5～20
460	虫线磷	Thionazin※	297-97-2	$C_8H_{13}N_2O_3PS$	248.0385	98.1	−0.8		X	8.24	249.0456	$[M+H]^+$	10	5～20
461	甲基硫菌灵	Thiophanate-methyl	23564-05-8	$C_{12}H_{14}N_4O_4S_2$	342.0457	97.6	−2.4		X	5.57	343.0525	$[M+H]^+$	5	5～20
462	硫菌灵	Thiophanat-ethyl	23564-06-9	$C_{14}H_{18}N_4O_4S_2$	370.0770	99.5	−0.6		X	8.02	371.0843	$[M+H]^+$	10	5～20
463	福美双	Thiram	137-26-8	$C_6H_{12}N_2S_4$	239.9883	99.6	0.3		X	6.54	240.9956	$[M+H]^+$	5	5～20
464	甲基立枯磷	Tolclofos-methyl	57018-04-9	$C_9H_{11}Cl_2O_3PS$	299.9544	99.6	1.0		X	15.79	300.9620	$[M+H]^+$	15	10～25
465	唑虫酰胺	Tolfenpyrad	129558-76-5	$C_{21}H_{22}ClN_3O_2$	383.1401	99.7	0.2		X	17.04	384.1477	$[M+H]^+$	25	15～30
466	苯草酮	Tralkoxydim	87820-88-0	$C_{20}H_{27}NO_3$	329.1991	97.9	−0.6		X	14.75	330.2062	$[M+H]^+$	10	5～20
467	三唑酮	Triadimefon	43121-43-3	$C_{14}H_{16}ClN_3O_2$	293.0931	99.9	−0.7		X	11.33	294.0996	$[M+H]^+$	15	5～20
468	三唑醇	Triadimenol	55219-65-3	$C_{14}H_{18}ClN_3O_2$	295.1088	96.7	−0.9		X	8.65	296.1158	$[M+H]^+$	5	5～20
469	野麦畏	Tri-allate	2303-17-5	$C_{10}H_{16}Cl_3NOS$	303.0018	93.0	−1.9		X	18.19	304.0091	$[M+H]^+$	15	5～20
470	醚苯磺隆	Triasulfuron	82097-50-5	$C_{14}H_{16}ClN_5O_5S$	401.0561	99.5	−0.3		X	6.16	402.0637	$[M+H]^+$	15	5～20

序号	中文名称	英文名称	CAS	分子式	精确质量数	得分值	精确质量数偏差	ESI −	ESI +	保留时间/min	母离子	离子化形式	碰撞能量/V	碰撞能量采集范围/V
471	三唑磷	Triazophos※	24017-47-8	$C_{12}H_{16}N_3O_3PS$	313.0650	99.7	0.0		×	12.90	314.0723	$[M+H]^+$	15	5~20
472	咪唑嗪	Triazoxide	72459-58-6	$C_{10}H_6ClN_5O$	247.0261	97.1	−2.5		×	5.92	248.0327	$[M+H]^+$	35	25~40
473	苯磺隆	Tribenuron-methyl	101200-48-0	$C_{15}H_{17}N_5O_6S$	395.0900	99.2	−0.3		×	8.05	396.0974	$[M+H]^+$	5	5~20
474	脱叶磷	Tribufos(DEF)※	78-48-8	$C_{12}H_{27}OPS_3$	314.0962	96.6	−1.9		×	18.98	315.1029	$[M+H]^+$	15	5~20
475	敌百虫	Trichlorfon	52-68-6	$C_4H_8Cl_3O_4P$	255.9226	96.8	3.5		×	3.43	256.9308	$[M+H]^+$	10	5~20
476	三环唑	Tricyclazole	41814-78-2	$C_9H_7N_3S$	189.0361	95.2	−4.5		×	4.34	190.0425	$[M+H]^+$	30	20~35
477	十三吗啉	Tridemorph	24602-86-6	$C_{19}H_{39}NO$	297.3032	94.2	−3.2		×	14.72	298.3095	$[M+H]^+$	35	20~35
478	草达津	Trietazine※	1912-26-1	$C_9H_{16}ClN_5$	229.1094	97.0	−2.5		×	11.51	230.1159	$[M+H]^+$	30	15~30
479	肟菌酯	Trifloxystrobin	141517-21-7	$C_{20}H_{19}F_3N_2O_4$	408.1297	95.3	−1.8		×	16.83	409.1362	$[M+H]^+$	10	5~20
480	氟菌唑	Triflumizole	99387-89-0	$C_{15}H_{15}ClF_3N_3O$	345.0856	95.5	−2.4		×	15.17	346.0920	$[M+H]^+$	5	5~20
481	杀铃脲	Triflumuron	64628-44-0	$C_{15}H_{10}ClF_3N_2O_3$	358.0332	97.8	1.9		×	14.65	359.0411	$[M+H]^+$	10	5~20
482	氟胺磺隆	Triflusulfuron-methyl	126535-15-7	$C_{17}H_{19}F_3N_6O_6S$	492.1039	99.1	−0.6		×	12.08	493.1109	$[M+H]^+$	10	5~20
483	三异丁基磷酸盐	Tri-n-butyl phosphate	126-73-8	$C_{12}H_{27}O_4P$	266.1647	95.4	−3.8		×	14.94	267.1710	$[M+H]^+$	5	5~20
484	抗倒酯	Trinexapac-ethyl	95266-40-3	$C_{13}H_{16}O_5$	252.0998	97.7	3.0		×	7.68	253.1078	$[M+H]^+$	10	5~20
485	三苯基磷酸盐	Triphenyl phosphate	115-86-6	$C_{18}H_{15}O_4P$	326.0708	99.4	1.1		×	15.11	327.0784	$[M+H]^+$	30	20~35
486	戊叉菌唑	Triticonazole	131983-72-7	$C_{17}H_{20}ClN_3O$	317.1295	99.2	−0.4		×	9.52	318.1366	$[M+H]^+$	10	5~20
487	烯效唑	Uniconazole	83657-22-1	$C_{15}H_{18}ClN_3O$	291.1138	93.5	0.8		×	10.73	292.1213	$[M+H]^+$	20	15~30
488	井冈霉素	Validamycin	37248-47-8	$C_{20}H_{35}NO_{13}$	497.21084	99.2	−1.0		×	0.69	497.21084	$[M+Na]^+$		
489	蚜灭磷	Vamidothion※	2275-23-2	$C_8H_{18}NO_4PS_2$	287.0415	93.5	−3.3		×	3.49	288.0479	$[M+H]^+$	5	5~20
490	蚜灭磷砜	Vamidothion sulfone	70898-34-9	$C_8H_{18}NO_6PS_2$	319.0313	97.8	−0.9		×	2.97	320.0384	$[M+H]^+$	10	5~20
491	蚜灭磷亚砜	Vamidothion sulfoxide	23000-00-9	$C_8H_{18}NO_5PS_2$	303.0364	95.9	−2.5		×	2.54	304.0429	$[M+H]^+$	10	5~20
492	苯酰草胺	Zoxamide	156052-68-5	$C_{14}H_{16}Cl_3NO_2$	335.0247	99.6	−0.3		×	15.09	336.0319	$[M+H]^+$	15	5~20

※欧盟禁用农药（共计118个）。
+蔬菜、果树、茶叶、中草药材上不得使用和限制使用的农药（共计13个）。
△国家明令禁止使用的农药（共计1个）。

11.2 1200多种农药化学品 GC-MS、GC-MS/MS 和 LC-MS/MS 线性方程参数

11.2.1 GC-MS 分析 567 种农药化学品线性方程、线性范围和相关系数

GC-MS 分析 567 种农药化学品线性方程、线性范围和相关系数见表 11-12。

表 11-12 GC-MS 分析 567 种农药化学品线性方程、线性范围和相关系数

序号	中文名称	英文名称	CAS	线性方程	线性范围	相关系数
1	艾氏剂	Aldrin	309-00-2	$y=6.16\times10^5 x-6.01\times10^4$	0.1250~5.000	0.9990
2	二丙烯草胺	Allidochlor	93-71-0	$y=4.83\times10^5 x-5.48\times10^4$	0.1250~5.000	0.9986
3	蒽醌	Anthraquinone	84-65-1	$y=2.27\times10^6 x-3.41\times10^5$	0.0625~2.500	0.9862
4	杀螨特	Aramite	140-57-8	$y=3.89\times10^5 x-3.66\times10^4$	0.0625~2.500	0.9927
5	脱乙基阿特拉津	Atrazine-desethyl	6190-65-4	$y=2.26\times10^6 x-1.93\times10^5$	0.0625~2.500	0.9956
6	麦锈灵	Benodanil	15310-01-7	$y=5.34\times10^6 x-2.7\times10^6$	0.1875~7.500	0.9899
7	β-六六六	β-HCH	319-85-7	$y=6.87\times10^5 x-3.02\times10^4$	0.0625~2.500	0.9992
8	联苯菊酯	Bifenthrin	82657-04-3	$y=7.25\times10^6 x-7.29\times10^5$	0.0625~2.500	0.9936
9	乙基溴硫磷	Bromophos-ethyl	4824-78-6	$y=8.39\times10^5 x-6.63\times10^4$	0.0625~2.500	0.9973
10	乙嘧酚磺酸酯	Bupirimate	41483-43-6	$y=1.73\times10^6 x-1.57\times10^5$	0.0625~2.500	0.9954
11	丁硫克百威	Carbosulfan	55285-14-8	$y=1.06\times10^6 x-2.53\times10^5$	0.1875~7.500	0.9987
12	萎锈灵	Carboxin	5234-68-4	$y=1.49\times10^6 x-5.15\times10^5$	0.1875~7.500	0.9930
13	杀螨醚	Chlorbenside	103-17-3	$y=6.55\times10^5 x-1.37\times10^5$	0.1250~5.00	0.9946
14	杀虫脒	Chlordimeform	6164-98-3	$y=3.39\times10^5 x-4.28\times10^4$	0.1250~2.500	0.9966
15	整形醇	Chlorflurenol	2464-37-1	$y=4.48\times10^6 x-1.29\times10^6$	0.1875~7.500	0.9960
16	氯甲硫磷	Chlormephos	24934-91-6	$y=1.19\times10^6 x+1.14\times10^5$	0.1250~5.000	0.9928
17	毒死蜱	Chlorpyifos(ethyl)	2921-88-2	$y=6.84\times10^5 x-4.74\times10^4$	0.0625~2.500	0.9985
18	顺式-氯菊酯	cis-Permethrin	54774-45-7	$y=4.92\times10^6 x-4.33\times10^5$	0.0625~2.500	0.9935
19	异噁草松	Clomazone	81777-89-1	$y=3.04\times10^6 x-2.30\times10^5$	0.0625~2.500	0.9976
20	氰草津	Cyanazine	21725-46-2	$y=1.26\times10^6 x-4.10\times10^5$	0.1875~7.500	0.9952
21	环草敌	Cycloate	1134-23-2	$y=2.26\times10^6 x-1.16\times10^5$	0.0625~2.500	0.9986
22	氯氰菊酯	Cypermethrin	52315-07-8	$y=6.63\times10^5 x-6.98\times10^5$	0.1875~7.500	0.9190
23	环丙津	Cyprazine	22936-86-3	$y=1.81\times10^6 x-1.38\times10^5$	0.0625~2.500	0.9978
24	δ-六六六	δ-HCH	319-86-8	$y=6.21\times10^5 x-7.51\times10^4$	0.1250~5.000	0.9986
25	溴氰菊酯	Deltamethrin	52918-63-5	$y=9.80\times10^5 x-6.51\times10^5$	0.3750~15.00	0.9921
26	二嗪磷	Diazinon	333-41-5	$y=6.86\times10^5 x-4.99\times10^4$	0.0625~2.500	0.9980
27	除线磷	Dichlofenthion	97-17-6	$y=1.45\times10^6 x-8.71\times10^4$	0.0625~2.500	0.9986
28	烯丙酰草胺	Dichlormid	37764-25-3	$y=3.26\times10^7 x+1.03\times10^6$	0.0063~2.500	0.9981
29	禾草灵	Diclofop-methyl	51338-27-3	$y=1.23\times10^6 x-4.28\times10^4$	0.0625~2.500	0.9958
30	狄氏剂	Dieldrin	60-57-1	$y=3.00\times10^5 x-2.58\times10^4$	0.1250~5.000	0.9994
31	乐果	Dimethoate	60-51-5			
32	氨氟灵	Dinitramine	29091-05-2	$y=8.42\times10^5 x-3.98\times10^5$	0.2500~10.00	0.9956
33	二苯胺	Diphenylamine	122-39-4	$y=5.81\times10^6 x-3.97\times10^5$	0.0625~2.500	0.9975
34	乙环唑-1	Etaconazole-1	60207-93-4	$y=5.57\times10^5 x-1.69\times10^5$	0.1875~7.500	0.9948

续表

序号	中文名称	英文名称	CAS	线性方程	线性范围	相关系数
35	乙环唑-2	Etaconazole-2	71245-23-3	$y=8.08\times10^5 x-1.78\times10^5$	0.1875~7.500	0.9976
36	乙丁烯氟灵	Ethalfluralin	55283-68-6	$y=5.28\times10^5 x-2.60\times10^5$	0.2500~10.00	0.9926
37	乙硫磷	Ethion	563-12-2	$y=1.91\times10^6 x-4.27\times10^5$	0.1250~5.000	0.9944
38	土菌灵	Etridiazol	2593-15-9	$y=8.12\times10^5 x-2.65\times10^5$	0.1875~7.500	0.9945
39	乙嘧硫磷	Etrimfos	38260-54-7	$y=8.55\times10^5 x-6.25\times10^4$	0.0625~2.500	0.9976
40	苯线磷	Fenamiphos	22224-92-6	$y=1.80\times10^6 x-8.73\times10^5$	0.1875~7.500	0.9864
41	杀螟硫磷	Fenitrothion	122-14-5	$y=1.13\times10^6 x-2.61\times10^5$	0.1250~5.000	0.9957
42	苯硫威	Fenothiocarb	62850-32-2	$y=2.27\times10^4 x-1.21\times10^4$	1.0000~5.000	0.9955
43	丰索磷	Fensulfothion	115-90-2	$y=3.84\times10^5 x-5.31\times10^4$	0.1250~5.000	0.9900
44	倍硫磷	Fenthion	55-38-9	$y=2.91\times10^6 x-2.33\times10^5$	0.0625~2.500	0.9973
45	氰戊菊酯-1	Fenvalerate-1	51630-58-1	$y=1.54\times10^6 x-4.39\times10^5$	0.2500~10.00	0.9928
46	氰戊菊酯-2	Fenvalerate-2	51630-58-1	$y=1.54\times10^6 x-4.39\times10^5$	0.2500~10.00	0.9928
47	氟酰胺	Flutolanil	66332-96-5	$y=6.85\times10^6 x-7.11\times10^5$	0.0625~2.500	0.9951
48	灭菌丹	Folpet	133-07-3	$y=4.67\times10^5 x-1.14\times10^6$	0.7500~30.00	0.9739
49	地虫硫磷	Fonofos	944-22-9	$y=1.43\times10^6 x-1.10\times10^5$	0.0625~2.500	0.9975
50	利谷隆	Linuron	330-55-2	$y=4.30\times10^5 x-3.08\times10^5$	0.2500~10.00	0.9730
51	马拉硫磷	Malathion	121-75-5	$y=1.43\times10^6 x-5.23\times10^5$	0.2500~10.00	0.9974
52	甲霜灵	Metalaxyl	57837-19-1	$y=1.23\times10^6 x-2.59\times10^5$	0.1875~7.500	0.9982
53	吡唑草胺	Metazachlor	67129-08-2	$y=1.18\times10^6 x-2.26\times10^5$	0.1875~7.500	0.9984
54	杀扑磷	Methidathion	950-37-8	$y=2.58\times10^6 x-5.55\times10^5$	0.1250~5.000	0.9948
55	甲氧滴滴涕	Methoxychlor	72-43-5	$y=5.40\times10^6 x-6.40\times10^5$	0.0625~2.500	0.9921
56	甲基对硫磷	Methyl-parathion	298-00-0	$y=1.06\times10^6 x-6.40\times10^5$	0.2500~10.00	0.9892
57	兹克威	Mexacarbate	315-18-4	$y=2.74\times10^6 x-9.75\times10^5$	0.1875~7.500	0.9924
58	灭蚁灵	Mirex	2385-85-5	$y=1.29\times10^6 x-6.90\times10^4$	0.0625~2.500	0.9974
59	腈菌唑	Myclobutanil	88671-89-0	$y=1.90\times10^6 x-1.74\times10^5$	0.0625~2.500	0.9958
60	敌草胺	Napropamide	15299-99-7	$y=9.05\times10^5 x-2.34\times10^5$	0.1875~7.500	0.9963
61	氟草敏	Norflurazon	27314-13-2	$y=1.16\times10^6 x-1.33\times10^5$	0.0625~2.500	0.9879
62	氟苯嘧啶醇	Nuarimol	63284-71-9	$y=6.42\times10^5 x-1.13\times10^5$	0.1250~5.000	0.9962
63	噁草酮	Oxadiazone	19666-30-9	$y=1.56\times10^6 x-1.01\times10^5$	0.0625~2.500	0.9980
64	噁霜灵	Oxadxyl	77732-09-3	$y=7.29\times10^5 x-6.65\times10^4$	0.0625~2.500	0.9897
65	氧化萎锈灵	Oxycarboxin	5259-88-1	$y=1.34\times10^6 x-1.23\times10^6$	0.3750~15.00	0.9850
66	p,p'-滴滴滴	p,p'-DDD	72-54-8	$y=4.46\times10^6 x-5.15\times10^5$	0.0625~2.500	0.9930
67	对氧磷	Paraoxon-ethyl	311-45-5	$y=3.39\times10^5 x-2.09\times10^5$	0.2500~10.00	0.9892
68	对硫磷	Parathion	56-38-2	$y=1.08\times10^6 x-5.62\times10^5$	0.2500~10.000	0.9935
69	二甲戊灵	Pendimethalin	40487-42-1	$y=2.46\times10^6 x-1.12\times10^6$	0.2500~10.00	0.9960
70	稻丰散	Phenthoate	2597-03-7	$y=1.37\times10^6 x-2.52\times10^5$	0.1250~5.000	0.9970
71	甲拌磷	Phorate	298-02-2	$y=5.32\times10^5 x-4.50\times10^4$	0.0625~2.500	0.9969
72	亚胺硫磷	Phosmet	732-11-6	$y=2.04\times10^6 x-6.08\times10^5$	0.1250~5.000	0.9861
73	腐霉利	Procymidone	32809-16-8	$y=1.18\times10^6 x-6.98\times10^4$	0.0625~2.500	0.9979
74	扑草净	Prometryne	7287-19-6	$y=1.97\times10^6 x-1.82\times10^5$	0.0625~2.500	0.9961
75	炔丙烯草胺	Pronamide	23950-58-5	$y=2.33\times10^6 x-2.70\times10^5$	0.0625~2.500	0.9905

续表

序号	中文名称	英文名称	CAS	线性方程	线性范围	相关系数
76	胺丙畏	Propetamphos	31218-83-4	$y=2.44\times10^6 x-2.24\times10^5$	0.0625~2.500	0.9968
77	苯胺灵	Propham	122-42-9	$y=1.01\times10^6 x-5.76\times10^4$	0.0625~2.500	0.9975
78	丙环唑-1	Propiconazole-1	60207-90-1	$y=6.40\times10^5 x-1.94\times10^5$	0.1875~7.500	0.9942
79	丙环唑-2	Propiconazole-2	60207-90-1	$y=6.40\times10^5 x-1.94\times10^5$	0.1875~7.500	0.9942
80	丙硫磷	Prothiophos	34643-46-4	$y=9.17\times10^5 x-9.14\times10^4$	0.0625~2.500	0.9957
81	吡菌磷	Pyrazophos	13457-18-6	$y=2.23\times10^6 x-5.32\times10^5$	0.1250~5.000	0.9904
82	哒嗪硫磷	Pyridaphenthion	119-12-0	$y=1.04\times10^6 x-1.47\times10^5$	0.0625~2.500	0.9841
83	喹硫磷	Quinalphos	13593-03-8	$y=1.93\times10^6 x-1.91\times10^5$	0.0625~2.500	0.9959
84	五氯硝基苯	Quintozene	82-68-8	$y=2.98\times10^5 x-5.32\times10^4$	0.1250~5.000	0.9958
85	皮蝇磷	Ronnel	299-84-3	$y=2.37\times10^6 x-3.41\times10^5$	0.1250~5.000	0.9978
86	密草通	Secbumeton	26259-45-0	$y=3.16\times10^6 x-3.21\times10^5$	0.0625~2.500	0.9952
87	硫丙磷	Sulprofos	35400-43-2	$y=1.45\times10^6 x-2.67\times10^5$	0.1250~5.000	0.9959
88	戊唑醇	Tebuconazole	107534-96-3	$y=1.39\times10^6 x-4.05\times10^5$	0.1875~7.500	0.9941
89	三氯杀螨砜	Tetradifon	116-29-0	$y=4.97\times10^5 x-2.54\times10^4$	0.0625~2.500	0.9966
90	胺菊酯	Tetramethrin	7696-12-0	$y=4.35\times10^6 x-9.91\times10^5$	0.1250~5.000	0.9928
91	杀螨氯硫	Tetrasul	2227-13-6	$y=1.60\times10^6 x-1.21\times10^5$	0.0625~2.500	0.9958
92	甲基乙拌磷	Thiometon	640-15-3	$y=3.00\times10^6 x-2.40\times10^5$	0.0625~2.500	0.9967
93	反式-氯丹	*trans*-Chlodane	5103-74-2	$y=1.09\times10^6 x-5.33\times10^4$	0.0625~2.500	0.9989
94	反式-氯菊酯	*trans*-Permethrin	551877-74-8	$y=4.19\times10^6 x-4.17\times10^5$	0.0625~2.500	0.9911
95	三唑酮	Triadimefon	43121-43-3	$y=1.20\times10^6 x-2.03\times10^5$	0.1250~5.000	0.9976
96	乙烯菌核利	Vinclozolin	50471-44-8	$y=4.84\times10^5 x-3.88\times10^4$	0.0625~2.500	0.9973
97	甲草胺	Alachlor	15972-60-8	$y=1.27\times10^6 x-2.26\times10^5$	0.1875~7.500	0.9990
98	α-六六六	α-HCH	319-84-6	$y=6.51\times10^5 x-2.25\times10^4$	0.0625~2.500	0.9994
99	丙硫特普	Aspon	3244-90-4	$y=3.58\times10^6 x-1.49\times10^5$	0.1250~5.000	0.9994
100	益棉磷	Azinphos-ethyl	2642-71-9	$y=1.15\times10^6 x-2.82\times10^5$	0.1250~5.000	0.9930
101	保棉磷	Azinphos-methyl	86-50-0	$y=1.82\times10^5 x-1.18\times10^5$	0.7500~15.00	0.9971
102	苯霜灵	Benalaxyl	71626-11-4	$y=3.38\times10^6 x-2.55\times10^5$	0.0625~2.500	0.9972
103	新燕灵	Benzoylprop-ethyl	22212-55-1	$y=5.20\times10^5 x-1.00\times10^5$	0.1875~7.500	0.9983
104	甲羧除草醚	Bifenox	42576-02-3	$y=1.24\times10^6 x-5.52\times10^5$	0.2500~10.00	0.9826
105	溴硫磷	Bromofos	2104-96-3	$y=1.50\times10^6 x-1.98\times10^5$	0.1250~5.000	0.9987
106	溴螨酯	Bromopropylate	18181-80-1	$y=3.62\times10^6 x-6.59\times10^5$	0.1250~5.000	0.9963
107	噻嗪酮	Buprofezin	69327-76-0	$y=7.95\times10^6 x-8.95\times10^5$	0.1250~5.000	0.9987
108	丁草胺	Butachlor	23184-66-9	$y=1.84\times10^6 x-3.26\times10^5$	0.1250~5.000	0.9970
109	丁草敌	Butylate	2008-41-5	$y=1.10\times10^6 x-1.13\times10^5$	0.1875~7.500	0.9994
110	敌菌丹	Captafol	2425-06-1	$y=2.33\times10^5 x-9.85\times10^4$	1.1250~45.00	0.9564
111	三硫磷	Carbofenothion	786-19-6	$y=1.32\times10^6 x-2.79\times10^5$	0.1250~5.000	0.9955
112	氯杀螨砜	Chlorbenside sulfone	7082-99-7	$y=1.89\times10^6 x-2.89\times10^5$	0.1250~5.000	0.9966
113	氯溴隆	Chlorbromuron	13360-45-7	$y=1.63\times10^6 x-6.33\times10^5$	1.5000~60.00	0.9843
114	氯炔灵	Chlorbufam	1967-16-4	$y=5.75\times10^5 x-2.01\times10^5$	0.2500~10.00	0.9921
115	杀螨酯	Chlorfenson	80-33-1	$y=5.95\times10^5 x-8.13\times10^4$	0.1250~5.000	0.9980
116	毒虫畏	Chlorfenvinphos	470-90-6	$y=8.38\times10^5 x-2.30\times10^5$	0.1875~7.500	0.9976

续表

序号	中文名称	英文名称	CAS	线性方程	线性范围	相关系数
117	氯苯甲醚	Chloroneb	2675-77-6	$y=2.04\times10^6 x-9.36\times10^4$	0.0625~2.500	0.9990
118	丙酯杀螨醇	Chloropropylate	5836-10-2	$y=2.99\times10^6 x-2.62\times10^5$	0.0625~2.500	0.9970
119	甲基毒死蜱	Chlorpyrifos-methyl	5598-13-0	$y=1.55\times10^6 x-1.25\times10^5$	0.0625~2.500	0.9972
120	氯苯胺灵	Chlorpropham	101-21-3	$y=7.24\times10^5 x-1.22\times10^5$	0.1250~5.000	0.9971
121	虫螨磷	Chlorthiophos	60238-56-4	$y=6.89\times10^5 x-1.58\times10^5$	0.1875~7.500	0.9978
122	乙菌利	Chlozolinate	84332-86-5	$y=6.77\times10^5 x-6.41\times10^4$	0.1250~5.000	0.9994
123	顺式-氯丹	cis-Chlordane	5103-71-9	$y=9.13\times10^5 x-7.13\times10^4$	0.1250~5.000	0.9994
124	顺式-燕麦敌	cis-Diallate	2303-16-4	$y=2.70\times10^5 x-1.65\times10^4$	0.1250~5.000	0.9998
125	蝇毒磷	Coumaphos	56-72-4	$y=7.20\times10^5 x-4.57\times10^5$	0.3750~15.00	0.9955
126	育畜磷	Crufomate	299-86-5	$y=1.85\times10^6 x-1.63\times10^6$	0.3750~15.00	0.9914
127	苯腈磷	Cyanofenphos	13067-93-1	$y=2.34\times10^6 x-1.98\times10^5$	0.0625~2.500	0.9967
128	杀螟腈	Cyanophos	2636-26-2	$y=2.01\times10^6 x-2.99\times10^5$	0.1250~5.000	0.9980
129	氟氯氰菊酯	Cyfluthrin	68359-37-5	$y=2.38\times10^5 x-1.95\times10^5$	0.7500~30.00	0.9966
130	敌草净	Desmetryn	1014-69-3	$y=1.92\times10^6 x-1.86\times10^5$	0.0625~2.500	0.9964
131	敌草腈	Dichlobenil	1194-65-6	$y=2.99\times10^6 x-1.58\times10^4$	0.0250~0.500	0.9998
132	苯氟磺胺	Dichlofluanid	1085-98-9	$y=5.53\times10^5 x-3.40\times10^5$	0.3750~15.00	0.9977
133	氯硝胺	Dicloran	99-30-9	$y=6.59\times10^5 x-1.86\times10^5$	0.2500~10.00	0.9963
134	三氯杀螨醇	Dicofol	115-32-2	$y=1.00\times10^6 x-1.25\times10^5$	0.1250~5.000	0.9980
135	二甲草胺	Dimethachlor	50563-36-5	$y=3.98\times10^6 x-7.53\times10^5$	0.1875~7.500	0.9989
136	敌噁磷	Dioxathion	78-34-2	$y=1.58\times10^5 x-2.19\times10^4$	0.2500~10.00	0.9993
137	敌瘟磷	Edifenphos	17109-49-8	$y=1.25\times10^6 x-3.66\times10^5$	0.1250~5.000	0.9912
138	硫丹-1	Endosulfan-1	959-98-8	$y=1.47\times10^5 x-3.22\times10^4$	0.3750~15.00	0.9991
139	硫丹-2	Endosulfan-2	33213-65-9	$y=2.45\times10^4 x-1.10\times10^4$	1.5000~15.00	0.9994
140	硫丹硫酸盐	Endosulfan-sulfate	1031-07-8	$y=2.46\times10^5 x-3.43\times10^4$	0.1875~7.500	0.9985
141	异狄氏剂	Endrin	72-20-8	$y=3.08\times10^5 x-2.37\times10^5$	0.7500~30.00	0.9982
142	苯硫磷	EPN	2104-64-5	$y=2.08\times10^6 x-1.17\times10^6$	0.2500~10.00	0.9913
143	茵草敌	EPTC	759-94-4	$y=1.57\times10^6 x-1.31\times10^5$	0.1875~7.500	0.9993
144	抑草蓬	Erbon	136-25-4	$y=4.86\times10^5 x-4.10\times10^4$	0.1250~2.500	0.9994
145	乙氧呋草黄	Ethofumesate	26225-79-6	$y=2.00\times10^6 x-2.03\times10^5$	0.1250~5.000	0.9992
146	灭线磷	Ethoprophos	13194-48-4	$y=1.04\times10^6 x-2.32\times10^5$	0.1875~7.500	0.9982
147	氯苯嘧啶醇	Fenarimol	60168-88-9	$y=1.19\times10^6 x-1.33\times10^5$	0.1250~5.000	0.9993
148	甲氰菊酯	Fenpropathrin	39515-41-8	$y=4.35\times10^5 x-7.38\times10^4$	0.1250~5.000	0.9966
149	麦草氟异丙酯	Flamprop-isopropyl	52756-22-6	$y=7.37\times10^6 x-5.64\times10^5$	0.0625~2.500	0.9974
150	麦草氟甲酯	Flamprop-methyl	52756-25-9	$y=6.68\times10^6 x-4.53\times10^5$	0.0625~2.500	0.9983
151	氟虫脲	Flufenoxuron	101463-69-8	$y=1.40\times10^5 x+5.53\times10^4$	0.1875~7.500	0.9929
152	氟咯草酮	Fluorochloridone	61213-25-0	$y=1.14\times10^5 x-1.75\times10^4$	0.5000~5.000	0.9994
153	氟胺氰菊酯	Fluvalinate	102851-06-9	$y=3.44\times10^6 x-3.89\times10^6$	0.7500~30.00	0.9954
154	庚烯磷	Heptanophos	23560-59-0	$y=1.71\times10^6 x-4.01\times10^5$	0.1875~7.500	0.9979
155	六氯苯	Hexachlorobenzene	118-74-1	$y=1.80\times10^6 x-5.09\times10^4$	0.0625~2.500	0.9996
156	己唑醇	Hexaconazole	79983-71-4	$y=5.28\times10^4 x-2.04\times10^4$	0.7500~15.00	0.9989
157	环嗪酮	Hexazinone	51235-04-2	$y=5.21\times10^6 x-1.27\times10^6$	0.1875~7.500	0.9970

续表

序号	中文名称	英文名称	CAS	线性方程	线性范围	相关系数
158	碘硫磷	Iodofenphos	18181-70-9	$y=1.32\times10^6x-3.31\times10^5$	0.1250~5.000	0.9940
159	异柳磷	Isofenphos	25311-71-1	$y=1.54\times10^6x-2.40\times10^5$	0.1250~5.000	0.9982
160	异丙乐灵	Isopropalin	33820-53-0			
161	溴苯磷	Leptophos	21609-90-5			
162	烯虫酯	Methoprene	40596-69-8	$y=3.30\times10^6x-1.31\times10^6$	0.2500~10.00	0.9975
163	盖草津	Methoprotryne	841-06-5	$y=1.80\times10^6x-5.13\times10^5$	0.1875~7.500	0.9973
164	异丙甲草胺	Metolachlor	51218-45-2	$y=2.13\times10^6x-1.69\times10^5$	0.0625~2.500	0.9977
165	速灭磷	Mevinphos	7786-34-7	$y=1.77\times10^6x-3.53\times10^5$	0.1250~5.000	0.9957
166	绿谷隆	Monolinuron	1746-81-2	$y=1.78\times10^6x-9.80\times10^5$	0.2500~10.00	0.9888
167	三氯甲基吡啶	Nitrapyrin	1929-82-4	$y=1.41\times10^6x-4.43\times10^5$	0.1875~7.500	0.9957
168	除草醚	Nitrofen	1836-75-5	$y=1.20\times10^6x-1.04\times10^6$	0.3750~15.00	0.9905
169	o,p'-滴滴滴	o,p'-DDD	72-54-8	$y=1.16\times10^5x+2.92\times10^4$	0.1250~2.500	0.9997
170	o,p'-滴滴涕	o,p'-DDT	789-02-6	$y=2.71\times10^6x-4.24\times10^5$	0.1250~2.500	0.9978
171	氧化氯丹	Oxychlordane	27304-13-8	$y=1.97\times10^5x-1.23\times10^4$	0.2500~2.500	0.9997
172	乙氧氟草醚	Oxyflurofen	42874-03-3	$y=1.54\times10^6x-7.81\times10^5$	0.2500~10.00	0.9945
173	p,p'-滴滴伊	p,p'-DDE	72-55-9	$y=1.41\times10^6x-5.29\times10^4$	0.0625~2.500	0.9994
174	p,p'-滴滴涕	p,p'-DDT	50-29-3	$y=2.76\times10^6x-5.05\times10^5$	0.1250~5.000	0.9971
175	多效唑	Paclobutrazol	76738-62-0	$y=1.76\times10^6x-6.51\times10^5$	0.1875~7.500	0.9941
176	克草敌	Pebulate	1114-71-2	$y=2.11\times10^6x-2.26\times10^5$	0.1875~7.500	0.9994
177	伏杀硫磷	Phosalone	2310-17-0	$y=1.19\times10^6x-2.42\times10^5$	0.1250~5.000	0.9955
178	嘧啶磷	Pirimiphos-ethyl	23505-41-1	$y=1.16\times10^6x-1.83\times10^5$	0.1250~5.000	0.9980
179	甲基嘧啶磷	Pirimiphos-methyl	29232-93-7	$y=1.36\times10^6x-1.07\times10^5$	0.0625~2.500	0.9977
180	咪鲜胺	Prochloraz	67747-09-5	$y=5.01\times10^5x-5.72\times10^4$	0.3750~15.00	0.9919
181	丙溴磷	Profenofos	41198-08-7	$y=4.53\times10^5x-2.76\times10^5$	0.3750~15.00	0.9969
182	环丙氟灵	Profluralin	26399-36-0	$y=9.72\times10^5x-4.42\times10^5$	0.2500~10.00	0.9955
183	毒草胺	Propachlor	1918-16-7	$y=2.89\times10^6x-3.00\times10^5$	0.1875~7.500	0.9998
184	敌稗	Propanil	709-98-8	$y=1.99\times10^6x-4.75\times10^5$	0.1250~5.000	0.9930
185	扑灭津	Propazine	139-40-2	$y=1.63\times10^6x-9.61\times10^4$	0.0625~2.500	0.9988
186	菜草畏	Sulfallate	95-06-7	$y=2.84\times10^6x-6.05\times10^5$	0.1250~5.000	0.9958
187	治螟磷	Sulfotep	3689-24-5	$y=1.61\times10^6x-8.57\times10^4$	0.0625~2.500	0.9991
188	四氯硝基苯	Tecnazene	117-18-0	$y=3.92\times10^5x-6.99\times10^4$	0.2500~5.000	0.9985
189	特丁硫磷	Terbufos	13071-79-9	$y=1.77\times10^6x-2.82\times10^5$	0.1250~5.000	0.9977
190	特丁通	Terbumeton	33693-04-8	$y=2.47\times10^6x-5.48\times10^5$	0.1875~7.500	0.9983
191	特丁津	Terbuthylazine	5915-41-3	$y=9.62\times10^5x-1.21\times10^5$	0.0625~2.500	0.9886
192	特丁净	Terbutryn	886-50-0	$y=1.95\times10^6x-3.07\times10^5$	0.1250~5.000	0.9980
193	杀虫畏	Tetrachlorvinphos	22248-79-9	$y=1.61\times10^6x-4.88\times10^5$	0.1875~7.500	0.9975
194	禾草丹	Thiobencarb	28249-77-6	$y=4.00\times10^6x-5.32\times10^5$	0.1250~5.000	0.9987
195	甲苯氟磺胺	Tolyfluanide	731-27-1	$y=5.19\times10^5x-1.68\times10^5$	0.1875~7.500	0.9981
196	反式-燕麦敌	*trans*-Diallate	2303-16-4	$y=1.02\times10^6x-9.85\times10^4$	0.1250~5.000	0.9994
197	三唑磷	Triazophos	24017-47-8	$y=1.05\times10^6x-3.63\times10^5$	0.1875~7.500	0.9944
198	氟乐灵	Trifluralin	1582-09-8	$y=1.83\times10^6x-4.47\times10^5$	0.1250~5.000	0.9930

续表

序号	中文名称	英文名称	CAS	线性方程	线性范围	相关系数
199	邻苯基苯酚	2-Phenylphenol	90-43-7	$y=1.70\times10^6 x+3.54\times10^4$	0.0625~1.2500	0.9946
200	3,5-二氯苯胺	3,5-Dichloroaniline	626-43-7	$y=9.29\times10^5 x+1.10\times10^5$	0.0625~2.500	0.9905
201	氟丙菊酯	Acrinathrin	101007-06-1	$y=1.21\times10^6 x-2.74\times10^5$	0.1250~5.000	0.9939
202	α氯氰菊酯	α-Cypermethrin	67375-30-8	$y=1.42\times10^6 x-2.51\times10^5$	0.1250~5.000	0.9974
203	莠灭净	Ametryn	834-12-8	$y=1.96\times10^6 x-4.43\times10^5$	0.1875~7.500	0.9989
204	双甲脒	Amitraz	33089-61-1	$y=4.35\times10^5 x-8.43\times10^4$	0.1875~7.500	0.9993
205	莎稗磷	Anilofos	64249-01-0	$y=5.65\times10^5 x-1.83\times10^5$	0.2500~5.000	0.9954
206	阿特拉津	Atrazine	1912-24-9	$y=1.60\times10^6 x-1.05\times10^5$	0.0625~2.500	0.9991
207	乙丁氟灵	Benfluralin	1861-40-1	$y=2.07\times10^6 x-2.74\times10^5$	0.0625~2.500	0.9888
208	生物烯丙菊酯-1	Bioallethrin-1	584-79-2	$y=1.37\times10^6 x-7.09\times10^5$	0.2500~10.00	0.9941
209	生物烯丙菊酯-2	Bioallethrin-2	584-79-2	$y=1.49\times10^6 x-5.77\times10^5$	0.2500~10.00	0.9983
210	联苯	Biphenyl	92-52-4	$y=6.61\times10^6 x-1.66\times10^5$	0.0625~2.500	0.9998
211	联苯三唑醇	Bitertanol	55179-31-2	$y=4.06\times10^6 x-1.42\times10^6$	0.1875~7.500	0.9931
212	氟啶脲	Chlorfluazuron	71422-67-8	$y=1.55\times10^5 x-9.15\times10^3$	0.3750~7.500	0.9980
213	乙酯杀螨醇	Chlorobenzilate	510-15-6	$y=2.62\times10^6 x-2.29\times10^5$	0.0625~2.500	0.9977
214	氯硫磷	Chlorthion	500-28-7	$y=3.72\times10^5 x-2.23\times10^5$	0.5000~5.000	0.9857
215	四氢邻苯二甲酰亚胺	cis-1,2,3,6-Tetrahydro-phthalimide	85-40-5	$y=1.06\times10^6 x-2.31\times10^5$	0.1875~7.500	0.9985
216	噻草酮	Cycloxydim	101205-02-1	$y=7.64\times10^5 x+8.13\times10^5$	0.7500~30.00	0.9907
217	敌敌畏	Dichlorvos	62-73-7	$y=2.58\times10^6 x-9.22\times10^5$	0.3750~15.00	0.9990
218	乙霉威	Diethofencarb	87130-20-9	$y=1.15\times10^6 x-6.62\times10^5$	0.3750~15.00	0.9977
219	苯醚甲环唑-1	Difenonazole-1	119446-68-3	$y=1.08\times10^6 x-3.85\times10^5$	0.3750~15.00	0.9860
220	苯醚甲环唑-2	Difenonazole-2	119446-68-3	$y=1.08\times10^6 x-3.85\times10^5$	0.3750~15.00	0.9860
221	吡氟酰草胺	Diflufenican	83164-33-4	$y=3.75\times10^6 x-4.25\times10^5$	0.0625~2.500	0.9950
222	噁唑隆	Dimefuron	34205-21-5	$y=2.79\times10^5 x-1.10\times10^4$	0.2500~10.00	0.9885
223	哌草丹	Dimepiperate	61432-55-1	$y=2.12\times10^4 x+4.02\times10^4$	2.500~5.000	1.0000
224	噻节因	Dimethipin	55290-64-7			
225	烯唑醇	Diniconazole	83657-24-3	$y=1.62\times10^6 x-6.37\times10^5$	0.1875~7.500	0.9936
226	双苯酰草胺	Diphenamid	957-51-7	$y=4.01\times10^6 x-2.59\times10^5$	0.0625~2.500	0.9989
227	异丙净	Dipropetryn	4147-51-7	$y=1.67\times10^6 x-1.52\times10^5$	0.0625~2.500	0.9976
228	乙拌磷	Disulfoton	298-04-4	$y=2.37\times10^6 x-1.88\times10^5$	0.0625~2.500	0.9983
229	S-氰戊菊酯	Esfenvalerate	66230-04-4	$y=3.68\times10^5 x-7.15\times10^4$	0.2500~10.00	0.9983
230	醚菊酯	Etofenprox	80844-07-1	$y=6.57\times10^6 x-3.60\times10^5$	0.0625~2.500	0.9961
231	喹螨醚	Fenazaquin	120928-09-8	$y=5.25\times10^6 x-5.73\times10^5$	0.0625~2.500	0.9950
232	仲丁威	Fenobucarb	3766-81-2	$y=5.44\times10^6 x-7.85\times10^5$	0.1250~5.000	0.9982
233	苯氧威	Fenoxycarb	79127-80-3	$y=1.81\times10^5 x+1.11\times10^5$	0.3750~15.00	0.9902
234	丁苯吗啉	Fenpropimorph	67564-91-4	$y=8.00\times10^6 x-5.62\times10^5$	0.0625~2.500	0.9989
235	芬螨酯	Fenson	80-38-6	$y=2.26\times10^6 x-1.16\times10^5$	0.0625~2.500	0.9993
236	吡氟禾草灵	Fluazifop-butyl	69806-50-4	$y=2.18\times10^6 x-2.27\times10^5$	0.0625~2.500	0.9961
237	氯乙氟灵	Fluchloralin	33245-39-5	$y=9.56\times10^5 x-4.69\times10^5$	0.2500~10.00	0.9952
238	氟氰戊菊酯-1	Flucythrinate-1	70124-77-5			

续表

序号	中文名称	英文名称	CAS	线性方程	线性范围	相关系数
239	氟氰戊菊酯-2	Flucythrinate-2	70124-77-5			
240	咯菌腈	Fludioxonil	131341-86-1	$y=2.12\times10^6 x-2.08\times10^5$	0.0625~2.500	0.9963
241	氟节胺	Flumetralin	62924-70-3	$y=2.51\times10^6 x-7.70\times10^5$	0.1250~5.000	0.9873
242	氟烯草酸	Flumiclorac-pentyl	87546-18-7	$y=9.93\times10^5 x-2.33\times10^5$	0.1250~5.000	0.9903
243	丙炔氟草胺	Flumioxazin	103361-09-7			
244	三氟硝草醚	Fluorodifen	15457-05-3			
245	乙羧氟草醚	Fluoroglycofen-ethyl	77501-90-7	$y=4.13\times10^5 x-8.77\times10^5$	0.7500~30.00	0.9826
246	氟硅唑	Flusilazole	85509-19-9	$y=4.23\times10^6 x-1.07\times10^6$	0.1875~7.500	0.9983
247	安硫磷	Formothion	2540-82-1	$y=1.12\times10^5 x-3.13\times10^4$	0.5000~5.000	0.9993
248	林丹	γ-HCH	58-89-9	$y=7.39\times10^5 x-3.27\times10^4$	0.1250~5.000	0.9998
249	ε-六六六	ε-HCH	6108-10-7	$y=1.443x-1.733\times10^{-1}$	0.125~5	0.9960
250	七氯	Heptachlor	76-44-8	$y=6.01\times10^5 x-1.16\times10^5$	0.1875~7.500	0.9990
251	氟铃脲	Hexaflumuron	86479-06-3			
252	异稻瘟净	Iprobenfos	26087-47-8	$y=1.47\times10^6 x-6.69\times10^5$	0.1875~7.500	0.9895
253	氯唑磷	Isazofos	42509-80-8	$y=8.48\times10^5 x-9.19\times10^4$	0.1250~5.000	0.9994
254	亚胺菌	Kresoxim-methyl	143390-89-0	$y=2.45\times10^6 x-2.13\times10^5$	0.0625~2.500	0.9976
255	高效氯氟氰菊酯	λ-Cyhalothrin	91465-08-6	$y=1.83\times10^6 x-1.43\times10^5$	0.0625~2.500	0.9982
256	灭蚜磷	Mecarbam	2595-54-2	$y=2.87\times10^5 x-2.80\times10^5$	0.2500~10.00	0.9986
257	苯噻酰草胺	Mefenacet	73250-68-7	$y=2.02\times10^6 x-7.14\times10^5$	0.1875~7.500	0.9928
258	灭锈胺	Mepronil	55814-41-0	$y=5.96\times10^6 x-6.83\times10^5$	0.0625~2.500	0.9941
259	虫螨畏	Methacrifos	62610-77-9	$y=1.10\times10^6 x-5.10\times10^4$	0.0625~2.500	0.9994
260	溴谷隆	Methobromuron	3060-89-7	$y=1.67\times10^5 x-6.17\times10^4$	0.3750~15.00	0.9986
261	嗪草酮	Metribuzin	21087-64-9	$y=1.61\times10^6 x-3.48\times10^5$	0.1875~7.500	0.9986
262	禾草敌	Molinate	2212-67-1	$y=2.55\times10^6 x-8.80\times10^4$	0.0625~2.500	0.9996
263	o,p'-滴滴伊	o,p'-DDE	3424-82-6	$y=2.54\times10^6 x-7.65\times10^4$	0.0625~2.500	0.9998
264	戊菌唑	Penconazole	66246-88-6	$y=2.32\times10^6 x-4.76\times10^5$	0.1875~7.500	0.9992
265	氯菊酯	Permethrin	52645-53-1	$y=2.92\times10^6 x-5.21\times10^5$	0.1250~5.000	0.9967
266	苯醚菊酯	Phenothrin	26002-80-2	$y=2.13\times10^6 x-2.47\times10^5$	0.0625~2.500	0.9950
267	增效醚	Piperonyl butoxide	51-03-6	$y=3.50\times10^6 x-4.69\times10^5$	0.0625~2.500	0.9919
268	三氯杀虫酯	Plifenate	21757-82-4	$y=4.07\times10^5 x-7.16\times10^4$	0.2500~5.000	0.9992
269	炔丙菊酯	Prallethrin	23031-36-9	$y=3.52\times10^6 x-1.22\times10^6$	0.1875~7.500	0.9964
270	丙草胺	Pretilachlor	51218-49-6	$y=1.40\times10^6 x-2.48\times10^5$	0.1250~5.000	0.9980
271	扑灭通	Prometon	1610-18-0	$y=1.47\times10^6 x-3.19\times10^5$	0.1875~7.500	0.9988
272	霜霉威	Propamocarb	24579-73-5	$y=5.73\times10^6 x-2.71\times10^6$	0.1875~7.500	0.9912
273	丙虫磷	Propaphos	7292-16-2	$y=2.319x-4.412\times10^{-1}$	0.125~5	0.9940
274	炔螨特	Propargite	2312-35-8	$y=1.43\times10^6 x-1.30\times10^5$	0.1250~5.000	0.9995
275	异丙草胺	Propisochlor	86763-47-5	$y=1.053x-4.032\times10^{-1}$	0.0625~2.500	0.9970
276	哒螨灵	Pyridaben	96489-71-3	$y=5.18\times10^6 x-4.92\times10^5$	0.0625~2.500	0.9958
277	嘧霉胺	Pyrimethanil	53112-28-0	$y=5.84\times10^6 x-4.82\times10^5$	0.0625~2.500	0.9980
278	稀禾啶	Sethoxydim	74051-80-2	$y=2.11\times10^5 x+1.26\times10^5$	0.5625~22.50	0.9868
279	西草净	Simetryn	1014-70-6	$y=2.26\times10^6 x-2.94\times10^5$	0.1250~5.000	0.9990

序号	中文名称	英文名称	CAS	线性方程	线性范围	相关系数
280	四氟醚唑	Tetraconazole	112281-77-3	$y=2.72\times10^6 x-5.43\times10^5$	0.1875~7.500	0.9992
281	甲基立枯磷	Tolclofos-methyl	57018-04-9	$y=3.46\times10^6 x-1.95\times10^5$	0.0625~2.500	0.9991
282	四氟苯菊酯	Transfluthrin	118712-89-3	$y=3.03\times10^6 x-1.80\times10^5$	0.0625~2.500	0.9991
283	三唑醇-1	Triadimenol-1	55219-65-3	$y=1.90\times10^6 x-5.96\times10^5$	0.1875~7.500	0.9972
284	三唑醇-2	Triadimenol-2	55219-65-3	$y=1.90\times10^6 x-5.96\times10^5$	0.1875~7.500	0.9972
285	野麦畏	Triallate	2303-17-5	$y=8.94\times10^5 x-9.82\times10^4$	0.1250~5.000	0.9993
286	灭草敌	Vernolate	1929-77-7	$y=2.12\times10^6 x-6.55\times10^4$	0.0625~2.500	0.9997
287	2,3,4,5-四氯苯胺	2,3,4,5-Tetrachloro-aniline	634-83-3	$y=1.61\times10^6 x-1.25\times10^5$	0.1250~5.000	0.9989
288	2,3,4,5-四氯甲氧基苯	2,3,4,5-Tetrachloro-anisole	938-86-3	$y=1.11\times10^6 x-2.36\times10^4$	0.0625~2.500	0.9997
289	2,3,5,6-四氯苯胺	2,3,5,6-Tetrachloro-aniline	3481-20-7	$y=1.72\times10^6 x-5.14\times10^4$	0.0625~2.500	0.9994
290	2,6-二氯苯甲酰胺	2,6-Dichlorobenzamide	2008-58-4	$y=1.57\times10^6 x-1.74\times10^5$	0.1250~5.000	0.9983
291	4,4'-二溴二苯甲酮	4,4'-Dibromobenzophenone	3988-03-2	$y=5.97\times10^5 x-7.56\times10^4$	0.1250~5.000	0.9945
292	4,4'-二氯二苯甲酮	4,4'-Dichlorobenzophenone	90-98-2	$y=1.13\times10^6 x-9.71\times10^4$	0.0625~2.500	0.9959
293	乙基杀扑磷	Athidathion	19691-80-6	$y=1.88\times10^5 x-5.69\times10^3$	0.1250~5.000	0.9995
294	阿特拉通	Atratone	1610-17-9	$y=2.38\times10^6 x-1.24\times10^5$	0.0625~2.500	0.9988
295	叠氮津	Aziprotryne	4658-28-0	$y=4.43\times10^5 x-1.80\times10^5$	0.5000~20.00	0.9979
296	4-溴-3,5-二甲苯基-N-甲基氨基甲酸酯-1	BDMC-1	672-99-1	$y=2.00\times10^5 x+2.44\times10^4$	0.2500~5.000	0.9978
297	4-溴-3,5-二甲苯基-N-甲基氨基甲酸酯-2	BDMC-2	672-99-1	$y=1.46\times10^6 x-3.49\times10^5$	0.1250~5.000	0.9912
298	溴苯烯磷	Bromfenvinfos	33399-00-7	$y=1.20\times10^6 x-1.00\times10^5$	0.0625~2.500	0.9937
299	溴烯杀	Bromocylen	1715-40-8	$y=5.19\times10^5 x-2.05\times10^4$	0.0625~2.500	0.9990
300	糠菌唑-1	Bromuconazole-1	116255-48-2	$y=4.45\times10^5 x+7.05\times10^3$	0.1250~5.000	0.9916
301	糠菌唑-2	Bromuconazole-2	116255-48-2	$y=7.98\times10^5 x-5.29\times10^4$	0.0625~2.500	0.9994
302	杀螨醇	Chlorfenethol	80-06-8	$y=2.04\times10^6 x-1.30\times10^5$	0.0625~2.500	0.9975
303	燕麦酯	Chlorfenprop-methyl	14437-17-3	$y=1.34\times10^6 x-4.92\times10^4$	0.0625~2.500	0.9989
304	炔草酸	Clodinafop-propargyl	105512-06-9	$y=9.81\times10^5 x-3.07\times10^5$	0.1250~5.000	0.9820
305	解草酯	Cloquintocet-mexyl	99607-70-2	$y=4.90\times10^6 x-4.73\times10^5$	0.0625~2.500	0.9915
306	鼠立死	Crimidine	535-89-7	$y=1.32\times10^6 x-5.33\times10^4$	0.0625~2.500	0.9987
307	环莠隆	Cycluron	2163-69-1	$y=6.73\times10^5 x-1.27\times10^5$	0.1875~7.500	0.9982
308	环丙唑醇	Cyproconazole	113096-99-4	$y=1.31\times10^6 x-6.22\times10^5$	0.0625~2.500	0.9983
309	嘧菌环胺	Cyprodinil	121552-61-2	$y=5.21\times10^6 x-3.06\times10^5$	0.0625~2.500	0.9977
310	敌草索	Dacthal	1861-32-1	$y=4.04\times10^6 x-1.08\times10^5$	0.0625~2.500	0.9995
311	脱叶磷	DEF	78-48-8	$y=7.30\times10^5 x-1.05\times10^5$	0.1250~5.000	0.9971
312	2,2',4,5,5'-五氯联苯	DE-PCB 101	37680-73-2	$y=1.74\times10^6 x-3.67\times10^5$	0.0625~2.500	0.9994
313	2,3,4,4',5-五氯联苯	DE-PCB 118	31508-00-6	$y=2.10\times10^6 x-6.14\times10^4$	0.0625~2.500	0.9985

序号	中文名称	英文名称	CAS	线性方程	线性范围	相关系数
314	2,2′,3,4,4′,5-六氯联苯	DE-PCB 138	35065-28-2	$y=1.31\times10^6 x-3.38\times10^4$	0.0625~2.500	0.9991
315	2,2′,4,4′,5,5′-六氯联苯	DE-PCB 153	35065-27-1	$y=1.60\times10^6 x-4.19\times10^4$	0.0625~2.500	0.9992
316	2,2,3,4,4′,5,5′-七氯联苯	DE-PCB 180	35065-29-3	$y=1.16\times10^6 x-3.07\times10^4$	0.0625~2.500	0.9989
317	2,4,4′-三氯联苯	DE-PCB 28	2012-37-5	$y=5.60\times10^6 x-5.83\times10^4$	0.0625~1.250	0.9997
318	2,4,5-三氯联苯	DE-PCB 31	16606-02-3	$y=5.45\times10^6 x-5.64\times10^4$	0.0625~1.250	0.9997
319	2,2′,5,5′-四氯联苯	DE-PCB 52	35693-99-3	$y=1.92\times10^6 x-3.05\times10^4$	0.0625~2.500	0.9997
320	脱溴溴苯磷	Desbrom-leptophos	—	$y=9.66\times10^5 x-3.34\times10^4$	0.0625~2.500	0.9990
321	脱乙基另丁津	Desethyl-sebuthylazine	37019-18-4	$y=3.58\times10^6 x-3.93\times10^5$	0.1250~5.000	0.9985
322	脱异丙基阿特拉津	Desisopropyl-atrazine	1007-28-9	$y=8.37\times10^5 x-4.16\times10^5$	0.5000~20.00	0.9975
323	异氯磷	Dicapthon	2463-84-5	$y=1.75\times10^6 x-1.05\times10^6$	0.3125~12.50	0.9946
324	苄氯三唑醇	Diclobutrazole	75736-33-3	$y=1.90\times10^6 x-5.90\times10^5$	0.2500~10.00	0.9957
325	甲氟磷	Dimefox	115-26-4	$y=1.34\times10^6 x-1.07\times10^5$	0.1875~7.500	0.9992
326	二甲吩草胺	Dimethenamid	87674-68-8	$y=3.66\times10^6 x-1.48\times10^5$	0.0625~2.500	0.9990
327	消螨通	Dinobuton	973-21-7	$y=5.32\times10^5 x-1.34\times10^6$	1.250~25.00	0.9788
328	蔬果磷	Dioxabenzofos	3811-49-2	$y=4.35\times10^5 x-2.36\times10^5$	0.6250~25.00	0.9980
329	乙拌磷砜	Disulfoton sulfone	2497-06-5	$y=1.39\times10^6 x-1.94\times10^5$	0.1250~5.000	0.9966
330	乙拌磷亚砜	Disulfoton-sulfoxide	2497-07-6	$y=2.77\times10^5 x-2.21\times10^4$	0.1250~5.000	0.9993
331	灭菌磷	Ditalimfos	5131-24-8	$y=2.75\times10^6 x-1.67\times10^5$	0.0625~2.500	0.9976
332	氧乙嘧硫磷	Etrimfos oxon	59399-24-5	$y=4.07\times10^6 x-1.85\times10^5$	0.0625~2.500	0.9990
333	苯线磷砜	Fenamiphos sulfone	31972-44-8	$y=2.06\times10^6 x-7.52\times10^5$	0.2500~10.00	0.9954
334	苯线磷亚砜	Fenamiphos sulfoxide	31972-43-7	$y=3.38\times10^5 x-2.60\times10^3$	0.2500~10.00	0.9561
335	腈苯唑	Fenbuconazole	114369-43-6	$y=2.96\times10^6 x+9.45\times10^5$	0.1250~5.000	0.9896
336	氧皮蝇磷	Fenchlorphos oxon	3983-45-7	$y=2.18\times10^6 x-1.77\times10^5$	0.1250~5.000	0.9991
337	拌种咯	Fenpiclonil	74738-17-3	$y=1.72\times10^6 x-2.58\times10^5$	0.2500~10.00	0.9981
338	倍硫磷砜	Fenthion sulfone	3761-42-0	$y=4.68\times10^5 x+1.45\times10^5$	0.2500~10.00	0.9839
339	倍硫磷亚砜	Fenthion sulfoxide	3761-41-9	$y=2.45\times10^5 x-1.08\times10^5$	0.2500~5.000	0.9863
340	三氟苯唑	Fluotrimazole	31251-03-3	$y=1.55\times10^6 x-5.73\times10^4$	0.0625~2.500	0.9981
341	氟喹唑	Fluquinconazole	136426-54-5	$y=3.40\times10^6 x-1.22\times10^4$	0.0625~2.500	0.9991
342	氟咯草酮	Flurochloridone	61213-25-0	$y=1.26\times10^6 x-1.66\times10^5$	0.1250~5.000	0.9979
343	氟草烟-1-甲庚酯	Fluroxypr-1-methyl-heptyl ester	81406-37-3	$y=3.14\times10^5 x-2.20\times10^4$	0.1250~2.500	0.9974
344	粉唑醇	Flutriafol	76674-21-0	$y=1.40\times10^6 x-1.75\times10^5$	0.1250~5.000	0.9985
345	麦穗灵	Fuberidazole	3878-19-1			
346	噻螨酮	Hexythiazox	78587-05-0	$y=3.00\times10^5 x-1.65\times10^5$	0.500~20.00	0.9981
347	碳氯灵	Isobenzan	297-78-9	$y=5.29\times10^5 x-1.51\times10^4$	0.0625~2.500	0.9995
348	丁脒酰胺	Isocarbamid	30979-48-7	$y=2.55\times10^6 x-9.72\times10^5$	0.3125~12.50	0.9965
349	水胺硫磷	Isocarbophos	245-61-5			
350	异艾氏剂	Isodrin	465-73-6	$y=7.73\times10^5 x-9.06\times10^3$	0.0625~2.500	0.9982
351	氧异柳磷	Isofenphos oxon	31120-85-1			

续表

序号	中文名称	英文名称	CAS	线性方程	线性范围	相关系数
352	丁嗪草酮	Isomethiozin	57052-04-7	$y=1.60\times10^6 x-2.21\times10^5$	0.1250~5.000	0.9970
353	环草定	Lenacil	2164-08-1	$y=1.31\times10^6 x-7.83\times10^5$	0.6250~25.00	0.9967
354	2甲4氯丁氧乙基酯	MCPA-butoxyethyl ester	19480-43-4	$y=6.47\times10^5 x-4.71\times10^4$	0.0625~2.500	0.9966
355	地胺磷	Mephosfolan	950-10-7	$y=9.51\times10^5 x-2.57\times10^5$	0.1250~5.000	0.9890
356	苯嗪草酮	Metamitron	41394-05-2	$y=4.59\times10^4 x-4.78\times10^4$	2.500~25.00	0.9994
357	甲基苯噻隆	Methabenzthiazuron	18691-97-9	$y=1.30\times10^6 x-1.65\times10^6$	0.6250~25.00	0.9930
358	呋菌胺	Methfuroxam	28730-17-8	$y=1.52\times10^6 x-1.33\times10^5$	0.0625~2.500	0.9954
359	庚酰草胺	Monalide	7287-36-7	$y=7.65\times10^5 x-5.97\times10^4$	0.1250~5.000	0.9988
360	合成麝香	Musk ambrette	83-66-9			
361	麝香酮	Musk ketone	541-91-3			
362	麝香	Musk moskene	116-66-5	$y=9.422x-2.217\times10^{-1}$	0.0625~2.500	0.9970
363	西藏麝香	Musk tibeten	145-39-1	$y=2.843x-1.358\times10^{-1}$	0.0625~2.500	0.9970
364	二甲苯麝香	Musk xylene	81-15-2			
365	甲磺乐灵	Nitralin	4726-14-1	$y=1.35\times10^6 x-1.87\times10^6$	0.6250~25.00	0.9907
366	酞菌酯	Nitrothal-isopropyl	10552-74-6	$y=1.80\times10^6 x-4.91\times10^5$	0.1250~5.000	0.9911
367	八氯苯乙烯	Octachlorostyrene	29082-74-4	$y=6.84\times10^5 x-1.55\times10^4$	0.0625~2.500	0.9997
368	五氯苯胺	Pentachloroaniline	527-20-8	$y=1.63\times10^6 x-5.38\times10^4$	0.0625~2.500	0.9990
369	五氯甲氧基苯	Pentachloroanisole	1825-21-4	$y=8.25\times10^5 x-1.64\times10^4$	0.0625~2.500	0.9996
370	五氯苯	Pentachlorobenzene	608-93-5	$y=2.14\times10^6 x-3.01\times10^4$	0.0625~2.500	0.9998
371	乙滴涕	Perthane	72-56-0	$y=7.03\times10^6 x-3.66\times10^5$	0.0625~2.500	0.9974
372	甲拌磷砜	Phorate sulfone	2588-04-7	$y=8.24\times10^5 x-5.08\times10^4$	0.0625~2.500	0.9946
373	邻苯二甲酸丁苄酯	Phthalic acid, benzyl butyl ester	85-68-7	$y=8.67\times10^5 x-4.54\times10^4$	0.0625~2.500	0.9973
374	苄草丹	Prosulfocarb	52888-80-9	$y=1.04\times10^6 x-5.13\times10^4$	0.0625~2.500	0.9988
375	嘧啶磷	Pyrimitate	5221-49-8	$y=1.657x-6.476\times10^{-2}$	0.0625~2.500	0.9990
376	吡咪唑	Rabenzazole	40341-06-6	$y=5.20\times10^6 x-6.05\times10^5$	0.0625~2.500	0.9931
377	苄呋菊酯-1	Resmethrin-1	10453-86-8	$y=2.98\times10^5 x-1.11\times10^4$	0.1250~5.000	0.9823
378	苄呋菊酯-2	Resmethrin-2	10453-86-8	$y=7.98\times10^5 x-1.33\times10^5$	0.1250~5.000	0.9953
379	另丁津	Sebutylazine	7286-69-3	$y=3.74\times10^6 x-1.70\times10^5$	0.0625~2.500	0.9989
380	西玛通	Simeton	673-04-1	$y=1.93\times10^6 x-2.26\times10^5$	0.1250~5.000	0.9984
381	吡螨胺	Tebufenpyrad	119168-77-3	$y=1.69\times10^6 x-8.49\times10^4$	0.0625~2.500	0.9965
382	牧草胺	Tebutam	35256-85-0	$y=1.22\times10^6 x-8.63\times10^4$	0.1250~5.000	0.9990
383	七氟菊酯	Tefluthrin	79538-32-2	$y=5.47\times10^6 x-2.89\times10^5$	0.0625~2.500	0.9980
384	虫线磷	Thionazin	297-97-2	$y=6.15\times10^5 x-3.47\times10^4$	0.0625~2.500	0.9969
385	反式-九氯	trans-Nonachlor	39765-80-5	$y=1.13\times10^6 x-3.81\times10^5$	0.0625~2.500	0.9990
386	威菌磷	Triamiphos	1031-47-6	$y=6.059x-5.913\times10^{-1}$	0.125~2.5	0.9940
387	毒壤磷	Trichloronat	327-98-0	$y=1.49\times10^6 x-6.67\times10^4$	0.0625~2.500	0.9989
388	草达津	Trietazine	1912-26-1	$y=2.17\times10^6 x-9.66\times10^4$	0.0625~2.500	0.9987
389	三异丁基磷酸盐	Tri-iso-butyl phosphate	126-71-6			
390	三正丁基磷酸盐	Tri-n-butyl hosphate	126-73-8	$y=1.40\times10^6 x-2.15\times10^5$	0.1250~5.000	0.9972
391	三苯基磷酸盐	Triphenyl phosphate	115-86-6	$y=2.59\times10^6 x-6.86\times10^4$	0.0625~2.500	0.9990

续表

序号	中文名称	英文名称	CAS	线性方程	线性范围	相关系数
392	二氢苊	Acenaphthene	83-32-9	$y=5.7x+7.57\times 10^{-2}$	0.0625~2.500	0.9980
393	乙草胺	Acetochlor	34256-82-1	$y=1.29x-4.33\times 10^{-2}$	0.1250~5.000	1.0000
394	活化酯	Acibenzolar-S-methyl	135158-54-2			
395	烯丙菊酯	Allethrin	584-79-2	$y=1.88x-3.8\times 10^{-1}$	0.2500~10.00	0.9980
396	呋草黄	Benfuresate	68505-69-1	$y=4.25x-1.95\times 10^{-2}$	0.1250~5.000	1.0000
397	解草嗪	Benoxacor	98730-04-2	$y=2.74x-2.12\times 10^{-1}$	0.1250~5.000	0.9990
398	除草定	Bromacil	314-40-9	$y=1.91x-3.65\times 10^{-1}$	0.5000~20.00	0.9990
399	溴丁酰草胺	Bromobutide	74712-19-9			
400	氟丙嘧草酯	Butafenacil	134605-64-4	$y=4.09x-3.83\times 10^{-1}$	0.0625~2.500	0.9860
401	抑草磷	Butamifos	36335-67-8	$y=1.316x-1.864\times 10^{-1}$	0.0625~2.500	0.9710
402	苯酮唑	Cafenstrole	125306-83-4	$y=2.875x-3.215$	0.5~10	0.9810
403	克菌丹	Captan	133-06-2	$y=1.61\times 10^{-1}x-2.67\times 10^{-1}$	1.0000~40.00	0.9940
404	氯氧磷	Chlorethoxyfos	54593-83-8	$y=1.67x-4.32\times 10^{-2}$	0.1250~5.000	1.0000
405	氯酞酸甲酯	Chlorthal-dimethyl	1861-32-1	$y=2.61x+6.8\times 10^{-2}$	0.1250~5.000	0.9980
406	苯并菲(䓛)	Chrysene	218-01-9	$y=7.15x-3.13\times 10^{-1}$	0.0625~2.500	0.9990
407	烯草酮	Clethodim	99129-21-2	$y=8.75\times 10^{-1}x-8.65\times 10^{-2}$	0.2500~10.00	0.9970
408	氯甲酰草胺	Clomeprop	84496-56-0	$y=4.83\times 10^{-1}x-3.405\times 10^{-1}$	0.0625~2.500	0.9970
409	环氟菌胺	Cyflufenamid	180409-60-3			
410	甲基内吸磷	Demeton-S-methyl	301-12-2	$y=5.71\times 10^{-1}x-5.10\times 10^{-2}$	0.2500~10.00	0.9990
411	氯亚胺硫磷	Dialifos	10311-84-9			
412	蓄虫避	Dibutyl succinate	141-03-7	$y=6.82x-2.14\times 10^{-1}$	0.1250~5.000	1.0000
413	氯硝胺	Dichloran	99-30-9	$y=8.33\times 10^{-1}x-6.01\times 10^{-2}$	0.1250~5.000	0.9990
414	甲基毒虫畏	Dimethylvinphos	2274-67-1	$y=3.18x-3.31\times 10^{-1}$	0.1250~5.000	0.9980
415	氟硫草定	Dithiopyr	97886-45-8	$y=2.28x-3.3\times 10^{-2}$	0.0625~2.500	0.9990
416	氟环唑-1	Epoxiconazole-1	106325-08-0	$y=6.79\times 10^{-2}x+3.91\times 10^{-2}$	0.5000~20.00	0.9790
417	氟环唑-2	Epoxiconazole-2	106325-08-0	$y=2.75x-5.32\times 10^{-1}$	0.5000~20.00	0.9990
418	戊草丹	Esprocarb	85785-20-2	$y=2.005x-1.673\times 10^{-1}$	0.125~5	0.9970
419	乙螨唑	Etoxazole	153233-91-1			
420	伐灭磷	Famphur	52-85-7	$y=1.78x+9.96\times 10^{-2}$	0.2500~10.00	0.9910
421	咪唑菌酮	Fenamidone	161326-34-7	$y=2.255x-7.446\times 10^{-2}$	0.0625~2.500	0.9980
422	甲呋酰胺	Fenfuram	24691-80-3	$y=6.91x-6.72\times 10^{-1}$	0.1250~5.000	0.9990
423	氰菌胺	Fenoxanil	115852-48-7	$y=9.69\times 10^{-1}x+3.46\times 10^{-2}$	0.1250~2.500	0.9960
424	苯锈啶	Fenpropidin	67306-00-7	$y=1.21\times 10^{1}x-1.26$	0.1250~5.000	0.9970
425	唑螨酯	Fenpyroximate	134098-61-6	$y=1.97\times 10^{-1}x-3.44\times 10^{-2}$	0.5000~20.00	0.9960
426	氟虫腈	Fipronil	120068-37-3	$y=8.2\times 10^{-1}x-2.91\times 10^{-1}$	0.5000~20.00	0.9960
427	氟噻草胺	Flufenacet	142459-58-3	$y=1.95x-6.19\times 10^{-1}$	0.5000~20.00	0.9990
428	氟啶草酮	Fluridone	59756-60-4	$y=5.33x-1.01$	0.125~5.000	0.9920
429	呋草酮	Flurtamone	96525-23-4	$y=4.89\times 10^{-1}x-2.29\times 10^{-1}$	0.2500~5.000	0.9330
430	呋霜灵	Furalaxyl	57646-30-7	$y=2.64x-1.12\times 10^{-1}$	0.1250~5.000	1.0000
431	烯菌灵	Imazalil	35554-44-0	$y=9.69\times 10^{-1}x-1.86\times 10^{-1}$	0.2500~10.00	0.9980
432	甲基咪草酯	Imazamethabenz-methyl	81405-85-8	$y=5.47\times 10^{-1}x+2.14\times 10^{-4}$	0.1875~7.500	0.9960

续表

序号	中文名称	英文名称	CAS	线性方程	线性范围	相关系数
433	脱苯甲基亚胺唑	Imibenconazole-des-benzyl	199338-48-2			
434	炔咪菊酯-1	Imiprothrin-1	72693-72-5	$y=5.69\times10^{-1}x-8.96\times10^{-2}$	0.1250~5.000	0.9850
435	炔咪菊酯-2	Imiprothrin-2	72693-72-5	$y=2.72x-5.56\times10^{-1}$	0.1250~5.000	0.9900
436	异菌脲	Iprodione	36734-19-7	$y=1.5x-4.14\times10^{-1}$	0.2500~10.00	0.9980
437	异丙威-1	Isoprocarb-1	2631-40-5	$y=5.44\times10^{-1}x+1.86\times10^{-1}$	0.1250~5.000	0.9670
438	异丙威-2	Isoprocarb-2	2631-40-5	$y=6.46x-7.58\times10^{-1}$	0.1250~5.000	0.9670
439	稻瘟灵	Isoprothiolane	50512-35-1	$y=7.2\times10^{-1}x-2.98\times10^{-2}$	0.1250~5.000	0.9990
440	噁唑磷	Isoxathion	18854-01-8			
441	乳氟禾草灵	Lactofen	77501-63-4	$y=3.3\times10^{-1}x-1.88\times10^{-1}$	0.5000~20.00	0.9930
442	马拉氧磷	Malaoxon	1364-78-2	$y=1.65x-3.28$	1.0000~40.00	0.9880
443	精甲霜灵	Mefenoxam	70630-17-0	$y=1.24x-5.51\times10^{-2}$	0.1250~5.000	
444	吡唑解草酯	Mefenpyr-diethyl	135590-91-9	$y=8.69\times10^{-1}x-8.09\times10^{-1}$	0.1875~7.500	1.0000
445	嘧菌胺	Mepanipyrim	110235-47-7	$y=7.2x-5.17\times10^{-1}$	0.0625~2.500	0.9970
446	甲胺磷	Methamidophos	10265-92-6	$y=1.71x-6.58\times10^{-1}$	0.2500~10.00	0.9940
447	甲硫威砜	Methiocarb sulfone	2179-25-1	$y=1.69\times10^{-2}x+8.96\times10^{-4}$	0.5000~5.000	0.9930
448	甲醚菊酯-1	Methothrin-1	34388-29-9	$y=8.75\times10^{-1}x-8.41\times10^{-2}$	0.1250~5.000	0.9990
449	甲醚菊酯-2	Methothrin-2	34388-29-9	$y=2.61x-2.31\times10^{-1}$	0.1250~5.000	0.9990
450	甲基三硫磷	Methyl trithion	953-17-3			
451	苯氧菌胺	Metominostrobin	133408-50-1	$y=4.108x-7.501\times10^{-1}$	0.25~10	0.9980
452	二溴磷	Naled	300-76-5	$y=4.46\times10^{-1}x-6.33\times10^{-1}$	1.0000~40.00	0.9960
453	萘丙胺	Naproanilide	52570-16-8	$y=1.07x-6.223\times10^{-2}$	0.0625~0.500	0.9810
454	甲呋酰胺	Ofurace	58810-48-3	$y=9.18\times10^{-1}x-9.29\times10^{-2}$	0.1875~7.500	0.9990
455	戊菌隆	Pencycuron	66063-05-6	$y=3.35x-2.21\times10^{-1}$	0.1250~5.000	0.9980
456	菲	Phenanthrene	85-01-8	$y=8.74x-1.65\times10^{-2}$	0.0625~2.500	0.9990
457	磷胺-1	Phosphamidon-1	13171-21-6	$y=1.83\times10^{-1}x-2\times10^{-1}$	0.5000~20.00	0.9770
458	磷胺-2	Phosphamidon-2	13171-21-6	$y=2.44x-4.03\times10^{-1}$	0.5000~20.00	0.9980
459	氟吡酰草胺	Picolinafen	137641-05-5	$y=3.35x-2.06\times10^{-1}$	0.0625~2.500	0.9980
460	啶氧菌酯	Picoxystrobin	117428-22-5	$y=1.11x-3.65\times10^{-1}$	0.1250~5.000	0.9990
461	哌草磷	Piperophos	24151-93-7	$y=3.04x-5.31\times10^{-1}$	0.1875~7.500	0.9990
462	抗蚜威	Pirimicarb	23103-98-2	$y=5.18x-1.7\times10^{-1}$	0.1250~5.000	1.0000
463	茉莉酮	Prohydrojasmon	158474-72-7			
464	残杀威-1	Propoxur-1	114-26-1	$y=1.45x+5.56\times10^{-1}$	0.1250~5.000	0.9570
465	残杀威-2	Propoxur-2	114-26-1	$y=6.32x-1.34$	0.1250~5.000	0.9890
466	炔苯酰草胺	Propyzamide	23950-58-5	$y=2.94x-2.44\times10^{-1}$	0.1250~5.000	0.9990
467	吡唑硫磷	Pyraclofos	77458-01-6	$y=7.773\times10^{-1}x-1.808\times10^{-1}$	0.5~20	0.9620
468	百克敏	Pyraclostrobin	175013-18-0	$y=4.97\times10^{-1}x-1.15$	1.5000~60.00	0.9910
469	吡草醚	Pyraflufen ethyl	129630-17-7	$y=1.18x-4.03\times10^{-2}$	0.1250~5.000	0.9990
470	稗草丹	Pyributicarb	88678-67-5	$y=6.7x-6.22\times10^{-1}$	0.1250~5.000	0.9990
471	环酯草醚	Pyriftalid	135186-78-6	$y=1.73x-9.39\times10^{-1}$	0.0625~2.500	0.9980
472	嘧螨醚	Pyrimidifen	105779-78-0	$y=9.252x-2.558\times10^{-1}$	0.125~5	0.9720
473	嘧草醚	Pyriminobac-methyl	147411-69-6			

续表

序号	中文名称	英文名称	CAS	线性方程	线性范围	相关系数
474	蚊蝇醚	Pyriproxyfen	95737-68-1	$y=2.75x-1.92\times10^{-1}$	0.0625~2.500	0.9960
475	咯喹酮	Pyroquilon	57369-32-1	$y=3.8x-9.6\times10^{-2}$	0.0625~2.500	1.0000
476	灭藻醌	Quinoclamine	2797-51-5	$y=6.31\times10^{-1}x-1.57\times10^{-1}$	0.2500~10.00	0.9980
477	苯氧喹啉	Quinoxyphen	124495-18-7	$y=3.6x-1.47\times10^{-1}$	0.0625~2.500	0.9990
478	氟硅菊酯	Silafluofen	105024-66-6	$y=6.53\times10^{-1}x-3.35\times10^{-2}$	0.0625~2.500	0.9960
479	硅氟唑	Simeconazole	149508-90-7	$y=3.05x-2.44\times10^{-1}$	0.1250~5.000	1.0000
480	螺螨酯	Spirodiclofen	148477-71-8	$y=1.95\times10^{-1}x-1.04\times10^{-1}$	0.5000~20.00	0.9950
481	苯噻硫氰	TCMTB	21564-17-0			
482	丁基嘧啶磷	Tebupirimfos	96182-53-5	$y=8.44\times10^{-1}x-1.53\times10^{-2}$	0.1250~5.000	0.9980
483	丁噻隆	Tebuthiuron	34014-18-1	$y=2.9x-7.67\times10^{-1}$	0.2500~10.00	0.9960
484	特草定	Terbacil	5902-51-2			
485	特草灵-1	Terbucarb-1	1918-11-2	$y=6.76x-3.79\times10^{-2}$	0.1250~5.000	1.0000
486	特草灵-2	Terbucarb-2	1918-11-2	$y=6.76x-3.79\times10^{-2}$	0.1250~5.000	1.0000
487	噻吩草胺	Thenylchlor	96491-05-3	$y=4.53x-2.81\times10^{-1}$	0.1250~5.000	1.0000
488	噻虫嗪	Thiamethoxam	153719-23-4	$y=3.98\times10^{-1}x-9.13\times10^{-2}$	0.2500~5.000	0.9960
489	噻唑烟酸	Thiazopyr	117718-60-2	$y=7.9\times10^{-1}x-3.26\times10^{-2}$	0.1250~5.000	0.9990
490	噻呋菌胺	Thifluzamide	130000-40-7	$y=6.241\times10^{-1}x-3.246\times10^{-1}$	0.5~10	0.9950
491	苯草酮	Tralkoxydim	87820-88-0	$y=1.92x+2.21\times10^{-1}$	0.5000~20.00	0.9930
492	灭草环	Tridiphane	58138-08-2			
493	肟菌酯	Trifloxystrobin	141517-21-7	$y=2.69x-3.93\times10^{-1}$	0.2500~10.00	0.9990
494	灭除威	XMC	2655-14-3	$y=4.751\times10^{-1}x+2.739\times10^{-1}$	0.125~500	0.9510
495	苯酰草胺	Zoxamide	156052-68-5	$y=9.78\times10^{-1}x+2.6\times10^{-2}$	0.1250~5.00	0.9990
496	2,4,5-涕	2,4,5-T	93-76-5	$y=7.560\times10^{-2}x-9.541\times10^{-2}$	1.25~50	0.9960
497	2,4-滴	2,4-D	94-75-7	$y=7.052\times10^{-2}x-6.731\times10^{-2}$	1.25~50	0.9930
498	3,4,5-混杀威	3,4,5-Trimethacarb	2686-99-9		0.0625~2.500	
499	3-苯基苯酚	3-Phenylphenol	580-51-8	$y=1.865x-4.421\times10^{-1}$	0.375~15	0.9990
500	4-氯苯氧乙酸	4-Chlorophenoxy acetic acid	122-88-3	$y=2.088\times10^{-1}x-5.259\times10^{-2}$	0.5~20	0.9940
501	乙酰甲胺磷	Acephate	30560-19-1	$y=2.243\times10^{-1}x-4.451\times10^{-1}$	1.25~50	0.9870
502	啶虫脒	Acetamiprid	160430-64-8	$y=3.28\times10^{-1}x-1.54\times10^{-1}$	0.7500~30.00	0.9930
503	苯草醚	Aclonifen	74070-46-5	$y=1.465\times10^{-2}x-2.724\times10^{-1}$	1.25~50	0.9940
504	戊环唑	Azaconazole	60207-31-0			
505	嘧菌酯	Azoxystrobin	131860-33-8	$y=7.875\times10^{-1}x-2.689\times10^{-1}$	0.625~25.00	0.9990
506	联苯肼酯	Bifenazate	149877-41-8	$y=1.849\times10^{-1}x-1.115\times10^{-2}$	0.5000~20.00	0.9990
507	生物苄呋菊酯	Bioresmethrin	28434-01-7	$y=2.138x-1.297\times10^{-1}$	0.125~5.000	0.9990
508	啶酰菌胺	Boscalid	188425-85-6			
509	仲丁灵	Butralin	33629-47-9	$y=2.77x-4.35\times10^{-1}$	0.2500~10.00	0.9940
510	硫线磷	Cadusafos	95465-99-9	$y=2.26x-2.17\times10^{-1}$	0.2500~10.00	0.9990
511	甲萘威	Carbaryl	63-25-2	$y=6.292\times10^{-1}x+7.786\times10^{-2}$	0.1875~7.500	0.9990
512	唑酮草酯	Carfentrazone-ethyl	128621-72-7	$y=9.73\times10^{-1}x-8.03\times10^{-2}$	0.1250~5.000	0.9990
513	溴虫腈	Chlorfenapyr	122453-73-0	$y=2.29\times10^{-1}x-1.84\times10^{-2}$	0.5000~20.00	0.9990

续表

序号	中文名称	英文名称	CAS	线性方程	线性范围	相关系数
514	环庚草醚	Cinmethylin	87818-31-3		0.0625~2.500	
515	氰氟草酯	Cyhalofop-butyl	122008-85-9			
516	赛灭磷	Cythioate	115-93-5	$y=6.702\times10^{-3}x+1.151\times10^{-3}$	1.25~10	0.9520
517	内吸磷-S	Demeton-S	126-75-0	$y=1.541x-5.515\times10^{-1}$	0.25~10	0.9700
518	甜菜胺	Desmedipham	13684-56-5	$y=2.012\times10^{-1}x-1.107\times10^{-1}$	1.25~50	0.9950
519	百治磷	Dicrotophos	141-66-2	$y=4.348\times10^{-1}x-1.023\times10^{-1}$	0.5~20	0.9990
520	避蚊胺	Diethyltoluamide	134-62-3	$y=9.631x-4.478\times10^{-1}$	0.05~2	0.9970
521	枯莠隆	Difenoxuron	14214-32-5	$y=3.536\times10^{-1}x-8.184\times10^{-2}$	0.5~20	0.9980
522	异戊乙净	Dimethametryn	22936-75-0	$y=9.04x-3.08\times10^{-1}$	0.0625~2.500	1.0000
523	烯酰吗啉	Dimethomorph	110488-70-5	$y=1.445x-1.391\times10^{-1}$	0.125~5.000	0.9980
524	避蚊酯	Dimethyl phthalate	131-11-3	$y=4.702\times10^{-1}x+3.638\times10^{-1}$	0.25~5	0.9330
525	苯虫醚-1	Diofenolan-1	63837-33-2	$y=2.13x-2.6\times10^{-1}$	0.1250~5.000	0.9970
526	苯虫醚-2	Diofenolan-2	63837-33-2	$y=1.1x-1.04\times10^{-1}$	0.1250~5.000	0.9990
527	二氧威	Dioxacarb	6988-21-2			
528	丁酰肼	DMSA	1596-84-5	$y=2.595\times10^{-2}x+1.340\times10^{-2}$	0.5~20	0.9910
529	十二环吗啉	Dodemorph	1593-77-7	$y=1.102x-2.497\times10^{-2}$	0.1875~7.500	0.9990
530	草多索	Endothal	145-73-3	$y=4.442\times10^{-2}x-4.006\times10^{-2}$	1.25~50	0.9940
531	异狄氏剂醛	Endrin aldehyde	7421-93-4	$y=9.255\times10^{-2}x+8.208\times10^{-2}$	1.25~25	0.9910
532	异狄氏剂酮	Endrin ketone	53494-70-5	$y=4.12\times10^{-1}x+9.06\times10^{-3}$	1~40.00	0.9980
533	乙硫苯威	Ethiofencarb	29973-13-5	$y=3.326\times10^{-2}x+3.35\times10^{-2}$	0.625~25	0.9870
534	皮蝇磷	Fenchlorphos	299-84-3	$y=1.227x-9.79\times10^{-3}$	0.25~10	0.9990
535	环酰菌胺	Fenhexamid	126833-17-8	$y=6.104\times10^{-1}x-1.226$	1.25~50	0.9940
536	氟啶胺	Fluazinam	79622-59-6	$y=4.636\times10^{-2}x+1.589\times10^{-2}$	0.5~20	0.9950
537	拌种胺	Furmecyclox	60568-05-0	$y=2.796x-7.336\times10^{-1}$	0.1875~7.500	0.9890
538	γ-氯氟氰菊酯-1	γ-Cyhalothrin-1	76703-62-3		0.05~2	
539	γ-氯氟氰菊酯-2	γ-Cyhalothrin-2	76703-62-3	$y=1.551x-2.252\times10^{-1}$	0.05~2	0.9780
540	苄螨醚	Halfenprox	111872-58-3		0.1250~2.5	
541	氯吡嘧磺隆	Halosulfuron-methyl	100784-20-1			
542	异丙菌胺-1	Iprovalicarb-1	140923-17-7	$y=3.862\times10^{-1}x-3.692\times10^{-2}$	0.25~10	0.9990
543	异丙菌胺-2	Iprovalicarb-2	140923-17-7	$y=9.64\times10^{-1}x-1.342\times10^{-1}$	0.25~10	0.9990
544	双苯噁唑酸	Isoxadifen-ethyl	163520-33-0	$y=7.901\times10^{-1}x-1.039\times10^{-1}$	0.25~5	0.9970
545	脱叶磷	Merphos	150-50-5		0.0625~2.500	
546	叶菌唑	Metconazole	125116-23-6	$y=5.383\times10^{-1}x-4.572\times10^{-2}$	0.25~10	0.9980
547	久效磷	Monocrotophos	6923-22-4	$y=3.326\times10^{-2}x+3.35\times10^{-2}$	0.2500~2.500	0.9941
548	氟草敏代谢物	Norflurazon-desmethyl	23567-24-1	$y=4.017\times10^{-1}x-4.393\times10^{-1}$	1.25~10	0.9880
549	家蝇磷	Phenkapton	2275-14-1	$y=1.409x-3.459\times10^{-1}$	0.375~3	0.9880
550	四氯苯酞	Phthalide	27355-22-2			
551	邻苯二甲酰亚胺	Phthalimide	85-41-6	$y=1.27x-1.34\times10^{-1}$	0.1250~5.000	0.9980
552	发硫磷	Prothoate	2275-18-5	$y=2.235x-9.054\times10^{-1}$	0.5~4	0.9930
553	啶斑肟-1	Pyrifenox-1	88283-41-4	$y=4.07\times10^{-1}x-8.48\times10^{-2}$	0.5000~20.00	0.9990
554	啶斑肟-2	Pyrifenox-2	88283-41-4	$y=9.74\times10^{-1}x-1.01\times10^{-1}$	0.5000~20.00	0.9980

续表

序号	中文名称	英文名称	CAS	线性方程	线性范围	相关系数
555	八氯二丙醚-1	S421(octachlorodipropyl ether)-1	127-90-2	$y=1.611\times10^{-1}x+3.35\times10^{-1}$	1.25~50	0.9980
556	八氯二丙醚-2	S421(octachlorodipropyl ether)-2	127-90-2	$y=1.432\times10^{-1}x-1.390\times10^{-1}$	1.25~50	0.9990
557	另丁津	Sebutylazine	7286-69-3	$y=2.04x+3.198\times10^{-1}$	0.125~5.000	0.9780
558	螺甲螨酯	Spiromesifen	283594-90-1	$y=2.709\times10^{-1}x+8.256\times10^{-2}$	0.625~5	0.9490
559	螺噁茂胺-1	Spiroxamine-1	118134-30-8	$y=5.27x-5.65\times10^{-1}$	0.1250~5.000	0.9950
560	螺噁茂胺-2	Spiroxamine-2	118134-30-8	$y=1.25\times10^{1}x-1.23$	0.1250~5.000	0.9980
561	噻菌灵	Thiabendazole	148-79-8	$y=3.168\times10^{-2}x-2.590\times10^{-2}$	1.25~10	0.9990
562	唑虫酰胺	Tolfenpyrad	129558-76-5		0.0625~2.500	
563	四溴菊酯-1	Tralomethrin-1	66841-25-6			
564	四溴菊酯-2	Tralomethrin-2	66841-25-6			
565	苯磺隆	Tribenuron-methyl	101200-48-0	$y=2.784\times10^{-1}x+3.122\times10^{-2}$	0.0625~2.5	0.9760
566	三环唑	Tricyclazole	41814-78-2	$y=4.369\times10^{-1}x+3.83\times10^{-3}$	0.375~15	0.9930
567	氟菌唑	Triflumizole	68694-11-1			

11.2.2 GC-MS/MS 分析 466 种农药化学品线性方程、线性范围和相关系数

GC-MS/MS 分析 466 种农药化学品线性方程、线性范围和相关系数见表 11-13。

表 11-13 GC-MS/MS 分析 466 种农药化学品线性方程、线性范围和相关系数

序号	中文名称	英文名称	CAS	线性方程	线性范围	相关系数
A 组						
1	二丙烯草胺	Allidochlor	93-71-0	$y=3.9877\times10^{-4}x-0.0193$	90~3600	0.9996
2	烯丙酰草胺	Dichlormid	37764-25-3	$y=6.6912\times10^{-4}x-0.0155$	80~3200	0.9980
3	土菌灵	Etridiazole	2593-15-9	$y=0.0049x-0.0393$	20~800	0.9993
4	氯甲硫磷	Chlormephos	24934-91-6	$y=0.0031x-0.0011$	10~400	0.9984
5	苯胺灵	Propham	122-42-9	$y=0.0052x-0.0233$	10~400	0.9993
6	甲基乙拌磷	Thiometon	640-15-3	$y=0.0027x-0.0034$	30~120	0.9977
7	环草敌	Cycloate	1134-23-2	$y=0.0121x-3.9279\times10^{-4}$	2.5~100	0.9994
8	联苯二胺	Diphenylamin	122-39-4	$y=0.0330x+0.0030$	2~40	0.9997
9	乙丁烯氟灵	Ethalfluralin	55283-68-6	$y=8.1166\times10^{-4}x-0.0369$	80~3200	0.9992
10	五氯硝基苯	Quintozene	82-68-8	$y=0.0011x-0.1749$	170~6800	0.9969
11	脱乙基阿特拉津	Atrazine-desethyl	6190-65-4	$y=0.0023x-0.1521$	80~3200	0.9959
12	异噁草松	Clomazone	81777-89-1	$y=0.0093x-0.0085$	5~200	0.9997
13	二嗪磷	Diazinon	333-41-5	$y=0.0051x-0.0121$	10~400	0.9997
14	地虫硫磷	Fonofos	944-22-9	$y=0.0127x-0.0124$	5~200	0.9999
15	乙嘧硫磷	Etrimfos	38260-54-7	$y=0.0027x-0.0302$	25~1000	0.9992
16	西玛津	Simazine	122-34-9	$y=0.0041x-0.3533$	13~5200	0.9988
17	胺丙畏	Propetamphos	31218-83-4	$y=0.0031x-0.0293$	15~600	0.9981
18	密草通	Secbumeton	26259-45-0	$y=0.0033x-0.0115$	10~400	0.9996
19	除线磷	Dichlofenthion	97-17-6	$y=0.0083x-0.0068$	5~200	0.9998

续表

序号	中文名称	英文名称	CAS	线性方程	线性范围	相关系数
20	兹克威	Mexacarbate	315-18-4	$y=6.4014\times 10^{-4}x-0.0077$	125～2500	0.9996
21	炔丙烯草胺	Pronamide	23950-58-5	$y=0.0263x-0.0259$	2.5～100	0.9994
22	氨氟灵	Dinitramine	29091-05-2	$y=2.6324\times 10^{-4}x-0.1171$	160～16000	0.9978
23	乐果	Dimethoate	60-51-5	$y=0.0011x-0.0329$	50～500	0.9909
24	皮蝇磷	Ronnel	299-84-3	$y=0.0041x-0.0417$	15～600	0.9986
25	扑草净	Prometryne	7287-19-6	$y=0.0039x-0.0135$	10～400	0.9995
26	乙烯菌核利	Vinclozolin	50471-44-8	$y=0.0018x-0.0123$	30～1200	0.9998
27	β-六六六	β-HCH	319-85-7	$y=0.0052x-0.0067$	10～400	1.0000
28	甲霜灵	Metalaxyl	57837-19-1	$y=0.0019x-0.0109$	20～800	0.9994
29	毒死蜱	Chlorpyrifos(ethyl)	2921-88-2	$y=0.0016x-0.0387$	20～2000	0.9995
30	甲基对硫磷	Methyl-parathion	298-00-0	$y=0.0019x-0.0389$	50～500	0.9958
31	δ-六六六	δ-HCH	319-86-8	$y=0.0026x-0.0067$	20～800	1.0000
32	蒽醌	Anthraquinone	84-65-1	$y=0.0142x-0.0530$	5～200	0.9983
33	倍硫磷	Fenthion	55-38-9	$y=0.0067x-0.3743$	10～4000	0.9992
34	马拉硫磷	Malathion	121-75-5	$y=0.0041x-0.0877$	25～500	0.9907
35	杀螟硫磷	Fenitrothion	122-14-5	$y=0.0024x-0.2982$	32～3200	0.9923
36	对氧磷	Paraoxon-ethyl	311-45-5	$y=2.6737\times 10^{-4}x-0.3923$	750～30000	0.9820
37	三唑酮	Triadimefon	43121-43-3	$y=0.0019x-0.0209$	25～1000	0.9995
38	二甲戊灵	Pendimethalin	40318-45-4	$y=0.0040x-0.1109$	20～800	0.9920
39	利谷隆	Linuron	330-55-2	$y=1.1836\times 10^{-4}x-0.0320$	500～5000	0.9949
40	杀螨醚	Chlorbenside	103-17-3	$y=0.0018x-0.0152$	20～800	0.9996
41	乙基溴硫磷	Bromophos-Ethyl	4824-78-6	$y=0.0026x-0.0347$	25～1000	0.9990
42	喹硫磷	Quinalphos	13593-03-8	$y=0.0031x-0.0551$	20～800	0.9963
43	反式-氯丹	trans-Chlodane	5103-74-2	$y=0.0011x+0.0022$	50～2000	0.9997
44	砒唑草胺	Metazachlor	67129-08-2	$y=0.0041x-0.0570$	20～800	0.9982
45	丙硫磷	Prothiophos	34643-46-4	$y=0.0029x-0.0284$	20～800	0.9992
46	灭菌丹	Folpet	133-07-3			
47	整形醇	Chlorflurenol	2464-37-1	$y=0.0011x-0.2963$	100～5000	0.9861
48	腐霉利	Procymidone	32809-16-8	$y=0.0087x-0.0024$	5～200	0.9997
49	杀扑磷	Methidathion	950-37-8	$y=0.0039x-0.1176$	35～700	0.9905
50	氰草津	Cyanazine	21725-46-2	$y=1.6157\times 10^{-4}x-0.0076$	260～5200	0.9993
51	敌草胺	Napropamide	15299-99-7	$y=0.0041x-0.0212$	10～400	0.9983
52	噁草酮	Oxadiazone	19666-30-9	$y=0.0094x-0.0084$	5～200	0.9998
53	苯线磷	Fenamiphos	22224-92-6	$y=6.3550\times 10^{-4}x-0.0157$	80～640	0.9933
54	杀螨硫磷	Tetrasul	2227-13-6	$y=0.0036x-0.0017$	10～400	0.9995
55	乙嘧酚磺酸酯	Bupirimate	41483-43-6	$y=0.0029x-0.0090$	10～400	0.9992
56	萎锈灵	Carboxin	5234-68-4	$y=0.0051x-0.0181$	10～200	0.9984
57	氟酰胺	Flutolanil	66332-96-5	$y=0.0393x-0.0133$	1.5～60	0.9986
58	p,p'-滴滴滴	p,p'-DDD	72-54-8	$y=0.0395x-0.0582$	3～120	0.9993
59	乙硫磷	Ethion	563-12-2	$y=1.6236\times 10^{-4}x-0.0420$	450～18000	0.9993
60	乙环唑-1	Etaconazole-1	60207-93-4	$y=0.0043x-0.0162$	10～400	0.9988

续表

序号	中文名称	英文名称	CAS	线性方程	线性范围	相关系数
61	乙环唑-2	Etaconazole-2	71245-23-3	$y=0.0040x-0.0067$	10~400	0.9999
62	硫丙磷	Sulprofos	35400-43-2	$y=0.0029x-0.0267$	15~600	0.9980
63	腈菌唑	Myclobutanil	88671-89-0	$y=0.0095x-0.0038$	3.5~140	0.9997
64	丰索磷	Fensulfothin	115-90-2	$y=0.0014x-0.0252$	80~3200	0.9997
65	丙环唑	Propiconazole	60207-90-1	$y=0.0033x-0.0256$	15~600	0.9993
66	联苯菊酯	Bifenthrin	82657-04-3	$y=0.0457x+0.0027$	1~20	0.9993
67	灭蚁灵	Mirex	2385-85-5	$y=0.0107x+0.0074$	5~200	0.9994
68	麦锈灵	Benodanil	15310-01-7	$y=0.0023x-0.0466$	50~1000	0.9989
69	氟苯嘧啶醇	Nuarimol	63284-71-9	$y=0.0021x-0.0195$	25~1000	0.9994
70	甲氧滴滴涕	Methoxychlor	72-43-5	$y=0.0042x-0.0951$	20~800	0.9935
71	噁霜灵	Oxadixyl	77732-09-3	$y=0.0052x-0.0516$	15~600	0.9980
72	胺菊酯	Tetramethrin	7696-12-0	$y=0.0058x-0.0528$	15~300	0.9922
73	戊唑醇	Tebuconazole	107534-96-3	$y=0.0043x-0.0220$	10~400	0.9988
74	氟草敏	Norflurazon	27314-13-2	$y=0.0039x-0.0279$	15~600	0.9991
75	哒嗪硫磷	Pyridaphenthion	119-12-0	$y=0.0019x-0.1754$	20~2000	0.9885
76	亚胺硫磷	Phosmet	732-11-6	$y=5.3399\times10^{-4}x-0.0843$	150~3000	0.9900
77	三氯杀螨砜	Tetradifon	116-29-0	$y=0.0013x-0.0263$	50~2000	0.9989
78	吡菌磷	Pyrazophos	13457-18-6	$y=0.0043x-0.0620$	20~400	0.9932
79	氯氰菊酯	Cypermethrin	52315-07-8	$y=0.0011x-0.1974$	250~5000	0.9948
80	氰戊菊酯	Fenvalerate	51630-58-1	$y=1.3423\times10^{-4}x-0.0146$	212.5~4250	0.9974
			B组			
81	茵草敌	EPTC	759-94-4	$y=0.0018x-0.0102$	16~1600	0.9997
82	丁草敌	Butylate	2008-41-5	$y=0.0213x-0.0051$	1~100	0.9998
83	敌草腈	Dichlobenil	1194-65-6	$y=9.1606x+0.0429$	0.008~4	0.9999
84	克草敌	Pebulate	1114-71-2	$y=0.0034x-0.0175$	20~800	0.9998
85	三氯甲基吡啶	Nitrapyrin	1929-82-4	$y=0.0017x-0.0592$	50~2000	0.9991
86	氟苯甲醚	Chloroneb	2675-77-6	$y=0.0069x-0.0037$	10~400	0.9999
87	四氯硝基苯	Tecnazene	117-18-0	$y=6.1591\times10^{-4}x-0.0305$	100~2000	0.9973
88	庚烯磷	Heptanophos	23560-59-0	$y=0.0322x-0.0335$	4~80	0.9986
89	灭线磷	Ethoprophos	13194-48-4	$y=0.0083x-0.0342$	10~200	0.9972
90	六氯苯	Hexachlorobenzene	118-74-1	$y=0.0047x-0.0022$	20~400	0.9997
91	顺式-燕麦敌	cis-Diallate	2303-16-4	$y=0.0088x-0.0181$	10~200	0.9997
92	反式-燕麦敌	trans-Diallate	2303-16-4	$y=0.0088x-0.0142$	5~200	0.9996
93	毒草胺	Propachlor	1918-16-7	$y=0.0020x-0.0529$	60~1200	0.9983
94	氟乐灵	Trifluralin	1582-09-8	$y=0.0046x-0.0985$	12~1200	0.9960
95	氯苯胺灵	Chlorpropham	101-21-3	$y=0.0017x-0.0690$	80~800	0.9902
96	治螟磷	Sulfotep	3689-24-5	$y=0.0046x-0.0337$	15~600	0.9994
97	菜草畏	Sulfallate	95-06-7	$y=0.0052x-0.0247$	10~400	0.9978
98	α-六六六	α-HCH	319-84-6	$y=0.0069x-0.0623$	20~400	0.9986
99	特丁硫磷	Terbufos	13071-79-9	$y=0.0094x-0.2792$	14~2800	0.9989
100	环丙氟灵	Profluralin	26399-36-0	$y=0.0023x-0.1230$	50~2000	0.9953

续表

序号	中文名称	英文名称	CAS	线性方程	线性范围	相关系数
101	敌噁磷	Dioxathion	78-34-2	$y=9.7800\times 10^{-4}x-0.0366$	50~2000	0.9978
102	扑灭津	Propazine	139-40-2	$y=0.0083x-0.2628$	10~2000	0.9969
103	氯硝胺	Dicloran	99-30-9	$y=0.0020x-0.0665$	50~1000	0.9917
104	特丁津	Terbuthylazine	5915-41-3	$y=0.0043x-0.1292$	20~2000	0.9975
105	绿谷隆	Monolinuron	1746-81-2	$y=8.9084\times 10^{-4}x-0.0922$	90~3600	0.9934
106	氯炔灵	Chlorbufam	1967-16-4	$y=0.0011x+0.0029$	50~1000	0.9996
107	氟虫脲	Flufenoxuron	101463-69-8	$y=6.5121\times 10^{-4}x+0.0209$	50~1000	0.9992
108	杀螟腈	Cyanophos	2636-26-2	$y=0.0038x-0.0511$	20~400	0.9941
109	甲基毒死蜱	Chlorpyrifos-methyl	5598-13-0	$y=0.0020x-0.0674$	50~1000	0.9936
110	敌草净	Desmetryn	1014-69-3	$y=0.0070x-0.0181$	10~200	0.9979
111	二甲草胺	Dimethachlor	50563-36-5	$y=0.0092x-0.0590$	4~400	0.9958
112	甲草胺	Alachlor	15972-60-8	$y=0.0021x-0.0376$	10~1000	0.9967
113	甲基嘧啶磷	Pirimiphos-methyl	29232-93-7	$y=0.0029x-0.0422$	25~1000	0.9980
114	禾草丹	Thiobencarb	28249-77-6	$y=0.0051x-0.0285$	10~400	0.9981
115	特丁净	Terbutyrn	886-50-0	$y=0.0031x-0.0226$	15~600	0.9988
116	三氯杀螨醇	Dicofol	115-32-2	$y=0.0072x+0.0113$	4~400	0.9998
117	异丙甲草胺	Metolachlor	51218-45-2	$y=0.0523x-0.0542$	1~100	0.9974
118	氧化氯丹	Oxy-chlordane	27304-13-8	$y=2.3915\times 10^{-4}x-0.0032$	90~1800	0.9988
119	嘧啶磷	Pirimiphos-ethyl	23505-41-1	$y=0.0019x-0.0192$	25~1000	0.9975
120	烯虫酯	Methoprene	40596-69-8	$y=0.0032x-0.1842$	40~4000	0.9979
121	溴硫磷	Bromofos	2104-96-3	$y=8.1034\times 10^{-4}x-0.1386$	150~6000	0.9946
122	抑菌灵	Dichlofluanid	1085-98-9			
123	乙氧呋草黄	Ethofumesate	26225-79-6	$y=0.0100x-0.0173$	5~200	0.9985
124	异丙乐灵	Isopropalin	33820-53-0	$y=0.0049x-0.0340$	6~300	0.9915
125	敌稗	Propanil	709-98-8	$y=0.0028x-0.0139$	20~400	0.9970
126	硫丹-1	Endosulfan-1	959-98-8	$y=3.5212\times 10^{-4}x-0.0103$	75~3000	0.9987
127	育畜磷	Crufomate	299-86-5			
128	异柳磷	Isofenphos	25311-71-1	$y=0.0029x-0.0481$	20~400	0.9909
129	毒虫畏	Chlorfenvinphos	470-90-6	$y=0.0011x-0.0266$	75~600	0.9962
130	氯硫酰草胺	Chlorthiamid	1918-13-4	$y=3.0999\times 10^{-4}x-0.0059$	200~4000	0.9993
131	顺式-氯丹	cis-Chlordane	5103-71-9	$y=8.2350\times 10^{-4}x-0.0091$	40~4000	0.9998
132	甲苯氟磺胺	Tolylfluanid	731-27-1	$y=6.2791\times 10^{-4}x+0.0117$	50~1000	0.9989
133	p,p'-滴滴伊	p,p'-DDE	72-55-9	$y=0.0044x+0.0033$	10~400	1.0000
134	丁草胺	Butachlor	23184-66-9	$y=0.0014x-0.0017$	20~800	0.9997
135	乙菌利	Chlozolinate	84332-86-5	$y=8.8088\times 10^{-4}x-0.0352$	50~2000	0.9904
136	碘硫磷	Iodofenphos	18181-70-9	$y=1.8455\times 10^{-4}x-0.0564$	500~5000	0.9903
137	杀虫畏	Tetrachlorvinphos	22248-79-9	$y=3.3615\times 10^{-4}x-0.0054$	150~1200	0.9965
138	氯溴隆	Chlorbromuron	13360-45-7			
139	丙溴磷	Profenofos	41198-08-7			
140	氟咯草酮	Fluorochloridone	61213-25-0	$y=6.7979\times 10^{-4}x-0.0044$	50~400	0.9980
141	噻嗪酮	Buprofenzin	69327-76-0	$y=0.0430x-0.0345$	2.5~100	0.9991

续表

序号	中文名称	英文名称	CAS	线性方程	线性范围	相关系数
142	o,p'-滴滴滴	o,p'-DDD	53-19-0	$y=0.0244x-0.0212$	2~200	0.9996
143	异狄氏剂	Endrin	72-20-8	$y=5.6163\times10^{-4}x-0.0106$	100~4000	0.9997
144	杀螨酯	Chlorfenson	80-33-1	$y=0.0018x-0.0358$	25~1000	0.9972
145	多效唑	Paclobutrazol	76738-62-0	$y=0.0012x+0.0104$	5~40	0.9902
146	盖草津	Methoprotyne	841-06-5	$y=0.0042x-0.0479$	15~600	0.9959
147	丙酯杀螨醇	Chloropropylate	5836-10-2	$y=0.0034x-0.0093$	10~80	1.0000
148	除草醚	Nitrofen	1836-75-5	$y=6.1661\times10^{-4}x-0.1512$	300~3000	0.9754
149	乙氧氟草醚	Oxyflurofen	42874-03-3	$y=3.3961\times10^{-4}x-0.0268$	125~1000	0.9864
150	虫螨磷	Chlorthiophos	60238-56-4	$y=6.8488\times10^{-4}x-0.0277$	100~2000	0.9967
151	硫丹-2	Endosulfan-2	33213-65-9	$y=2.5386\times10^{-4}x-0.0166$	150~3000	0.9990
152	麦草氟异丙酯	Flamprop-isopropyl	52756-22-6	$y=0.0141x-0.0172$	5~200	0.9991
153	麦草氟甲酯	Flamprop-methyl	52756-25-9	$y=0.0235x-0.0200$	2.5~100	0.9989
154	o,p'-滴滴涕	o,p'-DDT	789-02-6	$y=0.0322x-0.0234$	3~60	0.9992
155	p,p'-滴滴涕	p,p'-DDT	50-29-3	$y=0.0161x-0.0982$	10~100	0.9883
156	三硫磷	Carbofenothion	786-19-6	$y=3.1046\times10^{-4}x-0.0951$	250~10000	0.9926
157	苯霜灵	Benalaxyl	71626-11-4	$y=0.0091x-0.0150$	5~200	0.9988
158	敌瘟散	Edifenphos	17109-49-8	$y=5.3960\times10^{-4}x+0.0088$	50~800	0.9914
159	苯腈磷	Cyanofenphos	13067-93-1	$y=0.0085x-0.0365$	5~200	0.9953
160	硫丹硫酸盐	Endosulfen sulfate	1031-07-8	$y=1.5997\times10^{-4}x-0.0370$	400~4000	0.9950
161	溴螨酯	Bromopropylate	18181-80-1	$y=0.0013x-0.0150$	20~400	0.9946
162	新燕灵	Benzoylprop-ethyl	22212-55-1	$y=0.0041x-0.0077$	10~400	0.9997
163	甲氰菊酯	Fenpropathrin	39515-41-8	$y=6.9552\times10^{-4}x-0.0246$	100~800	0.9987
164	溴苯磷	Leptophos	21609-90-5	$y=3.9468\times10^{-4}x-0.0517$	200~2000	0.9919
165	苯硫磷	EPN	2104-64-5	$y=0.0018x-0.1379$	100~1000	0.9792
166	环嗪酮	Hexazinone	51235-04-2	$y=0.0241x-0.0126$	2~80	0.9984
167	甲羧除草醚	Bifenox	42576-02-3			
168	伏杀硫磷	Phosalone	2310-17-0	$y=5.1168\times10^{-4}x-0.0137$	100~400	0.9960
169	氯苯嘧啶醇	Fenarimol	60168-88-9	$y=0.0018x-0.0316$	20~2000	0.9985
170	益棉磷	Azinphos-ethyl	2642-71-9	$y=8.5438\times10^{-4}x-0.0112$	100~400	0.9958
171	保棉磷	Azinphos-methyl	86-50-0	$y=4.2719\times10^{-4}x-0.0112$	200~800	0.9958
172	咪鲜胺	Prochloraz	67747-09-5	$y=4.0743\times10^{-4}x-0.0488$	200~2000	0.9918
173	氟胺氰菊酯	Fluvalinate	102851-06-9	$y=7.1805\times10^{-4}x-0.0392$	125~1250	0.9985
174	氟氯氰菊酯	Cyfluthrin	68359-37-5	$y=4.0432\times10^{-4}x-0.3146$	600~12000	0.9724
		C组				
175	霜霉威	Propamocarb	24579-73-5	$y=0.0012x-0.0969$	200~2000	0.9992
176	灭草敌	Vernolate	1929-77-7	$y=0.0015x-0.0045$	50~1000	0.9992
177	3,5-二氯苯胺	3,5-Dichloroaniline	626-43-7	$y=0.0035x-0.0048$	15~600	0.9998
178	禾草敌	Molinate	2212-67-1	$y=0.0391x-0.0086$	1~100	0.9997
179	虫螨畏	Methacrifos	62610-77-9	$y=0.0080x-0.0124$	5~200	0.9996
180	2-苯基苯酚	2-Phenylphenol	90-43-7	$y=0.0055x-0.0638$	15~300	0.9944

续表

序号	中文名称	英文名称	CAS	线性方程	线性范围	相关系数
181	四氢酞酰亚胺	cis-1,2,3,6-Tetrahydrophthalimide	85-40-5	$y=4.7023\times10^{-4}x-0.2906$	800~4000	0.9745
182	乙丁氟灵	Benfluralin	1861-40-1	$y=0.0053x-0.0882$	20~800	0.9979
183	氟铃脲	Hexaflumuron	86479-06-3	$y=0.0022x+0.0286$	20~160	0.9952
184	扑灭通	Prometon	1610-18-0	$y=0.0047x-0.0203$	10~400	0.9994
185	野麦畏	Triallate	2303-17-5	$y=0.0032x-0.0162$	15~600	0.9998
186	嘧霉胺	Pyrimethanil	53112-28-0	$y=0.0033x-0.0259$	15~600	0.9991
187	林丹	γ-HCH	58-89-9	$y=0.0055x-0.0609$	15~600	0.9992
188	乙拌磷	Disulfoton	298-04-4	$y=0.0151x-0.0332$	5~200	0.9991
189	阿特拉津	Atrazine	1912-24-9	$y=0.0018x-0.1043$	50~2000	0.9964
190	七氯	Heptachlor	76-44-8	$y=0.0042x-0.0943$	25~1000	0.9982
191	异稻瘟净	Iprobenfos	26087-47-8	$y=0.0123x-0.0778$	5~200	0.9930
192	氯唑磷	Isazofos	42509-80-8	$y=0.0011x-0.0466$	50~2000	0.9986
193	三氯杀虫酯	Plifenate	51366-25-7	$y=0.0022x-0.0493$	35~1400	0.9989
194	四氟苯菊酯	Transfluthrin	118712-89-3	$y=0.0118x-0.0163$	5~200	0.9998
195	丁苯吗啉	Fenpropimorph	67564-91-4	$y=3.0233\times10^{-4}x-0.0194$	105~10500	0.9994
196	氯乙氟灵	Fluchloralin	33245-39-5	$y=0.0027x-0.0719$	25~500	0.9866
197	甲基立枯磷	Tolclofos-methyl	57018-04-9	$y=0.0024x-0.0457$	25~1000	0.9989
198	莠灭净	Ametryn	834-12-8	$y=0.0036x-0.0227$	10~400	0.9988
199	溴谷隆	Methobromuron	40596-69-8	$y=8.3539\times10^{-5}x-0.0337$	1000~8000	0.9900
200	嗪草酮	Metribuzin	21087-64-9	$y=0.0045x-0.1371$	20~800	0.9904
201	噻节因	Dimethipin	55290-64-7	$y=1.5637\times10^{-5}x-0.0044$	1500~7500	0.9929
202	ε-六六六	ε-HCH	6108-10-7			
203	杀草净	Dipropetryn	4147-51-7	$y=0.0042x-0.0248$	10~400	0.9986
204	乙霉威	Diethofencarb	87130-20-9	$y=0.0026x-0.2342$	100~1000	0.9883
205	哌草丹	Dimepiperate	61432-55-1	$y=0.0883x-0.1227$	1.5~60	0.9966
206	双苯三唑醇	Bitertanol	55179-31-2	$y=0.0121x-0.0567$	10~200	0.9939
207	生物烯丙菊酯-1	Bioallethrin-1	584-79-2	$y=0.0168x-0.1765$	10~200	0.9937
208	o,p'-滴滴伊	o,p'-DDE	3424-82-6	$y=0.0028x-9.6395\times10^{-4}$	15~600	0.9999
209	芬螨酯	Fenson	80-38-6	$y=0.0044x-0.0670$	20~400	0.9964
210	双苯酰草胺	Diphenamid	957-51-7	$y=0.0235x-0.0316$	3~120	0.9988
211	氯硫磷	Chlorthion	500-28-7	$y=2.2530\times10^{-4}x-1.0752$	3000~60000	0.9726
212	戊菌唑	Penconazole	66246-88-6	$y=0.0096x-0.0427$	10~200	0.9990
213	灭蚜磷	Mecarbam	2595-54-2	$y=6.0413\times10^{-5}x-0.0997$	3000~12000	0.9906
214	三唑醇	Triadimenol	55219-65-3	$y=0.0017x-0.0234$	20~400	0.9975
215	四氟醚唑	Tetraconazole	112281-77-3	$y=0.0021x-0.0456$	30~1200	0.9988
216	氟节胺	Flumetrialin	62924-70-3	$y=0.0071x-0.1511$	15~600	0.9902
217	丙草胺	Pretilachlor	51218-49-6	$y=0.0094x-0.1283$	10~400	0.9931
218	亚胺菌	Kresoxim-methyl	143390-89-0	$y=0.0047x-0.0578$	20~400	0.9968
219	吡氟禾草灵	Fluazifop-butyl	69806-50-4	$y=0.0038x-0.2135$	25~2500	0.9957
220	氟啶脲	Chlorfluazuron	71422-67-8	$y=7.7326\times10^{-4}x+0.0259$	30~1500	0.9986

续表

序号	中文名称	英文名称	CAS	线性方程	线性范围	相关系数
221	乙酯杀螨醇	Chlorobenzilate	510-15-6	$y=0.0042x-0.1420$	50~200	0.9832
222	氟唑	Flusilazole	85509-19-9	$y=0.0047x-0.0282$	10~200	0.9947
223	三氟硝草醚	Fluorodifen	15457-05-3	$y=2.1729\times10^{-4}x-0.0723$	400~3200	0.9707
224	烯唑醇	Diniconazole	83657-24-3	$y=4.6426\times10^{-4}x-0.0277$	160~800	0.9980
225	增效醚	Piperonyl butoxide	51-03-6	$y=0.0116x-0.0715$	5~200	0.9926
226	灭钙胺	Mepronil	55814-41-0	$y=0.0467x-0.0807$	2~40	0.9924
227	吡氟酰草胺	Diflufenican	83164-33-4	$y=0.0035x-0.3057$	50~2000	0.9899
228	喹螨醚	Fenazaquin	120928-09-8	$y=0.0325x-0.0660$	2.5~100	0.9983
229	苯醚菊酯	Phenothrin	26002-80-2	$y=0.0249x-0.1418$	5~200	0.9944
230	咯菌腈	Fludioxonil	131341-86-1	$y=0.0026x-0.1846$	50~2000	0.9945
231	苯氧威	Fenoxycarb	79127-80-3	$y=3.7510\times10^{-4}x-0.4767$	2000~10000	0.9910
232	双虫脒	Amitraz	33089-61-1	$y=0.0047x-0.0903$	12~1200	0.9973
233	莎稗磷	Anilofos	64249-01-0	$y=1.7379\times10^{-4}x-0.0605$	600~2400	0.9858
234	氟丙菊酯	Acrinathrin	101007-06-1	$y=7.1117\times10^{-5}x-0.0254$	800~4000	0.9901
235	氯菊酯	Permethrin	52645-53-1	$y=0.0048x-0.0555$	15~600	0.9978
236	苯噻酰草胺	Mefenacet	73250-68-7	$y=8.2184\times10^{-4}x-0.0392$	75~600	0.9793
237	高效氯氟氰菊酯	λ-Cyhalothrin	91465-08-6	$y=0.0011x-0.1057$	100~800	0.9661
238	哒螨灵	Pyridaben	96489-71-3	$y=0.0190x-0.1291$	5~200	0.9906
239	氟氰戊菊酯	Flucythrinate	70124-77-5	$y=0.0041x-0.1492$	12~1200	0.9907
240	乙羧氟草醚	Fluoroglycofen-ethyl	77501-90-7			
241	生物烯丙菊酯-2	Bioallethrin-2	584-79-2	$y=0.0158x-0.1429$	6~120	0.9962
242	醚菊酯	Etofenprox	80844-07-1	$y=0.0373x-0.0538$	3~60	0.9986
243	α-氯氰菊酯	α-Cypermethrin	67375-30-8	$y=0.0017x-0.7695$	250~2000	0.9913
244	噻草酮	Cycloxydim	101205-02-1	$y=0.0017x-0.0580$	80~400	0.9971
245	氰戊菊酯	Esfenvalerate	66230-04-4	$y=1.8262\times10^{-4}x-0.2802$	2000~20000	0.9933
246	苯醚甲环唑	Difenconazole	119446-68-3	$y=0.0077x-0.0486$	10~200	0.9924
247	丙炔氟草胺	Flumioxazin	103361-09-7	$y=5.0954\times10^{-4}x-1.0884$	1000~40000	0.9825
248	氟烯草酸	Flumiclorac-pentyl	87546-18-7	$y=2.5514\times10^{-4}x-0.0717$	500~2500	0.9957
249	三异丁基磷酸盐	Tri-iso-butyl phosphate	126-71-6			
250	甲氟磷	Dimefox	115-26-4	$y=8.9997\times10^{-5}x-0.6282$	7250~145000	0.9929
251	乙拌磷亚砜	Disulfoton-sulfoxide	2497-07-6	$y=0.0021x-0.2586$	90~3600	0.9952
252	五氯苯	Pentachlorobenzen	608-93-5	$y=0.0059x-0.0329$	20~400	0.9989
253	鼠立死	Crimidine	535-89-7	$y=0.0053x-0.0290$	10~400	0.9985
254	4-溴-3,5-二甲苯基-N-甲基氨基甲酸酯-1	BDMC-1	672-99-1	$y=0.0023x-0.3168$	95~3800	0.9946
255	燕麦酯	Chlorfenprop-methyl	14437-17-3	$y=0.0077x-0.0899$	15~300	0.9961
256	虫线磷	Thionazin	297-97-2	$y=0.0088x-0.1289$	15~600	0.9959
257	2,3,5,6-四氯苯胺	2,3,5,6-Tetrachloro-aniline	3481-20-7	$y=0.0045x-0.0211$	10~400	0.9993
258	三正丁基磷酸盐	Tri-n-butyl-phosphate	126-73-8	$y=0.0052x-0.0359$	10~200	0.9946
259	五氯甲氧基苯	Pentachloroanisole	1825-21-4	$y=0.0035x-0.0292$	20~800	0.9993

续表

序号	中文名称	英文名称	CAS	线性方程	线性范围	相关系数
260	牧草胺	Tebutam	35256-85-0	$y=0.0126x-0.0320$	5～200	0.9980
261	甲基苯噻隆	Methabenzthiazuron	18691-97-9	$y=0.0022x-0.0637$	30～300	0.9933
262	西玛通	Simeton	673-04-1	$y=0.0096x-0.0647$	10～200	0.9942
263	阿特拉通	Atratone	1610-17-9	$y=0.0051x-0.0694$	20～400	0.9923
264	脱异丙基阿特拉津	Desisopropyl-atrazine	1007-28-9	$y=5.2241\times10^{-4}x-0.3629$	800～16000	0.9949
265	七氟菊酯	Tefluthrin	79538-32-2	$y=0.0236x-0.0540$	2～200	0.9967
266	溴烯杀	Bromocylen	1715-40-8	$y=6.2377\times10^{-4}x-0.0360$	60～1200	0.9985
267	草达津	Trietazine	1912-26-1	$y=0.0070x-0.0597$	10～400	0.9965
268	DE-PCB 28	DE-PCB 28	2012-37-5	$y=0.1229x-0.0204$	0.5～20	0.9996
269	DE-PCB 31	DE-PCB 31	16606-02-3	$y=0.1229x-0.0204$	0.5～20	0.9996
270	环莠隆	Cycluron	2163-69-1	$y=0.0012x-0.0785$	50～2000	0.9921
271	2,6-二氯苯甲酰胺	2,6-Dichlorodenzamide	2008-58-4	$y=0.0090x-0.3706$	25～1000	0.9928
272	脱乙基另丁津	Desethyl-sebuthylazine	37019-18-4	$y=0.0020x-0.2704$	140～1400	0.9836
273	2,3,4,5-四氯苯胺	2,3,4,5-Tetrachloroaniline	634-83-3	$y=0.0030x-0.0264$	15～600	0.9971
274	合成麝香	Musk ambrette	83-46-9	$y=0.0015x-0.1842$	56～5600	0.9954
275	五氯苯胺	Pentachloroaniline	527-20-8	$y=0.0030x-0.0347$	20～800	0.9982
276	叠氮津	Aziprotryne	4658-28-0	$y=0.0022x-0.0536$	50～1000	0.9984
277	DE-PCB 52	DE-PCB 52	35693-99-3	$y=0.0052x-0.0198$	6～600	0.9988
278	另丁津	Sebutylazine	7286-69-3	$y=0.0036x-0.1494$	30～1200	0.9932
279	丁脒酰胺	Isocarbamid	30979-48-7	$y=8.3193\times10^{-4}x-0.1867$	350～1400	0.9825
280	苄草丹	Prosulfocarb	52888-80-9	$y=0.0043x-0.0765$	20～800	0.9952
281	二甲吩草胺	Dimethenamid	87674-68-8	$y=0.0184x-0.0865$	5～200	0.9961
282	庚酰草胺	Monalide	7287-36-7	$y=0.0026x-0.0400$	20～800	0.9974
283	八氯苯乙烯	Octachlorostyrene	29082-74-4	$y=0.0011x-0.0230$	32～3200	0.9989
284	甲基对氧磷	Paraoxon-methyl	950-35-6	$y=1.9321\times10^{-5}x-0.0183$	2400～12000	0.9924
285	碳氯灵	Isobenzan	297-78-9	$y=0.0010x-0.0648$	40～4000	0.9970
286	异艾氏剂	Isodrin	465-73-6	$y=0.0023x-0.0167$	25～1000	0.9989
287	毒壤磷	Trichloronat	327-98-0	$y=0.0054x-0.0314$	10～200	0.9948
288	丁嗪草酮	Isomethiozin	57052-04-7	$y=0.0035x-0.1125$	25～1000	0.9921
289	敌草索	Dacthal	1861-32-1	$y=0.0059x-0.0403$	6～600	0.9975
290	4,4-二氯二苯甲酮	4,4-Dichlorobenzophenone	90-98-2	$y=0.0074x-0.1096$	20～400	0.9943
291	吡咪唑	Rabenzazole	40341-04-6	$y=0.0015x-0.1951$	150～1200	0.9705
292	酞菌酯	Nitrothal-isopropyl	10552-74-6	$y=0.0032x-0.3279$	75～1500	0.9806
293	嘧菌环胺	Cyprodinil	121552-61-2	$y=0.0086x-0.1149$	20～400	0.9951
294	麦穗灵	Fuberidazole	3878-19-1	$y=0.0024x-0.3148$	125～1000	1.0000
295	DE-PCB 101	DE-PCB 101	37680-73-2	$y=0.0109x-0.0282$	4～400	0.9989
296	呋菌胺	Methfuroxam	28730-17-8	$y=0.0074x-0.1002$	15～300	0.9957
297	异氯磷	Dicapthon	2463-84-5	$y=0.0019x-0.3504$	170～1700	0.9731
298	2甲4氯丁氧乙基酯	MCPA-butoxyethyl ester	19480-43-4	$y=0.0017x-0.3471$	200～4000	0.9946
299	甲拌磷砜	Phorate sulfone	2588-04-7			
300	水胺硫磷	Isocarbophos	245-61-5	$y=7.7768\times10^{-4}x-0.9864$	800～16000	0.9657

续表

序号	中文名称	英文名称	CAS	线性方程	线性范围	相关系数
301	反式-九氯	*trans*-Nonachlor	39765-80-5	$y=5.2636\times10^{-4}x-0.0317$	68~6800	0.9983
302	脱叶磷	DEF	78-48-8	$y=0.0040x-0.1952$	40~800	0.9871
303	氟咯草酮	Flurochloridone	61213-25-0	$y=0.0015x-0.7977$	520~5200	0.9750
304	溴苯烯磷	Bromfenvinfos	33399-00-7	$y=8.3731\times10^{-4}x-0.3522$	600~2400	0.9757
305	乙滴涕	Perthane	72-56-0	$y=0.0196x-0.0973$	5~200	0.9950
306	灭菌磷	Ditalimfos	5131-24-8	$y=0.0027x-0.0605$	40~400	0.9941
307	DE-PCB 118	DE-PCB 118	31508-00-6	$y=0.0082x-0.0444$	10~400	0.9972
308	4,4'-二溴二苯甲酮	4,4'-Dibromobenzophenone	3988-03-2	$y=0.0018x-0.0864$	50~1000	0.9917
309	粉唑醇	Flutriafol	76674-21-0	$y=0.0066x-0.1150$	20~400	0.9921
310	地胺磷	Mephosfolan	950-10-7	$y=9.9109\times10^{-4}x-0.2800$	400~1600	0.9757
311	DE-PCB 153	DE-PCB 153	35065-27-1	$y=0.0035x-0.0334$	10~1000	0.9981
312	苄氯三唑醇	Diclobutrazole	75736-33-3	$y=0.0036x-0.0956$	30~600	0.9903
313	乙拌磷砜	Disulfoton sulfone	2497-06-5	$y=2.9827\times10^{-4}x-0.8842$	1850~37000	0.9624
314	DE-PCB 138	DE-PCB 138	35065-28-2	$y=0.0020x-0.0281$	30~1200	0.9977
315	苄呋菊酯-1	Resmethrin-1	10453-86-8	$y=0.0018x-0.0794$	50~1000	0.9883
316	苄呋菊酯-2	Resmethrin-2	10453-86-8	$y=0.0068x-0.2919$	20~1000	0.9828
317	环丙唑醇	Cyproconazole	113096-99-4	$y=0.0042x-0.0284$	20~200	0.9961
318	邻苯二甲酸丁苄酯	Phthalic acid, bencyl butyl ester	85-68-7	$y=0.0070x-0.1543$	20~400	0.9879
319	炔草酸	Clodinafop-propargyl	105512-06-9	$y=6.6802\times10^{-4}x-0.5025$	950~3800	0.9615
320	三氯苯唑	Fluotrimazole	31251-03-3	$y=0.0011x-0.1586$	60~6000	0.9942
321	氟草烟-1-甲庚酯	Fluroxypr-1-methyl-heptyl ester	81406-37-3	$y=3.8503\times10^{-4}x-0.2719$	500~20000	0.9936
322	三苯基磷酸盐	Triphenyl phosphate	115-86-6	$y=0.0030x-0.3007$	65~2600	0.9922
323	苯嗪草酮	Metamitron	41394-05-2	$y=2.2177\times10^{-4}x-0.2271$	1400~5600	0.9776
324	DE-PCB 180	DE-PCB 180	35065-29-3	$y=0.0024x-0.0272$	30~1200	0.9982
325	吡螨胺	Tebufenpyrad	119168-77-3	$y=0.0053x-0.1447$	20~800	0.9924
326	解草酸	Cloquintocet-mexyl	99607-70-2	$y=0.0112x-0.5970$	50~500	0.9726
327	环草定	Lenacil	2164-08-1	$y=0.0020x-0.0708$	55~220	0.9815
328	糠菌唑-1	Bromuconazole-1	116255-48-2	$y=0.0031x-0.1701$	100~2000	0.9925
329	糠菌唑-2	Bromuconazole-2	116255-48-2	$y=0.0052x-0.3923$	50~1000	0.9733
330	甲磺乐灵	Nitralin	4726-14-1	$y=1.6586\times10^{-4}x-0.2160$	1600~8000	0.9629
331	苯线磷砜	Fenamiphos sulfone	31972-44-8	$y=6.1932\times10^{-4}x-0.3594$	680~3400	0.9687
332	拌种咯	Fenpiclonil	74738-17-3	$y=0.0017x-0.3451$	150~3000	0.9820
333	氟喹唑	Fluquinconazole	136426-54-5	$y=0.0032x-0.1442$	40~1600	0.9933
334	腈苯唑	Fenbuconazole	114369-43-6	$y=0.0097x-0.0632$	10~200	0.9983
			D组			
335	灭除威	XMC	2655-14-3	$y=0.0083x+0.4660$	1~200	0.9956
336	畜虫避	Dibutyl succinate	141-03-7	$y=0.0607x+0.2400$	0.2~50	0.9940
337	残杀威-1	Propoxur-1	114-26-1	$y=0.3627x-0.1092$	0.1~100	0.9999
338	异丙威-1	Isoprocarb-1	2631-40-7	$y=0.0349x+0.1339$	2~200	0.9962

序号	中文名称	英文名称	CAS	线性方程	线性范围	相关系数
339	特草灵-1	Terbucarb-1	1918-11-2	$y=0.0104x+0.1057$	10~80	0.9968
340	氯氧磷	Chlorethoxyfos	54593-83-8	$y=7.3305\times10^{-4}x-0.0566$	120~4800	0.9991
341	异丙威-2	Isoprocarb-2	2631-40-5	$y=0.0313x-0.1512$	5~100	0.9906
342	丁噻隆	Tebuthiuron	34014-18-1	$y=0.0043x-0.0551$	20~400	0.9953
343	戊菌隆	Pencycuron	66063-05-6	$y=0.0017x+0.0019$	40~800	0.9996
344	甲基内吸磷	Demeton-S-methyl	919-86-8	$y=0.0025x-0.3205$	100~2000	0.9839
345	残杀威-2	Propoxur-2	114-26-1	$y=0.0732x-0.1690$	2.5~50	0.9935
346	菲	Phenanthrene	85-01-8	$y=0.0024x-0.0066$	15~600	0.9995
347	唑螨酯	Fenpyroximate	134098-61-6	$y=2.7424\times10^{-4}x+0.0150$	50~1000	0.9949
348	丁基嘧啶磷	Tebupirimfos	96182-53-5	$y=0.0017x-0.0360$	25~1000	0.9972
349	苯锈啶	Fenpropidin	67306-00-7	$y=0.0119x-0.0072$	5~50	0.9993
350	伏草隆	Fluometuron	2164-17-2	$y=1.3563\times10^{-4}x-0.1021$	1400~7000	0.9959
351	氯硝胺	Dichloran	99-30-9	$y=0.0037x-0.1325$	45~900	0.9923
352	咯喹酮	Pyroquilon	57369-32-1	$y=0.0099x-0.0582$	10~200	0.9973
353	磷胺-1	Phosphamidon-1	13171-21-6	$y=7.4129\times10^{-5}x-0.5100$	6300~63000	0.9665
354	解草嗪	Benoxacor	98730-04-2	$y=0.0033x-0.1914$	40~1600	0.9922
355	乙草胺	Acetochlor	34256-82-1	$y=0.0022x-0.0388$	20~800	0.9963
356	灭草环	Tridiphane	58138-08-2	$y=0.0047x-0.1484$	25~1000	0.9930
357	炔苯酰草胺	Propyzamide	23950-58-5	$y=0.0402x-0.1342$	2.5~100	0.9921
358	特草灵-2	Terbucarb-2	1918-11-2	$y=0.0203x-0.0776$	4~80	0.9903
359	甲呋酰胺	Fenfuram	24691-80-3	$y=0.0152x-0.1345$	10~200	0.9947
360	活化酯	Acibenzolar-S-methyl	135158-54-2	$y=0.0016x-0.2730$	170~3400	0.9911
361	呋草黄	Benfuresate	68505-69-1	$y=0.0048x-0.0327$	15~600	0.9990
362	精甲霜灵	Mefenoxam	70630-17-0	$y=0.0020x-0.0376$	25~1000	0.9968
363	马拉氧磷	Malaoxon	1364-78-2			
364	磷胺-2	Phosphamidon-2	13171-21-6	$y=6.5642\times10^{-4}x-1.4055$	1260~25200	0.9696
365	硅氟唑	Simeconazole	149508-90-7	$y=0.0179x-0.1082$	5~200	0.9938
366	氯酞酸甲酯	Chlorthal-dimethyl	1861-32-1	$y=0.0054x-0.0166$	10~400	0.9998
367	特草定	Terbacil	5902-51-2	$y=0.0018x-1.5765$	600~12000	0.9818
368	噻唑烟酸	Thiazopyr	117718-60-2	$y=4.3354\times10^{-4}x-0.0246$	70~7000	0.9993
369	甲基毒虫畏	Dimethylvinphos	2274-67-1	$y=0.0050x-1.2963$	180~3600	0.9796
370	苯酰菌胺	Zoxamide	156052-68-5	$y=0.0021x-0.0129$	30~1200	0.9994
371	烯丙菊酯	Allethrin	584-79-2	$y=0.0219x-0.2610$	10~200	0.9949
372	灭藻醌	Quinoclamine	2797-51-5	$y=0.0095x-0.7971$	800~8000	0.9698
373	氰菌胺	Fenoxanil	115852-48-7	$y=0.0018x-0.0839$	50~1000	0.9924
374	呋霜灵	Furalaxyl	57646-30-7	$y=0.0155x-0.0631$	5~200	0.9960
375	噻虫嗪	Thiamethoxam	153719-23-4	$y=1.0868\times10^{-4}x+0.0193$	1200~4800	0.9984
376	噻菌灵	Thiabendazole	148-79-8	$y=0.0014x-0.0015$	60~300	0.9541
377	除草定	Bromacil	314-40-9	$y=0.0086x-0.8321$	650~13000	0.9816
378	啶氧菌酯	Picoxystrobin	117428-22-5	$y=0.0029x-0.0652$	25~1000	0.9965
379	甲硫威砜	Methiocarb sulfone	2178-25-1			

续表

序号	中文名称	英文名称	CAS	线性方程	线性范围	相关系数
380	抑草磷	Butamifos	36335-67-8	$y=0.0014x-0.0827$	70~560	0.9705
381	苯噻硫氰	TCMTB	21564-17-0	$y=6.2982\times10^{-5}x-0.0689$	1540~7700	0.9897
382	抑霉唑	Imazalil	35554-44-0	$y=0.0010x+0.0031$	30~300	0.9942
383	稻瘟灵	Isoprothiolane	50512-35-1	$y=0.0029x-0.2128$	25~5000	0.9990
384	环氟菌胺	Cyflufenamid	180409-60-3	$y=6.8325\times10^{-4}x-0.3139$	500~10000	0.9966
385	噁唑磷	Isoxathion	18854-01-8	$y=0.0013x-0.6744$	300~6000	0.9573
386	苯氧喹啉	Quinoxyphen	124495-18-7	$y=3.4451\times10^{-4}x-0.0478$	200~8000	0.9985
387	脱苯甲基亚胺唑	Imibenconazole-des-benzyl	199338-48-2	$y=0.0117x-0.4611$	28~2800	0.9984
388	肟菌酯	Trifloxystrobin	141517-21-7	$y=0.0019x-0.1342$	70~1400	0.9919
389	氟虫腈	Fipronil	120068-37-3	$y=5.4217\times10^{-4}x-0.5378$	725~14500	0.9834
390	吡草醚	Pyraflufen ethyl	129630-17-7	$y=3.6030\times10^{-5}x-0.0051$	800~4000	0.9994
391	噻吩草胺	Thenylchlor	96491-05-3	$y=0.0029x-0.2018$	45~1800	0.9915
392	烯草酮	Clethodim	99129-21-2	$y=4.2047\times10^{-4}x-0.0589$	280~1400	0.9994
393	吡唑解草酯	Mefenpyr-diethyl	135590-91-9	$y=0.0047x-0.1176$	20~800	0.9947
394	苯并菲(屈)	Chrysene	218-01-9	$y=3.2713\times10^{-5}x-0.0369$	1560~62400	0.9981
395	氟环唑-1	Epoxiconazole-1	106325-08-0	$y=0.0144x-0.0243$	2.5~50	0.9952
396	氟环唑-2	Epoxiconazole-2	106325-08-0	$y=0.0144x-0.0243$	2.5~50	0.9952
397	吡丙醚	Pyriproxyfen	95737-68-1	$y=0.0096x-0.0726$	10~100	0.9905
398	呱草磷	Piperophos	24151-93-7	$y=4.8895\times10^{-4}x-0.5328$	1000~20000	0.9947
399	咪唑菌酮	Fenamidone	161326-34-7	$y=0.0042x-0.1324$	25~1000	0.9956
400	百克敏	Pyraclostrobin	175013-18-0	$y=3.2997\times10^{-4}x-0.7073$	2400~24000	0.9922
401	苯草酮	Tralkoxydim	87820-88-0	$y=3.6281\times10^{-4}x-0.0867$	225~9000	0.9979
402	吡唑硫磷	Pyraclofos	77458-01-6	$y=4.1001\times10^{-4}x-0.5472$	1640~8200	0.9693
403	氯亚胺硫磷	Dialifos	10311-84-9			
404	螺螨酯	Spirodiclofen	148477-71-8	$y=0.0016x-0.0361$	260~5200	0.9939
405	呋草酮	Flurtamone	96525-23-4	$y=0.0020x-0.7868$	200~8000	0.9870
406	氟硅菊酯	Silafluofen	105024-66-6	$y=0.0020x-0.0859$	40~1600	0.9964
407	嘧螨醚	Pyrimidifen	105779-78-0	$y=0.0087x-0.0711$	10~200	0.9886
408	氟丙嘧草酯	Butafenacil	134605-64-4	$y=0.0160x-0.2634$	10~400	0.9868
409	啶虫脒	Acetamiprid	160430-64-8	$y=2.5179\times10^{-4}x-0.2786$	1250~25000	0.9987
410	氟啶草酮	Fluridone	59756-60-4	$y=0.0011x-0.1573$	200~4000	0.9991
411	苯磺隆	Tribenuron-methyl	10120-48-0	$y=0.0013x-0.0784$	120~1200	0.9969
412	二氧威	Dioxacarb	6988-21-2	$y=0.0032x-0.2711$	80~800	0.9948
413	乙硫苯威	Ethiofencarb	29973-13-5	$y=0.0094x-0.1289$	24~240	0.9970
414	避蚊酯	Dimethyl phthalate	131-11-3	$y=0.0304x-0.0316$	2.5~100	0.9994
415	4-氯苯氧乙酸	4-Chlorophenoxy acetic acid	122-88-3			
416	邻苯二甲酰亚胺	Phthalimide	85-41-6	$y=0.0033x-2.0879$	340~6800	0.9511
417	甲萘威	Carbaryl	63-25-2	$y=0.0032x-0.2192$	150~600	0.9933
418	2,4-滴	2,4-D	94-75-7	$y=4.4168\times10^{-5}x-0.0589$	2300~23000	0.9936
419	硫线磷	Cadusafos	95465-99-9	$y=0.0208x-0.1505$	10~200	0.9931

续表

序号	中文名称	英文名称	CAS	线性方程	线性范围	相关系数
420	内吸磷-S	Demeton-S	126-75-0	$y=0.0013x-0.2322$	150～3000	0.9913
421	百治磷	Dicrotophos	141-66-2	$y=0.0019x-0.3076$	200～2000	0.9832
422	3,4,5-混杀威	3,4,5-Trimethacarb	2686-99-9	$y=1.2176\times10^{-4}x-0.1495$	2080～10400	0.9934
423	2,4,5-涕	2,4,5-T	93-76-5	$y=2.2384\times10^{-6}x-0.0089$	7300～36500	0.9948
424	丁酰肼	DMSA	1956-84-5	$y=6.4955\times10^{-5}x-0.0506$	1280～5120	0.9918
425	抗蚜威	Pirimicarb	23103-98-2	$y=0.0088x-0.0513$	10～200	0.9959
426	十二环吗啉-1	Dodemorph-1	1593-77-7	$y=0.0106x-0.0878$	6～600	0.9962
427	十二环吗啉-2	Dodemorph-2	1593-77-7	$y=0.0027x-0.0221$	15～600	0.9983
428	甜菜胺	Desmedipham	13684-56-5			
429	皮蝇磷	Fenchlorphos	299-84-3	$y=0.0028x-0.1045$	40～800	0.9941
430	八氯二丙醚-1	S421(octachlorodipropyl ester)-1	127-90-2	$y=0.0031x-0.0124$	10～80	0.9995
431	八氯二丙醚-2	S421(octachlorodipropyl ester)-2	127-90-2	$y=0.0055x-0.0480$	10～400	0.9984
432	戊草丹	Esprocarb	85785-20-2	$y=0.0261x-0.0823$	2～200	0.9960
433	碳氯灵	Telodrin	297-78-9	$y=8.2734\times10^{-4}x-0.0215$	70～2800	0.9995
434	枯莠隆	Difenoxuron	22936-75-0	$y=0.0014x-0.8336$	650～65000	0.9826
435	草多索	Endothal	145-73-3			
436	仲丁灵	Butralin	33629-47-9	$y=0.0019x-0.0767$	60～1200	0.9913
437	啶斑肟-1	Pyrifenox-1	88283-41-4	$y=8.5994\times10^{-4}x-0.0938$	95～3800	0.9971
438	异戊乙净	Dimethametryn	14214-32-5	$y=0.0065x-0.0972$	20～400	0.9942
439	氟噻草胺	Flufenacet	142459-58-3	$y=0.0010x-0.2483$	320～1600	0.9846
440	苯草醚	Aclonifen	74070-46-5			
441	啶斑肟-2	Pyrifenox-2	88283-41-4	$y=0.0023x-0.2741$	95～3800	0.9958
442	嘧唑螨	Flubenzimine	37893-02-0			
443	戊环唑	Azaconazole	60207-31-0	$y=0.0245x-0.0600$	5～50	0.9952
444	异丙菌胺-1	Iprovalicarb-1	140923-17-7	$y=0.0016x-0.3255$	280～1400	0.9885
445	异丙菌胺-2	Irpovalicarb-2	140923-17-7	$y=0.0018x-0.3743$	280～1400	0.9878
446	苯虫醚-1	Diofenolan-1	63837-33-2	$y=0.0033x-0.1703$	50～1000	0.9901
447	苯虫醚-2	Diofenolan-2	63837-33-2	$y=0.0018x-0.0909$	50～1000	0.9932
448	溴虫腈	Chlorfenapyr	122453-73-0	$y=1.6994\times10^{-4}x-0.0334$	350～14000	0.9995
449	生物苄呋菊酯	Bioresmethrin	28434-01-7	$y=0.0030x-0.0354$	30～120	0.9950
450	唑酮草酯	Carfentrazone-ethyl	128621-72-7	$y=0.0020x-0.4449$	200～4000	0.9944
451	禾草灵	Diclofop-methyl	51338-27-3	$y=0.0017x-0.1474$	100～2000	0.9966
452	异狄氏剂醛	Endrin aldehyde	7421-93-4	$y=1.8957\times10^{-4}x-0.0214$	700～28000	0.9992
453	氯吡嘧磺隆	Halosulfuron-methyl	100784-20-1	$y=0.0011x-0.0811$	160～3200	0.9998
454	丁硫克百威	Carbosulfan	55285-14-8	$y=0.0042x-15.9704$	940～188000	0.9947
455	环酰菌胺	Fenhexamid	126833-17-8			
456	螺甲螨酯	Spiromesifen	283594-90-1	$y=0.0012x-0.0529$	100～1000	0.9993
457	伐灭磷	Famphur	52-85-7	$y=0.0031x-0.4659$	160～1600	0.9920
458	氟啶胺	Fluazinam	79622-59-6			

序号	中文名称	英文名称	CAS	线性方程	线性范围	相关系数
459	异狄氏剂酮	Endrin ketone	53494-70-5	$y=4.1812\times10^{-4}x-0.0761$	250~10000	0.9998
460	叶菌唑	Metconazole	125116-23-6	$y=0.0028x-0.1168$	40~800	0.9938
461	氰氟草酯	Cyhalofop-butyl	122008-85-9	$y=0.0027x-0.2463$	140~700	0.9923
462	乳氟禾草灵	Lactofen	77501-63-4			
463	环酯草醚	Pyriftalid	135186-78-6			
464	啶酰菌胺	Boscalid	188425-85-6	$y=0.0043x-0.3616$	80~1600	0.9936
465	唑虫酰胺	Tolfenpyrad	129558-76-5	$y=0.0016x-0.4161$	280~2800	0.9876
466	烯酰吗啉	Dimethomorph	110488-70-5	$y=0.0036x-0.0659$	20~400	0.9905

11.2.3 GC-MS/MS 分析 284 种环境污染物线性方程、线性范围和相关系数

GC-MS/MS 分析 284 种环境污染物线性方程、线性范围和相关系数见表 11-14。

表 11-14 GC-MS/MS 分析 284 种环境污染物线性方程、线性范围和相关系数

序号	中文名称	英文名称	线性方程	线性范围	相关系数
	环氧七氯	heptachlor (ISTD)			
		A组			
1	PCB 001	2-Chlorobiphenyl	$y=2.4459x+0.0321$	1.5~120	0.9916
2	PCB 004	2,2′-Dichlorobiphenyl	$y=0.6702x-0.3194$	1.5~120	0.9968
3	PCB 008	2,4′-Dichlorobiphenyl	$y=1.3927x-0.7712$	1.5~120	0.9980
4	PCB 019	2,2′,6-Trichlorobiphenyl	$y=1.2178x-0.5426$	1.5~120	0.9979
5	PCB 012	3,4-Dichlorobiphenyl	$y=2.1949x-0.6531$	1.5~120	0.9980
6	PCB 027	2,3′,6-Trichlorobiphenyl	$y=1.0444x-0.0164$	1.5~120	0.9960
7	PCB 016	2,2′,3-Trichlorobiphenyl	$y=1.2102x-0.1932$	1.5~120	0.9952
8	PCB 025	2,3′,4-Trichlorobiphenyl	$y=2.2189x-1.1486$	1.5~120	0.9985
9	PCB 021	2,3,4-Trichlorobiphenyl	$y=1.7531x-0.3355$	1.5~120	0.9996
10	PCB 020	2,3,3′-Trichlorobiphenyl	$y=1.0537x-0.3765$	1.5~120	0.9985
11	PCB 036	3,3′,5-Trichlorobiphenyl	$y=0.8907x+0.0022$	1.5~120	0.9932
12	PCB 043	2,2′,3,5-Tetrachlorobiphenyl	$y=0.3876x-0.4500$	4.5~120	0.9999
13	PCB 065	2,3,5,6-Tetrachlorobiphenyl	$y=0.7969x-0.2484$	1.5~120	0.9982
14	PCB 104	2,2′,4,6,6′-Pentachlorobiphenyl	$y=0.5316x-0.2535$	1.5~120	0.9958
15	PCB 072	2,3′,5,5′-Tetrachlorobiphenyl	$y=0.8374x-0.3825$	1.5~120	0.9996
16	PCB 103	2,2′,4,5′,6-Pentachlorobiphenyl	$y=0.5428x+0.1439$	1.5~120	0.9951
17	PCB 041	2,2′,3,4-Tetrachlorobiphenyl	$y=0.6036x-0.1385$	1.5~120	0.9994
18	PCB 067	2,3′,4,5-Tetrachlorobiphenyl	$y=0.8405x-0.3066$	1.5~120	0.9990
19	PCB 040	2,2′,3,3′-Tetrachlorobiphenyl	$y=0.4695x-0.1937$	1.5~120	0.9979
20	PCB 074	2,4,4′,5-Tetrachlorobiphenyl	$y=0.9181x-0.0497$	1.5~120	0.9989
21	PCB 102	2,2′,4,5,6′-Pentachlorobiphenyl	$y=0.5123x+0.0418$	1.5~120	0.9982
22	PCB 095	2,2′,3,5′,6-Pentachlorobiphenyl	$y=0.6398x-0.2194$	1.5~120	0.9963
23	PCB 092	2,2′,3,5,5′-Pentachlorobiphenyl	$y=0.2195x+0.0848$	2.5~200	0.9953
24	PCB 099	2,2′,4,4′,5-Pentachlorobiphenyl	$y=0.3347x-0.0855$	1.5~120	0.9994
25	PCB 084	2,2′,3,3′,6-Pentachlorobiphenyl	$y=0.4903x+0.1542$	1.5~120	0.9904

续表

序号	中文名称	英文名称	线性方程	线性范围	相关系数
26	PCB 109	$2,3,3',4,6$-Pentachlorobiphenyl	$y=0.4238x-0.0125$	1.5~120	0.9946
27	PCB 083	$2,2',3,3',5$-Pentachlorobiphenyl	$y=0.2220x-0.0859$	2.5~200	0.9989
28	PCB 086	$2,2',3,4,5$-Pentachlorobiphenyl	$y=0.5546x-0.2389$	1.5~120	0.9998
29	PCB 125	$2',3,4,5,6'$-Pentachlorobiphenyl	$y=0.5407x-0.0427$	1.5~120	0.9997
30	PCB 087	$2,2',3,4,5'$-Pentachlorobiphenyl	$y=0.3698x-0.2884$	1.5~120	0.9998
31	PCB 110	$2,3,3',4',6$-Pentachlorobiphenyl	$y=0.7662x-0.9562$	1.5~120	0.9930
32	PCB 135	$2,2',3,3',5,6'$-Hexachlorobiphenyl	$y=0.4681x-0.3688$	1.5~120	0.9974
33	PCB 124	$2',3,4,5,5'$-Pentachlorobiphenyl	$y=0.7963x-0.2467$	1.5~120	0.9993
34	PCB 123	$2',3,4,4',5$-Pentachlorobiphenyl	$y=0.3608x-0.3634$	1.5~120	0.9988
35	PCB 118	$2,3',4,4',5$-Pentachlorobiphenyl	$y=0.6858x-0.2333$	1.5~120	0.9978
36	PCB 134	$2,2',3,3',5,6$-Hexachlorobiphenyl	$y=0.4407x-0.2854$	1.5~120	0.9990
37	PCB 114	$2,3,4,4',5$-Pentachlorobiphenyl	$y=0.3100x-0.2190$	2.5~200	0.9993
38	PCB 168	$2,3',4,4',5',6$-Hexachlorobiphenyl	$y=0.1898x-0.0113$	1.5~120	0.9978
39	PCB 127	$3,3',4,5,5'$-Pentachlorobiphenyl	$y=0.7606x-0.0661$	1.5~120	0.9987
40	PCB 137	$2,2',3,4,4',5$-Hexachlorobiphenyl	$y=0.4780x-0.2686$	1.5~120	0.9987
41	PCB 163	$2,3,3',4',5,6$-Hexachlorobiphenyl	$y=0.7916x-0.1005$	1.5~120	0.9991
42	PCB 178	$2,2',3,3',5,5',6$-Heptachlorobiphenyl	$y=0.3163x-0.0915$	1.5~120	0.9996
43	PCB 187	$2,2',3,4',5,5',6$-Heptachlorobiphenyl	$y=0.3358x-0.1223$	1.5~120	0.9973
44	PCB 162	$2,3,3',4',5,5'$-Hexachlorobiphenyl	$y=0.6615x-0.2135$	1.5~120	0.9990
45	PCB 202	$2,2',3,3',5,5',6,6'$-Octachlorobiphenyl	$y=0.3761x-0.1960$	1.5~120	0.9992
46	PCB 204	$2,2',3,4,4',5,6,6'$-Octachlorobiphenyl	$y=0.3587x-0.0924$	1.5~120	0.9990
47	PCB 197	$2,2',3,3',4,4',6,6'$-Octachlorobiphenyl	$y=0.7242x-0.1286$	1.5~120	0.9988
48	PCB 192	$2,3,3',4,5,5',6$-Heptachlorobiphenyl	$y=0.3291x-0.0827$	1.5~120	0.9991
49	PCB 193	$2,3,3',4',5,5',6$-Heptachlorobiphenyl	$y=0.2592x-0.0653$	1.5~120	0.9967
50	PCB 190	$2,3,3',4,4',5,6$-Heptachlorobiphenyl	$y=0.6880x-0.0956$	1.5~120	0.9989
51	PCB 169	$3,3',4,4',5,5'$-Hexachlorobiphenyl	$y=0.5396x+0.0405$	1.5~120	0.9964
52	PCB 195	$2,2',3,3',4,4',5,6$-Octachlorobiphenyl	$y=0.5381x-0.1630$	1.5~120	0.9984
53	PCB 206	$2,2',3,3',4,4',5,5',6$-Nonachlorobiphenyl	$y=0.2142x-0.0274$	1.5~120	0.9980
54	PCB 209	$2,2',3,3',4,4',5,5',6,6'$-Decachlorobiphenyl	$y=0.3092x-0.1418$	1.5~120	0.9999
		B组			
55	PCB 002	3-Chlorobiphenyl	$y=1.8077x-0.1286$	1.5~120	0.9986
56	PCB 007	2,4-Dichlorobiphenyl	$y=1.4773x+0.4931$	1.5~120	0.9974
57	PCB 005	2,3-Dichlorobiphenyl	$y=1.7668x-0.0261$	1.5~120	0.9981
58	PCB 011	$3,3'$-Dichlorobiphenyl	$y=1.3893x+0.1723$	1.5~120	0.9990
59	PCB 013	$3,4'$-Dichlorobiphenyl	$y=0.5225x+3.6859$	2.5~200	0.9879
60	PCB 032	$2,4',6$-Trichlorobiphenyl	$y=1.4701x+0.2391$	1.5~120	0.9987
61	PCB 029	2,4,5-Trichlorobiphenyl	$y=0.4704x-0.0694$	1.5~120	0.9962
62	PCB 050	$2,2',4,6$-Tetrachlorobiphenyl	$y=0.4179x+0.0127$	1.5~120	0.9995
63	PCB 053	$2,2',5,6'$-Tetrachlorobiphenyl	$y=0.3821x+0.0380$	1.5~120	0.9972
64	PCB 022	$2,3,4'$-Trichlorobiphenyl	$y=1.8027x+0.3811$	1.5~120	0.9973
65	PCB 073	$2,3',5',6$-Tetrachlorobiphenyl	$y=1.0349x+0.2342$	1.5~120	0.9975

续表

序号	中文名称	英文名称	线性方程	线性范围	相关系数
66	PCB 039	3,4′,5-Trichlorobiphenyl	$y=0.5034x+0.0375$	1.5~120	0.9977
67	PCB 062	2,3,4,6-Tetrachlorobiphenyl	$y=0.8622x+0.0859$	1.5~120	0.9989
68	PCB 038	3,4,5-Trichlorobiphenyl	$y=0.4391x+0.2602$	2.5~200	0.9963
69	PCB 035	3,3′,4-Trichlorobiphenyl	$y=0.8346x-0.3293$	1.5~120	0.9992
70	PCB 064	2,3,4′,6-Tetrachlorobiphenyl	$y=0.6745x+0.4506$	1.5~120	0.9833
71	PCB 037	3,4,4′-Trichlorobiphenyl	$y=0.8905x+0.0762$	1.5~120	0.9985
72	PCB 080	3,3′,5,5′-Tetrachlorobiphenyl	$y=0.8679x+0.0574$	1.5~120	0.9991
73	PCB 058	2,3,3′,5′-Tetrachlorobiphenyl	$y=0.8447x-0.0013$	1.5~120	0.9988
74	PCB 121	2,3′,4,5′,6-Pentachlorobiphenyl	$y=0.3361x-0.0584$	2.5~200	0.9993
75	PCB 093	2,2′,3,5,6-Pentachlorobiphenyl	$y=0.6106x+0.0649$	1.5~120	0.9994
76	PCB 066	2,3′,4,4′-Tetrachlorobiphenyl	$y=0.8585x+0.1412$	1.5~120	0.9971
77	PCB 090	2,2′,3,4′,5-Pentachlorobiphenyl	$y=0.6510x+0.4744$	1.5~120	0.9971
78	PCB 113	2,3,3′,5′,6-Pentachlorobiphenyl	$y=0.7591x+0.3328$	1.5~120	0.9864
79	PCB 089	2,2′,3,4,6′-Pentachlorobiphenyl	$y=0.5683x+0.1734$	1.5~120	0.9984
80	PCB 152	2,2′,3,5,6,6′-Hexachlorobiphenyl	$y=0.4630x+0.1136$	1.5~120	0.9960
81	PCB 145	2,2′,3,4,6,6′-Hexachlorobiphenyl	$y=0.2597x+0.0437$	1.5~120	0.9993
82	PCB 115	2,3,4,4′,6-Pentachlorobiphenyl	$y=0.7787x+0.1503$	1.5~120	0.9965
83	PCB 154	2,2′,4,4′,5,6′-Hexachlorobiphenyl	$y=0.4710x+0.1900$	1.5~120	0.9957
84	PCB 085	2,2′,3,4,4′-Pentachlorobiphenyl	$y=0.5159x-0.2218$	1.5~120	0.9985
85	PCB 151	2,2′,3,5,5′,6-Hexachlorobiphenyl	$y=0.3866x-0.1639$	1.5~120	0.9973
86	PCB 139	2,2′,3,4,4′,6-Hexachlorobiphenyl	$y=0.4978x-0.1412$	1.5~120	0.9944
87	PCB 140	2,2′,3,4,4′,6′-Hexachlorobiphenyl	$y=0.4286x-0.0733$	1.5~120	0.9966
88	PCB 107	2,3,3′,4′,5-Pentachlorobiphenyl	$y=0.4346x+0.2180$	1.5~120	0.9944
89	PCB 143	2,2′,3,4,5,6′-Hexachlorobiphenyl	$y=0.5288x-0.1023$	1.5~120	0.9967
90	PCB 142	2,2′,3,4,5,6-Hexachlorobiphenyl	$y=0.2089x-0.0063$	1.5~120	0.9975
91	PCB 146	2,2′,3,4′,5,5′-Hexachlorobiphenyl	$y=0.5088x+0.3019$	1.5~120	0.9957
92	PCB 122	2′,3,3′,4,5-Pentachlorobiphenyl	$y=0.4733x-0.1304$	1.5~120	0.9996
93	PCB 141	2,2′,3,4,5,5′-Hexachlorobiphenyl	$y=0.2364x+0.0591$	1.5~120	0.9991
94	PCB 130	2,2′,3,3′,4,5′-Hexachlorobiphenyl	$y=0.1488x+0.0030$	1.5~120	0.9944
95	PCB 138	2,2′,3,4,4′,5′-Hexachlorobiphenyl	$y=0.6538x+0.4058$	1.5~120	0.9964
96	PCB 175	2,2′,3,3′,4,5′,6-Heptachlorobiphenyl	$y=0.3863x-0.0539$	1.5~120	0.9957
97	PCB 183	2,2′,3,4,4′,5′,6-Heptachlorobiphenyl	$y=0.2910x+0.0142$	1.5~120	0.9968
98	PCB 166	2,3,4,4′,5,6-Hexachlorobiphenyl	$y=0.2723x+0.2410$	1.5~120	0.9956
99	PCB 128	2,2′,3,3′,4,4′-Hexachlorobiphenyl	$y=0.3715x+0.1531$	1.5~120	0.9957
100	PCB 200	2,2′,3,3′,4,5′,6,6′-Octachlorobiphenyl	$y=0.8084x-0.1319$	1.5~120	0.9997
101	PCB 173	2,2′,3,3′,4,5,6-Heptachlorobiphenyl	$y=0.4234x-0.0281$	1.5~120	0.9987
102	PCB 157	2,3,3′,4,4′,5′-Hexachlorobiphenyl	$y=0.7321x+0.6309$	1.5~120	0.9980
103	PCB 191	2,3,3′,4,4′,5′,6-Heptachlorobiphenyl	$y=0.5642x+0.1188$	1.5~120	0.9969
104	PCB 203	2,2′,3,4,4′,5,5′,6-Octachlorobiphenyl	$y=0.2451x+0.0263$	1.5~120	0.9965
105	PCB 208	2,2′,3,3′,4,5,5′,6,6′-Nonachlorobiphenyl	$y=0.5763x+0.1776$	1.5~120	0.9967
106	PCB 194	2,2′,3,3′,4,4′,5,5′-Octachlorobiphenyl	$y=0.1471x+0.1204$	2.5~200	0.9989

序号	中文名称	英文名称	线性方程	线性范围	相关系数
		C组			
107	PCB 003	4-Chlorobiphenyl	$y=2.5852x-0.7325$	1.5~120	0.9992
108	PCB 009	2,5-Dichlorobiphenyl	$y=1.7036x-0.9649$	1.5~120	0.9953
109	PCB 014	3,5-Dichlorobiphenyl	$y=3.0308x-2.0712$	1.5~120	0.9973
110	PCB 018	2,2',5-Trichlorobiphenyl	$y=1.0880x-1.0872$	1.5~120	0.9938
111	PCB 024	2,3,6-Trichlorobiphenyl	$y=0.3710x-0.4487$	1.5~120	0.9916
112	PCB 023	2,3,5-Trichlorobiphenyl	$y=1.0118x-0.4367$	1.5~120	0.9962
113	PCB 054	2,2',6,6'-Tetrachlorobiphenyl	$y=0.7109x-0.1322$	1.5~120	0.9971
114	PCB 031	2,4',5-Trichlorobiphenyl	$y=0.4591x+0.0668$	1.5~120	0.9990
115	PCB 033	2',3,4-Trichlorobiphenyl	$y=1.2614x-0.5768$	1.5~120	0.9917
116	PCB 069	2,3',4,6-Tetrachlorobiphenyl	$y=0.5131x-0.3672$	1.5~120	0.9945
117	PCB 075	2,4,4',6-Tetrachlorobiphenyl	$y=0.7469x-0.2298$	1.5~120	0.9978
118	PCB 046	2,2',3,6'-Tetrachlorobiphenyl	$y=1.1978x-0.5608$	1.5~120	0.9969
119	PCB 047	2,2',4,4'-Tetrachlorobiphenyl	$y=1.9345x-0.7181$	1.5~120	0.9983
120	PCB 044	2,2',3,5'-Tetrachlorobiphenyl	$y=0.3093x-0.0989$	1.5~120	0.9941
121	PCB 042	2,2',3,4'-Tetrachlorobiphenyl	$y=0.4026x-0.1862$	1.5~120	0.9923
122	PCB 071	2,3',4',6-Tetrachlorobiphenyl	$y=0.1522x-0.0493$	1.5~120	0.9988
123	PCB 096	2,2',3,6,6'-Pentachlorobiphenyl	$y=0.8585x-0.2699$	1.5~120	0.9995
124	PCB 088	2,2',3,4,6-Pentachlorobiphenyl	$y=0.3834x-0.2149$	1.5~120	0.9902
125	PCB 094	2,2',3,5,6'-Pentachlorobiphenyl	$y=0.5321x-0.2199$	1.5~120	0.9983
126	PCB 098	2,2',3',4,6-Pentachlorobiphenyl	$y=0.5715x-0.3194$	1.5~120	0.9990
127	PCB 076	2',3,4,5-Tetrachlorobiphenyl	$y=0.6350x-0.3119$	1.5~120	0.9989
128	PCB 091	2,2',3,4',6-Pentachlorobiphenyl	$y=0.3782x-0.1951$	1.5~120	0.9955
129	PCB 101	2,2',4,5,5'-Pentachlorobiphenyl	$y=0.4283x-0.1392$	1.5~120	0.9959
130	PCB 056	2,3,3',4'-Tetrachlorobiphenyl	$y=1.4684x-0.4890$	1.5~120	0.9973
131	PCB 119	2,3',4,4',6-Pentachlorobiphenyl	$y=0.5558x-0.6791$	2.5~200	0.9992
132	PCB 079	3,3',4,5'-Tetrachlorobiphenyl	$y=0.6847x-0.4840$	1.5~120	0.9916
133	PCB 116	2,3,4,5,6-Pentachlorobiphenyl	$y=0.4426x-0.3617$	1.5~120	0.9936
134	PCB 117	2,3,4',5,6-Pentachlorobiphenyl	$y=0.3923x-0.2829$	1.5~120	0.9970
135	PCB 078	3,3',4,5-Tetrachlorobiphenyl	$y=0.6307x-0.4254$	1.5~120	0.9968
136	PCB 136	2,2',3,3',6,6'-Hexachlorobiphenyl	$y=0.4211x-0.4115$	1.5~120	0.9956
137	PCB 144	2,2',3,4,5',6-Hexachlorobiphenyl	$y=0.6040x-1.2141$	1.5~120	0.9695
138	PCB 077	3,3',4,4'-Tetrachlorobiphenyl	$y=1.1559x-1.7888$	1.5~120	0.9868
139	PCB 149	2,2',3,4',5',6-Hexachlorobiphenyl	$y=0.4670x-0.4010$	1.5~120	0.9908
140	PCB 188	2,2',3,4',5,6,6'-Heptachlorobiphenyl	$y=0.3181x-0.3664$	1.5~120	0.9884
141	PCB 133	2,2',3,3',5,5'-Hexachlorobiphenyl	$y=0.3672x-0.2899$	1.5~120	0.9952
142	PCB 165	2,3,3',5,5',6-Hexachlorobiphenyl	$y=0.1395x-0.0626$	1.5~120	0.9963
143	PCB 161	2,3,3',4,5',6-Hexachlorobiphenyl	$y=0.5669x-0.7815$	1.5~120	0.9906
144	PCB 132	2,2',3,3',4,6'-Hexachlorobiphenyl	$y=0.6102x-0.5038$	1.5~120	0.9904
145	PCB 105	2,3,3',4,4'-Pentachlorobiphenyl	$y=0.5021x-0.3422$	1.5~120	0.9939
146	PCB 186	2,2',3,4,5,6,6'-Heptachlorobiphenyl	$y=0.3276x-0.0352$	1.5~120	0.9996

续表

序号	中文名称	英文名称	线性方程	线性范围	相关系数
147	PCB 158	$2,3,3',4,4',6$-Hexachlorobiphenyl	$y=0.2539x-0.0976$	$1.5\sim120$	0.9987
148	PCB 182	$2,2',3,4,4',5,6'$-Heptachlorobiphenyl	$y=0.3004x-0.1752$	$1.5\sim120$	0.9982
149	PCB 159	$2,3,3',4,5,5'$-Hexachlorobiphenyl	$y=0.6772x-0.4259$	$1.5\sim120$	0.9975
150	PCB 167	$2,3',4,4',5,5'$-Hexachlorobiphenyl	$y=0.2552x-0.4003$	$2.5\sim200$	0.9961
151	PCB 174	$2,2',3,3',4,5,6'$-Heptachlorobiphenyl	$y=0.3061x-0.3686$	$1.5\sim120$	0.9933
152	PCB 177	$2,2',3,3',4',5,6$-Heptachlorobiphenyl	$y=0.6042x-0.3641$	$1.5\sim120$	0.9936
153	PCB 156	$2,3,3',4,4',5$-Hexachlorobiphenyl	$y=0.5292x-0.084$	$1.5\sim120$	0.9979
154	PCB 180	$2,2',3,4,4',5,5'$-Heptachlorobiphenyl	$y=0.4919x-0.1138$	$1.5\sim120$	0.9983
155	PCB 198	$2,2',3,3',4,5,5',6$-Octachlorobiphenyl	$y=0.4285x-0.2733$	$1.5\sim120$	0.9987
156	PCB 196	$2,2',3,3',4,4',5,6'$-Octachlorobiphenyl	$y=0.2514x-0.1195$	$1.5\sim120$	0.9965
157	PCB 207	$2,2',3,3',4,4',5,6,6'$-Nonachlorobiphenyl	$y=1.2273x-0.6215$	$1.5\sim120$	0.9965
158	PCB 205	$2,3,3',4,4',5,5',6$-Octachlorobiphenyl	$y=0.7079x-0.2265$	$1.5\sim120$	0.9990
		D组			
159	PCB 010	2,6-Dichlorobiphenyl	$y=0.5098x+0.6470$	$1.5\sim120$	0.9948
160	PCB 006	$2,3'$-Dichlorobiphenyl	$y=0.5777x+0.7616$	$2.5\sim200$	0.9949
161	PCB 030	2,4,6-Trichlorobiphenyl	$y=0.9428x-0.6238$	$1.5\sim120$	0.9988
162	PCB 017	$2,2',4$-Trichlorobiphenyl	$y=0.6599x-0.0527$	$1.5\sim120$	0.9994
163	PCB 015	$4,4'$-Dichlorobiphenyl	$y=2.6365x-0.7447$	$1.5\sim120$	0.9992
164	PCB 034	$2',3,5$-Trichlorobiphenyl	$y=1.1703x-0.3340$	$1.5\sim120$	0.9994
165	PCB 026	$2,3',5$-Trichlorobiphenyl	$y=1.1810x-0.4684$	$1.5\sim120$	0.9996
166	PCB 028	$2,4,4'$-Trichlorobiphenyl	$y=0.4340x-0.0469$	$1.5\sim120$	0.9989
167	PCB 051	$2,2',4,6'$-Tetrachlorobiphenyl	$y=0.3543x-0.1073$	$1.5\sim120$	0.9991
168	PCB 045	$2,2',3,6$-Tetrachlorobiphenyl	$y=0.4630x-0.1403$	$1.5\sim120$	0.9995
169	PCB 052	$2,2',5,5'$-Tetrachlorobiphenyl	$y=0.5072x-0.2072$	$1.5\sim120$	0.9984
170	PCB 049	$2,2',4,5'$-Tetrachlorobiphenyl	$y=0.5634x-0.2119$	$1.5\sim120$	0.9996
171	PCB 048	$2,2',4,5$-Tetrachlorobiphenyl	$y=0.5424x-0.1651$	$1.5\sim120$	0.9999
172	PCB 059	$2,3,3',6$-Tetrachlorobiphenyl	$y=0.5976x-0.0754$	$1.5\sim120$	0.9992
173	PCB 068	$2,3',4,5'$-Tetrachlorobiphenyl	$y=0.4237x-0.1662$	$1.5\sim120$	0.9984
174	PCB 100	$2,2',4,4',6$-Pentachlorobiphenyl	$y=0.4722x+0.0052$	$1.5\sim120$	0.9977
175	PCB 057	$2,3,3',5$-Tetrachlorobiphenyl	$y=0.6239x+0.1033$	$1.5\sim120$	0.9966
176	PCB 063	$2,3,4',5$-Tetrachlorobiphenyl	$y=0.8219x+0.2707$	$1.5\sim120$	0.9974
177	PCB 061	$2,3,4,5$-Tetrachlorobiphenyl	$y=0.5322x-0.2370$	$1.5\sim120$	0.9990
178	PCB 155	$2,2',4,4',6,6'$-Hexachlorobiphenyl	$y=0.8670x-0.2959$	$1.5\sim120$	0.9980
179	PCB 070	$2,3',4',5$-Tetrachlorobiphenyl	$y=0.6048x+0.0786$	$1.5\sim120$	0.9992
180	PCB 055	$2,3,3',4$-Tetrachlorobiphenyl	$y=0.8607x-0.3357$	$1.5\sim120$	0.9990
181	PCB 060	$2,3,4,4'$-Tetrachlorobiphenyl	$y=0.5273x-0.0476$	$1.5\sim120$	0.9980
182	PCB 150	$2,2',3,4',6,6'$-Hexachlorobiphenyl	$y=0.1093x+0.0513$	$1.5\sim120$	0.9966
183	PCB 112	$2,3,3',5,6$-Pentachlorobiphenyl	$y=0.8518x-0.2858$	$1.5\sim120$	0.9993
184	PCB 148	$2,2',3,4',5,6'$-Hexachlorobiphenyl	$y=0.3181x+0.0355$	$1.5\sim120$	0.9968
185	PCB 111	$2,3,3',5,5'$-Pentachlorobiphenyl	$y=0.8594x-0.4715$	$1.5\sim120$	0.9991
186	PCB 097	$2,2',3',4,5$-Pentachlorobiphenyl	$y=0.3223x+0.3961$	$1.5\sim120$	0.9791

续表

序号	中文名称	英文名称	线性方程	线性范围	相关系数
187	PCB 120	2,3′,4,5,5′-Pentachlorobiphenyl	$y=0.3360x-0.1284$	1.5~120	0.9991
188	PCB 081	3,4,4′,5-Tetrachlorobiphenyl	$y=0.7896x-0.2314$	1.5~120	0.9825
189	PCB 147	2,2′,3,4′,5,6-Hexachlorobiphenyl	$y=0.2069x-0.1182$	1.5~120	0.9991
190	PCB 082	2,2′,3,3′,4-Pentachlorobiphenyl	$y=0.2137x+0.0537$	1.5~120	0.9880
191	PCB 108	2,3,3′,4,5′-Pentachlorobiphenyl	$y=0.4724x-0.2849$	1.5~120	0.9998
192	PCB 106	2,3,3′,4,5-Pentachlorobiphenyl	$y=0.2961x-0.0953$	2.5~200	0.9984
193	PCB 184	2,2′,3,4,4′,6,6′-Heptachlorobiphenyl	$y=0.5236x-0.1083$	1.5~120	0.9983
194	PCB 131	2,2′,3,3′,4,6-Hexachlorobiphenyl	$y=0.5262x-0.3005$	1.5~120	0.9994
195	PCB 153	2,2′,4,4′,5,5′-Hexachlorobiphenyl	$y=0.2334x-0.1276$	2.5~200	0.9945
196	PCB 179	2,2′,3,3′,5,6,6′-Heptachlorobiphenyl	$y=0.3483x-0.0831$	1.5~120	0.9911
197	PCB 176	2,2′,3,3′,4,6,6′-Heptachlorobiphenyl	$y=0.2166x+0.0822$	1.5~120	0.9965
198	PCB 160	2,3,3′,4,5,6-Hexachlorobiphenyl	$y=0.7255x-0.2075$	1.5~120	0.9973
199	PCB 164	2,3,3′,4′,5′,6-Hexachlorobiphenyl	$y=0.6470x-0.1528$	1.5~120	0.9994
200	PCB 129	2,2′,3,3′,4,5-Hexachlorobiphenyl	$y=0.4375x-0.1344$	1.5~120	0.9991
201	PCB 126	3,3′,4,4′,5-Pentachlorobiphenyl	$y=0.4254x-0.0264$	1.5~120	0.9979
202	PCB 185	2,2′,3,4,5,5′,6-Heptachlorobiphenyl	$y=0.2588x+0.0625$	1.5~120	0.9998
203	PCB 181	2,2′,3,4,4′,5,6-Heptachlorobiphenyl	$y=0.6657x-0.2639$	1.5~120	0.9990
204	PCB 171	2,2′,3,3′,4,4′,6-Heptachlorobiphenyl	$y=0.2589x+0.0282$	1.5~120	0.9996
205	PCB 172	2,2′,3,3′,4,5,5′-Heptachlorobiphenyl	$y=0.5493x-0.2220$	1.5~120	0.9993
206	PCB 199	2,2′,3,3′,4,5,6,6′-Octachlorobiphenyl	$y=0.2126x+0.0138$	1.5~120	0.9985
207	PCB 201	2,2′,3,3′,4,5,5′,6′-Octachlorobiphenyl	$y=0.2837x-0.0349$	1.5~120	0.9992
208	PCB 170	2,2′,3,3′,4,4′,5-Heptachlorobiphenyl	$y=0.2592x+0.0453$	1.5~120	0.9983
209	PCB 189	2,3,3′,4,4′,5,5′-Heptachlorobiphenyl	$y=0.8290x-0.0279$	1.5~120	0.9997
		E组			
210	萘	Naphthalene	$y=0.1955x-0.5254$	1.0~95.6	0.9956
211	异丙隆	Isoprotuton	$y=0.1309x+39.3624$	126.7~10135.2	0.9920
212	敌敌畏	Dichlorvos	$y=0.0816x-0.9668$	5.9~588.5	0.9876
213	克百威	Carbofuran	$y=0.1310x+0.1248$	4.3~432.0	0.9986
214	甲胺磷	Methamidophos	$y=0.0240x-7.7487$	85.4~8541.5	0.9684
215	苊	Acenaphthylene	$y=0.1953x+1.2657$	2.2~224.7	0.9875
216	二氢苊	Acenaphthene	$y=0.0593x+0.0296$	4.6~455.4	0.9957
217	芴	Fluorene	$y=0.7383x-3.5999$	6.6~658.8	0.9970
218	六氯苯	Hexachlorobenzene	$y=0.2330x+0.0854$	2.9~288.8	0.9982
219	灭线磷	Ethoprophos	$y=0.1949x-0.0944$	1.3~129.9	0.9967
220	杀虫脒	Chlordimeform	$y=0.3243x+0.0058$	5.8~580.0	0.9969
221	氟乐灵	Trifluralin	$y=0.2438x-1.6645$	4.5~451.2	0.9942
222	α-六六六	α-HCH	$y=0.1961x-1.0487$	4.4~437.0	0.9944
223	氧乐果	Omethoate	$y=0.0198x+0.7319$	18.2~1094.2	0.9969
224	蒽	Anthracene	$y=20.9615x-1.1090$	0.1~14.7	1.0000
225	异噁草松	Clomazone	$y=0.2356x-0.2193$	2.9~288.6	0.9969
226	二嗪磷	Diazinon	$y=0.3229x-0.2373$	2.7~270.3	0.9983

续表

序号	中文名称	英文名称	线性方程	线性范围	相关系数
227	菲	Phenanthrene	$y=0.1750x-0.6505$	5.3～525.0	0.9998
228	γ-六六六	γ-HCH	$y=0.1740x-1.0058$	4.3～431.8	0.9932
229	阿特拉津	Atrazine	$y=0.2420x-0.0580$	4.0～396.4	0.9975
230	西玛津	Simazine	$y=0.0621x-0.2475$	11.8～1177.2	0.9975
231	七氯	Heptachlor	$y=0.1095x-0.8773$	6.5～649.8	0.9960
232	抗蚜威	Pirimicarb	$y=0.4814x-1.0088$	3.1～306.0	0.9962
233	乐果	Dimethoate	$y=0.0286x-0.6293$	6.5～654.9	0.9767
234	艾氏剂	Aldrin	$y=0.0467x+0.0240$	4.6～455.4	0.9983
235	甲草胺	Alachlor	$y=0.1279x-0.3246$	2.9～289.1	0.9949
236	扑草净	Prometryne	$y=0.4000x-0.1287$	2.7～271.9	0.9985
237	百菌清	Chlorothalonil	$y=0.0160x-180.1627$	13977.6～23296.0	0.9957
238	邻苯二甲酸二正丁酯	Phthalic acid bis-butyl ester	$y=7.3006x-52.6826$	6.6～664.4	0.9986
239	β-六六六	β-HCH	$y=0.1844x-0.9595$	4.5～448.0	0.9934
240	毒死蜱	Chlorpyrifos	$y=0.1324x-0.5356$	4.5～451.5	0.9960
241	甲基对硫磷	Parathion-methyl	$y=0.1515x-1.3505$	4.3～430.9	0.9901
242	三氯杀螨醇	Dicofol	$y=0.2491x-0.1258$	3.4～336.4	0.9986
243	异丙甲草胺	Metolachlor	$y=1.3801x-1.2331$	1.1～108.0	0.9962
244	δ-六六六	δ-HCH	$y=0.0680x-0.7771$	4.3～434.0	0.9862
245	三唑酮	Triadimefon	$y=0.1295x-0.3226$	4.8～481.8	0.9972
246	荧蒽	Fluoranthene	$y=0.1309x-0.4220$	3.0～302.6	0.9989
247	2,4'-滴滴伊	2,4'-DDE	$y=0.5787x+0.2554$	6.7～666.0	0.9985
248	顺式-氯丹	cis-Chlordane	$y=0.0595x-0.1824$	6.3～625.1	0.9983
249	稻丰散	Phenthoate	$y=2.1028x-0.8472$	0.4～43.4	0.9921
250	反式-氯丹	trans-Chlordane	$y=0.0639x-0.1086$	6.2～618.8	0.9975
251	芘	Pyrene	$y=0.9615x-92.2317$	5.2～524.6	0.9917
252	4,4'-滴滴伊	4,4'-DDE	$y=0.5374x+1.0065$	6.6～657.2	0.9990
253	丁草胺	Butachlor	$y=0.1201x+0.2435$	0.7～74.4	0.9900
254	狄氏剂	Dieldrin	$y=0.0244x+0.0047$	13.2～1315.6	0.9984
255	2,4'-滴滴滴	2,4'-DDD	$y=1.1094x+1.8793$	2.7～268.8	0.9994
256	噻嗪酮	Buprofezin	$y=0.2211x+3.1681$	14.5～1452.8	0.9959
257	异狄氏剂	Endrin	$y=0.0156x+0.1034$	30～2998.6	0.9991
258	2,4'-滴滴涕	2,4'-DDT	$y=0.5975x-1.2217$	2.1～208.3	0.9955
259	除草醚	Nithophen	$y=0.0629x-1.3208$	8.1～809.2	0.9875
260	乙氧氟草醚	Oxyfluorfen	$y=0.0775x-1.6855$	14.6～1458	0.9954
261	4,4'-滴滴滴	4,4'-DDD	$y=1.0664x-2.5332$	6.6～664.2	0.9978
262	4,4'-滴滴涕	4,4'-DDT	$y=0.4644x-5.2499$	3.0～295.0	0.9709
263	邻苯二甲酸丁基卞基酯	Phthalic acid benzyl butyl ester	$y=0.8329x-2.9928$	6.6～656.0	0.9984
264	炔螨特	Propargite	$y=0.0047x-1.1361$	127.5～12750.0	0.9958
265	三环唑	Tricyclazole	$y=1.3515x-2.0591$	0.7～73.8	0.9879
266	三唑磷	Triazophos	$y=0.0074x-0.0245$	11.4～1142.6	0.9987
267	灭蚁灵	Mirex	$y=0.4583x-0.8473$	2.8～275.0	0.9976

续表

序号	中文名称	英文名称	线性方程	线性范围	相关系数
268	苯并(a)蒽	Benzo(a)anthrancene	$y=1.0534x-0.3460$	2.0～200.0	0.9999
269	邻苯二甲酸二(2-乙基己)酯	Phthalic acid bis-2-ethylhexyl ester	$y=1.7761x+16.1890$	1.3～133.2	1.0000
270	双甲脒	Amitraz	$y=0.0066x+0.0371$	1.6～155.9	0.9704
271	高效氯氟氰菊酯	λ-Cyhalothrin	$y=0.1814x-0.9969$	6.4～638.4	0.9956
272	哒螨灵	Pyridaben	$y=0.8733x-5.9209$	6.7～667.0	0.9954
273	苯并(b)荧蒽	Benzo(b)fluoranthene	$y=8.4098x+0.3645$	0.1～5.4	0.9952
274	苯并(k)荧蒽	Benzo(k)fluoranthene	$y=0.3051x+0.0760$	0.2～21.8	0.9962
275	氟氯氰菊酯	Cyfluthrin	$y=0.0272x-0.3225$	8.7～873.2	0.9801
276	氯氰菊酯	Cypermethrin	$y=0.1491x-4.4244$	18.5～1854.6	0.9939
277	苯并(a)芘	Benzo(a)pyrene	$y=0.8605x+1.5570$	1.8～175.5	1.0000
278	啶虫脒	Acetamiprid	$y=0.0487x-2.0732$	27.3～2728	0.9893
279	氰戊菊酯-1	Fenvalerate-1	$y=0.0832x-2.4583$	29.0～2904.0	0.9966
280	氰戊菊酯-2	Fenvalerate-2	$y=0.0535x-2.4768$	29.0～2904.0	0.9949
281	溴氰菊酯	Deltamethrin	$y=0.0314x-2.5842$	24.2～2418.2	0.9767
282	茚并(1,2,3,-cd)芘	Indeno(1,2,3-cd)pyrene	$y=1.2713x+1.5120$	2.2～220.4	0.9992
283	二苯并(a,h)蒽	Dibenzo(a,h)anthracene	$y=1.2873x-0.1164$	2.2～220.4	0.9815
284	苯并(g,h,i)芘	Benzo(g,h,i)peryene	$y=0.0709x-0.1860$	2.2～220.4	0.9990

11.2.4 GC-MS（NCI）分析硫丹的线性方程、线性范围和相关系数

GC-MS（NCI）分析硫丹的线性方程、线性范围和相关系数见表 11-15。

表 11-15　GC-MS（NCI）分析硫丹的线性方程、线性范围和相关系数

序号	中文名称	英文名称	线性方程	线性范围	相关系数
1	硫丹-1	Endosulfan-1	$y=2022.5831x+486.7318$	0.5～30.0	0.9973
2	硫丹-2	Endosulfan-2	$y=822.2465x+14.4991$	0.5～30.0	0.9995

11.2.5 LC-MS/MS 分析 9 种环境污染物线性方程、线性范围和相关系数

LC-MS/MS 分析 9 种环境污染物线性方程、线性范围和相关系数见表 11-16。

表 11-16　LC-MS/MS 分析 9 种环境污染物线性方程、线性范围和相关系数

序号	中文名称	英文名称	线性方程	线性范围	相关系数
1	敌百虫	Trichlorphon	$y=1703.5808x-42.5213$	3.9～38.8	0.9991
2	甲磺隆	Metsulfuron-methyl	$y=45166.5928x+27852.7660$	2.3～23.0	0.9918
3	绿麦隆	Chlorolurons	$y=16574.7308x-12467.6596$	2.6～25.9	0.9989
4	2,4-滴	2,4-D	$y=940.7392x-9211.9149$	12.5～124.8	0.9939
5	苄嘧磺隆	Bensulfuron-methyl	$y=45466.5694x-14917.6596$	0.6～6.0	0.9891
6	敌稗	Propanil	$y=4618.9752x+15965.5319$	4.7～47.0	0.9883
7	氟虫腈	Fipronil	$y=118.3954x+206.6277$	26.4～264.0	0.9962
8	辛硫磷	Phoxim	$y=180.0994x+275.5957$	6.6～66.2	0.9842
9	噻螨酮	Hexythiazox	$y=1377.9394x-19979.0476$	13～129.6	0.9874

11.2.6 LC-MS/MS 分析 569 种农药化学品线性方程、线性范围和相关系数

LC-MS/MS 分析 569 种农药化学品线性方程、线性范围和相关系数见表 11-17。

表 11-17 LC-MS/MS 分析 569 种农药化学品线性方程、线性范围和相关系数

序号	中文名称	英文名称	CAS	线性方程	线性范围	相关系数
1	苯胺灵	Propham	122-42-9	$y=4535.5894x+65449.4444$	1.1000~110.0000	0.9974
2	异丙威	Isoprocarb	2631-40-5	$y=1112.6096x-14289.0147$	0.0230~2.3000	0.9988
3	3,4,5-混杀威	3,4,5-Trimethacarb	2686-99-9	$y=1112.6096x-14289.0147$	0.0034~0.3440	0.9988
4	环莠隆	Cycluron	2163-69-1	$y=608.3015x+1384.0461$	0.0021~0.2060	0.9994
5	甲萘威	Carbaryl	63-25-2	$y=1526.8781x-59353.6374$	0.1032~10.3200	0.9937
6	毒草胺	Propachlor	1918-16-7	$y=626.1151x-1686.3860$	0.0027~0.2740	0.9998
7	吡咪唑	Rabenzazole	40341-04-6	$y=1643.2936x-509.7960$	0.0133~1.3320	0.9999
8	西草净	Simetryn	1014-70-6	$y=376.7290x+732.3834$	0.0014~0.1358	0.9997
9	绿谷隆	Monolinuron	1746-81-2	$y=889.4370x+5056.1256$	0.0356~3.5600	0.9994
10	速灭磷	Mevinphos	7786-34-7	$y=712.8533x+1007.6465$	0.0157~1.5660	0.9995
11	叠氮津	Aziprotryne	4658-28-0	$y=411.5059x\ 4648.7270$	0.0138~1.3820	0.9965
12	密草通	Secbumeton	26259-45-0	$y=208.4258x-780.4229$	0.0007~0.0724	0.9998
13	嘧菌环胺	Cyprodinil	121552-61-2	$y=545.2102x-3736.8089$	0.0074~0.7394	0.9997
14	播土隆	Buturon	3766-60-7	$y=1644.4632x+46887.9697$	0.0896~8.9600	0.9913
15	双酰草胺	Carbetamide	16118-49-3	$y=1496.3266x+12576.6376$	0.0364~3.6400	0.9975
16	抗蚜威	Pirimicarb	23103-98-2	$y=254.9760x-200.5094$	0.0015~0.1514	0.9998
17	异噁草松	Clomazone	81777-89-1	$y=487.9864x+7994.2981$	0.0042~0.4220	0.9961
18	氰草津	Cyanazine	21725-46-2	$y=159.3072x-630.6242$	0.0016~0.1638	0.9998
19	扑草净	Prometryne	7287-19-6	$y=1435.3235x+2788.6189$	0.0016~0.1622	0.9992
20	甲基对氧磷	Paraoxon methyl	950-35-6	$y=326.3815x-950.1759$	0.0076~0.7620	1.0000
21	4,4′-二氯二苯甲酮	4,4′-Dichlorobenzophenone	90-98-2	$y=12.8846x+157.9041$	0.1360~13.6000	0.9940
22	噻虫啉	Thiacloprid	111988-49-9	$y=228.2523x-976.6060$	0.0037~0.3700	0.9999
23	吡虫啉	Imidacloprid	138261-41-3	$y=6640.2083x+289647.9396$	0.2200~22.0000	0.9957
24	磺噻隆	Ethidimuron	30043-49-3	$y=1770.0948x+35827.9158$	0.0150~1.5000	0.9952
25	丁嗪草酮	Isomethiozin	57052-04-7	$y=2900.6247x-30878.1585$	0.0107~1.0660	0.9988
26	燕麦敌	cis-,trans-Diallate	2303-16-4	$y=4752.8585x+144852.5654$	0.8920~89.2000	0.9952
27	乙草胺	Acetochlor	34256-82-1	$y=2.5160x+145.1775$	0.4740~47.4000	0.9966
28	烯啶虫胺	Nitenpyram	150824-47-8	$y=1696.7831x+25328.4039$	0.1712~17.1200	0.9949
29	盖草津	Methoprotryne	841-06-5	$y=564.6352x-1939.4407$	0.0024~0.2420	0.9999
30	二甲吩草胺	Dimethenamid	87674-68-8	$y=6634.8590x+83016.8270$	0.0430~4.3008	0.9980
31	特草灵	Terbucarb	1918-11-2	$y=673.2173x+5364.1022$	0.0210~2.1000	0.9996
32	戊菌唑	Penconazole	66246-88-6	$y=8047.2156x+53218.1036$	0.0200~2.0000	0.9996
33	腈菌唑	Myclobutanil	88761-89-0	$y=1021.1599x+7654.9321$	0.0100~0.9960	0.9991
34	咪唑乙烟酸	Imazethapyr	81385-77-5	$y=563.4160x+5224.5083$	0.0113~1.1260	0.9966
35	多效唑	Paclobutrazol	76738-62-0	$y=1927.8071x-1979.4839$	0.0057~0.5740	0.9999
36	倍硫磷亚砜	Fenthion sulfoxide	3761-41-9	$y=346.2671x-1334.5701$	0.0031~0.3136	0.9997
37	三唑醇	Triadimenol	55219-65-3	$y=7283.9170x+25541.2584$	0.1055~10.5536	0.9997

续表

序号	中文名称	英文名称	CAS	线性方程	线性范围	相关系数
38	仲丁灵	Butralin	33629-47-9	$y=2378.0007x+3348.4645$	0.0190~1.9000	1.0000
39	螺噁茂胺	Spiroxamine	118134-30-8	$y=247.8823x-301.6067$	0.0005~0.0516	0.9997
40	甲基立枯磷	Tolclofos methyl	57018-04-9	$y=1675.4622x+32850.6560$	0.6656~66.5600	0.9947
41	甜菜胺	Desmedipham	13684-56-5	$y=-0.0024x+27.5721$	0.0403~4.0296	0.0276
42	杀扑磷	Methidathion	950-37-8	$y=4449.6288x+70726.1570$	0.1066~10.6600	0.9947
43	烯丙菊酯	Allethrin	584-79-2	$y=5878.3285x+146371.9578$	0.6040~60.4000	0.9941
44	二嗪磷	Diazinon	333-41-5	$y=11650.2404x+3021.5872$	0.0071~0.7128	1.0000
45	敌瘟磷	Edifenphos	17109-49-8	$y=1316.5640x-20093.5375$	0.0075~0.7520	0.9951
46	丙草胺	Pretilachlor	51218-49-6	$y=18.4905x+175.4801$	0.0033~0.3340	0.9985
47	氟硅唑	Flusilazole	85509-19-9	$y=1059.6021x-4263.8748$	0.0058~0.5814	0.9999
48	异丙菌胺	Iprovalicarb	140923-17-7	$y=5596.2306x-42.2949$	0.0232~2.3200	1.0000
49	麦锈灵	Benodanil	15310-01-7	$y=554.4545x+716.5127$	0.0348~3.4800	0.9998
50	氟酰胺	Flutolanil	66332-96-5	$y=1878.2114x+19116.7333$	0.0115~1.1460	0.9989
51	伐灭磷	Famphur	52-85-7	$y=1898.4011x+11823.0282$	0.0360~3.6000	0.9996
52	苯霜灵	Benalyxyl	71626-11-4	$y=1871.3401x+9394.4156$	0.0124~1.2426	0.9997
53	苄氯三唑醇	Diclobutrazole	75736-33-3	$y=13433.7294x+62867.5467$	0.0047~0.4680	0.9996
54	乙环唑	Etaconazole	60207-93-4	$y=13433.7294x+62867.5467$	0.0178~1.7820	0.9996
55	氯苯嘧啶醇	Fenarimol	60168-88-9	$y=56.7374x-183.4200$	0.0061~0.6078	0.9997
56	邻苯二甲酸二环己酯	Phthalic acid,dicyclohexyl ester	84-61-7	$y=0.0982x+65.3519$	0.0200~2.0000	0.7397
57	胺菊酯	Tetramethrin	7696-12-0	$y=963.7357x-33225.4951$	0.0182~1.8200	0.9947
58	抑菌灵	Dichlofluanid	1085-98-9	$y=0.2469x+110.8665$	0.0260~2.5999	0.7612
59	解草酯	Cloquintocet mexyl	99607-70-2	$y=21105.5052x+311561.9375$	0.0188~1.8840	0.9986
60	联苯三唑醇	Bitertanol	55179-31-2	$y=28096.2420x+810030.1746$	0.3340~33.4000	0.9948
61	甲基毒死蜱	Chlorpyrifos methyl	5598-13-0	$y=2301.0872x+44960.9758$	0.1600~16.000	0.9949
62	吡喃草酮	Tepraloxydim	149979-41-9	$y=10468.1258x+182040.1498$	0.1220~12.2000	0.9978
63	甲基硫菌灵	Thiophanate methyl	23564-05-8	$y=9650.9738x-183448.4931$	0.2000~20.0000	0.9985
64	益棉磷	Azinphos ethyl	2642-71-9	$y=495.9303x+10476.6992$	1.0893~108.9280	0.9925
65	炔草酸	Clodinafop propargyl	105512-06-9	$y=18.9675x-156.8689$	0.0244~2.4400	0.9949
66	杀铃脲	Triflumuron	64628-44-0	$y=1523.8721x+2286.2687$	0.0392~3.9200	0.9999
67	异噁氟草	Isoxaflutole	141112-29-0	$y=1626.5635x-38636.6348$	0.0390~3.9000	0.9975
68	莎稗磷	Anilofos	64249-01-0	$y=0.0827x+90.7744$	0.0071~0.7140	0.7724
69	硫菌灵	Thiophanat ethyl	23564-06-9	$y=23559.9711x-537906.3864$	0.2016~20.1600	0.9944
70	喹禾灵	Quizalofop-ethyl	76578-14-8	$y=478.9599x-857.9577$	0.0068~0.6820	1.0000
71	氟吡甲禾灵	Haloxyfop-methyl	69806-40-2	$y=3788.3897x+14861.3609$	0.0264~2.6400	0.9998
72	吡氟禾草灵	Fluazifop butyl	69806-50-4	$y=3253.5705x-2892.7464$	0.0026~0.2632	1.0000
73	乙基溴硫磷	Bromophos-ethyl	4824-78-6	$y=408.6550x+37887.3314$	5.6769~567.6912	0.9941
74	地散磷	Bensulide	741-58-2	$y=3183.4165x+110541.2007$	0.3420~34.2000	0.9903
75	醚苯磺隆	Triasulfuron	82097-50-5	$y=611.6555x-3171.1763$	0.0161~1.6089	0.9999
76	溴苯烯磷	Bromfenvinfos	33399-00-7	$y=1098.3258x+18155.8502$	0.0302~3.0200	0.9963
77	嘧菌酯	Azoxystrobin	131860-33-8	$y=1569.5759x-3665.8540$	0.0045~0.4510	0.9999

续表

序号	中文名称	英文名称	CAS	线性方程	线性范围	相关系数
78	吡菌磷	Pyrazophos	13457-18-6	$y=299.0403x+2469.4351$	0.0162～1.6240	0.9991
79	杀虫磺	Bensultap	17606-31-4		0.1428～14.2819	
80	氟虫脲	Flufenoxuron	101463-69-8	$y=808.3584x+7481.8150$	0.0317～3.1680	0.9978
81	茚虫威	Indoxacarb	144171-61-9	$y=1904.2440x-1532.5821$	0.0754～7.5400	0.9996
82	甲氨基阿维菌素苯甲酸盐	Emamectin benzoate	155569-91-8	$y=0.5258x+68.6057$	0.0032～0.3200	0.7457
83	乙撑硫脲	Ethylene thiourea	96-45-7	$y=162.2627x+2386.2227$	0.5220～52.2000	0.9904
84	丁酰肼	Daminozide	1596-84-5	$y=309.0319x+3823.9238$	0.0260～2.6000	0.9906
85	棉隆	Dazomet	533-74-4	$y=1288.0566x+78103.3182$	1.2700～127.0000	0.9834
86	烟碱	Nicotine	54-11-5	$y=454.5627x+10836.6213$	0.0220～2.2000	0.9980
87	非草隆	Fenuron	101-42-8	$y=660.9790x+5338.2321$	0.0103～1.0300	0.9989
88	灭蝇胺	Cyromazine	66215-27-8	$y=563.2353x+10321.9581$	0.0724～7.2400	0.9836
89	鼠立死	Crimidine	535-89-7	$y=821.8290x-1452.1315$	0.0156～1.5580	0.9994
90	乙酰甲胺磷	Acephate	30560-19-1	$y=7441.6707x+51856.2500$	0.1334～13.3400	0.9916
91	禾草敌	Molinate	2212-67-1	$y=715.5106x+66.1993$	0.0210～2.1000	0.9994
92	多菌灵	Carbendazim	10605-21-7	$y=425.4532x+1180.1779$	0.0047～0.4680	0.9950
93	6-氯-4-羟基-3-苯基哒嗪	6-Chloro-4-hydroxy-3-phenyl-pyridazin	40020-01-7	$y=60.1266x+701.4763$	0.0165～1.6540	0.9484
94	残杀威	Propoxur	114-26-1	$y=20531.8166x+733510.9205$	0.2440～24.4000	0.9925
95	异唑隆	Isouron	55861-78-4	$y=347.9558x+3097.9143$	0.0041～0.4080	0.9983
96	绿麦隆	Chlorotoluron	15545-48-9	$y=768.6574x+1232.8851$	0.0062～0.6240	0.9988
97	久效威	Thiofanox	39196-18-4	$y=2810.4270x+64595.5362$	1.5700～157.0000	0.9958
98	氯炔灵	Chlorbufam	1967-16-4	$y=219.5618x+5296.1947$	1.8300～183.0000	0.9941
99	噁虫威	Bendiocarb	22781-23-3	$y=950.7442x-12639.9461$	0.0318～3.1800	0.9801
100	扑灭津	Propazine	139-40-2	$y=41.9632x-247.5223$	0.0032～0.3200	0.9998
101	特丁津	Terbuthylazine	5915-41-3	$y=741.5811x-7308.1745$	0.0047～0.4680	0.9999
102	敌草隆	Diuron	330-54-1	$y=605.2551x+8011.6022$	0.0156～1.5600	0.9919
103	氯甲硫磷	Chlormephos	24934-91-6	$y=37.3290x-76.7196$	195.4000～19540.0000	0.9989
104	萎锈灵	Carboxin	5234-68-4	$y=247.0262x+4764.3921$	0.0056～0.5560	0.9919
105	野燕枯	Difenzoquat-methyl sulfate	43222-48-6	$y=11.0654x+584.0573$	0.0081～0.8120	0.9747
106	噻虫胺	Clothianidin	210880-92-5	$y=11603.0067x+184321.5874$	0.6300～63.0000	0.9932
107	炔丙烯草胺	Pronamide	23950-58-5	$y=5302.6716x+62927.9119$	0.1538～15.3800	0.9978
108	二甲草胺	Dimethachlor	50563-36-5	$y=4667.1674x+70752.1903$	0.0190～1.9020	0.9950
109	溴谷隆	Methobromuron	40596-69-8	$y=1104.1120x+29347.8000$	0.1684～16.8400	0.9938
110	甲拌磷	Phorate	298-02-2	$y=2110.1059x+12606.8279$	3.1400～314.0000	0.9987
111	苯草醚	Aclonifen	74070-46-5	$y=1052.0716x+3127.7995$	0.2420～24.2000	0.9988
112	地胺磷	Mephosfolan	950-10-7	$y=2876.1983x+27957.4559$	0.0232～2.3200	0.9981
113	脱苯甲基亚胺唑	Imibenzonazole-des-benzyl	199338-48-2	$y=233.1917x-1698.1113$	0.0622～6.2200	0.9993
114	草不隆	Neburon	555-37-3	$y=1947.7316x+28299.1297$	0.0710～7.1000	0.9966
115	精甲霜灵	Mefenoxam	70630-17-0	$y=1975.7678x+25897.7499$	0.0154～1.5380	0.9955

续表

序号	中文名称	英文名称	CAS	线性方程	线性范围	相关系数
116	发硫磷	Prothoate	2275-18-5	$y=-0.0250x+107.5127$	0.0246~2.4600	0.0248
117	乙氧呋草黄	Ethofumesate	26225-79-6	$y=5244.4362x+104131.4108$	3.7200~372.0000	0.9969
118	异稻瘟净	Iprobenfos	26087-47-8	$y=16837.2026x+385414.1554$	0.0828~8.2800	0.9947
119	特普	TEPP	107-49-3	$y=516.8062x-2634.6870$	0.1040~10.4000	0.9999
120	环丙唑醇	Cyproconazole	113096-99-4	$y=643.4521x-4113.2852$	0.0073~0.7320	0.9995
121	噻虫嗪	Thiamethoxam	153719-23-4	$y=1739.2909x+28588.6451$	0.3300~33.0000	0.9959
122	育畜磷	Crufomate	299-86-5	$y=235.7725x-1143.2909$	0.0052~0.5180	0.9995
123	乙嘧硫磷	Etrimfos	38260-54-7	$y=23.3423x-177.7821$	0.1876~18.7600	0.9995
124	杀鼠醚	Coumatetralyl	5836-29-3	$y=0.0698x+81.8408$	0.0135~1.3520	0.2086
125	赛灭磷	Cythioate	115-93-5	$y=1824.7729x+25930.7626$	0.8000~80.0000	0.9970
126	磷胺	Phosphamidon	13171-21-6	$y=3107.6717x+18670.3634$	0.0388~3.8800	0.9986
127	甜菜宁	Phenmedipham	13864-63-4	$y=0.0407x+17.6174$	0.0448~4.4800	0.6849
128	联苯肼酯	Bifenazate	149877-41-8	$y=5112.8775x+91081.7424$	0.2280~22.8000	0.9947
129	环酰菌胺	Fenhexamid	126833-17-8	$y=0.9840x+107.7399$	0.0095~0.9460	0.9694
130	粉唑醇	Flutriafol	76674-21-0	$y=10798.2234x+101446.8458$	0.0858~8.5800	0.9983
131	呋霜灵	Furalaxyl	57646-30-7	$y=10095.4787x+218561.3048$	0.0077~0.7700	0.9936
132	生物烯丙菊酯	Bioallethrin	584-79-2	$y=4863.0855x+397587.6721$	1.9800~198.0000	0.9652
133	苯腈磷	Cyanofenphos	13067-93-1	$y=5251.2562x+112801.0922$	0.2080~20.8000	0.9941
134	甲基嘧啶磷	Pirimiphos methyl	29232-93-7	$y=918.5729x-4161.3649$	0.0020~0.2020	0.9999
135	噻嗪酮	Buprofezin	69327-76-0	$y=1929.5826x-926.8668$	0.0088~0.8780	0.9994
136	乙拌磷砜	Disulfoton sulfone	2497-06-5	$y=2108.3611x+24849.6512$	0.0246~2.4600	0.9978
137	喹螨醚	Fenazaquin	120928-09-8	$y=42535.1395x+653348.2038$	0.0032~0.3240	0.9909
138	三唑磷	Triazophos	24017-47-8	$y=969.8376x-4019.1877$	0.0068~0.6800	0.9998
139	脱叶磷	DEF	78-48-8	$y=1770.8003x-2096.7313$	0.0161~1.6140	0.9994
140	环酯草醚	Pyriftalid	135186-78-6	$y=526.8462x-237.2240$	0.0062~0.6240	0.9997
141	叶菌唑	Metconazole	125116-23-6	$y=927.5589x-7053.2677$	0.0132~1.3180	0.9996
142	吡丙醚	Pyriproxyfen	95737-68-1	$y=1662.7259x+61015.3528$	0.0043~0.4300	0.9904
143	噻草酮	Cycloxydim	101205-02-1	$y=941.0129x-9065.1397$	0.0254~2.5400	0.9999
144	异噁酰草胺	Isoxaben	82558-50-7	$y=491.9346x+8078.7678$	0.0019~0.1860	0.9969
145	呋草酮	Flurtamone	96525-23-4	$y=593.3652x-1122.0940$	0.0044~0.4440	0.9996
146	氟乐灵	Trifluralin	1582-09-8	$y=27.5179x+729.2464$	12.4000~1240.0000	0.9958
147	甲基麦草氟异丙酯	Flamprop-methyl	52756-25-9	$y=23678.0875x+800578.1693$	0.2020~20.2000	0.9919
148	生物苄呋菊酯	Bioresmethrin	28434-01-7	$y=1403.9813x+28065.8045$	0.0742~7.4200	0.9950
149	丙环唑	Propiconazole	60207-90-1	$y=2664.8397x-19906.5546$	0.0176~1.7580	1.0000
150	毒死蜱	Chlorpyrifos	2921-88-2	$y=5894.1313x+206296.7456$	0.5380~53.8000	0.9792
151	氯乙氟灵	Fluchloralin	33245-39-5	$y=311.8411x+8518.8396$	4.8800~488.0000	0.9922
152	氯磺隆	Chlorsulfuron	64902-72-3	$y=39.1361x-497.4055$	0.0274~2.7400	0.9966
153	烯草酮	Clethodim	99129-21-2	$y=830.2219x-21325.9773$	0.0208~2.0800	0.9970
154	麦草氟异丙酯	Flamprop isopropyl	52756-22-6	$y=247.2410x-1177.0420$	0.0043~0.4340	0.9999
155	杀虫畏	Tetrachlorvinphos	22248-79-9	$y=539.9792x+197.7294$	0.0222~2.2200	0.9998
156	炔螨特	Propargite	2312-35-8	$y=5072.8013x+96338.0050$	0.6860~68.6000	0.9909

续表

序号	中文名称	英文名称	CAS	线性方程	线性范围	相关系数
157	糠菌唑	Bromuconazole	116255-48-2	$y=22.4850x-21.6017$	0.0314~3.1400	0.9936
158	氟吡酰草胺	Picolinafen	137641-05-5	$y=961.6737x-36816.8027$	0.0073~0.7260	0.9901
159	氟噻乙草酯	Fluthiacet-methyl	117337-19-6	$y=183.3926x-2207.7119$	0.0530~5.3000	0.9991
160	肟菌酯	Trifloxystrobin	141517-21-7	$y=5285.1909x+30372.2004$	0.0200~2.0000	0.9991
161	氯嘧磺隆	Chlorimuron-ethyl	90982-32-4	$y=41.7499x-348.4110$	0.3040~30.4000	0.9995
162	氟铃脲	Hexaflumuron	86479-06-3	$y=1448.3638x+5274.8438$	0.2520~25.2000	0.9975
163	氟酰脲	Novaluron	116714-46-6	$y=1263.0591x+31714.6404$	0.0804~8.0400	0.9904
164	氟蚁腙	Hydramethylnon	67485-29-4	$y=1627.9241x+4747.8670$	0.0172~1.7160	0.9989
165	吡虫隆	Fluazuron	86811-58-7	$y=4291.9442x+27513.8511$	0.2680~26.8000	0.9977
166	抑芽丹	Maleic hydrazide	123-33-1	$y=198.2946x+8947.9613$	0.8000~80.0000	0.9869
167	甲胺磷	Methamidophos	10265-92-6	$y=495.2414x+20947.8577$	0.0493~4.9300	0.9853
168	茵草敌	EPTC	759-94-4	$y=201.6454x+1242.4048$	0.3734~37.3380	0.9990
169	避蚊胺	Diethyltoluamide	134-62-3	$y=1273.0515x+12442.7309$	0.0055~0.5500	0.9998
170	灭草隆	Monuron	150-68-5	$y=7916.4313x+496481.8838$	0.3474~34.7360	0.9902
171	嘧霉胺	Pyrimethanil	53112-28-0	$y=297.8113x-442.7539$	0.0068~0.6800	1.0000
172	甲呋酰胺	Fenfuram	24691-80-3	$y=495.4576x+6248.3192$	0.0078~0.7800	0.9982
173	灭藻醌	Quinoclamine	2797-51-5	$y=190.9102x+1060.3676$	0.0792~7.9200	0.9997
174	仲丁威	Fenobucarb	3766-81-2	$y=4559.3338x+57553.4853$	0.0590~5.9000	0.9984
175	乙嘧酚	Ethirimol	23947-60-6	$y=197.6192x+2562.2084$	0.0056~0.5600	0.9962
176	敌稗	Propanil	709-98-8	$y=1862.7776x+12581.9564$	0.2159~21.5900	0.9994
177	克百威	Carbofuran	1563-66-2	$y=9973.4801x+241072.6078$	0.1306~13.0600	0.9949
178	啶虫脒	Acetamiprid	160430-64-8	$y=654.6118x+13642.1111$	0.0144~1.4400	0.9969
179	嘧菌胺	Mepanipyrim	110235-47-7	$y=357.9960x-1061.8607$	0.0032~0.3200	0.9999
180	扑灭通	Prometon	1610-18-0	$y=1303.1226x+3859.3918$	0.0013~0.1310	0.9996
181	甲硫威	Methiocarb	2032-65-7	$y=-0.0044x+192.8365$	0.4120~41.2000	0.0003
182	甲氧隆	Metoxuron	19937-59-8	$y=299.5215x+4631.8144$	0.0064~0.6372	0.9964
183	乐果	Dimethoate	60-51-5	$y=4064.9134x+205809.1447$	0.0760~7.6000	0.9868
184	呋菌胺	Methfuroxam	28730-17-8	$y=1028.0700x+4428.8175$	0.0027~0.2704	0.9997
185	伏草隆	Fluometuron	2164-17-2	$y=589.0483x+16489.4690$	0.0092~0.9200	0.9922
186	百治磷	Dicrotophos	141-66-2	$y=718.2417x+2790.5141$	0.0114~1.1440	0.9985
187	庚酰草胺	Monalide	7287-36-7	$y=511.8486x+1710.3270$	0.0120~1.2000	0.9992
188	双苯酰草胺	Diphenamid	957-51-7	$y=1481.4691x-2901.4019$	0.0014~0.1414	0.9999
189	灭线磷	Ethoprophos	13194-48-4	$y=1637.4591x+13357.7575$	0.0276~2.7648	0.9992
190	地虫硫磷	Fonofos	944-22-9	$y=5273.8108x+88034.9413$	0.0746~7.4580	0.9976
191	土菌灵	Etridiazol	2593-15-9	$y=225.3888x+2635.2119$	1.0042~100.4210	0.9958
192	拌种胺	Furmecyclox	60568-05-0	$y=1048.2963x+2500.1511$	0.0083~0.8320	0.9998
193	环嗪酮	Hexazinone	51235-04-2	$y=584.4002x+1578.2577$	0.0012~0.1190	0.9992
194	异戊乙净	Dimethametryn	22936-75-0	$y=515.7551x-3828.4887$	0.0011~0.1100	0.9998
195	敌百虫	Trichlorphon	52-68-6	$y=-0.0480x+223.3850$	0.0112~1.1224	0.0416
196	内吸磷	Demeton(O+S)	8065-48-3	$y=595.8260x+2922.4572$	0.0677~6.7704	0.9991
197	解草嗪	Benoxacor	98730-04-2	$y=715.7650x+1637.8850$	0.0690~6.9000	0.9997

续表

序号	中文名称	英文名称	CAS	线性方程	线性范围	相关系数
198	除草定	Bromacil	314-40-9	$y=1746.0330x+15437.5364$	0.2360~23.6000	0.9989
199	甲拌磷亚砜	Phorate sulfoxide	2588-03-6	$y=9.7368x-69.8236$	3.6828~368.2800	0.9991
200	溴莠敏	Brompyrazon	3042-84-0	$y=282.9273x+7986.4013$	0.0360~3.6000	0.9936
201	氧化萎锈灵	Oxycarboxin	5259-88-1	$y=501.8658x-25816.0131$	0.0090~0.8960	0.9905
202	灭锈胺	Mepronil	55814-41-0	$y=363.2365x+4086.5943$	0.0038~0.3780	0.9981
203	乙拌磷	Disulfoton	298-04-4	$y=10446.1164x+226111.6989$	4.6970~469.6960	0.9934
204	倍硫磷	Fenthion	55-38-9	$y=3870.7884x+89147.7230$	0.5200~52.0000	0.9952
205	甲霜灵	Metalaxyl	57837-19-1	$y=1189.1167x+9947.9627$	0.0050~0.5000	0.9986
206	甲呋酰胺	Ofurace	58810-48-3	$y=508.6080x+10677.4384$	0.0100~1.0000	0.9933
207	十二环吗啉	Dodemorph	1593-77-7	$y=836.6801x+584.1797$	0.0040~0.4000	0.9989
208	噻唑硫磷	Fosthiazate	98886-44-3	$y=1.1626x+137.4950$	0.00568~0.5680	0.7209
209	甲基咪草酯	Imazamethabenz-methyl	81405-85-8	$y=1314.6426x+5059.2474$	0.0016~0.1638	0.9986
210	乙拌磷亚砜	Disulfoton-sulfoxide	2497-07-6	$y=1.1239x+3280.9409$	0.0284~2.8440	0.4886
211	稻瘟灵	Isoprothiolane	50512-35-1	$y=2638.4855x+39192.8681$	0.0185~1.8480	0.9967
212	烯菌灵	Imazalil	35554-44-0	$y=951.7959x+7371.4414$	0.0200~2.0000	0.9994
213	辛硫磷	Phoxim	14816-18-3	$y=9911.7799x+604149.2113$	0.8280~82.8000	0.9935
214	喹硫磷	Quinalphos	13593-03-8	$y=865.7880x+9658.7584$	0.0200~1.9980	0.9976
215	灭菌磷	Ditalimfos	5131-24-8	$y=18167.3659x-1128108.9193$	0.6721~67.2100	0.9981
216	苯氧威	Fenoxycarb	79127-80-3	$y=30.1865x+3656.8194$	0.1827~18.2700	0.8951
217	嘧啶磷	Pyrimitate	5221-49-8	$y=728.3243x-2829.8820$	0.0017~0.1740	0.9999
218	丰索磷	Fensulfothin	115-90-2	$y=1075.4355x+9987.5546$	0.0200~2.0013	0.9980
219	氟咯草酮	Fluorochloridone	61213-25-0	$y=814.8037x+18697.5800$	0.1378~13.7800	0.9965
220	丁草胺	Butachlor	23184-66-9	$y=5342.1104x+122190.1493$	0.2007~20.0660	0.9937
221	咪唑喹啉酸	Imazaquin	81335-37-7	$y=941.3703x+2564.5663$	0.0289~2.8880	0.9998
222	亚胺菌	Kresoxim-methyl	143390-89-0	$y=3067.5518x+180350.1522$	1.0058~100.5800	0.9850
223	戊叉菌唑	Triticonazole	131983-72-7	$y=589.2076x-3536.9922$	0.0302~3.0200	0.9996
224	苯线磷亚砜	Fenamiphos sulfoxide	31972-43-7	$y=832.6923x+12375.6069$	0.0074~0.7392	0.9970
225	噻吩草胺	Thenylchlor	96491-05-3	$y=42333.7439x+1799969.6460$	0.2414~24.1400	0.9918
226	氰菌胺	Fenoxanil	115852-48-7	$y=23939.2280x+813656.6825$	0.3940~39.4000	0.9942
227	氟啶草酮	Fluridone	59756-60-4	$y=331.9877x+3675.5578$	0.0018~0.1800	0.9995
228	氟环唑	Epoxiconazole	106325-08-0	$y=240.0921x+3999.2990$	0.0406~4.0560	0.9925
229	氯辛硫磷	Chlorphoxim	14816-20-7	$y=7137.1858x+238332.6184$	0.7757~77.5740	0.9916
230	苯线磷砜	Fenamiphos sulfone	31972-44-8	$y=803.4927x+22984.8341$	0.0045~0.4452	0.9921
231	腈苯唑	Fenbuconazole	114369-43-6	$y=1081.0112x+2554.7208$	0.0165~1.6490	0.9998
232	异柳磷	Isofenphos	25311-71-1	$y=49.1653x+11611.1212$	2.1867~218.6720	0.9659
233	苯醚菊酯	Phenothrin	26002-80-2	$y=20245.2913x+121159.4061$	3.3920~339.2000	0.9957
234	氯化薯瘟锡	Fentin-chloride	639-58-7	$y=981.9434x+10764.6836$	0.1725~17.2500	0.9985
235	呱草磷	Piperophos	24151-93-7	$y=14716.3683x+451792.1536$	0.0924~9.2400	0.9952
236	增效醚	Piperonyl butoxide	51-03-6	$y=9283.1656x+209027.3863$	0.0113~1.1316	0.9952
237	乙氧氟草醚	Oxyflurofen	42874-03-3	$y=689.9970x+21833.5155$	0.5855~58.5480	0.9883
238	蝇毒磷	Coumaphos	56-72-4	$y=4970.7879x+43543.6013$	0.0210~2.1000	0.9991

续表

序号	中文名称	英文名称	CAS	线性方程	线性范围	相关系数
239	氟噻草胺	Flufenacet	142459-58-3	$y=290.9839x+1018.3351$	$0.0530\sim5.3000$	0.9996
240	伏杀硫磷	Phosalone	2310-17-0	$y=1640.4725x+38388.1640$	$0.4804\sim48.0408$	0.9946
241	甲氧虫酰肼	Methoxyfenozide	161050-58-4	$y=12590.3849x+245653.8657$	$0.0370\sim3.7000$	0.9979
242	咪鲜胺	Prochloraz	67747-09-5	$y=2978.0386x+1934.6194$	$0.0207\sim2.0698$	0.9998
243	丙硫特普	Aspon	3244-90-4	$y=682.2165x+19697.2170$	$0.0173\sim1.7300$	0.9908
244	乙硫磷	Ethion	563-12-2	$y=1927.1075x+87171.8652$	$0.0296\sim2.9562$	0.9839
245	丁醚脲	Diafenthiuron	80060-09-9	$y=330.5676x-4802.6808$	$0.0028\sim0.2800$	0.9983
246	噻吩磺隆	Thifensulfuron-methyl	79277-27-3	$y=498.3365x-1835.7614$	$0.2140\sim21.4000$	0.9999
247	乙氧嘧磺隆	Ethoxysulfuron	126801-58-9	$y=102.6484x+331.3256$	$0.0458\sim4.5820$	0.9998
248	氟硫草定	Dithiopyr	97886-45-8	$y=599.2316x+16816.3808$	$0.1040\sim10.4000$	0.9917
249	螺螨酯	Spirodiclofen	148477-71-8	$y=2576.7006x+48597.6639$	$0.0991\sim9.9060$	0.9952
250	唑螨酯	Fenpyroximate	134098-61-6	$y=15606.6519x+129482.2293$	$0.0136\sim1.3600$	0.9991
251	氟烯草酸	Flumiclorac-pentyl	87546-18-7	$y=3704.8939x-73082.8121$	$0.1061\sim10.6080$	0.9976
252	双硫磷	Temephos	3383-96-8	$y=124.3151x-853.2678$	$0.0122\sim1.2150$	0.9996
253	氟丙嘧草酯	Butafenacil	134605-64-4	$y=5435.4055x+109585.4037$	$0.0950\sim9.5000$	0.9976
254	多杀菌素	Spinosad	131929-63-0	$y=0.0268x+37.7938$	$0.0057\sim0.5684$	1.0000
255	助壮素	Mepiquat chloride	24307-26-4	$y=61.1769x+1284.4492$	$0.0090\sim0.9000$	0.9956
256	二丙烯草胺	Allidochlor	93-71-0	$y=2852.2896x+73242.4805$	$0.4104\sim41.0400$	0.9951
257	霜霉威	Propamocarb	24579-73-5	$y=10.7676x+1187.4636$	$0.0009\sim0.0876$	0.9289
258	三环唑	Tricyclazole	41814-78-2	$y=0.1725x+130.1401$	$0.1248\sim12.4800$	0.5466
259	噻菌灵	Thiabendazole	148-79-8	$y=194.3938x+572.0249$	$0.0049\sim0.4880$	0.9971
260	苯嗪草酮	Metamitron	41394-05-2	$y=837.4865x+5143.0632$	$0.0636\sim6.3600$	0.9993
261	异丙隆	Isoproturon	34123-59-6	$y=116.6237x+326.4895$	$0.0014\sim0.1356$	0.9999
262	阿特拉通	Atratone	1610-17-9	$y=543.7094x+622.4082$	$0.0018\sim0.1832$	0.9999
263	敌草净	Desmetryn	1014-69-3	$y=248.0989x+1451.9357$	$0.0017\sim0.1704$	0.9994
264	嗪草酮	Metribuzin	21087-64-9	$y=2.7769x-19.4039$	$0.0054\sim0.5400$	0.9652
265	N,N-二甲基氨基-N-甲苯	DMST	66840-71-9	$y=9474.6497x+323916.1902$	$0.4000\sim40.0000$	0.9920
266	环草敌	Cycloate	1134-23-2	$y=1848.8387x+27511.3811$	$0.0444\sim4.4400$	0.9971
267	阿特拉津	Atrazine	1912-24-9	$y=173.1963x+1836.1567$	$0.0036\sim0.3604$	0.9987
268	丁草敌	Butylate	2008-41-5	$y=32234.8508x+1353075.8181$	$3.0200\sim302.0000$	0.9927
269	吡蚜酮	Pymetrozin	123312-89-0	$y=3462.3035x+1602385.7207$	$0.3428\sim34.2800$	0.5514
270	氯草敏	Chloridazon	1968-60-8	$y=219.8168x+1316.0376$	$0.0233\sim2.3280$	0.9989
271	菜草畏	Sulfallate	95-06-7	$y=4542.9259x+93406.5102$	$2.0720\sim207.2000$	0.9962
272	乙硫苯威	Ethiofencarb	29973-13-5	$y=4.8106x+171.2435$	$0.0492\sim4.9200$	0.9981
273	特丁通	Terbumeton	33693-04-8	$y=926.5814x+1209.2664$	$0.0010\sim0.0960$	0.9997
274	环丙津	Cyprazine	22936-86-3	$y=2575.4123x+6962.3458$	$0.00428\sim0.4280$	0.9997
275	莠灭净	Ametryn	834-12-8	$y=2575.4123x+6962.3458$	$0.0096\sim0.9600$	0.9997
276	丁噻隆	Tebuthiuron	34014-18-1	$y=362.7670x-959.1598$	$0.0022\sim0.2168$	0.9999
277	草达津	Trietazine	1912-26-1	$y=1406.3615x+4295.4245$	$0.0060\sim0.6040$	0.9998
278	另丁津	Sebutylazine	7286-69-3	$y=891.9600x+1390.9694$	$0.0031\sim0.3140$	0.9998

续表

序号	中文名称	英文名称	CAS	线性方程	线性范围	相关系数
279	畜虫避	Dibutyl succinate	141-03-7	$y=44854.7853x+2538025.4845$	2.2240~222.4000	0.9933
280	牧草胺	Tebutam	35256-85-0	$y=2024.1474x+13998.5326$	0.0014~0.1360	0.9995
281	久效威亚砜	Thiofanox-sulfoxide	39184-27-5	$y=99.8573x+533.4822$	0.0829~8.2940	0.9970
282	杀螟丹盐酸盐	Cartap hydrochloride	15263-52-2	$y=1786.6346x-240134.7510$	20.8000~2080.0000	0.7874
283	虫螨畏	Methacrifos	62610-77-9	$y=103041.2938x+4175464.4145$	24.2370~2423.6960	0.9936
284	特丁净	Terbutryn	886-50-0	$y=169.3932x-525.0790$	0.0002~0.0020	0.9999
285	咪唑嗪	Triazoxide	72459-58-6	$y=1255.9644x+13370.1869$	0.0800~8.0000	0.9985
286	虫线磷	Thionazin	297-97-2	$y=4444.9530x+41025.6897$	0.2268~22.6800	0.9990
287	利谷隆	Linuron	330-55-2	$y=1767.3063x+2794.6827$	0.1163~11.6340	0.9999
288	庚烯磷	Heptanophos	23560-59-0	$y=2589.8453x+36451.4087$	0.0584~5.8400	0.9971
289	苄草丹	Prosulfocarb	52888-80-9	$y=527.3550x+670.3112$	0.0037~0.3668	0.9997
290	杀草净	Dipropetryn	4147-51-7	$y=793.8462x-220.0440$	0.0027~0.2700	1.0000
291	禾草丹	Thiobencarb	28249-77-6	$y=6110.6145x+90820.8254$	0.0330~3.3000	0.9971
292	三异丁基磷酸盐	Tri-iso-butyl phosphate	126-71-6	$y=6619.1341x+122612.7095$	0.3576~35.7600	0.9983
293	三正丁基磷酸盐	Tri-n-butyl phosphate	126-73-8	$y=6619.1341x+122612.7095$	0.0037~0.3740	0.9983
294	乙霉威	Diethofencarb	87130-20-9	$y=821.6445x+4418.7161$	0.0200~2.0000	0.9995
295	甲草胺	Alachlor	15972-60-8	$y=3014.3541x+47669.6833$	0.0740~7.4000	0.9979
296	硫线磷	Cadusafos	95465-99-9	$y=5.1788x+373.2663$	0.0115~1.1520	0.9971
297	吡唑草胺	Metazachlor	67129-08-2	$y=2339.9685x+18152.3547$	0.0098~0.9800	0.9994
298	胺丙畏	Propetamphos	31218-83-4	$y=42.3058x+224.2160$	0.5400~54.0000	0.9997
299	特丁硫磷	Terbufos	13071-79-9	$y=17.0585x+1089.5581$	22.4000~2240.0043	0.8747
300	硅氟唑	Simeconazole	149508-90-7	$y=3902.4474x+13977.0751$	0.0294~2.9400	0.9998
301	三唑酮	Triadimefon	43121-43-3	$y=2850.1366x+8752.3272$	0.0788~7.8800	0.9998
302	甲拌磷砜	Phorate sulfone	2588-04-7	$y=5037.9609x+74316.6949$	0.4200~42.0000	0.9955
303	十三吗啉	Tridemorph	24602-86-6	$y=448.1759x-5222.6051$	0.0260~2.6040	0.9982
304	苯噻酰草胺	Mefenacet	73250-68-7	$y=1375.1645x+5984.8963$	0.0221~2.2080	0.9998
305	戊环唑	Azaconazole	60207-31-0	$y=0.1764x+103.5656$	0.0081~0.8064	0.9635
306	苯线磷	Fenamiphos	22224-92-6	$y=0.0113x+21.7285$	0.0021~0.2068	0.9785
307	丁苯吗啉	Fenpropimorph	67564-91-4	$y=806.4761x-1630.0388$	0.0018~0.1840	1.0000
308	戊唑醇	Tebuconazole	107534-96-3	$y=2944.7220x+10025.3093$	0.0223~2.2320	0.9998
309	异丙乐灵	Isopropalin	33820-53-0	$y=1570.8561x+91301.8669$	0.3000~30.0000	0.9906
310	氟苯嘧啶醇	Nuarimol	63284-71-9	$y=0.0438x+69.7575$	0.0100~0.9960	0.9998
311	乙嘧酚磺酸酯	Bupirimate	41483-43-6	$y=167.1571x+1276.3810$	0.0070~0.7000	0.9993
312	保棉磷	Azinphos-methyl	86-50-0	$y=17995.0170x+951026.8043$	11.0433~1104.3340	0.9969
313	丁基嘧啶磷	Tebupirimfos	96182-53-5	$y=1625.8675x+31691.6334$	0.0013~0.1292	0.9946
314	稻丰散	Phenthoate	2597-03-7	$y=9469.7346x+448551.7108$	0.9235~92.3520	0.9907
315	治螟磷	Sulfotep	3689-24-5	$y=2213.2598x+49462.9003$	0.0260~2.6000	0.9945
316	硫丙磷	Sulprofos	35400-43-2	$y=664.1067x+18530.7053$	0.0584~5.8400	0.9976
317	苯硫磷	EPN	2104-64-5	$y=2571.7229x+57254.8564$	0.3300~33.0000	0.9947
318	甲基吡噁磷	Azamethiphos	35575-96-3	$y=350.5892x-1529.6606$	0.0081~0.8080	0.9964
319	烯唑醇	Diniconazole	83657-24-3	$y=2606.3991x+11653.5772$	0.0134~1.3440	0.9997

序号	中文名称	英文名称	CAS	线性方程	线性范围	相关系数
320	唑嘧磺草胺	Flumetsulam	98967-40-9	$y=173.6748x+565.0047$	0.0030~0.2968	1.0000
321	稀禾啶	Sethoxydim	74051-80-2	$y=0.0455x+65.5173$	8.9600~896.0000	0.6459
322	戊菌隆	Pencycuron	66063-05-6	$y=518.3200x+1111.6428$	0.0027~0.2732	0.9995
323	灭蚜磷	Mecarbam	2595-54-2	$y=16297.3708x+404245.7279$	0.1960~19.6000	0.9934
324	苯草酮	Tralkoxydim	87820-88-0	$y=78.7504x+589.4615$	0.0032~0.3208	0.9980
325	马拉硫磷	Malathion	121-75-5	$y=4822.1235x+128759.6046$	0.0564~5.6442	0.9935
326	稗草丹	Pyributicarb	88678-67-5	$y=634.3592x-1694.2849$	0.0034~0.3388	0.9996
327	哒嗪硫磷	Pyridaphenthion	119-12-0	$y=1497.8111x+967.7513$	0.0087~0.8720	0.9998
328	嘧啶磷	Pirimiphos-ethyl	23505-41-1	$y=1403.1428x+12257.1289$	0.00476~0.476	0.9982
329	硫双威	Thiodicarb	59669-26-0		0.3937~39.3680	
330	吡唑硫磷	Pyraclofos	77458-01-6	$y=217.7714x+1082.3544$	0.0100~1.0040	0.9996
331	啶氧菌酯	Picoxystrobin	117428-22-5	$y=10823.8581x+390570.1748$	0.0844~8.4400	0.9936
332	四氟醚唑	Tetraconazole	112281-77-3	$y=1420.3457x+4189.6734$	0.0172~1.7200	0.9996
333	吡唑解草酯	Mefenpyr-diethyl	135590-91-9	$y=31730.8228x+1397070.9903$	0.1256~12.5600	0.9918
334	丙溴磷	Profenefos	41198-08-7	$y=2441.5194x+16050.0118$	0.0202~2.0160	0.9990
335	百克敏	Pyraclostrobin	175013-18-0	$y=294.2071x+1012.6109$	0.0051~0.5051	0.9993
336	烯酰吗啉	Dimethomorph	110488-70-5	$y=-0.1179x+63.0441$	0.0035~0.3524	0.8778
337	噻嗯菊酯	Kadethrin	58769-20-3	$y=468.4548x+5319.2106$	0.0333~3.3280	0.9974
338	噻唑烟酸	Thiazopyr	117718-60-2	$y=657.5481x+3978.0302$	0.0196~1.9600	0.9981
339	甲基丙硫克百威	Benfuracarb-methyl	82560-54-1	$y=7849.0751x+119127.7299$	0.1638~16.3760	0.9985
340	醚黄隆	Cinosulfuron	94593-91-6	$y=837.8124x-1767.6328$	0.0112~1.1240	1.0000
341	吡嘧磺隆	Pyrazosulfuron-ethyl	93699-74-6	$y=863.7984x-1231.2501$	0.0684~6.8400	0.9999
342	磺草胺唑	Metosulam	139528-85-1	$y=118.7489x+466.4379$	0.0440~4.4000	0.9999
343	氟啶脲	Chlorfluazuron	71422-67-8	$y=1350.1950x+52504.4409$	0.0868~8.6800	0.9958
344	4-氨基吡啶	4-Aminopyridine	504-24-5	$y=1.1687x+194.9642$	0.0087~0.8680	1.0000
345	矮壮素	Chlormequat	999-81-5	$y=109.4692x+1469.0886$	0.0012~0.1210	0.9949
346	灭多威	Methomyl	16752-77-5	$y=1104.7884x+30018.8117$	0.0956~9.5600	0.9906
347	咯喹酮	Pyroquilon	57369-32-1	$y=845.8417x+22604.6008$	0.0348~3.4800	0.9922
348	麦穗灵	Fuberidazole	3878-19-1	$y=2610.2411x+20460.3733$	0.0189~1.8900	0.9907
349	丁脒酰胺	Isocarbamid	30979-48-7	$y=1023.8102x+15078.1656$	0.0170~1.6980	0.9960
350	丁酮威	Butocarboxim	34681-10-2	$y=82.9344x+1370.6113$	0.0157~1.5700	0.9962
351	杀虫脒	Chlordimeform	6164-98-3	$y=42.2670x+548.3823$	0.0133~1.3320	0.9992
352	霜脲氰	Cymoxanil	57966-95-7	$y=521.0033x-15836.1579$	0.5560~55.6000	0.9982
353	灭草敌	Vernolate	1929-77-7	$y=5.9720x+133.8317$	0.0026~0.2580	0.9905
354	氯硫酰草胺	Chlorthiamid	1918-13-4	$y=-0.1856x+261.8419$	0.0882~8.8200	0.6681
355	灭害威	Aminocarb	2032-59-9	$y=6816.0957x+353887.1140$	0.1642~16.4200	0.9901
356	甲菌定	Dimethirimol	5221-53-4	$y=163.3937x+1124.7516$	0.0012~0.1246	0.9942
357	氧乐果	Omethoate	1113-02-6	$y=796.3507x+30866.6902$	0.0965~9.6500	0.9947
358	乙氧喹啉	Ethoxyquin	91-53-2	$y=38.1282x-496.7101$	0.0352~3.5200	0.9999
359	敌敌畏	Dichlorvos	62-73-7	$y=10668.6148x+28771.7328$	0.0055~0.5480	0.9975
360	涕灭威砜	Aldicarb sulfone	1646-88-4	$y=236.2511x+6970.3190$	0.2140~21.4000	0.9906

续表

序号	中文名称	英文名称	CAS	线性方程	线性范围	相关系数
361	二氧威	Dioxacarb	6988-21-2	$y=10027.2028x+402269.4998$	$0.0336\sim3.3600$	0.9939
362	苄腺嘌呤	Benzyladenine	1214-39-7	$y=25472.3781x+760346.7160$	$0.7080\sim70.8000$	0.9937
363	甲基内吸磷	Demeton-S-methyl	919-86-8	$y=354.2901x+13956.8399$	$0.0530\sim5.3000$	0.9903
364	乙硫苯威亚砜	Ethiofencarb-sulfoxide	53380-22-6	$y=46444.9107x+335958.4554$	$2.2400\sim224.0000$	0.9965
365	杀螟腈	Cyanophos	2636-26-2	$y=-0.1934x+765.7837$	$0.1012\sim10.1200$	0.2539
366	甲基乙拌磷	Thiometon	640-15-3	$y=26.5917x+589.8780$	$5.7800\sim578.0000$	0.9975
367	灭菌丹	Folpet	133-07-3	$y=16.1809x+814.4634$	$1.3860\sim138.6000$	0.9971
368	甲基内吸磷砜	Demeton-S-methyl sulfone	17040-19-6	$y=3149.4204x+186365.6020$	$0.1976\sim19.7600$	0.9897
369	呱草丹	Dimepiperate	61432-55-1	$y=-0.0233x+103.0486$	$37.8000\sim3780.0000$	0.0770
370	苯锈啶	Fenpropidin	67306-00-7	$y=355.8065x-2541.6466$	$0.0018\sim0.1830$	0.9996
371	赛硫磷	Amidithion	919-76-7	$y=4.0419x+88.2751$	$6.5800\sim658.0000$	0.9963
372	对氧磷	Paraoxon-ethyl	311-45-5	$y=429.7212x+2144.1489$	$0.0047\sim0.4740$	0.9986
373	4-十二烷基-2,6-二甲基吗啉	Aldimorph	1704-28-5	$y=46.0093x+14185.8345$	$0.0316\sim3.1600$	0.9902
374	乙烯菌核利	Vinclozolin	50471-44-8	$y=17.6782x-169.1461$	$0.0254\sim2.5400$	0.9985
375	烯效唑	Uniconazole	83657-17-4	$y=1817.6256x-9941.6046$	$0.0240\sim2.4000$	0.9994
376	啶斑肟	Pyrifenox	88283-41-4	$y=324.1458x+2009.4549$	$0.0027\sim0.2660$	0.9953
377	氯硫磷	Chlorthion	500-28-7	$y=0.0861x+174.0543$	$1.3360\sim133.6000$	0.0710
378	异氯磷	Dicapthon	2463-84-5	$y=-0.2023x+494.4527$	$0.0024\sim0.2380$	0.3815
379	四螨嗪	Clofentezine	74115-24-5	$y=63.7269x+2467.3521$	$0.0076\sim0.7640$	0.9938
380	氟草敏	Norflurazon	27314-13-2	$y=192.1462x+795.9883$	$0.0026\sim0.2580$	0.9997
381	野麦畏	Triallate	2303-17-5	$y=1278.8007x+15922.2273$	$0.4620\sim46.2000$	0.9960
382	福美锌	Ziram	137-30-4	$y=82.0717x+50446.3136$	$61.2000\sim6120.0000$	0.9983
383	苯氧喹啉	Quinoxyphen	124495-18-7	$y=98306.9981x+2120128.8256$	$1.5340\sim153.4000$	0.9871
384	倍硫磷砜	Fenthion sulfone	3761-42-0	$y=4341.6469x+165245.4231$	$0.1746\sim17.4600$	0.9934
385	氟咯草酮	Flurochloridone	61213-25-0	$y=320.8582x+380.8278$	$0.0129\sim1.2900$	0.9916
386	邻苯二甲酸丁苄酯	Phthalic acid, benzyl butyl ester	85-68-7	$y=18.3720x+2803.8831$	$6.3200\sim632.0000$	0.9949
387	氯唑磷	Isazofos	42509-80-8	$y=554.2332x+1798.2357$	$0.0018\sim0.1784$	0.9988
388	除线磷	Dichlofenthion	97-17-6	$y=991.6565x+10620.2658$	$0.3020\sim30.2000$	0.9967
389	蚜灭磷砜	Vamidothion sulfone	70898-34-9	$y=-14.3629x+9771.7890$	$4.7600\sim476.0000$	0.9780
390	特丁硫磷砜	Terbufos sulfone	56070-16-7	$y=27447.2830x+1244932.1309$	$0.8860\sim88.6000$	0.9957
391	氨氟灵	Dinitramine	29091-05-2	$y=42.2483x-274.4581$	$0.0179\sim1.7920$	0.9991
392	氰霜唑	Cyazofamid	120116-88-3	$y=4.7986x-488.2846$	$0.0450\sim4.5000$	0.9578
393	毒壤磷	Trichloronat	327-98-0	$y=196.4102x-1978.8775$	$0.6680\sim66.8000$	0.9995
394	苄呋菊酯-2	Resmethrin-2	10453-86-8	$y=703.6100x+39091.8906$	$0.0030\sim0.3000$	0.9984
395	啶酰菌胺	Boscalid	188425-85-6	$y=2213.6037x+1839.6788$	$0.0476\sim4.7600$	0.9990
396	甲磺乐灵	Nitralin	4726-14-1	$y=615.2840x+2287.1067$	$0.3440\sim34.4000$	0.9975
397	甲氰菊酯	Fenpropathrin	39515-41-8	$y=6141.8629x+337059.4024$	$2.4500\sim245.0000$	0.9926
398	噻螨酮	Hexythiazox	78587-05-0	$y=7708.0484x+62615.2640$	$0.2360\sim23.6000$	0.9950
399	双氟磺草胺	Florasulam	145701-23-1	$y=0.1932x+40.2449$	$0.1740\sim17.4000$	0.8538

续表

序号	中文名称	英文名称	CAS	线性方程	线性范围	相关系数
400	苯螨特	Benzoximate	29104-30-1	$y=1411.7030x+17393.7979$	0.1966~19.6600	0.9861
401	新燕灵	Benzoylprop-ethyl	22212-55-1	$y=93645.7583x+777253.3565$	3.0800~308.0000	0.9927
402	嘧螨醚	Pyrimidifen	105779-78-0	$y=13.5375x+773.1731$	0.1400~14.0000	0.8789
403	呋线威	Furathiocarb	65907-30-4	$y=3757.9696x-90830.8254$	0.0192~1.9180	0.9948
404	反式-氯菊酯	trans-Permethin	551877-74-8	$y=144940.3566x+13586835.5807$	0.0480~4.8000	0.9773
405	醚菊酯	Etofenprox	80844-07-1	$y=52422.6895x+993176.1053$	22.8000~2280.0000	0.9833
406	苄草唑	Pyrazoxyfen	71561-11-0	$y=159.9437x-450.6158$	0.0033~0.3260	0.9997
407	嘧唑螨	Flubenzimine	37893-02-0	$y=9.1937x+233.7501$	0.0778~7.7800	0.9955
408	Z-氯氰菊酯	Zeta cypermethrin	52315-07-8	$y=0.0113x+308.8147$	0.0068~0.6780	0.0084
409	氟吡乙禾灵	Haloxyfop-2-ethoxyethyl	87237-48-7	$y=2276.8566x+23031.1273$	0.0250~2.5000	0.9971
410	S-氰戊菊酯	Esfenvalerate	66230-04-4	$y=-0.0278x+65.1524$	41.0000~4100.0000	0.2962
411	乙羧氟草醚	Fluoroglycofen-ethyl	77501-90-7	$y=66.6293x+365.1939$	0.0500~5.0000	0.9986
412	氟胺氰菊酯	τ-Fluvalinate	102851-06-9	$y=1079.4595x+29675.2916$	2.3000~230.0000	0.9922
413	丙烯酰胺	Acrylamide	79-06-1	$y=78.5401x+2720.1502$	0.1780~17.8000	0.9938
414	叔丁基胺	tert-Butylamine	75-64-9	$y=92.9714x+4142.8598$	0.3895~38.9500	0.9966
415	噁霉灵	Hymexazol	10004-44-1	$y=1043.3346x-17597.5831$	2.2414~224.1360	0.9993
416	矮壮素氯化物	Chlormequat chloride	999-81-5	$y=86.8613x+4466.3742$	0.0070~0.7040	0.9937
417	邻苯二甲酰亚胺	Phthalimide	85-41-6	$y=274.3572x+1545.7599$	0.4300~43.0000	0.9988
418	甲氟磷	Dimefox	115-26-4	$y=8261.6586x+309298.1906$	0.6820~68.2000	0.9963
419	速灭威	Metolcarb	1129-41-5	$y=21.1101x+978.5273$	0.2540~25.4000	0.9926
420	联苯二胺	Diphenylamin	122-39-4	$y=367.9085x+4817.7280$	0.0041~0.4140	0.9991
421	1-萘基乙酸	1-Naphthyl acetamide	86-86-2	$y=513.1340x+4096.6725$	0.0081~0.8100	0.9989
422	脱乙基阿特拉津	Atrazine-desethyl	6190-65-4	$y=255.4311x+2598.5443$	0.0062~0.6200	0.9979
423	2,6-二氯苯甲酰胺	2,6-Dichlorobenzamide	2008-58-4	$y=577.5666x+25445.5813$	0.0450~4.5000	0.9914
424	涕灭威	Aldicarb	116-06-3	$y=6988.0771x+84055.6763$	2.6100~261.0000	0.9792
425	避蚊酯	Dimethyl phthalate	131-11-3		0.1320~13.2000	
426	杀虫脒盐酸盐	Chlordimeform hydrochloride	19750-95-9	$y=2.9006x+195.5954$	0.0264~2.6400	0.9923
427	西玛通	Simeton	673-04-1	$y=3002.0893x+69986.0397$	0.0110~1.1040	0.9954
428	呋虫胺	Dinotefuran	165252-70-0	$y=28.0192x+1010.6177$	0.1018~10.1800	0.9940
429	克草敌	Pebulate	1114-71-2	$y=189.2352x+696.6051$	0.0340~3.4000	0.9991
430	活化酯	Acibenzolar-S-methyl	135158-54-2	$y=33.6084x+55.5798$	0.0308~3.0800	0.9998
431	蔬果磷	Dioxabenzofos	3811-49-2	$y=-0.0456x+111.0720$	0.1384~13.8400	0.0984
432	杀线威	Oxamyl	23135-22-0	$y=26448.9708x+424443.7157$	5.4806~548.0608	0.9832
433	噻苯隆	Thidiazuron	51707-55-2	$y=48.4079x+227.6618$	0.0029~0.2940	0.9991
434	甲基苯噻隆	Methabenzthiazuron	18691-97-9	$y=48.9268x+276.3932$	0.0007~0.0734	0.9999
435	丁酮砜威	Butoxycarboxim	34681-23-7	$y=235.2117x+9946.1018$	0.2660~26.6000	0.9980
436	兹克威	Mexacarbate	315-18-4	$y=0.1301x+86.1724$	0.0094~0.9400	0.9997
437	甲基内吸磷亚砜	Demeton-S-methyl sulfoxide	301-12-2	$y=609.6832x+5113.5306$	0.0392~3.9200	0.9992
438	久效威砜	Thiofanox sulfone	39184-59-3	$y=72.6762x-2810.5989$	0.2408~24.0800	0.9935
439	硫环磷	Phosfolan	947-02-4	$y=193.4480x-1771.9920$	0.0049~0.4860	0.9994
440	绿草定	Triclopyr	55335-06-3	$y=0.0544x+41.8416$	0.0020~0.2000	0.6225

续表

序号	中文名称	英文名称	CAS	线性方程	线性范围	相关系数
441	内吸磷	Demeton-S	126-75-0	$y=0.0625x+1012.4209$	$0.8000\sim80.0000$	0.0015
442	咪唑烟酸	Imazapyr	81334-34-1	$y=0.4753x+368.8999$	$0.1028\sim10.2800$	0.9988
443	氧倍硫磷	Fenthion oxon	6552-12-1	$y=1105.6217x+10901.9584$	$0.0119\sim1.1880$	0.9992
444	敌草胺	Napropamide	15299-99-7	$y=2258.4391x+52089.9185$	$0.0127\sim1.2740$	0.9935
445	杀螟硫磷	Fenitrothion	122-14-5	$y=400.0687x+1614.7608$	$0.2680\sim26.8000$	0.9998
446	邻苯二甲酸二丁酯	Phthalic acid, dibutyl ester	84-74-2	$y=147722.9118x+15556210.4944$	$0.3960\sim39.6000$	0.9950
447	异丙草甲胺	Metolachlor	51218-45-2	$y=3123.9033x+29312.3918$	$0.0039\sim0.3900$	0.9987
448	腐霉利	Procymidone	32809-16-8	$y=1960.3625x+70236.7827$	$0.8660\sim86.6000$	0.9863
449	蚜灭磷	Vamidothion	2275-23-2	$y=10319.0861x+387250.5245$	$0.0456\sim4.5600$	0.9935
450	枯草隆	Chloroxuron	1982-47-4	$y=0.3445x+9.9829$	$0.0044\sim0.4440$	0.9927
451	威菌磷	Triamiphos	1031-47-6	$y=1.6144x-121.5512$	$0.001\sim0.0100$	0.8937
452	右旋炔丙菊酯	Prallethrin	23031-36-9			
453	可灭隆	Cumyluron	99485-76-4	$y=1724.7489x+2011.9108$	$0.0132\sim1.3180$	0.9999
454	甲氧咪草烟	Imazamox	114311-32-9	$y=-0.1650x+400.9340$	$0.0180\sim1.8000$	0.3015
455	杀鼠灵	Warfarin	81-81-2	$y=110.9884x+3333.2446$	$0.0268\sim2.6800$	0.9935
456	亚胺硫磷	Phosmet	732-11-6	$y=24748.5772x+657561.5828$	$0.1772\sim17.7200$	0.9933
457	皮蝇磷	Ronnel	299-84-3	$y=35.2124x+381.8608$	$0.1313\sim13.1300$	0.9962
458	除虫菊素	Pyrethrin	121-29-9	$y=1168.5641x+1160.1158$	$0.3580\sim35.8000$	0.9995
459	邻苯二甲酸二环己酯	Phthalic acid, biscyclohexyl ester	84-61-7	$y=1594.5382x-17600.5078$	$0.0068\sim0.6780$	0.9996
460	环丙酰菌胺	carpropamid	104030-54-8	$y=1376.3912x+13487.6023$	$0.0520\sim5.2000$	0.9979
461	吡螨胺	Tebufenpyrad	119168-77-3	$y=11383.0704x+303944.2068$	$0.0025\sim0.2546$	0.9930
462	虫酰肼	Tebufenozide	112410-23-8	$y=99802.4374x+3668232.4095$	$0.2780\sim27.8000$	0.9900
463	双胍苯胺乙酸盐	Iminoctadine triacetate	39202-40-9		$0.0061\sim0.6080$	
464	虫螨磷	Chlorthiophos	60238-56-4	$y=1297.8765x+54114.4596$	$0.3180\sim31.8000$	0.9956
465	二溴磷	Naled	300-76-5	$y=0.1685x+24.8709$	$1.4820\sim148.2000$	0.9725
466	氯亚胺硫磷	Dialifos	10311-84-9	$y=1687.9268x+115808.1608$	$1.5700\sim157.0000$	0.9900
467	吲哚酮草酯	Cinidon-ethyl	142891-20-1	$y=1036.1571x+44597.7280$	$0.1458\sim14.5800$	0.9940
468	鱼藤酮	Rotenone	83-79-4	$y=562.9032x-2063.2506$	$0.0232\sim2.3200$	1.0000
469	亚胺唑	Imibenconazole	86598-92-7	$y=675.6232x-17887.5593$	$0.1026\sim10.2600$	0.9931
470	噁草酸	Propaquiafop	111479-05-1	$y=513.7900x-572.6864$	$0.0124\sim1.2360$	1.0000
471	乳氟禾草灵	Lactofen	77501-63-4	$y=13102.3167x+166244.0259$	$0.6200\sim62.0000$	0.9905
472	2,3,4,5-四氯苯胺	2,3,4,5-Tetrachloroaniline	634-83-3	$y=-0.0309x+181.0508$	$0.5360\sim53.6000$	0.0328
473	吡草酮	Benzofenap	82692-44-2	$y=30.5235x-72.0631$	$0.0008\sim0.0800$	0.9998
474	地乐酯	Dinoseb acetate	2813-95-8	$y=-22.6178x+34782.1204$	$0.4128\sim41.2800$	0.9988
475	甲咪唑烟酸	Imazapic	104098-49-9	$y=2992.9311x+35232.0039$	$0.0168\sim1.6800$	0.9983
476	嘧草醚	Pyriminobac-methyl(z)	147411-69-6	$y=0.0130x+52.9569$	$0.0008\sim0.0800$	0.4420
477	异丙草胺	Propisochlor	86763-47-5	$y=64.5185x+2075.4492$	$0.0080\sim0.8000$	0.9955
478	氟硅菊酯	Silafluofen,	105024-66-6	$y=0.0336x+71.5216$	$6.0800\sim608.0000$	0.1262
479	三苯基磷酸酯	Triphenyl phosphate	115-86-6			
480	乙氧苯草胺	Etobenzanid	79540-50-4	$y=84.0634x+320.0916$	$0.0080\sim0.8000$	0.9992

续表

序号	中文名称	英文名称	CAS	线性方程	线性范围	相关系数
481	四唑酰草胺	Fentrazamide	158237-07-1	$y=4169.3848x+181909.9937$	$0.1240\sim12.4000$	0.9943
482	五氯苯胺	Pentachloroaniline	527-20-8	$y=0.6614x+63.3572$	$0.0374\sim3.7440$	0.9035
483	丁硫克百威	Carbosulfan	55285-14-8			
484	苯醚氰菊酯	Cyphenothrin	39515-40-7	$y=129.1536x+3499.6625$	$0.1680\sim16.8000$	0.9981
485	狄氏剂	Dieldrin	60-57-1	$y=0.1336x+92.4975$	$1.6160\sim161.6000$	0.3399
486	噁唑隆	Dimefuron	34205-21-5	$y=5.7831x+65.1268$	$0.0400\sim4.0000$	0.9984
487	乙螨唑	Etoxazole	153233-91-1	$y=0.2379x+85.9116$	$0.0087\sim0.8720$	0.2673
488	马拉氧磷	Malaoxon	1364-78-2	$y=0.0544x+98.4962$	$0.0469\sim4.6880$	0.2845
489	氯杀螨砜	Chlorbenside sulfone	7082-99-7			
490	多果定	Dodine	2439-10-3	$y=-1.0355x+2826.9902$	$0.0800\sim8.0000$	0.9762
491	丙烯硫脲	Propylene thiourea	2122-19-2	$y=1443.7894x+55229.6801$	$0.3008\sim30.0800$	0.9953
492	茅草枯	Dalapon	17040-19-6	$y=16.5435x+4215.5432$	$2.3074\sim230.7400$	0.9926
493	乙烯利	Ethephon	16672-87-0	$y=7.7376x+237.2904$	$0.9384\sim93.8400$	0.9930
494	四氟丙酸	Flupropanate	756-09-2	$y=0.6295x+27.2309$	$0.2298\sim22.9824$	0.9767
495	2,6-二氟苯甲酸	2,6-Difluorobenzoic acid	385-00-2	$y=0.0175x+29.0027$	$17.0408\sim1704.0800$	0.3388
496	三氯乙酸钠	Trichloroacetic acid sodium salt	650-51-1	$y=0.0035x+20.9276$	$2.8158\sim281.5800$	0.0148
497	叔丁基-4-羟基苯甲醚	tert-Butyl-4-hydroxyanisole	25013-16-5		$0.0023\sim0.2300$	
498	邻苯基苯酚	2-Phenylphenol	90-43-7	$y=84.3912x-1338.2358$	$1.6988\sim169.8800$	0.9965
499	3-苯基苯酚	3-Phenylphenol	580-51-8	$y=87.4363x-658.0829$	$0.0400\sim4.0032$	0.9950
500	二氯吡啶酸	Clopyralld	1702-17-6	$y=1.6393x+137.8885$	$2.8000\sim280.0000$	0.9976
501	4,6-二硝基邻甲酚	DNOC	534-52-1	$y=55.9063x+115.5717$	$0.0260\sim2.6000$	0.9997
502	调果酸	Cloprop	101-10-0	$y=152.6101x+1428.1018$	$0.1140\sim11.4000$	0.9970
503	氯硝胺	Dicloran	99-30-9	$y=14.0866x-125.6277$	$0.4856\sim48.5560$	0.9990
504	氯氨吡啶酸	Aminopyralid	150114-71-9			
505	氯苯胺灵	Chlorpropham	101-21-3	$y=38.5725x-709.0287$	$0.1577\sim15.7680$	0.9956
506	2甲4氯丙酸	Mecoprop	93-65-2	$y=92.3581x-703.9107$	$0.0490\sim4.8960$	0.9996
507	特草定	Terbacil	5902-51-2	$y=10.5604x-100.5870$	$0.0088\sim0.8778$	0.9990
508	2,4-滴	2,4-D	94-75-7	$y=243.6842x+7685.5105$	$0.1186\sim11.8600$	0.9913
509	麦草畏	Dicamba	1918-00-9	$y=3.6383x+516.9783$	$12.6592\sim1265.920$	0.9903
510	2甲4氯丁酸	MCPB	94-81-5	$y=60.4809x+1024.1458$	$0.1418\sim14.1800$	0.9987
511	敌磺钠	Fenaminosulf	140-56-7		$2.2540\sim225.4000$	
512	2,4-滴丙酸	Dichlorprop	15165-67-0		$0.0147\sim1.4706$	
513	毒莠定	Picloram	1918-02-1	$y=56.7467x+1061.2832$	$5.3411\sim534.1060$	0.9990
514	灭草松	Bentazone	25057-89-0	$y=19.2706x-258.9725$	$0.0103\sim1.0336$	0.9966
515	地乐酚	Dinoseb	88-85-7	$y=508.1906x+18314.5557$	$0.0040\sim0.3960$	0.9935
516	草消酚	Dinoterb	1420-07-1	$y=70.4148x+618.6087$	$0.0024\sim0.2400$	0.9987
517	氯吡脲	Forchlorfenuron	68157-60-8	$y=204.8374x-665.9657$	$0.1140\sim11.4000$	1.0000
518	2,4-滴丁酸	2,4-DB	94-82-6	$y=0.0209x+67.2938$	$21.3978\sim2139.776$	0.0733
519	咯菌腈	Fludioxonil	131341-86-1	$y=4.4075x-43.4941$	$0.6216\sim62.1600$	0.9972

续表

序号	中文名称	英文名称	CAS	线性方程	线性范围	相关系数
520	抗倒酯	Trinexapac-ethyl	95266-40-3	$y=0.1451x+4.3252$	0.7069~70.6860	0.8088
521	2,4,5-涕	2,4,5-T	93-76-5	$y=1460.7370x+4977.4311$	0.1748~17.4800	0.9986
522	氟草烟	Fluroxypyr	69377-81-7	$y=1460.7370x+4977.4311$	1.9206~192.0600	0.9986
523	杀螨醇	Chlorfenethol	80-06-8	$y=-11.8956x+3375.5347$	1.6430~164.3000	0.9236
524	2,4,5-涕丙酸	Fenoprop	93-72-1		0.0654~6.5372	
525	环丙酸酰胺	Cyclanilide	113136-77-9		0.0344~3.4400	
526	溴苯腈	Bromoxynil	1689-84-5	$y=10.1402x-163.2630$	0.0180~1.7992	0.9983
527	五氯酚	Pentachlorophenol	87-86-5		0.0039~0.3910	
528	水胺硫磷	Isocarbophos	245-61-5		0.0004~0.0360	
529	萘草胺	Naptalam	132-66-1	$y=12.7926x+77.4575$	0.0195~1.9456	0.9946
530	灭幼脲	Chlorbenzuron	57160-47-1	$y=7.1922x-1.8859$	0.2040~20.4000	0.9996
531	氯霉素	Chloramphenicolum	56-75-7	$y=14.3455x+255.1415$	0.0388~3.8800	0.9955
532	禾草灭	Alloxydim-sodium	66003-55-2	$y=27.8662x-497.1785$	0.0020~0.1994	0.9994
533	嘧草硫醚	Pyrithlobac sodium	123343-16-8			
534	消螨通	Dinobuton	973-21-7		0.0043~0.4284	
535	三氟硝草醚	Fluorodifen	15457-05-3		2.7331~273.3120	
536	杀虫双	Dimehypo	7772-98-7	$y=2.2972x+15.7850$	4.0020~400.2000	0.9910
537	噁唑禾草灵	Fenoxaprop-ethyl	66441-23-4	$y=30.1361x-333.5816$	0.0490~4.8960	0.9964
538	氟吡草腙钠	Diflufenzopyr-sodium	109293-98-3		0.3080~30.8000	
539	乙酰磺胺对硝基苯	Sulfanitran	122-16-7	$y=6.2932x+243.0328$	0.0304~3.0400	0.9908
540	甲基磺草酮	Mesotrion	104206-82-8	$y=316.5324x+8345.1880$	23.0056~2300.560	0.9942
541	安磺灵	Oryzalin	19044-88-3	$y=24.7555x+268.9195$	0.0491~4.9140	0.9963
542	赤霉素	Gibberellic acid	77-06-5	$y=32.6442x+318.8949$	0.6634~66.3400	0.9920
543	三氟羧草醚	Acifluorfen	50594-66-6	$y=304.2937x+12432.6715$	1.1800~118.0000	0.9936
544	七氯	Heptachlor	76-44-8	$y=0.0066x+22.7959$	0.0002~0.0216	0.1134
545	三氯杀虫酯	Plifenate	21757-82-4		0.0002~0.0226	
546	碘苯腈	Ioxynil	689-83-4	$y=9.6066x-107.7810$	0.0062~0.6154	0.9996
547	噁唑菌酮	Famoxadone	131807-57-3	$y=304.2686x-461.0252$	0.4529~45.2880	0.9973
548	甲磺隆	Metsulfuron-methyl	74223-64-6		5.6700~567.0000	
549	磺酰唑草酮	Sulfentrazone	122836-35-5			
550	吡氟酰草胺	Diflufenican	83164-33-4	$y=312.4554x-5410.5163$	0.2827~28.2720	0.9977
551	乙虫清	Ethiprole	181587-01-9	$y=899.3631x-2846.9036$	0.3985~39.8520	1.0000
552	丙苯磺隆	Propoxycarbazone-sodium	181274-15-7			
553	啶嘧磺隆	Flazasulfuron	104040-78-0		2.9810~298.1000	
554	磺菌胺	Flusulfamide	106917-52-6	$y=41.4627x+81.5874$	0.0041~0.4140	0.9997
555	硫丹硫酸盐	Endosulfan-sulfate	1031-07-8		0.0418~4.1797	
556	环丙嘧磺隆	Cyclosulfamuron	136849-15-5	$y=238.2037x+11649.3806$	3.4368~343.6800	0.9959
557	嗪胺灵	Triforine	26644-46-2			
558	氯吡嘧磺隆	Halosulfuron-methyl	100784-20-1		0.0980~9.7970	
559	氟磺胺草醚	Fomesafen	72178-02-0	$y=25.9945x+306.6959$	0.0202~2.0200	0.9997
560	叶枯酞	Tecloftalam	76280-91-6		0.0009~0.0880	

续表

序号	中文名称	英文名称	CAS	线性方程	线性范围	相关系数
561	氟啶胺	Fluazinam	79622-59-6	$y=3859.6694x+238735.5505$	$0.7060\sim70.6000$	0.9916
562	吡虫隆	Fluazuron	86811-58-7	$y=60.8451x+469.0285$	$0.0002\sim0.0200$	0.9983
563	碘甲磺隆钠	Iodosulfuron-methyl sodium	144550-36-7	$y=293.2463x+3471.0234$	$0.2120\sim21.2000$	0.9995
564	虱螨脲	Lufenuron	103055-07-8		$0.0002\sim0.0200$	
565	噻呋酰胺	Thifluzamide	130000-40-7			
566	克来范	Kelevan	4234-79-1	$y=46.7960x+1932.9938$	$964.0000\sim96400.0$	0.9928
567	氟丙菊酯	Acrinathrin	101007-06-1	$y=21.9525x-253.3594$	$0.0808\sim8.0800$	0.9995
568	甲基碘磺隆	Iodosulfuron-methyl	185119-76-0	$y=293.2463x+3471.0234$	$0.6660\sim66.6000$	0.9995
569	八氯苯乙烯	Octachlorostyrene	29082-74-4		$0.0336\sim3.3600$	

11.3 农药化学品 GPC 色谱行为参数

11.3.1 740 种农药化学品凝胶渗透色谱行为参数

740 种农药化学品凝胶渗透色谱行为参数见表 11-18。

表 11-18 740 种农药化学品凝胶渗透色谱行为参数

序号	中文名称	英文名称	收集时间/min	序号	中文名称	英文名称	收集时间/min
1	2,3,4,5-四氯苯胺	2,3,4,5-Tetrachloroaniline	24~30	20	灭螨醌	Acequinocyl	20~30
2	2,3,4,5-四氯甲氧基苯	2,3,4,5-Tetrachloroanisole	23~35	21	啶虫脒	Acetamiprid	26~34
				22	乙草胺	Acetochlor	23~29
3	2,3,5,6-四氯苯胺	2,3,5,6-Tetrachloroaniline	23~33	23	三氟羧草醚	Acifluorfen	17~30
4	2,4-滴	2,4-D	22~33	24	苯草醚	Aclonifen	26~35
5	2,4-滴丁酸	2,4-DB	22~33	25	氟丙菊酯	Acrinathrin	15~21
6	2,6-二氯苯甲酰胺	2,6-Dichlorobenzamide	22~34	26	甲草胺	Alachlor	24~31
7	2,6-二氟苯甲酸	2,6-Difluorobenzoic acid	23~30	27	涕灭威	Aldicarb	23~32
8	邻苯基苯酚	2-Phenylphenol	22~33	28	砜灭威砜	Aldicarb sulfone	23~33
9	3,5-二氯苯胺	3,5-Dichloroaniline	22~30	29	涕灭威亚砜	Aldicarb sulfoxide	24~32
10	灭除威	3,5-Xylyl methylcarbamate	23~27	30	涕灭砜威	Aldoxycarb	24~30
11	3,4,5-混杀威	3,4,5-Trimethacarb	22~33	31	艾氏剂	Aldrin	22~33
12	3-羟基呋喃丹	3-Hydroxycarbofuran	22~33	32	烯丙菊酯	Allethrin	20~29
13	3-苯基苯酚	3-Phenylphenol	24~31	33	二丙烯草胺	Allidochlor	23~31
14	4,4-二溴二苯甲酮	4,4-Dibromobenzophenone	29~38	34	禾草灭	Alloxydim-sodium	21~29
15	4,4-二氯二苯甲酮	4,4-Dichlorobenzophenone	27~36	35	α-氯氰菊酯	α-Cypermethrin	21~27
16	4-溴-3-二甲苯基-N-甲基氨基甲酸酯	4-Bromo-3-dimethylphenyl-N-methylcarbamate	22~33	36	莠灭净	Ametryn	22~29
				37	赛硫磷	Amidithion	22~36
17	4-氯苯氧乙酸	4-Chlorophenoxyacetic acid	24~35	38	酰嘧磺隆	Amidosulfuron	22~33
18	6-氯-4-羟基-3-苯基哒嗪	6-Chloro-4-hydroxy-3-phenyl-pyridazin	25~32	39	灭害威	Aminocarb	24~30
				40	双甲脒	Amitraz	23~36
19	乙酰甲胺磷	Acephate	22~33	41	杀草强	Amitrole	23~32

续表

序号	中文名称	英文名称	收集时间/min	序号	中文名称	英文名称	收集时间/min
42	代森铵	Amobam	22~35	82	甲羧除草醚	Bifenox	22~34
43	敌菌灵	Anilazine	22~30	83	联苯菊酯	Bifenthrin	21~34
44	莎稗磷	Anilofos	24~31	84	生物烯丙菊酯	Bioallethrin	19~33
45	蒽醌	Anthraquinone	20~42	85	生物苄呋菊酯	Bioresmethrin	21~33
46	杀螨特	Aramite	18~27	86	联苯	Biphenyl	23~36
47	多氯联苯1221	Aroclor 1221	26~35	87	联苯三唑醇	Bitertanol	19~27
48	多氯联苯1232	Aroclor 1232	26~36	88	除草定	Bromacil	22~29
49	多氯联苯1242	Aroclor 1242	26~35	89	溴苯烯磷	Bromfenvinfos	23~31
50	多氯联苯1254	Aroclor 1254	25~35	90	溴丁酰草胺	Bromobutide	22~36
51	多氯联苯1260	Aroclor 1260	25~35	91	溴烯杀	Bromocylen	22~32
52	多氯联苯1262	Aroclor 1262	25~35	92	溴硫磷	Bromophos (-methyl)	23~33
53	多氯联苯1268	Aroclor 1268	26~32	93	乙基溴硫磷	Bromophos-ethyl	24~31
54	丙硫特普	Aspon	23~34	94	溴螨酯	Bromopropylate	22~33
55	磺草灵	Asulam	21~29	95	溴苯腈	Bromoxynil	25~32
56	乙基杀扑磷	Athidathion	19~33	96	溴莠敏	Brompyrazon	22~32
57	阿特拉通	Atratone	22~33	97	糠菌唑	Bromuconazole	22~33
58	阿特拉津	Atrazine	20~27	98	乙嘧酚磺酸酯	Bupirimate	21~28
59	脱乙基阿特拉津	Atrazine-desethyl	20~26	99	噻嗪酮	Buprofezin	22~31
60	戊环唑	Azaconazole	23~34	100	丁草胺	Butachlor	22~37
61	甲基吡噁磷	Azamethiphos	33~39	101	氟丙嘧草酯	Butafenacil	19~25
62	益棉磷	Azinphos-ethyl	25~35	102	抑草磷	Butamifos	22~38
63	保棉磷	Azinphos-methyl	24~38	103	丁酮威	Butocarboxim	26~33
64	叠氮津	Aziprotryne	23~30	104	丁酮威亚砜	Butocarboxim-sulfoxide	25~32
65	嘧菌酯	Azoxystrobin	24~35	105	丁酮砜威	Butoxycarboxim	24~33
66	苯霜灵	Benalaxyl	23~33	106	丁酮砜威亚砜	Butoxycarboxim-sulfoxid	25~32
67	草除灵	Benazolin	23~40	107	仲丁灵	Butralin	21~28
68	噁虫威	Bendiocarb	24~33	108	播土隆	Buturon	21~27
69	乙丁氟灵	Benfluralin	18~28	109	丁草敌	Butylate	22~30
70	丙硫克百威	Benfuracarb	20~30	110	硫线磷	Cadusafos	22~34
71	呋草黄	Benfuresate	22~31	111	苯酮唑	Cafenstrole	23~32
72	麦锈灵	Benodanil	24~33	112	敌菌丹	Captafol	22~33
73	解草嗪	Benoxacor	26~33	113	克菌丹	Captan	23~35
74	苄嘧磺隆	Bensulfuron-methyl	25~32	114	甲萘威	Carbaryl	26~33
75	地散磷	Bensulide	20~33	115	多菌灵	Carbendazim	16~33
76	杀虫磺	Bensultap	24~33	116	双酰草胺	Carbetamide	20~34
77	灭草松	Bentazone	23~31	117	克百威	Carbofuran	24~31
78	吡草酮	Benzofenap	23~33	118	三硫磷	Carbophenothion	23~35
79	苯螨特	Benzoximate	25~33	119	丁硫克百威	Carbosulfan	19~28
80	新燕灵	Benzoylprop-ethyl	23~30	120	萎锈灵	Carboxin	28~37
81	联苯肼酯	Bifenazate	22~30	121	唑酮草酯	Carfentrazone-ethyl	20~29

续表

序号	中文名称	英文名称	收集时间/min	序号	中文名称	英文名称	收集时间/min
122	杀螟丹	Cartap	22～37	162	α-氯丹	cis-Chlordane	22～32
123	杀螨醚	Chlorbenside	27～34	163	烯草酮	Clethodim	25～32
124	氯杀螨砜	Chlorbenside sulfone	25～33	164	炔草酸	Clodinafop-propargyl	21～28
125	氯溴隆	Chlorbromuron	23～30	165	异噁草松	Clomazone	24～33
126	氯炔灵	Chlorbufam	21～28	166	氯甲酰草胺	Clomeprop	22～35
127	开蓬	Chlordecone	22～32	167	调果酸	Cloprop	22～33
128	杀虫脒	Chlordimeform	26～34	168	二氯吡啶酸	Clopyralld	23～34
129	溴虫腈	Chlorfenapyr	20～26	169	解草酯	Cloquintocet-mexyl	23～30
130	杀螨醇	Chlorfenethol	22～34	170	氯酯磺草胺	Cloransulam-methyl	23～31
131	燕麦酯	Chlorfenprop-methyl	23～34	171	噻虫胺	Clothianidin	22～29
132	杀螨酯	Chlorfenson	23～33	172	蝇毒磷	Coumaphos	23～33
133	毒虫畏	Chlorfenvinphos	22～32	173	杀鼠醚	Coumatetralyl	26～34
134	氟啶脲	Chlorfluazuron	17～23	174	鼠立死	Crimidine	28～35
135	整形醇	Chlorflurenol-methyl	25～34	175	巴毒磷	Crotoxyphos	22～31
136	整形醇	Chlorflurenol	25～34	176	育畜磷	Crufomate	22～33
137	氯草敏	Chloridazon	23～33	177	氰草津	Cyanazine	19～33
138	氯嘧磺隆	Chlorimuron-ethyl	20～31	178	苯腈磷	Cyanofenphos	22～32
139	氯甲硫磷	Chlormephos	24～32	179	杀螟腈	Cyanophos	20～28
140	矮壮素	Chlormequat	20～28	180	环丙酸酰胺	Cyclanilide	23～33
141	乙酯杀螨醇	Chlorobenzilate	22～28	181	环草敌	Cycloate	23～34
142	氯苯甲醚	Chloroneb	23～35	182	乙氰菊酯	Cycloprothrin	23～36
143	氯化苦	Chloropicrin	23～33	183	噻草酮	Cycloxydim	20～35
144	丙酯杀螨醇	Chloropropylate	21～33	184	环莠隆	Cycluron	23～33
145	百菌清	Chlorothalonil	27～35	185	氟氯氰菊酯	Cyfluthrin	19～26
146	绿麦隆	Chlorotoluron	23～31	186	霜脲氰	Cymoxanil	22～30
147	氯辛硫磷	Chlorphoxim	23～29	187	氯氰菊酯	Cypermethrin	20～33
148	氯苯胺灵	Chlorpropham	21～33	188	环丙津	Cyprazine	21～27
149	毒死蜱	Chlorpyrifos (-ethyl)	22～31	189	环菌唑醇	Cyproconazole	24～30
150	甲基毒死蜱	Chlorpyrifos-methyl	23～33	190	嘧菌环胺	Cyprodinil	26～33
151	氯磺隆	Chlorsulfuron	23～32	191	灭蝇胺	Cyromazine	23～34
152	氯酞酸甲酯	Chlorthal-dimethyl	23～33	192	赛灭磷	Cythioate	22～30
153	氯硫酰草胺	Chlorthiamid	22～32	193	敌草索	Dacthal(DCPA)	27～33
154	氯硫磷	Chlorthion	25～33	194	茅草枯	Dalapon	22～33
155	虫螨磷	Chlorthiophos	24～33	195	丁酰肼	Daminozide	21～35
156	乙菌利	Chlozolinate	20～28	196	棉隆	Dazomet	27～41
157	环虫酰肼	Chromafenozide	22～37	197	o,p'-滴滴滴	o,p'-DDD	23～33
158	苯并菲(屈)	Chrysene	37～47	198	p,p'-滴滴滴	p,p'-DDD	22～32
159	醚磺隆	Cinosulfuron	17～33	199	o,p'-滴滴伊	o,p'-DDE	25～32
160	顺式-氯菊酯	cis-Permethrin	22～32	200	p,p'-滴滴伊	p,p'-DDE	24～33
161	四氢邻苯二甲亚胺	cis-1,2,3,6-Tetrahydro-phthalimide	18～33	201	o,p'-滴滴涕	o,p'-DDT	26～32
				202	p,p'-滴滴涕	p,p'-DDT	23～33

续表

序号	中文名称	英文名称	收集时间/min	序号	中文名称	英文名称	收集时间/min
203	脱叶磷	DEF	22～29	234	敌草腈	Dichlobenil	23～34
204	溴氰菊酯	Deltamethrin	19～33	235	抑菌灵	Dichlofluanid	22～31
205	田乐磷	Demephion(Tinox)	20～33	236	二氯萘醌	Dichlone	29～38
206	内吸磷	Demeton (O+S)	23～32	237	烯丙酰草胺	Dichlormid	23～32
207	硫赶内吸磷	Demeton-S	23～30	238	2,4-滴丙酸	Dichlorprop	20～33
208	甲基内吸磷	Demeton-S-methyl	24～33	239	敌敌畏	Dichlorvos	22～33
209	甲基内吸磷亚砜	Demeton-S-methyl sulfoxide	22～30	240	苄氯三唑醇	Diclobutrazole	22～36
210	甲基内吸磷砜	Demeton-S-methyl suphone	23～33	241	除线磷	Diclofenthion	23～32
211	甲基内吸磷	deneton-S-methyl	23～34	242	抑菌灵	Diclofluanid	24～32
212	2,4,4'-三氯联苯	DE-PCB 28 2,4,4'-Trichlorobiphenyl	23～34	243	禾草灵	Diclofop-methyl	22～34
				244	氯硝胺	Dicloran	24～32
213	2,4',5-三氯联苯	DE-PCB 31 2,4',5-Trichlorobiphenyl	23～35	245	三氯杀螨醇	Dicofol	23～33
				246	百治磷	Dicrotophos	26～35
214	2,2',5,5'-四氯联苯	DE-PCB 52 2,2',5,5'-Tetrachlorobiphenyl	23～34	247	狄氏剂	Dieldrin	23～34
				248	除螨灵	Dienochlor	23～33
215	2,2',4,5,5'-五氯联苯	DE-PCB 101 2,2',4,5,5'-Pentachlorobiphenyl	23～34	249	乙霉威	Diethofencarb	20～30
				250	避蚊胺	Diethyltoluamide	26～34
216	2,3',4,4',5-五氯联苯	DE-PCB 118 2,3',4,4',5-Pentachlorobiphenyl	27～35	251	苯醚甲环唑	Difenconazole	22～33
				252	枯莠隆	Difenoxuron	25～33
217	2,2',3,4,4',5'-六氯联苯	DE-PCB 138 2,2',3,4,4',5'-Hexachlorobiphenyl	23～34	253	野燕枯	Difenzoquat-methyl sulfate	22～37
				254	吡氟酰草胺	Diflufenican	19～28
218	2,2',4,4',5,5'-六氯联苯	DE-PCB 153 2,2',4,4',5,5'-Hexachlorobiphenyl	23～34	255	氟吡草腙钠	Diflufenzopyr-sodium	21～35
				256	甲氟磷	Dimefox	23～33
219	2,2',3,4,4',5,5'-七氯联苯	DE-PCB 180 2,2',3,4,4',5,5'-Heptachlorobiphenyl	22～35	257	噁唑隆	Dimefuron	19～27
				258	哌草丹	Dimepiperate	22～33
220	脱乙基另丁津	Desethyl-sebuthylazine	20～25	259	二甲草胺	Dimethachlor	23～32
221	脱异丙基阿特拉津	Desisopropyl-atrazine	21～27	260	异戊乙净	Dimethametryn	19～32
222	甜菜胺	Desmedipham	21～27	261	二甲吩草胺	Dimethenamid	24～33
223	脱甲酰胺基抗蚜威	Desmethylformamido-pirimicarb	23～37	262	噻节因	Dimethipin	21～33
				263	甲菌定	Dimethirimol	23～29
224	脱甲基氟草敏	Desmethyl-norflurazon	19～33	264	乐果	Dimethoate	23～34
225	脱甲基抗蚜威	Desmethyl-pirimicarb	22～29	265	烯酰吗啉	Dimethomorph	29～37
226	敌草净	Desmetryn	23～32	266	DMSA	Dimethylaminosulfanilide	22～33
227	燕麦敌	Diallate	22～34	267	DMST	Dimethylaminosulfotoluidide	22～33
228	丁醚脲	Diafenthiuron	19～26	268	烯唑醇	Diniconazole	19～30
229	氯亚胺硫磷	Dialifos	24～31	269	氨氟灵	Dinitramine	20～33
230	二嗪磷	Diazinon	21～32	270	消螨通	Dinobuton	21～28
231	畜虫避	Dibutyl succinate	23～30	271	地乐酚	Dinoseb	23～30
232	麦草畏	Dicamba	23～29	272	地乐酯	Dinoseb acetate	22～29
233	异氯磷	Dicapthon	26～33	273	呋虫胺	Dinotefuran	22～33

续表

序号	中文名称	英文名称	收集时间/min	序号	中文名称	英文名称	收集时间/min
274	特乐酚	Dinoterb	23～30	313	乙氧嘧磺隆	Ethoxysulfuron	22～33
275	苯虫醚	Diofenolan	24～32	314	乙撑硫脲	Ethylene thiourea	14～37
276	蔬果磷	Dioxabenzofos	28～35	315	醚菊酯	Etofenprox	23～29
277	二氧威	Dioxacarb	22～32	316	土菌灵	Etridiazole	27～33
278	敌噁磷	Dioxathion	22～33	317	乙嘧硫磷	Etrimfos	22～33
279	双苯酰草胺	Diphenamid	17～22; 28～35	318	氧乙嘧硫磷	Etrimfos oxon	24～30
				319	噁唑菌酮	Famoxadone	22～29
280	二苯胺	Diphenylamine	27～33	320	伐灭磷	Famphur	26～33
281	异丙净	Dipropetryn	20～27	321	咪唑唑酮	Fenamidone	22～30
282	敌草快	Diquat dibromide hydrate	23～34	322	苯线磷	Fenamiphos	22～29
283	乙拌磷	Disufoton	26～31	323	苯线磷砜	Fenamiphos sulfone	21～34
284	乙拌磷砜	Disulfoton sulfone	22～34	324	苯线磷亚砜	Fenamiphos sulfoxide	22～34
285	乙拌磷亚砜	Disulfoton sulfoxide	22～34	325	氯苯嘧啶醇	Fenarimol	23～33
286	灭菌磷	Ditalimfos	23～34	326	抗螨唑	Fenazaflor	20～34
287	氟硫草定	Dithiopyr	19～26	327	喹螨醚	Fenazaquin	22～33
288	敌草隆	Diuron	22～31	328	腈苯唑	Fenbuconazole	22～34
289	4,6-二硝基邻甲酚	DNOC	27～34	329	苯丁锡	Fenbutatin oxide	22～31
290	十二环吗啉	Dodemorph	19～29	330	氧皮蝇磷	Fenchlorphos oxon	22～34
291	敌瘟磷	Edifenphos	27～37	331	甲呋酰胺	Fenfuram	24～30
292	硫丹硫酸盐	Endosulfan sulfate	22～32	332	环酰菌胺	Fenhexamid	21～33
293	硫丹	Endosulfan(α,β)	22～34	333	杀螟硫磷	Fenitorthion	26～33
294	草多索	Endothal	26～32	334	仲丁威	Fenobucarb	22～28
295	异狄氏剂	Endrin	22～34	335	苯硫威	Fenothiocarb	23～33
296	异狄氏剂酮	Endrin ketone	18～33	336	氰菌胺	Fenoxanil	22～31
297	苯硫膦	EPN	24～33	337	噁唑禾草灵	Fenoxaprop-ethyl	23～33
298	氟环唑	Epoxiconazole	23～30	338	苯氧威	Fenoxycarb	22～30
299	茵草敌	EPTC	19～28	339	拌种咯	Fenpiclonil	21～33
300	抑草蓬	Erbon	22～31	340	甲氧菊酯	Fenpropathrin	20～28
301	S-氰戊菊酯	Esfenvalerate	20～33	341	苯锈啶	Fenpropidin	20～25
302	乙环唑	Etaconazole	23～34	342	丁苯吗啉	Fenpropimorph	18～33
303	乙丁烯氟灵	Ethalfluralin	19～33	343	唑螨酯	Fenpyroximate	21～29
304	乙烯利	Ethephon	21～33	344	芬螨酯	Fenson	21～33
305	磺噻隆	Ethidimuron	24～31	345	丰索磷	Fensulfothion	23～33
306	乙硫苯威	Ethiofencarb	24～32	346	倍硫磷	Fenthion	27～37
307	乙硫苯威砜	Ethiofencarbsulfon	23～34	347	倍硫磷 PO-砜	Fenthion PO-sulfone	22～34
308	乙硫苯威亚砜	Ethiofencarbsulfoxid	23～34	348	倍硫磷 PO-亚砜	Fenthion PO-sulfoxide	23～37
309	乙硫磷	Ethion	23～31	349	倍硫磷 PS-砜	Fenthion PS-sulfone	23～33
310	乙菌定	Ethirimol	22～30	350	氯化薯瘟锡	Fentin-chloride	21～34
311	乙氧呋草黄	Ethofumesate	22～32	351	非草隆	Fenuron	26～33
312	灭线磷	Ethoprophos	24～32	352	氰戊菊酯	Fenvalerate	16～27

续表

序号	中文名称	英文名称	收集时间/min	序号	中文名称	英文名称	收集时间/min
353	氟虫腈	Fipronil	16~21	393	氯吡脲	Forchlorfenuron	23~35
354	麦草氟异丙酯	Flamprop-isopropyl	20~33	394	安硫磷	Formothion	22~37
355	麦草氟甲酯	Flamprop-methyl	23~31	395	噻唑硫磷	Fosthiazate	22~36
356	啶嘧磺隆	Flazasulfuron	21~33	396	麦穗灵	Fuberidazole	25~32
357	双氟磺草胺	Florasulam	23~33	397	呋霜灵	Furalaxyl	26~33
358	吡氟禾草灵	Fluazifop-butyl	18~26	398	呋线威	Furathiocarb	22~32
359	氟啶胺	Fluazinam	17~23	399	拌种胺	Furmecyclox	25~32
360	吡虫隆	Fluazuron	17~23	400	γ-氯氟氰菊酯	γ-Cyhalothrin	23~38
361	嘧唑螨	Flubenzimine	18~24	401	赤霉素	Gibberellic acid	18~28
362	氯乙氟灵	Fluchloralin	21~27	402	氯吡嘧磺隆	Halosulfuron-methyl	22~40
363	氟氰戊菊酯	Flucythrinate	20~30	403	氟吡乙禾灵	Haloxyfop-ethoxyethyl	19~25
364	咯菌腈	Fludioxonil	20~26	404	氟吡甲禾灵	Haloxyfop-methyl	19~33
365	氟噻草胺	Flufenacet	20~26	405	α-六六六	α-HCH	23~34
366	氟虫脲	Flufenoxuron	16~24	406	β-六六六	β-HCH	23~34
367	氟氯苯菊酯	Flumethrin	18~26	407	δ-六六六	δ-HCH	23~33
368	氟节胺	Flumetralin	20~26	408	ε-六六六	ε-HCH	22~30
369	唑嘧磺草胺	Flumetsulam	23~31	409	七氯	Heptachlor	23~34
370	氟烯草酸	Flumiclorac-pentyl	22~31	410	顺式-环氧七氯	cis-Heptachlor epoxide	23~33
371	丙炔氟草胺	Flumioxazin	23~35	411	反式-环氧七氯	trans-Heptachlor epoxide	20~34
372	伏草隆	Fluometuron	21~26	412	庚烯磷	Heptanophos	22~34
373	氟咯草酮	Fluorochloridone	20~27	413	六氯苯	Hexachlorobenzene	25~37
374	三氟消草醚	Fluorodifen	26~34	414	己唑醇	Hexaconazole	22~33
375	乙羧氟草醚	Fluoroglycofen-ethyl	20~26	415	氟铃脲	Hexaflumuron	16~33
376	氟酰亚胺	Fluoroimide	19~30	416	环嗪酮	Hexazinone	28~36
377	三氯苯唑	Fluotrimazole	22~33	417	噻螨酮	Hexythiazox	25~33
378	氟喹唑	Fluquinconazole	24~32	418	氟蚁腙	Hydramethylnon	16~30
379	氟啶草酮	Fluridone	23~30	419	抑霉唑	Imazalil	24~33
380	氟咯草酮	Flurochloridone	20~27	420	甲基咪草酯	Imazamethabenz-methyl	22~28
381	氟草烟-1-甲庚酯	Fluroxypr-1-methylheptyl	18~24	421	甲氧咪草烟	Imazamox	19~31
382	氟草烟	Fluroxypyr	21~36	422	咪唑烟酸	Imazapyr	23~32
383	呋草酮	Flurtamone	21~28	423	咪唑喹啉酸	Imazaquin	24~31
384	氟哇唑	Flusilazole	22~28	424	咪唑乙烟酸	Imazethapyr	23~29
385	磺菌胺	Flusulfamide	21~27	425	亚胺唑	Imibenconazole	27~33
386	氟噻乙草酯	Fluthiacet-methyl	28~36	426	吡虫啉	Imidacloprid	25~35
387	氟酰胺	Flutolanil	19~26	427	炔咪菊酯	Imiprothrin	22~31
388	粉唑醇	Flutriafol	22~33	428	茚虫威	Indoxacarb	20~26
389	灭菌丹	Folpet	28~36	429	碘硫磷	Iodofenphos	23~34
390	氟磺胺草醚	Fomesafen	18~28	430	甲基碘磺隆	Iodosulfuron-methyl	23~32
391	地虫硫磷	Fonofos	26~34	431	碘苯腈	Ioxynil	26~37
392	地虫硫磷	Fonofos, O-analogue	26~33	432	异稻瘟净	Iprobenfos	22~29

序号	中文名称	英文名称	收集时间/min	序号	中文名称	英文名称	收集时间/min
433	异菌脲	Iprodione	18~23	473	助壮素	Mepiquat chloride	23~33
434	异丙菌胺	Iprovalicarb	19~24	474	灭锈胺	Mepronil	21~30
435	氯唑磷	Isazofos	22~33	475	脱叶磷	Merphos	22~29
436	碳氯灵	Isobenzan	23~33	476	甲基磺草酮	Mesotrion	26~40
437	丁脒酰胺	Isocarbamid	23~34	477	甲霜灵	Metalaxyl	25~33
438	水胺硫磷	Isocarbophos	26~33	478	苯嗪草酮	Metamitron	23~33
439	异艾氏剂	Isodrin	23~34	479	吡唑草胺	Metazachlor	23~33
440	异柳磷	Isofenphos	20~33	480	叶菌唑	Metconazole	22~33
441	丁嗪草酮	Isomethiozin	26~36	481	甲基苯噻隆	Methabenzthiazuron	28~39
442	异丙威	Isoprocarb	22~29	482	虫螨畏	Methacrifos	24~33
443	异丙乐灵	Isopropalin	19~31	483	甲胺磷	Methamidophos	25~34
444	稻瘟灵	Isoprothiolane	27~34	484	呋菌胺	Methfuroxam	23~33
445	异丙隆	Isoproturon	22~31	485	杀扑磷	Methidathion	28~36
446	异唑隆	Isouron	20~33	486	甲硫威	Methiocarb	23~32
447	异噁酰草胺	Isoxaben	21~33	487	甲硫威亚砜	Methiocarb sulfoxide	22~32
448	异噁氟草	Isoxaflutole	21~33	488	灭多威	Methomyl	23~36
449	噁唑磷	Isoxathion	23~33	489	烯虫酯	Methoprene	18~28
450	噻嗯菊酯	Kadethrin	23~33	490	盖草津	Methoprotryne	21~34
451	克来范	Kelevan	23~34	491	甲醚菊酯	Methothrin	20~32
452	亚胺菌	Kresoxim-methyl	22~32	492	甲氧滴滴涕	Methoxychlor	26~34
453	乳氟禾草灵	Lactofen	18~27	493	甲氧虫酰肼	Methoxyfenozide	21~30
454	高效氯氟氰菊酯	λ-Cyhalothrin	18~33	494	溴谷隆	Metobromuron	24~33
455	环草定	Lenacil	23~34	495	异丙甲草胺	Metolachlor	23~33
456	溴苯磷	Leptophos	27~34	496	速灭威	Metolcarb	22~32
457	脱溴溴苯磷	Desbrom Leptophos	27~34	497	苯氧菌胺-E	Metominostrobin-E	23~32
458	氧溴苯磷	Leptophos oxon	17~27	498	苯氧菌胺-Z	Metominostrobin-Z	20~32
459	林丹	Lindane	22~31	499	磺草唑胺	Metosulam	24~33
460	利谷隆	Linuron	22~30	500	甲氧隆	Metoxuron	25~33
461	虱螨脲	Lufenuron	16~19	501	嗪草酮	Metribuzin	23~34
462	马拉氧磷	Malaoxon	22~30	502	甲磺隆	Metsulfuron-methyl	23~32
463	马拉硫磷	Malathion	22~30	503	速灭磷	Mevinphos	23~34
464	抑芽丹	Maleic hydrazide	23~31	504	兹克威	Mexacarbate	22~34
465	2甲4氯丁氧乙基酯	MCPA butoxyethyl ester	22~34	505	灭蚁灵	Mirex	22~32
466	2甲4氯丁酸	MCPB	19~31	506	禾草敌	Molinate	21~36
467	灭蚜磷	Mecarbam	22~33	507	庚酰草胺	Monalide	20~33
468	苯噻酰草胺	Mefenacet	23~38	508	久效磷	Monocrotophos	22~33
469	精甲霜灵	Mefenoxam	23~33	509	绿谷隆	Monolinuron	23~31
470	吡唑解草酯	Mefenpyr-diethyl	23~29	510	灭草隆	Monuron	20~27
471	嘧菌胺	Mepanipyrim	26~34	511	合成麝香	Musk ambrette	23~32
472	地胺磷	Mephosfolan	27~36	512	麝香酮	Musk ketone	22~30

续表

序号	中文名称	英文名称	收集时间/min	序号	中文名称	英文名称	收集时间/min
513	麝香	Musk moskene	22～32	552	五氯甲氧基苯	Pentachloroanisole	28～35
514	西藏麝香	Musk tibetene	23～33	553	五氯苯	Pentachlorobenzene	23～35
515	二甲苯麝香	Musk xylene	23～33	554	五氯酚	Pentachlorophenol	23～34
516	腈菌唑	Myclobutanil	22～34	555	氯菊酯	Permethrin	23～32
517	二溴磷	Naled	23～34	556	乙滴涕	Perthane	21～34
518	敌草胺	Napropamide	22～32	557	家蝇醚	Phenkapton	23～33
519	草不隆	Neburon	21～27	558	甜菜宁	Phenmedipham	21～28
520	烟嘧磺隆	Nicosulfuron	24～34	559	苯醚菊酯	Phenothrin	20～30
521	烟碱	Nicotine	28～34	560	稻丰散	Phenthoate	24～33
522	烯啶虫胺	Nitenpyram	26～35	561	甲拌磷	Phorate	22～33
523	甲磺乐灵	Nitralin	20～34	562	甲拌磷砜	Phorate sulfone	22～34
524	三氯甲基吡啶	Nitrapyrin	24～33	563	甲拌磷亚砜	Phorate sulfoxide	22～35
525	除草醚	Nitrofen	27～33	564	伏杀硫磷	Phosalone	23～34
526	酞菌酯	Nitrothal-isopropyl	21～33	565	亚胺硫磷	Phosmet	23～28；29～37
527	反式-九氯	trans-Nonachlor	22～34				
528	氟草敏	Norflurazon	21～33	566	氧亚胺硫磷	Phosmet, O-analogue	23～36
529	氟酰脲	Novaluron	15～20	567	氧亚胺硫磷	Phosmet-oxon	23～33
530	氟苯嘧啶醇	Nuarimol	23～30	568	磷胺	Phosphamidon	24～31
531	八氯苯乙烯	Octachlorostyrene	23～34	569	辛硫磷	Phoxim	23～30
532	甲呋酰胺	Ofurace	24～34	570	邻苯二甲酸丁苄酯	Phthalic acid, benzyl butyl ester	23～33
533	氧乐果	Omethoate	22～33				
534	安磺灵	Oryzalin	17～34	571	邻苯二甲酸二(2-乙基己)酯	Phthalic acid, di-(2-ethylhexyl) ester	18～24
535	噁草酮	Oxadiazon	21～28				
536	噁霜灵	Oxadixyl	23～35	572	邻苯二甲酸二丁酯	Phthalic acid, dibutyl ester	22～33
537	杀线威	Oxamyl	23～29；35～37	573	邻苯二甲酸二环己酯	Phthalic acid, dicyclohexyl ester	22～34
538	氧化萎锈灵	Oxycarboxin	26～34	574	毒莠定	Picloram	23～30
539	氧化氯丹	Oxy-chlordane	22～30	575	氟吡酰草胺	Picolinafen	20～29
540	乙氧氟草醚	Oxyfluorfen	21～33	576	啶氧菌酯	Picoxystrobin	22～28
541	多效唑	Paclobutrazol	21～33	577	增效醚	Piperonyl butoxide	22～28
542	对氧磷	Paraoxon	23～31	578	哌草磷	Piperophos	23～29
543	甲基对氧磷	Paraoxon-methyl	23～34	579	抗蚜威	Pirimicarb	23～36
544	二氯百草枯	Paraquat dichloride	23～40	580	嘧啶磷	Pirimiphos-ethyl	21～33
545	对硫磷	Parathion-ethyl	22～33	581	甲基嘧啶磷	Pirimiphos-methyl	22～33
546	甲基对硫磷	Parathion-methyl	25～32	582	脱甲基抗蚜威	Pirmicarb-desmethyl	23～24
547	克草敌	Pebulate	22～33	583	三氯杀虫酯	Plifenate	22～33
548	戊菌唑	Penconazole	21～33	584	炔丙菊酯	Prallethrin	21～30
549	戊菌隆	Pencycuron	24～32	585	丙草胺	Pretilachlor	22～29
550	二甲戊灵	Pendimethalin	23～33	586	甲基氟嘧磺隆	Primisulfuron-methyl	18～24
551	五氯苯胺	Pentachloroaniline	25～33	587	烯丙苯噻唑	Probenazole	22～30

续表

序号	中文名称	英文名称	收集时间/min	序号	中文名称	英文名称	收集时间/min
588	咪鲜胺	Prochloraz	23～33	628	嘧霉胺	Pyrimethanil	24～33
589	腐霉利	Procymidone	23～29	629	嘧螨醚	Pyrimidifen	26～32
590	丙溴磷	Profenofos	23～33	630	嘧啶磷	Pyrimitate	22～33
591	环丙氟灵	Profluralin	19～33	631	吡丙醚	Pyriproxyfen	24～32
592	茉莉酮	Prohydrojasmon	23～32	632	嘧草硫醚	Pyrithlobac sodium	23～32
593	猛杀威	Promecarb	21～33	633	咯喹酮	Pyroquilon	35～44
594	扑灭通	Prometon	22～28	634	喹硫磷	Quinalphos	25～33
595	扑草净	Prometryne	21～34	635	氯甲喹啉酸	Quinmerac	27～36
596	炔丙酰草胺	Pronamide	20～33	636	灭藻醌	Quinoclamine	27～35
597	毒草胺	Propachlor	23～32	637	苯氧喹啉	Quinoxyphen	28～35
598	霜霉威	Propamocarb	22～34	638	五氯硝基苯	Quintozene	30～36
599	敌稗	Propanil	22～28	639	喹禾灵	Quizalofop-ethyl	24～31
600	丙虫磷	Propaphos	22～33	640	吡咪唑	Rabenzazole	25～32
601	炔螨特	Propargite	20～34	641	苄呋菊酯	Resmethrin	22～33
602	扑灭津	Propazine	19～33	642	玉嘧磺隆	Rimsulfuron	25～36
603	胺丙畏	Propetamphos	20～27	643	皮蝇磷	Ronnel	23～33
604	苯胺灵	Propham	24～34	644	八氯二丙醚	S421(octachlorodipropyl ether)	26～34
605	丙环唑	Propiconazole	22～32				
606	异丙草胺	Propisochlor	22～30	645	另丁津	Sebutylazine	20～26
607	残杀威	Propoxur	23～33	646	密草通	Secbumeton	22～33
608	丙烯硫脲	Propylene thiourea	26～34	647	稀禾啶	Sethoxydim	15～32
609	炔苯烯草胺	Propyzamide	21～30	648	西玛津	Simazine	22～34
610	苄草丹	Prosulfocarb	25～33	649	硅氟唑	Simeconazole	20～31
611	氟磺隆	Prosulfuron	19～33	650	西玛通	Simeton	24～33
612	丙硫磷	Prothiofos	23～33	651	西草净	Simetryn	24～33
613	发硫磷	Prothoate	28～33	652	多杀菌素	Spinosad	17～24
614	吡蚜酮	Pymetrozin	26～34	653	螺螨酯	Spirodiclofen	21～29
615	吡唑硫磷	Pyraclofos	29～40	654	螺噁茂胺	Spiroxamine	21～34
616	百克敏	Pyraclostrobin	25～33	655	菜草畏	Sulfallate	25～37
617	吡草醚	Pyraflufen ethyl	23～30	656	乙酰磺胺对硝基苯	Sulfanitran	18～26
618	苄草唑	Pyrazolynate (pyrazolate)	22～27	657	磺酰唑草酮	Sulfentrazone	21～33
619	吡菌磷	Pyrazophos	23～33	658	治螟磷	Sulfotep	22～33
620	吡嘧磺隆	Pyrazosulfuron-ethyl	21～32	659	硫丙磷	Sulprofos	24～35
621	除虫菊素	Pyrethrin	20～27	660	氟胺氰菊酯	Tau-fluvalinate	14～25
622	稗草丹	Pyributicarb	23～31	661	三氯乙酸钠	TCA-sodium	22～33
623	哒螨灵	Pyridaben	18～32	662	苯噻硫氰	TCMTB	26～37
624	哒嗪硫磷	Pyridaphenthion	23～33	663	戊唑醇	Tebuconazole	21～33
625	哒草特	Pyridate	23～30	664	虫酰肼	Tebufenozide	19～29
626	啶斑肟	Pyrifenox	26～33	665	吡螨胺	Tebufenpyrad	21～28
627	环酯草醚	Pyriftalid	27～35	666	丁基嘧啶磷	Tebupirimfos	20～27

序号	中文名称	英文名称	收集时间/min	序号	中文名称	英文名称	收集时间/min
667	牧草胺	Tebutam	23~33	703	甲基立枯磷	Tolclofos-methyl	21~31
668	丁噻隆	Tebuthiuron	24~32	704	唑虫酰胺	Tolfenpyrad	22~31
669	四氯硝基苯	Tecnazene	23~33	705	甲苯氟磺胺	Tolylfluanide	19~33
670	氟苯脲	Teflubenzuron	20~26	706	苯草酮	Tralkoxydim	23~30
671	七氟菊酯	Tefluthrin	18~23;24~33	707	反式-氯丹	*trans*-Chlordane	25~34
				708	四氟苯菊酯	Transfluthrin	19~28
672	双硫磷	Temephos	24~33	709	反式-氯菊酯	*trans*-Permethrin	22~29
673	特普	TEPP	17~32	710	三唑酮	Triadimefon	22~32
674	吡喃草酮	Tepraloxydim	24~32	711	三唑醇	Triadimenol	20~34
675	特草定	Terbacil	22~33	712	野麦畏	Triallate	23~30
676	特草灵	Terbucarb	20~31	713	威菌磷	Triamiphos	22~33
677	特丁硫磷	Terbufos	23~29	714	醚苯磺隆	Triasulfuron	22~33
678	氧化特丁硫磷砜	Terbufos sulfone O-analogue	23~33	715	三唑磷	Triazophos	23~33
				716	咪唑嗪	Triazoxide	32~40
679	特丁通	Terbumeton	22~33	717	苯磺隆	Tribenuron-methyl	26~33
680	特丁净	Terbutryne	22~33	718	敌百虫	Trichlorfon	23~30
681	特丁津	Terbutylazine	21~32	719	毒壤磷	Trichloronat	22~31
682	杀虫畏	Tetrachlorvinphos	25~32	720	三环唑	Tricyclazole	33~43
683	四氟醚唑	Tetraconazole	19~30	721	十三吗啉	Tridemorph	22~30
684	三氯杀螨砜	Tetradifon	23~33	722	草达津	Trietazine	22~29
685	四氢邻苯二甲酰亚胺	Tetrahydrophthalimide	23~33	723	肟菌酯	Trifloxystrobin	21~27
686	胺菊酯	Tetramethrin	23~34	724	氟菌唑	Triflumizole	20~26
687	杀螨氯硫	Tetrasul	27~34	725	杀铃脲	Triflumuron	18~25
688	噻吩草胺	Thenylchlor	26~34	726	氟乐灵	Trifluralin	18~34
689	噻菌灵	Thiabendazole	27~35	727	氟胺磺隆	Triflusulfuron-methyl	18~33
690	噻虫啉	Thiacloprid	28~36	728	嗪胺灵	Triforine	18~26
691	噻虫嗪	Thiamethoxam	27~37	729	三异丁基磷酸盐	Tri-*iso*-butyl phosphate	22~31
692	噻唑烟酸	Thiazopyr	20~27	730	三甲基碘代硫	Trimethylsulfonium iodide	22~31
693	噻吩磺隆	Thifensulfuron-methyl	23~35	731	三正丁基磷酸盐	Tri-*n*-butyl phosphate	23~34
694	禾草丹	Thiobencarb	26~33	732	三苯基磷酸盐	Triphenyl phosphate	23~32
695	硫双威	Thiodicarb	28~38	733	戊叉菌唑	Triticonazole	22~33
696	久效威	Thiofanox	24~30	734	烯效唑	Uniconazole	22~28
697	久效威砜	Thiofanox sulfone	23~34	735	蚜灭磷	Vamidothion	22~35
698	久效威亚砜	Thiofanox-sulfoxid	23~34	736	蚜灭磷砜	Vamidothion sulfone	23~33
699	甲基乙拌磷	Thiometon	18~34	737	蚜灭磷亚砜	Vamidothion sulfoxide	25~33
700	虫线磷	Thionazin	26~33	738	灭草敌	Vernolate	22~32
701	甲基硫菌灵	Thiophanat-methyl	22~30	739	乙烯菌核利	Vinclozolin	22~30
702	福美双	Thiram	38~50	740	苯酰草胺	Zoxamide	20~27

11.3.2 107种环境污染物凝胶渗透色谱行为参数

107种环境污染物凝胶渗透色谱行为参数见表11-19。

表11-19 107种环境污染物凝胶渗透色谱行为参数

序号	中文名称	英文名称	开始收集时间/min	停止收集时间/min	序号	中文名称	英文名称	开始收集时间/min	停止收集时间/min
1	2,4'-滴滴滴	2,4'-DDD	27	39	38	狄氏剂	Dieldrin	25	36
2	2,4'-滴滴伊	2,4'-DDE	29	38	39	乐果	Dimethoate	23	34
3	2,4-滴	2,4-D	24	36	40	硫丹-1	Endosulfan-1	22	35
4	2,4'-滴滴涕	2,4'-DDT	24	34	41	异狄氏剂	Endrin	28	35
5	4,4'-滴滴滴	4,4'-DDD	26	38	42	灭线磷	Ethoprophos	23	34
6	4,4'-滴滴伊	4,4'-DDE	28	39	43	氰戊菊酯-1	Fenvalerate-1	21	28
7	4,4'-滴滴涕	4,4'-DDT	24	34	44	氟虫腈	Fipronil	16	34
8	二氢苊	Acenaphthene	30	43	45	荧蒽	Fluoranthene	35	46
9	苊	Acenaphthylene	29	41	46	芴	Fluorene	29	43
10	啶虫脒	Acetamiprid	26	36	47	七氯	Heptachlor	23	34
11	甲草胺	Alachlor	24	34	48	六氯苯	Hexachlorobenzene	29	33
12	艾氏剂	Aldrin	27	36	49	噻螨酮	Hexythiazox	25	34
13	双甲脒	Amitraz	24	33	50	茚并(1,2,3-cd)芘	Indeno(1,2,3-cd)pyrene	26	40
14	蒽	Anthracene	30	45					
15	阿特拉津	Atrazine	21	35	51	异丙隆	Isoproturon	22	33
16	苄嘧磺隆	Bensulfuron methyl	23	34	52	高效氯氟氰菊酯	λ-Cyhalothrin	18	27
17	苯并(a)蒽	Benzo(a)anthracene	38	48	53	甲胺磷	Methamidophos	23	33
18	苯并(a)芘	Benzo(a)pyrene	43	56	54	异丙甲草胺	Metolachlor	23	34
19	苯并(b)荧蒽	Benzo(b)fluoranthene	35	51	55	甲磺隆	Metsulfuron-methyl	24	34
20	苯并(g,h,i)芘	Benzo(g,h,i)peryene	—	—	56	灭蚁灵	Mirex	23	34
21	苯并(k)荧蒽	Benzo(k)fluoranthene	38	50	57	萘	Naphthalene	30	38
22	噻嗪酮	Buprofezin	23	33	58	除草醚	Nithophen	27	35
23	丁草胺	Butachlor	22	34	59	氧乐果	Omethoate	24	42
24	克百威	Carbofuran	25	34	60	乙氧氟草醚	Oxyfluorfen	21	29
25	杀虫脒	Chlordimeform	27	35	61	甲基对硫磷	Parathion-methyl	25	35
26	绿麦隆	Chlorolurons	25	35	62	菲	Phenathrene	29	45
27	百菌清	Chlorothalonil	28	37	63	稻丰散	Phenthoate	23	36
28	毒死蜱	Chlorpyrifos	24	35	64	辛硫磷	Phoxim	23	34
29	顺式-氯丹	cis-Chlordane	—	—	65	邻苯二甲酸丁基卞基酯	Phthalic acid benzyl-butyl ester	24	34
30	异噁草松	Clomazone	27	35					
31	氟氯氰菊酯	Cyfluthrin	20	29	66	邻苯二甲酸二(2-乙基)酯	Phthalic acid bis-2-ethylhexyl ester	18	34
32	氯氰菊酯	Cypermethrin	21	35					
33	溴氰菊酯	Deltamethrin	22	35	67	邻苯二甲酸二正丁酯	Phthalic acid bis-butyl ester	22	35
34	二嗪磷	Diazinon	23	34					
35	二苯并(a,h)蒽	Dibenzo(a,h)anthracene	40	53	68	抗蚜威	Pirimicarb	23	37
36	敌敌畏	Dichlorvos	29	34	69	扑草净	Prometryne	22	29
37	三氯杀螨醇	Dicofol	23	29	70	敌稗	Propanil	22	29

续表

序号	中文名称	英文名称	开始收集时间/min	停止收集时间/min	序号	中文名称	英文名称	开始收集时间/min	停止收集时间/min
71	炔螨特	Propargite	22	33	92	PCB-1016	Aroclor 1016	28	36
72	芘	Pyrene	29	50	93	PCB-1221	Aroclor 1221	29	36
73	哒螨灵	Pyridaben	21	34	94	PCB-1232	Aroclor 1232	26	41
74	西玛津	Simazine	23	33	95	PCB-1242	Aroclor 1242	28	36
75	反式-氯丹	trans-Chlordane	20	35	96	PCB-1248	Aroclor 1248	28	36
76	三唑酮	Triadimefon	22	35	97	PCB-1254	Aroclor 1254	29	34
77	三唑磷	Triazophos	24	34	98	PCB-1260	Aroclor 1260	26	35
78	敌百虫	Trichlorfon	23	37	99	一氯混合体	PCB-1,2,3	20	38
79	三环唑	Tricyclazole	35	45	100	二氯混合体	PCB-4,5,8,10,12	20	38
80	氟乐灵	Trifluralin	19	27	101	三氯混合体	PCB-16,19,20,23,24	20	37
81	α-六六六	α-HCH	24	36	102	四氯混合体	PCB-48,51,52,59,60	20	36
82	β-六六六	β-HCH	23	35	103	五氯混合体	PCB-108,109,111,112,113	20	36
83	γ-六六六	γ-HCH	23	35					
84	δ-六六六	δ-HCH	23	35	104	六氯混合体	PCB-133,134,137,138,139	25	36
85	PCB-028	Aroclor 28	27	35					
86	PCB-052	Aroclor 52	23	34	105	七氯混合体	PCB-170,172,179,190,192	20	36
87	PCB-101	Aroclor 101	25	35					
88	PCB-118	Aroclor 118	27	36	106	八氯混合体	PCB-194,195,197,198,200	20	35
89	PCB-138	Aroclor 138	26	35					
90	PCB-153	Aroclor 153	24	35	107	九氯混合体	PCB-206,207,208	20	35
91	PCB-180	Aroclor 180	24	35					

附 录

附录 I 1037种农药化学品GC-MS、GC-MS/MS和LC-MS/MS检测索引（*指章节）

		GC-MS									GC-MS/MS	LC-MS/MS									
		1.6*	2.6	3.6/8.6	4.5	5.6	6.6	7.5	9.5	10.6	7.6	1.6	2.6	3.7	4.5	5.6	6.6	7.5	8.6	9.5	10.6*
		水果蔬菜	粮谷	蜂蜜果汁果酒	茶叶	食用菌中草药	动物肌肉	河豚鱼鳗鱼对虾	牛奶奶粉		动物脂肪	水果蔬菜	粮谷	果蔬汁果酒	茶叶	食用菌中草药	动物肌肉	蜂蜜	河豚鱼鳗鱼对虾	牛奶奶粉	
		500种	475种	497种	519种	503种	488种	478种	485种	511种	295种	450种	486种	512种	448种	440种	413种	461种	486种	450种	493种
序号	中文名称	英文名称																			
1	二氢苊	Acenaphthene	√																			
2	苊	Acenaphthylene	√																			
3	乙酰甲胺磷	Acephate										√	√	√	√	√	√	√	√	√	√	√
4	啶虫脒	Acetamiprid											√	√	√	√	√	√	√	√	√	√
5	乙草胺	Acetochlor	√	√	√	√	√	√	√	√	√		√	√	√	√	√	√	√	√	√	√
6	活化酯	Acibenzolar-S-methyl	√	√		√	√	√	√				√	√	√	√	√	√	√	√	√	√
7	三氟羧草醚	Acifluorfen											√	√	√	√	√	√	√	√	√	√
8	苯草醚	Aclonifen	√	√	√	√	√	√	√	√	√											
9	氟丙菊酯	Acrinathrin	√	√	√	√	√	√	√	√	√		√	√	√	√	√	√	√	√	√	√
10	丙烯酰胺	Acrylamide											√	√	√	√	√	√	√	√	√	√
11	甲草胺	Alachlor	√	√	√	√	√	√	√	√	√		√	√	√	√	√	√	√	√	√	√
12	涕灭威	Aldicarb											√	√	√	√	√	√	√	√	√	√
13	涕灭威砜	Aldicarb sulfone											√	√	√	√	√	√	√	√	√	√
14	4-十二烷基-2,6-二甲基吗啉	Aldimorph											√	√	√	√	√	√	√	√	√	√
15	艾氏剂	Aldrin	√	√	√	√	√	√	√	√	√	√										
16	烯丙菊酯	Allethrin	√	√	√	√	√	√	√	√	√		√	√	√	√	√	√	√	√	√	√

续表

序号	中文名称	英文名称	GC-MS									GC-MS/MS	LC-MS/MS									
			1.6*	2.6	3.6/8.6	4.5	5.6	6.6	7.5	9.5	10.6	7.6	1.6	2.6	3.7	4.5	5.6	6.6	7.5	8.6	9.5	10.6*
			水果蔬菜	粮谷	蜂蜜果汁果酒	茶叶	食用菌	中草药	动物肌肉	河豚鱼鳗鱼对虾	牛奶奶粉	动物脂肪	水果蔬菜	粮谷	果蔬汁果酒	茶叶	食用菌	中草药	动物肌肉	蜂蜜	河豚鱼鳗鱼对虾	牛奶奶粉
			500种	475种	497种	519种	503种	488种	478种	485种	511种	295种	450种	486种	512种	448种	440种	413种	461种	486种	450种	493种
17	二丙烯草胺	Allidochlor	√	√	√	√	√	√	√	√	√		√	√	√	√	√	√	√	√	√	√
18	禾草灭	Alloxydim-sodium												√	√					√		
19	α-氯氰菊酯	α-Cypermethrin	√	√	√	√	√	√	√	√	√											
20	α-六六六	α-HCH	√	√	√							√										
21	莠灭净	Ametryn		√	√	√	√	√	√	√	√		√	√	√	√	√	√	√	√	√	√
22	赛灭磷	Amidithion											√	√	√	√	√	√	√	√	√	√
23	灭害威	Aminocarb											√	√	√	√	√	√	√	√	√	√
24	氯氨吡啶酸	Aminopyralid											√	√	√	√	√	√	√	√	√	√
25	双甲脒	Amitraz		√	√		√	√	√		√	√										
26	莎稗磷	Anilofos	√	√	√	√	√	√	√	√	√		√	√	√	√	√	√	√	√	√	√
27	蒽	Anthracene					√															
28	蒽醌	Anthraquinone	√	√	√	√	√	√	√	√	√		√	√	√	√		√	√	√	√	√
29	杀螨特	Aramite	√	√	√	√	√	√	√	√	√				√							
30	萎锈灵	Arboxin		√	√	√	√	√			√		√	√	√	√	√	√	√	√		√
31	丙硫特普	Aspon	√	√	√	√	√	√	√	√	√		√	√	√	√		√	√	√	√	√
32	乙基杀扑磷	Athidathion	√	√	√	√	√	√	√	√	√	√	√	√	√	√	√	√	√	√		√
33	阿特拉通	Atratone	√	√	√	√	√	√	√	√	√		√	√	√	√	√	√	√	√	√	√
34	阿特拉津	Atrazine	√	√	√	√	√	√	√	√	√	√	√	√	√	√	√	√	√	√	√	√
35	脱乙基阿特拉津	Atrazine-desethyl	√	√	√	√	√	√	√	√	√		√	√	√	√	√	√	√	√	√	√
36	阿特拉津	Atrazine	√	√	√	√	√	√	√	√	√		√	√	√	√	√	√	√	√	√	√
37	戊环唑	Azaconazole											√	√	√	√	√	√	√	√	√	√
38	甲基吡噁磷	Azamethiphos	√	√	√	√	√	√	√	√	√		√	√	√	√	√	√	√	√	√	√
39	益棉磷	Azinphos ethyl	√	√	√	√	√	√	√	√	√		√	√	√	√	√	√	√	√	√	√

续表

序号	中文名称	英文名称	GC-MS										GC-MS/MS	LC-MS/MS									
			1.6*	2.6	3.6/8.6	4.5	5.6	6.6	7.5	9.5	10.6	7.6	1.6	2.6	3.7	4.5	5.6	6.6	7.5	8.6	9.5	10.6*
			水果蔬菜	粮谷	蜂蜜果汁果酒	茶叶	食用菌	中草药	动物肌肉	河豚鱼鳗鱼对虾	牛奶奶粉	动物脂肪	水果蔬菜	粮谷	果蔬汁果酒	茶叶	食用菌	中草药	动物肌肉	蜂蜜	河豚鱼鳗鱼对虾	牛奶奶粉
			500种	475种	497种	519种	503种	488种	478种	485种	511种	295种	450种	486种	512种	448种	440种	413种	461种	486种	450种	493种
40	保棉磷	Azinphos-methyl	√	√	√	√	√	√	√	√	√		√	√	√	√	√	√	√		√	√
41	叠氮津	Aziprotryne	√	√	√	√	√	√	√	√	√											
42	嘧菌酯	Azoxystrobin	√	√	√	√	√	√	√	√	√											
43	4-溴-3,5-二甲基-N-甲基氨基甲酸酯-1	BDMC-1	√																			
44	4-溴-3,5-二甲基-N-甲基氨基甲酸酯-2	BDMC-2	√																			
45	噁虫威	Bediocarb											√	√	√	√	√	√	√		√	√
46	苯霜灵	Benalaxyl	√	√	√	√	√	√	√	√	√									√		
47	噁虫威	Bendiocarb											√	√	√	√	√	√	√	√	√	√
48	乙丁氟灵	Benfluralin	√	√	√	√	√	√	√	√	√											
49	甲基丙硫克百威	Benfuracarb-methyl										√										
50	呋草黄	Benfuresate	√	√	√		√	√	√	√	√		√	√	√	√	√	√	√		√	√
51	麦锈灵	Benodanil	√	√	√	√	√	√	√	√	√											
52	解草嗪	Benoxacor	√	√	√		√	√	√	√	√											
53	苄嘧磺隆	Bensulfuron-methyl										√	√	√	√	√	√	√	√	√	√	√
54	地散磷	Bensulide	√	√	√		√	√	√	√	√	√										
55	灭草松	Bentazone											√	√	√	√	√	√	√	√	√	√
56	苯并(a)蒽	Benzo(a)anthracene										√										
57	苯并(a)芘	Benzo(a)pyrene										√										
58	苯并(b)荧蒽	Benzo(b)fluoranthene										√										

续表

序号	中文名称	英文名称	GC-MS 1.6* 水果蔬菜 500种	2.6 粮谷 475种	3.6/8.6 蜂蜜果汁果酒 497种	4.5 茶叶 519种	5.6 食用菌中草药 503种	6.6 中草药 488种	7.5 动物肌肉 478种	9.5 河豚鱼鳗鱼对虾 485种	10.6 牛奶奶粉 511种	GC-MS/MS 7.6 动物脂肪 295种	LC-MS/MS 1.6 水果蔬菜 450种	2.6 粮谷 486种	3.7 果蔬汁果酒 512种	4.5 茶叶 448种	5.6 食用菌 440种	6.6 中草药 413种	7.5 动物肌肉 461种	8.6 蜂蜜 486种	9.5 河豚鱼鳗鱼对虾 450种	10.6* 牛奶奶粉 493种
59	苯并(g,h,i)芘	Benzo(g,h,i)peryene										✓										
60	苯并(k)荧蒽	Benzo(k)fluoranthene										✓										
61	吡草酮	Benzofenap											✓	✓	✓	✓	✓	✓	✓	✓	✓	✓
62	苯螨特	Benzoximate	✓											✓	✓	✓	✓	✓	✓	✓	✓	✓
63	新燕灵	Benzoylprop-ethyl	✓										✓	✓	✓	✓	✓	✓	✓	✓	✓	✓
64	苄基腺嘌呤	Benzyladenine											✓	✓	✓	✓	✓	✓	✓	✓	✓	✓
65	β-六六六	βHCH	✓	✓	✓	✓	✓	✓	✓	✓	✓	✓										
66	联苯肼酯	Bifenazate	✓		✓	✓	✓	✓	✓	✓	✓		✓	✓	✓	✓	✓	✓	✓	✓	✓	✓
67	甲羧除草醚	Bifenox	✓	✓	✓	✓	✓	✓	✓	✓	✓			✓	✓	✓	✓	✓	✓	✓	✓	✓
68	联苯菊酯	Bifenthrin	✓	✓	✓	✓	✓	✓	✓	✓	✓											
69	生物丙烯菊酯	Bioallethrin-1	✓	✓	✓	✓	✓	✓	✓	✓	✓											
70	生物烯丙菊酯-2	Bioallethrin-2	✓	✓	✓	✓	✓	✓	✓	✓	✓											
71	生物苄呋菊酯	Bioresmethrin	✓	✓	✓	✓	✓	✓	✓	✓	✓											
72	联苯	Biphenyl	✓	✓	✓	✓	✓	✓	✓	✓	✓											
73	双草醚	Bispyribacsodium												✓	✓	✓	✓	✓	✓	✓	✓	✓	✓
74	联苯三唑醇	Bitertanol	✓	✓	✓	✓	✓	✓	✓	✓	✓			✓	✓	✓	✓	✓	✓	✓	✓	✓
75	啶酰菌胺	Boscalid	✓	✓	✓	✓	✓	✓	✓	✓	✓			✓	✓	✓	✓	✓	✓	✓	✓	✓
76	除草定	Bromacil	✓	✓	✓	✓	✓	✓	✓	✓	✓			✓	✓	✓	✓	✓	✓	✓	✓	✓
77	溴苯烯磷	Bromfenvinfos	✓	✓	✓	✓	✓	✓	✓	✓	✓											
78	溴丁酰草胺	Bromobutide	✓											✓	✓	✓	✓	✓	✓	✓	✓	✓	✓
79	溴烯杀	Bromocylen	✓	✓	✓	✓	✓	✓	✓	✓	✓											
80	溴硫磷	Bromofos	✓	✓	✓	✓	✓	✓	✓	✓	✓											
81	乙基溴硫磷	Bromophos-ethyl	✓	✓	✓	✓	✓	✓	✓	✓	✓			✓	✓	✓	✓	✓	✓	✓	✓	✓

续表

序号	中文名称	英文名称	GC-MS 1.6* 水果蔬菜	2.6 粮谷	3.6/8.6 蜂蜜果汁果酒	4.5 茶叶	5.6 食用菌	6.6 中草药	7.5 动物肌肉	9.5 河豚鱼鳗鱼对虾	10.6 牛奶奶粉	GC-MS/MS 7.6 动物脂肪	LC-MS/MS 1.6 水果蔬菜	2.6 粮谷	3.7 果蔬汁果酒	4.5 茶叶	5.6 食用菌	6.6 中草药	7.5 动物肌肉	8.6 蜂蜜	9.5 河豚鱼鳗鱼对虾	10.6* 牛奶奶粉
			500种	475种	497种	519种	503种	488种	478种	485种	511种	295种	450种	486种	512种	448种	440种	413种	461种	486种	450种	493种
82	溴螨酯	Bromopropylate	√	√	√	√	√	√	√	√	√											
83	溴苯腈	Bromoxynil				√							√	√	√	√	√	√	√	√	√	√
84	溴莠敏	Brompyrazon											√	√	√	√	√	√	√	√	√	√
85	糠菌唑-1	Bromuconazole-1	√	√	√	√	√	√	√	√	√											
86	糠菌唑-2	Bromuconazole-2	√	√	√	√	√	√	√	√	√											
87	乙嘧酚磺酸酯	Bupirimate	√	√	√	√	√	√	√	√	√		√	√	√	√	√	√	√	√	√	√
88	噻嗪酮	Buprofezin	√	√	√	√	√	√	√	√	√		√	√	√	√	√	√	√	√	√	√
89	丁草胺	Butachlor	√	√	√	√	√	√	√	√	√											
90	氟丙嘧草酯	Butafenacil											√	√	√	√	√	√	√	√	√	√
91	抑草磷	Butamifos	√	√	√	√	√	√	√	√	√											
92	丁酮威	Butocarboxim											√	√	√	√	√	√	√	√	√	√
93	丁酮砜威	Butoxycarboxim											√	√	√	√	√	√	√	√	√	√
94	仲丁灵	Butralin	√	√	√	√	√	√	√	√	√											
95	播土隆	Buturon											√	√	√	√	√	√	√	√	√	√
96	丁草敌	Butylate	√	√	√	√	√	√	√	√	√											
97	硫线磷	Cadusafos	√	√	√	√	√	√	√	√	√		√	√	√	√	√	√	√	√	√	√
98	苯酮唑	Cafenstrole											√	√	√	√	√	√	√	√	√	√
99	敌菌丹	Captafol	√		√		√				√											
100	克菌丹	Captan	√		√						√											
101	甲萘威	Carbaryl	√	√	√	√	√	√	√	√	√		√	√	√	√	√	√	√	√	√	√
102	多菌灵	Carbendazim											√	√	√	√	√	√	√	√	√	√
103	双酰草胺	Carbetamide											√	√	√	√	√	√	√	√	√	√
104	三硫磷	Carbofenothion	√	√	√	√	√	√	√	√	√											

续表

序号	中文名称	英文名称	GC-MS									GC-MS/MS	LC-MS/MS								
			1.6*	2.6	3.6/8.6	4.5	5.6	6.6	7.5	9.5	10.6	7.6	1.6	2.6	3.7	4.5	5.6	6.6	7.5	8.6	9.5	10.6*
			水果蔬菜	粮谷	蜂蜜果汁果酒	茶叶	食用菌	中草药	动物肌肉	河豚鱼鳗鱼对虾	牛奶奶粉	动物脂肪	水果蔬菜	粮谷	果蔬汁果酒	茶叶	食用菌	中草药	动物肌肉	蜂蜜	河豚鱼鳗鱼对虾	牛奶奶粉
			500种	475种	497种	519种	503种	488种	478种	485种	511种	295种	450种	486种	512种	448种	440种	413种	461种	486种	450种	493种
105	克百威	Carbofuran											√			√	√	√	√	√	√	√
106	丁硫克百威	Carbosulfan		√	√		√	√	√	√	√					√						
107	萎锈灵	Carboxin	√	√	√		√	√	√	√	√		√	√	√	√	√	√	√	√	√	√
108	唑酮草酯	Carfentrazone-ethyl	√	√	√	√	√		√	√	√		√	√	√	√	√	√	√		√	
109	环丙酰菌胺	Carpropamid	√	√	√		√		√	√	√		√		√	√	√	√	√		√	
110	杀螟丹盐酸盐	Cartap hydrochloride											√		√	√						
111	草灭平	Chloramben				√																
112	氯霉素	Chloramphenicol															√					
113	杀螨醚	Chlorbenside	√	√	√	√	√	√	√	√	√		√			√						
114	氯杀螨砜	Chlorbenside sulfone	√	√	√	√	√	√	√	√	√											
115	氯溴隆	Chlorbromuron	√	√	√	√	√		√	√	√		√	√	√	√	√	√	√		√	
116	氯炔灵	Chlorbufam	√	√	√	√	√	√	√	√	√		√	√	√	√	√	√	√	√	√	√
117	杀虫脒	Chlordimeform	√	√	√	√	√		√	√	√		√	√	√	√	√	√	√		√	
118	杀虫脒盐酸盐	Chlordimeform hydrochloride	√	√	√	√	√	√	√	√	√	√										
119	氯氧磷	Chlorethoxyfos	√	√	√	√	√	√	√	√	√		√		√	√	√	√	√		√	
120	溴虫腈	Chlorfenapyr	√	√	√	√	√		√	√	√		√	√	√	√	√	√	√	√	√	
121	杀螨醇	Chlorfenethol	√	√	√	√	√	√	√	√	√											
122	燕麦酯	Chlorfenprop-methyl	√	√	√	√	√	√	√	√	√											
123	杀螨酯	Chlorfenson	√	√	√	√	√	√	√	√	√											
124	毒虫畏	Chlorfenvinphos	√	√	√	√	√	√	√	√	√	√	√		√	√						
125	氟啶脲	Chlorfluazuron	√	√	√	√	√		√	√	√		√	√	√	√	√	√	√	√	√	√
126	整形醇	Chlorflurenol	√	√	√	√	√	√	√	√	√											

续表

序号	中文名称	英文名称	GC-MS 水果蔬菜 1.6* 500种	粮谷 2.6 475种	蜂蜜果汁果酒 3.6/8.6 497种	茶叶 4.5 519种	食用菌 5.6 503种	中草药 6.6 488种	动物肌肉 7.5 478种	河豚鱼鳗鱼对虾 9.5 485种	牛奶奶粉 10.6 511种	GC-MS/MS 动物脂肪 7.6 295种	LC-MS/MS 水果蔬菜 1.6 450种	粮谷 2.6 486种	果蔬汁果酒 3.7 512种	茶叶 4.5 448种	食用菌 5.6 440种	中草药 6.6 413种	动物肌肉 7.5 461种	蜂蜜 8.6 486种	河豚鱼鳗鱼对虾 9.5 450种	牛奶奶粉 10.6* 493种
127	氯草敏	Chloridazon											√	√	√	√	√	√	√	√	√	√
128	氯嘧磺隆	Chlorimuron ethyl																				
129	氯甲硫磷	Chlormephos	√																			
130	矮壮素	Chlormequat													√							
131	矮壮素氯化物	Chlormequat chloride																				
132	乙酯杀螨醇	Chlorobenzilate	√		√	√	√	√	√	√	√		√									√
133	灭幼脲	Chlorbenzuron											√	√	√	√	√	√	√	√	√	√
134	绿麦隆	Chlorolurons																				
135	氯苯甲醚	Chloroneb	√		√	√	√	√	√	√	√											
136	丙酯杀螨醇	Chloropropylate	√	√	√	√	√	√	√	√	√											
137	百菌清	Chlorothalonil	√	√	√	√	√	√	√	√		√											
138	绿麦隆	Chlorotoluron											√	√	√	√	√	√	√	√	√	√
139	枯草隆	Chloroxuron	√	√	√	√	√	√	√	√	√		√	√	√	√	√	√	√	√	√	√
140	氯辛硫磷	Chlorphoxim	√	√	√	√	√	√	√	√	√											
141	氯苯胺灵	Chlorpropham	√	√	√	√	√	√	√	√	√		√	√	√	√	√	√	√	√	√	√
142	毒死蜱	Chlorpyrifos	√	√	√	√	√	√	√	√	√											
143	甲基毒死蜱	Chlorpyrifos methyl	√	√	√	√	√	√	√	√	√											
144	氯磺隆	Chlorsulfuron											√	√	√	√	√	√	√	√	√	√
145	氯酞酸甲酯	Chlorthal-dimethyl	√	√	√	√	√	√	√	√	√											
146	氯硫酰草胺	Chlorthiamid	√	√	√	√	√	√	√	√	√											
147	氯硫磷	Chlorthion	√	√	√	√	√	√	√	√	√											
148	虫螨磷	Chlorthiophos	√	√	√	√	√	√	√	√	√	√										
149	氯麦隆	Chlortoluron											√	√	√	√	√	√	√	√	√	√

附　录

续表

序号	中文名称	英文名称	GC-MS 水果蔬菜 1.6*	GC-MS 粮谷 2.6	GC-MS 蜂蜜果汁果酒 3.6/8.6	GC-MS 茶叶 4.5	GC-MS 食用菌 5.6	GC-MS 中草药 6.6	GC-MS 动物肌肉 7.5	GC-MS 河豚鱼鳗鱼对虾 9.5	GC-MS 牛奶奶粉 10.6	GC-MS/MS 动物脂肪 7.6	LC-MS/MS 水果蔬菜 1.6	LC-MS/MS 粮谷 2.6	LC-MS/MS 果蔬汁果酒 3.7	LC-MS/MS 茶叶 4.5	LC-MS/MS 食用菌 5.6	LC-MS/MS 中草药 6.6	LC-MS/MS 动物肌肉 7.5	LC-MS/MS 蜂蜜 8.6	LC-MS/MS 河豚鱼鳗鱼对虾 9.5	LC-MS/MS 牛奶奶粉 10.6*
			500种	475种	497种	519种	503种	488种	478种	485种	511种	295种	450种	486种	512种	448种	440种	413种	461种	486种	450种	493种
150	乙菌利	Chlozolinate	√	√	√	√	√	√	√	√	√											
151	环虫酰肼	Chromafenozide																				√
152	苯并菲(䓛)	Chrysene									√											
153	吲哚酮草酯	Cinidon-ethyl											√		√	√						
154	环庚草醚	Cinmethylin				√					√											
155	醚黄隆	Cinosulfuron													√							
156	毒虫畏	cis-, trans-Chlorfenvinphos			√																	
157	燕麦敌	cis-, trans-Diallate			√																	
158	顺式氯丹	cis-Chlordane	√	√	√	√	√	√	√	√	√											
159	四氢邻苯二甲酰亚胺	cis-1,2,3,6-Tetrahydrophthalimide	√	√	√		√	√	√	√	√							√		√		
160	顺式氯丹	cis-Chlordane	√	√	√		√	√	√	√	√											
161	顺式燕麦敌	cis-Diallate	√	√	√		√	√	√	√	√											
162	顺式氯菊酯	cis-Permethrin	√	√	√	√	√	√	√	√	√											
163	烯草酮	Clethodim											√	√	√	√			√			√
164	炔草酯	Clodinafop propargyl											√		√	√		√	√	√	√	√
165	四螨嗪	Clofentezine											√		√	√						√
166	异噁草松	Clomazone											√	√	√	√		√			√	√
167	氯甲酰草胺	Clomeprop											√		√	√			√			√
168	调果酸	Cloprop													√							
169	二氯吡啶酸	Clopyralld											√	√	√	√		√	√	√	√	√
170	解草酯	Cloquintocet mexyl	√		√																	

续表

序号	中文名称	英文名称	GC-MS 1.6* 水果蔬菜	2.6 粮谷	3.6/8.6 蜂蜜果汁果酒	4.5 茶叶	5.6 食用菌	6.6 中草药	7.5 动物肌肉	9.5 河豚鱼鳗鱼对虾	10.6 牛奶奶粉	GC-MS/MS 7.6 动物脂肪	LC-MS/MS 1.6 水果蔬菜	2.6 粮谷	3.7 果蔬汁果酒	4.5 茶叶	5.6 食用菌	6.6 中草药	7.5 动物肌肉	8.6 蜂蜜	9.5 河豚鱼鳗鱼对虾	10.6* 牛奶奶粉
			500种	475种	497种	519种	503种	488种	478种	485种	511种	295种	450种	486种	512种	448种	440种	413种	461种	486种	450种	493种
171	噻虫胺	Clothianidin											√	√	√	√	√	√	√	√	√	√
172	蝇毒磷	Coumaphos	√	√	√	√	√	√	√	√	√											
173	杀鼠醚	Coumatetralyl	√	√	√	√	√	√	√	√	√		√	√	√	√	√	√	√	√	√	√
174	鼠立死	Crimidine	√	√	√	√	√	√	√	√	√		√	√	√	√	√	√	√	√	√	√
175	巴毒磷	Crotoxyphos	√	√	√	√	√	√	√	√	√											
176	菁畜磷	Crufomate	√	√	√	√	√	√	√	√	√											
177	可灭隆	Cumyluron	√	√	√	√	√	√	√	√	√		√	√	√	√	√	√	√	√	√	√
178	氰草津	Cyanazine	√	√	√	√	√	√	√	√	√		√	√	√	√	√	√	√	√	√	√
179	苯腈磷	Cyanofenphos	√	√	√	√	√	√	√	√	√											
180	杀螟腈	Cyanophos	√	√	√	√	√	√	√	√	√											
181	氰霜唑	Cyazofamid											√	√	√	√	√	√	√	√	√	√
182	环丙酸酰胺	Cyclanilide											√	√	√	√	√	√	√	√	√	√
183	环草敌	Cycloate	√	√	√	√	√	√	√	√	√											
184	环丙嘧磺隆	Cyclosulfamuron											√	√	√	√	√	√	√	√	√	√
185	噻草酮	Cycloxydim	√	√	√	√	√	√	√	√	√											
186	环草隆	Cycluron	√	√	√	√	√	√	√	√	√		√	√	√	√	√	√	√	√	√	√
187	环氟菌胺	Cyflufenamid											√	√	√	√	√	√	√	√	√	√
188	氟氯氰菊酯	Cyfluthrin	√	√	√	√	√	√	√	√	√	√										
189	氰氟草酯	Cyhalofop-butyl										√										
190	霜脲氰	Cymoxanil	√	√	√	√	√	√	√	√	√											
191	氯氰菊酯	Cypermethrin	√	√	√	√	√	√	√	√	√	√								√		√
192	环丙津	Cyprazine	√	√	√	√	√	√	√	√	√											
193	环丙唑醇	Cyproconazole	√	√	√	√	√	√	√	√	√		√	√	√	√	√	√	√	√	√	√

续表

序号	中文名称	英文名称	GC-MS 1.6* 水果蔬菜 500种	2.6 粮谷 475种	3.6/8.6 蜂蜜果汁果酒 497种	4.5 茶叶 519种	5.6 食用菌 503种	6.6 中草药 488种	7.5 动物肌肉 478种	9.5 河豚鱼鳗鱼对虾 485种	10.6 牛奶奶粉 511种	GC-MS/MS 7.6 动物脂肪 295种	LC-MS/MS 1.6 水果蔬菜 450种	2.6 粮谷 486种	3.7 果蔬汁果酒 512种	4.5 茶叶 448种	5.6 食用菌 440种	6.6 中草药 413种	7.5 动物肌肉 461种	8.6 蜂蜜 486种	9.5 河豚鱼鳗鱼对虾 450种	10.6* 牛奶奶粉 493种
194	嘧菌环胺	Cyprodinil											√	√		√					√	√
195	灭蝇胺	Cyromazine											√	√		√					√	√
196	赛灭磷	Cythioate	√								√											
197	敌草索	Dacthal		√	√	√	√	√	√		√											
198	杀草隆	Daimuron											√			√						
199	茅草枯	Dalapon																				
200	丁酰肼	Daminozide											√	√		√	√			√	√	√
201	棉隆	Dazomet																				
202	脱叶磷	DEF	√	√	√	√	√	√	√		√											
203	δ-六六六	δ-HCH	√	√	√	√	√	√	√	√	√											
204	溴氰菊酯	Deltamethrin										√	√	√	√	√	√	√	√	√	√	
205	内吸磷(O+S)	Demeton(O+S)	√	√	√	√	√	√	√		√											
206	硫赶内吸磷	Demeton-S	√	√	√	√	√	√	√		√											
207	甲基内吸磷	Demeton-S-methyl	√	√	√	√	√		√	√	√											
208	甲基内吸磷砜	Demeton-S-methyl sulfone		√	√	√	√															
209	甲基内吸磷亚砜	Demeton-S-methyl sulfoxide		√	√	√	√	√														
210	2,2',4,5,5'-五氯联苯	DE-PCB 101	√	√	√	√	√	√	√	√	√											
211	2,3,4,4',5-五氯联苯	DE-PCB 118	√	√	√	√	√	√	√	√	√											
212	2,2',3,4,4',5-六氯联苯	DE-PCB 138	√	√	√	√	√	√	√	√	√											

续表

序号	中文名称	英文名称	GC-MS 水果蔬菜 1.6*	粮谷 2.6	蜂蜜果汁果酒 3.6/8.6	茶叶 4.5	食用菌 5.6	中草药 6.6	动物肌肉 7.5	河豚鱼鳗鱼对虾 9.5	牛奶奶粉 10.6	GC-MS/MS 动物脂肪 7.6	LC-MS/MS 水果蔬菜 1.6	粮谷 2.6	果蔬汁果酒 3.7	茶叶 4.5	食用菌 5.6	中草药 6.6	动物肌肉 7.5	蜂蜜 8.6	河豚鱼鳗鱼对虾 9.5	牛奶奶粉 10.6*
			500种	475种	497种	519种	503种	488种	478种	485种	511种	295种	450种	486种	512种	448种	440种	413种	461种	486种	450种	493种
213	2,2',4,4',5,5'-六氯联苯	DE-PCB 153	✓	✓	✓	✓	✓	✓	✓	✓	✓											
214	2,2,3,4,4',5,5'-七氯联苯	DE-PCB 180	✓	✓	✓	✓	✓	✓	✓	✓	✓											
215	2,4,4'-三氯联苯	DE-PCB 28	✓	✓	✓	✓	✓	✓	✓	✓	✓											
216	2,4,5-三氯联苯	DE-PCB 31	✓	✓	✓	✓	✓	✓	✓	✓	✓											
217	2,2',5,5'-四氯联苯	DE-PCB 52	✓	✓	✓	✓	✓	✓	✓	✓	✓											
218	脱溴溴苯磷	Desbrom-leptophos	✓																			
219	脱乙基仲丁津	Desethyl-sebuthylazine	✓																			
220	脱异丙基阿特拉津	Desisopropyl-atrazine	✓																			
221	甜菜胺	Desmedipham											✓	✓	✓	✓	✓	✓	✓	✓	✓	✓
222	敌草净	Desmetryn	✓										✓	✓	✓	✓	✓	✓	✓	✓	✓	✓
223	丁醚脲	Diafenthiuron											✓	✓	✓	✓	✓	✓	✓	✓	✓	✓
224	氯亚胺硫磷	Dhalifos	✓	✓	✓	✓	✓	✓	✓	✓	✓											
225	燕麦敌	Diallate	✓	✓	✓	✓	✓	✓	✓	✓	✓											
226	二嗪磷	Diazinon	✓	✓	✓	✓	✓	✓	✓	✓	✓		✓	✓	✓	✓	✓	✓	✓	✓	✓	✓
227	二苯并(a,h)蒽	Dbenzo(a,h)anthracene										✓										
228	畜虫避	Dibutyl succinate	✓										✓	✓	✓	✓	✓	✓	✓	✓	✓	✓
229	麦草畏	Dicamba											✓	✓	✓	✓	✓	✓	✓	✓	✓	✓
230	异氯磷	Dicapthon	✓	✓	✓	✓	✓	✓	✓	✓	✓											
231	敌草腈	Dichlobenil	✓	✓	✓	✓	✓	✓	✓	✓	✓											
232	除线磷	Dichlofenthion	✓	✓	✓	✓	✓	✓	✓	✓	✓											

附　　录

续表

序号	中文名称	英文名称	GC-MS 水果蔬菜 1.6* 500种	GC-MS 粮谷 2.6 475种	GC-MS 蜂蜜果汁果酒 3.6/8.6 497种	GC-MS 茶叶 4.5 519种	GC-MS 食用菌中草药 5.6 503种	GC-MS 中草药 6.6 488种	GC-MS 动物肌肉 7.5 478种	GC-MS 河豚鱼鳗鱼对虾 9.5 485种	GC-MS 牛奶奶粉 10.6 511种	GC-MS/MS 动物脂肪 7.6 295种	LC-MS/MS 水果蔬菜 1.6 450种	LC-MS/MS 粮谷 2.6 486种	LC-MS/MS 果蔬汁果酒 3.7 512种	LC-MS/MS 茶叶 4.5 448种	LC-MS/MS 食用菌中草药 5.6 440种	LC-MS/MS 中草药 6.6 413种	LC-MS/MS 动物肌肉 7.5 461种	LC-MS/MS 蜂蜜 8.6 486种	LC-MS/MS 河豚鱼鳗鱼对虾 9.5 450种	LC-MS/MS 牛奶奶粉 10.6* 493种
233	抑菌灵	Dichlofluanid	√	√	√	√	√	√	√	√	√											
234	氯硝胺	Dichloran	√	√	√	√	√	√	√	√	√											
235	烯丙酰草胺	Dichlormid	√	√	√		√	√	√	√	√											
236	2,4-滴丙酸	Dichlorprop	√	√	√	√								√	√	√							
237	敌敌畏	Dichlorvos	√	√	√	√	√	√	√	√	√											
238	苄氯三唑醇	Diclobutrazole	√	√	√	√	√	√	√	√	√			√	√	√	√	√	√	√	√	√	√
239	禾草灵	Diclofop-methyl	√	√	√	√	√	√	√	√	√											
240	氯硝胺	Dicloran	√	√	√	√	√	√	√	√	√											
241	三氯杀螨醇	Dicofol	√	√	√	√	√	√	√	√	√	√										
242	百治磷	Dicrotophos	√	√	√	√	√	√	√	√	√		√	√	√	√	√	√	√	√	√	√
243	狄氏剂	Dieldrin	√	√	√	√	√	√	√	√	√	√										
244	乙霉威	Diethofencarb	√	√	√	√	√	√	√	√	√		√	√	√	√	√	√	√	√	√	√
245	避蚊胺	Diethyltoluamide	√	√	√	√	√	√	√	√	√	√										
246	苯醚甲环唑-1	Difenconazole-1	√		√	√	√	√	√	√	√											
247	苯醚甲环唑-2	Difenconazole-2											√	√	√	√	√	√	√	√	√	√
248	枯莠隆	Difenoxuron											√	√	√	√	√	√	√	√	√	√
249	野燕枯	Difenzoquat-methyl sulfate											√	√	√	√	√	√	√	√	√	√
250	吡氟酰草胺	Diflufenican	√	√	√	√	√	√	√	√	√											
251	氟吡草腙钠	Diflufenzopyr-sodium											√	√	√	√	√	√	√	√	√	√
252	甲氟磷	Dimefox	√	√	√	√	√	√	√	√	√											
253	噁唑隆	Dimefuron											√	√	√	√	√	√	√	√	√	√
254	杀虫双	Dimehypo											√									√

续表

序号	中文名称	英文名称	GC-MS									GC-MS/MS	LC-MS/MS							
			1.6*	2.6	3.6/8.6	4.5	5.6	6.6	7.5	9.5	10.6	7.6	1.6	2.6	3.7	4.5	5.6	6.6	7.5	8.6	9.5	10.6*
			水果蔬菜	粮谷	蜂蜜果汁果酒	茶叶	食用菌中草药		动物肌肉	河豚鱼鳗鱼对虾	牛奶奶粉	动物脂肪	水果蔬菜	粮谷	果蔬汁果酒	茶叶	食用菌	中草药	动物肌肉	蜂蜜	河豚鱼鳗鱼对虾	牛奶奶粉
			500种	475种	497种	519种	503种	488种	478种	485种	511种	295种	450种	486种	512种	448种	440种	413种	461种	486种	450种	493种
255	哌草丹	Dimepiperate	√	√	√	√	√	√	√	√	√		√	√	√	√	√	√	√	√	√	√
256	二甲草胺	Dimethachlor	√	√	√	√	√	√	√	√	√		√	√	√	√	√	√	√	√	√	√
257	异戊乙净	Dimethametryn	√	√	√	√	√	√	√	√	√		√	√	√	√	√	√	√	√	√	√
258	二甲吩草胺	Dimethenamid	√	√	√	√	√	√	√	√	√		√	√	√	√	√	√	√	√	√	√
259	嗪节因	Dimethipin	√	√																		
260	甲菌定	Dimethirimol											√	√	√	√	√	√	√	√	√	√
261	乐果	Dimethoate	√	√	√	√	√	√	√	√	√		√	√	√	√	√	√	√	√	√	√
262	烯酰吗啉	Dimethomorph											√	√	√	√	√	√	√	√	√	√
263	避蚊酯	Dimethyl phthalate	√	√	√	√	√	√		√	√	√										
264	甲基毒虫畏	Dimethylvinphos	√	√	√	√	√	√	√	√	√											
265	烯唑醇	Diniconazole	√	√	√	√	√	√	√	√	√		√	√	√	√	√	√	√	√	√	√
266	氨氟灵	Dinitramine	√	√	√	√	√	√	√	√	√											
267	消螨通	Dinobuton									√		√	√	√	√	√	√	√	√	√	√
268	地乐酚	Dinoseb	√	√	√	√	√	√	√	√	√											
269	地乐酯	Dinoseb acetate	√	√	√	√	√	√	√	√	√											
270	呋虫胺	Dinotefuran											√	√	√	√	√	√	√	√	√	√
271	草消酚	Dnoterb	√	√	√	√	√	√	√	√	√											
272	苯虫醚-1	Diofenolan-1	√	√	√	√	√	√	√	√	√											
273	苯虫醚-2	Diofenolan-2	√	√	√	√	√	√	√	√	√											
274	疏果酯	Dioxabenzofos	√	√	√	√	√	√	√	√	√		√	√	√	√	√	√	√	√	√	√
275	二氧威	Dioxacarb	√	√	√	√	√	√	√	√	√		√	√	√	√	√	√	√	√	√	√
276	敌恶磷	Dioxathion	√	√	√	√	√	√	√	√	√											
277	双苯酰草胺	Diphenamid	√	√	√	√	√	√	√	√	√		√	√	√	√	√	√	√	√	√	√

续表

序号	中文名称	英文名称	GC-MS								GC-MS/MS			LC-MS/MS						
			1.6*	2.6	3.6/8.6	4.5	5.6	6.6	7.5	9.5	10.6	7.6	1.6	2.6	3.7	4.5	5.6	6.6	7.5	8.6	9.5	10.6*
			水果蔬菜	粮谷	蜂蜜果汁果酒	茶叶	食用菌	中草药	动物肌肉	河豚鱼鳗鱼对虾	牛奶奶粉	动物脂肪	水果蔬菜	粮谷	果蔬汁果酒	茶叶	食用菌	中草药	动物肌肉	蜂蜜	河豚鱼鳗鱼对虾	牛奶奶粉
			500种	475种	497种	519种	503种	488种	478种	485种	511种	295种	450种	486种	512种	418种	440种	413种	461种	486种	450种	493种
278	联苯二胺	Diphenylamine	√	√	√	√	√	√	√	√	√		√	√	√	√	√	√	√	√	√	√
279	异丙净	Dipropetryn	√	√	√	√	√	√		√	√											
280	乙拌磷	Disulfoton	√	√	√	√	√	√	√	√	√											
281	乙拌磷砜	Disulfoton sulfone	√	√	√	√	√	√			√		√	√	√	√	√	√	√	√	√	√
282	乙拌磷亚砜	Disulfoton-sulfoxide											√	√	√	√	√	√	√	√	√	√
283	灭菌磷	Ditalimfos	√	√	√	√	√	√	√	√	√											
284	二嗪农	Dithianon											√	√	√	√	√	√	√	√	√	√
285	氟硫草定	Dithiopyr	√	√	√	√	√	√	√	√	√											
286	敌草隆	Diuron											√	√	√	√	√	√	√	√	√	√
287	丁酰肼	DMSA					√	√	√	√	√											
288	N,N二甲基氨基-N-甲苯	DMST											√	√	√	√	√	√	√	√	√	√
289	4,6-二硝基邻甲酚	DNOC	√	√	√	√	√	√	√	√	√											
290	十二环吗啉	Dodemorph											√	√	√	√	√	√	√	√	√	√
291	多果定	Dodine											√	√	√	√	√	√	√	√	√	√
292	敌瘟磷	Edifenphos	√	√	√	√	√	√	√	√	√											
293	甲氨基阿维菌素苯甲酸盐	Emamectin benzoate											√	√	√	√	√	√	√	√	√	√
294	硫丹-2	Endosulfan-2	√	√	√	√	√	√	√	√	√	√										
295	硫丹-1	Endosulfan-1	√	√	√	√	√	√	√	√	√											
296	硫丹硫酸盐	Endosulfan-sulfate	√	√	√	√	√	√	√	√	√	√										
297	草多索	Endothal																				
298	异狄氏剂	Endrin	√	√	√	√	√	√	√	√	√	√										

续表

序号	中文名称	英文名称	GC-MS									GC-MS/MS	LC-MS/MS									
			1.6*	2.6	3.6/8.6	4.5	5.6	6.6	7.5	9.5	10.6	7.6	1.6	2.6	3.7	4.5	5.6	6.6	7.5	8.6	9.5	10.6*
			水果蔬菜	粮谷	蜂蜜果汁果酒	茶叶	食用菌中草药	动物肌肉	河豚鱼鳗鱼对虾	牛奶奶粉		动物脂肪	水果蔬菜	粮谷	果蔬汁果酒	茶叶	食用菌中草药	中草药	动物肌肉	蜂蜜	河豚鱼鳗鱼对虾	牛奶奶粉
			500种	475种	497种	519种	503种	488种	478种	485种	511种	295种	450种	486种	512种	448种	440种	413种	461种	486种	450种	493种
299	异狄氏剂醛	Endrin aldehyde	✓	✓	✓	✓	✓	✓	✓	✓	✓											
300	异狄氏剂酮	Endrin ketone	✓	✓	✓	✓	✓	✓	✓	✓	✓											
301	苯硫磷	EPN	✓	✓	✓	✓	✓	✓	✓	✓	✓		✓		✓	✓	✓	✓	✓	✓		✓
302	氟环唑-2	Epoxiconazole-2	✓	✓	✓	✓	✓	✓	✓	✓	✓											
303	氟环唑-1	Epoxiconazole-1	✓	✓	✓	✓	✓	✓	✓	✓	✓		✓		✓	✓	✓	✓	✓	✓		✓
304	ε-六六六	ε-HCH	✓	✓	✓	✓	✓	✓	✓	✓	✓											
305	茵草敌	EPTC	✓	✓	✓	✓	✓	✓	✓	✓	✓											
306	抑草蓬	Erbon	✓	✓	✓	✓	✓	✓	✓	✓	✓											
307	S-氰戊菊酯	Esfenvalerate	✓	✓	✓	✓	✓	✓	✓	✓	✓		✓		✓	✓	✓	✓	✓	✓		✓
308	戊草丹	Esprocarb	✓	✓	✓	✓	✓	✓	✓	✓	✓											
309	乙环唑-1	Etaconazole-1	✓	✓	✓	✓	✓	✓	✓	✓	✓											
310	乙环唑-2	Etaconazole-2	✓	✓	✓	✓	✓	✓	✓	✓	✓											
311	乙丁烯氟灵	Ethalfluralin	✓	✓	✓	✓	✓	✓	✓	✓	✓											
312	磺噻隆	Ethidimuron											✓		✓	✓	✓	✓	✓	✓		✓
313	乙硫苯威	Ethiofencarb											✓		✓	✓	✓	✓	✓	✓		✓
314	乙硫苯威亚砜	Ethiofencarb-sulfoxide											✓		✓	✓	✓	✓	✓	✓		✓
315	乙硫磷	Ethion	✓	✓	✓	✓	✓	✓	✓	✓	✓		✓		✓	✓	✓	✓	✓	✓		✓
316	乙虫清	Ethiprole											✓		✓	✓	✓	✓	✓	✓		✓
317	乙菌定	Ethirimol											✓		✓	✓	✓	✓	✓	✓		✓
318	乙氧呋草黄	Ethofumesate	✓	✓	✓	✓	✓	✓	✓	✓	✓	✓										
319	灭线磷	Ethoprophos	✓	✓	✓	✓	✓	✓	✓	✓	✓		✓	✓	✓	✓	✓	✓	✓	✓		✓
320	乙氧喹啉	Ethoxyquin											✓		✓	✓	✓	✓	✓	✓		✓
321	乙氧嘧磺隆	Ethoxysulfuron											✓		✓	✓	✓	✓	✓	✓		✓

续表

序号	中文名称	英文名称	GC-MS									GC-MS/MS		LC-MS/MS							
			1.6* 水果蔬菜 500种	2.6 粮谷 475种	3.6/8.6 蜂蜜果汁果酒 497种	4.5 茶叶 519种	5.6 食用菌中草药 503种	6.6 中草药 488种	7.5 动物肌肉 478种	9.5 河豚鱼鳗鱼对虾 485种	10.6 牛奶奶粉 511种	7.6 动物脂肪 295种	1.6 水果蔬菜 450种	2.6 粮谷 486种	3.7 果蔬汁果酒 512种	4.5 茶叶 448种	5.6 食用菌 440种	6.6 中草药 413种	7.5 动物肌肉 461种	8.6 蜂蜜 486种	9.5 河豚鱼鳗鱼对虾 450种	10.6* 牛奶奶粉 493种
322	乙撑硫脲	Ethylene thiourea																				√
323	乙氧苯草胺	Etobenzanid		√	√	√	√	√			√			√	√	√	√	√				√
324	醚菊酯	Etofenprox	√	√	√	√	√	√	√	√	√											√
325	乙螨唑	Etoxazole	√	√	√	√	√	√	√	√	√			√	√	√	√	√	√	√		√
326	土菌灵	Etridiazol	√	√	√	√																	
327	乙嘧硫磷	Etrimfos		√	√	√	√	√	√	√	√											
328	氧乙嘧啶磷	Etrimfos oxon	√	√	√	√	√	√		√	√											
329	噁唑菌酮	Famoxadone					√															
330	伐灭磷	Famphur	√	√	√	√	√	√	√	√	√											
331	噁唑禾草灵	Fenpxaprop-ethyl												√	√	√	√	√	√	√			√
332	咪唑菌酮	Fenamidone	√	√	√	√	√	√	√	√	√											
333	敌磺钠	Fenaminosulf	√	√	√	√	√	√		√	√											
334	苯线磷	Fenamiphos	√	√	√	√	√	√	√	√	√											
335	苯线磷砜	Fenamiphos sulfone	√	√	√	√	√	√	√	√	√											
336	苯线磷亚砜	Fenamiphos sulfoxide	√	√	√	√	√	√	√	√	√								√			
337	氯苯嘧啶醇	Fenarimol	√	√	√	√	√	√	√	√	√			√	√	√	√	√	√	√			√
338	喹螨醚	Fenazaquin	√	√	√		√	√	√	√	√											
339	腈苯唑	Fenbuconazole	√	√	√	√	√	√	√	√	√			√	√	√	√	√	√	√			√
340	皮蝇磷	Fenchlorphos				√			√		√											
341	氧皮蝇磷	Fenchlorphos oxon	√	√	√		√	√	√	√	√											
342	甲呋酰胺	Fenfuram												√		√	√	√	√	√	√		√
343	环酰菌胺	Fenhexamid				√								√	√	√	√	√	√	√	√		√
344	杀螟硫磷	Fenitrothion	√	√	√	√	√	√	√	√	√											

续表

序号	中文名称	英文名称	GC-MS									GC-MS/MS	LC-MS/MS									
			1.6* 水果蔬菜 500种	2.6 粮谷 475种	3.6/8.6 蜂蜜果汁果酒 497种	4.5 茶叶 519种	5.6 食用菌 503种	6.6 中草药 488种	7.5 动物肌肉 478种	9.5 河豚鱼鳗鱼对虾 485种	10.6 牛奶奶粉 511种	7.6 动物脂肪 295种	1.6 水果蔬菜 450种	2.6 粮谷 486种	3.7 果蔬汁果酒 512种	4.5 茶叶 448种	5.6 食用菌 440种	6.6 中草药 413种	7.5 动物肌肉 461种	8.6 蜂蜜 486种	9.5 河豚鱼鳗鱼对虾 450种	10.6* 牛奶奶粉 493种
345	仲丁威	Fenobucarb	√	√	√	√	√	√	√	√	√		√	√	√	√	√	√	√	√	√	√
346	2,4,5-滴丙酸	Fenoprop				√																
347	苯硫威	Fenothiocarb	√	√	√		√	√					√	√	√	√	√	√	√	√	√	√
348	氰菌胺	Fenoxanil	√	√	√	√	√	√	√	√	√		√	√	√	√	√	√	√	√	√	√
349	噁丙酸	Fenoxaprop	√	√	√	√	√	√	√	√	√		√	√	√	√	√	√	√	√	√	√
350	苯氧威	Fenoxycarb	√	√	√	√	√	√	√	√	√		√	√	√	√	√	√	√	√	√	√
351	拌种咯	Fenpiclonil	√	√	√	√	√	√	√	√	√		√	√	√	√	√	√	√	√	√	√
352	甲氰菊酯	Fenpropathrin	√	√	√	√	√	√	√	√	√		√	√	√	√	√	√	√	√	√	√
353	苯锈啶	Fenpropidin	√	√	√	√	√	√	√	√	√		√	√	√	√	√	√	√	√	√	√
354	丁苯吗啉	Fenpropimorph	√	√	√	√	√	√	√	√	√		√	√	√	√	√	√	√	√	√	√
355	唑螨酯	Fenpyroximate	√	√	√	√	√	√	√	√	√		√	√	√	√	√	√	√	√	√	√
356	芬杀酯	Fenson	√	√	√	√	√	√	√	√	√		√	√	√	√	√	√	√	√	√	√
357	丰索磷	Fensulfothion	√	√	√	√	√	√	√	√	√		√	√	√	√	√	√	√	√	√	√
358	倍硫磷	Fenthion	√	√	√	√	√	√	√	√	√		√	√	√	√	√	√	√	√	√	√
359	氧倍硫磷	Fenthion oxon	√	√	√	√	√	√	√	√	√		√	√	√	√	√	√	√	√	√	√
360	倍硫磷砜	Fenthion sulfone	√	√	√	√	√	√	√	√	√		√	√	√	√	√	√	√	√	√	√
361	倍硫磷亚砜	Fenthion sulfoxide	√	√	√	√	√	√	√	√	√		√	√	√	√	√	√	√	√	√	√
362	氯化薯瘟锡	Fentin-chloride																				
363	四唑酰草胺	Fentrazamide	√	√	√	√	√	√	√	√	√		√	√	√	√	√	√	√	√	√	√
364	非草隆	Fenuron	√	√	√		√	√					√	√	√	√	√	√	√	√	√	√
365	氰戊菊酯-1	Fenvalerate-1	√	√	√	√	√	√	√	√	√	√										
366	氰戊菊酯-2	Fenvalerate-2	√	√	√	√	√	√	√	√	√	√										
367	氟虫腈	Fipronil	√	√	√	√	√	√	√	√	√		√	√	√	√	√	√	√	√	√	√

续表

序号	中文名称	英文名称	GC-MS									GC-MS/MS	LC-MS/MS									
			1.6*	2.6	3.6/8.6	4.5	5.6	6.6	7.5	9.5	10.6	7.6	1.6	2.6	3.7	4.5	5.6	6.6	7.5	8.6	9.5	10.6*
			水果蔬菜	粮谷	蜂蜜果汁果酒	茶叶	食用菌	中草药	动物肌肉	河豚鱼鳗鱼对虾	牛奶奶粉	动物脂肪	水果蔬菜	粮谷	果蔬汁果酒	茶叶	食用菌	中草药	动物肌肉	蜂蜜	河豚鱼鳗鱼对虾	牛奶奶粉
			500种	475种	497种	519种	503种	488种	478种	485种	511种	295种	450种	486种	512种	448种	440种	413种	461种	486种	450种	493种
368	麦草氟	Flamprop acid																				√
369	麦草氟异丙酯	Flamprop-isopropyl	√	√	√		√	√	√	√	√											√
370	麦草氟甲酯	Flamprop-methyl	√	√	√		√	√	√	√	√											√
371	双氟磺草胺	Florasulam											√	√	√	√	√	√	√		√	√
372	吡氟禾草灵	Fluazifop				√																
373	吡氟禾草灵	Fluazifop butyl	√	√	√	√	√	√	√	√	√		√			√						√
374	氟啶胺	Fluazinam																				
375	吡虫隆	Fluazuron																				√
376	嘧唑螨	Flubenzimine	√	√	√	√	√	√	√	√	√		√			√	√			√		
377	氯乙氟灵	Fluchloralin	√	√	√	√	√	√	√	√	√											
378	氟氰戊菊酯-1	Flucythrinate-1	√	√	√	√	√	√	√	√	√											
379	氟氰戊菊酯-2	Flucythrinate-2	√	√	√	√	√	√	√	√	√											
380	咯菌腈	Fludioxonil	√	√	√	√	√	√	√	√	√		√			√				√		√
381	氟噻草胺	Flufenacet	√	√	√	√	√	√	√	√	√											
382	氟虫脲	Flufenoxuron	√	√	√	√	√	√	√	√	√								√		√	√
383	氟节胺	Flumetralin	√	√	√	√	√	√	√	√	√		√			√						
384	唑嘧磺草胺	Flumetsulam																				√
385	氟烯草酸	Flumiclorac-pentyl	√	√	√	√	√	√	√	√	√											
386	丙炔氟草胺	Flumioxazin	√	√	√	√	√	√	√	√	√		√			√						√
387	伏草隆	Fluometuron																				
388	荧蒽	Fluoranthene										√										
389	芴	Fluorene										√										
390	氟咯草酮	Fluorochloridone	√	√	√	√	√	√	√	√	√											√

续表

序号	中文名称	英文名称	GC-MS									GC-MS/MS	LC-MS/MS									
			1.6*	2.6	3.6/8.6	4.5	5.6	6.6	7.5	9.5	10.6	7.6	1.6	2.6	3.7	4.5	5.6	6.6	7.5	8.6	9.5	10.6*
			水果蔬菜	粮谷	蜂蜜果汁果酒	茶叶	食用菌	中草药	动物肌肉	河豚鱼鳗鱼对虾	牛奶奶粉	动物脂肪	水果蔬菜	粮谷	果蔬汁果酒	茶叶	食用菌	中草药	动物肌肉	蜂蜜	河豚鱼鳗鱼对虾	牛奶奶粉
			500种	475种	497种	519种	503种	488种	478种	485种	511种	295种	450种	486种	512种	448种	440种	413种	461种	486种	450种	493种
391	三氟硝草醚	Fluorodifen	√																			√
392	乙羧氟草醚	Fluoroglycofen-ethyl	√			√																√
393	三氟苯唑	Fluotrimazole	√	√	√	√	√	√	√	√	√											√
394	四氟丙酸	Flupropanate	√		√	√	√	√	√	√	√											√
395	氟喹唑	Fluquinconazole	√	√	√	√	√	√	√	√	√	√	√		√	√	√	√	√		√	√
396	吡虫隆	Fluazuron											√	√	√	√	√	√	√		√	√
397	氟啶草酮	Fluridone	√	√	√	√	√	√	√	√	√		√	√	√	√	√	√	√	√	√	√
398	氟咯草酮	Flurochloridone	√	√	√	√	√	√	√	√	√	√	√	√	√	√	√	√	√	√	√	√
399	氟草烟-1-甲庚酯	Fluroxypr-1-methyl-heptyl ester	√	√	√	√	√	√	√	√	√											√
400	氟草烟	Fluroxypyr											√	√	√	√	√	√	√	√	√	√
401	呋草酮	Flurtamone	√	√	√	√	√	√	√	√	√		√	√	√	√	√	√	√	√	√	√
402	氟硅唑	Flusilazole	√	√	√	√	√	√	√	√	√	√	√	√	√	√	√	√	√	√	√	√
403	磺菌胺	Flusulfamide											√	√	√	√	√	√	√	√	√	√
404	氟噻乙草酯	Fluthiacet methyl	√	√	√	√	√	√	√	√	√		√	√	√	√	√	√	√	√	√	√
405	氟酰胺	Flutolanil	√	√	√	√	√	√	√	√	√	√	√	√	√	√	√	√	√	√	√	√
406	粉唑醇	Flutriafol	√	√	√	√	√	√	√	√	√	√	√	√	√	√	√	√	√	√	√	√
407	氟胺氰菊酯	Fluvalinate	√	√	√	√	√	√	√	√	√	√	√	√	√	√	√	√	√	√	√	√
408	灭菌丹	Folpet	√	√	√	√	√	√	√	√	√	√										
409	氟磺胺草醚	Fomesafen	√		√	√	√	√	√	√	√											√
410	地虫硫磷	Fonofos	√	√	√	√	√	√	√	√	√	√										
411	氯吡脲	Forchlorfenuron											√	√	√	√	√	√	√	√	√	√
412	安硫磷	Formothion	√	√	√	√	√	√	√	√	√	√	√	√	√	√	√	√	√	√	√	√

续表

序号	中文名称	英文名称	GC-MS 水果蔬菜 1.6*	粮谷 2.6	蜂蜜果汁果酒 3.6/8.6	茶叶 4.5	食用菌 5.6	中草药 6.6	动物肌肉 7.5	河豚鱼鳗鱼对虾 9.5	牛奶奶粉 10.6	GC-MS/MS 动物脂肪 7.6	LC-MS/MS 水果蔬菜 1.6	粮谷 2.6	果蔬汁果酒 3.7	茶叶 4.5	食用菌 5.6	中草药 6.6	动物肌肉 7.5	蜂蜜 8.6	河豚鱼鳗鱼对虾 9.5	牛奶奶粉 10.6*
			500种	475种	497种	519种	503种	488种	478种	485种	511种	295种	450种	486种	512种	448种	440种	413种	461种	486种	450种	493种
413	噻唑硫磷	Fosthiazate											√	√	√	√	√	√	√	√	√	√
414	麦穗灵	Fuberidazole	√	√	√	√	√	√			√											
415	呋霜灵	Furalaxyl	√		√	√	√	√	√		√											
416	呋线威	Furathiocarb											√	√	√	√	√	√	√	√	√	√
417	拌种胺	Furmecyclox	√	√	√	√	√	√	√	√	√											
418	γ-氯氟氰菊酯-1	γ-Cyhalothrin-1				√																
419	γ-氯氟氰菊酯-2	γ-Cyhalothrin-2																				
420	林丹	γ-HCH	√	√	√	√	√	√	√	√	√	√										
421	赤霉素	Gibberellic acid											√	√	√	√	√	√	√		√	√
422	苄螨醚	Halfenprox	√	√	√	√	√	√			√											
423	氯吡嘧磺隆	Halosulfuron-methyl											√	√	√	√	√	√	√	√	√	√
424	吡氟氯禾灵	Haloxyfop				√																
425	氟吡乙禾灵	haloxyfop-2-ethoxyethyl	√	√	√	√	√	√	√	√	√	√										
426	氟吡甲禾灵	Haloxyfop-methyl	√	√	√	√	√	√	√	√	√											
427	七氯	Heptachlor	√	√	√	√	√	√	√	√	√	√										
428	庚烯磷	Heptanophos	√	√	√	√	√	√	√		√											
429	六氯苯	Hexachlorobenzene	√	√	√	√	√	√	√	√	√	√										
430	己唑醇	Hexaconazole	√	√	√	√	√	√	√	√	√											
431	氟铃脲	Hexaflumuron											√	√	√	√	√	√	√	√	√	√
432	环嗪酮	Hexazinone	√	√	√	√	√	√	√		√											
433	噻螨酮	Hexythiazox	√	√	√	√	√	√	√	√	√											
434	氟蚁腙	Hydramethylnon											√	√	√	√	√	√	√	√	√	√
435	噁霉灵	Hymexazol	√		√	√	√	√			√											

续表

序号	中文名称	英文名称	GC-MS								GC-MS/MS	LC-MS/MS							
			1.6*	2.6	3.6/8.6	4.5	5.6	6.6	7.5	9.5	10.6	7.6	1.6	2.6	3.7	4.5	5.6	6.6	7.5	8.6	9.5	10.6*
			水果蔬菜	粮谷	蜂蜜果汁果酒	茶叶	食用菌	中草药	动物肌肉	河豚鱼鳗鱼对虾	牛奶奶粉	动物脂肪	水果蔬菜	粮谷	果蔬汁果酒	茶叶	食用菌	中草药	动物肌肉	蜂蜜	河豚鱼鳗鱼对虾	牛奶奶粉
			500种	475种	497种	519种	503种	488种	478种	485种	511种	295种	450种	486种	512种	448种	440种	413种	461种	486种	450种	493种
436	烯菌灵	Imazalil	√	√	√	√	√	√	√	√	√		√	√	√	√	√		√	√	√	√
437	甲基咪草酯	Imazamethabenz-methyl	√	√	√	√	√	√	√	√	√		√	√	√	√	√		√	√	√	√
438	甲氧咪草烟	Imazamox														√						
439	甲咪唑烟酸	Imazapic														√						
440	咪唑烟酸	Imazapyr											√									
441	咪唑喹啉酸	Imazaquin	√	√	√	√	√	√	√	√	√		√	√	√	√	√		√	√	√	√
442	咪唑乙烟酸	Imazethapyr	√	√	√	√	√	√	√	√	√		√	√	√	√			√	√	√	√
443	亚胺唑	Imibenconazole											√		√	√						
444	脱苯甲基亚胺唑	Imibenconazole-desbenzyl	√	√	√	√	√	√	√	√	√		√	√	√	√	√		√	√	√	√
445	吡虫啉	Imidacloprid											√	√	√	√	√	√	√	√		√
446	双胍辛胺乙酸盐	Iminoctadine triacetate																				
447	炔咪菊酯-1	Imiprothrin-1	√	√	√	√	√	√	√	√	√											
448	炔咪菊酯-2	Imiprothrin-2	√	√	√	√	√	√	√	√	√											
449	茚丰(1,2,3,-cd)芘	Indeno(1,2,3,-cd)pyrene										√										
450	茚虫威	Indoxacarb	√	√	√	√	√	√	√	√	√		√	√	√	√		√	√	√		√
451	碘硫磷	Iodofenphos	√	√	√	√	√	√	√	√	√		√	√	√	√			√	√		√
452	甲基碘磺隆	Iodosulfuron-methyl		√										√	√	√		√	√	√		√
453	碘甲磺隆钠	Iodosulfuron-methyl sodium													√	√		√	√	√		√
454	碘苯腈	Ioxynil											√									
455	异稻瘟净	Iprobenfos	√	√	√	√	√	√	√	√	√		√	√	√	√			√	√	√	√

附录

续表

序号	中文名称	英文名称	GC-MS									GC-MS/MS		LC-MS/MS						
			1.6*	2.6	3.6/8.6	4.5	5.6	6.6	7.5	9.5	10.6	7.6	1.6	2.6	3.7	4.5	5.6	6.6	7.5	8.6	9.5	10.6*
			水果蔬菜	粮谷	蜂蜜果汁果酒	茶叶	食用菌	中草药	动物肌肉	河豚鱼鳗鱼对虾	牛奶奶粉	动物脂肪	水果蔬菜	粮谷	果蔬汁果酒	茶叶	食用菌	中草药	动物肌肉	蜂蜜	河豚鱼鳗鱼对虾	牛奶奶粉
			500种	475种	497种	519种	503种	488种	478种	485种	511种	295种	450种	486种	512种	448种	440种	413种	461种	486种	450种	493种
456	异菌脲	Iprodione	√	√	√	√	√	√	√	√	√		√	√	√	√	√	√	√	√	√	√
457	异丙菌胺-1	Iprovalicarb-1	√	√	√	√	√	√	√	√	√											
458	异丙菌胺-2	Iprovalicarb-2	√	√	√	√	√	√	√	√	√											
459	氯唑磷	Isazofos	√	√	√	√	√	√	√	√	√		√	√	√	√	√	√	√	√	√	√
460	碳氯灵	Isobenzan	√	√	√	√	√	√	√	√	√											
461	丁脒酰胺	Isocarbamid											√	√	√	√	√	√	√	√	√	√
462	水胺硫磷	Isocarbophos	√	√	√	√	√	√	√	√	√		√	√	√	√	√	√	√	√	√	√
463	异艾氏剂	Isodrin	√	√	√	√	√	√	√	√	√											
464	异柳磷	Isofenphos	√	√	√	√	√	√	√	√	√		√	√	√	√	√	√	√	√	√	√
465	氧异柳磷	Isofenphos oxon											√	√	√	√	√	√	√	√	√	√
466	丁嗪草酮	Isomethiozin	√	√	√	√	√	√	√	√	√											
467	异丙威-2	Isoprocarb-2	√	√	√	√	√	√	√	√	√											
468	异丙威-1	Isoprocarb-1	√	√	√	√	√	√	√	√	√		√	√	√	√	√	√	√	√	√	√
469	异丙乐灵	Isopropalin	√	√	√	√	√	√	√	√	√											
470	稻瘟灵	Isoprothiolane	√	√	√	√	√	√	√	√	√		√	√	√	√	√	√	√	√	√	√
471	异丙隆	Isoproturon											√	√	√	√	√	√	√	√	√	√
472	异唑隆	Isouron											√	√	√	√	√	√	√	√	√	√
473	异噁酰草胺	Isoxaben	√	√	√	√		√	√													
474	双苯噁唑酸	Isoxadifen-ethyl	√																			
475	异噁氟草	Isoxaflutole	√	√	√	√			√	√												
476	噁唑磷	Isoxathion	√	√	√	√	√	√	√	√	√											
477	噁螨菊酯	Kadethrin											√	√	√	√	√	√	√	√	√	√
478	克来范	Kelevan											√	√	√	√	√	√	√	√	√	√

续表

序号	中文名称	英文名称	GC-MS									GC-MS/MS	LC-MS/MS									
			1.6* 水果蔬菜 500种	2.6 粮食 475种	3.6/8.6 蜂蜜果汁果酒 497种	4.5 茶叶 519种	5.6 食用菌 503种	6.6 中草药 488种	7.5 动物肌肉 478种	9.5 河豚鱼鳗鱼对虾 485种	10.6 牛奶奶粉 511种	7.6 动物脂肪 295种	1.6 水果蔬菜 450种	2.6 粮食 486种	3.7 果蔬汁果酒 512种	4.5 茶叶 448种	5.6 食用菌 440种	6.6 中草药 413种	7.5 动物肌肉 461种	8.6 蜂蜜 486种	9.5 河豚鱼鳗鱼对虾 450种	10.6* 牛奶奶粉 493种
479	亚胺菌	Kresoxim-methyl	√	√	√		√	√	√	√	√		√	√	√	√	√	√	√	√	√	√
480	乳氟禾草灵	Lactofen	√	√	√	√	√	√	√	√	√	√										
481	高效氯氟氰菊酯	λ-Cyhalothrin	√	√	√	√	√	√	√	√	√											
482	环草定	Lenacil	√	√	√	√	√	√	√	√	√		√	√	√	√	√	√	√	√	√	√
483	溴苯磷	Leptophos	√	√	√	√	√	√	√	√	√											
484	利谷隆	Linuron	√	√	√	√	√	√	√	√	√		√	√	√	√	√	√	√	√	√	√
485	氟螨脲	Lufenuron	√	√	√		√	√	√	√	√		√	√	√	√	√	√	√	√	√	√
486	马拉氧磷	Malaoxon	√	√	√	√	√	√	√	√	√											
487	马拉硫磷	Malathion	√	√	√	√	√	√	√	√	√											
488	抑芽丹	Maleic hydrazide											√	√	√	√	√	√	√	√	√	√
489	2甲4氯乙酸	MCPA											√	√	√	√	√	√	√	√	√	√
490	2甲4氯丁氧乙基酯	MCPA-butoxyethyl ester	√	√	√	√	√	√	√	√	√											
491	2甲4氯丁酸	MCPB											√	√	√	√	√	√	√	√	√	√
492	灭虫磷	Mecarbam	√	√	√	√	√	√	√	√	√											
493	2甲4氯丙酸	Mecoprop											√	√	√	√	√	√	√	√	√	√
494	苯噻酰草胺	Mefenacet	√	√	√	√	√	√	√	√	√		√	√	√	√	√	√	√	√	√	√
495	精甲霜灵	Mefenoxam	√	√	√	√	√	√	√	√	√		√	√	√	√	√	√	√	√	√	√
496	吡唑解草酯	Mefenpyr-diethyl	√	√	√	√	√	√	√	√	√		√	√	√	√	√	√	√	√	√	√
497	嘧菌胺	Mepanipyrim	√	√	√	√	√	√	√	√	√		√	√	√	√	√	√	√	√	√	√
498	地胺磷	Mephosfolan	√	√	√	√	√	√	√	√	√		√	√	√	√	√	√	√	√	√	√
499	甲哌啶	Mepiquat chloride											√	√	√	√	√	√	√	√	√	√
500	灭锈胺	Mepronil	√	√	√	√	√	√	√	√	√		√	√	√	√	√	√	√	√	√	√

续表

序号	中文名称	英文名称	GC-MS 1.6* 水果蔬菜 500种	2.6 粮谷 475种	3.6/8.6 蜂蜜果汁果酒 497种	4.5 茶叶 519种	5.6 食用菌 503种	6.6 中草药 488种	7.5 动物肌肉 478种	9.5 河豚鱼鳗鱼对虾 485种	10.6 牛奶奶粉 511种	GC-MS/MS 7.6 动物脂肪 295种	LC-MS/MS 1.6 水果蔬菜 450种	2.6 粮谷 486种	3.7 果蔬汁果酒 512种	4.5 茶叶 448种	5.6 食用菌 440种	6.6 中草药 413种	7.5 动物肌肉 461种	8.6 蜂蜜 486种	9.5 河豚鱼鳗鱼对虾 450种	10.6* 牛奶奶粉 493种
501	脱叶磷	Merphos	✓	✓	✓	✓	✓	✓	✓	✓	✓											
502	甲基磺草酮	Mesotrion														✓						
503	甲霜灵	Metalaxyl	✓	✓	✓	✓	✓	✓	✓	✓	✓		✓	✓	✓	✓	✓	✓	✓	✓	✓	✓
504	苯嗪草酮	Metamitron	✓	✓	✓	✓	✓	✓	✓	✓	✓		✓	✓	✓	✓	✓	✓	✓	✓	✓	✓
505	吡唑草胺	Metazachlor	✓	✓	✓	✓	✓	✓	✓	✓	✓		✓	✓	✓	✓	✓	✓	✓	✓	✓	✓
506	叶菌唑	Metconazole	✓	✓	✓	✓	✓	✓	✓	✓	✓		✓	✓	✓	✓	✓	✓	✓	✓	✓	✓
507	甲基苯噻隆	Methabenzthiazuron	✓	✓	✓	✓	✓	✓	✓	✓	✓		✓	✓	✓	✓	✓	✓	✓	✓	✓	✓
508	虫螨畏	Methacrifos	✓	✓	✓	✓	✓	✓	✓	✓	✓											
509	甲胺磷	Methamidophos	✓	✓	✓	✓	✓	✓	✓	✓	✓	✓	✓	✓	✓	✓	✓	✓	✓	✓	✓	✓
510	呋菌胺	Methfuroxam					✓															
511	杀扑磷	Methidathion	✓	✓	✓	✓	✓	✓	✓	✓	✓		✓	✓	✓	✓	✓	✓	✓	✓	✓	✓
512	甲硫威	Methiocarb	✓	✓	✓	✓	✓	✓	✓	✓	✓		✓	✓	✓	✓	✓	✓	✓	✓	✓	✓
513	甲硫威砜	Methiocarb sulfone											✓	✓	✓	✓	✓	✓	✓	✓	✓	✓
514	溴谷隆	Methobromuron	✓	✓	✓	✓	✓	✓	✓	✓	✓		✓	✓	✓	✓	✓	✓	✓	✓	✓	✓
515	灭多威	Methomyl	✓	✓	✓	✓	✓	✓	✓	✓	✓		✓	✓	✓	✓	✓	✓	✓	✓	✓	✓
516	烯虫酯	Methoprene	✓	✓	✓	✓	✓	✓	✓	✓	✓											
517	盖草津	Methoprotryne	✓	✓	✓	✓	✓	✓	✓	✓	✓		✓	✓	✓	✓	✓	✓	✓	✓	✓	✓
518	甲醚菊酯-1	Methothrin-1	✓	✓	✓	✓	✓	✓	✓	✓	✓											
519	甲醚菊酯-2	Methothrin-2	✓	✓	✓	✓	✓	✓	✓	✓	✓											
520	甲氧滴滴涕	Methoxychlor	✓	✓	✓	✓	✓	✓	✓	✓	✓											
521	甲氧虫酰肼	Methoxyfenozide	✓	✓	✓	✓	✓	✓	✓	✓	✓		✓	✓	✓	✓	✓	✓	✓	✓	✓	✓
522	甲基对硫磷	Methyl-parathion	✓	✓	✓	✓	✓	✓	✓	✓	✓											
523	溴谷隆	Metobromuron	✓	✓	✓	✓	✓	✓	✓	✓	✓		✓	✓	✓	✓	✓	✓	✓	✓	✓	✓

续表

序号	中文名称	英文名称	GC-MS									GC-MS/MS	LC-MS/MS									
			1.6* 水果蔬菜 500种	2.6 粮谷 475种	3.6/8.6 蜂蜜果汁果酒 497种	4.5 茶叶 519种	5.6 食用菌 503种	6.6 中草药 488种	7.5 动物肌肉 478种	9.5 河豚鱼鳗鱼对虾 485种	10.6 牛奶奶粉 511种	7.6 动物脂肪 295种	1.6 水果蔬菜 450种	2.6 粮谷 486种	3.7 果蔬汁果酒 512种	4.5 茶叶 448种	5.6 食用菌 440种	6.6 中草药 413种	7.5 动物肌肉 461种	8.6 蜂蜜 486种	9.5 河豚鱼鳗鱼对虾 450种	10.6* 牛奶奶粉 493种
524	叶菌唑	Metoconazole											√	√	√	√	√	√	√	√	√	√
525	异丙甲草胺	Metolachlor	√	√	√	√	√	√	√	√	√											
526	速灭威	Metolcarb											√	√	√	√	√	√	√	√	√	√
527	苯氧菌胺-1	Metominostrobin-1	√	√	√	√	√	√	√	√	√											
528	苯氧菌胺-2	Metominostrobin-2	√	√	√	√	√	√	√	√	√											
529	磺草胺	Metosulam											√	√	√	√	√	√	√	√	√	√
530	甲氧隆	Metoxuron											√	√	√	√	√	√	√	√	√	√
531	嗪草酮	Metribuzin	√	√	√	√	√	√	√	√	√		√	√	√	√	√	√	√	√	√	√
532	甲磺隆	Metsulfuron-methyl											√	√	√	√	√	√	√	√	√	√
533	速灭磷	Mevinphos	√	√	√	√	√	√	√	√	√	√	√	√	√	√	√	√	√	√	√	√
534	兹克威	Mexacarbate	√	√	√	√	√	√	√	√	√		√	√	√	√	√	√	√	√	√	√
535	灭蚁灵	Mirex	√	√	√	√	√	√	√	√	√	√										
536	禾草敌	Molinate	√	√	√	√	√	√	√	√	√											
537	庚酰草胺	Monalide											√	√	√	√	√	√	√	√	√	√
538	久效磷	Monocrotophos	√	√	√	√	√	√	√	√	√		√	√	√	√	√	√	√	√	√	√
539	绿谷隆	Monolinuron											√	√	√	√	√	√	√	√	√	√
540	灭草隆	Monuron											√	√	√	√	√	√	√	√	√	√
541	合成麝香	Musk ambrette	√	√	√	√	√	√	√	√	√											
542	麝香酮	Musk ketone	√	√	√	√	√	√	√	√	√											
543	麝香	Musk moskene	√	√	√	√	√	√	√	√	√											
544	西藏麝香	Musk tibeten	√	√	√	√	√	√	√	√	√											
545	二甲苯麝香	Musk xylene	√	√	√	√	√	√	√	√	√											
546	腈菌唑	Myclobutanil											√	√	√	√	√	√	√	√	√	√

序号	中文名称	英文名称	GC-MS 1.6* 水果蔬菜 500种	2.6 粮谷 475种	3.6/8.6 蜂蜜果汁果酒 497种	4.5 茶叶 519种	5.6 食用菌 503种	6.6 中草药 488种	7.5 动物肌肉 478种	9.5 河豚鱼鳗鱼对虾 485种	10.6 牛奶奶粉 511种	GC-MS/MS 7.6 动物脂肪 295种	LC-MS/MS 1.6 水果蔬菜 450种	2.6 粮谷 486种	3.7 果蔬汁果酒 512种	4.5 茶叶 448种	5.6 食用菌 440种	6.6 中草药 413种	7.5 动物肌肉 461种	8.6 蜂蜜 486种	9.5 河豚鱼鳗鱼对虾 450种	10.6* 牛奶奶粉 493种
547	1-萘乙酸	NAA											√									
548	二溴磷	Naled				√																
549	萘	Naphthalene										√										
550	萘丙胺	Naproanilide	√	√																		
551	萘草胺	Napropamide	√	√	√	√	√	√	√	√	√					√	√	√	√		√	√
552	萘草胺	Naptalam														√						
553	草不隆	Neburon														√						
554	烟碱	Nicotine														√	√	√	√	√	√	√
555	烯啶虫胺	Nitenpyram														√	√	√	√	√	√	√
556	甲磺乐灵	Nitralin	√	√	√	√	√	√	√	√	√											
557	三氯甲基吡啶	Nitrapyrin	√	√	√	√	√	√	√	√	√											
558	除草醚	Nitrofen	√	√	√	√	√	√	√	√	√								√			
559	酞菌酯	Nitrothal-isopropyl	√	√	√	√	√	√	√	√	√											
560	氟草敏	Norflurazon	√	√	√	√	√	√	√	√	√					√	√	√	√	√	√	√
561	氟草敏代谢物	Norflurazon-desmethyl														√	√	√	√	√	√	√
562	氟酰脲	Novaluron																				
563	氟苯嘧啶醇	Nuarimol	√	√	√	√	√	√	√	√	√			√	√	√	√	√	√	√	√	√
564	o,p'-滴滴	o,p'-DDD	√	√	√	√	√	√	√	√	√											
565	o,p'-滴滴涕	o,p'-DDT	√	√	√	√	√	√	√	√	√	√										
566	o,p'-滴滴伊	o,p'-DDE	√	√	√	√	√	√	√	√	√	√										
567	八氯苯乙烯	Octachlorostyrene	√	√	√	√	√	√	√	√												
568	甲呋酰胺	Ofurace	√	√	√	√	√	√	√	√						√	√	√	√	√	√	√
569	碘苯腈	OH-ioxynil				√																

续表

序号	中文名称	英文名称	GC-MS									GC-MS/MS		LC-MS/MS							
			1.6*	2.6	3.6/8.6	4.5	5.6	6.6	7.5	9.5	10.6	7.6	1.6	2.6	3.7	4.5	5.6	6.6	7.5	8.6	9.5	10.6*
			水果蔬菜	粮谷	蜂蜜果汁果酒	茶叶	食用菌	中草药	动物肌肉	河豚鱼鳗鱼对虾	牛奶奶粉	动物脂肪	水果蔬菜	粮谷	果蔬汁果酒	茶叶	食用菌	中草药	动物肌肉	蜂蜜	河豚鱼鳗鱼对虾	牛奶奶粉
			500种	475种	497种	519种	503种	488种	478种	485种	511种	295种	450种	486种	512种	448种	440种	413种	461种	486种	450种	493种
570	氧乐果	Omethoate											√	√	√	√	√		√		√	√
571	安磺灵	Oryzalin											√		√					√		
572	解草腈	Oxabetrinil																				
573	噁草酮	Oxadiazone	√	√	√	√	√	√	√	√	√		√	√	√	√	√		√		√	√
574	噁霜灵	Oxadixyl									√											
575	杀线威	Oxamyl											√	√	√	√	√		√		√	√
576	杀线威肟	Oxamyl-oxime																				
577	氧化萎锈灵	Oxycarboxin	√	√	√	√	√	√	√	√	√		√	√	√	√	√		√		√	√
578	氧化氯丹	Oxy-chlordane	√	√	√	√	√	√	√	√	√	√										
579	乙氧氟草醚	Oxyfluorfen	√	√	√	√	√	√	√	√			√	√	√	√	√		√		√	√
580	p,p'-滴滴伊	p,p'-DDE	√	√	√	√	√	√	√	√	√	√										
581	p,p'-滴滴涕	p,p'-DDT	√	√	√	√	√	√	√	√	√	√										
582	p,p'-滴滴滴	p,p'-DDD	√	√	√	√	√	√	√	√	√	√										
583	多效唑	Paclobutrazol	√	√	√	√	√	√	√	√	√		√	√	√	√	√		√	√	√	√
584	对氧磷	Paraoxon ethyl	√	√	√	√	√	√	√	√	√											
585	甲基对氧磷	Paraoxon methyl	√	√	√	√	√	√	√	√	√											
586	对硫磷	Parathion	√	√	√	√	√	√	√	√	√											
587	克草敌	Pebulate	√	√	√	√	√	√	√	√	√											
588	戊菌唑	Penconazole	√	√	√	√	√	√	√	√	√		√	√	√	√	√		√		√	√
589	戊菌隆	Pencycuron	√	√	√	√	√	√	√	√	√		√	√	√	√	√	√	√		√	√
590	二甲戊灵	Pendimethalin	√	√	√	√	√	√	√	√	√											
591	五氯苯胺	Pentachloroaniline	√	√	√	√	√	√	√	√	√									√		
592	五氯甲氧基苯	Pentachloroanisole	√	√	√	√	√	√	√	√	√											

续表

序号	中文名称	英文名称	GC-MS									GC-MS/MS			LC-MS/MS						
			1.6*	2.6	3.6/8.6	4.5	5.6	6.6	7.5	9.5	10.6	7.6	1.6	2.6	3.7	4.5	5.6	6.6	7.5	8.6	9.5	10.6*
			水果蔬菜	粮谷	蜂蜜果汁果酒	茶叶	食用菌	中草药	动物肌肉	河豚鱼鳗鱼对虾	牛奶奶粉	动物脂肪	水果蔬菜	粮谷	果蔬汁果酒	茶叶	食用菌	中草药	动物肌肉	蜂蜜	河豚鱼鳗鱼对虾	牛奶奶粉
			500种	475种	497种	519种	503种	488种	478种	485种	511种	295种	450种	486种	512种	448种	440种	413种	461种	486种	450种	493种
593	五氯苯	Pentachlorobenzene	√	√	√	√	√	√	√	√	√											
594	五氯酚	Pentachlorphenol			√																	
595	氯菊酯	Permethrin	√	√	√	√	√	√	√	√	√											
596	乙滴涕	Perthane	√	√	√	√	√	√	√	√	√											
597	菲	Phenanthrene	√									√											
598	家蝇磷	Phenkapton					√																
599	甜菜宁	Phenmedipham											√	√	√	√	√	√	√	√	√	√
600	苯醚菊酯	Phenothrin	√	√	√	√	√	√	√	√	√											
601	稻丰散	Phenthoate	√	√	√	√	√	√	√	√	√											
602	甲拌磷	Phorate	√	√	√	√	√	√	√	√	√											
603	甲拌磷砜	Phorate sulfone	√	√	√	√	√	√	√	√	√											
604	甲拌磷亚砜	Phorate sulfoxide	√	√	√	√	√	√	√	√	√											
605	伏杀硫磷	Phosalone	√	√	√	√	√	√	√	√	√											
606	硫环磷	Phosfolan											√	√	√	√	√	√	√	√	√	√
607	亚胺硫磷	Phosmet	√	√	√	√	√	√	√	√	√											
608	磷胺-1	Phosphamidon-1	√	√	√	√	√	√	√	√												
609	磷胺-2	Phosphamidon-2	√	√	√	√	√	√	√	√												
610	辛硫磷	Phoxim										√	√	√	√	√	√	√	√	√	√	√
611	邻苯二甲酸丁苄酯	Phthalic acid benzyl butyl ester										√										
612	邻苯二甲酸二(2-乙基己)酯	Phthalic acid bis-2-ethylhexyl ester										√										

续表

序号	中文名称	英文名称	GC-MS 1.6* 水果蔬菜 500种	2.6 粮食 475种	3.6/8.6 蜂蜜果汁果酒 497种	4.5 茶叶 519种	5.6 食用菌 503种	6.6 中草药 488种	7.5 动物肌肉 478种	9.5 河豚鱼鳗鱼对虾 485种	10.6 牛奶奶粉 511种	GC-MS/MS 7.6 动物脂肪 295种	LC-MS/MS 1.6 水果蔬菜 450种	2.6 粮食 486种	3.7 果蔬汁果酒 512种	4.5 茶叶 448种	5.6 食用菌 440种	6.6 中草药 413种	7.5 动物肌肉 461种	8.6 蜂蜜 486种	9.5 河豚鱼鳗鱼对虾 450种	10.6* 牛奶奶粉 493种
613	邻苯二甲酸二正丁酯	Phthalic acid bis-butyl ester										√										
614	邻苯二甲酸二环己酯	Phthalic acid, biscyclohexyl ester	√																			
615	邻苯二甲酸二丁酯	Phthalic acid, dibutyl ester	√										√	√	√	√	√	√	√	√	√	√
616	邻苯二甲酸丁苄酯	Phthalic acid, benzyl butyl ester	√										√	√	√	√	√	√	√	√	√	√
617	邻苯二甲酸二环己酯	Phthalic acid, dicyclohexylester	√										√	√	√	√	√	√	√	√	√	√
618	四氯苯酞	Phthalide	√	√	√	√	√	√	√		√											
619	邻苯二甲酰亚胺	Phthalimide	√	√	√	√	√	√														
620	毒莠定	Picloram											√	√	√	√	√	√	√	√	√	√
621	氟吡酰草胺	Picolinafen	√	√	√	√	√	√					√	√	√	√	√	√	√	√	√	√
622	啶氧菌酯	Picoxystrobin	√	√	√	√	√	√	√	√	√		√	√	√	√	√	√	√	√	√	√
623	增效醚	Piperonyl butoxide	√	√	√	√	√	√	√	√	√		√	√	√	√	√	√	√	√	√	√
624	呋草磷	Piperophos	√	√	√	√	√	√	√	√	√		√	√	√	√	√	√	√	√	√	√
625	抗蚜威	Pirimicarb	√	√	√	√	√	√	√	√	√		√	√	√	√	√	√	√	√	√	√
626	嘧啶磷	Pirimiphos ethyl	√	√	√	√	√	√	√	√	√		√	√	√	√	√	√	√	√	√	√
627	甲基嘧啶磷	Pirimiphos methyl	√	√	√	√	√	√	√	√	√		√	√	√	√	√	√	√	√	√	√
628	三氯杀虫酯	Plifenate	√	√	√	√	√	√	√	√	√											
629	右旋炔丙菊酯	Prallethrin	√	√	√	√	√	√	√	√	√		√	√	√	√	√	√	√	√	√	√
630	丙草胺	Pretilachlor	√	√	√	√	√	√	√	√	√		√	√	√	√	√	√	√	√	√	√

附　录

续表

序号	中文名称	英文名称	GC-MS 水果蔬菜 1.6*	粮谷 2.6	蜂蜜果汁果酒 3.6/8.6*	茶叶 4.5	食用菌 5.6	中草药 6.6	动物肌肉 7.5	河豚鱼鳗鱼对虾 9.5	牛奶奶粉 10.6	GC-MS/MS 动物脂肪 7.6	LC-MS/MS 水果蔬菜 1.6	粮谷 2.6	果蔬汁果酒 3.7	茶叶 4.5	食用菌 5.6	中草药 6.6	动物肌肉 7.5	蜂蜜 8.6	河豚鱼鳗鱼对虾 9.5	牛奶奶粉 10.6*
			500种	475种	497种	519种	503种	488种	478种	485种	511种	295种	450种	486种	512种	448种	440种	413种	461种	486种	450种	493种
631	咪鲜胺	Prochloraz	√	√	√	√	√	√	√	√	√		√	√	√	√	√	√	√	√	√	√
632	腐霉利	Procymidone	√	√	√	√	√	√	√	√	√											
633	丙溴磷	Profenefos	√	√	√	√	√	√	√	√	√											
634	环丙氟灵	Profluralin	√	√		√	√	√	√	√	√											
635	茉莉酮	Prohydrojasmon																				
636	猛杀威	Promecarb	√	√	√	√	√	√	√	√	√		√	√	√	√	√	√	√	√	√	√
637	扑灭通	Prometon	√	√	√	√	√	√	√	√	√		√	√	√	√	√	√	√	√	√	√
638	扑草净	Prometryne	√	√	√	√	√	√	√	√	√	√	√	√	√	√	√	√	√	√	√	√
639	炔丙烯草胺	Pronamide	√	√	√	√	√	√	√	√	√		√	√	√	√	√	√	√	√	√	√
640	毒草胺	Propachlor	√	√	√	√	√	√	√	√	√		√	√	√	√	√	√	√	√	√	√
641	霜霉威	Propamocarb	√	√	√	√	√	√	√	√	√		√	√	√	√	√	√	√	√	√	√
642	敌稗	Propanil	√	√	√	√	√	√	√		√	√	√	√	√	√	√	√	√	√	√	√
643	丙虫磷	Propaphos	√	√	√	√	√	√	√	√	√		√	√	√	√	√	√	√	√	√	√
644	噁草酸	Propaquizafop	√	√	√	√	√	√	√	√	√		√	√	√	√	√	√	√	√	√	√
645	炔螨特	Propargite	√	√	√	√	√	√	√	√	√	√	√	√	√	√	√	√	√	√	√	√
646	扑灭津	Propazine	√	√	√	√	√	√	√	√	√		√	√	√	√	√	√	√	√	√	√
647	胺丙畏	Propetamphos	√	√	√	√	√	√	√	√	√		√	√	√	√	√	√	√	√	√	√
648	苯胺灵	Propham	√	√	√	√	√	√	√	√	√		√	√	√	√	√	√	√	√	√	√
649	丙环唑-1	Propiconazole-1	√	√	√	√	√	√	√	√	√											
650	丙环唑-2	Propiconazole-2	√	√	√	√	√	√	√	√	√											
651	异丙草胺	Propisochlor	√	√	√	√	√	√	√	√	√											
652	残杀威-1	Propoxur-1	√	√	√	√	√	√	√	√	√											
653	残杀威-2	Propoxur-2	√	√	√	√	√	√	√	√	√											

续表

序号	中文名称	英文名称	GC-MS									GC-MS/MS		LC-MS/MS							
			1.6*	2.6	3.6/8.6	4.5	5.6	6.6	7.5	9.5	10.6	7.6	1.6	2.6	3.7	4.5	5.6	6.6	7.5	8.6	9.5	10.6*
			水果蔬菜	粮谷	蜂蜜果汁果酒	茶叶	食用菌	中草药	动物肌肉	河豚鱼鳗鱼对虾	牛奶奶粉	动物脂肪	水果蔬菜	粮谷	果蔬汁果酒	茶叶	食用菌	中草药	动物肌肉	蜂蜜	河豚鱼鳗鱼对虾	牛奶奶粉
			500种	475种	497种	519种	503种	488种	478种	485种	511种	295种	450种	486种	512种	448种	440种	413种	461种	486种	450种	493种
654	丙烯硫脲	Propylene thiourea																				√
655	炔苯酰草胺	Propyzamide	√	√	√	√	√	√	√	√	√		√	√	√	√	√	√	√	√	√	√
656	苄草丹	Prosulfocarb	√	√	√	√	√	√	√	√	√									√		√
657	丙硫磷	Prothiophos	√	√	√	√	√	√	√	√	√		√	√	√	√	√	√	√	√	√	√
658	发硫磷	Prothoate	√	√	√	√	√	√	√	√	√									√		√
659	吡蚜酮	Pymetrozin											√	√	√	√	√	√	√	√	√	√
660	吡唑硫磷	Pyraclofos	√	√	√	√	√	√	√	√	√		√	√	√	√	√	√	√	√	√	√
661	百克敏	Pyraclostrobin	√	√	√	√	√	√	√	√	√		√	√	√	√	√	√	√	√	√	√
662	吡草醚	Pyraflufen ethyl	√	√	√	√	√	√	√	√	√									√		√
663	吡菌磷	Pyrazophos	√	√	√	√	√	√	√	√	√		√	√	√	√	√	√	√	√	√	√
664	吡嘧磺隆	Pyrazosulfuron ethyl											√	√	√	√	√	√	√	√	√	√
665	苄草唑	Pyrazoxyfen	√	√	√	√	√	√	√	√	√									√		√
666	芘	Pyrene	√	√	√	√	√	√	√	√	√	√										
667	除虫菊素	Pyrethrin	√	√	√	√	√	√	√	√	√									√		√
668	除虫菊酯	Pyrethrins	√	√	√	√	√	√	√	√	√									√		√
669	草丹	Pyributicarb	√	√	√	√	√	√	√	√	√		√	√	√	√	√	√	√	√	√	√
670	哒螨灵	Pyridaben	√	√	√	√	√	√	√	√	√	√	√	√	√	√	√	√	√	√	√	√
671	哒嗪硫磷	Pyridaphenthion	√	√	√	√	√	√	√	√	√		√	√	√	√	√	√	√	√	√	√
672	哒草特	Pyridate	√	√	√	√	√	√	√	√	√									√		√
673	啶斑肟-2	Pyrifenox-2	√	√	√	√	√	√	√	√	√		√	√	√	√	√	√	√	√	√	√
674	啶斑肟-1	Pyrifenox-1	√	√	√	√	√	√	√	√	√		√	√	√	√	√	√	√	√	√	√
675	环酯草醚	Pyriftalid	√	√	√	√	√	√	√	√	√									√		√
676	嘧霉胺	Pyrimethanil	√	√	√	√	√	√	√	√	√		√	√	√	√	√	√	√	√	√	√

续表

序号	中文名称	英文名称	GC-MS 1.6* 水果蔬菜 500种	2.6 粮谷 475种	3.6/8.6 蜂蜜果汁果酒 497种	4.5 茶叶 519种	5.6 食用菌 503种	6.6 中草药 488种	7.5 动物肌肉 478种	9.5 河豚鱼鳗鱼对虾 485种	10.6 牛奶奶粉 511种	GC-MS/MS 7.6 动物脂肪 295种	LC-MS/MS 1.6 水果蔬菜 450种	2.6 粮谷 486种	3.7 果蔬汁果酒 512种	4.5 茶叶 448种	5.6 食用菌 440种	6.6 中草药 413种	7.5 动物肌肉 461种	8.6 蜂蜜 486种	9.5 河豚鱼鳗鱼对虾 450种	10.6* 牛奶奶粉 493种
677	嘧螨醚	Pyrimidifen											√	√	√	√	√	√	√	√	√	√
678	嘧草醚	Pyriminobac methyl	√		√																	
679	嘧啶磷	Pyrimitate	√										√		√	√	√	√	√	√	√	√
680	吡丙醚	Pyriproxyfen	√		√		√						√		√	√	√	√	√	√	√	√
681	嘧草硫醚	Pyrithlobac sodium				√																
682	咯喹酮	Pyroquilon	√				√	√			√		√		√	√	√	√	√	√	√	√
683	喹硫磷	Quinalphos	√		√		√	√	√	√	√		√		√	√	√	√	√	√	√	√
684	二氯喹啉酸	Quinclorac	√																			
685	灭藻醌	Quinoclamine											√		√	√	√	√	√	√	√	√
686	苯氧喹啉	Quinoxyphen	√	√	√	√	√	√	√	√	√		√		√	√	√	√	√	√	√	√
687	五氯硝基苯	Quintozene	√	√	√	√	√	√	√	√	√											
688	喹禾灵	Quizalofop	√		√	√	√						√		√	√	√	√	√	√	√	√
689	乙基喹禾灵	Quizalofop ethyl	√		√	√	√	√	√	√	√		√		√	√	√	√	√	√	√	√
690	吡咪唑	Rabenzazole	√	√	√		√						√		√	√	√	√	√	√	√	√
691	苄呋菊酯-1	Resmethrin-1	√	√	√	√	√	√	√	√	√											
692	苄呋菊酯-2	Resmethrin-2	√	√	√	√	√	√	√	√	√											
693	皮蝇磷	Ronnel	√	√	√	√	√	√	√	√	√											
694	鱼藤酮	Rotenone											√		√	√	√	√	√	√	√	√
695	八氯二丙醚-1	S421(octachlorodi-propyl ether)-1	√	√	√	√	√	√	√	√	√											
696	八氯二丙醚-2	S421(octachlorodi-propyl ether)-2	√	√	√	√	√	√	√	√	√											
697	另丁津	Sebutylazine	√		√	√	√	√	√	√	√		√			√				√		√

续表

序号	中文名称	英文名称	GC-MS									GC-MS/MS	LC-MS/MS									
			水果蔬菜 1.6*	粮谷 2.6	蜂蜜果汁果酒 3.6/8.6	茶叶 4.5	食用菌 5.6	中草药 6.6	动物肌肉 7.5	河豚鱼鳗鱼对虾 9.5	牛奶奶粉 10.6	动物脂肪 7.6	水果蔬菜 1.6	粮谷 2.6	果蔬汁果酒 3.7	茶叶 4.5	食用菌 5.6	中草药 6.6	动物肌肉 7.5	蜂蜜 8.6	河豚鱼鳗鱼对虾 9.5	牛奶奶粉 10.6*
			500种	475种	497种	519种	503种	488种	478种	485种	511种	295种	450种	486种	512种	448种	440种	413种	461种	486种	450种	493种
698	密草通	Secbumeton	✓	✓	✓	✓	✓	✓	✓	✓	✓		✓	✓	✓	✓	✓	✓	✓	✓	✓	✓
699	稀禾啶	Sethoxydim	✓										✓	✓	✓	✓	✓	✓	✓	✓	✓	✓
700	氟硅菊酯	Silafluofen	✓	✓	✓	✓	✓	✓	✓	✓	✓		✓	✓	✓	✓	✓	✓	✓	✓	✓	✓
701	西玛津	Simazine	✓	✓	✓	✓	✓	✓	✓	✓	✓	✓	✓	✓	✓	✓	✓	✓	✓	✓	✓	✓
702	硅氟唑	Simeconazole	✓	✓	✓	✓	✓	✓	✓	✓	✓		✓	✓	✓	✓	✓	✓	✓	✓	✓	✓
703	西玛通	Simeton	✓	✓	✓	✓	✓	✓	✓	✓	✓		✓	✓	✓	✓	✓	✓	✓	✓	✓	✓
704	西草净	Simetryn	✓	✓	✓	✓	✓	✓	✓	✓	✓		✓	✓	✓	✓	✓	✓	✓	✓	✓	✓
705	另丁津	Sebutylazine	✓	✓	✓	✓	✓	✓	✓	✓	✓		✓	✓	✓	✓	✓	✓	✓	✓	✓	✓
706	多杀菌素	Spinosad											✓	✓	✓	✓	✓	✓	✓	✓	✓	✓
707	螺螨酯	Spirodiclofen	✓	✓	✓	✓	✓	✓	✓	✓	✓		✓	✓	✓	✓	✓	✓	✓	✓	✓	✓
708	螺甲螨酯	Spiromesifen	✓	✓	✓	✓	✓	✓	✓	✓	✓		✓	✓	✓	✓	✓	✓	✓	✓	✓	✓
709	螺噁茂胺-1	Spiroxamine-1	✓	✓	✓	✓	✓	✓	✓	✓	✓		✓	✓	✓	✓	✓	✓	✓	✓	✓	✓
710	螺噁茂胺-2	Spiroxamine-2	✓	✓	✓	✓	✓	✓	✓	✓	✓		✓	✓	✓	✓	✓	✓	✓	✓	✓	✓
711	莱草畏	Sulfallate	✓	✓	✓	✓	✓	✓	✓	✓	✓		✓	✓	✓	✓	✓	✓	✓	✓	✓	✓
712	乙酰磺胺对硝基苯	Sulfanitran	✓	✓	✓	✓	✓	✓	✓	✓	✓		✓	✓	✓	✓	✓	✓	✓	✓	✓	✓
713	磺酰唑草酮	Sulfentrazone	✓										✓	✓	✓	✓	✓	✓	✓	✓	✓	✓
714	治螟磷	Sulfotep	✓	✓	✓	✓	✓	✓	✓	✓	✓		✓	✓	✓	✓	✓	✓	✓	✓	✓	✓
715	硫丙磷	Sulprofos	✓	✓	✓	✓	✓	✓	✓	✓	✓		✓	✓	✓	✓	✓	✓	✓	✓	✓	✓
716	氟胺氰菊酯	τ-Fluvalinate	✓	✓	✓	✓	✓	✓	✓	✓	✓		✓	✓	✓	✓	✓	✓	✓	✓	✓	✓
717	苯噻硫氰	TCMTB	✓	✓	✓	✓	✓	✓	✓	✓	✓		✓	✓	✓	✓	✓	✓	✓	✓	✓	✓
718	戊唑醇	Tebuconazole	✓	✓	✓	✓	✓	✓	✓	✓	✓		✓	✓	✓	✓	✓	✓	✓	✓	✓	✓
719	虫酰肼	Tebufenozide	✓	✓	✓	✓	✓	✓	✓	✓	✓		✓	✓	✓	✓	✓	✓	✓	✓	✓	✓
720	吡螨胺	Tebufenpyrad	✓	✓	✓	✓	✓	✓	✓	✓	✓		✓	✓	✓	✓	✓	✓	✓	✓	✓	✓

附　录

续表

序号	中文名称	英文名称	GC-MS									GC-MS/MS		LC-MS/MS						
			1.6*	2.6	3.6/8.6	4.5	5.6	6.6	7.5	9.5	10.6	1.6	7.6	3.7	4.5	5.6	6.6	7.5	8.6	9.5	10.6*
			水果蔬菜	粮谷	蜂蜜果汁果酒	茶叶	食用菌	中草药	动物肌肉	河豚鱼鳗鱼对虾	牛奶奶粉	水果蔬菜	粮谷	动物脂肪	果蔬汁果酒	茶叶	食用菌	中草药	动物肌肉	蜂蜜	河豚鱼鳗鱼对虾	牛奶奶粉
			500种	475种	497种	519种	503种	488种	478种	485种	511种	450种	295种	486种	512种	448种	440种	413种	461种	486种	450种	493种
721	丁基嘧啶磷	Tebupirimfos	√	√	√	√	√	√	√	√	√	√										
722	牧草胺	Tebutam	√	√	√	√	√	√	√	√	√	√										
723	丁噻隆	Tebuthiuron	√	√	√	√	√	√							√	√	√	√	√	√	√	√
724	四氯硝基苯	Tecnazene	√	√	√	√	√	√	√	√												
725	七氟菊酯	Tefluthrin	√	√	√	√	√	√	√	√	√											
726	双硫磷	Temephos		√	√	√	√	√							√	√	√	√	√	√	√	√
727	特普	TEPP													√	√	√	√	√	√	√	√
728	吡喃草酮	Tepraloxydim													√	√	√	√	√	√	√	√
729	特草定	Terbacil		√	√	√	√	√	√	√	√				√	√	√	√	√	√	√	√
730	特草灵-1	Terbucarb-1	√	√	√	√	√	√	√	√	√											
731	特草灵-2	Terbucarb-2	√	√	√	√	√	√	√	√	√											
732	特丁硫磷	Terbufos	√	√	√	√	√	√	√	√	√	√			√	√	√	√	√	√	√	√
733	特丁硫磷砜	Terbufos sulfone	√	√	√	√	√	√	√	√	√											
734	特丁通	Terbumeton	√	√	√	√	√	√	√	√	√	√			√	√	√	√	√	√	√	√
735	特丁津	Terbuthylazine	√	√	√	√	√	√	√	√	√	√			√	√	√	√	√	√	√	√
736	特丁净	Terbutryn	√	√	√	√	√	√	√	√	√	√			√	√	√	√	√	√	√	√
737	特草灵	Terrbucarb	√	√	√	√	√	√	√		√											
738	叔丁基胺	tert-Butylamine							√													
739	杀虫畏	Tetrachlorvinphos	√	√	√	√	√	√	√	√	√				√	√	√	√	√	√	√	√
740	四氟醚唑	Tetraconazole	√	√	√	√	√	√	√	√	√	√			√	√	√	√	√	√	√	√
741	三氯杀螨砜	Tetradifon	√	√	√	√	√	√	√	√	√				√	√	√	√	√	√	√	
742	四氢邻苯二甲酰亚胺	Tetrahydrophthalimide	√	√																		

续表

序号	中文名称	英文名称	GC-MS								GC-MS/MS		LC-MS/MS							
			1.6*	2.6	3.6/8.6	4.5	5.6	6.6	7.5	9.5	10.6	7.6	1.6	2.6	3.7	4.5	5.6	6.6	7.5	8.6	9.5	10.6*
			水果蔬菜	粮谷	蜂蜜果汁果酒	茶叶	食用菌	中草药	动物肌肉	河豚鱼鳗鱼对虾	牛奶奶粉	动物脂肪	水果蔬菜	粮谷	果蔬汁果酒	茶叶	食用菌	中草药	动物肌肉	蜂蜜	河豚鱼鳗鱼对虾	牛奶奶粉
			500种	475种	497种	519种	503种	488种	478种	485种	511种	295种	450种	486种	512种	448种	440种	413种	461种	486种	450种	493种
743	胺菊酯	Tetramethrin	√	√	√	√	√	√	√	√	√	√	√	√	√	√	√	√	√	√	√	√
744	杀螨氯硫	Tetrasul	√	√	√	√	√	√	√	√	√	√										
745	噻吩草胺	Thenylchlor	√	√	√	√	√	√	√	√	√		√	√	√	√	√	√	√	√	√	√
746	噻菌灵	Thiabendazole	√	√	√	√	√	√	√	√	√		√	√	√	√	√	√	√	√	√	√
747	噻虫啉	Thiacloprid	√	√	√	√	√	√	√	√	√		√	√	√	√	√	√	√	√	√	√
748	噻虫嗪	Thiamethoxam											√	√	√	√	√	√	√	√	√	√
749	噻唑烟酸	Thiazopyr	√	√	√	√	√	√	√	√	√		√	√	√	√	√	√	√	√	√	√
750	赛苯隆	Thidiazuron											√	√	√	√	√	√	√	√	√	√
751	噻吩磺隆	Thifensulfuron methyl											√	√	√	√	√	√	√	√	√	√
752	噻氟菌胺	Thifluzamide	√	√									√	√	√	√	√	√	√	√	√	√
753	禾草丹	Thiobencarb	√	√	√	√	√	√	√	√	√	√	√	√	√	√	√	√	√	√	√	√
754	硫双威	Thiodicarb	√	√	√	√	√	√	√	√	√		√	√	√	√	√	√	√	√	√	√
755	久效威	Thiofanox	√	√	√	√	√	√	√	√	√		√	√	√	√	√	√	√	√	√	√
756	久效威砜	Thiofanox sulfone	√	√	√	√	√	√	√	√	√		√	√	√	√	√	√	√	√	√	√
757	久效威亚砜	Thiofanox sulfoxide	√	√	√	√	√	√	√	√	√		√	√	√	√	√	√	√	√	√	√
758	甲基乙拌磷	Thiometon	√	√	√	√	√	√	√	√	√		√	√	√	√	√	√	√	√	√	√
759	虫线磷	Thionazin	√	√	√	√	√	√	√	√	√		√	√	√	√	√	√	√	√	√	√
760	硫菌灵	Thiophanat ethyl											√	√	√	√	√	√	√	√	√	√
761	甲基硫菌灵	Thiophanate methyl											√	√	√	√	√	√	√	√	√	√
762	甲基立枯磷	Tolclofos methyl	√	√	√	√	√	√	√	√	√	√	√	√	√	√	√	√	√	√	√	√
763	唑虫酰胺	Tolfenpyrad	√	√	√	√	√	√	√	√	√		√	√	√	√	√	√	√	√	√	√
764	甲苯氟磺胺	Tolylfluanide	√	√	√	√	√	√	√	√	√	√	√	√	√	√	√	√	√	√	√	√
765	苯草酮	Tralkoxydim	√	√	√	√	√	√	√	√	√		√	√	√	√	√	√	√	√	√	√

附录

续表

序号	中文名称	英文名称	GC-MS 水果蔬菜 1.6*	GC-MS 粮谷 2.6	GC-MS 蜂蜜果汁果酒 3.6/8.6	GC-MS 茶叶 4.5	GC-MS 食用菌 5.6	GC-MS 中草药 6.6	GC-MS 动物肌肉 7.5	GC-MS 河豚鱼鳗鱼对虾 9.5	GC-MS 牛奶奶粉 10.6	GC-MS/MS 动物脂肪 7.6	LC-MS/MS 水果蔬菜 1.6	LC-MS/MS 粮谷 2.6	LC-MS/MS 果蔬汁果酒 3.7	LC-MS/MS 茶叶 4.5	LC-MS/MS 食用菌 5.6	LC-MS/MS 中草药 6.6	LC-MS/MS 动物肌肉 7.5	LC-MS/MS 蜂蜜 8.6	LC-MS/MS 河豚鱼鳗鱼对虾 9.5	LC-MS/MS 牛奶奶粉 10.6*
			500种	475种	497种	519种	503种	488种	478种	485种	511种	295种	450种	486种	512种	448种	440种	413种	461种	486种	450种	493种
766	四溴菊酯-1	Tralomethrin-1	√	√	√	√	√	√	√	√	√											
767	四溴菊酯-2	Tralomethrin-2	√	√	√	√	√	√	√	√	√											
768	反式氯丹	trans-Chlordane	√	√	√	√	√	√	√	√	√	√										
769	反式燕麦敌	trans-Diallate	√	√	√	√	√	√	√	√	√											
770	反式九氯	trans-Nonachlor	√	√	√	√	√	√	√	√	√											
771	反式氯菊酯	trans-Permethin	√	√	√	√	√	√	√	√	√											
772	四氟苯菊酯	trans-Fluthrin	√	√	√	√	√	√	√	√	√											
773	三唑酮	Triadimefon	√	√	√	√	√	√	√	√	√	√	√	√	√	√	√	√	√	√	√	√
774	三唑醇-1	Triadimenol-1	√	√	√	√	√	√	√	√	√	√										
775	三唑醇-2	Triadimenol-2	√	√	√	√	√	√	√	√	√											
776	野麦畏	Triallate	√	√	√	√	√	√	√	√	√	√										
777	威菌磷	Triamiphos			√			√	√				√	√	√	√	√	√	√	√	√	√
778	醚苯磺隆	Triasulfuron											√	√	√	√	√	√	√	√	√	√
779	三唑磷	Triazophos	√	√	√	√	√	√	√	√	√	√	√	√	√	√	√	√	√	√	√	√
780	咪唑嗪	Triazoxide					√						√	√	√	√	√	√	√	√	√	√
781	苯磺隆	Tribenuron-methyl											√	√	√	√	√	√	√		√	√
782	三氯乙酸钠	Trichloroacetic acid sodium salt																				
783	毒壤磷	Trichloronat	√	√	√	√	√	√	√	√	√	√										
784	敌百虫	Trichlorphon	√	√	√		√	√	√	√	√	√	√	√	√	√	√	√	√	√	√	√
785	绿草定	Triclopyr											√	√	√	√	√	√	√		√	√
786	三环唑	Tricyclazole											√	√	√	√	√	√	√	√	√	√
787	十三吗啉	Tridemorph											√	√	√	√	√	√	√	√	√	√

续表

序号	中文名称	英文名称	GC-MS									GC-MS/MS	LC-MS/MS									
			1.6*	2.6	3.6/8.6	4.5	5.6	6.6	7.5	9.5	10.6	7.6	1.6	2.6	3.7	4.5	5.6	6.6	7.5	8.6	9.5	10.6*
			水果蔬菜	粮谷	蜂蜜果汁果酒	茶叶	食用菌	中草药	动物肌肉	河豚鱼鳗鱼对虾	牛奶奶粉	动物脂肪	水果蔬菜	粮谷	果蔬汁果酒	茶叶	食用菌	中草药	动物肌肉	蜂蜜	河豚鱼鳗鱼对虾	牛奶奶粉
			500种	475种	497种	519种	503种	488种	478种	485种	511种	295种	450种	486种	512种	448种	440种	413种	461种	486种	450种	493种
788	灭草环	Tridiphane	√																			
789	草达津	Trietazine	√	√									√	√	√	√	√	√	√	√	√	√
790	肟菌酯	Trifloxystrobin	√		√	√	√	√	√		√		√	√	√	√	√	√	√	√	√	√
791	氟菌唑	Triflumizole	√										√	√	√	√	√	√	√	√	√	√
792	杀铃脲	Triflumuron											√	√	√	√	√	√	√	√	√	√
793	氟乐灵	Trifluralin	√	√	√	√	√	√	√	√	√	√	√	√	√	√	√	√	√	√	√	√
794	嗪胺灵	Triforine	√										√	√	√	√	√	√	√		√	√
795	三异丁基磷酸盐	Tri-iso-butyl phosphate	√	√																		
796	三正丁基磷酸盐	Tri-n-butyl phosphate	√	√																		
797	抗倒酯	Trinexapac-ethyl											√	√	√	√	√	√	√		√	√
798	三苯基磷酸盐	Triphenyl phosphate	√	√					√		√											
799	戊叉菌唑	Triticonazole											√	√	√	√	√	√	√		√	√
800	烯效唑	Uniconazole	√								√		√	√	√	√	√	√	√		√	√
801	蚜灭磷	Vamidothion											√	√	√	√	√	√	√	√	√	√
802	蚜灭磷砜	Vamidothion sulfone											√	√	√	√	√	√	√		√	√
803	灭草敌	Vernolate	√	√							√											
804	乙烯菌核利	Vinclozolin	√	√	√	√	√	√	√	√	√											
805	杀鼠灵	Warfarin											√	√	√	√	√	√	√	√	√	√
806	灭除威	XMC											√	√	√	√	√	√	√		√	√
807	Z-氯氰菊酯	Z-Cypermethrin	√	√	√	√	√	√	√	√	√											
808	福美锌	Ziram																				√
809	苯酰草胺	Zoxamide	√	√									√	√	√	√	√	√	√	√	√	
810	1-萘基乙酰胺	1-Naphthy acetamide											√	√	√	√	√	√	√		√	√

附　录

续表

序号	中文名称	英文名称	GC-MS								GC-MS/MS	LC-MS/MS							
			1.6*	2.6	3.6/8.6	4.5	5.6	6.6	7.5	9.5	10.6	7.6	1.6	2.6	3.7	4.5	5.6	6.6	7.5	8.6	9.5	10.6*
			水果蔬菜	粮谷	蜂蜜果汁果酒	茶叶	食用菌中草药	动物肌肉	河豚鱼鳗鱼对虾	牛奶奶粉	动物脂肪	水果蔬菜	粮谷	果蔬汁果酒	茶叶	食用菌中草药	动物肌肉	蜂蜜	河豚鱼鳗鱼对虾	牛奶奶粉
			500种	475种	497种	519种	503种	488种	478种	485种	511种	295种	450种	486种	512种	448种	440种	413种	461种	486种	450种	493种
811	PCB 209	2,2′,3,3′,4,4′,5,5′,6,6′-Decachlorobiphenyl										√										
812	PCB 206	2,2′,3,3′,4,4′,5,5′,6-Nonachlorobiphenyl										√										
813	PCB 194	2,2′,3,3′,4,4′,5,5′-Octachlorobiphenyl										√										
814	PCB 207	2,2′,3,3′,4,4′,5,6,6′-Nonachlorobiphenyl										√										
815	PCB 196	2,2′,3,3′,4,4′,5,6′-Octachlorobiphenyl										√										
816	PCB 195	2,2′,3,3′,4,4′,5,6-Octachlorobiphenyl										√										
817	PCB 170	2,2′,3,3′,4,4′,5-Heptachlorobiphenyl										√										
818	PCB 197	2,2′,3,3′,4,4′,6,6′-Octachlorobiphenyl										√										
819	PCB 171	2,2′,3,3′,4,4′,6-Heptachlorobiphenyl										√										
820	PCB 128	2,2′,3,3′,4,4′-Hexachlorobiphenyl										√										
821	PCB 208	2,2′,3,3′,4,5,5′,6-Nonachlorobiphenyl										√										
822	PCB 201	2,2′,3,3′,4,5,5′,6′-Octachlorobiphenyl										√										

续表

序号	中文名称	英文名称	GC-MS 水果蔬菜 1.6*	粮谷 2.6	蜂蜜果汁果酒 3.6/8.6	茶叶 4.5	食用菌中草药 5.6	中草药 6.6	动物肌肉 7.5	河豚鱼鳗鱼对虾 9.5	牛奶奶粉 10.6	GC-MS/MS 动物脂肪 7.6	LC-MS/MS 水果蔬菜 1.6	粮谷 2.6	果蔬汁果酒 3.7	茶叶 4.5	食用菌 5.6	中草药 6.6	动物肌肉 7.5	蜂蜜 8.6	河豚鱼鳗鱼对虾 9.5	牛奶奶粉 10.6*
			500种	475种	497种	519种	503种	488种	478种	485种	511种	295种	450种	486种	512种	448种	440种	413种	461种	486种	450种	493种
823	PCB 198	2,2′,3,3′,4,5,5′,6-Octachlorobiphenyl										√										
824	PCB 172	2,2′,3,3′,4,5,5′-Heptachlorobiphenyl										√										
825	PCB 199	2,2′,3,3′,4,5,6,6′-Octachlorobiphenyl										√										
826	PCB 200	2,2′,3,3′,4,5′,6,6′-Octachlorobiphenyl										√										
827	PCB 177	2,2′,3,3′,4′,5,6-Heptachlorobiphenyl										√										
828	PCB 175	2,2′,3,3′,4,5′,6-Heptachlorobiphenyl										√										
829	PCB 174	2,2′,3,3′,4,5,6′-Heptachlorobiphenyl										√										
830	PCB 173	2,2′,3,3′,4,5,6-Heptachlorobiphenyl										√										
831	PCB 130	2,2′,3,3′,4,5′-Hexachlorobiphenyl										√										
832	PCB 129	2,2′,3,3′,4,5-Hexachlorobiphenyl										√										
833	PCB 176	2,2′,3,3′,4,6,6′-Heptachlorobiphenyl										√										
834	PCB 132	2,2′,3,3′,4,6′-Hexachlorobiphenyl										√										

续表

序号	中文名称	英文名称	GC-MS								GC-MS/MS	LC-MS/MS							
			1.6*	2.6	3.6/8.6	4.5	5.6	6.6	7.5	9.5	10.6	7.6	1.6	2.6	3.7	4.5	5.6	6.6	7.5	8.6	9.5	10.6*
			水果蔬菜	粮谷	蜂蜜果汁果酒	茶叶	食用菌	中草药	动物肌肉	河豚鱼鳗鱼对虾	牛奶奶粉	动物脂肪	水果蔬菜	粮谷	果蔬汁果酒	茶叶	食用菌	中草药	动物肌肉	蜂蜜	河豚鱼鳗鱼对虾	牛奶奶粉
			500种	475种	497种	519种	503种	488种	478种	485种	511种	295种	450种	486种	512种	448种	440种	413种	461种	486种	450种	493种
835	PCB 131	2,2′,3,3′,4,6-Hexachlorobiphenyl										√										
836	PCB 082	2,2′,3,3′,4-Pentachlorobiphenyl										√										
837	PCB 202	2,2′,3,3′,5,5′,6,6′-Octachlorobiphenyl										√										
838	PCB 178	2,2′,3,3′,5,5′,6-Heptachlorobiphenyl										√										
839	PCB 133	2,2′,3,3′,5,5′-Hexachlorobiphenyl										√										
840	PCB 179	2,2′,3,3′,5,6,6′-Heptachlorobiphenyl										√										
841	PCB 135	2,2′,3,3′,5,6′-Hexachlorobiphenyl										√										
842	PCB 134	2,2′,3,3′,5,6-Hexachlorobiphenyl										√										
843	PCB 083	2,2′,3,3′,5-Pentachlorobiphenyl										√										
844	PCB 136	2,2′,3,3′,6,6′-Hexachlorobiphenyl										√										
845	PCB 084	2,2′,3,3′,6-Pentachlorobiphenyl										√										
846	PCB 040	2,2′,3,3′-Tetrachlorobiphenyl										√										

续表

序号	中文名称	英文名称	GC-MS								GC-MS/MS	LC-MS/MS							
			1.6*	2.6	3.6/8.6	4.5	5.6	6.6	7.5	9.5	10.6	7.6	1.6	2.6	3.7	4.5	5.6	6.6	7.5	8.6	9.5	10.6*
			水果蔬菜	粮谷	蜂蜜果汁果酒	茶叶	食用菌	中草药	动物肌肉	河豚鱼鳗鱼对虾	牛奶奶粉	动物脂肪	水果蔬菜	粮谷	果蔬汁果酒	茶叶	食用菌	中草药	动物肌肉	蜂蜜	河豚鱼鳗鱼对虾	牛奶奶粉
			500种	475种	497种	519种	503种	488种	478种	485种	511种	295种	450种	486种	512种	448种	440种	413种	461种	486种	450种	493种
847	PCB 203	2,2',3,4,4',5,5',6-Octachlorobiphenyl																				
848	PCB 180	2,2',3,4,4',5,5'-Heptachlorobiphenyl										√										
849	PCB 204	2,2',3,4,4',5,6,6'-Octachlorobiphenyl										√										
850	PCB 183	2,2',3,4,4',5',6-Heptachlorobiphenyl										√										
851	PCB 182	2,2',3,4,4',5,6'-Heptachlorobiphenyl										√										
852	PCB 181	2,2',3,4,4',5,6-Heptachlorobiphenyl										√										
853	PCB 138	2,2',3,4,4',5'-Hexachlorobiphenyl										√										
854	PCB 137	2,2',3,4,4',5-Hexachlorobiphenyl										√										
855	PCB 184	2,2',3,4,4',6,6'-Heptachlorobiphenyl										√										
856	PCB 140	2,2',3,4,4',6'-Hexachlorobiphenyl										√										
857	PCB 139	2,2',3,4,4',6-Hexachlorobiphenyl										√										
858	PCB 085	2,2',3,4,4'-Pentachlorobiphenyl										√										

续表

序号	中文名称	英文名称	GC-MS								GC-MS/MS	LC-MS/MS						
			1.6*	2.6	3.6/8.6	4.5	5.6	6.6	7.5	9.5	10.6	7.6	1.6	2.6	3.7	4.5	5.6	6.6	7.5	8.6	9.5	10.6*
			水果蔬菜	粮谷	蜂蜜果汁果酒	茶叶	食用菌	中草药	动物肌肉	河豚鱼鳗鱼对虾	牛奶奶粉	动物脂肪	水果蔬菜	粮谷	果蔬汁果酒	茶叶	食用菌	中草药	动物肌肉	蜂蜜	河豚鱼鳗鱼对虾	牛奶奶粉
			500种	475种	497种	519种	503种	488种	478种	485种	511种	295种	450种	486种	512种	448种	440种	413种	461种	486种	450种	493种
859	PCB 185	2,2′,3,4,5,5′,6-Heptachlorobiphenyl										√										
860	PCB 187	2,2′,3,4′,5,5′,6-Heptachlorobiphenyl										√										
861	PCB 141	2,2′,3,4,5,5′-Hexachlorobiphenyl										√										
862	PCB 146	2,2′,3,4′,5,5′-Hexachlorobiphenyl										√										
863	PCB 186	2,2′,3,4,5,6,6′-Heptachlorobiphenyl										√										
864	PCB 188	2,2′,3,4′,5,6,6′-Heptachlorobiphenyl										√										
865	PCB 142	2,2′,3,4,5,6-Hexachlorobiphenyl										√										
866	PCB 144	2,2′,3,4,5′,6-Hexachlorobiphenyl										√										
867	PCB 149	2,2′,3,4′,5′,6-Hexachlorobiphenyl										√										
868	PCB 143	2,2′,3,4,5,6′-Hexachlorobiphenyl										√										
869	PCB 148	2,2′,3,4′,5,6-Hexachlorobiphenyl										√										
870	PCB 147	2,2′,3,4′,5,6-Hexachlorobiphenyl										√										

续表

序号	中文名称	英文名称	GC-MS								GC-MS/MS	LC-MS/MS							
			1.6*	2.6	3.6/8.6	4.5	5.6	6.6	7.5	9.5	10.6	7.6	1.6	2.6	3.7	4.5	5.6	6.6	7.5	8.6	9.5	10.6*
			水果蔬菜	粮谷	蜂蜜果汁果酒	茶叶	食用菌中草药		动物肌肉	河豚鱼鳗鱼对虾	牛奶奶粉	动物脂肪	水果蔬菜	粮谷	果蔬汁果酒	茶叶	食用菌	中草药	动物肌肉	蜂蜜	河豚鱼鳗鱼对虾	牛奶奶粉
			500种	475种	497种	519种	503种	488种	478种	485种	511种	295种	450种	486种	512种	448种	440种	413种	461种	486种	450种	493种
871	PCB 097	2,2′,3′,4,5-Pentachlorobiphenyl										√										
872	PCB 090	2,2′,3,4′,5-Pentachlorobiphenyl										√										
873	PCB 087	2,2′,3,4,5′-Pentachlorobiphenyl										√										
874	PCB 086	2,2′,3,4,5-Pentachlorobiphenyl										√										
875	PCB 145	2,2′,3,4,6,6′-Hexachlorobiphenyl										√										
876	PCB 150	2,2′,3,4′,6,6′-Hexachlorobiphenyl										√										
877	PCB 088	2,2′,3,4,6-Pentachlorobiphenyl										√										
878	PCB 098	2,2′,3′,4,6-Pentachlorobiphenyl										√										
879	PCB 091	2,2′,3,4′,6-Pentachlorobiphenyl										√										
880	PCB 089	2,2′,3,4,6′-Pentachlorobiphenyl										√										
881	PCB 042	2,2′,3,4′-Tetrachlorobiphenyl										√										
882	PCB 041	2,2′,3,4-Tetrachlorobiphenyl										√										

续表

序号	中文名称	英文名称	GC-MS								GC-MS/MS	LC-MS/MS						
			1.6* 水果蔬菜 500种	2.6 粮谷 475种	3.6/8.6 蜂蜜果汁果酒 497种	4.5 茶叶 519种	5.6 食用菌 503种	6.6 中草药 488种	7.5 动物肌肉 478种	9.5 河豚鱼鳗鱼对虾 485种	10.6 牛奶奶粉 511种	7.6 动物脂肪 295种	1.6 水果蔬菜 450种	2.6 粮谷 486种	3.7 果蔬汁果酒 512种	4.5 茶叶 448种	5.6 食用菌 440种	6.6 中草药 413种	7.5 动物肌肉 461种	8.6 蜂蜜 486种	9.5 河豚鱼鳗鱼对虾 450种	10.6* 牛奶奶粉 493种
883	PCB 151	2,2′,3,5,5′,6-Hexachlorobiphenyl										√										
884	PCB 092	2,2′,3,5,5′-Pentachlorobiphenyl										√										
885	PCB 152	2,2′,3,5,6,6′-Hexachlorobiphenyl										√										
886	PCB 095	2,2′,3,5′,6-Pentachlorobiphenyl										√										
887	PCB 094	2,2′,3,5,6′-Pentachlorobiphenyl										√										
888	PCB 093	2,2′,3,5,6-Pentachlorobiphenyl										√										
889	PCB 044	2,2′,3,5′-Tetrachlorobiphenyl										√										
890	PCB 043	2,2′,3,5-Tetrachlorobiphenyl										√										
891	PCB 096	2,2′,3,6,6′-Pentachlorobiphenyl										√										
892	PCB 046	2,2′,3,6′-Tetrachlorobiphenyl										√										
893	PCB 045	2,2′,3,6-Tetrachlorobiphenyl										√										
894	PCB 016	2,2′,3-Trichlorobiphenyl										√										

续表

序号	中文名称	英文名称	GC-MS								GC-MS/MS	LC-MS/MS							
			1.6*	2.6	3.6/8.6	4.5	5.6	6.6	7.5	9.5	10.6	7.6	1.6	2.6	3.7	4.5	5.6	6.6	7.5	8.6	9.5	10.6*
			水果蔬菜	粮谷	蜂蜜果汁果酒	茶叶	食用菌	中草药	动物肌肉	河豚鱼鳗鱼对虾	牛奶奶粉	动物脂肪	水果蔬菜	粮谷	果蔬汁果酒	茶叶	食用菌	中草药	动物肌肉	蜂蜜	河豚鱼鳗鱼对虾	牛奶奶粉
			500种	475种	497种	519种	503种	488种	478种	485种	511种	295种	450种	486种	512种	448种	440种	413种	461种	486种	450种	493种
895	PCB 153	2,2′,4,4′,5,5′-Hexachlorobiphenyl										√										
896	PCB 154	2,2′,4,4′,5,6′-Hexachlorobiphenyl										√										
897	PCB 099	2,2′,4,4′,5-Pentachlorobiphenyl										√										
898	PCB 155	2,2′,4,4′,6,6′-Hexachlorobiphenyl										√										
899	PCB 100	2,2′,4,4′,6-Pentachlorobiphenyl										√										
900	PCB 047	2,2′,4,4′-Tetrachlorobiphenyl										√										
901	PCB 101	2,2′,4,5,5′-Pentachlorobiphenyl										√										
902	PCB 103	2,2′,4,5′,6-Pentachlorobiphenyl										√										
903	PCB 102	2,2′,4,5,6′-Pentachlorobiphenyl										√										
904	PCB 049	2,2′,4,5′-Tetrachlorobiphenyl										√										
905	PCB 048	2,2′,4,5-Tetrachlorobiphenyl										√										
906	PCB 104	2,2′,4,6,6′-Pentachlorobiphenyl										√										

续表

序号	中文名称	英文名称	GC-MS									GC-MS/MS	LC-MS/MS							
			1.6*	2.6	3.6/8.6	4.5	5.6	6.6	7.5	9.5	10.6	7.6	1.6	2.6	3.7	4.5	5.6	6.6	7.5	8.6	9.5	10.6*
			水果蔬菜	粮谷	蜂蜜果汁果酒	茶叶	食用菌	中草药	动物肌肉	河豚鱼鳗鱼对虾	牛奶奶粉	动物脂肪	水果蔬菜	粮谷	果蔬汁果酒	茶叶	食用菌	中草药	动物肌肉	蜂蜜	河豚鱼鳗鱼对虾	牛奶奶粉
			500种	475种	497种	519种	503种	488种	478种	485种	511种	295种	450种	486种	512种	448种	440种	413种	461种	486种	450种	493种
907	PCB 051	2,2′,4,6′-Tetrachlorobiphenyl										√										
908	PCB 050	2,2′,4,6-Tetrachlorobiphenyl										√										
909	PCB 017	2,2′,4-Trichlorobiphenyl										√										
910	PCB 052	2,2′,5,5′-Tetrachlorobiphenyl										√										
911	PCB 053	2,2′,5,6′-Tetrachlorobiphenyl										√										
912	PCB 018	2,2′,5-Trichlorobiphenyl										√										
913	PCB 054	2,2′,6,6′-Tetrachlorobiphenyl										√										
914	PCB 019	2,2′,6-Trichlorobiphenyl										√										
915	PCB 004	2,2′-Dichlorobiphenyl										√										
916	PCB 205	2,3,3′,4,4′,5,5′,6-Octachlorobiphenyl										√										
917	PCB 189	2,3,3′,4,4′,5,5′-Heptachlorobiphenyl										√										
918	PCB 190	2,3,3′,4,4′,5,6-Heptachlorobiphenyl										√										
919	PCB 191	2,3,3′,4,4′,5′,6-Heptachlorobiphenyl										√										
920	PCB 157	2,3,3′,4,4′,5′-Hexachlorobiphenyl										√										

序号	中文名称	英文名称	GC-MS 水果蔬菜 1.6*	粮谷 2.6	蜂蜜果汁果酒 3.6/8.6	茶叶 4.5	食用菌中草药 5.6	动物肌肉 6.6	河豚鱼鳗鱼对虾 7.5	牛奶奶粉 9.5	10.6	GC-MS/MS 动物脂肪 7.6	LC-MS/MS 水果蔬菜 1.6	粮谷 2.6	果蔬汁果酒 3.7	茶叶 4.5	食用菌 5.6	中草药 6.6	动物肌肉 7.5	蜂蜜 8.6	河豚鱼鳗鱼对虾 9.5	牛奶奶粉 10.6*
			500种	475种	497种	519种	503种	488种	478种	485种	511种	295种	450种	486种	512种	448种	440种	413种	461种	486种	450种	493种
921	PCB 156	2,3,3′,4,4′,5-Hexachlorobiphenyl										√										
922	PCB 158	2,3,3′,4,4′,6-Hexachlorobiphenyl										√										
923	PCB 105	2,3,3′,4,4′-Pentachlorobiphenyl										√										
924	PCB 192	2,3,3′,4,5,5′,6-Heptachlorobiphenyl										√										
925	PCB 193	2,3,3′,4′,5,5′,6-Heptachlorobiphenyl										√										
926	PCB 159	2,3,3′,4,5,5′-Hexachlorobiphenyl										√										
927	PCB 162	2,3,3′,4′,5,5′-Hexachlorobiphenyl										√										
928	PCB 160	2,3,3′,4,5,6-Hexachlorobiphenyl										√										
929	PCB 163	2,3,3′,4′,5,6-Hexachlorobiphenyl										√										
930	PCB 161	2,3,3′,4,5′,6-Hexachlorobiphenyl										√										
931	PCB 164	2,3,3′,4′,5′,6-Hexachlorobiphenyl										√										
932	PCB 106	2,3,3′,4,5-Pentachlorobiphenyl										√										

续表

序号	中文名称	英文名称	GC-MS								GC-MS/MS	LC-MS/MS							
			1.6*	2.6	3.6/8.6	4.5	5.6	6.6	7.5	9.5	10.6	7.6	1.6	2.6	3.7	4.5	5.6	6.6	7.5	8.6	9.5	10.6*
			水果蔬菜	粮谷	蜂蜜果汁果酒	茶叶	食用菌	中草药	动物肌肉	河豚鱼鳗鱼对虾	牛奶奶粉	动物脂肪	水果蔬菜	粮谷	果蔬汁果酒	茶叶	食用菌	中草药	动物肌肉	蜂蜜	河豚鱼鳗鱼对虾	牛奶奶粉
			500种	475种	497种	519种	503种	488种	478种	485种	511种	295种	450种	486种	512种	448种	440种	413种	461种	486种	450种	493种
933	PCB 122	2′,3,3′,4,5-Pentachlorobiphenyl										√										
934	PCB 107	2,3,3′,4′,5-Pentachlorobiphenyl										√										
935	PCB 108	2,3,3′,4,5′-Pentachlorobiphenyl										√										
936	PCB 109	2,3,3′,4,6-Pentachlorobiphenyl										√										
937	PCB 110	2,3,3′,4′,6-Pentachlorobiphenyl										√										
938	PCB 056	2,3,3′,4′-Tetrachlorobiphenyl										√										
939	PCB 055	2,3,3′,4-Tetrachlorobiphenyl										√										
940	PCB 165	2,3,3′,5,5′,6-Hexachlorobiphenyl										√										
941	PCB 111	2,3,3′,5,5′-Pentachlorobiphenyl										√										
942	PCB 112	2,3,3′,5,6-Pentachlorobiphenyl										√										
943	PCB 113	2,3,3′,5′,6-Pentachlorobiphenyl										√										
944	PCB 058	2,3,3′,5′-Tetrachlorobiphenyl										√										

续表

序号	中文名称	英文名称	GC-MS 水果蔬菜 1.6*	GC-MS 粮谷 2.6	GC-MS 蜂蜜果汁果酒 3.6/8.6	GC-MS 茶叶 4.5	GC-MS 食用菌 5.6	GC-MS 中草药 6.6	GC-MS 动物肌肉 7.5	GC-MS 河豚鱼鳗鱼对虾 9.5	GC-MS 牛奶奶粉 10.6	GC-MS/MS 动物脂肪 7.6	LC-MS/MS 水果蔬菜 1.6	LC-MS/MS 粮谷 2.6	LC-MS/MS 果蔬汁果酒 3.7	LC-MS/MS 茶叶 4.5	LC-MS/MS 食用菌 5.6	LC-MS/MS 中草药 6.6	LC-MS/MS 动物肌肉 7.5	LC-MS/MS 蜂蜜 8.6	LC-MS/MS 河豚鱼鳗鱼对虾 9.5	LC-MS/MS 牛奶奶粉 10.6*
			500 种	475 种	497 种	519 种	503 种	488 种	478 种	485 种	511 种	295 种	450 种	486 种	512 种	448 种	440 种	413 种	461 种	486 种	450 种	493 种
945	PCB 057	2,3,3',5-Tetrachlorobiphenyl										√										
946	PCB 059	2,3,3',6-Tetrachlorobiphenyl										√										
947	PCB 020	2,3,3'-Trichlorobiphenyl										√										
948	PCB 167	2,3',4,4',5,5'-Hexachlorobiphenyl										√										
949	PCB 166	2,3,4,4',5,6-Hexachlorobiphenyl										√										
950	PCB 168	2,3',4,4',5',6-Hexachlorobiphenyl										√										
951	PCB 114	2,3,4,4',5-Pentachlorobiphenyl										√										
952	PCB 123	2',3,4,4',5-Pentachlorobiphenyl										√										
953	PCB 118	2,3',4,4',5-Pentachlorobiphenyl										√										
954	PCB 115	2,3,4,4',6-Pentachlorobiphenyl										√										
955	PCB 119	2',3,4,4',6-Pentachlorobiphenyl										√										
956	PCB 060	2,3,4,4'-Tetrachlorobiphenyl										√										

附 录

续表

序号	中文名称	英文名称	GC-MS 水果蔬菜 1.6*	粮谷 2.6	蜂蜜果汁果酒 3.6/8.6	茶叶 4.5	食用菌中草药 5.6	动物肌肉 6.6	动物肌肉 7.5	河豚鱼鳗鱼对虾 9.5	牛奶奶粉 10.6	GC-MS/MS 动物脂肪 7.6	LC-MS 水果蔬菜 1.6	粮谷 2.6	果蔬汁果酒 3.7	茶叶 4.5	食用菌中草药 5.6	动物肌肉 6.6	动物肌肉 7.5	蜂蜜 8.6	河豚鱼鳗鱼对虾 9.5	牛奶奶粉 10.6*
			500 种	475 种	497 种	519 种	503 种	488 种	478 种	485 种	511 种	295 种	450 种	486 种	512 种	448 种	440 种	413 种	461 种	486 种	450 种	493 种
957	PCB 066	2,3′,4,4′-Tetrachlorobiphenyl										√										
958	PCB 124	2′,3,4,5,5′-Pentachlorobiphenyl										√										
959	PCB 120	2,3′,4,5,5′-Pentachlorobiphenyl										√										
960	PCB 125	2′,3,4,5,6′-Pentachlorobiphenyl										√										
961	PCB 116	2,3,4,5,6-Pentachlorobiphenyl										√										
962	PCB 121	2,3′,4,5′,6-Pentachlorobiphenyl										√										
963	PCB 117	2,3,4′,5,6-Pentachlorobiphenyl										√										
964	2,3,4,5-四氯苯胺	2,3,4,5-Tetrachloroaniline	√	√	√	√	√	√	√	√	√											
965	2,3,4,5-四氯甲氧基苯	2,3,4,5-Tetrachloroanisole	√	√	√	√	√	√	√	√	√											
966	PCB 061	2,3,4,5-Tetrachlorobiphenyl										√										
967	PCB 076	2′,3,4′,5-Tetrachlorobiphenyl										√										
968	PCB 063	2,3,4′,5-Tetrachlorobiphenyl										√										

续表

序号	中文名称	英文名称	GC-MS 水果蔬菜 1.6*	GC-MS 粮谷 2.6	GC-MS 蜂蜜果汁果酒 3.6/8.6	GC-MS 茶叶 4.5	GC-MS 食用菌 5.6	GC-MS 中草药 6.6	GC-MS 动物肌肉 7.5	GC-MS 河豚鱼鳗鱼对虾 9.5	GC-MS 牛奶奶粉 10.6	GC-MS/MS 动物脂肪 7.6	LC-MS/MS 水果蔬菜 1.6	LC-MS/MS 粮谷 2.6	LC-MS/MS 果蔬汁果酒 3.7	LC-MS/MS 茶叶 4.5	LC-MS/MS 食用菌 5.6	LC-MS/MS 中草药 6.6	LC-MS/MS 动物肌肉 7.5	LC-MS/MS 蜂蜜 8.6	LC-MS/MS 河豚鱼鳗鱼对虾 9.5	LC-MS/MS 牛奶奶粉 10.6*
			500种	475种	497种	519种	503种	488种	478种	485种	511种	295种	450种	486种	512种	448种	440种	413种	461种	486种	450种	493种
969	PCB 070	2,3′,4′,5-Tetrachlorobiphenyl										√										
970	PCB 068	2,3′,4,5′-Tetrachlorobiphenyl										√										
971	PCB 067	2,3′,4,5-Tetrachlorobiphenyl										√										
972	PCB 062	2,3,4,6-Tetrachlorobiphenyl										√										
973	PCB 069	2,3′,4,6-Tetrachlorobiphenyl										√										
974	PCB 064	2,3′,4′,6-Tetrachlorobiphenyl										√										
975	PCB 071	2,3′,4′,6-Tetrachlorobiphenyl										√										
976	PCB 033	2′,3,4-Trichlorobiphenyl	√	√	√	√	√	√	√	√	√											
977	PCB 025	2,3′,4-Trichlorobiphenyl	√	√	√	√	√	√	√	√	√											
978	PCB 022	2,3,4′-Trichlorobiphenyl	√	√	√	√	√	√	√	√	√											
979	PCB 021	2,3,4-Trichlorobiphenyl	√	√	√	√	√	√	√	√	√											
980	PCB 072	2,3′,5,5′-Tetrachlorobiphenyl										√										
981	2,3,5,6-四氯苯胺	2,3,5,6-Tetrachloroaniline	√	√	√	√	√	√	√	√	√											
982	PCB 065	2,3,5,6-Tetrachlorobiphenyl										√										

附　录

序号	中文名称	英文名称	GC-MS									GC-MS/MS	LC-MS/MS									
			1.6* 水果蔬菜 500种	2.6 粮谷 475种	3.6/8.6 蜂蜜果汁果酒 497种	4.5 茶叶 519种	5.6 食用菌茶叶 503种	6.6 中草药 488种	7.5 动物肌肉 478种	9.5 河豚鱼鳗鱼对虾 485种	10.6 牛奶奶粉 511种	7.6 动物脂肪 295种	1.6 水果蔬菜 450种	2.6 粮谷 486种	3.7 果蔬汁果酒 512种	4.5 茶叶 448种	5.6 食用菌 440种	6.6 中草药 413种	7.5 动物肌肉 461种	8.6 蜂蜜 486种	9.5 河豚鱼鳗鱼对虾 450种	10.6* 牛奶奶粉 493种
983	PCB 073	2,3',5',6-Tetrachlorobiphenyl										√										
984	PCB 023	2,3,5-Trichlorobiphenyl										√										
985	PCB 034	2',3,5-Trichlorobiphenyl										√										
986	PCB 026	2,3',5-Trichlorobiphenyl										√										
987	PCB 024	2,3,6-Trichlorobiphenyl										√										
988	PCB 027	2,3',6-Trichlorobiphenyl										√										
989	PCB 006	2,3'-Dichlorobiphenyl										√										
990	PCB 005	2,3-Dichlorobiphenyl										√										
991	PCB 074	2,4,4',5-Tetrachlorobiphenyl										√										
992	PCB 075	2,4,4',6-Tetrachlorobiphenyl										√										
993	PCB 028	2,4,4'-Trichlorobiphenyl										√										
994	2,4,5-涕	2,4,5-T				√					√											√
995	PCB 029	2,4,5-Trichlorobiphenyl										√										
996	PCB 031	2,4',5-Trichlorobiphenyl										√										
997	PCB 030	2,4,6-Trichlorobiphenyl										√										
998	PCB 032	2,4',6-Trichlorobiphenyl										√										
999	2,4-滴	2,4-D				√				√	√					√			√			√
1000	2,4-滴丁酸	2,4-DB	√									√										
1001	PCB 008	2,4'-Dichlorobiphenyl										√										
1002	PCB 007	2,4-Dichlorobiphenyl										√										

续表

序号	中文名称	英文名称	GC-MS								GC-MS/MS		LC-MS/MS							
			1.6*	2.6	3.6/8.6	4.5	5.6	6.6	7.5	9.5	10.6	7.6	1.6	2.6	3.7	4.5	5.6	6.6	7.5	8.6	9.5	10.6*
			水果蔬菜	粮谷	蜂蜜果汁果酒	茶叶	食用菌	中草药	动物肌肉	河豚鱼鳗鱼对虾	牛奶奶粉	动物脂肪	水果蔬菜	粮谷	果蔬汁果酒	茶叶	食用菌	中草药	动物肌肉	蜂蜜	河豚鱼鳗鱼对虾	牛奶奶粉
			500种	475种	497种	519种	503种	488种	478种	485种	511种	295种	450种	486种	512种	448种	440种	413种	461种	486种	450种	493种
1003	PCB 009	2,5-Dichlorobiphenyl																				
1004	2,6-二氯苯甲酰胺	2,6-Dichlorobenzamide	√								√											
1005	PCB 010	2,6-Dichlorobiphenyl																				
1006	2,6-二氟苯甲酸	2,6-Difluorobenzoic acid												√								
1007	PCB 001	2-Chlorobiphenyl																				
1008	邻苯基苯酚	2-Phenylphenol	√	√	√	√	√	√	√	√	√									√		
1009	PCB 169	3,3',4,4',5,5'-Hexachlorobiphenyl										√										
1010	PCB 126	3,3',4,4',5-Pentachlorobiphenyl										√										
1011	PCB 077	3,3',4,4'-Tetrachlorobiphenyl										√										
1012	PCB 127	3,3',4,5,5'-Pentachlorobiphenyl										√										
1013	PCB 079	3,3',4,5'-Tetrachlorobiphenyl										√										
1014	PCB 078	3,3',4,5-Tetrachlorobiphenyl										√										
1015	PCB 035	3,3',4-Trichlorobiphenyl										√										
1016	PCB 080	3,3',5,5'-Tetrachlorobiphenyl										√										
1017	PCB 036	3,3',5-Trichlorobiphenyl										√										
1018	PCB 011	3,3'-Dichlorobiphenyl										√										

续表

序号	中文名称	英文名称	GC-MS									GC-MS/MS	LC-MS/MS								
			1.6* 水果蔬菜	2.6 粮谷	3.6/8.6 蜂蜜果汁果酒	4.5 茶叶	5.6 食用菌	6.6 中草药	7.5 动物肌肉	9.5 河豚鱼鳗鱼对虾	10.6 牛奶奶粉	7.6 动物脂肪	1.6 水果蔬菜	2.6 粮谷	3.7 果蔬汁果酒	4.5 茶叶	5.6 食用菌	6.6 中草药	7.5 动物肌肉	8.6 蜂蜜	9.5 河豚鱼鳗鱼对虾	10.6* 牛奶奶粉
			500 种	475 种	497 种	519 种	503 种	488 种	478 种	485 种	511 种	295 种	450 种	486 种	512 种	448 种	440 种	413 种	461 种	486 种	450 种	493 种
1019	PCB 081	3,4,4',5-Tetrachlorobiphenyl										√										
1020	PCB 037	3,4,4'-Trichlorobiphenyl										√										
1021	PCB 038	3,4,5-Trichlorobiphenyl										√										
1022	PCB 039	3,4',5-Trichlorobiphenyl										√										
1023	3,4,5-混杀威	Trimethacarb				√																
1024	PCB 013	3,4'-Dichlorobiphenyl										√										
1025	PCB 012	3,4-Dichlorobiphenyl										√										
1026	3,5-二氯苯胺	3,5-Dichloroaniline	√	√	√	√	√	√	√	√	√		√					√	√	√	√	√
1027		3,5-Dichlorobenzophenone	√	√	√	√	√	√	√	√	√		√					√	√	√	√	√
1028	PCB 002	3-Chlorobiphenyl										√										
1029	3-苯基苯酚	3-Phenylphenol				√	√	√	√	√	√		√			√	√	√	√	√	√	√
1030	4,4'-二溴二苯甲酮	4,4'-Dibromobenzophenone	√	√	√	√	√	√	√	√	√		√					√	√	√	√	√
1031	4,4'-二氯二苯甲酮	4,4'-Dichlorobenzophenone	√	√	√	√	√	√	√	√	√		√					√	√	√	√	√
1032	PCB 015	4,4'-Dichlorobiphenyl									√	√										
1033	4-氨基吡啶	4-Aminopyridine														√		√	√	√		
1034	PCB 003	4-Chlorobiphenyl										√										
1035	对氯苯氧乙酸	4-Chlorophenoxy acetic acid				√																
1036	4-CPA	4-CPA				√																
1037	6-氯-4-羟基-3-苯基哒嗪	6-Chloro-4-hydroxy-3-phenyl-pyridazin											√	√	√	√	√	√	√	√	√	√

附录 Ⅱ 1166 种农药化学品溶剂选择和混合标准溶液浓度

1. GC-MS 分析 582 种农药化学品溶剂选择和混合标准溶液浓度

序号	中文名称	英文名称	溶剂	混合标准溶液浓度/(mg/L)	序号	中文名称	英文名称	溶剂	混合标准溶液浓度/(mg/L)
1	反式-燕麦敌	trans-Diallate	甲苯	5	23	乙酰甲胺磷	Acephate	甲苯	50
2	氟胺氰菊酯	(τ)Fluvalinate	甲苯	30	24	啶虫脒	Acetamiprid	甲苯	10
3	2,3,4,5-四氯苯胺	2,3,4,5-Tetrachloroaniline	甲苯	5	25	乙草胺	Acetochlor	甲苯	5
4	2,3,4,5-四氯甲氧基苯	2,3,4,5-Tetrachloroanisole	甲苯+丙酮(8+2)	2.5	26	活化酯	Acibenzolar-S-methyl	甲苯	5
5	2,3,5,6-四氯苯胺	2,3,5,6-Tetrachloroaniline	甲苯	2.5	27	苯草醚	Aclonifen	甲苯	50
6	2,4,5-涕	2,4,5-T	甲苯	50	28	氟丙菊酯	Acrinathrin	甲苯	5
7	o,p'-滴滴滴	2,4'-DDD	甲苯	2.5	29	甲草胺	Alachlor	甲苯	7.5
8	2,4-滴	2,4-D	甲苯	50	30	艾氏剂	Aldrin	甲苯	5
9	o,p'-滴滴伊	2,4'-DDE	甲苯	2.5	31	烯丙菊酯	Allethrin	甲苯	10
10	o,p'-滴滴涕	2,4'-DDT	甲苯	5	32	二丙烯草胺	Allidochlor	甲苯	5
11	2,6-二氯苯甲酰胺	2,6-Dichlorobenzamide	甲苯+丙酮(8+2)	5	33	顺式-氯氰菊酯	α-Cypermethrin	甲苯	5
12	o,p'-滴滴伊	2,4'-DDE	甲苯	2.5	34	α-六六六	α-HCH	甲苯	2.5
13	邻苯基苯酚	2-Phenylphenol	甲苯	2.5	35	莠灭净	Ametryn	甲苯+丙酮(9+1)	7.5
14	3,4,5-混杀威	3,4,5-Trimethacarb	甲苯	20	36	双甲脒	Amitraz	甲苯	7.5
15	3,5-二氯苯胺	3,5-Dichloroaniline	甲苯	2.5	37	莎稗磷	Anilofos	甲苯	5
16	3-苯基苯酚	3-Phenylphenol	甲苯	15	38	蒽醌	Anthraquinone	二氯甲烷	2.5
17	p,p'-滴滴伊	4,4'-DDE	甲苯	2.5	39	杀螨特	Aramite	二氯甲烷	2.5
18	p,p'-滴滴涕	4,4'-DDT	甲苯	5	40	丙硫特普	Aspon	甲苯	5
19	p,p'-滴滴滴	4,4'-DDD	甲苯	2.5	41	乙基杀朴磷	Athidathion	甲苯	5
20	4,4-二氯二苯甲酮	4,4-Dichlorobenzophenone	甲苯	2.5	42	阿特拉通	Atratone	甲苯	2.5
21	4-氯苯氧乙酸	4-Chlorophenoxy acetic acid	甲苯	1.3	43	脱乙基阿特拉津	Atrazine-desethyl	甲苯+丙酮(8+2)	2.5
22	二氢苊	Acenaphthene	甲苯	2.5	44	阿特拉津	Atrazine	甲苯+丙酮(9+1)	2.5

续表

序号	中文名称	英文名称	溶剂	混合标准溶液浓度/(mg/L)	序号	中文名称	英文名称	溶剂	混合标准溶液浓度/(mg/L)
45	戊环唑	Azaconazole	甲苯	10	68	除草定	Bromacil	甲苯	5
46	益棉磷	Azinphos-ethyl	甲苯	5	69	溴苯烯磷	Bromfenvinfos	甲苯+丙酮(8+2)	2.5
47	保棉磷	Azinphos-methyl	甲苯	15	70	溴丁酰草胺	Bromobutide	环己烷	2.5
48	叠氮津	Aziprotryne	甲苯	20	71	溴烯杀	Bromocylen	甲苯	2.5
49	嘧菌酯	Azoxystrobin	甲苯	25	72	溴硫磷	Bromofos	甲苯	5
50	4-溴-3,5-二甲苯基-N-甲基氨基甲酸酯-1	BDMC-1	甲苯+丙酮(8+2)	5	73	乙基溴硫磷	Bromophos-ethyl	甲苯	2.5
51	4-溴-3,5-二甲苯基-N-甲基氨基甲酸酯-2	BDMC-2	甲苯	10	74	溴螨酯	Bromopropylate	甲苯	5
					75	糠菌唑-1	Bromuconazole-1	甲苯	5
					76	糠菌唑-2	Bromuconazole-2	甲苯	5
52	苯霜灵	Benalaxyl	甲苯	2.5	77	乙嘧酚磺酸酯	Bupirimate	甲苯	2.5
53	乙丁氟灵	Benfluralin	甲苯	2.5	78	噻嗪酮	Buprofezin	甲苯	5
54	呋草黄	Benfuresate	甲苯	5	79	丁草胺	Butachlor	甲苯	5
55	麦锈灵	Benodanil	甲苯	7.5	80	氟丙嘧草酯	Butafenacil	乙腈	2.5
56	解草嗪	Benoxacor	环己烷	5	81	抑草磷	Butamifos	环己烷	2.5
57	地散磷	Bensulide	甲苯	20	82	仲丁灵	Butralin	甲苯	10
58	新燕灵	Benzoylprop-ethyl	甲苯	7.5	83	丁草敌	Butylate	甲苯	7.5
59	β-六六六	β-HCH	甲苯	2.5	84	硫线磷	Cadusafos	甲苯	10
60	联苯肼酯	Bifenazate	甲苯	20	85	苯酮唑	Cafenstrole	乙腈	10
61	甲羧除草醚	Bifenox	正己烷	5	86	敌菌丹	Captafol	甲苯+丙酮(8+2)	45
62	联苯菊酯	Bifenthrin	甲苯	2.5	87	克菌丹	Captan	甲苯	40
63	生物烯丙菊酯1	Bioallethrin-1	甲苯	10	88	甲萘威	Carbaryl	甲苯	7.5
64	生物烯丙菊酯2	Bioallethrin-2	甲苯	10	89	三硫磷	Carbofenothion	甲苯	5
65	联苯	Biphenyl	甲苯	2.5	90	丁硫克百威	Carbosulfan	甲苯	7.5
66	联苯三唑醇	Bitertanol	甲苯	7.5	91	萎锈灵	Carboxin	甲苯	7.5
67	啶酰菌胺	Boscalid	甲苯	10	92	唑酮草酯	Carfentrazone-ethyl	甲苯	5

续表

序号	中文名称	英文名称	溶剂	混合标准溶液浓度/(mg/L)	序号	中文名称	英文名称	溶剂	混合标准溶液浓度/(mg/L)
93	杀螨醚	Chlorbenside	甲苯	5	118	环虫酰肼	Chromafenozide	甲苯	20
94	氯杀螨砜	Chlorbenside sulfone	甲苯	5	119	苯并菲(屈)	Chrysene	乙腈	2.5
95	氯溴隆	Chlorbromuron	甲苯	60	120	环庚草醚	Cinmethylin	甲苯	5
96	氯炔灵	Chlorbufam	甲苯	5	121	毒虫畏	cis-, trans-Chlorfenvinphos	甲苯	7.5
97	杀虫脒	Chlordimeform	正己烷	2.5	122	燕麦敌	cis-, trans-Diallate	甲苯	5
98	氯氧磷	Chlorethoxyfos	甲苯	5	123	顺式-氯丹	cis-Chlordane	甲苯	5
99	溴虫腈	Chlorfenapyr	甲苯	20	124	顺式-燕麦敌	cis-Diallate	甲苯	5
100	杀螨醇	Chlorfenethol	甲苯	2.5	125	四氢邻苯二甲酰亚胺	cis-1,2,3,6-Tetrahydrophthalimide	甲醇	7.5
101	燕麦酯	Chlorfenprop-methyl	甲苯	2.5	126	顺式-氯菊酯	cis-Permethrin	甲苯	2.5
102	杀螨酯	Chlorfenson	甲苯	5	127	烯草酮	Clethodim	环己烷	10
103	毒虫畏	Chlorfenvinphos	甲苯	7.5	128	炔草酯	Clodinafop-propargyl	甲苯	5
104	氟啶脲	Chlorfluazuron	甲苯	7.5	129	异噁草松	Clomazone	甲苯	2.5
105	整形醇	Chlorflurenol	甲苯+丙酮(9+1)	7.5	130	氯甲酰草胺	Clomeprop	甲苯	2.5
106	氯甲硫磷	Chlormephos	甲苯	5	131	解草酯	Cloquintocet-mexyl	甲苯	2.5
107	乙酯杀螨醇	Chlorobenzilate	甲苯	2.5	132	蝇毒磷	Coumaphos	甲苯	15
108	氯苯甲醚	Chloroneb	甲苯	2.5	133	鼠立死	Crimidine	甲苯	2.5
109	丙酯杀螨醇	Chloropropylate	甲苯	2.5	134	巴毒磷	Crotoxyphos	甲苯	15
110	百菌清	Chlorothalonil	甲苯	5	135	育畜磷	Crufomate	甲苯	15
111	氯苯胺灵	Chlorpropham	甲苯	5	136	氰草津	Cyanazine	甲苯+丙酮(8+2)	7.5
112	毒死蜱	Chlorpyrifos (-ethyl)	甲苯	2.5	137	苯腈磷	Cyanofenphos	甲苯	2.5
113	甲基毒死蜱	Chlorpyrifos-methyl	甲苯	2.5	138	杀螟腈	Cyanophos	甲苯	5
114	氯酞酸甲酯	Chlorthal-dimethyl	甲苯	5	139	环草敌	Cycloate	甲苯	2.5
115	氯硫磷	Chlorthion	甲苯	5	140	噻草酮	Cycloxydim	甲苯	30
116	虫线磷	Chlorthiophos	甲苯	7.5	141	环莠隆	Cycluron	甲苯	7.5
117	乙菌利	Chlozolinate	甲苯	5	142	环氟菌胺	Cyflufenamid	甲苯	40

续表

序号	中文名称	英文名称	溶剂	混合标准溶液浓度/(mg/L)
143	氟氯氰菊酯	Cyfluthrin	甲苯	30
144	氰氟草酯	Cyhalofop-butyl	甲苯	5
145	氯氰菊酯	Cypermethrin	甲苯	7.5
146	环丙津	Cyprazine	甲苯＋丙酮(9+1)	20
147	环丙唑醇	Cyproconazole	甲苯	2.5
148	嘧菌环胺	Cyprodinil	甲苯	2.5
149	棉灭磷	Cythioate	甲苯	50
150	敌草索	Dacthal	甲苯	2.5
151	脱叶磷	DEF	甲苯	5
152	δ-六六六	δ-HCH	甲苯	5
153	溴氰菊酯	Deltamethrin	甲苯	15
154	内吸磷-S	Demeton-S	甲苯	10
155	甲基内吸磷	Demeton-S-methyl	甲苯	10
156	2,2',4,5,5'-五氯联苯	DE-PCB 101	甲苯	2.5
157	2,3,4,4',5-五氯联苯	DE-PCB 118	甲苯	2.5
158	2,2',3,4,4',5-六氯联苯	DE-PCB 138	甲苯	2.5
159	2,2',4,4',5,5'-六氯联苯	DE-PCB 153	甲苯	2.5
160	2,2',3,4,4',5,5'-七氯联苯	DE-PCB 180	甲苯	2.5
161	2,4,4'-三氯联苯	DE-PCB 28	甲苯	2.5
162	2,4,5-三氯联苯	DE-PCB 31	甲苯	2.5
163	2,2',5,5'-四氯联苯	DE-PCB 52	甲苯＋丙酮(8+2)	2.5
164	脱溴溴苯磷	Desbrom-leptophos	甲苯	2.5
165	脱乙基另丁津	Desethyl-sebuthylazine	甲苯＋丙酮(8+2)	5
166	脱异丙基阿特拉津	Desisopropyl-atrazine	甲苯＋丙酮(8+2)	20
167	甜菜胺	Desmedipham	甲苯	50
168	敌草净	Desmetryn	甲苯	2.5
169	氯亚胺硫磷	Dialifos	甲苯	80
170	二嗪磷	Diazinon	甲苯	2.5
171	蓄虫酯	Dibutyl succinate	甲苯	5
172	异氯磷	Dicapthon	甲苯	12.5
173	敌草腈	Dichlobenil	甲苯	0.5
174	除线磷	Dichlofenthion	甲苯	2.5
175	抑菌灵	Dichlofluanid	甲苯＋丙酮(9+1)	120
176	氯硝胺	Dichloran	甲苯	5
177	烯丙酰草胺	Dichlormid	甲苯	5
178	敌敌畏	Dichlorvos	甲苯	15
179	苄氯三唑醇	Diclobutrazole	甲苯＋丙酮(8+2)	10
180	禾草灵	Diclofop-methyl	甲苯	2.5
181	氯硝胺	Dicloran	甲苯＋丙酮(9+1)	5
182	三氯杀螨醇	Dicofol	甲苯	5
183	百治磷	Dicrotophos	甲苯	20
184	狄氏剂	Dieldrin	甲苯	5
185	乙霉威	Diethofencarb	甲苯	15
186	避蚊胺	Diethyltoluamide	甲苯	2
187	苯醚甲环唑-2	Difenconazole-2	甲苯	15
188	苯醚甲环唑-1	Difenconazole-1	甲苯＋丙酮(8+2)	15
189	枯莠隆	Difenoxuron	甲苯	20
190	吡氟酰草胺	Diflufenican	甲苯	2.5
191	甲氟磷	Dimefox	甲苯	7.5

序号	中文名称	英文名称	溶剂	混合标准溶液浓度/(mg/L)	序号	中文名称	英文名称	溶剂	混合标准溶液浓度/(mg/L)
192	噁唑隆	Dimefuron	甲苯+丙酮(8+2)	10	217	氟硫草定	Dithiopyr	甲苯	2.5
193	哌草丹	Dimepiperate	乙酸乙酯	5	218	丁酰肼	DMSA	甲苯	20
194	二甲草胺	Dimethachlor	甲苯	7.5	219	十二环吗啉	Dodemorph	甲苯	7.5
195	异戊乙净	Dimethametryn	甲醇	2.5	220	敌瘟磷	Edifenphos	甲苯	5
196	二甲吩草胺	Dimethenamid	甲苯	2.5	221	硫丹-1	Endosulfan-1	甲苯	15
197	噻节因	Dimethipin	甲苯	7.5	222	硫丹-2	Endosulfan-2	甲苯	15
198	乐果	Dimethoate	甲苯	10	223	硫丹硫酸盐	Endosulfan-sulfate	甲苯	7.5
199	烯酰吗啉	Dimethomorph	甲苯	5	224	草多索	Endothal	甲苯	50
200	避蚊酯	Dimethyl phthalate	甲苯	10	225	异狄氏剂	Endrin	甲苯	30
201	甲基毒虫畏	Dimethylvinphos	甲苯	5	226	异狄氏剂醛	Endrin aldehyde	甲苯	50
202	烯唑醇	Diniconazole	甲苯	7.5	227	异狄氏剂酮	Endrin ketone	甲苯	40
203	氨氟灵	Dinitramine	甲苯	10	228	苯硫磷	EPN	甲苯	10
204	消螨通	Dinobuton	甲苯	25	229	氟环唑-1	Epoxiconazole-1	甲苯	20
205	草消酚	Dinoterb	甲苯	10	230	氟环唑-2	Epoxiconazole-2	甲苯	20
206	苯虫醚-1	Diofenolan-1	甲苯	5	231	ε-六六六	ε-HCH	甲醇	5
207	蔬果磷	Dioxabenzofos	甲苯	25	232	茵草敌	EPTC	甲苯	7.5
208	二氧威	Dioxacarb	甲苯	20	233	抑草蓬	Erbon	甲苯	5
209	敌噁磷	Dioxathion	甲苯	10	234	S-氰戊菊酯	Esfenvalerate	甲苯	10
210	双苯酰草胺	Diphenamid	甲苯	2.5	235	戊草丹	Esprocarb	甲苯	5
211	二苯胺	Diphenylamine	甲苯	2.5	236	乙环唑-1	Etaconazole-1	甲苯	7.5
212	异丙净	Dipropetryn	甲苯	2.5	237	乙环唑-2	Etaconazole-2	甲苯	7.5
213	乙拌磷	Disulfoton	甲苯	2.5	238	乙丁烯氟灵	Ethalfluralin	甲苯	10
214	乙拌磷砜	Disulfoton sulfone	甲苯	5	239	乙硫苯威	Ethiofencarb	甲苯	25
215	乙拌磷亚砜	Disulfoton-sulfoxide	甲苯	5	240	乙硫磷	Ethion	甲苯	5
216	灭菌磷	Ditalimfos	甲苯+丙酮(8+2)	2.5	241	乙氧呋草黄	Ethofumesate	甲苯	5

续表

序号	中文名称	英文名称	溶剂	混合标准溶液浓度/(mg/L)	序号	中文名称	英文名称	溶剂	混合标准溶液浓度/(mg/L)
242	灭线磷	Ethoprophos	甲苯	7.5	267	苯锈啶	Fenpropidin	甲苯	5
243	醚菊酯	Etofenprox	甲苯	2.5	268	丁苯吗啉	Fenpropimorph	甲苯	2.5
244	乙螨唑	Etoxazole	甲苯	15	269	唑螨酯	Fenpyroximate	甲苯	20
245	土菌灵	Etridiazol	甲苯	7.5	270	芬螨酯	Fenson	甲苯	2.5
246	乙嘧硫磷	Etrimfos	甲苯	2.5	271	丰索磷	Fensulfothion	甲苯	5
247	氧乙嘧啶磷	Etrimfos oxon	甲苯	2.5	272	倍硫磷	Fenthion	甲苯	2.5
248	伐灭磷	Famphur	甲苯	10	273	倍硫磷砜	Fenthion sulfone	甲苯	10
249	咪唑菌酮	Fenamidone	甲苯	2.5	274	倍硫磷亚砜	Fenthion sulfoxide	甲苯+丙酮(8+2)	10
250	苯线磷	Fenamiphos	甲苯	7.5	275	氰戊菊酯 1	Fenvalerate-1	甲苯	10
251	苯线磷砜	Fenamiphos sulfone	甲苯+丙酮(8+2)	10	276	氰戊菊酯 2	Fenvalerate-2	甲苯	10
252	苯线磷亚砜	Fenamiphos sulfoxide	甲苯	80	277	氟虫腈	Fipronil	甲苯	20
253	氯苯嘧啶醇	Fenarimol	甲苯	5	278	麦草氟异丙酯	Flamprop-isopropyl	甲苯	2.5
254	腈苯唑	Fenazaquin	甲苯	2.5	279	麦草氟甲酯	Flamprop-methyl	甲苯+丙酮(8+2)	2.5
255	腈苯唑	Fenbuconazole	甲苯+丙酮(8+2)	5	280	吡氟禾草灵	Fluazifop-butyl	环己烷	2.5
256	皮蝇磷	Fenchlorphos	甲苯	10	281	氟啶胺	Fluazinam	甲苯	20
257	氧皮蝇磷	Fenchlorphos oxon	甲苯	5	282	氯乙氟灵	Fluchloralin	环己烷	10
258	甲呋酰胺	Fenfuram	甲苯	5	283	氟氰戊菊酯	Flucythrinate	环己烷	5
259	环酰菌胺	Fenhexamid	甲苯	50	284	氟氰戊菊酯-1	Flucythrinate-1	甲苯+丙酮(8+2)	5
260	杀螟硫磷	Fenitrothion	甲苯	5	285	氟氰戊菊酯-2	Flucythrinate-2	甲苯+丙酮(8+2)	5
261	仲丁威	Fenobucarb	甲苯	5	286	咯菌腈	Fludioxonil	甲苯+丙酮(8+2)	2.5
262	苯硫威	Fenothiocarb	丙酮	5	287	氟噻草胺	Flufenacet	甲苯	20
263	氰菌胺	Fenoxanil	甲苯	5	288	氟虫脲	Flufenoxuron	甲苯+丙酮(8+2)	7.5
264	苯氧威	Fenoxycarb	甲苯	15	289	氟节胺	Flumetralin	环己烷	5
265	拌种咯	Fenpiclonil	甲苯+丙酮(8+2)	10	290	氟烯草酸	Flumiclorac-pentyl	甲苯	5
266	甲氰菊酯	Fenpropathrin	甲苯	5	291	丙炔氟草胺	Flumioxazin	甲苯	5

续表

序号	中文名称	英文名称	溶剂	混合标准溶液浓度/(mg/L)
292	氟咯草酮	Fluorochloridone	甲苯	5
293	三氟硝草醚	Fluorodifen	甲苯	2.5
294	乙羧氟草醚	Fluoroglycofen-ethyl	甲苯	30
295	三氟苯唑	Fluotrimazole	甲醇	2.5
296	氟喹唑	Fluquinconazole	甲苯＋丙酮(8+2)	2.5
297	氟啶草酮	Fluridone	甲苯	5
298	氟咯草酮	Flurochloridone	甲苯＋丙酮(9+1)	5
299	氟草烟-1-甲庚酯	Fluroxypr-1-methylheptyl ester	甲苯＋丙酮(8+2)	2.5
300	甲草酮	Flurtamone	甲苯	5
301	氟哇唑	Flusilazole	甲苯	7.5
302	氟酰胺	Flutolanil	甲苯	2.5
303	粉唑醇	Flutriafol	甲苯＋丙酮(9+1)	5
304	氟胺氰菊酯	Fluvalinate	甲苯	30
305	灭菌丹	Folpet	甲苯	30
306	地虫硫磷	Fonofos	甲苯	2.5
307	安硫磷	Formothion	甲醇	5
308	麦穗灵	Fuberidazole	甲苯＋丙酮(8+2)	12.5
309	呋霜灵	Furalaxyl	甲苯	5
310	拌种胺	Furmecyclox	环己烷	7.5
311	γ-氯氟氰菊酯-1	γ-Cyhalothrin-1	甲苯	2
312	γ-氯氟氰菊酯-2	γ-Cyhalothrin-2	甲苯	2
313	林丹	γ-HCH	甲苯	5
314	苄螨醚	Halfenprox	甲苯	5
315	氯吡嘧磺隆	Halosulfuron-methyl	甲苯	50
316	ε-六六六	ε-HCH	甲醇	5
317	七氯	Heptachlor	甲苯	7.5
318	庚烯磷	Heptanophos	甲苯	7.5
319	六氯苯	Hexachlorobenzene	甲苯	2.5
320	己唑醇	Hexaconazole	甲苯	15
321	氟铃脲	Hexaflumuron	甲苯	15
322	环嗪酮	Hexazinone	甲苯	7.5
323	噻螨酮	Hexythiazox	甲苯＋丙酮(9+1)	20
324	烯菌灵	Imazalil	甲苯＋丙酮(8+2)	10
325	甲基咪草酯	Imazamethabenz-methyl	甲苯	7.5
326	脱苯甲基亚胺唑	Imibenconazole-des-benzyl	甲苯＋丙酮(8+2)	10
327	炔咪菊酯-1	Imiprothrin-1	甲苯	5
328	炔咪菊酯-2	Imiprothrin-2	甲苯	5
329	碘硫磷	Iodofenphos	甲苯	5
330	异稻瘟净	Iprobenfos	甲苯＋丙酮(9+1)	7.5
331	异菌脲	Iprodione	甲苯＋丙酮(8+2)	10
332	异丙菌胺-1	Iprovalicarb-1	甲苯	10
333	异丙菌胺-2	Iprovalicarb-2	甲苯＋丙酮(8+2)	10
334	氯唑磷	Isazofos	甲苯	5
335	碳氯灵	Isobenzan	甲苯	2.5
336	丁咪酰胺	Isocarbamid	甲苯＋丙酮(8+2)	12.5
337	水胺硫磷	Isocarbophos	甲苯	5
338	异艾氏剂	Isodrin	甲苯	2.5
339	异柳磷	Isofenphos	甲苯	5
340	氧异柳磷	Isofenphos oxon	甲苯＋丙酮(8+2)	5
341	丁嗪草酮	Isomethiozin	甲苯	5

续表

序号	中文名称	英文名称	溶剂	混合标准溶液浓度/(mg/L)	序号	中文名称	英文名称	溶剂	混合标准溶液浓度/(mg/L)
342	异丙威-1	Isoprocarb-1	甲苯	5	367	甲基苯噻隆	Methabenzthiazuron	甲苯+丙酮(9+1)	25
343	异丙威-2	Isoprocarb-2	环己烷	5	368	虫螨畏	Methacrifos	甲苯	2.5
344	异丙乐灵	Isopropalin	甲苯	5	369	甲胺磷	Methamidophos	甲苯	10
345	稻瘟灵	Isoprothiolane	甲苯	5	370	呋菌胺	Methfuroxam	甲苯+丙酮(9+1)	2.5
346	双苯噁唑酸	Isoxadifen-ethyl	甲苯	20	371	杀扑磷	Methidathion	甲苯	5
347	噁唑磷	Isoxathion	甲苯	2.5	372	甲硫威砜	Methiocarb sulfone	甲苯+丙酮(8+2)	80
348	亚胺菌	Kresoxim-methyl	甲苯	20	373	烯虫酯	Methoprene	甲苯	10
349	乳氟禾草灵	Lactofen	甲苯	2.5	374	盖草津	Methoprotryne	甲苯	7.5
350	高效氯氟氰菊酯	λ-Cyhalothrin	甲苯+丙酮(8+2)	25	375	甲醚菊酯-1	Methothrin-1	甲苯	5
351	环草定	Lenacil	甲苯+丙酮(9+1)	5	376	甲醚菊酯-2	Methothrin-2	乙腈	5
352	溴苯磷	Leptophos	甲苯	10	377	甲氧滴滴涕	Methoxychlor	甲苯	20
353	利谷隆	Linuron	甲苯+丙酮(9+1)	40	378	甲基对硫磷	Methyl-parathion	甲苯	10
354	马拉氧磷	Malaoxon	甲苯	10	379	溴谷隆	Metobromuron	甲苯	15
355	马拉硫磷	Malathion	甲苯+丙酮(8+2)	2.5	380	叶菌唑	Metoconazole	甲苯	10
356	2-甲-4-氯丁氧乙基酯	MCPA-butoxyethyl ester	甲苯	10	381	异丙甲草胺	Metolachlor	甲苯	2.5
357	灭蚜磷	Mecarbam	甲苯	7.5	382	苯氧菌胺-1	Metominostrobin-1	乙腈	10
358	苯噻酰草胺	Mefenacet	甲苯+丙酮(9+1)	5	383	苯氧菌胺-2	Metominostrobin-2	乙腈	10
359	精甲霜灵	Mefenoxam	甲苯	7.5	384	嗪草酮	Metribuzin	甲苯	7.5
360	吡唑解草酯	Mefenpyr-diethyl	甲苯+丙酮(8+2)	2.5	385	速灭磷	Mevinphos	甲苯	5
361	嘧菌胺	Mepanipyrim	甲苯+丙酮(9+1)	5	386	兹克威	Mexacarbate	甲苯	7.5
362	地胺磷	Mephosfolan	甲苯	2.5	387	灭蚁灵	Mirex	甲苯	2.5
363	灭锈胺	Mepronil	甲苯	7.5	388	禾草敌	Molinate	甲苯	5
364	甲霜灵	Metalaxyl	甲苯+丙酮(8+2)	25	389	庚酰草胺	Monalide	甲苯	5
365	苯嗪草酮	Metamitron	甲苯	7.5	390	久效磷	Monocrotophos	甲苯	20
366	吡唑草胺	Metazachlor			391	绿谷隆	Monolinuron	甲苯	10

续表

序号	中文名称	英文名称	溶剂	混合标准溶液浓度/(mg/L)	序号	中文名称	英文名称	溶剂	混合标准溶液浓度/(mg/L)
392	合成麝香	Musk ambrette	甲苯	2.5	417	p,p′-滴滴伊	p,p′-DDE	甲苯	2.5
393	麝香酮	Musk ketone	甲苯	2.5	418	p,p′-滴滴涕	p,p′-DDT	甲苯	5
394	麝香	Musk moskene	甲苯	2.5	419	p,p′-滴滴滴	p,p′-DDD	甲苯	2.5
395	西藏麝香	Musk tibeten	甲苯+丙酮(8+2)	2.5	420	多效唑	Paclobutrazol	甲苯	7.5
396	二甲苯麝香	Musk xylene	甲苯	2.5	421	对氧磷	Paraoxon-ethyl	甲苯	80
397	腈菌唑	Myclobutanil	甲苯	2.5	422	甲基对氧磷	Paraoxon-methyl	甲苯	5
398	二溴磷	Naled	甲苯	40	423	对硫磷	Parathion	甲苯	10
399	敌草胺	Napropamide	甲苯	7.5	424	克草敌	Pebulate	甲苯	7.5
400	甲磺乐灵	Nitralin	甲苯+丙酮(8+2)	25	425	戊菌唑	Penconazole	甲苯	7.5
401	三氯甲基吡啶	Nitrapyrin	甲苯	7.5	426	戊菌隆	Pencycuron	甲苯	10
402	除草醚	Nitrofen	甲苯	15	427	二甲戊灵	Pendimethalin	甲苯	10
403	酞菌酯	Nitrothal-isopropyl	甲苯	5	428	五氯苯胺	Pentachloroaniline	甲苯	2.5
404	氟草敏	Norflurazon	甲苯+丙酮(9+1)	2.5	429	五氯甲氧基苯	Pentachloroanisole	甲苯	2.5
405	氟草敏代谢物	Norflurazon-desmethyl	甲苯	10	430	五氯苯	Pentachlorobenzene	甲苯	2.5
406	氟苯嘧啶醇	Nuarimol	甲苯+丙酮(9+1)	5	431	氯菊酯	Permethrin	甲苯	5
407	o,p′-滴滴滴	o,p′-DDD	甲苯	2.5	432	乙滴涕	Perthane	甲苯	2.5
408	o,p′-滴滴涕	o,p′-DDT	甲苯	5	433	菲	Phenanthrene	甲苯	2.5
409	o,p′-滴滴伊	o,p′-DDE	甲苯	2.5	434	家蝇磷	Phenkapton	甲苯	15
410	八氯苯乙烯	Octachlorostyrene	甲苯	2.5	435	苯醚菊酯	Phenothrin	甲苯	2.5
411	甲呋酰胺	Ofurace	甲苯	7.5	436	稻丰散	Phenthoate	甲苯	5
412	噁草酮	Oxadiazone	甲苯	2.5	437	甲拌磷	Phorate	甲苯	2.5
413	噁草灵	Oxadixyl	甲苯	2.5	438	甲拌磷砜	Phorate sulfone	甲苯	2.5
414	氧化萎锈灵	Oxycarboxin	甲苯+丙酮(9+1)	15	439	伏杀硫磷	Phosalone	甲苯	5
415	氧化氯丹	Oxy-chlordane	甲苯	2.5	440	亚胺硫磷	Phosmet	甲苯	5
416	乙氧氟草醚	Oxyfluorfen	甲苯	10	441	磷胺-1	Phosphamidon-1	甲苯	20

附　录

序号	中文名称	英文名称	溶剂	混合标准溶液浓度/(mg/L)
442	磷胺-2	Phosphamidon-2	甲苯	20
443	邻苯二甲酸丁苄酯	Phthalic acid,benzyl butyl ester	甲苯	2.5
444	四氯苯酞	Phthalide	丙酮	10
445	邻苯二甲酰亚胺	Phthalimide	甲苯	5
446	氟吡酰草胺	Picolinafen	甲苯	2.5
447	啶氧菌酯	Picoxystrobin	甲苯	5
448	增效醚	Piperonyl butoxide	甲苯	2.5
449	哌草磷	Piperophos	环己烷	7.5
450	抗蚜威	Pirimicarb	甲苯	5
451	嘧啶威	Pirimiphos-ethyl	甲苯	5
452	甲基嘧啶磷	Pirimiphos-methyl	甲苯	2.5
453	三氯炔虫酯	Plifenate	甲苯	5
454	右旋炔丙菊酯	Prallethrin	甲苯	7.5
455	丙草胺	Pretilachlor	甲苯	5
456	咪鲜胺	Prochloraz	甲苯	15
457	腐霉利	Procymidone	甲苯	2.5
458	丙溴磷	Profenofos	甲苯	15
459	氟丙氟灵	Profluralin	甲苯	10
460	茉莉酮	Prohydrojasmon	甲苯	10
461	扑灭通	Prometon	甲苯	7.5
462	扑草净	Prometryne	甲苯	2.5
463	炔丙烯草胺	Pronamide	甲苯+丙酮(9+1)	2.5
464	毒草胺	Propachlor	甲苯	7.5
465	霜霉威	Propamocarb	甲苯	7.5
466	敌稗	Propanil	甲苯+丙酮(9+1)	5
467	丙虫磷	Propaphos	甲苯	5
468	炔螨特	Propargite	甲苯	5
469	扑灭津	Propazine	甲苯	2.5
470	胺丙畏	Propetamphos	甲苯	2.5
471	苯胺灵	Propham	甲苯	2.5
472	丙环唑-1	Propiconazole-1	甲苯	7.5
473	丙环唑-2	Propiconazole-2	甲苯	7.5
474	异丙草胺	Propisochlor	甲苯	2.5
475	残杀威-1	Propoxur-1	甲苯	5
476	残杀威-2	Propoxur-2	甲苯	5
477	炔苯酰草胺	Propyzamide	甲苯	5
478	苄草丹	Prosulfocarb	甲苯	2.5
479	丙硫磷	Prothiophos	甲苯	2.5
480	吡唑硫磷	Pyraclofos	甲苯	20
481	百克敏	Pyraclostrobin	甲苯	60
482	吡草醚	Pyraflufen ethyl	甲苯	5
483	吡菌磷	Pyrazophos	甲苯	5
484	砒草丹	Pyributicarb	乙腈	5
485	哒嗪灵	Pyridaben	甲苯	2.5
486	哒嗪硫磷	Pyridaphenthion	甲苯	2.5
487	啶斑肟-1	Pyrifenox-1	甲苯	20
488	啶斑肟-2	Pyrifenox-2	甲苯	20
489	环酯草醚	Pyriftalid	环己烷	2.5
490	嘧霉胺	Pyrimethanil	甲苯	2.5
491	嘧螨醚	Pyrimidifen	甲苯	5

续表

序号	中文名称	英文名称	溶剂	混合标准溶液浓度/(mg/L)
492	嘧草醚	Pyriminobac-methyl	甲苯	10
493	嘧啶磷	Pyrimitate	甲苯	2.5
494	吡丙醚	Pyriproxyfen	甲苯	5
495	咯喹酮	Pyroquilon	甲苯	2.5
496	喹硫磷	Quinalphos	甲苯	2.5
497	灭藻醌	Quinoclamine	甲苯	10
498	苯氧喹啉	Quinoxyphen	甲苯	2.5
499	五氯硝基苯	Quintozene	甲苯	5
500	吡咪唑	Rabenzazole	甲苯	2.5
501	苄呋菊酯-1	Resmethrin-1	甲苯+丙酮(8+2)	40
502	苄呋菊酯-2	Resmethrin-2	甲苯+丙酮(8+2)	40
503	皮蝇磷	Ronnel	甲苯	5
504	八氯二丙醚-1	S421(octachlorodipropyl ether)-1	甲苯	50
505	八氯二丙醚-2	S421(octachlorodipropyl ether)-2	甲苯	50
506	另丁津	Sebutylazine	甲苯+丙酮(8+2)	2.5
507	密草通	Secbumeton	甲苯	2.5
508	稀禾啶	Sethoxydim	甲苯	22.5
509	氟硅菊酯	Silafluofen	甲苯	2.5
510	西玛津	Simazine	甲醇	2.5
511	硅氟唑	Simeconazole	甲苯	5
512	西玛通	Simeton	甲苯	5
513	西草净	Simetryn	甲苯	5
514	螺螨酯	Spirodiclofen	甲苯	20
515	螺甲螨酯	Spiromesifen	甲苯	25
516	螺噁茂胺-1	Spiroxamine-1	甲苯	5
517	螺噁茂胺-2	Spiroxamine-2	甲苯	5
518	莠草畏	Sulfallate	甲苯	5
519	治螟磷	Sulfotep	甲苯	2.5
520	硫丙磷	Sulprofos	甲苯	5
521	氟胺氰菊酯	τ-Fluvalinate	甲苯	30
522	苯噻硫氰	TCMTB	甲苯	40
523	戊唑醇	Tebuconazole	甲苯	7.5
524	吡螨胺	Tebufenpyrad	甲苯	2.5
525	丁基嘧啶磷	Tebupirimfos	甲苯	5
526	牧草胺	Tebutam	甲苯	5
527	丁噻隆	Tebuthiuron	甲苯	10
528	四氯硝基苯	Tecnazene	甲苯	5
529	七氟菊酯	Tefluthrin	甲苯	2.5
530	特草定	Terbacil	甲苯+丙酮(9+1)	5
531	特草灵-1	Terbucarb-1	甲苯	5
532	特草灵-2	Terbucarb-2	甲苯	5
533	特丁硫磷	Terbufos	甲苯	5
534	特丁硫磷砜	Terbufos Sulfone	甲苯	2.5
535	特丁通	Terbumeton	甲苯	7.5
536	特丁津	Terbuthylazine	甲苯	2.5
537	特丁净	Terbutryn	甲苯	5
538	杀虫畏	Tetrachlorvinphos	甲苯	7.5
539	四氟醚唑	Tetraconazole	甲苯	7.5
540	三氯杀螨砜	Tetradifon	甲苯	2.5
541	四氢邻苯二甲酰亚胺	Tetrahydrophthalimide	甲苯	7.5

续表

序号	中文名称	英文名称	溶剂	混合标准溶液浓度/(mg/L)
542	胺菊酯	Tetramethrin	甲苯	5
543	杀螨氯硫	Tetrasul	甲苯	2.5
544	噻吩草胺	Thenylchlor	甲苯	5
545	噻菌灵	Thiabendazole	甲苯	50
546	噻虫嗪	Thiamethoxam	乙腈	10
547	噻唑烟酸	Thiazopyr	甲苯	5
548	噻唑酰胺	Thifluzamide	乙腈	20
549	禾草丹	Thiobencarb	甲苯	5
550	甲基乙拌磷	Thiometon	甲苯	2.5
551	虫线磷	Thionazin	甲苯	2.5
552	甲基立枯磷	Tolclofos-methyl	甲苯	2.5
553	甲苯氟磺胺	Tolylfluanide	甲苯	60
554	苯草酮	Tralkoxydim	甲苯	20
555	四溴菊酯1	Tralomethrin-1	甲苯	2.5
556	四溴菊酯2	Tralomethrin-2	甲苯	2.5
557	反式-氯丹	trans-Chlordane	甲苯	2.5
558	反式-燕麦敌	trans-Diallate	甲苯	5
559	四氟苯菊酯	Transfluthrin	甲苯	2.5
560	反式-九氯	trans-Nonachlor	甲苯	2.5
561	反式-氯菊酯	trans-Permethrin	甲苯	2.5
562	三唑醇-1	Triadimenol-1	甲苯	7.5
563	三唑醇-2	Triadimenol-2	甲苯	7.5
564	野麦畏	Triallate	环己烷	5
565	威菌磷	Triamiphos	甲苯	5
566	三唑磷	Triazophos	甲苯	7.5
567	苯磺隆	Tribenuron-methyl	甲苯	2.5
568	毒壤磷	Trichloronat	甲苯	2.5
569	三环唑	Tricyclazole	甲苯	15
570	灭草环	Tridiphane	甲苯	10
571	草达津	Trietazine	甲苯	2.5
572	肟菌酯	Trifloxystrobin	甲苯+丙酮(8+2)	10
573	氟菌唑	Triflumizole	甲苯	10
574	氟乐灵	Trifluralin	甲苯	5
575	三异丁基磷酸盐	Tri-iso-butyl phosphate	甲苯	2.5
576	三正丁基磷酸盐	Tri-n-butyl phosphate	甲苯	5
577	三苯基磷酸盐	Triphenyl phosphate	甲苯	2.5
578	烯效唑	Uniconazole	环己烷	5
579	灭草敌	Vernolate	甲苯	2.5
580	乙烯菌核利	Vinclozolin	甲苯	2.5
581	灭除威	XMC	甲苯	5
582	苯酰草胺	Zoxamide	甲苯+丙酮(8+2)	5

2. LC-MS/MS 分析 584 种农药化学品溶剂选择和混合标准溶液浓度

序号	中文名称	英文名称	溶剂	混合标准溶液浓度/(mg/L)	序号	中文名称	英文名称	溶剂	混合标准溶液浓度/(mg/L)
1	苯胺灵	Propham	甲苯	11.00	26	燕麦敌	Diallate	甲醇	8.92
2	异丙威	Isoprocarb	甲醇	0.23	27	丁嗪草酮	Isomethiozin	甲醇	0.11
3	3,4,5-混杀威	3,4,5-Trimethacarb	甲醇	0.03	28	乙草胺	Acetochlor	甲醇	4.74
4	环莠隆	Cycluron	甲醇	0.02	29	燕麦敌	cis-, trans-Diallate	甲醇	8.92
5	甲萘威	Carbaryl	甲醇	1.03	30	盖草津	Methoprotryne	甲醇	0.02
6	毒草胺	Propachlor	甲醇	0.03	31	烯啶虫胺	Nitenpyram	甲醇	1.71
7	吡咪唑	Rabenzazole	甲醇	0.13	32	二甲吩草胺	Dimethenamid	甲醇	0.43
8	西草净	Simetryn	甲醇	0.01	33	特草灵	Terrbucarb	甲醇	0.21
9	绿谷隆	Monolinuron	甲醇	0.36	34	腈菌唑	Myclobutanil	甲醇	0.10
10	速灭磷	Mevinphos	甲苯	0.16	35	戊菌唑	Penconazole	甲醇	0.20
11	叠草津	Aziprotryne	甲醇	0.14	36	咪唑乙烟酸	Imazethapyr	甲醇	0.11
12	密草通	Secbumeton	甲醇	0.01	37	倍硫磷亚砜	Fenthion sulfoxide	甲醇	0.03
13	嘧菌环胺	Cyprodinil	甲醇	0.07	38	多效唑	Paclobutrazol	甲醇	0.06
14	播土隆	Buturon	甲醇	0.90	39	仲丁灵	Butralin	甲醇	0.19
15	双酰草胺	Carbetamide	甲醇	0.36	40	三唑醇	Triadimenol	甲醇	1.06
16	抗蚜威	Pirimicarb	甲醇	0.02	41	螺嘧茂胺	Spiroxamine	甲醇	0.01
17	异噁草松	Clomazone	甲醇	0.04	42	甲基立枯磷	Tolclofos methyl	甲醇	6.66
18	异噁草酮	Clomazone dimethazone	甲醇	20.00	43	甜菜胺	Desmedipham	甲醇	0.40
19	氰草津	Cyanazine	甲醇	0.02	44	杀扑磷	Methidathion	甲醇	94.00
20	扑草净	Prometryne	甲醇	0.02	45	烯丙菊酯	Allethrin	甲醇	6.04
21	甲基对氧磷	Paraoxon methyl	甲醇	0.08	46	麦锈灵	Benodanil	甲醇	0.35
22	4,4-二氯二苯甲酮	4,4-Dichlorobenzophenone	甲醇	1.36	47	二嗪磷	Diazinon	甲苯	0.07
23	噻虫啉	Thiacloprid	甲醇	0.04	48	敌瘟磷	Edifenphos	甲醇	12.00
24	磺噻隆	Ethidimuron	甲醇	64.00	49	氟酰胺	Flutolanil	甲醇	0.11
25	吡虫啉	Imidacloprid	甲醇	2.20	50	丙草胺	Pretilachlor	甲醇	0.03

续表

序号	中文名称	英文名称	溶剂	混合标准溶液浓度/(mg/L)	序号	中文名称	英文名称	溶剂	混合标准溶液浓度/(mg/L)
51	氟硅唑	Flusilazole	甲醇	0.06	76	地散磷	Bensulide	甲醇	3.42
52	异丙菌胺	Iprovalicarb	甲醇	0.23	77	乙基溴硫磷	Bromophos-ethyl	甲醇	56.77
53	伐灭磷	Famphur	甲醇	0.36	78	溴苯烯磷	Bromfenvinfos	甲醇	0.30
54	苯霜灵	Benalyxyl	甲苯	0.12	79	醚苯磺隆	Triasulfuron	甲醇	0.16
55	抑菌灵	Dichlofluanid	甲醇	0.26	80	烟碱	Nicotine	甲醇	0.22
56	苯氯三唑醇	Diclobutrazole	甲醇	0.05	81	吡菌磷	Pyrazophos	甲醇	0.16
57	乙环唑	Etaconazole	甲醇	0.18	82	茚虫威	Indoxacarb	甲醇	0.75
58	氯苯嘧啶醇	Fenarimol	甲醇	0.06	83	丁酰肼	Daminozide	甲醇	0.26
59	邻苯二甲酸二环己酯	Phthalic acid,dicyclohexyl ester	甲醇	0.20	84	乙酰甲胺磷	Acephate	甲醇	1.33
60	胺菊酯	Tetramethrin	甲醇	0.18	85	棉隆	Dazomet	甲醇	12.70
61	杀铃脲	Triflumuron	甲醇	0.39	86	乙撑硫脲	Ethylene thiourea	甲醇	5.22
62	联苯三唑醇	Bitertanol	甲醇	3.34	87	非草隆	Fenuron	甲醇	0.10
63	解草酯	Cloquintocet mexyl	甲醇	0.19	88	氟虫脲	Flufenoxuron	甲醇	0.32
64	甲基毒死蜱	Chlorprifos methyl	甲醇	1.60	89	甲氨基阿维菌素苯甲酸盐	Emamectin benzoate	甲醇	0.03
65	吡喃草酮	Tepraloxydim	甲醇	1.22	90	灭蝇胺	Cyromazine	甲醇	0.72
66	硫菌灵	Thiophanat ethyl	甲醇	2.02	91	鼠立死	Crimidine	甲醇	0.16
67	益棉磷	Azinphos ethyl	甲醇	10.89	92	多菌灵	Carbendazim	甲醇	0.05
68	炔草酸	Clodinafop propargyl	甲醇	0.24	93	6-氯-4-羟基-3-苯基哒嗪	6-Chloro-4-hydroxy-3-phenyl-pyridazin	甲醇	0.17
69	氟吡甲禾灵	Haloxyfop-methyl	甲醇	0.26	94	绿麦隆	Chlorotoluron	甲醇	0.06
70	吡氟禾草灵	Fluazifop butyl	甲醇	0.03	95	异唑隆	Isouron	甲醇	0.04
71	甲基硫菌灵	Thiophanate methyl	甲醇	2.00	96	禾草敌	Molinate	甲醇	0.21
72	异噁氟草	Isoxaflutole	甲醇	0.39	97	残杀威	Propoxur	甲醇	2.44
73	莎稗磷	Anilofos	甲醇	0.07	98	氯虫腈	Chlorbufam	甲醇	18.30
74	喹禾灵	Quizalofop-ethyl	甲醇	0.07	99	特丁津	Terbuthylazine	甲醇	0.05
75	嘧菌酯	Azoxystrobin	甲醇	0.05	100	噁虫威	Bendiocarb	甲醇	0.32

序号	中文名称	英文名称	溶剂	混合标准溶液浓度 /(mg/L)	序号	中文名称	英文名称	溶剂	混合标准溶液浓度 /(mg/L)
101	扑灭津	Propazine	甲醇	0.03	126	赛灭磷	Cythioate	甲醇	8.00
102	久效威	Thiofanox	甲醇	15.70	127	甜菜宁	Phenmedipham	甲醇	0.45
103	萎锈灵	Carboxin	甲醇	0.06	128	联苯肼酯	Bifenazate	甲醇	2.28
104	野燕枯	Difenzoquat-methyl sulfate	甲醇	0.08	129	磷胺	Phosphamidon	甲醇	0.39
105	噻虫胺	Clothianidin	甲醇	6.30	130	环酰菌胺	Fenhexamid	甲醇	0.09
106	敌草隆	Duron	甲醇	0.16	131	粉唑醇	Flutriafol	甲醇	0.86
107	氯甲硫磷	Chlormephos	甲醇	44.80	132	呋霜灵	Furalaxyl	甲醇	0.08
108	溴谷隆	Methobromuron	甲苯	1.68	133	生物烯丙菊酯	Bioallethrin	甲醇	19.80
109	炔丙烯草胺	Pronamide	甲醇	1.54	134	乙嘧硫磷	Etrimfos	甲醇	1.88
110	二甲草胺	Dimethachloro	甲醇	0.19	135	甲基嘧啶磷	Pirimiphos methyl	甲醇	0.02
111	菱锈灵	Arboxin	甲醇	0.06	136	苯腈磷	Cyanofenphos	甲醇	2.08
112	地胺磷	Mephosfolan	甲醇	0.23	137	乙拌磷砜	Disulfoton sulfone	甲醇	0.25
113	苯草醚	Aclonifen	甲醇	2.42	138	喹螨醚	Fenazaquin	甲醇	0.03
114	脱苯甲基亚胺唑	Imibenzonazole-des-benzyl	甲醇	0.62	139	脱叶磷	DEF	甲醇	0.16
115	甲拌磷	Phorate	甲醇	31.40	140	叶菌唑	Metconazole	甲醇	0.13
116	乙氧呋草黄	Ethofumesate	甲醇	37.20	141	三唑磷	Triazophos	甲苯	0.07
117	草不隆	Neburon	甲醇	0.71	142	吡丙醚	Pyriproxyfen	甲醇	0.04
118	精甲霜灵	Mefenoxam	甲醇	0.15	143	环酯草醚	Pyriftalid	甲醇	0.06
119	发硫磷	Prothoate	甲醇	0.25	144	噻草酮	Cycloxydim	甲醇	0.25
120	噻虫嗪	Thiamethoxam	甲醇	3.30	145	呋草酮	Flurtamone	甲醇	0.04
121	育畜磷	Crufomate	甲醇	0.05	146	噻嗪酮	Buprofezin	甲醇	0.09
122	异稻瘟净	Iprobenfos	甲醇	0.83	147	氟乐灵	Trifluralin	甲苯	33.48
123	杀鼠醚	Coumatetralyl	甲醇	0.14	148	生物苄呋菊酯	Bioresmethrin	甲醇	0.74
124	环丙唑醇	Cyproconazole	甲醇	0.07	149	毒死蜱	Chlorpyrifos	甲醇	5.38
125	特普	TEPP	甲醇	1.04	150	丙环唑	Propiconazole	甲醇	0.18

续表

序号	中文名称	英文名称	溶剂	混合标准溶液浓度/(mg/L)	序号	中文名称	英文名称	溶剂	混合标准溶液浓度/(mg/L)
151	氯磺隆	Chlorsulfuron	甲醇	0.27	176	灭藻醌	Quinoclamine	甲醇	0.79
152	烯草酮	Clethodim	甲醇	0.21	177	仲丁威	Fenobucarb	甲醇	0.59
153	麦草氟异丙酯	Flamprop isopropyl	甲醇	0.04	178	敌稗	Propanil	甲醇	2.16
154	杀虫畏	Tetrachlorvinphos	甲醇	0.22	179	啶虫脒	Acetamiprid	甲醇	0.14
155	异噁酰草胺	Isoxaben	甲醇	0.02	180	嘧菌胺	Mepanipyrim	甲醇	0.03
156	氟乙氟灵	Fluchloralin	甲醇	3268.00	181	乐果	Dimethoate	甲醇	0.76
157	炔螨特	Propargite	甲苯	6.86	182	甲硫威	Methiocarb	甲醇	4.12
158	溴菌唑	Bromuconazole	甲醇	0.31	183	扑灭通	Prometon	甲醇	0.01
159	甲基麦草氟丙酯	Flamprop methyl	甲醇	2.02	184	甲氧隆	Metoxuron	甲醇	0.06
160	氟噻乙草酯	Fluthiacet methyl	甲醇	0.53	185	伏草隆	Fluometuron	甲醇	0.09
161	肟菌酯	Trifloxystrobin	甲醇	0.20	186	庚酰草胺	Monalide	甲醇	0.12
162	氟铃脲	Hexaflumuron	甲醇	2.52	187	呋菌胺	Methfuroxam	甲醇	20.00
163	甲胺磷	Methamidophos	甲醇	0.49	188	百治磷	Dicrotophos	甲醇	0.11
164	氯嘧磺隆	Chlorimuron ethyl	甲醇	3.04	189	乙菌定	Ethirimol	甲醇	0.06
165	茵草敌	EPTC	甲醇	3.73	190	环嗪酮	Hexazinone	甲醇	0.01
166	氟酰脲	Novaluron	甲醇	0.80	191	异戊乙净	Dimethametryn	甲醇	0.01
167	吡虫隆	Fluazuron	甲醇	2.68	192	拌种胺	Furmecyclox	甲醇	0.08
168	抑芽丹	Maleic hydrazide	甲醇	8.00	193	双苯酰草胺	Diphenamid	甲醇	0.01
169	避蚊胺	Diethyltoluamide	甲醇	0.06	194	灭线磷	Ethoprophos	甲醇	0.28
170	灭草隆	Monuron	甲醇	3.47	195	土菌灵	Etridiazol	甲醇	10.04
171	氟吡酰草胺	Picolinafen	甲醇	0.07	196	地虫硫磷	Fonofos	甲醇	46.00
172	克百威	Carbofuran	甲醇	1.31	197	除草定	Bromacil	甲醇	2.36
173	氟蚁腙	Hydramethylnon	甲醇	0.17	198	敌百虫	Trichlorphon	甲醇	0.11
174	嘧霉胺	Pyrimethanil	甲醇	0.07	199	解草嗪	Benoxacor	甲醇	0.69
175	甲呋酰胺	Fenfuram	甲醇	0.08	200	溴莠敏	Bromypyrazon	甲醇	0.36

续表

序号	中文名称	英文名称	溶剂	混合标准溶液浓度/(mg/L)	序号	中文名称	英文名称	溶剂	混合标准溶液浓度/(mg/L)
201	灭锈胺	Mepronil	甲醇	0.04	226	苯线磷砜	Fenamiphos sulfone	甲醇	0.04
202	内吸磷	Demeton(O+S)	甲醇	0.68	227	氟啶草酮	Fluridone	甲醇	0.02
203	乙拌磷	Disulfoton	甲醇	46.97	228	咪唑喹啉酸	Imazaquin	甲醇	0.29
204	甲霜灵	Metalaxyl	甲醇	0.05	229	噻吩草胺	Thenylchlor	甲醇	2.41
205	甲拌磷亚砜	Phorate sulfoxide	甲醇	34.65	230	氯辛硫磷	Chlorphoxim	甲醇	7.76
206	十二环吗啉	Dodemorph	甲醇	0.04	231	氰菌胺	Fenoxanil	甲醇	3.94
207	倍硫磷	Fenthion	甲醇	5.20	232	氟环唑	Epoxiconazole	甲醇	0.41
208	甲基咪草酯	Imazamethabenz-methyl	甲醇	0.02	233	腈苯唑	Fenbuconazole	甲醇	0.16
209	氧化萎锈灵	Oxycarboxin	甲醇	0.09	234	异柳磷	Isofenphos	甲醇	21.87
210	噻唑硫磷	Fosthiazate	甲醇	0.01	235	苯醚菊酯	Phenothrin	甲醇	33.92
211	乙拌磷亚砜	Disulfoton-sulfoxide	甲醇	0.28	236	增效醚	Piperonyl butoxide	甲醇	0.11
212	甲呋酰胺	Ofurace	甲醇	0.10	237	甲氧虫酰肼	Methoxyfenozide	甲醇	0.37
213	辛硫磷	Phoxim	甲醇	8.28	238	哌草磷	Piperophos	甲醇	0.92
214	抑霉唑	Imazalil	甲醇	0.20	239	乙硫磷	Ethion	甲醇	0.30
215	稻瘟灵	Isoprothiolane	甲醇	0.18	240	丁醚脲	Diafenthiuron	甲醇	0.03
216	苯氧威	Fenoxycarb	甲醇	1.83	241	乙氧氟草醚	Oxyflurofen	甲醇	5.85
217	嘧啶磷	Pyrimitate	甲醇	0.02	242	伏杀硫磷	Phosalone	甲醇	4.80
218	喹硫磷	Quinalphos	甲醇	0.20	243	蝇毒磷	Coumaphos	甲醇	0.21
219	亚菌菌	Kresoxim-methyl	甲醇	10.06	244	氯化薯瘟锡	Fentin-chloride	甲醇	1.73
220	丁草胺	Butachlor	甲醇	2.01	245	乙氧嘧磺隆	Ethoxysulfuron	甲醇	0.46
221	丰索磷	Fensulfothin	甲醇	0.20	246	咪鲜胺	Prochloraz	甲醇	0.21
222	灭菌磷	Ditalimfos	甲醇	6.72	247	丙硫特普	Aspon	甲醇	0.17
223	戊叉菌唑	Triticonazole	异辛烷	0.30	248	多杀菌素	Spinosad	甲醇	0.06
224	苯线磷亚砜	Fenamiphos sulfoxide	甲醇	0.07	249	双硫磷	Temephos	甲醇	0.12
225	氟咯草酮	Fluorochloridone	甲醇	282.00	250	氟烯草酸	Flumiclorac-pentyl	甲醇	1.06

续表

序号	中文名称	英文名称	溶剂	混合标准溶液浓度/(mg/L)	序号	中文名称	英文名称	溶剂	混合标准溶液浓度/(mg/L)
251	噻吩磺隆	Thifensulfuron-methyl	甲醇	2.14	276	丁草敌	Butylate	甲醇	30.20
252	丁醚脲	Diafenthiuron pestanal	甲醇	134.00	277	环丙津	Cyprazine	甲醇	0.00
253	二丙烯草胺	Allidochlor	甲醇	4.10	278	另丁津	Sebutylazine	甲醇	0.03
254	螺螨酯	Spirodiclofen	甲醇	0.99	279	牧草胺	Tebutam	甲醇	0.01
255	唑螨酯	Fenpyroximate	甲醇	0.14	280	久效威亚砜	Thiofanox-sulfoxide	甲醇	0.83
256	氟噻草胺	Flufenacet	甲醇	0.53	281	虫螨畏	Methacrifos	甲醇	242.37
257	苯嗪草酮	Metamitron	甲醇	0.64	282	特丁通	Terbumeton	甲醇	0.01
258	敌草净	Desmetryn	甲醇	0.02	283	莠灭净	Ametryn	甲醇	0.10
259	三环唑	Tricyclazole	甲醇	0.01	284	咪唑嗪	Triazoxide	甲醇	0.80
260	氟丙嘧草酯	Butafenacil	甲醇	0.95	285	杀螟丹盐酸盐	Cartap hydrochloride	甲醇	208.00
261	噻菌灵	Thiabendazole	甲醇	0.05	286	庚烯磷	Heptanophos	甲醇	0.58
262	异丙隆	Isoproturon	甲醇	0.01	287	特丁净	Terbutryn	甲醇	2.27
263	阿特拉津	Atrazine	甲醇	0.04	288	虫线磷	Thionazin	甲醇	2.27
264	霜霉威	Propamocarb	甲醇	0.01	289	苄草丹	Prosulfocarb	甲醇	0.04
265	氟硫草定	Dithiopyr	甲醇	1.04	290	草达津	Trietazine	甲醇	0.06
266	N,N-二甲基氯基-N-甲苯	DMST	甲醇	4.00	291	畜虫避	Dbutyl succinate	甲醇	22.24
267	吡蚜酮	Pymetrozin	甲醇	3.43	292	氯草敏	Chloridazon	甲醇	0.23
268	甲哌鎓	Mepiquat chloride	甲醇	0.09	293	杀草净	Dipropetryn	甲醇	0.03
269	莱草畏	Sulfallate	甲苯	20.72	294	禾草丹	Thiobencarb	甲醇	0.33
270	阿特拉通	Atratone	甲醇	0.02	295	乙霉威	Diethofencarb	甲醇	0.20
271	敌草净	Desmetryn	甲醇	0.02	296	炔苯酰草胺	Propyzamide	甲醇	0.70
272	乙硫苯威	Ethiofencarb	甲醇	0.49	297	利谷隆	Linuron	甲醇	202.00
273	嗪草酮	Metribuzin	甲苯	0.05	298	硫线磷	Cadusafos	甲醇	0.12
274	环草敌	Cycloate	甲醇	0.44	299	三正丁基磷酸盐	Tri-n-butyl phosphate	甲醇	0.04
275	丁噻隆	Tebuthiuron	甲醇	0.02	300	三异丁基磷酸盐	Tri-iso-butyl phosphate	甲醇	0.40

续表

序号	中文名称	英文名称	溶剂	混合标准溶液浓度 /(mg/L)	序号	中文名称	英文名称	溶剂	混合标准溶液浓度 /(mg/L)
301	三唑酮	Triadimefon	甲醇	0.79	326	吡啶磷	Pyridaphenthion	甲醇	0.09
302	吡唑草胺	Metazachlor	甲醇	0.10	327	苯噻酰草胺	Mefenacet	甲醇	0.22
303	苯线磷	Fenamiphos	甲醇	0.02	328	嘧啶磷	Pirimiphos-ethyl	甲醇	0.02
304	甲草胺	Alachlor	甲醇	0.74	329	吡唑硫磷	Pyraclofos	甲醇	0.10
305	丁苯吗啉	Fenpropimorph	甲醇	0.02	330	烯唑醇	Diniconazole	甲醇	0.13
306	戊唑醇	Tebuconazole	甲醇	0.22	331	四氟醚唑	Tetraconazole	甲醇	0.17
307	十三吗啉	Tridemorph	甲醇	0.26	332	苯硫磷	EPN	甲醇	266.00
308	胺丙畏	Propetamphos	甲醇	5.40	333	唑嘧磺草胺	Flumetsulam	甲醇	0.03
309	百克敏	Pyraclostrobin	甲醇	0.05	334	戊菌隆	Pencycuron	甲醇	0.03
310	硅氟唑	Simeconazole	甲醇	0.29	335	马拉硫磷	Malathion	甲醇	0.56
311	特丁硫磷	Terbufos	甲醇	1216.00	336	啶氧菌酯	Picoxystrobin	甲醇	0.84
312	丁基嘧啶磷	Tebupirimfos	甲醇	0.01	337	乙嘧酚磺酸酯	Bupirimate	甲醇	0.07
313	戊环唑	Azaconazole	甲醇	0.08	338	吡唑解草酯	Mefenpyr-diethyl	甲醇	1.26
314	甲拌磷砜	Phorate sulfone	甲苯	4.20	339	噻唑烟酸	Thiazopyr	甲醇	0.20
315	治螟磷	Sulfotep	甲醇	0.26	340	4-氨基吡啶	4-Aminopyridine	甲醇	0.09
316	硫丙磷	Sulprofos	甲醇	0.58	341	烯酰吗啉	Dimethomorph	甲醇	0.04
317	异丙乐灵	Isopropalin	甲醇	3.00	342	硫双威	Thiodicarb	甲醇	3.94
318	稻丰散	Phenthoate	甲醇	9.24	343	氟啶脲	Chlorfluazuron	甲醇	0.87
319	氟苯嘧啶醇	Nuarimol	甲醇	0.10	344	灭多威	Methomyl	甲醇	0.96
320	稀禾定	Sethoxydim	甲醇	9.96	345	丙溴磷	Profenefos	甲醇	0.20
321	保棉磷	Azinphos-methyl	甲醇	110.43	346	咯喹酮	Pyroquilon	甲醇	0.35
322	灭蚜磷	Mecarbam	甲醇	1.96	347	甲基丙硫克百威	Benfuracarb-methyl	甲醇	1.64
323	砷草丹	Pyributicarb	甲醇	0.03	348	矮壮素	Chlormequat	甲醇	0.01
324	苯草酮	Tralkoxydim	甲醇	0.03	349	醚黄隆	Cinosulfuron	甲醇	0.11
325	甲基吡噁磷	Azamethiphos	甲醇	0.08	350	吡嘧磺隆	Pyrazosulfuron-ethyl	甲醇	0.68

附录

续表

序号	中文名称	英文名称	溶剂	混合标准溶液浓度/(mg/L)
351	氧乐果	Omethoate	甲醇	0.97
352	灭害威	Aminocarb	甲醇	1.64
353	涕灭威砜	Aldicarb sulfone	甲醇	2.14
354	麦穗灵	Fuberidazole	甲醇	0.19
355	猛杀威	Promecarb	甲醇	0.86
356	二氧威	Dioxacarb	甲醇	0.34
357	甲基乙拌磷	Thiometon	甲醇	57.80
358	乙硫苯威亚砜	Ethiofencarb-sulfoxide	甲醇	22.40
359	杀线威肟	Oxamyl-oxime	甲醇	10.00
360	毒壤磷	Trichloronate	甲醇	6.68
361	蚜灭磷	Amidithion	甲醇	65.80
362	丁酮威	Butocarboxim	甲醇	0.16
363	氯酰草胺	Chlorthiamid	甲醇	0.88
364	敌敌畏	Dichlorvos	甲醇	0.05
365	杀虫脒	Chlordimeform	甲醇	0.13
366	甲咪唑烟酸	Imazapic	甲醇	0.59
367	霜脲氰	Cymoxanil	甲醇	5.56
368	甲菌定	Dimethirimol	甲醇	0.01
369	噻嗯菊酯	Kadethrin	甲醇	0.33
370	4-十二烷基2,6-二甲基吗啉	Aldimorph	甲醇	0.32
371	灭草敌	Vernolate	甲醇	0.03
372	乙氧喹啉	Ethoxyquin	甲醇	0.35
373	解草腈	Oxabetrinil	甲醇	4.00
374	乙烯菌核利	Vinclozolin	甲醇	0.25
375	对氧磷	Paraoxon-ethyl	甲醇	0.05
376	烯效唑	Uniconazole	甲醇	0.24
377	杀螟腈	Cyanohos	甲醇	1.01
378	氯麦隆	Chlortoluron	甲醇	0.03
379	甲基内吸磷砜	Demeton-S methyl sulfone	甲醇	1.98
380	土菌灵	Etridiazole	甲醇	0.10
381	磺草胺唑	Metosulam	甲醇	0.44
382	啶斑肟	Pyrifenox	甲醇	0.03
383	四螨嗪	Clofentezine	甲醇	0.08
384	苄基腺嘌呤	Benzyladenine	甲醇	7.08
385	灭菌丹	Folpet	甲醇	13.86
386	甲基内吸磷	Demeton-S methyl	甲醇	0.53
387	呱草丹	Dimepiperate	甲醇	378.00
388	野麦畏	Triallate	甲醇	4.62
389	邻苯二甲酸丁苄酯	Phthalic acid, benzyl butyl ester	甲醇	63.20
390	苯氧喹啉	Quinoxyphen	甲醇	15.34
391	氯硫磷	Chlorthion	甲醇	13.36
392	蚜灭磷砜	Vamidothion sulfone	甲醇	47.60
393	烯虫酯	Methoprene	甲醇	0.52
394	特丁硫磷砜	Terbufos sulfone	甲醇	8.86
395	氰霜唑	Cyazofamid	乙腈	0.45
396	甲磺乐灵	Nitralin	甲醇	3.44
397	毒壤磷	Trichloronat	甲醇	6.68
398	啶酰菌胺	Boscalid	甲醇	0.48
399	苯螨特	Benzoximate	甲醇	1.97
400	新燕灵	Benzoylprop-ethyl	甲醇	30.80

续表

序号	中文名称	英文名称	溶剂	混合标准溶液浓度/(mg/L)	序号	中文名称	英文名称	溶剂	混合标准溶液浓度/(mg/L)
401	异氯磷	Dicapthon	甲醇	0.02	426	呋线威	Furathiocarb	甲醇	0.19
402	倍硫磷砜	Fenthion sulfone	甲醇	1.75	427	涕灭威	Aldicarb	甲醇	26.10
403	嘧螨醚	Pyrimidifen	甲醇	1.40	428	脱乙基阿特拉津	Atrazine-desethyl	甲醇	0.06
404	氟草敏	Norflurazon	甲醇	0.03	429	邻苯二甲酰亚胺	Phthalimide	甲醇	4.30
405	噻螨酮	Hexythiazox	甲醇	2.36	430	2,6-二氯苯甲酰胺	2,6-Dichlorobenzamide	甲醇	0.45
406	氯唑磷	Isazofos	甲醇	0.02	431	嘧啶胺	Flubenzimine	甲醇	0.78
407	福美锌	Ziram	甲醇	7.84	432	呋虫胺	Dinotefuran	甲醇	1.02
408	苯锈啶	Fenpropidin	甲醇	0.02	433	反式-氯菊酯	trans-Permethrin	甲醇	0.48
409	双氟磺草胺	Florasulam	乙腈	1.74	434	避纹酯	Dimethyl phthalate	甲醇	1.32
410	苄呋菊酯	Resmethrin	甲醇	0.03	435	克草敌	Pebulate	甲醇	0.34
411	氨氟灵	Dinitramine	甲苯	0.18	436	苄草唑	Pyrazoxyfen	甲醇	0.03
412	醚菊酯	Etofenprox	甲醇	228.00	437	久效威砜	Thiofanox sulfone	甲醇	2.41
413	氟咯草酮	Flurochloridone	甲醇	0.13	438	氟吡乙禾灵	Haloxyfop-2-ethoxyethyl	甲醇	0.25
414	哒螨灵	Pyridaben	甲醇	1.22	439	甲基苯噻隆	Methabenzthiazuron	甲醇	0.01
415	除线磷	Dichlofenthion	甲醇	3.02	440	丁酮砜威	Butoxycarboxim	甲醇	2.66
416	苄呋菊酯-2	Resmethrin-2	甲醇	0.03	441	硫赶内吸磷	Demeton-S	甲醇	8.00
417	哒草特	Pyridate	甲醇	7.98	442	氟胺氰菊酯	τ-Fluvalinate	甲醇	23.00
418	丙烯酰胺	Acrylamide	甲醇	1.78	443	甲基内吸磷亚砜	Demeton-S-methyl sulfoxide	甲醇	0.39
419	甲氰菊酯	Fenpropathrin	甲醇	24.50	444	敌草胺	Napropamide	甲醇	0.13
420	乙羧氟草醚	Fluoroglycofen-ethyl	甲醇	0.50	445	叔丁基胺	tert-Butylamine	甲醇	3.90
421	Z-氯氰菊酯	Z-Cypermethrin	甲醇	0.07	446	硫环磷	Phosfolan	环己烷	0.05
422	甲氟磷	Dimefox	甲醇	6.82	447	氟硅菊酯	Silafluofen	甲醇	60.80
423	S-氰戊菊酯	Esfenvalerate	甲醇	41.60	448	蚜灭磷	Vamidothion	甲醇	0.46
424	速灭威	Metolcarb	甲醇	2.54	449	杀虫脒盐酸盐	Chlordimeform hydrochloride	甲醇	0.26
425	1-萘基乙酰胺	1-Naphthy acetamide	甲醇	0.08	450	联苯二胺	Diphenylamin	甲醇	0.04

续表

序号	中文名称	英文名称	溶剂	混合标准溶液浓度/(mg/L)	序号	中文名称	英文名称	溶剂	混合标准溶液浓度/(mg/L)
451	绿草定	Triclopyr	甲醇	0.02	476	杀草隆	Daimuron	甲醇	26.00
452	咪唑烟酸	Imazapyr	甲醇	1.03	477	吲哚酮草酯	Cinidon-ethyl	甲醇	1.46
453	异丙甲草胺	Metolachlor	甲醇	0.04	478	苯酰草胺	Zoxamide	甲醇	0.45
454	腐霉利	Procymidone	甲醇	8.66	479	乙氧苯草胺	Etobenzanid	甲醇	0.08
455	吡螨胺	Tebufenpyrad	甲醇	0.03	480	邻苯二甲酸二丁酯	Phthalic acid, dibutyl ester	甲醇	3.96
456	威菌磷	Triamiphos	甲醇	0.00	481	亚胺唑	Imibenconazole	甲醇	1.03
457	除虫菊酯	Pyrethrins	甲醇	3.58	482	二溴磷	Naled	甲醇	14.82
458	西玛通	Simeton	甲醇	0.11	483	右旋炔丙菊酯	Prallethrin	甲醇	0.13
459	虫酰肼	Tebufenozide	甲醇	2.78	484	唑虫酰胺	Tolfenpyrad	甲醇	0.01
460	赛苯隆	Thidiazuron pestanal	甲醇	0.03	485	三氯杀螨醇	Dicofol	甲醇	0.18
461	可灭踪	Cumyluron	甲醇	0.13	486	枯草隆	Chloroxuron	甲醇	18.00
462	氯亚胺硫磷	Dialifos	甲醇	15.70	487	皮蝇磷	Ronnel	甲醇	1.31
463	甲氧咪草烟	Imazamox	甲醇	0.18	488	调果酸	Cloprop	甲醇	1.14
464	活化酯	Acibenzolar-S-methyl	甲醇	0.31	489	氯苯胺灵	Chlorpropham	甲醇	1.58
465	噁霉灵	Hymexazol	甲醇	22.41	490	马拉氧磷	Malaoxon	甲醇	0.47
466	矮壮素氯化物	Chlormequat chloride	甲醇	0.07	491	亚胺硫磷	Phosmet	甲醇	1.77
467	蔬果隆	Dioxabenzofos	甲醇	1.38	492	邻苯二甲酸二环己酯	Phthalic acid, biscyclohexyl ester	甲醇	0.07
468	二嗪农	Dithianon	甲醇	0.85	493	环丙酰菌胺	Carpropamid	甲醇	0.52
469	虫螨磷	Chlorthiophos	甲醇	3.18	494	特草定	Terbacil	甲醇	0.09
470	杀线威	Oxamyl	甲醇	54.81	495	赛苯隆	Thidiazuron	甲醇	0.03
471	乳氟禾草灵	Lactofen	甲醇	6.20	496	灭草松	Bentazone	甲醇	0.10
472	噁草酸	Propaquizafop	甲醇	0.12	497	草消酚	Dnoterb	甲醇	0.02
473	除虫菊素	Pyrethrin	甲醇	3.58	498	4,6-二硝基邻甲酚	DNOC	甲醇	0.26
474	杀螟硫磷	Fenitrothion	甲醇	2.68	499	兹克威	Mexacarbate	甲醇	0.09
475	异丙草胺	Propisochlor	甲醇	0.08	500	噁嗪隆	Dimefuron	甲醇	0.40

序号	中文名称	英文名称	溶剂	混合标准溶液浓度/(mg/L)	序号	中文名称	英文名称	溶剂	混合标准溶液浓度/(mg/L)
501	鱼藤酮	Rotenone	甲醇	0.23	526	唑酮草酯	Carfentrazone-ethyl	甲醇	48.00
502	抗倒酯	Trinexapac-ethyl	甲醇	7.07	527	苯醚氰菊酯	Cyphenothrin	甲醇	1.68
503	乙基杀扑磷	Athidathion	甲醇	40.00	528	杀鼠灵	Warfarin	甲醇	0.27
504	氯杀螨砜	Chlorbenside sulfone	甲醇	0.08	529	四氟丙酸	Flupropanate	甲醇	2.30
505	灭幼脲	Chlorbenzuron	甲醇	2.04	530	乙螨唑	Etoxazole	甲醇	0.09
506	氯霉素	Chloramphenicol	甲醇	0.39	531	四氢邻苯二甲酰亚胺	cis-1,2,3,6-Tetrahydrophthalimide	甲醇	620.00
507	氧倍硫磷	Fenthion oxon	甲醇	0.12	532	多果定	Dodine	甲醇	0.80
508	吡草酮	Benzofenap	甲醇	0.01	533	噁唑禾草灵	Fenpxaprop-ethyl	甲醇	0.49
509	茅草枯	Dalapon	甲醇	23.07	534	2,6-二氟苯甲酸	2,6-Difluorobenzoic acid	甲醇	170.41
510	安磺灵	Oryzalin	甲醇	0.49	535	氯硝胺	Dicloran	甲醇	4.86
511	邻苯基苯酚	2-Phenylphenol	甲醇	16.99	536	甲基磺草酮	Mesotrion	甲醇	230.06
512	地乐酯	Dinoseb acetate	甲醇	4.13	537	氯氨吡啶酸	Aminopyralid	甲醇	36.60
513	3-苯基苯酚	3-Phenylphenol	甲醇	0.40	538	三氯乙酸钠	Trichloroacetic acid sodium salt	甲醇	28.16
514	吡氟酰草胺	Diflufenican	甲醇	2.83	539	2-甲-4-氯丙酸	Mecoprop	甲醇	0.49
515	2,3,4,5-四氯苯胺	2,3,4,5-Tetrachloroaniline	甲醇	5.36	540	二氯吡啶酸	Clopyralid	甲醇	28.00
516	二甲四氯丁酸	MCPB	甲醇	1.42	541	磺酰唑草酮	Sulfentrazone	甲醇	8.96
517	2,4-滴丁酸	2,4-DB	甲醇	213.98	542	麦草畏	Dicamba	甲醇	126.59
518	双胍苯胺乙酸盐	Iminoctadine triacetate	甲醇	110.00	543	乙虫清	Ethiprole	甲醇	3.99
519	杀虫双	Dimehypo	甲醇	40.02	544	敌磺钠	Fenaminosulf	甲醇	1600.00
520	狄氏剂	Dieldrin	甲醇	16.16	545	毒莠定	Picloram	甲醇	53.41
521	氯吡脲	Forchlorfenuron	甲醇	1.14	546	碘甲磺隆钠	Iodosulfuron-methyl sodium	甲醇	2.12
522	2,4-滴	2,4-D	甲醇	1.19	547	四唑酰草胺	Fentrazamide	甲醇	1.24
523	三氟苯唑	Fluotrimazole	甲醇	8066.00	548	地乐酚	Dinoseb	甲醇	0.04
524	五氯苯胺	Pentachloroaniline	甲醇	0.37	549	2,4,5-涕	2,4,5-T	甲醇	1.75
525	丙烯硫脲	Propylene thiourea	甲醇	3.01	550	杀螨醇	Chlorfenethol	甲醇	16.43

续表

序号	中文名称	英文名称	溶剂	混合标准溶液浓度/(mg/L)	序号	中文名称	英文名称	溶剂	混合标准溶液浓度/(mg/L)
551	三氟硝草醚	Fluorodifen	甲醇	2080.00	568	噁虫威	Bediocarb	甲醇	30.00
552	氟吡草腙钠	Diflufenzopyr-sodium	甲醇	54.00	569	溴烯杀	Bromocylen	甲醇	70.00
553	氟草烟	Fluroxypyr	甲醇	19.21	570	磺菌胺	Flusulfamide	甲醇	0.04
554	环丙酸酰胺	Cyclanilide	甲醇	0.34	571	噻节因	Dimethipin	甲醇	170.00
555	溴苯腈	Bromoxynil	甲醇	0.18	572	呋草黄	Benfuresate	甲醇	550.00
556	萘草胺	Naptalam	甲醇	0.19	573	2,4-滴丙酸	Dichlorprop	甲醇	0.15
557	禾草灭	Alloxydim-sodium	甲醇	0.02	574	氟磺胺草醚	Fomesafen	甲醇	0.20
558	乙酰磺胺对硝基苯	Sulfanitran	甲醇	0.30	575	除草醚	Nitrofen	甲醇	60.00
559	硫丹硫酸盐	Endosulfan-sulfate	甲醇	16.00	576	甲氧除草醚	Bifenox	甲醇	110.00
560	嘧草硫醚	Pyrithlobac sodium	甲醇	138.20	577	环丙嘧磺隆	Cyclosulfamuron	甲醇	34.37
561	氯吡嘧磺隆	Halosulfuron-methyl	甲醇	8.00	578	甲基碘磺隆	Iodosulfuron-methyl	甲醇	6.66
562	碘苯腈	Ioxynil	甲醇	0.06	579	咯菌腈	Fludioxonil	甲醇	6.22
563	噁唑菌酮	Famoxadone	甲醇	4.53	580	氟啶胺	Fluazinam	甲醇	7.06
564	赤霉素	Gibberellic acid	甲醇	6.63	581	氟丙菊酯	Acrinathrin	甲醇	0.81
565	环嘧脲	Lufenuron	甲醇	40.00	582	七氯	Heptachlor	甲醇	0.00
566	三氟羧草醚	Acifluorfen	甲醇	11.80	583	嗪胺灵	Triforine	甲醇	42.00
567	噻氟菌胺	Thifluzamide	甲醇	56.00	584	克来范	Kelevan	甲醇	962.27

附录Ⅲ 887种农药化学品主要理化性质

序号	中文通用名	英文通用名	CAS	毒性	分子式	特征原子[1]	功效[2]	相对分子质量	水溶解度/(mg/L)	有机溶剂溶解度/(g/L)
(一) 有机氯类农药										
1	1,2-二溴-3-氯丙烷[a]	1,2-Dibromo-3-chloropropane	96-12-8	中	$C_3H_5Br_2Cl$	Br	N/F	236.32	1000	易溶于脂肪烃、芳烃、异丙醇、三氯乙烯等
2	2,3,4,5-四氯甲氧基苯[a]	2,3,4,5-Tetrachloroanisole	938-86-3	低	$C_7H_4Cl_4O$	Cl	I/A	245.92	不溶	溶于多种有机溶剂
3	三氟羧草醚	Acifluorifen	50594-66-6	低	$C_4H_7ClF_3NO_5$	F	H	241.45	120	丙酮,甲苯 500,苯 10,氯仿,己烷,$CH_2Cl_2<10$
4	艾氏剂[a]	Aldrin	309-00-2	中	$C_{12}H_8Cl_6$	Cl	I	364.93	0.027	苯 830,丙酮 660,乙醇 150
5	多氯联苯1221[a]	Aroclor 1221	11104-28-2	高	多氯联苯混合物	Cl	I/A	200.7	40	溶于多种有机溶剂
6	多氯联苯1232[a]	Aroclor 1232	11141-16-5	高		Cl		232.2	407	溶于多种有机溶剂
7	多氯联苯1242[a]	Aroclor 1242	53469-21-9	高		Cl		266.5	0.23	溶于多种有机溶剂
8	多氯联苯1248[a]	Aroclor 1248	12672-29-6	高		Cl		299.5	0.054	溶于多种有机溶剂
9	多氯联苯1254[a]	Aroclor 1254	11097-69-1	高		Cl		328.4	0.031	溶于多种有机溶剂
10	多氯联苯1260[a]	Aroclor 1260	11096-82-5	高		Cl		375.7	0.0027	溶于多种有机溶剂
11	多氯联苯1262[a]	Aroclor 1262	37324-23-5	高		Cl				溶于多种有机溶剂
12	多氯联苯1268[a]	Aroclor 1268	11100-14-4	高		Cl				溶于多种有机溶剂
13	溴杀烯[a]	Bromocyclen	1715-40-8	低	$C_8H_3Cl_6Br$	Cl	A/I	391.9	不溶	溶于苯
14	毒杀芬[a]	Camphechlor	8001-35-2	中	$C_{10}H_{10}Cl_8$	Cl	I	414	3	己烷 7200,丙酮 6000,苯 5000,甲醇 150
15	四氯化碳	Carbon tetrachloride	56-23-5	低	CCl_4	Cl	I	153.8	800	可与乙醇、苯、氯仿、石油醚等混溶
16	环丙酰菌胺[a]	Carpropamid	104030-54-8	低	$C_{15}H_{18}Cl_3NO$	Cl/N	F	334.67	1.7	丙酮 153,甲醇 106,甲苯 38,己烷 0.9
17	杀螨醚[a]	Chlorbenside	103-17-3	低	$C_{13}H_{10}Cl_2S$	S	I/A	269.19	不溶	甲苯 10780,甲醇 1110,丙酮 920,甲醇 400
18	杀螨醚砜[a]	Chlorbenside sulfone	7082-99-7	低	$C_{13}H_{10}Cl_2O_2S$	S	I/A	301.19	不溶	溶于多种有机溶剂
19	杀螨醚亚砜[a]	Chlorbenside sulfoxide	7047-28-1	低	$C_{13}H_7Cl_2SO$	Cl	I/A	285.19	不溶	溶于多种有机溶剂
20	开蓬[a]	Chlordecone	143-50-0	中	$C_{10}Cl_{10}O$	Cl	I/F	490.64	4000	易溶于丙酮、稍溶于苯
21	杀螨醇	Chlorfenethol	80-06-8	低	$C_{14}H_{12}Cl_2O$	Cl	A	267.14	不溶	溶于多种有机溶剂
22	燕麦酯[a]	Chlorfenprop-methyl	14437-17-3	低	$C_{10}H_{10}Cl_2O_2$	Cl	H	233.10	40	溶于丙酮、芳烃、乙醚

续表

序号	中文通用名	英文通用名	CAS	毒性	分子式	特征原子[1]	功效[2]	相对分子质量	水溶解度/(mg/L)	有机溶剂溶解度/(g/L)
23	氯酞酸甲酯[a]	Chlorthal-dimethyl	1861-32-1	低	$C_{10}H_6Cl_4O_4$	Cl	H	331.99	0.5	苯 250,甲苯 170,二甲苯 140,丙酮 100,二噁烷 120
24	氯化苦[a]	Chloropicrin	76-06-2	中	Cl_3CNO_2	Cl	I	164.35	1620	可溶于苯,甲醇,乙醇,石油醚
25	乙酯杀螨醇[a]	Chlorobenzilate	510-15-6	低	$C_{16}H_{11}Cl_2O_3$	Cl	A	325.21	不溶	可溶于多数有机溶剂
26	顺式氯丹[a]	cis-Chlordane	5103-71-9	低	$C_{10}H_6Cl_8$	Cl	I	409.83	不溶	可溶于多数有机溶剂
27	反式氯丹[a]	trans-Chlordane	5103-74-2	低	$C_{10}H_6Cl_8$	Cl	I	409.83	不溶	可溶于多数有机溶剂
28	杀螨酯[a]	Chlorfenson	80-33-1	低	$C_8H_5Cl_3O_2$	Cl	A	239.49	难溶	丙酮 1300,二甲苯 780
29	整形醇[a]	Chlorflurenol-methyl	2536-31-4	低	$C_{15}H_{11}ClO_3$	Cl	PGR	274.72	22	丙酮 260,甲醇 150,苯 70
30	氯苯甲醚[a]	Chloroneb	2675-77-6	低	$C_8H_8Cl_2O_2$	Cl	F	207	8	CH_2Cl_2 133,丙酮 115,二甲苯 89
31	丙酯杀螨醇[a]	Chloropropylate	5836-10-2	低	$C_{17}H_{16}Cl_2O_3$	Cl	A	339.07	不溶	溶于多种有机溶剂
32	百菌清[a]	Chlorothalonil	1897-45-6	低	$C_8Cl_4N_2$	Cl	F	265.92	0.6	二甲苯 80,丙酮 20
33	氯丹[a]	Chlordane	57-74-9	中	$C_{10}H_6Cl_8$	Cl	I	409.83	不溶	溶于多种有机溶剂
34	乙菌利[a]	Chlozolinate	84332-86-5	低	$C_{13}H_{10}Cl_2NO_5$	Cl	F	332.1	32	丙酮,氯仿,CH_2Cl_2 30,甲醇 1,己烷 3
35	多氯化联苯 A30[a]	Clophen A30	1336-36-3	低	$C_{12}H_xCl_{10-x}$	Cl			不溶	溶于多种有机溶剂
36	多氯化联苯 A40[a]	Clophen A40	1336-36-3	低	$C_{12}H_xCl_{10-x}$	Cl			不溶	溶于多种有机溶剂
37	多氯化联苯 A50[a]	Clophen A50	1336-36-3	低	$C_{12}H_xCl_{10-x}$	Cl			不溶	溶于多种有机溶剂
38	多氯化联苯 A60[a]	Clophen A60	1336-36-3	低	$C_{12}H_xCl_{10-x}$	Cl			不溶	溶于多种有机溶剂
39	调果酸[a]	Cloprop	101-10-0	低	$C_9H_9ClO_3$	Cl	PGR	200.6	350	溶于多种有机溶剂
40	环氟菌胺[a]	Cyflufenamid	180409-60-3	低	$C_{20}H_{17}F_5N_2O_2$	N	F	412.35	0.52	lgKow=4.7,CH_2Cl_2 902,丙酮 920,二甲苯 658,乙腈 943,甲醇 653,乙醇 500,乙酸乙酯 808,正己烷 18.6
41	茅草枯[a]	Dalapon	75-99-0	低	$C_3H_4Cl_2O_2$	Cl	H	142.96	$7.5×10^5$	甲醇 827,乙醇 185,难溶于其他溶剂
42	o,p'-滴滴滴[a]	o,p'-DDD	53-19-0	中	$C_{14}H_{10}Cl_4$	Cl	I	320.04	0.1	易溶于芳烃,氯化烃
43	p,p'-滴滴滴[a]	p,p'-DDD	72-54-8	中	$C_{14}H_{10}Cl_4$	Cl	I	320.04	0.1	易溶于芳烃,氯化烃
44	o,p'-滴滴伊[a]	o,p'-DDE	3424-82-6	中	$C_{14}H_8Cl_4$	Cl	I	318.04	不溶	易溶于芳烃,氯化烃
45	p,p'-滴滴伊[a]	p,p'-DDE	72-55-9	中	$C_{14}H_8Cl_4$	Cl	I	318.04	不溶	易溶于芳烃,氯化烃

续表

序号	中文通用名	英文通用名	CAS	毒性	分子式	特征原子[1]	功效[2]	相对分子质量	水溶解度/(mg/L)	有机溶剂溶解度/(g/L)
46	o,p'-滴滴涕[a]	o,p'-DDT	789-02-6	中	$C_{14}H_9Cl_5$	Cl	I	354.5	不溶	易溶于芳烃、氯化烃
47	p,p'-滴滴涕[a]	p,p'-DDT	50-29-3	中	$C_{14}H_9Cl_5$	Cl	I	354.5	不溶	易溶于芳烃、氯化烃
48	4,4-二溴二苯甲酮[a]	4,4-Dibromobenzophenone	3988-03-2		$C_7H_6Br_2O$	Br	化工原料	266.27	不溶	溶于多种有机溶剂
49	麦草畏	Dicamba	1918-00-9	低	$C_8H_6Cl_2N$	Cl	H	221.04	4500	乙醇 922,二甲苯 78
50	敌草腈	Dichlobenil	1194-65-6	低	$C_7H_3Cl_2N$	Cl	H	172.02	18	丙酮,苯,乙醇,甲苯 50
51	二氯萘醌	Dichlone	117-80-6	低	$C_{10}H_4Cl_2O_2$	Cl	F	227.06	0.1	苯、氯仿 30,丙酮 20,乙酸 9,乙醚 6,乙醇 2
52	3,5-二氯苯胺[a]	3,5-Dichloroaniline	626-43-7	低	$C_6H_5Cl_2N$	Cl	F	161.96	0.3	溶于多种有机溶剂
53	禾草灵	Diclofop methyl	51338-27-3	低	$C_{16}H_{14}Cl_2O_4$	Cl	H	341.19	0.3	溶于丙酮,二甲苯
54	氯硝胺[a]	Dicloran	99-30-9	低	$C_6H_4Cl_2N_2O_2$	Cl/N	F	207.06	不溶	丙酮 34,氯仿 12,乙酸乙酯 9
55	4,4'-二氯二苯甲酮[a]	4,4'-Dichlorobenzophenone	90-98-2	低	$C_7H_6Cl_2NO$	Cl	化工原料	176.97	不溶	溶于多种有机溶剂
56	二氯乙烷[a]	1,2-Dichloroethane	107-06-2	中	$C_2H_4Cl_2$	Cl	I	98.96	8.69	溶于多种有机溶剂
57	2,4-滴丙酸[a]	Dichlorprop	15165-67-0	中	$C_9H_8Cl_2O_3$	Cl	H	235.06	710	丙酮 595,异丙醇 510,苯 85,甲苯 69,二甲苯 51
58	三氯杀螨醇[a]	Dicofol	115-32-2	低	$C_{14}H_9Cl_5O$	Cl	A	370.51	不溶	溶于脂肪烃、芳族溶剂
59	狄氏剂[a]	Dieldrin	60-57-1	中	$C_{12}H_8Cl_6O$	Cl	I	380.93	0.186	苯 0.75,二甲苯 0.520
60	除螨灵	Dienochlor	2227-17-0	低	$C_{10}Cl_{10}$	Cl	A	474.64	不溶	稍溶于芳烃、微溶于热乙醇、丙酮、脂肪烃
61	α-硫丹[a]	α-Endosulfan	959-98-8	高	$C_9H_6Cl_6O_3S$	Cl	I	406.92	不溶	可溶于多种有机溶剂
62	β-硫丹[a]	β-Endosulfan	33213-65-9	高	$C_9H_6Cl_6O_3S$	Cl	I	406.92	不溶	可溶于多种有机溶剂
63	硫丹硫酸盐[a]	Endosulfan sulfate	1031-07-8	高	$C_9H_6Cl_6O_4S$	Cl	I	422.9	0.22	lgKow=0.05
64	异狄氏剂[a]	Endrin	72-20-8	高	$C_{12}H_8Cl_6O$	Cl	I	381.20	不溶	溶于苯,二甲苯,丙酮,微溶于石油烃
65	异狄氏剂醛[a]	Endrin aldehyde	7421-93-4	低	$C_{12}H_8Cl_6O$	Cl	I	381.20	50	lgKow=1.4×10³,溶于苯,二甲苯,丙酮,微溶于醇和石油烃
66	异狄氏剂酮[a]	Endrin ketone	53494-70-5	低	$C_{12}H_8Cl_6O$	Cl	I	381.20	不溶	溶于苯,二甲苯,丙酮,微溶于醇和石油烃
67	抑草蓬	Erbon	136-25-4	低	$C_{11}H_9Cl_3O_3$	Cl	H	295.46	不溶	可溶于丙酮,乙醇,苯,二甲苯
68	2,4,5-涕丙酸[a]	Fenoprop	93-72-1	低	$C_9H_7O_3Cl_3$	Cl	H	269.51	140	丙酮 180,甲醇 134,乙醚 98,苯 16.8,CCl₄ 0.95,庚烷 0.86
69	吡草隆[a]	Fluazuron	86811-58-7	低	$C_{20}H_{10}Cl_2F_5N_3O_3$	N	IGR/A	506.2	0.02	甲醇 2.4,异丙醇 0.9

续表

序号	中文通用名	英文通用名	CAS	毒性	分子式	特征原子[1]	功效[2]	相对分子质量	水溶解度/(mg/L)	有机溶剂溶解度/(g/L)
70	乙羧氟草醚[a]	Fluoroglycofen-ethyl	77501-90-7	低	$C_{18}H_{13}ClF_3NO_7$	F	H	447.8	1	多数溶剂>100
71	氟酰亚胺	Fluoroimide	41205-21-4	低	$C_{10}H_4FCl_2NO_2$	Cl	F	260.04	5.9	lgKow=2.3,丙酮1.92,甲醇0.84,难溶于己烷等
72	伏草醚[a]	Fluorodifen	15457-05-3	低	$C_{13}H_7F_3N_2O_5$	F	H	328.13		溶于多种有机溶剂
73	苯螨醚[a]	Halfenprox	111872-58-3	中	$C_{24}H_{23}BrF_2O_3$	F	A/I	477.3	5×10^{-5}	
74	α-六六六[a]	α-HCH	319-84-6	低	$C_6H_{12}Cl_6$	Cl	I	296.78	1.13	石油醚13,苯62,氯仿63
75	β-六六六[a]	β-HCH	319-85-7	低	$C_6H_{12}Cl_6$	Cl	I	296.78	0.02	石油醚2,苯13,氯仿3
76	γ-六六六[a]	γ-HCH	58-89-9	中	$C_6H_{12}Cl_6$	Cl	I	296.78	5.75	石油醚35,苯289,氯仿240
77	δ-六六六[a]	δ-HCH	319-86-8	低	$C_6H_{12}Cl_6$	Cl	I	296.78	20.3	苯411,氯仿137
78	ε-六六六[a]	ε-HCH	6108-10-7	中	$C_6H_{12}Cl_6$	Cl	I	296.78	不溶	溶于多种有机溶剂
79	七氯[a]	Heptachlor	76-44-8	高	$C_{10}H_5Cl_7$	Cl	I	373.74	不溶	苯1260,二甲苯1020,丙酮750,乙醇45
80	顺式-环氧七氯[a]	cis-Heptachlor epoxide	1024-57-3	高	$C_{10}H_{10}Cl_7O$	Cl	I	384.74	不溶	溶于多种有机溶剂
81	反式-环氧七氯[a]	trans-Heptachlor epoxide	1024-57-3	高	$C_{10}H_{10}Cl_7O$	Cl	I	384.74	不溶	溶于多种有机溶剂
82	六氯苯[a]	Hexachlorobenzene	118-74-1	低	C_6Cl_6	Cl	I	284.81	不溶	溶于热苯,稍溶于乙醚
83	碳氯灵[a]	Isobenzan	297-78-9	高	C_9Cl_8O	Cl	I	1164.32	不溶	溶于丙酮,苯等
84	异艾氏剂[a]	Isodrin	465-73-6	高	$C_{12}H_6Cl_6$	Cl	I	362.82	不溶	溶于苯,二甲苯等
85	克来范[a]	Kelevan	4234-79-1	中	$C_{17}H_{12}Cl_{10}O_4$	Cl	I/A	634.83	5.5	易溶于有机溶剂
86	林丹[a]	Lindane	58-89-9	中	$C_6H_6Cl_6$	Cl	I	290.85	10	丙酮435,苯289,甲醇276,二甲苯247,氯仿240,甲醇74,乙醇64
87	虱螨脲[a]	Lufenuron	103055-07-8	低	$C_{17}H_8Cl_2F_8N_2O_3$	F	IGR/A	511.15	0.06	甲醇41,丙酮460,甲苯72,正辛醇8.9,正己烷0.13
88	二甲四氯丁氧基乙酯[a]	MCPA butoxyethyl ester	19480-43-4	低	$C_{15}H_{24}ClO_4$	Cl	H	300.8	不溶	溶于多种有机溶剂
89	二甲四氯[a]	MCPA	94-74-6	低	$C_9H_9ClO_3$	Cl	H	200.6	82.5	乙醚770,乙醇153,甲苯6.2,二甲苯4.9
90	二甲四氯丁酸[a]	MCPB	94-81-5	低	$C_{11}H_{13}ClO_3$	Cl	H	228.68	44	丙酮200,乙醇150,微溶于苯,CCl_4
91	精二甲四氯丙酸[a]	Mecoprop-p	16484-77-8	低	$C_{10}H_{11}ClO_3$	Cl	H	214.6	860	丙酮、乙醚、乙醇>1000,$CH_2Cl_2$968,己烷9,甲苯330
92	甲氧滴滴涕[a]	Methoxychlor	72-43-5	低	$C_{16}H_{15}Cl_3O_2$	Cl	I	345.65	不溶	易溶于芳烃,稍溶于烷、乙醇

续表

序号	中文通用名	英文通用名	CAS	毒性	分子式	特征原子[1]	功效[2]	相对分子质量	水溶解度/(mg/L)	有机溶剂溶解度/(g/L)
93	灭蚁灵	Mirex	2385-85-5	中	$C_{12}H_{12}Cl_{12}$	Cl	I	581.56	不溶	二甲苯 143, 苯 122
94	除草醚[a]	Nitrofen	1836-75-5	低	$C_{12}H_7Cl_2NO_3$	Cl	H	284.10	1.2	丙酮,乙醇,二甲苯 250
95	反式九氯[a]	trans-Nonachlor	39765-80-5	低	$C_{10}H_5Cl_9$	Cl	I	319.05	不溶	易溶于多种溶剂
96	顺式九氯[a]	cis-Nonachlor	5103-73-1	低	$C_{10}H_5Cl_9$	Cl	I	319.05	不溶	易溶于多种溶剂
97	八氯二丙醚[a]	Octachlorodipropyl ether	127-90-2	低	$C_6H_6Cl_8O$	Cl	增效剂	377.73		与多种溶剂混溶
98	八氯苯乙烯[a]	Octachlorostyrene	29082-74-4	低	C_8Cl_8	Cl	I/A	379.68		溶于多种有机溶剂
99	氧化氯丹[a]	Oxychlordane	27304-13-8	低	$C_{10}H_4Cl_8O$	Cl	I	424.14	不溶	溶于多种有机溶剂
100	乙氧氟草醚	Oxyfluorfen	42874-03-3	低	$C_{15}H_{11}ClF_3NO_4$	F	H	361.7	0.1	溶于多种有机溶剂
101	2,4,4'-三氯联苯[a]	DE-PCB 28 2,4,4'-Trichlorobiphenyl	2012-37-5	低	$C_{12}H_7Cl_3$	Cl		257.47	不溶	溶于多种有机溶剂
102	2,4',5-三氯联苯[a]	DE-PCB 31 2,4',5-Trichlorobiphenyl	16606-02-3	低	$C_{12}H_7Cl_3$	Cl		357.47	不溶	溶于多种有机溶剂
103	2,2',5,5'-四氯联苯[a]	DE-PCB 52 2,2',5,5'-Tetrachlorobiphenyl	35693-99-3	低	$C_{12}H_6Cl_4$	Cl		291.92	不溶	溶于多种有机溶剂
104	2,2',4,5,5'-五氯联苯[a]	DE-PCB 101 2,2',4,5,5'-Pentachlorobiphenyl	37680-73-2	低	$C_{12}H_5Cl_5$	Cl		326.37	不溶	溶于多种有机溶剂
105	2,3',4,4',5-五氯联苯[a]	DE-PCB 118 2,3',4,4',5-Pentachlorobiphenyl	31508-00-6	低	$C_{12}H_5Cl_5$	Cl		326.37	不溶	溶于多种有机溶剂
106	2,2',3,4,4',5'-六氯联苯[a]	DE-PCB 138 2,2',3,4,4',5'-Hexachlorobiphenyl	35065-28-2	低	$C_{12}H_4Cl_6$	Cl		360.82	不溶	溶于多种有机溶剂
107	2,2',4,4',5,5'-六氯联苯[a]	DE-PCB 153 2,2',4,4',5,5'-Hexachlorobiphenyl	35065-27-1	低	$C_{12}H_4Cl_6$	Cl		360.82	不溶	溶于多种有机溶剂
108	2,2',3,4,4',5,5'-七氯联苯[a]	DE-PCB 180 2,2',3,4,4',5,5'-Heptachlorobiphenyl	35065-29-3	低	$C_{12}H_3Cl_7$	Cl		395.27	不溶	溶于多种有机溶剂
109	五氯苯胺[a]	Pentachloroaniline	527-20-8	低	$C_6H_2Cl_5N$	Cl	F	265.31	不溶	溶于多种有机溶剂
110	五氯甲氧基苯[a]	Pentachloroanisole	1825-21-4	低	$C_7H_3Cl_5O$	Cl	F	268.31	不溶	溶于多种有机溶剂
111	五氯苯[a]	Pentachlorobenzene	608-93-5	低	C_6HCl_5	Cl	F	250.31	不溶	溶于多种有机溶剂

续表

序号	中文通用名	英文通用名	CAS	毒性	分子式	特征原子[1]	功效[2]	相对分子质量	水溶解度/(mg/L)	有机溶剂溶解度/(g/L)
112	五氯酚[a]	Pentachlorophenol	87-86-5	高	C_6HCl_5O	Cl	F	266.31	20	溶于多种有机溶剂,丙酮 215
113	乙滴涕	Perthane	72-56-0	低	$C_{18}H_{20}Cl_2$	Cl	I	307.25	不溶	溶于芳烃,CH_2Cl_2
114	三氯杀虫酯[a]	Plifenate	21757-82-4	低	$C_{10}H_7Cl_5O_2$	Cl	I	336.43	50	甲苯,环己烷 600,异丙醇 10
115	二嗪喹啉酸[a]	Quinclorac	84087-01-4	低	$C_{10}H_5Cl_2NO_2$	Cl	H	242.1	0.065	lgKow=-1.15,丙酮,乙醚 2,乙酸乙酯 1,难溶于甲苯,乙腈,己烷,CH_2Cl_2
116	苯氧喹啉	Quinoxyphen	124495-18-7	低	$C_{15}H_8FCl_2NO$	Cl	F	308.1	0.116	lgKow=4.66, $CH_2Cl_2$589,甲苯 272,丙酮 116,正辛醇 37.9,己烷 9.6
117	五氯硝基苯[a]	Quintozene	82-68-8	低	$C_6H_5NO_2$	Cl	F	295.34	0.1	lgKow=5.1,甲苯 1140,甲醇 20,庚烷 30
118	螺螨酯	Spirodiclofen	148477-71-8	低	$C_{21}H_{24}Cl_2O_4$	Cl	A	411.32	50	二氯甲烷 250,二甲苯 250,异丙醇 47,正己烷 20
119	2,4,5-涕	2,4,5-T	93-76-5	中	$C_8H_5Cl_3O_3$	Cl	H	255.49	238	丙酮,乙醇 0.59(50℃)
120	叶枯酞	Tecloftalam	76280-91-6	低	$C_{14}H_6Cl_6NO_3$	Cl	F	447.9	14	丙酮 25.6,乙醇 19.2,甲醇 5.4,苯 0.95,甲苯 0.16
121	四氯硝基苯[a]	Tecnazene	117-18-0	低	$C_6H_3Cl_4NO_2$	Cl	F	260.96	不溶	易溶于苯,氯仿,乙醇
122	2,3,4,5-四氯苯胺[a]	2,3,4,5-Tetrachloroaniline	634-83-3	低	$C_6H_3Cl_4N$	Cl	F	230.86	微溶	溶于多种有机溶剂
123	2,3,5,6-四氯苯胺[a]	2,3,5,6-Tetrachloroaniline	3481-20-7	低	$C_6H_3Cl_4N$	Cl	F	230.86	微溶	溶于多种有机溶剂
124	三氯杀螨砜[a]	Tetradifon	116-29-0	低	$C_{12}H_6Cl_4O_2S$	Cl	I	356.06	200	氯仿 255,苯 148,甲苯 135,二甲苯 115,丙酮 82,甲醇 10
125	杀螨氯硫[a]	Tetrasul	2227-13-6	低	$C_{12}H_6Cl_4S$	Cl	A	324.06	不溶	易溶于氯化烃,芳烃,氯仿
126	绿草定	Triclopyr	55335-06-3	低	$C_7H_4Cl_3NO_3$	Cl	H	256.5	440	丙酮 989,正辛醇 307,乙腈 126,二甲苯 27.9,苯,氯仿 27.3,己烷 0.41
127	灭草环	Tridiphane	58138-08-2	低	$C_{10}H_7Cl_5O$	Cl	H	320.4	1.8	丙酮 9.1,$CH_2Cl_2$718,甲苯 980,二甲苯 4.6

(二) 有机磷类农药

序号	中文通用名	英文通用名	CAS	毒性	分子式	特征原子[1]	功效[2]	相对分子质量	水溶解度/(mg/L)	有机溶剂溶解度/(g/L)
128	乙酰甲胺磷[b]	Acephate	30560-19-1	低	$C_4H_{10}NO_3PS$	P/S	I	183.16	7.9×10^5	CH_2Cl_2,乙醇,丙酮 151,苯 16,己烷 0.1
129	粪硫磷[b]	Amidithion	919-76-7	高	$C_7H_{16}PS_2NO_4$	P/S	I/A	273.12	2×10^4	易溶于有机溶剂
130	莎呷磷[b]	Anilofos	64249-01-0	低	$C_{13}H_{19}ClNO_3PS_2$	P/S	H	367.8	13.6	丙酮,氯仿,甲苯 1000,苯,乙醇,乙酸乙酯,CH_2Cl_2 20,己烷 12
131	乙基杀扑磷[b]	Athidathion	19691-80-6	低	$C_6H_{15}N_2O_4PS_3$	P/S	I	306.21	不溶	溶于多种有机溶剂

附 录 • 1345 •

续表

序号	中文通用名	英文通用名	CAS	毒性	分子式	特征原子[1]	功效[2]	相对分子质量	水溶解度/(mg/L)	有机溶剂溶解度/(g/L)
132	甲基吡噁磷[b]	Azamethiphos	35575-96-3	低	$C_9H_{10}ClN_2O_5PS$	P/S	I	324.67	1100	苯13,甲醇10,CH_2Cl_2 6.1
133	益棉磷[b]	Azinphos-ethyl	2642-71-9	高	$C_{12}H_{16}N_3O_3PS_2$	P/S	I/A	345.36	不溶	除石油醚等外,可溶于多数有机溶剂
134	保棉磷[b]	Azinphos-methyl	86-50-0	高	$C_{10}H_{12}N_3O_3PS_2$	P/S	I/A	317.33	33	可溶于多种有机溶剂
135	地散磷[b]	Bensulide	741-58-2	低	$C_{14}H_{24}NO_4PS_3$	P/S	H	397.54	25	易溶于丙酮,乙腈,二甲苯250
136	溴苯烯磷[b]	Bromfenvinfos	33399-00-7		$C_{12}H_{14}BrCl_2O_4P$	Cl	I/A	404.02		易溶于多种有机溶剂
137	溴硫磷[b]	Bromophos	2104-96-3	低	$C_8H_8BrCl_2O_3PS$	Cl	I	366	40	易溶于甲苯,乙醚
138	乙基溴硫磷[b]	Bromophos-ethyl	4824-78-6	中	$C_{10}H_{12}BrCl_2O_3PS$	Cl	I	394	2	可与普通有机溶剂混溶
139	抑草磷[b]	Butamifos	36335-67-8	低	$C_{13}H_{21}N_2O_4PS$	P/S	H	332.36	5.1	易溶于甲醇,丙酮等
140	硫线磷[b]	Cadusafos	95465-99-9	高	$C_{10}H_{23}O_2PS_2$	P/S	I/N	270.4	248	可溶于丙酮,乙腈,甲醇,CH_2Cl_2等混溶
141	三硫磷[b]	Carbophenothion	786-19-6	高	$C_{11}H_{16}ClO_2PS_3$	P/S	I	342.96	40	可溶于多数有机溶剂
142	氯氧磷[b]	Chlorethoxyfos	54593-83-8	高	$C_6H_{11}Cl_4O_3PS$	P/S	I	336.0	1	溶于乙腈,氯仿,正己烷,二甲苯
143	氯硫磷[b]	Chlorthion	500-28-7	低	$C_8H_9ClNO_5PS$	P/S	I	297.56		溶于甲苯乙醇
144	毒虫畏[b]	Chlorfenvinphos	470-90-6	高	$C_{12}H_{14}Cl_3O_4P$	Cl	I	359.5	145	可与丙酮,二甲苯等混溶
145	氯甲硫磷[b]	Chlormephos	24934-91-6	高	$C_5H_{12}ClO_2PS_2$	P/S	I	234.71	60	可溶于多数有机溶剂
146	氯辛硫磷[b]	Chlorphoxim	14816-20-7	低	$C_{12}H_{14}ClN_2O_3PS$	P/S	I	332.75	1.7	甲苯400
147	毒死蜱[b]	Chlorpyrifos	2921-88-2	中	$C_9H_{11}Cl_3NO_3PS$	P/S	I	350.62	2	易溶于多种有机溶剂
148	氧化毒死蜱[b]	Chlorpyrifos,O-nanlogue	2921-88-2	中	$C_8H_{11}Cl_3NO_3PS$	P/S	I	350.47	12	溶于甲苯,丙酮,乙醇
149	甲基毒死蜱[b]	Chlorpyrifos-methyl	5598-13-0	中	$C_7H_7Cl_3NO_3PS$	P/S	I	322.5	5	溶于丙酮,苯,乙醚,氯仿
150	氧化甲基毒死蜱[b]	Chlorpyrifos-methyl-oxon	5598-13-0	中	$C_7H_7Cl_3NO_3PS$	P/S	I	322.5	4	溶于多种有机溶剂
151	虫螨磷[b]	Chlorthiophos	60238-56-4	中	$C_{11}H_{15}Cl_2O_3PS$	P/S	I	361.25	不溶	可溶于苯,丙酮,乙醇
152	蝇毒磷[b]	Coumaphos	56-72-4	高	$C_{14}H_{16}ClO_5PS$	P/S	I	362.62	1.5	易溶于丙酮和芳烃
153	巴毒磷[b]	Crotoxyphos	7700-17-6	中	$C_{14}H_{19}O_6P$	P	I	314.28	1×10^5	可溶于丙酮,氯仿,乙醇,氯化烃
154	育畜磷[b]	Crufomate	299-86-5	中	$C_{12}H_{19}ClNO_3P$	N	I	291.69	5000	可溶于丙酮,乙腈,甲醇
155	苯腈磷[b]	Cyanofenphos	13067-93-1	高	$C_{14}H_{14}NO_2PS$	P/S	I	291.17	0.6	易溶于丙酮,苯,乙醚和苯
156	赛灭磷[b]	Cythioate	115-93-5	中	$C_8H_{12}NO_5PS_2$	P/S	I	297.17	不溶	溶于丙酮,乙醚,乙醇

续表

序号	中文通用名	英文通用名	CAS	毒性	分子式	特征原子[1]	功效[2]	相对分子质量	水溶解度/(mg/L)	有机溶剂溶解度/(g/L)
157	脱叶磷[b]	DEF	78-48-8	中	$C_{12}H_{27}OPS_2$	P/S	H	314.51	2.3	溶于丙酮、乙醇、甲苯、苯、二甲苯、己烷、煤油、柴油、石脑油和甲基萘
158	田乐磷[b]	Demephion	2587-90-8		$C_5H_{13}O_3PS_2$	P/S	I/A	216.14	不溶	溶于多种有机溶剂
159	内吸磷[b]	Demeton (O+S)	8065-48-3	高	$C_8H_{19}O_3PS_4$	P/S	I	516.68	$2×10^5$	与多种溶剂混溶
160	硫逐内吸磷[b]	Demeton-O	298-03-3	高	$C_8H_{19}O_3PS_2$	P/S	I	258.34	60	可溶于多数有机溶剂
161	硫赶内吸磷[b]	Demeton-S	126-75-0	高	$C_8H_{19}O_3PS_2$	P/S	I	258.34	$2×10^5$	可溶于多数有机溶剂
162	甲基内吸磷[b]	Demeton-S-methyl	919-86-8	中	$C_6H_{15}O_3PS_2$	P/S	I	230.29	330	可溶于多数有机溶剂
163	甲基内吸磷砜[b]	Demeton-S-methyl sulphone	17040-19-6	高	$C_6H_{15}O_5PS_2$	P/S	I	262.26	3300	易溶于乙醇，难溶于芳烃
164	甲基内吸磷亚砜[b]	Demeton-S-methyl sulfoxide	301-12-2		$C_6H_{15}O_4PS_2$	P/S	I	246.29	不溶	溶于多种有机溶剂
165	内吸磷亚砜[b]	Demeton-S-sulfoxide	2496-92-6		$C_8H_{19}O_4PS_2$	P/S	I	274.34	不溶	溶于多种有机溶剂
166	氯亚胺硫磷[b]	Dialifos	10311-84-9	高	$C_{14}H_{17}ClNO_4PS_2$	P/S	A/I	393.85	1000	易溶于丙酮、氯仿、二甲苯
167	二嗪磷[b]	Diazinon	333-41-5	中	$C_{12}H_{21}N_2O_3PS$	P/S	I	304.35	4	溶于多数有机溶剂
168	异氯磷[b]	Dicapthon	2463-84-5	中	$C_8H_9ClO_5PS$	P/S	I/A	283.56	35	溶于丙酮、溶于环己酮、乙酸乙酯、甲苯二甲苯
159	除线磷[b]	Dichlofenthrion	97-17-6	低	$C_{10}H_{13}Cl_2O_3PS$	P/S	I	315.17	0.245	溶于多数有机溶剂
170	敌敌畏[b]	Dichlorvos	62-73-7	中	$C_4H_7Cl_2O_4P$	P	I	220.91	1000	溶于多数有机溶剂
171	百治磷[b]	Dicrotophos	141-66-2	高	$C_8H_{16}NO_5P$	P	I/A	237.21	可混溶	与丙酮、乙醇等混溶
172	乐果[b]	Dimethoate	60-51-5	中	$C_5H_{12}NO_3PS_2$	P/S	I	229.28	$2.5×10^4$	易溶于甲醇、苯
173	甲氟磷[b]	Dimefox	115-26-4	高	$C_4H_{12}FN_2OP$	N	I/A	154.13	易溶	溶于多种有机溶剂
174	甲基毒虫畏[b]	Dimethylvinphos	2274-67-1	中	$C_{10}H_{10}Cl_3O_4P$	Cl	I	331.51	130	丙酮、三氯乙烷500，二甲苯300
175	蔬果磷[b]	Dioxabenzofos	3811-49-2	中	$C_8H_9O_3P$	P	I	184.05	58	溶于丙酮、苯、乙醇、乙醚，稍溶于甲苯
176	敌嗪磷[b]	Dioxathion	78-34-2	高	$C_{12}H_{26}O_6P_2S_4$	P/S	A/I	456.6	不溶	可溶于多数有机溶剂
177	乙拌磷[b]	Disulfoton	298-04-4	高	$C_8H_{19}O_2PS_3$	P/S	I/A	270.40	25	可溶于多种有机溶剂
178	乙拌磷砜[b]	Disulfoton sulfone	2497-06-5	高	$C_8H_{19}O_4PS_3$	P/S	I/A	306.4	不溶	可溶于多种有机溶剂
179	乙拌磷亚砜[b]	Disulfoton sulfoxide	2497-07-6	高	$C_8H_{19}O_3PS_3$	P/S	I/A	290.4	不溶	可溶于多种有机溶剂
180	灭菌磷[b]	Ditalimfos	5131-24-8	低	$C_{12}H_{14}NO_4PS$	P/S	F	299.29	133	溶于己烷、乙醇、环己烷，易溶于苯、甲苯、乙酸乙酯

续表

序号	中文通用名	英文通用名	CAS	毒性	分子式	特征原子[1]	功效[2]	相对分子质量	水溶解度/(mg/L)	有机溶剂溶解度/(g/L)
181	二嗪农[b]	Dithianon	3347-22-6	中	$C_{14}H_4N_2O_2S_2$	N/S	F	296.33	不溶	可溶氯仿,氯苯
182	敌瘟磷[b]	Edifenphos	17109-49-8	中	$C_{14}H_{15}O_2PS_2$	P/S	F	310.23	5	可溶于甲醇,丙酮,氯仿等
183	苯硫磷[b]	EPN	2104-64-5	高	$C_{14}H_{14}NO_4PS$	P/S	I	323.17	不溶	可溶于多种有机溶剂
184	乙烯利[b]	Ethephon	16672-87-0	低	$C_2H_6ClO_3P$	Cl	PGR	144.50	易溶	可溶于乙醇,丙二醇,微溶于芳族溶剂
185	乙硫磷[b]	Ethion	563-12-2	中	$C_9H_{22}O_4P_2S_4$	P/S	I/A	384.48	微溶	溶于多种有机溶剂
186	灭线磷[b]	Ethoprophos	13194-48-4	中	$C_8H_{19}O_2PS_2$	P/S	I/N	242.3	750	溶于多种有机溶剂
187	乙嘧硫磷[b]	Etrimfos	38260-54-7	低	$C_{10}H_{17}N_2O_4PS$	P/S	I	292.29	40	溶于丙酮,乙醚,乙醇,二甲苯
188	氧乙嘧啶磷[b]	Etrimfos oxon	59399-24-5		$C_{10}H_{17}N_2O_4PS$	P/S	I	292.29	不溶	可溶于多种有机溶剂
189	伐灭磷[b]	Famphur	52-85-7	中	$C_{10}H_{16}NO_3PS_2$	P/S	I	293.32	100	易溶于氯仿,CCl_4,微溶于极性溶剂,不溶于己烷,庚烷等
190	苯线磷[b]	Fenamiphos	22224-92-6	高	$C_{13}H_{22}NO_3PS$	P/S	N	303.30	700	溶于多种有机溶剂
191	苯线磷砜[b]	Fenamiphos sulfone	31972-44-8		$C_{13}H_{22}NO_5PS$	P/S	N	335.3	不溶	可溶于多种有机溶剂
192	苯线磷亚砜[b]	Fenamiphos sulfoxide	31972-43-7		$C_{13}H_{22}NO_4PS$	P/S	N	319.3	不溶	可溶于多种有机溶剂
193	皮蝇磷[b]	Fenchlorphos	299-84-3	低	$C_8H_8Cl_3O_3PS$	Cl/P	I	321.56	44	丙酮 908,甲苯 592,氯仿 347,甲醇 25
194	氧皮蝇磷[b]	Fenchlorphos oxon	3983-45-7		$C_8H_8Cl_3O_4P$	Cl/P	I/A	305.48	不溶	溶于多种有机溶剂
195	杀螟硫磷[b]	Fenitrothion	122-14-5	低	$C_9H_{12}NO_5PS$	P/S	I	277.24	30	易溶于丙酮,苯
196	丰索磷[b]	Fensulfothion	115-90-2	高	$C_{11}H_{17}O_4PS_2$	P/S	I/N	308.35	1540	易溶于多种有机溶剂
197	倍硫磷[b]	Fenthion	55-38-9	中	$C_{10}H_{15}O_3PS_2$	P/S	I	278.33	55	溶于甲醇,乙酮,氯化烃,芳烃
198	氧倍硫磷[b]	Fenthion-oxon	6552-12-1		$C_{10}H_{15}O_4PS$	P/S	I	262.13		溶于多种有机溶剂
199	倍硫磷 PO-砜[b]	Fenthion PO-sulfone	—	中	$C_{10}H_{15}O_5PS_2$	P/S	I	310.33	不溶	溶于多种有机溶剂
200	倍硫磷 PO-亚砜[b]	Fenthion PO-sulfoxide	—	中	$C_{10}H_{15}O_4PS_2$	P/S	I	294.33	不溶	溶于多种有机溶剂
201	氧倍硫磷砜[b]	Fenthion oxon sulfone	14086-35-2	中	$C_{10}H_{15}O_6PS$	P/S	I	294.13	不溶	溶于多种有机溶剂
202	氧倍硫磷亚砜[b]	Fenthion oxon sulfoxide	6552-13-2	中	$C_{10}H_{15}O_5PS$	P/S	I	278.13	不溶	溶于多种有机溶剂
203	倍硫磷砜[b]	Fenthion sulfone	3761-42-0	中	$C_{10}H_{15}O_5PS_2$	P/S	I	310.34	不溶	可溶于多种有机溶剂
204	倍硫磷亚砜[b]	Fenthion sulfoxide	3761-41-9	中	$C_{10}H_{15}O_4PS_2$	P/S	I	294.3	不溶	溶于多种有机溶剂
205	地虫硫磷[b]	Fonofos	944-22-9	高	$C_{10}H_{15}OPS_2$	P/S	I	246.34	13	与二甲苯,丙酮等混溶

续表

序号	中文通用名	英文通用名	CAS	毒性	分子式	特征原子[1]	功效[2]	相对分子质量	水溶解度/(mg/L)	有机溶剂溶解度/(g/L)
206	安硫磷[b]	Formothion	2540-82-1	中	$C_6H_{12}NO_4PS_2$	P/S	I/A	257.27	2600	与乙醇、氯仿、乙醚、苯等混溶
207	三乙膦酸铝[b]	Fosetyl-aluminium	39148-24-8	低	$C_6H_{18}AlO_9P_3$	P	F	354.1	$1.2×10^5$	难溶于有机溶剂、乙腈<0.08
208	噻唑硫磷[b]	Fosthiazate	98886-44-3	中	$C_9H_{18}NO_3PS_2$	P/S	I/N	283.3	9850	溶于多种有机溶剂
209	丁硫环磷[b]	Fosthietan	21548-32-3	高	$C_6H_{12}NO_3PS_2$	P/S	N/I	241.3	$5×10^4$	溶于丙酮、氯仿、甲醇、甲苯等
210	草甘膦[b]	Glgphosate	1071-83-6	低	$C_3H_8NO_5P$	P	H	169.08	$1.28×10^4$	不溶于普通有机溶剂
211	草铵膦[b]	Glufosinate ammonium	77182-82-2	低	$C_5H_{15}N_2O_4P$	P	H	198.2	易溶	难溶
212	庚烯磷[b]	Heptenophos	23560-59-0	中	$C_9H_{11}ClO_4P$	P	I	250.62	2500	丙酮、甲醇、二甲苯1000、己烷130
213	速杀硫磷[b]	Heterophos	40626-35-5	低	$C_9H_{12}ClO_4P$	P	I	250.62	2500	丙酮、甲醇、二甲苯1000、己烷130
214	碘硫磷[b]	Iodofenphos	18181-70-9	低	$C_8H_8Cl_2IO_3PS$	P/S	I	413.0	2	$CH_2Cl_2$860、苯610、丙酮480、己烷33
215	异稻瘟净[b]	Iprobenfos	26087-47-8	中	$C_{13}H_{21}O_3PS$	P/S	F	288.32	1000	易溶于多种溶剂
216	氯唑磷[b]	Isazofos	42509-80-8	高	$C_9H_{17}ClN_3O_3PS$	N	I	313.17	250	溶于苯、氯仿、己烷、甲醇
217	水胺硫磷[b]	Isocarbophos	245-61-5	高	$C_{11}H_{16}NO_4PS$	P/S	I	288.0	不溶	溶于石油醚、丙酮、苯、乙酸乙酯
218	异柳磷[b]	Isofenphos	25311-71-1	高	$C_{15}H_{24}NO_4PS$	P/S	I	345.40	20	苯600
219	氧异柳磷[b]	Isofenphos oxon	31120-85-1	中	$C_{15}H_{24}NO_5P$	P	I/A	329.34	不溶	溶于多种有机溶剂
220	噁唑硫磷[b]	Isoxathion	18854-01-8	中	$C_{13}H_{16}NO_4PS$	P/S	I	313.16	1.9	溶于多种有机溶剂
221	溴苯磷[b]	Leptophos	21609-90-5	高	$C_{13}H_{10}Cl_2BrO_2PS$	P/S	I	412.16	2.4	丙酮170、环己烷142、苯3
222	脱溴溴苯磷[b]	Leptophos desbrom	—	高	$C_{13}H_{11}Cl_2O_2PS$	P/S	I/A	333.06	不溶	溶于多种有机溶剂
223	氧溴苯磷[b]	Leptophos oxon	25006-32-0	高	$C_{13}H_{10}Cl_2BrO_3P$	P	I	396	2.4	溶于丙酮、苯、环己烷、庚烷、丙醇等
224	马拉氧磷[b]	Malaoxon	1364-78-2	中	$C_{10}H_{19}O_7PS$	P/S	I	314.3	不溶	溶于多种有机溶剂
225	马拉硫磷[b]	Malathion	121-75-5	低	$C_{10}H_{19}O_6PS_2$	P/S	I	330.36	145	易溶于醚、醇、酯、酮、芳烃、微溶于石油醚
226	灭虫磷[b]	Mecarbam	2595-54-2	高	$C_{10}H_{20}NO_5PS_2$	P/S	A/I	329.19	<1000	脂肪烃<50，可与醇、酮、酯、芳香烃和氯化烃等有机溶剂混溶
227	地胺磷[b]	Mephosfolan	950-10-7	高	$C_8H_{16}NO_3PS_2$	P/S	I	269.3	$5.7×10^4$	溶于丙酮、醇、乙醚、苯等
228	脱叶磷[b]	Merphos	150-50-5	中	$C_{12}H_{27}PS_3$	P/S	落叶剂	298.27	微溶	溶于多种有机溶剂
229	虫螨畏[b]	Methacrifos	62610-77-9	低	$C_7H_{13}O_5PS$	P/S	I/A	240.22	400	易溶于苯、CH_2Cl_2、甲醇
230	甲胺磷[b]	Methamidophos	10265-92-6	高	$C_2H_8NO_2PS$	P/S	I/A	141.13	$2×10^6$	苯、二甲苯100、氯仿、CH_2Cl_2、乙醚20、己烷10

续表

序号	中文通用名	英文通用名	CAS	毒性	分子式	特征原子[1]	功效[2]	相对分子质量	水溶解度/(mg/L)	有机溶剂溶解度/(g/L)
231	杀扑磷[b]	Methidathion	950-37-8	高	$C_6H_{11}N_2O_4PS_3$	P/S	I	302.33	240	易溶于丙酮、苯、甲醇
232	速灭磷[b]	Mevinphos	7786-34-7	高	$C_7H_{13}O_6P$	P	I	224.04	混溶	与丙酮、甲醇、乙醇、苯、甲苯、二甲苯混溶
233	久效磷[b]	Monocrotophos	6923-22-4	高	$C_7H_{14}NO_5P$	P	I/A	223.2	混溶	溶于丙酮、乙醇、微溶于甲苯
234	二溴磷[b]	Naled	300-76-5	中	$C_4H_7Br_2Cl_2O_4P$	Cl	I	380.84	不溶	易溶于芳烃、氯化烃、己烷5
235	氧乐果[b]	Omethoate	1113-02-6	高	$C_5H_{12}NO_4PS$	P/S	I/A	213.19	易溶	易溶于乙醇、丙酮、苯、不溶于石油醚
236	砜吸磷[b]	Oxydemeton-methyl	301-12-2	中	$C_6H_{15}O_4PS_2$	P/S	I/A	246.15	混溶	除石油醚外，能溶于多种溶剂
237	对氧磷[b]	Paraoxon	311-45-5	高	$C_{10}H_{14}NO_6P$	P	I	203.24	2.5×10^4	溶于多种有机溶剂
238	甲基对氧磷[b]	Paraoxon-methyl	950-35-6	高	$C_8H_{10}NO_6P$	P	I	215.05	不溶	溶于多种有机溶剂
239	对硫磷[b]	Parathion	56-38-2	高	$C_{10}H_{14}NO_5PS$	P/S	I/A	291.27	24	易溶于乙醇、丙酮、苯、氯仿
240	甲基对硫磷[b]	Parathion-methyl	298-00-0	高	$C_8H_{10}NO_5PS$	P/S	I/A	263.21	60	易溶于乙醇、丙酮、苯、氯仿
241	家蝇磷[b]	Phenkapton	2275-14-1	中	$C_{11}H_{15}Cl_2PS_3$	P/S	A	377.33	不溶	与多种有机溶剂混溶
242	稻丰散[b]	Phenthoate	2597-03-7	中	$C_{12}H_{17}O_4PS_2$	P/S	I	320.37	11	易溶于甲醇、乙醇、丙酮、苯、己烷120
243	甲拌磷[b]	Phorate	298-02-2	高	$C_7H_{17}O_2PS_3$	P/S	I/A/N	260.22	50	与乙酮、醚、酯、氯化烃等混溶
244	氧化甲拌磷[b]	Phorate, O-analogue	2600-69-3	高	$C_7H_{17}O_3PS_2$	P/S	I/A	244.16	不溶	溶于多种有机溶剂
245	甲拌磷砜[b]	Phorate sulfone	2588-04-7	高	$C_7H_{17}O_4PS_3$	P/S	I/A	292.22	不溶	溶于多种有机溶剂
246	甲拌磷亚砜[b]	Phorate sulfoxide	2588-03-6	高	$C_7H_{17}O_3PS_3$	P/S	I/A	276.22	不溶	溶于多种有机溶剂
247	伏杀硫磷[b]	Phosalone	2310-17-0	中	$C_{12}H_{15}ClNO_4PS_2$	P/S	I/A	367.82	100	易溶于丙酮、甲醇、乙醇、乙腈、苯、氯仿、CH_2Cl_2、甲苯、二甲苯、甲醇、乙醇
248	硫环磷[b]	Phosfolan	947-02-4	高	$C_7H_{14}NO_3PS_2$	P/S	I/A	255.06	不溶	溶于多种有机溶剂
249	亚胺硫磷[b]	Phosmet	732-11-6	中	$C_{11}H_{12}NO_4PS_2$	P/S	I/A	317.33	25	溶于甲醇、乙醇、CH_2Cl_2、苯、甲苯、二甲苯、丙酮100
250	氧化亚胺硫磷[b]	Phosmet, O-analogue	3735-33-9	中	$C_{11}H_{12}NO_5PS$	P/S	I/A	301.27	不溶	溶于多种有机溶剂
251	氧亚胺硫磷[b]	Phosmet-oxon	3785-33-9	中	$C_{11}H_{13}NO_4PS$	P/S	I/A	286.25	不溶	溶于多种有机溶剂
252	磷胺[b]	Phosphamidon	13171-21-6	高	$C_{10}H_{19}ClNO_5P$	P	I	299.69	混溶	溶于多种有机溶剂
253	辛硫磷[b]	Phoxim	14816-18-3	低	$C_{12}H_{15}N_2O_3PS_2$	P/S	I	298.30	7	溶于甲醇、酮、芳烃，稍溶于石油醚
254	呱草磷[b]	Piperophos	24151-93-7	中	$C_{14}H_{33}NO_3PS_2$	P/S	H	358.50	25	溶于苯、正己烷、丙酮、二氯甲烷

续表

序号	中文通用名	英文通用名	CAS	毒性	分子式	特征原子[1]	功效[2]	相对分子质量	水溶解度/(mg/L)	有机溶剂溶解度/(g/L)
255	嘧啶磷[b]	Pirimiphos-ethyl	23505-41-1	中	$C_{13}H_{24}N_3O_3PS$	N	I	333.16	1	溶于多种溶剂
256	甲基嘧啶磷[b]	Pirimiphos-methyl	29232-93-7	低	$C_{11}H_{20}N_3O_3PS$	N	I/A	305.34	5	溶于多种溶剂
257	丙溴磷[b]	Profenophos	41198-08-7	中	$C_{11}H_{15}BrClO_3PS$	P/S	I	373.6	20	与多种溶剂混溶
258	丙虫磷[b]	Propaphos	7292-16-2	中	$C_{12}H_{21}O_4PS$	P/S	I	292.09	125	溶于多种溶剂
259	发硫磷[b]	Prothoate	2275-18-5	高	$C_9H_{20}NO_3PS_2$	P/S	A/I	285.08	2500	可与多种溶剂混溶,己烷30,石油醚20
260	丙硫磷[b]	Prothiofos	34643-46-4	低	$C_{11}H_{15}Cl_2O_2PS_2$	P/S	I	345.25	1.7	异丙醇,甲苯,CH_2Cl_2 1200
261	吡唑硫磷[b]	Pyraclofos	77458-01-6	中	$C_{14}H_{18}ClN_2O_3PS$	P/S	I	360.8	33	与多种溶剂互溶,微溶于正己烷
262	吡菌磷[b]	Pyrazophos	13457-18-6	中	$C_{14}H_{20}N_3O_5PS$	P/S	F	373.37	3300	易溶于甲苯,甲苯,二甲苯,乙醇,乙酸乙酯,CH_2Cl_2
263	氧化吡菌磷[b]	Pyrazophos, O-analogue			$C_{14}H_{20}N_3O_6P$	P/S	F	357.11	不溶	易溶于丙酮,甲醇,乙醚等
264	哒嗪硫磷[b]	Pyridaphenthion	119-12-0	低	$C_{14}H_{17}N_2O_4PS$	P/S	I	340.17	难溶	溶于多种有机溶剂
265	嘧啶磷[b]	Pyrimitate	5221-49-8	低	$C_{11}H_{20}N_3O_3PS$	P/S	I/A	305.14	不溶	溶于甲苯,乙酸乙酯,乙醚,丙酮,乙腈,甲醇,乙醇
266	喹硫磷[b]	Quinalphos	13593-03-8	中	$C_{12}H_{15}N_2O_3PS$	P/S	I	298.3	22	
267	八角磷[b]	Schradan	152-16-9	高	$C_8H_{24}N_4O_2P_2$	N	I/A	286.24	混溶	与苯、丙酮等混溶,难溶于烷属烃
268	治螟磷[b]	Sulfotep	3689-24-5	高	$C_8H_{10}O_5P_2S_2$	P/S	I/A	322.33	25	与多种溶剂混溶,稍溶于石油醚
269	硫丙磷[b]	Sulprofos	35400-43-2	中	$C_{12}H_{19}O_2PS_3$	P/S	I	322.45	50	环己酮 120,异丙醇 60
270	丁基嘧啶磷[b]	Tebupirimfos	96182-53-5	高	$C_{13}H_{23}N_2O_3PS$	P/S	I	318.4	5.5	溶于多种有机溶剂
271	双硫磷[b]	Temephos	3383-96-8	低	$C_{16}H_{20}O_6P_2S_3$	P/S	I	466.46	不溶	溶于多种有机溶剂
272	特普[b]	TEPP	107-49-3	高	$C_8H_{20}O_7P_2$	P	A/I	290.02	混溶	溶于多种有机溶剂
273	特丁硫磷[b]	Terbufos	13071-79-9	高	$C_9H_{21}O_2PS_3$	P/S	I	288.43	4.5	芳烃,氯化烃,乙醇,丙酮
274	特丁硫磷砜[b]	Terbufos sulfone	56070-16-7	高	$C_9H_{21}O_4PS_3$	P/S	I	320.43	不溶	溶于多种有机溶剂
275	氧化特丁硫磷砜[b]	Terbufos sulfone O-analogue	56070-15-6	高	$C_9H_{21}O_4PS_3$	P/S	I	320.42	不溶	溶于多种有机溶剂
276	杀虫畏[b]	Tetrachlorvinphos	22248-79-9	低	$C_{10}H_9Cl_4O_4P$	Cl	I/A	365.97	11	氯仿,CH_2Cl_2 400,丙酮 200,二甲苯 150
277	甲基乙拌磷[b]	Thiometon	640-15-3	中	$C_6H_{15}O_2PS_3$	P/S	I	246.35	200	溶于多种有机溶剂
278	虫线磷[b]	Thionazin	297-97-2	高	$C_8H_{13}N_2O_3PS$	P/S	I/N	284.24	1140	溶于多种有机溶剂
279	甲基立枯磷[b]	Tolclofos-methyl	57018-04-9	低	$C_9H_{11}Cl_2O_3PS$	P/S	F	301.1	0.4	丙酮 502,环己酮 537,环己烷 498

续表

序号	中文通用名	英文通用名	CAS	毒性	分子式	特征原子[1]	功效[2]	相对分子质量	水溶解度/(mg/L)	有机溶剂溶解度/(g/L)
280	三唑磷[b]	Riazophos	24017-47-8	中	$C_{12}H_{16}N_3O_3PS$	N	I	313.31	39	甲苯,乙酸乙酯,丙酮,乙醇 300,己烷 7
281	威菌磷[b]	Triamiphos	1031-47-6	高	$C_{12}H_{19}N_6OP$	N	F	294.09	250	溶于多种溶剂
282	敌百虫[b]	Trichlorfon	52-68-6	中	$C_4H_8Cl_3O_4P$	P	I	257.44	$1.54×10^5$	氯仿 750,乙酸乙酯 170,甲苯 152,己烷 0.8
283	毒壤磷[b]	Trichloronate	327-98-0	高	$C_{10}H_{12}Cl_3O_2PS$	Cl	I	333.42	50	溶于多种溶剂
284	三正丁基磷酸盐[b]	Tri-n-butyl phosphate	126-73-8	低	$C_{12}H_{27}PO_4$	P	I/A	266.09	不溶	溶于多种溶剂
285	三异丁基磷酸盐[b]	Tri-iso-butyl phosphate	126-71-6	低	$C_{12}H_{27}PO_4$	P	I/A	266.09	不溶	溶于多种溶剂
286	三苯基磷酸盐[b]	Triphenyl phosphate	115-86-6	低	$C_{18}H_{15}PO_4$	P	I/A	326.15	不溶	溶于多种溶剂
287	蚜灭磷[b]	Vamidothion	2275-23-2	中	$C_8H_{18}NO_4PS_2$	P/S	I	287.35	$4×10^6$	苯,甲苯,乙酸乙酯,CH_2Cl_2,氯仿 1000,二甲苯 125
288	蚜灭磷砜[b]	Vamidothion sulfone	70898-34-9	中	$C_8H_{18}NO_6PS_2$	P/S	I	319.35	不溶	溶于多种有机溶剂
289	蚜灭磷亚砜[b]	Vamidothion sulfoxide	20300-00-9	中	$C_8H_{18}NO_5PS_2$	P/S	I	303.35	不溶	溶于多种有机溶剂
					(三) 氨基甲酸酯类农药					
290	棉铃威[d]	Alanycarb	83130-01-2	中	$C_{17}H_{25}N_3O_4S_2$	N	I	399.5	20	溶于甲醇,丙酮,苯,二甲苯,CH_2Cl_2,lgKow=3.43
291	涕灭威[d]	Aldicarb	116-06-3	高	$C_7H_{14}N_2O_2S$	S	I	190.17	6000	丙酮 430,苯 240,氯仿 440,甲苯 120
292	涕灭威砜[d]	Aldicarb sulfone	1646-88-4	高	$C_7H_{14}N_2O_4S$	S	I	206.17	9000	丙酮 50,乙腈 75,$CH_2Cl_2$41
293	涕灭威亚砜[d]	Aldicarb sulfoxide	1646-87-3	高	$C_7H_{14}N_2O_3S$	S	I	222.17	8000	丙酮 430,苯 240,氯仿 440,甲苯 120
294	灭害威[d]	Amincocarb	2032-59-9	高	$C_{11}H_{13}N_2O_2$	N	I	205.11	稍溶	易溶于甲醇,稀溶于芳族溶剂
295	磺草灵[d]	Asulam	3337-71-1	低	$C_8H_{10}N_2O_4S$	N	H	230	5000	丙酮 300,甲醇 200,烃,氯化烃 20
296	燕麦灵[d]	Barban	101-27-9	低	$C_{11}H_9Cl_2NO_2$	Cl	H	258.19	11	苯 370,甲苯 295,二甲苯 206,己烷 2
297	4-溴-3,5-二甲苯基-N-甲基氨基甲酸酯[d]	BDMC	672-99-1		$C_{10}H_{12}BrNO_2$	N	I/A	258.11	不溶	溶于多种有机溶剂
298	噁虫威[d]	Bendiocarb	22781-23-3	中	$C_{11}H_{23}NO_4$	N	I	223.11	$4×10^4$	氯仿,丙酮 200,乙醇,苯 40
299	丙硫克百威[d]	Benfuracarb	82560-54-1	中	$C_{20}H_{30}N_2O_5S$	N	I	410.5	8.1	lgKow=4.3,苯,CH_2Cl_2,乙醇,丙酮,正己烷,二甲苯,乙酸乙酯>1000
300	丁酮威[d]	Butocarboxim	34681-10-2	中	$C_7H_{14}N_2O_2S$	N	I	190.27	$3.5×10^4$	易溶于芳烃,酮
301	丁酮威亚砜[d]	Butocarboxim-sulfoxide	34681-24-8	中	$C_7H_{14}N_2O_3S$	N	I	206.27	不溶	易溶于芳烃,酮

附 录

续表

序号	中文通用名	英文通用名	CAS	毒性	分子式	特征原子[1]	功效[2]	相对分子质量	水溶解度/(mg/L)	有机溶剂溶解度/(g/L)
302	丁酮威砜[d]	Butoxycarboxim-sulfone	34681-23-7		$C_7H_{14}N_2O_4S$	N	I	238.13		易溶于芳烃,酮
303	丁酮砜威[d]	Butoxycarboxim	34681-23-7	低	$C_7H_{14}N_2O_4S$	N	I/A	222.25	$2×10^5$	氯仿186,丙酮172,异丙醇101,甲苯29
304	甲萘威[d]	Carbaryl	63-25-2	低	$C_{12}H_{11}NO_2$	N	I	201.23	120	丙酮200,环己烷200
305	双酰草胺[d]	Carbetamide	16118-49-3	低	$C_{12}H_{16}N_2O_3$	N	H	236.27	$3.5×10^5$	可溶于丙酮,甲醇,CH_2Cl_2
306	克百威[d]	Carbofuran	1563-66-2	高	$C_{12}H_{15}NO_3$	N	I/A/N	221.25	700	丙酮150,乙腈140,苯40
307	丁硫克百威[d]	Carbosulfan	55285-14-8	中	$C_{20}H_{32}N_2O_3S$	N/S	I	380.55	0.3	可溶于多数有机溶剂
308	杀螟丹[d]	Cartap	15263-52-2	中	$C_7H_{15}N_3O_2S_2$	N/S	I/F	237.19	$2×10^5$	稍溶于甲醇
309	杀螟丹盐酸盐[d]	Cartap hydrochloride	15263-52-2	中	$C_7H_{15}N_3O_2S_2·HCl$	N/S	I	237.3	$2×10^5$	不溶与丙酮,乙醚,氯仿,己烷,苯等
310	氯丹灵[d]	Chlorbufam	1967-16-4	低	$C_{11}H_{10}ClNO_2$	N	H	223.56	540	甲醇286,丙酮280,乙醇95
311	氯苯氨灵[d]	Chlorpropham	101-21-3	低	$C_{10}H_{12}ClNO_2$	N	H/PGR	213.67	89	易溶于芳烃,乙醇,氯仿与丙酮混溶
312	环草敌[d]	Cycloate	1134-23-2	低	$C_{11}H_{21}NOS$	N/S	H	215.37	85	与丙酮,苯,乙醇,二甲苯混溶
313	甜菜胺[d]	Desmedipham	13684-56-5	低	$C_{16}H_{16}N_2O_4$	N	H	300.32	7	丙酮400,甲醇180,氯仿80
314	脱甲酰胺基抗蚜威[d]	Desmethylformamid O-Pirimicarb	27218-04-8	中	$C_9H_{13}N_3O$	N	I	195.24	不溶	溶于多种有机溶剂
315	燕麦敌[d]	Diallate	2303-16-4	中	$C_{10}H_{17}Cl_2NOS$	Cl	H	270.21	14	与乙醇,丙酮,苯混溶
316	乙霉威[d]	Diethofencarb	87130-20-9	低	$C_{14}H_{21}NO_4$	N	F	267.3	$2.66×10^4$	己烷1.3,甲醇101
317	呱草丹[d]	Dimepiperate	61432-55-1	低	$C_{15}H_{21}NOS$	N	H	263.4	20	丙酮620,氯仿580,二甲苯10,己烷200
318	二氧威[d]	Dioxacarb	6988-21-2	中	$C_{11}H_{13}NO_4$	N	I	223.23	6000	丙酮280,乙醇60,$CH_2Cl_2$345
319	茵草敌[d]	EPTC	759-94-4	低	$C_9H_{19}NOS$	N	H	189.32	365	与苯,甲醇,二甲苯,甲醇,丙酮混溶
320	戊草丹[d]	Esprocarb	85785-20-2	低	$C_{15}H_{23}NOS$	N	H	265.4	4.9	丙酮,乙醚,CH_2Cl_2,甲苯,氯苯,二甲苯1000
321	乙硫苯威[d]	Ethiofencarb	29973-13-5	中	$C_{11}H_{15}NO_2S$	N/S	I	225.31	1820	丙酮,CH_2Cl_2,甲醇,甲苯600
322	乙硫苯威砜[d]	Ethiofencarb sulfon	53380-23-7		$C_{11}H_{15}NO_4S$	N	I	257.31	1820	可溶于多数有机溶剂
323	乙硫苯威亚砜[d]	Ethiofencarb sulfoxid	53380-22-6		$C_{11}H_{15}NO_3S$	N	I	241.31	不溶	可溶于多数有机溶剂
324	仲丁威[d]	Fenobucarb	3766-81-2	中	$C_{12}H_{17}NO_2$	N	I	207.28	微溶	溶于丙酮,甲醇,苯,甲苯,二甲苯等
325	苯氧威[d]	Fenoxycarb	79127-80-3	低	$C_{17}H_{19}NO_4$	N	I	301.4	5.7	丙酮,氯仿,乙醚,乙酸乙酯,甲醇250,己烷5
326	苯硫威[d]	Fenothiocarb	62850-32-2	低	$C_{13}H_{19}NO_2S$	N/S	A	253.4	30	乙醇3120,丙酮2530,二甲苯2460,甲醇1430

续表

序号	中文通用名	英文通用名	CAS	毒性	分子式	特征原子[1]	功效[2]	相对分子质量	水溶解度/(mg/L)	有机溶剂溶解度/(g/L)
327	呋线威[d]	Furathiocarb	65907-30-4	中	$C_{18}H_{26}N_2OPS$	N	I	382.5	10	溶于丙酮、己烷、甲醇等
328	3-羟基呋喃丹[d]	3-Hydroxy carbofuran	16655-82-6	低	$C_{12}H_{15}NO_4$	N	I	237.25	不溶	溶于多种有机溶剂
329	异丙菌胺[d](SS)	Iprovalicarb (SS)	140923-17-7	低	$C_{18}H_{28}N_2O_3$	N	F	320.43	6.8	CH_2Cl_2 35,甲苯 2.4,丙酮 19,己烷 0.04
330	异丙菌胺[d](SR)	Iprovalicarb(SR)	140923-17-7	低	$C_{18}H_{28}N_2O_3$	N	F	320.43	11	CH_2Cl_2 97,甲苯 2.9,丙酮 22,己烷 0.06
331	异丙威[d]	Isoprocarb	2631-40-7	中	$C_{11}H_{15}NO_2$	N	I	193.11	265	丙酮 400,甲醇 125,二甲苯 50
332	甲硫威[d]	Methiocarb	2032-65-7	中	$C_{11}H_{15}NO_2S$	N	I/A	234.17	27	异丙醇 350,环己酮 268,甲苯 52.5
333	甲硫威亚砜[d]	Methiocarb sulfoxide	2635-10-1	中	$C_{11}H_{15}NO_3S$	N	I	250.17	不溶	溶于多种有机溶剂
334	甲硫威砜[d]	Methiocarb sulfone	2178-25-1	中	$C_{11}H_{16}N_4OS$	N	I/A	252.33	不溶	溶于多种有机溶剂
335	灭多威[d]	Methomyl	16752-77-5	高	$C_5H_{10}N_2O_2S$	N	I	162.21	5.8×10^4	甲醇 1000,丙酮 730,乙醇 420,甲苯 30
336	速灭威[d]	Metolcarb	1129-41-5	低	$C_9H_{11}NO_2$	N	I	165.2	2600	溶于多种溶剂
337	兹克威[d]	Mexacabate	315-18-4	高	$C_{12}H_{18}N_2O_2$	N	I/A	218.12	100	溶于多种有机溶剂
338	禾草敌[d]	Molinate	2212-67-1	低	$C_9H_{17}NOS$	N	H	187.32	800	与丙酮、甲醇、苯、二甲苯混溶
339	杀线威[d]	Oxamyl	23135-22-0	高	$C_7H_{13}N_3O_3S$	N	I/A/N	219.36	2.8×10^5	甲醇 1440,丙酮 670,乙醇 330,异丙醇 110,甲苯 10
340	杀线威肟[d]	Oxamyl-oxime	30558-43-1	高	$C_7H_{12}N_2O_2S$	N	I/A/N	188.36	2.8×10^5	溶于多种溶剂
341	克草敌[d]	Pebulate	1114-71-2	低	$C_{10}H_{21}NOS$	N	H	203.36	92	与丙酮、苯、甲苯、二甲醇混溶
342	甜菜宁[d]	Phenmedipham	13864-63-4	低	$C_{16}H_{16}N_2O_4$	N	H	300.32	10	丙酮 200,甲醇 150,氯仿 20,苯 5,己烷 0.5
343	抗蚜威[d]	Pirimicarb	23103-98-2	中	$C_{11}H_{18}N_4O_2$	N	I	238.3	2700	丙酮 400,乙醇 250,甲苯 230
344	脱甲基抗蚜威[d]	Pirimicarb-desmethyl	30614-22-3	中	$C_{10}H_{15}N_4O_2$	N	I	223.3	溶于水	溶于丙酮、乙醇、二甲醇、氯仿等溶剂
345	猛杀威[d]	Promecarb	2631-37-0	中	$C_{12}H_{17}NO_2$	N	I	207.26	92	丙酮 600,甲醇 400,二甲苯 200
346	霜霉威[d]	Propamocarb	24579-73-5	低	$C_9H_{20}N_2O_2$	N	F	188.28	5×10^5	甲醇 500,CH_2Cl_2 450,乙酸乙酯 23,苯 0.1
347	苯胺灵[d]	Propham	122-42-9	低	$C_{10}H_{13}NO_2$	N	H	179.22	250	溶于多种溶剂
348	残杀威[d]	Propoxur	114-26-1	中	$C_{11}H_{15}NO_3$	N	I	209.25	2000	溶于多种溶剂
349	苄草丹[d]	Prosulfocarb	52888-80-9	低	$C_{14}H_{21}NOS$	N	H	251.4	13.2	溶于丙酮、乙醇、二甲苯
350	砷草丹[d]	Pyributicarb	88678-67-5	低	$C_{18}H_{22}N_2O_2S$	N	H	330.4	0.32	丙酮 780,二甲苯 580,乙酸乙酯 560,氯仿 390,乙醇 33,甲醇 28
351	莱草畏[d]	Sulfallate	95-06-7	低	$C_8H_{14}ClNS_2$	S	H	223.79	100	溶于醚、丙酮、苯、氯仿、乙醇等

续表

序号	中文通用名	英文通用名	CAS	毒性	分子式	特征原子[1]	功效[2]	相对分子质量	水溶解度/(mg/L)	有机溶剂溶解度/(g/L)
352	硫双威[d]	Thiodicarb	59669-26-0	中	$C_{10}H_{18}N_4O_4S_3$	N	I	354.46	300	溶于丙酮,CH_2Cl_2,乙腈,乙醚等
353	久效威[d]	Thiofanox	39196-18-4	高	$C_9H_{18}N_2O_2S$	N	I/A	218.15	5200	易溶于氯化烃,芳烃,酮,非极性溶剂,微溶于脂肪烃
354	久效威亚砜[d]	Thiofanox-sulfoxide	39184-27-5	高	$C_9H_{18}N_2O_3S$	N	I/A	234.32	5200	易溶于氯化烃,芳烃,酮
355	久效威砜[d]	Thiofanox-sulfon	39184-59-3	高	$C_9H_{18}N_2O_4S$	N	I/A	250.32	不溶	易溶于氯化烃,芳烃,酮,微溶于脂肪烃
356	3,4,5-混杀威[d]	3,4,5-Trimethacarb	2686-99-9	中	$C_{11}H_{15}NO_2$	N	I	193.24	58	溶于多种溶剂
357	灭草敌[d]	Vermolate	1929-77-7	低	$C_{10}H_{21}NOS$	N	H	203.36	90	与多种溶剂混溶

(四)拟除虫菊酯类农药

358	氟丙菊酯[c]	Acrinathrin	101007-06-1	低	$C_{26}H_{21}F_6NO_5$	F	A	541.4	0.02	丙酮,氯仿,CH_2Cl_2,乙酸乙酯500,乙醇40,己烷10
359	烯丙菊酯[c]	Allethrin	584-79-2	中	$C_{19}H_{26}O_3$	—	I	302.4	不溶	易溶于有机溶剂
360	α-氯氰菊酯[c]	α-Cypermethrin	67375-30-8	中	$C_{22}H_{19}Cl_2NO_3$	Cl	I	416.3	0.1	丙酮,氯仿,乙醇,二甲苯450
361	联苯菊酯[c]	Bifenthrin	82657-04-3	中	$C_{23}H_{22}ClF_3O_2$	Cl/F	I	422.71	0.1	溶于普通有机溶剂
362	生物烯丙菊酯[c]	Bioallethrin	584-79-2	中	$C_9H_{25}O_3$	—	I	302.42	不溶	可与丙酮,苯,甲醇,乙醇,己烷混溶
363	生物苄呋菊酯[c]	Bioresmethrin	28434-01-7	低	$C_{22}H_{26}O_3$	—	I	338.45	不溶	溶于普通有机溶剂
364	顺式-氯菊酯[c]	cis-Permethrin	54774-45-7	低	$C_{21}H_{20}Cl_2O_3$	Cl	I	391.11	0.07	丙酮,甲醇,乙醇,乙醚,二甲苯,CH_2Cl_2
365	氟氯氰菊酯[c]	Cyfluthrin	68359-37-5	低	$C_{22}H_{18}Cl_2FNO_3$	Cl	I	434.12	微溶	易溶于丙酮,乙酸乙酯,甲苯,CH_2Cl_2
366	γ-氯氟氰菊酯[c]	γ-Cyhalothrin	76703-08-6	中	$C_{23}H_{19}F_3ClNO_3$	F	I/A	449.9	不溶	丙酮,甲醇,乙酸乙酯,甲苯>500
367	氯氟氰菊酯[c]	Cyhalothrin	91465-08-6	中	$C_{23}H_{19}ClF_3NO_3$	F	I	449.68	不溶	溶于多数溶剂
368	氯氰菊酯[c]	Cypermethrin	52315-07-8	中	$C_{22}H_{19}Cl_2NO_3$	Cl	I	416.3	0.2	丙酮,乙醇,二甲苯,氯仿450
369	苯醚氰菊酯[c]	Cyphenothrin	39515-40-7	中	$C_{24}H_{25}NO_3$	—	I	375.5	0.01	己烷,甲醇,二甲苯500
370	乙氰菊酯[c]	Cycloprothrin	6993-38-6	低	$C_{26}H_{21}Cl_2NO_4$	Cl	I	482.4	0.091	溶于多种有机溶剂,难溶于脂肪烃
371	溴氰菊酯[c]	Deltamethrin	52918-63-5	中	$C_{12}H_{19}Br_2NO_3$	Br	I	505.1	0.002	丙酮500,苯450,乙酸乙酯300,二甲苯250,乙醇15
372	S-氧戊菊酯[c]	Esfenvalerate	66230-04-4	中	$C_{25}H_{22}ClNO_3$	Cl	I	419.9	0.3	丙酮,乙酸乙酯,氯仿,乙腈,二甲苯600,甲醇100,己烷50

续表

序号	中文通用名	英文通用名	CAS	毒性	分子式	特征原子[1]	功效[2]	相对分子质量	水溶解度/(mg/L)	有机溶剂溶解度/(g/L)
373	醚菊酯[c]	Etofenprox	80844-07-1	低	$C_{25}H_{28}O_2$	—	I	360.5	1	氯仿9000,丙酮7800,乙酸乙酯6000,乙醇150,甲醇66
374	甲氰菊酯[c]	Fenpropathrin	39515-41-8	中	$C_{22}H_{23}NO_3$	N	I	349.22	不溶	溶于环己烷,二甲苯等
375	氰戊菊酯[c]	Fenvalarate	51630-58-1	低	$C_{25}H_{22}ClNO_3$	Cl	I/A	419.91	1	溶于多种有机溶剂>450
376	氟氰戊菊酯[c]	Flucythrinate	70124-77-5	中	$C_{26}H_{23}F_2NO_4$	F	I	451.26	0.5	二甲苯1810,丙酮820,己烷90
377	氟氯苯菊酯[c]	Flumethrin	69770-45-2	低	$C_{28}H_{22}FCl_2NO_2$	Cl	I	493.37	不溶	溶于甲苯,丙酮,环己烷等
378	炔咪菊酯[c]	Imiprothrin	72693-72-5	低	$C_{17}H_{22}N_2O_4$	N	I	318.4	93.5	lgKow=2.9,溶于多种有机溶剂
379	噻嗯菊酯[c]	Kadethrin	58769-20-3	中	$C_{23}H_{24}O_4S$	S	I	396.51	不溶	溶于丙酮,甲苯,CH_2Cl_2
380	甲醚菊酯[c]	Methothrin	34388-29-9	低	$C_{19}H_{26}O_3$	—	I	302.4	不溶	易溶于醇,丙酮,苯,甲苯
381	氯菊酯[c]	Permethrin	52645-53-1	中	$C_{21}H_{20}Cl_2O_3$	Cl	I	391.11	0.07	丙酮,乙醇,甲醚,乙醚,二甲苯,CH_2Cl_2>500
382	反式-氯菊酯[c]	trans-Permethrin	551877-74-8	中	$C_{21}H_{20}Cl_2O_3$	Cl	I	391.11	0.07	溶于多种溶剂
383	苯醚菊酯[c]	Phenothrin	26002-80-2	低	$C_{23}H_{26}O_3$	—	I	350.5	2	溶于多种有机溶剂
384	右旋炔丙菊酯[c]	Prallethrin	23031-36-9	低	$C_{19}H_{24}O_3$	—	I	300.4	8.03	易溶于乙醇,氯化烃等
385	除虫菊素[c]	Pyrethrin	121-29-9	低	$C_{21}H_{28}O_3$ / $C_{22}H_{30}O_5$	—	I	328.43～372.45	不溶	—
386	苄呋菊酯[c]	Resmethrin	10453-86-8	低	$C_{22}H_{26}O_3$	—	I	338.45	500	丙酮,$CH_2Cl_2$500,乙醇80,异丙醇70
387	氟胺氰菊酯[c]	τ-Fluvalinate	102851-06-9	中	$C_{26}H_{22}ClF_3N_2O_3$	F	I	502.9	0.002	丙酮,氯仿1000,甲醇760,与芳烃,乙醚,CH_2Cl_2混溶
388	七氟菊酯[c]	Tefluthrin	79538-32-2	高	$C_{17}H_{14}ClF_7O_2$	F	I	418.7	0.02	丙酮,乙酸乙酯,己烷,甲苯,$CH_2Cl_2$500,甲醇263
389	胺菊酯[c]	Tetramethrin	7696-12-0	低	$C_{19}H_{25}NO_4$	N	I	331.42	不溶	苯,二甲苯500,甲苯,丙酮400,乙酸乙酯350,己烷20
390	四溴菊酯[c]	Tralomethrin	66841-25-6	中	$C_{22}H_{19}Br_4NO_3$	Br	I	665.0	70	丙酮,甲苯,$CH_2Cl_2$1000,乙醇180
391	四氟苯菊酯[c]	Transfluthrin	118712-89-3	低	$C_{15}H_{12}Cl_2F_4O_3$	F	I	371.15	0.057	溶于多种溶剂>200
(五)有机氮类农药										
392	6-氯-4-羟基-3苯基哒嗪[e]	6-Chloro-4hydroxy-3-phenyl-pyridazin	40020-01-7		$C_{10}H_7ClN_2O$	N	I/A	206.63	不溶	溶于丙酮,甲醇,乙醇,二氯甲烷
393	啶虫脒[e]	Acetamiprid	160430-64-8	低	$C_{10}H_{11}ClN_4$	N	I	222.68	4200	溶于丙酮,甲醇,乙醇,二氯甲烷,氯仿等

续表

序号	中文通用名	英文通用名	CAS	毒性	分子式	特征原子[1]	功效[2]	相对分子质量	水溶解度/(mg/L)	有机溶剂溶解度/(g/L)
394	乙草胺[c]	Acetochlor	34256-82-1	低	$C_{14}H_{20}ClNO_2$	N	H	269.7	223	溶于丙酮、苯、乙醇、乙酸乙酯等
395	活化酯	Acibenzolar	135158-54-2	低	$C_8H_6N_2OS_2$	N	F	210.28	7.7	lgKow=3.1,甲醇 4.2,乙酸乙酯 25,正己烷 1.3,甲苯 36,正辛醇 5.4,丙酮 28,CH_2Cl_2 160
396	丙烯酰胺[c]	Acrylamide	79-06-1	中	C_3H_5NO	N	H	71.08	不溶	溶于多种有机溶剂
397	甲草胺[c]	Alachor	15972-60-8	低	$C_{14}H_{20}ClNO_2$	Cl	H	269.7	148	易溶于丙酮、乙醇、乙酸乙酯、乙醚
398	4-十二烷基 2,6-二甲基吗啉[c]	Aldimorph	1704-28-5	低	$C_{18}H_{37}NO$	N	F	283.48	20	溶于多种有机溶剂
399	二丙烯草胺[c]	Allidochlor	93-71-0	中	$C_8H_{12}ClNO$	Cl/N	H	173.63	1.97×10^4	氯仿、乙醇 500,己烷、二甲苯 200
400	莠灭净	Ametryn	834-12-8	低	$C_9H_{17}N_5S$	N	H	227.15	185	易溶于有机溶剂
401	酰嘧磺隆[c]	Amidosulfuron	120923-37-7	低	$C_9H_{15}N_5O_7S_2$	N	H	369.37	9	己烷 0.1,丙酮 8.1,甲苯 0.256,CH_2Cl_2 6.9
402	双甲脒[c]	Amitraz	33089-61-1	低	$C_{19}H_{23}N_3$	N	I/A	293.19	1	丙酮、二甲苯 300
403	杀草强	Amitrole	61-82-5	低	$CH_{4}N_4$	N	H	72.01	2.8×10^5	乙醇 26,不溶于乙醚、丙酮和非极性溶剂
404	敌菌灵	Anilazine	101-05-3	低	$C_9H_5N_4Cl_3$	Cl/N	F	215.39	不溶	丙酮 10,甲苯 5,二甲苯 4
405	阿特拉通	Atratone	1610-17-9	低	$C_9H_{17}N_5O$	N	H	211.27	1800	易溶于有机溶剂
406	阿特拉津[c]	Atrazine	1912-24-9	低	$C_8H_{14}ClN_5$	N	H	215.69	33	氯仿 52,乙酸乙酯 28,甲醇 18,乙醚 12
407	脱乙基阿特拉津[c]	Atrazine-desethyl	6190-65-4	低	$C_6H_{10}ClN_5$	N	H	187.68	不溶	溶于多种有机溶剂
408	戊环唑	Azaconazole	60207-31-0	中	$C_{12}H_{11}Cl_3N_3O_2$	N	F	300.1	300	丙酮 160,甲醇 150,甲苯 79,正己烷 0.8
409	四唑嘧磺隆[c]	Azimsulfuron	120162-55-2	低	$C_{13}H_{16}N_{10}O_5S$	N	H	424.4	1050	lgKow=0.646,乙腈 0.014,丙酮 0.026,甲醇 0.002,甲苯 0.002,正己烷 0.0002,乙酸乙酯 0.0013,CH_2Cl_2 0.066
410	叠氮津[c]	Aziprotryne	4658-28-0	低	$C_7H_{11}N_7S$	N	H	225.3	55	可溶于多种有机溶剂
411	三唑锡	Azocyclotin	41083-11-6	中	$C_{12}H_{35}N_3Sn$	N	A	436.21	1	甲苯、CH_2Cl_2、异丙酮 10
412	嘧菌酯	Azoxystrobin	131860-33-8	低	$C_{22}H_{17}N_3O_5$	N	F	403.4	60	易溶于乙酸乙酯、CH_2Cl_2,溶于甲醇、甲苯,微溶于己烷、正辛醇
413	苯霜灵[c]	Benalaxyl	71626-11-4	低	$C_{20}H_{23}NO_3$	N	F	325.4	37	丙酮、氯仿、CH_2Cl_2 500,二甲苯 300,己烷 50
414	乙丁氟灵[c]	Benfluralin	1861-40-1	低	$C_{13}H_{16}F_3N_3O_4$	F/N	H	335.13	70	丙酮 650,二甲苯 420,乙醇 24
415	麦锈灵[c]	Benodanil	15310-01-7	低	$C_{13}H_{10}INO$	N	F	323.1	20	丙酮 401,乙酸乙酯 120,氯仿 77

续表

序号	中文通用名	英文通用名	CAS	毒性	分子式	特征原子[1]	功效[2]	相对分子质量	水溶解度/(mg/L)	有机溶剂溶解度/(g/L)
416	苯菌灵[e]	Benomyl	17804-35-2	低	$C_{14}H_{18}N_4O_3$	N	F	290.14	3.8	氯仿 90
417	解草嗪	Benoxacor	98730-04-2	低	$C_{11}H_{11}Cl_3NO_2$	N	H	260.1	20	lgKow 2.70,CH_2Cl_2 400,环己酮 300,丙酮 230,甲苯 90,甲醇 3
418	苄嘧磺隆[e]	Bensulfuron-methyl	83055-99-6	低	$C_{16}H_{18}N_4O_7$	N	H	410.4	120	CH_2Cl_2 11.72,乙腈 5.38,乙酸乙酯 1.66,丙酮 1.38
419	吡草酮[e]	Benzofenap	82692-44-2	低	$C_{22}H_{20}Cl_3N_2O_3$	N	H	431.3	0.13	lgKow 4.69,氯仿 920,丙酮 73,二甲苯 0.90,己烷 0.46
420	联苯肼酯	Bifenazate	149877-41-8	低	$C_{17}H_{20}N_2O_3$	N	I	300.35	3.76	溶于多种有机溶剂
421	苄基腺嘌呤[e]	Benzyladenine	1214-39-7	低	$C_{12}H_{11}N_5$	N	PGR	225.2	难溶	难溶于一般溶剂,溶于热乙醇
422	联苯三唑醇[e]	Bitertanol	55179-31-2	低	$C_{20}H_{23}N_3O_2$	N	F	337.4	8	易溶于异丙醇,甲苯,CH_2Cl_2
423	啶酰菌胺[e]	Boscalid	188425-85-6	低	$C_{18}H_{12}Cl_2N_2O_2$	N	F	343.21	4.6	丙酮 160~200,甲醇 40~50,正庚烷<10
424	除草定[e]	Bromacil	314-40-9	低	$C_9H_{13}BrN_2O_2$	N	H	261.1	815	丙酮 167,乙腈 134,乙醇 71,二甲苯 32
425	溴丁酰草胺[e]	Bromobutide	74712-19-9	中	$C_{15}H_{22}BrNO$	N	H	312.3	3.54	甲苯 35,二甲苯 4.7,己烷 0.5
426	糠菌唑	Bromuconazole	116255-48-2	低	$C_{13}H_{12}Cl_2BrN_3O$	N	F	377.13	50	稍溶于有机溶剂
427	溴莠敏	Brompyrazon	3042-84-0	低	$C_{10}H_8BrN_3O$	Br	H	266.2	不溶	可溶于多种有机溶剂
428	乙嘧酚磺酸酯[e]	Bupirimate	41483-43-6	低	$C_{13}H_{24}N_4O_3S$	N	F	316.43	22	lgKow 3.9,溶于多数有机溶剂
429	噻嗪酮[e]	Buprofezin	69327-76-0	低	$C_{16}H_{23}N_3O_3$	N	I	305.4	0.9	苯 370,甲苯 320,丙酮 240
430	丁草胺[e]	Butachlor	23184-66-9	低	$C_{17}H_{26}Cl_2NO_2$	Cl/N	H	311.5	23	易溶于芳烃,酮,可溶于丙酮,乙醚,苯,乙醇,乙酸乙酯
431	氟丙嘧草酯[e]	Butafenacil	134605-64-4	低	$C_{20}H_{18}F_3ClN_2O_6$	F	H	474.82	10	lgKow 3.2
432	仲丁灵[e]	Butralin	33629-47-9	低	$C_{14}H_{22}N_3O_4$	N	PGR	296.14	1	甲醇 125,丙酮 4.48,苯 2.7,二甲苯 3.88
433	播土隆[e]	Buturon	3766-60-7	低	$C_{12}H_{13}ClN_2O$	N	H	236.7	30	丙酮 279,甲醇 128,苯 9.8
434	丁草敌[e]	Butylate	2008-41-5	低	$C_{11}H_{23}NOS$	N/S	H	217.38	45	可与丙酮,二甲苯,乙醇混溶
435	苯酮唑[e]	Cafenstrole	125306-83-4	低	$C_{16}H_{22}N_4O_3S$	N	H	350.45	2.5	lgKow 3.21
436	敌菌丹[e]	Captafol	2425-06-1	低	$C_{10}H_9Cl_4NO_2S$	Cl	F	348.96	1.4	甲苯 400
437	克菌丹[e]	Captan	133-06-2	低	$C_9H_8Cl_3NO_2S$	Cl	F	300.61	3.3	氯仿 70,丙酮 21,二甲苯 20
438	多菌灵[e]	Carbendazim	10605-21-7	低	$C_9H_9N_3O_2$	N	F	191.19	5.8	丙酮,乙醇,CH_2Cl_2 0.068,苯 0.036

续表

序号	中文通用名	英文通用名	CAS	毒性	分子式	特征原子[1]	功效[2]	相对分子质量	水溶解度/(mg/L)	有机溶剂溶解度/(g/L)
439	唑酮草酯[c]	Carfentrazone-ethyl	128821-72-7	低	$C_{15}H_{14}F_3Cl_2N_3O_3$	F	H	412.2	0.012	溶于甲醇,丙酮等
440	氯霉素	Chloramphenicolum	56-75-7	低	$C_{11}H_{12}Cl_2N_2O_5$	Cl/N	F	323.13	2500	易溶于乙醇,丙酮,乙醚
441	灭幼脲[c]	Chlorbenzuron	57160-47-1	低	$C_{14}H_{10}Cl_2N_2O_2$	Cl/N	I	309.1	0.17	丙酮,氯仿 5,CH_2Cl_2 1,苯,甲苯 0.5,甲醇,乙醇 0.3
442	杀虫脒[c]	Chlordimeform	6164-98-3	中	$C_{10}H_{13}ClN$	N	I	182.55	250	丙酮,苯,氯仿,乙酸乙酯,甲醇,甲苯 4.2,乙醇>200
443	氟虫脲	Chlorfluazuron	71422-67-8	低	$C_{20}H_8F_5Cl_3N_3O_3$	Cl/N	I	539.58	0.017	甲醇 2.6,丙酮 55,二甲苯 4.2,乙腈,二甲亚砜,CH_2Cl_2 15.9
444	氟虫腈[c]	Chlorfenapyr	122453-73-0	中	$C_{15}H_{11}BrClF_3N_2OF$	F	I/A	407.6	不溶	溶于丙酮,乙醚,乙腈,二甲亚砜,醇等
445	溴虫腈	Chlorotoluron	15545-48-9	低	$C_{10}H_{13}ClN_2O$	N	H	212.55	70	丙酮 50,CH_2Cl_2 43,苯 24
446	绿麦隆	Chlorimuron-ethyl	90982-32-4	低	$C_{15}H_{15}ClN_4O_6S$	N	H	414.8	1200	lgKow=0.11
447	氯嘧磺隆[c]	Chlorbromuron	13360-45-7	低	$C_9H_{10}BrClN_2O_2$	Cl	H	293.5	35	溶于丙酮,二甲基甲酰胺,稍溶于丙酮
448	氯溴隆	Chlordimeform hydrochloride	19750-95-9	中	$C_{10}H_{13}Cl_2N_2$	Cl/N	A/I	196.68	5×10^5	甲醇 300,氯仿 10
449	杀虫脒盐酸盐[c]	Chloridazon	1968-60-8	低	$C_{10}H_8ClN_3O$	N	H	221.56	400	溶于多种有机溶剂
450	氯草敏[c]	Chloroxuron	1982-47-4	低	$C_{15}H_{15}ClN_2O_2$	N	H	290.75	3.7	可溶于丙酮,氯仿,稍溶于苯,乙醇
451	枯草隆	Chlorsulfuron	64902-72-3	低	$C_{12}H_{12}ClN_5O_4S$	N	H	357.8	2.7×10^4	微溶于丙酮,甲醇,CH_2Cl_2
452	氯磺隆	Chlortoluron	15545-48-9	低	$C_{10}H_{13}ClN_2O$	N	H	213.55	70	丙酮 50,CH_2Cl_2 43,苯 24
453	氯麦隆	Chlorthiamid	1918-13-4	低	$C_7H_5Cl_2NS$	Cl	H	206.1	950	芳烃,氯化烃 50~100
454	氯硫酰草胺[c]	Cinosulfuron	94593-91-6	低	$C_{15}H_9N_5O_7S$	N	H	413.42	3700	CH_2Cl_2 9.5,丙酮 36,乙醇 19,甲苯 5.4
455	醚黄隆	Clethodim	99129-21-2	低	$C_{17}H_{26}ClNO_3S$	Cl	H	359.9	不溶	溶于多种有机溶剂
456	烯草酮	Clethodim sulfone		低	$C_{17}H_{26}ClNO_5S$	Cl	H	391.9	不溶	溶于多种有机溶剂
457	烯草酮砜	Clethodim sulfoxide		低	$C_{17}H_{26}ClNO_4S$	Cl	H	375.9	不溶	溶于多种有机溶剂
458	烯草酮亚砜	Clethodim-imin sulfone		低	$C_{17}H_{26}ClNO_4S$	Cl	H	376.9	不溶	溶于多种有机溶剂
459	烯草亚胺酮砜[c]	Clodinafop-propargyl	105512-06-9	低	$C_{17}H_{13}ClFNO_4$	F	H	349.62	4	丙酮 500,甲醇 180,己烷 7.5,正辛醇 21
460	炔草酸[c]	Clofentezine	74115-24-5	低	$C_{12}H_8Cl_2N_4$	N	A	303.1	难溶	氯仿 50,丙酮 9.3,苯 2.5,乙醇 0.5
461	四螨嗪	Clomazone	81777-89-1	低	$C_{12}H_{14}ClNO_2$	N	H	239.58	1100	易溶于多种溶剂
462	异噁草松[c]	Clomeprop	84496-56-0	低	$C_{16}H_{15}Cl_2NO_2$	N	H	324.2	0.032	丙酮 33,环己烷 9,二甲基甲酰胺 20,二甲苯 17
463	氯甲酰草胺[c]	Clopyralld	1702-17-6	低	$C_6H_3Cl_2N_2O_3$	Cl	H	222.09	1000	丙酮 153,乙腈 121,己烷 6,甲醇 104
464	二氯吡啶酸[c]	Cloransulam-methyl	147150-35-4	低	$C_{15}H_{13}ClFN_5O_5S$	N	H	429.8	184	lgKow=0.268

续表

序号	中文通用名	英文通用名	CAS	毒性	分子式	特征原子[1]	功效[2]	相对分子质量	水溶解度/(mg/L)	有机溶剂溶解度/(g/L)
465	鼠立死[e]	Crimidine	535-89-7	高	$C_7H_{10}ClN_3$	N	R	171.64	不溶	溶于丙酮、苯、氯仿、乙醚
466	可灭隆[e]	Cumyluron	99485-76-4	低	$C_{17}H_{18}ClN_2$	N	H	302.8	1	甲醇 21.5、乙醇 19.4、丙酮 14.5、乙腈 7.5、苯 0.8、己烷 0.4
467	氰霜唑[e]	Cyazofamid	120116-88-3	低	$C_{13}H_{13}ClN_4O_2S$	N	F	324.78	0.121	lgKow=3.2
468	氰草津[e]	Cyanazine	21725-46-2	中	$C_9H_{13}ClN_6$	N	H	240.7	171	氯仿 210、乙醇 45、苯、己烷 15
469	环丙酸酰胺[e]	Cyclanilide	113136-77-9	中	$C_{11}H_9Cl_2NO_3$	Cl	H	274.1	不溶	lgKow=3.25
470	环丙嘧磺隆[e]	Cyclosulfamuron	136849-15-5	低	$C_{17}H_{19}N_5O_6S$	N	H	421.4	6.52	lgKow=1.41
471	环莠隆[e]	Cycluron	2163-69-1	低	$C_{11}H_{22}N_2O$	N	H	198.31	1000	甲醇 500、丙酮 67、苯 55
472	霜脲氰[e]	Cymoxanil	57966-95-7	低	$C_7H_{10}N_4O_3$	N	F	198.18	100	丙酮 10.5、CH_2Cl_2 10.3、甲醇 4.1、苯 0.2、己烷 0.1
473	环丙津[e]	Cyprazine	22936-86-3	低	$C_9H_{13}ClN_5$	N	H	226.54	6.9	溶于丙酮、稍溶于氯仿、甲醇
474	环丙唑醇[e]	Cyproconazole	113096-99-4	低	$C_{15}H_{18}ClN_3O$	N	F	291.8	1400	丙酮 2300、二甲基亚砜 180、二甲苯 200
475	嘧菌环胺[e]	Cyprodinil	121552-61-2	低	$C_{14}H_{15}N_3$	N	F	225.3	13	乙醇 160、丙酮 610、甲醇 460、正辛烷 160、正己烷 30
476	灭蝇胺[e]	Cyromazine	66215-27-8	低	$C_6H_{10}N_6$	N	I	166.2	1.3×10^4	甲醇 22、丙酮 1.7、CH_2Cl_2 0.025、甲苯 0.015、己烷 0.0002
477	棉隆[e]	Dazomet	533-74-4	中	$C_5H_8N_2S_2$	N/S	F/N	160.17	3000	氯仿 391、丙酮 173、苯 51、乙醇 15
478	脱氨基苯嗪草酮[e]	Desamino-metamitron	36993-94-9	低	$C_{10}H_8N_3$	N	H	186.2	不溶	溶于多种有机溶剂
479	脱乙基另丁津[e]	Desethyl-sebuthylazine	37019-18-4	低	$C_7H_{12}ClN_5$	N	H	201.49	不溶	溶于多种有机溶剂
480	脱异丙基阿特拉津[e]	Desisopropyl-atrazine	1007-28-9	低	$C_5H_8ClN_5$	N	H	173.5	不溶	溶于多种有机溶剂
481	脱甲基氟草敏[e]	Desmethyl-norflurazon	23576-24-1	低	$C_{11}H_7ClF_3N_3O$	F	H	289.56	不溶	溶于多种有机溶剂
482	敌草净[e]	Desmetryne	1014-69-3	低	$C_8H_{15}N_5S$	N	H	213.31	600	可溶于多数有机溶剂
483	丁醚脲[e]	Diafenthiuron	80060-09-9	低	$C_{23}H_{32}N_2OS$	N	I/A	384.6	0.05	CH_2Cl_2 600、环己酮 380、甲苯 320、丙酮 280、二甲苯 210、己烷 8
484	2,6-二氯苯甲酰胺[e]	2,6-Dichlorobenzamide	2008-58-4		$C_7H_5Cl_2NO$	N	F	189.97	不溶	溶于多种有机溶剂
485	烯丙酰草胺[e]	Dichlormid	37764-25-3	低	$C_8H_{11}Cl_2NO$	N	H	208.09	500	煤油 0.151，可与丙酮、乙醇、二甲苯等多种有机溶剂混溶
486	苄氯三唑醇[e]	Diclobutrazol	75736-33-3	低	$C_{13}H_{17}Cl_2N_3O$	N	F	302.03	不溶	溶于多种有机溶剂

续表

序号	中文通用名	英文通用名	CAS	毒性	分子式	特征原子[1]	功效[2]	相对分子质量	水溶解度/(mg/L)	有机溶剂溶解度/(g/L)
487	双氯磺草胺[c]	Diclosulam	145701-21-9	低	$C_{13}H_{10}Cl_2FN_5O_3S$	N	H	406.2	0.006	lgKow = 0.85，丙酮 7.97，乙腈 4.59，CH_2Cl_2 2.17，乙酸乙酯 1.45，甲醇 0.81，甲苯 0.588
488	避蚊胺	Diethyltoluamide	134-62-3	低	$C_{12}H_{17}NO$	N	I	191.12	不溶	与醇、苯、乙醚混溶
489	苯醚甲环唑[c]	Difenoconazole	119446-68-3	低	$C_{19}H_{17}Cl_2N_3O_3$	N	F	406.3	3.3	易溶于溶剂
490	枯莠隆	Difenoxuron	14214-32-5	低	$C_{16}H_{18}N_2O_3$	N	H	286.33	20	CH_2Cl_2 156，丙酮 63，异丙醇 10
491	野燕枯	Difenzoquat-methyl sulfate	43222-48-6	中	$C_{18}H_{20}N_2O_4S$	N	H	360.44	7.6×10^5	二甲苯 0.1
492	除虫脲[c]	Diflubenzuron	35367-38-5	低	$C_{14}H_9F_2ClN_2O_2$	F/N	IGR	310.7	0.2	丙酮 650，乙腈 200，甲醇 100
493	吡氟酰草胺[c]	Diflufenican	83164-33-4	低	$C_{19}H_{11}F_5N_2O_2$	F/N	H	394.3	0.05	丙酮二甲基甲酰胺 100，二甲苯 20，环己酮 50
494	氟吡草腙[c]	Diflufenzopyr	109293-97-2	低	$C_{15}H_{12}F_2N_4O_3$	N	H	394.3	5850	lgKow=0.037
495	二甲草胺[c]	Dimethachlor	50563-36-5	低	$C_{13}H_{18}Cl_5NO_2$	Cl	H	255.74	50	溶于极性溶剂
496	烯酰吗啉[c]	Dimethomorph	110488-70-5	低	$C_{21}H_{22}ClNO_4$	N	F	387.9	50	丙酮 15，CH_2Cl_2 315
497	二甲吩草胺[c]	Dimethenamid	87674-68-8	低	$C_{12}H_{18}ClNO_2S$	N	H	275.79	1200	正庚烷 282，异丙醇 220，乙醚、乙醇>500，不溶于碳氢化合物
498	丁酰肼	DMSA	1596-84-5	低	$C_6H_{12}N_2O_3$	N	PGR	160.17	1×10^5	甲醇 50，丙酮 25，不溶于碳氢化合物
499	噁唑隆	Dimefuron	34205-21-5	低	$C_{13}H_{19}ClN_4O_3$	N	H	314.58	不溶	溶于多种溶剂
500	异丙乙净	Dimethametryn	22936-75-0	低	$C_{12}H_{20}N_5S$	N	H	255.38	50	溶于极性溶剂
501	甲菌定	Dimethirimol	5221-53-4	低	$C_{11}H_{19}N_3O$	N	F	209.3	1200	氯仿 1200，二甲苯 360，乙醇 65，丙酮 45
502	杀草隆[c]	Dimuron	42609-52-9	低	$C_{15}H_{20}N_2O$	N	H	268.36	1.3	甲醇 1200，乙醚 10，乙醇 100，二甲基甲酰胺 182，二甲基亚砜 200
503	烯唑醇[c]	Diniconazole	83657-24-3	中	$C_{15}H_6Cl_2N_3O$	N	F	303.04	不溶	溶于多种溶剂
504	氨氟灵	Dinitramine	29091-05-2	低	$C_{11}H_{13}F_3N_3O_4$	N	H	314.58	1.1	丙酮 640，苯 490，氯仿 600，己烷 140
505	消螨普	Dinocap	39300-45-3	中	$C_{18}H_{24}N_2O_6$	N	A/F	364.41	不溶	溶于多种有机溶剂
506	地乐酚[c]	Dinoseb	88-85-7	高	$C_{10}H_{12}N_2O_5$	N	A/H	240.42	52	乙醇 270，与乙醚、甲苯、二甲苯混溶
507	呋虫胺[c]	Dinotefuran	165252-70-0	高	$C_7H_{14}N_4O_3$	N	I	202.19	不溶	溶于多种有机溶剂
508	草消酚[c]	Dinoterb	1420-07-1	高	$C_{10}H_{12}N_2O_5$	N	H	240.42	不溶	乙酸、环己酮、二甲亚砜 200，乙醇、脂肪烃 100，溶于醇类

续表

序号	中文通用名	英文通用名	CAS	毒性	分子式	特征原子[1]	功效[2]	相对分子质量	水溶解度/(mg/L)	有机溶剂溶解度/(g/L)
509	双苯酰草胺[e]	Diphenamid	957-51-7	低	$C_{16}H_{17}NO$	N	H	239.3	260	丙酮 198,二甲苯 50
510	联苯二胺[e]	Diphenylamine	122-39-4	中	$C_{12}H_{11}N$	N	I	169.12	不溶	溶于丙酮,乙醇,苯,乙醚
511	异丙净[e]	Dipropetryn	4147-51-7	低	$C_{11}H_{21}N_5S$	N	H	255.17	16	丙酮,苯 540,乙醇 180,二甲苯 220
512	敌草快[e]	Diquat	6385-62-2	中	$C_{12}H_{12}Br_2N_2$	N	H	344.06	7×10^5	微溶于乙醇,不溶于非极性溶剂
513	敌草隆[e]	Diuron	330-54-1	低	$C_9H_{10}Cl_2N_2O$	N/Cl	H	233.10	42	丙酮 53,苯 1.4
514	4,6-二硝基邻酚[e]	DNOC	534-52-1	高	$C_7H_6N_2O_5$	N	H	198.13	130	溶于多种有机溶剂,氯仿 372,乙醇 43
515	十二环吗啉[e]	Dodemorph	1593-77-7	低	$C_{18}H_{35}NO$	N	F	281.5	100	氯仿>1000,乙酸乙酯 185,丙酮 57,乙醇 50
516	多果定[e]	Dodine	2439-10-3	低	$C_{15}H_{33}N_3O_2$	N	F	287.44	溶于热水	溶于乙醇,微溶于其他溶剂
517	氟环唑[e]	Epoxiconazole	106325-08-0	低	$C_{17}H_{13}ClFN_3O$	N	F	329.76	6.63	lgKow=3.1
518	乙菌唑[e]	Etaconazole	60207-93-4	低	$C_{14}H_{15}Cl_2N_3O_2$	N	F	328.19	难溶	易溶于有机溶剂
519	乙丁烯氟灵[e]	Ethalfluralin	55283-68-6	低	$C_{13}H_{14}F_3N_3O_4$	F	H	333.13	0.2	丙酮,乙腈,氯仿,二甲苯 500,甲醇 100
520	胺苯磺隆[e]	Ethametsulfuron-methyl	97780-06-8	低	$C_{15}H_{18}N_6O_6S$	N	H	410.4	50	CH_2Cl_2 3.9,丙酮 1.6,甲醇 0.35,乙酸乙酯 0.68,乙腈 0.8
521	磺噻隆[e]	Ethidimuron	30043-49-3	低	$C_7H_{12}N_4O_3S_2$	N	H	264.33	2960	CH_2Cl_2 0.02
522	乙菌定	Ethirimol	23947-60-6	低	$C_{11}H_{19}N_3O$	N	F	209.3	200	氯仿 150,乙醇 24,丙酮 5
523	乙氧嘧磺隆[e]	Ethoxysulfuron	126801-58-9	低	$C_{15}H_{18}N_4O_7S$	N	H	398.4	1353	lgKow=0.004
524	乙氧苯草胺[e]	Etobenzanid	79540-50-4	低	$C_{16}H_{15}Cl_2NO_3$	Cl	H	340	0.92	丙酮>100,甲醇 22.4,正己烷 2.42
525	土菌灵	Etridiazole	2593-15-9	低	$C_5H_5Cl_3N_2OS$	Cl	F	247.53	50	溶于丙酮,乙醚,乙醇,二甲苯
526	噁唑菌酮[e]	Famoxadone	131807-57-3	低	$C_{22}H_{18}N_2O_4$	N	F	374.4	52	lgKow=4.65
527	咪唑菌酮[e]	Fenamidone	161326-34-7	低	$C_{17}H_{17}N_3O_2S$	N	F	311.4	7.8	lgKow=2.8
528	敌磺钠[e]	Fenaminosulf	140-56-7	中	$C_8H_{10}N_3O_3SNa$	N	F	251.14	3000	溶于甲醇,不溶于醚,苯
529	氯苯嘧啶醇[e]	Fenarimol	60168-88-9	低	$C_{17}H_{12}Cl_2N_2O$	Cl/N	F	331.20	13.7	易溶于丙酮,苯,二噁烷,氯仿,甲醇,稍溶于己烷
530	抗蚜唑	Fenazaflor	14255-88-0	中	$C_{15}H_7Cl_2F_3N_2O_2$	N	A	375.14	1	除丙酮,苯,二噁烷外,微溶于有机溶剂
531	喹螨醚[e]	Fenazaquin	120928-09-8	中	$C_{20}H_{22}N_2O$	N	A	306.4	0.22	氯仿 500,丙酮 400,甲醇,甲苯 50,乙腈,甲苯 33
532	腈苯唑[e]	Fenbuconazole	114369-43-6	低	$C_{19}H_{17}ClN_4$	N	F	336.8	0.2	溶于丙酮,乙醚,乙醇和芳烃,不溶于脂肪烃
533	甲呋酰胺[e]	Fenfuram	24691-80-3	低	$C_{12}H_{11}NO_2$	N	F	201.22	100	环己酮 340,丙酮 300,甲醇 145

续表

序号	中文通用名	英文通用名	CAS	毒性	分子式	特征原子[1]	功效[2]	相对分子质量	水溶解度/(mg/L)	有机溶剂溶解度/(g/L)
534	环酰菌胺[c]	Fenhexamid	126833-17-8	低	$C_{14}H_{17}Cl_2NO_2$	Cl	F	302.2	20	lgKow=3.51,溶于多种有机溶剂
535	氰菌胺	Fenoxanil	115852-48-7	低	$C_{15}H_{18}Cl_2N_2O_2$	N	F	329.23	30.7	溶于多种有机溶剂
536	噁唑禾草灵	Fenoxaprop-ethyl	82110-72-3	低	$C_{18}H_{16}ClNO_5$	N	H	361.8	0.9	易溶于丙酮,甲苯,乙酸乙酯,可溶于乙醇,环己烷,辛醇
537	精噁唑禾草灵[c]	Fenoxaprop-P-ethyl	66441-23-4	低	$C_{18}H_{16}ClNO_5$	Cl/N	H	361.8	0.7	丙酮 200,甲醇>200,乙酸乙酯>200,乙醇 24
538	拌种咯	Fenpiclonil	74738-17-3	低	$C_{11}H_6Cl_2N_2$	N	F	237.1	4.8	lgKow=3.86,氯仿 73,丙酮 360,甲苯 7.2,正己烷 0.26,正辛醇 41
539	苯锈啶	Fenpropidin	67306-00-7	低	$C_{19}H_{31}N$	N	F	273.5	350	丙酮,氯仿,乙醇,乙酸乙酯,庚烷,二甲苯>250
540	丁苯吗啉[c]	Fenpropimorph	67564-91-4	低	$C_{20}H_{33}NO$	N	F	303.5	4.3	丙酮,氯仿,环己烷,乙醚,乙酸乙酯,甲苯>1000
541	哒螨酯	Fenpyroximate	134098-61-6	中	$C_{24}H_{27}N_3O_4$	N	A	421.5	0.015	易溶于氯仿,苯,甲苯,丙酮,甲醇等
542	四唑酰草胺[c]	Fentrazamide	158237-07-1	低	$C_{16}H_{20}ClN_5O_2$	N	H	349.8	2.3	lgKow=4.01,异丙醇 32,二甲苯 250
543	非草隆	Fenuron	101-42-8	低	$C_9H_{12}N_2O$	N	H	164.21	3850	易溶于甲醇,酮,卤代烃,难溶于烷烃
544	氟虫腈	Fipronil	120068-37-3	中	$C_{12}H_4F_6Cl_2N_4OS$	F	I	437.2	1.9	丙酮 546,CH_2Cl_2 22.3,甲醇 137.5,己烷,甲苯 30
545	麦草氟异丙酯[c]	Flamprop-isopropyl	52756-22-6	低	$C_{19}H_{19}ClFNO_3$	Cl	H	363.82	18	丙酮 500,二甲苯 500
546	麦草氟甲酯	Flamprop-methyl	52756-25-9	低	$C_{17}H_{15}ClFNO_3$	Cl	H	335.77	35	丙酮 500,二甲苯 258,乙醇 135,己烷 7
547	啶磺草胺	Flazasulfuron	104040-78-0	低	$C_{13}H_{12}F_3N_5O_5S$	N	H	407.3	2100	甲醇 4.2,丙酮 22.7,乙腈 8.7,甲苯 0.56
548	双氟磺草胺[c]	Florasulam	145701-23-1	低	$C_{12}H_8F_3N_5O_3S$	N	H	359.3	6360	lgKow=−1.22
549	精吡氟禾草灵[c]	Fluazifop-P-butyl	79241-46-6	低	$C_{19}H_{20}F_3NO_4$	F	H	383.4	1	与甲醇,丙酮,己烷,二甲苯,CH_2Cl_2 混溶
550	氟啶胺	Fluazinam	79622-59-6	低	$C_{13}H_4Cl_2F_6N_4O_4$	F	F	465.1	1.7	乙酸乙酯 680,丙酮 470,甲苯 410,CH_2Cl_2 330,乙醇 150,己烷 12
551	吡氟禾草灵[c]	Fluazifop-butyl	69806-50-4	低	$C_{19}H_{20}F_3NO_4$	N	H	383.36	2	与甲苯,丙酮,己烷,二甲苯,CH_2Cl_2 混溶
552	嗪螨酯	Flubenzimine	37893-02-0	低	$C_{17}H_{10}F_6N_4S$	F	A	424.18	1.6	CH_2Cl_2 0.2,甲苯 0.01
553	氟酮磺隆	Flucarbazone-sodium	181274-17-9	低	$C_{12}H_{10}F_3N_4NaO_4S$	N	H	418.27	4.4×10^4	lgKow=−1.85
554	氟乙灵	Fluchloralin	33245-39-5	低	$C_{12}H_{13}ClF_3N_3O_4$	F/N	H	355.7	1	丙酮,苯,氯仿,乙醚,乙酸乙酯>1000,乙醇 177
555	咯菌腈[c]	Fludioxonil	131341-86-1	低	$C_{12}H_6F_2N_2O_2$	F	F	248.2	1.8	丙酮 0.19,甲醇 0.044,己烷 0.0078

续表

序号	中文通用名	英文通用名	CAS	毒性	分子式	特征原子[1]	功效[2]	相对分子质量	水溶解度/(mg/L)	有机溶剂溶解度/(g/L)
556	氟噻草胺[e]	Flufenacet	142459-58-3	低	$C_{14}H_{13}F_4N_3O_2S$	N	H	363.3	56	丙酮、二甲基甲酰胺、CH_2Cl_2、甲苯>200、己烷8.7
557	氟虫脲	Flufenoxuron	101463-69-8	低	$C_{21}H_{11}ClF_6N_2O_3$	F	I/A	488.66	0.04	丙酮82、$CH_2Cl_2$24、二甲苯6
558	氟节胺	Flumetralin	62924-70-3	低	$C_{16}H_{12}ClF_4N_3O_4$	F	PGR	421.61	0.1	$CH_2Cl_2$800、苯550、甲醇250、己烷13
559	唑嘧磺草胺[e]	Flumetsulam	98967-40-9	低	$C_{12}H_9F_2N_5O_2S$	N	H	325.3	5600	丙酮<0.016、甲醇<0.04、不溶于甲苯、己烷
560	氟烯草酸	Flumiclorac-pentyl	87546-18-7	低	$C_{21}H_{23}ClFNO_5$	F	H	423.9	0.189	丙酮590、甲醇47.8、正辛醇16、己烷3.28
561	丙炔氟草胺[e]	Flumioxazin	103361-09-7	低	$C_{19}H_{15}FN_2O_4$	N	H	354.34	1790	溶于一般有机溶剂
562	氟啶草酮	Fluridone	59756-60-4	低	$C_{19}H_{14}F_3NO$	F	H	329.3	12	甲醇、氯仿、乙醚>10、乙酸乙酯>5、正己烷<0.5
563	氟草烟	Fluroxypyr	69377-81-7	低	$C_7H_5Cl_2FN_2O_3$	Cl	H	254.97	91	丙酮41.6
564	伏草隆	Fluometuron	2164-17-2	低	$C_{10}H_{11}F_3N_2O$	F	H	231.1	105	溶于丙酮、二甲基甲酰胺、异丙醇、乙醇、丙二醇等
565	三氟草唑	Fluotrimazole	31251-03-3	中	$C_{21}H_{15}F_3N_3$	N	F	366.21	0.0015	$CH_2Cl_2$400、丙酮、环丙酮200、甲苯100、丙酮50
566	氟喹唑	Fluquinconazole	136426-54-5	低	$C_{16}H_8Cl_2FN_5O$	Cl	F	376.17	1	乙醇3、丙酮50、甲苯10、二甲亚砜200
567	氟咯草酮	Fluorochloridone	61213-25-0	中	$C_{12}H_{10}Cl_2FNO$	F	H	312.1	28	丙酮、二甲苯、乙醇100~150
568	呋草酮	Flurtamone	96525-23-4	低	$C_{18}H_{14}F_3NO_2$	F	H	317.3	35	溶于丙酮、甲醇、CH_2Cl_2、乙酸乙酯、微溶于异丙醇
569	氟草烟-1-甲庚酯	Fluroxypy 1-methylheptyl	81406-37-3	低	$C_8H_7Cl_2FN_2O_3$	Cl	H	369.2	0.9	$CH_2Cl_2$896、丙酮867、乙酸乙酯792、甲苯735、二甲苯642、甲醇469、己烷45
570	氟啶嘧磺隆[e]	Flupyrsulfuron-methyl-sodium	144740-54-5	低	$C_{15}H_{13}F_3N_5NaO_5S$	N	H	487.3	63	lgKow=0.10、乙腈4.3、丙酮3、乙酸乙酯0.49、$CH_2Cl_2$0.6、正己烷0.001
571	氟硅唑[e]	Flusilazole	85509-19-9	低	$C_{16}H_{15}F_2N_3Si$	F	F	315.25	45	丙酮、石油醚等>2000
572	磺菌胺[e]	Flusulfamide	106917-52-6	中	$C_{13}H_7F_3Cl_2N_2O_4S$	F	F	415.2	2.9	四氢呋喃592、丙酮314、甲醇24、二甲苯14
573	氟噻乙草酯[e]	Fluthiacet-methyl	117337-19-6	低	$C_{15}H_{15}ClN_3O_3S_2$	N	H	403.9	0.78	甲醇4.4、丙酮100、甲苯84、乙腈68.7、乙酸乙酯73.5
574	氟酰胺[e]	Flutolanil	66332-96-5	低	$C_{17}H_{16}F_3NO_2$	F	F	323.17	9.6	丙酮642、甲醇480、氯仿341、甲苯56、二甲苯29
575	粉唑醇[e]	Flutriafol	76674-21-0	低	$C_{16}H_{14}F_2N_3O$	N	F	301.3	130	丙酮190、$CH_2Cl_2$150、甲醇69、二甲苯12、己烷0.3
576	灭菌丹	Folpet	133-07-3	低	$C_9H_4Cl_3NO_2S$	Cl	F	296.56	1	微溶于有机溶剂
577	氟磺胺草醚[e]	Fomesafen	72178-02-0	低	$C_{15}H_{10}F_3ClN_2O_6S$	F	H	438.7	60%	溶于多种有机溶剂

续表

序号	中文通用名	英文通用名	CAS	毒性	分子式	特征原子[1]	功效[2]	相对分子质量	水溶解度/(mg/L)	有机溶剂溶解度/(g/L)
578	伐虫脒盐酸盐[c]	Formetanate hydrochloride	23422-53-9	低	$C_{11}H_{16}ClN_3O_2$	N	A/I	257.72	1000	甲醇 200,丙酮,氯仿 100
579	氯吡脲	Forchlorfenuron	68157-60-8	低	$C_{12}H_{10}ClN_3O$	N	PGR	247.7	65	易溶于丙酮,乙醇,二甲基亚砜
580	麦穗灵	Fuberidazole	3878-19-1	低	$C_{11}H_8N_2O$	N	F	184.20	78	异丙醇 50,CH_2Cl_2,二甲苯,石油醚 10
581	呋霜灵[c]	Furalaxyl	57646-30-7	低	$C_{17}H_{19}NO_4$	N	F	301.34	230	CH_2Cl_2 600,丙酮 520,甲醇 500,己烷 4
582	拌种胺	Furmecyclox	60568-05-0	低	$C_{14}H_{21}NO_3$	N	I/A	251.32	不溶	溶于多种有机溶剂
583	双胍辛乙酸盐[c]	Guazatine acetate	115044-19-4	中	$C_{24}H_{53}N_7O_6$	N	F	535.74	3×10^6	甲醇 300,乙醇 200
584	氯吡嘧磺隆[c]	Halosulfuron-methyl	100784-20-1	低	$C_{13}H_{15}ClN_6O_7S$	N	H	434.8	1650	lgKow=-0.0186,甲醇 1.62
585	氯吡乙禾灵[c]	Haloxyfop-etotyl	87237-48-7	中	$C_{19}H_{19}F_3ClNO_5$	F	H	433.8	0.58	丙酮,CH_2Cl_2,甲醇,二甲苯 1000,甲醇 233,己烷 44
586	氯吡甲禾灵[c]	Haloxyfop-methyl	69806-40-2	中	$C_{16}H_{13}F_3ClNO_4$	F	H	375.7	43.3	丙酮,甲醇 1000,乙酸乙酯 518,CH_2Cl_2 459,甲苯 118,二甲苯 74,己烷 0.17
587	己唑醇[c]	Hexaconazole	79983-71-4	低	$C_{14}H_{17}Cl_2N_3O$	N	F	314.2	0.018	丙酮 164,甲苯 59,己烷 0.8
588	氟铃脲[c]	Hexaflumuron	86479-06-3	低	$C_{16}H_8Cl_2F_6N_2O_3$	F	I	461.1	0.7	甲醇 11.3,二甲苯 5.2
589	环嗪酮	Hexazinone	51235-04-2	中	$C_{12}H_{20}N_4O_2$	N	H	252.32	3.3×10^4	氯仿 3880,甲醇 2650,苯 940,CH_2Cl_2 836,己烷 3
590	噻螨酮[c]	Hexythiazox	78587-05-0	低	$C_{17}H_{21}ClN_2O_2S$	N	A	352.9	0.5	氯仿 1380,二甲苯 362,丙酮 160,乙腈 28.6,甲醇 20.6,己烷 3.9
591	氟蚁腙[c]	Hydramethylnon	67485-29-4	低	$C_{25}H_{24}F_6N_4$	F	I	494.5	0.005	lgKow=2.31,丙酮 360,氯苯 390,甲醇 230,甲苯 94,乙醇 72
592	噁霉灵[c]	Hymexazol	10004-44-1	低	$C_4H_5NO_2$	N	F	99.15	8.5×10^4	溶于甲醇,丙酮,乙醇等
593	烯菌灵	Imazalil	35554-44-0	中	$C_{14}H_{14}Cl_2N_2O$	N	F	297.18	1400	甲醇,乙醇,苯,二甲苯 500
594	甲基咪草酯[c]	Imazamethabenz-methyl	81405-85-8	低	$C_{16}H_{20}N_2O_3$	N	H	288.3	1.3	CH_2Cl_2 300,甲醇 242,二甲基亚砜 238,丙酮 1.82,己烷 0.4
595	甲氧咪草烟[c]	Imazamox	114311-32-9	低	$C_{15}H_{19}N_3O_4$	N	H	305.3	易溶	CH_2Cl_2 0.143,甲醇 0.0668
596	甲咪唑烟酸[c]	Imazapic	104098-49-9	低	$C_{14}H_{17}N_3O_4$	N	H	275.3	2150	丙酮 18.9
597	咪唑烟酸	Imazapyr	81334-34-1	低	$C_{13}H_{15}N_3O_3$	N	H	261.3	1.13	甲醇 230,乙醇,CH_2Cl_2 72,丙酮 6
598	咪唑喹啉酸[c]	Imazaquin	81335-37-7	低	$C_{17}H_{17}N_3O_3$	N	H	311.34	60	CH_2Cl_2 14,甲苯 0.4
599	咪唑乙烟酸[c]	Imazethapyr	81385-77-5	低	$C_{15}H_{19}N_3O_3$	N	H	289.3	1400	CH_2Cl_2 185,甲醇 105,丙酮 48.2,甲苯 5

续表

序号	中文通用名	英文通用名	CAS	毒性	分子式	特征原子[1]	功效[2]	相对分子质量	水溶解度/(mg/L)	有机溶剂溶解度/(g/L)
600	亚胺唑[e]	Imibenconazole	86598-92-7	低	$C_{17}H_{13}Cl_3N_4S$	N/Cl	F	411.7	1790	丙酮1063,苯580,二甲苯250,甲醇120
601	脱苯甲基亚胺唑[e]	Imibenconazole-des-benzyl	199338-48-2	低	$C_{10}H_7Cl_3N_4S$	N	F	321.58	不溶	溶于多种有机溶剂
602	吡虫啉	Imidacloprid	138261-41-3	中	$C_9H_{10}ClN_5O_2$	N	I	255.66	510	己烷0.1,异丙醇1～2
603	双胍辛胺乙酸盐[e]	Iminoctadine triacetate	57520-17-9	中	$C_{24}H_{53}N_7O_6$	N	F	535.7	$7.64×10^5$	乙醇117
604	甲基碘磺隆[e]	Iodosulfuron-methyl	185119-76-0	低	$C_{14}H_{14}IN_5O_6S$	N	H	506.24	不溶	溶于多种有机溶剂
605	甲基碘磺隆钠[e]	Iodosulfuron-methyl sodium	144550-36-7	低	$C_{14}H_{12}IN_5NaO_6S$	N	H	528.24	$2.5×10^4$	lgKow=-0.70
606	茚虫威	Indoxacarb	144171-61-9		$C_{22}H_{17}ClF_3N_3O_7$		I	527.8	0.2	丙酮250,乙腈139,甲醇103
607	异菌脲[e]	Iprodione	36734-19-7	低	$C_{13}H_{13}Cl_2N_3O_3$	Cl	F	330.17	13	$CH_2Cl_2$500,丙酮300,苯200,二甲苯150,乙醇20
608	丁脒酰胺	Isocarbamid	30979-48-7	低	$C_8H_{15}N_3O_2$	N	H	185.23	1300	$CH_2Cl_2$281,环己酮130
609	丁嗪草酮	Isomethiozin	57052-04-7	低	$C_{12}H_{20}N_4OS$	N	H	268.38	10	$CH_2Cl_2$152,环己酮103
610	异丙乐灵	Isopropalin	33820-53-0	低	$C_{15}H_{23}N_3O_4$	N	H	309.41	0.1	丙酮,乙腈,苯,氯仿,乙醚,甲醇,丙烷>1000
611	异丙隆	Isoproturon	34123-59-6	低	$C_{12}H_{18}N_2O$	N	H	206.29	70	$CH_2Cl_2$63,甲醇56,苯5,己烷0.1
612	异唑隆	Isouron	55861-78-4	低	$C_{10}H_{17}N_3O_2$	N	H	211.26	300	乙醇357,丙酮270,二甲苯240
613	异噁酰草胺[e]	Isoxaben	82558-50-7	低	$C_{18}H_{24}N_2O_4$	N	H	332.39	1.42	甲醇,乙酯,$CH_2Cl_2$50～100,乙腈30～50,甲苯5,乙烷0.7
614	异噁氟草	Isoxaflutole	141112-29-0	低	$C_{15}H_{12}F_3NO_4S$	F	H	359.32	6.2	溶于多种有机溶剂
615	亚胺菌	Kresoxim-methyl	143390-89-0	低	$C_{18}H_{19}NO_4$	N	F	313.35	2	易溶于多种溶剂
616	乳氟禾草灵[e]	Lactofen	77501-63-4	低	$C_{19}H_{15}F_3ClNO_7$	F	H	581.9	1	丙酮192,溶于二甲苯
617	环草定	Lenacil	2164-08-1	低	$C_{13}H_{18}N_2O_2$	N	H	234.29	6	易溶于吡啶,其他有机溶剂<10
618	利谷隆[e]	Linuron	330-55-2	低	$C_9H_{10}Cl_2N_2O_2$	N	H	249.10	75	易溶于丙酮,氯仿,乙醚
619	亚胺唑[e]	Lmibenconazole	86598-92-7	低	$C_{17}H_{13}Cl_3N_4S$	N	F	411.7	1.7	丙酮1030,甲醇120,二甲苯50
620	抑芽丹	Maleic hydrazide	123-33-1	低	$C_4H_4N_2O_2$	N	PGR	112.10	6000	丙酮,乙醇,二甲苯10
621	苯噻酰草胺[e]	Mefenacet	73250-68-7	低	$C_{16}H_{14}N_2O_2S$	N	H	298.4	4	$CH_2Cl_2$200,丙酮100,乙腈60,甲苯50
622	精甲霜灵[e]	Mefenoxam	70630-17-0	低	$C_{15}H_{21}NO_4$	N	F	279.33	$2.6×10^4$	正己烷59,可与丙酮,乙酸乙酯,甲醇,二氯甲烷,甲苯和正辛醇等互溶

续表

序号	中文通用名	英文通用名	CAS	毒性	分子式	特征原子[1]	功效[2]	相对分子质量	水溶解度/(mg/L)	有机溶剂溶解度/(g/L)
623	吡唑解草酯[e]	Mefenpyr-diethyl	135590-91-9	低	$C_{16}H_{18}Cl_2N_2O_4$	N	H	373.2	20	lgKow=3.83,丙酮>500,乙酸乙酯>400,甲苯>400,甲醇>400
624	嘧菌胺	Mepanipyrim	110235-47-7	低	$C_{14}H_{13}N_3$	N	F	223.3	5.58	溶于多种有机溶剂,lgKow=3.41
625	灭锈胺	Mepronil	55814-41-0	低	$C_{17}H_{19}NO_2$	N	F	279.0	12.7	丙酮,甲醇 500,苯 28.2,己烷 1.1
626	甲哌金翁	Mepiquat chloride	24307-26-4	低	$C_7H_{16}NCl$	N	PGR	149.7	100	乙醇 162,丙酮 1
627	甲磺胺磺隆	Mesosulfuron-methyl	208465-21-8	低	$C_{17}H_{21}N_5O_9S_2$	N	H	503.5	21.4	丙酮 13.66,己烷 0.0002
628	甲霜灵[e]	Metalaxyl	57837-19-1	低	$C_{15}H_{21}NO_4$	N	F	279.34	7100	CH_2Cl_2 750,甲醇 650,苯 550,己烷 9.1
629	苯嗪草酮[e]	Metamitron	41394-05-2	低	$C_{10}H_{10}N_4O$	N	H	202.22	1800	CH_2Cl_2,环己醇 10~50
630	吡唑草胺	Metazachlor	67129-08-2	低	$C_{14}H_{16}ClN_3$	N	H	277.76	17	丙酮 1000,乙酸乙酯 590,乙醇 200
631	叶菌唑	Metconazole	125116-23-6	低	$C_{17}H_{17}ClN_3O$	N	F	319.8	15	lgKow=3.85,甲醇 235,丙酮 239
632	甲基苯噻隆[e]	Methabenthiazuron	18691-97-9	低	$C_{10}H_{11}N_3OS$	N	H	221.29	59	丙酮 116,二甲基甲酰胺 100,甲醇 65.9
633	呋菌胺	Methfuroxam	2873-17-8	低	$C_{14}H_{15}NO_2$	N	F	229.27	10	二甲基甲酰胺 412,丙酮 125,甲苯 64,苯 36
634	甲氧虫酰肼[e]	Methoxyfenozide	161050-58-4	低	$C_{22}H_{28}N_2O_3$	N	IGR	368.47	<1	二甲基亚砜 110,环己酮 99,丙酮 90
635	盖草津	Methoprotryne	841-06-5	低	$C_{11}H_{21}N_5OS$	N	H	271.39	320	苯,环己烷 230,氯仿,乙醇
636	溴谷隆	Metobromuron	3060-89-7	低	$C_9H_{11}BrN_2O_2$	N	H	259.11	330	易溶于丙酮,氯仿,乙醇
637	异丙甲草胺	Metolachlor	51218-45-2	低	$C_{15}H_{22}ClNO_2$	N	H	283.80	530	与甲苯,二甲苯混溶
638	苯氧菌胺-E[e]	Metominostrobin-E	133408-50-1	低	$C_{16}H_{19}N_2O_3$	N	F	313.35	128	lgKow=2.32,CH_2Cl_2 1380,氯仿 1280
639	苯氧菌胺-Z[e]	Metominostrobin-Z	133408-50-1	低	$C_{16}H_{19}N_2O_3$	N	F	313.35	128	lgKow=2.32,CH_2Cl_2 1380,氯仿 1280
640	甲氧隆	Metoxuron	19937-59-8	低	$C_{10}H_{13}ClN_2O_2$	N	H	228.68	678	溶于丙酮,环丙酮,热乙醇,适量溶于苯、乙醇,不溶于石油醚
641	嗪草酮	Metribuzin	21087-64-9	低	$C_8H_{14}N_4OS$	N	H	214.29	1200	甲醇 450,CH_2Cl_2 333,甲苯 130
642	磺草唑胺[e]	Metosulam	139528-85-1	低	$C_{14}H_{13}Cl_2N_5O_4S$	N	H	418.3	200	lgKow=0.9778,丙酮,乙腈,CH_2Cl_2>0.5,正辛烷,己烷,甲苯<0.5
643	甲磺隆	Metsulfuron-methyl	74223-64-6	低	$C_{14}H_{15}N_5O_6S$	N	H	381.4	9500	CH_2Cl_2 121,丙酮 36,甲醇 7.3,乙醇 2.3,二甲苯 0.58,己烷 0.79
644	庚酰草胺	Monalide	7287-36-7	低	$C_{13}H_{13}ClFNO$	N	H	253.58	22.8	环己酮 500,二甲苯 100,石油醚 10
645	绿谷隆	Monolinuron	1746-81-2	低	$C_9H_{11}ClN_2O_2$	N	H	214.65	735	溶于丙酮,乙醇,苯,二甲苯

续表

序号	中文通用名	英文通用名	CAS	毒性	分子式	特征原子[1]	功效[2]	相对分子质量	水溶解度/(mg/L)	有机溶剂溶解度/(g/L)
646	灭草隆[e]	Monuron	150-68-5	低	$C_9H_{11}ClN_2O$	N	H	198.66	230	丙酮52,苯2
647	腈菌唑	Myclobutanil	88671-89-0	低	$C_{15}H_{17}ClN_4$	N	F	288.78	142	溶于多种溶剂,不溶于脂肪烃
648	萘乙酸	1-Naphthyl acetic acid	86-87-3	低	$C_{12}H_{10}O_2$	—	PGR	186.12	溶于热水	易溶于丙酮,乙醚,氯仿等
649	1-萘基乙酸胺[e]	1-Naphthy acetamide	86-86-2	低	$C_{12}H_{11}NO$	N	生根剂	185	溶于水	溶于多种有机溶剂
650	敌草胺	Napropamide	15299-99-7	低	$C_{17}H_{21}NO_2$	N	H	271	73	丙酮、乙醇>1000,二甲苯505,己烷1
651	萘丙胺	Naproanilide	52570-16-8	低	$C_{19}H_{17}NO_2$	N	H	291.3	0.74	丙酮171,苯,甲苯46,乙醇17
652	萘草胺	Naptalam	132-66-1	低	$C_{18}H_{13}NO_3$	N	H	291.29	200	丙酮5,异丙醇2.11,不溶于苯,二甲苯,己烷
653	唑嘧磺隆[e]	NC-330	114874-05-4				H			
654	草不隆	Neburon	555-37-3	低	$C_{12}H_{16}Cl_2N_2O$	N	H	275.18	4.8	稍溶于有机溶剂,不溶于脂肪烃
655	烟嘧磺隆	Nicosulfuron	111991-09-4	低	$C_{15}H_{18}N_6O_6S$	N	H	410.4	$1.2×10^5$	CH_2Cl_2 160,氯仿64,乙腈23,丙酮18,乙醇4.5
656	烟碱	Nicotine	54-11-5	中	$C_{10}H_{14}N_2$	N	I	162.23	混溶	溶于多种有机溶剂
657	烯啶虫胺[e]	Nitenpyram	150824-47-8	低	$C_{11}H_{15}ClN_4O_2$	N	I	270.71	$8.4×10^5$	氯仿700,丙酮290,二甲苯4.5
658	甲磺乐灵	Nitralin	4726-14-1	低	$C_{13}H_{19}N_3O_6S$	N	H	345.38	0.6	丙酮360,二甲亚砜330,苯125,甲醇11,异丙醇1.8
659	三氯甲基吡啶[e]	Nitrapyrin	1929-82-4	低	$C_6H_3Cl_4N$	Cl	F	230.86	不溶	溶于丙酮,乙醇,苯
660	氟草敏	Norflurazon	27314-13-2	低	$C_{12}H_9ClF_3N_3O$	F	H	303.57	28	乙醇142,丙酮50,二甲苯2.5
661	氟酰脲	Novaluron	116714-46-6	低	$C_{17}H_9ClF_8N_2O_4$	F	I	492.7	0.05	溶于多种有机溶剂
662	氟苯嘧啶醇	Nuarimol	63284-71-9	中	$C_{17}H_{12}ClFN_2O$	Cl	F	314.75	26	溶于丙酮,苯,乙腈,氯仿,甲醇
663	甲呋酰胺	Ofurace	58810-48-3	低	$C_{14}H_{16}ClNO_3$	N	F	281.7	140	CH_2Cl_2 255,丙酮141,乙酸乙酯44
664	喹乙醇	Olaquindox	23696-28-8		$C_{12}H_{13}N_3O_4$	N	F	263.25	微溶	不溶于甲醇,乙腈,乙醇,氯仿
665	安磺灵[e]	Oryzalin	19044-88-3	低	$C_{12}H_8N_4O_6S$	N	H	346.36	25	丙酮500,甲醇150,乙腈50,CH_2Cl_2 30,苯4,二甲苯2
666	解草腈[e]	Oxabetrinil	74782-23-3	低	$C_{12}H_{12}N_2O_3$	N	F	232.2	20	二氯甲烷450,环己烷300,丙酮250,甲苯220,二甲苯150,己烷30,异丙醇5.6
667	噁草酮[e]	Oxadiazon	19666-30-9	低	$C_{15}H_{18}Cl_2N_2O_3$	N	H	345.23	0.7	苯,甲苯,氯仿1000,丙酮,异丙醇600,甲醇,乙醇100
668	噁霜灵[e]	Oxadixyl	77732-09-3	低	$C_{14}H_{28}N_2O_4$	N	F	288.18	3400	溶于极性溶剂

续表

序号	中文通用名	英文通用名	CAS	毒性	分子式	特征原子[1]	功效[2]	相对分子质量	水溶解度/(mg/L)	有机溶剂溶解度/(g/L)
669	环氧嘧磺隆[e]	Oxasulfuron	144651-06-9	低	$C_{17}H_{18}N_4O_6S$	N	H	406.4	1700	lgKow=−0.81,丙酮9.3,CH_2Cl_2 6.9,甲醇1.5,甲苯0.32,乙酸乙酯0.23,正己烷0.002
670	喹啉铜	Oxine-copper	10380-28-6	低	$C_{18}H_{12}CuN_2O_2$	N	F	351.8	难溶	溶于氯仿,难溶于多种有机溶剂
671	噁喹酸	Oxolinic acid	14698-29-4	低	$C_{13}H_{11}NO_5$	N	F	261.2	0.003	甲醇,丙酮,乙酸乙酯<10
672	氧化萎锈灵[e]	Oxycarboxin	5259-88-1	低	$C_{12}H_{13}NO_4S$	N	F	267.30	1000	丙酮360,甲醇70,苯34,乙醇30
673	多效唑	Paclobutrazol	76738-62-0	低	$C_{18}H_{20}ClN_3O$	N	PGR	293.8	35	甲醇150,丙酮110,$CH_2Cl_2$100,二甲苯60,己烷10
674	二氯百草枯	Paraquat dichloride	1910-42-5	中	$C_{12}H_{14}N_2·Cl_2$	N	H	257.04	易溶	微溶于低级醇,不溶于烃溶剂
675	戊菌唑	Penconazole	66246-88-6	低	$C_{13}H_{15}Cl_2N_3$	N	F	284.2	73	乙醇770,乙醚730,甲苯610,正辛醇400,正己烷2
676	戊菌隆	Pencycuron	66063-05-6	低	$C_{19}H_{21}ClN_2O$	N	F	328.82	不溶	溶于CH_2Cl_2,微溶于多数有机溶剂
677	二甲戊灵	Pendimethalin	40318-45-4	低	$C_{13}H_{19}N_3O_4$	N	H	281.31	0.3	易溶于乙醇,丙酮,微溶于苯,甲苯,氯仿,CH_2Cl_2
678	邻苯二甲酰亚胺	Phthalimide	85-41-6	低	$C_8H_5NO_2$	N	F	147.12	微溶于冷水	溶于乙醇,乙酸,微溶于苯,氯仿
679	毒莠定	Picloram	1918-02-1	低	$C_6H_3Cl_3N_2O_2$	Cl	H	241.48	430	丙酮19.8,乙醇10.5,乙腈1.6,苯0.2,CH_2Cl_2 0.6
680	氟吡酰草胺	Picolinofen	137641-05-5	低	$C_{19}H_{12}F_4N_2O_2$	F	H	376.31	0.047	丙酮557,$CH_2Cl_2$764,乙酸乙酯464,甲醇30.4
681	丙草胺	Pretilachlor	51218-49-6	低	$C_{17}H_{25}ClNO_2$	N	H	310.62	50	甲醇500,己烷500
682	甲基嘧磺隆[e]	Primisulfuron-methyl	86209-51-0	低	$C_{15}H_{12}F_4N_4O_7S$	S	H	468.3	390	丙酮45,甲苯5.79,正辛醇0.13,正己烷0.001
683	烯丙苯噻唑[e]	Probenazole	27605-76-1	低	$C_{10}H_9NO_3S$	S	F	223.2	150	易溶于丙酮,氯仿,溶于苯,甲醇,稍溶于己烷
684	咪鲜胺	Prochloraz	67747-09-5	低	$C_{15}H_{16}Cl_3N_3O_2$	Cl	F	376.5	34	丙酮,乙醇,乙醚600,二甲苯500,己烷0.6,0.0075
685	腐霉利	Procymidone	32809-16-8	低	$C_{13}H_{11}Cl_2NO_2$	Cl	F	284.1	47.5	丙酮3500,氯仿,二甲苯2500
686	环丙氟灵	Profluralin	26399-36-0	低	$C_{13}H_{16}F_3N_3O_5$	F	H	351.13	5.1	丙酮,二甲苯,乙醇,己烷,二醚,芳烃,脂肪烃500
687	扑灭通	Prometone	1610-18-0	低	$C_{10}H_{19}N_5O$	N	H	225.92	750	丙酮,甲醇500,苯250
688	扑草净	Prometryne	7287-19-6	低	$C_{10}H_{19}N_5S$	N	H	241.37	48	溶于多种溶剂
689	毒草胺[e]	Propachlor	1918-16-7	低	$C_{11}H_{14}ClNO$	Cl	H	211.69	700	苯500,丙酮309,乙醇290,二甲苯193
690	敌稗	Propanil	709-98-8	低	$C_9H_9Cl_2NO$	Cl	H	218.08	225	甲苯,二甲苯250,易溶于甲醇,乙醇,苯
691	噁草酸[e]	Propaquizafop	111479-05-1	低	$C_{22}H_{22}ClN_3O_5$	N	I/A	443.9	不溶	溶于多种有机溶剂
692	扑灭津[e]	Propazine	139-40-2	低	$C_9H_{16}ClN_5$	N	H	230.09	8.6	难溶

续表

序号	中文通用名	英文通用名	CAS	毒性	分子式	特征原子[1]	功效[2]	相对分子质量	水溶解度/(mg/L)	有机溶剂溶解度/(g/L)
693	胺丙畏[e]	Propetamphos	31218-83-4	中	$C_{10}H_{20}N_4PS$	N	I	281.3	110	溶于多种溶剂
694	丙环唑	Propiconazol	60207-90-1	低	$C_{15}H_{17}Cl_2N_3O_2$	N	F	342.2	110	溶于多种溶剂
695	异丙草胺	Propisochlor	86763-47-5	低	$C_{15}H_{22}ClNO_2$	N	H	283.8	184	lgKow=3.5;溶于甲醇,己烷,CH_2Cl_2等
696	丙嗪嘧磺隆钠[e]	Propoxycarbazone-sodium	181274-15-7	低	$C_{15}H_{17}N_4NaO_7S$	N	H	420.4	$4.2×10^4$	CH_2Cl_2 1.5,正庚烷,二甲苯,异丙醇<0.1
697	快苯酰草胺	Propyzamide	23950-58-5	低	$C_{12}H_{11}Cl_2NO$	N	H	256.13	15	二甲基亚砜 330,环己烷 200,甲醇,异丙醇 150
698	氟嘧磺隆	Prosulfuron	94125-34-5	低	$C_{15}H_{16}F_3N_5O_4S$	N	H	419.38	不溶	溶于多种有机溶剂
699	吡虫酮	Pymetrozin	123312-89-0	低	$C_{10}H_{11}N_5O$	N	PGR	217.1	270	乙醇 2.25,己烷 0.01
700	百克敏	Pyraclostrobin	175013-18-0	低	$C_{19}H_{12}F_1N_2O_2$	N	F	387.82	1.9	lgKow=3.99
701	吡草醚	Pyraflufen ethyl	129630-17-7	低	$C_{15}H_{13}F_3Cl_2N_2O_4$	N	H	413.2	0.082	二甲苯 41.7~43.5,丙酮 167~182,甲醇 7.39,乙酸乙酯 105~111
702	苄草唑	Pyrazolate	58011-68-0	低	$C_{19}H_{16}Cl_2N_2O_5S$	N	H	439.3	0.056	氯仿 587,苯 205,乙酸乙酯 118,乙醇 14,己烷 0.6
703	吡嘧磺隆	Pyrazosulfuron-ethyl	93399-74-6	低	$C_{14}H_{18}N_6O_7S$	N	H	414.4	14.5	氯仿 234,丙酮 31.7,己烷 0.7,甲醇 0.2
704	苄草唑	Pyrazoxyfen	71561-11-0	低	$C_{20}H_{16}Cl_2N_2O_3$	N	H	403.3	900	氯仿 1068,正己烷 900,苯 325,丙酮 223,甲苯 200,二甲苯 116,乙醇 14
705	哒螨灵	Pyridaben	96489-71-3	中	$C_{19}H_{25}ClN_2OS$	N	I/A	364.9	0.012	苯 110,乙醇 57,己烷 10,丙酮 0.46
706	哒草特	Pyridate	55512-33-9	低	$C_{19}H_{23}ClN_2O_2S$	N	H	378.11	90	易溶于多种溶剂
707	嘧霉胺	Pyrimethanil	53112-28-0	低	$C_{12}H_{13}N_3$	N	F	199.26	3.5	易溶于甲醇,丙酮等
708	嘧螨醚	Pyrimidifen	105779-78-0	中	$C_{20}H_{28}ClN_3O_2$	N	A/I	377.9	2.17	溶于多种有机溶剂
709	定菌腈	Pyridinitril	1086-02-8	低	$C_{13}H_5Cl_2N_3$	N	F	274.14	不溶	微溶于丙酮,苯,氯仿,CH_2Cl_2
710	啶斑肟	Pyrifenox	88283-41-4	低	$C_{14}H_{12}Cl_2N_2O$	N	F	295.2	115	乙酸乙酯,氯仿,甲苯,丙酮,乙醚 25
711	顺式嘧草醚[e]	cis-Pyriminobac-methyl	136191-64-5	低	$C_{17}H_{19}N_3O_6$	N	H	361.4	0.9	甲醇 14.6
712	反式嘧草醚[e]	trans-Pyriminobac-methyl	136191-64-5	低	$C_{17}H_{19}N_3O_6$	N	H	361.4	17.5	甲醇 14.6
713	吡丙醚	Pyriproxyfen	95737-68-1	低	$C_{20}H_{19}NO_3$	N	IGR	331.5	不溶	二甲苯 500,己烷 400,甲醇 200
714	咯喹酮[e]	Pyroquilon	57369-32-1	中	$C_{11}H_{11}NO$	N	F	173.2	4000	CH_2Cl_2 580,甲醇 240,苯 200,丙酮 125,异丙醇 85
715	氯甲喹啉酸[e]	Quinmerac	90717-03-6	低	$C_{11}H_8ClNO_2$	Cl	H	221.6	22	丙酮,CH_2Cl_2,乙醇 1

续表

序号	中文通用名	英文通用名	CAS	毒性	分子式	特征原子[1]	功效[2]	相对分子质量	水溶解度/(mg/L)	有机溶剂溶解度/(g/L)
716	喹禾灵[e]	Quizalofop-ethyl	76578-14-8	低	$C_{19}H_{17}ClN_2O_4$	N	H	372.8	0.4	丙酮650,二甲苯60,乙醇0.20,已烷5
717	吡咪唑	Rabenzazole	40341-04-6	低	$C_{12}H_{12}N_4$	N	I/A	212.25	微溶	溶于多种有机溶剂
718	玉嘧磺隆[e]	Rimsulfuron	122931-48-0	低	$C_{14}H_{17}N_5O_7S_2$	N	H	431.4	10	溶于多种有机溶剂
719	另丁津	Sebutylazine	7286-69-3	低	$C_9H_{16}ClN_5$	N	H	229.54	40	溶于多种有机溶剂
720	密草通	Secbumeton	26259-45-0	低	$C_{10}H_{19}N_5O$	N	H	225.30	620	易溶于乙醇,丙酮,氯仿,芳烃
721	西玛津	Simazine	122-34-9	低	$C_7H_{12}ClN_5$	N	H	201.66	5	氯仿90,甲醇40,乙酸乙酯30
722	硅氟唑[e]	Simeconazole	149508-90-7	低	$C_{14}H_{20}FN_3OSi$	N	F	293.41	57.5	溶于多数有机溶剂
723	西玛通	Simetone	673-04-1	低	$C_7H_{14}N_5O$	N	H	184.07	3200	溶于甲醇等
724	西草净	Simetryn	1014-70-6	低	$C_8H_{15}N_5S$	N	H	213.14	难溶	溶于甲醇,乙醇,氯仿等
725	多杀菌素A[e]	Spinosad A	131929-60-7	低	$C_{42}H_{67}NO_{16}$	N	I	746.00	235	lgKow=4
726	多杀菌素D[e]	Spinosad D	131929-63-0	低	$C_{41}H_{65}NO_{16}$	N	I	731.98	0.332	lgKow=4.5
727	螺噁茂胺(A)[e]	Spiroxamine(A)	118134-30-8	低	$C_{18}H_{35}NO_2$	N	F	297.48	470(A)	lgKow=2.79,易溶于多种有机溶剂
728	螺噁茂胺(B)[e]	Spiroxamine(B)	118134-30-8	低	$C_{18}H_{35}NO_2$	N	F	297.48	340(B)	lgKow=2.79,易溶于多种有机溶剂
729	磺胺唑草酮[e]	Sulfentrazone	122836-35-5	低	$C_{11}H_{10}Cl_2F_2N_4O_3S$	F	H	387.2	0.78	溶于丙酮等极性溶剂
730	磺酰磺隆[e]	Sulfosulfuron	141776-32-1	低	$C_{15}H_{16}N_4O_5S$	N	H	470.5	1627	lgKow<1
731	甲嘧磺隆	Sulfometuron-methyl	74222-97-2	低	$C_{16}H_{18}N_6O_7S$	N	H	364.4	244	丙酮3.3,乙腈1.8,乙酸乙酯0.65,乙醚0.06,甲醇0.550,辛醇0.140,$CH_2Cl_2$1.5,二甲基亚砜32,甲苯0.240,已烷0.001
732	乙酰磺胺对硝基苯	Sulfanitran	122-16-7	低	$C_{14}H_{13}N_3O_5S$	N	F	335.34	不溶	溶于多种有机溶剂
733	戊唑醇[e]	Tebuconazole	107534-96-3	低	$C_{16}H_{22}ClN_3O$	N	F	307.8	32	$CH_2Cl_2$200,甲苯100,已烷0.1
734	虫酰肼[e]	Tebufenozide	112410-23-8	低	$C_{22}H_{23}N_2O_2$	N	I	352.52	1	微溶于有机溶剂
735	吡螨胺[e]	Tebufenpyrad	119168-77-3	低	$C_{18}H_{24}ClN_3O$	N	A	333.8	2.8	溶于丙酮,甲醇,乙腈,苯,仿等
736	丁噻隆[e]	Tebuthiuron	34014-18-1	低	$C_9H_{16}N_4OS$	S	H	228.32	2300	氯仿250,甲醇170,丙酮70,乙腈60,已烷6.1,苯3.7
737	氟苯脲[e]	Teflubenzuron	83121-18-0	低	$C_{14}H_6Cl_2F_4N_2O_2$	F	I	381.06	0.02	丙酮10,乙醇1.4
738	特草定[e]	Terbacil	5902-51-2	低	$C_9H_{13}ClN_2O_2$	N	H	216.66	710	易溶于环已酮,微溶于二甲苯,几乎不溶于脂肪烃

续表

序号	中文通用名	英文通用名	CAS	毒性	分子式	特征原子[1]	功效[2]	相对分子质量	水溶解度/(mg/L)	有机溶剂溶解度/(g/L)
739	特草灵	Terbucarb	1918-11-2	低	$C_{17}H_{27}NO_2$	N	H	277.45	不溶	溶于多种有机溶剂
740	牧草胺	Tebutam	35256-85-0	低	$C_{15}H_{23}NO$	N	H	233.36	1030	溶于丙酮,己烷,甲醇,乙醇,苯,甲苯,氯仿等
741	特丁通	Terbumeton	33693-04-8	中	$C_{10}H_{19}N_5O$	N	H	225.3	130	异丙醇,二甲苯200
742	特丁津	Terbuthylazine	5915-41-3	低	$C_9H_{16}ClN_5$	N	H	229.72	8.5	二甲基甲酰胺100,乙酸乙酯40,异丙醇,二甲苯10
743	特丁净	Terbutryne	886-50-0	低	$C_{10}H_{19}N_5S$	N	H	241.36	58	溶于多种有机溶剂
744	叔丁基胺	tert-Butylamine	75-64-9	中	$C_4H_{11}N$	N	I	72.14	溶于水	溶于乙醇,丙酮
745	四氟醚唑	Tetraconazole	112281-77-3	低	$C_{13}H_{11}Cl_2F_4N_3O$	N	F	372.1	150	与CH_2Cl_2,丙酮,甲醇互溶
746	四氢邻苯二甲酰亚胺[e]	Tetrahydrophthalimide	85-40-5	低	$C_8H_9NO_2$	N	I/A	151.16	不溶	溶于多种有机溶剂
747	噻吩草胺	Thenylchlor	96491-05-3	低	$C_{16}H_{18}ClNO_2$	N	H	323.8	11	lgKow=3.53
748	噻吩隆	Thidiazuron	51707-55-2	低	$C_9H_8N_4OS$	N	PGR	220.2	50	二甲基甲酰胺500,环己烷21,甲醇4.5,丙酮8
749	噻氟菌胺	Thifluzamide	130000-40-7	低	$C_{13}H_6Br_2F_6N_2O_2S_2$	F	F	528.06	1.6	lgKow=4.1
750	噻吩磺隆	Thifensulfuron-methyl	79277-27-3	低	$C_{12}H_{13}N_5O_6S_2$	N	H	387.4	2.48	CH_2Cl_2 27.5,丙酮11.9,乙腈7.3,甲醇2.6,乙醇0.9
751	噻虫啉	Thiacloprid	111988-49-9	低	$C_{10}H_9ClN_4S$	N	I	252.8	185	溶于多种有机溶剂
752	噻菌灵	Thiabendazole	148-79-8	低	$C_{10}H_7N_3S$	N	F	201.3	50	甲醇9.3,乙醇7.9,丙酮4.2,氯仿0.8,苯0.23
753	噻唑烟酸	Thiazopyr	117718-60-2	低	$C_{16}H_{17}F_5N_2O_2S$	F	H	396.4	2.5	lgKow=3.89
754	禾草丹	Thiobencarb	28249-77-6	中	$C_{12}H_{16}ClNOS$	N	H	257.63	27.5	易溶于二甲苯,醇,丙酮
755	甲基硫菌灵[e]	Thiophanate-methyl	23564-05-8	中	$C_{12}H_{14}N_4O_4S_2$	N	F	342.40	3.5	丙酮58.1,甲醇29.2,氯仿26.2,乙腈24.4
756	胡索酸泰妙菌素[e]	Tiamulin-fumarate	55297-96-6	低	$C_{32}H_{51}NO_8$	N	I/A	609.82	6×10^5	溶于多种有机溶剂
757	唑虫酰胺	Tolfenpyrad	129558-76-5	中	$C_{21}H_{22}ClN_3O_2$	Cl	I	383.91	不溶	溶于多种有机溶剂
758	甲氟氟胺	Tolylfluanid	731-27-1	低	$C_{10}H_{13}FCl_2N_2O_2S_2$	Cl	F/A	347.26	40	苯570,二甲苯230,甲醇46
759	反式-燕麦敌[e]	trans-Diallate	2303-16-4	中	$C_{10}H_{17}Cl_2NOS$	Cl	H	270.21	14	与乙醇,丙酮,苯,二甲苯等混溶
760	三唑酮	Triadimefon	43121-43-3	中	$C_{14}H_{16}ClN_3O_2$	N	F	293.76	260	CH_2Cl_2 1200,甲醇600,异丙酮400
761	三唑醇	Triadimenol	55219-65-3	低	$C_{14}H_{18}ClN_3O_2$	N	F	295.8	95	CH_2Cl_2 2000,甲苯300,己烷10
762	野麦畏	Tri-allate	2303-17-5	低	$C_{10}H_{16}Cl_3NOS$	Cl	H	304.66	4	溶于多种有机溶剂
763	醚苯磺隆[e]	Triasulfuron	82097-50-5	低	$C_{14}H_{16}ClN_5O_5S$	N	H	401.8	1500	CH_2Cl_2 0.18,丙酮0.166,二甲苯

续表

序号	中文通用名	英文通用名	CAS	毒性	分子式	特征原子[1]	功效[2]	相对分子质量	水溶解度/(mg/L)	有机溶剂溶解度/(g/L)
764	咪唑嗪[c]	Triazoxide	72459-58-6	中	$C_{10}H_6ClN_5O$	N	F	247.6	34	二氯甲烷32,二甲苯6.9,异丙醇1.8,正己烷0.05
765	氟胺磺隆[c]	Triflusulfuron-methyl	126535-15-7	低	$C_{17}H_{19}F_3N_6O_6S$	N	H	492.4	11	lgKow=0.96
766	三环唑[c]	Tricyclazole	41814-78-2	中	$C_9H_7N_3S$	N	F	189.2	1.6	氯仿500,甲醇,乙醇35,丙酮10.4
767	草达津[c]	Trietazine	1912-26-1	低	$C_9H_{16}ClN_5$	N	H	229.7	20	氯仿500,苯200,丙酮170,乙醇30
768	肟菌酯[c]	Trifloxystrobin	141517-21-7	低	$C_{20}H_{19}F_3N_2O_4$	F	F	408.37	0.61	lgKow=4.5
769	氟菌唑[c]	Triflumizole	68694-11-1	低	$C_{15}H_{15}ClF_3N_3O$	F	F	345.1	1.25×10^4	氯仿2220,二甲苯639,己烷17.6
770	杀铃脲[c]	Triflumuron	64628-44-0	低	$C_{15}H_{10}ClF_3N_2O_2$	F	I	538.7	0.025	CH_2Cl_2 50,甲苯5,异丙醇2
771	氟乐灵[c]	Trifluralin	1582-09-8	低	$C_{13}H_{16}F_3N_3O_4$	F	H	335.28	1	二甲苯580,丙酮400
772	嗪胺灵[c]	Triforine	26644-46-2	低	$C_{10}H_{14}Cl_6N_4O_2$	F	F	434.97	9	lgKow=2.2,二甲基甲酰胺330,二甲基亚砜476,丙酮11,甲醇10,CH_2Cl_2 1
773	戊叉菌唑[c]	Triticonazole	131983-72-7	低	$C_{17}H_{20}ClN_3O$	N	F	317.8	9.3	lgKow=3.29
774	苯磺隆[c]	Tribenuron-methyl	101200-48-0	低	$C_{16}H_{17}N_5O_5S$	N	H	395.4	280	乙腈0.0542,丙酮0.0438,乙酸乙酯0.017,甲醇0.00339,己烷0.000028
775	烯效唑[c]	Uniconazole	83657-17-4	低	$C_{15}H_{18}ClN_3O$	N	PGR	291.8	8.41	甲醇0.88,甲苯0.7,己烷0.01
776	乙烯菌核利[c]	Vinclozoline	50471-44-8	低	$C_{12}H_9Cl_2NO_3$	Cl	F	286.11	1000	丙酮435,氯仿319,乙酸乙酯253,苯146,乙醚63,乙醇14
777	灭除威[c]	XMC	2655-14-3	低	$C_{10}H_{13}NO_2$	N	I	179.2	470	丙酮5.74,乙醇3.52,乙酸乙酯2.77,苯2.04
778	苯酰菌胺[c]	Zoxamide	156052-68-5	低	$C_{14}H_{16}Cl_3NO_2$	Cl	F	336.64	0.68	lgKow=3.76
(六) 有机硫类农药										
779	代森铵[f]	Amobam	3566-10-7	中	$C_4H_{14}N_4S_4$	N/S	F	246.28	溶于水	微溶于乙醇,丙酮,不溶于苯
780	杀螨特[f]	Aramite	140-57-8	低	$C_{13}H_{20}ClSO_4$	Cl/S	A	307.58	不溶	易溶于丙酮,苯,己烷
781	丙硫特普[f]	Aspon	3244-90-4	中	$C_{12}H_{28}P_2S_2NO$	P/S	I	314.06	1600	可与多数溶剂混溶,难溶于石油醚
782	草除灵[f]	Benazolin-ethyl	3813-05-6	低	$C_9H_6ClNO_3S$	N	H	243.7	600	丙酮132,乙醇111
783	呋草黄[f]	Benfuresate	68505-69-1	低	$C_{12}H_{16}O_4S$	S	H	256.3	190	lgKow=2.46,环己烷51,己烷12,易溶于丙酮,苯,氯仿,乙醇
784	杀虫磺[f]	Bensultap	17606-31-4	低	$C_{17}H_{21}NO_4S_4$	S	I	431.6	不溶	可溶于多种有机溶剂

续表

序号	中文通用名	英文通用名	CAS	毒性	分子式	特征原子[1]	功效[2]	相对分子质量	水溶解度/(mg/L)	有机溶剂溶解度/(g/L)
785	灭草松[$]	Bentazone	25057-89-0	低	$C_{10}H_{12}N_2O_3S$	N	H	240.28	500	丙酮1507,乙醇861,乙酸乙酯650,乙醚616,氯仿180,苯33
786	苯噻硫氰[$]	Benthiazole	21564-17-0	低	$C_9H_6N_2S_3$	N	F	281.5	不溶	可溶于多种有机溶剂
787	新燕灵[$]	Benzoylprop-ethyl	22212-55-1	低	$C_{18}H_{17}Cl_2NO_3S$	Cl	H	366.25	20	丙酮750
788	杀虫双[$]	Bisultap(dimthypo)	7772-98-7	低	$C_5H_{11}NO_6S_4Na_2$	S	I	419.8	易溶	溶于热乙醇,甲醇,二甲基甲酰胺,二甲亚砜,微溶于丙酮,不溶于乙酸乙酯,乙醚
789	丁酮砜威亚砜	Butoxycarboxim-sulfoxid	34681-24-8	低	$C_7H_{11}NO_5S$	N	I	238.24	不溶	溶于多数有机溶剂
790	二硫化碳[$]	Carbon disulphide	75-15-0	低	CS_2	S	I/A	76.13	220	与乙醇,乙醚,氯仿混溶
791	氧硫化碳[$]	Carbonyl sulfide	463-58-1	低	COS	S	F	60.07	溶	溶于乙醇,甲苯
792	菱锈灵[$]	Carboxin	5234-68-4	低	$C_{12}H_{13}NO_2S$	N/S	F	235.31	170	丙酮600,乙醇210,苯150,乙醇100
793	灭螨猛[$]	Chinomethionat	2439-01-2	低	$C_{10}H_6N_2OS_2$	N	A/F	234.3	1	lgKow=3.78,甲苯25,CH_2Cl_2 4,正己烷0.18,异丙酮0.9,环己酮18,石油醚4,二甲基甲酰胺10
794	噻虫胺[$]	Clothianidin	210880-92-5	低	$C_6H_8ClN_5O_2S$	N	I	249.63	不溶	溶于多种有机溶剂
795	噻草酮[$]	Cycloxydim	101205-02-1	低	$C_{17}H_{27}NO_3S$	S	H	325.46	85	易溶于多溶剂
796	抑菌灵[$]	Dichlofluanid	1085-98-9	低	$C_9H_{11}FCl_2N_2O_2S$	N	F	329.22	不溶	溶于丙酮,二甲苯70,甲醇15
797	噻节因[$]	Dimethipin	55290-64-7	低	$C_6H_{10}O_4S_2$	S	H/PGR	210.3	4600	乙腈180,二甲苯8.9,79,甲醇10.7
798	氟硫草定[$]	Dithiopyr	97886-45-8	低	$C_{15}H_{16}F_5NO_2S_2$	F	H	401.4	1.38	lgKow=4.75,溶于多种有机溶剂
799	乙氧呋草黄[$]	Ethofumesate	26225-79-6	低	$C_{13}H_{18}O_5S$	S	H	286.3	110	丙酮,氯仿,苯400,乙醇100,己烷4
800	乙撑硫脲[$]	Ethylene thiourea	96-45-7	低	$C_3H_6N_2S$	S	代谢物	102.09	2×10^5	溶于甲醇等
801	芬螨酯[$]	Fenson	80-38-6	低	$C_{12}H_9ClO_3S$	Cl	A	268.63	不溶	易溶于普通溶剂
802	稻瘟灵[$]	Isoprothiolane	50512-35-1	低	$C_{12}H_{18}O_4S_2$	S	F	290.4	48	丙酮4000,乙酸乙酯,氯仿,甲苯,二甲苯2300,甲醇,乙醇1500,己烷40
803	代森锰锌[$]	Mancozeb	8018-01-7	低	$C_4H_6N_2S_4MnZn$	S	F	330.67	微溶	不溶于普通溶剂
804	代森锰[$]	Maneb	84070-12-2	低	$C_4H_6N_2S_4Mn$	S	F	265.29	不溶	不溶于普通溶剂
805	甲基磺草酮[$]	Mesotrione	104206-82-8	低	$C_{14}H_{13}NO_7S$	S	H	339.31	1.5×10^4	难溶于有机溶剂
806	甲基异硫氰酸酯[$]	Methyl isothiocyanate	556-61-6	中	C_2H_3NS	N	F	73.11	7600	易溶于多种有机溶剂

续表

序号	中文通用名	英文通用名	CAS	毒性	分子式	特征原子[1]	功效[2]	相对分子质量	水溶解度/(mg/L)	有机溶剂溶解度/(g/L)
807	代森联[g]	Metiram	9006-42-2	低	$C_{16}H_{33}N_{11}S_{16}Zn_3$	S	F	1088.7	不溶	不溶
808	炔螨特[g]	Propargite	2312-35-8	低	$C_{19}H_{26}O_4S$	S	A	348.19	0.5	溶于丙酮、苯、乙醇等
809	丙森锌[g]	Propineb	120721-83-9	低	$((C_5H_8N_2S_4Zn)_x$	S	F	289.76	不溶	lgKow=-0.26,甲苯,正己烷,CH_2Cl_2<0.1
810	丙烯硫脲[g]	Propylene thiourea	2122-19-2	低	$C_4H_8N_2S$	S	代谢物	116.18	不溶	溶于多种有机溶剂
811	环酯草醚[g]	Pyriftalid	135186-78-6	低	$C_{15}H_{14}N_2O_4S$	S	PGR	318.34	不溶	溶于多种有机溶剂
812	嘧草硫醚[g]	Pyrithiobac-sodium	123343-16-8	低	$C_{13}H_{10}ClN_2NaO_3S$	N	H	348.7	$7.05×10^5$	lgKow=-0.84,甲醇 270,丙酮 0.812,CH_2Cl_2 0.00838,正己烷 0.01
813	稀禾啶[g]	Sethoxydim	74051-80-2	低	$C_{17}H_{29}NO_3S$	N	H	327.5	24.5	溶于多种溶剂
814	噻虫嗪[g]	Thiamethoxam	153719-23-4	低	$C_8H_{10}ClN_5O_3S$	N	I	291.72	4100	丙酮 48,乙酸乙酯 7,甲醇 13,CH_2Cl_2 110,甲苯 0.68,己烷 0.01
815	杀虫环草酸盐[g]	Thiocyclam hydrogenoxalate	31895-21-3	中	$C_7H_{13}NO_5S_3$	S	I	271.4	8.4%	二甲基亚砜 92,甲醇 17,乙酸乙酯 1.9,丙酮 1.2,乙腈 0.5
816	福美双[g]	Thiram	137-26-8	低	$C_6H_{12}N_2S_4$	N	F	240.44	30	溶于氯仿、丙酮,微溶于乙醇、醚
817	三甲基碘化硫[g]	Trimethylsulfonium iodide	2181-42-2		C_3H_9SI	S	H	204.07	溶于水	溶于多种溶剂
818	代森锌[g]	Zineb	12122-67-7	低	$C_4H_6N_2S_4Zn$	S	F	275.74	10	微溶于吡啶,不溶于普通溶剂
819	福美锌[g]	Ziram	137-30-4	低	$C_6H_{12}N_2S_4Zn$	S	F	305.81	65	溶于氯仿,且易溶于丙酮,不溶于乙醇、醚
					(七) 其他农药					
820	阿维菌素[g]	Abamectin	71757-41-2	高	$C_{48}H_{72}O_{14}/C_{47}H_{70}O_{14}$	—	I	872/858	0.0078	易溶于甲苯、丙酮、氯仿、乙醇、甲醇
821	二氢苊[g]	Acenaphthene	83-32-9	低	$C_{12}H_{10}$	—	A	154.21	不溶	氯仿 40,苯 20,乙醇 3,甲醇 2
822	灭螨醌[g]	Acequinocyl	57960-19-7	低	$C_{24}H_{32}O_4$	—	A	384.5	0.007	二氯甲烷 620,丙酮 450,甲苯 220,二甲基亚砜 190,正己烷 44,甲醇 7.8
823	苯草醚[g]	Aclonifen	74070-46-5	低	$C_{12}H_9ClN_2O_3$	Cl	H	264.7	4.9	可与甲醇、丙酮、甲苯、正己烷、正辛醇等有机溶剂混溶
824	禾草灭[g]	Alloxydim-sodium	66003-55-2	低	$C_{17}H_{24}O_5Na$	O	I	345.4	$2×10^6$	二甲基甲酰胺 1000,甲醇 619,丙酮 50,二苯、乙酸乙酯 14,二苯、乙酸乙酯 4
825	磷化铝[g]	Aluminum phosphide	20859-73-8	高	H_6OPAl	P	I	79.95	26%	不溶于有机溶剂
826	蒽醌[g]	Anthraquinone	84-65-1	低	$C_{13}H_8O_2$	—	鸟拒避剂	196.13	不溶	氯仿 6.1,苯 2.6,乙醇,乙醚 1

续表

序号	中文通用名	英文通用名	CAS	毒性	分子式	特征原子[1]	功效[2]	相对分子质量	水溶解度/(mg/L)	有机溶剂溶解度/(g/L)
827	苯螨特[g]	Benzoximate	29104-30-1	低	$C_{18}H_{18}ClNO_5$	N	A	363.8	不溶	二甲基甲酰胺1460,丙酮980,二甲苯710,苯650,乙醇70
828	甲羧除草醚[g]	Bifenox	42576-02-3	低	$C_{14}H_9Cl_2NO_5$	Cl	H	342.1	0.35	丙酮400,二甲苯300,乙醇50
829	乐杀螨[g]	Binapacryl	485-31-4	中	$C_{15}H_{18}N_2O_6$	N	I/A/F	322.15	不溶	丙酮780,二甲苯700,乙醇110
830	联苯[g]	Diphenyl	92-52-4	低	$C_{12}H_{10}$	O	F	154.21	不溶	易溶于醇等溶剂
831	溴苯腈[g]	Bromoxynil	1689-84-5	中	$C_7H_3Br_2NO$	Br	H	277	130	二甲基甲酰胺610,四氯呋喃410,丙酮170,甲醇90,苯10
832	溴螨酯[g]	Bromopropylate	18181-80-1	低	$C_{17}H_8Br_2O_3$	Br	A	428.1	5	溶于多数有机溶剂
833	辛酰溴苯腈[g]	Bromoxynil octanoate	1689-99-2	中	$C_{15}H_{17}Br_2NO_2$	Br	H	403.35	不溶	二甲苯700,丙酮,甲醇100
834	整形醇[g]	Chlorfurenol	2464-37-1	低	$C_{14}H_9ClO_3$	Cl	PGR/H	260.68	不溶	溶于多种有机溶剂
835	矮壮素[g]	Chlormequat	999-81-5	低	$C_5H_{13}Cl_2N$	Cl	PGR	158.07	不溶	溶于多种有机溶剂
836	解草酯[g]	Cloquintocet-mexyl	99607-70-2	低	$C_{11}H_8ClNO_3$	Cl	S	335.8	0.59	甲苯0.36,丙酮0.34,乙醇0.19,正辛醇0.011,己烷0.0014
837	杀鼠醚[g]	Coumatetralyl	5836-29-3	高	$C_{19}H_{16}O_3$	—	R	292.3	不溶	可溶于丙酮,乙醇
838	三环锡[g]	Cyhexatin	13121-70-5	低	$C_{18}H_{34}OSn$	—	A	385.16	1000	氯仿216,甲醇37,丙酮1.3
839	二溴乙烷[g]	1,2-Dibromo ethane	106-93-4	低	$C_2H_4Br_2$	Br	I	187.88	不溶	溶于多种有机溶剂
840	蓄虫避[g]	Dibutyl succinate	141-03-7	低	$C_{13}H_{22}O_4$	O	M	242.32	不溶	与多种有机溶剂混溶
841	避蚊酯[g]	Dimethyl phthalate	131-11-3	低	$C_{10}H_{10}O_4$	—	昆虫拒避剂	194.19	4300	与乙醇,乙醚等混溶
842	消螨通[g]	Dinobuton	973-21-7	中	$C_{14}H_{18}N_2O_7$	N	A/F	326.31	不溶	溶于脂肪烃,乙醇,易溶于脂族酮,芳烃
843	地乐酯[g]	Dinoseb acetate	2813-95-8	中	$C_{12}H_{14}N_2O_6$	N	H	282.26	2200	溶于芳族溶剂
844	苯虫醚[g]	Diofenolan	63837-33-2	低	$C_{18}H_{20}O_4$	—	I	300.35	不溶	可溶于多种有机溶剂
845	甲氨基阿维菌素苯甲酸盐[B1a][g]	Emamectin benzoate[B1a]	155569-91-8	中	$C_{49}H_{75}NO_{13} \cdot C_7H_6O_2$	—	I	1008.6	微溶	溶于丙酮,甲苯,不溶于己烷
846	甲氨基阿维菌素苯甲酸盐[B1b][g]	Emamectin benzoate[B1b]	155569-91-8	低	$C_{48}H_{73}NO_{13} \cdot C_7H_6O_2$	—	I	994.23	微溶	溶于丙酮,甲苯,不溶于己烷
847	草多索[g]	Endothal	145-73-3	高	$C_8H_{10}O_5$	—	PGR/H	186.2	1×10^5	甲醇280,二噁烷76,丙酮70,苯0.1

续表

序号	中文通用名	英文通用名	CAS	毒性	分子式	特征原子[1]	功效[2]	相对分子质量	水溶解度/(mg/L)	有机溶剂溶解度/(g/L)
848	乙氧喹啉[R]	Ethoxyquin	91-53-2	低	$C_{14}H_{19}NO$	N	F	217.31	不溶	溶于多种有机溶剂
849	苯丁锡[R]	Fenbutatin oxide	13356-08-6	低	$C_{60}H_{78}OSn_2$	—	A	1052.66	0.005	CH_2Cl_2 380,苯 140,丙酮 6
850	三苯基氯化锡[R]	Fentin-chloride	639-58-7	中	$C_{18}H_{15}ClSn$	—	F/I	385.47	微溶	微溶于多数有机溶剂
851	薯瘟锡[R]	Fentin acetate	900-95-8	中	$C_{20}H_{18}O_2Sn$	—	F/I	409.04	28	微溶于多数有机溶剂
852	赤霉素	Gibberellic acid	77-06-5	低	$C_{19}H_{22}O_6$	—	PGR	346.4	5000	溶于乙酸乙酯,甲醇,乙醇,丙酮,不溶于苯,氯仿
853	无机溴化物	Inorganic bromide	24959-67-9	低	Br_2	Br		160.2		
854	碘苯腈[R]	Ioxynil	689-83-4	中	$C_7H_3NOI_2$	N	H	370.92	50	四氯呋喃 340,丙酮 70,甲醇 20,苯 11,CCl_4 0.14
855	四聚乙醛	Metaldehyde	108-62-3	低	$C_8H_{16}O_4$	—	杀螺剂	176.2	200	易溶于苯、氯仿、微溶于乙醚
856	烯虫酯	Methoprene	40596-69-8	低	$C_{19}H_{34}O_3$	—	IGR	310.19	1.39	溶于有机溶剂
857	溴甲烷	Methyl bromide	74-83-9	高	CH_3Br	Br	I	94.95	1.34×10^4	溶于多数有机溶剂
858	弥拜菌素(密灭汀)A3[R]	Milbemectin A3	51596-10-2	中	$C_{31}H_{44}O_7$	—	A/I	528.7	0.88	苯 143,乙酸乙酯 69.5,丙酮 66.1,甲醇 64.8,乙醇 41.9,正己烷 1.4
859	弥拜菌素(密灭汀)A4[R]	Milbemectin A4	51596-11-3	中	$C_{32}H_{46}O_7$	—	A/I	542.7	0.88	苯 143,乙酸乙酯 69.5,丙酮 66.1,甲醇 64.8,乙醇 41.9,正己烷 1.4
860	合成麝香[R]	Musk ambrette	83-46-9	低	$C_{12}H_{16}N_2O_5$	N	I/A	268.12	不溶	溶于多种有机溶剂
861	麝香酮[R]	Musk ketone	541-91-3	低	$C_{16}H_{30}O$	—	I/A	238.41	微溶	溶于乙醇
862	麝香[R]	Musk moskene	116-66-5	低	$C_{14}H_{18}N_2O_4$	N	I/A	278.34	不溶	溶于多种有机溶剂
863	西藏麝香[R]	Musk tibetene	145-39-1	低	$C_{13}H_{18}N_2O_4$	N	I/A	266.33	不溶	溶于多种有机溶剂
864	二甲苯麝香[R]	Musk xylene	81-15-2	低	$C_{12}H_{15}N_3O_6$	N	I/A	297.27	不溶	溶于多种有机溶剂
865	敌菌腈[R]	Nitrothal-isopropyl	10552-74-6	低	$C_{14}H_{17}NO_6$	N	F	295.3	不溶	易溶于多种有机溶剂
866	菲[R]	Phenanthrene	85-01-8	低	C_4H_{10}	—	I/A	178.23	不溶	溶于多种有机溶剂
867	邻苯基苯酚[R]	2-Phenylphenol	90-43-7	低	$C_{12}H_{10}O$	—	F	170.12	700	溶于多种有机溶剂
868	3-苯基苯酚[R]	3-Phenylphenol	580-51-8	低	$C_{12}H_{10}O$	—	F	170.2	微溶	溶于多种有机溶剂
869	邻苯二甲酸丁苄酯[R]	Phthalic acid, benzylbutyl ester	85-68-7	低	$C_{19}H_{20}O_4$	—	I/A	312.19	不溶	溶于多种有机溶剂
870	邻苯二甲酸二(2-乙基)己酯[R]	Phthalic acid, di-(2-ethylhexyl) ester	117-81-7	低	$C_{16}H_{20}O_4$	—	I/A	276.16	不溶	溶于多种有机溶剂

续表

序号	中文通用名	英文通用名	CAS	毒性	分子式	特征原子[1]	功效[2]	相对分子质量	水溶解度/(mg/L)	有机溶剂溶解度/(g/L)
871	邻苯二甲酸二丁酯[g]	Phthalic acid, dibutyl ester	84-74-2	低	$C_{16}H_{22}O_4$	—	I/A	278.16	11.2	lgKow=4.45
872	邻苯二甲酸二环己酯[g]	Phthalic acid, biscyclohexyl ester	84-61-7	低	$C_{20}H_{26}O_4$	—	I/A	330.2	不溶	溶于多种有机溶剂
873	四氯苯酞[g]	Phthalide	27355-22-2	低	$C_8H_2Cl_4O_2$	Cl	F	271.9	2.49	四氢呋喃19.3,苯14.1,丙酮8.3,乙醇1.1
874	啶氧菌酯[g]	Picoxystrobin	117428-22-5	低	$C_{18}H_{16}F_3NO_4$	F	F	367.32	128	lgKow=3.6,易溶于多种有机溶剂
875	增效醚[g]	Piperonyl butoxide	51-03-6	低	$C_{19}H_{30}O_5$	—	增效剂	338.43	不溶	溶于多种有机溶剂
876	调环酸钙[g]	Prohexadione-calcium,	124537-28-6	低	$C_{10}H_{10}CaO_5$	—	PGR	250.3	168	溶于多种有机溶剂
877	茉莉酮[g]	Prohydrojasmon	158474-72-7	低	$C_{15}H_{26}O_3$	—	PGR	254.37	60	丙酮,乙腈,乙醚,氯仿,乙酸乙酯,甲醇>100
878	环氧丙烷[g]	Propylene oxide	75-56-9	低	C_3H_6O	—	—	58.08	4.05×10^5	与乙醇,乙醚,丙酮,甲醇互溶
879	灭藻醌[g]	Quinoclamine	2797-51-5	低	$C_{10}H_6ClNO_2$	Cl	H	207.6	15	lgKow=1.48,微溶于CCl_4和极性溶剂
880	鱼藤酮[g]	Rotenone	83-79-4	中	$C_{23}H_{22}O_6$	—	I	394.43	0.001	微溶于多种有机溶剂
881	氟硅菊酯[g]	Silafluofen	105024-66-6	低	$C_{25}H_{29}FO_2Si$	F	I	408.59	不溶	微溶于乙醇,乙醚
882	硫磺	Sulfur	774-94-7	低	S	—	F	32.06	易溶	难溶于有机溶剂
883	三氯乙酸钠[g]	TCA-sodium	650-51-1	中	$C_2Cl_3O_2Na$	Cl	H	185.4	0.14	溶于多数有机溶剂
884	吡喃草酮[g]	Tepraloxydim	149979-41-9	低	$C_{17}H_{24}ClNO_4$	N	H	341.8	6	$CH_2Cl_2$500,甲苯213,乙酸乙酯110,丙酮89,甲醇25,己烷18
885	苯草酮[g]	Tralkoxydim	87820-88-0	低	$C_{20}H_{27}NO_3$	N	H	3292	100	与丙酮,苯,氯仿,乙醇,异丙醇,二噁烷等混溶
886	十三吗啉[g]	Tridemorph	24602-86-6	低	$C_{19}H_{39}NO$	N	F	297.5	不溶	溶于甲醇,乙醇,异丙醇,丙酮100,丙酮65,氯仿56
887	杀鼠灵[g]	Warfarin	81-81-2	中	$C_{19}H_6O_4$	—	R	308.4		

注:[1]特征原子;[2]农药功能分类:I 杀虫剂,F 杀菌剂,H 除草剂,A 杀螨剂,N 杀线虫剂,R 杀鼠剂,IGR 昆虫生长调节剂,PGR 植物生长调节剂,S 安全剂;[3]农药按化合物分类:[a]有机因素农药 [b]有机磷农药 [c]拟除虫菊酯农药 [d]氨基甲酸酯农药 [e]有机氮农药 [f]有机硫农药 [g]其他农药。

参 考 文 献

冯坚,顾群,柏亚罗,等.2009.英汉农药名称对照手册.3版.北京:化学工业出版社.
林郁.1989.农药应用大全.北京:中国农业出版社.
刘长令.2002.世界农药大全:除草剂卷.北京:化学工业出版社.
刘长令.2006.世界农药大全:杀菌剂卷.北京:化学工业出版社.
石得中,胡笑形,曹文超.1978.英汉农药辞典.北京:石油化学工业出版社.
石得中.2008.中国农药大辞典.北京:化学工业出版社.
张敏恒.2006.新编农药商品手册.北京:化学工业出版社.
朱永和等.2006.农药大典.北京:中国三峡出版社农业科教出版社.
Hartley D and Kidd H. 1983. The Agrochemicals Handbook. Nottingham:Royal Society of Chemistry.
Martin H,Worthing C R. 1968. Pesticide Manual. London:British Crop Protection Council.

(O-5002.0101)

农药残留高通量检测技术　第一卷（植物源产品）
农药残留高通量检测技术　第二卷（动物源产品）

销售分类建议：食品工业/分析技术
　　　　　　　化学/分析化学

ISBN 978-7-03-036463-0

定　价：198.00元（第二卷）